AF262001

ENCYCLOPÉDIE

MÉTHODIQUE,

OU

PAR ORDRE DE MATIÈRES:

PAR UNE SOCIÉTÉ DE GENS DE LETTRES, DE SAVANS ET D'ARTISTES;

Précédée d'un Vocabulaire universel, servant de Table pour tout l'Ouvrage, ornée des Portraits de MM. Diderot & d'Alembert, premiers Éditeurs de l'Encyclopédie.

AVERTISSEMENT.

L'Ouvrage fur les Bois & Forêts, formera un Dictionnaire féparé, dont la première Partie paroîtra l'année prochaine.

ENCYCLOPÉDIE MÉTHODIQUE.

AGRICULTURE,

Par M. l'Abbé Tessier, Docteur-Régent de la Faculté de Médecine, de l'Académie Royale des Sciences, de la Société Royale de Médecine, & M. Thouin, de l'Académie Royale des Sciences.

TOME SECOND.

A PARIS,

Chez PANCKOUCKE, Hôtel de Thou, rue des Poitevins.

M. DCC. XCI.

BABEURRE *ou* **LAIT DE BEURRE**. Quand on a battu la crême, pour en réunir les parties grasses, qui forment le Beurre, il s'en sépare une liqueur que les paysans emploient quelquefois à faire de la soupe. Elle est composée presque entièrement du serum du lait ; connu sous le nom de *petit lait*, & de quelques parties butyreuses & caseuses. Lorsque le Beurre se fait avec le lait, au lieu de ne se faire qu'avec la crême, le Babeurre contient beaucoup plus de serum & de parties caseuses, dans lesquelles il se trouve aussi un peu de Beurre qui ne s'est point réuni à la masse. Le Babeurre passe pour être rafraîchissant. Il y a des pays où il se nomme *Baratté*, parce que la *Baratte* est l'instrument dans lequel on bat le Beurre. *Voyez* BEURRE. (*M. l'Abbé Tessier.*)

L'usage du lait de Beurre est plus général en Hollande que dans aucun pays de l'Europe. On le porte dans les villes, où il est regardé comme un des premiers objets de consommation. Dans tous les établissemens publics, hôpitaux, maisons de travail, &c., chaque individu a sa ration de lait de Beurre, & les domestiques mettent comme clause, en s'engageant, qu'ils en recevront une ou deux fois par semaine. La manière ordinaire de l'employer est, en y mêlant de la mélasse ; les gens riches le modifient en y ajoutant d'autres ingrédiens. (*M. Reynier.*)

BAC A EAU. On donne ce nom à de petits bacquets ou cuvettes, dont on fait usage dans les serres pour mettre de l'eau, soit pour les arrosemens, soit pour laver & nétoyer les plantes. Ces bacquets ou cuvettes servent encore à tenir de l'eau en évaporation, afin de rendre à l'air athmosphérique des serres la partie d'humidité que lui fait perdre la chaleur du feu, & pour cet effet, on les place sur les fourneaux.

La forme de ces Bacs ou bacquets varie suivant l'usage auquel on les destine plus particulièrement. Pour l'ordinaire ils sont en bois & cerclés en fer. (*M. Thouin.*)

BACCIFÈRE, qui porte des baies. Cette épithète sert à désigner les arbres, les arbrisseaux & les plantes dont le fruit est une baie, tels sont les ifs, les groseilles, l'asperge, la morelle, &c.

Les fruits des végétaux Baccifères sont intéressars sous plus d'un rapport ; non-seulement les baies de plusieurs de ces végétaux sont bonnes à manger, & s'emploient à divers usages économiques, mais comme elles sont souvent plus apparentes que les fleurs auxquelles elles succèdent, elles produisent encore, par leur couleur, beaucoup d'agrément & de variété dans les jardins. Elles ont en outre la propriété d'attirer un assez grand nombre d'oiseaux qui viennent

égayer les bosquets, les animer, & leur prêter un intérêt & des charmes nouveaux. (*M. Thouin.*)

BACCHANTE, *Baccharis*. L.

Ce genre qui fait partie de la famille des Corymbifères, n'est composé que de plantes étrangères à l'Europe. Elles croissent plus particulièrement dans le voisinage des Tropiques, & sont également éloignées des pays trop chauds & trop froids. Ce sont, ou des arbrisseaux peu ligneux qui s'élèvent à quinze ou vingt pieds de haut, & conservent leurs feuilles toute l'année ; ou des plantes herbacées, dont les tiges meurent à la fin de l'automne. En général, leurs fleurs ont peu d'agrément, elles ne produisent quelque effet que par leur grande quantité. Tous ces arbrisseaux se cultivent dans l'orangerie, plus particulièrement dans les jardins de botanique ; on les multiplie de graines, de marcottes & de boutures.

Espèces.

1. BACCHANTE à feuilles d'iva.
Baccharis ivæfolia. L. ♄ du Pérou & de l'Afrique.

2. BACCHANTE visqueuse.
Baccharis viscosa la M. dict. ♄ des Isles de France & de Bourbon.

3. BACCHANTE à feuilles de laurose.
Baccharis neriifolia. L. ♄ d'Ethiopie.

4. BACCHANTE à feuilles d'yeuse.
Baccharis ilicifolia la M. dict. ♄ du Cap de Bonne-Espérance.

5. BACCHANTE en arbre.
Baccharis arborea. L. ♄ des Indes Orientales.

6. BACCHANTE de Virginie.
Baccharis halimifolia. L. ♄ de Virginie & de Caroline.

7. BACCHANTE des Indes.
Baccharis Indica. L. ♄ des Indes Orientales.

8. BACCHANTE du Brésil.
Baccharis Brasiliana. L. ♄ du Brésil.

9. BACCHANTE du Levant.
Baccharis dioscoridis. L. ♄ d'Egypte & de Syrie.

10. BACCHANTE d'Egypte.
Baccharis Ægyptiaca la M. dict. ⊙ d'Egypte & de Barbarie.

11. BACCHANTE à feuilles d'Epervière.
Baccharis hieraciifolia la M. dict. *Erigeron Gouani.* L. ⊙ & ♂ d'Afrique.

Description du Port des Espèces.

1. LA BACCHANTE, à feuilles d'Iva, est un

A

fera poffible. Cependant, lorfque les jeunes individus de l'efpèce, comprife fous le n.° 6, auront atteint leur troifième année, on pourra les mettre en pleine terre, à une bonne expofition, en prenant d'ailleurs les précautions indiquées pour leur confervation ; mais ceux des autres efpèces doivent toujours être cultivés dans des pots, & rentrés l'hiver dans des ferres.

Les Bacchantes ligneufes fe multiplient encore de marcottes ; la faifon la plus favorable pour les faire avec fuccès eft le printems. On choifit, de préférence, de jeunes branches flexibles, que l'on courbe en pleine terre ou dans des pots ; on les incife comme les œillets, & on les tient affujéties en terre au moyen d'un crochet de bois. Si la terre, dont on s'eft fervi pour cette opération, eft douce & graffe, & fi l'on a foin de l'entretenir dans une humidité raifonnable, les marcottes poufferont affez de racines dans le courant de l'été, pour être féparées de leur mère au mois de feptembre. Mais, pour rendre cette féparation moins fenfible, & affurer davantage leur reprife, il eft à propos de placer les vafes fur une couche tiède, abritée du foleil pendant les premiers jours, & de les y laiffer jufqu'au tems qu'il convient de rentrer ces arbriffeaux dans les ferres.

On les multiplie auffi de boutures, & c'eft pareillement au printems qu'il convient de les faire. Celles de la Bacchante de Virginie reprennent très-aifément. Il fuffit de couper de jeunes branches de l'avant-dernière fève, & de les planter en pleine terre, dans une plate-bande au nord, pour propager cet arbriffeau ; mais le moyen d'affurer cette voie de multiplication, & fur-tout de la rendre plus abondante, eft de faire les boutures dans des terrines remplies d'une terre très-légère, de les placer fur une couche tiède, à l'expofition du levant, & de les couvrir d'une cloche épaiffe. Veut-on multiplier cette efpèce en grand ? on bâtit une couche fourde au pied d'un mur, expofée au nord, & on la recouvre de huit pouces de terreau bien confommé. Lorfque le feu de la couche eft paffé, & qu'elle ne donne plus qu'une chaleur douce, on plante les boutures par rangées, à cinq pouces les unes des autres ; on les baffine fréquemment, & on les couvre de paillaffons, lorfqu'il tombe des pluies trop abondantes, ou qu'il furvient des hales. Seulement il eft bon d'obferver qu'on doit prendre de préférence pour faire ces boutures, les rameaux qui n'ont point donné de fleurs l'année précédente, & choifir toujours les plus fains & les plus vigoureux, parce qu'ils reprennent plus aifément. Les boutures traitées de cette manière font ordinairement affez pourvues de racines pour être tranfplantées dès l'automne ; mais il eft plus fûr de les laiffer paffer l'hiver à la place où elles ont été plantées, & de les couvrir de feuilles de fougères & de paillaffons fi les gelées font fortes. Celles qui ont été faites dans des

terrines doivent être rentrées dans l'orangerie pendant les grands froids. Au printems, les unes & les autres pourront être mifes en pleine terre en pépinière. On préparera, pour cet effet, une plate-bande dans un terrein meuble & fubftantiel, fitué à une expofition chaude, & l'on y plantera les jeunes arbriffeaux à un pied & demi de diftance en tout fens, les uns des autres. Ils pourront refter ainfi pendant deux ans, après quoi ils auront acquis affez de forces pour être mis à leur deftination.

Les boutures des autres efpèces, & particulièrement celles de la troifième font beaucoup plus difficiles à traiter. Voici le moyen qui nous a le mieux réuffi pour ces dernières. Nous avons planté, au commencement de mai, dans des pots remplis de terreau de bruyères, de jeunes branches qui avoient été éclatées avec un peu de talon. Après les avoir fortement fcellées en terre, & les avoir arrofées copieufement, nous avons placé fous une bache & dans le lit de tannée, dont la couche étoit chargée, les vafes qui contenoient ces boutures, & nous les avons couvertes d'une cloche, autour de laquelle nous avons encore amoncelé de la tannée pour empêcher l'introduction de l'air extérieur. Nous les avons laiffées ainfi pendant trois mois, & ce n'a été qu'après cet efpace de tems qu'elles ont été découvertes. Des cinq boutures que nous avions foumifes à cet expérience, deux feules fe trouvèrent en bon état, les trois autres étoient mortes. On les recouvrit après les avoir épluchées, & de tems en tems on leur donna de l'air & quelques légers arrofemens. La plus vigoureufe des deux pouffa des racines, & l'autre mourut après être reftée verte pendant long-tems.

On n'a point à craindre les mêmes difficultés pour les Bacchantes à feuilles d'Iva & du Levant ; elles reprennent aifément de boutures. On peut les faire, pendant tout le printems & au commencement de l'été, foit en pleine terre à l'ombre, foit fur une couche tiède fous chaffis, elles viennent également bien de toutes les manières, en employant toutefois les précautions d'ufage pour les boutures en général. (*Voyez* le mot BOUTURE.) Les jeunes plants que l'on obtient de cette manière peuvent être tranfplantés vers le milieu de l'automne, & placés fur une vieille couche, où ils reftent jufqu'au mois d'octobre, qu'il convient de les rentrer dans les ferres.

Ufages.

La Bacchante à feuilles d'iva, eft regardée par les habitans du Pérou comme un bon ftomachique. Ils font avec fes feuilles une infufion qu'ils prennent comme du thé.

Les Brafiliens emploient les feuilles pilées de la Bacchante du Bréfil pour diffiper la douleur & la rougeur des yeux.

La Bacchante de Virginie qui fe cultive en pleine terre & conferve fes feuilles toute l'année, fut entrer dans la décoration des jardins ; comme elle fleurit pendant l'automne, on peut la faire servir à l'ornement des bosquets de cette saison & de ceux d'hiver. Dans les jardins paysagistes cet arbrisseau figure très-bien sur les lisières des bosquets, & la multitude de fleurs dont il se couvre produit un effet fort agréable.

Les autres espèces ligneuses, conservant leurs feuilles toute l'année, peuvent être placées avec avantage dans les serres, pendant l'hiver, & l'été dans les jardins, parmi les arbrisseaux étrangers ; elles n'y produiront pas moins d'agrément que de variété. Quant aux espèces annuelles, & bis-annuelles, elles ne sont propres qu'à occuper leur place dans les écoles de Botanique. (*M. Thouin*.)

BACHE (le). C'est le nom d'un palmier de la Guyanne, dont la fructification n'est pas bien connue, & qui paroît être du même genre que le *Raphia* de Madagascar. Il lui ressemble beaucoup par la forme de ses fruits, & il n'est pas douteux qu'ils ne soient l'un & l'autre de la famille des PALMIERS.

« Le Bache, dit Aublet, est le seul palmier que j'aie rencontré de son espèce ; son tronc est fort, très-dur ; ses fibres longitudinales sont noires & solides ; il s'élève à trente pieds sur deux pieds & plus de diamètre, il est comme triangulaire ; ses feuilles sont en éventail, d'une grandeur & d'une largeur considérable, elles ont cinq pieds environ de diamètre.

« Les fruits sont portés sur un régime très-branchu & fort grand ; ils sont de la grosseur d'une moyenne pomme, & de couleur rougeâtre. C'est une coque mince, lisse, & comme vernie, ferme, travaillée de manière qu'on la croiroit couverte d'écailles, qui imitent à-peu-près celles de la pomme de pin dans sa jeunesse. Dessous cette coque est une grosse amande, dont la nation des Maïés fait du pain qui sert à sa nourriture.

« Le tronc du palmier-Bache résiste à la hache par sa dureté ; il est employé par ce même peuple dans la construction de ses carbets. Les feuilles lui servent à couvrir les carbets, le pédicule des feuilles qui est fort long & large, applati & ligneux, lui sert pour border les canots, afin de les agrandir. Les Maïés tirent des feuilles tendres, un fil très-fin, avec lequel ils fabriquent des hamacs & des pagnes. Cet arbre est précieux à cause de son utilité ; lorsqu'on vient à se perdre dans les déserts, & qu'on rencontre ces arbres, on se trouve préservé de la famine. Les perroquets sont friants de son fruit ; tous les matins, ils se rendent sur ces palmiers ; c'est aussi les lieux où les Caraïbes leur tendent des pièges.

« Ce palmier croit principalement sur les bords des rivières, des ruisseaux, dans les cantons marécageux de la Guyanne : je l'ai trouvé sur les bords de la rivière d'Orapu. *Aubl. Guyan. Observations sur les palmiers*, 2 vol. p. 103.

« Il y a tout lieu de croire que ce bel arbre,

transporté en Europe, s'y conserveroit dans les serres chaudes sur les couches de tannée. Nous en avons semé des graines plusieurs fois, mais sans aucun succès. Nous croyons qu'il faudroit que les semences nous fussent envoyées dans de la terre pour qu'elles pussent lever dans notre climat. Mais il seroit encore plus expéditif d'envoyer de jeunes pieds de ce palmier plantés dans des caisses ; ils procureroient une jouissance plus prompte, & leur traversée n'occasionneroit pas beaucoup de soin, parce qu'en général ces arbres sont robustes. Il suffiroit de les arroser de tems en tems, & de les faire voyager pendant l'été. A tous égards, ces palmiers méritent l'attention des voyageurs, & pourroient occuper une place distinguée dans les serres chaudes. (*M. Thouin*.)

BACHE (jardinage). Sorte d'abri artificiel, employé à la culture des Ananas. C'est une espèce de serre basse en forme de chassis, que quelques personnes nomment hollandoise. *Voyez* SERRE A ANANAS. (*M. Thouin*.)

BACILLE. *Crithmum*. L.

Ce genre, qui fait partie de la famille des OMBELLIFÈRES, n'est composé que de deux espèces, qui sont des plantes herbacées, dont une est cultivée dans les jardins légumiers à cause de ses usages économiques.

Espèces.

1. BACILLE maritime. Criste marine, Perce-pierre, fenouil marin, ou passepierre. *Crithmum Maritimum*. L. ♄ des provinces maritimes & tempérées de l'Europe.

2. BACILLE à larges feuilles. *Crithmum Latifolium*. L. Fil. suppl. ♄ des isles Canaries.

La première espèce a des racines longues, coriaces, épaisses & dégarnies de chevelu, lesquelles s'enfoncent en terre à la profondeur d'un pied & demi à deux pieds. Elles poussent chaque année de leur collet des tiges fortes qui s'élèvent de quinze à dix-huit pouces, & qui sont garnies de feuilles charnues, d'une verdure cendrée. Les fleurs disposées en ombelle à l'extrémité des rameaux, sont d'un blanc sale, peu agréable ; elles commencent à paroître en juin, & se succèdent jusqu'en septembre ; leurs semences mûrissent en octobre & novembre.

Culture. La Bacille maritime se cultive en pleine terre dans tout le midi de la France, sans autre précaution que celle de la planter dans un sol sablonneux un peu humide. Mais, dans les provinces septentrionales, elle exige une autre culture ; il faut la placer à l'exposition du midi dans un terrein sec & pierreux, & la mettre à l'abri du nord. C'est pour réunir ces deux avantages qu'on la place assez ordinairement au pied des murs dans les potagers, & quelquefois même dans les vieux murs ; l'hiver on la couvre de feuilles sèches ou de litière pendant les grandes gelées.

Cette plante se multiplie de semences & de drageons enracinés. Le plus sûr moyen de faire lever les graines, est de les semer à l'automne, quinze ou vingt jours après qu'elles ont été récoltées ; on peut cependant les semer encore dans le commencement du mois de mars ; mais alors elles lèvent plus tard, & leur réussite est moins certaine. Dans les provinces méridionales on peut les mettre par rayon, comme celles du persil, en pleine terre, & à l'exposition du levant ; mais on doit ici leur donner l'exposition du midi, & mieux encore les semer dans des terrines qu'on place sur une vieille couche, & que l'on couvre de litière pendant les grands froids. Les semis d'automne lèvent dès le premier printems, & ceux du printems ne lèvent que dans le courant de l'été, & encore ne lèvent-ils qu'en partie.

Dès le printems de la seconde année, on peut repiquer les jeunes plants de Bacille maritime, sans rien retrancher de leurs racines ; mais au lieu de les mettre en pépinière, comme il est d'usage pour un grand nombre de plantes, il faut les placer sur-le-champ dans le lieu où ils doivent rester, parce que leurs racines étant pivotantes & sans chevelu reprennent très-difficilement, & ne souffriroient pas une seconde transplantation. C'est même à raison de cette difficulté qu'on met presque toujours deux jeunes pieds ensemble, afin que si l'un vient à périr, l'autre puisse le remplacer. Lorsqu'on veut établir des touffes de ces plantes dans de vieux murs (situation qu'elles aiment de préférence) on doit en repiquer les jeunes plants dès le mois de mars. Pour cela on choisit les plus grands joints qui se trouvent entre les moëllons, & avec un poinçon de fer on y pratique des trous aussi profonds & aussi larges qu'il est possible, auxquels on donne une direction inclinée vers la base du mur ; on place ensuite dans chacun de ces trous les jeunes plants dont les racines sont les moins longues, & on les remplit avec une terre légère & fort sèche, afin qu'il ne reste aucuns vuides. Il est bon de ménager un petit godet à l'ouverture de chaque trou pour se procurer la facilité d'arroser les jeunes plants, jusqu'à ce qu'ils soient bien repris. Cette culture réussit de préférence dans les murs de terrasse qui sont exposés au soleil levant ; les plantes durent plus long-tems que celles que l'on met en pleine terre, & sont beaucoup moins sujettes à être détruites par les gelées. On assure même qu'elles ont une saveur plus aromatique que celles qui croissent dans des plate-bandes, ce qui paroît très-probable.

Usage. On fait confire les feuilles de la Bacille maritime dans le vinaigre, comme celles de la salicorne ; elles servent d'assaisonnement aux salades & à différens mets. Leur usage est regardé comme très-sain, & on les emploie en médecine.

2. LA BACILLE à larges feuilles, est une espèce peu connue en France ; elle fut apportée des isles Canaries en Angleterre, par M. Masson, en 1780. Cette plante fleurit dans le mois de juin, & se conserve pendant l'hiver à l'orangerie.

Nota. Le *Crithmum Pyrenaicum* de Linné appartenant au genre de l'*Athamanta*, & ne paroissant pas différent du *Libanotis*, nous renvoyons pour sa culture à l'article *Athamante Libanotide*. *Voyez* ces mots. (*M. Thouin.*)

BACIN. Synonyme impropre du *Ranunculus Bulbosus.* L. *Voyez* RENONCULE-BULBEUSE. (*M. Thouin.*)

BACOPE, *Bacopa.*

Nouveau genre établi par Aublet dans son histoire des Plantes de la Guianne françoise. Sa famille n'est pas encore bien déterminée. M. le chevalier de la Marck le range dans celle des Lisimachies, & M. de Jussieu le place dans la famille des Portulacées. Cette différence d'opinion vient de ce que le caractère de ce genre n'a été observé que sur des figures ou des plantes sèches ; mais lorsque les Botanistes seront à portée d'examiner un individu vivant, cette incertitude cessera. Ce genre n'est encore composé que d'une espèce.

BACOPE aquatique.

BACOPA *Aquatica.* Aubl. Guian. 128, tàb. 49, de l'île de Cayenne sur les bords des ruisseaux.

Cette plante produit plusieurs tiges succulentes & noueuses qui tracent sur la terre ou s'étendent à la surface des eaux. Elle pousse de chacun de ses nœuds des racines, en même-tems que des feuilles qui sont longues, étroites, charnues, creusées en gouttières, & terminées en pointe. Ses fleurs naissent solitaires dans les aisselles des feuilles ; elles sont petites, de couleur bleue, & donnent naissance à des capsules sèches qui renferment un très-grand nombre de semences menues. Cette plante fleurit en décembre.

Les habitans de Cayenne la nomment l'*Herbe aux brûlures.* Ils prétendent que c'est un topique excellent pour ces sortes d'accidens. Elle n'a point encore été cultivée en France. (*M. Thouin.*)

BACOVE, nom vulgaire du *Musa sapientum.* L. *Voyez* BANANIER A FRUIT COURT. (*M. Thouin.*)

BACQUE, terme employé par quelque ancien Agriculteur, pour désigner une Baie, BACCA. *Voyez* BAIE. (*M. Thouin.*)

BACQUET ou BAQUET, vaisseau de bois fait en douves & cerclé en fer ou avec des cerceaux : on s'en sert pour conserver l'eau nécessaire aux arrosemens dans les serres, pour contenir le mortier dont on enduit les racines des arbres résineux lorsqu'on les déplante, & enfin à une infinité de petits usages qu'il est inutile d'indiquer parce que les soins de la culture les indiquent naturellement (*M. Thouin.*)

BACQUETER l'eau, *en jardinage*, c'est arroser avec la pelle ou une échope les gazons qui se trouvent à la proximité d'un bassin, d'un ruisseau ou d'une petite rivière. Le Bacqueteur descend dans l'eau, & avec sa pelle de bois, il rase la surface de l'eau à un pouce de profondeur tout au plus, & la répand sur les gazons. Il peut arroser par ce moyen jusqu'à trois ou quatre toises de distance de l'endroit où se trouve l'eau. Le moment le plus profitable pour faire cette espèce d'arrosement, est à l'entrée de la nuit ou au lever du soleil, pendant l'été.

On peut encore employer avec succès le Bacquetage pour arroser les gros légumes qui se trouvent à la proximité des eaux. Cet arrosement est plus profitable aux plantes que ceux qui sont donnés avec les arrosoirs, parce qu'ils humectent toute la surface de la terre en même-tems que toutes les parties des plantes. (*M. Thouin.*)

BADANIER, *Terminalia.* L.

Ce beau genre, qui fait partie de la famille des Chalefs (Eléagni), n'est composé que de végétaux ligneux, dont la plupart sont des arbres très-élevés & d'un port majestueux. Ils croissent dans les différentes parties des Indes orientales & sous les climats les plus chauds. Plusieurs d'entr'eux fournissent des bois propres à la charpente & aux arts, d'autres donnent des gommes ou des résines précieuses, & enfin quelques-uns produisent des fruits bons à manger. Ces arbres intéressants sont encore fort rares en Europe, il ne s'y en rencontre que deux espèces. On les cultive dans les serres chaudes où ils restent la plus grande partie de l'année.

Espèces.

1. BADANIER de Malabar.
Terminalia catappa. L. ♄ des forêts du Malabar.

2. BADANIER des Moluques.
Terminalia Moluccana. La M. Dict. ♄ de Java, de Batavia & des Isles Moluques.

3. BADANIER de bourbon, ou faux-benjoin.
Terminalia mauritiana. La M. Dict. ♄ des isles de France & de Bourbon.

4. BADANIER au benjoin.
Terminalia benjoin. L. Fil. Sup. ♄ des Indes Orientales.

5. BADANIER au vernis, ou arbre au vernis.
Terminalia vernix. La M. Dict. ♄ de la Chine.

Description du port des espèces & usages.

1. LE BADANIER de Malabar est un arbre fort élevé, d'une forme pyramidale très-agréable, & qui approche de celle de nos sapins. Ses branches sont disposées par étages, dans une direction presqu'horizontale. Elles sont garnies

en tout tems, de feuilles arrondies, d'un beau vert en-dessus & d'un vert jaunâtre en-dessous, lesquelles viennent six ou sept ensemble, en manière de verticille autour des rameaux. Ses fleurs sont petites, blanchâtres, disposées en épis dans les aisselles des feuilles. Elles produisent des fruits presque aussi gros que des noix, qui renferment une amande dont le goût approche de celui de la noisette.

Usage. Dans l'Inde, cet arbre est cultivé dans les jardins non moins à raison du bel ombrage qu'il procure, qu'à cause des qualités de son fruit, dont les amandes se mangent crues & se servent sur les meilleures tables. Rhéede dit qu'on en tire par expression une huile semblable à celle de l'olive, & qui ne rancit jamais. On en fait aussi des émulsions comme avec nos amandes. Les Indiens emploient le suc de ses feuilles mêlé avec de l'eau de riz, pour modérer la colique, l'ardeur de la bile, & les maux de tête qui ont pour cause de mauvaises digestions.

Ce bel arbre croît dans les forêts du Malabar, & il se plaît de préférence dans les terrains maigres & sablonneux.

2. LE BADANIER des Moluques a beaucoup de rapport avec le précédent; il s'en distingue néanmoins aisément par sa stature, plus petite par la couleur de son feuillage, qui est d'un vert plus gai, & par la disposition de ses branches qui s'étendent davantage & donnent un ombrage plus épais.

Usage. A Batavia, cet arbre se cultive plus particulièrement dans les jardins & dans les places publiques, pour y procurer de l'ombre. Ce n'est pas que ses amandes ne soient aussi bonnes à manger que celles de l'espèce précédente. Elles sont même plus estimées, parce qu'elles sont moins huileuses; mais aussi elles sont d'un bien moindre rapport, puisque, suivant Rhéede, elles ne fournissent point d'huile.

3. BADANIER de Bourbon. Celui-ci est le plus gros & le plus grand des arbres qui se trouvent dans les isles de France & de Bourbon. Ses branches sont disposées par étages & se subdivisent en rameaux qui affectent la même disposition; ses feuilles suivent aussi la même direction, elles sont rassemblées par paquets autour des rameaux qui sont noueux, & comme articulés de distance en distance. Les fleurs qui sont fort petites viennent en épis dans les aisselles des feuilles. Elles donnent naissance à des fruits d'une figure singulière, applatis & bordés d'une membrane.

Usage. Les Indiens donnent la préférence au bois de cet arbre, sur celui de tous les autres pour construire leurs pirogues. Il produit ensuite une résine très-abondante qui est employée avec succès dans les Arts.

4. BADANIER au Benjoin. Cette espèce ne paroît pas devoir s'élever aussi haut que les autres.

Elle eſt remarquable par ſon port grêle & léger, & ſur-tout par l'élégance de ſon feuillage. Les feuilles naiſſent par paquets ſur les rameaux, & vers l'extrémité; elles ſont longues, étroites, & d'un vert pâle, tandis que leurs nombreuſes nervures ſont d'une couleur rouge fort agréable. Les fleurs viennent en grappes courtes, diſpoſées horizontalement entre les paquets de feuilles. Elles ont peu d'apparence, & produiſent des eſpèces de noix applaties & membraneuſes ſur les bords. Ces noix ſont convexes d'un côté, concaves de l'autre, & arrondies dans leur circonférence.

Uſage. Les branches de cet arbre que l'on cultive à la Cochinchine, dans le royaume de Siam & dans les îles de Java & de Sumatra, répandent, lorſqu'on les caſſe, un ſuc laiteux qui produit, à ce que l'on préſume, la réſine du Benjoin du commerce. Mais la plus rare & la plus riche production eſt celle que l'on retire de l'arbre même. Lorſqu'il a cinq ou ſix ans, on fait des inciſions à la couronne du tronc, dans ſa longueur & un peu obliquement. Il en découle une liqueur qui d'abord eſt blanche, glutineuſe & tranſparente; elle s'épaiſſit enſuite à l'air, ſe durcit peu-à-peu, & devient jaune ou rougeâtre. C'eſt cette liqueur qui, dans cet état, forme la précieuſe réſine benjoin. On n'en retire pas plus de trois livres du même individu, parce qu'auſſi-tôt que la récolte eſt faite, les poſſeſſeurs arrachent l'arbre pour mettre à ſa place de jeunes plants qui ſont plus productifs, & dont la réſine eſt plus belle & meilleure que celle des vieux arbres.

Cette réſine eſt regardée comme un parfum précieux. On l'emploie en médecine pour les maladies de poitrine, & les dames s'en ſervent comme d'un coſmétique.

5. LE BADANIER AU VERNIS, eſt un arbre de la forme & de la grandeur du manguier. Ses branches viennent autour du tronc, quatre ou cinq enſemble; elles ſont diſpoſées par étages, & preſque horizontales. Chaque faiſceau eſt à quelque diſtance l'un de l'autre. Les feuilles, quoiqu'éparſes ſur les rameaux, ſont néanmoins le plus communément raſſemblées vers l'extrémité, & diſpoſées en roſettes terminales, comme dans toutes les autres eſpèces de Badanier. Elles ſont lancéolées, linéaires, nerveuſes & longues de dix à onze pouces, ſur environ deux pouces de large. Les fleurs ſont petites, d'un blanc jaunâtre avec des étamines rouges; elles ſont diſpoſées en grappes pendantes, & viennent vers l'extrémité des rameaux. Ces grappes produiſent trois ou quatre fruits. Ce ſont des noix ovoïdes de figure irrégulière, comprimées des deux côtés, & applaties comme des chataignes. Chacune d'elle renferme une amande d'un blanc jaunâtre, très-réſineuſe, & auſſi ferme que celle de la chataigne.

Lorſque le tronc de cet arbre eſt parvenu à une certaine groſſeur, il en découle un ſuc qui d'abord eſt d'un blanc ſale, épais & viſqueux; mais, expoſé à l'air, il devient bientôt après d'un jaune brun, & ſe change enfin en une réſine noire comme de la poix, dure, luiſante, & friable comme le maſtic ou le ſandarac. Cette réſine, dans ſon état de liquidité, eſt ſi cauſtique, que lorſqu'elle touche la peau, elle la brûle & l'ulcère plus vivement que ne fait le ſuc de l'acajou ſauvage ou du manguier puant. Mais, quand une fois elle eſt ſèche, alors elle n'a plus de mauvaiſe qualité, & l'on peut boire, ſans aucun danger, dans les vaſes qui en ſont enduits ou verniſſés.

Cet arbre croît ſur les montagnes de pluſieurs provinces méridionales de la Chine, & dans les Moluques. Les émanations qui en ſortent paſſent pour être auſſi dangereuſes que le ſuc laiteux de l'arbre. Son bois eſt ſolide, durable & difficile à couper. Les amandes de ſes fruits ſe mangent ſans aucun danger, lorſqu'on leur a fait perdre, par la deſſication, le ſuc laiteux qu'elles contenoient.

Mais le principal uſage qu'on fait de cet arbre, ſoit à la Chine, ſoit aux Moluques ou au Japon, eſt d'en tirer ce vernis ſi eſtimé, dont les habitans de la Chine, du Tonquin & du Japon enduiſent avec tant d'élégance & de propreté, la plupart de leurs meubles, tels que des tables & ſervices de tables, & les murs mêmes de leurs appartemens. Il ne faut pas confondre ce vernis avec la laque qui eſt une gomme réſine, fort différente, quoiqu'elle ſerve à-peu-près aux mêmes uſages.

Culture des Eſpèces en Europe.

Les Badaniers ſe cultivent dans des vaſes que l'on renferme dans les ſerres chaudes les trois quarts de l'année; on les place dans les couches de tannée, à l'endroit le plus chaud, & en même-tems le plus aëré. Ils aiment une terre légère, ſablonneuſe & ſubſtantielle, telle que celle qui eſt compoſée de terre à oranger, de terreau de bruyère, & de terreau de feuilles d'arbres réſineux, mélangée par égales parties, depuis pluſieurs années. Quoiqu'ils ne craignent pas l'humidité, ils préfèrent cependant des arroſemens légers & multipliés, à une trop grande quantité d'eau à-la-fois.

Pendant les mois de Juin, de Juillet & d'Août, on peut les ſortir des ſerres & les mettre en plein air, à une expoſition chaude, avec la précaution d'enterrer les vaſes dans leſquels ils ſont plantés, dans le terreau d'une vieille couche. Cette précaution eſt d'autant plus néceſſaire, que les arbres ſont plus forts & plus avancés en âge; mais comme la terre qui leur convient le mieux s'appauvrit aſſez promptement, il eſt bon de la renouveller

renouveller chaque année par des demi-changes
ou des rempotages qu'on peut leur donner,
sans inconvénient, dans le courant de Juin, à
la sortie des serres, ou à la fin d'Août, quelques
jours avant de les rentrer dans les serres.

Multiplication. Les Badaniers se multiplient
assez difficilement de graines & de marcottes,
mais plus difficilement encore de boutures. La
multiplication, par la voie des semences, est
fort incertaine, lorsque les graines n'ont pas été
envoyées directement de leur pays natal, stratifiées dans la terre, soit parce qu'elles perdent
promptement leur propriété germinative, soit
parce que les chaleurs qu'elles éprouvent en
passant la ligne les dessèchent & font périr le
germe. Quoi qu'il en soit, aussi-tôt que ces graines
arrivent en Europe, n'importe dans quelle saison,
il convient de les semer dans des pots & de les
placer dans les tannées des serres chaudes, si
c'est en hiver, ou sous des châssis & sur des
couches chaudes, si elles arrivent en d'autres
saisons. Mais comme les enveloppes qui renferment
les semences, sont dures & coriaces, il est nécessaire d'arroser fréquemment les nouveaux semis, & de leur donner beaucoup de chaleur.
Lorsqu'ils sont levés, on modère les arrosemens;
&, dès que le jeune plant a quatre à cinq pouces
de haut, il convient de le repiquer séparément
dans des pots à œillets. Il est important de ne
pas attendre plus tard pour faire cette transplantation, parce qu'alors la reprise du jeune
plant qui pousse de longs pivots, seroit infiniment moins sûre; en le repiquant, il faut avoir
l'attention de pincer l'extrémité du pivot de la
racine, de placer ensuite les pots dans une couche
d'une chaleur douce & tempérée, d'ombrager
les individus & de leur donner de légers bassinages pour aider leur reprise.

Les marcottes peuvent se faire dans les différentes saisons de l'année; mais celles que l'on
fait à l'époque où les arbres commencent à entrer en sève, réussissent plus ordinairement;
on prend pour cela des jeunes branches de l'a-
vant-dernière pousse; on les ligature avec un
fil d'archal délié, & on leur fait une incision
comme aux œillets. Cette incision ne doit enlever
de la branche, qu'environ le tiers de son épaisseur, & on peut lui donner jusqu'à un pouce
& demi de longueur au-dessous de la ligature;
on ploie ensuite la branche dans un pot à marcottes & on l'assujettit avec une terre un peu
forte que l'on couvre de mousse. Ces branches
sont quelquefois neuf mois sans pousser de racines; si, après ce long espace de tems, elles n'en
étoient pas encore assez abondamment pourvues,
il faudroit les laisser attachées à l'arbre jusqu'à
ce qu'elles fussent parfaitement enracinées: mais
alors on ne risque rien de les séparer & de les
transplanter avec une terre neuve, dans des pots
plus grands, seulement il faut choisir pour cette

opération, le printems ou l'été, afin que les
jeunes marcottes aient le tems de prendre assez
de force pour résister à l'hiver. On les traite,
ensuite comme les jeunes plans provenus de
graines, dont nous avons parlé ci-dessus.

La multiplication, par boutures, réussit très-
rarement, de quelque manière & en quelque saison qu'on les fasse. Cependant il ne faut pas
la négliger, lorsque c'est le seul moyen qu'on
ait à sa disposition. Il convient de prendre, de
préférence, de jeunes branches vigoureuses, d'en
ôter les feuilles, à l'exception des cinq ou six
dernières qui se trouvent à l'extrémité de la
branche que l'on coupe à un pouce ou deux
du pétiole, & de les planter dans de petits pots
avec une terre sablonneuse & légère.

On place ensuite ces pots sur une couche
d'une chaleur modérée; & on les couvre d'une
cloche presque opaque. Si les pétioles des feuilles
tombent d'eux-mêmes au bout d'une quinzaine de
jours, on peut concevoir quelque espérance, &
il faut continuer à soigner exactement les boutures, soit en leur donnant un peu d'air, soit
en les arrosant, lorsque la terre cesse d'être humide. Si la couche venoit à perdre de sa chaleur, il seroit à propos de la raviver un peu,
par des réchauds de fumier, sans cependant
toucher aux pots, ni déranger les cloches qui
les recouvrent. En faisant les boutures à la fin
du printems, celles qui reprennent ont ordinairement assez de racines pour fournir à leur
accroissement, & être en état de passer l'hiver.
Mais il faut les laisser dans les mêmes pots &
les placer, dès le mois de Septembre, dans la
tannée d'une serre chaude, à l'endroit le plus
aéré, & près du fourneau. Au mois de Juin suivant, on les rempotera, & en les plaçant sous
une bâche à ananas, elles profiteront beaucoup
pendant cette seconde année.

En général, tous ces arbres sont très-rares en
Europe, à peine en existe-t-il quelques individus
dans trois ou quatre jardins, & encore, n'y
trouve-t-on que les espèces N.ºs 1 & 3.

Usage. Mais, indépendamment de leur rareté,
ces arbres réunissent des qualités qui doivent les
faire rechercher. Leurs tiges droites, d'où partent des rayons de branches étagées de distance
en distance, lesquelles donnent naissance à des
rameaux qui suivent la même direction; leurs
feuilles qui viennent par paquets, en forme de
rosette, à l'extrémité des rameaux & à la jonction
des branches; un feuillage permanent, dont les
nervures & les plus petites ramifications sont
d'un beau rouge dans la plupart des espèces;
tout enfin contribue à donner à ces arbres une
forme aussi pittoresque qu'élégante, & les rend
très-propres à orner les serres chaudes & à y
répandre de la variété. Ils deviendront encore
plus intéressans, si l'on considère les usages
auxquels on les emploie, dans les pays où ils

croiffent naturellement, & les fubftances précieufes qu'ils fourniffent aux arts & au commerce.

Le Badanier au vernis, qui croît à la Chine & au Japon, dont la température eft analogue à celle de quelques-unes de nos provinces les plus méridionales, & fur-tout à celle de l'ifle de Corfe, pourroit, fuivant les apparences, s'y naturalifer & ouvrir une nouvelle reffource à l'agriculture, aux arts & au commerce. Cette tentative ne coûteroit pas beaucoup à faire, & pourroit produire de grands avantages. (*M. Thouin*).

BADIAN, *Illicium* L.

Ce genre, qui fait partie de la famille des Anones, fuivant M. de la Marck, & de celle des Magnoliers, d'après M. de Juffieu, eft compofé de trois efpèces, dont deux fe cultivent en Europe dans les orangeries. Ce font toutes des arbriffeaux toujours verds, d'un port agréable, & dont les propriétés font intéreffantes ; ils croiffent fous les zones tempérées, à la Chine, dans la Floride & dans la Caroline : ils font encore rares dans nos jardins.

Efpèces.

1 **Badian** de la Chine ou anis étoilé. *Illicium anifatum* L. ♄ de la Chine & du Japon.

2 **Badian** de la Floride. *Illicium Floridanum* L. ♄ de la Floride occidentale.

3 **Badian** de la Caroline. *Illicium Carolinianum* ♄ de la Caroline méridionale.

Defcription du port des efpèces.

1. Le **Badian** de la Chine eft un arbriffeau qui s'élève à douze pieds de haut environ ; fon tronc eft droit, épais & branchu à l'extrémité ; une écorce liffe & d'une odeur aromatique recouvre un bois de couleur rouffe, caffant & très-odorant. Ses branches fe divifent en rameaux qui font perpétuellement couverts de feuilles femblables à celles du laurier, lefquelles forment, à l'extrémité des rameaux, des rofettes agréables. Les fleurs font terminales & de couleur jaunâtre ; elles produifent des fruits compofés de capfules difpofées en étoiles qui ont une odeur de fenouil très-fuave, ce qui a fait donner à l'arbriffeau le nom d'anis étoilé. Les graines renfermées dans les capfules font luifantes, d'un jaune pâle & de la groffeur d'un petit pois.

2. **Badian** de la Floride. Cette efpèce eft auffi un arbriffeau, mais qui paroît devoir s'élever moins haut que le précédent ; fa tige eft droite, verticale & branchue ; fon écorce eft liffe, d'un beau vert fur les branches, & légèrement rouge

fur les rameaux. Les feuilles font d'un vert foncé, & ont à-peu-près la forme de celles du *Rhododendron ponticum*. Lorfqu'on les froiffe légèrement, elles répandent une odeur charmante. Les fleurs viennent féparément dans les aiffelles des feuilles vers l'extrémité des rameaux ; elles font d'un rouge cramoifi, & ont environ un pouce & demi de diamètre.

Cet arbriffeau fleurit vers fa troifième ou quatrième année, & dès qu'il a 20 à 30 pouces de haut. Il produit ordinairement plufieurs fleurs en même-tems qui fe fuccèdent les unes aux autres depuis le mois d'avril jufqu'au mois de juin. Jufqu'à préfent, ces fleurs n'ont produit aucunes femences en Europe.

3. **Badian** de la Caroline. Cette efpèce fe diftingue de la précédente, avec laquelle elle a plufieurs rapports, par la couleur de fes jeunes rameaux, qui eft d'un vert tendre : par fes feuilles moins alongées, & plus arrondies par leur extrémité, & par fes fleurs qui font d'un jaune pâle.

Culture.

La première efpèce croît naturellement à la Chine dans les terreins fertiles, un peu humides ; les Chinois la cultivent dans leurs jardins parmi les arbres d'ornement. Jufqu'à préfent on n'a pu réuffir à fe procurer cet arbriffeau en Europe, malgré la quantité de graines, que l'on a reçues & qu'on a femées de différentes manières. Il paroît que les femences vieilliffent très-promptement, & qu'il faudroit les ftratifier dans des caiffes avec de la terre humectée convenablement, pour qu'elles puffent arriver en état de germination dans notre climat. Nous croyons que cet arbriffeau croîtroit en pleine terre dans quelques parties de la Corfe & du Rouffillon, & que fa culture pourroit y faire un objet de commerce intéreffant.

La deuxième & la troifième efpèce croiffent & fe confervent aifément dans des pots que l'on rentre, dans les ferres tempérées pendant l'hiver, lorfque les individus font dans leur première jeuneffe ; mais lorfqu'ils ont 3 ou 4 ans, ils n'ont befoin que du fecours d'une bonne orangerie : ces arbriffeaux exigent une terre fubftancielle, un peu forte & légèrement fablonneufe ; des arrofemens fréquens, mais peu abondans lorfqu'ils font en pleine végétation, & que leur feuillage eft d'un beau vert, leur font favorables ; mais lorfqu'ils ne pouffent que foiblement & que leurs feuilles deviennent jaunes, il convient de les modérer, & de ne les arrofer qu'autant qu'il eft néceffaire pour empêcher que la terre ne fe deffèche. Ils craignent le grand foleil du midi pendant l'été, fur-tout lorfque fes rayons paffent à travers des nuages ; c'eft pourquoi il eft à propos de les placer à l'expofition du levant, dans un lieu où ils ne puissent être frappés par le soleil que jusques vers les onze heures du matin. Ils sont sujets à la jaunisse ; maladie qui, lorsqu'elle est arrivée à un certain point, finit ordinairement par les faire périr. Le moyen de les en préserver est de les garantir du passage trop subit du froid au chaud, de l'humidité à la sécheresse, & sur-tout de ne les point faire pousser à contre-saison. On guérit de cette maladie, les arbustes qui en sont affectés, en les changeant de terre, en modérant les arrosemens, en excitant leur végétation, par la douce chaleur d'une couche, & en les garantissant du trop grand soleil.

Ces jolis arbrisseaux se multiplient aisément de marcottes ; on choisit pour cet effet de jeunes branches bien vigoureuses, qu'on courbe dans des pots, remplis d'une terre douce & un peu forte. Il n'est pas nécessaire d'inciser ni de ligaturer les branches lorsqu'elles sont de l'avant-dernière pousse ; mais si elles sont plus âgées, cette précaution est utile pour les déterminer à pousser des racines plus promptement. Les marcottes se font ordinairement au printems & dans l'été ; & au bout de huit ou dix mois, elles sont assez pourvues de racines pour être séparées. Cependant, si l'on fait attention que ces arbrisseaux viennent d'un pays où les saisons se trouvent diamétralement opposées aux nôtres ; que leur plus forte végétation commence en automne, qui répond à notre printems, on jugera que cette saison doit être plus favorable que toute autre, à la reprise des marcottes ; & l'expérience, en effet, démontre cette observation ; mais il faut avoir l'attention de faire passer l'hiver aux pieds ainsi marcotés, dans une serre tempérée, où leur végétation puisse avoir lieu, sans se ralentir, & de les placer au printems, à la sortie des serres, dans un endroit ombragé du grand soleil, pour qu'ils puissent jouir d'un peu de repos.

Les boutures de ces arbrisseaux reprennent très-difficilement ; nous en avons fait dans différentes saisons de l'année, de plusieurs manières, & toujours sans succès. Quant aux graines, nous n'avons pas été à même d'employer cette voie de multiplication. Ces arbrisseaux n'en produisent point dans notre climat, & nous n'en avons pas reçu du pays où ils croissent naturellement.

Il n'est presque pas douteux que le Badian de la Floride ne pût se naturaliser dans nos provinces méridionales, & y devenir un objet de commerce, comme les myrtes, les orangers, les citronniers & autres arbres que les provenceaux ont coutume de transporter chaque année, dans les différentes villes de France, & dont ils trouvent un débit non moins assuré qu'avantageux. Cet arbrisseau, qui réunit une partie des agrémens de ceux dont nous venons de parler, pourroit augmenter le commerce de ces provinces, & nous

dispenser de le tirer d'Angleterre, à grands frais, & à toutes sortes de risques.

Usages. La première espèce a différentes propriétés : les Indiens font infuser les fruits dans l'eau, & en retirent, par la fermentation, une liqueur vineuse. En Europe, on les emploie à faire d'excellentes liqueurs.

Les Chinois mâchent ordinairement les capsules des graines, avant le repas, pour se fortifier l'estomac & se parfumer la bouche, & dans la même vue, les Hollandois les mettent infuser avec leur thé qu'ils regardent alors comme un puissant diurétique.

A la Chine & au Japon, cet arbrisseau entre dans toutes les cérémonies religieuses. On l'offre aux pagodes, on en brûle l'écorce comme un parfum, sur leurs autels, & on en place des branches sur les tombeaux de ses amis.

Un usage bien différent, & qui n'est remarquable que par sa singularité, est celui que les gardes publics en font à la Chine. Ils pulvérisent l'écorce de cet arbrisseau dont ils remplissent de petites boîtes alongées en forme de tuyau, lesquelles sont graduées à l'extérieur de distance en distance. Ils mettent le feu à cette poudre par une des extrémités du tuyau, elle se consume très-lentement & d'une manière uniforme ; & lorsque le feu est parvenu à une distance marquée, ils sonnent une cloche, & par le moyen de cette espèce d'horloge pyrique, annoncent l'heure au public.

Les propriétés de la deuxième & troisième espèce de Badian sont encore peu connues en Europe. Nous avons observé seulement que leurs feuilles, leur écorce & leur jeune bois ont une odeur fort agréable qui approche beaucoup de l'anis, mais plus suave.

Ces arbrisseaux méritent d'être cultivés dans les jardins des amateurs, tant à cause de la beauté & de la permanence de leurs feuillages, que de l'agrément de leurs fleurs qui les rangent parmi les plus intéressans arbrisseaux d'orangerie.

Historique. Le Badian de la Floride fut découvert par un nègre, en 1765, près de Pensacola, dans un terrain marécageux. M. Bartram, Botaniste, anglo-Amériquain, le découvrit sur les bords de la rivière de S. Jean, dans la Floride occidentale, & il fut cultivé pour la première fois en Angleterre chez M. John Ellis en 1766.

La troisième espèce nous a été envoyée au printems dernier par M. André Michaux, Botaniste François, qui voyage depuis cinq ans dans l'Amérique tempérée. Il l'a découverte dans la Caroline méridionale, ainsi qu'un grand nombre d'arbres & de plantes inconnues aux Botanistes modernes. Nous espérons qu'à son retour en Europe il nous les fera connoître, & qu'il nous mettra à même de jouir de ses utiles travaux. (*M. Thouin.*)

BADIANE, nom qu'on donne aux fruits de

d'anis étoilé, *Illicium anisatum*. L. V. BADIAN DE LA CHINE. (*M. THOUIN.*)

BADIENE, *Illicium anisatum*. L. V. BADIAN DE LA CHINE. (*M. THOUIN.*)

BAGASSE. On donne ce nom aux cannes sucrées qui ont passé deux fois entre les cylindres, & y ont déposé tous leurs sucs. Ces cannes sont liées en fagots & servent de combustible après avoir été séchées : *voyez* CANNAMELLE. (*M. REYNIER.*)

BAGASSIER. *BAGASSA.*

Genre dont les parties de la fructification ne sont pas bien connues, mais qui, par un grand nombre de rapports, paroît appartenir à la seconde section de la famille des ORTIES. Il a été établi par Aublet, dans son histoire des plantes de la Guiane, & n'est encore composé que d'une seule espèce.

BAGASSIER de la Guiane.

BAGASSA Guianensis, Aubl. suppl. p. 15. ♄. des forêts de la Guiane.

Le Bagassier est un très-grand arbre, dont le tronc est droit, & s'élève à quatre-vingt pieds de hauteur, sur 4 à 5 de diamètre. Son écorce est lisse, & cendrée, son bois est blanc, sa tête est immense, & ses branches, qui sont très-grosses, s'étendent au loin de tous côtés. Les rameaux qui en sortent sont creux & garnis de feuilles opposées, lesquelles ont à leur naissance, chacune deux stipules, longues & membraneuses, que l'on n'apperçoit que sur les jeunes pousses. Ces feuilles sont partagées à leur partie supérieure, en lobes aigus ; elles sont vertes, âpres au toucher, & ressemblent un peu à celles du figuier. Les plus grandes ont un pied de longueur & près de neuf pouces de large. Les fleurs ne sont pas connues ; mais on a observé les fruits ; ils sont mous, succulens, & ont la forme & la grosseur d'une moyenne orange. Les péduncules, par lesquels ils sont attachés aux branches, sont fort courts. A l'extérieur, ils sont couverts d'une peau chargée de petits tubercules jaunâtres, & lorsqu'on les coupe transversalement, on trouve dans le centre une substance plus ferme, entourée d'une chair molle, qui contient un grand nombre de semences, en forme de pepins bruns & visqueux. Cet arbre est rempli d'un suc aqueux, de couleur blanche, qui s'échape au-dehors dès qu'on déchire son écorce.

Culture.

Il croît naturellement sur la terre ferme de la Guiane, dans les forêts d'Aroura, dans le Comté, à la crique des Galibis, à Sinémari & à Caux. Il paroît qu'il croît indistinctement sur les montagnes, dans les plaines & dans les lieux marécageux. Jusqu'à présent il n'a

point été apporté en Europe, où sa culture particulière est inconnue. Mais il est probable qu'il s'y conserveroit dans les serres chaudes, & se multiplieroit de marcottes, & peut-être de boutures.

Usage.

Le Bagassier peut être mis au rang des arbres fruitiers de la Zone-Torride : son fruit est d'un très-bon goût. Les créoles & les naturels du pays le mangent avec plaisir : pour peu qu'on le garde, lorsqu'il est bien mûr, il fermente & acquiert une saveur vineuse, un peu acide.

Son tronc est employé pour construire de grandes pirogues. L'on peut en tirer des courbes & des madriers, pour la construction des navires ; mais il y a du choix parmi ces arbres, & l'on fait une grande différence dans le pays, entre les Bagassiers qui croissent sur les montagnes, & ceux qui viennent dans les plaines & les marécages. On prétend que le bois des premiers est plus léger, & flotte mieux sur l'eau que celui des mêmes arbres qui croissent dans les marécages & dans les plaines ; que la pirogue construite avec ces derniers coule à fond, lorsqu'elle se remplit d'eau, tandis que celle faite avec le bois du Bagassier de montagne, quoiqu'également remplie d'eau, se tient toujours à la surface. (*M. THOUIN*).

BAGUENAUDIER ; nom d'un genre d'arbrisseau de pleine terre, dont il sera traité dans le Dictionnaire des arbres & arbustes. *Voyez* cet article. (*M. THOUIN.*)

-BAGUENAUDIER, les habitans de l'isle de France donnent ce nom au *crotalaria arborescens*. La M. Dict. joli arbrisseau qu'ils cultivent dans les jardins d'ornement. *Voyez* CROTALAIRE en arbre, n.° 24. (*M. REYNIER.*)

BAGUE. Les jardiniers donnent ce nom aux œufs de certains papillons, (*le bombyx de la livrée*), qui les déposent circulairement autour des branches de quelques arbres & des tiges de plusieurs plantes herbacées. Ces œufs donnent le jour à la chenille, connue sous le nom de *livrée*, la plus funeste aux arbres fruitiers. *Voyez* LIVRÉE.

Il est essentiel de détruire ces œufs avant que les insectes éclosent, sur-tout en automne, & pendant le cours de l'hiver. On distingue, dans toutes les saisons, les œufs vides des autres, à un petit point noir qui se trouve à l'extrémité de chacun d'eux.

Souvent ces *bagues* adhèrent avec tant de force à la plante, qu'on ne peut les détacher sans écorcher la place où elles sont colées : mais il faut la sacrifier, plutôt que de laisser subsister des ennemis aussi voraces, dont le dégât seroit infiniment plus funeste, que la perte d'une branche.

Quelques perfonnes ont propofé de faire pé-rir ces œufs, au moyen de fumigations, & fur-tout avec la vapeur du foufre. J'ai effayé ce remède, qui n'a produit aucun effet. (*M. Reynier.*)

BAGUETTE. Les baguettes font des mor-ceaux de bois plus ou moins ornés, dont on fe fert pour appuyer les fleurs & les légumes en graine, dont la tige eft trop foible pour fe fou-tenir. Elles doivent être proportionnées à la groffeur de la plante; épaiffes, elles produifent un mauvais effet; minces, elles peuvent nuire par leur vacillement, qui ébranle la plante plus qu'elle ne le feroit en liberté, & les plaies que ces frottemens multipliés occafionnent, font un mal réel.

On fe fert indifféremment de branches de bouleau & de noifetier minces, & garnies de leur écorce ou de baguettes de gros bois fa-çonnées & plus ou moins enjolivées. Les pre-mières font préférées par les florimanes, parce qu'ils peuvent les choifir du degré de minceur qui convient aux plantes frêles qu'ils cultivent. Les dernières font plus communes dans les jar-dins ordinaires, & dans ceux où l'on cultive des plantes exotiques. On les fait de bois de fa-pin ou de frêne, fuivant le prix que l'on veut y confacrer, & on les couvre d'une couche de peinture à l'huile; avec cette précaution elles durent beaucoup plus long-tems. Il feroit en-core utile de les brûler vers le bout, avant de les peindre, parce que l'humidité détruit cette par-tie, tandis que le refte eft encore fain. Une pro-vifion de ces baguettes fert pendant nombre d'an-nées, pourvu qu'on ait foin de les ferrer pen-dant l'hiver. Il eft bon d'en avoir de deux ou trois groffeurs différentes, les plus grandes peu-vent avoir quatre pieds, fur un pouce d'épaif-feur: deux pieds, fur huit lignes, fuffifent aux plus petites. Il eft indifférent de les faire rondes ou quarrées, les dernières coûtent moins, les premières ménagent davantage les plantes. On façonne prefque toujours le haut de la Baguette, en forme de pommeau, plus ou moins orné, & terminé en pointe; cet ufage eft peu réfléchi, puifque la pointe empêche de pefer fur le pom-meau, pour enfoncer la Baguette en terre, & cependant il paroît deftiné à cet ufage.

On fait enfin des Baguettes de fer: elles du-rent beaucoup plus long-tems que celles en bois, fur-tout lorfqu'on les garantit de la rouille, au moyen d'une couche épaiffe de couleur à l'huile; elles paroiffent plus économiques, mais les premiers frais font plus confidérables. Dans plufieurs jardins, on a des Baguettes de fer dont l'extrémité eft applatie & forme une plaque d'environ deux pouces quarrés. Ces plaques étant couvertes d'une couche de vernis, on y trace avec de la couleur noire le nom de la plante ou des numéros correfpondans à un catalogue. C'eft principalement dans les jardins botaniques, où la multitude des plantes exige le plus grand ordre, que ces Baguettes font utiles. On s'en fert au Jardin de Paris depuis quelques années. Je crois cependant que ces Baguettes de fer pourroient être nuifibles dans les jardins ordinaires où les Baguettes fervent uniquement pour affujettir les plantes. La moindre négligence dans la manière de faire les ligatures, expoferoit la plante à être froiffée, ou par le frottement, ou par fa prei-fion contre le fer. Lorfque les plantes qu'on appuie ont un certain volume, comme les arbres, les appuis qu'on leur donne prennent le nom de Tuteurs. *Voyez ce mot.*

D'autres Baguettes enfin peuvent fixer un inftant notre attention, quoique leur ufage diminue avec le nombre des florimanes. Les zélés craignant que le contact des mains ou l'haleine des curieux ne terniffent les fleurs, objet de leur culte, donnoient des Baguettes à ceux qui venoient partager leur adoration, & les aftreignoient à s'en fervir pour indiquer les plantes qu'ils diftinguoient. A mefure que la florimanie a perdu de fon fanatifme, & que les amateurs ont joint à cette culture celle des plantes exotiques, l'ufage de ces Baguettes a dif-paru. Le goût des jardins payfagiftes eft peut-être la véritable caufe qui a fait ceffer cette admiration ftupide pour les fleurs, & les folies dont elle a été la caufe. L'efprit qui étoit circonfcrit dans les bornes du parterre en broderie, & d'un théâtre de fleurs a pris de l'effor, la nature a dirigé le goût & l'on a fenti la ridicule de ces anciens goûts. (*M. Reynier.*)

BAGUETTE. Les fleuriftes donnent ce nom aux tulipes qui viennent de Flandre, à caufe de de la hauteur de leurs tiges. Ces tulipes font eftimées lorfque la tige eft affez forte pour fou-tenir la fleur, & que cette dernière ne penche pas. (*M. Reynier.*)

BAHU, *dos de Bahu.* On fe fervoit ancienne-ment de ce mot pour exprimer le bombement de la terre des plattes-bandes, & des planches, que l'on pratique, foit pour l'agrément du coup-d'œil, foit pour faciliter l'écoulement des eaux. On fe fervoit auffi du mot *dos de carpe* pour exprimer la même chofe. *Voyez* BOMBER & CARPE. Le mot *Bahu* n'eft plus en ufage, à moins que ce ne foit dans quelques provinces écartées. On le trouve dans les anciens livres d'Agriculture & de Jardinage, comme, par exemple, dans le *Dictionnaire des termes d'Agriculture de Liger.* (*M. Reynier.*)

BAJA, nom brame d'une plante vivace de la côte du Malabar, qui paroît appartenir au genre du *Convolvulus. Voyez* l'article LISERON. (*M. Thouin.*)

BAIE. Fruit mou ou charnu, qui contient une ou plufieurs graines, fouvent même un très-grand nombre, réunies indiftinctement dans la pulpe, ou féparées en plufieurs compartimens par des cloifons. Les Baies font le plus fouvent des fruits pleins de fucs ; quelquefois auffi leur chair eft coriace comme celle du poivron. Elles diffèrent de la *prune*, parce que cette dernière ne contient qu'une feule graine dont l'enveloppe eft ligneufe, & de la capfule, parce que cette dernière, qui a été charnue avant fa maturité, fe defsèche à cette époque. Elles en diffèrent auffi, parce que les graines font libres & dégagées de la fubftance du fruit dans la capfule mûre, au lieu qu'elles font toujours adhérentes dans les Baies. *Voyez* les mots PRUNE & CAPSULE.

Les Naturaliftes diftinguent les Baies en plufieurs fous-divifions, en raifon du nombre des graines qu'elles contiennent ; mais chacun de ces noms partiels eft toujours précédé du nom général de *Baie*. Ainfi, ils nomment Baie *monofperme* celle qui ne contient qu'une graine, comme celle de la viorne ; *difperme*, celle qui contient deux graines, comme celle du vinetier ; *trifperme*, celle qui en contient trois, comme celle du fureau & *polyfperme* enfin, celle qui en contient un très-grand nombre, comme celle du grofeillier.

Les Naturaliftes diftinguent auffi les Baies en raifon du nombre des loges ou cloifons qui les divifent. Ainfi, la Baie à une loge, eft celle où les graines font répandues dans toute la fubftance du fruit, comme dans la Baie de la vigne ; celle à deux loges, dont l'intérieur eft divifé par une cloifon, comme la Baie du chevre-feuille ; celle à trois loges, dont l'intérieur a trois compartimens, comme la Baie du mirthe, &c.

Les Naturaliftes diftinguent enfin les Baies en fimples, comme toutes celles que nous venons de citer, & en compofées comme celles de la ronce, qui eft formée par la réunion de plufieurs petites Baies, qui chacune contiennent une graine. Je dois faire remarquer, à cette occafion, que les fruits du fraifier & du mûrier ne font pas des Baies, fuivant quelques Auteurs, mais bien des calices charnus ; ils font cette diftinction à caufe que la graine s'y trouve à la furface du fruit.

On ne doit pas imaginer que la Baie eft une efpèce de fruit tellement diftin<fte, qu'il ne fe trouve aucun intermédiaire ; & il en eft plufieurs que les Naturaliftes font très-embarraffés de claffer, plufieurs même qu'ils diftinguent par une dénomination compofée, ainfi Baie en forme de capfule, en forme de prune, &c. Souvent la Baie eft tellement dure & coriace, qu'on la prendroit pour une capfule fi les graines ne reftoient pas adhérentes au fruit. Une defcription, dans ces cas, prévient les erreurs.

Les graines contenues dans les Baies qu'on deftine à reproduire l'efpèce, exigent différentes précautions. Lorfque les Baies font d'une nature fèche, ou qu'elles ont peu de tendance à fermenter, il fuffit de les fufpendre dans un lieu fec où elles fe confervent très-bien ; ce font

principalement les Baies qui mûriffent en automne qu'on peut garder de cette manière. Je citerai pour exemple le coqueret. *Voyez ce mot.* Lorfque les Baies ne font pas fufceptibles d'être gardées, il faut les écrafer ou fraîches, ou après leur avoir fait fubir un commencement de fermentation. On délaie cette pâte, les graines tombent au fond ; on verfe l'eau, & l'on étend les graines pour les fécher ; quelques efpèces doivent être femées tout de fuite ; d'autres doivent être gardées jufqu'au printems fuivant. On trouvera ces détails à l'article de chaque plante qui porte des Baies. Une obfervation affez confidérable, c'eft que de toutes les plantes baccifères, d'un ufage un peu commun, un petit nombre feulement fe multiplie par fes graines. Lorfque la Baie eft petite comme celle d'afperge, par exemple, on peut la femer entière.

Dans les pays chauds, & dans les pays tempérés où les fruits font abondans, les hommes font ufage d'un très-petit nombre d'efpèces de Baies ; les enfans feulement difputent aux oifeaux celles de plufieurs arbriffeaux fauvages, tel que l'airelle. Dans les pays montagneux, & dans les pays du nord, on conferve les Baies de plufieurs plantes, foit confites, foit fèches. *Voyez* AIRELLE. Cook dit qu'au Kamtchatka les Baies forment une des principales provifions pour l'hiver. La grofeille, l'épine-vinette, la forbe, la nèfle, dans nos climats, paroiffent fur nos tables fous des formes plus ou moins diverfifiées.

Quelques efpèces de Baies fervent dans les arts ; celles de Nurprun donnent un vert connu dans le commerce, fous le nom de *Verd de Veffie* ; d'autres fervent en médecine. (*M.* REYNIER.)

BAIES, *jardins Anglois.* Ces jardins, qui ne font autre chofe qu'une nature embellie, ont cet avantage que, dans toutes les faifons, ils préfentent des objets agréables, lorfqu'un jardinier induftrieux a bien choifi les plantes, & a fu les mélanger. Non-feulement la diverfite des verds & les époques de la floraifon doivent diriger fon choix, mais il peut encore mêler des arbriffeaux dont les fruits ont des couleurs décidées, & forment, avec les arbres qui fleuriffent en automne, la décoration des bofquets de cette faifon. Le forbier des oifeleurs, le fufain, le vinetier, le buiffon ardent, le fureau à grapes, & nombre d'autres efpèces, ont des fruits d'une couleur vive qui tranche avec le verd, & produifent dans les maffifs un effet femblable à celui des fleurs : ils rompent l'uniformité. Lorfqu'on a fait un bon choix d'efpèces, les bofquets confervent leur agrément. Une grande partie de l'hiver. Les Baies du forbier des oifeleurs, du buiffon ardent, des alifiers, reftent fur l'arbre jufqu'au printems, & tombent à l'époque où les nouvelles feuilles commencent à paroître. Le goût, plutôt que les confeils, peut indiquer le choix, & fur-tout la manière de difpofer les maffifs, dé manière à faire reffortir les plantes qui les compofent fans trop les détailler.

Dans la compofition des payfages, on doit moins faire attention à la floraifon & fructification des arbres, qu'aux maffifs, aux jeux de lumière, aux rapports de l'enfemble. Ces détails de couleurs, dans lefquels on eft obligé d'entrer pour la formation des bofquets peu étendus, afin de rompre leur uniformité, fe perdroient dans une certaine étendue, & détourneroient l'efprit des grands effets qu'il doit chercher. Les effets de détail doivent être réfervés pour les bofquets qui forment un paffage du jardin à la forêt, & en général pour les plantations voifines de l'habitation. *Voyez* PAYSAGE. (*M. REYNIER.*)

BAIL.

Je ne confidérerai ce mot que relativement à l'agriculture. C'eft au Dictionnaire de Jurifprudence à en traiter, fous le rapport des lois & des coutumes.

Un Bail eft une convention par écrit, ou quelquefois verbale entre deux perfonnes, dont l'une propriétaire, ou fondée de pouvoir d'un propriétaire, abandonne à l'autre pour un tems, même à perpétuité, l'ufage & la jouiffance de fa propriété, moyennant une redevance annuelle, foit en denrées, foit en argent.

Celui qui paffe un Bail de fa jouiffance, fe nomme *Bailleur, Locateur, Loueur, Propriétaire;* celui qui reçoit ce Bail, fe nomme *Preneur, Locataire, Fermier, Amodiateur, Métayer, Granger, Bordier, Clofier, &c.*

Le Bail fe fait fous-feing-privé ou pardevant Notaire. *Voyez* la formule de ces actes dans le Dictionnaire de Jurifprudence.

Le bail peut être ou général ou particulier.

BAIL GÉNÉRAL.

Un Bail général eft la convention par laquelle on afferme, ou toutes fes terres, dans quelque pays qu'elles foient fituées; ou tous les domaines d'une feule terre, à un fermier, qui ne les exploite pas lui-même, & dont la réfidence eft fouvent loin des terres affermées. Celui-ci, *fous-baille* ou *fous-loue* les objets en détail à des cultivateurs qui lui en paient le prix convenu. Ce qu'il en tire au-delà des fommes, qu'il doit remettre au propriétaire, eft fon bénéfice, & lui appartient entièrement.

Les grands propriétaires, tels que les princes, les abbés, les couvens de filles, les hôpitaux, &c. ont des fermiers-généraux.

Dans les environs de Montpellier, en Languedoc, il y a des fociétés ou des entrepreneurs de culture, qui ont leurs métayers, leur valets & leurs beftiaux.

Cette efpèce de Bail a pour les propriétaires, l'avantage de ne leur donner aucun foin. Pendant la durée du bail, ils reçoivent leurs revenus en argent. Si les fous-fermiers ne paient pas, les fermiers-généraux en répondent. Les pourfuites fe font au nom des fermiers-généraux. Les propriétaires n'ont que des quittances à donner: mais il en réfulte un grand mal pour les propriétaires même, pour les fous-fermiers & pour l'Agriculture. Le fermier-général n'a d'autre but que de fous-louer au plus haut prix poffible. Le cultivateur, forcé par le befoin, & par la crainte de ne pas trouver d'emploi, confent à un fous-bail, pendant la durée duquel il ne gagne que pour vivre. Il eft hors d'état de faire dans les terres les améliorations que l'aifance lui feroit entreprendre. A la fin du Bail général, elles retombent au-deffous de la valeur qu'elles avoient auparavant, & le propriétaire ne trouve plus à les affermer au même prix. Les fous-fermiers, dans cet état des chofes, ne font, pour ainfi dire, que les efclaves des fermier-généraux; ils ne travaillent que pour les enrichir. S'ils arrofent la terre de leur fueur, s'ils fe lèvent de grand matin & fe couchent tard, s'ils vivent avec la plus grande fobriété, s'ils fe privent de tout, c'eft pour accroître la fortune de gens, qui les traitent fouvent avec la plus grande rigueur, & qui n'ont aucun intérêt à les ménager. Enfin, l'Agriculture perd à ces fortes de contrats, puifque les terres fe détériorent, & fourniffent moins à la maffe des productions.

Les régiffeurs de terres font quelquefois auffi des tyrans. Ils peuvent abufer de la confiance des propriétaires, & du defir que les fermiers ont d'occuper des fermes, pour en tirer des pots-de-vin au renouvellement des Baux. Mais ils font bien moins redoutables pour un pays, que les fermiers-généraux. Dépendans des propriétaires, dont ils font les agens gagés, & intéreffés à l'amélioration des terres & au bonheur des fermiers, avec lefquels ils ont des relations habituelles, ils tâchent fouvent de concilier les intérêts de leurs maîtres avec ceux des fermiers. On en voit quelquefois s'attendrir fur le fort des fermiers, les confoler, les aider dans leurs pertes, & leur fervir d'appui auprès des propriétaires. Qu'on choififfe des régiffeurs honnêtes, humains, éclairés, qu'on les falarie de manière à leur donner de l'aifance, que l'efprit de juftice & d'attachement du maître pour fes fermiers leur foit connu, les cultivateurs feront bien traités, ils prendront courage, ils perfectionneront leurs cultures, ils feront heureux, & l'état fe reffentira de cette douce influence.

Autant que l'étendue des poffeffions, & la connoiffance des chofes de campagne le permettront, je confeille aux propriétaires de paffer eux-mêmes les baux à chaque fermier en particulier; l'empire du maître eft fi doux, en comparaifon de celui des intermédiaires! Un expofé fimple & naïf de pertes éprouvées par une grêle, par une mortalité, par une féchereffe extrême, ou par des débordemens

de rivière, excite la pitié, détermine une remife
de fermage, un prêt d'argent, que le régiffeur,
même le mieux intentionné, n'oferoit fe permettre, ou n'eft pas en état de faire.

Cette obfervation peut s'étendre à tous les pays.
A l'ifle de France, en Afrique, & fans doute dans
d'autres colonies, on confie quelquefois fon
bien à un régiffeur, au 3.me ou au 4.me du produit. Il ne met que fes foins & fa vigilance;
les frais, les charges & les pertes font fur le
compte du propriétaire. Mais l'habitation eft toujours mieux gouvernée, quand elle l'eft par le
maître même, il en tire plus d'avantage, fes
efclaves font plus ménagés & plus foignés. On
voit que je préfère à tout, le rapport direct
des cultivateurs, avec le propriétaire, & enfuite
les régiffeurs aux fermiers-généraux.

BAIL PARTICULIER.

Le Bail particulier eft un contrat paffé entre
un propriétaire, ou un fermier-général & un
homme de campagne, pour la location d'une
quantité déterminée de terres, ou pour celle de
quelques autres objets.

Je diftingue deux fortes de Baux particuliers,
l'un eft de longue durée, ou à long terme, &
l'autre eft à terme court.

Dans la première claffe, je place le *Bail emphytéotique*, le *Bail à vie*, le *Bail à domaine
congéable*, & dans la feconde, le *Bail à ferme*
& le *Bail à chetel*.

BAIL A LONG TERME.

On donne fpécialement le nom de Bail emphytéotique à l'acte d'abandon, de terres incultes & fans rapport, fait par un propriétaire, à
condition de les défricher & planter, moyennant
une modique redevance. Le mot d'emphytéofe,
tiré du grec, exprime une des conditions. Car
il fignifie *planter dedans*. Le *complant* & le
bordelage, ufités dans quelques provinces, ont
beaucoup de rapport avec l'emphytéofe.

Les Romains étoient dans l'ufage de faire
des Baux emphytéotiques, foit à perpétuité, foit
à longues années, par exemple, pour quatre-vingt-dix-neuf ans, ou onze fois neuf années,
ou pour la vie d'un homme, ou pour plufieurs
générations, mais pour un tems. Quand le Bail
étoit à perpétuité, la redevance étoit peu confidérable; quand ce n'étoit que pour un tems,
elle égaloit à-peu-près la valeur des fruits.

Le Bail emphytéotique à perpétuité, eft la
même chofe que les baux à cens ou à rente
perpétuelle. Parmi nous, le Bail à vie, le Bail à
longues années, même celui qui n'eft que de 27
& de 18 ans, fe confondent fous la dénomination de Baux emphytéotiques.

On fait cette efpèce de Bail, ou pour des terres
cultivées, ou pour des terres incultes; ou pour
des terres à planter en vigne, ou pour des emplacemens de jardins & de bâtimens.

En Poitou, les Baux emphytéotiques s'appellent
vicaireries, & en Dauphiné *albergemens*.

Quelquefois, celui qui accepte le bail emphytéotique, foit à perpétuité, foit à longues années, foit à vie, paie, indépendamment de la
redevance annuelle, une fomme convenue en
commençant le Bail.

Les hôpitaux, les maifons religieufes, & autres mains mortables, étoient prefque les feules
qui paffaffent des Baux emphytéotiques.

Le Bail *à domaine congéable* eft un contrat
par lequel un propriétaire, en retenant la propriété de fon héritage, en tranfporte la fuperficie
feulement & la jouiffance à un colon, moyennant
une redevance annuelle, fur-tout en payant une
fomme en commençant la jouiffance fous le nom
de deniers d'entrée, & en outre à condition
qu'il pourra toujours rentrer dans fa propriété
en donnant congé, & en rembourfant les améliorations fuperficiaires du fond & des édifices.

Ce Bail, qu'on appelle auffi *Bail de convenant*,
fe fait pour neuf ans, dix-huit ans & au-delà.
Souvent fa durée n'eft pas fixée, il eft regardé
comme une efpèce de bail emphytéotique.

Un grand nombre de propriétés en Bretagne
font affermées par Bail à domaine congéable;
pour quelque tems qu'il foit fait, il réunit trois
caractères qui le diftinguent d'une conceffion
féodale, d'un contrat de féage & d'une rente
foncière.

Il n'eft point une conceffion féodale puifqu'il
ne transfère pas la propriété perpétuelle & incommutable d'un fond, puifqu'il n'exige ni
foi & hommage, ni fervice militaire ou ce qui
le repréfente.

Il n'eft pas un contrat de féage, parce dans
celui-ci on ne pouvoit ftipuler de denier d'entrée
au-delà de 5 liv. & de redevance annuelle plus
de 10 fols par journal. Dans le Bail à domaine
congéable, les deniers d'entrée ne font pas plus
fixés que les pots-de-vin dans les baux ordinaires;
le propriétaire ne fe dépouillant pas de fon fonds
détermine la redevance annuelle ou le fermage
fur le prix dont il convient avec le preneur.

Il n'eft point un Bail à rente foncière. Celui-ci
eft perpétuel par fa nature; le bail à domaine
congéable ne grève jamais l'héritage à perpétuité; le revenu, toujours le même dans le Bail
à rente foncière, eft fufceptible d'accroiffemens
dans le Bail à domaine congéable, chaque fois
que le propriétaire, reprenant l'héritage après
avoir rembourfé le colon, paffe un nouveau
Bail. Le Bail à rente foncière eft une aliénation;
le preneur des héritages, qui en font l'objet,
peut y conftruire fans permiffion; les édifices
ne font qu'augmenter la fûreté du créancier de
la rente. Le Bail à domaine congéable eft une
jouiffance

jouiffance, le convenancier ou celui qui le prend ne peut bâtir, ni augmenter les conftructions, que du confentement du propriétaire, parce que ce dernier eft obligé de lui rembourfer fes améliorations, & qu'il pourroit être jeté, malgré lui, dans des dépenfes ruineufes & au-deffus de la valeur du fond. On prefcrit une rente foncière; mais la rente de convenant eft imprefcriptible. Quelques rentes foncières, même avant les decrets de l'Affemblée Nationale, étoient ftipulées rachetables; l'effence du Bail à domaine congéable eft que la rente ne puiffe jamais être rachetée, parce qu'elle n'eft pas une charge du fond, mais le produit du fond. Un héritage à rente foncière ne fe partage plus dans la fucceffion du propriétaire, on n'en partage que la rente. Les biens affermés à domaine congéable qui étoient nobles, car tous ne l'étoient pas, fe partageoient fuivant les règles établies pour le partage des biens nobles. Lorf-qu'un héritage eft donné à rente foncière, le débiteur de la rente peut difpofer de tout ce qui fait partie du fond; au contraire, le convenan-cier ne peut abattre ni les futaies, ni les grands arbres, parce qu'ils font partie du fond, ou parce que s'ils ont été plantés par d'autres con-vénanciers que lui, le propriétaire a payé ces améliorations en rentrant dans le domaine con-géable. Le propriétaire à rente foncière eft tenu de toutes les charges de l'héritage; le conve-nancier n'en eft tenu qu'autant qu'elles font exprimées & inférées dans fon Bail. Enfin la dernière, & la plus frappante différence, confifte en ce qu'il n'eft jamais établi de rentes foncières que fur des immeubles, & qu'au contraire, par un attribut fingulier, mais inconteftable du Bail à domaine congéable, le colon n'y poffède que des meubles, pendant que l'immeuble entier refte entre les mains du propriétaire.

Le colon n'eft autre chofe qu'un fermier qui jouit du fruit de fes terres, à certaines condi-tions & pour un tems. Le denier d'entrée repré-fente le pot-de-vin qui fe donne par-tout à la fignature du Bail; s'il eft obligé d'aller au moulin du propriétaire, ou de faire pour lui des voitures, ce font des conditions qui font une partie du Bail.

D'après ce qui vient d'être dit, on connoît le Bail à cens ou conceffion féodale, maintenant fupprimé par un decret de l'Affemblée Nationale, & le Bail à rente, qu'on peut regarder comme une vente, puifqu'il eft l'abandon à perpétuité d'un héritage, foit en bâtimens, foit en terres, moyennant une redevance annuelle en argent ou en denrées. Il y en avoit autrefois de rache-tables & de non rachetables; mais l'Affemblée Nationale a decrété que tous feroient rache-tables.

Tous les Baux à longs termes font utiles à l'Agriculture; ils offrent des moyens affurés de

faire défricher des terres qui refteroient incultes. Le nombre en étoit plus confidérable autrefois, parce que la France étoit couverte d'une plus grande quantité de landes. Le propriétaire & le cultivateur y trouvoient leur compte; l'un reti-rant de fes terres plus de profit que s'il les laiffoit en vaine pâture ou en friche; l'autre fe procurant pour un efpace de tems une pro-priété ou une jouiffance qui le fait vivre & qu'il n'auroit pas fans ces efpèces de contrats.

Le Bail emphytéotique a l'avantage de procurer une longue jouiffance; mais, quand il eft fini, l'héritage rentre au propriétaire fans rien payer.

Le Bail à domaine congéable peut être d'une moindre durée; mais le propriétaire ne rentre dans l'héritage qu'en payant les améliorations qui font la propriété du convenancier: il eft plus favorable au preneur.

La conceffion féodale & le bail à rente, même dans le tems où les loix permettoient d'en faire de non rachetables, étoient encore plus avar-tageux pour les cenfitaires & les preneurs. Si c'étoit une conceffion féodale, un modique cens, payable chaque année, & des lots & ventes à toutes les mutations, affuroient une propriété à perpé-tuité. Si c'étoit un Bail à cens, la rente étoit d'autant plus foible que le bailleur ne craignoit point d'être rembourfé. Dorénavant le rachat des rentes foncières empêchera beaucoup de per-fonnes de donner des terres à rente. Les baux à cens & à rente non rachetable, pouvoient être paffés à des hommes qui n'avoient point d'argent, & qui n'avoient que leurs bras pour reffource. Souvent on n'eft engagé à faire du bien que parce qu'on y trouve un intérêt marqué; il n'y a qu'une bienfaifance décidée, fans autre mo-tif que celui d'être utile, qui puiffe déterminer à donner des terres par Bail à rente rachetable, & cette bienfaifance eft rare. On ne doit guère compter maintenant qu'il fe paffera beaucoup de ces fortes de contrats. Il eût été à defirer cepen-dant qu'ils fe fuffent multipliés, non-feulement dans les pays incultes, mais encore dans ceux où il y a de grandes exploitations. Des portions de terre données à rente par petits lots à de pauvres familles, leur fourniroient de quoi vivre avec moins de peine & d'inquiétude.

BAIL A TERME COURT.

Le Bail à terme court eft ordinairement de cinq années. Il y en a auffi de fix, de trois, & même d'un an, felon la chofe louée, ou le but qu'on fe propofe dans la location. On ne peut guère louer à moins de vingt-fept ans, un terrain pour y planter de la vigne. Un étang fe loue quelquefois pour trois ans, jufqu'au moment où il eft pêché. Dans les environs des villes, les habitans louent un champ pour la feule année de jachères, afin de l'enfemencer en légumes.

Autrefois les bénéficiers ne pouvoient donner leurs biens à loyer que pour trois ans. C'étoit fans doute dans l'enfance de l'Agriculture. L'ordonnance de Blois a changé cette difpofition, & a permis aux bénéficiers de louer pour neuf ans.

Une ordonnance, du 7 Septembre 1568, vouloit que tous les baux des bénéficiers expiraffent lors de la démiffion, réfignation ou trépas des bénéficiers. Mais cette ordonnance, fi contraire à l'Agriculture, n'avoit jamais eu d'exécution. Que penfer d'une loi qu'il n'étoit pas poffible d'exécuter? Celui qui fuccédoit à un bénéfice, par permutation ou réfignation, avoit toujours été obligé d'entretenir les baux de fon prédéceffeur; l'économe établi pour la perception des revenus des bénéfices confiftoriaux, pendant leur vacance, n'avoit pas le droit d'expulfer les fermiers. Le bénéficier régulier étoit tenu d'entretenir le bail de celui auquel il fuccédoit. Ces ufages étoient très-fages. Mais, par une bizarrerie bien étrange, le Bail d'un bénéfice féculier étoit rompu à la mort du bénéficier, en forte qu'il étoit poffible qu'une ferme fût louée plufieurs fois, en un efpace de tems très-court, & que les fermiers ayant donné des fommes en commençant les baux, ne les continuaffent pas affez long-tems pour s'en dédommager. On ne peut tenter nulle amélioration dans une terre, que l'on n'a pas la certitude de cultiver un certain nombre d'années. Cette difpofition étoit donc abfolument contraire à l'Agriculture, & par conféquent à la chofe publique? auffi a-t-on demandé qu'elle fût changée. Elle l'eût été fans doute, quand bien même le Clergé auroit confervé fes biens. Mais l'Affemblée Nationale ayant déclaré qu'ils appartenoient à la Nation, & en ayant ordonné la vente, les terres eccléfiaftiques rentreront dans la claffe des autres, & feront affujéties aux mêmes loix & ufages.

On donne des terres à loyer de trois manières, ou à prix d'argent, ou pour une redevance en grain, au lieu d'argent, ou pour la moitié de tous les produits en grains & en beftiaux. La première & la feconde manières s'appellent louer à *titre de ferme*; la troifième eft une location par bail *à chetel*, qui porte le nom *d'amodiation* dans quelques pays, quoique ce nom s'applique auffi à la location à prix d'argent.

En relevant les notes que j'ai reçues de prefque tous les cantons de la France, je vois que la majeure partie des terres cultivées dans le Royaume, eft louée à prix d'argent, ce qui me fait penfer que les propriétaires, pour la plupart, ne réfident pas dans les lieux de leurs propriétés. Il y en a bien moins qui font louées à moitié de tous les produits, & un plus petit nombre encore louées pour une redevance en

grain, ou en vin, ou en huile, repréfentative de l'argent.

On loue des terres à prix d'argent ou en grain, dans toutes les provinces & fubdivifions de provinces de France. Mais on ne loue pas à moitié profit, ou du moins cela eft rare, en Flandre, en Hainault, dans le Calaifis, dans le Boulonnois, dans la Picardie, dans la Champagne, dans les trois Evêchés, dans la Lorraine, dans l'Alface, dans l'Ifle-de-France, dans une partie de la Normandie, de l'Orléanois, de la Bourgogne & de la Frache-Comté. Cette manière de louer paroît appartenir fpécialement aux provinces du milieu & du midi du Royaume, comme la location, à prix d'argent ou en grain, appartient à celles du Nord. Cette différence me paroît dûe à deux caufes; la première, c'eft que les terres des provinces du Nord, font la propriété de gens riches, qui préfèrent des revenus en argent, ou faciles à convertir en argent, pour les employer dans les grandes villes, & fur-tout dans la capitale où ils font leur principal féjour; la même chofe a lieu en Hollande, en Allemagne, & fans doute dans beaucoup d'autres Royaumes. La feconde, c'eft que les terres, étant là plupart de bonne qualité, les cultivateurs ne voudroient pas les exploiter à moitié profit. Ils font en général aifés, & en état de faire des avances. Le débit affuré & facile de leurs denrées, les empêche de confentir à partager leurs récoltes. Dans les pays, où le terrain eft maigre & où il y a peu de débouché, le cultivateur peu fortuné ne peut exploiter qu'autant qu'il eft aidé; il s'acquitte volontiers, en donnant la moitié de fes denrées & de fa récolte, qu'il feroit embarraffé de convertir en argent.

Il fe trouve dans les pays, où on loue à moitié profit, de bonnes & de mauvaifes terres. Les premières font louées à prix d'argent, & les autres à moitié profit; par exemple, aux environs de Rhodès, en Rouergue, ce n'eft que le terrain appellé *fegala*, terrain de feigle qu'on loue de cette dernière manière.

Certains objets ne peuvent être loués qu'à prix d'argent; tels font les herbes ou herbages en Normandie, deftinées à l'engrais des bœufs, la feuille des mûriers pour les vers à foie, dans le Comtat Venaiffin, les bois & les étangs.

BAIL À FERME.

Première efpèce de Bail à terme court.

Le *Bail à ferme*, dans le Morvan, & l'Auxois, pays dépendans de la Bourgogne, s'appelle *Bail à culture*.

Dans les provinces & cantons de grandes exploitations, le Bail à ferme eft ordinairement pour neuf ans. En pays de petites exploitations, c'eft pour neuf, fix ou trois, au choix du propriétaire.

Le fermier par son Bail, indépendamment de l'argent & du grain, qu'il est obligé de donner chaque année, a certaines clauses à remplir. Ces clauses varient selon les pays. J'ai tâché de réunir la plupart de celles qui me sont connues.

Le fermier doit labourer, fumer & ensemencer les terres, sans les dessaisonner, ni changer de nature, ni sous-louer, excepté du consentement du propriétaire, les marner dans le pays où la marne est nécessaire & convertir les pailles & chaumes en fumier; il doit tenir les prés à faulx courante, c'est-à-dire, en ôter les inégalités, curer & relever les fossés & ruisseaux, entretenir les clôtures de haies vives, fermer les héritages qui en ont besoin; il doit conduire les fumiers, qui proviennent des foins & pailles, sur les terres près & loin, & laisser sur place ceux de l'année de sa sortie, & toutes les grosses pailles. Car les menues pailles, produit du vanage, & tout ce qui s'empoche appartient dans beaucoup de pays au fermier sortant; il doit payer & acquitter, pendant le cours du Bail, les impôts, les cens & rentes, redevances quelconques, obits, fondations, &c., dont la ferme est chargée, défendre tous les héritages des anticipations & troubles qui pourroient les diminuer & altérer; & enfin fournir à la fin du Bail une déclaration des terres, par nouveaux tenans & aboutissans. Quelquefois on insère dans le bail à ferme, comme clauses du Bail, que le fermier fournira, outre les conventions précédentes, une certaine quantité de volailles, d'œufs, de beurre, d'huile ou de filasse, &c. & qu'il fera des voitures, soit pour transporter du bois, du charbon, du vin, soit pour aller chercher des matériaux de construction, &c.

Parmi ces clauses du Bail à ferme, il y en a une qui a long-tems retardé les progrès de l'Agriculture; c'est celle par laquelle il est défendu aux fermiers de *dessaisonner les terres*. Elle emporte la nécessité de ne jamais les ensemencer dans l'année de jachères. Je ne sais si cette clause a été imaginée & conservée long-tems, afin que les troupeaux pussent facilement paître sur toute la folle des terres en jachères, qui formoient ordinairement le tiers des terres d'un pays, où dans l'idée où l'on étoit, qu'on ne pouvoit qu'altérer des terres qu'on ensemençoit trois ans de suite; on ne savoit pas alors, qu'en fumant ou en alternant convenablement on parvenoit à obtenir de bonnes récoltes, plus ou moins d'années de suite, suivant les engrais & la qualité du sol. *Voyez* ALTERNER. Heureusement l'Agriculture s'étant perfectionnée, les propriétaires plus éclairés, ou n'ont plus exigé qu'on insérât cette clause dans leurs Baux, ou ils n'en ont point demandé l'exécution.

Celui qui prend des terres par *Bail à ferme*, a ordinairement en propriété, des chevaux ou des bœufs, des vaches, des bêtes à laine, &c. & tous les instrumens & ustensiles nécessaires pour son exploitation. Il emporte tous ces objets, quand il sort de la ferme. Quelquefois on loue avec la ferme, du bétail qu'on estime, afin que le fermier sortant, laisse autant d'animaux qu'il en a trouvé, & que ces animaux aient autant de valeur. Cet usage a lieu aux environs de Troyes en Champagne, d'Autun en Bourgogne, & de Brignole en Provence.

Le propriétaire n'est tenu à aucun dédommagement, en cas que la grêle ou une inondation, une grande sécheresse ait perdu la récolte, à moins qu'il n'en soit fait mention dans le Bail. Cependant on a vu, après la grêle du 13 Juillet 1788, un très-grand nombre des propriétaires, remettre à leurs fermiers, non-seulement la location de l'année, mais encore ce qu'il leur étoit dû d'anciens fermages, & leur faire de grosses avances.

Il y a des pays, où les terres affermées en grains seulement rapportent au propriétaire une quantité proportionnée à la récolte, tantôt le tiers, tantôt les trois quarts. En Champagne, & dans quelques cantons de la Franche-Comté, sur-tout aux environs de Vésoul, on loue au *tiers franc*, c'est-à-dire, qu'un tiers du produit en froment & en avoine, est pour le fermier, un tiers pour les impositions, & un tiers exempt de tout pour le propriétaire. Les gerbes de ce dernier tiers sont amenées par les chevaux du fermier, dans la grange du propriétaire, qui lui rend les pailles. Dans cette manière de louer au tiers franc, la moitié de ce tiers se paie en froment, & l'autre moitié en avoine, ce qui introduit l'usage de dire *affermer par paire*, parce que si l'on paie par exemple, vingt septiers de froment & vingt setiers d'avoine, ce fermage s'appelle *vingt paires de septiers*. Il est encore d'usage d'établir un produit commun des terres, & d'exiger une redevance en toutes sortes de grains, proportionnée à ce produit commun. Louer ainsi en Champagne, c'est *louer à moison*, expression connue en Beauce, pour désigner aussi une location de terre, avec une redevance en grains.

BAIL À CHETEL.

Deuxième espèce de Bail à terme court.

Une possession qu'on loue par Bail à Chetel, porte en Lorraine le nom de *Gagnage*; en Bresse, Lyonnois, Forest, Vivarais, Dauphiné, & partie de la Bourgogne, celui de *Grangeage*; en Quérci, celui de *Borderie*; en Bourbonnois, celui de *Locaterie*; en Berry, celui de *Domaine*; & enfin dans la plûpart des provinces & cantons, celui de *Métairie*. C'est donc ce dernier nom qu'il faut adopter de préférence. J'observerai que plusieurs des dénominations précédentes se donnent à des terres conduites par des valets pour le compte des propriétaires. Le mot de *Gagnage*, adopté en Lorraine, est peut-être l'origine d'un terme de chasse. On dit que les cerfs, les biches, & autres fauves vont au *gagnage*, quand des forêts ils se rendent pour paître dans les terres cultivées & ensemencées.

Le Bail à Chetel est celui par lequel on loue ou des bestiaux seulement, ou des terres & des bestiaux, dont on partage le produit. Il suppose toujours qu'on loue des bestiaux.

Sa durée peut être de trois, de six, ou de neuf années, suivant la volonté du propriétaire, ou du fermier-général.

Les conditions de cette espèce de Bail ne sont pas les mêmes par-tout. Elles varient infiniment. Je rapporterai d'abord celles qui sont le plus connues, & le plus généralement adoptées, & ensuite celles qui sont particulières à certains pays. Le cultivateur, qui prend un Bail à Chetel, s'appelle *Métayer*. Il est obligé de labourer, fumer & sarcler les terres, faire les récoltes à ses frais, nourrir & soigner les bestiaux. La semence est fournie par le propriétaire ou le fermier-général, & par le métayer. Les bestiaux appartiennent au propriétaire, & quelquefois au fermier-général. Quand c'est au propriétaire, ils restent dans la ferme ; on en fait l'estimation à l'entrée du nouveau métayer, qui a soin de les conserver ou de les renouveller, de manière qu'il en laisse autant qu'il en a trouvés. Les volailles sont ordinairement exceptées ; le métayer, s'il en veut élever, s'en procure. Le maître & le métayer partagent également tous les produits. Ils ont chacun la moitié de tous les grains & de tout l'accroissement des bestiaux ; c'est-à-dire, moitié des laines, moitié des agneaux, des veaux, des cochons, des bœufs, ou des vaches qu'on vend. Les pailles restent à la métairie pour la nourriture des bestiaux. Les pertes sur les bestiaux se supportent par moitié, comme les profits se partagent : ce qu'on appelle partager le *croît* & le *décroît*, ou location à *mi-croît*. Les impositions sont payées par égales portions. Quelquefois la taille d'exploitation, dans les pays où elle est d'usage, est payée par le métayer seul ; quelquefois le maître paie tous les impôts sur sa part. Lorsque les foins sont un des principaux produits de la métairie, on les partage par moitié ; autrement on les laisse pour les bestiaux, ou l'on ne partage que ce qui excède leur nourriture. Les instrumens de labour appartiennent au propriétaire. Tantôt c'est le métayer, tantôt c'est le propriétaire qui paie le prix du Bail, si ce Bail est passé pardevant Notaire.

Si la récolte vient à manquer, le propriétaire & le métayer ne se doivent rien l'un à l'autre. En général, les conditions sont d'autant moins avantageuses pour le maître, que les terres de la métairie sont d'un moindre produit, *& vice versâ*. Voilà la cause des principales différences qui suivent.

Il y a des métairies où le propriétaire retire plus de la moitié de tous les fruits ; il reçoit chaque année une somme en argent. On en voit des exemples en Bresse, & auprès de Valence en Dauphiné ; ils prouvent la bonne qualité des terres.

Dans le pays d'Aunis les métairies sont, ou à moitié, ou au tiers, ou au sixième pour le métayer.

Dans le Quercy, lorsque le propriétaire fournit toute la semence, il ne revient au métayer que le tiers du produit. Sur ce tiers, il est chargé des frais de culture, de la récolte & du battage. Dans le cas où toute la semence seroit fournie par le métayer, il partage tous les fruits également.

En Corse, le propriétaire a la moitié du produit des vignes, sans rien dépenser ; à l'égard des grains, il a la moitié en donnant toute la semence, & le quart seulement en n'y contribuant pas.

Les métayers partagent avec le maître la moitié du lait, des brebis ou des fromages, la moitié de l'huile, des figues, raisins, &c., & des légumes même, quand ces objets font partie du produit des métairies ; comme le comtat Venaissin & Aubagne en Provence m'en ont fourni des preuves. Dans ce dernier endroit, le propriétaire se réserve les deux tiers du vin ; il donne pour les grains la moitié des engrais, quand les terres sont foibles.

Je sais qu'à Fort-aventure, une des isles Canaries, les propriétaires, qui ont beaucoup de terres, en prêtent aux autres pour en partager la récolte. On y prête aussi des vaches sous la même condition, avec la liberté de les reprendre quand on le juge à propos.

Quoique, dans les métairies, les bestiaux appartiennent ordinairement au propriétaire ou au fermier-général, il y a des métairies où le métayer en a la totalité, ou la moitié, ou une partie en propre. Dans le second, & quelquefois dans le premier cas, le profit des bestiaux se partage par moitié ; mais le métayer seul a le profit des bêtes qui lui appartiennent, quand il n'y en a que très-peu parmi celles du maître. Athènes, la Corse, le Limousin, le Vivarais, offrent des exemples de ces conditions dans les *baux à chetel*. A S. Paul-trois-Châteaux, en Dauphiné, le métayer paie l'intérêt de la moitié des bestiaux qu'on lui fournit.

A Réalmont en Comminge, non-seulement les bestiaux, mais encore les ustensiles, sont fournis à moitié par le propriétaire & le cultivateur.

En Normandie, on appelle *hôte* le métayer, qui sous-loue du fermier général, sur-tout des bestiaux, parce qu'il les soigne & les loge. On dit en

Lorraine, donner des bestiaux à *hôte*, quand on en prête à des fermiers.

Jusqu'ici je n'ai parlé que des *Baux à chetel* pour des métairies, c'est-à-dire, pour des domaines composés de bâtimens, de terres labourables, de prairies, & de bestiaux propres au labour. Mais il est une autre sorte de location moins considérable, où il n'y a qu'une petite habitation & quelques arpens de terre, sans bestiaux de labour, mais avec des vaches qui appartiennent au maître, & dont l'accroissement se partage par moitié. Ces locations, en Anjou & dans le Maine, s'appellent *closeries*, & en Sologne *locatures*. Placées à côté des métairies, elles leur sont très-utiles. Le *closier* ou le *locataire* & sa famille aident le métayer dans ses travaux. Les bœufs du métayer labourent les terres du closier.

On peut donner des bestiaux à loyer sans les bâtimens. Cette espèce de location est désignée par les noms de *gazaille*, *commande*, *Bail*, *megerie*, *brevet*, *croît* & *mi-croît*. Elle a lieu pour des vaches & pour des bêtes à laine. En Normandie, on donne une vache qui est à son premier ou à son deuxième veau, pour trois années, moyennant une petite redevance par an, par exemple, quatre livres. Le preneur est obligé de la nourrir, de l'héberger & de la soigner. Au terme prescrit, il rend la vache, qui a pris de l'accroissement, & a plus de valeur. Si, pendant ce Bail, elle meurt, sans que le locataire ait aucun reproche à se faire, ce qui est prouvé par des experts, il suffit qu'il en rende la peau; mais il paie une somme convenue, si la vache est morte par sa faute.

En Lorraine, on fait l'estimation de la vache en argent; le preneur s'oblige de la nourrir & d'élever tous les veaux. Il profite du laitage, & vraisemblablement des fumiers. Au bout des trois années, le propriétaire reprend la vache ou la valeur à laquelle elle a été estimée en argent. Les veaux se partagent par moitié, ou en nature, ou en argent. On loue dans plusieurs provinces de cette manière, à quelques modifications près, des troupeaux entiers, pour deux, trois, six ou neuf années.

En Normandie, on associe ordinairement deux brebis pleines à chaque vache louée par brevet. La laine & les agneaux se partagent. À la fin du Bail la vache & les deux brebis sont quelquefois vendues, & l'excédent de ce qu'elles ont coûté est partagé entre le preneur & le propriétaire.

En Lorraine, la location des brebis est encore plus favorable au preneur. Je suppose qu'on lui en loue six pleines, à la fin des trois ans il fait des mères brebis & des agneaux, deux lots, dont le propriétaire a le choix. Il acquiert donc trois mères brebis qu'il n'avoit pas, & la moitié de l'accroissement. Tous les ans, la laine se partage également. Cet usage a lieu, sans doute, en

Lorraine, pour donner au fermier un troupeau qu'il ne seroit pas en état de se procurer.

Si, pendant la durée du Bail, ce troupeau, ou quelque bête du troupeau vient à mourir, le fermier n'est tenu que d'en rapporter la peau, sans rien répéter pour les frais de nourriture, à moins qu'il ne soit constaté qu'il en est cause, ou par négligence, ou pour l'avoir mal nourri; dans ce cas, il paie le prix du troupeau ou la somme portée dans le Bail.

Que ce soit des troupeaux un peu considérables, ou de petits troupeaux, ou quelques bêtes seulement qu'on loue par Bail *à Chetel*, il y a en général deux manières qui portent deux noms distinctifs. Si les bêtes sont louées sous la condition de les rendre en nature, en même nombre, & en même qualité, à la fin du Bail, d'après l'estimation faite en le commençant, cela s'appelle *Chetel de fer*; parce que, dans ce cas, le locataire qui auroit manqué de profiter, ne pourroit pas obliger le propriétaire à lui tenir compte de ses pertes. Mais si le propriétaire, au lieu d'exiger qu'on lui rende chef pour chef, demande seulement la valeur du bétail en argent, le contrat n'étant, pour ainsi dire, qu'une obligation d'argent prêté sans intérêt, on le nomme *Chetel mort*, parce que le bailleur ne reçoit aucun profit direct de son prêt.

Beaucoup de métayers jouissent sans Bail, & même sans qu'on fixe de terme à leur location. Les propriétaires les renvoient, quand ils n'en sont pas contens. C'est l'usage dans la Marche. Mais ils ont le plus grand intérêt à conserver leurs métayers. Aussi, voit-on des métayers qui ne changent jamais, & dont les enfans succèdent aux pères de tems immémorial.

Beaucoup de propriétaires, même ne résidant pas sur les lieux, ne donnent point leurs métairies à des métayers, mais les font exploiter pour leur compte par des *maîtres-valets*, qu'on appelle dans quelques endroits *grangers*, nom qu'on donne souvent aussi aux métayers. Les propriétaires fournissent les semences, les bestiaux, les ustensiles, &c. Les maîtres-valets sont obligés de rendre tous les produits. Ils sont salariés ou en denrées ou en argent, ou partie en denrées & partie en argent. On leur permet d'avoir des volailles à leur profit, d'ensemencer en légumes ou en lin quelques portions de terreins pour leur usage. Cette espèce d'exploitation a lieu, entr'autres pays, dans les montagnes du Lyonnois, à Villeneuve de l'Ecussan en Gascogne; à S. Saturnin en Provence.

Dans les environs de Genève, on fait mention dans les baux du dédommagement que le propriétaire donnera au fermier ou au métayer, qu'on y appelle *granger*, & au vigneron même, en cas de tempêtes, de gelée, ou d'épizootie; on a recours alors à des experts assermentés par le juge, pour la déduction à faire. Tels sont les détails variés que j'ai pu me procurer sur les manières de donner ſes terres à des cultivateurs pour les faire valoir. La location à titre de chetel eſt la plus naturelle. Le partage des fruits par moitié paroît être une règle de juſtice, la plus généralement adoptée, & dont le métayer ne ſe plaint pas. Il eſt plus difficile de bien proportionner le prix d'une location en argent aux avances du fermier, à ſes ſoins & à ſes riſques. Je vais tâcher cependant de poſer ici quelques baſes, après une courte diſcuſſion ſur la durée des baux à ferme ou à prix d'argent.

Sur la durée des Baux à ferme.

On demande lequel eſt le plus avantageux de faire des Baux de neuf ou de dix-huit années? Si l'on conſidère le bien de l'agriculture & celui du cultivateur, les baux de dix-huit années méritent la préférence. L'article des coûtumes, & notamment de celle de Bretagne, où il eſt dit que les baux ne ſeront pas de plus de neuf ans, demanderoit d'être changé; car c'eſt par l'amélioration des terres que l'Agriculture s'enrichit de plus en plus. La certitude d'une longue jouiſſance, détermine un fermier à faire des avances les premières années de ſon Bail. Il ne craindra pas de bien marner, de renouveller ſes prairies naturelles, d'en faire d'artificielles, de défricher ou défoncer des portions de terreins, de conduire dans ſes champs des curures de rivières, d'étangs, de marres, après les avoir laiſſé expoſées à l'air un tems ſuffiſant, de deſſécher des marais, d'augmenter le nombre de ſes beſtiaux pour avoir plus d'engrais, &c. Le terme de neuf ans ralentit toute ardeur, s'oppoſe à des entrepriſes, & ne permet preſque aucune amélioration. Pour s'en convaincre, il ne faut que comparer l'état des fermes, dont les fermiers changent tous les neuf ans avec celui des fermes des mains-mortables, ou des propriétaires bons, humains, juſtes, qui renouvellent, à la vérité, leurs baux tous les neuf ans, mais toujours aux mêmes fermiers. Les terres des uns diminuent de prix à la fin de chaque Bail; celles des autres augmentent ſans ceſſe de valeur. Quand quelques circonſtances forcent ces derniers à changer de fermiers, l'affluence de ceux qui ſe préſentent eſt très-conſidérable. Cette comparaiſon me paroît le témoignage le plus frappant & le meilleur en faveur des Baux de dix-huit ans. Le corps complet d'Agriculture de Bretagne fournit un exemple de l'avantage qu'il y auroit à faire des Baux de plus de neuf ans. « Un habile cultivateur qui s'étoit établi de Normandie en Bretagne, prit une ferme pour neuf ans; elle étoit en mauvais état. Il ſe hâta d'y ſemer des prairies artificielles de trèfle, afin d'en ſoutenir ſes récoltes par un bétail proportionné. On ne tarda pas à lui faire entrevoir que le prix du Bail ſeroit augmenté en raiſon du bien qu'il avoit fait. Il prévint le Propriétaire en prenant une autre ferme deux ou même trois ans avant que le premier

Bail fût expiré. C'eſt ſur cette nouvelle ferme qu'il ſema d'année en année les prairies de trèfle qu'exigeoit ſon bétail, en ſorte qu'en quittant la première, il la laiſſa, à la vérité, mieux diſpoſée que lorſqu'il l'avoit reçue, mais très-inférieure à ce qu'elle étoit lorſque ſes améliorations & ſa vigilance tournoient à ſon profit. S'il avoit eu un Bail de dix-huit ou de vingt ans, il eût continué un plan d'exploitation qui eût enrichi le ſol pour trente ans; & l'état qui n'eſt riche que par le produit des améliorations individuelles, eût profité de ſes ſoins. Son ſucceſſeur, qui n'auroit eu qu'à continuer, a été dans la néceſſité de jetter les fondemens d'une culture qui ne pouvoit lui donner de bénéfice que deux ans après. »

L'intérêt des propriétaires s'oppoſe quelquefois à la longueur de ces Baux. Un fermier peut être un mauvais économe, un mauvais cultivateur, un mauvais payeur. Si le propriétaire eſt peu fortuné, il ſeroit cruel pour lui de voir détériorer ſes terres, de dépenſer, pour réparer ſes fermes, de l'argent qu'un fermier ſoigneux lui auroit épargné, de languir dans le beſoin, pendant qu'il lui eſt dû des fermages. Qu'on ſe figure la poſition d'un tel propriétaire!

Néanmoins on ne ſauroit trop engager les propriétaires à choiſir de bons fermiers en faiſant ſur leur compte toutes les informations que la prudence conſeille, & à leur paſſer deux Baux de chacun neuf ans, dont le dernier ſeroit réſilié de droit, même avant de commencer, ſi le fermier ne rempliſſoit pas les clauſes & conventions. On ſtipuleroit dans ces Baux la liberté pour le propriétaire de faire valoir lui-même quand il le jugeroit à propos, ou de retirer, avec une ſimple diminution de fermage, telles terres qu'il voudroit planter en bois.

Baſes pour aſſeoir, autant qu'il eſt poſſible, une juſte location de ferme à prix d'argent.

Un principe dont il ne faut pas s'écarter dans la location d'une ferme, c'eſt que le cultivateur, non-ſeulement puiſſe y vivre, mais encore élever ſa famille, & ſe procurer une certaine aiſance. Tout homme doit trouver dans ſes travaux une récompenſe. Il eſt juſte que le propriétaire profite de ſa propriété; mais jamais au détriment du cultivateur, qui ordinairement ſe donne beaucoup de peines & de ſoins. En un mot, je regarde un Bail à ferme comme un contrat de ſociété de négoce, dans lequel le propriétaire fournit pour ſa part les terres qui ſont comme la matière première. Le fermier les met en œuvre à l'aide de ſes bras, & de ceux des valets & journaliers qu'il ſalarie, par l'emploi de ſes beſtiaux, & en ſe fourniſſant des inſtrumens & de tout ce qui eſt néceſſaire pour ſon exploitation. Il convient que l'un & l'autre partage les produits de la ſociété, en proportion de la valeur de chaque miſe. Celle

...propriétaire est relative à la qualité des
terres.

Pour donner une idée des avances d'un fermier, qui entre en ferme, j'ai rassemblé tous les objets de la dépense que peut faire celui qui en prend une de 300 arpens de terre, de 100 perches à 22 pieds la perche. Le pays où j'ai recueilli ces avances, est situé à 16 lieues & au midi de Paris, c'étoit en 1787. L'exploitation y commence par le premier labour, qui se fait à Pâques, des terres destinées à être ensemencées en froment l'automne suivant : on ne récolte que l'année d'après ; en sorte que le fermier entrant est obligé de faire tous les frais nécessaires pendant 17 mois. Les prix sans doute ne peuvent être les mêmes par-tout, ni toutes les années ; mais il y a des pays où les avances sont encore plus considérables. J'ai pensé que mes lecteurs ne désapprouveroient pas que je leur présentasse ces calculs, quelques minutieux qu'en soient les détails ; il est bon qu'on les trouve quelque part. Au reste, on verra que je n'ai rien forcé dans les prix.

Nourriture du fermier & de la femme, en y comprenant les parens & amis, qui viennent les visiter . . . . 800 liv.

Linge & meubles à leur usage 1500

Gages de trois charriers, dont le premier à 180 livres, le second à 150 liv. & le troisième à 120 liv. ; ceux du berger à 180 liv. ; ceux de deux servantes, dont l'une à 90 liv. & l'autre à 75 liv. ; ceux d'un vacher pendant quatre mois, à 24 liv. chacun devant être payé pour 17 mois & le vacher pour deux termes de quatre mois 1172

Soixante-&-huit setiers de méteil, mesure de Paris, pour les nourrir, à 16 liv. : ce méteil est composé de froment & de seigle ; ils en consomment quatre setiers par mois. Le pain du fermier & de la fermière est pris sur cette quantité . . . 1088

Huit pièces de vin, de 240 à 250 pintes, à 30 liv. 240

Six cochons dont la viande se joint à des légumes, à 100 liv. . . . 600

Graines & poisson salé & autres alimens pour les jours maigres . . . 200

Sel : s'il en falloit trois minots qui valoient alors cent quatre-vingt quatorze livres deux fois. Il a bien diminué depuis 194

Prix de huit chevaux de chacun 480 liv. 3840

Leurs harnois, tant de charrue que de charrette & de limon 486

10120 liv.

ci-contre . . . . 10120 L

Leur nourriture en avoine, deux cent quarante setiers de Paris, de 24 boisseaux chacun, à 14 liv. . . . 2975

En fourrage pour 15 mois, c'est-à-dire en sainfoin ou foin 1600

Prix de quinze vaches, à 160 liv. . . 2400

Leur nourriture dans le pays consiste, pendant le printems, en menues pailles ou bâles de grains & en longues pailles, que le fermier sortant est obligé de laisser.

Prix de deux cens brebis ou moutons, de trois ans, à 30 liv. la paire 3000

Leur nourriture pendant près de deux mois 175

Loyer de 100 moutons ou brebis pour joindre au troupeau afin de former un parc complet pendant quatre mois ; le loyer est à 1 liv. 5 s. da bête. Quelquefois on les achete ; supposons qu'on les loue . . 125

Prix de 10 douzaines de volailles, dont une partie est de jeunes poulets, à 7 liv. 10 s. la douzaine . . . 72

Leur nourriture jusqu'à la récolte 96

Ensemencement de cent arpens en automne, dont 90 en froment & dix tant en seigle qu'en méteil. On emploie un setier pesant 240 à 250 livres par arpent, quantité trop considérable sans doute. Le froment bien choisi & bien pur à 22 liv. le setier, & le seigle à 10 liv. 2080

Ensemencement de cent arpens en mars, dont 90 en avoine & dix en vesce. Trente setiers d'avoine, mesure de Paris de 24 boisseaux, suffisent pour ensemencer les 90 arpens ; il faut dix setiers, mesure du froment, pour ensemencer les dix arpens en vesce. Les 30 setiers d'avoine à 14 liv., & les 10 de vesce, à 5 liv. 579

Salaire de douze hommes qui coupent le froment & le seigle à la faucille : ce sont ordinairement des Berichons ou des Limousins ; chacun coupe huit arpens ou environ, & reçoit 48 liv., c'est à 6 liv. l'arpent. 576

Salaire des hommes qui coupent à la faulx l'avoine & la vesce ; ce sont des gens du pays : on leur donne une liv. de l'arpent pour l'avoine, & 2 liv. pour la vesce, plus difficile à faucher. Pour 90

23789 L

BAI

D'autre part. . . . . . . 23789 l.

arpens d'avoine & 10 de vesce,
c'est. 110

Salaire de trois hommes qu'on
appelle *métiviers*, dont le travail
consiste à battre au tonneau le seigle,
à former de sa paille tous les liens
dont on a besoin pour la récolte
entière, & à entasser toutes les gerbes, soit dans les granges, soit en
meule, à chacun 50 liv., non
compris ce qu'ils gagnent du battage
du grain. 159

Salaire d'un homme qui donne
au bout d'une fourche toutes les
gerbes aux chartiers pour les placer
dans les charrettes. 45

Salaire des hommes ou des femmes
qui relèvent & forment en gerbes les
ondins d'avoine que la faulx a disposé par bandes. 50

Huit setiers de méteil, à 16 liv.,
pour fournir du pain à tous les
ouvriers employés à la récolte ;
deux pièces de vin à 30 liv., & la
viande de boucherie nécessaire ; le
tout formant la somme de. 300

Bois de lits, lits de plume, couvertures, draps, napes & autre
linge pour les domestiques & pour
les moissonneurs. 607

Chandelle. 30

Six cordes de bois, & 500 de
bourrées. La corde de bois à 24 liv.
& le 100 de bourrées à 20 liv. Le
pays est loin des forêts. 244

Ustensiles & vases utiles au ménage,
tels que marmites, chaudières,
assiettes, plats, pots à soupe, cuillers, fourchettes, gobelets, tables,
bancs pour les domestiques & pour
les moissonneurs, saloirs, &c. 115

Objets à l'usage des écuries, vacheries, bergeries, comme lanternes,
rateliers simples ou doubles, pro-
vendier, crochets & fourches de fer,
brouettes & civière pour enlever
les fumiers & litières. 138

Instrumens dont on a besoin dans
les granges & dans les greniers ; tels
que les cribles de peau & d'archal,
les passoires, les balets, les pèles,
les sacs, les mesures, les paniers
& corbeilles. 181

Ceux qui servent au laitage,
comme les sceaux de bois, les pots
de grés, les plateaux de mairin ou

25750 l.

Ci-contre. . . . . 25760 l.

d'osier pour poser & faire sécher
les fromages, &c. 52

L'exploitation de 300 arpens exige
trois charrettes bien montées, à
300 liv. chacune ; 2 tombereaux
chacun de 214 liv. ; quatre charrues
à 40 liv. chacune ; huit herses à
4 liv. chacune ; quatre rouleaux à
30 liv. chacun ; deux douzaines de
rateaux pour enlever les avoines ;
le parc des troupeaux composé de
claies, crosses, chevilles & de la
cabane du berger, formant ensemble
la somme de. 1286

Faux-frais pour acheter & se procurer tout ce qui est détaillé ci-dessus. 150

Entretien pour le charron, le
cordier, le bourrelier, le maré-
chal. 336

TOTAL　27584 liv.

Je ne vois de profit pendant les
17 mois que deux tontes de brebis
qui peuvent aller à. . . . . . . 800 liv.
Dix veaux à 20 liv. . . . 200.
Des œufs pour environ. . 200

. . . . 1200 liv.　1200 liv.

Le fermier reste en avance de. . . . 26384 liv.

Plusieurs articles ont sans doute été omis ; mais
il est impossible dans une si longue énumération
qu'il n'en ait pas échappé quelqu'un.

On peut encore supposer que le fermier
éprouve des maladies sur ses bestiaux, qu'il
en perde quelques-uns, que sa première récolte
soit en partie ou en totalité ravagée par la
grêle ou altérée par d'autres accidens, que
les grains qu'il récolte soient d'un prix au-
dessous de ceux qu'il a achetés pour semer.
Ces considérations doivent entrer dans le prix
de la location : le propriétaire raisonnable ne
manquera jamais d'y avoir égard.

Je n'ai rien trouvé de plus propre à éclairer
le lecteur sur l'appréciation du loyer d'un
terrein à prix d'argent, qu'un mémoire de
M. Varenne de Fenille, Associé ordinaire de la
Société d'Émulation de Bourg, en Bresse, Correspondant de la Société d'Agriculture de Paris,
&c. Je le transcris tout entier, sans y rien
changer, dans l'espérance qu'il jetera du jour
sur une des questions les plus importantes de
l'Agriculture : c'est prouver le cas que j'en
fais.

« Il y a peu de propriétaires attentifs, dit-il,
qui n'aient remarqué une différence très-sensible
entre le prix de fermage de certaines terres, le
plus

plus ordinairement ifolées, & d'une médiocre étendue, & celui des fonds d'un même terri-toire, lefquels compofent ce qu'en Breffe on appelle des *Domaines*. »

« Cette différence eft fi forte, qu'on les voit fouvent amodiées à raifon de 6 livres la cou-pée (1), quelquefois même au-delà ; tandis que les terres voifines, d'une bonté & d'une qua-lité prefque femblables en apparence n'entrent dans le prix du bail d'un Domaine, réputé à fa jufte valeur, qu'à raifon de 40 à 44 fous la coupée.

« Cependant, lorfqu'elles viennent à vaquer, il fe préfente des fermiers en foule ; tandis qu'un fermier qui s'aviferoit de tripler le prix d'un Domaine, dont les terres auroient été payées jufques-là fur le pied de 40 fous par coupée, pafferoit évidemment pour un imprudent, & le propriétaire qui accepteroit cette augmentation, pour n'être guères plus fage. »

« Une différence auffi énorme, une différence du fimple au triple, méritoit qu'on s'occuppât d'en découvrir la fource, puifqu'elle devoit na-turellement conduire à la connoiffance de la proportion à établir entre la valeur intrinféque des fonds, & le prix de leur fermage. »

« L'ifolement de ces terres privilégiées, leur médiocre étendue & leur peu d'éloignement des villages, font des circonftances qui, réunies, ont néceffairement contribué à leur améliora-tion, & à rendre, par fucceffion de tems, leur valeur productive, fupérieure à celle des terres voifines ; tandis que la valeur primitive & natu-relle des unes & des autres, étoit peut-être ori-ginairement la même. »

« En effet, leur médiocre étendue les a mi-fes à portée qu'on y épargnât d'autant moins les engrais, que le tranfport en étoit plus facile : leur indépendance d'aucun Domaine a favorifé le concours d'un plus grand nombre de fermiers. Enfin, ceux-ci n'ayant qu'un petit efpace voifin de leur habitation à cultiver, n'ont épargné au-cun des foins dont ils étoient capables pour en augmenter la fertilité. »

« Il n'eft donc pas étonnant qu'elles aient ac-quis à la longue plus de force productive. Mais a-t-elle été portée au triple de ce qu'elle étoit dans l'origine ? Non fans doute. Il fuffit, pour s'en convaincre, de jetter un coup-d'œil fur la récolte des unes & des autres. On y appercevra, à la vérité, de la différence : elle y fera même très-fenfible ; mais elle ne paroîtra point énorme, ni même, à beaucoup près, aller du fimple au double. »

« Quelle eft donc l'augmentation en force productive, néceffaire & fuffifante pour qu'une coupée de terre, dont le fermage fur le pied de 40 à 44 fous, étoit à fa jufte valeur, parvienne à valoir 6 livres d'amodiation, même avec du

bénéfice pour le fermier. Telle eft la queftion qu'on s'eft propofé de réfoudre. »

« Mais, avant de paffer aux calculs que cette efpéce de problême exige, il eft à propos d'éta-blir préliminairement des principes dont la vé-rité foit inconteftable, & de partir d'après des données qui ne fauroient être d'une exactitude rigoureufe, puifqu'elles portent fur des objets qui varient quelquefois d'une contrée à une autre contrée, & changent, pour ainfi dire, tous les ans, dans la même contrée ; mais qu'on éta-blira fur des moyennes proportionnelles affez exactes, pour ne pouvoir être raifonnablement contredites. »

« Commençons par bien concevoir ce qu'eft le fermage d'un fond de terre labourable, & par en bien connoître la bafe effentielle. Je dé-finirai le fermage un abonnement confenti par le propriétaire, en vertu duquel le cultivateur achete, pour une fomme fixe, pendant un cer-tain nombre d'années convenues, la portion des denrées reproduites qui auroient dû appartenir au propriétaire, pour fon droit de propriété.

« Il y a entre le cultivateur à moitié fruit, qu'on nomme *granger* en Breffe & le fermier, cette différence : à favoir, que le *granger* par-tage avec le propriétaire des denrées dont la quantité & la valeur font fujettes à des varia-tions accidentelles ; au lieu que le fermier les paie à un prix fixe & invariable pendant la durée de fon Bail, & fans avoir égard, ni à la quantité plus ou moins grande de la denrée re-produite, ni à fa valeur plus ou moins confi-dérable dans le commerce. Le fermage eft donc ftrictement un abonnement du *grangéage* qu'il repréfente, & auquel il eft fubftitué. »

« Tout abonnement eft un pacte dans lequel le payeur doit trouver de l'avantage. Or, le fer-mage eft de tous les abonnemens, celui qui mérite le plus de faveur. En effet, le fermier courant beaucoup plus de rifques que le granger, épargnant au propriétaire, & le foin de la con-fervation de la denrée, & les embarras de la vente, & les pertes accidentelles, la chance doit naturellement être pour lui. Auffi, dans les cal-culs qui vont fuivre, j'y ai eu le plus grand égard ; ils portent fur des bafes qui font toutes à l'avantage du fermier. »

« Je fuppofe qu'un champ produife cinq pour un ; c'eft-à-dire, cinq fois la quantité de grains dont il a été enfemencé. D'après des obfervations fuivies, j'ai trouvé que c'étoit le produit ordinai-re de la plus grande partie des terres de la Breffe.

« Soit prife dans ce champ une coupée pour la foumettre au calcul ; elle contient 6250 pieds quarrés, elle s'enfemence avec la quantité de froment que contient une coupe, & la coupe de froment pèfe à Bourg environ 22 livres, poids de marc : enfin, foit la valeur d'une coupe éva-luée par année commune à 40 fous. »

<hr>

(1) La coupée, mefure ordinaire des terres de Breffe, contient 6250 pieds.

« Afin que le calcul soit plus facile à saisir, en évitant les fractions, je ne diviserai la coupe de froment, qu'en vingt parties, que j'appellerai livres. Elle sera un peu plus forte que la livre, poids de marc, & vaudra deux sous. »

« Puisque le fermage est un abonnement du grangéage, il s'agit d'examiner en premier lieu, & d'après les données ci-dessus, qu'elle seroit la part du propriétaire, si son cultivateur n'étoit qu'un simple granger. »

« Il est d'usage en Bresse, que le propriétaire partage avec son granger, & par égales portions, les grains qui restent après avoir prélevé, 1.° la dîme; 2.° les *affanures*; *Voyez* le mot *AFFANU-RES*; 3.° les semences pour l'année suivante. »

« Soit donc le produit d'une coupée égal à cinq coupes, valant 10 livres; la dîme, évaluée au plus haut prix, enlève un douzième représenté par une valeur de...... 16 f. 8 d.

« Les affanures enleveront ensuite le cinquième de ce qui reste, ou la valeur de........ 1 liv. 16 f. 8 d.
les semences................ 2　0　0
───────────
4 liv. 13 f. 4 d.

« Donc, ce qui reste de grains à partager entre le granger & le propriétaire, seroit représenté par la somme de 5 liv. 6 f. 8 d., ce qui feroit 2 liv. 13 f. 4 d. pour chacun d'eux. »

« Mais, comme nous l'avons dit, le fermier méritant plus de faveur que le granger, il est à propos de faire à son égard un autre calcul. »

« Les quantités à prélever demeurant les mêmes, & sur les 10 liv. de valeur produite, ayant prélevé 4 liv. 13 f. 4 d., je crois juste qu'il soit accordé au fermier les trois cinquièmes des 5 liv. 6 f. 8 d. qui restent; c'est-à-dire, 3 liv. 4 f. & borner le propriétaire aux deux cinquièmes, ou à 2 liv. 2 f. 8 d. »

« Or, c'est à-peu-près le prix que s'amodie le plus communément en Bresse la coupée d'un terrein dont la force de production est à raison de cinq pour un. »

« Si j'avois évalué la coupe de grains à 45 f., prix auquel elle s'est réellement vendue depuis dix ans (1), au lieu de 40 f. auxquels je me suis borné, la valeur produite par une coupée eût été représentée par la somme de... 11 liv. 5 f.
sur quoi la dîme........
eût prélevé........... 18 f. 9 d. ⎫
les affanures....... 2 liv. 1　3　⎬ 5　5
les semences...... 2　5　0 ⎭
───────────
il reste..... 6 liv. 0.

« Dans cette dernière hypothèse, il y auroit eu à partager 6 livres, dont les trois cinquièmes auroient monté pour le fermier à 3 livres

12 sous, & les deux cinquièmes pour le propriétaire, à 2 livres 8 sous. »

« Il est donc clair que lorsqu'un fermier, tout prélevé & son maître payé, tire de ses terres la valeur de 3 livres 4 sous par coupée, le blé supposé à 40 sous la coupe, il est dédommagé de ses peines, de ses risques, peut vivre & s'entretenir honnêtement, lui & sa famille; & ce fait est confirmé par l'expérience. »

« Examinons s'il n'auroit pas plus davantage encore à cultiver un champ dont la force de production seroit à raison de 8 pour 1, quand même il l'amodieroit sur le pied de 6 livres par coupée; & le problème sera résolu. »

« Certainement un fermier cultivateur n'emploie, ni plus de tems, ni plus de peine, & ne fait pas plus d'avances sur un excellent fond, que sur un terrein médiocre, en appliquant les précédens calculs à une coupée de fond de la meilleure qualité, rendant 8 pour 1. En voici les résultats. »

« Cette coupée, par la supposition, aura produit 160 livres de blé qui, à 2 sous la livre, seront représentées par la somme de........................... 161.
la dîme emportera le.........
douzième, ci...... 1 l. 6 f. 8 d. ⎫
les affanures, le cin-　　　　　│
quième de ce qui　　　　　 │
restera, dîme......　　　　 ⎬ 12 l. 4 f. 4 d.
prélevée, ci....... 2 l. 18　8 │
les semences:..... 2 l. 0　0 │
le propriétaire..... 6　　　　 ⎭
───────────
Il reste au cultivateur 3 l. 15 f. 8 d.

Mais sur une coupée de terrein, affermée par lui 2 liv. 2 f. 8 d., & produisant cinq pour un, son bénéfice n'étoit que de 3 liv. 4 f., donc il trouve encore plus davantage à amodier, au prix de 6 liv. par coupée, un terrein dont la force de production est à raison de huit pour un. Ce qu'il falloit démontrer. »

« Le bénéfice du fermier augmente, dans une proportion bien plus forte, si le prix marchand de la coupe de froment s'élève à 45 sous. Dans la première hypothèse, celle où son terrein rapporte cinq pour un, & le bled à 40 sous; son bénéfice n'a été que de 3 liv. 12 sous, dans la seconde hypothèse, il seroit de 4 liv. 19 sous; car huit coupes auront rendu une valeur égale à 18 liv., ci........ 18 liv.
sur quoi à prélever

Dîmes.......... 1 liv. 10 f. ⎫
Affanures....... 3　6 f. ⎬ 13 l. 1 f.
Semences....... 2　5 f. │
Prix de l'amodiation.. 6　0 ⎭
───────────
Il reste pour le fermier 4 19

(1) Le Mémoire de M. de Fenille, est imprimé en 1789.

On voit par-là combien il est facile d'être e, à l'égard de son fermier, & de n'exiger lui ni trop, ni trop peu ; quelque soit la force productive du terrein, pourvu qu'elle soit connue. »

« Pour dernière preuve, supposons un fond produisant naturellement six & demi pour un, & le prix de la coupé à 40 sous, la coupée aura rendu six coupés & demie, représentées par . . . . 13 liv. sur quoi à prélever le douzième pour la dîme . . . . 1 liv. 1 s. 8 d.
Les affanures . 2 liv. 7 s. 7 d. }
Les semences . 2   0   0   } 9 l. 9 s. 3 d.
Au propriétaire 4   0   0   }

« Il restera au fermier 3 liv. 10 s. 9 d. au-lieu de 3 liv. 4 s. dont il se doit contenter, lorsque le fond ne produit naturellement que 5 pour 1. »

« Le même principe peut s'appliquer à toutes les provinces, quelques soient leurs usages à l'égard du partage des récoltes en nature. En voici un exemple. »

« Dans plusieurs cantons de la Bourgogne, la part du propriétaire consiste dans le tiers des gerbes, dîme prélevée. Les avances & les frais sont tous à la charge du cultivateur. C'est donc son droit au tiers de la récolte, que le propriétaire amodie à son fermier, lorsqu'il lui passe un Bail. »

Supposons qu'en Bourgogne, comme en Bresse, la force productive d'un journal de terre, soit à raison de 5 pour 1. Ce journal aura été ensemencé de 104 liv. de bled à 2 sous la livre ».

« Par hypothèse, il aura produit 520 liv. de bled, valant 52 liv., sur quoi prélevant un douzième pour la dîme, ci . . 4. 6. 8.

——————

Il reste . . . . . - 47. 13. 4.

dont le tiers monte à 15 liv. 17 s. 9 d. Comme alors les frais de battage demeurent à la charge du propriétaire ; il est juste d'ôter le dixième de ce produit, qui, par-là, se trouvera réduit à 14 liv. 11 s. 3 d. »

« Mais il faudroit qu'une terre fût au-dessous du médiocre en Bourgogne, pour ne rapporter que 5 pour 1. Difficilement trouveroit-on un fermier qui en donnât 6 liv d'amodiation par journal, ou 23 sous par coupée. Au-lieu qu'en Bresse, quoique les bonnes terres s'élèvent rarement au-dessus de cette production, elles s'afferment néanmoins au double. La raison en est sensible. »

« En Bresse, les bonnes terres ne reposent jamais, & les menus grains, dans l'année qui suit celle du froment, ont une valeur au moins équivalente, sur-tout si on y seme du maïs. »

En Bourgogne, au contraire, dans les cantons sur-tout où la force productive n'est naturellement qu'à raison de 5 pour 1, les terres, après avoir produit du froment, puis de l'avoine, se reposent la troisième année. Or, la récolte en avoine, équivaut à peine à la valeur de la moitié de la récolte en froment. Ainsi, tout ce qui revient au propriétaire, en trois ans, ne peut s'évaluer qu'à 21 liv. 16 s. 10 d. au plus, s'il prend sa part en gerbes, & à 17 liv. 9 s. 8 d. seulement, s'il afferme ; puisque, conséquemment au principe expliqué ci-dessus, il convient que le propriétaire fasse le sacrifice d'un cinquième en affermant. »

« Il faut, en Bourgogne, que le terrein, dans l'année où il est ensemencé en froment, rapporte huit & demi, pour être amodié à-peu-près à l'équivalent des terres de Bresse, dont la production n'est que de cinq.

« En voici la preuve : on y reconnoîtra les mêmes principes, les mêmes bases que j'ai établis, & cette preuve est également confirmée par l'expérience. Soit un journal ensemencé de 104 liv. de bled, il produira, à raison de huit & demi pour un, 884 liv. qui, à deux sous la livre, vaudront . . . . . 88 liv. 8 s.
dîme à prélever au douzième . . 7. 7. 4.

——————

Il reste . . . . . . 81. 0 8.

dont le tiers montant à 27 liv., & quelques deniers qu'on néglige, appartient au propriétaire ; s'il prend sa part de la récolte en gerbe, sur quoi à déduire un dixième pour les frais de battage, il lui reste de net la somme de . . . . 25 liv. 6 s.
La récolte des menus grains sera estimée aux deux tiers de la récolte en froment, parce que, dans une terre de cette qualité, on peut semer de l'orge, du colsa, ou d'autres graines qui se vendent à plus haut prix que l'avoine, ci 17 liv. 17 s. 4 d.

——————

« Si de cette dernière somme, on ôte, comme on l'a fait en Bresse, le cinquième pour le profit légitime que doit faire le fermier, par son bail, il ne reste plus que 34 liv. 10 s. 8 d. pour trois années, ou environ, 11 liv. 10 s. par an & par journal, ou 2 liv. 4 s. par coupée. Or, il y a trop peu de différence entre 2 liv. 2 s. 8 d. & 2 liv. 4 s. pour la faire entrer en ligne de compte, & l'on peut dire, que dans l'un comme dans l'autre pays, dans l'une comme dans l'autre hypothèse, malgré la dissemblance des usages, le fermier est également bien traité. »

« Ainsi, lorsqu'en Bourgone le fermier d'un

terrein produifant huit & demi , a retiré par journal , & dîmes payées , pour la première année, en froment, la valeur de 81 liv. o 8 d. pour la feconde année en me-nus grains . . . . 54 liv. o 5 d.

                 135 liv. 1f. 1d

Et qu'il a payé à fon proprié-taire en trois ans . . . . . . 34 l. 10 f. 8 d. Il lui refte pour le dédomma-ger de fes avances , de fes rifques , de fon travail , & lui procurer un bénéfice hon-nête . . . . 100 liv. 10 f. 5 d.

« Examinons maintenant ce qu'il fera en état, même avec bénéfice de payer par journal , pour un terrein produifant naturellement dix pour un.

« Ce journal rendra , la première année, en froment, une valeur repréfentée par 104 liv. & en menus grains la deuxième année . . . . 69 l. 6 f 8 d.

                 173 liv. 6f. 8d.

Dîmes à prélever. . . . . 14 liv. 8f. 10d.

        Il refte. . 258 l. 17 f. 10d.

Si le Fermier prélève pour fes avances & pour fon travail comme ci-deffus. , ... 100 l. 10 f. 5d.

« La part du propriétaire demeure pour 58 liv. 10 f. 5 d. , ou 23 liv. 16 f. 9 d. de plus que dans la précédente hypothèfe. Mais il convient encore de déduire de cette dernière fomme , le dixième pour frais de battage , puis, un cinquième que le propriétaire donne de bénéfice à fon fermier. Cette double dé-duction monte à 6 liv. 6 f. , & la part du propriétaire ne fera que de 52 liv. 1 f. 5 d. pour trois ans, ou 17 liv. 7 f. 2 d. par an, tandis que celle du fermier s'élèvera à 106 liv. 16 fous 5 d. , fans que fon travail foit aug-menté, finon par la moiffon & le battage de quelques gerbes de plus. »

« On pourroit multiplier ces exemples à l'in-fini , mais ceux-ci doivent fuffire , & je les crois applicables à toutes les provinces agri-coles , quelques foient leurs ufages ruraux. Par-tout il y a des frais de culture, ou plus fort ou plus foibles, fuivant la nature du ter-rein & les difficultés qu'il oppofe. Par - tout le propriétaire a une portion quelconque dans le produit du fond , après que les frais font prélevés ; par-tout fe rencontre le terme moyen & ordinaire de cette proportion qui doit fer-vir de bafe au fermage ; par-tout enfin l'excé-

dant de ce terme moyen forme un accroiffe-ment à la propriété , & en fait partie , à la déduction près d'un cinquième. »

On paffe en Languedoc des *Baux de garde de territoire*. Ils confiftent à charger, pendant une ou plufieurs années, un homme de garder les fruits d'une paroiffe, d'un canton, d'un terri-toire, moyennant une fomme qu'on lui alloue chaque année. Dans beaucoup de provinces on eft dans l'ufage de confier ainfi , mais fans Bail, cette garde à un habitant, qu'on appelle *Meffier*, s'il garde les moiffons *vigner*, s'il garde les vignes. Ces Baux ou ces commiffions n'ont lieu qu'après une délibération de communauté.

Enfin on appelle en Auvergne *Bail de clame* ou *bailler clame* , lorfqu'on met entre les mains de la juftice les beftiaux pris en dommage, pour voir déclarer l'amende ou la *clame* encourue. Clame , dans la coutume d'Auvergne , fignifie amende. (*M. l'Abbé Tessier.*)

BAILLARD. Nom donné dans le Boulonnois & le Calaifis, à ce qu'il paroît, à un orge de printems, à plufieurs rangs & à grains couverts. Dans d'autres endroits ce nom eft donné à un orge à deux rangs , mais auffi du printems. *Voyez* ORGE. (*M. l'Abbé Tessier*).

BAILLARGE. Nom donné dans le Poitou & dans d'autres provinces , à une orge de prin-tems. Il paroît que les noms de *Bayade* , *Baillard*, *Baillarge* , & je crois auffi *Baillorge*, expriment la même chofe. Ils ne diffèrent peut-être que parce qu'on les écrit mal. *Voyez* ORGE. (*M. l'Abbé Tessier*).

BAILLERE. *Bailleria.*

Genre de plantes, à fleurs flofculeufes, de la famille des CORYMBIFERES, qui a des rapports avec l'Iva & la Clibade. Il comprend des plantes herbacées, exotiques, dont les feuilles font op-pofées en croix, & dont les fleurs forment des panicules terminales.

Le calice commun eft compofé de quatre à cinq écailles perfiftantes. Il renferme ordinaire-ment quatorze fleurons, portés fur un recep-tacle commun , chargé de paillettes arrondies & charnues. Les fept du milieu font mâles, ou hermaphrodites, mais ftériles , n'ayant qu'un ovaire avorté, avec cinq étamines , dont les anthères font réunies en forme de tuyau, & renferment un ftile, terminé par un ftigmate long & velu. Les fleurons, qui forment la cir-conférence, font femelles & plus courts que les autres. Ils font d'ailleurs portés par un ovaire arrondi, un peu comprimé & velu, furmonté d'un ftile terminé par deux ftigmates longs, larges & écartés.

Tous ces fleurons font réguliers & ont le limbe de leur corolle divifé en cinq dé-coupures.

Chaque ovaire fe change en une femence

lisse, convexe d'un côté, un peu applatie de l'autre, & terminée par deux petites pointes. Toutes ces semences sont enveloppées par les écailles du calice commun.

Les fleurs paroissent & donnent du fruit en différens tems de l'année.

Nous ne connoissons encore que deux espèces de Baillere.

Espèces.

1. BAILLERE franche, vulg. Conami franc des Créoles, Coutoubou des Galibis.
Baillera aspera. Aubl. ♃ de Cayenne.
2. BAILLERE sauvage, vulg. Conami bâtard.
Baillera silvestris. Aubl. ♃ de Cayenne.

Description des Espèces.

1. BAILLERE franche. Sa racine est fibreuse & pousse plusieurs tiges droites, hautes de cinq à six pieds, & rameuses.

De chaque nœud des branches sortent deux feuilles, opposées alternativement en croix. Ces feuilles sont vertes, âpres au toucher, dentelées en leur bord & finissent en pointe alongée.

Les fleurs naissent à l'extrémité des tiges & des branches. Elles sont ramassées en grand nombre en panicules, dont les branches sont opposées entre elles & sortent de l'aisselle d'une petite feuille. Les fleurons sont blancs & si petits, que ce n'est qu'avec le secours d'une loupe qu'on peut en saisir les caractères distinctifs.

2. BAILLERE sauvage. Cette espèce ne diffère de l'autre, que parce que ses tiges s'élèvent plus haut, que ses feuilles sont moins rudes au toucher, & que ses fleurs, qui naissent dans les aisselles des feuilles & à l'extrémité des branches, forment des panicules moins éparses.

Culture. Ces deux espèces croissent d'elles-mêmes, dans les lieux incultes des habitations de Cayenne & de la Guiane. Il paroît, d'après cela, qu'il ne seroit pas difficile de les élever en Europe, en les cultivant dans la serre chaude, avec les mêmes précautions que l'on emploie pour les autres plantes de la Zone-Torride. Mais devons-nous chercher à nous les procurer & à les multiplier ? Nous ne le pensons pas, sur-tout à l'égard de la première espèce.

L'effet que produit ce végétal, dont on se sert pour enivrer les poissons, pourroit le rendre dangereux. Les propriétaires des étangs & des rivières, n'ont aucun intérêt de les dépeupler : cette plante leur seroit donc inutile. Et elle deviendroit nuisible entre les mains de ceux qui, sans respect pour les propriétés, cherchent dans le braconage, un aliment à leur fainéantise. Ils n'ont déjà que trop de moyens de dévastation.

Usages. Le nom de *Conami* que les Créoles & les Nègres ont donné à cette plante, ne lui est point particulier. C'est le nom que l'on donne en général à toutes les plantes qui servent à enivrer le poisson.

La première espèce a seule cette propriété, que ne partage point la Baillère sauvage. Les habitans l'emploient à cet usage, & par ce moyen, ils parviennent à se procurer, en peu de tems, une pêche abondante.

Toutes les parties de cette plante ont une saveur amère, & une odeur qui approche de celle du céleri, mais qui est moins vive. (*M. Dauphinot.*)

BAILLIVEAU, Ancienne manière d'écrire le mot Baliveau ; elle n'est plus usitée à présent. *Voyez* le nom BALIVEAU dans le *Dict.* des Arbres & Arbustes. (*M. Thouin.*)

BAILLORGE. Nom donné dans quelques provinces à une orge de printems, Baillorge est composé des deux mots *Orge-Baillard*, retournés. *Voyez* ORGE. (*M. l'Abbé Tessier.*)

BAILLOTE. Ancien nom d'un genre de plante nommé *Ballota* par les Botanistes. *Voyez* BALLOTE. (*M. Thouin.*)

BAIN. On donne ce nom aux liqueurs, de toutes les espèces, dans lesquelles on fait tremper les graines pour hâter leur germination, ou pour préserver les plantes de certaines maladies. Tous les *parfaits jardiniers, maisons, rustiques, almanachs,* &c. regorgent de secrets, tout plus compliqués les uns que les autres, & les substances des trois règnes ont été successivement prônées, comme produisant des effets merveilleux : l'eau-de-vie, le vin, le vinaigre, le lait, l'eau de fumier, des sucs de plantes, le sang, & enfin l'eau pure ou chargée de sels, ont été recommandés comme infaillibles. Quelques-uns de ces secrets étoient tellement avantageux, disoit-on, qu'en deux heures on pouvoit faire croître de la laitue. En dernière analyse, & après avoir fait un grand nombre d'expériences, je puis affirmer que je n'ai trouvé aucun de ces secrets efficaces ; quelque-uns même m'ont paru nuisibles, puisque les graines, qui avoient trempées dans le mélange, levoient plus tard, & donnoient des plantes moins vigoureuses que d'autres semées en même-tems. On doit excepter de cette proscription, l'eau de fumier & l'eau pure, dont l'effet néanmoins ne me paroît pas si grand que si on en imbibe la terre où l'on sème, au lieu d'y faire tremper la graine : Beaucoup de ces secrets naissent de cet ancien préjugé, que la végétation des plantes provient des sels contenus dans la terre ; d'où l'on concluoit, qu'augmenter la quantité des sels, c'étoit augmenter la force végétatrice. Des expériences ont prouvé que les sels, loin de favoriser la végétation, la retardent, & même font périr les plantes. On peut consulter les *Mémoires de la Société Royale d'Agriculture,* où l'on trouvera plufieurs expériences fur cet objet.

Je crois inutile de rapporter ces recettes & ces fecrets, & de les combattre les uns après les autres, au lieu d'un article de l'Encyclopédie, je m'expoferois à en compofer une particulière. (*M. Reynier.*)

BAISSER: ce mot, qui eft fynonyme de Marcotter, a été emprunté des vignerons, & s'emploie actuellement pour tous les arbuftes. Baiffer une branche, c'eft la courber pour en fixer une partie fous terre, fans la féparer de la mère plante; elle pouffe des racines, & lorfqu'elle eft en état de fe nourrir elle-même, on la coupe & on la tranfplante ailleurs. Lorfqu'on a prévu d'avance cette opération, on peut la rendre bien plus fûre en faifant une ligature dans l'endroit qu'on deftine à être fous terre, elle y détermine la formation d'un bourrelet, & les racines en fortent plus facilement. Une bleffure produit un effet femblable; mais on peut craindre que la carie ou la pourriture ne s'y mettent. Le moment le plus convenable pour Baiffer les branches eft le printems, lorfque la fève eft en pleine force. *Voyez* Marcotte. On ne doit pas confondre l'action de *Baiffer les branches*, qui eft un moyen de multiplier les arbuftes, avec celle d'*abaiffer*, qui eft l'opération de couper les branches d'un jeune arbre dont la tête eft deftinée à s'élever. *Voyez* Abaisser. (*M. Reynier.*)

BAKELEYS, nom que les Hottentots donnent aux bœufs qu'ils dreffent pour la garde des troupeaux, & pour la guerre. *Kolbe.* (*M. Thouin.*)

BALAIS DE JARDIN. Ces uftenfiles d'ailleurs femblables aux balais ordinaires, font compofés d'un paquet de branchages, auquel eft adapté un manche de fix à huit pouces de long. Les branchages dont on fe fert le plus ordinairement font ceux du houx, du fragon épineux, de l'yeufe, & en général de tous les arbres & arbuftes dont les feuilles ou les brindilles font fortement attachées aux rameaux & réfiftent plus longtems au frottement qu'exige l'opération du balayage.

Les Balais fervent dans les jardins à nétoyer les allées falies par les feuilles qui tombent des arbres, à ramaffer les tontures du gazon, & à fuppléer le rateau dans les lieux où la dureté du terrein le rend inutile. (M. *Thouin*).

BALAIS. Plufieurs efpèces de malvacées portent ce nom à la Martinique, fuivant l'Auteur anonyme d'un voyage, dans cette ifle, fait en 1751. (*M. Reynier*).

BALAYURES. Immondices que l'on enlève avec un balais dans les maifons, les cours & même dans les allées des potagers qui n'ont point de fable. Les balayures des maifons ou fermes, & des cours, doivent être jettées fur le tas de fumier; elles l'augmentent & forment un excellent engrais, lorfqu'elles ont acquis un certain

degré de putréfaction. Elles font compofées, en grande partie, de detritus de végétaux, & de terre remplie d'émanations & de fucs de la même nature, puifque la terre des chemins & des rues, qui, dépofée dans les maifons, forme la majeure partie de la pouffière des appartemens, eft imprégnée de l'urine des animaux & d'une multitude immenfe de fubftances en décompofition. Les balayures des jardins font compofées de vieilles feuilles, de mauvaifes herbes & de fubftances en décompofition; elles peuvent également augmenter la maffe du fumier; mais on doit avoir foin qu'elles ne contiennent pas des pierres en trop grande quantité. J'ai vu des jardiniers négligens amaffer les balayures ou déblais fans ôter les pierres qui s'y trouvoient, & diminuer, par ce moyen, la qualité de leur engrais; leur jardin fe rempliffoit de pierres qui nuifoient à la croiffance des plantes & au labour; ils auroient évité cette perte s'ils avoient féparé chaque fois les pierres qui s'y trouvoient. (*M. Reynier.*)

BALANOPHORE, *Balanophora.*

Ce genre de plante, établi par M. Forfter, paroît avoir des rapports avec ceux de la famille des Gouets. Ses fleurs qui font fort petites, & difpofées en tête ovoïdes, font unifexuelles & monoïques. Les fleurs femelles occupent la partie fupérieure & les fleurs mâles forment une collerette au bas des têtes. Ces dernières n'ont point de calice. Les fleurs mâles confiftent en quatre pétales & une feule étamine; les fleurs femelles n'ont ni calice ni corolle, mais feulement un ovaire muni d'un ftyle capillaire; dont le ftigmate eft fimple.

Efpèce.

Balanophore fongueufe.
Balanophora fungofa Forft. Nov. Gen. des Indes Orientales.

Voilà tout ce que nous pouvons dire de cette plante, fon port & fa culture ne font point encore connus. (*M. Thouin.*)

BALATA blanc. Nom que l'on donne à la Guiane, au *Couratari Guianenfis.* Aubl. Guian. 724 tab. 290. arbre qui eft employé à quelques ufages économiques. *Voyez* Couratari de la Guiane. (*M. Reynier.*)

BALAUSTE. On appelle ainfi, dans plufieurs de nos Provinces méridionales, le fruit du *punica granatum* L. *Voyez* Grenadier commun. (*M. Thouin.*)

BALAUSTIER. On donne ce nom au Grenadier fauvage *Punica Granatum* L. Il eft employé dans les provinces méridionales, à former des haies excellentes, & dans les jardins, on en fait des paliffades ou efpaliers d'agrément. Il a l'avantage de n'être jamais dévoré par les infectes. *Voyez* Grenadier commun. (*M. Reynier.*)

BALAUSTIUM. Nom employé dans quelques Dictionnaires, pour désigner le calice de la fleur du grenadier commun. Il n'est plus en usage actuellement. (*M. Thouin.*)

BALAUSTRIER synonyme du *Punica Granatum. L. Voyez* Grenadier commun. (*M. Thouin.*)

BALE. Enveloppe dure & coriace des parties de la fructification des *Graminées*; elle remplace dans cette famille, la corolle & le calice des autres plantes. Ces enveloppes portent aussi le nom de *Valves*, suivant quelques personnes, à cause de la manière dont elles s'ouvrent : mais la plupart des Naturalistes adoptent le nom du *Bâle* & réservent celui de *Valves*, pour exprimer les paillettes dont la Bâle est composée. C'est ainsi qu'on dit une bâle à une, à deux, à trois valves. Sous ce point-de-vue, la Bâle est le *gluma* des Auteurs latins, & la Valve leur *valvula.*

La plupart des gramens ont plusieurs fleurs réunies ensemble en *épillet. Voyez* ce mot. Ces fleurs sont séparées par des valves qui portent le nom de *Bâles florales*, & tout l'épillet est compris entre deux valves ou paillettes extérieures qui représentent le calice, d'où elles ont reçu le nom de *Bâle calicinale.* L'épillet porte le nom d'Uniflore, Biflore & Multiflore, du nombre des fleurs dont il est composé.

Les paillettes des gramens sont plus ordinairement ovales, plus ou moins alongées & forment une concavité. Elles ont souvent un appendice qui sort de l'extrémité ou du dos, comme dans l'orge, l'avoine, &c. Cet appendice porte le nom de Barbe. *Voyez* ce mot.

Comme ce Dictionnaire ne doit contenir qu'une indication très-succinte des mots & de leurs significations, je renvoie au Dictionnaire de Botanique, pour de plus grands détails. (*M. Reynier.*)

BALE ou balle. En Botanique, c'est la partie qui remplace le calice, & la corolle des plantes graminées. Les Bâles renferment d'abord les fleurs qui les écartent, pour se montrer au-dehors, & ensuite les graines, auxquelles elles adhèrent plus ou moins. Tantôt les Bâles sont simples; tantôt elles sont doubles. Dans ce cas, on pourroit appeller les externes *Bâles de calice* & les internes, *Bâles de corolle. Voyez* le Dictionnaire de Botanique.

En économie rurale, les Bâles se nomment *menue paille.* Le froment, le seigle, l'orge & l'avoine, ont des Bâles, au lieu de calice & de corolle. Celles du seigle, qui sont simples, se séparent facilement par le fléau; celles de l'orge & de l'avoine couvertes, qui ne sont que les Bâles de calice, quand elles sont bien sèches se séparent plus facilement encore. Car, pour enlever les Bâles de corolle, très-adhérentes sur-tout dans l'orge, il faut une opération particu-

lière. *Voyez* le mot Gruer. Parmi les espèces d'Orges, il y en a deux qui sont nues. Je cultive aussi une avoine nue. Les Bâles de calice & de corolle de ces dernières, ne tiennent pas au grain. Dans la plupart des fromens, les Bâles ont peu d'adhérence. Il n'y a que les épeautres, espèces de froment, dont le fléau ou le trépignement des animaux ne peut séparer les Bâles. Elles enveloppent les grains avec une telle force, qu'elles ne les quittent que quand un moulin, qui fait en même-tems l'office de ventilateur, les a moulues ou brisées.

On donne à manger aux bestiaux les Bâles de froment, d'avoine & de seigle. Celles d'orge ne sont données qu'en cas de besoin, parce que leurs barbes, quoique brisées, s'arrêtent quelquefois dans le gosier ou dans l'œsophage des animaux, & peuvent les incommoder. Le même motif empêche l'usage des Bâles de froment barbu, c'est peut-être une des raisons, qui empêchent de cultiver cette espèce de froment dans les pays, où l'on nourrit les vaches au sec une partie de l'année, & sans leur donner d'herbes fanées. En Beauce, on nourrit pendant tous les hivers, les vaches de bâles, d'avoine & de longue paille de la même plante. Souvent on mêle avec l'avoine des chevaux, des bâles de froment sans barbes. Quelquefois on en donne aussi aux vaches, ou seule, ou jointe avec du son, sur-tout à celles qui sont pleines, ou fraîchement vêlées. Les bâles de seigle sont rarement employées.

Les Bâles contiennent peu de substance nutritive. Mais il y reste souvent des grains qui les rendent profitables. Peut-être que dans les pays chauds, où les grains mûrissent mieux, les Bâles sont plus sèches & toujours vuides; dans ce cas, elles ne peuvent servir aux animaux. Je voudrois, que quand on leur en donne, on eût toujours l'attention de les époudrer auparavant. Car ces Bâles sont ordinairement remplies de la poussière de l'aire; en cet état, elles doivent être mal-saines.

L'économie Rustique tire encore un autre parti des Bâles de grains; c'est de mettre des fruits dans des tas de Bâles, pour les conserver & retarder leur maturité. (*M. L'Abbé Tessier.*)

BALISIERS, (les). *Cannæ.*

Famille de plantes herbacées, qui comprend sept genres différens.

LE BALISIER (proprement dit) *Canna.*
L'AMOME . . . . *Amomum.*
LA GLOBBÉE . . . . *Globba.*
LE GALANGA . . . . *Maranta.*
LE CURCUMA . . . . *Curcuma.*
LE ZEDOAIRE . . . . *Kæmpferia.*
LA THALIE . . . . *Thalia.*

Linnæus avoit encore compris dans cette famille

comme genres, deux autres espèces de plantes, sous les noms de *Costus* & *Alpinia*; mais M. le Chevalier de la Marck a cru devoir les réunir au genre des Amomes, dont il pense qu'elles ne sont que des espèces.

Toutes les plantes qui composent cette famille sont exotiques, & viennent originairement, les unes des Indes orientales, les autres de l'Amérique. Aussi exigent-elles, en général, la serre chaude, ou au moins, l'orangerie. Cependant il y a des espèces qu'on élève assez facilement dans nos climats, & qui, avec quelques précautions, résistent même en pleine terre dans nos provinces méridionales.

BALISIER, (proprement dit) *CANNA*.

Genre de plante, de la famille des BALISIERS, qui a beaucoup de rapports avec les Amomes.

Les plantes, qui composent ce genre, sont exotiques & vivaces. Elles méritent d'être remarquées par la beauté de leurs feuilles & par la forme de leurs fleurs.

Les Balisiers commencent à pousser vers le milieu du printems. Les premières gelées font périr les tiges dans l'automne. En les renfermant dans la serre ou dans l'orangerie, elles durent plus long-tems. Les racines se conservent en terre pendant l'hiver, & donnent de nouvelles tiges au printems suivant.

Les feuilles naissent le long de la tige, qu'elles enveloppent par leur base. Elles sont d'abord roulées en cornet dans leur jeunesse. Lorsqu'elles ont acquis leur développement parfait, elles présentent un aspect très-agréable; elles sont d'un verd gai, satinées, marquées de nervures fines & parallèles; elles représentent en petit celles du bananier; & c'est sans doute par cette raison que les Nègres de nos colonies donnent à cette plante le nom de *Bananier marron*.

La tige s'élève plus ou moins, suivant les espèces & suivant les climats. Elle est terminée par un épi de fleurs, remarquables par leur éclat, & qui ressemblent à-peu-près à celles du glayeul.

Ces fleurs paroissent dans le courant de l'été, & les graines mûrissent en automne.

Nous ne connoissons dans ce genre que trois espèces, dont la première offre une variété.

Espèces & variétés.

1. BALISIER d'Inde, vulg Canne d'Inde. *CANNA Indica.* L. ♃ des pays chauds de l'Asie, de l'Afrique & de l'Amérique.

B. BALISIER d'Inde ponctué. *CANNA Indica punctata.* ♃.

2. BALISIER à feuilles étroites. *CANNA angustifolia.* L. ♃. de l'Amérique, entre les deux tropiques.

3. BALISIER glauque. *CANNA glauca.* L. ♃ de la Caroline.

Description du port des espèces.

1. Le BALISIER d'Inde, ou Canne d'Inde, a une racine épaisse, charnue & tubéreuse, qui, se divisant en plusieurs nœuds irréguliers, s'étend horizontalement près de la surface de la terre, & pousse plusieurs tiges simples, droites & feuillées. Ces tiges s'élèvent à la hauteur de trois ou quatre pieds, & sont garnies de feuilles alternes d'un beau verd, longues d'environ un pied sur quatre à cinq pouces de large.

La tige est terminée par un bel épi droit, un peu lâche, dont les fleurs sont d'un beau rouge.

Les fleurs de la variété B sont d'un jaune pâle, semé de points rouges.

A ces fleurs succède une capsule oblongue à trois côtés, hérissée d'aspérités, marquée de trois sillons longitudinaux, couronnée par les trois folioles du calice, & divisée intérieurement en trois loges, qui contiennent des semences globuleuses.

2. BALISIER à feuilles étroites. Cette espèce diffère de la précédente, en ce qu'elle s'élève un peu moins, que ses feuilles sont plus longues & plus étroites, & que ses fleurs, jaunâtres comme dans la variété B, ne sont point marquées de points rouges. En Amérique, cette plante se plaît dans les terreins couverts & fangeux.

3. BALISIER glauque. Les racines de cette espèce sont plus grosses que celles des précédentes. Elles poussent de grosses fibres qui s'enfoncent profondément en terre. Ses tiges s'élèvent jusqu'à sept ou huit pieds de hauteur.

Cette espèce ne le cède point aux autres en beauté. Ses feuilles sont amples, lisses, & d'un verd glauque ou bleuâtre.

Les fleurs sont grandes, d'un jaune pâle, non ponctuées & disposées en un bel épi lâche & terminal.

Ses capsules sont plus grosses & beaucoup plus longues que celles des précédentes. Elles contiennent moins de semences, mais ces semences sont plus grosses.

Culture.

Les BALISIERS se multiplient de graines & d'œilletons.

Les deux premières espèces étant originaires des climats les plus chauds de l'Asie, de l'Afrique & de l'Amérique, demandent un soin particulier.

Il faut semer les graines au printems, sur une couche chaude. Lorsque les jeunes plantes sont assez fortes pour être levées, on les transplante séparément dans des pots remplis d'une bonne terre de potager; alors on les met dans une couche de chaleur modérée, & on les tient à l'ombre jusqu'à ce qu'elles aient formé de nouvelles racines: après quoi on leur donne beaucoup d'air libre chaque jour dans les tems chauds, & on les arrose souvent.

Si l'on veut jouir des fleurs en différentes saisons, lorsque les plantes ont fait un certain progrès, il faut les mettre dans de plus grands pots, remplis de la même terre. Après cette opération, qui doit se faire au mois de juin, on peut en placer une partie dans la couche chaude, & laisser les autres en plein air, à une exposition chaude. Ces dernières peuvent rester dehors jusqu'au commencement du mois d'octobre; mais alors il faut les rentrer, les enterrer dans la serre, & les traiter de la même manière que les autres plantes.

Avec ces précautions, celles qui ont été laissées dans la couche, fleurissent ordinairement dans la serre dès l'hiver suivant.

Les autres doivent être traitées différemment. Au mois de mai on prépare une couche de chaleur modérée, qu'on couvre de bonne terre jusqu'à l'épaisseur d'un pied. On tire les plantes hors des pots, & on les place, avec leurs mottes, dans cette couche. On les couvre avec des cloches, que l'on a soin de soulever chaque jour pour leur donner de l'air; & à mesure qu'elles croissent, on les accoutume, par degrés, à supporter le plein air.

Par cette méthode, ces plantes deviennent beaucoup plus hautes, & elles fleurissent mieux que celles qui sont tenues dans des pots. Les fleurs paroissent dans les mois de juin, juillet & août, & elles donnent, à l'automne, des semences fertiles & capables de les reproduire.

Le Balisier glauque, qui forme la troisième espèce, exige moins de soins. Accoutumé à la température de l'Amérique septentrionale, il est moins dépaysé dans nos climats. Ses jeunes plants supportent plus facilement le plein air. On peut même les y laisser exposés jusqu'aux premières gelées; mais alors il faut les placer dans l'orangerie, où on les arrose peu pendant l'hiver. Au mois de mai, on les sort de leurs pots, & on les plante dans une plate-bande chaude & sèche, à l'exposition du midi. Ces plantes peuvent rester en pleine terre; elles y profitent & donnent des fleurs tous les ans; mais il faut avoir la précaution de les couvrir pendant les gelées.

Usages.

On attribue aux racines quelques propriétés médicinales; mais il paroît qu'on ne croit pas beaucoup à ces vertus, car on en fait rarement usage.

Les graines donnent une belle teinture pourpre: c'est dommage qu'on n'ait pas encore trouvé le moyen de fixer cette couleur & de la rendre durable.

Les feuilles ne nous sont d'aucune utilité; mais elles servent, en Amérique, à étendre le cacao lorsqu'on le fait sécher, à envelopper la *gomme élémi*, à faire des cabas, & même à couvrir les cases.

Ici ces plantes ne servent qu'à l'ornement;

elles font un très-bel effet dans les jardins des curieux. (*M. Dauphinot.*)

BALLE. Manière d'écrire le mot *Bale*, en latin *Gluma*. Sorte de calice des plantes de la famille des GRAMINÉES. *Voyez* BALE. (*M. Thouin.*)

BALLET. Instrument d'un grand usage, très-commode, & fort utile dans les greniers & magasins de grains & de farines, & dans les aires, soit qu'elles soient placées au-dehors, soit qu'elles soient à couvert dans les granges.

On fait les Ballets avec des plantes d'une tige ferme, ou avec des branchages d'arbres & d'arbrisseaux. Les plus communs sont faits de bouleau, de genet, de bruyère, de buis, de roseaux, &c. Ces derniers sont trop foibles pour servir aux cultivateurs.

Lorsqu'on bat les tiges des plantes économiques, les grains s'éparpillent. Rien n'est plus propre que le Ballet pour les amonceler, afin de les cribler & de les vanner. On en a également besoin pour remettre en tas la farine où les grains qui se répandent dans les greniers, lorsqu'on en a mesuré une partie pour l'emporter. Les hommes accoutumés à se servir du Ballet, ne laissent presque point de grains sur le plancher. Tenant d'une main une pêle de bois, & de l'autre un Ballet qu'ils font agir, ils poussent sur la pêle jusqu'aux derniers grains. (*M. l'Abbé Tessier.*)

BALOISE. P. Morin, dans ses *Remarques sur la Culture des fleurs*, donne ce nom à une des variétés du *Tulipa gesneriana*. L. Elle est de trois couleurs, rouge, colombin & blanc. *Voyez* TULIPE (*M. Reynier.*)

BALLOTE, *BALLOTA*.

Genre de plantes, à fleurs monapétalées, de la famille des LABIÉES, & qui a des rapports avec les Marrubes.

Les plantes qui composent ce genre sont herbacées. Leurs feuilles sont opposées, & leurs fleurs disposées par verticilles axillaires, qui sont munis en-dessous d'une collerette de petites feuilles très-étroites.

Les fleurs ont quatre étamines inégales, deux plus courtes, & deux plus longues, par opposition. Ces dernières se rejettent sur les côtés de la fleur, après la défloraison, comme dans les Epiaires & les Stachides.

On connoît quatre espèces de ballotes & une variété.

Espèces & variétés.

1. BALLOTE fétide, vulg. Marrube noir. *BALLOTA nigra*. L. ♃ de l'Europe, dans les lieux incultes.

B. BALLOTE à fleurs blanches. *BALLOTE flore albo*. Tourn, 185.

2. BALLOTE laineuse. *BALLOTA lanata*. L. ♃ de la Sibérie.

3. BALLOTE odorante.

BALLOTA suaveolens. L. ☉. Amérique méridionale.

4. BALLOTE de l'Inde.

BALLOTA disticha. L. ☉ des Indes.

Description du Port des Espèces.

1. BALLOTE fétide. Ses tiges s'élèvent à la hauteur de trois ou quatre pieds. Elles font quadrangulaires, branchues, légèrement velues, vertes & quelquefois rougeâtres.

Les feuilles font d'un verd obscur, molles,
crenelées fur les bords, velues, ridées en-deffus
& un peu nerveufes en-deffous.

Les fleurs, qui paroiffent dans l'été, naiffent
dans les aiffelles des feuilles. Elles font foutenues
plufieurs enfemble, & comme par faifceaux,
fur des pédoncules fort courts, & ne forment
que des verticilles imparfaits, tournés fouvent du
même côté. Elles font de couleur purpurine, avec
quelques lignes blanches à la bafe de la lèvre
inférieure.

Celles de la variété B, font tout-à-fait blanches.

Toute la plante a une odeur forte & défagréable.

2. BALLOTE laineufe. Le duvet laineux & fort
blanc, qui couvre abondamment prefque toutes
les parties de cette plante, lui donne un afpeft
agréable.

Les tiges, un peu épaiffes, font longues d'un
pied, couchées dans leur partie inférieure, quadrangulaires, blanches & laineufes.

Les feuilles font découpées en trois ou cinq
lobes, vertes en-deffus, laineufes & fort blanches en-deffous, ainfi que fur leur pétiole.

Les fleurs paroiffent une partie de l'été. Elles
font affez grandes, d'un blanc jaunâtre. Elles
viennent dans les aiffelles des feuilles fupérieures,
& font difpofées en verticilles ou anneaux ferrés
& complets.

La corolle eft très-velue, fur-tout la lèvre fupérieure, qui eft un peu échancrée à fon fommet. La lèvre inférieure eft marquée intérieurement de lignes purpurines.

3. BALLOTE odorante. Cette efpèce tient le
milieu entre les deux précédentes, quant à la
hauteur de fes tiges, qui s'élèvent à un pied &
demi. Elles font d'ailleurs quadrangulaires, herbacées & garnies de poils blancs écartés.

Les feuilles font dentées à leur bord, d'un
verd cendré. Ordinairement il y en a une plus
grande que l'autre à chaque paire.

Les fleurs naiffent en anneaux, qui forment
des épis feuillés.

4. BALLOTE de l'Inde. Cette efpèce n'eft encore connue que dans les herbiers.

Il paroît, d'après les échantillons, qu'elle a
le port de la Cataire commune. Sa tige eft haute

de deux pieds, quadrangulaire & légèrement
velue.

Les feuilles font bordées de grandes dentelures, comme celles de l'ortie, chargées de poils
courts, vertes en-deffus, & plus ou moins blanchâtres en-deffous.

Ses fleurs font rougeâtres. Elles naiffent dans
les aiffelles des feuilles fupérieures, en verticilles
bien garnis, mais fouvent incomplets, chaque
anneau étant compofé de deux paquets oppofés,
& plus ou moins unilatéraux.

Culture.

La première efpèce eft extrêmement commune : elle croît fpontanément dans tous les lieux
incultes, fur le bord des chemins, le long des
haies. Elle ne mérite pas d'être cultivée. On ne
l'admet que dans les jardins de plantes Médicinales, & dans ceux de Botanique, dans lefquels
il faut, autant qu'il eft poffible, réunir tous les
objets d'étude.

La feconde efpèce, originaire de Sibérie, réuffit
très-bien dans nos jardins, & ne demande point
de foins particuliers. On fème la graine au printems dans des pots, & on repique le jeune plant
dans une terre meuble & légère. Cette plante
n'eft pas de longue durée. Elle ne vit que deux
ou trois ans. C'eft pourquoi il eft bon de la renouveller de tems en tems.

Les graines de la troifième efpèce fe fement au
printems fur couche & fous chaffis. Le jeune
plant doit être féparé & mis dans de grands pots,
qu'on place dans une bâche à Ananas le refte de
l'année pour accélérer fa végétation & obtenir
des fleurs. Mais, malgré tout ces foins, il eft rare
que fes graines parviennent, dans nos climats, à
une parfaite maturité.

La quatrième efpèce n'a point encore été cultivée en Europe.

Ufages.

On attribue à la première efpèce un grand
nombre de propriétés ; mais on en fait rarement
ufage à l'intérieur, à caufe de fon odeur fétide
& de fa faveur défagréable.

Elle peut être employée utilement dans la
teinture.

La feconde efpèce peut fervir à l'ornement
des jardins & figurer agréablement parmi les
plantes étrangères.

On emploie la troifième efpèce dans les bains
chauds à Saint-Domingue. (*M. DAUPHINOT.*)

BALOTIN, nom d'une variété du *Citrus medica.* L., connue au Jardin du Roi, fous le nom
de *Citrus medica balotinus,* H. R. P. *Voyez*
ORANGER-BALOTIN. (*M. THOUIN.*)

BALSAMIERS. (LES)

Famille de plantes qui comprend un grand nombre de genres, desquels fait partie le BAL-SAMIER, proprement dit, qui a donné son nom à toute cette famille.

Ces genres sont :

LE BALSAMIER (proprement dit) *AMYRIS*.
L'ICIQUIER................*ICICA*.
LE CANARI................*CANARIUM*.
LE MELICOQUE............*MELICOCCA*.
LE GOMART................*BURSERA*.
LE COMOCLADE............*COMOCLADIA*.
LE BRESILLOT.............*BRASILETTA*.
LE BRUCÉ.................*BRUCEA*.
LE SUMAC................*RHUS*.
LE MANGNIER.............*MANGIFERA*.
L'HIRTEL.................*HIRTELLA*.
L'ACAJOU................*CASSUVIUM*.
L'ANACARDE.............*ANACARDIUM*.
LE MONBIN...............*SPONDIAS*.
LE CARAMBOLIER.........*AVERRHOA*.
LA MOLLÉ................*SCHINUS*.
LE FAGARIER.............*FAGARA*.
LA CAMELÉE..............*GNEORUM*.
LE SPATEL...............*SPATHELIA*.
LE PTELÉ................*PTELEA*.
LA DODONÉE..............*DODONÆA*, &c.

Les plantes, qui composent cette famille, sont des arbres ou des arbrisseaux presque tous exotiques & originaires des pays chauds. Il en est peu que l'on puisse confier ici à la pleine terre & à l'air libre.

Leurs feuilles sont presque toujours alternes, quelquefois simples, mais le plus souvent ailées avec impaire.

En général, les fleurs sont petites, polypétalées, & forment des grapes ou panicules, ordinairement placées à l'extrémité des branches. Elles sont composées d'un calice plus ou moins profondément divisé en trois à six découpures régulières, & de trois à six pétales égaux, ouverts en rose ou en étoile. Dans les fleurs hermaphrodites ou mâles on compte de trois à dix étamines libres. Celles qui sont hermaphrodites ou femelles ont un ovaire supérieur chargé d'un à cinq stiles courts.

Le fruit varie par sa nature dans les différens genres ; mais, le plus souvent, c'est une baie ou une espèce de noix à une seule loge.

La plûpart des plantes qui entrent dans cette famille sont remarquables par leur suc propre, qui est ordinairement coloré & résineux, & qui dans plusieurs est balsamique & d'une odeur agréable ; au lieu que, dans d'autres, il est très-âcre & caustique.

Observation.

Nous avons suivi, pour cet article, le Diction-

naire de Botanique, qui est la base de notre travail. Cependant nous croyons devoir observer que, dans son *genera plantarum*, qui a paru postérieurement à l'impression de cet article du Dictionnaire, M. de Jussieu n'est point d'accord avec M. de la Marck.

D'abord il ne fait point des Balsamiers une famille particulière ; mais il place le Balsamier (proprement dit) *Amyris*, ainsi que tous les autres genres ci-dessus indiqués dans la famille des TÉRÉBINTACÉES. Il n'en excepte que le Comoclade & l'Hirtel qu'il classe, le premier dans la famille des SAVONIERS, & le second dans celle des ROSACÉES.

A l'égard du Bresillot, que M. de la Marck appelle ici *Brasilletta*, & auquel, lorsqu'il en parle à son rang, il donne les noms de Bresillot ou faux Bresillet d'Amérique, *Brasiliastrum Americanum*, *Pseudo Brasilium*, M. de Jussieu en parle sous l'article Comoclade, mais sans oser lui assigner un rang. *Non nostrum inter eos tantas componere lites.*

BALSAMIER (proprement dit) *AMYRIS*:

Genre de plantes, à fleurs polypétalées, de la famille des BALSAMIERS, qui comprend des arbres exotiques, desquels découle un suc propre, qui est en général résineux, & souvent très-balsamique.

Ce genre a beaucoup de rapports avec ceux des Iciquiers & des Canaris. Il ne diffère même des premiers, au moins suivant Aublet, qu'en ce que, dans ceux-ci, les fruits contiennent plusieurs osselets, tandis que dans les Balsamiers ils n'ont qu'un noyau.

Les feuilles sont ternées ou ailées, suivant les diverses espèces.

Le calice des fleurs est monophylle, à demi-divisé en quatre dents pointues. La corolle est composée de quatre pétales oblongs & ouverts. Les étamines, de la longueur de la corolle, sont au nombre de huit, & soutiennent des anthères oblongues. L'ovaire est surmonté d'un stile court, dont le stigmate est un peu en tête.

Espèces.

1. BALSAMIER élémifère. Vul. icicariba. *AMYRIS elemifera*. L. ♄ du Brésil & des Antilles.

2. BALSAMIER des bois. *AMYRIS Sylvestris*. L. ♄ de l'Amérique aux environs de Carthagène.

3. BALSAMIER maritime. *AMYRIS maritima*. L. ♄ de la Havane.

4. BALSAMIER de Giléad. *AMYRIS Gileadensis*. L. ♄ de l'Arabie heureuse.

5. BALSAMIER de la Mecque.

Amyris Opobalsamum. L. ♄ de l'Arabie.

6. BALSAMIER veneneux.

Amyris toxifera. L. ♄ de la Caroline & à Bahama.

7. BALSAMIER de Java.

Amyris Protium. L. ♄ de l'isle de Java.

8. BALSAMIER de la Jamaïque. Vulg. bois de Rhodes de la Jamaïque.

Amyris Balsamifera. L. ♄ des Antilles.

✳ *Espéces encore peu connues ou douteuses.*

9. BALSAMIER de la Guiane.

Amyris Guianensis. La M. Dict. de la Guiane & de l'isle de France.

10. BALSAMIER Kataf.

Amyris Kataf, Forsk ♄ de l'Arabie.

11. BALSAMIER Kafal.

Amyris Kafal, Forsk de l'Arabie.

12. BALSAMIER huileux.

Amyris oleosa. Lam. Dict. ♄ des Moluques.

Description du port des espèces.

1. BALSAMIER élémifère. Cet arbre s'élève comme le hêtre ; mais son tronc n'est pas aussi gros ; il est revêtu d'une écorce lisse & cendrée ; sa tige se divise en rameaux garnis de feuilles alternes, ailées, composées de 5 à 7 folioles lancéolées, coriaces, d'un verd gai & cotonenses en-dessous.

Les fleurs naissent dans les aisselles des feuilles, en grappes très-courtes, & ramassées à chaque nœud, presque en forme de verticille. Elles sont petites & composées de quatre pétales verdâtres, bordées d'une ligne blanche.

Elles sont remplacées par un fruit de la grosseur & de la figure d'une olive, d'une couleur de grenade, & dont la pulpe a la même odeur que le suc résineux de l'arbre.

2. BALSAMIER des bois. Cet arbrisseau, dont la tige est peu rameuse, s'élève jusqu'à quinze pieds de hauteur. Il pousse, dans presque toute sa longueur, de très-petites branches cylindriques, garnies de feuilles à trois folioles ovales-lancéolées ou rhomboïdales, longues d'environ deux pouces, lisses & crenelées en leurs bords.

Les fleurs naissent tant dans les aisselles des feuilles qu'à l'extrémité des rameaux. Elles sont petites, blanches & disposées en panicules droites.

Elles paroissent au mois d'août.

Le fruit qui leur succède est de la grosseur d'un pois, rouge, rempli d'un suc de la même couleur ; il renferme un noyau lisse & globuleux.

Toutes les parties de cet arbrisseau sont remplies d'un suc résineux d'une odeur forte & désagréable.

3 BALSAMIER maritime. Cette espèce, suivant Linnæus, pourroit n'être qu'une variété de la précédente : en effet, elles ont beaucoup de ressemblance quant à la forme des feuilles & à la situation des fleurs ; mais le suc résineux qui en découle est d'une odeur moins désagréable, qui approche de celle de la Ruë.

Le fruit est aussi deux fois plus gros que dans l'espèce précédente ; il est noirâtre & rempli d'un suc de couleur de pourpre.

4 BALSAMIER de Giléad. Cet arbre est d'une hauteur médiocre ; son écorce est lisse & cendrée ; les rameaux sont rougeâtres & répandent, quand on les entame ou qu'on les froisse, une forte odeur qui ressemble à celle du baume de la Mecque.

Les feuilles sont alternes & composées de trois folioles lisses, planes & entières, dont les deux latérales sont ovales, & celle qui termine, plus longue que les deux autres, est ovale lancéolée.

Les fleurs sont portées chacune par des pédoncules particuliers, qui naissent au sommet des petits rameaux, seuls ou plusieurs ensemble. Ces fleurs ont quatre pétales étroits, obtus & rapprochés en forme de prisme quadrangulaire. Elles paroissent monoïques, les unes ayant huit étamines en bon état, & un pistil verd avec un stigmate menu, tandis que les autres ont leurs anthères flétries & comme avortées, avec un ovaire brun, sillonné & chargé d'un stile épais & quadrangulaire.

L'ovaire est environné d'une espèce d'anneau formé par un petit cercle charnu, jaune, situé entre les étamines & le pistil. Il se change en une baie ovale pointue, glabre & marquée à l'extérieur de quatre sutures qui sembleroient indiquer autant de valves, quoiqu'elle ne soit réellement divisée à l'intérieur qu'en deux loges, & que souvent même il n'y en ait qu'une seule. Elle contient une pulpe visqueuse & tenace, & renferme une semence ovale pointue, qui quelquefois avorte & manque entièrement.

5. BALSAMIER de la Mecque. Cette espèce n'offre qu'un arbrisseau de la hauteur du Troësne ou du Cityse, dont les feuilles, toujours vertes, qui ont quelque ressemblance avec celles du Lentisque, sont ailées avec impaire, & composées de trois, cinq, à sept folioles sessiles.

Les jeunes branches sont flexibles, résineuses & odorantes : le vieux bois est blanc & sans odeur.

L'écorce extérieure est rougeâtre en dehors l'intérieure est verdâtre & d'une saveur aromatique.

Les fleurs sont de couleur purpurine, très-odorantes, & suivies de petites coques ovales-pointues, rougeâtres ou brunes dans leur maturité, qui contiennent une liqueur jaunâtre semblable au miel, d'une saveur âcre & amère, mais d'une odeur agréable qui approche de celle du baume.

6. BALSAMIER véneneux. Ce petit arbre, toujours vert a une écorce unie & de couleur

tendre : son suc propre est résineux, d'abord blanc, mais il change de couleur à l'air & devient noir comme de l'encre.

Ses feuilles, portées sur de longs pétioles, sont ailées avec impaire, & composées de cinq folioles ovales-oblongues, entières, opposées par paires, & terminées par une impaire.

Les fleurs naissent dans les aisselles des feuilles ; elles sont éparses & disposées en grappes.

Le fruit est composé d'une pulpe violette & d'un noyau très-dur ; mais il ne mûrit jamais ici.

7. BALSAMIER de Java. Cet arbre s'élève assez haut ; ses feuilles sont opposées, ailées avec impaire, composées de cinq à sept folioles glabres, pétiolées, dont la forme approche de celle du Laurier & d'une odeur un peu aromatique.

Les fleurs sont nombreuses & naissent en grappes paniculées. Elles sont à quatre pétales, sessiles, ovales-pointues, & ont, comme dans le Balsamier de Giléad, n.° 5, un petit cercle ou rebord membraneux qui environne l'ovaire.

Les fruits sont ronds, jaunes dans leur maturité ; ils contiennent une pulpe sèche & un noyau globuleux.

8. BALSAMIER de la Jamaïque. Cet arbre s'élève environ à vingt pieds : son écorce est d'un brun plus ou moins foncé ; son bois blanc, assez solide, répand une odeur agréable.

Les feuilles sont ailées, composées de deux ou trois paires de folioles, portées par un court pétiole, lisses & ovales, avec une petite pointe souvent émoussée ou échancrée.

Les fleurs, qui viennent à l'extrémité des rameaux, sont blanches, petites, & ont quelque ressemblance avec celle du Sureau ; elles sont disposées en panicules lâches.

Elles sont remplacées par des baies oblongues qui ont une odeur de baume de Copahu.

9. BALSAMIER de la Guiane. Cette dénomination paroît vicieuse : ce Balsamier n'est point particulier à la Guiane ; on le trouve à l'isle de France, & il croît encore sur les montagnes & dans les bois de la Jamaïque, où Sloane l'a observé.

Ses racines sont peu profondes, mais elles s'étendent à de très-grandes distances.

De ces racines s'élève une tige de la grosseur de nos chênes, nue jusqu'à vingt pieds de haut environ, & qui, à cette hauteur, pousse un grand nombre de branches étendues de tous les côtés, formant une vaste cime ; l'arbre monte en tout jusqu'à 50 pieds environ.

Ces arbres sont peu de tems dépouillés : ils perdent leurs feuilles aux mois de novembre ou décembre, & dès les mois de janvier ou février suivans ils poussent des feuilles & des fleurs.

Les fleurs paroissent avant les feuilles : elles naissent en grappes à l'extrémité des rameaux,

& sont d'une couleur brune tirant sur le pourpre.

Les feuilles sont ailées avec impaire, composées de 5 folioles portées sur des pétioles de plus d'un demi-pouce, presque rondes, longues d'environ deux pouces sur un pouce & demi de largeur, luisantes, d'un brun clair & marquées à leur surface de quelques nervures.

Le fruit vient en grappes comme les fleurs. Ce sont des baies oblongues, arrondies, & qui contiennent un noyau de la même forme, enveloppé d'une pulpe résineuse.

10. BALSAMIER kataf. Cet arbre n'a point d'épines sur ses rameaux ; son bois est blanc ; ses feuilles sont composées de trois folioles ovales, plus ou moins pointues, & dentées vers leur sommet.

Les fleurs sont unisexuelles. Elles viennent à l'extrémité des branches, & sont portées sur des pédoncules rameux qui viennent plusieurs ensemble.

11. BALSAMIER kafal. Il ressemble beaucoup au précédent ; mais il s'élève plus haut, & ses rameaux sont un peu épineux à leur sommet : son bois est rouge ; les feuilles, également composées de trois folioles, dont les deux latérales sont plus petites, après avoir été velues dans leur jeunesse, deviennent glabres en vieillissant.

Les fruits sont des baies ovales qui contiennent une semence dont la peau est osseuse, à-peu-près comme la coque d'une noix. La pulpe est verte, d'une odeur très suave, & lorsqu'on l'entame il en découle un baume ou suc résineux, qui est blanchâtre.

12. BALSAMIER huileux. Cet arbre s'élève à une assez grande hauteur ; son tronc est droit, couvert d'une écorce unie, cendrée & parsemée de points d'un jaune obscur : il soutient une cime rameuse & touffue.

Les feuilles sont ailées, composées de deux ou trois paires de folioles lancéolées, avec un impaire qui manque quelquefois.

Les fleurs naissent en grappes dans les aisselles des feuilles, & sont remplacées par de petites baies, qui deviennent d'un bleu noirâtre en mûrissant, & qui ne renferment qu'une seule graine chacune.

Culture.

Pour pouvoir élever dans nos climats ces différens arbres ou arbrisseaux, il faut nécessairement en faire venir les baies des pays où ils croissent naturellement. On les sème au printems dans des pots que l'on enterre dans une bonne couche chaude. Les jeunes plantes qui en proviennent demandent le plus grand ménagement. Il faut sur-tout observer de ne jamais casser, ni même déchirer les racines, & de conserver, autant qu'il est possible, la motte entière, lorsqu'on veut les changer de pots. Sans ces précautions, cette trans-

Plantation nuiroit beaucoup à la plante, & pourroit même la faire périr.

En général, toutes ces espèces font trop tendres
pour pouvoir résister ici en plein air, même
pendant l'été. Il faut donc les tenir constamment
dans la couche de tan de la serre chaude, en
ayant feulement foin de renouveller l'air de
tems en tems pendant les grandes chaleurs.

Usages.

C'est la première espèce qui fournit la véritable
gomme élémi d'Amérique; nous disons d'*Amérique*,
& avec raison; car la véritable gomme élémi
vient d'Egypte & d'Ethiopie. Elle est le produit
d'un arbre qui n'a rien de commun avec notre
Balsamier élémifère. Celle dont nous parlons ici
s'appelle *gomme élémi bâtarde*.

Pour se la procurer, on fait des incisions à
l'écorce de l'arbre; il en découle, pendant la nuit,
une résine très-odorante, aromatique, vive &
pénétrante, que l'on peut recueillir le lendemain.
Elle est d'un verd jaunâtre, a la consistance de
la manne, & une odeur d'anis nouvellement
écrasé.

Elle est utile en médecine, mais on l'emploie
plus à l'extérieur qu'à l'intérieur.

Les espèces, n.ᵒˢ 4 & 5, donnent le véritable
opo-balfamum, si connu sous les noms de *baume
de Judée, baume de la Mecque, d'Egypte, de
Syrie, ou baume blanc*.

Ce baume, si précieux par son usage, tant
interne qu'externe, est une résine qui découle de
ces arbres, naturellement ou par incision, pendant la canicule.

Cette résine est liquide, d'un blanc jaunâtre,
d'un gout âcre & aromatique, d'une odeur pénétrante, qui approche de celle du citron, & d'une
faveur amère & astringente. Ce baume est réservé
pour les grands de la Mecque & de Constantinople.
Il est extrêmement rare qu'il nous en parvienne.
Celui qu'on nous envoie est dû à l'art.

On prend les feuilles & les jeunes branches
du Balfamier, que l'on fait bouillir dans l'eau,
& on en retire deux espèces de baume.

L'un est celui qui surnage sur l'eau à la première ébullition. Ce baume est comme une huile
limpide & fluide, qu'il est encore très-difficile
de se procurer, parce qu'il est destiné pour les
dames Turques, qui en font un grand usage
pour adoucir & blanchir la peau. Nous ne pouvons guères en avoir de véritable que par présent.

L'huile qui surnage après la première ébullition
est plus épaisse & moins odorante. C'est ce baume
blanc qui est le plus commun. Il est apporté par
les Caravanes, qui le répandent dans le commerce.

Le fruit du Balfamier de la Mecque, que les
droguistes appellent *carpobalfamum*, & l'extrémité
des jeunes branches, sous le nom de *xylobalfamum*,

font aussi d'usage en médecine; mais leurs vertus
n'approchent pas de celles du baume.

On dit que le fruit de la sixième espèce, mais
sur-tout le suc laiteux qui découle de son écorce,
font des poisons très-dangereux.

Les habitans de l'isle de Java plantent volontiers
la septième espèce, auprès de leurs maisons. Cet
arbre, qui s'élève assez haut, leur procure un
ombrage agréable.

Les baies de la neuvième espèce font fort recherchées des pigeons sauvages, qui s'en nourrissent
volontiers.

La gomme ou résine, qui découle de son tronc,
est blanche & brillante. Lorsqu'elle est humectée
par la pluie, si on vient à la toucher, elle est
très-adhérente à la peau. En se desséchant, elle
acquiert une odeur qui approche de celle du
citron. On lui attribue beaucoup de vertus
médicinales.

Au défaut de bray, cette résine peut servir à
gaudronner les vaisseaux.

Les Arabes rapportent que, dans les tems pluvieux, le Balfamier kataf, n.º 10, paroît se gonfler,
& que cette espèce d'épaississement se résout en
une poussière rouge, d'une odeur très-agréable,
& dont leurs dames se servent pour se parfumer
la tête.

Le bois de la onzième espèce est un objet de
commerce considérable en Arabie.

Les Egyptiens le recherchent beaucoup, & ils
s'en servent pour donner aux vaisseaux de terre,
qu'on expose à sa fumée, un goût qui leur est
agréable.

Sa gomme est purgative.

Mais, tous ces arbres, si intéressans dans leur
pays natal, ne peuvent être ici que des objets
de curiosité. Toutes leurs propriétés font perdues
pour nous. (*M. Dauphinot.*)

BALSAMINE. *Impatiens.*

Genre de plantes à fleurs polypétalées & irrégulières, de la famille des GERAINES, qui
a des rapports très-marqués avec les Violettes
& les Capucines.

Les tiges s'élèvent ordinairement d'un à deux
pieds, & font herbacées.

Les feuilles varient suivant les espèces. Dans
les unes, elles font opposées, & alternes dans
les autres : mais, en général, elles font d'un
beau verd, oblongues, & plus ou moins dentelées en leur bord.

Les fleurs naissent dans les aisselles des feuilles.
Elles font solitaires dans le plus grand nombre
des espèces : dans les autres, elles font rassemblées plusieurs ensemble sur un même pédoncule.
Ces fleurs, dont la corolle est irrégulière, font
formées de cinq pétales inégaux, reçus dans une
espèce de capuchon coloré & terminé posté-

doucement par un éperon, plus ou moins alongé.

Le fruit est une capsule à une seule loge, & à cinq valves, qui, lors de sa maturité, au moindre contact, ou même spontanément, s'ouvre avec élasticité, en se roulant en spirale, & lance ses graines au loin. Ces graines sont presque rondes, brunes & attachées à un réceptacle en forme de colomne.

C'est cette facilité à laisser échaper ses graines, qui a fait donner à cette plante, les noms latins de *Impatiens* & *Noli tangere*.

L'espèce que nous cultivons pour l'ornement des jardins, commence à fleurir vers les mois de Juin ou Juillet; elle continue en automne, & les fleurs se succèdent jusqu'aux premières gelées. Le fruit mûrit successivement, & peu de tems après l'entier épanouissement de chaque fleur, en sorte qu'on peut en recueillir les graines pendant presque tout le tems de la floraison.

ESPÈCES ET VARIÉTÉS.

* *Pédoncules uniflores.*

1. BALSAMINE de la Chine.
IMPATIENS Chinensis. L. ⊙ de la Chine.
2. BALSAMINE à feuilles larges.
IMPATIENS latifolia. L. ⊙ des Indes.
3. BALSAMINE fasciculée.
IMPATIENS fasciculata. Lam. Dict. des lieux humides, au Malabar.
4. BALSAMINE à feuilles opposées.
IMPATIENS oppositifolia. Lam. Dict. des lieux sablonneux du Malabar & de l'isle de Ceylan.
5. BALSAMINE cornue.
IMPATIENS cornuta. L. ⊙ de l'isle de Ceylan.
6. BALSAMINE des jardins.
IMPATIENS Balsamina. L. ⊙ originaire des Indes, mais depuis long-tems naturalisée en Europe.

** *Pédoncules multiflores.*

7. BALSAMINE à trois fleurs.
IMPATIENS triflora. L. des lieux humides de l'isle de Ceylan.
8. BALSAMINE des bois. Vulg. Impatiente jaune.
IMPATIENS noli tangere L. ⊙ des lieux humides & ombragés de l'Europe.
B. BALSAMINE des bois à petites fleurs.
IMPATIENS noli tangere parviflora. H. R. ⊙ du Canada.

Description du port des Espèces.

1. BALSAMINE de la Chine. La tige est rouge & garnie de rameaux alternes; les feuilles sont opposées, ovales, sessiles & légèrement dentelées. Les fleurs, de couleur purpurine, sont terminées par un éperon gros & très-courbe. Elles

naissent dans les aisselles des feuilles, & sont portées chacune par un pédoncule particulier, plus long que les feuilles.

2. BALSAMINE à feuilles larges. Cette espèce pousse une tige haute de deux pieds, rameuse, & d'un rouge obscur sur les articulations. Les feuilles sont alternes, lancéolées & bordées de crenelures, qui ont chacune une petite pointe. Les pédoncules, un peu moins longs que les feuilles, portent chacun une fleur rougeâtre, dont l'éperon, fait en alène, est plus long que le reste de la fleur.

3. BALSAMINE fasciculée. Cette espèce n'est encore connue que dans les herbiers, ou par les descriptions des Botanistes. Il paroît que sa tige rameuse, cylindrique & rougeâtre, s'élève à un ou deux pieds. Ses feuilles sont opposées, presque sessiles, un peu épaisses & bordées de dents aigues & rougeâtres. Chaque pédoncule ne porte qu'une fleur rouge, dont l'éperon est menu ou en alène: mais ils naissent deux ou trois ensemble, & comme en faisceaux à chaque aisselle.

4. BALSAMINE à feuilles opposées. La racine pousse des tiges peu élevées, quadrangulaires, d'un verd clair & aqueuses. Les feuilles sont opposées, un peu épaisses & bordées de quelques dentelures distantes. Les fleurs sont petites, & ont un éperon peu sensible. Elles sont d'un pourpre bleuâtre, & naissent aux sommités de la plante.

5. BALSAMINE cornue. Le feuillage de cette espèce ressemble beaucoup à celui de l'espèce suivante: mais les fleurs sont beaucoup plus petites, & l'éperon, qui les termine, est quatre à cinq fois plus long. Elles sont rougeâtres, portées chacune par un pédoncule particulier, mais réunies au nombre de deux ou trois ensemble à chaque aisselle.

6. BALSAMINE des jardins. Cette espèce, que quelques-uns appellent *Balsamine femelle*, est celle qui mérite le plus l'attention des amateurs.

La beauté de ses fleurs, & la variété de leurs couleurs, la rendent intéressante.

La tige est haute d'un pied & demi, droite, cylindrique, noueuse dans sa partie inférieure, & rougeâtre ou blanche, suivant la couleur de la fleur qu'elle doit porter. Elle se divise en plusieurs branches, garnies de feuilles simples, entières, retrécies en pétioles vers leur base, faites en forme de fer de lance, & dentelées en scie sur leurs bords. Ces feuilles sont la plupart alternes, & d'un beau vert.

Les fleurs offrent une très-grande variété pour les couleurs. Il y en a de blanches, de rouges, de couleurs de rose, de violettes, de panachées de ces diverses couleurs. Elles sont assez grandes, doublent aisément, & ont un éperon recourbé, moins long que le reste de la fleur.

Elles naissent dans les aisselles des feuilles, & sont

portées chacune fur un pédoncule particulier : mais ces pédoncules font au nombre de deux ou trois, & quelquefois plus, à chaque aiffelle.

7. BALSAMINE à trois fleurs. Les feuilles, dans cette efpèce, font beaucoup plus étroites que dans la précédente. Elles ont en-deffous une côte très-faillante & blanchâtre.

Les pédoncules, qui naiffent dans les aiffelles des feuilles, font folitaires : mais ils fe divifent en trois branches, dont chacune foutient une belle fleur, d'un rouge agréable, avec un éperon menu & fort alongé.

8. BALSAMINE des bois. Sa tige eft haute d'un pied, ou un peu plus, rameufe, & fouvent un peu enflée fous l'infertion de fes rameaux.

Les feuilles, qui naiffent alternativement fur tous les côtés de la tige, font ovales, affez larges, molles, vertes, & bordées de dentelures groffières. Elles font comme flétries & pendantes dans la nuit, & pendant le tems que la plupart des végétaux, qui avoient été fatigués par la chaleur du foleil, reprennent leur vigueur naturelle. Ce phénomène ne paroît pas dépendre du défaut d'humidité, ou de fon infuffifance à compenfer celle qui fe diffipe par la tranfpiration, comme on l'obferve dans la plupart des plantes. C'eft plutôt un vrai fommeil, qui tient au relâchement de quelques fibres, que les Phyficiens ne connoiffent pas encore fuffifamment. (Cette obfervation eft dûe à M. Villars, favant laborieux & eftimable, qui nous a donné une Hiftoire très-intéreffante des plantes du Dauphiné.)

Les pédoncules des fleurs font axillaires, minces, moins longs que les feuilles. Ils fe divifent en plufieurs autres plus petits, qui portent chacun une fleur jaune, affez grande & munie d'un éperon recourbé.

La variété B a les fleurs plus petites. C'eft la feule chofe qui la diftingue de la précédente.

CULTURE.

Culture des Efpèces exotiques.

L'efpèce, n.° 3, n'a point encore été cultivée en Europe. Nous ne pouvons donc rien dire de pofitif fur la manière de l'élever. Nous préfumons cependant, qu'étant originaire des mêmes climats, à-peu-près, que les efpèces n.ᵒˢ 1, 2, 4, 5 & 7, elle pourroit s'accommoder du même traitement.

Les graines de toutes ces efpèces doivent être femées au printems, fur une couche tiède. Lorfque les plantes ont atteint la hauteur d'un pouce, on les tranfporte fur une autre couche, au même degré de chaleur, à quatre pouces de diftance entre elles, & on a foin de les abriter du foleil, jufqu'à ce qu'elles aient pouffé de

nouvelles racines. On leur donne beaucoup d'air libre dans les tems favorables, pour les empêcher de s'étioler & de devenir foibles. On les arrofe fouvent, mais toujours très-légèrement : car leurs tiges étant fucculentes, font fujettes à être attaquées de pourriture par trop d'humidité.

Quand les jeunes plantes font devenues affez fortes pour fetoucher, on les enlève en mottes, & on les met féparément dans des pots remplis d'une terre légère & fubftantielle, que l'on place dans une couche de chaleur très-modérée, fous un chaffis profond, afin qu'elles ne foient point gênées pour croître. On les tient à l'ombre, jufqu'à ce qu'elles aient bien repris : on leur donne enfuite, journellement, beaucoup d'air, pour les habituer à fupporter le plein air. Mais on ne les y expofe qu'au mois de Juillet, en les plaçant même dans une fituation chaude & abritée.

Malgré ces précautions, il eft rare que les graines mûriffent en plein air, à moins que l'été ne foit bien chaud. Il eft donc prudent de conferver quelques-uns des plus beaux pieds, fous un vitrage, dans un chaffis profond, afin de fe procurer de bonnes femences.

Culture des Efpèces indigènes ou naturalifées.

La force élaftique qui réfide dans les fruits de ces plantes, eft un des moyens que la nature emploie pour leur reproduction. Les graines, difféminées au loin, germent d'elles-mêmes, & produifent de nouvelles plantes, qui font même, en général, plus vigoureufes que celles que nous devons à la culture. Elles donnent leurs fleurs plus tard ; mais elles continuent à fleurir plus long-tems en automne, & durent même jufqu'aux premières gelées. Cependant il eft bon de recueillir les graines dans le tems & de les cultiver, foit pour être fûr des efpèces que l'on veut conferver, à caufe de la beauté de leurs fleurs, foit pour pouvoir enfuite les tranfplanter dans les endroits qu'on leur deftine.

6. BALSAMINE des jardins. C'eft, comme nous l'avons dit, celle qui mérite le mieux les foins d'un amateur.

Comme elle craint le froid, il ne faut pas fe hâter de la femer, à moins qu'on ne faffe ufage de chaffis. Le tems le plus convenable, dans les provinces du Nord, eft à la fin de mars. Dans les provinces du midi, on peut femer dès la fin de Février. L'effentiel eft de garantir le jeune plant des matinées froides. La plus légère gelée blanche cuit la tige & la fait promptement pourrir. On ne fauroit donner à cette plante une terre en même-tems trop légère & trop fubftantielle ; fans quoi elle dégénèreroit bientôt. Elle exige de fréquens arrofemens, à caufe de la multiplicité des fibres de fa racine.

8. BALSAMINE des bois. C'eft fur-tout dans cette efpèce,

cette espèce, qu'on peut remarquer combien la nature l'emporte sur l'art. Les graines qui se sèment d'elles-mêmes, par la force élastique du fruit, réussissent beaucoup mieux que celles qui sont semées à la main. Car, à moins que ces dernières ne soient mises en terre aussi-tôt qu'elles sont mûres, elles sont sujettes à manquer & ne lèvent que rarement.

Cette plante aime l'ombre & l'humidité. Elle ne demande pas beaucoup de soins. Il suffit de la nétoyer de mauvaises herbes, & de l'éclaircir à propos.

Usages. La Balsamine des jardins fait, en automne, un des principaux ornemens de nos parterres, qu'elle embellit encore dans un tems où il y a très-peu d'autres fleurs intéressantes. Comme ses fleurs offrent une grande variété de couleurs, en les mêlant avec goût, on peut les placer en amphithéâtre, & elles y produisent un très-bon effet.

Celle à fleurs incarnates & simples peut être d'une grande utilité en teinture. On en tire, suivant la différence des apprêts, diverses nuances, très-solides, & qui résistent aux épreuves du vinaigre & du savon.

Les fleurs & les feuilles de la Balsamine des bois peuvent aussi servir à teindre la laine en jaune.

En général, on attribue à ces différentes espèces quelques vertus médicinales, mais qui leur sont communes avec tant d'autres plantes, plus efficaces, qu'elles ne méritent pas d'être envisagées sous ce point-de-vue. Celle des bois peut même être dangereuse. (*M. Dauphinot.*)

BALSAMIQUE. On donne ce nom à une odeur qui est particulière à quelques plantes, & qui est analogue à celle de certaines résines. La plupart des plantes, qui exhalent une odeur balsamique, sont enduites d'une excrétion gluante, plus abondante dans les pays chauds & dans les tems chauds, que dans les saisons froides. Quelques espèces même ne s'en couvrent que dans certaines circonstances, comme *l'épervière amplexicaule.* Ces plantes ont souvent un aspect désagréable, à cause de leur teinte jaunâtre & des insectes ou autres corps étrangers, qui restent attachés à leur viscosité : elles sont plus cultivées dans les jardins botaniques que dans les jardins d'ornement.

On donne en pharmacie le nom de Balsamiques aux plantes toniques & cordiales. (*M. Reynier.*)

BALSAMITE. Épithète donnée quelquefois au *Tanacetum Balsamita* L., qu'on appelle communément Menthe-Coq, ou Coq des Jardins. *Voyez* TANAISIE. (*M. Thovin.*)

BALTIMORE, *Baltimora.* L.

Genre de plante de la famille des composées,

& voisin des Millères. Il est caractérisé par le réceptacle des fleurs chargé de paillettes, par des semences nues, renfermées dans le calice, & par des fleurs radiées, dont la couronne n'est formée que de quatre ou cinq demi-fleurons.

Espèce.

I. BALTIMORE d'Amérique.

Baltimora erecta. L. ☉ des environs de la ville de Baltimore, dans le Maryland.

Cette espèce, la seule connue jusqu'à présent, s'élève à la hauteur de deux pieds : sa tige droite & tétragone est relevée sur les angles par des expansions feuillées ; la partie supérieure se divise en forme de panicule dichotome, dont les dernières ramifications & leurs aisselles portent les fleurs. Les feuilles sont ovales, dentelées & petites, relativement à la hauteur de la plante. Les fleurs sont petites, & de couleur jaune.

La Baltimore n'est cultivée que dans les jardins de Botanique. On sème les graines au printems sur une couche médiocrement chaude, ou même en pleine terre. Lorsque les jeunes plantes sont parvenues à une certaine grandeur, on les met en place, ayant soin de les débarrasser des mauvaises herbes. La Baltimore mûrit ses graines avant la fin de l'automne. Ces graines se conservent mieux lorsqu'on les laisse dans le calice, que lorsqu'on les en sépare. Cette plante ayant peu d'apparence, ne pourroit pas orner un parterre ; le peu de feuillage qu'elle porte lui donne un air nud & sec qui produit un effet désagréable. (*M. Reynier.*)

BALTRACAN. Nom d'une plante qui croît dans la Tartarie, & qui sert de nourriture aux Tartares pendant leurs voyages. D'après la description informe qu'en ont donné les voyageurs, on ne sait si cette plante appartient à la famille des ombellifères, ou si elle doit être rangée dans celle des crucifères. Cependant, M. Jacquin pense que c'est le même végétal qu'il a nommé *Crambe Tartarica. Voyez* CRAMBÉ LACINIÉ, n.° 3. (*M. Thovin.*)

BALUSTRADE. Appui que l'on pratique sur le bord des terrasses. On trouvera dans le Dictionnaire d'Architecture les détails relatifs à leur construction, & les proportions qu'on leur donne. On les garnit quelquefois d'une haye, qu'on tient à la hauteur du mur ; d'autres fois on l'élève en berceau avec les mêmes variations que dans les berceaux ordinaires. Le buis, l'if, le troène, le cornouiller, l'érable de Montpellier, le grenadier, garnissent très-bien les Balustrades. Comme la manière de planter ces hayes est la même que pour les berceaux, on trouvera dans cet article, tout ce qu'il est nécessaire de savoir. *Voyez* BERCEAU. (*M. Reynier.*)

BALZANE. « C'est la marque de poils blancs qui vient aux pieds de plusieurs chevaux, depuis le boulet jusqu'au sabot, devant & derrière. Ce mot vient de l'Italien *Balzano*. On appelle cheval balzan celui qui a des Balzanes à quelqu'un de ses pieds, ou à tous les quatre. On juge de la bonté & de la nature des chevaux, selon les pieds où les Balzanes se rencontrent. Balzan s'applique à l'animal, cheval balzan. Balzane, c'est la marque qui le distingue. Les termes de travat, transtravat, & chauffé trop haut, appartiennent aux Balzanes. Quelques cavaliers sont assez superstitieux pour s'imaginer qu'il y a une fatalité sinistre attachée à la Balzane du cheval Arzel. *Ancienne Encyclopédie.* (M. *l'Abbé Tessier.*)

BAMBOU. Nom sous lequel les voyageurs confondent plusieurs plantes de la famille des graminées, qui ont le port des roseaux, & dont quelques espèces sont du genre de l'*arundo. Voyez* le mot NASTE. (M. *Thouin.*)

BAMBOU. Nom d'une graminée des Indes que Linné a réunie au genre des *roseaux*, sous le nom d'*Arundo bambos. Voyez* ROSEAU.

La plante qui porte réellement le nom de Bambou, & qui sert à un si grand nombre d'usages économiques, paroît être différente de celle qui fournit les cannes que l'on commerce sous ce nom. Kœmpfer, qui a observé cette dernière plante au Japon, dit que ce sont des racines ou souches, traçantes sous terre, qui forment ces cannes; & qu'on les exporte sous le nom de *Rotang*. Comme il ne décrit pas cette plante, il reste encore beaucoup d'obscurités. (*M. Reynier.*)

BANAL. Nom d'une famille de Jardiniers, qui, depuis plusieurs générations, est chargée de la culture du jardin Royal de Botanique de Montpellier, & fait des cours d'herborisations à la campagne. Cette famille, qui a rendu des services à l'Agriculture & à la Botanique, mérite, à juste titre, l'estime de ses Concitoyens. (*M. Thouin.*)

BANANIER. *Musa.*

Genre de plante unilobée, qui forme, avec le *Bihai* & le *Ravenala,* une petite famille qui semble très-voisine des *Balisiers.* Il est composé de trois espèces, dont deux sur-tout sont très-intéressantes & très-utiles. Ces deux espèces ont fourni un très-grand nombre de variétés. Toutes ces plantes croissent naturellement dans les climats chauds des deux Indes & de l'Afrique. On y cultive avec soin lesdites deux espèces, n.° 1 & 2, ci-après, qui y sont une grande ressource pour la nourriture des hommes. Les Bananiers sont les plus grandes de toutes les herbes. Leur grandeur est telle qu'elles ressemblent plutôt à des arbres. Leur port est d'une grande beauté leur végétation est d'une rapidité prodigieuse. leurs tiges acquièrent communément, en une année, la grosseur de la cuisse, & une hauteur de dix à douze pieds; que chacune de ces tiges est couronnée par un superbe bouquet de huit à douze feuilles très-belles, qui ont jusqu'à dix

pieds & plus de longueur, & un pied & demi, ou même quelques fois deux pieds de largeur; du milieu desquelles sort un pédoncule, gros comme le bras, long de quatre pieds, qui est souvent chargé d'une telle quantité de fruits, qu'il faut deux hommes pour le transporter. Les fleurs auxquelles ce pédoncule sert d'axe commun, sont composées chacune de deux pétales inégaux, six étamines, un style, & un ovaire inférieur qui devient un fruit charnu, oblong, à-peuprès de la forme d'un petit concombre. Ces fleurs proviennent sur toute la longueur de ce pédoncule; mais il ne porte des fruits que sur sa partie inférieure, les fleurs de sa partie supérieure étant stériles. Ce pédoncule commun, lorsqu'il est chargé de fruits, se nomme le *Régime.* Chaque tige est toujours sans rameaux, ne produit qu'un régime, & périt lors de la maturité des fruits qu'il porte. Néanmoins ces herbes magnifiques sont perennelles, chaque tige produisant de son pied, avant de périr, des rejettons ou drageons enracinés qui servent à multiplier les espèces & variétés. Les espèces, n.° 1 & 2, ci-après, qui sont cultivées depuis un tems immémorial, ne portent plus de semences, ou n'en donnent que très-rarement; sorte de dégénération à laquelle on a remarqué que sont sujettes la plupart des plantes qui se multiplient par rejettons depuis très-long-tems. Dans le climat de Paris, on ne peut élever les Bananiers qu'en serres chaudes.

Espèces & principales variétés.

1. BANANIER de paradis.
Musa paradisiaca. Lin. *Bananier à fruit long.* La M. Dict. vulgairement *le figuier d'Adam.* ♃ des climats chauds des deux Indes & d'Afrique.

1. B. BANANIER de paradis à gros fruit.
Musa paradisiaca corniculata. *Musa fructu cucumerino longiori.* Plum. *Le Bananier cochon d'Amérique. Le plantain ou le plantanier des Espagnols.* M. de la Marck présume que c'est cette variété que Rumphe nomme *Pissang tando seu musa corniculata.* Herb. Am. vol. 5, p. 130; & qui, suivant ce dernier Auteur, se trouve abondamment dans l'isle de Key. ♃ des mêmes lieux.

1. C. BANANIER de paradis à fruit sec.
Musa paradisiaca sicca. Pissang Gabba Gabba. Rumph. herb. Amb. vol. 5, ibid. ♃ des mêmes lieux, & notamment de l'Inde orientale.

1. D. BANANIER de paradis à fruit verd.
Musa paradisiaca viridis. Pissang Crolo seu Cro. Rumph. herb. Amb. vol. 5, ibid. ♃ des mêmes lieux, & principalement de l'Inde orientale.

1. E. BANANIER de paradis à écorce du fruit épaisse.
Musa paradisiaca dura. Pissang Culit Tabal. Rumph. herb. Amb. vol. 5, ibid. ♃ des mêmes lieux & principalement de l'Inde orientale.

1. F. BANANIER de paradis & des enfans.
MUSA PARADISIACA INFANTUM. Piſſang
Swangi. Rumph. herb. Amb. vol. 5. ibid. ♃ des
mêmes lieux, & principalement de l'Inde orientale.

1. G. BANANIER de paradis à fruit comprimé.
MUSA PARADISIACA COMPRESSA. Piſſang
Abu. Rumph. herb. Amb. vol. 5. ibid. ♃ des
mêmes lieux, & principalement de l'Inde orientale.

1. H. BANANIER de paradis à fruit court.
MUSA PARADISIACA BREVIS. Piſſang Bombor.
Rumph. Herb. Amb. vol. 5. ibid. ♃ des mêmes
lieux, & principalement de l'Inde Orientale.

1. J. BANANIER de paradis à fruit papillaire.
MUSA PARADISIACA PAPILLARIS. Piſſang
Canaya Puti. Rumph. herb. Amb. vol. 5. ibid.
♃ des mêmes lieux, & principalement de l'Inde
Orientale.

1. K. BANANIER de paradis à fruit blanc.
MUSA PARADISIACA ALBA. Piſſang Bulang
trang. Rumph. herb. Amb. vol. 5. ibid. ♃ des
mêmes lieux, & principalement de l'Inde
Orientale.

2. BANANIER des ſages.
MUSA SAPIENTUM. Lin. Bananier à fruit court.
La M. dict. ſe nomme, vulgairement en Amérique, *la Bacove* ou *la figue Banane.* ♃ des
climats chauds des deux Indes & d'Afrique, &
ſpécialement des Iſles Moluques & de la Sonde,
de la Guinée, du Bréſil, des Antilles & de la Guiane.

2. B. BANANIER des ſages à aiguilles.
MUSA SAPIENTUM ACICULARIS. Piſſang dier-
nang ſeu acuum Piſſang. Rumph. herb. Amb. vol.
5. ibid. ♃ des mêmes lieux, & principalement des Iles Moluques & de la Sonde.

2. C. BANANIER des ſages & des tables.
*MUSA SAPIENTUM MENSARIA. Muſa menſaria
ſeu Piſſang medii.* Rumph. herb. Amb. vol. 5. ibid.
♃ des mêmes lieux.

2. D. BANANIER des ſages royal.
*MUSA SAPIENTUM REGIA. Muſa regia ſeu
Piſſang. Radja.* Rumph. herb. Amb. vol. 5. ibid.
♃ des mêmes lieux.

2. E. BANANIER de ſages pourpre.
MUSA SAPIENTUM PURPUREA. Piſſang Mera.
Rumph. herb. Amb. vol. 5. ibid. ♃ des mêmes
lieux, & ſpécialement des Iſles Moluques & de
la Sonde.

2. F. BANANIER des ſages à fruit ponctué.
*MUSA SAPIENTUM PUNCTATA. Piſſang ſal-
picado.* Rumph. herb. Amb. vol. 5. ibid. ♃ des
mêmes lieux, & ſpécialement de l'Iſle de
Ternate.

2. G. BANANIER des ſages nain.
*MUSA SAPIENTUM NANA. Piſſang Canaya
kitjil.* Rumph. herb. Amb. vol. 5. ibid. ♃ des
mêmes lieux, & ſpécialement des Iſles Moluques
de la Sonde.

3. BANANIER à grape droite.
MUSA TROGLODITARUM. Lin. ♃ des Iſles
Moluques.

3. B. BANANIER à grappe droite & à fruit
verd.
*MUSA TROGLODYTARUM VIRIDIS. Muſa
troglodytarum.* B. Lin. *Piſſang Batu.* Rumph. herb.
Amb. vol. 5. ibid. ♃ des Iſles Moluques.

Deſcription des eſpèces & variétés.

1. LE BANANIER de paradis. La tige de cette
herbe majeſtueuſe a ordinairement, depuis ſix
juſqu'à douze pieds de hauteur, eſt de la groſſeur au moins de la cuiſſe, ne porte aucune
branche, ſe termine à ſon ſommet, par un
beau bouquet de huit à dix feuilles ſimples,
très-belles, qui ont chacune juſqu'à dix pieds
& plus de longueur, & juſqu'à un pied &
demi & plus de largeur. Les plus externes de
ces feuilles ont leur longueur dans une direction
preſque horizontale, les autres ſont dirigées
obliquement, & leur direction s'approche de la
perpendiculaire, à proportion qu'elles ſont plus
internes & plus jeunes, de manière, qu'avant
que le pédoncule qui doit porter les fleurs,
commence à paroître, la feuille la plus interne,
& la plus jeune, qui eſt roulée en cornet;
pointe perpendiculairement vers le ciel. L'extrémité ſupérieure de toutes celles qui ſont développées, eſt légèrement recourbée en-dehors.
Ces feuilles ſont d'un verd très-agréable, très-
liſſes en-deſſus, & comme ſatinées; elles ſont
très-entières, & ſont traverſées dans leur milieu,
par une forte nervure longitudinale, très-ſail-
lante du côté de leur page inférieure; leur
page ſupérieure eſt très-agréablement ornée d'une
grande quantité de nervures très-fines, très-ré-
gulièrement parallèles entr'elles, qui s'étendent
tranſverſalement & en ligne droite, depuis la
nervure longitudinale, juſqu'au bord; leur pétiole très-fort a un pied & demi & plus de
longueur. C'eſt du milieu de ces feuilles que
ſort le pédoncule commun, qui porte les fleurs
& les fruits. Ce pédoncule non-rameux, acquiert trois ou quatre pieds de longueur; ſa groſſeur égale ſouvent, & même ſurpaſſe celle du
bras : les fleurs ſeſſiles, qu'il porte en quantité
ſur toute ſa longueur, ſont cachées ſous des
écailles ſpathacées, rougeâtres, qui tombent bien-
tôt après leur épanouiſſement : chaque écaille
recouvre environ cinq fleurs : ce pédoncule eſt
terminé à ſon extrémité libre ou ſommet, par
un bouquet ſerré d'écailles, ſpathes, ou folioles
qui forment enfin une tête conique de la grandeur
& de la forme d'un œuf d'autruche. Dans les
Iſles Moluques & de la Sonde, cette tête ſe
nomme *le Cœur* ou *le Diantong.* Les fruits,
dont ce pédoncule ſe charge ſur ſa partie inférieure, ſont diſpoſés autour de lui par paquets, & ſont quelquefois au nombre de cent
ſur un ſeul régime. Chaque fruit eſt extérieurement glabre, d'un jaune pâle, long de cinq

à huit pouces, d'un pouce ou un pouce & demi de diamètre, obtusement triangulaire, & d'une forme qui approche celle de nos concombres ; leur chair ou substance interne est moëlleuse, molle, & jaunâtre, pleine d'un suc douceâtre, aigrelet & d'un goût agréable.

Le régime pend de manière que, lorsque ses fruits sont parvenus à une certaine grosseur, son extrémité libre ou sommet est beaucoup au-dessous de sa base ou de son origine.

1. B. LE BANANIER de Paradis à gros fruit, porte, suivant Rumphe, des fruits plus gros qu'aucune autre espèce ou variété : ils sont de la longueur & de la forme d'une corne de vache, & de la grosseur du bras : son régime n'en porte que deux ou trois paquets, chacun desquels contient quatre ou cinq fruits, qui ne sont jamais verds extérieurement ; mais qui, aussi-tôt qu'ils sont formés, sont déjà d'une couleur jaune blanchâtre : ils s'ouvrent souvent spontanément. Lorsque le régime en porte plus de douze ou quinze, ils mûrissent plus difficilement. C'est pourquoi on est dans l'usage de couper de bonne heure ceux qui sont au-dessus de ce nombre vers son sommet, afin que les autres puissent plus aisément parvenir à une parfaite maturité. Le régime de cette variété est sujet à être rompu par le poids du fruit, si on n'a pas eu soin de le soutenir, à tems, avec une fourche. La chair du fruit est d'un goût austère ; & il a besoin d'être cuit ou rôti long-tems pour être mangeable.

1. C. LE BANANIER de Paradis à fruit sec a pour particularité d'avoir la chair de son fruit, qui est plus petit, d'une sécheresse extrème. Ce fruit a besoin d'être rôti sous la cendre, ou frit à la poële pour être mangeable.

1. D. LE BANANIER de Paradis à fruit verd diffère parce que son fruit, long de sept à huit pouces, est très-verd extérieurement, & ne prend une légère teinte de jaune qu'au dernier moment de sa maturité. Il est quadrangulaire. Sa chair est plus blanche que celle des fruits d'aucune autre espèce ou variété, & est ferme & acidule. On subdivise cette variété en trois sous-variétés ; le fruit de la deuxième ne prend jamais la moindre teinte extérieure de jaune, & les feuilles de la troisième sont tachetées de brun, tant qu'elles sont jeunes.

1. E. LE BANANIER de Paradis à écorce du fruit épaisse. Son fruit, qui est presque à cinq angles, a sa chair d'un roux pâle, & d'une consistance de cire molle. L'écorce de ce fruit est plus épaisse que celle d'aucun autre fruit de Bananier. Ce fruit est mangeable crud, lorsqu'il est parfaitement mûr ; autrement il faut le frire ou le rôtir.

1. F. LE BANANIER de Paradis & des enfans a son fruit de six pouces de longueur, & de deux pouces de diamètre, irrégulièrement anguleux, dont la chair est d'un jaune foncé, tirant sur le roux, ferme, muqueuse, acidule. On ne le mange que cuit. C'est la variété, dont le fruit est le moins recherché pour sa saveur ; quoiqu'il soit, ainsi que la variété D, la principale nourriture des enfans. Sa tige est plus haute que celle des autres variétés. Son régime porte un petit nombre de paquets de fruits.

1. G. LE BANANIER de Paradis à fruit comprimé a son fruit comprimé, comme son nom l'indique, d'un doigt de longueur, & de trois de largeur. La couleur extérieure de ce fruit est blanche-jaunâtre, tirant vers le cendré. Sa chair est visqueuse & fade lorsqu'il est crû ; mais c'est le plus recherché de tous pour être mangé frit ou rôti.

1. H. LE BANANIER de Paradis à fruit court a son fruit de la grandeur d'un œuf de poule, glabre, à écorce lisse, & cependant tantôt triangulaire, & tantôt quadrangulaire. Ce fruit est bon à manger crû lorsqu'il est mûr, autrement il faut le rôtir.

1. I. LE BANANIER de Paradis à fruit papillaire a son fruit d'environ quatre à six pouces de longueur, gros comme le pouce, anguleux, jaunâtre & terminé par un sommet papillaire. Sa chair est ferme & acidule. C'est un des moins estimé pour son goût, & il est plus mangeable rôti ou frit que crû. Lorsque les feuilles de cette variété sont encore tendres, elles sont couvertes d'une espèce de farine qui en cache la couleur brune.

1. K. LE BANANIER de Paradis à fruit blanc à son tronc & ses feuilles de couleur jaunâtre : son fruit est blanchâtre, & pendant la nuit, lorsqu'il est éclairé par la lune, il paroît de la même couleur que cet astre.

2. LE BANANIER des sages ressemble par son port & sa grandeur à l'espèce précédente, n.° 1. Il a sa tige d'un verd jaunâtre, parsemée de taches noires. La superficie des feuilles est agréablement veinée, & elles se retrécissent un peu plus vers leur sommet que celles de l'espèce précédente. Son régime porte un beaucoup plus grand nombre de fruits, qui sont plus serrés, plus courts, plus droits, plus fondants, moins pâteux, plus facile à digérer, & d'un goût beaucoup plus agréable. Ces fruits, beaucoup plus estimés & recherchés, se mangent crûs.

2. B. LE BANANIER des sages à aiguilles a ses fruits de cinq à six pouces de longueur, presque triangulaires, terminés chacun par une longue pointe qui est le stile de la fleur persistant, & qui a pris de l'accroissement. Lorsque le fruit est mûr, il est très-tendre, & d'une saveur approchant de celui de la variété, A, précédente, mais plus acidule. Son régime porte environ deux cent cinquante fruits, qui mûrissent un peu plus tard que ceux de la variété précédente. L'écorce du fruit est adhérente à la chair qui est roussâtre,

& dont la caſſure eſt brillante, comme celle du ſucre.

2. C. LE BANANIER des ſages & des tables eſt la variété regardée, aſſez communément, comme la meilleure de toutes. Ses fruits ont cinq à ſept pouces de longueur, ſont communément arrondis, ont cinq angles, dont deux plus effacés, font qu'ils paroiſſent triangulaires; ils ſont jaunâtres, tendres, mûriſſent facilement, ſe peuvent écorcer aiſément; leur chair eſt plus tendre que celle du fruit d'aucune autre eſpèce ou variété, & elle brille comme du ſucre. Sa ſaveur douce & délicate a quelque choſe de l'odeur de la roſe. Il faut le manger crû. Il ne vaut rien cuit, ſi ce n'eſt qu'il ſoit à moitié mûr. Sa tige eſt plus haute que celle d'aucune autre eſpèce ou variété. Ses feuilles ſont couvertes de taches brunes, nombreuſes. Cette variété à une ſous-variété à fruit plus long & plus verdâtre, qui a ces taches noires.

2. D. LE BANANIER des ſages royal diffère de la précédente variété par ſon fruit beaucoup plus petit, de la longueur du doigt & de la groſſeur du pouce, extérieurement glabre, liſſe, à écorce mince & d'une ſaveur encore plus délicate & plus douce que celui de la précédente. C'eſt pourquoi, à Batavia, il eſt le plus recherché. Il ſe mange de même crû.

2. E. LE BANANIER des ſages pourpre, ſe diſtingue parce que ſon fruit eſt extérieurement de couleur pourpre mêlée de brun, de jaune, & de couleur de ſafran. Sa chair eſt blanche & acidule. Il eſt auſſi très-bon à manger crud. Ses feuilles, ſa tige & ſon régime ſont auſſi d'une belle couleur pourpre nuancée de verdâtre.

2. F. LE BANANIER des ſages à fruit ponctué diffère de la variété, n.° 2, D., ci-deſſus par ſon fruit plus rond, plus court, & dont l'extérieur eſt de couleur jaune parſemée d'une grande quantité de petits points noirs. Ce fruit eſt auſſi très-bon à manger crû.

2. G. LE BANANIER des ſages Nain. La tige, de cette variété recherchée & cultivée avec un ſoin particulier, eſt très-baſſe. Ses feuilles ſont les plus petites de toutes, & n'ont pas plus de cinq à cinq pieds & demi de longueur. Son régime porte ſouvent deux cens fruits. Le fruit eſt cylindrique, de la longueur du doigt, mais un peu plus gros, a ſon écorce très-mince, glabre, & fragile; de ſorte qu'il n'eſt pas facile à écorcer entièrement. Sa chair reſſemble à celle des variétés précédentes, mais eſt plus ferme, & d'une ſaveur fort agréable. Il ſe mange crud. Si on le fait cuire dans l'eau, ſa ſaveur reſſemble à celle des figues. Cette variété eſt très-hâtive, & porte ſes fruits trois ou quatre mois après avoir été plantée. Elle produit peu de rejettons.

3. LE BANANIER à grappe droite reſſemble par ſon port aux eſpèces précédentes, & n'en diffère que parce que ſon régime eſt élevé vers le ciel; au lieu que celui des autres eſpèces eſt pendant vers la terre. Son cœur ou *Diantong* eſt plus long que celui des eſpèces précédentes; ſa longueur étant d'un pied. Il eſt glabre & de couleur verte. Son fruit eſt court, irrégulier, très-élargi par le ſommet, épais, arrondi, de couleur rouſſeâtre ou rouge, avec des ſtries noirâtres qui vont ſe perdre vers le ſommet. Sa chair eſt jaune, viſqueuſe, d'une ſaveur acidule, aſſez douce lors de la parfaite maturité du fruit, d'une odeur ſauvage, & contient une grande quantité de ſemences dures, brunes & applaties, qui ſont diſpoſées en trois loges, dont chacune peu ſenſiblement marquée, en renferme deux rangées. Ce fruit n'eſt pas bon à manger crû, parce qu'il irrite le goſier; mais, légèrement cuit ſous la cendre, il perd cette propriété irritante, & prend une ſaveur qui, quoique fade, eſt cependant aſſez douce pour le rendre mangeable.

3. B. LE BANANIER à grappe droite & à fruit verd, a ſes fruits de ſix pouces environ de longueur, arrondis, & extérieurement toujours verds. Leur chair eſt tendre & douce, mais toute remplie de ſemences dures & noirâtres diſpoſées, comme celles de la plante précédente, & qui rendent ces fruits très-incommodes à manger. Sa tige eſt une des plus élevées entre les Bananiers, & il produit tant de rejettons, que, ſi on n'y remédie, il occupe en peu de tems un très-grand eſpace de terrein.

Obſervations.

1.° Nous n'avons pas cru pouvoir laiſſer aux deux premières eſpèces les noms François adoptés par M. de la Marck dans ſon dictionnaire; parce que comme l'eſpèce, n°. 1, contient des variétés dont le fruit eſt auſſi & même plus court que celui des variétés quelconques de l'eſpèce, n°. 2, il nous paroît que la dénomination de *Bananier à fruit long*, par laquelle il déſigne la première, & celle de *Bananier à fruit court*, par laquelle il déſigne la deuxième, ne ſont pas aſſez exactes. Nous avons donc jugé convenable de rétablir les noms adoptés par Linnæus.

2.° Il faut ſavoir que, ſuivant Rumphe, chaque variété des trois eſpèces ci-deſſus ſe ſubdiviſe au moins en deux ſous-variétés dont l'une a le fruit plus court, plus tendre, moins verd extérieurement, & ſe nomme vulgairement *la femelle*, & dont l'autre a le fruit plus alongé, plus ferme & plus verd extérieurement, & ſe nomme vulgairement le *mâle*.

3.° Comme les deux premières eſpèces, n.° 1, & n.° 2, ci-deſſus, ſont, comme nous l'avons déjà dit, à cauſe de leur très-grande utilité, très-généralement cultivées avec ſoin depuis un tems immémorial, ſur-tout dans les Indes orientales; on y en a obtenu un très-grand nombre de

variétés ; au point que Rumphe assure qu'il y
a à Batavia des curieux qui se glorifient de
pouvoir démontrer dans leur jardin jusqu'à
quatre-vingt variétés de Bananier. Rumphe est
le seul auteur qui ait entrepris de détailler les
différences qui se trouvent entre les plus remarquables de ces variétés. Nous avons estimé que
les détails qu'il rapporte étoient assez intéressants
pour que nos cultivateurs, sur-tout des deux
Indes, nous sçussent gré de ne pas les avoir
passés sous silence ; mais, comme ce que Rumphe
a écrit de ces variétés ne suffit pas pour mettre
son lecteur en état de déterminer bien certainement à quelle espèce appartient chacune des
variétés dont il fait mention ; nous avertissons
que la répartition que nous faisons ici de ces
principales variétés ne doit pas être regardée
comme exempte de toute incertitude ; mais
seulement comme celle que nous avons jugée
la plus probable d'après une lecture réfléchie
des descriptions faites par Rumphe. Il faut
faire attention que cet Auteur, quoique très-
recommandable, écrivoit dans un tems auquel
la Botanique n'étoit pas encore cultivée avec
le degré de précision qu'elle a acquise depuis ;
& que de plus son ouvrage, quoiqu'excellent,
est posthume, & n'a pas reçu la dernière main.

4.° Rheede hort. Mal. vol. 1, fait mention
d'une variété qu'il nomme *canim-bala*, laquelle
est remarquable en ce que toutes ses fleurs
sont fertiles. Mais il n'en dit rien de plus,
sinon que ses fruits sont les plus petits de tous,
ce qui est insuffisant pour mettre en état de
juger à quelle espèce cette variété appartient.

Culture des Bananiers dans l'Inde orientale.

Les Bananiers aiment les lieux les plus chauds.
Ils se plaisent dans un sol gras, mêlé de petites
pierres, & bien préparé, tel qu'est le terrein des
jardins d'Amboine, où ces plantes croissent très-
bien. Mais ils ne végètent nulle part avec plus
de vigueur que dans les plaines de Java, où le
sol est mou, gras, & argilleux, & où les cannes
à sucre deviennent très-vigoureuses. Si on desire
planter des Bananiers proche sa maison, on ne
peut leur choisir d'endroit plus favorable que
celui qu'on aura destiné pour y jetter toutes
sortes d'ordures.

Voici comme on procède à la plantation. Dans
un terrein tel que je viens de le dire, & bien
préparé, on fait de petites fosses d'environ un
pied de profondeur, & à la distance de cinq ou
six pieds les unes des autres. On met des cendres
au fond de chaque fosse, où on y brûle des
herbes sèches ; quelques-uns y ajoutent un peu
de chaux, & pensent que cette addition est utile
pour accélérer la fructification. Enfin, on plante
dans chaque fosse, perpendiculairement, un
rejetton enraciné de deux à trois pieds de hauteur,

& tout récemment arraché. On conçoit, sans qu'on
le dise, qu'il faut arroser ce jeune plant jusqu'à
reprise parfaite, soit par irrigation, si on le peut,
soit autrement ; & que si on se trouve en situation telle que l'arrosement soit difficile à pratiquer, il faut alors ne planter que par un tems
pluvieux.

Certains Cultivateurs prennent pour planter
les rejettons, avant que leurs feuilles soient développées, & les mettent en terre non perpendiculairement, mais obliquement. Ce plant, ainsi enterré, produit latéralement un autre rejetton qui
sera la tige fructifiante.

On dit qu'il convient de planter tous les
Bananiers après midi lorsque la mer est de retour.

On peut aussi, suivant Rumphe, multiplier les
Bananiers par des fragmens de racines ; mais le
succès est moins certain & moins prompt.

Le Bananier des sages Nain, n.° 2, G, aime
particulièrement les lieux moutueux où la terre
est grasse, brune, & mêlées de petites pierres,
à Amboine, on a toujours soin de le planter au
moment que la mer est retirée, dans la vue de le
tenir toujours nain, & que ses fruits soient petits.

Lorsque les Bananiers se trouvent en lieu &
terrein convenable, ils fructifient ordinairement
la plupart douze, & même dix mois après la
plantation. Le Bananier des sages nain fructifie,
comme j'ai dit, dans le quatrième ou cinquième
mois. Le Bananier de paradis à fruit verd, n.° 1, D,
fructifie dans le sixième ou septième mois ; plusieurs
ne fructifient que treize, quinze, dix-huit mois,
& même plus long-tems après la plantation. Mais
on observe dans l'Inde une grande diversité à
cet égard, suivant les lieux & les terreins ; en
sorte que ce n'est que dans les régions les plus
chaudes, que le plus grand nombre des Bananiers
fructifient avant la fin du douzième mois. Dans
les régions montueuses, pluvieuses, couvertes de
forêts, ils ne donnent ordinairement leurs premiers fruits que le quinzième ou le dix-huitième
mois, & il se passe encore un ou deux mois
avant que tous les fruits de ces Bananiers les
plus hâtifs soient mûrs ; de manière que, dans
ces cantons, il se passe ordinairement deux ans
avant que le plus grand nombre aient donné tous
leurs fruits ; & même quelques variétés n'y fructifient qu'à la fin de la troisième année.

Comme les fruits d'un même régime ne mûrissent pas tous en même-tems, il faut les cueillir
successivement à mesure qu'ils mûrissent ; ou
bien lors de la maturité des premiers fruits d'un
régime, on le coupe tout entier, & on le suspend
dans la maison, après l'avoir préalablement
trempé dans l'eau de mer, lorsqu'on le peut
commodément. Les autres fruits achèvent d'y
mûrir.

Il ne faut pas oublier d'étayer avec une fourche
le régime spécialement de la variété n.° 1, B,
lorsque ses fruits commencent à avoir acquis

un certain volume. J'ai déja dit que, faute de cette précaution, son régime est sujet à être rompu par la pesanteur des fruits avant leur maturité. Il ne faut pas oublier non plus à l'égard de cette variété, lorsqu'on voit paroître plus de douze à quinze fruits sur son pédoncule, de retrancher tous ceux qui sont au-dessus de ce nombre sur la partie du pédoncule la plus éloignée de sa baie, afin que ceux qu'on laisse mûrissent.

Chaque tige de Bananier ne rapporte qu'une seule fois, & elle périt après la maturité de ses fruits; c'est pourquoi, aussi-tôt après cette maturité, il convient de couper cette tige qui les a portés, afin que ses rejettons, qui ont pour lors déja commencé de sortir de terre, jouïssent d'un air plus libre. Si ces rejettons sont en trop grand nombre, il faut les éclaircir, sinon ils s'étoufferoient réciproquement. Lorsqu'on arrache ces rejettons pour planter, il convient de laisser en place le plus fort & le plus sain; il fructifie beaucoup plutôt que ceux qui sont transplantés.

A Java, on est dans l'usage de planter les Bananiers parmi les autres plantes potagères.

En Amérique, & sur-tout dans les Antilles, on plante ordinairement quelques rangées de Bananiers, tant dans les cacaoyères, que sur-tout autour d'elles. Par cette pratique, les Colons trouvent le moyen d'atteindre deux buts à-la-fois. Car, outre les avantages qu'ils retirent de ces plantes utiles pour leur nourriture, celle de leurs nègres, &c. ils procurent en même-tems à leurs cacaoyères un prompt abri contre la violence destructrice des vents de ces contrées; & on préfère cet abri à celui des grands arbres, parce que ces derniers, dans le cas où un ouragan les abat, font périr par leur chûte beaucoup de cacaoüers; accident qu'on n'a pas à craindre de la part des Bananiers.

Culture des Bananiers dans le climat de Paris.

On ne peut, dans le climat de Paris, cultiver les Bananiers qu'en serres chaudes. On ne les y multiplie que de rejettons qui y poussent, non-seulement au pied des plantes qu'on parvient à faire fructifier, mais même au pied de toutes autres, long-tems avant cette époque. On peut planter ces rejettons pendant tout l'été. Il faut, en les séparant de chaque plante qui les a produits, tâcher de ne rien endommager & de conserver à chaque rejetton, le plus qu'il est possible de racines fibreuses & autres. Les rejettons les meilleurs sont ceux qui ont environ depuis un pied jusqu'à trois de hauteur, & qui sont d'une grosseur proportionnée, & nullement étiolés. Pour avoir de tels rejettons bien conditionnés, il convient, lorsqu'on en voit paroître un trop grand nombre au pied d'une plante, de les éclaircir d'abord, & de n'en

laisser croître que ceux qu'on juge pouvoir parvenir à une grandeur suffisante sans s'étioler réciproquement. L'expérience a appris qu'il est plus sûr de séparer les rejettons & de les planter lorsqu'ils sont encore très-jeunes, c'est-à-dire lorsqu'ils ont environ un pied de hauteur, que d'attendre plus tard, parce que leurs racines, lorsqu'elles ont acquis une certaine grosseur, ne poussent pas aussi aisément de nouvelles fibres, & que si, en séparant & enlevant ces forts rejettons, on coupe ces grosses racines dans leur partie épaisse, c'est-à-dire, à une distance trop peu éloignée de leur origine, alors le plant est sujet à pourrir, au lieu de reprendre. On plante ces rejettons chacun dans un pot d'une grandeur proportionnée à celle du plant, & rempli d'une terre très-substantielle & légère, telle que peut être celle qu'on est dans l'usage d'employer pour les orangers, mais rendue plus légère & plus substantielle, par l'addition d'environ un tiers de terreau de couche, neuf & bien consommé. On place aussi-tôt ces pots dans la couche de tan de la serre chaude, où ils doivent rester constamment. On arrose le jeune plant avec assiduité & modération, jusqu'à ce qu'il soit parfaitement repris. Ensuite on arrose suivant la saison & la force des plantes. Pendant l'été elles demandent à être beaucoup arrosées, tant à cause de l'extrême rapidité de leur végétation, que parce qu'elles transpirent beaucoup, en raison de la très-grande surface de leurs feuilles. Dans l'hiver, il faut les arroser très-légèrement, mais très-souvent, relativement à la saison; en sorte que telle plante qui eu égard à sa force, exigeroit en été; par exemple, quatre pintes d'eau tous les deux jours, ne devra recevoir en hiver que deux pintes d'eau deux fois par semaine. On ne peut guère donner de règle précise pour la quantité d'eau qu'on doit leur donner dans chaque saison, parce que cela dépend de la force & de l'étendue des plantes qui varie considérablement, & de la chaleur de la saison qui varie également. On doit avoir l'attention de donner aux plantes des pots ou autres vases plus grands à mesure que leur degré d'accroissement paroît l'exiger, car leurs racines font de grands progrès & s'étendent au loin en peu de tems. Chaque fois qu'on les change de vases, il convient que ceux qu'on leur donne soient considérablement plus grands que ceux qu'on leur ôte, parce qu'autrement, on se trouve dans la nécessité de dépoter trop souvent les plantes, ce qui retarde beaucoup leur végétation, qu'on retarde encore davantage, si on les laisse trop long-tems dans des vases devenus trop petits. Les vases qui contiennent les plantes doivent rester constamment dans la tannée. Le degré de chaleur auquel ces plantes profitent le mieux, est le même qui convient aux *ananas*. Au moyen de ce traitement on pourra avoir la satisfaction de voir plusieurs plantes s'élever jusqu'à vingt pieds de hauteur & perfectionner leurs fruits. Il n'y a que les plantes qui fleurissent dès le printems , dont on puisse espérer des fruits parfaitement mûrs : les tiges qui fleurissent plus tard , périssent ordinairement avant la maturité de leurs fruits. La méthode la plus sûre pour faire fructifier les Bananiers, c'est, après qu'ils ont crû pendant quelque tems dans les pots , & qu'ils ont poussé de bonnes racines , de les dépôter en prenant grand soin de ne pas endommager leurs mottes, & de les planter aussi-tôt en pleine couche, c'est-à-dire , sans pots ni caisses , dans la couche de tan de la serre chaude. En les plantant ainsi, il convient de mettre un peu de vieux tan autour de la motte, afin que les racines puissent plus aisément pénétrer dans la couche. Bientôt après cette plantation , les racines s'étendront de plusieurs pieds de tous côtés, & les plantes végéteront beaucoup plus rapidement que dans les pots ou caisses. Il faut avoir soin de renouveller la couche avec de nouveau tan, chaque fois qu'il est nécessaire. Quand on procède à ce renouvellement, il faut avoir la précaution de laisser une assez grande quantité de vieux tan autour des racines, non-seulement pour ne pas les déranger , mais pour empêcher que le nouveau tan ne les brûle. Ces plantes , mises ainsi en pleine couche, demandent beaucoup plus d'eau que celles qui sont dans des vases. La serre chaude destinée aux Bananiers, doit avoir au moins vingt pieds de hauteur. Si elle est moins haute, il vient un moment auquel les plantes, parvenues jusqu'en haut, appuient contre le vitrage, & enfin le brisent par la force de progression de leur rapide accroissement. On a vu les vitrages brisés, & les feuilles accrûes de deux ou trois pouces au-dessus, dans l'espace d'une seule nuit. Par cette méthode, de planter & cultiver ainsi les Bananiers en pleine couche, on obtient aisément dans notre climat des plantes aussi fortes que dans leur pays natal, & dont le régime, pesant jusqu'à quarante livres , est chargé de fruit aussi parfaits & aussi bons que ceux qu'on peut obtenir dans les deux Indes. Cependant le degré de bonté &. de délicatesse des fruits d'aucun Bananier, n'est pas tel qu'il puisse engager à faire les frais qu'exige sa culture en Europe dans une autre vue que celle de satisfaire la curiosité ; & il est plus que probable , que quiconque entreprendroit de faire , de ces fruits, crûs dans nos serres, un objet de commerce, n'auroit pas de ce comestible un débit qui pût l'indemniser de sa dépense.

Le voyageur qui apporteroit en Europe le Bananier des sages nain, n.° 2, G, feroit à nos amateurs un cadeau qui ne pourroit manquer de leur être très-agréable. Cette variété intéressante , qui est une de celles dont le fruit est le plus délicat & le plus abondant , exigeroit beaucoup moins de dépense, pour fructifier dans nos serres , que les Bananiers qu'on y cultive actuellement , & y fructifieroit beaucoup plus aisément & beaucoup plus souvent ; puisqu'elle donne ses fruits trois ou quatre mois après sa plantation , & que les serres chaudes les plus ordinaires feroient d'une hauteur plus que suffisante pour son entier accroissement.

Usages.

Les fruits des deux premières espèces de Bananier , n.° 1 & n.° 2, sont des meilleurs & des plus utiles des deux Indes. C'est la nourriture la plus générale & la plus ordinaire des Indiens, ainsi que des nègres de nos Colonies. Ces plantes arborées sont aussi utiles & aussi nécessaires à la vie, dans ces contrées, que les cocotiers , qui ne croissent pas par-tout où prospèrent les Bananiers. Ces fruits y sont la première nourriture de l'homme, & principalement dans l'Inde maritime ou aqueuse, dans les Isles & Archipels de l'Inde, où le riz & les autres plantes fromentacées n'abondent pas autant que dans le continent Indien. Les fruits des variétés, n.° 1, D, & n.° 1, F, du Bananier de paradis, sont ceux qu'on choisit de préférence pour cet usage. La mère les fait cuire sous la cendre ; puis elle en mâche la chair, qu'elle fait passer de sa bouche dans celle de son enfant, auquel elle ne donne pas d'autre nourriture, outre son lait , pendant les sept ou huit premiers mois de la vie, après lesquels elle commence seulement à l'accoutumer peu-à-peu à d'autres nourritures. Les fruits du Bananier des sages, n.° 2, & de toutes ses variétés , sont les meilleurs & les plus délicats à manger cruds. On est d'usage de les servir ainsi au dessert & avec les sucreries , sur les tables les plus délicates, & sur-tout ceux des variétés , n.° 2. C, & 2, D. Cependant cette espèce, n.° 2, est employée, plutôt comme régal que comme nourriture ordinaire ; ce qui fait qu'elle est cultivée en moindre quantité que l'espèce n.° 1 , dont les fruits, quoique moins délicats, sont plus utiles, & tiennent , pour ainsi dire, lieu de pain. Ces fruits de l'espèce, n.° 1, & de ses variétés , sont beaucoup moins agréables à manger crûs , mais ils sont très-bons cuits. On fait frire , principalement les plus austères, soit à l'huile, soit au beurre, ou bien on les coupe par tranches & on en fait des beignets avec le beurre, les œufs & la farine, de la même manière qu'on fait en France les beignets de pommes de reinette. On en fait encore d'autres mets assaisonnés avec le sucre & la canelle. Les voyageurs européens , lors de leur départ des pays fertiles en Bananiers, ont imaginé, depuis peu d'années, d'embarquer une provision une provision d'une sorte de farine, qu'ils font avec la pulpe desséchée de ce fruit. Cette farine fournit, pendant la route, une nourriture saine & agréable, dont ils se trouve très-bien. Plusieurs Indiens coupent ces fruits par tranches pour les faire sécher, soit au four, soit au soleil, & les conserver pour leur nourriture, pendant les mois où ces fruits sont les moins abondans. On mange encore de plusieurs autres manières, les fruits de cette espèce. Par exemple, à Cayenne on en fait une bouillie, qu'on nomme *Embagnan*, qui est d'un usage assez ordinaire. A la Grenade, on en fait une sorte de pain qui y est d'un grand usage. Dans les Antilles, ainsi qu'à Cayenne, on en fait communément une boisson très-usitée sous le nom de vin de Banane. Pour préparer cette boisson, on prend des fruits bien mûrs, soit de cette espèce n.° 1, soit de l'espèce n.° 2. On les fait passer au travers d'un tamis, puis on met cette pulpe en tourteaux, qu'on fait ensuite sécher au soleil ou sous les cendres chaudes. Enfin, on délaye ces tourteaux dans l'eau. D'autres font cette boisson différemment; ils font cuire ces fruits dans l'eau, puis les passent au travers d'un tamis, pour en séparer la peau; ensuite ils délayent & brasse la pulpe dans la même eau, à laquelle ils ajoutent d'autre eau, autant qu'ils le jugent à propos. Cette boisson est agréable & nourrissante : à Cayenne, on la regarde comme salutaire & nécessaire pour les Nègres. On estime dans l'Inde que les fruits des Bananiers sont de facile digestion, quoique Prospère-Alpin affirme le contraire. On est d'accord cependant, que ceux qui se mangent crûs, éteignent quelquefois l'appétit par leur viscosité, & sont venteux. Les fruits de l'espèce n.° 2, & de ses variétés, sont ceux qui, mangés crûs, sont les plus aisés à digérer. On remarque que ces fruits sont recherchés avec moins d'empressement par les Indiens que par les Européens, auxquels ils sont aussi plus salutaires. Ils sont sur-tout désirés avec ardeur par les voyageurs Européens nouvellement débarqués. Ceux qui s'embarquent sont aussi dans l'usage de pendre sur les vaisseaux des régimes entiers, chargés de ces fruits qui commencent à mûrir. Ceux qui ont vécu long-tems dans ces pays n'en font plus tant de cas.

On emploie aussi ces fruits en médecine. Ils sont utiles pour adoucir le rhume, pour les maladies inflammatoires de la poitrine & des reins, contre l'épaississement de la bile, l'ardeur d'urine, &c. comme adoucissans, humectans & rafraîchissans. Les fruits des variétés, n.° 1 B. n.° 1 C. & n.° 3 B, rôtis ou frits, sont une nourriture employée ordinairement contre la diarrhée. Les fruits de l'espèce n.° 3, se mangent cuits sous la cendre, contre la disurie, & provoquent l'urine sans douleur. Mais il est

bon d'être prévenu à l'égard de ces fruits de l'espèce n.° 3, qu'ils ont la propriété de teindre en rouge, l'urine de ceux qui en mangent; ce qui effraie les étrangers & leur fait prendre ce fruit en horreur, quoiqu'il ne soit nullement nuisible. On a coutume de cueillir une bonne partie des fleurs mâles de chaque Bananier, pour les confire en vinaigre comme des capres, & les employer aux mêmes usages que ces dernières.

Les feuilles vertes de toutes les espèces servent ordinairement de nappes & de serviettes, qu'on renouvelle à chaque repas, & sont très-propres à cet usage. En Amérique, on se sert fréquemment de ces feuilles pour ensevelir les morts. On en emploie ordinairement deux pour un homme adulte. Les feuilles sèches servent de pipes à fumer : pour cela ils les roulent en forme de cylindre dans lequel ils enveloppent des feuilles de tabac sèches, & en font ainsi des rouleaux d'environ un pied & demi de longueur, avec lesquels ils fument en mettant le feu à une des extrémités & tenant l'autre dans leur bouche. Mais les feuilles de l'espèce n.° 2 étant amères, ne sont pas propres à cet usage. Ces feuilles sèches servent encore à envelopper différentes marchandises, & sur-tout le sucre qu'on apporte ainsi en Europe. On se sert aussi de ces feuilles pour écrire ; mais c'est un papier peu durable.

La substance interne ou la moëlle des tiges se sépare facilement de la substance fibreuse qui l'enveloppe, & elle s'emploie utilement, concassée & cuite en bouillie, pour engraisser les porcs. La partie inférieure de cette moëlle concassée & cuite, s'emploie aussi pour la nourriture des hommes, ainsi que le cœur ou *Diantong*, qui sert à cet usage comme légume. Les tiges font encore une nourriture ordinaire des éléphants, qui sont très-friands des fruits mûrs. Lorsque nos voyageurs s'embarquent dans un pays fertile en Bananiers, pour retourner en Europe, ou pour quelqu'autre voyage de long cours, ils ne manquent pas d'embarquer avec eux une provision de tiges de Bananiers, qui sont reconnus être une excellente nourriture pour leurs bestiaux pendant toute la route. L'eau exprimée des tiges est estimée utile pour l'inflammation des reins & l'ardeur d'urine.

Il est utile d'être prévenu que la liqueur qui découle de toute plaie faite, soit au tronc, soit aux feuilles, soit au régime, ou aux fruits des Bananiers, fait sur le linge & les habits, des taches indélébiles. (*M. Laycry.*)

BANANES. M. Delahaye, Curé du Dondon, Isle de Saint-Domingue, dans un ouvrage, intitulé : *Art de convertir les vivres* (alimens) *en pain, sans mélange de farine*, s'exprime ainsi sur les Bananes : « Si les Bananes, dit-il, ne donnent pas un très-beau pain, il est bon & donne peu de peine à fabriquer ; sa pulpe est peu liante &

forme une pâte graffe qui léve mal ; c'eft pourquoi on augmentera la bonté du pain fi on y introduit la pulpe de patates ou de tayaux. L'amidon eft moëlleux & affez blanc lorfqu'il a été foigneufement lavé, égoutté & féché promptement ;
il a une odeur femblable à celle de l'Iris de Florence. Je regarde le pain de Bananes, & principalement fon pain bis, comme un excellent
pain économique, qui péut devenir très-utile
dans les habitations pour la nourriture des Nègres, & principalement des Nègres nouveaux ;
il eft très-fain & très-nourriffant. (*M. l'Abbé
Tessier.*) »

BANARE , *Banara.*

Nouveau genre établi par Aublet, dans fon
Hiftoire des plantes de la Guiane Françoife. Il
n'eft encore compofé que d'une feule efpèce.

Banare de la Guiane.

Banara Guianenfis, Aub. Guian. p. 547, *t.* 217.
℔ de Cayenne, dans les bois.

C'eft un arbre de petite ftature, dont le tronc
s'élève de dix à douze pieds, & fe termine par
plufieurs branches, qui fe répandent en tout fens.
Ses feuilles font ovales, d'un vert luifant en-
deffus, pâles & légèrement velues en-deffous. Ses
fleurs ont peu d'apparence ; elles font jaunes,
difpofées en grappes rameufes, axillaires & pendantes. Il leur fuccède des baies arrondies de couleur noire & peu charnues, qui renferment un
grand nombre de menues femences.

Cet arbre croit dans les bois fombres & humides de l'Ifle de Cayenne, fes fleurs paroiffent en
Mai, & les fruits mûriffent en Juillet. Son bois
eft blanc & peu compact. Il n'a point encore été
cultivé en Europe. (*M. Thouin.*)

BANC. Siéges que l'on place dans différens
endroits des jardins. On varie leur forme, la
manière de les conftruire, & même la matière
dont on les conftruit, fuivant les circonftances
& la nature des lieux où on les place, & fuivant
les frais qu'on veut y confacrer : on les difpofe
enfin fuivant des règles, que le goût indique
naturellement.

Les Bancs font en bois, en pierre ou en gazon ;
ceux de fpart feroient d'un entretien trop difpendieux, à caufe des alternatives de pluie & de chaleur qu'ils devroient fupporter, & qui les détruiroient en peu de tems. Les bancs de bois font
fimples ou à doffiers avec des bras ; les premiers
paroiffent réfervés pour le bord des allées ; lorfqu'il
ne fe trouve ni mur, ni haie qui arrête la vue,
un doffier produit un effet défagréable. On doit
réferver les Bancs à doffier pour les perfpectives
d'allées, les niches, les berceaux, & en général
pour toutes les pofitions où l'œil n'apperçoit rien
au-delà.

On conftruit les bancs de bois de plufieurs
manières, les plus communs font formés d'une
feule planche verniffée, avec un doffier fembla-

ble ou fans doffier, ils ont l'inconvénient de fe
courber par l'action du foleil & de l'humidité ;
l'eau des pluies s'amaffe dans cette concavité,
& empêche de s'y affeoir, excepté à la fuite de
plufieurs beaux jours. Quelques perfonnes remé-
dient à cet inconvénient en donnant une légère
inclinaifon au banc, d'autres courbent la planche, & pratiquent dans fon milieu une fente qui
donne paffage à l'eau.

Les perfonnes qui veulent raffiner fur tout, au
lieu de cette ouverture, ont imaginé de compofer les Bancs de jardins de trois ou cinq traverfes
de bois fixées à un pouce & demi ou deux pouces l'une de l'autre : ces bancs fe féchent certainement très-vîte, ils ont quelque chofe de plus
agréable à l'œil, & n'ont d'autre inconvénient
que de bleffer ceux qui veulent s'y repofer.

Les bancs de pierre font généralement moins
ufités que ceux de bois, lorfqu'on les fait de
pierre commune, ils n'ont aucune apparence, &
fe couvrent en peu d'années de lichens : lorfqu'on les fait de marbre ou d'une autre fubftance précieufe, les frais deviennent très-confidérables, fans ajouter à l'embelliffement du lieu ;
à moins qu'on ne donne ce nom à la ftupide
admiration, que produit, fur bien des gens, la vue
d'une chofe obtenue à prix d'argent. Les bancs
de pierre durent en général vingt fois plus qu'un
banc de bois ; mais ils ornent moins, auffi l'on
n'en voit que dans les potagers champêtres.

Les Bancs de gazon font faits avec de la terre
maffivée, ou battue avec force, fur laquelle on
applique des gazons. Ces Bancs font en général
malfains, parce qu'ils recèlent toujours de l'humidité fur-tout dans notre climat. C'eft cette humidité, que l'on qualifie de *fraîcheur*, à laquelle
on s'expofe pour jouir d'un inftant de bien-être,
& que des tranfpirations arrêtées, & des douleurs
rhumatifmales fuivent prefque toujours. Un banc
de gazon doit être appliqué contre la terre, paroître s'identifier avec elle, & dérober l'art autant que poffible. Placé contre un mur, à l'extrémité d'un parterre fablé, il déplaît avant
même qu'on effaye de s'en rendre raifon. Un
parterre eft une beauté de convention ; elle dépend d'une certaine fimmétrie qui tient de l'uniformité ; mais un Banc de gazon eft une imitation de la nature, il nous annonce fa fimplicité,
le vague qui l'accompagne, dès-lors il réveille
en nous des idées différentes de celles qui doivent préfider à notre jouiffance. Un banc de
gazon n'eft bien placé que dans un bofquet, près
d'un ruiffeau, dans les endroits d'un payfage
où l'on a ménagé des furprifes. Plus de pareils
fites font champêtres, & plus on doit y dérober
les traces de l'art : un Banc de bois, à moins
qu'il n'eût l'air d'être là par hafard, produiroit
un effet défagréable : un Banc de gazon ménagé
avec goût réveilleroit une idée différente. On
peut enfin pratiquer un Banc de gazon le long

d'une allée, lorsqu'un boulingrin vient y aboutir; mais il est essentiel qu'il ne fasse point d'échancrures, ni de saillies qui seroient désagréables à l'œil.

La longueur des Bancs de quelle nature qu'ils soient, dépend de la place où on les destine. Un banc, qui doit former la perspective d'une allée, ne doit pas remplir toute sa largeur pour produire un bon effet, à moins que l'allée ne soit très-étroite. La hauteur & la largeur des bancs doivent être tels qu'on puisse y être assis commodément & sans gêne.

On place ordinairement les bancs le long des allées un peu longues, à l'extrémité des allées sous des berceaux, dans des niches destinées à cet usage. La manière de les placer dans les Jardins Anglois, est bien plus variée; on peut les rendre propres à toutes les positions, il convient même d'adapter leur forme & leur nature à la place pour laquelle on les destine. Il me paroît qu'en général on les accumule tellement qu'il est difficile de faire vingt pas sans en rencontrer un. Cette multiplicité de repos produit une impression contraire à celle qu'on veut faire naître, elle fatigue. Dans la composition d'un Jardin paysagiste, on doit avoir soin de se répéter le moins possible; à force de multiplier les surprises, on ne surprend plus.

Un arbre courbé par la nature ou par l'art, un rocher, &c. sont des circonstances dont un homme de goût profite. Une branche assujettie au-dessus de cet arbre courbé, forme un dossier & l'arbre un siége: quelques coups de marteau creusent ce rocher, & de la mousse masque bientôt ce que l'homme a modifié dans la nature. J'ai vû dans un Jardin paysagiste une source qui y naissoit naturellement: au lieu de la faire présider par un fleuve penché sur son urne, ou d'y placer des tritons, le propriétaire, homme de goût, la fit conduire vingt pieds plus bas, choisit un saule creux, dans lequel il fit passer les tuyaux, & le tronc de cet arbre devint une fontaine champêtre: une ferme dans le voisinage, l'eau qui s'échappoit naturellement dans une prairie & une seule avenue; qu'on avoit rendue fort sauvage, tout contribuoit à rendre le site enchanteur. (M. REYNIER.)

BANCSIE, genre de plante composé de quatre espèces, nommé en Latin *Banksia*. Voyez BANKSIE. (M. THOUIN.)

BANDAGE, lorsqu'une branche couverte de fruits, ou nécessaire à la beauté de l'arbre, a été rompue par un orage, ou par un accident, sans être tout à fait séparée du tronc, on peut la sauver, pourvu qu'on lui donne des soins tout de suite. On rapproche les lèvres de la plaie en remettant la branche dans sa position, on la fixe avec quelques éclisses de bois qu'on affermit au moyen d'une ligature, & l'on couvre le tout d'onguent de Saint-Fiacre. Il se forme un *bourrelet*, Voyez ce mot, qui rétablit la branche, & elle continue à porter du fruit. On peut observer cependant qu'elle n'a jamais sa force première, & qu'elle est sujette à se casser de nouveau. Une branche simplement éclatée ou froissée se guérit beaucoup plus facilement que lorsque la fracture est plus considérable. On trouvera de plus grands détails dans le Dictionnaire des arbres & arbustes. (M. REYNIER.)

BANDE. *Jardinage*, ce mot est employé dans le Jardinage pour désigner un liséré de gazon ou de fleurs. Les Bandes sont de petites plates bandes de 12 à 18 pouces de large, sur une longueur à volonté, dont on accompagne les pièces de gazon, ou des lisérés de gazon de pareille largeur, dont on encadre des plates-bandes ou des massifs de fleurs.

Les Plantes dont on se sert le plus communément pour former les Bandes de fleurs, sont la Giroflée de Mahon, les Statices, les Mignardises & autres Plantes basses susceptibles de former des tapis touffus & serrés contre terre.

Les Bandes vertes destinées à encadrer les plates-bandes ou les massifs de fleurs, se font le plus ordinairement avec des plaques de gazon fin que l'on pose sur place, & dont on jouit sur-le-champ. On en fait encore avec le Miosotis blanc & quelques espèces de Saxifrages.

Ces Bandes ne sont guère employées que dans les Jardins symmétriques; cependant elles peuvent être de quelqu'agrément dans les Jardins Paysagistes, soit pour dessiner les contours trop peu marqués par les plantations ou les formes du terrein, soit pour varier & diviser des parties trop étendues. (M. THOUIN.)

BANILLE, nom employé dans quelques-unes de nos Provinces Méridionales, pour désigner la Vanille, fruit préparé de l'*Epidendrum Vanilla*. L. Voyez ANGREC AROMATIQUE. (M. THOUIN.)

BANISTÈRE, *BANISTERIA*.

Genre de plante à fleur polypétalée, de la famille des *Malpigies*. La fleur est composée d'un calice divisé en cinq parties, persistant, & muni à sa base extérieure de quelques glandes & callosités; de cinq pétales plus grands que le calice, arrondis, crenelés en leurs bords, & attachés au calice, chacun par un onglet oblong; de dix étamines, & d'un ovaire supérieur, terminé par trois styles; lequel devient un fruit composé de trois capsules, terminées chacune par une aîle ou languette membraneuse, longue & très-remarquable. Chaque capsule ne contient qu'une semence. Ce genre est composé maintenant de treize espèces, dont les feuilles sont opposées & pétiolées, & qui sont des arbres ou arbrisseaux, la plupart, sarmenteux ou grimpants, tous originaires de la Zone Torride. Celles d'entre ces espèces qui ont, jusqu'à présent, été cultivées

en Europe, n'y peuvent être élevées ni confervées qu'en ferres chaudes.

Efpèces.

1. BANISTÈRE anguleufe.
BANISTERIA angulofa. Lin. ♄ de l'Améri-
que Méridionale, & fpécialement de Saint-
Domingue.

2. BANISTÈRE pourprée.
BANISTERIA purpurea. Lin. ♄ de l'Amérique Méridionale.

3. BANISTÈRE à feuilles de Laurier.
BANISTERIA laurifolia. Lin. ♄ de la Jamaïque & de la Guiane.

4. BANISTÈRE à fleurs bleues.
BANISTERIA cærulea. La M. Dict. ♄ de
l'Amérique Méridionale.

5. BANISTÈRE unicapfulaire.
BANISTERIA unicapfularis. La M. Dict. ♄
de la Côte de Malabar.

6. BANISTÈRE fourchue.
BANISTERIA dichotoma. Lin. ♄ de l'Amérique Méridionale.

7. BANISTÈRE à fruits éclatans.
BANISTERIA fulgens. Lin. ♄ de l'Amérique Méridionale.

8. BANISTÈRE branchue.
BANISTERIA brachiata. Lin. ♄ de l'Amérique Méridionale.

9. BANISTÈRE de Sinémari.
BANISTERIA finemarienfis. La M. Dict. ♄ de
la Guiane.

10. BANISTÈRE à corymbes.
BANISTERIA Quapara. Aubl. vulgairement,
le Quaparier des Galibis. ♄ de la Guiane.

11. BANISTÈRE dorée.
BANISTERIA chryfophylla. La M. Dict. ♄ du
Bréfil.

12. BANISTÈRE luifante.
BANISTERIA nitida. La M. Dict. ♄ du
Bréfil.

13. BANISTÈRE ciliée.
BANISTERIA ciliata. La M. Dict. ♄ du
Bréfil.

Defcription des Efpèces.

1. LA BANISTÈRE anguleufe eft une plante
farmenteufe. Ses tiges & branches font très-
déliées & très-longues ; les plus fortes font un
peu plus groffes qu'une plume à écrire ; elles
font entre-coupées de nœuds renflés affez éloignés les uns des autres. Ses feuilles font grandes
comme la paume de la main, prefque quarrées,
finuées, anguleufes, liffes, vertes, & relévées
en-deffous de quelques côtes affez faillantes. Les
fleurs font jaunes, en grappes rameufes, dans les
aiffelles des feuilles.

2. LA BANISTÈRE pourprée eft grimpante ; elle a
fes feuilles petites, ovales, entières, & veinées.

Les fleurs font purpurines, en grappes, dans les
aiffelles des feuilles.

3. LA BANISTÈRE à feuilles de Laurier eft
farmenteufe, grimpante. Sa tige eft très-rameufe.
Ses farmens s'attachent aux arbres voifins, & s'é-
lèvent à une grande hauteur. Ses feuilles font
ovales-oblongues, pointues, un peu roïdes &
coriaces, à pétioles courts. Les fleurs font jaunes,
en grappes rameufes, à l'extrêmité des branches.

4. LA BANISTÈRE à fleurs bleues eft une
plante farmenteufe & grimpante. Ses feuilles
font ovales, pointues, très-entières, à pétioles
courts. Ses fleurs font bleuâtres, viennent dans
les aiffelles des feuilles fur des pédoncules rameux dont les principales branches foutiennent
chacune un épi. Les ailes du fruit font fort grandes, ont leur bord externe épais, & l'interne
mince & comme tranchant.

5. LA BANISTÈRE unicapfulaire pourroit former un genre à part, à caufe de la forme de fon
fruit, qui n'eft compofé que d'une capfule à
une loge, laquelle ne contient qu'une femence.
C'eft un arbriffeau dont les rameaux, pétioles,
pédoncules, calices, & pétales font couverts de
poils couchés, qui donnent à ces parties une
couleur cendrée, & une apparence prefque cotonneufe. Ses feuilles font ovales, pointues, entières, vertes & glabres en-deffus ; pâles, nerveufes, & à peine, pubefcentes en-deffous. Les
fleurs font rougeâtres, à pétales frangés, & font
en grappes, à l'extrêmité des rameaux.

6. LA BANISTÈRE fourchue eft un arbriffeau
farmenteux & grimpant. Ses rameaux font fourchus. Ses feuilles font ovales, pointues, un peu
en cœur à leur bafe. Ses fleurs font jaunes, &
naiffent par paquets dans la bifurcation des rameaux. Chaque fleur produit trois capfules pédiculées, qui font terminées chacune par une
grande aile, dont le côté mince ou tranchant
paroît être l'extérieur.

7. LA BANISTÈRE à fruits éclatans eft grimpante. Ses rameaux font fouples & menus. Ses
feuilles font ovales, obtufes, glabres en-deffus,
velues en-deffous. Les fleurs font portées fur des
pédoncules rameux difpofés de manière que
leurs principales divifions forment de petites
ombelles. Les fruits font d'un jaune d'or éclatant. Les trois capfules de chaque fruit font
droites & terminées, chacune, par une aile
large, dont le bord extérieur eft tranchant, &
courbé ; & l'intérieur droit & plus épais.

8. LA BANISTÈRE branchue eft auffi grimpante. Elle a beaucoup de rapports avec les deux
précédentes. Les fleurs viennent en grappes paniculées à l'extrémité des rameaux. Suivant Miller, ces fleurs font d'abord de couleur d'or, &
deviennent enfuite écarlates. Le bord intérieur
de l'aile de chaque capfule eft aminci & tranchant.

9. LA BANISTÈRE de Sinémari eft farmen-

teufe & grimpante. Son tronc a fouvent deux
ou trois pouces de diamètre. Son écorce eſt ridée
& gercée. Ses rameaux fe roulent autour des
branches des arbres voifins & font noueux. Ses
feuilles font ovales, pointues, très-entières,
vertes en-deſſus, plus pâles en-deſſous, & chargées de quelques poils courts attachés par leur
partie moyenne. Les fleurs font jaunes, & en
petites grappes corymbiformes dans les aiſſelles
des feuilles. L'aile qui termine chaque capfule
du fruit eſt mince, large, & membraneufe. Cette
efpèce fleurit & fructifie en Août.

10. LA BANISTÈRE à corymbes eſt farmenteufe & grimpante. Lorfqu'elle eſt adulte, fon
tronc a environ quatre pouces de diamètre. Son
écorce eſt rouſſeâtre, gercée & ridée. Ses rameaux fe roulent autour des branches des arbres
voifins. Ses feuilles font ovales, pointues, très-
entières, pétiolées, vertes en-deſſus, rouſſeâtres
en-deſſous, & chargées des deux côtés de très-
petits poils couchés, & attachés par leur milieu.
Ces poils font plus abondants en-deſſous. Les
fleurs font jaunes & difpofées en petits corymbes prefque ombelliformes dans les aiſſelles des
feuilles. Les capfules du fruit font droites; leur
aile eſt longue &, obtufe. Cette efpèce fleurit &
fructifie en Août dans fon pays natal.

11. LA BANISTÈRE dorée eſt un arbre remarquable par la beauté de fes feuilles. Ses rameaux font droits, d'un roux pâle, & parfemés
de petits points verruqueux & blanchâtres. Ses
feuilles font ovales-oblongues, aſſez grandes, légèrement pointues, un peu ondulées en leurs
bords dans leur moitié fupérieure, vertes & glabres en-deſſus, & couvertes en-deſſous d'un duvet très-court, foyeux, luifant & d'un roux doré,
duquel cette plante tire fon nom. L'aile qui termine chaque capfule du fruit eſt longue, très-
large, & obtufe.

12. LA BANISTÈRE luifante paroît avoir des
rapports avec la précédente. Ses rameaux ne font
point ponctués. Ses feuilles font ovales-oblongues, très-entières, pointues, glabres, vertes
en-deſſus, blanchâtres, luifantes, & comme fa-
rinées en-deſſous. Les fleurs viennent à l'extrémité des rameaux en panicules garnies de feuilles.
Les fruits font compofés de deux ou trois capfules petites dont l'aile eſt longue, étroite à fa
bafe, élargie & obtufe à fon fommet.

13. LA BANISTÈRE ciliée eſt farmenteufe &
grimpante. Ses rameaux font très-menus. Ses
feuilles font prefque arrondies, auriculées, glabres, d'un verd foncé en-deſſus; pâles & veineufes en-deſſous, remarquables par des cils dont
elles font bordées dans leur circonférence, &
defquels cette plante tire fon nom. Les fleurs
font jaunes, aſſez grandes, difpofées, au nombre de quatre à fept, fur un feul pédoncule, en
bouquet ferré, dans chaque aiſſelle des feuilles,

Les efpèces, n°. 1, 2, 3, 4, 7 & 8, fe multiplient de femences qu'on doit tirer de leur pays
natal. La nature de ces femences eſt telle que,
lorfqu'on le peut, il faut les femer auſſi-tôt
qu'elles font mûres. Ainfi, outre qu'il eſt néceſ-
faire qu'elles aient été cueillies dans un état de
maturité parfaite, il faut encore qu'elles foient
envoyées en Europe le plutôt poſſible après leur
maturité. De plus il eſt indifpenfable qu'on les
mette, auſſi-tôt qu'elles font recueillies, dans du
fable ou de la terre où elles reſteront jufqu'à ce
qu'elles foient parvenues à leur deſtination. Sans
cette précaution, les graines de ces plantes perdent leur propriété germinative avant d'être arrivées en Europe, & même avant d'être embar-
quées. Miller aſſure qu'il n'a pu obtenir qu'un
très-petit nombre de plantes d'une très-grande
quantité de femences, bien mûres, & on ne peut
plus fraîches, qui lui avoient été envoyées enveloppées dans du papier feulement; & même que
ce petit nombre de plantes qu'il a obtenues,
n'ont forti de terre que la deuxième année après
en avoir femé les graines. Il faut femer ces graines auſſi-tôt qu'on les a reçues, en telle faifon
que ce foit. Le femis doit être fait dans des pots,
fur couche chaude couverte d'un chaſſis. Si c'eſt
à la fin de l'été, ou en automne, ou en hiver,
qu'on fait ce femis, les pots doivent être auſſi-
tôt placés dans une couche de tan d'une chaleur très-modérée pour les préferver des gelées
& de l'humidité pourriſſante jufqu'au printems
fuivant. Alors, on les met dans une couche
chaude nouvellement faite qui fait lever les
graines & pouſſer les plantes. Si elles ne lèvent
pas la première année, on conferve les pots dans
une couche de tan de chaleur très-modérée
depuis la fin du mois de Juillet, jufqu'au printems fuivant, lors duquel on les met encore
dans une nouvelle couche chaude pour s'aſſurer
fi toutes les graines qu'ils contiennent ont entièrement perdu, ou non, leur propriété de germer. La terre qu'il convient d'employer pour
ces femis doit être légère & fubftantielle; telle
que feroit, par exemple, une terre compofée
comme celle à orangers, mais à laquelle on
auroit ajouté un tiers de terreau de couche neuf
& bien confommé, ou bien, encore mieux, un
quart de tel terreau, & un autre quart de terreau de bruyère. Lorfque les pots feront dans
cette nouvelle couche chaude, dont je viens de
parler, ou les arrofera légèrement foir & matin,
jufqu'à ce que les graines foyent levées, ou jufqu'à ce qu'on ait renoncé à l'efpérance de les
voir lever pendant l'année lors-préfente. Auſſi-
tôt que les plantes paroiſſent, on les traite en
plantes délicates. Ainfi on doit arrofer avec beaucoup de modération, & feulement au befoin,
tant que la faifon eſt humide & fraîche. Il faut

avoir grande attention de couvrir de pailles & de paillaſſons, les chaſſis pendant les tems froids, parce que la moindre gelée fait périr ces plantes. On doit avoir ſoin de faire des réchauds aux couches lorſque leur chaleur eſt au-deſſous de douze degrés. On fait jouir les plantes de l'air & du ſoleil toutes les fois que le tems le permet, afin de les préſerver de l'étiolement, & de la pourriture à laquelle elles ſont fort ſujettes. Auſſi-tôt que les plantes ſont parvenues à environ trois ou quatre pouces de hauteur, toutes celles qui ſont en plus grand nombre qu'une dans chaque pot, doivent être arrachées par un tems brumeux avec toutes leurs racines & tranſplantées auſſi-tôt dans d'autres pots remplis d'une terre pareille à celle indiquée pour les ſemis. Ces nouveaux pots, ainſi que les autres à cette époque, ſeront mis dans la couche de tan de la ſerre chaude, où ces plantes doivent reſter continuellement. Pendant l'été, il faut les arroſer ſouvent, mais leur donner peu d'eau à-la-fois. On doit arroſer beaucoup plus modérément pendant l'hiver. Et hors le tems de la végétation de ces plantes, on ne leur donnera de l'eau que lorſque la terre commencera à ſe deſſécher à ſa ſurface. Quant au ſurplus du traitement convenable à toutes ces eſpèces, il eſt le même que pour les autres plantes délicates des mêmes pays.

Les autres eſpèces de ce genre n'ont pas encore été cultivées en Europe ; mais, comme elles ſont des mêmes pays que celles dont je viens de détailler la culture, il eſt à préſumer que cette culture ſera celle qui leur conviendra le mieux.

Uſages.

L'eſpèce, n°. 5, eſt cultivée dans les jardins de l'Inde Orientale ; & les Indiens ſe ſervent de ſes fleurs pour parer leurs dieux. Celles, d'entre les autres eſpèces, qui ſont cultivées en Europe, tiennent une place dans les ſerres des curieux, & dans les écoles de Botanique. (*M. Lancry.*)

BANKSIE, *Banksia.*

Genre de plantes à fleurs aggrégées, de la famille des PROTÉES, auxquelles il a de grands rapports, ainſi qu'aux Globulaires.

Toutes les plantes qui compoſent ce genre ſont exotiques. Elles ſont peu connues en France, où elles n'ont point encore été cultivées : mais nous avons lieu d'eſpérer que bientôt elles deviendront communes en Europe, par le moyen des Anglois qui fréquentent la Baie-Botanique où elles croiſſent abondamment. Il y a même déjà quelques eſpèces qui commencent à être cultivées en Angleterre.

Les feuilles varient de forme & de grandeur ſuivant les eſpèces.

Les fleurs naiſſent ſur un chaton couvert de toutes parts d'écailles coriaces, entre chacune deſquelles elles ſont ſituées au nombre de deux.

Ces fleurs ont quatre pétales, dont les onglets ſont fort longs, réunis en tube, & ſoutiennent de petites lames concaves, conniventes autour du ſtigmate avant leur épanouiſſement, & qui, en s'ouvrant, ſe roulent en-dehors.

Elles ont quatre étamines, dont les anthères ſont ſeſſiles, & inſérées dans la concavité des lames des pétales, & un ovaire muni d'un ſtile plus long que les pétales, ſurmonté par un ſtigmate ſimple, en forme de pyramide pointue & plus épais que le ſtile.

Le cône qui forme le fruit, contient entre ſes écailles des capſules ligneuſes, ovales, à deux valves, mais à une ſeule loge, qui renferment chacune une ſemence qui ſe diviſe en deux parties.

Obſervation.

Ces plantes ont été nommées BANKSIE, en l'honneur de M. Banks, célèbre Voyageur Anglois, aujourd'hui Préſident de la Société Royale de Londres, qui, dans le cours des voyages qu'il avoit entrepris avec M. Solander, a fait des découvertes importantes dans les Terres-Auſtrales.

M. Forſter avoit déjà voulu immortaliſer ſon ami en donnant le nom de *Bankſia*, à pluſieurs Plantes de la Nouvelle-Zélande : mais depuis Linnée fils a cru devoir, dans ſon ſupplément, les rapporter au genre des Paſſerines, quoique ces Plantes n'aient toutes que deux étamines, tandis que les Paſſerines en ont huit.

Eſpèces.

1. BANKSIE ſerrée (à feuilles en Scie.)
Banksia ſerrata. L. F.
  2. BANKSIE à feuilles entières.
Banksia integri folia. L. F.
  3 BANKSIE à feuilles de Bruyère.
Banksia ericæ folia. L. F.
    4. BANKSIE dentée.
Banksia dentata. L. F.
Ces quatre eſpèces, les ſeules un peu connues juſqu'à préſent, ſe trouvent à la nouvelle Hollande, dans les Terres Auſtrales, au Sud des Moluques.

Deſcription du Port des Eſpèces.

Comme ces plantes ne nous ſont point encore familières, nous n'avons fait, en quelque ſorte, que traduire les deſcriptions de Linnée.

1. BANKSIE à feuilles en Scie. Cette eſpèce à des feuilles étroites, retrécies en pétioles à leur baſe, fortement dentées en ſcie, tronquées au ſommet & terminées par une pointe. Elles ſont

longues d'un demi-pied & plus, planes, glabres, coriaces, éparses & confluentes au sommet des rameaux, & elles entourent le chaton comme une large collerette ou une espèce de frange.

Les fleurs sont portées par un chaton fort grand, épais, cylindrique, obtus & droit. Elles sont étendues, ascendantes, & ont la lame de leurs pétales légèrement velue & blanchâtre à l'extérieur.

Cette espèce est la plus belle de ce genre.

2. BANKSIE à feuilles entières. Les feuilles de cette espèce sont cunéiformes, très-entières & couvertes en-dessous d'un duvet blanchâtre. Elles sont disposées à l'extrémité des rameaux, où elles forment des espèces d'anneaux ou de verticilles.

3. BANKSIE à feuilles de bruière. Cette espèce a les feuilles rapprochées les unes des autres, menues comme des épingles, glabres, tronquées & comme échancrées à leur sommet. Elles sont très-petites & plus nombreuses que dans les espèces précédentes.

4. BANKSIE dentée. Les feuilles de cette espèce sont oblongues, retrécies en pétioles à leur base, courbes, flexueuses, moins profondément dentées que dans la première espèce & armées à chaque dent d'une petite épine.

Ses fleurs sont plus petites que dans les autres espèces.

Culture. Toutes les plantes que nous avons reçues jusqu'à présent de la Nouvelle-Hollande, ont été cultivées dans l'orangerie, où elles ont bien profité. Nous espérons même qu'on pourra peut être par la suite les élever en pleine terre.

LES BANKSIES, étant originaires du même pays, réussiroient vraisemblablement avec les mêmes soins, & elles pourroient figurer avantageusement parmi les plantes étrangères. (*M. DAUPHINOT.*)

A l'instant où on compose cet article, je reçois le voyage de M. J. White, à la Nouvelle-Galles, dans lequel se trouvent des détails plus circonstanciés sur les Banksies, d'après lesquels je crois devoir ajouter les additions suivantes à l'article précédent de M. Dauphinot.

La fleur des Banksies, dit M. White, n'est pas toujours à quatre pétales, souvent elle est monopétale à quatre divisions très-profondes. De plus, ce n'est pas un caractère générique que la réunion des fleurs en épi, car plusieurs espèces portent des fleurs solitaires.

1. BANKSIA serrata. L. Fil.

BANKSIA *conchifera* Gærtn. 221. Tab. 48.

M. White donne sur cette plante les détails suivans, avec deux figures, l'une d'un rameau en fleur & l'autre d'un rameau en fruit. D'après ces figures qui sont excellentes, la nervure principale des feuilles est très-saillante, & les nervures secondaires sont simples & font un angle droit

avec la première. Les feuilles sont très-lisses & blanchâtres en-dessous. La plupart des fleurs des épis avortent, & celles qui nouent sont suivies de capsules assez grandes, couvertes d'un duvet très-épais. Le tronc de cet arbre ou arbuste est épais & raboteux.

2. BANKSIA, *pyriformis* Gærtn. 220. T. 47. F. 1.

M. White la définit dans la phrase suivante. B. *Floribus solitariis, capsulis ovatis pubescentibus, foliis lanceolatis integerrimis glabris.* P. 224, & en donne une figure.

Les feuilles de cette plante sont lancéolées & entières: les fleurs sont axillaires; il leur succède une capsule de la grosseur d'un citron, qui s'ouvre au sommet, & laisse échapper deux graines alongées de deux pouces de long.

3. BANKSIA, *gibbosa floribus solitariis capsulis ovatis gibbosis rugosis foliis teretibus.* P. 224. *Banksia dactyloides* Gærtn. 221. T. 47. F. 2 ?

Les feuilles sont absolument cilindriques, longues de deux pouces, sur une ligne de diamètre.

M. White donne enfin la figure d'une Banksie, qui ressemble à la *serrata*; mais qu'il croit une espèce distincte. (*M. REYNIER.*)

BANNE, pièce de toile plus ou moins grande qui sert à couvrir une chose, à la garantir du soleil, de la pluie & des injures de l'air.

Les Bannes dont on se sert en jardinage, sont de deux sortes, en raison de l'usage auquel on les destine.

Les unes d'une toile grosse & d'un tissu clair qu'on nomme cannevas, servent à garantir d'une partie des rayons du soleil, les plantes délicates, qu'on cultive dans les serres chaudes, sous les baches ou les chassis.

Les autres qui sont destinées à prolonger la durée de certaines fleurs, telles que des anémones, renoncules, semi-doubles, jacinthes, tulipes, &c. doivent être d'un tissu plus-serré, pour qu'elles puissent les défendre du soleil, du vent & de la pluie.

On donne aux Bannes destinées à couvrir des vitraux, les dimensions des chassis qui les supportent, tant pour la longueur que pour la largeur. Ordinairement elles se roulent sur un cylindre placé à la partie supérieure des chassis, & sont recouvertes par un petit auvent pratiqué pour les mettre à l'abri de la pluie & les faire durer plus long-tems.

Les Bannes à fleurs sont portées sur des berceaux de fer auxquels on donne la dimension des planches à fleurs qu'elles sont destinées à couvrir. Ces berceaux ont ordinairement, dans la partie la plus élevée, quatre pieds d'élévation, au-dessus du niveau du terrain. Mais il n'est pas nécessaire que les bannes descendent jusqu'à raze-terre; il est bon même qu'il reste huit ou dix pouces d'intervalle entre le niveau de la terre & le bord de la banne, afin que l'air puisse circuler librement, & se renouveller. (*M. Thouin.*)

BANNE *ou* BANNEAU, Banne ou Benot, *comporte*. Ces mots servent à exprimer différens vaisseaux de transport. Premièrement, des vaisseaux, dans lesquels on porte la vendange ; ils sont ordinairement découverts, ayant un seul fond, plus longs que larges, & composés de douves fixées par des cerceaux. Ces vaisseaux ont deux mains, afin qu'on puisse les transporter, soit à bras, en passant des barres dans les mains, soit à dos d'ânes, ou de mulets, ou de chevaux, qui en portent ordinairement deux. Il y a des bannes, dont la partie supérieure a aussi un fond percé d'un trou, qu'on peut fermer avec un bouchon ; elles servent pour porter du vin, ou sur le dos des animaux, ou dans des charrettes.

Secondement, des voitures ou des tombereaux, dont le fond est fermé par des trappes, qui s'ouvrent, & tombent quand on veut les vuider.

Troisièmement. Le mot Banneau sur-tout désigne, dans le Vexin normand, un tombereau propre à transporter des fumiers consommés, ou des terres ou des marnes. *Voyez* TOMBEREAU.

Quatrièmement. On appelle Bannes, de grandes toiles qui recouvrent des bateaux de grains, ou qui se placent sous des charrettes, afin de recevoir les grains qui sortent des épis pendant le trajet des champs à la grange. Cette pratique, qui a eu lieu dans quelques villages des environs de Paris, m'a paru bonne. (*M. l'Abbé Tessier.*)

BANQUETTE. Terme de jardinage employé pour désigner des palissades basses, tondues à hauteur d'apui. On donne aussi le nom de banquette à des plate-bandes exhaussées de deux ou trois pieds au-dessus du niveau du terrain & soutenues soit par un mur, ou des plaques de gason, soit par des planches. Ces sortes de Banquettes se pratiquent ordinairement au pied d'un mur à l'exposition du nord, & sont destinées à la culture des plantes qui aiment l'ombre. On en construit aussi dans les jardins d'agrément pour y cultiver les plantes de petite stature qui demandent à être vues de près, & faciliter à l'observateur le moyen de saisir plus à son aise le détail de toutes leurs parties.

On nomme encore Banquettes les petits terre-plains qui s'élèvent en escaliers & qui composent les gradins destinés à la culture des plantes des hautes montagnes. Enfin, on appelle Banquettes de gazon, des espèces de bancs de verdure, pratiqués dans des pentes de terrain ou élevés dans des endroits ombragés, pour s'y reposer & prendre le frais. (*M. Thouin.*)

Genre de plantes parasites, dont il seroit d'autant plus difficile de donner des notions exactes, qu'elles ne sont connues que dans un état d'altération qui ne permet pas d'en observer les véritables caractères.

Elles croissent dans les Moluques, où on les trouve suspendues par de petites racines, ou adhérentes au tronc & aux grosses branches des arbres. Elles forment de grosses tubérosités du sommet desquelles partent une ou plusieurs tiges, garnies à leur extrémité de quelques feuilles assez grandes, & de petites fleurs blanches.

Les Malays appellent cette plante *Ruma-Sumot*, c'est-à-dire, *Nid de fourmis*. Il paroît en effet que la tubérosité qui lui sert de base, est occasionnée par l'extravasion d'une partie de la sève causée par les fourmis qui l'habitent.

On distingue deux espèces de Bantiales, qui diffèrent de couleurs, à raison de la différence des espèces de fourmis qui s'y logent.

Espèces.

I. BANTIALE noire.
Bantiala nigra.
Nidus formicarum niger. Rumph. des Moluques.

I. BANTIALE rouge.
Bantiala rubra.
Nidus formicarum ruber. Rumph. des Moluques.

Description des espèces.

I. BANTIALE *noire*. Cette espèce est suspendue aux arbres par de petites racines qui soutiennent une tubérosité arrondie, très-grosse, d'une couleur cendrée à l'extérieur, ridée, couverte de verrues, sur lesquelles on remarque de petits enfoncemens, comme ceux des dez à coudre.

La substance interne est blanche, verdâtre sur les bords, & toute percée de trous en galerie & en labyrinte, qui servent d'habitations aux fourmis.

Cette tubérosité est couronnée par quatre ou cinq tiges ligneuses, longues d'un pied & plus, nues dans leur partie inférieure, mais chargées à leur extrémité de quelques feuilles alternes, longues de quatre à cinq pouces, ovales, pointues par les deux bouts, un peu épaisses, glabres, sans nervures latérales, & portées sur des pétioles courts, dont la base paroît embrasser la tige par une gaine.

Les fleurs sortent du milieu des feuilles supérieures. Elles sont petites, simples, solitaires, composées de quatre pétales blancs, au milieu desquels sont quatre globules de même couleur, qu'on regarde comme les étamines. Ces fleurs paroissent mâles, puisqu'on n'y voit point d'ovaires.

es ; mais on remarque à côté d'elles quelques corps arrondis, & comme verruqueux, qui sembleroient être les ovaires des fleurs femelles, ou les fruits naissans.

2. BANTIALE rouge. Elle diffère de la précédente en ce que sa tubérosité est plus grosse, sphéroïde & couverte de rugosités d'un beau verd. Son écorce, molle & tendre, est séparée de la substance intérieure qui est charnue & partagée en plusieurs cloisons qu'on pourroit comparer aux rayons d'une ruche d'abeilles.

Il paroît que la plante n'a point de racines & qu'elle est adhérente à l'arbre même. Elle pousse une petite tige triangulaire, épaisse, couverte d'écailles embriquées, du sommet de laquelle sortent plusieurs feuilles disposées presqu'en faisceau. Ces feuilles sont assez grandes, lancéolées, pointues, molles & marquées de quelques nervures latérales & obliques.

Les fleurs ne paroissent qu'après la chûte des feuilles. Elles sont éparses, soutenues par de courts pédoncules, dont l'extrémité offre une concavité en forme d'un petit calice, qui renferme quatre pétales blancs & distincts.

Culture. On voit, par ce que nous venons de dire, que ces plantes ne sont point susceptibles de culture. Nous ne connoissons ni les arbres auxquels elles s'attachent de préférence, ni l'espèce de fourmis qui s'y creuse une habitation.

Usages. Ces tubérosités sont d'une nature très-caustique ; car, suivant Rumphius, lorsqu'elles se flétrissent & tombent à terre, leur substance intérieure dégénère insensiblement en une espèce de réseau mince comme une toile d'araignée. Si on met le pied dessus, elle adhère à la peau & y occasionne des ulcères malins. Le remède à ce mal est de bassiner la plaie avec la décoction d'une espèce de ris, qu'on appelle dans le pays *Bras-Pulotitam.* (*M. Dauphinot.*)

J'ai vu dans le jardin botanique d'Amsterdam & dans celui de M. Swellengrebe, près d'Utrecht, une plante qui vient des Moluques, & qui paroît être l'une de ces Bantiales. C'étoient des tubérosités de forme presque cubique, marquées de rainures parallèles aux faces, comme celles qu'on pourroit observer dans un morceau de schiste prêt à se feuilleter, l'écorce en étoit de couleur grise. Tous les ans, il en sort au printemps une tige qui s'élève en grimpant à la hauteur de quatre ou cinq pieds & périt aux approches de l'automne.

Cette plante n'ayant jamais fleuri, on ignore qu'elle espèce ce peut être. Elle a été apportée des Moluques, & on la conserve posée sur la terre, dans un vase & dans la serre-chaude. Elle n'y pousse aucune racine & ne se nourrit que par l'humidité des arrosemens peu fréquens qu'on lui donne. (*M. Reynier.*)

Agriculture. Tome II.

BAOBAB, *Adansonia.*

Genre de plante de la famille des MALVACÉES, qui a de très-grands rapports avec les fromagers, desquels il diffère cependant, en ce que ses graines sont enveloppées d'une pulpe farineuse, au lieu que dans les derniers elles le sont d'un duvet laineux.

On a donné à ce genre le nom de M. Adanson, de l'Académie des Sciences, célèbre par ses voyages au Sénégal, où il a eu occasion d'observer ce végétal monstrueux.

Nous n'en connoissons encore qu'une seule espèce.

BAOBAB à feuilles digitées. Vulg. Pain de Singe. *Adansonia Digitata.* L. ♄ de l'Afrique & principalement de l'Egypte. Il réussit aussi dans les pays chauds de l'Asie & de l'Amérique, où il a été transplanté.

La hauteur de cet arbre n'est nullement proportionnée à la grosseur de son tronc. Il ne s'élève qu'à 60 ou 70 pieds de haut, & les individus que M. Adanson a vus au Sénégal, avoient 25 à 26 pieds de diamètre, ce qui donne une circonférence de 75 à 78 pieds. Si l'on s'en rapporte même aux voyageurs, il y en a qui passent 30 pieds de diamètre.

Cet arbre a l'air de former à lui seul une forêt. Il jette de côtés & d'autres un grand nombre de branches fort grosses & longues de 50 ou 60 pieds. Les premières s'étendent presque horizontalement, &, comme elles sont fort grosses, leur propre poids les fait courber jusqu'à terre, en sorte que la tête de l'arbre, d'ailleurs assez régulièrement arrondie, cache presque entièrement le tronc, & ne présente à l'œil étonné du voyageur qu'une masse hémisphérique de verdure d'environ 150 pieds de diamètre sur 60 ou 70 de haut.

Une si énorme quantité de bois, produit par un seul tronc, paroît déjà un phénomène presque incroyable ; mais d'étonnement augmente encore, lorsqu'on sait que la terre en recèle à-peu-près autant. Les racines de cet arbre monstrueux répondent à l'étendue des branches, & si elles ne sont pas tout-à-fait aussi grosses, elles sont beaucoup plus longues. Celle du centre forme un pivot qui s'enfonce verticalement à une grande profondeur. Celles des côtés s'étendent horizontalement & tracent, près de la superficie du terrein, sur une longueur de 150 à 160 pieds.

Les jeunes plantes, ainsi que la plupart des nouvelles branches, ont, vers leur base, des feuilles simples, en forme de lance. Les autres feuilles sont digitées, c'est-à-dire, composées de trois à sept folioles, disposées en manière de digitation ; comme celles du Maronnier d'Inde, sur un pétiole commun, aussi long qu'elles.

H

Les fleurs, lorfqu'elles font épanouies, ont quatre pouces de long fur fix de large. Elles font folitaires & fortent de l'aiffelle des deux ou trois feuilles inférieures de chaque branche. Elles font compofées de cinq pétales blancs & d'un très-grand nombre d'étamines réunies en tube dans leur moitié inférieure.

Le fruit eft une groffe capfule ovale, ligneufe, ayant quelquefois plus d'un pied de long, partagée intérieurement en dix à quatorze loges, qui contiennent, chacune, 50 à 60 graines, en forme de rein, environnées d'une chair un peu fucculente, qui, en fe féchant, devient friable, & fe change en une pulpe farineufe.

Comme nous ne devons pas efpérer de voir jamais fructifier, dans nos climats, cet arbre, qu'on peut regarder comme le plus gros des végétaux connus jufqu'à préfent, il feroit inutile de pouffer plus loin cette defcription. Nous ne fommes même entrés dans ces détails qu'à caufe de la fingularité de cette plante coloffale, dont nous ne pouvons voir ici que de foibles échantillons.

Culture. Cet arbre, qui nous vient des régions les plus brûlantes de l'Afrique, eft trop tendre pour pouvoir être confervé dans nos climats fans une chaleur artificielle. Nous fommes obligés de le tenir continuellement dans la ferre la plus chaude, avec les autres plantes exotiques qui ont la même origine.

Il faut néceffairement tirer les graines du pays où la plante croît naturellement. On les sème dans des pots que l'on enterre dans une couche chaude. Elles lèvent, affez ordinairement, au bout de fix femaines, & bientôt après elles font en état d'être tranfplantées. A mefure que les jeunes plantes prennent de l'accroiffement, on les met dans des pots plus grands, remplis d'une terre légère & fablonneufe. Chaque fois qu'on les replante ainfi, on doit avoir foin de les tenir à l'ombre, jufqu'à ce qu'elles aient formé de nouvelles racines. On leur donne de l'air frais chaque jour, pendant la chaleur, & on les arrofe légèrement : car leurs tiges étant molles, furtout dans leur jeuneffe, l'humidité les fait pourrir aifément.

Lorfqu'on les tranfplante d'un pot dans un autre, on doit avoir la plus grande attention à ne point endommager les racines. La moindre écorchure qu'elles recevroient feroit bientôt fuivie de la carie, qui, fe communiquant au tronc de l'arbre, le feroit infailliblement périr.

Tant que les plantes font jeunes, elles font des progrès affez rapides. On en a vu s'élever à plus de fix pieds & pouffer des branches latérales dans l'efpace de trois ans : mais, après quatre ou cinq ans, elles reftent à-peu-près dans le même état.

Nous en avons reçu, au jardin du Roi, au mois de feptembre 1789, un individu de cinq pieds de hauteur environ, fur huit à neuf pouces de circonférence. Actuellement (avril 1790)

il commence à entrer en végétation. Qu'il eft encore loin de fa taille ordinaire !

Ufages. Les naturels du pays mangent le fruit du Baobab. Sa chair eft aigrelette & affez agréable. Ils en mêlent auffi le jus avec de l'eau & un peu de fucre, & ils fe procurent une boiffon très-favorable dans les fièvres putrides & peftilentielles.

Ils font encore fécher les feuilles à l'ombre, & les réduifent en une poudre qu'ils nomment *Alo.* Ils la mêlent avec leurs alimens, non pour leur donner du goût, (elle n'en a prefqu'aucun ;) mais pour modérer l'excès de leur tranfpiration, & tempérer la trop grande ardeur de leur fang, (*M. Dauphinot.*)

BAPAUME. Laitue de médiocre qualité, très-blonde, dont la tête eft groffe, & fe foutient long-tems : fon principal avantage eft d'être de toute faifon & de s'accommoder de tous les terreins. (*M. Reynier.*)

BAQUET, nom générique des vaiffeaux de bois, plus grands que les feceaux & plus petits que les tonneaux. Il y en a de différente forme ; car ils font ou quarrés, ou un peu longs, ou arrondis. Quand ils font arrondis, tantôt on en voit de cylindriques, tantôt on en voit de plus étroits au fond qu'aux bords. Ils ont quelquefois une main, & quelquefois deux. On fait le fond & le tour de douves de tonneaux ; on les contient avec de cercles de bois & de l'ofier ou avec des cercles de fer.

Souvent un baquet eft la moitié d'un tonneau, qu'on a fcié en deux parties.

Les baquets fervent à contenir de l'eau pour abreuver les beftiaux, ou des alimens pour les nourrir. On en emploie auffi pour traire le lait des vaches. (*M. l'Abbé Tessier.*)

BAQUETER. *Voy. Bacqueter.* (*M. Thouin.*)

BAQUOIS *Pandanus.*

Genre de plantes unilobées, dont la famille n'eft pas encore bien déterminée, mais qui paroît avoir des rapports avec les Ananas & les Palmiers.

Il comprend des plantes exotiques, qui, dans leur jeuneffe, ne pouffent que des feuilles radicales fans tige, comme les Ananas, & qui, avec le tems, acquièrent une tige, & s'élèvent à la manière des Palmiers.

Les feuilles qui garniffent la tige, quand elle eft formée, croiffent à l'extrémité des rameaux. Elles font fimples, très-longues, creufées en goutières, amplexicaules, & armées de cils épineux à leurs bords, & même, dans quelques efpèces, fur l'arrête de leurs goutières.

Les fleurs naiffent à l'extrémité des rameaux, ou dans les aiffelles des feuilles fupérieures. Elles forment des efpèces de chatons, environnés de toutes parts de ramifications courtes & très-nombreufes.

Ces fleurs sont toujours d'un seul sexe, & chaque pied n'en porte que d'une seule sorte. Elles sont toutes mâles & stériles dans les uns, &, dans les autres, toutes femelles auxquelles succèdent les fruits.

Elles sont entièrement dépourvues de calice & de corolle.

Les fleurs mâles sont toutes renfermées dans un spathe commun. Elles ne consistent que dans une anthère linéaire, pointue, munie d'un sillon longitudinal. Ces fleurs terminent les dernières ramifications, tant latérales que terminales du chaton commun.

Les fleurs femelles sont composées d'ovaires nombreux, ramassés en un paquet ovale ou globuleux, sessiles sur leur réceptacle commun, anguleux, rétrécis vers leur base, privés de style, mais couronnés par deux ou trois stigmates en forme de cœur. Chaque fleur à un spathe particulier, simple ou quadruple.

Chacun de ces ovaires se change en autant de noix anguleuses, rétrécies vers leur base en forme de cône, serrées les unes contre les autres, & dont la réunion forme une grosse tête ovoïde ou globuleuse. Chaque noix ne renferme qu'une semence lisse & ovale.

Espèces & variétés.

1. BAQUOIS odorant.
PANDANUS odoratissimus. L. F. ♄ de l'Inde & des Moluques. On le cultive actuellement à l'Isle de France.

B. BAQUOIS odorant, bâtard.
PANDANUS odoratissimus spurius. ♄ des Moluques.

2. BAQUOIS à plusieurs têtes.
PANDANUS polycephalus. Lam. Dict.
PANDANUS humilis. Rumph. ♄ des Moluques.

3. BAQUOIS fasciculaire.
PANDANUS fascicularis. Lam. Dict. ♄ au Malabar.

B. BAQUOIS fasciculaire maritime.
PANDANUS fascicularis maritimus ♄ au Malabar.

4. BAQUOIS conoïde.
PANDANUS conoïdeus. Lam. Dict.
PANDANUS ceramicus. Rumph. ♄ des Moluques, & spécialement de l'Isle de Céram.

B. BAQUOIS conoïde sauvage.
PANDANUS conoïdeus sylvestris.

Description du port des espèces.

1. BAQUOIS odorant. Dans sa jeunesse, cette plante a entièrement l'aspect de l'Ananas.

Ses feuilles sont disposées en faisceau sessile & ouvert. Elles sont d'un verd clair, un peu glauque, pointues, canaliculées & bordées de petites épines.

Quand la tige se forme, elle s'élève à la hauteur de huit à neuf pieds, à la manière des Palmiers, & ressemble à-peu-près à celle de l'Yucca. Elle est cylindrique, & marquée, dans toute sa longueur, de cicatrices nombreuses & presque circulaires, qui indiquent la place qu'occupoient les feuilles tombées. Souvent elle se divise en deux ou trois rameaux qui partent presque d'un même point & qui se terminent chacun par un beau faisceau de feuilles, du milieu desquelles sortent les fleurs.

Elles commencent à paroître dans les mois d'Octobre & de Novembre, & durent pendant presque tout le cours des mois secs, jusqu'au mois de Mai. Alors les fruits se forment, & se succèdent pendant presque tous les mois qui suivent & qui sont pluvieux.

La plante se plaît sur le bord des eaux & sur les rochers. Celles qui croissent sur les rivages sablonneux ont bien moins d'odeur, & sont le plus souvent stériles.

Ce Baquois n'est pas commun à Amboine, & celui qu'on y trouve n'a qu'une odeur foible. Ses fleurs ne sont ni aussi belles, ni aussi durables que dans les autres endroits.

La variété B. ressemble beaucoup à l'espèce précédente. Ce Baquois a aussi de l'odeur, mais elle est moins agréable & dure moins long-tems. Il fleurit dans le commencement des mois pluvieux, tems qui tombe à Amboine au mois de Mai.

2. BAQUOIS à plusieurs têtes. Cette espèce s'élève beaucoup moins que la précédente, ses tiges sont courtes, simples ou rameuses, inclinées & presque couchées sur la terre.

Ses feuilles sont longues d'environ trois pieds, sur deux pouces de largeur, armées de petites épines sur leurs bords, & viennent en faisceau terminal, dont les feuilles intérieures sont, dans leur jeunesse, très-blanches vers leur base, molles, & ont une saveur douce.

Dans les individus femelles, il sort du milieu de chaque faisceau de feuilles, un pédoncule à trois faces égales, dur, & qui soutient sept à huit têtes globuleuses, disposées en une grappe droite.

Les fleurs & les fruits n'ont point de tems déterminé.

3. BAQUOIS fasciculaire. Les feuilles de cette espèce sont garnies d'épines tant à leurs bords que sur l'arrête de leur nervure. Ce n'est pas là la seule chose qui la distingue des précédentes; elle s'en éloigne encore davantage par la forme de son fruit, qui consiste en une grosse tête ovoïde, formée par l'assemblage d'un grand nombre de faisceaux particuliers, séparés les uns des autres dans leur partie supérieure, & composés chacun de sept à huit noix oblongues, presque cylindriques & monospermes.

Ce gros fruit est rouge dans sa maturité. La chair intérieure de chaque noix est jaune; celle du réceptacle commun est blanche, spongieuse & a une cavité dans le milieu.

4. BAQUOIS conoïde. La forme du fruit de cette dernière espèce paroît s'éloigner encore davantage du genre des Baquois. Il est long de plus d'un pied, conique, obtusément triangulaire, & composé de noix très-nombreuses, mais plus petites que dans les autres espèces.

Ce fruit, comme le précédent, est rouge dans sa maturité.

Culture. Nous ne possédons encore au jardin du Roi que la premiere espèce; mais, comme toutes les autres croissent naturellement dans les mêmes climats, nous présumons, avec quelque fondement, qu'elles réussiroient ici avec les mêmes soins.

Dans le pays, on multiplie le Baquois odorant en coupant les faisceaux de feuilles avec un bout du rameau qui les porte, & en les mettant en terre, à la manière des Ananas. Par-là il donne plutôt des fleurs que ceux qu'on fait venir de semences.

Ce moyen de multiplication réussiroit probablement pour toutes les espèces : mais, en Europe, où ces plantes ne sont point encore assez abondantes pour permettre cet essai, elles ne se multiplient que de graines. Comme elles n'en ont point encore donné ici, on est obligé de les faire venir de leur pays natal. Pour empêcher qu'elles ne se dessèchent en route, il est à propos de les envoyer dans de la terre.

En quelque tems qu'elles arrivent, il faut les semer aussi-tôt dans des pots remplis d'une terre sablonneuse. Si c'est dans l'été, on peut se contenter, pour les faire lever, de les mettre sous châssis : mais en hiver, il faut nécessairement les mettre dans la tannée de la serre-chaude.

Lorsque le jeune plant a trois ou quatre pouces, on les sépare & on met les pots dans la serre-chaude, d'où ils ne sortent plus. Les Baquois croissent assez rapidement; dès la quatrième année, ils ont déjà atteint la hauteur de trois ou quatre pieds; mais quoique nous possédions au jardin du Roi les plus forts qui soient en Europe, ils ne nous ont point encore donné de fleurs.

Ces plantes paroissent se rapprocher des Aloës : cependant elles exigent plus d'humidité.

Usages. Tous les Baquois ont, en général, une première enveloppe très-mince, qui recouvre une écorce verte & souple, sous laquelle est caché le bois qui est dur, filamenteux, & composé de fibres dures & longitudinales. Peut-être seroit-il possible de tirer de ces fibres quelque utilité pour les arts. Les habitans du pays en font des nattes qui durent assez long-tems.

Quelques-uns prennent les fleurs avant leur entier épanouissement, & les mangent, après les avoir fait cuire avec de la viande ou du poisson. On mange aussi les extrémités des jeunes feuilles cuites ou crûes; mais elles occasionnent une espèce d'irritation dans la gorge.

La première espèce doit son nom distinctif à

la bonne odeur qu'exhalent les chatons des fleurs mâles, lorsqu'ils sont nouvellement cueillis. Cette odeur est très-agréable & tellement active, qu'un seul chaton ou deux, suffisent pour parfumer une chambre pendant un tems assez long. Cet agrément les fait rechercher des gens riches en Égypte, & ils s'y vendent un prix considérable.

Les feuilles internes de chaque faisceau de feuilles de la seconde espèce, lorsqu'elles sont encore jeunes, ont un goût très-agréable. Les habitans du pays, les mangent, comme les bourgeons ou les jeunes feuilles de certains Palmiers qu'on nomme *Choux - palmistes.* (*M. DAUPHINOT.*)

Le Baquois odorant est cultivé aux Isles de la Société, sous le nom d'*Evvhara.* Les habitans en aiment beaucoup les fruits, quoique leur adstriction rebute tous les étrangers. Les feuilles servent pour couvrir les toits. Les fleurs mâles sont aromatiques, elles conservent leur odeur en séchant : réduites en poussière, elles servent aux mêmes usages que la poudre en Europe. *Obs. faites dans son voyage autour du monde, par M. Forster.* (*M. REYNIER*).

BAR ou BARD, sorte de civière qui sert à transporter à bras d'hommes différens fardeaux.

Les Bars dont on se sert en jardinage, sont d'une construction très-simple. Deux montans joints par deux traverses & soutenues par quatre pieds, forment les manches. Au milieu du Bar, est un coffre sur lequel on adapte quelquefois un couvercle en berceau. *Voyez la* Fig. de cet ustensile dans le volume de planches des outils de Jardinage.

Les Bars sont destinés à remplacer les Brouettes dans les lieux où elles ne peuvent être employées, comme lorsqu'il s'agit de monter des pentes rapides, & des escaliers. On s'en sert de préférence pour transporter les plantes délicates qui sont dans des pots & que les cahotemens de la brouette pouroient fatiguer. Ils sont plus particulièrement destinés à transporter les plantes en mottes qu'on lève dans la pepinière pour garnir les plate-bandes des parterres. Enfin, lorsque pendant l'hiver on tire des châssis ou des serres chaudes, des oignons ou des arbustes en fleurs pour garnir les appartemens, on emploie le Bar, couvert de son berceau de toile cirée, pour les transporter sans accident. Si le froid est assez vif pour faire craindre que les plantes attendries par la chaleur de la serre & dilatées par l'état de végétation dans lequel elles se trouvent, ne gèlent en route, on place au milieu du Bar, une boule d'étain remplie d'eau bouillante. Cette précaution jointe à celle de couvrir le berceau d'une ou plusieurs couvertures de laine suivant l'intensité du froid, suffisent pour préserver ces plantes de la rigueur des gelées, & les faire arriver en bon état à leur destination. (*M. THOUIN.*)

BAR *sur* AUBE, variété de raisin plus connue sous le nom de CHASSELAS. *Voyez* ce mot & VIGNE. (*M. REYNIER.*)

BARADAS, *jardinage*. Les fleuristes donnent ce nom à un œillet d'un beau rouge brun, dont la fleur est fort grosse & garnie d'un grand nombre de pétales qui font le dôme. Ses panaches font larges, mais ne font pas détachés, son blanc n'est ni *carné* ni *fin*. Cet œillet est sujet au *blanc* (*Dict. Univ. d'Agric. & de Jard.*) Le goût des gros œillets ayant fait place à celui des petits, dont les pétales font mieux rangés, & dont le calice n'est pas sujet à *crever*; l'œillet Baradas, est un de ceux que le nouveau système de beauté a proscrit. Jadis les fleuristes retranchoient les pétales lorsqu'ils se gênoient mutuellement, ils cartoient leurs gros œillets, & préparoient les calices pour les empêcher de se fendre, &c. Actuellement on préfère que la nature se charge de tous ces foins, (*M. Reynier.*)

BARAQUE. Bâtiment destiné à renfermer les instrumens & les outils des jardiniers. La grandeur & la construction des Baraques dépendent de l'étendue du jardin & encore plus des foins qu'on lui donne. Souvent une falle baffe, une encoignure de mur couverte d'un appentis, paroissent fuffifans. Mais dans les exploitations un peu confidérables, où les ouvriers font nombreux, on construit en Pierre, en Torchis, en Pifé ou en bois, une Baraque qui ferme à clef; les ouvriers viennent y déposer leurs outils le foir, & vont les reprendre le lendemain. Cette précaution, qui les oblige à des foins, annonce toujours cet efprit d'ordre fi néceffaire dans les travaux champêtres.

On peut construire les Baraques dans des coins écartés & couverts par des arbres, lorsqu'on ne veut pas qu'elles paroissent; mais on peut auffi les faire fervir à l'embelliffement du Payfage : fous la forme d'une chaumière, d'une bergerie, d'une mafure, d'une habitation champêtre, elles ajoutent à l'agrément du féjour, foit comme perfpective, foit comme fite dans un lieu agréable. Il feroit difficile de donner à ces Baraques, la forme d'un Temple, d'un Kiofc, d'un Belvedere, parce que ces ornemens qui annoncent une nature plus foignée, doivent être tenus proprement, & qu'il feroit difficile de l'obtenir des ouvriers qui viendroient tous les foirs rapporter leurs instrumens. Il feroit même trop féodal d'exiger de femblables précautions d'hommes fatigués du poids de la journée, pour qui chaque mouvement de plus est une peine réelle.

La construction des Baraques n'exige aucune attention particulière, il fuffit feulement qu'elles offrent un abri, & que le lieu ne foit pas humide. Si l'on n'a pas de choix, il est bon d'y établir un courant d'air, au moyen de jours qui correspondent entr'eux, & de pratiquer des tablettes où l'on puisse déposer les instrumens. L'humidité rouille le fer & le détruit

très-promptement; les manches, qui font de bois, réfistent un peu plus, mais pourriffent néanmoins affez vîte, lorsqu'on néglige la précaution de les garantir de l'humidité. (*M. Reynier.*)

BARATTE, instrument pour faire le beurre. *Voyez* Lait. (*M. l'Abbé Tessier.*)

BARBARESQUE, Sauvage. On donne ce nom à la *Barbarine*, l'une des variétés de la Courge *à limbe droit. Voyez* Courge, n°. 3. (*M. Reynier.*)

BARBARINE, nom que M. Duchefne donne à l'une des fous-variétés du Pepon ou Courge *à limbe droit. Voyez* Courge, n°. 3. (*M. Reynier.*)

BARBASCO, nom que les Péruviens donnent au *Jacquinia armillaris* Li, dont ils se fervent pour enivrer les poiffons. *Voyez* Jacquinier à bracelets. (*M. Reynier.*)

BARBE *ou* Arrête, (*Arifta.*) C'est un filet plus ou moins long, plus ou moins aigu, qui se trouve fur les Bâles *de Corolle* des plantes graminées. On voit des Barbes droites & molles dans le feigle, inclinées & fortes dans certains fromens, & dans l'orge fur-tout, & cotournées vers leur infertion dans l'avoine. Certains fromens & certaines orges ont des Barbes de 4 à 5 pouces de longueur. Dans la plupart des espèces d'avoine, il n'y a qu'un feul des grains renfermés dans les mêmes Bâles de *Corolle*, qui ait des barbes; mais, dans d'autres, tous les grains en ont. La couleur des Barbes est différente felon les espèces & les variétés de plantes; elles font ou jaunes, ou blanches, ou rouges, ou noires, ou violettes, ou grifes, ou même de deux couleurs, l'extrémité étant dans ce cas d'une couleur & la bafe d'une autre. Quelquefois elles font liffes, & quelquefois velues; le plus fouvent elles participent de l'état de Bâle, dont elles font le prolongement, ou fur le dos de laquelle elles viennent. Dans l'avoine, les Barbes fortent du dos de la Bâle de *Corolle*. Le riz qui est barbu, a les Barbes à la pointe de la Bâle univalve ou d'une feule pièce, qui enveloppe le grain. Il est à remarquer que beaucoup d'espèces & variétés de froment & quelques autres plantes perdent leurs Barbes, qui tombent à l'époque de leur maturité. C'est fur-tout à l'égard du froment à Bâles & à Barbes rouges, tige creufe, que cela est fenfible lorsqu'on le cultive en grand. Quelques jours après avoir vu un champ de cette forte de bled barbu, on est étonné de n'y plus trouver que des épis fans Barbes; la Bâle interne ou de *Corolle* se fépare & se perd avec la Barbe. Cet organe fans doute est de quelque utilité, quoiqu'on ne la connoisse pas. On prétend qu'il écarte les oifeaux des épis; mais je fuis bien affuré du contraire. Les oifeaux mangent avec autant de facilité les grains des épis barbus, que les autres; feulément ils ont soin d'en éviter les piquans. Les Barbes sans doute ne font pas néceffaires à la fécondation, puifque des plantes, qui les perdent en dégénérant & en changeant de pays, n'en font pas moins fécondes. Cependant fi on examine bien les Bâles internes ou de Corolle du froment non barbu, on verra qu'elles font toutes pourvues d'une très-courte Barbe, ce qui doit fuffire pour engager les Naturaliftes à rechercher l'utilité de cette partie.

J'ai dit à l'article Bâle, qu'on rejetoit celles des grains qui avoient des Barbes adhérentes, & même qu'on ne cultivoit pas les fromens barbus, dans les pays où l'on eft forcé de nourrir une partie de l'année les beftiaux avec des Bâles de grains. J'obferverai ici, que parmi les efpèces & variétés des Graminées barbues, on préfère celles dont les barbes font le moins adhérentes, & que le fléau & les criblages féparent facilement. (*M. l'Abbé Tessier.*)

Une obfervation affez générale, c'eft que les Gramens ont des Barbes plus fortes & plus longues dans les pays chauds, & que les efpèces analogues, fous des climats différens, ont des Barbes ou en manquent, en proportion de la chaleur du lieu qu'elles habitent. Les bromes du Midi ont des Barbes affez fortes ; ceux du Nord ou des lieux ombragés n'en ont pas. Les Barbons, Alvardes, Héchèmes, Stipes, &c., qui font tous ou la plupart des pays chauds, ont prefque tous des Barbes très-longues. Il paroit donc que les Barbes fuivent la même Loi que les épines & les poils, qui font plus nombreux & plus longs fur les plantes des pays chauds, que fur celles des pays froids, & qui difparoiffent en tout ou en partie par la culture. Mais cette Loi générale eft fujette à bien des exceptions. *Voyez* EPINE & POIL. (*M. Reynier.*)

On connoît en médecine vétérinaire fous le nom de BARBE *ou* BARBILLON, plutôt une incommodité, qu'une maladie des bêtes à cornes & des chevaux. *Voyez* BARBILLON. (*M. l'Abbé Tessier.*)

BARBEAU, nom générique donné par les jardiniers à plufieurs efpèces de *Centaurea*. *Voyez* CENTAURÉE.

BARBEAU des champs, *Centaurea cyanus.* L. *Voyez* CENTAURÉE des bleds N.° 30.

BARBEAU jaune. *Centaurea mofchata amberboi.* L. *Voyez* CENTAURÉE odorante N.° 5.

BARBEAU mufqué. *Centaurea mofchata.* L. V. CENTAURÉE mufquée N.° 6.

BARBEAU vivace ou de montagne. *Centaurea montana.* L. *Voyez* CENTAURÉE de montagne N.° 28. (*M. Thouin.*)

BARBEAU de Montpellier. *Cenaurea pullata,* L. *Voyez* CENTAURÉE colletée N.° 27.

BARBE DE BOUC, nom vulgaire du *Trago-Pogot pratenfe.* L. *Voyez* SALCIFI.

BARBE DE CAPUCIN. Nom vulgaire du *Lichen-barbatus. Voyez* LICHEN.

BARBE DE CHÈVRE. On donne ce nom dans les jardins à l'efpèce de *Spirée*, que Linné nomme *Spirca aruncus. Voyez* SPIRÉE.

BARBE ESPAGNOLE. Plante parafite dont les tiges fervent à Saint-Domingue, pour faire des fommiers femblables à ceux de crin, après les avoir dépouillées de leur écorce. Seroit-ce la même plante que le *Tillandfia ufneoides* que les Efpagnols emploient fous le nom de *Bejuques* aux mêmes ufages, ou bien eft elle d'un genre différent. C'eft ce que Nicholfon n'établit pas d'une manière bien précife. *Voyez* GARAGATE. (*M. Reynier.*)

BARBE DE JUPITER. On donne vulgairement ce nom à *l'Anthyllis barbajovis. Voyez* ANTHYLLIDE.

BARBE DE MOINE, *Cufcuta europæa.* L. V. CUSCUTE d'Europe N.° 1.

BARBE DE RENARD. Nom vulgaire de L'ASTRAGALE DE MARSEILLE, & en général de toute cette divifion des aftragales, nommés ADRAGANTS, dont les pétioles des feuilles perfiftent & fe changent en épines. *Voyez* ASTRAGALE N.° 59. (*M. Reynier.*)

BARBELE. En Botanique, on dit que les foyes d'une aigrette font Barbelées, quand leurs côtés font garnis de poils qui forment des barbes comme celles des plumes. (*M. Thouin.*)

BARBILLON OU BARBE. Incommodité des chevaux & des bêtes à cornes. C'eft une excroiffance, qui vient fous la langue & qui les empêche de boire & manger. Elle eft occafionnée par un pli de la peau. Ordinairement on la coupe. (*M. l'Abbé Tessier.*)

BARBON. *Andropogon.*

Genre de plantes de la famille des graminées, dont les fleurs font difpofées fur un ou plufieurs réceptacles linéaires, dentés à chaque infertion, qui forment un feul épi, ou plufieurs, difpofés en faifceaux ; ce genre eft diftinct de celui du Panic & de la Cretelle, dont plufieurs efpèces ont les fleurs difpofées fur des épis réunis en faifceaux. Tous les panics & les cretelles font hermaphrodites, au lieu que les Barbons font polygames.

Les fleurs des Barbons font velues à leur bafe, chaque bâle eft uniflore, & portée par une feule bâle calicinale. Les hermaphrodites fe diftinguent au premier coup-d'œil, parce qu'elles font feffiles, & que la plus grande des bâles florales porte une barbe affez longue & tortillée. Les fleurs mâles n'ont qu'une bâle florale qui ne porte point de barbe ; elles font d'ailleurs un peu pédiculées. Les autres caractères font les mêmes que dans les autres graminées. On pourroit soupçonner, avec raison, que ces fleurs mâles, auxquelles il manque une bâle florale, font des fleurs dans lesquelles les organes femelles ont avorté ; mais on n'en a aucune preuve.

Espèces & variétés.

★ *Fleurs disposées en un seul épi, ou en panicule.*

1. BARBON cariqueux.
ANDROPOGON caricosum. L. des Indes Orientales.

2. BARBON à épis tors.
ANDROPOGON contortum. L. ♃ de l'Inde, du Piémont. All.

3. BARBON à fleurs divergentes.
ANDROPOGON divaricatum. L. de la Virginie.

4. BARBON paniculé.
ANDROPOGON gryllus. L. de la France méridionale, de l'Italie & de la Suisse.

5. BARBON penché.
ANDROPOGON nutans. L. de la Virginie & de la Jamaïque.

6. BARBON quadrivalve.
ANDROPOGON quadrivalvis. L. ⊙ de l'Inde.

7. BARBON cymbifere.
ANDROPOGON cymbarium. L.

8. BARBON couché.
ANDROPOGON prostratum. L. de l'Inde.

9. BARBON alopercuroïde.
ANDROPOGON alopecuroides. L. de l'Amérique Septentrionale.

10. BARBON à bâles rudes.
ANDROPOGON squarrosum. L. de l'Isle de Ceylan.

11. BARBON des Isles.
ANDROPOGON insulare. L. de la Jamaïque.
BARBON nard.
ANDROPOGON nardus. L. de l'Inde, de Ceylan & des Moluques.

★ ★ *Fleurs disposées sur plusieurs épis réunis en faisceaux.*

13. BARBON double épi.
ANDROPOGON dystachium. L. ♃ de la France méridionale.

14. BARBON hérissé.
ANDROPOGON hirtum. L. de l'Europe méridionale.

15. BARBON odorant.
ANDROPOGON schœnanthus. L. ♃ de l'Inde & de l'Arabie.

16. BARBON de Virginie.
ANDROPOGON virginicum. L. de l'Amérique.

17. BARBON bicorne.
ANDROPOGON bicorne. L. de la Jamaïque, du Brésil & en Arabie.

18. BARBON cretelé.
ANDROPOGON barbatum. L. des Indes orientales.

19. BARBON mutique.
ANDROPOGON muticum. L. du Cap de Bonne-espérance.

20. BARBON digité.
ANDROPOGON ischemum. L. de l'Europe méridionale.

21. BARBON de Provence.
ANDROPOGON provinciale. ♃ de la Provence & du Valais.

22. BARBON fasciculé.
ANDROPOGON fasciculatum L. de l'Inde.

23. BARBON à épis nombreux.
ANDROPOGON polydactilon. L. de la Jamaïque.

24. BARBON à anneaux.
ANDROPOGON annulatum F. des bords du Nil.

1. BARBON cariqueux. Plantes des Indes orientales, peu connues jusqu'à présent, si ce n'est par la gravure que Rumphe en a publiée. Ses tiges s'élèvent à cinq pieds et plus, & sont terminées par un épi semblable à ceux des Vulpins, les fleurs sont embriquées & très-velues. Les habitans de Java se servent de cette plante pour couvrir les maisons, & ramassent le duvet des épis pour garnir leurs lits. Malgré ces usages économiques, on détruit cette plante qui se rend incommode par son excessive multiplication.

2. BARBON à épis tors. Ce Barbon s'élève moins que le précédent ; ses tiges ont deux pieds, elles sont menues, foibles, rameuses, articulées, & portent un épi long de deux pouces tors en spirale ; les fleurs inférieures n'ont point de barbe, mais bien celles qui terminent l'épi. Cette plante a été découverte depuis peu en Europe, par M. Allioni, qui en a publié une figure.

3. BARBON à fleurs divergentes. Ce Barbon est la troisième & dernière des espèces connues dont les fleurs sont disposées en épi unique ; les suivans, jusqu'au douzième, ont leurs fleurs disposées en panicule ; c'est-à-dire, qu'il sort de l'épi principal, des pédoncules ou épis secondaires, qui portent plusieurs fleurs. Ce Barbon se distingue des deux précédens, par son épi lâche, composé de fleurs écartées & divergentes. Le duvet qui couvre la base des fleurs est plus long que sa semence. Cette espèce croît dans la Virginie.

4. BARBON paniculé. La tige de cette espèce est articulée, haute de deux ou trois pieds ; elle est terminée par une panicule lâche de couleur rougeâtre, composée de pédoncules longs, & terminés par trois fleurs, dont celle du milieu est sessile & hermaphrodite, les deux autres sont mâles & pédiculées. D'autres fois, les fleurs qui terminent chaque pédoncule sont au nombre de quatre, deux hermaphrodites & deux mâles.

Cette plante croît dans la France méridionale & la Suisse.

5. BARBON penché. Ce Barbon porte à l'extrémité de ses tiges, une panicule de fleurs penchées ; les pédoncules sont nuds, & chacune de leurs ramifications portent deux fleurs, l'une seffile, l'autre pédiculée, qui portent l'une & l'autre des barbes. Cette espèce croît dans la Virginie & à la Jamaïque.

5. BARBON quadrivalve. Cette plante a été séparée du genre des Barbons, par Linné le fils, sous le nom d'Anthiftiria, à cause de la conformation du calice, mais nous nous conformons ici au Dictionnaire de Botanique, où M. de la Marck la classe parmi les Barbons. Les tiges de cette espèce sont hautes d'un pied, rameuses & articulées, couvertes de feuilles dont la gaine est ciliée. Les fleurs sont en grappes à l'extrémité des tiges. Les pédoncules sont géminés & accompagnés d'une petite feuille. Leurs ramifications portent des épillets composés de quatre fleurs, dont une seule est hermaphrodite, seffile, & porte une longue barbe. Chacun de ces épillets est environné d'un calice commun de quatre valves. Cette plante croît dans l'Inde.

7. BARBON cymbifere. Cette espèce originaire de l'Inde, comme la précédente, est aussi singulière. Elle pouffe des tiges hautes de cinq ou fix pieds, de l'épaisseur d'une plume, pleines de moëlle, & couvertes en grande partie par la gaine des feuilles ; ces dernières font assez grandes & rudes sur les bords. Il naît de l'aisselle des feuilles supérieures, des panicules partielles, dont l'ensemble forme une panicule générale, longue de plus d'un pied. Chaque ramification de ces panicules est garnie d'une bractée de couleur purpurine, terminée par une pointe aigue : cette bractée est posée transversalement, & enveloppe les fleurs, dit M. le Chevalier de la Marck, à la manière des Spathes. Les fleurs environnées par chaque bractée, font au nombre de trois, qui suivent, dans leur manière d'être, la conformation générale des Barbons.

8. BARBON couché. Ses tiges font couchées longues d'un pied, rameuses, & s'enracinent souvent à leurs nœuds. Les feuilles couvrent les tiges de leurs gaines, comme dans l'espèce précédente, mais elles font plus courtes & plus étroites. La disposition de la panicule générale est à peu-près la même que dans l'espèce précédente, chaque panicule partielle est un pédoncule filiforme, qui porte cinq fleurs disposées en ombelle, dont celle du centre est hermaphrodite & garnie d'une balle. Cette plante croît dans l'Inde.

9. BARBON alopecuroïde. La tige de cette plante s'élève à fix pieds de hauteur, elle est terminée par une panicule fort longue, composée de fleurs lâches, dont le duvet qui garnit leur bafe est plus long qu'elles. Cette plante a été

observée par Gronove & Sloane, dans l'Amérique septentrionale ; le peu qu'on en connoît consiste dans leurs descriptions incomplettes, & dans la figure qu'ils en ont donné.

10. BARBON à bâles rudes. Plante peu connue, & dont Linné le fils a donné une simple notice. Elle croît dans les étangs profonds de l'Ifle de Ceylan, où ses tiges flottent fur la surface de l'eau. Sa panicule est resserrée, composée de ramifications qui portent des œillets menus & en alêne ; la bâle calycinale se termine par une pointe alongée, elles font rudes au toucher. L'ensemble de la panicule ressemble à celle des Agroftides, mais ses fleurs polygames, dont les mâles font pédiculées & les hermaphrodites seffiles, la diftinguent.

11. BARBON des Ifles. Les fleurs de cette espèce font dépourvues de barbe, géminées, pédiculées, & disposées en panicule lâche & peu étendue. La bale calicinale est couverte d'un duvet soyeux. Cette plante croît à la Jamaïque ; elle n'est connue en Europe que par les descriptions des voyageurs.

12. BARBON nard. Cette plante qui croît dans la partie la plus chaude de l'Inde, est, suivant Linné, le vrai Nard indien. Ses tiges ont dix à douze pieds de haut, elles font pleines de moëlle, & fortent d'une racine dure, odorante, divisée en brins noueux. Les fleurs font disposées en panicule.

Observations. Les espèces dont j'ai donné la notice depuis le numéro 4, ne font réunies aux Barbons que fur le caractère de leurs fleurs polygames, dont les hermaphrodites font seffiles, & les mâles pédiculées ; mais, fi les dernières ne font réellement que des fleurs avortées, comme il y a lieu de le penser, le genre naturel des Barbons seroit sacrifié à un caractère syftématique & variable. La réunion des fleurs en épis simples ou digités, jointe à la barbe qui fort de la bafe d'une des valves florales, me paroissent des caractères suffisans & faciles à saisir.

Espèces dont les fleurs font disposées fur des épis digités.

13. BARBON double épi. La tige de ce Barbon s'élève à un pied & demi ; elle est articulée, & se ramifie quelquefois dans des terreins substantiels & par la culture. La tige & les branches, lorsqu'elle en a, portent deux épis réunis en faisceaux longs d'un ou deux pouces, & de couleur violette ; les fleurs y font disposées deux à deux, l'une d'elles est seffile & hermaphrodite, l'autre est mâle & pédiculée. Ce Barbon croît dans les Provinces méridionales de la France.

14. BARBON hériffé. Ce Barbon diffère du précédent en ce qu'il est plus rameux, fur-tout dans les parties supérieures de la plante, & chacune des branches étant terminée par deux épis,

le rapprochement imite une panicule. Cette plante croît dans le midi de l'Europe. J'adopterois volontiers la première opinion de M. le Chevalier de la Marck, qui le croyoit une variété de l'espèce précédente, plus rameuse, parce qu'elle a crû sous un climat plus chaud. Une culture soignée peut seule décider la question.

15. BARBON odorant. Cette plante croît dans l'Inde & l'Arabie, où elle sert à beaucoup d'usages en médecine. Ses racines, qui sont ligneuses, poussent des feuilles disposées en faisceaux, du milieu desquelles naissent des tiges articulées & pleines de moëlle, hautes de deux pieds & couvertes de feuilles. Chaque tige porte une panicule composée de deux ou trois épis réunis en faisceau, qui sont eux-mêmes composés de petits épis disposés deux à deux le long de l'axe, ou épi principal. Chaque épi secondaire est garni à sa base d'une bractée en spathe, aigue au sommet, & de couleur rougeâtre. Les fleurs sont disposées alternativement le long de ces petits épis, ou axes secondaires.

16. BARBON de Virginie. Cette plante pousse des tiges élevées, mais très-grêles. La panicule qui termine chacune d'elles, est composée d'épis disposés deux à deux en faisceaux, sur des péduncules simples qui s'implantent à différentes hauteurs sur le sommet de la tige. Les fleurs sont sans barbes. Ce Barbon croît en Amérique.

17. BARBON bicorne. Les tiges de cette graminée sont rameuses & s'élèvent fort haut, elles sont terminées par une panicule ramifiée & feuillée, qui, en dernière analyse, est composée d'épis réunis deux à deux en faisceaux. Les fleurs sont garnies de barbes. Ce Barbon croit à la Jamaïque, au Brésil, & en Arabie.

18. BARBON crételé. Ce Barbon ressemble, dit M. le Chevalier de la Marck, à la crételle des Indes, dont il ne diffère au premier aspect que par les barbes qui se trouvent sur ses fleurs. Sa tige est haute d'un pied, articulée & garnie d'un petit nombre de feuilles, distantes, de la longueur souvent de leur gaine. Elle est terminée par six à dix épis linéaires, droits, égaux en longueur & réunis en un faisceau. Les fleurs sont disposées sur la face externe de chacun d'eux, & portent à l'extrémité de leurs bases florales, des barbes droites & très-fines. Cette plante croît dans l'Inde.

19. BARBON mutique. Cette espèce pousse plusieurs tiges hautes de six ou sept pouces, qui portent quelques feuilles roulées sur les bords, ce qui les rend semblables aux feuilles de jonc. Chaque tige est terminée par un faisceau de trois ou quatre épis, dont les fleurs n'ont point de barbe, & sont toutes du côté extérieur. Un caractère assez remarquable, c'est que les valves florales s'ouvrent dans un sens différent que les valves calicinales : toute la plante est un peu

velue. Cette plante croît au Cap de Bonne-Espérance.

20. BARBON digité. Les tiges de ce Barbon sont hautes d'un ou deux pieds, articulées & couvertes de feuilles étroites, mais planes, ce qui les distingue de l'espèce précédente. Les épis, au nombre de cinq à dix, forment un faisceau au sommet de chaque tige. Les fleurs qui les composent sont disposées en tout sens sur chacun d'eux; celles qui sont mâles ont un pédoncule assez court, & que quelques Botanistes n'ont pas distingué. Les fleurs hermaphrodites sont sessiles & ont une barbe assez longue. Cette plante croît sur les collines arides de l'Europe méridionale.

21. BARBON de Provence. Cette plante, que j'ai observée plusieurs fois en Vallais, m'avoit toujours paru une variété de la précédente, crûe dans un pays plus chaud; je l'avois même décrite comme telle, (*Mém. pour servir à l'Hist. phys. & nat. de la Suisse.*) M. le chevalier de la Marck la distingue parce qu'elle est plus grande, que ses feuilles sont plus larges, que ses épis sont inégaux & moins nombreux. La culture ne paroît pas modifier ces caractères. Cette plante croît en Provence & en Vallais.

22. BARBON fasciculé. Les tiges de cette plante sont articulées & coudées, elles sont terminées par un faisceau d'épis presque droits, glabres & articulés : ce caractère la distingue au premier coup-d'œil des autres espèces. Elle croît aux Indes orientales, & n'est connue que par les descriptions des voyageurs.

23. BARBON à épis nombreux. Cette plante, qui croît à la Jamaïque, est aussi peu connue que la précédente, elle a des épis grêles & velus, disposés en faisceaux & aussi nombreux que sur l'espèce 22.

24. BARBON à anneaux. Forskahl, à qui nous devons la connoissance de cette plante, lui a donné ce nom à cause d'un anneau de poils qui garnit chaque nœud. Les tiges sont hautes de deux pieds, & portent des épis longs de trois pouces réunis en faisceaux, ou quelquefois disposés alternativement sur leur extrémité. Les fleurs, disposées deux à deux sur les épis, sont, l'une sessile & hermaphrodite, l'autre, pédiculée, stérile & sans barbe. Cette plante croît sur les bords du Nil en Egypte.

Les Barbons étant des plantes d'une forme peu agréable, on ne les cultive que dans les jardins de Botanique, où même on n'en possède qu'un très-petit nombre d'espèces. C'est un reproche qu'on peut faire en général aux Voyageurs naturalistes d'avoir excessivement négligé la famille des graminées, dans les envois qu'ils ont faits. Le Jardin du Roi n'en possède que quatre ou cinq espèces, & je ne connois aucun jardin en Europe où l'on en ait un beaucoup plus grand nombre. Il est donc impossible de rien

-dire de leur culture, à moins que ce ne foit par analogie.

Les efpèces, 1, 2, 6, 7, 8, 10, 11, 12, 15, 17, 18, 22, 23, qui font originaires des pays fitués fous la Zône torride, doivent être culti-vées dans les ferres chaudes. Les efpèces 2, 15, 18, exiftent au Jardin du Roi, où on les mul-tiplie en éclatant les racines, lorfque les touffes deviennent trop groffes : ces plantes donnent très-rarement des fleurs, & ne donnent prefque jamais des graines.

Les efpèces 3, 5, 9, 14, 16, 19 & 24, qui font d'une latitude peu différente de la nôtre, pourroient peut-être fupporter nos hivers ; il feroit cependant plus sûr de les conferver dans l'orangerie. Il n'y en a aucune de cultivée au Jardin du Roi.

Les efpèces 4, 13, 20, 21, réuffiffent très-bien en pleine terre ; il fuffit d'éclater les ra-cines pour les multiplier ; on peut auffi les mul-tiplier de graine, en les femant au moment de leur maturité dans une terre meuble. Lorfqu'on n'a pas recueilli la graine fur les lieux, il vaut mieux attendre de la femer au printems, pour éviter l'hiver, toujours plus dangereux pour une plante qui n'eft pas encore acclimatée. Comme elles ne font pas traçantes, il n'y a aucun incon-vénient de les mettre en pleine terre ; mais, pour éviter la confufion des noms, on peut les mettre dans des pots, dans les jardins de Botanique.

Ufages. De toutes ces efpèces de Barbons, il n'en eft que deux employées à des ufages mé-dicinaux, ce font les efpèces 12 & 15. La pre-mière, connue fous le nom de N···d dans les phar-macies, eft ftomachique, les habitans de l'Ifle de Java en affaifonnent leur mets : la feconde efpèce, nommée vulgairement le *Jonc odorant*, eft très-aromatique ; on la dit vulnéraire & emmé-nagogue. L'huile qu'on en extrait paffe pour ftomachique. (*M. REYNIER.*)

BARBOTER. C'eft l'action de mettre la tête dans l'eau pour manger ; les cignes, les oïes, les canards & autres oifeaux aquatiques, qui ont le bec plat, barbotent. (*M. l'Abbé TESSIER.*)

BARBOTEUR ou BARBOTEUX. Ce nom devroit convenir à tous les oifeaux d'eau, qui barbotent ; cependant il eft d'ufage de ne le donner qu'au canard domeftique, pour le dif-tinguer du canard fauvage. (*M. l'Abbé TESSIER.*)

BARBOTINE ou SEMEN CONTRA, nom donné dans les boutiques à la femence de l'*Ar-temifia judaica*. L. *Voyez* ARMOISE DE JUDÉE, N.° 14, par extenfion on donne auffi ces noms à la plante qui la produit. (*M. THOUIN.*)

BARBOUQUET. Maladie de bêtes à laine. *Voyez* NOIR-MUSEAU. (*M. l'Abbé TESSIER.*)

BARBOUQUINE, nom François donné, par Vaillant, à un genre de plantes qu'il a nommé en latin *Tragopogonoides*. Les efpèces de ce genre fe trouvent actuellement réunies à ceux des *Scor-zonera* & *Tragopogon*. *Voyez* SCORSONERE & SAL-SIFIX. (*M. THOUIN.*)

BARBOUTINE, poudre aux vers, ou Brin-villière de la Martinique. *Spigelia Anthelmin-tica.* L. *Voyez* SPIGELLE ANTHELMINTIQUE. (*M. THOUIN.*)

BARBUE. On donne le nom de *Barbues* aux marcottes qui ont pouffé des racines garnies de beaucoup de chevelus. Les pépiniériftes difent également d'un jeune arbre qui a beaucoup de chevelus, que fes racines font *barbues*. On doit en retrancher la plus grande partie, avant de planter l'arbre, parce que la plupart féchent pendant la tranfplantation & pourroient carier les racines. Cette précaution eft auffi néceffaire pour les racines des plantes herbacées ; mais en coupant les chevelus, on doit prendre garde d'at-taquer le pivot fur-tout celui des racines pota-gères ; lorfqu'on le bleffe, la racine fe bifurque & perd beaucoup de fa valeur. *Voyez* RACINE.

Dans quelques provinces, on donne le nom de *Barbue* à la *Nigella damafcena*, L. à caufe de l'enveloppe qui forme une efpèce de barbe autour de la fleur. *Voyez* NIGELLE DE DAMAS. (*M. REYNIER.*)

BARD, BAR, forte de civière à coffre, defti-née plus particulièrement au tranfport des plan-tes en mottes. *Voyez* BAR. (*M. THOUIN.*)

BARDANE, ARCTIUM. L.

Genre de plantes de la famille des fleurs con-jointes & de la fous-divifion des flofculeufes, dont les efpèces ont beaucoup d'analogie avec les char-dons : on les diftingue feulement par leur récep-tacle chargé de paillettes au lieu de poils & par les écailles de leurs calices qui font courbées en dehors. Cette divifion eft très-arbitraire, puif-que les écailles du calice de plufieurs chardons fe recourbent autant que celles du calice des Bar-danes. J'ai auffi démontré que les caractères tirés du réceptacle font infuffifans. *Voyez Mém. pour fervir à l'hift. phyf. & nat. de la Suiffe.* Toutes les efpèces de Bardanes croiffent en Europe, ce font des plantes annuelles ou bifannuelles dont le feuillage eft très-beau & peut fervir à la dé-coration des grands jardins.

Efpèces & variétés.

1. BARDANE à têtes cottoneufes. ARCTIUM LAPPA. L. ⊙ ou ♂ des lieux mon-tagneux & incultes.

2. BARDANE à têtes glabres. ARCTIUM LAPPA. L. var. ⊙ des lieux incultes & près des fumiers.

B. Variété à grandes fleurs.

3. BARDANE à feuilles ciliées.

Arctium personata. L. ♂ des montagnes de l'Europe tempérée.

      B. Variété à fleurs blanches.

    4. Bardane à feuilles épineuses.

Arctium Carduelis. L. des montagnes de la Carniole.

1. Bardane à têtes cotonneuses. Cette plante croît dans les lieux montagneux, près des décombres, sur le bord des chemins, & près des fumiers. En général, quoiqu'elle s'accommode de toutes sortes de terreins & d'expositions, elle paroît préférer les terres fortes & abondantes en principes nutritifs, comme les terres imprégnées d'eau de fumier, les cimetières, les voieries, &c. La tige de cette plante s'élève à deux pieds & plus : elle se divise, dès sa racine, & jusque vers son extrémité, en branches qui s'écartent, & donnent à son ensemble une forme arrondie. Les feuilles sont grandes en forme de cœur un peu blanchâtres en-dessous, & portées par des pétioles. Les fleurs sont purpurines ou blanches, & ramassées en bouquets à l'extrémité des branches; leur calice est composé d'écailles embriquées, terminée par un crochet qui s'attache aux vêtemens & aux poils des animaux qui s'en approchent de trop près. Il se forme entre ces écailles une espèce de coton ou de duvet qui ne disparoît pas par la culture. C'est sur cette observation qu'on a distingué cette plante de l'espèce qui suit.

Cette Bardane exige peu de soins. On peut semer la graine dès qu'elle est mûre. La jeune plante a le tems de devenir assez forte pour résister à l'hiver, & fleurit l'année suivante. La beauté du feuillage de la Bardane peut engager à lui donner place dans les jardins Anglois; elle produit un très-bel effet entre les pierres & dans les lieux agrestes où l'on a placé des masures.

2. Bardane à têtes glabres. Cette plante que plusieurs Botanistes regardent comme une variété de la précédente, n'en diffère que par ses calices, sur lesquels on ne trouve jamais de coton ou duvet. Elle croît dans la plaine, où elle choisit plutôt les terres substantielles, les fumiers & les masures que les terres réellement stériles. La culture de cette espèce n'exige pas plus de soins que la précédente, & ses avantages pour l'ornement des jardins sont les mêmes.

Usages. La racine de ces deux plantes & leurs feuilles, sont reçues en pharmacie; la racine comme fébrifuge & diurétique, les feuilles comme vulnéraires.

M. Dambourney en a tiré d'excellent alkali, & propose de la cultiver pour cet usage : il seroit à craindre qu'elle épuisât la terre.

En Ecosse, les racines & les tiges servent de nourriture : on les coupe avant la floraison, les dépouille de leur écorce, & les prépare comme les cardons, ou en salade. *Lightf. fl. scot.*

3. Bardane à feuilles ciliées. Cette espèce que plusieurs Botanistes ont réunie au genre des chardons, auxquels elle ressemble beaucoup, croît sur les montagnes : je l'ai toujours trouvée plus abondante dans les environs des *Chalets* ou habitations, & dans les terreins substanciels, arrosés par des eaux qui ont lavé des étables, que dans les pâturages ordinaires. La tige de cette plante s'élève à deux ou trois pieds; mais ne forme pas une touffe arrondie comme les espèces précédentes : elle porte seulement quelques branches, qui s'écartent peu de la tige & donnent à l'ensemble un air élancée. Les feuilles radicales sont découpées en divisions plus ou moins profondes qui leur donnent l'air ailées, les divisions sont anguleuses & garnies de poils noirs & roides sur les bords. Les feuilles caulinaires sont ovales alongées, quelquefois garnies d'une ou deux divisions vers leur base & se prolongent sur la tige jusqu'à la feuille qui est au-dessous. Les fleurs sont plus grosses que celles des espèces précédentes; elles sont pareillement disposées à l'extrémité des branches & leurs calices composés d'écailles réfléchies, sont herbacés & n'ont pas le crochet qui caractérise les espèces précédentes. La plante étant bisannuelle, on peut également accélérer sa floraison en semant la graine au moment de sa maturité dans une terre substantielle & bien meuble. La jeune plante a le temps de croître pendant l'automne, & donner dès fleurs l'année suivante. J'ai remarqué que cette Bardane dure quelquefois plus de deux ans lorsqu'on la cultive : comme elle a beaucoup moins d'apparence que plusieurs espèces de chardons, on ne lui donne une place que dans les jardins botaniques.

4. Bardane à feuilles épineuses. Cette plante que M. Scopoli a découverte dans les montagnes de la Carniole est encore peu connue. D'après la description & la figure qu'il en donne, elle ressemble au cirse des champs. Sa tige est épineuse & garnie de feuilles pinnatifides; ses fleurs sont terminales portées par des pédoncules, les écailles du calice sont linéaires, sétacées, & courbées en dehors. Cette plante n'a pas encore été cultivée au Jardin du Roi; mais il y a lieu de croire qu'elle n'exigeroit pas plus de soins que l'espèce troisième.

Observation. Il est facile de s'assurer que ces deux dernières espèces détruisent le genre naturel des Bardanes; l'espèce troisième devroit être placée parmi les chardons à la suite du chardon à trois têtes, espèce 35; je ne connois pas assez la quatrième espèce pour établir ses affinités. Si on vouloit rapporter à ce genre tous les chardons dont les écailles se courbent en dehors, on y réuniroit la majeure partie des cirses ou chardons à écailles molles, & particulièrement le chardon à trois têtes; le chardon ambigu, le chardon de montagne & le cirsium 174 Hall., &c. dont les écailles sont manifestement recourbées

& reffemblent à celles de l'efpèce troifième. (*M. Reynier.*)

BARDANE, (Petite,) nom impropre donné à toutes les efpèces du genre des *Xanthium* de Linné. V. Lampourde. (*M. Thouin.*)

BARDIN, Pomme nommée auffi *Fenouillet rouge* & *Courpendu* ; elle eft plus petite que le Fenouillet gris, fa peau eft de couleur grife ; foncée, colorée en rouge du côté du foleil ; fa chair eft ferme, un peu mufquée. *Voyez* Poirier. (*M. Reynier.*)

BARDOT ; on donne ce nom à un petit mulet, ordinairement produit par un cheval & une âneffe, on emploie ces petits mulets pour porter le bagage & de légers fardeaux. *Voyez* Mulet. (*M. l'Abbé Tessier.*)

BARE ; forte de Civière. *Voyez* Bar.

BARE. C'eft une des variétés du *Dianthus Caryophyllus*. L. *Voyez* Œillet des Fleuristes. (*M. Thouin.*)

BAREITA, nom donné à Muret en Comminges à la première façon que recoivent les terres. (*l'Abbé Tessier.*)

BARRIERE. On donne ce nom ; dans le Limoufin, à une variété de la Chataigne, dont l'enveloppe du fruit s'ouvre de très-bonne heure. *Voyez le Dictionnaire des Arbres & Arbuftes.* (*M. Reynier.*)

BARJELADE, nom donné à Carpentras, à une vefce à grains noirs & petits. (*M. l'Abbé Tessier.*)

BARILLE. *Sal Soda, Sativa.* L. Plante dont la cendre forme la meilleure foude d'Alicante, nommée pour cette raifon *foude de Barille.* Cette efpèce de foude eft précieufe pour les manufactures de verre & de favon. On feme la plante, on la cultive, & on la brûle pour en avoir les cendres, dans le Royaume de Murcie & dans une partie de celui de Grenade. Mais il eft rare que les Efpagnols en envoient la foude, fans la mêler avec celle de *Bourdine.* La foude de Barille paffe pour être la feule convenable pour fabriquer de belles glaces de miroir. Il y a des Barilles de différentes claffes ; l'*Agua azal* eft la plus eftimée ; & ne vient que dans le territoire d'Alicante. *Tiré du Dictionnaire économique.* La France tire beaucoup de Barilles de l'Efpagne, pour fes manufactures de Savon. *Voyez* foude, pour la culture & la préparation. (*M. l'Abbé Tessier.*)

BARILLET. On appelle ainfi les fruits de trois fous-variétés du *Medicago polimorpha* L. parce qu'ils reffemblent à de petits Barils. On y joint les épithètes de grand, de moyen & de petit, en raifon de leur groffeur. *Voyez* Luzerne barillet. (*M. Thouin.*)

BARLONG. Les Jardiniers emploient quelquefois ce mot pour déffigner une planche, un carré, & en général un terrain plus long que large, & de figure irrégulière. (*M. Thouin.*)

BARNADEZ, Barnadesia.

Genre de plantes à fleurs compofées, de la famille des Corymbiferes, qui paroît avoir quelques rapports avec la Zoëgie & les Arctotides.

Nous n'en connoiffons qu'une feule efpèce.

Barnadez épineux.

Barnadesia Spinosa, L. ♄ de l'Amérique méridionale.

C'eft un arbriffeau, dont les rameaux font difpofés alternativement le long de la tige, & armés, à leur bafe, de deux épines, en forme de ftipules, glabres, brunes & ouvertes.

Les feuilles, également alternes, font foutenues par des pétioles très-courts. Elles font fimples, ovales-pointues, très-entières, pleines, veineufes, légèrement velues, des deux côtés & blanchâtres en-deffous.

Les fleurs naiffent en panicules à l'extrémité des rameaux. Chaque fleur eft radiée, compofée de trois ou quatre fleurons Hermaphrodites, dont le lymbe eft divifé en cinq parties, & de plufieurs demi-fleurons, pareillement Hermaphrodites, dont la languette eft lancéolée, ouverte à fa bafe, très-velue extérieurement, & recourbée en-dehors à fon fommet, qui eft fendu en deux.

Le calice commun, qui fupporte les fleurons & demi-fleurons, eft embriqué & compofé de plufieurs rangs d'écailles inégales & piquantes.

Les femences font ovales, garnies de poils renverfés & furmontés d'aigrettes, qui, dans celles du difque, font foyeufes & roulées en fpirales, & plumeufes dans celles de la circonférence.

Le Receptacle eft plane & hériffé de poils.

Culture. Cet arbriffeau n'a point encore été cultivé en France. Miller dit, dans fon fupplément, qu'il exige la plus grande chaleur de la ferre. (*M. Dauphinot.*)

BARNDSSOLE, nom d'une variété de figue, dont le fruit eft très-fucculent, quoique très-petit. C'eft une des plus eftimées. *Voyez* Figuier, dans le Dictionnaire des Arbres & Arbuftes. (*M. Reynier.*)

BAROMÈTRE.

Suivant l'éthymologie du mot, Baromètre veut dire, *mefure de la pefanteur.* Le beautems ou la pluie & le vent, dépendant de la légèreté & de la pefanteur de l'air, il eft d'ufage d'appeller Baromètre l'inftrument qui les indique. On regarde comme des Baromètres les phénomènes naturels, qui font les effets d'une variation préfente ou future du tems. C'eft pour cela qu'on peut en diftinguer de deux fortes, les uns artificiels, les autres naturels.

Les Baromètres artificiels font, pour la plupart,

des instrumens, composés de longs tubes ou tuyaux de verre & de mercure ou vif argent. Le mercure les remplit jusqu'à la hauteur, où il peut être soutenu, suivant l'élévation de chaque pays relativement au niveau de la mer. La forme & la disposition de ces instrumens varient. Le Baromètre le plus ordinaire, & en même-tems le meilleur & le plus certain, est celui qui n'a qu'un tube, qui plonge dans une cuvette. Les Baromètres courbés ne le valent jamais.

L'invention des Baromètres à mercure n'est pas ancienne. D'abord ils étoient dans les mains des seuls Physiciens, qui les employoient à des observations météorologiques & à mesurer la hauteur des montagnes. Bientôt les propriétaires de terres, qui avoient des châteaux, en transportèrent à la campagne pour leur agrément; les Curés ne tardèrent pas à s'en pourvoir. Car il s'établit dans les Villes des constructeurs de Baromètres; des Colporteurs en promenèrent dans les Villages. Les Paysans eurent de la peine à croire que sans sortir de son appartement, & sans regarder le Ciel, on pût prédire le tems quelques jours d'avance. Cependant, comme on leur fit souvent de ces prédictions, qui se trouverent justes, ils prirent confiance dans les Baromètres, & vinrent les consulter quand ils avoient quelque opération à faire. Maintenant on voit des Baromètres chez beaucoup de Fermiers, sur-tout chez ceux qui ne sont pas très-éloignés des grandes Villes. Voilà comme les sciences peu-à-peu rendent leurs découvertes utiles aux cultivateurs & aux plus ignorans. La lenteur, avec laquelle ceux-ci parviennent à en tirer avantage, loin de ralentir le zèle des Savans, doit leur faire naître une réflexion sage; c'est que cette lenteur est un préservatif contre les efforts répétés du Charlatanisme, je dirois presque qu'elle est le creuset, où s'épurent les inventions véritablement intéressantes. Il en coûte sans doute à l'amour propre des inventeurs ou de ceux qui publient les bonnes inventions, de ne les voir marcher que pas à pas, & de les voir quelquefois négligées. Mais il faut savoir faire des sacrifices à l'utilité publique, & se contenter de l'espérance qu'un jour quelqu'un en profitera.

Il y a beaucoup de circonstances où les prédictions des Baromètres sont avantageuses aux cultivateurs. On sait que certaines graines ne doivent être semées que quand le tems est disposé à la pluie. Quelques espèces de travaux ne peuvent être entrepris que quand on est assuré du beau tems. C'est sur-tout, lors des récoltes, qu'on a besoin d'être éclairé sur ce point presque tous les jours.

M. Senebier, Bibliothécaire de la République de Genève, a réuni dans une espèce d'Almanach quelques observations sur l'usage du Baromètre à mercure & sur la manière d'en juger les variations. Il y a joint les pronostics physiques tirés des Baromètres naturels; c'est-à-dire, des astres, des météores, de l'état des animaux & des végétaux, & même de celui de quelques substances minérales. J'ai cru devoir placer ici les observations recueillies par ce Savant; des guillemets annonceront tout ce que j'aurai puisé dans son petit livre.

Connoissance du tems par les Baromètres artificiels.

« Il y a sans doute de grands rapports entre les changemens qui s'opèrent dans l'atmosphère ou dans la couche d'air qui enveloppe la terre & les variations du Baromètre à mercure; mais les Physiciens ne me paroissent pas les avoir encore trouvés: à force d'esprit & de subtilités, ils ont imaginé des explications plus ou moins plausibles, & ils sont toujours bien éloignés d'avoir acquis sur ce sujet de solides connoissances: je n'en suis point étonné; ils ont constamment tourné leurs regards sur les effets de la pesanteur de l'air pour faire varier le Baromètre; ils l'ont considérée comme la principale cause de ses mouvemens, & ils n'ont pas assez fait attention à la grande influence du ressort toujours variable de l'air sur la marche du mercure ou du vif argent, au rôle important que les vapeurs répandues dans l'air jouent dans ce phénomène, comment leurs différens états, leurs différens ressorts, leurs différentes natures, & leurs différentes quantités différencient ces résultats; cependant je crois qu'on ne pourra se faire de justes idées sur les pronostics du tems par le Baromètre, que lorsqu'on aura des observations profondément suivies sur ces matières difficiles à creuser, de même que sur les événemens chymiques qui se passent dans l'atmosphère, qui sont produits par les différentes émanations des corps terrestres; mais en particulier par celles qui sont soutirées des plantes par l'action du soleil sur elles, & qui doivent influer nécessairement sur les variations locales de la température. Mais, quoi qu'il en soit, voici quelques observations générales assez sûres, & en même-tems propres à augurer probablement le tems qu'on aura en suivant les variations du Baromètre. »

« Il faut remarquer d'abord que le vif argent du Baromètre ne se soutient pas à la même hauteur, par-tout, dans le même-tems, quoiqu'on l'observe à la même heure & dans les mêmes circonstances; mais cette hauteur suit toujours une certaine proportion correspondante à la hauteur du lieu où il est placé; de sorte que, dans le même moment, deux Baromètres qui ont marché parallélement, quand ils ont été à côté l'un de l'autre, perdront leur parallélisme si l'un est placé au bas d'un clocher & l'autre à son sommet: le mercure du premier sera plus élevé que celui du second; parce qu'il sera mis en équilibre par un poids plus considérable, dont la quantité sera toujours la différence de la longueur des deux colonnes de l'air, qui reposent sur le mercure du Baromètre. Il résulte de-là qu'il faut déjà connoître jusqu'à à un certain point la marche du Baromètre, pour un lieu donné avec les termes communs de son plus grand abaissement & de sa plus grande élévation ; alors, en général, on pourra présumer assez probablement le beau tems pour nos pays, lorsque le mercure du Baromètre sera au-dessus de sa hauteur moyenne ; c'est-à-dire, de la hauteur qu'on trouveroit en prenant le nombre qui exprime le milieu entre ceux qui représentent la plus grande & la plus petite hauteur observées pendant une ou plusieurs années, & soupçonner la pluie s'il est au-dessous ; mais la présomption sera d'autant mieux fondée, que l'élévation du vif argent & son abaissement auront passé davantage leur terme moyen : enfin on pourra l'annoncer avec d'autant plus de confiance, que les variations observées auront été plus promptes, & qu'elles auront eu plus d'étendue. »

« Cependant on n'a pas besoin d'attendre ces grandes hauteurs, ou ces grands abaissemens, pour prononcer sur le tems qu'on peut avoir ; on entrevoit déjà ce qui doit arriver quand le mercure commence à s'élever ou à s'abaisser au-delà de sa hauteur moyenne, & sur-tout quand ces variations continuent pendant quelque tems à croître ; alors la probabilité du jugement qu'on portera sur le tems à venir sera fondée sur la durée de la variation, & se combinera avec son étendue pour la fortifier. Aussi la probabilité qu'on aura pour augurer le tems à venir par le moyen du Baromètre, sera d'autant plus grande, toutes choses étant d'ailleurs égales, en faveur du beau tems & de sa durée, quand le mercure s'élévera le plus haut au-dessus de sa hauteur moyenne pendant un tems assez long, & il en sera de même pour le mauvais tems & sa durée, quand le mercure descendra le plus bas & le plus long-tems. »

« Mais l'observation seule des variations du Baromètre est insuffisante pour rendre bien probables les pronostics qu'on en tirera ; il faut encore les combiner avec diverses circonstances, propres à leur donner une plus grande précision. »

« Ainsi, par exemple, quand le mercure est assez élevé dans le Baromètre, & que le tems est beau, si le mercure baisse alors pendant la nuit, c'est un signe de changement de tems & souvent de pluie ; on pourra préjuger la même chose si le mercure ne remonte pas pendant la nuit, après être descendu pendant le jour, suivant sa marche ordinaire. »

« Quand le vif argent descend pendant deux ou trois jours sans beaucoup de pluie, & qu'il remonte ensuite beaucoup, on peut espérer un beau tems assez long ; de même quand le mercure descend très-bas, & lorsque sa chûte est alors accompagnée de beaucoup de pluie ; s'il remonte ensuite pour baisser de nouveau d'abord, pendant un jour ou davantage, on doit craindre une longue pluie. »

« Lorsqu'il a plu pendant quelques heures, si le mercure continue à baisser dans le Baromètre, & sur-tout si cela arrive pendant la nuit, la continuation de la pluie devient presque certaine. Mais si le mercure remonte dans le Baromètre pendant la nuit, & s'il continue de remonter, c'est une preuve assez forte que le beau tems se remettra. »

« Quand le vif argent baisse dans le Baromètre pendant que l'hygromètre, ou l'instrument propre à faire connoître l'humidité de l'air, montre dans l'air une grande humidité, la probabilité de la pluie devient alors assez grande. Mais si le mercure monte & que l'hygromètre aille au sec, on peut être presque sûr d'un beau tems durable. »

« On peut encore combiner l'usage du Baromètre avec celui du Thermomètre, ou l'instrument propre à faire connoître les variations dans la chaleur de l'air pour augurer le tems. Pendant l'hiver si l'air se rafraîchit tandis que le mercure monte dans le Baromètre, c'est une annonce de beau tems : mais au contraire, dans le printems, & en été quand le mercure monte dans le Baromètre, & que la chaleur augmente, on a lieu d'espérer le beau tems. »

« Il ne faut pourtant pas tirer des conséquences trop promptes sur le tems de la seule observation du Baromètre ; car il peut arriver que le mercure descende beaucoup dans le Baromètre, & qu'il ne pleuve pas : cela peut être causé ou par de gros vents du nord ou du midi, ou par des ouragans qui se sont fait sentir dans des régions éloignées du lieu de l'observation, & qui, en chassant beaucoup d'air devant eux, nous ôtent celui qui se porte dans les lieux où il est chassé, ou bien dans ceux où il a été peut-être diminué par quelques causes qui produisent cet effet, comme les éclairs ou les tonnerres. Mais, en général, en rapprochant les diverses hauteurs du niveau de la mer, & en faisant attention à la chaleur indiquée par le Thermomètre placé à côté du Baromètre, on observera que les variations du Baromètre dans des lieux très-éloignés sont assez parallèles, & pour les tems où elles s'opérent, & pour la quantité qui les exprime. »

« On comprend bien-tôt que ces annonces trompeuses du Baromètre peuvent être rectifiées par leur combinaison avec tous les autres pronostics qu'on peut avoir ; & il est évident qu'on n'augurera jamais mieux sur le tems, que lorsque le jugement qu'on en portera sera fondé, non sur un seul signe propre à le faire connoître, mais sur la réunion de tous ceux qu'on peut avoir. »

« Il ne faut pas cependant oublier que les variations du Baromètre ne sont pas les mêmes dans toutes les saisons ; il paroît au moins que la hauteur moyenne du Baromètre est plus grande en hiver qu'en été, qu'elle est la plus grande dans le mois de Janvier, & qu'elle diminue ensuite jusqu'en Juillet, pour croître de nouveau jusqu'en Janvier : les plus petites hauteurs suivent la règle inverse. Il résulte de-là, que les variations du Baromètre ont plus d'étendue en hiver qu'en été. »

« En été, le Baromètre est généralement le plus haut dans les jours les plus chauds ; mais la chaleur y contribue beaucoup : on pourroit alors corriger la hauteur observée, & la réduire à celle que le poids de l'atmosphère devoit lui donner, en diminuant la première d'une demi-ligne. »

« Les variations du Baromètre sont encore communément beaucoup plus promptes en hiver qu'en été, en commençant depuis le mois de Novembre jusqu'au mois de Mars pour l'hiver. Les plus grandes variations du Baromètre, sont pour l'ordinaire, dans les deux premiers & les deux derniers mois de l'année. On observe encore que, toutes choses restant égales, le mercure est pour l'ordinaire le plus haut dans le Baromètre, lorsque les vents d'est & du nord-est soufflent ; mais qu'il baisse le plus dans les grands vents accompagnés de pluie, sur-tout si le vent est Sud. »

« Enfin il arrive qu'on éprouve des tempêtes sans voir baisser le Baromètre ; mais alors elles sont renfermées dans un espace très-petit, & leur durée se trouve très-courte. »

« A Genève, depuis onze ans, on a vu le Baromètre (le 26 Décembre 1778) à vingt-sept pouces huit lignes, & cinq seizièmes pour la plus-grande hauteur ; & à vingt-cinq pouces neuf lignes & six seizièmes pour son plus grand abaissement, c'étoit le 18 Janvier 1784. »

« Il faut avertir tous ceux qui se servent du Baromètre, qu'il est indispensable de le placer de manière qu'il soit parfaitement à plomb ou perpendiculaire au terrein, & qu'il est dangereux de l'appliquer contre les murs, parce qu'ils ne sont pas toujours parfaitement verticaux. Il n'est pas moins utile de donner au baromètre qu'on consulte, une légère secousse avec le bout du doigt pour rompre l'adhérence du mercure contre les parois du tube ; car, autrement, il pourroit paroître plus haut ou plus bas qu'il ne devroit être réellement ; on lui découvre même souvent un penchant à monter, quoiqu'il ne monte pas, dans une convexité qui se forme sur la partie supérieure de la colonne du mercure. On apperçoit de même quelquefois qu'il est sur le point de descendre, quoiqu'il ne descende pas, par une concavité qu'on découvre à la même place. Il n'est

pas nécessaire de faire remarquer qu'il est important de fermer légèrement la partie ouverte où repose le mercure pour en écarter toutes les saletés dont le poids s'ajouteroit à celui de l'air pour faire monter le mercure, ou dont la ténacité pourroit faire adhérer le mercure au verre & gêner ses mouvemens. »

Un Baromètre, inventé par R. Boyle, & dont il est question dans les transactions philosophiques, pourroit être aussi employé pour prédire le tems. Il consiste à tenir toujours dans un bras de balance sensible, une boule de verre, grosse, mince & légère, & un contre-poids dans l'autre bras de balance. Quand l'air se charge, le bras de la balance, qui contient la boule de verre, s'élève ; si l'air devient léger, c'est le contre-poids qui monte. Ceci est fondé sur des loix de physique, qu'il est inutile de rapporter.

Les gens de la campagne se procurent une autre sorte de Baromètre, qui est plutôt un Hygromètre. Il consiste en une corde à boyau tendue perpendiculairement & enfermée dans un Tube de verre. A l'extrémité inférieure est un fil-de-fer, auquel est attaché un plateau rond de bois mobile, sur lequel sont de petites figures d'homme & de femme en matière vitrifiée. Moyennant la tension ou la laxité de la corde à boyau, selon l'humidité ou la sécheresse de l'air, c'est ou la figure de l'homme ou celle de la femme, qui paroît dehors. L'usage est de disposer le Baromètre de manière que par la pluie ou à l'approche de la pluie ce soit l'homme & par le beau tems, ou à l'approche du beau tems ce soit la femme, qui sorte.

Connoissance du tems par les Baromètres naturels.

« Comme il étoit important, pour pronostiquer le tems avec quelque sûreté, de multiplier les pronostics autant qu'il seroit possible, afin de corriger les uns par les autres, & de fortifier chacun d'eux par les indices de tous, c'est la raison pour laquelle j'ai fait connoître les probabilités que les instrumens fournissoient sur ce sujet : mais comme il est encore plus intéressant de pouvoir augurer le tems sans se servir des instrumens qu'il est presque impossible de porter toujours avec soi, il falloit interroger encore tout ce qui peut avoir quelques rapports avec le tems, & tout ce qui peut influer sur ses changemens.

» La chaleur en favorisant l'évaporation & en remplissant l'air de vapeurs, fait prévoir, quand elle a duré, les tempêtes & la pluie ; mais la chaleur humide n'est point une circonstance indifférente pour l'agriculture, c'est alors que la végétation se déploie avec le plus grand luxe ; la chaleur dilate les vaisseaux, augmente l'irritabilité ; une plus grande quantité de nourriture pénètre dans les organes qui doivent la préparer, & qui ont plus de ressources pour la rendre un aliment falutaire & une fource d'accroiffement. »

« *L'évaporation*, qui fe fait moins bien quand l'air eft chargé de vapeurs, parce qu'il ne peut pas en diffoudre autant, & qu'il les diffout plus lentement, annonce la pluie : alors le linge mouillé fe féche moins vîte, & les végétaux coupés fe defféchent moins promptement. »

« *L'éléctricité*, qui eft répandue dans l'atmofphère, influe fûrement beaucoup fur la force diffolvante de l'air pour diffoudre l'eau, ou pour la laiffer échapper ; on pourroît peut-être mefurer la quantité qu'elle en contient, par la facilité plus ou moins grande avec laquelle un corps éléctrifé & ifolé perdroit fon éléctricité dans un lieu donné ; cette confidération n'eft point outre cela un objet de pure curiofité ; on fait que l'électricité favorife la germination des graines, & que les tems d'orage font fouvent ceux où les plantes font le plus de progrès : ainfi, comme l'éléctricité peut fe combiner alors avec l'humidité & la chaleur, on peut croire qu'elle augmente leur énergie. »

« L'électromètre, que M. de Sauffure vient de découvrir, montre au moins, d'une manière très-fenfible, qu'il y a toujours plus ou moins d'électricité dans l'air, & qu'il y a très-peu de momens qui empêchent de l'obferver ; & que le vent ne foit très-fort. »

« On ne peut fe diffimuler que les plantes font de vrais conducteurs d'électricité ; les pointes de leurs tiges, de leurs feuilles font autant de moyens pour l'attirer, comme M. de Sauffure l'a remarqué ; mais, outre cela, la partie réfineufe qu'elles renferment eft peut-être la partie qui y fixe l'éléctricité ; peut-être s'y combine-t-elle avec elle, & devient-elle alors, par ce moyen, une partie conftituante du végétal. »

« Mais quoique ces moyens foient néceffaires pour déterminer la nature du tems qu'on peut avoir, je veux encore les écarter, comme étant d'un ufage peu facile & comme exigeant des attentions que chacun ne fauroit avoir. »

« Je me bornerai donc à interroger des êtres dont les réponfes ne fauroient être auffi équivoques & difficiles à entendre. »

« 1.° Les vapeurs qui frappent nos fens fous la forme de nuages, de brouillards, de pluie, de grêle & de rofée. »

« 2.° L'apparence du foleil, de la lune & des étoiles. »

« 3.° Les vents. »

« 4.° Quelque corps du règne végétal, animal & minéral. »

« 5.° Quelques phénomènes particuliers fournis par l'air & le feu en différentes inconftances. »

Connoiffance du tems par les météores.

1.° Par les nuages.

« L'expérience nous apprend que l'air diffout l'eau à-peu-près comme l'eau diffout le fel ; qu'il ne peut en contenir qu'une certaine quantité déterminée, & qu'il y a des circonftances qui augmentent ou diminuent fa faculté diffolvante ; ainfi, par exemple, l'air diffoudra une plus grande quantité d'eau quand fa chaleur fera plus grande, & il laiffera tomber en rofée une partie de l'eau qu'il a diffoute s'il vient alors à fe refroidir ; de même il ne peut plus diffoudre d'eau quand il contient toute celle qu'il peut diffoudre, à moins que la chaleur n'augmente & ne donne plus d'énergie à la force diffolvante de l'air ; quand l'eau eft bien diffoute dans l'air, elle ne trouble point fa tranfparence qui eft toujours la même, & l'on ne s'apperçoit de la préfence de l'eau dans l'air que lorfque l'air vient à perdre fa force diffolvante, & qu'il laiffe tomber l'eau qu'il avoit diffoute ; alors elle paroît fous la forme de brouillard : Il y a d'autres caufes que la chaleur qui peuvent influer fur la puiffance que l'air a de diffoudre l'eau, mais je n'en veux pas parler ici. »

« Les nuages annoncent que la diffolution de l'eau dans l'air eft moins parfaite qu'elle pourroit être, puifque l'air perd fa tranfparence, foit parce que l'air rempli d'eau, laiffe échapper & rend vifible celle qu'il ne peut plus diffoudre, foit parce qu'il a perdu une partie de fa faculté de diffoudre l'eau. Quoi qu'il en foit, les nuages font une probabilité de pluie, puifque la pluie n'eft autre chofe que l'eau rejettée par l'air où elle étoit diffoute ; mais cette probabilité eft plus ou moins forte fuivant la nature des nuages, parce qu'ils laiffent augurer alors que cette diffolution de l'eau dans l'air eft plus ou moins parfaite & par conféquent que l'eau eft plus ou moins prête à tomber. »

« Les nuages légers, floconneux, qui gazent plus l'azur du ciel qu'ils ne le cachent, font peu menaçans ; &, s'ils font accompagnés d'un vent léger, ils promettent le beau tems, parce qu'on voit clairement que l'air continue à tenir diffoute l'eau qui y eft, puifque ces nuages n'augmentent pas : mais fi ces petits nuages s'accroiffent en maffes & en nombre, alors ils commencent à annoncer la pluie & s'ils deviennent grands & noirs, s'ils forment de grandes maffes comme des chaînes de rochers, alors ils permettent d'y lire de grandes pluies & cette augure fera d'autant plus fûr, que l'air fera plus chaud & que les nuages fe feront formés plus vîte. Mais ces menaces diminuent auffi-tôt qu'on voit ces nuages s'amincir, fe morceler & errer ifolés dans l'atmofphère. »

Quand le ciel devient pommelé, c'eft un figne léger de pluie, dont la certitude croît lorfque la pommelure s'étend : fi les petits nuages qui la forment s'accroiffent, s'uniffent & noirciffent, alors on voit l'air perdre toujours fa faculté de diffoudre l'eau & tendre fans ceffe à laiffer échapper celle qu'il avoit diffoute ; mais fi cette pommelure

melure fe diffipe ; fi les petits nuages qui la forment difparoiffent, alors on peut efpérer la permanence du beau tems, puifque l'air reprend toute fa faculté de tenir l'eau bien diffoute & par conféquent dans un état fort éloigné de fe réfoudre en pluie. »

» En été ou en automne, fi le vent fouffle, pendant quelques jours, & fi la chaleur eft forte, les nuages blancs, pointus, amoncelés les uns fur les autres & liés entre eux par des maffes noires, annoncent toujours que la pluie & le tonnerre font très-proches. »

» Quand les nuages s'élèvent fort haut lorfque le tems eft fec & lorfqu'ils fe préfentent comme des petites raies éparfes, mais voifines, il faut s'attendre à la pluie dans l'efpace d'un jour. »

« Si les nuages s'accroiffent très-rapidement ou paroiffent grands tout-à-coup, quoique le ciel n'en foit pas couvert, cela peut annoncer une tempête. »

« Quand les nuages s'amoncèlent du côté oppofé aux vents du midi & d'oueft, ils annoncent la pluie ; parce que l'eau qu'ils portent ne fe diffout pas, & qu'au contraire elle tend à s'échapper, puifque les gouttes en font rapprochées par la compreffion que les nuages qu'elles forment doivent éprouver. Au contraire, quand les nuages fe divifent vers le côté oppofé au vent, on peut efpérer le beau tems ; parce qu'on voit clairement que l'air a toute fa force pour diffoudre l'eau des nuages, & qu'il peut en diffoure beaucoup. »

« Si les nuages font pouffés par des vents oppofés, alors il annoncent un orage inévitable ; la compreffion qu'ils éprouvent force les gouttes à s'unir & à tomber quand l'air n'a pas la plus grande force pour s'en charger. »

« Lorfque les nuages entament les montagnes, ou traînent fur leurs talus en s'élevant vers leurs cimes, alors ils font croire à une pluie prochaine, fur-tout fi le vent fouffle du côté oppofé à la montagne ; le vent, en comprimant les nuages contre cet obftacle, force l'eau à dégoutter, comme l'éponge humide qu'on ferre : mais fi ces nuages font légers, s'ils fuivent la direction de la montagne parallélement à l'horizon, alors on peut croire au beau tems, & plus fûrement encore à la bife. »

« Quand les nuages noirs viennent du fud, c'eft un figne de pluie ; mais quand ils viennent enfuite de l'oueft, cela n'annonce pas toujours un changement de tems. »

« Les nuages flottans auprès des montagnes au fud & à l'oueft fans avoir des formes bien décidées, annoncent un vent qui fouffle vers ce côté ; leur pronoftic fera d'autant plus fignifiant, que les nuages feront plus près de la montagne. »

« Si des nuages blancs & opaques flottent féparément pendant la bife au milieu du jour & difparoiffent le foir, alors on ne peut en tirer au-

cun pronoftic, ni pour le beau tems, ni pour le mauvais ; puifque l'air conferve toujours fa force diffolvante pour diffoudre l'eau que ces nuages tranfportent. »

« Quand le Ciel, qui a été couvert, fe découvre au couchant, il annonce le beau tems, quoiqu'il refte couvert au levant : on peut l'efpérer de même fi les vents du fud & d'oueft, qui pouffent des nuages élevés, fe ralentiffent dans leur cours, & fur-tout fi l'on voit les nuages flotter en fens contraire ; on comprend aifément qu'alors il y a un changement dans le vent qui commence à fe faire appercevoir, & qui repouffe les vapeurs que les vents de fud & d'oueft apportoient en favorifant la diffolution de celles qu'ils ont répandues. »

« Les nuages qui offrent les couleurs de l'arc-en-ciel quand ils font oppofés au foleil, annoncent la pluie ; parce que l'eau eft alors peu diffoute dans l'air, & qu'elle doit être même déjà formée en gouttes pour produire les couleurs qu'on obferve : il en fera de même s'il fe forme pendant le jour des nuages noirs ou bleus près du foleil ; cependant ce figne eft moins fûr que le précédent. »

2.º *Par les brouillards.*

« Quand les brouillards font bas & qu'ils fe diffipent, ils annoncent le beau temps ; parce qu'ils prouvent que l'air peut aifément diffoudre l'eau & qu'il tend à le faire : mais, par la raifon du contraire, fi les brouillards s'élèvent peu-à-peu fur les collines, ils annoncent fûrement la pluie. »

« Si le brouillard eft général, avant le lever du foleil, on a lieu de craindre la pluie fur le foir ; au refte, ceci n'eft pas univerfellement vrai ; en automne les exceptions font fréquentes. »

« En automne, lorfque les brouillards qui précèdent les premières gelées fe diffipent, on peut croire à la pluie pour le lendemain, parce que ces vapeurs élevées par la chaleur fe condenfent pendant la nuit, & font une fource de pluie pour le jour qui fuit. »

3.º *Par la rofée.*

« La rofée quand elle eft forte & froide, & fur-tout les blanches gelées au printems & en automne font prefque toujours fuivies de pluie ; elles annoncent manifeftement que l'air ne peut plus retenir l'eau qu'il avoit diffoute, qu'elles font des brouillards précipités que la chaleur diffout de nouveau dans l'air, & prépare pour une pluie prochaine. »

« Lorfque la rofée abondante fe diffipe prefque tout-à-coup au lever du foleil, c'eft un figne de pluie ; l'air furchargé d'eau eft obligé de la laisser échapper, pour peu que l'évaporation continuelle y en ajoute. »

4.° *Par la pluie.*

« La pluie elle-même fournit des indices pour prévoir sa durée & sa fin; en voici quelques-uns des moins équivoques. »

« Les pluies soudaines ne durent jamais long-tems. »

« Quand la pluie a commencé pendant qu'un vent souffloit, si la pluie continue quand le vent est tombé, on ne peut douter que la pluie ne dure encore quelques heures. »

« Si la pluie commence au matin, il arrive souvent qu'elle finit à midi; & s'il continue à pleuvoir après midi, il arrive souvent qu'il pleut pendant toute la journée. »

« Les fortes pluies sont en général très-peu durables. »

« On a observé qu'il pleuvoit plutôt pendant le jour que pendant la nuit, & qu'il pleuvoit sur-tout pendant les mois de juin, de juillet & d'août. »

5.° *Par la grêle.*

« La grêle, ce phénomène terrible, doit encore fixer nos regards. »

« En été, il grêlera lorsqu'il commence à pleuvoir, & le plus souvent, si la sécheresse a été longue & si la chaleur a été forte. »

« Il ne grêlera point s'il a plu quelque part dans les environs pendant quelques momens. »

« Les grosses grêles viennent tout-à-coup pendant un tems fort chaud, pesant, couvert & sans être précédées par le vent. Le silence de la campagne annonce le fléau qui va la dépouiller; tous les animaux, qui la prévoient, se cachent; tous les oiseaux se taisent, les basses-cours sont désertes, tout ressent la crainte des maux qui se préparent, tout cherche à l'éviter; l'homme seul est peut-être de tous les êtres animés celui qui a le moins de talens pour la prévoir, comme il n'a aucun moyen pour la prévenir. »

« Les orages viennent sur-tout lorsque le vent du couchant souffle; les orages sans vent sont seulement accompagnés de tonnerres & d'éclairs; mais les grêles sont toujours annoncées par des vents violens. »

6.° *Par les vents.*

« Les observations que je vais donner sur les vents sont précieuses par leur nouveauté & leur exactitude; elles appartiennent à un de nos Agriculteurs, qui se distingue par le nombre & le succès de ses expériences, comme par les écrits qu'il publie sur les moyens de perfectionner la culture des terres & celle de la vigne en particulier dans nos cantons. »

« La bise, ou le vent de *nord-est*, annonce communément le beau tems: il arrive cependant quelquefois qu'il pleut pendant qu'elle souffle; mais alors, en poussant les nuages, elle les comprime & les force à rendre l'eau qu'ils contiennent. »

« Si, après la pluie, & pendant la matinée, le ciel se sérénise, le baromètre monte & se rafraîchit, alors on peut croire à une bise d'un jour ou deux; mais cette bise sera quelquefois accompagnée de pluie. »

« Les bises durables commencent vers le soir par un tems couvert; alors le Baromètre est bas, la fraîcheur est modérée: mais si, après quelques jours le Baromètre ne remonte pas, la bise annoncera la pluie ou un grand froid, & le Baromètre montera à mesure que la bise baisse. »

« Si le Baromètre monte pendant que la bise cesse, c'est une preuve que la bise va finir; mais s'il baisse lorsque la bise redouble, on peut croire à sa durée. »

« Les vents du nord commencent par un tems serein; tandis que le Baromètre est haut, ils sont d'abord froids; ils se refroidissent toujours davantage, durent pendant deux ou trois jours, & amènent la pluie. »

« Il y a des vents du nord comme le *séchard*, qui sont durables, beaux, sans froid & sans violence; ils fraîchissent vers le soir, & le Baromètre est toujours haut pendant qu'ils règnent. »

« Les bises, qui ne soufflent que pendant le matin annoncent le vent du midi ou la pluie. »

« Les vents d'ouest, qui se font sentir pendant le premier jour avant midi par un tems clair, présagent la pluie & souvent la bise; mais quand ils suivent les vents du sud, ils annoncent des pluies opiniâtres. »

« S'il pleut pendant que le vent du sud souffle & si le vent tourne alors à l'ouest, il n'y a pas de changement dans le tems; mais si le vent a commencé à souffler de l'ouest, alors il y a peu de pluie & souvent de la bise. »

« Les vents du sud & de l'ouest précèdent la pluie quand ils sont forts. »

« Ces vents, qui annoncent la pluie en été, font augurer souvent le beau tems en hiver, la bise & le froid. »

« Les vents d'est, quand ils sont forts, sont souvent suivis de pluie. »

« Le vent du nord est plus froid que le vent nord-est. »

« En général, les vents du sud & du sud-ouest sont plus variables que les vents du Nord & du Nord-Est, les premiers soufflent rarement, quelques jours sans variation: il n'en est pas de même pour les deux autres, qui soufflent quelquefois long-tems avec constance. »

« Enfin les grands vents sont plus généraux que les foibles; mais ils durent moins long-tems qu'eux. »

« On obſerve encore aſſez communément, que les vents qui ſe lèvent pendant la nuit, durent moins long-tems que ceux qui ſe lèvent pendant le jour. »

Connoiſſance du tems , par le ſoleil, la lune & les étoiles.

« On ne voit les aſtres que par le moyen des rayons lumineux qui s'en échappent ; mais ces rayons n'arrivent à nous, qu'après avoir traverſé d'atmoſphère qui eſt au milieu, très-variable & qui fait par conſéquent éprouver à ces rayons, des changemens relatifs à l'état où il ſe trouve. »

« On ſait qu'un bâton plongé dans l'eau d'une manière inclinée, y paroît rompu, parce que les rayons de lumière qui traverſent l'eau, y ſouffrent un dérangement propre à nous repréſenter le bâton autrement qu'il eſt ; de même l'air qui eſt chargé d'eau, offre aux rayons de lumière, partant des objets que nous voyons, un milieu différent de l'air qui ne contient qu'une petite quantité d'eau ; c'eſt pour cela que ces rayons ſouffrent, dans le premier cas, un dérangement dans leur direction qui eſt propre à nous repréſenter les objets d'où ils viennent plus grands que de ſecond, ou autrement placées qu'ils ne ſont véritablement. »

« Il eſt évident que ſi l'air étoit toujours le même, les rayons qui le traverſent pour frapper nos yeux, offriroient toujours les mêmes apparences, parce qu'ils ſeroient toujours expoſés aux mêmes dérangemens : mais comme il varie à divers égards, & pour ſon épaiſſeur & ſur-tout pour la faculté plus ou moins grande de diſſoudre l'eau, de même que pour la quantité d'eau plus ou moins grande qu'il peut avoir diſſoute, il s'en ſuit que les rayons de lumière qui le traverſeront, doivent ſe préſenter à nous, ſous différens aſpects, puiſqu'ils ſeront plus ou moins écartés de leur route en le traverſant ; par conſéquent les aſtres qu'ils font voir, paroîtront différemment colorés, parce que les ſept rayons qui forment ce rayon de lumière, ſeront ſéparés comme dans un priſme, & plus ou moins grands, parce que les rayons en s'écartant dans leur route les repréſenteront ſous un diamètre plus grand que celui qu'ils ont ; ils ſe lèveront plutôt ; ils ſe coucheront plus tard, parce que les rayons, en s'élevant lorſqu'ils ſe rompent, feront voir les aſtres qu'ils peignent plutôt & plus long-tems qu'ils ne devroient paroître ; & comme tous ces changemens ſont plus ſenſibles à l'horizon, ce ſera auſſi à l'horizon qu'ils ſe feront ſur-tout appercevoir. »

1.° *Par le Soleil.*

« Le ſoleil qui eſt l'ame de la nature, qui fait les beaux-jours, éclaire auſſi à l'avance les

beaux jours qu'on peut eſpérer, & les mauvais qu'on doit craindre. »

« Quand le ſoleil, à ſon lever, ou à ſon coucher, paroît avoir ſes rayons rompus & ſéparés, quoiqu'il n'y ait aucun nuage apparent, c'eſt un ſigne de pluie, parce que ce phénomène eſt produit par une très-grande quantité de vapeurs prêtes à abandonner l'air où elles ne ſont plus parfaitement diſſoutes. »

« Si le ſoleil laiſſe voir ſes rayons trop long-tems avant que ſon corps paroiſſe, c'eſt un ſigne de pluie, parce que les vapeurs ſeules, qui ſont alors fort abondantes dans l'atmoſphère, peuvent produire cet effet.

Quand le ſoleil a une chaleur forte, étouffée, c'eſt une annonce de pluie : on ſe trouve dans un milieu plus épais que l'air ordinaire, puiſqu'il y a beaucoup de vapeurs mal diſſoutes ; ce milieu contracte néceſſairement par l'action du ſoleil une chaleur pus grande qu'il nous communique. »

« Quand le ſoleil eſt pâle, il annonce quelquefois la pluie ou le vent ; parce que l'air chargé de vapeurs, en réfléchiſſant pluſieurs rayons, ôte au ſoleil ſa vivacité, & diminue le nombre des rayons qui nous permettent de le voir : mais quand il eſt rouge au couchant, il fait prévoir le vent ; parce que le vent qui commence à ſouffler, en preſſant l'air & en le condenſant, augmente un peu ſa force pour rompre les rayons de lumière. »

« Si le ſoleil levant lance ſes rayons au travers d'un ciel pur, clair & brillant, on peut être ſûr du beau tems, au moins pendant le jour : l'atmoſphère n'eſt pas chargée de vapeurs & ne renferme pas les ſources prochaines de la pluie ; mais ſi le ſoleil eſt rouge le matin au levant avant le lever du ſoleil, & ſi cette rougeur diſparoît quand le ſoleil commence à ſe faire voir, alors c'eſt un ſigne de pluie ; parce que les rayons étoient alors rompus d'une manière propre à leur donner cette couleur, ce qui ne peut plus arriver depuis que la chaleur a dilaté l'air & diminué ſa puiſſance de rompre la lumière qui le traverſe ; mais cette puiſſance n'étoit pas moins réelle lorſque l'air froid étoit rempli d'eau, & lorſque ſes parties étoient plus voiſines. »

« Quand au ſoleil couchant, le ciel paroît clair, ſans nuages & légèrement orangé à l'horizon, c'eſt un ſigne de beau tems ; mais ſi le ciel paroît alors griſâtre à l'horizon, c'eſt une marque certaine de pluie. »

« Enfin, quand le ſoleil paroît plus grand à l'horizon, c'eſt un ſigne certain de pluie ; ou ſent que cela doit être : l'augmentation des vapeurs dans l'air, qui ſont la ſource de la pluie, ſont auſſi la cauſe qui rompt les rayons de lumière, & qui leur fait produire cet aggrandiſſement de l'aſtre qu'ils repréſentent. » Il

2.° *Par la Lune.*

« Je ne répéterai pas ici, pour la Lune, les explications des pronostics que j'ai données pour le soleil ; une légère attention fera bientôt sentir leurs grands rapports. »

« Si la lune paroît plutôt qu'elle ne doit naturellemnt paroître, c'est un signe de pluie. »

« La lune annonce de même la pluie quand on la voit plus grande qu'elle ne doit être, quand elle est ovale, ou quand elle est pâle.

» La lune fait craindre la pluie, quand elle est accompagnée de cercles plus ou moins obscurs, ou de cercles qui offrent les couleurs de l'Arc-en-ciel. »

« Quand la lune n'est pas bien détachée du ciel ; quand sa blancheur ne contraste pas d'une manière tranchée avec l'azur sombre de la nuit, c'est encore un signe de pluie, parce que c'est un signe de la présence des vapeurs imparfaitement dissoutes, qui prolongent les rayons de lumière, par le moyen desquelles on doit la voir, & qui doivent, par conséquent, terminer sa surface lumineuse qui nous est opposée ; par la même raison, quand les cornes de la lune sont obtuses, il y a lieu de soupçonner de la pluie ou le vent, parce que l'atmosphère agitée, en causant un petit mélange dans les rayons de lumière, empêche de voir une surface bien terminée, & par conséquent les extrémités du croissant bien aigues. »

« C'est encore pour cela que lorsque la lune baigne, ou quand elle est environnée d'une espèce d'auréole, elle annonce la pluie ou le changement de tems. »

« On comprend déjà par la raison des contraires, que quand la lune est bien terminée, & quand elle est d'une blancheur vive sans aucun cercle, elle fait espérer le beau tems, parce qu'elle assure ainsi qu'il y a fort peu de vapeurs dans l'air, ou que l'air a la force de tenir bien dissoute l'eau qu'il renferme. »

« Il paroît à plusieurs Physiciens que les changemens de tems sont très-probables dans les nouvelles & pleines lunes, qu'ils le sont moins dans le premier & le dernier quartier ; mais les changemens ne sont jamais, suivant eux, ni plus grands ni plus sûrs, que lorsque les nouvelles & pleines lunes se trouvent dans le tems que la lune est dans les points les plus proches & les plus éloignées de la terre, sur-tout si l'action de la lune se combine alors avec celle du soleil pour agir l'une & l'autre avec toute leur énergie ; c'est aussi dans ces circonstances qu'on a éprouvé les plus grands orages sur terre & sur mer ; & si les orages étendus & considérables se font appercevoir depuis l'équinoxe d'automne à celui du printems, c'est parce que le soleil est alors plus près de nous. »

« Il faut cependant observer que le change-

ment n'arrive pas communément au jour de la phase de la lune, mais qu'il doit le précéder & le suivre. »

3.° *Par les Etoiles.*

« Quand les étoiles perdent leur vivacité ; quand elles cessent de scintiller, quand on ne les peut plus voir bien détachées du fond obscur qu'elles éclairent, quand elles sont sur-tout environnées d'une nuance blanchâtre, quand elles baignent, ce sont des preuves de pluie, parce que ce sont des preuves que l'eau n'est pas bien dissoute dans l'air : mais quand elles ont une lumière vive & pure ; qu'elles brillent parfaitement comme le diamant, alors on peut espérer un jour serein. »

Connoissance du tems par l'état des animaux.

« Les corps organisés ont un certain état de tension qui convient le mieux au jeu de leurs organes, & qui favorise le plus leur santé & leur bien-être. Cet état ne sauroit être changé sans qu'ils le sentent, ou sans leur faire éprouver des effets sensibles : il y a plus encore ; s'ils ont quelques parties plus foibles que d'autres, ce sont précisément celles-là qui sont exposées aux premiers changemens, & qui les annoncent quelquefois d'une manière désagréable ; mais en même tems que les corps organisés sont susceptibles de changemens dans leur tension, une foule de causes peut agir sur eux pour les produire. La quantité du fluide électrique contenu dans l'air, ne peut être augmentée ou diminuée sans qu'ils en souffrent, soit par l'augmentation de l'irritabilité qu'ils éprouvent, soit aussi par sa diminution : il y a des personnes qui pressentent les tonnerres par des spasmes & des agitations nerveuses qui sont très-fortes. »

« Le poids de l'atmosphère ou de l'air qui environne la terre, ne peut varier beaucoup sans devenir pénible ; aussi les personnes foibles ressentent un relâchement quand le mercure baisse dans le Baromètre, qui annonce que le poids qui tend à comprimer leurs vaisseaux, est fort diminué : il y en a même qui sentent alors leurs vaisseaux se gonfler davantage, & résister moins à l'action des fluides qui les pénètrent. »

« Le ressort de l'air ne sauroit varier à un degré sans changer la respiration & l'action des solides sur les fluides. On ne peut altérer la constitution de l'air sans influer sur toute l'économie animale, qui en est plus ou moins affectée : les personnes foibles souffrent dans tous les lieux où plusieurs hommes ont respiré long-tems, & dont les chandelles allumées ont gâté l'air. »

« L'humidité qui pénètre nos pores, humecte nos fibres & les accourcit : on sait aussi combien l'humidité est nuisible, & combien de maux elle caufe à ceux qui ont les nerfs trop tendus; on fait encore qu'elle diminue la faculté de l'air pour recevoir les parties aqueufes, qui tendent à s'évaporer, & par conféquent combien elle diminue la tranfpiration infenfible; outre cela, l'air étant chargé d'une plus grande quantité d'eau, contient plus de matière fous le même volume, & nous enlève néceffairement une plus grande quantité de notre chaleur : c'eft pour cela que les tems humides nous paroiffent à un certain degré du Thermomètre, plus froids que d'autres, pendant lefquels le Thermomètre indiquéroit une chaleur beaucoup moindre. »

« J'en dis autant de la chaleur, du froid & de tous les phénomènes de l'atmofphère qui ont une influence plus ou moins grande fur les êtres organifés, & qui peuvent ainfi préfager le tems qu'on aura par l'influence qu'ils ont fur leurs organes, avant que le changement foit décidé à nos yeux.. »

« Après ces réflexions on comprend fort bien comment les perfonnes foibles, convalefcentes & nerveufes éprouvent les effets du changement de tems avant qu'on l'obferve plus fenfiblement; la plus petite altération dans le degré de tenfion de leurs organes, change leur état, & cette légère altération peut être produite par les plus petits changemens dans l'air ; c'eft auffi pour cela que toutes les perfonnes qui ont quelques parties de leurs corps foibles ou affectées, ou même qui ont éprouvé quelque accident dans des tems éloignés, y reffentent fouvent alors des douleurs plus ou moins vives. »

« Il réfulte encore de tout cela, que les animaux dont le corps eft plus expofé à l'air, doivent être auffi plus propres à en éprouver les influences; mais l'expérience nous apprend qu'ils y font auffi plus fenfibles, & que les oifeaux, qui doivent fur-tout combiner leur vol avec l'état de l'air, connoiffent encore mieux que tous les autres animaux, les changemens arrivés dans l'air par rapport à fa réfiftance, à fa température & à fa pefanteur relative. »

« Les oifeaux d'eau témoignent du plaifir à l'arrivée de la pluie. »

« Les autres oifeaux fe retirent dans le milieu des arbres à l'approche de la pluie & fur-tout des tempêtes; la plupart nétoyent leurs plumes ou les enduifent d'huile quand on eft menacé par la pluie, afin de fe garantir des effets de l'humidité. »

« Il n'eft prefque pas douteux que l'électricité n'agiffe fur leurs plumes; on fait qu'elles s'électrifent facilement fur eux. »

« Les plumes fe pénètrent d'eau lorfque les oifeaux volent dans l'air; ils doivent donc s'imprégner de cette eau quand elle n'eft pas bien diffoute. »

« Il paroît encore que les poux, qui vivent aux dépend des oifeaux, les inquiètent beaucoup plus avant la pluie; au moins on les voit alors beaucoup plus occupés à s'en délivrer. »

« Les Hirondelles volent auffi alors affez bas; peut-être eft-ce pour prendre les vers qui fortent de terre. »

« A l'approche du mauvais tems, les lézards ne fortent pas de leurs trous, les chats fe fardent, quand on eft menacé de la pluie, les araignées courent, les abeilles ne fortent pas, les mouches piquent plus fort. »

Lorfqu'il doit faire froid ou du vent, les vaches s'agitent beaucoup aux champs & dans les étables, les bêtes à laines courent, bondiffent & ne reftent pas en place; c'eft alors fur-tout que les béliers fe battent, quoique ce ne foit pas dans le tems de l'accouplement. Les pintades, les poulets & autres volailles fe font entendre plus fouvent, avec des cris plus ou moins perçans.

Les bêtes à laine font un Baromètre prefque fûr pour les bergers, qui obfervent mieux que les autres hommes. Ils ont remarqué que quand il doit pleuvoir, leurs troupeaux mangent avec plus d'avidité, une journée d'avance. Ces animaux prédifent l'orage en ne mangeant point & baiffant la tête, quelquefois long-tems avant l'orage.

Les Pâtres & les Bergers, gardiens des troupeaux de bêtes à cornes & de bêtes à laine, qui paffent l'été dans les montagnes, font avertis de l'approche des neiges & du froid, par l'inquiétude de leurs beftiaux & par le defir que témoignent ces animaux de defcendre des montagnes. Ce defir eft fi puiffant, qu'ils s'en iroient, fi les gardiens ne les retenoient, jufqu'au moment où ils croyent devoir partir.

On affure que les troupeaux d'Efpagne expriment de la même manière, leur envie de voyager, vers le mois d'Avril, pour aller dans les montagnes, où font leurs paturages d'été.

Connoiffance du tems par les végétaux.

Les végétaux éprouvent auffi des effets particuliers, quand le tems doit changer.

Les feuilles des choux, des artichauds, &c. fe flétriffent, fe penchent à l'approche de la pluie.

On voit les barbes des femences de la Geraine, bec de Gruë, *Geranium Gruinum Lin.* & celles de la Geraine, bec de Cigogne, *Geranium Ciconium Lin.* qui font très-longues, & les arrêtes des avoines, & fur-tout celles de la folle avoine, fe contourner plus ou moins, à proportion de la féchereffe & de l'humidité.

En réuniffant en paquet les barbes du *Stipæ pennata Lin.* herbe de Saint-Mathurin, on fait, dans les environs de Malesherbes, des Baromètres. Le paquet fe dilate quand il fait fec & fe rapproche à l'humidité.

« Les bois, les cordes s'enflent, & fervent d'hygromètre à l'approche de la pluie : ils annoncent que l'eau contenue dans l'air, y eft en beaucoup plus grande quantité & s'y trouve beaucoup moins bien dissoute. Il y a quelques plantes dont la fleur ne s'ouvre pas à l'approche de la pluie ; telle est *hibiscus trionum Lin.* »

« La fleur de la Pimprenelle s'ouvre lorsque le tems change ; les tiges du trefle se redressent quand il doit pleuvoir. »

Connoissance du tems par l'état de quelques substances minérales.

« Il y a des pierres, comme quelques schites, quelques espèces de grès, qui attirent l'humidité de l'air, & qui s'en chargent quand elles peuvent en avoir, & comme cela est plus facile, quand l'eau cesse d'être dissoute dans l'air, c'est aussi alors qu'elles s'en pénètrent & c'est ainsi qu'elles annoncent la pluie. »

Le meilleur indicateur de l'humidité ou de la sécheresse, est le sel marin, qui dans les cuisines, se fonderoit en partie, lorsque le tems doit donner de la pluie, si on n'avoit pas l'attention de le placer auprès de la cheminée ; c'est pour la même raison, que le lard salé, pendu aux planchers, quand il pleut, laisse tomber des gouttes d'eau.

« La transparence de l'air est un signe excellent pour juger le tems qu'on peut avoir ; si cette transparence est parfaite, si l'on voit mieux les objets éloignés, si l'on distingue mieux ceux qui sont mieux à notre portée, c'est un signe certain de pluie, à moins qu'on ne remarque cette apparence, immédiatement après qu'il a plu : l'air ainsi nétoyé par la poussière qui y nage, débarrassé d'une vapeur particulière qui y flotte, & qui trouble pour l'ordinaire sa transparence, lorsque le tems est beau ; l'air alors laisse facilement passer les rayons de lumière envoyés par les objets, & il les fait observer avec plus de netteté : mais lorsque le tems a été beau pendant un ou deux jours, on sent bientôt qu'il renferme quelque chose qui trouble sa transparence ; cette vapeur, assez analogue à celle de 1783 que M. de Saussure a le premier observée, & qui jette un voile léger sur les objets, est alors un signe sûr de beau tems ; au moins cette vapeur disparoît quand le tems est sur le point de devenir mauvais, & l'air qui est alors plus transparent, permet d'entrevoir la pluie qui va tomber. »

« Il est au moins certain que l'air perd alors sa force dissolvante de l'eau ; les rosées sont plus abondantes ; les objets paroissent plus grands à l'horizon, parce que les rayons sont alors plus rompus dans un milieu devenu plus épais, & c'est aussi pour cela que cet aggrandissement des objets à l'horizon, est un signe manifeste de l'eau. »

« Un ciel farineux annonce de même la pluie, parce que l'air n'a cette apparence que quand l'eau qu'il contient cesse d'y être bien dissoute & qu'elle commence à se faire appercevoir. »

« Les sons mieux entendus annoncent la pluie ; l'air chargé de vapeurs mal dissoutes est plus dense ou plus épais que lorsqu'il est leur parfait dissolvant ; cette épaisseur, ou cette densité, le rend plus propre à propager le son, de même que l'air comprimé ; ainsi donc, si l'on entend mieux des sons dans un tems que dans un autre, si l'on entend alors des sons qu'on n'entend pas communément, c'est un signe de pluie ; & c'est aussi ce qu'on a observé, quand on entend en divers lieux couler des rivières dont on n'entend pas ordinairement le bruit, on présage avec raison la pluie, & l'expérience rend probable ce pronostic. Il est vrai qu'il faut faire attention à la chaleur de l'air ; car le froid, qui rend l'air beaucoup plus épais, pourroit aussi produire le même effet. »

« Il y a des odeurs qui se font sur-tout appercevoir quand le tems doit changer & devenir mauvais ; telles sont celles des latrines : sans doute alors l'air humide favorise la putréfaction, & se charge de ces miasmes infectes ; peut-être aussi l'air commun, moins pesant, a moins de force pour les comprimer. »

« Quand le feu est vif, que la fumée monte rapidement, on peut croire que l'air est pesant & élastique ; aussi le baromètre est élevé, & plusieurs cheminées qui fument quand le baromètre est bas, cessent de fumer aussi-tôt qu'il monte. Le feu, par sa vivacité, peut donc faire espérer le beau tems lorsqu'il pétille avec vivacité, & qu'il brûle avec éclat : mais quand le feu est languissant, on doit craindre la pluie ; l'air est alors plus léger, le baromètre descend, & les vapeurs contribuent peut-être à diminuer l'activité de la flamme. »

« Le passage subit du froid sec au chaud, annonce plutôt la neige & la pluie qu'un beau tems ; les vapeurs qui sont dissoutes dans l'air en une quantité aussi grande qu'il peut en contenir, & qui se forment toujours pour s'ajouter aux premières, sont forcées de tomber, & de troubler le beau tems dont on jouissoit.

Pronostics des saisons.

« Chaque saison varie : on sait qu'en hiver on est exposé à tous les météores résultans de la condensation des vapeurs, comme les brouillards, les pluies, les neiges, les glaces, &c. En été, on observe les météores ignés, produits par l'évaporation humide jointe aux exhalaisons inflammables ; en automne & au printemps, on a les orages qui naissent de l'équilibre rompu entre le chaud & le froid. »

« Comme le passage du soleil par les différents points du méridien, occasionne des variétés météorologiques bien frappantes, que l'on a su

matin un vent d'est, & le soir un vent d'ouest ; que le Baromètre commence à monter vers le soir jusqu'à minuit pour redescendre jusqu'au jour, & qu'il remonte jusqu'à midi pour redescendre jusqu'au soir ; de même les situations de la terre relativement au soleil, à la chaleur qu'il produit, à l'évaporation qu'il occasionne, & à l'air pur qu'il soutire des plantes par la végétation, influent sur le tems. »

« On observe en général que, comme le plus grand froid est une demi-heure après le lever & le coucher du soleil, la plus grande chaleur & la plus grande sécheresse sont entre deux & trois heures de l'après-midi ; de même on a les plus grands froids quelques jours après le solstice d'hiver, quand les jours commencent à croître vers le quart du mois de Janvier : il en est de même pour les chaleurs, qui sont les plus vives quelques jours après le solstice d'été, vers le quart du mois de Juillet. »

« Les plus grands orages se font sur-tout sentir dans les équinoxes ; ils semblent précéder un peu l'équinoxe du printems, & suivre celui de l'automne : mais les orages qu'on essuie à cette dernière époque, sont, pour l'ordinaire, les plus violens de tous. »

« On observe assez communément à Genève, que les printems sont pluvieux, & les automnes belles : on a remarqué que, dans les environs de la S. Jean & de la S. Michel, il y a pour l'ordinaire des pluies ; mais on a aussi vu très-souvent qu'il pleuvoit le jour de la S. Médard, sans avoir eu ensuite quarante jours de pluie. »

« On augure, avec quelque fondement, que, lorsque l'automne est humide, & que l'hiver est doux, on a un printems froid & sec ; que si l'hiver est sec, le printems sera humide ; qu'après un printems & un été humide, on a une automne sereine. »

« En général, quand les feuilles tardent à tomber en automne, elles annoncent un hiver rude. »

« Le passage avancé des oiseaux fait prévoir un hiver froid & prochain, parce qu'il montre que l'hiver commence déjà dans les pays septentrionaux, puisqu'il en chasse les oiseaux qui y séjournent, jusqu'à ce que les frimats les en bannissent. »

« Nous avons communément, dans dix ans, une récolte mauvaise, deux médiocres, cinq ordinaires & deux bonnes. »

« Il est évident que la nature nous fournit des signes beaucoup plus sûrs, pour l'exploitation des campagnes, que ceux qu'on obtient par le moyen des instrumens météorologiques : nous savons, par les beaux vers d'*Héfiode* & de *Virgile*, que les événemens de la campagne se passoient en Grèce & à Rome, du tems de ces Poëtes, comme aujourd'hui, & si l'on y avoit bien réfléchi, on auroit pris pour déterminer le tems des opérations de la campagne, celui de quelque fait naturel qui annonceroit l'influence de l'état soutenu de l'atmosphère ou de la terre sur elles : ainsi, certains insectes n'éclosent que lorsqu'on a éprouvé une certaine chaleur, certaines plantes ne se développent que lorsque la terre a été échauffée pendant un certain tems, par l'action soutenue du soleil. »

« Pour remplir ces vues, il faudroit choisir quelques plantes communes, qui poussent dans le tems le plus favorable, pour des opérations qu'on doit faire ; alors la nature elle-même demanderoit qu'on profitât de son énergie, & les effets seroient proportionnels à l'action de la cause qu'on emploieroit dans le meilleur moment. Ces thermomètres naturels seroient bien plus utiles que les autres, & l'on pourroit les multiplier autant que l'on voudroit, puisque toutes les plantes, qui croissent en différens tems, en formeroient les degrés, & qu'on pourroit encore les multiplier, en faisant attention aux diverses parties de l'Histoire des plantes ; telles que leur germination, leur foliation, leur floraison, leur fructification & leur maturité. »

« On observe, en général, que les arbres printaniers ne poussent guère que lorsque la température de l'air est entre neuf & dix degrés du thermomètre de Réaumur, & qu'elle s'arrête au-dessous de ce terme. »

« Le froment, l'orge, l'avoine, le seigle ne végètent que quand la température de l'air a été pendant plusieurs jours de huit à dix degrés : on pourra prévoir ainsi la feuillaison, la floraison, la maturité des fruits & le tems des différentes opérations de la campagne ; mais cette suite d'observations peut être faite par chaque Agriculteur, sur les lieux qu'il exploite, & il s'instruira mieux en les faisant, que nous ne pourrions en lui communiquant les observations particulières, que nous aurions pu faire, & qu'il auroit peut-être, mal-à-propos, généralisées pour lui. »

Quelques Physiciens, peut-être, me reprocheroient, en lisant cet article, de confondre les usages de l'hygromètre & du thermomètre même avec ceux des Baromètres. Mais s'ils font attention aux rapports que ces instrumens ont entre eux pour annoncer le tems, ils me pardonneront d'avoir adopté & placé sous le titre de Baromètres, les prédictions, que M. Senebier tire de l'humidité, de la sécheresse, du froid & de la chaleur. (*M. l'Abbé Tessier.*)

BARON. (Pois.) On nomme ainsi, parmi les Jardiniers, une des variétés du *Pisum sativum.* L. *Voyez* l'article POIS DE JARDIN. (*M. Thouin.*)

BARRAGE. Droit qui avoit lieu sur les grains & autres marchandises ; on le payoit aux endroits des grands chemins, où on avoit établi des barrières, & même dans des villages. (*M. l'Abbé Tessier.*)

BARRAS , nom qu'on donne dans quelques Provinces à une Résine épaisse qui découle du pin de Bordeaux, *Pinus maritima major B.* Cette Résine sert à faire du Brai sec. *Voyez* l'article Pin maritime, dans le Dict. des Arbres & Arbustes. (*M. Thouin.*)

BARRE. Les fleuristes donnent ce nom à une Tulipe rouge, colombin clair & blanc ; cette variété ressemble beaucoup à la *Baloise. Voyez* ce mot, mais ses couleurs sont moins foncées. *Voyez* Tulipe. (*M. Reynier.*)

BARRE, (Planter à la barre ou à la fiche.) C'est faire un trou avec une cheville de fer, pour y introduire une bouture. On plante ainsi les plantards de saule, de peuplier, de vigne. Il est des endroits où cette barre tient lieu du plantoir ou de la cheville qu'on emploie pour les légumes. (*M. Thouin.*)

BARRE. Espace uni & dépourvu d'alvéoles, qui sépare les dents mâchelières & les crochets des chevaux. Le bord de la mâchoire est presque tranchant en cet endroit, & il s'arrondit du côté de la face externe, & en descendant vers le crochet. Pour ne point confondre les Barres avec les gencives, indépendamment de la description des Barres, que je viens de donner, il faut savoir que les gencives sont tout ce qu'il y a de plus solide au-dessous de la Barre, & au fond de la lèvre. C'est sur les barres que porte l'embouchure du mors. Les Barres ne doivent être ni trop hautes, ni trop basses.

On appelle encore Barres, des pièces de bois arrondies, qu'on place entre deux chevaux dans une écurie, pour éviter qu'ils ne se blessent en voulant se battre. (*M. l'Abbé Tessier.*)

BARRES BLESSÉES. Maladie du cheval ; lorsque les embouchures ont meurtri les Barres, le mal devient quelquefois considérable, jusqu'à attaquer l'os. Le premier soin est de ne pas mettre de mors au cheval pendant quelque tems; on traite le mal selon le degré où il est parvenu. Si l'état est inflammatoire, on ne lui donne que de l'eau blanche, jusqu'à ce que l'inflammation soit détruite, afin qu'il ne l'augmente pas en mâchant. Si l'inflammation veut se terminer par suppuration, quand le pus est formé, on ouvre l'ulcère, ou le nettoie, avec du vin miellé, ou autre détersif. (*M. l'Abbé Tessier.*)

BARRELIÈRE. *Barleria.*

Genre de plante à fleurs monopétalées, de la division des *Personnées*, qui a de très-grands rapports avec les *Carmantines*, les *Ruellies*, & les *Acanthes*. La fleur consiste en un calice divisé en quatre parties ; en une corolle monopétale, en

forme d'entonnoir, dont le lymbe est divisé en quatre parties inégales, dont une est échancrée ; en quatre étamines, dont deux très-courtes & en un ovaire ovale, surmonté d'un style dont le stigmate est bifide. Le bifide est une capsule ovale oblongue, pointue, à deux loges, qui s'ouvre avec élasticité en deux valves en forme de nacelles. Chaque loge contient ordinairement deux semences applaties & lenticulaires. Ce genre est maintenant composé de neuf espèces, qui sont des herbes & des arbrisseaux de la Zone torride, dont les feuilles sont opposées, & souvent accompagnées d'épines axillaires. Celles de ces espèces qu'on a cultivées jusqu'à présent en Europe ne s'y peuvent élever ni conserver qu'en serres chaudes.

Espèces.

1. Barrelière à feuilles longues.
Barleria longi-folia. Lin. de l'Inde, & de Malabar.

2. Barrelière à feuilles de-morelle.
Barleria solanifolia. Lin. ♄ de l'Amérique méridionale.

3. Barrelière hérissonne.
Barleria hystrix. Lin. de l'Inde orientale.

4. Barrelière prionite.
Barleria Prionitis. Lin. ♄ de l'Inde orientale.

5. Barrelière à feuilles de buis.
Barleria buxifolia. Lin. ♄ de l'Inde, & du Malabar.

6. Barrelière à crête.
Barleria cristata. Lin. ♄ de l'Inde.
6. B. Barrelière à crête, simple épine.
Barleria cristata aplus-acantha.
Barleria cristata B. Lam. Dict. ♄ de l'Inde.

7. Barrelière à longues fleurs.
Barleria longiflora. Lin. ♄ de la montagne de Saint-Thomas au Malabar.

8. Barrelière à fleurs écarlattes.
Barleria coccinea. Lin. de l'Amérique méridionale.

9. Barrelière pyramidale.
Barleria piramidata. Lam. Dict. ♄ de Saint-Domingue.

Descriptions.

1. La Barrelière à longues feuilles pousse, de sa racine, deux ou trois tiges simples, à quatre angles, rougeâtres, hérissées de poils longs, longues de près d'un pied & demi. Les feuilles sont étroites, en forme d'épée, très-longues, velues & rudes au toucher. De l'aisselle de chaque feuille, sortent trois épines, roides, rougeâtres, presque aussi longues que les articulations, persistantes, très-remarquables. Les fleurs sont purpurines, sans pédoncules, dans les aisselles des feuilles. Cette plante croît naturellement dans les terreins sablonneux.

2.° La Barrelière

2. La Barrelière à feuilles de morelle est un petit arbriffeau très-rameux, d'environ trois pieds de hauteur. Ses feuilles font en forme de fer de lance, denticulées. On voit plufieurs épines dans chaque aiffelle des feuilles. Les fleurs font bleues, petites, fans pédoncules, & une à une dans chaque dite aiffelle. Cette plante fleurit depuis Juin jufqu'en Novembre.

3. La Barrelière hériffonne a fa tige grêle, rameufe. Ses feuilles font ovales lancéolées, très-entières, retrécies en pétioles à leur bafe, glabres des deux côtés. Il y a deux épines fimples dans chaque aiffelle. Les fleurs font jaunâtres, fans pédoncules, dans les aiffelles des feuilles, & forment à l'extrémité des rameaux, des efpèces d'épis feuillés.

4. La Barrelière Prionite a l'afpect de la précédente, s'élève à la hauteur de quatre pieds, & fuivant Miller de huit à neuf pieds. Sa tige eft cylindrique, rameufe. Ses feuilles font de la même forme que celles de l'efpèce précédente, ont des poils en leurs bords, & quelques autres prefque imperceptibles en leur fuperficie. On voit dans l'aiffelle de chaque feuille, quatre épines réunies à leurs bafes, & foutenues, toutes quatre, fur un feul petit pédicule commun. Quelquefois il fe trouve, dans une même aiffelle, deux de ces pédicules foutenant chacun quatre épines. Ce font ces quatre épines ainfi quaternées & pédiculées qui font la principale & prefque unique différence qu'il y ait entre cette plante & la précédente. La préfente efpèce croît naturellement dans les lieux fablonneux & humides.

5. La Barrelière à feuilles de buis eft un fous-arbriffeaux épineux de la hauteur d'à peine un pied & demi. Ses tiges font branchues, couvertes d'une écorce velue & verdâtre. Ses feuilles font arrondies, très-entières, petites, prefque feffiles, velues en-deffous. Dans chaque aiffelle eft une épine plus courte que la feuille. Les fleurs font, une à une, dans chaque aiffelle des feuilles fupérieures, & plus longues que les feuilles. Cette plante croît naturellement dans les terres fablonneufes.

6. La Barrelière à crête eft un fous-arbriffeau. Ses tiges, longues d'environ un pied, font menues, rameufes, cylindriques, pubefcentes. Ses feuilles font oblongues, très-entières, obtufes, avec une pointe en forme d'épine à leur fommet. Dans l'aiffelle de chaque feuille font deux épines, chacune defquelles eft rameufe, de manière qu'elle paroît triple. Les fleurs naiffent dans les aiffelles des feuilles, font fans pédoncules, & ont un calice qui eft très-remarquable par fes deux folioles ou divifions extérieures qui font plus grandes que les folioles intérieures, & même plus grandes que les feuilles de la plante, & reffemblent à deux crêtes ou bractées colorées,

blanchâtres, ovales-oblongues, veineufes, & bordées de cils épineux. La corole eft d'un violet bleuâtre; fon tube eft long fouvent de plus d'un pouce; & fon limbe eft divifé en cinq lobes ovoïdes prefque égaux.

6. B. La Barrelière à crête fimple-épine eft, peut-être, une efpèce diftincte. Voici en quoi elle diffère de la plante précédente : fes feuilles font ovales, cunéiformes, entières, terminées par une petite épine, très-velues en-deffous. Les deux épines, qu'on voit dans l'aiffelle de chaque feuille, font fimples, & divergentes. Les fleurs, de même forme que celles de la plante précédente font beaucoup plus petites, & les deux crêtes ou grandes feuilles extérieures de chaque calice font plus grandes, plus larges, & moins colorées que dans la plante précédente.

7. La Barrelière à longues fleurs eft un fous-arbriffeaux garni de rameaux cylindriques foyeux. Les feuilles font pétiolées, ovales, entières, couvertes d'un duvet foyeux qui les rend très-douces au toucher. Les fleurs font à l'extrémité des rameaux, ont leur corolle fort longues, dont le tube eft filiforme, & le limbe divifé en cinq parties, & ouvert. Ces fleurs ont à leur bafe deux bractées feffiles, en cœur, feches & tranfparentes, prefque auffi grandes que les feuilles, & qui recouvrent quatre autres bractées linéaires & foyeufes.

8. La Barrelière à fleurs écarlattes a fa tige rameufe, & fans épines. Ses feuilles font pétiolées, ovales, pointues, denticulées en leurs bords. Les fleurs qui paroiffent en Juillet, Août & Septembre, viennent dans les aiffelles des feuiles, font fans pédoncule, & d'un rouge écarlate.

9. La Barrelière pyramidale pouffe des tiges noueufes comme des chaumes de *graminées*, rampantes, & munies de petites racines fibreufes à chaque nœud. Il s'élève de quelques-uns de ces nœuds d'autres tiges droites, hautes d'environ deux pieds, cylindriques, un peu moins groffes que des plumes d'oies, noueufes comme des chaumes, noirâtres & pubefcentes. Les feuilles font pétiolées, d'un verd trifte, ovales, pointues, entières, pubefcentes. Les fleurs font bleuâtres, petites, & viennent à l'extrémité des tiges & rameaux, fur des épis compacts, pyramidaux, garnis de bractées difpofées en manière de tuiles, & qui font en cœur, & velues en leurs bords. Cette plante fleurit en Janvier & Février.

Culture.

Les efpèces, n.ᵒˢ 2, 4, 5 & 8, font les feules qui foient cultivées jufqu'à préfent en Europe. Les efpèces, n.ᵒˢ 2, 5 & 8, fe multiplient de femences qu'on recueille dans nos ferres. On en reçoit auffi de leur pays natal. On les feme au printems fur couche chaude, couverte d'un

chaffis, dans des pots remplis de terre légère
& fubftantielle, comme, par exemple, la terre
préparée pour les orangers, mais mêlée d'un
tiers de terreau de couche neuf & confommé,
ou mieux d'un quart de ce terreau & d'un autre
quart de terreau de Bruyère. On arrofe légèrement ces pots foir & matin, jufqu'à ce que les
plantes paroiffent. Alors il faut les foigner en
plantes très-délicates ; arrofer très-modérément,
& feulement au befoin, tant que la faifon n'eft
pas affez chaude; prendre toutes les précautions
ufitées pour les préferver du froid, de l'étiolement, & de la pourriture ; ainfi couvrir les
chaffis de pailles & paillaffons pendant les tems
froids, faire des réchauds aux couches lorfque
leur chaleur eft tombée au-deffous de doûze degrés; faire jouir les plantes du foleil & de l'air
lorfque le tems le permet.

Lorfque les plantes ont acquis trois ou quatre
pouces de hauteur, il convient que toutes foient
mifes féparément chacune dans un pot rempli
de terre pareille à celle dans laquelle j'ai dit
qu'il falloit les femer. On choifit un tems brumeux pour les tranfplanter avec toutes leurs
racines. Enfuite on place tous les pots dans la
couche de tan de la ferre chaude, ou ces
plantes doivent refter conftamment, & y être
traitées de la même manière que les plantes délicates des mêmes pays. Il faut les arrofer
fréquemment en été, & leur donner de l'air
frais, chaque jour, dans les tems chauds. En
hiver, il leur faut très-peu d'humidité, & beaucoup de chaleur. Hors le tems de leur végétation, il ne faut leur donner de l'eau que
lorfque la terre des pots commence à fe deffécher à la furface. La température propre aux
ananas eft celle qui leur convient le mieux.
Ces efpèces fleuriffent aifément, & leurs femences
mûriffent parfaitement dans la ferre. Comme
les capfules s'ouvrent fpontanément & avec élaf-
ticité, il convient de prendre des précautions
fuffifantes pour ne pas perdre les femences. Ces
précautions confiftent, ou à cueillir les capfules,
à mefure qu'on voit à leur couleur qu'elles font
mûres, & fe difpofent à s'ouvrir ; ou bien à
mettre, dans la ferre, fous les branches qui
portent les capfules, des pots pour recevoir les
femences lorfque ces capfules s'ouvriront, ou
enfin à envelopper ces branches avec des facs
de papiers, lorfque les capfules qu'elles portent
approcheront de leur maturité, afin que les
femences puiffent tomber dans ces facs, à mefures qu'elles s'échapperont des capfules.

Après la deuxième ou troifième année, les
tiges, principalement de l'efpèce n.° 1, fe dégarniffent par le bas, & deviennent traînantes;
ce qui rend les plantes beaucoup moins agréables
à la vue, à cet âge, que pendant leur jeuneffe;
c'eft pourquoi il convient d'en élever de tems

en tems de nouvelles, afin de remplacer à propos celles que la vieilleffe aura rendues trop
difformes.

L'efpèce, n.° 4, fleurit très-rarement en Europe; mais, comme les boutures de cette plante
s'enracinent très-facilement, on eft dans l'ufage
de la multiplier de cette manière. Pour cela,
on prend, pendant tout l'été, des rameaux de
l'avant-dernière pouffe, & on les coupe par
portions, chacune de fix à huit pouces de longueur ; on ôte une partie des feuilles de ces
boutures, & on en taille le bas en bec de flûte;
puis on les plante auffi-tôt fur couche chaude,
dans des pots remplis de terre pareille à celle
indiquée pour les femis. On aura foin, dans les
premiers tems, & jufqu'à ce que ces boutures
foient parfaitement enracinées, de les arrofer affiduement, & de les mettre à l'abri du
foleil & du grand air, par des paillaffons. Au
moyen de ces foins, elle s'enracineront promptement. Auffi-tôt qu'elles le feront fuffifamment,
on les plantera féparément, chacune dans un
petit pot rempli de la même terre ci-deffus
défignée, & qu'on placera auffi-tôt dans la
couche de tan de la ferre-chaude, où il convient que cette efpèce refte conftamment. Et
on traitera alors ces plantes comme celles de
femences des efpèces, n.°s 2, 5 & 8. Il eft vrai
qu'on a reconnu que cette efpèce, n.° 4, peut
fe paffer de la couche de tan, & être mife,
pendant l'hiver, dans une ferre sèche: mais on
a remarqué auffi que cette plante croît beaucoup plus lentement dans cette dernière efpèce
de ferre-chaude, que fes feuilles y deviennent
moins larges, qu'en un mot elle s'y porte beaucoup moins bien, y eft beaucoup moins belle &
moins vigoureufe.

Les autres efpèces n'ont pas encore été cultivées en Europe ; mais, comme elles font des
mêmes pays que les quatre efpèces qu'on y
cultive, il eft à préfumer que la même culture
qui convient à ces dernières pourra convenir à
toutes.

Ufages.

Les racines de l'efpèce n.° 1, paffent dans
l'Inde & au Malabar, pour être un puiffant
diurétique. On l'y emploie communément en
décoction, qu'on prend intérieurement contre
la rétention d'urine & l'hydropifie. Ses feuilles
confites au vinaigre, font auffi ufitées intérieurement contre les mêmes maladies. Cette plante
y eft encore réputée utile contre le calcul de
la veffie. Les fommités de l'efpèce, n.° 3, s'emploient à Amboine contre la Pleuréfie. Les efpèces, n.° 4, fe fubftituent quelquefois dans
le Malabar, aux feuilles de *Betel* ; leur fuc y
eft employé contre les aphtes, & y eft réputé
propre à diffiper les vents accumulés dans les

intestins. Les feuilles de l'espèce, n.° 5, sont regardées, dans le même pays, comme résolutives & maturatives. Ses racines sont administrées intérieurement en décoction contre la suppression d'urine. Celles des espèces de ce genre, qui sont cultivées en Europe, ont un port particulier & agréable qui les fait rechercher par les curieux. Elles tiennent aussi une place dans les Ecoles de Botanique. (*M. Lancry.*)

BARCELLE. Nom donné à Gannat en Bourbonnois, au tombereau. *Voyez* Tombereau. (*M. l'Abbé Tessier.*)

BAS. Outre le sens naturel de cet adjectif, qui est usité pour exprimer une plante dont la tige a peu d'élévation, les jardiniers lui donnent deux acceptions différentes. 1.° Pour exprimer un arbre nain, ils disent un arbre de basse tige, par opposition à l'arbre de plein vent, ou arbre de haute tige.

2.° Ils se servent de l'expression *tenir bas* un arbre pour dire qu'on l'arrête à une certaine hauteur, soit lorsqu'on le destine à garnir un mur peu élevé, ou le dessous d'une croisée, soit aussi pour le mettre plutôt à fruit lorsqu'il s'épuise en branches à bois. *Voyez* ARRÊTER & le Dictionnaire des Arbres & Arbustes. On ne doit pas confondre l'expression *tenir bas* avec *abaisser*, qui a un sens très-différent. *Voyez* ce mot (*M. Reynier.*)

BASAL. Basaal.

Genre de plantes à fleurs Polypétalées, dont la famille n'est point encore bien déterminée, mais qui paroît avoir des rapports avec l'Embeli.

Ce genre, peu connu, & qui n'est point encore cultivé en Europe, comprend de petits arbrisseaux toujours verds, garnis au haut de la tige de plusieurs rameaux alternes, qui leur forment une cîme alongée.

Les feuilles sont pareillement alternes.

Les fleurs, dont les couleurs varient suivant les espèces, sont petites, mais nombreuses, & d'une odeur agréable.

Ces arbrisseaux croissent naturellement dans les terres sablonneuses de la côte de Malabar, & particulièrement aux environs de Cochin. Ils ne durent gueres que quinze ans ; mais ils commencent à fleurir dès la première année.

On n'indique encore que deux espèces de Basal.

Espèces.

1. BASAL à pétales pointus.
Basaal *Vilengi* ♄.

2. BASAL à pétales arrondis.
Basaal *Ramisol* ♄.

Description des Espèces.

1. BASAL à pétales pointus. Cet arbrisseau est appellé par les Brames *Vilengi*, *Fruita Perdrica* par les Portugais, & *Swin Bessen* par les Hollandois.

Sa tige est menue & couverte d'une écorce d'un brun cendré. Elle est couronnée par plusieurs rameaux alternes, cendrés ou verdâtres.

Les feuilles sont ovales-pointues, entières, glabres, molles, d'un verd foncé & portées sur de courts pétioles à l'extrémité des rameaux.

Les fleurs naissent sur de petites grappes latérales, moins longues que les feuilles, petites, nombreuses, & d'une odeur agréable. Elles sont blanches d'abord & deviennent par la suite d'un blanc roussâtre. Elles ont un calice à cinq divisions pointues, cinq pétales oblongs, ouverts en étoile, cinq étamines & un ovaire supérieur, surmonté d'un style très-petit.

Le fruit qui leur succède, est une baie ronde, petite, rougeâtre, chargée du style de la fleur, dont elle conserve aussi le calice à sa base. Cette baie est remplie d'une chair succulente & douce, qui sert d'enveloppe à un noyau blanchâtre, arrondi, comprimé, dont l'amende est blanche.

Cet arbrisseau croît dans les lieux sablonneux sur-tout aux environs de Cochin.

2. BASAL à pétales arrondis. C'est le *Ramisol* des Portugais ; & le *Liis-Bessen* des Hollandois.

Sa tige est recouverte d'une écorce cendrée.

Ses feuilles sont, comme dans l'espèce précédente, alternes & portées sur de courts pétioles, mais elles sont ovales, un peu épaisses, vertes en-dessus, & d'une couleur pâle en-dessous.

Les fleurs naissent dans les aisselles des feuilles supérieures, ou à l'extrémité des rameaux, où elles forment une ou deux petites grappes simples, plus courtes que les feuilles. Elles sont petites, d'un verd brun, & ont cinq pétales arrondis, cinq étamines jaunâtres & un ovaire chargé d'un style menu, dont le stigmate est globuleux.

Elles sont remplacées par des baies rondes, rougeâtres dans leur maturité, d'une saveur un peu acide, presque semblables à des grains de groseilles, & qui contiennent un offelet arrondi, comprimé & ridé.

Cet arbrisseau donne quelquefois ses fleurs & ses fruits deux fois dans la même année.

Culture. Nous ne pouvons que soupçonner celle qui conviendroit à ces arbrisseaux, qui n'ont point encore été cultivés en Europe. Ils croissent naturellement dans des pays très-chauds. Ainsi, nous présumons qu'ils ne réussiroient point ici en pleine terre, & qu'ils exigeroient la chaleur de la serre & de très-grands soins.

Usages. On attribue dans le pays à toutes les parties de ces arbrisseaux, un grand nombre de propriétés médicinales ; mais l'expérience nous apprend que tous les végétaux des pays chauds perdent presque toutes leurs vertus quand ils sont transplantés dans nos climats tempérés. Nous avons donc peu de chofe à regretter de ce côté. Ce qui pourroit nous faire defirer d'élever ces arbriffeaux parmi nous, c'eft fur-tout l'odeur agréable de leurs fleurs. (*M. Dauphinot.*)

BASELLE, *Baseila.*

Genre de plantes de la famille des Arroches, dont toutes les efpèces font originaires des pays fitués entre les Tropiques, où elles ont des ufages économiques. Leurs tiges font grimpantes, couvertes de feuilles alternes & portent les fleurs à l'aiffelle de chaque famille, leur calice a fept divifions, dont deux plus larges: il fe change après la fécondation en une baie charnue, qui recouvre le fruit : les étamines font au nombre de cinq plus courtes que le calice.

Efpèces.

1. Baselle rouge.
Baseila rubra L. ♂. des Indes Orientales.
2. Baselle blanche.
Baseila alba L. ♂. de la Chine, du Japon, des Moluques.
3. Baselle à feuilles en cœur.
Baseila cordifolia la M. du Malabar.
4. Baselle luifante.
Baseila lucida L. ☉ de l'Inde.
5. Baselle du Japon.
Baseila japonica. Burm. du Japon.
6. Baselle véficuleufe.
Baseila veficaria. La M. ♃ du Pérou.

1. Baselle rouge. Toute la plante a une teinte purpurine, plus foncée fur les feuilles que fur les nervures, & les tiges : les feuilles font auffi colorées. Les tiges s'élèvent en grimpant & fe roulent autour des plantes voifines, jufqu'à la hauteur de quatre pieds : elles font très-charnues, pleines de fuc, & tiennent même un peu de la nature des plantes graffes. Elles portent des feuilles ovales, entières fur les bords, foutenues par des pétioles fort courts. Les fleurs naiffent à leur aiffelle, fur des épis fort courts. Les fruits font d'une couleur noire, tirant fur le pourpre.

Culture. On doit femer les graines de Bafelle au printemps, fur couche, dans une terre meuble, un peu humide. Lorfque les plantes font levées, on les tranfplante féparément dans des pots qu'on place dans la ferre-chaude. On peut les fortir pendant l'été ; mais alors elles fe ramifient moins, & les graines qui mûriffent en plein air, font plus fujettes à manquer. Lorfqu'on veut récolter des graines, il vaut mieux laiffer la plante toute l'année dans la ferre. On peut auffi multiplier la Bafelle de bouture ; mais il faut les laiffer fécher pendant deux jours, comme celles des plantes graffes, avant de les mettre en terre, fans quoi elles pourriroient. On doit planter les boutures

dans une terre légère, dans la ferre chaude ; au bout de trois femaines ou d'un mois, elles ont pris racine, on peut alors les replanter.

Dans les Indes Orientales, les tiges, dit Rumphe, s'enracinent dans les endroits où elles touchent la terre humide ou des bois pourris ; on multiplie la Bafelle au moyen de branches qu'on courbe en terre où elles prennent racine. Lorfqu'on la multiplie de graines, il faut la femer de manière à en avoir dans toutes les faifons, car elle ne peut plus fervir lorfqu'elle eft en fleur.

Ufage. La Bafelle eft un légume ufité dans les deux Indes, où cependant on en fait peu de cas, elle a l'inconvénient d'être peu ou point nutritive, comme la plupart des plantes oléracées & de lâcher le ventre. Les baies donnent une très-belle couleur proupre ; mais on ne connoît pas encore les moyens de la fixer.

2. Baselle blanche. Cette efpèce ne diffère de la précédente que par fa couleur verte, tirant fur le jaunâtre, fans aucune nuance de pourpre ; ce caractère ne me paroît pas fuffifant pour conftituer deux efpèces diftinctes. Elle croît dans les mêmes pays que la précédente, & y fert aux mêmes ufages. Rumphe affure qu'à Amboine, on la trouve d'une qualité inférieure à la rouge, & d'un goût moins fin.

Les efpèces 3, 4 & 5, n'ayant jamais été cultivées en Europe, nous ne pouvons donner aucun détail fur leur culture ; il paroît cependant par la nature des lieux qu'elle habite, qu'on doit leur donner les mêmes foins qu'aux deux premières efpèces. L'efpèce 4 eft annuelle fuivant Linné, & doit par conféquent exiger plus d'attention, fi on defire obtenir la maturité de fes graines. Les Baies de l'efpèce 3.ᵉ donnent une couleur pourpre, peu durable, comme celle de la première efpèce. Il eft même probable que cette plante connue feulement par la figure que Van-Rhéede en a publiée ne diffère pas effentiellement des Bafelles 1 & 2, qui toutes trois ne devroient former qu'une efpèce ; elle fert aux mêmes ufages, & remplace nos épinards mêlée avec la Brede.

6. Baselle véficuleufe. Cette plante diffère des précédentes par fes feuilles ovales & point échancrées à leur bafe qui paroiffent plus charnues. Les grappes de fleurs font plus longues que les feuilles. Les fruits font plus gros & plus véficuleux.

Cette plante originaire du Pérou eft cultivée au Jardin du Roi. Elle pouffe tous les ans des tiges de fa racine, mais n'a pas encore fleuri. Elle exige la même chaleur & les mêmes foins que les efpèces communes. M. de Juffieu en a fait un genre, diftinct des Bafelles, fous fon nom Efpagnol *Anredera* : jufqu'à préfent, cette plante eft peu connue.

BASILE, *Basilæa.*

Basilæa. Juff. cl. 3. o. 6. *Eucomis.* l'Hérit

Sert. Angl. Genre de plante unilobée de la famille des *Afphodeles*, dont la fleur confifte en une corolle monopétale divifée profondément en fix parties, en fix étamines dont les filamens adhèrent enfemble par leur bafe, & en un ovaire fupérieur & triangulaire; qui devient une capfule à trois loges, laquelle s'ouvre en trois valves; chaque loge renferme plufieurs petites femences ovales.

Efpèces.

1. BASILE royale.

BASILÆA REGIA. *Bafilæa fcapo fupra fpicam foliofo, floribus fubfeffilibus campanulatis. Bafilæa coronata*. Lam. Dict. *Eucomis regia*. L'Hérit. Sert. Angl. p. 17, Aiton. Hort. Kew. *Fritillaria regia*. Lin. corona regalis. Dill. Elth. 110, t. 93, fig. 109. ♃ du Cap de Bonne-Efpérance.

2. BASILE ponctuée.

BASILÆA punctata. *Bafilæa fcapo fupra fpicam foliofo, floribus pedunculatis rotato-patentiffimis. Eucomis punctata*. L'Hérit. Sert. Angl. p. 18, t. 18, Aiton hort. Kew. ♃ du Cap de Bonne-Efpérance.

Efpèces moins connues.

3. BASILE naine.

BASILÆA nana. *Eucomis nana, fcapo clavato, floribus confertiffimis*. L'Hérit. Sert. Angl. p. 17. *Eucomis nana*. Aiton hort. Kew. *Fritillaria nana, racemo comofo, foliis bifariam amplexicaulibus*. Lin. Mant. 223. *Fritillaria nana*. Lam. Dict. ♃ du Cap de Bonne-Efpérance.

4. BASILE ondulée.

BASILÆA undulata. *Eucomis undulata, fcapo cylindrico, foliis ovato oblongis, undulatis, patentibus, comæ foliis longitudine ferè racemi*. Aiton hort. Kew. ♃ du Cap de Bonne-Efpérance.

Defcriptions.

1. LA BASILE royale pouffe, de fa racine, beaucoup de feuilles difpofées en rofette, longues de fept à huit pouces fur deux pouces de largeur, planes, liffes, vertes, un peu charnues & très-ondulées ou prefque crépues en leurs bords. Sa tige ou hampe eft épaiffe, fucculente, prefque cylindrique; haute ordinairement de fix à fept pouces. Elle eft très-remarquable par le bouquet de feuilles qui la couronne, & dont la forme a quelque rapport avec la couronne de l'Ananas. Ces feuilles terminales font femblables à celles qui fortent de la racine, mais plus petites. Immédiatement au-deffous de ce bouquet de feuilles, & fur la plus grande de la longueur de la tige, font rangées très-près les unes des autres beaucoup de fleurs verdâtres, petites, prefque fans pédoncules. Chaque fleur confifte en une corolle en forme de cloche divifée profon-

dément en fix découpures oblongues, en fix étamines, & en un ovaire court à trois angles, furmonté d'un ftyle. Cette plante n'a rien de brillant; cependant fon enfemble eft élégant, & fon afpect eft agréable.

La racine de cette plante eft bulbeufe, & eft, fuivant Dillen, d'une forme très-remarquable qui la diftingue de toutes les autres bulbes. Elle eft en forme de cône tronqué d'environ deux pouces & demi de diamètre à la bafe, & d'un pouce & demi de hauteur. La furface de ce cône eft toute élégamment fculptée, de forte qu'elle paroît couverte de bas en haut par un nombre d'anneaux faillans fitués les uns fur les autres tranfverfalement, c'eft-à-dire, perpendiculairement à l'axe du cône. La bafe de ce cône, laquelle eft auffi celle de la bulbe, eft plane & auffi unie que fi elle eût été applanie avec un couteau. C'eft uniquement de cette furface plane que fortent toutes les racines fibreufes de la bulbe; elles ne fortent pas indiftinctement de tous les points de cette furface, mais feulement d'un fillon circulaire tracé fur elle à un demi-pouce de diftance de fa circonférence.

2. LA BASILE ponctuée eft une plante beaucoup plus belle que la précédente. Elle pouffe, de fa racine qui eft bulbeufe, c'eft-à-dire, de fa bulbe principale & de chaque bulbe ou cayeu adulte y adhèrent, environ une dixaine de feuilles difpofées en rofette, longues de douze à quatorze pouces fur environ un pouce & demi de largeur, liffes; un peu charnues, pliées en forme de canal, très-entières, quelquefois un peu ondulées en leurs bords, d'un verd jaunâtre, & élégamment ftriées de nervures longitudinales d'un beau verd qui font très-peu faillantes, excepté la nervure du milieu qui eft groffe, charnue, fort faillante en-deffous, fort large, & du même verd que les autres. Ces feuilles font en outre agréablement tachetées, principalement depuis leur bafe, jufqu'à la moitié de leur longueur, d'un grand nombre de points noirâtres, qui font en plus grand nombre & plus larges fur la page de deffous que fur celle de deffus. Du milieu de ces feuilles s'élève une hampe ou tige droite d'environ un pied de hauteur, épaiffe, fucculente, cylindrique, d'un beau verd, & agréablement tachetée, comme les feuilles, d'un grand nombre de points noirâtres fur toute fa partie inférieure denuée de fleurs. Cette tige eft terminée par un bouquet de feuilles de la même étoffe que celles qui naiffent de la racine, mais qui font très-petites & ont ordinairement moins d'un pouce de longueur fur environ deux lignes de largeur. Immédiatement au-deffous de ce bouquet de feuilles, fur environ la moitié fupérieure de la longueur de la tige, font rangées très-près les unes des autres beaucoup de fleurs difpofées en épi ferré, & pédonculées. Chaque fleur confifte en une corolle, fix étamines, & un

ovaire furmonté d'un ftyle. La corolle eft très-profondément découpée en fix divifions ovales & très-ouvertes ; elle eft de couleur blanchâtre mêlée de purprin vers les bords ; elle a environ huit à neuf lignes de largeur : le pédoncule eft blanc & plus long que les divifions de la corolle. Les filaments des étamines font fimples, égaux, en alène, blancs, & réunis enfemble par la bafe ; les petites anthères qu'ils foutiennent font ovales & de couleur jaune. L'ovaire eft fupérieur, court, triangulaire, & d'une couleur purpurine qui tranche agréablement avec la couleur blanchâtre de la corolle ; il eft furmonté d'un ftyle fubulé & blanchâtre. Le nombre des divifions de la corolle varie de fix à dix ; les étamines font toujours en même nombre que les divifions de la corolle ; & l'ovaire des fleurs dont la corolle a plus de fix divifions eft fouvent à cinq ou fix angles, & alors devient une capfule à cinq ou fix loges. Chaque pédoncule eft accompagné d'une petite bractée verdâtre d'une ligne de largeur & de quatre à cinq lignes de longueur. Cette plante n'a aucune couleur éclatante, & eft cependant beaucoup plus brillante que la précédente. Son enfemble eft fort beau. Nous avons fait cette defcription fur la plante vivante que nous avions fous les yeux. Elle fleurit dans notre climat à la fin de juin & en juillet.

3. La Basile naine eft une plante peu connue. Suivant M. l'Hérit. elle eft plus petite que les précédente, fa tige eft en forme de maffue, & fa fleur eft de couleur de rofe. Suivant Linné, fa tige eft terminée par un bouquet de feuilles, & fes feuilles qui embraffent la tige, font difpofées fur deux rangs. Suivant M. Aiton, elle fleurit en mai.

4. La Basile ondulée eft encore moins connue. M. Aiton, qui eft le feul Auteur qui en faffe mention, dit que fes feuilles font ovales oblongues, ondulées ; que celles du bouquet qui termine fa tige, font prefque de la longueur de fa grappe ; & que cette plante fleurit en Mars, Avril & Mai.

Culture.

L'efpèce, N.° 1, pourroit, fi l'on vouloit, fe multiplier de femences ; mais c'eft ce qu'on a négligé jufqu'à préfent, parce qu'on a reconnu que cette voie de multiplication eft trop longue & trop minutieufe à l'égard de la plupart des plantes de cette famille ; & on eft dans l'ufage de ne la multiplier que par cayeux. Il convient de ne féparer ces cayeux que lorfqu'ils ont acquis une certaine groffeur, comme, par exemple, lorfqu'ils ont un pouce, ou un pouce & demi de diamètre à leur bafe. Lorfqu'on les fépare, il faut avoir foin de ne pas endommager la bulbe principale. On les fépare dans le tems du repos de cette bulbe en Août & Septembre. On les plante auffi-

tôt dans des pots remplis d'une terre fubftantielle, très-légère, & nullement pourriffante. Ils s'accommodent fort bien, par exemple, d'une terre compofée d'un quart de terre légère, & de trois quarts de terreau de bruyère. On y plante ces bulbes, de manière que leur fommet foit à fleur de terre, ou foit couvert tout au plus d'un demi-pouce de terre. Il faut en les plantant avoir foin d'y conferver les racines fibreufes qui peuvent y adhérer & qui leur font fort utiles. Les pots qui contiennent cette plante, doivent paffer l'hiver fans chaffis, fans feu ; ou bien on les rentrera dans une ferre tempérée fur les appuis des croifées. On arrofe ces pots avec modération. On augmente l'arrofement en raifon du progrès des plantes. Mais on doit toujours ufer de retenue à cet égard, parce qu'une trop grande humidité feroit pourrir les bulbes. Cette plante fleurit ordinairement en Mars & Avril. Elle fleurit encore affez fouvent en Mai & Juin. Celles qui n'auront pas encore fleuri à la mi-avril, devront à cette époque être mife en plein air. Cette plante fleurit parfaitement bien chaque année dans notre climat, & elle y donne affez fouvent des femences bien conditionnées. Pendant le tems du repos de la bulbe, il convient de fupprimer entièrement l'arrofement. Quand on n'a pas befoin de multiplier cette plante, on peut laiffer plufieurs cayeux adultes avec la bulbe principale à laquelle ils adhérent ; alors ils fleuriffent enfemble avec elle dans le même pot ; ce qui produit un meilleur effet que s'ils étoient féparés & plantés chacun dans un pot à part. On conçoit bien que la grandeur des pots doit être proportionnée à la groffeur & à la quantité des bulbes & cayeux qu'ils contiennent.

L'efpèce, N.° 2, fe cultive de même que la précédente, excepté qu'elle eft un peu plus délicate, & qu'il eft néceffaire de lui faire paffer l'hiver dans la divifion la plus chaude des ferres féches tempérées. Lorfqu'on la mettra en plein air, à la mi-avril, il ne fera pas hors de propos de placer les pots fur un bout de couche chaude : les plantes en deviendront plus belles & fleuriront plutôt. Cette efpèce fleurit auffi chaque année parfaitement.

La culture de l'efpèce, N.° 3, eft peu connue. Mais c'eft une plante du même pays que les précédentes ; & M. Aiton dit qu'il eft dans l'ufage de les rentrer pendant l'hiver, dans une ferre tempérée. Il y a donc lieu de préfumer que la culture propre aux deux efpèces précédentes doit convenir à cette troifième efpèce. On en peut dire autant de l'efpèce, N.° 4.

Ufages.

Le port élégant & particulier de ces plantes, les fait rechercher par les curieux ; & elles font vûes avec plaisir dans les serres tempérées & dans les écoles de Botanique. (*M. Lancry.*)

BASILIC, *Ocymum.*

Genre de plantes à fleurs monopétalées, de la famille des Labiées, qui a des rapports marqués avec les Toques. Il comprend des herbes & des arbustes exotiques, qui sont recherchés à cause de l'odeur suave & aromatique qu'ils exhalent en tout tems.

Les feuilles sont, en général, opposées, ovales, simples, entières & portées sur des pétioles. Elles diffèrent de grandeur dans les diverses espèces.

Les fleurs sont monopétales, labiées, ayant la lèvre supérieure plus grande & à quatre divisions; celle inférieure entière ou légèrement crénelée. Elles sont disposées en verticilles axillaires, ou forment des panicules terminales, munies de petites bractées. Elles commencent à paroître dans les mois de Juin ou de Juillet, & durent tout l'été.

Le fruit est composé de quatre semences nues, ovales, attachées au fond du calice & qui acquièrent leur parfaite maturité au commencement de l'automne.

Ce genre est composé d'un assez grand nombre d'espèces, dont quelques-unes même offrent plusieurs variétés. Elles sont toutes d'origine étrangère; mais, pour la plupart, cultivées depuis long-tems dans nos climats.

Espèces, & variétés.

1. Basilic commun.
Ocymum Basilicum. L.
* A grappes vertes.
* A grappes violettes.
B. Basilic commun moyen.
Ocymum Basilicum medium.
Ocymum vulgatius. Tourn.
C. Basilic commun (le grand) à feuilles larges.
Ocymum Basilicum latifolium.
Ocymum caryophyllatum maximum. Tourn.
D. Basilic d'Amérique. Vulg. le franc basin.
Ocymum Basilicum Americanum.
Ocymum Americanum. L. ☉ des Indes.
2. Basilic des Moines.
Ocymum monachorum. L. ☉.
3. Basilic à feuilles bullées. Vulg. le Basilic à feuilles de laitue.
Ocymum bullatum. Lam. Dict. ☉ de l'Inde.
B. Basilic à feuilles de chicorée.
Ocymum bullatum laciniatum ☉ de l'Inde.
4. Basilic velu.
Ocymum hispidum. Lam. Dict.
Ocymum Ægyptiacum. H. R. ☉ de l'Egypte ou du Levant.
5. Basilic à petites feuilles. Vulg. Le petit Basilic.
Ocymum minimum. L. ☉ de l'Inde.

B. Le petit Basilic à feuilles rondes.
Ocymum minimum rotundi folium. Barrel. ☉.
C. Le petit Basilic violet.
Ocymum minimum violaceum. ☉.
6. Basilic couché.
Ocymum prostratum. L. ☉ des Indes orientales.
7. Basilic inodore.
Ocymum inodorum. Burm. ☉ de l'Inde.
B. Basilic inodore à feuilles en cœur.
Ocymum inodorum cordifolium.
8. Basilic ponctué.
Ocymum punctatum. L. ☉ de l'Abyssinie.
9. Basilic à longs pétioles.
Ocymum petiolare. Lam. Dict. ☉ de l'Inde & de l'Isle de France.
10. Basilic verticillé.
Ocymum verticillatum. L. de l'Inde.
11. Basilic à pédicules rameux.
Ocymum scutellarioïdes. L. de l'Inde & des Isles Moluques.
12. Basilic à fleurs en tête.
Ocymum capitellatum. L. de la Chine.
13. Basilic à épis nombreux.
Ocymum polystachion. L. ♃ de l'Inde.
14. Basilic à fleurs fasciculées.
Ocymum thyrsiflorum. L. de l'Inde.
15. Basilic de Ceylan.
Ocymum gratissimum. L. ♄ de l'Inde & de l'Isle de Ceylan.
16. Basilic à petites fleurs.
Ocymum tenuiflorum. L. ♄ des Indes orientales.
17. Basilic à feuilles étroites.
Ocymum menthoïdes. L. des Indes orientales & de l'Isle de Ceylan.
18. Basilic cotonneux.
Ocymum tomentosum. Lam. Dict. ♄ du Cap de Bonne-Espérance.
19. Basilic à grandes fleurs.
Ocymum grandiflorum. Lam. Dict. ♄ de l'Afrique.
20. Basilic à fleurs bleuâtres.
Ocymum hadiense. Forsk. Des montagnes de l'Arabie.
21. Basilic à feuilles charnues.
Ocymum zatarhendi. Forsk. De l'Arabie.

Description du Port des espèces.

Parmi ce grand nombre d'espèces, il y en a plusieurs que nous ne connoissons que par les herbiers des Curieux, ou par les descriptions des Botanistes. Telles sont celles numérotées 6, 7, 8, 10, 11, 12, 13, 14, 16, 17, 18, 20 & 21. Nous ne hasarderons donc pas d'en donner des descriptions détaillées, ni d'indiquer la culture qui leur convient. Nous nous bornerons aux espèces qui sont plus connues & qui réussissent dans nos jardins ou dans nos serres.

1. BASILIC commun. Sa racine, qui est dure &

fibreuse, pouffe une tige angulaire, haute d'environ un pied ou un pied & demi, verte, ou quelquefois d'un rouge foncé, qui paroît prefque glabre, mais qui, dans fa partie fupérieure, & fur-tout fur les nœuds & fur les fommités de la plante, eft garnie de quelques poils blancs, fort petits.

De cette tige fortent des rameaux quadrangulaires, oppofés alternativement en forme de croix.

Ses feuilles font également placées par paires, & oppofées de la même manière que les branches. Elles font ovales-lancéolées, bordées de dentelures peu remarquables, liffes, un peu charnues, d'un verd foncé & foutenues par des pétioles plus ou moins ciliés en leur bord.

Les fleurs forment des panicules droites, longues, fimples & terminales. Elles font blanches: quelquefois un peu purpurines, portées fur des pédoncules propres, très-courts. Elles font difpofées en verticilles ou anneaux incomplets, compofés ordinairement de fix fleurs chacun. Les inférieurs font fitués dans les aiffelles des feuilles fupérieures; & tous les autres, qui paroiffent nuds, font accompagnés chacun de deux petites bractées, oppofées, & fouvent colorées d'un rouge violet, comme les calices.

La culture de cette efpèce a donné un grand nombre de variétés, dont nous n'avons indiqué que les principales.

2. Basilic des moines. Cette efpèce, qui a quelque reffemblance avec le Bafilic velu, N.° 4, s'en diftingue en ce que fa tige eft un peu moins élevée, n'ayant guères qu'un pied de hauteur. Ses feuilles font nues, dentées & à peine ciliées. Les verticilles font compofés de fix fleurs blanchâtres, dont la lèvre inférieure eft un peu purpurine. Les bractées, qui accompagnent chaque verticille, font en cœur & caduques.

3. Le Basilic à feuilles bullées, ou à feuilles de laitue, eft facile à diftinguer du Bafilic commun par la forme & la grandeur de fes feuilles. Elles font ovales, longues de quatre à fix pouces, en y comprenant le pétiole, larges de deux pouces & demi, épaiffes & concaves en-deffous. Leur furface eft toujours irrégulière, fouvent boffelée (*Bullata.*) ridée & comme pliffée ou crépue.

Les fleurs font blanches & forment des épis denfes, d'une longueur médiocre, droits, peu nombreux, à verticilles affez près les uns des autres. Les Corolles font crénelées, ou frangées en leur limbe.

La variété B. (*Bafilic à feuilles de chicorée*) peut être regardée comme une efpèce diftincte par la forme de fes feuilles, dont les bords font marqués de dents groffières & profondes, ce qui les rend comme laciniées.

4. Basilic velu. Sa tige, qui s'élève à un pied & demi, eft très-branchue, à rameaux grê-

les, longs, quadrangulaires, & chargés de poils courts.

Les feuilles font d'un verd grifâtre. Ce qui les diftingue de celles du Bafilic commun, c'eft qu'au lieu d'être liffes, elles font garnies de poils blancs fur leurs pétioles, ainfi que fur les nervures de leur furface poftérieure.

Les Bractées font ovales-acuminées & bordées de cils remarquables. Les calices des fleurs font hériffés de poils blancs à leur bafe.

5. Basilic à petites feuilles, ou petit Bafilic. Cette efpèce eft la plus connue. C'eft celle que l'on élève communément dans des pots & dont chacun garnit fes fenêtres pour jouir de fon odeur agréable.

Elle ne s'élève guère qu'à fix ou fept pouces. Elle eft garnie de rameaux tellement touffus qu'elle reffemble à un petit buiffon épais, ou à une boule de verdure.

Ses feuilles font petites, nombreufes, oppofées, ovales.

Ses fleurs, qui naiffent en grand nombre à l'extrémité des rameaux, font blanches & plus petites que dans le Bafilic commun.

9. Basilic à longs pétioles. Cette efpèce s'élève à un pied, ou un peu plus. La tige ne pouffe que quelques rameaux courts & quadrangulaires. Les feuilles font glabres des deux côtés, molles, vertes en-deffus, & par-deffous d'une couleur très-pâle, avec des points fort petits. Les fleurs font petites, blanches & penchées. Les pédoncules, communs & particuliers, font légèrement velus.

15. Basilic de Ceylan. C'eft un arbufte de deux à trois pieds, dont la tige eft revêtue d'une écorce grifâtre, & pouffe des rameaux droits velus & quadrangulaires.

Ses feuilles, portées fur des pétioles velus, font oppofées, ovales-pointues, crénelées, vertes en-deffus, avec des poils blancs fur leurs nervures, blanchâtres, veineufes, ponctuées & plus ou moins cotonneufes en-deffous. Les fupérieures font ovales-lancéolées.

Les fleurs font petites, blanchâtres & difpofées en panicules terminales, fouvent au nombre de trois, celle du milieu étant une fois plus longue que les deux autres. Elles viennent au nombre de fix, trois enfemble de chaque côté, à chaque verticille.

Les graines mûriffent vers la fin de l'automne.

19. Basilic à grandes fleurs. Cet arbufte, toujours verd & rameux, s'élève à la hauteur de deux ou trois pieds. Il eft remarquable par la grandeur & la beauté de fes fleurs.

Ses feuilles font oppofées, ovales, dentées, vertes, glabres, un peu charnues & foutenues par de courts pétioles.

Les rameaux font terminés par une panicule très-courte, compofée de deux ou trois anneaux de fleurs blanches, dont la corolle, longue de huit

huit à dix lignes, s'évase en deux lèvres : la supérieure fort grande, à quatre lobes, & l'inférieure courte & presque entière.

Les bractées tombent avant l'épanouissement des fleurs.

Les graines acquièrent leur maturité vers la fin de l'automne.

Toute la plante a une odeur forte, un peu désagréable.

Culture.

Culture des espèces herbacées. La culture de toutes ces espèces est la même. Elles se multiplient de graines. On peut les semer dès le mois de mars : mais alors il faut les semer sur une couche tempérée, & les abriter, par des paillassons, pendant les matinées, les nuits & les jours froids. En différant jusqu'aux mois d'Avril ou de Mai, on peut les semer en pleine terre ou dans des pots. Cette méthode est préférable, en ce qu'il est plus facile de les soigner & de les garantir des matinées froides.

Il est bon de semer à des tems différens, par exemple, tous les quinze jours. Par-là, si un semis a manqué, on en est dédommagé par le semis suivant. De cette manière, on est assuré d'avoir de beaux pieds jusqu'aux premières gelées.

Lorsque la jeune plante a poussé au moins six feuilles, on la transporte sur une autre couche, également tempérée, on l'arrose & on la tient à l'ombre jusqu'à ce qu'elle ait commencé à former sa tête & donné une certaine masse de racines. Alors on élève les pieds avec leur motte, & on les transplante à demeure, soit dans des pots, soit dans des plates-bandes.

Si l'on veut conserver pendant long-tems des Basilics dans des pots, ou en pleine terre, il suffit de les empêcher de porter fleurs, en les taillant.

Cette manière d'élever les Basilics est la plus usitée. Cependant, quand on a quelques espèces particulières, venues de graines, qu'on veut conserver, on peut aussi les multiplier de boutures. Pour y réussir, on plante ces boutures dans les mois de Mai ou de Juin sur une couche de chaleur tempérée. On les abrite pendant environ dix ou douze jours, jusqu'à qu'elles aient poussé des racines. Au bout de trois semaines environ, elles sont en état d'être levées & mises dans des pots, ou dans les plates-bandes, avec celles qui sont venues de semences.

En général, toutes ces plantes exigent de fréquens arrosemens.

Culture des espèces ligneuses. Comme les semences de ces espèces acquièrent ici leur parfaite maturité, elle peuvent servir à leur reproduction. Mais, si les semis trompoient notre espérance, nous avons encore la ressource de les propager, soit de boutures, soit par le moyen des marcottes. Ces deux moyens sont même plus expéditifs & peuvent hâter nos jouissances.

Pour parvenir à élever ces espèces de semences ou de boutures, il faut suivre les mêmes procédés que pour les espèces herbacées.

Les marcottes se font au printems ou dans l'été, de la manière ordinaire. (*Voyez* Marcotte.)

Lorsque l'on est parvenu à se procurer ces espèces intéressantes, il faut penser à les conserver. Elles sont trop délicates pour supporter le froid de nos hivers. Il faut donc nécessairement prévenir les gelées & les rentrer dans la serre-chaude, pour ne les rendre à l'air libre qu'au mois de Mai suivant.

Usages.

C'est le Basilic commun, N.° 1, & sur-tout la variété B qu'on emploie dans la cuisine. L'infusion de la feuille & des fleurs, prise comme du thé, est très-utile pour les douleurs & les fluxions de la tête.

Indépendamment de ces usages économiques & salutaires, ces plantes offrent encore une ressource précieuse dans les parterres, & sur-tout dans les jardins des provinces méridionales, où la verdure est assez rare pendant l'été.

On plante les Basilics à dix pouces de distance l'un de l'autre, & on les taille sur les côtés de l'allée & par-dessus. Tous les pieds poussant en même-tems leurs rameaux, ils se touchent & forment un tapis de verdure très-agréable. si on ne les taille pas par-dessus, chaque pied forme une tête ronde, & leur réunion offre un très-joli coup-d'œil.

Les Basilics présentent encore, à la campagne, un objet d'utilité économique. Les abeilles sont très-friandes de leurs fleurs. Il seroit bon de les multiplier autour du rucher. Par-là, on réuniroit l'utile à l'agréable.

Les espèces ligneuses, & sur-tout celle à grandes fleurs, N.° 19, dont le feuillage est toujours verd, méritent une place distinguée dans la serre, par l'odeur agréable qu'elles y répandent. (*M.* Dauphinot.)

BASILIC sauvage. (Petit) nom donné mal-à-propos au *Thymus acinos.* L. V. Thim des champs. (*M.* Thouin.)

BASILIC sauvage (Grand) nom impropre du *Clinopodium vulgare.* L. V. Clinopode commun. (*M.* Thouin.)

BASLIC. C'est ainsi qu'on prononce dans quelques-unes de nos provinces méridionales, le nom des espèces de Basilic. *Ocimum. Voyez* Basilic (*M.* Thouin.)

BASSE-COUR. Ce mot suppose sans doute une cour plus élevée ou plus distinguée. Il y a lieu de croire que son origine vient de ce que, dans les habitations seigneuriales, il y avoit deux

Cours, dont l'une, plus voifine du château, étoit tenue proprement & ornée ; l'autre, deftinée à recevoir les fumiers & à contenir les beftiaux & volailles, étoit féparée de la première, & au milieu des bâtimens de la ferme. *Voyez* FERME. (*M. l'Abbé* TESSIER.)

BASSIN. Plante qui croît au milieu des moiffons. Il y a des pays où l'on donne ce nom à l'efpèce de renoncule, appellée *Bacinet des prés.*

Dans d'autres, on appelle ainfi la *queue du Renard. Agroftema githago.* L.

Le mot *Baffin* s'applique à beaucoup de vaiffeaux de bois, ou de métal, de pierre ou de terre qui fervent à l'Agriculture. (*M. l'Abbé* TESSIER.)

BASSIN, *Agriculture.* M. l'Abbé Rozier, au mot *Agriculture,* a divifé la France en grands & petits Baffins, qui font des vallées, dans lefquelles coulent les grandes & les petites rivières. Il fait voir en décrivant ces Baffins, quelle influence les pofitions & les abris doivent avoir fur les plantes qu'on peut y cultiver. Cet article de fon ouvrage m'a paru d'un grand intérêt. Je remets à traiter cet objet d'après lui, ou d'après des notions particulières, au mot *Géographie.* (*M. l'Abbé* TESSIER.)

BASSIN. *Jardinage,* c'eft dans un jardin, un efpace le plus ordinairement creufé en terre, de figure ronde, ovale, quarrée, à pans, &c. revêtu de pierres, de pavé ou de plomb, & bordé de gafon, de pierre ou de marbre, pour recevoir l'eau d'un jet ou fervir de réfervoir aux eaux, dont on a befoin pour les arrofemens.

Les Baffins font d'une grande utilité dans les jardins économiques ; ils y fervent à contenir l'eau néceffaire aux arrofemens ; pour cette raifon, on a foin de les diftribuer dans les potagers, à des diftances égales & dans les endroits où les arrofemens font les plus néceffaires & les plus habituels.

Dans les jardins fymmétriques, ils figurent dans le milieu ou à l'extrémité des parterres ; on en conftruit auffi dans les bofquets, & on leur donne la forme & l'étendue qui convient au local. Lorfqu'ils paffent une certaine grandeur, on leur donne le nom de *Pièce-d'eau, Canaux, Miroirs, Viviers, Étangs & Réfervoir.* (*M.* THOUIN.)

BASSINER, arrofer légèrement une plante, imbiber la terre : ce terme eft prefque l'oppofé de BATTRE. Un orage à groffes gouttes, l'eau verfée à grands flots taffent la terre ; l'eau ne peut plus la pénétrer & coule à fa furface ; alors elle paroît comme fi elle avoit été battue. Une pluie fine & un arrofement léger pénètrent la terre, elle s'imbibe d'eau, & c'eft ce qu'on entend par *baffiner.*

Il convient de baffiner, avec beaucoup d'at-

tention, les plantes nouvellement tranfplantées pour les aider à prendre racine. L'heure la plus convenable c'eft au printems, le matin, avant que le foleil ait pris de la force, & en été le foir : cette différence doit avoir lieu, à caufe du froid de la nuit, qui pourroit endommager la plante qu'on baffineroit le foir, & qui auroit ouvert fes pores pour recevoir l'humidité. *Voyez* ARROSER. (*M.* REYNIER.)

BASSINET. On donne ce nom communément à la *Ranunculus bulbofus.* L. *Voyez* RENONCULE BULBEUSE. D'autres perfonnes le donnent au *Caltha paluftris.* L. *Voyez* POPULAGE DES MARAIS. (*M.* REYNIER.)

BASSOVE. *BASSOVIA.*

Genre de plantes à fleurs monopétalées, dont la famille n'eft pas encore déterminée. On n'en connoît qu'une feule efpèce.

BASSOVE des forêts :
Baffovia fylvatica. Aubl. de la Guiane & à Cayenne.

De la racine de cette plante s'élèvent à la hauteur de trois ou quatre pieds, plufieurs tiges herbacées, droites & rameufes, qui font garnies de feuilles alternes, ovales-acuminées, glabres, très-entières, portées fur un pétiole d'environ un pouce, & dont les plus grandes ont jufqu'à dix pouces de longueur fur une largeur de quatre pouces & demi.

Les fleurs font vertes & très-petites. Elles naiffent par petits bouquets dans les aiffelles des feuilles.

Elles font compofées d'un calice & d'une corolle, l'un & l'autre d'une feule pièce, mais divifés en cinq lobes aigus, de cinq étamines courtes, inférées à la bafe de chaque découpure de la corolle, & dont les anthères font larges, à deux bourfes féparées par un fillon, & d'un ovaire arrondi, furmonté d'un ftyle court, terminé par un ftigmate renflé & obtus.

Cet ovaire fe change par la fuite en une baie fucculente, verte boffelée, dont la pulpe eft remplie de femences menues, en forme de reins, & bordées d'un feuillet membraneux.

Les fleurs & les fruits paroiffent, à Cayenne, dans le mois de Juin.

Culture. Cette plante croît fans culture dans les forêts humides de Cayenne. Ainfi, on peut préfumer qu'elle réuffiroit facilement en Europe, en la cultivant dans les ferres-chaudes, avec les autres plantes des mêmes climats. Mais, comme on ne lui connoît encore aucune efpèce d'utilité, & que, par la petiteffe & le peu d'apparence de la fleur, on ne pourroit pas même en faire un objet d'agrément, nous devons peu regreter d'en être privés. (*M.* DAUPHINOT.)

BASSURE. En Picardie, on désigne sous ce nom les terreins bas, où il y a des prés, des marais, des sources, des ruisseaux & des rivières ; en un mot, les vallées humides. (*M. l'Abbé Tessier.*)

BASTIDE. Les habitans de Marseille donnent ce nom à des jardins, situés hors des murs, où ils vont respirer l'air de la campagne. Ces Bastides ont toutes des pavillons, plus ou moins ornés, suivant les richesses du possesseur. Les Négocians, occupés de leurs affaires pendant la semaine, cherchent le dimanche, un séjour plus tranquille, comme ils sont retenus par leur commerce, ils ne peuvent pas avoir de campagnes éloignées; ils s'attachent à leurs Bastides, les ornent, & souvent les défigurent à force d'amour. En général, les environs des villes de commerce, sont couverts d'un nombre infini de ces maisons de campagne, qui, sous différens noms, font la même chose. Les Hollandois ont leur *Tuyn'huys*, les Génois, leurs *vignes*, &c. Les jardins des Hollandois ont été ridiculisés par un nombre infini d'Ecrivains ; ils est certain qu'on devroit proportionner les ornemens à l'étendue des lieux, & ne pas avoir la prétention de former un jardin anglais, dans l'espace d'un arpent. J'ai vu, près d'Amsterdam, un jardin de cette étendue, où se trouvoient réunis une colline, un lac, une rivière, trois ponts, un bois, un bosquet, un temple, une prairie & un parterre. Plus les jardins, dans la proximité d'une ville, sont recherchés, & plus la valeur du terrain augmente ; mais lorsque le prix s'oppose à ce qu'on ait une campagne d'une certaine étendue, pourquoi ne pas choisir l'espèce d'ornemens qui convient à la propriété. — (*M. Reynier.*)

BAT. Espèce de selle, ordinairement grossière, qui sert pour les bêtes de somme, tels que les chevaux, les mulets, les ânes. (*M. l'Abbé Tessier.*)

BATARD, plante bâtarde. Ce mot a des acceptions d'autant plus variées, qu'il ne présente aucun sens distinct : il ne réveille aucune autre idée que celle d'un individu, dont la naissance est contraire aux institutions de la société ; car dès que deux êtres, considérés physiquement, peuvent s'unir, le produit de leur copulation ne peut être un Bâtard, puisque cet individu ne manque point aux loix naturelles de la génération. Si les deux êtres qui se sont unis, diffèrent assez pour que leur produit manque de quelques-unes de ses parties, comme de celles de la génération, il porte le nom de MULET. *Voyez* ce mot & HYBRIDE, & *mulet* n'a jamais été le synonyme de *Bâtard*, car cette dernière expression n'emporte pas la condition de stérilité, au lieu qu'il n'y a plus de MULET, dès que l'individu peut se reproduire. Le mot Bâtard est donc faussement adopté pour les plantes: il n'a

qu'une acception morale, & ne peut être appliqué qu'aux hommes qui naissent hors des liens du mariage, institution purement sociale & peut-être même religieuse, puisque les superstitions ont présidé dans tous les temps & dans tous les siècles, à cette convention que la raison rendra libre à mesure que les prêtres gouverneront moins les hommes.

Mais comme les Jardiniers conserveront encore long-tems les expressions BATARD, ABATARDISSEMENT, il est nécessaire de faire connoître les différens sens, dans lesquels ils les emploient.

1. On donne le nom de *Bâtards* aux arbres qui tiennent le milieu entre les arbres de plein vent ou à hautes tiges, & les espaliers ou arbres nains. Sous ce point de vue, ils donnent à ce mot l'acception d'un être intermédiaire, dont l'existence est purement relative.

2. On donne vulgairement le nom de *Bâtardes* aux plantes sauvages, qui ont des espèces analogues, cultivées, ou plus connues. Le mot Bâtard signifie donc aussi un être agreste & que la main des hommes n'a pas adouci.

3. On donne le nom de *Bâtardes* à des plantes qui n'ont aucune analogie, avec la plante dont elles portent le nom. Ainsi, par exemple, le nom de Safran bâtard que bien des personnes donnent au carthame des teinturiers. Celui d'indigo bâtard à l'amorpha. Celui de séné bâtard à la coronille des jardins, &c.

4. On donne enfin le nom de *Bâtardes* ou plantes *abâtardies* à des plantes qui ont dégénéré, soit par défaut de culture, soit par aridité du sol. Plus une plante s'éloigne de son existence primitive, par les soins du cultivateur, plus il trouve qu'elle est près de sa perfection : aussi la perfection est très-différente aux yeux du Jardinier & à ceux du Naturaliste. Le premier la voit dans la succulence & la grosseur du fruit, dans la grandeur des feuilles, dans la multiplication des fleurs ; mais le dernier fait que cette succulence des fruits augmente aux dépens des germes, & qu'elle les oblitère souvent ; que la multiplication des fleurs les rend stériles, il voit dans cette perfection, effet des soins de l'homme, une dégénération de l'espèce, semblable à ces gros hommes qui sont impuissans ou bien près de l'être, & qui sont une désorganisation produite par la vie citadine. Ainsi, l'abâtardissement du Jardinier est, aux yeux du Naturaliste, le retour vers la perfection. Examinons ces deux genres d'abâtardissemens.

Un Jardinier cherche à rendre les végétaux plus agréables aux goût & à l'œil; il adoucit leurs sucs par la greffe, par la surabondance des sucs qu'il leur procure, enfin, par une espèce d'étiolement auquel il les soumet en les faisant blanchir. Ainsi, il transforme les pommes sauvages en reinettes : il rend plus grosses & plus succulentes les racines potagères & les feuilles de certains végétaux; il fait perdre aux chicorées & aux laitues leur âcreté & leurs épines, en même-tems qu'il leur fait changer de couleur. Lorsqu'il cultive trop long-tems de suite la même plante, dans le même lieu, la surabondance des sucs diminue : à mesure que cette cause de désorganisation cesse, la plante se rapproche de sa forme primitive, & c'est ce que le Jardinier appelle un *Abâtardissement*. Il le prévient en variant les cultures, même en changeant de graines : car il paroît que la même variété, crûe dans différentes positions, ne se ressemble pas au point d'épuiser la terre, lorsqu'on seme successivement de la graine récoltée en deux lieux différens. Les Jardiniers soigneux évitent, autant qu'il leur est possible, de semer les graines qu'ils ont recoltées, ou du moins il les renouvellent de tems en tems, & en font venir des endroits où chaque variété a reçu son plus grand degré de perfection. On trouvera de plus grands détails au mot DÉGÉNÉRATION. (*M. Reynier.*)

BATARDIERE. Dépôt où l'on conserve les arbres que l'on sort de la pépinière, en attendant de les mettre en place. Ce mot est plus usité dans les ouvrages d'Agriculture, que dans la pratique, où l'on emploie indistinctement le mot pépinière, pour exprimer un endroit où sont réunis de jeunes arbres.

La terre des Bâtardières doit être bien défoncée ; mais il vaut mieux choisir une terre médiocre qu'une bonne, parce que le jeune arbre, qu'on en sort pour le mettre en place, réussit mieux & pousse avec plus de vigueur. Les jardiniers ont généralement des Bâtardières sur des fonds trop fertiles; les arbres, qui en sortent, paroissent vigoureux, mais ils sont sujets à dépérir, pour peu que la terre où on les plante soit moins bonne. *Voyez* PÉPINIÈRE.

Les Bâtardières sont regardées comme des entrepôts, aussi les arbres y sont trop serrés. L'usage de ne laisser que deux pieds entre les tiges, a prévalu, quoique depuis, Liger, Auteur du siècle passé, jusqu'à M. l'Abbé Rozier, tous les Agronomes en aient indiqué les inconvéniens. Ce dernier Ecrivain conseille de laisser quatre & même cinq pieds entre chaque tige d'arbre : Liger croit qu'on doit les espacer de six & même de sept pieds. Cet entassement des arbres dans les Bâtardières, oblige de couper les principales racines, même le pivot, & lorsqu'on les plante dans le voisinage d'autres arbres; ces derniers ont le tems d'étendre leurs racines dans la terre meuble qu'on avoit préparée, & de l'appauvrir, pendant que le nouveau venu s'épuise à pousser de nouvelles racines.

Les arbres ne peuvent pas séjourner plus de cinq ou six ans dans la Bâtardière, sans souffrir : leurs racines trop rapprochées, se nuisent mu-

tuellement, & le défaut de nourriture les fait languir. Les jardiniers augmentent encore le mal en plantant des légumes dans les Batardières, même dans celles où les arbres sont trop peu espacés; ils achèvent, par ce moyen, d'épuiser une terre qu'ils ne peuvent pas nourrir dans la même proportion : le rapprochement des arbres empêchant de donner des labours profonds & de répandre uniformément les engrais.

Les Bâtardières doivent être sarclées & arrosées fréquemment, & autant qu'il est possible, il est bon de fossoyer la terre deux fois l'an, au printems & au mois de Juillet. *Voyez* pour de plus grands détails le Dictionnaire des Arbres & Arbustes de l'Encyclopédie. (*M. Reynier.*)

BATATE des Indes ou Patate. *Convolvulus batatas.* L. Plante fort différente de la pomme de terre. *Solanum tuberosum.* L. qui porte le nom de Batate ou Patate dans quelques pays, & avec laquelle on la confond mal-à-propos. *Voyez* LISERON BATATE. (*M. Thouin.*)

BATATE ou Patate de Virginie. *Solanum tuberosum.* L. Et plus communément pomme-de-terre. *Voyez* MORELLE TUBÉREUSE. (*M. Thouin.*)

BATAVIA. Variété de la laitue, dont la pomme est très-grosse & très-délicate, mais molle & jamais pleine. Elle n'est jamais fort blanche ; mais comme elle est très-tendre & fort délicate, cet inconvénient n'en n'est pas un. (*M. Reynier.*)

BATAVIE. On donne ce nom à un œillet rouge-clair & blanc. Ses couleurs ne sont point belles ; mais il étoit estimé à cause de sa grosseur, dans le tems où l'on aimoit les gros œillets. Sa fleur a souvent 14 pouces de circonférence. La plante de cet œillet est toujours foible, on la marcotte avec peine, & ses graines manquent presque toujours. Actuellement on ne fait aucun cas de cette variété. *Voyez* DICT. *univ.* D'AGRIC. & Jard. *Voyez* ŒILLET DES FLEURISTES (*M. Reynier.*)

BATIS. *B A T I S.*

Genre de plantes à fleurs sans pétales, dont la famille n'est pas encore bien déterminée, mais qui paroît avoir quelques rapports avec le Trophis.

Nous n'en connoissons qu'une espèce.

B A T I S maritime.
Batis maritima. L. ♄ de la Jamaïque & des Antilles

C'est un arbuste qui s'élève environ à quatre pieds de hauteur.

Ses tiges sont cylindriques, cassantes, d'une couleur cendrée, très-rameuses, diffuses, &

penchés vers la terre. Les jeunes rameaux, qui naissent opposés le long de la tige, sont droits, verds, à quatre angles, munis de quatre sillons.

Les feuilles sont petites, ayant à peine un pouce de longueur, très-nombreuses, sessiles & opposées. Elles sont oblongues – pointues, charnues & succulentes, plus épaisses dans leur partie supérieure & se rétrécissent insensiblement vers leur base.

Il y a des fleurs mâles & des fleurs-femelles qui naissent sur des individus différens. Ces fleurs sont incomplettes, n'ayant ni calice ni corolle : elles sont petites, & viennent sur des chatons axillaires, soutenus par des pédoncules très-courts.

Les chatons qui portent les fleurs mâles sont formés d'écailles embriquées sur quatre faces distinctes, en forme de pyramides. Chaque écaille recouvre une fleur qui ne consiste qu'en quatre étamines, dont les filamens, un peu plus longs que l'écaille, soutiennent des anthères oblongues.

Les fleurs femelles naissent sur des chatons ovales, charnus, munis en dessous d'une espèce de collerette, divisée en deux folioles. Ces fleurs ne présentent qu'un ovaire ovale ou quadrangulaire, cohérent au chaton, sans style, mais surmonté d'un stigmate sessile, velu & à deux lobes.

La réunion des baies qui remplacent ces ovaires, forme un fruit oblong & obtus, qui jaunit en mûrissant. Chaque baie renferme quatre semences triangulaires & pointues.

Culture. Cet arbuste croît naturellement à la Jamaïque & aux Antilles, dans les lieux salins & voisins de la mer. Jusqu'à présent, il n'a été cultivé ni en France, ni en Angleterre. Vraisemblablement il exigeroit la serre-chaude.

Usages. Toutes les parties de cette plante ont une saveur très-salée. Les Habitans de Carthagene l'appellent *Barilla*. Ils la brûlent & emploient les cendres à faire de la potasse pour l'usage des verreries. C'est peut-être à cette propriété, autant qu'à la forme de ses feuilles, qu'est dû le nom de *Kali* qui lui a été donné par Sloane.

Cet Auteur regarde le Batis comme une espèce de bacile ou criste-marine.

Il ajoute qu'à la Barbade on en fait confire & mariner les jeunes tiges. (*M. DAUPHINOT.*)

BATON. Les jardiniers fleuristes nomment ainsi les orangers qu'apportent, chaque année, les Provençaux & les Génois, parce qu'alors ces jeunes arbres n'ont que fort peu de racines & presque pas de branches, & ressemblent effectivement à des Bâtons. *Voyez* le mot ORANGER. (*M. THOUIN.*)

BATON. Dans quelques Provinces, on donne ce nom aux baguettes & aux tuteurs dont on se sert pour appuyer les plantes. *Voyez* BAGUETTE & TUTEUR. (*M. REYNIER.*)

BATON royal. Œillet pourpre sur grand blanc ; la fleur est petite, mais elle s'ouvre bien. Cette variété de l'œillet est assez délicate. *Voyez* ŒILLET. (*M. REYNIER.*)

BATTAGE.

Opération, par laquelle on fait sortir les graines de leurs enveloppes. Dans les provinces du Midi de la France, on lui donne le nom de *Dépiquage*, qui ne doit convenir que pour exprimer l'action de séparer le grain de l'épi. Le mot de *Battage* est plus étendu ; il s'applique aux plantes à épis, comme à celles qui ont des siliques ou d'autres espèces d'enveloppes pour leurs graines.

Il y a différentes sortes de Battage, ou de manières de battre, selon les pays, les graines & l'usage auquel on destine les tiges & les graines.

Dans la plus grande partie de la France, on ne bat qu'avec l'instrument appellé *Fléau* ; les pays méridionaux, tels que la Gascogne, le Languedoc, le Gévaudan, la Provence, le Comtat Venaissin, le Dauphiné, &c. font fouler les grains par les pieds des animaux. Encore plusieurs cantons de ces provinces se servent-ils du fléau ou seul, ou concurremment avec le foulage ou pour compléter ce dernier Battage. Je sais qu'en Hollande, à Liège, à Genève, &c. on ne connoît que le fléau & que le foulage est la pratique ordinaire de l'Espagne, de l'Italie, de la Morée, des Canaries, de la Chine même, aux environs de Canton, où cependant le fléau est aussi employé quelquefois. Il paroît donc que dans les climats chauds, où les espèces de grains tiennent peu dans leurs épis & où la chaleur en rompt facilement l'adhérence, où se trouve bien du foulage qui ne réussiroit pas dans les climats froids ou tempérés, tant à cause des espèces de grains qu'on y cultive, que de la difficulté de les séparer de leurs enveloppes. Le fléau seul, qui agit avec beaucoup de force, peut remplacer le foulage. Quelquefois il arrive qu'on s'en sert pour retirer les grains restés dans les épis, après le foulage ; c'est donc la manière de battre la plus parfaite.

Suivant l'ancienne Encyclopédie, les Turcs coupent les plantes, ils les font fouler « avec de grosses planches épaisses de 4 doigts, garnies de pierres à fusil tranchantes, qu'on fait traîner par des bœufs. »

A l'Isle de France en Afrique, le ris & le froment se battent avec de moyennes perches ou gaulettes & le maïs avec des bâtons. On n'a jamais pu accoutumer les Nègres à battre au fléau.

Quelques cantons des provinces du Midi de la France, tels que Rhodès en Rouergue, Tarascon dans le Comté de Foix, font battre avec de longues baguettes.

Beaucoup de cultivateurs, dans différens pays,

veulent que leurs grains foient battus fur un tonneau ou fur une table.

Le froment , le feigle , l'orge , l'avoine , les pois, les vefces, les lentilles, les haricots, le farrafin , le millet , l'anis & le maïs même peuvent fe battre au fléau & prefque tous être foulés par les pieds des animaux.

Le feigle, & le froment font les feuls qu'on puiffe battre fur un tonneau ou fur une table.

Les baguettes conviennent pour l'oliette , le colfat, la navette, la moutarde , les choux &c. J'ai fait féparer des graines de lin , avec des battoirs à battre le linge. On frappoit fur des billots les capfules du lin, comme on le fait dans certains pays. Cette opération m'a paru longue & embarraffante. Je crois qu'il vaut mieux fe fervir de peignes à dents de fer, qui font en ufage en Bretagne, fur-tout auprès de Saint-Brieux.

Quand la graine de chanvre eft bien mûre , elle tombe aufli-tôt qu'on renverfe les tiges ; il n'y a tout au plus qu'à l'aider en frappant deffus , foit avec la main , foit avec un petit bâton. La graine de fain-foin eft fi peu adhérente, que pour la retirer , il fuffit de fecouer les tiges avec une fourche.

On bat le feigle au tonneau ou à la table , lorfqu'on veut avoir fa paille entière, pour fournir des liens à la récolte , pour les bourreliers, pour couvrir des maifons , pour faire des paillaffons de potagers, pour accoler la vigne; le fléau la briferoit. Le même motif engage quelquefois à battre les tiges des fromens de cette manière , pour remplacer la paille du feigle dans les pays où on n'en cultive peu , & dans les années où les fromens furpaffent les feigles en hauteur. C'eft fur-tout pour fe procurer des femences plus groffes & plus pures. En effet, dans le Battage au tonneau ou à la table , les beaux épis , portés fur les longues tiges, font les feuls qui foient égrainés. Les plus petits , parmi lefquels font la plupart des épis cariés, n'atteignent pas jufqu'au tonneau ; on les réferve pour les battre au fléau. Ce moyen a été très en ufage dans les années 1765 , 1766 , 1767 , années où la carie a été très-abondante. *Voyez* CARIE.

Le Battage au fléau & celui qui fe fait par les pieds des animaux, étant les deux plus confidérables , j'en traiterai avec quelque étendue : je dirai peu de chofe des autres.

BATTAGE au fléau.

Il m'a paru que c'étoit dans la Beauce qu'on fe fervoit du Fléau avec le plus d'avantage, c'eft-à-dire , qu'on battoit le mieux. Je décrirai donc par préférence , la manière de battre de ce pays.

Le fléau eft compofé de trois parties , favoir de deux morceaux de bois de groffeur & longueur inégales & d'un triple cuir.

Le plus grand morceau de bois fe nomme *manche* ou le *tour*, parce que c'eft fur fon extrémité

que tournent les autres parties du fléau. Sa longueur eft relative à la taille du batteur. Les gens de campagne , qui ont ordinairement une géométrie naturelle , fixent la hauteur du manche de leur fléau à celle de leur aiffelle ; c'eft environ 4 pieds. Ils le choififfent d'un pouce de diamètre ; l'extrémité , que les mains embraffent, eft un peu plus groffe que l'extrémité oppofée. On le fait , en Beauce , de bois de noifetier ; mais on peut le faire de faule , de fapin , de fureau & de tout autre bois léger. Les uns en enlèvent l'écorce ; d'autres ne l'enlèvent pas. Dès qu'il a fervi quelque tems , les endroits où fe placent les mains , deviennent bientôt doux & polis. Un manche dure deux ans à un ouvrier qui bat pendant 10 mois de l'année.

On donne le nom de *verge*, ou de *battant*, ou de *batte* au plus petit morceau de bois ; fa longueur en Beauce , eft de 22 à 26 pouces. Il faut que cette longueur correfponde à celle du manche, & qu'elle foit telle que le fléau étant en action , la verge en revenant fur le manche , n'attrappe pas la main la plus avancée du batteur. Elle eft dans ce pays ronde, fans nodofité & plus groffe à l'extrémité la plus éloignée du manche , c'eft-à-dire , à celle fur laquelle porte tout l'effort. Elle a , à cette extrémité , environ 2 pouces de diamètre. Le batteur en la façonnant, fe règle fur ce que fa main peut embraffer. Le charme eft le bois qu'il préfère , parce que c'eft un des plus durs qu'il trouve à fa portée. Le Sauvageon de pommier ou de prunier, l'alifier, le néflier, le chêne même conviennent également. On a foin de choifir , non pas des branches, mais de jeunes pieds d'arbres, & fur-tout le bas des pieds, qui eft la partie la plus dure. La verge s'ufe plutôt que le manche , elle peut durer un an. Il y a des cantons du Limoufin & du Poitou , où la verge eft applatie , ayant feulement les angles arrondis. Dans le Poitou , afin qu'elle ne fe fende pas, on a foin de la lier en plufieurs endroits avec du bois flexible ; apparemment qu'elle n'eft pas d'un des bois que je viens d'indiquer ou qu'elle eft mal choifie. On voit en Anjou & en Bretagne , des battes rondes d'un côté & applaties de l'autre. Je ne fais pas quelle eft la raifon de cette dernière forme. Les gens du pays prétendent qu'elles gliffent moins fur les tiges des gerbes. La forme applatie des deux côtés , avec les angles arrondis , fe conçoit facilement ; dans les verges rondes, il n'y a que deux points oppofés, qui frappent, de manière qu'elles finiffent par s'applatir vers ces points, où le bois eft cependant fur fon *roide*. Si dans les verges applaties, les coups font donnés par les endroits où les angles font arrondis, l'effet & la force font les mêmes que ceux des verges entièrement rondes. La longueur de la verge eft plus confidérable à Valence en Dauphiné , que dans la Beauce.

L'union des deux morceaux de bois du fléau entre eux, fe fait par le moyen de trois cuirs. L'un enchaffe une des extrémités du manche étant subjetti dans deux gorges d'une manière lâche, afin qu'il y tourne ; cette mobilité est nécessaire pour faciliter le Battage. L'autre embrasse une des extrémités de la verge, aussi dans deux gorges, mais si étroitement, qu'il ne sauroit y tourner. Ces deux cuirs se nomment *chapes* ou *colets*. Le troisième, qui porte le nom *couplière*, passe en forme d'anneau dans les deux chapes. Les cuirs du fléau sont de peau de vache, qui est souple, quand il fait sec ou qu'il gèle. Afin qu'ils ne soient pas cassans & que l'action du fléau soit plus libre, on les graisse avec du lard, ou avec du vieux oingt, ou avec de l'huile de poisson ; si on emploie cette dernière matière grasse, les rats, qui ne l'aiment pas, ne rongent pas les courroies du fléau.

La manière de réunir le manche avec la verge, varie beaucoup. En Chine & dans quelques pays de l'Europe, c'est par le moyen d'une cheville de bois. Ici, la couplière est de nerf de bœuf ; là, de cordes ; ailleurs, de peau d'anguille, qui a l'inconvénient de s'effiler par le tems sec. Quelquefois le cuir de la couplière est entouré de bois flexible ; d'autres fois les chapes sont faites, ou de lames minces de bois, retenues par des liens de fer ou de lames de cuir, environnées de ficelles ; la couplière passe dans ces chapes. Enfin, aux environs du Mont-Dauphin en Dauphiné, le manche & la verge tiennent ensemble au moyen d'une courroie, qui tourne autour de deux pivots de fer, plantés dans chacune des parties. Dans ces différentes constructions, je ne vois ni la simplicité, ni la mobilité du fléau Beauceron.

Pour s'en servir, le batteur tient le manche avec ses deux mains, éloignées l'une de l'autre, d'un pied & demi. Par un mouvement qu'il fait imprimer à la verge en l'élevant le plus haut qu'il peut, il la fait tourner dans les gorges du manche & retomber avec d'autant plus de force sur les gerbes, qu'il appuie la chûte de sa verge d'une partie du poids de son corps. Je suppose que ce soit du froment & du seigle qu'il batte, les épis étant tous à un bout, il les frappe d'abord d'un côté sans délier les gerbes & ensuite de l'autre. Lorsqu'au milieu des grains, il a poussé beaucoup d'herbe, la faucille les coupe, le moissonneur les réunit dans les gerbes où elles occupent la partie inférieure. Il y a des personnes, qui font battre à part les bouts de ces gerbes sans les délier pour avoir du grain, purifié de graines ; le reste se bat ensuite étant délié ; M. l'Abbé Rozier (cours complet d'Agriculture) ne voit là qu'une opération inutile, le van & le crible pouvant faire la séparation du bon grain & des graines mauvaises. Cependant si c'étoit pour éviter la carie qu'on prît cette précaution, elle ne seroit pas inutile ; car il est important que le fléau en écrase le moins possible. Le Battage au tonneau ou à la table, rempliroit mieux mieux ce dernier objet. Quoi qu'il en soit, si quelques épis se dé-

rangent de leur direction, un coup de la verge les remet dans leur place.

En Beauce, on bat les grains dans une aire, qui fait partie des granges. *Voyez* AIRE. Le batteur délie les gerbes, il les étend en forme de lit avec l'extrémité du manche du fléau, dont il tient la verge sous un de ses bras ; il bat en allant & en revenant, toute la longueur des gerbes & dans toute l'étendue du lit, afin que les épis les plus courts soient égrainés ; le bout du manche lui sert à retourner le lit, pour rebattre de la même manière de l'autre côté. Il avance avec la verge les tiges pêle-mêle hors de la place, où il les a battues & les bat encore en allant & en revenant. Il résulte de-là que les gerbes passent huit fois sous le fléau, savoir, deux fois avant d'être déliées & six fois après être déliées, dont quatre fois étant rangées en lit, & deux fois étant en désordre. Ces deux dernières façons ne se donnent que quand on *bat à net*, c'est-à-dire, de manière à ne point laisser de grain dans les épis ; mais on les suprime, si les pailles, sortant de la main du batteur, doivent être portées aux bergeries pour affourer les bêtes à laines, parce qu'il faut que ces animaux y trouvent quelques grains. *Voyez* AFFOURER. L'ouvrier secoue les tiges battues avec une fourche de bois, (*Voyez* FOURCHE) ; il les éloigne du centre de l'aire, à l'aide d'un rateau (*Voyez* RATEAU), il en forme des bottes de paille, du poids d'environ seize livres dans lesquelles, les tiges sont en tout sens. Deux gerbes de froment, chacune d'environ trois pieds de tour, qui, année commune, peuvent peser, y compris le froment & les épis, 12 à 13 livres, servent pour faire une botte de paille. De tems en tems, le batteur, avant de mettre de nouvelles gerbes dans l'aire, enlève avec le manche du fléau ou avec le rateau, le gros des bâles & les épis, qu'il met à part pour les bestiaux, & quand il y a beaucoup de grains sur l'aire, il s'en débarrasse en le plaçant en monceaux le long d'un mur, jusqu'au jour où il doit nétoyer.

Par tout ce que j'ai rapporté du fléau, on voit que cet instrument est non-seulement le plus important du battage, mais encore qu'entre les mains d'un homme exercé, il se plie à plusieurs usages qui en font partie. C'est un grand avantage pour un ouvrier de se servir du même instrument pour différentes opérations.

Trois hommes peuvent battre ensemble les mêmes gerbes, sans se nuire. Ils s'arrangent de manière à frapper alternativement. Si on vouloit en employer un plus grand nombre, il faudroit établir différentes batteries, soit dans la même aire, soit dans plusieurs aires.

On a plusieurs fois offert au public des machines, pour battre les grains & remplacer les hommes. Soit qu'elles n'aient pu remplir le but qu'on s'est proposé, soit que l'habitude s'oppose à l'admission d'un nouveau moyen, on ne voit pas qu'on s'en ferve quelque part. La dernière, que j'aie vue & qu'on donnoit comme une des plus parfaites, confiftoit en un cylindre de bois, auquel étoient attachées à divers points, des verges doubles de fléau, féparées l'une de l'autre, par un cuir intermédiaire, qui leur permettoit de fe replier, après que la plus éloignée du cylindre avoit frappé fon coup. Ces verges doubles étoient en grand nombre fur le cylindre. Un homme avec une manivelle tournoit le cylindre, dont l'action étoit aidée par un volant, placé à l'extrémité oppofée à celle de la manivelle. Les gerbes fe pofoient deux à deux, épis contre épis, dans un encaiffement de planches, devant & plus bas que le cylindre. Les verges paroiffoient frapper avec force; mais le grain fe battoit mal; il en reftoit beaucoup dans les épis; on ne pouvoit préfenter toutes les parties des gerbes au fléau; il falloit au moins deux hommes, dont un occupé à remuer les gerbes, afin qu'elles fuffent battues par-tout. Le travail étoit très-embarraffant & pénible pour l'un des hommes. Je n'ai pas calculé s'il étoit plus expéditif que le battage au fléau, parce que les circonftances ne me l'ont pas permis.

En Beauce, lorfqu'on bat dans les fermes avant la Touffaint, c'eft feulement pour fe procurer de la femence; ceux même qui peuvent en acheter à des particuliers, ne battent qu'en hiver; alors le bled qui a *reffué* dans le tas, s'égraine facilement. On remarque que celui des meules, où les grains font toujours plus humides, celui des granges baffes, & celui qu'on bat par la pluie, donnent plus de peine aux batteurs, que les grains expofés au foleil, ou placés dans des granges fèches ou attaqués des charançons, qui les détachent des bâles.

Le battage au fléau, de l'avoine, de l'orge, des pois, vefces, lentilles, haricots, &c., diffère en quelque chofe de celui du froment & du feigle. On remplit de ces plantes une partie de l'aire de la grange, en mettant les tiges près les unes des autres, & perpendiculairement. On donne à cette couche de grain, le nom *d'aifée*, parce que ce battage eft moins fatiguant que celui du froment & du feigle. Alors on bat par-tout, en allant & en revenant. Cette première opération s'appelle *affommer*; le batteur, à caufe de l'épaiffeur du lit ou de l'aifée, qui émoufferoit les coups de fléau, emploie une verge qui a environ trois lignes de diamètre de plus que celle qui fert aux autres grains. Les plantes, de foulevées qu'elles étoient, font bientôt applaties; on retrouffe les bords de la couche avec la fourche, & on bat encore la totalité en allant & en revenant; ce qui fait quatre fois. Enfuite on enlève la furface pour la lier en bottes; s'étant trouvée la plus expofée au fléau, elle eft dépouillée de grains. On place à un bout de l'aire

ce qui refte pour le battre deux fois.; on le porte à l'autre bout, pour lui faire fubir la même opération : cette partie inférieure de l'*aifée*, eft, comme la première, battue quatre fois, non-compris ce qu'elle a éprouvé du battage de la partie qui la recouvroit.

Dans quelques cantons du Quércy pour battre les épis du maïs au fléau, on les laiffe à découvert, ou on les enferme dans des facs; le fléau ne détache pas tous les grains; mais on enlève le refte en frottant les épis fortement contre un morceau de fer anguleux.

Si on vouloit établir un ordre de grains, felon le plus ou moins de facilité, qu'ils préfentent pour être battus, il faudroit établir celui-ci pour une partie : 1.º le froment le plus difficile de tous, à caufe de la double bâle qui le retient; 2.º le feigle, 3.º l'avoine, 4.º les lentilles, 5.º les pois & vefces, 6.º l'orge, 7.º le fain-foin. Ces deux derniers font très-faciles à battre. Un batteur, en onze heures de travail, peut battre à net 90 gerbes de froment, & 144 de la manière, dont on bat pour affourrer les bêtes à laine; 72 gerbes de lentilles, qui donnent de la peine à caufe du tems qu'on paffe à les arranger dans l'aire; 108 gerbes d'avoine, 120 gerbes de pois & vefces, 154 gerbes d'orges; &c.

C'eft ordinairement le famedi, qu'en Beauce on nétoie les grains battus pendant les autres jours de la femaine, ou la veille du marché où l'on doit les vendre. On fe fert de cribles, de l'inftrument appellé *van*, & de l'action du vent même. Les cribles employés ont une forme plate & circulaire; ils font percés de trous, ou arrondis, ou alongés: il y en a quatre à trous arrondis, d'un diamètre plus ou moins grand. Celui à trous du plus grand diamètre fe nomme *paffoire*, parce que tout le grain paffe à travers & qu'il ne retient prefque que les bâles; celui qui le fuit s'appelle *alénière*. Il eft propre à laiffer paffer les *alènes*, c'eft-à-dire, la nielle des bleds. En retenant le gros froment feulement, le troifième crible que les ouvriers défignent, fous le nom de *bâtardière*, retient le petit bled & laiffe échapper les petites graines. Le plus fin de tous eft le *poudrier*; fon nom indique fon ufage. Un crible à trous alongés, dit *crible fendu*, eft deftiné pour l'orge, l'avoine, les pois & vefces, & même pour le froment quand il a été échaudé & retrait, ou quand il eft mêlé de *droue*. On trouvera plus de détails à l'article *crible*. Je renvoie à l'article *van*, pour la defcription de cet inftrument.

Quand on veut nétoyer du froment ou du feigle, on commence par mettre fucceffivement dans la paffoire, tout le produit du battage. Avec un léger mouvement circulaire, on fait tomber fur l'aire tout le grain, mêlé de gros, de petit, & de graines. On n'épuife pas ce que contient la paffoire, pour ne point laiffer paffar de grains couverts de leurs bâles. Mais ce qui se trouve dessus est mis dans le van, à l'aide duquel on chasse les bâles non adhérentes ; car il en reste d'adhérentes & il reste des épis même ; aussi cette première partie est-elle conservée pour être battue dans la suite, à l'époque où ces bâles se sépareront facilement des grains qu'elles contiennent. Il arrive même que cette quantité d'épis & grains couverts de bâles, sur une sole de 100 arpens, peut donner 10 à 12 septiers de bon grain. Les derniers débris sont pour les chevaux. Tout ce que la passoire laisse échapper est jeté au vent. Dans la Beauce, on appelle cela jetter *à la roue*, par ce qu'on fait décrire une portion de cercle, au grain lancé avec la pelle, afin qu'il soit plus long-tems exposé à l'action du vent ; les aires des granges ont ordinairement une fenêtre en face de la porte, par où il s'établit souvent un courant d'air rapide. Dans une absence totale du vent, ou quand l'aire est obstruée par des tas de gerbes, comme il arrive dans une année abondante, le Batteur qui n'a que peu de place, fait avec l'instrument appellé *van*, ce qu'il fait faire au vent, dans toute autre circonstance. Pour jetter au vent, il faut un espace de 12 pieds au moins de largeur sur 18 à 20 de longueur. Le vanage exige plus de peine & plus de tems, & le grain en est moins propre.

Dans le grain jetté au vent, il se fait un triage. Le plus gros & le plus net se place dans la partie la plus éloignée du batteur ; il est le plus capable de vaincre la résistance du vent. Le plus léger & le plus impur se trouve rassemblé du côté du batteur ; c'est-là sur-tout qu'il y a le plus de bâles & de poussière. On se contente de cribler la première sorte, à l'aléniere, & ce qui en tombe à la bâtardière & au poudrier ; tandis qu'il faut vanner la dernière sorte, avant qu'elle subisse ces différens criblages. Dans chaque vannée, un homme peut mettre un boisseau & demi de froment. Soit qu'on vanne, soit qu'on crible, on ôte à la main les grains couverts de bâles, qui se rassemblent sur le dessus, dans les mouvemens de l'instrument. Quelques fermiers conservent, plusieurs mois, sans le nétoyer, le froment tel qu'il sort de dessous le fléau ; il y en a même qui le laissent un an dans cet état ; alors il se nétoie mieux ; aucune bâle ne reste adhérente aux grains ; mais il faut le garantir de l'humidité, qui le fait fermenter.

On nétoie le seigle, l'orge, les pois, les vesces, les lentilles, &c. comme le froment. L'avoine exige un peu plus d'attention ; quand la plupart de ses grains sont gros, on la jete au vent & on sépare celle qui est sur le derrière du monceau de celle qui est sur le devant, pour former deux sortes d'avoines. Mais s'il n'y a que la moindre partie de gros grains, & que le plus grand nombre soit de l'avoine légère, on vanne la totalité, au lieu de jetter au vent ;

encore a-t-on soin de tenir le bord du van un peu plus relevé, afin qu'il ne tombe pas trop d'avoine avec les bâles. Les pois & les vesces sont les grains qui se nétoient le mieux & le plus facilement.

Telle est la manière de battre les grains au fléau, & de les nétoyer dans la Beauce. Celle des autres provinces n'en diffère que parce que le battage se fait en plain air, ou parce le fléau n'est pas tout-à-fait le même, ou parce qu'on ne frappe pas autant les grains, ou parce qu'on les nétoie avec d'autres cribles.

Battage par les pieds des animaux.

Dans les pays où l'on emploie cette manière de séparer les grains, les glaneuses & les petits particuliers qui récoltent peu, se servent du fléau ; le foulage n'est pratiqué que dans les grandes exploitations. C'est cette manière de battre à laquelle on a donné plus particulièrement le nom de *Dépiquage*. M. l'Abbé Rozier, qui habite les provinces méridionales de la France, en a donné la description dans son cours complet d'Agriculture. Je la transcrirai ici toute entière.

« On commence par garnir le centre de l'aire par quatre gerbes sans les délier ; l'épi regarde le ciel, & la paille porte sur terre ; elles sont droites. A mesure qu'on garnit un des côtés des quatre gerbes, une femme coupe les liens des premières, & suit toujours ceux qui apportent les gerbes, mais elle observe de leur laisser garnir tout un côté, avant de couper les liens. Les gerbes sont pressées les unes contre les autres, de manière que la paille ne tombe point en avant ; si cela arrive, on a soin de la relever lorsqu'on place de nouvelles gerbes. Enfin, de rang en rang, on parvient à couvrir presque toute la surface de l'aire. »

« Les mules, dont le nombre est toujours en raison de la quantité de froment que l'on doit sacrifier pour cette opération, sont attachées deux à deux, c'est-à-dire, que le bridon de celle qui décrit le côté extérieur du cercle, est lié au bridon de celle qui décrit l'intérieur du cercle ; enfin une corde prend du bridon de celle-ci & va répondre à la main du conducteur qui occupe toujours le centre, de manière qu'on prendroit cet homme pour le moyeu d'une roue, les cordes pour ses rayons, & les mules pour les bandes de la roue. Un seul homme conduit quelquefois jusqu'à six paires de mules. Avec la main droite armée du fouet, il les fait toujours trotter pendant que les valets poussent, sous les pieds de ces animaux, la paille qui n'est pas encore bien brisée & l'épi pas assez froissé. »

« On prend, pour cette opération, des mules légères, afin que trottant & pressant moins la paille, elle reçoive des contre-coups qui fassent sortir le grain de sa bâle. »

N

« La première paire de mules eft plus rapprochée du conducteur que la feconde ; la feconde plus que la troifième, & ainfi de fuite. Chaque paire de mules marche de front, & ainfi quatre paires de mules décrivent huit cercles concentriques, en partant de la circonférence au conducteur, ou excentriques en partant du conducteur à la circonférence. »

« Ces pauvres animaux vont toujours en tournant, il eft vrai fur une circonférence d'un affez large diamètre, & cette marche circulaire les auroit bientôt étourdis, fi on n'avoit la précaution de leur boucher les yeux avec des lunettes faites exprès, ou avec du linge ; c'eft ainfi qu'ils trottent du foleil levant au foleil couchant, excepté pendant les heures du repas. »

« La première paire de mules, en trottant, commence à coucher les premières gerbes de l'angle ; la feconde, les gerbes fuivantes, & ainfi de fuite. Le conducteur, en lâchant la corde ou en la refferrant, les conduit où il veut, mais toujours circulairement, de manière que lorfque toutes les gerbes font aplaties, les animaux paffent & repaffent fucceffivement fur toutes les parties. »

« Pour battre le bled avec les animaux, il faut choifir un beau jour & bien chaud ; la balle laiffe mieux échapper le grain. »

Les mules ne font pas les feuls animaux qu'on emploie. On fe fert auffi des chevaux, des jumens, des ânes & des bœufs même.

Le Battage fe fait toujours en plein air ; ce qui a de grands inconvéniens, à caufe des pluies & des orages, qui durent plus ou moins de tems. On fe hâte, dans ce cas, de recouvrir de bâles & d'épis le froment battu ; mais il peut s'échauffer & s'altérer.

Dans beaucoup de pays méridionaux, foit qu'on y batte les grains en les faifant fouler, foit qu'on les batte au fléau, on les nétoie autrement que dans les pays du nord. Le procédé eft bien au fond le même ; mais il en diffère en ce qu'on fe fert d'un inftrument qui réunit l'action du vent ou le vannage & le criblage. Cet inftrument eft connu fous le nom de *tarare*, efpèce de crible. *Voyez* CRIBLE. J'ai vu dès fermiers en Picardie, dans l'Ifle-de-France & dans l'Orléanois, faire auffi ufage de ce crible, qui eft très-commode & permet de nétoyer des grains par toute forte de tems.

M. l'Abbé Rozier annonce qu'il en coûte 19 liv. 15 fols pour battre de cette manière quarante feptiers de froment, qui, d'après les poids qu'il indique, en forment 16 de Paris. Il s'eft affûré par des expériences, qu'il y a deux fols & quelque deniers d'économie par cent livres, à faire battre au fléau. Or, quarante feptiers font quatre mille livres, ce qui porte l'économie à un peu plus de quatre francs, & fait voir que le prix

du Battage au fléau dans les pays dont M. l'Abbé Rozier veut parler, fe rapproche beaucoup de celui des environs de Paris, où l'on donne feize francs à celui, qui rend année commune feize feptiers de froment battu. Il faut à un ouvrier de force moyenne dix jours pour battre cette quantité de grain. On fait que les gerbes en contiennent plus ou moins felon les années. *Voyez* le mot ABONDANCE.

Cette manière de battre le grain étoit en ufage dans l'Attique, fuivant la defcription abrégée, mais fuffifante, qu'en donne M. l'abbé Barthélemi dans le voyage du jeune Anacharfis, d'après Théocrite, Homère & Héfiode. *Voyez le Voyage du jeune Anacharfis*, pages 184 & 185, du 3.e volume, édition *in*-4.º

Le Battage par les pieds des animaux a plufieurs inconvéniens fuivans : premièrement les épis, fur-tout dans les Etés pluvieux, ne fe trouvent jamais battus parfaitement, en forte qu'on eft obligé quelquefois de les repaffer fous le fléau. 2.º La paille eft tellement hachée, qu'elle auroit de la peine à fe conferver long-tems & ne pourroit fervir à d'autres ufages qu'à la nourriture des animaux. 3.º Elle ne fauroit être propre ; & le grain eft, comme elle, fali d'urine & d'excrémens. Ces inconvéniens ont fait abandonner cette efpèce de Battage par quelques perfonnes, même dans les lieux où il eft en ufage de tout tems. Néanmoins on peut dire que c'eft la manière de battre la plus expéditive & par conféquent la plus avantageufe dans un pays où l'on auroit befoin d'accélérer ce genre de travail. Elle épargne des bras d'hommes ; ce qui peut être encore une confidération quant ils font rares, ou diftribués entre différentes occupations également preffées ; enfin ne pourroit-il pas fe faire que les tiges des fromens cultivés dans les pays chauds, étant fortes & dures, elles euffent befoin d'être brifées, comme en Amérique on brife la canne à fucre avant de la donner aux beftiaux. Dans ce cas, ce foulage feroit en même-tems une opération néceffaire pour la paille. Ce n'eft donc qu'aux cultivateurs des pays Méridionaux qu'il appartient de prononcer fur l'avantage de l'une ou de l'autre méthode. Encore eft-il bon d'obferver que ce qui convient à ceux d'un canton de la même province, ne convient pas à ceux d'un autre, s'ils fe trouvent dans des circonftances différentes. Ce qu'on peut affurer feulement, c'eft que le Battage par les pieds des animaux ne peut être adopté par les cultivateurs des pays du Nord de la France, parce que les grains adhèrent trop dans leurs bâles & qu'on a befoin de conferver la paille entière.

Battage à la herfe.

Cette méthode eft d'ufage dans le Levant & en Turquie, fuivant M. l'Abbé Rozier (Cours complet d'Agriculture) dont j'en emprunte la description.

« On bat le bled avec une espèce de herse, longue de dix à douze pieds, sur huit à dix de large. Sur la partie antérieure est fixée une boucle de fer pour attacher la corde qui doit servir à la traîner. Les bois du côté de la herse, ont quatre pouces d'épaisseur, ainsi que les traverses placées à la distance de huit ou dix pouces l'une de l'autre. Dans ces traverses, ainsi que dans leur encadrement, sont fixées des pierres dures & tranchantes & fort près les unes des autres. On attèle ensuite un ou deux chevaux, ou des bœufs, & un homme assis sur la herse conduit les animaux qui la tirent, & la promènent sur les gerbes couchées sur le sol de l'aire, préparé de la même manière que celui de nos aires. Si l'homme, monté sur la herse, trouve qu'elle n'est pas assez lourde, il met à côté de lui quelques grosses pierres, & la machine coupe & brise les épis, & en détache le grain. On dit cette méthode très-expéditive & comparable par ses effets au travail de dix Batteurs. »

Dans cette dernière méthode, on fait faire à la herse, armée de cailloux, ce que font les pieds des animaux dans la précédente. Les tiges y doivent être, pour ainsi dire, broyées. Pour la blâmer ou l'approuver, il faudroit en connoître mieux les détails, & savoir si elle remplit parfaitement le but qu'on se propose. J'observerai encore que les bleds de ces pays ont la paille dure & forte ; le Battage au fléau ne suffiroit pas pour l'attendrir assez. Les pailles des fromens des pays chauds sont plus savoureuses que celles des pays froids. On ne sauroit désapprouver un usage, qui les disposeroit à être mangées plus facilement par les animaux.

Battage au tonneau ou à la table.

On établit dans l'aire à peu de distance de la muraille, un tonneau ou une table, qu'on assujétit. Le batteur délie chaque gerbe l'une après l'autre, prend autant de tiges que ses deux mains peuvent en embrasser, & présentant les épis du côté du tonneau ou de la table, il frappe à grands coups, pour en faire jaillir tout le grain, qui se répand dans l'aire & en plus grande quantité entre le tonneau ou la table & la muraille. Si la paille est destinée à servir pour des liens ou pour les autres usages, dont j'ai parlé, on ne choisit que la plus belle & la plus longue. Quand les épis ont été frappés de tous les côtés sur le tonneau ou sur la table, le batteur prend la moitié des tiges dans chaque main, les tenant du côté des épis ; en les secouant fortement, il sépare les tiges courtes des grandes ; elles tombent dans l'aire pour y être battues au fléau. On réunit les grandes tiges, poignées à poignées pour en faire des gerbes, qu'on lie tout-autour en ajoutant un lien qui part d'un point du lien circulaire & se rend

à un autre, passant par la base des tiges ; en cet état, on les conserve pour l'usage.

Ce moyen est quelquefois employé pour obtenir du froment de semence pur. Dans ce cas, dès que les épis sont égrainés par le tonneau ou par la table, on jette dans l'aire les grandes & petites tiges, qu'on bat ensemble au fléau. On a soin de ramasser à part le grain tombé auprès du tonneau ; ordinairement il est presque pur. On lui fait subir plus ou moins de criblages ou après l'avoir vanné, ou après l'avoir jeté au vent. Celui, qui résulte du Battage au fléau, a besoin de plus de précautions, parce qu'il est mêlé de grains cariés & de toutes les mauvaises graines qui étoient dans les gerbes.

Battage aux baguettes.

Dans le champ même où on a récolté, soit de la navette, soit de la moutarde, soit toute autre graine menue, on place de grandes & fortes toiles ; on y apporte les tiges des plantes, au moment du jour le plus chaud ; avec des baguettes, on frappe sur les enveloppes qui contiennent la graine, pour la faire sortir. Les tiges ensuite sont emportées à part, ou pour être brûlées, ou pour être converties en fumier. Il y a des cultivateurs qui nétoient la graine sur-le-champ, en la passant d'abord à un crible, qui la laisse échapper toute & ne retienne que les enveloppes, dont on se débarrasse ; ils la ramassent pour la mettre dans un crible plus fin que le poudrier dont il a été question plus haut. D'autres cultivateurs, contens d'avoir battu les plantes sur place, transporter la graine pour la nétoyer, ou dans l'aire d'une grange ou dans un grenier.

On demande lequel est le plus avantageux de battre les grains aussi-tôt qu'ils sont récoltés ou de différer le Battage jusqu'en hiver. C'est comme si on demandoit pourquoi dans les provinces Méridionales de France, on bat immédiatement après la moisson, & pourquoi dans les provinces Septentrionales, on réserve la plus grande partie des grains pour les battre en hiver ou pendant tout le cours de l'année ; car, d'après le relevé de ma correspondance, je vois cette différence bien marquée. Dans les pays Méridionaux, presque personne ne retarde le Battage de son grain ; dans les pays Septentrionaux, les glaneuses & les particuliers qui ont besoin, ceux qui craignent que leur récolte, peu considérable, ne soit dévorée par les rats & les souris, & les fermiers qui veulent se procurer des semences ou vendre pour satisfaire à leurs engagemens, sont les seuls, qui se pressent de battre ; les autres ne commencent qu'après la Toussaints, & continuent quelquefois jusqu'à la Saint-Jean ; il y en a même qui conservent plusieurs années des meules sans les faire battre. Si j'interroge les habitans du Midi du Royaume, les uns répondront qu'on bat promptement dans leurs pays, afin de profiter de la chaleur du foleil qui facilite le Battage; les autres, que c'eſt pour prévenir les pluies d'automne qui incommoderoient d'autant plus qu'on bat en plein air; d'autres, que s'ils attendoient plus tard, le Battage fe trouveroit en concurrence avec des travaux inſtans; d'autres, que c'eſt pour économiſer les granges; d'autres, pour avoir de la paille à donner aux beſtiaux dans un moment où ils manquent de nourriture, leur ſubſiſtance étant aſſurée dans une ſaiſon plus avancée; d'autres, & ces derniers ſont les plus nombreux, diſent que la néceſſité, dont la loi eſt preſſante, exige que le plutôt poſſible on tire parti d'une récolte attendue avec impatience. J'ajouterai à ces raiſons, qui toutes peuvent être fondées, qu'on ne battroit pas les récoltes avec autant de célérité, ſi les exploitations en grains étoient conſidérables. A la même queſtion les cultivateurs en grain de la Flandre, de l'Alface, de la Lorraine, de la Champagne, de la Picardie, de l'Iſle-de-France, de l'Orléanois, &c. répondront que leurs grains ont beſoin de ſuer dans les granges & dans les meules, pour ſe battre plus facilement, qu'ils n'auroient pas aſſez de bras pour faire l'opération en un mois de tems, qu'il leur faudroit des greniers immenſes, que les pailles non-battues ſe conſervent fraîches & conviennent mieux aux beſtiaux, auxquels il n'ont pas autre choſe à donner pendant l'hiver & le printems, &, l'on ne pourra s'empêcher d'applaudir également à leurs motifs. La queſtion paroîtroit devoir reſter indéciſe; mais, en y réfléchiſſant, on verra qu'on peut la décider, aſſurant qu'une des méthodes eſt avantageuſe aux provinces du Midi, & l'autre à celles du Nord. (*M. l'Abbé Tessier.*)

BATTANS. On appelle ainſi les deux valves ou panneaux qui forment les ſiliques ou gouſſes. (*M. l'Abbé Tessier.*)

BATTE. Morceau de bois plat en-deſſous & fixé en biais à l'extrémité d'un manche: les jardiniers s'en ſervent pour battre la terre des allées & la rendre unie. Les dimenſions de cet inſtrument ne ſont pas fixées, elles dépendent en grande partie de la nature du terrain. En général, moins la terre oppoſe de réſiſtance & plus on peut donner de largeur à la Batte; j'en ai vu de très-bonnes de deux pieds de long ſur un pied de large dans des pays ſablonneux, tandis que dans les terres fortes, on leur donne de 16 à 20 pouces de long ſur quatre ou cinq de large. On doit remarquer que c'eſt principalement la largeur qui diminue dans cette dernière eſpèce de terre, parce que les extrémités en longueur, ſe trouvant ſucceſſivement ſous le milieu de la Batte, recoivent une égale preſſion à leur tour. On ſe ſert ordinairement de la Batte un peu après les pluies, ou préférablement à leur approche pour effacer les gerçures que la ſécherefle a pu occaſionner, & les trous que les vers de terre pratiquent pour

ſortir. Lorſque les allées ſont ſablées, cet inſtrument devient inutile.

On néglige aſſez généralement de battre la terre des paſſages qu'on laiſſe entre les planches, cependant ce ſoin feroit beaucoup pour le coup-d'œil, ſans nuire aux plantes qu'on cultive. (*M. Reynier.*)

BATTE-beurre, Batte à beurre. C'eſt la même choſe que Baratte. *Voyez* LAIT. (*M. l'Abbé Tessier.*)

BATTEUR. Ouvrier qui bat le grain, ſoit à l'air, ſoit dans la grange en été ou en hiver. Dans une grande partie de la France, ce ſont les mêmes hommes, qui coupent les grains, les battent & les nétoient, auſſi-tôt après la moiſſon. Cet uſage a lieu chez les cultivateurs des provinces méridionales, dont les récoltes ſont peu conſidérables; il y a cependant quelques pays, où les moiſſonneurs ſont diſtingués des Batteurs. Dans les grandes provinces à grains, telles que la Picardie, l'Iſle-de-France, l'Orléanois, &c. on voit des hommes qui ſe conſacrent à battre dans les granges toute l'année. Je ne répéterai point ici ce que j'ai dit au mot *affannures* des conventions, qui ſe font entre les Batteurs & les fermiers; *Voyez* AFFANNURES. Tout les métiers ſans doute exigent une ſorte d'intelligence & du ſoin. Il en faut au Batteur de profeſſion pour exécuter à l'avantage de ſon maître toutes les parties du battage détaillées au mot *Battage.* Il doit avoir égard à l'humidité ou à la ſéchereſſe de l'air, à l'expoſition de ſa grange, à l'état, où les grains ont été entaſſés dans les granges & dans les meules; il doit profiter du tems le plus favorable pour vanner, jeter au vent, cribler; il doit enfin retirer des plantes tout ce qu'on deſire qu'il en retire, mettre les grains en état de ſe bien conſerver dans les greniers, & ſoigner les pailles deſtinées à la nourriture des beſtiaux.

Le battage au tonneau eſt le plus pénible; il exige de la part de l'ouvrier un effort conſidérable; toutes les parties de ſon corps ſont en action & dans une attitude ſouvent gênée.

Pour être en état de battre au fléau même, il faut être robuſte & ſur-tout avoir la poitrine fortement conſtituée. J'ai vu des ouvriers, incapables de continuer long-tems ce genre de travail, que j'ai été obligé de leur faire ceſſer. Toujours incommodés, lorſqu'ils battoient, ils ſe ſont bien portés, en devenant chartiers.

Quatre choſes peuvent incommoder un Batteur, la pouſſière, la carie, le charbon & la rouille. S'il bat du froment ou du ſeigle coupés à la faucille & rentrés à la grange ſans avoir été preſſés contre la terre par des pluies, il ne reſpire & n'avale que quelques débris de bâles; excepté dans le cas, où l'aire de la grange ſe détruiſant, il ſe détache à chaque coup de fléau de la pouſſière, qui ſe mêle au grain & qui s'en répare quand on le nétoie. L'avoine & l'orge, qu'on laisse audiner, *Voyez* ANDAIN, les pois & les vesces sont remplis de poussière, qui nuit à la respiration des Batteurs. Ils toussent, ils souffrent de la poitrine, ils devienent asthmatiques. La carie leur fait mal aux yeux, à la gorge, au nez; elle les dégoûte & les empêche de manger assez pour réparer leurs forces. Ils n'éprouvent du charbon d'autre incommodité que celle que leur occasionne la poussière. La rouille, sur-tout celle des pois & des vesces, est pour eux une sorte de caustique, qui leur corrode le tour des yeux, l'intérieur de la bouche & du nez, les excite à éternuer & à tousser, & les rend mal à l'aise; quelques-uns même vomissent. Heureusement que la rouille des pois & vesces n'a pas lieu toutes les années, & n'attaque pas à-la-fois toutes les pièces de terres. Selon le degré de verdure où sont ces plantes, dans des brouillards secs, non-suivis de pluies, elles se rouillent plus ou moins facilement. (*M. l'Abbé Tessier.*)

BATTIS « Sorte de beurre, qui n'est pas de défaite, & que l'on destine aux domestiques en certains pays. » *Diction. économique.* (*M. l'Abbé Tessier.*)

BATTOIR. Espèce de batte à main, dont on se sert en jardinage.

Le Battoir est ordinairement formé d'une seule pièce de bois d'environ quinze pouces de long, sur huit de large & quatre d'épaisseur, dans laquelle on taille, à l'une des extrémités, un manche ou poignée de sept pouces de long & d'un pouce & demi de diamètre, arrondi avec soin & d'une grosseur égale dans toute sa longueur. Quelquefois aussi le manche est adapté au Battoir qui se trouve alors composé de deux pièces. La partie du Battoir destinée à servir de batte doit être plate & unie en-dessous, convexe & arrondie en-dessus.

Ces Battoirs sont employés pour poser le gazon & l'affermir, principalement sur les glacis, les canapés & les bancs que l'on établit en gazon. Ils servent aussi à le rendre égal & à l'unir lorsqu'il a été tondu; enfin on en fait usage dans tous les lieux où la batte à long manche ne peut être employée. (*M. Thouin.*)

BATTRE les gerbes; c'est ou frapper sur les gerbes de froment, de seigle, d'orge, &c. soit avec un fléau, soit avec des baguettes; ou prendre des poignées de tiges de ces plantes récoltées & les lancer avec force contre un tonneau ou une table, pour en tirer le grain qu'elles contiennent, &c. *Voyez* BATTAGE. BATTEUR. (*M. l'Abbé Tessier.*)

BATTRE du flanc, se dit des animaux, lorsqu'étant ésoufflés par une course, par un travail pénible, ou attaqués d'une maladie qui gêne la respiration, ils ont des inspirations & des expirations courtes & précipitées. On voit alors leurs flancs s'élever & se retirer par secousses. (*M. l'Abbé Tessier.*)

BATTRE. On se sert de cette expression dans trois sens différens.

On dit battre la terre, lorsqu'on se sert de la batte pour applanir les allées. *Voyez* BATTE.

On se sert aussi du mot Battre, pour exprimer l'effet d'une pluie d'orage sur la terre. *Voyez* BATTU.

On s'en sert aussi pour exprimer l'effet du vent sur les arbres qui sont exposés à son influence. *Voyez* BATTU.

Ces trois manières d'employer le verbe Battre ne s'éloignent en aucune manière du sens naturel de ce mot, aussi il est inutile d'entrer dans de plus grands détails sur ses diverses acceptions. (*M. Reynier.*)

BATTU. On se sert de cet adjectif dans deux sens différens.

On dit qu'un terrain a été Battu par la pluie, lorsqu'après un orage l'eau coule à sa surface, comme si elle avoit été durcie. Cet effet a lieu pendant les pluies d'orage qui tombent en grosses gouttes & succèdent à des intervalles de beau temps. L'eau n'a pas eu le tems de s'imbiber, & les gouttes frappant la surface avant que la terre soit détrempée, elle reste presqu'aussi séche qu'avant la pluie. Les feuilles des végétaux & les céréales sont très-souvent versées par ces orages; mais elles se rétablissent lorsque de longues pluies ne leur succèdent pas.

2. On dit également qu'un terrain a été battu par la grêle, lorsque la grêle a détruit ses productions, en tout, ou seulement en partie.

3. On dit qu'un arbre est battu par les vents lorsque n'étant pas abrité, il est exposé à toute leur violence. Un arbre qui est trop battu par les vents, rapporte rarement, parce que les vents froids du printems font couler les fruits, & que les vents d'été les font tomber. Le meilleur abri c'est de multiplier le nombre des arbres, alors ceux de lisière rompent l'effort des vents, & ceux du centre éprouvent les avantages d'une position aérée, sans être exposés à la trop-grande agitation de l'air. (*M. Reynier.*)

BAUDET, on donne communément ce nom à l'âne entier, à l'âne étalon. *Voyez* ANE. (*M. l'Abbé Tessier.*)

BAUDRIER de Neptune. *Fucus digitatus.* L. *Voyez* VAREC digité. (*M. Thouin.*)

BAVEUX. Les fleuristes disent que l'œil de l'auricule est *Baveux*, lorsqu'il ne tranche pas avec la couleur de la cloche, mais paroit se fondre sur les bords. C'est un défaut auquel les oreilles d'ours *bizarres* sont plus sujettes que celles d'une seule couleur, & les *farineuses* plus que les autres. *Voyez* ces mots. On doit toujours préférer pour graine les oreilles d'ours dont l'œil est net, à celles dont l'œil est Baveux, lorsque le coloris & le velouté sont égaux : les premières donnent plutôt des variétés pures que les autres. (*M. Reynier.*)

« BAUGE. C'est de la terre franche mêlée avec de la paille & du foin hachés. On pétrit ce mélange, on le courroie, & l'on s'en sert, où le plâtre & la pierre sont rares. Les murs sont ou de Bauge, ou de cailloux liés de Bauge. Ces derniers ne s'en appellent pas moins murs de Bauges. La plupart des chaumières ne sont pas construites d'autre chose. Quand la Bauge est soutenue par la charpente, comme dans les granges, les étables & d'autres bâtimens, cela s'appelle torchis, parce que cette charpente n'étant pour l'ordinaire qu'un assemblage de perches & de pieux lattés. Pour remplir & consolider cette espèce de grillage, on se sert de bâtons fourchus & de branches d'arbres qu'on enduit de Bauge & qui ressemblent assez alors à une torche ; on insère ces torches dans les entailles & ouvertures de la charpente ; quand le mur est plein, on le crépit du haut en bas avec de la Bauge pure & bien corroyée ; on l'unit avec la truelle, & l'on blanchit le tout, si l'on veut, avec du lait de chaux ; ce cloisonnage est de peu de dépense, & il est d'autant plus solide, que les palissons ou palats (c'est ainsi qu'on appelle les bâtons ou rameaux qu'on enduit de Bauge) sont plus courts, & par conséquent les perches ou pieux qui forment la charpente plus serrés : il ne faut point employer de bois verd dans cette manière de bâtir, car il se déjette, & donne lieu à des crévasses & à la chûte des murs. Que les palissons ou palats soient de chêne, que la terre soit bien délayée, & qu'elle soit en une pâte ni molle, ni dure ; voilà les conditions principales à observer dans la manière de faire & d'employer la Bauge. » *Ancienne Encyclopédie.* (*M. l'Abbé Tessier.*)

BAUGE, *Jardinage.* Espèce de mortier composé de terre franche corroyée & pétrie avec de la paille ou du foin haché.

Dans le jardinage, on fait usage de la Bauge pour enduire les parois des fosses destinées à recevoir le terreau de bruyère où l'on doit cultiver les arbustes & les plantes délicates. *Voyez* PLANCHES BAUGÉES.

On donne aussi le nom de Bauge à une autre sorte de mortier fait avec de la terre franche & de la bouse de vache. Celle-ci est employée plus particulièrement à envelopper les greffes nouvellement faites. *Voyez* GREFFES en fentes (*M. Thouin.*)

BAUHINE, *Bauhinia.*

Ce genre de plantes, à fleurs polypétalées, de la famille des *Légumineuses*, doit son nom au P. Plumier, qui a voulu par-là, perpétuer le souvenir des deux célèbres Botanistes, Jean & Gaspard *Bauhin.*

Les plantes, qui composent ce genre, ont des rapports avec les Casses & le Courbaril. Elles forment des arbres & des arbrisseaux exotiques, remarquables par leurs feuilles alternes, toujours partagées en deux lobes, plus ou moins profonds.

Les fleurs sont disposées en Panicules ou en grappes, qui terminent ordinairement les rameaux. Elles sont composées de cinq pétales oblongs ou lancéolés, insérés sur le calice, situés irrégulièrement & quelquefois même rangés d'un seul côté.

Le fruit est une silique, ou gousse, assez longue, ordinairement comprimée, a une seule loge, qui renferme plusieurs semences applaties, en forme de reins.

Les espèces que nous cultivons fleurissent dans l'été. Elles donnent même quelquefois du fruit, mais il ne vient jamais à maturité.

Espèces.

1. BAUHINE grimpante.
Bauhinia scandens. L. ♄ du Malabar, des Moluques & de l'Amérique méridionale.

2. BAUHINE épineuse.
Bauhinia aculeata. L. ♄ des Antilles & de la Jamaïque.

3. BAUHINE à lobes divergens.
Bauhinia divaricata. L. ♄

4. BAUHINE à lobes droits.
Bauhinia ungulata. L. ♄ de l'Amérique méridionale.

5. BAUHINE panachée.
Bauhinia variegata. L. ♄ de l'Amérique méridionale.

6. BAUHINE pourprée.
Bauhinia purpurea. L. ♄ de l'Inde, du Malabar & à la Vera-Cruz.

7. BAUHINE cotonneuse.
Bauhinia tomentosa. L. ♄ du Malabar, de l'Inde & à Campêche.

B. BAUHINE cotonneuse sans épines.
Bauhinia tomentosa inermis. Forsk. ♄ de l'Egypte.

8. BAUHINE glabre.
Bauhinia glabra. Jacq. ♄ de l'Amérique méridionale, aux environs de Carthagène.

9. BAUHINE à grappes.
Bauhinia racemosa. Lam. Dict. ♄ des Indes.

10. BAUHINE acuminée.
Bauhinia acuminata. L. ♄ des deux Indes.

11. BAUHINE de la Guiane. Vulg. l'Atimonta à feuilles dorées.
Bauhinia Guianensis. La M. Dict. ♄ de la Guiane Françoise.

B. Bauhine de la Guiane à petites feuilles. Vulg. l'Atimouta à petites feuilles.

Bauhinia Guianensis Microphylla.

12. Bauhine roussleâtre.

Bauhinia Rufescens. La M. Dict. ♄ de l'Afrique.

Description du port des espèces.

1. Bauhine grimpante. Cet arbrisseau s'élève très-haut, quand il trouve du soutien. Sa tige sarmenteuse, jette un grand nombre de rameaux qui s'entortillent autour des branches des arbres voisins, auxquels ils s'attachent encore par les vrilles dont ils sont pourvus.

Les feuilles sont en forme de cœur, larges de trois pouces environ, divisées profondément, dans leur partie supérieure, en deux lobes pointus, vertes & lisses en-dessus, nerveuses & un peu glauques en-dessous. Elles sont portées par des pétioles d'environ six pouces.

Cet arbisseau n'a point encore fleuri dans nos climats; mais, d'après les descriptions qui nous en ont été données, ses fleurs sont d'un blanc jaunâtre. Elles viennent par petits bouquets, ou grappes courtes, dans la partie supérieure des rameaux. Leurs pétales sont ondulés.

A ces fleurs succèdent des siliques applaties, pointues, qui renferment plusieurs semences rondes.

2. Bauhine épineuse. Il paroît que la hauteur de cet arbrisseau dépend beaucoup du climat, ou du terrein dans lesquels il est élevé. Elle varie depuis cinq à six pieds jusqu'à seize à dix-huit.

Sa tige se divise en plusieurs rameaux placés irrégulièrement, très-ouverts, & garnis, ainsi que la tige, d'aiguillons géminés, opposés, fermes, courts & crochus.

Les feuilles sont médiocrement divisées à leur sommet en deux lobes courts & arrondis.

Les fleurs sont grandes, d'un blanc jaunâtre, à pétales ovales-lancéolés & ondulés.

Elles sont suivies de siliques oblongues, pointues & comprimées, qui renferment deux ou trois semences.

Cette plante porte, en Amérique, les noms de *Savinier des Indes* ou de *Sabine* des Indes, noms qu'on lui a donnés à cause de son odeur forte, qui approche un peu de celle de la Sabine commune.

3. Bauhine à lobes divergens. Cet arbrisseau s'élève ordinairement à trois pieds, & rarement au-dessus de cinq ou six.

Ses feuilles sont ovales en cœur, fendues, presque jusqu'à moitié, en deux lobes un peu pointus & qui s'écartent l'un de l'autre.

Les fleurs sortent de l'extrémité des branches en panicules clairs, droits & coniques. Elles sont blanches & d'une odeur très-agréable.

Elles sont remplacées par des siliques cylindriques, longues d'environ quatre pouces, qui renferment quatre ou cinq semences rondes, comprimées & d'une couleur foncée.

4. Bauhine à lobes droits. Cette espèce a paru à M. de la Marck n'être qu'une variété de la précédente. Cependant on peut aisément l'en distinguer par la hauteur de la tige, la forme des feuilles, la longueur & la forme des siliques, & le nombre des graines qu'elles renferment.

L'espèce dont nous parlons ici s'élève jusqu'à vingt pieds. Sa tige se divise en plusieurs petites branches, garnies de feuilles oblongues, en forme de cœur, divisées en deux lobes parallèles & pointus, qui ont chacun trois côtes longitudinales.

Les siliques sont fort longues, étroites, comprimées, & renferment chacune huit ou dix semences un peu applaties.

5. Bauhine panachée. Elle s'élève jusqu'à la hauteur de vingt pieds. Son tronc a près d'un pied de diamètre & se divise en plusieurs branches fortes & très-étalées, formant une cîme touffue.

Ses feuilles, un peu plus larges que longues, sont en forme de cœur arrondi, échancrées à leur sommet, où elles forment deux lobes courts & obronds. Elles sont d'une consistance un peu coriace & ont, à leur surface inférieure, onze nervures bien distinctes.

Cet arbre porte des fleurs pendant presque toute l'année, & en plus grande quantité dans les tems pluvieux. Elles croissent en panicules clairs à l'extrémité des branches. Les pétales sont ovales pointus, couleur de rose, tachetés de blanc à leur bord & de jaune à leur base. Ces fleurs sont grosses & répandent une odeur agréable.

Les siliques sont comprimées, longues de six pouces, larges de trois & renferment chacune trois à quatre semences comprimées.

6. Bauhine pourprée. Cet arbre s'élève jusqu'à 25 ou 30 pieds; il forme plusieurs tiges irrégulières, qui se divisent en quantité de branches minces.

Ces tiges sont garnies de feuilles obrondes, en forme de cœur, fendues, souvent au-de-là de la moitié, en deux lobes arrondis & communémeur pliés l'un sur l'autre. Leur surface inférieure est blanchâtre & un peu cotonneuse, au moins sur les nervures.

Les fleurs sortent en épis clairs, à chaque nœud des ailes des feuilles, sur des pédoncules nuds. Elles sont purpurines & ont leurs pétales lancéolés, ouverts & distans.

Elles produisent des siliques longues, plus larges à l'extrémité qui est arrondie, & qui renferment chacune trois ou quatre semences comprimées.

7. Bauhine cotonneuse. Cet arbrisseau s'élève environ à douze pieds. Ses rameaux sont nombreux & ouverts horizontalement.

Les feuilles font obrondes & partagées, dans leur partie fupérieure, en deux lobes ovales-arrondis. Elles font vertes en-deffus, blanchâtres & un peu cotonneufes en-deffous, avec fept nervures, qui partent de l'extrémité de leur pétiole.

Chaque branche eft terminée par un long épi de fleurs, ce qui donne à ces arbriffeaux une très-belle apparence.

Ces fleurs font d'un blanc jaunâtre, campanulées & ont leurs pétales ovales.

Elles font remplacées par des filiques longues de quatre pouces environ, larges de quatre à cinq lignes, droites, pointues & légèrement velues.

La variété B. fe diftingue aifément de la précédente par le défaut d'épines.

8. BAUHINE glabre. Cet arbriffeau, farmenteux & grimpant, a une tige de cinq à fix pieds, de laquelle naiffent des branches fort longues, non-épineufes & garnies de petits rameaux alternes, qui, par la fuite, fe changent en vrilles.

Les feuilles font pétiolées, en cœur, obrondes, fendues jufqu'à moitié en deux lobes arrondis, & glabres des deux côtés.

Les pédoncules qui terminent les rameaux, foutiennent chacun plufieurs fleurs affez petites, d'un verd jaunâtre, & parfemées, à l'intérieur, de points pourpres.

Nous ne connoiffons point le fruit.

9. BAUHINE à grappes. Cette efpèce eft encore moins connue que la précédente. Elle paroît avoir beaucoup de rapports avec les *Bauhines* & furtout avec la *Bauhine cotonneufe*, N.° 7; cependant il femble que ce foit une efpèce de Courbaril.

10. BAUHINE acuminée. Sa tige s'élève à cinq ou fix pieds, peut-être même davantage. Ses feuilles, plus grandes que celles des autres efpèces, font portées fur de longs pétioles, beaucoup plus minces. Elles font ovales-oblongues & profondément découpées en deux lobes ovales-pointus, minces, très-glabres en-deffus, nerveufes, veineufes & garnies, en-deffous, d'un léger duvet.

Les fleurs viennent aux extrémités des branches, en grappes, qui ne portent chacune que trois ou quatre fleurs, dont la couleur varie. Sloane dit en avoir vu fur la même branche de rouges, de blanches, de veinées & de panachées.

Les filiques, de couleur brun foncé, font plates, glabres, longues de trois ou quatre pouces, un peu courbées, épaiffes, & à double rebord fur leur dos. Elles renferment cinq ou fix femences rondes & comprimées.

Le bois de cet arbriffeau eft fort dur & veiné de noir. C'eft ce qui l'a fait appeller par les habitans de l'Amérique *ébéne de la montagne*.

11. BAUHINE de la Guiane. Cette efpèce a de très-grands rapports avec la Bauhine grimpante,

N.° 1: elle en diffère par la forme de fes feuilles, qui, au lieu d'être fimplement découpées en deux lobes, font divifées, jufqu'à leur pétiole, en deux folioles diftinctes, longues d'environ un pied, vertes & glabres en-deffus, nerveufes & d'un jaune doré en-deffous.

Les feuilles de la variété B. font beaucoup plus petites.

12. BAUHINE rouffeâtre. Ses feuilles font de la même forme que celles de l'efpèce précédente, mais les folioles font plus petites, n'ayant quelquefois que cinq à fix lignes de longueur. Elles font demi-orbiculaires, très-obtufes, glabres des deux côtés, d'un brun rouffeâtre en-deffus & d'une couleur pâle en-deffous.

Culture.

Pour multiplier ces plantes, on eft obligé de faire venir les femences des pays où elles croiffent naturellement : car, quoique la plupart des efpèces que nous cultivons ici donnent des fleurs & quelquefois même des fruits, les graines n'y acquièrent jamais le degré de maturité propre à la reproduction. Ces graines doivent être envoyées dans leur gouffe, afin qu'elles fe confervent bonnes.

On les sème au printemps, dans des pots remplis de terre meuble & légère, qu'on enterre dans une couche de chaleur tempérée. Elles lèvent ordinairement au bout de fix femaines, & un mois après, elles font bonnes à tranfplanter. Cette opération demande de l'attention. Il faut bien prendre garde d'endommager les racines, ce qui nuiroit à la plante.

En féparant le jeune plant, on le met dans de petits pots remplis d'une terre fubftantielle, légère & marneufe, que l'on place dans une couche chaude. Il faut les abriter du foleil, jufqu'à ce qu'elles ayent formé de nouvelles racines; alors on renouvelle l'air, chaque jour, dans les tems chauds.

On les place, à l'automne, dans la couche de tan de la ferre-chaude, où on les traite comme les autres végétaux tendres & exotiques. Ces plantes demandent à être toujours arrofées pendant l'hiver.

Ufages.

Comme ces arbriffeaux fleuriffent fréquemment, que leurs fleurs ont une odeur douce, très-agréable, & qu'elles paroiffent pendant la plus grande partie de l'été, ils méritent d'occuper une place diftinguée dans la ferre-chaude, dont ils peuvent encore faire un des ornemens par la fingularité de leur feuillage & par leur verdure perpétuelle. (*M. DAUPHINOT.*)

BAUME, *Balfamum.* On ne donnoit autrefois ce nom qu'à l'arbre d'où découle le Baume, nommé

nommé en latin *Opobalsamum*, connu des Botanistes sous le nom d'*Amyris opobalsamum*, L. & en françois, sous celui de balsamier de la Mecque ; mais actuellement ce mot Baume est devenu un nom générique, sous lequel on comprend non-seulement le Baume de la Mecque ou de Judée, mais aussi tous les arbres & plantes qui donnent un suc propre balsamique, & qui, par leur odeur ou leurs vertus approchent plus ou moins de ce Baume. (*M. Thovin.*)

BAUME de Capahu. *Copaifera officinalis.* L. *Voyez* Copaier Officinal.

BAUME de Tolu. *Toluifera Americana.* L. *V.* Tolutier d'Amérique. (*M. Thovin.*)

BAUME frisé. *Mentha crispa.* L. *Voyez* Menthe frisée.

BAUME des jardins. *Mentha gentilis.* L. *Voyez* Menthe des jardins.

BAUME des salades. *Mentha sativa.* L. *Voyez* Menthe cultivée.

BAUME du Pérou. *Myroxylon peruiferum.* L. fils suppl. *Voyez* Myrosperme du Pérou.

BAUME du Pérou ou Lotier odorant. *Trifolium melilotus cærulea.* L. *Voyez* Mélilot odorant. (*M. Thovin.*)

BAUMIER de Giléad. *Amyris gileadensis.* L. *Voyez* Balsamier de Giléad.

BAUMIER de Giléad (faux) *Pinus Balsamea.* L. *Voyez* Sapin Baumier.

BAUMIER d'Egypte, de Syrie ou Baumier blanc. *Amyris opobalsamum.* L. *Voyez* Balsamier de la Mecque.

BAUMIER de Canada. *Populus balsamifera.* L. *Voyez* Peuplier Baumier.

BAUMIER de Judée. *Amyris opobalsamum.* L. & *Amyris Gileadensis.* L. *Voyez* Balsamier de la Mecque & de Giléad.

BAUMIER de la Mecque. *Amyris opobalsamum.* L. & *Amyris Gileadensis.* L. *Voyez* Balsamier de la Mecque & de Giléad.(*M. Thovin.*)

BAXANA.

Nous ne parlons ici de cet arbre que pour suivre l'ordre du dictionnaire de Botanique, auquel nous devons rapporter notre travail. Ce végétal est si peu connu que loin de pouvoir en donner une description complette, nous n'oserions pas même hasarder d'en présenter une simple notice.

Bauhin paroît être le seul Auteur qui en ait parlé. Dans son *Pinax*, P. 512, il l'appelle : *Albor, fructu venenato, radice venenorum antidoto.* Ainsi, suivant ce savant Botaniste, si le fruit de cet arbre est un poison, sa racine en offre le remède.

Cette particularité seroit, en effet, digne de remarque ; mais elle ne s'accorde nullement avec les observations des Voyageurs.

On lit, dans l'Histoire des Voyages, tom. II,

p. 641, que la racine, les feuilles & même le fruit de cet arbre, passent, dans toutes les Indes, pour un antidote assuré contre toutes sortes de poisons, tandis que, dans le voisinage d'Ormus, son fruit suffoque ceux qui en mangent, & que son ombre même y est mortelle, si l'on s'y tient seulement pendant un quart d'heure.

Attendons qu'un examen plus approfondi nous ait mis à apportée de fixer nos idées sur un végétal auquel on attribue des qualités si contradictoires. On présume que ce pourroit être une espèce de mancénilier. (*Dauphinot.*)

BAYADE ; nom donné, dans la vallée d'Anjou, à l'orge à deux rangs, dont le grain est couvert & qu'on seme au printems. *Voyez* Orge. (*M. l'Abbé Tessier.*)

BAYE d'hiver. C'est le nom qu'on donne, en Angleterre, aux fruits du *Prinos verticillatus.* L. *Voyez* Apalanche à feuilles de prunier. (*M. Thovin.*)

BAYE d'ours, raisin d'ours ou bousserolle. *Arbutus uva-ursi.* L. *Voyez* Arbousier traînant, N°. 10. (*M. Thovin.*)

BAYROUA. Nom Caraïbe du *Mimosa inga.* L. *Voyez* Acacie à fruits sucrés. (*M. Reynier.*)

BAZINAGE ; on donne dans quelques pays ce nom à une maladie des bêtes à laine, appellée Tournoiement, ou Tournis. *Voyez* Tournoiement. (*M. l'Abbé Tessier.*)

BDELLIUM ; gomme-résine produite par un arbre qui croit en Arabie, en Médie & dans les Indes.

Cet arbre est inconnu aux Botanistes. Pline dit qu'il est noir, de la grandeur d'un olivier, que ses feuilles ressemblent à celles du chêne & qu'il a le fruit du figuier sauvage. Lobel & Pena disent qu'ils ont trouvé parmi d'autres marchandises, plusieurs branches de cet arbre ; leur substance étoit solide, leur écorce dure, noirâtre & hérissée de plusieurs épines grossières. Forskhal pense que l'arbre du Bdellium est une véritable espèce d'*Amyris. Voyez* Balsamier. (*M. Thovin.*)

BEAU. Les florimanes ont abusé de cette épithète dans leurs catalogues ; elle se trouve à la tête de la plupart des noms qu'ils ont imposés aux variétés qu'ils cultivent. Ainsi, le beau roturier, le beau cramoisi, le bel inconnu, étoient des variétés d'œillet ; la belle d'Anvers, la belle Hélène étoient des tulipes, &c. Je crois devoir me dispenser de rapporter ici la liste de tous ces noms inventés par chaque amateur, & multipliés au gré de leur caprice. Un militaire avoit la nomenclature de tous les guerriers célèbres dans son jardin ; un galant de la vieille cour avoit celle de toutes les belles femmes ; un érudit, celle de tous les savans, & l'adjectif *Beau, belle* précédoit chacun de ces noms. La manie des fleurs ayant fait place à un simple goût, cette nomenclature, si importante au commencement du siècle, n'offriroit qu'une chronique inutile & dénuée d'intérêt. (*M. Reynier.*)

BERG-OP-ZOOM, nom d'une variété de laitue, à feuilles rondes, unies fur les bords, un peu lavées de rouge. Elle forme fa tête en très-peu de tems, & monte difficilement. Elle paffe l'hiver & réuffit dans toutes les faifons. (*M. Reynier.*)

BEAUGE. Nom d'une forte de mortier compofé de terre argilleufe & de paille hachée, dont on fe fert en jardinage. Voyez BAUGE. (*M. Thouin.*)

BEAU-LUSTRE des Parifiens. C'eft le *Verbafcum ramofum perenne Parifienfium. Tournef. Inft.* ou de *Verbafcum Parifienfe.* H. P. Voyez MOLÈNE. (*M. Thouin.*)

BEAUPRÉ. Variété de la tulipe dont la fleur eft blanche, panaché de rouge. P. *Morin, Remarques fur la culture des fleurs.* Voyez TULIPE. (*M. Reynier.*)

BEAU-PRÉSENT. C'eft une des nombreufes variétés du *Pyrus communis.* L. Voyez L'article POIRIER du dict. des arbres & arbuftes. (*M. Thouin.*)

BEAU ROULIER. Œillet blanc, panaché de larges bandes violettes : fa fleur eft grande, mais ne crève pas. Voyez ŒILLET. (*M. Reynier.*)

BEAUTÉ TRIOMPHANTE. Variété de l'œillet. Sa fleur eft petite, mais bien ouverte ; fes panaches font étroits, mais purs, de couleur rouge de fang, fur un fond blanc de lait. La plante eft vigoureufe. *Dict. univ. d'Agric. & de Jardinage.* Voyez ŒILLET. (*M. Reynier.*)

BEAUTÉ. Le *to Kalon*, le beau, l'effence de la Beauté ont fait dire bien des fottifes aux raifonneurs ; chacun l'a vu au travers de fes préjugés, & le *to Kalon* des pédans eft bien éloigné du *to Kalon* d'une jolie femme. Qu'eft-ce qui eft beau ? qu'eft-ce qui eft laid ? mille individus auront mille avis différens, & chacun fera perfuadé que fon beau eft le feul type, & que les autres font imaginaires ; auffi le fanatifme du beau, comme celui de la religion, tous deux également incompréhenfibles, ont agité les bancs de l'école & produit des factions fcholaftiques.

Il ne peut exifter un beau par effence, puifque la Beauté ne confifte que dans le jugement de celui qui voit, & dans un accord des formes qui plaît à fon imagination. Un Botanifte préfère une fleur fimple ; un florimane, une fleur double, & le type de la beauté n'eft pas le même pour ces deux individus, parce que le jugement qui préfide à leur goût eft différent. Un Italien s'extafie fur la voix artificielle du caftrat ; un François préfère la voix prononcée d'un homme.

Chaque art, chaque fcience ont néanmoins un type de Beauté, non point invariable, mais qui eft le réfultat du goût du plus grand nombre, & cette préférence, indiquée d'abord par quelques individus, s'étend par la raifon, fouvent auffi par le ca-

price ou par l'influence que cette perfonne avoit fur l'opinion de fon fiècle.

Lorfque Louis XIV admiroit Manfard & Le Nôtre, les François croyoient que les productions de ces efprits retrécis étoient des chefs-d'œuvre ; car alors les Rois étoient infaillibles ; c'eft l'anglomanie qui nous a ramené à des ornemens moins gothiques, & non ces ornemens qui nous ont fait admirer les Anglois, leurs réinventeurs.

Il me paroît que, dans la formation des jardins, il ne peut exifter que deux genres de Beauté, l'un la *Beauté de convention*, l'autre la *Beauté pittorefque.* La première, fruit du caprice, de la mode, ou de faux fyftèmes, ne confifte que dans un afferviffement exact aux principes qui ont été tracés. La feconde eft une imitation des chofes qui plaifent dans la nature ; elle n'eft le réfultat d'aucun principe, puifqu'elle dépend du lieu & des fites, & les loix qu'on effayeroit en vain d'établir, ne pouvant être que le réfultat d'obfervation, faites fur un certain nombre de pofitions, contrafteroient avec des pofitions différentes, & la nature feroit perpétuellement en oppofition avec les fyftèmes. Il eft cependant quelques principes tellement généraux, que le nombre des exceptions eft prefque nul. Perfonne ne les a tracés avec plus de jufteffe que M. de Girardin, dans fon traité de la compofition des payfages. Cet Ecrivain peint, avec les graces de la poéfie, les moyens d'embellir fa retraite ; il étoit en état de donner des règles ; puifqu'il a fait Ermenonville.

Beauté de convention. Beauté née d'un afferviffement minutieux aux règles que le caprice ou la mode ont dictés. Elle varie d'un fiècle à un autre ; elle eft différente dans tous les pays, fouvent même dans les diverfes claffes des Citoyens. Deux ailes égales & fymmétriques d'un bâtiment ; un parterre, dont chaque quarré préfente la répétition des broderies qu'on voit dans tous les autres ; des arbres taillés fous diverfes formes : voilà des Beautés de convention, qu'on a trouvées belles, parce qu'elles étoient de mode. Il en eft de ces produits d'une imagination déréglée, comme des modes des femmes. Une favorite a un défaut corporel, elle le mafque par une parure nouvelle, & toutes les femmes, qui n'ont pas ce même intérêt, l'adoptent & la croient belle, parce qu'elle eft de mode : cependant elle voile une de leurs Beautés. Lorfque Boileau, Manfard & Le Nôtre firent croire à Louis XIV qu'il pouvoit maîtrifer la nature, tous les François & leurs imitateurs la foumirent au compas, & rien ne put être beau, qu'après avoir reçu l'empreinte d'une régularité mathématique. Rien ne me paroît plus glacial qu'une de ces maifons de campagne à la Louis XIV ; des allées à perte de vue, qui coupent en parties égales un terrein décharné; des buis qui dessinent chaque carré en broderies; des formes gothiques; des ifs; des statues & des jets d'eaux: voilà le composé monstrueux où nos Ancêtres contemploient la Nature. A peine quelques fleurs & quelques arbustes osoient-ils paroître dans les massifs: des verres colorés, des coquilles, pouvoit mieux s'adapter aux tortillages des broderies, & la plupart du tems on les préféroit. Pour toute ombre, une allée ou des murs de charmille; aucun bosquet; le potager même étoit mis à l'écart, hors de la vue. Ces jardins avoient une Beauté de convention; on les croyoit beau, parce que, sous ce règne de gloriole, on croyoit beau tout ce qui excitoit une stupide admiration.

Des Bénédictins, possesseurs de l'Isle de Reichenau, dans le lac de Constance, ont imaginé de faire planter une charmille qui leur dérobe la vue du lac & des côteaux délicieux qui l'environnent. On peut appeler cela une Beauté de convention. En dernière analyse, le mauvais goût est presque toujours l'auteur de ce genre de beauté, puisque les ornemens, exigés par des règles que dicte le caprice, ne peuvent jamais être choisis par la raison.

Excepté l'exemple de ces moines, on peut remarquer, en général, que le goût des ornemens factices s'est conservé plus long-tems dans les pays où la nature offre peu de modèles, que dans ceux où elle déploye ses richesses. Les parterres en verre coloré & en coquillages excitent encore l'admiration de la plupart des Hollandois; tandis qu'en France & en Angleterre, on auroit peine à en trouver. Les jardins de Le Nôtre existent encore dans les maisons royales, parce qu'ils sont analogues à la vie de leurs possesseurs; mais la plupart des particuliers ont décoré leur habitation dans un goût plus moderne; ceux même qui vouloient prouver l'antiquité de leur famille, par celle de leur manoir, devenus François, vont préférer une demeure agréable à cet asservissement puérile.

Beauté pittoresque. On ne peut orner un terrein sans respecter les formes primitives du paysage. Une plaine, un vallon évasé, une gorge étroite, un côteau, un amphithéâtre, le sommet d'une colline, les bords d'une rivière, d'un lac, ou de la mer, exigent des ornemens particuliers. Il faut adoucir les formes trop sévères de la nature, ménager des oppositions de lumière & des repos à la vue. Trop de changement donnent nécessairement une apparence factice, qui efface l'impression agréable que la nature embellie, doit produire. Une forêt plantée ne prend, qu'après un très-grand nombre d'années, cet air antique, qui ajoute à sa Beauté réelle; lorsqu'on en possède une, on doit bien se garder de la couper, pour en plan-

ter une autre, parce qu'elle n'est pas dans la place où elle produiroit le plus d'effet. Et c'est ce qui rend si difficiles les règles générales sur les ornemens d'un paysage; car un plan, tracé sur un papier d'après ces règles, ne pourra jamais être exécuté dans toutes ses parties. Un Décorateur de paysages est comme un Décorateur de théâtre; il doit connoître quelques règles générales de perspective, & le goût doit le diriger dans leurs applications.

Un défaut assez général des Compositeurs de paysages, c'est qu'ils accumulent les ornemens. Un temple gothique ou étranger, dont tout l'ensemble annonce la nature cultivée, embellie par l'art, n'est souvent séparé d'une masure, qui porte tous les caractères de l'abandon, que par un sentier, qu'on a rendu long par des replis nombreux sur lui-même: mais l'œil perce au travers d'un bosquet rabougri, voit cet espace qu'on veut lui dérober & sourit aux efforts inutiles de l'art. Le but est manqué; celui de plaire, de faire subir successivement plusieurs impressions agréables; trop rapprochées, elles se confondent, ou font naître ce sentiment d'invraisemblance qui glace l'imagination. J'en ai rapporté des exemples sous l'article BASTIDE: je puis encore citer, près de Paris, un jardin du *Point du jour*, où un pont agreste & une colline de cinq pieds de haut, séparent la maison du grand chemin, au grand étonnement des spectateurs.

Les pays de plaine sont plus difficiles à orner que les pays irréguliers; la nature se prête moins à des formes variées, & les différens sites qu'on veut ménager, doivent être à une bien plus grande distance les uns des autres, pour être vraisemblables. De plus, les grandes masses y doivent être éloignées de l'habitation, pour arrêter la vue que l'uniformité d'un horizon sans bornes fatigueroit. Dans les pays irréguliers, au contraire, où l'on n'a pas de lointains, il faut accumuler les masses sur le devant du tableau, pour ménager une perspective & faire paroître l'éloignement plus considérable. Les masses dans un *paysage jardin*, sont les mêmes que dans un *paysage tableau*. Ce sont les mêmes règles, parce qu'elles découlent de celles de la perspective.

Tout concourt à l'ornement d'un paysage, ou plutôt on peut y faire servir tout ce qui existe, en le mettant à sa place. Les bâtimens, la ferme, la basse-cour, lorsqu'ils sont situés de manière à présenter des points de vue agréables, peuvent servir de décoration, comme un kiosc, un belvédère & autres constructions dispendieuses & inutiles.

Il existe un autre genre d'ornement, malheureusement trop prodigié dans les jardins, ce sont les jets d'eaux & les statues. Ces efforts de l'art, qui ne font naître aucun sentiment agréa-

ble, font tous bien placés dans les jardins artificiels, également la nature n'y exifle pas ; mais
on devroit les profcrire des jardins payfages. De
l'eau lancée, à grand frais, à quelques pieds de
terre, & des flatues fouvent groffières, qui ne
retracent que l'idée d'immobilité & de mort,
n'ajoutent aucun agrément aux lieux où elles fe
trouvent. Les belles flatues qui décorent Verfailles & les Tuileries, feroient mieux placées
dans une galerie deftinée à renfermer les chefs-
d'œuvre de la fculpture, que dans un jardin, où
elles font expofées à l'action deftructrice des
élémens. Un bel arbre y plaîra toujours davantage que les ouvrages de l'art.

On trouvera au mot PAYSAGE de plus grands
détails fur ce qui concerne les jardins naturels.
Voyez auffi JARDIN & PARTERRE.

Beauté d'une fleur. Autre genre de Beauté de
convention, puifque les caractères de Beauté
que les Florimanes établiffent, ne font pas les
mêmes que la nature paroît avoir deflinés.
Les fleurs qui rempliffent le but de leur exiftence, celui de reproduire l'efpèce, font fimples ;
celles que les Florimanes admiroient étoient
doubles ; actuellement les Fleuriftes, en donnant la préférence aux fleurs femi-doubles, ont
fait un pas vers la nature. Le bel œillet a peu
de pétales, il doit s'ouvrir de lui-même, &
fans créver ; fes graines font fouvent fécondes :
les anémones femi-doubles font dans le même
cas. Les tulipes & les auricules fimples font
préférées à celles qui ont un plus grand nombre
de pétales. C'eft plutôt la richeffe des panaches
& leur pureté, que la groffeur des fleurs, dont on
fait cas. Pour juger de l'importance que les
Florimanes du fiècle paffé mettoient aux règles
que leur ignorance avoit tracées, on peut voir,
à la Bibliotèque publique, un traité de la culture
de l'oreille d'ours, avec des notes manufcrites
de Lenglet Dufrefnoi. Jamais le fanatifme religieux n'a diftillé plus de fiel, qu'il n'en eft forti
de fa plume au fujet d'une fleur. Les ouvrages
contemporains font tous femblables. *Voyez* FLO-
RIMANIE. (*M. REYNIER.*)

BEAUVOTTES. Dans les environs de Mirecourt, en Lorraine, on donne ce nom aux vers
& aux charanfons. (*M. l'Abbé TESSIER.*)

BEAUX-HABITS. Quelques Fleurimaniftes fe
fervent de cette expreffion pour défigner une
fleur de tulipe, dont les panaches font quelquefois interrompus vers la moitié du pétale, &
reparoiffent avec leurs filets noirs fur les bords.
D'autres difent qu'une tulipe eft dans fes *Beaux-
habits*, lorfque fes panaches font d'un grand
brillant & que fes couleurs font plus vives &
plus foncées au-dedans de la fleur, qu'en dehors. Confultez l'article tulipe des jardins. (*M.
THOUIN.*)

BEAZARD. Bradeley donne ce nom à une
des claffes, fous lefquelles il divife les variétés

de l'œillet des jardins. Les Béazards font des
œillets panachés de quatre couleurs en raies.
Nouv. obferv. fur le Jardinage. Voyez ŒILLET.
(*M. REYNIER.*)

BECCABUNGA à feuilles rondes ou véronique aquatique. *Veronica beccabunga* L. *Voyez*
VÉRONIQUE AQUATIQUE. (*M. THOUIN.*)

BECCABUNGA à feuilles longues. *Veronica
anagallis aquatica* L. *Voyez* VÉRONIQUE MOU-
RONNÉE. (*M. THOUIN.*)

BEC de canne ; forte de pomme de terre,
Solanum tuberofum, ainfi nommée à Bourbonne-
les-bains, à caufe de fa forme. C'eft la même
qu'on appelle *corne* dans le pays Meffin. *Voyez*
POMMES DE TERRE dans ce Dictionnaire, &
MORELLE TUBÉREUSE dans celui de Botanique.
(*M. l'Abbé TESSIER.*)

BEC de canne. Epithette donnée par les
jardiniers, à *l'Aloe linguiformis lævibus*, qui eft
la variété B. de la 23.me efpèce. *Voyez* ALOÈS
BEC DE CANNE. (*M. THOUIN.*)

BEC de cicogne. *Geranium ciconium* L. *Voyez*
GÉRANION CICONIER, n.° 58. (*M. THOUIN.*)

BEC de corbin. (*Jardinage*) figure faite en
crochet ou en bec d'oifeau, qui entre dans la
compofition des parterres de broderie. (*Anc.
Encyclop.* (*M. THOUIN.*)

BEC de grue. Ancien nom d'un genre de
plante, nommé en latin *Geranium*. *Voyez*
GÉRANION. (*M. THOUIN.*)

BEC de grue (proprement dit.) *Geranium
gruinum* L. *Voyez* GÉRANION A LONG BEC,
n.° 37. (*M. THOUIN.*)

BEC de grue mufqué. *Geranium mofchatum* L.
Voyez GÉRANION MUSQUÉ, n.° 56. (*M. THOUIN.*)

BEC de pigeon ou pied de pigeon. *Geranium columbinum* L. *Voyez* GÉRANION COLUM-
BIN, n.° 11. (*M. THOUIN.*)

BEC de grue ordinaire. *Geranium cicutarium* L.
Voyez GÉRANION CICUTIN, n.° 54. (*M. THOUIN.*)

BEC de grue herbe, à Robert. *Geranium Ro-
bertianum* L. *Voyez* GÉRANIUM ROBERTIN,
n.° 35. (*M. THOUIN.*)

BEC de grue fanguinaire. *Geranium fangui-
neum* L. *Voyez* GÉRANION SANGUIN, n°. 3.
(*M. THOUIN.*)

BEC de grue à odeur forte. *Geranium inqui-
nans* L. *Voyez* GÉRANION TACHANT, n°. 87.
(*M. THOUIN.*)

BEC de grue à feuilles marquées d'une zone, ou
géranion des jardiniers. *Geranium zonale* L. *Voyez*
GÉRANIUM des jardins, n.° 60. (*M. THOUIN.*)

BEC de grue à odeur douce pendant la nuit.
Geranium trifte L. *Voyez* GÉRANION TRISTE,
n.° 123. (*M. THOUIN.*)

BECHAR, inftrument de culture des environs
de Montpellier. C'eft la houe des vignerons. Il
eft à deux fourchons plats & pointus, & la bafe
en eft large. (*M. l'Abbé TESSIER.*)

BECHE. Inftrument dont on fe fert pour labourer

à la main des terres déja cultivées, ou pour défricher des terres qui ne sont point en culture. Il est composé d'un fer tranchant, droit, plus ou moins large & long, adapté à un manche de bois, dont la longueur varie selon l'espèce de bêche.

Dans les pays où le fumier reste entassé pendant un an, jusqu'à ce qu'il soit presque en terreau, la Bêche est encore employée à le couper par tranches & à le charger dans les tombereaux ou charrettes, qui doivent le porter aux champs.

On distingue plusieurs sortes de Bêches ; elles diffèrent entre elles par les dimensions & la forme du fer, & par la longueur du manche, qui, dans quelque-unes, a une petite main de bois à son extrémité d'en haut. Dans d'autres, il a, vers son extrémité inférieure, un support ou hoche-pied en fer, sur lequel l'ouvrier pose son pied, au lieu de le poser sur la partie large de la bêche. M. l'Abbé Rozier, (*Cours complet d'Agriculture*), décrit dix sortes de bêches, parmi lesquelles il place le trident ou fourche à trois dents. Vraisemblablement il n'a pas décrit toutes celles qui existent. Car rien n'est plus varié que les outils employés dans les différens pays pour un même ouvrage. *Voyez* le Dictionnaire des instrumens d'Agriculture.

La Bêche porte le nom *de pelle* dans beaucoup de pays, sur-tout celle qui est composée d'un manche uni, sans main, de trois à quatre pieds de longueur & d'un fer de huit pouces de largeur sur neuf à dix de longueur. Le manche & le fer sont assujettis ensemble par un clou qui traverse de part en part la douille & le manche. Cette espèce de Bêche est la plus ordinaire dans plusieurs provinces de France. D'autres emploient plus souvent celles, dont le manche armé d'une main, s'enchasse dans le fer par un prolongement, qui s'élargit. Le *lichet*, ou *luchet*, ou *louchet*, formé de deux plaques de fer minces, tranchantes, & réunies par le bas, ouvertes par le haut, pour y recevoir le manche, est la bêche du Comtat d'Avignon & du Bas-Languedoc. Il y a des *lichets*, qui ont un hoche-pieds ; il y en a qui n'en ont pas. (*M. l'Abbé Tessier.*)

BÉCHEN blanc. *Cucubalus behen. L. Voyez* CUCUBALE béhen, N.° 2. (*M. Thouin.*)

BÊCHER. On doit Bêcher profondément & à plusieurs reprises les jardins pour rendre la terre aussi meuble qu'il est possible. Cette augmentation de culture est nécessaire, si on desire obtenir des légumes d'une certaine beauté. La même planche offre souvent une succession de plusieurs récoltes dans le courant d'un été à chacune, il est nécessaire de labourer la terre pour la renouveller, & comme on répand beaucoup d'engrais sur les potagers, ces fréquens labours amènent

insensiblement toutes les couches de terre à la surface où elles acquièrent la faculté de s'en imprégner. Il est même assez vraisemblable que la seule exposition aux intempéries de l'air, est une espèce d'engrais, & les fréquens labours facilitent leur influence. (*M. Reynier.*)

BÉCHER les bleds. Opération par laquelle, à Saint-Brieux en Bretagne, on vuide les rigoles des sillons, six semaines après les semailles, pour rejetter sur ces sillons la terre meuble, qui a coulé & pour donner un écoulement plus facile aux eaux. (*M. l'Abbé Tessier.*)

BÉCHETONNER ; donner une façon légère aux haricots avec un instrument de fer, fourchu ou à deux dents d'un côté, & plein de l'autre ; c'est en même-tems les déchausser & les rechausser. Cette expression est d'usage dans le Poitou & l'Anjou. (*M. l'Abbé Tessier.*)

BÉCHIQUE. (plante) C'est le nom que l'on donne en Médecine aux végétaux qui sont employés pour la guérison des maladies de poitrine ou pour fortifier ce viscère. (*M. Thouin.*)

BÉCHON, instrument de fer, propre à biner à la main ; on s'en sert dans le Poitou. (*M. l'Abbé Tessier.*)

BÉCHOTTER ; donner à la main un petit labour « tous les mois aux orangers & autres arbres encaissés, afin de rendre meuble la terre, trop battue sur la superficie d'une caisse & afin que les arrosemens puissent pénétrer jusqu'aux racines de l'arbre. »

« Ce labour doit être fort léger, fait à la houlette autour d'un arbre encaissé, semblable à celui, que l'on appelle *binage* en fait d'entretien de bois & de pépinière. »

« On peut encore béchotter une planche de laitue, de chicorée, de fraisier, d'asperges, avec une serfouette ; ce qui ne produit toujours, qu'un petit labour. » *Ancienne Encyclopédie.* (*M. l'Abbé Tessier.*)

BECUIBA. (- NOIX DE)

Nom que l'ancienne Encyclopédie donne à une espèce de noix, de la grosseur d'une noix muscade, couverte d'une coque ligneuse & qui renferme une amande huileuse.

Nous ne connoissons point l'arbre qui produit cette espèce de fruit. On dit qu'il est commun au Brésil.

On met cette amande au rang des Balsamiques. (*M. Dauphinot.*)

BÉDEGUAR. On donne ce nom aux galles qui se forment sur les rosiers, sur-tout sur les rosiers sauvages. Elles fixent les regards à cause de leur forme chevelue, quelquefois relevée des couleurs les plus vives : c'est un cynips qui les fait naître, en déchirant l'écorce pour y placer ses œufs. On a attribué plusieurs propriétés au Bédeguar, les unes plus merveilleuses que les autres, elles fe réduifent actuellement à la ftipticité que ces galles partagent avec le plus grand nombre des excroiffances femblables. C'eft comme ftiptique qu'on les emploie pour arrêter les hémorragies.

Les Bédeguars fatiguent inutilement les rofiers, puifque la fève s'y porte avec affez de force pour produire une extravafion, fouvent d'un volume confidérable. Lorfqu'on voit qu'elles fe forment fur un rofier délicat, il convient de les enlever avant leur entier développement; j'ai obfervé que la fève reprend bientôt après fa première direction. Mais il feroit inutile d'avoir cette attention, pour les rofiers ordinaires, dont la force productrice répare les pertes qu'ils peuvent éprouver par les Bédeguars. (*M. Reynier.*)

BEDÉLIUM ou BDELLIUM. Efpèce d'*Amyris* fuivant Forskhal. *Voyez* Balsamier. (*M. Thouin.*)

BEDOIN. On appelle ainfi en Berry, le bled de vache. *Agroftemma githago.* L. (*M. l'Abbé Tessier.*)

BEDOUSI ; nom brame d'un arbriffeau du Malabar, dont le genre eft encore indéterminé & la famille inconnue.

. Cet arbriffeau s'élève à la hauteur d'environ huit pieds ; fa tige médiocrement groffe, relativement à fa hauteur, eft garnie dans prefque toute fa longueur, de rameaux grêles & difpofés fans ordre. Ses feuilles font alternes, ovales, entières, légèrement pointues, épaiffes, glabres, & portées fur des pétioles fort courts. Elles ont une odeur & une faveur aromatique.

Les fleurs très-petites font blanchâtres, hermaphrodites & fans odeur ; elles viennent en forme d'étoile dans les aiffelles des feuilles où elles fe trouvent réunies plufieurs enfemble, & forment de petits bouquets prefque feffiles. Elles ont un calice à fix divifions, des étamines nombreufes, renfermées dans la fleur blanche, avec des anthères jaunes & un ovaire fupérieur, furmonté d'un ftyle blanchâtre.

Les fruits font des baies ovoïdes, obtufes & à trois côtes, prefque blanches dans leur maturité, & dont la peau très-mince recouvre une chair molle & fucculente. Chacune de ces baies renferme trois femences dures & fphériques contenues dans une feule cavité.

Le Bédoufi croît en divers endroits de la côte du Malabar ; il eft toujours couvert de feuilles, de fleurs & de fruits. Cet arbriffeau paroît avoir des rapports avec l'*Anavinga. Voyez* Anavingue. (*M. Thouin.*)

BEEN ou BÉHEN, *Cucubalus behen.* L. *Voyez* Cucubale Behen, N.° 2. (*M. Thouin.*)

BEENEL ; nom Malabar du *frutex baccifer Malabaricus floribus umbellatis, fimplici officulo tetrafpermo,* de Rai. hift. 1557.

C'eft un arbriffeau qui s'élève à douze pieds de haut environ ; fa tige eft menue, & garnie vers le fommet feulement de branches placées irrégulièrement, qui lui forment une tête orbiculaire d'un afpect agréable.

Ses feuilles font oppofées ; en croix, ovales, oblongues, entières, un peu pointues, épaiffes, glabres, liffes & d'un vert noirâtre en-deffus, plus claires en-deffous, & portées fur des pétioles courts. Elles ont une odeur & une faveur aromatique.

Les fleurs d'une odeur fuave, font blanchâtres, hermaphrodites, difpofées en efpèce de corymbe & portées fur des pédicules qui naiffent dans les aiffelles des feuilles fupérieures & dont les ramifications font oppofées entre elles. Elles font ouvertes en étoiles, & ont un calice formé de quatre folioles pointues, vertes en-dehors & blanchâtres en-dedans. Les étamines font au nombre de huit ; elles entourent un ovaire fupérieur terminé par un ftyle fort court.

Le fruit eft une petite noix verte, globuleufe & tétragone, dont le brou un peu charnu, d'une odeur & d'une faveur aromatique, recouvre un noyau offeux, également tétragone, & à quatre loges. Chaque loge renferme une graine blanche & ovoïde.

Le Béenel croît dans les lieux fablonneux & montagneux du Malabar ; il eft toujours vert ; il fleurit & fructifie une fois tous les ans. On lui attribue plufieurs propriétés médicinales. Jufqu'à préfent, il n'a point été cultivé en Europe. (*M. Thouin.*)

BEET, BETE, *Beta. Voyez* Bette. (*M. Thouin.*)

BÉFAR. Befaria.

Genre de plantes à-fleurs polypétalées, de la famille des Rosages, qui paroît avoir quelques rapports avec les Cléthra.

Il comprend des arbriffeaux originaires de la l'Amérique méridionale, dont la plus grande hauteur n'excède guères douze pieds, mais qui fe font remarquer par la couleur éclatante de leurs fleurs, dont les unes font rouges ou incarnates, & les autres de couleur pourpre. Ces fleurs viennent en grappes, quelques-unes dans les aiffelles des feuilles, & le plus grand nombre à l'extrémité des rameaux.

Ces arbriffeaux n'ont point encore été cultivés en France. Nous ignorons le tems de leur floraifon & de la maturité de leurs fruits.

On en connoît deux efpèces.

Efpèces.

1. BÉFAR brûlant.
Befaria æftuans. L. ♄ du Mexique.

2. BÉFAR réfineux.
Befaria refinofa. L. ♄ de la nouvelle Grenade.

Description du port des espèces.

1. BEFAR brûlant. Cet arbrisseau s'élève environ à douze pieds. Ses rameaux font cylindriques & ouverts.

Ses feuilles, portées fur des pétioles très-courts, font irrégulièrement placées fur les branches, rapprochées les unes des autres, lancéolées, très-entières, liffes en-deffus & cotonneufes en-deffous.

Les fleurs naiffent en grapes, dans les aiffelles de feuilles & plus ordinairement à l'extrémité des rameaux. Elles font rouges, & leurs pédoncules, auffi longs que la fleur, font hériffés de poils.

2. BEFAR réfineux. Cette efpèce s'élève moins que la précédente, & fes feuilles font plus petites. Du refte, elle lui reffemble beaucoup.

Les fleurs font ramaffées à l'extrémité des branches, où elles forment des efpèces de bouquets courts. Elles font portées fur des pédoncules légèrement velus. Leur corolle eft purpurine & très-réfineufe.

Les fruits, dans les deux efpèces, font des baies féches, à fept angles, un peu applaties & à fept loges polyfparmes.

Culture. Ces arbriffeaux ne font point encore parvenus en France. Mais il paroît qu'ils font cultivés par les Anglois, & nous efpérons qu'ils ne tarderont pas à nous les communiquer.

Jufqu'à préfent, on ne les a élevés que de femences. On les envoie du pays dans leurs baies, avec la précaution de les enveloper de feuilles de tabac, pour prévenir le ravage des infectes, qui en mangeroient la plus grande partie dans la traverfée.

Ces plantes ne pourroient point fubfifter en plein air dans nos climats. Il faut néceffairement les élever dans la tannée de la ferre-chaude, qu'elles ne doivent jamais quitter.

Ufages. Ces arbriffeaux doivent faire un effet agréable dans la ferre par l'éclat & par la réunion de leurs fleurs. (*M. DAUPHINOT.*)

BEGONE, *BEGONIA.*

Genre de plante à fleurs incomplettes & irrégulières, qui comprend des plantes exotiques, qui, par leur port & leur faveur, femblent fe rapprocher des *ofeilles*; &, par leur fructification, paroiffent avoir des rapports avec le *fefuve* & les *tétragonelles.* Les fleurs font ordinairement toutes unifexuelles, & de deux fortes fur chaque individu, les unes mâles & les autres femelles. Quelquefois elles font d'un feul fexe fur chaque pied. La fleur mâle confifte en quatre pétales, inégaux, ouverts, ovales, & un peu en cœur, dont deux, oppofés, font plus grands que les deux autres, & en beaucoup d'étamines plus grandes que les pétales. La fleur femelle a quatre ou cinq pétales femblables à ceux de la fleur mâle

dont deux font plus petits que les autres; un ovaire inférieur à trois angles membraneux, ou munis d'ailes dont une plus grande. Cet ovaire eft furmonté tantôt de trois ftyles bifides, tantôt de fix ftyles fimples à ftigmates globuleux. Le fruit eft une capfule triangulaire à angles membraneux, ailés, & inégaux, divifée intérieurement en trois loges, & qui s'ouvre en trois valves. Chaque loge renferme des femences nombreufes & très-petites. Suivant M. Lhéritier, la Bégone eft un genre nombreux, & il y en a beaucoup d'efpèces cachées dans les herbiers: mais, en ne comptant que ce qui eft bien certainement connu, ce genre eft maintenant compofé de treize efpèces, toutes de la zone torride. Leurs feuilles font pétiolées, fouvent obliques, & celles des efpèces qui ont des tiges, font alternes.

Efpèces.

1. BÉGONE tubéreufe.

BEGONIA tuberofa. La M. Dict. ♃ des Indes orientales.

2. BÉGONE du Malabar.

BEGONIA Malabarica. La M. Dict. ⊙ du Malabar & de l'Ifle de Bourbon.

3. BÉGONE velue.

BEGONIA hirfuta. La M. Dict. ⊙ de la Guiane.

4. BÉGONE liffe.

BEGONIA glabra. La M. Dict. ♃ de la Guiane.

5. BÉGONE rampante.

BEGONIA repens. La M. Dict. ♃ de Saint-Domingue.

5. B. BÉGONE rampante glabre.

BEGONIA repens glabra. Begonia repens. B. La M. Dict. ♃ de Saint-Domingue.

6. BÉGONE à grandes feuilles.

BEGONIA macrophylla. La M. Dict. de la Martinique.

7. BÉGONE à feuilles rondes.

BEGONIA rotundifolia. La M. Dict. ♃ de l'Amérique méridionale.

8. BÉGONE à fleurs violettes.

BEGONIA urticæ. Lin. fil. fup. ⊙ d'Amérique.

9. BÉGONE ferrugineufe.

BEGONIA ferruginofa. Lin. fil. fup. ♄ de la nouvelle Grenade.

10. BÉGONE oblique.

BEGONIA obliqua. Lin. l'Hérit. ftirp. nov. fafc. 4, pag. 95. t. 46. de le utriufque autoris pleraque fynonyma. *Begonia caulefcens; foliis obliquè cordatis; carnofis, glaberrimis, patentibus; petiolis folio brevioribus; pedunculis folio longioribus, multifloris axillaribus floribus monoïcis, fœmineis pentapetalis.* ♄ de la Jamaïque.

11. BÉGONE herminée.

BEGONIA erminea. l'Hérit. ftirp. nov. fafc. 4, pag. 97. t. 47. *Begonia herbacea, foliis fub æqualibus, cordatis acuminatis, ciliato dentatis, fuprà caudato appendiculatis.* L'Hérit. ibid. ♃ de Madagafcar.

12. BEGONE naine.

BEGONIA nana. L'Hérit. ftirp. nov. fafc. 4. pag. 99, t. 48. *Begonia acaulis; foliis æqualibus, lanceolatis; fcapo fubtrifloro.* L'Hérit ibid. ♃ de Madagafcar.

13. BEGONE à huit pétales.

BEGONIA octo petala. L'Hérit. ftirp. nov. fafc. 4, pag. 101. *Begonia acaulis foliis cordato quinquelobis, inæqualiter dentatis; floribus mafculis octopetalis.* L'Hérit. ibid. ♃ des montagnes des environs de Lima au Pérou.

Defcriptions.

1. La Begone tubéreufe n'a point de tiges. fa principale racine eft une tubérofité épaiffe, arrondie, qui jette des productions latérales, charnues, rampantes, lefquelles produifent, de diftance en diftance, de petites racines fibreufes, qui s'introduifent dans les fentes des rochers fur lefquels cette plante croît. Sur cette tubérofité principale & fes productions latérales, naiffent les feuilles, & les hampes qui portent les fleurs. Les feuilles font en cœur oblique, inégalement dentées, prefque anguleufes, glabres, & ont de longs pétioles. Ces feuilles ont une faveur acide & agréable. Les fleurs viennent plufieurs enfemble au fommet de chaque hampe qui eft nue & grêle : elles font rougeâtres, & font, les unes mâles, & les autres femelles. Deux pétales, des fleurs mâles, font droits, & les deux autres ouverts. Cette plante croît naturellement dans les petites cavités & fentes des rochers efcarpés, fur les lieux montueux & de difficile accès.

2. La Begone de Malabar a des tiges herbacées, noueufes, fucculentes, rougeâtres; fes feuilles font en cœur très - oblique, inégalement crenelées, d'un vert luifant; leurs pétioles font courts & rougeâtres. Les pédoncules courts & rougeâtres naiffent dans les aiffelles des feuilles & portent chacun deux ou trois fleurs blanches. Ces fleurs font, les unes, mâles à quatre pétales, & les autres, femelles à trois pétales feulement. Le fruit eft pulpeux & fucculent. Cette plante croît dans les lieux pierreux & fablonneux du Malabar & de l'Ifle - de - Bourbon. Dans ce dernier pays, fon fruit eft plus alongé; & la plante s'y nomme vulgairement *ofeille fauvage.*

3. La Begone velue porte fes fleurs d'un fexe fur des individus féparés de ceux qui portent celles de l'autre fexe. Sa tige haute d'environ deux pieds eft cylindrique, rameufe, velue, charnue, rougeâtre. Ses feuilles font en cœur oblique, & leur côté le plus court eft auffi le plus étroit; elles font vertes, veinées de rouge,

un peu charnues, couvertes de poils courts, groffièrement crenelées, & à crenelures dentelées; elles ont, à leur bafe, deux ftipules en fer de lance, & denticulées. Les fleurs font blanches, à l'extrémité des tiges & rameaux, difpofées en panicules fur des pédoncules plufieurs fois fourchus; les fleurs mâles ont quatre pétales, & les fleurs femelles en ont cinq. Cette efpèce croît naturellement fur les rochers humides, & elle fleurit & fructifie en février. La faveur acide de fes feuilles & tiges l'a fait nommer vulgairement *ofeille des bois.*

4. La Begone liffe porte, comme la précédente, fes fleurs d'un fexe fur des individus féparés de ceux qui portent les fleurs de l'autre fexe. Ses tiges font noueufes, grimpent fur les troncs des arbres & pouffent à chaque nœud des racines menues, tendres & rameufes. Ses feuilles font liffes, vertes, en cœur, dentées. Ses fleurs font plus petites que celles de la plante précédente, & font verdâtres. Cette efpèce croît dans les forêts fur les troncs des vieux arbres, & contient un fuc acide.

5. La Begone rampante a fa racine rampante comme celle du chiendent, (*triticum repens.* Lin:) Elle pouffe des tiges noueufes, couchées fur terre, munies à chaque nœud de petites racines fibreufes. Ses feuilles font un peu plus grandes que la paume de la main, obliques de manière qu'elles n'ont qu'un feul lobe à leur bafe, crenelées, vertes en-deffus, avec beaucoup de nervures blanchâtres; chargées de poils courts, & rouges en-deffous. Suivant Plumier, les pétioles font auffi longs que les feuilles. De chaque aiffelle des feuilles s'élève un pédoncule long d'un pied & demi, ou davantage, qui eft terminé par un corymbe rameux, garni de fleurs les unes mâles & les autres femelles; leurs pétales font blancs & elliptiques; les femelles en ont fix. Cette efpèce croît dans le voifinage des ruiffeaux.

6. La Begone à grandes feuilles a fes tiges droites, cylindriques, glabres, noueufes, d'une hauteur médiocre. Ses feuilles ont prefque la grandeur & la forme de celles de la *Pétafite*; mais elles ont un des côtés de leur bafe qui fe prolonge comme une grande oreille; elles font charnues, d'une faveur acide, vertes & glabres en-deffus, blanchâtres & nerveufes en-deffous. Les fleurs font difpofées en corymbes rameux, un peu ferrés, à l'extrémité des tiges, les fleurs femelles ont cinq pétales, le fruit eft muni d'une grande aile qui femble tronquée en fon bord fupérieur. Cette plante croît fur le bord des ruiffeaux.

7. LA BEGONE à feuilles rondes n'a point de tiges; à moins qu'on ne regarde comme telles des manières de fouches épaiffes, charnues, cylindriques, chargées de petites écailles ftipulaires, perfiftantes, marquées, entre chaque paire

écailles, d'autant de cicatrices qu'ont laiſſées les anciennes feuilles. Ces ſouches ſont garnies, à leur ſommet, de pluſieurs feuilles arrondies, ou reniformes, quelquefois ombiliquées, légèrement crenelées, vertes & luiſantes, en-deſſus, blanches en-deſſous, ſoutenus par d'aſſez longs pétioles qui s'inſèrent les uns près des autres. Du milieu de ces feuilles s'élève une ſorte de hampe beaucoup plus longue qu'elles, qui porte à ſon ſommet des fleurs rougeâtres diſpoſées en panicule ombelliforme, chaque plante porte des fleurs mâles & des fleurs femelles. Cette plante croît ſur les rochers & troncs d'arbres.

8. La Begone à fleurs violettes a le port de l'ortie, & ne s'en diſtingue, au ſimple aſpect, que parce que ſes feuilles ſont obliques, comme celles de toutes les autres eſpèces de ce genre. Ses tiges ſont herbacées & diffuſes. Ses feuilles ſont doublement dentées & chargées de poils courts. Les pédoncules naiſſent dans les aiſſelles des feuilles, & portent chacun une petite fleur violette ; les fruits ſont velus & en fer de lance.

9. La Begone ferrugineuſe ſoutient mal ſa tige, qui eſt rameuſe & liſſe. Ses feuilles ſont en cœur oblique n'ayant qu'un lobe à la baſe, imperceptiblement crenelées, munies en-deſſous de très-petites écailles arrondies & colorées ; à la baſe de leur pétiole, ſont deux ſtipules reniformes, dont l'une eſt une fois plus petite que l'autre. Chaque individu porte des fleurs mâles & des fleurs femelles. Les fleurs ſont de couleur de ſang & diſpoſées en panicules dont les pédoncules ſont fourchus. Les fleurs femelles ont ſix pétales, dont trois ſont en fer de lance. Le fruit eſt dépourvu d'aîles membraneuſes.

10. La Begone oblique eſt un ſous-arbriſſeau dont la racine eſt ligneuſe, branchue, de couleur griſe obſcure. De cette racine s'élèvent pluſieurs tiges rameuſes, qui ſe ſoutiennent mal, ſont cylindriques, charnues, glabres. Ses feuilles ſont alternes, en cœur ovale, très-obliques, obſcurément dentées, à ſept nervures, ſavoir, quatre d'un côté de la nervure principale, & deux de l'autre côté, charnues, très-glabres, luiſantes, d'un beau verd, ouvertes, de quatre à cinq pouces de longueur ſur deux à trois pouces de largeur, portées ſur des pétioles trois fois plus courts qu'elles. De chaque aiſſelle des feuilles ſupérieures s'élève un pédoncule plus long que la feuille, pluſieurs fois fourchu, portant à ſon ſommet une grappe compoſée, lâche, courte, garnie de fleurs femelles en petit nombre avec des fleurs mâles en beaucoup plus grand nombre que les fleurs femelles ; chaque fleur a ſon pédoncule propre, eſt de couleur roſe & a environ un pouce de largeur. La fleur mâle a quatre pétales preſque égaux en longueur, dont deux oppoſés ſont plus étroits, & un grand nombre d'étamines très-courtes dont les filaments & anthères ſont jaunes. La fleur-femelle a cinq pétales, dont deux

plus grands, tous portés ſur le germe qui eſt à trois angles ailés, & ſurmonté de trois ſtyles bifides. Une des trois aîles de la capſule eſt plus grande que les deux autres. Cette eſpèce fleurit dans nos ſerres-chaudes en Juillet. Ses feuilles ont une ſaveur acide fort foible.

11. La Begone herminée eſt une herbe de ſix à ſept pouces de hauteur, dont la racine eſt orbiculaire, charnue, rouge à l'intérieure, fibreuſe à ſa baſe. Cette racine produit deux ou trois tiges ſimples, droites. Les feuilles ſont alternes, en cœur preſque ſans aucune obliquité ; bordées de dentelures inégales, fines, alongées & comme ciliées ; ſont très-glabres, d'un verd gai, terminées par une pointe très-alongée, & leur page ſupérieure eſt parſemée d'appendices en forme de petites dents ou de petites queues très-apparentes ſur les jeunes feuilles, & qui ſe fanent promptement. Suivant M. l'Héritier, ces appendices donnent à la ſurface de ces feuilles une apparence de peau d'hermine. M. Brugnière, Docteur en Médecine, qui a obſervé & recueilli cette plante, ainſi que la ſuivante, à Madagaſcar dans l'Iſle Maroſſe, penſe que ces petites protubérances, qui paroiſſent avoir un grand rapport avec celles qu'on obſerve communément ſur les feuilles de tilleul, ne doivent pas être diſtinguées de la ſubſtance des feuilles de notre plante, & en ſont des productions naturelles qui ne ſont cauſées par aucunes piquures d'inſectes. Les pétioles ſont preſque de la même longueur que les feuilles. Les fleurs viennent à l'extrémité des tiges, en corymbes, ſur leſquels les fleurs femelles en petit nombre ſont mêlées avec un beaucoup plus grand nombre de fleurs mâles. La fleur mâle à quatre pétales, & la fleur femelle en a ſix, dont trois plus grands. Une des aîles de la capſule eſt plus alongée que les deux autres. Cette plante croît naturellement ſur les rochers le long des ruiſſeaux.

12. La Begone naine eſt ſans tige. Sa racine eſt une petite tubéroſité preſque orbiculaire, charnue, rouge à l'intérieure, fibreuſe à ſa baſe. Les feuilles ſont en petit nombre, pétiolées, en forme de fer de lance, ſans obliquité ; pointues aux deux bouts, bordées de dents inégales fines alongées & comme ciliées, glabres, d'un verd gai, de quinze à dix-huit lignes de longueur, ſur cinq à ſix lignes de largeur. La hampe eſt de la longueur des feuilles, droite, & porte à ſon ſommet ordinairement trois fleurs dont deux mâles & une femelle, qui ont quatre à cinq lignes de largeur. Cette hampe eſt haute de cinq à ſix pouces. La fleur mâle a quatre pétales, & la fleur femelle en a ſix dont trois ſont plus longs & plus larges. La capſule eſt oblongue & une de ſes trois aîles eſt très-grande. Cette plante croît naturellement ſur les rochers & troncs d'arbres.

13. La Begone à huit pétales eſt auſſi ſans tige, ſa racine eſt une tubéroſité, pourpre à

l'intérieur, qui produit des feuilles dont la bafe eft en cœur fans obliquité, qui font divifées en cinq lobes profonds, inégalement dentées, nerveufes, veineufes, de fept pouces de diamètre, portées fur des pédoncules pubefcents plus longs qu'elles. D'entre ces feuilles s'élève une hampe droite de deux pieds de hauteur, pubefcente, qui porte à fon fommet beaucoup de fleurs larges d'un pouce & demi, & difpofées en corymbe. cette hampe eft divifée en trois branches, dont celle intermédiaire ne porte qu'une fleur qui eft mâle. Les fleurs femelles font mélées avec les fleurs mâles fur les deux branches latérales. Les fleurs mâles font en beaucoup plus grand nombre que les femelles. La fleur mâle a de fix à neuf pétales, le plus fouvent huit. La fleur femelle en a fix. Les pétales de chaque fleur font égaux ou prefque égaux. Cette efpèce a une faveur acide comme l'ofeille.

Culture.

L'efpèce, n.° 1, ne fe multiplie dans notre climat que par bourures, ou plutôt par œilletons; puifque cette efpèce n'a point de tiges, & qu'on ne peut donner ce nom aux productions charnues & rampantes qui naiffent latéralement de la principale tubérofité de fa racine, qui font de la même nature que cette tubérofité principale, n'en font que des protubérances prolongées qui ont un grand rapport aux ramifications charnues des principales racines des Iris non bulbeufes, de l'*acorus calamus* Lin., des Pivoines, de l'Anémone des Jardins, & autres plantes analogues. Ce font ces productions rampantes, qui peuvent feules fervir à multiplier cette efpèce. Pour y parvenir, on fépare avec foin pendant tout l'été, les plus faines & en même-tems les plus vigoureufes de ces productions; on a l'attention d'y conferver les racines fibreufes dont elles peuvent être garnies; on coupe ces productions par fragmens de quelques pouces de longueur qui foient bien fains & garnis au moins à l'extrémité d'yeux en bon état. On plante ces fragmens, de manière que les yeux, qui font à leur extrémité, foient à fleur de terre, fur couche-chaude, dans des pots remplis de terre très-légère, dans la compofition de laquelle on fait entrer au moins moitié ou même les trois quarts de terreau de bruyère. Ceux qui ne font pas à portée de fe procurer de ce terreau, pourront y fuppléer par une quantité un peu moindre de terreau de couche, pourvu qu'il foit le plus confommé qu'il eft poffible. On arrofe légèrement & affiduement, ces pots, & on les tient à l'abri des rayons du foleil, jufqu'à ce qu'on voye les plantes pouffer avec vigueur. Quand on juge qu'elles font fuffifamment pourvues de racines, on les plante chacune féparément dans un petit pot rempli de terre pareille à celle que je viens d'indiquer & qu'on place auffi-tôt dans la couche de tan de la ferre-chaude. On abritera les plantes des rayons du foleil jufqu'à ce qu'elles foient reprifes. Alors on ôtera les abris, & on traitera enfuite cette plante comme les plus délicates de la Zone Torride. Elle doit refter continuellement dans la tannée de la ferre-chaude. Pendant l'été, il faut l'arrofer fréquemment, mais lui donner peu d'eau à-la-fois, il faut lui donner de l'air frais chaque jour dans les temps chauds. En hiver, le degré de chaleur qui lui convient le mieux, eft celui qui eft requis pour les ananas, dans cette faifon il lui faut très-peu d'humidité : &, hors le tems de fa végétation, il convient de ne lui donner d'eau que lorfque la furface de la terre des pots paroît defféchée; & alors même il ne faut leur donner que très-peu d'eau à-la-fois. On mettra les plantes dans de plus grands pots lorfqu'elles auront fait affez de progrès pour en avoir befoin; lors de ces changemens, il eft important de ne pas les mettre dans des pots trop grands; on fait qu'en général les trop grands pots font très-nuifibles aux plantes qui doivent refter conftamment dans la tannée des ferres-chaudes, parce que les parois de tels pots font trop éloignés des racines des plantes, & ne peuvent, par cette raifon, leur communiquer affez promptment ni fuffifamment la chaleur de la couche. L'attention requife à cet égard, eft encore plus néceffaire pour la plante dont il eft ici queftion, que pour la plupart des autres, parce que fes racines font des progrès peu rapides; & encore parce que cette plante craint plus que beaucoup d'autres, l'excès d'humidité qui eft encore un autre inconvénient ordinaire des pots trop grands. Quelquefois, les pots qui contiennent cette efpèce, ou les plantes elles-mêmes y contenues, contractent de la moififfure, cela indique que fi on n'y porte remède, les plantes font en danger de périr, bientôt après, par la pourriture. Cet accident arrive à ces plantes, principalement lorfqu'on les a entretenues dans une trop grande humidité; lorfqu'on s'apperçoit de cet accident, il faut, en telle faifon que ce foit, changer auffi-tôt les plantes de pots; lors de ce changement pour cette caufe, il convient de retrancher environ un tiers de la motte, en ménageant la portion de cette motte qui paroîtra le plus remplie de racines faines. On remettra en place d'autre terre femblable à celle défignée ci-deffus, mais corrigée par l'addition d'un quart de craie, ou, à fon défaut, de pierre calcaire en poudre. On ôtera avec foin, tout le moifi que les plantes auroient pu contracter elles-mêmes, & on faupoudrera tous les endroits qui en auroient été tachés avec de la craie en poudre; enfuite on replacera les pots dans la tannée, on arrofera avec beaucoup plus de modération qu'auparavant; puis, fi c'eft l'Eté, on leur donnera, le plus souvent qu'il sera possible, de l'air nouveau ; mais si la moisissure contractée par ces plantes étoit un peu considérable, & qu'il y ait un commencement de pourriture, les plantes en cet état, sont en grand danger ; on peut essayer de les conserver en coupant & retranchant soigneusement jusqu'au vif, tout ce qui paroît être attaqué, en saupoudrant les plaies avec de la craie en poudre ; puis, si c'est l'Été, en faisant jouir les plantes de l'air & du soleil le plus que faire se pourra ; mais, si c'est l'Hiver, on ne pourroit rien faire de mieux que de transporter ces plantes dans une serre – chaude sèche, où il seroit possible qu'elles se refassent, en les plaçant avec des plantes grasses de la Zone torride.

L'espèce n.° 10, se multiplie par boutures ; pour y parvenir, on coupe pendant tout l'Été, des pousses de l'année précédente, par portions d'environ sept à huit pouces de longueur, on ôte une partie des feuilles, on taille le bas de ces boutures en bec de flûte, puis on les plante sur couche – chaude dans des pots remplis de terre pareille à celle indiquée pour la culture de l'espèce n.° 1 ; puis on administrera à ces boutures & aux plantes qui en proviendront exactement, la même culture que celle qui convient à l'espèce n.° 1. Ces boutures s'enracinent peu difficilement. Cette espèce se porte fort bien dans nos serres – chaudes & y fleurit chaque année.

M. Dombey a envoyé, il y a quelques années, des plantes de l'espèce n.° 13, au Jardin Royal. On les y a cultivées en terre légère, semblable à celle indiquée ci-dessus. On les a tenues constamment dans la tannée de la serre-chaude, mais jusqu'à présent cette espèce n'a végété que foiblement & n'a pas encore fleuri.

Les autres espèces de ce genre n'ont pas jusqu'à présent été cultivées en Europe ; mais il est à présumer que, lorsqu'on les y possédera, il faudra leur administrer la culture usitée dans les serres – chaudes pour les plantes délicates de la Zone Torride. On peut aussi présumer que les espèces, n.° 3, 5 & 6, seront plus difficiles à élever & à conserver que les autres, parce que le sol & le pays où nous savons qu'elles croissent, nous indiquent qu'il est très-probable qu'elles exigeront, dans nos serres, beaucoup de chaleur & d'humidité.

Usages.

L'espèce, n.° 1, est une herbe potagère employée très – communément dans les Indes orientales & à la Chine, tant par les naturels de ces pays que par les Européens, principalement comme assaisonnement. La saveur de cette herbe est, comme je l'ai dit, d'une acidité agréable. On la mange souvent mêlée avec la laitue. On s'en sert fréquemment pour assaisonner le poisson. Enfin on l'emploie, très-ordinairement, dans ces pays, à tous les usages auxquels sert l'oseille en Europe. On y en fait une espèce de confiture qui a du rapport avec notre oseille confite ; pour cela on fait cuire l'herbe dans une quantité suffisante d'eau de mer, & pendant qu'elle cuit, on l'agite avec un bâton jusqu'à ce qu'elle soit réduite en bouillie claire ; alors on passe le tout au travers d'un linge, & on le conserve dans des pots pour s'en servir au besoin. Cette sorte de confiture est une sauce toujours prête, très-usitée & très-agréable, sur tout pour assaisonner les alimens frits. On prépare aussi, dans ces pays, avec deux parties de suc de cette herbe & une partie de sucre, un sirop analogue à notre sirop de groseille & qui s'administre utilement pour appaiser la soif, & rafraîchir le sang dans les maladies inflammatoires. Le suc des feuilles est d'un usage commun, dans les Isles Moluques, & de la Sonde, pour nettoyer le fer quelque rouillé qu'il soit ; pour cela, il suffit de le laisser tremper dans ce suc pendant une nuit. On se sert aussi de ce suc pour donner une couleur bleue au fer. Ce suc est encore utile dans l'art de la teinture, & remplace à cet égard le suc de Limons. Les feuilles de l'espèce n.° 2, cuites dans l'huile, fournissent un liniment vulnéraire usité au Malabar. Les feuilles de l'espèce n.° 10, s'emploient par quelques-uns à la Jamaïque, comme herbe potagère, rafraîchissante ; celles de l'espèce, n.° 11, sont usitées à Madagascar en topique, sur les ulcères. La racine de l'espèce, n.° 13, est astringente. La plupart des autres espèces, étant acides & par conséquent rafraîchissantes, doivent être regardées comme des plantes précieuses pour les climats brûlants où elles croissent naturellement. Dans notre climat, les espèces n.° 1, 10 & 13, qui sont les seules qu'on y possède, tiennent une place dans les serres des Curieux & dans les écoles de Botanique. (M. LANCRY.)

BEHEN. Épithete donnée à une plante médicinale du Levant, connue sous-le nom de *centaurea behen* L. *Voyez* CENTAURÉE A FEUILLE DE CARTHAME n.° 12. (M. THOUIN.)

BEHEN, Bechen *ou* Been, *Cucubalus Behen.* L. *Voyez* Cucubale Been. n.° 2,

BEHEN rouge, *statice limonium* L. *Voyez* STATICE MARITIME. (M. THOUIN.)

BEJUCO, HIPOCRATEA.

Genre de plante découvert par Plumier, dans l'Amérique méridionale ; il n'est encore composé que d'une espèce.

BEJUCO grimpant.

HIPOCRATEA SCANDENS L. ♄ de Saint-Domingue.

Le Béjuco eſt un arbriſſeau qui grimpe & ſe ſoutient ſur les arbres qui ſont près de lui, ſans s'entortiller autour de leur tronc, & qui jette de longues branches cilyndriques, pliantes & garnies de rameaux oppoſés. Ses feuilles ſont oppoſées, ovales-lancéolées, légèrement dentées ſur leurs bords, un peu luiſantes & portées ſur de courts pétioles.

Les fleurs ſont petites, inodores, d'un jaune verdâtre, & diſpoſées en coymbes axillaires, ſur des pédoncules communément plus courts que les feuilles. Elles conſiſtent en un calice d'une ſeule pièce partagé en cinq découpures arrondies, en cinq pétales, plus petits que le calice, en trois étamines de la longueur de la corolle, en un ovaire ſupérieur porté ſur un diſque avec lequel il fait corps, & ſurmonté d'un ſtyle terminé pas un ſtigmate obtus.

Le fruit eſt compoſé de trois capſules, uniloculaires & à deux valves. Chaque capſule renferme environ cinq ſemences, munies chacune d'une aile membraneuſe.

Cet arbriſſeau croît à Saint-Domingue, à la Martinique & aux environs de Carthagéne dans l'Amérique ſeptentrionale.

Culture. Miller dir, dans ſon Dictionnaire, que les ſemences de cet arbriſſeau lui ont été envoyées de la baie de Campêche, par Robert Miller; qu'elles ont produit pluſieurs plantes qui ſe ſont conſervées en Angleterre pendant deux années, & qu'elles ſe ſont élevées à la hauteur de huit à dix pieds, en s'entortillant autour de leur ſoutien : les tiges étoient très-menues par leur baſe, & il paroît qu'elles ne ſont mortes que pour avoir été trop arroſées, parce que les racines ſe ſont trouvées pourries.

Cet arbriſſeau eſt très-délicat ; il doit être tenu conſtamment dans la couche de tan d'une ſerre-chaude, & demande très-peu d'arroſemens en Hiver. Il n'exiſte plus en Angleterre non plus qu'en France. (*M. Thouin.*)

BÉJUQUE. Nom que les Péruviens donnent à certaines lianes, ou peut-être ſeulement à l'eſpèce connue ſous le nom de Bejucco (*Hippocratea volubilis L.*)

Un des uſages les plus ſinguliers de cette plante, c'eſt pour former des ponts ſur les rivières trop larges, ou dont les bords ſont trop eſcarpés, pour y jetter des ponts : les Péruviens tordent alors quelques Béjuques qu'ils lient aux deux bords de la rivière & placent des branches au-deſſus ſur leſquelles on marche. Lorſque la route eſt moins fréquentée, on ſe contente de mettre une ſeule corde de Béjuque, ſur laquelle on gliſſe le voyageur dans un manequin de cuir. *Voyez* les détails de ces procédés dans l'hiſtoire générale des VOYAGES, tome 13, page 606. (*M. Reynier.*)

BELETTE, *muſtella*; petit animal redouté dans les baſſes-cours. Il a ſix pouces de longueur, depuis le bout du muſeau, juſqu'à l'origine de la queue,

& un pouce ou un pouce & demi de largeur. Il a ſix dents inciſives à chacune des machoires; &, à chaque pied, cinq doigts garnis d'ongles, ſéparés les uns des autres. Ses jambes & ſa queue ſont courtes, ſon muſeau eſt pointu, tout ſon corps eſt roux; mais ſa gorge & ſon ventre ſont blancs. On aſſure que le poil de ſon corps devient blanc quelquefois en hiver; c'eſt ſans doute dans les hivers très-rigoureux, ou dans les pays du nord. *Voyez* le Dictionnaire des Quadrupèdes.

La Belette met bas au Printems : elle fait ordinairement quatre ou cinq petits. Elle ſe loge dans des trous de murs, dans des piles de bois, dans des meules de paille & dans des trous ſous terre. C'eſt un animal ruſé, agile, ſauvage, très-hardi & très-courageux; il répand, ſur-tout dans les grandes chaleurs, une odeur forte. Sa petiteſſe lui facilite un paſſage à travers des fentes de portes & de fenêtres & par des crevaſſes de mur.

Les chaſſeurs ſe plaignent des dégâts que fait la Belette; auſſi la proſcrivent-ils & paie-t-on aux gardes la deſtruction de cet animal, qui ſuce les œufs des perdrix, des faiſans, & tue les perdreaux & les faiſandeaux. Elle attaque même les jeunes lièvres & les jeunes lapins, s'attachant à leurs têtes, dont elle ſuce le ſang; ſouvent les lièvres & les lapins ne pouvant s'en débarraſſer, l'entraînent avec eux, & finiſſent par ſuccomber ſous ſes efforts opiniâtres.

La Belette eſt la peſte des colombiers & des poulaillers. Elle n'y entre pas qu'elle n'y caſſe beaucoup d'œufs, ne tue beaucoup de petits & ne les emporte dans ſa retraite, pour s'en nourrir.

On dit que la morſure de la Belette eſt vénimeuſe, ſur-tout quand elle eſt irritée. Peu de gens s'expoſent à être mordus par cet animal, ainſi, on n'a pas de preuves de cette aſſertion. D'ailleurs la Belette ſeroit dans le cas de tous les autres animaux, qui font beaucoup de mal, lorſqu'il mordent étant en colère, & ils ſont toujours en colère, quand ils mordent.

La Belette eſt auſſi l'ennemi des moineaux, des rats, des ſouris, des chauves-ſouris. Peut-être fait-elle plus de bien à l'homme, en détruiſant ces animaux qui lui nuiſent, qu'il n'en reçoit de mal par le tort qu'elle fait dans ſa baſſe-cour. Mais on voit toujours le dommage & jamais on ne calcule les avantages. Au reſte, ſi on croit devoir prendre des moyens contre la Belette, voici ceux qui ſont en uſage.

On peut, quoique difficilement, la tuer, à coups de fuſil : on multiplie les pièges, tels que les quatre de chiffre & le traquenard; un œuf eſt l'appas le plus ſûr. On conſeille auſſi de mettre de la poudre de noix vomique, dans une pomme ou une poire bien mûre. L'expédient le plus aſſuré, eſt de fermer exactement les poulaillers & les colombiers, de viſiter ces endroits avec attention & de n'y pas laiſſer d'ouverture, par laquelle une Belette puiſſe paſſer. (*M. l'Abbé Teſſier.*)

BELIER, mâle de la brebis. *Voyez* BETE A LAINE. (*M. l'Abbé Tessier.*)

BELLADONE, ATROPA. L.

Genre de plante, de la famille des Solanées, qui comprend quatre espèces connues, réunies à cause de leur calice persistant, qui n'environne point la baie, comme dans les coquerets, & à cause de leur fleur en cloche & non évasée comme dans les morelles. Cette division est d'autant plus arbitraire que de ces quatre espèces, l'une est une plante sans tige, la seconde, une plante élevée, la troisième un arbre & la quatrième un arbuste.

Espèces.

1. La MANDRAGORE *ou* BELLADONE sans tige. *ATROPA Mandragora* L. 2L des montagnes de l'Europe méridionale & du Levant.

2. BELLADONE vulgaire. *ATROPA Belladona.* L. 2L des lieux ombragés de l'Europe tempérée.

3. BELLADONE à feuilles de nicotiane. *ATROPA arborescens.* L. ђ de l'Amérique méridionale.

4. BELLADONE d'Espagne. *ATROPA frutescens* L. ђ de l'Espagne.

1. Le MANDRAGORE *ou* BELLADONE sans tige. Les rêveries qu'on a débitées sur cette plante ont engagé bien des curieux à la cultiver : aussi se trouve-t-elle dans plusieurs jardins & particulièrement dans ceux de Botanique. Sa racine, que des cerveaux exaltés ont comparée à la partie inférieure de l'homme, ou même des Herboristes ont deviné des parties sexuelles, n'est qu'une racine charnue, semblable pour sa forme à celle des carotes, mais qui se partage quelquefois en deux ou trois cuisses. Il est surprenant que des planches coloriées, publiées en 1788 pour l'instruction d'un jeune Prince, présentent encore cette plante avec les attributs du sexe féminin. Cette racine donne naissance à plusieurs feuilles ovales, ondées sur les bords, d'un vert sombre, qui sont étalées en rose comme celles du plantain. Il naît entre ces feuilles des pédoncules très-courts, qui portent chacun une fleur en cloche, d'un blanc lavé de pourpre ; à laquelle succède une baie de la grosseur d'une pomme, de couleur jaune lorsqu'elle est mûre & pleine de semences.

Usage & culture. On ne cultive la Mandragore, que dans les jardins de botanique & dans ceux de quelques amateurs : son peu d'apparence & les soins qu'elle exige, l'excluent des jardins d'ornement. Dès que les baies sont mûres, il faut en séparer les graines & les semer sous châssis, dans une terre légère : lorsqu'on garde les graines jusqu'au printemps, elles réussissent moins bien. Les graines semées en automne poussent au printemps ;

on doit les laisser en place jusqu'au mois d'Août ayant soin de les sarcler fréquemment & de les arroser lorsque la terre est sèche : à cette époque on lève les jeunes plantes & on les met séparément dans des pots. Cette plante craint le froid & doit être mise pendant l'hiver dans l'orangerie : avec quelques précautions, elle dure très-long-tems & donne chaque année des fleurs ; Miller en a vu des pieds qui avoient près de cinquante ans.

Je pense qu'on pourroit adopter pour cette plante, la méthode que M. Parmentier emploie pour les pommes de terre, celle de faire fermenter les baies avant d'en extraire les graines ; si elle est praticable sur une petite quantité de ces fruits, elle pourroit accélérer la germination des graines. En général, cette plante ne peut exciter la curiosité, que par les contes dont elle est la cause.

2. BELLADONE vulgaire. Cette plante s'élève à la hauteur de trois à cinq pieds & forme une touffe régulière de grandes feuilles, dont le vert sombre produit un effet agréable. Les pédoncules sont uniflores & sortent à l'aisselle des fleurs : les fleurs sont pendantes, d'un rouge brun & en forme de cloche ; le fruit qui leur succède, est une baie noire, pleine de suc & de la grosseur d'un grain de raisin.

Usage. Cette plante, l'un des plus terribles poisons de l'Europe, devroit être proscrite des jardins. Toutes les années, les enfans & même des personnes âgées sont séduits par l'apparence de ses baies & paient de la vie cette curiosité. La beauté de cette plante, l'effet qu'elle produit dans un grand parterre, ne compensent pas le danger de la cultiver. On doit absolument la bannir de tous les jardins & ne la conserver que dans les écoles des Jardins botaniques.

Cette plante est très-facile à cultiver : les graines semées dans une terre humide, réussissent infailliblement & d'ailleurs la plante étant vivace, se conserve un certain nombre d'années.

La Belladone est employée extérieurement en Médecine, comme résolutive : elle est même plus efficace que la morelle dont elle a les qualités. Les fruits de cette plante donnent une couleur verte, mais peu fixe : elle n'est usitée que pour la peinture, M. Dambourney n'a pu la fixer sur la laine.

3. BELLADONE à feuilles de Nicotiane. Cette plante forme un petit arbre, que M. le Chevalier de la Mark compare, pour son ensemble, à un prunier. Les fleurs naissent en faisceaux à l'aisselle des feuilles, elles sont de couleur blanche avec leurs étamines saillantes.

Cette plante n'a pas encore été cultivée en Europe, on ignore par conséquent les soins qu'elle exige : comme elle est originaire de l'Amérique méridionale il faudroit la conserver dans les serres chaudes.

4. BELLADONE d'Espagne, petit arbrisseau de quatre à six pieds de haut, qui forme un buisson tortueux d'une forme peu agréable. Ses feuilles sont semblables à celles des espèces précédentes, en cœur à leur base & d'une proportion beaucoup plus petite. Les fleurs sont également à l'aisselle des feuilles, en faisceaux composés de moins de fleurs que ceux de l'espèce précédente, & portées par des pédoncules plus courts : les fleurs sont blanches & les étamines ne sortent pas de la corolle.

Cette plante, originaire de l'Espagne, ne peut pas supporter les hivers dans nos climats. On sème les graines au printemps sur couches ; lorsqu'elles ont germé & que les jeunes plantes ont poussé une ou deux feuilles, il faut sarcler la terre & arracher les mauvaises herbes. Au mois d'Août, lorsque les plantes ont acquis une certaine force, on les transplante dans des pots, que l'on a soin de mettre dans l'orangerie avant les premières gelées. Cette plante dure plusieurs années & fleurit vers la fin de l'été. (*M. Reynier.*)

BELLADONE des Isles ou des Antilles, *Amaryllis Belladona* ou *Amaryllis punicea*. La M. Dict. n.° 7. *Voyez* AMARILLIS ÉCARLATE, n.° 7. (*M. Thouin.*)

BELLADONE d'Été, *Amaryllis vitata* L. *Voyez* AMARILLIS D'ÉTÉ, n.° 13. (*M. Thouin*).

BELLADONE jaune de Madagascar. *Amaryllis Africana*. La M. Dict. n.° 17, *Voyez* AMARILLIS D'AFRIQUE, n.° 17. (*M. Thouin.*)

BELLADONE striée, *Amaryllis striata*. La M. Dict. n.° 18, ou *crinum Zeylanicum* L. *Voyez* AMARILLIS STRIÉE n.° 18. (*M. Thouin.*)

BELLE AGNÈS, œillet panaché de violet sur blanc : il est très-gros & sujet à crever., lorsqu'on ne lui laisse qu'un petit nombre de boutons. C'est une variété du *Dianthus caryophyllus* L. *Voyez* ŒILLET. (*M. Reynier.*)

BELLE CHEVREUSE, pêche de forme alongée & d'une belle grosseur. La fente ou coulisse est très-marquée & aboutit à un petit mamelon pointu : sa surface est souvent bosselée, sur-tout à l'insertion de la queue. La peau est jaune, nuancée de rouge dans les places exposées au soleil & couverte de duvet. La chair est jaunâtre d'une eau peu distinguée. La fleur est petite. *Voyez* AMANDIER. (*M. Reynier.*)

BELLEDAME des Italiens, *Amaryllis reginæ* L. *Voyez* AMARILLIS A FLEUR ROSE, n.° 6. (*M. Thouin.*)

BELLEDAME commune, *Atropa Belladona* L. *Voyez* BELLADONE VULGAIRE, n.° 2. (*M. Thouin.*)

BELLEDAME ou arroche, *Atriplex hortensis* L. *Voyez* ARROCHE DES JARDINS, n.° 14. (*M. Thouin.*)

BELLE de jour, *Convolvulus tricolor*. L. *Voyez* LISERON TRICOLOR. (*M. Thouin.*)

BELLE DE JOUR. Quelques jardiniers donnent ce nom à l'espèce d'hibiscus que Linné nomme *hibiscus trionum*. *Voyez* KETMIE TRIFOLIÉE, n.° 53. (*M. Reynier.*)

BELLE de nuit. On donne communément ce nom à la plante nommée par Linné *Mirabilis Jalappa*. *Voyez* NICTAGE du Pérou. (*M. Reynier.*)

BELLE de nuit du Mexique, *Mirabilis longiflora*. L. *Voyez* NICTAGE à longues fleurs. (*M. Thouin.*)

BELLE de Rocmont. On donne ce nom à une sous-variété du *prunus bigarella* L. ou cerisier, gros bigarreau rouge qui paroît la même perfectionnée par une culture mieux entendue. *Voyez* BIGARREAU & l'article CERISIER au Dictionnaire des Arbres & Arbustes. (*M. Reynier.*)

BELLE de Vitry, variété de *l'Amygdalus persica* L. Cette pêche est d'une belle grosseur, sa peau est teinte d'un rouge clair, marbré de pourpre & couverte d'un duvet blanc. Sa chair est ferme & d'un goût relevé ; mais elle doit être conservée pour cela pendant quelques jours dans la fruiterie. Elle mûrit en Septembre. *Voyez* à l'article AMANDIER, la division des pêchers dans le Dictionnaire des Arbres. (*M. Reynier.*)

BELLE feuille, *Phyllis nobla* L. *Voyez* PHYLLIS élégante. (*M. Thouin.*)

BELLEGARDE. C'est une pêche dont la peau est très-colorée & couverte de duvet : sa chair est ferme & d'un parfum agréable. *Voyez* AMANDIER. (*M. Reynier.*)

BELLEROSE, variété de la *Tulipa Gesneriana* L. dont la fleur est gris de lin, rouge mort & beau blanc. *P. Morin, Remarques sur la culture des fleurs. Voyez* TULIPE des ardins. (*M. Reynier.*)

BELLINCOURT, variété de la *Tulipa Gesneriana* L. dont la fleur est couleur de feu & blanc de lait. *P. Morin, Remarques pour la culture des fleurs. Voyez* TULIPE des jardins. (*M. Reynier.*)

BELLISSIME d'Automne, *Pyrus communis* L. *varietas*. Le feuillage de ce poirier est également retréci aux deux extrémités, la fleur est grande & bien ouverte. Le fruit est alongé, d'un beau rouge foncé du côté du soleil & d'un jaune lavé de rouge de l'autre. Il mûrit vers la fin d'Octobre. *Voyez* POIRIER. (*M. Reynier.*)

BELLISSIME d'Eté. *Pyrus communis* L. *varietas*. Le fruit de ce poirier est d'une belle grandeur, sa peau est lisse, d'un rouge très-brillant d'un côté, de l'autre jaune relevé de rayes rouges. Ce fruit, qui est très-beau, a l'inconvénient de se cotonner très-promptement : il mûrit en Juillet. *Voyez* POIRIER. (*M. Reynier.*)

BELLISSIME d'Hiver. *Pyrus communis variet*. Le fruit de cette variété du poirier est de la première grosseur, de forme arrondie, lisse, d'un beau jaune nuancé de rouge : il n'est bon qu'en compote. *Voyez* POIRIER. (*M. REYNIER.*)

BELLON, *BELLONIA.*

Genre de plante établi par le Pere Plumier, en l'honneur de Pierre Bellon, Médecin de Caën, qui a écrit sur les arbres conifères & qui a publié une Histoire des Plantes du Levant. Ce genre appartient à la famille des Rubiacées. Il n'est encore composé que d'une seule espèce qu'on cultive dans les serres-chaudes & qui est fort rare en Europe.

BELLON à feuilles rudes.
BELLONIA aspera L. ♃ de Saint-Domingue.

C'est un arbrisseau de dix à douze pieds de haut qui pousse plusieurs branches latérales, garnies de feuilles ovales, rudes & opposées ; les fleurs sont blanches ; elles viennent en corymbe branchu à l'extrémité des rameaux & quelques-unes dans les aisselles des feuilles supérieures. A ces fleurs succèdent des capsules arrondies & pointues, couronnées par le calice ; ces capsules contiennent beaucoup de semences arrondies & fort menues renfermées dans une seule loge.

Culture. Le Bellon se cultive dans des pots ; il aime une terre légère, sablonneuse & substantielle. Pendant l'Eté, des arrosemens fréquens, mais légers lui sont nécessaires ; l'Hiver il exige d'être rentré dans la serre-chaude & d'être placé sur une couche de tannée à une température de de dix à douze degrés ; pendant cette saison, il convient de ménager les arrosemens.

Cet arbrisseau se multiplie de semences, de marcottes & de boutures. Les semences doivent être mises en terre vers la fin de Mars, dans des pots placés sur une couche couverte d'un châssis. Si les graines ne sont pas de la dernière récolte il est rare qu'elles lèvent, parce qu'elles perdent leur propriété germinative, très-promptement & souvent dans l'espace de six mois. Lorsque le jeune plant est parvenu à la hauteur de deux pouces. On le repique dans des pots séparément, & on le fait reprendre sur une couche tiède & sous un châssis où il doit rester jusqu'à la fin de Septembre. A cette époque on le transporte dans la serre-chaude où il doit passer l'Hiver. Au Printemps, si les jeunes arbrisseaux ont profité pendant leur séjour dans la serre, & que leurs racines se trouvent gênées dans les pots, on les transplante dans des vases plus grands & on les place sous un châssis dont la couche donne une chaleur modérée. Ils peuvent rester à cette place pendant toute la belle saison, & n'ont besoin que d'être aérés pendant la chaleur du jour & arrosés suivant

leurs besoins. Ces arbrisseaux ainsi conduits, fleurissent vers la troisième année dans notre climat, & donnent quelquefois des graines qui arrivent à leur parfaite maturité. Lorsque les pieds sont forts, on peut les cultiver moins délicatement, il est même bon de les sortir de la serre & de les mettre à l'air depuis le commencement de Juillet jusqu'à la fin du mois d'Août, en ayant soin d'enterrer sur une vieille couche, les pots qui les renferment : & au lieu de les placer dans la tannée pour passer l'hiver, on peut les mettre sur les tablettes des serres-chaudes, en observant toutefois que le degré de chaleur de la serre ne descende pas trop souvent au-dessous de dix degrés.

Les marcottes se font au Printemps & pendant l'Eté. On se contente de coucher les branches en terre, sans les inciser, ni les ligaturer ; lorsqu'il ne leur arrive aucun accident & que l'individu qui les fournit est vigoureux, elles poussent des racines dans le courant de l'année & peuvent être séparées à la fin du printems suivant. Les pieds obtenus par cette voie de multiplication, exigent le même traitement que les jeunes plants.

Les boutures reprennent plus difficilement. On peut les faire en tout tems, mais il est préférable de choisir le milieu du printems & l'époque ou la sève commence à monter dans ces arbrisseaux. On choisit de jeunes rameaux de l'avant-dernière pousse ; après les avoir préparés à la manière ordinaire, on les plante dans des pots remplis d'une terre légère & substantielle & on les place sur une couche tiède, couverte d'une cloche ou d'un châssis. Ces boutures soignées avec les précautions requises & détaillées à l'article *Bouture*, reprennent dans le courant de l'année & peuvent être séparées au Printems suivant. Leur culture alors est la même que celles des jeunes plants venus de semences.

Usages. Toute la plante est un peu amère ; on lui attribue, en Amérique, des propriétés astringentes. Ici, cet arbrisseau peut servir à l'ornement des serres-chaudes, ses corymbes de fleurs blanches & sa verdure perpétuelle le rendent agréable. (*M. THOUIN.*)

BELLONE, *Bellonia. Voyez* BELLON. (*M. THOUIN.*)

BELNAUX (écon. rustiq.) Ce sont des espèces de tombereaux qui servent à la campagne au transport des fumiers dans les terres. Comme ils sont lourds, on leur préfère des charrettes. (*Ancienne Encyclopédie.*) *M. THOUIN.*)

BELO. (Ancienne Encyclopédie.) *Arbor palorum* Rumph. Amb. 3, pag. 98, tab. 65. *Caju belo* des Malays. Rumphe fait mention dans cet article de trois arbres ou arbrisseaux, dont deux sont désignés sous le nom de pieux blanc, l'un à petites feuilles & l'autre à feuilles larges ; & le troifième fous celui de pieux noir.

Les caractères de ces trois arbres ne font pas affez connus pour qu'on puiffe déterminer leur genre, favoir s'ils font congenéres & à quelle famille ils appartiennent. Ce font de grands arbriffeaux ou de petits arbres dont le tronc eft noueux, dur & folide. Leurs branches tortueufes, font couvertes de feuilles ailées ; leurs fleurs viennent fur de longs épis & elles produifent de petites noix verdâtres.

Le Belo croît dans les Ifles Moluques, au bord des forêts, dans les terrains pierreux & marécageux, voifins des rivières ou de la mer, & expofés aux vents. Il fleurit en Novembre & Décembre, & fructifie en Février & Mars. Lorfqu'on le coupe, il repouffe du pied, de nouveaux réjettons, dont les plus gros ne paffent pas quatre à cinq pouces.

Les fleurs de la 1.ere efpèce ont une odeur de canelle très-agréable. Le bois en eft dur, pefant & d'un rouge agréable. Il peut refter long-tems dans l'eau fans fe pourrir, c'eft pourquoi il eft employé à faire des pieux pour parquer le poiffon fur les bords de la mer.

Jufqu'à préfent ces arbres n'ont point été cultivés en Europe ; mais il eft très-probable qu'on parviendroit à les élever & à les y conferver au moyen des couches & des ferres-chaudes. (*M. Thouin.*)

BELVEDAIRE ou Belvedère des jardiniers ou de Sibérie. *Chenopodium fcoparia* L. *Voyez* Anserine à balais, n.° 17. (*M. Thouin.*)

BELYLLE. M. Adanfon, dans le fupplément de l'ancienne Encyclopédie, établit, fous ce nom, un genre compofé d'une partie des plantes qui forment le genre des *Muffænda.* L.

Elles en diffèrent, fuivant ce Naturalifte, par leur calice en tube alongé ; par leur corolle formée d'un tube alongé, au lieu que la corolle des Muffænda eft à cinq pétales; par leur fruit qui forme une baie ; enfin par une des divifions du calice qui grandit après la chûte de la fleur, & forme une feuille colorée qui refte fur le fruit.

L'une des efpèces que M. Adanfon réunit à ce genre, & qu'il diftingue par le nom de *Duren* à cette feuille du fruit très-odorante, fur-tout le foir & après les pluies : on place des rameaux de cette plante dans les appartemens, où ils fe confervent pendant plufieurs jours : on répand auffi de ces feuilles fur le linge & dans l'eau du bain des femmes pour lui communiquer cette odeur. *Anc. Encyclop. fuppl.* (*M. Reynier.*)

BEN, Moringha.

Genre de plante, qui faifoit partie de celui des Bonducs de Linnée, & qui étoit placé dans la famille des Légumineuses. Mais, après un examen plus exact, on a crû devoir en

faire un genre particulier ; cet arbre n'ayant aucun rapport avec les bonducs, & s'éloignant même de la famille des Légumineufes, en ce que fes fruits font à trois valves, ce qui ne fe rencontre dans aucune des plantes qui forment cette nombreufe famille.

Nous ne connoiffons encore qu'une feule efpèce de ce genre.

B e n oléifère.
Moringha oleifera. La M. Dict.
Guilandina Moringha L. ♄ de Ceylan, du Malabar, & autres régions des Indes orientales.

C'eft un arbre d'une grandeur moyenne. Dans fon pays natal, il s'élève de 25 à 30 pieds. Le tronc, qui eft affez droit, eft couvert d'une écorce brune ou noirâtre: Sa racine eft fort épaiffe & noueufe.

Les feuilles font alternes, amples : celles qui font à la bafe n'ont que trois folioles; les autres font deux ou trois fois ailées, compofées de pinnules oppofées, qui portent chacune de cinq à neuf folioles ovoïdes, glabres, petites & pétiolées, d'un vert clair en - deffus, & blanchâtres en-deffous.

Les fleurs font blanchâtres & difpofées en panicules vers l'extrémité des rameaux, fur des pédoncules munis d'une très-petite écaille à la bafe de leurs divifions. Elles font compofées de cinq à dix pétales linéaires, inférées fur le receptacle, & de dix étamines, dont cinq feulement foutiennent des anthères jaunes, les autres étant ftériles.

Ces fleurs répandent, fur-tout le foir, une odeur douce, très-agréable. Mais nous ne jouiffons pas encore ici de cet agrément, les individus qui font cultivés au Jardin du Roi n'étant pas affez forts pour donner des fleurs.

Le fruit eft une efpèce de filique, longue d'un pied, & quelquefois plus, obtufément triangulaire, pointue, un peu plus groffe que le doigt, uniloculaire, mais qui s'ouvre en trois valves très-diftinctes. Chaque valve eft remplie d'une fubftance blanchâtre, & comme fongueufe.

Les femences font des efpèces de noix, ovales - triangulaires, difpofées dans toute la longueur de la filique; fur un feul rang, au nombre de dix-huit à vingt.

Culture. On multiplie cet arbre de graines, qui fe fement au printems, dans des pots que l'on place fur une couche chaude. Peu de tems après qu'elles auront levé, on peut les féparer & tranfplanter chaque pied dans un petit pot rempli de terre meuble & légère. Mais cela demande beaucoup de foin, & ce n'eft pas fans difficulté qu'on y réuffit. Comme les racines font groffes, charnues, & très-peu garnies

garnies de fibres, elles laissent facilement échapper la terre, lorsqu'on n'y apporte pas la plus grande attention. Cet accident fait périr les tiges jusqu'à la racine, & quelquefois même la plante est entièrement détruite.

On place les pots qui contiennent les jeunes plantes, ainsi séparées, dans une couche tiède, & on les tient à l'ombre, pour leur donner le tems de former de nouvelles racines. Après quoi on les traite comme les autres plantes tendres & exotiques.

Il faut leur donner beaucoup d'air dans les tems chauds, & les arroser rarement & très-légèrement, sur-tout lorsqu'il fait froid, parce qu'alors l'humidité les feroit périr en peu de tems.

Cet arbre est extrêmement délicat. Il faut le tenir pendant presque toute l'année dans la couche de tan de la serre-chaude. Il n'y a gueres que les trois mois les plus chauds de l'été, pendant lesquels on puisse l'exposer à l'air libre.

Usages. La racine, l'écorce, & jusqu'aux semences de cet arbre ont une odeur & une saveur qui ressemblent beaucoup à celle du cresson ou du raifort. Les habitans du pays rapent la racine, lorsqu'elle est jeune, & l'emploient, comme nous faisons en Europe le raifort, dont elle a le goût âcre & piquant.

Ils en font cuire aussi les siliques vertes & tendres, & ils en font usage dans leurs alimens, pour en relever le goût.

On tire, par expression, des semences, une huile qui a la propriété de ne rouffir jamais en vieillissant. Cet avantage la fait rechercher des parfumeurs, auxquels elle est très-commode pour retirer & conserver l'odeur des fleurs. (*M. Dauphinot.*)

BENDELEON ou BDELLIUM, substance résineuse, produite suivant Forskal, par une espèce d'*Amyris. Voyez* Le genre BALSAMIER. (*M. Thouin.*)

BENGALI. C'est une plante du Brésil; ses racines sont courtes & grosses, les feuilles ont la couleur & l'odeur des choux; elle porte deux ou trois fleurs monopétales & hexagones. Le fruit est de la grosseur d'une pomme, fort agréable au goût, mais dangereux, parce qu'il est trop froid. (*Anc. Enc.*) (*M. Thouin.*)

BENJAMIN. L'une des nombreuses variétés du *Dianthus caryophyllus.* Les panaches sont incarnat-clair, sur un fond clair; ils ont le défaut d'être un peu brouillés. La plante est robuste, mais tardive. *Dict. univ. d'Agric. & de Jardinage. Voyez* ŒILLET DES JARDINS. (*M. Reynier.*)

BENINGANIO, fruit qui croît dans la Baie de Saint-Augustin; il est de la grosseur du li-

mon, & rouge en dedans; on peut en manger. (*Anc. Encyclopédie.*) (*M. Thouin.*)

BENJOIN, nom qu'on donne également à la résine Benjoin & à l'arbre qui la produit, c'est une espèce de *terminalia. Voyez* BADAMIER au Benjoin, n.° 4, & Badamier de Bourbon, n.° 5. (*M. Thouin.*)

BENNE, mesure. *Voyez* BANNE. (*M. l'Abbé Tessier.*)

BENOITE, *CARYOPHYLLATA.* La M. Geum L.

Genre de plantes, de la famille des ROSIERS, qui comprend quelques espèces de plantes herbacées, d'une forme agréable, dont on peut se servir pour l'ornement des parterres & des bosquets. Leurs fleurs terminent les tiges & leurs ramifications; elles sont composées de cinq pétales, environné d'un calice à dix divisions alternativement grandes & petites. Leurs graines sont terminées par une barbe plus ou moins velue, qui constitue le caractère du genre.

Toutes les espèces de Benoites sont des pays froids ou tempérés; elles se cultivent en pleine terre dans nos jardins.

Espèces.

1. BENOITE commune.
Geum urbanum L. ♃ dans les bois & les lieux couverts.

2. BENOITE de Virginie.
Geum Virginianum L. ♃ de l'Amérique septentrionale.

3. BENOITE aquatique.
Geum rivale L. ♃ dans les lieux humides & près des ruisseaux.

4. BENOITE penchée.
Geum nutans H. P. ♃.

5. BENOITE de montagne.
Geum montanum L. ♃ sur les montagnes.

6. BENOITE rampante.
Geum reptans L. ♃ sur les montagnes plus élevées que la précédente.

7. BENOITE de Kamtschatka.
Dryas pentapetala L. ♃ du Kamtschatka.

8. BENOITE à feuilles de potentille.
Dryas Geoides Jacq. ♃ de la Sibérie.

1. BENOITE commune. Cette plante croît partout dans les bois humides, dans les lieux ombragés & près des haies: ses tiges s'élèvent à la hauteur de deux pieds & se ramifient vers le haut; chaque ramification porte une fleur jaune, assez petite & redressée. La floraison de cette plante dure une partie de l'été. Le feuillage est d'un beau verd; les feuilles radicales sont composées de quatre folioles rangées par paires & d'une cinquième terminale, plus grande que les autres. La tige porte quelques feuilles plus pe-

tites que celles de la racine, mais de la même forme.

Usage. Cette plante commune n'a aucune apparence, aussi on ne la cultive que dans les jardins Botaniques ; on pourroit l'établir dans les bosquets champêtres, où elle se propageroit d'elle-même par ses graines & produiroit un effet agréable, parce qu'elle est naturelle à ces sortes de positions. La racine est employée en Médecine, comme adstringente & vulnéraire. M. Dambourney, en a tiré une belle couleur musc doré, solide : la plante entière donne une teinture noisette. Les peuples du Nord emploient les racines pour aromatiser leur bière. *Linné, am. Ac.*

2. BENOITE de Virginie. Cette espèce diffère de la précédente, par ses fleurs blanches & par ses feuilles plus découpées.

Usage. Cette espèce n'est cultivée que dans les jardins Botaniques, où on la multiplie de graines, qu'on seme au printems, en pleine terre ou en pot; elle ne fleurit que l'année suivante : lorsqu'elle est d'une certaine grandeur, elle résiste très-bien à nos hivers.

3. BENOITE aquatique. Cette plante est commune près des ruisseaux, dans les lieux montagneux ; on la cultive depuis long-tems dans les parterres. Elle forme des touffes épaisses, de feuilles ailées, dont chaque paire augmente de grandeur jusqu'à la foliole terminale, qui est très-grande & la plupart du tems divisée en trois lobes. Du milieu de ces feuilles s'élèvent des tiges hautes d'un pied & plus, terminées par deux ou trois pédoncules qui portent chacun une fleur pendante, dont le calice est d'un rouge obscur & les pétales d'une couleur rose, peu foncée. Cette fleur a la forme d'une cloche : il lui succède des semences garnies d'une barbe longue & plumeuse, qui produit un effet agréable.

Usage. Cette plante peut être placée en massif dans le milieu des plates-bandes entre les arbustes, ou près des ruisseaux dans les jardins paysagistes ; une fois établie, elle s'y reproduit d'elle-même. On peut la multiplier en éclatant les racines, en Automne ou de très-bonne heure au Printems, parce que, dès le mois de Mai, elle se couvre de fleurs : on peut aussi la multiplier de graines; mais ce dernier moyen est plus long. Cette espèce a les mêmes vertus médicinales que l'espèce n.° 1.

4. BENOITE penchée. Cette espèce est regardée par beaucoup de Naturalistes comme une variété de la précédente, elle n'en diffère que par sa grandeur & par la couleur jaune orangée de ses fleurs : elle peut servir aux mêmes usages que la précédente. On ignore d'où elle est originaire, mais on la cultive depuis très-long-tems au Jardin des Plantes, où elle fleurit environ quinze jours avant l'autre.

5. BENOITE de montagne. Cette plante a des feuilles semblables à celles de l'espèce précédente,

pour la composition ; mais les folioles sont plus rapprochées les unes des autres & sont très-velues. Chaque plante pousse une tige haute de quelques pouces, rarement d'un pied, qui porte à son extrémité une grande fleur jaune, bien ouverte, de deux pouces de diamètre. Les graines qui lui succèdent ont des barbes très-longues.

Usage. Cette plante est délicate, comme la plupart de celles des montagnes. On ne peut la cultiver qu'en vase ; &, comme on doit la mettre pendant l'hiver dans l'orangerie, elle ne peut pas servir à l'ornement du parterre, quoique la beauté de sa fleur pût lui assigner une place. On doit semer ses graines sous chassis au moment de leur maturité, & lever les jeunes plantes dès qu'elles ont quelques feuilles, pour les planter dans des pots qui doivent passer l'hiver dans l'orangerie. Pendant l'été, on les met en place dans les jardins de Botanique.

6. BENOITE rampante. Cette plante a beaucoup d'analogie avec celle qui précède, elle porte à l'extrémité de ses tiges, une fleur plus grande que celle de l'espèce n.° 5, & de la même couleur. Ses feuilles sont plus découpées & de la longueur des tiges. Cette plante a encore de particulier, qu'elle pousse des rejets feuillés, qui se couchent sur la terre & multiplient la plante à la manière des fraisiers.

Usage. Cette plante est encore plus délicate que l'espèce précédente, on ne la cultive que dans les jardins de Botanique, où même elle manque très-souvent. On ne la possède pas encore au Jardin du Roi.

7. BENOITE de Kamtschatka. Cette plante peu connue jusqu'à présent, n'a été décrite que par Linné, ses feuilles sont ailées, composées de trois ou quatre paires de folioles linéaires, la tige est mince & ne porte qu'une feuille ternée ; la fleur, qui termine cette tige, est blanche & d'une certaine grandeur, proportionnée au volume de la plante.

Cette plante n'ayant pas encore été cultivée, nous ignorons les attentions qu'elle exige : par analogie, on peut néanmoins soupçonner qu'elle doit être conservée pendant l'hiver, dans l'orangerie, comme les plantes des Alpes.

8. BENOITE à feuilles de potentille. Les feuilles de cette espèce sont ailées, composées de folioles, en forme de coins : leur ensemble forme un gazon très-évasé. Les tiges sont presque nues & portent une à trois fleurs jaunes.

Cette plante originaire de la Sibérie, est cultivée au Jardin des Plantes, où elle supporte très-bien les hivers & n'exige aucun autre soin que ceux qu'on donne aux espèces 3 & 4; son peu d'apparence l'exclut des parterres. (*M. REYNIER.*)

BENTEQUE, *BENTEKA*.

Arbre de la côte du Malabar qui n'a pu en

core être rapporté à son genre & à sa famille. Son tronc est épais, assez élevé, & couvert d'une écorce cendrée ; ses branches sont disposées circulairement au sommet du tronc ; elles sont garnies de feuilles alternes, ovales, d'un verd noirâtre en-dessus & verdâtre en-dessous. Il porte une grande quantité de petites fleurs, d'un verd blanchâtre & d'une odeur agréable. Elles sont disposées sur de longues grappes rameuses, à l'extrémité des rameaux.

Chaque fleur est composée d'un calice monophyle, à cinq dents, d'une corolle monopétale, partagée en cinq divisions, de cinq étamines & d'un ovaire supérieur, surmonté d'un style & terminé par un stigmate globuleux.

Les fruits sont des capsules oblongues, roussâtres dans leur maturité, & partagées dans leur longueur, par une cloison membraneuse à deux loges, qui contiennent chacune plusieurs graines ovoïdes, dures, luisantes & distribuées sur deux rangs.

Culture. Le Benteque croît au Malabar, dans les lieux montueux & sablonneux ; il est toujours verd, fructifie une fois chaque année, & conserve ses fruits pendant long-tems.

Usage. La décoction de ses feuilles avec le miel se donne pour tempérer l'ardeur de la fièvre dans la petite vérole, en excitant les sueurs & poussant les boutons au-dehors. (*M. Thouin.*)

BENZOIN, *Terminalia Benzoin* L. *Voyez* Badamier au Benjoin, n.° 4.

BENZOIN de France ou François. *Imperatoria ostruthium* L. *Voyez* Impératoire commune ou des montagnes. (*M. Thouin.*)

BEOLE, Bœa.

Nouveau genre de plante voisin de celui des Calcéolaires, & de la famille des Scrophulaires. Il a été établi par Commerson, & n'est encore composé que d'une seule espèce.

Beole du Magellan.
Bœa Magellanica La M. Dict. ♃ du détroit de Magellan.

C'est une petite plante qui paroît vivace par ses racines ; sa hauteur est d'environ six pouces. Elle produit de sa racine, cinq ou six feuilles ovales, molles, pubescentes, d'un verd blanchâtre, en dessous, & appliquées contre terre, où elles forment une espèce de rosette. Du milieu des feuilles sortent plusieurs hampes grêles qui portent une & quelquefois 3 ou 4 fleurs bleues, & de figure irrégulière.

Chacune d'elles consiste, 1.° En un calyce profondément découpé en cinq divisions presqu'égales. 2.° En une corolle monopétale labiée, ayant la lèvre supérieure large & relevée & l'inférieure réfléchie en arrière. 3.°, En deux étamines dont les filamens sont épais & de moitié plus courts

que la corolle ; 4.° en un ovaire supérieur, chargé d'un style court, & terminé par un stygmate simple.

Le fruit est une capsule oblongue, à deux loges, & qui s'ouvre en quatre valves.

Culture. Cette plante croît sur les rochers humides du détroit de Magellan. Elle n'a point encore été cultivée en Europe. Mais il est probable qu'on pourroit l'y conserver en pleine terre, dans des plates-bandes de terreau de bruyère à des positions ombragées & humides. (*M. Thouin.*)

BEQUESNE. Poirier grand & vigoureux : ses feuilles sont ordinairement pliées sur les bords. Le fruit est gros, souvent un peu bossu d'un côté ; sa peau est jaune citron, nuancée de rouge du côté exposé au soleil, mais couverte de points gris qui masquent souvent la couleur du fond ; la queue est droite & assez longue. Cette poire n'est bonne qu'en compote, elle mûrit d'Octobre en Février. *Voyez* Poirier. (*M. Reynier.*)

BEQUILLE. « Instrument de fer recourbé, » moins large que la ratissoire, mais recourbé » en rond & dont le manche est plus court. » La béquille a pris ce nom, dit M. Roger de » Schabol, parce que jadis, au bout de son manche, » il y avoit un morceau de bois en travers, » posé comme celui qui forme une béquille. » *Dictionnaire économique.* (*M. l'Abbé Tessier.*)

BEQUILLER. *Agriculture* M. Duhamel, dans son » ouvrage sur la culture des terres, observe que, » dans le pays d'Aunis, on donne au blé, qui est en » terre, deux petits labours, avec l'instrument appellé *béquille* ou *béquillon*. Comme cette province » est très-peuplée, il en coûte peu pour faire » donner cette façon par des femmes, & la récolte en devient beaucoup meilleure, quoique » ces labours détruisent beaucoup de pieds de » froment. » *Dictionnaire économique.* (*M. l'Abbé Tessier.*)

BEQUILLER. *Jardinage.* Donner un labour à la terre des vases, des caisses & des planches de légumes ou de fleurs ; ce travail contribue beaucoup au développement des plantes potageres. J'ai cultivé par comparaison des betteraves sans les béquiller, & d'autres que je béquillois tous les quinze jours. Ces dernières ont acquis huit & dix pouces de diamètre, tandis que les premières en avoient à peine trois. Toutes les fois qu'on béquille la terre des planches à légumes, on arrache les mauvaises herbes ; seconde raison pour que les plantes en profitent. *Voyez* Sarcler.

Le moment le plus avantageux pour sarcler & béquiller, c'est avant la pluie, ou avant les arrosemens artificiels, l'eau pénètre mieux & s'imbibe d'une manière plus régulière.

Quelques cultures en grand exigent aussi un second labour dans le cours de l'été, comme les races potagères, le maïs, le colsat, &c. En général, le travail feroit avantageux à toutes les efpèces de culture, mais la main-d'œuvre rendroit les frais trop confidérables. *Voyez* BINER. (*M. REYNIER.*)

BEQUILLON. Inftrument de fer, qui fert à donner un farclage au froment, dans le pays d'Aûnis. *Voyez* BÉQUILLE. (*M. l'Abbé Tessier.*)

BEQUILLON. Les Fleuriftes donnent ce nom aux pétales qui compofent la pluche de l'anémone double: pour que cette fleur foit belle, il faut que les *béquillons* foient nombreux & qu'ils forment le dôme, il faut auffi qu'ils foient larges & obtus au fommet; lorfqu'ils font étroits la fleur n'eft pas eftimée, on la nomme CHARDON.

Lorfqu'une anémome dégénère, le nombre des *béquillons* diminue & le Cordon (*Voyez ce mot*) qui occupe le centre augmente: alors la fleur n'eft d'aucun prix. Ce cordon eft compofé des organes fexuels, à moitié oblitérés, qui, par une fuite de la vieilleffe de la plante, ou de l'épuifement du fol, reprennent de la vigueur au dépens de cette fuperfétation que le fleurifte admire. *Voyez* ANÉMONE.

Quelques jardiniers donnent le nom de bequillons aux baguettes avec lefquelles ils appuient les anémones & autres petites fleurs; ils le donnent auffi aux baguettes dont ils fe fervent pour fixer les marcottes. Ce mot eft peu ufité (*M. REYNIER.*)

BEQUILLONNER. On dit qu'une anémone *béquillonne*, lorfqu'elle perd les pétales qui la rendoient double, & que les organes fexuels commencent à paroître au-deffus des pétales. C'eft un défaut aux yeux des fleuriftes. *Voyez* BEQUILLON (*M. REYNIER*).

BERCAIL. Lieu où l'on raffemble les bêtes à laine. *Voyez* FERME. (*M. l'Abbé Tessier*).

BERCE, *HERACLEUM. L.*

Ce genre de plantes, de la famille des Ombelliferes, contient plufieurs efpèces vivaces par les racines, qui font particulières aux pays froids & temperés de l'Europe, de l'Afie & de l'Amérique Septentrionale. Leurs caractères génériques eft d'avoir une ombelle très-grande, compofée de beaucoup de rayons, & fans collerette à fa bafe, ou feulement avec deux feuilles caduques. Les ombelles partielles font planes, à rayons trèscourts, enveloppées de quelques folioles linéaires qui compofent leur collerette. Les fleurs extérieures font plus grandes & plus irrégulières que les autres; leurs pétales font échancrés, les plus grands font bifides. Le fruit eft elliptique, plane, ftrié & fans ailes membraneufes, ce qui diftingue les Bercés des Lafers. Les panais, qui reffemblent beaucoup aux Berces, en différent par l'abfence de collerette à leur ombelle.

Efpèces.

1. BERCE branc-urfine.
HERACLEUM fphondilium. L. ♃ Dans les prés.
2. BERCE à feuilles étroites.
HERACLEUM anguftifolium. L. ♃ Dans les prés de la Suède & de l'Angleterre.
3. BERCE de Sibérie.
HERACLEUM Sibiricum. L. ♂ de la Sibérie.
4. BERCE à larges feuilles.
HERACLEUM panaces. L. ♂ fur les Monts Apennins & dans la Sibérie.
5. BERCE d'Autriche.
HERACLEUM Autriacum. L. ♃ fur les montagnes de l'Autriche.
6. BERCE des Alpes.
HERACLEUM Alpinum. L. ♃ fur les alpes de la Suiffe & de la Provence.
7. BERCE des Pyrenées.
HERACLEUM Pyrenaicum. La M. des Pyrenées.
8. BERCE naine.
HERACLEUM minimum. La M. ♃ du Dauphiné.

1. BERCE branc urfine. Cette plante, qui s'empare des prés négligés & humides, étouffe fouvent les herbages utiles par l'étendue & la vigueur de fes feuilles. Sa grandeur jointe à fa multiplication en tout lieu l'ont fait exclure des jardins; elle produit cependant un affez bel effet dans les parterres du Jardin des plantes. Sa tige s'élève à quatre pieds de hauteur, & porte des ombelles de fleurs blanches; fes feuilles font ailées, les folioles font compofées de plufieurs lobes arrondis & crenelés fur leur contour.

2. BERCE à feuilles étroites. Cette efpèce ne diffère de la précédente que par la forme de fes folioles, dont les lobes, au lieu d'être arrondis, font très-alongés & marqués de crénelures plus profondes.

3. BERCE de Sibérie. Cette plante n'a pas encore été cultivée dans les jardins de l'Europe. On ne la connoît que par la defcription & la figure que Gmelin a publiées; avant ce Naturalifte on la confondoit avec l'efpèce ordinaire & avec la fuivante. Sa tige s'élève à cinq pieds & fes feuilles font compofées de trois ou cinq folioles pinatifides, dont la paire inférieure eft très-écartée. Les fleurs font petites & d'un vert jaunâtre.

4. BERCE à larges feuilles. Cette efpèce ne diffère de l'ordinaire que par la grandeur de toutes fes parties, peut-être en eft-elle une variété.

5. BERCE d'Autriche. Sa tige ne s'élève qu'à deux pieds, & la plupart du temps ne porte qu'une branche. Ses feuilles ont un pétiole trèslong; les folioles font feffiles & incifées fur les bords.

6. BERCE des Alpes. Cette espèce, qu'aucun Botaniste moderne n'a vu, doit avoir des feuilles simples, en cœur & anguleuses, & à-peu-près semblables à celles du Figuier ordinaire. Bauhin, dit l'avoir cueillie sur les Alpes de la Suisse, mais ses successeurs ne l'ont pas retrouvée. La plante qu'on montre sous ce nom, au Jardin des Plantes, est différente.

7. BERCE des Pyrénées. Cette espèce nouvellement découverte par M. Pourret, s'élève à la hauteur de deux pieds : ses feuilles sont simples, divisées en cinq ou sept lobes anguleux dentés sur leur contour, à-peu-près comme celle de l'Erable à feuilles de platane. Ses fleurs sont blanches.

8. BERCE naine. Cette espèce encore peu connue a été découverte par M. de la Marck ; sa tige longue de quelques pouces, s'étend sur les cailloux entre lesquels elle croît : ses feuilles sont deux fois ailées ; & les ombelles n'ont que trois à six rayons. Ces deux caractères éloignent cette plante du genre des Berces, & M. le Chevalier de la Marck, annonce qu'elle a le port des Selins, auxquels il paroît qu'on pourroit la réunir : alors les Berces auroient un air de famille, qui seroit d'accord avec leurs caractères systématiques.

Toutes ces Berces ont plus ou moins de ressemblance, on pourroit même les regarder comme des races distinctes d'une seule espèce modifiée par les différens climats : cependant leurs caractères distinctifs paroissent résister à l'influence de la culture. Des expériences plus suivies, pourront seules décider la question.

Culture. Les Berces doivent être semées en Automne dans une terre humide : au Printemps, lorsque les jeunes plantes ont quelques feuilles, il faut les éclaircir, leur donner quelques labours & les débarrasser des mauvaises herbes. Vers le commencement de l'Automne, on les met en place & dans le cours de l'Eté suivant, elles donnent leurs fleurs. On peut ensuite abandonner cette plante à elle-même, ses graines se dispersent & la perpétuent. De toutes les espèces connues, les 1. 2. & 4. sont cultivées au Jardin du Roi ; l'analogie doit nous faire présumer que les autres n'exigent pas plus de soins.

Les Berces ne figureront jamais dans les jardins, on pourroit tout au plus en hasarder quelques pieds dans les bosquets champêtres, dont la terre est humide & dans les grands parterres, où il est nécessaire de ménager des masses de verdure.

Usages. La Berce branc-ursine est indiquée dans les ouvrages de pharmacie comme émolliente, mais elle est peu usitée. Les Polonois & les habitans de la Sibérie distillent cette plante, & en tirent une eau-de-vie dont les effets sont dangereux à la longue. Les habitans de la Sibérie & en général du nord de l'Asie, mangent les jeunes feuilles des espèces 2. & 3. & préparent les pétioles de celles qui sont parvenues à leur grosseur pour en former une provision d'hiver. Ils les dépouillent de leur écorce, qui est très-âcre, & les lient en bottes qu'ils exposent au soleil ; à mesure que la dessication s'avance, ils augmentent le volume des bottes, & les laissent au soleil jusqu'au moment où toute l'humidité est dissipée. Alors on renferme ces pétioles dans des sacs, où ils se couvrent d'une exsudation farineuse, qu'on emploie au lieu de sucre, ou qu'on laisse sur ces pétioles. (*M. REYNIER.*)

BERCEAU. Allée & en général espace quelconque d'un jardin couvert par des arbres, ou par des plantes grimpantes. Le Berceau diffère du bocage, où l'ombre est produite par des arbres livrés à leur nature ; au lieu que l'art préside à la formation des Berceaux.

Quelle que soit leur nature & leur forme, toujours ce sont des arbres ployés suivant nos caprices, contournés de mille manières, & réduits à l'état de broussins, par les tontes fréquentes qu'on leur fait subir, pour leur donner une régularité, où jadis on imaginoit trouver de l'agrément.

On peut diviser les Berceaux en deux grandes sections, ceux qui sont formés d'arbres dont la tige se soutient d'elle-même, & ceux qui sont formés d'arbustes ou de plantes grimpans.

Berceaux charmilles.

Les premiers sont formés d'une charmille plus ou moins épaisse, qui se courbe en ceintre vers le haut, leur formation & leur entretien étant les mêmes, on trouvera de plus grands détails sous ce mot. Il suffit seulement d'observer qu'en général on doit tailler très-courts les arbres qu'on destine à former des Berceaux, sans quoi ils tendent à pousser vers les extrémités & se dégarnissent par le bas : c'est assez de les planter à 16 ou 18 pouces de distance pour garnir les intervalles. Un abus réel est de conserver les tiges. On obtient plutôt, il est vrai, une apparence d'ombre ; mais ces arbres sont plus sujets à se dégarnir : il vaut mieux les couper à 6 pouces de terre ; on retarde un peu la jouissance, mais elle est plus assurée.

Le choix des arbres dépend en grande partie du climat : Dans les provinces septentrionales de la France, le Charme, le Hêtre, l'Acacia, l'Aubours ou Cityse des Alpes, le Tilleul, quelques Erables, tel que celui de Montpellier, &c. sont les arbres qui réussissent le mieux. Dans les Provinces méridionales, le mûrier, le laurier, le laurier-thin, le laurier-cerise, augmentent cette liste. J'observerai cependant que des Berceaux en laurier & autres arbres, dont la feuille est épaisse & sans flexibilité, n'ont jamais le charme de ceux dont le feuillage est balancé par la moindre agitation de l'air. Un saule pleureur pen-

ché fur un banc agrefté, environné de quelques
arbres qui contraftent avec lui, donnent un
ombrage bien plus agréable que les Berceaux les
plus foignés.

Le caprice, une imagination déréglée ont créé
mille formes diverfes : on appelloit un *chef-d'œuvre*
une imitation des formes d'architecture, & fans
ceffe on étoit occupé à retenir les arbres dans
les bornes où on les maitrifoit. Ce goût a paffé
depuis que les payfages ont été fentis. On a
cependant confervé les Berceaux en *arcades* ;
les arbres forment les colonnes, les branches
s'étendent de chaque côté, pour deffiner les
arcades, & fe joignent enfuite pour compofer
le ceintre. D'autres berceaux, fous le nom de
cloîtres, ont un maffif de feuillage jufqu'à la
hauteur d'appui, où commencent alors les arcades.
De tous les Berceaux figurés, ces deux derniers font les feuls qu'on emploie quelquefois :
les jours qu'on y pratique, laiffent appercevoir
des échappées de vue & rompent l'uniformité
que préfente un Berceau continu.

Les Berceaux dont nous venons de donner
une idée, font garnis depuis la terre, & ne s'é-
lèvent qu'à une hauteur peu différente de celle
des charmilles ordinaires, car même les Berceaux
en arcades, font garnis jufqu'à terre, entre les
ouvertures, & ceux en cloître, ont un mur de
feuillage, jufqu'à la hauteur d'appui, au-deffous
des ouvertures. L'air ny circule pas, il y règne
nécefl'airement un peu d'humidité, & les feuilles
prefque fans agitation, puifqu'elles tiennent à
un levier plus court, purifient moins l'air ; auffi
les berceaux font fujets aux inconvéniens de
l'humidité, celui d'être un repaire d'infectes,
& celui de caufer fouvent des fluxions & des
tranfpirations arrêtées. Un bocage n'a pas ce danger, parce que les arbres livrés à eux-mêmes s'y
balancent fur leur tige, agitent l'air & le purifient.

Berceaux en arbres.

D'autres Berceaux d'une compofition plus
grande, doivent nous occuper ; ce font ces allées
où des arbres livrés en apparence à tout leur
développement font courbés artiftement, de manière à former une voûte impénétrable au foleil.
Ces Berceaux, où l'art fe montre à peine, plaifent
davantage que les premiers.

L'arbre au moment où on le plante, doit être
conduit de manière à donner trois ou cinq branches égales en force : à mefure qu'il s'élève, on
habitue fes branches à prendre la courbure qu'on
leur deftine. Des cordes qu'on lie aux branches
de l'arbre oppofé, & dont on diminue graduellement la longueur, les obligent à prendre une
courbure uniforme, dont le fommet fe trouve
au-deffus du milieu de l'allée. Mais fi les branches
qu'on lie étoient d'une force inégale, la courbe

qu'elles décriroient, feroit irrégulière, & le fommet fe trouveroit plus près de la branche la plus
foible ; alors on fortifie cette dernière au moyen
d'une perche. Infenfiblement la courbure s'établit & le berceau n'exige d'autres foins que la
taille annuelle nécefl'aire pour rendre fon ceintre
régulier. Il eft d'ufage de couper le côté extérieur
du berceau, en forme de mur ; fans doute pour
déterminer la sève à fe porter vers l'intérieur &
pour rendre la voûte plus touffue ; mais cet
avantage, peut-être imaginaire, ne compenfe pas
l'effet défagréable, que produifent ces arbres
maitrifés par le cifeau, & qui ont perdu leur
élégance.

Les proportions à préférer pour les berceaux
en arbre, font de 20 pieds de tige, 60 pieds
pour la hauteur du ceintre, & 30 pieds de largeur pour l'allée ou l'intervalle entre les arbres :
d'autres proportions paroiffent ou trop écrafées,
ou guindées : c'eft l'expérience qui a conduit
infenfiblement à celles que j'indique, d'après les
Auteurs les plus eftimés & ce que l'obfervation
a pu m'apprendre.

Berceaux en arbres fruitiers.

Quelques perfonnes élèvent leurs contre efpaliers & les courbent enfuite en Berceaux : cette
manière de fe procurer de l'ombrage dans le
potager, n'entraîne aucun inconvénient & fatisfait de toute manière, puifque l'agrément fe
trouve joint à l'utile. Tous les arbres fruitiers,
qui réuffiffent en efpaliers, peuvent être employés à former des berceaux : les fleurs au
printemps, le feuillage en été, les fruits en automne, offrent fucceffivement une décoration
nouvelle. On ne fera point furpris que j'approuve
cette efpèce de berceaux, tandis que je blâme
ceux en arbres ftériles : c'eft que l'œil eft habitué
à voir les arbres fruitiers affujettis aux entraves
de la taille ; l'objet eft rempli, puifque l'œil apperçoit une culture foignée : donc un Berceau
en arbre fruitier, préfentant un objet d'utilité
ne bleffe pas l'imagination : mais un berceau en
arbres ftériles, eft une décoration, & tout ce
qui porte dans un jardin l'empreinte de l'art,
ne peut faire naître des impreffions agréables.

Lorfqu'on veut élever les arbres fruitiers en
berceau, il faut adopter la taille de Montreuil,
couper la tige à fix pouces de terre, & diriger
les branches des deux côtés ; avoir foin fur-tout
qu'elles garniffent le bas, avant de leur permettre
de s'élever ; car on fera toujours fûr que le fommet fe garnira, au lieu que fans cette précaution
on rifque de manquer fon but. J'ai vu placer
avantageufement des hautes tiges entre les baffes ;
des abricotiers ou des pruniers, fervoient pour
couvrir le haut, tandis que des pommiers nains
ou des poiriers fur coignaffiers, garniffoient l'intervalle des tiges. Cette méthode a l'avantage

de faire jouir plus promptement de l'ombre & du fruit, au lieu que celle de couper tous les arbres à fix pouces de terre, & de leur faire garnir les bas, avant de les laiffer élever eft infiniment longue.

Berceaux en treillage.

Lorfqu'on veut former des Berceaux avec des plantes grimpantes, ou même avec des arbuftes, on commence par faire un treillage avec des lattes de bois peintes à l'huile, ou même en fer couvert de vernis; ces derniers durent plus long-tems, mais font plus difpendieux. Les lattes doivent être placées en biais & former des lozanges de 6 à 15 pouces d'ouverture, proportionnées à l'élévation du Berceau : des ouvertures quarrées produifent un mauvais effet. La dépravation du goût, qui a défiguré les Berceaux charmilles, fous les formes d'architecture, a préfidé fouvent à la formation de ceux en treillages d'une manière moins défagréable à l'œil, puifque un treillage eft déjà l'ouvrage de l'art. Cependant comme le but principal du Berceau, eft de produire de l'ombrage, ces formes ornées en donnant moins que les formes fimples, les dernières doivent paroître préférables. On dira fans doute qu'on ne peut raifonner le goût, mais ceux même qui font cette objection, n'approuvent ou ne défapprouvent qu'enfuite d'un raifonnement imperceptible. D'ailleurs ce que j'avance ici eft fondé fur l'obfervation du plus grand nombre.

On couvre les Berceaux en treillage avec des arbuftes, ou des plantes grimpantes; telles que la Bignone, les Clématites, les Lierres, la Grenadille, ou même avec des plantes qui s'élèvent chaque année, comme les pois ou haricots à fleur, les capucines, le gliciné, &c. La vigne, les jafmins, chevrefeuilles, grenadier, troëne, ariftoloches, quelques rofiers, peuvent encore former des jolis Berceaux. Les arbuftes fe ramifient d'eux-mêmes dès la racine, auffi l'on a moins à craindre qu'ils fe dégarniffent par le bas, que pour les Berceaux charmille; on le reproche cependant au jafmin, & je confeillerois pour prévenir cet inconvénient, de mélanger le jafmin blanc qui s'élève, avec le jaune qui devient plus touffu. J'ai omis ici plufieurs arbuftes exotiques, qui pourroient être employés en Berceaux, mais qui font encore trop rares, ou trop délicats. Ils rifqueroient de périr au bout de quelques années, & retarderoient la jouiffance de l'ombrage qu'on défire : l'Itéa de Virginie, le Cephalanthe, les Lyciers, le Chionanthe, &c. ont été employés avec fuccès pour des hayes d'ornement, & pourroient être adoptés pour cet ufage.

On peut confulter, pour de nouveaux détails, le mot CHARMILLE, & le Dictionnaire d'Agri-

culture de M. l'Abbé Rozier, dont j'ai emprunté plufieurs chofes. (*M. REYNIER.*)

BERCEAU d'eau ; on appelle ainfi deux rangées de jets obliques, qui, en fe croifant, forment des efpèces de *Berceaux*, fous lefquels on peut fe promener.

Ces *Berceaux d'eau* font employés dans les jardins fymmétriques à border de petites allées de bofquets qui conduifent à de riches pièces d'eau. (*M. THOUIN.*)

BERCEAU de Vierge. Nom donné par quelques perfonnes au genre des *Clematis. Voyez* CLÉMATITE. (*M. THOUIN.*)

BERDI (el) Au rapport de M. Bruce, les Egyptiens actuels donnent ce nom au *Cyperus papyrus*. L. Ce nom, qui n'eft plus de leur langue, dérive fans doute de l'Idiôme des anciens Egyptiens. *Voyez* SOUCHET. (*M. REYNIER.*)

BÉRÉE, panais fauvage ou fauffe Branc-Urfine, *Heracleum fphondilium*. L. *Voyez* BERCE BRANC-URSINE N.° 1. (*M. THOUIN.*)

BERENGÈRE. Les habitans de la Martinique donnent ce nom au fruit de la Melongène. *Solanum Melongena*. L. *Voyez* MORELLE. (*M. REYNIER.*)

BERGAMOTTE (Oranger.) *Citrus aurantium Bergamium H. R. P. Voyez* ORANGER BERGAMOTTE. (*M. THOUIN.*)

BERGAMOTTE. On donne ce nom à plufieurs variétés de poires dont nous allons indiquer les principales.

1. BERGAMOTTE d'Eté. Cette poire eft couverte d'une peau rude, d'un vert gai tiqueté de fauve & délavé d'un peu de roux. Cette poire, qui a peu de parfum, fe cotonne très-promptement : elle mûrit en Septembre.

2. BERGAMOTTE rouge. Cette poire eft de la même groffeur que la précédente & a les mêmes défauts ; elle eft jaune-foncé, relevée de rouge d'un côté ; elle mûrit en Septembre.

3. BERGAMOTTE d'Automne. Cette poire eft jaune, lavée de rouge-brun ; fa peau eft liffe & fa chair plus fondante & plus parfumée que celle des précédentes; elle mûrit en Octobre & dure jufqu'en Décembre.

4. BERGAMOTTE Suiffe. Son fruit eft rayé dans fa longueur de vert, de jaune & de rouge, fa chair eft fondante & parfumée ; elle mûrit en Automne.

5. BERGAMOTTE crafanne. Elle eft d'une couleur grife mêlée de vert, fouvent un peu rouffe par tâches ; cette poire eft d'un goût très-fin & fe conferve longtems.

6. BERGAMOTTE de foulers. Cette Bergamotte eft plus alongée que les autres, mais arrondie vers fon extrémité ; fa peau eft liffe, jaune &

lavée d'un rouge brun. Sa chair eſt fondante ; elle mûrit en Février.

7. BERGAMOTTE d'hiver. Elle eſt verte, piquetée de gris, quelquefois lavée d'un peu de roux. Elle mûrit en Mars ; on la nomme auſſi *Bergamotte de Pâques*.

8. BERGAMOTTE de Hollande ou d'Alençon. Elle eſt verte, délavée de jaune ; ſa chair demicaſſante eſt d'un goût agréable ſemblable à celui du bon chrétien. *Voyez* POIRIER dans le Dictionnaire des arbres & arbuſtes. (*M. REYNIER.*)

BERGE. Petite élévation de terre, eſcarpée. On dit la *Berge d'un foſſé*, pour déſigner le talus que forme la terre qu'on a jettée du foſſé ſur le bord.

Pour donner de la ſolidité aux Berges, on en bat les terres à meſure qu'on les élève ou qu'on les tire des foſſés, & on les couvre de gazon. Sur la crête de ces Berges on plante une haie d'aube-épines ou d'autres arbriſſeaux branchus, & chaque année on tond ces arbriſſeaux pour qu'ils deviennent touffus & ſe garniſſent du pied. (*M. THOUIN.*)

BERGER.

Homme qui ſoigne & garde les bêtes à laine. On l'appelle auſſi *Paſteur* ou *Pâtre*. Il y a des pays où le nom de Pâtre ſe donne au Berger, en ſecond, on a l'aide Berger. Le plus ſouvent on l'emploie pour déſigner le gardien des bêtes à cornes. De Berger on a formé *Bergerie*, lieu où couchent les bêtes à laine. Paſteur & Pâtre ſont dérivés de *paître*, *pâture* & *pâturage*.

On ne s'attend point ſans doute que je décrive ici les charmes de la vie paſtorale ; que je peigne ces anciens Bergers, dont il eſt fait mention dans les livres ſaints & dans les ouvrages de poëſie ; que je faſſe ſentir combien ceux de Théocrite, de Virgile, de Geſner, différent des nôtres, ou plutôt, combien l'imagination des poëtes s'eſt plû à élever l'état de Berger au-deſſus de ce qu'il a toujours été. Cette manière de le conſidérer ne peut jamais me regarder. Le Berger eſt pour moi un ſerviteur utile, dont les ſoins vigilans doivent concourir à la fortune de ceux qui lui confient un troupeau.

Combien de ſortes de Bergers.

On peut diviſer les Bergers en deux claſſes principales. L'une eſt celle des Bergers, qui gardent en hiver les troupeaux dans les plaines & dans les vallons & qui les conduiſent au Printems ſur les montagnes, où ils reſtent juſqu'en Automne. Tels ſont des Bergers en Eſpagne, en Corſe & dans les pays méridionaux de la France ; on les nomme *Bergers voyageurs* ou *ambulans*. L'autre claſſe comprend ceux qui ne changent pas de pays ou qui s'en écartent

peu dans l'Eté ; ce ſont des Bergers que ſappelle *ſédentaires*. Il y en a de cette claſſe dans les cantons même où des Bergers voyageurs paſſent l'hiver. Le plus grand nombre ſe trouve dans les Provinces éloignées des montagnes.

Des ſortes de Bergers ſédentaires.

Les Bergers ſédentaires peuvent être ſubdiviſés en trois ordres. Les uns gardent les troupeaux des communes ; les autres veillent ſur de petites troupes de huit à dix brebis, qui leur appartiennent & qu'ils entretiennent, afin de ſe procurer la laine, dont ils ont beſoin pour ſe faire des habits ; les Bergers du troiſième ordre ſont ceux qui mènent paître les troupeaux des fermiers ou métaïers, étant à leurs gages, ou ayant, au lieu de gages, la liberté de poſſéder en propriété un certain nombre de bêtes à laine. S'il faut deux hommes pour la garde d'un troupeau, le premier, s'appelle, dans quelques Provinces, le Berger, & l'autre le Pâtre ou *pilliard*. On donne auſſi le nom de *vagant*, au jeune ſerviteur que le Berger prend en ſecond, dans les tems où le troupeau eſt plus difficile à conduire ; ou celui de *Truinard*, parce qu'il ſuit, tandis que le Berger va devant ; ou bien on dit ſeulement le grand & le petit Berger.

Quand les bêtes, qui compoſent un troupeau, ſont en grand nombre, comme en Eſpagne, on a pluſieurs Bergers. Leur Chef ſe nomme Mayoral & chacun des Bergers *Zagal*. Dans ce Royaume, où les bêtes à laine font une partie de la richeſſe de l'Etat, le Gouvernement a fait des loix pour la conduite des troupeaux ; il a établi des Tribunaux conſacrés à juger les différends qui naiſſent entre les Bergers ; ces derniers ont des régles à ſuivre dans les montagnes, dans les plaines, à la tonte, au lavage des laines, &c. Le code, qui les régit eſt un code à part. Ce qui prouve que le Gouvernement met beaucoup d'importance à la multiplication des bêtes à laine, & que la profeſſion de Paſteur ou de Berger jouit en Eſpagne d'une ſorte de conſidération. Aucun autre pays de l'Europe n'imite en cela les Eſpagnols, quoiqu'on s'occuppe par-tout depuis quelques tems de l'amélioration des laines.

Il y a des pays, où la garde des troupeaux eſt confiée à de jeunes filles ou à de jeunes garçons, ou à des vieillards infirmes. On ne ſauroit blâmer cet uſage, ſi le troupeau n'eſt formé que de quelques bêtes, comme j'en ai vu en Touraine & en Anjou ; le prix d'un Berger de profeſſion excéderoit la valeur du troupeau. Mais on a tort, lorſque le nombre des animaux eſt au moins de cent bêtes & que la qualité de la laine eſt précieuſe. C'eſt en quoi je n'ai pu m'empêcher de blâmer les métaïers de Sologne ; pour éviter les gages d'un Berger, qui les dédommageroit au-delà de ce qu'il leur en coûteroit, feroit, ils laiffent périr leurs bêtes à laine, en les faifant conduire par des enfans incapables de foins & fans intelligence.

Des Bergers voyageurs.

Les Bergers voyageurs, ou ambulans, ont des fonctions communes avec les Bergers fédentaires. Ils en ont de particulières, dépendantes du genre de vie qu'ils mènent & qu'ils font mener à leurs troupeaux. Les propriétaires prennent des précautions pour que loin de leurs yeux, pendant une partie de l'année, leur bétail foit bien foigné. Ces Bergers ont un avantage, dont la plupart des autres font fouvent privés. En Eté, l'herbe fine des montagnes, en Hiver, celle des plaines ou des provifions de foin & de feuillages, nourriffent abondamment leurs troupaux.

Un Obfervateur diftingué, qui ne voit rien fans réfléchir, comparant la vie des Bergers ambulans à celle des vachers, trouve que les premiers font plus errans, & il allègue pour raifon que les moutons paiffant, par préférence, une herbe courte, on ne les mène que dans des pâturages fecs, qu'ils ont en peu de tems épuifé. Il faut qu'ils aillent chercher leur vie ailleurs & fouvent très-loin. Une deuxième raifon, qui lui a échappé, c'eft que fi les moutons, dans les pays chauds, n'alloient pas en Eté dans les montagnes, il en périroit beaucoup.

Berger de Communes ou de Communautés.

Le fort d'un Berger de Communes eft en général doux. Il annonce avec un inftrument, fait de la corne d'une vache ou d'un bœuf, le moment où il part pour les champs ; à ce fignal, chacun fait fortir de chez foi ce qu'il a de bêtes à laine auxquelles on joint quelquefois des cochons & des chèvres. De tous ces animaux raffemblés, il fe forme un grand troupeau, qui va au pâturage. Au retour, les animaux reconnoiffent leurs maifons, ils s'y rendent, & bientôt tout eft diftribué. S'il y a des particuliers, dont les habitations foient écartées, de manière que le Berger ne puiffe pas s'y tranfporter, ils s'impofent l'obligation de faire rendre leurs bêtes à un endroit marqué ; le Berger les prend en paffant ; le foir, il les ramène au même endroit. La feule attention du Berger confifte à ne point mener fon troupeau aux champs quand le tems eft défavorable, à ne lui laiffer paître que des herbes qui lui conviennent, à le défendre contre les loups, à foigner les brebis, qui agnèlent & à rendre à chaque particulier les agneaux qui lui appartiennent. Les frais du parc & les frais de garde, fe partagent entre les propriétaires des bêtes à laine, à proportion du nombre qu'ils en ont.

Bergers de petites troupes.

Pour ne conduire que huit ou dix brebis, le

long des haies, fur les foffés, dans des brouffailles, &c. il ne faut ni l'intelligence, ni la force, ni la vigilance du Berger d'un troupeau confidérable. Auffi n'occuppe-t-on pour les garder que des enfans, qui ne pourroient point encore être employés à des travaux lucratifs.

Je n'infifterai pas fur ces premières efpèces de Bergers. Mais je développerai les fonctions de celui qui feroit au fervice d'un fermier ou d'un métaïer, dans un pays, où chaque année, les deux tiers au moins des champs font enfemencés, où on élève des agneaux & où le parcage eft en ufage. C'eft réunir toutes les circonftances, où les talens d'un Berger font mis à la plus forte épreuve. On voit aifément qu'il s'agit ici des Bergers de Picardie, de la Champagne, de l'Ifle-de-France, de l'Orléanois, &c.

Berger de Ferme ou de Métairie.

En fubdivifant les Bergers fédentaires, j'ai dit qu'il y en avoit auxquels on ne donnoit pas de gages, mais feulement la permiffion d'entretenir dans le troupeau, aux dépens du maître en hiver, un certain nombre de têtes de bétail. Cette permiffion a de grands inconvéniens, la plupart faciles à deviner. Il ne faut jamais mettre les hommes dans le cas de tromper avec facilité & impunément. Tout ce qui appartient au Berger dans fon troupeau eft toujours dans le meilleur état. Les chiens, qui connoiffent fes brebis, fes agneaux, fes moutons, les laiffent manger dans le pâturage le plus nourriffant & même dans les terres en rapport. Lui-même leur porte du pain aux champs & les pourvoit abondamment à la Bergerie. Auffi fes animaux ont-ils plus de laine & la laine la plus fine ; fes agneaux font les plus forts & toujours des mâles. Jamais ou rarement la mort ne frappe la propriété du Berger. Beaucoup de fermiers ayant reconnu combien cet ufage étoit nuifible à l'amélioration de leurs troupeaux l'ont abandonné, & ont préféré de donner des gages à leurs Bergers, avec une gratification, à la vente des agneaux, des moutons & des laines. Cette gratification eft proportionnée au nombre des bêtes & à la qualité des laines. Il faut efpérer, pour l'intérêt des autres, qu'ils ouvriront les yeux & qu'ils fuivront un exemple, qui leur eft offert. Un bon Berger, dans quelques cantons de la Beauce, gagne de 160 à 180 livres de gages ; on lui donne, indépendament de fa nourriture & de celle de fes chiens, 6 livres à la tonte & un fol par bête qu'on vend.

Puifqu'il eft ici queftion d'abus, je dois dire que jamais le maître d'un troupeau, s'il eft fage, ne permettra à fon Berger de tuer une feule bête, fans fon ordre & en fon abfence. En cas d'épizootie, il ne lui abandonnera pas les peaux des bêtes mortes, &, à plus forte raifon, il ne le chargera pas de vendre ou d'acheter du bétail, à moins qu'il ne soit très-sûr de sa droiture & de son désintéressement.

Il y a sans doute d'autres précautions à prendre encore, pour éviter des inconvéniens qui ne sont pas à ma connoissance. L'œil surveillant du maître les découvrira, & ses intérêts l'engageront à y remédier.

Âge d'un berger, & manière dont il doit être vêtu.

Un Berger au-dessous de 20 ans n'a ni la force, ni la facilité d'observer, ni l'intelligence qu'il lui faut; on n'en choisira pas qui n'ait au moins cet âge. Sa constitution doit être telle, qu'il puisse se tenir long-tems sur ses jambes sans se fatiguer, & supporter les rigueurs des saisons. M. Daubenton, qui a fait un excellent ouvrage, pour l'instruction des Bergers, est entré dans beaucoup de détails utiles; il s'est même occupé de leur habillement. Comme c'est plutôt du froid qu'ils ont à se garantir, M. Daubenton désire qu'ils aient un bonnet, qui puisse se rabatre sur le visage & sur le cou, & qui soit doublé d'une peau d'agneau; une casaque doublée de peau de mouton passée à l'huile dans le dos & à la poitrine; des guêtres aussi doublées de même, pour empêcher que la pluie n'entre dans ses sabots, & des moufles de peau d'agneau aux mains. Ces précautions sont d'autant plus nécessaires que le pays est plus froid.

Signes & traitement des membres gelés.

Il arrive quelquefois que les Bergers ont les mains ou les pieds gelés. M. Daubenton indique la manière d'y remédier, connue des gens instruit, mais qu'on ne sauroit trop répéter dans les campagnes. Dèsqu'on s'apperçoit qu'une partie du corps est gelée, il faut bien se garder d'approcher du feu, dont l'effet étant de dilater trop précipitamment les vaisseaux, il s'ensuit une désorganisation totale de la partie, qui ne peut plus reprendre son ancien état. La gangrene aussi-tôt s'en empare, & il n'y a plus de moyen à employer que l'amputation. Pour prévenir un si terrible accident, il faut lorsqu'un membre est totalement engourdi par la gelée & d'un blanc violet, le tremper quelques instans dans l'eau froide, ou le couvrir de neige; ensuite on le met dans l'eau dégourdie, ou on le couvre de linges modérément chauds; & après de linges plus chauds, enfin d'eau-de-vie. On ne l'approche du feu que quand le sentiment & la couleur naturelle sont revenus. Ces moyens se trouveront sans doute dans le Dictionnaire de Médecine, mais il ne me paroît pas déplacé de les indiquer ici: peut-être même y renverrai-je plusieurs fois dans le cours de ce Dictionnaire.

Quand les grands froids sont passés, les Bergers se couvrent moins; mais ils ont besoin d'un grand chapeau, qui puisse se rabattre pour les garantir du soleil & de la pluie.

Instrumens d'un Berger.

Les instrumens dont un berger doit être muni sont une houlette, un fouet, un bâton. La houlette sert à lancer des mottes contre les chiens pour les faire obéir, & même contre les bêtes à laine, lorsqu'il fait chaud, & que les chiens en les faisant ranger, les agiteroient trop. Les jeunes Bergers l'emploient encore comme on emploie une bêche, pour creuser & se former en amoncelant de la terre de petits abris contre le vent & la pluie. La houlette, qui est un long bâton de 5 à 6 pieds terminé par un fer de bêche, a aussi au-dessous un petit crochet recourbé en haut. Le Berger à l'aide de ce crochet, saisit les jambes de derrière du mouton, qu'il veut arrêter; le plus souvent on l'arrête à la main. Le fouet est nécessaire en Eté, sur-tout quand on parque. Il réveille mieux les animaux au milieu de la nuit, que la voix du Berger & les abois des chiens. Le bâton est l'appui des mauvais tems & la défense la plus ordinaire. Il faut qu'il soit gros & d'un bois dur. Joignez à ces trois instrumens; la pannetière, poche de cuir attachée par une courroie, pour porter le pain; une lancette pour saigner les moutons, qui seroient menacés de la maladie du sang; un grattoir pour détruire les croûtes de la gale; de l'onguent, du linge, du fil, pour panser des plaies & un couteau pour ouvrir & écorcher les animaux, qui meurent, & vous aurez à-peu-près tous les instrumens nécessaires à un Berger. M. Daubenton en a imaginé un, qui sert à-la-fois de lancette, de couteau & de grattoir. Il est très-commode & tient peu de place.

Qualités d'un Berger.

Une des qualités essentielles au Berger, c'est la mémoire. Il doit connoître tous les animaux, qui lui sont confiés. Quelque nombreux que soit un troupeau, il n'y a pas deux bêtes qui se ressemblent. On les distingue à des nuances dans la couleur de la laine, à des taches, à plus ou moins de laine sur quelque partie du corps, à une conformation particulière, à la manière de marcher, à la voix même, &c. La grande habitude de vivre toujours au milieu de ces animaux, rend possible ce discernement. J'ai vu un Berger Espagnol, qui, le jour étant presque entièrement passé, quand il revenoit des champs, prenoit les agneaux foibles & embarrassés & les donnoit à leurs mères sans hésiter. Je sais qu'un Berger Beauceron, à la voix des brebis qu'il entend bêler le matin, reconnoît celles qui ont agnelé dans la nuit, quoiqu'il n'ait pas encore entré dans la bergerie. Pour peu qu'on craigne de confondre une bête, qu'il est intéressant de reconnoître, on lui fait une marque à l'oreille ou à quelque autre partie du corps. Car il est utile de pouvoir indiquer les bêtes à laine jarreuse, les mauvaises mères, les brebis stériles, ou celles qui n'ont point de lait, &c. afin que le maître puisse s'en défaire.

Ce qu'il doit faire pendant l'agnelement.

Le tems où le Berger doit être le plus attentif, c'est celui de la naissance des agneaux. Il ne doit point quitter son troupeau, afin d'être à portée de secourir les bêtes qui en ont besoin. & d'empêcher que les agneaux ne se confondent. Une brebis âgée, qui a déja fait plusieurs agneaux, agnèle facilement & sans se plaindre. Elle n'a besoin de secours que dans le cas où le petit se présenteroit mal. Une jeune brebis, qui agnèle pour la première fois, a ordinairement de la peine qu'elle exprime en se plaignant fortement. Il est nécessaire de lui faciliter l'agnelement, en passant deux doigts graissés d'huile ou de beurre entre la tête du petit & l'orifice du vagin. Il est mieux de glisser les doigts le long de l'orifice du vagin extérieurement & le long de la tête du petit, qui est au passage. Ordinairement cela suffit ; mais il ne faut aider la brebis qu'au moment où elle fait des efforts pour pousser son agneau au-dehors.

Le plus ordinairement l'agneau se présente bien ; quelquefois il se présente mal. La situation naturelle de l'agneau dans les derniers momens de la gestation, est de présenter le bout du museau à l'ouverture de la matrice ou portière ; les deux pieds de devant sont au-dessous du museau & un peu en avant : les deux jambes de derrière sont repliées sous son ventre ; elles s'étendent en arrière, à mesure que l'agneau sort de la matrice.

Il y a plusieurs sortes de mauvaises situations de l'agneau, qui rendent l'agnelement difficile. Les plus fréquentes sont, 1.º lorsque l'agneau présente le sommet où les côtés de la tête, tandis que le museau est tourné de côté ou en arrière ; 2.º lorsque les jambes de devant sont pliées sous le coû ou étendues en arrière. 3.º Lorsque le cordon ombilical passe devant l'une des jambes. Le Berger dans le 1.er cas, repousse la tête en arrière & attire le museau à l'ouverture de la matrice ; dans le 2.e cas, il tâche de trouver les pieds de devant & de les attirer à l'ouverture de la matrice ou de faire sortir la tête & ensuite d'attirer les deux jambes de devant ou seulement l'une, pour empêcher que les épaules ne forment un trop grand obstacle à la sortie de l'agneau ; enfin dans le 3.e cas, il faut rompre le cordon sans attirer le délivre qui se rompt de lui-même, dès que l'agneau est sorti. Après

l'agnelement, le Berger tire le cordon pour faire tomber le délivre, quand il ne tombe pas seul ; il l'écarte de la mère, afin qu'elle ne le mange point. Dans tout ce que le Berger fait, soit pour aider l'agnelement, soit pour attirer le cordon & le placenta, il doit n'employer que des mouvemens très-doux, pour ne pas blesser la mère & l'agneau.

Il arrive quelquefois que l'agnelement est démontré impossible, soit à cause du peu d'ouverture des os pubis, soit à cause du volume de l'agneau & de la manière dont il est placé. Il y a des Bergers assez adroits pour couper l'agneau en morceaux & le tirer ainsi, sans intéresser la matrice. Cette opération, quand on prend des précautions, sauve la mère.

Si le Berger, en allant aux champs, s'apperçoit que quelque Brebis soit prête à agneler, il la laissera à la Bergerie, en la mettant dans un petit enclos à part, attention qu'il doit également avoir le soir quand il se retire pour s'aller coucher après avoir fait sa dernière ronde dans la Bergerie ; car il peut arriver deux choses embarrassantes. La première, c'est que l'agneau d'une brebis trop malade en agnelant ou après avoir agnelé, peut s'éloigner de sa mère & en tetter une autre, ou rester abandonné au milieu du troupeau. La seconde, c'est que la brebis souffrante peut être tettée par un autre agneau qui profite de son état d'affoiblissement pendant qu'elle agnele, de manière que son petit, après être né, ne trouve rien au pis. Cette séparation des brebis prêtes à agneler est sur-tout nécessaire, quand quelques brebis font leurs petits beaucoup plus tard que les autres, soit parce qu'elles ont pris le mâle plus tard, soit parce que l'ayant pris en même-tems, elles n'ont pas retenu, mais sont devenues en chaleur quelque tems après ; sans cette précaution un agneau fort de la bergerie frustreroit le nouveau-né du lait de sa mère. Il n'est pas rare encore de voir un agneau teter une brebis nouvellement agnelée, en passant entre ses jambes de derrière ; les suites de l'agnelement, dont il s'imprègne alors, trompent la brebis qui l'adopte ou seul, ou concurremment avec le sien ; ce qu'il est important d'éviter.

Quelquefois l'agneau d'une bonne brebis vient à mourir & celui d'une autre, foible & délicate, ou peu fournie de lait, languit. Le Berger revêt ce dernier pour un jour ou deux, de la peau de l'agneau mort, ou il le frotte contre cette peau & le présente à la brebis qui l'a perdue ; elle ne tarde pas à lui donner à tetter & elle continue jusqu'au sevrage. Il suffit quelquefois de frotter contre les organes externes de la génération d'une brebis, l'agneau qu'on veut qu'elle adopte. Souvent on lui fait tetter une chèvre, ou on lui fait boire du lait tiède de brebis, ou de chèvre, ou de vache dans un biberon & ensuite dans un vase. Il faut avouer que ces foins ne peuvent être exigés que du Berger d'un troupeau, qui ne foit pas trop nombreux. Car, dans de grands troupeaux, on ne peut prendre ces précautions.

- C'eft quand les brebis reviennent des champs mouillés, qu'elles font le plus fujettes à méconnoître leurs agneaux. Ces petits animaux fe jetant fous les toifons, fe couvrent d'eau, qui éteint les émanations par lefquelles les mères les diftinguoient. Si le Berger n'y fait pas attention il y en a beaucoup qui allaitent d'autres agneaux que les leurs, plufieurs agneaux tettent deux mères & dans ce défordre, les plus foibles ne tettent pas.

Lorfqu'une brebis a le pis engorgé & douloureux, elle ne veut pas fe laiffer tetter, à caufe de la douleur qu'elle éprouve. Le Berger vigilant, ou la trait pour diminuer l'abondance de lait & la fenfibilité, ou applique quelques topiques, propres à produire un relâchement. Pendant ce tems, il fait boire du lait à l'agneau & le donne à fa mère, quand elle eft foulagée.

On doit encore regarder fi les brebis, qui font prêtes à mettre bas, n'ont pas de la laine autour des mamelons; l'agneau en tettant en avaleroit; elle s'amafferoit en pelotons dans celui de fes eftomacs, qu'on appelle la caillette & pourroit l'incommoder ou le faire mourir; le Berger doit ôter cette laine. Quelquefois il eft obligé de comprimer les mamelons, c'eft-à-dire, les bouts du pis, afin de les déboucher en faifant fortir un peu de lait.

Lorfqu'étant aux champs, il s'apperçoit que plufieurs brebis font prêtes à agneler, il fe rapproche de la ferme ou de la métairie, & fait rentrer fon troupeau à la bergerie plutôt qu'à l'ordinaire; les brebis y agnelent plus commodément. Si quelqu'une n'a pas le tems de gagner la maifon, le Berger aura l'attention d'arrêter la marche des autres, jufqu'à ce qu'elle ait agnelé & fe foit remife. Cette attention eft fur-tout néceffaire pour les jeunes bêtes qui donnent leur premier agneau; par-là, on eft à portée de les fecourir, fi elles en ont befoin & on les empêche d'être inquiètes; l'envie de fuivre les autres les troubleroit & les engageroit à quitter leur agneau avant qu'il fût en état de marcher. Dans les tems rigoureux, le Berger emporte dans une poche à la ferme, les agneaux qui naiffent aux champs. S'ils ont fouffert du froid, il les réchauffe en les mettant dans du foin, ou en les enveloppant de linges chauds, & en leur faifant avaler une cuillerée de vin, ou d'autre liqueur fpiritueufe.

On remarque qu'il y a des brebis, qui ne prennent aucun intérêt à leurs agneaux. Soit défaut de caractère, foit effet de la domefticité, foit toute autre caufe, elles les abandonneroient, fi on ne parvenoit pas à leur faire prendre de l'attachement pour eux. Il faut chaque fois qu'elles

arrivent des champs, les leur préfenter, & même leur lever la jambe de derrière, afin que les agneaux n'en foient pas rebutés & foient plus à portée des mamelles; ce qui réuffit encore mieux, c'eft de laiffer enfemble à la bergerie un jour ou deux, la mère & le petit. Les Bergers prétendent que les mauvaifes mères font celles qui ont reçu le mâle fans defir & comme malgré elles.

Si une brebis ne lèche pas fon agneau, il faut répandre fur lui un peu de fel en poudre, pour l'engager à le lécher par l'appât du fel. La faifon étant humide & froide, on peut même effuyer l'agneau avec du foin ou un linge.

J'ai cru devoir raffembler ici toutes les attentions que doit avoir un Berger, lors de l'agnelement, quoique j'en aie rapporté quelques-uns au mot *agneau*. Il fera plus commode de les trouver réunies. D'ailleurs je fuis entré ici dans plus de détails; ce qui arrivera toujours pour les mots, qui feront faits après les autres. Plus je m'inftruirai, plus je ferai en état de communiquer à mes lecteurs les connoiffances que j'acquerrai.

Toutes les précautions, que je viens d'indiquer, exigent des foins vigilans & des connoiffances. Un des grands mérites d'un Berger, c'eft d'amener à bien le plus d'agneaux poffibles. J'en ai connu, qui fur 116 brebis, avoient jufqu'à 112 agneaux en bon état.

Soins du Berger à la bergerie.

Dans les pays, où l'on nourrit les bêtes à laine en hiver à la bergerie, le Berger les approvifionne du fourrage, qu'on lui permet de donner, foit de feuillages fecs, foit de foin, foit de vefces, ou de pois fanés, foit de pailles de froment ou de feigle imparfaitement battus. Le fermier doit régler lui-même la quantité de nourriture; car fouvent les bergers, pour rendre leur troupeau plus beau, en donneroient une trop grande quantité; le troupeau ne profiteroit pas à fon maître en proportion de ce qu'il lui coûteroit, & on rifqueroit de le faire périr. Lorfque la nourriture eft sèche, & que le tems n'eft pas pluvieux, fi les bêtes à laine ne paiffent pas d'herbes fraîches & humides aux champs, on leur tiendra à la bergerie de l'eau propre dans des baquets; pour peu qu'il s'y introduifît de l'ordure, les animaux ni boiroient pas; les ordures ôtées, elles boiroient une quantité d'eau proportionnée à leur altération. Il faut éviter les grandes boiffons à des animaux toujours difpofés à l'hydropifie: on a vu des brebis avorter par cette caufe.

Précautions quand on a châtré & tondu.

Communément ce font les bergers qui châtrent les agneaux mâles. Ils doivent prendre des précautions pour n'en pas perdre. Ils tondent auffi leur troupeau, & même lavent les laines, dans quelques pays. Beaucoup de fermiers confient ces opérations à des châtreurs, à des tondeurs & à des laveurs de profession, qui tous les ans reviennent, au tems marqué, où on emploie leur talent. *Voyez* CASTRATION & BÊTES A LAINE. Les Bergers éviteront de laisser mouiller leurs troupeaux récemment tondus, parce qu'ils en souffriroient beaucoup; une partie même y succomberoit.

Le Berger doit couper les cornes de ses béliers & les brider, s'il en est besoin, & couper la queue de ses agneaux. On coupe chaque année, au mois de Mars, les cornes des béliers, qui se blesseroient les uns les autres en se battant, arracheroient la laine des brebis, en approchant trop près d'elles, ou s'embarrasseroient dans les broussailles. *Voyez* à l'article bête à laine, la manière de couper les cornes des béliers. Lorsqu'on n'en a pas un assez grand nombre pour en faire un troupeau séparé, on les empêche de saillir trop tôt les brebis, en leur attachant un linge, qui pend au-dessous du nombril, entre le nombril, & la verge, moyennant une corde, qui se noue sur le dos; ce qu'on appelle *brider*. En France, on ne coupe que le bout de la queue des agneaux. Les Espagnols la coupent à environ 3 pouces de l'anus. *Voyez* AGNEAU.

Attentions pendant le parcage.

Pendant l'Eté & pendant l'Automne, les Bergers font parquer leurs troupeaux dans une partie de la France. L'intention du maître, est de procurer à ses champs un engrais suffisant. Le Berger, qui dirige le parcage, s'y conforme. Pour certifier le succès de son opération, il faut, qu'à qualité égale du sol, la végétation dans les champs parqués soit uniforme, & que les grains ne versent en aucun endroit. Il est donc indispensable que le berger connoisse les habitudes des bêtes à laine, la manière de les faire fienter où il veut, la nature du terrein sur lequel est assis son parc, les heures de le changer de place, l'étendue, qu'il doit avoir relativement au nombre de ses animaux. *Voyez* BÊTES A LAINE.

Conduite aux champs.

La bonne conduite des troupeaux aux champs pendant le jour, suppose dans le Berger la connoissance des herbes toujours nuisibles & de celles qui ne le font que prises en trop grande quantité, ou par la sécheresse, ou par l'humidité. Il sait à quelles heures il convient qu'il sorte & qu'il rentre, selon les saisons & le tems; il évite de faire courir les brebis pleines, ou de leur faire sauter des fossés, afin qu'elles n'avortent pas; il modère l'ardeur de ses chiens, & se fait suivre doucement par son troupeau, quand il

veut en rendre la marche lente; il est en garde contre les loups, sur-tout lorsqu'il approche des bois; il empêche que les terres cultivées, ne soient mangées & ne réserve aucune jachères, pour certains momens; car cette réserve nuit aux propriétaires de ces jachères, parce que la terre s'altère, si on y laisse croître des plantes inutiles.

Le bon berger s'écarte du troupeau le moins possible; son troupeau en est mieux, parce que les chiens, plus près du berger, ne se permettent de maltraiter aucune bête. Il prend beaucoup de précautions contre les loups. *Voyez* au mot bêtes à laine, ennemis des bêtes à laine.

Prévoyance contre les maladies.

Je voudrois qu'un Berger fût instruit de toutes les maladies des troupeaux & plutôt encore qu'il eût l'art de les prévenir que de les guérir. Il peut se garantir long-tems de la *clavelée*, en n'approchant pas des troupeaux du voisinage, s'ils lui sont suspects, en défendant à ses chiens de courir sur aucune bête étrangère, en ne laissant d'autres chiens que les siens roder autour de son troupeau, en préférant, s'il voyage, les grands chemins aux lieux écartés, en ne permettant de toucher ses bêtes à aucune des personnes qu'il soupçonneroit avoir eu communication avec des animaux infectés. Aussi-tôt qu'il en voit une malade, il est obligé d'avertir son maître. La *pourriture* & la maladie *du sang*, quoique noncontagieuses, doivent être évitées avec beaucoup de soin: très-souvent elles sont dûes à la négligence du Berger, qui mène son troupeau, ou dans des pâturages humides, où dans des lieux où croissent des plantes aromatiques. *La gale* se propage, non pas d'un troupeau à l'autre, mais de bête à bête dans un troupeau, & diminue le produit de la laine, si le berger n'a soin de panser tous les jours avec l'onguent les animaux qui en sont atteints. L'instruction de M. Daubenton pour les Bergers peut être un excellent guide & suppléer aux écoles de bergerie, qu'il faudroit peut-être établir dans les campagnes en France, comme il y en a en Suède. Je crois qu'il seroit aussi avantageux de ne confier un grand troupeau, qu'à un Berger, qui auroit conduit un petit troupeau, ou une division sous un berger éclairé & capable de l'instruire.

Apprivoisement de quelques bêtes.

Les Bergers Espagnols font faire à leurs troupeaux tous les mouvemens qu'ils veulent sans employer de chiens, qui ne servent que la nuit à les défendre contre les ours & les loups. Ils attachent des sonnettes au cou de quelques béliers ou moutons. Par un sifflement de la langue, ils les font aller ou s'arrêter à volonté; ces animaux guident les autres. Les Bergers François ne seroient

pas embarraffés de trouver un femblable moyen.
Prefque tous ils apprivoifent quelques bêtes en
leur donnant du pain feul de tems en tems, ou
du pain & du fel. Ils appellent *coquins* ces animaux ainfi apprivoifés qui font d'un grand ufage
dans beaucoup de circonftances ; mais ils ne
fuffifent pas dans les pays très-cultivés Là, les bêtes
à laine ne font jamais raffafiées. La voix du
Berger ne les empêcheroit pas de fe jetter fur
les plantes, qu'il faut refpecter, ou de s'arrêter
dans les endroits où elles ne doivent que paffer.
On eft donc obligé d'avoir des chiens & de les
bien dreffer, pour qu'ils faffent le fervice & ne
foient jamais dangereux au troupeau : l'art de
bien dreffer des chiens eft encore un des talens
du bon Berger.

Éducation des chiens.

Il eft effentiel de choifir un animal dont le
père & la mère foient de bonne race ; on fait
combien ce choix doit influer fur leurs petits.
La race la meilleure eft celle qu'on appelle race
de chiens de berger ; elle eft petite, active &
pleine d'intelligence. Si le pays eft expofé à avoir
des loups, on préfère de dreffer de gros mâtins,
en état de fe battre. Le Berger qui a une chienne,
dont il veut avoir de l'efpèce, ne la laiffera couvrir que par un feul chien ; à fix mois, il commencera l'éducation du jeune chien, à un an ou
à quatorze mois elle doit être faite. S'il ne réuffit
pas alors, il n'y faut plus compter. Tant qu'on
cherche à le former, il eft important de ne le
point laiffer courir après les moutons avec les
autres chiens ; cela le gâteroit pour jamais. On
le tient en leffe quand on commande aux autres
de manœuvrer ; on retient les autres à leur tour,
fi on l'envoie au troupeau ; il eft attentif au
commandement & n'eft point troublé par ce qu'il
voit faire aux autres. Le Berger fe met à peu de
diftance du troupeau, les premières fois qu'il
exerce le jeune chien ; peu-à-peu il s'en éloigne,
à mefure qu'il fe forme : à la fin il obéit, à
quelque diftance qu'on l'envoie.

Les animaux, ont comme les hommes, leur
caractère qu'il faut étudier, pour les amener au
but qu'on fe propofe. Il y a des chiens qui
veulent être careffés ; il y en a, dont on n'obtient rien fans les battre ; parmi ces derniers, on
en voit, qui boudent s'ils font battus. Ils ne valent
rien pour un Berger, parce qu'ils le laifferoient
dans l'embarras, lorfqu'ils les châtieroient pour
avoir manqué. Les meilleurs font ceux qui, après
avoir été corrigés, reviennent careffer leur maître.

Il n'eft pas rare de voir des chiens de Berger, qui ne veulent aller qu'à la droite ou
à la gauche. C'eft un vice d'éducation. Dans
ce cas le Berger eft obligé de fe placer à l'égard
de fon troupeau, de manière que le chien fe

retrouve toujours du côté où il eft accoutumé
d'aller.

Un chien de Berger dans les pays, où il a le
plus de travail peut durer 10 ans. On lui caffe
les crochets, pour qu'il ne morde pas trop fort
les bêtes à laine. Les bons Bergers, qui favent bien
commander & qui ne s'écartent pas de leur troupeau, n'ont pas befoin de caffer les crochets de
leurs chiens. Deux bons chiens fuffifent pour
deux cent quarante bêtes ; on les nourrit ordinairement de pain ; chacun en mange environ
une livre & demie : pour qu'un chien ait toutes
les qualités néceffaires, il faut qu'il obéiffe ponctuellement, qu'il ménage le bétail, & qu'il foit
furveillant & méchant même, quand le troupeau
eft au parc.

Maladies des Bergers. Signes & traitement de la puftule maligne.

Les Bergers font expofés à des maladies dépendantes des pays qu'ils habitent. Ils en éprouvent
auffi qu'ils partagent avec un petit nombre
d'hommes d'autres profeffions ; tels font entre
autres les effets de la gelée fur leurs membres
& le charbon ou la puftule maligne qu'ils contractent en maniant ou en écorchant des animaux, qui en font atteints. J'ai indiqué plus
haut les moyens de remédier à la première
maladie : voici les fignes de la feconde & les
remèdes qu'il convient d'y appliquer. On fent
ordinairement à une partie du vifage ou des
mains, une petite démangeaifon incommode. Il
paroît à l'endroit une tache rougeâtre, femblable à
une morfure de puce ; cette tache s'étend peu-
à-peu, la démangeaifon augmente, la partie affectée devient roide & dure. On éprouve alors
un mal-aife général ; l'appétit fe perd ; il fe forme auprès de la puftule, de petites veffies ou
cloches, qu'on nomme *phlyctènes*. L'enflure fait
alors des progrès rapides & les angoiffes furviennent, accompagnées de naufées & de vomif-
femens. Le mal eft alors prefque à fon comble ;
la gangrène s'eft emparée de tous les environs de
la puftule ; en très-peu de tems, la mort furvient.
Je ne connois point de maladie plus rapide,
fi on en excepte celles qui tuent prefque fubitement. Il eft bien néceffaire de ne pas attendre que le
mal foit avancé. Entre les mains d'un homme
exercé, la guérifon eft certaine ; pour l'obtenir,
on doit avec un biftouri ou une lancette, dont
la lame foit arrêtée, fcarifier toute la partie
gangrenée par plufieurs incifions jufqu'au vif.
Alors on applique deffus de la pierre à cautère
pulvérifée, qu'on enchaffe dans un trou fait à
une emplâtre pofée fur une autre emplâtre non-
trouée. Cet appareil eft recouvert d'un cataplafme
d'herbes adouciffantes, pour diminuer l'inflammation augmentée par le cauftique ; on laiffe le
tout pendant 24 heures ; on lève l'appareil &

on trouve la gangrène bornée. De l'onguent suppuratif, recouvert d'un cataplasme, fait tomber
peu-à-peu l'escarre; il ne s'agit plus que de
purger le malade une ou deux fois. On a dû
le tenir au bouillon pendant l'usage du caustique
& à des alimens légers les jours suivans; si on
veut avoir ce traitement plus développé, on le
trouvera sans doute dans le Dictionnaire de Médecine. Je me contente de rapporter ici en peu
de mots, ce qui concerne une maladie, qui attaque fréquemment, dans certains pays, des
hommes qui manient les animaux, ou ce qui
en provient, comme les peaux, la laine, le crin,
&c. Cette manière de les traiter m'a souvent réussi.
(*M. l'Abbé Tessier.*)

BERGERIE, bâtiment dans lequel on loge les
bêtes à laine, ou pour leur donner à manger,
ou pour les garantir des injures de l'air. *Voyez*
FERME. (*M. l'Abbé Tessier.*)

BERGIE, *Bergia.*

Genre de plantes à fleurs polypétalées, de la
famille des *Caryophyllées*, qui semble avoir
quelque rapport avec les Sablines.

Il comprend des plantes herbacées, exotiques,
qui s'élèvent très-peu & dont la tige est simple
dans une espèce, & dans l'autre rameuse &
diffuse. Les feuilles sont petites, ainsi que les
fleurs qui sont nombreuses & très-ramassées,
disposées en anneaux autour des tiges, ou simplement ramassées en paquets.

Ces plantes ne se trouvent point au Jardin
du Roi. C'est le seul endroit où l'on pourroit
les rencontrer, car, comme elles ont peu d'apparence & qu'elles n'offrent rien d'intéressant,
elles ne seroient point admises dans les jardins
d'agrément.

Ce genre ne comprend jusqu'à présent que
deux espèces.

Espèces.

1. BERGIE du Cap.
Bergia Capensis; L. F. du Cap de Bonne-
Espérance.
2. BERGIE glomérulée.
Bergia glomerata. L. F. du Cap de Bonne-
Espérance.

Description du port des espèces.

1. BERGIE du Cap. Cette espèce a le port
d'une anémone. Sa tige est simple, menue, droite,
lisse & un peu succulente. Elle ne s'élève qu'à
un demi-pied de hauteur.

Ses feuilles sont opposées, lancéolées, lisses,
ouvertes & légèrement dentelées.

Les fleurs ont cinq pétales, elles sont nombreuses, très-ramassées, sessiles & disposées par

verticilles. Lorsqu'elles sont parvenues à leur
parfaite maturité & qu'elles ont répandu leurs
semences, les capsules qui les renfermoient, conservent leurs valves étendues, ce qui leur donne
l'apparence de corolles à cinq pétales, disposées en roue, ou en rose.

2. BERGIE glomérulée. Elle diffère de la précédente, en ce que sa tige est rameuse & diffuse.
Ses feuilles sont aussi beaucoup plus petites,
ovoïdes, un peu crenelées & rapprochées les
unes des autres.

Ses fleurs sont très-petites & glomérulées.

Historique. Ce genre a été nommé *Bergie* par
Linné, en l'honneur de M. Bergius, son com-
patriote, célèbre Professeur de Botanique, auquel nous devons plusieurs ouvrages intéressans.

Culture. Il paroît que ces plantes commencent
à être cultivées en Angleterre. Miller dit, dans
son supplément, que, pendant l'Eté, elles peuvent rester exposées en plein air, pourvu qu'on
les place dans un endroit abrité : mais que,
pendant l'hiver, elles doivent être mises dans
une serre-chaude, ou sous des vitrages aërés.

Usages. Il y a apparence que les *Bergies* sont
toujours reléguées dans les jardins de Botanique,
où l'on rassemble le plus de végétaux possible,
pour l'instruction des élèves, à moins qu'on ne
leur découvre par la suite quelques propriétés
qui intéressent la Médecine ou les Arts. (*M.
D'Auphinot.*)

BERLE, SIUM & SISON L.

Genre de plantes de la famille des Ombellifères, composé d'herbes vivaces par les racines,
dont le caractère est d'avoir une ombelle plane
composée d'un petit nombre de rayons, enveloppée à sa base par une collerette de quatre à dix folioles lancéolées & quelquefois dentées. Les ombelles partielles ont également une
collerette composée de plusieurs folioles, & sont
composées de peu de rayons. Le fruit est oblong,
de forme ovoïde, strié plus ou moins profondément. Les Berles diffèrent des Angéliques, parce
que ces dernières ont leurs ombelles partielles
très-fournies & en dôme; elles diffèrent aussi
des persils qui n'ont point de collerette.

Espèces.

1. BERLE à feuilles larges.
Sium latifolium L. ♃ dans les fossés & sur
le bord des étangs.
2. BERLE à feuilles étroites.
Sium angustifolium L. ♃ dans les ruisseaux &
les fossés pleins d'eau.
3. BERLE nodiflore.
Sium nodiflorum L. ♃ dans les ruisseaux & sur
le bord des rivières.
4. BERLE des potagers, le Chervi.

Sium Sifarum L. ♃ cultivée dans les jardins.

5. BERLE de la Chine.

Sium Ninfi L. ♃ de la Chine & du Japon.

6. BERLE aromatique.

Sison amomum L. ♃ sur le bord des fossés dans les terreins humides des environs de Paris, de l'Angleterre, de la Carniole, &c.

7. BERLE des bleds.

Sison segetum L. ♃ dans les champs humides.

8. BERLE de Virginie.

Sium rigidius L. ♃ de la Virginie.

9. BERLE faucillière.

Sium falcaria L. ♃ dans les champs & le long des chemins.

10. BERLE à feuilles de panais.

Sium siculum L. ♃ de la Sicile.

11. BERLE grecque.

Sium græcum L. du Levant, de la Grèce.

12. BERLE de Canada.

Sison Canadense L. ♃ de l'Amérique septentrionale.

13. BERLE inondée.

Sison inundatum L. dans les lieux bas où l'eau séjourne.

14. BERLE verticillée.

Siso n verticillatum L. ♃ dans les prés humides.

15. BERLE à tige nue.

Sison salsum L. Fil. dans les marais salins de la Russie.

1. BERLE à feuilles larges. La tige de cette plante s'élève à trois & quatre pieds ; elle est droite & sans beaucoup de ramifications ; les feuilles sont composées de quatre & cinq paires de folioles lancéolées & dentées sur les bords. Les fleurs terminent la tige & les branches ; l'ombelle est grande & bien garnie.

2. BERLE à feuilles étroites. Cette espèce ressemble à la précédente, mais elle est moins droite & se ramifie davantage ; ses feuilles sont composées d'un plus grand nombre de folioles & d'une teinte plus foncée ; les ombelles de fleurs sont portées sur un pédoncule à l'aisselle des feuilles, toute la plante a rarement plus de deux pieds de haut.

3. BERLE nodiflore. Elle diffère de la précédente par ses tiges plus petites & rampantes ; ses feuilles ont un moins grand nombre de folioles & les ombelles sont sessiles à l'aisselle des feuilles.

Culture. Ces trois espèces de Berles devant être toujours dans l'eau, ou dans une terre détrempée, ne sont cultivées que dans les jardins de Botanique : la première, la seule qui pourroit orner un parterre, perd sa beauté dès qu'elles croît dans un lieu moins humide. Au Jardin du Roi, on les conserve dans des vases dont la terre est couverte d'eau, &, malgré ces précautions, elles y sont toujours dans un état peu florissant. M. Dam-

bourney a tiré de la première espèce une teinture vigogne très-foible.

4. BERLE des potagers ou Chervi. Cette Berle d'un usage général comme plante oléacrée, ressemble à la première espèce ; sa racine est composée de plusieurs cuisses longues de quelques pouces, blanches & d'un goût agréable. Il en sort une ou plusieurs tiges, qui s'élèvent à la hauteur de deux ou trois pieds & portent leurs fleurs en ombelles à l'extrémité des branches. Les feuilles sont composées de trois ou quatre rangs de folioles ovales, ou lancéolées, dentées sur les bords.

Culture. On seme la graine de Chervi, vers la fin de Mars, dans une terre légère & humide ; quelques personnes la répandent à la volée, d'autres préfèrent de la cultiver en rayons. Quelques semaines après, les jeunes plantes paroissent, & dès qu'elles sont assez grandes pour qu'on puisse les distinguer, il convient d'arracher les mauvaises herbes & de donner un léger labour à la terre. Cette opération doit être répétée plusieurs fois dans le courant de l'Eté. En Automne, quand les feuilles commencent à jaunir, les racines sont dans leur état de perfection ; on peut les conserver pendant tout l'hiver.

On multiplie aussi le Chervi au moyen de cuisses éclatées des vieilles plantes : mais les racines qu'on récolte de cette manière n'ont pas le degré de perfection & la grosseur de celles qui sont venues de graines : elles sont plus sujettes à s'amollir & à devenir visqueuses, défaut qu'ont aussi les racines des plantes qui montent en tige dès la première année. Lorsqu'on veut multiplier le Chervi de rejettons ou cuisses éclatées, on doit les planter au Printems ayant soin de leur laisser un œil ou bouton : ces racines doivent être espacées de quatre ou cinq pouces en tout sens.

Usage. Le Chervi est une racine potagère cultivée assez généralement ; elle déplaît cependant à beaucoup de personnes à cause de sa douceur. Il paroît qu'elle est d'un usage très-ancien, puisque Tibere, au rapport de Pline, l'exigeoit des Germains en forme de tribut : comment donc Linné a-t-il pu soutenir qu'elle est originaire de la Chine ? Cette racine est très-pectorale, est même un spécifique contre les premiers symptômes de la phtisie pulmonaire : peut-être doit-elle cette propriété à la quantité de sucre qu'elle contient ? Son analogie avec l'espèce suivante, que les Chinois assimilent au Ginsen, devroit nous la faire estimer davantage.

5. BERLE de la Chine ou Ninsin. Cette plante n'est connue en Europe, que par les ouvrages de Kœmpfer & de Burman ; on ne la possède dans aucun jardin. D'après la figure que le dernier de ces Auteurs a publiée, on peut conclure que le Ninsin est une espèce très-analogue à notre Chervi, peut-être même qu'il en est une

variété

qui croissent sur les tiges n'ont point cette apparence. Les tiges sont presque nues & portent variété. La seule différence bien remarquable, consiste dans les bulbes ou excroissances charnues qui se forment à l'insertion des branches & qui ont la propriété de reproduire l'espèce, lorsqu'elles sont mises en terre; notre chervi ne nous offre rien de pareil, mais on a d'autres exemples de plantes sujettes à produire des bulbes & qui en manquent dans plusieurs circonstances.

Usage. Cette Berle est cultivée à la Chine & au Japon à cause de ses propriétés cordiales & fortifiantes, qu'elle possède presque au même degré que le gensen. Nous n'avons aucuns détails sur la culture qui lui est propre dans ces pays-là. Il est vraisemblable qu'elle s'aclimateroit, sans peine, en Europe; il seroit cependant nécessaire de lui faire passer les premiers hivers dans l'orangerie; mais, au bout de peu d'années, on pourroit la hasarder en pleine terre.

6. BERLE aromatique. Sa racine en fuseau a le goût du panais; mais sa dureté & son peu de volume l'excluent des racines potagères, à moins qu'on ne parvienne à la corriger de ces deux défauts. Sa tige ne s'élève qu'à un pied & ses feuilles sont composées de trois ou quatre rangs de folioles lancéolées, bordées de dentelures très-fines.

Les racines & les semences sont aromatiques & reçues en Pharmacie comme carminatives & diurétiques. Les Herboristes la récoltent à la campagne, dans les pays où elle croît sauvage. Lorsqu'on veut la cultiver, il suffit de répandre les graines en Automne dans une terre humide; elles lèvent au Printems. Une fois établie, cette Berle se reproduit par la dispersion de ses semences.

7. BERLE des bleds. Cette espèce se distingue des autres par le nombre & la petitesse des folioles qui composent ses feuilles: elles sont ovales & au nombre de six ou sept paires; les ombelles de fleurs terminent les branches & sont ordinairement penchées.

Cette plante commune dans les champs humides, ne peut être cultivée que dans un jardin de Botanique; il suffit de semer les graines en Automne, dans une terre humide, pour la voir réussir: on doit la sarcler fréquemment pendant la première année; la seconde elle fleurit & se resème d'elle-même.

8. BERLE de Virginie. Sa racine est composée de plusieurs cuisses charnues comme le chervi & le ninsin, espèces 4 & 5. Il en sort une tige de trois pieds, roide & rameuse; les feuilles sont composées de cinq ou six paires de folioles lancéolées, un peu roides & presque entières sur les bords.

Cette plante auroit peut-être les mêmes qualités que le Ninsin, cependant elle n'a encore été cultivée nulle part; il est vraisemblable

qu'elle n'exigeroit pas plus de soins que l'espèce précédente ou que le chervi.

9. BERLE faucillière. La racine de cette Berle est longue, un peu aromatique; la tige est droite, haute de deux pieds & rameuse dans la partie supérieure; ses feuilles sont composées de folioles linéaires, réunies par une expansion feuillée & partagées fréquemment en plusieurs lanières; ces feuilles sont dures & dentées très-finement sur leurs bords.

On ne cultive cette plante que dans les jardins de Botanique; elle n'exige aucuns soins.

10. BERLE à feuilles de panais. Cette espèce a des feuilles doublement ailées & fort semblables par leur ensemble à celles des panais. Les fleurs sont jaunes & forment des ombelles d'une belle grandeur.

Cette plante, quoique originaire de la Sicile, supporte très-bien les hivers en pleine terre, on la cultive au Jardin du Roi. Miller avertit qu'il faut semer la graine dès qu'elle est mûre; elle fleurit la seconde année.

11. BERLE Grecque. Cette espèce est très-peu connue, ses feuilles sont bipinnées & ses fleurs sont jaunes; on la distingue de la précédente. N'ayant pas été cultivée dans les jardins de l'Europe, on ignore encore quelle culture elle exige; l'analogie doit nous faire soupçonner qu'il faudroit lui faire passer les Hivers dans l'orangerie.

BERLE de Canada. La tige de cette plante s'élève à un pied & demi; ses feuilles sont composées de trois grandes folioles dont les latérales sont souvent lobées. Cette espèce doit être semée en Automne dans une terre humide; une fois établie, elle se resème d'elle-même: on la cultive au Jardin du Roi.

13. BERLE inondée, petite plante dont la partie inférieure est toujours plongée dans l'eau, la tige est grêle, rampante, longue de deux ou trois pouces, ses feuilles qui se développent sous l'eau sont partagées en découpures capillaires; celles qui se développent à l'air sont composées de deux ou trois folioles qui s'élargissent vers le sommet où elles sont partagées en trois lobes peu profonds; les ombelles sont axillaires & très-petites.

Cette plante exige la même culture que la troisième espèce, & même elle est plus délicate; on la cultive dans les jardins de Botanique. On a remarqué qu'étant cultivée à l'air elle ne porte point de feuilles capillaires, & que ces dernières feuilles tiennent absolument à son développement sous l'eau.

14. BERLE verticillée. Les feuilles radicales de cette plante ressemblent, par leur conformation, aux tiges de l'*hippuris* avec lesquelles il est facile de les confondre: elles ont un grand nombre de folioles capillaires & courtes qui entourent le pétiole en forme d'anneau; les feuilles, qui croissent sur les tiges, n'ont point cette apparence. Les tiges sont presque nues & portent

les ombelles à l'extrémité de leurs ramifications ; les fleurs sont blanches.

On cultive cette plante de la même manière que l'espèce précédente.

15. BERLE à tige nue. Les feuilles de cette plante sont composées de folioles lancéolées, disposées en faisceaux & presque verticillées ; la tige ne paroît qu'au moment où les feuilles commencent à se faner : elle est nue, excepté une foliole en forme d'alène sous chaque ramification de la tige ; les ombelles sont petites.

Cette plante, qui a été découverte dans les marais salins de la Russie, paroît avoir beaucoup d'analogie avec l'espèce précédente & sans doute devroit être cultivée de la même manière ; jusqu'à présent elle est peu connue. (*M. Reynier.*)

BERMUDIENNE. *Sisyrinchium.*

Genre de plantes unilobées, de la famille des Iris, & qui a beaucoup de rapports avec les Faraires & les Ixies. Il comprend des herbes exotiques & vivaces.

Les feuilles sont plus ou moins larges, mais longues, ensiformes & s'engainent à leur base par le côté, comme celles des Iris.

Les fleurs paroissent dans le cours de l'été : elles naissent aux extrémités des tiges, sont renfermées dans une gaine ou spathe, formée de deux écailles comprimées, dont l'une enveloppe l'autre. La corolle est composée de six pétales ovales-oblongs, obtus à leur sommet, mais terminés par une pointe aigue. Il sont ouverts en rosette, & légèrement réunis à leur base.

Le fruit est une capsule ovale-obtuse, à trois angles & à trois cellules, qui s'ouvre par son sommet en trois valves, partagées chacune par une demi-cloison. Chaque loge renferme deux rangées de semences petites & arrondies. Ces graines mûrissent au mois d'août.

Ce genre n'est pas nombreux : il ne présente jusqu'à présent que trois espèces, dont les deux premières avoient même été réunies par Linnæus, comme ne formant que deux variétés d'une seule espèce.

Espèces.

1. BERMUDIENNE graminée.
Sisyrinchium. gramineum La M. Dict.
Sisyrinchium Bermudina. Var. a. L. ♃ de la Virginie.

2. BERMUDIENNE Bicolor.
Sisyrinchium Bermudianum. Mill. Dict.
Sisyrinchium Bermudiana. Var. B. L. ♃ des Isles Bermudes.

3. BERMUDIENNE nerveuse.

Sisyrinchium Palmifolium. L. ♃ de l'Amérique méridionale.

Description du Port des espèces.

1. BERMUDIENNE graminée. Cette espèce a les racines vivaces & fibreuses. Il en sort des feuilles étroites, d'environ trois pouces de longueur, sur à peine une ligne & demie de largeur. Elles sont en forme d'épée, d'un vert clair, entières, & lisses, ou sans nervures remarquables.

Les tiges sont hautes de six à sept pouces ; elles sont minces, comprimées & bordées dans la longueur de deux petites ailes, ou membranes courantes. Elles sont le plus souvent sans feuilles.

Chaque tige est terminée par une gaine composée de deux écailles, inégales entre elles, l'extérieure étant beaucoup plus longue que l'autre & dépassant toujours les fleurs, qui sont ordinairement au nombre de deux à cinq petites, d'un bleu pâle en dedans, blanchâtres en-dehors, & d'une couleur orangée dans le centre. Ces fleurs ne sont ouvertes que peu de tems dans la matinée.

Elle fleurit en France au mois de Juillet.

2. BERMUDIENNE Bicolor. Cette espèce a été trouvée par Tournefort dans les Isles Bermudes, & c'est pour cela qu'il lui a donné le nom de *Bermudienne*, nom qui s'est étendu à tout le genre.

Quoiqu'elle ressemble beaucoup à la précédente, elle en diffère en ce qu'elle est plus forte dans toutes ses proportions.

La racine produit plusieurs feuilles roides, en forme d'épée, longues d'environ quatre à cinq pouces, sur à-peu-près six lignes de largeur, d'un verd foncé, entières & sans nervures.

Du centre de ces feuilles s'élève, à la hauteur de huit à neuf pouces, une tige comprimée, qui se divise en deux ou trois rameaux, bordés, dans leur longueur, de deux petites membranes courantes & opposées.

Chaque rameau est terminé par deux écailles spathacées, vertes, opposées l'une à l'autre, presque égales entre elles & dont aucune ne dépasse les fleurs.

Ces fleurs sont au nombre de deux ou trois à chaque rameau, ce qui forme un paquet ou grappe de sept à huit fleurs, dont la corolle est d'un bleu violet, taché de jaune à sa base. Elles se développent l'une après l'autre & forment, en s'ouvrant, une espèce d'étoile, assez agréable à voir. Elles restent épanouies pendant tout le jour.

Cette espèce est en fleurs dans les mois de Mai, Juin & Juillet.

3. BERMUDIENNE nerveuse. La racine de cette espèce est petite, ovale, bulbeuse, & couverte d'une peau d'un rouge assez vif.

Les feuilles sortent de cette racine. Elles ressemblent aux premières feuilles du Palmier, mais elles sont d'une substance plus mince. Elles ont neuf à dix pouces de long, sur un de large, avec cinq ou six plis dans leur longueur. Elles sont d'un verd clair, glabres, terminées en pointe, & s'embraffent, deux à deux, à leur bafe.

Il fort du milieu de ces feuilles une tige, ou plutôt un fimple pédoncule, d'environ quatre pouces de haut, qui porte à fon fommet une gaine ou fpathe, de laquelle fortent deux ou trois petites fleurs bleues, compofées de fix pétales étendus & ouverts, comme dans les autres efpèces. Ces fleurs ne reftent épanouies que trois ou quatre heures dans la matinée & font fermées le refte du jour.

Lors même qu'elles font ouvertes, leurs pétales font fi petits qu'ils ont peu d'apparence.

Cette plante fleurit communément au milieu de l'Eté, un peu plus tôt, un peu plus tard ; mais elle ne produit jamais de graines dans nos climats.

Culture.

Les deux premières efpèces font abfolument ruftiques : elles réuffiffent très-bien en plein air, & font rarement endommagées par le froid.

On les multiplie de graines ou de racines éclatées.

Il faut femer les graines en Automne, auffi-tôt qu'elles font mûres, fur une platte-bande, dans des rigoles à trois ou quatre pouces de diftance. On les recouvre d'un demi-pouce environ de terre légère. Elles doivent être placées à l'afpect du levant, de manière qu'elles ne reçoivent que les premiers rayons du Soleil.

Les plantes commencent à lever au Printems fuivant; elles n'exigent, pendant le premier Eté, d'autres foins que d'être farclées, pour en ôter les mauvaifes herbes.

Si cependant elles étoient trop ferrées, il faudroit les éclaircir & planter celles qu'on enleveroit dans une plate-bande, à l'ombre, à trois pouces de diftance entre elles. On peut les laiffer dans cette fituation jufqu'à l'Automne. Alors on les place à demeure à l'endroit où elles doivent refter. Elles y fleuriront, comme les autres, l'Eté fuivant.

En général, ces plantes aiment l'ombre & elles fe plaifent dans une terre molle, marneufe & fans fumier.

Ces plantes, ainfi que nous l'avons dit, fe multiplient auffi de racines. Le tems le plus convenable pour les divifer, eft le commencement de l'Automne, afin qu'elles puiffent être bien reprifes avant l'Hiver.

Comme la troifième efpèce ne fructifie point dans nos contrées, on la multiplie ordinairement par les cayeux que fa racine pouffe en abondance. Ce moyen eft beaucoup plus court que de faire venir des graines de l'Amérique méridionale d'où elle eft originaire.

Il faut féparer les cayeux & les tranfplanter peu de tems après que les feuilles font flétries, ou

au moins avant que les nouvelles commencent à pouffer.

On les met dans de petits pots, remplis d'une terre légère, fablonneufe & fans fumier, que l'on enterre dans la couche de tan de la ferre-chaude. Il faut les y laiffer toujours : car elles font trop délicates pour réuffir ici, à moins qu'on ne les tienne chaudement.

Du refte, elles exigent le même traitement que les autres plantes bulbeufes des mêmes climats.

Ufages. Comme ces plantes ne marquent pas beaucoup, elles ne font pas d'une grande utilité pour l'ornement des parterres : elles ne font donc admifes que dans les jardins des curieux, qui font flattés d'y réunir le plus grand nombre d'efpèces poffibles. (*M. DAUPHINOT.*)

BERNAGE. « On entend par ce mot dans les campagnes où il eft en ufage, des mélanges de grains, qui fe font pour la nourriture des beftiaux & qui fe fement en Hiver. » *Anc. Enc.* (*M. l'Abbé TESSIER.*)

BEROT : petite voiture de la Breffe, attélée de deux bœufs. (*M. l'Abbé TESSIER.*)

BERTIN (M.), Miniftre d'Etat, chargé pendant les dernières années du règne de Louis XV, de tout ce qui étoit relatif à l'Agriculture. On doit à ce Miniftre plufieurs établiffemens utiles, tels que les écoles Vétérinaires de Paris & de Lyon. Il a entretenu une correfpondance fuivie avec les miffionnaires Européens qui réfident à Pékin, & c'eft par fes foins, qu'ont été publiés les mémoires fur les Chinois; collection précieufe, compofée de 12 vol. *in-4.°* ; enfin il a fait diftribuer dans les différentes Provinces de France des graines de Garence du Levant, de Rhubarbe de la Chine ; & le Jardin du Roi lui doit plufieurs plantes rares dont il lui a procuré les graines. (*M. THOUIN.*)

BESANCON. Variété du *Ranunculus Afiaticus* L, dont la fleur eft marquetée de rouge, fur un fond jaune pâle. *Voyez* RENONCULE. (*M. REYNIER.*)

BESANCONE. Variété de la *Tulipa Gefneriana*, dont la fleur eft colombin & chamois blanchiffant. *P. Morin, Rem. fur la culture des fleurs. Voyez* TULIPE des Jardins. (*M. REYNIER.*)

BESESIL ou BESELIT des Arabes. *Aloë Arabica* L. *fil. fuppl. Voyez* ALOES d'Arabie. (*M. THOUIN.*)

BESI ou BEZI. On donne ce nom à plufieurs variétés du *Pyrus communis.* L. *Voyez* BEZI & POIRIER. (*M. THOUIN.*)

BESLERE, *BESLERIA.*

Genre de plante à fleurs monopétalées de la divifion des *perfonnées.* Le calice de la fleur eft d'une feule pièce partagée en cinq découpures,

La corolle a un tube plus long que le calice, plus ou moins ventru, un limbe divisé en cinq lobes ouverts, inégaux & obtus. Cette corolle contient quatre étamines, dont deux plus courtes; & un ovaire supérieur, sphérique, porté sur un disque glanduleux: cet ovaire est surmonté d'un style, & devient une baie presque sphérique, qui contient beaucoup de semences nichées dans une pulpe. Ce genre est composé présentement de sept espèces qui sont des arbres & arbrisseaux des climats les plus chauds de l'Amérique. Les feuilles de toutes ces espèces sont opposées & pétiolées. Celles de ces espèces qu'on a cultivées jusqu'à présent en Europe, sont des plantes de serres chaudes & très-délicates.

Espèces.

1. Beslere à feuilles de Melitis
Besleria Melitifolia. Lin. de la Martinique.
2. Beslere jaune.
Besleria lutea. Lin. ♄ de la Martinique.
2. B. Beslere jaune à feuilles ternées.
Besleria lutea trifolia. Besleria lutea foliis oblongo-lanceolatis ternis. La M. Dict. ♄ de la Martinique.
3. Beslere à crête.
Besleria cristata. Lin. ♄ des Antilles & de la Guiane.
4. Beslere rouge.
Besleria coccinea. La M. Dict. ♄ de la Guiane.
5. Beslere bivalve.
Besleria bivalvis. Lin. fil. sup. de Surinam.
6. Beslere violette.
Besleria violacea. Aubl. ♄ de la Guiane.
6. B. Beslere violette à fleurs bleues.
Besleria violacea cærulea. Besleria violacea floribus cæruleis. Aubl. ♄ de la Guiane.
7. Belere incarnate.
Besleria incarnata. Aubl. de la Guiane.

Descriptions.

1. La Beslere à feuilles de Melitis, pousse de sa racine composée de fibres menues & noirâtres, deux ou trois tiges quelquefois droites & quelquefois couchées, longues d'un pied & demi à deux pieds, d'un demi-pouce de diamètre, glabres, verdâtres, presque à quatre angles. Les feuilles sont ovales crénelées, de la forme & presque de la grandeur de celle de la bourrache ordinaire, luisantes, chargées de poils courts & blanchâtres supérieurement; vertes, glabres & nerveuses en dessous, ayant des pétioles longs d'un pouce. Les fleurs sont grandes, rougeâtres & viennent plusieurs ensemble portées sur un pédoncule rameux, & court dans chaque aisselle des feuilles. Les fruits sont des baies ovales, de

la grandeur d'un olive & d'un verd brun. Cette plante croît naturellement dans les lieux humides.

2. La Beslere jaune est un arbrisseau peu étalé, qui s'élève à six ou sept pieds de hauteur; son écorce est d'un verd blanchâtre; ses rameaux sont noueux; ses feuilles sont ovales lanceolées, luisantes, d'un verd gai en dessus, blanchâtres & nerveuses en dessous. De chaque aisselle pendent plusieurs fleurs jaunes d'une grandeur médiocre, attachées à des pédoncules simples qui naissent en faisceau. Le fruit est une baie de la forme, de la grandeur & de la couleur d'une cerise. Cette plante est presque insipide; elle croît dans les bois humides.

2. B. La Beslere jaune à feuilles ternées, diffère de la plante précédente, parce qu'elle est un peu plus grande, a ses feuilles plus alongées & opposées trois à trois, & parce qu'elles ont un goût un peu piquant. Elle croît aussi dans les bois humides.

3. La Beslere à crête est un arbrisseau sarmenteux. Ses tiges grimpent sur les arbres & s'y attachent par de petites racines qui poussent de leurs nœuds. Ses rameaux sont cylindriques, longs & velus; ses feuilles sont ovales, pointues, un peu velues, ridées. Les fleurs viennent une à une, dans chaque aisselle des feuilles; chaque fleur est portée sur un pédoncule presque aussi long que les feuilles. Le calice est très-remarquable : il est d'un beau rouge & consiste en cinq folioles larges, en cœur, pointues, fortement & inégalement dentelées en scie, en forme de crêtes, & forment à la base de la fleur une enveloppe lâche. La corolle est jaunâtre & velue extérieurement. Cette espèce croît dans les bois humides.

4. La Beslere rouge est un arbrisseau dont les tiges, hautes de sept à huit pieds, sont sarmenteuses, rameuses & grimpantes: les rameaux sont rousseâtres, noueux & à quatre angles; les feuilles sont ovales, pointues, légèrement dentées, un peu charnues, glabres, vertes en dessus, veinées de rougeâtre en dessous; leurs pétioles sont courts & courbés. Les fleurs naissent dans les aisselles des feuilles, par bouquets corymbiformes, un de chaque côté; mais un des deux avorte ordinairement. Le bouquet est composé de trois à six fleurs, & enveloppé de deux bractées opposées, en cœur, larges, dentelées & d'un rouge écarlate. Chaque fleur a son pédoncule propre, & un calice rouge. La corolle est jaune, & d'un pouce & demi de longueur. Le fruit est une baie rouge & en cœur obrond, qui s'ouvre en deux battans charnus. Cet arbrisseau croît dans les forêts aquatiques. Il fleurit & fructifie en Août.

5. La Beslere bivalve a une tige herbacée fort longue, foible, rampante, velue & cylindrique. Les feuilles sont longues de trois pouces, ovales, dentées, nerveuses, velues. Les fleurs

viennent deux-à-deux dans chaque aiffelle & font portées chacune fur un pédoncule plus court que les feuilles. Le calice confifte en deux valves déchirées en leurs bords & oppofées. Les fruits font des baies ovales qui contiennent chacune un noyau offeux à deux loges.

6. La Beslere violette eft un arbriffeau qui pouffe, de fa racine, plufieurs tiges ligneufes, farmenteufes, noueufes, rameufes, qui fe répandent en fe roulant, fur les troncs des arbres, du fommet defquels elles laiffent pendre des rameaux. Ses feuilles font ovales, pointues, entières, glabres, vertes, un peu roides, & garnies en deffous de nervures purpurines. Les fleurs ont leur calice & leur corolle d'un pourpre violet, & naiffent en grappes à l'extrémité des rameaux. Le fruit eft une baie purpurine, dont la pulpe eft de couleur vineufe. Cette efpèce croît dans le voifinage des rivières. Aublet dit qu'elle fleurit & fructifie en Mai & Novembre.

6. B. La Beslere violette à fleurs bleues, ne diffère de la précédente que par la couleur de fes fleurs. Elle croît dans les mêmes lieux; fleurit & fructifie dans les mêmes faifons.

7. La Beslere incarnate a des tiges noueufes, branchues, velues, quadrangulaires, hautes de deux pieds ou plus. Ses feuilles font ovales, crenelées, couvertes d'un duvet ras en-deffus & en-deffous. Les fleurs viennent une à une, dans les aiffelles des feuilles, & font foutenues par des pédoncules plus courts que les feuilles. La corolle eft de couleur de chair; fon tube eft long, ventru & courbé, & les lobes de fon limbe font frangés. Les étamines font faillantes hors de la corolle; le difque qui porte l'ovaire eft muni de deux glandes oppofées. La baie eft rouge, fphérique, à deux loges, & fa pulpe eft d'une faveur douce & agréable. Cette efpèce croît au bord des ruiffeaux; elle y fleurit en Avril.

Culture.

Les efpèces, N.os 1, 2 & 3, fe multiplient de femences. Le femis s'en fait dès le commencement du Printems, dans des pots placés dans une couche chaude couverte de chaffis. Il faut à ces plantes, à tout âge, une terre légère & fubftantielle. Elles s'accommodent très-bien de la terre propre aux orangers, à laquelle on ajoute un tiers de terreau de couche neuf & bien confommé. On remplit donc d'une pareille terre les pots dans lefquels on feme ces efpèces. On arrofe le femis légèrement foir & matin, jufqu'à ce qu'il foit levé. Auffi-tôt que les plantes paroiffent, il faut les traiter en plantes très-délicates. On doit les arrofer très-modérément & feulement au befoin, tant que la faifon n'eft pas affez chaude. Il faut prendre toutes précautions pour les préferver du froid, de l'étiolement &

de la pourriture. On doit avoir grand foin de couvrir les chaffis de pailles & de paillaffons pendant les tems froids, & de faire jouir les plantes du foleil & de l'air, quand le tems le permet. Lorfque les plantes ont un demi-pouce de haut, on les tranfplante par un tems brumeux, avec foin, chacune féparément, dans un petit pot, rempli de la terre ci-deffus défignée, & qu'on place auffi-tôt dans la couche de tan de la ferre-chaude. On arrofe ce plant affiduement & modérément jufqu'à reprife, & pendant ce tems on l'abrite avec foin des rayons du foleil. Lorfqu'il eft repris, on ôte ces abris : puis on arrofe par la fuite, & on donne de l'air, fuivant la chaleur de la faifon & celle de la couche. Beaucoup d'air & d'arrofements dans les tems chauds font faire de grands progrès à ces plantes pendant l'Été. On doit avoir foin de mettre les plantes dans de plus grands pots, à mefure qu'elles ont fait affez de progrès pour l'exiger. Après ce changement, on les remet auffi-tôt dans la couche de tan. Aux approches de l'Hiver on doit les tenir foigneufement enfermées dans la ferre chaude & on les y place de manière qu'elles n'éprouvent qu'une chaleur modérée; on arrofe alors fouvent & légèrement; & hors le tems de la végétation de ces plantes, il ne faut leur donner de l'eau, que lorfque la terre des pots commence à fe deffécher à fa furface. Avec ces foins, les plantes fleuriffent ordinairement la deuxième année, & quelques fois elles perfectionnent leurs femences dans ce pays-ci. Ces plantes font très-tendres, & très-difficiles à élever & à conferver. Elles doivent être tenues conftamment dans la tannée de la ferre-chaude.

Les autres efpèces n'ont pas encore été cultivées en Europe; mais il eft à préfumer que la culture propre aux trois premières efpèces, pourra convenir aux quatre autres, puifqu'elles croiffent toutes dans le même fol humide & dans les mêmes pays.

Ufages.

Les Galibis fe fervent de la plante & des fruits de l'efpèce, N.° 6, pour teindre en violet leurs ouvrages de coton & leurs meubles d'écorce & de paille. Les baies de l'efpèce, N°. 7, font bonnes à manger. Les efpèces qui font cultivées en Europe, n'y fervent à aucun autre ufage qu'à tenir une place dans les ferres des curieux & dans les écoles de Botanique. (*M. Lancry.*)

BESLERIE, *Besleria. Voyez* Beslere.

BESOCHE ou Hoyau. C'eft un outil de fer qui reffemble à une pioche, & n'en diffère que par fon extrémité, qui, au lieu d'être en pointe aiguë, eft au contraire élargie & forme un taillant de 3 à 5 pouces de large. Il eft terminé à fa partie fupérieure par un œil dans lequel on adapte un manche de deux pieds & demi de long.

Cet outil eft employé avec fuccés pour faire des trous d'arbres, des défoncemens dans les terreins meubles, & fur-tout pour arracher des arbres dans les pépinières. (*M. Thouin.*)

BESOIN. Les Jardiniers difent qu'une plante a *befoin*, lorfque la terre eft defféchée par la chaleur, & que la plante fouffrante penche fes feuilles & fes fommités. Il fuffit, pour lui rendre fa première vigueur, de l'arrofer aux approches de la nuit. Lorfqu'un arbre eft dans le même cas, fes feuilles jauniffent, & il périroit, fi on ne lui donnoit aucun fecours, par une fuite de l'oblitération des vaiffeaux & de l'appauvriffement de la sève. C'eft principalement à cette caufe qu'on peut attribuer la jauniffe des arbres fruitiers, & principalement des pêchers, maladie qui ne fe déclare que long-tems après, & qui a pour caufe prochaine l'obftruction des vaiffeaux féveux. *Voyez* JAUNISSE.

On rétablit les arbres qui commencent à jaunir en leur donnant un ou plufieurs *bouillons*, *voyez ce mot*, & même en mettant du terreau frais autour des racines. Lorfque l'arbre ne fe rétablit pas, ou la maladie eft trop enracinée, ou elle a d'autres caufes. J'ai obfervé affez généralement que les arbres & même les herbes que l'on tranfplante de la campagne dans un jardin, y font attaqués de la jauniffe ; c'eft parce que la terre s'y deffèche davantage que dans les bois, où elle eft couverte d'herbes touffues qui entretiennent une humidité conftante. (*M. Reynier.*)

BESSI, *Metrosideros.*

Ce genre, qui paroît appartenir à la famille des Légumineufes, & avoir des rapports avec le genre des Canéficiers, n'eft connu jufqu'à préfent que par la defcription qu'en a donné Rumphe dans fon ouvrage fur les plantes d'Amboine, tom. 3, pag. 21, tab. 10, & n'eft compofé que d'une feule efpèce.

BESSI d'Amboine.
Metrosideros amboinenfe. La M. dict. ♄ des Ifles Moluques.

Le Beffi eft un fort grand arbre dont le tronc eft rarement droit. Sa cîme eft vafte & étendue de tous côtés. Ses feuilles font alternes, ailées fans impaire, & compofées de deux ou trois couples de folioles arrondies & d'un vert gai. Les fleurs font jaunâtres, & viennent en grappes courtes ou en petits panicules, à l'extrémité des rameaux. Elles font cinq pétales d'un vert jaunâtre, 10 étamines d'inégale grandeur, & un ovaire fupérieur qui fe termine par un ftyle rouge & filiforme. Les fruits font des gouffes applaties, longues de 8 à 11 pouces, de couleur brune dans leur maturité & qui renferment quatre à fix femences.

Lorfqu'on entame la fubftance de cet arbre un peu profondément, il en découle un fuc d'un beau rouge de fang, qui fait fur le linge des taches prefqu'ineffaçables.

Ufage. Le Beffi forme le principal & le meilleur des bois de charpente que l'on emploie dans les Moluques ; & comme ce bois prend un beau poli, on en fait divers meubles & des ouvrages de tour qui préfentent une furface luifante & d'un brun agréable.

Cet arbre n'a point encore été cultivé en Europe ; mais il eft probable qu'on pourroit l'y faire croître, en femant fes graines au Printems, fous chaffis, & qu'on parviendroit à le conferver en le cultivant pendant l'Hiver dans les ferres chaudes. (*M. Thouin.*)

BESTIAL, Beftiaux. On dit *le Beftial* ou *les Beftiaux*, en parlant des animaux quadrupèdes qui meublent une ferme ou une métairie. *Voyez* Bétail. (*M. l'Abbé Tessier.*)

BETAIL. On comprend fous ce nom tous les animaux d'une ferme ou métairie, les volailles exceptées. Les chevaux, jumens, poulains, taureaux, vaches, veaux, bœufs, béliers, brebis, moutons, agneaux, cochons, truies, boucs, chèvres & chevreaux compofent le bétail. On diftingue le bétail blanc des autres fortes de bétail ; les bêtes à laine font le bétail blanc. On appelle encore *menu bétail* les bêtes à laine, les chèvres & les porcs ; &, les *gros bétail*, les chevaux & les bêtes à cornes. *Voyez* ce qui concerne ces animaux à leurs articles. (*M. l'Abbé Tessier.*)

BÉTES à CORNES.

Il fembleroit que je duffe, fous cette dénomination, comprendre non-feulement le taureau, la vache, le veau mâle, le veau femelle & le bœuf ; mais encore le belier, la brebis, l'agneau, le mouton, le bouc, la chèvre & le chevreau ; car une partie de ces derniers animaux a des cornes. Néanmoins je reftreindrai la dénomination, & pour me conformer à ce qui eft d'ufage, j'appellerai feulement Bêtes à cornes, le taureau, la vache, le veau & le bœuf, & ils feront l'objet de cet article.

L'utilité de cette claffe d'animaux eft fi confidérable, qu'on ne peut s'en occuper fans éprouver un grand intérêt. Elle rend plus de fervices que celle des bêtes à laine, & cependant elle exige moins de foins. Les Bêtes à cornes font d'une conftitution plus forte & moins délicates fur la qualité de la nourriture ; elles font plus intelligentes, moins craintives & moins embarraffées. Il n'eft donc pas néceffaire que les perfonnes, qui les foignent, foient auffi vigilantes & auffi inftruites que les bergers. Cependant, pour en retirer du profit, il faut de l'attention, non-feulement dans le choix de ces animaux, mais encore dans la manière de les conduire.

Choix des Taureaux.

La plupart des taureaux, qui naissent dans la domesticité, sont ou vendus à des Bouchers, ou châtrés pour en faire des bœufs ; on n'en réserve dans l'état de taureaux qu'un petit nombre pour propager & multiplier l'espèce des Bêtes à cornes ; c'est le principal usage auquel on les destine. Quelquefois cependant on les soumet au travail ; mais on n'est pas sûr de leur obéissance, & il faut être en garde contre l'emploi qu'ils peuvent faire de leurs forces.

Le taureau naturellement fier & indocile devient indomptable & furieux. Deux taureaux de deux troupeaux différens, lorsque quelque vache est en chaleur, se battent avec fureur jusqu'à ce que l'un d'eux se retire vaincu. Le taureau attaque le chien, le loup, l'homme-même avec le plus grand courage. Dans les combats des animaux, dont on repaît les yeux du peuple, le taureau joue le rôle le plus important. L'homme sage en désapprouvant ces spectacles ensanglantés, voit dans ceux qui s'en amusent, l'image des chasseurs, qui font déchirer par leur chiens une bête forcée, avec cette différence cependant que le but des chasseurs est moins de prendre plaisir à ce carnage que d'encourager, par l'appas de la curée, les chiens à de nouvelles chasses.

Si les combats du taureau contre d'autres animaux offrent quelque chose de féroce, comment peut-on soutenir la vûe du combat d'un taureau contre un homme, qui s'y expose pour recréer des spectateurs ? On ne le concevroit pas, si on ne savoit que les Romains aimoient à voir des gladiateurs se porter des coups terribles & se tuer quelquefois, si on ne savoit que dans les Tournois, qui étoient des fêtes Françoises, on voyoit toujours couler le sang de quelque Chevalier, si on ne savoit enfin qu'il n'appartient qu'au petit nombre des ames élevées & sensibles de rejetter tout spectacle, qui peut être dangereux pour un homme : M. le Président de la Tour–d'Aigues dans un mémoire imprimé parmi ceux de la Société d'Agriculture de Paris, cherche à justifier les combats des taureaux. On sait que ces combats sont en usage en Espagne, en Portugal, dans le Brésil & dans les Provinces méridionales de la France. Il est visible, selon M. le Président de la Tour–d'Aigues, qu'ils ont été imaginés comme nécessaires dans les contrées, où les troupeaux de bêtes à cornes sont sauvages. Les peuples obligés de vivre au milieu de ces animaux, de les conduire, de les subjuguer, de les forcer à les aider dans leurs travaux, les redouteroient, les fuiroient, ou seroient réduits à en exterminer la race, ainsi qu'il est arrivé à celle des bœufs sauvages, qui, au rapport de César, habitoient ces mêmes contrées. En supposant la nécessité de ces combats, je voudrois qu'on ne

les donnât que dans les pays où la jeunesse a besoin de s'aguérir contre les bœufs sauvages, & jamais dans les pays où l'Agriculture se sert de chevaux ou de bœufs domestiques.

M. de Buffon trace ainsi les qualités du taureau, qui doit servir d'étalon. Il faut qu'il soit gros, bien fait, en bonne chair, que son œil soit noir, son regard fixe, son front ouvert, sa tête courte, ses cornes grosses, courtes & noires, ses oreilles longues & velues, son mufle grand, son nez court & droit, son cou gros & charnu, ses épaules & sa poitrine larges, son fanon pendant jusqu'aux genoux, les organes de la génération gros, les reins fermes, le dos droit, les jambes grosses & charnues, la queue longue & bien couverte de poil, le poil rouge & l'allure ferme & sûre.

Il est avantageux de renouveller souvent le taureau étalon, soit qu'on habite un pays, propre à faire des élèves en bestiaux, soit qu'on ne nourrisse un taureau, que pour avoir des veaux & du laitage. On doit toujours le choisir un peu plus gros que les vaches, afin d'améliorer l'espèce. S'il naît quelque veau mâle bien fait & qui promette beaucoup, on peut le réserver pour en faire un taureau étalon ; on s'informe des endroits où on peut en acheter de beaux ; on en tire de l'étranger même de tems en tems. Les plus beaux taureaux sont en Danemarck, en Angleterre, en Suisse, dans les Cevennes en Auvergne. C'est aux gens riches que je donne cet avis.

La différence du veau produit par un beau taureau & de celui qui est produit par un taureau commun ou foible, est souvent d'un cinquième pour le poids & pour le prix. Malgré cet excédent de profit, il faut avoir l'attention de ne pas trop disproportionner la grosseur du taureau de celle des vaches, parce qu'en les couvrant, il les écrase & que les veaux étant trop gros, relativement au diamètre du bassin des vaches, elles vèlent avec plus de difficulté & souvent avec danger. On a vu sans doute de petits taureaux produire des veaux assez gros ; mais cela est rare. Pour que les veaux soient beaux & pesans, il faut qu'ils soient formés par un taureau, & conçus par une vache de belle race. J'ai pesé le jour de sa naissance, un veau né d'un taureau & d'une vache Suisse. Son poids étoit de 70 livres.

Le Roi pour garnir la ferme de son parc de Rambouillet d'animaux de choix & pour améliorer l'espèce dans le canton & par–tout où l'on pourroit en transporter des élèves, a ordonné qu'on fît venir de Suisse, un troupeau de vaches, accompagnées de deux taureaux. Ces animaux y sont établis & entretenus depuis plusieurs années, ils s'y multiplient & mettent à portée de satisfaire les cultivateurs curieux, qui, à l'envi, demandent sur – tout de jeunes taureaux. Aucun élève n'est vendu aux bouchers à moins que quelque imperfection ne fasse craindre qu'il n'y ait pas d'avantage à le conserver. De cette pépinière il s'est répandu, dans diverses provinces du Royaume, des taureaux & des genisses, de race Suisse pure.

Des deux Taureaux arrivés de Suisse, l'un âgé de trois ans, avoit quatre pieds six pouces de hauteur depuis la terre jusqu'au garot, sept pieds deux pouces de longueur, du sommet de la tête à la naissance de la queue, & sept pieds deux pouces de tour, mesure prise sur la poitrine ; sa tête étoit courte & large ; ses muscles fessiers étoient saillans ; il avoit le fanon très-pendant ; car il descendoit jusqu'à 15 pouces de terre. L'autre, âgé de deux ans, avoit quatre pieds deux pouces de hauteur, six pieds de longueur & six pieds de tour. Ils n'étoient pas encore les plus grands du canton de Fribourg, dont on les avoit tiré.

Quand on parcourt la France en observant l'état des Bêtes à cornes, on ne peut s'empêcher de faire des reproches à un grand nombre de cultivateurs sur leur négligence dans le choix des Taureaux. Souvent dans des pays qui comporteroient de plus belles races, on en voit qui n'ont que trois pieds dix pouces de hauteur, six pieds de longueur & quatre pieds & demi de grosseur. Beaucoup de Fermiers & Mérayers font servir de jeunes taureaux dès les premiers instans de leur puberté, & ensuite ils les coupent pour en faire des bœufs ; par ce moyen, ils n'ont jamais de bons taureaux ni de beaux bœufs.

Quoique le taureau soit en pleine puberté à deux ans, il est bon d'attendre jusqu'à trois avant de lui livrer des vaches ; il n'en est que plus fort & conserve sa vigueur jusqu'à neuf ans : si on lui permet de s'accoupler plutôt, il faut le réformer aussi plutôt ; alors on l'engraisse & on le vend au boucher ; mais la viande n'en peut être jamais bonne. Sa vie naturelle, suivant M. de Buffon, est de 14 à 15 ans, c'est-à-dire sept fois le tems de son accroissement, qu'il acquiert en deux ans. Lorsqu'on s'aperçoit qu'il devient lourd & pesant il n'est plus en état de saillir les vaches. En avançant en âge beaucoup de taureaux, très-doux auparavant, sont intraitables & dangereux ; il ne faut plus attendre pour s'en défaire. M. de Brieude, Médecin, qui m'a procuré de bons & excellens renseignemens sur les Bêtes à cornes d'Auvergne, assure que les taureaux qui passent plusieurs mois de l'année dans les lieux sauvages & inhabités du Mont-d'or & du Cantal, ne sont jamais furieux ni farouches ; ce qu'il attribue à la familiarité à laquelle ils sont habitués dans les étables pendant le tems où ils ne peuvent aller dans les montagnes. On croit en effet avoir remarqué, même en pays de plaine, qu'on a plus à craindre des taureaux qui restent toujours à l'étable & qu'on ne délie que pour saillir

les vaches, que de ceux qui vont de tems-en-tems aux champs, où ils accompagnent le troupeau : l'ennui seul est capable de les irriter. Cette idée détermine des Fermiers à placer le taureau à l'entrée de l'étable, tandis que d'autres le relèguent dans l'endroit le plus reculé.

Le taureau en rut, dit M. de Brieude, fait entendre des mugissemens rauques & lugubres ; il enfonce ses cornes dans la terre, il les porte contre les arbres, les hayes ; il gratte avec ses pieds ; il écume ; ses yeux sont étincelans ; il est errant & vagabond toute la journée, paissant par distraction, non par besoin. On reconnoît plutôt en lui, dans ces momens, un être en souffrance & tourmenté par la violence des desirs, que par la fureur de nuire. Aussi ne fait-il point de mal & obéit-il à ceux qui le soignent. Je conseille néanmoins de ne pas l'approcher dans ces momens.

Lorsqu'un troupeau est composé seulement que de vingt vaches, un taureau peut suffire. En Auvergne, on n'en met que deux quelque nombre qu'il y ait de vaches au-dessus de vingt, en sorte que s'il y en avoit quatre-vingt ou cent, chaque taureau devroit couvrir 40 ou 50 vaches ; ce qui est trop considérable.

Pendant que les troupeaux sont dans les étables, le taureau ne s'épuise pas auprès des vaches ; on ne lui livre que celles qui sont en chaleur. Ce n'en est que la plus petite partie, & encore de loin en loin. Dans les pâturages où tout est en liberté, le taureau poursuit les bêtes en chaleur ; il les couvre à son gré sans qu'on dirige l'acte, comme on est obligé de le faire au cheval ; car le taureau ne répand pas aussi facilement sa semence que ce dernier.

Il y a beaucoup de pays où le taureau du fermier sert d'étalon à toutes les vaches des particuliers, moyennant une rétribution pour chaque saut. Plus on amène de vaches, plus le gain augmente ; mais le taureau s'épuise plutôt, & il faut le renouveller plus souvent.

On nourrit le taureau comme les vaches ; il paît ordinairement avec elles dans les pâturages ; à l'étable il a les mêmes alimens. On a seulement égard au tems où il couvre le plus de vaches, pour lui donner de plus quelques poignées de grains. Il y a des fermes, où il est d'usage de lui en faire manger immédiatement après chaque saut.

On emploie quelquefois les taureaux pour labourer, ou seuls ou concurremment avec des bœufs. Quand on les attèle avec des bœufs, on choisit les plus doux, & on les place entre les bœufs ou le plus près de la charrue.

Choix des Vaches.

« Dans les espèces d'animaux dont l'homme a fait

a fait des troupeaux, & où la multiplication est l'objet principal, la femelle est plus nécessaire, plus utile que le mâle; le produit de la vache est un bien qui croît & qui se renouvelle à chaque instant; la chair du veau est une nourriture aussi abondante que saine & délicate : le lait est l'aliment des enfans, le beurre l'assaisonnement de la plupart de nos mets, le fromage la nourriture la plus ordinaire des habitans de la campagne. Que de pauvres familles sont aujourd'hui réduites à vivre de leur vache! Ces mêmes hommes qui, tous les jours, & du matin au soir, gémissent dans le travail & sont courbés sur la charrue, ne tirent de la terre que du pain noir, & sont obligés de céder à d'autres la fleur, la substance de leur grain : c'est par eux, & ce n'est pas pour eux que les moissons sont abondantes; ces mêmes hommes qui élèvent, qui multiplient le bétail, qui le soignent & s'en occupent perpétuellement, n'osent jouir du fruit de leurs travaux : la chair de ce bétail est une nourriture dont ils sont forcés de s'interdire l'usage, réduits par la nécessité de leur condition, c'est-à-dire, par la dureté des autres hommes, à vivre comme les chevaux, d'orge, d'avoine ou de légumes grossiers & de lait aigre. »

Si, à ce tableau noirci par le crayon du Peintre de la Nature, on osoit opposer une image riante & consolante, choisie parmi des circonstances moins rares qu'on ne croit, on représenteroit, d'une part, des propriétaires bons, humains, attentifs au bonheur de ce qui les entoure, donnant des terres à cultiver à des hommes qui n'ont aucune propriété & presqu'aucune ressource, leur avançant les premières semences, achetant pour eux des vaches, qu'ils se trouvent en état de nourrir par cette heureuse disposition, n'exigeant rien, ou n'exigeant qu'une modique redevance; on feroit voir, d'une autre part, des familles amenées par ces bienfaits à une aisance, préférable aux richesses, recueillant du grain pour vivre pendant toute l'année, vendant de tems en tems un veau, faisant du beurre & du fromage, pouvant engraisser un porc & élever quelques volailles, consommant une partie de ces denrées & se défaisant de celles qui leur sont le moins profitables, pour acquérir ce qui leur manque. Ce tableau sans doute ne détruiroit pas l'effet de celui de M. de Buffon, & il ne justifieroit pas la dureté de bien des hommes; mais il rendroit hommage aux ames vraiment bienfaisantes, toujours modestes, toujours occupées à cacher la main qui donne, & sur lesquelles il n'est pas juste de faire tomber le blâme que méritent les autres. On me pardonnera cette courte-observation que la vérité m'a arrachée. M. de Buffon, en reprochant à des hommes de la dureté envers leurs semblables, a eu l'intention de piquer l'amour-propre des riches. Il me semble qu'il

vaut mieux les exciter au bien en leur offrant des exemples faciles à suivre. C'est de lui que j'ai emprunté les qualités d'un bon taureau, j'emprunterai aussi celles d'une bonne vache.

Il faut qu'elle soit, eu égard à son espèce, d'un grand corsage, qu'elle ait le ventre gros, l'espace compris entre la dernière fausse côte & les os du bassin un peu long, le front large, les yeux noirs, ouverts & vifs, la tête ramassée, le poitrail & les épaules charnus, les jambes grosses & tendineuses, les cornes belles, polies & brunes, les oreilles velues, les mâchoires serrées, le fanon pendant, la queue longue & garnie de poils, la corne du pied petite & d'un bleu jaune, les jambes courtes, le pis gros & grand, les mammelons ou trayons gros & longs.

La vache est en pleine puberté à dix-huit mois. Quoiqu'elle puisse déjà engendrer à cet âge, on fera bien d'attendre jusqu'à trois ans, avant de lui permettre de s'accoupler. Elle est dans sa force depuis trois jusqu'à neuf. Elle vit de 14 à 15 ans, suivant M. de Buffon, c'est-à-dire, sept fois le tems de son accroissement qui a lieu en deux ans. Mais il me semble que ce savant Naturaliste a fixé le terme trop bas. Communément les vaches en vivent vingt. On porteroit le terme de leur vie plus loin, si l'on en jugeoit par les exceptions; car j'ai connu une vache qui a été vingt-six ans dans la même étable. Depuis l'âge de deux ans elle a eu un veau tous les onze ou douze mois. A vingt-six, on l'a vendue, après avoir donné un veau, à-peu-près le prix qu'elle avoit coûté. Il est possible qu'elle ait vécu encore quelque tems. Cette bête étoit de l'espèce moyenne du pays; elle avoit bon appétit; donnoit autant de lait que chacune des autres. On a élevé & on conserve son dernier veau qui est une femelle. Je sais que, dans une autre étable, une vache, d'assez belle taille, a vécu vingt-deux ans, n'ayant jamais manqué depuis l'âge de deux de donner un veau tous les dix mois. On l'a trouvée morte un matin dans l'étable, vraisemblablement d'un coup de sang, car rien n'annonçoit du dépérissement dans cette vache.

Il ne paroît pas qu'il y ait des vaches, comme il y a des bêtes à laine de différente espèce. Quelques particularités dans la forme suffisent pour faire distinguer celles d'une province ou d'un royaume; car le climat & la nature des alimens influent non-seulement sur la constitution physique de tous les animaux, mais encore sur leur conformation extérieure. Les marchands de bêtes à cornes, qui en ont l'habitude, ne s'y trompent pas plus que les maquignons ne se trompent à la vue d'un cheval, qu'ils reconnoissent pour être breton ou normand. La taille est ce qui frappe les moins connoisseurs. Les plus hautes vaches sont les Flandrines, les Bressanes & les Hollandoises, qu'on retrouve dans les marais de la Charente, du Poitou & de l'Aunis. Celles de Suiffe, des Cévennes & de l'Auvergne occupent le fecond rang. Je placerois enfuite les vaches du pays de Caux. Il y en a de communes & au-deffous de celles-ci par-tout. Les plus petites font celles d'Oueffant & de la Sologne. Si l'on en croyoit l'Auteur de la Maifon ruftique, édition de 1775, les Flandrines, les Breffanes & les Hollandoifes auroient été apportées de l'Inde par les Hollandois. Mais M. l'Abbé Rozier les fait defcendre, avec plus de vraifemblance, des vaches que les Hollandois tirent tous les ans du Danemarck, où elles font très-belles. On verra, à l'article *Bêtes à laine*, que les Hollandois ont, à la vérité, importé de l'Inde une grande efpèce ou race de brebis, connues fous le nom de *Flandrines*. Il eût été poffible qu'ils euffent apporté en même-tems des bêtes à cornes; mais rien ne le conftate. Je préfume que l'Auteur de la Maifon ruftique a fait une confufion.

Taille des Vaches.

Pour donner une idée de la différence de taille de plufieurs fortes de vaches, j'en ai pris moi-même les mefures. Deux Flandrines avoient quatre pieds fept pouces de hauteur de terre au garot; fept pieds quatre pouces du fommet de la tête à-la-queue; l'une, fix pieds trois pouces & l'autre, fix pieds un pouce de groffeur fur la poitrine. Elles étoient maigres & avoient beaucoup de lait.

Le troupeau du Roi à Rambouillet, à fon arrivée, étoit compofé de vingt vaches, elles avoient la plupart quatre pieds & demi de hauteur, fept pieds de longueur, & fix pieds deux pouces de groffeur. Les autres avoient feulement quelques pouces de moins ou de plus en hauteur, longueur ou groffeur. Deux de ces dernières cependant avoient plus de taille; car l'une avoit quatre pieds fept pouces de hauteur, fept pieds dix pouces de longueur, & fix pieds cinq pouces de groffeur; & l'autre quatre pieds onze pouces de hauteur, fept pieds dix pouces de longueur, & fix pieds neuf pouces de groffeur. Elles étoient plus grandes même que les Flandrines.

Une belle vache, élevée en Normandie, & faifant partie d'un troupeau de Béauce, avoit quatre pieds & un pouce de hauteur, fix pieds & demi de longueur, & cinq pieds & demi de groffeur.

Enfin, une vache de la taille de celles de Sologne avoit trois pieds neuf pouces de hauteur, cinq pieds & demi de longueur, & cinq pieds de groffeur.

Il y a fans doute de plus grandes & de plus petites vaches que celles dont je viens de décrire la taille. Mais, en ne prenant les extrèmes que de celles-ci, on voit que de la plus haute

à la plus baffe il y a une différence de quatorze pouces; de la plus longue à la plus courte, une différence de feize pouces, de la plus groffe à la plus mince une différence d'un pied neuf pouces.

Pour avoir les plus belles productions, il ne fuffit pas de faire un bon choix de Taureau, il faut que les femelles lui correfpondent. Plus elles auront de taille, plus les veaux qui en naîtront feront gros & forts. Il fera utile de renouveller & d'entretenir le troupeau, en fe débarraffant des vaches tarées, ou trop vieilles, ou incapables de produire, ou peu abondantes en lait. On élevera les geniffes, iffues de mères reconnues pour bonnes, ou on en achetera dans le pays, ou on en fera venir de lieux éloignés. Dans ces achats, on doit confulter les reffources du canton qu'on habite, afin de n'introduire dans fes étables que des vaches, qu'on puiffe nourrir: les grandes confomment beaucoup; dans les pays même des meilleurs pâturages, en Suiffe, par exemple, les plus intelligents économes ont dit à M. de Malesherbes, qu'ils préféroient des vaches d'une grandeur moyenne à celles qui font l'admiration des voyageurs, parce qu'elles ne produifoient pas à proportion de leur taille. A examiner la chofe théoriquement on obfervera que fi une grande vache donne plus de lait qu'une petite, il faut plus de fourrage pour la nourrir. Veut-on connoître celles qui méritent la préférence, il y a un calcul à faire, c'eft de favoir fi la même quantité d'herbe donne plus de lait, quand elle a paffé par le corps de huit grandes vaches, que par celui de douze petites. Or je crois que ce calcul n'a pas été fait. J'ai feulement lu qu'en Suiffe, on eftimoit la confommation d'une vache à lait de taille moyenne, pour la faifon du pâturage, c'eft-à-dire, du 10 Mai au 15 Octobre, au produit en herbe de 4 arpens, chacun de 36,000 pieds quarrés, & à 150 livres de trèfle vert, par jour en Eté, repréfentées en Hiver par 25 livres de trèfle fec, le trèfle perdant les quatre cinquièmes par la deffication. Il faut donc s'en tenir à l'expérience, & comme il eft d'expérience que les grandes vaches du Holftein, de Hollande & de Suiffe, maigriffent, languiffent & meurent fouvent dans des pâturages moins gras, la queftion femble décidée. Il y a cependant une remarque à faire, c'eft qu'on peut choifir les plus belles & les meilleures, dans la claffe de celles qui conviennent au pays, & que dans beaucoup d'endroits, pour être en état d'avoir de grandes races, il fuffit d'améliorer & de multiplier les pâturages.

En France comme dans beaucoup d'autres Royaumes, pour renouveller leurs troupeaux, les Cultivateurs achètent des vaches à des foires, ou à des marchés. On leur vend des geniffes de deux ans, prêtes à être remplies. J'ai vu un grand nombre de ces geniffes languir & mourir, &

J'en ai cherché la cause. Les pays, où je faisois ces recherches, sont des pays où les vaches restent une grande partie de l'année à l'étable, & sont nourries le plus souvent d'alimens secs. Il m'a paru que ces genisses venant de pays d'élèves, c'est-à-dire, de pays où il y a des pâturages humides, dans lesquelles elles passent les journées entières, ne pouvoient s'accoutumer d'une manière de vivre, trop opposée à celles qu'elles avoient menée depuis leur naissance. Tout changement, lorsqu'il est brusque, est toujours fâcheux. Il faudroit que les cultivateurs de pays secs, lorsqu'ils achètent de ces genisses, les nourrissent quelque tems d'herbe fraîche, & ensuite d'herbe fanée, en passant par degrés à la nourriture sèche, ou qu'ils ne les achetassent que dans la saison, où ils envoient leurs vaches paître aux champs, soit dans ceux, qui ont produit des grains, soit dans les regains des pâturages artificiels. Plusieurs, depuis quelques années, prennent le parti d'élever eux-mêmes leurs genisses, & je crois que ce parti est très-sage, pourvu qu'ils aient un bon taureau, & qu'ils n'élèvent que les veaux des belles vaches, qu'ils les nourrissent bien, qu'ils ne les fassent pas couvrir avant deux ans & demi ou trois ans.

Pour entretenir & renouveller un troupeau de 20 vaches, il suffit d'élever, tous les ans, trois ou quatre genisses. On voit des vaches, qui sont bonnes au-delà de douze ans; on les conserve tant qu'elles se soutiennent; mais communément, après douze ans, on ne doit pas en attendre un grand profit; c'est l'âge où on s'en défait. Ainsi, en élevant tous les ans trois ou quatre genisses, on peut remplacer les vaches qu'on vend & celles qui meurent.

De l'accouplement & multiplication des bêtes à cornes.

Dans l'état sauvage les vaches, comme les femelles des autres animaux, ont sans doute une époque à-peu-près fixe dans l'année, où elles deviennent en chaleur. Mais la domesticité a dérangé la nature. Dans nos climats, les vaches reçoivent le taureau en tout tems; on remarque cependant qu'en général elles ont plus de disposition à le recevoir au Printems & en Eté. Par des arrangemens d'économie, de nourriture & par des circonstances particulières, on parvient à ne faire couvrir la majeure partie d'un troupeau de vaches, que dans la saison la plus favorable au but qu'on se propose. Suivant l'Auteur de la Maison rustique, édition de 1775: « Dans les pays chauds, on ne fait saillir les » vaches qu'aux mois de Février & de Mars, » & jamais en d'autres tems; c'est l'usage de » presque tous les Italiens. Ils condamnent hau- » tement ceux qui en usent autrement. Leur » raison est que leurs vaches, qui vèlent en

» Novembre & Décembre, allaitent leurs veaux » pendant qu'elles se nourrissent de fourrage » & elles sont libres quand les herbes renaissent, » en sorte que comme le lait est alors plus abon- » dant, plus gras & de meilleur goût, que quand » elles ne mangent que du fourrage, par ce » moyen, on a tout le lait; on ne le partage » point avec les veaux; on l'a meilleur; on en » a davantage, & on tire tout le profit des bons » beurres & des bons fromages qui se font alors. » Cette spéculation des Italiens est fondée sur des calculs de profit. Ils n'ont que le tort de blâmer indistinctement ceux qui ne suivent pas leur pratique. Des motifs aussi puissans déterminent une conduite différente. En Auvergne, pays où il y a beaucoup de vaches, les uns donnent le taureau à leurs vaches à la fin de Mai, ou au commencement de Juin, & les autres au commencement de Mai; par cet arrangement, les veaux naissent pour les premiers en Février, à l'approche du Printems, & pour les autres un mois plus tôt. Ces derniers sont dans un pays abondant en foin, & les premiers n'ont que très-peu de fourrage.

Quelques fermiers en pays de plaine font, par les mêmes motifs, couvrir leurs vaches en Hiver, afin d'avoir des veaux en Automne & du lait en Hiver, saison où les veaux & le lait sont plus chers. Les paysans, qui ont peu de ressource pour nourrir leurs vaches en Hiver, font en sorte qu'elles se remplissent en Eté, afin que les veaux naissant au Printems, où on trouve abondamment de l'herbe à leur donner, même quand il n'y a pas de pâture commune, ils aient en Eté beaucoup de lait qui puisse leur procurer du caillé & du fromage, dont ils se passent plus aisément en Hiver.

Les signes de la chaleur de la vache, ne sont pas équivoques. Elle saute sur les vaches, sur les bœufs, sur les taureaux même; sa vulve est gonflée & proéminente, elle mugit alors très-fréquemment & plus fortement qu'à l'ordinaire. Il faut, autant qu'on le peut, profiter de cet état, pour lui donner le taureau; si on le laissoit passer ou s'affoiblir, elle ne retiendroit pas aussi sûrement.

Quand les animaux mâles & femelles sont ensemble dans les pâturages, le taureau couvre en liberté, sans qu'on s'en mêle, les vaches qui sont en chaleur; mais quand il sert d'étalon à tout un pays, on lui en amène qu'il ne connoît pas. Quelquefois il les dédaigne, ou ne les couvre qu'à regret, ou parce qu'on lui inspire de la crainte, en lui montrant un bâton. Il arrive aussi au taureau de sortir avant d'avoir éjaculé la liqueur séminale, de monter plusieurs fois inutilement, de vouloir répéter l'acte de la génération, & d'être dérangé par les divers mouvemens de la vache. Dans tous ces cas, on lui ôte la vache, pour la faire reparoître quelques instans après; alors il la couvre.

Les vaches retiennent souvent dès la première

ou la seconde fois ; rarement il faut qu'elles aillent au taureau une troisième fois : sitôt qu'elles sont pleines, il refuse de les couvrir, quoiqu'il y ait encore apparence de chaleur. Ordinairement toute la chaleur cesse dès qu'elles ont conçu ; elles ne veulent plus souffrir les approches du taureau. On en voit qui sont fréquemment en chaleur & qui ne retiennent pas ou qui ne retiennent qu'après beaucoup de tems ; ce sont presque toujours celles qui ont avorté. Ce besoin répété du mâle & cette difficulté de concevoir tiennent à un dérangement, à une irritation dans les organes de la génération. Il ne faut pas garder des vaches qui ne conçoivent pas, sur-tout si elles sont d'un certain âge. L'accouplement fait, on sépare le taureau de la vache & on les laisse reposer.

Lorsque le taureau est prêt à monter une vache, si on lui substitue une ânesse ou une jument bien en chaleur, de cet accouplement contre nature, il naît un animal nommé *Jumart. Voyez* JUMART. La vache fécondée ne mugit plus : sa vulve cesse d'être gonflée.

Soins des vaches pendant qu'elles sont pleines.

Pendant la gestation on ne doit employer les vaches ni au charroi, ni au labourage ; si on y est forcé, on les ménagera & on les traitera doucement ; les gardiens éviteront de leur laisser sauter des fossés ou des hayes, de les exposer aux grandes pluies ou aux grands froids, & de les frapper ; on aura soin qu'elles ne soient pas froissées, lorsqu'elles entrent dans l'étable ou lorsqu'elles en sortent ; on fera en sorte que le sol sur lequel elles reposeront, soit horizontal & non incliné du côté de la matrice ; ou s'il l'est un peu, pour favoriser l'écoulement des urines, on tiendra la litière plus haute du côté de la croupe que du côté du train de devant. On donnera de l'air à leurs étables afin qu'elles ne soient pas trop chaudes ; on ne leur fera manger aucun aliment de mauvaise qualité ; on ne les conduira point dans des pâturages trop humides & marécageux, mais dans des pâturages substantiels. Si c'est en hiver, on leur donnera à l'étable du son, ou de la luzerne, ou du sainfoin ; par ce moyen on préviendra plusieurs causes d'avortement. Il en est une, qu'on aura peine à croire & dont cependant l'existence me semble démontrée, c'est la contagion ; on trouve cette cause développée & prouvée au mot *avortement* ; enfin si une vache est trop sanguine ou trop foible, on la saignera ou on lui donnera des substances capables de la fortifier.

Lorsque la vache pleine est une genisse, qui n'a pas encore velée, on lui maniera souvent le pis pendant sa gestation, afin qu'elle s'accoutume au toucher & qu'elle se laisse traire facilement. Six semaines ou deux mois avant qu'une vache mette bas, on cesse de la traire. Le fœtus a besoin de tout le lait, qui, dans les derniers tems, est de mauvaise qualité. Plusieurs vaches tarissent naturellement un mois ou même trois ou quatre mois avant de véler ; ce ne sont pas de bonnes vaches ; car les bonnes vaches ne tarissent jamais ; si on cessoit de les traire, leurs mammelles s'engorgeroient ; il y en a qu'on parvient à tarir en ne les trayant sur la fin de la gestation, d'abord qu'une fois par jour, ensuite tous les deux ou trois jours, en éloignant peu-à-peu les intervalles ; ce ne sont pas celles qui ont le plus de lait, qui le conservent le plus long-tems.

Les vaches portent neuf mois révolus ; on en voit peu qui vèlent au terme juste des neuf mois ; la plupart font leurs veaux au commencement du dixième. Quelques-unes portent plus de vingt jours au-delà des neuf mois. L'extension qui m'est connue, est depuis 275 jusqu'à 296 jours, en ne comptant pas le jour de la conception ; pour en être plus sûr, j'ai vérifié les notes d'un fermier qui, n'ayant point de taureau, envoie ses vaches à un étalon hors du lieu où il demeure. Il écrit exactement les jours, afin d'ordonner qu'on cesse de traire les vaches pleines vers la fin de leur gestation & pour les veiller quand elles sont à terme.

Vêlement ou accouchement de la Vache.

Quand les vaches sont prêtes à véler, leur pis grossit & se remplit de lait, l'entrée du vagin se gonfle, les eaux qu'on appelle *mouillures* ; ne tardent pas à percer ; quelquefois elles percent long-tems d'avance. Le veau, poussé par les efforts de la mère, dans l'état naturel, se présente par les pieds de devant & le museau. S'il se présente par une autre partie, il faut le retourner dans la matrice & lui donner la position convenable à sa sortie. Il y a des vaches, dont les veaux ne se présentent jamais bien. Les fermiers & les fermières, les vachers même, qui ont de l'intelligence, apprennent à les aider dans les cas embarrassans ; ils réussissent souvent, quelquefois leurs efforts sont infructueux & ils perdent la vache & le veau. Les genisses plus étroites que les vaches d'un certain âge, ont plus de peine à mettre bas. Il arrive fréquemment qu'une saignée pratiquée dans un travail laborieux, l'abrège & le facilite ; mais on doit bien s'en donner de garde, si la bête est délicate & déjà épuisée ; alors, au lieu de la saigner, il faut la ranimer avec du vin chaud ou quelque autre boisson fortifiante.

Dans les vacheries bien-soignées, à l'époque où une vache doit véler, on la visite tous les soirs. Si on présume qu'elle doit véler dans la nuit, on tient une lampe allumée & on veille, pour la secourir s'il en est besoin.

Si le délivre ne sort pas de la matrice, il est utile de l'extraire avec la main ; cette méthode est préférable aux breuvages échauffants qu'on fait prendre aux vaches. J'ai connu un berger qui avoit acquis ce talent & rendoit de grands services; sans cette précaution, le délivre se putréfie dans la matrice & tombe peu-à-peu en lambeaux, accompagnés d'une fanie qui infecte toute l'étable; j'ai dit que c'étoit une des caufes d'avortement, *Voyez* AVORTEMENT. Les vaches ont plus de peine à se rétablir. De l'eau blanche & de l'herbe fraîche font les alimens, qui lui conviennent le mieux dans cet état. Lorsque le délivre tombe à portée de la vache, elle le mange, on ne s'apperçoit pas qu'elle en foit incommodée; néanmoins on a foin de l'éloigner d'elle.

Quelquefois la matrice, qu'on nomme *portière*, fort avec le veau. Il faut la faire rentrer quand la vache a vélé. On eft dans l'usage en la replaçant d'y mettre un peu de fel & de poivre, qui fervent d'aftringens & l'empêchent de fortir de nouveau.

Quelques vaches, même parmi celles d'une efpèce commune, ont deux veaux d'une feule portée. On en tue un à fa naiffance, ou fi on les conferve tous les deux, on les fait teter enfemble quinze jours; on en vend un à cet âge & on garde encore quelque tems l'autre, qui acquiert beaucoup de force, tetant le lait de deux.

Au moment où le veau vient de naître, fa mère le lèche. Si elle n'y paroiffoit pas difpofée, pour l'y engager, on jetteroit fur le veau quelques poignées de fon ou de fel; on un mélange de fel & de mie de pain.

On ne prend aucune précaution pour lier le cordon ombilical; il fe fèche en peu de tems. Quelquefois la mère le mâche. Elle a tant de propenfion à le mâcher, que fi on lui laiffoit fon veau dans les premiers tems, elle cauferoit quelque ulcération à cette partie à force de la lécher & de la mâcher.

La vache étant fraîchement vélée, on lui donne du fon mêlé d'un peu d'avoine ou de pois dans de l'eau chaude. On continue ainfi pendant quelques jours; on ajoute pour fa nourriture du bon foin ou du trèfle ou de la luzerne fèche, fi c'eft en Hiver. En Eté, on la mène paître dans les pâturages, ou on lui apporte de bonne herbe à l'étable. Dès qu'elle eft rétablie on la remet à la nourriture des autres.

Quantité de lait que peuvent donner les Vaches.

En général le lait des vaches, qui ont vélé depuis peu, eft fereux. Il n'eft bon ni pour faire du beurre, ni pour faire du fromage, parce qu'il ne contient point de parties butyreufes & caféeufes, ou il n'en contient que très-peu. Auffi doit-il être employé à la nourriture des veaux, pour lefquels la nature l'a ainfi préparé. Il y a des vaches qui l'ont trop fereux & trop long-tems fereux, & d'autres trop épais dans un tems, où il faudroit qu'il fût léger. Dans ces deux cas, il eft également pernicieux aux veaux : l'un les relâche & les empêche de profiter; l'autre leur donne des indigeftions fouvent mortelles. Il feroit poffible avec du foin de prévenir ces accidens, fi on examinoit la qualité du lait; on corrigeroit les deux défauts en donnant à certaines vaches des alimens plus fubftanciels & à d'autres des alimens plus aqueux.

Les vaches ont plus ou moins de lait felon leur taille & leur efpèce, le climat, la conftitution des individus, la faifon & les alimens qu'on leur donne & la diftance de l'époque où elles ont vélé. Les vaches Flandrines, Breffanes & Hollandoifes en ont le plus de toutes. Celles de Suiffe en ont plus que les Françoifes, & celles-ci beaucoup plus que les Africaines.

J'ai connu une vache, née en Frife, qui, introduite à Rambouillet dans la Ferme du Roi, avoir jufqu'à 14 pintes de lait, c'eft-à-dire, 42 liv. pendant fix femaines après avoir vélé. Peu-à-peu cette quantité diminuoit & fe réduifoit à huit pintes ou 24 livres. Nourrie dans les gras pâturages de la Hollande, elles en auroit eu quelques pintes de plus. Les vaches Suiffes les plus abondantes en ont douze pintes ou 36 livres. Il y a quelques vaches de Baffe-Normandie, qui parviennent à en donner cette quantité; mais ces exemples font rares. J'eftime qu'en général les vaches Hollandoifes, à nourriture égale, en donnent un tiers de plus que les vaches Françoifes; une bonne vache Françoife commune donne fix pintes de lait ou environ dix-huit livres, pendant les premiers mois qui fuivent le vèlement. Une bonne vache Suiffe auffi fraîche vélée rend par jour, dans un bon pâturage de la montagne, 6 à 7 pots de lait, pefant chacun 4 livres de 17 onces; ce qui fait 27 à 28 livres. Certains individus, de la même efpèce, fourniffent plus de lait que d'autres. Cela ne dépend pas de la groffeur du pis; quelquefois il n'eft gros que parce qu'il eft charnu; mais cela dépend des organes deftinés à la fécrétion du lait. M. Macquarre, Médecin, qui a voyagé avec intérêt en Ruffie, d'où il m'a rapporté quelques notes fur les beftiaux, affure qu'une vache Hollandoife achetée par un homme riche, lui avoit été vendue 560 livres de notre monnoie. Les vaches Ruffes ne donnant pas beaucoup de lait, les gens riches font venir de ces animaux de Hollande.

Il paroît que c'eft dans les climats qui approchent du tempéré qu'on en tire le plus de lait, à égale bonté de pâturage. Car les vaches Africaines, qui peuvent donner trois ou quatre pintes de lait par jour, font réputées les meilleures. Le lait devient d'autant plus rare que les pays font plus chauds. A Surinam, dans la Guiane Hollandoife, on tient pour merveilleufe une vache qui en fournit une ou deux chopines par jour. Ce qui ajoute à cette affertion; c'eft qu'au Cap de Bonne-Efpérance, en Afrique, dans la faifon des pluies, où l'air eft le plus rafraîchi, on en obtient davantage. Le contraire a lieu quand les chaleurs se rapprochent Ces dernières remarques font extraites du Voyage de M. Vaillant dans l'intérieur de l'Afrique.

Quand on nourrit des vaches de sainfoin, qui est très-substanciel, elles produisent plus de lait que si on les nourrissoit de pois ou de choux. Une vache fraîchement vélée diffère beaucoup d'une vache prête à véler, quant à la quantité du lait, puisque dans la dernière cette quantité est quelquefois réduite à zéro.

Engrais des Veaux.

Les veaux font destinés ou pour être livrés jeunes au boucher, ou pour être élevés & pour perpétuer l'espèce.

Parmi les veaux qui doivent aller aux boucheries, les uns, & c'est le plus grand nombre, y font portés après avoir seulement teté leurs mères un mois ou six semaines, quelquefois moins quand on est pressé de laitage ; ces veaux font en chair, mais ne font pas gras. D'autres font engraissés avec un foin particulier. On connoît ces derniers à Paris sous le nom de *Veaux de Pontoise*, parce que les environs de Pontoise en fournissent beaucoup. Je donnerai quelques détails de la manière dont on les engraisse : ils feront puisés dans des réponses que m'a faites M. le marquis de Grouchy, dont la terre est auprès de Pontoise.

Veaux de Pontoise.

L'usage d'engraisser les veaux dans ce canton est très ancien. On ignore l'époque où il a commencé & celle où il s'est introduit. Deux raisons ont déterminé sans doute quelques cultivateurs intelligens & calculateurs à tirer ce parti de leur lait ; l'une, qu'ils étoient trop loin de la capitale pour le vendre à des laitières ; l'autre, que leur lait étant de mauvaise qualité, vraisemblablement à cause des pâturages, ils ne pouvoient avantageusement le convertir en beurre & en fromage. C'est par un principe qui a du rappport avec celui-ci, que les Limousins vendent leur foin à Paris, en le faisant passer par le corps des bœufs qu'ils engraissent. Les profits qu'on a vu faire aux premiers ont servi d'appas & d'encouragement aux autres.

On ne laisse point teter les veaux qu'on engraisse. On les sèvre de mère dès le moment de leur naissance. Mais on leur fait boire dans des sceaux du lait fortant du pis fans le passer, en en réglant la quantité sur leur âge & leur appétit. Dans les premiers momens, c'est le lait de leur mère qu'on leur donne ; s'il ne fuffit pas, on en prend à une autre vache fraîchement vélée. Dans la suite, on leur fait boire du lait qui a plus de consistance.

S'ils ne veulent pas boire feuls, on leur passe les doigts dans la gueule en inclinant le vaisseau

plein de lait. A la faveur de ce petit artifice plusieurs se déterminent à avaler ; il y en a qui le refusent constamment. On n'a pour ceux-ci d'autre moyen que de les faire teter leurs mères.

L'usage est de leur porter à boire le matin, à midi & le foir pendant le premier mois, & les deux mois suivans le matin & le foir.

Les mâles & les femelles peuvent également engraisser, pourvu qu'ils foient d'une bonne nature ; il y en a qui engraissent difficilement.

Dans les premiers quinze jours un veau consomme six pintes de lait par jour, mesure de Paris ; 8 pintes dans les quinze jours suivans & dix pintes jusqu'à ce qu'on le vende.

On nourrit ces veaux en Hiver, de la même manière qu'en Eté.

Lorsqu'on a suffisamment de lait, on ne leur donne pas autre chose ; si on en manque, on ajoute à leur nourriture une pinte d'eau avec 3 ou 4 œufs par repas. On assure qu'aux environs de Rouen, on leur donne du pain à chanter avec du lait.

Chaque fois qu'on les fait boire, on les bouchonne & on répand de la litière fous eux.

On les tient dans un endroit, qui n'est ni trop chaud, ni trop froid.

La plupart des vaches des environs de Pontoise viennent de la basse Normandie. Elles peuvent, bien nourries, donner 12 pintes de lait, c'est-à-dire 36 livres, quand elles font nouvellement vélées. On leur fait manger du fon en Hiver & de bonne herbe en Eté.

Les fermiers qui engraissent des veaux, en engraissent autant que le lait de leurs vaches le leur permet. Ils achètent des veaux de différent âge aux particuliers, pourvu qu'ils foient encore veaux de lait.

On les vend ordinairement quand ils ont trois mois, à des bouchers ou à des marchands, qui les portent à Paris ou à Versailles. Ils en donnent un prix proportionné à leur poids & à la faison où ils font plus ou moins de débit.

A fix femaines, un veau engraissé, de grosseur moyenne, peut peser de 80 à 90 livres, & à trois mois de 120 à 130 livres.

Il est de meilleure qualité quand il est tué sur le lieu, où il a été nourri. Il faut avoir l'attention de le laisser faigner le plus qu'il est possible ; on le suspend la tête en bas & on le conduit dans une charrette sur beaucoup de paille. Avec ces foins, la chair est belle, blanche, tendre & bonne.

Education des élèves.

Pour perpétuer l'espèce des bêtes à cornes, on élève des femelles & des mâles, dont quelques-uns restent taureaux, & les autres doivent être châtrés pour faire des bœufs de travail. Ils exigent les mêmes foins dans leur jeunesse. Pour élever on préfère les veaux nés aux mois d'Avril, Mai & Juin. Ceux qui naissent plus tard ne peuvent acquérir assez de force avant l'Hiver; ils languissent de froid & périssent. Beaucoup de fermiers les laissent téter leurs mères six semaines, ou deux mois.

Il y a des veaux qui tétent avec une grande facilité; mais il en y a, qui ont bien de la peine à prendre le pis. On leur examine l'intérieur de la bouche; si on y apperçoit des barbillons, on les coupe. *Voyez* Barbillon. Quand la mère va au pâturage, on la ramène pour faire téter son veau. Elle en prend tellement l'habitude, qu'elle revient d'elle-même. Si elle reste à l'étable, on délie le veau à certaines heures, afin qu'il tête. Car on le tient dans la même étable séparé d'elle.

D'autres fermiers sèvrent de mère leurs veaux en naissant, comme on sèvre les veaux, qu'on veut engraisser, & elles leur font boire du lait de la même manière. Madame Cretté de Palluel, qui a donné un mémoire sur l'éducation des génisses, regarde comme un abus impardonnable de laisser téter les veaux, soit qu'on les destine aux bouchers, soit qu'on les destine à être élevés. Elle allègue pour raisons de son opinion, 1.º que le veau, qui tête, donne dans le pis de sa mère, des coups de tête, assez violens pour y faire des contusions; 2.º qu'accoutumé à téter on ne le sèvre que difficilement; 3.º que la mère privée de son veau, trois ou quatre heures après sa naissance, ne s'y attache pas & retourne au taureau plus promptement que celle qui donne à téter. Ces deux dernières raisons me paroissent les meilleures; la dernière sur-tout est une raison d'économie, qui a bien de la force. Je sais que dans la Suisse, & maintenant dans beaucoup de fermes en France, on préfère de faire boire les veaux.

On règle leurs repas; on leur donne, comme aux veaux d'engrais, autant de lait, qu'ils en peuvent boire. Si on leur donne des œufs crûs, ils n'en viennent que mieux. La dose est de deux ou trois par jour pendant un mois. Dans quelques cantons de la Franche-Comté, après avoir laissé téter les veaux 15 jours seulement, on leur fait prendre de la soupe, faite avec du pain & du lait, auquel on ajoute un jaune d'œuf, pour prévenir la diarrhée; c'est au propriétaire à calculer, s'il a plus de profit à les nourrir abondamment, afin de les vendre plutôt, de les mieux vendre & de jouir plus promptement du produit des vaches.

Au bout de six semaines, on sèvre les veaux qu'on laissoit téter, & on les met à la nourriture de ceux qu'on a sevré dès leur naissance; mais je trouve que c'est sevrer trop-tôt de mère les premiers. Ils formeroient de plus belles races, si on les laissoit téter deux ou trois mois. On donne aux uns, comme aux autres, un quart

d'eau mêlé avec le lait; de semaine en semaine, on augmente la quantité d'eau, jusqu'à ce qu'on n'y mette presque plus de lait, observant de donner l'eau, sur-tout dans le commencement à un dégré de chaleur égal à celui du lait qu'on vient de traire. A mesure qu'on diminue la proportion du lait, on rend la boisson plus nourrissante d'une autre manière. Dans le mélange on délaie de la farine de froment, en petite quantité d'abord, puis en plus grande quantité, quand on a totalement supprimé le lait, pour ne plus donner que de l'eau. Les veaux peu-à-peu s'accoutument à manger. Alors on leur donne du son, & le fourrage le meilleur, de la gerbée d'avoine avec son grain, ou du lentillon. A l'âge de trois à quatre mois, ils sont assez forts pour être à la nourriture des vaches, & pour aller avec elles au pâturage, pourvu qu'il ne soit pas éloigné; car ces jeunes animaux exigent encore des ménagemens. On évite de les tenir dehors, aux heures où il fait froid. Le premier Hiver est le seul qu'ils aient à redouter.

Dans les montagnes d'Auvergne, on laisse téter les veaux d'élève huit ou dix mois. Après ce tems on les accoutume à paître & à manger du foin. Ils ne sont cependant à l'ordinaire des vaches qu'à la troisième année.

Pour détruire le caractère impétueux des jeunes taureaux, en ne retranchant qu'une partie de leur force, on les châtre. Il faut choisir l'âge le plus convenable. « Suivant M. de Buffon, c'est à dix-huit mois ou deux ans; ceux qu'on y soumet plutôt périssent presque tous. Cependant les jeunes veaux à qui on ôte les testicules quelque tems après leur naissance, & qui survivent à cette opération, si dangereuse à cet âge, deviennent des bœufs plus grands, plus gros, plus gras que ceux auxquels on ne fait la castration qu'à deux, trois, ou quatre ans. Mais ceux-ci paroissent conserver plus de courage & d'activité; & ceux qui ne la subissent qu'à l'âge de six, sept ou huit ans ne perdent presque rien des autres qualités du sexe masculin; ils sont plus impétueux, plus indociles que les autres bœufs; & dans le tems de la chaleur des femelles, ils cherchent encore à s'en approcher, mais il faut avoir soin de les en écarter, &c. »

Il y a plusieurs manières de châtrer, que je rapporterai au mot *Castration*.

L'âge des jeunes taureaux & des génisses se reconnoît à leurs dents. *Voyez* Age des animaux.

Manière de traire les Vaches.

Lorsque les vaches ont allaité leurs veaux un mois ou six semaines, ou lorsqu'on veut faire boire les veaux, on trait les vaches pour tirer parti de leur lait. La manière n'est point indifférente. Souvent par la maladresse, ou la paresse des personnes auxquelles on confie ce soin, une vache diminue de produit, devient séche & perd un ou deux mammelons. Il faut traire avec précaution; éviter de meurtrir & épuiser tout le lait.

On lave d'abord avec de l'eau le pis de chaque vache, & sur tout les mamelons. On les presse ensuite avec deux doigts de haut en bas, sans toucher à la substance du pis. Les vaches ayant quatre mamelons, on en trait deux du même côté à-la-fois, on passe aux deux autres pour reprendre les deux premiers, & ainsi de suite jusqu'à ce qu'il ne vienne plus de lait. Pendant qu'on trait les mamelons d'un côté, ceux de l'autre côté se remplissent, tant qu'il y a du lait au pis. Il descend d'un jet dans le vase où il fait l'arrosoir, ce qui dépend de la manière de traire, & quelquefois de l'ouverture des mamelons. Au milieu de l'action de traire, les mamelons se séchent; on a besoin de les adoucir en les humectant de lait.

Ordinairement on trait les vaches le matin & le soir, à des heures réglées. On les trait une troisième fois au milieu de la journée, quand elles abondent en lait; ce qui arrive lorsqu'elles ont vélé depuis peu. On ne cesse point de les traire, si elles sont bonnes, jusqu'à ce qu'elles vélent. Cependant on ménage davantage une genisse qui est pleine pour la seconde fois, si elle a pris le taureau de bonne heure, parce qu'en continuant de la traire, on l'empêche de prendre son entier accroissement.

Quand une vache a le pis chatouilleux, ce qui peut être un défaut d'éducation, on prend des précautions pour la traire. Afin d'éviter ses coups de pieds, on trait les deux mamelons d'un côté, en se plaçant toujours du côté opposé & en changeant de place chaque fois qu'on a vuidé deux mamelons. La vache donne des coups avec le pied qui est du côté des deux mamelons qu'on trait. Souvent cette difficulté n'a lieu que pendant un tems : Si elle continue & devient considérable, on lui plie une jambe qu'on attache avec une corde. Dans cette attitude génante elle se laisse traire. Suivant M. Vaillant, les Caffres emploient le même moyen.

Chez les Hottentots, la mort d'un veau est un grand malheur, parce que la vache retient son lait. Pour la forcer de se laisser traire, on lui souffle avec force dans le vagin. Son ventre enfle; alors elle laisse échapper son lait. On réussit aussi pour quelque tems en couvrant un autre veau de la peau du sien. L'Auteur du voyage en Auvergne, M. le Grand d'Aussi, dit que, dans les montagnes, les vaches ne se laissent bien traire qu'à la vue de leurs veaux qui sont dans une loge près de leur parc : on les en fait sortir, ils approchent de leurs mères qu'ils tètent un instant; alors elles se laissent traire. Il n'est pas rare dans tous les pays de voir des vaches perdre leur lait pendant quelques jours

après l'enlèvement de leurs veaux. Cette suppression ne dure pas; le lait revient au pis.

On emploie, pour traire les vaches, de petits sceaux de bois de chéne ou de sapin, qu'on tient très-propres. Chaque fois qu'on doit s'en servir, il faut les laver & les nétoyer.

Souvent la personne qui trait se met à genoux; mais cette position n'étant pas commode, les Suisses, qui ont dans leurs *Chalets* & vacheries beaucoup de vaches à traire, emploient un petit siége rond; ce siége n'a qu'un pied terminé par une pointe de fer, afin qu'il entre dans les planches de sapin, dont sont formés les planchers; ils se l'attachent, pour n'être pas obligés de le transporter de vache en vache. Appuyés sur ce siége, en écartant les deux jambes, qui forment deux autres pieds, ils sont à leur aise & ne se fatiguent pas.

Après qu'on a trait les vaches, on passe le lait dans un couloir de cuivre ou de bois pour le mettre dans le lieu qui lui est destiné. Il y a différente espèce de couloirs; les uns ont la forme d'une petite terrine creuse percée au fond de trous fins, s'ils sont en cuivre, ou garnis d'une toile de crin, s'ils sont en bois; les autres sont des vases de bois cerclés en forme de cónes tronqués; on pose un linge sur la partie évasée; & on place dessous un petit baquet pour recevoir le lait. Les Suisses appellent ce vaisseau un *Bagnolet*.

Des soins & de la nourriture des Vaches.

Je ne puis donner des idées exactes sur les soins & la nourriture des vaches, sans les placer dans les diverses positions où elles se trouvent, relativement aux pays, à la manière dont on les conduit & aux ressources des propriétaires. Ici, les vaches restent une grande partie de l'année dans des étables & elles sont en Eté, jour & nuit dehors, soit dans les montagnes, soit dans les vallons ou les plaines; là, après avoir passé seulement la plus mauvaise saison sans sortir, dès que le tems est doux, on les mène dans les bois ou dans les communes, le matin, pour les en ramener le soir; ailleurs elles ne paissent aux champs que trois mois de l'année, étant nourries le surplus du tems dans les étables, le plus souvent au sec; enfin, on voit les vaches des pauvres gens dans certains cantons ne respirer l'air libre que quelques heures dans le beau tems, en paissant le long des chemins & des haies. Je rapporterai un exemple du genre de vie des vaches dans chacune de ces positions.

Vaches qui restent aux étables une partie de l'année & vivent dans la montagne en plein air, une autre partie.

L'Auvergne est une Province où les vaches sont

font un des gros objets de produit. La partie
montueufe fur-tout, fertile en pâturages, élève
& entretient un grand nombre de ces animaux,
pour faire le commerce de beftiaux & celui
de fromages. Dans un Mémoire que m'a communiqué M. de Brieude, qui a exercé long-
tems la Médecine dans cette Province, j'ai pui-
fé les renfeignemens, que je configne ici.

On diftingue en trois claffes les vaches qui peu-
plent les montagnes. Les plus belles & les plus nombreufes font fur les montagnes de Sallers, dans
une étendue de fix lieues de diamètre. L'efpèce moyenne occupe dix lieues en quarré fur
les Monts-d'or & pays voifins. On trouve la plus
petite fur la montagne du Cantal. Cette diverfité dans la taille tient à la nature des pâturages, plus fubftanciels & plus abondans fur les
montagnes de Sallers, que par-tout ailleurs. Les
habitans de Sallers ne veulent que des vaches à
poil roux ; ceux qui avoifinent les Monts-d'or
préfèrent la couleur pie de blanc & de noire ; &
auprès du Cantal, on ne recherche que la
couleur fauve. On ne peut rendre raifon de ces
goûts, qui dépendent d'ufages & d'opinions de
pays. Les vaches de prefque toute la Suiffe,
font de couleur fauve ; celles d'une partie du
Mâconnois & du Beaujolois font blanches ; la
plupart de celles de Nort-Hollande font pies
de noir & de blanc. Quelques particuliers en
ont, qui font pies de fauve & de blanc ; bien
des gens croient que les noires font les meilleures. Il eft vraifemblable qu'il y a de bonnes
vaches de tout poil ; on s'accorde cependant à
ne point faire de cas des vaches bai-blanc-
pâle.

La vacherie, dans les cantons à pâturages en
Auvergne, eft la principale partie des domaines.
Elle eft compofée d'un certain nombre de vaches,
qu'on ne fait jamais travailler, mais qu'on deftine à donner des veaux & du lait. Une vacherie en a depuis 10 jufqu'à 100, jamais au-deffus de 100, parce que l'exploitation en feroit
trop pénible, jamais au-deffous de 20, parce
qu'on n'auroit pas en un feul jour de quoi faire
un fromage entier ; le lait de la veille feroit aigre
quand on l'emploieroit.

La moitié des veaux naiffans eft vendue au
boucher ; l'autre moitié eft élevée dans la vacherie jufqu'à l'âge de trois ans, époque où l'on livre les geniffes au taureau pour la première fois.
Chacun des veaux confervés tette deux mères. Dès
que des geniffes font pleines, elles tiennent leur
rang parmi les vaches.

Les veaux font appelés *tendrons* jufqu'à l'âge
de fix mois ; ils prennent enfuite le nom de *Bour-
rets* jufqu'à la fin de l'année ; ils fe nomment
doublons, à la feconde année, & pendant la troifième, *geniffes* ou *terçons*.

Dans une vacherie on nourrit toujours un certain nombre de veaux de trois années différen-

tes, deftinés à être vendus à l'étranger, ou à
remplir le vuide de la vacherie. La totalité de
la jeuneffe s'appelle *vaffive*. Elle égale prefque
toujours le nombre des vaches.

En Hiver, les vachers, dès le matin, fe diftribuent le foin de la vacherie. L'un nétoie les
auges & en emporte les reftes de fourrage, qui
une fois rebuté par les vaches ne peuvent plus
leur être préfentés. Ils fervent de nourriture aux
jumens, aux poulains, &c. D'autres vachers étril-
lent & broffent les bêtes. On ne prend pas tous
les jours ce dernier foin, fi utile à la fanté. Il
feroit à defirer qu'on l'exigeât des domeftiques.
On cure les vaches de tems en tems. La difette
de paille & le préjugé où l'on eft que, pour avoir
de bons engrais, les litières doivent pourrir fous
les animaux, empêchent d'enlever les fumiers
auffi fouvent qu'il le faudroit.

On mène boire les vaches & on met le fourrage dans les auges. Une botte eft la ration de deux.
Vers les trois heures après midi, on nétoie également les auges ; on conduit les vaches à l'a-
breuvoir & ou leur donne pour la foirée & la
nuit la ration du matin.

L'ordre & l'économie, qu'on emploie dans
la confommation des fourrages des vacheries
baffes, me paroiffent bien entendus. Les vaches
au retour des montagnes, où elles n'ont vécu
que d'herbe fraîche, ont befoin d'être accoutumées par degrés à la paille féche. Dans les premiers tems on leur en donne mêlée avec beaucoup de foin ; peu-à-peu on diminue la proportion du foin & on augmente celle de la paille,
qu'elles mangent feule dans le mois de Décembre.
C'eft de la paille de feigle ou de froment. Vers la
mi-Janvier, lorfqu'elles font prêtes à mettre bas,
on les remet à l'ufage du foin pur & on leur
en donne plus largement. Après qu'elles ont vélé,
on augmente leur nourriture ; on choifit pour elles
la meilleure qualité de foin ; on leur donne fur-
tout les regains, qui leur procurent beaucoup
de lait. Vers la fin de l'Hiver, on revient encore au mélange de paille & de foin. Si l'Hiver
eft très-long & que les fourrages manquent, on
finit par leur donner de la paille feule. Dans
les vacheries hautes, où il y a abondance de
foin, elles ne mangent pas autre chofe depuis
leur retour de la montagne jufqu'à ce qu'on les
y reconduife.

M. de Brieude fe plaint avec raifon de la
mauvaife conftruction des étables, qui font mal
pavées, trop baffes & humides, fans pente pour l'é-
coulement des urines, fans fenêtres, ou avec
des fenêtres étroites qu'on bouche toujours. Les
auges font mal-propres & trop baffes, les murs
mal-crépis & falpêtrés, les portes trop étroites.
Lorfqu'on cure les vaches, on place le fumier
devant les portes, fans le porter à une certaine
diftance. Toutes ces caufes rendent infect & in-
falubre l'air des étables. Je donnerai un plan

de conſtruction d'étable ou de vacherie, au mot *Ferme.*

Dès que le Printems arrive & que les prés commencent à ſe couvrir de verdure, on fait ſortir des étables la jeuneſſe appellée *Vaſſive*; on la mène dans des parages de la meilleure qualité, qu'on ne fauche jamais & qui ſont autour des domaines, pour ſervir de pâture journalière aux bœufs de travail & aux animaux malades; on l'y mène, afin de l'égayer, de lui faire reſpirer l'air & de la rafraîchir par l'herbe tendre. Cette première ſortie ſe fait vers les derniers jours de Mars ou au commencement d'Avril, dans les domaines de la partie inférieure des vallons.

Peu de jours après, toutes les bêtes de la vacherie vont dans les prairies, après avoir langui long-tems dans des étables, dont elles ne ſortoient que deux fois par jour pour aller à l'abreuvoir. Dans ces premiers momens, elles témoignent, par leurs mugiſſemens & par la légèreté de leur courſe, toute la joie, tout le plaiſir qu'elles reſſentent de reſpirer un air nouveau, de paître de l'herbe fraîche. On continue cependant à leur donner pour la nuit un mélange de paille & de foin, juſqu'à la *montée*, c'eſt-à-dire, juſqu'au moment où elles vont à la montagne. S'il n'y a plus de fourrage, ce qui arrive quand l'hiver a été long, elles ſont réduites à la pâture des prairies; cette diſette diminue leur lait.

Vers le huit ou le dix de Mai, les vacheries baſſes & le mieux expoſées vont à la montagne; ſi le rapport d'un vacher, qu'on y a envoyé auparavant, annonce que l'herbe a aſſez pouſſé. Les vaches, lorſque la douceur de la ſaiſon les y invite, marquent une grande impatience de faire le voyage. La ſortie des étables dans les vacheries hautes, ſe fait dans le même ordre, mais un peu plus tard. Il y en a aux pieds des montagnes de Sallers & du Mont-d'Or, qui ne ſortent pour aller dans les prés que vers la fin de Mai, & qui ne vont ſur les montagnes que dans le mois de Juin. Le ſommet du Cantal n'eſt garni d'herbe qu'à cette époque; ſes vacheries ne peuvent y aller plutôt; mais celles-ci ne manquent jamais de fourrage juſqu'à la montée.

Une vacherie étant compoſée de différente ſorte d'animaux, lorſqu'elle prend ſon eſſor, tout s'achemine vers la montagne, vaches, taureaux, vaſſive, chevaux étalons, poulains, truies pleines & cochons à engraiſſer. Il ne reſte dans le domaine, que les bœufs de labour, & les jumens pleines ou qu'on veut faire couvrir.

Cette famille arrive dans ſes nouveaux pâturages, y reçoit le logement, qu'elle ne quitte plus de tout l'Eté. Sa marche eſt régulière & tous ſes mouvemens ſont, pour ainſi dire, comptés.

Les vaches errent preſque tout le jour dans la montagne, & elles paſſent les nuits dans un parc où elles ſe rendent auſſi à certaines heures du jour, pour ſe faire traire. Ce parc eſt fermé de claies à jour, qu'on change de place de tems en tems, afin que la vacherie couche ſucceſſivement ſur tout le terrain qu'on veut engraiſſer. Des vachers intelligens ont des claies tiſſues de baguettes beaucoup plus hautes que celles des claies à jour; c'eſt un abri, qui adoucit la violence des ouragans, garantit des pluies froides du commencement de la ſaiſon & ſoulage beaucoup les animaux. Il n'eſt point d'orage de grèle, qui, frappant ſur une vacherie, ne ſupprime le lait pour deux jours. Il y a des propriétaires qui ont fait conſtruire des murs, pour mettre leurs vaches un peu plus à couvert. Les veaux, dans une loge, où ils habitent, ſont toujours protégés contre les injures de l'air & les incurſions des loups. Les vaches ne ſortent de leur parc pour aller en pâture, qu'après que la roſée & les brouillards ſont diſſipés. On emploie la matinée à les traire & à faire tetter les veaux. Les vachers attentifs & intelligens ne leur laiſſent prendre que ce qu'il leur faut de lait, dont ils connoiſſent la qualité par la nature des herbes que mangent les vaches. Souvent, faute de cette obſervation, on leur donne des indigeſtions laiteuſes.

Les vaches en paiſſant s'avancent lentement vers l'abreuvoir, où elles arrivent à dix ou onze heures; elles continuent de paître & reviennent au parc à une heure après midi. Lorſqu'elles y ſont raſſemblées toutes, on les trait de nouveau; elles retournent en pâture dans une autre partie de la montagne, & à l'abreuvoir, comme le matin & rentrent au parc avant la nuit. A leur retour, on les attache à des piquets, afin qu'elles ne ſe nuiſent pas; quelques vachers préfèrent de ne pas les attacher, pour qu'elles puiſſent ſe défendre contre les loups, aſſez hardis quelquefois pour aller les attaquer dans leurs parcs.

La vaſſive ſort auſſi de ſa loge pour aller paître aux heures indiquées. Elle a ſon quartier ſeparé; on ne lui abandonne que le plus maigre pâturage.

La marche de tous ces animaux eſt ſi exactement méſurée, qu'il n'y a point d'heure dans la journée, où un vacher ne puiſſe fixer ſur quelle partie de la montagne ſa vacherie pâture, ſans la voir. Cette habitude eſt très-économique & bien entendue. Par ce moyen, chaque portion de pacage reſte intacte pendant vingt-quatre heures & n'eſt point foulée, en ſorte que l'herbe a le tems de repouſſer. M. de Brieude fait à cette occaſion une remarque très-judicieuſe, c'eſt que ce mouvement lent & uniforme eſt très-favorable à la ſécrétion du lait. Les vachers ont obſervé que ſi leurs vaches ſe fatiguent, ou pour aller à un abreuvoir éloigné, ou pour toute autre cauſe, leur lait diminue ſenſiblement.

Le froid & la neige viennent enfin les chaſſer vers la fin de Septembre. Leur première impreſſion

eft fi fenfible à ces animaux, qui viennent d'éprouver une faifon fouvent très-chaude, que leur lait en
eft diminué de moitié. Dès que les gelées blanches arrivent, on fe hâte de les faire defcendre
dans la plaine pour y confommer les dernières
herbes. Tout eft rentré dans les domaines à la
Touffaints.

La plupart des vaches ont pris le taureau
pendant le cours de l'Eté ; elles font devenues
pleines. C'eft une des principales caufes de la
diminution de leur lait. Elles n'en ont prefque
plus quand elles font enfermées dans l'étable,
au mois de Novembre.

Pour foigner les beftiaux dans la montagne,
& pour tout le travail de la laiterie, on emploie deux hommes pour vingt vaches, trois
pour trente, cinq pour cinquante, & fix pour
quatre-vingt ou cent vaches. Ceux qui conduifent
le travail de la laiterie s'appellent *Buroniers*,
parce que *Buron* eft le nom de l'endroit où
l'on fait les fromages. J'en parlerai au mot *Chalet*,
qui eft plus connu depuis les fréquens voyages
en Suiffe & les Écrits de Jean-Jacques Rouffeau.

La manière dont en Suiffe on conduit les vaches, pendant l'Eté, a beaucoup d'analogie avec
celle dont on les conduit en Auvergne. C'eft
fans doute à-peu-près la même dans tous les
pays de montagnes qui fe dégarniffent de neige
en Eté, & où ces animaux font une des principales fources de richeffe. En examinant moi-
même fur les lieux ce, qui fe paffe dans celles
de Lorraine & de Franche-Comté, j'ai vu que
l'économie ne différoit prefque pas de l'économie de la Suiffe. Un Mémoire de M. Jean-Jacques
Dick, pafteur de l'églife de Bolligue, qui a rem-
porté un prix propofé par la Société économique de Berne, en 1770, donne des détails curieux
& intéreffans fur les alpes de l'Emmenthal, du
bailliage de Thun, de l'Oberland, qui comprend
les bailliages d'Eenterfun, d'Intetlachen & d'O-
bershali, du Frutigthal, du Simmenthal, du pays
de Geffenai, du pays de Vaud, & fur-tout des
bailliages d'Aigle, de Vevaï & de Bonmont, tous
appartenans au canton de Berne, confidérés
relativement au parti qu'on tire des vaches en
en Eté. J'en extrairai ce qui concerne le foin
& la nourriture de ces animaux.

On les fait fortir de leurs étables du milieu à
la fin de Mai, felon que l'Eté eft plus ou moins
avancé, & que les Alpes font printanières ou
tardives. On appelle printanières les montagnes
baffes, & tardives, les hautes montagnes. Il y a
des pays où l'on n'a que des montagnes baffes ;
d'autres où l'on en a de baffes & de hautes ;
& d'autres où l'on n'en a que de hautes. L'Emmenthal eft dans le premier cas, & l'Oberland
dans le fecond. Les troupeaux des propriétaires
ou des Communes, qui ont toutes leurs montagnes baffes, les y laiffent depuis le commencement jufqu'à la fin de la faifon. Ceux qui en

ont de hautes & de baffes, mettent d'abord les
vaches dans les baffes, & enfuite dans les hautes,
lorfqu'après le rapport des Vifiteurs, elles font
en valeur, c'eft-à-dire, couvertes de bonne herbe.
Enfin on fait paître les parties baffes des hautes
montagnes les premières, & par degré les parties
élevées, fi on ne poffède que de hautes montagnes. Par la même raifon que des montagnes
baffes les vaches vont aux hautes montagnes,
ou des parties baffes de celles-ci aux parties les
plus élevées, elles redefcendent vers la fin de la
faifon, foit dans les montagnes baffes, foit dans
les parties baffes des hautes, pour y brouter ce
qui s'y trouve d'herbe, & rentrer enfuite dans
leurs quartiers d'Hiver.

La difette de fourrage fec a fouvent forcé de
faire fortir les beftiaux de leurs étables avant que
l'herbe eût acquis, dans les montagnes baffes même,
affez de force. La même caufe a déterminé ceux
qui n'ont que de hautes montagnes, à y mener
leurs vaches trop tôt, l'herbe commençant à peine
à verdir. Le bétail affamé l'eut bientôt dé orée ;
le froid continuant, on n'eut d'autres reffources
que de nourrir les vaches avec leur propre lait
& quelques graines. On fe voit réduit à cette
extrémité, s'il furvient de la neige au milieu
de la faifon dans les montagnes où l'on eft fans
provifions.

Quelques jours après l'arrivée à la montagne,
quand les bêtes font fuffifamment repofées du
voyage, on mefure leur lait. On attend quelquefois jufqu'à quinze jours pour faire cette opération. Deux circonftances la rendent néceffaire :
Ou les pâturages de la montagne appartiennent
à des particuliers, qui, n'ayant pas affez de vaches pour confommer toute l'herbe & faire une
quantité fuffifante de fromages, en louent aux
payfans des environs, moyennant un prix, qui
dépend de la quantité de lait qu'elles peuvent
fournir : ou ces pâturages appartiennent à une
Communauté, dont les membres ont le droit d'y
envoyer une ou plufieurs vaches. Comme on fait
par l'expérience combien on retire de fromages,
de beurre, de ferai d'une quantité déterminée
de lait, après le mefurage, tout eft réglé, & chaque propriétaire reçoit en Automne ce qui lui
revient. Ce font les propriétaires eux-mêmes
qui mefurent le lait ; ils fe tranfportent fur la
montagne, & traient leurs vaches le matin & le
foir une fois feulement. Alors on pèfe ce lait,
& ils s'en retournent.

Une vache fe loue à proportion de la quantité de
lait qu'elle donne. Pour le tems de la montagne,
c'eft depuis 24 jufqu'à 48 liv. Par exemple, une
vache qui donneroit 10 à 11 liv. de lait, fe loueroit
24 liv., & celle qui en donneroit le double, fe
loueroit 48 liv. On la loue davantage quand on
la mène paître dans des montagnes dangereufes,
parce qu'on a à courir le rifque de la perdre
dans un précipice.

On appelle *Fruitiers* en Suisse les hommes qui veillent sur les vaches, & qui s'occupent à les traire & à fabriquer les fromages. Ce mot répond à celui de *Buronier* en Auvergne, comme le mot *Fruiterie* répond à celui de *Buron* qui est le lieu où se font les fromages.

Un des grands soins des fruitiers, c'est de s'approvisionner du bois nécessaire pour faire les fromages. Il y a des Alpes, qui en sont totalement dépourvues; d'autres, où l'on n'en a qu'avec bien de la peine; il faut l'aller chercher jusqu'à deux lieues, par des chemins très-difficiles; d'autres, où il est facile de s'en procurer. C'est pour cela qu'on a distingué les alpes en alpes à vaches, alpes à engrais, alpes à taureaux, & alpes à brebis : les vaches à lait sont conduites dans les premières, les bœufs ou les vaches qu'on engraisse dans les secondes, les élèves de l'un & de l'autre sexe, & les chevaux même, dans les troisièmes, enfin les bêtes à laine & les chèvres dans les quatrièmes. Quelquefois toutes ces espèces de bétail paissent dans les mêmes alpes, mais dans des enclos différens. Des alpes à vaches peuvent se changer en alpes à engrais, ou en alpes à taureaux, *& vice versâ*, selon qu'elles se dépouillent ou qu'elles se repeuplent de bois.

La garde des bestiaux est presque inutile, quand la montagne a des barrières naturelles, formées par des rocs escarpés, des torrens profonds, ou des haies. Elle n'est pas plus nécessaire, si on a pu partager la montagne en enclos artificiels, comme dans l'Emmenthal & l'Oberland. Mais lorsque les alpes sont trop étendues & pleines de rochers & de hauteurs escarpées, entre lesquels se trouve de bonnes places, on doit avoir continuellement l'œil sur les animaux, afin qu'ils ne tombent pas dans des précipices, ce qui arrive quelquefois, malgré les attentions des vachers. Les places les plus dangereuses sont réservées aux jeunes bêtes, moins pesantes & moins précieuses que les vaches à lait. Les plus difficiles à grimper & les plus escarpées sont la pâture du menu bétail. Les vachers redoutent beaucoup les momens, où il tombe de la grêle, parce qu'alors les bêtes effarouchées, courent çà & là pour chercher un abri, & peuvent se précipiter dans leur course incertaine.

Les meilleurs endroits des montagnes sont ceux, qu'on appelle parcs: c'est-là où est placé le chalet; c'est-là d'où l'on emmène les vaches dans les places, qu'on appelle *journées*, & qu'on fait brouter tour-à-tour; c'est-là où elles reviennent pour se faire traire & pour passer les nuits. Ces endroits sont les mieux fumés & produisent le plus d'herbe. On en ménage la pâture pour les mauvais tems: on a soin de pratiquer de petits sentiers, qui conduisent les animaux du parc, ou de l'étable aux pâturages.

On trait les vaches une fois le matin & une fois le soir, à des heures fixes. La plupart viennent d'elles-mêmes & avertissent les fruitiers par leurs mugissemens. Dans quelques montagnes on a construit des vacheries capables de contenir ou toutes les vaches, ou une partie du troupeau; on les y attache pour les traire : quand la vacherie est grande, elles peuvent s'y retirer dans le mauvais tems. Leurs excrémens sont ramassés soigneusement, & répandus en Automne sur les endroits, qu'on desire le plus fertiliser. Si la vacherie est petite, on fait entrer, par une porte, un certain nombre de vaches, pour les traire, & on les fait passer par une autre porte, pour les remplacer par de nouvelles jusqu'à ce que toutes soient traites.

Les fruitiers laborieux & prévoyans, recueillent sur les meilleures places un peu de foin, qui leur sert, s'il survient de la neige pendant l'Eté; ce qui n'est pas rare. On n'a pas ces ressources dans l'Oberland, où les vaches viennent se faire traire au parc & non dans les étables, & où par conséquent on ne ramasse pas d'engrais pour fertiliser des places propres à donner du foin. On a vu, au mois d'Août 1764, dans la Lauvine, tomber de la neige pendant trois jours consécutifs. On fut obligé de ramener les bestiaux aux logis d'Hiver. Ordinairement si la neige n'a pas d'épaisseur, on se contente de ne pas mener le bétail dans les parties hautes, jusqu'à ce qu'elle soit fondue, & on le fait descendre ces jours-là. Dans quelques alpes, il y a des endroits bien exposés au Soleil, qu'on appelle *pâturages de neige*, où elle disparoît aux premiers rayons de cet astre; on les conserve pour les cas de nécessité. On a même dans quelques circonstances, poussé l'industrie, jusqu'à rouler de grosses boules de neige pour découvrir l'herbe.

Dans les alpes basses, les troupeaux restent depuis le milieu de Mai, jusqu'à la Saint-Michel & quelquefois plus long-tems encore.

Dans les hautes montagnes le séjour est de 12 semaines, ou de quatorze au plus. Communément les vaches y montent à la Saint-Jean, & en descendent vers le 21 Septembre.

En Russie, suivant M. Macquarre, on conduit les vaches au mois de Mai, jusqu'au mois d'Octobre, dans les prairies où elles restent jour & nuit. On y les fait parquer dans des endroits différens. Les propriétaires les vont traire au milieu des champs. On les ramène à la maison, quand elles sont prêtes à véler, afin de les veiller. A midi, on les mène boire à la rivière, ou au ruisseau le plus près; quand le tems est très-mauvais, on leur fait passer la nuit sous des hangards construits dans la campagne. A l'arrivée des neiges, ces animaux rentrent dans leurs étables, mal closes & mal défendues des intempéries de l'air, pour n'en sortir qu'au mois de Mai. En général on les nourrit à l'étable de paille, d'avoine & de foin. Cette dernière nourriture étant abondante dans le pays, elles en manquent à difcrétion. Les payfans ne foignent pas bien leurs vaches; les gens riches y donnent plus d'attention; ils ont des étables bien conftruites, fuffifamment élevées, ayant des fenêtres & des ventoufes, pour former des courans d'air : on fait aux animaux de la litière avec de la paille de feigle, qu'on renouvelle tous les deux ou trois jours; on cure les vacheries auffi tous les deux ou trois jours.

L'efpèce de vaches Ruffes plus petite que la nôtre eft plus vigoureufe & plus forte, ce qui eft dû au froid exceffif qu'elles éprouvent.

Les vaches Ruffes ne font pas les feules, qui paffent plufieurs mois dans les prairies fans rentrer à l'étable; en France, il y a des pays où cet ufage a lieu, particulièrement dans une partie du Hainault. Elles reftent au pâturage depuis le mois de Mai, jufqu'à la Saint-Martin & au-delà, quand la faifon le permet.

Vaches, qui font prefque toute l'année à la pâture, mais couchent toutes les nuits dans les étables.

Dans les pays de forêt ou de communes, les vaches couchent toutes les nuits dans leurs étables. Elles vont de jour paître dans les communes plus ou moins long-tems dans l'année, felon que les communes font plus ou moins libres. Car il y en a qui font interdites au mois de Mars, afin que l'herbe s'y élève. On la fauche au mois de Juin. Les vaches alors s'y rendent tous les matins, y paffent la journée & en reviennent le foir, depuis la fauchaifon jufqu'au mois de Mars. Elles font aux champs huit mois de l'année. La neige feule & les grandes gelées les empêchent de fortir. D'autres communes ne fe fauchent jamais. Les pâtis des bois font auffi acceffibles prefque toute l'année. Il y a peu de jours où les vaches ne s'y rendent. Des gardiens les y conduifent & les furveillent. On attache des fonnettes à chaque bête, fur-tout quand on les mène paître dans les bois, afin d'éviter qu'il ne s'en égare. Elles boivent aux étangs ou aux ruiffeaux, qu'elles rencontrent. Les propriétaires d'un certain nombre de vaches, lorfqu'ils ont des pâturages particuliers, les font garder par des ferviteurs, ou des fervantes, à leurs gages. Les vaches des pauvres gens fe réuniffent en un troupeau commun. Chacun contribue aux frais du gardien, qui le matin annonce fon départ par le fon d'une corne & qui le foir ramène au village tout le bétail. On trait les vaches le matin avant leur départ & le foir après leur retour.

Dans ces pofitions, les vaches coûtent peu à nourrir. On leur met le foir quelques alimens dans les auges, tantôt de la paille de froment, ou de feigle, ou d'avoine; tantôt des herbes, qu'on a ramaffé en Eté & qu'on a fait faner, tantôt des branchages, ou feuilles d'arbres ou de vigne, &c. felon les reffources du pays. Quand elles font prêtes à véler ou peu de tems après, on leur donne du fon ou un peu de grain. En général, ces vaches font mal foignées & l'on compte trop fur la pâture des champs.

Vaches qui font toujours à l'étable, exceptés quelques mois de l'année, pendant lefquels elles font à la pâture, le jour feulement.

M.me Cretté de Palluel, Fermière, déjà citée, dont la ferme eft dans les environs de Paris, pour donner du vert à fes vaches, commence, dès le premier Avril, fuivant fon Mémoire imprimé, par les feuilles de gros navets, femés dans l'Automne précédent & qui montent à cette époque. Elles ont enfuite le fcourgeon ou orge d'Hiver, la chicorée fauvage, dont la culture comme fourrage, a été introduite par M. Cretté de Palluel, *Voyez* CHICORÉE SAUVAGE, la dragée, le trèfle, la vefce & autres plantes, qu'elle fait couper & porter dans les râteliers. On leur en donne deux fois par jour & deux fois de la paille. Elles arrivent ainfi jufqu'à la fauchaifon des prés; on leur en abandonne quelques-uns après la première herbe. Aux approches de l'Hiver, elles mangent, indépendamment de la paille, de gros navets jufqu'aux fortes gelées. On réferve pour la faifon la plus rigoureufe, les pommes de terre & les betteraves. *Voyez* POMME DE TERRE & BETTERAVE. On coupe ces racines par tranches. Lorfqu'elles font épuifées, on a recours aux regains des prés & des luzernes & au trèfle qu'on a fané en le mêlant fur le terrain, qui l'a produit avec de la paille d'orge ou d'avoine. *Voyez* TRÈFLE.

M.me Cretté de Palluel, auffi près de la Capitale, où les veaux, le lait, & le fromage font toujours de débit & ont beaucoup de valeur, & d'où l'on tire abondamment des engrais pour faire rapporter aux terres toutes fortes de denrées, utiles à l'amélioration du bétail, offre ici un exemple, que fans doute on n'imitera pas entièrement par-tout; mais qui peut indiquer des efpèces de plantes, qu'on n'auroit pas imaginé de cultiver en grand pour cet objet. Cette Dame recommande avec raifon beaucoup de propreté dans les vacheries, de renouveller fouvent la litière; de donner de l'air, de faire boire de l'eau pure aux animaux, pourvu qu'elle ne foit pas fraîchement tirée.

Je connois des pofitions moins heureufes, où avec peu de reffource, les vaches font bien foignées, non pas généralement, mais par des cultivateurs intelligens. Je les fuppofe rentrées dans leurs étables, où elles reftent ordinairement depuis la Touffaints jufqu'à la Saint-Jean, ne fortant que pour aller boire une ou deux fois le jour. Ces animaux ont à-peu-près trois pieds dix pouces de hauteur, fix pieds de longueur & cinq pieds de groffeur. On leur donne pendant tout l'Hiver trois fois par jour des bâles de froment ou d'autres grains. J'eſtime que chaque vache en mange ſix livres, trois fois auſſi de la longue paille d'avoine ou de froment, environ quinze livres par jour en comprenant ce qu'elles répandent autour d'elles & dont on leur fait de la litière, & trois livres de ſon, qui n'eſt point maigre, parce qu'il eſt le réſultat de la mouture d'un méteil de ſeigle & de froment, moulu à la groſſe. On ajoute de tems en tems cinq ou ſix livres de feuilles de choux, & quand on en récolte, trois livres de ſain-foin. Ces alimens ſont variés & alternés dans la journée; ce qui eſt une bonne méthode, parce que les animaux aiment à changer d'alimens. On délaie le ſon dans l'eau, qu'on fait chauffer ſeulement quand il fait froid, excepté celui des vaches fraîchement vélées, pour leſquelles on le fait toujours chauffer. Ces mélanges d'eau & de ſon ſe nomment *bluvées*. Les vaches fraîchement vélées mangent un peu plus de ſon que les autres, à cette époque ; mais je détermine ici le poids du ſon pour chaque vache, en diviſant la quantité, qu'on en emploie pour toute une vacherie. Depuis quelques années on a cultivé des raves, ſoit en les ſemant avec de la moutarde au mois de Juillet, ſoit en les ſemant avec du ſain-foin, dans la même ſaiſon, ſoit en les ſemant ſeuls; cette culture a procuré de quoi donner aux vaches, pendant l'Hiver. Les avantages qu'on en a retirés promettent qu'elle ſe ſoutiendra & augmentera & qu'on pourra y eſſayer celle de pluſieurs autres plantes, utiles à la nourriture du bétail. Je préviens que quand on ſème des navets avec du ſain-foin, il faut que ce ſoit des navets plats, qui n'ont qu'un filet de racine dans la terre, le navet s'élevant au-deſſus. On peut les arracher ſans déraciner aucun pied de ſain-foin.

Dans le Boulonnois, on prépare pour les vaches une buvée, qu'on appelle *caux*. C'eſt un mélange de feuilles de choux, de navets, de pommes, & de ſon qu'on fait bouillir dans ſuffiſante quantité d'eau.

On continue à donner des pailles aux vaches & du ſon juſqu'au mois de Mai. Alors on leur abandonne non pas toujours, mais quelquefois des ſain-foins, dont on n'eſpère pas beaucoup d'herbes; on les y conduit le jour ; le ſoir, elles trouvent en rentrant de la paille pour la nuit. Lorſque les pois & les veſces ſont en fleurs, on leur en apporte des charges à l'étable. Chaque vache en mange de 80 à 100 livres. Les jours de pluies, où le tranſport de cette verdure n'eſt pas praticable, elles ſont réduites à la paille & au ſon. Après la fauchaiſon des ſain-foins, elles vont paître dans les regains juſqu'à la Touſſaints. Ces regains vers le mois d'Octobre ne donnent preſque plus d'herbe. Alors on y ſupplée à l'étable par des charges de moutarde en vert du poids auſſi d'environ 100 livres pour chaque vache,

Cet aliment, le dernier vert, qu'elles mangent les conduit juſqu'à la Touſſaints.

Les vaches nourries ainſi ne ſont pas graſſés ; mais elles ſe ſoutiennent dans un état d'embonpoint ſuffiſant.

On les trait deux fois par jour ; on cure les étables deux fois par ſemaine; on met les alimens dans des rateliers placés au-deſſus des mangeoires, afin que rien ne ſe perde. On a des fenêtres & des ventouſes pour aërer, quand on le croit néceſſaire. Si l'uſage pouvoit s'introduire d'étriller ou broſſer les vaches, de nétoyer les étables une fois de plus par ſemaine, de donner plus d'étendue & de hauteur aux vacheries, d'ouvrir chaque jour les fenêtres, même en Hiver, pendant que les vaches vont boire, pour les refermer à leur retour, de cultiver pour elles des pommes de terre, qui réuſſiroient, ou d'augmenter la culture des raves ou des choux, qui eſt aſſurée, je ſuis convaincu que le pays, quelque peu propre qu'il ait paru long-tems à la multiplication des vaches, en verroit encore augmenter le nombre à ſon grand avantage, puiſque l'engrais qu'elles procurent eſt celui qui lui convient le mieux.

Vaches qui ne ſortent de l'étable que quelques heures, certains jours d'Été.

Le dernier exemple que j'aie à rapporter eſt celui du genre de vie qu'on fait mener aux vaches des pauvres gens, qui n'en ont qu'une, dans les pays où il n'y a ni bois ni pâturages; mais où les deux tiers des terres au moins ſont habituellement enſemencées en grains.

On donne à la vache chaque jour, pendant cinq mois, à commencer de la Touſſaints juſqu'à la fin de Mars, en différentes fois, une botte de paille d'avoine du poids de 14 à 15 livres, trois livres de ſon, moitié le matin & moitié le ſoir, & ſix livres de bâles de froment ou d'autres grains, en pluſieurs repas, & quelques poignées de veſce fanée, mêlée avec la paille, pendant qu'on la trait. A la fin d'Avril, époque où on commence à voir de l'herbe dans les fromens, les propriétaires de vaches en font cueillir. Ce ſoin regarde les femmes & les enfans. Quand il eſt défendu de cueillir de l'herbe dans les fromens, déjà trop forts pour qu'on puiſſe les fouler impunément, on va en cueillir dans les grains de Mars. La recherche des plantes nuiſibles aux récoltes, & ce qu'on peut trouver le long des chemins, fourniſſent pendant trois mois & demi environ trois charges d'herbe par jour, chacune du poids de 25 à 30 livres. Lorſqu'on en trouve plus que la conſommation de la vache, on fait faner le ſurplus pour une autre ſaiſon. De la récolte au tems où l'on bat les grains pour fournir des pailles, la vache mange de la veſce cueillie en vert & ſéchée, & ce qu'on trouve d'herbe dans les champs qu'on moiffonne. On la fait boire deux fois par jour ; on la nétoie feulement tous les huit jours, & on ne la fort, dans beaucoup d'endroits, que les jours de fêtes, pour la faire paître le long des chemins, fur les foffés & dans les endroits incultes, s'il y en a.

On peut reprocher aux propriétaires de ces vaches, de leur refufer de l'air, en les tenant pendant la majeure partie de l'année, enfermées dans des étables trop chaudes, & fouvent fans fenêtres. Le préjugé calcule toujours mal. Il eft vrai qu'une vache dans une étable chaude a plus de lait que fi elle étoit expofée au froid. Mais, pour un peu de lait de plus, faut-il rifquer de perdre la bête, qui meurt étouffée très-fréquemment ? Déjà cependant des fermiers inftruits s'occupent à éclairer les pauvres gens. Il faudra du tems pour y parvenir. Mais à la fin les lumières l'emporteront.

Curieux de favoir fi un payfan avoit de l'avantage à nourrir une vache dans les pays où il n'y a pas de pâture commune, quand il ne poffède ni à titre de propriété, ni à titre de loyer, aucune portion de terre, & qu'il eft obligé de tout acheter, voici le calcul que j'ai fait, & fes réfultats.

	liv.	fols.
Il faut cent cinquante bottes de paille d'avoine, du poids de 14 à 15 liv., à raifon de 17 liv. 10 f. le cent....................	26	5
Pendant trois mois & demi, trois charges d'herbe par jour, du poids de 25 à 30 liv. chacune, à 2 fols la charge.............	31	10
Deux mefures de fon ou un demi-boiffeau par jour pendant fix mois, à 4 f. la mefure ; & à 4 l. 10 f. le fetier................	36	
De la vefce fanée pour........	20	
Quinze fetiers de bâles de grains, à 6 f. le fetier...............	4	10
Sel pour faler les fromages, à 2 f. la liv., coquerettes pour le beurre.	4	
La vache ayant coûté 150 liv., il faut en eftimer l'intérêt, qui eft de 7 liv. 10 f..................	7	10
On l'achète à deux ans, & on la vend a dix, ou on la pe_d ; fi on la perdoit au bout de ce tems, il devroit rentrer en produit de plus pour le fond par an 18 liv. mais comme il eft poffible qu'on la vende plus de la moitié de ce qu'elle a coûté, je mets pour ces événemens éventuels 9 l. 5 f.	9	5

139

Je fuppofe que la vache donne tous les ans un veau, qu'on vend à 1. quatre femaines 21 liv........ 21	
Pendant fix mois trois livres & demie de beurre par femaine, ce qui fait 84 liv. par an. La vache qui fait l'objet de ce calcul, eft une vache de taille commune ; car une petite vache comme les vaches Bretonnes, n'eft cenfée fournir par an que 50 liv. de beurre. J'eftime le beurre à 12 f. la livre........................ 54	150 liv.
Pendant fix mois dix fromages par mois, à 10 f............... 30	
De quoi fumer un arpent & demi de terre à 30 liv. par arpent.. 45.	

Produit......................	150 liv.
Dépenfe.....................	139.
Refte net....................	11.

D'après ces calculs, qui font très-exacts, on voit qu'un payfan, dans la pofition fuppofée, n'a pas d'avantage à nourrir une vache, puifque fes foins avec onze livres de produit net ne font pas payés. Mais cette pofition eft la plus défavorable de toutes ; car il doit acheter tout ce que confomme fa vache. Si fa femme ou fes enfans font en état d'aller à l'herbe, ils gagnent eux-mêmes les 31 liv. 10 fols, prix des charges d'herbe pendant trois mois & demi. La femme foigne la vache, & le mari n'interrompt pas fes travaux lucratifs. Lorfque le payfan eft locataire de terres, la vache confomme fa paille, les bâles de fon grain, & fes champs fourniffent à tous les affouragemens. Il a befoin de fa vache pour avoir des engrais, qu'il lui feroit impoffible de fe procurer autrement. La vache eft néceffaire aux terres pour qu'elles produifent du grain, comme les terres font néceffaires à la vache pour la nourrir. Le payfan locataire n'a à défalquer fur le profit de la vache, que l'intérêt du prix qu'elle lui a coûté, & une portion de la location des terres, dont la majeure partie du produit eft en grains qu'il vend, ou qui fert à le nourrir. Le payfan propriétaire de terres, n'avance que l'intérêt du prix de fa vache. Cette fomme prélevée, tout ce qu'il en retire eft à fon profit. Quatre arpens & demi de terres, de cent perches, à vingt-deux pieds la perche, cultivés en trois folles, dont une eft de tems en tems en jachères, fuffifent pour l'entretien d'une vache, fi on en aide le produit de ce qu'on peut cueillir d'herbe dans les grains.

Réfumé des foins & de la nourriture des Vaches.

Pour conferver aux vaches la fanté, fans laquelle elles n'auront pas de beaux veaux, ni la quantité de lait qu'on en attend, il eft utile de les broſſer & étriller, tant qu'elles reſtent renfermées. Des curages fréquens des étables, la litière ſouvent renouvellée, les mangeoires nétoyées chaque fois qu'on apporte de la nourriture, les repas répétés avec des intervalles de repos, pour laiſſer aux animaux le tems de ruminer. *Voyez* RUMINATION, les vaiſſeaux dont on ſe ſert, toujours tenus proprement, les portes, les ventouſes & les fenêtres habituellement ouvertes en Été, ſaiſon où on doit les couvrir d'un canevas à cauſe des mouches, & ouvertes au moins quelques inſtans dans les jours froids, voilà les principaux ſoins qu'exigent les vaches dans les vacheries. Il eſt bon auſſi d'y établir, au-deſſus des mangeoires, des rateliers pour recevoir les fourrages. Quand on conduit ces animaux ou à la montagne, ou aux champs, ou dans les bois, il ne faut point preſſer leur marche, ſoit en allant, ſoit en revenant, & ne leur point faire ſauter de foſſés ni de haies; on leur évitera, s'il eſt poſſible, les gelées blanches, les ouragans, la neige & la grêle. On doit regarder les pailles qu'on leur donnera comme un aliment forcé par la diſette d'une autre nourriture. Tout l'art du propriétaire ſera de chercher à leur procurer le plus long-tems poſſible de l'herbe verte ou ſanée, chacun cultivant ce que ſon pays comportera. Ayez du fourrage vert de bonne heure au Printems, ayez-en en Été, & le plus long-tems poſſible en Automne; & réſervez pour l'Hiver des racines, feuilles ou fruits aqueux, capables de tempérer les effets des pailles ſèches, avec ces moyens, vos vaches ſeront bien ſoignées.

On fait ſervir les vaches à la charrue & même à la voiture. Mais il faut que les terres ſoient légères & qu'on charge peu la voiture, car les vaches ne ſont pas fortes. On attelle par attellement deux bêtes qui ſont de la même taille & de la même force, afin de conſerver l'égalité du tirage. Il eſt néceſſaire de ne point exiger trop des vaches de ceſſer de les employer à ce travail quelque tems avant qu'elles vèlent & quelque tems après, & de les bien nourrir.

Tout ce que j'ai dit juſqu'ici ſur les vaches prouve que, pour en tirer le plus grand parti il faut de l'attention & un certain ordre de connoiſſances. Les ſoins particuliers & de détail ſont confiés à des femmes dans la majeure partie des fermes & métairies de France. Dans les grandes vacheries ce ſont des hommes qui les ſoignent. Je crois que les fermiers dont les femmes partagent la ſurveillance, & auxquelles eſt donné le département des vaches, doivent ne pas perdre de vue cet objet d'économie. Indépendamment de ce que beaucoup de fermières, ſuſceptibles de préjugés, de routine ou d'une ſorte de vanité mal-entendue, gouvernent mal les vaches, ou leur donnent à contre-tems des alimens qui les incommodent, ou ſont trop au-deſſus du produit qu'on en retire, c'eſt au fermier à ſe charger du choix & de

l'achat de ces animaux, de la culture des plantes qui leur conviennent; c'eſt à lui à en preſcrire la quantité, à veiller ſur la tenue des étables, ſur la ſanté des vaches; c'eſt à lui enfin à ſavoir quand il faut les renouveller & à donner les ordres pour que le ſervices des étables & la conduite au pâturage ſe faſſent exactement & convenablement.

Des Bœufs.

Il n'appartient qu'à M. de Buffon de bien louer les qualités & l'utilité du bœuf. Voici comme cet éloquent Écrivain s'exprime:

« Sans le bœuf les pauvres & les riches auroient beaucoup de peine à vivre, la terre demeureroit inculte, les champs & même les jardins ſeroient ſecs & ſtériles; c'eſt ſur lui que roulent tous les travaux de la campagne; il eſt le domeſtique le plus utile de la ferme, le ſoutien du ménage champêtre, il fait toute la force de l'agriculture; autrefois il faiſoit toute la richeſſe des hommes, & aujourd'hui il eſt encore la baſe de l'opulence des Etats, qui ne peuvent ſe ſoutenir & fleurir que par la culture des terres & par l'abondance du bétail, puiſque ce ſont les ſeuls biens réels, tous les autres, & même l'or & l'argent n'étant que des biens arbitraires, des repréſentations, des monnoies de crédit, qui n'ont de valeur qu'autant que le produit de la terre leur en donne.

« Le bœuf ne convient pas autant que le cheval, l'âne, le chameau, &c. pour porter des fardeaux; la forme de ſon dos & de ſes reins le démontre; mais la groſſeur de ſon cou & la largeur de ſes épaules indiquent aſſez qu'il eſt propre à tirer & à porter le joug, c'eſt auſſi de cette manière qu'il tire le plus avantageuſement, & il eſt ſingulier que cet uſage ne ſoit pas général, & que, dans des provinces entières, on l'oblige à tirer des cornes. » *Voyez* le mot ACCOUPLEMENT.

Couleur du poil des Bœufs.

La couleur du poil des bœufs varie comme celle du poil des vaches. Il y en a de noirs, de bruns, de bais plus ou moins foncés, de blancs, & de pies; ſoit de blanc & de noir, ſoit de blanc & de brun. On fait cas des bœufs à poil noir; on prétend que ceux qui ont le poil bai durent long-tems, que les bruns durent moins & ſe rebutent bientôt; que les gris, les pommelés ou pies & les blancs ne valent rien pour le travail, & ne ſont propres qu'à être engraiſſés. De quelque poil que ſoit un bœuf, ce poil eſt luiſant, doux & épais quand l'animal ſe porte bien; s'il eſt hériſſé, ſombre & rude, l'animal eſt malade.

Taille des Bœufs.

La taille des bœufs dépend de la race dont
ils ſont,

font, du climat qu'ils habitent & des pâturages qui les nourriffent. Des taureaux & des vaches de belle taille produifent des veaux capables de faire de beaux bœufs. Les climats tempérés conviennent le mieux pour élever de grandes races. Le froid extrême & l'exceffive chaleur ne leur font pas favorables. Les bœufs nés en Ruffie, & ceux de Barbarie font plus petits que ceux de France. Les plus grands de tous font ceux de Danemarck, de la Podolie, de l'Ukraine & de la Tartarie habitée par les Calmouques, parce que ces pays ont de gras pâturages. Les grands bœufs qu'on voit à Pétersbourg & à Mofcow, viennent d'Ukraine & du pays des Calmouques. Ils vont même jufqu'à Dantzick. M. Macquare affure que ces bœufs labourent jufqu'à 25 ans, & en vivent trente.

Ceux d'Irlande, d'Angleterre, de Hollande & de Hongrie font plus grands que ceux de Perfe, de Turquie, de Grèce, d'Italie, d'Efpagne & de France. Les plus beaux bœufs de France ont quatre pieds huit pouces.

Qualités des Bœufs.

Les bœufs étant deftinés particulièrement pour la charrue, lorfqu'on en achète pour cet ufage, il faut choifir ceux qui ne font ni maigres ni gras. Les bons bœufs doivent avoir la tête courte & ramaffée, le front large, les oreilles grandes, bien velues & bien unies, les cornes fortes, luifantes & de moyenne grandeur, les yeux gros & noirs, le mufle gros & camus, les nafeaux bien ouverts, les dents blanches & égales, les lèvres noires, le cou charnu, les épaules groffes, la poitrine large, le fanon pendant fur les genoux, les reins larges, les flancs grands, les hanches longues, la croupe épaiffe, les jambes & les cuiffes groffes nerveufes, le dos droit & plein, la queue pendante jufqu'à terre & garnie de poils touffus & fins, les pieds fermes, le cuir groffier & maniable, les mufcles élevés, l'ongle court & large. Outre ces qualités que defire dans le bœuf M. de Buffon, il doit être fenfible à l'aiguillon, obéiffant à la voix & bien dreffé. On remarque que le bœuf, qui mange lentement, dure plus long-tems & réfifte mieux au travail. On connoît l'âge des bœufs à leurs dents & à leurs cornes. *Voyez* AGE DES ANIMAUX.

Manières de dreffer les Bœufs.

Lorfqu'on achète des bœufs pour les faire travailler, il faut s'informer de quel pays ils viennent. On croit que les Montagnards font moins lourds, moins pareffeux, plus forts & plus aifés à nourrir, que ceux, qui ont été élevés dans des vallées. Si on les tire d'un pays, où la qualité & l'abondance des pâturages diffèrent de celles des lieux, où on les introduit, on doit les y accoutumer par degrés & fuppléer par d'autres alimens convenables à ce que les pâturages ne fourniffent pas. Il eft prudent d'acheter des bœufs dans le voifinage, parce qu'on les connoît mieux & que le climat eft le même. On les fera peu travailler d'abord, jufqu'à ce qu'ils foient faits au pays & à la nourriture. On accoutume les jeunes bœufs au travail en prenant des précautions. Comme l'Arabe prépare de loin l'éducation de fes chevaux, il faut manier & lier fouvent les cornes des jeunes taureaux, dont on veut faire des bœufs, leur paffer la main fur le dos, leur lever les pieds. Ils feront plus faciles à foumettre au joug, à fe laiffer conduire & ferrer. Dans les pays montueux & pierreux, ils fe blefferoient continuellement les pieds, fi on ne les ferroit. Les taureaux étant coupés, on renouvellera les mêmes attentions. Jamais on n'emploiera la force, ni les mauvais traitemens, qui ne ferviroient qu'à les rebuter & à les rendre méchans. J'ai vu, en Berry, des domaines, où les bœufs étoient doux & dociles; j'en ai vu d'autres où ils étoient difficiles & dangereux. Il m'a été prouvé que cette différence tenoit de leur éducation. On peut faire la même remarque à l'égard des vaches. Celles de Suiffe, qui font toujours environnées d'hommes doux, qui les foignent & ne les traitent point avec dureté, ont un caractère de douceur, qu'on ne trouve pas dans les vaches de France; on ne voit celles-ci que pour les traire & leur donner à manger. La douceur, les careffes, des alimens qui leur foient agréables, tels que l'orge bouillie, les fèves concaffées, &c. mêlés de fel, font les moyens, qui réuffiffent toujours.

On foumet au joug le jeune bœuf, avec un bœuf de même taille, tout dreffé, à côté duquel on le fait manger, afin qu'ils fe connoiffent, & qu'ils s'habituent à n'avoir que des mouvemens communs. Pendant quelques jours on ne leur fait rien traîner; enfuite on attache au joug le timon & la chaîne pour faire du bruit, puis, trois ou quatre jours après des pièces de bois; enfin on les attelle à la charrue.

On prend des précautions femblables pour accoutumer les vaches ou les jeunes taureaux au travail dans les pays, où on les emploie à cet ufage. Les vaches, plus douces, caufent moins de peine.

On ne fait travailler un jeune bœuf que peu-à-peu & par reprifes. Un animal, qui n'eft pas dreffé, fe fatigue beaucoup. Il faut le ménager & le nourrir plus largement quand il travaille.

Si, malgré ces précautions, le bœuf eft difficile à retenir, s'il eft impétueux, s'il donne du pied ou frappe de fes cornes, pour le corriger on l'attache bien ferme à l'étable & on le laiffe jeûner quelque tems. Lorfqu'il n'eft que peureux, cet inconvénient eft peu de chofe; l'âge & le travail le diminuent. Dans le cas où il feroit furieux, il faudroit l'atteler, au milieu d'autres bœufs, à une charrette bien chargée, & le piquer souvent de l'aiguillon. On conseille encore de lui lier les quatre jambes pour le terrasser, & de ne lui donner que peu à manger.

M. Vaillant, dans son voyage d'Afrique, rapporte sur les Bêtes à cornes quelques particularités, qui m'ont paru mériter d'avoir place ici, d'autant plus qu'elles tiennnent à l'éducation de ses animaux.

Chez les Hottentots, on élève les bœufs pour transporter les bagages. Pour en faire des bêtes de somme, il faut les manier & les fliler de bonne heure. Lorsqu'un bœuf est jeune encore, on perce la cloison, qui sépare ses deux narines ; on y passe un bâton de huit à dix pouces de longueur, sur un pouce de diamètre. Pour fixer ce bâton & l'empêcher de sortir, une courroie attachée aux deux bouts l'assujétit ; on lui laisse jusqu'à la mort ce frein, qui sert à l'arrêter & le contenir. Lorsque le bœuf a acquis toutes ses forces, on commence par l'habituer à une sangle de cuir, que de tems en tems on resserre plus fortement sans qu'il en soit incommodé ; on l'amène au point que tout autre animal envers qui on n'auroit pas pris cette précaution, seroit étouffé & périroit. On charge le jeune bœuf de quelques fardeaux légers, comme de peaux, de nattes, &c. On augmente insensiblement la charge par degrés & on parvient à lui faire porter & à fixer sur son dos jusqu'à 300 livres pesant & davantage.

Souvent le bœuf sert de monture au Hottentot, qui ne connoît pas le cheval. Le Hollandois Colon le monte aussi quelquefois. Le mouvement du bœuf est très-doux, sur-tout quand il trotte ; M. Vaillant en a vu, qui dressés particulièrement à l'équitation ne le cédoient point pour la vitesse au cheval le plus leste.

M. Vaillant, en entrant dans la Caffrerie, fut étonné d'y voir les bœufs avec des cornes divisées comme des bois de cerf ou semblables à des Lithophytes. Il a découvert que ces divisions dépendoient de procédés qu'emploient les Caffres par goût. L'animal étant dans l'âge le plus tendre dès que ses cornes commencent à se montrer, les Caffres leur donnent verticalement un petit trait de scie ou les partagent en deux avec un autre instrument. Cette première division s'isole d'elle-même, en sorte qu'avec le tems, l'animal a quatre cornes très-distinctes. Si l'on veut qu'il y en ait un plus grand nombre, le trait de scie croisé plusieurs fois en produit autant qu'on en désire. Chaque corne forme un cercle parfait, quand on en élève une petite épaisseur à côté de la pointe & qu'on renouvelle de tems en tems cette amputation, elle se courbe de plus en plus & la pointe vient joindre la racine.

Un Officier François, qui a voyagé plusieurs fois dans l'Inde en allant par terre d'Egypte à la côte de Coromandel, assure que les Indiens

empêchent aux bœufs d'avoir des cornes en faisant dans un tems convenable une petite incision, à l'endroit de la tête, où elles devroient paroître & en y appliquant le feu. Il croit que, dans certains cantons, il y a des bœufs sans cornes. Nous savons qu'en Angleterre il y en a aussi. M. Arthur Young, célèbre Agriculteur anglois, en a engraissés de cette espèce.

Le bœuf ne doit travailler que depuis trois jusqu'à dix ans. A cet âge on l'engraisse pour les boucheries.

On attèle les bœufs toujours parallélement à une charrue ou à une charrette, soit en leur passant une bricole avec un petit collier, pour les faire tirer du poitrail, comme les chevaux, soit en fixant leur tête sous un joug. On appelle *joug* une pièce de bois, qui se pose sur la *tête* de deux bœufs. Elle est creusée à son milieu pour ne pas géner la base de la corne droite de l'un & celle de la corne gauche de l'autre ; on met un tampon de paille, sur la tête de chaque bœuf, afin que le joug ne le blesse pas, & on l'assujettit avec de grandes courroies, dont on entoure les cornes. Le bouvier a soin que le joug soit fixé solidement, parce que le tirage se feroit mal & les bœufs fatigueroient davantage. Les jougs se font d'orme ou de hêtre ou de frêne bien secs. On en vend dans les marchés & dans les foires. Il faut les essayer, parce qu'ils doivent être conformes à la tête des paires de bœufs. Il seroit mieux de les faire faire exprès, en prenant mesure sur les animaux. On en a toujours en réserve dans les métairies bien conduites. Le bouvier, au retour des champs place ses jougs à l'abri de la pluie & du soleil.

Au Printems, en Hiver & en Automne, on met les bœufs à la charrue à neuf heures du matin jusqu'à cinq heures de l'après-midi. Ils passent le reste du tems à manger & à ruminer au pâturage ou à l'étable.

En Eté, ils commencent à travailler à la pointe du jour jusqu'à neuf heures du matin & retournent l'après-midi à deux heures pour revenir après le soleil couché. Il me semble qu'ils ne devroient retourner qu'à quatre heures dans les grandes chaleurs, parce que de deux heures à quatre, ils peuvent souffrir beaucoup. Quelquefois il vaudroit mieux ne les pas mener aux champs de l'après-midi. On feroit bien dédommagé de la privation de leur travail pendant quelques jours, par l'avantage qui résulteroit de leur conservation. J'ai peine à dire que j'ai vu des cultivateurs qui faisoient, dans de grandes chaleurs, travailler leurs bœufs depuis neuf heures jusqu'à quatre ou cinq heures du soir, tandis que c'étoit pendant ces heures que ces jours-là on ne devoit pas les mettre à la charrue. Cette inattention & cet entêtement a coûté cher à plusieurs.

Pour se procurer des bœufs de travail, ordinairement on les élève ou on les achète, & on les nourrit toute l'année, soit en les envoyant à des pâturages, d'où on les ramène à volonté, soit en leur donnant des alimens à l'étable. En Italie, dans les environs de Rome, les cultivateurs ne gardent point de bœufs chez eux, ou ils n'en gardent pas la quantité dont ils auroient besoin dans certaines saisons ; mais ils en trouvent à louer aux époques du labour & des récoltes. Suivant M. Dupaty, dans ses lettres sur l'Italie, tome 2, page 79, des particuliers se rendent dans une place publique, avec cent, deux cens, trois cens paires de bœufs (ces bœufs ne seroient-ils pas des bufles ?) Les propriétaires de terres en louent un certain nombre, & les conduisent sur leurs possessions, souvent à huit ou dix milles de Rome ; alors, dans l'espace d'une seule journée, on exécute toute l'opération de la saison. En un jour on laboure, en un jour on seme, on moissonne & on emporte les récoltes en un jour. M. Dupaty, ne citant ce fait que par occasion, n'en dit pas davantage ; il y a lieu de croire que ces bœufs font partie de ces nombreux troupeaux de bufles, qui paissent habituellement dans les marais pontins, où ils retournent quand on ne les emploie plus. Peut-être les terres que ces animaux labourent font-elles, comme on en trouve en France, dans quelques endroits, de nature à ne pouvoir être labourées qu'à une époque, dans une circonstance qu'il faut saisir ? Peut-être aussi est-il nécessaire de les ensemencer & de les récolter promptement dans la crainte que le tems ne continue pas à être favorable ?

Les Isles de la Camargne, en Provence, formées par les lits multipliés du Rhône, vers son embouchure, font des terres basses, marécageuses, plus ou moins fertiles. Leur culture étant difficile, il faut une grande quantité de bœufs, qui coûteroient beaucoup, si on vouloit les entretenir dans les étables ; mais ces soins & ces frais font inutiles ; car les marais nourrissent toute l'année beaucoup de bêtes à cornes, qu'on peut regarder comme sauvages. quoiqu'on s'occupent cependant à les multiplier. C'est une espèce ou plutôt une race à part, qui se soutient & dépend de la nature du pâturage. Une épizootie en 1745, en détruisit totalement la race ; on la remplaça par des bêtes à cornes d'Auvergne, qui ne tarderent pas à reproduire l'espèce qu'on avoit perdue ; ces animaux font tout noirs ; ils tiennent du bufle, par la forme basse & étendue de leur ventre, par leur air farouche & menaçant, & par de grandes cornes, en croissant, parfait & dont les pointes se rapprochent ; forme qui est due au soin qu'on prend de choisir les taureaux, ainsi coëffés, pour pouvoir les manier & les saisir plus aisément. Ils

font très-agiles à la course. Un cuir épais les met à l'abri des piquûres des insectes.

Les bœufs de la Camargne n'entrent jamais dans les étables. Des gardiens à cheval, qu'on nomme *boutiers*, armés d'un trident, les rassemblent, les mènent aux champs pour labourer & les en ramènent de la même manière en troupes ; s'il survient par hasard de la neige & de grands froids, on les conduit dans une grande cour appellée *buau* à portée des marais. Cette cour est formée de fagots soutenus par des pieux, arrangés en forme de muraille ; là, on leur donne un peu de foin, seulement dans ce tems.

Les vaches, destinées à renouveller les troupeaux, font aussi libres que les bœufs ; on les garde séparément : les hommes qui ont ce soin, font aussi à cheval. A mesure qu'elles vêlent on conduit les veaux dans un endroit sec, à portée du marais, où l'on plante autant de piquets qu'on attend de veaux ; chacun d'eux est attaché avec une corde de chanvre tressée ; quand les mères font incommodées de leur lait, ou pressentent que leurs veaux ont besoin, elles viennent d'elles-mêmes leur donner à tetter & s'en retournent au marais.

Tous ces animaux font dangereux, les vaches comme les bœufs, sur-tout dans la partie méridionale de la Camargne, où ils ne font pas accoutumés à voir du monde ; on est souvent obligé de monter sur des arbres, d'où l'on ne descend que par le secours des gardiens. Les momens les plus critiques font, 1.° ceux où l'on veut les marquer, afin qu'ils ne se mêlent pas dans les marais & que chacun puisse retrouver les siens ; 2.° ceux où l'on cherche à les dompter pour les mettre la première fois à la charrue ; & 3.° ceux où on les conduit aux boucheries & où on les tue.

L'adresse, le courage & la ruse font employés pour disposer de ces animaux, quand il s'agit de les marquer, opération qu'on appelle *ferrade*. On forme avec des charrettes & des voitures un demi-cercle, au centre duquel on allume un grand feu pour faire rougir les fers, propres à marquer. Deux hommes seuls y restent, l'un pour abattre l'animal, l'autre pour le marquer. Les *boutiers* ou gardiens amènent leur troupeau entier de bœufs & de vaches à la tête du champ, où est l'enceinte. Un gardien s'avance parmi ces animaux, & d'un coup de trident lancé & force celui qu'il veut faire sortir de la troupe, pour le faire arriver à l'enceinte que l'animal craint ; alors un grand nombre de cavaliers se mettent à sa poursuite & lui ôtent les moyens de rejoindre les autres ; malgré lui il est contraint d'aller du côté du feu. Des deux hommes, qui s'y trouvent & qui font couchés par terre, l'un se relève, saisit le bœuf par la queue, & d'un coup de pied dans le jarret, le renverse ; l'autre sur-le-champ, prend le fer rouge & l'applique sur le gros de la cuisse de l'animal ; celui-ci se relève furieux. Bientôt les deux hommes se sont jettés à terre, les bras étendus ; le bœuf court sur eux, les flaire & les voyant sans mouvemens, ne leur fait aucun mal. Dans l'instant la foule des spectateurs, qui assistent toujours en grand nombre à cette opération, fait de grands cris, qui l'engagent à fuir ; le troupeau n'est pas loin, cet animal va le joindre. On continue le même exercice, tant qu'il y a des animaux à marquer.

L'art de dompter ces bœufs pour les soumettre au joug, n'exige pas moins de précautions & d'intelligence ; pour y parvenir, on place aux charrues des jougs particuliers, semblables à ceux des Romains, & qui portent sur le col. Ils sont préparés pour recevoir trois bœufs, un d'un côté & deux de l'autre ; du côté où il n'y a qu'une place, on met un vieux bœuf appercevant, sage & docile, pour réprimer la fougue de celui qu'on veut dompter ; on l'appelle le *domptaire* ; de l'autre côté du joug & loin du timon, on met encore un vieux bœuf sûr & tranquille, & on laisse la place la plus voisine du timon pour le jeune bœuf, qui doit se trouver contenu par deux vieux.

Lorsque le troupeau est arrivé du marais, le bœuf domptaire se présente seul au joug, au signal du gardien. Aussi-tôt on lance le jeune bœuf avec le trident ; il vague, il court, se fait chasser, attaque un des cavaliers, qui lui présente son trident, appliqué sur sa cuisse ; le bœuf se sentant piqué prend la fuite. Alors le cavalier le poursuit, le frappe sur la croupe. Si le bœuf attaque un homme à pied, celui-ci se jette ventre à terre. On force le bœuf à s'approcher de la charrue, où les plus adroits le saisissent par la queue ou par les cornes ; on le place sous le joug, on lui met le collier, qui est un morceau de bois plié en demi-cercle, & qui entrant par deux trous dans le joug, y est arrêté supérieurement par deux chevilles. Pour se mettre à l'abri des mouvemens & des coups imprévus du jeune bœuf, le laboureur se place du côté du domptaire, & attache le joug en opérant par-dessus le col de ce dernier. L'animal étant une fois attaché, on ôte celui des deux vieux bœufs, qui étoit du même côté & loin du timon, pour ne laisser que le jeune bœuf & le domptaire, on a soin de relever le soc de la charrue, afin qu'il ne se brise pas, un coup d'aiguillon, où l'impatience fait prendre la course au jeune bœuf ; le domptaire le suit du même train. On les laisse aller ainsi deux ou trois cens pas. Alors le laboureur parle au domptaire, qui sur-le-champ se roidit sur ses jarrets, & pliant son cou sur l'autre, l'arrête en un clin-d'œil sans qu'il puisse remuer. On recommence à les faire courir ; & on les arrête

avec un mot dit au domptaire, jusqu'à ce que le jeune bœuf, épuisé de sueur & de fatigue, permette qu'on mette le soc dans la terre. Par ce moyen, on lui apprend à tirer. Deux ou trois jours de labour suffisent pour accoutumer ces animaux à la charrue. Les jeunes bœufs, quand on les détèle, sont encore à craindre. A ce moment, on place à vingt pas d'eux un bâton avec un haillon, & l'on amène le troupeau de bœufs à cent pas de lui. Le laboureur se servant encore du rempart de son vieux bœuf, détache le jeune, & se jette par terre ; l'animal court au haillon, qu'il fait voler en l'air ; revenu à lui, il gagne aussi-tôt le troupeau.

Les Italiens & les Corses, pour avoir leurs bœufs qui errent dans les forêts, les courent montés sur de petits chevaux, & leur jettent adroitement une corde qui les saisit par les cornes ; lorsque le labourage est fini, l'animal reprend sa liberté & retourne dans les bois.

Les vieux bœufs de la Camargne se vendent aux bouchers ; leur chair en est toujours dure, rouge & filandreuse, & jamais bonne. Elle est moins mauvaise en Eté, parce que ces animaux se reposent ; & se sont nourris au printems de bonne herbe. Le peuple cependant mange, parce qu'elle est à bon marché.

Pour éviter les dangers ; on ne les conduit que la nuit dans les villes où ils doivent être tués encore envoie-t-on en avant des hommes à cheval, qui écartent & avertissent les voyageurs ; d'autres conducteurs sont sur les ailes & sur les derrières, armés de tridents, afin qu'aucun ne s'écarte du troupeau. On les fait entrer dans une étable communiquant à la cour de la boucherie, par une porte à deux battans. Pour les saisir, on entr'ouvre cette porte ; un homme tâche de jetter un nœud coulant aux cornes du premier bœuf qui se présente ; souvent l'on jette à terre un haillon noir qu'il vient flairer, & c'est dans ce moment qu'on le saisit. Ce nœud est à l'extrémité d'une corde attachée à un fort pieu au milieu de la cour ; alors on ouvre tout-à-fait la porte pour laisser sortir l'animal, qu'on force de tourner autour du piquet jusqu'à ce que la corde entièrement roulée lui fixe la tête. On le *cote*, c'est-à-dire, qu'on enfonce un stilet tranchant des deux côtés dans la jonction des vertèbres du col au crâne ; l'animal tombe roide, & on le saigne sur-le-champ.

Dans les villes de Tarascon, Beaucaire, Arles & Avignon, où l'on mange journellement de ces bœufs, on est persuadé que, pour en attendrir la chair, il faut les faire courir avant que de les tuer. On les fait sortir l'un après l'autre de la boucherie pour les fatiguer, & on les livre au peuple, qui s'acquitte volontiers de cette commission, quelquefois dangereuse.

M. le Président de la Tour-d'Aigues, dont

j'ai extrait ce qui concerne les bœufs de la Camargne, entre encore dans quelques détails sur les amusemens que prend le peuple à laſſer les bœufs qu'on veut tuer. Je crois que ce qui précède ſuffit pour donner une idée de la manière dont vivent ces animaux, de l'uſage qu'on en fait & des précautions à prendre pour en tirer parti. Le Mémoire de M. le Préſident de la Tour-d'Aigues eſt dans le Trimeſtre d'Eté des Mémoires de la Société d'Agriculture de Paris, année 1787.

Des ſoins qu'on doit avoir des Bœufs, & de leur Nourriture.

L'homme qui ſoigne & conduit les bœufs ſe nomme *Bouvier*. Dans les domaines & métairies où il y en a un certain nombre, pluſieurs valets ſont employés à les conduire. Le principal eſt le bouvier ou le laboureur; les autres lui ſont ſubordonnés & partagent avec lui le ſoin des animaux. Un bon bouvier doit être fort, vigoureux, adroit, patient & doux.

La marche & l'allure naturelle des bœufs eſt lente. Il convient de ne point chercher à l'accélérer. Il ſuffit de la rendre conſtante & régulière. Ainſi le Bouvier, ſoit en allant aux champs ou en revenant, ſoit en labourant ou en faiſant tirer une voiture, ne doit pas mener ſes bœufs plus vîte que leur pas ordinaire, ſur-tout quand il fait chaud. Dans les endroits difficiles à paſſer ou à labourer, lorſqu'ils ſont prêts à faire un effort, lorſqu'ils viennent de le faire, on leur laiſſe un moment pour prendre haleine. On ſe ſert pour les faire aller de l'aiguillon. *Voyez* ce mot. Chaque bœuf a ſon nom; le Bouvier en le nommant ſe fait entendre de lui; quand il eſt bien dreſſé, & auſſi actif qu'il peut l'être, le ſon de la voix du Bouvier ſuffit pour diriger ſes mouvemens. On ne doit pas faire traîner aux bœufs des fardeaux au-deſſus de leur force. Si une ou deux paires ſont inſuffiſantes, on en attelera trois ou quatre, ſelon le beſoin. Les défrichemens & les premiers labours en exigent plus que les terres déjà en culture & les derniers labours. Le Bouvier prend garde que ſes bœufs ne ſe bleſſent, ne ſoient piqués par des taons & autres inſectes qui les tourmentent, & veille à leur conſervation pour les intérêts de ſon maître.

On conſeille beaucoup de moyens pour écarter des bœufs les mouches qui les tourmentent aux champs. Les uns diſent qu'il faut les frotter avec une décoction de baies de lauriers; d'autres qu'il faut placer ſur leur corps des branches de noyer, des tiges de curage ou perſicaire brûlante; d'autres indiquent d'autres préſervatifs. Il y a des cantons où on les couvre, même aux champs, d'une grande toile. Ce moyen me paroît le meilleur.

Si c'eſt dans la ſaiſon où le Bouvier fait travailler ſes bœufs le matin & le ſoir, dès qu'il eſt de retour de la première attelée, il leur donne de la nourriture, & les fait boire. Dans les grandes chaleurs, il leur préſente de tems en tems des ſceaux d'eau acidulée de vinaigre, & quelquefois nitrée, ou de l'eau dans laquelle on délaie du ſon. Ces moyens ſont propres à calmer l'efferveſcence du ſang & à prévenir les maladies inflammatoires & putrides, auxquelles les bœufs ſont ſujets. Il eſt ſalutaire de les bouchonner, quand ils arrivent à l'étable, couverts de pouſſière & de ſueur. Dans ce cas, on ne les expoſe point à un courant d'air qui puiſſe trop les refroidir. On leur lève les pieds pour en ôter les épines ou les pierres qui les feroient boiter. Le retour du ſoir doit être ſuivi des mêmes attentions. On garnit les rateliers pour la nuit, on fait de bonne litière, ſi on en eſt bien pourvu.

Dès le matin, le Bouvier, attentif & ſoigneux, étrille, peigne & bouchonne ſes bœufs; il leur lave les yeux, il leur donne de la nourriture, il les conduit, après qu'ils ont mangé, à l'abreuvoir, & examine leurs pieds dans les pays où on les ferre.

De tems en tems il faut voir ſi les jougs, les courroies & les paillaſſons ſont en bon état, & enlever les litières qu'il ſeroit à deſirer qu'on ne laiſſât pas d'un jour à l'autre dans les étables. En les y laiſſant ſéjourner, il s'en élève une chaleur humide, mal-ſaine; les cornes des pieds des bœufs ſe ramolliſſent & déterminent des maux à leurs pieds.

Le froid n'eſt dangereux pour les bœufs, que quand ils ont chaud. Excepté dans ces cas, on ne doit pas craindre qu'ils aient froid dans les étables. Cette vérité a bien de la peine à percer. On ſeroit excuſable de vouloir qu'une vache fût chaudement pour en obtenir plus de lait, ſi on ſe contentoit d'une chaleur modérée, & ſi on renouvelloit tous les jours au moins une fois l'air qu'elle reſpire. Mais le produit qu'on attend des bœufs, n'étant que du travail au-dehors pour lequel ils ne ſauroient avoir trop de force, un air frais dans les étables eſt celui qui leur convient. M. l'Abbé Rozier a vu dans une étable à bœufs le thermomètre de Réaumur monter à vingt-quatre degrés au-deſſus du terme de la glace, lorſque la température de l'air extérieur étoit de huit à dix degrés de froid. Un bœuf ſortant de cette étable devoit éprouver un changement de trente-quatre degrés, capable de ſupprimer ſa tranſpiration & de cauſer les maladies qui dépendent de cette ſuppreſſion. Je voudrois qu'on pratiquât aux étables des fenêtres qui ſeroient tenues ouvertes, même en Hiver. On ne les fermeroit dans cette ſaiſon que quand les bœufs arriveroient du travail, ayant chaud, pour les rouvrir quand ils ſeroient entièrement refroidis. On les fermeroit encore en Eté, au milieu du jour, pour r écarter les mouches, &

on les ouvriroit le foir & toute la nuit. J'indiquerai la conſtruction la plus favorable d'une
étable à bœufs au mot *Ferme*.

Le Bouvier tiendra propres les mangeoires de
ſes bœufs. Il ne donnera du grain qu'après
l'avoir criblé, & du fourrage qu'après l'avoir
époudré & débarraſſé des plantes qui peuvent
incommoder les bœufs. C'eſt à lui à régler la doſe
de ſel, lorſqu'on en donne, & à l'augmenter ou
la diminuer, ſelon les circonſtances. Il leur graiſ-
ſera de tems en tems la corne & le deſſous du
pâturon. Il ne laiſſera point entrer de volailles
dans les étables, parce que les plumes qu'elles
perdent, avalées par les bœufs avec leur fourrage, les incommoderoient.

Il ſeroit à deſirer que le Bouvier ſût ſaigner,
donner des lavemens, panſer des plaies ; j'ajouterai même qu'il faudroit qu'il connût les ſymp-
tômes des maladies & la manière de les traiter.
Malheureuſement ces connoiſſances ſont difficiles
à acquérir & au-deſſus de la capacité de la plupart des hommes livrés à la conduite des animaux. Ce qu'on pourroit ſeulement leur demander, & ce qui ne ſeroit pas hors de leur portée,
ce ſeroit d'examiner & d'avertir le maître ou
l'Artiſte vétérinaire auſſi-tôt qu'ils s'appercevroient
qu'un de leurs bœufs n'eſt pas dans ſon état
de ſanté ordinaire. Le bœuf, quand il ſe ſent
incommodé, ne rumine plus & ceſſe de manger.
Quelquefois un peu de repos & de diète ſuffi-
roient pour l'empecher de tomber malade. C'eſt
aux propriétaires des bœufs à prévenir ou à
réparer la négligence de ſes domeſtiques, en
les veillant de près & en viſitant ſes bœufs à
l'étable avant qu'ils ſortent, & à leur retour des
champs.

Quand les bœufs ne travaillent pas, ce qui
arrive pendant une grande partie de l'Hiver,
on les nourrit moins bien que quand ils travaillent.
On leur donne de la paille & du foin, quelquefois de la paille ſeule ou de froment d'Hiver
ou de grains d'Eté. S'il y a du foin de qualité inférieure, c'eſt celui-là qu'ils mangent au commencement de l'Hiver. A l'approche du printems
on leur en donne de meilleur pour les fortifier. Auſſi-tôt qu'ils travaillent, on ajoute à leur
nourriture un peu de ſon ou d'avoine. En Eté,
ils conſomment encore quelquefois du foin. Le
plus ſouvent, dans cette ſaiſon, on apporte à
leur crèche de l'herbe fraîchement coupée.

Le bœuf ne fait jamais d'excès de foin & de
paille. On croit qu'il n'eſt pas auſſi néceſſaire de
les lui régler qu'au cheval ; mais, il mangeroit
de la luzerne & du trèfle juſqu'à s'incommoder.

Les herbes des prairies naturelles & artificielles,
tant vertes que fanées, ſont les meilleurs alimens
qu'on puiſſe donner aux bœufs. On reconnoît
à la beauté des bœufs les pays abondans en
bonnes prairies. Le nombre des Pays qui ont
peu de reſſources eſt le plus conſidérable. En

certaines années où les fourrages manquent,
il faut avoir recours, pour ſubſtanter les bœufs,
à une autre nourriture. Ils mangent bien les
feuilles de la plus grande partie des arbres foreſtiers
ou de jardin, des mûriers, oliviers, &c. de
beaucoup de plantes potagères, les tiges de maïs,
de ſorgho, de ſarraſin & de ſpergule, les graines
des graminées & de ſarraſin, & les racines ou
fruits, tels que les ſcorſonères, chervis, panais,
navets, carottes, betteraves, pommes de terre,
potirons, pommes, chataignes, glands, &c. ; le
marc des huiles d'olive, de navette, de colſat,
de noix, &c. dont on fait des pains. Les émon-
dages d'arbres, les ébourgeonnages de la vigne leur
plaiſent beaucoup en vert. On peut faire ſécher
pour l'Hiver les branches d'arbres, & garder les
feuilles de vigne pour cette ſaiſon. On en décharge les ſeps les plus vigoureux vers l'époque
de la maturité du raiſin. Si on les deſſéchoit,
elles ſe briſeroient, quand on ſes donneroit aux
beſtiaux, à moins qu'on expoſât auparavant à
l'humidité la proviſion de la journée. Des propriétaires de bœufs, pour éviter cet inconvénient,
conſervent les feuilles de vigne cueillies en Automne, dans des tonneaux qu'ils rempliſſent d'eau.
Les tonneaux ne peuvent ſervir à autre choſe,
parce qu'ils contractent un goût.

Selon que les feuilles des arbres, qu'on cueille,
ont un pétiole alongé ou court, on s'y prend
différemment. On caſſe par exemple, près de la
branche la côte ou pétiole qui porte les folioles
du frêne ; on prend le bout de la branche de l'orme dans une main, on coule l'autre main le
long de cette branche vers la tige ; par ce moyen,
la branche ſe trouve toute dépouillée, &c. Cette
opération ne ſe faiſant qu'en Automne, lorſque
le mouvement de la ſève eſt ſur ſa fin, les arbres n'en repouſſent pas moins au Printems

La coupe des branches qui ſe fait au Printems, ne ſe répare pas auſſi vîte. On ne la fait
que tous les quatre ans aux arbres de rivières,
qui pouſſent plus rapidement, & tous les cinq ans
aux autres. L'ordre à ſuivre dans la coupe de
l'année, eſt de commencer par les arbres de rivière les plus hâtifs. Le bouleau, le ſycomore,
l'erable, le tilleul, le charme, l'orme, le frêne
& le chêne fourniront par gradation des émon-
dages à leur tour. On fait de ces branchages des
fagots, qu'on donne aux bœufs. Ceux d'aulne
doivent être renfermés tout de ſuite ; ils noir-
ciroient, s'ils étoient mouillés.

En expoſant la manière de ſoigner & de nourrir les bœufs de travail, j'ai ſuppoſé que, pendant
toute l'année, ils alloient de l'étable aux champs
& que des champs ils revenoient à l'étable. Mais
il y a beaucoup de pays, où il eſt d'uſage de
mettre les bœufs dans des pacages clos, à la fin
de Mai ou au commencement de Juin, & de
les y laiſſer, tant que la ſaiſon leur permet de
coucher dehors ; ils ne rentrent dans leurs éta-

tes, qu'à la Touſſaints & quelquefois plus tard, ſi les gelées ne ſont pas conſidérables ; s'ils tomboient malades au pacage, on les en retireroit pour les traiter.

Quand on a beſoin des bœufs pour les faire travailler, on va les prendre au pacage ; le travail étant fait, on les y ramène ; ils mangent, boivent & ſe couchent à leur gré. On a ſoin que, dans le pacage, il y ait une foſſe, qui contienne de l'eau & quelques arbres pour ſervir d'abri contre les ardeurs du ſoleil.

On doit reprocher au bouvier de ne pas aſſez examiner l'état, dans lequel ſont ſes bœufs, quand ils quittent le travail, pour aller au pacage ; ſouvent ils ſont en ſueur ; il vaudroit mieux alors les conduire & les retenir quelques heures à l'étable, que de les faire entrer au pacage, où ils peuvent éprouver, certains jours du Printems & de l'Automne, un froid, capable de leur cauſer des maladies.

De la manière d'engraiſſer les Bœufs.

L'âge le plus favorable, pour engraiſſer les bœufs, eſt l'âge de ſept ans. Cependant la plupart ne ſont mis à l'engrais qu'à dix ans. On les retire alors de la charrue, parce qu'ils deviennent trop lourds. Si on attendoit plus tard à les mettre à l'engrais, leur chair ne ſeroit pas ſi bonne, & ils prendroient graiſſe plus difficilement. Lorſqu'ils ſont au-deſſous de ſept ans, au lieu d'engraiſſer, ils ne prennent que de l'accroiſſement. Un voyageur illuſtre, très-inſtruit à l'Agriculture, a cru que les bœufs ne valoient rien en Suiſſe, parce qu'on les tuoit trop jeunes. Cette circonſtance peut en être une des cauſes ; mais ce n'eſt pas la ſeule. La conſtitution phyſique de l'eſpèce d'animal y influe beaucoup. J'ai remarqué que les veaux & les vaches d'eſpèce Suiſſe, nés en France & loin des montagnes n'étoient pas auſſi bons à manger que les veaux & les vaches d'eſpèce Françoiſe, tués au même âge. Les Bêtes à cornes Suiſſes m'ont paru peu ſuſceptibles d'engraiſſer, ayant les fibres fortes & ſerrées. On les croiroit graſſes, lorſqu'elles ne ſont qu'en chair ; leurs muſcles ſont gros & très-exprimés. Parmi les bœufs François, il y en a auſſi, qui ont peu de diſpoſition à engraiſſer. Mais ce n'eſt pas le plus grand nombre. Les engraiſſeurs ou les marchands, qui achetent pour vendre à des engraiſſeurs, rebutent ces bœufs, que des bouchers de campagne tuent & débitent.

Dans les pays, où les labours ſe font avec des bœufs, les fermiers ou les métaiers, tous les ans, en réforment une ou deux paires, pour les remplacer par de jeunes bœufs. Les uns, lorſqu'ils en ont la facilité, engraiſſent eux-mêmes les animaux de réforme, d'autres les vendent maigres ou à des engraiſſeurs du pays, ou à des marchands, qui les tranſportent au loin & les vendent à des herbagers. Les marchés & les foires

donnent cette commodité. Le même moyen ſert auſſi pour vendre & acheter les bœufs, qui viennent d'être engraiſſés & qu'on conduit dans les grandes Villes.

On engraiſſe les bœufs de trois manières ; ou ſeulement dans les pâturages, ce qu'on appelle *engrais* ou *graiſſe d'herbe* ; ou partie dans les pâturages, & partie à l'étable, ou ſeulement à l'étable ; cette dernière manière eſt l'engais de *poture* ou *pouture* ou *engrais au ſec*.

Engrais au ſeul pâturage.

Pour engraiſſer les bœufs, ſeulement au pâturage, il faut que l'herbe en ſoit de bonne qualité. Le Cotentin, & le pays d'Auge, en baſſe Normandie, jouiſſent ſpécialement de cet avantage. Ces cantons ſont coupés de pluſieurs rivières & de beaucoup de ruiſſeaux qui coulent entre de fertiles prairies. On donne à ces prairies le nom d'*herbages* & celui d'*herbagers* aux perſonnes, qui ſe livrent à l'engrais des bœufs.

Pour avoir des renſeignemens certains ſur la manière dont on engraiſſe les bœufs en Normandie, j'ai envoyé des queſtions, auxquelles des perſonnes éclairées, qui habitent les pays d'herbages & qui ſe ſont appliquées à l'étude de ce genre d'économie, ont bien voulu répondre. C'eſt d'après leurs réponſes que j'expoſe cette manière d'engraiſſer.

Deux ſortes de bœufs ſont engaiſſés en Normandie, ceux de la Province & ceux de pluſieurs autres Provinces de France. Les premiers s'achètent maigres ordinairement en Automne ou aux foires ou chez les laboureurs. On les met auſſi-tôt dans les herbages, où ils paſſent l'Hiver, avec le ſecours de quelques bottes de foin ſeulement, qu'on leur donne dehors, dans le plus rigoureux de la ſaiſon. On les retire cependant à l'étable, quand la terre eſt couverte de neige. Ce qu'on donne de nourriture à ces animaux eſt ſi peu de choſe, que j'ai cru devoir les ranger dans la claſſe de ceux, qui ne ſont engraiſſés que d'herbe. Le foin, qu'ils mangent eſt une production des herbages même. Les bœufs, qui ſont dans les herbages en Hiver s'appellent *bœufs d'Hiver*.

On choiſit les bœufs Normands pour les engraiſſer lorſqu'ils ont de ſept à dix ans. Leur accroiſſement eſt fait & leurs fibres ne ſont encore ni roides, ni deſſéchées. On les fait ſervir à la charrue quelques années de plus dans d'autres Provinces.

La grande habitude apprend à ceux qui achètent des bœufs maigres à connoître, s'ils ſont plus ou moins ſuſceptibles de prendre une bonne graiſſe, ils les paient en conſéquence. En général de larges côtes, une peau douce, & de groſſes veines ſont un ſigne favorable. Quelquefois cependant on y eſt trompé.

On ne met que douze bœufs en Hiver dans

un herbage, qui en Eté en engraifferoit cinquante, parce qu'ils n'y trouvent que peu d'herbe & de la vieille herbe, qui fuffit pour les entretenir, mais qui n'eft pas propre à engraiffer, comme celle du Printems.

Les bœufs d'Hiver font vendus gras dans le courant du mois de Juin. Ils font vendus beaucoup plus cher que dans le refte de l'année, parce que le Limoufin & les autres Provinces, qui engraiffent de pouture, & qui ont fourni Paris depuis Noël, n'en ont plus alors.

Indépendamment des bœufs Normands, qu'on met dans les herbages avant l'hiver, on achète encore dans cette Province de petits bœufs & des vaches au Printems & en Eté pour les engraiffer uniquement à l'herbe. Les vaches font mifes dans des herbages féparés de ceux des bœufs, toujours avec un taureau, tant pour les défendre des loups, que pour couvrir celles qui deviendroient en chaleur ; car on remarqué que les vaches n'engraiffent que quand elles font pleines. Ces petits bœufs & ces vaches engraiffés dans ces deux faifons, fe vendent depuis le mois d'Août jufqu'en Novembre ; leur nombre eft affez confidérable, pour faire diminuer alors le prix des gros bœufs, amenés aux herbages de Normandie de diverfes Provinces. On croit avoir obfervé que les petits bœufs & les petites vaches ne s'engraiffent pas auffi bien dans les bons fonds, & que les gros bœufs s'engraifferoient mal dans les herbages médiocres. Il faut à ceux-ci de l'herbe très-fubftancielle, qui ne convient pas à ceux-là.

Selon les cantons & les fonds, l'herbe de Mai ou celle de Septembre eft la meilleure. L'expreffion du pays eft d'appeller forte l'herbe la plus nourriffante ; on préfère les herbages, qui donnent le plus de bonne herbe en Mai, parce que les bœufs, dont l'engrais finit après ce mois, ont plus de valeur.

Les herbages fe louent depuis vingt livres jufqu'à 200 livres l'acre de 160 perches de vingt-deux pieds ; d'après cette différence de prix, on conçoit qu'il y en a une bien grande dans celle des fonds. On proportionne le nombre des bœufs à l'étendue & à la qualité de l'herbage ; comme cette qualité varie felon les fonds, les années, & la faifon, il eft impoffible de déterminer ce qu'on met de bœufs par acre dans un herbage.

Les herbagers defirent avoir des herbages de diverfe qualité. A l'arrivée des bœufs maigres, qu'ils tirent des autres Provinces, ils les mettent dans les herbages les moins gras d'abord, ou dans les parties les moins graffes d'un herbage, afin que par degrés ces animaux s'accoutument à une nourriture au-deffus de celle qu'ils avoient dans leurs pays ; ils en arrivent très-fatigués ; les premiers jours, ils reftent pref-

que continuellement couchés ; ils ne fe relèvent que pour aller chercher leur ftrict néceffaire, brouter & boire. Lorfqu'ils font délaffés, ils errent dans l'herbage à leur gré. Quelques herbagers font tirer un peu de fang à ces animaux, afin de les rafraîchir & de les mieux difpofer à prendre l'herbe & à s'engraiffer. Au bout de quelque tems, on les fait paffer dans un fecond herbage qui eft meilleur, & quelquefois auffi dans un troifième, dont l'herbe eft exquife, lorfqu'on veut les faire *tourner prómptement* à la graiffe, fuivant le langage du pays. Il y a des herbages qui ont cette propriété à un dégré éminent ; ceux qu'on loue jufqu'à deux cens livres l'acre, font de cette claffe. Plus des trois quarts des bœufs, que la Normandié engraiffe, font étrangers à cette Province ; on va les chercher en Mars, en Avril & en Mai, dans le Maine, l'Anjou, le Poitou, la Saintonge, la Bretagne, la Marche, le Berry, le Limoufin. On les trouve à des foires, qu'on peut regarder comme les échelles du commerce des beftiaux. Ils font plus grands que ceux qui font nés en Normandie, & reviennent à meilleur marché aux herbagers : ils ne font nourris pendant qu'ils font dans les herbages, que de l'herbe, qu'ils y paiffent. On les envoie à Poiffy après la vente des bœufs d'hiver.

Lorfqu'il n'y a ni fontaine, ni ruiffeau dans un herbage, on y pratique des marres dans les endroits où il eft facile d'y ramaffer & d'y retenir les eaux des pluies ; fi ces marres font taries, on mène les bœufs trois fois par jour boire où il a de l'eau le plus près.

A mefure que les bœufs engraiffent, ils deviennent plus friands ; ils n'aiment point l'herbe ombragée par les arbres, ni celle qui vient dans l'emplacement où ils ont nouvellement fienté. On fauche ces herbes dans l'Eté pour faire du foin, qu'on appelle pour cette raifon *relais* dans quelques pays & *refus* dans d'autres ; c'eft ce foin, qu'on fait manger aux bœufs d'engrais d'hiver, quand le tems eft mauvais & la terre couverte de neige. L'herbe qui revient dans l'emplacement où les bœufs ont fienté leur plaît ; ils la mangent volontiers.

On ne met de fumier dans les herbages, que celui qu'on tranfporte au Printems dans les emplacemens les plus maigres ; il eft produit par le féjour des bœufs & des moutons à l'étable en Hiver. Un herbage marécageux ne vaudroit rien, parce qu'il produiroit des plantes groffières ; mais il peut être aquatique fans être marécageux ; il fuffit qu'il y ait beaucoup de fources ; alors il donne une grande quantité d'herbe ordinairement bonne ; cette herbe a moins de fubftance, fi l'été eft pluvieux, parce qu'elle eft trop abreuvée d'eau ; les bœufs s'y engraiffent moins bien ; dans ce cas celle des herbages moins frais a la préférence. Dans les années fèchées, les herbages à fources reprennent l'avantage fur les autres & font plus favorables à l'engrais. La plupart des propriétaires d'herbages n'aiment pas que leurs fermiers élèvent des poulains ; on fpécifie, dans les baux, le nombre de chevaux qu'un fermier pourra mettre dans un herbage. La fiente du cheval fait, dit-on, pouffer de mauvaifes herbes, tandis que celle du bœuf n'en fait pouffer que de bonnes ; les chevaux fouvent courent les bœufs & les inquiètent ; ils font friands de la meilleure herbe. Ces deux dernières raifons font les meilleures.

Les bœufs de la province de Normandie font plus corfés & plus en chair, quand on les met dans les herbages. Ceux qui viennent des autres provinces étant dans un état de maigreur, ont befoin d'abord de prendre chair ; ils prennent enfuite de la graiffe. Les premiers, qui font les bœufs d'hiver, font gras au mois de Juin ; on les vend depuis le commencement de Juin jufqu'à la fin d'Août ; les autres s'engraiffent fucceffivement & s'envoient aux marchés de Poiffy, depuis le commencement de Septembre jufqu'à Noël, en forte que la Normandie fournit Paris pendant fix à fept mois.

Le tems de l'engrais des bœufs eft plus long, quand on les met dans l'herbage au mois de Novembre, que quand on les y met en Mai ; ceux qu'on y met en Mai quatre mois feulement à s'engraiffer, parce qu'ils ont prefque toujours beaucoup de bonne herbe ; les autres pendant l'hiver n'acquièrent, pour ainfi dire, que de la difpofition à engraiffer ; ils n'engraiffent réellement qu'en Avril & Mai, où ils ont l'herbe nouvelle.

On ne donne prefque aucun foin aux bœufs, qu'on engraiffe dans les herbages ; ils font enfermés dans des enclos formés de haies & de foffés. Un gardien, dont l'habitation eft ordinairement dans l'herbage même, les compte tous les matins, examine s'il y en a de malades, pour en faire fon rapport au maître, rabat les taupinières, retourne les fourmillières, afin de les détruire & pour que la totalité de l'herbage fe couvre d'herbe. Le loyer de l'habitation, & la liberté d'avoir toujours une vache dans l'herbage, font le falaire de ce gardien. Si l'herbage eft fans eau, on mène les bœufs boire où il y en a, comme je l'ai dit. Lorfque la gelée a détruit l'herbe, on les empêche de la brouter, dans ce cas on leur jete du foin ou on les rentre à l'étable, fur-tout fi la terre eft couverte de neige.

La Normandie eft fans doute la province qui engraiffe le plus de bœufs à l'herbe feulement ; mais on verra plus loin que d'autres provinces en engraiffent auffi de cette manière.

Engrais au pâturage & à l'étable.

Je ne puis donner à mes Lecteurs un détail

plus exact, mieux fait & mieux préfenté, de la manière d'engraiffer les bœufs partie au pâturage & partie à l'étable, qu'en copiant un mémoire de M. Defmareft, de l'Académie des Sciences & de la Société d'Agriculture de Paris, fur le régime auquel on foumet les bœufs, qu'on engraiffe en Limoufin ; ce mémoire eft imprimé dans le trimeftre d'Été des Mémoires de la Société d'Agriculture, année 1787. M. Defmareft n'avoit pas befoin qu'on vérifiât ce qu'il attefte ; mais des circonftances m'ayant mis à portée de m'inftruire de la manière d'engraiffer dans le Limoufin & dans les Provinces voifines, j'ai reconnu que l'on pouvoit compter fur ce que contenoit cet excellent mémoire ; au lieu d'un témoignage, les Lecteurs en auront deux.

« Il y a des marques extérieures auxquelles les marchands de bœufs de réforme & les propriétaires des métairies s'attachent en Limoufin, pour diftinguer un bœuf propre à être engraiffé ; & ces marques réunies autant qu'il eft poffible, les trompent rarement. Ils veulent, par exemple, qu'un bœuf ait la tête groffe, le mufle court & arrondi, la poitrine large, les jambes & les pieds gros, le ventre rond, large & abattu en-deffous, c'eft ce qu'ils appellent *un bon deffous*. On juge par-là qu'il eft grand mangeur ou que la nourriture lui profite bien. Ils obfervent auffi qu'il ait la côte large & élevée en arc ; les hanches non-pointues, de groffes feffes, l'échine large & unie jufqu'aux épaules, la veine qui eft entre l'épaule & les côtes, qu'on nomme vulgairement *la main*, ferme & d'un gros calibre. C'eft une mauvaife marque lorfqu'elle eft roulante & qu'elle cède fous les doigts. »

« On les achete dans les foires de Février, de Mars, d'Avril, de Mai & de Juin, fur-tout lorfqu'on a intention de les faire travailler à la culture pendant quelques mois, afin de les accoutumer infenfiblement à une forte nourriture ; on a foin pour lors de les ménager pour le travail, afin qu'ils fe tiennent frais & bien en chair. On les nourrit au foin fec, jufqu'à ce que l'herbe foit affez avancée dans les pacages pour qu'ils y puiffent trouver une nourriture abondante. On obferve de ne mettre les bœufs dans les pacages, qu'après le tems où la rofée eft diffipée : mais le mois de Mai paffé, on les laiffe nuit & jour dans les pâturages fermés de haies, & dès-lors ces bœufs ne font plus occupés aux travaux de la culture. Ils mangent alternativement, & fe couchent pour ruminer ou fe repofer. Certains bœufs avancent beaucoup leur graiffe dans ces herbages, au point qu'au fortir de ces herbages, on les expédie pour Paris. Les environs de Saint-Léonard & de Saint-Junien, fourniffent, dans les mois de Juin & de Juillet une affez grande quantité de ces bœufs engraiffés ainfi à l'herbe. Voilà le premier & le plus fimple de tous les régimes. Nous allons paffer à d'autres plus compofés, & auxquels on foumet le plus grand nombre de bœufs. »

« C'eft ordinairement au mois d'Août qu'on commence à mettre les bœufs dans les regains, pour leur faire manger la feconde herbe, qui eft alors affez mûre & affez abondante, & dès ce moment ils ne travaillent plus. Ils y reftent nuit & jour ; l'on ne redoute pas pour eux les rofées d'Automne, quelqu'abondantes qu'elles foient ; on penfe au contraire qu'elles leur font utiles. On les laiffe ainfi dans ces prairies particulières qu'on a confacrées à fournir, tous les ans, la première nourriture aux bœufs qu'on veut engraiffer, jufqu'au premier Novembre au plus tard. S'il furvenoit des gelées un peu fortes & fuivies, huit ou quinze jours avant on les en retire, car la gelée les maigrit, ce qui paroît affez fenfiblement à leur poil qui eft alors terne & rude. »

« Lorfqu'on fait rentrer les bœufs dans les étables, on les examine pour s'affurer du progrès de la graiffe dans chacun. Ceux qui n'ont pas profité autant que les autres dans ces pacages, ce qu'on reconnoît à ce qu'ils ont le ventre ferré, la peau un peu dure & attachée aux côtes, font faignés à la jugulaire & mis enfuite à l'étable avec les autres. »

« Il eft d'ufage, en Limoufin, de placer les bœufs dans les étables aux deux côtés d'une aire, & de les faire manger deux à deux dans des bacs de pierre ou de bois. On a foin de les appareiller, pour que l'un des deux ne gourmande pas l'autre & ne l'affame pas. Dès le mois d'Octobre on commence à donner la rave aux bœufs qui ont bien profité dans les pacages. On la cueille, autant qu'on peut, à mefure qu'ils la confomment, & dans les tems fecs ; on la coupe en morceaux, ni trop gros ni trop petits, & après lefquels on laiffe la feuille. On jette la rave ainfi coupée dans le bac, & les bœufs en font fi avides, qu'ils l'avalent auffi promptement qu'elle leur eft adminiftrée par le bouvier. Celui-ci, au refte, a la plus grande attention de n'en pas jeter beaucoup à-la-fois dans chaque bac, fur-tout dans les commencemens qu'ils reçoivent cette nourriture. Il examine auffi le flanc des bœufs, & quand il juge qu'ils font affez remplis, il ne donne plus de raves. Si l'on ne ménageoit pas ainfi les raves aux bœufs, ils feroient expofés à une ingurgitation qui les mettroit en danger de périr. »

« Lorfque cet accident a lieu, parce qu'on a négligé toutes ces précautions, on y remédie de plufieurs manières. Dès qu'on apperçoit les premiers fymptômes du mal, on commence à donner aux bœufs de la thériaque délayée dans du vin, ou bien on leur fait avaler du fel marin. On s'eft bien trouvé de leur frotter en même-tems les flancs avec du foin & de la paille trempée dans l'eau froide ; enfin, on complette la guérifon &

le foulagement, en faifant paffer la main du bouvier dans leur fondement, qu'on graiffe auparavant, & on accélère ainfi la fortie des matières qui furchargent les inteftins, & qui augmentent l'enflure. Après tous ces fecours, on promène le bœuf malade pendant quelque tems, & cet exercice achève de faire difparoître tous les accidens, lorfqu'ils n'ont pas été portés à de certaines extrémités.

La nourriture des raves ne dure guère qu'un mois ; fi on la continuoit plus long-tems, elle relâcheroit trop les bœufs, & nuiroit à la graiffe, c'eft pour cela qu'on y fubftitue une autre nourriture qui les empâte davantage. Toute farine délayée dans l'eau, eft bonne pour remplir ces vues. Mais celle qui coûte le moins, & qui réuffit le mieux, eft la farine de feigle, mêlée avec celle de farrafin. La quantité de cette farine dépend du tems qu'on a pour achever d'engraiffer les bœufs, ainfi que de leur état & de leurs befoins. La dofe ordinaire eft celle de trois livres de farine par jour, & qu'on donne à deux fois, l'une le matin & l'autre le foir. Il y a des cas où l'on double cette ration. »

Dans les environs d'Honfleur, en Normandie, pour achever d'engraiffer à l'étable les bœufs, qui n'ont pu s'engraiffer totalement à l'herbe, on emploie le foin & la farine de lin, abondant dans ce pays. On leur donne auffi de la farine de lin dans le Comminges. Les Alfaciens leur donnent des navets, des pommes de terre des topinambours & des carottes.

« Je n'ai pas parlé jufqu'à préfent du foin fec, qui eft la bafe de la nourriture des bœufs qu'on engraiffe. On leur donne donc du foin fec alternativement avec la rave d'abord ; puis on continue le foin avec l'eau blanche, dans laquelle on a délayé la quantité de farine que j'ai indiquée ci-deffus. »

« Dans l'adminiftration de cette nourriture, on fuit deux fortes de méthodes ; les uns mêlent le foin avec l'eau blanche, & l'humectent avec cette eau dans les bacs. D'autres font manger le foin fec d'abord, comme dans le tems qu'on donne la rave, & enfuite font boire l'eau blanche. Cette dernière méthode paroît préférable à la première par plufieurs raifons : 1.° lorfque le foin n'eft pas mouillé, ce que les bœufs rebutent, peut être ramaffé & jetté aux chevaux ou aux vaches ; 2.° comme tous les bœufs ne fe trouvent pas au même degré de graiffe, il y en a donc qui, comme je l'ai remarqué plus haut, ont befoin d'êtres forcés de nourriture ; il leur faut donner une double ration de farine : or on ne peut faire ces diftinctions en mouillant le foin avec l'eau blanche, puifqu'il faut le préparer plufieurs heures auparavant & pour tous les bœufs ; 3.° on ne peut ménager auffi à propos le foin, dans l'autre méthode que dans celle-ci, car on peut le diſtribuer dans celle-ci à meſure que le bœuf le mange, au lieu que dans l'autre, comme il faut le mouiller d'avance, pour que les bœufs ne manquent pas de nourriture, on eſt obligé d'en mouiller plus qu'il ne faut.

« Pour donner une idée plus préciſe du régime que nous venons de préſenter en détail, je reprends l'adminiſtration de la nourriture à toutes les heures de la journée, en indiquant ſucceſſivement les différentes occupations du Bouvier chargé de ce ſoin.

« Le Bouvier entre dans l'étable à la pointe du jour, & diſtribue le foin ſec à tous les bœufs, & peu-à-peu, juſqu'à ce qu'ils n'en mangent plus. Pour lors il nétoie leur bac, & donne la rave avec les précautions que j'ai décrites : Enſuite il donne de nouveau du foin ſec à diſcrétion. Cette alternative de nourriture occupe tout le tems depuis le matin juſqu'à dix heures. On laiſſe les bœufs tranquilles, on leur fait litière, & ils ſe couchent lorſqu'ils ſont bien remplis, & que la plus grande partie du foin eſt conſommée.

« Pendant ce tems de repos, le Bouvier va arracher les raves, & s'occupe à les couper pour le ſecond fourrage : à deux heures, troiſième diſtribution de foin, auquel la rave ſuccède, comme le matin, après quoi on fait boire les bœufs, ou dans leurs bacs, ou hors de l'étable. On prend le tems qu'ils boivent pour renouveller la litière, & à cinq heures on les laiſſe repoſer. À neuf heures du ſoir, on préſente à chacun ſept à huit livres de foin. On compte qu'un bœuf d'une corpulence ordinaire conſomme par jour vingt-cinq à trente livres de foin ſec dans les quatre fourrages dont je viens de faire mention.

« Il eſt aiſé de voir que l'eau blanchie avec les farines de ſeigle & de bled noir ou ſarraſin, qui remplace la rave, ſe donne aux bœufs dans les intervalles du foin, & aux heures correſpondantes à celles où l'on diſtribuoit la rave ſupprimée.

« Le grand principe que l'on ſuit dans l'adminiſtration de la nourriture pendant tout le tems du régime, eſt qu'il faut que les bœufs mangent juſqu'à ce que leurs flancs ſoient remplis & juſqu'à ce qu'ils ſe couchent. C'eſt pour forcer la nourriture, qu'on leur donne ſucceſſivement le foin, la rave & l'eau blanchie. D'ailleurs, pour aiguiſer leur appétit, on a ſoin de ſuſpendre à la crèche une poche pleine de ſel. Les bœufs, en léchant fréquemment la poche & l'humectant aſſez pour faire fondre le ſel, ſe trouvent, par cet appât, excités à boire & à manger davantage, & à s'engraiſſer plus promptement. »

« Un ſecond principe qu'il eſt eſſentiel de faire connoître, eſt qu'il convient de commencer le régime de la graiſſe par des nourritures rafraîchiſſantes & relâchantes, par des fourrages verts, qui donnent plus de chair que de graiſſe. Tels ſont les herbages, les raves, auxquels on pourroit ſubſtituer les pommes de terre, les betteraves champêtres, &c. Il convient également de continuer & de finir ce régime par des fourrages ſecs & des farineux, qui empâtent & donnent plus de graiſſe que de chair. C'eſt d'après ces vues que les châtaignes cuites, lorſque ce fruit eſt abondant, ainſi que l'eau où on les a fait cuire, ont été données avec ſuccès à la place de l'eau blanchie par les farines de ſeigle & de bled noir ou ſarraſin. »

« Il eſt rare qu'un bœuf, entretenu pendant trois mois, ſuivant le régime que je viens de décrire, ne ſoit pas à la fin en bonne graiſſe & d'un débit aſſuré. »

« Je finirai tous ces détails par des obſervations qui me paroiſſent fort intéreſſantes. Lorſque j'ai noté ci-devant les rations de foin ſec qu'on diſtribuoit aux bœufs dans les quatre fourrages, je me ſuis attaché aux réſultats de la pratique la plus commune. Mais je dois dire que pluſieurs n'étavers intelligens & attentifs avoient eſſayé, ſans aucun inconvénient, d'en diminuer la quantité, ſur-tout dans les années où ce fourrage étoit peu abondant. »

« En 1785, & au commencement de 1786, le plus grand nombre de ceux qui furent en état d'engraiſſer des bœufs, ſe trouvèrent forcés à cette économie par la rareté & le prix exorbitant du foin, & on reconnut aſſez généralement que les bœufs auxquels on l'avoit ménagé à un certain point, avoient profité tout autant que les années précédentes, où on l'avoit diſtribué à la doſe que je viens de dire. Il y eut même beaucoup de métayers qui crurent pouvoir y ſubſtituer de la paille hachée, du maïs en fourrage ſec, des branchages d'arbres chargés de feuilles auſſi ſéchées ; toutes ces ſortes de fourrages produiſirent le même effet que le foin. »

« Quoiqu'on en ſoit revenu au foin ſec l'année ſuivante, cependant il paroît qu'on a mis plus d'économie dans cette nourriture, & qu'on eſt diſpoſé à employer par la ſuite une moindre quantité de foin par chaque fourrage. On a d'ailleurs conſervé le maïs en fourrage ſec, que l'on ſubſtitue au foin dans un des quatre fourrages. Il en ſera, je crois, de même de la paille hachée qu'on eſt dans l'intention d'adminiſtrer auſſi une fois par jour, cette année, d'après les heureux effets de l'année dernière. »

Les profits de la vente des bœufs gras, en défalquant le prix de l'achat des vieux bœufs qu'on tire des Provinces voiſines, ſe réduiſent aſſez ſouvent au prix de la vente des denrées qu'on conſomme pendant tout le tems que dure le régime deſtiné à engraiſſer les bœufs. On doit, par conféquent, confidérer ce commerce comme fourniffant aux propriétaires & aux métayers du Limoufin & de la Marche, un débouché facile pour débiter au loin des denrées qui refteroient dans la Province, ou plutôt n'y feroient pas produites. Les bœufs gras, en gagnant la capitale, y tranfportent avec eux le prix du foin, des raves, de la farine de feigle & de bled noir farrafin, dont ils ont été engraiffés ; & la rentrée de ces valeurs en Limoufin, fuffit pour encourager l'arrofement des prairies, la culture des raves, du feigle, &c. »

Engrais à l'étable feulement.

La manière d'engraiffer feulement à l'étable ou de pouture ne diffère de la précédente, que parce qu'on ne commence pas l'engrais au pâturage. Lorfque les enfemencemens des terres font finis, c'eft-à-dire, à la Touffaints, alors on met les bœufs à l'engrais dans les étables, & on continue tout l'Hiver, & jufques à la Saint-Jean. Cette méthode eft employée dans les environs de Chollet en Anjou, d'où viennent à Paris de très-bons bœufs, & dans toute la partie du bas-Poitou, appelée *Boccage*. Les plantes dont on y fait ufage font le foin choifi, les choux à moëlle & à mille têtes, les raves, connues dans le pays fous le nom de *Rêbbes*, les navets longs, le feigle, l'orge, l'avoine & la vefce en coupage, c'eft-à-dire, en vert, le raigrafs, cultivé furtout aux environs de Chollet, enfin le fon de feigle & de froment, l'avoine en grain groffièrement moulue, les glands même & les châtaignes en quelques cantons.

On partage, comme en Limoufin, la nourriture des bœufs en plufieurs repas, en ne donnant pas deux fois de fuite ce même aliment. En Limoufin, on leur donne trois fois du foin dans les vingt-quatre heures, en plaçant deux diftributions de raves, ou de farine de feigle, ou de farrafin, entre celles du foin ; en Poitou, ils font fix repas différens dans la matinée & fix dans l'après-midi. Chaque repas n'eft que d'une petite quantité d'alimens & toujours fuivi d'un petit intervalle de repos. Dès quatre heures du matin, ils ont un peu de foin, enfuite des choux, puis des raves, puis du foin, puis des navets & du foin après ; quand ils l'ont mangé, on les fait boire, dans les premiers tems hors de l'étable, fur la fin, dans l'étable afin qu'ils ne fortent pas. Quelquefois à cette dernière ration on fubftitue de l'avoine en grain, ou du fon, ou des glands, ou des châtaignes. Les bœufs ruminent enfuite pendant quelques heures & on recommence à leur donner les mêmes alimens dans le même ordre fans les faire boire.

Dans le mois de Novembre, ce font les feuilles baffes des choux & les feuilles des raves, qu'on fait manger ; aux premières gelées, on emploie les racines des raves & les tiges des choux à moëlle, ou les feuilles des choux à mille-têtes ; au mois de Mars, on a recours aux feuilles des navets tardifs, que l'on n'a point tiré de terre & aux montans des choux, qui font d'un très-grand produit, fur-tout les choux à mille-têtes. Aux feuilles des raves & des choux fuccède le coupage ou le feigle & autres grains en herbe, & au coupage la vefce en vert. On croit que pour engraiffer complettement deux bœufs, il faut le produit de trois arpens de 900 toifes, moitié en choux, moitié en raves, trois quarts d'arpens de coupage & autant de vefce ; quelquefois les bœufs font gras avant que le coupage foit mangé. Il faut obferver qu'on ne donne pas à boire du tout aux bœufs d'engrais, quand on les nourrit feulement de vert, ce qu'on fait quelquefois ; on ajoute toujours à leur boiffon du fon ou de la farine.

Ce détail fuppofe une grande attention & une grande affiduité de la part de celui qui foigne les bœufs d'engrais ; auffi y a-t-il un homme uniquement occupé de cet objet. C'eft ordinairement le chef de la ferme, ou le plus intelligent de fes enfans ou de fes domeftiques.

L'extrême propreté eft regardée comme effentielle ; la nourriture eft dépofée dans un endroit où rien ne la peut fouiller ; tous les jours, la crèche, le ratelier & le vafe dans lequel on fait boire les bœufs, font nétoyés ; la litière eft renouvellée deux fois par jour, le fumier enlevé tous les huit jours & même plus fouvent ; on étrille les bœufs chaque jour avec une carde à carder la laine ; cet inftrument eft celui qu'on emploie dans le Querci & dans d'autres Provinces pour le même ufage ; en outre on bouchonne plufieurs fois dans la journée les bœufs, avec une poignée de paille dure.

Quelques perfonnes font fi fcrupuleufement attachées à la propreté qu'en entrant dans la grange, où eft dépofée la nourriture, elles quittent les fabots, qui leur ont fervi dehors, pour en prendre d'autres, qu'elles laiffent dans la grange.

Avec tous ces foins, il faut cinq ou fix mois pour engraiffer complettement un bœuf. Le profit dédommage amplement de la peine. Sur une métairie de 100 arpens de 900 toifes, fi on engraiffe fix ou huit bœufs, le profit ordinaire fur chaque bœuf peut être de 150 à 200 liv. Excepté le fon & l'avoine, le refte ne coûte que la peine de le cultiver. On diftingue les cantons, où l'on fe donne le plus à ce genre de commerce, par un air d'aifance, qu'on ne voit pas ailleurs.

On engraiffe auffi de pouture feulement,

dans d'autres Provinces que le Poitou. Quelques cantons de la Normandie engraissent de cette manière, avec du foin & 12 à 15 livres chaque jour d'un mélange de farine de seigle, d'orge, d'avoine, de pois, de vesce. Mais ce n'est pas la manière ordinaire de la Normandie; l'engrais à l'herbe fraîche dans les herbages y est le plus employé. Il y a des pays où l'on fait avaler aux bœufs de graisse des boules de pâte. On verra plus loin l'état des Pays qui engraissent & la manière d'engraisser propre à chacun.

Après avoir exposé ce qui concerne les différentes espèces de bêtes à cornes en particulier, je traiterai maintenant quelques objets, qui appartiennent également au taureau, à la vache, & au bœuf.

Objets communs à toutes les Bêtes à cornes.

1.° *Est-il plus avantageux de nourrir ses Bêtes à cornes à l'étable que de les envoyer dans les pâturages.*

La pratique de M. Tschiffeli, de Berne, imprimée dans les Mémoires de la Société économique de Berne, 1772, seconde partie & rapportée par M. l'Abbé Rozier, au mot *betail*, présente ici une question intéressante en économie rurale. M. Tschiffeli, Sécrétaire du Conseil suprême, cultivateur très-instruit & très-bon observateur, étant dans l'usage de nourrir son troupeau de vaches à l'étable toute l'année, son exemple a été imité par d'autres cultivateurs du même pays, qui s'en applaudissent; l'Argow ou l'Ergovie est celui, où elle a le plus de succès. Suivant M. l'Abbé Rozier, un particulier des environs de Lyon l'a essayé avec le même avantage. M. l'Abbé Rozier, après avoir écarté seulement de la question les positions, où on élève des bœufs pour vendre ou pour les boucheries, lorsqu'on a la facilité de les envoyer sur les hautes montagnes, afin de profiter des avantages offerts par la nature, examine les motifs de M. Tschiffeli & les objections qu'on peut lui faire & conclut. « Que le propriétaire, qui entendra bien ses intérêts, conservera seulement le fourrage sec & nécessaire pour nourrir abondamment son bétail pendant l'Hiver & durant les pluies d'Eté, & que l'autre partie sera mangée en vert à l'étable.

Je crois devoir reprendre ici l'examen de cette question en exposant les motifs de M. Tschiffeli, en les discutant & n'en tirant que les conséquences qui me paroissent devoir en être tirées.

Les Bêtes, qui ne quittent point les étables, selon M. Tschiffeli, sont moins exposées aux épizooties contagieuses & redoutables, que celles qui paissent dans des pâturages communs, appellés *communes communaux*; il n'est pas possible

de multiplier & d'améliorer le bétail, lorsqu'on ne peut empêcher que des vaches de belle espèce soient couvertes par des taureaux, qui ne font pas de choix ou que des génisses deviennent pleines, avant l'âge de deux ans & demi à trois ans. Le profit qu'on peut espérer des Bêtes à cornes dépendant de leur bonne santé; cette bonne santé est plus assurée, si on les nourrit toujours à l'étable, où on leur donne des alimens bons, suffisans, réglés, & des eaux salubres à boire, où on les soigne, où elles se reposent & jouissent d'une douce température. Dans les pâturages communs, elles ne trouvent presque rien à manger au commencement du Printems; elles sont réduites à dévorer les haies & les buissons; les gélées, les pluies & les vents glacés les pénètrent, les ardeurs de l'Eté développent en elles les germes des maladies, que les intempéries du Printems font naître. En Eté, les insectes les tourmentent & les empêchent de paître. Souvent elles sont forcées de boire des eaux bourbeuses & croupies. Elles broutent des herbes, couvertes quelquefois de *miellat*, ou pleines d'humidité qui leur causent des maladies funestes. En Automne, elles piétinent & foulent les prairies; elles y font des trous, où l'eau séjourne, de manière qu'au Printems suivant, il n'y pousse point d'herbe, ou il n'en pousse que de mauvaise qualité; ce qui arrive sur-tout, si c'est dans un pays où on arrose les prés. On ne peut plus les faucher à raze de terre. Les bœufs ne s'engraissent jamais si-bien à ce pâturage qu'à l'étable, lorsqu'on leur donne à manger à plusieurs reprises. Les vaches n'y ont pas autant de lait. Enfin, un motif, qui n'est point dans M. l'Abbé Rozier, & qui se trouve dans une des lettres de M. Tschiffeli, imprimées dans le volume cité, c'est que si on s'abstient de faire brouter les prairies en Automne, l'herbe, qui y reste n'est pas inutile; cette herbe, est composée de plantes vivaces, qui se pourrissent & servent d'engrais, ou se fanent. Or, dans le canton de la Suisse habité par M. Tschiffeli, il survient quelquefois au Printems des gélées funestes; les plantes vivaces, qui sont restées fortes, quand la dernière herbe n'a pas été consommée en Automne, fait abri pour les graines annuelles, qui commencent à germer.

Les motifs de M. Tschiffeli me font penser qu'on peut écarter de la question plus de positions que M. l'Abbé Rozier n'en a écarté. Car ses exceptions pour l'entretien total à l'étable, ne regardent que les propriétaires de troupeaux de bœufs, qui les élèvent pour vendre & pour les boucheries & qui ont la facilité de les envoyer paître sur les hautes montagnes, telles que les alpes de Provence & du Dauphiné, les Monts-Jura, le Mont-Pilat, les montagnes d'Auvergne, du Vivarais, du Languedoc, les Pyrénées, &c. où l'on profite des avantages qui s'y trouvent. Indépendamment de ce qu'il falloit comprendre dans ces exceptions les propriétaires de vaches, voisins des montagnes à fromages, dont l'herbe seroit perdue, si on ne la faisoit pas paître, combien de pays seroient hors d'état de nourrir toute l'année des vaches, s'ils n'avoient pas la ressource des pacages, qu'on ne peut faucher ? Que deviendroient ces pacages, s'ils n'étoient pas broutés ? Il faudroit en France réduire le nombre des vaches à moitié, au grand détriment de l'agriculture & de la population. M. Tschiffeli l'a senti en prévenant qu'il ne parloit pas « des Alpes, dont une partie est si élevée, qu'il n'est pas possible d'en tirer parti qu'en les faisant servir de pâturage ! » Ce qu'il dit des Alpes, on peut le dire des Pyrénées des montagnes d'Auvergne, du Vivarais, &c. Les riverains des forêts y envoient presque toute l'année leurs vaches manger de l'herbe, qui est par touffes entre des rachées de bois. Il part des villages, qui ne font point éloignés des landes de grands troupeaux, qui y trouvent au milieu des fougères & des bruyères une herbe qui n'est ni assez abondante, ni assez haute pour qu'on puisse la couper ; beaucoup de pays ont des prairies artificielles, dont les regains ne montent qu'à 6 ou 8 pouces & qu'il est impossible de récolter. Ces regains, mangés sur place, nourrissent un grand nombre de Bêtes à cornes pendant trois ou quatre mois & économisent les fourrages dans un tems où les embarras de la moisson ne permettroient pas d'en préparer.

La majeure partie des inconvéniens que M. Tschiffeli trouve à envoyer les Bêtes à cornes au pâturage, est fondée sur ce qu'il faut les envoyer à des communes, où se réunissent des bestiaux de toute taille, & plus ou moins sains, qui souvent n'ont que peu de chose à manger & de mauvaise eau à boire. On doit donc encore écarter de la question la position des propriétaires, qui ont de bons pâturages, ou qui louent à des communes des pâturages, où leurs seuls bestiaux vont paître & boivent de bonne eau.

Les bêtes à cornes ne souffrent pas autant qu'on croit de quelques intempéries de l'air. Si on ne les mène pas au pâturage par les brouillards, les grandes pluies, les frimats, si dans les grandes chaleurs on les retire au milieu du jour, aux heures où le soleil est ardent & où les insectes les incommodent, on n'a rien à en craindre pour elles. Le pays de Bray dans le Vexin Normand, fait parquer ses vaches à lait depuis le mois de Mai jusques dans le mois de Novembre.

Toutes les prairies ne sont pas humides, ni dans un sol susceptible d'être endurci & de former des trous : on n'arrose pas les prés partout. Les bœufs qu'on engraisse dans les herbages de Normandie, sont aussi beaux que ceux qu'on engraisse à l'étable ou de pouture. Les vaches qui passent une partie de la journée dans les prairies,

si comprend les précautions convenables, donnent beaucoup de lait.

Le raisonnement de M. Tschiffeli, sur les avantages de laisser en automme pousser un peu les herbes vivaces, pour protéger au Printems les graines annuelles, qui commencent à germer, peut être vrai ; mais ces avantages sont locaux, & on n'envoye pas par-tout les troupeaux manger la troisième herbe ; on peut ne pas faire de regain & cesser d'envoyer dans tous les prés les troupeaux de bêtes à cornes dès le mois d'Octobre, dans les pays où l'Hiver commence de bonne-heure.

La question bien examinée se réduit donc à ce point ; savoir, si le propriétaire d'un troupeau de bêtes à cornes, & d'excellentes prairies, arrosables, ayant droit à des pâtures communes, mauvaises, trouve plus de profit à ne point envoyer son troupeau à ces pâtures communes, qu'à les nourrir toute l'année à l'étable, en Eté de l'herbe cueillie dans ses prairies, & en Hiver du foin de ces mêmes prairies. Cette position est celle de M. Tschiffeli & de plusieurs autres cultivateurs Suisses. La question ainsi présentée est résolue à l'avantage de l'opinion de M. Tschiffeli. Quelque précieux qu'il fût pour ses vaches d'aller respirer pendant plusieurs mois un air pur & libre, quelque perfection qu'en acquît le laitage, meilleur, lorsque les vaches sont à l'air, quelque dispendieux que soit le transport des herbes fraîches en Eté, il est certain que le risque des épizooties & des autres maladies, la détérioration de la race de son troupeau, le tort qu'il peut faire à ses belles & bonnes prairies plus productives quand on les fauche que quand elles sont tondues par les vaches, & l'abondance des engrais qu'il se procure en les tenant toute l'année à l'étable, sont des motifs très-puissans, qui l'emportent sur les autres. M. Tschiffeli a soin que ses étables soient bien aërées, spacieuses, commodes, saines, nétoyées tous les deux jours en Eté, & bien garnies de litière fraîche, & qu'on fasse boire son troupeau deux fois par jour, après avoir mangé ; enfin, il n'épargne rien pour qu'il souffre le moins possible d'un long séjour dans l'étable.

L'Agriculture, comme le Commerce, a ses calculs ; il est vraisemblable que M. Tschiffeli a compté avec lui-même, & qu'il n'a adopté cette pratique que parce qu'elle lui a paru plus profitable. Les nourriciers ou propriétaires de vaches de la banlieue de Paris, les entretiennent de la même manière. Ils ont des prairies artificielles, dont ils coupent des parties pendant plusieurs mois de l'année, réservant le surplus pour le faner & former la nourriture de l'Hiver. Ils achètent des vaches fraîchement vélées. Le prix du lait & des veaux, qui ont de la valeur à la proximité de la Ville, font des objets de profit, excédant de beaucoup les frais.

Il faut seulement conclure de tout ceci, qu'il y a des positions, où la pratique de M. Tschiffeli est utile & peut être nécessaire. Mais il n'en faut pas faire une régle générale, ni même un peu étendue. On a raison de la faire connoître, parce qu'elle peut être accueillie par des cultivateurs, auxquels elle convient & qui n'en auroient pas eu l'idée.

Lorsqu'on nourrit les bêtes à cornes à l'étable avec de l'herbe verte, il y a quelques précautions à prendre. D'abord il faut ne les faire passer à l'herbe verte pour toute nourriture, que par degrés. On la mêle avec de la paille ; on donne un repas en herbe & un en paille ; insensiblement on diminue la proportion de paille & on augmente celle d'herbe. Les bœufs de travail seroient trop relâchés, s'ils ne mangeoient que de l'herbe ; on leur donne un peu d'avoine ou d'orge de tems en tems.

L'herbe trop jeune est trop aqueuse & pas assez substantielle. On doit attendre pour la faucher qu'elle soit en fleur ou prête à défleurir, si elle est naturellement humide. Mais on peut couper dans les premiers momens de la floraison une herbe, qui contient peu d'humidité, telle que celle qui n'est formée que de graminées. On en a même fait manger de fraîchement fauchée aux bestiaux, sans inconvénient. On évite par la même raison de leur donner de l'herbe, abbreuvée par les pluies ; elle leur gonfleroit le ventre & les rendroit malades ; il vaut mieux les jours de pluie les nourrir au sec.

Quand le Soleil a séché l'herbe, on en coupe le matin pour le midi & le soir, & on en coupe le soir pour le lendemain matin, par ce moyen les animaux ne la mangent qu'un peu flétrie. Si on est forcé d'en faucher par le mauvais tems, on la met sous des hangards ou dans des granges, on l'éparpille, parce que si elle étoit amoncelée, elle s'échaufferoit ; ce qui la rendroit désagréable ; on attend pour la donner qu'elle soit essuyée, ou on l'essuie avec des linges en la pressant. Si, malgré ces attentions, une Bête à cornes se trouve gonflée, après avoir mangé de l'herbe verte, M. l'Abbé Rozier propose, d'après la Société d'Agriculture de Tours, de faire avaler à l'animal quatre livres de lait, d'une vache saine, fraîchement trait ; de sortir ensuite de l'étable la vache malade, & de lui faire faire quelques tours ; de la laisser neuf heures sans manger, & de ne lui présenter que du foin sec à un ou deux repas.

Deux autres moyens lui ont également réussi ; l'un de faire courir la Bête à coups de fouet, de la laisser reposer ensuite ; & de la faire courir de nouveau, jusqu'à ce que l'enflure soit dissipée ; l'autre, de lui faire avaler, en breuvage, la dissolution d'une once de nitre purifié,

dans suffisante quantité d'eau, ou de la joindre à un verre d'eau-de-vie.

On ne conçoit pas trop la manière d'agir de remédes aussi différens. Le grand repos, la diète sévère, & peut-être quelques toniques, me paroissent les moyens les plus sûrs, pour arrêter les effets de l'enflure, causée par de l'herbe humide, qui fermente dans le grand estomac.

2.° Boisson des Bêtes à cornes.

Lorsqu'elles sont abandonnées à elles-mêmes, dans des pâturages, où il y a de l'eau, elles vont boire chaque fois que la soif les presse. Elles s'accoutument, dans les montagnes de l'Auvergne, à aller boire, deux fois par jour, après avoir mangé. Cette habitude est favorable à leur santé. Elle doit servir d'exemple, dans la manière d'abreuver ces animaux, lorsqu'ils habitent les étables. La meilleure eau est celle des fontaines, des ruisseaux, & des rivières. On doit éviter de faire boire de l'eau trop fraîche aux bœufs qui ont très-chaud ; elle paroît aussi incommoder les vaches, qui viennent de vêler. On attendra que les bœufs se soient refroidis, avant de leur faire boire de l'eau froide, & on fera chauffer la boisson de la vache qui vient de vêler. Les bœufs sauvages de la Camargue, dès qu'on les a dételés de la charrue, vont sans doute boire l'eau telle qu'ils la trouvent. Mais elle n'est jamais bien froide, parce que c'est le plus souvent de l'eau stagnante. D'ailleurs endurcis par la vie sauvage ces animaux sont moins susceptibles d'être incommodés que les bœufs domestiques.

Les vaches ne dédaignent pas l'eau des marres & même elles aiment celles où se rend le jus des fumiers ; & la raison en est simple, c'est que cette eau contient en dissolution beaucoup de sels produits par la décomposition des substances animales & végétales qui s'y putréfient. Depuis le bas prix du sel marin on peut satisfaire leur goût, sans leur laisser boire d'autre eau qu'une eau salubre. L'eau des mares à fumier peut leur causer des maladies.

La quantité d'eau que boit une vache est proportionnée à sa taille & à la nourriture qu'elle prend. Si elle est nourrie au sec elle boit plus, que quand elle ne vit que d'herbe. L'herbe aqueuse l'altère moins que l'herbe substantielle. Une vache de quatre pieds de hauteur, nourrie au sec en Hiver, boit par jour, en deux fois, vingt à vingt-une pintes d'eau ou quarante à quarante-deux livres ; nourrie au vert en Eté, s'il ne fait pas chaud, elle boit moins ; mais s'il fait chaud, elle boit plus de vingt-une pintes d'eau.

J'ai remarqué que, dans les vingt-quatre heures en Hiver, chacune des vaches Suisses du troupeau du Roi, ne vivant que de foin & de son, buvoit jufqu'à cent livres d'eau. Ces animaux, comme je l'ai dit, ont au moins quatre pieds de liaurcur fur une longueur & une groffeur proportionnées.

3.° Du Sel.

Si l'on juge de l'utilité du fel pour les animaux par le plaifir qu'ils paroiffent trouver, lorfqu'ils peuvent en lécher, on n'héfitera pas à dire qu'il en faut donner aux Bêtes à cornes. Cet inftinct, qui les porte à rechercher tout ce qui eft falé, eft-il feulement l'annonce d'un goût particulier ou le cri d'un befoin ? On voit des animaux courir après des fubftances, qui les empoifonnent. L'inftinct eft le plus fouvent un sûr guide ; quelquefois cependant il trompe. Il n'eft pas difficile de démêler fi, dans cette occafion, il fert bien les Bêtes à cornes. De tems immémoral on leur a donné du fel dans les pays, qui n'étoient pas de *grande gabelle*. On obferve que les animaux, qui ufent de fel, ont le poil luifant, figne de bonne fanté. Par l'habitude les hommes, qui foignent les beftiaux, reconnoiffent en voyant un troupeau de Bêtes à cornes, s'il eft d'une étable, où l'on donne du fel.

Les propriétaires de vaches, en Suiffe, furtout dans l'Argow, ou Ergovie, canton de Fribourg, donnent tous les jours du fel à leurs vaches, même ceux dont les vaches ne fortent jamais de l'étable. Ils en donnent en Eté, quand elles font nourries de vert ; ils en donnent en Hiver, quand on les nourrit de fourrage fec. Dans les montagnes de Gruyères, chaque fois qu'on trait les vaches, on leur préfente une groffe poignée d'une pâte falée, qu'elles dévorent avec avidité. On ne manque pas de leur en donner auffi de tems en tems dans l'Emmenthal & l'Oberland, canton de Berne. Depuis l'entrée des vaches d'Auvergne dans leurs étables à la Touffaints jufqu'à ce qu'elles aient pris l'herbe au Printems, deux ou trois fois par femaine elles ont une dofe de fel. On n'en fait manger aux élèves que vers le mois de Décembre, c'eft-à-dire, lorfqu'on les met à la paille pour nourriture. Il paroît que, dans ce dernier pays, pendant la pâture à la montagne, on n'en donne aux vaches, que dans quelques circonftances, par exemple, pour les mettre en chaleur & pour augmenter leur lait, fans doute en leur donnant plus d'appétit. La difette de fourrage force quelquefois à nourrir les vaches de bruyères, de genêt, de feuillages fecs, à l'aide d'un peu de fel, elles mangent avec plaifir ces alimens. Dans les environs de Soleure, on fait un fecret d'une efpèce d'engrais pour les bœufs. Ce n'eft autre chofe que de la faunure de poiffon. En Limoufin & dans le Querci, on ne manque pas de donner chaque jour du fel aux vaches & aux bœufs d'engrais de pouture.

Les pays de gabelles, où le fel a été fi exor-

bitamment cher avant l'année 1789, en demandant la diminution du prix de cette denrée, ont toujours allégué les avantages qu'il procureroit aux beftiaux. Tous les auteurs d'économie rurale, ont annoncé les mêmes motifs. On voit dans le premier difcours de l'Encyclopédie méthodique, partie d'Agriculture, imprimée en 1788, les vœux, que je formois pour cette diminution.

Ces faits que j'appuierois de beaucoup d'autres, s'il en étoit befoin, prouvent qu'on a reconnu généralement combien il eft utile de donner du fel aux Bêtes à cornes. Mais comme on peut abufer de tout, il eft bon d'en prefcrire la dofe. Car fi on en donnoit une trop grande quantité, on pourroit incommoder les animaux. Les Auvergnats me paroiffent avoir faifi la jufte proportion. Dans leurs étables, ils en donnent à chaque vache, de moyenne grandeur, une once deux ou trois fois par femaine ; ce qui feroit deux ou trois gros par jour. En auffi petite quantité, le fel ne peut point faire de mal & doit être très-falutaire. Peut-être eft-il bon de n'en pas donner tous les jours & d'examiner un peu dans quelles circonftances il faut s'en abftenir & dans quelles circonftances il faut en augmenter la dofe. Je n'y vois aucun inconvénient ; mais il feroit poffible qu'il y en eût que je n'euffe pas prévu. Il feroit au moins prudent dans les pays où les beftiaux n'y font pas accoutumés, de commencer par de plus petites dofes & de n'en pas donner auffi fouvent dans les premiers tems.

Il n'eft pas difficile de trouver une manière de donner le fel aux Bêtes à cornes qu'on tient, ou toujours une partie de la journée, dans les étables ; on peut le mêler à leurs alimens. Si ce font des fourrages verts ou fecs, on les en faupoudre, ou ce qui eft mieux encore, on fait diffoudre le fel dans l'eau & on arrofe de cette eau le fourrage ; fi ce font des grains ou des bâles de grains, ou du fon, ou des racines coupées, le mélange eft plus commode. On peut placer la dofe de chaque Bête fur une pierre, fur une planche ou dans une feuille de choux ou de toute autre plante, qu'elle aime, ou dans la mangeoire, ou on la lui préfente dans la main. Lorfque les vaches, qui paiffent dans les montagnes, viennent au parc ou au chalet pour fe faire traire, on profitera de l'occafion pour mettre devant elles un peu de fel. Il y en a qui le fufpendent au-deffus de la crèche en l'enfermant dans une poche ; les bêtes à cornes vont lécher la poche avec leur falive diffolvent un peu de fel. Dès qu'il eft conftaté que les animaux s'en trouvent bien, chacun faifira le moyen le plus commode de le leur faire prendre.

Maladies des Bêtes à cornes.

Beaucoup d'efpèces de maladies attaquent les bêtes

Bêtes à cornes; savoir, l'apoplexie, les barbillons, l'esquinancie ou étranguillons, la péripeu-
monie, la toux, la courbature, l'hydropisie de
poitrine, les coliques, les tranchées, les indi-
gestions, la dysenthérie, le dévoiement, le pissement de sang, quelquefois occasionné par une
pierre, qu'on peut extraire, la rétention d'u-
rine, la constipation, les vers, les égragopiles,
le durillon, la fracture des cornes, l'enflure de
la panse, des lèvres, du col, de la tête, l'engorgement des glandes de la ganache, les aphtes,
les chancres à la langue, le charbon, l'avant-
cœur, l'emphysème, les loupes au coude, l'entorse & la bleime, la gale & la rogne, les
dartres, les verrues, la fracture des côtes, l'effort des reins, l'œdeme sous le ventre, la brûlure, l'effort des cuisses, l'éparvin, la tumeur
au jarret, le clou de rue, les chicots de bois,
qui leur donnent l'encloueure & les ulcères.
Il règne de tems en tems sur les Bêtes à cornes,
une maladie pestilentielle, qui cause les plus grands
ravages ; on l'appelle seulement maladie des
bestiaux. *Voyez* chacun de ces mots à son Article.

Produits des Bêtes à cornes.

Les produits des Bêtes à cornes consistent dans
la vente des veaux & celle des genisses d'élève,
dans la vente des taureaux, quand il ne peuvent plus servir comme étalons, dans celle des
vieilles vaches, dans le travail des bœufs, soit
à la charrette, soit à la charrue ; dans la vente
de ces animaux ; dans celle du lait ou des parties
constituantes du lait, telles que la crème, le
beurre, le fromage, le sel de lait, dans l'engrais, que fournissent toutes les bêtes à cornes, & dans l'emploi de leur fiente ou bouse
pour faire du feu.

Vente des veaux.

Le prix des veaux est relatif à leur grosseur, à la saison de l'année, à leur âge & à la
facilité du débit. Les bouchers achetent la viande
pour la vendre au poids ; à l'inspection d'un
veau & sur-tout en le maniant, ils jugent combien il doit peser ; ils donnent plus d'argent
du plus pesant. Je crois que quand ils sont
obligés de fournir les personnes, qui aiment la
viande délicate & dont ils sont bien payés, ils
achetent plus volontiers les veaux d'une étable,
que ceux d'une autre, parce que les veaux de
certaines étables sont meilleurs, soit à cause de
la nourriture, soit à cause des soins qu'on prend.
Les veaux engraissés à la manière de Pontoise,
sont d'un prix beaucoup au-dessus de celui des veaux ordinaires. Si les bouchers les achetent beaucoup plus cher, ils en vendent aussi
la viande beaucoup plus cher.

Aux environs de Paris, jusqu'à la distance de
trente lieues de rayon, les veaux sont plus rares
depuis le mois de Septembre, jusqu'à Pâque,
parce que, dans cet intervalle, les vaches vêlent
moins.

On livre au boucher des veaux depuis un
jour jusqu'à six semaines ou deux mois. Je
sais qu'en Auvergne, où on n'élève que la moitié des veaux, on se défait de l'autre moitié
dès le jour de la naissance. Leur valeur doit
être bien foible, étant vendus si jeunes ; la chair
en est glaireuse & désagréable à manger. Un
veau, nourri de lait par une bonne mère, est
bon à un mois. A la distance de Paris, de 18
à 20 lieues, il se vend 21 à 22 liv. prix moyen,
s'il pèse de 50 à 60 livres.

Vente des genisses d'élève.

Dans les pays, où il n'y a point de pâturages naturels, on n'élève point de genisses,
parce qu'elles coûteroient beaucoup, ou si l'on
en élève, ce n'est que pour renouveller l'espèce, & entretenir le troupeau d'une manière plus avantageuse. On en élève peu pour
vendre, quoiqu'il fût à desirer qu'on pût en
acheter d'élevées en grande partie au sec. L'a-
liment naturel des vaches étant l'herbe verte,
il semble que quand on leur fait manger du
fourrage sec presque aussi-tôt qu'elles sont sevrées,
elles en souffrent & ne prennent pas une bonne
croissance. En pays d'élèves, une genisse de deux
ans est vendue au marchand, environ 100 liv.

Vente des Taureaux.

Les taureaux de réforme sont vendus ou dans
l'état de taureaux, ou après avoir été bistournés.
Dans l'un & l'autre cas on les nourrit bien pendant quelque tems pour les engraisser. Les bouchers font peu de cas de ces animaux, parce
que jamais la chair n'en est aussi bonne que
que celle des bœufs. Aussi les achetent-ils à
bon marché. Un taureau de quatre à cinq ans,
du poids de quatre à cinq cens livres, se vend,
à vingt lieues de Paris, cent cinquante livres.

Vente des vieilles Vaches.

Une vache peut être regardée comme hors
d'état de rendre du profit dans un endroit où
on la nourrit au sec, quoi qu'elle puisse en rendre
encore dans celui où on la nourrira de vert. Elle
est réformée dans l'un, & achetée pour donner du
lait dans l'autre. Les nourriciers de la banlieue
de Paris se procurent des vaches fraîchement
vélées, dont les fermiers se défont. On leur vend
une vache de taille au-dessus de la moyenne,
150 à 200 livres. Ils la nourrissent bien & la
vendent en bon état, lorsqu'elle commence à

n'avoir que peu de lait, & en rachetent une autre.

Beaucoup de fermiers, lorſqu'ils ont une vache à réformer, la font tuer à l'approche de la moiſſon; ils la ſalent, & elle ſert pour nourrir leurs moiſſonneurs.

Le plus ſouvent c'eſt au boucher que les propriétaires de vaches vendent celles qu'ils réforment. Ils les nourriſſent un peu mieux que les autres pendant quelque tems. Le prix d'une vieille vache en bon état, ſi elle eſt d'une taille commune, peut aller à celui qu'elle a coûté étant géniſſe. En ſuppoſant qu'on s'en défaſſe à douze ans, elle peut avoir donné dix veaux à 21 liv. 210 liv.
En neuf ans, ſept cens quatre-vingt-
   trois livres de beurre à 12 ſols. . . . 469
Quatre-vingt-dix fromages, à 10 ſols. . 262
L'engrais de quinze arpens de terre à
   30 liv. l'arpent. 450
                       ————
                    1399 l.

Le fermier ou propriétaire de la vache, qui auroit été obligé de tout acheter pour la nourrir en dix ans, d'après un état rigoureux de dépenſes qui précède, n'auroit profité que de 110 livres. Mais la néceſſité de faire conſommer ſes fourrages, le beſoin indiſpenſable d'engrais dont j'ai apprécié la valeur, & qu'il ne trouveroit pas à acheter, mais la nourriture étant priſe ſur le produit de la terre qu'il cultive, ou des pâturages naturels qu'il afferme ou qu'il a en propriété, tout rend avantageux pour lui l'entretien & la multiplication des vaches.

Du profit qu'on retire des Bœufs par leur travail & en les vendant.

On fait ordinairement travailler les bœufs pendant ſept ans; en Baſſe-Normandie, ils ne travaillent que quatre; ils commencent à trois. On les réforme donc à dix ans dans certaines Provinces & à ſept dans d'autres pour les engraiſſer. Les uns les emploient uniquement à des charrois, d'autres s'en ſervent pour la charrue, & pour charier les engrais, les récoltes & les proviſions de bois ou de pierres & autres matériaux des métairies, domaines & fermes.

Lorſqu'ils ne ſont occupés qu'à des charrois, ils durent moins long-tems; on eſt obligé de les réformer avant la dixième année, parce que la difficulté des chemins, la gêne & l'attention perpétuelle les fatiguent plus que la marche égale & uniforme du labour.

Ce n'eſt que dans l'Inde que les bœufs portent des fardeaux & ſont montés par des hommes. Je ne ſais pas combien d'années on les fait ſervir.

Dans l'uſage ordinaire, les Cultivateurs Fran-

çois, propriétaires de bœufs, leur font labourer par jour environ un arpent de Paris, de neuf cens toiſes quarrées.

On vend un bœuf maigre au ſortir de la charrue à un engraiſſeur deux cens quarante livres.

L'engraiſſeur de profeſſion, ou le propriétaire qui engraiſſe, vend au marchand pour conduire à Paris, un bœuf gras du poids de ſept cens livres, 360 liv.

J'examinerai, au mot *labour*, la grande queſtion de ſavoir s'il eſt plus avantageux de ſe ſervir des bœufs que des chevaux pour cette opération; elle me paroît mieux convenir à cet article.

Vente du Laitage.

On appelle laitage le lait récent & tout ce qui en fait partie. Dans le voiſinage des Villes on a plus de profit à vendre le lait, qu'à le garder pour faire du beurre ou du fromage. A peine eſt-il trait, qu'on le porte à la Ville, ou même qu'on le vend à des marchands qui l'enlèvent. Il n'exige aucun ſoin, aucun frais. Mais lorſqu'on s'éloigne des Villes, il n'y a plus de moyens de faire conſommer le lait en état de lait. Il faut alors le convertir en beurre ou en fromages. Dans quelques cantons, où il n'a pas aſſez de qualité pour faire du beurre ou du fromage, on le fait boire à des veaux qu'on engraiſſe & qu'on vend un bon prix. Il y a des pays où la nature des herbes rend le beurre excellent & abondant, & où on a la facilité de le débiter. Dans les montagnes on ne fait du beurre que pour l'uſage des perſonnes qui ſoignent les vaches; on eſt trop loin des habitations pour en avoir le débit, ſi on en faiſoit davantage. On préfère la fabrication des fromages, qui ſe gardent & ſe perfectionnent pendant tout le ſéjour des vaches à la montagne. Des commerçans viennent les y acheter.

Le lait pris chez les nourriciers de la banlieue ou chez les fermiers des environs de Paris, ſe paie communément ſix ſols la pinte, qui contient trois livres.

Le prix commun du beurre que les fermiers portent au marché pour l'approviſionnement de la capitale, eſt de douze ſols la livre.

Le prix des fromages varie ſelon leur groſſeur, l'eſpèce de fromage & ſa qualité. Le fromage de Brie, le plus eſtimé, ſe vend par le fermier de quarante à cinquante ſols. Il a neuf lignes d'épaiſſeur, & un diamètre de dix pouces.

Dans les montagnes de Franche-comté & de Lorraine, on vend le fromage fait à la manière de Gruyère ſur le pied de ſix ſols la livre.

Le petit lait & le baratté ſervent à nourrir des cochons. On eſtime en Suiſſe que le petit lait de cinq vaches peut nourrir un gros cochon ou deux petits. On en tire un autre parti dans les montagnes de l'Emmenthal, de l'Entlibuch, canton de Lucerne, & dans les environs de la vallée d'Urseren au pied du Saint-Gothard & autres endroits de la Suisse. Par un procédé particulier dont on fait un secret, les montagnards, en évaporant le petit lait, font un sel ou sucre de lait, & même des tablettes fort estimées dans ce pays pour les maladies de poitrine. *Voyez* LAIT.

En indiquant ici les prix des différens produits qu'on retire des bêtes à cornes, je n'ai pas prétendu à une exactitude rigoureuse ni convenable à tous les pays. On sent bien qu'elle m'étoit impossible; mais j'ai voulu donner un apperçu des prix qui m'ont paru les plus communs, afin qu'on eût quelque chose d'un peu positif.

De l'Engrais que fournissent les Bêtes à cornes à l'étable & dans les prairies.

Les bêtes à cornes fournissent de l'engrais par le fumier qu'elles font à l'étable & par la fiente qu'elles répandent dans les prairies où elles séjournent.

Selon leur taille & les alimens dont elles sont nourries, les Bêtes à cornes produisent un engrais plus ou moins abondant. Une vache nourrie au sec ne rend que des excrémens secs; celle qui mange beaucoup d'herbe fiente plus souvent, salit davantage sa litière, qu'il faut renouveller fréquemment. J'estime qu'une vache de haute taille peut fournir dans l'étable de quoi fumer deux arpens de terre par an, l'arpent de cent perches, à vingt-deux pieds pour perche. Une vache de taille moyenne en fume un arpent & demi, & la plus petite espèce un arpent. Il arrive souvent qu'une bête de petite race fournit plus d'engrais que celle d'une race moyenne, ce qui dépend de sa constitution; plus elle se vuide fréquemment, plus elle fait de fumier.

J'ai parlé de la qualité de l'engrais des Bêtes à cornes & des terres auxquelles il convient, au mot AMENDEMENT.

L'engrais, que les bêtes à cornes répandent dans les prairies, n'est avantageux qu'autant qu'elles y sont en grand nombre, relativement à l'étendue des prairies ou que les prairies servent toute l'année de pâture à ces animaux; sans cela, quelques places seulement sont fumées; le reste ne l'est pas du tout; les communes en offrent la preuve.

Le séjour continuel des bœufs dans les herbages de Normandie, où on les renouvelle, à mesure qu'on vend ceux qui sont gras, suffit pour fumer ces riches pâturages, parce qu'on a l'attention d'enlever leur fiente des endroits où il y en a trop, pour la répandre dans ceux, où il n'y en a pas.

On est dans l'usage dans le pays de Bray, aux environs de Neuf-Châtel & de Gournai, de faire parquer la nuit les vaches, comme on fait parquer les moutons; c'est un moyen d'engraisser les prairies naturelles. Pendant la journée, ces bêtes sont errantes dans les pacages, où elles paissent; le soir, on les ramène au parc formé de claies dans lequel elles restent enfermées. On donne à un parc, pour dix vaches, une étendue de 44 à 48 pieds de longueur & de largeur. Ces dimensions varient selon que l'homme qui forme le parc, croise plus ou moins les claies. *Voyez* les détails du parcage au mot BÊTES A LAINE. Ce parc est changé de tems en tems de place; on juge qu'il faut le changer, quand on voit que son enceinte est suffisamment fumée & que les vaches n'y pourroient plus séjourner davantage, sans se salir. Quand la fiente est sèche, on charge un petit garçon de la répandre de manière que toute la prairie soit également engraissée, comme on fait dans les herbages à bœufs.

Cette manière d'engraisser les prairies naturelles a été imitée par le propriétaire d'une terre voisine du pays d'Auge, où on l'a introduite d'après des observations faites à Forges-les-eaux. Là, dans les premiers jours de Mai, les vaches commencent à coucher au parc & continuent jusqu'au mois de Novembre & quelquefois jusqu'à la Saint-Martin; si les premiers jours de Mai étoient froids, on ne commenceroit pas sitôt, comme on prolongeroit au-delà de la Saint-Martin, si le tems se soutenoit & si la prairie étoit abritée. Il est sage de ne pas choisir un mauvais tems pour commencer le parcage & de ne pas exposer au froid des nuits, les vaches fraîchement vélées, plus susceptibles alors des impressions de l'air.

A quatre heures ou quatre heures & demie du matin, on fait sortir les vaches de leur parc & on ne les y fait rentrer qu'à l'approche de la nuit, afin de les laisser manger le plus long-tems possible, sur-tout dans les grandes chaleurs, parce qu'alors elles ne mangent pas, au milieu du jour; on croit que, s'il s'agissoit de les engraisser, il faudroit qu'elles entrassent le soir plus tard au parc & qu'elles en sortissent plus matin; ce qui dépendroit de la quantité & de l'abondance d'herbe qu'elles trouveroient dans leurs pacages.

La personne, dont je tiens cette méthode s'en trouve bien. Elle fait parquer ses vaches dans les parties les plus maigres de ses prairies. Je présume que ces bêtes ne doivent pas donner autant de lait que si elles couchoient toutes les nuits à l'étable; mais elles sont, à cet égard, comme les vaches de la Suisse, de l'Auvergne & d'autres parties montagneuses de l'Europe, qui passent l'Eté exposées aux injures de l'air; ce qu'elles perdent en quantité de laitage, elles le regagnent en qualité; car si les vaches Suisses de la montagne, toujours dehors en Eté, donnent du lait propre à faire de meilleurs fromages, que celles des plaines, qui rentrent dans les étables tous les soirs, il en est de même des vaches du pays de Bray, comparées avec celles des autres Provinces & même de la majure partie de la Normandie, dont les vaches ne parquent pas. Les fromages excellens de Neuf-Châtel & le beurre de Gourrai, un des meilleurs qu'on connoisse, sont des témoignages non équivoques de l'influence de cette pratique sur la qualité du laitage.

De l'influence de cette pratique sur la qualité du laitage, il résulte de ce parcage une économie de transports d'engrais & une manière de fumer assez égale, moyennant la distribution de la fiente dans les endroits où il n'y en a pas, & les bons effets de la transpiration des vaches sur le sol des prairies qu'elles parquent ; on ne peut apprécier ce dernier avantage.

Usage de toutes les parties des bêtes à cornes.

Leur chair est, après le pain, un des alimens le plus employé pour la nourriture des hommes en Europe. Celle de la vache & du taureau ne sont pas estimées, mais la chair de bœuf, engraissé soit à l'herbe, soit de pourure, fait la base des meilleurs potages & se sert sur les meilleures tables. Celle des veaux, moins succulente & moins substantielle, est très-agréable, sur-tout si ce sont des veaux engraissés ; elle est regardée comme rafraîchissante, & par cette raison, on la préfère pour le bouillon des malades. On embarque des bœufs vivans sur les vaisseaux, afin de donner quelque tems de la viande fraîche à l'équipage. On embarque une plus grande quantité de bœuf salé.

En Irlande, en Angleterre, en Hollande, en Suisse & dans le Nord de l'Europe, on sale & on enfume la chair de bœuf, soit pour l'usage de la marine, soit comme objet de commerce.

La peau du bœuf, de la vache & du veau, servent à une infinité de choses ; un grand nombre d'ouvriers les préparent ; un grand nombre d'homme en font usage pour leurs chaussures & pour différens Arts.

On emploie la graisse pour des chandelles, les pieds pour faire de l'huile, les cornes pour des peignes, des lanternes, des vitres, des boîtes, &c.

Le poil forme la bourre pour les colliers des chevaux, pour les plafonds & les crépis, dits crépis en blanc en bourre.

Les excrémens forment des engrais & se dessèchent dans l'Inde & en Europe pour brûler dans les pays où il n'y a point de bois ; ils servent même d'onguent pour les blessures des arbres.

Le sang de bœuf sert encore de dépurant dans les raffineries de sucre, & pour donner de la solidité aux aires des granges. On sait que c'est avec cette substance que la Chimie forme le bleu de Prusse.

On connoît l'usage & les avantages du lait ; cet aliment si précieux, si doux, si analogue aux sucs de l'enfance, & dont on tire un si grand parti, soit pour nous nourrir, soit pour assaisonner nos mets, &c. &c.

Des Lieux de France où il se fait le plus d'Elèves en Bêtes à cornes, & d'où les principales Villes du Royaume en tirent pour leurs Boucheries.

Le Traité de la Police du Commissaire Lamarre offre le tableau des pays de France où l'on élève des Bêtes à cornes pour les besoins des provinces, & où on en engraisse pour l'approvisionnement des principales boucheries du Royaume. J'en donnerai un précis qui ne me paroît pas déplacé ici.

Le Traité de la Police a été imprimé en 1710. Il seroit possible que quelques-unes des Provinces n'élevât pas maintenant autant de Bêtes à cornes qu'avant cette époque, ou que d'autres provinces qui élevoient peu d'animaux alors, se fussent déterminées à en élever davantage. Les changemens, à cet égard, ne doivent pas être considérables, ni empêcher l'intérêt du tableau que je vais offrir.

La Brie.

Les grandes & belles prairies situées le long de la Seine & de la Marne, les communes de plusieurs paroisses & l'abondance des fourrages que produisent les terres labourables, donnent la facilité de nourrir des bestiaux, sur-tout aux environs de Meaux & de Melun. On n'y élève pas de bœufs, mais beaucoup de vaches. Paris tire de ces pays une grande quantité de veaux qui y sont estimés.

Aux environs de Montereau, petite ville limitrophe de la Brie, du Gâtinois & de la Bourgogne, il y a de bons pâturages le long des rivières de Seine & d'Yonne, où l'on fait des nourritures de gros bétail pour Paris.

La Beauce & le pays Chartrain.

Il y a beaucoup de pâturages aux environs de Dreux. Presque toutes les paroisses s'occupent d'élever des bestiaux. Il y en a aussi aux environs d'Estampes dans les paroisses d'Iteville, Maisse & de Bourray, qui ont des communes propres à cette éducation.

Les fermiers de presque toute la Beauce achètent, pour garnir leurs fermes, des vaches Bretones, Normandes ou Percheronnes.

Le Perche.

On voit dans le Perche des terres incultes & en bruyères sur les hauteurs. On y fait des élèves en genisses, qui se vendent aux foires & marchés du pays.

Quelques paroisses engraissent des bœufs & des vaches, qui font conduits aux marchés de Sceaux & de Poissy pour Paris.

Le Sénonois.

Il se fait des nourritures de gros bétail dans les paroisses de Jaulnes & de Villenaux, du côté de Bray-sur-Seine & dans d'autres paroisses de pays montueux, ainsi que dans les prairies & pâturages qui font le long de la rivière d'Yonne, aux environs de Joigny & de Saint-Florentin. Le commerce s'en fait pour Paris.

Champagne.

Outre la quantité de prairies qui font dans l'étendue du bailliage de Troyes, sur la rivière de de Seine, dont les foins font conduits à Paris, il y a plusieurs villages qui ont des pâturages communs, où ils nourrissent des Bêtes à cornes seulement pour les engrais des terres & pour les provisions du pays.

Les prairies des environs de Langres nourrissent aussi des bêtes à cornes, dont il vient quelques-unes à Paris.

On en nourrit beaucoup dans le Rhételois pour alimenter les villes voisines. Malgré la bonté & la quantité des pâturages des environs de Sainte-Menehould, principalement le long des rivières de Meuse & d'Aisne, il s'y fait peu de nourriture, soit par la négligence des habitans, soit à cause d'un droit de *tirage* que les Seigneurs levoient sur les terres ou sur les pâturages. Ce droit étant ou supprimé ou déclaré rachetable, il y a lieu de croire que, si les habitans ont un peu d'énergie, ils augmenteront leurs bestiaux & profiteront de cette branche d'économie.

Lorraine.

Les montagnes des Vosges composent une grande partie de la Lorraine. Elles séparent cette province de la Franche-Comté, & s'étendent depuis la plaine d'Alsace jusqu'à l'extrémité de la Champagne. C'est un pays abondant en bêtes à cornes, qui y trouvent leur nourriture dans les montagnes pendant une grande partie de l'année. Ce font particulièrement des vaches qu'on y entretient pour faire du beurre & des fromages. On y engraisse aussi quelques bœufs pour Strasbourg, Basle, Nanci, Metz & Toul; mais le plus grand commerce se fait avec les Allemands & les Suisses qui viennent y acheter de jeunes bœufs pour le labourage, de jeunes taureaux & des vaches.

Comme la Lorraine produit beaucoup de foin, pour le consommer on élève & on entretient beaucoup de bétail dans des habitations, nommées *Marcareries*, espèces de fermes tenues par des Suisses ou des Allemands, appelés *Marcas*, qui rendent pour prix du fermage, une certaine quantité de beurre, de fromage & de veaux, & quelquefois de l'argent.

L'Alsace.

Dans cette province, la plus riche & la plus fertile du Royaume, on nourrit beaucoup de bestiaux qui se consomment dans la province. En 1700, on y comptoit cinquante-un mille bœufs & vaches.

Le Hainault.

Les pâturages font communément assez bons dans le Hainault, parce qu'il est arrosé d'un grand nombre de ruisseaux. Les habitans y nourrissent beaucoup de bestiaux, & sur-tout des vaches. En 1697, il se trouva soixante & quinze mille vaches dans la partie du Hainault, qui tient à la prairie. Les Bêtes à cornes du petit canton de Marville font les seules qui sortent du pays par le commerce; le reste n'en sort pas, mais fournit du lait & du fromage aux habitans.

La Flandre.

Il y avoit aussi, en 1710, dans la dépendance de la ville de Lille, 50000 vaches.

Les pâturages de la Flandre font excellens. On ne s'en contente pas, mais on donne en outre à manger aux Bêtes à cornes dans les étables. Le marc du grain qui a servi à faire de la bière, & des tourteaux de marc de colsat, des gros navets ronds & des féveroles; on mène ces animaux dans les regains de trèfle.

On élève en Flandre des genisses. La partie occidentale de cette province est la plus fertile en pâturages. Tous les ans, indépendamment des bêtes à cornes du pays, on y amène des bœufs & des vaches maigres de l'Artois & de la Picardie qui s'y engraissent facilement. Les vaches y donnent du lait en abondance, & particulièrement dans le Furvembak.

Il se lève en Flandre un droit de *Vaclage* sur les bestiaux, qui sans doute est maintenant ou supprimé, ou déclaré rachetable. D'après les registres du vaclage de l'année 1698 il y avoit en Flandre 88946 vaches.

Il y a tous les mois une foire pour les bestiaux à Bourbourg, un marché à Bergues tous les Lundis, à Furnes tous les Samedis & à Ypres toutes les semaines.

Le Vexin.

On voit de très-bons pâturages dans le pays de Bray, où on nourrit beaucoup de vaches. Il vient de ce pays à Paris une grande quantité de veaux, de bon beurre & de bons fromages.

Tout le Vexin Normand eſt également rempli de pâturages ; les beſtiaux qui s'y nourriſſent s'amènent à Paris.

La Normandie.

Pluſieurs cantons de la Normandie ſont abondans en pâturages. Les meilleurs ſont ceux du Cotentin & du pays d'Auge. On appelle *Herbages* les pâturages d'engrais. Les Normands achètent des vaches & des bœufs du pays pour les engraiſſer, & vont en outre acheter des bœufs maigres dans l'Angoumois, la Saintonge, le Poitou, le Quercy, la Marche, le Limouſin, le Berry, la Bretagne, &c. qu'ils amènent dans les herbages au Printems, & qu'ils vendent gras au marché de Neubourg & à celui de Trévières.

Une partie des beſtiaux engraiſſés en Normandie ſe diſtribue dans la province & en Picardie pour l'approviſionnement de quelques villes. Mais la plupart ſont deſtinés pour la capitale.

Le rendez-vous des bœufs Normands pour Paris eſt le marché de Poiſſy, qui ſe tient tous les Jeudis.

La Bretagne.

Pluſieurs paroiſſes des environs de Rennes, nourriſſent une grande quantité de vaches. Le plat-pays du Comté Nantois, appellé *d'Outreloire*, eſt abondant en pâturages ; les habitans y font deux ſortes de commerce de beſtiaux ; ils vendent maigres des bêtes d'élève ou celles qui leur ont ſervi au labourage. Dans les Iſles de la Loire, depuis Nantes juſqu'à Pain-Bœuf, dans les paroiſſes, qui ſont le long de cette rivière & dans celles du pays de Rets, on engraiſſe des animaux achetés maigres dans les foires, & qu'on vend aux bouchers du pays, on a des marchands, qui les font conduire aux marchés de Sceaux & de Poiſſy, pour Paris.

L'évêché de Quimper & celui de Tréguier, ont auſſi de très-bons pâturages propres à la nourriture des Bêtes à cornes. Les marchands Normands viennent les y acheter & les deſtinent pour Paris,

Le Maine.

Les landes du Maine ſervent de pâturage à beaucoup de Bêtes à cornes ; on y en élève une grande quantité. La vente de ces élèves & le beurre ſont deux objets de commerce.

L'Anjou.

Une des richeſſes de l'Anjou, eſt la quantité de bœufs & de vaches qu'on y nourrit. Il s'en fait un grand commerce ; l'Anjou en fournit aux provinces voiſines. Le pays de Chollet, où on engraiſſe de pouture des bœufs, qui viennent à

Paris, eſt ſitué en Anjou ; ce ſont les meilleurs de tous.

Le Poitou.

Le pays de Roche-Chouart, les environs de la ville de Livray, ceux de la ville de Luſignan & de Partenay, le Canton de Saint-Maixant & celui de Niort, près de la Mothe Sainte-Heraye, ſont abondans en pâturages, où l'on nourrit beaucoup de beſtiaux. Dans le canton de Saint-Maixant, il s'en fait un grand commerce avec les marchands d'Auvergne & de Lyon ; il s'en tire auſſi par les marchands de Beauce, qui en deſtinent une partie pour Paris.

Les marais du canton de Niort, & ceux des ſables d'Olonne, dits *petits marais* ; les marais de la Lande, la Grenache, Soulun, Saint-Gervais, dits *grands marais*, ſervent auſſi à la nourriture des beſtiaux. On vend, dans les marchés des environs, des bœufs maigres pour la Normandie, & des bœufs gras pour Paris.

Il y a pluſieurs paroiſſes du Bas-Poitou, où on engraiſſe uniquement à l'étable, des bœufs qui ſe conſomment dans le pays, ou vont à Nantes ou à la Rochelle.

Pays d'Aunis.

Cette petite Province a des endroits marécageux, qui nourriſſent beaucoup de bétail.

Berry.

Les bœufs de travail en Berry, ou ſont vendus à des marchands, qui les amènent en Normandie pour être engraiſſés, ou on les engraiſſe dans le pays. Les uns & les autres ſont conduits étant gras, dans les boucheries de Paris. Le Berry eſt arroſé par pluſieurs rivières, dont les bords fourniſſent du foin & des pâturages. Il y a auſſi dans le Berry, des landes très-étendues, appellées *Brandes*, où les bêtes à cornes paiſſent une grande partie de l'année.

Le Nivernois.

Il ſe fait, en Nivernois, beaucoup de nourritures de bœufs, vaches & veaux.

La Bourgogne.

Pluſieurs cantons de la Bourgogne élèvent & engraiſſent des bêtes à cornes ; ſavoir, 1.º l'Authunois, où les marchands de Lyon, de Champagne, du Comté de Bourgogne, & de Lorraine viennent les chercher : 2.º le Bailliage de Sémur en Brionnois ; 3.º le Charolois, qui a une grande étendue de pacage dans des prés arroſés, & où les animaux paiſſent une grande partie de l'année dans les bois ; les bœufs gros du Charolois, sont conduits à Paris & à Lyon ; 4.° les environs de Vézelay, couverts de fougeres & de genêt, & tout le Morvant, qui fournit aussi Paris.

La Franche-Comté.

Quoique les foins soient bons & abondans le long de la Saône, du Doux & de l'Ouguon, on y élève peu de bétail ; c'est dans la montagne où les pâturages sont les meilleurs. On remarque que les vaches, qui sont grandes & grasses dans la montagne, où l'herbe est courte & fine, dépérissent quand on les introduit dans le pays gras, où l'herbe est grande & forte ; la bonté de l'herbe ne dépend pas de sa hauteur, ni de sa grosseur, mais de sa finesse & d'une qualité qui la rend plus substantielle. Les vaches de la montagne donnent beaucoup de lait, qui sert à faire du beurre & des fromages, analogues à ceux de Gruyères. Quand elles sont vieilles, on les engraisse & on les vend à des marchands de Suisse, de Lorraine & d'Alsace.

La plupart des veaux, qui se consomment dans la ville de Besançon & aux environs, se tirent aussi de la montagne.

Le Bourbonnois.

Il se fait un grand commerce de bestiaux, dont la plus grande partie, après la Province fournie, est enlevé pour le Lyonnois. Il en vient aussi à Paris.

La Haute-Marche.

C'est un pays entrecoupé de montagnes ; on y nourrit beaucoup de bœufs, de vaches & de veaux ; on engraisse les bœufs avec des châtaignés & de grosses raves.

L'Angoumois.

Les seules Châtellenies de Conflans & Chabanois, voisines du Limousin, dont le terrein est à-peu-près de même nature, nourrissent beaucoup de bestiaux.

Le Limousin.

Le commerce des bêtes à cornes fait le principal revenu du haut & Bas-Limousin. Il s'y vend beaucoup de bœufs ; non-seulement pour les provinces circonvoisines, mais encore pour Paris. Une partie est engraissée dans le pays à l'herbe & au sec ; la plupart sont vendus maigres pour aller s'engraisser dans les herbages de Normandie ; tous ces animaux sont pour Paris. L'engrais au sec ou de pouture se fait en Limousin, avec des raves & des châtaignes en quelques endroits.

L'Auvergne.

On élève en Auvergne beaucoup de bœufs & de vaches. C'est un des principaux produits du pays. Après que la Province en est fournie, le reste passe dans le Bourbonnois, le Nivernois, le Berry, une partie de la Guienne & du Languedoc, le Limousin même, la Marche & le Quercy.

Le Forez.

Les montagnes, qui joignent celles d'Auvergne, sont cultivées du côté du Forez ; mais elles sont incultes & inhabitées en montant plus haut ; là, elles fournissent d'excellens pâturages pour l'Eté. La plupart des Bêtes à cornes, qui y paissent, sont des vaches ; elles donnent beaucoup de lait, dont on fait les fromages connus sous le nom de *fromages de roches.*

La Bresse.

Il y a, dans la Bresse, beaucoup de pacages & de fourrages. Les bœufs engraissés sur les bords de la Saône sont beaux & bons ; mais ceux qu'on engraisse dans le plat pays, sont de moindre prix. Les bouchers de Lyon achètent ces bœufs.

Le Mâconnois.

Indépendamment des pays de vignobles, le Mâconnois a des pays à pacages, où on nourrit & où on engraisse des bœufs pour Lyon & pour les Provinces voisines.

Le Languedoc.

Les montagnes du haut Languedoc, offrent d'abondans pâturages. Toutes les Bêtes à cornes, qu'on y engraisse, ne sont pas du pays. On en tire de l'Auverge, du Limousin & du Rouergue.

Le Vivarais.

Le pays, que l'on appelle la montagne & qui approche du Veley, est le plus gras. On y nourrit une grande quantité de Bêtes à cornes.

La Guyenne & la Gascogne.

On n'élève point dans le Périgord ; on y entretient seulement les bestiaux, qui servent à la culture des terres ; quand ils ont servi le tems convenable, on les vend & on en achète d'autres pour les remplacer.

Les pays de Montauban, de Cahors, de Rhodès, d'Armagnac, de Comminges, & de Foix, abondans en pâturages, nourrissent plus de bestiaux qu'il n'en faut pour leurs provisions.

Les habitans des vallées de Bigorre vendent aux Espagnols, leurs voisins, les bœufs, qu'ils engraissent. On en nourrit aussi dans la terre de Labour, qui fournissent les boucheries de la Province de Guipuscoa en Espagne & de la Haute-Navarre.

La Provence.

Les Isles de la Camargue, placées entre les bras

du Rhône, à fon embouchure, nourriffent une grande quantité de Bêtes à cornes, qui font confommées dans la Province.

Le Dauphiné.

Plufieurs montagnes du Dauphiné font propres à nourrir des Bêtes à cornes. Avec le lait des vaches, on fait du beurre & des fromages, qui font un objet de commerce. Les principales montagnes font celles de Saffenage & de Doyfans, du côté de Grenoble, celles de Graffes & de Valdronne dans le Dyois. Celles de Vars & des Orres dans l'Embrunois & celles de Gueyras & de Pragelas dans le Briançonnois.

Il entre tous les ans en Dauphiné beaucoup de bœufs & taureaux, qui viennent du Vivarais & du Vélay.

Provinces qui fourniffent des bœufs à Paris, & ordre des fournitures.

On concevra que je n'ai pu avoir des détails fur cet objet qu'en m'adreffant à des maitres bouchers de Paris ou à un entrepreneur de fourniture de viande. MM. Ancelle & Bequet, anciens bouchers de Paris, après m'avoir donné tous les renfeignemens, qui dépendoient d'eux, m'ont eux-mêmes indiqué M. Bayard, entrepreneur de fourniture de la viande des Invalides & des Hôpitaux de Paris. M. Bayard ayant parcouru toutes les Provinces à bœufs pour fes entreprifes, il a été à portée de m'éclairer plus particulièrement. C'eft d'après des conférences tenues avec ces trois perfonnes très-inftruites dans ces partie que j'expoferai ce qui fuit.

Les Provinces de France, d'où Paris tire fes bœufs, foit directement, foit indirectement, c'eft-à-dire, foit qu'ils en partent directement après y avoir été engaiffés, foit que réunis maigres par des marchands dans quelques-unes d'elles, on les y engraiffe pour en faire des envois à la Capitale, ces Provinces font la Normandie & fur-tout le Cotentin, la Bretagne, le Maine, la Sologne, la Tourraine, l'Anjou, dont le pays de Cholet fait partie, le Poitou, où fe trouvent les grands & petits marais & Lamothe fainte-Héraye, l'Angoumois, l'Aunis, la Saintonge, la Gafcogne, le Périgord, le Quercy, le Limoufin, le Berry, la Marche, la Combrailles, l'Auvergne, le Bourbonnois, le Nivernois, où eft la vallée de Lurcy, la Bourgogne, le Morvant, le Charolois & le Brionnois, la Franche-Comté, la Lorraine, la Champagne dans les environs de Langres & l'Alface. Les Provinces de France, ci-deffus dénommées, ne fuffifant pas pour approvifionner Paris de bœufs, on en tire encore de la Hollande, du pays de Liège, de la principauté de Porrentrui, du Comté de Neufchâtel, de la Souabe, du Palatinat, de la Franconie, du Marquifat de Bade. Ce qu'on tire de la Sologne, des environs de

Langres, de la Hollande & du pays de Liège, eft peu confidérable.

Depuis la fin de Juin ou le commencement de Juillet jufqu'à la fin de Février, la Normandie envoie des bœufs gras à Paris. Elle fournit pendant ces huit mois, les trois quarts de la provifion de la ville. L'autre quart eft fourni pendant le même tems par le Charolois, le Morvant, le Nivernois, la Bourgogne, le Berry, les grands & petits marais du Poitou, la partie de la Franche-Comté, qui eft vers Juffey, fur les bords de la Saône, le Comté de Bourgogne, la principauté de Porentrui, le Comté de Neufchâtel, & la Hollande en très-petite quantité. Tous ces bœufs font des bœufs d'herbe ou engraiffés à l'herbe.

Il faut comprendre dans ce quart les bœufs engraiffés à la rave & au foin, que la Marche & la Combrailles envoient en Novembre, Décembre, Janvier & Février. Les bœufs du Comté de Bourgogne, de la Franche-Comté, de la principauté de Porrentrui, & du Comté de Neufchâtel, arrivent en Août, Septembre & Octobre, & ils ceffent alors.

En Mars, Avril & Mai, le Limoufin contribue pour les deux tiers de l'approvifionnement de Paris. L'autre tiers eft formé des bœufs de Chollet, de Lamothe Sainte-Héraye en Poitou, du Bourbonnois, du Nivernois, de la Bourgogne, de la France-Comté, de la Franconie, du Palatinat, de l'Alface ; tous bœufs engraiffés au foin ou avec du grain, ou avec du foin & du grain concurremment. La majeure partie de ce dernier tiers eft envoyée du pays de Chollet. En Juin, il envoie encore des bœufs engraiffés au foin & aux choux. Les grands marais du Poitou & le Charolois, complettent la provifion de ce mois en bœufs d'herbe, dont la quantité eft moindre que celle des bœufs de Chollet.

A la fin de Juin, ou dans les premiers jours de Juillet, la Normandie recommence fes envois & avec elle les autres Provinces indiquées ci-deffus.

Les Provinces de France ont fuffi long-tems pour approvifionner Paris de bœufs. Plufieurs caufes réunies ont forcé de recourir à l'Etranger. 1.º L'Epizootie défaftreufe des Provinces Méridionales, qui a commencé en 1774 ; 2.º La féchereffe de 1785, & ce qui en a été la fuite, la difette de fourrage ; 3.º La permiffion donnée à tous les bouchers de tuer & d'étaler en carême, tandis que l'Hôtel-Dieu feul étoit dans l'ufage de faire tuer des bœufs pendant fix femaines. Alors la rareté de la viande & la difficulté de s'en procurer en diminuoient la confommation. 4.º Enfin, l'affoibliffement fucceffif de l'obfervance des règles de l'Eglife, qui défendoit de manger de la viande en carême, les jours des quatre-tems & les vendredis & famedis. L'influence des deux dernières caufes eft fi confidérable que la liberté de vendre dans toutes les boucheries de la viande en carême, en carême, ayant eu lieu, en 1775, la consommation qui alors n'étoit que de 5800 bœufs, pendant le carême, a été de 9000 bœufs ; c'est-à-dire, de 3200 de plus dans le carême de 1789. Au reste, on doit s'attendre que la dernière cause, qui s'est étendue des Villes dans les Campagnes, s'étendra encore davantage. On peut, pour l'avenir y en ajouter une de plus, c'est la suppression des ordres Monastiques, qui faisoient maigre toute l'année, ou une partie de l'année. Les personnes que ces ordres auroient réunies, refluant dans la société, y accroîtront le nombre des consommateurs de viande, en sorte que l'Etat a le plus grand intérêt de s'occuper de la multiplication des bœufs & autres bestiaux, s'il ne veut pas que, pour cet objet, il passe à l'Etranger une portion de notre numéraire, plus grande que celle qui y passe depuis 1774, époque où des Entrepreneurs actifs sont allés chercher des bœufs en Allemagne sur les bords du Rhin & en Franconie, pour approvisionner Paris.

On fait faire aux bœufs, qui viennent à Paris, plus ou moins de chemin par jour, selon qu'ils viennent de plus loin, selon la saison, les besoins & l'espèce plus ou moins facile à se fatiguer. Communément ils font par jour huit lieues dans les beaux tems. On les essaye dans quelques endroits, avant de les mettre tout-à-fait en marche. Ceux qui paroissent ne pouvoir pas résister, ne sortent point du pays ; on les vend aux bouchers des environs. Il paroît constant que le voyage des bœufs, pourvu qu'on ne les excède pas de fatigue, contribue à rendre la viande meilleure, en faisant passer la graisse entre les fibres charnues. C'est une des causes de l'excellence du bœuf à Paris. Car il faut observer aussi qu'on achète pour cette Ville tout ce qu'il y a de meilleur, à cause de la certitude du débit ; l'éloignement & l'entrée d'ailleurs rendent une partie des frais égale. On a soin de ferrer les bœufs, qui ont un long voyage à faire, afin que leurs pieds ne se fendent & ne se blessent pas. Les bœufs d'Allemagne & de Suisse, sont ferrés pour venir à Paris. Ceux de Franconie ont 160 à 170 lieues à faire.

En quoi diffèrent les Bœufs des Provinces qui fournissent Paris.

Les personnes accoutumées à acheter des bœufs, ou pour les tuer, ou pour les vendre à des bouchers, distinguent aisément s'ils ont été engraissés à l'herbe ou au sec ; s'ils ont toujours vécu dehors, ou le plus souvent dans les étables & dans quels pays ils sont nés.

Plusieurs signes extérieurs sont propres à faire distinguer les bœufs des différens pays, quoiqu'il n'y en ait qu'une seule espèce.

La forme plus ou moins ramassée, la taille du corps, la couleur, la longueur, & la disposition des cornes, l'épaisseur du cuir, la couleur du

poil, variable selon les pays, les habitans d'un canton voulant leurs bœufs noirs, ceux d'un autre les voulant bai-rouges, ou bruns, ou pies de blanc & de noir, &c. Je ne rapporterai pas tous les signes qui les distinguent, mais seulement les principaux.

Les bœufs de race Normande sont de haute taille, ils prennent aisément de la chair & de la graisse ; ils pèsent jusqu'à 1200 livres, & quelquefois davantage ; le poids le plus commun est de 600 à 800 livres ; leurs cornes sont de moyenne grandeur. Les fermiers qui les élèvent ne sont pas attachés à une couleur ; car on voit de ces bœufs pies de rouge & de blanc, on en voit, qui sont pies de blanc & de noir, on en voit de noirs. Les habitans du Cotentin préfèrent les bœufs à poil truité ; ce qu'on appelle dans le pays *bringé*. Le meilleur bœuf Normand pour la chair est le bœuf du Cotentin ; ce qui peut dépendre autant de la constitution de l'animal, que de la qualité de l'herbe, avec laquelle on l'engraisse. Les bœufs Normands travaillent peu.

Les bœufs Bretons sont petits. C'est aux environs de Vannes & de Pont-Carré, qu'on les engraisse le mieux, à l'herbe & au foin. Ils pèsent 500 livres au plus. Leurs cornes sont grandes. Leur poil est en général blanc du côté de Vannes. Dans le reste de la Bretagne, ils sont ou blancs & noirs, ou rouges & blancs.

Les bœufs Manceaux sont ramassés, de moyenne taille, & du poids de 5 à 700 livres, ils s'engraissent bien à l'herbe. C'est une des races qui réussit le mieux dans les herbages de Normandie. Leurs cornes sont courtes & leur poil est ou blond ou blanc & rouge.

Les bœufs de la Sologne sont petits, comme tout ce que produit cette malheureuse Province. Ils ne pèsent que 4 à 450 livres au plus. Leur poil est le plus ordinairement rouge ou brun. On les engraisse dans les pâturages les moins mauvais. Il en vient rarement à Paris, parce qu'ils sont de petite espèce & de mauvaise qualité.

Les bœufs de la Touraine sont de taille élevée ; ils n'engraissent pas beaucoup. Leur poids est de 500 à 550 livres. Ils sont ou de poil brun ou de poil blond. Les habitans du pays en vendent aux Berichons & aux Normands.

Les bœufs d'Anjou sont bruns ou gris ; ils ont des cornes moyennes, dont le bout est noir. La race en est bonne pour être engraissée. Elle réussit bien dans les herbages de Normandie & à l'engrais de Chollet, pays situé dans la Province & qui donne le nom aux bœufs dits *Chollets*. Les bœufs d'Anjou peuvent peser de 500 à 800 liv. Les plus pesans sont ceux de Chollet.

Les bœufs du Poitou sont gros, sur-tout ceux qui sont élevés dans les marais de cette Province ; on les appelle bœufs de grands & petits marais. Ceux du canton de la Motte Sainte-

Heraye & de celui de Vau-de-Bie, même Province, où on les engraiffe au foin, font fupérieurs en qualité aux bœufs des grands & petits marais; on les connoît fous le nom de *bœufs Mothoois*. Les bœufs de la Mothe ont le poil d'un rouge vif & les cornes grandes; ils pèfent de 600 à 800 livres; le pays les tire en partie d'Auvergne.

Les bœufs de l'Angoumois, de l'Aunis & de la Saintonge, Provinces voifines, font-à-peu près les mêmes. Leur taille eft grande; mais leur poids n'eft pas en proportion de leur taille; ce qui dépend de la texture lâche de leurs fibres: ils pèfent de 500 à 700 livres. Leurs cornes font grandes & leur poil eft rouge-pâle; on les engraiffe au foin.

Les bœufs de Gafcogne font les plus grands de tous. Ils font pour, la plupart, à poil blond; il y en a cependant de gris & de rouges. Leur poids varie de 600 à 800 & quelquefois ils pèfent 900 livres. La majeure partie pèfe plus de 600 livres. Leurs cornes font grandes.

Les bœufs du Périgord & du Quercy font de haute taille, au-deffous de celle des précédens. Leur poil eft d'un rouge blond; ils pèfent de 600 à 800 livres. Leurs cornes font grandes; on les engraiffe avec du foin.

La taille des bœufs du Limoufin eft auffi affez haute, ils font tous d'un blond rouge. Leurs cornes font courtes. Ils pèfent de 600 à 800 liv. & même jufqu'à 900 livres. On engraiffe en Limoufin les bœufs en grande partie à l'étable; c'eft-à-dire, à la rave, au foin, à la farine de feigle & de farrafin, & à la châtaigne, après avoir commencé à les engraiffer dans les regains des prairies. Le Bourg de Saint-Léonard, près de Limoges, engraiffe quelques bœufs feulement à l'herbe.

Après la Normandie, le Limoufin eft la Province de France qui engraiffe le plus de bœufs. Elle n'engraiffe pas tous ceux du pays, puifqu'il en paffe ailleurs, mais elle en engraiffe un certain nombre & en outre beaucoup de bœufs de la Saintonge, du Périgord, du Quercy, de la Gafcogne même. Il faut obferver que les veaux mâles, qui naiffent en Limoufin, pourvu que leur poil ne foit pas pie ou brun, y font tous élevés; une partie refte dans la Province pour fes befoins, & le furplus eft vendu à l'âge de 18 mois aux cultivateurs du Quercy & du Périgord; on les y fait travailler jufqu'à l'âge de 6 ou 7 ans; alors les Limoufins les rachetent pour les engraiffer. Les bœufs véritables Limoufins, qui n'ont pas forti du pays, font les meilleurs.

Les bœufs du Berry font de moyenne race, leur poil eft blond; ils pèfent de 500 à 600 liv. Les Bérichons engraiffent une partie des bœufs de la Province, & en achètent en Touraine & en Limoufin, pour les engraiffer à l'herbe en Été, & en Hiver au foin.

Les bœufs de la Marche ont les cornes courtes & le poil d'un blanc blond. On en engraiffe quelques-uns dans le pays; ils pèfent de 500 à 600 liv.

Ceux de la Combrailles, pays qui dépend de la Marche, font plus petits; ils font en général d'un rouge vif; on en voit quelques-uns pies de rouge & blanc. Ils pèfent de 450 à 550 livres, rarement ils pèfent 600 liv.

Les bœufs d'Auvergne font gros; ils ont des cornes moyennes; leur poil en général eft d'un rouge vif; il y en a cependant de blonds, de blancs, de noirs & de pies de blanc & rouge. On en engraiffe très-peu dans le pays; ils paffent jeunes dans les Cevennes, le Foreft, le Bugey, le Poitou, le Limoufin, le Berry & le Bourbonnois; ils pèfent de 500 à 600 liv. c'eft entre le Mont-d'Or & le Cantal, que font les pâturages d'engrais. Les bœufs de la partie du Bourbonnois, fituée entre l'Allier & la Loire, appellée *petit Bourbonnois*, font pies de blanc & rouge; ceux de l'autre partie du Bourbonnois, appellé *grand Bourbonnois*, font blonds; il y en a cependant quelques-uns de rouges & quelques-uns de noirs.

Outre les bœufs du pays, on engraiffe dans le Bourbonnois, au foin & à l'avoine des bœufs du Limoufin & de l'Auvergne.

Les bœufs du Bourbonnois pèfent de 500 à 700 liv.

Les bœufs du Nivernois font de moyenne taille. Dans cette Province, on n'eft attaché à aucune couleur de poil; on engraiffe à l'herbe en Eté, & au foin en Hiver; ils pèfent de 500 à 700 liv.

Les bœufs de la Bourgogne & du Morvand, pays dépendant de la Bourgogne, font petits; leur poil eft pie de blanc & de rouge; ils pèfent de 400 à 500 livres; on les engraiffe au foin.

Les bœufs du Charolois & du Brionnois font blancs ou pies de blanc & rouge; leur taille eft moyenne, ils font ramaffés & maffifs; ils pèfent de 600 à 700 liv.

Indépendamment des bœufs du pays, on engraiffe dans le Charolois & le Brionnois des bœufs, amenés du Bourbonnois, d'Auvergne, du Beaujeolois, de la Bourgogne, du Morvand & du Nivernois.

C'eft après la Normandie le pays qui engraiffe le plus de bœufs à l'herbe, il n'engraiffe même qu'à l'herbe; la majeure partie de ces bœufs eft pour Lyon, il en vient une partie à Paris.

On peut diftinguer les bœufs de Franche-Comté en bœufs de vallées & en bœufs de montagnes. Ceux qui naiffent fur les bords de la Saône font de petite race; leur poil eft rouge blond; leurs cornes font grandes; on les engraiffe l'Eté à l'herbe & l'Hiver au foin, ils pèfent de 400 à 500 liv. Ceux des montagnes font plus gros, ce font des bœufs achetés en Suiffe;

Ils ont le poil rouge ; il y en a quelques-uns pies de blanc & de rouge. On les engraisse en Hiver à l'étable, & en Eté dans les pâturages des montagnes, ils pèsent de 600 à 800 liv.

Les bœufs de Lorraine ont les cornes courtes. Ils sont petits & de couleur rouge ; quelques-uns sont noirs ou pies de blanc & de noir. Ils pèsent de 400 à 500 liv. C'est dans les Vosges qu'on les engraisse à l'étable.

Les bœufs de la partie de la Champagne où est située la ville de Langres, sont petits ; leur poil est rouge, leurs cornes sont courtes ; ils pèsent de 500 à 600 liv. ; ils sont engraissés à l'étable. Il en vient peu à Paris,

Les bœufs d'Alsace ont la taille forte. Ce sont des bœufs achetés en Suisse ; ils ont le poil rouge ou brun, quelques-uns sont pies de rouge & de blanc ; on les engraisse à l'étable. Ils pèsent de 600 à 700 livres.

Les bœufs du Palatinat sont gris ou bruns ou rouges ; il y en a de pies de rouge & de blanc ; la plupart sont gris ou bruns. Ils ont les cornes grosses ; ils pèsent depuis 500 jusqu'à 900 liv. On les engraisse aux carottes, aux betteraves, à la rave, au foin, à l'avoine & aux pommes de terre.

Les bœufs de Franconie sont presque tous rouges d'un rouge vif avec une marque blanche au front & les quatre pieds blancs. Il y en a quelques-uns de blonds & quelques bruns. Leurs cornes sont minces & longues. Ils pèsent depuis 500 jusqu'à 800 liv., il y en a peu de 800 liv. On les engraisse au foin & à l'avoine.

Les bœufs de Suisse ont sur la tête un gros toupet de longs poils. Ils ont les cornes longues & renversées. Ils sont de très-haute taille. Ils prennent plus de chair que de graisse ; ils sont rouges, ou bruns, ou noirs, ou pies de blanc & rouge, ou cendrés. Ils pèsent depuis 600 jusqu'à 900 liv. On les engraisse dans les montagnes, ou avec du foin à l'étable.

Remarques sur ce qui constitue le bon engrais & la bonne qualité de la chair des Bêtes à cornes, & sur ce qui s'en consomme.

L'état que je viens d'exposer prouve que les bœufs des différens pays qui fournissent Paris, ne sont pas du même poids, de la même taille, du même poil, & que la manière de les engraisser varie suivant les ressources & la saison. On remarque, dans les boucheries, que les bœufs qui ont été le mieux nourris, soit au pâturage, soit à l'étable, fournissent le plus de suif ; on en voit des exemples dans les bœufs de Normandie, du Cotentin, du Maine, de Chollet, du Limousin, du Bourbonnois, &c. Il y a des années où les bœufs d'un canton ont plus de suif que ceux du même canton dans une autre année ; ce qui dépend de la nature des herbes. Ceux des grands marais du Poitou ont plus de suif dans les années sèches, parce que l'herbe y ayant alors plus de

qualité, ils profitent davantage. Dans les années humides, les herbages secs sont plus favorables à l'engrais des bœufs que dans les années sèches.

Il y a différente qualité de suif. On préfère celui des bœufs engraissés de pouture. Un bœuf de taille ordinaire communément a cent livres de suif. On en a vu qui n'étoient pas de la plus haute taille en donner jusqu'à 196 livres.

On reconnoît les bœufs qui ont long-tems travaillé à la charrue ou au charroi à l'usé de leurs cornes, s'ils ont tiré par les cornes, ou à des durillons sur le garrot, s'ils ont porté des colliers pour tirer du poitrail. Dans plusieurs provinces, on coupe une corne à chaque bœuf ; aux uns c'est celle d'un côté, & aux autres celle du côté opposé, selon la place qu'ils occupent. Deux bœufs attelés parallélement & sous le joug ont la corne coupée du côté du timon. C'est l'usage en Gascogne, en Angoumois, en Saintonge, en Aunis, en Périgord, en Quercy. On coupe les cornes à quelques pouces de la tête. Il faut en laisser assez pour attacher les courroies du joug.

Les bœufs, endurcis au travail, & âgés de dix à douze ans, sont moins propres à prendre graisse que les bœufs qui n'ont point travaillé, ou qui n'ont travaillé que quelques années, & peu ; la chair de ces derniers est meilleure. On remarque que les bœufs qui ont porté long-tems le joug ont la tête plus dure & sont plus difficiles à assommer ; tels sont les bœufs Limousins qu'on engraisse plus tard.

Il y a une grande différence entre la chair d'un bœuf qui a subi seulement l'opération du bistournage, & celle du bœuf auquel on a enlevé les testicules, méthode qu'on appelle *Affranchissement* dans quelques pays. *Voy.* CASTRATION. Le bistournage ne détruit pas entièrement la communication des différens organes de la génération. Les bœufs de l'Allemagne, ceux de Suisse, de Lorraine, d'Alsace, de Franche Comté, de Normandie, de Bretagne, du Maine, &c. qui ne travaillent pas ou travaillent très-peu, sont châtrés par l'enlèvement des testicules ; on voit qu'ils ont été châtrés de cette manière, ou dans un âge avancé ou jeunes, selon qu'ils conservent plus ou moins la forme de taureaux, ou que la cicatrice est plus ou moins effacée. On bistourne seulement les bœufs de Sologne, de Touraine, d'Anjou, d'Angoumois, de l'Aunis, de la Saintonge, du Périgord, du Quercy, du Limousin, du Berry, de la Marche & Combrailles, de l'Auvergne, du Bourbonnois, de la Bourgogne & Morvand, du Charolois & Brionnois, &c. parce que ces animaux étant destinés au travail, ils sont plus forts que si on ne leur conservoit pas les testicules. Il y a des bœufs qui ont été bistournés de bonne heure ; on le reconnoît à la petitesse de leurs testicules ; tels sont ceux de la Gascogne, du Berry, du Charolois, &c. Dans certains pays, on fait servir les taureaux à la charrue pour les couper à cinq ou six ans & les engraisser ensuite. D'autres pays emploient leurs taureaux jeunes, pour couvrir les vaches & les châtrent pour en faire des bœufs, après les avoir fait servir d'étalons pendant quelques années. Ces derniers bœufs n'ont jamais la chair bonne.

Pour que la viande d'un bœuf soit aussi bonne qu'il est possible, il faut qu'il ait été châtré de bonne heure, par l'enlèvement des testicules, qu'il ait peu ou point travaillé, qu'on l'engraisse à six ou sept ans, ou dans un herbages de bonne qualité, comme en Normandie, ou de pouture en lui donnant de tems en tems du grain.

Les marchés de Poissy & de Sceaux, situés l'un à cinq lieues, l'autre à deux lieues de Paris, font le rendez-vous des bêtes à cornes, destinées pour les boucheries de la Capitale & des environs de Paris. Les Provinces envoient leurs bœufs à Poissy ou à Sceaux, selon que la route qu'ils prennent les conduit à l'un ou à l'autre endroit. La Normandie fournit chaque semaine à Poissy mille à douze cens bœufs depuis la fin de Juin, jusqu'à la fin de Février, en compensant les petites quantités qu'elle envoie d'abord & celles par lesquelles elle finit, avec les grandes quantités, qu'elle envoie dans le fort de la fourniture. La très-grande partie des bœufs engraissés dans les pays situés au-delà de la Loire, vient au marché de Sceaux.

Les bouchers remarquent que la viande des bœufs engraissés d'herbe, ne se conserve pas aussi long-tems sans s'altérer, que celle des bœufs engraissés de grains. La chair des bœufs engraissés dans des pâturages peu substantiels, se gâte plutôt que celle des bœufs engraissés d'herbe fine & de bonne qualité ; par exemple, on redoute moins les grandes chaleurs & les tems où la viande se corrompt facilement, pour les bœufs engraissés dans les herbages de Normandie, que pour ceux qui l'ont été dans les grands & petits marais du Poitou.

Pendant la route, jusqu'aux marchés, dans les marchés & dans les boucheries, on a plus de précautions à prendre contre les bœufs, qui sont élevés & engraissés dans les pays où ils mènent une vie sauvage, loin de la fréquentation des hommes, que contre ceux qu'on élève & qu'on engraisse près des habitations & avec familiarité. Les uns sont sauvages, farouches, quelquefois dangereux, comme je l'ai dit à l'égard des bœufs de la Camargue ; les autres sont doux, faciles à traiter & à tuer. Les bœufs imparfaitement châtrés sont plus difficiles que les autres.

Le poids des bœufs de France engraissés varie depuis quatre cens livres jusqu'à douze cens livres ; je les suppose, sans cuir, sans extrémités, ni cornes & pesés *gras dedans*, c'est-à-dire, n'ayant point les entrailles ni la graisse attachée aux entrailles ; il y en a de plus pesans

en Hongrie, en Allemagne, en Suisse, en Angleterre, en Irlande. On assure qu'il s'en trouve du poids de plus de cinq mille livres. Il est difficile d'ajouter foi à cette assertion, parce qu'il y a un terme à tout ; mais on a vu promener dans les rues de Paris, en 1778, un bœuf Suisse, qui pesoit vivant plus de trois mille livres. En déduisant les entrailles, le cuir, les extrémités, le sang, la partie de la graisse attachée aux entrailles, il peut avoir fourni quinze cens livres de viande. Il y a communément, en Angleterre, des bœufs qui ont onze à douze cens livres de chair. M. Arthur-Yong, célèbre Agriculteur Anglois, a fait des expériences pour connoître les poids des bêtes à cornes, mises à l'engrais. Ces expériences, envoyées à la Société d'Agriculture, présentent un grand intérêt. M. Arthur-Yong a nourri de différens alimens, des bœufs & des vaches plus ou moins âgés ; ils les pesoit vivans de tems en tems, pour connoître leur accroissement, selon l'époque de l'engrais & l'espèce de nourriture qu'il leur donnoit. Il s'est assuré, autant qu'il l'a pu, du moment où il falloit se défaire des bœufs, mis à l'engrais, parce qu'ils ne profitoient plus & commençoient même à dépérir, observation qui n'échappe point aux herbagers ni aux engraisseurs de pouture. Il a vu par des comparaisons utiles quels alimens étoient les plus propres à engraisser, & s'est convaincu d'une vérité reconnue de tous les propriétaires ou locataires d'herbages, qu'il y a des bœufs plus susceptibles d'engraisser les uns que les autres. La suite que M. Yong doit donner à ces recherches précieuses, le mettra à portée de tirer des conséquences instructives pour les Savans & pour les Agriculteurs. Le poids des bœufs dépend de plusieurs causes combinées, savoir : de la taille des animaux, de la texture de leurs fibres, de la manière dont ils sont engraissés & de la qualité de leur nourriture. Quoique de deux animaux, dont l'un soit de haute taille, & l'autre de petite taille, celui-ci puisse être plus pesant que celui-là, s'il a les fibres plus fortes, ou s'il engraisse davantage, en général les grands bœufs ont plus de disposition à devenir plus pesans ; la taille leur donne du poids & de l'avance sur les petits bœufs. Des fibres musculaires serrées & abondantes ont plus de poids, que des fibres lâches & rares. Un animal engraissé de grain acquiert plus de pesanteur, que celui qui est engraissé à l'herbe ; enfin parmi les grains & les herbes, il y en a qui contiennent plus de parties nutritives & par conséquent plus propres à rendre un animal pesant. Si la haute taille, si des fibres musculaires serrées & des alimens substantiels se trouvent réunis, les bœufs doivent avoir autant de poids qu'il est possible.

Les bouchers font beaucoup de cas des bœufs qui ont une grande quantité de suif,

parce que cette denrée a de la valeur, & qu'il
font moins trompés dans leurs achats. Tous
les bœufs n'ont pas également du fuif, à proportion de ce qu'ils ont de la chair. La quantité
relative de la chair n'eft pas la même dans
les parties mufculaires des différens bœufs ; les
uns ont le devant du corps plus pefant & plus
charnu à proportion que le train de derrière :
tels font les bœufs Suiffes. Certains bœufs ont
les cuiffes d'une pefanteur au-deffus de celles
des autres, qnoique d'une égale taille, & nourris de même : j'aurois pu queftioner MM. Ancelle
& Becquet, & fur-tout M. Bayard, fur beaucoup d'autres particularités ; mais elles étoient
inutiles à mon objet & ne pouvoient concer-
ner que le commerce des bœufs & des boucheries.

D'après un relevé de la vente des marchés
de Poiffy & de Sceaux, pendant dix ans, y
compris 1788, on y achetoit pour Paris, année
commune, quatre-vingt-treize mille cinq cent
cinquante Bêtes à cornes, dont un cinquième
en vaches. Ce nombre comprend la fourniture
des Hôpitaux. *Voyez* au mot CONSOMMATION,
le tableau des denrées fournies par l'Agriculture
à la ville de Paris.

Les vaches, qui arrivent à Paris, viennent
particulièrement du Limoufin, de l'Auvergne,
de la Normandie & de l'Anjou, &c. où elles
ont été engraiffées foit à l'herbe, foit au foin
ou au grain, chaque pays employant pour engraiffer les vaches la méthode qu'il emploie pour
les bœufs ; la plupart viennent de Normandie.
En France, les campagnes confomment la majeure partie des vaches qui fe tuent. Le plus
fouvent on les mange fans être engraiffées ; il
fuffit qu'elles foient en chair. La viande du bœuf,
valant davantage, fert de nourriture aux habitans
plus fortunés des villes.

On fait qu'en général la viande de ces animaux
n'eft pas auffi bonne que celle des bœufs. Les
fibres des vaches font d'une texture lâche ; on
ne les engraiffe que quand elles ne donnent plus
de lait, toujours après douze ans, quelquefois
à 18 ou à 20 ans. Cependant il y a des vaches,
fur-tout celles qui font engraiffées en Normandie,
d'une auffi bonne qualité & préférables même à
certains bœufs.

On rendroit encore meilleure la viande des
bêtes à cornes femelles, fi on les châtroit, étant
jeunes, comme quelques perfonnes l'ont pratiqué. Mais il vaut mieux les deftiner à la propagation de l'efpèce, & ne manger leur viande
que quand elles ne peuvent plus donner de veaux
ni de lait.

Année commune, il entre dans Paris environ
14000 vaches vivantes, & la valeur de 1000 vaches
en viande morte, comprenant la fourniture des
hôpitaux. Je crois devoir obferver, à cette occafion, que la viande morte, qui entre dans Paris,
eft le plus fouvent de la viande fufpecte, &

quelquefois dangereufe ; car c'eft le produit des
bêtes mortes de maladie, ou tuées étant malades,
dans les environs de Paris, ou de chevaux &
autres animaux, pris même dans des foffés vétérinaires. Les hommes qui apportent cette viande,
l'achètent à bon compte, & la vendent au peuple à
meilleur marché que celle de boucherie. Il peut en
réfulter des maladies qu'une fage Police prévien-
droit, fi elle la faifoit examiner fcrupuleufement
lorfqu'elle entre dans Paris.

La Flandre, l'Artois, la Picardie, la Brie, la
Beauce, le Gâtinois, le Vexin font les pays d'où
on amène des veaux à Paris. Il en vient une plus
grande quantité depuis Pâque jufqu'à la Saint-
Martin, que dans le refte de l'année, parce que
la plupart des vaches, prenant le taureau en Eté,
vèlent au Printems.

On tue à Paris des veaux depuis l'âge d'un
mois jufqu'à l'âge de trois mois. Ceux qu'on nourrit de lait en leur en faifant boire autant qu'ils
en veulent, font blancs, tendres & d'un goût
excellent : on les nourrit, ou plutôt on les engraiffe de cette manière aux environs de Pontoife
& de Meulan. On les appelle *veaux de Pontoife*.
J'ai donné ci-deffus la manière de les engraiffer. Il
n'en vient qu'un petite quantité ; c'eft plutôt en
Hiver.

Les autres veaux tètent leurs mères plus ou
moins de tems. Parmi ceux-ci on fait plus de
cas des veaux du Gâtinois, dont la bonté dépend
fans doute de la qualité du lait.

On nourrit aux environs de Gournai, dans le
pays de Bray, des veaux au fon & au lait écrémé,
ou on les laiffe brouter de bonne heure. Ces
veaux arrivent à Paris à l'âge de trois à fix mois.
Ils font peu eftimés, parce que la viande n'en
eft pas ordinairement bonne. A âge égal, ces
veaux font plus grands & plus forts que les autres.

Le meilleur âge pour les bons veaux eft l'âge
de deux mois, parce que la chair eft un peu
plus faite que s'ils étoient plus jeunes. Dans les
mois de Mai, Juin & Juillet, faifon où les herbes
font plus abondantes & plus fubftantielles, les
veaux font d'un goût plus délicat.

Le poids des veaux varie depuis 50 livres jufqu'à 150 livres. Ceux de Pontoife pèfent communément 150 livres à trois mois.

Il entre dans Paris, année commune, environ
cent mille veaux, en y comprenant la fourniture
des hôpitaux. *Voyez* le mot CONSOMMATION.

En indiquant ici le nombre des bœufs, vaches
& veaux, qui entrent annuellement dans Paris,
pour fa confommation, je n'ai pas prétendu le
donner avec précifion. On ne doit compter que
fur ce qui eft poffible. Le relevé de la vente de Poiffy & Sceaux, & celui des barrières m'a paru le moyen le plus fûr pour approcher de la vérité. C'eft d'après ces relevés
que j'ai parlé. Sans doute quelqu'attention qu'on
ait eue avant l'année 1789, il entroit toujours

beaucoup de ces animaux en contrebande ; on ne peut en déterminer la quantité. Je n'ai eu l'intention que de présenter un apperçu.

S'il étoit permis de raisonner d'après cet apperçu, je dirois que puisque Paris consomme en une année soixante - & - quinze mille bœufs, quinze mille vaches & cent mille veaux, le nombre de ses habitans étant de six cens quinze mille, c'est-à-dire, formant environ la quarantième partie du Royaume, il faudroit trois millions vingt-deux mille bœufs, six cens mille vaches & quatre millions de veaux, pour les vingt-six millions d'habitans de la France, en supposant que les Provinces fussent en état d'en consommer autant que la Capitale, si chaque homme étoit en état de se procurer de ces viandes. Qu'il seroit heureux ce moment, où l'amélioration des terres & l'industrie agricole procureroit ces avantages ! Mais si c'est une chimère de l'espérer, c'est au moins un sentiment bien doux, qui le fait desirer. (*M. l'Abbé Tessier.*)

BÊTES a LAINE.

Sous ce terme générique je comprends le bélier, la brebis, l'agneau mâle & femelle, le mouton & la moutonne. Les Auteurs, qui ont écrit sur ces animaux, en ont traité ou à l'article *Mouton*, ou à l'article *Brebis*, parce qu'on élève bien plus de mâles coupés & de femelles, que de mâles entiers. On voit très-rarement des troupeaux de béliers ; si l'on en voit quelquefois, ce n'est que dans les fermes, dans les grands établissemens de Bêtes à laine, où les troupeaux de brebis étant considérables, il faut pour les couvrir beaucoup de béliers, qu'on mène paître séparément. Ordinairement il y a dans chaque troupeau quelques béliers seulement. La brebis & le mouton n'étant que des espèces, j'ai préféré de choisir une dénomination plus étendue pour embrasser tout ce qui appartient à la même famille.

Les Bêtes à laine tiennent une place considérable dans l'économie domestique. Elles font une partie essentielle de la Maison Rustique. Ces animaux foibles, doux, timides, sans défense, & d'une constitution délicate, ont besoin de la protection de l'homme & de ses soins attentifs, pour vivre & pour se multiplier. L'utilité dont ils sont, dédommage amplement du secours habituel qu'on est obligé de leur donner.

Je partagerai en trois articles tout ce que je dois dire sur les Bêtes à laine. Dans le premier, je traiterai, pour ainsi dire, le physique des individus. Dans le second, j'exposerai la manière de les améliorer, de les élever & soigner. Le troisième sera consacré aux détails des produits & au parti qu'on en tire.

M. Daubenton, de l'Académie des Sciences, & Garde du Cabinet du Jardin du Roi, après une

suite nombreuse d'expériences, d'observations & de recherches sur les Bêtes à laine, a composé un ouvrage, intitulé : *Instruction pour les bergers & pour les propriétaires de troupeaux.* Je ne crois pas qu'on puisse rien trouver de mieux fait, de plus à portée des gens les moins instruits & par conséquent de plus utile. On ne sauroit trop engager les amateurs de l'économie rurale à suivre les conseils donnés dans cet excellent ouvrage. J'aurai tant de choses à y prendre, qu'au lieu de le citer à chaque fois, j'indiquerai, par des guillemets, ce qui sera puisé dans une aussi bonne source.

ARTICLE PREMIER.

Des Bêtes à laine considérées par rapport au physique des individus.

Dans cet article, il sera question des différentes espèces ou variétés de Bêtes à laine, de leur taille, grosseur & poids, de leur âge, & de leur laine.

Espèces & variétés des Bêtes à laine.

Selon M. de Buffon, il n'y a qu'une seule espèce de Bêtes à laine en Europe. La différence, qui se trouve entre les Flandrines, les Berichonnes, les Roussillonoises, les Angloises, les Hollandoises, les Espagnoles, &c. n'est qu'une différence de variété & non d'espèce. Il regarde comme espèces distinctes les moutons à large queue d'Afrique, la Vigogne & le Lama d'Amérique.

On lit, dans l'ancienne Encyclopédie, que Linnæus a réduit toutes les Bêtes à laine à trois espèces principales.

La brebis domestique & celle qui a une très-grande queue, sont comprises dans la première espèce. La seconde est celle de Strepsicheros, de Crète ou de Candie, qui a les cornes droites & entourées par une gouttière en spirale. Bellon dit qu'il y en a de grands troupeaux sur le Mont-Ida.

La troisième espèce comprend la brebis de Guinée & d'Angola. Elle est plus grande que la nôtre. Le derrière de sa tête est plus saillant ; ses oreilles sont pendantes & les cornes petites & recourbées en bas jusqu'aux yeux. Cette brebis a une crinière, qui descend plus bas que le cou ; elle a, sur le reste du corps, des poils courts, comme ceux du bouc, au lieu de laine, & un fanon sous la gorge, comme le bœuf.

M. Carlier, dont on a un Traité complet & très-estimé des Bêtes à laine, distingue beaucoup d'autres sortes de Bêtes à laine, sur la foi des voyageurs & des Auteurs. En voici l'énumération.

1.° Le mouton du Brésil, qu'il dit semblable

à ceux d'Europe, mais grand comme des chevaux, à courte queue & à longues cornes.

2.° Le Lama d'Amérique; il y en a de deux fortes, l'une appellée *Pacos* couverte de bonne laine, & l'autre appellée *Mormoro* couverte de poil. Celle-ci eſt employée aux travaux d'Agriculture; elle porte des fardeaux & ſert de monture.

3.° La Vigogne, dont la laine eſt très-douce; on en diſtingue auſſi de deux fortes; l'une eſt domeſtique & l'autre ſauvage.

4.° Le mouton d'Arabie à groſſe queue, peſante, dit-on, depuis dix juſqu'à vingt livres & au-delà. M. Vaillant, dans ſon voyage en Afrique, aſſure que ſon poids n'eſt que de quatre à cinq livres & qu'on l'a beaucoup exagéré. Ceux qui prétendent qu'il eſt très-conſidérable ajoutent que, pour empêcher qu'il ne gêne l'animal & ne lui ôte la facilité de faire un exercice néceſſaire à la vie, on y attache des machines peſantes, poſées ſur des rouleaux, qui les ſoutiennent & favoriſent la marche du mouton. On n'aura pas de peine à regarder cette aſſertion comme une fable. On trouve le mouton à groſſe queue, mais d'une groſſeur médiocre en Aſie, en Afrique, en Tartarie & en Sibérie même.

5.° Le mouton de Perſe, dont la laine eſt de la plus grande fineſſe. On ne le tond pas, ſuivant Tavernier, dont M. Carlier en emprunte la deſcription. La toiſon entière s'enlève d'elle-même & laiſſe la bête nue; ce qui mériteroit d'être confirmé. Je ſuis porté à croire ſeulement que la nouvelle laine pouſſant l'ancienne, cette eſpèce de mouton s'en dépouille comme on voit quelques moutons de France, lorſqu'on retarde la tonte. Les chèvres d'Angora y ſont plus ſujettes, un chévrier attentif, pourroit ſans employer de ciſeaux, recueillir tout le poil de ces derniers animaux.

6.° Le mouton des Indes, qui eſt notre eſpèce Flandrine, tranſportée des Indes en Hollande dans le Texel, & de-là en Flandre, &c.

7.° Le mouton d'Afrique à poil ras. C'eſt le même que l'animal déſigné par Linnæus ſous le nom de brebis de *Guinée* & *d'Angola*.

8.° Le mouton jarreux de Ruſſie. Il a du jarre, c'eſt-à-dire, un poil long au lieu de laine. Cet animal eſt ſauvage.

9.° Le mouton a 4, 6 & 8 cornes. On en trouve à quatre cornes en Gothlandie, à ſix cornes en Italie, & à huit en Iſlande. Suivant ce que rapporte M. Vaillant dans ſon voyage d'Afrique, Les Caffres ont le talent de multiplier les cornes de leurs bêtes à cornes. Si les moyens qu'ils emploient ſont certains, ne peut-on pas ſoupçonner que les Gothlandois, les Iſlandois & autres peuples, par un goût particulier, parviennent auſſi à multiplier les cornes de leurs bêtes à laine?

10.° Le mouton ſauvage de preſque toutes les contrées du monde. Il y en a en Ruſſie, en Crète & en Corſe.

11.° Les montagnards d'Iſlande, qui vivent preſque toujours au milieu des neiges. Ils tombent quelquefois dans des trous pleins de neige. Alors ils ſe ſerrent pour la faire fondre, en s'échauffant. Les propriétaires qui s'en apperçoivent, par une épaiſſe fumée, vont à leur ſecours.

12.° La petite race de Schetlang, groſſe comme un petit chien. C'eſt une race bocagère dégénérée.

13.° Une race amphibie, comme il y a des vaches & des taureaux amphibies. M. Carlier, en indiquant cette race, ſe fonde ſur les témoignages de Pline & de Geſner.

14.° Enfin les races d'Europe, telles que celles des moutons Eſpagnols, Anglois, François, &c.

Parmi ces eſpèces, adoptées par M. Carlier, il y en a qu'on pourroit réunir ou ſupprimer; par exemple, la 8.e & la 10.e, ou ſont la même choſe, ou ſont les races primitives de quelques autres eſpèces. La 11.e & la 12.e paroiſſent ſe rapporter à quelques-unes des races d'Europe. L'exiſtence de la 13.e eſt fort incertaine.

Suivant le Dictionnaire Economique, édition de 1767, « Il y a dans le pays de Brémen & de Lunebourg, une forte de bête à laine, dont la laine à ſa racine eſt garnie d'un duvet aſſez fin. Cette laine eſt connue par les Commerçans ſous le nom de *laine d'Autriche*. La plus longue eſt employée à faire des liſières des plus beaux draps noirs, & le duvet entre dans les chapeaux communs. » On fait entrer la laine d'Eſpagne dans la compoſition des chapeaux. La liberté de la chaſſe rendant dorénavant les peaux de lièvres & de lapins très-rares en France, les chapeliers ne pourront fournir des chapeaux qu'en employant beaucoup de laine. Quelques moutons de la grande race en Angleterre ont auſſi deux ſortes de laine; la laine longue pour peigner, qui eſt la plus abondante, & une laine fine & douce, en petite quantité. On la mêle avec la laine d'Eſpagne dans la chaîne des draps.

En combinant MM. de Buffon, Linnæus & M. Carlier, j'admettrois neuf eſpèces de bêtes à laine; ſavoir, le mouton du Bréſil, haut comme un cheval; le Lama, de la grandeur d'un âne; la vigogne, reſſemblante au chameau; le mouton d'Arabie à large queue; le mouton de Perſe, en ſuppoſant que ſa toiſon s'enlève toute entière, car ſans cela il doit être placé dans l'eſpèce de ceux d'Europe; le mouton de Crète, à cornes entourées d'une gouttière en ſpirale; le mouton à poil ras d'Afrique, le mouton à quatre & à ſix cornes, dans le cas où cette multiplication de cornes ne ſeroit pas un effet de l'art, & le mouton d'Europe, auquel je rapporterois le mouton des Indes qui y eſt naturaliſé. Je n'ai rien d'aſſez poſitif ſur le mouton, qui fournit la laine dite *laine d'Autriche*, pour ſavoir ſi c'eſt une efpèce. Je n'ai à parler en détail que des Bêtes à laine connues d'Europe.

Je ne crois pas qu'on ait penfé à introduire en Europe le mouton du Bréfil, la Vigogne & le Lama, qui ne peuvent vivre que fous un climat très-chaud, & qui, par rapport à beaucoup d'autres circonftances, femblent faits pour le Pérou uniquement.

J'ignore fi la brebis de Crête & quelques autres efpèces ont été apportées dans nos pays tempérés, pour s'y multiplier. Mais je fais qu'on y a poffédé le mouton à large queue & le mouton à poil ras d'Afrique. M. le Préfident de la Tour-d'Aigues (Trimeftre d'Eté de la Soc. d'Agric. année 1787,) a eu dans fa terre de la Tour-d'Aigues en Provence, des métis de moutons à large queue, qui avoient imprimé leur caractère diftinctif à tous les troupeaux des environs. Il affure que c'eft une bonne efpèce pour les boucheries, que les agneaux en font excellens à manger & que la graiffe de la queue, qui ne fent jamais le fuif, eft très-délicate au goût. Cette queue eft à-peu-près quarrée par le haut. Il y en a de fept à huit pouces de larges & de plus larges encore. Elle eft terminée inférieurement par une petite queue ordinaire, reffortant du centre de la maffe.

On lit, dans le voyage d'Afrique de M. Vaillant, que cette queue n'eft abfolument qu'un morceau de graiffe qui a cela de particulier qu'étant fondue, elle n'acquiert point la confiftance des autres graiffes de l'animal. C'eft une efpèce d'huile figée à laquelle les Hottentots donnent la préférence pour fe *Boughouer*, c'eft-à-dire, pour leurs onctions. Les Hollandois Colons l'emploient auffi aux fritures, & elle remplace le beurre, fur-tout dans les cantons qui font trop arides pour qu'on puiffe y élever des vaches.

Feú M. le Comte de Vergennes, Miniftre des Affaires étrangères, fit venir au Roi pour fon demaine de Rambouillet, trois moutons à poil ras d'Afrique, c'eft-à-dire, de Guinée & d'Angola, &c. Ils avoient les caractères indiqués ci-deffus par Linnæus. J'ajouterai feulement qu'en les examinant de près, on appercevoit, fur-tout fur leur cou, quelques floccons de laine, placées entre les longs poils qu'ils avoient à cette partie du corps. Ces floccons de laine fe perdoient & il en repouffoit d'autres.

C'eft donc avec raifon que ces animaux ont été mis dans la claffe des Bêtes à laine ; les poils de la crinière avoient plus d'un demi-pied de longueur. Deux de ces trois moutons étoient mâles, & l'autre femelle. Celle-ci foit par vice de conformation, foit par vieilleffe ou à caufe de la différence du climat, ne put concevoir. Les mâles alliés avec des brebis Flandrines & Efpagnoles produifirent des métis, qui avoient plus de laine que leurs pères, & moins de poil. Les pères font tous morts, avant qu'on ait pu faire

couvrir par eux les femelles, iffues de leur accouplement. Car j'avois l'intention de voir en combien de générations la laine dégénéreroit en poil. En ouvrant un des béliers à poil d'Afrique, on a trouvé dans fa caillette, quatrième eftomac des ruminans, deux noyaux de dattes, qui s'y étoient confervés entiers & n'avoient d'autre altération, que d'être noircis. Par le calcul du tems où ces animaux étoient à Rambouillet & par celui qu'ils avoient paffé en chemin, pour venir de Marfeille où on les avoit tenus fans doute, en quarantaine, & enfin par la durée du trajet de mer, on peut conclure qu'ils avoient avalé ces noyaux de dattes, deux ans avant leur mort. Il s'enfuit qu'en Afrique ils mangent des dattes & que les noyaux peuvent fe conferver long-tems dans un de leurs eftomacs fans nuire à leur fanté. Car ils ne font pas morts de cette caufe. C'eft par occafion que je configne ici ce fait.

Quoique les Bêtes à laine d'Europe ne foient que des variétés, cependant on les diftingue de plufieurs manières : 1.º Par *races* ou par *branches*. Cette diftinction, fondée fur la diverfité des Royaumes & des Provinces, dont les animaux font tirés, eft la meilleure & la plus ordinaire : on dit : *ce troupeau eft de race Efpagnole ou Angloife, ou Flandrine ou Flamande ou Bérichone, ou Solognote, &c.* Les races fe perpétuent & s'entretiennent, quand les pâturages, dépendans du fol & du climat, leur conviennent; elles dégénèrent dans les cas contraires; les alliances des races mêlées & le défaut de foin hâtent la dégénération & forment des races mixtes & nuancées, pour ainfi dire, à l'infini.

2.º A raifon des endroits où ces troupeaux paiffent; de là les dénominations de troupeaux *Vallois*, *Montagnards*, *Bocagers*, ou *Bofquins*, ou *Bifquins*, ou *Boquins*, felon qu'ils paiffent dans les vallées, fur les côteaux fur les montagnes, & dans les bois.

3.º Par rapport à leur manière d'exifter, les uns voyageant beaucoup, les autres ne s'écartant pas du pays, auquel ils font attachés. Il y a donc des troupeaux voyageurs & des troupeaux permanens ou fédentaires. L'Efpagne & plufieurs Provinces de France fourniffent des exemples des premiers; en Angleterre & dans la majeure partie des Provinces de France, les troupeaux font permanens ou fédentaires.

4.º La taille, le corfage & le poids établiffent encore une diftinction entre les Bêtes à laine, puifqu'il y en a de très-petites, d'autres très-hautes, d'autres d'une hauteur moyenne & plus ou moins pefantes. Les Bêtes Solognotes, les Flandrines & les Picardes, qui diffèrent de taille, de corfage & de poids, en offrent la preuve.

5.º Enfin la laine variant en couleur, en fineffe, en longueur, en abondance, il y a des moutons rouges, jaunes, noirs, blancs, il y en a à laine courte, plus ou moins frifée, à laine longue, à laine groffe & à laine fine.

Il y a, en France, une forte de moutons, qu'on appelle *moutons de Faux.* A cette dénomination on croiroit que c'eft une race à part ; ils ne tirent point leur nom d'un territoire, ni d'une Province ; mais en voici l'origine. Faux eft un lieu fitué aux confins de la Haute-Marche & du Limoufin, à cinq lieues de Tulles. On y tient plufieurs marchés confidérables à moutons, qu'on y amène du Périgord, du Querci, du Rouergue, de la Guienne & quelquefois de la Gafcogne, du Limoufin & de la Marche. Il y a donc des moutons de Faux de toute taille. La plupart ont des cornes.

Troupeaux d'Efpagne.

Ce qui caractérife particulièrement les troupeaux d'Efpagne aux yeux du refte de l'Europe, c'eft la fupériorité de fineffe de leurs laines ; mais il ne faut pas croire que, dans tout ce Royaume, la laine foit également fine. Il y a des parties où elle eft médiocre, & d'autres où elle eft groffière. M. le Préfident de la Tour-d'Aigues (Trimeftre d'Eté de la Société d'Agriculture, année 1787) rapporte des faits qui lui font perfonnels à l'appui de cette vérité. Il defiroit avoir un troupeau d'Efpagne à laine fine. On lui envoya d'abord des bêtes prifes parmi celles qui paiffent fur les bords de la Méditerranée ; leur laine étoit très-inférieure à celle de Provence. Il en reçut enfuite de la Navarre, de l'Arragon & de Murcie, dont les béliers donnoient de douze à treize livres de laine, & les brebis au moins fept à huit livres. La laine de celles-ci étoit fupérieure à la laine des bêtes des Provinces voifines de la Méditerranée. Ce ne fut qu'à la troifième fois qu'il lui en vint des environs de Ségovie & du royaume de Léon. Depuis ce tems, non-feulement fes laines égalent en fineffe les plus belles d'Efpagne ; mais elles ont plus de nerf & plus de force.

Selon M. Carlier, les troupeaux à laine fine font diftingués des autres par le nom de *trafumants tranfmigrants* ; on les nomme ainfi parce que deux fois l'année, ils font de grands voyages. Ils fe trouvent dans une partie de la Caftille neuve, aux environs de Ségovie ; & en divers cantons de la Caftille vieille, depuis Burgos, en fuivant les montagnes ou la *Siéra de Urbion*, jufqu'aux frontières d'Arragon & de la Navarre, en allant de l'Ogrogne à Agréda, & en pénétrant dans l'intérieur du pays du côté d'Almazan, ville fituée fur la grande route de la Navarre à Madrid.

Les plus belles branches de bêtes trafumantes font celles de Ségovie, de Paulard, de l'Efcurial, de Guadeloupe, de Bexas, de l'Infantado, de Luco, de Négretti, de l'Efcobar, &c. On af-

fure que les plus fines laines de toutes, font celles des troupeaux de Buytrago, à fept ou huit lieues au levant de Ségovie, de Pédraza, au nord de cette ville, & en tirant vers le Douro, celles d'Avilla & de Léon.

Il y a auffi quelques troupeaux de bêtes trafumantes en Arragon & en Eftramadure ; mais tout ce bétail n'a pas de patrie ; il eft toujours ambulant.

Les Efpagnols ont tiré leurs belles races de bêtes à laine du royaume de Maroc. La Province de Duquella, dans ce Royaume, fitué fur l'Océan Occidental a toujours joui des plus fines qualités. Un Roi Maure permit à Dom Pèdre, quatrième Roi de Caftille, de choifir dans fes Etats, des béliers & des brebis qu'il introduifit dans la vieille Caftille. Le Cardinal Ximénès foutint cette importation, dont les fuccès fe ralentiffoit, par une feconde qu'il fit faire par force, en profitant des avantages que les armes Efpagnoles avoient remportés fur les côtes de Barbarie.

La furveillance des nombreux troupeaux en Efpagne fe confie à des infpecteurs nommés *Mayoraux*, qui ont des bergers fubordonnés. Ils peuvent préfider à dix mille moutons & commander à cinquante bergers en fouverains. Ils doivent être propriétaires de cinq cens bêtes ; il eft néceffaire qu'ils foient vigoureux, intelligens, habiles dans la cure des bêtes malades & connoiffeurs en pâturages. Je rends volontiers juftice à ceux que j'ai eu occafion de voir à Rambouillet, pendant les fix mois qu'ils y ont veillé fur le troupeau du Roi. Ils favoient conduire & foigner parfaitement des bêtes à laine, excepté dans les cas de maladies, où ils ne m'ont pas paru fuffifamment inftruits.

L'immenfité des terres incultes offre aux troupeaux une longue fuite de pâturages contigus, où les infpecteurs & les bergers les font voyager pendant toute l'année. Lorfque les troupeaux font obligés de s'arrêter, fur-tout pour paffer la nuit, les bergers les raffemblent & les renferment dans une enceinte ou parc, formé de cordes de fpartri qu'ils affujétiffent avec des fiches dans la terre ; ils difpofent les chiens auprès du parc, & dreffent pour fe repofer une tente légère & portative, qu'ils enlèvent le lendemain.

C'eft en Avril ou en Mai que les bêtes trafumantes remontent vers les montagnes de Léon, de la vieille Caftille, de Cuença & d'Arragon. Elles font de retour en Novembre dans les plaines tempérées de la Manche, d'Eftramadure, & d'Andaloufie. Elles emploient environ deux mois, pour arriver dans leurs quartiers des montagnes, & autant de tems pour revenir dans ceux des plaines où elles doivent paffer l'Hiver. Ces animaux marchent à petites journées, faifant trois ou quatre lieues par jour ; par exemple : ils emploient quarante jours pour parcourir cent cinquante lieues, de Montanie en Estramadure. L'époque, où ils doivent être dans les quartiers est fixée ; on ne peut la hâter. Ils voyagent en troupeaux de mille à douze cens, rendus à leur destination, on les distribue dans les pâturages qui leur sont assignés. M. Catlier prétend que quand les propriétaires des troupeaux ne peuvent envoyer toutes leurs bêtes à laine, en Eté, dans des montagnes, celles qui restent dans les plaines, quelque abondans qu'en soient les pâturages, dégénèrent, au point de ne donner après quelques années d'un séjour forcé que de la laine commune ou essante, c'est-à-dire, laine de troupeau sédentaire.

Il y a des troupeaux qui restent aussi en Hiver & en Eté, dans les pâturages d'Eté, ou plutôt dans les montagnes. On ne peut, en Hiver, leur procurer une nourriture suffisante, & on est obligé de les renfermer dans des bergeries. Ces deux causes dégradent beaucoup la blancheur & la qualité des toisons. On les distingue à leur couleur & à leur odeur.

Les troupeaux de bêtes trasumantes reviennent à un terme fixe, tous les ans, pour la tonte, qui est la récolte des propriétaires. Elle se fait à Ségovie au mois de Mai, & en Juin à Soria.

Le bétail sortant de l'Estramadure passe nécessairement par un endroit où pour péage, on perçoit un droit d'une brebis sur vingt ; le Péager choisit la meilleure.

Les bêtes trasumantes, ne font aucun séjour dans les bergeries, elles n'éprouvent guères de mortalité, excepté immédiatement après la tonte, ou elles souffrent quelquefois du froid.

Le climat d'Espagne est très-chaud en Eté ; mais la chaleur se fait moins sentir dans les pâturages destinés à recevoir les troupeaux que dans le reste de cette grande Monarchie.

Il y a de l'herbe fine dans les quartiers d'Eté & de l'herbe longue dans ceux d'Hiver. On en voit quelquefois d'aussi haute que les moutons, qui s'en nourrissent.

On lit, dans un nouveau voyage fait en Espagne, imprimé en 1788, que, dans le seizième siècle, on comptoit dans ce Royaume sept millions de moutons voyageurs. Sous Philippe III, ce nombre étoit tombé à deux millions & demi. Ustariz, qui écrivoit au commencement du dix-huitième siècle, le portoit à quatre millions.

L'Auteur de quelques observations sur les moutons d'Espagne, insérées dans des variétés littéraires, d'accord avec celui du nouveau voyage en Espagne & avec l'opinion générale, dit que, d'après des calculs très-exacts, on y compte maintenant cinq millions de moutons voyageurs à laine fine. Si on y ajoute huit millions de moutons perma-

nens, en aura treize millions de Bêtes à laine. Toutes les Bêtes à laine du Royaume, tant celles qui voyagent, que celles qui ne voyagent pas, rapportent annuellement dans le Trésor Royal plus de trente millions de réaux (huit réaux de plate font une piastre ;) aussi les Rois d'Espagne dans leurs ordonnances, les appellent-ils *le précieux joyau de leur couronne*.

Les Rois étoient autrefois propriétaires de la plus grande partie des Bêtes à laine. De-là, ce grand nombre de loix pour la conservation & le gouvernement des troupeaux ; de-là, ce tribunal établi sous le titre de Conseil du grand troupeau Royal & qui subsiste encore aujourd'hui quoique le Roi n'ait pas une Bête à laine. Le grand troupeau de la Couronne a été aliéné successivement pour divers besoins de l'Etat. Philippe premier fut obligé de vendre au Marquis d'Iturbieta quarante mille moutons, les derniers qui restassent à la Couronne.

Les troupeaux, sur-tout les troupeaux ambulans ou trasumans, appartiennent à de grands propriétaires. Il s'est formé, sous le nom de la *mesta*, une société de riches monastères, de grands d'Espagne, d'opulens particuliers, auxquels on a accordé des privilèges & des prérogatives, relativement à leurs troupeaux. Ils afferment à un prix modique les pâturages d'Hiver, sans que ceux auxquels ils appartiennent puissent le hausser les propriétaires des troupeaux sédentaires ont à-peu-près les mêmes privilèges. Quand les bêtes trasumantes vont dans les montagnes ou lorsqu'elles en reviennent, on peut le long de la route les faire pâturer, en dirigeant leur marche sur une ligne, qui leur est marquée, excepté dans les pâturages clos & privilégiés. On leur abandonne une largeur de quatre-vingt-dix vares. La vare d'Espagne étant à l'aune de France comme cinq est à sept, c'est environ quarante toises.

Ces usages sont regardés par des auteurs François comme abusifs & comme nuisibles à l'Espagne. Celui du nouveau voyage est un de ceux qui réclame avec le plus de force. Il prétend que les troupeaux n'ont pas besoin de voyager, pour avoir de la laine très-belle & que d'Espagne y gagneroit beaucoup, si elle s'en tenoit à des troupeaux sédentaires. Cette double prétention amène ici l'examen de deux importantes questions.

Première question : *la beauté des laines d'Espagne dépend-elle des voyages perpétuels des troupeaux ?* Plusieurs causes contribuent à la beauté de la laine ; le choix & l'entretien d'une belle race, la nourriture & la santé des animaux & les soins qu'on en prend : toutes ces causes se trouvent réunies dans la conduite des bêtes trasumantes & ne se trouveroient pas dans celle des bêtes sédentaires. On pourroit sans doute pour les troupeaux, qui ne s'écartent pas comme pour ceux qui s'écartent, faire toujours un bon choix de béliers, rebuter les Bêtes à laine commune, & prendre beaucoup d'attention pour que rien n'altère la laine de celles qui ne voyagent pas. Mais en Espagne, où les Etés sont très-chauds, comment les préserver des maladies, auxquelles elles seroient inévitablement exposées? On en perdroit un grand nombre, où celles qui résisteroient souffriroient beaucoup & leur laine auroit moins de qualité. Si l'on renonçoit à faire voyager les troupeaux, bien-tôt il n'y en auroit qu'une petite quantité en Espagne. Car il ne seroit pas possible d'avoir de quoi les nourrir en Eté, quand la chaleur a desséché toutes les plaines; on ne pourroit leur donner que des fourrages secs dans une saison, où les fourrages frais seroient les seuls, qui leur convinssent. En voyageant les troupeaux sont toujours dans une température douce &, pour ainsi dire, égale. Car l'air des montagnes est pour eux en Eté, ce qu'est en Hiver l'air des plaines. Ils trouvent dans les pâturages d'Hiver, dans ceux d'Eté & en voyageant, toujours une pâture saine & abondante. Les herbes des montagnes sur-tout sont très-délicates; ce sont en grande partie des graminées fines.

Je crois que l'Auteur du nouveau Voyage en Espagne se trompe quand il dit qu'il y a dans l'Estramadure & aux environs de Ségovie des troupeaux sédentaires, dont la laine ne diffère pas sensiblement de la meilleure laine des troupeaux voyageurs. Il est possible que quelques circonstances ou quelques soins locaux compensent dans certains cantons & pour un petit nombre de bêtes les bons effets des voyages & des pâturages des montagnes ou qu'en renouvellant sans cesse les béliers qui ont la plus belle laine, on parvienne à entretenir des troupeaux à laine fine dans les plaines. Mais il me semble qu'en général, les voyages étant plus favorables à la santé des animaux, ils doivent influer sur la beauté de la laine: ce qui le prouve d'une manière bien positive, c'est la supériorité des laines des troupeaux voyageurs sur celle des troupeaux sédentaires. Je ne disconviendrai pas que, s'il est vendu dans les bons cantons pour 20000 arrobes de laine fine, il n'y en ait un tiers fourni par les troupeaux sédentaires, comme on l'a assuré à l'Auteur du nouveau Voyage en Espagne, parce que je n'ai pas la preuve du contraire. Mais, dans les laines fines, il y a différens degrés. Les manufacturiers, qui reçoivent des laines d'Espagne, font encore des choix. Il est plus que probable que la moins belle des laines, qu'ils reçoivent, est celle des troupeaux sédentaires.

Au reste, M. d'Aubenton cherchant à expliquer pourquoi un bélier de Roussillon à laine superfine de 2e. qualité & une brebis d'Auxois à laine moyenne, ont produit bélier & brebis à laine superfine de 2e. qualité, & ceux-ci des béliers à laine superfine au plus haut degré, n'a cru pouvoir attribuer la cause d'une améliora-

tion si prompte, qu'à l'usage qu'il a établi dans son domaine, de tenir son troupeau en plein air, nuit & jour en tout tems. Cette observation peut s'appliquer aux Bêtes transhumantes d'Espagne, qui jamais n'entrent dans une bergerie, tandisque les troupeaux sédentaires y entrent souvent.

La seconde question, consiste à savoir *si les Espagnols auroient plus d'avantages à ne pas faire voyager leurs troupeaux & par conséquent à en diminuer le nombre.* Pour décider cette question, il faudroit connoître, 1.° tous les produits de l'Espagne en Bêtes à laine; 2.° ce que les terres, aujourd'hui consacrées aux troupeaux voyageurs, ou données à vil prix pour les pâturages d'Hiver, rapporteroient de plus si elles étoient cultivées; 3.° quels seroient les débouchés & la valeur des denrées, qu'on récolteroit dans ces terres. Sans ces connoissances approfondies, sans ces objets de calcul & de comparaison, je crois qu'on ne peut raisonnablement prononcer. Jusqu'ici je n'ai encore lu sur cela rien de satisfaisant; j'aurois voulu des faits positifs, des calculs, des expériences même. Un François, quelque éclairé qu'il soit, s'il n'a pas demeuré long-tems en Espagne, s'il n'a pas étudié toute la partie économique & commerciale de ce Royaume, s'il ne connoît pas bien la nature du sol & ce qu'on pourroit utilement y semer &c. doit s'abstenir de juger son administration rurale. Il y a peut être une telle quantité de laines d'Espagne vendues, tous les ans, à l'Etranger, que nul autre genre de produit ne peut égaler celui-ci; dans ce cas, le Gouvernement Espagnol auroit raison de porter ses vues sur l'amélioration & la multiplication des troupeaux. L'Auteur du nouveau Voyage, en Espagne, convient que depuis cent ans, les laines ont doublé de valeur, tandis que les grains ont peu augmenté de prix. Selon lui, dix mille têtes peuvent donner, année commune, deux mille arrobes ou cinq cens quintaux de laine. En évaluant l'arrobe à cent réaux ou vingt-cinq livres, ces dix mille têtes produiront cinquante mille livres, dont il faudroit déduire, il est vrai, la nourriture qu'on donne quelquefois aux troupeaux, les frais de voyage, le loyer des pâturages, le salaire des bergers qui ne se monte pas haut, parce qu'ils ont peu de besoins; ce qui laisse encore un produit net considérable. La récolte des laines est presque toujours certaine & exige peu de frais; le débit en est assuré; car des François, les Anglois, des Hollandois viennent prendre les laines Ségoviennes & Léonines à Bilbao & à Saint-Ander. Si les Espagnols ne conduisoient plus de troupeaux dans les montagnes, les pâturages de ces montagnes seroient perdus, & cette perte doit entrer en déduction de la plus value prétendue des terres où les troupeaux paissent dans leurs voyages. Avant de songer à circonscrire les terreins, fur lefquels doivent paître les bêtes à laine, il faudroit favoir fi les autres parties de l'Espagne, qui ne font pas auffi favorablement placées pour l'éducation & la multiplication de ces animaux, font entiérement cultivées. Si elles ne l'étoient pas, il feroit important de commencer par leur culture, afin de fe procurer deux produits au lieu d'un. On ne fe deffaifiroit de celui des bêtes à laine qu'autant qu'on trouveroit des avantages réels pour la profpérité du Royaume. Il faut avoir égard à toutes ces confidérations, quand il s'agit de juger une nation qui connoît mieux que nous fes véritables intérêts. Il n'eft pas néceffaire que tous les Peuples foient agriculteurs. Les Efpagnols peuvent préférer la vie paftorale & échanger leurs laines contre les objets dont ils font privés. Si la France parvient à améliorer les fiennes comme on a lieu de l'efpérer, & à n'avoir plus befoin de recourir à fes voifins, d'autres nations acheteront ce qu'elle en achetoit. Enfin, au moment où l'Espagne verra diminuer le prix de fes laines, elle diminuera fans doute le nombre de fes troupeaux & convertira fes pâturages d'Hiver en terres labourables. Jufques-là je ne crois pas qu'il foit permis de blâmer fans reftriction les encouragemens qu'elles donne à cette branche d'économie. Je ne prétends pas cependant qu'on doive l'approuver, & encore moins l'imiter, fur-tout en France, où il vaudroit encore mieux cultiver beaucoup de bled & acheter les laines qui manqueroient. Il s'eft gliffé beaucoup d'abus dans l'adminiftration des troupeaux en Efpagne. Par-tout où il y a des hommes, on voit les abus naître, fe propager & fe multiplier. Il eft à defirer que l'Efpagne les corrige, en conciliant les véritables intérêts de l'Etat, autant qu'il fera poffible, avec ceux des particuliers.

Troupeaux d'Angleterre.

Les Anglois font remonter très-haut l'origine de leurs belles branches de Bêtes à laine; mais on prétend qu'ils les doivent à l'Efpagne. Le Roi Edouard quatre, qui régnoit après le milieu du quinzième fiècle, témoin des progrès des Efpagnols, voulut rendre fervice à fa nation; il obtint du Roi de Caftille, de faire enlever dans fes États un certain nombre de béliers & de brebis. Henri huit & Elifabeth, en tirerent encore du même Royaume. Depuis ces deux importations, la race Angloife n'a pas dégénéré à caufe des foins qu'on a pris de l'entretenir.

Le Gouvernement Anglois a fait des loix prohibitives très-févères pour défendre l'exportation des laines, & fur-tout celles des bêtes à laine. Ces loix, quelquefois tombées en défuétude, ont été renouvellées de tems en tems. Elles n'ont

fervi qu'à favorifer une branche de contrebande.

La manière de conduire les troupeaux, en Angleterre, diffère effentiellement de celle d'Efpagne. Cette différence tient au climat, à l'état du pays & à l'induftrie des habitans. En Efpagne, la nature fait tout; il ne s'agit que de mettre à profit fes bienfaits. Les montagnes & les plaines, dont la culture eft moins néceffaire qu'en Angleterre, offrent aux Bêtes à laine tout ce qu'il leur faut pour vivre, fans qu'on foit obligé de rien femer. En Angleterre, le nombre de ces animaux feroit moins confidérable qu'il n'eft, s'ils ne vivoient que de ce qu'ils trouveroient. Les cultivateurs, pour avoir de plus grands troupeaux, font des prairies artificielles, cultivent des légumes, dont les fanes & les racines fervent à nourrir le bétail; le befoin y appelle le fecours de l'art & l'Anglois calculateur, parce qu'il eft commerçant, fait faire des avances & des facrifices en culture, affuré de fes rentrées & de fes profits par la vente des beftiaux ou des produits des beftiaux.

Les bêtes à laine Angloifes font prefque toute l'année, en plein air; elles ne voyagent point. Plufieurs propriétaires, par de fimples appentis les garantiffent des neiges & des pluies continues de l'Hiver; quelques-uns leur refufent même ces abris.

Les lots des propriétaires font partagés dans les prairies & dans les pâturages, par des foffés & des haies vives, épaiffes & élevées, qui arrêtent l'impétuofité des vents & préfervent les Bêtes à laine des injures de l'air.

D'après un effai fur l'état du commerce d'Angleterre, imprimé en 1755., cette Ifle nourriffoit alors une quantité de Bêtes à laine. Rumneymarsh, contrée d'environ 20000 de longueur, fur 10000 de largeur, fourniffoit 141,330 toifons, du poids total de 605,520 livres, à trois moutons ou brebis par acre de terre, non compris les agneaux. La contrée contenoit 47,110 acres. *Voyez* l'étendue de *l'acre* Anglois, au mot *Arpent*.

Du côté des Dunes méridionales, il y a un pays plat, qui s'étend de Bourn en Suffex, jufque près de Chichefter & de Port-Doun en Hampshire. Sa longueur comprend foixante-cinq milles, & fa largeur cinq ou fix. Ce terrein eft entiérement couvert de troupeaux de moutons de la petite taille à la vérité, mais chargés de la plus belle laine. On compte qu'ils occupent 70,000 acres.

La quantité de beftiaux, qui paiffent dans les plaines de Salisbury, eft innombrable. Ces plaines vont de Winchefter aux Divizes, à l'Eft & à l'Oueft, & d'Andover, fur les frontières de Berskire, à travers les Comtés de Wiltz & de Dorfet jufqu'à Weymouth proche la mer. Elles embraffent le pays de Southampton.

Les montagnes de Cotſwould & les plaines voiſines dans les Comtés de Worceſter & d'Oxford, nourriſſent auſſi une infinité de moutons.

Le Comté de Surrey en élève encore une grande quantité du côté des Dunes & dans les vaſtes bruyères, qui ſont à l'Oueſt de cette contrée vers Farnham, Guilford & la montagne de Hindhead, qu'on voit ſur le chemin de Portſmouth.

« Mais les Comtés de Lincoln & de Leiceſter effacent toutes ces Provinces. C'eſt dans ces deux Comtés que l'on trouve les moutons de la grande eſpèce dont on amène un ſi grand nombre aux boucheries de Londres. Il mangent peu & engraiſſent plutôt que les autres. Mais il eſt difficile de les contenir dans leurs parcs. Ils ſont ſujets à renverſer les claies qui les enferment & à ſe diſperſer. »

« Les bruyères de Newmarket & les Dunes ne cèdent guères ſur cet article aux comtés de Lincoln & de Leiceſter. Les bruyères qui touchent aux Comtés de Suffolk & de Norfolk, qui contiennent depuis Bourn-Bridge du côté d'Eſſex juſqu'à Thatford au Nord-Eſt, depuis Brandon juſqu'à Lynn au Nord-Oueſt, & du côté du Nord juſqu'à la mer ; ces bruyères, dis-je, ſont également remplies de troupeaux. Les moutons de ces contrées ont cela de particulier, que leur têté eſt noire, quoique le reſte du corps ſoit revêtu d'une laine très-blanche. »

« Je ne dois pas oublier les montagnes de la principauté de Galles, ni la belle laine de Léominſter ou Lemſter en Hereford-Shire. Je dois auſſi faire mention des Woulds ou Dunes dans la ſubdiviſion Orientale de la Province d'Yorck, du blanc de Tees dans l'Evêché de Durham. On trouve, dans cet endroit, les plus grands moutons de toute l'Iſle ſans en excepter ceux de Leiceſter-Shire, ou de Rumney-Marsh. Ces animaux ont tellement multiplié dans le Northumberland & dans le Cumberland, que les habitans de ces Provinces ſont obligés d'en envoyer, tous les ans, hors de chez eux. Leurs bergers en viennent vendre juſques dans les environs de Londres. Il n'y a pas long-tems que l'on s'eſt adonné dans cette partie de l'Angleterre à élever de ce bétail auſſi univerſellement. »

« Il faut joindre aux contrées que je viens de nommer la Province de Warwick, l'Iſle d'Ely, Buckingham, Hertford. On eſtime les laines de Buckingham-Shire. Celles d'Hertford-Shire leur ſont inférieures. Les moutons des montagnes de Cotſwould & des plaines de Salisbury portent une laine très-belle, mais leur toiſon eſt peu garnie. Ceux de Ruland-Shire ont une laine rougeâtre. Les fermiers qui demeurent entre Enford &

Warminſter en Wilt-Shire gardent les troupeaux les plus nombeux de toute l'Angleterre. »

« Outre la quantité infinie de beſtiaux que tant de Provinces fourniſſent, on amène tous les ans d'Ecoſſe, en Angleterre, cent vingt-mille moutons. C'eſt auſſi dans ce dernier Royaume que s'apportent toutes les toiſons qu'on abat dans le Gallowai, l'Air, le Nithſdale, le Tiviodale & autres contrées de l'Ecoſſe. »

« A l'occaſion d'une gageure, on dreſſa un état des moutons qui ſe trouvent aux environs de Dorcheſter en Dorſet-Shire à ſix milles à la ronde (ce fut au mois de Juin) ; il monta à ſix cens mille. »

« Dans la même année il ſe vendit quatre cens mille moutons à la foire de Wey-Hill & ſix cens mille à celle de Burford en Dorſet-Shire. »

« Pour achever de donner au Lecteur quelque idée de la multitude ſurprenante & indéterminable des troupeaux de Bêtes à laine que l'on élève dans la Grande-Bretagne, j'ajouterai ici ce que rapporte un Auteur Anglois (M. Daniel de Foc) qui paroît fort inſtruit des choſes de ſon pays. Il aſſure que les ſix cent cinq mille cinq cent vingt livres de laine que l'on tire de Rumney-Marsh, ne forment pas la deux centième partie de celle que fournit l'Angleterre. »

Je regrette que les détails qui précèdent ſur les troupeaux d'Angleterre, ne ſoient pas récens. L'ouvrage, dans lequel je les ai puiſés, imprimé en 1755, rend compte de l'état des choſes, à cette époque. Vraiſemblablement il y a eu depuis ce téms-là des changemens en amélioration, des augmentations dans un pays, & des diminutions dans d'autres. Quelques cantons, qui n'élevoient pas ou qui élevoient très-peu de Bêtes à laine, voyant les profits qu'il y avoit à faire, à cauſe de la valeur des laines perfectionnées, ſe ſeront déterminés à en élever ou à en élever davantage. Les laines Angloiſes moins fines que les laines Eſpagnoles, mais pourtant aſſez fines, ont ſur elles l'avantage d'être très-longues & très-blanches & de pouvoir être employées à des ouvrages particuliers. Si plus inſtruit, j'avois pu fouiller dans des Auteurs modernes Anglois, j'aurois rendu un compte plus étendu de leurs troupeaux, des profits qu'on en tire & de leurs rapports avec les troupeaux d'Eſpagne & de France.

Troupeaux de France.

Columelle, qui vivoit dans le premier ſiècle de l'ère Chrétienne, après avoir parlé du cas que les Anciens faiſoient des Bêtes à laine de Milet, de la Calabre, de la Pouille & plus encore de Tarente, à cauſe de leurs belles toiſons, ajoute : « préſentement les moutons de la Gaule l'em-

portent en bonté fur toutes les efpèces connues. »
Quoiqu'il ne dife pas de quelle partie de la Gaule
il entend parler, il eft à préfumer que c'eft de
la Gaule aquitanique.

On ne voit rien qui conftate combien de
téms cette fupériorité s'eft confervée. Lorfque
Dom Pèdre IV, Roi de Caftille, obtint d'un Roi
Maure de choifir dans fes Etats des béliers & des
brebis, & lorfque le Cardinal de Ximènes en
tira auffi des mêmes pays, ces animaux furent
non-feulement l'origine des Bêtes à laine de la
vieille Caftille, mais encore des excellens troupeaux du Rouffillon. Il eft vraifemblable que ces
importations améliorèrent les races des Provinces
voifines du Rouffillon.

Dans le fiècle dernier, les Hollandois apportèrent des Indes des Bêtes à laine, grandes, alongées, & groffes de corfages, dont les toifons longues égaloient prefque les belles laines Angloifes
en fineffe & en beauté; ils les placèrent dans le
Texel & dans la Frife orientale. Ces animaux
y réuffirent bien & donnèrent jufqu'à feize
livres d'une belle laine longue, que beaucoup
de marchands vendent pour de la laine d'Angleterre; les brebis portèrent, chaque année,
plufieurs agneaux.

Les Hollandois permirent aux Flamands de par-
ticiper à cet avantage. Ceux-ci placèrent un certain nombre de bêtes Indiennes aux environs de
Lille & de Warneton. Elles y profpérèrent fi bien,
que la race en prit le nom de *race Flandrine*.
De-là elle fe répandit dans le voifinage & la France
vit fes Bêtes à laine perfectionnées dans le nord
par une race des Indes, comme elle avoit vu
celles du midi perfectionnées par une race d'A-
frique. La pofition heureufe de la France, par rapport à fa température, la met à portée de jouir
au midi des avantages de l'Efpagne & de l'Italie,
& au nord de ceux de l'Angleterre, de la Hollande & de l'Allemagne. On affure qu'il y a
maintenant des Bêtes à laine de race Flandrine
dans les marais de Charente, dans le Poitou, le
Maine, & quelques cantons de la Provence.

Les manufactures de laineries que Louis
XIV établit par les confeils & fous le
miniftère de M. Colbert, aidées de quelques
encouragemens, ranimèrent les foins & la vigilance fur l'amélioration des races Françoifes. Après
la mort de Colbert, il y eut des réglemens, qui
mirent des gênes & ôtèrent fur-tout aux propriétaires la liberté de vendre leurs laines à d'autres
qu'aux fabricans. Le découragement, effet ordinaire de toute efpèce d'entraves, s'enfuivit
& dura long-tems. De nouvelles tentatives furent
faites encore par différens Miniftres de Louis XV,
mais infructueufement. Ce ne fut que quand
M. de Trudaine eut une influence fur les manufactures qu'on prit le plus fûr moyen d'améliorer les laines. Cet Adminiftrateur auffi éclairé

que plein de zèle pour tout ce qui étoit utile,
chargea M. Daubenton de faire une fuite d'expériences, dont les détails quand ils feroient publiés, feroient connoître la manière de
procéder dans les améliorations & indiquèrent
les races qui pourroient fervir à perfectionner
les autres, en combien de tems & avec quelles
précautions. Tout ce que j'emprunterai de M. Daubenton eft le fruit de ces expériences.

Ce que M. de Trudaine avoit prévu eft arrivé. Le goût de l'amélioration des laines s'eft
répandu. Prefque dans toutes les parties du Royaume des cultivateurs aifés ou des propriétaires s'en
occupent. Les uns fe font procurés des béliers
& des brebis efpagnols; les autres ont fait venir
des béliers & des brebis de race Angloife & de
race Africaine même; d'autres n'ont voulu
acheter que des béliers étrangers. D'autres enfin
ont eu recours à des Bêtes à laine du Rouffillon,
auffi propres à donner de la laine fine,
que celles d'Efpagne. Ces troupeaux, deftinés à
des améliorations font autant de pépinières d'où
il fort des béliers, qui fe répandent & vont de
proche en proche embellir les races des cantons,
où elles en ont befoin.

Le plus grand établiffement, qui fe foit fait en
ce genre, eft celui de Rambouillet. Le Roi a fait
venir d'Efpagne un troupeau de 366 Bêtes à laine.
Il a été choifi dans la vieille Caftille. Le but de fa
Majefté étoit, non-feulement d'enrichir fon domaine de Rambouillet d'animaux précieux par la
beauté de leurs toifons, mais encore d'être utile à
plufieurs pays, qui voudroient en profiter pour
perfectionner leurs laines. Les intentions du Roi
ont été remplies. Le troupeau a profpéré & profpère encore fous mes yeux à Rambouillet. Déjà des
cultivateurs de la Brie, de la Beauce, de l'Orléanois,
de la Bourgogne, de la Breffe, de la Champagne,
de la Lorraine, de la Picardie, de la Normandie, &c.
font venus puifer dans cette fource féconde, qui
fe renouvelle tous les ans, à mefure qu'on y puife.
On donnera quelque jour les détails de la diftribution de ce troupeau & des améliorations
qu'il a occafionnées.

Si l'on en croit M. Carlier, le Rouffillon n'eft
pas le feul pays, qui produife en France des qualités de laine, dont la tête égale les meilleures
toifons d'Efpagne & d'Angleterre. Il croit qu'on
en trouve d'auffi belles dans quelques parties du
Diocèfe de Narbonne & de Béziers en Languedoc, en Champagne, en Berry, dans plufieurs
cantons du Dauphiné, de la Bourgogne, de la
Sologne, du Maine & dans une partie de la
Flandre. La quantité n'en eft pas fuffifante pour
nos manufactures. Elle peut être augmentée en
multipliant & en foignant les meilleures branches
de ces mêmes pays.

L'ouvrage de M. Carlier, que j'ai cité, eft en
deux volumes *in*-4.° C'eft le plus étendu & un
des meilleurs que je connoiffe fur les Bêtes à

laine. L'Auteur l'a composé d'après les propres recherches & les réponses faites à des demandes envoyées aux Intendans. Il a visité lui-même toutes les Provinces septentrionales du Royaume, à compter du Berry & du Limousin. Il s'en est rapporté pour les autres, aux mémoires, qui lui ont été communiqués. La plus grande partie du deuxième volume contient des détails, qui seroient précieux, si on pouvoit compter sur l'exactitude de tous. M. Carlier, prenant les Provinces les unes après les autres, expose d'abord leur position géographique & celle de leurs subdivisions; il distingue ensuite les espèces & variétés des Bêtes à laine, qu'on y entretient, leur éducation & la manière de les engraisser, la qualité de leur laine, l'usage & le débit qu'on en fait & les manufactures de la Province. Je renvoie à cet ouvrage intéressant pour les détails dans lesquels je n'ai pu entrer, n'ayant pas l'intention de faire un traité complet des Bêtes à laine.

Taille, longueur & poids des Bêtes à laine.

« Pour bien connoître la taille d'une Bête à laine, il faut prendre sa hauteur depuis terre jusqu'au garot, comme on mesure les chevaux. On dit qu'il y a des races de Bêtes à laine, qui n'ont qu'un pied de hauteur; ce sont les plus petites. D'autres ont jusqu'à trois pieds huit pouces; ce sont les plus grandes. Ainsi, les races moyennes de toutes les Bêtes à laine connues ont environ deux pieds quatre pouces de hauteur, suivant les mesures qui ont été données. Mais il n'y a en France que les Bêtes à laine de Flandres, qui aient plus de deux pieds quatre pouces. Parmi les autres races la petite taille va depuis un pied jusqu'à dix-sept pouces, la taille moyenne depuis dix-huit pouces jusqu'à vingt-deux, & la grande taille, depuis vingt-trois jusqu'à vingt-sept pouces. »

« On est dans l'usage de mesurer les Bêtes à laine pour avoir leur longueur depuis les oreilles jusqu'à la naissance de la queue; mais cette mesure est sujette à varier dans les différentes situations de la tête de l'animal. »

« On peut juger de la hauteur par la longueur & vice versâ; car la hauteur d'une bête a un tiers de moins que sa longueur; par exemple, un mouton, qui est long de trois pieds, n'a que deux pieds de hauteur. »

Le poids ne dépend pas de la longueur. Car il y a des races plus épaisses, plus ramassées, plus rondes & plus râblées qu'alongées. Celles qui ont les fibres très-serrées & nombreuses pèsent plus que celles qui sont d'une constitution lâche.

Les moutons les plus hauts, si l'on en excepte les Flandrins, qui forment une variété particulière, sont les Artésiens, les Picards, &c. On

trouve l'espèce moyenne dans la Beauce, & la plus petite dans les Ardennes & en général dans les Bocagers.

J'ai fait mesurer à Rambouillet une brebis Flandrine & un bélier Espagnol. La brebis avoit deux pieds huit pouces de hauteur, trois pieds dix pouces de longueur, du sommet de la tête à la naissance de la queue, & un pied cinq pouces du garot à la tête, & quatre pieds trois pouces de grosseur, n'étant pas pleine & étant à jeun. Le bélier avoit deux pieds trois pouces de hauteur, & trois pieds sept pouces de longueur totale, & un pied quatre pouces de la tête au garot, & trois pieds huit pouces de grosseur le matin avant de sortir de la bergerie. On peut le mettre dans la classe des Bêtes à laine de haute taille, après les moutons Flandrins.

Ages des Bêtes à laine.

On donne aux Bêtes à laine des noms différens à raison de leur âge. Les agneaux conservent le nom d'*agneaux*, depuis leur naissance jusqu'au terme d'une première année révolue. Dans quelques parties de la France méridionale on partage ce terme. On nomme l'agneau *primal* à la première tonte & *Bourech* à la Saint-Michel. D'un an à quinze ou dix-huit mois l'agneau s'appelle *agneau de l'année passée*; de quinze & dix-huit mois à deux ans, il porte le nom d'*antenois* ou *antenoise*, si c'est une femelle. On dit en Berry *vaciveau* & *vacive*, & en Sologne *raguin* & *raguine*. Les antenois sont aussi nommés *montonneaux*.

Les Romains se servoient du mot *bidentes* pour désigner les Bêtes à laine âgées de deux ans, parce qu'à cet âge il leur tombe deux dents de lait, qui sont remplacées par deux larges dents. *Voyez* ÂGE DES ANIMAUX, article où je développe la connoissance de l'âge, par les dents. Après cinq ans, les nouvelles dents ayant remplacé toutes les anciennes, les Bêtes à laine ne marquent plus. Les bergers appellent *ronds* & *oronds* les moutons, qui ont toutes leurs dents & *breches* ou *calabres*, quand ils commencent à les perdre. Ils reconnoissent les années, qui suivent la cinquième par des signes arbitraires & à des marques qu'ils font eux-mêmes. J'observerai que les époques de la pousse des nouvelles dents ne sont pas toujours une indication certaine de l'âge des Bêtes à laine: quand elles sont bien nourries & en bon état, les nouvelles dents paroissent plutôt. Dans ce cas leur précocité est quelquefois d'un an & plus. Les marchands ne s'y trompent pas.

Lorsque les Bêtes à laine ont perdu leurs dents, elles ne peuvent plus brouter l'herbe ni broyer les fourrages. Alors on cherche à les engraiffer pour s'en défaire. On cite un Gentilhomme, qui a prolongé jufqu'à douze ans la vie d'un mouton privé de fes dents dès l'âge de fix ans. Il le nourriffoit de pain & de grain broyé, qu'on faifoit pêtrir. Ordinairement les Bêtes à laine vivent huit ou dix ans, rarement jufqu'à douze. On affure qu'en Ruffie il y a des Bêtes à laine, dont la vie a été prolongée jufqu'à douze ou quinze ans. Quand on les tient dans des lieux fecs, découverts & bien aérés, leur vie eft plus longue que fi elles font dans des pacages humides & dans des bas fonds.

Laine des Bêtes à laine.

Les laines dans le commerce, fe divifent en deux claffes, favoir, en *laines de toifon* & en *laines mortes*. On entend par laines de toifons, celles qui ont été prifes fur l'animal vivant & par laines mortes, celles qui ont été prifes fur l'animal mort. On donne le nom de laine *furge* ou en *fuin*, à la laine qui n'a pas encore paffé par le lavage. Les laines de toifon ou mortes, diffèrent entre elles à raifon de la couleur, de la fineffe, de la longueur, de la force & du nerf. La couleur la plus ordinaire des laines eft la blancheur. Suivant M. de Buffon, il y a, en Efpagne, des moutons roux, & en Ecoffe, des moutons jaunes. M. Maquarre, Médecin de Paris, d'après lequel je parlerai quelquefois des moutons de Ruffie, où il a voyagé avec intérêt, a vu dans cet Empire beaucoup de moutons noirs, & de moutons roux. Il rapporte auffi qu'en Crimée, il y en a à laine bleuâtre, qui eft fort chere. Je connois des chèvres d'Angora, à poil de cette couleur. En France, on ne conferve, dans un troupeau, que le moins poffible de bêtes à laine noire ou brune, parce que la blancheur eft la plus eftimée. Cependant dans les petites troupes, qui ne font que de huit ou dix, on en entretient toujours une à laine noire, dont le mélange eft utile au but qu'on fe propofe.

« Il n'y a que les laines blanches qui reçoivent des couleurs vives par la teinture. Les laines jaunes, rouffes, brunes, noirâtres ou noires ne font employées dans les manufactures qu'à des ouvrages groffiers, ou pour les vêtemens des gens de la campagne, lorfqu'elles font de mauvaife qualité ; mais celles qui font fines, fervent pour des étoffes qui reftent avec leur couleur naturelle, fans paffer à la teinture. »

« Les mèches de la laine font compofées de plufieurs filamens qui fe touchent les uns les autres par leurs extrémités. Chaque mèche forme dans la toifon un flocon de laine féparé des autres par le bout. Les laines les plus courtes, n'ont qu'un pouce de longueur ; les plus lon-

gues ont jufqu'à quatorze pouces & davantage ; il y en a de toute longueur, depuis un pouce jufqu'à quatorze & même jufqu'à vingt-deux pouces. »

« Il y a des filamens très-fins dans toutes les laines, même dans les plus groffes ; mais quelque foit la fineffe ou la groffeur d'une laine, fes filamens les plus gros fe trouvent au bout des mèches. En examinant ces filamens dans un grand nombre de races de moutons, on a diftingué différentes fortes de laines : on peut les réduire à cinq dans l'ordre fuivant. Laines fuperfines, laines fines, laines moyennes, laines groffes, laines fupergroffes. »

« Pour favoir fi la laine d'un bélier eft plus ou moins fine que celle des brebis avec lefquelles on veut le faire accoupler, il faut couper le bout d'une mèche fur le garrot du bélier & en placer les filamens fur une étoffe noire ; on mettra fur la même étoffe, des filamens pris au bout des mèches du garrot de quelque brebis, & l'on reconnoîtra aifément fi leur laine eft plus ou moins fine que celle du bélier. »

« Il fuffit de toucher un flocon de laine, pour fentir fi elle eft douce & moëlleufe fous la main, ou rude & fèche, ou l'on étend une mèche entre deux doigts, & en frottant légèrement les filamens, on connoît s'ils font doux ou rudes. »

« Pour connoître fi la laine eft forte ou foible, on en prend des filamens & on les tend en les tenant des deux mains par les deux bouts. S'ils caffent au premier effort, c'eft une preuve que la laine eft foible ; plus ils réfiftent, plus la laine a de force. »

« On reconnoît que la laine eft molle ou nerveufe, fi, en en ferrant une poignée dans fa main, elle fe renfle autant qu'elle l'étoit avant d'avoir été comprimée. Au contraire, fi la laine eft molle, elle refte affaiffée ou fe renfle peu. »

« Les laines blanches, fines, douces, fortes & nerveufes font les meilleures. Les laines qui ont une mauvaife couleur & qui font groffes, rudes, foibles ou molles, font de moindre qualité. Les laines mêlées de beaucoup de jarre, font les plus mauvaifes. »

« Le *jarre*, *poil mort* ou *poil de chien*, eft un poil mêlé avec la laine & qui en diffère beaucoup ; il eft dur & luifant ; il n'a pas la douceur de la laine & il ne prend aucune teinture dans les manufactures. Une laine jarreufe ne peut fervir qu'à des ouvrages groffiers ; plus il y a de jarre dans la laine, moins elle a de valeur. »

Les laines Angloifes & celles du Northolland font longues & fines ; celles du Nord de la France, c'eft-à-dire, de Flandres, Picardie, Champagne,

Champagne ; Isle-de-France font longues & groffes, en avançant vers le midi elles fe raccourciffent & s'affinent. Le Rouffillon, l'Italie & l'Espagne en ont de courtes & de la plus grande fineffe.

Les Efpagnols diftinguent quatre fortes de laine fur la même Bête.

Celle de la première qualité fe trouve fur l'épine du dos, depuis le col jufqu'à environ un demi-pied de la queue, en comprenant un tiers du corps ; le deffus du ventre & des épaules eft auffi de première qualité. On appelle cette forte de laine *floretta*.

Celle de la feconde couvre les flancs & s'étend depuis les cuiffes de derrière jufques aux épaules, en avançant vers le col.

La laine de troifième qualité environne le col & recouvre la croupe.

Enfin la laine de quatrième qualité occupe, 1.° depuis la partie de devant du col jufques au bas des pieds, en y comprenant une partie des épaules ; 2.° les deux feffes jufqu'au bas des deux pieds de derrière. On appelle en Efpagnol cette laine *Cayda*.

M. Daubenton, perfuadé qu'il étoit important pour le commerçant & pour le manufacturier, d'avoir un moyen de connoître précifément le degré de fineffe ou de groffeur des laines, parce que ces degrés, même dans les extrèmes, varient beaucoup, a imaginé de foumettre toutes fortes de filamens de laine à un micromètre placé dans un microfcope. Le micromètre repréfentant un petit refeau ou un compofé de mailles, on juge de la groffeur ou de la fineffe des filamens de laine, par le plus ou moins de mailles qu'ils recouvrent. Il n'y avoit qu'un dixième de ligne entre les côtés parallèles des quarrés du micromètre, dont fe fervoit M. Daubenton, & fa lentille groffiffoit quatorze fois. Ayant reconnu, par des obfervations répétées foigneufement, que les gros filamens de vingt-neuf échantillons de laine fuperfine, apportés de diverfes manufactures, occupoient rarement plus de deux quarrés du micromètre, il a fixé le dernier terme des laines fuperfines à celles dont les plus gros filamens rempliffent, par leur largeur, un quarré du micromètre, & dont le diamètre eft la foixante-&-dixième partie d'une ligne. La largeur des plus gros filamens de laine la plus groffière occupoit jufqu'à fix quarrés du micromètre de M. Daubenton, qui valent la 23.° partie d'une ligne.

Les plus gros filamens du jarre rempliffoient jufqu'à onze quarrés du micromètre, & leur groffeur par conféquent étoit la douzième partie d'une ligne. Il y a des jarres moins gros &

même auffi fins que des filamens de laine fuperfine.

Entre les laines fuperfines, dont les filamens ont pour diamètre la foixante-&-dixième partie d'une ligne, & les plus groffes dont les filamens ont pour diamètre la 23.° partie d'une ligne ; il y a des intermédiaires, qui permettent de diftinguer plufieurs fortes de laine & dans chaque forte, des degrés différens.

M. Daubenton ne propofe pas aux propriétaires de troupeaux & aux bergers d'avoir des microfcopes & des micromètres, qu'ils ne feroient en état, ni de fe procurer, ni d'employer ; mais il croit que les commerçans & les grands manufacturiers doivent s'en fervir. Il fuffit, pour les autres, qu'ils aient des échantillons des cinq fortes de laines, vérifiés au microfcope. En appliquant de petits floccons de ces laines fur une étoffe noire, ils pourront leur comparer les laines, dont ils defireront conftater la qualité, ce qui peut leur être très-utile pour les alliances des béliers avec les brebis. La quantité de laine qu'on tire de ces animaux, varie felon leur taille & la race dont ils font. Des béliers de la Navarre, en donnent douze à treize livres ; des Bêtes Flandrines en ont donné jufqu'à feize ; le produit d'un bélier Efpagnol, à Rambouillet, a été de onze livres ; fix brebis Efpagnoles que j'entretenois en Beauce, m'ont fourni des toifons du poids de trente-fix livres, ou fix livres par Bête. La toifon d'un bon bélier de Beauce, eft de cinq à fix livres ; celle d'un bélier de Sologne ne va pas jufqu'à trois livres. On trouve des pays où les béliers & les brebis ne portent pas une livre & demie de laine.

ARTICLE II.

De la manière d'améliorer, élever & foigner les Bêtes à laine.

Je rapporterai à cet article la compofition & le choix d'un troupeau, la manière de le marquer, de le faire voyager, les alimens qui lui conviennent, le choix des béliers & des brebis, leurs accouplemens, l'agnelement, la nourriture & le fevrage des agneaux, la caftration, la fection de la queue ; la nourriture de toutes les bêtes à laine, l'engrais des agneaux, des moutons & moutonnes, la conduite des troupeaux aux champs & leurs logemens & parcs.

Compofition & choix d'un troupeau.

Quoique le nom de troupeau foit quelquefois donné à l'affemblage des gros animaux, tels que les bœufs & vaches, cependant il convient plus particulièrement pour désigner la réunion d'un certain nombre de Bêtes à laine, sous la conduite d'un berger. Il est même d'usage de n'exprimer souvent cette réunion, que par le nom de troupeau. *Le troupeau d'une ferme, le troupeau qui passe ou qui paît*, est toujours un assemblage de Bêtes à laine. Si l'on veut parler d'un assemblage de Bêtes à cornes, on dit un *troupeau de bœufs* ou *de vaches*, en ajoutant l'espèce d'animaux qui le composent. Le nombre des Bêtes à laine, qui forment les troupeaux, varie selon les pays & l'étendue des pâturages. En Espagne, où il y a de vastes plaines qu'on ne cultive pas, quinze à vingt milliers de bêtes à laine peuvent y errer, sans se nuire & sans donner lieu de craindre le moindre dégât. M. de Nugnès, maintenant Ambassadeur d'Espagne à la Cour de France, est possesseur de soixante mille têtes de Bêtes à laine, divisées en plusieurs troupeaux, dont chacun est encore considérable. Les individus, qui composoient les troupeaux étoient autrefois très-nombreux en Angleterre. Le Roi Henri VII défendit d'en entretenir au-dessus de deux mille quatre cens, les agneaux exceptés.

En France, les plus grands troupeaux ne sont guères de plus de deux mille Bêtes. Communément dans les bons pays cultivés ils sont de deux cent cinquante à cinq cens. En les supposant de deux cent cinquante, il y a cent brebis mères, cinquante antenoises ou brebis d'un an révolu, cinquante agneaux mâles & cinquante jeunes femelles ou agnelettes de l'année. On voit aussi de petites troupes de dix à douze appartenantes à des particuliers. Dans beaucoup d'endroits toutes les troupes d'un village se réunissent pour former un troupeau commun; dans d'autres, chacune est gardée à part dans les champs par des enfans. Les paysans Russes, suivant M. Macquart, ont comme beaucoup de paysans François, dix à douze Bêtes à laine; ils emploient les peaux entières pour se vêtir en Hiver; on enfile aussi de la laine pour faire des habits moins pesans pour l'Été & pour les manufactures de gros draps, dont se servent les Mongiks dans ce pays.

Soit défaut d'observation & de calcul, soit desir immodéré d'élever beaucoup de Bêtes à laine, soit envie d'envahir toute la pâture ou la plus grande partie de la pâture d'un pays, il est arrivé bien des fois, que des fermiers, dont les fermes étoient isolées, où dont les terres étoient placées entre celles des particuliers où des autres fermiers, ont formé des troupeaux plus nombreux que le sol n'en pouvoit nourrir. Il en est résulté que les animaux languissoient ou que, pour les alimenter suffisamment, les bergers les conduisoient sur des terres cultivées & ensemencées; c'est sans doute afin d'obvier à cet inconvénient & à beaucoup d'autres, qu'on a

fait des réglemens de police pour proportionner le nombre des troupeaux & des Bêtes qui les forment, à la nature & à la quantité de mesures de terres renfermées dans d'arrondissemens d'une Paroisse, d'un hameau, d'un territoire.

Vers Tarascon en Provence, on admet les troupeaux aux pâturages, à raison de soixante Bêtes par charrue.

Il est ordonné, par un arrêt du Parlement de Bourgogne, que les laboureurs, cultivateurs & ménagers, régleront le nombre de leurs bêtes à laine à raison d'une brebis & son *suivant*, c'est-à-dire, son agneau, par chaque journal de terre.

On a un réglement général du Parlement de Paris, portant que le nombre de ces animaux dans les districts des paroisses, hameaux & fermes, sera d'une Bête par arpent. Ce réglement souffre diverses modifications, eu égard à la situation des lieux, à la nature & l'abondance des pâturages; tel village ne peut comporter qu'une demi-Bête par arpent, tandis qu'on doit admettre une Bête & demie & deux Bêtes même dans un autre. Au reste, le Parlement s'en est toujours rapporté aux décisions des Juges inférieurs, rendues sur le dire de gens experts, nommés légalement. Les véritables Juges des contestations, élevées sur cet objet, ont été les habitans du pays. Les tribunaux n'ont fait qu'invoquer leur témoignage & le confirmer; rien de plus sage que cette conduite.

En Angleterre, il y a des loix qui déterminent le nombre respectif des Bêtes à laine & des pièces de gros bétail. On s'appercevoit que toutes les vues des cultivateurs se tournoient du côté de la multiplication des moutons & que ce zèle influoit sur la diminution des Bêtes à cornes. Il fut ordonné, sous le règne de Philippes & de Marie, que quiconque entretiendroit un troupeau de moutons sur des pâturages propres au gros bétail & dans lesquels personne n'avoit droit de commune, seroit tenu d'avoir deux vaches & d'élever un veau sous peine d'amende.

La conduite que tiennent les herbagers en France, est entièrement opposée à celle des Anglois, car ils excluent les Bêtes à laine des pâturages où paissent les Bêtes à cornes, ou ils ne les y admettent que dans la saison, où il n'y a pas de Bêtes à cornes.

Quand il s'agit de former un troupeau, il faut consulter les usages du pays & aller, pour ainsi dire, à la découverte sur les lieux d'alentour, afin de s'assurer de l'âge ou du sexe, qu'on aura le plus de profit à élever ou à entretenir; ici, le mouton réussit mieux; là, c'est la brebis. Dans quelques endroits, on ne doit nourrir que des agneaux, parce que les herbes ne conviennent qu'à ces jeunes animaux; dans d'autres des Bêtes de deux ou quatre ans y trouvent une nourriture convenable. Les circonstances détermitient le choix. Un fermier, qui a tout perdu par une grêle, celui qui entre en ferme & qui n'a rien récolté encore, ne peut nourrir des brebis qui donnent des agneaux pour lesquels il faudroit acheter du grain; des moutons ou des brebis, qu'on ne laisse pas couvrir, lui coûtent moins de frais. Aux environs des grandes villes & sur-tout des capitales, on préfère les brebis auxquelles on donne des béliers, à cause de la facilité qu'on a de vendre des agneaux de lait. Les petites races ne consommant pas autant d'alimens que les grandes, il y a des cantons où l'on doit les préférer par l'impossibilité d'y nourrir les autres. Si le pâturage est abondant, il y aura plus d'avantage à acheter de grandes races. Une règle certaine, est qu'on gagne plus à nourrir la moindre espèce, dans un canton qui lui convient, que si l'on vouloit entretenir de la plus belle, dans un endroit où elle n'a pas une nourriture suffisante. Il faut faire en sorte que le pays d'où on tire un troupeau, soit plus maigre que celui où on l'établit. Enfin, on ne composera un troupeau que de moutons, ou que de brebis qui ne rapportent pas; si la nature des possessions ne permet pas, au moins un certain tems de l'année, de mener paître séparément les bêtes, qu'on ne voudroit pas laisser ensemble. On sait qu'au moment du sevrage les agneaux doivent aller aux champs loin de leurs mères, afin qu'elles ne les voient, ni ne les entendent; ces jeunes animaux ont alors besoin d'une nourriture analogue à leur âge & à leur position. Quand on entretient un troupeau nombreux, on a des brebis, des agneaux, des antenois & antenoises, des béliers, & quelquefois des bêtes de réforme; il est bon que ces différentes espèces ne se mêlent pas. Il faut sur-tout séparer les béliers, qui exciteroient la chaleur des brebis avant le tems & l'année où l'on desire qu'elles conçoivent, & les bêtes foibles, qui, toujours devancées par les plus vigoureuses, ne trouveroient à manger qu'une herbe de rebut, trop dure pour leurs dents: toutes ces circonstances exigent une grande étendue de terrein & un terrein libre.

Après avoir pesé tous les égards dûs au pays où l'on doit introduire le troupeau, aux ressources & aux facilités que ce pays peut procurer, il faut procéder avec discernement au choix individuel des animaux; on les prendra jeunes, ayant beaucoup de laine & de la laine de belle qualité, relativement à la race, dont ils sont & sur-tout bien portans. Une bête à laine ne se porte pas bien quand elle a quelque partie du corps dégarnie, le regard triste, la marche lente, l'haleine mauvaise, les yeux & la gueule pâles. On doit craindre qu'elle n'ait un principe de pourriture; si ces derniers organes sont trop rouges & les vais-

seaux trop pleins, elle peut être menacée d'une maladie inflammatoire & d'une mort subite. La couleur seulement vermeille des yeux & de la gueule, seroit un signe assuré & suffisant, s'il n'étoit quelquefois l'effet de la fripponnerie des marchands, qui, pour la produire, introduisent dans ces organes quelque substance active; telles que le sel marin & le vitriol, &c. qui y rappellent le sang en excitant une irritation. Quelques Marchands tiennent le bétail à vendre dans des endroits fermés, où ils rassemblent du fumier, sur-tout du fumier de cheval, dont la fermentation cause une grande chaleur, qui donne à ces animaux une activité de peu de durée, il est vrai, mais assez longue pour en imposer dans les tems de la vente. Le signe le plus certain & le plus caractéristique de la bonne santé des Bêtes à laine, c'est lorsqu'elles résistent fortement à la main qu'on appuie sur leurs reins & lorsque prises & tenues par une jambe de derrière, elles se défendent & cherchent vigoureusement à se débarrasser. Le plus sage est d'acheter des Bêtes à laine, non à des marchands, mais à des cultivateurs, voisins du pays qu'on habite; si elles ont quelque défaut ou quelque germe de maladies, on en sera facilement instruit.

L'Automne paroît être la saison la plus favorable pour former ou renouveller un troupeau. On achete alors à meilleur compte. L'usage des fourrages secs, qui sont presque par-tout les mêmes, empêche que les Bêtes à laine ne s'apperçoivent de la différence des lieux. Elles s'accoutument par degrés aux pâturages. Les Bêtes Antenoises sont celles qui réussissent le mieux.

Marques des Bêtes à laine.

Le Berger d'un troupeau peu nombreux n'a besoin d'aucune marque pour reconnoître chaque Bête; mais si le troupeau est considérable, il est obligé d'en marquer quelques-unes. Cette obligation est indispensable, lorsque les Bêtes qui le composent, appartiennent à différens propriétaires, comme dans les troupeaux de Communautés, sur-tout au tems du parcage, & lorsqu'on en réunit plusieurs pour les conduire en Eté dans les montagnes. On marque les Bêtes à laine de plusieurs manières, à l'oreille, ou par des couleurs sur la toison, ou à la tête, par une mèche de laine colorée, &c.

La marque à l'oreille se fait ou avec des ciseaux, ou avec un couteau, ou avec un emporte-pièce, ou avec un fer chaud. On fait en sorte d'adopter une figure qui ne soit pas celle d'un autre. On peut marquer à l'oreille en tous tems, dans les pays d'éleves, c'est lorsqu'on coupe la queue aux agneaux, ou lorsqu'on châtre des mâles.

On marque à la couleur sur le dos, sur les flancs, à la tête & au cou, en rouge, en bleu & en noir. On compose le rouge, qui est la couleur favorite des Bergers, avec de l'ocre battue, mêlé d'huile & d'un peu de farine ; ce qui donne plutôt une couleur aurore qu'une couleur rouge. Le bleu se fait avec l'indigo ; le noir, qu'on appelle *Terque*, est un mélange de goudron & d'huile ; quelquefois c'est de la poix de Bourgogne qu'on emploie ; la couleur qui en résulte est plutôt du gris foncé ou du brun, que du noir. Rien ne peut enlever ces couleurs. On les applique ou avec un bâton, ou avec un instrument de fer, sur lequel on fait fabriquer un chiffre où sont les lettres initiales des noms du propriétaire.

Pour marquer par une mèche de laine colorée, on tord un flocon de laine teinte avec un flocon de la laine de l'animal ; on les entrelace & on les arrête par un nœud ; de manière que la laine étrangère paroisse au-dessus de la toison.

De toutes ces marques, celle qui se fait à l'oreille est la plus sûre, la plus durable, & sujette à moins d'inconvéniens. Elle n'altère point la laine ; elle subsiste avant & après la tonte.

La marque en couleur pénètre les filamens de laine, au point que rien n'en détruit l'adhérence & la ténacité. Dans les préparations de la laine, cette couleur s'étend & en macule une grande quantité : le Fabricant éprouve beaucoup de déchets, s'il veut séparer toute la laine marquée, ou ses étoffes sont moins parfaites. Lorsque le Fabricant ne supporte pas la perte, il la fait supporter au propriétaire des moutons. Dans l'un ou l'autre cas, cette manière de marquer les Bêtes à laine fait tort à quelqu'un. Les propriétaires de troupeaux devroient empêcher leurs Bergers de la pratiquer. Si quelque circonstance forçoit cependant d'y recourir, il faudroit appliquer la marque sur le front. Excepté dans les mois de Mars, Avril & Mai, tems où la nouvelle laine chasse l'ancienne, la marque sur le front subsisteroit.

La marque en laine teinte, qu'on attache à la laine de l'animal, ne peut avoir lieu que quand les mèches ont acquis de la longueur, c'est-à-dire, en Novembre, jusqu'au mois de Mars ou d'Avril.

On étoit, il y a cinquante ans, généralement persuadé en Europe que la laine, qu'on transportoit lavée d'Espagne, ne pouvoit être fine, à moins qu'elle n'eût une couleur rougeâtre. On donnoit cette couleur à la laine en mettant de l'ocre dans de grands sacs de toile claire, qui se plaçoient à l'entrée des bassins, où on lavoit à dos en Novembre les béliers & des brebis. Les Pasteurs & les Mayoraux Espagnols le faisoient par deux motifs différens ; les uns croyoient que l'ocre délayée formoit une croûte en s'unissant avec la sueur, & défendoit les Bêtes à laine contre l'intempérie de l'air ; les autres se persuadoient

que cette terre absorboit la plus grande partie de la transpiration, & contribuoit à la finesse de la laine. Il y a encore des partisans de ce système ; mais l'expérience a prouvé que l'ocre ne préserve pas les Bêtes à laine des injures de l'air, & que la finesse de la laine ne dépend point de cette pratique. Beaucoup de propriétaires, convaincus de cette vérité, ont supprimé le lavage en Novembre, avec une dissolution d'ocre. Peu-à-peu les Etrangers ont eux-mêmes reconnu que c'étoit une fausse idée, fondée sur ce que les belles laines d'Espagne ne sortoient pas de ce royaume sans avoir la couleur rougeâtre. Que de préjugés doivent ainsi leur naissance à un accord apparent de circonstances ! Un examen de chacune de ces circonstances en particulier les auroit bientôt dissipés. Maintenant les Fabricans, mieux instruits, préfèrent avec raison les laines blanches aux laines rougeâtres.

Manière de faire voyager les Bêtes à laine.

Lorsque l'on n'a que quelques Bêtes à laine à faire voyager, cela est très-difficile, parce qu'accoutumées à aller en grandes bandes, elles sont tout étonnées & embarrassées. Si l'on n'en avoit que trois ou quatre à conduire, il vaudroit mieux les mener dans une charrette. Quand il y en a un certain nombre, deux bergers l'un devant & l'autre derrière avec un chien ou sans chien & quelquefois le chien seul par derrière suffisent pour les mener très-loin. Le berger qui précède en donnant de tems en tems du pain à une brebis familière, se fait suivre d'elle, & le troupeau la suit facilement.

L'Auteur des *Observations faites dans les Pyrénées*, peint ainsi le retour de la montagne des troupeaux, qui y avoient passé l'Eté, (*Chapitre V sur la vallée de Gavarnie.*) « Tout le long de l'étroit passage que je viens de décrire, nous avions rencontré les bergers des Monts voisins de l'Espagne, qui en descendoient pour changer de pâturage. Chacun chassoit devant soi son bétail. Un jeune berger marchoit à la tête de chaque troupeau, appellant de la voix & de la cloche, les brebis qui le suivoient avec incertitude & les chèvres avanturières qui s'écartoient sans cesse. Les vaches marchoient après les brebis, non comme dans les Alpes, la tête haute & l'œil menaçant, mais l'air inquiet, & effarouchées de tous les objets nouveaux. Après les vaches venoient les poulains, les jeunes mulets & enfin le Patriarche & sa femme, à cheval ; les jeunes enfans en croupe ; le nourrisson dans les bras de sa mère, couvert d'un pli de son grand voile d'écarlate ; la fille occupée à filer sur sa monture ; le petit garçon à pied, coeffé du chaudron ; l'adolescent armé en chasseur ; & celui des fils, que la confiance de la famille avoit plus particulièrement préposé au soin du bétail, distingué par le sac à sel, orné d'une grande croix rouge. »

« Ainsi marchoit il y a plus de trois mille ans, le berger que nous peignit Moyse ; tel étoit le régime des troupeaux du désert, dès ces tems reculés, où les Grecs l'observèrent la première fois ; tel je l'ai trouvé dans les Alpes & le retrouve dans les Pyrénées ; tel je le trouverois par-tout.

Le meilleur âge pour faire voyager les Bêtes à laine, qui doivent aller très-loin, c'est à deux ans. Elles ont alors acquis une grande partie de leur accroissement. Je ne parle point ici des bêtes transumantes, qui tous les ans vont des plaines dans les montagnes, & des montagnes dans les plaines. Ces dernières voyagent à tout âge.

La meilleure saison est lorsqu'il ne fait pas trop chaud, lorsque la terre n'est ni gelée ni mouillée, lorsqu'il y a de l'herbe sur les chemins pour servir de pâture & lorsque les brebis ne sont pas pleines & n'allaitent point leurs agneaux. Le mois de Septembre paroît le plus convenable. On ne peut réunir toutes ces précautions quand un troupeau doit faire un voyage de longue haleine. Celui que le Roi a fait venir pour son domaine de Rambouillet, est parti de la Castille le 15 de Mai & est arrivé à Rambouillet le 12 Octobre, ayant passé par Soria, la Navarre, Bayonne, où il étoit le 27 Août, les Landes de Bordeaux, Limoges & Orléans. Pendant ce long trajet, il a dû éprouver de la chaleur, de la pluie & d'autres incommodités ; mais c'étoit encore le tems le plus favorable. Sur trois cent quatre-vingt-trois Bêtes il en est arrivé à Rambouillet, trois cent soixante-six, savoir, trois cent dix-huit brebis, quarante-un béliers, sept moutons. Il n'en est péri que dix-sept.

Peu d'animaux soutiennent aussi long-tems que les Bêtes à laine la fatigue des longues routes ; les petites espèces la soutiennent mieux que les grandes. On voit dans les marchés & foires de Sceaux, de Poissy, de Lonjumeaux, &c. des troupeaux entiers, qui, de foire en foire, viennent de très-loin.

On doit en chemin mener les Bêtes à laine doucement sans les échauffer, ni les fatiguer. On doit les faire reposer à l'ombre dans le milieu du jour, lorsqu'il fait chaud. Il faut les laisser paître chemin faisant. Quand ces animaux sont arrivés au gîte, s'ils n'ont pas le ventre assez rempli, on leur donne du fourrage, & de l'avoine pour les fortifier. Ils peuvent faire quatre, ou cinq lieues moyennes chaque jour, mais lorsqu'ils paroissent fatigués, il est nécessaire de les faire séjourner pour les reposer. »

On trouve rarement dans les auberges deux rateliers pour mettre le fourrage des Bêtes à laine. Il seroit facile d'en faire pratiquer sur-le-champ en attachant avec des cordes des échelles dans leur longueur & en leur donnant un peu d'inclinaison. Dans les cas où on manqueroit de ces moyens, voici ce que conseille M. Daubenton ; « on attache plusieurs bottes de fourrages à une corde par un nœud-coulant & on les suspend à la hauteur des moutons. Ils se placent autour du fourrage ; à mesure qu'ils en mangent, le nœud se serre & empêche que les restes du foin ne tombent. »

Dans un mémoire Espagnol, que j'ai entre les mains, on observe que si les troupeaux en voyageant passent dans des pays de vignoble, on ne doit pas, quand la vendange est faite, les empêcher de manger les feuilles, ni d'entrer dans les vignes, auxquelles ils ne peuvent préjudicier ; le mémoire ne dit pas si c'est un usage pratiqué en Espagne. Il est hors de doute que les Bêtes à laine en broutant les feuilles de la vigne à cette époque, ne peuvent lui faire aucun tort. En supposant qu'elles en mangeassent du bois, ce seroit celui qu'on retranche au printems suivant.

Lorsque les Bêtes à laine ne viennent pas de loin, il y a peu de précautions à prendre à leur arrivée. Si elles viennent de loin, il en faut davantage. On s'informera de quelle manière, elles ont été conduites & nourries & on tâchera de les conduire & nourrir de même, s'il est possible. Tout changement brusque étant toujours dangereux ; si on est obligé d'en faire, on le fera peu-à-peu & avec prudence.

Je ne répéterai pas ce que j'ai dit plus haut des avantages, que les Espagnols trouvent à faire voyager leurs troupeaux, non-seulement à cause de la qualité de leur laine, mais encore à cause de leur santé & pour trouver en tout tems de bons pâturages. Les propriétaires des troupeaux du Roussillon, de la Provence, & autres Provinces méridionales de France, imitent à-peu-près en cela les Espagnols. A ces grands exemples, qui prouvent habituellement combien les émigrations sont salutaires aux troupeaux, j'en ajouterai de particuliers, qui le démontrent d'une manière positive, à ce qu'il me semble.

M. Piazza, Médecin de Bastia, en Corse, voyant dans les plaines un grand nombre de Bêtes à laine périr du pissement de sang, crut ne pouvoir mieux arrêter cette mortalité, qu'en envoyant le troupeau dans les montagnes. Les sources & les herbes fraîches, que ces animaux y trouverent, firent cesser le mal tout-à-coup, selon le rapport qu'il en a fait à la Société de Médecine.

Un fermier de la Beauce perdoit, pendant l'automne, une partie de ses Bêtes à laine, attaquées du dévoiement. Ses terres sont situées, les unes sur des bords d'un étang, dans un endroit bas, les autres sur le penchant d'une colline & au-dessus d'un côteau. Je lui conseillai d'ordonner à son berger, de ne conduire le troupeau qu'il gardoit, que sur le penchant de la colline, où il se nourriroit d'herbes moins humides ; cet avis ayant été suivi ponctuellement, plusieurs animaux guérirent sans remèdes, & sans autres précautions, & la maladie cessa dès cet instant. Les Bergers, s'ils ne sont surveillés, mènent toujours leurs troupeaux dans les terreins où il y a le plus d'herbes, & leur en laissent manger autant qu'ils en veulent, tandis que ces herbes peuvent leur être contraires, & leur causer des maladies mortelles.

C'est une vérité reconnue, que les Bêtes à laine des pays humides sont sujettes à une espèce d'hydropisie, qu'on appelle *pourriture*, parce qu'elles y sont d'une constitution molle, parce qu'elles transpirent peu, & ne vivent que d'herbes aqueuses. Il est également reconnu que, dans les pays secs, ces mêmes animaux éprouvent fréquemment des maladies inflammatoires. Là, ils ont la fibre tendue, ils transpirent beaucoup, leurs alimens ne contiennent presque point de fluide, & sont d'une qualité échauffante. Tous les ans, ces maladies reparoissent dans les saisons qui les développent & les favorisent; on n'en doit pas être surpris, puisque les causes qui les produisent, ne sont jamais détruites. Dans certaines années, les mortalités qui en sont la suite, paroissent plus considérables que dans d'autres; c'est qu'alors l'état de l'air se combine plus fortement avec celui du sol. Dans ces tristes circonstances, on a recours envain à l'art vétérinaire, pour arrêter les progrès du mal; il ne peut plus rien, les victimes sont frappées à mort; il n'est plus possible de rétablir des parties essentielles à la vie, à l'époque où elles sont désorganisées.

J'ai été plusieurs fois témoin de ces scènes, d'autant plus touchantes, par le désordre qu'elles causent, que ce qui intéresse la fortune des hommes, est toujours ce qui leur fait le plus d'impression. C'est particulièrement en 1780, lorsque la Société Royale de Médecine & le Ministre des Finances me nommèrent pour aller observer les causes d'une maladie, qui, tous les ans, enlève à la Sologne le quart de ses Bêtes à laine; je ne rappellerai point le compte que j'en ai rendu; mais je rapporterai des résultats d'une expérience que cette circonstance m'a donné lieu de faire, & qui concourt à prouver les avantages des émigrations de troupeaux d'un pays dans un autre. Je les tairois, s'ils ne servoient qu'à justifier l'opinion où j'étois, d'après des recherches suivies, que cette funeste maladie, qui est la pourriture du Printems, dépend en grande partie de la nature du sol; mais je dois les publier, puisqu'ils offrent un moyen efficace de conserver des troupeaux; moyen qui n'est pas en usage dans les pays situés loin des montagnes.

M. Delanoue, Fermier principal d'une terre considérable en Sologne, homme doué de beaucoup d'intelligence, de concert avec moi, envoya, en 1782, à un Fermier de Beauce, à la distance d'environ trente lieues, plus de cinq cens Bêtes à laine, pour les y faire parquer depuis le mois de Juillet jusqu'à la Saint-Martin. Le terrain de la Beauce est aussi sec que celui de la Sologne est humide. Pendant la moisson, qui dure plus d'un mois, les Bêtes à laine vivent des épis de froment, & des graines légumineuses qu'elles ramassent. Le reste de la saison, leur nourriture consiste en plantes, qui contiennent en général peu de sucs aqueux. Ces animaux, à leur retour en Sologne, furent répartis en diverses Métairies, où ils se portèrent bien, & échappèrent à la pourriture d'Automne, d'Hiver & de Printems, improprement appellée, dans le pays, *maladie rouge*. Il est à remarquer, que ce troupeau, peu de tems après son arrivée en Beauce, fut attaqué du claveau, qui n'enleva que deux ou trois moutons, quoiqu'on n'ait employé aucun remède, & qu'on n'ait pas interrompu le parcage, pendant lequel, comme on sait, les Bêtes à laine sont jour & nuit exposées à l'air. Des moutons de Beauce y eussent succombé, pour la plûpart, parce que les maladies inflammatoires sont funestes à ces derniers, à cause de leur constitution.

En 1783, nous recommençâmes la même tentative avec un troupeau aussi nombreux; elle fut suivie d'un succès encore plus marqué; car les Bêtes à laine, qui avoient parqué en Beauce, soutinrent en Sologne la rigueur de l'hiver de 1783 à 1784, sans rien manger à la bergerie, selon l'usage du pays, & furent, au Printems, exemptes de la pourriture, qui fit périr un grand nombre de celles qu'on avoit tenues en Sologne.

En 1784, on tira des métairies de M. Delanoue treize cens Bêtes à laine, que différens Fermiers de Beauce lui demandèrent à loyer pour le tems du parcage. Un de ces troupeaux, composé de trois cens moutons, passa l'Eté sous mes yeux dans la Paroisse d'Andonville; de foibles & languissans qu'étoient les animaux qui les composoient, à leur arrivée de Sologne, ils sont devenus vigoureux, & ont été reconduits en Sologne au mois de Novembre, dans un état satisfaisant.

Je n'ai pu savoir combien la Sologne avoit fourni de Bêtes à laine à la Beauce en 1785, qui étoit la quatrième de l'expérience; j'ai su seulement que la seule Paroisse d'Andonville, qui, l'année d'auparavant, n'en avoit tiré que trois cens, en avoit tiré cette année un mille; que ces animaux ayant singulièrement souffert dans leur pays de la disette de pâturages, ils n'ont pas tardé à se rétablir dans les chaumes de blé de la Beauce; qu'ils avoient enfin acquis la même constitution que ceux des années précédentes.

J'ai été chargé, en 1786, par des Fermiers de Beauce, de demander à M. Delanoue, en Sologne, dix-neuf cens Bêtes à laine pour parquer, savoir : quatorze cens pour les différens Fermiers de la Paroisse d'Andonville, & cinq cens pour deux Fermiers de celle de Trancrainville. Je sais que le Maître de poste du bourg de Toury, route d'Orléans, en a loué aussi à M. Delanoue, pour cet objet, quatre cens ; ce qui forme un total de deux mille trois cens Bêtes à laine, sans compter celles qui peuvent lui avoir été demandées par d'autres Fermiers, ni celles qu'un de ses fils, demeurant en Sologne, a aussi placé dans la Beauce. Si l'on compare ce nombre à celui des années 1782, 1783, 1784 & 1785, on voit qu'il a augmenté graduellement chaque année, & l'on en peut conclure que cette communication est avantageuse aux cultivateurs de la Sologne, & à ceux de la Beauce, & que leur intérêt réciproque suffira désormais pour l'entretenir.

Il y a, dans quelques cantons de la Beauce, une pratique qu'on peut regarder comme l'expérience inverse de celle que je viens de rapporter, & très-propre à la confirmer. Les Fermiers des plaines peu éloignés de la forêt d'Orléans, au milieu de laquelle se trouve des prairies humides, ordinairement après l'Hiver, y établissent leurs moutons pour plusieurs mois, & ne gardent chez eux que les brebis dont ils ont besoin pour allaiter les agneaux. Les moutons nourris, pendant ce tems, d'herbes pleines de sucs, capables de donner à leur sang de la fluidité, à leur retour dans les fermes, sont garantis, pour la plupart, des apoplexies qui les menacent, & qui tuent une partie de ceux qu'on n'a point changé de pâturages.

Quelques Fermiers, d'après les mêmes principes, lorsque leurs troupeaux sont à la veille d'être attaqués du sang, les envoient passer huit ou dix jours chez des fermiers de leur voisinage, où ils vont dans des pâturages bas & humides, lorsque ces fermiers sont leurs parens ou leurs amis. Les troupeaux en reviennent préservés de la maladie qu'on redoutoit.

Ces faits me paroissent propres à certifier qu'un des plus puissans préservatifs contre certaines maladies de bestiaux, est de les faire passer d'un pays dans un autre, dont le sol soit d'une nature opposée, ou, ce qui est la même chose, dont l'un, par ses productions végétales, soit le correctif de l'autre ; ce qui peut avoir lieu quelquefois dans deux villages voisins. Il ne seroit pas aussi difficile qu'on l'imagine de persuader cette vérité aux cultivateurs. L'exemple qui précède en est une preuve. Par la disposition des esprits de plusieurs Fermiers de Beauce & de Sologne, j'entrevois, qu'ils en sentent toute l'utilité. Les Fermiers de Beauce nourrissent à grands frais leurs Bêtes à laine pendant l'hiver, puisqu'ils leur donnent presque du froment en gerbe. Ils pré-

féreront de n'en conserver qu'une petite quantité, ayant désormais la facilité d'en louer pour la saison du parcage : les Fermiers de Sologne s'y prêteront d'autant plus volontiers, qu'indépendamment du prix du loyer, qu'ils retireront sans frais, ils conserveront la santé à leurs troupeaux, plus en état d'être vendus avantageusement. Si la bonne foi préside aux conventions, comme il y a lieu de l'espérer ; si les Fermiers de Sologne ne fournissent pas des bêtes attaquées de maladies mortelles ; si, dans certains momens, ou à cause de l'inconstance du tems, les troupeaux n'ayant point aux champs une subsistance suffisante, les Fermiers de Beauce font soigner convenablement ceux qu'on leur confie, les deux Provinces y trouveront des avantages réciproques, il s'opérera dans leur économie rurale une révolution desirable, elles serviront de modèle à tous les pays placés dans les mêmes circonstances.

Alliances des Bêtes à laine.

Un des produits de l'éducation des Bêtes à laine est la vente des laines. Plus elles sont belles & abondantes, plus le propriétaire en retire d'argent. Il doit donc s'attacher à améliorer ses laines en qualité & en quantité. Son intérêt est lié avec celui de l'état, qui desire tirer de son crû beaucoup de belles laines pour alimenter ses manufactures. Les laines de France ne sont en général ni aussi fines que celles d'Espagne, de Maroc, &c. ni aussi longues que celle d'Angleterre. On a donc eu raison de chercher à les perfectionner.

Mais la faveur accordée à l'éducation des Bêtes à laine ne doit pas tendre à les multiplier au point de faire laisser des terres en friche pour les nourrir. Le but est d'engager chaque propriétaire à améliorer l'espèce qu'il peut entretenir & nourrir de ses prairies artificielles pour engraisser ses terres cultivées par le fumier & par le parcage. C'est la perfection de la chose utile qu'on desire. Sa multiplication trop étendue nuiroit en France, parce qu'elle se feroit au dépens de cultures de première nécessité, dans un Royaume très-peuplé.

Les expériences de M. Daubenton pour cet objet ont été établies à Montbart en Bourgogne. En 1767, persuadé que l'état de la laine dépendoit de celui de la santé de l'animal, il a travaillé sur la manière de loger les Bêtes à laine, de les nourrir au ratelier, & aux champs, de les traiter dans leurs maladies, &c. Il ne s'agissoit pas seulement de perfectionner les troupeaux, qui ont déjà de belle laine, mais encore d'améliorer ceux qui en ont de mauvaise ou de jarreuse, c'est-à-dire, mêlées de poil. On trouve toujours quelques filamens de jarre dans les laines les plus fines, mêmes dans celles d'Espagne, où ils sont rares & courts, & se séparent aisément dans l'emploi de la laine. Il y a des laines qui ont tant de jarré, qu'elles ne peuvent servir qu'aux manufactures grossières. En faisant accoupler des brebis à laine jarreuse avec des béliers à laine fine, M. Daubenton a vu disparoître le jarre presque en entier dès la première génération, & au plus tard à la deuxième, & il n'en est resté, qu'autant qu'il y en a ordinairement dans les laines, qui ne sont pas réputées jarreuses. La laine des agneaux qui en sont issus, a pris un degré de finesse au-dessus de celle de leurs mères; des brebis à laine demi-fine, ont produit des agneaux, dont la laine est devenue souvent presque aussi fine que celle de leur père, & quelquefois plus fine. Une brebis, née d'un bélier du Roussillon, à laine fine & d'une brebis jarreuse, avoit une laine demi-fine. Elle-même accouplée avec un bélier du Roussillon, à laine fine, a produit un agneau mâle à laine superfine. On conçoit que, si on mêloit des béliers à laine grosse ou jarreuse avec des brebis à laine fine, il en naîtroit des agneaux, qui auroient la laine moins fine que celle de leur mère & moins grosse que celle de leur père.

Pour améliorer la laine, en longueur, il faut choisir dans le troupeau les brebis & les béliers qui aient la laine la plus longue, & les faire accoupler ensemble. Celle des agneaux, qui en naîtront deviendra plus longue que celle des mères & quelquefois plus longue que celle des pères. Par ce moyen des béliers, à laine de six pouces, alliés à des brebis à laine de trois pouces ont produit des agneaux à laine de cinq pouces & demi, chez M. Daubenton. Ce savant assure qu'en Angleterre, en donnant aux brebis à toutes les générations des béliers dont la laine étoit plus longue que la leur, on est parvenu à avoir des laines longues de vingt-deux pouces.

Des béliers de haute taille relèvent en peu de tems des races de taille médiocre. Des béliers à laine abondante, produisent des agneaux, dont la laine est plus abondante, que celle de leurs mères. La laine que M. Daubenton a obtenue par ses améliorations, avoit un degré de finesse, supérieur à celui des béliers du Roussillon, dont elle a tiré son origine, car il a employé des béliers du Roussillon pour rendre ses laines plus fines. La laine superfine avoit un degré de finesse au-dessous de la laine la plus fine & au-dessus de la laine la moins fine de l'Escurial. M. Daubenton conclut de ses expériences qu'avec du foin on peut perfectionner toute espèce de troupeau, sans dépense même. Il suffit de choisir & de ne garder pour béliers, que ceux des agneaux mâles, dont la laine est la plus fine & la plus abondante. On avancera l'amélioration si, au lieu de choisir dans son troupeau, on achète des béliers dans les pays, où l'on est sûr qu'il y en a à belle laine. Enfin, on parviendra au dernier degré de

perfection, lorsqu'on tirera des béliers des Provinces où ils ont la laine très-fine. Les facultés des simples cultivateurs ne leur permettront pas les frais d'une acquisition considérable aux pays étrangers & même dans les pays de France éloignés de ceux qu'ils habitent. Mais une ressource leur est offerte par les gens aisés, qui, par goût & par amour pour l'utilité publique, ont fait venir des béliers d'Angleterre, d'Espagne ou des Provinces méridionales de France. Les cultivateurs zélés & soigneux en seront accueillis & trouveront chez eux des facilités pour améliorer leurs troupeaux.

Suivant un Journal économique, l'éducation des moutons, a gagné infiniment dans la Saxe électorale, depuis l'année 1768, où l'on introduisit en Saxe huit cens moutons d'Espagne; ce fut une année après l'établissement de M. Daubenton en Bourgogne. La Saxe fit venir avec ces moutons des bergers Espagnols, & même des chiens pour leur garde; il s'y établit une école de bergers où l'on forma des sujets. Par ce moyen on est parvenu successivement à perfectionner l'éducation des moutons dans cet torat, de sorte qu'actuellement; le *stein* de laine, du poids de vingt-deux livres, est payé quatorze & seize thalers. Le nombre des moutons, dans la Saxe électorale, a monté, en 1787, à un million cinq cent soixante-quatre mille trois cent quarante-six. *Extrait du Mercure de France, n.º 50, 13 Décembre* 1788.

M. Macarre rapporté qu'on a importé plusieurs fois en Russie, des moutons de race Angloise & Espagnole, & qu'on a toujours observé qu'ils avoient dégénéré, & qu'on a renoncé à cette amélioration. Il faudroit savoir comment les essais ont été faits & dans quelle partie de la Russie. Si c'est dans la partie froide, comme les Bêtes à laine y sont dans des bergeries à peine écloses & couvertes, & par conséquent exposées à la neige & à la rigueur du froid, il est facile à concevoir qu'elles n'aient pas réussi; car il est un terme à tout. Des moutons d'Espagne peuvent réussir en pays tempérés & même froids & ne pas réussir dans les climats glacials, sur-tout si l'on ne prend aucune précaution.

M. Astroëmer a introduit, en Suède, des races de Bêtes à laine Angloises & Espagnoles, qui y subsistent encore & n'ont point dégénéré. Je ne doute pas qu'il n'ait pris les précautions convenables.

Multiplication des Bêtes à laine.

On n'imagineroit pas qu'il y a des pays où les fermiers mettent en question de savoir s'il leur est avantageux ou non d'élever des agneaux. Cette question dans les années où le grain est cher &

dans les pays, où on n'a pour les nourrir d'autre ressource que la grange, me paroît décidée négativement. Il n'y a pour cela qu'à calculer ce qu'il en coûte de grain ; les brebis, qui portent des agneaux, doivent être mieux nourries pendant la gestation & l'allaitement ; les agneaux eux-mêmes, quelque tems après leur naissance, ont besoin de grains pour prendre de l'accroissement. Mais ce n'est pas une question dans les pays de pâturages abondans, parce que si la rigueur de l'hiver empêche les animaux de trouver quelque chose aux champs, on a soin de réserver pour cette saison des fourrages séchés ou des feuillages conservés.

L'usage de la Sologne est de ne rien donner ou de ne donner que peu de chose aux Bêtes à laine en Hiver à la bergerie ; on les fait sortir tous les jours ; on les mène dans les bruyères, & dans les genêts, dont on secoue les branches, pour en faire tomber la neige. Les agneaux, qui naissent dans cette saison ou peu de tems après, ayant déjà pâti dans le sein de leurs mères, ne trouvent presque point de lait dans leurs mamelles. Aussi sont-ils foibles & languissans, & en périt-il beaucoup au Printems ou en Été.

Beaucoup de fermiers de différentes provinces, sur-tout quand les fourrages sont rares & les grains chers, préfèrent de composer leurs troupeaux seulement de moutons ; s'ils entretiennent des brebis, ils ne mettent point de béliers parmi elles, afin de ne point élever des agneaux qui coûtent beaucoup ; mais ces cas sont extraordinaires ; la plupart des propriétaires de Bêtes à laine, font rapporter leurs brebis tous les ans. J'exposerai ici tout ce qui a rapport à la reproduction & à l'amélioration de l'espèce.

Choix des Béliers.

« Un bon bélier doit avoir la tête grosse, le nez camus, les naseaux courts & étroits, le front large, élevé & arrondi, les yeux noirs, grands & vifs, les oreilles grandes & couvertes de laine, l'encolure large, le corps élevé, gros & alongé, le rable large, le ventre grand, les testicules gros & la queue longue, dans les pays où on ne la coupe pas. On doit le choisir sain, couvert de bonne laine & en abondance par tout le corps.

Il y a des fermes, où on fait saillir les béliers à deux ans & même dans l'année de leur naissance ; on a seulement l'attention de ne choisir que les meilleurs & d'en laisser parmi les brebis un plus grand nombre, que si c'étoit des béliers moins jeunes. Les bergers prétendent que les agneaux en sont plus vifs, qu'on les vend mieux. Cette idée contraire à tout ce qui est dit sur cet objet, est si fortement imprimée dans l'esprit de beaucoup de cultivateurs, que je

voudrois qu'on en fît l'essai ; car on est généralement persuadé qu'en employant les béliers aussi jeunes, on les énerve & qu'on n'en n'obtient que de foibles productions. Il vaut mieux ne commencer à les faire saillir qu'à deux ou trois ans. Si, chaque année, ils n'ont pas trop de brebis à saillir, ils peuvent servir jusqu'à six ans ou sept ans, selon leur force.

Un bon bélier peut suffire à soixante brebis. Il ne faut lui donner que douze à quinze brebis ; les Espagnols sont à-peu-près fixés au nombre de vingt à vingt-cinq femelles pour un mâle ; s'il est vigoureux & dans la force de l'âge, il en couvre plus que s'il est vieux & affoibli. On croit que, dans les pays montueux & difficiles, on doit mettre un plus grand nombre de béliers dans un troupeau, vraisemblablement parce qu'ils atteignent & joignent plus difficilement les femelles.

Quand on ne veut point avoir d'agneaux noirs ou tachetés, on évite de donner aux brebis des béliers, qui aient quelque tache noire sur le corps & sur-tout à la face.

La plupart des béliers sont cornus ; on en trouve aussi qui n'ont pas de cornes. M. Daubenton conseille de préférer ceux-ci, parce qu'ils tiennent moins de place au ratelier. On a d'ailleurs moins à craindre qu'ils ne blessent des hommes ; car ils sont quelquefois si hardis qu'on en a vu les attaquer, au moment où ils couvroient des femelles. Les béliers cornus peuvent faire du mal aux brebis pleines. Ils se battent entre eux & se portent des coups terribles, jusqu'à saigner de la tête. On assure que quelques-uns meurent dans leurs combats ou des suites de leurs combats ; un autre inconvénient des béliers cornus, c'est qu'ils font des agneaux à tête grosse, qui peut incommoder la mère au passage.

La préférence est cependant donnée aux béliers cornus, lorsqu'on est obligé de les mettre dans des parcs entourés de haies ; les cornes les empêchent de passer au travers & de perdre leur laine.

On croit que les béliers cornus sont plus ardents & plus propres à la fécondation. Je ne sais si cette opinion est fondée ; on n'en peut juger qu'en comparant la fécondité d'un troupeau, dont tous les béliers sont cornus & celle d'un troupeau, dont tous les béliers sont sans cornes ; car on en jugeroit mal, si on en jugeoit par ce qui se passe dans un troupeau, qui a des béliers cornus & des béliers sans cornes. Les béliers cornus, étant armés, & sentant tous leurs avantages, écartent ceux qui n'ont point de cornes ; ce qui ne prouveroit pas qu'ils sont plus ardens.

Pour arrêter les combats des béliers, on pose

sur leur front & on attache à la racine des cornes un morceau de planche, garni de pointes de fer tournées vers le front; ces pointes piquent l'animal, quand il veut doguer. Je crois qu'on pourroit garnir leur front d'un tampon de paille ou de foin. Leurs combats en seroient peut-être plus longs, parce qu'un bélier ne cesse d'en battre un autre, que quand il l'a vaincu; mais les coups ne seroient pas dangereux.

Quand on a des béliers cornus, pour arrêter la pousse trop considérable de leurs cornes, on les coupe de tems en tems. En Espagne, on les coupe tous les ans au mois de Mars. Parmi nous, cette opération se fait de plusieurs manières; les uns emploient une scie à main, d'autres se servent d'une vieille faucille, qu'ils font rougir au feu; ils appliquent en outre sur la partie coupée une pêle rougie au feu; la plaie se cautérise aussi-tôt, & la corne ne repousse plus. De ces deux manières, l'opération est longue, & ne peut être adoptée que quand on n'a que peu de béliers. Pour les grands troupeaux, il faut avoir recours à la pratique des Espagnols. Voici comme j'ai vu opérer à Rambouillet ceux qui avoient accompagné le troupeau du Roi.

On fait dans la terre une fosse de peu de profondeur, ayant la forme du dos d'un bélier renversé. A une des extrémités de cette fosse, on assujétit dans la terre & au niveau du sol une planche en bois; on renverse le bélier, dont le corps se place dans la fosse & le sommet de la tête sur la planche. Un berger vigoureux fixe l'animal avec ses mains & incline la tête auprès de la sienne; un autre berger sur une des cornes à deux ou trois pouces de la naissance, pose un ciseau de fer aigu, très-long & incliné comme le premier, sa tête, qui se trouve surpassée de beaucoup par le ciseau; un troisième berger avec une massue de bois frappe fortement sur le ciseau & coupe net la corne, ordinairement d'un seul coup. Il sort de la section quelques jets de sang, qui bientôt cesse de couler. Les Espagnols ne cherchent point à cicatriser la plaie; les animaux vont aux champs à l'ordinaire & ne m'ont pas paru en souffrir.

Choix des Brebis.

Il faut qu'une brebis, pour qu'elle soit bonne & en état de produire un bel agneau, ait le corps grand, les épaules larges, les yeux gros, clairs & vifs, le col gras & droit, le dos large, les tetines longues, le ventre ample, les jambes menues & courtes, la queue épaisse & la laine soyeuse, déliée, luisante & blanche.

On choisira de préférence, les brebis qui n'aient pas encore porté. A trois ans, elles ont

acquis leur force. Quoiqu'elles donnent des signes de chaleur dès l'âge de six mois, c'est l'époque où il faut commencer à les faire produire & non auparavant, si l'on veut les conserver long-tems & en avoir de forts agneaux. Elles s'affoiblissent à sept ou huit ans; leurs dents de devant tombent, alors elles ne peuvent plus brouter & l'on doit s'en défaire.

De la saison de donner les Béliers aux Brebis.

Si l'on abandonnoit les choses à la nature, il y auroit de tems en tems des brebis en chaleur dans tous les troupeaux, parce que la présence des béliers l'exciteroit; dans ce cas, il naîtroit des agneaux toute l'année, comme il arrive dans quelques troupeaux, en France, & à ce qu'il paroît, en Russie. Mais les propriétaires & les gardiens des troupeaux ayant intérêt de faire naître tous les agneaux à-peu-près dans la même saison, on tient les béliers séparés, ou on les empêche de saillir les brebis jusqu'à une certaine époque. Cette époque varie selon le climat & l'état dans lequel se trouve le troupeau. Il est rare de voir naître des agneaux dans les Provinces septentrionales de France, à la fin de Décembre; ils ne naissent pour la plupart qu'en Février ou en Mars. Dans les Provinces du midi il y en a, dès le mois d'Octobre; mais la majeure partie naît en Novembre & Décembre. Quand un certain nombre de brebis a été affoibli par des maladies, il faut attendre leur rétablissement, avant d'y mêler les béliers. La saison n'est donc pas la même par-tout, ni toutes les années. « Plus les Hivers sont rigoureux, plus il faut retarder le tems des accouplemens. On ne doit le permettre dans nos Provinces septentrionales qu'en Septembre ou Octobre, afin que les agneaux ne soient pas exposés aux grands froids, qui retarderoient leur accroissement dans le premier âge, & parce qu'ils n'auroient que de mauvaise nourriture, s'ils étoient nés plutôt. Au contraire dans les pays où les Hivers sont doux & les Etés fort chauds, il faut avancer les accouplemens en donnant les béliers aux brebis dès le mois de Juin & de Juillet, comme font la plupart des Bergers Espagnols. Les agneaux, dans ce cas, n'ont rien à craindre de l'Hiver; ils trouvent une bonne nourriture dans cette saison & ils deviennent assez forts pour résister aux grandes chaleurs de l'Eté. Ils ont beaucoup plus de laine dans le tems de la tonte & ils sont beaucoup plus grands à la fin de l'année, que s'ils n'étoient venus qu'après l'Hiver. Tous ces usages étant bons, les uns pour les pays chauds, les autres pour les pays froids, le plus sûr dans les pays tempérés, où l'Hiver est doux dans quelques années & très-froid dans d'autres, est d'attendre le mois de Septembre, pour donner les béliers aux brebis, parce que l'on courroit risque de perdre beaucoup d'agneaux, si l'Hiver étoit très-froid & qu'ils vinssent à naître dans les mois de Décembre & de Janvier. »

Pour empêcher les béliers de saillir trop tôt les brebis, on en fait un troupeau à part, & on ne les mêle avec les brebis qu'au tems convenable. En supposant qu'on en destine dix pour couvrir toutes les femelles, je conseille de n'en introduire que cinq à-la-fois & de les remplacer le lendemain ou le surlendemain par les cinq autres, qui, à leur tour les doivent remplacer & ainsi de suite. Les brebis n'étant pas toutes en chaleur en même-tems, quand tous les béliers sont à-la-fois dans un troupeau, ils se battent, veulent tous couvrir les mêmes brebis, & s'épuisent infructueusement ; car un bélier souvent en renverse un autre au moment de l'accouplement.

Si les bergers s'apperçoivent que toutes les brebis n'aient pas pris les béliers, après un mois de cohabitation, ils laissent un seul bélier dans le troupeau pendant quinze jours de plus & retirent les autres.

Il n'y a que les propriétaires d'un grand nombre de Bêtes à laine, qui puissent former un troupeau séparé de béliers & qui aient la facilité de ne les mêler avec les brebis que quand ils le veulent. Ceux dont les troupeaux exigent seulement deux ou quatre béliers, s'ils ont l'intention de retarder la chaleur de leurs brebis, placent leurs béliers dans un troupeau de moutons du voisinage pour les en retirer, quand ils en ont besoin ; dans beaucoup d'endroits les bergers gardent leurs béliers parmi les brebis ; mais ils en retardent le saut, moyennant un linge qu'ils appellent *bride* ; *Voyez* le mot BERGER.

Si quelque brebis refusoit le mâle, parce qu'elle est trop foible. M. Daubenton conseille de lui donner un peu d'avoine ou de chenevi, ou une provende composée d'un oignon ou de deux gousses d'ail, coupés en petits morceaux & mêlés avec deux poignées de son & une demi-once de sel. On doit, d'après lui, traiter de même les béliers, qui ne seroient pas assez ardens ; mais une brebis foible de constitution n'est pas propre à porter un bon agneau ; il vaudroit mieux ne pas la faire couvrir, ou attendre qu'elle se fût fortifiée par degrés.

Des soins des Brebis après l'accouplement.

La grande attention est d'empêcher qu'elles n'avortent ; on trouvera les causes de l'avortement & les moyens de les prévenir & d'en arrêter les effets au mot *Avortement. Voyez* AVOR-

TEMENT. Celui de *Berger* indiquera les soins qu'on doit prendre des brebis pleines. *Voyez* BERGER.

Lorsque le tems de l'agnèlement approche, les Espagnols séparent les brebis pleines de celles qui ne le sont pas. Ils conduisent les premières dans de bons pâturages, en observant de leur en réserver encore de meilleurs, s'il y en a, pour les faire paître après qu'elles ont mis bas. & afin que les agneaux, qui naissent plus tard, puissent devenir plus forts & égaler ceux qui sont nés plutôt. Le plus mauvais pâturage est pour les moutons & les brebis stériles.

On ne sera pas étonné dans un tems où les lumières commencent à dissiper beaucoup de préjugés physiques, que je ne fasse aucune mention de l'influence de l'imagination des brebis pleines sur les fœtus qu'elles portent. Quelques Auteurs crédules, même parmi les Modernes, y ont ajouté foi. Je ne ferai pas au jugement de mes Lecteurs, le tort de croire qu'ils auroient quelque regret que je n'aie pas traité cette matière.

De l'Agnèlement.

Les brebis portent environ cent cinquante jours qui font à-peu-près cinq mois. On reconnoît qu'une brebis est prête à mettre bas, par le gonflement des parties naturelles & du pis, qui se remplit de lait & par un écoulement de sérosités & de glaires, qui sortent des parties naturelles & que les bergers appellent *mouillures* ; elles durent vingt-cinq jours & quelquefois un mois ou six semaines. »

Ordinairement l'agnèlement se fait avec facilité. La nature seule le termine. Il arrive cependant que certaines brebis ont beaucoup de peine à mettre bas ; alors il faut savoir si c'est par foiblesse ou par trop de chaleur & d'agitation. On reconnoît le dernier cas aux oreilles chaudes, au pouls vif, à la langue, aux lèvres sèches, au battement des flancs, &c. on les soulage en les saignant. Si c'est par foiblesse, on leur fait avaler un peu de vin ou de cidre, ou de bière, ou de piquette ; on leur donne de bon grain pour ranimer leurs forces. Il faut bien distinguer les causes. On feroit beaucoup de mal, si on traitoit les brebis qui ont de la peine à agneler à cause d'une constitution trop vigoureuse, comme celles dont l'agnèlement languit, parce qu'elles sont délicates ou épuisées.

Il y a des agnèlemens qui exigent le secours de la main du Berger. *Voyez* le mot BERGER.

Après qu'une brebis a agnelé, on lui donne de l'eau blanche, ou du son, ou de l'orge, ou de l'avoine. Pendant l'allaitement, on la nourrit bien.

Les brebis ne font ordinairement qu'un agneau, quelquefois elles en font deux, & même trois. J'ai vu des brebis artéfiennes, de race flandrine, donner presque toujours deux agneaux, à chaque portée. Suivant M. Daubenton, les brebis des Comtés de Juliers & de Clèves agnèlent deux fois par an, &, à chaque agnèlement, donnent deux ou trois agneaux. Cinq brebis, en un an, produifent jufqu'à vingt-cinq agneaux. Je préfume qu'elles font d'une race flandrine, c'eft-à-dire, de celle des Bêtes Indiennes, importées par les Hollandois. M. Macquart prétend qu'en Ruffie, les brebis deviennent en chaleur en toute faifon, & qu'elles peuvent avoir chacune deux agneaux, en deux agnèlemens.

Quand la mère eft en bon état, on peut lui laiffer deux agneaux, mais jamais le troifième, qu'on fait allaiter par une brebis qui a perdu le fien. On ne doit en laiffer qu'un à une mère foible. Si l'on ne pouvoit donner le fecond à une autre brebis, il vaudroit mieux s'en défaire. Les brebis qu'on nourrit bien, ou qui paiffent dans de bons pâturages, ont toujours beaucoup de lait.

C'eft aux dépens des agneaux qu'on trait les brebis. Il n'y a nul inconvénient, lorf-qu'elles ont perdu leurs agneaux. Les brebis à laine jarreufe, dont on veut détruire la race; celles qui nourriffent depuis long-tems, & qui vivent dans de gras pâturages; celles enfin dont on fèvre les agneaux au bout de fix femaines, comme font les Bergers allemands, peuvent être traites, fans faire tort à l'accroiffement du troupeau. Mais, dans tout autre cas, c'eft une pratique nuifible que de traire les brebis.

Dans les Provinces méridionales de France, on eft dans l'ufage de traire les brebis, pour faire des fromages, parmi lefquels il y en a de renommés, mais ce n'eft qu'au fevrage des agneaux qui ont alors quatre mois. On les fépare chaque foir de leur mère, pour ne les leur rendre que le lendemain, vers le milieu du jour, & après que celles-ci ont été traites, au retour du pâturage. Ils tettent le lait qui refte, & on les laiffe enfemble jufqu'au foir. On ne doit, pendant quelque tems, traire les brebis qu'une fois par jour, & ne fevrer les agneaux que peu-à-peu, de peur de nuire à leur accroiffement; on a remarqué qu'en faifant bien tetter la mère, par l'agneau, la quantité de lait devenoit plus confidérable.

Dans un bon troupeau de 100 mères, il doit naître de 90 à 100 agneaux.

Allaitement, nourriture & fevrage des agneaux.

Voyez les mots AGNEAU & BERGER.

Les Efpagnols ont une manière de corriger les brebis marâtres, qui refufent leur lait à leurs agneaux. Ils leur attachent une jambe à un piquet, enfuite ils leur paffent fous les jambes de devant une fourchette de bois, façonnée en Y, & enfoncée en terre. Cette fourchette eft affez élevée, pour qu'une brebis s'y trouve comme fufpendue. Dans cette pofture, on approche d'elle fon agneau, qui la tette. On affure qu'il n'eft pas befoin de mettre les mères plus de deux ou trois fois à cette torture, pour les forcer à adopter leurs agneaux. Les moyens que j'ai indiqués au mot Berger, me paroiffent beaucoup plus doux; néanmoins il eft bon de faire connoître celui-ci.

Caftration des agneaux mâles & femelles, ou manière de faire des moutons & des moutonnes.

« On fait des moutons pour rendre la chair de l'animal plus tendre, & pour lui ôter un mauvais goût, qu'elle auroit naturellement, fi on le laiffoit dans l'état de bélier, pour le difpofer à prendre plus de graiffe, pour rendre la laine plus fine & plus abondante; en même-tems on rend l'animal plus doux à conduire. »

» On fait des moutons en châtrant des agneaux, lorfqu'ils font âgés d'un an.

» On les châtre huit ou quinze jours après leur naiffance. On eft auffi dans l'ufage de ne les châtrer qu'à l'âge de trois femaines, ou de cinq ou fix mois. Mais leur chair n'eft jamais fi bonne, que s'ils avoient été châtrés à huit jours. Plus on retarde cette opération, plus elle fait périr d'agneaux. Ceux qui ont été châtrés n'ont pas la tête auffi belle; & ne deviennent pas auffi gros que les autres. »

En Ruffie, fuivant M. Macquart, les payfans ne coupent pas les agneaux mâles. Si on veut garder ceux qu'ils amènent à Mofcow, on les coupe. Ils font auffi coupés dans les grands troupeaux. On attend qu'ils aient cinq mois, pour leur faire cette opération. Elle confifte à leur enlever les tefticules, & à mettre dans la plaie, parties égales de fel & de cendre. On les envoie auffi-tôt aux champs. M. Macquart n'a pas obfervé s'il en périffoit beaucoup.

Les Gonaquois, peuples d'Afrique, qui, au rapport de M. le Vaillant, facrifient rarement leurs beftiaux pour les manger, font des moutons d'une manière inconnue en Europe: ils écrafent, entre deux pierres plates, la partie que nous leur retranchons; ainfi comprimée, dit-il, elle acquiert, avec le tems, un volume prodigieux, & devient un mets très-délicat.

Voyez, pour la manière de châtrer les agneaux mâles, le mot *Caftration*. Je ne parlerai ici que de celle de châtrer les agneaux femelles, pour en faire des moutonnes, parce qu'elle est particulière aux Bêtes à laine.

« Les moutonnes font des brebis auxquelles on a ôté les ovaires, dans leur premier âge, pour les empêcher d'engendrer. A cause de cette castration, on les appelle *brebis châtrices*; mais il vaut mieux leur donner le nom de *moutonnes*, parce qu'elles font dans le même cas que les moutons. »

» On fait des moutonnes pour rendre les brebis aussi utiles que les moutons, par le produit de la laine, & par la qualité de la chair.

» On attend que les agneaux femelles aient environ six semaines, parce qu'il faut que les ovaires soient à-peu-près gros comme des fèves de haricot, afin qu'on puisse les reconnoître aisément, en les cherchant avec le doigt.

» Le Berger, qui fait l'opération, commence par coucher l'agneau, sur le côté droit près le bord d'une table, afin que la tête soit pendante hors de la table. Ensuite il place, à sa gauche, un Aide, qui étend la jambe gauche de derrière de l'agneau, & qui l'empoigne, avec la main gauche, à l'endroit du canon, c'est-à-dire, au-dessus des ergots, pour la tenir en place. Un second Aide, placé à la droite de l'Opérateur, rassemble les deux jambes de devant de l'agneau avec la jambe droite de derrière, & les contient, en les empoignant toutes les trois de la main droite, à l'endroit des canons. L'agneau étant ainsi disposé, l'Opérateur soulève la peau du flanc gauche avec les deux premiers doigts de la main gauche, pour former un pli, à égale distance, de la partie la plus haute de l'os de la hanche & du nombril. L'Aide du côté gauche alonge ce pli aussi avec la main gauche, jusqu'à l'endroit des fausses-côtes. Alors l'Opérateur coupe le pli avec un couteau, de façon que l'incision n'ait qu'un pouce & demi de longueur, & suive une ligne qui iroit depuis la partie la plus haute de l'os de la hanche jusqu'au nombril. L'ouverture étant faite, en coupant, peu-à-peu, toute l'épaisseur de la chair, jusqu'à l'endroit des boyaux, sans les toucher, l'Opérateur introduit le doigt *index*, c'est-à-dire, celui qui est près du pouce, dans le ventre de l'agneau, pour chercher l'oyaire gauche; lorsqu'il l'a senti, il l'attire doucement au-dehors de l'ouverture. Les deux ligamens larges, la matrice & l'autre ovaire sortent en même-tems. L'Opérateur enlève les deux ovaires, & fait rentrer les ligamens & la matrice. Ensuite il fait trois points de couture à l'endroit de l'ouverture, pour la fermer; il ne passe l'aiguille que dans la peau, sans qu'elle entre dans la chair; il laisse sortir au-dehors les deux bouts du fil, & il met un peu de graisse

sur la plaie. Après dix ou douze jours, lorsque la peau est cicatrisée, on coupe le fil au point de couture du milieu, & on tire les deux bouts qui passent au-dehors, pour enlever le fil, afin d'empêcher qu'il ne cause une suppuration. Lorsque cette opération est bien faite, les agneaux ne s'en sentent que le premier jour; ils ont les jambes un peu roides ils ne tettent pas, mais, dès le second jour, ils font comme à l'ordinaire. »

Manière de couper la queue aux agneaux, & motifs qui déterminent à la couper.

Au mot AGNEAU, on trouvera la manière de couper la queue, & une partie des motifs qui déterminent cette opération. J'ajouterai ici seulement ceux qui ont été omis; ils regardent particulièrement les femelles.

Dans la plaine du Roussillon, on coupe la queue aux brebis, dans la crainte qu'étant trop longue, elle ne les gêne en agnelant. Le cordon ombilical s'y entortille quelquefois. Le Berger, quand il est obligé d'extraire le placenta, a plus de facilité, si la brebis a la queue courte.

Pendant l'allaitement, les brebis, en certains pays, ne se nourrissent que d'herbes sur pied, qui font très-tendres, & leur causent des diarrhées. Leur queue se salit, & communique au pis une partie des ordures qui s'y attachent. L'agneau se dégoûte, & contracte du mal aux lèvres. Le pis distendu, par le lait, & sensible, devient douloureux, quand il a été frappé par une queue chargée de crottes. Dans ce cas, la brebis refuse son agneau.

Enfin l'accouplement est plus facile, si les brebis ont la queue courte, & on distingue mieux les sexes.

Nourriture des Bêtes à laine.

Les Bêtes trasumantes, en Espagne, celles qui paissent en Hiver dans la Crau, en Provence, & en Eté sur les alpes du Dauphiné; celles qui habitent, dans cette dernière saison, sur le sommet des Pyrénées, & descendent ensuite dans les landes de Bordeaux, jusqu'à Dax, & même jusqu'aux portes de Bordeaux; & beaucoup d'autres ne vivent que des herbes des champs, qu'elles broutent sur pied. Ces animaux n'entrent point dans des bergeries. Le droit de libre pâture étant regardé comme une loi fondamentale en Espagne, les Propriétaires des troupeaux ne paient rien, pour les nourrir, pendant presque toute l'année.

En France, on n'obtient la permission de faire paître les troupeaux ambulans, qu'au moyen d'une redevance, qui est un des revenus des terres, par exemple, de celle de Poyanne.

Dans l'intérieur du Royaume, il y a des cantons, où la majeure partie de la subsistance des Bêtes à laine consiste dans ce qu'elles trouvent aux champs. On leur conserve seulement, pour l'Hiver, un peu de feuillages desséchés, ou un peu de foin ; tel est l'usage en Limousin & en Sologne.

En général, on nourrit, en France, les troupeaux, à la bergerie, pendant l'Hiver. Le reste de l'année, ils sont nourris dans les pâturages, soit naturels, soit artificiels.

Les Bergeries doivent être garnies de rateliers, dont les uns sont simples, & s'attachent aux murs, & les autres doubles, & en forme de berceaux ; ces derniers se nomment *doubliers*. On les place au milieu.

Ils sont faits de barreaux de bois, de deux pieds de longueur, d'un pouce de diamètre, éloignés les uns des autres de deux pouces & demi, pour une petite race, & un peu plus, si la race est grande ; & a le museau gros.

Il faut aussi des auges, pour certains alimens, qu'on ne peut mettre dans les rateliers, & pour recevoir les graines & les parties de bon fourrage, qui tomberoient sur le fumier. On les fait de voliges ; on leur donne six pouces de profondeur, un pied de largeur en haut, & six pouces au fond.

La bonté des pâturages naturels dépend de la situation & de la qualité du terrein. Les meilleurs se trouvent sur celui qui est sec, léger, élevé & en pente. L'époque où les plantes sont le plus nourrissantes est lorsqu'elles sont prêtes à fleurir, ou lorsqu'elles commencent à fleurir. Plus jeunes, elles sont trop aqueuses, plus avancées, elles sont trop dures.

Un mouton, de taille médiocre, mange, par jour, huit livres d'herbes fraîches, qui, fanées & séchées, se réduisent à deux livres de foin. Cette observation est due à une expérience de M. Daubenton. Une herbe, qui ne seroit pas très-aqueuse, n'éprouveroit pas sans doute une telle diminution. Les herbes fraîches contenant beaucoup d'eau, les moutons, qui s'en nourrissent ne boivent pas.

Quand les Bêtes à laine ne trouvent rien à manger dans la campagne, ou quand elles n'y trouvent pas assez d'alimens, ou que le mauvais tems ne permet pas de les faire sortir, il est nécessaire de les nourrir, en totalité, ou en partie, à la bergerie. Les rateliers alors se garnissent de fourrages, & les auges de substances qu'on ne peut mettre dans des rateliers. Selon le climat, & les ressources du pays, on commence, & on cesse la nourriture à la bergerie, ou

plus tôt ou plus tard. C'est le matin & le soir, qu'on donne à manger aux Bêtes à laine. Au milieu du jour, on les mène aux champs, ne fût-ce que pour leur faire prendre l'air & pour entretenir un exercice qu'on leur croit salutaire. Si l'on est forcé de les tenir toute la journée à la bergerie, on profitera du milieu du jour, pour leur donner des feuilles de plantes, ou des racines, qui contiennent de l'eau.

Les fourrages entièrement secs, ne conviennent guère aux Bêtes à laine. Il faudroit qu'ils fussent entremêlés, au moins de tems en tems, d'herbes fraîches, telles que le colzat, & autres espèces de choux, qui gèlent difficilement, ou de racines, telles que celles de carottes, de panais, de chervi, de salsifi, de raves, de navets, de topinamboux, de pommes-de-terre, &c. M. Daubenton a estimé qu'on pouvoit donner, par repas, à un mouton, indépendamment du fourrage sec, une livre & demie de chou, environ trois livres de carottes, une livre & demie de navets, de topinamboux, de pommes-de-terres, &c.

L'avoine, l'orge, le son de froment, profitent encore davantage aux Bêtes à laine. Une petite poignée, par jour, à chaque Bête, suffit pour la préserver des mauvais effets de la nourriture sèche en Hiver.

On peut encore leur donner du chenevi, de la graine de genêt, des glands, de la bourre de foin, qui contient les graines nourrissantes de beaucoup de plantes, & des tourtaux, ou espèces de pains faits avec le marc de chenevi, de colza, de navette, de noix, de lin.

Les féveroles, les pois, les lupins, le maïs, les vesces, les lentilles, les harricots, si on en récoltoit plus que les hommes n'en consomment, conviendroient bien aussi à ces animaux, pourvu qu'on leur en donnât avec modération, parce que ces graines les échaufferoient.

La graine de genêt, les glands & les lupins ont besoin de tremper dans l'eau auparavant, pour perdre leur amertume ; on a dit, que les glands, si on en donnoit plus d'une fois par jour, aux Bêtes à laine, leur occasionneroient du dévoiement ; c'est certainement une erreur ; ces fruits étant d'une nature astringente, produiroient l'effet contraire, & pourroient donner lieu à des suppressions fâcheuses. Je connois des Riverains de forêt, qui ordonnent sagement à leurs Bergers, de n'en laisser manger que très-peu à leurs Bêtes à laine.

On met le plus ordinairement dans les rateliers des Bêtes à laine des gerbées, faites de grains avec leurs tiges, soit qu'on les donne telles qu'on les a récoltées, soit qu'on les ait imparfaitement battu, pour les priver d'une partie de leurs grains. Les bonnes gerbées sont celles d'avoine, parce que la paille en est tendre ; on en donne aussi de froment, qui sont les plus nourrissantes ; de seigle, d'orge, ou de grains mêlés, qu'on appelle *brelé* ; de vesce, pois, lentilles, harricots recueillis avant la maturité. On appelle *conseigle* un mélange de froment & de seigle ; *maucorne* ou *moncorne* un mélange de pois & de vesce ; *dragée*, un mélange d'avoine, de vesce d'Eté, & de pois, ou un mélange d'avoine, de pois, de vesce, de lentilles, de lupins, de fenugrec, qui servent pour les troupeaux.

Les tiges de toutes ces plantes, les bâles des graminées & les cosses des légumineuses, lorsqu'elles sont dépouillées totalement de leurs graines ; les tiges du lin même, après qu'on l'a teillé, sont aussi données aux Bêtes à laine ; celles des plantes légumineuses sont connues sous les noms de *chaillats*, *pesuts*, &c. Mais il faut convenir que le lin sec ne les nourrit presque pas. La disette seule d'autres alimens peut déterminer à en faire usage.

Afin de fixer à-peu-près la quantité qu'on doit donner de ces substances, M. Daubenton estime que, pour un mouton de taille médiocre, il faut par jour deux livres-&-demie de paille d'avoine, dont il rejette celle qu'il ne trouve pas bonne ; ce qu'il dit de la paille d'avoine, on peut le dire de celle du froment, du seigle, & des chaillats. Les pailles du froment & les chaillats, quelque soin qu'on ait pris pour les battre, contiennent toujours quelques grains adhérens dans les bâles & dans les gousses ; mais en cet état ils ne suffiroient pas pour substanter les Bêtes à laine. Où il ne faut pas battre à net, ou donner en même-tems d'autres alimens. On doit rejeter les gerbées, la paille & les bâles d'orge, à cause des longues barbes, qui peuvent s'arrêter dans la gorge, ou l'œsophage des animaux, ou s'introduire dans leur laine. Les fermiers attentifs exigent de leurs bergers qu'ils fassent sortir les Bêtes à laine des bergeries, chaque fois qu'ils les affouragent ; car au moment où on étend le fourrage dans les rateliers, il tombe des débris de bâles, de paille & de barbes, qui entreroient dans les toisons & les gâteroient. Les Bêtes à laine prennent facilement l'habitude de sortir dans ce moment ; on y trouve un second avantage, c'est qu'en se répandant dans la cour elles foulent les fumiers.

La *feuillée* est une ressource pour l'Hiver dans certains pays ; on appelle ainsi des branches d'arbres garnies de leurs feuilles, qu'on coupe après la sève d'Août & qu'on fait sécher à l'ombre pour les conserver. Celles d'aune, de bouleau, de tilleul, de charme, de frêne, d'ormeau, d'alisier, néflier, sorbier, des peupliers, des cytises, des saules, de l'acacia, du hêtre, du jo-marin haché, des chênes, des érables, sont les meilleures. On doit cependant craindre à l'égard de celles de frêne, qu'il n'y ait dessus des cantharides ; les Bêtes à laine seroient exposées à des inflammations des reins & de la vessie. Elles mangent aussi avec plaisir des feuilles de tous les arbres fruitiers des jardins & des vergers, dont on peut faire sécher & conserver en fagots les émondures, ayant soin qu'elles ne moisissent pas. On ne fait pas sécher les branches des arbres-verts, parce que les feuilles tomberoient ; mais on les coupe en Hiver, à mesure qu'on en a besoin ; on doit seulement les mettre tremper dans l'eau pendant vingt-quatre heures. Les branches du génevrier, ses feuilles trop piquantes dans l'arrière-saison, ne peuvent se manger qu'après être ramollies. La taille de l'olivier, qui se fait tous les deux ans, fournit une bonne nourriture aux Bêtes à laine dans une saison, où les herbes sont encore peu abondantes ; elles dévorent les olives, qui en Automne tombent sous les arbres. Elles aiment beaucoup le marron d'inde & même son enveloppe piquante. Les feuilles de vigne sont encore une bonne ressource : *Voyez* au mot BÊTE A CORNES la manière de les nourrir.

Pour bien entretenir les Bêtes à laine à la bergerie, il est avantageux de leur donner des herbes fanées des prés naturels ou artificiels. Les bons prés sont les prés hauts ou les prés bas, qui ne sont pas inondés ; les herbes en sont fines & tendres. Ceux qui bordent la mer & dans lesquels se dépose du sel sont très-recherchés du bétail ; à choses égales, il préférera les foins coupés avant la maturité des plantes, & récoltés sans être mouillés ; dans ce cas, ils ne s'échauffent & ne se pourrissent pas dans le fenil. Le foin altéré pourroit causer des maladies, sur-tout des maladies de poitrine.

Les prés artificiels sont formés avec le fromental, la coquiole, le ray-grass, &c. de la famille des graminées, la luzerne, le trèfle, le sainfoin, la pinprenelle, &c. Le sainfoin veut être mêlé avec un peu de paille ; deux livres de chacune de ces plantes desséchées suffit, par jour, pour un mouton. Il n'y a pas jusqu'à l'écorce des peupliers, des sapins, & d'autres arbres séchée & brisée, qu'on ne donne aux Bêtes à laine. Ces derniers alimens ne sont pas substantiels, mais on ne les emploie que dans la grande nécessité, quand on ne peut absolument s'en procurer d'autres.

Dans l'impossibilité où je suis de faire connoître la manière dont on nourrit les Bêtes à laine toute l'année dans chaque Province de France, je me bornerai à exposer celle d'un canton très-étendu, voisin de l'Isle de France, que j'ai été à portée d'étudier. Ce canton étant un des moins favorables à l'éducation des Bêtes à laine parce qu'il eſt entièrement cultivé, elles exigent plus de ſoins & plus d'attentions qu'ailleurs.

On mène les troupeaux aux champs, tant que la terre n'eſt pas couverte de neige. S'il tombe de la grêle ou de la pluie froide, comme il en tombe quelquefois dans les mois d'Hiver, on les retient à la bergerie, parce que dans cette ſaiſon les brebis ſont pleines ou allaitent leurs agneaux.

Vers la Touſſaints, on commence à labourer les terres, qui ont rapporté du froment, afin de les diſpoſer à recevoir les grains de Printems ou de Mars. Ces labours ne ſe font que ſucceſſivement. Les troupeaux paiſſent ſur celles des terres, qui n'ont pas été labourées. En même-tems, ils ſont conduits dans les champs, qui ont rapporté récemment des grains de Mars. Quelques bergers les leur ménagent autant qu'il eſt poſſible, parce qu'ils en eſtiment d'avantage l'herbe ; c'eſt d'ailleurs leur ſeule reſſource, quand les terres, qui ont produit du froment, ſont toutes labourées. Mais les propriétaires doivent s'oppoſer à cette réſerve des bergers, parce qu'en laiſſant fortifier les plantes, qui pouſſent dans ces terres nouvellement labourées, on les éfruite & on diminue leur produit au prochain enſemencement. Il vaut encore mieux nourrir un peu plus long-tems à la bergerie, les bêtes qui ne trouveroient rien aux champs.

A cette époque ou quinze jours après, on commence à nourrir à la bergerie. Parmi les fermiers les uns commencent plutôt, les autres plus tard, ſelon qu'ils ſont plus ou moins portés à ſoigner leurs troupeaux ou ſelon que les gelées avancent ou retardent. D'abord on ne les nourrit qu'en partie, parce qu'il reſte encore un peu d'herbe aux champs ; enſuite on les nourrit entièrement ; on diminue la nourriture au mois d'Avril à meſure que l'herbe pouſſe & devient abondante.

Je ſuppoſe qu'à l'entrée de l'Hiver, un troupeau ſoit compoſé de quatre-vingt-dix à cent antenois, ou agneaux de l'année d'auparavant, & de cent à cent dix brebis portières, qui doivent donner de quatre-vingt-quinze à cent agneaux, voici la manière, dont on nourrit ces différentes claſſes d'animaux, & les frais de cette nourriture.

Nourriture des Brebis à la Bergerie.

La nourriture en partie a lieu depuis la Touſſaints ou le 15 Novembre juſqu'au premier Décembre, & depuis la mi-Avril juſqu'au premier Mai ; dans l'intervalle, on nourrit en entier ; en réuniſſant la nourriture en partie & la nourriture en entier, on peut eſtimer que les brebis ſont entièrement nourries pendant cinq mois,

Quand on nourrit les brebis ſeulement en partie, on ne met dans leurs rateliers que du froment en gerbe, dont la plupart des grains ont été enlevés par le fléau & dans leſquelles il en reſte un peu ; on leur en donne dans la journée douze douzaines de gerbes.

Pendant le tems de la nourriture totale, à ces gerbes en partie battues, qui font l'aſſouragement de la journée, on ajoute le matin quatre gerbes de froment non battu, & dont les épis contiennent tous leurs grains, & le ſoir quatre gerbes de veſce ou de pois, auſſi non battues. Les gerbes de veſce ſont d'un tiers plus fortes que celles de froment.

Il paroît prouvé que les douze douzaines de gerbes de froment preſque entièrement battues & cependant encore chargées d'une certaine quantité de grains, données lors de la nourriture en partie, contiennent encore un boiſſeau de froment, meſure de Paris ; ce qui fait trente boiſſeaux par mois, & pour les cinq mois de nourriture, cent cinquante boiſſeaux ou douze ſetiers & demi, à 18 livres le ſeptier, .. **225ᴸ**

L'appréciation de la quantité de grains reſtante, m'a été facile. J'ai fait battre entièrement & à net quelques douzaines de gerbes de froment, & le même nombre de la manière, dont on les bat pour nourrir en partie les troupeaux. En comparant les produits, j'ai vu ce qui reſtoit de grain dans ces gerbes.

Les quatre gerbes de froment non battues, données chaque jour, forment dix douzaines par mois, & cinquante douzaines pour les cinq mois. Chaque douzaine rend, l'une dans l'autre, deux boiſſeaux & demi, ce qui fait vingt-cinq boiſſeaux par mois, cent vingt-cinq pour les cinq mois, ou onze ſetiers ou environ, à 18 livres. **187**

Quatre gerbes de veſce, par jour, font pour les cinq mois cinquante douzaines, qui, à neuf boiſſeaux de grain par douzaine, rendent quatre cent cinquante boiſſeaux ou trente-ſept ſetiers ſix boiſſeaux, à 10 livres le ſetier. **375ᴸ**

Total de la nourriture des brebis... **787**

Nourriture des Antenois.

On commence à leur donner à manger à la bergerie vingt jours plutôt qu'aux brebis, & on finit auſſi vingt jours plutôt. Pendant cinq mois, on leur donne neuf douzaines de gerbes de froment imparfaitement battues, qui contiennent trois quarts de boiſſeau de grain ; ce qui forme
en

en cinq mois, neuf fetiers & quatre boiffeaux,
à 18 livres. . . . . 170 ℔

En outre, le matin on leur préfente trois gerbes de froment entières, dont la quantité étant en cinq mois de trente-huit douzaines, produit environ huit fetiers, à 18 livres. 144

Le foir, on leur donne deux gerbes de vefce ou de pois, dont la quantité étant en cinq mois de trente-cinq douzaines, à neuf boiffeaux de grain par douzaine, le produit eft de dix-huit fetiers, à 10 livres. . . . . 180 ℔

Total de la nourriture des antenois. . . 494

Nourriture des jeunes Agneaux.

Au mois de Février, on leur met un peu d'avoine dans des auges. Quelques fermiers y joignent du fon, ou donnent feulement du fon de froment ou de méteil. On augmente la quantité à mefure qu'ils prennent de la force. Enfuite on effaie une demi-gerbe de froment ; quinze jours après, une gerbe entière de froment & une gerbe de pois ou d'avoine non battues. On continue ainfi jufqu'à la mi-Juin. Alors on leur fait manger à difcrétion de la vefce en vert fur pied, jufqu'à la récolte, époque, où ils vivent de ce qu'ils trouvent aux champs.

Les agneaux dépenfent, 1.° en avoine en grain, à un boiffeau & demi par jour, pendant quatre mois & demi, dix-fept fetiers, mefure du pays, ou huit fetiers & demi de Paris, mefuré d'avoine, à 15 livres. . . . . 127 ℔

2.° En froment en gerbe non battu, vingt-cinq boiffeaux & demi ou deux fetiers & un boiffeau & demi, à 18 liv. 38

3.° En avoine ou pois en gerbes non battues, cent vingt boiffeaux, ou dix feptiers du pays, à 10 livres . . . . . . 100 ℔

Total de la nourriture des agneaux . . 265

Il faut obferver que les Bêtes à laine ne confomment pas la paille du froment & les chaffats de pois qu'on leur préfente ; elles ne mangent que les épis & les gouffes, remplis de grains ; une partie de la paille eft employée pour leur litière, le refte eft ramaffé & mis en bottes, pour être confervé & pour fervir à la litière des autres beftiaux pendant toute l'année. Mais elles mangent bien les fanes de vefce.

Vers Pâques, on donne la première façon aux terres qui ont produit des

grains de Mars ; ce qui dure jufqu'à la mi-Maï, tems où fe donne, mais lentement, le fecond labour, appellé *binage*. On ne s'occupe du troifième, qu'après la moiffon. S'il vient un tems favorable, il croît de l'herbe dans les labours de première & deuxième façon. Elle eft propre à rafraîchir les Bêtes à laine & à corriger les effets de la nourriture fèche & échauffante, qu'elles prennent à la bergerie. Mais s'il furvient un tems de féchereffe, qui empêché l'herbe de pouffer, on nourrit encore le troupeau plus ou moins de tems ; en lui donnant des gerbes de froment prefqu'entièrement battues & on lui fait manger un peu de vefce fur pied.

Dès que la moiffon eft ouverte, les troupeaux font conduits d'abord dans les chaumes de froment, où il y a de bonne herbe, & enfuite dans les champs où on a récolté des mars. C'eft ainfi qu'ils parviennent jufqu'à la Touffaints.

Dépenfe pour les brebis. . . . . 787 ℔

Pour les antenois. 494

Pour les agneaux. 265

Si l'on ajoute pour les gages & la nourriture du berger & de fes chiens, trois cent foixante livres, à raifon de trente livres par mois, il s'enfuit que le total de ce que coûte à fon maître le troupeau, que je cite pour exemple, eft de . . . . . 1906 ℔

On doit fur cette fomme défalquer 1.° toifons de 100 brebis ; celles de la mere & de l'agneau fe vendent enfemble 2 liv. 17 f. . . . . 270 ℔

2.° Les toifons de 100 antenois . . . 200

3.° La valeur de 90 à 100 agneaux, à 14 livres la paire. . . . . 630 ou 700

4.° Le parcage & le fumier de bergerie. 1100

Total . . . . 2270 ℔

Il y a maintenant des fermiers affez intelligens pour ne plus donner de froment, d'avoine, de pois, de vefce en gerbes à leurs Bêtes à laine. Ils préfèrent de les leur donner en grain dans des auges ; une poignée le matin, & une le foir pour chaque animal fuffit à fon entretien ; par ce moyen, leurs pailles font ménagées pour leurs autres beftiaux ; & les toifons toujours propres.

Cet apperçu fans doute fera penfer qu'il y

a peu de profit à nourrir des troupeaux de Bêtes à laine dans le canton cité. Mais on en retireroit davantage, si les fermiers consentoient à l'amélioration de leurs laines par des races étrangères. La crainte de ne pouvoir se défaire dans les marchés de bêtes, qui n'auroient pas la forme de celles du pays, ralentit le zèle de plusieurs & rend inutile leur intelligence. Une augmentation de vaches, dont le fumier convient à leurs terres, leur seroit plus utile à quelques égards. Mais n'ayant plus d'intérêt à ne battre leurs fromens que peu-à-peu, à cause du troupeau, ils se verroient surchargés de pailles, que les rats & les souris dévoreroient. Dailleurs il y a dans les fermes tels terrains, qui sont mieux fumés par le parc ou par le fumier de bergerie. En supposant que la recette n'excédât pas la dépense, une ferme est mieux meublée & plus vivante avec un troupeau, que lorsqu'elle n'en a pas. Enfin, lorsque les terres en jachères poussent de l'herbe, elles s'épuiseroient & produiroient moins de froment, si le troupeau de tems en tems ne les broutoit.

Boisson des Bêtes à laine.

La boisson des Bêtes à laine fait partie de leur nourriture. L'eau des rivières & des ruisseaux courans est la meilleure. Celle des lacs & des étangs, qui coulent en partie, tient le second rang. La plus mauvaise est celle des marres, des fossés, des marais, des sillons, lorsqu'il s'y putréfie des plantes & des corps d'animaux. L'eau des citernes, l'eau de puits, ou de pluie, doit être exposée quelques heures à l'air, avant d'en abreuver les Bêtes à laine.

Un mouton de vingt pouces de hauteur, quand il est nourri au sec, seul tems presque où il ait soif, boit en un jour trois à quatre livres d'eau. Si on ne lui présentoit pas à boire pendant un mois en le retenant à la bergerie, il ne seroit qu'altéré, suivant une expérience de M. Daubenton, mais il n'éprouveroit pas d'autre mal. Il ne faut faire boire les moutons qu'une fois par jour, parce qu'ils boivent plus en deux fois qu'en une & qu'il est dangereux de les faire trop boire. Ils ont la fibre lâche & très-disposée aux infiltrations. Il vaudroit mieux ne leur donner à boire que tous les deux ou trois jours. Si on retardoit davantage, ils boiroient trop à-la-fois.

M. Daubenton a remarqué que des moutons qui avoient mangé de la neige, ne s'en étoient pas trouvés incommodés. Une grande privation d'eau, dans laquelle on les avoit tenus, leur avoit causé une grande soif, & un grand besoin qui n'étoit que momentané. Je ne doute pas que ils avoient quelque tems de suite mangé de la neige; ils n'en eussent éprouvé les inconvéniens des gelées blanches, qui relâchent les Bêtes à laines, parce qu'elles rendent trop aqueuses les herbes qu'elles couvrent.

Usage du sel pour les Bêtes à laine.

Quelques personnes regardent l'usage du sel pour les Bêtes à laine comme inutile. En général, on le croit avantageux à ces animaux. A en juger par le goût qu'ils ont pour cette denrée, il semble que la nature leur en ait fait un besoin. Les propriétaires de grands troupeaux en Espagne, en Angleterre, en Suisse & en France dans les pays où le sel étoit à bon marché, leur en ont fait toujours donner. On remarque que les moutons, dont les pâturages sont des prés salés, ont plus de vigueur & une meilleure chair que les autres. Cependant M. Daubenton, fondé sur les qualités fondantes & apéritives du sel, est d'avis qu'on n'en donne qu'aux Bêtes à laine des pays marécageux, où elles sont sujettes à la pourriture & aux autres maladies, occasionnées par l'humidité. Le sel lui paroit plutôt un remède préservatif & curatif même, qu'une substance à mêler aux alimens, comme essentielle dans tous les cas. Il veut qu'on en fasse prendre aux bêtes languissantes & dégoûtées, dans les tems de brouillard, de pluie, de neige & de froid, sur-tout si elles sont nourries au sec. La suppression totale de la gabelle ayant réduit le sel à un sou la livre, qui se payoit quatorze sous, bien des propriétaires de Bêtes à laine commencent à leur en donner sans distinction d'état de santé des animaux, ni de la qualité des alimens qu'ils prennent. On ne tardera pas à savoir si l'usage du sel doit & peut être général. Je suis porté à croire qu'il seroit utile, même dans les pays secs, en n'en donnant qu'une foible dose, & qu'il pourroit prévenir les maladies inflammatoires & charbonneuses, au moins est-il sûr qu'il détermineroit les animaux à boire plus abondamment dans ces circonstances où les boissons sont importantes.

Pour donner du sel aux Bêtes à laine, on le broie, on l'étend dans des auges ou on le répand sur les fourrages. Quelques bergers l'enferment dans un nouet de linge, qu'ils suspendent à une corde dans la bergerie; les animaux en arrivant léchent ce nouet à l'envie.

M. le Blanc, Inspecteur des manufactures de Languedoc, a imaginé des gâteaux composés de trois quarts de farine de froment, d'orge & d'un quart de sel & de suffisante quantité de levain. On pétrissoit d'abord un tiers de la composition avec de l'eau; on le laissoit lever; puis on y joignoit un autre tiers de la composition avec

de l'eau ; on pétrissoit & on laissoit lever encore ; on ajoutoit enfin de la même manière le
dernier tiers. La totalité étant bien levée on la di-
visoit en gâteaux d'une livre, très-minces, qu'on
faisoit cuire & qu'on conservoit pendant un an
à l'abri des rats. Ces gâteaux étoient donnés aux
moutons dans des auges, après avoir été con-
cassés. Un gâteau étoit la dose de vingt moutons. M. le Blanc s'applaudissoit de l'usage de
ces gâteaux.

Les Espagnols ne donnent point de sel en
Hiver, mais ils en donnent deux livres
& demie par bête pendant les cinq mois d'Eté
qu'ils passent dans les montagnes. Ils en donnent
tous les trois jours une ration, d'environ six gros ;
ce qui forme vingt-cinq quintaux pour mille bêtes
en cinq mois. Cette dose est plus forte que celle
qui est prescrite par M. Daubenton ; car il ne conseille d'en donner qu'environ six gros par semaine ou trois quarts de gros par jour. Une trop
grande quantité de sel purgeroit les animaux & leur
occasionneroit une diarrhée mortelle, comme je l'ai
déjà observé depuis la suppression de la gabelle.

Le sel de tartre, la potasse, les cendres gravelées, le fiel de verre, &c., remplaceroient
le sel marin. J'ai conseillé ces sels, par économie, lorsque le sel marin n'étoit pas marchand ; mais ce dernier, étant à vil prix,
c'est maintenant le seul auquel on doive avoir
recours.

Manière d'engraisser les Agneaux.

Ce que j'ai dit jusqu'ici, sur la nourriture
des Bêtes à laine, n'avoit pour objet que d'indiquer comment on les entretient en bon état.
Il suffit, pour qu'elles répondent aux soins des
Propriétaires, & à ceux des Bergers, qu'elles
soient habituellement en chair, & bien portantes. Il faut quelque chose de plus, lorsqu'on
les destine aux boucheries. On desire qu'elles
soient grasses, pour être meilleures, & mieux
vendues. On n'y parvient qu'en leur donnant
une nourriture plus abondante.

Pour engraisser les agneaux, on les tient à la
bergerie ; ils tettent leurs mères matin & soir,
& pendant la nuit. On leur fait tetter, dans
le jour, des brebis qui ont perdu leurs agneaux.
ou celles dont on a vendu les agneaux, quand
on a commencé à en vendre. On répand, dans la
bergerie, tous les jours, de la litière fraîche,
on renouvelle souvent l'eau, dont on les
abreuve Ces jeunes animaux, nourris de lait,
étant sujets à avoir, dans un de leurs
estomacs, beaucoup d'acides qui les incommoderoient, en empêchant le lait de se digérer, &
leur causant du dévoiement, il faut mettre, à
leur portée, une pierre de craie, qu'ils lèchent,
par instinct, & dont ils se trouvent bien, parce
qu'elle tient lieu d'absorbant.

A quinze jours, on châtre les mâles, dont
la chair devient aussi bonne que celle des femelles. Ils sont moins gros que s'ils n'étoient
point châtrés ; ce qui engage beaucoup de Fermiers à ne les pas châtrer, pour les vendre
plus cher. Tant que les agneaux sont nourris
de cette manière, ils sont *agneaux de lait.*

Dix-huit jours, ou trois semaines, après leur
naissance, ils sont en état de prendre d'autre
nourriture. Alors on leur donne, comme je
l'ai dit au mot AGNEAU, de la farine d'avoine
seule, ou mêlée de son, des pois blancs, gris
ou bleus, les plus tendres de tous ; de l'avoine
ou de l'orge en grain, du foin le plus fin ;
de la paille battue deux fois pour l'attendrir,
du trefle sec, du sain foin, de la luzerne, de
la dernière coupe, & des gerbées d'avoine. Avec
ces alimens ils engraissent. Cette dernière manière
est celle, qu'on emploie pour engraisser les agneaux
nés tard, appellés *Tardons, Tardillons, Touzards,*
&c.

Manière d'engraisser les moutons & les moutonnes.

Il arrive quelquefois que, dans un troupeau,
même d'un pays où le pâturage est médiocre,
on voit, en Automne, quelques moutons gras,
sans qu'on ait pris aucun soin pour les engraisser. Cet état, qu'ils perdroient en Hiver,
& reprendroient en Eté, si on ne les tuoit pas,
dépend de leur bonne santé, & de leur constitution particulière. La graisse de ces moutons
est ferme, & la chair très-saine.

La plupart des moutons, pour engraisser,
ont besoin de quelque chose de plus que la
nourriture ordinaire.

Il y a des Propriétaires d'herbages, qui achetent des moutons de trois ou quatre ans, dans
des pays à pâturages médiocres, pour les engraisser, & les vendre ensuite à des Bouchers.
On a remarqué que, selon leur âge, les moutons profitent dans tels ou tels terrains. Ceux
d'un an, ou de deux ans, font mieux dans des
pâturages médiocres, tandis qu'il en faut de
plus abondans à ceux de trois ou quatre ans.

« Il y a trois manières d'engraisser les moutons. L'une est de les faire pâturer dans de bons
herbages ; c'est ce qu'on appelle *l'engrais d'herbe,*
ou *la graisse d'herbe.* L'autre manière est de
leur donner de bonne nourriture au ratelier &
dans des auges ; c'est *l'engrais de pouture,* ou *la
graisse sèche,* c'est-à-dire la graisse produite par des
fourrages secs. La troisième manière est de commencer par mettre les moutons aux herbages, en
Automne, & ensuite à la pouture.

» Le tems qu'il faut pour les engraisser, dépend de l'abondance & de la qualité des herbages ; lorsqu'ils sont bons, on peut engraisser

les moutons en deux ou trois mois, & faire par conséquent trois engrais par an, dans le même pâturage, en commençant dès le mois de Mars. Lorsque les pâturages font moins bons, il faut plus de tems pour engraisser les moutons.

» Il faut les laisser en repos le plus qu'il est possible, les mener très-doucement, prendre garde qu'ils ne s'échauffent, les faire boire le plus que l'on peut, & prendre bien garde qu'ils n'aient le dévoiement, qui est ordinairement causé par la rosée.

» Cet engrais ne se fait qu'au Printems, en Eté & en Automne. Dans les pays où les gelées détruisent l'herbe, on mène les moutons au pâturage de grand matin, avant que le soleil ait séché l'herbe. On les met au frais & à l'ombre pendant la chaleur du jour, & on les fait boire; on les remène le soir dans des pâturages humides, & on les y laisse jusqu'à la nuit.

» La luzerne est l'herbe la plus nourrissante; c'est la meilleure pour engraisser promptement, mais on dit qu'elle donne à la graisse des moutons une couleur jaunâtre & un goût désagréable; d'ailleurs elle peut les faire enfler, & par conséquent les faire mourir. Les trèfles sont presqu'aussi nourrissans & aussi dangereux que la luzerne; on prétend qu'ils rendent la graisse jaunâtre, mais qu'elle a bon goût. Le sain-foin est fort bon pour engraisser, & l'on n'a rien à en craindre.

» Le fromental, la coquiole ou graine d'oiseau, le thimothy, le ray-grass, les herbes des prés, sur-tout des prés bas & humides, & dans certains pays, les chaumes, après la moisson, & les herbages des bois, font de bons engrais pour les moutons, mais ils ne les engraissent pas si promptement que la luzerne, le trèfle & le sain-foin.

» L'engrais de pouture se fait pendant la mauvaise saison, par exemple, à Noël, après avoir tondu les moutons, on les renferme dans une étable, & on ne les laisse sortir qu'à midi, pendant que l'on met de la nourriture dans leurs auges. Le matin & le soir, on leur donne à manger au ratelier, & même pendant les nuits longues.

» On leur donne de bons fourrages & des grains, ou d'autres choses fort nourrissantes, suivant les productions du pays, & le prix des denrées. Car il faut prendre garde que les frais de l'engrais n'emportent le gain que l'on devroit faire en vendant les moutons gras.»

» Dans plusieurs pays, on donne aux moutons de trois ou quatre ans, le matin, trois quarterons de foin à chacun, & autant le soir; à midi, une livre d'avoine & une livre de maton, c'est-à-dire, de pain, ou tourte de navette, ou rabette, ou de chennevi, réduit en morceaux gros comme des noisettes; on les fait boire tous les jours. Dans d'autres pays, on ne leur donne, à chacun, le matin, que dix onces de foin, à midi, un quarteron d'avoine & une demi-livre de maton, & le soir, dix onces de foin. Mais la meilleure manière est de leur donner de ces nourritures tant qu'ils en peuvent manger. Le maton rend la chair huileuse, & le suint trop abondant. Il faut substituer au maton une autre nourriture, pendant les quinze derniers jours, pour donner bon goût à la chair.»

» On doit préférer les grains, tels que l'avoine en grain, ou grossièrement moulue, l'orge, ou la farine d'orge, les pois, les fèves, &c. La nourriture qui engraisse le plutôt, est l'avoine en grain, mêlée avec de la farine d'orge, ou du son, ou avec les deux ensemble. Si on ne mettoit que du son avec la farine d'orge, cette nourriture resteroit entre les dents des moutons; & ils s'en dégoûteroient.

» On peut les engraisser avec des navets ou des choux.

» Pour cet effet, on commence par faire pâturer les moutons dans des chaumes, après la moisson, jusqu'au mois d'Octobre, pour les disposer à l'engrais. Ensuite on les met dans un champ de navets, pendant le jour; le soir, on leur donne de l'avoine avec du son & de la farine d'orge. Les navets, qui sont en bon terrein, bien cultivés, & pris avant d'être trop vieux, ou pourris ou gelés, ne sont guère moins bons que l'herbe, pour engraisser, & sont peut-être aussi bons. Ils rendent la chair des moutons tendre & de bon goût. Mais lorsqu'on donne, le soir, une bonne nourriture d'auge aux moutons, elle contribue encore plus que les navets à les engraisser, & à rendre leur chair tendre; elle les préserve des maladies que les navets peuvent leur donner, lorsqu'ils sont dans un terrein humide. Les navets trop vieux & filandreux, pourris ou gelés, sont une mauvaise nourriture. Un arpent de bons navets peut engraisser treize ou quatorze moutons.

» On met les moutons dans des champs de choux cavaliers, ou de choux frisés, depuis le mois d'Octobre, ou de Novembre, jusqu'au mois de Février. Les choux engraissent les moutons plutôt que l'herbe; mais ils donnent à la chair un goût de rance, & lorsque les moutons mangent de vieux choux, leur haleine a une mauvaise odeur, qui se fait sentir lorsqu'on approche du troupeau. Pour empêcher que les choux ne donnent un mauvais goût à la chair des moutons, ou ne les fasse enfler, il faut leur donner une nourriture d'auge plus douce, telle que l'avoine, les pois, la farine d'orge, &c.

» On connoît qu'un mouton est gras, en le tâtant à la queue, qui devient quelquefois grosse comme le poignet, aux épaules & à la poitrine, si l'on y sent de la graisse, c'est signe que les moutons sont bien gras. Lorsqu'après les avoir dépouillés, on voit, sur le dos, la graisse paroître en petites vessies, comme de l'écume, c'est une marque de bon engrais ; cela arrive ordinairement, lorsqu'ils ont mangé des navets. »

» Les moutons, que l'on a engraissés d'herbages ou de pouture, ne vivroient pas plus de trois mois, quand même on ne les livreroit pas au Boucher. L'eau, qui contribue à ces engrais, causeroit la maladie de la pourriture. »

» Si l'on veut avoir des moutons gras, dont la chair soit tendre & de bon goût, il faut les engraisser de pouture, à l'âge de deux ou trois ans. Les moutons de deux ans ont peu de corps, & prennent peu de graisse. A trois ans, ils sont plus gros, & prennent plus de graisse. A quatre ans, ils sont encore plus gros, & ils deviennent plus gras, mais leur chair est moins tendre. A cinq ans, la chair est dure & sèche : cependant si l'on veut avoir le produit des toisons & des fumiers, on attend encore plus tard, même jusqu'à dix ans, lorsqu'on est dans un pays où les moutons peuvent vivre jusqu'à cet âge ; mais il faut les engraisser un an, ou quinze mois avant le tems où ils commenceroient à dépérir. »

La manière d'engraisser les Bêtes à laine, en Russie, consiste à hacher de la paille avec du foin, & à y répandre de l'eau, dans laquelle on a fait dissoudre du sel marin.

On mange jeunes les moutons Calmouques, autrement la chair a le goût de boue.

Quelques Propriétaires de terres, en Berry, pour avoir de bons moutons, ont soin d'en réunir toujours vingt-quatre, âgés de plus de trois ans ; on leur donne du foin pendant la nuit, & tous les soirs, aux six plus avancés, environ trois jointées d'avoine, dans laquelle on met une poignée de sel. A mesure qu'on tue un des six, on le remplace par le plus gras.

Pour engraisser les vieilles brebis, autant qu'elles peuvent l'être, on les met dans un bon pâturage en Eté & en Automne, & on les vend à l'entrée de l'Hiver. Leur chair ne vaut jamais celle des moutons & des moutonnes.

Conduite des Troupeaux aux champs.

M. Daubenton prescrit, pour la conduite des troupeaux, des règles qui se réduisent à sept.

1.° Il faut faire paître les bêtes à laine tous les jours, si cela est possible ; raison d'économie d'une part ; raison de salubrité de l'autre ; ces animaux devant faire de l'exercice, & choisissant aux champs leur nourriture à leur gré.

2.° On ne doit pas les arrêter trop souvent en pâturant, excepté dans les pâturages clos. Leur allure naturelle est de vaguer de place en place. Dans les pâturages clos on les retient, parce qu'ils gâteroient plus d'herbe avec leurs pieds qu'ils n'en brouteroient. On ne leur abandonne chaque jour que ce qu'ils peuvent consommer.

3.° On fait en sorte qu'elles ne causent aucun dommage aux terres à conserver.

4.° Les endroits humides ne leur conviennent pas ; les herbes trop aqueuses qui s'y trouvent donnent la maladie, connue sous les noms de *Pourriture, Foie pourri, Maladie du foie, Gamere,* &c. & leur excitent aussi des coliques. Par cette raison on ne les mène pas aux champs dans les pays humides, avant que la rosée ou la gelée blanche soit dissipée. L'humidité du soir est encore plus dangereuse, parce qu'on ne peut espérer qu'elle cesse avant la nuit. Quand il fait de grandes pluies & des orages, on laisse le troupeau à la bergerie.

5.° On le garantit, autant qu'il est possible, de l'ardeur du soleil, en les mettant le long d'un bois, le long d'un mur, &c. &c. Le soir, on le conduit sur un côteau au levant ; & le matin sur un côteau au couchant. La chaleur est bien incommode à ces animaux, à cause de leur laine & des mouches qui les tourmentent & les agitent. Ils ont la tête foible, & sont sujets au vertige. Quand ils placent leurs têtes sous le ventre les uns des autres, c'est pour éviter des mouches qui cherchent à entrer dans leurs narines & à y pondre. Les Bergers croient qu'ils veulent par-là éviter la chaleur à laquelle leur tête est très-sensible. En Eté, on les ramène des champs avant la chaleur ; le soir, la chaleur étant passée, on les y reconduit.

6.° On doit éloigner les Bêtes à laine des herbes qui leur sont nuisibles par elles-mêmes. Sans doute elles n'en mangeroient pas, si elles en trouvoient d'autres. Car lorsqu'on en met dans leur râtelier, on les voit rester une journée auprès sans y toucher ; quoiqu'on ne leur donne pas autre chose. Néanmoins la prudence exige qu'on les en écarte. Il y a de bonnes herbes qui leur nuisent, prises en trop grande quantité, telles sont les trèfles, la luzerne, le froment, le seigle, l'orge, la sanve, le coquelicot, le bled de vache, & généralement toutes celles qu'ils mangent avec le plus d'avidité, ou qui sont trop succulentes & aqueuses, comme les regains, les herbes des marais, celles qui sont dans leur plus grande force. Les herbes font enfler la panse & donnent selon M. Daubenton, la colique de panse, dite *écouslure, enflure, enflure de vents, soûpure, gonflement de* vents, &c. Dans ce cas, lorsqu'on frappe le ventre avec la main, il sonne sans qu'on entende aucun mouvement d'eau. L'animal bat des flancs, s'agite, & meurt souvent. Pour prévenir ce mal, on ne conduit pas les bêtes dans les herbages abondans, au moment où elles sont affamées, c'est-à-dire le matin; mais on laisse passer le plus fort de la faim, en les menant d'abord dans des pâturages maigres ou médiocres, & ensuite dans les plus gras, où on ne leur fait passer que peu de tems.

Le mal de panse exige des secours prompts. On conseille de faire trotter les animaux, qui en sont atteints, jusqu'à ce qu'ils aient fienté, & jusqu'à ce que l'enflure diminue. Je n'ai point l'expérience de l'usage de cette méthode. Je sais, au contraire, qu'on a guéri le mal de panse, en enfermant, dans une bergerie très-chaude, les bêtes malades, de manière qu'elles y fussent très-pressées, & les portes & les fenêtres closes. Il s'excite alors une abondante transpiration, qui les sauve. On les conduit, suivant le cours, & non à l'encontre du vent, pour ne les pas suffoquer; on peut encore les faire nager; si elles fientent dans l'eau, le mal se passe. Le Berger, quelquefois, presse le ventre des bêtes pour faire sortir leurs vents, il fait une saignée, il tire la fiente du fondement, ou avec les doigts, ou avec une petite cuillère, pour donner issue aux vents. On met encore, dans la gueule de la bête, une bride de saule ou une ficelle, qu'on noue derrière la tête, pour tenir la gueule ouverte. Dans cette attitude, l'animal saute, se débat, rend de la fiente & des vents.

2.° Il est nécessaire de conduire un troupeau lentement, sur-tout en montant des collines, si on ne veut pas l'échauffer, & risquer de faire avorter les brebis. Le Berger, pour faire avancer son troupeau, tantôt met un chien à la tête, lui-même suivant, & se servant d'un fouet, ou de la voix, ou d'un bâton; tantôt il marche le premier, & le chien placé à la suite des bêtes, en presse plus ou moins les pas, selon les intentions de son maître.

Il y a des pays, où l'on doit s'abstenir, sur-tout en Eté, de faire manger aux troupeaux, des herbes aromatiques, qui couvrent certains terreins; on doit aussi, pour ne pas diminuer leur laine, les éloigner des lieux remplis d'épines & de chardons. Ces plantes ont de plus l'inconvénient de les piquer, & de leur faire venir de petits galons, qu'on prend pour de la gale. Les pâturages situés sur les bords de la mer, & dans les environs des marais salans, sont toujours bons.

On dit que les brebis aiment la musique, & que les Bergers, pour les engager à rester long-tems dans un endroit, font bien de jouer de quelque instrument, tel que le flageolet, la flûte, le haut-bois, la musette. Cette assertion est bien hasardée, & dénuée de preuves. Au reste, si les Bergers, en jouant de ces instrumens, ne sont d'aucune utilité à leurs troupeaux, au moins y trouvent-ils un moyen de charmer l'ennui de la vie oisive qu'ils mènent aux champs.

Ennemis des Bêtes à laine.

Soit que le Berger conduise son troupeau aux champs, soit qu'il le garde dans son parc, ou qu'il le tienne à la bergerie, il doit le garantir des ennemis, qui l'attaquent. On prétend que plusieurs fois des rats ont tetté des brebis, qui avoient agnelé. Cette prétention me paroît une fable, & j'aime mieux croire que les rats viennent plutôt, dans les bergeries, pour dévorer les grains, dont on nourrit les animaux. Plusieurs Bergers & Fermiers m'ont assuré qu'ils avoient surpris des rats attachés au pis des brebis, & que, souvent, par cette raison, elles y avoient des blessures, difficiles à guérir. Je n'ai aucunes preuves personnelles, contraires ou favorables à cette assertion. En tout état de cause, il faut avoir l'attention de détruire les rats des bergeries, puisqu'ils mangent une partie des alimens des Bêtes à laine. On y réussit par des piéges, ou en entretenant de bons chats.

Les aigles, les serpens, les chenilles même & les abeilles, suivant les anciens Auteurs d'Economie rurale, sont dangereux pour les Bêtes à laine. Mais ce n'est que dans les pays chauds, & près des grandes forêts d'Afrique. En France, on a à craindre, pour elles, les ours, & sur-tout les loups, qui les attaquent plutôt par ruses qu'à force ouverte. Ces derniers animaux se réunissent deux, trois ou quatre ensemble. Par un accord, fort étonnant, l'un d'eux marche en avant, au-dessus du vent, pour attaquer, tandis que les autres se mettent en embuscade, en se plaçant au-dessous du vent. Si les Bêtes à laine sont au parc, elles s'effraient, rompent les claies, & se répandent dans la campagne. Les loups, qui attendoient ce moment de désordre, fondent sur elles, en égorgent & en emportent.

Les loups attaquent rarement un troupeau en rase campagne; c'est dans des défilés, dans des ravins, des fossés, le long des haies & des buissons. Quelquefois ils se blottissent dans des sillons profonds, dans des champs ensemencé, & dont les grains sont très-hauts; ils sont à craindre plutôt à l'approche de la nuit qu'en plein jour, & plutôt les jours de brouillards.

Pour écarter les atteintes des loups, on attache des sonnettes à plusieurs Bêtes à laine; comme elles sont les premières à s'en appercevoir, elles s'agitent, de manière à en avertir le Berger. S'il apperçoit un de ces animaux carnaſſiers, il raſſemble ſon troupeau, il met à leur pourſuite ſes chiens, qui doivent être forts & courageux, dans les pays où il y a des loups ; il court lui-même deſſus, & parvient ſouvent, par les cris, à coups de bâtons, & en animant ſes chiens, à leur arracher leur proie. Il uſe de beaucoup de circonſpection, ne perdant jamais de vue ſon troupeau, dans la crainte que d'autres loups ne fondent deſſus, pendant qu'il en pourſuit un.

Des feux & de la fumée près des troupeaux, le choc d'un briquet, des coups de fuſils, poudre à canon qu'on enflamme & ſelon quelques perſonnes, de petits piquets, plantés de diſtance en diſtance, ſur leſquels on étend des cordes de la plus groſſe étoupe, ſont autant de moyens d'écarter les loups. Le meilleur & le plus ſûr, c'eſt la vigilance du Berger, ſon courage & celui de ſes chiens.

Logemens des Bêtes à laine.

Sous le nom de logemens des Bêtes à laine on peut entendre tout ce qui ſert à les renfermer, *bergeries, hangards & parcs.* Cependant ce mot convient plus particulièrement aux bergeries.

Avant qu'on eût réfléchi ſur quelques mortalités de ces animaux, ſur les moyens de les conſerver en ſanté & de les améliorer, on n'avoit pas penſé à l'influence que pouvóient y avoir leurs bergeries. Les ſoins des Bêtes à laine étoient entièrement confiés à de ſimples cultivateurs & à des bergers, également incapables de connoître les agens phyſiques ; ils enfermoient leurs troupeaux dans des logemens étroits, bas, clos & échauffés par la fermentation des fumiers qu'on n'enlevoit, dans beaucoup de pays, qu'une ou deux fois par an, au-lieu de les enlever une ou deux fois par ſemaine ; la chaleur, les exhalaiſons & l'air altéré cauſóient des maladies qui en faiſóient périr un grand nombre, ſans qu'on pût en deviner la cauſe. Il faut, pour ainſi dire, des ſiècles pour détruire les préjugés des gens de la campagne ; c'eſt avec bien de la peine que des phyſiciens, livrés à l'étude de la médecine vétérinaire, ſont parvenus à répandre du jour ſur cette matière. Quelques propriétaires, plus faciles à éclairer, ont reconnu les premiers, l'exactitude & l'utilité des obſervations ; des cultivateurs ſe ſont laiſſés perſuader enſuite. Le nombre de ceux, qui comprennent qu'il faut aérer les bergeries, croît de jour en jour, & cette vérité gagne de proche en proche. On eſt allé ſi loin même, que dans une certaine claſſe d'hommes, c'eſt maintenant un problême

de ſavoir ſi l'on doit quelquefois & en certains tems renfermer les Bêtes à laine dans des bergeries ou les tenir toute l'année dehors. Cet objet me paroît aſſez important pour mériter que je l'examine ici. J'ai recueilli les raiſons pour & contre ; c'eſt après les avoir expoſées toutes, que je me permettrai de les juger.

Ceux qui penſent que les Bêtes à laine doivent être en tout tems à l'air libre, ſe fondent ſur les motifs ſuivans : les Bêtes à laine ſont originairement ſauvages ; quand on les rend à cet état primitif, leur ſanté s'affermit, leur chair devient meilleure & leur toiſon plus fine & plus abondante ; ſans doute, parce que la nature prévoyante les vêtit de manière à pouvoir ſupporter les intempéries des ſaiſons, comme on voit les fourrures des animaux du nord plus épaiſſes en Hiver qu'en Eté. Au tems de Columelle & de Pline, on trouvoit encore des Bêtes à laine dans les forêts d'Afrique. Elles portoient des toiſons très-garnies & de la plus grande blancheur ; il y a des pays, où on renouvelloit les troupeaux avec cette race des bois. On aſſure que dans le parc de Chambor, le Maréchal de Saxe a rendu ſauvages des Bêtes à laine de France. M. Haſt-fer rapporte qu'en Suède, une brebis pleine, de la province de Dalh, s'étant écartée du troupeau en Hiver, reparut au commencement du Printems avec deux beaux agneaux plus forts que les meilleurs de ceux qui étoient nés dans l'étable ; leur laine étoit très-blanche, très-longue & très-fine. M. Carlier cite quelques exemples ſemblables, qui ont eu lieu en France ; il s'y trouve encore des races bocagères, toujours vivant dans les bois. Les Bêtes traſumantes en Eſpagne ; celles des Pyrénées & de la Crau en Provence, n'ont d'autre habitation que les champs ; ce qui doit le plus ſurprendre, c'eſt l'uſage où ſont les Anglois, de ne procurer aucun abri à leurs troupeaux. M. Daubenton, dont les expériences & les recherches ſont ſi intéreſſantes, a tenu un troupeau de trois cens Bêtes, en plein air, jour & nuit pendant toute l'année, ſans aucun couvert, près de la ville de Montbard en Bourgogne, depuis 1767, juſqu'en 1781 ; le troupeau s'eſt maintenu en meilleur état, que s'il avoit été renfermé dans une bergerie ; quoique dans cet eſpace de tems il y ait eu des années pluvieuſes & des Hivers très-froids, ſur-tout celui de 1776. Il paroît que des particuliers ont imité en petit l'exemple de M. Daubenton, & ont eu le même ſuccès. Ce Savant pour rendre raiſon de ſon expérience de quatorze années, dit que l'eſpèce de graiſſe, appellée *ſuint,* dont la laine eſt remplie, empêche la pluie de pénétrer juſqu'à la racine, & que quand il pleut, les Bêtes à laine, tant l'inſtinct ſert bien les animaux, plient leurs jambes, ſe ſerrent les unes contre les autres, placent leurs têtes dans les intervalles qui font entr'elles, & le bout de leur muſeau, dans la laine.

A ces motifs, propres en apparence à décider en faveur du ſéjour habituel des troupeaux, à l'air, on peut en oppoſer, qui ne ſont pas moins puiſſans. Il y a long-tems que les Bêtes à laine ſont ſorties de l'état ſauvage; la domeſticité leur eſt devenue ſi naturelle, qu'il paroît difficile de croire qu'on leur rendroit ſans inconvéniens, leur état primitif. Elles ſont d'une conſtitution foible; mille circonſtances peuvent déranger leur ſanté. On ne les trouve ſauvages que dans les pays chauds. Les exemples de quelques brebis égarées, qui n'ont pas ſouffert pour avoir vécu pluſieurs mois dans les bois, ſous un ciel rigoureux, ne prouvent pas que des troupeaux entiers y ſubſiſteroient toujours. Les Anglois, il eſt vrai, ont fait des eſſais, & ont vanté le ſéjour total des Bêtes à laine en plein air; mais, outre qu'ils ſont ſouvent extrêmes, cette pratique n'a point été ſuivie dans toute l'Angleterre, & des cultivateurs de ce royaume, ſuivant M. Carlier, commencent à s'appercevoir qu'elle n'eſt pas bonne pour leur pays; quoique l'Angleterre ſoit plus au nord que la France, les Hivers y ſont communément ſupportables; en France, il y en a de très-rigoureux. Dans les provinces d'Angleterre, qui approchent de l'Ecoſſe, on eſt ſi perſuadé d'après M. John-Nickolls, qu'il faut garantir les Bêtes à laine du grand froid, qu'on les enduit de la tête aux pieds, d'une compoſition de gaudron, de graiſſe, &c. bouillies enſemble; cette compoſition, ajoute-t-il, qui gâte étrangement les laines, qu'on n'en purge que difficilement, n'empêche pas pluſieurs animaux de mourir de froid. Ce que font les bergers Eſpagnols & ceux de la Crau & des Pyrénées, qui promènent toute l'année leurs troupeaux dans des terreins ſecs & ſous une douce température, ne peut être propoſé pour modèle aux pays froids & humides du nord. La laine ſans doute préſerve long-tems de l'humidité les parties qu'elle recouvre; mais quand elle eſt ſurchargée d'eau & entièrement pénétrée, elle conſerve long-tems cette humidité. Les parties, privées de laine, telles que les jambes, le deſſous de la tête, les environs des mammelles, par les précautions de l'animal, peuvent bien être à l'abri de la pluie; mais rien ne les garantit de l'humidité du ſol & de celle des litières. M. Daubenton a eu des ſuccès dans des pays montueux & ſecs. On ne ſait point ſi ſes imitateurs ont fait leurs eſſais dans des pays humides, ce qui eût été de la plus grande importance. On aſſure que pluſieurs ont perdu une partie de leurs troupeaux.

En rapprochant ainſi les raiſons, pour & contre, il ſemble, au premier coup-d'œil, qu'on ne puiſſe prendre de parti, & que la queſtion reſte indéciſe. Cependant, ſi l'on ſe donne la peine de peſer la valeur de ces raiſons, on diſtinguera les cas, où les logemens pour les Bêtes à laine ſont néceſſaires, & ceux où l'on peut s'en paſſer.

Je ſuis aſſuré que des Bêtes à laine d'Eſpagne ſupportent bien le froid. Celles que le Roi a fait venir, pour ſon Domaine de Rambouillet, ont paſſé l'Hiver rigoureux de 1788 à 1789, où le thermomètre eſt deſcendu à dix-ſept degrés, ſans la moindre incommodité, dans une grange, qui n'avoit que le toit, & qu'on avoit percée de fenêtres de tous côtés. Les brebis ont fait, pendant ce tems-là, leurs agneaux, qui ſont devenus très-vigoureux. La neige entroit dans la bergerie par les fenêtres; les animaux s'en garantiſſoient, en ſe plaçant dans les endroits où elle ne tomboit pas. Des litières, renouvellées tous les jours, abſorboient le peu d'humidité que cauſoit la neige. Suivant M. Macquart, les bergeries des payſans, en Ruſſie, ſont mal cloſes, en général; ſouvent la neige y entre. Quand une brebis veut mettre bas, le payſan la fait entrer dans ſa chaumière, & l'y retient pluſieurs jours. Les bergeries des gens riches ſont mieux entretenues. Tous les jours, d'onze heures à une heure, on fait ſortir les Bêtes à laine, excepté lorſque le froid eſt de 22 à 30 degrés, & quand il y a des tourbillons de neige. Vers le mois de Mai, elles ſont à demeure aux champs, jour & nuit, juſqu'aux neiges, ayant des hangards, en cas de pluie. Si les Bêtes à laine étoient, tout l'Hiver expoſées à l'air, elles auroient quelquefois beaucoup à ſouffrir du verglas, qui enveloperoit leur toiſon humide d'une écorce de glace. Dans le troupeau de M. Daubenton, à Montbar, il y avoit, il eſt vrai, des Bêtes eſpagnoles & Rouſſillonnoiſes, qui n'ont pas ſouffert du froid. Mais le parc domeſtique de M. Daubenton étoit dans un pays, & dans un endroit ſec, puiſqu'on pouvoit y parquer bien avant dans l'Hiver; ce qu'il eſt impoſſible de faire dans les pays à terres fortes, & naturellement humides.

Il ſuit de ces obſervations, que ſi l'on n'a point à redouter le froid, pour les Bêtes à laine, dans les pays ſecs, on ne peut ſe flatter de les y expoſer impunément dans les pays humides, parce que c'eſt l'humidité, plutôt que le froid, qui les incommode. On peut donc, à la rigueur, ſe diſpenſer de les loger, dans les uns; mais on y eſt forcé dans les autres. Les Bêtes à laine ont la fibre lâche, & une diſpoſition habituelle aux infiltrations. Il eſt certain qu'on augmenteroit cette diſpoſition, & qu'on détermineroit la pourriture, ſi, dans les pays où elles ſont ſujettes à cette maladie, & ces pays ſont ceux qui ſont humides, on les tenoit

toujours

toujours dehors, ou exposées à la pluie ou à la neige, qu'on ne sauroit trop leur éviter.

Une des raisons qui doivent détourner des parcs domestiques d'Hiver, même en pays secs, mais froids, c'est le désagrément qu'éprouvent les Bergers. Quand des serviteurs ont de la répugnance pour une pratique, à moins qu'elle ne soit indispensable, & que rien ne puisse la remplacer, il faut y renoncer. Or des Bergers consentiroient difficilement à passer des nuits, ou quelques heures de nuit, en plein air, par le froid, la pluie ou la neige, pour secourir des brebis dans leurs agnèlemens.

D'ailleurs on remarque, que quand les brebis-mères arrivent mouillées des champs, leurs agneaux ne les reconnoissent pas, parce que les émanations maternelles sont émoussées & éteintes par la pluie. Si les brebis & les agneaux étoient mouillés, la difficulté deviendroit plus grande.

C'est dans les pays chauds, où il pleut rarement, que décidément les bergeries sont superflues. Je conseille, aux Propriétaires des troupeaux de ces pays, d'économiser les frais de construction, & de n'avoir, pour l'Hiver, qu'un parc domestique. Ceux des autres pays doivent se contenter de les loger dans des bergeries très-spacieuses, élevées, ouvertes de tous côtés, ou sous des hangards, accessibles à tous les courans d'air. En adoptant cette opinion, je n'en rends pas moins hommage à la découverte de M. Daubenton. Elle est très-intéressante pour les pays chauds, & même pour les pays froids, où l'on voudroit prendre des précautions contre l'humidité. Je pense seulement qu'il faut l'apprécier & la réduire à sa juste valeur. Je renvoie au mot FERME, pour la construction des bergeries & des hangards.

Des Parcs & du Parcage.

L'espace, dans lequel est contenu un troupeau de Bêtes à laine, au-dehors, & sans abri, se nomme *parc*.

On en distingue de deux sortes, l'un *domestique* ou *d'Hiver*, & l'autre *des champs* ou *d'Été*.

Il n'y a guère que des Propriétaires, curieux de s'instruire, qui, à l'exemple de M. Daubenton, aient leurs troupeaux, ou une partie de leurs troupeaux, en Hiver, dans des parcs totalement à découvert. Ils les ont formé avec les claies qui servent pour les parcs des champs, les uns, au milieu des cours de Ferme, profitant des murs des bâtimens; les autres, dans des endroits isolés, & exposés à toutes les injures de l'air. Je viens de rendre compte de mon opinion sur cette pratique.

Beaucoup de Cultivateurs, après avoir renfermé leurs troupeaux dans les bergeries, pendant l'Hiver, les font coucher, au Printems, en attendant le tems du parc des champs, au milieu de leur cour, sur le fumier, ayant soin de leur fournir, tous les jours, de la litière fraîche, & les contenant entre des claies. Cette manière de les loger les soulage de la chaleur excessive des bergeries, & les accoutume à l'air.

La construction d'un tel parc est simple, & n'exige point de frais. Il suffit d'attacher, à côté les unes des autres, quelques claies, & de mettre, dans l'enceinte les rateliers & les auges, pour placer la nourriture.

Si l'on vouloit établir un parc domestique, particulier, & entouré de murs, au lieu de claies, il faudroit que ce fût d'après les principes de M. Daubenton.

« Les meilleures expositions sont celles du Midi, du Sud-Ouest & du Sud-Est, parce que les murs du parc mettent le troupeau à l'abri des vents de bise & de galerne. Les moutons y résistent, comme aux autres expositions, mais ils y sont fatigués. Des Bêtes à laine, qui seroient répandues dans la campagne, comme les animaux sauvages, y trouveroient des abris; il faut donc placer leur parc dans le lieu le plus abrité de la basse-cour. Il faut aussi que le terrein du parc soit en pente, afin que les eaux des pluies aient de l'écoulement.

M. Daubenton a donné aux murs de son parc sept pieds de hauteur; il ne les a fait construire qu'en pierres sèches, & cependant des loups qui en ont approché, n'ont pu y entrer. Chacun peut les construire avec les matériaux du pays, qu'il habite, en pierres, en pisay, en torchis, ou en planches, &c. L'étendue que M. Daubenton a donné au sien, étoit telle, que chaque Bête avoit dix pieds quarrés. Il falloit cette étendue, pour que les brebis pleines, & les agneaux, nouveaux nés, ne fussent point exposés à être blessés.

On attache, dans le parc domestique, les rateliers simples aux murs ou aux claies; on place au milieu les rateliers doubles, & on met les auges sous les rateliers.

Tant qu'il y a du fumier dans le parc domestique, il faut de la litière renouvellée, pour empêcher les Bêtes à laine de se salir. Si on n'avoit plus de litière à leur donner, il faudroit tous les jours balayer le parc, & en enlever les ordures; on pourroit même le sabler.

Le parc des champs, ou d'Été, est celui qui est employé pour le *parcage*. On appelle ainsi une opération rurale, par laquelle on enferme un troupeau dans une enceinte, non couverte, qu'on transporte dans différens champs, & dans différentes places de ces champs, pendant plusieurs mois de l'année, pour les fertiliser, par l'urine & la fiente des animaux.

Cet usage tient le milieu, entre la vie sauvage & le séjour habituel dans les bergeries.

L'enceinte du parc des champs est différemment formée, suivant les pays. La meilleure est toujours la plus simple & la plus économique. Dans certaines Provinces, où les loups sont rares, & le pays à découvert, cette enceinte est un filet, à larges mailles, soutenu, de distance en distance, par des piquets. On se sert de cordes de spart, pour filet, dans les Provinces maritimes, où cette plante est commune. Les mailles, suivant M. l'Abbé Rozier, ont huit à dix pouces de largeur & de longueur. Les cordes, dont elles sont faites, sont de la grosseur du petit doigt. Le filet, qui ordinairement est tout d'une pièce, a trois à quatre pieds de hauteur, sur une longueur proportionnée au nombre des bêtes qu'il doit enfermer. Une corde passe dans toutes les mailles du bas, & une dans toutes celles du haut; elles servent à attacher le filet aux piquets.

Le Berger d'abord dresse son parc, en enfonçant les piquets, avec une massue, à des distances égales; il tourne autour la corde, qui passe librement dans les mailles, & étend ainsi son filet, en traçant un quarré alongé. Le lendemain, ou deux jours après, il le place plus loin, jusqu'à ce qu'il ait parqué la totalité du champ.

Si les cordes sont de spart, comme elles sont très-légères, le Berger porte sans peine tout le filet. Tant qu'il est dans le même champ, il n'a besoin que de le traîner. Le Berger couche dans sa cabane, si le pays est froid; dans les Provinces du midi, il se contente d'un hamac, à tissu plus serré que le filet, & garni de paille. Il est soutenu par quatre piquets, à un pied au-dessus du niveau du champ.

J'ai dit plus haut que, pour contenir leurs troupeaux la nuit, les Bergers espagnols ont des filets de spart, & qu'au lieu de cabane, ils portent avec eux une tente, dans laquelle ils couchent.

Ces filets seroient insuffisans dans les pays où il y a à craindre des loups, ou d'autres animaux dangereux, & des hommes même. Alors, & cet usage est le plus ordinaire, on forme l'enceinte avec des claies, disposées de manière à représenter un quarré plus ou moins parfait, & soutenues par des crosses.

Les claies ne se ressemblent pas dans différens pays. Le plus souvent, on les fabrique avec des baguettes flexibles de coudrier, ou d'un autre bois léger & pliant, entrelacées & croisées en sens contraire, sur des montans plus gros de même bois. Dans quelques endroits,

on assemble & on cloue des voliges sur des montans. Dans d'autres, ce sont des barreaux de bois arrondis, d'un pouce de diamètre, fixés entre des barres plates, bien assujetties.

On donne, à chaque claie, quatre pieds & demi à cinq pieds de hauteur, sur sept, huit & neuf pieds de longueur. Il faut laisser aux claies de coudrier entrelacé, ou de voliges, trois ouvertures d'un demi-pied quarré, dans leur partie supérieure, une à chaque extrémité & une au milieu; celles des extrémités servent pour passer & attacher les crosses; à la hauteur de celle du milieu, le Berger transporte facilement la claie. On appelle ces ouvertures voies ou *éperneaux*.

Dans les claies de barreaux de bois arrondis, il n'y a point de voies aux extrémités, ou elles sont inutiles, parce qu'on passe les crosses entre les barreaux qui sont distans, les uns des autres, de trois pouces. Mais, vers le milieu de la claie, deux de ces barreaux s'écartant, par degrés, sont à la partie supérieure distans, l'un de l'autre, de six pouces. C'est par-là que le Berger la prend pour la transporter. Les meilleures claies sont celles qui sont à barreaux de bois. Elles ne donnent point de prise au vent qui passe au travers. Il n'y a que dans les grands ouragans, où quelquefois, mais rarement, elles ont de la peine à résister. Les claies de coudrier entrelacé, & celles de voliges sont très-sujettes à cet inconvénient. Elles sont, en outre, désavantageuses, en ce que, dans les mauvais tems, les Bêtes à laine, pour se mettre à l'abri, s'approchent toutes de celles qui sont du côté du vent, & ne fument pas l'espace qui en est éloigné.

On fait les claies à barreaux, de bon chêne, ou de châtenier, afin qu'elles soient de durée. Souvent les barres plates sont de châtenier, & les barreaux de chêne. Les crosses sont des bâtons de cinq à neuf pieds, traversés à un bout de deux chevilles de bois, de dix pouces de longueur, écartées l'une de l'autre de six pouces, & percées à l'autre bout d'une mortaise à jour, propre à recevoir une clef de bois ou de fer, qu'on enfonce dans la terre avec un maillet. Les crosses font les arcboutans des claies. Les meilleures sont d'orme sur-tout, de bouleau & de châtenier; on en fait aussi de chêne, mais il faut que ce soit du bois de pied, afin qu'il ne fende pas.

On peut se servir, pour assujettir les crosses, de clefs de bois dans les terreins faciles à percer. Mais celles de fer sont préférables dans les terreins pierreux.

La cabane du Berger, appellée *baraque* dans beaucoup d'endroits, doit être regardée comme une partie essentielle du parc. C'est une espèce d'alcove, formée quelquefois entièrement de planches de longueur, ou couverte seulement de paille ou de bardeaux. On lui donne six pieds de longueur, & quatre pieds de largeur & de hauteur en dedans. Elle est posée sur quatre, ou trois ou deux roues. Celles que j'ai vues à trois roues, en ont une en avant, comme les brouettes. Je donnerai au mot *cabane* la description d'une de celles-ci, qui m'a paru bien entendue. Les cabanes à deux ou quatre roues, ont un ou deux essieux. Ces dernières sont solides; leur assiette est commode. Moyennant deux chevilles, ou, ce qui vaut encore mieux, deux crampons de fer, qui saillent à la partie inférieure du panneau, ou pignon de face, un cheval les traîne facilement où l'on veut. Les cabanes à deux roues se terminent par une limonnière. Le train de devant est soutenu par un chevalet, tenant à la voiture, qui se plie & se dresse à volonté. Les cabanes à quatre roues conviennent dans les pays plats & unis; celles qui sont à deux roues, sont plus utiles dans les terreins d'une surface inégale, & quand on est obligé de les traîner dans des chemins remplis d'ornières profondes.

On pratique aux cabanes une ou deux portes, fermant à clef; on les garnit d'un lit, assez grand pour coucher le Berger & son Aide, d'une tablette, pour poser leurs hardes, provisions & instrumens, & des petites commodités qu'il est possible de procurer dans un espace aussi borné.

La cabane du Berger se place toujours auprès du parc, sur un des côtés, & non à un angle, de manière que la porte regarde le parc. A mesure que le parc avance, le Berger, ou seul, ou avec son Aide, la roulent. Quand le terrein est difficile, on a recours à un cheval.

M. Daubenton, attentif à tout dans son ouvrage, propose de faire une petite loge portative pour les chiens. Les services que rendent ces animaux méritent bien qu'on les soigne. Il voudroit qu'on mît la loge près du parc, du côté opposé à celui où est la cabane du Berger, & toujours au vent. Elle seroit tellement construite, que sur le devant & dans la partie inférieure il y auroit une planche aussi haute que le corps des chiens. Ces animaux verroient par-dessus & pourroient aussi sauter par-dessus, soit pour entrer, soit pour sortir. Je crois qu'il vaudroit mieux qu'il y eût deux loges, dont l'une seroit du côté du parc opposé à la cabane, & l'autre près de la cabane. On pourroit peut-être dans la construction de la cabane ou au bout de la cabane pratiquer une des loges. Le chien qui y coucheroit seroit plus à portée de réveiller le Berger, quand quelque chose l'inquiéteroit.

En conseillant ces attentions, je ne puis dissimuler qu'elles auront un grand inconvénient.

Les chiens couchés dans leurs loges deviendront paresseux & perdront de leur surveillance. Le loup les surprendra plus facilement. Les Bergers, qui veulent en tirer tout le parti possible, les laissent coucher sur terre; un rien les réveille. Lorsqu'il fait des orages ou de grandes pluies, ils se mettent à couvert sous la cabane, où ils trouvent seulement une botte de paille.

Avant qu'on commence à parquer une pièce de terre, on la laboure deux fois, afin de la mettre en état de recevoir les urines & la fiente des animaux. Si les labours se font à plat, le Berger peut facilement y dresser son parc & placer ses claies de toute face; mais si c'est dans des pays à planches bombées, on dresse de deux côtés les claies, selon la longueur & dans les raies des sillons; pour asseoir celles qui doivent occuper les travers, la charrue y creuse un double sillon; elle peut en tracer beaucoup en un jour.

Pour disposer son parc, le Berger mesure le terrein avec une perche, ou avec ses pas. Le plus ordinairement c'est avec ses pas. Il en faut trois par chaque claie. Les gens de la campagne sont aussi sûrs de cette manière de mesurer, que s'ils employoient une toise.

L'étendue d'un parc est proportionnée au nombre des bêtes qu'on y renferme, à leur taille & à leur espèce, à l'abondance de la nourriture qu'elles y trouvent, à la saison de l'année, & enfin à la nature du sol à parquer.

Plus le nombre des bêtes est considérable, plus on doit employer de claies; il faut que les bêtes ne soient pas trop à l'aise dans le parc; il faut aussi qu'elles n'y soient pas gênées.

De grandes bêtes, telles que les flamandes, à nombre égal, exigent un plus grand parc que des bérichonnes, des solognotes, des bocagères.

On observera que les brebis, dont la fiente n'est pas sèche, & qui urinent fréquemment, parquent mieux que les moutons; la différence est d'un vingt-sixième; leur enceinte par conséquent doit être un peu plus étendue. Les Bergers connoissent bien cette différence; ils savent qu'en général les brebis mangent davantage; elles ont le ventre & les estomacs plus amples que les moutons. La constitution physique de ces derniers exige une attention particulière de la part du Berger, quand il veut les faire passer d'un parc dans un autre. Les brebis, dès qu'on les fait lever, fientent & urinent; des moutons sont plus long-tems à se vuider. Il ne faut donc pas les presser d'en sortir, après les avoir fait lever, si le parc qu'ils quittent n'est pas suffisamment fumé.

Lorsqu'on parque, au Printems, ou dans des pays remplis d'herbes aqueuses, les Bêtes à laine rendent plus d'excrémens; alors on resserre moins leur parc.

Enfin, si le sol, sur lequel on parque, a précédemment été bien amendé, où se trouve de bonne qualité, ou a été long-tems en repos, on parque moins fortement que dans des terreins maigres, ou qu'on n'a pas laissé reposer.

Le Berger, intelligent & docile, conduit par un Maître, bon Cultivateur, ne manque pas d'avoir égard à toutes ces circonstances.

Je ne puis donner un apperçu & les proportions d'un parc, que je ne spécifie un cas moyen qui serve de règle & de base. Supposons un troupeau de médiocre taille, dans un pays où les terres ne sont pas de première qualité, où elles se reposent tous les trois ans, & où on les amende tous les trois ans. Le parcage s'y fait sur les Jachères, avant que de semer du froment.

Pour former un parc, il faudra soixante-&-une claies, de huit pieds de longueur, sur quatre de hauteur. On les disposera de manière qu'il y en ait vingt d'un côté & vingt de l'autre, sept à chaque extrémité, & sept au milieu, pour couper le parc en deux parties égales, dont chacune aura dix claies, sur sept ; par ce moyen, ni la totalité du parc, ni chaque division ne formera un quarré parfait.

Les parties des claies, employées pour la jonction de l'une à l'autre, les réduisent à sept pieds.

Cette quantité de claies est nécessaire pour un troupeau composé de quatre cent cinquante Bêtes, savoir : trois cens, tant brebis que moutons, & cent cinquante agneaux, ou quatre cens brebis seulement. Les Bergers, qui n'ont pas soixante-&-une claies, sont obligés, au milieu de la nuit, d'en transporter pour renouveller leur parc ; ce qui est très-incommode. Les claies d'un parc durent long-tems ; la dépense première en étant une fois faite, il ne s'agit plus que de l'entretien.

Le Berger, en arrivant le soir, avant le serein, dans les pays humides, fait entrer son troupeau dans une des deux divisions. A minuit, ou un peu plus tôt, ou un peu plus tard, selon l'heure où il est arrivé, il ouvre deux ou trois claies de la traverse du milieu, & chasse son troupeau dans la seconde division, pour y séjourner le même tems. Ordinairement c'est de quatre à cinq heures. J'observerai, qu'autant qu'il est possible, les crosses des claies doivent être mises hors du parc ; car lorsqu'elles sont en dedans, les Bêtes à laine peuvent les renverser dans un moment d'effroi, ou en se frottant ; ce qui leur arrive souvent. Le Berger même est obligé, quelquefois, de retourner, par cette raison, les crosses de la traverse du milieu, quand il fait passer son troupeau, la nuit, d'une division dans l'autre.

Dans les jours longs, il revient au parc, selon la chaleur, à neuf ou dix heures, en

étant sorti le matin, après que la rosée a été dissipée, dans les pays humides ; car, dans les pays secs, la rosée & le serein ne sont point à craindre ; ils sont même recherchés. Alors il met son troupeau dans une division pareille à une de celles de la nuit ; ou bien, il dispose tellement ses claies, qu'il ne forme qu'un seul parc étroit de la longueur des deux divisions réunies de la nuit ; mais, n'embrassant que l'étendue du terrein semblable à une des divisions. Il lui en donne quelquefois plus qu'il n'en faudroit, pour que l'espace fût égale à une des divisions de nuit ; c'est seulement quand le troupeau doit y rester plus long-tems.

Quelquefois même, après avoir complété deux parcs égaux dans la nuit, il en commence un troisième, sans que cela l'empêche de faire ensuite un parc complet au milieu du jour.

Au mois d'Octobre, tems où les jours sont courts, le Berger ne revient pas au parc au milieu du jour ; mais il rentre de bonne heure le soir, & sort tard le matin. Dans cette saison, il fait deux changemens de parc la nuit ; c'est-à-dire, que changeant deux fois de parc, après avoir fumé le premier, il parque autant de terrein que s'il revenoit le jour.

Chaque changement de parc, dans quelques pays, s'appelle *un coup de parc*.

Il y a des Bergers, qui, lorsqu'ils font un troisième parc, à cinq heures du matin, n'environnent pas leur troupeau de claies. Les chiens le retiennent dans l'espace marqué. A cette heure, ils n'ont plus à craindre les loups. Cette manière de parquer, qui s'appelle *parquer en blanc*, me paroît très-vicieuse ; parce que les bêtes, tourmentées par les chiens, ne se tiennent pas en place, à des distances égales.

Une fois le parc établi, dans un champ, pour parquer successivement toutes les parties du champ, le Berger, à chaque changement, transporte les claies. Chacune de celles, qui sont à barreaux de bois, pèse de 15 à 20 livres. Il lui est plus commode de les porter sur ses épaules, en passant son bras à travers la voie du milieu. Quelquefois il en porte deux, une à chaque épaule, & les crosses à la main. Un des côtés du parc lui sert pour le second. Il n'a besoin que d'aligner, mesurer & garnir de claies les trois autres. Parvenu au bout du champ, après avoir placé des parcs à la file les uns des autres, il en fait un nouveau, à côté du dernier, & il suit une seconde file, en revenant jusqu'au bout d'où il est parti, & ainsi de suite, jusqu'à ce que la totalité du champ soit parquée.

Dans les pays où les loups sont communs, indépendamment des claies, qui forment les parcs, on tend, en avant, des filets ; les loups, sans les appercevoir, se jettent dedans, se débattent, & avertissent les chiens.

Autant qu'on le peut, on doit disposer le parc du Levant au Couchant; si on est obligé de le diriger du Nord au Midi, on a soin lors du parcage du milieu du jour, de faire entrer le troupeau par le Midi, afin que, n'ayant pas le soleil dans le nez, il avance plus aisément à l'autre extrémité du parc.

On peut faire parquer, en Hiver, suivant M. Daubenton, sur les terreins secs, tant que le Berger peut supporter le froid dans la cabane. Alors, les Bêtes à laine trouvant peu de nourriture aux champs, on ne fait qu'un parc, en une nuit. Il est plus utile de les ramener au hangard, ou à la bergerie, pour engraisser les litières. D'ailleurs, dans cette saison, dès que le froid commence à être cuisant, elles s'amassent, par pelotons, se rapprochent & se serrent, pour s'échauffer. Elles ne fument que quelques parties éparses du parc.

Il y a plus d'avantages de parquer avec un grand troupeau qu'avec un petit. Les frais du Berger sont les mêmes. On économise le transport des fumiers, qui devroient remplacer le parcage. L'engrais du parcage est préférable à celui du fumier de bergerie. C'est l'urine & la transpiration, beaucoup plus que la fiente qui amendent les terres. Il ne s'agit que de savoir si le pays peut nourrir abondamment les Bêtes à laine.

Après le parcage, on laboure une fois la terre, dans les pays où la charrue ne la renverse pas entièrement, mais la remue seulement; car il est nécessaire de la labourer deux fois, si la charrue la renverse, afin que la seconde de ces deux façons rapproche l'engrais de la surface.

Le parcage sur les prairies naturelles & artificielles réussit bien. Mais il faut qu'elles soient sèches, si on ne veut pas exposer les Bêtes à laine à la pourriture. La luzerne, le trefle de fromental, le ray-grass, la coquiole, la pinprenelle, le pastel, &c., s'accommodent bien du parcage.

C'est une assez bonne méthode que de parquer sur des champs de froment ensemencés & levés. Les Bêtes à laine mangent les feuilles du froment, & affaissent le terrein, en l'imprégnant de leur fiente & de leur urine. J'ai vu & je vois encore cette méthode réussir; mais il ne faut l'employer que dans des terres légères, auxquelles on ne sauroit trop procurer de compacité. Dans des terres fortes, elle produiroit un mauvais effet.

L'engrais du parcage est sensible les deux premières années. Le froment qu'on met d'abord dans le champ parqué, & le grain, qui lui succède, viennent mieux que s'il étoit engraissé par tout autre fumier. Dans les pays de grandes exploitations, les Fermiers ne font pas parquer deux fois de suite la même terre, parce que ne pouvant parquer qu'une petite partie de leur sol, ils veulent faire jouir, tour-à-tour, toutes leurs terres du même avantage.

On ne doit point entreprendre de parquer, avant qu'il y ait aux champs une suffisante quantité de pâturages. La circonstance du parc augmente du double l'appétit des Bêtes à laine. Selon le plus ou moins de ressources d'un pays, on a des raisons d'accélérer ou de retarder le parcage. Tel Fermier ne parque que trois mois de l'année, commençant à la récolte des seigles, & finissant à la Toussaints. Tel autre peut parquer quatre ou cinq mois, parce qu'il a des dragées, ou bizailles d'Hiver, qu'il peut faire manger, au mois de Mai, sur place, à son troupeau.

La rigueur de l'Hiver, dans quelques-unes des Provinces septentrionales de France, la difficulté des pâturages, & la nécessité de consommer les fourrages, empêchent d'y parquer de bonne heure. Ne pourroit-on pas, dans ces Provinces, au milieu du Printems, ramener, deux fois par jour, les troupeaux à la bergerie, pour y prendre leur repas, & les mener coucher au parc?

Dans les Provinces méridionales, on commence le parcage dès le mois d'Avril. L'époque la plus ordinaire, dans les pays cultivés, est la Saint-Jean. Le retour du parc, où le *déparc* a lieu dès les premières pluies abondantes d'Automne; dans les pays à terres glaiseuses, qui retiennent l'eau, & se délayent au point de ne former qu'une boue. On le prolonge jusqu'aux froids cuisans, si les terreins sont pierreux ou sablonneux. Le terme le plus commun de ce retour est la Saint-Martin.

M. Carlier assure que, dans certains pays montueux, les troupeaux sont tout le jour renfermés dans leur parc, où on leur porte à manger. On y gagne sans-doute le transport des fumiers. Mais c'est une question, de savoir si la nourriture qu'on cueille, & qu'on présente aux Bêtes à laine, leur est plus profitable, que si on leur abandonnoit les pâturages pour les brouter sur pied. Je ne connois aucune expérience sur cela. On croit qu'il est nécessaire que celles qu'on ne veut que nourrir, marchent & fassent de l'exercice. Celles qu'on engraisse pour les boucheries n'ont pas besoin d'en faire.

Les troupeaux, qui parquent, au lieu d'appartenir à un seul Maître, appartiennent quelquefois à différens Particuliers, Membres d'une Communauté. Quelques-uns ont plus de Bêtes que la quantité respective de leurs terres. D'autres ont, par proportion, plus de tenemens que de bétail. Ceux-ci possèdent un petit troupeau, sans être Cultivateurs. Ceux-là jouissent de plusieurs portions d'héritages; & n'ont pas de troupeau pour les amender. Le Cultivateur qui est plus riche en bétail qu'en fond de terre, cède une partie de ses droits à ses consorts, moyennant une rétribution ou une compensation d'intérêt. Celui qui cultive des terres, sans troupeau, paie une somme, par nuit, à la Communauté ou au Berger, ou à des Marchands de moutons, ou à des Bouchers, qui ne gardent leurs bêtes qu'un tems de l'année.

Avant d'entrer au parc, le Berger, soit de Ferme, soit de Communauté, reçoit en compte les bêtes qu'on lui livre. S'il périt quelque bête, par accident, il est obligé d'en représenter la peau, ou de payer la valeur de l'animal. On ne prend pas cette précaution, quand on a un Berger ancien & connu.

Pendant le parcage, la conduite des Bêtes à laine aux champs se règle comme dans le reste de l'année.

Le Berger doit alors redoubler d'attentions. Toutes ses vues se portent sur l'égalité du parcage, d'après les intentions & les instructions de son Maître. Par les tems humides, on s'apperçoit facilement qu'un terrein est parqué inégalement, parce que la fiente est entièrement à découvert ; mais s'il fait sec, la poussière en cache une partie, & masque la négligence du Berger, qui ne se découvre que quand le froment a une certaine force.

Le repos du Berger est nécessairement interrompu, aux heures de changer le parc. L'habitude le rompt à ce genre d'exercice, comme elle rompt les Marins au *quart*. Il connoît l'heure aux étoiles, & dans les tems obscurs, à une certaine *estime*, qu'il acquiert par l'usage.

Si les chiens, par leurs abois, annoncent la présence de quelque loup, ou d'un chien enragé, ou d'un voleur ; si un orage & des coups de tonnerre jettent la frayeur dans le troupeau, le Berger ouvre la porte de sa cabane, tire un coup de fusil, ou fait entendre sa voix, selon la circonstance, qui excite sa vigilance.

La prudence exige quelquefois qu'il emmène son troupeau à la Ferme, ou qu'il gagne les hauteurs, aux premiers indices d'un orage considérable, sur-tout si, parquant aux pieds des côteaux, il craint d'être submergé par l'eau des torrens, ou si l'aspect des nuées lui présage de la grêle.

Le parcage n'est établi que dans quelques parties de la France. Il est difficile d'en connoître l'origine. Je sais que, dans une Province très-fertile, où il est généralement adopté maintenant, il n'est introduit que depuis trente ans. Je l'ai vu successivement gagner de Ferme en Ferme. Les avantages qu'il procure détermineront, sans doute, les autres Provinces à suivre cet exemple. Il suffit que quelqu'un commence. Ses succès vaudront mieux que tous les con-

seils. Quelques circonstances locales, sans doute, ne permettent pas toujours d'employer ce moyen d'engraisser les terres, par exemple, lorsqu'un pays est partagé en petites possessions, ou lorsqu'on est dans l'usage de conduire, en Été, les troupeaux dans les montagnes ; encore pourroit-on parquer quelques mois auparavant, & quelques mois après.

On distingue facilement les terres parquées de celles qui sont fumées d'une autre manière, à la beauté & à l'égalité des productions. Le parcage évitant le transport des fumiers convient, par cette raison, aux terres éloignées des Fermes & des Métairies.

Le bestial qui parque, se porte mieux que s'il rentroit le soir à la bergerie. Sa laine acquiert de la qualité & de la valeur. Toutes ces considérations doivent engager les Cultivateurs, qui ont des troupeaux assez considérables, à parquer aussi long-tems qu'ils le pourront, & les Communautés à réunir leurs Bêtes à laine, afin de former un bon parc.

On a essayé, en Suisse, le parcage, où l'on assure qu'il n'a pas réussi, excepté dans le pays de Vaud. Dans les cantons allemands, on ne fait aucun cas de l'engrais qu'il procure. Il ne paroît pas suffisant pour tenir lieu du fumier de vaches. Peut-être cette manière de penser vient-elle de ce que le pays ayant d'excellens pâturages à vaches, toutes les vues se tournent du côté de ces animaux. En général, la Bête à laine n'est pas en grande considération en Suisse, elle n'y est pas bonne, & a moitié moins de laine qu'en France. Aussi la relègue-t-on avec les chèvres, dans les sommets des hautes montagnes, où les vaches ne peuvent pâturer. C'est d'ailleurs, dans ce pays, le seul pâturage qui lui convienne. On pourroit en améliorer l'espèce, sans l'augmenter de beaucoup, parce que les terres des montagnes étant, en général, légères, le fumier de vache y est le plus convenable.

Maladies des Bêtes à laine.

Les Bêtes à laines sont sujettes à un grand nombre de maladies. Les plus considérables sont le claveau, ou clavelée, ou picotte, la pourriture, la maladie du sang. M. Macquart assure qu'en Russie ces maladies n'ont pas lieu. Elles éprouvent de plus, dans le reste de l'Europe, le tournoiement, & une espèce de peste ou charbon. Quelquefois elles deviennent boiteuses, ou parce qu'elles sont lasses, ou parce qu'elles ont les ongles trop amollis, ou la goutte. Il se forme souvent des abcès, ou des clous dans quelque partie de leur corps ; elles peuvent éprouver des diarrhées, ou une constipation dans deux cas contraires ; la rogne, la gale & la gratelle les attaquent. Elles ont aussi des maladies de poitrine, & toussent sur-tout au Printems. On croit devoir regarder comme une véritable morve, un écoulement qu'elles éprouvent par les narines. Enfin elles s'enflent après avoir mangé des herbes aqueuses & succulentes, nuisibles par elles-mêmes, ou de bonne qualité ; mais prises en trop grande quantité, ou à contre-tems ; on verra ces différentes maladies, chacune à son article.

ARTICLE III.

Du produit qu'on retire des Bêtes à laine.

Le produit, qu'on retire des Bêtes à laine, consiste dans la vente des agneaux, des moutons, des béliers, des vieilles brebis, des fromages, & dans l'engrais des bergeries & du parc, & dans les laines.

Tous les troupeaux ne donnent pas à-la-fois tous ces genres de produits, puisqu'il y a des Propriétaires ou Fermiers de troupeaux, qui n'élèvent pas d'agneaux, puisque les uns ne nourrissent que des moutons, & les autres que des brebis, puisqu'on ne fait pas des fromages de brebis par-tout, puisqu'enfin le parcage n'est pas généralement établi. Mais j'ai cru devoir rassembler, sous cet article, & traiter à part, les différens produits, qu'on peut retirer de ces utiles animaux.

Vente des Agneaux.

Beaucoup de Fermiers des environs de Paris, & sans doute des environs de plusieurs autres villes élevent des agneaux, pour les vendre en agneaux de lait.

Ceux qui s'adonnent à ce commerce, y trouvent un débit prompt & assuré, sans être obligés de faire de crédit, & sans frais, lorsqu'ils vendent les agneaux très-jeunes, ou avec peu de frais, lorsqu'ils les vendent à six semaines ou deux mois. Plusieurs d'entre eux, s'ils n'avoient l'espérance de vendre les agneaux en agneaux de lait, n'auroient pas de troupeau, pouvant s'en passer, à cause de la facilité de se procurer des fumiers, ou ils n'entretiendroient que des moutons ou des brebis, qu'ils ne feroient pas couvrir.

Il y a beaucoup de Fermiers qui vendent leurs agneaux d'élèves sevrés, & accoutumés à paître, avant qu'ils n'aient un an. Ce sont ordinairement des Fermiers, entrant en ferme, qui les achètent. Ces jeunes animaux, ayant déjà acquis un peu de force, sont plus aisés à habituer à une étable nouvelle, & à une nourriture toujours différente, en qualité, à celle de la ferme où ils sont nés.

Le prix des agneaux de lait varie suivant l'époque de l'année où on les vend, & suivant leur grosseur.

Leur valeur moyenne, à Paris, est de 12 à 15 l., à l'âge de deux mois & demi à trois mois. Les agneaux qui ne sont pas agneaux de lait, sont d'un tiers moins chers.

Vente des Moutons.

Les moutons sont l'espèce de bétail dont on fournit le plus les boucheries. Les fermiers, les conservent quelques années pour en tirer la laine ; les fumiers & l'engrais du parcage, ils les vendent après les avoir engraissés ; s'ils ont des pâturages convenables, où ils les vendent maigres à des herbagers, qui les engraissent à l'herbe, ou à des marchands qui les engraissent à l'étable.

En général le meilleur mouton est celui, qui, élevé dans les pays chauds, y est nourri sur des terreins, où croissent des plantes aromatiques, &c. ou sur le bord de la mer, tels sont les moutons communs de la Basse-Provence, du Bas-Languedoc, de la partie la plus tempérée des Cévennes & du Roussillon.

Les moutons du Ganges en Bas-Languedoc & ceux de la Crau en Provence, sont les plus renommés. Les moutons, qu'on engraisse avec soin en ces pays dans les basse-cours, ne valent pas ceux qui s'engraissent naturellement dans les Landes.

Les moutons, qu'on apporte à Paris, de Beauvais, des Ardennes & de Présalé, près de Dieppe, suivant les habitans des Provinces méridionales, ne sont pas aussi bons que ceux de leurs pays ; on assure qu'avec ces derniers on fait de bon bouillon. Les moutons d'Amérique, qu'on élève sur les bords de la mer, passent pour être encore meilleurs.

Un bon mouton de moyenne taille, à quatre ans, se vend maigre de quatorze à seize livres, & gras de vingt à vingt-quatre livres.

Vente des Béliers.

Ordinairement les propriétaires de Bêtes à laine choisissent dans leurs troupeaux les plus beaux agneaux mâles pour en faire des béliers. Mais lorsqu'ils renouvellent leurs troupeaux, ou lorsqu'ils sont curieux de faire de belles élèves, ils se procurent de bons béliers, qu'on leur vend jusqu'à quatre-vingt-seize livres, dans les pays même où la laine est commune. Ils sont beaucoup plus chers dans ceux où la laine est fine. On assure qu'en Angleterre, il y a des béliers, qui se vendent douze cens francs. Dans ce Royaume, où l'éducation des Bêtes à laine est perfectionnée & en honneur, on paie le saut d'un beau bélier, comme on paie ailleurs celui d'un taureau ; le prix en est quelquefois de vingt-quatre, & de quarante-huit livres.

Vente des vieilles Brebis.

Selon la nature des pâturages, les brebis ont la dent usée plus tôt ou plus tard ; c'est ordinairement de huit à dix ans ; alors elles ne peuvent plus paître & ne se nourrissent pas assez ; elles ne font plus d'agneaux, ou elles n'en font que de foibles, qui ne trouvent que peu de lait au pis de leurs mères ; on cherche à s'en défaire pour les boucheries après les avoir bien nourries.

Il y a des marchés & des foires où il se vend une quantité considérable de Bêtes à laine. On assure qu'à Neuvy en Berry, on en enlève plus de dix mille en une seule foire. Les Marchands Lyonnois, ceux d'Orléans & ceux qui achètent pour l'approvisionnement de Paris, se rendent à la foire de Neuvy, Sceaux & Poissy, sont pour les Bêtes à laine, comme pour les Bêtes à cornes, les derniers marchés, où elles arrivent & se vendent aux bouchers de la Capitale, comme on le verra plus loin.

Une vieille brebis maigre se vendroit de 4 à 5 l. si elle étoit grasse, elle se vendroit de huit à dix livres.

Des Fromages de Brebis.

Ce n'est que dans les Provinces méridionales de la France, qu'on trait les brebis pour faire des fromages. Deux motifs déterminent à employer le lait de ces animaux à des fromages, 1.° la rareté des vaches, auxquelles il faut des pâtures abondantes en plantes élevées, tandis que ces pays ne produisent qu'une herbe courte, bonne seulement pour les Bêtes à laine & pour les chevres, 2.° la facilité de remplacer le tort qu'on fait aux agneaux par d'autres alimens pour eux, & par d'excellentes pâtures pour les mères. Chaque brebis peut donner le matin un gobelet de lait & un autre le soir. *Voyez* FROMAGE.

Engrais des Bergeries & du Parcage.

Il est possible de calculer combien un nombre déterminé de Bêtes à laine procure en une année d'engrais de bergerie & de parcage. Je suppose un troupeau de quatre cent cinquante Bêtes, tant brebis, que moutons & agneaux, ou de quatre cent brebis seulement, s'il couche pendant huit mois à la bergerie & quatre mois au parc, pourvu qu'à la bergerie on l'entretienne de litière fraîche, il donne du fumier de bergerie pour trente-six arpens, mesure de neuf cent toises, & parque trente arpens, même mesure. Car un troupeau, ainsi composé, parque vingt perches ou un cinquième d'arpent par jour ; ce qui fait trente arpens, en cent vingt jours, ou quatre mois. On peut estimer trente livres le prix moyen de l'engrais d'un arpent. Il s'ensuit qu'on retire d'un trou-

peau de quatre cent Bêtes pour mille neuf cent quatre-vingt livres d'engrais. On croit véritablement avoir un accroissement qu'elles épreuvent par les pâturages, & l'écoulement, &c.

De la Tonte.

La dépouille annuelle des Bêtes à laine est une des plus importantes productions, que l'homme ait pu se procurer. C'est par elle qu'on alimente les plus utiles manufactures. Nos vêtemens les plus simples & les plus ordinaires sont dûs à cette dépouille. Elle dédommage les cultivateurs d'une partie de ce qu'ils dépensent pour faire soigner & nourrir leurs troupeaux. La tonte est le dernier objet, dont j'aie à traiter pour compléter cet article.

Les Anciens, au rapport de Varron, ne tondoient pas, mais arrachoient la laine. Ceux qui, de son tems, retenoient encore cette pratique, privoient leurs Bêtes à laine de nourriture trois jours auparavant, afin qu'étant affoiblies par cette diète austère, la laine quittât plus aisément la peau ; mais elle devoit être molle & sans nerf. Cette pratique est bien contraire à celle des Cultivateurs François & Espagnols, qui cherchent à exciter artificiellement une abondante transpiration à leurs Bêtes à laine avant la tonte.

Il y a des individus de Bêtes à laine qui perdent une partie de leur toison, avant la tonte. Le berger, qui les remarque, engage son maître à s'en défaire, & tâche d'en diminuer le nombre dans son troupeau. Les bergers appellent *odons* les Bêtes qui perdent ainsi leur laine.

L'époque où il convient de tondre les Bêtes à laine n'est pas la même dans les différens Royaumes & dans les différentes Provinces de France. M. Daubenton en observateur exact, indique le signe, qui par-tout doit annoncer le moment de faire cette opération. C'est lorsqu'une nouvelle laine commence à sortir de la peau & à pousser l'ancienne. On s'en appercevra facilement en écartant les mèches de celle-ci. Il y a des inconvéniens à retarder la tonte, il y en a à l'accélérer. Si on la retardoit, l'ancienne laine se déracineroit & s'arracheroit facilement en s'accrochant aux haies & aux buissons ; il s'en perdroit beaucoup. Le tondeur couperoit ce qui auroit poussé de la nouvelle laine, dont l'acheteur ne tiendroit pas compte, parce qu'étant trop courte elle entreroit dans les déchets, sur-tout si les animaux n'étoient pas en bon état ; car on s'apperçoit plus difficilement de la pousse de la nouvelle laine, ou plutôt elle a lieu plus tard, quand les Bêtes à laine ont été bien nourries & sont bien portantes. La toison nouvelle, dont l'extrémité seroit coupée, auroit moins de longueur l'année suivante. Si on accéléroit la tonte, M. Daubenton croit que la laine n'auroit pas assez de maturité & par conséquent féquent n'auroit pas toutes ses qualités. Les Bêtes à laine trop tôt dépouillées, dans les pays froids souffriroient des injures de l'air. Quand un troupeau est malade, on ne doit pas se presser de le tondre, qu'il ne soit rétabli. J'ai vu périr, sous le ciseau des tondeurs, beaucoup de Bêtes à laine, qui ne se portoient pas bien, avant qu'on les tondît. La tonte se fait au commencement de Mai, en Espagne. Dans quelques Provinces de France le plus au nord, on ne la fait qu'au mois de Juin, du premier de ce mois à la Saint-Jean. La tonte des moutons d'engrais & destinés aux boucheries, se fait en tout tems. L'époque, où on doit les vendre ou les livrer au boucher est la seule règle.

On ne tond point les agneaux en même-tems que leurs mères, on attend que leur laine soit fortifiée & qu'il fasse très chaud. Si l'on tond les mères au commencement de Juin, les agneaux nés en Janvier, se tondent à la fin de Juin. M. Daubenton opine pour qu'on ne les tonde pas, sur-tout s'ils sont foibles. Mieux vêtus ils supportent plus facilement les rigueurs de l'Hiver; l'année suivante, ils ont une toison plus abondante, qui dédommage de ce qu'on a perdu la première année. Il appuie ce raisonnement d'une expérience : au mois de Juin 1773, il fit tondre six agneaux, seulement sur un côté de la tête, du cou, du corps & de la queue. On pesa ces moitiés de toison; l'année suivante, les agneaux furent tondus en entier; on pesa séparément les moitiés de toison qui n'avoient qu'un an, & les autres moitiés aussi anciennes que les agneaux. En évaluant les laines de ces différentes tontes, il a été prouvé que les parties du corps des agneaux, tondues une seule fois, avoient à-peu-près produit autant de laine, que celles qui l'avoient été deux fois.

La tonte, en Espagne, est une opération principale, parce qu'elle s'y fait en grand, dans de vastes édifices, appelés *esquileos*, disposés pour recevoir des troupeaux entiers de quarante, cinquante & soixante mille moutons. La plupart de ces édifices sont sur le penchant septentrional de la chaîne des montagnes, qui divise les deux Castilles & à peu de distance de Ségovie; un des plus remarquables est celui d'Iturviéta. Presque tous les troupeaux du Royaume de Léon sont tondus à leur retour de l'Estramadure & de l'Andalousie, avant d'entrer dans les montagnes de la vieille Castille. Suivant l'Auteur du nouveau Voyage en Espagne, « chaque troupeau appartenant à un seul maître, s'appelle une *cavana*, qu'on prononce *cavagna*. Les cavanas prennent le nom de leurs propriétaires. Les plus nombreuses sont celles de Béjar & de Négretti, qui sont composées chacune de soixante mille têtes. Celle de l'Escu-

rial, une des plus renommées, en a cinquante mille. Le préjugé ou la routine met en vogue la laine de telle cavana, de préférence à celle de telle autre. Ainsi, par exemple, on n'emploie à Guadalaxara que la laine des cavanas de Négretti, de l'Escurial & du Paular. » L'Auteur n'a pu raisonner ainsi, s'il n'a pas examiné les laines de ces cavanas, & s'il ne les a pas comparées à celles des autres. Car souvent ce qu'on appelle routine est une pratique sage, fondée sur la supériorité. « La moisson & les vendanges n'ont rien de plus solemnel dans les pays à bled & dans ceux de vignobles, que la tonte des Bêtes à laine en Espagne ; c'est une époque de récréation pour les propriétaires, comme pour les ouvriers, qu'ils occupent. Ceux-ci sont divisés en différentes classes, dont chacune a son emploi. Toutes les classes ont un chef qui les dirige & repartit le travail. »

Il subsiste dans les fermes & les métairies de plusieurs Provinces de France, quelque chose de l'usage Espagnol. Le tems de la tonte est un tems de réjouissance, pendant lequel on s'écarte de la sobriété habituelle.

Les Espagnols, comme beaucoup de propriétaires François, sont dans l'usage d'enfermer dans des bergeries très-closes, leurs Bêtes à laine un jour avant la tonte, afin de les faire suer, en leur procurant cependant assez d'air, pour qu'elles ne soient pas suffoquées. Ils prétendent que la racine de la laine se coupe avec plus de facilité ; ils renferment un jour de plus les béliers, parce que leur laine est plus forte. Je ne conteste pas cette facilité; mais il s'agit de savoir si le foible avantage qu'elle procure, compense les inconvéniens qui en résultent. En excitant ainsi la sueur dans les Bêtes à laine, d'un tempérament sanguin, on les expose à mourir du *sang*, on épuise celles qui sont d'une constitution foible. La chaleur qu'elles éprouvent avant la tonte, ouvre les pores de la peau ; aussi-tôt qu'elles sont tondues, pour peu que l'air soit froid, la transpiration peut se supprimer & occasionner la gale, la toux, la courte haleine, &c. On soupçonne à ceux, qui provoquent ainsi la sueur de leurs Bêtes à laine, l'intention de chercher à augmenter le poids des toisons. Il y en a qui, non contens de les faire suer, les font ensuite conduire une journée dans des sables ou dans des endroits sujets à la poussière, qui se mêlant au suint des toisons, les rend plus pesantes; mais ces fraudes condamnables ne peuvent en imposer qu'aux marchands ignorans ou servir seulement à des commissionnaires de mauvaise foi. Le fabricant achète les laines suivant leur état & leur poids réel. Tout doit donc engager à proscrire une pratique, qui n'a absolument que le foible avantage de favoriser les tondeurs.

fi on y étoit tellement attaché, qu'on ne voulût pas le négliger, on devroit au moins se contenter de tenir les Bêtes quelques heures seulement dans un endroit chaud, dans le cas où, au moment de les tondre, le tems seroit d'une température fraîche. Autant qu'il est possible, il faut choisir un beau tems & un tems chaud; alors, on n'a besoin d'aucune préparation; la transpiration ordinaire suffit. De nouveaux renseignemens venus d'Espagne, semblent certifier que les grands propriétaires de troupeaux ont abandonné l'idée de les faire suer avant la tonte & que cette manœuvre n'est plus employée que par de petits propriétaires. Il est à desirer que cet utile changement ait lieu par-tout.

Le lavage à dos, ou sur pied, est une pratique qui précède aussi la tonte. Elle est moins usitée que celle qui tend à faire suer; cependant elle est adoptée dans l'Auxerrois, dans l'Auxois & dans différens cantons de la Bourgogne, de la Franche-Comté, de la Picardie, du Santerre, de la Normandie, du Perche, du Vexin-Normand, de la Champagne, de la Brie, de l'Isle-de-France & même en Gascogne. Les uns lavent leurs Bêtes à laine plusieurs fois; d'autres ne les lavent qu'une fois immédiatement avant de les faire tondre, en prenant des précautions pour que les toisons ne se salissent pas.

L'utilité de cette pratique, que conseille aussi M. Daubenton, est facile à sentir. On purifie les toisons des ordures, qu'elles contiennent sans faire perdre à la laine son nerf & son corps. Le vendeur & l'acheteur connoissent la marchandise, qu'ils vendent & qu'ils achètent & ne peuvent être trompés.

M. Carlier craignant que le lavage à dos ou sur pied, n'ait quelques dangers dans certains pays, où il peut causer aux Bêtes à laine des morfondures funestes, croit avec raison que dans les endroits, où on ne l'a pas pratiqué encore, il est prudent de ne faire l'essai que sur un petit nombre de Bêtes. Lorsque les animaux sont bien vigoureux, si pour l'opération on choisit un beau tems, qui puisse les faire sécher promptement, je pense qu'on n'a rien à redouter & qu'au contraire le lavage est un préservatif de la maladie du *sang*; mais j'en dissuaderois les propriétaires de troupeaux, foibles & disposés à la *pourriture*. A plus forte raison ne doit-on pas laver à dos les Bêtes malades. Celles qui parquent long-tems & qui sont toujours dehors, loin d'être incommodées par le lavage, ne s'en trouvent que mieux.

L'eau, qui seroit tout-à-la-fois douce, savonneuse & propre, se trouveroit la meilleure pour le lavage à dos. On profite d'une rivière, d'un ruisseau, d'un étang, fourni par des sources, de la chûte d'une fontaine assez considérable. Si l'on n'a que de l'eau de puits ou de ci-

terne, ou de petites fontaines, on en remplit des baquets en la laissant à l'air quelques jours auparavant. Lorsqu'on se sert d'une eau courante ou stagnante, on y fait entrer la Bête à laine; un ouvrier dans l'eau jusqu'aux genoux, la tient, la couvre d'eau & avec ses mains frotte la toison, pour l'en pénétrer & la bien nétoyer; lorsqu'il peut l'y plonger après l'avoir frotté, toutes les ordures, qu'il a détachées, se dispersent. Si on étoit à portée d'une chûte d'eau de trois ou quatre pieds, de hauteur, on la recevroit dans un cuvier, où l'on plongeroit chaque Bête à laine; deux hommes, les bras retroussés la laveroient mieux que de toute autre manière. Dans les pays où l'eau est rare, si l'on en avoit cependant assez pour laver à dos, on se contenteroit de verser avec un pot de l'eau sur les toisons, en les pressant de la main.

En Espagne, en France & en Angleterre, on ne tond presque par-tout les Bêtes à laine qu'une fois par an. Mais, dans quelques endroits du Piémont, on tond jusqu'à trois fois, savoir, en Mai, en Juillet & en Novembre; dans d'autres cantons d'Italie, on tond deux fois; la première en Mars, & la seconde en Août. On croit que cette coutume s'est perpétuée dans quelques parties de la Bourgogne & de la Franche-Comté.

Aucun Auteur d'économie rurale ne conseillera de tondre deux fois par an dans nos climats. Que l'on retarde ou que l'on accélère les deux tontes, l'une d'elles se trouvera toujours trop voisine des tems froids, ce qui sera dangereux pour les animaux; la laine coupée avant que la nouvelle la pousse n'aura pas acquis maturité. C'est une pratique qu'il faut rejeter.

Ordinairement ce sont les bergers eux-mêmes, qui tondent leurs troupeaux. Ils les tondent seuls, si le nombre des bêtes n'est pas considérable. Mais lorsqu'il l'est, ils ont recours aux bergers voisins, qui les aident & auxquels ils aident à leur tour. L'usage de beaucoup de pays est d'employer des tondeurs de profession. Ils sont envoyés chez les propriétaires de troupeaux par l'acheteur; si les laines sont vendues d'avance, ou appellés & payés par les propriétaires, qui ne vendent leurs laines qu'après la tonte. Un bon tondeur doit couper la laine le plus près de la peau sans laisser de sillons, & sans blesser l'animal. On estime que quand il est rompu au métier, il peut tondre quarante à cinquante bêtes par jour. J'en ai vu d'assez habiles pour tondre même jusqu'à soixante-&-dix bêtes. Il y en a peu de cette habileté. Les Espagnols regardent comme bon tondeur celui qui tond, par jour, douze bêtes; ce qui n'annonce pas beaucoup d'habileté, ou les bêtes Espagnoles doivent être bien plus difficiles à tondre que les Françoises. De larges ciseaux, appellés *forces* sont l'instrument dont se servent les tondeurs; ils le manient avec adresse. Il faudroit employer non de temps, si on se servoit de ciseaux de grandeur ordinaire.

La place du bâtiment, dans lequel on tond, doit être seche, unie & bien nétoyée. Ordinairement on se sert des aires de granges, qui sont vuides, à l'époque de la tonte, ou dont on suspend le travail. Il seroit mieux de les couvrir d'un drap, qui recevroit les ordures & les débris de laines, on les séparerait facilement. En Espagne, la tonte se fait dans une grande pièce couverte, bien éclairée, assez haute, mais avec peu de portes & n'ayant d'air, que ce qu'il en faut pour que les hommes & les animaux n'en souffrent pas. Le motif de cette disposition est d'empêcher que le bétail ne se refroidisse à mesure qu'on le dépouille de sa laine. Le sol de la pièce est garni de pavés ou de cailloux, un peu écartés les uns des autres. Les excrémens & l'urine tombent entre les pierres, & la laine peut se ramasser bien conditionnée. Avant de commencer la tonte, on balaye bien le sol, on le balaye encore tous les soirs, & on ramasse les laines mouillées ou sales, qui se mettent avec les dernières qualités. On place ces laines dans un endroit suffisament aëré, pour qu'elles perdent leur plus grande humidité.

L'ouvrier travaille de bout & en s'inclinant. Après avoir lié les deux ou les quatre jambes de l'animal, afin qu'en se débattant, il ne se fasse pas blesser, il le pose sur le dos, coupe d'abord la laine du ventre & celle des flancs de proche en proche jusqu'au milieu du dos, de la croupe & des flancs; après quoi il le retourne en sens contraire & recommence l'opération du côté opposé, jusqu'à ce qu'il soit parvenu une seconde fois au milieu du dos. Il fait en sorte que toute la toison se tienne, comme si c'étoit une peau entière. Un aide alors en rassemble toutes les parties repliant en-dedans la laine du ventre & des cuisses, qu'il assujetit par un lien. Il vaut beaucoup mieux séparer de la toison, la laine du ventre & celle des cuisses, que de les plier avec le reste de la toison. Car la laine de ces parties pleines d'ordures gâte la laine du corps, qui est la plus belle. Au lieu de lier les jambes, M. Daubenton veut qu'on couche l'animal sur une table percée de plusieurs trous sur les bords. On passe dans ces trous un cordon qui fixe les jambes de devant dans un endroit, & celles de derrière dans un autre. Lorsqu'on tond un bélier cornu, on attache aussi une de ses cornes. Il croit que, par ce moyen, la bête est moins gênée, & le tondeur plus à l'aise; puisqu'il peut-être assis. Il me semble cependant qu'un tondeur assis auprès d'une table n'est pas aussi maître de ses mouvemens & qu'il ne tondroit pas un aussi grand nombre de Bêtes. Les premiers jours, il se fatigue en tondant de bout; bientôt il y est rompu, & il acquiert de la facilité.

Une des grandes attentions est de laisser toujours libre & dégagée la tête des Bêtes à laine, car ces animaux sont faciles à suffoquer.

Le berger soigneux examine ses bêtes après la tonte. S'il apperçoit quelque signe de gale, ou quelque blessure, il les panse. M. Daubenton propose, pour les deux cas, un onguent composé de suif & d'essence de thérébentine. On évite pendant quelques jours de les mener au grand soleil, & de les exposer aux pluies froides, qui leur sont contraires. On propose de frotter le corps de chaque animal immédiatement après la tonte, ou avec la main sèche, ou avec du vieux oint, ou avec un mélange de vin & d'huile commune, ou avec du sel ou du vin mêlé de lie d'huile, ou enfin avec un mélange d'huile, de vin blanc & de cire. Si l'animal est foible, les frictions avec la main & même avec le vin pur conviennent; il n'en faut faire avec les huileux que dans le cas où il y auroit des blessures. On donne une nourriture un peu plus substantielle; & c'est-là un des plus sûrs remèdes pour fortifier.

Non contens d'avoir marqué leurs Bêtes à laine sur le nez avec un fer chaud, les Espagnols profitent du moment, qui suit la tonte pour les marquer encore d'une autre manière. On fait fondre de la poix ou de la résine de pin; on leur en applique sur le côté, au-dessus des côtes ou vers la queue, par le moyen d'un fer, qui ait la marque qu'on veut leur donner. Cette seconde marque me paroît inutile & fait nécessairement perdre de la laine.

C'est encore à cette époque que les Mayoraux, ou Pasteurs Espagnols, examinent les bêtes pour voir celles qui manquent de dents & qu'on destine aux boucheries; on conserve celles qui sont saines.

Les Espagnols, au moment où ils tondent les Bêtes vivantes, tondent aussi les peaux des bêtes mortes. Si la laine en est longue, on la coupe avec des ciseaux; si elle est courte, on mouille la peau, on la pose sur une table, & on en tire toute la laine, à la manière des Corroyeurs. On met cette laine dans la dernière classe. Les bergers Espagnols ne perdent aucune des peaux des Bêtes qui meurent. Il paroît qu'ils les rapportent toutes aux endroits de la tonte. Cette économie est mal entendue & dangereuse, parce qu'elle peut communiquer des maladies aux hommes & aux bêtes. Les bergers Espagnols, qui ont gardé quelque tems le troupeau du Roi à Rambouillet, en avoient tellement l'habitude que ce troupeau étant attaqué de la clavelée, ils gardoient les peaux des Bêtes mortes, capables d'étendre & de communiquer la contagion; j'eus bien de la peine à leur persuader d'enterrer les corps avec les peaux.

Lavage des laines.

On ne peut disconvenir que les Espagnols ne soient nos maîtres dans l'art de laver les laines. Une grande habitude, un intérêt puissant, & peut-être des facilités locales leur donnent en cela beaucoup d'avantages sur les autres nations. Je me suis procuré des détails qu'on ne trouvera pas déplacés ici, à ce que j'espère ; ils peuvent fournir des lumières aux propriétaires des troupeaux & aux fabricans François.

Aussi-tôt que les tondeurs achèvent de couper les toisons, on les remet aux *apartadores,* nom qu'on donne aux ouvriers, qui les lient & qui séparent les différentes qualités. Ces ouvriers sont tellement exercés, qu'ils voient à quelle partie de l'animal appartient le flocon de laine qu'on leur présente. Lorsqu'il a été question plus haut de considérer les laines en elles-mêmes, j'ai dit que les Espagnols en reconnoissoient de quatre sortes sur une même bête, & je tenois cette assertion & la distinction de ces quatre sortes d'un Mayoral Espagnol. Quelques personnes prétendent qu'il n'y en a que de trois sortes, peut-être parce qu'elles ne comptent pas celle des jambes & des hanches, qui est la quatrième qualité. Toujours est-il vrai, que toute Bête à laine a plusieurs sortes de laine sur le corps. Quand la séparation des laines est faite, on les étend sur des claies de bois, on les éparpille, on les bat pour les purger de la poussière & des ordures, qui s'y attachent, & on les porte aux lavoirs. J'aurois désiré à la description, qui suit, pouvoir joindre un plan, elle eût été plus facile à comprendre. Mais les détails m'ont été remis sans plan ; je ne crois pas néanmoins devoir les supprimer. Ils ne sont pas clairs dans l'original ; j'ai tâché de les rendre de la manière la plus facile à saisir.

Il y a plusieurs lavoirs dans le canton de Ségovie. On distingue sur-tout celui d'Ortijola, à trois lieues de Saint-Ildéfonce. On y lave toutes les laines qu'emploie la fabrique Royale de Guadalaxara. Suivant l'Auteur du nouveau Voyage en Espagne, année commune, il passe à ce lavoir quarante mille arrobes (ou dix mille quintaux) de laine en suint qui peuvent se réduire à un tiers ou à moitié, par cette opération, qui en enlève les ordures & la majeure partie du suint. Les fabricans, qui reçoivent cette laine, lui donnent encore une préparation.

Le lavoir est communément près d'une rivière. On en détourne une certaine quantité d'eau, qui entre dans une rigole de pierre de taille & forme d'abord un petit bassin de six à sept palmes de circonférence, (la palme est de huit à neuf pouces) & d'environ huit pouces de profondeur ; de-là elle coule dans un canal, pour s'échapper par une ouverture, qui y est pratiquée. Le fond

du bassin est de pierres taillées & unies, afin qu'on puisse y marcher facilement. Les côtés du canal sont aussi revêtus de pierres de taille ; le fond seul est recouvert en planches bien jointes, tant pour la commodité des ouvriers, que pour empêcher qu'aucun floccon de laine ne s'arrête & ne se perde dans les jointures.

Le canal, dans sa longueur, doit avoir une pente d'environ une demi-vare ; il est traversé à son extrémité par une grosse pièce de bois, tellement jointe au fond & aux parois des côtés, que l'eau ne peut passer que pardessus. Le canal, non compris le bassin, a dix-huit palmes de long ; la pièce de bois de l'extrémité doit être tellement disposée, que l'eau soit nivelée jusqu'à une vare & demie au-dessous de l'entrée du bassin (la vare est d'une aune & demie ou soixante-six pouces de France.) A cette entrée du bassin dans le canal est une petite pièce de bois, de six à sept pouces de haut, qui fait rester l'eau dans le bassin à hauteur convenable. Il faut que la rigole, par laquelle on amène l'eau de la rivière dans le bassin, procure à deux vares avant d'entrer dans le bassin un courant suffisamment rapide.

A la distance d'une palme de la grosse pièce de bois de l'extrémité du canal, on pratique au fond du canal, une ouverture d'une palme & demie de long, sur cinq à six pouces de large, qui répond à un conduit extérieur, pour l'écoulement de l'eau restée dans le canal. On ferme cette ouverture avec une trape, ou vanne, qui se trouve au niveau des planches du fond du canal. De deux heures en deux heures, pendant qu'on lave les laines, on lève la trape pour vuider l'eau sale, & chaque fois on balaye le canal. On a soin, auparavant de ramasser les flocons de laine, ou de les faire passer à l'extrémité du canal, dans un filet qui s'y trouve placé.

Ce filet, de fil de chanvre bien tors, à mailles serrées, se cloue à la grosse pièce de bois, qui est à l'extrémité du canal, & en dehors. Il doit avoir quatre vares de longueur, sur autant de largeur ; on l'étend sur un quarré long de bois, appuyé sur des pieds forts, représentant un quadre de lit. Les bords du filet sont soutenus par un osier, qu'on assujettit aux traverses du quarré long, afin que le filet soit tendu autant qu'il est possible.

Tout l'appareil du filet forme un plan incliné d'une palme & demie, depuis son extrémité, jusqu'à son attache à la grosse pièce de bois, qui termine le canal. Pour produire cette inclinaison, les pieds du quarré long, qui sert d'appui au filet, sont plus courts du côté du canal. L'eau sale du canal s'écoule par les premières mailles du filet ; là, deux hommes, remuant les pieds très-vite, séparent, & jetent les flocons de laine dans la partie la plus élevée du filet, où l'eau ne monte pas; un autre ouvrier prend ces flocons; par ce moyen rien ne se perd.

À peu de distance du canal, & dans un lieu couvert, il y a une chaudière, pleine d'eau, qu'on fait chauffer, de manière qu'on puisse encore y tenir la main. Cette eau passe par de gros robinets, & des tuyaux, dans des fosses, quarrées ou ovales, appellées *tinos*, faites de pierres de taille, d'une profondeur, telle qu'un homme, de hauteur moyenne, puisse y entrer jusqu'à la poitrine. On les remplit d'eau, aux deux tiers, ou un peu plus, & on y jette environ deux arobes de laine, que quatre ou cinq hommes enfoncent, ou en y entrant, ou avec des bâtons. On continue d'en jeter, peu-à-peu, & de fouler. Quand il y en a de vingt à vingt-quatre arobes, & que les bâtons ne peuvent plus entrer jusqu'au tiers, on cesse d'y apporter de la laine. Comme le bon lavage consiste dans la perfection de cette opération, on verse, dans les fosses, le plus d'eau qu'il est possible. Chaque qualité de laine se lave à part, & demande de l'eau plus ou moins chaude, selon son degré de finesse. Ordinairement un lavoir contient trois fosses semblables, qui sont contigues; on les remplit toutes les trois. Dès qu'on en a vuidé une, on y remet de nouvelle laine, en remplaçant, avec de l'eau claire, & chaude, l'eau sale, qu'on en ôte à chaque lavage.

L'arobe n'a pas la même valeur dans les différentes villes d'Espagne, ni en Espagne, ni en Portugal. L'arobe de Madrid pèse vingt-cinq livres espagnoles, qui égalent vingt-trois livres & un quart de Paris. L'arobe de Séville & de Cadix pèse 25 livres, qui font vingt-six livres & demie de Paris; enfin l'arobe de Portugal est de trente-deux livres.

Pour enlever la laine des fosses, on se sert de paniers d'osier, de cinq à six pouces de hauteur; un homme les remplit; un second lui donne les paniers vuides, & prend les paniers pleins, qu'on emporte à l'ouvrier, qui doit fouler la laine, pour lui ôter la crasse la plus épaisse, & la plus grande partie de la graisse. De celui-ci, elle passe à des enfans, qui la lèvent en l'air, & la laissent ensuite retomber, en la secouant avec les mains, pour la faire sécher. Tout ce travail se fait sur un plancher, en pente, afin de laisser écouler l'eau sale des paniers. Une claie, à l'extrémité de la conduite de cette eau, retient ce qui s'échapperoit de laine.

Un ouvrier, appellé *Hechapella*, placé au-dessus de l'entrée du bassin, ramasse la laine aux pieds des enfans, & en l'éparpillant la jette dans le bassin, où deux hommes, soutenus &

appuyés sur un bâton placé sur les deux bords du bassin, la remuent fortement, chacun avec le pied contraire, en avançant alternativement, afin de ne pas s'embarrasser. Un troisième homme, à l'endroit où le canal sort du bassin, frotte encore la laine par le mouvement rapide, tantôt d'un pied, tantôt de l'autre. Deux ou trois hommes le suivent, aussi occupés au même objet; ces derniers ne sont pas toujours nécessaires. Mais plusieurs autres ouvriers, disposés dans le reste de la longueur du canal, retirent la laine, par brassées, & la jettent sur un plancher, voisin du canal, où deux ouvriers la relèvent, & la mettent sur un terre-plein, couvert de pierres de taille; qui a la figure d'un pupitre, & par conséquent très en pente. L'eau, qui dégoutte de la laine, vient se rendre vers l'endroit où est reçue l'eau sale des fosses. On l'arrange, sur ce terre-plein, en piles, disposées les unes à côté des autres, suivant la pente du terre-plein. Quand la première est finie, on commence la seconde. Par ce moyen, l'eau, qui s'écoule d'une pile, ne peut tomber sur l'autre.

Lorsque la laine, ainsi affaissée, ne rend plus d'eau, les ouvriers la portent dans un pré, dont l'herbe est courte, bien nétoyée & propre. On la laisse en petits monceaux, dont chacun est composé de la charge d'un homme. Le lendemain matin on la remue de nouveau, en la secouant à la main, par petites portions; deux heures après, on l'étend sur le pré; on la retourne trois fois par jour, jusqu'à ce qu'elle soit sèche. Deux jours de beau tems & de soleil suffisent.

Il y a deux extrêmes à éviter également; l'un, c'est de ne pas relever, ou emballer la laine pendant l'ardeur du soleil, à moins qu'on ne craigne un orage prochain; l'autre, de ne point l'enfermer humide. Le soleil la brûleroit, & l'humidité la feroit fermenter, & empêcheroit d'en constater le poids net.

Pendant que la laine est étendue sur le pré, pour sécher, & au moment où on la retourne, trois ou quatre *aparzadores* ôtent la laine défectueuse, & celle qui ne répond point à la classe. Dans la pièce où on emballe, on fait encore le même triage; on le fait sur une claie, ou grillage de bois, bien uni, & à petites mailles, pour que la poussière s'en sépare en même-tems. On porte ensuite la laine à la balance; on en forme des paquets du poids de deux arobes, qu'on pose aux pieds de l'*estive*. On appelle ainsi quatre cordes, auxquelles sont suspendues les toiles des balles. Un homme entre dans la balle, pour fouler, avec les pieds, la laine, qu'on lui donne; enfin on en fait des charges de huit à dix arobes, on du poids qu'on defire. On les marque avec de l'ocre, felon leur claffe.

Toute la laine, qui fort d'Efpagne, eft dé-graiffée, comme je viens de le dire, avec de l'eau chaude feulement, fans addition de favon, ni d'urine. A Guadalaxara, on aiguife d'urine l'eau, qui fert à laver les laines de la Manu-facture feulement; on y procéde mal dans le dégraiffage.

En France, la plupart des Propriétaires de troupeaux vendent leurs laines en fuint. D'au-tres les lavent après la tonte, ou attendent les grandes chaleurs, parce qu'alors l'eau les décraffe mieux. On les bat, comme en Efpagne, pour en faire fortir la pouffière, on en ôte les plus groffes ordures. On lave dans une eau cou-rante, & même dans une eau dormante, pour-vu qu'elle foit propre. La laine eft mife dans de grandes mannes, qu'on enfonce dans l'eau, on la remue bien, avec un bâton, on la laiffe égoutter, & on la fait fécher à l'ombre, plutôt qu'au foleil. Le lavage à l'eau froide fuffit pour débarraffer les laines de la plupart des ordures qu'elles contiennent; mais il ne lui enlève pas cette graiffe naturelle, produit de la tranfpiration des animaux, qu'on appelle *fuint*. La laine en *fuint*, ou la laine *furge* eft la laine non dégraiffée.

On fépare une partie du fuint, en laiffant dégorger la laine dans l'eau tiède. Cette fubf-tance huileufe, plus légère que l'eau, s'élève à la furface; on la ramaffe, on la fait égout-ter à travers un linge. Dans cet état, on donne au fuint le nom d'*œfipe*. Il peut fervir d'onguent adouciffant.

Pour enlever aux laines, fur-tout à celles qui font fines, frifées & ferrées, le furplus du fuint, on les lave en outre au bain d'urine. On emploie un tiers d'urine, & deux tiers d'eau; on augmente la quantité d'urine, à pro-portion de la difficulté qui fe rencontre à dé-graiffer entièrement les laines. Au fortir de ce bain, on les lave encore à l'eau claire, & on les fait fécher fur des claies, ou fur une herbe qui n'ait pas de faleté.

Je rapporterai enfin un troifième procédé, qu'employe en Berry M. de Barbançois, qui a des Bêtes à laine d'Efpagne, pour laver con-venablement, & à peu de frais, les laines de ces animaux. Lorfque les Bêtes font tondues, on étend les toifons fur une claie, pour ôter tout ce qui les falit; on fépare la laine, qui eft autour des oreilles, au bas des cuiffes, de la queue, & près du derrière. Cette fépara-tion s'appelle *ébourgeonner*. On vend cette mau-vaife laine à des fabriques communes. Chaque toifon en eft diminuée de trois onces.

On plie ce qui refte de la toifon comme des mouchoirs, de manière que les flocons ne fe féparent pas; on les fait tremper dans l'eau de rivière, en les mettant dans des baquets fervant à la leffive de linge; on les frotte, on les retire, on les lave enfuite, à la rivière même, dans des paniers, afin qu'il ne s'en perde pas; on les preffe, on les remue, jufqu'à ce que l'eau forte claire des paniers; on les fait fécher fur des draps, au foleil.

Cela fait, il faut faire chauffer, dans des chauderons, la première eau, dans laquelle les toifons auront trempées. Quand elle fera chaude, à y pouvoir tenir la main, on prendra fix toi-fons, qu'on mettra dans un baquet. On ver-fera deffus l'eau chaude; on preffera, on re-muera, de manière cependant que les toifons ne fe confondent pas. Elles doivent fe tenir comme des échevaux de fil. La laine étant propre, on tordra chaque toifon, qu'on en-tortillera bien ferrée, comme un peloton de fil.

On fe fervira toujours de cette eau graffe, pour dégraiffer; on y ajoutera de l'eau de rivière, fi on en a befoin.

On ira enfuite laver chaque toifon à la rivière, une à une, dans un grand panier. On la tor-dra, quand il n'en fortira plus d'eau graffe, & on la pelotonnera en paquet.

On la fera fécher au grand air, fur des cor-des tendues un peu bas, & on foignera les toifons comme on foigne du linge. Chaque toifon fe tiendra toujours comme un écheveau de fil.

Ce procédé a beaucoup de rapport avec celui des Efpagnols. Il en diffère, 1.° Parce que M. de Barbançois conferve toujours fes toifons en-tières. 2.° Parce qu'il fe fert de l'eau, dans la-quelle il a d'abord fait tremper, à froid, la laine, pour en laver à chaud les toifons. Ce procédé n'exige ni grands inftrumens, ni grands préparatifs, & convient mieux à de petites quantités de laine. En Efpagne, il faut néceffairement de grands établiffemens en ce genre.

Le déchet, que les laines éprouvent au la-vage, varie, felon les années, la qualité des laines, & l'état des animaux. S'il n'a pas plu vers le tems de la tonte, fi on n'a pas lavé à dos, fi on a mal nourri, fi les laines font fines, elles perdent plus que dans les cas contraires. Les laines communes non lavées à dos, diminuent de moitié; les plus fines du Rouffillon, du Languedoc, du Dauphiné & du Berry fouffrent un déchet de plus des deux tiers.

Des Chenilles teignes.

Les laines font fujettes à être gâtées par des infectes; ces infectes font des *teignes*.

« On donne ce nom à des chenilles pro-duites par des papillons que l'on appelle auffi des teignes. Pour les diftinguer des autres in-fectes du même nom, on les nomme *Teignes communes*. La plupart des gens prennent les chenilles-teignes pour des vers, quoiqu'elles aient des jambes comme les autres chenilles, tandis que les vers n'en ont point. Les papillons-teignes se trouvent dans les maisons où il y a des meubles ou des magasins de laine, ils ont à-peu-près trois lignes de longueur; ils sont de couleur jaunâtre luisante. On les voit voltiger depuis la fin d'Avril jusqu'au commencement d'Octobre, un peu plus tôt ou plus tard suivant que la saison est plus ou moins chaude. Pendant tout ce tems les papillons-teignes pondent sur la laine de petits œufs que l'on apperçoit difficilement. C'est de ces œufs que sortent les chenilles qui rongent la laine. Elles éclosent pendant les mois d'Octobre, de Novembre & de Décembre. Elles sont très-petites, & prennent peu d'accroissement pendant tout ce tems, & même elles sont engourdies lorsqu'il fait de grands froids. Mais, pendant le mois de Mars & le commencement d'Avril, elles grandissent promptement; c'est alors qu'elles coupent un grand nombre de filamens de laine pour se nourrir & se vêtir. »

« On connoît les chenilles-teignes quand on voit sur les toisons de laine ou dans d'autres endroits, de petits fourreaux d'environ une ligne de diamètre sur quatre ou cinq lignes de longueur & rarement six; ils sont un peu renflés dans le milieu & évasés par les deux bouts. Il y a, dans chacun de ces fourreaux, une chenille qui s'y tient à couvert, parce qu'elle n'est revêtue que d'une peau blanche, mince, transparente & délicate. La chenille-teigne avance un tiers de la longueur de son corps au-dehors de son fourreau, par un bout ou par l'autre; car elle peut s'y retourner dans le milieu, à l'endroit où il est le plus large : elle peut aussi en sortir presque entièrement. Il n'y reste que la partie postérieure du corps & les deux jambes de derrière qui s'attachent au fourreau, de sorte que la chenille peut l'entraîner avec elle lorsqu'elle marche par le moyen de ses autres jambes. Elle n'a que le tiers de son corps au-dehors du fourreau lorsqu'elle coupe les filamens de la laine; elle se contourne en différens sens pour atteindre un plus grand nombre de ces filamens. Elle se nourrit de la substance de la laine, & elle l'emploie aussi pour former & pour aggrandir son fourreau, c'est pourquoi il est de même couleur que la laine. On ne peut pas douter qu'il n'y ait eu, ou qu'il n'y ait encore des chenilles-teignes dans la laine, lorsqu'on y voit de leurs excrémens, ou lorsqu'ils sont répandus au-dessous. Ces excrémens sont en petits grains arides & anguleux, gris lorsque la laine est blanche, noirâtre lorsqu'elle est de cette couleur. »

« Lorsque les chenilles-teignes ont pris tout leur accroissement, la plupart quittent les toisons pour se retirer dans de petits coins obscurs du magasin de laine, & s'y attachent par les deux bouts de leur fourreau, ou se suspendent au plancher par un seul. Alors elles ferment les deux ouvertures du fourreau & changent de forme & de nom; on leur donne celui de chrysalide. Elles restent dans cet état pendant environ trois semaines; ensuite ces insectes percent le bout de leur enveloppe qui est le plus près de leur tête, & ils sortent sous la figure d'un papillon. »

« Jusqu'à présent on n'a trouvé aucun moyen de garantir entièrement la laine du dommage des chenilles-teignes; mais on peut l'éviter en partie. Faites enduire en blanc les murs & plafonner le plancher du magasin où l'on garde des laines, afin que les papillons-teignes qui se posent sur ces murs & sur ce plafond soient plus apparens. Placez les laines sur des claies qui soient soutenues à un pied au-dessus du carrelage. Ayez un bâton terminé comme un fleuret à l'une de ses extrémités par un bouton rembourré. Lorsque vous entrerez dans le magasin, vous frapperez avec le bâton sur les laines & sous les claies pour faire sortir les papillons-teignes; ils s'envoleront; ils iront se poser sur les murs & sur le plafond, où il sera facile de les tuer en appliquant sur eux l'extrémité du bâton qui est rembourrée. En répétant souvent cette recherche depuis la fin d'Avril jusqu'au commencement d'Octobre, on détruit un grand nombre de papillons-teignes, on prévient leur ponte, ou on ne la laisse pas achever : par conséquent il y a beaucoup moins de chenilles rongeuses dans la laine. Un enfant est capable de la soigner de cette manière. »

« On sait que la laine que l'on garde en suint est moins sujette à être gâtée par les teignes, que celle qui a été dégraissée ou seulement lavée. Si on place dans un magasin de laines en suint quelques mauvaises toisons lavées, les papillons-teignes y feront leur ponte par préférence. Si l'on brûle ces toisons avant que les chenilles en sortent pour prendre la forme de chrysalides, on détruit les chenilles & l'on empêche qu'elles ne deviennent des papillons-teignes qui produiroient un grand nombre d'œufs. »

« On a prétendu que l'odeur du camphre ou l'odeur de l'esprit de térébenthine étoient des préservatifs pour la laine contre les teignes. Elles peuvent être détournées par ces odeurs, si elles trouvent à se placer sur des laines qui ne les aient pas; mais, à leur défaut, elles s'accoutument à l'odeur du camphre & de la térébenthine. »

« La vapeur du soufre fait périr les chenilles-teignes; mais il faut que cette vapeur soit concentrée dans un petit espace. Elle ne pourroit pas l'être dans un magasin de laines, d'ailleurs elle leur donneroit une mauvaife odeur ; celle du camphre eft auffi très-défagréable. Il vaut mieux battre les laines dans les magafins, & tuer les papillons - teignes ; auffi eft-ce la méthode des fourreurs pour conferver les pelleteries ; ils les battent & ils courrent après les papillons-teignes dès qu'ils en apperçoivent. »

« Les chenilles-teignes ne peuvent pas percer le papier ; ainfi la laine eft en fûreté dans un cornet ou dans un fac de papier bien fermé. Mais ces chenilles paffent à travers les mailles de la toile ; elles y forment un petit trou rond en écartant les fils fans les couper. »

Prix des laines.

Les laines, fi elles font fûrges ou en fuint, fe vendent à raifon de leur qualité, & du peu de déchet qu'elles éprouvent au lavage. Si elles font lavées, c'eft la qualité feule qui en détermine le prix.

La différence des prix des laines furges d'avec celui des laines lavées, fuit la proportion du déchet. En fuppofant que la laine fine du Rouffillon fût ordinairement vendue quinze fols en fuint, elle fe vendroit quarante-cinq fols bien lavée ; parce que le déchet ordinaire eft de deux tiers.

Les laines communes, qui ne perdent que moitié de leur poids au lavage, fe vendent vingt à vingt-quatre fols lavées, parce qu'on les vend dix à douze fols non lavées.

Les fabricans & les commiffionaires achètent fouvent les toifons fans les pefer, lorfque l'habitude leur a fait connoître les poids, année commune.

Dans beaucoup de pays la laine des agneaux ne fe vend pas féparément. On la comprend toujours dans le marché de celle des brebis.

En Beauce, & dans une partie de la Picardie, on vend les toifons au cent, en donnant les quatre au cent, & un tiers ou la totalité des toifons d'agneaux.

Le prix annuel des laines fe règle auffi fur le befoin. On trouve quelquefois plus de difficulté à fe défaire des laines fines que des laines communes, dont l'emploi eft plus étendu. Ces dernières peuvent être à proportion plus chères que les premières.

En France, les laines du Rouffillon, du Languedoc, celles du Berry, de la Sologne, &c., font les plus eftimées. Elles le font moins que celles d'Efpagne & de Maroc. Les laines Angloifes, plus longues & moins fines, font très-recherchées. Il y a, dans l'empire Ruffe, de belles laines, que produifent les moutons de Crimée. On fait le plus de cas des peaux mêlées de noir & de gris. La garniture d'un bonnet peut aller jufqu'à 100 liv., & la doublure d'un furtout jufqu'à 1000 liv. de notre monnoie. On prife beaucoup les peaux noires à laine frifée des bê-

tes Calmouques. Les plus chères, & les plus curieufes de toutes, font celles des agneaux mort-nés d'Aftracan, d'un noir fatiné. Plus le poil en eft ras & fin, plus elles ont de prix. M. Macquart a vu un deffus d'habit qui valoit 100 louis.

Toutes les parties des Bêtes à laine, peuvent être employées. La laine eft celle qui rend le plus de fervice. Elle eft la matière des plus intéreffantes manufactures. On en fabrique des étoffes groffières & des étoffes fines. Des hommes fe fervent de peaux entières pour fe vêtir. On mange la chair & les iffues de ces animaux. La peau paffée eft employée pour du parchemin, des habillemens, des fournimens de troupes, des doublures, des reliures, des chauffures, des cribles, des courroyes, des lanières, des cornemufes, des fceaux à incendie, des caiffes de tambourin. Après que la peau de mouton a été quelque tems dans la chaux, on lève de deffus une petite peau déliée, qui eft l'épiderme ; elle s'appelle *canepin* ; on en fait des éventails & des gands de femmes ; le fuif, meilleur que celui du bœuf, nous éclaire & entre dans diverfes compofitions utiles. On fait avec les boyaux des cordes de rouets & d'autres inftrumens. Enfin les os calcinés donnent le dernier poli au marbre.

Détail de tout ce qui a rapport aux Bêtes à laine deftinées à la confommation de Paris.

A la fin de l'article précédent, j'ai donné l'état des pays d'où Paris tiroit tous les bœufs, toutes les vaches & tous les veaux de fes boucheries, & j'ai fait connoître les différences qu'il y avoit entre ces animaux élevés & nourris dans diverfes Provinces. Je m'étois procuré tous les renfeignemens, dont j'avois befoin, en m'adreffant à MM. Ancelle, le jeune, & Bequet, anciens Marchands Bouchers de Paris, & à M. Bayard, Entrepreneur, pour la fourniture de viande, pour les Invalides & les Hôpitaux. J'ai eu recours aux mêmes Perfonnes, pour être à portée d'offrir les mêmes détails fur les moutons.

Pays qui fourniffent des Moutons à Paris, & ordre du fervice.

On engraiffe des moutons pour Paris, en Flandre, dans le Hainaut, dans l'Artois, dans le pays-reconquis, aux environs de Gravelines ; dans le Santerre, & quelques autres cantons de la Picardie, dans le Vexin Normand, dans le pays de Caux, le Côtentin, & autres endroits de Normandie ; dans toute l'Ifle de France, & fur-tout en Brie, en Beauce, dans le Hurepois, en Sologne, dans le Perche, dans le Maine, dans

dans la Touraine, dans le Poitou, où est le pays de Gâtine, en Anjou aux environs de Cholet, dans le Berry, dans la Marche, dans le Bourbonnois, dans la Bourgogne, dans la Champagne, dans les environs de Langres, dans les Ardennes, en Alsace, dans la Lorraine Allemande. Le Brabant & la Campine, le pays de Liège, la Souabe, le Palatinat, la Franconie, l'Electorat d'Hannovre en fournissent aussi une grande quantité, depuis que la consommation en est augmentée.

Le carême ayant été, jusqu'en 1774, un tems d'abstinence, presque totale de viande, dont on reprenoit l'usage à Pâque, on a regardé la fin de ce tems comme le commencement de l'année des Boucheries. C'est de cette époque qu'on comptoit les marchés de bestiaux gras. Elle me servira pour marquer l'ordre principal des fournitures. La Flandre, le Hainaut, l'Artois, le Brabant, toute la Normandie, le Maine, le Perche, l'Anjou, le Poitou, le Bourbonnois, & les environs de Langres, commencent en même-tems la fourniture, de manière qu'il arrive à Paris des moutons de Flandre, dès la première semaine du carême, concurremment avec ceux de l'Artois, qui peuvent entrer pour moitié dans la consommation du carême. Ces espèces viennent toujours tondus jusqu'à la fin de Mai. Ceux du Brabant arrivent depuis Pâque jusqu'à la fin de Juin; ceux du Hainaut & de l'Artois, de Pâque à la fin de Juillet; ceux de la Normandie & du Cotentin, de Pâque en Juillet, en grande quantité, & de Juillet en Octobre en moindre nombre, ceux de Cholet, de Pâque en Juillet; & ceux du Maine & du Perche, de Pâque au mois d'Octobre. Les moutons, engraissés dans ces deux dernières Provinces, s'appellent *alençons*, vraisemblablement parce qu'ils se vendent dans des foires, ou marchés, voisins de la ville d'Alençon.

Les envois du Bourbonnois, ceux du pays de Gâtine, en Poitou, & ceux des environs de Langres, sont peu considérables.

Le Berry fait passer à Paris ses moutons gras, depuis le commencement de Juin, jusqu'à la fin d'Octobre. Il en envoie de quatre sortes, savoir: les moutons de *Faux*, les *Boccagers*, les *Valières* & les *Barrois*.

Il vient des moutons des Ardennes, en Juillet, Août, Septembre, Octobre, Novembre & Décembre.

Ceux de Hollande ne paroissent qu'en Août & Septembre.

Paris reçoit, en Automne, des moutons de Touraine, de Gravelines, du pays de Liège, du Brabant, de la Campine, &, depuis quelques années, ceux de la Souabe, envoyés par une Compagnie, établie à Schafouse, en Suisse.

Les moutons rassemblés, en Eté, dans la Brie, le Hurepoix & la Beauce, pour le parcage, sous le nom de moutons *Beaucerons*, fournissent la Capitale pendant une partie de l'Automne, & pendant tout l'Hiver.

Depuis Janvier, jusqu'après-Pâque, on tue, dans les boucheries, des moutons Picards, & du Santerre. Il faut comprendre, dans ces moutons ceux qu'on engraisse aux environs de Beauvais.

Les envois du Vexin Normand ont lieu depuis Novembre jusqu'à Pâque.

Des Marchands de la Lorraine Allemande alloient acheter, dans le pays d'Aix, d'Hannovre, de Paterbonne, de Véterave, de Valdek, des moutons maigres, pour les engraisser. Cette branche de commerce étoit fondée sur la facilité qu'ils avoient de traiter avec les Seigneurs Propriétaires de pâturages & de marais. Les Decrets de l'Assemblée Nationale, sur cet objet, donnent beaucoup d'inquiétude aux Bouchers de Paris, qui s'attendent à voir tomber ce commerce, & qui ne savent comment remplacer la quantité considérable de moutons qu'il fournissoit, presque pendant toute l'année.

La Bourgogne envoie à Paris quelques troupes de moutons, de tems en tems.

Le Hainaut & l'Artois, indépendamment de ce qu'ils fournissent de Pâque en Juillet, tems où ils en fournissent le plus, en envoient, dans toutes les autres saisons, en petite quantité.

Il est difficile d'apprécier la quotité respective de toutes ces contributions, parce que chaque année, elles ne sont pas tout-à-fait les mêmes. Mais on peut assurer, qu'en général, Paris tire un tiers de ses moutons, des pays qui l'environnent, jusqu'à douze lieues de rayon; un tiers de la Lorraine Allemande, de l'Alsace, des Ardennes, du Palatinat, de la Franconie, de la Souabe & de la Suisse; & un tiers de tous les autres pays désignés, pris ensemble.

On consomme, dans les campagnes, une grande quantité de brebis, même sans être engraissées. Les moutons, ayant plus de valeur, sont conduits dans les Villes, où cependant les brebis, les meilleures, sont aussi envoyées. On croit qu'à Paris les brebis forment le cinquième des Bêtes à laine, tuées dans les boucheries.

Tous ces animaux viennent aux marchés de Sceaux & de Poissy; ils y paient des droits. Il est défendu aux Bouchers, qui viennent les y acheter, d'en entrer dans Paris, sans un *laissez passer* des Fermiers de Sceaux & de Poissy. Les moutons, pour se rendre à ces marchés, font quatre à cinq lieues par jour, quelquefois six, suivant le besoin. On fait faire de plus petites journées aux moutons qui font engraiffés à l'étable, parce qu'ayant été renfermés quelque tems, fans fortir, ils n'ont plus l'habitude de marcher.

On demande, fi, au lieu de contraindre les Bouchers de Paris d'aller acheter leurs provifions à Sceaux & à Poiffy, il ne vaudroit pas mieux leur permettre d'avoir de grands troupeaux, en propriété, dans les environs de Paris; ce feroit une reffource pour les tems où les marchés ne font pas affez garnis. A ne confulter que la liberté du commerce, & la liberté individuelle, qui font de droit naturel, il n'eft pas douteux, qu'on ne devroit préfenter, aux Bouchers, aucune entrave, & qu'il conviendroit qu'ils fuffent maîtres d'acheter des moutons, où ils voudroient, & quand ils voudroient; peut-être même le fervice en feroit-il mieux fait. Mais n'y auroit-il pas de grands inconvéniens pour les Habitans de Paris, fi leur approvifionnement dépendoit de gens, qui, dans quelques circonftances, pourroient être intéreffés à le diminuer, ou à le faire manquer, pour avoir occafion de renchérir la denrée. Les Bouchers, eux-mêmes, ne courroient-ils pas rifque d'être expofés, injuftement, à l'animadverfion des Citoyens, lorfqu'une épizootie défaftreufe, ou une grande difette de fourrage diminueroit le nombre des animaux, &, par conféquent, forceroit d'augmenter le prix de la viande. C'eft à la fageffe de l'Adminiftration à prononcer fur cela; elle y réfléchira fans doute, & prendra le parti qui lui paroîtra le meilleur.

Différences entre les Moutons qui viennent à Paris.

Les moutons, qui fe confomment à Paris, peuvent différer entr'eux, 1.° Par la manière dont ils font châtrés. 2.° Par la manière dont ils font engraiffés, & par leur poids. 3.° Par la qualité de leur chair. 4.° Par la quantité & la qualité de leur fuif. 5.° Par le poids & la qualité de leurs toifons. 6.° Par la qualité & l'emploi de leurs peaux.

1.° *Par la manière dont ils font châtrés.*

Les moutons font châtrés, ou par l'enlèvement des deux tefticules, ou par le biftournage. *Voyez* CASTRATION. On les châtre, par l'enlèvement des tefticules, en Flandre, en Artois, en Picardie, dans le Vexin Normand, en Normandie, en Brie, en Beauce, en Sologne, dans le Perche, en Poitou, dans une partie du Bourbonnois, en Bourgogne, dans les Ardennes, dans le Brabant, dans le pays de Liège, en Hollande, &c. On les biftourne feulement en Touraine,

en Anjou, dans le Berry, dans la Marche, dans quelques cantons du Bourbonnois, dans la Souabe, &c.

2.° *Par la manière dont ils font engraiffés, & par leur poids.*

Les moutons Flamands font élevés & engraiffés dans la Flandre, avec des féveroles & du trèfle. C'eft l'efpèce que les Hollandois ont importé de l'Inde. Ces animaux pèfent de 60 à 80 livres.

Les Artéfiens, pour la plupart, font engraiffés comme les Flamands. On en engraiffe quelques-uns à l'herbe. Leur poids eft de 40 à 50 livres.

Ceux de Gravelines, qui s'engraiffent dans les pâturages, fitués fur les bords de la mer, pèfent de 35 à 50 livres.

Les moutons, engraiffés dans le Vexin, font nés en Picardie, & fur-tout dans le Santerre; il y en a peu qui foient engraiffés à l'herbe; la majeure partie eft engraiffée de pouture. Ils pèfent de 40 à 50 livres. Les moutons de Beauvais y font compris; ces fortes de moutons, pouturés, ne font connus que fous le nom de Vexins. On remarque que les moutons du Santerre prennent graiffe plus facilement, tant de pouture qu'à l'herbe. Les autres Picards s'engraiffent plus difficilement, fur-tout à l'herbe.

Les moutons Normands, tous engraiffés à l'herbe, font d'un poids différent, felon les cantons d'où ils viennent. Les Cauchois pèfent de 40 à 60 livres; les Cotentins, de 28 à 34; & ceux des autres parties de la Normandie, de 30 à 45. Les Cauchois ont la tête groffe & longue, les membres & la queue gros. Les Cotentins ont le corps ramaffé, les jambes & la tête rouffes.

On ne peut regarder comme une forte de moutons à part ceux, qui arrivent, à Paris, des lieux qui n'en font pas éloignés, tels que les moutons du Hurepoix, de la Brie, de la Beauce, parce que c'eft ordinairement un mélange de diverfes fortes. Les Fermiers les achètent, par lots, pour compléter leur parc. Les uns engraiffent, entièrement à l'herbe, pendant le parcage; les autres, après le parcage, font mis en pouture. Il y en a de grande, de moyenne & de petite taille, beaucoup de Solognots fur-tout, la plus petite de toutes les races, facile à reconnoître, à fa tête rouffe. On ne peut donc affigner aucun poids à ces fortes de moutons.

Des engraiffeurs du Maine & du Perche vont acheter des moutons maigres, à Douay, en Saumurois, & à Brefuire, en Poitou, pour les engraiffer, au grain, dans leur pays; ces moutons, en bon état, pèsent de 26 à 32 livres. On les vend, & on les amène à Paris, sous le nom de moutons *Alençons*.

On n'engraisse, en Touraine, que les moutons du pays, qui sont petits, & du poids, seulement de 20 à 24 livres. On les engraisse à l'herbe.

Les moutons de Cholet, en Anjou, ont la tête & les pieds roux. Ils sont engraissés de pouture, & du poids de 30 à 40 livres.

Le pays de Gâtine, en Poitou, engraisse au grain. Ses moutons pèsent de 36 à 40 livres.

Il vient, du Berry, quatre sortes de moutons, engraissés à l'herbe ; les moutons de Faux, tous cornus, ayant la tête noire & blanche ; ils sont nés dans les montagnes d'Auvergne, dans la Marche & le Limousin ; leur poids est de 30 à 34 livres ; les Barrois, pesans de 24 à 30 ; les Boccagers, pesans de 20 à 24 ; & les Valières de 24 à 30. Les dénominations de Boccagers & de Valières viennent de ce que les uns paissent dans les bois, & les autres dans les vallées.

Le Bourbonnois tire aussi des moutons de la Marche, pour les engraisser au grain. Il en vend pour Lyon & pour Paris.

Une partie de ceux de Bourgogne est engraissée à l'herbe, & une autre partie au grain. Ils pèsent de 24 à 28 livres.

Les environs de Langres engraissent, au grain, des moutons de la Bourgogne, qui pèsent de 20 à 26 livres.

Les moutons Ardennois ont la tête rousse ; engraissés à l'herbe, ils pèsent de 28 à 30 livres.

Les Brabançons pèsent de 35 à 40 livres, & les Liégeois de 36 à 45 livres ; ils sont tous engraissés au grain. On reconnoît les Brabançons à leur toupet.

Les moutons Hollandois, qu'on engraisse à l'herbe, pèsent 60 à 70 livres. La longueur du chemin diminue peut-être de leur poids, car ils sont de l'espèce des moutons Flamands.

Ceux de la Souabe, où on les engraisse aussi à l'herbe, pèsent de 45 à 50 livres.

Enfin, les moutons de la Lorraine Allemande, nés la plupart en Allemagne, y pâturent dans des marais & ensuite sont engraissés avec des tourteaux de navette, des pommes de terre, de l'orge & d'autres grains, & du regain de luzerne.

En indiquant ici les poids des moutons, je n'ai pas prétendu les déterminer d'une manière précise. J'ai donné des à-peu-près ; ce qui suffit, pour faire connoître leur différence à cet égard. Elle est bien considérable, puisqu'un mouton Boccager du Berry, pèse quelquefois 20 livres, tandis qu'un mouton Flamand

peut peser 80 livres. Dans un troupeau de bêtes de même taille, de même âge, & nourries de même, il y en a qui pèsent plus que les autres, parce qu'elles sont d'une constitution à profiter davantage. Aussi, ai-je eu soin de donner de la latitude dans les poids des bêtes d'une même Province.

3.° Par la qualité de leur chair.

De tous les moutons, qui viennent à Paris, les meilleurs, & les plus agréables au goût, sont les Cotentins, ceux des environs de Langres, les Ardennois, les Solognots, quand ils sont châtrés par l'enlèvement des testicules, ceux du pays de Gâtine, les Gravelinois, les Lorrains-Allemands pouturés, &c. Après eux, ce sont les autres moutons de Normandie ; puis les Barrois du Berry. Les moins bons sont les moutons de Faux, les Valières, les Cholets, & quelques autres. Ces sortes de moutons ont la chair ferme, & d'un mauvais goût, à cause de la manière dont ils sont châtrés ; il en est de même de toute autre espèce, à laquelle on n'a point ôté les testicules.

Pour que la chair d'un mouton soit aussi bonne qu'il est possible, il faut plusieurs conditions, 1.° Qu'il n'ait que trois à quatre ans, & pas davantage. 2.° Qu'il ait été châtré par l'enlèvement des testicules. 3.° Qu'il ait été soutenu de bonne nourriture, jusqu'au moment où on l'a mis à l'engrais. 4.° Qu'il ait été engraissé, ou à l'herbe fine, substantielle & salée, telle que celle des bords de la mer, sur les côtes de la Normandie, &c., ou qu'il l'ait été d pouture, avec des pois gris, de l'orge, des féveroles, de la luzerne, du trefle, &c.

On croit qu'à nourriture égale, les petits moutons sont meilleurs que les grands, & que ceux qui sont engraissés à l'herbe, ont la chair plus tendre, que s'ils avoient été engraissés de pouture.

La cause, qui influe le plus sur la bonté de la viande, est la castration par l'enlèvement des testicules. On ne conçoit pas pourquoi toutes les Provinces ne châtrent pas leurs moutons de cette manière. Les bœufs bistournés sont plus forts que ceux auxquels on a enlevé les testicules ; voilà une raison sensible de l'usage de les bistourner, dans les pays, où l'on veut en obtenir beaucoup de travail. Mais, qu'attend-t-on des moutons bistournés, de plus que des moutons entièrement coupés ? Quand on les fait paître dans des lieux escarpés & montueux, ils sont, dit-on, plus en état de résister à la fatigue. Cette raison pourroit être admissible, fi on ne conduifoit pas, fur les montagnes, autant de brebis que de moutons, qui ne font pas plus foibles, même étant entièrement coupés. Je crois que la négligence, & la crainte de ne pas réuffir dans une opération, très-facile cependant, a fait préférer, dans beaucoup de Provinces, le biftournage. Les Propriétaires de Bêtes à laine les vendroient mieux, pour les boucheries, s'ils leur faifoient enlever les tefticules.

A moins d'être connoiffeur, on ne diftingue pas facilement la chair d'un mouton engraiffé à l'herbe, de celle d'un mouton engraiffé de pouture.

La chair de la brebis, même graffe, eft bien inférieure à celle du mouton. Elle n'a pas de goût, quoiqu'elle ne foit pas dure. Celle du bélier a un goût fauvage & infupportable; elle eft toujours dure, excepté dans les béliers Allemands, parce qu'on les tue jeunes.

J'ai dit, plus haut, qu'on châtroit des brebis, pour en faire des moutonnes, & rendre leur chair meilleure. Il n'arrive point de moutonnes à Paris.

La chair d'un mouton gras fe corrompt plus facilement, en Eté, que celle d'un mouton maigre. Parmi les moutons gras, on conferve mieux la chair de ceux qui font engraiffés de pouture. Le mouton, excédé de fatigue, fe gâte très-promptement.

Les Fermiers, & les engraiffeurs de moutons, connoiffent le terme, au-delà duquel, on ne doit plus compter qu'ils puiffent s'engraiffer. Si on continuoit alors à les tenir dans un bon herbage, ou à leur donner des alimens abondans & fubftantiels, ils perdroient de leur graiffe, & périroient. On peut regarder un mouton bien engraiffé, comme prêt à tomber malade. Par l'appas d'une nourriture agréable, on l'a engagé à en prendre plus qu'il n'en auroit pris, s'il eût été, aux champs, abandonné dans des pâtures ordinaires. Les parties graiffeufes du chile s'épanchent dans le tiffu cellulaire, naturellement lâche. Mais quand cet épanchement eft porté à certain degré, les fonctions de l'animal fe trouvent gênées; il feroit bientôt malade, & périroit, fi on ne faififfoit le moment, pour le vendre & le tuer. Les volailles, qu'on nourrit dans les épinettes, font dans le même cas. Ce terme eft fouvent indiqué par la diminution, ou la perte de l'appétit des animaux.

Il eft inutile de dire, que la chair des Bêtes à laine, mortes de maladies, ou tuées, étant attaquées de maladies, du claveau, par exemple, n'eft pas bonne à manger, & peut être dangereufe. On a peu à craindre que les Bouchers de Paris en débitent dans cet état, parce qu'ils font furveillés dans les marchés de Sceaux & de Poiffy, & parce qu'ils tiennent à honneur, de ne pas faire courir des rifques à leurs Concitoyens, & de bien fervir leurs pratiques. C'eft plutôt de la chair des moutons, qui entre coupée, dont on a de juftes fujets de fe défier. La Police ne fauroit être trop févère fur ce point. Il feroit également utile de veiller de près les bouchers de campagne, qui tuent impunément, & vendent, au public, du mouton, ou de la brebis, attaqués de maladies, qui peuvent nuire aux hommes; il eft au moins certain que la chair de ces animaux ne doit pas faire un bon aliment.

Les Marchands Bouchers, qui achètent des moutons gras, pourroient, à l'œil feul, juger de leur poids. Mais ils les foulèvent, ils les tâtent à la croupe, aux reins, & des deux côtés de la queue, & rarement ils fe trompent, tant l'habitude, contractée & foutenue par l'intérêt, eft propre à éclairer.

4.º *Par la quantité & la qualité de leur fuif.*

Un des produits des moutons, intéreffant pour les Bouchers & pour le public, eft le fuif, qu'on trouve dans certaines parties de leur corps. Ils en fourniffent d'autant plus, qu'ils ont été mieux engraiffés. Un mouton, de moyenne taille, peut en donner cinq, fix & fept livres. On en retire dix, douze & quinze, quelquefois des grandes races, telle que celle des moutons Flamands, Cauchois & Normands.

Plus le fuif a de denfité, plus il a de qualité. Le peu, qu'on en trouve dans un mouton maigre, rend moins à la fonte, parce qu'il a moins de compacité. Celui des moutons, excédés de fatigue, eft le plus mauvais; on l'appelle, dans les boucheries, *fuif brûlé*, il eft tout décompofé, & entre, en très-grande partie, dans les déchets.

A taille égale, un mouton, engraiffé de pouture, a plus de fuif que le mouton engraiffé à l'herbe.

Les moutons, qui s'engraiffent facilement, prennent, en même-tems, chair & fuif. Mais quelques races, telles que celles des Picards & des Allemands, engraiffées à l'herbe, prennent, à proportion, plus de chair que de fuif. On reproche aux moutons, dits *Alençons*, d'avoir, à proportion, plus de graiffe que de chair. J'ai déjà obfervé que ces moutons étoient rarement bons à manger. Un mouton, âgé de plus de quatre ans, prend plus de chair & de fuif, que s'il étoit plus jeune. Ce motif engage beaucoup de perfonnes à n'engraiffer des moutons qu'après quatre ans. Mais ils font moins tendres, & moins agréables au goût.

5.º Par le poids & la qualité de leurs toifons.

La toifon des moutons Flamands pèfe de dix à douze livres ; la laine en eft forte ; on la peigne & on la file à Turquoin, pour des chaînes d'étoffe.

Celle des moutons d'Artois, ou de Gravelines, pèfe de neuf à dix livres. La laine eft de même qualité, & s'emploie au même ufage.

Celle des moutons Hollandois, ou Liégeois, pèfe auffi de neuf à dix livres. La laine en eft groffière, & fert pour l'habillement des troupes.

Celle des moutons Cotentins pèfe trois livres & demie ; celle d'un Cauchois cinq livres ; fa laine, entremêlée de quelques poils roux, eft propre à faire des draps de Châteauroux & des couvertures.

Celle des moutons du Vexin, ou du Santerre, pèfe de fix à huit livres. La laine en eft belle ; elle eft employée pour la chaîne des pièces de tricot.

Celle des moutons de Faux, Valières ou Boccagers, pèfe de trois à quatre livres. La majeure partie de la laine de ces moutons eft *beige*, en terme de bonneterie, c'eft-à-dire, mêlée de blanc, noir & rouge. On s'en fert pour de groffes étoffes, fans qu'il foit befoin de la teindre ; on s'en fert auffi pour des couvertures.

Celle des moutons Allemands, fouvent auffi, eft *beige* ; elle pèfe de fix à fept livres. La laine en eft groffe ; on la peigne & on la file à Rozière, en Santerre. Le fil vient à Paris, où une partie fe met en teinture.

Celle des moutons Cholets pèfe quatre livres. La laine en eft commune ; on la deftine au même emploi que la précédente.

Celle des moutons Alençons, Solognots, Ardennois, pèfe de deux à quatre livres. La laine des derniers eft entremêlée de poils roux. Elle eft pour les manufactures de couvertures.

Celle des moutons Briards, Champenois, Bourbonnois & Langrois, pèfe de deux à quatre livres. La laine eft propre à la bonneterie.

Celle des Barrois, qui eft de première qualité, pèfe trois livres, & fert, non-feulement, pour la honneterie, & pour les couvertures, mais encore pour faire des ratines.

Celle des moutons de Gâtine, quoique moins belle, s'emploie dans la bonneterie, pour faire des ratines, & pour de la ferge de Mouy.

Les moutons Alfaciens, Lorrains, Suiffes & Allemands, ont la laine forte, & propre à être peignée.

Jufqu'ici, la laine, toute noire, a fervi pour la fabrication des habits de Moines, & fur-tout des Capucins. Cet emploi, ne pouvant plus avoir lieu dans la fuite, on confervera moins de bêtes noires dans les troupeaux.

Il faut obferver que les meilleures laines, toutes chofes étant égales d'ailleurs, font celles des toifons coupées en Juin, époque où la laine a acquis fa maturité, dans nos climats. Les animaux vivent alors prefque toujours dehors, ce qui augmente fa qualité. On ne fait pas autant de cas de la laine des moutons tondus, pendant qu'ils font en pouture. Elle a moins de nerf & de propreté. Car ces animaux, mangeant à des rateliers, font tomber, entre les filamens de leurs toifons, des débris de fleurs, ou de folioles, des plantes qu'on leur donne. On ne peut jamais en purifier entièrement la laine, qui n'eft bonne que pour des matelas.

La laine des moutons, tués dans les boucheries, & enlevée des peaux, par le moyen de la chaux, eft bien inférieure à celle des bêtes tondues, pendant qu'elles étoient vivantes. Il lui manque ce moëlleux, que donne le fuint, qui nourrit les filamens pendant la vie de l'animal & qui perfifte dans la laine, quand on la lui a enlevé, dans le tems que toutes fes fonctions étoient en activité. La chaux, dont on fe fert, doit contribuer à rendre cette laine dure.

Les Bouchers mettent en toifons la laine des moutons qu'ils tuent depuis le premier Octobre, jufqu'au tems ordinaire de la tonte. Mais on détache, par poignées, celle des animaux tués depuis la tonte jufqu'au premier Octobre. Les grandes races alors n'en fourniffent guère qu'une livre lavée ; les moyennes races, trois quarterons ; & les petites, une demi-livre.

6.º Par la qualité & l'emploi des peaux.

La qualité d'une peau confifte principalement dans la denfité égale de fon tiffu. Les Bouchers appellent peaux *creufes*, celles dont la compacité ne fe foutient pas dans toutes les parties ; & peaux *franches*, celles qui font dans le cas contraire. Les moutons de Flandre, & ceux d'Allemagne, ont la peau creufe ; les moutons du pays de Caux, de Faux, de Cholet, les Boccagers du Berry, ont la peau franche.

Si les peaux des grandes races, telles que celles des moutons de Flandre, d'Artois, de Hollande, de Gravelines, du pays de Liège, du Santerre, du Vexin, de Normandie, de

Beauce, font creufes, on les paffe en chamois ; on s'en fert pour faire des culottes, pour la bourrelerie, pour la bafane, pour des tabliers de charrons, de carriers, &c. Si elles font franches, on en fait des marroquins.

Avec les petites peaux, on fait des paffes-talons, & des doublures de fouliers de femmes, & du petit chamoï.

On paffe en blanc des peaux, avec leur laine, pour faire des houffes de chevaux, & pour des chancelières ; on préfère, pour cet ufage, les peaux des moutons Allemands, & quelquefois celles des Beaucerons.

Ce font toujours les peaux les plus petites, & les plus minces, qu'on choifit pour le parchemin. Il faut qu'elles aient été féchées auparavant. Celles des Bêtes à laine mortes, chez les Fermiers, font particulièrement deftinées à cet emploi.

Les peaux des animaux, qui ont été expofés à la pluie & au foleil ardent, immédiatement après avoir été tondus, font tellement altérées, qu'on n'en peut faire que de là colle. Le mouton Cotentin, le Normand & le Cholet font très-fujets à cet inconvénient. On doit auffi faire peu de cas de la peau des moutons morts de la clavelée, ou attaqués d'une gale confidérable.

Les peaux des moutons tués, depuis le mois de Juin jufqu'à la fin de Décembre, font, à chofes égales, les meilleures. Les animaux n'étant pas chargés de laine, leurs peaux fe fortifient davantage, & acquièrent de la qualité.

Quantité de moutons qu'on confomme à Paris, en une année.

Par un relevé des barrières, de cinq années confécutives, depuis 1781, jufques, & y compris 1785, il entre, à Paris, année commune, 339,893 moutons, & fept cent deux mille cinq cent trente livres de viande de moutons tués hors Paris, lefquelles réduites en moutons, du poids de trente livres, font 20417 moutons ; ce nombre, ajouté au précédent, donne un total de 360,310 moutons, dont l'approvifionnement des Hôpitaux fait partie. Depuis 1774, la confommation de Paris, en moutons, a beaucoup augmenté. On fait, qu'à cette époque, on permit, à tous les Bouchers, de vendre de la viande, en carême, tandis qu'auparavant l'Hôtel-Dieu feul en vendoit. Cette caufe, & l'inobfervance des lois, de l'Eglife, fur l'abftinence de la viande, ont exigé qu'on en fît venir une plus grande quantité. Depuis ce tems, la Lorraine-Allemande en a fourni 20000 de plus par année.

Il ne m'eft pas poffible d'évaluer ce qui a paffé en contrebande, malgré toute la vigilance des Employés.

Si je puis me procurer un état exact de tout ce qui entre à Paris, en denrées de différent genre, fournies par l'Agriculture, j'en placerai le tableau au mot CONSOMMATION. Je n'y inférerai que les efpèces d'animaux, ou les produits de ces animaux, & les végétaux, ou les produits des végétaux, qui paient quelque droit, parce que ce font les feuls, dont on tienne regiftre aux barrières, ou aux marchés, ou à l'Hôtel-de-ville. Il feroit mieux, & intéreffant de connoître tout ce que Paris confomme en légumes. Mais cette connoiffance me paroît impoffible à acquérir.

Détail fur les Agneaux de lait, qu'on apporte à Paris.

On apporte à Paris des agneaux communément de la partie de l'Ifle de France, appellée *France*, de la plaine de Gomer, de celle de Long-boyau, de celle de Saclé & du Hurepoix, pays qui ne font pas éloignés. Il en vient, auffi de plus de dix lieues même, de tous les côtés.

Avant l'année 1789, on commençoit la vente des agneaux à Noël, & on la ceffoit à la Pentecôte. Des Réglemens défendoient d'en vendre au-delà de ce terme. Je ne fais fi on confervera ces Réglemens, ou fi on les abolira, pour laiffer la liberté d'en vendre toute l'année. On a, à plufieurs reprifes, interdit totalement la vente des agneaux. C'étoit nuire à l'intérêt des Cultivateurs, voifins des Villes. Le permettre, fans reftriction, auroit peut-être un autre inconvénient, celui de mettre un obftacle à la multiplication des Bêtes à laine. Je préférerois une liberté entière à une défenfe totale. Mais, comme la viande des agneaux ne peut jamais être à bon marché, & qu'il n'y a que fon haut prix qui détermine à en apporter à Paris, il me femble qu'il faudroit laiffer fubfifter la loi, & la permiffion limitée entre Noël & la Pentecôte. Les Cultivateurs ne me paroiffent pas bleffés par cette loi. Les agneaux que le hafard fait naître plus tard, ou font mangés dans les campagnes, ou nourris jufqu'après l'Hiver, pour être portés dans les villes, encore fous le nom d'agneaux. Ils ne font pas fi bons que les agneaux de lait.

On tue des agneaux depuis l'âge de quinze jours jufqu'à trois & quatre mois. Les plus jeunes font pour les particuliers, qui les veulent pour leurs tables ; les Rôtiffeurs, qui, à Paris, au-lieu des Bouchers, font en poffeffion de tuer & de vendre les agneaux, préfèrent les plus âgés,

Les agneaux *tardillons*, étant bien nourris, en Hiver, peuvent être vendus au carnaval suivant. La loi ne s'y oppose pas, parce qu'ils ne font plus agneaux de lait.

Un bon agneau de lait, de race Beauceronne, âgé de trois mois, doit peser de dix-huit à vingt livres, fans y comprendre les iffues. Les Fermiers des environs de Paris, ont plus de profit à vendre un agneau de lait, que de l'élever ; mais il faut être à portée du débouché, pour jouir de cet avantage. Depuis 1785, jufqu'à 1790, les agneaux fe font vendus, à la Vallée, c'eft-à-dire, au lieu du Marché, fur le pied de 15 à 20 fous la livre.

Une Anthenoife eft trop jeune pour faire un bon agneau. On préfère, pour donner des agneaux de lait, les brebis de trois à fix ans.

On reconnoît un bon agneau, quand il a le haut de la queue large & moëlleux. On dit alors : *Il fe manie bien à la queue.*

La toifon d'un agneau, lavée, ne donne qu'une demi-livre de laine. Elle eft employée par les Cotonniers, pour des houettes ; par les Chapeliers, pour des chapeaux, & par d'autres ouvriers, pour des ferges.

La peau fe paffe en chamoi, & en blanc, pour faire des gands & des bas.

Quantité d'Agneaux qu'on confomme à Paris.

Le relevé des barrières, de 1787, 1788 & 1789, porte, l'année commune, de la quantité d'agneaux, de chevreaux, de cochons de lait, qui entrent à Paris, à 8400. En fouftrayant le nombre de 1000 pour les chevreaux & les cochons de lait, nombre plutôt trop fort que trop foible, il en réfulte qu'il entre à Paris 7400 agneaux, non compris ce que la fraude en introduit. Je répète ici, que fi je puis me procurer l'état exact de la plûpart des denrées, fournies par l'Agriculture à Paris, en une année, on le trouvera au mot Consommation. (*M. l'Abbé Tessier.*)

BETES afines ; ce font les ânes, les âneffes, les ânons. On pourroit fans doute y comprendre les mulets & les mules, qui tiennent plus de l'âne que du cheval. *Voyez* Ane & Mulet.

BETES blanches. L'origine du nom de Bêtes blanches, vient de ce qu'on divifoit autrefois, comme on fait encore en quelques Provinces, les troupeaux d'une ferme en deux claffes ; l'une de *Bêtes rouges* qui comprenoit les bœufs & les vaches, & l'autre de Bêtes blanches qui ne renfermoit que les Bêtes à laine. (*M. l'Abbé Tessier.*)

BETES bovines ou bouvines ; nom des Bêtes à cornes. *Voyez* Betes a cornes. (*M. l'Abbé Tessier.*)

BETES chevalines ; le cheval, la jument & le poulain, font des Bêtes chevalines. *Voyez* Cheval.

BETES de fomme ; la Bête de fomme eft celle qui porte des fardeaux fur fon dos. Le cheval, l'âne, le mulet, le jumart, le chameau, le dromadaire, l'éléphant, le lama, & dans quelques Etats d'Afie, le bœuf font des Bêtes de fomme. (*M. l'Abbé Tessier.*)

BETES de trait ; celles qui tirent des fardeaux, des voitures ou des charrues. Le cheval, le mulet, l'âne, le bœuf, la vache, le chien au Kamkchaka, en Hollande & même en France, font des Bêtes de trait. (*M. l'Abbé Tessier.*)

BETEL, Betre ou Tamboul, Piper Betel L. plante dont les Indiens mâchent les feuilles pour fe parfumer la bouche & rendre leur haleine plus agréable. *Voyez* Poivre. (*M. Thouin.*)

BETOINE. *Betonica.*

Genre de plantes de la famille des *Labiées* & très-voifine des *Stachides* par fes caractères génériques. Toutes les efpèces qui le compofent ont leurs feuilles radicales crénelées, leurs feuilles de la tige oppofées à paires diftantes & leurs fleurs réunies dans un épi terminal.

Efpèces.

1. Betoine Officinale.
Betonica Officinalis. L. ♃ dans les bois de l'Europe tempérée.
B. Variété à fleur blanche.
2. Betoine velue.
Betonica Hirfuta. ♃ des montagnes de la Suiffe, de la France, &c.
3. Betoine du Levant.
Betonica Orientalis. L. ♃ du Levant.
4. Betoine Alopécuroide.
Betonica Alopecuros. L. ♃ des montagnes de Provence.
5. Betoine laineufe.
Betonica Heraclea. L. du Levant.

Defcription du port des efpèces.

1. Betoine officinale. Sa racine eft dure coudée & garnie de fibres à la partie inférieure. Les feuilles font portées par de longs pétioles & forment une touffe affez fournie : elles font alongées échancrées en cœur à leur bafe, & garnies fur leur contour de crénelures arrondies ; leur furface eft ridée & légèrement velue. Les tiges s'élèvent jufqu'à un & deux pieds de haut & portent une ou deux paires de feuilles prefque feffiles, de la même forme que les radicales. L'épi

qui termine les tiges eſt compoſé de fleurs purpurines, quelquefois blanches très-ſerrées, & dont
le calice eſt un peu velu.

Uſage. Cette plante eſt recue en pharmacie.
Sa racine a beaucoup d'amertume ; ſes feuilles &
ſes fleurs paſſent pour céphaliques. Mais en général on fait beaucoup moins d'uſage de la Betoine que dans l'ancienne médecine. M. Dambourney en a tiré une teinture muſc foncé
ſolide.

2. BETOINE velue. Cette eſpèce reſſemble
beaucoup à la précédente ; ſes tiges ſont plus
fortes, toute la plante eſt plus velue ; l'épi eſt
plus court & plus gros, compoſé de fleurs d'un
rouge vif & un peu plus grandes. La culture ne
détruit pas ſes caractères différentiels; je m'en ſuis
aſſuré par l'expérience.

3. BETOINE du Levant. Les feuilles de cette
eſpèce ſont beaucoup plus alongées que celles
des eſpèces précédentes & pareillement échancrées en cœur à leur baſe. Celle des tiges ſont
un peu plus nombreuſes, ſouvent elles ſont au
nombre de quatre ou cinq paires. L'épi eſt terminal & compoſé de fleurs purpurines.

4. BETOINE Alopecuroide. Les feuilles de cette
plante ſont plus arrondies que celles des premières eſpèces, également crénelées ſur les bords
& velues à leur ſurface ; la tige haute d'un pied
au plus porte deux ou trois paires de feuilles.
L'épi terminal eſt court ſerré & compoſé de fleurs
d'un jaune pâle.

5. BETOINE laineuſe. Cette eſpèce, encore peu
connue, n'a été décrite que par Linné. Les
feuilles ſont longues preſque glabres ainſi que
les tiges ; mais l'épi de fleurs eſt couvert d'un
duvet laineux très-abondant. Les fleurs ſont jaunes & de peu d'apparence.

Culture. Les Betoines doivent être ſemées au
printemps dans une terre meuble. Dès qu'elles
ont quelques feuilles, il faut les éclaircir, tranſplanter celles qui gêneroient le développement
des plantes qui reſtent en pépinière & avoir
ſoin de les débarraſſer des mauvaiſes herbes ; au
mois d'Octobre, on doit les mettre en place pour
l'Eté ſuivant qu'elles fleuriront.

Lorſqu'on veut multiplier une eſpèce qu'on
poſſède, il eſt beaucoup plus court de lever
en Automne ou au Printemps, les vieilles
racines & de replanter les éclats qu'on en ſépare : on jouit de leurs fleurs la même année.
L'eſpèce cinquième n'a pas encore été cultivée
en Europe ; mais il eſt probable qu'elle n'exigeroit pas plus de ſoins que les autres.

Uſage. Les Betoines produiſent un effet très-
agréable dans les parterres un peu conſidérables,
à cauſe du maſſif de leurs feuilles radicales; on
pourroit même les employer en bordure. Quelques plantes jettées dans les boſquets champê-

tres dont le ſol eſt ſec, s'y multiplieroient &
produiroient de la diverſité. Leurs fleurs purpurines en épis ont l'avantage de durer long-temps.
(*M.* REYNIER.)

BETOINE DE MONTAGNE, nom vulgaire
de l'*Arnica montana* L. ou du *Doronicum oppoſi-
tifolium* la M. Dict. *Voyez* DORONIC à feuilles
oppoſées n.° 3. (*M.* REYNIER.)

BETOINE DU BENGALE. Nom indien adopté
en François, pour déſigner l'*Atriplex Bengalenſis*
L. M. Dict. n.° 11. C'eſt une plante potagère
dont on mange les feuilles comme celles des
épinards. *Voyez* ARROCHE DU BENGALE.
(*M.* THOUIN.)

« BÉTOIRES. On entend par ce mot dans les
campagnes où l'on s'en ſert, des trous creuſés
en terre d'eſpace en eſpace comme des puits,
qu'on remplit enſuite de pierrailles ; on y détermine le cours des eaux par des rigoles afin qu'elles ſe perdent dans les terres. Dans les grandes
baſſes-cours on les fait de pierres. On les place
de manière que la ſaumure du fumier n'y pénètre pas ; on les couvre d'une grille de fer à
mailles ſerrées ; on ne laiſſe à cette grille qu'une
petite ouverture afin que les eaux paſſent ſeules, & que les groſſes ordures ſoient arrêtées. »
Ancienne Ancyclopédie. J'ai placé, ſous ce mot, ce
qu'on appelle dans beaucoup d'endroits, *puiſard*,
perte d'eau, dénominations qui me paroiſſent
plus expreſſives ; je l'ai placé ici ſur la foi de
l'ancienne Encyclopédie, parce qu'il eſt poſſible
que *Bétoires* ſoit un terme plus étendu que je ne
penſe. (*M. l'Abbé* TESSIER.)

BETRE ou BETEL. *Piper Betel* L. *Voyez*
POIVRE BETEL.

BETTE. *BETA.* L.

Genre de plante de la famille des ARROCHES,
dont les eſpèces ſont herbacées par les racines ou annuelles charnues & d'un uſage aſſez
général. Les fleurs ſont petites ſans apparence
& diſpoſées en paquets ſeſſiles ſur les extrémités
des branches où elles forment des épis. Chaque
fleur eſt compoſée d'un calice à cinq diviſions
de cinq étamines & de deux piſtils ; il lui ſuccède une ſemence cunéiforme renfermée dans la
ſubſtance du calice.

Eſpèces & Variétés.

1. BETTE commune ou POIRÉE.
BETA vulgaris.

L. ♂ * *Bettes à racine dure & cylindrique.*

A. POIRÉE blanche.

B. POIRÉE blanche à cardes ou Bette allemande.

C. POIRÉE

C. **Poirée** rouge. *Beta vulgaris rubra.*

*** **Bettes** à grosses racines charnues.

A. **Betterave** rouge.

B. **Betterave** de Castelnaudary.

C. **Betterave** jaune.

D. **Betterave** blanche, ou Racine d'abondance. *Beta cicla.* L.

2. **Bette** maritime.

Beta maritima L. ☉ Sur les bords de la mer.

1. **Bette** commune. Les Naturalistes ont considéré comme des variétés de culture, les betteraves dont la racine charnue s'éloigne si fort du tipe primitif. Nous devons nous conformer à cette décision, dans cet ouvrage, malgré les différences que nous offrent ces deux plantes relativement à leurs usages économiques. Les *Poirées*, dont on distingue trois variétés, doivent toutes être cultivées de la même manière. On les sème en Mars, ou au plus tard, dans les premiers jours d'Avril lorsque la terre est forte : la terre doit être meuble & humectée, soit par les pluies, ou par des arrosemens artificiels. Dans les grands potagers, on peut les semer à la volée & les éclaircir lorsqu'elles sont trop épaisses; dans les potagers moins considérables, on les sème sur planches en rayons distans de huit pouces : comme elles sont retardées lorsqu'on les transplante, on doit avoir soin de semer très-clair. Six semaines après, les plantes ont quelques feuilles ; on peut commencer à les tondre & continuer pendant le reste de l'Eté. Les plantes qu'on destine à porter de la graine doivent être épargnées dès le commencement ; la graine de celles qui ont été tondues n'est jamais aussi nourrie. Les planches de poirée doivent être sarclées & serfouies de tems en tems, mais ce travail leur est moins nécessaire qu'aux betteraves. La bette Allemande ne doit pas être tondue; on cueille les feuilles extérieures à mesure qu'elles se développent pour employer la côte principale en manière de cardons, la racine fournit de nouvelles feuilles pendant le reste de l'Eté. Ses feuilles ont un goût plus sauvage que celle des poirées ordinaires. On peut aussi planter les bettes en manière de bordure sur le bord des planches des potagers, elles y prospèrent très-bien & donnent aux planches un air de propreté.

Les Betteraves exigent à-peu-près la même culture & le même terrain que les Poirées. Dans la grande culture dont il sera question à la suite de cet article, on les sème à la volée, on peut encore adopter cette méthode dans les grands potagers ; il est cependant préférable de les semer en rayons à un pied de distance & de manière qu'elles forment des quinconces; on met, dans chaque creux, deux ou trois graines, & l'on arrache ; en sarclant, celles qui ne sont pas d'une belle venue. Les Betteraves réussissent par-

faitement en bordures autour des planches de légumes. Dès que les jeunes plantes ont quatre ou cinq feuilles, on doit les sarcler & donner un léger labour autour des racines ; cette opération doit être répétée, autant que possible, tous les quinze jours ; plus on ameublit la terre & plus les racines prennent un volume considérable. Quelques personnes sement les Betteraves en pépinière & les transplantent ensuite : cette méthode me paroît mauvaise, car, toutes choses égales, les plantes transplantées, n'acquièrent jamais la beauté de celles qui restent en place. J'ai fait sur les Betteraves nombre d'essais qui m'ont donné les résultats suivans.

1. Plus on travaille la terre autour des racines, & plus elles deviennent grosses.

2. Les racines qu'on déchausse, en les béquillant, deviennent plus belles que celles qu'on butte.

3. Les Betteraves, qu'on laisse en place, deviennent plus belles que celles qu'on transplante.

4. Celles qu'on effeuille deviennent moins belles que les autres.

D'après les éloges pompeux qu'on a fait de la Betterave blanche, ou racine d'abondance, j'ai été curieux de la cultiver comparativement avec les Betteraves rouge & jaune : soumises à une culture semblable, je n'ai pas trouvé de différence bien sensible dans leur grosseur, &, à volume égal, la Betterave rouge contient beaucoup plus de parties nutritives; elle est ordinairement d'un cinquième plus pesante. On devroit donc cultiver en grand la grosse Betterave rouge pour le bétail. Je crois cependant qu'elle exige un peu plus de soins que la blanche pour parvenir à la même grosseur ; reste à savoir si ses autres qualités ne compensent pas cet inconvénient.

La Betterave de Castelnaudary est aussi de couleur rouge ; mais elle reste beaucoup plus petite; son goût est plus fin & la fait rechercher pour l'usage de la table.

La Betterave, outre ses usages culinaires, est reçue en pharmacie, comme émolliente; on en retire du sucre, mais en moins grande quantité que du chervi. M. Dambourney a fait beaucoup d'essais pour fixer sa couleur rouge, & cela sans aucun succès.

2. **Bette** maritime. Cette plante pourroit être regardée comme le type de toutes les variétés de celle des jardins, d'autant plus qu'on n'a jamais trouvé cette dernière espèce sauvage. On distingue la Bette maritime à cause de ses tiges un peu couchées vers le bas, de ses paquets de fleurs moins nombreux & de sa racine annuelle, tandis que la Poirée ne fleurit ordinairement que la seconde année. La Bette maritime cul-

tivée au Jardin du Roi, paroît se rapprocher de l'espèce commune par le mélange des poussières, ou par la culture; c'est ce que je n'ose décider. (*M. Reynier.*)

Betteraves. Nom qu'on donne aux espèces de *Betta*, dont les racines sont charnues. *Voyez* Bette. (*M. Reynier.*)

BETTERAVE. *Agriculture.*

Le nom de cette plante très-connue, est composé de deux mots, qui la caractérisent. Sa feuille & sa graine, ressemblent à celle de la bette ou poirée, & sa racine à celle de la rave. Il n'y a point de potagers où l'on n'en cultive quelques planches. On fait usage dans la cuisine de sa racine. On en pourroit manger les feuilles comme celles de la poirée.

Depuis long-tems, en Allemagne, & en Alsace, la Betterave est cultivée en grand pour la nourriture des bestiaux, qui en mangent avec avidité les feuilles & les racines. On a adopté une espèce ou variété, qui n'est pas celle des jardins. J'ai reçu, il y a plusieurs années, des graines de betteraves, de différentes parties de l'Allemagne, de la Pologne, de la Hollande, de quelques autres Etats de l'Europe, sur-tout d'Italie, d'Athènes même & du Maryland, d'où on me les envoyoit comme graines de plantes cultivées en grand pour les bêtes à cornes. Les unes ont produit la Betterave ordinaire; les autres la variété adoptée en Allemagne. Un Mémoire publié par la Société Economique de Leipsick en 1784, & rapporté par M. de Thosse, Correspondant de la Société d'Agriculture de Paris, qui en a donné un extrait, contient quelques détails sur la culture & le parti qu'on peut tirer de la Betterave. On la cultive particulièrement dans les environs de Quedlinbourg, dans la principauté d'Anhalt, près d'Ascherlében, à Sandersleben, à Gerbstedt, à Hettstedt, à Wiederstedt & dans la Principauté d'Halerstadt, & dans plusieurs cantons de la Lusace. De l'Alsace elle a passé dans la Lorraine Allemande, où M. l'Abbé de Commerel l'a essayée avec succès. On doit à son zèle de la voir répandue dans l'intérieur de la France. Non-content d'en publier les avantages, il en a procuré des graines. Graces à ses soins, beaucoup de cultivateurs en ont été fournis, & l'on est maintenant en état d'apprécier la valeur de cette plante.

L'espèce ou variété, introduite en France par M. l'Abbé de Commerel, est celle dont la racine ne s'enfonce pas toute entière dans la terre. Une partie s'élève au-dessus; les Jardiniers Alsaciens nomment cette sorte de Betterave, *Tulips.* Les Allemands, *Dick-ruben, Dick-Wourfel.*

Je ne sais pourquoi M. l'Abbé de Commerel

l'a appellée *racine de disette,* comme si elle étoit par excellence, la ressource, lorsque les fourrages viennent à manquer. Elle est sans doute très-utile. Mais beaucoup d'autres plantes offrent aussi des avantages, qui, dans certaines circonstances, peuvent remplacer les plantes, dont le produit est recherché pour les bestiaux. Les navets, les choux, les pommes de terre, la moutarde, &c. mériteroient au même titre le nom de *plantes de disette.* À l'époque, où l'on sème la Betterave, si les fourrages d'Automne ont péri par la gelée, on a l'espoir de voir prospérer les grains de Mars, qu'on sème en même-tems. Si cette espérance est déçue, on retrouve, il est vrai, avec plaisir, la Betterave, moins sujette à souffrir des intempéries des saisons que les pois, les vesces, l'avoine & l'orge. Mais, à moins d'avoir eu un esprit de prophétie, on n'a dû en semer que peu; & alors la ressource n'est pas considérable. Car la culture de cette plante est de celles qu'on ne fait pas en grand, à cause des frais & des soins. D'ailleurs les navets & les pommes de terre viennent dans de mauvais sols & coûtent moins à cultiver. Les choux en certains terrains, conviennent mieux que la Betterave. Il s'ensuit de ces réflexions que c'est à tort qu'on l'a appellée racine de disette. Les livres nouveaux d'Agriculture, & sur-tout les Mémoires de la Société d'Agriculture de Paris, ont changé ce nom en celui de *Betterave champêtre,* que je ne trouve pas plus exact. Je préférerois de la nommer, comme les Allemands, *Betterave sur terre,* parce que cette dénomination la désigne mieux.

La Betterave, ayant une racine très-forte & très-grosse ne peut se cultiver, que dans une terre qui soit meuble & qui ait douze à quinze pouces de profondeur. Un sol gras & sablonneux est celui qui lui convient le mieux. Il faut qu'il ait été bien fumé.

On peut la semer de deux manières, ou en pépinière ou en place. On la sème en pépinière, ou sur couche, ou en pleine terre. La première accélère la jouissance, parce que si on sème sur couche, la Betterave est bonne à repiquer de bonne heure. Mais si on sème en pleine terre en pépinière, la végétation étant plus ou moins tardive, selon la saison, les plants, pour être repiqués, attendent souvent long-tems.

Chacun doit étudier son climat & la nature de son terrain. Si on sème la Betterave trop tôt, elle monte. Aux environs de Paris, on est dans l'usage de la semer en Avril dans les terres chaudes, en Mai dans les terres froides. La Betterave sur terre, venant d'Allemagne, peut être semée dès la fin de Mars, sur-tout si on doit la repiquer.

En supposant que la Betterave ait été semée en pépinière, soit sur couche, soit en pleine terre, on choisit pour la repiquer le lendemain d'une pluie, ou l'approche de la pluie. Si le tems n'étoit pas disposé à l'eau, on mettroit les jeunes plants dans de la terre, détrempée d'eau d'un trou à fumier, & on les planteroit avec cette terre, dont ils seroient enveloppés. On les place à quinze ou vingt pouces les uns des autres. Bientôt ils reprennent ; il ne faut plus ensuite que des binages & sarclages pour ameublir la terre & détruire les mauvaises herbes.

On sème aussi les Betteraves en pleine terre de deux manières. La plus ordinaire est de les semer par raies, afin de pouvoir marcher entre deux, pour les éclaircir, quand elles ont poussé. Dans les pays d'irrigation, il vaut mieux les semer en bordure le long des planches où coule l'eau. Si on ne les sarcle pas souvent, elles ne viennent jamais belles, même en les sarclant, elles ne viennent pas aussi belles, que quand on les repique. J'en ai fait plusieurs fois l'expérience. La différence en produit, en est considérable.

M. de Thosse indique la seconde manière qui est plutôt une plantation qu'un semis. Elle est en usage dans quelques cantons d'Allemagne. Elle consiste à labourer plusieurs fois la terre à des époques différentes & à mettre dans des trous d'un pouce de profondeur, pratiqués avec les doigts, deux graines de Betterave. Quand les plantes ont bien levé, on ne conserve que la plus forte de chaque trou. Il leur faut de fréquens sarclages. Elles s'enfoncent beaucoup plus que celles qu'on a repiquées. Ce qu'avance, à cet égard, M. de Thosse dans son Mémoire, inséré dans le Trimestre d'Hiver de 1786, de la Société d'Agriculture de Paris, se retrouve au Trimestre d'Hiver année 1787, dans un Mémoire de M. l'Abbé de Commerel, avec cette différence que ce dernier recommande que la terre soit bien fumée, qu'on choisisse les plus belles graines de Betterave, qu'on les fasse tremper pendant vingt-quatre heures dans l'eau ordinaire ; qu'on les ressuie, pour mieux les manier, qu'on tende un cordeau, pour les planter par rangs égaux, & alignés, à dix-huit pouces en tout sens, qu'on ne mette qu'une seule graine dans chaque trou, & qu'on arrache les plus foibles des cinq ou six petites racines, qui sortent de terre, issues d'une seule graine. Cette dernière manière de cultiver les Betteraves dispense d'une transplantation.

Les racines des Betteraves, au lieu d'avoir besoin d'être butées, comme celles de beaucoup d'autres plantes, doivent être déchaussées, parce qu'elles grossissent davantage, lorsqu'elles peuvent s'élever un peu au-dessus de terre. Ce qui a engagé des Allemands à les cultiver dans un champ avec des espèces de choux, qu'il faut buter. La terre, qu'on retire des Betteraves se porte aux pieds des choux. Aussi-tôt que les racines

sont assez fortes, on enlève les feuilles pour les bêtes à cornes & même pour les moutons. On assure que la Betterave peut donner en un Eté quatre bonnes récoltes de *feuilles*. Ce ne peut être que dans le meilleur terrain. Si on compare cette plante avec les navets, les pommes de terre & les choux, on voit qu'aucune ne donne des fanes aussi avantageuses. Les navets n'en donnent qu'une fois ; celles des choux sont sujettes à être attaquées par des insectes, qui incommodent les animaux. On ne peut couper celles des pommes de terre qu'une fois, encore y a-t-il beaucoup d'animaux, qui n'en veulent pas manger.

Pour récolter les feuilles de Betteraves, de manière qu'elles puissent repousser, il ne faut pas les couper horizontalement, parce qu'elles repoussent mal & foiblement ; mais on les détache à la main par leurs pédicules en les abaissant ; on laisse subsister les feuilles du cœur. Cette précaution est très-essentielle.

On fouille les Betteraves avant les gelées. Plusieurs de ces racines pésent douze à quinze livres. On les conserve dans des caves, qui ne soient pas humides ou dans des granges, en les mettant à l'abri de la gelée. On doit auparavant leur faire perdre une partie de l'eau de végétation, en les laissant deux ou trois jours exposées au soleil, dans un lieu abrité. On peut, lorsque la récolte en est considérable, & qu'on manque d'emplacement, les mettre dans une fosse pratiquée en plein champ, les recouvrir de paille fraîche & par dessus de terre. A mesure qu'on en a besoin, on les en retire. Si on en a beaucoup, il vaut mieux faire plusieurs fosses, qu'on ouvre les unes après les autres, afin de les moins exposer à la gelée. Au reste, les précautions à prendre dépendent du climat.

Au retour du Printems, ces racines poussent de nouvelles feuilles. On les retire de l'endroit, où on les conservoit, pour les remettre en terre, afin d'en obtenir de la graine.

La Betterave peut servir d'aliment aux hommes, quoique la variété, dont il s'agit, ne soit pas aussi délicate, que la blanche, la jaune & la rouge même, qui se cultivent dans les jardins. Le plus grand usage est de la donner aux bêtes à cornes ; après l'avoir lavée, nétoyée, & coupée en morceaux. Ils la mangent seule ou mêlée avec d'autre nourriture. On assure que le lait des vaches, qui mangent des Betteraves, est abondant & de très-bon goût. Il faut pourtant convenir que les choux, les navets, les pommes de terre, les panais & les carottes sont plus nourrissants. Le produit, si l'on en croit les Allemands, surpasse beaucoup celui de presque toutes les autres plantes, cultivées pour les bestiaux.

M. le Professeur Borowsky, dans son Almanach, à l'usage des cultivateurs Allemands, dit qu'un arpent de Betteraves donne autant de profit que deux ou trois arpens de pré naturel. On lit, dans les affiches de Léipsick, année 1783, page 12, qu'un demi-acre a rendu vingt-cinq mille livres pesant de ces racines, non-compris les feuilles dont on a fait plusieurs récoltes pendant l'Eté.

M. Margraaf, Chimiste de Berlin, a tiré des racines de la Betterave un sucre pur & assez abondant, qu'il assure être le même que celui de la canne à sucre.

M. Tenon, de l'Académie des Sciences & de la Société d'Agriculture, a fait dessécher de la racine de Betterave, cultivée en bon terrain, qui s'est réduite à un si petit volume, qu'on seroit tenté de croire que cette racine contient peu de parties nutritives. Il paroît que, dans la substance, il se trouve beaucoup de nitre. Car ces parties présentées à une lumière ou sur le feu, décrépitent & brûlent comme de l'amadou. Ce qui peut dépendre du terrain dans lequel on les a cultivées.

Je ne crois pas qu'on doive regarder la culture de la Betterave, comme un des objets principaux de l'économie rurale. Elle exige une terre de bonne qualité, beaucoup d'engrais, une transplantation, si on la seme en pépinière, ou une plantation longue & détaillée, si on met les grains dans la terre seuls à seuls, ou deux à deux, des sarclages fréquens, un déchaussement, une attention pour cueillir les feuilles l'une après l'autre, une fouille pour tirer les racines de terre, & la conservation de ces racines dans des endroits à l'abri de la gelée.

Ces frais sont-ils compensés par la quantité d'alimens qu'elle procure aux vaches? Voilà ce qu'il faudroit savoir, voilà ce qui ne me paroît pas encore éclairci. Le vrai moyen de parvenir à ce but, seroit de calculer les frais de labour & de façons du terrain quand on le remplit de Betteraves, ce qu'il coûteroit, ensemencé en autres plantes; ce qu'il rapporteroit en feuilles & racines de Betteraves, ou en autres plantes; & comparer les frais & les produits dans les deux cas. A produits égaux, il faudroit cependant cultiver des Betteraves, si on avoit la crainte de manquer de fourrages dans la saison, où les feuilles de Betteraves peuvent être de ressource. Il y a telles positions, où l'on gagneroit plus à cultiver quelques arpens de cette plante, quand ils rapporteroient moins qu'en froment ou autres plantes, s'il s'agissoit, je ne dis pas seulement de nourrir, mais d'entretenir le bétail en attendant de plus grands secours, soit des prairies, soit des plantes cultivées en grand. Ainsi, dans les calculs comparés, qui seroient faits, on auroit tort de ne pas faire entrer ces considérations. Il me paroît d'une sage économie d'examiner tout ce qui peut faire ressource, d'avoir soin

de s'en procurer, en petite quantité, si la culture en est coûteuse & le produit incertain, & en grande quantité, si les succès & les avantages en sont assurés.

La culture & les avantages de la Betterave de terre étoient bons à faire connoître, afin que ceux à qui cette plante peut être utile sussent la manière de la multiplier & d'en tirer parti. (*M. l'Abbé Tessier.*)

BETTERAVE. On donne ce nom à une pêche très-velue dont la chair est rouge: elle est plus curieuse qu'utile. Elle mûrit en Octobre. Son fruit est peu recherché.

Cette pêche est une des nombreuses variétés qu'on a obtenues par la culture du pêcher *Amygdalus persica.* L. *V.* PÊCHER dans le Dictionnaire des arbres & arbustes. (*M. Reynier.*)

BETTRAVE d'Egypte, Nom très-impropre donné dans quelques Dictionnaires au genre du *Melochia. Voyez* MÉLOCHIE. (*M. Thouin.*)

BEURRE, substance huileuse épaissie, produite dans des vaisseaux particuliers par l'agitation de la crème, ou du lait, dont elle fait une des parties constituantes. *Voyez* LAIT. (*M. l'Abbé Tessier.*)

BEURRE DE PALMIER. Huile concrète que l'on retire, dans plusieurs pays de l'Amérique méridionale, des fruits d'une espèce de Cocotier, (*Cocos butyracea. L. fil.*) On écrase les amandes de ces fruits avec leurs coques, & on les jette dans l'eau: l'huile se dégage sans expression & vient nager à la surface de l'eau. Au moyen de plusieurs lotions, on la dégage des parties filandreuses qui pourroient s'y trouver, & on la met dans des couis pour la conserver. Cette huile a la consistance du Beurre, lorsque le thermomètre est au-dessous de 23 degrés de Réaumur; son goût est très-agréable, & son usage général dans l'économie domestique, mais elle est sujette à rancir. *Voyez* COCOTIER du Brésil. (*M. Reynier.*)

BEURRÉ. Variété du poirier; les bourgeons de cet arbre sont coudés à chaque nœud & garnis de grandes feuilles alongées. Son fruit est gros, pointu vers la queue, fondant & très-parfumé. Sa couleur est verte, lavée de gris, & de rouge suivant qu'il est bien ou mal exposé; il mûrit en Septembre.

BEURRÉ D'ANGLETERRE. Son fruit est moins gros que le suivant, de forme ovale, d'un gris verd tiqueté de roux. Sa chair est fondante & mollit promptement; cette poire mûrit en Septembre.

BEURRÉ D'HIVER. Cette variété ressemble à la précédente. Le fruit est de couleur rouge vif sur un fond jaune, sa chair est fondante, elle mûrit en Novembre & se conserve long-tems.

Beurré d'Angleterre d'Hiver. Elle ressemble à la précédente, mais elle ne mûrit qu'en Décembre. *Voyez* POIRIER. (*M. REYNIER.*)

BEURRÉ BLANC. *Voyez* DOYENNÉ & POIRIER. (*M. REYNIER.*)

BEZAN, nom qu'on donne à Tournus à l'Ivraie, *Lolium temulentum.* L. (*M. l'Abbé TESSIER.*)

BEZY DE CAISSOY. Poirier foible & délicat dont le feuillage est petit, court & dentelé. La fleur est petite, le fruit est rond, applati vers la tête, d'un vert jaune, parsemé de taches brunes. Sa chair est tendre & approche pour le goût de celle de la Crasanne. Cette poire mûrit en Novembre & dure long-tems. *Voyez* POIRIER. (*M. REYNIER.*)

BEZY DE CHASSERY. *Voyez* ECHASSERY & POIRIER. (*M. REYNIER.*)

BEZY DE CHAUMONTEL. *Voyez* BEURRÉ & POIRIER. (*M. REYNIER.*)

BEZY DE MONTIGNY. La feuille de ce poirier est presque ronde, sa fleur est grande & bien ouverte, le fruit est de forme alongée, lisse & d'une belle couleur jaune; il mûrit en Octobre. (*M. REYNIER.*)

BEZY D'HERY. Poire peu estimée, de forme ronde & de grosseur moyenne, sa peau est lisse, de couleur verte, blanchâtre, nuancée de jaune du côté exposé au soleil. Elle mûrit vers la fin de l'année. *Voyez* POIRIER. (*M. REYNIER.*)

BEZY DE LA MOTTE. Les feuilles de ce poirier sont longues & étroites, presque semblables à celles du saule, sur-tout dans leur jeunesse. Le fruit est gros, semblable par sa forme & sa queue courte à la *Crasanne*: sa peau est verte tiquetée de gris; elle jaunit un peu en mûrissant; sa chair est fondante & d'un goût agréable. *Voyez* POIRIER. (*M. REYNIER.*)

BIAIS. Un potager d'une forme indécise, ne plaît pas; son ensemble contraste avec la régularité des sous-divisions du terrain, régularité qu'exige nécessairement la culture. Lorsqu'un potager n'a pas une forme quarrée, on masque le côté qui s'en écarte par une palissade & des contrespaliers qui couvrent ce défaut. On a soin alors de réserver cette partie séparée de l'ensemble, pour des légumes grossiers, qui attirent peu la curiosité & les regards. Si cette partie du jardin étoit la mieux exposée, on pourroit y pratiquer une large plate-bande côtière pour les légumes printaniers, & pour ceux qu'on veut hiverner tels que les laitues d'Automne, & les contrespaliers serviroient de brise-vent & ajouteroient à l'abri formé par le mur principal.

Lorsqu'un potager a une irrégularité trop frappante, on coupe la partie difforme par un mur, & l'espace enclos forme un second potager plus petit où l'on peut préparer les légumes pour le grand potager; ces petits espaces environnés de murs, sont plus précoces, & suppléent les chassis pour accélérer la croissance des jeunes plantes. Cette manière de rétablir la forme d'un potager à d'autant plus d'avantages sur celle en palissades, qu'elle offre une apparence d'utilité qui distrait l'imagination du but principal pour lequel le mur a été construit. *Voyez* JARDIN. (*M. REYNIER.*)

BIBBY, arbre de la famille des PALMIERS, & qui pourroit bien être une espèce d'Avoira. Il croît dans la terre ferme de l'Amérique, & fournit, par incision, une liqueur à laquelle on donne aussi le nom de *Bibby*: son tronc est droit, de la grosseur de la cuisse, de soixante à soixante-&-dix pieds de haut, sans branches ni feuilles jusqu'au sommet, & chargé de pointes; le fruit croît au-dessous, & tout autour de l'endroit où les branches commencent à pousser: le bois est dur, & noir comme de l'encre. Les Indiens ne sont pas dans l'usage de le couper: mais ils le brûlent pour en avoir le fruit; il est blanchâtre, huileux, & de la grosseur d'une noix muscade; on le pile dans des mortiers de bois; on le fait cuire, & on le passe à la chausse; lorsque ce jus est refroidi, on en ôte une huile limpide, très-amère, qui nage à la surface; les Sauvages s'en servent pour se frotter & y mêlent des couleurs pour se peindre le corps. Lorsque cet arbre est encore jeune, ils y font une incision; il en sort beaucoup de jus qui ressemble à du petit lait: il a un goût aigrelet peu agréable: les Indiens le boivent après l'avoir laissé reposer pendant quelques jours. (*Ancienne Encyclopédie.*) (*M. THOUIN.*)

BICHE, quadrupède sauvage, femelle du cerf, animal très-connu; on en trouve la description & les mœurs dans l'Histoire Naturelle de M. de Buffon & dans le Dictionnaire des animaux, *Encyclopédie Méthodique.* Je ne considérerai la Biche que par rapport à l'Agriculture.

Cet animal herbivore, non content de brouter les herbes, qui croissent au milieu des forêts, se répand dans les campagnes, pour vivre aux dépens de l'homme & de ses bestiaux, des plantes vivaces ou annuelles qu'il cultive. Les environs des forêts sur-tout sont le plus exposés à ces dégâts, qui sont de plusieurs sortes & plus ou moins considérables selon les pays & la saison.

Avant l'Hiver & en Hiver la Biche mange les feuilles des plantes dont les graines ont été semées en Automne. Si les champs sont substantiels & de première qualité, il en résulte plutôt du bien que du mal. La Biche, en y paissant, fait l'effet de l'effanage & empêche les grains de prendre trop de force & de verser en

Eté. Mais les terres, auxquelles la Biche ne cause aucun dommage, si elle paît avant l'Hiver, sont en très-petit nombre. La majeure partie sur-tout de celles qui avoisinent les forêts, est de mauvaise qualité. Un animal ne peut y brouter les plantes, qu'on y cultive, sans les appauvrir en leur enlevant une fane, qu'elles ont eu bien de la peine à pousser & qui ne fait plus que languir.

Pendant l'Hiver, lorsque le tems est humide, la Biche piétinant dans les terres ensemencées, enfonce trop avant les grains qui n'ont pas germé ou ceux qui ont germé, il s'amasse de l'eau dans les trous fait par leurs pieds, le grain s'y noie & s'y pourrit; la levée est claire dans le champ, & par conséquent le produit en est moindre.

Depuis le mois d'Avril, jusqu'à ce que les grains soient en épis, la Biche en mange la fane dès qu'ils sont épiés, elle mange l'épi, qui lui plaît d'autant plus que les grains sont en lait.

A l'approche de la moisson, la Biche a quitté totalement les forêts pour se rendre dans les petits bois & les remises, où elle passe les journées. Durant la nuit, elle vit de tous les grains, dont sa retraite est environnée. Quoiqu'elle en consomme beaucoup pour sa nourriture, elle en gâte plus encore par ses pieds, en traversant des pièces, qu'elle mêle & dont elle fait périr une grande quantité de tiges, que si-elle se contentoit de brouter les champs, qui sont à sa portée.

Les pailles des frumentacées étant alors trop dures, elle en déshonore ainsi les tiges, qui sont dépouillées de grains. D'après ce qui précède, on peut juger du tort que font les Biches à l'Agriculture dans les pays où elles abondent. Car s'il n'y en a qu'un petit nombre, le dégât peut n'être pas sensible.

A ne considérer que le tort que peuvent causer les Biches, on est sans doute disposé à écouter favorablement les plaintes des riverains des forêts & par conséquent à condamner l'amour de la chasse, qui exigeroit la multiplication d'un animal nuisible; mais on cessera d'être aussi sévère & de refuser, pour ainsi dire, aux Princes un genre de plaisir, qui les tient dans un exercice salutaire, si l'on sait que, de tout tems, le Roi sur-tout a ordonné que chaque propriétaire d'un champ fût dédommagé, lorsqu'une Biche ou tout autre animal, en auroit mangé une partie. Sa Majesté n'a jamais douté qu'on ne remplît sur cet objet ses intentions. Je sais que, dans beaucoup d'occasions, on a dédommagé doublement ceux qui se plaignoient exactement & sans exagération d'un délit. Pour preuve du désir que Sa Majesté a toujours eu de ne rendre ses plaisirs à charge à aucun de ses sujets, dans les environs de la forêt de Rambouillet, où elle

faisoit tuer, tous les ans, un grand nombre de Biches, on a établi à ses frais des messiers, pour faire rentrer les animaux dans les bois, sans cesser de dédommager les propriétaires des champs, qui, malgré ces précautions, se trouveroient exposés à leurs ravages. Ami de l'Agriculture, tout entier à ce qui peut l'intéresser, convaincu qu'on ne sauroit trop faire pour la favoriser, parce qu'elle est la base du bonheur public, j'ai condamné hautement la tyrannie des chasses, qui couvroit une immense pays de gibier, tandis que quelques cantons suffisoient aux plaisirs du Souverain. Mais je ne puis m'empêcher de rendre hommage à un ordre de choses, qui sans faire tort à qui que ce soit au monde, laisseroit au Roi le plaisir innocent de la chasse, pour le délasser des soins & des sollicitudes dont il doit être environné, & cet ordre de choses existe par la sagesse & la justice de Sa Majesté.

Depuis long-tems on a remarqué, que les Biches endommageoient moins les fromens barbus à tiges fortes, que les fromens sans barbes à tiges tendres. La classe des fromens barbus à tiges fortes est assez nombreuse pour qu'on puisse choisir celui qui convient aux différens terrains, voisins des forêts. J'en ai distribué à plusieurs propriétaires, qui s'en sont bien trouvés. L'herbe des fromens à tiges fortes plaît moins aux Biches, parce qu'elle est moins tendre. Au moment où les épis sont formés, ces animaux n'osent y toucher repoussés par les barbes, qui les piquent. (*M. l'Abbé Tessier.*)

BICHERÉE, mesure de terre, usitée dans le Lyonnois, le Beaujolois, la Bresse, le Dauphiné. Son nom lui vient vraisemblablement de ce qu'il faut un Bichet de froment pour l'ensemencer. La Bicherée Lyonnoise est de trois cent cinquante toises, sept pieds; celle du Beaujolois est de 359 toises 29 pieds; celle de la Bresse, de trois cent quarante-sept toises, huit pieds, qui égalent deux coupées. Suivant M. l'Abbé Rozier, la Bicherée Delphinale est plus grande que la Lyonnoise. *Voyez* ARPENT. (*M. l'Abbé Tessier.*)

BICHET, mesure des grains, « dont la consistance varie selon les lieux, & qu'on évalue en général au minot de Paris. Il est particulièrement en usage en Bourgogne & dans le Lyonnois. A Lyon, un Bichet de froment pèse communément de cinquante-huit à soixante-deux livres. Le bled de la montagne pèse plus que celui de la plaine....... Le Bichet est encore en usage à Montereau, à Moret, à Sens, à Meaux. A Montereau, le Bichet de froment pèse quarante livres; celui de méteil trente-huit; de seigle trente-six; & d'orge trente-deux. Huit Bichets font le setier du pays, qui est de seize boisseaux de Paris. Le muid est de douze setiers; mais on y ajoute toujours quatre Bichets pour faire le compte rond de cent Bichets pour un huid. Le Bichet de Moret est plus petit que celui de Montereau. A Sens, il y a huit Bichets au setier du pays, & il en faut sept pour faire le setier de Paris ; ainsi, il est plus petit d'un sixième que celui de Montereau ; car, le setier de Paris est de douze boisseaux. A Meaux, le setier de Paris contient quatre minots ou Bichets, & pèse deux cens livres ; ce Bichet est plus pesant que celui de Montereau. »

« A Tournus, le Bichet est de seize mesures ou boisseaux du pays, qui font dix-neuf boisseaux de Paris, & un peu plus. Le Bichet de Beaune, ainsi que celui de Tournus, se divise en seize mesures, mais qui ne rendent à Paris que dix-huit boisseaux. Celui de Verdun est composé de huit mesures ou boisseaux, & il rend quinze boisseaux de Paris. Celui de Châlons-sur-Saône contient huit mesures, & est égal à quatorze boisseaux de Paris. » *Cours complet d'Agriculture.*

Le Bichet de Grenoble contient trente-deux à trente-trois livres de froment, poids de marc. Il en faut quatre pour un setier & huit pour une charge. Le Bichet y est aussi appellé *quarteau* ou quatrième partie d'un setier.

A Thionville & à Bar, le Bichet pèse vingt-cinq à vingt-six livres ; quatre Bichets font la quarte.

A Saint-Etienne, en Forêt, il pèse quarante-huit livres & se divise en quartons & coupes de vingt-quatre & douze livres.

Dans la Dombe, il pèse quarante-cinq livres ; dans une partie de cette Principauté, il se subdivise en deux coupes & la coupe en quatre coupons ; dans l'autre, trois coupes font deux Bichets.

Le Bichet d'Auxerre pèse soixante livres & se subdivise en deux boisseaux, chacun de trente livres, en quatre quartes, chacun de quinze livres, en huit demi-quartes de sept livres & demie. Le Bichet se mesure ras ou comble.

Le projet de réunir toutes les mesures de France à une seule, lorsqu'il sera exécuté, détruira toutes ces variétés. L'Académie des Sciences est chargée de ce travail. (*M. l'Abbé Tessier.*)

BICHET, nom donné dans quelques-unes des Isles Antilles au *Bixa orellana* L. *Voyez* ROCOUIER DES INDES. (*M. Thouin.*)

BICHETTE, dans le Lyonnois, c'est un demi-Bichet. *Voyez* BICHET. (*M. l'Abbé Tessier.*)

« BICHOT, mesure de grains en usage à Dijon, qui est la charge d'un cheval, & pèse trois cent trente-six livres. On compte à Dijon par quatrances, quartauts, Bichots & hémines. La quatrance de froment tient treize pintes & demie de la grande mesure ; elle pèse quarante-deux livres, & criblée quarante-&-une. Le quar-

taut tient quatre quatrances, le Bichot deux quartauts ; & l'hémine, qui est la charge de deux chevaux, tient deux Bichots. » *Cours complet d'Agriculture.* (*M. l'Abbé Tessier.*)

BIDENT. *BIDENS.*

Les deux genres que Linnæus avoit désignés sous les noms de *Bidens* & de *Spilanthus*, ayant paru aux Botanistes modernes avoir évidemment les mêmes caractères, ils n'ont pas cru devoir les distinguer. Ils les ont donc réunis, pour n'en former qu'un seul genre sous le nom de BIDENT.

Ce genre, de la famille des CORYMBFERES, a beaucoup de rapports avec les Verbesines. Il comprend des herbes, & quelques arbustes, dont les feuilles sont opposées, & dont les fleurs, ordinairement flosculeuses, ont quelquefois des demi-fleurons à leur circonférence, mais toujours en trop petit nombre pour former une corolle complette.

Le calice commun est simple, & composé de deux rangs de folioles, qui ne forment jamais une véritable embrication.

Un réceptacle convexe & chargé de paillettes, soutient une quantité de fleurons, tous hermaphrodites, tubulés, réguliers & à quatre ou cinq divisions.

Les semences, qui sont très-nombreuses, sont oblongues & armées à leur sommet de deux dents ou pointes, droites, roides, & qui ont souvent de petites aspérités tournées en bas, au moyen desquelles elles s'attachent à tout ce qui les approche, lorsqu'elles sont mûres.

C'est à ces deux dents que cette plante doit son nom. Néanmoins, dans quelques espèces, au lieu de deux dents, les semences en ont quelquefois quatre ; mais alors il y en a deux opposées, plus courtes que les autres.

Les fleurs paroissent dans le cours de l'Eté & les graines mûrissent peu de tems après.

ESPECES ET VARIÉTÉS.

* *Feuilles composées.*

1. BIDENT à calice feuillé. *Bidens frondosa.* La M. Dict. Cette espèce comprend deux variétés.

A. BIDENT à feuilles divisées en trois. Vulg. Eupatoire femelle, Eupatoire aquatique, Cornuet. *Bidens tripartita* L. ☉ de l'Europe, dans les fossés & les lieux aquatiques.

B. BIDENT à calice feuillé. *Bidens frondosa.* L. ☉ de l'Amérique septentrionale.

2. BIDENT velu.

Bidens pilosa. L. ⊙ de l'Amérique.

     B. **Bident** velu de la Chine.

Bidens pilosa Chinensis. L. ⊙ de la Chine & des Moluques.

     3. **Bident** à feuilles de ciguë.

Bidens Bipinnata. L. ⊙ de la Virginie.

     * *   *Feuilles simples.*

     4. **Bident** penché.

Bidens cernua L. ⊙

     B. **Bident** penché radié.

Bidens cernua radiata.

Coreopsis Bidens. L. ⊙

     C. **Bident** penché. (petit)

Bidens cernua minima.

Bidens minima. L. ⊙ de l'Europe, dans les marais, les fossés aquatiques & sur le bord des fontaines.

     5. **Bident** délicat.

Bidens Tenella. L. ⊙ du Cap de Bonne-Espérance.

     6. **Bident** à feuilles lobées.

Bidens Bullata. L. ⊙ originaire de l'Amérique, naturalisée en Italie.

     7. **Bident** à fleurs blanches.

Bidens nivea. L. ⊙

     B. **Bident** blanc trilobé.

Bidens nivea trilobata ⊙

     C. **Bident** blanc à feuilles en lyre.

Bidens nivea Panduræ formis. ⊙ de la Caroline Méridionale & de Campêche.

     8. **Bident** verticillé.

Bidens verticillata. L. ⊙ de la Vera-Cruz.

     9. **Bident** grimpant.

Bidens scandens. L. ♄ de la Vera-Cruz.

     10. **Bident** nodiflore.

Bidens nodiflora. L. du Bengale.

     11. **Bident** à fleurs coniques.

Bidens acmella La M. Dict.

Spilanthus acmella. L. ⊙ des Indes Orientales.

     B. **Bident** faux acmelle.

Bidens pseudo-acmella.

Spilanthus pseudo-acmella. L. ⊙ des Indes Orientales.

12. **Bident** à saveur de Pyrètre. Vul. Cresson de Para.

Bidens fervida. La M. Dict.

Spilanthus oleracea. L. ♂ dans le pays & ⊙ en Europe, de l'Amérique méridionale.

     13. **Bident** rouge-brun.

Bidens fusca. La M. Dict.

Spilanthus Brasiliana. H. R. ⊙ de l'Amérique méridionale.

     14. **Bident** à feuilles de Basilic.

Bidens Ocymifolia. La M. Dict. ⊙ du Pérou.

     15. **Bident** à feuilles étroites.

Bidens angustifolia. La M. Dict.

Spilanthus urens. L. ♃ des environs de Carthagène.

     16. **Bident** insipide.

Bidens insipida. La M. Dict.

Spilanthus insipidus. Jacq. de la Havane, parmi les rochers, près de la mer.

     17. **Bident** à feuilles d'Arroche.

Bidens atriplici folia. La M. Dict.

Spilanthus atriplici folius. L. de l'Amérique méridionale.

     Description du port des Espèces.

1. **Bident** à calice feuillé. Sa tige s'élève environ à un pied & demi ; elle est cylindrique, rougeâtre & branchue.

Les feuilles sont opposées, comme dans tout ce genre. Les supérieures sont divisées en trois folioles lancéolées, dentées, & imitent celles de l'Eupatoire ordinaire. Celles inférieures sont ailées à cinq folioles.

Les fleurs terminent les rameaux & la tige. Elles sont jaunes, flosculeuses & renfermées dans un calice commun, d'un verd noirâtre, au-dessous duquel se trouvent quatre ou cinq bractées, entières ou dentées, plus grandes que le calice, & qui l'environnent en manière de collerette.

La variété B est presque en tout semblable à la précédente : elle n'en diffère que parce qu'elle est près du double plus grande.

2. **Bident** velu. Cette espèce s'élève à plus de trois pieds. Sa tige est branchue par le haut.

Les feuilles, d'un verd noirâtre, sont molles, ailées, composées de trois à cinq folioles, ovales-lancéolées & dentées en leurs bords. Celles qui les terminent sont quelquefois réunies à leur base.

Les fleurs sont terminales. Elles n'ont point, comme dans l'espèce précédente, de collerette qui déborde le calice. Leur disque est convexe & leur circonférence est garnie de quelques demi-fleurons blancs.

Les semences sont armées de trois ou quatre dents, plus ou moins divergentes, & qui s'écartent un peu en mûrissant.

La variété B est plus grande dans toutes ses parties.

3. **Bident** à feuilles de Ciguë. Le nom de cette espèce indique suffisamment la forme de ses feuilles. Elles sont deux fois ailées, comme celles de la Ciguë ou du Cerfeuil sauvage, à folioles incisées, glabres & d'un verd foncé ou noirâtre. La tige, haute de trois à quatre pieds, est terminée par des fleurs jaunâtres avec quelques demi-fleurons à leur circonférence.

       Le calice

Le calice est tout-à-fait nud : mais il y a une variété dont le calice a une collerette de plusieurs folioles qui le débordent. Les feuilles d'ailleurs font plus grossièrement découpées.

Les semences, longues, menues, noirâtres, font terminées par deux petites pointes, & s'écartent en mûriffant.

4. BIDENT penché. Cette espèce a la tige haute d'un pied ou un pied & demi. Les rameaux naissent opposés dans les aisselles des feuilles, qui font amplexicaules, longues, lancéolées, dentées en scie, vertes & glabres des deux côtés, & terminées par une pointe alongée & entière.

Ces rameaux font terminés par des fleurs jaunes, garnies de bractées lancéolées & entières, qui débordent le calice, en forme de collerette. Ces fleurs font un peu penchées, dans l'entier développement de la plante.

5. BIDENT délicat. Cette espèce pouffe une tige, mince, haute de fix à fept pouces, purpurine, & qui fe divife en trois rameaux.

Les feuilles font opposées ou ternées, linéaires, entières & rudes au toucher.

Des pédoncules menus, terminaux & dénués de feuilles, foutiennent chacun une fleur, dont le calice est ordinairement formé de quatre folioles lancéolées, & qui n'est, le plus souvent, composé que de cinq fleurons.

Les barbes des semences font presque liffes.

6. BIDENT à feuilles lobées. La tige de cette espèce est droite, haute d'environ deux pieds, rougeâtre à fes nœuds & fur fes canelures, & garnie de rameaux courts.

Les feuilles inférieures font ovales & fimples ; celles qui occupent le haut font à trois lobes, dont celui du milieu est très-large, & les deux latéraux plus petits. Elles font toutes un peu velues & d'un verd obfcur.

Les fleurs font petites & jaunes. Elles naissent dans les aisselles des feuilles & font portées par des pédoncules fimples & très-courts. Leur calice est environné de bractées ovales-oblongues, en forme de collerette.

7. BIDENT à fleurs blanches. La tige s'élève environ à trois-pieds, & fe divife vers le haut en plufieurs rameaux minces, dont les nœuds font fort éloignés entre eux.

Les feuilles font ovales-pointues, bordées de dents obtufes, d'un verd blanchâtre, à trois nervures principales.

Les fleurs croiffent en petites têtes globuleufes, à l'extrémité de la tige & des branches ; elles font blanches & portées fur de courts pédoncules.

Leur calice est composé de deux rangs de folioles, dont les inférieures font un peu plus grandes que les autres, fans cependant former de collerette.

Toutes les parties de cette espèce font couvertes d'un poil très-court, mais tellement abondant, que fes fommités, & fur-tout fes pédoncules, en paroiffent blanchâtres, & que fes feuilles, quoique molles, en font rudes au toucher.

8. BIDENT verticillé. Les tiges de cette espèce font un peu couchées & ne s'élèvent qu'à fept pouces environ.

Les feuilles font alternes dans le bas de la tige & oppofées dans le haut, oblongues, la plupart entières, vertes en deffus & blanchâtres en deffous.

Les fleurs font presque feffiles, & naissent au nombre de deux à chaque aisselle des feuilles fupérieures, ce qui les fait paroître comme verticillées.

9. BIDENT grimpant. Cette espèce a une tige, comme farmenteufe, au moyen de laquelle elle peut s'élever jufqu'à la hauteur de dix pieds. Elle fe divife en plufieurs branches, garnies de feuilles oppofées, très-entières, liffes & portées fur des pétioles très-courts.

Les fleurs font jaunes & naissent à l'extrémité des rameaux, en panicule, dont les ramifications font oppofées. Les calices font embriqués à leur bafe. Les semences font applaties & couronnées par deux petites dents.

10. BIDENT nodiflore. Sa tige, haute d'environ deux pieds, est garnie de rameaux oppofés & ouverts, & hériffée de poils blancs, pourpres à leur bafe.

Les feuilles font oblongues, émouffées à leur fommet, entières, glabres en-deffus, & velues en-deffous fur leurs nervures.

Les fleurs fortent feule à feule aux divifions des branches ; les fleurons font jaunes & à quatre ou cinq divifions.

11. BIDENT à fleurs coniques. Ses tiges s'élèvent à deux pieds, & même plus. Les feuilles font ovales-lancéolées, pointues, dentées un peu groffièrement, vertes & presque glabres. Lorfqu'on les oppofe à la lumière, elles paroiffent pointillées, comme dans les Millepertuis.

Les pédoncules font plus longs que les feuilles. Ils naissent dans les bifurcations de la tige & des rameaux, & foutiennent chacun une fleur jaune, petite, très-conique & point radiée.

Les fleurs de la variété B. ont des rayons courts de fleurons femelles, de la même couleur.

12. BIDENT à faveur de Pyrètre. Cette espèce a fes tiges à peine longues de fix à huit pouces, garnies de rameaux courts & diffus.

Ses feuilles font presque en cœur, dentelées, abres & d'un verd pâle.

De longs pédoncules fupportent chacun une fleur affez groffe, convexe, & tout-à-fait jaune dont les fleurons font féparés entre eux par des paillettes.

13. BIDENT rouge-brun. Cette efpèce n'eſt diſtinguée de la précédente que parce qu'elle a les feuilles d'un verd foncé, & que fes fleurs, jaunes à leur circonférence, ont, à leur centre, une tache orbiculaire d'un rouge-brun.

14. BIDENT à feuilles de bafilic. Cette jolie efpèce ne s'élève qu'à environ un pied. Sa tige, dure & rougeâtre dans fa partie inférieure, fe divife en rameaux nombreux, verdâtres & chargés de poils extrêmement courts.

Les feuilles, portées par un pétiole fort court, ont à-peu-près un pouce de long fur cinq à fix de large. Elles reffemblent affez à celles du Bafilic commun ou de l'Origan. Elles font ovales, entières & à trois nervures principales.

Les fleurs font terminales, blanches & plus petites que celles des efpèces précédentes.

15. BIDENT à feuilles étroites. La racine de cette efpèce eſt vivace. Elle pouffe des tiges herbacées, glabres, rameuſes & couchées fur la terre.

Les feuilles font feffiles, étroites, très-entières, glabres & à trois nervures.

Les rameaux font terminés par de longs pédoncules, folitaires, & qui foutiennent chacun une fleur blanchâtre.

Comme les deux dernières efpèces n'ont point encore été cultivées ici, nous n'en avons que des notions trop imparfaites pour en donner des defcriptions détaillées.

Culture. Quant à la culture, on peut divifer toutes ces efpèces en deux claffes.

Celles qui croiffent fpontanément dans nos climats, & fouvent même beaucoup plus abondamment qu'on ne voudroit, font entièrement exclues des jardins d'agrément. Elles ne font admifes que pour l'inftruction, dans ceux de Botanique, &, pour l'utilité, dans ceux de plantes médicinales. Elles n'exigent aucun foin; il fuffit de les femer au printems, en pleine terre; on peut enfuite les abandonner à la nature.

Les efpèces originaires de l'Amérique feptentrionale, quoique exotiques, ne demandent pas plus de culture.

Il n'y a que les efpèces qui nous viennent des climats chauds, qui méritent quelque ménagement. On feme les graines au printems, fur une couche plus ou moins chaude. Lorfque le jeune plant eſt affez fort, c'eſt-à-dire, vers la fin de Mai, on peut le mettre en pleine terre, dans une plate-bande, à une expofition chaude. En les arrofant exactement, les plantes fleuriffent & mûriffent leurs fémences.

Ufages. Les efpèces, N.ᵒˢ 1 & 4, peuvent être utilement employées dans la teinture. Elles donnent, fuivant les diverfes préparations, diffé-

rentes nuances de jaune, depuis l'olivâtre, jufqu'à l'aurore dorée.

Les efpèces 11, 12, 13 & 15 ont une faveur très-âcre, & excitent fortement la falivation. On attribue auffi à l'efpèce, N.ᵒ 11, la propriété de diffoudre la pierre. (*M. DAUPHINOT.*)

BIDET, petit cheval. Chez beaucoup de fermiers & métayers, il y a toujours un petit cheval deſtiné à porter les denrées au marché & en rapporter les provifions. Le fermier le monte quand il va vendre fes grains, fes beſtiaux, fes laines, &c. il s'en fert auffi pour aller voir aux champs, fes charretiers, fes bouviers, fes moiffonneurs & autres ouvriers; on l'attèle à une petite charrette qu'on charge d'herbes pour les bêtes à cornes, ou qu'on emploie à un grand nombre d'approches, pour lefquelles il faudroit déranger un attelage de charrue. Ce petit cheval, qui eſt remplacé fouvent par un âne, s'appelle *Bidet*; fi au lieu de choifir pour ces travaux un cheval de petite taille, on en achète ou on en élève un d'une taille au-deffus, on lui donne le nom de *double Bidet*; alors il fert dans les momens de befoin à la charrue, au herfage, &c. indépendamment de fa principale deſtination. (*M. l'Abbé TESSIER.*)

BIEFFE. On appelle ainfi dans quelques cantons de la Picardie, une terre bife, noirâtre, tirant fur le jaune. (*M. l'Abbé TESSIER.*)

BIEN-JOINT; nom que les Créoles des Ifles de France & de Bourbon donnent au *Terminalia Mauritiana* là M. Dict. *Voyez* BADAMIER DE BOURBON. (*M. TROUIN.*)

BIENNE; mot latin que quelques Naturaliſtes ont francifé pour défigner une plante qui dure deux années. *Voyez* BISANNUELLE. (*M. REYNIER.*)

BIENS de campagne. On comprend, fous ce nom, les fermes, métairies, domaines, locatures, les bois, les prés, les étangs, les terres cultivées, les montagnes & les landes, qui fervent de pâturage, les vignes, les oliviers, les mûriers, les arbres à fruits, les beſtiaux & les volailles, les dîmes, champarts, cens & rentes. (*M. l'Abbé TESSIER.*)

BIENS de la terre. Les Biens de la terre font les produits des champs & des arbres. On dit: *voilà un tems fevorable ou défavorable aux biens de la terre; les biens de la terre cette année font très-beaux*; cela s'entend de ce qui doit former les récoltes. (*M. l'Abbé TESSIER.*)

BIERE, boiffon fermentée qui fupplée le vin dans les pays qui font trop froids pour la vigne, & qui eſt recherchée même dans les pays de vignoble. Du moment où fa fabrication n'éprouvera aucune entrave, on s'attachera davantage aux cultures qu'elle exige, qui moins fujettes aux intempéries des faifons que la vigne, affureront davantage le fort des cultivateurs. Le vin déja trop cher pour l'habitant des campagnes, n'eft pour lui qu'un objet de luxe & par conféquent de débauche, au lieu que la Bière, devenue une boiffon générale, pourroit être fabriquée à un prix médiocre qui la mettroit à la portée de tous les habitans de la campagne. La vigne ne feroit cultivée que dans les bons quartiers & comme objet de luxe, puifque cette denrée ne feroit que pour ceux qui pourroient la payer, & la France gagneroit de toute manière à ce changement : car la mauvaife Bière eft moins nuifible à la fanté des hommes que le mauvais vin dont les pauvres s'enivrent dans les cabarets. Le vin devenant une denrée de luxe, on s'attachera plutôt à perfectionner fa qualité qu'à augmenter la récolte, & nos vins acquerront un degré de perfection qui affurera cette branche de commerce ou plutôt d'exportation.

La Bière & les boiffons analogues remontent à la plus haute antiquité ; on en trouve des indices dans le moyen-âge fous le nom de *cervoife*, chez les Romains, fous le nom de *cerevifium*, chez les Egyptiens, fous les noms de *zythum* & de *carmi*, chez les Grecs, fous le nom de *oinofcrides* vin d'orge, chez les anciens Peuples de la Gaule & du nord de l'Europe, chez les anciens Efpagnols, au rapport de Polibe, & enfin chez toutes les nations des deux Hémifphères ; car le *chiqua* des Péruviens, le *bullo* des Nègres, le *cachiri* des Caraïbes ne font que des Bières dont les ingrédiens diffèrent très-peu. C'eft toujours une céréale fermentée à laquelle on ajoute une autre fubftance pour en exalter le goût & faciliter la confervation, & comme c'eft le gluten de végétaux qui paffe à la fermentation vineufe, les boiffons qu'on prépare avec les racines & même avec les tiges de plufieurs végétaux, font pareillement des Bières, comme par exemple, la liqueur que les Kamtchadales retirent de la berce, les vins de Palmier, d'Erable, de Bouleau, &c.

Dans les pays de l'Europe, où la Bière eft la boiffon ordinaire des habitans, on en prépare de plufieurs fortes qui diffèrent en grande partie par la quantité de houblon qu'on y fait entrer ; celles qui fe confomment tout de fuite comme la *moll* des Hollandois & leur Bière de Harlem, *melchbier*, la Bière de Louvain des Brabançons, la petite Bière de plufieurs pays de l'Allemagne font des Bières douces, de peu de garde, dans lefquelles il n'entre que peu ou point de houblon. Les Bières de garde, telles que le *porter* des Anglois ; la *princeff bier* & *l'Oftindifche bier* des Hollandois, le *farro* de Bruxelles contiennent une portion de houblon plus confidérable & fupportent le voyage des grandes Indes. J'en ai bu en Hollande, qu'on avoit rapportée de Batavia, & qui étoit encore bonne. La même forte de Bière

n'exige pas la même quantité de houblon dans toutes les températures ; il eft connu que celles qu'on braffe au Printems & en Automne, en demandent moins que celles qu'on braffe en Eté.

L'efpèce de céréale la plus généralement employée à la fabrication de la Bière, c'eft *l'orge* & principalement *l'orge d'Hiver* ou *efcourgeon*. On y emploie auffi le *froment* & *l'avoine*, foit en petite quantité avec l'orge, foit féparément pour des Bières différentes. *Voyez* chacun de ces mots.

Ces grains fubiffent les préparations fuivantes, avant d'être employées à la fabrication de la Bière. On les fait tremper, pendant quarante-huit heures plus ou moins, jufqu'à ce qu'ils s'écrafent entre les doigts. Puis on les porte au *germoir*, falle baffe ou cave voûtée, où on les entaffe pendant environ vingt-qautre heures : on les étend enfuite fur une épaiffeur uniforme de quelques pouces jufqu'au moment où le germe paroit : Il eft néceffaire de remuer & de retourner ces grains jufqu'au moment où l'on voit qu'ils font tous parvenus au même point de germination, alors on les met dans le four à fécher, nommé *touraille*, où ils perdent leur humidité, & on la paffe par un crible au fortir de-là, pour en féparer la pouffière & les germes defféchés nommés en terme de l'art *touraillons*. Ces grains deffechés après leur germination, paffent au moulin où ils font réduits en une farine groffière. C'eft alors que commence proprement la fabrication de la Bière qui concerne le Dictionnaire des arts & métiers. On y trouvera les plus grands détails fur l'art des braffeurs & fur les brafferies.

La plante la plus généralement employée pour effacer la fadeur du bled fermenté, c'eft le houblon ; les Bières qui n'en contiennent pas, ont un goût douceâtre qui déplait dans les commencemens & auquel beaucoup de perfonnes ont de la peine à s'accoutumer. Le houblon n'agit fur la Bière que par fon amertume, & toutes les plantes qui ont cette même qualité, comme la petite centaurée (*Voyez* Chirone centaurelle,) la germandrée ou petit chêne. (*Voyez* Germandrée officinale) & même le *calamus aromaticus*, lui font fubftitués avec avantage toutes les fois que fon prix hauffe & que fa récolte a été mauvaife.

Cook, pendant fes voyages, a fait une Bière affez médiocre à la vérité, mais fort faine, en fe fervant des jeunes pouffes d'une efpèce de fapin du nord.

On trouvera, à l'article Houblon, tout ce qui concerne fa culture, fa récolte & fa confervation. J'ajouterai encore ici que ce n'eft pas feulement pour perfectionner le goût de la bière que le houblon eft néceffaire ; mais il la rend plus facile à conferver, foit comme plante amère, foit par les principes, qu'il ajoute à ceux des céréales. Les boiſſons des Peuples Sauvages auxquelles ils n'ajoutent aucune plante amère, telles que le chica, le bullo, &c. ainſi que les Bières ſans houblon de l'Europe, paſſent très-promptement à la fermentation acéteuſe. J'ajouterai enfin que les Bières rouges & blanches ne diffèrent pas par les ingrédiens qu'on y emploie, mais par une préparation différente. (*M. Reynier.*)

BIFIDE, partie quelconque des végétaux qui eſt diviſée en deux pièces : ainſi, on dit un pédoncule Bifide, un pétale Bifide, une ſtipule Bifide, &c. Cette expreſſion eſt plus uſitée par les Naturaliſtes que par les Jardiniers. (*M. Reynier.*)

BIFLORE, tige ou pédoncule qui porte deux fleurs ; cette expreſſion eſt uſitée dans les ouvrages de Botanique. (*M. Reynier.*)

BIGARADE. Nom qu'on donne au fruit des Bigaradiers variétés du *Citrus aurantium. L. Voyez* ORANGER. (*M. Thouin.*)

BIGARADIERS. On appelle ainſi une des diviſions des Variétés du *Citrus aurantium. L. Voyez* ORANGER.

BIGARADIER à fruit couronné. *Citrus aurantium coronatum.* H. P. *Voyez* ORANGER.

BIGARADIER à fruit violet. *Citrus aurantium violaceum.* H. P. *Voyez* ORANGER. (*M. Thouin.*)

BIGARÉ ou BIGARRÉ. On dit d'une feuille, d'une fleur, d'un fruit, d'une tige, &c., qu'elle eſt bigarée, lorſqu'elle eſt marquée de pluſieurs couleurs. *Voyez* le mot PANACHÉ. (*M. Thouin.*)

BIGARREAU, l'une des nombreuſes variétés du cerifier que nous avons obtenues par la culture. La chair du fruit eſt ferme & crocante ; c'eſt ce qui la diſtingue de la Guigne dont le fruit eſt également gros, mais d'une chair molle. On diſtingue pluſieurs ſous-variétés que bien des perſonnes multiplient à l'infini ; les principales, ou celles dont les différences ſont les plus marquées, ſont :

1. LE PETIT BIGARREAU BLANC HATIF. La peau du fruit eſt d'un côté blanc de cire & lavée de rouge ; de l'autre, ſa chair eſt blanche & d'un parfum agréable. Il mûrit en Juin.

2. PETIT BIGARREAU ROUGE. Ce fruit eſt un peu plus gros que le précédent, & plus pointu qu'aucun autre. Il ſe teint de rouge ſur un fond jaune. Il mûrit quinze jours plus tard que le précédent.

3. GROS BIGARREAU HATIF. Le côté du ſoleil eſt teint en rouge foncé, l'autre en jaune clair lavé de rouge ; ſa chair eſt très-ferme. Il mûrit à la mi-Juin.

4. GROS BIGARREAU ROUGE. Le fruit eſt plus gros que le précédent, ſa peau eſt fort

liſſe, teinte d'un rouge vif du côté de l'ombre & d'un rouge foncé de l'autre ; ſa chair eſt rouge & très-ferme. Il mûrit à la mi-Juillet.

5. GROS BIGARREAU BLANC. Il diffère du précédent par ſa couleur blanche à peine relevée d'une teinte de rouge du côté du ſoleil ; ſa chair a moins de parfum.

6. GROS BIGARREAU TARDIF ou BIGARREAU NOIR. Sa peau eſt d'un rouge foncé du côté de l'ombre, & d'un rouge noir du côté frappé par le ſoleil ; ſa chair eſt très-ferme. Il ne mûrit que vers la fin de Juillet.

Les Bigarreaux à cauſe de la groſſeur du fruit ſont plus ſujets à contenir des vers que les autres ceriſes ; on reconnoît aiſément ceux qui en ſont attaqués à leur molleſſe.

On trouvera une nomenclature générale des variétés du ceriſier ſous le mot CERISIER dans le Dictionnaire des arbres & arbuſtes. (*M. Reynier.*)

BIGAUDELLE. Variété de la Guigne ſemblable pour la forme à la Guigne précoce ; ſa peau eſt d'un rouge brun & devient noire dans ſa maturité ; ſa chair eſt ferme. Ce fruit qu'on nomme auſſi *Guigne noire, Traité des Jardins,* mûrit au commencement de Juillet. *Voyez* GUIGNE & l'article CERISIER où ſe trouvent toutes les eſpéces de *Ceriſier.* (*M. Reynier.*)

BIGÉMINÉ. Terme employé par les Botaniſtes pour déſigner une diſpoſition particulière de foliaiſon.

On appelle feuilles Bigéminées celles dont les pétioles ſe diviſant d'abord en deux, ſoutiennent deux autres pétioles qui ſe terminent chacun par une foliole, au moyen de quoi la feuille eſt compoſée de deux paires ou de quatre folioles. Cette foliaiſon eſt aſſez rare dans les plantes, cependant les accacies à bois rouge & à ongle de chat en offrent des exemples. (*M. Thouin.*)

BIGNONE. *Bignonia.*

Genre de plante à fleurs *monopétalées,* de la diviſion des *perſonnées,* qui paroît avoir quelque rapport avec *les gratioles, les digitales,* &c. La corolle eſt en entonnoir, dont le tube légèrement courbé à ſa baſe, & un peu ventru de côté vers ſa partie ſupérieure, eſt terminée par un limbe évaſé & partagé en cinq lobes arrondis & un peu inégaux. Cette corolle contient quatre étamines & un piſtil qui devient un fruit capſulaire dont la forme varie ſuivant les eſpèces, mais qui conſtamment eſt à deux loges, ſ'ouvre par deux battans & contient des ſemences nombreuſes applaties, & bordées d'une aile membraneuſe. Ce genre eſt compoſé maintenant de trente-ſix eſpèces & quelques variétés qui, au moins la plupart, ſont des ſous-arbriſ-

feaux, des arbriffeaux & des arbres, prefque
tous originaires des climats les plus chauds des
deux Indes & de l'Afrique, tous exotiques. Prefque la moitié de ces efpèces font farmentcu-
les & grimpantes. Un quart, environ, font très-
intéreffantes par la beauté, l'élégance & le nombre de leurs fleurs. Les fleurs de plufieurs ont
une odeur très-fuave. Plufieurs efpèces font
recommandables par leurs bois utiles, les uns
pour la conftruction des maifons & des navires,
d'autres pour les meubles, la marquetterie, la
teinture, & autres ufages. Les efpèces farmenteufes fervent, dans leur pays natal, à faire des
paniers, des liens, des chapeaux. Une grande
partie de ces plantes font jufqu'à préfent peu
ou point cultivées en Europe; celles qui y
font cultivées ne peuvent, la plupart, être confervées qu'en ferres-chaudes; on n'en connoît
jufqu'à préfent qu'une couple d'efpèces qui puiffent réfifter en pleine terre à la rigueur des Hivers
du climat de Paris: Ces deux efpèces font des plus
belles. Quatre ou cinq autres efpèces peuvent
auffi refter en pleine terre, mais ce n'eft cou-
ramment qu'au moyen de plufieurs précautions.

ESPÈCES.

*** à feuilles fimples.**

1. BIGNONE Catalpa.
Le Catalpa ou Bignone à feuilles en cœur.
La M. Dict.
BIGNONIA *Catalpa*. Lin. ♄ de la Caroline
& du Japon.
I. B. BIGNONE Catalpa velu.
BIGNONIA *Catalpa villofa*.
BIGNONIA *Catalpa foliis utrinque villofis*. La
M. Dict. ♄ du Japon.
2. BIGONE à feuilles ondées.
BIGNONIA *quercus*. Hort. Reg. vulgairement
le Chêne noir d'Amérique. ♄ de Saint Do-
mingue.
3. BIGNONE toujours verte.
BIGNONIA *femper virens*, Lin. vulgairement
le Jofmin odorant de la Caroline. ♄ de la Vir-
ginie & principalement de la Caroline.
4. BIGNONE à feuilles de Caffine.
BIGNONIA *caffinoides*. La M. Dict. ♄ du
Bréfil.
5. BIGNONE à feuilles obtufes.
BIGNONIA *obtufifolia*. La M. Dict. ♄ du
Bréfil.
6. BIGNONE à petites feuilles.
BIGNONIA *microphylla*. La M. Dict. ♄ de
Saint-Domingue.

**** A feuilles conjuguées ou ternées.**

7. BIGNONE griffe de chat.

BIGNONIA *Ungnis cati*. Lin. ♄ des Ifles de
Bahama, des Antilles & de Cayenne.
8. BIGNONE équinoxiale.
BIGNONIA *œquinoxialis*. Lin. vulgairement
Liane à crabes, Liane à paniers. ♄ de Cayenne
& des Antilles,
9. BIGNONE paniculée.
BIGNONIA *paniculata*. Lin. ♄ de l'Amérique
méridionale.
10. BIGNONE porte-croix.
BIGNONIA *crucigera*. Lin. ♄ de l'Amérique
méridionale.
11. BIGNONE orangée.
BIGNONIA *capreolota*. Lin. ♄ de l'Amérique.
12. BIGNONE pubefcente.
BIGNONIA *pubefcens*. Lin. ♄ de Campêche
& de la Guiane.
13. BIGNONE à trois feuilles.
BIGNONIA *triphilla* Lin. ♄ de la Vera-
Crux.
14. BIGNONE à liens.
BIGNONIA *Kerere*. Aubl. *Kerere des Galibis*.
♄ de la Guiane.
15. BIGNONE incarnate,
BIGNONIA *incarnata*. Aubl. ♄ de la Guiane.
16. BIGNONE à râpe.
BIGNONIA *echinata*. La M. Dict. ♄ de la
Guiane & des environs de Carthagene.
17. BIGNONE à longues étamines.
BIGNONIA *ftaminea*. La M. Dict. de Saint-
Domingue.
18. BIGNONE à odeur d'ail.
BIGNONIA *alliacea*. La M. Dict. vulgaire-
ment Liane à l'Ail, de Cayenne & de la
Guiane.

***** A feuilles digitées.**

19. BIGNONE à cinq feuilles.
BIGNONIA *pentaphylla*. Lin. vulgairement le
Poirier des Antilles. ♄ des Antilles.
20. BIGNONE à Ebène.
BIGNONIA *Leucoxylon*. Lin. ♄ de l'Amérique
méridionale.
20. B. BIGNONE à Ebène verte.
BIGNONIA *Leucoxylon viridis*.
BIGNONIA *arbor hexaphylla*, *flore maximo
luteo*, *Ebenus vulgo vocata*. Barr. Fr. equin. vulgairement l'Ebene verte ou le bois d'Ebène verd.
♄ de l'Amérique méridionale.
20. C. BIGNONE à Ebène jaune.
BIGNONIA *Leucoxylum citrina*.
BIGNONIA *arbor hexaphylla ligno citrino*. Barr.
ibid. vulgairement l'Ebene jaune. ♄ de l'Amérique méridionale.
21. BIGNONE aquatique.
BIGNONIA *fluviatilis*. Aubl. ♄ de la Guiane,
22. BIGNONE à fleurs velues.
BIGNONIA *hirfuta*. La M. Dict. ♄ de l'Inde.
23. BIGNONE rayonnée.

BIGNONIA *radiata*. Lin. 2/ du Pérou.

24. BIGNONE de Virginie.

BIGNONIA *radicans*. Lin. vulgairement *le Jasmin de Virginie*. ♄ de la Virginie & du Canada.

24. B. Petite BIGNONE de Virginie.

BIGNONIA *radicans minor*. Hort. reg.

BIGNONIA *radicans*. B. Lin. ♄ de la Caroline.

25. BIGNONE de la Chine.

BIGNONIA *Chinensis*. La. M. Dict. ♄ de la Chine.

26. BIGNONE à feuilles de Frêne.

BIGNONIA *stans*. Lin. ♄ de Saint-Domingue & de la Guadeloupe.

27. BIGNONE du Pérou.

BIGNONIA *Peruviana*. Lin. ♄ du Pérou.

28. BIGNONE de l'Inde.

BIGNONIA *indica*. Lin. ♄ de l'Inde & de la côte de Malabar.

28. B. BIGNONE de l'Inde à feuilles oblongues.

BIGNONIA *indica longifolia*.

BIGNONIA *indica*. B. Lin. ♄ de l'Inde & de la côte de Malabar.

29. BIGNONE d'Afrique.

BIGNONIA *Africana*. La M. Dict. ♄ d'Afrique & spécialement du Sénégal.

30. BIGNONE à grappes.

BIGNONIA *racemosa*. La M. Dict. ♄ de l'Isle de Madagascar.

30. B. BIGNONE à grappes & à onze folioles.

BIGNONIA *racemosa hendecaphylla*.

BIGNONIA *racemosa foliolis ovato lanceolatis numerosioribus*. La M. Dict. ♄ de l'Isle de Madagascar.

31. BIGNONE à rameaux applatis.

BIGNONIA *compressa*. La M. Dict. ♄ de l'Inde.

32. BIGNONE spathacée.

BIGNONIA *spathacea*. Lin. fil. suppl. ♄ du Malabar, de l'Isle de Ceylan, de Java, d'Amboine.

33. BIGNONE à fruits torts.

BIGNONIA *chelonoides*. Lin. fil. ♄ du Malabar & de l'Inde.

34. BIGNONE blanche.

BIGNONIA *alba*. Aubl. ♄ de la Guiane.

35. BIGNONE à fleurs bleues.

BIGNONIA *caerulea*. Lin. fil. ♄ des Isles de Bahama.

35. B. Grande BIGNONE à fleurs bleues.

BIGNONIA *caerulea major*.

BIGNONIA *caerulea major foliis obovatis quadruplo longioribus*. La M. Dict. ♄ de la Guiane & de l'Isle de Cayenne.

36. BIGNONE du Brésil.

BIGNONIA *Brasiliana*. La M. Dict. vulgairement *bois de Jacaranda*. ♄ du Brésil.

BIGNONE.

DESCRIPTION DES ESPÈCES.

*** A feuilles simples.**

1. LA BIGNONE Catalpa, qui se nomme vulgairement *le Catalpa*, est un arbre de moyenne grandeur très-intéressant par son beau port, son beau feuillage, & sur-tout par l'élégance des panicules de fleurs qu'il produit en grande quantité, vers la fin de Juillet, c'est-à-dire dans un tems où la plûpart des autres arbres en sont dépourvus. Sa hauteur est de vingt-cinq à quarante pieds. Sa tête ou cime est large & ample, garnie pendant l'Eté & très-dégarnie pendant l'Hiver. L'écorce de son tronc est grise. Celle des jeunes rameaux est d'un verd agréable. Ses branches se soutiennent bien. Son feuillage est massif. Ses feuilles sont opposées communément trois à trois, pétiolées, en forme de cœur, entières, d'un verd agréable; elles sont fort amples, ayant jusqu'à sept pouces de largeur & jusqu'à onze pouces de longueur. Les panicules de fleurs, qui viennent à l'extrémité des branches, sont nombreuses, sont dirigées vers le ciel, se soutiennent bien, ont jusqu'à dix pouces de hauteur & plus de six pouces de largeur. Les fleurs en sont blanches, d'un blanc de perle, tachetées de points d'un violet terne, & marquées intérieurement de quelques lignes d'un jaune pâle; en sorte que ces panicules peu serrées sont moins brillantes qu'élégantes & d'un aspect très-agréable. Les fruits sont des siliques de quinze à dix-huit pouces de longueur, brunes, grêles, cylindriques, pendantes, qui renferment des semences applaties, minces, ailées; chaque semence, y compris ses ailes, est longue de plus d'un pouce, & large à peine d'une ligne & demie; ses ailes sont terminées par des poils à chaque extrémité.

2. LA BIGNONE à feuilles ondées forme, en Amérique, un très-bel arbre, haut de quarante pieds & au-delà, très-droit, bien garni de rameaux sur presque toute sa longueur, ses feuilles sont ovales, lancéolées, ondulées en leurs bords, pétiolées, opposées trois-à-trois & ont un pouce & demi à deux pouces de largeur. Les fleurs sont disposées en belles grappes paniculées & terminales, d'un blanc tirant vers le purpurin. Cet arbre a beaucoup de rapport avec l'espèce précédente. Néanmoins son port & son aspect qui sont aussi très-beaux, sont très-différens, les fruits & les semences ressemblent à ceux de l'espèce précédente.

3. LA BIGNONE toujours verte, est un arbrisseau sarmenteux, qui produit une grande quantité de branches longues, souples, & grim-

pantes qui s'entortillent autour des plantes voisines, & couvrent communément les buissons & arbrisseaux de la Virginie & de la Caroline. Son feuillage est léger, ses feuilles sont opposées, petites & étroites. Ses fleurs, qui viennent dans les aisselles des feuilles, répandent au loin une odeur fort agréable. Les fruits sont des capsules très-petites, semblables à celles du lilas, & renferment des semences qui ne sont ailées que d'un côté seulement.

4. LA BIGNONE à feuilles de cassine, est un arbrisseau dont les feuilles sont opposées, ovales, entières, glabres, coriaces, roides & remarquables par une grande quantité de nervures latérales très-fines & parallèles entre elles. Les fleurs viennent en grappes très-courtes & peu garnies, à l'extrémité & quelquefois dans la bifurcation des branches & rameaux.

5. LA BIGNONE à feuilles obtuses est ligneuse. L'écorce de ses rameaux est blanchâtre. Ses feuilles sont alternes, ovales oblongues, très-entières, rétrecies en pétioles à leurs bases, obtuses. Elles sont situées assez près les uns des autres. Les fleurs viennent en petits corymbes à l'extrémité des rameaux; & leur corolle a deux pouces & demi de longueur.

6. LA BIGNONE à petites feuilles, est un petit arbrisseau rarement plus haut que notre prunier sauvage (*Prunus spinosa Lin.*) Son bois est dur, l'écorce est de couleur obscure & blanchâtre. Ses feuilles sont disposées sans ordre, sessiles, ovales, arrondies, vertes & parsemées de points blancs en dessus, nerveuses & comme cotonneuses en dessous; elles sont très-petites, environ de la grandeur de la quatrième partie de l'ongle. Les fleurs sont blanchâtres avec une légère teinte de rouge, & viennent deux ou trois ensemble sur un pédoncule commun. Les fruits sont en forme de siliques, étroits & pointus.

** *A feuilles conjuguées ou ternées.*

7. LA BIGNONE griffe de chat pousse des sarmens très-menus, de couleur cendrée, entre-coupés par des nœuds assez près les uns des autres. Ces sarmens s'attachent sur les rochers & sur les troncs d'arbres de la même manière que notre lierre. Ses feuilles sont opposées, leurs pétioles, d'environ un pouce de longueur, portent chacun deux folioles ovales, pointues, vertes, nerveuses, & sont terminés en une vrille courte, ordinairement divisée en trois parties courbées en crochet. Les fleurs sont jaunes, sans odeur, & viennent dans les aisselles des feuilles, portées sur des pédoncules simples longs d'un pouce ou un peu plus. Les fruits sont en forme de siliques, longs de deux pieds, d'un pouce

de largeur, applaties, pointues, & de couleur tannée.

8. LA BIGNONE équinoxiale est sarmenteuse, grimpe & se répand sur les arbres. Ses feuilles sont opposées & pétiolées; chaque pétiole soutient deux folioles ovales & se termine par une vrille simple, au moyen de laquelle cette plante s'attache aux rameaux voisins. Les folioles sont ondées sur les bords, d'un verd luisant, & persistantes. Les fleurs sont grandes, rougeâtres, au nombre de deux sur un seul pédoncule dans chaque aisselle des feuilles. Les fruits sont des siliques grêles, applaties, & très-longues.

9. LA BIGNONE paniculée a des tiges grimpantes qui s'élèvent à la hauteur de douze pieds ou environ. Ses feuilles sont opposées. Celles qui sont dans la partie supérieure des tiges sont conjuguées, & celles qui sont dans la partie inférieure sont ternées. Leurs folioles sont un peu en cœur, très-glabres, & chaque pétiole commun est terminé par une vrille. Les fleurs sont purpurines ou violettes & disposées en belles grappes à l'extrémité des rameaux : elles répandent une odeur agréable. Le fruit est une capsule ovale, convexe des deux côtés, dure, & presque ligneuse.

10. LA BIGNONE porte-croix est aussi sarmenteuse & grimpante. Ses tiges & branches acquièrent une très-grande longueur & se répandent au loin. Elle se distingue particulièrement en ce que la superficie de ses sarmens est chargée de points saillans tuberculeux inégaux qui la rendent raboteuse. Cette tige n'a, outre cela, de remarquable que sa coupe transversale qui représente une croix. Les pétioles des feuilles supérieures portent chacun deux folioles ovales; ceux des feuilles inférieures en portent trois. Toutes les feuilles sont opposées, chaque pétiole commun est terminé par une vrille. Les fleurs sont grandes au nombre de six, opposées deux-à-deux, sur chaque pédoncule commun dans les aisselles des feuilles. Le fruit est une capsule ovale oblongue. L'aile qui entoure chaque semence est mince & fort large.

11. LA BIGNONE orangée pousse des sarmens grêles, grisâtres, bien garnis de feuilles; ils s'élèvent à la hauteur de cinq à six pieds en s'entortillant autour des appuis qu'ils rencontrent. Ses feuilles sont opposées & pétiolées : les inférieures sont simples lancéolées, un peu en cœur à leurs bases; les supérieures sont composées de deux folioles semblables aux feuilles simples & leur pétiole commun se termine par une vrille mince & rameuse. Les fleurs sont d'une couleur orangée vers leur sommet & d'un pourpre brun à leur base; elles viennent plusieurs ensemble dans les aisselles des feuilles, chacune sur un pédoncule simple plus court que la fleur.

Dans notre climat, cette espèce fleurit en Juillet.

12. La Bignone pubescente est une plante sarmenteuse, qui s'étend jusques sur la cime des plus grands arbres des forêts de la Guiane. Ses feuilles sont composées de deux folioles en cœur, pubescentes en dessous, & soutenues par un pétiole commun qui se termine en vrille. Ses fleurs sont jaunes. Dans notre climat, elles paroissent en Août.

13. La Bignone à trois feuilles a sa tige droite ligneuse. Ses feuilles sont composées de trois folioles glabres, ovales, & pointues. Ses fleurs sont blanches, & ses fruits sont des capsules longues & applaties.

14. La Bignone à liens est sarmenteuse. Son tronc a communément quatre à cinq pouces de diamètre à sa base, & est noueux. Ces nœuds sont à l'origine des branches, qui sont de sarmens fort longs, noueux, anguleux, qui se répandent sur la cime des plus grands arbres qu'ils couvrent presque entièrement. Les feuilles sont opposées, pétiolées, & composées chacune de deux ou trois folioles ovales, pointues, glabres & très-entières. Les fleurs sont jaunes, grandes, disposées en bouquets alternes dans les aisselles des feuilles. Elles sont au nombre de quatre sur chaque pédoncule commun, lequel est plus court que les feuilles. Les fruits sont des capsules ovales un peu applaties. Cette plante se trouve dans les forêts, & principalement sur le bord des rivières.

15. La Bignone incarnate est un arbrisseau sarmenteux, dont le tronc aussi est noueux, & l'écorce grisâtre. Il a vers le bas quatre à cinq pouces de diamètre. Il pousse aussi comme l'espèce précédente, quantité de sarmens qui sont grêles, auguleux, très-longs, & se répandent jusqu'au sommet des plus grands arbres. Les feuilles sont opposées & pétiolées; celles inférieures sont composées de trois folioles, & celles supérieures de deux folioles. Toutes ces folioles sont grandes, ovales-oblongues, pointues, glabres, entières. Le pétiole commun se termine le plus souvent en une vrille simple, roulée en spirale. Les fleurs sont de couleur de chair, disposées en bouquets corymbiformes & alternes dans les aisselles des feuilles. Les fruits sont des siliques fort longues, étroites, applaties, brunes. Cette plante se trouve dans les forêts, & principalement sur les bords de la rivière de Sinémari.

16. La Bignone à rape est un arbrisseau sarmenteux & grimpant, dont les ramifications, noueuses & très-longues, s'étendent comme celles des deux espèces précédentes, jusques sur la cime des plus grands arbres, qu'elles couvrent presqu'entièrement. Les feuilles sont op-

posées & pétiolées; celles inférieures ont leur pétiole commun divisé en deux branches, chacune desquelles soutient trois folioles ovales, pointues, glabres & pétiolées. Il part une vrille simple de la bifurcation du pétiole commun. Les feuilles supérieures sont, les unes composées de trois folioles; les autres de deux folioles seulement; & d'une vrille, qui est la prolongation du pétiole commun. Les fleurs sont de couleur de chair, & disposées quatre à huit ensemble, en bouquets corymbiformes situés dans les aisselles des feuilles. Les fruits sont de grandes capsules ovales-oblongues, un peu applaties, roussâtres, très-remarquables par leur superficie toute hérissée de petites pointes dures, & très-nombreuses, d'où vient le nom de cette espèce. Cette plante croît dans les forêts & plaines sablonneuses.

17. La Bignone à longues étamines est aussi une plante sarmenteuse, & qui grimpe sur les arbres. Ses feuilles sont opposées, & composées chacune de deux folioles ovales, entières, glabres, d'un beau verd, longues de deux pouces, pétiolées elles-mêmes, & soutenues par un pétiole commun, qui se termine en une vrille simple. Les fleurs sont d'un jaune tirant sur le pourpre, & naissent des aisselles des feuilles, vers les sommités des rameaux. Ces fleurs ont leurs corolles longues de deux pouces, & les étamines saillantes hors de la corolle. Elles sont portées chacune sur un pédoncule simple, long & menu.

18. La Bignone à odeur d'œil est un arbrisseau sarmenteux & grimpant, dont l'écorce est grisâtre. Ses feuilles sont opposées, & composées chacune de deux grandes folioles ovales, pointues aux deux bouts, entières, vertes, minces, glabres, & portées sur un pétiole commun, qui se termine le plus souvent par une vrille simple. Cette plante exhale, au loin, une odeur d'ail, qui la fait aisément reconnoître. Cette espèce croît dans les forêts.

* * * A feuilles digitées.

19. La Bignone à cinq feuilles est un grand arbrisseau rameux, touffu, qui a, en quelque sorte, le port & l'aspect du poirier. Ses feuilles sont pétiolées, digitées, & composées de cinq folioles aussi pétiolées, ovoïdes, très-entières, vertes, glabres & inégales. Les fleurs sont pédonculées, purpurines, & naissent trois ou quatre ensemble, vers le sommet des rameaux. Les fruits sont des siliques longues de près d'un pied, larges de trois pouces, applaties & pendantes.

20. La Bignone à ébène se distingue de l'espèce précédente, par la forme de ses folioles qu'

qui font toutes terminées en pointe & par la couleur jaune de fes fleurs, dont l'odeur eft agréable. C'eft un arbre qui quitte fes feuilles tous les ans. Les deux variétés B & C fe diftinguent par la couleur de leur bois. Celui de la variété B eft verd, & celui de la variété C eft jaune. Ces deux variétés fe diftinguent encore en ce que leurs feuilles font, la plupart, compofées de fix folioles, qui font beaucoup plus grandes que celles de la variété principale. Ces arbres font très-beaux. On les diftingue de loin, dans les forêts, par la beauté & la multiplicité de leurs fleurs. Dans leur pays natal, ils fleuriffent deux ou trois fois par an. Dans notre climat, ceux qu'on parvient à élever fleuriffent en Août.

21. LA BIGNONE aquatique eft un arbriffeau de cinq à fix pieds de hauteur, dont l'écorce eft liffe & cendrée. Les feuilles & les rameaux font oppofés. Ces feuilles ne diffèrent que médiocrement des deux efpèces précédentes. Les fleurs font blanches, & viennent par petits paquets oppofés dans les aiffelles des feuilles. Les fruits font des capfules verdâtres, ovales-oblongues, légèrement comprimées. L'aile qui borde les femences eft large, blanche & membraneufe. Cet arbriffeau croît fur le bord des rivières, vers leur embouchure, où il eft fujet à être fubmergé par les marées.

22. LA BIGNONE à fleurs velues a fes feuilles oppofées & digitées. Leur pétiole a deux pouces ou deux pouces & demi de longueur, & foutient à fon fommet cinq folioles oblongues & cunéiformes, obtufes avec une légère échancrure à leur extrémité. Elles font glabres en deffus, un peu pubefcentes en deffous, avec des veines finement réticulées. Ces folioles font inégales. Les plus grandes ont environ deux pouces de longueur. Les fleurs font petites, & viennent à l'extrémité des rameaux, en bouquets paniculés, ferrés & fort courts. Les corolles font courbées & couvertes extérieurement de poils courts, d'un jaune rouffeâtre.

23. LA BIGNONE rayonnée eft une jolie plante, très-baffe, qui n'a point de tige, à moins qu'on ne donne ce nom à une forte de fouche d'environ trois pouces de hauteur au-deffus de terre. Le fommet de cette fouche eft couronné par un beau bouquet de plufieurs feuilles remarquables par la forme & la difpofition de leurs folioles. Chaque feuille a un pétiole long de deux à dix pouces, qui porte à fon extrémité fept à neuf folioles, qui partent toutes d'un point commun, d'où elles divergent en manière de rayons. Ces folioles font oblongues, pinnatifides, incifées, & à découpures obtufes. Du milieu de ce bouquet de feuilles naît un pédoncule, qui porte cinq à fix fleurs jaunes, femblables, pour la forme, à celles de l'ef-

pèce fuivante, & dont le limbe intérieur eft tacheté de points rouges.

24. LA BIGNONE de Virginie eft une des plus belles plantes de ce genre. C'eft un arbriffeau farmenteux, rameux, qui, lorfqu'il eft planté contre les murailles, y grimpe prefqu'à la manière du lierre. Ses branches pouffent, à chaque nœud, des racines qui pénètrent le mortier des murs, & s'y attachent affez pour foutenir fes farments, qui s'élèvent ainfi dans nos jardins jufqu'à quarante pieds de hauteur. L'écorce de fes vieux farments eft brune, inégale, crevaffée. Ses feuilles font oppofées, ailées avec impaire, compofées de onze folioles ovales, pointues, dentées en fcie, d'un beau verd, oppofées. Les fleurs font grandes, & d'un rouge très-éclatant, difpofées, à l'extrémité des rameaux, en bouquets courts très-agréables à voir. Leur corolle, qui eft infundibuliforme, a fon tube au moins une fois plus long que le calice. La variété, n.° 24, B, a fes folioles une fois plus petites. Ses jeunes pouffes font violettes. Ses fleurs font moins grandes, & d'un rouge moins vif. Les fruits de cette efpèce ne font pas applatis; ils font longs de fix à fept pouces, larges d'un pouce, & pointus aux deux extrémités.

25. LA BIGNONE de la Chine eft un arbriffeau qui paroît reffembler beaucoup à l'efpèce précédente. Il en diffère principalement par la forme de fes fleurs & de fes fruits. Sa fleur eft campanulée, & n'a pas fon tube plus long que le calice, c'eft-à-dire, que ce tube s'évafe prefque à fa fortie du calice en un limbe fort grand, partagé en cinq divifions larges, arrondies, un peu inégales, prefque auffi grandes que le tube même. Ces fleurs font grandes, & au moins auffi belles que celles de l'efpèce précédente, difpofées à l'extrémité des rameaux, en grappes paniculées, d'un afpect fort agréable. Les fruits font des capfules prefque cylindriques, un peu comprimées fur les côtés & non fur les faces de leurs valves ou battans, & à peine longues de trois pouces.

26. LA BIGNONE à feuilles de frêne eft un arbriffeau peu élevé, très-intéreffant par la beauté & la multiplicité de fes fleurs. Ses feuilles font oppofées, pétiolées, ailées avec impaire, prefque femblables à celles du frêne. Les fleurs font jaunes, nombreufes, campanulées, difpofées aux fommités des rameaux, en grappes droites, fimples & bien garnies. Le fruit eft une capfule grêle, longue de fix pouces, large de trois ou quatre lignes. Les ailes des femences font blanches, très-minces & tranfparentes. Dans notre climat, cette efpèce fleurit vers la fin de l'Eté.

27. LA BIGNONE du Pérou eft un arbriffeau grimpant, muni de vrilles aux nœuds de fes rameaux. Les feuilles ont leur pétiole divifé en trois parties. Chaque divifion foutient cinq fo-

lioles, difposées en aile avec impaire. Ces folioles font ovales, inégalement incifées, garnies de pétioles propres très-petits.

28. La Bignone de l'Inde eft un arbre élevé, rameux, dont le tronc eft recouvert d'une écorce cendrée, & a ordinairément un pied & demi de diamètre. Les rameaux & les feuilles font oppofés. Les rameaux font noueux, verdâtres & parfemés de petits points, qui les rendent rudes au toucher. Les feuilles font deux fois ailées, compofées de folioles prefque en cœur, pointues, très-entières, pétiolées, au nombre de cinq à fept, fur chaque pinnule. Les fleurs font grandes, en cloche, irrégulières d'un blanc jaunâtre en dedans, marquées de lignes rouges en dehors, d'une odeur défagréable, difpofées en grappes au fommet des rameaux. Les fruits font des capfules longues de deux pieds, larges de trois pouces. Les ailes des femences font minces, blanches, larges, & femi-orbiculaires. La variété 28 B a fes folioles ovales, oblongues & pointues, & fes fleurs ont le bord de leurs divifions chargé d'un duvet cotonneux. Cette efpèce croît dans les lieux fablonneux.

29. La Bignone d'Afrique eft, fuivant M. Adanfon, un arbre fort grand. Ses feuilles font ailées, compofées la plupart de cinq folioles ovoïdes, larges, bordées de dents groffières, luifantes, d'un verd clair, un peu ridées en deffus, nerveufes en deffous, rudes au toucher, dont la terminale eft pétiolée, & les latérales font prefque feffiles. Les fleurs font difpofées en grappe, fur un pédoncule commun, long de fix à fept pouces, & peu garni. La corolle eft campanulée, & a deux pouces de longueur. Les fruits font très-grands, cylindriques, & à-peu-près de la forme de nos concombres, longs de deux pieds, coriaces & biloculaires, ou à deux loges comme ceux de toutes les autres efpèces.

30. La Bignone à grappes a fes feuilles oppofées, ailées avec impaire, compofées de cinq à fept folioles ovales, pointues, glabres, luifantes, longues d'un pouce, portées fur un pétiole commun bordé de chaque côté d'une membrane courante très-étroite. Les fleurs font petites, difpofées en grappe fimple, lâche & plus longue que les feuilles. La corolle eft tubuleufe; fon limbe eft petit, & à peine divifé. La variété n.° 30 B diffère par fes feuilles, compofées de neuf à onze folioles plus pointues, & par fes fleurs un peu plus petites, dont les grappes font à peine auffi longues que les feuilles.

31. La Bignone à rameaux applatis a fes derniers rameaux noueux, & applatis d'une manière très-remarquable. Ses feuilles font oppofées; la plupart ailées avec impaire; excepté celles qui viennent fur les rameaux applatis qui font ordinairement fimples, très-petites & fef-

files. Les feuilles ailées font compofées de trois à fept folioles ovales-oblongues, obtufes, entières, coriaces, glabres, d'un verd clair, fouvent un peu blanchâtres ou comme farineufes & nerveufes en deffous. Les fleurs font petites, prefque feffiles, difpofées en petit nombre aux fommités des rameaux.

32. La Bignone fpathacée eft un arbre de quinze à vingt-cinq pieds de hauteur, dont les branches font étalées. L'écorce du tronc & des vieux rameaux eft cendrée, celle des jeunes pouffes eft d'un rouge noirâtre. Ses feuilles font la plupart oppofées, compofées de fept à neuf folioles ovales, pointues, entières, hériffées de poils, fuivant Linné; très-glabres & d'un beau verd fuivant Rumphe, &, Rheede. Les fleurs viennent aux fommités des branches, deux ou trois enfemble, attachées à des pédoncules plus courts qu'elles. Leur calice eft caduque, d'une feule pièce, s'ouvre latéralement en manière de fpathe. La corolle eft en forme de coupe, à tube fort long, limbe plane & à cinq lobes irréguliers & inégalement dentés. Les fruits font des capfules longues, linéaires, un peu applaties, courbées en forme de corne, cannelées dans leur longueur; & contiennent, dans une moëlle fpongieufe, des femences oblongues, étroites & ailées à leur fommet feulement. Cet arbre croît dans les lieux humides.

33. La Bignone à fruits torts eft un grand arbre. Son écorce eft d'un gris blanchâtre. Ses feuilles font pétiolées, ailées avec impaire, compofées de neuf à onze folioles ovales, oblongues, très-entières, acuminées, pétiolées, & pubefcentes en deffus & en deffous. Les fleurs font petites, jaunes, avec des lignes & points rouges; velues, difpofées en panicules terminales, & d'une odeur agréable. Les fruits font en forme de filiques, linéaires, longs, étroits, applatis fur les deux faces oppofées, les deux autres faces étant plus étroites, & courbées ou torfes irrégulièrement.

34. La Bignone blanche eft un arbriffeau farmenteux. Lorfqu'il eft adulte, fon tronc épais eft fans branches jufqu'à la hauteur de dix pieds. Au deffus de cette hauteur, il pouffe quantité de branches farmenteufes, noueufes, anguleufes, rameufes, très-longues, qui fe répandent & fe prolongent jufqu'à la cime des plus grands arbres. Les feuilles font oppofées, fort grandes; leur pétiole eft divifé en trois branches, dont chacune eft ailée avec impaire. Les folioles font ovales, pointues, entières, glabres foutenues par des pétioles renflés à leur extrémité. Les fleurs font blanches, difpofées dans les aiffelles des feuilles, fur un pédoncule commun, fourchu à fon fommet en bouquet corymbiforme. Les fruits font des capfules ovales-oblongues, un

peu applaties, épaiffes, ligneufes, raboteufes, ridées, grifâtres, à valves très-épaiffes.

35. LA BIGNONE à fleurs bleues eft un arbre d'une grandeur médiocre. Ses feuilles font oppofées, deux fois ailées; compofées d'un grand nombre de folioles lancéolées, pointues, petites, tantôt oppofées, tantôt alternes. Les fleurs font difpofées en belles panicules au fommet des rameaux. Les fruits font des capfules applaties, prefque rondes, coriaces, dures, de deux pouces de diamètre.

35. B. LA grande BIGNONE à fleurs bleues eft peut-être une efpèce diftinéte, plutôt qu'une variété de la plante précédente. Elle n'en paroît différer que par fa grandeur & la forme de fes folioles, qui font ovales, un peu obtufes à leur fommet, & quatre fois plus longues. C'eft un arbre dont le tronc a foixante à quatre-vingt pieds de hauteur, & deux à trois pieds de diamètre. Son bois eft blanc & peu compacte. Son écorce eft cendrée. Sa tête eft compofée d'un grand nombre de groffes branches droites & rameufes. Les feuilles font oppofées, très-grandes, deux fois ailées; compofées d'un grand nombre de folioles ovales, entières, glabres, dont les plus grandes ont deux pouces & demi de longueur, fur un pouce de largeur. Les fleurs font bleues & difpofées en panicules amples & terminales. Les fruits font des capfules ovales-arrondies, comprimées, rouffâtres & coriaces. Cet arbre croît dans les forêts.

36. LA BIGNONE du Brefil eft un arbre encore mal connu, que M. de la Marck préfume être le *Jacaranda* de Pifon. Il a beaucoup de rapports avec l'efpèce précédente. Son fruit, comprimé à-peu-près de même, en diffère par des finuofités en fes bords, qui lui donnent, en quelque forte, la forme d'un chapeau. Ses fleurs diffèrent auffi par leur couleur, qui eft jaune.

Culture.

L'efpèce n.° 1. fe multiplie de femences, de marcottes & de bouturés. On étoit ci-devant dans l'ufage de tirer les femences de la Caroline, parce que cet arbre étoit réputé n'en pas donner dans notre climat. Mais, maintenant il eft bien reconnu que cette efpèce donne, dans le climat de Paris, affez de femences fertiles, pour qu'on foit difpenfé d'en tirer d'ailleurs. Le fémis doit être fait au Printems, en Mai, dans des pots remplis d'une terre compofée comme celle à orangers, mais rendue plus légère & plus fubftancielle par l'addition d'environ un tiers de terreau de couche neuf & bien confommé, ou encore mieux d'un quart de tel terreau de couche, & d'un autre quart

de terreau de bruyère. On couvre les femences d'environ une ligne & demie d'épaiffeur de terre, femblable à celle dont on a rempli les pots, mais plus fine: puis on enterre les pots dans le terreau d'une couche modérément chaude & placée à une expofition chaude abritée. Le fémis doit être arrofé légèrement, foir & matin, jufqu'à ce qu'il foit levé. On arrofe enfuite plus modérément, & fuivant le befoin. On ménage moins les arrofemens pendant les chaleurs. Cependant il faut toujours ufer d'une certaine modération à cet égard, parce que l'expérience a appris que tout arbre tenu trop humidement, pendant fa première jeuneffe, réuffit moins bien lors de fa tranfplantation à demeure, fi le terrein dans lequel on le tranfplante n'eft d'une humidité au moins égale à celle dans laquelle l'arbre a été élevé, & ne lui convient tel. Cette efpèce eft très-fenfible au froid pendant fa première jeuneffe; c'eft pourquoi il eft bon, pendant le premier Hiver, de couvrir les pots de paille, en affez grande quantité, pour que les plantes foient totalement à l'abri du contaét de l'air; & même il convient de les rentrer dans l'orangerie, lors des gelées au-deffus de cinq degrés. Au Printems fuivant, on ôtera le jeune plant des pots, pour le mettre en pleine terre, en pépinière, à une expofition chaude & abritée. Le plant doit être efpacé à quinze ou dix-huit pouces. La terre de cette pépinière doit être légère. Le plant y reftera pendant deux ans, après lefquelles on le plantera à demeure. Pendant le tems qu'il eft en pépinière, il faut, dès le commencement de l'Automne, de chaque année, rouler autour de la tige & des branches de chaque plante un gros lien de paille tordue, qui les couvre entièrement. Sans cette précaution, comme cette efpèce conferve fa fève très-tard, les premières gelées détruifent fouvent les branches, & même une partie des tiges de ces jeunes plantes : d'où il arrive que les jeunes arbres, qui fortent de ces pépinières, après avoir été très-retardés dans leur accroiffement, n'ont enfin que des troncs tortueux & très-difformes.

Pour réuffir à multiplier cet arbre, par marcottes, on eft dans l'ufage de faire des mères; c'eft-à-dire, qu'au Printems, avant la fève, on coupe, au rez de terre, un certain nombre de gros arbres, puis on déchauffe, jufqu'à la profondeur d'environ huit pouces, la fouche de chacun de ces arbres ainfi coupés. Un affez grand nombre de branches naiffent de la furface de l'écorce découverte par ce déchauffement. Ces branches font ordinairement très-vigoureufes. Mais, comme elles confervent leur fève encore beaucoup plus tard que les jeunes arbres, on conçoit que, malgré leur vigueur, elles font en danger d'être endommagées par les premières gelées. C'eft pourquoi il convient, vers le commencement de chaque Automne, de les lier ensemble, par paquets, sans les déformer par aucune courbure forcée, & d'entourer chaque paquet d'un tortillon de paille, qui le couvre entièrement, comme j'ai dit qu'il falloit couvrir le jeune plant qui est en pépinière. Lorsque ces branches ont deux ans, elles sont bonnes à être marcottées. On y procède au Printems, avant la sève; & pour cela, non-seulement on rechausse ces souches avec la terre qui les entoure, si elle est légère, ou avec une telle terre qu'on y transporte, si celle qui est autour d'elles se trouve trop forte; mais encore on élève au dessus & autour de chaque souche une bute, de pareille terre, assez haute pour que celles desdites branches, qui sont nées vers le faîte de la souche, se trouvent enterrées dans cette bute à environ huit pouces de profondeur. On arrose ces butes assiduement pendant toute l'année. Ordinairement toutes les branches y contenues sont assez enracinées à l'Automne suivante, pour être séparées au Printems subséquent. Il y a des Jardiniers qui font ces butes dans le Printems de la seconde année. Ils disent, avec grande apparence de raison, que, par cette dernière méthode, les racines qu'ils obtiennent, ayant eu deux années, au lieu d'une, pour se former, se trouvent beaucoup mieux conditionnées, & beaucoup plus nombreuses. Quelque soit celle de ces deux méthodes qu'on ait mise en pratique, ces marcottes ne doivent pas être sevrées avant le Printems de la quatrième année de leur âge. Alors on les sépare, avant la sève avec soin, en tâchant d'y conserver le plus de racines qu'il est possible. On plante aussi-tôt, à demeure, toutes celles qui sont assez fortes; & on met les autres en pépinière, pour y rester pendant un an ou deux, suivant leur force, & y être traitées comme le plant de semence. Lors de cette transplantation, soit à demeure, soit en pépinière, il convient de ne séparer des mères que les marcottes qu'on peut planter aussi-tôt, afin que les racines ne restent exposées à l'air que le moins de tems possible. Chacune de ces mères peut fournir ainsi, tous les trois ans, un assez grand nombre de marcottes bien enracinées, pendant un grand nombre d'années.

Mais souvent on desireroit faire des marcottes sur un grand arbre, sans le sacrifier, comme il est nécessaire, pour en faire une mère. Dans ce cas, on choisira, sur cet arbre, au Printems, & avant la sève, des branches de deux ans, d'une belle venue. On les entourera, chacune à l'endroit de leur naissance, d'une terre légère, semblable à celle que j'ai indiqué être propre pour les sémis. Cette terre pourra être contenue, soit dans des pots faits exprès

pour marcotter, soit dans des entonnoirs de fer blanc propres au même usage, ou bien dans des mannequins, ou dans des caisses de bois, construites dans cette vue. Ces pots, entonnoirs & caisses, doivent être, au moins d'environ neuf à dix pouces de diamètre, sur autant de hauteur. Ceux qui sont plus petits ne contiennent pas une quantité de terre suffisante pour donner lieu à la production de racines assez vigoureuses. Ajoutez que cette terre, que ces vases trop petits contiennent ainsi en trop petit volume, ne peut, que fort difficilement, être entretenue dans cette humidité continuelle, qui est requise pour la réussite de ces marcottés. Quant aux mannequins, ils doivent être encore plus grands que les pots, entonnoirs & caisses, parce que la terre qui y est contenue, est plus exposée à l'action des agens desséchans. On soutient & on fixe, en place, ces vases & mannequins, par le moyen de perches solidement enfoncées en terre, à la profondeur d'environ deux pieds, & fermement attachées, tant à ces ustensiles, qu'aux branches marcottées, de manière à les défendre de la force du vent, qui a beaucoup de prise sur ces branches, & qui, si on ne prenoit des précautions suffisantes, ne manqueroit pas de les agiter tellement, qu'il les empêcheroit de s'enraciner. Si on a plusieurs marcottes sur un même arbre, après avoir soutenu chaque marcotte, comme je viens de le dire, il convient d'affermir, d'autant plus, toutes ces perches enfoncées en terre, par d'autres perches y attachées en travers, de manière à former du tout une sorte d'échafaud, assez solidement assemblé, pour mettre les marcottes à l'abri de toute agitation préjudiciable. Si on arrose assiduement les vases, ou mannequins, qui les contiennent ordinairement elles sont assez enracinées à l'Automne suivante, pour être séparées au Printems subséquent. On les traite alors comme les marcottes fournies par des mères.

Pour procéder à la multiplication de cet arbre, par boutures, on choisit des branches d'une belle venue, & de deux ans; parce que celles de l'année précédente seroient trop herbacées, & sujettes à se pourrir. On en taille le bas en bec de flûte, & on les plante au Printems, avant la sève, dans des pots remplis de terre pareille à celle que j'ai dite convenir pour les sémis. On enterre aussi-tôt ces pots sur une couche d'une chaleur modérée. Il faut les tenir à l'abri du soleil du Midi, & du grand air, par des paillassons, jusqu'à ce que les boutures soient parfaitement enracinées. On les arrose, pendant ce tems, avec assiduité & modération. Elles poussent au bout de six semaines. Quand on les juge suffisamment garnies de racines, on les accoutume à l'air, petit à petit. Puis on les traite comme des plantes de femences, c'eſt-à-dire, qu'on couvre les pots & les plantes avec de la paille, pendant le premier Hiver, qu'on les rentre même dans l'orangerie, lors des gelées au-deſſus de cinq degrés, & qu'au Printems ſuivant, on dépote, pour planter en pépinière, où les plantes reſteront pendant deux ans, &c.

Pluſieurs Jardiniers, qui cultivent cet arbre en grand, lorſqu'ils ont une grande quantité de boutures à faire, trouvent la culture, dont je viens de donner le détail, trop minutieuſe & trop diſpendieuſe. Ils choiſiſſent leurs boutures comme je l'ai dit, & les mettent en terre à la même époque que j'ai déſignée ; mais ils ſe contentent de les planter en pleine terre, à dix pouces ou un pied de diſtance réciproque, dans une plate-bande de terre bien meuble & bien préparée, expoſée au Nord. Ils abritent ces boutures par des paillaſſons, juſqu'à ce qu'elles ſoient enracinées. Souvent même ils négligent de leur procurer un abri, & ne prennent aucun autre ſoin que d'arroſer modérément & aſſiduement. Et néanmoins ces boutures s'enracinent ordinairement très-bien. Quand elles commencent à pouſſer vigoureuſement, ils les abandonnent ſouvent à elles-mêmes, juſqu'à l'Automne. Ils les laiſſent dans la même plate-bande pendant deux ans, pendant leſquelles ils les ſoignent comme les plantes de ſemence lorſqu'elles ſont en pépinière ; c'eſt-à-dire que, dès le commencement de l'Automne de chaque année, ils couvrent entièrement la tige & les branches de chaque plante avec un lien de paille tordue, roulé autour d'elles. Au Printems de la troiſième année, ils plantent en place à demeure.

Un terrein léger & humide eſt celui qui convient le mieux à cet arbre. Il y fait de beaucoup plus grands progrès qu'en tout autre, & y fleurit plutôt. Il faut, autant qu'on le peut, choiſir, pour planter cet arbre à demeure, des endroits qui ſoient à l'abri des vents violens, qui déchirent ſes feuilles, briſent aiſément ſes branches, & rendent ſon aſpect très-déſagréable. Il eſt bon auſſi que ces arbres ſoient plantés en expoſition chaude, parce que, comme ils conſervent leur ſève très-tard en Automne, ainſi que je l'ai déjà dit, il s'en ſuit qu'ils ſont, pendant les premières années, très-ſujets à être endommagés par les premières gelées, qui détruiſent ſouvent l'extrémité des branches. Lorſque ces arbres ont acquis une certaine force, ils ne ſouffrent ordinairement que dans les Hivers fort rudes. Il eſt très-remarquable que ces arbres ont réſiſté, dans le Jardin Royal, & en beaucoup d'autres endroits, au froid ſi extrême de l'Hiver mémorable de 1788 à 1789, lequel en a à peine endommagé quelques-uns. Cet arbre, dans notre

climat, entre en ſève, aſſez tard, au Printems. Il eſt très-vraiſemblable que cette propriété contribue beaucoup à lui faire ſupporter ainſi la rigueur du froid.

Les eſpèces n.ᵒˢ 2, 9, 10, 11, 13, 19, 20, 26, 27 & 35 ſe multiplient de graine qu'on fait venir de leurs pays natals. Les ſemis en font au Printems, ſur couche chaude, couverte de châſſis, dans des pots remplis de terre pareille à celle dont j'ai fait mention pour le ſemis de l'eſpèce n.ᵒ 1. On arroſe ces ſemis, très-légèrement, ſoir & matin, juſqu'à ce qu'ils ſoient levés. Auſſi-tôt que les plantes paroiſſent, il faut les traiter en plantes très-délicates. On arroſera donc très-modérément, & ſeulement au beſoin, les jeunes plantes, tant que la ſaiſon eſt fraîche, le tems humide, & que le ſoleil ne paroît pas. Il faut avoir très-grand ſoin de les préſerver du froid. Non-ſeulement la moindre gelée les fait périr, mais même une température de dix ou douze degrés ne ſuffit pas pour les conſerver. Ainſi, on doit avoir la précaution de couvrir, de paille & de paillaſſons, les châſſis, pendant les tems froids, & de faire des réchauds aux couches, lorſque leur chaleur tombe au-deſſous de douze degrés. Il faut auſſi avoir très-grand ſoin de les faire jouir des rayons du ſoleil, & de leur donner de l'air toutes fois que le tems le permet ; car les jeunes plantes ſont très ſujettes à s'étioler & à pourrir, par la privation des rayons du ſoleil, & par l'humidité. Lorſque les jeunes plantes auront acquis trois ou quatre pouces de hauteur, celles qui ſeront en plus grand nombre qu'une, dans chaque pot, doivent être arrachées, par un tems brumeux, avec toutes leurs racines, & tranſplantées auſſi-tôt dans d'autres pots. Il convient de n'en mettre qu'une dans chaque pot. Ces nouveaux pots, ainſi que les autres, à cette époque, ſeront tranſportés & enterrés ſur une autre couche chaude, nouvellement faite, & qu'on aura l'attention de réchauffer dans la ſuite, ſuivant le beſoin, pour avancer & fortifier le jeune plant avant l'Hiver. Pendant tout l'Eté, ces plantes demandent à être arroſées fréquemment ; mais il faut leur donner peu d'eau à-la-fois. Dès l'Automne, il faut mettre tous les pots dans la tannée de la ſerre chaude. L'arroſement doit être modéré pendant l'Hiver.

Au commencement de chaque Automne, ou Printems ſubſéquent, on rempote toutes les plantes de bonne heure ; c'eſt-à-dire, qu'on renouvelle la terre de chaque pot, en retranchant une partie de la motte, & mettant, en place, de nouvelle terre. Cette opération eſt abſolument néceſſaire, parce que chaque année, à cette époque, ordinairement les pots ſont entièrement remplis par les racines de chaque plante, de forte que, si on les laissoit en cet état, il seroit totalement impossible que ces racines fissent aucun progrès ultérieur, & par conséquent les plantes périroient indubitablement peu de tems après, si on ne leur procuroit, par ce rempotement, le moyen de végéter de nouveau. A la même époque, on met, dans des pots plus grands que ceux où elles sont contenues, sans toucher à la motte de chaque plante, & en ajoutant seulement de nouvelle terre, toutes les plantes qui paroissent assez fortes pour avoir besoin de ce changement. On emploie, tant pour ce rempotement, que pour remplir les nouveaux pots, la même terre qu'on a employée pour les sémis, mais un peu plus forte; c'est-à-dire, que le terreau de couche & la terre de bruyère doivent y entrer en moindre proportion. On conçoit, sans qu'il soit nécessaire de le dire, qu'en toute saison, on peut, & on doit faire ce changement de pots aux plantes qui paroissent en avoir un besoin urgent. Mais, hors ce cas de nécessité, la saison la plus favorable à cette opération, est le commencement de l'Automne, & encore mieux le Printems, avant la sève. Ces opérations étant faites, on remet aussi-tôt tous les pots dans la tannée des serres-chaudes, où toutes ces espèces doivent rester constamment, & y être traitées comme les autres plantes délicates des mêmes pays. Hors le tems de la végétation de ces plantes, on ne leur donnera de l'eau, que lorsque la terre commencera à se dessécher à sa surface.

Toutes ces espèces, & sur-tout l'espèce n.° 20, se multiplient encore par boutures. Pour cela, on prend, pendant l'Eté, des rameaux de l'avant-dernière pousse, on ôte une partie des feuilles; plusieurs taillent le bas de ces rameaux en bec de flute; d'autres le coupent circulairement. Ces deux procédés réussissent à-peu-près également. Quelque soit celui qu'on adopte, on doit planter ces boutures le plus promptement possible, après qu'elles sont séparées de la plante qui les a produites; on les plante dans des pots remplis de terre pareille à celle qui convient aux sémis. On met aussi-tôt ces pots dans une couche de tan. Ces boutures doivent être soignées de la même manière que celles des autres plantes du même pays, qui se multiplient par cette voie. *Voyez* l'article BOUTURE.

Les espèces, n.ºˢ 10, 20 & 26, traitées comme je viens de le dire, ont fleuri, pendant plusieurs années, dans les jardins de Chelsea, par les soins du célèbre Müller. L'espèce, n.° 26, fleurit ordinairement trois ans après avoir été semée. L'espèce, n.° 11, qu'on cultive depuis long-tems au Jardin Royal de Paris n'y a fleuri que depuis quelques années. Aucune de ces espèces ne fructifie dans le climat de Paris.

Il ne faut pas négliger de soutenir, par quelques appuis, les tiges des espèces, n.ºˢ 9, 10, 11, 27 & 35, qui sont sarmenteuses & grimpantes. Ce soin est sur-tout nécessaire pour l'espèce n.° 10, dont les tiges & branches acquièrent, dans la serre, vingt pieds de longueur, en trois ans, & s'étendent à une beaucoup plus grande distance, si on leur en laisse la liberté.

Les espèces, n.ºˢ 3, 7, 8 & 12 se multiplient de graines, qu'il faut tirer de leurs pays natals. On les sème au Printems, de la même manière, avec les mêmes soins & les mêmes précautions, que celles des espèces, n.ºˢ 2, 9, 10, 11, & autres de la Zône torride. Müller assure qu'au Printems suivant, on pourra mettre le jeune plant en pépinière, en pleine terre, à l'exposition la plus chaude, & la plus abritée que faire se pourra, & les y laisser pendant deux ans. Mais, pendant chaque Hiver, il faudra couvrir la terre de la pépinière, avec du tan, pour préserver les racines de la gelée, &, dans la même vue, couvrir les branches, pendant les grands froids, avec de la paille longue ou des paillassons. La quatrième année, on plantera, à demeure, en pleine terre; mais premièrement, tant parce que ces plantes sont sarmenteuses & grimpantes, & ont par conséquent besoin de soutient, que sur-tout à cause de leur grande sensibilité au froid, il est nécessaire, dans nos climats, de les placer au pied de quelque muraille, en exposition la plus chaude possible. Secondement, tant que ces plantes existeront, on couvrira constamment, chaque Hiver, leurs racines & leurs branches, de la même manière que j'ai dit qu'il falloit le faire, pendant qu'elles sont en pépinière. Müller assure qu'avec ces précautions, ces espèces réussiront très-bien en pleine terre & en plein air; & que les espèces n.ºˢ 3, 8 & 12 y fleuriront parfaitement. L'espèce, n.° 7, qui est cultivée depuis long-tems au Jardin Royal, n'y a jamais fleuri. Aucune de ces espèces ne fructifie dans le climat de Paris. Je ne dois pas passer sous silence à l'égard des espèces, n.ºˢ 7, 8 & 12, que jusques à présent, la plupart des plus habiles Jardiniers les regardent comme aussi délicates, & les traitent exactement de la même manière que les espèces n.ºˢ 2, 9, 10, &c., & que même l'espèce, n.° 7, est encore actuellement cultivée ainsi au Jardin Royal.

L'espèce, n.° 24, peut se multiplier de semences, de marcottes, de boutures & de rejetons. Le sémis se fait sur couches, modérément chaudes, en pots, de la même manière, avec les mêmes soins, dans la même terre composée que le sémis de l'espèce, n.° 1. Les plantes qui en proviennent, se traitent aussi de même, pendant la première Automne & le premier Hiver. On met le jeune plant en pleine terre, en pépinière, au Printems suivant, pour l'y laisser deux ans, après lesquels on le plante à demeure. Mais cette voie de multiplication, par semences, est peu pratiquée à l'égard de cette espèce, parce que les plantes qui en proviennent, ne fleurissent qu'au bout de sept ou huit ans; sans compter l'embarras de faire venir les semences d'Amérique, parce que cette espèce donne rarement des semences, parfaitement mûres, dans notre climat. Il est beaucoup plus aisé, beaucoup plus expéditif, & on préfère ordinairement de la multiplier par marcottes & par boutures, ou par rejetons. Ces trois moyens réussissent très-facilement, & les plantes, qu'elles procurent, fleurissent la deuxième ou troisième année. Pour marcotter, on choisit des branches de deux ans, qu'on courbe de manière à mettre en terre, sans les rompre, à huit ou dix pouces de profondeur, la partie de chacune qu'on desire faire enraciner. On n'y fait pas autre chose que les arroser assiduement, & lorsque ces marcottes ont été ainsi mises en terre, au Printems, elles ont ordinairement assez de bonnes racines, en Automne, pour être séparées & plantées à demeure. Les boutures se font au Printems, avant la sève. On prend pour cela des branches de l'avant-dernière pousse ; on les coupe par le bas, soit circulairement, soit en bec de flute, & on les plante dans des pots enterrés sur couche modérément chaude, & on les traite exactement de la même manière que les boutures de l'espèce n.° 1. On peut aussi, à l'égard de la présente espèce, se contenter de les planter dans une plate-bande, exposée au Nord, dont la terre doit être meuble, sablonneuse, légère & bien préparée. On les arrose assiduement & modérément. On les abrite d'abord avec des paillassons, jusqu'à ce qu'on les voie pousser vigoureusement : ensuite on les accoutume à l'air libre par degrés. Il est à propos que ces boutures passent le premier Hiver abritées, & préservées du froid, comme les plantes de semences. Au Printems suivant, on pourra planter les plus fortes à demeure, & les plus foibles seront mises en pépinière, pendant une ou deux années, suivant leur force. Quant aux rejetons, il convient de les planter d'abord à demeure, à moins qu'ils ne soient très-foibles; parce qu'on risque de les perdre, si on les transplante une seconde fois, lorsqu'ils auront acquis de la grosseur. Cette espèce se plante à demeure en plein air, & y réussit très-bien. Comme elle est sarmenteuse & grimpante, il faut lui fournir des soutiens. L'usage ordinaire, en Europe, est de la planter contre les murailles, en bonne exposition. Elle les garnit fort bien, & y résiste aux Hivers les plus rudes. Elle vit très-long-tems. On voit des plantes de cette espèce, qui ont plus de soixante ans, & qui sont très-vigoureuses, &

fleurissent abondamment chaque année. La culture qu'on leur donne ordinairement, lorsqu'elles sont adultes, & à demeure, est de couper les rejetons de l'année précédente, qui sont trop foibles & trop minces, de racourcir les longues branches de la dernière pousse à deux pieds, afin d'obtenir, l'année suivante, des pousses vigoureuses, qui soient en état de fleurir, & de produire de belles panicules de fleurs.

Les autres espèces n'ont pas, jusques-à-présent, été cultivées en Europe. Mais, comme elles sont toutes originaires des climats chauds des deux Indes & de l'Afrique, il est vraisemblable que la culture, que j'ai indiqué être usitée pour les espèces, n.°ˢ 2, 9, 10, & autres des mêmes pays, sera celle qui leur conviendra le mieux. On peut présumer aussi que les espèces, n.°ˢ 14, 15, 21 & 32 seront très-difficiles à cultiver & à conserver dans nos serres-chaudes, puisque ces espèces sont aquatiques, & devront par conséquent exiger beaucoup de chaleur & d'humidité.

Usages.

La beauté du feuillage, & les belles panicules de fleurs, que produit, vers la fin de Juillet, l'espèce, n.° 1, lui assignent une place distinguée dans les bosquets d'Eté, dont elle peut faire alors le plus bel ornement. Les habitans de Saint-Domingue estiment beaucoup le bois de l'espèce, n.° 2, qu'ils comparent à celui de notre chêne ordinaire, & ils l'emploient aux mêmes usages. Ils s'en servent sur-tout pour la construction des maisons & des navires. Ils ont remarqué que les navires, construits avec ce bois, n'étoient jamais percés par les vers ; qualité qui rend ce bois préférable de beaucoup à notre bois de chêne. L'espèce, n.° 3, est recherchée en Europe, par les curieux, & cultivée avec soin dans les jardins d'agrément, principalement à cause de l'odeur suave que ses fleurs répandent au loin. Les sarments de l'espèce, n.° 7, servent, à Saint-Domingue, pour faire de liens; & sa racine s'y emploie en Médecine, comme apéritive & détersive. Les sarmens de l'espèce, n.° 8, s'emploient à Cayenne & aux Antilles, principalement à faire des paniers, qui y servent à plusieurs usages. Les sarmens des espèces, n.°ˢ 14 & 15, sont recherchés en Amérique, pour faire de très-bons liens, qui y tiennent lieu de cordes; on en fait aussi des paniers. L'espèce, n.° 15, y sert principalement à faire de grands chapeaux aussi larges que des parasols, qui y sont très-utiles, pour se garantir de la pluie & de l'ardeur du soleil. Le bois de l'espèce, n.° 19, est excellent, a beaucoup de solidité, dure fort long-tems, & n'est pas susceptible d'être rongé par les vers.

C'est pourquoi il est très-recherché, & employé dans les Antilles, principalement pour bâtir. L'espèce, n.° 20, est un bel ornement pour nos serres-chaudes, quand on parvient à l'y faire fleurir. Son bois, sur-tout celui des variétés B & C, est recherché pour les meubles & pour la teinture. L'espèce, n.° 24, est un des beaux ornemens de nos jardins ; elle est très-propre & s'emploie ordinairement à couvrir des murailles, à former des portiques & des tonnelles, qui font un très-bel effet dans les bosquets d'Été. La beauté des panicules de fleurs de l'espèce, n.° 25, donne lieu de présumer qu'elle tient une place distinguée dans les jardins d'agrémens de la Chine. L'espèce, n.° 26, lorsqu'elle est en fleur, orne nos serres-chaudes très-agréablement. Dans l'Inde & le Malabar, on vante les feuilles de l'espèce, n.° 28, appliquées en cataplasme, pour guérir les ulcères. Le bois de l'espèce, n.° 32, qui est léger & tendre, est très-aisé à travailler : on en forme dans les pays où il croît divers ustensiles commodes. Les fleurs de l'espèce, n.° 33, jetées dans l'eau, lui communiquent une odeur agréable. Dans le Malabar, on se sert ordinairement de cette eau, pour arroser les Temples le matin, & en corriger & aromatiser l'air croupissant. Le bois de l'espèce, n.° 36, qu'on présume être celui connu en Europe, sous le nom de *bois de Jacaranda*, y est estimé pour la marqueterie ; il y en a de deux sortes, l'un blanc, & l'autre noir ; tous deux sont durs, marbrés & fort beaux. Celles d'entre les autres espèces, qui sont cultivées en Europe, tiennent une place dans les jardins & serres des curieux, & dans les écoles de Botanique. (*M. Lancry.*)

BIGOT, Instrument de culture des environs de Montpellier. Il a deux fourchons étroits & quarrés, terminés en pointe ; il sert principalement à défricher ou à rompre, à défoncer les terres novales, ou celles qui sont trop battues. On s'en sert encore ailleurs que dans les environs de Montpellier. (*M. l'Abbé Tessier.*)

BIHAI, *Heliconia.*

Genre de plantes unilobées, de la famille des BANANIERS, avec lesquels il a beaucoup de rapports, ainsi qu'avec le Ravenale.

Il comprend des plantes herbacées, vivaces, originaires des climats les plus chauds, qui exigent ici la serre-chaude, & qui, malgré tous les soins de l'Amateur, ne nous donnent jamais de graines capables de les reproduire.

Celles de ces plantes qui s'élèvent le plus, n'excèdent guère la hauteur de dix à douze pieds. La longueur des feuilles varie dans les différentes espèces, depuis six à sept pieds, jus-

qu'à un pied de long. Ces feuilles sont simples, & engaînées à leur base. La réunion des gaines des anciennes feuilles, en s'enveloppant l'une l'autre, forme une tige plus ou moins grosse, toujours simple, sans rameaux, & couronnée par les feuilles.

Du milieu de ces feuilles sortent de beaux épis, formés de spathes membraneux, placés sur deux rangs opposés, & qui renferment chacun un grand nombre de fleurs, dont les couleurs sont en général assez agréables. Ces fleurs ressemblent un peu à celles des liliacées. Elles sont monopétales, tubulées, composées de deux pièces inégales, & renferment un ovaire accompagné de deux folioles, & de cinq étamines fertiles.

Cet ovaire devient par la suite un fruit charnu, triangulaire, qui sert d'enveloppe, a trois semences oblongues, dures & très-raboteuses.

Les Bihais fleurissent rarement en Europe : mais la beauté seule de leur feuillage doit les faire rechercher dans les serres, dont ils forment un des principaux ornemens.

Espèces & variétés.

1. BIHAI des Antilles.
Heliconia Caribæa La M. Dict.
B. BIHAI des Antilles, noirâtre.
Heliconia Caribæa subnigra.
C. BIHAI des Antilles, panaché.
Heliconia Caribæa variegata. ♃ des Antilles.
2. BIHAI à feuilles pointues.
Heliconia bihai. L. F. ♃ de l'Amérique Méridionale.
3. BIHAI des Indes.
Heliconia Indica. La M. Dict. ♃ des Moluques & des Indes Orientales.
4. BIHAI des Perroquets.
Heliconia Psittacorum. L. ♃ de Surinam.
5. BIHAI velu.
Heliconia hirsuta. L. ♃ de l'Amérique Méridionale.

Description du port des Espèces.

1. BIHAI des Antilles. Cette espèce est la plus remarquable par la grandeur & la beauté de ses feuilles.

La tige monte environ à dix ou douze pieds de haut. Elle est très-mince par elle même ; mais elle est recouverte, dans sa partie inférieure, par les gaines des anciennes feuilles, qui survivent à leur chûte, & qui, en s'accumulant les unes sur les autres, parviennent à former, jusqu'à la hauteur de cinq pieds, une

espèce

espèce de tronc, de la grosseur de la cuisse, d'un verd noirâtre ou rougeâtre.

Ces graines sont longues : elles se rétrecissent en s'écartant de la tige, & forment les pétioles des feuilles qu'ils traversent dans toute leur longueur.

Les feuilles ont six à sept pieds de long, sur un pied & demi de large, dans toute leur longueur. Elles sont arrondies aux deux extrémités, satinées, & ont, de chaque côté, un grand nombre de nervures fines & transversales.

C'est du milieu de ces feuilles que sort une espèce de hampe, qui soutient à son sommet un bel épi droit, agréablement coloré, & long d'environ deux pieds. Il est composé de spathes membraneux, situés alternativement sur deux rangs opposés, assez près les uns des autres. Chaque spathe contient des fleurs nombreuses, entassées les unes contre les autres, entre des écailles spathacées. La corolle est d'une couleur verdâtre, & les étamines sont blanches, avec des anthères jaunes.

Le fruit est une capsule charnue, bleuâtre, à trois angles. Elle renferme trois semences oblongues, dures & ridées.

Les deux variétés ne diffèrent de l'espèce que par la couleur des spathes, qui sont écarlattes dans l'espèce, noirâtres dans la première variété, & comme panachées dans la seconde.

Cette belle plante est commune aux Antilles, où elle croît dans les bois humides & les lieux fangeux. Aublet dit qu'elle est aussi cultivée à l'Isle de France.

2. BIHAI à feuilles pointues. Cette espèce vient de l'Amérique Méridionale, où elle est connue sous le nom de BALISIER. Elle ressemble, par son port, au Bananier. Sa hauteur varie entre trois & huit pieds.

Ses feuilles sont radicales, oblongues, & pointues aux deux bouts, de la longueur de leur pétiole. La hampe est droite, & soutient des spathes membraneux & rougeâtres, qui contiennent des fleurs de couleur de safran, avec une languette interne, libre & bleuâtre.

3. BIHAI des Indes. Cette espèce ressemble beaucoup à la précédente par la forme de ses fleurs : mais elle en diffère par sa tige ridée ou rude au toucher, & par le petit nombre des spathes communs qui enveloppent les fleurs.

4. BIHAI des Perroquets. Les feuilles radicales de cette espèce sont lancéolées, mais arrondies à leur base. Elles ressemblent à celles du Balisier, & n'ont qu'environ un pied de long.

Il en sort une tige simple, lisse, cylindrique, garnie de trois ou quatre feuilles alternes, petites, éloignées les unes des autres, lancéolées & pliées en deux dans leur longueur.

Les pédoncules naissent dans les aisselles des feuilles, au nombre de quatre ou cinq, qui supportent chacun une fleur, agréablement panachée de jaune & de rouge.

Les capsules, qui forment le fruit, sont triangulaires, obtuses ou tronquées supérieurement, & très-glabres. Elles sont à trois loges, dont chacune renferme une semence oblongue attachée au sommet de la loge, & munie, au point de son insertion, d'une glande crenelée.

5. BIHAI velu. La tige & les feuilles ressemblent à celles des autres Bihais. Mais l'extrémité de la tige qui porte les fleurs, & qui a sept ou huit pouces de long, forme une espèce de zig-zag, par les articulations épaissies dont elle est garnie sous chaque spathe. Ces spathes sont alternes, distiques, couverts de poils le long de leur saillie inférieure, & diminuent de grandeur, à mesure qu'ils approchent du sommet de l'axe qui les porte.

Les fleurs naissent dans les aisselles de ces spathes, au nombre de neuf à douze. Elles sont portées par autant de pédoncules courts, très-velus, & munis de chaque côté d'une rangée d'écailles spathacées, en alène, planes & plus courtes que la fleur.

La corolle est courbée & formée par deux pétales hérissés de poils.

Le fruit ressemble entièrement à celui de l'espèce précédente, si ce n'est qu'il est chargé extérieurement de poils courts.

Culture. Ces plantes se multiplient de semences, qu'il faut nécessairement faire venir de leur pays natal; celles qu'elles produisent en Europe, quand par hasard elles en donnent, ne parvenant jamais à leur parfaite maturité. On sème ces graines aussi-tôt qu'on les reçoit, dans des pots remplis d'une terre substantielle & légère, que l'on enterre dans la couche de tan de la serre-chaude. Lorsque le jeune plant a acquis assez de force, on le repique séparément dans des pots assez grands, pour que les racines, qui sont très-abondantes, puissent n'être point trop gênées.

Si l'on veut hâter leurs progrès, & leur faire donner plutôt des fleurs, après les avoir laissé croître pendant quelque tems dans les pots, & quand elles ont poussé de bonnes racines, on les enlève avec leur motte, & on les plante dans la couche même de tan de la serre-chaude, en observant de mettre un peu de vieux tan contre leurs racines, pour que leurs fibres puissent pénétrer plus facilement. Quand la couche a besoin d'être renouvellée avec du tan nouveau, il faut en laisser une assez grande quantité de vieux autour des racines, non-seulement pour ne point les endommager en l'enlevant, mais encore pour empêcher que le tan nouveau ne les brûle.

Comme la surface des feuilles est très-étendue, ces plantes perdent beaucoup d'humidité par la transpiration, sur-tout dans les tems chauds. Il leur faut, pour réparer cette perte, de fréquens arrosemens. L'Hiver, on peut se contenter de les mouiller deux fois la semaine ; mais l'Eté, il faut répéter les arrosemens au moins tous les deux jous.

On multiplie aussi ces plantes par les rejetons qu'elles poussent de leurs racines. On peut les séparer dans tout le tems de l'Eté : mais il est toujours plus avantageux de le faire lorsqu'ils sont encore très-jeunes. Si l'on attend plus long-tems, les racines étant trop fortes, ne poussent que difficilement de nouvelles fibres. Quelquefois même les plantes pourrissent quand on coupe la partie épaisse de leur racine, pour enlever les rejetons.

Il faut, lorsqu'on les détache, y conserver quelques fibres. Sans cela, ils réussiroient avec peine. On les met dans des pots, & on les traite comme les jeunes plantes élevées de semences.

En général, ces plantes sont trop tendres pour rester, en aucun tems, exposées à l'air libre. Il faut toujours les tenir renfermées dans la serre-chaude, dont on renouvelle seulement l'air en Eté, pendant la plus grande chaleur.

Usages. Aublet nous apprend que, dans la Guiane, les Créoles & les Galibis emploient les longues feuilles de la première espèce à faire, sur leurs pirogues, des cabanes, qui les mettent à couvert de la pluie, & de l'ardeur du soleil.

A l'Isle de France, où l'on a introduit la culture de cette espèce, les Nègres se servent de ces mêmes feuilles pour couvrir leurs cases. Chez nous, toutes les espèces de Bihais ne servent qu'à l'ornement des serres-chaudes. (*M. Dauphinot.*)

BILLAGOH. Grand arbre des bords de la Gambra, dont les feuilles ont une vertu purgative très-prononcée, & dont le bois est très-dur.

Cette notice, qu'en donne *l'Hist. Gén. des Voyages,* T. III, p. 269, est trop incorrecte, pour qu'on puisse désigner l'arbre dont on a voulu parler. (*M. Reynier.*)

BILLES. *Jardinage.* C'est ainsi qu'on nomme, dans quelques Provinces, les rejetons qui croissent au pied des arbres, & qu'on enlève pour mettre en pépinière. Ces Billes, ou rejetons, fournissent de bons sujets, sur lesquels on peut greffer des espèces plus utiles ou plus précieuses. *Voyez* DRAGEONS. (*M. Thouin.*)

BILLON, espèce de labour, usité dans les terres humides. *Voyez* LABOUR. (*M. l'Abbé Tessier.*

BILLONNER, labourer en billon. *Voyez* LABOUR. (*M. l'Abbé Tessier.*)

BILLONNER, châtrer. *Voyez* CASTRATION. (*M. l'Abbé Tessier.*)

BILLOT, morceau de bois, d'environ trois pieds de long, applati d'un côté dans toute sa longueur, & arrondi dans le reste de sa circonférence. Couché par terre, sur le côté plat, il sert à tailler ou habiller, suivant l'expression des Jardiniers, les racines des buis, des thims, des sauges, des lavandes & autres plantes, dont on fait les bordures. Il sert aussi à couper, avec la serpe, les racines des arbres qu'on transplante, & qui sont trop grosses pour être taillées avec la serpette. Les billots servent encore à aiguiser des échalats, des pieux, & à beaucoup d'autres usages. (*M. Thouin.*)

BILOCULAIRE, ou à deux loges; manière d'être d'un assez grand nombre de fruits, qui offrent, dans leur intérieur, deux cavités bien marquées, tels que les capsules des scrophulaires; les siliques des Géroflées, les baies des Morelles, la noix de l'Ahouai, &c.

Les poussières des étamines de la plupart des plantes, sont renfermées dans des anthères divisées en deux loges; mais alors on donne plus ordinairement à ces cavités le nom de bourses. *Voyez* ce mot. (*M. Thouin.*)

BIMAUVE. Nom donné par Vaillant à la *Malva alcea* L. *Voyez* MAUVE. (*M. Thouin.*)

BINAGE. En termes de Jardiniers, les deux mots Binage & Béchotage expriment la même action, exécutée seulement avec des instrumens différens.

Ainsi, le binage, ou béchotage, est une opération qui consiste à remuer la surface de la terre avec une binette, ou avec une petite bêche ou béchot.

On donne des binages pour ameublir la terre d'un labour, battue ou affaissée par les eaux, la rendre plus propre à recevoir les influences de l'air, des rosées, des pluies, & faciliter aux racines le moyen de la pénétrer plus aisément. On les emploie également pour détruire les mauvaises herbes qui pourroient nuire aux plantes cultivées.

Mais, pour qu'ils produisent l'effet qu'on a lieu d'en attendre, il faut qu'ils soient donnés à propos, autrement ils sont presque toujours nuisibles, & quelquefois même dangereux. L'état des plantes, la nature du sol, & la constitution de l'atmosphère, sont autant de considérations qui doivent déterminer le Jardinier.

Un binage, donné à la suite d'une pluie qui

a pénétré la terre à plusieurs pouces de profondeur, est très-avantageux aux plantes nouvellement repiquées, en ce qu'il divise & ameublit la terre à la surface, & procure aux jeunes racines le moyen de s'étendre & de croître en tout sens. Il ne l'est pas moins aux plantes enracinées, dont il facilite le développement & la croissance. Mais il est sur-tout nécessaire à la végétation des plantes annuelles, qui se trouvent placées dans des terres fortes, battues par des pluies d'orage; car alors ces terres, en se durcissant à la surface, serrent le collet des racines, & empêchent les plantes de profiter.

Cette opération, au contraire, seroit très-dangereuse, si on la faisoit par un tems sec, dans une terre très-légère, parce qu'elle occasionneroit une déperdition encore plus abondante de l'humidité de la terre, & donneroit à l'air, & sur-tout au soleil, le moyen de la dessécher à une plus grande profondeur. Il ne faut biner ces sortes de terres qu'à l'approche d'une pluie, afin que les inégalités que produit le binage à la surface, puissent retenir les eaux, & donner à la terre le tems de s'en imbiber plus profondément.

Lorsque la terre des caisses ou des vases est devenue dure & compacte à la surface, il est à propos de la béchotter, à un pouce ou deux de profondeur, en se servant, pour les caisses d'une houlette, & pour les vases, d'une petite bêche ou béchot; on choisit, pour faire cette opération, un tems chaud & couvert; lorsqu'elle est faite, on a soin d'arroser la terre.

Mais, si l'on n'a pour but que de faire périr les plantes adventices qui commencent à croître dans les plates-bandes, & à gêner la végétation des plantes cultivées, il convient de biner par un tems sec, & lorsque la terre vient à se dessécher à la surface. Alors quelques heures d'un soleil ardent suffisent pour faire périr les herbes coupées entre deux terres, par le binage, sur-tout lorsqu'on a eu la précaution de les éventer, au moyen d'un léger coup de rateau, ou simplement avec les dents de la binette.

Cette opération, très-simple en elle-même, exige donc plusieurs considérations, qu'il est important de ne pas négliger, si l'on veut en assurer le succès, & atteindre le but qu'on se propose. (*M. Thouin.*)

BINAGE, *Jardin.* Opération rurale, par laquelle on laboure pour la seconde fois les champs déjà labourés. Le mot de Binage vient de *Bini*, dont la racine est *bis* deux fois. Le froment étant la principale plante, c'est sa culture, qui sert de règle pour les opérations. Ainsi, le Binage est la seconde façon donnée à la terre qui doit être ensemencée en froment. Si la pre-

mière commence en Avril, le Binage a lieu deux mois après; si elle commence avant l'Hiver, fait le Binage après les froids. Il est moins difficile que la première façon, parce que la terre est déjà en labour, ou divisée; aussi a-t-on besoin de moins de chevaux ou de bœufs pour le Binage, dans les pays où les terres ne sont pas compactes. Les labours suivans sont encore plus aisés. La plus grande partie des fumiers se mènent aux champs, avant le Binage; cette opération les enterre. Ils se consomment en partie, jusqu'à la troisième façon, qui les retourne, il est vrai; mais, s'il n'y a pas une quatrième façon, le hersage les rentrerre. Dans les terres humides & compactes, qui ont besoin d'être soulevées par de longs fumiers, il vaut mieux ne les conduire aux champs, qu'après le Binage. (*M. l'Abbé Tessier.*)

BINE, instrument de labour du Boulonnois. (*M. l'Abbé Tessier.*)

BINÉE, (feuille.) C'est une feuille divisée en deux parties, ou deux folioles, portées sur un pédicule commun, comme dans les Fabagelles & quelques espèces de Bignones. (*M. Thouin.*)

BINER, *Jardinage.* Remuer la surface de la terre avec la Binette. Cette opération en suppose une première, qui est le labourage, d'où lui est venu le nom de binage ou de seconde façon. *Voyez* le mot BINAGE. (*M. Thouin.*)

BINER, *Agriculture*, donner une seconde façon à la terre destinée à être ensemencée en froment. *Voyez* BINAGE. (*M. l'Abbé Tessier,*)

BINET, nom que l'on donne à une petite charrue auprès de Valence en Dauphiné. Elle sert à donner le deuxième & le troisième labour. (*M. l'Abbé Tessier.*)

BINETTE, *Jardinage.* C'est une petite pioche de fer composée d'un taillant de quatre à cinq pouces de large, qui a la forme d'une petite bêche un peu courbée en-dedans. A l'extrémité opposée est un œil ou douille dans laquelle s'adapte un manche de bois de trois pieds & demi de long & qui forme avec l'outil un angle droit ou à peu-près. Lorsque du côté opposé au taillant, il se trouve une fourche à deux dents, cet instrument porte le nom de serfouette.

La Binette est employée pour ameublir la surface de la terre, pour la nétoyer des mauvaises herbes & pour butter les plantes potagères. *Voyez* BINAGE & BECHOTTAGE. (*M. Thouin.*)

BINETTE, *Agriculture*, instrument de fer, enmanché d'un long manche, destiné à différens labours & sarclages à la main. Le manche est moins long que celui de la Marre ou Houe, & le fer moins large; mais il a beaucoup de rapport avec la marre. On s'en sert pour planter les haricots, les pommes de terre, le maïs & pour rapprocher la terre auprès de ces plantes & les farcler. Cet instrument est d'usage dans les environs de Rambouillet. Il m'a paru très-commode. (*M. l'Abbé* TESSIER.)

BINOCAGE. On donne ce nom, dans les environs de Saint-Quentin, à un premier labour par lequel on prépare les terres ; on se sert pour cela d'une charrue particulière nommée *Binot*. D'autres personnes donnent à ce labour les nom de Binotis. *Voyez* ce mot. (*M.* REYNIER.)

BINOT ; « espèce de charrue sans coutre & » sans oreilles, avec laquelle on écorche la » terre, où on lui donne quelques demi-labours » pour la retourner & la disposer aux labours » pleins. *Ancienne Encyclopédie.* On appelle aussi *Binot* dans l'Artois & dans le Beauvoisis, une espèce de charrue, propre à enterrer l'avoine. (*M. l'Abbé* TESSIER.)

BINOTIS, demi-labour ou première façon légère, qu'on donne aux terres à grains pour les disposer aux labours pleins. Ces demi-labours se donnent avec le Binot ; ce qui les a fait nommer Binotis. (*M. l'Abbé* TESSIER.)

BIOLCA, mesure de terre d'Italie, d'usage à Bologne, à Ferrare, à Mantoue, à Modène, à Parme. Elle varie selon les pays. A Bologne, elle est de cent quatre-vingt-seize perches quarrées ou de sept cent quarante-deux toises vingt-neuf pieds; à Ferrare de soixante-cinq tares, qui égalent quatre cens perches quarrées ou mille six cent quatre-vingt-quinze toises vingt-neuf pieds ; à Mantoue, de cent tavoles, qui égalent quatre cent cavezzi ou huit cent quatorze toises quatorze pieds ; à Modène de soixante-douze tavoles, qui égalent deux cent quatre-vingt-huit cavezzi quarrés ou mille quatre-vingt-dix-huit toises sept pieds ; à Parme de soixante-cinq tares ou de soixante-douze tavoles, qui égalent deux cent quatre-vingt-huit perches quarrées ou neuf cens toises. *Voyez* ARPENT. (*M. l'Abbé* TESSIER.)

BIOLLE. Dans les pays de Vaud & les Départemens voisins de la France, on donne ce nom au *Betula alba* L. *Voyez* BOULEAU commun dans le Dictionnaire des Arbres & Arbustes (*M.* REYNIER.)

BIONS. Quelques Jardiniers donnent ce nom aux œilletons ou éclats qu'on peut séparer de la maîtresse racine de l'œillet : ce mot est cependant peu en usage. *Traité des œillets. Voyez* ŒILLET. (*M.* REYNIER.)

BIPINNÉE, pinnée deux fois ou deux fois ailée. C'est ainsi qu'on nomme une feuille dont le pétiole commun porte, des deux côtés, des pétioles particuliers qui soutiennent deux rangées

de folioles, comme dans plusieurs espèces d'acacias, de Février & de Bondue.

Cette foliaison est légère & d'une forme très-élégante. Elle offre de plus une particularité remarquable. Pendant la nuit, les folioles, qui composent les feuilles, se rapprochent les unes des autres & présentent leurs bords dans une direction perpendiculaire, au lieu que, pendant le jour, elles sont étendues horizontalement ; ce phénomène qui se fait remarquer plus sensiblement dans les diverses espèces d'acacias, de Robiniers, de Féviers, &c. a été nommé par les Physiciens, le sommeil des plantes (*M.* THOUIN.)

BIQUET ; maladie de Bêtes à laine. *Voyez* NOIR MUSEAU.

BIQUET, se dit aussi du petit de la chèvre. *Voyez* CHEVRE. (*M. l'Abbé* TESSIER.)

BIRANI. M. Adanson décrit sous ce nom, dans les supplémens de l'Ancienne Encyclopédie, plusieurs arbres du genre des Figuiers & particulièrement le *Ficus Bengalensis* L.

Les fruits servent de nourriture aux habitans des pays où il croît, sur-tout dans les tems de disette ; on en fait même des provisions pour cet effet, & on les cuit avec le ris. Ces fruits, que les Européens trouvent indigestes, nourrissent très-bien les indigènes.

Dans l'Isle de Céram on fait, avec leur liber, une espèce de toile nommée Tsjedakk qui font une branche de commerce.

Les feuilles enfin de ces arbres crûes ou cuites servent à la nourriture des hommes dans plusieurs Isles des Indes. *Voyez* FIGUIER. (*M.* REYNIER.

BIRD-GRASS, *Festuca ovina.* Lin. Plante de la famille des Graminées, espèce de Fétuque du Dictionnaire de Botanique.

Je ne donnerai sur cette plante d'autres renseignemens que ceux que je prendrai dans un Mémoire inséré parmi ceux de la Société économique de Berne, année 1766. L'ancienne Encyclopédie, édition de Genève de 1778, y a puisé cet article.

Le Brid-Grass, ou *graine d'oiseau*, est ainsi nommé, parce qu'il fut introduit, dit-on, dans la Virginie par des oiseaux de proie. Beaucoup de plantes portent le nom de graines d'oiseaux, seulement parce qu'ils en sont très-friands. Ces dénominations sont plus capables de causer des confusions, que de caractériser des plantes.

Le terrain, qui convient le mieux au Bird-Grass, est un terrain sec ou graveleux. Il ne se plaît pas dans un sol humide & marécageux. On doit préparer ce terrain comme pour la luzerne, c'est-à-dire, on doit le labourer, le herser, le nétoyer de mauvaises herbes.

On emploie environ une livre & demie de graine par acre Anglois, qui est à-peu-près la

de l'arpent Royal de France. Car il a 1066 toiſes. Cela ſuppoſe que la graine eſt petite & qu'il faut la ſemer clair. On la ſeme ſur d'autres grains, par exemple, ſur de l'avoine, ou de l'orge, dont on ne met que pour une demi-recolte. On lit, dans l'Encyclopédie ancienne, qu'on en peut ſemer juſqu'à quatre livres, ſi on la ſeme ſeule. L'orge ou l'avoine étant enterrée à la herſe, on ſeme le Bird-Graſs pardeſſus & on paſſe le rouleau, s'il fait ſec ; car, s'il fait humide, il ſuffit de le recouvrir légèrement avec la herſe.

Le Bird-Graſs eſt une plante délicate dans les premiers tems ; elle a beſoin d'être protégée. L'orge ou l'avoine, avec laquelle on la ſeme, l'empêche d'être étouffée par les mauvaiſes herbes. Quand elle eſt dans ſa force & prête à être fauchée, elle eſt ſi épaiſſe, qu'on aſſure qu'une pièce de monnoie, jetée pardeſſus, ne tomberoit pas à terre.

Semé en Avril, ou en Mars, le Bird-Graſs, a ſa graine mûre en Septembre. Mais il faut, dès qu'il eſt aſſez fort, le tranſplanter dans un terrain pareil à celui où on l'a élevé. Il étend ſes racines aſſez loin pour remplir en peu de tems, par les rejetons qui en ſortent, l'eſpace vuide qui l'avoiſine. Cette plante eſt d'un beau verd ; elle conſerve ſa verdure juſqu'après la maturité de ſa graine.

Une once & demie de graine de Bird-Graſs ayant été ſemée en Angleterre, au mois de Mars, ſur vingt perches de terre légère, au mois de Juin, elle avoit acquis deux pieds & demi de hauteur ; on en a meſuré alors dix perches, & on les a fauché ; trois jours après, on a peſé le fourrage, y compris la graine ; le tout étoit du poids de douze cens livres. Le 10 Août ſuivant l'herbe, qui avoit repouſſé, avoit deux pieds huit pouces ; on ne voulut pas la faucher, afin d'en récolter la graine. Elle auroit donné trois coupes. La quantité de graine, retirée de la ſeconde coupe, a été conſidérable.

Le Bird-Graſs a cela de particulier, qu'il a des nœuds près les uns des autres, dont chacun pouſſe des jets, qui prennent racine dès qu'ils touchent terre. On peut la diviſer en vingt rejetons enracinés, ſuſceptibles d'être replantés, & ces rejetons quoique pris de la racine, même au commencement de Juillet, portent graine dans la même année. S'il ſurvient des pluies abondantes, quand cette plante eſt bonne à faucher, on peut attendre pendant un mois le retour du beau tems, parce que l'herbe pouſſant de nouveaux jets de tous les nœuds, la plante conſerve toujours ſa fraîcheur, ſans ſe faner ni pourrir au pied.

Un pré garni de cette plante fait, à ce qu'on aſſure, un coup-d'œil agréable, à cauſe de ſa belle verdure. Son produit en eſt plus conſidérable que celui d'aucune autre plante à fourrage & à graines, & les beſtiaux la mangent bien.

C'eſt en Angleterre, où il paroît que la culture du Bird-Graſs a commencé à s'introduire. Les relations de ce Royaume avec la Virginie a dû lui en procurer la connoiſſance, plus facilement qu'à d'autres. Je ne ſais ſi on l'a eſſayé en France avec quelque ſuccès. Les pays, où il conviendroit le mieux, ſont les pays arides des Provinces méridionales. Il offriroit en Hiver & même en Eté une bonne pâture, aux bêtes à laine, qui, dans cette dernière ſaiſon, ne trouvent preſque point d'herbe aux champs.

En 1789, on a annoncé les avantages d'une Graminée, qui me ſemble être le Bird-Graſs, d'après les propriétés qu'on lui attribue. Le Mémoire imprimé dans ceux de la Société économique de Berne ne donne aucune deſcription du Bird-Graſs. L'avis, répandu en 1789, dit que l'eſpèce de graminée, dont on propoſe la culture, réunit les caractères du *Cornucopia*, & de l'*Alopecuros*, ayant une corolle univalvulaire & étant ſans l'involucrum de l'une & ſans la barbe de l'autre, mais s'accordant, à d'autres égards, avec toutes les deux. Cette plante porte un long panicule verticillé & mûrit ſa ſemence vers le milieu d'Août.

Selon l'avis, elle conſerve ſa verdure, le thermomètre, graduation de Réaumur, étant à 30 degrés, & ne gèle pas lorſque la glace a un demi-pouce d'épaiſſeur ; mais elle continue de végéter ſans perdre ſa couleur. Elle ſe propage par racines & par nœuds, qu'on tranſplante à neuf pouces de diſtance, de manière qu'avec une petite quantité de cette plante, on a bientôt couvert pluſieurs arpens. Tous ces caractères ſont ceux du Bird-Graſs ; ce qui me fait croire que c'eſt la même plante. M. Frazer, Auteur de l'avis, ou celui qui a emprunté ſon nom, aſſure que dans l'Hiver rigoureux de 1788 à 1789, cette plante a réſiſté.

Le deſir de propager en France une graminée, à laquelle on accordoit tant de propriétés pour la nourriture des beſtiaux, a engagé quelques perſonnes à en faire venir de la graine d'Angleterre en 1789. Deux pintes ont coûté quatre-vingt ſeize livres, prix exceſſif. On en a ſemé à Rambouillet de la manière indiquée. Il n'en a levé qu'une partie, qu'on a repiqué avec beaucoup de ſoin. Quelque doux qu'ait été l'Hiver de 1789 à 1790, preſque tout a gelé. Soit qu'on ait fourni de la graine altérée, ſoit qu'on n'ait pas fourni la graine véritable, le gramen, qui a levé en partie de cette graine, n'a pas paru offrir les avantages annoncés. Je n'aſſurerai pas que de meilleure graine, cultivée dans des circonſtances, plus favorables peut-être que celles qui ont été ſaiſies à Rambouillet n'auroit pas plus de ſuccès. (*M. l'Abbé Tessier.*)

BISAILLE ; on donne ce nom dans le Boulonnois, en Artois & en Picardie, à une eſpèce de pois gris ou brun, & par conséquent *bis*, qu'on seme pour la nourriture des bestiaux. On appelle aussi bisaille un mélange de pois & de vesce & d'autres graines même, qu'on seme avant l'Hiver, pour les récolter en vert au Printems, ou les faire manger sur pied aux bestiaux. (*M. l'Abbé Tessier.*)

BISANNUELLE. Plante qui dure deux années : ordinairement la première, elle se fortifie, la racine prend une certaine confistance, & la seconde elle porte des fleurs avant de périr. J'ai observé fréquemment que les plantes Bisannuelles durent davantage lorsqu'elles sont dans une terre qui leur convient, sur-tout dans un climat un peu chaud ; c'est ainsi que les plantes vivaces des pays chauds deviennent annuelles dans les climats plus froids, parce qu'elles ne peuvent pas y supporter les Hivers. La scorsonère & en général la plus grande partie des plantes de cette famille sont bisannuelles. *Voyez* PLANTE. (*M. Reynier.*)

BISANNUELLE. *Agriculture*, plante, qui est deux ans à accomplir sa végétation, ou plutôt qui l'accomplit dans la seconde année. Telles sont l'angélique, la betterave, le chou, le navet, la carotte, l'oignon, &c. Elles ne donnent leur graine, que la seconde année. (*M. l'Abbé Tessier.*)

BISCHALO, Arbre dont il est fait mention dans l'*Histoire générale des Voyages*, *T. 3, p. 265*. Mais la notice qu'on en donne ne suffit pas pour le reconnoître.

Cet arbre croît sur les bords de la Gambra : son tronc est droit, & son feuillage donne beaucoup d'ombrage, ce qui le rend précieux aux Nègres. Son bois est dur & bon pour la charpente. (*M. Reynier.*)

BISER, Suivant l'ancienne Encyclopédie, « c'est baisser, noircir, dégénérer d'année en année. Les laboureurs prétendent que le froment le meilleur *bise* & finit par devenir méteil & seigle, même dans les terres les plus fortes ; aussi recommandent-ils de les réveiller par la nouveauté du grain & d'en aller chercher au loin pour cet effet, au moins tous les trois ou quatre ans. Mais le froment quoique plus sujet à *biser* que les autres grains, ne *bise* pas seul ; la même chose arrive aux avoines dans les terres froides, où l'on n'obtient qu'une avoine folle, qui donne beaucoup d'épis & de paille & point de grain, » Il est certain que quand on ne soigne pas ses grains sur pied par de bons sarclages, & ses semences par des criblages & autres purifications exactes, on ne fait, au bout de quelques années, que des récoltes impures, qui ont peu de valeur. Un cultivateur attentif n'a pas aussi besoin qu'un autre de renouveler ses semences. Il nétoie ses propres grains & les met

dans l'état de pureté de ceux qu'il acheteroit. C'est donc un préjugé de croire à la nécessité de renouveller souvent ses semences. Je puis au moins certifier que je seme, depuis dix ans, plusieurs sortes de froments, toujours produits par mes semences, & que mes récoltes sont aussi belles, que si je renouvellois souvent mes grains. J'ai le plus grand soin de faire désherber ou sarcler mes champs & de ne semer mes blés, qu'après les avoir purifiés. *Voyez* FROMENT ET AVOINE. Le mot *biser*, puisque l'ancienne Encyclopédie s'en sert, est apparemment employé dans quelques pays. (*M. l'Abbé Tessier.*)

BISET ou CROISEAU, pigeon sauvage, qui a beaucoup de rapport avec le pigeon de colombier. *Voyez* PIGEON.

BISQUIN. On donne le nom *Bisquins* aux moutons, qui vivent ordinairement dans les bois. (*M. l'Abbé Tessier.*)

BISSUS. Manière d'écrire le nom des Byssus, substance végétale dont la nature n'est pas encore bien connue. *Voyez* BYSSUS. (*M. Reynier.*)

BISSY. Arbre dont il est fait mention dans l'*Histoire générale des Voyages*, T. 3, p. 269, mais d'une manière trop vague pour qu'on puisse hasarder de décider à quelle espèce on doit le rapporter.

Cet arbre a dix-huit ou vingt pieds, son écorce est d'un rouge tirant sur le brun & peut servir à la teinture. Les Nègres des bords de la Gambra s'en servent pour faire leurs canots. (*M. Reynier.*)

BISTORTE. Nom vulgaire de la Polygone nommé par Linné *Polygonum Bistorta* ; elle est principalement connue des Droguistes, sous ce nom, à cause de la figure contournée de sa racine.

Plusieurs Naturalistes se servent de ce caractère joint à la différente conformation de cette plante & de celles qui lui sont congénères pour en former un genre distinct sous le nom de Bistorte. Le sentiment de ceux qui laissent subsister le genre entier des Polygones, malgré l'artificiel de ses caractères ayant prévalu, je m'y conforme. *Voyez* POLYGONE. (*M. Reynier.*)

BISTOURNER, manière de châtrer. *Voyez* CASTRATION. (*M. l'Abbé Tessier.*)

BITI, Arbre du Malabar figuré par Rhéede, *Hort. Mal. T. 5, pl. 58*, qui s'élève à la hauteur de soixante à quatre-vingt pieds. Sa cime est d'une forme régulière, ses feuilles sont ailées & composées de folioles ovales arrondies avec une impaire. Les fleurs sont jaunes à cinq pétales disposées en grappes pendantes à l'aisselle des feuilles ; il leur succède des gousses.

Cet arbre croît au Malabar dans les lieux montueux, il est toujours verd, son bois est très-dur d'un rouge noir & veiné de rayes purpurines ; on l'emploie pour les uftenfiles qui doivent être d'une grande dureté.

M. Adanfon, qui a parlé de cet arbre dans le fupplément de l'ancienne Encyclopédie, foupçonne que c'eft une efpèce de fophora inconnue des Naturaliftes : fon fentiment paroît fondé. *Voyez* SOPHORE. (*M. REYNIER.*)

BIVALVE. Terme de Botanique adopté pour exprimer que les bâles des Graminées s'ouvrent en deux valves oppofées, comme celles du froment, de l'avoine, &c. *Voyez* BALE. (*M. REYNIER.*)

BISAN, nom donné à l'ivraie dans quelques cantons de la Bourgogne. (*M. l'Abbé TESSIER.*)

BIZARRE. Epithète donnée par les fleuriftes, à des fleurs panachées ou variées de plufieurs couleurs, telles font les fleurs de différentes variétés d'Iris, de Tulipes &c. (*M. THOUIN.*)

BIZE. Vent du nord : il eft prefque toujours accompagné du beau temps & de la féchereffe, lorfqu'il dure quelque tems. On le regarde comme le plus fain & le plus favorable, excepté au printems, qu'il occafionne les retours du froid & la brouiffure des arbres précoces ; comme il eft très-fec, il fe charge de toute l'humidité des jeunes pouffes, dont les pores font encore trop ouverts pour la retenir ; auffi elles fe frifent & fe défsèchent en très-peu de tems. Il eft certain que j'ai obfervé, que les arbres font plus fouvent brouis par les vents du Nord-Eft que par ceux du Nord-Oueft, qui font plus froids, mais plus humides. (*M. REYNIER.*)

BLACOUEL. *BLAKWELLIA.*

Ce genre de plantes eft nouveau. M. de Juffieu l'a rangé dans la famille des ROSACÉES. Il paroît avoir beaucoup de rapports avec l'*Acomas.*

Les plantes, qui compofent ce genre, font originaires des climats les plus chauds, tels que les Ifles de Bourbon, de France & de Madagafcar, & n'ont point encore été apportées en Europe. Nous n'en parlerons donc que fur la foi des voyageurs Botaniftes & d'après les defcriptions & les figures qu'ils en ont données.

Ce font des arbres ou des arbriffcaux dont les feuilles font fimples & alternes, & dont les fleurs velues, petites & nombreufes font difpofées en grappes ou en panicules.

Ces fleurs font fans pétales, à moins qu'avec Jacquin & Aublet on ne prenne pour des pétales quinze petites écailles, fituées à la bafe des divifions du calice & qui alternent avec elles. Elles ont un ovaire conique, barbu de toutes parts, dont la bafe fait corps avec le fond du calice, & qui eft furmonté de cinq ftiles filiformes, dont les ftigmates font très-fimples.

Il paroît que le fruit eft une capfule à une feule loge, polyfperme, environnée par le calice auquel elle adhère, & qui eft ouvert en étoile.

Efpèces.

1. BLACOUEL à feuilles entières.
BLAKWELLIA integrifolia. La M. Dict. ♄ de l'Ifle-de-France.

2. BLACOUEL paniculé.
BLAKWELLIA paniculata. La M. Dict. ♄ de Madagafcar.

3. BLACOUEL axillaire.
BLAKWELLIA axillaris. La M. Dict. ♄ de l'Ifle-de-France.

Defcription du port des Efpèces.

1. BLACOUEL à feuilles entières. C'eft à M. Sonnerat que nous devons la connoiffance de cette efpèce. Il l'a rapportée, en herbier, de l'Ifle-de-France.

On voit, par l'échantillon qu'il a confervé, que les rameaux font ligneux, un peu noueux, cylindriques & d'un gris brun.

Les feuilles, longues d'environ trois pouces & demi, fur plus de deux de largeur, font alternes, ovales, entières, glabres des deux côtés, d'un verd foncé en deffus, obtufes à leur fommet, qui même eft quelquefois échancré : quelques-unes font garnies à leurs bords de petites dents anguleufes, rares & peu remarquables.

Les fleurs viennent en panicules courtes & bien garnies, à l'extrémité des rameaux. Il y a auffi une petite grappe paniculée dans l'aiffelle de la dernière feuille.

2. BLACOUEL paniculé. Ce qui diftingue cette efpèce de la précédente, c'eft que fes feuilles font plus petites, prefque arrondies, & toutes bordées de dents diftantes. Les panicules de fleurs, qui terminent les rameaux, font auffi plus compofées & plus larges.

3. BLACOUEL axillaire. Cette efpèce diffère beaucoup des deux premières, fur-tout par la difpofition des fleurs.

Les rameaux font couverts d'une écorce cendrée & renferment un peu de moëlle. Ils font garnis de feuilles ovales, un peu crénelées, glabres des deux côtés, mais veineufes en-deffous. Ces feuilles ont environ deux pouces de long & font portées fur de courts pétioles.

De l'aiffelle des feuilles fortent des épis longs de fept à huit pouces, très-fimples, folitaires, & penchés ou pendans, qui font garnis dans toute leur longueur de petites fleurs éparfes, prefque feffiles, rapprochées les unes des autres, velues & comme plumeufes.

Hiſtorique. Le nom de BLACOUEL donné à ce genre nouveau, eſt un hommage rendu à M. Blakwel, célèbre Auteur Allemand, auquel nous devons pluſieurs ouvrages de Botanique, & de bonnes figures enluminées d'un grand nombre de plantes.

Culture. Ces arbriſſeaux n'ont point encore été cultivés en Europe : ainſi, nous ne pouvons parler que par conjectures de la culture particulière qui leur conviendroit. Il y a apparence qu'elle doit rentrer dans la culture générale des plantes des mêmes pays que nous poſſédons ; c'eſt-à-dire, que, ſans la chaleur artificielle d'une ſerre, nous ne pourrions point les conſerver l'Hiver. (*M. DAUPHINOT.*)

BLAD – DRAGER. Nom que les Hollandois donnent à une plante paraſite, de la famille des orchis, dont Van Rheede a donné une bonne figure, mais incomplette, ſous le nom de *Kolli tsjérou mau maravara* dans l'Hort. mal. Vol. 12. p. 13, Pl. 6.

« C'eſt une eſpèce de l'*Amboleky* Ad. c'eſtà-dire, l'Orchis du mangier qui en diffère principalement, en ce qu'elle eſt plus grande, à tige de deux-lignes & demie de diamètre. Ses feuilles, au nombre de dix à douze ſur chaque tige, ont ſix à ſept pouces de longueur, ſur quatre lignes de diamètre, & ſont plus roides & plus rudes. Van Rheede n'en a point vu les fleurs, & elle fleurit très-rarement & très-tard. Les Malabares diſent à cauſe de cela, que cette plante eſt le mâle de l'Amboleky. »

Uſage. On n'en fait point d'uſage au Malabar. *Ans. Enc. Suppl.*

Cette plante, dont les caractères ne ſont pas indiqués, paroît être une eſpèce d'Angrec *Epidendrum,* & devroit être placée auprès de l'*Epidendrum tenuifolium* L. V. ANGREC à feuilles étroites. (*M. REYNIER.*)

BLAIREAU, Quadrupède ſauvage dont la deſcription eſt dans le Dictionnaire des Quadrupèdes. On l'appelle encore *Taiſſon, Bedouau.* Suivant le Dictionnaire économique, le Blaireau perce les haies pour entrer dans les terres enſemencées, les vignes & les jardins, dont il mange les grains & les fruits. Il fait beaucoup de tort aux vignes pendant l'Automne, & fait la guerre à toutes ſortes de volailles. Le cours complet d'Agriculture en fait au contraire un animal utile.

« Le Blaireau, dit-il, d'un naturel tranquille & même pareſſeux, aimant la ſolitude, vivant toujours aſſez loin des habitations, dans l'épaiſſeur des taillis, s'y creuſant une demeure profonde, où il paſſe les trois quarts de la vie, le Blaireau n'en ſort que pour aller chercher ſa nourriture, qui ne conſiſte qu'en mulots, lézards, ſerpens, ſauterelles, quelquefois de jeunes lapereaux ; preſque toujours des racines ſuffiſent à ſa ſubſiſtance. Le tort qu'il fait à l'homme eſt

preſque nul, ſur-tout en comparaiſon du ſervice eſſentiel qu'il lui rend, en détruiſant les nids des guêpiers, dont il mange le miel, les rats des champs, les lézards, les ſerpens, auxquels il fait une guerre continuelle. » Il eſt poſſible que le Blaireau faſſe, dans quelques circonſtances, du tort aux habitans de la campagne, & qu'il leur ſoit infiniment plus utile que nuiſible. On ſent aiſément le mal, & on oublie le bien qu'on reçoit. L'amour de la chaſſe, le prix de la peau du Blaireau, le mérite prétendu de ſa ruine, peut-être même la difformité de cet animal, ont étourdi ſur les avantages, qu'il procure, pour ne laiſſer voir que le tort qu'il fait rarement. C'eſt ainſi qu'on a condamné les pigeons qui dévorent une partie des grains, mais qui donnent un excellent engrais, & un bon aliment & enlèvent beaucoup de graines nuiſibles ; c'eſt ainſi que le hibou a été proſcrit, parce qu'il mangeoit quelquefois des œufs de perdrix, quoiqu'il détruiſe une grande quantité de mulots, &c. Les hommes ne ſavent pas être juſtes & peſer dans une balance exacte le bien & le mal, avant de fixer leurs jugemens. (*M. l'Abbé TESSIER.*)

BLAIRIE. *BLÆRIA,*

Genre de plantes à fleurs monopétalées, de la famille des *Bruyères.*

Il comprend des Sous-Arbriſſeaux exotiques. Toutes les eſpèces que nous connoiſſons juſqu'à préſent ſont originaires du Cap de Bonne-Eſpérance. Elles réuſſiſſent très-bien en ce pays-ci, où, pour les garantir des trop grands froids, il ſuffit de les rentrer dans une bonne Orangerie, ou de les mettre ſous un chaſſis vitré. On peut même à la rigueur leur laiſſer paſſer l'Hiver en pleine terre, avec quelques précautions.

Ces arbuſtes n'ont pas beaucoup d'apparence ; ils s'élèvent très-peu. Les feuilles ſont petites & naiſſent à chaque nœud, quatre par quatre, en forme de verticilles.

Les fleurs ſont aſſez jolies & pourroient être un objet d'agrément, ſoit dans les orangeries, ſoit dans les plate-bandes.

Elles ſont ſuivies de capſules obtuſes, quadrangulaires, qui s'ouvrent par leurs angles & qui ſont diviſées intérieurement en quatre loges, dont chacune contient pluſieurs ſemences arrondies.

Eſpèces.

BLAIRIE Ericoïde.
1. *BLÆRIA Erycoïdes.* L. ♄ du Cap de Bonne-Eſpérance.

2. BLAIRIE Ciliée.
BLÆRIA Ciliaris. L. ♄ du Cap de BonneEſpérance.

3. BLAIRIE articulée.

BLÆRIA articulata. L. ♄ du Cap de Bonne-Espérance.

4. BLAIRIE pourprée.

BLÆRIA purpurea. L. ♄ du Cap de Bonne-Espérance.

5. BLAIRIE naine.

BLÆRIA pusilla. L. ♄ du Cap de Bonne-Espérance.

Description du port des Espèces.

1. BLAIRIE éricoïde. Cette plante, très-rameuse, a le port de la bruière commune.

Ses feuilles viennent quatre à chaque nœud, où elles forment une espèce d'anneau. Elles font couvertes de poils, qui les rendent rudes au toucher, de la longueur des entre-nœuds & ferrées contre la tige.

Les fleurs font sessiles, d'un blanc pourpre, disposées en têtes terminales. Les anthères font bifides & saillantes hors de la corolle. Le style est plus long que les anthères.

2. BLAIRIE ciliée. Cette espèce ne diffère absolument de la précédente, que parce que les calices font blancs & ciliés d'une manière remarquable, & que ses étamines ne paroissent point hors de la corolle, dans laquelle elles font renfermées.

3. BLAIRIE articulée. Les rameaux de cet arbuste font comme tortus, ce qui les fait paroître articulés. Ses feuilles ressemblent à celles des premières espèces. Elles font rudes au toucher, & resserrées contre les rameaux.

Les fleurs forment des têtes terminales penchées. Leur calice est chargé de poils blancs. Elles font couleur de chair, & leurs anthères, qui saillent hors de la corolle, font noires, étroites & divisées en deux.

4. BLAIRIE pourprée. Cette espèce n'a point les têtes de ses fleurs penchées & leurs étamines ne dépassent point la corolle. C'est tout ce qui la distingue de la précédente.

5. BLAIRIE naine. Les rameaux de cet arbuste font légèrement velus. Les feuilles font disposées de même que dans les autres espèces; mais elles font marquées en-dessus, d'un sillon longitudinal. Les fleurs font petites, éparses, plus courtes que les feuilles. Leur calice est glabre & leur corolle en entonnoir.

Historique. Le Docteur Houston avoit donné le nom de *Blæria* à d'autres plantes qu'il avoit regardées comme devant former un genre particulier. Il avoit fait hommage de ce genre, à M. Blair, Gentilhomme Anglois. Mais Linnæus, ayant remarqué que ces plantes appartenoient au genre des verveines, à été obligé de les y renvoyer, &, pour ne point tromper tout-à-fait

l'intention du Docteur Houston, il a transporté le nom de *Blairie* aux plantes décrites dans cet article, & dont le genre étoit nouveau.

Culture. Ces arbustes se multiplient de marcottes & de boutures, qui doivent être faites de la manière & dans les tems accoutumés. (*Voyez* MARCOTTES & BOUTURES.)

On peut aussi les multiplier de semences; mais ce moyen est beaucoup plus long. Lorsqu'on est obligé d'y avoir recours, il faut semer les graines dès l'Automne, sous un châssis, & les abriter ainsi des gelées pendant tout l'Hiver. Ordinairement elles lèvent au Printems suivant. Lorsque les jeunes plantes ont atteint trois pouces de haut, on les sépare & on les met dans des pots remplis d'une terre sablonneuse, jusqu'à ce qu'elles aient repris. On peut alors les laisser à l'air libre pendant l'Eté; mais, lorsque le tems commence à devenir froid, c'est-à-dire, vers le mois d'Octobre, il faut les rentrer dans une bonne orangerie & les placer sur les appuis des croisées.

En Angleterre, on est parvenu à en élever en pleine terre, en les plaçant, lorsqu'elles ont une certaine force, dans une plate-bande sèche, de terre légère & sur-tout à une exposition chaude. Elles y fleurissent même mieux que dans les pots, pourvu qu'on ait la précaution de les couvrir, pendant l'Hiver, d'une couche épaisse de litière, de vieux tan & de fumier que l'on ôte aussi-tôt que le tems s'adoucit.

On pourroit faire ici le même essai; mais, en supposant que cette tentative réussit, il seroit toujours prudent d'en renfermer quelques pots dans l'orangerie, pour les conserver dans le cas où des gelées trop fortes feroient périr les plantes qui feroient en pleine terre.

Usages. Comme ces arbustes s'élèvent très-peu, & qu'ils ne font pas même en général d'une forme avantageuse, ils ne produiroient pas beaucoup d'effet dans un grand parterre: mais la couleur de leurs fleurs peut les faire rechercher dans les orangeries, où elles répandent une agréable variété. (*M. DAUPHINOT.*)

« BLAIRIE. (droit de) C'est celui qu'ont quelques Seigneurs de permettre à leurs habitans, de mener leurs bestiaux sur les chemins publics, sur les terres à grains, & les prés de leurs terres, après l'entière dépouille. On appelle encore ce droit, droit de Vaine-pâture. Il semble que la Vaine-pâture soit de droit commun: il y a mêmes cantons où l'on ne peut mettre ses prairies en regain, & en empêcher la Vaine-pâture après l'enlèvement de la première herbe, qu'en bâtissant & habitant sur le terrein de la prairie; mais il y a d'autres cantons où la Vaine-pâture, ou le *droit de Blairie* suit la Haute-justice & où les Justiciables font obligés de l'acquérir par une redevance qu'ils paient au Seigneur. *Ancienne Encyclopédie.*

Je parlerai de cet usage au mot *Parcours*. (*M. l'Abbé Tessier.*)

BLANC ; *couleur.* Couleur ou plutôt effet de la réunion des rayons colorés du spectre ; ce n'est pas ici le lieu de traiter cette matière qui est du ressort de la physique.

Les fleurs blanches en tout, ou en partie, sont très-communes dans la nature, & on a observé, avec raison, que leur nombre augmente d'autant plus, proportionnellement à celui des fleurs colorées, que le pays est plus voisin des pôles ; cette remarque singulière est assez intéressante, soit que ce nombre dépende des familles dont les espèces y sont les plus communes, ou que les climats aient une influence réelle sur les couleurs, ce qui me paroît assez probable. *Voyez* Climat.

Beaucoup d'espèces de plantes sauvages ont ordinairement des fleurs colorées ; mais portent, dans de certaines circonstances, des fleurs blanches qui constituent des variétés. On observe généralement que les plantes à fleurs bleues sont celles dont on connoît le plus grand nombre des variétés à fleurs blanches, viennent ensuite celles à fleurs rouges, & enfin celles à fleurs jaunes, les demi-teintes se classent entre ces points principaux, suivant la dégradation de leur nuance.

Une observation assez remarquable, c'est qu'on ne connoît aucune plante à fleur jaune, *flavi*, qui ait des variétés blanches & que le nombre des espèces à fleurs citrines, *lutei*, qui ont des variétés blanches est très-peu considérable ; encore même n'a-t-on que l'œillet dont la teinte soit pure & c'est une plante modifiée par la culture. On n'en connoît aucun exemple dans les espèces sauvages ; car le Raifort sauvage, dit à fleur jaune, n'est pas jaune, mais d'un blanc sali de citrin terne, presque olivâtre ; ainsi, ses variétés à fleurs jaunes, & à fleurs blanches ; ne sont pas un exemple. L'auricule ne peut pas être citée non plus ; car il paroît constant que l'auricule à fleur jaune, *Primula lutea Vill.* est le type des auricules à fleurs jaunes des jardins, & que celles à fleurs rouges, blanches, bleues & panachées, tirent leur origine d'une autre espèce *Primula auricula Vill.* également originaire des Alpes, & que M. Villars a découverte depuis peu. *Voyez* Couleur.

Une variation également remarquable des fleurs blanches, c'est le changement en rose de presque toutes les ombellifères qui croissent sur les montagnes ; coloration qui augmente d'intensité à mesure que la plante croît dans un lieu plus élevé. Les boucages offrent sur-tout ce changement d'une manière très-prononcée. Je l'ai aussi observé sur des cerfeuils, des lasers, la mutelline, &c. Ce changement de couleur tient, d'une manière immédiate, à ce genre de

position : on trouvera quelques recherches sur les causes, au mot Climat.

D'autres fleurs enfin sont blanches au moment où elles s'épanouissent, & se colorent ensuite à la lumière, quelques tems après qu'elles se sont ouvertes. On n'observe ce phénomène que sur quelques plantes des pays situés entre les tropiques & jamais sur les plantes de l'Europe, & même ce changement, qui s'opère aux Indes dans la journée, dure plusieurs jours sur les individus de nos serres. *L'Hibiscus mutabilis L.* est la plus remarquable de ces plantes. *Voyez* Ketmie fleur changeante.

On ne doit pas confondre, avec ce changement, l'état de décoloration où se trouve la corolle de toutes les plantes, lorsqu'elle est encore enfermée sous le calice ; décoloration qui est indispensable, puisque les couleurs ne se développent que par le contact de la lumière ; mais, dans cette Ketmie, la coloration ne commence qu'après l'entier épanouissement de la fleur, &, si je l'ai bien observé, après la fécondation de l'ovaire. *Voyez* Climat.

La blancheur des autres parties des plantes, que les Jardiniers produisent, en interceptant la lumière, pour adoucir les sucs de certains légumes, n'est pas une blancheur réelle, mais plutôt un affoiblissement de la couleur verte des végétaux. Il en sera question aux articles Blanchir, Couleur & Etiolement.

La couleur blanche dans les fleurs est recherchée par les Fleuristes, lorsqu'elle n'est lavée d'aucune nuance ni demi-teinte, & sur-tout lorsqu'elle est relevée par des panaches bien terminés. Lorsque les œillets sont d'un blanc de lait qui ne se *carne* pas, on en fait beaucoup de cas ; il en est de même des auricules dont l'œil est blanc & point *baveux*. Les tulipes panachées de blanc, ou dont le fond est blanc avec des panaches de couleur, sont préférées à celles dont les panaches sont jaunes. *Voyez* Couleur. (*M. Reynier.*)

BLANC, *maladie.* Les maladies des plantes ont été si peu étudiées, quant à leur principe, que les décrire, c'est ajouter aux nombreuses erreurs dont elles ont été la cause. Les moyens curatifs sont un peu plus connus, parce qu'à force de varier les essais, de multiplier les expériences, le hasard a indiqué les remèdes à employer : ces remèdes ne sont pas cependant infaillibles, car vu l'ignorance où nous sommes des causes, nous pouvons nous méprendre sur les effets & réussir une fois par hasard, tandis que, dans mille occasions, que nous croyons semblables, l'art échoue.

L'organisation des végétaux est peu connue, à peine savons-nous l'usage de leurs premiers vaisseaux ; les secondaires, les tertiaires & toutes leurs ramifications, s'il en existe, nous sont inconnus. La sève, la manière dont elle s'élabore, son mouvement même, présentent des difficultés dont on n'a aucune résolution satisfaisante. Il est impossible, dans l'état où se trouve la phisiologie végétale, de prononcer sur aucune maladie des plantes, & c'est peut-être parce que je m'en suis beaucoup occupé que je suis plus circonspect.

L'arbre livré à lui-même, la plante dans l'état de nature, sont moins sujets aux maladies que les végétaux modifiés dans nos jardins, ces derniers, assujétis à la taille, à mille contours que nous les forçons de prendre, sont nécessairement exposés à des engorgemens inévitables. La taille d'une branche fait nécessairement refluer la sève qui s'y portoit, sur les branches voisines, jusqu'au moment où l'équilibre s'est rétabli; mais il se forme un engorgement dont l'effet ne s'apperçoit que long-tems après. Une branche pliée, pour la soumettre à nos caprices, éprouve des contractions qui gênent le mouvement des sucs dans ses vaisseaux; autre raison d'engorgement. Ajoutons encore à ces causes les vicissitudes météorologiques, auxquelles les arbres des jardins sont plus exposés; la chaleur, qui peut pénétrer jusqu'aux racines, dans une terre nue & l'on se fera une idée d'un petit nombre des causes qui peuvent affecter leur organisation, dont les arbres fruitiers de plein-vent sont déjà préservés en grande partie, dont enfin les arbres sauvages ne sont presque jamais atteints.

Déjà plusieurs Ecrivains, tels que M. Duhamel, M. l'Abbé Rozier, ont avancé que les maladies des arbres étoient causées, en grande partie, par des engorgemens; mais aussi long-tems qu'on ne pourra pas distinguer si ces engorgemens proviennent d'une sève trop abondante dans un lieu, gênée dans son mouvement, ou viciée dans son principe, on ne pourra proposer des moyens curatifs assurés : il faudroit même avoir des connoissances plus étendues sur l'organisation végétale dont nous possédons à peine les premiers élémens. Jusqu'à cette époque nous devons décrire les maladies telles qu'elles ont été vues, indiquer les moyens curatifs qui ont réussi, & j'avoue que, malgré le tems que j'ai consacré à ces recherches, je n'ai obtenu aucun résultat d'une certitude complette, telle que les Naturalistes actuels doivent les exiger.

On donne le nom de *Blanc* à une maladie qui se manifeste sur les feuilles de certaines plantes sous l'apparence de taches blanches. Elles commencent sur les jeunes feuilles qui terminent les tiges; de-là elles s'étendent, se confondent & se propagent ensuite le long des tiges & détruisent toute la plante. D'autres fois la maladie est moins générale & se manifeste seulement sur quelques feuilles, sans se propager sur les autres. Les œillets, les laitues, les chico-

rées, les plantes cucurbitacées, &c. y sont sujettes. M. l'Abbé Rozier attribue cette maladie à une obstruction des vaisseaux causée par la sécheresse, & indique les arrosemens fréquens comme un moyen curatif. Les jardiniers coupent jusqu'au vif la partie malade des plantes qu'ils veulent conserver. J'ai cru appercevoir une autre cause du Blanc, sans avoir néanmoins de preuves bien certaines en faveur de cette opinion. Les racines des plantes attaquées du Blanc, ont des parties flétries & comme épuisées; ces parties n'ont qu'un petit nombre de chevelus qui paroissent desséchés. Il paroît, d'après cette observation, que le Blanc général provient d'une altération de la racine & le partiel, d'une altération de quelques-uns des vaisseaux. Pour m'assurer de la vérité du fait, j'ai essayé de couper la partie endommagée des racines; mais comme le Blanc ne se déclare que sur les plantes parvenues à leur grosseur, elles ont trop souffert de cette opération pour que j'aye obtenu des résultats un peu certains. On peut cependant soupçonner que cette maladie a pour cause première la viciation des sucs qui s'élaborent dans la racine & pour cause prochaine l'altération que ces sucs produisent dans l'organisation des jeunes pousses. L'amputation que les jardiniers font des parties attaquées du Blanc, est presque toujours accompagnée de quelques labours & de quelques soins, qui détruisent ou affoiblissent les principales causes du mal.

On a remarqué que les plantes de couche sont plus sujettes à cette maladie que celles de pleine terre : les couches changent les époques du développement, & la terre ordinairement plus imprégnée de fumier que celle des potagers, doit nécessairement influer sur les plantes qui y croissent. J'invoquerai encore une opinion populaire, qui peut-être appuiera les autres observations. Dans le pays de Vaud, où l'on cultive les courges dans toutes les campagnes, lorsqu'elles sont couvertes de Blanc, les paysans l'attribuent à la chaleur du fumier qui brûle les racines; ils ont soin de n'employer que du fumier consommé. Les couches sont faites avec du fumier frais, & peut-être qu'il produit une impression délétère sur les racines. Nous ignorons la manière dont il peut leur nuire & les altérations qu'elles éprouvent lorsque la plante manifeste le Blanc; ainsi, nous ne pouvons indiquer aucun moyen curatif assuré. Le Blanc attaque souvent des plantes dans des terres qui ne contiennent aucun fumier; par conséquent la cause du Blanc doit être plus générale; mais il me paroît qu'on doit toujours la chercher dans les racines.

Les feuilles des arbres sont aussi sujettes à être couvertes de taches blanches; mais elles sont moins dangereuses pour l'individu que celles des plantes herbacées. Cette maladie est plus connue sous le nom de BRULURE. *Voyez* ce mot.

I I I.

Quelques personnes donnent le nom de *Blanc* à une maladie des arbres fruitiers, qui est plus connue sous le nom de LEPRE. On lui donne le nom de Blanc, à cause de la poussière, ou substance cotonneuse, blanche, qui couvre les parties de l'arbre qui sont attaquées. *Voyez* LEPRE.

I V.

Une quatrième maladie porte encore le nom de *Blanc*; les pêchers y sont sujets au mois d'Août, sur-tout dans les Provinces méridionales. Des coups de soleil ardens, dit M. l'Abbé Rozier, occasionnent la dissipation de l'humidité de ces arbres, & blanchissent la surface supérieure de leurs feuilles, tandis que le dessous reste vert. On rétablit l'arbre en bacquetant de l'eau sur les feuilles. Cet Auteur ajoute : que cette maladie est plus commune pendant les vents de mer qui sont humides que pendant les autres ; il me paroît que cette circonstance détruit l'explication première ; car comment peut-on imaginer une dissipation excessive de l'humidité, lorsque l'air en est saturé? N'ayant pas observé cette maladie, je me borne à l'indiquer d'après l'Auteur qui en a parlé. (*M. REYNIER.*)

BLANC-BOIS. On donne ce nom dans quelques Provinces au *Populus alba* L. *Voyez* PEUPLIER BLANC. (*M. THOUIN.*)

BLANC d'eau, nom très-impropre & très-peu expressif, sous lequel on désigne quelquefois le *Nymphœa alba* L. *Voyez* NYMPHŒA ALBA L. (*M. THOUIN.*)

BLANC de Champignons. Filets Blancs arrondis & spongieux, qui s'alongent & se ramifient en forme de réseau, & produisent des Champignons.

On trouve communément le Blanc de champignons dans les vieilles couches de fumier de cheval, & il s'y conserve pendant plusieurs années. S'il se rencontre sur le bord des couches, & que celles-ci aient un peu de chaleur & d'humidité, il produit de bons Champignons.

Les maraichers ont grand soin, lorsqu'ils détruisent leurs couches, de ramasser & de mettre dans un lieu sec & aéré, les parties de fumier dans lesquelles il se rencontre du Blanc de champignon. Comme il se conserve long-tems, lorsqu'il est à l'abri de l'humidité, ils s'en servent pour larder les meules ou couches de Champignons. Quelques Physiciens ont prétendu que le Blanc de champignon n'est autre chose que la plante de ce végétal, qui croît

& se propage sous terre à une petite profondeur, soit à la campagne dans les prés, soit dans les couches de fumier, & que ce que nous nommons Champignons, n'est que la fructification de cette plante. Cette opinion est assez vraisemblable ; mais il faudroit plus de connoissances que nous n'en avons pour dire à quel point elle est fondée. (*M. THOUIN.*)

BLANC D'ESPAGNE, variété du pommier dont le fruit a quelque ressemblance avec la reinette, la peau est lisse, d'un vert tirant sur le jaune ; elle est quelquefois parsemée de taches, d'un rouge vif du côté frappé du soleil. La chair est sèche, moins ferme que celle des reinettes & d'un goût acide. Cet espèce produit beaucoup & manque plus rarement que les reinettes ; ce qui dédommage de ses qualités inférieures. Elle est aussi connue sous le nom de BOVARDE.

C'est une des variétés du *Pyrus malus* L. *Voyez* POMMIER dans le Dictionnaire des Arbres & Arbustes. (*M. REYNIER.*)

BLANC de montagne. Nom que les Fleuristes donnent à une variété de l'*Hyacintus orientalis* L. *Voyez* JACINTHE D'ORIENT. (*M. THOUIN.*)

BLANCHE d'Andilly, variété du *Pyrus communis* L. *Voyez* le mot POIRIER dans le Dictionnaire des Arbres & Arbustes. (*M. THOUIN.*)

BLANCHE vulgaire, variété de l'*anémone*, dont les fleurs sont petites & blanches sans aucune nuance d'autre couleur. *Voyez* ANEMONE des Fleuristes, n.° 9. (*M. REYNIER.*)

BLANCHES, (fermes) terme de coutume de Normandie, « sont celles dont le fermage se paie en argent. » *Ancienne Encyclopédie.* (*M. l'Abbé TESSIER.*)

BLANCHETTE, synonyme de la *Valeriana locusta pumila* L. *Voyez* VALÉRIANE MACHE. (*M. THOUIN.*)

BLANCHETTE, nom vulgaire du *Chenopodium maritimum* L. *Voyez* ANSERINE MARITIME, n.° 29. (*M. THOUIN.*)

BLANCHIR. Donner, par des moyens artificiels, la couleur blanche aux végétaux pour les adoucir. Cette opération est un véritable ÉTIOLEMENT. *Voyez* ce mot.

Les légumes qui ne pomment pas, ou qui pomment difficilement, tels que les laitues, les chicorées, &c. doivent être liés vers le haut ; les feuilles qui se développent dans l'intérieur, n'étant plus exposées à l'action de la lumière, se blanchissent, comme le cœur des plantes qui pomment naturellement, telles que les salades, les choux, &c.

D'autres légumes exigent un autre procédé pour blanchir : les cardons, le céleri, &c, dont les côtes ont une saveur trop forte, lorsque l'action de la lumière développe tous leurs principes, doivent être enterrés jusque vers le sommet des feuilles, au moment où on veut le blanchir, ou même être portés dans une ferre obfcure où l'abfence de la lumière produit l'effet défiré. Les différens procédés, que l'on emploie & qui diffèrent néceffairement pour chaque efpèce & pour chaque pofition, feront décrits avec quelques détails à l'article de chaque plante qui doit être blanchie. Une obfervation générale néanmoins qui concerne cette pratique, c'eft que, dans les pays humides, on doit préférer de renfermer les plantes, qu'on veut blanchir, dans les ferres, plutôt que de les enterrer dans les jardins; au contraire, dans les pays Méridionaux, où l'humidité eft moins à craindre, cette dernière méthode eft préférable, parce qu'elle économife l'emploi d'une ferre.

Les Hollandois, qui préfèrent les afperges blanches à celles dont les têtes font colorées, donnent une plus grande épaiffeur au terreau, dont ils couvrent les afpergières & les coupent avant qu'elles aient percées au-dehors. Ces afperges blanches ont moins de faveur que celles qu'on coupe après qu'elles font forties de terre.

Dans quelques parties de l'Allemagne, on prépare une falade d'hiver au moyen d'un procédé particulier. On choifit un vieux tonneau dont les douves s'écartent d'elles-mêmes & on y pratique une multitude de trous. Vers la fin de l'Automne, on remplit ce tonneau de différentes racines, telles que carottes, betteraves, chicorées, falfifis, céleris, &c. ayant foin de les faire rayonner dans tous les fens. On y mêle du fable de la fciure de bois, ou en général quelque fubftance qui puiffe abforber & retenir l'humidité; le tonneau eft dans une cave à l'ombre, les racines y végètent, donnent des feuilles blanches ou légèrement colorées, qui fortent par toutes les ouvertures; on coupe ces feuilles & les racines en donnent de nouvelles pendant tout l'hiver. Ce procédé eft très-femblable à celui qui eft adopté à Paris pour fe procurer la chicorée fauvage qu'on y vend au Printems, & dans le cours de l'Hiver. Mais l'avantage de la méthode Allemande, c'eft que la réunion de ces racines différentes donne une falade moins amère que celle de chicorée & plus agréable à l'œil à caufe de la teinte rougeâtre des betteraves & des nuances différentes des autres plantes. Beaucoup de perfonnes mangent auffi les jeunes pouffes de falfifis fans aucun mélange; elles ont un goût très-agréable. On trouvera, au mot ÉTIOLEMENT, quelques détails fur les effets de l'ombre fur les végéraux. Voyez auffi CLIMAT. (M. REYNIER.)

BLANC PARIS. Œillet blanc d'une belle groffeur. Traité des Œillets. Voyez ŒILLET. (M. REYNIER.)

BLANC RACINE. Œillet femblable au précédent. Traité des Œillets. Voyez ŒILLET. (M. REYNIER.)

BLANQUET: Nom donné en Provence à une maladie, qui attaque les feuilles des haricots. C'eft une efpèce de rouille. (M. l'Abbé TESSIER.)

BLANQUET. On donne ce nom à des variétés du Poirier, dont le feuillage eft large & fans dentelures; les fleurs grandes & bien ouvertes; les fruits en bouquets petits d'une chair caffante & d'un goût agréable. Ils font mûrs vers la fin de Juillet. On diftingue le gros Blanquet, le petit Blanquet & le Blanquet à longue queue. Voyez POIRIER. (M. REYNIER.)

BLANQUETTE, nom qu'on donne dans quelques Provinces Maritimes, au Chenopodium maritimum, & à l'efpèce de foude qu'on en retire par l'incinération. Voyez ANSERINE MARITIME, N.° 19. (M. THOUIN.)

BLASIE. *BLASIA.*

Genre de plantes de la famille des Algues, dont la fructification eft auffi peu connue que celle des autres plantes de cette même famille. On prend pour fleurs mâles des cornets qui contiennent quelques graines à-peu-près comme ceux des Hépatiques, que j'ai fait voir être de cayeux (1) & pour fleurs femelles; des globules qui noirciffent en mûriffant & contiennent plufieurs molécules fphériques, que l'on compare à des graines. Ces opinions font à peine des probabilités.

Efpèces.

BLASIE naine.

BLASIA pufilla. L. dans les bois humides, & près des foffés dont la terre eft fablonneufe.

Cette plante, qui eft très-petite, a beaucoup de reffemblance avec les lichens pour fa forme, elle eft compofée d'expanfions, ou feuilles, qui s'étendent en tout fens & fe ramifient en lanières dont toutes les extrémités font élargies, dentelées & de forme arrondie.

Cette plante n'eft cultivée dans aucun jardin, excepté dans ceux de Botanique où on la porte chaque année de la campagne. En la tenant à l'ombre & dans une terre humide, on parvient à la conferver pendant tout l'Eté; mais, pour peu qu'on néglige l'un ou l'autre de ces foins, elle fe deffèche en peu de tems. Jufqu'à préfent, les plantes de cette famille ont trop peu excité la curiofité pour qu'on ait beaucoup de données fur leur culture, & fur-tout fur les moyens de les tranfporter d'un lieu dans un autre. (M. REYNIER.)

BLAT, en Provence & en Languedoc fe dit pour Bled. Ce mot vient de *Bladum*, fruit ou femence. Quand il eft employé feul, il exprime

(1) Journal de Phyfique, année 1787.

le froment. Le *gros Blat* est le maïs. (*M. l'Abbé Tessier.*)

Cette manière de prononcer le mot Bled est encore usitée dans les patois des départemens du Jura , & du pays de Vaud , c'est une corruption & abréviation du mot Bladum aussi-bien que notre mot Bled. (*M. Reynier.*)

BLATIER. Homme qui fait le commerce de Bled ; il sembleroit que ce nom eût pris naissance en Provence où le bled s'appelle *Blat* ; ou plutôt Blatier & Blat ont la même origine , c'est-à-dire , le mot latin *Bladum* bled. Du tems de S.-Louis il y avoit à Paris une communauté de Blatiers , qui avoient des statuts. Les Blatiers alloient chercher les grains dans les villages chez les petits propriétaires , ou dans les marchés qui ont peu de débouché & les transportoient dans d'autres marchés. Ils les achetoient un peu moins qu'ils ne devoient les vendre. Ils les portoient dans les endroits , où la mesure étoit la même , ou bien ils alloient où la mesure étoit grande acheter pour vendre où elle étoit petite ; enfin ils faisoient des mélanges de grains , qui leur étoient profitables , ils falsifioient quelquefois même des bleds altérés avec des bleds sains , ou du petit bled avec du gros , ou du bled d'un canton inférieur avec celui d'un canton supérieur ; ils se permettoient de les humecter d'eau , afin de les grossir & pour que la mesure en tînt moins. La Police étoit obligée de veiller de près sur les blatiers & de les punir rigoureusement , quand on les prenoit en faute. Depuis que les provinces de France sont percées d'une plus grande quantité de routes & de grands chemins , le nombre des Blatiers a beaucoup diminué. Les fermiers & métaiers mènent eux-mêmes avec leurs voitures , les grains de leurs récoltes aux marchés , qui se sont aussi multipliés. Des marchands de profession se sont établis , pour acheter ces grains & les revendre , soit dans les villes , soit à des meûniers pour l'approvisionnement des villes , soit même à l'étranger dans les cas d'exportation libre. Les Blatiers ne sont plus que de très-petits marchands , qui vont encore dans les pays de mauvais chemins acheter des grains qu'ils transportent à somme sur des chevaux , des ânes ou des mulets. (*M. l'Abbé Tessier.*)

» BLATRER , apprêter le grain , le rendre frais & lui donner de la couleur & de la main par des préparations dangereuses. Ce secret est employé par de petits marchands de grains ; mais la police doit y veiller & les punir , quand ils sont surpris. » *Ancienne Encyclopédie.* (*M. l'Abbé Tessier.*)

BLATTAIRE , nom que l'on donne assez généralement aux espèces de molènes dont les feuilles ne sont pas cotonneuses. Le *Verbascum blattaria* , le *nigrum* ; le *phœniceum* , &c. sont plus connus , dans les jardins , sous nom de *Blattaires*

que sous leur véritable nom *Molène. Voyez* MOLÈNE. (*M. Reynier.*)

« BLATTE , insecte. Il est de couleur brune , comme brûlée ; ses antennes longues & unies , surpassent d'un tiers la longueur du corps , & sont composées d'une infinité d'anneaux courts. La tête est petite & presque entièrement cachée sous la platine du corcelet qui est large & ovale. Ses étuis , de la même couleur que le reste du corps , sont transparens , membraneux , & plus courts d'un tiers que le ventre. Du haut de chacun partent trois stries principales , & presque toutes trois du même point. La femelle n'a ni étuis , ni ailes , mais seulement deux moignons au commencement des uns & des autres ; aux deux côtés du dernier anneau du ventre , sont deux appendices vésiculaires , débordant le ventre , longs d'une ligne , qui paroissent striés transversalement , à cause des anneaux dont ils sont composés. Les jambes sont très-épineuses. Ces insectes se trouvent communément autour des cheminées & des fours des Boulangers. Leur larve se nourrit de farine , de pâte , & fait beaucoup de dégâts ; ce qui l'a fait nommer dans beaucoup d'endroits , la *Pannetière*. Elle paroît être très-vorace , puisqu'elle dévore les jeunes vers-à-soie qu'on a mis éclore , ainsi que leur graine. *Cours complet d'Agriculture*. (*M. l'Abbé Tessier*.)

BLATTI, *Sonneratia*.

Genre de plante de la famille des MYRTES , auquel Linné , fils , a donné le nom de M. Sonnerat , Voyageur distingué , qui a enrichi l'Histoire Naturelle d'un grand nombre d'animaux & de plantes nouvelles. Ce genre n'est encore composé que d'une seule espèce.

BLATTI acide.

Sonneratia acida, L. fil. suppl. p. 252. *Rhizophora caseolaris*. Lin. sp. pl.

B. BLATTI acide à fruit blanc. *Sonneratia acida, alba*. ♄ de la côte de Malabar.

Cet arbrisseau ne s'élève guère au-dessus de quatorze pieds. Son tronc est fort court ; il est surmonté d'une cime sphérique , composée de branches opposées & en croix ; ces branches sont courtes , épaisses , d'un rouge brun dans leur jeunesse , & marquées de quatre angles. En vieillissant , elles deviennent cylindriques , très-dures , & se recouvrent , comme le tronc , d'une écorce cendrée , très-épaisse. Les feuilles sont opposées deux à deux , très-rapprochées les unes des autres , fort épaisses , & d'un verd pâle. Elles ont cinq pouces de long , sur moitié moins de largeur. Les fleurs , qui sont purpurines , & fort apparentes , viennent aux extrémités des branches. Il leur succède des fruits pulpeux , de la grosseur d'une pomme d'api , de couleur brune dans leur maturité, & remplis d'un très-grand nombre de pepins.

Usages. Les feuilles de cet arbrisseau sont acides, ainsi que les fruits. Les Malabares font cuire ces derniers pour les manger avec d'autres mets, & ils emploient les feuilles pilées pour la guérison de plusieurs maladies.

Culture. Le Blatti croît communément au Malabar, sur le bord des rivières, principalement dans les provinces de Pafeurti & de Tirpoutare; il fleurit & fructifie dès la quatrième année qu'il a été femé, & continue ainsi jusqu'à l'âge de vingt ans, ou à-peu-près. Ses fruits font mûrs en Août.

La culture de cet arbrisseau est inconnue en Europe, où il n'a point encore été cultivé. Cependant nous croyons, qu'en raison du climat où il croît, on pourroit le conserver dans les serres-chaudes. Mais comme les graines de toutes les plantes de cette famille perdent très-promptement leurs propriétés germinatives, nous conseillons d'en stratifier les graines qu'on voudra faire passer en Europe, pour qu'elles arrivent toutes germées, & en état de lever. (*M. Thouin.*)

BLAVELLE, *Centaurea cyanus*, L. Il y a quelques pays, où le bleuet ou aubifoin porte ce nom. *Voyez* CENTAURÉE DES BLEDS, n.° 30. (*M. l'Abbé Tessier.*)

BLAVÉOLE, *Centaurea cyanus*, L. *Voyez* CENTAURÉE DES BLEDS, n.° 30. (*M. Thouin.*)

BLAYER, Seigneur Haut-Justicier, qui avoit le droit de Blairie. *Voyez* BLAIRIE. (*M. l'Abbé Tessier.*)

BLÉ, BLED.

Suivant M. Beguillet, Auteur de l'article *Blé*, dans l'ancienne Encyclopédie, le mot françois *Blé* est formé, comme je l'ai dit au mot *Blat*, du latin *bladum* ou *blaïum*, termes barbares. On disoit autrefois *blai*. Plusieurs coutumes parlent du droit de *Blairie*, qui, dans les unes, est une prestation en Blé, & dans d'autres, en Nivernois, par exemple, un droit de pacage sur les terres moissonnées. *Voyez* BLAIRIE. On croit que *bladum* signifie fruit, semence; d'où vient *emblaver*, c'est-à-dire, ensemencer, ou *déblaver*, moissonner. Le mot latin, *bladum*, comme le mot françois, *blé*, est générique. Il exprime toutes fortes de grains, propres à faire du pain. Pour en désigner la qualité, il falloit ajouter l'espèce: *Bladum frumentum* vouloit dire le froment; *bladum ab equis*, l'avoine; *bladum mediatum*, le méteil; *bladum hyemale*, le bled d'Hiver; *bladum grossum*, *minutum*, gros blé, petit blé.

Quand on dit le *commerce des blés*, ou *des grains*, on comprend non-seulement les fromens, mais encore le seigle, l'orge, l'avoine.

Dans les pays où l'on ne cultive que du seigle, il porte le nom de *blé*. On distingue même celui qui fe fème en Automne, de celui qui fe fème au Printems, par les mots de *blé d'Automne* ou *d'Hiver*, de *gros blé*, de *blé de Printems* ou de *Mars*, de *petit blé*.

On a proposé, il y a quelques années, la culture du *blé de la Saint-Jean*. C'étoit du seigle, qu'on conseilloit de fémer au mois de Juin.

Le *blé méteil* est le mélange du froment & du feigle.

Le bled d'Inde, ou d'Espagne, ou d'Italie, ou de Turquie est le Maïs. *Voyez* MAÏS.

Trois autres plantes font appellées blé, quoiqu'elles n'aient point de rapport avec les fromentacées, telles font le *blé noir*, qui est le sarrafin, le *bled de vache*, espèce de melampirum. Le *bled d'oiseau*, qui est l'alpiste. *Voyez* SARRASIN, BLED DE VACHE, ALPISTE.

Il faut cependant convenir, qu'en général, le mot Blé exprime plus particulièrement le froment. Dans la majeure partie de la France, si l'on prononce ce mot, c'est le froment qu'on entend. *Un marché garni de bled*, *le prix du bled*, *la moisson du bled*, *le bled carié*, *retrait*, *&c.* Le bled d'Automne ou *d'Hiver*, *le bled de Mars* ou *Avrillet*, *&c.* Toutes ces manières de parler ont le froment pour objet.

Cependant, pour éviter toute équivoque, je traiterai du froment, au mot froment, où je tâcherai de développer, le mieux qu'il me fera possible, ce qui concerne cette précieuse graminée. (*M. l'Abbé Tessier.*)

BLED cornu. *Voyez* ERGOT. (*M. l'Abbé Tessier.*)

BLED DE VACHE.

Espèce de mélampyre, dite *malampyre des champs*, du Dictionnaire de Botanique. *Melampyrum purpurafcente comâ*, Tour. *Melampyrum arvenfe*, Lin. On lui donne des noms différens, felon les différens pays. Les principaux font ceux de *queue de renard*, *queue de loup*, *rougeole*, *rougette*, *herbe rouge*, *cornette*, *mahon*.

Cette plante, en certaines années, & en certains terreins, est d'une abondance extrême. Elle croît au milieu des grains, & sur-tout des fromens. Comme elle influe sur le prix des grains, & sur la qualité du pain, il m'a paru utile d'en étudier la végétation, & de la suivre aussi loin qu'il seroit possible. Je n'y suis pas encore parvenu tout-à-fait; mais j'espère qu'avec le tems j'apprendrai à la connoître parfaitement. Au reste, en rendant compte ici de mes recherches, je mettrai peut-être quelqu'Agriculteur instruit sur la voie des expériences à faire, pour indiquer les moyens les plus efficaces d'en purger les moissons.

M. l'Abbé Rozier, *Cours complet d'Agriculture*,

après avoir donné une defcription exacte de
cette plante, fe contente de dire : « Les bœufs
& les vaches mangent avec plaifir fa tige & fon
grain, d'où on lui a donné le nom de *bled de
vache*. Quelques Auteurs difent que ce pain caufe
des pefanteurs à la tête, d'autres, au contraire,
le regardent comme très-fain, & même agréable.
Il eft peut-être facile de concilier leurs opinions.
Si le grain eft encore frais, trop rempli de l'eau
de végétation, il peut très-bien arriver qu'il produife des effets funeftes, en cela femblable au
manioc, à la brione, &c. Cette première eau
eft toujours dangereufe, même dans le meilleur
froment ; mais fi une forte exficationa fait difparoître cette eau, alors le pain eft fain. Ce
qu'il y a de certain, c'eft que dans les pays, où
cette plante fourmille dans les bleds, dans la
Flandre, par exemple, le payfan ne fépare pas
ce grain de celui du bled ordinaire, & le pain,
qui en réfulte, ne produit aucun mauvais effet.»
Il eft certain qu'il n'eft conftaté nulle part, que
la graine de Bled de vache foit nuifible à la fanté
des hommes. Je n'en jugerois pas par l'ufage où
font les payfans, de ne point la féparer de leurs
fromens. Car ils ne féparent pas davantage les
grains ergotés du feigle, quoiqu'il foit prouvé,
que quand on en mange une certaine quantité,
il en réfulte la gangrène fèche ; le befoin d'augmenter la fomme des alimens, l'ignorance fur-
ce qui peut être dangereux, & le tems qu'il
faudroit mettre à ces fortes de foins, fuffifent
pour expliquer leur négligence à cet égard. Mais
on n'a pas de certitude que, même après la
deffication totale, le Bled de vache ne puiffe
jamais incommoder. Il me femble qu'il eft plus
prudent de ne rien affirmer. En fuppofant fon
innocuité, toujours eft-il vrai que le pain,
dans lequel entre le Bled de vache, n'eft agréable, ni à la vue, ni au goût.

La graine de Bled de vache communique au
pain, dont elle fait partie, 1.° De l'amertume,
fi elle y entre pour plus d'un dix-huitième, car
à la dofe d'un dix-huitième, cette faveur n'eft
prefque plus rien. 2.° Une odeur piquante &
défagréable, très-fenfible à un neuvième, & infenfible à un dix-huitième. 3.° De la noirceur,
moins intenfe que celle qui vient de la carie,
dans le rapport de deux à trois. *Voyez* CARIE.
Cette couleur noire eft facile à diftinguer de
celle que donnent au pain d'autres fubftances, parce qu'elle a une teinte rougeâtre. Elle
fe diftribue par taches, çà & là, & rend le pain
comme marbré. Quand on traverfe les campagnes, fur-tout peu de tems après la récolte,
on voit dans les mains des enfans, de celles
des journaliers, & quelquefois dans celles des
domeftiques de ferme, un pain d'un noir rougeâtre. Il eft fait communément de criblures,
de grains & graines ramaffés dans l'aire des
granges, après une fuite de battages, dans lef-

quels le bled de vache eft abondant. Ces motifs feuls feroient fuffifans, pour autorifer les
recherches que j'ai pu faire fur le Bled de
vache. Il en eft un autre, qui a dû m'y engager encore ; c'eft le tort qu'elle fait aux Cultivateurs. Le filence de M. l'Abbé Rozier, fur
ce tort, prouve qu'elle eft peu abondante dans
les provinces du Midi, dont il connoit plus
particuliérement les cultures. Les champs de
la Flandre, de la Picardie, de l'Ifle-de-France,
&c., en font fouvent infectés, au point que les
Cultivateurs la regardent comme un fléau.

Le Bled de vache, dans le climat de Paris,
ne commence à lever qu'à la fin de Mars.
Peut-être germe-t-il dès avant l'Hiver. On en
voit des pieds qui fortent de terre, pendant
la première moitié du mois d'Avril. Il parvient peu-à-peu à la hauteur d'un pied, un
pied & demi. La plupart de fes racines font
traçantes, il y en a une qui pivote. Celle-ci,
la plus groffe, eft dure & comme ligneufe ;
c'eft d'elles que partent les autres. La tige eft
également dure & forte ; elle eft quarrée, ayant
deux ou trois lignes d'épaiffeur. Il en fort, de
diftance en diftance, de petites branches oppofées, & dont les unes croifent les autres.
Les inférieures font plus longues que les fupérieures.

Chaque épi, fur-tout le plus élevé, eft formé
d'un grand nombre de fleurs, en mafque, dont
les capfules contiennent communément deux
graines, quoique quelquefois il y en ait trois
& quatre dans les fleurs les plus baffes. Une
belle plante de Bled de vache peut produire
jufqu'à 100 graines. La fubftance intermédiaire, par laquelle la graine eft attachée à la
capfule, s'en fépare par la deffication, ou
bien, fi elle y refte collée, elle noircit & fe
ride.

La graine de Bled de vache eft d'abord d'un
jaune pâle, qui augmente d'intenfité, par degrés, à mefure qu'elle approche du terme de
fa mâturité. La couleur en eft toujours terne.
Sa forme eft cylindrique, quoiqu'un peu plus
étroite à l'extrémité fupérieure. Elle eft fi liffe
au fortir de fa capfule, qu'elle gliffe entre les
doigts. Quand elle eft defféchée, elle eft moins
arrondie. Toutes les parties en font ferrées, &
du même jaune terne que la furface. On n'en
peut féparer l'écorce. Au lieu de réduire la
graine de Bled de vache en farine fine, la
meule, en l'écrafant, en forme des lames, ou
écailles groffières, rudes au toucher, & d'une
faveur légèrement amère.

Cette farine, qui, peut-être, contient quelques parties fermentefcibles, ne s'oppofe pas à
la fermentation de la pâte dans laquelle elle
entre.

Si on met la graine de Bled de vache dans
l'eau, elle s'y précipite comme le froment. Quelque

que tems après elle laiſſe échapper une odeur vineuſe, indice de la fermentation ſpiritueuſe; la ſurface de l'eau ſe couvre enſuite d'une pellicule huileuſe, qui graiſſe les doigts. Des grains de Bled de vache ſoumis à une digeſtion, pendant quelques jours, prennent la plupart une couleur noire.

Le Bled de vache ne vient pas indiſtinctement dans tous les terreins. C'eſt ordinairement dans ceux de mauvaiſe qualité que cette plante ſe plaît. J'en ai rarement vu dans les champs, & dans les parties des champs, qui ont du fond, tels que ceux qu'on cultive aux environs des villages, telles que les ſommières ou petites élévations, qui ſont aux extrémités des champs, où la charrue amène toujours la bonne terre. Le pays Chartrain y eſt, en général, moins ſujet que les cantons de la Beauce, qui avoiſinent le Gâtinois, & où le ſol à moins de qualité. Il paroît que la terre rouge, ou martiale, ameublie, eſt celle qui produit le plus de Bled de vache, du moins, j'en ai toujours trouvé une plus grande quantité dans cette eſpèce de terre, lorſqu'elle eſt très-près de la ſurface.

M. Duhamel, dans ſes élémens d'Agriculture, dernière édition, parle du Bled de vache à l'article extirpation des mauvaiſes herbes. Il penſe que ſes graines ſe conſervent en terre deux ou trois ans, & qu'on ne peut les faire lever plutôt, en les cultivant même avec ſoin. Il ſeroit poſſible cependant qu'elles levaſſent tous les ans, ſi elles ſe trouvoient dans des circonſtances favorables. Quoi qu'il en ſoit, voici des faits qui pourront éclaircir ce point.

En Octobre 1778, j'ai ſemé, dans une terre rouge, du Bled de vache, ſeul, ſans autre grain. Il n'en a pas levé un pied.

En 1779, j'ai répété la même expérience; mais, ſoupçonnant que cette graine ne levoit qu'à la faveur d'une autre plante, je l'ai ſemée avec du froment, il en a levé trois pieds; j'en avois ſemé quelques graines ſeulement. D'autres planches, qui étoient à côté, & dans leſquelles je n'en avois pas ſemé, n'en portoient pas. C'étoit un terrein qui n'y étoit pas ſujet.

En 1780, j'en ſemai 400 graines, avec du froment, dans une planche de treize pieds, ſur huit, au milieu d'un grand nombre d'autres planches, d'égale grandeur, dans leſquelles je n'ai point ſemé de cette graine. Ces dernières planches en ont produit beaucoup. Mais il y en avoit quatre fois plus dans la planche où les 400 graines de Bled de vache ont été répandues exprès. Le terrein y étoit ſujet.

Enfin, j'en ai ſemé deux gros, en 1781, comme j'avois fait dans l'expérience précédente. Les réſultats en ont été les mêmes, c'eſt-à-dire, que la planche, où j'en avois ſemé, en a produit le plus.

Dans tous ces cas, il s'en eſt fallu de beaucoup que le quart des graines ſemées ait levé, d'où il me ſemble probable, 1.º Que la plus grande partie des graines de Bled de vache, qui ſe trouvent avec la ſemence, ou dans les fumiers, ne lève pas, mais qu'il en lève une partie. 2.º Que cette plante ſe produit d'elle-même, par les graines, qui tombent des capſules, & qui ſe conſervent pluſieurs années, comme Ray, & beaucoup d'autres l'ont obſervé, à l'égard d'un grand nombre de graines. 3.º Que ſa graine ne germe, & ne pouſſe des tiges, qu'à la faveur de quelques autres plantes, & ſur-tout du froment; il y a beaucoup d'exemples de plantes, qui ont ainſi beſoin d'être abritées, pendant qu'elles ſont jeunes.

En ſuivant la floraiſon du Bled de vache, j'ai remarqué que les fleurs inférieures s'épanouiſſent les premières, & ſucceſſivement celles qui ſont au-deſſus. Ce qui dure l'eſpace de plus d'un mois. Les graines des premières fleurs, les mieux nourries, ont le tems de mûrir, & de tomber ſur le champ, avant la moiſſon. Il n'en eſt pas de même de celles des fleurs ſupérieures, qui, au moment de la récolte, n'ont pas encore acquis leur degré de mâturité. Cette obſervation m'a fait penſer que les graines de Bled de vache, qu'on ſème, étant le produit des dernières fleurs, & n'étant pas mûres, doivent être, pour la plupart, inſécondes; auſſi n'en lève-t-il que très-peu, tandis qu'il en lève beaucoup de celles, qui ſe ſont ſemées d'elles-mêmes, & dont la mâturité, d'où dépend la fécondité, a été parfaite.

Au reſte, je ne préſente ces dernières idées que comme de ſimples conjectures. Elles ont beſoin d'être appuyées de plus de faits, & je me propoſe de multiplier, ſur cet objet, les obſervations & les expériences.

Le Bled de vache talle beaucoup, puiſque ſes branches occupent quelquefois au moins un eſpace de deux pieds & demi de circonférence. Lorſqu'un Printems pluvieux en favoriſe l'accroiſſement & le développement, il prend le deſſus, & étouffe, dans certains terreins, le froment, trop foible pour lui réſiſter. Ses fibres ſont dures & compactes, ſa tige forte, & ſes racines nombreuſes & longues. Cette plante doit donc épuiſer, ou les ſucs deſtinés au froment, ou l'eau qui ſert à l'alimenter, & dans ce cas elle fait tort à cette utile production. Quand le Bled de vache pouſſe tard, ſes tiges & ſes feuilles ne ſont pas mûres au tems de la récolte; elles ſont, en cet état, portées à la grange, où elles ſuent dans le tas, & excitent le froment à fermenter; ce qui altère ſa qualité, & lui donne un goût âcre, ſenſible lorſqu'on le mâche, & une couleur plus foncée. Pour obvier à cet inconvénient, les Fermiers coupent les derniers, les fromens remplis de Bled de vache, ou bien ils n'entrent les gerbes, qui en contiennent beaucoup, qu'après les avoir laiffé fécher ; en voulant ainfi éviter un mal, ils tombent dans un autre, parce qu'ils favorifent par-là la mâturité d'un plus grand nombre de graines, qui tombent fur le champ.

M. Duhamel, dont la fageffe & la réferve, dans tout ce qu'il avance, font un modèle à fuivre, regarde le Bled de vache comme difficile à détruire. Il croit qu'en général les labours répétés font le moyen le plus fûr, pour extirper les mauvaifes herbes. Ce moyen, fans doute, eft un des plus certains. Mais il eft impraticable dans ces terres légères, les plus fujettes au Bled de vache, puifque moins on laboure les terres, plus elles produifent de froment. Car une terre ne doit être, ni trop compacte, ni trop divifée. Un des premiers foins que je confeillerois aux Cultivateurs, ce feroit de ne jamais faire jeter fur leurs fumiers les débris des granges, & les criblures, remplies de graines nuifibles, & fur-tout de Bled de vache. Je préfume qu'ils auroient plus d'avantage à les brûler & à nourrir leurs volailles de bon grain. Par les fumiers, ces graines font reportées aux champs. Elles y germent la première année, où elles s'y confervent, pour produire l'année, & dans les circonftances qui leur font favorables. Car on voit bien moins de mauvaifes herbes dans les champs, fur lefquels on a fait parquer les moutons. Au moins, les Fermiers, s'ils ne veulent pas perdre les menus grains, qui fe trouvent dans les criblures, devroient-ils les jeter dans quelque endroit de la ferme, où les volailles puiffent aller, fans que ces graines fe confondiffent dans les fumiers.

Puifque, d'après les expériences que j'ai citées, il paroît qu'une partie des graines de Bled de vache, qu'on fème avec le froment, y lève, il faut en purifier les femences, par des cribles, à travers lefquels elle paffe. Car, en fuppofant même qu'elle ne lève qu'à la troifième année, celle qu'on porte aux champs, dont une partie feulement eft féconde, augmente de quelque chofe la quantité de celle qui s'eft femée d'elle-même, & c'eft un mal à éviter. Les cribles n'en pourront ôter qu'une partie, parce que toute celle, qui égale les grains de froment, reftera fur le crible avec le froment. Mais, plus on en ôtera, plus on en diminuera la multiplication.

Je confeillerois encore, pendant quelques années, de ne femer que des fromens, dont les grains, plus gros que ceux du Bled de vache, refteront fur les cribles ordinaires, tandis que le Bled de vache paffera à travers les trous.

Le Bled de vache étant une plante, qui vient de graine, le moyen de la détruire feroit de l'arracher, avant qu'elle fût à mâturité.

Ce moyen n'eft facile que dans les pays où les champs font par planches étroites & élevées, entre lefquelles les farcleurs peuvent aifément marcher, pour enlever, foit à la main, foit avec un farcloir, toutes les mauvaifes herbes. Mais, dans les pays où on cultive à plat, & en grandes pièces, M. Daubenton obferve qu'on peut faire beaucoup de tort au froment, foit en le foulant fous les pieds, dans les tems où la terre eft molle, foit en l'arrachant avec le Bled de vache. Car je dois faire remarquer que cette dernière plante ne commence à être facile à diftinguer, & à arracher, que quand le froment a de la force, & par conféquent eft fufceptible d'être caffé.

La méthode que j'eftime la plus certaine eft celle qui confifte à deffaifonner, de tems en tems, les terres fujettes au Bled de vache, en y femant d'autres plantes que du froment, pourvu que ce foit de celles qu'on récolte avant la mâturité des premières graines de Bled de vache. Le fain-foin eft de ce genre ; on le coupe à la fin de Juin, tems où le Bled de vache eft peu avancé ; la luzerne & le trèfle produiroient le même effet, fi ces plantes pouvoient fe cultiver dans les terres à Bled de vache ; auffi les champs, qui ont été enfemencés en fain-foin, font-ils, pour quelque tems, préfervés de Bled de vache.

J'ai vu un champ, enfemencé en froment, dans lequel il n'y avoit point du tout de Bled de vache, quoiqu'il y fût très-fujet, & que ce fût dans une année, où cette plante étoit très-abondante. Six ans auparavant il en avoit été infecté ; le Fermier qui le cultivoit, réfolut alors de le deffaifonner. En conféquence, l'année d'après, il y mit, à l'ordinaire, de l'avoine, puis des pois de brebis, puis de l'orge. La cinquième année, il la laiffa en jachères ; il y fema, la fixième année, du froment, dans lequel je ne vis point du tout de Bled de vache.

Je fuis convaincu que les champs en feroient long-tems préfervés, fi les Fermiers avoient en outre l'attention de ne point jeter, comme je l'ai dit, les criblures fur les fumiers, & fi les femences étoient purifiées de graines de Bled de vache. Tous ces moyens doivent concourir enfemble.

Afin de s'épargner de la peine, on peut femer, fans crainte, des fromens, qui contiennent de la graine de Bled de vache, dans les terres, qui ont du fond, & où elle ne fe plaît pas ; & ne purifier de cette graine que les femences des terres où elle fe plaît, c'eft-à-dire, particulièrement les femences des terres rouges & martiales. (*M. l'Abbé Tessier.*)

BLED avorté ; le froment eft fujet à une

maladie, que M. Tillet a appellé *Bled avorté, Bled rachitique*. *Voyez* AVORTÉ. (*M. l'Abbé TESSIER.*)

BLED avrillet; c'est un froment qu'on sème en Avril, dans les environs de Rouen, & vraisemblablement ailleurs en Mars. Celui que j'ai reçu de Rouen, sous le nom de *Bled avrillet*, & cultivé sous ce nom, est le froment de Printems, à épis blancs, sans barbe, tige creuse, grains petits, & de couleur ordinaire. *Voyez* FROMENT. (*M. l'Abbé TESSIER.*)

BLED carié, maladie du froment. *Voyez* CARIE. (*M. l'Abbé TESSIER.*)

BLED charbonné, maladie du froment, de l'orge, de l'avoine, &c. *Voyez* CHARBON. (*M. l'Abbé TESSIER.*)

BLED d'abondance. On appelle ainsi, à Valence, en Dauphiné, le Bled touzelle, vraisemblablement parce que ce grain donne une farine plus abondante. *Voyez* FROMENT & TOUZELLE. (*M. l'Abbé TESSIER.*)

BLED de César. On appelle ainsi à Montpellier une espèce de froment barbu à épis quarrés, qu'on réserve pour les prés défrichés en terre forte & fraîche. Ce Froment résiste aux brouillards. On ne m'a point spécifié quelle espèce ou variété de Froment barbu quarré étoit le Bled de César. (*M. l'Abbé TESSIER.*)

BLED de la Saint-Jean. On a donné ce nom à une espèce de Seigle qu'on proposoit de semer au mois de Juin, vers la Saint-Jean. *Voyez* SEIGLE, (*M. l'Abbé TESSIER.*)

BLED de Mars, *Triticum æstivum*. L. Froment qu'on sème en Mars. *Voyez* FROMENT. (*M. l'Abbé TESSIER.*)

BLED de Turquie, *Zea Mays*. L. *Voyez* MAYS des Indes. (*M. l'Abbé TESSIER.*)

BLED d'Inde; c'est le *Zea Maïs*. L. *Voyez* MAYS des Indes. (*M. l'Abbé TESSIER.*)

BLED Ergoté. Maladie du Seigle & de quelques autres Graminées. *Voy.* ERGOT. (*M. l'Abbé TESSIER.*)

BLED Méteil; mélange de Froment & de Seigle. On le fait ou à parties égales, ou à parties inégales. *Voy.* MÉTEIL. (*M. l'Abbé TESSIER.*)

BLED Noir. *Voyez* SARRASIN. (*M. l'Abbé TESSIER.*)

BLÉGNE, *BLECHNUM*.

Ce genre, qui fait partie de la famille des FOUGÈRES, est composé de six espèces différentes, qui sont des plantes vivaces, toutes étrangères à l'Europe. Leur feuillage est d'un verd tendre, élégamment découpé. Les semences se trouvent, comme dans les fougères, placées en dessous des feuilles, sur deux lignes parallèles. Elles sont ordinairement de couleur noire, ce qui tranche assez agréablement sur la verdure tendre du feuillage. Ces plantes sont encore rares dans les jardins de l'Europe; on les cultive dans les serres.

Espèces.

1. BLÉGNE occidentale.
BLECHNUM occidentale. L. ♃ des Antilles, & autres parties de l'Amérique Méridionale.
2. BLÉGNE orientale.
BLECHNUM orientale. L. ♃ de la Chine.
4. BLÉGNE australe.
BLECHNUM australe. L. ♃ du cap de Bonne-Espérance.
4. BLÉGNE de Virginie.
BLECHNUM Virginicum. L. ♃ de la Caroline & de Virginie.
5. BLÉGNE radicante.
BLECHNUM radicans. L. ♃ de Virginie & de Madère.
6. BLÉGNE du Japon.
BLECHNUM Japonicum. L. fil. suppl. ♃ du Japon.

Description du port des Espèces.

1. LA BLÉGNE occidentale pousse, du collet de sa racine, qui est fibreuse, plusieurs œilletons, d'où sortent des feuilles, longues de quinze à dix-huit pouces, lesquelles forment une touffe arrondie, d'une verdure claire. Ces feuilles se conservent pendant plusieurs années; elles se dessèchent ensuite à la circonférence de la touffe, tandis qu'il en pousse de nouvelles de son centre. C'est pendant l'Hiver que les parties de la fructification se font voir au-dessous des feuilles, & que cette plante est dans sa plus grande végétation.

2. BLÉGNE orientale. Le port de cette espèce est le même que celui de la précédente, mais ses feuilles sont bien plus grandes, elles ont jusqu'à trois pieds de haut, & leurs folioles sont linéaires. Sa fructification est moins apparente que celle de la première espèce, & ne s'apperçoit qu'en Automne.

3. BLÉGNE australe. Les feuilles de celle-ci ne s'élèvent guère au-dessus d'un pied. Elles sont composées de folioles, en forme de cœur alongé. Pendant l'Hiver, elles sont marquées, en dessous, de deux lignes de fructification, très-apparente.

4. BLÉGNE de Virginie. Cette espèce a le port du Polypode fougère, mâle. Ses feuilles, qui ont ordinairement deux pieds de long, partent du collet de sa racine, s'écartent circulairement, & forment une espèce de vase, arrondi dans le milieu, dont les rebords sont marqués par l'extrémité des feuilles qui se replient en dehors, ce qui lui donne encore plus de grace. La fructification de cette espèce se

fait voir en Août & Septembre, mais elle est peu apparente.

4. La Blégne radicante se distingue aisément des autres espèces de ce genre, par ses feuilles, qui se replient vers la terre, & qui, lorsqu'elles y touchent, prennent racines, & donnent naissance à de nouveaux pieds. Sa fructification, placée sous les feuilles, paroît dans le courant du mois de Septembre.

6. Blégne du Japon. C'est à M. Thunberg que nous devons la connoissance de cette espèce, qui n'existe, vivante, dans aucun jardin de l'Europe. Elle s'élève à la hauteur des plus grandes fougères connues. Ses feuilles sont ailées, & composées de folioles, très-finement découpées. Son port est léger, & fort agréable à la vue.

Culture.

Conservation. La Blégne de Virginie se cultive en pleine terre, dans des lieux exposés au Nord, & légèrement humides. Elle aime, de préférence, une terre légère, sablonneuse & amendée par du terreau de bruyère, ou du terreau de feuilles bien consommé. Dans les Hivers où les gelées passent cinq degrés, il convient de la couvrir de feuilles de fougère ou de litière. D'ailleurs sa culture se réduit à un labour, chaque année, & à quelques binages, pour ameublir la terre, & faire périr les mauvaises herbes, qui pourroient lui nuire.

Cette espèce est la seule qui perde entièrement ses feuilles pendant l'Hiver.

Les espèces, n.ᵒˢ 3 & 5, sont des plantes de serre tempérée, qu'on cultive ordinairement dans des pots. La terre, qui leur convient le mieux, est celle qui est composée de deux tiers de terreau de bruyère & de sable gras. Elles aiment les expositions ombragées pendant l'Eté, & l'Hiver elles ne craignent point l'aspect du soleil, mais elles ont besoin d'être placées dans les lieux les plus aërés de la serre.

La Blégne occidentale exige la serre-chaude pendant l'Hiver; il lui faut une terre sablonneuse, & des arrosemens légers & multipliés, sur-tout dans la belle saison. Elle craint le grand soleil, & les vents secs & froids.

La culture des deux autres espèces nous est inconnue.

Multiplication. Les Blégnes se propagent aisément, par le moyen des œilletons, qui poussent autour du collet de leurs racines. Lorsqu'ils s'éloignent un peu de la souche, & qu'ils sont garnis d'un chevelu particulier, on les sépare, & on les plante dans la nature de terre qui convient à chacune des espèces. Le Printems est la saison la plus favorable à la reprise de ces œilletons. Ceux de la Blégne de Virginie doivent être plantés en pleine terre; mais

ceux des autres espèces veulent être mis dans des pots, & placés sur une couche tiède, couverte d'un châssis. Pour protéger leur reprise, & hâter leur végétation, il est bon de les ombrager pendant la présence du soleil, & d'échauffer la couche sur laquelle ils sont plantés, par de légers réchauds, lorsque sa chaleur diminue trop sensiblement.

Ces jeunes plantes, une fois reprises, peuvent rester à l'air libre pendant toute la belle saison, à une exposition chaude, mais ombragée. A l'approche des nuits froides, on les rentre dans les serres où elles doivent passer l'Hiver.

Usage. Ces plantes ont un port élégant, qui les fait rechercher dans les jardins des Amateurs de plantes étrangères, & elles figurent fort bien dans les serres-chaudes. (*M. Thouin.*)

BLEIME OU BLEYME, maladie de bestiaux, à laquelle le cheval est sujet. C'est une inflammation de la partie antérieure du sabot vers le talon entre la sole & le petit pied. Les Bleimes en général se manifestent par une petite rougeur, pareille à du sang extravasé, qui se trouve entre la sole & le petit pied.

On en distingue de trois sortes, *la bleime sèche, la bleime cornée* & *la bleime foulée.*

La Bleime sèche a pour cause la sécheresse du pied. Pour la guérir, on applique des cataplasmes émolliens sur la sole des talons, & le sabot, on oint cette partie avec des corps gras, capables de les assouplir.

La Bleime de la deuxième espèce, attaque communément les pieds cerclés; & plus souvent le quartier de dedans, que celui du dehors. Elle fait beaucoup boîter le cheval. La rougeur de la sole des talons est changée en tache noire. Il faut l'ouvrir, pour en évacuer la matière & introduire ensuite dans l'ouverture des plumaceaux imbibés d'essence de térébenthine & les assujétir.

Les bleimes foulées, auxquelles les pieds plats se trouvent exposés, sont occasionnées par de petites pierres ou du gravier, qui se placent entre le fer & la sole, ou parce que le fer aura porté sur la sole, de manière à la meurtrir. Il suffit quelquefois d'y appliquer des plumaceaux imbibés d'eau-de-vie camphrée & de ferrer le cheval en conséquence. Il seroit mieux quand on a découvert la Bleime, d'ôter toute la partie meurtrie de la sole. On voit quelquefois les bêtes à cornes & les bêtes à laine attaquées de *Bleime.* Elle a son siège entre les ongles de ces animaux & est occasionnée, par quelque contusion. On y remédie avec un mélange d'eau-de-vie & de vinaigre, si le mal est léger; car s'il y a extravasation de sang ou amas de pus, il faut l'ouvrir & panser avec l'huile de térébenthine. (*M. l'Abbé Tessier.*)

BLEREAU. *Voyez* BLAIREAU. (*M. l'Abbé Tessier.*)

BLESSURES. Les animaux domestiques peuvent être Blessés à différentes parties du corps. Selon l'état & le lieu de la Blessure ; on en varie le traitement. Cet ouvrage n'étant point un ouvrage de Médecine vétérinaire, je n'exposerai point ici les blessures, que peuvent recevoir les chevaux, les bêtes à laine. *Voyez* le Dictionnaire de Médecine. (*M. l'Abbé Tessier.*)

BLETE. *Blitum*. L.

Genre de plantes de la famille des Arroches & très-voisin des *Axiris*. Il comprend quelques espèces herbacées que l'on emploie à l'ornement des jardins. Chaque fleur est composée d'un calice à trois pièces qui persiste & forme une espèce de baye autour du fruit ; d'une étamine saillante & d'un ovaire surmonté de deux stiles. Le fruit est une semence nue comprimée & recouverte par le calice.

Espèces.

1. BLETE capitée.
Blitum capitatum. L. ☉ de l'Europe méridionale.

2. BLETE effilée.
Blitum virgatum. L. ☉ du midi de l'Europe & de la Tartarie.

3. BLETE à feuilles d'Anserine.
Blitum Chenopodioides. L. ☉ de la Tartarie & de la Suède.

1. Blete capitée. Cette plante a une tige haute d'un à deux pieds, droite, feuillée dans sa longueur & ramifiée dès sa base. Les feuilles sont un peu semblables à celles des épinards, mais plus longues & plus dentelées sur les bords. Les fruits sont disposés en forme d'épis, lâches sur l'extrémité des branches ; on en trouve aussi à l'aisselle des dernières feuilles. Ces fruits sont rouges & arrondis : leur ressemblance grossière avec la mûre, a fait donner à la Blete le nom de *morocarpus* par Scopoli, & celui d'*Atriplex fragifera f. mori fructu* par Morison ; nom que les Naturalistes ont abandonné, mais que plusieurs Jardiniers insèrent encore dans leurs Catalogues.

Culture. La Blete capitée étant annuelle, il faut la semer chaque année. Elle réussit très-bien en pleine terre, pourvu qu'on l'arrose souvent. Dès que les plantes ont quelques feuilles, il convient de les planter séparément dans le parterre ou dans des vases que l'on destine à orner les terrasses : leurs fruits rouges, qui durent très-long-tems, mélangés avec le vert du feuillage produisent un très-bel effet. Il convient d'arroser extrêmement les Bletes qui sont dans des vases : lorsqu'on néglige cette précaution, la plante reste petite ; la grandeur qu'elle ac-

quiert dans les jardins, lorsqu'on la soigne, n'est qu'une superfétation produite par la culture. Dans les grands parterres, la Blete produit aussi un effet agréable, parce qu'il est nécessaire d'y former des masses plutôt que des détails. Lorsque la plante commence à s'alonger, il convient de l'appuyer avec une baguette, le poids de ses graines l'entraîneroit sans cela vers la terre.

Usage. Les feuilles de cette plante sont reçues en pharmacie comme émollientes. On n'a pas encore cherché à fixer la couleur rouge des fruits ; il est vrai qu'on ne doit pas l'espérer, puisque M. Dambourney a échoué sur l'arroché rouge dont la couleur paroît au moins aussi vive.

2. Blete effilée. Cette espèce ressemble beaucoup à celle qui précède. Elle en diffère cependant par des caractères marqués. Ses tiges sont foibles, plus effilées & plus petites : elles se ramifient davantage & tendent à s'étendre sur la terre, sur-tout lorsque la plante est cultivée, où lorsqu'elle croît à l'ombre. Ses feuilles sont plus alongées que celles de l'espèce précédente & plus profondément dentelées ; ses fruits enfin naissent sur toute l'étendue de la plante à l'aisselle des feuilles : ils sont pulpeux & de couleur rouge, mais plus petits que ceux de l'autre espèce. Cette plante est reconnoissable au premier coup-d'œil par ses épis feuillés, tandis que la précédente a des épis nùds à la partie supérieure.

Culture. Elle est la même que celle de l'autre espèce ; il faut avoir le même soin d'arroser fréquemment pour la faire réussir. Comme elle est moins belle que la première espèce, on la cultive moins communément ; elle sert aux mêmes usages.

3. Blete à feuilles d'Anserine. Cette plante a des tiges de quelques pouces de haut, couvertes de feuilles deltoïdes, lancéolées, rétrecies en pétiole à leur base, dentelées sur leur contour, lisses & d'un beau vert. Les fleurs sont sessiles à l'aisselle des feuilles : il leur succède des fruits verdâtres & plus secs que ceux des deux premières espèces.

Culture. Cette Blete n'est cultivée que dans les jardins de Botanique où on la seme chaque année, au Printems, dans une terre meuble & humectée. Elle n'exige pas plus de soins que la plupart des plantes de la même famille. On conserve ses graines sans les séparer du calice. (*M. Reynier.*)

BLETE. Bien des personnes, dans les Provinces, donnent ce nom à la poirée. *Voyez* BETE. (*M. Reynier.*)

BLEU, l'une des couleurs primitives.
Les fleurs bleues sont très-communes dans la nature, sur-tout si l'on y joint toutes les nuances intermédiaires, entre le bleu & le rouge ou le pourpre, & entre le bleu & le blanc ; nuances distinctes, qui tiennent souvent à l'essence de

l'efpèce : car on ne connoît pas de variétés de la campanule doucette (*campanula fpeculum. L.*) qui ait des fleurs du même Bleu que la campanule à feuilles rondes (*campanula rotundi folia. L.*) La même chofe s'obferve dans plufieurs autres genres de plantes.

Il n'en eft pas de même du changement du Bleu au blanc, qui eft infiniment commun ; & ces mêmes plantes, qui confervent deux nuances diftinctes de la même couleur, fans paffer de l'une à l'autre, offrent toutes deux des variétés à fleurs blanches. Ce fait particulier méritoit d'être remarqué & d'être offert à la méditation des obfervateurs.

Les Bleu paffe quelquefois au rouge dans certaines plantes ; mais ce rouge n'eft jamais bien pur & c'eft affez généralement fur des individus malades, principalement fur ceux qui ont été piqués par des infectes, qu'on l'obferve. La chicorée fauvage y eft affez fujette.

Les plantes cultivées, qui font fujettes à une plus grande latitude de variations, nous offrent plus fréquemment que les plantes fauvages des variétés à fleurs Bleues & à fleurs rouges dans la même efpèce. On peut citer pour exemple les auricules, les barbeaux (*Centaurea cyanus. L.*) &c.

Une obfervation affez remarquable fur les fleurs Bleues, c'eft que, malgré l'intenfité de leur couleur, elle n'eft point fixe & ne peut pas fervir en teinture : même, dans plufieurs plantes, elle paffe par la deffication, & les fleurs deviennent blanches pour peu que la lumière les frappe depuis leur récolte. Les violettes, les Campanules, le Barbeau, font des exemples que tout le monde connoît : fans doute que la facilité avec laquelle il fe forme des variétés à fleurs blanches de ces mêmes efpèces tient au même principe. *Voyez* COULEUR.

Les plantes à fleurs Bleues n'ont jamais de variétés à fleurs jaunes, ni d'aucune nuance de cette couleur : la démarcation entre ces deux teintes paroît tranchée dans les végétaux.

On citera peut-être la Myofote des champs (*Myofotis fcorpioïdes. L.*) qui, dans les terres infiniment ftériles, eft extrêmement rabougrie & porte des fleurs jaunâtres ; j'ai cru remarquer que ces fleurs n'ont pas de lymbe développé & que c'eft l'œil qui occupe toute fon étendue ; or l'œil eft jaune, ou d'une teinte tirant fur le blanc citrin, dans toutes les variétés, même les plus développées, de cette plante. Excepté cet exemple du contraire, qui même n'en eft pas un, je ne fais aucune plante à fleurs Bleues qui varie à fleurs jaunes.

Les variétés à fleurs Bleues font généralement eftimées des Fleuriftes, lorfqu'elles ont les autres qualités qui conftituent une belle fleur. Les auricules Bleues & les anémones de cette couleur brillent dans une collection de ces fleurs. Les

tulipes ne font jamais Bleues, mais elles ont fouvent des panaches, qui tiennent de cette couleur. Pour l'œillet bleu, malgré les fecrets *infaillibles* des *parfaits Jardiniers*, il eft encore un être de raifon. Les arrofemens avec des décoctions Bleues, la greffe fur une racine de chicorée, & les autres moyens femblables font appréciés à leur jufte valeur. Il fut un temps où l'on imprimoit ces confeils, & où ils étoient fuivis ; mais heureufement que ce tems n'eft plus.

Il eft un genre de couleur Bleue, que l'art développe dans les végétaux pour l'employer dans les teintures ; de ce nombre, eft l'indigo. Ce travail, qui tient davantage aux arts & métiers qu'à l'Agriculture, fera néanmoins indiqué à l'article *Indigo*.

Un Chimifte Allemand vient d'annoncer (*Journal de Phyfique* année 1790) qu'il a retiré de la mercuriale vivace, un principe colorant Bleu femblable à l'indigo ; cette découverte n'a point été répétée encore en grand ; mais il eft douteux que ce principe foit affez abondant pour dédommager ceux qui fe livreroient à ce genre de culture ; d'autant plus que l'indigo, qui peut croître dans notre climat, lui fera toujours préférable. (*M. Reynier.*)

BLEUE. La fleur de cette variété de l'*Anemone coronaria L. Var.* eft Bleue d'entrée ; mais elle s'éclaircit enfuite, & devient gris de lin. *Voyez* ANEMONE des Fleuriftes, n.° 9. (*M. Reynier.*)

BLEUET OU BLUET. *Centaurea cyanus. L.* V. CENTAURÉE DES BLEDS, n.° 32. (*M. Thovin.*)

BLONDE DE PERLE. *Dianthus caryophyllus L. Var.* Œillet blanc de la nuance des perles ; il eft affez beau. *Traité des Œillets. Voyez* ŒILLETS DES JARDINS. (*M. Reynier.*)

BLUET. Nom que beaucoup de perfonnes donnent à la Centaurée des champs, à caufe de la belle couleur bleue des fleurs que porte la plante fauvage. La culture ayant modifié cette couleur, d'ailleurs très-fugitive, ce nom n'eft plus admiffible ; car rien ne contrafte plus qu'un Bluet à fleur blanche, à fleur rouge, &c. *Voyez* CENTAURÉE, n.° 32. (*M. Reynier.*)

BOBA.

Cet arbre, originaire des Moluques, eft peu connu des Botaniftes. Rumphius, qui en a donné une defcription & une figure, paroît n'en avoir point vu les fleurs ; ainfi, il eft impoffible de lui affigner un genre & une famille.

Il ne parle point de la hauteur de cet arbre : il dit feulement que c'eft un grand arbre. Ses feuilles, felon lui, font longues de huit à dix pouces fur quatre à cinq de largeur. Elles font portées fur de courts pétioles, fimples, entières & terminées en pointe alongée,

Les fruits viennent à l'extrémité des rameaux, où ils forment des grappes courtes & peu garnies. Ils font oblongs, en forme de poires, affez femblables aux Mirobolans-chebules, mais moins anguleux, & vont en diminuant vers leur bafe, à-peu-près comme ceux du Jambofier.

Ils font compofés d'un brou d'un verd noirâtre, dont la chair eft caffante, d'une efpèce de noix dont la coque eft mince comme celle d'une noifette & d'une amande aqueufe, de mauvais goût, avec une légère amertume.

Cet arbre eft rare & peu connu, même dans le pays. Nous ne pouvons rien dire de fa culture.

Ufages. Les habitans d'Amboine appellent cet arbre *Guajacana.* Son bois n'eft d'aucune utilité : mais ils font avec fes noyaux une décoction dont ils fe fervent pour baffiner des efpèces de clous qui leur viennent aux pieds & qui font ordinairement des fuites de la petite vérole. Lorfque le pied eft bien imbibé, on l'expofe pendant une heure à un feu vif, jufqu'à ce que le liniment ait pénétré les pores de la peau & foit tout-à-fait fec. Ils difent que cette opération deffèche ces clous & les fait entièrement difparoître. (*M. DAUPHINOT.*)

BOBART. *BOBARTIA.*

Genre de plantes, de la famille des GRAMI-NÉES, dont l'afpect reffemble à celui d'un fouchet ou d'un fcirpe.

On n'en connoît encore qu'une efpèce, qui croît naturellement dans les Indes orientales & qui ne paroît point avoir encore été cultivée en Europe.

BOBART des Indes.

BOBARTIA Indica. L. des Indes orientales.

Cette plante s'élève environ à fix ou fept pouces de hauteur. La tige eft envelopée à fa bafe par les gaines courtes de plufieurs feuilles qui partent de la racine. Le furplus de la tige eft nu jufqu'au fommet, qui porte une tête écailleufe, compofée de plufieurs petits épis oblongs, ferrés & divergens de toutes parts & garnie à fa bafe de deux ou trois feuilles inégales, dont une affez longue, & qui forment une efpèce de collerette.

Chaque calice ne porte qu'une fleur. Ils font embriqués de paillettes nombreufes dont les extérieures font courtes, fimples & en grand nombre, & les intérieures égales, bivalves & plus longues que les autres. La bale florale eft bivalve, plus courte que le calice & portée fur un ovaire court, prefque inférieur, furmonté de deux ftyles dont les ftigmates font fimples.

Le fruit eft une femence oblongue, envelopée par les paillettes calicinales.

Culture. La culture particulière de cette plante nous eft inconnue. Mais elle doit, fuivant les apparences rentrer dans la culture générale de toutes les graminées des climats chauds.

Ufages. Elle ne peut guères être admife que dans les jardins de Botanique, dont le principal mérite eft de raffembler le plus grand nombre poffible de végétaux. (*M. DAUPHINOT.*)

BOCAGE. Plufieurs Payfagiftes confondent ce mot avec *Bofquet*, & leur donnent une même acception. Cependant, quoique tous deux expriment un bois d'agrément, il eft des convenances de chofes qui les diftinguent. Un Bocage emporte néceffairement l'idée de champêtre. Perfonne ne diroit un *Bocage orné*, tandis que *Bofquet orné* ne frappe perfonne.

Un Bocage doit être compofé d'arbres & arbuftes foreftiers ; des arbuftes exotiques, ou même étrangers à la pofition, quoique naturels au pays, ne plairoient pas. Il faut que les efpèces foient peu nombreufes, car les taillis naturels n'en contiennent jamais beaucoup ; mais il eft néceffaire que ce petit nombre contienne des efpèces tranchantes, par leur feuillage, par leur verd, & même par leur forme. Il faut enfin qu'un Bocage foit fort touffu ; &, pour cet effet, il eft néceffaire de planter d'abord un fimple taillis, puis lorfqu'il s'eft élevé, d'y tracer, en jardinant, les fentiers & les réduits qu'on veut y pratiquer. On aura, par ce moyen, un Bocage agréable, au lieu que fi on plante les maffifs, après avoir deffiné les allées fur le terrein, elles conferveroient néceffairement une certaine empreinte de l'art, qui nuiroit à l'effet. On réuffira toujours mieux, fi on change en Bocage un taillis déjà formé, que fi on plante un taillis avec l'intention d'en faire un Bocage. Sans nuire beaucoup au produit, on peut y pratiquer des allées, qui, fans être régulières, ni multipliées, formeront une promenade champêtre, où l'on ira fouvent fe diftraire de la richeffe des Bofquets.

Pour qu'un Bocage ait cette forme agrefte, qui en conftitue l'effence, il doit être éloigné de l'habitation : à l'extrémité d'un parterre, ou d'un potager, il prendroit néceffairement l'apparence de Bofquet : s'il eft poffible de le former près d'un bois, dans le détour d'une colline, au bord d'une rivière ou d'un ruiffeau, il y aura toute la plénitude de fon caractère ; plus le fite fera varié & fauvage, plus le Bocage prendra cette forme romantique, qui plaît fi fort à l'imagination. Elle y rêve le bonheur, & fouvent l'ame affaiffée fous le poids des chagrins & des occupations, fe fent allégée du fardeau qui la flétriffoit.

Il eft beaucoup plus difficile de former un Bocage agréable dans la plaine, que dans un fite irrégulier. Il n'y peut jamais avoir cette forme romantique, qui en fait le charme, & je confeillerai toujours de s'y reftreindre à des Bofquets, plutôt que d'avoir la prétention d'un Bocage lorfque la nature du local ne le permet pas. Rien ne paroît plus ridicule qu'une imitation déplacée de la nature, elle produit l'effet d'une parodie. Le choix des arbres à employer pour les Bocages, étant fubordonné à la nature du terrein, on peut aifément reconnoître dans les haies, ou dans les bois, les efpèces qui y végètent le mieux, & les choifir de préférence. L'aune mêlé avec le faule, le chêne & le peuplier blanc, le tremble & l'érable, &c., pourront être employés avec fuccès. La terre doit être couverte d'une herbe touffue, beaucoup de plantes agreftes, telles que la bardane, les benoîtes, quelques chardons, y produifent un effet agréable. On peut y répandre des graines de ces plantes fuperficiellement, & non les planter, ce qui donneroit un air d'apprêt défagréable. *Voyez* BOSQUET. (*M. REYNIER.*)

BOCAGER, fe dit d'un pays couvert de petits bois.

On donne auffi le nom de *bocagers* aux moutons qui vivent toujours ou prefque toujours dans les bois. (*M. l'Abbé TESSIER.*)

BOCCO, *BOKOA.*

De ce genre, peu connu, nous ne trouvons, dans les livres de Botanique, qu'une feule efpèce que l'on nomme.

Bocco d'aprouak. Vul. Bois Boco.

Bokoa provaffenfis. Aubl. ♄ de la Guiane.

Aublet, à qui nous devons le peu que nous favons de cet arbre, n'a pu en obferver ni les fleurs ni les fruits. Ainfi, il eft impoffible de le rapporter à aucun genre, ni même à aucune famille. Bornons-nous donc à ce que dit cet Auteur.

Le Bocco eft un arbre qui croît dans les grandes forêts de la Guiane. Son tronc s'élève à plus de foixante pieds de hauteur, fur trois pieds & plus de diamètre.

Son écorce eft grifâtre & liffe. Le bois extérieur eft blanc; mais l'intérieur, qui eft dur & très-compact, eft de couleur brune, mêlé d'un verd jaunâtre.

Du fommet de ce tronc fortent, en grand nombre, des branches droites ou inclinées prefque horizontalement, qui fe répandent en tout fens, & qui donnent à cet arbre un port majeftueux.

Leurs rameaux font garnis de feuilles d'environ fix pouces de long, fur à-peu-près deux & demi de large. Elles font alternes, ovales-lancéolées, entières, terminées par une longue pointe émouffée & foutenües par des pétioles courts, proportionnellement à la longueur des feuilles. Elles ont deux ftipules caduques à la bafe de leur pétiole.

Nous ne pouvons rien dire de la culture de

cet arbre, qui n'eft point encore parvenu en Europe.

On préfume que le cœur de ce bois feroit très-propre pour la fabrique des poulies de vaiffeaux. (*M. DAUPHINOT.*)

BOCCONE. *BOCCONIA.* L.

Genre de plantes de la famille des Pavots & très-voifin de celui de chélidoine; jufqu'à préfent, il ne comprend qu'une feule efpèce originaire de l'Amérique. Le calice eft compofé de deux pièces caduques, il contient douze à feize étamines & un ovaire pédiculé furmonté d'un feul ftile. Le fruit eft une efpèce de filique ovale, alongée, charnue, munie d'un rebord de chaque côté, qui contient une femence globuleufe. Quatre étamines, dit M. de Lamark, qui reftent après la chûte des autres étamines, paroiffent avoir remplacé les pétales : cette opinion eft d'autant plus probable que la Boccone étoit déjà une plante modifiée par une longue culture, lorfqu'elle a été portée des jardins de l'Amérique dans ceux de l'Europe.

Efpèces.

1. BOCCONE frutefcente.

Bocconia frutefcens. L. ♄ du Mexique & des Ifles de l'Amérique.

La Boccone frutefcente eft un arbriffeau de huit à dix pieds de haut, fimple à la partie inférieure & garni de quelques rameaux vers le haut de la tige. Le tronc & les branches font creux & remplis de moëlle, leur écorce eft couverte des cicatrices des anciennes feuilles qui la rendent raboteufe; dès qu'on l'entame, il en fuinte une liqueur jaunâtre comme de la chélidoine. Les feuilles ont quelques rapports avec celles de la chelidoine; elles font ovales, oblongues, découpées fur les bords en lobes finués & dentelés; leur furface eft glabre en-deffus & couverte en-deffous de poils courts, qui lui donnent une teinte glauque. Les fleurs font verdâtres & difpofées en panicule à l'extrémité de chaque branche.

Culture. Lorfqu'on a des graines de cette plante, il faut les femer vers la fin de Mars dans des pots pleins d'une terre légère que l'on plonge dans la tannée d'une ferre-chaude. Il faut arrofer fouvent, mais peu à-la-fois, pendant la germination, & diminuer au moment où les plantes paroiffent; trop d'humidité les feroit périr. Lorfqu'elles ont affez de force, on les tranfplante féparément dans des petits pots enterrés dans le tan de la ferre; elles doivent y refter jufqu'au moment où le développement des racines force à les planter dans de plus grands vafes. Lorfque la plante devient ligneufe, il eft néceffaire de rendre

de rendre les arrofemens plus confidérables &
plus fréquens. Cette plante mûrit fes graines
dans les ferres-chaudes. On la multiplie aufli au
moyen de boutures que l'on enterre au Printems dans une couche chaude, où elles font
garanties de l'action du foleil au moyen d'un
chaffis de papier ou d'une couverture étendue
fur les vitrages. Ces boutures prennent, en peu
de tems, une certaine grandeur, au lieu que la
multiplication par les graines eft plus longue.

Ufage. Au rapport de Hernandez, les Mexicains cultivoient cette plante pour l'agrément de
fon feuillage ; de-là fa culture s'eft propagée
dans les jardins des Ifles & des autres colonies
fituées dans la partie chaude de l'Amérique. En
Europe, où on ne peut la conferver qu'au moyen
des ferres, elle n'eft qu'un objet de curiofité.
Si, par la fucceffion des tems, on parvient à
rendre cette plante moins fufceptible des impreffions du froid, elle deviendra un des plus
beaux ornemens de nos jardins ; fon feuillage
& fon port lui procureront un rang diftinguée
dans les bofquets. Le pere Nicolfon dit que la
Boccone donne une teinture jaune. Nous n'a-
vons aucuns détails fur fes autres ufages, ni fur
la manière dont on la cultive dans fon pays natal.
(*M. Reynier.*)

BOCCORE. On donne ce nom dans la Pa-
leftine aux figues de la première récolte ; elles
mûriffent en Avril. Il ne faut pas les confondre
avec des figues qui fe forment en Automne, paffent l'Hiver fur l'arbre, & mûriffent aux premiers jours de chaleur. Ces dernières figues font
très-délicates & plus eftimées que les autres. *Sehaw,
voyages dans la Barbarie, &c.* (*M. Reynier.*)

BOCHOR. Bois précieux de l'Inde qui paroît être la même chofe que le bois d'Aloës.
(*M. Thouin.*)

BOETE, mefure dont on fe fert à l'Ifle en Flandre,
pour vendre la fiente de pigeons. Elle contient 30
pots. Il faut une boëte pour l'engrais d'un cent
de terre, c'eft-à-dire, de 232 toifes 14 pieds.
(*M. l'Abbé Tessier.*)

BŒUF, quadrupède qui partage avec l'homme les travaux des champs. C'eft le mâle de la
vache rendu incapable d'engendrer, parce qu'on
lui a fait fubir l'opération de la caftration. *Voyez*
Bêtes a cornes. (*M. l'Abbé Tessier.*)

BOIN-CARO, nom vulgaire du *Jufticia ne-
futá. L. Voyez* Carmantine tubuleuse,
N°. 31. (*M. Thouin.*)

BOIS. Voyez le Dictionnaire des arbres &
arbuftes pour tout ce qui a rapport à la phyfique & à la culture des arbres de pleine-terre.
(*M. Thouin.*)

BOIS. Il n'eft aucun jardin payfagifte un peu
étendu où l'on ait négligé la décoration principale qu'on peut tirer des bois : fans arbres il
n'eft point de maffes, puifque celles que peuvent offrir les rochers font trop févères, lorf-

qu'elles ne font pas adoucies par le verd des
feuilles & par leur agitation. Une perfpective
perd de fa fraîcheur lorfqu'elle eft nue, & les
bois doivent également couvrir des lointains trop
uniformes & faire reffortir, en quelque forte,
une perfpective lorfque l'horizon eft borné.
Un fite un peu fauvage hériffé de rochers, des
chûtes d'eau fatiguent ; après la première impreffion de furprife, lorfque des bouquets d'arbres
n'interrompent pas la vue des rochers & n'y répandent pas un air de vie. Sans arbres, il feroit
impoffible de compofer un fite agréable ; & c'eft,
en grande partie, par la diftribution favante des
bois que les compofiteurs de payfages ont formé des habitations enchantereffes. Ermenonville
doit fa beauté à la manière dont les bois ont
été ménagés.

Quelques poffeffeurs de jardins anglais, parlent de leur *forêt* ; il me paroît qu'on peut difficilement employer ce mot dès qu'on parle d'un
bois d'ornement, la plupart du tems planté, &
qui offre en tout lieu des traces de l'art. J'ai
vu un de ces parodiftes de la nature qui nommoit fa *forêt* un maffif de cent pieds d'arbres féparés par des allées tracées au cordeau. Il me
paroît que le mot *forêt* fait naître l'idée de vieilleffe, d'antiquité, & qu'il n'eft applicable qu'à
ces bois, qui, exiftant depuis plufieurs fiècles,
ont pris ce vernis antique qui ajoute à leur
beauté réelle. Lorfqu'un propriétaire a le bonheur d'en poffeder une, il peut la faire entrer
dans fon plan général, & cette forêt formera
néceffairement le plus bel ornement du féjour ;
mais ces forêts font trop rares pour que tous
les jardins payfagiftes en puiffent contenir.

On doit, autant que poffible, difpofer un payfage, de manière à placer les bois dans la pofition la plus avantageufe : comme ils font les
principaux ornemens, tout doit être facrifié à
leur rapport avec le lieu de l'habitation. On
peut tout réparer, excepté leur perte, vu le tems
énorme qui doit s'écouler, avant qu'un bois planté
produife le même effet qu'un bois dans toute
fa force. On ne peut trop le répéter, l'ordonnance générale du féjour doit être tracée fur la
fituation des bois & fur leur effet dans les payfages qu'on veut ménager.

Comme la plantation des bois d'ornemens ne
diffère pas de celle des bois utiles, il eft inutile
de répéter ici ce qui en eft dit dans le Dictionnaire des arbres & arbuftes. (*M. Reynier.*)

BOIS. (maladie de) On donne ce nom à
une maladie, occafionnée dans les chevaux, les
bêtes à cornes, les bêtes à laines & les chèvres,
par les jeunes pouffes du bois qu'ils broutent au
Printems. On l'appelle encore *mal du bois, de
bois chaud, de biou, de jet de bois, &c.*

M. Chabert, Directeur des Ecoles vétérinaires,
a publié, fur cette maladie, un long mémoire
imprimé parmi ceux de la Société d'Agriculture

de Paris, année 1787, trimeftre de Printems. Comme cette maladie règne fouvent dans les pays de bois, je crois devoir en dire quelque chofe, d'après les connoiffances que j'en ai acquifes. Le mémoire de M. Chabert m'a paru y mettre une grande importance & en faire une maladie confidérable, qui exige beaucoup de précautions & un traitement très-étendu. Quand elle eft bien appréciée, on voit qu'il eft facile d'y remédier.

Au Printems, & fur-tout lorfque le jeune chêne commence à pouffer, les animaux, qui vont paître dans les bois, en mangent avec avidité jufqu'au point d'en être malades. Les feuilles tendres de cet arbre font fi appétiffantes, qu'ils s'en gorgent & s'expofent à périr autant de l'ingurgitation que de l'effet ftiptique des pouffes.

Dans un animal atteint de cette maladie tout eft refferré & dans l'éréthifme; les fécrétions font arrêtées; il ne fe fait aucune évacuation. Ces fuppreffions excitent une grande chaleur, des inflammations, fur-tout dans les eftomacs; fi on n'arrête le mal à cette époque, il fait des progrès rapides; la fièvre furvient précédée du friffon; la refpiration devient gênée & courte; l'animal meurt. On trouve à l'ouverture du corps tous les ravages d'une inflammation vive & répandue, des taches grangreneufes, des parties en fuppuration, des vifcères engorgés & déchirés, du fang noir épanché, des membranes qui fe détachent, &c.

Il n'eft pas difficile aux propriétaires de chevaux, bêtes à cornes, bêtes à laine & chèvres, qui font riverains des forêts, dès qu'ils voient au Printems une grande partie de leurs animaux malades, d'attribuer leur maladie à la pouffe du bois. Sans attendre que les inflammations foient à leur comble, ils peuvent en empêcher les effets. Les moyens en font très-fimples. Le brou, qu'ils ont mangé, les a refferré à l'excès; il faut donc les relâcher par des lavemens abondans, & onctueux; il faut leur faire boire beaucoup d'eau & pour les engager à en boire, y mettre un peu de fel. On doit auffi leur faire avaler de tems en tems quelques cuillerées d'huile. Il eft néceffaire de les mettre à une diette févère pendant quelques jours. Avec ces moyens j'ai fauvé, il y a quelques années, un beau troupeau de chèvres d'angora appartenant au Roi; quand les inflammations internes font portées jufqu'à fe terminer par des gangrenes ou fuppurations, il n'y a pas de remède fur lequel on puiffe compter.

On ne fauroit trop confeiller aux riverains des forêts de ne pas envoyer leurs beftiaux dans les jeunes tailles de chêne, à l'époque où cet arbre commence à pouffer, ou, s'ils y font forcés, faute d'autres reffources, de leur donner d'abondantes boiffons, aiguifées de fel, afin de tem-

pérer par ces relâchans l'action trop ftiptique des feuilles d'arbres. (*M. l'Abbé Tessier.*)

BOIS à bale. Nom donné dans les Antilles au *Guarea trichilioides.* L. *Voyez* GOUARÉ TRICHILIOIDE. (*M. Thouin.*)

BOIS à boutons. Nom que les Jardiniers donnent au *Cephalanthus Americanus.* L. *Voyez* CEPHALANTHE D'AMÉRIQUE, n.° 1.

BOIS ou Arbre à bouton. Nom vulgaire du *Conocarpus erecta.* L *Voyez* CONOCARPE DROIT, n.° 1.

BOIS à bracelets. Nom vulgaire du *Jacquinia armillaris.* L. *Voyez* JACQUINIER A BRACELETS, n.° 1.

BOIS à écorce blanche de Bourbon. *Eugenia paniculata.* La M. Dict. *Voyez* JAMBOSIER PANICULÉ, n.° 9.

BOIS à écorce blanche, de Madagafcar. *Blakwellia paniculata.* La M. Dict. *Voyez* BLACOUEL PANICULÉ, n.° 2.

BOIS à énivrer de Cayenne. *Phyllantus Guianenfis.* H. P. *Voyez* PHYLLANTE DE CAYENNE.

BOIS à flèche. Nom vulgaire que les habitans de la Guyane donnent au *Poffira arborefcens.* Aubl. *Voyez* POSSIRE en arbre.

BOIS à grandes feuilles. Nom vulgaire fuivant M. Jacquin de fon *Coccoloba grandifolia.* *Voyez* RAISINIER.

BOIS à la fièvre. Nom vulgaire de l'*Hypericum feffilifolium* Aubl. *Voyez* MILLEPERTUIS à feuilles feffiles.

BOIS à petites feuilles de Saint-Domingue. *Eugenia divaricata.* La M. Dict. *Voyez* JAMBOSIER-DIVERGENT, n.° 21.

BOIS arada. Nom créole de l'*Erythrina corallodendron.* L. *Voyez* ERYTRINE DES ANTILLES, n.° 2.

BOIS batifte. Nom vulgaire de l'*Hypericum feffilifolium* d'Aublet. *Voyez* MILLEPERTUIS à feuilles feffiles.

BOIS blanc. Nom que l'on donne à l'Ifle-de-France au *Sideroxylon laurifolium.* La M. Dict. *Voyez* ARGAN à feuilles de laurier, n.° 1.

BOIS blancs. Nom collectif fous lequel on range tous les Bois blancs qui ont peu de dureté comme ceux des peupliers, des faules, des tilleuls, &c. *Voyez* cet article dans le Dictionnaire des Arbres & Arbuftes de pleine terre.

BOIS cabril. *Ægiphila Martinicenfis.* L. *Voyez* ÆGIPHILE de la Martinique.

BOIS cabril bâtard. Nom vulgaire de l'*Ehretia beurreria.* L.

BOIS calumet. Nom vulgaire que porte aux Antilles & dans l'Amérique Méridionale le *Mabea piriri.* Aubl. *Voyez* MABIER calumet.

BOIS carré. Nom qu'on donne dans quelques Provinces à l'*Evonimus Europæus.* L. *Voyez* FUSAIN commun, n.° 1.

BOIS chandelle. Nom vulgaire de l'*Agave fétide*. L. *Voyez* AGAVE FÉTIDE.

BOIS cotelet. Nom donné dans les Antilles au *Citharexylum cinereum* L. *Voyez* COTELET CENDRÉ, n.º 1.

BOIS couleuvre. Nom vulgaire à Cayenne du *Rhamnus colubrinus*. L. *Voyez* NERPRUN.

BOIS creux. On nomme ainsi à la Guyane le *Lisianthus alatus*. Aubl. *Voyez* LISIANTHE à feuilles ailées.

BOIS d'Acajou, ou Acajou meuble. *Swietenia mahagoni*. L. *Voyez* MAHOGON.

BOIS d'aigle. Suivant M. Sonnerat c'est le Garo de Malaca & l'*Aquilaria Malaccensis*. La M. Dict. *Voyez* les articles GARO & AGALLOCHE.

BOIS d'Aloës des Antilles. *Cordia sebestena*. L. *Voyez* SEBESTIER à grandes fleurs.

BOIS dard. Nom que l'on donne à la Guyane au *Possira arborescens*. Aubl. *Voyez* POSSIRE en arbre.

BOIS dartre. Nom vulgaire à Cayenne de l'*Hypericum sessilifolium*. d'Aublet. *Voyez* MILLEPERTUIS, à feuilles sessiles.

BOIS d'Ébêne verd. A Cayenne, on donne ce nom à la *Bignonia leucoxylon* L. au rapport d'Aublet. *Voyez* BIGNONE à Ebêne.

BOIS de Bourbon, ou arbre de buis de Bourbon. *Graugeria Borbonica*. La M. Dict. *Voyez* GRANGER de Bourbon.

BOIS de Brésil. *Cæsalpina echinata*. La M. Dict. *Voyez* BRÉSILLET DE FERNAMBOUC, n.º 1.

BOIS de campeche. Nom donné dans le commerce au bois de l'*Hæmatoxylon campechianum*. L. *Voyez* CAMPECHE épineux.

BOIS de canelle. Les habitans de l'Isle-de-France donnent ce nom à un laurier dont l'espèce n'est pas encore bien déterminée, mais dont le bois est excellent en menuiserie, Aublet. Fl. Guyan. *Voyez* LAURIER.

BOIS de cèdre. On donne ce nom à la Guyane, suivant Aublet, à l'*Anibæ Guyanensis*. *Voyez* ANIBÉ de la Guyane.

BOIS de chandelles, nom donné à l'Isle-de-France au *Dracæna reflexa*. La M. Dict. *Voyez* DRAGONIER à feuilles réflechies, n.º 3.

BOIS de charbon des Moluques. *Carbonaria* Rumph. amb. p. 52. Tab. 29. *Voyez* l'article ANDJURI.

BOIS de chien en arbre. Nom donné par quelques Agriculteurs aux espèces de *Piscidia*. *Voyez* BOISIVRANT.

BOIS de cloux. Nom donné à l'Isle-de-France à l'*Eugenia lucida* La M. Dict. *Voyez* JAMBOSIER LUISANT, n.º 52.

BOIS de couilles. Nom vulgaire aux Antilles du *Margravia umbellata* L. suivant M. Jacquin. *Voyez* MARGRAVE ombellée.

BOIS de couleuvre ou arbre à trompette.

Cecropia peltata L. *Voyez* COULEQUIN ombiliqué.

BOIS de cuir des Canadiens. *Dirca palustris* L. *Voyez* DIRCA des marais.

BOIS de dames. Nom donné par les habitans des Isles de France & de Bourbon à l'*Erythroxylon hypericifolium* La M. Dict. *Voyez* ERYTHROXYLON à feuilles de millepertuis, n.º 8.

BOIS de fer. Nom donné dans tous les pays aux Arbres dont le Bois est très-dur.

BOIS de fer d'Afrique. Nom. vulgaire du *Sideroxylon inerme* L. *Voyez* ARGAN à écorce grise, n.º 2.

BOIS de fer de Judas. Nom donné par les Créoles de l'Isle-de-France au *Cossinia pinnata* La M. Dict. *Voyez* COSSINIA PINNÉ, n.º 2.

BOIS de fer de la Jamaïque. Nom vulgaire du *Fagara pterota* L. *Voyez* FRAGARIER à feuilles de jasmin, n.º 1.

BOIS de fer des Antilles. *Ægiphila Martinicensis* L. *Voyez* ÆGIPHILE de la Martinique.

BOIS de fer. Au rapport d'Aublet, les habitans de la Guyane donnent ce nom à la plante qu'il nomme *Robinica panaroco*, le *palosanto* des Portugais. *Voyez* ROBINE.

BOIS de guittard. Nom donné dans les Antilles au *Citharexylum cinereum* L. *Voyez* COTELET CENDRÉ, n.º 1.

BOIS de gaulette ou *gollette*. Les habitans de la Guyane donnent ce nom à tous les arbres dont le Bois peut servir, étant refendu, à former des cloisons.

Aublet, dans son Histoire des Plantes de la Guyane, cite les arbres suivans qui portent ce nom dans ce pays-là.

L'*Hirtella Americana*. L. *Voyez* HIRTELLE à grappes.

Le *Manabea arborescens* Aublet. *Voyez* MANABO en arbre.

Le *Tapura Guyanensis*. Aublet. *Voyez* TAPURIER de la Guyane.

Le *Ropourea Guyanensis*. Aublet. *Voyez* ROPOURIER de la Guyane.

BOIS de lance de l'Amérique méridionale C'est la variété B. du *Randia latifolia* La M. Dict. *Voyez* GRATOAL à larges feuilles, n.º 1.

BOIS de laurier, des Antilles. *Croton corylifolium* La M. Dict. *Voyez* CROTON à feuilles de noisetier, n.º 8.

BOIS de lettres. Nom vulgaire sous lequel on connoît à la Guyane le *Piratinera Guianensis* d'Aublet. *Voyez* PIRATINERE de la Guyane.

BOIS de l'Ostau. A l'Isle de France, on nomme ainsi le *Psychotria asiatica* L.

BOIS de mafoutre des Madagasses. *Antidesma Madagascariensis* La M. Dict. *Voyez* ANTIDESME de Madagascar, n.º 2.

BOIS de mêche des Créoles de Cayenne,

Apeiba glabra. Aublet. *Voyez* APEIBA GLA-BRE, n.° 2.

BOIS de merde. Nom vulgaire que l'odeur du Bois de *sterculia fœtida* L. a fait donner par les habitans de Saint-Domingue à cet arbre. *Voyez.*

BOIS de merle de l'Isle-de-France. *Celastrus undulatus* La M. Dict. *Voyez* CÉLASTRE ON-DULÉ, n.° 8.

BOIS de mates. On donne ce nom à l'Isle-de-France, suivant Aublet, à *l'Achras balata*, es-pèce qu'il a décrite dans son Histoire des plantes de la Guyane. *Voyez* SAPOTILLER.

BOIS d'encens, de la Guyane. *Icica viridi-flora* La M. Dict. *Voyez* ICIQUIER à fleurs ver-tes, n.° 2.

BOIS de nefle à grandes feuilles. *Eugenia mes-piloides* La M. Dict. *Voyez* JAMBOSIER, Bois de nefle, n.° 34.

BOIS de nefle de Bourbon. *Eugenia buxifolia.* La M. Dict. *Voyez* JAMBOSIER à feuilles de buis, n. 31.

BOIS de nicarague. *Hæmatoxylon campœ-chianum* L. *Voyez* CAMPECHE ÉPINEUX.

BOIS dentelle ou *lagetto*, arbre dont l'écorce intérieure se détache en plusieurs couches très-fines, découpées en réseaux, dont on fait usage par curiosité plutôt que par utilité réelle. *Voyez* LAGETTO.

BOIS de pêche marron. *Eugenia mespiloides* La M. Dict. *Voyez* JAMBOSIER, Bois de nefle, n.° 34.

BOIS de pieux blanc ou noir, *arbor palorum Rumph.* *Voyez* l'article BELO.

BOIS de plomb des Canadiens. *Dirca palus-tris* L. *Voyez* DIRCA des marais.

BOIS de poivrier de Bourbon. *Fagara hetero-philla* La M. Dict. *Voyez* FAGARIER HÉTÉRO-PHYLLE, n.° 5.

BOIS de pomme, de l'Isle de Bourbon. *Eu-genia glomerata* La M. Dict. *Voyez* JAMBOSIER GLOMÉRULÉ, n.° 10.

BOIS de reinette des Indes. *Dodonæa longi-folia* L. Fil. Suppl. *Voyez* DODONÉ à feuilles étroites, n.° 2.

BOIS de rodes de la Jamaïque. *Amyris bal-samifera* L. *Voyez* BALSAMIER de la Jamaïque, n.° 8.

BOIS de Sainte-Lucie. Nom vulgaire du *prunus mahaleb* L. *Voyez* PRUNIER MAHALEB, au Dictionnaire des Arbres & Arbustes.

BOIS de sandal, an. *santalum album* L. *Voyez* SANTALE BLANC.

BOIS de sang. *Hæmatoxylon Campechianum* L. *Voyez* CAMPECHE ÉPINEUX.

BOIS de Sapan. Nom vulgaire du *Cæsalpina sappan* L. *Voyez* BRESILLOT des Indes, n.° 5.

BOIS de savanne des Antilles. Nom créole du *cornutia pyramidata* L. *Voyez* AGNANTE à fleurs en grappes, n.° 2.

BOIS de fenil de Bourbon. Nom vulgaire de la variété B. du *conyza salicifolia* La M. Dict. *Voyez* CONISE à feuilles de saule, n.° 33.

BOIS de soie de Constantinople. *Mimosa ar-borea* L. *Voyez* ACACIE en arbre, n.° 6.

BOIS de soie de Saint-Domingue. Nom que les Créoles donnent au *Muntingia calabura* L. *Voyez* CALABURE SOYEUX.

BOIS d'huile. Nom donné par les habitans des Isles de France & de Bourbon, à *l'Ery-throxylon hypericifolium* La M. Dict. *Voyez* ERY-THROXYLON à feuilles de millepertuis, n.° 8.

BOIS d'Inde de la Jamaïque. *Myrtus pimenta* L. *Voyez* MIRTE TOUTEPICE.

BOIS d'orme, ou Orme des Antilles. *Theo-broma guazuma* L. ou *Guazuma umlifolia* La M. Dict. *Voyez* GUAZUMA à feuilles d'orme.

BOIS du petit Baume. Nom que les Créoles d'Amérique donnent au *Croton Balsamiferum.* L. *Voyez* CROTON Balsamifère, n.° 4.

BOIS de Rivière. Suivant M. Jacquin, on donne ce nom à Cayenne à son *Chimarrhis cymosa.*

BOIS de rose de Cayenne. Nom vulgaire que porte dans cette Isle le *Licaria Guyanensis.* Aubl.

BOIS de Sang. Suivant Aublet, les habitans de la Guyane donnent ce nom à son *Hypericum Sessilifolium. Voyez* Millepertuis à feuilles sessiles.

BOIS dur, ou Orme à Bois dur. *Ulmus Ame-ricanus.* H. P. *Voyez* Orme, Bois dur au Dict. des Arbres.

BOIS épineux jaune. Nom que l'on donne à Saint-Domingue. *Zanthoxylum Caribœum.* La M. Dict. *Voyez* CLAVALIER des Antilles, n.° 3.

BOIS Gentil, nom donné par les Fleuristes de Paris au *Daphne Mezereum.* L. *Voy.* LAURÉOLE Gentille.

BOIS jaune. Nom vulgaire du *Rhus Cotinus.* L. *Voyez* SUMAC FUSTET. au Dict. des Arbres.

BOIS jaune. Nom vulgaire du *Morus Tinctoria.* L. *Voyez* BROUSSONET Bois jaune.

BOIS IMMORTEL. Nom donné par les Créoles des deux Indes à l'*Erythrina Corallo-dendron.* L. *Voyez* ERYTHRINE des Antilles n. 2.

BOIS Laiteux des Antilles. Nom donné par les Créoles au *Tabernæmontana citrifolia.* L. *Voyez* TABERNÉ à feuilles de Citronnier.

BOIS laiteux de Mississipi. Nom vulgaire du *Si-deroxylon Lycioïdes.* L. *Voyez* ARGAN à feuilles de Saule, n.° 6.

BOIS Mabouia. Nom vulgaire du *Morisonia Americana.* L. *Voyez* MORISONE d'Amérique.

BOIS Macaque. Nom que les habitans de la Guyane donnent au *Tococa Guyanensis.* Aubl. à cause du goût que cette espèce de singe a pour ses fruits. *Voyez* Tococo de la Guyane.

BOIS Marguerite. Nom vulgaire, suivant Aublet, du *Cordia Tetrandra,* AUBLET & du *Cordia Tetraphylla* du même Auteur. *Voyez* SEBESTIER.

BOIS – MARIE, nom donné dans les Antilles au *Calophyllum Calaba* (JACQ. AMER.) que M. de la Marck regarde comme une variété du *Calophyllum Inophyllum*. L. *Voyez* CALABA à fruit rond, n.° 1.

BOIS Mèche. Nom vulgaire de *l'Agave fœtida*. L. *Voyez* AGAVE Fétide.

BOIS Néphrétique. Nom qu'on donne dans les Boutiques au Bois du *Guilandina moringa*. L. ou au *Moringa Oleifera* de M. de la Marck. *Voy.* BEN Oléifère.

BOIS Noir du Malabar. *Mimosa Lebbeck*. L. *Voy.* ACACIE de Malabar, n.° 14.

BOIS Perdrix. Nom vulgaire de *l'Heisteria Coccinea*. L. *Voyez* HEISTÈRE Pourpre.

BOIS Puant d'Europe. Nom vulgaire de *l'Anagyris fœtida*. L. *Voyez* ANAGIRE Fétide au Dict. des Arbres & Arbustes.

BOIS Puant de Bourbon, *Fœtida Mauritiana*. La M. Dict. *Voyez* FETIDIER de Bourbon.

BOIS Puant. Nom vulgaire qui porte à la Guyane le *Pirigara Tetrapetala*. AUBL. *Voy.* PIRIGARE à gros fruits.

BOIS Punais. Nom vulgaire du *Cornus sanguinea*. L. *Voyez* CORNOUILLER sanguin, n.° 6.

BOIS Rouge. Nom donné dans les Antilles au *Guarea Trichilioïdes*. L. *Voyez* GOUARÉ Trichilioïde.

BOIS Rouge des Créoles de Cayenne. *Houmiri Balsamifera*. AUBLET. Guian. 564, t. 225. *Voyez* HOUMIRI Béaumier.

BOIS Saint. Nom vulgaire du *Guajacum sanctum*. L. *Voy.* GAYAC à feuilles de Lentisque, n.° 2.

BOIS Sanglant. *Hæmatoxylon Campechianum*. L. *Voyez* CAMPECHE épineux.

BOIS Satiné de Cayenne. *Ferolia Guianensis*, (AUBL.) ou *Ferolia variegata*. La M. Dict. *Voyez* FEROLE à Bois marbré.

BOIS Tabac. Nom vulgaire du *Manabea Villosa*. (AUBL.) *Voyez* MANABO Velu.

BOIS Trompette. Nom vulgaire du *Cecropia Peltata*. L. *Voyez* COULEQUIN Ombiliqué. (MM. THOUIN & REYNIER.)

BOISIVRANT, *PISCIDIA*.

Genre de la famille des LÉGUMINEUSES, composé d'arbres assez élevés, qui croissent dans l'Amérique Méridionale. Leurs feuilles sont composées de deux rangs de folioles, & leurs fruits sont des gousses, remarquables par les quatre ailes membraneuses qui les accompagnent dans toute leur longueur. Ces arbres, encore assez rares en Europe, se cultivent dans les serres-chaudes.

Espèces.

1. BOISIVRANT de la Jamaïque.
PISCIDIA erythrina. L. ♄ des Antilles.

2. BOISIVRANT de Carthagène.
PISCIDIA Carthagenensis. L. ♄ de la terre ferme de l'Amérique.

Description du port des Espèces.

La première espèce est un petit arbre, qui ne s'élève guère au-dessus de vingt-cinq pieds, quoique son tronc soit presque aussi gros que le corps d'un homme; ses branches, qui viennent au sommet de la tige, sont longues, flexibles, & placées irrégulièrement. Elles sont garnies de feuilles, composées, pour l'ordinaire, de sept folioles, & elles tombent chaque année. Les fleurs, qui sont d'un blanc sale, peu agréable, viennent, en grappes rameuses, vers l'extrémité des branches. Il leur succède des fruits ailés, d'une figure fort singulière, lesquels renferment des semences oblongues.

La seconde espèce a le port de la précédente, mais elle est une fois plus grande dans toutes ses parties; & ses feuilles, dont la forme est oblongue, sont d'une texture plus ferme que celles de la première espèce.

Culture des Espèces.

Les Boisivrants se multiplient aisément par leurs graines, quand on peut s'en procurer des pays où ces arbres croissent naturellement. Il est bon de les faire tremper dans l'eau, pendant deux ou trois jours, pour amollir leur enveloppe. Ensuite on les sème, vers la fin de Mars, dans des pots, remplis d'une terre un peu forte, & cependant très-divisée; & on les place sur une couche chaude, couverte d'un chassis. Si les graines sont fraîches, & qu'on ait soin d'humecter, soir & matin, la terre dans laquelle elles sont semées, elles lèvent dans l'espace de cinq semaines. Il faut alors modérer les arrosemens, & ne leur en donner que lorsque la terre se dessèche à la surface. Le jeune plant croît assez vite; si l'on entretient la chaleur à 18 ou vingt degrés, il parvient, avant l'Automne, à la hauteur de douze à quinze pouces. Lorsqu'il est à-peu-près à la moitié de cette hauteur, il convient de le séparer en mote, autant qu'il est possible, & de planter chaque pied séparément dans des pots. On place d'abord ces pots sous un chassis, ombragé, pour assurer la reprise des jeunes pieds, ensuite on les laisse exposés à l'air libre, & au soleil, jusqu'à l'approche des nuits froides; alors on les rentre, & on les place dans la tannée d'une serre-chaude, ou mieux encore, sous une bâche à Ananas, pour y passer l'Hiver. Dans cette saison, ces jeunes arbres exigent peu d'arrosemens; il est même nécessaire de les suspendre entièrement, lorsqu'ils ont perdu leurs feuilles. Au Printems suivant, si leurs racines se trouvent gênées dans les pots, il faut les transplanter dans de plus grands vases, & lorsqu'ils seront remis de cette transplantation, on pourra, vers la mi-Juin, les sortir des serres, par un tems doux & couvert, & les mettre en plein air, fur une couche, à l'expofition du Midi, jufque vers la mi-Septembre.

Ces arbres croiffent affez promptement, & fe confervent facilement fur les tablettes des ferres-chaudes, lorfqu'ils font parvenus à leur quatrième année. Mais jufqu'à préfent, ils n'ont point encore fleuri en Europe.

Ufage. Le Boifivrant de la Jamaïque eft employé par les habitans des Antilles, pour la pêche du poiffon. Ils écrafent les feuilles & l'écorce de cet arbre, & en font des boules, qu'ils jetent dans l'eau. Tout le poiffon, qui fe rencontre dans le voifinage, eft attiré par l'odeur forte de ces boulettes, & s'en trouve, pour ainfi dire, enivré. Alors il vient fur l'eau, y refte immobile, & on le prend aifément avec la main; cet état d'engourdiffement ne dure pas long-tems, & il ne paroît pas dangereux pour le poiffon.

En Europe, ces arbres ne font guère cultivés que dans les jardins de Botanique; ils figurent affez bien dans les ferres-chaudes. (*M. Thouin.*)

BOISSEAU, mefure ronde de bois, ordinairement ceintré par le haut d'un cercle de fer, appliqué en dehors, bord à bord du frêt, avec une traverfe de fer ou de bois intérieurement, pour le manier & le lever commodément. Le boiffeau fert à mefurer des corps fecs, tels que des grains, de la farine, des légumes, des fruits, & des racines même.

Le Boiffeau eft d'une capacité différente, felon les pays. Il eft impoffible de réunir toutes les capacités des Boiffeaux de France, qui varient à l'infini.

Il y a long-tems qu'on a formé le vœu de voir toutes les mefures du Royaume réduites à une feule; je doute que les Municipalités & le Commerce veuillent efficacement ce changement. Il vient cependant d'être ordonné par l'Affemblée Nationale. L'Académie des Sciences s'eft chargée de régler un étalon, de raffembler toutes les mefures mâtrices des Bailliages & Communautés, & de les réduire à la mefure qui fera adoptée. Ce travail fait, on s'occupera à faire agréer les mefures réduites aux Municipalités. Si ce projet réuffit, il pourra déplaire aux Commerçans, qui fpéculent fur la différence des mefures. Mais on évitera beaucoup d'embarras & d'incertitude aux autres.

Le Boiffeau de froment de Paris, qu'on peut, en attendant une plus grande exactitude, regarder comme l'étalon; fe divife en quatre quarts, chaque quart en deux demi-quarts, chaque demi-quart en deux litrons, & chaque litron en deux demi-litrons. Ainfi, le Boiffeau de Paris eft de feize litrons. Il eft le tiers du minot, dont il faut quatre pour former un fetier, & douze fetiers ou 144 Boiffeaux au muid. Le Boiffeau contient à-peu-près un tiers de pied cube, &

pèfe communément vingt livres. Il faut obferver que le poids du froment varie felon les années; car tantôt il pèfe dix-neuf livres, tantôt jufqu'à vingt-une & demie.

Le Boiffeau de Paris doit avoir huit pouces & deux lignes & demie de haut, & dix pouces de diamètre; le demi-Boiffeau, fix pouces cinq lignes de haut, fur huit pouces de diamètre; le quart de Boiffeau, quatre pouces neuf lignes de haut, & fix pouces neuf lignes de large; le demi-quart, quatre pouces trois lignes de haut, & cinq pouces de diamètre; le litron, trois pouces & demi de haut, & trois pouces & demi de diamètre; & le demi-litron, deux pouces dix lignes de haut, fur trois pouces une ligne de large.

A Paris, la mefure d'avoine eft double. Vingt-quatre Boiffeaux d'avoine font un fetier. Il en faut deux cent quarante-huit pour le muid. Le Boiffeau d'avoine fe divife en quatre picotins, & le picotin en deux demi-quarts, ou quatre litrons.

Le Boiffeau de froment, pour les vivres de l'Armée, peut rendre environ douze à quinze rations de vingt-quatre onces de pain cuit.

Pour donner quelques exemples de la continence des Boiffeaux; aux environs de Troyes, le Boiffeau de froment pèfe de trente-cinq à trente-fix livres, & contient vingt pintes, qui équivalent à vingt-quatre pintes de Paris. A Rennes, le Boiffeau pèfe quarante-cinq livres. En Angleterre, le Boiffeau contient huit gallons de froment, chacun de huit livres; à douze onces la livre, l'once vingt fterlings, & le fterling trente-deux grains de froment, du milieu de l'épi. (*M. l'Abbé Tessier.*)

BOISSEAU, mefure de terre; en Bourgogne, on dit un Boiffeau de chenevière, qui eft un huitième de journal, ou cent douze toifes vingt-fept pieds. En Beauce, le Boiffeau de terre eft un dixième d'arpent. Le nom de cette mefure de terre lui vient de ce qu'un Boiffeau de froment eft la mefure propre, pour enfemencer un Boiffeau de terre, ou dix perches. *Voyez* ARPENT. (*M. l'Abbé Tessier.*)

BOISSELÉE, mefure de terre, ufitée dans le Berry, le Poitou, & quelques cantons de la Bretagne. Celle du Berry eft environ la huitième partie de l'arpent de Paris, qui eft de 900 toifes quarrées. Comme Bicherée défigne l'étendue de terrein, qui peut être enfemencée avec un bichet de froment, Boiffelée défigne celle d'un terrein qu'on enfemence avec un boiffeau. Ces rapports de mefures de terres, & de mefures de grains, qui leur ont fait donner des dénominations analogues, ne font pas de la plus grande précifion. Mais ce font des à-peu-près, qui ont fuffi pour s'entendre. L'arpentage eft venu déterminer plus exactement l'étendue des champs. C'eft pour fixer mieux les mesures des différens pays, qu'au mot ARPENT, j'ai rapporté toutes celles qui m'étoient connues à la toise de France, & aux arpens de France & de Paris. *Voyez* ARPENT. (*M. l'Abbé Tessier.*)

BOISSELON, instrument d'usage à Tournus. Il est de fer, de l'épaisseur de deux lignes, ayant trois pouces en quarré. On y attache un manche de bois, de deux pieds de long. On s'en sert pour sarcler les fromens, maïs, panis, sarrasins, millets & raves. (*M. l'Abbé Tessier.*)

BOITELÉE, mesure de terre à Landrecy, qui est la quatrième partie de la *Mancaudée*, de 1056 toises 9 pieds. *Voyez* ARPENT. (*M. l'Abbé Tessier.*)

BOITEMENT ou BOITERIE, irrégularité dans la marche d'un animal. Lorsqu'un cheval, un bœuf, une bête à laine, & un chien, même de basse-cour, ou de berger, boite, il est important d'en découvrir la cause, afin d'y remédier, s'il y a lieu.

Lorsqu'un cheval boite des pieds de devant, c'est un signe que son mal est dans l'épaule, dans les jambes, ou dans les pieds.

On reconnoît que c'est dans l'épaule, parce qu'il ne lève pas la jambe à l'ordinaire, & qu'il la traîne par terre, ou parce qu'il lève une jambe plus qu'une autre, & que son genou paroît comme disloqué ; il annonce qu'il a mal au garrot, ou à la partie supérieure de l'épaule, quand il boite davantage, étant monté, & quand il bronche beaucoup, & menace de mordre ceux qui le touchent à cette partie ; il a mal à la partie inférieure de l'épaule, quand il presse les pas en bronchant ; enfin on doit croire que le siège du mal est au coude, s'il rue, & lève le pied, lorsqu'on lui pince cette partie.

Le cheval refuse de plier le genou, ou le paturon, & les roidit, lorsqu'on le fait marcher, s'il a mal dans ces parties. Une esquille, un suros, une molette, &c., annonce une maladie du canon.

Les maux des pieds, qui font aussi boiter le cheval, ont leurs signes particuliers ; un effort ou une détorse rend chaude & brûlante la couronne ; le cheval marche tout-à-fait sur la pince, si quelque nerf féru lui donne mal au talon ; un clou du fer, qui blesse les quartiers, le fait boiter.

S'il boite des pieds de derrière, le mal est dans la hanche, dans l'os de la cuisse, ou dans le jarret, ou dans quelque partie voisine. Il marche de côté, & n'avance pas aussi bien de la jambe malade que de l'autre ; en tournant court il favorise cette jambe, en marchant sur une pente, il tient toujours cette jambe plus haute que l'autre.

Les principales causes du boitement du cheval sont l'écart, l'effort de la cuisse, l'entorse, les fluxions aux genoux, l'éparvin, la courbe, les chicots, l'atteinte, le javart, les fractures, & souvent, d'après M. Lafosse, celle de l'os coronaire, &c. Quoiqu'on pût réduire les fractures des os longs, comme j'en ai vu des exemples, on ne doit pas les tenter, parce que le cheval qui les éprouve, n'est jamais d'un bon service, & qu'il coûte plus qu'il ne rapporte ; il vaut mieux le faire tuer. Celles des petits os sont incurables. A l'égard des autres causes de boitement, j'en exposerai le traitement à leurs articles.

Le bœuf boite parce qu'il s'encloue, ou parce que quelque chicot de bois lui entré dans le pied. Dès qu'on s'en apperçoit, il faut ôter le clou ou le chicot, & verser dans la plaie de l'huile de térébenthine, en la couvrant d'un peu d'étouppes.

Le bouvier attentif veille à ce qu'aucune épine, ou aucun caillou ne reste dans les pieds de ses bœufs ; c'est souvent une cause de boitement. Si, malgré ses attentions, cet accident a lieu, & a fait une plaie, on la panse comme si le mal provenoit d'un clou ou d'un chicot.

Il se forme quelquefois des abcès aux pieds du bœuf. Lorsque le pus y est formé, on doit les ouvrir, les laver & les panser avec du vin miellé, à moins qu'à cause d'un engorgement considérable à la jambe, il ne fallût procurer une évacuation soutenue. Dans ce cas, on panse quelque tems avec un onguent suppuratif, ou un digestif.

La lassitude, le ramollissement des ongles, & quelquefois la goutte font boiter les bêtes à laine. Si c'est la lassitude, on les guérit, en les laissant reposer à la bergerie, ou on leur donne des alimens, ou en les envoyant dans quelque endroit, ou sans marcher beaucoup, elles trouvent suffisamment à manger.

Lorsque les ongles sont ramollis, on en coupe l'extrémité ; on y met de la chaux vive pendant un jour, & ensuite du vert-de-gris, jusqu'à parfaite guérison.

La goutte est plus difficile à guérir. Le repos est presque le seul remède ; pourvu que l'animal ne soit pas exposé à l'humidité. Une bête à laine, sujette à la goutte, ne doit pas être conservée. Il faut la vendre au boucher, ou la tuer.

Les chiens boitent aussi quelquefois, sur-tout les chiens de berger ; il faut en étudier la cause. C'est, ou une épine, ou une pierre, qu'il faut leur ôter. Dans les pays, où le sol est dur, les chiens de berger, par le tems sec, sont sujets à boiter. On doit ménager leurs courses, leur humecter le dessous du pied, qui se gerce, avec de l'huile d'aspic. (*M. l'Abbé Tessier.*)

BOL, terre bolaire. C'est une espèce d'argile pesante & styptique. Elle s'attache promptement à la langue, & teint les mains. Comme cette espèce de terre peut entrer pour quelque

chofe dans la compofition des terres, qu'on
cultive, il eft bon de pouvoir la diftinguer, pour
favoir quelle influence elle a fur la végétation.

Il y a des bols de différente couleur. Il y
en a de rouges, de blancs, de jaunes, de gris,
de verdâtres & de noirs même. La Médecine,
qui fait ufage de bols, les tiroit autrefois d'Arménie. Mais on s'eft convaincu que le bol de
France étoit auffi bon.

Le bol d'Arménie eft rouge; ce pays en a
auffi de jaunes & de blancs.

On trouve, en France, le bol rouge, aux
environs de Blois & de Saumur; on en trouve
auffi en Bourgogne. Celui de Blois eft d'un
rouge pâle. La France en a de jaune, qui paffe
pour le meilleur.

La couleur du bol d'Allemagne eft un peu
plus foible que celle du bol d'Arménie. Il eft
parfemé de veines jaunes.

Grah, en Hongrie, & Coltbery, fur le territoire de Liège; fourniffent le bol blanc.

Celui de Tranfylvanie a tous les caractères
du bol d'Arménie. Il fe fond dans la bouche
comme du beurre. Il vient des environs de
Tokay.

Le bol gris eft commun dans le Mogol.

Le bol verdâtre, quelque part qu'il fe trouve,
doit fa couleur au cuivre.

On trouve enfin, dans le canton de Berne,
un bol noir, qui contient du bitume.

Selon que ces différens bols approchent le plus
de l'argile pure, & font, en plus grande proportion, dans la combinaifon d'un terrain; ils
le rendent plus compact, & par conféquent
ils néceffitent un mélange de terre calcaire, afin
de le rendre plus meuble, plus perméable aux
pluies. (*M. l'Abbé Tessier.*)

BOLDU, Boldu,

Arbre du Pérou, qui paroît appartenir à la
famille des Lauriers, & peut-être au genre
de ce nom. Il a été obfervé affez fuperficiellement, par le pere Feuillé. Mais M. Dombey l'a décrit avec beaucoup d'exactitude; &
il eft probable, que lorfque l'ouvrage de ce
favant Voyageur paroîtra, nous faurons parfaitement à quel genre, & à quelle famille cet
arbre appartient.

Bolde du Pérou.

Boldu, olivifera. Feuil. Journ. du Pérou.
P. III. T. 6. 0) des forêts du Pérou.

Cet arbre s'élève à la hauteur d'environ vingt-
quatre pieds; & fon tronc a la groffeur du
corps d'un homme. Il eft couronné par une
tête touffue, d'une verdure luifante, fort agréable. Ses fleurs, qui viennent en bouquets à
l'extrémité des rameaux, font blanches, & contraftent avec la couleur verte du feuillage. A
ces fleurs fuccèdent une multitude de fruits,

femblables en tout, à nos olives, & qui renferment, comme elles, un noyau noir & offeux.
Ces fruits ont une faveur douce & agréable;
les Indiens leur trouvent un goût fi flatteur,
qu'ils les mangent par délices.

Le Boldu croît naturellement dans les forêts
du Pérou, & on le cultive dans le voifinage des
habitations. Il n'a point encore été apporté en
Europe, mais il eft probable qu'on pourroit
l'y cultiver dans les ferres tempérées; peut-être
même réuffiroit-il en pleine terre, dans nos
Provinces méridionales, avec quelques précautions. (*M. Thouin.*)

BOLHUERT, nom d'une des variétés de la
Tulipa gefneriana, L. dont la fleur eft incarnate,
panachée en blanc. *Dict. univ. d'Agric. & Jardinage.* Voyez Tulipe des Jardins. (*M. Reynier.*)

BOLLO. Efpèce de gâteaux, faits de maïs,
qui, dans l'Ifthme de Panama, tiennent lieu
de pain. Ils font infipides, ce qui ne peut guère
s'accorder avec ce que le même Voyageur dit
plus bas, qu'ils confervent le goût du maïs.

On prépare le Bollo de la manière fuivante:
le maïs eft trempé pendant quelques tems, puis
on l'écrafe entre deux pierres. A force de le
broyer, & de le changer d'eau, on fépare l'é-
corce du grain, & lorfque la farine eft pure,
on la pétrit, & on forme, avec cette pâte,
des gâteaux, qu'on enveloppe de feuilles d'arbres, pour les cuire dans l'eau. Ces gâteaux
ne fe confervent que vingt-quatre heures. *Hift.
gén. des Voy. T. 14.* (*M. Reynier.*)

BOMBEMENT, *Agriculture.* Un champ cultivé, dont les planches font plus hautes au milieu que fur les bords, eft bombé. Voyez
Labour. (*M. l'Abbé Tessier.*)

BOMBER, opération de jardinage, qui confifte à exhauffer un terrein, une plate-bande,
ou un quarré, au-deffus du niveau des allées,
ou des fentiers, de manière que le milieu du
terrein, ou de la plate-bande, foit plus élevé
que les bords.

Cette opération peut s'exécuter de deux façons: la première, en rapportant des terres,
pour exhauffer le terrein, & lui donner la
convexité néceffaire; & la feconde, en prenant
de la terre même des allées, pour en charger
le terrein ou la plate-bande. Ce dernier procédé eft plus fimple, & beaucoup moins difpendieux que le premier, mais il n'eft pas toujours
praticable; c'eft aux circonftances à déterminer
fur le choix & l'emploi des moyens.

Lorfque, dans un fol humide, on veut cultiver des arbres fruitiers, à noyau, ou autres
arbres, qui craignent l'humidité, il eft à propos
de bomber le terrein. On doit également bomber les planches deftinées à la culture des légumes de primeur, quand la terre en eft forte
& humide, afin que les eaux pluviales ne puif-

fent

tent y féjourner; & que la terre, ameublie par des labours, fe defsèche, & s'échauffe plus ai-fément.

Mais ce font les plates-bandes & les cor-beilles à fleurs, formées dans les parterres, qu'il eft plus particulièrement d'ufage de bom-ber. On leur donne, depuis un pouce juf-qu'à trois pouces de convexité, par pied, fur leur largeur, fuivant la qualité du terrein, & la nature des plantes que l'on fe propofe d'y mettre. Si les plantes font de petite ftature, & que le terrein ait du corps, & conferve l'hu-midité, on peut, fans inconvénient, donner aux plates-bandes trois pouces d'exhauffement par pied. Les plantes pyramideront mieux les unes au-deffus des autres; elles feront plus rap-prochées de la vue, & produiront un effet plus agréable. Mais fi, au contraire, le fol eft feç & léger, & que les plantes, que l'on fe pro-pofe d'y mettre, foient vivaces, & de haute ftature au lieu de bomber le terrein, il con-vient de le creufer un peu, pour que les eaux pluviales puiffent s'y arrêter, & fournir à la végétation des plantes. (M. Thouin.)

BONAROTE, *Bonarota*; nom donné par Micheli, dans fon *Nova plantarum genera*, au Péderote de montagne. *Voyez* ce nom. (M. Thouin.)

BON CHRÉTIEN d'Efpagne. Le fruit de ce poirier eft d'une belle groffeur, fa couleur eft jaune, un peu verdâtre, nuancée de rouge vif, fa chair eft caffante, & n'eft bonne qu'en com-pote. *Voyez* Poirier. (M. Reynier.)

BON CHRÉTIEN d'Été. Ce poirier eft re-marquable par la grandeur de fes fleurs; fon fruit eft mûr en Septembre : il eft de la pre-mière groffeur, & d'une forme fouvent irré-gulière. Sa chair eft caffante, mais très-parfu-mée. On connoît un autre Bon Chrétien, que l'on diftingue par l'épithète de mufqué, dont le fruit eft moins gros que le précédent, d'une couleur jaune plus décidée, & lavée de rouge; il eft d'un goût plus agréable que l'autre. *Voyez* Poirier. (M. Reynier.)

BON CHRÉTIEN d'Hiver. Le fruit de ce poirier eft de la première groffeur. Sa peau eft fine, de couleur jaune, lavée de rouge du côté expofé au foleil. Sa chair eft fine, & très-parfumée. Il mûrit en Janvier, & dure juf-qu'en Mai. *Voyez* Poirier. (M. Reynier.)

BONDO. Grand arbre, fort touffu, dont le tronc a fept ou huit braffes de tour, & qui croît fur les bords de la Gambra. Son écorce eft fort épineufe, fon bois eft facile à travailler, & fert à faire les canots. Sa cendre, mêlée avec du vin de palmier, forme un favon de bonne qualité. *Hift. gén. des Voy. T.* 3, *p.* 270. Il eft difficile de favoir quel arbre ce peut être. (M. Reynier.)

BONDUC, *Guilandina*.

Genre de plantes, à fleurs polypétalées, de la famille des Légumineuses, qui a quelques rapports avec les Bréfillets & les Poincillades. Il comprend des arbres & arbriffeaux exotiques, épineux, à feuilles alternes, une ou deux fois ailées.

Le calice eft campanulé, découpé à fon extré-mité en cinq fegmens égaux.

La corolle eft compofée de cinq pétales, en forme de lance, prefque égaux, inférés fur l'o-rifice du calice, qu'ils débordent un peu. La fleur a dix étamines, en forme d'alène, at-tachées au calice, alternativement plus courtes l'une que l'autre, & qui portent de petites an-thères oblongues.

Le fruit, qui fuccède à ces fleurs, eft une filique courte, rhomboïdale, à une feule loge, qui renferme plufieurs femences ovales, très-dures, ordinairement fphériques, mais compri-mées dans quelques efpèces.

Nous ne connoiffons encore, dans ce genre, que deux efpèces bien déterminées. Celles que l'on y a jointes paroiffent s'en éloigner à plu-fieurs égards.

Efpèces.

1. Bonduc ordinaire. Vulg. Guénic, Pois qué-niques, Œil de chat, Cniquier.

Guilandina Bonduc. L. ♄ des climats chauds des deux Indes.

2. Bonduc rampant.

Guilandina Bonducella. L. ♄ des Indes, & des Ifles de l'Amérique.

3. Bonduc à gouffes liffes.

Guilandina Nuga. L. ♄ d'Amboine.

4. Bonduc paniculé.

Guilandina paniculata. L. ♄ du Malabar, &, fuivant Commerfon, de la Nouvelle-Bre-tagne.

5. Bonduc axillaire.

Guilandina axillaris. L. ♄ du Malabar.

Defcription du port des Efpèces.

1. Bonduc ordinaire. Toutes les parties de cette efpèce font épineufes, & armées d'aiguil-lons nombreux, très-petits, & en forme de cro-chets. Ceux de la tige font plus gros & plus forts que les autres.

Les tiges font garnies de beaucoup de rameaux longs, & comme farmenteux. Elles s'entortil-lent autour des arbres voifins, étant trop foibles pour fe tenir droites fans foutien. Avec cet appui, elles s'élèvent jufqu'à douze ou qua-torze pieds.

Les feuilles font deux fois ailées, à pinnules oppofées, fans impaire. Les folioles font ova-

Qq

les, glabres, entières, un peu pétiolées, ordinairement opposées, & chaque paire a près d'elle un aiguillon seulement.

Les fleurs naissent à l'extrémité des rameaux, & forment des épis longs, garnis de bractées linéaires, aigues & caduques. Elles font petites, & de couleur jaunâtre ou roussleâtre.

Le fruit est une filique large & épaisse, de trois pouces environ de long, sur deux de large, légèrement comprimée, couverte de foibles épines, tout-à-fait uniloculaire, & qui contient environ quatre semences sphériques, très-dures, lisses, & d'un gris bleuâtre.

2. BONDUC rampant. Cet arbrisseau ressemble beaucoup au précédent ; mais il est plus petit, & a encore moins de soutien.

Sa racine pousse plusieurs tiges sarmenteuses, rampantes, & étalées comme celles des Ronces. Celle du milieu se soutient davantage, & s'élève, par sa propre force, jusqu'à cinq ou six pieds ; mais lorsqu'elles trouvent de l'appui, elles peuvent monter beaucoup plus haut.

Les folioles des feuilles font beaucoup plus petites que dans l'espèce précédente, & très-rapprochées. Au-dessous de chaque paire de lobes fortent deux épines fermes, courtes, opposées & crochues.

Les fleurs naissent en épis aux aisselles des feuilles. Elles font jaunes. Leurs pédoncules, leurs bractées & leurs calices font couverts d'un duvet cotonneux & roussleâtre.

Le fruit est une filique elliptique, applatie sur les côtés, fortement armée d'épines minces, à une feule loge, contenant deux à quatre semences ovoïdes, très-dures, d'un gris cendré.

3. BONDUC à gousses lisses. Cette espèce est distinguée des espèces précédentes, en ce que sa tige & ses rameaux ne font point armés d'épines, qui se trouvent seulement sur les pétioles communs des feuilles.

Cet arbrisseau est plus petit que ceux dont nous venons de parler. Ses feuilles font deux fois ailées. Le pétiole commun est muni d'aiguillons géminés. Les folioles font ovales-pointues.

Les fleurs forment des grappes, composées de plusieurs épis alternes, & fans bractées. Elles font jaunes, & ont une odeur foible, mais agréable.

Les filiques, courtes & planes, ne renferment chacune qu'une ou deux semences, applaties en quarré long.

4. BONDUC paniculé. Cette espèce se plaît dans les lieux humides, & elle s'y élève jusqu'à la hauteur du pommier.

Ses rameaux font épineux, remplis de moëlle, & comme farmenteux.

Les feuilles font ailées, fans impaire ; le pétiole commun est pourvu d'aiguillons, souvent

géminés. Les folioles font opposées, ovales, glabres, fermes & un peu épaisses.

Les fleurs viennent en grappes paniculées, sur un pédoncule commun, muni de quelques aiguillons à fa base. Elles font jaunes, d'une odeur douce & agréable, & ont leurs pétales inégaux.

A ces fleurs succèdent des capsules courtes, planes, ovales, pointues aux deux bouts, & qui ne renferment qu'une semence large, applatie, polie, dure & blanchâtre.

5. BONDUC axillaire. Cet arbre est, comme les précédens, hérissé d'aiguillons courts & crochus. Ses fleurs font axillaires, presque solitaires, jaunâtres, & portées fur des pédoncules simples & très-courts. Les filiques ressemblent à celles de l'espèce précédente, si ce n'est qu'elles font légèrement velues à l'extérieur.

Culture. Les trois dernières espèces, n'ayant point encore été cultivées en Europe, nous ne pouvons rien dire des procédés qu'il faudroit employer pour les élever ici. Nous présumons seulement, qu'étant originaires, ainsi que les deux premières, des climats les plus chauds, le même traitement conviendroit aux unes & aux autres.

Comme les semences font extrêmement dures, elles resteroient plusieurs années en terre, avant de lever. Pour hâter leur germination, il faut les laisser tremper dans l'eau pendant plusieurs jours ; ensuite on les met, pendant le même-tems, dans la couche de tan de la ferre-chaude, au-dessous des pots. Cette préparation amollit l'enveloppe, & fait pousser les graines beaucoup plus vîte.

Peu de tems après qu'elles ont levé, on peut les transplanter séparément dans de petits pots, remplis d'une terre meuble & légère, que l'on place dans une couche tempérée.

On les traite ensuite comme les autres plantes tendres & exotiques. Il faut avoir foin de leur donner beaucoup d'air, dans les tems chauds, mais très-peu d'arrosemens.

Ces arbrisseaux ne peuvent résister aux froids de nos Hivers, à moins qu'on ne les tienne dans la couche de tan de la ferre-chaude.

Usages. Si nous pouvions parvenir à naturaliser ces arbrisseaux dans nos climats, fur-tout ceux de la seconde espèce, ils feroient d'une très-grande utilité pour former des haies, que la grande quantité de leurs épines rendroit impénétrables aux animaux. Mais nous ne pouvons-guère l'espérer. Il faut donc nous contenter de ce que nous avons, & borner notre jouissance à l'agrément que ces arbrisseaux peuvent répandre dans nos serres, par l'élégance de leur feuillage.

On dit que les habitans de Kentwcke, près de l'Ohio, font usage des graines de la première efpèce, pour fuppléer au café, qui leur manque. (*M. Dauphinot.*)

BON-HENRI, *chenopodium bonus Henricus.* Lin. Cette plante, dans les environs de Montargis, croît dans les terres cultivées. & nuit aux récoltes. *Voyez* ANSERINE SAGITTÉE. (*M. l'Abbé Tessier.*)

BON-HOMME. On donne ce nom dans quelques Provinces au *verbascum thapsus* L. *Voyez* MOLENE AILÉE. (*M. Reynier.*)

BONIER, mefure de terre ufitée, en Flandre, en Hainaut, en Brabant & dans les pays de Liège. La continence du Bonier n'eft pas la même par-tout où il eft en ufage. En Flandre, aux environs de Lille, il eft de feize cens verges de dix pieds douze pouces de roi, c'eft-à-dire, de trois mille fept cent trente-quatre toifes vingt pieds ; en Hainaut & en Brabant, il eft de quatre journaux, le journal de cent verges à feize, dix-huit ou vingt pieds, c'eft-à-dire, il eft ou de fept cent onze toifes quatre pieds, ou de neuf cens toifes, ou de mille cent onze toifes quatre pieds ; à Liège, il eft de quatre journaux, de vingt verges grandes ou de quatre-vingt verges petites, chacune de feize pieds quarrés ; le pied Liégeois de onze pouces ; c'eft-à-dire, que le Bonier eft de deux mille trois cent cinquante toifes vingt - neuf pieds. *Voyez* ARPENT.) *M. l'Abbé Tessier.*)

BONIFIER. Quand de mauvais qu'étoit un terrein, on le rend bon, ou par des engrais, ou par des marnes & une bonne culture, on le *Bonifie.* Le mot *amandement* donne les meilleurs moyens de Bonifier un terrein. *Voyez* ce mot. (*M. l'Abbé Tessier.*)

BONNE-DAME, nom vulgaire de *l'atriplex hortensis* L. où même elle eft plus connue fous ce nom que fous fon nom véritable. *Voyez* ARROCHE des Jardins. (*M. Reynier.*)

BONNE ENTE, nom que quelques perfonnes donnent au Doyenné. *Voyez* DOYENNÉ & POIRIER. [*M. Reynier.*)

BONNET, un des quatre eftomacs des animaux ruminans. C'eft celui qui reçoit les matières alimentaires, lorfqu'elles paffent de la panfe ou grand eftomac dans le feuillet. On lui a donné ce nom, parce qu'il a la forme d'un Bonnet. (*M. l'Abbé Tessier.*)

BONNET D'ELECTEUR, nom que les Jardiniers donnent au fruit d'une variété du *Cucurbita, melopepo* L. à caufe de fa forme applatie & relevée fur fes bords d'éminences qui lui donne la figure d'une couronne. *Voyez* l'article COURGE PASTISSON. (*M. Reynier.*)

BONNET de PRETRE. On donne auffi ce nom à la variété du *Cucurbata melopepo* L. cité fous l'article précédent : ces reffemblances groffières, fruit de l'imagination, font naître très-fouvent des confufions dans la nomenclature des Jardiniers. *Voyez* l'article COURGE PASTISSON. (*M. Reynier.*)

BONNET de PRETRE. On appelle ainfi le fruit de *l'evonymus Europæus* L. & par extenfion, l'arbre qui le produit. *Voyez* FUSAIN COMMUN, n.º 1. (*M. Reynier.*)

BONNE de SOULERS. *Voyez* BERGAMOTTE & POIRIER. (*Reynier.*)

BONNE VILAINE. Cette poire eft d'une forme très-irrégulière, fillonnée, relevée de côtés & de boffes, fouvent - elle eft contournée. Sa peau eft verre & raboteufe, lavée d'un rouge brun, elle jaunit en mûriffant. Sa chair eft fine & d'un goût femblable à celui de la poire de colmar. *Voyez* POIRIER. (*M. Reynier.*)

BONUS-EVENTUS, (le bon fuccès) divinité principalement honorée chez les Anciens par les Laboureurs, & qu'on mettoit, felon Varron, au nombre des douze dieux qui préfidoient à l'Agriculture : felon d'autres, il étoit auffi l'un des douze dieux nommés *confentes.* Il avoit un temple à Rome ; & dans plufieurs médailles du Haut-Empire, on voit la figure de ce dieu, avec ces diverfes légendes : *Bonus eventus, Bono eventui, eventus Aug.* Il eft repréfenté nu proche d'un autel, tenant d'une main une patène, de l'autre des épis & des pavots. Une ancienne infcription porte : *Bono eventui, apponia C. F. montana, facerdos divar. auguftar. col. Aug. fic. editis. ob honorem facerd. circenfibus.* Pline rapporte qu'à Rome, dans le Capitole, il y avoit une ftatue de ce dieu, de la main de Praxitèle ; & il ajoute qu'Euphoranor, autre fameux Sculpteur grec, fit une ftatue du *Bonus eventus,* toute reffemblante à la figure qu'on en trouve fur les médailles. (*Ancienne Encyclopédie.* (*M. Thouin.*)

BOQUETTE. On donne aux environs de Lille, en Flandre, ce nom au *Poligonum fagopyrum* L. ou farrafin *Voyez* SARRASIN. (*M. l'Abbé Tessier.*)

BOQUIN. On donne le nom de *Boquins* aux moutons qui vivent ordinairement dans les bois. (*M. l'Abbé Tessier.*)

BORAGE *officinale,* ancien nom donné dans les boutiques au *Borrago officinalis* L. *Voyez* BOURRACHE COMMUNE, n.º 1. (*M. Thouin.*)

BORAGINÉES *Voyez* BORRAGINÉES. (*Id.*)

BORAMETZ ou BAROMETZ, nom que plufieurs voyageurs donnent à la fougère dont la racine eft connue fous celui *d'agneau de Scithie. Voyez* ce mot. Cette fougère eft rapportée par Linné au genre des Polipodes ; mais avec doute, jufqu'à préfent elle n'a été obfervée par aucun Naturalifte. (*M. Reynier.*)

BORBONE, *Borbonia.*

Ce genre, qui fait partie de la famille des LÉGUMINEUSES, eft compofé de treize efpèces différentes, toutes originaires d'Afrique, & de nature ligneuse. Ce font des arbustes qui croiffent dans les terreins fablonneux du cap de Bonne-Efpérance, & quelques-uns dans l'Ethiopie. Quoique leurs feuilles foient fimples comme celles des genets, avec lefquels ils ont beaucoup de rapport, ils s'en diftinguent néanmoins par les dents du calice de leurs fleurs, qui font plus longues, plus pointues, & prefque épineufes. Ils diffèrent auffi des afpalaïs, avec lefquels ils ont beaucoup de reffemblance, par leurs feuilles, qui ne font point réunies en paquets, comme dans les efpèces de ce dernier genre. Leurs fleurs font petites, mais comme elles font ramaffées plufieurs enfemble, elles ne laiffent pas que de produire un effet agréable. Ces fleurs donnent naiffance à des gouffes courtes, qui renferment quelques femences réniformes. Ces arbuftes fe confervent en Europe, pendant l'Hiver, fous des chaffis, ou dans des ferres tempérées; leur délicateffe, & la difficulté de les multiplier, les a rendus fort rares, jufqu'à préfent, dans nos jardins.

Efpèces.

1. BORBONE à feuilles de bruyère.
BORBONIA ericifolia. L. ♄ du Cap de Bonne-Efpérance.

2. BORBONE à feuilles liffes.
BORBONIA lævigata. L. ♄ du Cap de Bonne-Efpérance.

3. BORBONE à feuilles étroites.
BORBONIA anguftifolia. La M. Dict. *an BORBONIA trinervia.* L.? ♄ du Cap de Bonne-Efpérance.

4. BORBONE barbue.
BORBONIA barbata. La M. Dict. ♄ du Cap de Bonne-Efpérance.

5. BORBONE à feuilles en cœur.
BORBONIA cordifolia. La M. Dict. *BORBONIA lanceolata.* L. ♄ d'Ethiopie & du Cap.

6. BORBONE crénelée.
BORBONIA crenata. L. ♄ du Cap de Bonne-Efpérance.

7. BORBONE à petites fleurs.
BORBONIA parviflora. La M. Dict. ♄ du Cap de Bonne-Efpérance.

8. BORBONE perfoliée.
BORBONIA perfoliata. La M. Dict.
B. BORBONE perfoliée à deux fleurs.
BORBONIA perfoliata biflora. ♄ du Cap de Bonne-Efpérance.

9. BORBONE à fleurs en tête.
BORBONIA fphærica. La M. Dict. *Liparia fphærica.* L. ♄ du Cap de Bonne-Efpérance.

10. BORBONE à feuilles graminées.
BORBONIA graminifolia. La M. Dict. *Liparia graminifolia.* L. ♄ du Cap de Bonne-Efpérance.

11. BORBONE cotonneufe.

BORBONIA tomentofa. Berg. Cap. 190.
B. BORBONE cotonneufe argentée.
BORBONIA tomentofa argentea. ♄ du Cap de Bonne-Efpérance.

12. BORBONE foyeufe.
BORBONIA fericea. La M. Dict. *an Liparia fericea.* L.? ♄ du Cap de Bonne-Efpérance.

13. BORBONE axillaire.
BORBONIA axillaris. La M. Dict.
B. BORBONE axillaire luifante.
BORBONIA axillaris nitida. an Crotalaria imbricata. L.? ♄ du Cap de Bonne-Efpérance.

Defcription du port des Efpèces.

Comme toutes les efpèces de ce genre ont beaucoup de reffemblance les unes avec les autres, & que, pour les diftinguer parfaitement, il faudroit faire de longues defcriptions, qui font plus du reffort du Dictionnaire de Botanique, que de celui d'Agriculture, nous nous contenterons de donner une idée générale du port de ce genre.

Les Borbones ont des racines pivotantes, longues, filandreufes, coriaces, & prefque dénuées de chevelu. Elles pouffent de leur collet plufieurs branches, qui, dans quelques efpèces, s'élèvent jufqu'à douze pieds de haut, dans leur pays natal. Mais, en Europe, elles ne forment que des arbuftes, ou des fous arbriffeaux, depuis un pied jufqu'à cinq pieds de haut. Leurs tiges & leurs branches font en tout tems garnies de petites feuilles, nuées de différentes teintes de verdure, depuis le verd foncé, jufqu'au verd pâle, le plus approchant du blanc.

Ces arbuftes fleuriffent vers la fin de l'Eté, & dans le courant de l'Automne. Leurs fleurs font jaunes, violettes, rouges ou purpurines. Le plus ordinairement, elles font raffemblées en petits épis, ou en tête, à l'extrémité des rameaux, & produifent un affez joli effet. Elles font fuivies de petites gouffes, un peu courbées en femelles, & qui renferment une ou plufieurs femences arrondies. Il eft très-rare qu'elles viennent en maturité dans notre climat.

Culture des Efpèces.

Les Borbones fe multiplient de graines, quelquefois de marcottes, rarement de racines, & prefque jamais de boutures.

Les graines peuvent être tirées du Cap de Bonne-Efpérance, par la voie de la Hollande. Les meilleures font celles qui proviennent de la dernière récolte, & qui font encore renfermées dans leurs gouffes.

Quoique l'Automne foit la faifon la plus favorable pour les femer, cependant il ne faut pas différer de les mettre en terre auffi-tôt qu'elles arrivent. On les fème dans des terrines ou des pots remplis de terreau de bruyère au fond defquels on a mis l'épaiffeur de deux doigts de terre franche. On place enfuite, ces vafes fous des chaffis, échauffés par une couche tiède. On les arrofe de tems à autre, dans les beaux jours; mais feulement autant qu'il eft néceffaire pour entretenir une légère humidité, fans exciter la moififfure. Pendant les gelées, on les couvre de paillaffons & de paille, en quantité fuffifante, non-feulement pour empêcher le froid d'entrer, mais même pour maintenir le thermomètre à trois ou quatre degrés au-deffus du terme de la glace. Si les couvertures ne fuffifent pas pour produire cet effet, on y fupplée par des réchauds, que l'on fait à la couche. Mais comme il s'agit moins de faire lever ces graines fur-le-champ, que de les difpofer à germer, & à fortir de terre au Printems, il faut avoir foin, toutes les fois que le tems eft doux, de donner de l'air, fous les chaffis, afin d'empêcher que celui qui s'y trouve renfermé ne fe corrompe, & que la chaleur ne s'élève au-deffus de dix degrés. Vers la fin de Février, on ne rifque rien de transporter les fémis fur des couches chaudes, & de les baffiner plus fouvent, afin d'exciter leur germination. Mais auffi-tôt que les plantules commencent à fortir de terre, il faut modérer les arrofemens, aërer plus fréquemment les jeunes plantes, & les couvrir de paillaffons à lozanges, lorfque le foleil vient à acquérir plus de force.

Dès que le jeune plant a un pouce & demi à deux pouces de haut, on peut l'enlever en petites mottes, avec la pointe d'un couteau, & planter chaque pied féparément dans des pots à bafilic, remplis d'une terre compofée aux trois quarts de terreau de bruyère, & d'un quart de terre franche douce. On les place enfuite fur une couche tiède, où ils font garantis du foleil, jufqu'à ce qu'ils foient repris; après quoi on les laiffe à l'air libre, & à l'expofition du levant, pendant le refte de la belle faifon.

Si l'on s'apperçoit à l'Automne que les racines des jeunes Borbones aient paffé à travers les trous des vafes qui les renferment, il faut les en fortir, & les mettre dans des pots plus grands, avec toute leur motte, fans couper, ni écorcher aucune racine. On les placera enfuite fur la couche, où elles doivent paffer l'Hiver, mais on ne les couvrira de leur chaffis qu'à l'approche des gelées. A défaut de chaffis, on pourra les mettre fur les appuis des croifées d'une bonne orangerie; cependant les chaffis font préférables pour la culture de ces jeunes plantes, pendant les trois ou quatre premières années de leur âge, parce qu'il ne leur faut que peu de chaleur, & qu'elles exigent beaucoup de lumière, & fur-tout un air fouvent

renouvellé. Mais lorfque leurs branches feront devenues ligneufes, elles s'accommoderont très-bien de l'orangerie, & perdront beaucoup de leur délicateffe.

A cette époque, la culture des Borbones varie un peu; il leur faut une terre plus fubftancielle, des arrofemens plus fréquens, mais toujours légers, c'eft-à-dire, qu'il faut fe contenter d'humecter, tous les jours, pendant la belle faifon, la furface de la terre, fans la noyer, & de mettre fimplement, à la fortie des ferres, les plantes avec leurs pots, dans une plate-bande, à l'expofition du levant.

Les marcottes fe font vers le commencement de l'Automne, faifon qui répond au Printems du pays où croiffent naturellement ces arbriffeaux, & où ils entrent en fève. On choifit les branches les plus inférieures, on les incife à la manière des œillets, on les courbe & on les enfonce à trois ou quatre pouces de profondeur, dans la terre voifine, enfuite on redreffe, & l'on tient dans une pofition verticale, la partie de la branche qui fe trouve hors de terre. Ces marcottes reftent fouvent deux ans avant de pouffer affez de racines pour être féparées; c'eft pourquoi il eft toujours à propos de les vifiter auparavant que de les fevrer. Si on les trouve affez fortes, alors on pourra les transplanter dans des pots particuliers, & les cultiver comme les jeunes pieds.

La voie de multiplication, par les racines, n'eft praticable qu'autant que l'on a déjà de gros pieds de Borbonnes, mais lors même qu'on peut en faire ufage, elle eft dangereufe pour le fujet qui la fournit, parce qu'il faut que les racines, par le moyen defquelles on veut multiplier la plante, foient au moins de la groffeur d'un tuyau de plume, & comme ces arbuftes ne produifent pas plus de racines qu'ils n'en ont befoin pour exifter, il eft toujours à craindre que l'individu ne périffe de ce retranchement. Cependant, quand on eft réduit à ce moyen, il y a deux manières de le mettre en pratique. La première eft de couper fur un pied vigouréux, dans le milieu de l'Eté, une de fes racines, de l'écarter de la fouche, feulement de quelques pouces, & fans la trop ébranler, de la déchauffer un peu au-deffous du niveau de la terre, & de la laiffer dans cette pofition jufqu'à ce qu'elle commence à pouffer quelques bourgeons. La feconde eft d'enlever une racine, de la couper par tronçons de fix à fept pouces de long, & de les planter, un peu obliquement, dans un vafe, rempli de terreau de bruyère, en laiffant fortir un peu la partie fupérieure, & en n'enfonçant l'autre, dans la terre, que de cinq pouces tout au plus. Si l'on a foin enfuite de mettre ces racines fur une couche tiède, de les couvrir d'une cloche, & de les arrofer de tems en tems, on en obtient quelquefois de jeunes pieds.

Mais il est extrêmement rare qu'on puisse en obtenir par le moyen des boutures. Cependant, comme cette voie de multiplication ne peut être nuisible, il est bon de la tenter. On coupe de jeunes rameaux de l'avant dernière pousse, vers le commencement du mois de Septembre, on les plante dans des pots remplis d'une terre semblable à celle des sémis. On les arrose copieusement, de manière que la masse de terre qu'ils renferment, reçoive autant d'eau qu'elle en peut contenir; on les place sur une couche, presque sans chaleur, à l'exposition du levant, & on les couvre d'une cloche, d'un verre opaque, sur laquelle on met de la litière. On les laisse ainsi pendant quinze jours sans y toucher; ensuite on visite les boutures, on les nétoie, en ôtant les feuilles qui pourroient se moisir, & on les arrose si elles en ont besoin.

Après quoi, on les recouvre comme elles étoient, & lorsque les froids approchent, on les place sous un châssis, pour les garantir des gelées, du soleil & de l'air extérieur. Si ces boutures restent vertes pendant tout l'Hiver, quoiqu'elles n'aient poussé aucune racine, alors il y a de l'espérance, mais la réussite n'est pas encore assurée. Vers le milieu du Printems, il faut les placer sur une couche d'une chaleur très-modérée, & renouveller l'air plus souvent ; lorsqu'on s'appercevra qu'elles commenceront à pousser, on pourra remplacer la cloche opaque, qui les couvre, par une autre cloche d'un verre limpide, & quand enfin elles sont reprises, on les traite comme les jeunes sémis. Quoique la méthode que nous venons d'indiquer, soit la seule qui nous ait procuré quelques pieds de ces arbustes, nous ne croyons pourtant pas qu'on doive négliger les autres manières de faire les boutures. Quelques personnes nous ont assuré en avoir fait reprendre à la manière angloise, c'est-à-dire, en pleine terre, sous trois cloches.

Usages. Les Borbones ne paroissent pas avoir des propriétés qui les fassent rechercher dans les pays où elles croissent naturellement. En Europe, elles peuvent servir à l'ornement des jardins pendant l'Eté, & l'Hiver elles sont très-propres à jeter de la variété dans les orangeries, parmi les arbustes étrangers.

Hist. Le nom de *Borbonia* a été donné à ce genre en l'honneur de Gaston de France, qui prenoit plaisir à cultiver des plantes étrangères dans son jardin de Blois, dont Morison étoit le Directeur.

Il ne faut pas confondre ce genre avec celui du *Borbonia* établi par le pere Plumier, dans ses *Nova plant. amer. gen.* Ce dernier a été réuni par les Botanistes, à celui des-lauriers. (*M. Thouin*).

BORD du bassin, en Architecture, c'est la tablette, ou le profil de pierre, ou de marbre, ou le cordon de gazon, ou de roquaille, qui pose sur le petit mur, ou circulaire, ou quarré, ou à pans, d'un bassin d'eau. (*Anc. Ency.*) (*M. Thouin.*)

BORDAGE, Bordes, Borderie. Noms donnés, en Quercy, en Berry, dans le Perche, le Maine, &c., à un Bien de campagne, loué à moitié fruit. *Voyez* au mot BAIL , BAIL A CHETEL. (*M. l'Abbé Tessier.*)

BORDÉES. On donne ce nom aux tulipes d'une seule couleur, dont les pétales sont bordés d'une couleur différente. Il n'y en a que très-peu de variétés estimées. *Voyez* TULIPE. (*M. Reynier.*)

BORDELAGE, sorte de tenure de Biens de campagne, usitée dans quelques pays, & surtout en Nivernois, à des charges & conditions particulières, entre autres, 1.º Que faute de paiement, le Seigneur peut rentrer dans l'héritage. 2.º Que le Tenancier ne peut démembrer les choses qu'il tient en bordelage. 3.º Qu'il doit entretenir l'héritage en bon état. (*M. l'Abbé Tessier.*)

BORDER. C'est l'action de planter des herbes, ou des arbustes, autour d'une plate-bande. On dit aussi border une planche, lorsqu'on relève la terre, pour dessiner son contour, même sans y mettre aucune bordure. *Voyez* BORDURE. (*M. Reynier.*)

BORDER. En jardinage ce verbe a différentes significations qui se trouvent déterminées par les mots auxquels il est joint. On dit Border une plate-bande, une allée, &c. ; on dit aussi Border une couche.

Border une plate-bande, une allée, c'est mettre des plantes, des arbres ou autres végétaux, le long des bords d'une plate-bande, d'une allée. *Voyez* BORDURE.

Border une couche, c'est former autour de cette couche & dans sa hauteur, avec un fumier convenable, une espèce d'encaissement pour soutenir les bords & l'empêcher de s'évaser.

On emploie, pour cette opération, un fumier long mêlé avec un fumier court ou moëlleux. On le secoue avec la fourche, pour le démêler, & après en avoir étendu sur une surface unie, la quantité qu'on peut en prendre avec une grosse fourche, on le ploie en deux, on le place dans la direction du cordeau qui doit diriger l'alignement de la couche, & on le bat pour l'affermir. Lorsque cette première assise est placée autour de la couche, on en remplit le milieu avec un fumier de même nature; on pose ensuite de nouveaux bourrelets que l'on remplit également jusqu'à ce que la couche soit parvenue à la hauteur qu'on veut lui donner. Après quoi on bat les bords de la couche pour la rendre plus solide & faire rentrer les parties de fumier qui s'écarteroient. Il est à propos que les bords des couches soient faits dans toute leur longueur, avec un fumier de même nature. Il convient aussi qu'ils soient de quelques pouces moins élevés que le milieu de la couche, parce que cette partie s'échauffant beaucoup plus que les bords, est plus susceptible de s'affaisser. (*M. Thouin.*)

BORDURE. Plantes ou corps étrangers avec lesquels on dessine le contour des plate-bandes & des quarrés de jardin, pour la propreté, la régularité du coup-d'œil & même pour soutenir la terre. Chaque espèce de jardin doit avoir des bordures différentes : un jardin fleuriste seroit bordé d'une manière ridicule en herbes potagères ; comme les potagers le font d'une manière plus agréable en plantes utiles. Lorsqu'un jardin est consacré à ces diverses cultures, chaque plate-bande doit avoir des bordures analogues à son emploi.

On peut distinguer deux manières principales de border les jardins, avec des corps étrangers, ou avec des plantes.

Les corps étrangers dont on se sert pour former des bordures, sont des planches, des briques, des ardoises, des plaques de fer blanc, &c. Cette manière de border dure davantage que toute autre, elle a moins besoin d'être réparée ; mais elle exige des frais premiers plus considérables, elle absorbe, d'une manière inutile, une grande partie de terrain & produit un effet moins agréable.

Les planches, dont on se sert, doivent avoir de 4 à 8 pouces de hauteur ; elles doivent être peintes à l'huile, & les piquets au moyen desquels on les fixe, doivent être brûlés par le bout, sans quoi l'humidité les auroient bientôt fait pourrir. Les briques doivent pareillement être vernissées. En général, cette manière de border les plates-bandes produit toujours un effet désagréable, ou du moins elle ne satisfait jamais la vue, mais elle doit être adoptée dans un jardin de Botanique, où rien ne doit distraire de l'objet principal. Le jardin du Roi est bordé en tôle peinte à l'huile.

Les bordures en plantes sont préférables ; elles ont en leur faveur & l'agrément & l'utilité, puisqu'elles peuvent être en légumes dans les potagers, & en plantes d'ornemens dans les parterres.

Les bordures en buis sont les plus généralement reçues, cet arbuste dont l'odeur, la verdure, la forme sont désagréables, a obtenu la préférence sur mille autres qui avoient moins d'inconvéniens. Cet arbuste épuise la terre, il devient excessivement touffus, &, si on veut prévenir cet inconvénient, il faut relever la bordure tous les quatre ans pour la replanter après avoir éclaté les racines. Par ce moyen, on l'empêche d'acquérir trop d'épaisseur aux dépens des

autres plantes, car c'est du côté intérieur & non de celui des allées qu'il tend à s'étendre.

Un moyen plus agréable de border les plates-bandes, c'est au moyen d'un gazon large de 6 ou 8 pouces placé en talus sur l'élévation qu'on donne aux planches au-dessus des allées. Ce moyen que j'ai vu employer dans plusieurs parterres produit un très-bel effet. Ce cadre vert encaisse d'une manière agréable les nuances des fleurs qui garnissent l'intérieur. Il suffit de tondre fréquemment le gazon & d'en placer chaque année de nouveau pour prévenir les inconvéniens de cette manière de border.

Des plantes d'agrément peuvent remplir ce même but d'une manière plus ou moins avantageuse ; les œilletons, le statice, les violettes, les pensées, la girofllée de Mahon, la petite cinoglosse forment des bordures très-agréables ; les espèces annuelles doivent être semées au Printemps ; il suffit d'éclater les racines des plantes vivaces. J'ai vu sur-tout des bordures de pensées qui réussissoient parfaitement.

Lorsqu'on a des abeilles, on peut consacrer les bordures à des plantes aromatiques ou abondantes en miel, la lavande, la sauge, les asters, *les thims, hysopes, sariettes, &c.* rempliroient cet objet & formeroient en même-tems des bordures agréables, cependant on ne pourroit employer ces plantes que pour des bordures extérieures & dans les jardins d'une certaine étendue ; car elles encaisseroient trop le terrain si on en mettoit autour de toutes les plates-bandes. Une observation encore qui est essentielle, c'est que l'on doit choisir des plantes qui réussissent aisément. Des bordures en plantes exotiques ou trop délicates seroient sujettes à s'échancrer.

Les potagers peuvent être bordés avec des plantes utiles telles que persil, chicorée, oseille, &c. Ces plantes produisent beaucoup de cette manière, parce qu'elles participent aux labours qu'on donne à la planche & l'espace qu'elles occupent est compensé par leur produit. J'ai vu planter des betteraves autour des planches d'épinards, laitues, &c. qui reçoivent plusieurs cultures dans le cours de l'année. Ces plantes en recevoient le bénéfice & devenoient d'une grosseur extraordinaire sans avoir nui à l'autre culture, & pour le coup-d'œil elles produisoient un effet très-agréable. Des bordures en fèves de marais ont moins de succès, parce que les tiges un peu trop couvertes, restent foibles, se penchent & ne donnent que peu ou point de fruit. (*M. Reynier.*)

BORDIER. Homme qui fait valoir une borderie. Ce mot est d'usage dans le Quercy, l'Anjou, &c. Dans le Comminge, auprès de Nérac, on dit donner son bien à *bordier*, pour le donner à moitié profit. (*M. l'Abbé Tessier.*)

BORÉAL. Epithète donnée par quelques Botaniſtes à des végétaux qui croiſſent dans le nord, tels que la *Linnæa borealis.* L. l'*Aſperula borealis*, *&c.* Cette Epithéte vient de Borée, qui, ſuivant les Anciens, ſouffloit les vents du nord. Elle ſignifie la même choſe que le mot ſeptentrional qui eſt plus généralement adopté. (*M. Thouin.*)

BORNAGE, action par laquelle on établit des bornes ou des limites entre des héritages. (*M. l'Abbé Tessier.*)

BORNER, mettre des bornes ou limites entre des héritages. (*M. l'Abbé Tessier.*)

BORNES. Pour éviter des conteſtations entre les propriétaires de champs vöiſins, on établit ſouvent des bornes. Ce ſont des pierres groſſes & longues, qu'on enfonce très-avant dans la terre. Afin de les mieux fixer, on place à côté deux ou trois pierres plates, qui ſervent quelquefois de *garants* ou de *témoins,* dans le cas, où un des propriétaires arracheroit une borne, ou dans le cas, où elle s'enleveroit par haſard.

Il y a quelquefois des bornes naturelles, par exemple une rivière, un ruiſſeau, un bois, une haie, un foſſé, &c.

Lorſqu'il n'y a pas de bornes naturelles, on en place d'artificielles, ſous les yeux des arpenteurs, arbitres le plus ordinaires des conteſtations élevées ſur la continence des champs.

Il eſt défendu, ſous peine d'amende, de déplacer des bornes pour empiéter ſur un héritage voiſin. Ce déplacement eſt très-rare, parce qu'en général les hommes ont beaucoup de reſpect pour les bornes. Le plus ſouvent on les perd de vue, parce que la charrue amenant toujours de la terre aux extrémités des champs, les couvre à la longue ; mais en cherchant on les retrouve. (*M. l'Abbé Tessier.*)

M. Yvart a propoſé (Journ. d'Agr. à l'uſage des camp. 1 Mai 1790,) de borner les propriétés avec des arbres, il y voit les avantages ſuivans :

1.° Les arbres ne peuvent pas être changés de place ſans ſouffrir, par conſéquent ſans qu'on apperçoive la fraude. Ainſi, un arbre qui porteroit des marques convenues ſeroit une borne ſûre.

2.° Les arbres de limites ſeroient multipliés par ce moyen, & leur remplacement dans leur vétuſté, offriroit un ſupplément de combuſtible précieux, en France, où le bois devient tous les jours plus rare.

La manière de borner les terres, la plus ſûre ſeroit certainement la plus avantageuſe, puiſqu'elle éviteroit une foule de conteſtations entre les propriétaires, & celle que M. Yvart propoſe paroît réunir toutes les conditions qu'on peut deſirer. (*M. Reynier,*)

BORNOYER ou BORNEYER. C'eſt regarder avec un œil, en fermant l'autre, pour mieux mieux juger de l'alignement, ou connoître ſi une ſurface eſt plane, ou de combien elle eſt gauche. (*Anc. Encyclop.*) (*M. Thouin.*)

Dans quelques pays on ſe ſert du mot borneyer, pour exprimer l'action de borner les terres : cette expreſſion eſt moins généralement répandue que l'autre. (*M. Reynier.*)

BORRAGINÉES, *Borragineæ.*

Famille de plantes, dont le genre des Bourraches fait partie, & à laquelle il donne ſon nom. Elle eſt compoſée d'environ trente genres, dont la moitié ſont étrangers à l'Europe. Ce ſont des végétaux à fleurs monopétales, en entonnoir, en ſoucoupe, ou en roue, découpées en cinq parties principales. Les étamines ſont au nombre de cinq ; elles ſont attachées au tube de la corolle, & accompagnent un ovaire ſupérieur, communément diviſé en quatre parties, & terminé par un ſtyle preſque toujours ſimple. Le fruit eſt compoſé, en général, de quatre ſemences nues, & quelquefois de quatre capſules attachées au fond du calice.

Les trois quarts de ces plantes ſont herbacées, annuelles ou vivaces ; le reſte eſt compoſé d'arbuſtes & d'arbriſſeaux, & d'un très-petit nombre d'arbres. Toutes, ou preſque toutes ſont remarquables par l'aſpérité de leurs feuilles, qui ſont rudes au toucher, & quelquefois piquantes. Leurs fleurs, en général, ſont petites, & de toutes les couleurs ; mais elles ſont ſouvent réunies en ſi grand nombre, qu'elles forment des maſſes agréables. Leur diſpoſition eſt ſingulière ; ce ſont, pour la plupart, des eſpèces de panicules, dont chaque épi, diſpoſé horizontalement, eſt recourbé par ſon extrémité, & garni de fleurs, ſeulement dans ſa partie ſupérieure.

Ces plantes, en général, ont les racines pivotantes, garnies d'un chevelu délié, caſſant, coloré en noir, & quelquefois en rouge. Elles ſe deſſèchent facilement à l'air, & ne ſont pas d'une longue vie.

Le plus grand nombre des végétaux de cette famille croît de préférence dans les terreins légers, ſablonneux, de nature ſèche, & à des expoſitions découvertes & chaudes ; ils ſont délicats, le paſſage ſubit du froid au chaud, de l'humidité à la ſéchereſſe, les affecte ſenſiblement, & lorſqu'on s'apperçoit de leurs maladies, il n'eſt plus tems d'y remédier, parce que c'eſt preſque toujours par les racines qu'elles commencent. Leurs feuilles ſont ordinairement attaquées par pluſieurs eſpèces d'inſectes, qui s'en nourriſſent & les dévorent, ce qui fait ſouvent périr les plantes au milieu de leur végétation.

Les graines doivent être ſemées dans l'année qui ſuit leur récolte ; ſi l'on attend deux ou trois ans après, il eſt rare qu'elles lèvent, ou du moins du moins elles font beaucoup plus tardives à germer. Le Printems est la saison la plus favorable à leur réussite, & autant qu'il est possible, il est bon de les semer à demeure, parce que le jeune plant souffre difficilement la transplantation ; celle qui se fait à racines nues, ne doit point être employée pour les plantes annuelles de cette famille. Le plant des espèces ligneuses veut être séparé en mote, & lorsqu'il n'est pas possible, il faut avoir soin de le prendre très-jeune, & de choisir une saison très-favorable pour le repiquer. Toutes les espèces ligneuses, étant originaires des pays chauds, ont besoin du secours des serres pour passer l'Hiver dans notre climat ; elles exigent, en tout tems, des arrosemens légers, mais plus fréquens en Été que pendant la morte saison. Elles croissent assez vîte, & meurent encore plus promptement ; c'est pourquoi il est bon de les multiplier plus abondamment que celles des autres familles. De tous les moyens, le plus sûr est la voie des semences ; cependant on ne doit pas négliger celle des marcottes & des boutures, quoique plus difficile, sur-tout lorsqu'on ne peut pas employer celle des graines.

Les Borraginées n'offrent aucuns végétaux alimentaires ; quelques plantes seulement de cette famille sont employées dans la Médecine & dans les Arts, & il n'y en a qu'un petit nombre, dont les fleurs soient propres à l'ornement des jardins. Mais la plupart contiennent du nître, tout formé, dans leur substance, ce qui est une particularité remarquable dans cette famille, dont voici les genres.

PREMIÈRE DIVISION.

Quatre ovaires, ou un seul à quatre divisions.

La Coldène	*Coldenia.*
L'Héliotrope	*Heliotropium.*
Le Grémillet	*Myosotis.*
Le Grémil	*Lithospermum.*
La Buglosse	*Buglossum.*
La Cynoglosse	*Cynoglossum.*
La Pulmonaire	*Pulmonaria.*
La Consoude	*Symphitum.*
Le Mélinet	*Cerinthe.*
L'Onosma	*Onosma.*
La Bourrache	*Borrago.*
La Rapette	*Asperugo.*
La Licopside	*Lycopsis.*
La Viperine	*Echium.*

** *Cinq ovaires, ou un seul à cinq divisions.*

La Nolane	*Nolana.*
La Monière	*Monnieria,* ex Juss.
Le Raputier	*Raputia,* ex Juss.

Agriculture, Tome II.

*** *Un seul ovaire non-divisé.*

L'Ellise	*Ellisia.*
L'Hydrophylle	*Hydrophyllum.*
La Cresse	*Cressa.*
L'Arguze	*Messerschmidia.*
La Pitone	*Tournefortia.*
Le Monjoli	*Varronia.*
Le Ménaïs	*Menais.*
Le Maripe	*Maripa.*
La Patagonule	*Patagonula.*
Le Subris	*Subrisia.*
Le Cabrillet	*Ehretia.*
Le Sébestier	*Cordia.*

Peut-être cette troisième division devroit-elle faire une famille distincte & séparée, qui formeroit un passage très-naturel des Borraginées ou Liserons. (*M. Thouin.*)

BOSÉ, BOSEA.

Suivant M. de Jussieu, ce genre de plante fait partie de ceux de la famille des Arroches ; &, suivant M. de la Marck, il doit être rangé dans celle des Poivres. Cette diversité d'opinion, entre ces deux Savans, vient de ce qu'ils n'ont pu observer par eux-mêmes, les parties de la fructification de ce genre, qui n'a point encore fleuri en Europe.

Il paroît, d'après les Auteurs qui en ont parlé, que son caractère distinctif est d'avoir un calice à cinq feuilles, sans corolles, cinq étamines, deux stygmates, & pour fruit, une baie globuleuse, qui ne renferme qu'une semence. Ce genre n'est encore composé que d'une seule espèce, originaire des Isles Canaries, & qu'on cultive en Europe, dans les orangeries.

Bosé à feuilles de lilas.

BOSEA yervamora. ♄ des Isles Canaries.

Le Bosé est un arbrisseau, qui s'élève, dans notre climat, de six à sept pieds de haut, & dont la tige devient quelquefois de la grosseur de la jambe. Il porte un grand nombre de branches, placées sans ordre déterminé, ce qui lui donne un port fort irrégulier. Ses rameaux sont garnis de feuilles simples, alternes, ovales, de la grandeur de celle du lilas. Elles sont glabres, d'un verd pâle, & veinées de nervures légèrement purpurines. Ses fleurs sont rougeâtres, & disposées en grappes lâches.

Culture. Le Bosé se cultive dans des pots ou dans des caisses, avec une terre forte & substancielle. Il craint les plus foibles gelées ; celles qui passent deux degrés suffisent pour le faire périr entièrement, c'est pourquoi il est bon de le rentrer à l'orangerie avant les premières gelées, & de ne l'en sortir que lorsqu'elles sont entièrement passées. Il lui faut en Été des arrosemens abondans ; mais, en Hiver, il craint l'hu-

midité, sur-tout pendant le court espace de
tems qu'il perd ses feuilles. Une trop grande
chaleur, qui entretiendroit sa végétation pendant cette saison, lui seroit également nuisible.
Ses jeunes branches s'étioleroient, & il finiroit
par les perdre au Printems.

Cet arbrisseau se multiplie de boutures & de
marcottes dans notre climat. Les boutures se
font pendant toute la belle saison, soit sur
couche, soit à l'air libre, dans des pots. Elles
reprennent également bien de ces deux manières,
lorsqu'on a eu soin de les faire avec des rameaux qui ne soient pas trop herbacés. Elles
ne tardent pas à s'enraciner, & l'on peut les
séparer au bout de six semaines. En aidant leur
reprise avec la chaleur d'une couche tiède, on
est encore plus sûr de leur réussite, & leur végétation est plus rapide. On fait les marcottes
au Printems, & jusque vers le milieu de l'Eté;
rien n'est si simple que cette opération. Il ne
s'agit que de courber des branches en terre,
& de les arroser fréquemment, pour qu'elles
poussent promptement des racines. Les jeunes
pieds, obtenus de boutures & de marcottes, doivent être rentrés, pendant le premier Hiver,
dans une serre tempérée, & placés sur les appuis des croisées; après cela, comme ils sont
devenus moins délicats, on leur fait passer les
Hivers suivans dans l'orangerie, & lorsqu'on les
en retire, on les enterre dans une plate-bande,
avec les vases qui les renferment, & on les
laisse exposés en plein air.

Usage. Le Bosé peut être regardé en Europe,
quoiqu'il n'y fleurisse pas, comme un joli arbrisseau d'orangerie; il peut être aussi cultivé
dans les jardins des Amateurs de plantes étrangères. (*M. Thouin.*)

BOSQUET. Bois d'agrément, composé presque toujours, d'arbrisseaux, ou d'arbustes exotiques. Il diffère du bocage par le choix des
plantes qui le composent, au lieu que le bocage ne contient que des arbustes forestiers &
naturels au local où ils se trouvent. Le Bosquet est le luxe de la nature; c'est une réunion
des plantes les plus belles par leur feuillage,
leurs fleurs, ou leurs fruits, grouppées de manière à faire contraster leurs formes & leurs
nuances.

Dans la composition d'un bocage, on ne doit
considérer que les effets généraux des masses;
dans celle des bosquets, on peut un peu plus
s'appesantir sur les détails. L'époque des floraisons, les nuances des verts ou des fleurs doivent nécessairement influer sur le choix des
espèces, & encore plus sur leur position respective.

Bien des personnes distinguent les Bosquets,
par l'époque de la floraison des arbustes qui
les composent. Ainsi, les Bosquets sont du *Printems, d'Eté, d'Automne & d'Hiver.* Les der-

niers composés d'arbres verts. Cette classification
offre successivement des Bosquets fleuris ou ornés, car ceux d'Automne le sont plus par les
fruits que par les fleurs; mais, en même-
tems, elle soumet à une convenance précaire.
Les effets sont absolument sacrifiés à l'époque
des floraisons, quoique le peu de durée de ce
moment ne soit pas proportionné au tems que
l'arbre reste sans fleurs. Et de plus, la plupart
des arbres ont un feuillage agréable, tandis que
leurs fleurs sont très-ordinaires.

Il seroit infiniment plus convenable de group-
per les Bosquets d'après les formes & le feuillage des arbustes, que d'après toute autre considération; l'effet seroit plus général & plus pittoresque. Pour peu que le Bosquet soit étendu,
ces grouppes seroient assez éloignés les uns des
autres, pour faire naître successivement des
impressions différentes, plus réelles que celles
que peuvent produire des Bosquets de saisons. Un
grouppe d'arbres verts, ménagés dans un angle
auquel on ne parvient qu'après un détour, au
travers d'arbres d'une autre nature, imprimera
bien plus cette teinte de mélancolie, qu'il doit
faire naître, que si ces arbres étoient séparés
dans un Bosquet distinct.

Les Bosquets sont ordinairement à l'extrémité des jardins, & servent de passages des
ouvrages de l'Art, aux beautés de la nature.
Il est nécessaire de jeter sur les bords des arbustes très-bas, de manière que le rideau, formé
par le Bosquet, s'élève graduellement, & ne
présente les arbres un peu élevés qu'à une
certaine distance. Ces grands arbres pourroient
encore étouffer les arbustes plus délicats, &
pour cette considération, il convient aussi de
planter les derniers sur les bords, & de placer
tous les arbres élevés dans le centre des grouppes.
Cette précaution est indispensable pour le coup-
d'œil & pour la conservation des arbustes, ou
arbres moins élevés. Il seroit préférable de n'admettre que des arbrisseaux dans un Bosquet;
mais le désir d'accumuler, dans ses plantations,
un grand nombre de plantes exotiques, mili-
tera toujours contre les efforts de la raison.

Lorsqu'on veut établir un Bosquet, on prépare, aux approches de l'Hiver, le terrein qu'on
y destine, & au Printems, avant que la sève
commence à se mettre en mouvement, on
plante les arbustes. Comme plusieurs espèces
sont très-délicates, il seroit dangereux de les
hasarder avant l'Hiver; au lieu que, depuis le
Printems, elles ont tout l'Eté pour se fortifier, & pour se mettre en état de résister aux
gelées. On doit arroser quelquefois la première
année, & béquiller la terre aux approches de
la pluie; plus les racines éprouveront de facilités, & plus on sera assuré du succès de la
plantation. La seconde année, elle exigera moins
de soins, & les années suivantes, on devra se

bonnier à remplacer les vuides qui pourront se former.

Il est toujours plus avantageux de choisir des arbustes un peu vivaces, plutôt que des arbustes délicats ; ces derniers sont toujours dans un état de souffrance, & ne végètent pas avec la même vigueur que les autres. Les rosiers, le seringat, le staphilier, les chevre-feuilles, les baguenaudiers, le troêne, les chalefs, les spirées, cormiers, fusains, alisiers, lilas, viornes, &c., peuvent offrir une grande variété de formes, & toutes ces plantes supportent les Hivers de notre climat. Tous les catalogues de jardiniers contiennent des listes des arbres qui peuvent servir à la décoration des Bosquets, il seroit inutile de les transcrire ici. Tout arbuste d'une forme agréable & qui peut passer l'Hiver en pleine terre, sans être abrité, peut être planté dans un Bosquet ; mais, en général, il est moins nécessaire d'avoir une grande variété d'espèces, que d'en avoir qui foisonnent par le bas & qui deviennent touffues.

Un défaut, qui est assez général dans la composition des Bosquets, c'est la trop grande multiplication des sentiers ; on les rend ou trop irréguliers, alors une multitude de sinuosités ramènent toujours au même point ; ou trop réguliers, alors ce sont des compartimens tracés à l'équerre. Un juste milieu, entre ces deux extrêmes, est nécessaire, & c'est ce milieu qu'il est difficile de saisir. Beaucoup de Bosquets sont des labyrinthes à force d'être morcelés. Un mélange de quelques sentiers droits, & d'autres légèrement sinueux, est une imitation réelle de la nature ; c'est plutôt l'uniformité du dessein, que le choix des formes, qui constitue l'artificiel dans les jardins. Un zigzag régulier est autant artificiel que les allées qui se coupent sous un angle droit. (*M. Reynier.*)

BOSSE. Nom que les gens de la campagne donnent dans quelques Provinces à une maladie des Grains connue plus généralement sous le nom de Charbon ou de Nielle. *Voyez* Nielle des Bleds. (*M. Thouin.*)

BOSSE, maladie des Bestiaux. C'est un engorgement des glandes, comprises entre les branches de la mâchoire postérieure ou inférieure. Le cochon est plus exposé à cette maladie qu'aucun autre animal. Quand il en est attaqué, il perd l'appétit, respire avec difficulté ; son col devient très-gros ; il meurt en trois ou quatre jours. Cette maladie devient épizootique & exige qu'on sépare des autres les cochons qui en sont atteints. On l'attribue à un froid subit qu'éprouve l'animal après une course violente, à un terrein marécageux, à des coups portés sur ces glandes, &c. Il n'est pas facile de traiter cette maladie, parce qu'il faudroit faire sur le mal des applications capables de l'amener à suppuration, & ouvrir ensuite les tumeurs & les panser, donner quelques lavemens pendant le tems de l'inflam-

mation, & faire une ou deux saignées aux veines de la cuisse ou à celles du bas-ventre, & que le cochon ne se laisse pas soigner & panser facilement. Mais il est toujours possible de ne donner à boire à l'animal que de l'eau blanche & du petit lait. Il est certain qu'on peut le sauver en lui ouvrant les tumeurs, & qu'il est nécessaire de mettre tout en œuvre pour les ouvrir & les panser. (*M. l'Abbé Tessier.*)

BOSSELURES. On donne ce nom aux excroissances qui se forment sur le fruit de quelques Cucurbitacées. La cause de leur formation & leur constance dans certaines variétés sont des Phénomènes, dont je ne connois aucune explication satisfaisante. Il est certain que les Bosselures ne se forment que sur les variétés jardinières ; seroient elles des désorganisations produites par l'affluence des sucs ? mais alors, pourquoi certaines variétés en seroient-elles exemptes, tandis que d'autres y sont sujettes ? Pourroit-on croire que le germe du fruit, n'étant susceptible que d'une certaine extension, la surabondance des sucs occasionne ces difformités ? Mais la même obscurité règne sur la cause. La variété du Melon, qu'on nomme *Cantaloupe*, a constamment des Bosselures. Les fruits, qui en ont peu ou point, sont presque toujours abâtardis, ou détériorés par le mélange des poussières. (*M. Reynier.*)

BOSSY, Arbre qui croît au Royaume de Quoja en Afrique. Il a l'écorce sèche & le bois gras & huileux. Ses cendres sont bonnes pour le savon, & son fruit est une Prune jaune, aigre, qui se mange. (*Anc. Encycl.*)

Le fruit du Bossy est une Prune longue, jaune, d'un goût fort amer, mais très-saine. Les Nègres emploient l'écorce de cet Arbre à faire des cendres pour leurs lessives. (*Histoire génér. de Voyages*, vol. III, *pag.* 270.

Les Botanistes ne savent à quel genre rapporter cet Arbre dont ils ne connoissent pas les parties de la fructification, & les Agriculteurs ne peuvent rien dire sur sa culture, qui est inconnue en Europe. (*M. Thouin.*)

BOSTANGI, Esclave du Sérail, occupé aux Jardins du Grand-Seigneur. Lorsque les femmes vont s'y promener, ils sont tenus de quitter leur ouvrage & de s'éloigner sous peine de la vie. Cette sévérité est causée principalement par le choix des personnes qui y sont employées. Ce sont, ou des jeunes gens qu'on veut avancer, ou des *Francs*, plus entendus à la culture des jardins que les Orientaux. (*M. Reynier.*)

BOSTANGI-BACHI, Chef des jardins du Sérail. Sa place le conduit ordinairement à être Pacha, lorsqu'il peut conserver sa tête. Le rapprochement où cette place le met du Grand-Seigneur, & la facilité de lui parler pendant qu'il se promène, rendent la faveur dont il jouit infiniment dangereuse. La place de Bostangi-Bachi donne à celui qui la possède une surveillance de police fur une partie du détroit de Conſtantinople. (*M. Reynier.*)

BOSUEL. Nom que les Fleuriſtes donnent à une des variétés de la Tulipe. Elle eſt rouge de fang, bordée de jaune. Elle eſt eſtimée à cauſe de ſon odeur : circonſtance remarquable, puiſque la Boſuel eſt la ſeule de toutes les variétés de la Tulipe qui ait cet avantage. D'autres Fleuriſtes lui donnent le nom de *Duc de Thol. Voy.* TULIPE. (*M. Reynier.*)

BOTANIQUE. Connoiſſance des Plantes. Sous ce nom les Anciens réuniſſoient non-ſeulement l'étude des formes extérieures, mais auſſi les uſages & la culture. A meſure que nos Catalogues ont groſſi, nous avons élagué toutes les diverſes branches de la Botanique : actuellement elle n'eſt que la connoiſſance pure & ſimple des formes extérieures des végétaux. On peut être le premier Botaniſte de ſon ſiècle, ſans avoir les premières notions de la Phyſiologie végétale, des uſages des plantes & de leur culture. Il ſeroit néanmoins à déſirer que ces études, qui ſont infiniment plus néceſſaires que la principale, lui fuſſent réunies. La connoiſſance iſolée de la conformation d'un individu, ne peut rien ajouter au bonheur de la ſociété. Or une étude auſſi oiſeuſe n'eſt pas digne d'occuper des hommes. La découverte d'une plante utile pour les Arts ou pour l'Agriculture eſt plus précieuſe que celle de mille eſpèces nouvelles enſévelies dans les Herbiers & dans les Catalogues ſyſtématiques des Botaniſtes. Et la nomenclature, ou l'Art de répéter, en d'autres mots, ce que les autres ont dit, ajoute encore à l'inutilité de ces travaux faſtidieux. On me pardonnera l'amertume de ces réflexions, lorſqu'on ſaura que j'ai feuilleté & lu les mille & un Ouvrages qui traitent des Plantes exotiques, ſans en trouver un ſeul qui ait décrit leurs uſages économiques & leur culture dans leur pays natal. Rumphe, le plus complet dans ce genre, n'offre que des généralités. (*M. Reynier.*)

BOTANISTE. Celui qui étudie les Plantes. On trouvera dans le Dictionnaire de Botanique, au mot *Botanique*, tout ce qui eſt néceſſaire pour étudier cette Science. On devroit y ajouter encore des recherches ſur l'économie végétale, étude indiſpenſable que le Botaniſte ſeul peut faire, puiſqu'il eſt en état de décrire en même-tems l'eſpèce dont il parle; au lieu qu'un autre homme ne donne que des généralités, & ſouvent on ignore de quelle plante il a voulu parler, lorſqu'il a donné tous les détails de ſa culture. (*M. Reynier.*)

BOTANOMANCIE. Divination au moyen des Plantes: vers la fin du dix-huitième ſiècle, on peut ſe borner à cette définition. (*M. Reynier.*)

BOTRIS. Quelques Jardiniers ont emprunté du Latin ce nom que les Naturaliſtes donnent au *Chenopodium Botrys.* L. plante qu'on a cultivée

dans tous les tems, à cauſe de ſon odeur. *Voyez* ANSERINE Botride, n. 9. (*M. Reynier.*)

BOTRYSON. Nom ancien, peu uſité, qui ſe trouve ſeulement dans quelques Dictionnaires d'Agriculture. Il eſt ſynonyme du *Chenopodium Botrys.* L. *Voyez* ANSERINE Botride, n.° 9. (*M. Thouin.*)

BOTTE. Meſure dont on ſe ſert dans le Commerce des Légumes, & qui égale à-peu-près une poignée. Cette meſure eſt arbitraire : elle dépend du caprice du Vendeur & de la concurrence. La botte des primeurs eſt toujours très-petite, elle augmente à meſure que l'abondance diminue leur valeur réelle. On dit une botte d'Aſperges, d'Oignons, de Raves, &c.

Dans quelques Provinces, on ſe ſert du mot *Paquet*, dans le même ſens, un paquet d'Aſperges, de Navets, &c. Cette expreſſion naît de l'uſage de lier une certaine quantité de ces Légumes en faiſceaux, & de les vendre dans cet état. Le mot *Botte* ne préſente aucun ſens; j'ignore d'où il tire ſon étymologie.

Les Bottes donnent une grande facilité à ceux qui veulent duper. Les beaux Légumes ſont en évidence & cachent ceux du centre, dont la qualité eſt infiniment moindre ; c'eſt peut-être ce qui a conſacré leur uſage. (*M. Reynier.*)

BOTTE. Une certaine quantité de paille ou de foin, contenue par un ou pluſieurs liens, s'appelle une *Botte.* On dit *une Botte de paille, une Botte de foin.* La Botte pèſe plus ou moins, ſelon les pays. (*M. l'Abbé Teſſier.*)

BOTTE. Grand tonneau ou vaiſſeau de bois, cerclé en fer, & dont on ſe ſert communément pour les vins, les huiles & autres liqueurs.

Ces tonneaux ſont recherchés par les Maraîchers des Paris, pour faire des puits de peu de profondeur. Ils les défoncent par les deux bouts, les adaptent au-deſſus les unes des autres, depuis le fond du puits juſqu'au niveau des terres, & ſe diſpenſent de faire les frais d'une maçonnerie diſpendieuſe. Ils en font auſſi des réſervoirs d'eau dans les différentes parties de leurs jardins. Ces bottes, bien choiſies & enterrées, durent dix à douze ans, ſans qu'elles perdent l'eau, & ſans avoir beſoin de réparations. (*M. Thouin.*)

BOTTELAGE. C'eſt l'action par laquelle on lie en botte une certaine quantité de foin ou de paille. (*M. l'Abbé Teſſier.*)

BOTTELER. Mettre en botte du foin ou de la paille. (*M. l'Abbé Teſſier.*)

BOTTELEUR. Homme qui met en bottes du foin ou de la paille. (*M. l'Abbé Teſſier.*)

BOTTES. Les vers & les charançons s'appellent *Bottes* à Mirecourt en Lorraine. (*M. l'Abbé Teſſier.*)

BOVARDE. On donne ce nom dans le pays de Vaud à la Pomme décrite ſous le nom de *Blanc d'Eſpagne. Voyez* ce mot. Le nom de Bovarde ſeroit préférable, s'il étoit plus général ement répandu ; car il n'eſt point prouvé que cette variété ſoit originaire d'Eſpagne, malgré toutes les probabilités qui militent en faveur de cette opinion ; puiſque, tous les Pommiers acides, au rapport d'un grand nombre de perſonnes, ſont nés dans ce pays-là. L'Auteur du Dictionnaire des Arbres & Arbuſtes diſcutera ſans doute les faits, ſur leſquels on donne une telle origine aux pommiers acides, & cette diſcuſſion ſera des plus intéreſſantes.

BOUATI, *Soulamea.*

Genre de Plante dont la famille n'eſt point encore déterminée. Juſqu'à préſent, il n'eſt compoſé que d'une ſeule eſpèce, qui croît dans les Iſles Moluques, & qui n'a point encore été cultivée en Europe.

BOUATI Amer.

Soulamea Amara. La M. Dict.

Rex Amoris Rumph. *Amb.* II, *pag.* 129. *tab.* 41. ♄ des Indes Orientales.

Le Bouati eſt un grand Arbriſſeau dont le bois eſt jaunâtre, caſſant & recouvert d'une écorce cendrée. Ses feuilles, qui ſont alternes, ont juſqu'à neuf pouces de long ſur trois de large environ, & produiſent un bel ombrage. Les fleurs d'une extrême petiteſſe, ſont diſpoſées en petites grappes vers l'extrémité des rameaux. Elles donnent naiſſance à des capſules en forme de cœur, applaties & diviſées intérieurement en deux loges qui renferment chacune une ſemence.

Cet Arbriſſeau a été trouvé par Commerſon au Port-Praſlin, dans la Nouvelle-Bretagne. Rumphe dit que toutes ſes parties, ſur-tout ſes fruits, ſa racine & ſon écorce, ont une très-grande amertume. On s'en ſert avec ſuccès pour guérir les fièvres, rétablir les forces, & s'oppoſer aux ravages des poiſons.

Il ſeroit très-utile de cultiver cet Arbriſſeau dans nos Colonies des deux Indes, où il eſt à croire qu'il ſe naturaliſeroit aiſément. Il pourroit ſuppléer au kinkina que nous tirons des Eſpagnols, & qui commence à devenir fort cher. Il fourniroit une nouvelle branche de Commerce à nos Colons. (*M. Thouin.*)

BOUC. Quadrupède, mâle de la chèvre. *Voy.* Chèvre. (*M. l'Abbé Tessier.*)

BOUCAGE, *Pimpinella.* L.

Genre de plantes de la famille des Ombelliferes, dont le caractère le plus ſaillant eſt de n'avoir aucune collerette, ni générale, ni partielle. Le fruit eſt relevé, à la partie convexe, de trois ſtries ſaillantes.

Eſpèces.

1. Boucage à feuilles de Pimprenelle.
Pimpinella ſaxifraga. L. ♃ des pâturages
cs. B. var. à feuilles découpées.
B. Pimpinella media. Riv.

2. Boucage à fruits velus.
Pimpinella tragium. Vill. du Dauphiné.

3. Boucage à feuilles de Berle.
Pimpinella magna. L. ♃ ſur le bord des bois.
B. Variété à fleurs rougeâtres : dans les bois des montagnes.

4. Boucage d'Italie.
Pimpinella peregrina. L. ♃ de l'Italie & de la Provence.

5. Boucage du Levant.
Pimpinella orientalis. Gouan. ♂ de l'Italie & du Levant.

6. Boucage à fruits ſuaves, l'Anis.
Pimpinella aniſum. L. ☉ dans l'Europe méridionale & le Levant.

7. Boucage fourchue.
Pimpinella dichotoma. L. de l'Eſpagne.

8. Boucage dioique
Pimpinella dioica. L. ♂ du midi de l'Europe.

V. Sous le nom de *Podagraire*, la deſcription de l'*Ægopodium podagraria*. L. réunie aux Boucages par M. Lamark.

1. Boucage à feuilles de pimprenelle. Sa tige eſt grêle, haute d'un pied, preſque nue & diviſée en quelques rameaux, épars, à l'aiſſelle deſquels ſe trouve une petite feuille. Les feuilles ſont ailées ; les radicales ſont compoſées de folioles arrondies, dentées ſur les bords & aſſez ſemblables à celle de la pimprenelle ; celles de la tige ſont compoſées de folioles découpées en lobes très-profonds, ſouvent dentelées. Les ombelles terminent les rameaux & ſont penchées avant l'épanouiſſement des fleurs.

2. Boucage à fruits velus. On connoît peu cette eſpèce qui diffère de la précédente par ſes fruits qui ſont velus ; peut-être eſt-elle ſeulement une variété locale.

3. Boucage à feuilles de berle. Linné l'a confondu long-tems avec les eſpèces précédentes ; mais il en diffère par ſa tige haute de deux & trois pieds par ſes feuilles compoſées de folioles ovales-lancéolées, dentelées ſur les bords & quelquefois découpées aſſez profondément, ſemblables à celles du chervi. Les fleurs terminent les rameaux & leurs ombelles ſont penchées avant la floraiſon. La variété B a des fleurs teintes d'un rouge plus ou moins vif : elle eſt commune ſur le bord des bois & dans les pâturages des montagnes. J'ai même obſervé que l'intenſité de leur coloration eſt proportionnée à l'élévation du lieu.

4. Boucage d'Italie. Il a beaucoup d'analogie avec le précédent, & même M. Lamark doute qu'il puiſſe conſtituer une eſpèce, il ne paroît différer que par ſes feuilles caulinaires dont les découpures ſont plus profondes ; ce caractère ne ſuffit pas pour former une eſpèce dans un genre où les feuilles varient autant que dans ce

lui-ci. Les tiges font auffi plus rameufes, ce qui peut être l'effet d'un climat plus chaud.

Les quatre efpèces de Boucages, dont j'ai donné la notice, fe reffemblent par leurs qualités médicinales; elles font reçues en pharmacie comme vulnéraires & déterfives; ce font principalement les racines qui font en ufage.

Culture. Les Boucages précédentes ne font cultivées que dans les Jardins de Botanique. On feme leur graine en Automne, ou plutôt lorfqu'elle eft mûre; elle leve avant l'Hiver. La quatrième efpèce, qui eft d'un climat plus chaud, devroit plutôt être femée au Printems, le froid pouvant nuire aux jeunes plantes. On doit avoir foin d'arracher les mauvaifes herbes & d'éclaircir lorfqu'on a femé trop épais: mais il eft inutile de mettre les jeunes plantes en place avant la feconde année, époque où elles fleuriffent. La variété à fleur rouge de la troifième efpèce, pourroit être introduite dans les grands parterres & dans les bofquets, mais elle perd à la longue cette teinte colorée, qu'elle doit à la nature des lieux où on la trouve. C'eft une obfervation affez remarquable que les fleurs de plufieurs ombellifères deviennent rouges fur les montagnes; il feroit intéreffant d'en connoître les caufes.

5. BOUCAGE du Levant. Cette efpèce fe diftingue des précédentes par fes feuilles multifides ou laciniées, à-peu-près, dit M. Lamark, comme celles de quelques Aconits. La tige eft haute de deux pieds & très-rameufe, chaque divifion porte une ombelle petite & compofée de fleurs blanches.

Culture. Ce Boucage a été cultivé au jardin du Roi, mais il n'y exifte plus; on le multiplioit de graines, que l'on femoit au Printems fous chaffis: lorfque la plante avoit quelques feuilles, on la replantoit dans des vafes qui étoient enterrés en place & qu'on mettoit dans l'orangerie aux approches de l'Hiver. Quelques pieds hafardés en pleine terre y ont réuffi, ce qui feroit foupçonner que cette plante s'acclimateroit fans peine; mais, comme elle ne peut offrir aucun objet d'utilité, on ne la cultive que dans les jardins de Botanique.

6. BOUCAGE à fruits fuaves, l'anis. Sa racine eft menue & donne des tiges qui s'élèvent à la hauteur d'un pied, rarement davantage: les feuilles radicales & celles du bas des tiges font compofées de trois folioles arrondies, un peu cunéiformes & dentelées à leur extrémité. Les feuilles fupérieures font ailées, & les folioles qui les compofent font d'autant plus étroites & découpées, qu'elles naiffent plus près des fommets de la tige. Les fleurs font en ombelles terminales, il leur fuccède des femences connues, dans le commerce, fous le nom d'*Anis*.

Culture. L'Anis eft une plante annuelle; elle perfectionne fes femences la même année qu'elle

a été femée; mais, comme elle eft originaire des pays méridionaux de l'Europe, de l'Egypte & du Levant, où on affure qu'elle croît fauvage, il eft difficile de la cultiver en grand dans le Nord de la France. Elle doit être femée en Avril fur une plate-bande chaude; les jeunes plantes lèvent au commencement de Mai, on les éclaircit lorfqu'elles font trop drues; & vers la fin du mois d'Août, ou au commencement de Septembre, la graine eft dans fa maturité. La terre qui lui convient le mieux eft légère, fablonneufe & un peu humide: les arrofemens lui font très-avantageux, fur-tout lorfqu'on le cultive dans les terres féches. On cultive l'Anis dans plufieurs Provinces de France & particulièrement dans l'Anjou où on y confacre des portions de terres affez confidérables. En Touraine, où on en cultive auffi beaucoup, on fe-borne à les femer dans des quarrés de jardins. On trouvera de nouveaux détails fur la culture en grand de cette plante à l'article *Anis* de M. l'Abbé Teffier.

Ufage. L'Anis forme une branche de commerce affez confidérable, fon emploi en pharmacie eft pour l'office en général. On le dit ftomachique, carménatif & cordial, l'huile qu'on en tire par la diftillation eft reçue en pharmacie.

7. BOUCAGE fourchue. Cette efpèce décrite par Linné, dans fes derniers ouvrages, eft peu connue & n'a encore été cultivée nulle part. Elle paroît avoir beaucoup d'analogie avec l'efpèce fuivante; fa tige eft très-ramifiée & porte à chaque aiffelle une ombelle de fleurs, outre celle qui termine chaque ramification.

8. BOUCAGE dioïque. Cette efpèce de l'Encyclopédie Botanique eft formée par la réunion de deux plantes très-diftinctes. Tous les deux ont le collet de la racine garni la feconde année des débris des feuilles de l'année précédente comme on l'obferve fur plufieurs fefelis: la tige des deux efpèces eft haute d'un pied, & donne naiffance à un grand nombre de rameaux, qui portent des ombelles de fleurs à leurs extrémités. Mais ces deux efpèces diffèrent par l'infertion de leurs branches; dans l'une elle fe fait fous un angle très-aigu, de forte que toutes les branches font rapprochées & s'élèvent enfemble; dans l'autre, elle fe fait fous un angle droit, de forte que la plante a l'air étalée. Ces deux efpèces diffèrent encore par le lieu où elles croiffent; la première fe trouve dans les fiffures des rochers; la feconde croît toujours fur les terreins arides où fe trouve la brunelle à grande fleur, le lin à feuilles étroites, &c.

La première, que je crois pouvoir défigner par le nom de *Boucage des rochers. Pimpinella rupeftris*, a pour fynonyme le *Tragofelinum* de Haller, n.º 788.

La feconde eft la véritable *Boucage dioïque. Pimpinella dioica. L.*

Culture. J'ai cultivé ces deux plantes, afin de

conftater leur différence ; elles ont confervé leurs caractères diftinctifs. On feme la graine en Mars, dans une terre un peu humide ; mais, dès que les jeunes plantes ont levé, on doit diminuer les arrofemens & même les ceffer tout-à-fait. Pendant la première année, la plante fe fortifié, elle n'exige aucun foin que de la débarraffer des mauvaifes herbes ; la feconde année, elle monte en tige & porte des fleurs. Cette plante ne peut être cultivée que dans les jardins de Botanique, fon peu d'apparence l'exclut des jardins d'ornement, & jufqu'à préfent, on ne leur connoît aucune propriété qui les rendent intéreffantes. (*M. Reynier.*)

BOUC-EPIN , ancien nom de l'*Aftragalus Maffilienfis.* La M. Dict. *Voyez* Aftragale de Marfeille, n.° 59. (*M. Thouin*) :

BOUCHE ÉCHAUFFÉE. Si un animal domeftique a la bouche échauffée, parce qu'il a de la fièvre, on traite la fièvre ; fi c'eft un mal local, comme une inflammation dans quelque partie de la bouche ou de la gueule, on la lui lave avec un gargarifme rafraîchiffant, tel qu'un mélange de vinaigre, ou de verjus & de fel. (*M. l'Abbé Tessier.*)

BOUCHON. On donne ce nom, en jardinage, à ces efpèces de Cocons formés par les chenilles, qu'on apperçoit à l'extrémité des arbres & des arbriffeaux, fur-tout en Hiver quand il n'y a plus de feuilles, & dans lefquels les œufs de ces infectes fe confervent pendant cette faifon. On détruit les Bouchons le plus exactement qu'il eft poffible, & cette opération s'appelle écheniller. *Voyez* ce mot. (*M. Thouin.*)

BOUCHON. Tortillon de paille ou de foin, qu'on fait fur-le-champ, pour frotter le corps d'un cheval. (*M. l'Abbé Tessier.*)

Bouchonner un cheval ; c'eft le frotter avec un Bouchon de paille ou de foin. Il eft très-falutaire pour les chevaux & les bœufs de les bouchonner, quand ils ont chaud, quand ils reviennent de l'abbreuvoir, & quand ils font malades. Cette opération ouvre les pores de la peau & rappelle ou entretient la tranfpiration ; on ne fauroit trop la recommander. (*M. l'Abbé Tessier.*)

BOUCLE. Nom qu'on donne, en quelques pays, au chancre, maladie du bétail. *Voyez* Chancre. (*M. l'Abbé Tessier.*)

BOUCLER. C'eft fermer l'entrée du vagin d'une jument, au moyen de plufieurs aiguilles de cuivre, dont on perce les deux lèvres & qu'on arrête des deux côtés. On fe fert auffi d'anneaux de cuivre, afin qu'elle ne puiffe être couverte. On fait rarement cette opération, qui eft dangereufe à caufe de l'inflammation qu'elle caufe. (*M. l'Abbé Tessier.*)

BOUDRIERE. Nom qu'on donne à la *carie* du froment aux environs de Lille. *Voyez* Carie. (*M. Abbé Tessier.*)

BOUE. Ordures qui s'amaffent dans les marres, les rivières, les étangs & qu'on enlève pour laiffer mûrir en tas, afin de les répandre enfuite fur les terres. Les boues font un bon engrais. Mais il ne faut pas les employer trop tôt ; elles conviennent fur-tout aux terres légères. *Voyez* Amendement. (*M. l'Abbé Tessier.*)

BOUE. Terre des grands chemins détrempée à la fuite des pluies : cette terre ne peut être confidérée comme engrais, qu'en raifon des matières animales dont elle eft néceffairement imprégnée. Dans plufieurs endroits, les payfans ont foin, après les pluies, de diriger vers leurs poffeffions l'eau qui s'amaffe fur les chemins ; ils la regardent comme un excellent engrais ; c'eft principalement dans le canton de Zurich que j'ai vu cette pratique. Plus un chemin eft fréquenté & plus la Boue qui s'y forme eft fufceptible de fervir d'engrais.

Une Boue dont l'Agriculture retire des avantages bien plus importans, eft celle des rues des grandes Villes ; c'eft, en grande partie, à cet engrais que les jardins doivent leur fertilité. Les marais des environs de Paris, dont le rapport eft immenfe, confomment en grande partie les débris de cette Ville. Comme l'emploi de cet engrais & fon influence fur les plantes ont beaucoup d'analogie avec ceux de la gadoue, il en fera traité plus amplement fous ce mot. *Voyez* Gadoue. (*M. Reynier.*)

BOUELLE. Inftrument d'Agriculture, dont on fe fert à Saint-Trojean en l'Ifle d'Oléron, pour la culture de l'ail. (*M. l'Abbé Tessier.*)

BOUFFISSURE. Maladie de bétail, qui peut être occafionnée par différentes caufes. Lorfque la Bouffiffure vient de la morfure ou piquure d'une bête vénimeufe, il faut faire prendre à l'animal quelques gouttes d'alkali volatil dans de l'eau ; dix-huit à vingt gouttes dans deux onces d'eau une fois ou deux, à douze heures de diftance, ont été très-utiles à un cheval, qui avoit tout le ventre bouffi. On propofe pour la même caufe une infufion d'abfinthe & de fuie de cheminée, chacune à la dofe de quatre onces fur trois livres de vin ; ces deux remèdes excitent une fueur abondante. Le dernier eft à la portée de tout le monde.

Lorfque la Bouffiffure arrive à la fuite d'une maladie, par exemple, d'une dyffenterie longue, elle annonce un affoibliffement, qui peu-à-peu termine la vie de l'animal. Dans ce dernier cas, il n'y a pas de remède. (*M. l'Abbé Tessier.*)

BOUGLOSE. Nom ancien du genre des *Bugloffum. Voyez* Buglose. (*M. Thouin.*)

BOUGRANE. Nom adopté, par quelques perfonnes pour défigner le genre de l'*Ononis* ou *anonis. Voyez* Bugrane. (*M. Thouin.*)

BOUGRENÉ. On donne ce nom au Bas-

Poitou, au feigle ergoté. *Voyez* ERGOT. (*M. l'Abbé TESSIER.*)

BOUILLON. Excroiffance charnue , qui vient fur la fourchette du cheval ou à côté ; elle eft groffe comme une cerife, & fait boiter le pied.

On donne auffi ce nom à une excroiffance ronde & charnue, qui croît dans une plaie. (*M. l'Abbé TESSIER.*)

BOUILLON, *jardinage*, mòt nouveau introduit par M. l'Abbé Schabol. Il eft pris de l'ufage commun, & employé dans fa fignification propre. « On prend un Bouillon pour s'humecter en même-tems que pour fe fuftenter. Le Bouillon dont il eft queftion, eft compofé d'onctueux, d'humectans & de corroborans ; voici comment il fe fait. »

« Prendre pour un feul Bouillon plufieurs feaux d'eau, les verfer dans un baquet, & y jetter ce qui fuit : crottin de cheval, la valeur d'un demi-boiffeau, lequel doit être mis en miettes avec les mains, & pulvérifé.... boufe de vache, environ un demi-boiffeau, laquelle doit être bien délayée avec les deux mains.... terreau gras & vif de couche, un demi-boiffeau. »

« Par terreau gras & vif, on entend celui qui n'a point été évaporé pour avoir long-tems refté à l'air, au hâle & délayé par les pluies ; mais nouvellement amoncelé & noirâtre, quand on a brifé les vieilles couches. Dans le cas de difette de celui-là, on le prend tel qu'on le peut avoir ; mais on lève celui de la fuperficie, pour plonger & aller au fond. Il en eft du terreau comme de quantité de nos alimens qui fe paffent étant gardés un certain tems, les uns plus, les autres moins. »

« Il faut, 1.° commencer par bien battre & mêler le tout enfemble, puis le jetter dans le baquet, & avec les mains les délayer.

2.° Faire un baffin autour d'un arbre, & non pas autour du tronc, dont la fonction principale n'eft pas de pomper, mais de recevoir & contenir les fucs, faire ce baffin en-deçà, environ à fept ou huit pouces du tronc, ôtant la terre jufqu'aux premières racines, & verfer le tout dans la foffe ; & comme au fond du baquet il en refte toujours, le bien nétoyer avec les mains, & répandre le tout dans la foffe. »

3.° Quand l'imbibition eft faite, remettre la terre, afin que rien ne s'évapore, & faire ainfi à tout ce qui en a befoin, arbres, arbuftes, plantes en caiffes & en pots. Réitérer, fi un premier Bouillon ne fuffit pas ; le même a lieu pour des orangers malades. »

« Le voilà, dit M. de Schabol, ce Bouillon fi fouverain, fi efficace, le voilà en petit pour un feul arbre ; mais en a-t-on befoin pour un certain nombre d'arbres, on augmente la dofe de chaque ingrédient au prorata du nombre des

arbres à médicamenter, le tout à vue de Pays ; un peu plus, un peu moins, n'eft pas d'une grande conféquence ; alors on bat le tout enfemble avec divers outils. »

« C'eft ainfi que, dans la cure des maladies humaines, on compte les juleps, les cordiaux, les ftomachiques, les bouillons pulmonaires, ceux faits avec les anti-fcorbutiques, &c. mais il eft une obfervation des plus importantes ; favoir que de même que dans la Médecine humaine, quand les parties nobles font attaquées immédiatement, ces recettes ne peuvent rien : de même le Bouillon ne produit aucun effet fur les arbres épuifés & ruinés. »

« On eft affuré de guérir, par le moyen de ce Bouillon, une quantité de maladies des plantes & des arbres, telles que la jauniffe, le blanc, ou le meunier-aux-pêcheurs, les effets & les accidens caufés par la cloque, par les vents roux, &c. Il y a encore un autre Bouillon fait avec les lavures de cuifines.

BOUILLON-BLANC. Nom affez généralement adopté pour défigner le genre des *verbafcum* de Tournefort ; mais depuis qu'on y a réuni le genre des Blataires, on lui a fubftitué le nom de Molène. *Voyez* ce mot. (*M. THOUIN.*)

BOUILLON D'EAU. On nomme ainfi tous les jets d'eau qui s'élèvent à peu de hauteur, en manière de fource vive. Ils fervent pour garnir les cafcades, goulottes, rigoles, gargouilles qui font partie de la décoration des jardins fymmétriques. (*M. THOUIN.*)

BOUILLON NOIR. Nom donné par les Anciens à quelques efpèces du genre des *Verbafcum*, & plus particulièrement au *Nigrum* & au *Sinuatum*. *Voyez* le genre des MOLÈNES, (*M. THOUIN.*)

BOUILLON *SAUVAGE ou SAUGE en ARBRE*. Noms impropres donnés à la divifion du genre des *Phlomis* qui forme des Arbuftes à feuilles cotonneufes & drapées. *Voyez* PHLOMIS.

BOUILLOT. Nom donné à Réalmont, en Comminges, à la camomille puante ou maroute, (*M. l'Abbé TESSIER.*)

BOUJEAU. « C'eft un affemblage de deux bottes de lin, liées l'une contre l'autre de la tête au pied, afin d'occuper moins de place dans l'eau, où on doit mettre ce lin rouir. » *Ancienne Encyclopédie.* Il auroit fallu dire dans quel Pays ce mot eft d'ufage. (*l'Abbé TESSIER.*)

BOUIS. Ancienne manière d'écrire le nom du *Buxus. Voyez* BUIS. (*M. THOUIN.*)

BOUIS. Suivant M. Jacquin, les habitans de Saint-Domingue donnent ce nom au fruit de l'arbre qu'il a décrit fous le nom de *Chryfophyllum argenteum* & que M. de la Mark a réuni comme variété à fon *Caïmitier* olivaire. *Voyez* CAÏMITIER. (*M. REYNIER.*)

BOUIS (gros.) Le même Auteur donne ce nom à fon *Chryfophyllum cæruleum*, variété du *Caïmi-*

tierpomiforme. Voyez CAIMITIER. (*M.* REYNIER.)

BOUIS piquant. *Ruscus aculeatus* L. *Voyez* FRAGON piquant, N.° 1.

BOUIS des fables. Nom donné, par les habitans des Antilles, à l'*Hura crepitans.* L. *Voyez* SABLIER.

BOULAIE. On nomme ainsi un terrain planté de Bouleau.

BOULE, Arbre taillé en boule. Nos bons Ancêtres ne faisoient cas d'un arbre, qu'en raison de la bizarrerie des formes qu'on lui avoit fait prendre. Un arbre livré à lui-même, dont les formes avoient l'élégance que la nature seule peut donner, étoit trop commun à leurs yeux. Dèlà, ces arbres taillés en boule, en pyramide, en ornemens d'architecture, en imitation d'animaux, qui seuls leur paroissoient dignes d'orner les parterres monotones, où ils alloient respirer l'ennui.

Le même goût a passé des parterres, aux potagers, qu'on ornoit d'arbres fruitiers taillés en boules, en pyramides, &c.

Les arbres en boules rapportent peu, parce que leur taille est subordonnée à la forme sphérique, qu'on cherche à leur conserver, & des branches à fruit sont souvent proscrites, parce qu'elles nuiroient à la régularité qu'on veut établir. Cette gêne, qu'on impose aux arbres, leur nuit davantage, à mesure qu'ils deviennent plus vieux, parce que l'intérieur se dépouille, & que les branches à fruit, qui se trouvent vers les extrémités, sont presque toujours victime du ciseau.

Tournefort, dans un mémoire sur les maladies des plantes, inséré dans ceux de l'Académie des Sciences, année 1705, parle d'une maladie des arbres des pays chauds, qui sont taillés en boule, ou en buisson. Les extrémités des branches, après la taille, se chargent d'une tumeur spongieuse plus ou moins grosse, qui se carie très-facilement; cette maladie se propage dans l'intérieur de l'arbre, & le fait bientôt périr. La sève, encore plus active dans les pays chauds, que dans celui-ci, arrêtée trop subitement par des tontes contraires à la vigueur de l'arbre, se réunit vers les extrémités, & y forme ces excroissances inorganiques. Tournefort observe que le premier symptôme de cette maladie, c'est la cessation du fruit.

On taille ordinairement les arbres en boule, deux fois par an, au Printems, avant la sève & vers le milieu de l'Eté; ceux qui veulent une plus grande régularité des formes, rapprochent les époques de la tonte & font tailler les arbres deux & même trois fois dans le cours de la saison. On remarque alors que ces arbres s'épuisent à pousser du bois; &, comme les racines ne croissent qu'en proportion des branches, ils s'enracinent peu & n'ont que peu de durée. On trouvera de plus grands détails dans le Dictionnaire des Arbres & Arbustes. (*M.* REYNIER.)

BOULEAU. *Betula.*

Genre composé de sept espèces différentes, & d'un plus grand nombre de variétés. Ce sont des arbustes indigènes ou étrangers, qui croissent en pleine terre dans notre climat & dont il sera traité dans le Dict. des Arbres auquel nous renvoyons.

BOULERAI. *Voyez* BOULAIE.

BOULET. Jointure, qui est à la jambe du cheval, au-dessous du pâturon, qui tient lieu d'un second genou à la jambe du devant & d'un second jarret à chaque jambe de derrière. Les entorses se font au *Boulet*; le cheval se coupe au *Boulet*; c'est-à-dire, qu'il est entamé par le côté d'un de ses fers. *M.* (*l'Abbé* TESSIER.)

BOULET jaune. On donne, à Liège, ce nom à une espèce de Pomme-de-terre, qui a la peau jaune. (*M. l'Abbé* TESSIER.) *Voyez* POMME DE TERRE ET MORETTE TUBÉREUSE.

BOULET de canon. Nom que les Créoles donnent au *Couroupita Guianensis* d'Aublet, à cause de la forme de son fruit. *Voyez* COUROUPITE de la Guiane. (*M.* REYNIER.)

BOULETE. On appelle ainsi un cheval, dont les boulets paroissent avancer trop en avant, ce qui vient de trop de fatigue. (*M. l'Abbé* TESSIER.)

BOULETTE. Nom que les jardiniers donnent aux Echinopes, à cause de la conformation des têtes des fleurs. *Voyez* ECHINOPE. (*M.* REYNIER.)

BOULETTE. On donne aussi ce nom aux espèces du genre des *Sphæranthus. Voyez* SPHÉRANTE.

BOULIN. Trou dans lequel se place & niche un pigeon dans un colombier. *Voyez* COLOMBIER. (*M. l'Abbé* TESSIER.)

BOULINGRIN. Renfoncement ou glacis revêtus en gazon, dont la forme dépend du lieu qu'on y destine. Anciennement on donnoit ce nom à tous les massifs de gazon des parterres, ou autres; actuellement on le consacre uniquement pour les pentes revêtues en gazon. La forme varie suivant la nature du lieu qu'on destine à ce genre d'ornement. Les Anglois de qui nous avons emprunté le mot Boulingrin, *Bowlinggreen*, donnent ce nom à tous les espaces couverts de gazon qui sont dans le voisinage des habitations, dans les parterres à compartimens, &c. On ignore à quelle époque l'acception de ce mot s'est restreinte en France.

Les Boulingrins, dans la nouvelle acception de ce mot, peuvent être de deux espèces, ou simples, ou composés. Les premiers sont un glacis uniforme en gazon, sans aucune interruption; ils ne peuvent être que d'une grandeur déterminée, sans quoi il est à craindre qu'ils ne produisent un effet désagréable. De tels Boulingrins n'offrent aucune difficulté dans leur construction.

Les Boulingrins composés font interrompus par des fentiers & des plates-bandes; il eft néceffaire qu'ils aient une certaine étendue pour que ces coupures produifent de l'effet. Les plates-bandes qui les partagent, peuvent être plantées en fleurs & en arbuftes.

Comme ces Boulingrins ont un air moins paré que les fimples, j'ai vu plufieurs fois ces plates-bandes employées pour des légumes, & plantées en arbres fruitiers nains, & j'aurois donné, pour le coup-d'œil, la préférence à ces derniers: il faut cependant obferver que les légumes qu'on y plante, doivent refter bas, pour produire un effet agréable. Un défaut qu'on doit éviter, c'eft de trop morceller les Boulingrins, & d'y faire des coupures trop bizarres. Des plates-bandes trop interrompues jettées d'une manière irrégulière, des réduits pratiqués dans les fentiers, trop de finuofités dans ces derniers, produifent un effet défagréable. Un Boulingrin compofé doit nous retracer l'idée d'une pente dont quelques parties font mifes en culture; les fentiers qui y parviennent doivent y conduire par le chemin le plus court. Les fentiers bordés d'arbuftes produifent un mauvais effet, & les arbres nains qu'on place dans les plates-bandes, doivent être placés dans le milieu.

Le lieu où le Boulingrin fe trouve relativement à l'habitation, doit influer fur le choix des plantes qu'on place dans les plates-bandes. Lorfqu'il fait face à la maifon, fe trouve près du parterre, ou en général dans un lieu artificiel, il convient d'y mettre des fleurs ou des arbuftes d'ornement; mais, lorfqu'il eft dans un revers oppofé à la maifon, ou lorfqu'il prépare à la nature agrefte par fon éloignement des endroits foignés, les légumes y conviennent mieux; &, en général, c'eft dans ces dernières pofitions que les Boulingrins produifent un effet plus agréable. Un bâtiment fur une colline, a fur le devant, un parterre & enfuite un Boulingrin compofé qui commence les pentes; il prépare très-bien aux terreins cultivés qui font au-deffous; un Boulingrin fimple feroit trop nud & trop artificiel. (*M. Reynier.*)

BOULONNAISE. Le manteau de cette anémone eft blanc, à fond incarnat, fa pluche eft panachée d'incarnat, de blanc & de citron; elle refte long-temps en fleur. *Voyez* ANEMONE des fleuriftes, N.º 9. (*M. Reynier.*)

BOUQUET. Maladie des bêtes à laine. Elle a différens noms. On l'appelle auffi Noir-mufeau, Bouquin, &c. *Voyez* Noir-Museau. (*M. l'Abbé Tessier.*)

BOUQUET. On donne ce nom à de petites branches, longues de 2 pouces ou environ, qui font bien nourries, donnent des fruits pendant plufieurs années & périffent enfuite. *Voyez* BRANCHE.

* On donne auffi ce nom à des fleurs groupées enfemble que les femmes ajoutent à leurs autres parures. Un Bouquet, fur-tout celui qu'on nomme à Paris, *à la jardinière*, doit offrir un mélange de verdure & de couleurs, & une oppofition des nuances, que le goût peut feul diriger. En général, pour qu'un Bouquet plaife, il faut qu'il ait un air aifé, & que les couleurs décidées n'y dominent pas. Les teintes douces font toujours d'un effet plus agréable. (*M. Reynier.*)

BOUQUETTE. On donne ce nom au farrafin dans les départemens du Nord de la France & dans les pays voifins. Il feroit peut-être préférable à ceux de *bled noir*, *bled farrafin*, *farrafin* & autres noms reçus en France, qui font de nature à induire en erreur. Le mot Bouquette dérive de *Bæk-weyt*, nom de cette plante en Hollandois. *Voyez* Renouée Sarrasine. (*M. Reynier.*)

BOUQUETTE. Nom qu'on donne au farrafin en quelques endroits de la Suiffe. *Voyez* Sarrasin et Renouée-Sarrasine. (*M. l'Abbé Tessier.*)

BOUQUIN, maladie de bêtes à laine. *Voyez* Noir-museau. (*M. l'Abbé Tessier.*)

BOURACHE, *Borago*. *Voyez* Bourrache.

BOURBONNAISE. Les Jardiniers donnent ce nom à la variété à fleur double & rouge du *Lychnis dioica.* L. *Voyez* Lychnis. (*M. Reynier.*)

BOURBOURG. Les Feuriftes donnent ce nom à une tulipe de quatre couleurs, gris-lavandé, colombin-obfcur, colombin clair & blanc. Ses panaches font purs, elle eft une des variétés du *tulipa Gefneriana*. L. *Dict.* univerfel d'Agric. & Jardinage. *Voyez* Tulipe. (*M. Reynier.*)

BOURDAINE, BOURGENE, aune-noir ou aune-baccifère. *Rhamnus frangula.* L. *Voyez* au *Dict.* des Arbres Nerprun.

BOURDELAGE. *Voyez* Bordelage. (*M. l'Abbé Tessier.*)

BOURDELIER, Seigneur auquel appartient le droit de bourdelage ou bordelage. (*M. l'Abbé Tessier.*)

BOURDELAS, BOURDELOIS ou BOUDELAIS. Variété de raifin dont la grappe eft fort groffe, garnie de grains ferrés, ovales, alongés & enflés vers le fommet; leur peau eft très-dure. Cette efpèce ne fe cultive que pour faire du verjus. *Voyez* Vigne. (*M. Reynier.*)

BOURDINE. Variété du pêcher, dont le fruit reffemble beaucoup à la groffe mignonne, mais la fleur eft plus petite. *Voyez* Pecher, au *Dict.* des Arbres. (*M. Reynier.*)

BOURDON, faux-bourdon. *Voyez* Abeilles. (*M. l'Abbé Tessier.*)

BOURDON mufqué. Variété du poirier qui eft de grand rapport; fa feuille eft un peu ronde. Son fruit mûrit en Juillet; il eft rond, un peu applati, d'un verd clair; fa chair eft cafsante & peu estimée. *Voyez* POIRIER, au Dict. des Arbres. (*M. Reynier.*)

BOURGENE. Nom françois d'une des divisions du genre des *Rhamnus. Voyez* NERPRUN.

BOURGEOISE. Les fleuristes donnent ce nom à une tulipe rouge vif, tirant sur l'orangé, panachée de blanc. Dict. universel d'Agriculture & Jardinage. *Voyez* TULIPE. (*M. Reynier.*)

BOURGEON. Nous devons à M. l'Abbé Rozier, une définition exacte des mots *œil, bouton & bourgeon*, que bien des personnes croyoient synonymes, & que d'autres regardoient comme différens, sans leur donner un sens bien clair. Le Bourgeon est ce rudiment des branches ou des fleurs, qui commence à s'ouvrir vers la fin de l'hiver, ou au commencement du Printems. C'est le dernier état par lequel il passe avant que le retour de la chaleur l'épanouisse tout-à-fait & fasse développer les feuilles & les fleurs qu'il contient. L'œil, au contraire, est le premier état, le bouton est le second. *Voyez* ŒIL & BOUTON.

Quelques personnes pensent qu'on devroit aussi donner ce nom aux premiers développemens qui se forment sur les racines des plantes vivaces, lorsqu'elles recommencent à végéter au Printems. Ces Bourgeons sont très-apparens sur les geranions, les malvacées, quelques composées, &c., où on les voit dès l'Automne à la base du pétiole des feuilles. (*M. Reynier.*)

BOURGEONNER. On dit qu'un arbre bourgeone, lorsque l'œil ayant grossi, est devenu bouton, & que ce dernier commence à s'ouvrir & à s'alonger. (*M. Reynier.*)

BOUR-GEPINE, Nerprun ou Noirprun, *Rhamnus catharticus.* L. *Voyez* NERPRUN CATARTHIQUE.

BOURGOGNE, *Hedysarum onobrichis.* L. *Voyez* SAIN-FOIN COMMUN. (*M. Thouin.*)

BOURGOGNE. On donne ce nom à un plan particulier de vigne, qui est cultivé dans le Département de la côte d'or, & qui a été porté de-là dans plusieurs autres pays, où il s'est plus ou moins modifié. J'ai constamment vu que ce plan dégénère, lorsqu'il est transporté hors de sa patrie. Dans le pays de Vaud, où on a voulu l'introduire pour perfectionner les vins rouges, il ne conserve la qualité qu'une dixaine d'années : la terre y est trop forte. (*M. Reynier.*)

BOURGONI. Les Habitans de la Guyane donnent ce nom au *Mimosa Bourgoni* d'Aublet, que M. la Mark rapporte comme variété à son *Acacie à feuilles de hêtre. Voyez* ACACIE. (*M. Reynier.*)

BOURLET. On se sert de ce mot en plusieurs sens, dans le jardinage.

1.° On appelle Bourlet, la cicatrice qui se forme sur les blessures des plantes ligneuses. Lorsque l'écorce a été enlevée, les lèvres, principalement à la partie supérieure, produisent une excroissance, qui s'étend & couvre insensiblement la plaie. Cette partie, nouvellement formée, est d'une organisation très-confuse, les vaisseaux y paroissent entremêlés & comme discontinus.

Lorsqu'on veut faire des marcottes sur des arbres ou arbustes délicats, on doit endommager l'écorce par une ligature un peu forte, ou par une entaille, & attendre, pour marcotter, que le Bourlet soit formé ; cette précaution est encore plus nécessaire, lorsqu'on veut multiplier des arbres de boutures. Comme la physique des arbres est réunie au Dictionnaire des arbres & arbustes, on y trouvera des détails sur ce qui concerne la formation & l'organisation intérieure des Bourlets.

2.° On donne le nom de Bourlet aux substances molles, telles que toile, laine, filasse, &c., dont on enveloppe l'arbre dans les endroits, où des ligatures trop fortes pourroient endommager l'écorce. Leur épaisseur, leur forme & leur nature doivent être proportionnés au degré de résistance que l'arbre oppose à sa ligature ; on emploie souvent des Bourlets, lorsqu'on est obligé de lier un arbre à son tuteur, pour corriger une courbure qui le rendoit difforme.

3.° Les Fleuristes emploient enfin le mot Bourlet pour exprimer un défaut des anémones, lorsque le cordon devient trop épais, & se montre au-dessus de la pluche. Cela arrive toujours lorsque la fleur béquillone. *Voyez* CORDON & BÉQUILLON. (*M. Reynier.*)

BOURRELETS

DE TROIS SORTES.

SAVOIR:

1. BOURRELETS des plaies annulaires.
2. BOURRELETS des plaies simples.
3. BOURRELETS par ligatures.

Définition de ces noms.

Outre la maladie des arbres, connue sous le nom de *Bourrelet de la greffe*, on connoît encore, en Agriculture, trois autres sortes de *Bourrelets*, qui méritent l'attention du Cultivateur.

Des bords de toute plaie, par laquelle l'écorce d'une plante est enlevée, de manière à mettre à nud une partie quelconque du corps ligneux, naissent des excroissances renflées, qui, pendant les premiers tems, sont à peuprès en forme de cordons semi-cylindriques, & qu'on a nommées *Bourrelets*.

Il y a des plaies par lesquelles le corps ligneux est mis à nud, dans toute la circonférence de l'endroit, de la tige ou de la branche, sur lequel elles sont opérées : comme, par exemple, lorsqu'on enlève un anneau entier, ou une ceinture entière d'écorce sur une bran-

che, ou ſur un tronc d'arbre. Nous nommerons les Bourrelets qui naiſſent des bords de ces
ſortes de plaies, *Bourrelets des plaies annulaires.*

Ces plaies annulaires occaſionnent, tant à
l'égard des Bourrelets qui naiſſent de leurs bords,
qu'à l'égard du reſte de l'arbre, ou de la plante,
ſur qui elles ſont opérées, des effets beaucoup
plus remarquables, & beaucoup plus compliqués, que ceux qu'occaſionnent les plaies par
leſquelles le corps ligneux n'eſt pas mis à nud
dans toute la circonférence de l'endroit de la
tige, ou de la branche ſur lequel chacune eſt
opérée. A cauſe de cette plus grande ſimplicité
dans les effets, qui réſultent de ces dernières
plaies, nous nommerons les Bourrelets qui naiſſent de leurs bords, *Bourrelets des plaies ſimples.*

Lorſqu'on entoure, au Printems, toute la
circonférence d'un endroit quelconque, d'une
tige ou d'une branche d'arbre, ou d'autre plante, par une, ou pluſieurs circonvolutions de
fil de fer, ou de ficelle, ou d'autre lien quelconque, de manière à appuyer fermement toute
l'écorce, que ce lien recouvre, contre le corps
ligneux, il naît toujours, alors, ſur la circonférence, ordinairement totale, de l'endroit qui
eſt immédiatement au-deſſus de ce lien, une
tumeur, ou un renflement, qu'on a auſſi nommé
Bourrelet. En certains cas il naît, en même-tems,
un autre pareil renflement ou *Bourrelet*, ſur
la circonférence, ordinairement totale, de l'endroit qui eſt immédiatement au-deſſous du même
lien. Nous nommerons ces renflemens *Bourrelets par ligatures.*

La production de ces trois ſortes de Bourrelets, & les autres phénomènes, qui accompagnent cette production, & en ſont une ſuite,
méritent toute l'attention des Philoſophes Agriculteurs & Botaniſtes, tant à cauſe des pratiques utiles que la conſidération attentive de
ces phénomènes a pu, ou pourra encore ſug-
gérer, qu'à cauſe des lumières qu'ils ſont de
nature à répandre ſur la phyſique végétale. Nous
traiterons ſéparément de chacune de ces trois
ſortes de *Bourrelets:*

CHAPITRE PREMIER.

Des Bourrelets des plaies annulaires.

Nous commençons par cette ſorte de *Bourrelets*, parce que leur ſtructure, le mode de
leur production, & les autres effets, qui ont
lieu néceſſairement, lors de leur production,
ou qui en ſont une ſuite, ſont tels, que leur
examen peut beaucoup aider à concevoir la
ſtructure & le mode de production de *Bourrelets des plaies ſimples*, & de ceux *par ligatures.*

Si l'on enlève, ſur un tronc, ou ſur une
branche d'arbre, un anneau entier d'écorce,

ſans laiſſer, ſur le bois que cette écorce couvroit, aucune parcelle des couches, les plus inférieures de cette écorce, auxquelles on a donné
le nom de *Liber*, & ſi l'on examine enſuite,
tous les jours, attentivement, ce qui ſe paſſe
ſur cette plaie, on voit, en premier lieu,
ſortir, d'entre le bois & l'écorce de toute l'é-
tendue de la lèvre ſupérieure de cette plaie
annulaire, une production, d'abord ſucculente,
aſſez molle & herbacée, qui devient enſuite
de plus en plus ſolide, prend, pendant les
premiers tems, à peu-près la forme d'un cordon demi-cylindrique, qui règne ſur toute la
longueur de cette lèvre, & eſt exactement appliqué ſur le bois. C'eſt cette production,
qu'à cauſe de cette forme, on a déſignée par
le nom de *Bourrelet*. Ce Bourrelet continue enſuite, inceſſamment à croître, en s'étendant
ſur la ſurface du bois dénudé, contre lequel
il reſte toujours exactement appliqué, ſans néanmoins contracter avec lui aucune adhérence.
L'accroiſſement de l'étendue de ce Bourrelet
eſt ainſi conſtamment dirigé vers la lèvre inférieure de la plaie; &, ſi cette plaie n'eſt pas
trop large, ce Bourrelet, toujours croiſſant,
parvient ſouvent ſeul à recouvrir entièrement,
pendant la première année, tout le bois qui a
été dépouillé de ſon écorce, par la plaie annulaire.

Pluſieurs Auteurs ont aſſuré qu'il ne naît jamais aucun Bourrelet de la lèvre inférieure de
telle plaie annulaire. Mais, d'après les expériences de Duhamel du Monceau, & les miennes, il eſt certain que, ſouvent, lors de l'accroiſſement de ce Bourrelet, dont je viens de
parler, & un certain tems après ſa naiſſance,
on voit naître un autre Bourrelet, qui paroît
ſortir d'entre le bois & l'écorce de la lèvre
inférieure de cette même plaie. Ce Bourrelet
inférieur, quand il a lieu, eſt incomparablement plus petit & plus lent, dans ſon accroiſſement, que le Bourrelet ſupérieur, vers lequel
il ſe dirige, en s'étendant ſur le bois dénudé,
& auquel il reſſemble d'ailleurs quant à ſa
forme, & à ſa manière de croître. Il ſe tient
de même toujours exactement appliqué, par
tous les points de ſa ſurface interne ou concave, ſur ce bois dénudé, ſans y adhérer en
aucune manière, & contribue ainſi, pour une
partie quelconque, à cicatriſer la plaie.

On a obſervé que le corps ligneux, mis à
nud, par cette plaie, ne contractoit jamais
aucune adhérence, par aucun laps de tems,
avec le bois, dont on le trouvoit recouvert,
après la formation d'une telle cicatrice. Cette
obſervation avoit donné lieu aux Phyſiciens
Botaniſtes d'admettre, comme règle générale que
le bois, une fois dépouillé de ſon écorce, ne
contracte jamais aucune adhérence avec le bois,
qui vient le recouvrir, après cette dénudation.

Nous verrons, ci-après, que cette règle, admife par eux, comme générale, eft fujette à reftriction.

On a auffi obfervé, qu'à l'endroit de ce Bourrelet fupérieur, y compris un certain ef-pace au-deffus de la lèvre de deffous laquelle il eft forti, la branche, ou la tige, dont il fait partie, fe trouve fouvent très-exceffive-ment renflée, proportionnellement à la groffeur du refte de fa longueur : que cette difpropor-tion eft plus grande fur les jeunes arbres que fur les vieux : que fur ces derniers, ce Bour-relet acquiert beaucoup moins de groffeur & d'étendue dans toutes fes dimenfions, & croît beaucoup plus lentement que fur les jeunes.

Si l'on retranche l'extrémité inférieure d'une forte racine d'arbre, par une coupe tranfverfale, opérée fur un endroit affez gros de cette racine, il fort un Bourrelet d'entre le bois & l'écorce, de toute la circonférence de cette coupe. On peut comparer ce Bourrelet, à plufieurs égards, à celui qui naît de la lèvre fupérieure de la plaie annulaire. Et concevoir le mode de produc-tion d'un de ces deux Bourrelets, ce fera con-cevoir le mode de production de l'autre. On a remarqué que, fi l'on enterre cette extré-mité inférieure de cette portion de racine, reftant à l'arbre, il fort, de ce Bourrelet, de nouvelles racines, & que, dans le cas, où on laiffe cette même extrémité expofée à l'air libre, le même Bourrelet produit des branches. Et dans le Cours complet d'Agriculture, rédigé par M. l'Abbé Rozier, il eft fait mention d'un tel Bourrelet, provenu fur une racine, ayant environ neuf pouces de diamètre, à l'endroit de ce Bourrelet, duquel Bourrelet, la moitié inférieure étoit enterrée, & avoit pouffé deux racines, ayant chacune une bifurcation, & la moitié fupérieure étoit expofée à l'air, & avoit produit trois bourgeons affez vigoureux.

Duhamel du Monceau a obfervé que la lèvre inférieure d'une plaie annulaire produit quelquefois des bourgeons, fans produire de Bourrelet. Le même retrancha, par une coupe horizontale, la partie fupérieure du tronc d'un arbre vivant, d'avec fa partie inférieure, qu'il laiffa fur pied; enfuite il eut foin d'ôter, à mefure qu'il le voyoit paroître, tout ce qui naiffoit de cette partie inférieure du tronc, reftée vivante; par ce moyen, il vit d'abord fortir, d'entre le bois & l'écorce de la plaie circulaire horizontale, opérée par cette coupe, un gros Bourrelet, puis il vit naître des bour-geons de la furface de ce Bourrelet. Il eft évi-dent qu'on peut comparer ce Bourrelet au Bourrelet inférieur de la plaie annulaire, & qu'ils doivent être tous deux produits de la même manière.

On a remarqué que toute la portion d'un arbre, ou d'une plante fruticante quelconque, dont une telle plaie annulaire arrête la fève,

descendante, dans fon cours, vers les racines pouffe des bourgeons, d'une force ordinaire pendant la première année de l'exiftence de cette plaie, & que, pendant les années fubféquentes, fi cette plaie fubfifte annulaire, cette portion, tant qu'elle refte néanmoins vivante, ne produit plus, pour ainfi dire, que des feuilles, ou tout au plus des bourgeons très-foibles, outre les parties de la fructification : & que, dans le cas d'une telle plaie, opérée fur le tronc d'un arbre, jeune, il naiffoit fouvent, dès la première année, une grande quantité de bourgeons gourmands, très vigoureux, de la furface de l'écorce de ce tronc, au-deffous de la plaie.

Entre les principaux phénomènes, qui ac-compagnent la production du Bourrelet de la plaie annulaire, & en font une fuite, il ne faut oublier le fait fuivant, rapporté par Magnol. En Languedoc, on eft dans l'ufage de greffer, au mois de Mai, en écuffon, les variétés d'O-liviers, les plus recherchées, fur le tronc, ou les groffes branches d'autres Oliviers, de variétés moins eftimées, qui font déjà en rapport. On opère cette greffe au moment que ces derniers commencent à être en fève. Auffi-tôt après l'opé-ration, au lieu d'étêter ces arbres au-deffus de la greffe, on enlève feulement une ceinture d'écorce, de quatre doigts de largeur, tout autour du tronc ou des branches greffées, un peu au-deffus de la greffe. Par cette opé-ration, on a l'avantage d'obtenir, de ces arbres greffés, une récolte de plus, fans préjudicier à la greffe. Et ce qu'il y a de plus remar-quable, ajoute Magnol, c'eft que l'arbre porte, dans cette année, des fleurs & des fruits, au double de ce qu'il avoit coutume d'en porter. Il y a peut-être quelque remarque à faire fur cette dernière phrafe de Magnol. Nous en par-lerons plus bas. Qu'il nous fuffife ici de re-marquer qu'on peut conclure de ce rapport, de Magnol, que cette plaie annulaire ne nuit pas à la fertilité des arbres, au moins pendant la première année, & cependant produit fur l'écuffon greffé, au-deffous d'elle, le même avan-tage que lui procureroit l'étêtement de l'arbre.

Deux autres phénomènes très-remarquables, obfervés par Buffon, c'eft qu'au Printems de la deuxième, ou autre fubféquente année, de l'exiftence d'une telle plaie annulaire, il a vu que toutes les branches des arbres fruitiers, qui étoient au-deffus du Bourrelet de la lèvre fupérieure de cette plaie, fleuriffoient long-tems, & même, quelquefois trois femaines avant les autres arbres de même efpèce & variété, reftés intacts.

Celles de ces obfervations, qui concernent principalement la production & l'accroiffement de la groffeur & de l'étendue de ce Bourrelet fupérieur, non adhérent au bois fur lequel il s'étend de haut en bas, jointes à ce qui eft rapporté dans les Mémoires de l'Académie des Sciences, de 1711, que Parent a vu, dans la cour d'une maison, un Acacia, qu'on avoit voulu, plusieurs années auparavant, retenir contre un mur, par une barre de fer, courbée en demi-cercle, qui n'embrassoit pas entièrement son tronc, & qu'il a observé, qu'il s'étoit formé, sur la circonférence de ce tronc, immédiatement au-dessus de cette barre de fer, une espèce de gros Bourrelet, très-considérable, qui couvroit alors la plus grande partie de la barre, & paroissoit disposé à la couvrir toute entière dans peu d'années, & qu'il ne s'étoit produit aucun gonflement sur ce même tronc, au-dessous de la même barre. Ces observations réunies, dis-je, parurent des plus intéressantes aux Philosophes Botanistes, & leur semblèrent prouver incontestablement, que la sève, qui existe dans les plantes, & les nourrit, n'y monte pas toute ; qu'il y a certainement, dans elles, un suc, qui descend, une sève descendante, qui, dans le cas de ces observations, paroissoit seule capable de produire ces Bourrelets & gonflemens, & étoit évidemment arrêtée dans son cours, vers les racines, par cette plaie annulaire, ou par cette barre de fer, puisqu'elle s'étoit accumulée au-dessus de ces obstacles.

Ensuite l'observation du lieu de la naissance de ce Bourrelet supérieur, qui sort toujours d'entre le bois & l'écorce, a dû paroître leur prouver que c'étoit donc entre le bois & l'écorce que cette sève descendante avoit son cours, au moins en grande partie.

Ils ont dû être confirmés dans cette opinion, par les observations qui prouvent que l'accroissement de la grosseur des arbres se fait entre le bois & l'écorce : par les expériences qui constatent que ce Bourrelet supérieur est toujours d'autant plus gros qu'il y a plus de branches au-dessus, & que ces branches sont plus longues & plus grosses : par les expériences de Duhamel du Monceau, qui font voir qu'une telle plaie annulaire, opérée sur tel point que ce soit de la longueur d'une racine quelconque, occasionne constamment la production d'un Bourrelet naissant d'entre le bois & l'écorce de celle des deux lèvres de la plaie, qui est la supérieure, c'est-à-dire, qui est la plus proche du tronc, en supposant que cette racine soit étendue, en ligne droite, depuis ce tronc, où est son origine, jusqu'à son extrémité, & qui font voir que la même plaie n'occasionne que rarement la production d'un second Bourrelet, toujours incomparablement plus petit, naissant d'entre le bois & l'écorce de la lèvre inférieure : par les expériences qui prouvent que les feuilles absorbent : & par plusieurs autres expériences, qui ont dû leur paroître, à cet égard, très-concluantes, & dont il n'est pas hors de propos d'indiquer ici les principales. On voit, dans les transactions philosophiques,

que Boterson fit, à la tige d'un jeune noisetier, une plaie, pénétrante dans le corps ligneux, & opérée, de manière qu'il en résultât deux longs éclats, situés perpendiculairement l'un au-dessus de l'autre, dont le supérieur avoit l'extrémité supérieure de ses fibres, continue avec les fibres de l'arbre, & dont l'inférieur avoit l'extrémité inférieure de ses fibres, aussi continue avec les fibres de l'arbre. Le résultat de cette expérience, que j'ai répétée, fut qu'il sortit un Bourrelet d'entre le bois & l'écorce de chacun des bords de l'éclat supérieur, & que cet éclat augmentât de grosseur, & qu'il ne sortit aucun Bourrelet d'entre le bois & l'écorce de l'éclat inférieur, qui resta dans son premier état. Duhamel du Monceau a greffé un jeune ormeau, par approche, sur le tronc d'un orme voisin, de manière que le lieu de la greffe étoit élevé de plusieurs pieds au-dessus de terre. Lorsque la réunion de ces deux arbres fut parfaitement opérée, il retrancha, de l'ormeau, toute la portion de sa tige, qui étoit au-dessus du lieu de la greffe, puis il sépara, aussi-tôt, par une coupe transversale, la base de la tige de cet ormeau d'avec ses racines. Après cette opération, cette portion de tige, greffée, a continué de vivre pendant plus de douze années, & même a produit des branches sur plusieurs points de sa longueur ; sans compter le Bourrelet, qui a dû naître d'entre le bois & l'écorce de la plaie circulaire existante à sa base ; car cette longue portion de tige a visiblement continué de végéter de la même manière qu'une de ces racines tronquées, dont j'ai parlé ci-dessus, & a donc dû produire un Bourrelet pareil à celui que telle racine produit.

Le même Duhamel a planté un arbre dans un petit pot, & l'a laissé dans ce pot, sans renouveller la terre, & sans toucher aux racines, ni aux branches, jusqu'à ce qu'il ait péri. Cet arbre vécut, dans ce pot, pendant plusieurs années, & lorsqu'il fut mourant, Duhamel examina ses racines, & les trouva toutes terminées, chacune par une nodosité de la forme & de la grosseur d'une aveline. La production de ces très-remarquables nodosités paroît très-analogue à celle du Bourrelet supérieur de la plaie annulaire. Elles paroissent ne pouvoir avoir été produites que par une sève faisant effort pour descendre au-delà de l'extrémité de ces racines, & s'accumulant dans cette extrémité à cause de l'obstacle que les parois du pot apportoient à l'effet de cet effort. Cette expérience intéressante semble prouver surabondamment, outre l'existence d'une sève descendante, que c'est une force très-expresse & très-puissante qui détermine la direction du cours de la sève descendante. L'existence & l'énergie de cette force a encore été prouvée, d'autant plus, par une autre expérience du même Duhamel du Monceau, qui imagina de renverser la situation de plusieurs branches d'arbres, de manière qu'une certaine partie de la longueur de chacune fut dirigée en ligne droite, perpendiculairement, jusqu'à son extrémité pendante vers la terre. Puis il enleva un anneau entier d'écorce sur un endroit quelconque de cette partie renversée de chacune. Cette situation renversée n'occasionna aucun changement dans la formation du Bourrelet, qui sortit d'entre le bois & l'écorce de la lèvre qui étoit du côté de l'extrémité de la branche. Chaque Bourrelet fut tel que si chaque branche fût restée dans sa situation naturelle : & le Bourrelet de la lèvre située vers l'extrémité de chaque branche fut toujours, ou seul, ou incomparablement plus gros que celui de l'autre lèvre.

Malgré toutes ces preuves, en faveur de l'opinion de ceux que la production de ces Bourrelets détermina à admettre l'existence d'une sève descendante, entre le bois & l'écorce, cependant plusieurs Philosophes Botanistes ne regardèrent pas l'existence de cette sève comme une chose qui fût encore bien prouvée ; & les raisons de douter de cette existence, & même de la nier, leur parurent très-fortes. Car, si l'on dit que la production du Bourrelet supérieur de la plaie prouve l'opinion qui admet l'existence d'une sève descendante entre le bois & l'écorce, ne peut-on pas dire qu'il faut donc en même-tems admettre que la production, bien constatée, du Bourrelet inférieur, prouve aussi l'opinion qui admettroit l'existence d'une sève montante, entre le bois & l'écorce ? Or, ces deux opinions sont contradictoires. La raison qu'on donne, pour les concilier, en disant qu'il peut y avoir, entre le bois & l'écorce, des canaux, pour la sève montante, différens de ceux qui servent de passage à la sève descendante, paroît peu satisfaisante, & contredite par l'identité parfaite, qui existe entre la substance qui forme le Bourrelet inférieur, & celle qui forme le Bourrelet supérieur. Ajoutez qu'on n'a pu, jusqu'à présent, démontrer, ni à l'œil, ni autrement, l'existence de ces canaux différens. J'exposerai, ci-après, mon opinion sur ces contradictions apparentes.

Les Philosophes, Cultivateurs, en continuant de réfléchir sur ces phénomènes de la production du Bourrelet supérieur de la plaie annulaire, remarquèrent qu'il y avoit beaucoup de rapport entre ce Bourrelet, & celui qu'on observe être produit, au moins le plus souvent, à la base des boutures, lorsqu'elles s'enracinent. Ce dernier Bourrelet est aussi annulaire. Voici, pour exemple, la description d'un tel Bourrelet, produit à la base d'une bouture de l'espèce de Geranium, que Linnæus nomme *Geranium zonale*. Cette Bouture, que j'ai sous les yeux, a été plantée, en terre, il y a quelques mois.

J'ai coupé longitudinalement un fragment, long de quelques pouces, de la partie inférieure de la tige de la plante qui en est provenue, & le Bourrelet qui existe à la base de ce fragment, par une section faite dans la direction de leur diamètre & de leur axe. Par le moyen de cette coupe, on distingue très-bien le corps ligneux nouveau, produit depuis la plantation de la bouture, d'avec l'ancien existant au moment de cette plantation. Ce dernier est d'un quart de ligne d'épaisseur à sa base. On voit distinctement que ses fibres ne se prolongent, ni dans le Bourrelet, ni dans les racines que cette bouture a produites, lesquelles racines sont toutes sorties de la surface de ce Bourrelet. Le corps ligneux nouveau est situé entre l'ancien & l'écorce. Il a une demi-ligne d'épaisseur, à la distance de quatre lignes au-dessus du Bourrelet. Il se prolonge jusqu'à la base du bois ancien. La base de ce prolongement, épaisse de deux lignes, sur trois lignes de hauteur, forme le Bourrelet. Ce Bourrelet n'est d'une telle épaisseur qu'à l'endroit de sa circonférence, d'où sortent le plus grand nombre de racines. Dans l'endroit de sa circonférence, où il est le plus mince, il a moins d'une ligne d'épaisseur ; & dans ce dernier endroit, le corps ligneux nouveau, qui le forme, ne se prolonge que jusqu'à la distance de deux lignes au-dessus de la base de l'ancien. On voit très-distinctement que le bois nouveau forme seul, par son prolongement, le corps ligneux du Bourrelet, & celui des racines, qui, au nombre de six, ont chacune environ une ligne d'épaisseur à leur origine. Elles naissent, les unes de la base, les autres de la partie supérieure du Bourrelet, sans parler de plusieurs autres racines, fort minces, qui en naissent aussi. Il me semble que, d'après cette description, on ne peut révoquer en doute, qu'il y ait beaucoup d'analogie entre ce Bourrelet de la base des boutures, & celui de la lèvre supérieure des plaies annulaires, & que ces deux Bourrelets soient, l'un comme l'autre, une production de la sève descendante. Il ne faut pas croire cependant que ce Bourrelet, de la bouture que je viens de décrire, soit parvenu à la grosseur que j'ai exposée, avant d'avoir produit aucune racine. Car, si l'on arrache une telle bouture, peu de tems après l'avoir plantée, lorsqu'elle n'a encore produit, par exemple, qu'une branche d'un pouce ou deux de longueur, on voit que le Bourrelet, qui est alors sorti d'entre le bois & l'écorce, est encore très-petit, & qu'il y a néanmoins déjà de petites racines sorties de sa surface.

Les Cultivateurs, Physiciens, remarquèrent encore que c'est toujours, ou de la surface d'un tel Bourrelet annulaire, produit à la base de chaque bouture, depuis le moment qu'on l'a mise en terre, ou bien, en certains cas, de quelques autres tumeurs naturelles analogues, existantes sur ces boutures, au moment de leur plantation, soit à la base des feuilles, soit à la base de l'insertion des bourgeons, que sortent les racines que ces boutures produisent. Ces observations leur suggérèrent l'idée d'essayer si ce Bourrelet supérieur des plaies annulaires produiroit aussi des racines, dans le cas où l'on planteroit, en terre & en saison convenables à la plantation des boutures ordinaires, la branche sur laquelle il est produit, après avoir séparé cette branche de son arbre, par une coupe faite immédiatement au-dessous de ce Bourrelet. Ils présumerent que des essais, à cet égard, pourroient produire quelque utilité : car, ont-ils dit, si la nature doit nécessairement produire un Bourrelet à la base de chaque bouture d'un grand nombre d'espèces de plantes, avant qu'elle puisse s'enraciner, il y a donc lieu de conjecturer, qu'il sera très-utile à la perfection de cette belle pratique de l'Agriculture, de forcer la nature à faire le travail nécessaire à la production de ce Bourrelet, sur chaque branche destinée à servir de bouture, avant que cette branche soit séparée de sa plante ; puisqu'on parviendroit ainsi à diminuer très-considérablement la durée de cet état de léthargie, dans lequel chaque bouture se trouve, depuis le moment de cette séparation, jusqu'à celui de son enracinement, & pendant lequel état, la sécheresse, ou l'humidité pourrissante travaillent si énergiquement, & souvent réussissent à tuer les boutures ; & qu'il n'étoit pas improbable, que par le moyen de cette diminution, on pourroit appliquer cette pratique commode des boutures à quantité de plantes, à l'égard desquelles on n'avoit pu l'employer utilement jusqu'alors, parce que leurs branches étoient organisées de manière à se dessécher, ou à pourrir infailliblement, par l'effet de la trop longue durée ordinaire de cet état de léthargie. Ils ont encore imaginé qu'on pouvoit supposer, sans absurdité, que quantité d'espèces de plantes ne se multiplioient si difficilement, ou point, par la voie des marcottes, que parce que leur organisation ne permettoit pas à leur sève descendante de s'accumuler, en aucun point de la longueur de leurs branches, à un degré suffisant pour produire des racines, tant que le chemin de cette sève, vers les racines, étoit libre par quelque point de la circonférence de ces branches ; & qu'il y avoit lieu de conjecturer que l'opération de la plaie annulaire réussiroit sûrement à produire cette accumulation nécessaire. Ces Cultivateurs, Physiciens, furent encore encouragés à tenter des expériences à cet égard, en voyant plusieurs de ces Bourrelets supérieurs des plaies annulaires, hérissés de protubérances mammelonnées, que l'analogie leur fit conjecturer être des

germes de racines ; conjecture d'autant mieux fondée, qu'en disséquant ces Bourrelets annulaires, par une section longitudinale, dirigée, en même-tems, suivant leur diamètre, & suivant leur axe, ils ont vu, dans l'épaisseur de ces Bourrelets, des faisceaux de fibres ligneuses, qui s'écartoient de l'axe de la branche, en se dirigeant, plus ou moins obliquement, vers l'horizon supposé perpendiculaire à cet axe, & dont plusieurs se propageoient jusqu'au sommet de ces protubérances.

Les expériences qu'ils ont tentées, à cet égard, en conséquence de ces réflexions, ont eu le plus heureux succès. Ils firent des plaies annulaires sur des branches de plusieurs arbres, & autres plantes fruticantes, que jusqu'alors on n'avoit pu multiplier par la voie des boutures. Il se produisit toujours un Bourrelet à la lèvre supérieure de telles plaies. Ces branches furent ensuite plantées avec ces Bourrelets, conservés intacts à leur base, en tems & saison convenables à la plantation des boutures ordinaires, & ces Bourrelets s'enracinèrent très-aisément. Ils firent aussi de pareilles plaies annulaires sur des branches de plusieurs arbres & plantes fruticantes, non multipliables par la voie des marcottes, &, sans séparer ces branches des arbres ou plantes auxquels elles appartenoient, ils entourèrent ensuite l'endroit de chaque plaie, par une quantité suffisante de terre assez légère, & entretenue dans une humidité suffisante. Par ce procédé, ils eurent la satisfaction de voir qu'il sortit toujours un Bourrelet de la lèvre supérieure de telle plaie, & que ce Bourrelet poussa dans la terre, dont il étoit environné, des racines suffisantes à la réussite de ces nouvelles sortes de marcottes.

Cette découverte de ces moyens très-précieux de multiplier, par la voie des boutures, ou celle des marcottes, un grand nombre de plantes non multipliables auparavant par ces voies, est maintenant passée dans la pratique. Et depuis ce tems, on ne connoît pas de plante fruticante, *ayant une écorce, proprement dite*, qui ne puisse se multiplier par une de ces deux voies, par ces moyens. *Voyez* les articles BOUTURE & MARCOTTE.

Je viens de dire, *plante fruticante, ayant une écorce, proprement dite*; car il convient de dire, à cet égard, en passant qu'il y a des plantes, comme, par exemple, toute la famille des *Liliacées*, &, dans cette famille, les asperges fruticantes, dont les tiges & branches n'ont pas d'écorce, proprement dite, & n'ont d'autre enveloppe qu'une épiderme. La sève descendante de ces plantes marche au long de chacun des trousseaux de fibres disséminés dans toute l'épaisseur des tiges & branches, & il n'y a pas de moyen d'arrêter le cours de la sève descendante dans ces tiges & branches, fans arrêter, en même-tems, le cours de la fève y montante, & ainfi fans tuer tout ce qui feroit au-deffus du point d'arrêt.

Ces moyens précieux de multiplication ne font pas les feules pratiques utiles que l'examen des phénomènes de la production des Bourrelets de la plaie annulaire, & autres Bourrelets les plus analogues, & des autres phénomènes, qui accompagnent cette production, ou en font une fuite, ait fuggéré, ou fait découvrir, aux Agriculteurs Philofophes, ces vrais Bienfaiteurs de l'humanité.

On trouve, dans les Mémoires de l'Académie des Sciences, année 1738, un Mémoire de Buffon, dans lequel on voit que ce Philofophe, ayant de puiffans motifs, pour faire, de la force des bois, l'objet de fes recherches, lifoit, dans Vitruve, qu'avant d'abattre les arbres, il faut les cerner, par le pied, jufques dans le cœur, & les laiffer ainfi fécher fur pied, après quoi ils font bien meilleurs pour le fervice, auquel on peut même les employer tout de fuite. Je préfume que l'enlèvement d'une ceinture d'écorce doit faire autant de bien à ces arbres, à cet égard, qu'en peut faire ce cernement, confeillé par Vitruve. Le même Buffon lifoit encore, en même-tems, dans le Traité des forêts d'Evelin, que le Docteur Plot affure, dans fon Hiftoire Naturelle, qu'autour de Staffort, en Angleterre, on écorce les arbres, fur pied, dans le tems de la fève, qu'on les laiffe fécher, fur pied, jufqu'à l'Hiver fuivant, & qu'on les coupe alors; qu'ils ne laiffent pas de vivre fans écorce : que, par cette pratique, l'aubier devient plus dur, & qu'on s'en fert comme du cœur. Il lifoit en outre, dans les Mémoires de l'Académie des Sciences, le fait d'un maronnier d'Inde, du jardin des Tuileries, qui a vécu une année entière fans écorce. Ce Naturalifte, réfléchiffant, en même-tems, fur le fait de ce Bourrelet, ci-deffus mentionné, obfervé, fur un Acacia, par Parent, & fur les phénomènes analogues alors connus, jugea que ces faits connus devoient faire regarder les affertions de Vitruve, & du Docteur Plot, comme affez probables, pour le déterminer à effayer de s'affurer, par des expériences, de ce qui pouvoit réfulter de la pratique des procédés indiqués par ces auteurs. Il penfa que, puifque la plaie annulaire, ou l'écorcement peut arrêter toute la fève defcendante d'un arbre, fans le tuer auffi-tôt, & même en le laiffant vivre pendant au moins un an après; puifque le bois & l'aubier du tronc de ces arbres peuvent continuer de vivre, quoique dépouillés d'écorce, & de végéter ainfi, fans que ce tronc augmente de groffeur, c'eft-à-dire, fans qu'il fe forme, fur ce tronc, aucune nouvelle couche ligneufe, ou corticale, lefquelles couches ne peuvent être produites,

uniquement, que par la fève defcendante, dont l'écorcement arrête le cours ; il penfa, dis-je, que ces faits avérés étoient tels qu'on pouvoit raifonnablement en conjecturer qu'il n'étoit pas impoffible que cet écorcement occafionnât, dans ce bois & cet aubier, une accumulation de fucs, capable de les améliorer & de les fortifier. En conféquence, le trois Mai, mil fept cent trente-trois, il fit ôter à un nombre de chênes, de différens âges, & de différentes groffeurs, toute l'écorce de leur tronc, depuis la terre jufqu'à la naiffance des branches, &, en même-tems, il fit une plaie annulaire vers la bafe du tronc d'un pareil nombre d'autres chênes, pareils à ceux écorcés, en enlevant à chacun une ceinture d'écorce de trois pouces de largeur, à trois pieds au-deffus de terre. Voici, en abrégé, les principaux réfultats qu'il a obtenus de ces opérations. Il ne manqua pas de fortir un Bourrelet d'entre le bois & l'écorce de la lèvre fupérieure de chaque plaie, tant des arbres dont cette plaie avoit dénudé le bois de tout le tronc, que de ceux dont elle n'avoit dénudé ce bois que fur une hauteur de trois pouces. Il ne vit jamais paroître aucune production à la lèvre inférieure d'aucune de ces plaies. Ce Bourrelet de la lèvre fupérieure s'étendit d'un pouce de haut en bas, pendant le premier Eté. Les jeunes arbres formèrent des Bourrelets plus étendus que les vieux. L'écorcement de tout le tronc fit périr les arbres, les plus jeunes, dès la première année. Il laiffa vivre les autres plus long-tems, à proportion de leur force, de forte que les plus vigoureux vécurent le plus long-tems, & ne périrent qu'à la fin de la quatrième année. La plaie annulaire, auffi, ne laiffa vivre aucun des arbres fur qui elle fut pratiquée, au-delà de la quatrième année. Depuis la fin de la première année, les Bourrelets ne s'étendirent plus; ils fe gonflèrent feulement un peu. Enfin il eut la fatisfaction de voir que la folidité, la force, la pefanteur & la dureté du bois & de l'aubier des arbres écorcés furent augmentés très-confidérablement. Leur aubier fut non-feulement changé totalement en bois parfait; changement qui n'a lieu, fans cet écorcement, qu'en douze ou quinze ans, dans le cours ordinaire de la nature; mais cet aubier fe trouva être devenu beaucoup plus fort que le cœur du meilleur bois ordinaire, & d'un cinquième plus pefant que l'aubier ordinaire. La partie la plus extérieure de cet aubier amélioré étoit devenue plus forte que l'intérieure; pendant que c'eft le contraire dans l'aubier ordinaire, qui eft conftamment, d'autant plus léger & plus foible, qu'il eft plus près de la circonférence de l'arbre. Voyez, dans le Mémoire même de Buffon, le détail très-intéreffant des expériences, par lefquelles il prouve très-inconteftablement la vérité de

ces affertions ; defquelles réfulte cette utilité
très-confidérable, que, par le moyen de cet
écorcement, on peut tirer quatre folives, de
bonne qualité, d'un tronc duquel on n'en pourroit tirer que deux pareilles fans cette pratique ;
& que, par ce même moyen, un arbre de
quarante ans peut fervir aux mêmes ufages,
auxquels, fans ce moyen, on eft obligé d'employer un arbre de foixante ans. Le bois des
arbres, fur le tronc defquels il s'étoit contenté
d'opérer une plaie annulaire de trois pouces
de hauteur, étoit plus fort que le bois des
arbres ordinaires ; mais étoit de plus d'un quart
moins fort que le bois des arbres dont le tronc
avoit été entièrement écorcé.

Il convient d'avertir ici le lecteur, que nos
Loix concernant les Eaux & Forêts, défendent
d'écorcer les arbres fur pied, & que Buffon a
eu befoin, à cet égard, d'une permiffion particulière pour faire les expériences qu'il rapporte.
Ces défenfes ont pour but de conferver les forêts,
& font fondées fur ce qu'on étoit dans l'opinion
que l'écorcement des arbres fur pied fait périr
leurs fouches. Buffon rapporte, dans le Mémoire
cité, qu'il a fait des expériences exprès pour
s'affurer fi cette opinion étoit conforme à la
vérité ; & qu'il réfulte de ces expériences, que
l'écorcement des arbres fur pied opéré dans les
taillis de chênes pour faire du tan, & le defféchement fur pied de ces arbres écorcés, font
périr quelques fouches & en affoibliffent pour
long-tems une grande quantité d'autres ; mais
que ce tort eft nul pour les arbres des hautes
futaies & pour les vieux balivaux, dont les
fouches meurent toujours, foit qu'on les ait
eu non écorcés fur pied : enfin que quand aux
arbres de moye-nâge qu'on abat dans leur
vigueur, l'écorcement de ces arbres & leur defféchement fur pied, après cet écorcement, ne
nuifent pas, dit-il, à leurs fouches.

Il a fait les mêmes expériences fur des arbres fruitiers ; & il a vu, outre les mêmes phénomènes, ci-deffus détaillés, que ces arbres fe
couvrirent, dans la feconde année, ou autres
fubféquentes, d'une quantité de fleurs prodigieufe, & beaucoup plus confidérable que celle
qu'ils euffent produite fans ces opérations. L'obfervation de ce dernier fait ajouté au nombre
de tous ceux fi intéreffans & fi fertiles en utilités, qui font une fuite de la production du
Bourrelet fupérieur de la plaie annulaire, produifit encore un procédé utile & précieux de plus
aux Agriculteurs. Ce grand Naturalifte, jugeant
que ce ne pouvoit être que l'arrêt du cours
de la fève defcendante, effectué par ces opérations, qui ait été la vraie caufe de cette augmentation extraordinaire du nombre des fleurs que ces
arbres portèrent, en tira cette conféquence : que
toutes les opérations qui peuvent produire cet
arrêt, feroient donc un bon moyen de hâter

le tems de la fécondité des plantes fructicantes,
& de mettre à fruit les arbres gourmands, qui
pouffent trop vigoureufement en bois, &, par
cette raifon, ne pouffent que du bois. Il n'eft
pas néceffaire de dire qu'il ne peut s'agir ici,
ni des arbres fruitiers à noyau, ni de tous ceux
qui, comme eux, fructifient d'autant plus qu'ils
pouffent plus vigoureufement en bois ; mais qu'il
s'agit feulement des arbres fruitiers à pépins,
& de ceux qui, comme ces derniers, ne deviennent féconds que lorfque l'âge a diminué,
jufqu'à un certain point, la rapidité & la vigueur de
leur végétation, & qu'ils ne pouffent plus, chaque
année, qu'une médiocre ou petite quantité de
bourgeons, de groffeur & de longeur médiocres,
relativement à la grandeur de ces arbres. Il jugea
donc à propos de faire à cet égard, quelques
expériences exprès ; & ces expériences furent
fuivies d'un heureux fuccès. Il en leva, par
exemple, vers le commencement d'Avril, une
lanière d'écorce en fpirale fur deux branches
de coignaffier, & il eut la fatisfaction de voir
ces deux branches donner du fruit, pendant
que le refte de l'arbre refta ftérile.

C'eft ainfi que ce grand Naturalifte a découvert ce moyen, que les Agriculteurs recher-
choient envain depuis tant d'années. Depuis
un tems immémorial, on voyoit, avec impatience, dans tous les jardins, quantité d'arbres
fruitiers à pépins, de la plus belle venue, pouffer
avec la plus grande vigueur, occuper en peu de
tems, un efpace très-confidérable de terrein précieux, produire inceffamment quantité de belles
branches à bois, mais nulle branche à fruit,
pendant un fi grand nombre d'années, que le
Cultivateur, fruftré pendant fi long-tems de fes
efpérances, laffé d'attendre pendant fi long-
tems la récompenfe de fes peines, & le loyer
de fon terrein, étoit mille fois tenté, dans fon
dépit, de jetter ces arbres au feu. Les anciens
Cultivateurs avoient tâché, envain, de trouver
un bon moyen de pourvoir à ce grand inconvénient. Les uns confeilloient de faire, avec
une tarière, un trou dans le tronc de l'arbre,
& de remplir ce trou par une cheville de bois.
Il ne paroît pas que ce procédé ait jamais été
d'aucune utilité. D'autres confeilloient de fouiller au pied de l'arbre, & de retrancher une
ou plufieurs de fes fortes racines. Ce procédé,
pénible & embarraffant, réuffiffoit quelquefois,
jufqu'à un certain point. Mais il a été reconnu très-inégal dans fes effets, très-incertain,
fouvent inutile, & par conféquent il a été peu
pratiqué. Enfin, graces à Buffon, on a, dans
les procédés, tous très-fimples, très-commodes,
très-prompts, & nullement difpendieux, qui
occafionnent la production du Bourrelet annulaire, en arrêtant la fève defcendante dans fon
cours, vers les racines, un moyen très-certain
de mettre très-promptement à fruit les arbres

et plus gourmands, foit entiers, foit telles de leurs branches qu'on peut defirer; de mettre tous arbres, ou plantes fruticantes à fruit, long-tems avant l'âge lors duquel la nature les rend ordinairement féconds. Ce nouveau moyen de commander à la nature, & de la forcer de hâter la fécondité d'un très-grand nombre de végétaux au gré de la volonté de l'homme, s'eft répandu dans plufieurs parties de l'Empire François, depuis la publication du Mémoire cité, & y eft employé maintenant depuis nombre d'années, communément, avec un fuccès conftant.

Entre ces procédés, en quoi confifte ce moyen de hâter la fécondité des arbres & autres plantes fruticantes, celui qui occafionne la production du Bourrelet annulaire le plus promptement formé, & le plus gros, eft auffi un des plus efficaces & des plus prompts, dans fes effets, à l'égard de cette fécondité. Ce procédé, c'eft la plaie annulaire.

Voici quelques avis, qu'il eft bon d'avoir devant les yeux, & quelques préceptes, qu'il convient d'obferver, lorfqu'ona employé le procédé de la plaie annulaire, pour mettre à fruit fes arbres fruitiers à pépins, & autres plantes fruticantes, analogues quant à leur manière de fructifier.

Dabord, on conçoit qu'il faut faire cette plaie annulaire fur le tronc, au-deffous de la naiffance des branches, fi l'on veut mettre à fruit un arbre entier; mais que fi l'on ne veut mettre à fruit qu'une ou plufieurs branches, il faut opérer une telle plaie à la bafe de chacune de ces branches.

Enfuite, il eft bon d'être prévenu que les branches minces, fur lefquelles on a opéré cette plaie, font fujettes à être brifées, à l'endroit de la plaie, par la moindre agitation ou le moindre choc, fi l'on n'emploie pas les précautions néceffaires, pour prévenir cet inconvénient. Il convient donc que toute branche, moins groffe, que d'un demi-pouce de diamètre, fur laquelle on aura pratiqué une telle plaie, foit, auffitôt après l'opération, fortifiée par une baguette affez ferme, attachée folidement, en manière d'écliffe, à une diftance fuffifante, tant au-deffus qu'au-deffous de la plaie, de manière à prémunir la branche très-fermement contre toute agitation.

De plus, il faut favoir que fi la plaie eft trop large, fur une branche mince, les agens defféchans réuffiffent fouvent, avant la fin de l'année, à tuer le bois que cette plaie a mis à nud, & ainfi à tuer toute la portion de la branche qui eft au-deffus de cette plaie. Il faut, outre cela, fe reffouvenir que les expériences de Buffon, ci-deffus rapportées, & celles pareilles, faites par Duhamel du Monceau, fans compter les miennes, prouvent que cette plaie

tue en peu de tems toute la partie d'un arbre qui eft au-deffous d'elle; qu'elle tue certainement, même les plus gros arbres, en trois ou quatre années, lorfqu'on l'opère fur leur tronc, & tue fouvent de même, en deux ou trois années, des branches d'une bonne force, à la bafe defquelles elle exifte. Cependant les expériences que j'ai faites, m'ont affuré que cette plaie annulaire ne tue jamais ainfi, ni les arbres fruitiers en totalité, ni aucune de leurs branches, plus groffes que de trois à quatre lignes de diamètre, lorfqu'on n'a pas enlevé un anneau d'écorce trop large, & que la diftance, entre les deux lèvres de la plaie, ne s'eft pas trouvée trop grande, pour que le Bourrelet, qui ne manque jamais de naître de la lèvre fupérieure, ait pu recouvrir la plaie dans le cours de la première année. D'après ces faits, il convient donc, en premier lieu, d'opérer chaque plaie annulaire faite pour mettre à fruit dès le commencement du Printems, afin qu'elle ait le tems d'être cicatrifée avant l'Hiver. En fecond lieu, de faire chaque plaie très-étroite, dans la même vue. Par exemple, on enlevera un anneau d'écorce de trois ou quatre lignes de largeur fur le tronc, d'une à deux lignes de largeur fur les branches gourmandes d'un à deux pouces de diamètre, & ainfi à proportion fur les branches plus groffes, ou plus petites.

Il eft fuperflu de dire, qu'en opérant chaque telle plaie, il faut enlever l'écorce dans toute fon épaiffeur, & ne laiffer fur le bois, que couvroit l'écorce enlevée, aucune portion de cette partie intérieure de l'écorce, qu'on nomme le *liber*.

On conçoit que, lorfque c'eft fur le tronc d'un arbre qu'on pratique une telle plaie, pour mettre l'arbre à fruit, il faut avoir foin d'ôter, à mefure qu'on les voit paroître, toutes les productions qui naîtront de ce tronc au-deffous de le plaie; autrement l'arbre s'emporteroit fur ces productions, & la tête de l'arbre, deftinée à être mife à fruit, feroit en rifque de tomber dans la langueur.

Il eft évident qu'une telle plaie annulaire, faite fuivant de telles proportions, fur un arbre trop vigoureux, ou fur une branche gourmande, ne peut faire périr la partie de l'arbre, ou de la branche, qui eft au-deffus de cette plaie, puifqu'elle eft immanquablement cicatrifée avant la fin de l'année. Cependant le cours de la fève defcendante vers les racines eft arrêté totalement dans cette partie, par cette plaie, depuis le moment de l'opération jufqu'à celui de la réunion des deux lèvres de la plaie. Il en réfulte donc néceffairement dans cette partie, pendant ce tems, une forte de vieilleffe factice, heureufement permaturée par cet artifice, & dont l'effet immanquable eft de couvrir, cette partie, de boutons à fruits, souvent dès la première année. Si l'effet de ce procédé n'est pas assez considérable à la fin de la première année, il faut réitérer l'opération au commencement du Printems suivant, soit sur un autre point du tronc, ou de la branche, soit sur le même point. Et en cas de nécessité, on la répète au commencement de chaque Printems subséquent, jusqu'à ce qu'on trouve l'arbre ou la branche suffisamment chargés de boutons à fruits. Mais ordinairement il en sera chargé suffisamment avant la fin de la deuxième année. Chaque fois qu'on réitère cette plaie sur un même tronc, ou sur une même branche, il faut la faire beaucoup plus étroite que celle de l'année précédente, si cette dernière n'a été cicatrisée qu'à la fin de l'Automne. Ce procédé, employé de la manière, & avec les précautions que je viens d'indiquer, est immanquable, très-prompt dans ses effets, & sans aucun inconvénient.

L'enlèvement d'une lanière d'écorce, en spirale, autour du tronc, produit à-peu-près les mêmes effets que la plaie annulaire. Il se produit, sur toute la longueur de la lèvre supérieure de cette plaie spirale, un Bourrelet qu'on peut comparer au Bourrelet supérieur de la plaie annulaire. Et dans le cas où cette plaie spirale seroit trop large, on pourroit être en risque de voir tomber dans la langueur, ou même périr toute la partie de l'arbre, ou de la branche, qui seroit au-dessus de cette plaie. Il convient donc, lorsqu'on opère une telle plaie en spirale, pour mettre à fruit, de lui donner la même largeur qu'on donneroit à une plaie annulaire, opérée au même endroit, dans la même intention. Et la longueur d'une telle plaie en spirale, sera plus que suffisante, si elle embrasse une fois & demie la circonférence de l'arbre.

Ce que j'ai dit jusqu'à présent contient, & au-delà, à-peu-près tout ce qu'on trouve d'exact dans les Auteurs sur les phénomènes de la production des Bourrelets des plaies annulaires; sur les autres phénomènes qui accompagnent cette production, & en font une suite; sur les procédés utiles qu'a suggérés l'observation attentive de ces phénomènes; & enfin sur la lumière que ces phénomènes sont de nature à répandre sur la physique végétale. Ce qui suit, dans ce chapitre, contient ce que nous pensons qu'on peut ajouter utilement à tous ces égards.

En l'année mil sept cent quatre-vingt-un, je lisois, dans le mémoire de Buffon, ci-dessus cité, l'exposé de ce moyen, découvert par lui, & aussi ci-dessus mentionné, d'avancer la fécondité des arbres. Mes réflexions, sur cette lecture, jointes à celles des expériences analogues, faites par Duhamel du Monceau, me portèrent à essayer si ce procédé, de la plaie annulaire, par lequel on arrête si entièrement

le cours de la sève descendante, ne seroit pas aussi efficace pour avancer la maturité des fruits, qu'il l'est, d'après les expériences citées, pour hâter la fécondité des arbres. Il est vrai que ce Mémoire de Buffon, dont le principal sujet est l'augmentation de la solidité & de la force des bois, & la conversion de l'aubier en bois parfait, contient, relativement à l'influence de cet arrêt du cours de la sève descendante, sur la maturité des fruits, plusieurs phrases qui ne sont pas propres à encourager, pour tenter de nouvelles expériences à cet égard, & qui ne sont, au contraire, propres qu'à persuader que la pratique de cet arrêt ne pouvoit avancer utilement cette maturité. Car, après avoir dit qu'en enlevant une ceinture d'écorce sur le tronc d'arbres fruitiers, il a obtenu, dès la première année, des fruits hâtifs, assez bons, & qu'un poirier, sur le tronc duquel il avoit ôté, outre une ceinture d'écorce, tout l'aubier que cette plaie avoit mis à nud, lui a donné des fruits prématurés aussi bon que les autres; il ajoute qu'il a fait aussi la même opération sur le tronc de gros pommiers, & de pruniers vigoureux : que cette opération a fait périr, dès la première année, les moins gros de ces arbres: que les autres, qui ont résisté pendant deux ou trois ans, fleurissoient, la seconde ou troisième année, trois semaines avant les autres arbres de même espèce, mais que le fruit qui succédoit à ces fleurs, ne parvenoit jamais à maturité, jamais même à une grosseur considérable. L'ensemble de ces phrases ne pouvoit faire attendre que destruction, de la part de la pratique de cet arrêt de la sève descendante, par rapport aux fruits : n'en pouvoit faire espérer d'autre résultat que la perte certaine des arbres, ou dès la première année, ou dans deux ou trois ans au plus tard, & ne présentoit, pour toute compensation de cette destruction, que l'espérance très-incertaine d'une récolte de fruits prématurés, seulement assez bons, pendant la première année seulement. En conséquence, cet Auteur n'a, dans les expériences qu'il rapporte avoir faites au sujet de cet arrêt de la sève descendante, trouvé d'autre pratique qui lui parut utile à tenter, outre le changement de l'aubier en bois parfait, & l'augmentation de la solidité & de la force du bois, que le moyen ci-dessus exposé, de mettre promptement à fruit les arbres fruitiers à pépins. Néanmoins, en y réfléchissant, je me suis persuadé qu'il y avoit encore des tentatives à faire au sujet de l'avancement de la maturité des fruits, & qu'il étoit possible de tirer, à cet égard, un parti utile de l'arrêt de la sève descendante. J'ai donc choisi, la même année 1781, avant la sève, sur un abricotier en espalier, une branche de nature à être retranchée lors de la taille, & au lieu de l'ôter, j'ai enlevé, à sa base, un anneau entier d'écorce. Il ne manqua pas de se produire un Bourrelet à la lèvre supérieure de cette plaie. Cette branche a produit sept abricots. Le deux Juillet, j'ai cueilli, sur cette branche, le prémier abricot, si parfaitement mûr, qu'il n'y avoit aucun point de sa surface & de sa substance qui fût dur, ou qui eût la moindre teinte de verd. Le six Juillet, les six autres abricots de la même branche étoient au même point de maturité. Alors tous les autres abricots du même arbre étoient encore entièrement verds, & cet arbre en étoit fort chargé. Le seize Juillet, il n'y avoit que deux abricots de mûrs sur tout le reste de l'arbre, & le vingt-quatre du même mois, la moitié des fruits du même reste d'arbre n'étoit pas encore en état de maturité. Ces sept abricots, avancés, étoient très-sensiblement plus gros que ceux du reste de l'arbre.

J'ai répété, plusieurs fois depuis, la même expérience, tant sur abricotiers que sur pruniers, & toujours avec un succès pareil à tous égards. De sorte qu'on peut conclure, avec sûreté, de tous les résultats que j'ai obtenus, que l'opération de la plaie annulaire avance, de quinze jours au moins, la maturité des fruits qui proviennent au-dessus de cette plaie, & augmente, en même-tems, la grosseur de ces fruits.

J'ai encore répété cette expérience en cette présente année mil sept cent quatre-vingt-dix. Au commencement de la sève du Printems, j'ai choisi, sur un abricotier en plein vent, une branche d'environ un pouce de diamètre à sa base, & qui, par sa position trop basse, étoit dans le cas d'être élaguée. Au lieu de la retrancher, j'ai enlevé à sa base un anneau entier d'écorce d'environ trois lignes de largeur, en prenant la précaution de ne laisser sur le bois, que cette plaie découvroit, aucune parcelle du liber.

Il s'est formé, à l'ordinaire, un Bourrelet à la partie supérieure de cette plaie. Et le dix-neuf Juillet, de la même année, j'ai présenté à la Société d'Agriculture, à Paris, cette branche, dont je parle, portant, au-delà de ce Bourrelet, vingt abricots mûrs parfaitement, & dont plusieurs étoient passés, parce qu'ils étoient, dès le quatorze, en état de maturité. Et cette même branche, présentée, portoit, en même-tems, en deçà, c'est-à-dire, au-dessous du même Bourrelet, quatre abricots très-verds, & plus petits de beaucoup que les vingt abricots mûrs. Ces vingt abricots mûrs étoient très-considérablement plus gros que tous les autres fruits du même arbre, qui étoient tous alors encore très-verds. Or cet arbre étoit très-chargé de fruits : il en portoit plusieurs centaines sur sa tête, qui avoit de dix à onze pieds de diamètre en tout sens.

J'ai présenté, à la même Société d'Agriculture, le vingt-deux Juillet suivant, une autre branche d'un prunier de Dauphine, en plein vent.

Lorsque cet arbre étoit en fleurs, j'ai enlevé, à la base d'un des rameaux de cette branche, un anneau entier d'écorce. Et au moment que cette branche fut présentée, les onze fruits, que ce rameau a produits, & portoit, étoient tous mûrs, très-odorans, très-bien colorés, & très-notablement, & même deux fois plus gros que tous ceux du reste de l'arbre, qui étoient semblables à tous égards à dix-neuf fruits très-verds & très-durs, que portoient, en même-tems, les autres rameaux de la même branche présentée. Cet arbre étoit chargé de plusieurs centaines de fruits pareils.

J'ai dit, dans le Mémoire que j'ai lu à la Société d'Agriculture, le même jour, dix-neuf Juillet 1790, auquel j'ai présenté la branche d'abricotier ci-dessus mentionnée, qu'il me paroissoit que l'analogie autorisoit à présumer que ce moyen de précocité pourroit être employé avec succès, encore à l'égard d'autres fruits que ceux à noyau. Et j'ai ajouté que j'avois quelques branches en expérience à cet égard, & que je me proposois de rendre compte à cette Société, du résultat que j'en obtiendrois. En effet, au Printems de la même année 1790, avant que la vigne eût encore fait aucune production, j'ai enlevé, sur une branche de vigne un anneau entier d'écorce vers la base d'un rameau de l'année précédente. Et j'ai présenté à la Société d'Agriculture le douze Août de la même année, cette branche, portant sur ce rameau, & au-dessus du très-gros Bourrelet qui est provenu à la partie supérieure de cette plaie, outre une couple de grappillons, deux grappes de raisin blanc, parfaitement mûres, & portant sur un autre rameau, dont l'origine étoit au-dessous de ce Bourrelet, une grappe, dont le raisin étoit encore très-verd, très-opaque, & très-notablement plus petit que celui des deux grappes mûres.

Sur une autre branche, du même cep de vigne, j'ai enlevé, avant la fleur, à la base d'un des bourgeons, de la même présente année 1790, un anneau entier d'écorce. Il en est résulté que la grappe du même raisin blanc, qu'a produit ce bourgeon au-dessus du Bourrelet occasionné par cette plaie, étoit parfaitement mûre le même jour, douze Août, pendant que deux autres grappes, portées par deux autres bourgeons de la même branche, avoient, le même jour, tous leurs grains si éloignés de l'état de maturité, qu'il s'en falloit de beaucoup qu'ils parussent prêts à devenir clairs. Ils étoient alors très-parfaitement opaques, très-durs, & trois ou quatre fois plus petits que ceux de la grappe mûre. Toutes les grappes du même cep de vigne étoient alors dans un état de verdeur, de dureté, d'opacité, de petitesse, exactement pareil à celui de ces deux grappes vertes, & étoient en très-grand nombre. J'ai aussi présenté cette feconde branche de vigne, en même-tems que la première, le même jour, douze Août, à la même Société.

Les nouvelles découvertes, en Agriculture, & en phyfique végétale, ne font réputées bien conftatées que lorfqu'elles font appuyées fur un nombre fuffifant de faits certains, & fur-tout d'expériences faites exprés, certaines & concluantes. J'ai donc cru qu'il convenoit de mettre, fous les yeux de la même Société d'Agriculture, les réfultats de mes expériences, relatives à ce nouveau moyen de précocité, à mesure que ces réfultats étoient en état de mettre les favans hommes, qui compofent cette Société, d'autant plus à portée de juger par leurs yeux de l'efficacité de ce moyen. J'ai donc préfenté, le dix-neuf Août de la même année, à la même Société, plufieurs autres branches de vigne, dont voici le détail.

1.° Une branche portant, au-deffus du lieu où j'ai enlevé un anneau entier d'écorce, au commencement du Printems de la même année, & au-deffus du Bourrelet qui a été produit à la partie fupérieure de cette plaie, trois grappes & deux grapillons de raifin mufcat mûr, & portant, en même-tems, fur un de fes rameaux, qui prenoit naiffance au-deffous de la plaie, trois grappes, dont tous les grains étoient encore opaques, & beaucoup plus petits que ceux des grappes mûres.

2.° Une branche portant, fur un de fes bourgeons de la même année, au-deffus du Bourrelet occafionné par une pareille plaie annulaire, faite avant la fleur, une grappe de raifin blanc mûr, & portant, en même-tems, fur le même bourgeon, au-deffous du Bourrelet, une grappe, dont tous les grains étoient encore très-opaques, & fur plufieurs autres bourgeons, plufieurs grappes, dont tous les grains étoient auffi opaques. Tous ces grains opaques & très-verds étoient très-notablement plus petits que ceux de la grappe mûre.

3.° Une branche de vigne, à laquelle j'ai enlevé, en Mai précédent, un anneau entier d'écorce, fur du bois de deux ans. Cette branche portoit alors trois grappes de raifin blanc mûres, au-deffus du gros Bourrelet qui a été produit à la lèvre fupérieure de cette plaie annulaire, &, en même-tems, trois grappes très-vertes & très-opaques, fur les rameaux que portoit la même branche au-deffous de la plaie.

4.° Une branche de vigne, à laquelle j'ai enlevé, au commencement du Printems, toujours de la même année, un anneau entier d'écorce, fur du bois de deux ans, & portant, au-deffus du très-gros Bourrelet qui a été produit à la lèvre fupérieure de cette plaie, une grappe de raifin blanc très-mûre, &, en même-tems, au-deffous de ce Bourrelet, une grappe très-opaque & très-verte, dont les grains étoient plufieurs

fois plus petits que ceux de la grappe mûre.

5.° Une branche de vigne, portant, au-deffus du Bourrelet occafionné par l'enlèvement d'un anneau d'écorce, fait fur un bourgeon de la même année avant la fleur, une grappe de raifin blanc mûre, & fur trois autres bourgeons, trois grappes très-opaques & très-vertes.

6.° Une branche de vigne, qui a été, dans le même tems, foumife à une expérience toute pareille, & qui portoit une grappe de raifin blanc mûre fur le bourgeon, à la bafe duquel font la plaie & le Bourrelet, & quatre grappes très-vertes & très-opaques fur plufieurs autres bourgeons.

Il n'eft pas inutile de remarquer que plufieurs de ces plaies, qui avoient été faites fur ces branches préfentées ce jour, dix-neuf Août, étoient alors bien cicatrifées dans tout leur pourtour, quoiqu'elles aient été faites un peu tard, & d'une largeur égale à l'étendue du diamètre de la branche, immédiatement au-deffous de la plaie.

Le fix Septembre de la même année, j'ai encore expofé, à la même Société d'Agriculture, que j'avois jugé à propos de varier d'autant mes expériences, relatives à ce moyen de précocité, en effayant ce qu'il produiroit fur une couple de ceps de raifin mufcat faifant partie d'une treille, en plein vent, autour d'un puits, & dont le raifin ne mûrit, comme on juge bien, que très-rarement, ou jamais. J'ai mis le même jour, fix Septembre, fous les yeux de cette Société, le produit de cet effai, confiftant en cinq branches, cueillies ledit jour fur ces mêmes ceps, & dont voici le détail.

En premier lieu, quatre branches, à chacune defquelles j'ai, vers le commencement du Printems de la même année, enlevé un anneau entier d'écorce fur du bois de l'année précédente.

La première de ces branches portoit, ce même jour, fix grappes de raifin mufcat blanc, en état de maturité, au-deffus du Bourrelet annulaire, très-confidérable, qui eft provenu à la lèvre fupérieure de cette plaie, & au-deffous de ce Bourrelet, une grappe, dont tous les grains étoient encore très-verds, & trois ou quatre fois plus petits que ceux des fix grappes mûres.

La feconde & la troifième de ces branches portoient chacune, au-deffus d'un pareil Bourrelet, une grappe du même raifin, en état de maturité, & au-deffous chacune une grappe, dont tous les grains étoient très-verds, très-opaques, & trois ou quatre fois plus petits que ceux de la grappe mûre.

La quatrième de ces branches portoit, au-deffus d'un pareil Bourrelet, une grappe du même raifin, en état de maturité, & au-deffous de ce Bourrelet, cinq grappes, dont tous les grains étoient très-verds, très-opaques, & trois ou quatre fois plus petits que ceux de la grappe mûre.

En second lieu, une cinquième branche, sur laquelle j'ai enlevé, avant la fleur, un anneau entier d'écorce, à la base d'un bourgeon de la même année. Cette branche portoit, sur ce bourgeon, une grappe de raisin, en état de maturité, au-dessus du Bourrelet qui est provenu à la lèvre supérieure de la plaie, & portoit, en même-tems, sur deux autres bourgeons, deux grappes très-vertes & très-opaques, dont tous les grains étoient de moitié plus petits que ceux de la grappe mûre.

Aucune des autres grappes, produites, pendant la même année, par ces deux ceps de raisin muscat, n'est parvenue à un état de maturité passable. A la fin d'Octobre, elles étoient toutes flétries aux ceps, & d'un goût très-acide. Et depuis elles se sont toutes flétries de plus en plus, sans devenir plus douces.

Tous ceux qui ont examiné ces branches, présentées à la Société d'Agriculture, les dix-neuf & vingt-deux Juillet, les douze & dix-neuf Août, & le six Septembre, ont jugé qu'il y avoit au moins quinze jours ou trois semaines de différence entre l'état de maturité des fruits avancés, par l'opération de la plaie annulaire, & l'état de maturité des fruits verds, portés par les mêmes branches, & qui servoient d'objet de comparaison. Et la grosseur de tous les fruits, dont j'ai ainsi avancé la maturité, a toujours été plus considérable que celle à laquelle sont parvenus, pendant la même année, les autres fruits mûris ensuite sur les mêmes arbres & sur les mêmes ceps.

Il me semble que tous les faits, ci-dessus détaillés, qui sont bien constatés, sont suffisans pour prouver incontestablement que la plaie annulaire est un moyen très-sûr, très-simple, très-peu dispendieux, d'avancer, d'environ quinze jours, la maturité des abricots, prunes, raisins, & probablement d'autres fruits, en augmentant leur grosseur. Les jouissances humaines ne peuvent donc que gagner considérablement à ce que ce moyen soit bientôt connu, adopté, & pratiqué généralement.

On peut objecter, contre l'utilité de ce moyen, que cet arrêt de la sève descendante & cette plaie annulaire, opérés sur des arbres fruitiers à noyau, doivent occasionner, sur l'endroit des Bourrelets qui en résultent, un épanchement de gomme, qui doit mettre, en risque de périr, les arbres ou branches sur lesquels on aura pratiqué cette plaie.

Mais on peut répondre : 1.º Mes expériences, ci-dessus rapportées, prouvent que ce moyen peut être aussi utilement employé à l'égard d'autres fruits que ceux à noyaux.

2.º A l'égard des fruits à noyaux, on conçoit qu'il y a nombre de circonstances, dans lesquelles une précocité d'environ quinze jours, opérée sans diminuer, & même en aug-

mentant la grosseur, la beauté & la bonté de fruits, peut valoir dix & cent fois plus que la branche, ou même l'arbre entier, sur qui on l'auroit opérée.

3.º Ces branches, même sur des arbres fruitiers à noyaux, ne sont pas entièrement perdues. D'après ce que j'ai dit ci-dessus, on peut croire sans peine que l'expérience m'a appris que ce sont des boutures excellentes, qui s'enracinent avec la plus grande facilité, & par le moyen desquelles on se procure promptement l'avantage considérable d'avoir des arbres francs de pied, dont les rejetons n'ont pas besoin d'être greffés, & qui ne sont pas sujets à cet autre Bourrelet de la greffe, qui détruit un si grand nombre d'arbres. Au Printems suivant, l'année pendant laquelle j'avois occasionné la production de Bourrelets annulaires, par opération de plaies annulaires, j'ai coupé, avant le premier mouvement de la sève, plusieurs des branches qui étoient munies de tels Bourrelets, & dont quelques-unes avoient un pouce, & un pouce & demi de diamètre à leur base, & cinq pieds de hauteur. Je les ai coupées chacune immédiatement au-dessous du Bourrelet, que j'ai eu soin de ne pas endommager. Je les ai repiquées sans en rien retrancher, en lieu frais, au Nord, & en terre fraîchement labourée. Et sans autre soin, que d'arroser de tems en tems, ces boutures se sont enracinées, & n'ont pas perdu un seul bouton, malgré leur grande longueur.

4.º On juge souvent à propos de détruire des branches sur les arbres fruitiers, tant sur ceux qu'on est dans l'usage de tailler, que sur tous autres ; soit pour rendre leur tête plus égale ; soit parce que ce sont des branches gourmandes, sur lesquelles tout arbre est toujours en risque de s'emporter ; soit parce que ce sont des branches qui embarrassent le passage, &c. Dans ces cas, il n'y auroit aucun inconvénient à différer d'un an la destruction de chacune de ces branches, pour, par le moyen de l'enlèvement d'un anneau cortical sur le point où on projettera de les couper, en retirer d'abord une récolte de fruits plus gros, & dont la maturité sera avancée de quinzaine, & se procurer ensuite une très-bonne bouture, dont l'enracinement est presque certain.

Lors de la taille des arbres fruitiers, il ne faut retrancher aucuns gourmands ; il est même inutile d'employer son tems & sa peine pour tâcher de dompter ces gourmands par une taille capable d'y amuser la sève, comme on fait ordinairement dans la vue de les retrancher par la suite, lorsqu'on aura réussi à modérer la fougue, à diminuer suffisamment la vigueur de la partie de l'arbre qui les a produits, & à corriger cette partie de sa propension à attirer sur elle toute la sève de l'arbre par la production de telles branches. Cette dernière pratique, quoique fort bonne, n'eſt pas celle que je conſeille de préférer, d'après mon expérience ; excepté dans le cas où l'on auroit beſoin de conſerver quelques-uns de ces gourmands, pour remplir quelque vuide, ou pour corriger quelqu'inégalité, ou pour remplacer quelque branche trop vieille. Hors ce cas, je me ſuis convaincu que le meilleur parti qu'on puiſſe prendre à l'égard des gourmands, c'eſt d'ôter à la baſe de chacun un anneau entier d'écorce. En arrêtant ainſi le cours de leur ſève deſcendante, on dompte la partie de l'arbre qui les a produits, beaucoup plus efficacement que de toute autre manière, on a moins de peine & beaucoup plus de profit, puiſqu'en réuſſiſſant à maitriſer la végétation de ſon arbre, on obtient de chaque gourmand une très-bonne bouture, & en pluſieurs cas, de beaux fruits précoces.

5.° On a très-ſouvent des motifs ſuffiſans, pour ſe décider à arracher d'anciens arbres fruitiers. Alors il y a un avantage évident à hâter de quinze jours la maturité de leur dernière récolte. Dans ce cas, s'il ne leur reſte pas de branches vigoureuſes, on pourra ſe contenter de pratiquer l'enlèvement d'un ſeul anneau d'écorce ſur le tronc de chacun. Mais, s'il leur reſte des branches vigoureuſes, & de belle venue, il conviendra d'enlever, à la baſe de chacune d'elles, un anneau cortical, pour, en outre, faire de ces branches autant de très-bonnes boutures, qui ſeront propres à mettre en terre, avant la ſève, au Printems de l'année ſuivante.

6.° Je ſais, par expérience, que ſi l'anneau d'écorce, enlevé, n'eſt pas trop large, & que la branche ſoit d'une certaine force, ſouvent la plaie ſera entièrement cicatriſée avant la fin de l'année, & la branche vivra comme ſi elle n'avoit pas ſouffert cette opération.

7.° On voit, dans les ſerres & jardins, tant des curieux que des établiſſememens publics de Botanique, pluſieurs eſpèces d'arbres ou arbriſſeaux, qui y fleuriſſent ſi tard, chaque année, qu'on a bien de la peine à en obtenir des graines en état de maturité. Il paroît plus que probable que notre moyen de précocité pourra remédier au moins en partie, à cet inconvénient, qui eſt de nature à apporter un grand obſtacle aux progrès & à l'extenſion de la Botanique, & à s'oppoſer à la propagation de pluſieurs plantes utiles.

8.° On voit, parmi les expériences de Buffon, rapportées dans ſon Mémoire ci-deſſus cité, que cet enlèvement d'un anneau d'écorce, a occaſionné une grande précocité dans la floraiſon de pluſieurs arbres, une ou pluſieurs années après l'opération. Ce fait ne doit-il pas nous inviter à tenter la même expérience ſur les roſiers, jaſmins, & autres plantes fruticantes, qu'on ne cultive que pour la beauté ou l'odeur de leurs fleurs. Il ſeroit fort agréable de trouver, dans ce moyen de précocité, la facilité d'égaler, & peut-être de ſurpaſſer, à cet égard, l'induſtrie de ce Vieillard, Philoſophe, devenu ſi célèbre par les beaux vers de Virgile, qui avoit trouvé le ſecret d'obtenir les premières roſes au Printems, & les premiers fruits en Automne :

Primus vere roſam atque Autumno carpere poma.

9.° Comme cette opération augmente la groſſeur des fruits, en même-tems qu'elle avance leur maturité, chacun de ces deux effets indique qu'elle occaſionne, dans ces fruits, une grande & prompte ſurabondance de ſève. Or il paroît probable que la cauſe, au moins en partie, de la production des fleurs doubles eſt une prompte ſurabondance de ſève dans les fruits, qui portent les ſemences, d'où proviennent ces plantes à fleurs doubles. Cette réflexion doit inviter à tenter cette opération de la plaie annulaire, dans la vue d'obtenir des variétés à fleurs doubles, de pluſieurs eſpèces de plantes, recommandables par la beauté de leurs fleurs, & qui n'ont, juſqu'à préſent, produit que des fleurs ſimples. Il ſeroit très-agréable d'augmenter la beauté des fleurs, en même-tems que leur précocité. Entre les motifs de tenter ce moyen, il ne faut pas oublier que ces beaux marronniers d'Inde, qui rempliſſent ſi agréablement nos jardins d'ornement, font bien racheter leur beauté par cette pluie, de gros & mauvais marrons, qui rend leur ombrage ſi incommode, pendant une partie de la belle ſaiſon ; il ſeroit bien avantageux de pouvoir les remplacer par des arbres de la même eſpèce, dont les fleurs ſeroient doubles, & qui, en même-tems, qu'ils ſeroient encore plus, & plus long-tems beaux, auroient acquis une heureuſe ſtérilité, qui nous délivreroit de cet inconvénient.

10.° Ceux qui trouvent de l'utilité dans les autres moyens de précocité, mis en uſage juſqu'à préſent, comme les ſerres-chaudes, &c., pourront eſſayer d'augmenter cette utilité, en y joignant la pratique de cette plaie annulaire.

11.° Comme les expériences, ci-deſſus rapportées, prouvent très-bien que ce nouveau moyen de précocité eſt au moins auſſi efficace ſur la vigne, que ſur les abricotiers & pruniers ; il n'eſt perſonne qui ne comprenne d'abord qu'on peut ſe procurer, par la pratique de ce moyen, des avantages, immenſément plus grands ſur la vigne que ſur les arbres fruitiers ; puiſque d'abord le précieux fruit de la vigne eſt lui ſeul plus important, plus utile, plus néceſſaire à la vie de l'homme, que les fruits de tous les arbres fruitiers enſemble, qui, outre cela, ſont bien éloignés de fournir, à eux tous, une maſſe de vivres & de richeſſes auſſi conſidérable que la vigne : puiſqu'enſuite la nature de la vigne permet de donner à la pratique de ce ce moyen, sur cette plante, une étendue immense, & incomparablement plus grande que sur les arbres fruitiers : puisqu'enfin, dans le climat de Paris, & tous autres pays aussi tempérés, les fruits de tous les arbres fruitiers, excepté le figuier, qui est très-peu commun, mûrissent parfaitement chaque année, en plein air, quoique plus tard, sans ce moyen, ni aucun autre, pendant que le fruit de la vigne a très-souvent besoin de ce secours, faute duquel il ne peut très-souvent parvenir à un état de maturité parfaite, ou même seulement passable.

On sait qu'il y a un très-grand nombre de cantons, dans lesquels, jusqu'à présent, on n'a que très-rarement la satisfaction d'obtenir le raisin muscat passablement mûr. Désormais on pourra s'en procurer, toutes les années, abondamment, de bien mûr, par la pratique de ce moyen.

Il y a lieu de croire aussi que, par cette pratique, les fruits de plusieurs excellentes variétés ou espèces de raisin, comme, par exemple, le muscat d'Alexandrie, le raisin cornichon, le raisin de Corinthe, parviendront désormais à une parfaite maturité, plus communément qu'ils n'ont fait jusqu'à présent, dans le climat de Paris, & dans les autres pays aussi tempérés.

Mais, ce qui est bien plus important, c'est que ce moyen peut être de la plus grande utilité, pour perfectionner nos vins, & sur-tout peut, en grande partie, mettre les Cultivateurs à l'abri de la dure & désastreuse nécessité, à laquelle ils sont malheureusement trop souvent réduits, de faire la vendange de tous leurs raisins, encore verds, pour les préserver de la gelée.

Sans compter l'agrément, cependant très-considérable, de voir désormais, chaque année, nos marchés fournis de raisins mûrs, quinze jours ou même trois semaines plutôt que par le passé.

Il est vrai que, pour obtenir tous ces avantages, il faudra pouvoir pratiquer ce moyen très en grand : mais, comme je viens de le dire, la nature de la vigne permet de donner, sur elle, la plus grande étendue à la pratique de ce moyen; au point qu'on peut ainsi avancer, de quinze jours ou trois semaines, la maturité de la moitié, ou au moins du tiers de toute la masse des raisins de tous les jardins & vignobles des climats d'une température égale à celle du climat de Paris, ou à celle de la ci-devant Province de Champagne : sans exclure l'utilité qu'on en peut tirer en Bourgogne, & autres pays plus méridionaux.

En effet, tout le monde sait que la manière la plus usitée, & en même-tems la plus approuvée, de tailler toute vigne, sans exception, qui est en rapport, assez garnie, & non sur le retour, est de *tailler court*, (*Voyez* ce mot,) la moitié du nombre de ses branches de l'année, qu'on nomme, après cette taille, les *coursons*, (*Voyez* ce mot,) & de *tailler long*, (*Voyez*

ce mot,) l'autre moitié du nombre de ses branches, qu'on nomme, après cette taille, les *ployes*, (*Voyez* ce mot.) On taille ces coursons de manière à obtenir, de chacun, deux branches de bonne force, sur lesquelles on taillera l'année suivante. Ils produisent peu de raisin, mais on en est indemnisé par les ployes, qui en produisent deux ou trois fois autant que les coursons. Après la récolte, c'est-à-dire, lors de la taille suivante, on est dans l'usage de détruire toutes ces ployes, ce qu'on peut alors faire sans inconvénient, & même ce qu'on doit faire; puisque la vigne étant supposée suffisamment garnie, lors de la taille précédente, & chaque courson ayant produit deux branches, ces coursons suffisent pour entretenir la vigne aussi bien garnie que lors de cette taille précédente, & ces ployes se trouvent superflues.

Cela étant, il tombe sous les sens, qu'en enlevant un anneau d'écorce à la base de chacune de ces ployes, au moment de la taille dont elles tirent leur nom, on se procureroit ainsi l'avantage d'avancer, de quinze jours ou trois semaines, la maturité des trois quarts ou des deux tiers de la récolte de toutes ses vignes. Mais on pourroit craindre, qu'en arrêtant le cours de la sève descendante, exactement toutes les années, dans toutes les ployes, cette opération ne pût, malgré la grande force de la végétation de cette plante, porter préjudice à la vigueur de ses racines. Car il me paroît certain qu'aucune racine ne peut s'alonger sans le concours de la sève descendante. Je pense donc qu'il seroit prudent de n'arrêter ainsi le cours de la sève descendante que dans la moitié du nombre des ployes. Tout Cultivateur, intelligent & expérimenté, conviendra que la vigne est d'une végétation assez vigoureuse, pour supporter, sans inconvénient, cette pratique, qui, étant généralement adoptée, produiroit toujours l'avantage immense d'avancer, de quinze jours ou trois semaines, la maturité d'un tiers de la masse de tous les raisins; de faire parvenir sûrement chaque année, à maturité, un tiers de la vendange, malgré la température froide de la saison ou du canton, qui empêcheroit les deux autres tiers de mûrir, & malgré la nature tardive des variétés ou espèces, qui ne mûrissent presque jamais naturellement; & enfin de mettre, en tout pays, un tiers de raisins, quinze jours plutôt, à l'abri des accidens qu'ils ont toujours à craindre tant qu'ils ne sont pas récoltés.

Et jam maturis metuendus Jupiter uvis. Vig. Géorg.

Combien de fois n'a-t-on pas vu la grêle détruire tous les raisins d'un vignoble, pendant les deux dernières semaines qui précèdent la vendange. On eût donc conservé le tiers de ces raisins, si, par cette pratique, dont il s'agit, l'on eût avancé de quinzaine leur maturité. Il en résulteroit, outre cela, cette autre utilité confidérable, de convertir toute cette moitié du nombre des ployes, en autant d'excellentes boutures, qu'on pourroit mettre en terre au Printems suivant, & qui, par leur grande force & leur grande facilité à s'enraciner, feroient beaucoup plus avantageuses que les *crossettes*, & équivaudroient presque à des marcottes.

Il me paroît qu'il feroit hors de propos de passer ici sous silence les objections qui m'ont été faites, touchant ce nouveau moyen de précocité, par un très-respectable Membre de la Société d'Agriculture, dont l'autorité ne peut qu'être d'un très-grand poids. Il m'a dit qu'on doit regarder, comme une règle générale, que tous les fruits, dont on hâte la maturité par quelque moyen artificiel que ce soit, sans exception aucune, ne peuvent être aussi bons que lorsqu'ils sont mûris naturellement; parce qu'on ne peut, soit par ce moyen nouveau, soit par aucun autre, faire violence à la nature, sans détériorer ses productions : qu'il n'y a qu'à voir combien sont peu satisfaisans les résultats des autres tentatives qu'on a faites jusqu'à présent, pour hâter la maturité des fruits : qu'il est bien reconnu, par exemple, qu'il n'y a pas de fruits plus insipides, & moins estimables, à tous égards, que ceux dont on est dans l'usage de hâter la maturité par le moyen des serres-chaudes, des murs de chaleur, & des châssis : qu'en un mot, c'étoit perdre son tems & sa peine, que de chercher à faire mieux que la nature : que je ne pouvois penser que les fruits, dont ce nouveau moyen avançoit la maturité, eussent le même degré de bonté que s'ils fussent mûris naturellement, sans penser, en même-tems, que la nature s'étoit trompée, & que je faisois mieux qu'elle; ce qu'il croyoit qu'on ne peut jamais dire sans absurdité : qu'en vain dirois-je que ces fruits, avancés, sont beaux & bons; parce que, quoiqu'en effet ceux que j'ai présentés à la Société d'Agriculture paroissent tels, ce ne peut être, d'après la règle générale, qu'une simple apparence : que, pour que je puisse prouver, qu'ils n'eussent pas acquis un plus grand degré de bonté, s'ils fussent mûris naturellement, il faudroit avoir, en mêmetems, pour objet de comparaison, les autres fruits du même arbre, parvenus au même point de maturité, ce qui est impossible.

Ces objections sont très-spécieuses. Il me semble cependant qu'il n'est pas impossible de les détruire, par des réponses satisfaisantes. D'abord il paroît indubitable que cette règle, *qu'on ne peut faire violence à la nature, sans détériorer ses productions*, admet au moins un très-grand nombre d'exceptions; & plus qu'il n'en faut, pour que les hommes ne doivent jamais se décourager dans la recherche des moyens de changer les voies de la nature, de manière à augmenter, pour nous, l'utilité de ses dons; de la contraindre

à changer sa route, non-seulement sans détériorer, mais même en améliorant ses productions.

Je ne citerai pas, pour exemple, que l'art sublime de la Médecine maîtrise utilement & falutairement la nature en un nombre infini de cas; que l'homme fait maîtriser le tonnerre; que, malgré cette somme de pesanteur, par laquelle la nature a attaché son corps à la terre, l'homme a néanmoins trouvé le moyen d'élever toute sa masse au-dessus des nues, &c., &c. Il y a, dans l'Agriculture même, assez d'exemples familiers, journaliers, & plus que suffisans. Je n'alléguerai pas même l'exemple de la castration, quoique ce procédé, qui fait une si grande violence à la nature, ait cependant amélioré, à l'égard de l'homme civil, une masse immense des alimens qu'elle lui donne, & dont cette opération augmente, en même-tems, très-considérablement, la salubrité & la quantité, en lui procurant des habits plus fins & plus chauds, en rendant les animaux plus dociles, plus soumis son empire, &c.; on pourroit dire que ce fait n'est qu'accessoire, & n'a pas un rapport assez direct à l'Agriculture, proprement dite, c'est-à-dire, à l'influence de l'activité industrieuse de l'homme sur le règne végétal.

Mais personne n'ignore que l'homme ne doit qu'à ses soins la naissance d'une grande quantité d'espèces de fleurs doubles, qui augmentent si agréablement les ornemens de son séjour. Il a donc fallu que l'homme fît une sorte de violence à la nature, pour en obtenir ces productions, améliorées par lui. Par l'effet de cette violence, il semble que la nature ait pris à tache d'augmenter encore, jusqu'au degré le plus stupéfiant, les beautés qu'elle s'étoit déjà compue à répandre, avec tant de profusion, sur cette partie des végétaux. On connoît l'étiolement artificiel, par lequel l'homme fait, en privant les plantes du contact de l'air libre & de la lumière, contraindre la nature, & la forcer de convertir, en alimens très-tendres, très-savoureux, trèssains, les chicorées, cardons, laitues & autres herbages; que, sans cette violence, il n'auroit obtenu d'elle, que dans un état de dureté, de sécheresse, de saveur, aussi ennemis de son palais que de son estomac. Ce n'est encore qu'à ses soins industrieux que l'homme doit la naisssance de tant de variétés précieuses d'herbes potagères. Je ne citerai que l'exemple seul du chou potager. Ce chou, lorsqu'il est fourni par la nature, laissée à elle-même, n'est que d'une saison, n'est qu'un aliment d'une saveur peu agréable, dur, indigeste, & toujours le même. Ce même chou, la nature forcée, par l'espèce de violence que lui a faite l'assiduité des soins industrieux de l'homme, l'a tellement amélioré, qu'il est devenu de toutes les saisons, a pris au moins trente formes diverses, agréables, les plus disparates, qui fournissent autant de sortes

de mets différens, tous fort sains, d'autant de
nuances de saveurs différentes, toutes agréables; & sous plusieurs de ces formes, la salubrité & la saveur de cette plante sont parvenues à un tel point d'amélioration, qu'elle est,
à juste titre, mise au nombre des mets les plus
délicats & les plus sains, & qu'elle peut être
facilement digérée par les estomacs les plus affoiblis. La greffe n'est-elle pas une violence faite
à la nature? elle n'en est pas cependant moins
utile pour la contraindre de produire les fruits
les plus délicieux, les plus sains, & souvent encore les plus précoces sur des sauvageons, qui,
sans cette violence, n'eussent produit que des
fruits très-désagréables au goût, très-mal sains
pour l'homme civil, & souvent très-tardifs. La
greffe des grandes variétés de poirier sur coi-
gnassier & sur épine blanche, celle des grandes
variétés de pommier sur pommier de Paradis, &c.,
font encore une plus grande violence à la nature. Elle transforme de grands arbres en arbrisseaux, en arbustes. Par elles, la nature est
contrainte de mettre à la hauteur, & dans la
main de l'homme, & même à ses pieds, des
fruits; qu'autrement elle eût placés à quarante
pieds au-dessus de sa tête; de produire, sur des
arbres de six ou huit ans, des fruits que, sans
cette violence, les mêmes variétés d'arbres n'eussent produit qu'à trente ans. Et cependant les
Cultivateurs conviennent que les fruits de ces
arbres nains par la greffe, sont aussi bons, à
tous égards, que les mêmes fruits provenus sur des
arbres francs de pied. Il est bon de remarquer,
en passant, que, dans cette circonstance, c'est
en ralentissant le cours de la sève descendante que
l'homme parvient à son but. Le Bourrelet,
souvent d'une grosseur énorme, qui se forme
au point d'union de la greffe, avec le sujet de
ces arbres, en est une preuve. Ce même enlèvement, d'un anneau cortical, qui a la propriété d'avancer la maturité des fruits, est,
comme j'ai déjà dit, déjà employé, depuis nombre d'années, en plusieurs pays, pour mettre
les arbres à fruit; & les fruits qu'on obtient,
nombre d'années plutôt, par cette violence
faite à la nature, n'ont pas été trouvés
moins bons que ceux qu'elle donne beaucoup
plus tard, sans cette violence. La taille des arbres, & l'art de les mettre à fruit, par son
moyen, sont encore des violences faites à la
nature, & les fruits, qu'on lui fait porter ainsi,
font reconnus aussi bons que ceux qu'elle donne
sans cette violence. Sans parler du froment, de
l'orge & des autres plantes utiles, ou nécessaires
à l'homme, que la nature ne lui montre plus
que lorsqu'il l'y contraint par son industrie, &c.,
&c. On ne finiroit pas, si l'on entreprenoit de détailler, seulement les principales de toutes les violences
que l'homme fait faire à la nature, utilement pour
lui; & sans détériorer celles de ses productions à

l'égard desquelles il la maîtrise par ces violences.

C'est envain qu'on cite l'exemple des fruits,
dont on hâte la maturité par le moyen des
serres-chaudes, des chassis, &c. Tout ce qu'on
pourroit conclure de cet exemple, c'est qu'entre
les violences qu'on fait à la nature, il y en a
qui détériorent ses productions. Mais cette vérité
triviale, & qui ne peut être mise en question,
n'est aucunement contradictoire à cette autre
vérité, qu'il y a comme je viens de l'exposer,
grand nombre de violences, qui sont loin d'occasionner aucune détérioration dans les productions naturelles sur lesquelles l'homme influe
par ces violences. Je conviens, avec tout le
monde, que les fruits, dont on avance la maturité par le moyen des serres-chaudes, &
autres moyens analogues, sont loin de mériter
toutes les peines & dépenses qu'on emploie pour
y parvenir, sont très-insipides & très-méprisa-
bles, à tous égards, & sur-tout en comparaison de ceux provenus naturellement. Mais
tout le monde reconnoît que la cause du peu
de bonté de ces fruits, c'est qu'ils sont privés
des influences de l'air libre & des météores: on
ne peut donc comparer ces procédés vicieux
au moyen nouveau, dont il s'agit, qui ne
prive en aucune manière les fruits de cette influence, & qui réussit aussi bien sur les arbres
en plein vent que sur ceux en espaliers.

On peut, je pense, conclure de ces réflexions,
que les objections proposées sont bien loin
d'être aussi fortes qu'elles le paroissent au premier coup-d'œil.

Mais il y a plus: il faut convenir que quelques spécieuses que pourroient être toutes objections quelconques, fournies par la théorie,
elles tombent incontestablement devant les faits
contraires. Car on peut toujours conclure, avec
sûreté, du fait au possible. Or je regarde comme
bien certain, que les fruits, dont on avance
la maturité, par ce nouveau moyen, sont
aussi bons, & même meilleurs, que s'ils fussent
mûris naturellement. La preuve de cette assertion me paroît incontestable pour tout Cultivateur instruit. Cette preuve, c'est que ces fruits,
provenus & mûris en plein air, sont constamment plus gros, d'une forme plus régulière,
plus également mûrs, & au moins aussi bien colorés, sans parler de leur odeur très-suave, ni
de leur saveur très-agréable, par rapport à l'espèce de chacun, que tous les autres fruits du
même arbre, qui les a produits. C'est-à-dire,
que ces fruits avancés portent, à un plus haut
degré, que tous les autres fruits du même arbre,
tous les caractères extérieurs, auxquels tout Cultivateur instruit reconnoît, sans craindre de se
tromper, qu'un fruit est aussi bon & aussi parfait qu'il peut l'être, quant à son espèce ou
variété. Et il n'a aucun besoin de le goûter, ni
de le flairer, pour s'assurer de la rectitude de

on jugement : la vue feule juge, à cet égard, beaucoup plus fûrement que le goût ou l'odorat. On fait que les impreffions des objets odorans ou fapides, fur les organes du goût & de l'odorat font extrêmement variables, fuivant la difpofition momentanée de la fanté, des humeurs, fuivant le degré préfent de faim, de foif, de froid, de chaud, d'inanition, de réplétion, &c., de la perfonne fur laquelle ces objets agiffent : & qu'un même fruit peut paroître au moins infipide & inodore dans tel inflant, & paroîtra délicieux, à tous égards, dans un autre inflant, à la même perfonne.

Quant à ce qu'on objecte encore, qu'on ne peut avoir, en même-tems, tous les autres fruits du même arbre pour objet de comparaifon; cette objection auroit de la force, fi le goût & l'odorat étoient les feuls ou les meilleurs Juges de la bonté abfolue des fruits : mais ce font au contraire les Juges les plus inconftans & les plus incertains à cet égard, comme je viens de le dire : & il eft hors de doute, qu'il n'eft aucunement néceffaire d'avoir, fous les yeux, en même-tems, tous les fruits avancés & les fruits non-avancés du même arbre, dans le même état de maturité, pour être en état de juger fi ces derniers font, ou non, moins gros, d'une forme moins régulière, plus inégalement mûrs, moins colorés que les premiers.

Il eft fuperflu de dire qu'on ne peut comparer les fruits avancés par ce nouveau moyen à ceux piqués par les vers. Ces fruits verreux font quelquefois mûrs plufieurs jours avant les fruits intacts du même arbre, & il paroît que c'eft cette piquure qui occafionne leur précocité; mais ils portent conftamment les caractères extérieurs des plus mauvais des fruits. Perfonne n'ignore que les fruits verreux font toujours beaucoup plus petits, plus inégalement mûrs, plus irréguliers en leur forme, plus mal colorés, fans compter leur peu d'odeur, ni leur infipidité, que tous les autres fruits du même arbre.

A l'égard de la dernière objection, par laquelle on infifte, en difant qu'on ne peut préfumer faire mieux que la nature; car ce feroit dire qu'elle s'eft donc trompée. La réponfe à cela fe trouve dans ce que j'ai dit ci-deffus, relativement à toutes les violences que l'homme a fu faire, utilement pour lui, à la nature. Dans tous ces cas, l'homme n'a pas fait mieux que la nature, à l'égard de la fomme totale des êtres, à l'égard des hommes totalement fauvages, & des autres êtres, qui font encore actuellement fous la feule direction de la nature. Mais depuis que l'homme s'eft, par la civilifation, fouftrait, plus ou moins, au régime purement naturel, ce nouvel état, dans lequel il s'eft placé, a changé fes rapports avec tous les êtres fublunaires, & l'a porté, excité, forcé de changer, à beaucoup d'égards, les

voies de la nature, pour lui en faire prendre d'autres, adaptées à ces nouveaux rapports. Ces changemens étoient fuprflus, & par conféquent nuifibles pour l'homme totalement fauvage, j'en conviens : mais fouvent les uns font devenus utiles ou néceffaires à la confervation de la vie de l'homme civil; & par les autres, ce même homme civil s'eft procuré quelques jouiffances de plus, qui ont contribué à l'indemnifer, en partie quelconque, de la diminution qu'il éprouve à l'égard de la fomme plus grande de bien être, dont il jouiffoit fous le pur régime de la nature : & s'il eft vrai que cette diminution n'a pû qu'augmenter, à proportion qu'il s'eft éloigné de ce régime, & en raifon directe du progrès de fa civilifation; il n'eft pas moins vrai que le nombre de fes moyens de maîtrifer la nature, augmente dans la proportion. Il arrive donc fouvent que l'homme, en changeant les voies de la nature, en paroiffant lui faire violence, s'il n'opère pas un mieux abfolu, opère un mieux relatif à fon état actuel. Je viens de dire, en paroiffant lui faire violence, car, par toutes ces prétendues violences, on ne fait que feconder la nature, fi l'on doit croire qu'il eft entré dans fes vues, en douant l'homme de tant d'induftrie, de le mettre en état de la forcer de prendre d'autres routes, toutes les fois que cela conviendroit à la pofition dans laquelle il fe trouveroit : & qu'elle a voulu auffi l'entretenir dans une activité falutaire, en accordant, de tems en tems, pour l'encourager, de nouveaux moyens de jouiffance aux efforts de fon induftrie.

Ut varias ufus meditando extunderet artes
Paulatìm. . . . Virg. Georg. L. I.

Il s'agit maintenant d'expliquer fuccinctement, en quel tems, & de quelle manière il faut, d'après mon expérience, faire cette petite opération de la plaie annulaire, pour en obtenir la précocité ci-deffus mentionnée.

Premièrement, je crois qu'il convient de la faire, fur les arbres, dès le premier mouvement de la fève, auffi-tôt que l'écorce fe détache aifément du bois, ou lors de la floraifon, ou au plus tard auffi-tôt que le fruit eft noué; afin que l'influence de l'arrêt de la fève defcendante agiffe le plutôt & le plus long-tems poffible fur le fruit. Je penfe que fur la vigne, il faut, autant qu'on le peut, faire cette plaie dès le commencement de la fève du Printems, ou, au plus tard, quinze jours avant la floraifon fur le bois de l'année précédente : il eft déjà un peu tard, lorfque cette plante eft en fleurs. Et fi l'on veut opérer cette plaie fur des bourgeons de vigne de l'année, le tems de la faire eft depuis le premier Juin, jufqu'au quinze du même mois. A cette époque, les bourgeons font affez forts pour fupporter l'opération, qui, faite plus tard, ne produiroit pas un effet fenfible.

Secondement. La largeur de cette plaie, c'eft-à-dire de l'anneau cortical enlevé, fur une

branche d'arbre, d'environ un pouce de diamètre à l'endroit de la plaie, ne doit pas être
au-deſſous de trois lignes, ou deux lignes &
demie : parce qu'une plaie plus étroite ſe cica-
triſeroit ſouvent avant la maturité du fruit ; &
auſſi-tôt que les deux lèvres de la plaie ſeroient
réunies par un ſeul point du Bourrelet, ou des
Bourrelets qui en ſeroient nés, la ſève deſcendante reprendroit ſon cours vers les racines. Et
il en réſulteroit qu'on manqueroit ſon but, ou
totalement, ou au moins en partie. Cette largeur
de trois lignes ne ſuffiroit pas toujours, ſur
une branche de telle groſſeur, ſi cette branche
appartenoit à un jeune arbre très-vigoureux, ou
ſi c'étoit une branche gourmande. Il convient
donc d'augmenter d'une demi-ligne ou d'une ligne
la largeur de la plaie, ſur toutes branches de telles
vigueur & groſſeur. A l'égard des branches plus
ou moins groſſes que d'un pouce de diamètre,
il faut diminuer ou augmenter la largeur de l'anneau d'écorce enlevé, à proportion de leur groſſeur.

Comme la vigne végète beaucoup plus rapidement que les arbres fruitiers, le Bourrelet,
qui naît d'entre le bois & l'écorce de la lèvre
ſupérieure de la plaie annulaire opérée ſur
elle, fait, dans ſon accroiſſement, des progrès
beaucoup plus rapides que celui qui naît de la
lèvre ſupérieure de pareille plaie opérée ſur
les arbres. Un grand nombre de branches de
vigne, d'un an & de deux ans, ſur chacune
deſquelles j'ai enlevé, au Printems de cette
préſente année 1790, un anneau entier d'é-
corce, ont produit, chacune, à la lèvre ſupérieure de cette plaie, un Bourrelet, dont l'étendue,
de haut en bas, c'eſt-à-dire, depuis cette lèvre
ſupérieure, en allant vers la lèvre inférieure,
étoit, avant la maturité du raiſin, au moins
égale à l'étendue du diamètre de chaque branche à l'endroit de la plaie ; & il s'eſt, outre cela,
produit, à la lèvre inférieure de chaque plaie, un
Bourrelet, qui a acquis une étendue d'une à deux
lignes en montant. Il en a été de même des plaies
annulaires que j'ai faites, avant la mi-Juin,
ſur pluſieurs bourgeons de la même année. Ces
faits apprennent que toute plaie annulaire,
faite ſur branches de vigne d'un ou deux ans,
ou ſur bourgeons de vigne de l'année, dans
la vue d'avancer la maturité du raiſin, doit
avoir une largeur qui ſoit de deux ou trois lignes,
plus étendue que le diamètre de la branche
ou du bourgeon à l'endroit de la plaie. Cette
largeur peut être moindre ſur des branches de
vigne plus vieilles.

Troiſièmement. Il faut, en pratiquant cette
plaie annulaire, avoir grand ſoin de ne laiſſer,
ſur le bois, que cette plaie met à nud, aucune
parcelle de cette partie intérieure de l'écorce,
qu'on nomme le *Liber*. Autrement, je ſais, par
expérience, que la ſève deſcendante ſe ſert de
la communication que la moindre parcelle de

Liber entretiendroit entre les deux lèvres de la
plaie, pour continuer ſon cours vers les racines.
Je penſe même que cette ſève reprendroit ſon
cours, auſſi-tôt que le Bourrelet de la lèvre
ſupérieure de la plaie auroit atteint, par ſon
accroiſſement, quelque parcelle de liber, qui
communiqueroit avec la lèvre inférieure. Cette
dénudation parfaite, de toute l'étendue du bois,
découvert par la plaie annulaire, eſt aiſée à
bien opérer ſur les arbres, lorſqu'ils ſont en
ſève ; mais elle s'opère plus difficilement ſur la
vigne, parce que l'écorce des branches & tiges
de cette plante eſt, en tout tems, adhérente au
bois, dans quelques points de leur circonférence.
J'ai appris qu'il vaut mieux entamer un peu de bois,
à l'endroit où l'écorce s'en détache avec difficulté, ce qui ſe peut ſans inconvénient, que
de riſquer de manquer ſon but, en laiſſant du
liber ſur le bois que la plaie doit mettre parfaitement à nud.

Quatrièmement. Il faut auſſi que toute branche, moins groſſe que de ſix ou huit lignes
de diamètre, ſur laquelle on aura pratiqué cette
plaie annulaire, ſoit, auſſi-tôt après l'opération,
miſe à l'abri de toute agitation préjudiciable,
par une baguette, ou bâton quelconque, aſſez
ferme, attaché ſolidement, à une diſtance ſuffiſante de la plaie, tant au-deſſus qu'au-deſſous
de cette plaie. Faute de cette précaution, une
telle branche ſeroit en grand danger d'être bri-
ſée à l'endroit de la plaie, avant la maturité de
ſon fruit. De telles branches peuvent être facilement rompues dans le moment qu'on opère,
ſur elles, cette plaie annulaire, ſi on ne fait
pas une attention ſuffiſante à cet égard.

Cinquièmement. Si l'on n'a fait qu'un petit
nombre de telles plaies annulaires, dans l'intention d'avancer la maturité du fruit, on peut
aiſément, & il eſt bon de viſiter ces plaies un
couple de fois avant la maturité des fruits : afin
que, dans le cas où quelques-unes de ces plaies
paroîtroient diſpoſées à ſe cicatriſer avant cette
maturité, on fût à portée d'enlever, au-deſſous
du Bourrelet ſupérieur, un deuxième anneau
cortical, ſuffiſant pour empêcher cette cicatriſe
de s'opérer. Si l'on a fait un grand nombre de
telles plaies, comme alors ces viſites pourroient
exiger un tems trop conſidérable, on pourra
s'en diſpenſer : ſauf à rectifier, par la ſuite, ſa
manière d'opérer, ſi l'on s'appercevoit, lors de
la récolte, qu'il y en ait eu un nombre notable qui ſe ſoient cicatriſées trop tôt.

Sixièmement. Il ne faut pas que l'anneau
d'écorce enlevé ſoit trop large, ſur-tout ſur
des branches moins groſſes que d'un pouce de
diamètre, parce que, ſi l'on dénude une trop
grande étendue du bois, ſur-tout de telles branches ; d'abord je ſais, par expérience, que leur
fruit en peut ſouffrir ; enſuite j'ai encore appris, par expérience, qu'une telle dénudation,

trop étendue, peut occafionner la mort de toute l'épaiffeur de ce bois dénudé, & ainfi tuer toute la portion de la branche qui eft au-deffus du Bourrelet fupérieur de la plaie, avant la maturité du fruit que porte cette branche. Enfin, de quelque groffeur que foit la branche, dans le cas où l'on voudroit la conferver pendant une ou plufieurs années, indéfiniment après l'année qui fuit immédiatement le tems de l'opération, cette trop grande dénudation s'y oppoferoit immanquablement, en mettant les deux lèvres de la plaie dans l'impoffibilité de fe réunir, d'où réfulteroit la mort certaine de cette branche, dans l'efpace de deux ou trois ans, comme je l'ai déjà dit.

Septièmement. Dans le cas où l'on n'a opéré qu'un petit nombre de telles plaies, il convient d'entourer chaque plaie d'un papier, ou de quelqu'autre abri, contre les rayons defféchans du foleil, dont l'action paroît de nature à porter obftacle au cours d'une partie de la fève montante, faifant route entre les fibres du bois mis à nud par cette plaie. Mais fi l'on a opéré un grand nombre de ces plaies, on peut négliger la pratique de cet abri, comme trop longue & trop minutieufe en ce dernier cas : &, d'après mon expérience, il n'en réfulte aucun notable inconvénient.

Huitièmement. On conçoit que, pour pratiquer ce moyen de précocité en grand, fur la Vigne, de la manière que j'ai expliquée plus haut, il faut néceffairement un mode d'opérer & des outils qui y foient propres, c'eft-à-dire qui foient tels, que les gens les plus groffiers & les moins adroits puiffent faire avec une promptitude & une facilité fuffifantes, cette petite opération, de manière à atteindre le but propofé ; & la puiffent faire non-feulement lorfque l'écorce fe détache aifément du bois, mais même pendant tout le tems propre à la taille, lors duquel l'écorce eft très-adhérente au bois. Je me fuis occupé de pourvoir à cette néceffité. L'expérience m'a d'abord convaincu que l'ufage de la ferpette ou du greffoir ne convient pas à la pratique de ce moyen en grand fur la vigne. 1.° Parce qu'en fe fervant de ces inftrumens pour faire fur l'écorce les deux coupes annulaires par lefquelles on conçoit qu'il faut commencer chaque opération, il eft très-difficile de ne pas appuyer le tranchant trop fortement, & de ne pas couper ainfi le bois très-mince de chaque ploye fur laquelle on opère, ce qui la détruiroit au lieu d'avancer la maturité de fon raifin. 2.° Parce qu'après avoir fait ces deux coupes annulaires, fi l'on opère pendant le tems où l'écorce eft adhérente au bois, c'eft une opération incommode, longue, minutieufe & difficile que de faire, avec ces outils, l'enlèvement d'un anneau d'écorce entier, fans enlever en même-tems une trop grande épaiffeur du bois ; & fi l'on opère lorfque l'écorce

quitte aifément le bois, le même inconvénient fubfifte encore en partie à l'égard de la Vigne, vu que fon écorce eft fouvent en tout tems adhérente au bois par quelques points de la circonférence. Après avoir fait plufieurs tentatives inutiles, j'ai enfin trouvé un outil qui me paroît tel qu'on n'en peut inventer un plus fimple, & en même-tems plus propre pour faire commodément, promptement, facilement, & bien, cette petite opération. Cet outil n'eft autre chofe qu'une lime prifmatique, à trois angles, la même que les menuifiers & les fcieurs de bois emploient ordinairement pour aiguifer les dents de leurs fcies, & qui fe trouve par-tout fous le nom de *trois-cart*.

Pour procéder à cette opération de la plaie annulaire, avec cet inftrument, on maintient pendant toute l'opération la branche d'une main & on tient l'inftrument avec l'autre. Si l'on eft droitier, on faifit la branche de la main gauche, que l'on place proche & au-deffous de l'endroit fur lequel on veut opérer. Cette main doit être là pendant tout le tems de l'opération. Si l'on plaçoit cette main au-deffus du point fur lequel on opère, on feroit en rifque de brifer la branche, dans ce même point, pendant l'opération. Les deux coupes annulaires par lefquelles il faut commencer, doivent être faites avec l'autre main en fe fervant d'un des angles de la lime, comme on fe fert ordinairement du tranchant de la ferpette, & en appuyant modérément. Ces deux coupes fe font fort aifément ainfi, & fans aucun rifque d'entamer involontairement le bois.

J'ai dit ci-deffus de quelle étendue doit être la diftance d'entre ces deux coupes. Enfuite pour enlever l'anneau d'écorce compris entre ces deux coupes, même lorfqu'il adhère le plus au bois qu'il couvre, on pofe la lime tranfverfalement à la branche en plaçant un de fes angles dans la plus baffe des deux coupes, puis on enlève l'écorce, en raclant avec cet angle depuis cette coupe inférieure jufqu'à la coupe fupérieure. Mais pour y réuffir, fans que l'inftrument foit emporté par l'effort de la main au-delà de la coupe fupérieure, il faut racler la moitié de l'anneau, qui eft du côté de l'opérateur, en pouffant, de bas en haut, avec le pouce, de de la main gauche qui ne ceffe de maintenir la branche, la lime que l'on tient de l'autre main : & pour racler la moitié de l'anneau d'écorce, qui eft du côté oppofé, fi l'opérateur ne peut fe tranfporter de ce côté, il doit faifir la branche entre le pouce de fa main droite & l'angle du *trois-cart* qu'il tient avec les quatre doigts de la même main, puis en appuyant, en deux fens oppofés, ce pouce & cet angle, contre les deux côtés oppofés de la branche, il fera monter la lime, toujours maintenue tranfverfalement, depuis la coupe inférieure jufqu'à la coupe fupérieure. En procédant ainfi, on parvient très-aifément, très-commodément, & très-promptement enlever l'écorce de tout le bois compris entre les deux coupes annulaires. J'ai déjà dit qu'il vaut mieux emporter un peu de l'épaisseur de ce bois, ce qui se peut sans inconvénient, que de risquer de manquer son but en laissant sur ce bois la moindre parcelle de cette partie intérieure de l'écorce qu'on nomme le *liber*. On conçoit, sans qu'on le dise, 1.° que, pour réussir plus aisément à enlever ainsi cet anneau d'écorce en raclant, la lime doit être mue dans deux directions simultanées, savoir, suivant la longueur de son axe & suivant celle de son diamètre; 2.° qu'il faut laver la lime de tems en tems, pour la débarrasser de la fécule muqueuse qui s'accumule autour d'elle en faisant ou en réitérant cette opération, & qui, sans ce soin, la mettroit à tous momens hors de service.

Aussi-tôt après chaque opération, il ne faut pas manquer d'accoler chaque branche opérée, afin de la mettre à l'abri de tout mouvement qui la romproit très-aisément à l'endroit de l'opération. On juge bien que, pour cette pratique, il faut laisser les échalats plantés contre les ceps pendant l'hiver, & même qu'il convient de les replanter solidement chaque année après la vendange avant que les gelées aient endurci la terre.

Le même trois-cart peut être employé à cette opération sur les arbres comme sur la Vigne: & il est toujours préférable à tout autre instrument sur les petites branches d'arbre quand l'écorce y est adhérente: sur les grosses branches où l'écorce adhère, on emploie la serpette pour ôter le plus gros de l'écorce, puis l'angle du trois-cart, pour achever de dénuder parfaitement le bois. Mais quand l'écorce n'adhère pas au bois, on peut aussi se servir sur les petites branches d'arbres du greffoir seulement, & sur leurs grosses branches de la serpette seulement.

Neuvièmement on peut ajouter à tout ce que j'ai dit ci-dessus relativement à la largeur qu'il convient de donner à la plaie annulaire, qu'il est peut-être préférable de n'enlever, dans tous les cas, sur quelqu'espèce que ce soit d'arbre ou de plante fructicante, & sur tout tronc, tige, ou branche, quelle que soit leur grosseur, qu'un anneau d'écorce très-étroit, qui n'auroit, par exemple, qu'une ou deux, ou au plus trois lignes de largeur, & de couvrir aussi-tôt, par plusieurs circonvolutions de gros fil de chanvre de bonne qualité, ciré ou non, toute la surface du bois dénudé par cette plaie. Il semble que, par cette dernière manière de procéder, fort simple, on produiroit les effets desirés, aussi efficacement que toute autre manière, & qu'on pourvoiroit en même-tems à tout. La plaie seroit ainsi aussi petite que possible: on n'auroit pas néanmoins à craindre qu'elle se cicatrise avant la maturité de fruit: le bois depouillé par la plaie seroit parfaitement à l'abri des rayons desséchans du soleil: le cours de la sève descen-

dante seroit arrêté, par cette manière, aussi, & peut-être encore plus efficacement que par les autres manières ci-dessus exposées; puisque l'accroissement du Bourrelet supérieur seroit arrêté, au moins pendant un tems, dans son progrès en descendant: enfin, si après la récolte, on étoit dans l'intention de conserver la branche opérée, on ôteroit le fil, aussi-tôt après cette récolte, & il résulteroit de la petitesse de la plaie que la cicatrice s'opéreroit, avec la plus grande facilité, & souvent dès la même année, dans le cas sur-tout où il s'agiroit d'un fruit de Printems ou d'Eté; & que la branche continueroit de vivre comme si elle n'eût pas souffert cette opération. S'il arrivoit qu'au moment de la maturité du fruit provenu au-dessus d'une plaie ainsi faite & traitée, les deux lèvres de la plaie fussent réunies par quelque point, en ce cas il faudroit laisser le fil, de crainte de rompre cette union en l'ôtant, & néanmoins l'on pourroit être certain que la cicatrice s'acheveroit dans tout le pourtour de la plaie. Un autre avantage de cette manière de procéder, c'est qu'en l'adoptant on peut, sans faire la plaie plus large, ni faire aucune autre plaie, retarder autant qu'on desire, le moment du rétablissement du cours de la sève descendante par la réunion des deux lèvres de la plaie: pour cela, il suffit d'augmenter l'épaisseur de la couche de fil dont on recouvre la portion du bois dépouillée de son écorce par la plaie. Je n'ai pas, jusqu'à présent, adopté cette manière de procéder, parce que j'ai craint que l'obstacle qu'on met pendant un tems plus ou moins long, par cette pratique, au progrès du Bourrelet supérieur en descendant, ne rendît les boutures, que je voulois obtenir en même-tems, d'autant moins bien disposées à s'enraciner; mais une plus mûre réflexion me fait regarder cette crainte comme très-mal fondée, & il me paroît évident que les productions latérales du Bourrelet supérieur de telle plaie le disposent très-bien à s'enraciner.

Cependant cette dernière manière de procéder, que j'estime devoir être préférable de beaucoup à toute autre sur toute branche qu'on veut conserver pendant les années subséquentes, ne me paroît pas devoir être adoptée pour la pratique de ce moyen de précocité en grand sur la vigne, parce que, comme lors de cette pratique en grand, on n'a aucun motif pour conserver les branches opérées après leur première récolte, le tems qu'il faut de plus pour couvrir chaque plaie avec du fil seroit un tems précieux entièrement perdu.

Les expériences multipliées que j'ai faites dans le cours de la présente année 1740, relativement à ce nouveau moyen de précocité, m'ont donné occasion d'examiner, avec attention, la nature de ces Bourrelets des plaies annulaires, & de faire plusieurs observations nouvelles touchant la structure de ces Bourrelets & le mode de leur formation; touchant le surplus des autres effets qui accompagnent la production de ces Bourrelets, & les autres modifications qui ont lieu pendant la première année sur les branches d'arbres & d'autres plantes par une suite de cette production; & encore touchant la lumière que ces divers phénomènes peuvent répandre sur la Physique végétale. Je pense qu'il ne sera pas hors de propos de faire ici l'exposé de ces nouvelles observations.

J'ai déjà dit, que lorsqu'on enlève, au commencement de la sève du Printems, à une branche de vigne un anneau entier d'écorce sur du bois de l'année précédente ou sur du bois de deux ans, toutes mes expériences m'ont appris qu'il naît toujours, à la partie supérieure d'une telle plaie, un Bourrelet annulaire qui s'étend ordinairement du haut en bas, avant la maturité du raisin, dans un espace d'une étendue au moins égale à celle du diamètre de la branche à l'endroit de cette plaie; & qu'un deuxième Bourrelet de beaucoup plus petit naît constamment de la lèvre inférieure de cette plaie & s'élève à la hauteur d'une ligne ou deux en allant à la rencontre du Bourrelet supérieur.

J'ai dit aussi que, sur les arbres fruitiers, le Bourrelet, qui est produit aussi constamment à la partie supérieure d'une pareille plaie faite dans le même-tems, n'acquiert d'étendue du haut en bas, pendant la première année, que la moitié ou le quart, ou même une moindre partie de l'étendue du diamètre de la branche à l'endroit de cette plaie; qu'il ne naît souvent rien de la lèvre inférieure de cette plaie; & que quelquefois il en naît un Bourrelet, aussi plus petit de beaucoup que le Bourrelet supérieur.

J'ai encore dit & prouvé incontestablement, par les expériences ci-dessus citées, dont j'ai mis les résultats sous les yeux de la Société d'Agriculture; qu'une pareille plaie, faite dans le même-tems, hâte d'environ quinze jours & même davantage, la maturité du raisin, des abricots, des prunes, & probablement d'autres fruits, produit au-dessus du Bourrelet de la lèvre supérieure de cette plaie & augmente leur grosseur, &c. &c.

En exposant cette partie de mes observations qui concerne l'influence d'une telle plaie, faite au commencement de la sève du Printems, sur la fructification pendant la première année, j'ai jugé inutile de dire que cette plaie n'influe pas sur la floraison pendant cette première année; parce que cette vérité m'a paru tomber sous le sens. Mais, comme on trouve une assertion contraire dans un Auteur célèbre, il est à propos d'en dire un mot ici. Il s'agit de cette observation de Magnol citée plus haut. J'ai dit qu'il rapporte qu'en Languedoc, au mois de Mai, aussi-tôt après avoir greffé les oliviers en écusson, soit sur le

tronc, soit à la base des grosses branches d'autres oliviers en rapport, on pratique l'enlèvement d'un anneau d'écorce un peu au-dessus de chaque greffe, & que cet Auteur ajoute : que ce qu'il y a de plus remarquable, c'est que les arbres traités ainsi portent, dans cette année, des fleurs & des fruits au double de ce qu'ils avoient coutume d'en porter. Cette observation intéressante a été copiée en ces termes dans la plupart des livres d'Agriculture. Cependant je crois pouvoir assurer qu'elle est inexacte en ce qui concerne les fleurs. Je puis assurer, d'après mon expérience, qu'il est très-certain que cette opération faite au Printems n'influe en aucune manière sur le nombre des fleurs produites pendant la première année. On ne peut même admettre une telle influence sans absurdité; puisque nombre d'observations apprennent que les fleurs existent visiblement toutes formées dans le bouton dès avant l'Hiver précédent. Sans parler de la brièveté du tems, qui s'écoule entre le moment de l'opération de cette plaie faite au Printems, & le moment de la floraison de la même année. Il ne faut pas pour cela accuser Magnol de mauvaise foi. Car, comme mes expériences prouvent que cette opération, faite en ce tems, augmente la grosseur des fruits produits pendant la première année, il n'est pas improbable que les arbres, traités comme il dit, rapportent, pendant la même année, une somme des fruits, qui, quant au poids & quant au volume, soit plus grande que celle qu'ils avoient coutume de rapporter. Lors donc que Magnol aura appris le fait de cette production d'une somme plus grande de fruits, il n'est aucunement étonnant qu'il en ait tiré la conséquence erronée, que ces arbres avoient donc produit un plus grand nombre de fruits, & par conséquent un plus grand nombre de fleurs, & qu'il n'ait pas soupçonné l'existence de ce très-surprenant phénomène de l'augmentation de la grosseur des fruits par le moyen de cette plaie annulaire. Il est même fort possible que cette assertion de Magnol soit erronée aussi quant au nombre des fruits; car aucune des expériences que j'ai faites ne peut autoriser à conclure que cette opération influe sur la fructification de manière à faire *nouer* les fruits en plus grand nombre.

Ce qui suit est le détail des autres effets que j'ai observés être, par cette opération faite au commencement du Printems, occasionnés pendant la première année sur l'arbre, ou autre plante, opéré sans les circonvolutions de fil dont j'ai parlé plus haut & que je n'ai jamais employées.

OBSERVATION I.re Il se forme, depuis le moment de l'opération, sur la branche ou les branches étant au-dessus du Bourrelet de la lèvre supérieure de la plaie annulaire, une nouvelle couche ligneuse dont l'épaisseur croît en proportion directe

directe de l'étendue de cette branche, ou de ces branches & des bourgeons qu'elles produisent.

Observation IIe La grosseur du Bourrelet annulaire, qui naît à la lèvre supérieure de cette plaie, croit aussi en proportion directe de l'étendue de ces branches & bourgeons. Pour exemple de cette observation & de la précédente, je citerai que j'ai, sous les yeux, une branche de vigne provenue, en 1789, sur un cep de muscat blanc en plein vent & à la base de laquelle j'ai enlevé un anneau entier d'écorce dès le premier mouvement de la sève du Printems de la présente année 1790. Cette branche avoit huit pieds de longueur au-dessus de cette plaie. Elle a produit, sur cette longueur, depuis le moment de l'opération, seize bourgeons, la plupart de bonne force. Au moment de l'opération, cette branche avoit au-dessous de la plaie, sept lignes de diamètre & dix-neuf lignes de circonférence. Elle étoit placée à l'extrémité d'une branche de deux ans longue de quatre pieds, laquelle n'avoit aucun autre rameau & avoit au même moment, sur toute sa longueur, aussi sept lignes de diamètre & dix-neuf lignes de circonférence. Aujourd'hui, deux octobre, au moment que j'écris, les dimensions du diamètre & de la circonférence de ces deux branches, au-dessous de la plaie, sont encore précisément les mêmes sur toute cette étendue d'environ quatre pieds depuis la plaie. Mais, au-dessus de la plaie, voici le changement qui a eu lieu dans les dimensions de la branche: le Bourrelet, qui est provenu à la lèvre supérieure de la plaie, s'est étendu de huit lignes de haut en bas: le diamètre de ce Bourrelet à l'endroit de cette lèvre est d'un bon pouce, & sa circonférence de trente-six lignes & demie. Le diamètre de la branche à la distance d'un pouce au-dessus de cette lèvre supérieure est de neuf lignes & sa circonférence de vingt-six lignes. Trois pieds au-dessus de la plaie le diamètre de la branche est de huit lignes, & sa circonférence de vingt-quatre lignes. Ce n'est pas au surplus ici le lieu, & il est d'ailleurs superflu de parler de dix-huit grappes de raisin muscat que cette branche a produites au-dessus de la plaie, & qui étoient toutes mûres avant la mi-septembre, pendant que le reste du raisin de ce cep mal exposé, étoit le deux octobre encore fort loin de l'état de maturité & s'est depuis fané & totalement flétri au cep au lieu d'y mûrir.

Remarquons que, par la comparaison des dimensions qu'avoit cette branche de vigne, lors de l'opération de la plaie annulaire, avec celles qu'elle a acquises depuis, il résulte que le volume du bois de cette branche au-dessous de la plaie & de toute celle où elle a pris naissance, qui est longue de quatre pieds, est resté le même; pendant qu'au-dessus de la plaie le volume entier du bois de cette longue branche

est augmenté des deux tiers en sus; non compris les seize bourgeons que cette branche a produits; & que la couche ligneuse & corticale, qui forme la masse de cette augmentation, est descendue à la distance de huit lignes au-dessous de la lèvre supérieure de la plaie, sans que cette couche adhere aucunement au bois qu'elle recouvre depuis cette lèvre jusqu'à l'extrémité inférieure du Bourrelet, comme je le dirai dans un moment. Ajoutez à ces trois faits cet autre fait bien certain que ce prolongement de cette couche en descendant est sorti d'entre le bois & l'écorce: puis ajoutez encore cet autre fait, aussi certain, que l'accroissement de tout bois se fait entre le bois & l'écorce: je ne crois pas qu'il soit besoin de rien de plus que de la réunion de ces faits pour prouver incontestablement l'existence de la sève descendante. Ajoutez encore que l'augmentation du volume de ce bois, & la grosseur du Bourrelet eussent été de moitié moindres, si les bourgeons que cette branche a produits eussent été de moitié moins étendus. Ajoutez le renflement, que je vais expliquer plus en détail tout à l'heure, de cette nouvelle couche ligneuse & corticale à l'endroit du Bourrelet; renflement qui n'a pu être produit que par une sève faisant effort pour descendre au-delà de ce Bourrelet & s'y accumulant à cause de l'obstacle, qu'apporte à sa progression le défaut de continuité du canal nécessaire à sa marche. Ajoutez les autres preuves exposées & à exposer dans cet article de l'existence de cette sève. Mais il y a des objections qui semblent contredire ces preuves: j'en ai déjà parlé ci-dessus; j'en parlerai encore ci-après.

Observation IIIme Ce Bourrelet annulaire est composé, intérieurement, du prolongement de cette nouvelle couche ligneuse, qui sort d'entre le bois & l'écorce de la lèvre supérieure de la plaie, s'alonge en se dirigeant vers la lèvre inférieure, recouvre ainsi le bois dénudé, en s'y appliquant sans contracter avec lui aucune adhérence. Cette nouvelle couche ligneuse est souvent plus renflée depuis un pouce au-dessus du Bourrelet jusqu'à lui qu'elle le seroit si le cours de la sève descendante n'eut pas été arrêté par la plaie. La même couche est souvent renflée encore davantage & quelques fois du double à l'endroit de la plaie.

La substance de cette nouvelle couche ligneuse, à l'endroit de la plaie & quelques fois au-dessus jusqu'à la distance d'environ un pouce, dans sa portion formée avant que les deux lèvres de la plaie soient en contact reciproque, paroît être dénuée de ces canaux qu'on nomme trachées, & qui sur la vigne sont si amples & en si grand nombre dans son bois existant avant l'opération d'une telle plaie. Cette même substance en cet endroit paroît grenue, non striée longitudinalement & de nature moins fibreuse que le bois existant avant l'opération. Sa ſtructure paroît ſur la vigne approcher, juſqu'à un certain point, de celle de la ſubſtance dure qui ſe trouve dans le canal médulaire de cette plante à l'endroit de chaque nœud.

OBSERVATION IV.me Lorſque cette nouvelle couche ligneuſe s'eſt alongée en deſcendant juſqu'au point d'être en contact avec la lèvre inférieure de la plaie ; dès-lors, en premier lieu, la portion de cette couche, qui ſe forme à l'endroit de la plaie & environ un pouce au-deſſus, eſt ſemblable au bois exiſtant avant l'opération, eſt autant ſtriée longitudinalement, contient autant de ces vaiſſeaux nommés trachées, & paroît formée de fibres également parfaites : & en ſecond lieu ces fibres ligneuſes, qui ſe forment entre celles qui ſont ainſi en contact & l'écorce, ſe continuent juſqu'aux racines, en s'inſinuant entre le bois & l'écorce de la lèvre inférieure. Et alors le cours de la ſève deſcendante vers les racines ſe trouve ainſi rétabli. Et lorſqu'après la formation de la cicatrice, on coupe la branche longitudinalement par ſon diamètre, on voit que la nouvelle couche ligneuſe, formée depuis l'opération, eſt beaucoup plus mince au-deſſous de la plaie qu'au-deſſus.

OBSERVATION V.me La ſubſtance ligneuſe du Bourrelet ſupérieur de la plaie annulaire eſt recouverte par une écorce. Au-deſſous de la lèvre ſurieure de la plaie, cette écorce forme ſouvent la plus grande partie de l'épaiſſeur du Bourrelet ; & ſur la vigne cette écorce eſt ſouvent deux fois, ou quatre fois, ou ſix fois & même davantage plus épaiſſe que celle qui a été enlevée en cet endroit par l'opération. Voici comment ſe forme cette écorce ſur la vigne. D'abord l'enveloppe cellulaire, qui eſt autour de la portion fibreuſe de l'écorce qui forme la lèvre ſupérieure de la plaie au moment de l'opération, ne s'alonge en aucune manière depuis ce moment. Enſuite je regarde comme une régle générale que toutes les fois qu'il ſe produit une couche fibreuſe ligneuſe entre le bois & l'écorce, il ſe produit ſimultanément au même endroit une couche fibreuſe corticale. Ainſi, cette nouvelle couche ligneuſe qui compoſe, par ſon prolongement, la partie interne du Bourrelet, lorſqu'elle ſort d'entre le bois & l'écorce, & s'étend ſur le bois dénudé, eſt conſtamment accompagnée, juſqu'au-delà de ſon extrémité par le prolongement de la nouvelle couche fibreuſe corticale qui ſe forme ſimultanément. Cela étant on ſeroit porté à croire que c'eſt ce prolongement de cette nouvelle couche corticale qui forme ſeule l'écorce du Bourrelet au-deſſous de la lèvre ſupérieure de la plaie : mais cela eſt autrement, au moins ſur la vigne le plus ſouvent. Ce prolongement ne forme ordinairement ſur la vigne que les deux tiers inférieurs de la hauteur de cette écorce. Voici comment ſe forme, & ce

qui compoſe le tiers ſupérieur, ſur la vigne, la portion fibreuſe de l'écorce qui exiſtoit au-deſſus de la plaie avant l'opération, ſe renfle, après l'opération, vers ſa baſe, au point que ſon épaiſſeur en eſt ſouvent doublée & même quadruplée ou ſextuplée, depuis la plaie juſqu'à la diſtance de quelques lignes au-deſſus. La ſève, qui s'eſt accumulée entre les fibres de cette écorce pour produire ce renflement, ſe prolonge au-delà de ces fibres ſans qu'elles en deviennent pour cela plus longues. C'eſt ce prolongement de l'écorce ancienne renflée, encore plus épais qu'elle, qui forme, ordinairement ſur la vigne, le tiers ſupérieur de la hauteur de l'écorce du Bourrelet au-deſſous de la lèvre ſupérieure de la plaie. La diſſection fait voir que la ſubſtance de ce tiers ſupérieur, en ce cas, eſt, excepté une partie fort petite & la plus interne de ſon épaiſſeur, ſemblable à la ſubſtance qui a produit le renflement de l'écorce, & que ces deux portions de cette ſubſtance prolongée, ſont de même nature, conſiſtance, & couleur que l'enveloppe cellulaire : la ſeule inſpection ſuffit pour ſe convaincre de cette identité. La ſubſtance du prolongement de la nouvelle couche fibreuſe corticale qui forme, comme je l'ai dit, les deux tiers inférieurs de la hauteur de l'écorce du Bourrelet au-deſſous de la lèvre ſupérieure, forme en même-tems une partie fort petite & la plus interne de l'épaiſſeur du tiers ſupérieur de cette hauteur ; & la portion de cette ſubſtance, qui eſt formée avant la réunion des deux lèvres de la plaie, n'eſt aucunement fibreuſe comme le reſte de cette nouvelle couche corticale, n'eſt aucunement ſtriée longitudinalement : elle eſt grénue comme de la fécule, elle reſſemble beaucoup à de l'enveloppe cellulaire ; mais elle eſt plus denſe, plus compacte, & en même-tems plus évaporable, & ſuſceptible d'une plus grande retraite par l'exſiccation, que cette enveloppe. Lorſqu'elle eſt deſſéchée, elle eſt d'une conſiſtance plus denſe, plus tenace, & d'une couleur plus obſcure que l'enveloppe cellulaire ; & ne devient pas d'une conſiſtance farineuſe comme le deviennent par l'exſiccation l'enveloppe cellulaire de la vigne, & la ſubſtance que j'ai dite former extérieurement preſque toute l'épaiſſeur du tiers ſupérieur de la hauteur de l'écorce du Bourrelet. C'eſt toujours de la vigne dont il s'agit. Pour donner une idée de la retraite dont eſt ſuſceptible par l'exſiccation, cette ſubſtance, ainſi que toute l'écorce du Bourrelet, on peut les comparer, à cet égard, à la pulpe de la plupart des fruits à Noyau ou à Pepins : de ſorte qu'un tel Bourrelet annulaire exiſtant ſur une branche de vigne ſéparée de ſon cep & expoſée à l'air libre, s'évanouit preſqu'entièrement & en peu de tems, par l'effet de ſon exſiccation ſpontanée. Au moment que j'écris, j'ai, ſous les yeux, un Bourrelet annulaire qui eſt ſur un fragment de branche ſéparé de ſon cep, il y a environ quinze jours ; je l'ai laiſſé expoſé à l'air libre & à l'ombre depuis ce tems. Au moment de cette ſéparation, le diamètre de ce Bourrelet étoit long d'onze lignes ; & ainſi étoit de quatre lignes plus long que celui de l'endroit de la branche qui eſt immédiatement au-deſſous de la plaie, à la lèvre ſupérieure de laquelle ce Bourrelet a été produit ; lequel dernier diamètre eſt long de ſept lignes. Aujourd'hui la longueur du diamètre de ce Bourrelet ſe trouve réduite à moins de huit lignes. Ainſi, ce Bourrelet a perdu plus des trois quarts de ſon épaiſſeur par l'exſiccation ſpontanée, en quinze jours.

J'ai mis, le 2 Octobre de la même préſente année 1790, ſous les yeux de la Société d'Agriculture, 1.° ce Bourrelet deſſéché ; 2.° huit tels Bourrelets annulaires diſſéqués longitudinalement, & étant chacun ſur un fragment de branche de vigne, par l'inſpection deſquels on a pu ſe convaincre de ce que je viens d'annoncer touchant l'écorce de tels Bourrelets. 3.° Deux autres tels Bourrelets annulaires diſſéqués longitudinalement, & étant chacun ſur un fragment de branche de vigne, ſur leſquels on a pu voir très-diſtinctement tout ce que j'ai annoncé, outre cela, ci-deſſus, depuis l'OBSERVATION Iʳᵉ.

L'écorce de tels Bourrelets annulaires produits ſur les arbres eſt compoſée & ſe forme juſqu'à un certain point de la même manière que ſur la vigne. On remarque également ſur ces Bourrelets appartenans à des arbres, qu'à l'endroit de la lèvre ſupérieure de la plaie, l'enveloppe cellulaire de l'écorce coupée ne s'eſt aucunement alongée vers la lèvre inférieure. Mais la diſſection de ces Bourrelets ſur arbres ne préſente pas les autres détails de la production de l'écorce de ces Bourrelets auſſi diſtinctement que ſur la vigne. Sur les arbres, la portion fibreuſe de l'écorce ancienne, c'eſt-à-dire, exiſtante avant l'opération, & l'écorce nouvelle, c'eſt-à-dire, produite depuis l'opération, ſe confondent l'une avec l'autre de manière qu'on ne peut que très-difficilement les diſtinguer quelquefois l'une de l'autre. D'après la diſſection & l'examen attentif d'un certain nombre de ces Bourrelets ſur arbres, il me paroît que ſur eux la baſe de l'écorce ancienne ſe renfle bien autant, à proportion de la groſſeur du Bourrelet qui eſt ſorti de deſſous elle, que ſur la vigne ; mais que cette baſe ſe prolonge beaucoup moins, & ſouvent nullement au-delà de la lèvre ſupérieure de la plaie. Il me paroît, outre cela, que ſur les arbres l'écorce du Bourrelet eſt ſuſceptible de beaucoup moins de retraite par l'exſiccation que ſur la vigne : quoique cette écorce ſoit auſſi, ſur eux de nature cellulaire & nullement fibreuſe, au-deſſous de

la lèvre ſupérieure de la plaie, avant la cicatrice.

Cette écorce du Bourrelet tant ſur les arbres que ſur la vigne, recouvre la nouvelle couche ligneuſe qu'il contient, juſqu'au-de-là de l'extrémité de cette couche, tant que cette dernière n'eſt pas encore, en contact avec la lèvre inférieure de la plaie : & au-delà de cette extrémité de cette couche ligneuſe, cette écorce eſt toujours appliquée exactement ſur le bois dénudé par la plaie, qui eſt ainſi recouvert alors d'autant par cette écorce ſans que cette dernière adhère aucunement avec ce bois.

Lors de la cicatrice, le bois nouveau, qui ſe forme au-deſſus du Bourrelet, ne ſe continue juſqu'aux racines qu'accompagné de nouvelles fibres corticales qui ſe forment ſimultanément : leſquelles ſont alors, dans toute leur étendue, & à l'endroit du Bourrelet comme ailleurs, pareilles à celles qui ſe formeroient ſur toute la branche ſi la plaie n'eût pas exiſté. C'eſt ainſi que ces nouvelles fibres corticales concourent à réunir les deux lèvres de la plaie ; & que le bois mis à nud par l'opération ſe trouve enfin recouvert entièrement par une couche nouvelle de bois & une couche nouvelle d'écorce ; & que la plaie ſe trouve enfin parfaitement cicatriſée.

J'ai mis, ſous les yeux de la Société d'Agriculture, pluſieurs Bourrelets cicatriſés, les uns diſſéqués longitudinalement, les autres entiers ſur tous leſquels on a pu voir ce que je viens d'en dire.

Avant d'aller plus loin, il n'eſt pas hors de propos de remarquer, à l'égard de cette partie des effets de l'arrêt de la ſève deſcendante rapportée en cette *obſervation* 5ᵉ., & en l'*obſervation* 3.ᵉ précédente, ſavoir, que les ſubſtances ligneuſes & corticales du Bourrelet annulaire, ſont, dans leur portion formée avant l'exiſtence de la cicatrice, compoſées de fibres moins parfaites que les fibres qui auroient exiſté au même endroit, ſi cet arrêt n'eût pas eu lieu. Il eſt, dis-je, à propos de remarquer que ce fait nous indique la cauſe qui rend les bourgeons herbacés de la vigne & d'autres plantes, plus fragiles à l'endroit des nœuds qu'ailleurs ; & nous indique en même-tems la cauſe de la protubérance de ces nœuds. Le cours de la ſève deſcendante, étant viſiblement retardé à l'endroit de ces nœuds par l'inſertion, tant du bouton que des fibres de la feuille ; ce retardement occaſionne la tumeur qu'on obſerve à chacun de ces nœuds ; & fait en même-tems que les fibres du bourgeon ſont moins parfaites dans l'étendue de chacune de ces tumeurs, & qu'elles ſont par conſéquent moins fortes & plus fragiles là qu'ailleurs. C'eſt de-là auſſi que dépend en partie la rupture ſpontanée des bourgeons de vigne, à chaque nœud, lors de cet accident deſtructeur qu'on nomme la *champelure*. C'eſt un pareil retardement du cours de la ſève deſcendante qui occafionne le renflement qui fe voit à la bafe de chaque feuille, principalement des arbres qui fe dépouillent tous les ans; & c'eft la même imperfection des fibres de cette bafe renflée, qui occafionne en partie la chûte de ces feuilles à la fin de chaque automne.

OBSERVATION 6e. La furface extérieure du Bourrelet de la plaie annulaire fur la vigne, eft inégale, parfemée d'afpérités & fouvent de protubérances en forme de mammelons. Cette furface fur les arbres eft ordinairement plus unie; on y voit moins fouvent de ces protubérances mammelonnées. Si l'on diffèque les plus faillans de ces mammelons, dans la direction de leur axe, ou dans une direction allant depuis leur fommet jufqu'à l'axe de la branche; on réuffit quelquefois à voir, très-diftinctement, une fibre ligneufe très-fine, ou, moins fouvent, une production ligneufe très-vifible, qui fervent l'une ou l'autre d'axe au mammelon, & qui naiffent de la nouvelle couche ligneufe, dont elles s'écartent, en fe prolongeant depuis cette couche, en ligne droite, à travers l'écorce du Bourrelet, dans une direction plus ou moins divergente d'avec l'axe de la branche, ou bien, plus ou moins approchante de la direction de fon diamètre, jufqu'à l'extrémité du mammelon. J'ai mis fous les yeux de la Société d'Agriculture une demi-douzaine de tels Bourrelets annulaires difféqués, & exiftans chacun fur un fragment de branche de vigne, fur lefquels Bourrelets on pouvoit voir de tels filets fins, ligneux, & d'autres plus gros, fervant chacun d'axe à un tel mammelon.

Cette ftructure, jointe à ce qu'on fait que ces Bourrelets font très-difpofés à produire des racines, donne lieu de croire que c'eft avec raifon que les Phyficiens Botaniftes affirment que ces mammelons font autant de rudimens de racines, & que les racines que ces Bourrelets produifent lorfqu'on les entoure de terre fraîche, ne font autre chofe, le plus fouvent, que l'alongement de plufieurs de ces mammelons, occafionné par la préfence de la terre fraîche. Il me paroît que la fibre ligneufe qui fe voit au centre de ces mammelons, étant alors alongée par de nouveaux cônes ligneux, forme le centre ou l'axe ligneux de ces racines.

Pour éclaircir d'autant ce point, il eft à propos de dire en paffant une vérité qui me paroît avoir été inconnue par ceux qui ont traité jufqu'à préfent des végétaux & de leur phyfique; favoir, que l'axe de toute racine, fans exception, eft ligneux. Il eft vrai que dans les racines, par exemple, de navet, de carotte, &c. les fibres ligneufes, qui forment leur axe, font fouvent fi fines & tellement noyées, pour ainfi dire, dans la fécule fucculente, qui forme la plus grande partie de la fubftance de ces racines, que ces fibres font prefque invifibles, au moins, avant

que ces plantes montent en graines; mais ces fibres n'en exiftent pas moins, & fe manifeftent très-évidemment, auffi-tôt que ces plantes montent en graines. Je puis affurer que nulle racine, proprement dite, ne contient de canal médullaire. Un grand nombre d'obfervations m'ont convaincu de la vérité de cette affertion. Les prétendues racines rempantes de chiendent, de rofier, &c. qui ont un canal médullaire pour axe, font de vraies tiges rempantes fous terre, & font d'ailleurs caractérifées tiges, par leurs entre-nœuds égaux, par leurs yeux à diftance égale les uns des autres, par les fortes de bractées ou rudimens de feuilles qui accompagnent toujours ces yeux; fans compter que leur alongement fe dirige toujours vers le ciel, quoique fouvent très-obliquement, & même prefque horizontalement. Il y a encore des fortes de fouches qu'on nomme racines, & qui ont un canal médullaire pour axe. Telles font, par exemple, ces fouches qu'on nomme racines de fraifier, &c. mais ce ne font proprement que des fortes de vieilles tiges enracinées; & ce qui prouve d'ailleurs inconteftablement qu'elles font de nature de tiges, c'eft qu'elles portent encore, fur toute leur longueur, les ftigmates des feuilles qu'elles ont produites; fans compter encore que l'alongement de ces fouches prétendues racines eft conftamment dirigé vers le ciel. Je reviens à mon fujet.

Ces mammelons, germes de racines, naiffent le plus fouvent fur le Bourrelet au-deffous du bord fupérieur de la plaie. On en voit cependant quelquefois de très-proéminens fortir de différens points de l'écorce, au-deffus de ce bord fupérieur. J'ai, fous les yeux, un tel Bourrelet annulaire, produit fur branche de vigne, au-deffus duquel on voit fept de ces mammelons très-proéminens, fortis de la furface de l'écorce depuis le bord fupérieur de la plaie jufqu'à la diftance de près d'un pouce plus haut: fans compter deux autres tels mammelons fortis de l'écorce plus de deux pouces au-deffus du Bourrelet. J'ai mis ce Bourrelet fous les yeux de la Société d'Agriculture. Ce fait, pour le dire en paffant, paroît prouver d'autant plus, que les racines que produifent d'abord les boutures, ne fortent pas toujours exclufivement ou de la bafe de leurs articulations, ou des bords de la coupe foit horizontale, foit en fiflet qui termine leur extrémité inférieure.

OBSERVATION 7e. Depuis le moment que la plaie annulaire exifte, jufqu'à ce que la cicatrice foit formée, il ne fe forme aucune fibre ligneufe fur la partie de l'arbre ou de la plante qui eft au-deffous de la plaie, depuis cette plaie jufqu'à la première ramification en defcendant s'il en exifte, & jufqu'à l'extrémité des racines s'il n'exifte pas de ramification qui prenne naiffance au-deffous de la plaie. Cependant cette assertion n'est bien exactement vraie que dans le cas où il ne se produit aucun Bourrelet à la lèvre inférieure de la plaie. Mais il se forme, comme j'ai dit ci-dessus, toujours sur la vigne lorsque la plaie a été faite sur du bois non plus vieux que d'un an ou deux, & quelquefois sur les arbres, un deuxième Bourrelet qui sort d'entre le bois & l'écorce de la lèvre inférieure de la plaie. Ce Bourrelet inférieur est toujours incomparablement plus petit que le Bourrelet supérieur. Sur la vigne, il s'alonge quelquefois de plus de deux lignes en montant; son alongement se dirige toujours vers la lèvre supérieure. Il se tient appliqué de la même manière que le Bourrelet supérieur, contre le bois dénudé qu'il recouvre d'autant sans y adhérer.

Ce Bourrelet inférieur étant disséqué suivant la longueur & le diamètre de la branche, paroît souvent à l'œil n'être composé que de substance corticale. Mais on voit quelques-uns de ces Bourrelets qui contiennent une substance ligneuse qu'on y apperçoit, très-distinctement, entre cette substance corticale & le bois dénudé par l'opération. Je crois qu'il faut regarder comme une autre règle générale, qu'il ne se forme jamais de substance corticale entre le bois & l'écorce, sans qu'il se forme en même-tems au même endroit de la substance ligneuse, peu ou beaucoup. Ces deux substances se forment dans le Bourrelet inférieur de la même manière que dans le Bourrelet supérieur, excepté que la direction de leur accroissement dans un de ces Bourrelets est entièrement opposée à la direction de leur accroissement dans l'autre. Ainsi, le bois & l'écorce du Bourrelet inférieur naissent d'entre le bois & l'écorce de la lèvre inférieure de la plaie, & s'alongent d'un côté pour former ce Bourrelet, & simultanément d'autre côté entre le bois & l'écorce de cette lèvre inférieure pour former alors une nouvelle couche ligneuse, & une nouvelle couche corticale sur la portion de la branche inférieure à la plaie. J'ai mis, sous les yeux de la Société d'Agriculture, trois fragmens de branches sur chacun desquels le Bourrelet, né de la lèvre inférieure d'une telle plaie annulaire & disséqué, est très-visiblement formé en partie de substance ligneuse, existante entre l'écorce de ce Bourrelet & le bois dépouillé par la plaie.

Quelquefois il sembleroit à l'œil que cette nouvelle couche ligneuse formée au-dessous de la plaie, ne se continue depuis cette plaie que jusqu'à la distance d'environ six lignes au-dessous, & non plus loin, si l'on s'en rapportoit à l'apparence. Mais je ne pense pas que cette apparence suffise pour autoriser à affirmer que cela soit alors ainsi. Il me semble, au contraire, que l'analogie autorise à croire que cette nouvelle couche fibreuse, tant ligneuse que corticale,

se prolonge alors aussi, quoique moins sensiblement jusqu'aux racines. Car, toutes les fois que j'ai examiné des fibres ligneuses ou corticales en d'autres cas, elles m'ont constamment paru se continuer jusqu'aux racines, excepté dans le cas où une plaie arrêtoit leur alongement.

Lors du contact de ce Bourrelet né de la lèvre inférieure de la plaie annulaire, avec le Bourrelet né de la lèvre supérieure de la même plaie, les fibres tant ligneuses que corticales, qui se forment entre le bois & l'écorce d'au-dessus de ce contact, & qui font dès-lors route vers les racines en s'insinuant par chaque point du contact entre le bois & l'écorce du Bourrelet inférieur, comme je l'ai déjà dit, s'incorporent parfaitement avec ce bois & cette écorce du Bourrelet inférieur.

J'ai déjà dit plus haut que la production de ce Bourrelet inférieur, sorti d'entre le bois & l'écorce, & dont l'accroissement est dirigé en montant, paroît contradictoire à l'opinion de ceux qui admettent l'existence d'une sève descendante entre le bois & l'écorce; malgré toutes les preuves que j'ai rapportées ci-dessus, de l'existence de cette sève. Duhamel du Monceau dit expressément que le gros Bourrelet, qui sort d'entre le bois & l'écorce de la lèvre supérieure de la plaie annulaire, prouve l'opinion de ceux qui admettent cette existence, & prouve que cette sève descendante est fort abondante; & que le petit Bourrelet, qui sort d'entre le bois & l'écorce de la lèvre inférieure de la même plaie, prouve l'opinion par laquelle on admet qu'il y a en même-tems entre le bois & l'écorce une sève montante, quoique beaucoup moindre en quantité que la sève descendante. Mais, comme j'en ai déjà dit un mot plus haut, ces deux opinions sont contradictoires, & ne peuvent être vraies toutes les deux en même-tems. Car, si l'on admet que la sève descende entre le bois & l'écorce, il paroît absurde d'admettre qu'elle y monte en même-tems. Il me semble, comme j'en ai aussi déjà dit un mot, que c'est sans aucun fondement, & à tort, qu'on a cherché à concilier ces deux opinions, en supposant qu'il y a entre le bois & l'écorce des vaisseaux particuliers pour la sève descendante, & d'autres vaisseaux pour la sève montante : car il paroît peu probable & contraire à la simplicité & à l'uniformité reconnues de la marche de la nature dans toutes ses productions, de supposer qu'elle ait employé en même-tems deux moyens, aussi contraires entr'eux, que ceux des cours opposés de chacune de ces deux sèves, pour enfanter en même-tems, par chacun de ces moyens, une seule & même production au même endroit : pendant que, par cette supposition, un seul de ces moyens étoit suffisant. Cette supposition gratuite ne pourroit donc avoir quelque probabilité que dans le cas où il n'y auroit aucune identité entre les productions de chacune de ces deux sèves, & où la substance formant le Bourrelet inférieur & sur-tout celle formant l'accroissement en grosseur de la partie inférieure du bourgeon ou de la branche, seroient d'une autre nature que la substance formant le Bourrelet supérieur, & que sur-tout celle de l'accroissement en grosseur de la partie supérieure du bourgeon ou de la branche. Mais il est bien constant, tout au contraire, que la substance du Bourrelet supérieur, & sur-tout celle des couches ligneuses & corticales supérieures à la plaie, desquelles ce Bourrelet est un prolongement, sont de même nature que la substance du Bourrelet inférieur, & que sur-tout celle des couches ligneuses & corticales inférieures à la plaie desquelles ce Bourrelet est un prolongement. Il paroît donc que la simplicité reconnue de la nature, & l'uniformité reconnue de sa manière d'agir dans ses productions, doivent faire admettre que c'est une sève d'une seule & même nature, marchant par des canaux ou voies quelconques pareils, & dans une seule & même direction, qui produit & les deux Bourrelets supérieur & inférieur, & sur-tout tout ce qui se forme entre le bois & l'écorce, tant supérieurs qu'inférieurs à la plaie annulaire. Il paroît donc qu'il faut, ou bien opter entre l'opinion qui admet qu'il existe une sève montante entre le bois & l'écorce, & l'opinion qui admet l'existence d'une sève descendante entre le bois & l'écorce, ou bien nier ces deux opinions. Mais il paroît encore qu'on ne peut nier l'existence d'une sève descendante entre le bois & l'écorce, d'après la nature & le nombre de toutes les preuves de cette existence, que j'ai rapportées ci-dessus; sans parler de celles que j'aurai occasion de rapporter encore ci-après. Il ne faut donc, pour acquérir une certitude entière de l'existence de cette sève descendante entre le bois & l'écorce, que détruire les contradictions apparentes que j'ai exposées, & celles que je pourrai encore exposer ci-après. On doit donc admettre toute opinion non improbable, ou non absurde, qui détruiroit ces contradictions. Or, il suffit, pour les détruire, d'admettre, & mon opinion est, que c'est une seule & même sève descendante qui produit les substances ligneuses & corticales, tant dans le Bourrelet inférieur à la plaie, & sur-tout entre le bois & l'écorce qui sont au-dessous de cette plaie, que dans le Bourrelet supérieur à la même plaie & sur-tout entre le bois & l'écorce d'au-dessus de cette plaie. Peut-être aurai-je par la suite le loisir de mettre encore dans un plus grand jour la vérité de cette assertion. En attendant, je prie d'observer qu'elle n'est aucunement absurde ni improbable; quoique l'accroissement de ce Bourrelet inférieur se dirige en montant: puisque l'accroissement des feuilles & des bourgeons se dirige également en montant; & que

néanmoins ceux qui admettent l'existence d'une sève descendante entre le bois & l'écorce, conviennent qu'elle s'introduit dans les plantes par la surface des feuilles & des bourgeons tendres. Je dirai à cette occasion que l'anatomie végétale m'a appris que chaque nervure des feuilles est composée de deux portions de fibres, dont la portion supérieure, c'est-à-dire, celle qui est du côté de la page supérieure de la feuille, est continue avec les fibres du corps ligneux du bourgeon & dont la portion inférieure est continue avec les fibres de l'écorce. Cette structure paroît une preuve de plus de l'existence de la sève descendante. Car, étant jointe à ce fait prouvé que les feuilles absorbent, & aux autres preuves de l'existence de la sève descendante entre le bois & l'écorce; elle autorise à croire que la sève descendante après s'être introduite dans les feuilles par les pores des feuilles, marche dans leur substance en descendant vers leur base entre ces deux portions de chacune de leurs fibres qui sont toujours continues jusqu'aux racines. En vain objecteroit-on à l'égard de ces Bourrelets nés de la lèvre inférieure de la plaie annulaire, qu'il y a des expériences qui prouvent que ces Bourrelets produisent, en certains cas, des branches qui naissent de leur surface, & que par conséquent il faut bien admettre que la sève y monte. Je pense qu'on peut lever cette objection en répondant que la sève, qui monte effectivement dans ces Bourrelets pour contribuer à nourrir ces branches, n'y monte pas entre le bois & l'écorce, mais au travers de la substance de leur bois, de la même manière qu'on sait qu'elle monte au travers de la substance du bois du reste de l'arbre. D'ailleurs, si l'on admet une sève descendante entre le bois & l'écorce de ces branches, il faut admettre nécessairement que cette sève descend donc en même-tems entre le bois & l'écorce des Bourrelets sur lesquels elles sont nées, & ainsi ces branches sont une preuve de plus que s'il existe une sève descendante entre le bois & l'écorce, cette sève descend aussi entre le bois & l'écorce du Bourrelet né de la lèvre inférieure des plaies annulaires. L'existence de ces branches est donc bien loin de pouvoir fournir aucune objection spécieuse contre cette dernière opinion.

OBSERVATION 8e. Il arrive très-souvent sur les arbres fruitiers à noyau, quelquefois sur les ceps de raisin muscat blanc, jamais, autant que je sache, sur les ceps de chasselas ou d'autre raisin moins sucré, qu'il suinte de la gomme hors de différens points de la surface des Bourrelets nés de la lèvre supérieure de telles plaies annulaires. J'ai sous les yeux, & j'ai mis sous les yeux de la Société d'Agriculture, un Bourrelet provenu sur un cep de muscat blanc, & de la surface duquel est suintée une quantité très-notable de gomme, laquelle y adhère encore en grande partie. Ce dernier fait nous apprend que le suc propre de la vigne n'est donc pas d'autre nature que celui des fruits à noyau, & n'est donc autre chose que de la gomme. En disséquant de tels Bourrelets gommeux provenus chacun à la lèvre supérieure de plaies annulaires faites sur abricotiers six ou sept mois auparavant ; j'ai vu de la gomme accumulée, épanchée, extravasée dans le Bourrelet, & depuis lui jusqu'à la distance de six à dix lignes au-dessus, tantôt entre le bois & l'écorce, tantôt, & le plus souvent, dans l'épaisseur de la couche ligneuse nouvelle, tantôt entre cette couche ligneuse nouvelle & le bois existant avant l'opération.

Ces accumulations & épanchemens de gomme, tant au-dedans qu'au dehors de ces Bourrelets supérieurs des plaies annulaires, & principalement de ces Bourrelets occasionnés sur la vigne, me paroissent autoriser à croire que l'arrêt du cours de la sève descendante produit par ces plaies, occasionne, dans la branche ou les branches qui sont au-dessus d'une telle plaie, la formation d'une quantité de gomme au-delà de la quantité qui s'y en formeroit sans l'existence de cette plaie. Ajoutez outre cela qu'il semble que la substance gommeuse doit être plus abondante & plutôt formée dans le fruit qui provient au-dessus d'une telle plaie faite en tems convenable, puisque cette plaie rend ce fruit plutôt mûr & plus gros. Cela nous indique la cause par laquelle il se produit & s'extravase tant de gomme sur les vieux arbres fruitiers à noyau. On sait que l'épaisseur & la dureté de leur écorce augmentent continuellement, & sont d'autant plus grandes qu'ils sont plus âgés. Lors donc que cette épaisseur, & cette dureté sont parvenues à un certain degré d'accroissement, l'écorce ne peut plus se prêter, que très-difficilement, à l'effort continuel que l'accroissement du corps ligneux fait pour la distendre. Il en résulte nécessairement un effet semblable à celui d'une ligature qui seroit opérée autour de toute l'étendue de la surface de cette écorce, de manière à produire, comme je l'exposerai plus en détail ci-après, un arrêt partiel, un retardement considérable dans le cours de la sève descendante. C'est donc cet arrêt, ce retardement qui occasionne sur ces vieux arbres la production de cette gomme surabondante qui à la fin les tue, en tout ou en partie, en s'épanchant dans leur intérieur de manière à intercepter le cours de la sève. Cela nous indique encore pourquoi il se produit & il s'extravase, très-notablement, plus de gomme sur les arbres fruitiers à noyau dans les années pendant lesquelles ils rapportent beaucoup de fruits, que dans les années pendant lesquelles ils restent stériles. Car on sait que ces arbres produisent beaucoup moins de bois dans ces années de fertilité que dans celles de stérilité, & l'on conçoit que la quantité de la sève descendante d'un arbre, & la rapidité

du cours de cette sève sont d'autant moindres que cet arbre produit moins de bois. C'est donc encore ce ralentissement du cours de la sève descendante de ces arbres dans ces années de fertilité, qui occasionne alors la production de cette gomme surabondante.

Sur la question qu'on pourroit faire comment l'arrêt de la sève descendante occasionne cette surabondance de gomme, on peut répondre plausiblement, qu'il est admis en physique végétale, que le suc propre se forme dans les végétaux par l'action chimique que les principes de la sève exercent les uns sur les autres, à laquelle action se joint & contribue l'action des météores. Il n'est donc pas improbable d'admettre que le ralentissement du cours de la sève soit favorable à cette sorte de fermentation.

La découverte de cette cause indique un moyen à tenter pour remédier à cette maladie, sur-tout lorsqu'elle dépend de la dureté & de l'épaisseur de l'écorce. Ce seroit de rétablir la liberté du cours de la sève descendante en fendant l'écorce de l'arbre dans toute sa longueur. On sait que cette opération est déjà pratiquée utilement depuis long-tems pour délivrer les arbres de la mousse.

Observation 9.e On ne trouve point de vaisseaux propres dans l'écorce des Bourrelets sortis d'entre le bois & l'écorce des lèvres de telle plaie annulaire & même de toute plaie opérée, soit sur un bourgeon de l'année, soit sur du bois des années précédentes, tant des arbres fruitiers à noyau que de la vigne.

Observation 10.e. J'ai encore opéré cette plaie annulaire sur des plantes non fruticantes. Le reste de ce chapitre contient le détail des effets remarquables qui ont accompagné la production du Bourrelet annulaire que cette plaie a occasionné, ou qui ont été la suite de cette production. Ces effets me paroissent aussi de nature à être de quelqu'utilité pour l'avancement de la physique végétale.

En la même présente année 1790, j'ai enlevé un anneau entier d'écorce, à neuf pouces au-dessus de terre, sur la tige d'une rose d'Outremer, espèce de plante que Linnæus nomme *Alcea rosea*, lorsque cette tige avoit environ deux pieds de hauteur. Depuis le moment de cette opération, cette tige s'est élevée à la hauteur de six pieds, & a produit beaucoup de fleurs bien doubles pendant aussi long-tems que les autres plantes de la même espèce & du même âge qui étoient dans le même jardin. Il s'est produit un Bourrelet à la lèvre supérieure de la plaie, comme à l'ordinaire ; mais, ce qui est moins ordinaire, & très-digne de remarque, c'est que ce Bourrelet, quoiqu'il ait toujours été exposé à l'air très-sec, puisque cette plante étoit auprès d'un mur exposé au midi, a néanmoins produit sept racines en l'air, lesquelles ont toutes environ une ligne ou un peu plus de longueur. Ce fait prouve furabondamment & d'autant plus que la sève descendante, contribue beaucoup à l'alongement des racines. J'ai ce Bourrelet sous les yeux, & je l'ai mis, le 2 Octobre de la même année, sous les yeux de la Société d'Agriculture.

Ce fait prouve encore d'autant plus combien les Bourrelets supérieurs des plaies annulaires sont disposés à produire des racines. Il est bien remarquable & bien admirable, que, dès que la sève descendante est arrêtée dans son cours vers les racines, elle tend dès-lors à suppléer au besoin de la plante, à cet égard, ou bien en produisant, comme je l'ai expliqué plus haut, des rudimens ou des germes de racines dans le Bourrelet que cet arrêt occasionne, au-dessus de lui, ou bien même en produisant, comme dans cette expérience, des racines en l'air toutes formées, qu'elle fait sortir de la surface de ce Bourrelet.

Ce même fait prouve aussi d'autant plus que c'est l'arrêt partiel du cours de la sève descendante à l'endroit des nœuds de la vigne & de beaucoup d'autres plantes, & sur-tout à l'endroit de l'insertion de chacun de leurs bourgeons, qui fait que leurs branches sont disposées naturellement à produire des racines à l'endroit de chaque nœud, & sur-tout à la base renflée de l'insertion de chaque bourgeon. A cette occasion, & pour éclaircir d'autant ce point, je dirai que les renflemens, qui se voient à l'endroit de ces insertions, sont tellement disposés naturellement à produire des racines, qu'il y a au moins une variété de vigne qui produit naturellement & très-souvent en l'air des racines toutes formées au nombre de trois ou quatre, d'environ une ligne & même davantage de longueur, à chaque insertion des bourgeons. Je ne crois pas que cette observation ait encore été faite. J'ai mis le même jour, 2 octobre, sous les yeux de la Société d'Agriculture, pour exemple de cette assertion une branche de vigne, que j'ai cueillie au hasard sur une treille de raisin noir tardif, laquelle branche avoit produit, de douze yeux, douze bourgeons & des racines bien formées, de la longueur d'environ une ligne, & au nombre de trois, quatre ou cinq, à la base de chaque insertion de dix de ces bourgeons. Cette branche a été cueillie à six pieds au-dessus de terre. Ceux à qui la seule inspection ne suffiroit pas pour les convaincre que les mammelons alongés qu'on voit à la base de ces insertions, sont de vraies racines, peuvent s'en assurer aisément par la dissection qui fait voir que l'axe de chacun de ces mammelons est ligneux; ce qui, comme je l'ai dit ci-dessus, est le caractère distinctif de toute racine. Cette observation prouve donc d'autant plus que c'est avec grande raison que les cultivateurs laissent un fragment de vieux bois à la base de chaque bourgeon de vigne dont ils veulent faire une bouture. On sait que ces boutures, munies ainsi

à leur extrémité d'un fragment de vieux bois, font ce qu'on nomme vulgairement des *Crossettes*.

OBSERVATION II.e En la même année 1790, j'ai enlevé, vers la base de la tige d'un soleil annuel, plante que Linnæus nomme *Helianthus annuus*, à six pouces au-dessus de terre, un anneau entier d'écorce de neuf lignes de largeur. Lors de cette opération, cette tige avoit à la distance de six lignes au-dessous de cette plaie, près de huit lignes de diamètre. Un certain tems après, lorsque j'ai vu que cette plante étoit près de périr, j'ai coupé la tige au rez de terre pour examiner ce que l'opération de la plaie annulaire avoit produit sur elle. Puis l'ayant coupée diamétralement en toute sa longueur j'ai trouvé que cette tige avoit encore à la distance de six lignes au-dessous de la plaie, près de huit lignes de diamètre, c'est-à-dire, exactement la même grosseur qu'au moment de l'opération de la plaie. Dans cet endroit, le canal médullaire avoit cinq lignes de diamètre, le bois étoit d'une ligne d'épaisseur, & l'écorce étoit épaisse d'environ une demi-ligne. Il s'étoit formé à la lèvre supérieure de la plaie, un Bourrelet d'environ une ligne de longueur de haut en bas, & qui étoit en grande partie couvert de térébenthine, laquelle étoit suintée par nombre de points de la surface de ce Bourrelet. On sait que cette térébenthine est le suc propre de cette plante. A la distance de quatre lignes au-dessus de ce bourrelet, le diamètre entier de la tige étoit alongé de quatre lignes, & le diamètre du canal médullaire du même endroit étoit alongé de deux lignes. Le bois & l'écorce du même endroit étoient épaissis chacun d'une demi-ligne. La portion du canal médullaire comprise entre les deux lèvres de la plaie étoit élargie & évasée dans sa partie supérieure, un peu en forme d'entonnoir, ce qui étoit l'effet de la distension produite dans cette partie par l'élargissement du canal médullaire au-dessus de la plaie. Il ne s'est pas formé de substance ligneuse au-dessous du Bourrelet supérieur, depuis le moment de l'existence de la plaie.

Dans cette expérience, non-seulement la plaie annulaire a empêché l'épaississement du corps ligneux au-dessous d'elle, elle a encore empêché au-dessous d'elle, l'élargissement du canal médullaire, & l'accroissement de la quantité de moelle qui la remplit, dans toute la portion de tige qui étoit entre cette plaie & les racines. Ce fait me paroit très-digne de remarque.

La plante sur laquelle j'ai fait cette expérience, a continué de végéter comme auparavant depuis le moment de l'opération jusqu'à l'épanouissement complet de la première fleur. Mais depuis lors cette plante a commencé à se faner & à dépérir à vue d'œil, de sorte qu'en très-peu de tems, toutes ses feuilles sont devenues jaunes, entièrement

entièrement flétries & pendantes, avant que les
graines de cette première fleur fussent parvenues
en état de maturité, avant même que ces graines
fussent bien formées & remplies. C'est alors que
j'ai cueilli cette tige pour l'examiner.

La fleur a donc évidemment absorbé, depuis
le moment de son épanouissement, toute la sève
qui se distribuoit, auparavant cet épanouissement,
dans toutes les autres parties de la plante. Ce
fait n'indique-t-il pas qu'une des causes de la
mort des plantes annuelles & bisannuelles après
la floraison & la fructification, c'est que lors de
la production des fleurs & fruits de chaque plante,
depuis le premier moment de cette production, la
sève qui, avant cette production, se distribuoit
dans toutes les autres parties de la plante, les
abandonne par degrés insensibles, pour se
porter sur les fleurs & fruits; abandon qui est
enfin porté dans ces plantes à un tel point qu'il
occasionne dans ces parties abandonnées une
désorganisation qui les rend inhabiles désormais
à la vie végétale. Cet abandon n'a lieu naturellement que par degrés insensibles; parce que
naturellement la quantité de racines de chaque
plante suffit d'abord pendant quelque tems pour
fournir à la nourriture de ses premières fleurs
& de ses premiers fruits, & en même-tems à celle
de ses autres parties; de sorte que ces autres parties ne souffrent de diminution d'abord que dans
l'accroissement de leur nombre, puis dans l'accroissement de leur grandeur. Ensuite, cet abandon continuant toujours d'augmenter à proportion
de l'accroissement de la quantité des fleurs & des
fruits, ces parties abandonnées souffrent dans
leur couleur & dans leur vigueur. Et lorsque
cet abandon est enfin à son comble, à cause de
cette quantité de fleurs & de fruits devenue extrême relativement au volume de la plante, la
langueur de ces parties abandonnées devient enfin
aussi extrême, ainsi que la désorganisation qui
est une suite de cette langueur: & elles périssent
ainsi sans retour. Dans le cas de l'expérience
citée, cet abandon a été si subitement porté à
son comble, & s'est manifesté si sensiblement,
parce que l'opération de la plaie annulaire a
arrêté subitement tout accroissement des racines,
lorsqu'elles n'étoient encore qu'en très-petite
quantité; & n'a pas arrêté en même-tems l'accroissement de la masse, & du volume des autres
parties qui tiroient leur nourriture de ces racines; masse & volume qui, d'après ce que
je viens de dire, se sont accrus du double depuis
le moment de l'opération. Il a donc dû en ré-
sulter que ces parties ont souffert, avant la floraison, au moins toute la diminution dans l'accroissement de leur nombre & de leur grandeur
qu'elles n'eussent, naturellement & sans l'opération, commencé à souffrir, que depuis cette floraison, laquelle, par conséquent, a dû, dans
le cas de l'expérience citée, les attaquer du pre-

mier abord dans leur vigueur & dans leur vie.

Je viens de dire que l'opération a aussi été subitement l'accroissement des racines; & cette assertion est d'une vérité incontestable, puisque cette
opération arrête subitement toute production
de fibres ligneuses ou corticales au-dessous de la
plaie. On sait d'ailleurs qu'il résulte des expériences
de Duhamel du Monceau, que les racines ne
s'alongent point, ou qu'à peine sensiblement,
par extension de leurs fibres existantes entre leurs
deux extrémités: mais s'alongent seulement par
la production de nouvelles fibres, dont la longueur
plus grande se porte au-delà de celle de ces
deux extrémités qui est l'inférieure; c'est-à-dire,
par la production de nouveaux cônes fibreux dont
le sommet soit au-delà de cette extrémité inférieure.

Une preuve de plus que cette absorption de
la sève, par les fleurs & fruits, est une des principales causes de la mort des plantes annuelles
& bisannuelles, c'est qu'on parvient aisément à
faire vivre plusieurs années quantité de ces
plantes, en les empêchant de fleurir par un retranchement exact de leurs boutons à fleurs,
à mesure qu'ils paroissent. Ainsi, l'on doit mettre
au nombre des rapports intéressans observés
entre les deux règnes végétal & animal, que
l'acte de la génération épuise les plantes aussi
sensiblement que les animaux. C'est la même
cause qui tue les tiges des herbes vivaces. C'est
encore la même cause qui contribue à tuer tant
de branches de pêchers & d'autres plantes fruticantes après une abondante fructification.

OBSERVATION 12.e En la même année 1790,
j'ai fait la même opération de la plaie annulaire sur
la tige d'une seconde plante, de la même espèce de
soleil annuel à fleur double, qui avoit, au moment
de cette opération, dix lignes de diamètre à
la distance de six lignes au-dessous de la plaie,
& qui alors étoit plus avancée vers son état de
floraison que la précédente l'avoit été lorsqu'elle
avoit souffert la pareille opération. De ce plus
grand avancement de cette seconde plante lors de
l'opération, & de ce qu'elle possédoit alors une
quantité de racines plus grande que la quantité de
racines possédée par la première, à pareille époque,
à proportion de la masse & du volume que chacune de ces deux plantes étoit disposée à acquérir naturellement, il est résulté que cette seconde
plante a produit six fleurs bien épanouies, & qu'elle
a perfectionné les semences de quatre de ces fleurs.
Mais cependant, dès le premier moment de l'é-
panouissement complet de sa première fleur, cette
plante a toujours depuis très-mal soutenu ses feuilles, & elle laissoit continuellement pendre, pendant
le jour, les plus grandes qui étoient alors très-fanées
& flétries, nonobstant les arrosemens; pendant que
les autres plantes, de la même espèce, fleuries en
même-tems, dans le même jardin, en même terrein,
& en même exposition, soutenoient très-bien
leurs feuilles quoiqu'elles ne fussent aucunement

arrofées. Les autres réfultats de cette expérience reffemblent à ceux de l'expérience précédente.

OBSERVATION 13º. En la même préfente année 1790, j'ai enlevé, à la tige d'une troifième plante de la même efpèce de foleil annuel, qui étoit à fleur fimple, à deux pouces au-deffus de terre, fur un endroit de dix lignes de diamètre, un anneau entier d'écorce de fix lignes de largeur. Le bois dénudé par cette place étoit fort liffe & d'une furface très-également unie; ainfi, j'ai réuffi fort aifément à ne laiffer fur ce bois aucune parcelle de cette partie intérieure de l'écorce qu'on nomme le Liber. Les réfultats de cette expérience ont été les mêmes que ceux de l'expérience précédente, & de plus ce qui fuit. Au bout d'un tems affez court, en vifitant cette plaie, j'ai vu avec furprife qu'elle étoit entièrement guérie & cicatrifée, quoique je vis en même-tems que le Bourrelet, qui étoit forti d'entre le bois & l'écorce de la lèvre fupérieure de cette plaie annulaire, ne s'étoit encore alongé que d'une ligne de haut en bas, & qu'il ne s'étoit formé aucun Bourrelet à la partie inférieure de la plaie. Un examen attentif, joint au fouvenir d'autres obfervations analogues, me fit préfumer que la nouvelle écorce, qui avoit recouvert le furplus de l'étendue de la plaie, étoit fortie des pores de la furface du bois mis à nud par la plaie. Pour effayer de m'affurer de ce qui s'étoit paffé, j'ai enlevé à la diftance d'une ligne plus bas que le bord inférieur de cette première plaie, un deuxième anneau d'écorce auffi de fix lignes de largeur; & j'ai eu très-grand foin de ne laiffer fur le bois dénudé par cette deuxième plaie, aucune parcelle de Liber. Puis j'ai obfervé tous les jours, depuis ce moment, ce qui fe paffoit fur cette plaie; & j'ai vu effectivement fuinter des pores de la furface du bois, dénudé, une matière gélatineufe, onctueufe, tranfparente; qui a pris, par degrés infenfibles, de la confiftance, de l'opacité, de l'épaiffeur & de la couleur, eft devenue de la même couleur que le furplus de l'écorce de cette tige, & recouvre entièrement la plaie que j'ai vu fe cicatrifer ainfi parfaitement. La nouvelle écorce, qui recouvre cette plaie, eft très-raboteufe en fa furface, & eft-très-adhérente & bien incorporée avec le bois qui a été dépouillé par la plaie. La nouvelle couche ligneufe, qui s'eft formée, depuis la production de cette nouvelle écorce, au-deffus du Bourrelet, fe continue entre cette nouvelle écorce & ce bois dépouillé, avec lefquels elle eft parfaitement incorporée.

Je ne crois pas qu'il foit fait mention, par aucun de ceux qui ont traité jufqu'à préfent de la phyfique végétale, d'une pareille cicatrice opérée naturellement, ni de cette incorporation, du bois mis à nud par la plaie, avec le bois nouveau qui le recouvre. Il eft bien vrai que Bonner & Duhamel du Monceau ont vu s'opérer une cicatrice pareille en plaçant, l'un une plaie

fimple, & l'autre une plaie annulaire, dans un tube de criftal dont les parois étoient à certaine diftance de la plaie, & dont les extrémités auffi placées à une certaine diftance de la plaie étoient entièrement bouchées avec un maftic compofé de cire, térébenthine & craie en poudre. Il leur a paru, au travers de ce criftal, qu'il naiffoit des interftices des fibres du bois, des productions d'abord gélatineufes, demi-tranfparentes, blanchâtres, puis de plus en plus opaques, puis grifes, enfin vertes, qui en fe prolongeant de haut en bas, recouvrirent & cicatrifèrent enfin la plaie, lefquelles productions Duhamel prend pour de l'écorce. Mais, en ces cas, cette production d'écorce n'a eu lieu qu'au moyen de cet appareil très-peu naturel, qui interceptoit toute communication entre ces plaies & l'atmofphère; & ni l'un ni l'autre de ces auteurs ne dit que par le moyen de cette forte de cicatrice, le bois mis à nud par la plaie foit incorporé avec le bois nouveau qui le recouvre. Cependant, il eft très-certain que le cas de cette cicatrice forme une exception, à ce qu'affirment les phyficiens comme règle générale; en difant que jamais aucun bois dépouillé de fon écorce ne fe réunit ni avec l'écorce nouvelle ni avec le bois nouveau qui le recouvrent après cette dénudation. Cette expérience, & plufieurs analogues que j'ai faites, m'ont appris & prouvé que toutes plaies annulaires ou autres, par lefquelles l'écorce feule eft enlevée dans toute fon épaiffeur, de manière à mettre à nud le corps ligneux, fe recouvre ainfi promptement par une écorce fortie des pores de la furface de ce corps ligneux mis à nud, lorfque cette furface eft entretenue dans une humidité fuffifante, fur-tout pendant les premiers tems qui fuivent le moment auquel la dénudation a été opérée; qu'au moyen de cette écorce produite de cette manière, le corps ligneux mis à nud par la plaie, s'incorpore parfaitement avec le bois qui le recouvre depuis cette dénudation; & que c'eft l'exficcation qu'éprouve ordinairement cette furface du corps ligneux dépouillé, qui met obftacle à ce qu'une nouvelle écorce forte de fes pores. Dans l'expérience dont il s'agit, il a pu fortir ainfi une nouvelle écorce hors des pores du bois mis à nud par les deux plaies faites à ce foleil, parce que cette plante étoit, contre un mur élevé, & expofé au nord, de manière que ces plaies n'ont jamais été frappées des rayons du foleil; enfuite, parce que ces plaies étoient très-près de la terre, laquelle étoit entretenue humide, tant par fon expofition, que par le foin que j'avois d'arrofer cette plante affiduement; enfin, parce que lors de l'opération, je n'ai pas effuyé l'humidité onctueufe qui s'obferve conftamment fur le corps ligneux de toute plante qui eft en fève. J'ai, fous les yeux, une portion de cette tige, fur laquelle fe voient ces deux plaies cicatrifées, & que j'ai mife fous les yeux de la So-

société d'Agriculture, le 2 Octobre de la même année. J'ai fait sur ce fragment de tige une section qui traverse ces deux plaies suivant la longueur de la tige ; &, au moyen de cette section, on voit très-clairement que l'écorce nouvelle & le bois nouveau formés depuis que les plaies ont été opérées, sont très-adhérents & parfaitement incorporés avec le bois mis à nud par ces plaies.

Je viens de dire, avec Duhamel du Monceau, que, dans cette expérience, l'écorce est sortie des pores du bois. Mais cette expression est inexacte. Ce qui sort des pores du bois en ce cas n'est pas de l'écorce proprement dite, c'est seulement de l'enveloppe cellulaire. Je m'en suis aisément convaincu par la seule inspection attentive de la structure de cette substance, & les fibres tant corticales que ligneuses, qui se trouvent entre cette enveloppe cellulaire & le bois ancien mis à nud par la plaie, sont le prolongement des nouvelles fibres ligneuses & corticales qui se sont formées au-dessus de la plaie depuis la production de cette enveloppe cellulaire. L'effet de cette enveloppe cellulaire, sur le bois ancien qu'elle recouvre, me paroît être d'entretenir ce bois dans une vie suffisante & nécessaire, 1.° pour permettre à ces fibres nouvelles de se continuer sur ce bois ancien au-delà du Bourrelet ; 2.° pour que ces fibres nouvelles s'incorporent avec ce bois ancien. Il me paroît que dans les autres cas de cicatrice, où le bois nouveau ne s'incorpore pas avec l'ancien, c'est la mort des fibres externes de ce bois ancien mis à nud, qui empêche cette incorporation. En observant naître cette enveloppe cellulaire, en cas pareil, sur plusieurs autres plantes, comme par exemple, sur la vigne-vierge & sur l'orme, dont les mailles du rézeau fibreux sont plus visibles que celles du soleil cité, il m'a paru que cette enveloppe cellulaire sortoit par ces mailles du rézeau fibreux, c'est-à-dire, par l'extrémité des canaux horizontaux qui contiennent la substance qu'on connoît sous le nom de productions médullaires horizontales. Ce fait, joint à cet autre, que toute enveloppe médullaire est constamment contiguë & incorporée avec ces productions médullaires, fait faire encore un pas de plus à la physique végétale, en nous indiquant, & même en prouvant que toute enveloppe médullaire n'est qu'une extension & une expansion des productions médullaires horizontales, & sort par les orifices extérieurs des canaux qui contiennent ses productions, pour se répandre sur toute la surface extérieure des troncs, tiges & branches.

CHAPITRE DEUXIEME.

Des Bourrelets de plaies simples.

Pour avoir une idée des Bourrelets qui sortent toujours d'entre le bois & l'écorce des bords quel-

conques de toute plaie que j'appelle *simple*, c'est-à-dire, de toute plaie par laquelle l'écorce est séparée du bois dans une partie seulement de la circonférence d'un tronc, ou d'une branche quelconque, quelque soit la forme de cette plaie, il convient, en premier lieu, de se ressouvenir que, d'après ce que j'ai dit dans le chapitre premier, la séve descendante est la seule qui existe dans l'intervalle d'entre le bois & l'écorce: on concevra par-là que ces Bourrelets, qui sortent de cet intervalle, sont donc toujours une production de cette séve descendante. Ensuite il suffira, en second lieu, d'avoir une idée des Bourrelets qui sortent d'entre le bois & l'écorce des bords d'une plaie simple quarrée, ayant deux de ses bords verticaux, les deux autres bords horizontaux, & opérée sur une surface verticale : car il est évident, que, quelque soit le degré d'inclinaison à l'horizon d'aucun bord droit ou courbe d'une plaie simple de forme quelconque, la séve descendante, en produisant le Bourrelet qui sort d'entre le bois & l'écorce de ce bord, ne peut, pour opérer cette production, agir, sur chaque point de ce bord incliné quelconque, que de la même manière qu'elle agit sur chaque point des bords horizontaux, soit supérieur, soit inférieur d'une plaie quarrée pour y produire le Bourrelet qui sort d'entre leur bois & leur écorce.

Si donc on enlève, sur une surface verticale de la tige d'un arbre, pour quatre sections dont deux horizontales & deux verticales, une pièce d'écorce quarrée, de manière à mettre parfaitement à nud toute l'étendue du corps ligneux limitée par ces quatre sections ; & si l'on examine ensuite attentivement chaque jour, ce qui se passe sur cette plaie, on ne verra, le plus ordinairement, rien naître hors de la surface du bois mis à nud par cette plaie ; & l'on verra sortir d'entre le bois & l'écorce de toute l'étendue de chaque bord de la plaie, une production d'abord succulente, tendre, herbacée, qui s'endurcit par degrés insensibles ; d'abord prend ordinairement la forme d'un cordon semi-cylindrique disposé sur toute la longueur de chaque bord de la plaie ; ensuite prend une forme plus étendue ; acquiert une épaisseur telle que sa surface extérieure se met, à-peu-près, de niveau avec l'écorce des bords de la plaie ; continue de s'étendre dans le même niveau sur le bois dénudé, en se tenant constamment appliquée exactement sur ce bois, sans contracter avec lui aucune adhérence. La ligne de direction, dans laquelle s'opère l'accroissement de l'étendue de chaque Bourrelet de telle plaie quarrée, est toujours perpendiculaire à la longueur du bord de dessous lequel il sort. Et cet accroissement en étendue continue d'avoir lieu ainsi jusqu'à ce que les quatre Bourrelets soient parvenus à recouvrir entièrement le bois dénudé, &

à former fur ce bois, par la réunion reciproque
de leurs bords, une cicatrice parfaite. Il eft
bon de remarquer que chacun de ces quatre
Bourrelets ne commence pas à fortir vifiblement d'entre le bois & l'écorce, en même-rems
que les trois autres. Dans toutes les expériences
connues, c'eft toujours le Bourrelet inférieur qui
a paru le dernier des quatre. Mais, à l'égard
des trois autres, quelques Auteurs difent que les
Bourrelets des bords verticaux paroiffent avant
celui du bord fupérieur; d'autres auteurs affurent que c'eft le Bourrelet du bord fupérieur
qui naît le premier de tous. Les expériences
que j'ai faites, à cet égard, m'ont appris que
ces Auteurs ont tous raifon & tort en même-
tems. Car fur certaines plantes, comme par
exemple fur l'orme, j'ai vu les Bourrelets des
bords verticaux paroître avant celui du bord
fupérieur; & fur d'autres plantes, comme par
exemple fur la vigne vierge, j'ai vu le Bourrelet du bord fupérieur paroître le premier de
tous. Ordinairement la rapidité de l'accroiffement de l'étendue de chacun des quatre Bourrelets eft en raifon directe de la brièveté du
tems qui s'eft écoulé depuis le moment auquel
la plaie a été opérée, jufqu'à celui auquel ce
Bourrelet a paru vifiblement fortir d'entre le
bois & l'écorce; de forte que le premier forti
des quatre Bourrelets eft celui qui a acquis le
plus d'étendue au moment de la perfection de
la cicatrice, & que le dernier forti eft celui qui
a acquis le moins d'étendue.

D'après ce que j'ai dit ci-deffus du mode de
la formation des Bourrelets de la plaie annulaire, il ne fera pas difficile de concevoir comment & de quoi font formés chacun de ces
quatre Bourrelets de la plaie fimple quarrée
dont je viens de parler. On conçoit & tous les
Botaniftes Phyficiens, qui croient à l'exiftence de
la fève defcendante, conviennent que le Bourrelet fupérieur de cette plaie quarrée eft, comme
le Bourrelet fupérieur de la plaie annulaire,
une production de la fève defcendante faifant
effort pour marcher fuivant la direction de fon
cours naturel & ordinaire. Au fujet de la grande
différence qui exifte entre ces deux fortes de
Bourrelet fupérieur, principalement quant à
l'épaiffeur beaucoup plus grande de celui de la
plaie annulaire, quant aux protubérances mammelonnées qui s'obfervent fi fouvent fur la furface de ce dernier, & ne s'obfervent jamais fur
celle de l'autre, il tombe fous le fens que ces
différences proviennent de ce que, lors de la
formation du Bourrelet fupérieur de la plaie
fimple, la fève, qui defcend de la branche ou des
branches d'au-deffus de lui, n'eft pas contrainte
à s'accumuler, autant dans ce Bourrelet que
dans celui de la plaie annulaire, parce qu'une
grande partie de cette fève peut marcher &
marche effectivement vers les racines par le

BOU

chemin moins réfiftant que lui offre l'écorce refté
intacte, fur le refte de la circonférence de la
branche, à l'endroit de la plaie fimple. Il eft
évident auffi que le Bourrelet inférieur de cette
plaie fimple quarrée fe forme exactement de la
même manière que le Bourrelet inférieur de la
plaie annulaire. La production des Bourrelets
des bords latéraux ou verticaux de cette plaie
fimple quarrée eft plus difficile à concevoir; on
peut cependant fuppofer avec vraiffemblance
qu'ils peuvent être produits en partie par la
même fève defcendante détournée de la direction perpendiculaire ou naturelle de fon cours
à caufe de la preffion qu'elle éprouve en paffant fous cette portion de l'écorce qui faifoit un
anneau parfait avec la pièce d'écorce enlevée,
laquelle preffion fait refluer en partie cette fève
vers la plaie; reflux qui produit l'extenfion de
ces Bourrelets latéraux fur le bois dénudé; pendant que l'accroiffement de leur épaiffeur eft
produit par la fève defcendante qui vient d'au-
deffus de chaque point que cette extenfion lui
fait couvrir fur le bord du Bourrelet fupérieur.

Ici, il eft naturel de demander comment fe
fait ce que j'ai expofé, il y a un moment, favoir que le Bourrelet fupérieur de la plaie quarrée ne paroît pas conftamment avant les Bourrelets latéraux, mais paroît fouvent après eux.
Ce dernier fait eft très-remarquable, & eft encore un de ceux qui paroiffent contredire les
preuves nombreufes, que j'ai expofées, & que
j'expoferai encore ci-après, de l'exiftence d'une
fève defcendante, & de la force puiffante qui
détermine fon cours. Car, d'après ces preuves,
il eft très-difficile de concevoir comment cette
fève, qui marche perpendiculairement de haut
en bas avec une fi grande force, ne produit pas
conftamment, fur toutes plaies quarrées, le
Bourrelet fupérieur long-tems avant les Bourrelets latéraux; puifque, pour produire ces derniers, elle doit évidemment être obligée de s'é-
carter de fon cours naturel malgré cette grande
force qui la pouffe en bas; pendant que, pour
produire le Bourrelet fupérieur, il femble qu'elle
n'ait qu'à céder à cette force.

Je crois qu'on peut répondre aifément à cette
queftion de manière à détruire ces contradictions apparentes. Il faut remarquer que le corps
ligneux, croiffant fans ceffe en épaiffeur, exerce
évidemment fans ceffe une preffion extrêmement forte contre la furface interne de l'é-
corce; & que l'écorce s'épaiffiffant auffi continuellement preffe réciproquement le corps ligneux; que l'effet néceffaire de cette preffion
réciproque toujours agiffante eft de diftendre l'é-
corce; & que le degré de la force qui appuie
l'écorce contre le bois, eft néceffairement d'autant moindre que la diftenfion de l'écorce peut
s'opérer plus aifément. Mais lors de l'exiftence

de cette plaie simple quarrée, cette distension s'opère incomparablement plus aisément sur l'endroit de la circonférence de l'écorce qui est rompu par cette plaie, que sur l'écorce restée intacte dans toute la circonférence de la branche. On conçoit donc que l'écorce qui forme le bord supérieur de cette plaie simple quarrée, doit appuyer beaucoup plus fortement sur le corps ligneux, que l'écorce qui forme les bords perpendiculaires de la même plaie. Cela étant, on conçoit que, quoique la force, qui pousse une partie de la sève descendante vers le bord supérieur de la plaie, soit beaucoup plus puissante que celle qui en fait refluer une autre partie vers les bords latéraux; cette dernière partie pourra néanmoins produire, avant la première, au-dehors, les Bourrelets latéraux, si la force de pression qui s'y oppose est foible à un degré suffisant pour que cette dernière partie ait pu surmonter cette force foible, avant que la première partie ait vaincu la résistance plus grande qui s'oppose à la production du Bourrelet supérieur : & c'est ce qui arrive lorsque l'écorce des bords de la plaie est mince à un certain degré. Mais on conçoit que lors de cette rupture opérée par la plaie, la sève a d'autant moins de facilité à soulever l'écorce rompue qui forme les bords latéraux de cette plaie, que cette écorce est plus épaisse. Il est donc évident que cette épaisseur peut être, en certains cas, telle que l'obstacle, qu'elle apporte à la sortie du Bourrelet, ne puisse être surmonté qu'après que le Bourrelet supérieur aura paru. L'expérience est parfaitement d'accord avec cette théorie : car sur un ormeau d'un pouce de diamètre dont l'écorce avoit deux tiers de lignes d'épaisseur, j'ai vu les Bourrelets latéraux, de telle plaie simple quarée, sortir les premiers : sur un orme de six pouces de diamètre, dont l'écorce étoit épaisse de deux lignes, j'ai vu le Bourrelet supérieur d'une telle place paroître en même-tems que les Bourrelets latéraux : & sur une tige de vigne vierge d'un pouce de diamètre ayant son écorce de deux lignes & deux tiers d'épaisseur, j'ai vu le Bourrelet supérieur naître avant les Bourrelets latéraux. Ainsi, non-seulement il y a de la variété à cet égard, suivant les espèces de plante, mais même suivant l'âge d'une même espèce de plante. Il y en a même encore suivant les parties d'une même plante; car le Bourrelet supérieur, d'une telle plaie simple, faite sur le tronc d'un orme, d'un pied & demi de diamètre, paroîtra le premier; pendant que le même Bourrelet ne paroîtra qu'après les Bourrelets latéraux sur une pareille plaie, faite à une branche gourmande, d'un pouce de diamètre, née sur le même orme. Ainsi, la théorie de ces faits, étant aussi parfaitement d'accord avec la théorie de la sève descendante, ils prouvent d'au-

tant plus cette dernière théorie, bien loin de l'attaquer, comme il sembloit au premier coup-d'œil.

Quant à la structure de ces Bourrelets des plaies simples, ils sont formés intérieurement d'un corps ligneux, recouvert extérieurement d'une écorce sortie, ainsi que le corps ligneux, d'entre le bois & l'écorce de chaque bord de la plaie. Le corps ligneux des Bourrelets supérieur & inférieur, de telle plaie simple quarrée, est plus compacte, plus grenu, moins strié, composé de fibres moins parfaites que le reste du bois de la plante, lequel diffère peu ou point du corps ligneux des Bourrelets verticaux de telle plaie. Il est remarquable que quelque soit la forme & la direction des bords d'une plaie, par-tout où le bois des Bourrelets qui en naissent, est strié sensiblement, la direction de ces stries & ainsi la direction des fibres qui composent ce bois, tend le plus directement possible vers les racines; excepté à l'extrémité inférieure du Bourrelet supérieur, & à l'extrémité supérieure du Bourrelet inférieur, où ces stries se courbent sur cette extrémité, pour aller aboutir au corps ligneux que le Bourrelet recouvre. Et les fibres corticales de l'écorce du Bourrelet, par-tout où elles sont visibles, ont exactement la même direction que celles de son corps ligneux. Cette écorce du Bourrelet recouvre entièrement le corps ligneux de ce dernier, & pour cela, elle se recourbe sur l'extrémité libre de l'étendue de chaque Bourrelet, pour aller aboutir sur le corps ligneux que le Bourrelet recouvre. Cette écorce qui recouvre, tant les deux Bourrelets perpendiculaires latéraux, que les deux Bourrelets horizontaux supérieur & inférieur, est formée intérieurement de substance fibreuse corticale, & extérieurement d'enveloppe cellulaire. Je me suis assuré que lorsque chaque Bourrelet commence à sortir d'entre le bois & l'écorce, la substance qui sort la première, est de l'enveloppe cellulaire toute pure; que la substance fibreuse, ligneuse & corticale, du Bourrelet supérieur, sort ensuite d'entre le bois & l'écorce du bord supérieur; que ces deux substances fibreuses du Bourrelet inférieur sortent aussi, après cette enveloppe, d'entre le bois & l'écorce du bord inférieur; mais qu'il n'en est pas de même du mode de formation des substances fibreuses, ligneuses & corticales des Bourrelets perpendiculaires latéraux : la sève qui sort de dessus les bords perpendiculaires, pour accroître l'étendue de ces Bourrelets, ne produit certainement que de l'enveloppe cellulaire; de sorte que c'est l'enveloppe cellulaire, seule, qui sert à l'extension de ces Bourrelets latéraux; & que leurs substances fibreuses & corticales ne servent uniquement qu'à l'accroissement de l'épaisseur de ces Bourrelets, & sont uniquement formées par la sève qui descend d'au-dessus de chacun des points du Bourrelet supérieur, à mesure que ces points viennent à se réunir à cette enveloppe cellulaire qui forme l'extension de ces Bourrelets latéraux ; & qu'il ne sort aucune fibre ligneuse ni corticale d'entre le bois & l'écorce des bords latéraux d'une telle plaie quarrée, lorsque ces bords sont parfaitement perpendiculaires, ou en d'autres termes, lorsque ces bords sont parfaitement parallèles aux fibres qu'ils recouvrent. La preuve de ce que j'avance ici, c'est que les fibres ligneuses & corticales de ces Bourrelets latéraux sont, en ce dernier cas, toujours toutes parallèles à ces bords latéraux.

Je crois que ce que je viens de dire, en ce chapitre, suffit pour donner une idée exacte du mode de formation & de la structure des Bourrelets des plaies simples & des cicatrices qu'ils forment, lorsque le corps ligneux est dénudé sans être entamé ; & en supposant que les fibres de la surface du corps ligneux à recouvrir par ces Bourrelets, soient dirigées chacune à-peu-près dans un même plan que l'axe de la branche à l'endroit de la plaie ; & que cette surface à recouvrir, fasse partie de la surface d'un cône très-alongé, parfaitement régulier, ayant le même axe que la branche à l'endroit de la plaie ; & qu'il ne se trouve sur cette surface aucune protubérance ni cavité.

Supposons maintenant qu'il se trouve sur cette surface à recouvrir, soit une inégalité protubérante, comme par exemple un chicot, soit une cavité opérée par une section faite dans le corps ligneux, ou par quelqu'autre manière que ce soit, & qu'une telle protubérance ou cavité fasse angle droit ou angle aigu avec la partie de cette surface qui leur est supérieure. D'abord il faut savoir que, dans tous les cas, les fibres du corps ligneux une fois coupées transversalement, ne s'alongent plus au-delà du point de cette coupe ; & qu'aucune excavation opérée dans le corps ligneux par une solution de la continuité de ses fibres ne peut se remplir, si ce n'est, dans certain cas, uniquement par un prolongement des nouvelles fibres ligneuses qui se forment ensuite entre le bois & l'écorce d'au-dessus de cette solution. Lors donc que le Bourrelet du bord horizontal supérieur d'une plaie simple, sera parvenu par l'accroissement de son étendue à toucher cette protubérance ou le bord de cette cavité, telle que je viens de les supposer ; la portion de ce Bourrelet, sur laquelle ce contact aura lieu, ne fera plus dès-lors que très-peu ou point de progrès, & ne contribuera que très-peu ou point à recouvrir la surface de telle protubérance ou cavité ; & cela par la raison aisée à concevoir que la sève descendante ne pourroit y contribuer sans marcher, dans une direction, soit perpendiculairement, soit plus ou moins directement, opposée à la direction naturelle de son cours. Or toutes les observa-

tions ont appris que la sève descendante ne monte jamais jusqu'à ce point de sa direction naturelle de haut en bas, si ce n'est en quelques cas, uniquement, lors desquels cette sève n'a pas d'autre moyen de continuer son cours vers les racines ; &, dans le cas de ces protubérances ou cavités sur la surface d'une plaie simple, la sève descendante peut, sans s'écarter jusqu'à ce point de cette direction naturelle, continuer, comme elle continue alors effectivement, son cours vers les racines ; en partie en marchant entre le bois & l'écorce restée intacte sur la circonférence de la branche à l'endroit de la plaie ; & en partie en continuant d'étendre ce Bourrelet supérieur de chaque côté de telle protubérance ou cavité. Il en est de même, par la même raison, du Bourrelet du bord horizontal inférieur d'une plaie simple, à l'égard d'une protubérance ou d'une cavité qui feroit un angle droit ou un angle aigu, avec la ligne de progression de l'accroissement de l'étendue de ce Bourrelet. Quant aux protubérance ou cavité, qui feroient un angle obtus, avec la ligne de progression de l'étendue de chacun de ces Bourrelets supérieur ou inférieur ; on conçoit qu'à l'endroit de leur contact avec ces Bourrelets, elles arrêteroient cette progression d'autant moins que cet angle seroit plus obtus. L'expérience a aussi appris que l'accroissement de l'étendue des Bourrelets, des bords perpendiculaires des plaies simples, est très-ralenti par toute protubérance ou cavité faisant angle droit ou aigu, avec la ligne de progression de cette étendue ; & que cette progression est d'autant moins ralentie que cet angle est plus obtus.

Il y a des Auteurs qui disent que les fibres qui forment les Bourrelets des bords perpendiculaires des plaies simples, sont toujours en forme de volutes ou de ligne spirales horizontales, dont ces Auteurs donnent même des figures. Je puis assurer que cette assertion, & ces figures sont fausses. Il est vrai qu'en certains cas, la circonférence horizontale de la couche ligneuse & de la couche corticale, qui forment le bois & l'écorce du Bourrelet latéral, peut-être quelques fois en forme de portion de volute ou de portion de spirale horizontale ; & cela est ainsi, lorsque la circonférence horizontale de la surface, recouverte par ces couches ligneuse & corticale est de cette forme ; mais, en ce-cas-là même, & en tous autres cas, je puis certifier, d'après mes observations, que toutes les fibres, d'un tel Bourrelet perpendiculaire, sont perpendiculaires & exactement parallèles aux fibres de la surface recouverte par ce Bourrelet, lesquelles fibres j'ai supposées perpendiculaires. Ces mêmes Auteurs disent aussi que les fibres du Bourrelet supérieur des plaies, sont toujours contournées à leur extrémité inférieure, en forme de volutes ou lignes spirales, verticales ;

& les figures qu'ils donnent de ces spirales, représentent l'extrémité de ces fibres remontant verticalement. Je puis affurer auffi que cette affertion & ces figures font fauffes; que jamais les fibres de l'extrémité inférieure de ce Bourrelet ne font dirigées en remontant; que, dans le cas où la furface recouverte par ce Bourrelet, eft verticale & eft celle d'un bois non entamé ayant fes fibres verticales; les fibres de ce Bourrelet, tant que leur direction eft vifible, paroiffent verticales, & s'étendent en droite ligne jufqu'à l'extrémité inférieure de ce Bourrelet; & que, parvenues à cette extrémité inférieure, les fibres les plus extérieures fe recourbent, toujours fous un angle obtus, pour aboutir directement, au-delà de l'extrémité des fibres plus intérieures, fur la furface recouverte par le Bourrelet. Il en eft de même du Bourrelet du bord horizontal inférieur des plaies fimples ou autres, lorfqu'elles n'entament pas le bois; & lorfque les fibres de la furface de ce bois, recouvert par ce Bourrelet, font verticales ainfi que cette furface. Je puis affurer que l'extrémité fupérieure des fibres de tel Bourrelet inférieur, en ce cas, ne fe dirige jamais en defcendant, quoiqu'en difent les Auteurs, qui affirment que cette extrémité eft auffi contournée en forme de ligne fpirale, verticale.

Ce que j'ai dit maintenant des Bourrelets des plaies fimples, me paroît fuffire pour donner une idée affez exacte de la ftructure de ces productions remarquables, du mode de leur formation & de leur accroiffement dans tous les cas, & de la manière dont ils forment la cicatrice de ces plaies, lorfqu'ils contribuent feuls à la former.

Mais nous avons vu, dans le chapitre des Bourrelets des plaies annulaires, deux telles plaies annulaires opérées fur une plante de foleil annuel & cicatrifées en très-peu de tems; à la cicatrice defquelles les Bourrelets, nés de leurs bords, n'ont contribué que pour une petite partie. Nous avons vu qu'il eft forti, des pores du bois dénudé, dans tout le furplus de l'étendue de ces plaies non recouvert par ces Bourrelets, une enveloppe cellulaire; par le moyen de laquelle une nouvelle couche fibreufe, ligneufe, & une nouvelle couche fibreufe, corticale, fe font formées; avec cette promptitude, fur toute cette étendue; fe font incorporées avec ce bois dénudé; & ont enfin, avec cette enveloppe, opéré & perfectionné la cicatrice de ces plaies, dans un efpace de tems infiniment plus court que celui qui eft néceffaire, pour que des plaies de pareille étendue fe cicatrifent, auffi parfaitement, par le feul moyen des Bourrelets. Pour éclaircir d'autant cette matière, & pour qu'on ne croie pas que la naiffance de cette enveloppe cellulaire, fortie du bois dénudé, & l'incorporation de ce bois dénudé avec le bois

& l'écorce qui le recouvrent auffi promptement par le moyen de cette enveloppe, dépendent d'une organifation particulière de cette efpèce de foleil citée; & que toute plaie des arbres, par laquelle l'écorce feule eft enlevée dans toute fon épaiffeur, ne fe cicatrife pas de la même manière que ces deux plaies de ce foleil; lorfqu'elle eft dans des circonftances favorables: j'ai fait, en la même année 1790, vers la fin de Juillet, & en Août, fur la tige d'un ormeau d'environ quinze lignes de diamètre à fa bafe, neuf plaies fimples, dont voici le détail, ainfi que des effets qu'elles ont occafionnés, dont plufieurs me paroiffent intéreffants.

Toutes ces plaies font de forme quarrée, oblongue, leur longueur étant perpendiculaire à l'horizon, ou plutôt leur longueur étant dans un même plan que l'axe de la tige, & leur largeur étant perpendiculaire à cette longueur. Dans toute l'étendue de ces plaies, l'écorce a été totalement détachée du bois, fur lequel je n'ai laiffé aucune parcelle du liber. J'ai féparé cette tige d'ormeau, d'avec fes racines, par une coupe tranfverfale, faite au rez de terre, le premier Octobre de la même année. Lorfque je parlerai de la mefure de chacun des Bourrelets, fortis d'entre le bois & l'écorce de ces plaies, il faudra entendre que cette mefure eft celle de fon étendue au moment de cette féparation, depuis le bord d'où il eft forti, en allant directement vers le bord oppofé, fuivant une ligne perpendiculaire à ces deux bords. Toutes ces plaies ont été marquées fur cet ormeau, chacune par un Numéro, depuis un jufqu'à neuf. Je vais faire le détail de chacune, fuivant l'ordre de ces Numéros.

PLAIE, n.° 1. J'ai enlevé une pièce d'écorce d'un pouce de largeur, & d'un pouce &-demi de longueur. J'ai laiffé cette plaie expofée à l'air libre. Il eft forti d'entre le bois & l'écorce, d'abord de chacun des deux bords perpendiculaires ou latéraux, un Bourrelet qui a deux lignes d'étendue: enfuite du bord fupérieur, un Bourrelet qui a une bonne demi-ligne: puis du bord inférieur, un Bourrelet qui a auffi une demi-ligne d'étendue. Enfin, fur le refte de l'aire du bois dénudé par cette plaie, on voit deux portions d'enveloppe cellulaire, qui font forties des pores de ce bois, & qui font ifolées. Une de ces portions a environ fept lignes de longueur, & trois lignes de largeur; & l'autre a deux lignes de longueur, fur une de largeur.

PLAIE, n.° 2. J'ai enlevé une pièce d'écorce d'un pouce & demi de longueur, fur fept lignes de largeur. J'ai laiffé cette plaie expofée à l'air libre. Il eft forti un Bourrelet d'entre le bois & l'écorce de chacun des quatre bords de cette plaie. Le Bourrelet du bord inférieur eft plus petit que les trois autres; & l'on voit fur le refte de l'aire du bois dénudé deux portions, entre autres, d'enveloppe cellulaire, forties des pores du bois. Une de ces portions a deux lignes de longueur, fur une ligne de largeur; & l'autre a environ une ligne d'étendue en tous fens. Ces deux portions font parfaitement ifolées, c'eft-à-dire, qu'elles ne font aucunement en contact avec aucun des Bourrelets fortis d'entre le bois & l'écorce des bords de la plaie; elles font même très-éloignées de ce contact.

PLAIE, N° 3. J'ai détaché du bois une pièce d'écorce d'environ vingt-une lignes de longueur, & d'un pouce de largeur. Mais cette pièce d'écorce n'a été détachée du refte de l'écorce de l'arbre, que par trois côtés feulement, favoir par fes deux bords fupérieur & inférieur, & par un bord latéral. J'ai laiffé le quatrième de fes côtés fans l'entamer & adhèrent, dans toute fa longueur & dans toute fon épaiffeur, au refte de l'écorce de l'arbre. Puis, auffi-tôt après avoir détaché ainfi cette pièce d'écorce, je l'ai réappliquée dans fa place, en inférant préalablement, entr'elle & le bois, un feuillet de papier blanc. Et j'ai maintenu cette pièce d'écorce fermement réappliquée ainfi en place, par plufieurs circonvolutions de fil qui l'enveloppoient en même-tems que la tige. Un mois après, j'ai ôté ce fil, & j'ai vu qu'il en eft forti un Bourrelet d'entre le bois & l'écorce de chacun des trois bords de la plaie, defquelles l'écorce a été détachée. Les deux Bourrelets, fupérieur & inférieur, ont environ une ligne d'étendue, le Bourrelet latéral a une ligne & demie, & le furplus de l'aire du bois dépouillé de fon écorce par la plaie, eft recouvert dans fa plus grande partie, par une couche ligneufe & une écorce qui ont été auffi promptement formées fur toute cette étendue par le moyen d'une enveloppe cellulaire fortie des pores de ce bois; & qui, par le même moyen, fe font incorporées & adhèrent avec ce bois. Ce qui prouve que cela s'eft paffé ainfi, c'eft, 1.° l'infpection de l'état actuel de cette plaie; 2.° l'hiftoire de ces deux Plaies que j'ai rapporté avoir été cicatrifées de cette manière fur ce foleil cité; 3.° les effets que je viens de dire être réfultés des deux Plaies N.° 1 & 2 précédentes; 4.° c'eft que fur la portion d'aire du bois dépouillé par la préfente Plaie, qui n'eft pas recouverte, on voit deux portions d'enveloppe cellulaire forties du bois, qui font parfaitement ifolées. Une de ces portions a quatre lignes de longueur fur une ligne & demie de largeur, & l'autre portion a près de deux lignes en tous fens; 5.° c'eft une entaille tranfverfale que j'ai faite fur cette enveloppe cellulaire fortie des pores du bois, laquelle entaille pénètre jufqu'à trois lignes de profondeur dans l'écorce & le bois recouverts

par cette enveloppe; par le moyen de laquelle entaille on voit que cette écorce & ce bois nouveau formés depuis l'exiftence de la plaie, ne font qu'un feul corps avec le bois ancien dénudé par la plaie; excepté à l'endroit des Bourrelets, & en quelques points de ce bois ancien defquels il n'eft rien forti & qui ont été recouverts par des Bourrelets fortis de deffous l'écorce nouvelle qui entouroit ces points. Je me fuis affuré par une obfervation attentive, que toutes les fois, qu'une plaie n'eft recouverte qu'en partie par une enveloppe cellulaire fortie des pores du bois, & par un nouveau bois & une nouvelle écorce formés par le moyen de cette enveloppe; l'efpace ligneux dénudé de la furface duquel il ne foit pas forti de cette enveloppe, eft recouvert enfuite par le moyen des Bourrelets qui naiffent d'entre le nouveau bois & la nouvelle écorce de fes bords; lefquels Bourrelets font femblables à tous égards à ceux d'une plaie fimple de forme & grandeur pareilles à cet efpace.

Quant à la pièce d'écorce féparée du bois par cette plaie N.° 3, toute fa furface interne eft recouverte d'une nouvelle écorce recouverte elle-même d'une enveloppe cellulaire; & entre ces deux écorces eft un feuillet ligneux. Ce feuillet ligneux fe diftingue difficilement de l'écorce nouvelle: mais on ne peut douter de l'exiftence de ce feuillet, d'abord, parce que, comme je l'ai déjà dit, jamais il ne fe forme de fibres corticales, en aucun endroit, fans qu'il fe forme fimultanément des fibres ligneufes au même endroit: enfuite, principalement parce qu'on diftingue très-bien un feuillet ligneux entre l'écorce ancienne & la nouvelle, 1.° du lambeau pareil d'écorce de l'expérience de la plaie fuivante, N.° 4 laquelle eft femblable à tous égards à la préfente; 2.° du lambeau pareil d'écorce de l'expérience de la plaie, N.° 5, fubféquente, qui eft en partie femblable; & 3.° des deux lambeaux d'écorce de l'expérience de la plaie, N.° 9, ci-après, qui eft analogue.

PLAIE. N.° 4. Cette plaie eft fituée à deux pieds & demi plus haut que la précédente, fur un endroit dont l'écorce eft plus mince que celle de l'endroit de la précédente. Cette plaie eft un peu moins large & moins haute que la précédente, & lui reffemble d'ailleurs en tout. Je l'ai auffi traitée exactement de la même manière que la précédente. Et au bout d'un mois elle a préfenté les mêmes réfultats, excepté que la moitié feulement de la largeur du lambeau d'écorce détachée du bois, eft recouverte intérieurement d'une nouvelle écorce que couvre une enveloppe cellulaire, & d'un feuillet ligneux entre les deux écorces: la diffection longitudinale de ce lambeau d'écorce, montre très-évidemment ce feuillet ligneux.

PLAIE.

PLAIE N.° 5. Cette plaie est un peu moins longue que celle N.° 3, & un peu moins large que celle N.° 4, & leur ressemble d'ailleurs en tout. J'ai remis aussi à l'instant la pièce d'écorce en sa place : mais je n'ai rien mis entr'elle &, le bois : &, pour la maintenir en partie réappliquée sur ce bois, je me suis contenté d'enfoncer une épingle dans cette pièce d'écorce de manière qu'elle en traversoit l'épaisseur proche de son bord latéral, & pénétroit assez profondément, dans le point correspondant de l'aire du bois dépouillé, pour y adhérer. La plus grande partie de la largeur de ce lambeau d'écorce a été tenue réappliquée, par cette épingle, sur le bois dont elle avoit été détachée, & s'est parfaitement réincorporée avec ce bois, auquel elle adhère dans au moins presque tous ses points : de sorte que le bois nouveau produit, depuis l'existence de cette plaie, sur le bois dépouillé par elle, ne fait qu'un même corps avec ce bois dépouillé & avec cette pièce d'écorce. Ce fait prouve d'autant plus que ce n'est que la mort des fibres de la surface du corps ligneux dénudé sans être entamé, qui empêche si souvent qu'il ne s'incorpore avec le bois nouveau qui le recouvre après cette dénudation. La portion de cette écorce que l'épingle n'a pas maintenu réappliquée sur ce bois dépouillé, & qui par conséquent ne s'est pas réincorporée avec lui, s'étend tout le long de son bord latéral ; & est large supérieurement de deux lignes & inférieurement de quatre lignes. Il s'est formé, sur la surface intérieure de cette étendue, une écorce nouvelle, recouverte elle-même d'une enveloppe cellulaire & qui recouvre un feuillet ligneux, d'une demi-ligne d'épaisseur, lequel par le moyen de la dissection, se voit très-distinctement entre ces deux écorces. La portion du bois dépouillé, sur laquelle la pièce d'écorce n'a pas été tenue réappliquée par l'épingle, est large supérieurement de trois lignes, & inférieurement de sept lignes ; & elle est recouverte en partie par un Bourrelet d'une ligne sortie d'entre le bois & l'écorce de son pourtour, & dans le reste de son étendue, par une enveloppe cellulaire sortie des pores de ce bois dépouillé, & par un nouveau bois & une nouvelle écorce qui, par le moyen de cette enveloppe, ont été formés sur toute cette étendue & se sont parfaitement réunis & incorporés avec ce bois dépouillé.

PLAIES N.°* 6 & 7. La plaie, N.° 6, a deux pouces de longueur & cinq lignes de largeur. Celle N.° 7, a aussi deux pouces de longueur, mais neuf lignes de largeur. L'écorce a été détachée du bois dans toute l'étendue de chacune de ces plaies ; elle est restée adhérente au reste de l'écorce de l'arbre par son côté supérieur, dans toute son épaisseur, & dans toute la largeur de ce côté ; & elle n'en a été détachée que par son bord inférieur & ses deux

bords latéraux. J'ai laissé ces deux plaies exposées à l'air libre, sans réappliquer ces lambeaux d'écorce sur le bois dont ils étoient détachés. Dans cet espace de deux mois, ces deux plaies ont été presque totalement recouvertes, savoir en partie par un Bourrelet d'une ligne sorti d'entre le bois & l'écorce de chacun de leurs bords ; & dans presque tout le reste de leur étendue, par une enveloppe cellulaire sortie des pores du bois dépouillé & par un nouveau bois & une nouvelle écorce ; qui, par le moyen de cette nouvelle enveloppe cellulaire, ont pu se former aussi promptement sur toute cette étendue ; & se sont, par le même moyen unis & incorporés avec ce bois dépouillé. L'intervalle d'entre ce nouveau bois & cette nouvelle écorce ne communique que latéralement, & non supérieurement ni inférieurement, avec l'intervalle d'entre le bois & l'écorce du reste de l'arbre. Le lambeau d'écorce détaché du bois par chacune de ces plaies, s'est desséché, excepté dans l'étendue d'environ quatre lignes de longueur, depuis l'extrémité supérieure de chaque lambeau restée adhérente au reste de l'arbre ; laquelle étendue est recouverte sur sa surface interne par un Bourrelet fort épais, sorti d'entre le bois & l'écorce supérieurs à cette extrémité ; lequel Bourrelet est formé d'une couche ligneuse, qui est le prolongement de celle formée au-dessus depuis l'existence de la plaie, & d'une écorce nouvelle qui s'est formée sur la surface interne de ce prolongement ; lequel se trouve ainsi situé entre deux écorces, savoir cette nouvelle écorce, & cette portion non desséchée du lambeau de l'ancienne : il n'est pas douteux qu'il s'est formé aussi de nouvelles fibres corticales entre cette écorce ancienne, & le bois de ce Bourrelet auquel elle est parfaitement incorporée.

PLAIE N.° 8. Cette plaie a deux pouces trois lignes de longueur & cinq lignes de largeur. L'écorce a été détachée du bois dans toute cette étendue, après avoir été préalablement coupée transversalement au milieu de sa longueur pour la séparer en deux portions égales, l'une supérieure & l'autre inférieure. La portion supérieure a été laissée adhérente, seulement par son extrémité supérieure dans toute sa largeur & dans toute son épaisseur, au reste de l'écorce de l'arbre ; auquel la portion inférieure adhère seulement & de-même par son extrémité inférieure. J'ai laissé cette plaie à l'air libre, sans réappliquer ces portions d'écorce sur le bois dont elles étoient séparées. Dans l'espace de deux mois, il est sorti un Bourrelet d'une ligne & demie d'entre le bois & l'écorce de chaque côté de la plaie ; & le surplus du bois dénudé est recouvert entièrement, excepté au milieu de la longueur de la plaie un espace long de trois ligne & large d'un Bourrelet latéral à l'autre.

par une enveloppe cellulaire, fortie des pores
de ce bois denudé, & par un nouveau bois &
une nouvelle écorce; qui fe font auffi promptement formés fur toute cette étendue par le
moyen de l'exiftence de cette enveloppe; &
qui, par le même moyen, fe font unis & incorporés avec ce bois denudé par la plaie. L'intervalle d'entre ce nouveau bois & cette nouvelle écorce ne communique que latéralement,
& non fupérieurement ni inférieurement, avec
l'intervalle d'entre le bois & l'écorce du refte
de l'arbre. Les deux lambeaux d'écorce, féparée du bois par la plaie, fe font defféchés, excepté dans un efpace long de trois lignes depuis l'extrémité adhérente de chacun ; lequel
efpace eft recouvert, dans toute fa largeur,
fur fa furface interne, par un Bourrelet fort
épais, forti d'entre le bois & l'écorce, qui font
immédiatement au-deffus du lambeau fupérieur
& immédiatement au-deffous du lambeau inférieur. Ces deux Bourrelets font compofés exactement de même que le Bourrelet fupérieur des
plaies, N.ºˢ 6 & 7.

PLAIE N.º 9. Cette plaie eft femblable à la
précédente, excepté qu'elle a près de quatre
pouces de longueur & neuf lignes de largeur.
Auffi-tôt après avoir fait cette plaie, j'ai réap-
pliqué les deux pièces d'écorce fur le bois dont
je venois de les féparer ; & préalablement à
cette réapplication, j'ai inféré entr'elles & ce
bois, un feuillet de papier blanc. Puis je les ai
maintenues en cet état de réapplication par plufieurs circonvolutions de fil qui les enveloppoient en même-tems que la tige. Un mois après,
j'ai ôté ce fil, & j'ai vu ce qui fuit : Il eft
forti un Bourrelet d'une ligne d'entre le bois &
l'écorce de chaque bord latéral de la plaie : le
furplus du bois dépouillé, eft totalement recouvert, excepté un efpace de l'étendue tout au
plus de deux lignes quarrées fitué à l'endroit
de la fection tranfverfale laquelle avoit partagé en deux pièces l'écorce féparée du bois,
par une enveloppe cellulaire fortie des pores
de bois, & par un nouveau bois & une nouvelle écorce, qui ont été auffi promptement
formés fur toute cette étendue par le moyen
de cette enveloppe; & qui, par le même moyen,
fe font parfaitement unis & incorporés avec ce
bois dépouillé par la plaie. L'intervalle d'entre
ce nouveau bois & cette nouvelle écorce ne
communique que latéralemeut, & non fupérieurement ni inférieurement, avec l'intervalle
d'entre le bois & l'écorce du refte de l'arbre.
Quant aux deux lambeaux d'écorce féparés de
ce bois, un efpace long d'environ cinq lignes
depuis l'extrémité fupérieure du lambeau inférieur, qui eft long de deux pouces une ligne,
eft defféché : le furplus de la furface interne
de chacun de ces deux lambeaux eft totalement
recouvert par une nouvelle écorce parfaitement

femblable à celle qui recouvre le bois dépouillé par
la plaie, & par un feuillet ligneux, très-diftinctement vifible par le moyen de la diffection; lequel a
jufqu'à un tiers de ligne d'épaiffeur, & eft fitué
entre cette écorce nouvelle & l'ancienne; avec
laquelle il eft adhérant & incorporé, auffi parfaitement qu'avec la nouvelle. L'un de ces
feuillets eft très-vifiblement une continuation
de la couche ligneufe, formée au-deffus de la
plaie depuis que cette plaie a été opérée : &
l'autre feuillet eft, auffi très-vifiblement, une
continuation de la couche ligneufe formée au-
deffous depuis le même tems.

Ce nouveau bois & cette nouvelle écorce
produits fur ce lambeau d'écorce inférieur jufqu'à la hauteur de vingt lignes au-deffus de fon
adhérence avec le refte de l'écorce, peut fournir, contre l'opinion de ceux qui admettent
l'exiftence d'une fève defcendante entre le bois
& l'écorce, une objection encore plus fpécieufe
que celles que j'ai mentionnées plus haut. Mais
je crois que la réponfe que j'ai faite à ces dernières, fuffit auffi pour lever celle-là; & que
la fève defcend, entre le bois & l'écorce de
ce lambeau inférieur, comme elle defcend entre
le bois & l'écorce du Bourrelet inférieur de la
plaie annulaire; & comme elle defcend dans
l'intervalle qui eft entre les fibres ligneufes continuées dans chaque nervure des feuilles & les
fibres corticales continuées dans chaque même
nervure. Mais il y a ici une circonftance remarquable c'eft que voici trois écorces pour
une fur l'étendue de cette plaie. Il paroît naturel de demander ici comment s'eft formé cette
écorce nouvelle fur la furface intérieure de ce
lambeau inférieur d'écorce ancienne, & comment s'eft formé le feuillet ligneux d'entre ces
deux écorces. Je crois qu'on peut répondre affez
plaufiblement à cette queftion, en difant que,
d'après ce qui s'eft paffé fur la furface du bois
dépouillé par cette plaie & par les précédentes,
& d'après la parfaite reffemblance de l'écorce
nouvelle qui recouvre ce bois dépouillé avec
l'écorce de la furface interne de ce lambeau;
l'analogie autorife à croire qu'il eft forti de cette
furface interne par les mailles du rezeau fibreux
cortical, une enveloppe cellulaire; & que, par
le moyen de l'exiftence de cette enveloppe, la
fève defcendante a été introduite & a pris fon cours
entre cette enveloppe & l'écorce ancienne par la
même caufe, quelconque qui l'introduit & la fait
marcher dans les feuilles. Il me paroît au refte hors
de doute que le bois & l'écorce nouvelle, qui
recouvrent l'étendue de la furface interne du
lambeau fupérieur, n'ont été produits en fi peu
de tems fur toute l'étendue de cette fuface,
que, par le moyen de l'exiftence préalable d'une
enveloppe cellulaire fortie de cette furface interne par les mailles du rezeau fibreux de ce
lambeau d'écorce.

J'ai fous les yeux, & j'ai mis fous les yeux de la fociété d'Agriculture, le 2 Octobre de la préfente année 1790, cette tige d'ormeau dont je parle, fur laquelle on peut voir ces neuf plaies & leur réfultats difféqués de manière à faire appercevoir très-diftinctement tout ce que je viens d'annoncer.

On conçoit, fans qu'il foit befoin de le dire, qu'il y a à tirer de ces réfultats quelques préceptes de pratique pour contribuer à la guérifon des plaies des arbres. Par exemple, tout bois dénudé de fon écorce devra être mis auffi-tôt, s'il eft poffible, à l'abri de l'action des agens defféchans : toute écorce détachée de fon bois, & adhérente encore au refte de l'écorce de l'arbre, devra, s'il eft poffible, être réappliquée auffi-tôt en fa place.

CHAPITRE TROISIEME.

Des Bourrelets par ligatures.

Les Bourrelets par ligatures ont beaucoup de rapports avec les Bourrelets des plaies annulaires. Ils en différent cependant très-confidérablement à plufieurs égards. En faifant pendant la féve du Printems, une ou plufieurs circonvolutions de fil de fer, ou de ficelle, ou d'autre lien affez folide, autour de la circonférence d'un endroit quelconque d'une tige ou branche d'arbre ou d'autre plante ; de manière à appuyer fermement toute la portion d'écorce que ce lien recouvre, contre la portion du corps ligneux qui eft revêtue par elle ; il tombe fous le fens que l'on porte obftacle au cours de la féve defcendante marchant entre cette portion d'écorce & cette portion du corps ligneux. Mais une ligature quelconque arrête le cours de cette féve beaucoup moins puiffamment, au moins pendant la première année de la plaie annulaire. La plaie annulaire arrête le cours de cette féve entièrement & tout-à-coup : la ligature n'arrête ce cours d'abord que très-peu, & non fenfiblement ; elle ne l'arrête notablement qu'à la longue, & par degrés infenfibles, à mefure que la branche groffit à l'endroit de la ligature.

C'eft ce que prouve furabondamment & très-bien l'expérience fuivante. Au commencement du Printems de cette même année 1790, j'ai fait avec du fil de fer une ligature ferme, formée de deux circonvolutions, fur une branche de vigne de deux ans ayant fept lignes de diamètre à l'endroit de cette ligature ; & à la diftance de trois lignes au-deffous de cette ligature j'ai enlevé un anneau d'écorce. Cette opération a produit deux Bourrelets l'un immédiatement au-deffus de la ligature, lequel avoit, le dix-neuf Août de la même année, neuf lignes de diamètre ; & l'autre au-deffous de cette ligature, forti d'entre le bois & l'écorce de la lèvre fupérieure de la plaie, lequel avoit, le même jour, onze lignes

de diamètre, & fept lignes de longueur ; c'eft-à-dire, étoit à-peu-près auffi gros que fi la ligature n'eût pas exifté. J'ai mis ce Bourrelet le même jour fous les yeux de la Société d'Agriculture. Cette expérience me paroît fort intéreffante : elle prouve de plus & furabondamment, non-feulement qu'il exifte une féve defcendante entre le bois & l'écorce, mais encore que c'eft une force très-puiffante qui fait defcendre cette féve. D'après cette expérience, il me paroît donc hors de doute que la ligature n'arrête que très-imparfaitement le cours de la féve defcendante pendant la première année.

Il eft d'ailleurs aifé de concevoir que dans les premiers tems qui fuivent le moment auquel une telle ligature annulaire a été opérée, cette féve defcendante, qui eft portée de haut en bas par une force auffi grande que le prouve cette expérience que je viens de rapporter, ne peut être d'abord que très-peu ralentie dans fon cours par la préfence de telle ligature. Mais comme il fe forme inceffamment de nouvelles fibres entre le bois & l'écorce environnés par un tel lien, l'augmentation de groffeur qui en réfulte rétrécit à mefure le chemin de cette féve en cet endroit ; ralentit fon cours à mefure, & toujours de plus en plus ; de manière qu'à la longue ce cours fe trouve enfin totalement intercepté : ce qui doit arriver & arrive en effet après un tems plus ou moins long, fuivant l'efpèce de plante, fuivant l'âge & la rapidité de la végétation de la tige ou branche entourée d'une telle ligature. J'ai dit qu'on a auffi nommé Bourrelet le gonflement qu'une telle ligature occafionne fur la circonférence ordinairement totale de l'endroit qui eft immédiatement au-deffus d'elle. Un Bourrelet de cette forte doit donc être, & eft effectivement beaucoup plus lent à fe former & à croître que le Bourrelet fupérieur des plaies annulaires. Il doit auffi être & eft d'une ftructure différente, tant que la féve defcendante qui le produit, n'eft pas totalement arrêtée dans fon cours. Jufqu'à cette époque ce Bourrelet fe forme entre le bois & l'écorce immédiatement au-deffus de la ligature : mais il ne commence à fortir d'entre ce bois & cette écorce, par quelque point, que lorfque ce cours fe trouve totalement intercepté par ce point comprimé enfin à un degré fuffifant par la ligature. C'eft feulement lorfque ce dernier degré de compreffion a lieu fur toute la circonférence couverte par la ligature, que ce Bourrelet fort d'entre le bois & l'écorce de tous les points de cette circonférence. Depuis cette époque feulement, la ligature opère fur ce Bourrelet les mêmes effets que la plaie annulaire. D'après mes expériences, cette époque arrive rarement avant le quatrième ou cinquième mois, qui fuivent l'opération de la ligature ; lorfqu'elle a été faite fur un bourgeon de l'année pendant laquelle on l'a opérée. Mais lorſque telle ligature annulaire a été faite ſur une branche de deux ou pluſieurs années, cette époque n'arrive ſouvent qu'une ou pluſieurs années après l'opération. Pendant qu'il ſe forme ainſi un Bourrelet, au-deſſus de la ligature, entre le bois & l'écorce, il ſe forme ſimultanément un autre gonflement ou Bourrelet entre le bois & l'écorce, immédiatement au-deſſous de la même ligature.

Voici le détail de deux expériences que j'ai faites, qui donnent un autre exemple de la lenteur de l'accroiſſement de ces Bourrelets par ligatures. Au commencement du Printems de la même préſente année 1790, j'ai fait une ligature annulaire à trois pouces au-deſſus de la baſe d'une branche de vigne de l'année précédente, ſur un endroit dont le diamètre étoit de cinq lignes d'étendue : & j'ai fait en même-tems une autre telle ligature à la diſtance de cinq pouces au-deſſus de la baſe d'une autre branche de vigne de deux ans ſur un endroit de ſix lignes de diamètre. Chacune de ces ligatures conſiſtoit en deux circonvolutions de fil de fer qui appuyoient fermement ſur toute la circonférence de ces deux endroits. Chacune de ces deux branches avoit quatre pieds de longueur au-deſſus de la ligature. Pendant la même année la branche d'un an a produit ſix bourgeons, & celle de deux ans en a produit huit. Au mois de Novembre de la même année, chacune de ces branches étoit gonflée inégalement dans ſa circonférence au-deſſus & au-deſſous de la ligature. La plus grande épaiſſeur de chacun des deux gonflemens ou Bourrelets ſupérieurs à la ligature & de chacun des deux gonflemens ou Bourrelets inférieurs à la ligature n'étoit pas immédiatement contre la ligature, mais à deux lignes de diſtance : de ſorte que chacun de ces quatre gonflemens alloit en diminuant depuis cette diſtance juſqu'à la ligature. A cette diſtance de deux lignes le plus grand diamètre de chacun des deux gonflemens ſupérieurs étoit de deux lignes plus long que le diamètre du même endroit de chaque branche avant la ligature. A la même diſtance, le plus grand diamètre de chacun des deux gonflemens inférieurs étoit d'une ligne moins long que celui du gonflement ſupérieur. L'augmentation d'épaiſſeur de chaque branche, à un pouce & demi de diſtance de la ligature, n'étoit au-deſſus de la ligature que d'une ligne, & au-deſſous que d'une demi-ligne. Si une plaie annulaire avoit été opérée à chaque même endroit de ces deux branches, elle auroit, d'après mes expériences citées, chapitre premier, occaſionné ſur chaque branche la production d'un Bourrelet de dix à douze lignes de diamètre, & de ſept à huit lignes d'étendue en deſcendant depuis la lèvre ſupérieure de la plaie : & l'augmentation de l'épaiſ-ſeur de chaque branche au-deſſus de cette

plaie auroit été double & triple de celle qui a eu lieu lors de l'exiſtence de ces ligatures. Ces ligatures annulaires ne ſont pas toujours auſſi lentes dans leurs effets. Buffon, dans ſon mémoire cité plus haut, rapporte qu'ayant ſerré ſoit la branche, ſoit le tronc d'un arbre avec une petite corde, il a obſervé que l'arbre ne rompt pas le lien : mais qu'il ſe forme deux Bourrelets l'un au-deſſus plus gros, & l'autre au-deſſous plus petit : & que ſouvent dès la première ou ſeconde année, le lien ſe trouve incorporé à la ſubſtance même de l'arbre. Or, pour que cette incorporation ait lieu, il eſt évident, qu'il faut que le Bourrelet ſupérieur ſorte d'entre le bois & l'écorce de tous les points de la circonférence du tronc où de la branche, pour ſe prolonger par-deſſus le lien & le couvrir entièrement.

Pour donner une idée plus exacte & plus complette de la ſtructure de ces Bourrelets annulaires par ligatures, & des effets qui accompagnent leur formation & leur accroiſſement, je ne puis mieux faire que de donner ici en abregé le ſommaire des réſultats que j'ai obtenus d'un grand nombre d'autres expériences que j'ai faites à cet égard pendant le cours de la même préſente année 1790. Le détail de ces réſultats peut contribuer d'autant à l'avancement de la phyſique végétale.

Lorſqu'on fait, vers le commencement de Juin, une ligature annulaire ſur un bourgeon de l'année, il ſe produit alors toujours, ſoit ſur les arbres, ſoit ſur la vigne, deux renflemens ou Bourrelets, l'un, immédiatement au-deſſus, & l'autre immédiatement au-deſſous de la ligature ; & alors, la plus grande épaiſſeur de ce renflement eſt à l'endroit le plus proche de la ligature. Ces deux Bourrelets diffèrent beaucoup moins entr'eux quant à la groſſeur que les deux qui naiſſent d'entre le bois & l'écorce des deux lèvres d'une plaie faite en enlevant un anneau d'écorce. La différence de groſſeur entre ces deux Bourrelets occaſionnés par la préſence d'une ligature annulaire ſur un bourgeon eſt ſouvent peu ſenſible. Quelquefois le Bourrelet inférieur à la ligature eſt égal en groſſeur au Bourrelet ſupérieur : quelquefois même le Bourrelet inférieur eſt plus gros que le ſupérieur : mais ce dernier cas eſt rare : en ces deux derniers cas la partie du bourgeon inférieure à la ligature prend autant d'accroiſ-ſement en groſſeur, proportionnellement à la groſſeur de la partie ſupérieure, que ſi la ligature n'eût pas exiſté.

J'ai coupé, ſuivant ſon diamètre & ſon axe, chaque bourgeon muni de deux tels Bourrelets à-peu-près d'égale groſſeur entre eux, environ quatre mois après avoir opéé la ligature qui a occaſionné leur production : voici le réſultat de mes obſervations ſur un certain nombre de tels

Bourgeons ainſi diſſéqués. Le bois formé depuis cette opération paroît renflé à-peu-près autant au-deſſus qu'au-deſſous de la ligature. Par ce renflement l'épaiſſeur de ce bois eſt ſouvent doublée depuis la ligature ſur une longueur de pluſieurs lignes tant au-deſſus qu'au-deſſous. En ce cas, il paroît ſouvent très-diſtinctement que ce ſont les mêmes fibres ligneuſes qui forment le bois des deux Bourrelets en ſe continuant toutes de l'un dans l'autre nonobſtant la ligature : A cette même époque l'écorce qui eſt couverte par la ligature, paroît amincie par la compreſſion, & eſt déſorganiſée au moins dans ſon enveloppe cellulaire qui eſt oblitérée en cet endroit par cette compreſſion. L'épaiſſeur de l'écorce eſt ſouvent quadruplée & même ſex-tuplée depuis la ligature ſur une longueur d'une ligne ou deux, tant au-deſſus qu'au-deſſous. La moitié de cette épaiſſeur au-deſſus de la ligature eſt compoſée de ſubſtance fibreuſe corticale, & l'autre moitié eſt compoſée d'enveloppe cellu-laire. Ces deux ſubſtances de l'écorce ſe diſtin-guent alors très-bien l'une de l'autre en cet en-droit. Quelquefois l'enveloppe cellulaire de cette écorce de ce Bourrelet ſupérieur eſt d'une épaiſ-ſeur double de celle de ſa ſubſtance fibreuſe corticale. Au-deſſous de la ligature quelquefois l'épaiſſeur du renflement de l'écorce eſt com-poſée comme au-deſſus; ſouvent les trois quarts ou même les ſept huitièmes de cette épaiſſeur, ſont d'enveloppe cellulaire, & le reſte eſt de ſubſtance fibreuſe corticale. A cette même épo-que ſouvent les fibres corticales de ces deux Bourrelets ſe continuent toutes de l'un dans l'autre Bourrelet, nonobſtant la ligature, de la même manière que leurs fibres ligneuſes.

Mais ſi l'on examine de tels Bourrelets pro-duits par ligatures ſur bourgeons à une époque plus éloignée du tems auquel chaque ligature a été opérée ; en coupant de même ſuivant leur diamètre & ſuivant leur axe, les branches ſur leſquelles ils ſont provenus ; on voit alors qu'au bout d'un certain tems les fibres cortica-les du Bourrelet ſupérieur, & ſes fibres ligneuſes les dernières produites, ne ſe continuent plus dans le Bourrelet inférieur. Depuis lors la liga-ture occaſionne ſur le Bourrelet, qui lui eſt ſupérieur, les mêmes effets qu'occaſionneroit une plaie annulaire dont la lèvre ſupérieure ſeroit au même endroit que le bord ſupérieur de cette ligature.

J'ai ſous les yeux, & j'ai mis ſous les yeux de la Société d'Agriculture, le 2 Octobre de la même année, huit fragmens de bourgeons ſur chacun deſquels ſont deux tels Bourrelets occaſionnés par une ligature l'un au-deſſus & l'autre au-deſſous d'elle. Par le moyen d'une ſection faite ſuivant la longueur & le diamètre de chacun de ces fragments, on y peut voir tout ce que je viens de dire de ces Bourrelets.

On voit ſur quatre de ces fragmens que toutes les fibres ligneuſes du Bourrelet ſupérieur ſe continuent dans le Bourrelet inférieur. On voit que la partie du bourgeon & le Bourrelet in-férieurs à la ligature ſont, ſur deux de ces quatre fragments, égaux en groſſeur aux ſupé-rieurs, ſont ſur un troiſième de ces mêmes quatre fragments, plus gros que les ſupérieurs; & ſont, ſur le quatrième, un peu plus minces que les ſupérieurs. Sur les quatre autres de ces huit fragments, on voit, d'un côté, qu'une par-tie des fibres ligneuſes, les dernières formées, du Bourrelet ſupérieur, ne ſe continuent pas dans le Bourrelet inférieur, & que la partie du bourgeon ainſi que la partie ligneuſe du Bour-relet inférieures à la ligature ſont un peu plus minces que les ſupérieures.

J'ai dit plus haut que le fait de la produc-tion des Bourrelets inférieurs à la plaie annu-laire ſembloit contredire l'opinion de ceux qui admettent l'exiſtence d'une ſève deſcendante entre le bois & l'écorce : cet autre fait, de la production conſtante de ces Bourrelets inférieurs à la ligature, qui ſont toujours fort peu plus petits, ou auſſi gros, ou même plus gros que les ſupérieurs, ſemble contredire encore davan-tage cette opinion; mais ne peut la contredire davantage que ce troiſieme fait, auſſi rapporté plus haut, de la production de bois & d'écorce ſur la ſurface interne d'un lambeau d'écorce juſqu'à la hauteur de vingt lignes au-deſſus du lieu de ſon adhérence. Je crois que les contra-dictions apparentes réſultantes de tous ces faits, ſont toutes plauſiblement détruites par cette ſeule réponſe, expliquée plus en détail au cha-pitre premier ci-deſſus ; ſavoir que la ſève marchant entre le bois & l'écorce des plantes, ne monte aucunement dans aucuns de tels Bourrelets inférieurs, ni dans un tel lambeau d'écorce; mais deſcend entre leur bois & leur écorce comme elle deſcend dans les feuilles entre les fibres ligneuſes continuées dans cha-cune de leurs nervures & les fibres corticales continuées dans chaque même nervure.

J'ai fait, dans le cours de cette même pré-ſente année, des ligatures annulaires; tantôt par une ou deux, tantôt par douze circonvo-lutions les unes au-deſſus des autres, à la baſe d'une trentaine de branches & bourgeons de vigne; je veux dire que j'ai fait une telle ligature à la baſe de chacun de ces bourgeons & de ces bran-ches, dans l'intention d'eſſayer ſi ces ligatures pouvoient avancer la maturité autant que le peut la plaie annulaire. Ces ligatures ont été opérées, dès le commencement du Printems, ſur les branches d'un an ou plus vieilles; & ont été opérées en différents tems avant la fleur ſur les bourgeons de l'année. Celles de ces ligatu-res qui ont été faites ſur des bourgeons avant la mi-Mai, ont, la plupart, occaſionné la rupture du bourgeon à l'endroit lié. Celles faites depuis le premier Juin, ou n'ont occasionné aucun gonflement, ou n'en ont occasionné que de très-petits, & à peine sensibles ; pendant que chaque plaie annulaire faite en même-tems sur des branches ou bourgeons pareils, a occasionné la production d'un gros Bourrelet à la lèvre supérieure de chacune. Aucune de ces ligatures, tant celles faites sur des bourgeons de l'année, que celles faites sur des branches d'un an ou plus vieilles, n'a avancé sensiblement la maturité du raisin provenus sur ces branches & bourgeons au-dessus de ces ligatures pendant cette même année. Ainsi, l'on peut conclure avec sûreté de ces expériences que les ligatures annulaires sont certainement sans aucune efficacité pour avancer la maturité du fruit pendant la première année.

Mais ces ligatures ne sont pas sans efficacité, à l'égard de cette maturité des fruits, pendant les années subséquentes, lorsque le Bourrelet qu'elles occasionnent est parvenu à sortir d'entre le bois & l'écorce de toute la circonférence de la branche sur laquelle il est produit. Car, comme je l'ai dit plus haut, ce Bourrelet devient, par cette sortie, pareil au Bourrelet de la lèvre supérieure d'une plaie annulaire ; il est alors accompagné des mêmes phénomènes, & l'on en peut retirer toutes les mêmes utilités. Ainsi, le fruit qui proviendra, au-dessus de tel Bourrelet par ligature, après le Printems au commencement duquel ce Bourrelet seroit sorti d'entre le bois & l'écorce de toute sa circonférence, sera autant avancé dans sa maturité qu'il auroit pu l'être par le moyen d'une plaie annulaire opérée au moment de l'achèvement de telle sortie. L'épanouissement des fleurs est également prématuré dans les années subséquentes à cette sortie.

Buffon a découvert que ces ligatures annulaires peuvent aussi être pratiquées, très-utilement, pour mettre à fruit les arbres gourmands ou seulement les branches gourmandes, que ces ligatures domptent très-efficacement. Il rapporte, dans le mémoire déja cité, qui est au nombre des Mémoires de l'Académie des Sciences, Année 1738, que souvent il se contentoit de serrer la base de telles branches, ou les troncs de tels arbres, avec une petite corde ; & qu'il avoit la satisfaction de recueillir, au-dessus des Bourrelets annulaires occasionnés par de telles ligatures, du fruit sur des arbres stériles depuis long-tems. Duhamel du Monceau rapporte aussi une expérience analogue fort intéressante. Il enveloppa & couvrit, par des circonvolutions de ficelle, toute la tige d'un jeune maronnier d'Inde, depuis sa base près de terre jusqu'à son extrémité supérieure près de la naissance des branches. Il laissa cette sorte de ligature sur cette tige sans y toucher pendant tout le tems

que l'arbre vécut. Il se produisit un **Bourrelet** immédiatement au-dessus de cette ligature, & un second Bourrelet immédiatement au-dessous de la même ligature. Il sortit de la surface de ce second Bourrelet une quantité considérable de jets, qu'il retrancha avec soin à mesure qu'ils paroissoient : cet arbre, ainsi traité, mourut cinq ans après l'opération de cette ligature. Mais pendant la troisième & sur-tout pendant la quatrième année, il fut couvert d'une quantité considérable de fleurs, pendant qu'aucun arbre de même espèce & du même âge, & étant dans les mêmes lieu, terrein & exposition ne fut encore près d'en porter.

Depuis la publication de ces expériences on a adopté utilement, en plusieurs cantons, la pratique de ces ligatures pour mettre à fruit les arbres gourmands. Elles agissent à cet égard, de la même manière que les plaies annulaires ; excepté seulement depuis le moment que ces ligatures sont opérées, jusqu'au moment où le Bourrelet dont chacune occasionne la production au-dessus d'elle, soit sorti d'entre le bois & l'écorce de toute sa circonférence. Car, avant cette dernière époque, l'effet de ces ligatures, est ordinairement très-lent & peu sensible à cet égard, comme à tous autres.

Pour réussir par le moyen des ligatures annulaires à mettre à fruit les arbres gourmands ou seulement une branche gourmande, il suffit de faire, soit à la base de telle branche, soit sur le tronc au-dessous de la naissance des branches, une ligature par deux circonvolutions de fil de laiton, l'une immédiatement au-dessus de l'autre, & de tordre, l'une sur l'autre les deux extrémités de ce fil ; de manière qu'il appuie fermement sur toute la circonférence du tronc ou de la branche qu'il embrasse. On laisse ensuite cette ligature, sans y toucher, jusqu'à ce que l'arbre ou la branche soient mis suffisamment à fruit. Alors ordinairement la ligature se trouve incorporée à la substance même de l'arbre ; c'est-à-dire, que cette ligature est alors entièrement recouverte par le Bourrelet sorti d'entre le bois & l'écorce de toute la circonférence du tronc ou de la branche immédiatement au-dessus du lien ; & que ce Bourrelet, après s'être prolongé en descendant par-dessus ce lien, s'est parfaitement réuni dans toute sa circonférence avec le Bourrelet sorti de même d'entre le bois & l'écorce immédiatement au-dessous de cette ligature. Dans le cas où cette sorte d'incorporation ne seroit pas encore opérée lorsque la branche ou l'arbre sont mis suffisamment à fruit, il conviendroit d'ôter la ligature pour faciliter la réunion de ces deux Bourrelets : Et dans le cas où cette incorporation seroit parfaite, avant que l'arbre ou la branche fussent suffisamment mis à fruit, il faudroit faire une seconde ligature pareille comme à la première n'eût pas eu lieu.

Je viens de dire qu'on opère chaque telle ligature par deux circonvolutions du lien qu'on emploie : Et ce nombre de circonvolutions est suffisant : un plus grand nombre seroit inutile, & pourroit même être préjudiciable ; car la portion de l'écorce recouverte par la ligature est oblitérée & morte lorsque la mise à fruit est suffisante ; il s'en suit donc que si, pour faire une telle ligature, on employoit un trop grand nombre de circonvolutions, du lien dont on se sert, de manière à couvrir une trop grande longueur de la circonférence du tronc ou de la branche ; en ce cas le Bourrelet supérieur à la ligature ne pourroit se réunir au Bourrelet inférieur, & il en résulteroit le même inconvénient que d'une plaie annulaire trop large ; ou plutôt, pour parler exactement une ligature faite de cette manière opéreroit, avant que la mise à fruit fût suffisante, une plaie annulaire trop large ; puisque c'est une même chose que d'enlever l'écorce ou de l'oblitérer. Il est donc évident, d'après les expériences rapportées dans le Chapitre premier, qu'une telle ligature trop large à ce point, tueroit au plus tard en quatre ou cinq ans, & souvent dès la seconde année, tout ce qui seroit au-dessus d'elle. Le fil de laiton est préférable pour ces ligatures aux liens de lin ou de chanvre, p.ce que ces derniers sont sujets à se pourrir : il est encore préférable au fil de fer, à cause de la rouille qui est corrosive.

Ces ligatures annulaires doivent être opérées & soignées de la manière & avec les précautions que je viens d'expliquer, toutes les fois qu'on est dans l'intention de conserver en vie les branches qui sont au-dessus d'elles, quelque soit le but qu'on se propose d'atteindre par leur moyen.

On peut aussi employer utilement les ligatures annulaires, pour faire naître sur les plantes, ces Bourrelets annulaires par le moyen desquels j'ai déja dit dans le Chapitre premier que l'on peut multiplier, par la voie des Boutures & par celle des marcottes, nombre d'espèces de plantes qui ne sont pas multipliables, par ces voies, sans ce moyen. Lorsqu'on opère ces ligatures dans cette vue, leur trop grande largeur ne peut pas nuire ; il faut même les faire assez larges pour qu'elles ne puissent pas être entièrement recouvertes par les Bourrelets dont elles occasionnent la production, avant que ces derniers soient parvenus au degré de grosseur suffisant pour la réussite de ces Boutures & marcottes. D'après ce que j'ai dit ci-dessus touchant la sève descendante, & touchant la manière dont les ligatures influent sur son cours, on conçoit que ces Bourrelets par ligatures ne peuvent acquérir ce degré de propension à pro-

duire des racines, qu'après un tems beaucoup plus long que celui qui est nécessaire aux Bourrelets des plaies annulaires, pour acquérir cette propension au même degré. C'est ce que Duhamel du Monceau a prouvé surabondamment, & très-bien, par les expériences suivantes qu'il a faites exprès dans cette vue. Il a fait, au commencement de la sève du Printems, une plaie annulaire à la base d'un certain nombre de branches d'arbres, en enlevant sur chacune un anneau entier d'écorce ; & il a fait, en même-tems, une ligature annulaire très ferme à chaque base d'un pareil nombre de branches de mêmes grosseurs, & des mêmes espèces d'arbres que celles auxquelles il avoit fait la plaie annulaire. Il a environné chacune de ces ligatures & de ces plaies, aussi-tôt après l'avoir opérée, par une certaine & même quantité de terre, de manière que le Bourrelet qui devoit naître au-dessus de chaque plaie & ligature fût au centre de cette terre qu'il a eu soin d'entretenir continuellement dans une humidité suffisante & égale ; de sorte qu'aucun de ces Bourrelets ne fût, en aucun tems, tenu plus humidement que les autres. Lors de l'Automne suivante, ou au plus tard, lors du Printems subséquent, chaque Bourrelet supérieur à une plaie annulaire, avoit produit des racines, pendant qu'aucun des Bourrelets provenus au-dessus des ligatures n'en avoit encore produit. Les Bourrelets, par ligatures, provenus sur des plantes qui ont besoin de ce moyen pour être multipliables par boutures ou par marcottes, ne sont ordinairement propres à produire des racines qu'à la fin de la deuxième année. Au plus voyez les Articles *Boutures* & *Marcottes*.

y a une sorte fort remarquable de Bourrelé par ligature. Ce sont ceux que la nature occasionne sur les arbres par le moyen des plantes grimpantes, telles, par exemple, que le Chevrefeuille de nos bois, dont elle roule & entortille les tiges autour d'eux. Lorsqu'une de ces tiges vit, pendant un certain nombre d'années, après être entortillé autour du tronc d'un arbre, elle forme autour de ce tronc une sorte de ligature spirale, qui depuis le moment qu'elle a acquis une consistance ligneuse, ne cède que fort peu ou point à la compression que ce tronc exerce sans cesse contr'elle par l'accroissement continuel de sa grosseur. Toute la portion de l'écorce qui est couverte par cette sorte de ligature, se trouve serrée & comprimée sans discontinuation, toujours de plus en plus, entre cette ligature & le corps ligneux, toujours grossissant qui est revêtu par cette écorce. Cette compression perpétuelle, augmentant sans cesse, devenant tous les jours plus forte, désorganise enfin complètement & tue entièrement toute la portion d'écorce qui est couverte par la tige comprimante. Il est donc évident que cette forte de ligature retarde d'abord par degrés insensibles, & arrête enfin totalement le cours de la sève descendante, faisant route entre le corps ligneux de ce tronc & cette portion d'écorce d'abord comprimée & enfin tuée totalement. Cet arrêt du cours de la sève descendante occasionne donc, nécessairement, immédiatement au-dessus de cette ligature, la production d'un Bourrelet spiral comme ces ligatures. Ces sortes de Bourrelet parviennent quelquefois à une grosseur très-considérable, il n'est pas très-rare de voir, dans nos bois, tel de ces Bourrelets parvenu à un tel degré d'accroissement qu'il recouvre presque entièrement la tige de Chevrefeuille qui a occasionné sa production. Suivant le cours complet d'Agriculture rédigé par Monsieur l'Abbé Rozier, on a vu des cannes ou bâtons sur lesquels de pareils Bourrelets, formant des spirales très-régulières, faisoient sept ou huit révolutions. Ces ligatures spirales tuent à la longue les arbres qu'elles embrassent. On voit, principalement dans les forêts de l'Amérique septentrionale, quantité d'arbres tués de cette manière, notamment par le Célastre grimpant que Linnæus nomme *Celastrus Scandens,* & qu'on nomme vulgairement à cause de cette particularité *le bourreau des arbres.*

J'ai encore vu une autre sorte de Bourrelet occasionné par ligature & qu'on pourroit nommer *Bourrelet par relâchement;* voici ce que c'est: J'ai, dans le cours de la présente année, serré la tige d'un soleil annuel que Linnæus nomme *helianthus annuus,* par une circonvolution de fil de lin, assez fin, noué fermement autour de cette tige. J'ai laissé cette ligature pendant quelques tems; puis je l'ai ôtée avant qu'elle eût occasionné la production d'aucun Bourrelet: il s'est produit ensuite, précisément à l'endroit de cette tige qui avoit été couverte par ce fil, un gonflement ou Bourrelet annulaire d'une ligne d'élévation, lequel s'étendoit en diminuant de grosseur jusqu'à la distance d'un ligne, tant au-dessus qu'au-dessous de cet endoit précis. Il me paroît probable que la production de cette sorte de Bourrelet annulaire a été occasionnée par un relâchement que cette ligature aura produit, dans les fibres de cette plante, à l'endroit comprimé par ce fil. Ce relâchement aura apparemment permis à la sève de s'épancher en cet endroit. La production de cette tumeur végétale paroît analogue avec la production des tumeurs animales, occasionnées par relâchement des fibres.

Il ne s'ensuit pas pour cela que la production des autres Bourrelets mentionés ci-dessus dans ce chapitre, & dans les deux autres chapitres précédens, ait ainsi que les cicatrices que ces Bourrelets forment, autant d'analogie que quelques Auteurs se sont plus à éprouver avec la formation des cicatrices des plaies des animaux. Ce que j'ai dit dans cet article, qui comprend un traité, peut être assez complet, de tout ce qu'on peut dire quant-à-présent, d'intéressant & d'exact sur les plaies des végétaux, me paroît prouver surabondamment & très-clairement que l'économie végétale diffère extrêmement à cet égard, comme à tant d'autres égards, de l'économie animale.

OBSERVATION.

On voit, sans que je le dise, que plusieurs des résultats que j'ai obtenus de mes expériences, que j'ai exposées dans le présent article, diffèrent à plusieurs égards de ceux obtenus & annoncés jusqu'à présent par les Philosophes Agriculteurs & Botanistes, qui ont tenté des expériences semblables ou analogues. On ne doit pas pour cela suspecter l'exactitude de ces hommes si réellement utiles & si justement célèbres: mais il faut seulement en conclure, & se convaincre, d'autant plus, qu'il convient de répéter souvent les mêmes expériences, & de varier les procédés qu'on emploie pour les tenter; parce qu'il peut arriver fréquemment que plusieurs circonstances, souvent très-difficiles à déterminer, en fassent varier extrêmement les résultats; & encore parce que les plus clairvoyans & les plus savans n'apperçoivent pas toujours d'abord, tout ce que les résultats qu'ils obtiennent présentent d'intéressant, & n'en jugent pas toujours sainement, au premier coup d'œil.

RÉCAPITULATION.

Je finis en résumant en peu de mots les principaux points d'utilité, tant théorique que pratique, qui résultent des expériences & des observations, tant des Auteurs qui m'ont précédé que des miennes, relativement à la production de ces différents Bourrelets, si remarquables, occasionnés par des plaies ou par des ligatures, & relativement aux autres phénomènes intéressans qui accompagnent cette production, & en sont une suite.

Principaux points d'utilité pratique.

Quant à la pratique de l'Agriculture; 1.° c'est par ces expériences & observations, qu'on a enfin trouvé un moyen très-simple, très-aisé, très-sûr de mettre très-promptement à fruit, & de dompter en très-peu de tems les arbres gourmands, ou seulement telle branche gourmande que ce soit; & même de faire fleurir & fructifier, dès leur première jeunesse, nombre d'espèces de plantes fructicantes, étrangères & autres, qui ne fructifient naturellement, que dans un âge très-avancé; & de faire fleurir & fructifier, dans nos climats, quantité d'espèces de plantes, qui n'y ont jamais fleuri ni fructifié.

2.° Par ces expériences, on a un moyen d'obtenir

tenir les fleurs de nombre de plantes fruticantes, long-tems avant la faison naturelle de leur floraifon.

3.° Ces expériences & obfervations ont fourni le moyen de multiplier, par les voies commodes & promptes des boutures & marcottes, un très-grand nombre d'efpèces de plantes, étrangères & autres, qu'on ne pouvoit auparavant multiplier par ces voies, ou même fouvent par aucune autre, en Europe. Et en même-tems ces deux voies font, par le même moyen, devenues plus fûres & plus faciles, pour nombre d'efpèces de plantes ; à l'égard defquelles on les employoit déjà utilement.

4.° Ces expériences & obfervations ont contribué à faire découvrir un moyen très-précieux d'augmenter confidérablement la force des bois, & de changer très-promptement leur aubier en bois parfait.

5.° Elles fourniffent plufieurs préceptes utiles pour favorifer la guérifon des plaies dés plantes.

6.° Elles indiquent le moyen de guérir, au moins en partie, les arbres, de la maladie de la gomme ; & de les préferver fouvent de cette maladie deftructrice.

7.° Toutes celles de ces expériences & obfervations que j'ai faites relativement à la maturité des fruits, & fur-tout celles dont j'ai mis les réfultats fous lés yeux de la Société d'Agriculture, dans le cours de cette préfente année 1790, prouvent inconteftablement que l'on a, dans le procédé qui occafionne la production du Bourrelet annulaire, le plus gros & le plus promptement formé, c'eft-à-dire, dans la plaie annulaire, faite en tems convenable, un moyen immanquable, & on ne peut plus fimple, ni plus aifé, ni moins difpendieux d'avancer d'environ quinze jours la maturité des fruits, y compris les raifins, en augmentant leur groffeur ; d'améliorer nos vins ; d'obtenir dans notre climat un nombre de plantes étrangères, des graines & fruits mûrs, qu'on n'avoit pu y obtenir jufqu'à préfent, à caufe de la nature trop tardive de ces plantes, &c. &c.

Principaux points d'utilité Théorique.

Quant à la Théorie de la végétation ; ces mêmes nouvelles expériences & obfervations que j'ai faites, & celles fur-tout dont j'ai mis les réfultats fous les yeux de la Société d'Agriculture, dans le cours de cette même année 1790 ; 1.° confirment, & me paroiffent mettre hors de doute, cette vérité déjà découverte, notamment par les expériences de Buffon & de Duhamel du Monceau ; favoir, qu'il exifte une fève defcendante entre le bois & l'écorce : me paroiffent prouver que jamais il ne monte de fève dans cet intervalle d'entre le bois & l'écorce : réfutent les objections fpécieufes qu'avoit fournies contre ces affertions la production du petit Bourrelet qu'on

avoit vu s'élever quelquefois de la lèvre inférieure de la plaie annulaire, & dans lequel le même Duhamel, & d'autres Botaniftes Phyficiens, très-recommandables, ont jufqu'à préfent jugé ne pouvoir nier que la fève montoit entre le bois & l'écorce ; & même réfutent à cet égard les objections encore plus fpécieufes que pourroit fournir la production de ces gros Bourrelets que j'ai vu naître au-deffous des ligatures annulaires, & fur-tout cette production ci-deffus annoncée d'un nouveau bois & d'une nouvelle écorce fur la furface interne d'un lambeau d'écorce, jufqu'à la hauteur de vingt lignes, au-deffus de l'adhérence de ce lambeau au refte de l'écorce de l'arbre.

2.° Prouvent furabondamment que la direction du cours de la fève defcendante, n'eft pas l'effet du poids de cette fève ; mais eft l'effet d'une autre force très-puiffante quelconque.

3.° Confirment que le produit de cette fève defcendante eft une matière fibreufe, tant ligneufe que corticale, qui fert à l'accroiffement des végétaux, entre le bois & l'écorce.

4.° Confirment & prouvent furabondamment que le Bourrelet, produit à la lèvre fupérieure d'une plaie annulaire, par la fève defcendante arrêtée dans fon cours vers les racines, eft un effort, de la nature végétale, tendant, non-feulement à recouvrir la plaie ; mais encore à fuppléer, en même-tems, par la production de ce Bourrelet, au befoin dans lequel la plante eft mife par cette plaie qui détruit une des deux voies néceffaires de communication entre fes branches & fes racines ; racines que ce Bourrelet tend vifiblement à remplacer par les germes de racines qu'il contient, par les mammelons dont fa furface eft fouvent hériffée, qui font des rudimens de racines, & enfin quelquefois même par des racines toutes formées qu'il produit même en l'air.

5.° Confirment la théorie des boutures, y compris les croffettes, & des marcottes ; & notamment prouvent furabondamment que c'eft avec raifon qu'on a affirmé que la bafe tuméfiée de l'infertion des bourgeons, tant de la vigne que de beaucoup d'autres efpèces de plantes, contenoit fouvent des germes de racines affez développés pour contribuer très-efficacement à l'enracinement des boutures.

6.° Ces obfervations m'ont conduit à cette vérité, contraire à l'opinion généralement reçue, que toute racine proprement dite, a pour axe des fibres ligneufes, & jamais de canal médullaire.

7.° Ces expériences & obfervations apprennent & prouvent furabondamment qu'une des fuites néceffaires de l'arrêt du cours de la fève defcendante, par une plaie annulaire, eft que depuis le moment de tel arrêt, il ne fe forme plus de fibres ligneufes ou corticales fur la plante du point d'arrêt ; c'eft-à-dire, au-deſſous du Bourrelet de la lèvre ſupérieure de telle plaie ; & que les racines exiſtantes au-deſſous de ce point, ne s'accroiſſent plus, ni en nombre, ni en groſſeur, ni en longueur ; ſinon par le moyen, & à proportion du nombre & de l'étendue des ramifications, lorſqu'il en exiſte, qui ſoient au-deſſous de ce point, je veux dire, qui aient leur bois & leur écorce continuées ſans interruption juſqu'au-deſſous de ce point ; excepté le cas où il ſe produit, une très-petite quantité de ces fibres, par le moyen d'un petit Bourrelet qui naît quelquefois de la lèvre inférieure de telle plaie.

8.° Apprennent qu'au moins ſur les plantes dont le canal médullaire eſt d'une ampleur conſidérable, la plaie annulaire en arrêtant ainſi le cours de la ſève deſcendante, arrête, ſimultanément, & très-ſenſiblement, l'élargiſſement de la partie de ce canal qui eſt au-deſſous du point d'arrêt, ainſi que l'accroiſſement de la maſſe médullaire que contient cette partie.

9.° Apprennent qu'une autre ſuite de l'arrêt du cours de la ſève deſcendante, eſt une production plus abondante de gomme, & probablement de tout autre ſuc propre, au-deſſus du point d'arrêt ; & que c'eſt probablement au moins en partie, par le moyen de cette production plus abondante, que cet arrêt avance la maturité des fruits & augmente leur groſſeur.

10.° Apprennent que le ſuc propre de la vigne eſt une gomme ſemblable à celle des arbres fruitiers à noyau : que cette gomme abonde plus dans la variété de vigne qui porte le raiſin muſcat que dans les autres variétés dont le fruit eſt moins ſucré ; ce qui, joint au n.° précédent, confirme ſurabondamment ce qu'on dit de l'analogie exiſtante entre la gomme & le ſucre, & de la fermentation ſucrée que cette gomme éprouve dans les végétaux, lorſque s'opère la maturité des fruits.

11.° Apprennent que la cauſe pourquoi il ſe produit & s'extravaſe tant de gomme ſur les vieux arbres fruitiers à noyau, c'eſt que la dureté & l'épaiſſeur que leur écorce a acquiſes à cet âge, fait que cette écorce comprime de toutes parts le corps ligneux juſqu'à un tel degré qu'elle forme un obſtacle très-puiſſant à la liberté du cours de la ſève deſcendante.

12.° Apprennent qu'au moins une des cauſes de la mort des plantes annuelles, & biſannuelles, & des tiges des plantes vivaces, après leur fructification, c'eſt que naturellement la ſève ſe porte ſi abondamment ſur leurs fleurs & leurs fruits, qu'elle abandonne alors toutes leurs autres parties : & que la même cauſe contribue certainement à la mort qui ſurprend quelquefois les branches de pêcher, & même d'autres arbres après une abondante fructification.

13.° Apprennent que lorſque les plaies quelconques des végétaux, par leſquelles l'écorce

ſeule eſt entamée & ſéparée du bois dans toute ſon épaiſſeur, ſe trouvent dans des circonſtances favorables, dont la principale eſt une humidité ſuffiſante ; il ſort des mailles du rézeau fibreux du corps ligneux mis à nud, une nouvelle enveloppe cellulaire, par le moyen de laquelle la ſurface de ce corps ligneux eſt entretenue vivante, & par le moyen de cette vie, eſt très-promptement recouverte par de nouvelles fibres, tant ligneuſes que corticales ; qui par le même moyen de la vie de cette ſurface, ſe réuniſſent, adhèrent, & s'incorporent parfaitement avec elle : & par-là ſe trouve rectifiée l'erreur dans laquelle ſont tombés les Botaniſtes Phyſiciens, en aſſurant, comme règle générale, que le bois dépouillé de ſon écorce n'adhère jamais, ne s'incorpore jamais avec le bois nouveau qui le recouvre après cette dénudation.

14.° Nous apprennent que lors de pareilles plaies, dans le cas où l'écorce ſéparée du bois adhère encore par quelqu'endroit dans toute ſon épaiſſeur au reſte de l'écorce de l'arbre, ſi l'on réapplique auſſi-tôt cette écorce en ſa place, cette réapplication ſuffit ſouvent pour entretenir en vie la ſurface du bois dépouillé, & la ſurface interne de cette écorce ; & que par le moyen de cette vie, il ſe forme bien-tôt, entre ces deux ſurfaces, une couche de fibres ligneuſes qui adhèrent & s'incorporent, par le même moyen, avec le bois dépouillé & ſimultanément, une couche de fibres corticales, qui, encore par le même moyen, adhèrent & s'incorporent avec l'écorce ſéparée du bois par la plaie ; tout cela de manière qu'il ne reſte entre le bois & l'écorce, ſéparés par la plaie, aucune trace de cette ſéparation : ce qui rectifie encore l'erreur dont j'ai parlé dans le n.° précédent.

15.° Apprennent & prouvent que la nature forme l'enveloppe cellulaire, en prolongeant & épanouiſſant au-dehors les productions médullaires, qui rempliſſent les mailles du rézeau fibreux, ou pour mieux dire, qui rempliſſent les canaux médullaires horizontaux qui traverſent l'épaiſſeur du bois & de l'écorce.

16.° Apprennent qu'en certains cas, il ſe forme ſur la ſurface interne de l'écorce ſéparée du bois, & encore adhérente, par quelqu'endroit dans toute ſon épaiſſeur, au reſte de l'écorce, une nouvelle enveloppe cellulaire ; qui eſt, auſſi dans ce cas, la prolongation & l'épanouiſſement des productions médullaires, contenues dans les mailles du rézeau fibreux de cette écorce : que, par le moyen de cette enveloppe, cette ſurface interne eſt entretenue vivante ; que cette vie permet à la ſève deſcendante de prendre ſon cours entre cette enveloppe & cette ſurface interne, & d'y former une nouvelle couche ligneuſe ; & une nouvelle couche corticale de chaque côté de cette nouvelle couche ligneuſe.

17.° Apprennent que la cause qui rend les bourgeons herbacés de la vigne, & de beaucoup d'autres plantes plus fragiles à l'endroit des yeux qu'ailleurs, & qui produit le gonflement souvent considérable, qui existe naturellement à l'endroit de chaque œil de ces plantes ; c'est que le cours de la sève descendante est naturellement ralenti, arrêté en partie, à cet endroit, par l'insertion de l'œil & de la feuille ; & que de cet arrêt résulte nécessairement ce gonflement, & une imperfection dans les fibres de cet endroit : que cette imperfection contribue encore au phénomène destructeur, connu sous le nom de *Champelure* : que c'est cette même cause qui occasionne la formation des tumeurs, qui sont à la base des petioles communs ou propres des feuilles & folioles, principalement des arbres qui se dépouillent chaque année ; & occasionne dans les fibres de cette base, une imperfection & une fragilité qui contribuent au phénomène naturel de la chûte des feuilles.

18.° La découverte, qu'a faite Buffon, que ce même arrêt du cours de la sève descendante, est un moyen sûr de mettre promptement à fruit les arbres fruitiers à pepins, me semble apprendre que la cause par laquelle ces arbres ne deviennent naturellement féconds, qu'après un nombre quelquefois très-considérable d'années de vie ; c'est que les seules branches de ces arbres qui produisent des boutons à fruits, sont celles dans lesquelles le cours de la sève descendante est modéré jusqu'à un certain degré ; & que ce degré n'a lieu naturellement dans toute l'étendue de ces arbres, & de beaucoup d'autres plantes fructicantes, que lorsque leur écorce a acquis, par l'âge, assez d'épaisseur & de dureté, pour être capable de résister suffisamment à l'effort que fait continuellement sur elle pour la distendre le corps ligneux toujours grossissant, & d'opérer ainsi, sur toute l'étendue de ce corps ligneux, une compression comparable, jusqu'à un certain point, à l'effet d'une ligature qui seroit pratiquée autour de toute l'étendue du tronc & des branches, &c. &c. &c.

OBSERVATION.

Il y a encore beaucoup à désirer pour completer l'explication physique de tous les faits végétaux détaillés en ce présent article ; soit ceux qui concernent directement la production, la forme, la structure interne & externe des Bourrelets occasionnés par les plaies & par les ligatures, soit ceux qui accompagnent cette production, & en sont une suite. J'ai cru devoir m'abstenir d'entreprendre d'esquisser aucune explication physique de plusieurs de ces faits ; parce que je crois pouvoir assurer que tout ce que l'on a imprimé jusqu'à présent sur la physique végétale, ne suffit pas pour mettre en état d'expliquer plausiblement quels moyens emploie la nature pour les opérer : & je pense que pour trouver, à cet égard, quelque chose de satisfaisant, il faudra tâcher de s'élever, peut-être de beaucoup, au-dessus du niveau actuel de la science de la physique végétale. Je ne pourrois essayer d'exposer ici aucune des idées que je puis avoir conçues au-delà du contenu, au présent article, sans me jetter dans des discussions fort étendues, & qui exigeroient un tems beaucoup plus long que celui que j'y pourrois employer en ce moment. D'ailleurs ces discussions seront peut-être mieux placées dans un traité plus étendu que je médite sur la végétation, & que je me propose de publier aussi-tôt que j'aurai le loisir suffisant. En attendant, l'exposition détaillée, que j'ai faite dans cet article, de tous les faits que m'ont présentés les résultats de mes expériences relatives à ces Bourrelets, ne peut être dénuée d'utilité, même en ce qui concerneroit ceux de ces faits qui paroîtroient les plus inexplicables ; puisqu'il est bien reconnu qu'un des meilleurs moyens de contribuer efficacement à l'avancement des différentes parties de la physique, est de recueillir constater, consigner, publier le plus grand nombre qu'il est possible de faits nouveaux & de leurs circonstances. C'est en partie la tâche que j'ai entreprise dans cet article. (*M. LANCRY.*)

BOURRACHE, *BORAGO* L.

Genre de plante de la famille des Borraginées, dont le caractère distinctif est d'avoir une corolle en roue, dont le limbe porte à sa naissance cinq écailles qui recouvrent l'orifice du tube. Les cinq étamines ont leurs anthères appliquées les unes contre les autres, & sont proéminentes en-dehors de la corolle. Il succède à ces fleurs quatre semences nues, dont la surface est chagrinée dans la plupart des espèces.

Espèces & Variétés.

1. BOURRACHE commune.
BORAGO officinalis. L. ⊙ dans les jardins & les lieux cultivés à Bourrache à fleur rouge.
B. BOURRACHE à fleur blanche.
2. BOURRACHE des Indes.
BORAGO indica. L. ⊙ des Indes Orientales.
3. BOURRACHE d'Afrique.
BORAGO Africana. L. ⊙ d'Ethiopie.
4. BOURRACHE de Ceylan.
BORAGO Zeylanica. L. ⊙ des Indes Orientales.
5. BOURRACHE du Levant.
BORAGO Orientalis. L. ♃ des environs de Constantinople.

1. BOURRACHE commune. Cette plante si commune actuellement dans tous les jardins, est au nombre de celles qui se sont acclimatées en Europe, après avoir été cultivée comme objet de curiosité. Il est à-peu-près sûr, qu'a-

vant le feizième fiècle, on ne l'a pas vue fe reproduire par la diffémination de fes graines. Elle eft originaire du Levant & de la Barbarie. On diftingue cette Bourrache des autres efpèces par fes feuilles décidément alternes & feffiles, & par fes grandes fleurs difpofées en épis fur les dernières ramifications des tiges.

Culture. Cette plante, une fois établie dans les jardins, s'y multiplie par la difperfion de fes femences ; mais comme plufieurs perfonnes en font un ufage fuivi, il convient d'en femer pour être fûr d'en avoir dans toutes les faifons. Les graines qu'on feme en Automne germent avant l'Hiver, & les plantes qui en naiffent donnent leurs premières fleurs au mois de Mai. Les graines femées au Printems, donnent des plantes plus tardives, & qui fleuriffent rarement avant le mois de Juillet. Lorfque les jeunes plantes font levées, il convient de les arrofer fréquemment & de les éclaircir de manière qu'il y ait au moins cinq pouces entre chaque pied.

Ufage. On fait entrer la Bourrache dans les bouillons d'herbes, qu'on prend au Printems pour corriger la maffe des humeurs : on dit qu'elle eft diurétique & béchique. Quelques perfonnes mettent les fleurs de cette plante fur les falades pour les orner. Les Anglois, au rapport de Miller, font avec les feuilles de Bourrache, une boiffon rafraîchiffante, *Cool Tankards.* Les Hollandois l'emploient dans la preparation de leur *Kruyer wyn* ou vin d'herbe.

M. Desfontaines m'a dit que les Algériens cultivent la Bourrache dans tous les potagers, & la mangent préparée comme les épinards. Ce fait eft d'autant plus intéreffant, que c'eft des côtes de Barbarie que nous avons tiré primitivement cette efpèce de Bourrache ; or elle n'y eft point indigène comme on l'avoit foupçonné, mais feulement acclimatée. Sa première origine eft donc inconnue comme celle de prefque toutes les plantes économiques d'un ufage un peu ancien.

2. BOURRACHE des Indes. La tige de cette efpèce porte des feuilles amplexicaules, qui font quelquefois tellement rapprochées, qu'elles paroiffent oppofées : leur forme eft lancéolée & leur grandeur beaucoup moindre que dans la première efpèce. Les fleurs naiffent à l'aiffelle des feuilles, leur calice eft compofé de cinq pièces en forme de fer de flèche avec deux oreillettes à leur bafe. La corolle eft bleue, marquée intérieurement de cinq taches aurores.

3. BOURRACHE d'Afrique. Cette efpèce eft couverte des mêmes poils rudes que les efpèces précédentes ; elle diffère de la première par fes feuilles pétiolées & oppofées, & par fes fleurs petites en bouquets au fommet des rameaux ; de la feconde, par la pofition de fes fleurs, & par

fes calices qui ne font point auriculés à leur bafe.

4. BOURRACHE de Ceylan. Les feuilles de cette efpèce font lancéolées, feffiles, oppofées fur la tige & alternes fur les branches. Les pédoncules naiffent à l'aiffelle des feuilles & fur les extrémités des rameaux. Les fleurs font petites & caractérifées par leur calice auffi long que la corolle. Les femences font glabres & offeufes comme celles des gremils.

Culture. Ces trois Bourraches font à-peu-près du même climat, & doivent être cultivées de la même manière. On doit les femer au mois de Mars, fur une couche chaude & tranfplanter enfuite les jeunes plantes féparément dans des pots qu'on fort des couches, lorfque les froids ne font plus à craindre. Elles mûriffent ordinairement leur graine avant l'Automne, où fi les premières gelées commencent de bonne heure, on les rentre pour qu'elles aient le tems de mûrir. Comme ces Bourraches font annuelles, il faut des précautions pour conferver l'efpèce. On en hafarde ordinairement les pieds fuperflus en pleine terre, où ils manquent rarement ; mais comme ces plantes font trèsdélicates & très-fenfibles au froid, on donne plus de foins aux individus qui doivent donner des graines. Les deux premières efpèces font cultivées au Jardin des Plantes.

5. BOURRACHE du Levant. Nous devons cette efpèce au voyage de Tournefort, elle eft une des plantes qu'il a fait graver pour fa relation. On la diftingue des précédentes par fes racines vivaces, tandis que les autres font annuelles, & par fes feuilles radicales en cœur, portées fur un pétiole affez long ; la tige paroît ordinairement avant le développement parfait des feuilles radicales, elle porte quelques feuilles ovales, alternes à l'aiffelle defquelles naiffent des bouquets de fleurs portés par un rameau fort court. La corolle, dans cette efpèce, eft tellement ouverte, qu'elle paroît comme réfléchie ; les étamines font encore plus faillantes que dans les autres efpèces.

Culture. Cette Bourrache une fois établie dans un jardin, exige peu de foins, elle fe conferve par fes racines, d'où naiffent des nouvelles plantes qui fuccèdent à celles que la vieilleffe fait périr. On la multiplie en éclatant les racines en Automne, & les repiquant tout de fuite, dès l'année fuivante elles donnent des fleurs ; la multiplication, au moyen des graines, eft plus longue, il faut les femer à l'inftant de leur maturité dans un lieu abrité, les jeunes plantes doivent être farclées fréquemment au Printems fuivant ; il convient de les replanter, & le refte de l'année elles n'exigent aucun autre foin que ceux auxquels la propreté du jardin oblige.

On peut cultiver la Bourrache du Levant dans les parterres, à cause de ses fleurs qui sont très-précoces, & qui paroissent dès le mois d'Avril, comme elle végète de très-bonne heure; au Printems, il convient de les placer dans des endroits abrités, où elle ait peu à craindre des retours du froid. On la cultive au Jardin du Roi. (*M. Reynier.*)

BOURRACHE. (petite) Les jardiniers donnent ce nom au *Cynoglossum omphalodes* L. *Voyez* Cynoglosse printanière, n.° 11. (*M. Reynier.*)

BOURRE. On donne le nom de *Bourres* aux enveloppes des graines, qui sont séparées de leurs tiges. Les capsules de lin, que l'égrugeoir a détachées, sont appellées *Bourres* à Saint-Brieux en Bretagne. Les Bourres de foin sont les bâles, qui contiennent les grains même des graminées, ou les enveloppes des graines des autres plantes qui le composent. Elles sont très-bonnes pour les bestiaux. (*M. l'Abbé Tessier.*)

BOURRE de soie; c'est la partie de la soie, qu'on rebute au devidage des cocons, c'est-à-dire, qu'on sépare de la belle soie; on l'emploie pour des padous, des lacets, cordonnets, &c. (*M. l'Abbé Tessier.*)

BOURRE de chevre; le plus court poil de chevre, qu'on apprête avec la garance, dans laquelle on la fait bouillir. Cet objet regarde la teinture. (*M. l'Abbé Tessier.*)

BOURRE. On donne ce nom aux boutons de quelques espèces d'arbres, au moment ou ils commencent à passer à l'état de bourgeon, à cause de l'espèce de duvet qui les couvre; c'est principalement la vigne & le pommier, pour lesquels cette expression est la plus usitée. Lorsque la gelée surprend les vignes au moment où le bourgeon se forme, on dit que la vigne a *gelé en Bourre.*

On donne aussi le nom de Bourre à la graine de l'anémone. *Voyez* Anémone. (*M. Reynier.*)

BOURREAU DES ARBRES. Nom vulgaire qu'on donne au *Celastrus scandens*, à cause du mal qu'il fait aux arbres, en s'entortillant autour d'eux & les étouffant. *Voyez* Celastre grimpant, n.° 2. (*M. Reynier.*)

BOURREAU DES ARBRES improprement dit: *Periploca græca* L. *Voyez* Périploque greque.

BOURRECH, nom que porte l'agneau, à compter de la Saint-Michel, dans quelques parties méridionales de la France. (*M. l'Abbé Tessier.*)

BOURRÉE, sorte de fagot fait avec des branches d'arbres.

Les Bourrées, indépendamment de l'usage habituel que l'on en fait pour le chauffage, servent encore à faire des haies sèches, pour défendre l'entrée des clos & des jardins, à soutenir des terres sur les glacis trop rapides, & à recevoir & dissiper l'humidité surabondante des couches de tannée. Les premiers usages étant assez communs, nous ne parlerons que du dernier.

Lorsqu'on fait à neuf une couche de tan dans une serre chaude, on met au fond de la fosse un lit de platras de six pouces de haut, que l'on couvre d'un lit de Bourrée de pareille épaisseur, on place ensuite sur celui-ci, une couche de litière de quatre ou cinq pouces, après quoi, on remplit le reste de la couche avec de la tannée neuve.

Les Bourrées qu'on doit préférer pour cet usage, sont celles qui sont faites avec des branches de chêne les plus garnies des rameaux noueux & bourrus; elles durent davantage & remplissent mieux leur objet.

BOURRET, nom donné en Auvergne, au veau âgé d'un an. (*M. l'Abbé Tessier.*)

BOURRIOL, on appelle ainsi à Aurillac, une galette faite de sarrasin. (*M. l'Abbé Tessier.*)

BOURRIQUE, femelle de l'âne. *Voyez* Ane. (*M. l'Abbé Tessier.*)

BORROCHE, nom que les habitans des campagnes donnent au *Borrogo officinalis* L. *Voyez* Bourrache commune, n.° 1.

BOURSES. Les Botanistes donnent ce nom aux parties qui terminent les filets des étamines, des fleurs, & qui contiennent les poussières destinées à la fécondation des germes. En ce sens, & est synonyme *d'anthère. Voyez* ce mot. (*M. Thouin.*)

BOURSE. On donne ce nom à des petites branches courtes & de forme conique, qui terminent souvent les branches à fruit; ces Bourses qui sont ordinairement couvertes de boutons, donnent beaucoup de fruit pendant quelques années & périssent ensuite, il faut les conserver entières. *Voyez* Branche. (*M. Reynier.*)

BOURSE A PASTEUR. Nom vulgaire d'une plante commune que les Botanistes nomment *Thlaspi bursa pastoris* L. *Voyez* Tabouret, Bourse à pasteur. (*M. Reynier.*)

BOURSE A BERGER, *Thlaspi bursa pastoris* L. *Voyez* Tabouret, Bourse à pasteur.

BOURSETTE, autre synonyme du *Thlaspi bursa pastoris* L. *Voyez* Tabouret, Bourse à pasteur.

BOUSE ou BOUZE; *Agriculture*; c'est la fiente du bœuf & de la vache. On doit la regarder comme un excellent engrais, plus convenable dans les terres légères, que dans celles, qui sont froides & humides. La Bouse est aqueuse & par conséquent fermente plus difficilement. C'est par cette raison, qu'on la classe parmi les engrais froids. La Bouse de bœuf est préférable à celle de vache pour les terres fortes, parce qu'en général elle est moins aqueuse. Rarement on emploie la Bouse seule ; elle se trouve presque toujours mêlée avec des pailles putréfiées, qui servent de litière aux bêtes à cornes. La Bouse, que les animaux répandent dans une prairie, où ils paissent, ne paroît pas avantageuse, parce qu'elle est placée à des distances éloignées. Si on y fait attention, on voit que les places, sur lesquelles les bêtes à cornes ont fienté, sont marquées l'année suivante, par la belle végétation des plantes. Les herbages de Normandie ne sont fumés que par la fiente des bœufs, qui y séjournent pour être engraissés. Le gardien d'un herbage a seulement l'attention de transporter la Bouse quand elle a pris un peu de consistance par la dessiccation, dans les places, où les animaux n'ont pas fienté ; ce qu'elle a déposé aux lieux, d'où on l'enlève, suffit pour les engraisser. Dans le pays de Bray, on fume des prairies en faisant parquer les vaches, comme on fait parquer les bêtes à laine.

La Bouse de vache ou de bœuf sert pour boucher les ruches, pour couvrir les plaies des arbres, &c. on la dessèche pour la brûler dans les pays où le bois est rare. (*M. l'Abbé Tessier.*)

BOUSE ; *Jardinage*, fiente du bœuf & de la vache.

Les Jardiniers font usage de cette matière, mêlée avec de la terre argilleuse & pâtrie en consistance de pâte molle, pour faire les poupées de greffes en fente. *Voyez* le met GREFFE.

On s'en sert aussi avec succès pour faire des emplâtres que l'on applique sur les plaies des tiges & des branches, afin d'opposer promptement leur guérison.

Le même mélange délayé avec de l'eau en forme de mortier clair, sert à enduire les racines des arbres délicats & particulièrement des arbres résineux, lorsqu'on les lève de terre pour les transporter ailleurs.

La Bouse de vache desséchée & mise sur la surface de la terre des caisses d'orangers, la garantit du hâle, économise les arrosemens & fait un engrais salutaire aux arbres.

Réuni en masse & mêlée avec des matières végétales, elle forme un fumier qui a des propriétés particulières. *Voyez* FUMIER de vache.

Enfin, dans quelques endroits où le bois & les autres matières combustibles sont très-rares, les particuliers pauvres ramassent la Bouse de vaches, la font sécher & s'en servent comme de mottes à brûler. (*M. Thouin.*)

BOUT, bled qui a le bout ; on appelle ainsi le froment, dont l'extrémité, qui est opposée au germe, est noircie par la poudre de carie, qui s'est écrasée sous le fléau. On se sert de l'expression *bled qui a le bout*

dans la Beauce. *Voyez* CARIE. (*M. l'Abbé Tessier.*)

BOUTE. Peau de bœuf préparée & cousue, pour transporter le vin & d'autres liqueurs au travers des montagnes & des lieux difficilement praticable. Ces vaisseaux sont d'un usage bien plus commode que les barils de bois, qui n'étant point souples comme ces vaisseaux de cuir, incommoderoient & blesseroient les mulets & autres bêtes de somme dont on se sert pour ce transport. Les Boutes sont sans poils. Leur préparation est toute semblable à celle des outres, ou vaisseaux de peau de bouc dont on se sert en particulier, pour faire le transport des huiles en Provence & en Languedoc. Le vin ne se conserve pas dans les Boutes, & y prend un mauvais goût, s'il y reste trop long-temps ; c'est pourquoi aussi-tôt qu'il est arrivé aux lieux de la destination, il faut le sur-vuider dans des tonneaux de bois. *Anc. Enc. Suppl.*

Les Montagnards de la Suisse emploient au lieu de boutes, des barils ovales, qu'ils chargent sur des mulets, au moyen d'une espèce de bât, qui les garantit des blessures. Le goût de cuir, que le vin prend aisément dans les Boutes, en rend l'usage peu commode. (*M. Reynier.*)

BOUTÉ bled bouté. Expression de quelques cantons de Beauce, qui veut dire bled noirci par la carie, qui s'attache sur-tout à un des Bouts. *Voyez* CARÉ. (*M. l'Abbé Tessier.*)

BOUTELLIER. On appelle ainsi en Auvergne un des hommes, qui soignent une vacherie sur la montagne. (*M. l'Abbé Tessier.*)

BOUTE EN TRAIN. On nomme ainsi dans les haras, le cheval entier, que l'on présente à une jument avant de la faire saillir par le véritable étalon. C'est afin de la mettre en chaleur, ou de s'assurer si elle est en chaleur. Il faut que le Boute en train hennisse souvent. *Voyez* CHEVAL. (*M. l'Abbé Tessier.*)

BOUTIERS. Gardiens de bœuf dans la Camargue ; ces hommes sont presque toujours à cheval, & armés d'un trident. *Voyez* BÊTES A CORNES. (*M. l'Abbé Tessier.*)

BOUTON sur la langue. Maladie de bestiaux. *Voyez* SUR-LANGUE.

BOUTONS de facin. Ce sont des grosseurs rondes, qui viennent dans cette maladie. *Voyez* FACIN.

BOUTON de feu. C'est un morceau de fer long, terminé en pointe qu'on fait rougir pour l'appliquer sur quelques parties des animaux, dans certaines circonstances, & sur-tout dans certaines maladies. (*M. l'Abbé Tessier.*)

BOUTON. M. l'Abbé Rozier donna une définition exacte de ce mot, nous ne pouvons mieux faire que de la suivre. Le Bouton est un rudiment des pousses ou des fleurs des arbres, lorsqu'il commence à se détacher de l'écorce des branches. où il se forme, il est supporté par une petite tige ligneuse. C'est vers le solstice que les boutons sont dans cet état. Avant cette époque, ils portent le nom de yeux, plus tard, celui de bourgeons. *Voyez* ŒIL & BOURGEON.

L'usage de donner le nom de Bouton, au rudiment des feuilles, des fleurs jusqu'a l'époque de leur entier développement, a tellement prévalu, qu'on accoutumera difficilement les hommes à cette distribution. La plupart sentent que les mots Bouton & Bourgeon ne sont pas synonymes, & cependant ils définiront le Bourgeon, un Bouton développé donc le mot Bouton est plus général que l'autre. Il est reçu de dire un bouton de fleur, des fleurs en boutons, & l'usage prévaudra malheureusement toujours sur les dénominations raisonnées.

On trouvera dans le Dictionaire des arbres & arbustes, l'anatomie des Boutons, & tout ce qui peut intéresser sur cette partie interessante de l'économie végétale. (*M. Reynier.*)

BOUTON d'Argent, d'Angleterre. Nom que les Fleuristes donnent au *Ranunculus aconirtifolius*. L. *Voyez* RENONCULE à feuilles d'aconit.

BOUTON d'Argent, ordinaire. Nom qu'on donne dans les jardins, à la variété à fleur double de l'*Achillea Starmica*. L. *Voyez* ACHILLÉE sternutatoire, N.° 15. (*M. Thouin.*)

BOUTON de bachelier ou de garçon à marier. Mauvais nom donné dans quelques Dictionnaires au *Gomphrena globosa*. L. *Voyez* AMARANTAINE GLOBULEUSE, N.° 1. (*M. Thouin.*)

BOUTON d'Or. C'est la variété à fleur double du *Ranunculus acris multiplex*. L. *Voyez* RENONCULE âcre, à fleur double. (*M. Thouin.*)

BOUTON rouge. Dans l'Amérique Septentrionale, on donne communément ce nom au *Cerus canadensis*. L. *Voyez* GAINIER du Canada, N.° 2. (*M. Reynier.*)

BOUTONNER. Un arbre boutonne, lorsque ces boutons commencent à grossir au premières chaleurs du Printemps, lorsque la sève commence à se mouvoir. Les écailles qui environnent le bouton s'élargissent, les fleurs & les feuilles qui se trouvoient dessous percent, & c'est alors que le bouton prend le nom de bourgeon. *Voyez* BOURGEON. (*M. Reynier.*)

BOUTURES. Branche d'un arbre ou d'une plante vivace, que l'on sépare de la tige pour former un nouvel individu. La bouture diffère de la marcotte, parce que la première ne s'enracine qu'après avoir été retranchée de la mère plante, au lieu que la seconde n'en est séparée qu'après avoir poussé des racines. *Voyez* MARCOTTE.

Une bouture d'arbre doit être saine, choisie plutôt dans une position verticale que latérale, suivant Duhamel, & plutôt sur les branches de 2 ou 3 ans que sur celles de l'année. Avant de les mettre en terre, on doit enlever les boutons qui se trouveroient sous terre, mais avec la précaution de ne point endommager les bourlets qui leur servent de supports ; c'est de ces bourlets que sortent ordinairement les racines. La branche doit être coupée net & sans aucune incision ; toutes les précautions qu'on a proposées, telles que de fendre le bas de la bouture, d'y introduire un grain de bled, de faire des entailles à l'écorce &c., me paroissent plutôt nuisibles qu'avantageuses, puisqu'elles détruisent l'organisation & peuvent causer une corruption plus aisée pour peu que l'humidité soit forte, ou la sécheresse trop continue. Il paroît préférable de couper aussi net que possible, l'extrémité de la bouture qui doit produire des racines & d'éviter qu'elle soit même froissée ou déchirée en la mettant dans la terre. J'excepte néanmoins les boutures ou plantards de saule d'aune, &c., qui viennent sans aucuns soins ; comme on doit les enfoncer en terre à force de coups, il est nécessaire de les couper en pointe à cette extrémité. Les précautions que j'indique, ne sont nécessaires que pour les boutures délicates.

La saison la plus convenable pour faire des boutures, c'est le Printemps, lorsque la sève est dans toute sa force ; elles sont sujettes à manquer pendant l'Eté : Il est inutile d'en faire en Automne, car lors même qu'elles reprendroient, les froids de l'Hiver feroient périr les pousses. Les boutures veulent une terre meuble, légère, un lieu ombragé, & autant que possible une humidité uniforme : de trop grandes variations leur sont nuisibles.

Les boutures des arbres étrangers doivent être faites sous des couches couvertes, où la chaleur se conserve uniforme, mais il faut les garantirs de l'action immédiate du soleil. Cette manière de multiplier les plantes rares est d'autant plus intéressante, que beaucoup d'espèces n'ajoutent pas leurs graines dans nos serres.

On multiplie aussi les plantes grasses au moyen des boutures, les cactiers poussent des racines lorsqu'on met en terre une de leurs articulations & les différentes euphorbes, stapelies, mésembrianthêmes, basselles &c. ; ainsi que les plantes grimpantes dont les tiges durent plusieurs années, se multiplient également de boutures, on doit seulement avoir la précaution d'exposer pendant quelques jours la bouture à l'air, pour la priver de son excès d'humidité avant de la planter, on évite par ce moyen qu'elle ne périsse en terre. La durée de cet intervalle doit être proportionnée à la carnosité de la plante. On laisse sans danger les cactiers pendant quinze jours avant de les mettre en terre, tandis qu'il suffit de deux ou trois jours pour les boutures de basselles. On ne peut néanmoins établir un terme fixe pour chaque plante, car la chaleur de l'air, sa sécheresse ou son humidité, l'action plus ou moins forte du vent & celle du soleil, peuvent rendre cette évaporation de l'excès d'humidité plus ou moins prompte. Les Jardiniers obfervent l'état de la bouture & du moment où elle eft flétrie, ils la jugent en état d'être plantée. Les boutures des plantes graffes, exigent une terre moins humide que les boutures d'arbres, il fuffit qu'elle foit meuble.

Celles des plantes des pays chauds demandent beaucoup de précautions lorfqu'on les fort de deffous les chaffis, un air trop vif les altéreroit ; il eft effentiel de les préparer en les faifant paffer par des pofitions intermédiaires. *Voyez* ACRE.

On a cru long-temps que les productions annuelles des plantes, ne pouvoient pas reprendre de bouture ; mais M. Bonnet & depuis cet illuftre Obfervateur, d'autres Phyficiens ont réuffi à faire pouffer des racines à des feuilles même, à celle des plantes annuelles, à leurs tiges, &c. On trouvera les détails de ces expériences, dans le *Traité de l'ufage des feuilles de M. Bonnet* Comme elles ne fervent que pour l'étude de la philofophie végétale, & n'ont aucune influence fur les pratiques du jardinage ; je ne fais que les indiquer. (*M. REYNIER.*)

BOUTURER. Les jardiniers difent qu'un arbre, *bouture*, lorfqu'il pouffe des drageons. *Voyez* DRAGEONS. Ce mot eft peu en ufage. (*M. REYNIER.*)

BOUVERIE. L'on appelle ainfi une étable à bœuf. *Voyez* FERME. (*M. l'Abbé TESSIER.*)

BOUVIER. Homme, qui foigne les bœufs. *Voyez* BÊTES A CORNES, *foin qu'on doit avoir des Bœufs.* (*M. l'Abbé TESSIER.*)

BOUSE de vache. *Voyez* BOUSE.

BOUZER, enduire de bouze de vaches ; ce qui fe pratique fur-tout à l'égard des aires de granges, pour leur donner de la folidité. (*M. l'Abbé TESSIER.*)

BOZAN. Nom donné en Breffe, au bled rachitique ou avorté, *Voyez* AVORTÉ. (*M. l'Abbé TESSIER.*)

BRABANCONE. Variété de la *Tulipa gefneriana* ; la fleur eft pourpre, panachée de blanc de lait & de quelques nuances très-rares de rouge. *Voyez* TULIPE. (*M. REYNIER.*)

BRACELET. Epithète donné au *Mirnofa circinnatis.* L. *Voyez* ACACIE à Bracelet ou à cercles, N.º 12. (*M. THOUIN.*)

BRACHIOGLE, *BRACHIOGLOTIS,*

Ce nouveau genre de plante établi par M. Forfter, fait partie de la famille des *Corymbiferes* & de la divifion des Radiées. Il eft compofé de deux efpèces originaires des Indes, qui, jufqu'à préfent, font inconnues en Europe.

Efpèces.

1. BRACHIOGLE à feuilles fincées.

BRACHIOGLOTIS repanda. Forft-nov. gen.

2. BRACHIOGLES à feuilles rondes. *BRACHIOGLOTIS rotundifolia.* Forft. nov. gen.

M. Forfter ne nous dit rien du port de ces plantes non plus que de leur nature, & nous ne favons fi elles font herbacées ou ligneufes. Il ne défigne pas même le lieu où il les a trouvées, au moyen de quoi, il ne nous eft pas poffible d'indiquer les généralités qui peuvent fervir à leur culture. (*M. THOUIN.*)

BRACTÉE *Bractea.* Expanfion plus ou moins coriace, quelquefois auffi de confiftance herbacée qui accompagne les fleurs, & je trouve ordinairement à la bafe des pédunculés. *Voyez* ce mot.

La Bractée varie infiniment pour la forme, la grandeur & la confiftance. Quelquefois leur exiftence eft très-peu effentielle à la plante, d'autres fois elle y tient tellement que les Naturaliftes les ont fait entrer dans leurs définitions ou phrafes.

Quoique toutes ces productions acceffoires placées près de la fleur, duffent être rangées fous cette dénomination générale, les Botaniftes font convenus de féparer les enveloppes de la famille des ombellifères. *Voyez* ce mot & COLERETTE. Ils en féparent également les enveloppes des fcabieufes & plantes congénères & celles des fleurs compofées. *Voyez* ce mot & CALYCE qui, d'après la définition, devroient y être placées.

Les Bractées proprement dites varient infiniment pour la forme, la grandeur & la nature. Quelquefois elles tombent au moment où la fécondation de la fleur eft faite & même quand la fleur s'épanouit, les nomme alors *Bractées caduques.*

D'autres fois elles reftent auffi long-tems que le fruit & ne périffent qu'avec les parties auxquelles elles font adhérentes dont elles ne peuvent pas fe détacher. On les nomme alors *Bractées perfiftentes.*

Certaines plantes ont des Bractées très-marquées, qui même ajoutent à leur beauté, celles de quelques efpèces de fauges font colorées, très-grandes & frappent davantage que les fleurs. Quelques mélampyres ont leurs Bractées plus belles que les coroles par leur forme & par leur coloris. D'autres plantes ont des Bractées exceffivement fines, & qui ne peuvent frapper que l'œil perçant du Naturalifte ; ces plantes font les plus nombreufes ; on peut claffer, dans leur nombre, toutes celles qui portent des panicules & des grappes, *Voyez* ces mots.

Il ne faut pas confondre les Bractées avec les ftipules qui font des expenfions femblables, mais placées à l'aiffelle des feuilles tandis que les Bractées accompagnent les fleurs. *Voyez* STIPULE. (*M. REYNIER.*)

BRADLEY.

BRADLEY, célèbre auteur Anglois, & l'un de ceux qui ont fait époque dans le cours de ce siecle.

Son premier ouvrage a paru, en 1718, sous le titre : *Nouvelles Recherches sur l'art de planter & sur le jardinage, précédées de quelques découvertes sur le mouvement de la séve, & sur la génération des plantes*. L'Auteur, jeune encore, y développe les premiers fondemens du système qu'il a soutenu le reste de sa vie, sur la circulation de la séve. Suivant lui, la circulation des sucs continue la vie végétale & animale. La chaleur fait monter dans les plantes la séve sous l'état de vapeur jusqu'aux extrémités où elle se condense & redescent en état de liqueur par des tubes plus grossiers. *In fine*, dit l'Auteur, *a plant is like an alimbeck which distils the juices of the earth*. Ces expressions prouvent, d'une maniere évidente, que c'étoit l'opinion de l'Auteur. Mais, s'il s'est égaré sur les principes du mouvement de la séve (*V*. ce mot), il a donné des détails intéressans sur l'influence des sels, sur les végétaux & sur l'action de la greffe sur le sauvageon. Ses expériences ont démontré non-seulement que le sauvageon n'influe pas sur la greffe, mais au contraire, que la greffe influe quelquefois sur le pied ; expérience oubliée & qu'il seroit bien intéressant de répéter. Il a choisi pour cela les arbres panachés & a trouvé qu'une greffe panachée influe sur les pousses qui sortent au-dessous d'elle. J'ai prié M. Juge qui, dans ce moment, fait des expériences sur la greffe, de les diriger vers ce point de vue, car il prouveroit, ce dont je suis convaincu, que la séve est descendante, & que les végétaux se nourrissent plus par les feuilles qu'autrement.

Cet ouvrage de Bradley & son système, furent très-accueillis ; car, en 1724, six années après la première édition, en parut une quatrième où l'on ne voit d'autres différences que de plus grands détails sur la culture individuelle de chaque espece d'arbre d'ornement, & un catalogue plus étendu.

Bradley a donné, en 1721, une traduction Angloise d'Agricola avec des notes composées en grande partie de nouvelles expériences sur la greffe & sur la taille des arbres.

En 1724 parut le *Traité d'Agriculture & de Jardinage* par livraison ; c'est une espece de Journal dont il donnoit un cahier par mois ; il y rendoit compte de ses propres expériences & des découvertes dont on lui faisoit part. Cet ouvrage, dont on n'a que trois volumes, renferme des observations infiniment curieuses sur l'organisation végétale. Il a été traduit en François & abrégé sous le nom de *Calendrier du Laboureur* ; mais l'ouvrage original est préférable.

Depuis cet ouvrage, Bradley a encore donné un *corps complet d'Agriculture*, en 1727, des *recherches sur le perfectionnement de l'Agriculture*

Agriculture. Tome II.

& *du Commerce* en 1727, & enfin, cette même année, des *lectures sur la matiere médicale*. On a aussi de lui des *observations presque théologiques sur la nature, un traité de la culture du houblon, des conseils aux Fermiers sur l'amélioration des troupeaux*, &c.

Bradley est le premier qui ait développé le système de la circulation de la séve ; celle du sang venoit d'être découverte ; dès-lors, on faisoit tout circuler ; mais, quoique les expériences de Bradley aient ce système pour objet & qu'il les torde souvent dans ses explications pour les rendre conformes à ses vues ; cependant elles peuvent être infiniment utiles, & je ne puis trop conseiller la méditation de ses ouvrages aux Amateurs de Physiologie végétale & aux Agriculteurs qui font des expériences. Comme cet Auteur a ébauché plusieurs recherches, en les continuant, on profiteroit de ses données pour aller beaucoup plus loin que lui.

Bradley est mort à Cambridge où il étoit Professeur d'Histoire Naturelle. (*M.* REYNIER.)

BRAIE ou BROYE, instrument, qui sert à broyer le chanvre ou le lin, c'est-à-dire, à séparer la filasse de la chenevotte. *Voyez* CHANVRE ET LIN. (*M. l'Abbé* TESSIER.)

BRAILLE, nom que l'on donne à Mirecourt, en Lorraine, à la bâle du froment. *Voyez* BÂLE. (*M. l'Abbé* TESSIER.)

BRAMIE, *BRAMIA*.

Genre de plante de la famille des PERSONÉES, établi d'après Rhéede, par M. de Lamarck dans son Dictionnaire de Botanique. Il n'est encore composé que d'une seule espece originaire de l'Inde.

BRAMIE de l'Inde.

BRAMIA Indica. La M. Dict. des lieux humides du Malabar.

Cette plante a le port d'une petite gratiole ; ses tiges sont longues d'environ un pied ; elles rampent sur la terre où elles s'attachent par des racines qui sortent de ses nœuds. Ses feuilles sont opposées, d'un verd luisant & peu succulentes. Les fleurs naissent solitaires dans les aisselles des feuilles supérieures & sont de couleur bleue. Il leur succède des capsules coniques, à une seule loge, lesquelles sont remplies de semences très-menues.

La Bramie croît au Malabar & dans différentes parties de l'Inde, sur les terrains humides. Elle n'a point encore été cultivée en Europe. (*M.* THOUIN.)

BRANCE. *Espece de bled blanc assez commun en Dauphiné ; on le confond avec le *sandelium* des Latins & le *rigai* & l'aringue de nos Ancêtres, *ancienne Encyclopédie*. Sur cette simple indication, il est impossible de marquer exactement quelle variété ou espèce de froment on entend. Je soupçonne que c'est le froment à épis blancs sans barbes, grains blancs, tige creuse, connu sous le nom de *touzelle* dans les Provinces méridionales de la France. (*M. l'Abbé Tessier.*)

BRANCHAGES. Ce sont les extrémités des branches garnies de leurs rameaux & brindilles.

On emploie, dans les potagers, les Branchages de différens arbres communs, tels que ceux du chêne, du tilleul, de l'orme, &c. pour garantir les fleurs des arbres fruitiers qui sont en espaliers, des atteintes des gelées tardives.

Pour cet effet, on fiche en terre, vis-à-vis des arbres & à quelques pouces de distance, des branchages les plus garnis de brindilles que l'on peut trouver, & on les étend sur toute la surface de l'arbre. Cette simple petite palissade de bois sec abrite les fleurs & les empêche d'être attaquées du froid. Quelques Jardiniers préfèrent même ces Branchages à des paillassons pour préserver les fleurs & les garantir des gelées tardives. (*M. Thouin.*)

BRANCHE. Ramification de la tige d'un végétal. Je n'entrerai dans aucuns détails sur l'organisation des branches & la manière dont elles se forment, crainte de répéter ce qui en est dit dans le Dictionnaire des arbres & arbustes ; j'observerai seulement que les ramifications des plantes sont également des Branches, que la tige soit vivace ou seulement annuelle. Cependant les Jardiniers donnent aux ramifications ou branches des melons & autres plantes de la famille des cucurbitacées le nom de BRAS, *Voyez* ce mot.

Les Branches des plantes herbacées commencent d'abord à offrir un grouppe de fleurs qui se détache insensiblement de la tige & termine la branche, qui se forme par un développement successif. Autant qu'on a pu s'en assurer avec le peu de lumières qu'on a sur l'organisation végétale, les branches ne diffèrent point des tiges par leurs vaisseaux & par leurs organes. L'insertion des Branches offre une ramification simple des vaisseaux & non cette espèce de cône qui se trouve à l'insertion des Branches dans les végétaux ligneux. En général, les plantes herbacées paroissent d'une nature plus simple que les plantes ligneuses, les corps vésiculaires y paroissent plus abondans, & jusqu'à présent on n'y a pas reconnu cette diversité de vaisseaux qu'on a reconnu dans le bois. J'entrerai dans quelques détails au mot PLANTE. (1)

Les arbres fruitiers, qui ont plus occupé les

(1) M. Jacquin vient de m'apprendre qu'on fait, depuis très-peu de tems, des injections de plantes en Angleterre : ces préparations nous donneront sans doute beaucoup de lumières sur l'organisation végétale, jusqu'à présent si peu connue. Ces préparations sont au mercure ; l'Auteur de la découverte ne fait pas connoître son procédé.

hommes que les autres, offrent diverses espèces de branches que les Jardiniers distinguent par des noms particuliers ; la notice suivante ne fera que les indiquer, le Dictionnaire des arbres & arbustes devant contenir tout ce qu'il faut savoir sur cet article.

Branche à bois. Elle naît de l'œil le plus élevé de la Branche taillée, son écorce doit être vive, ses yeux bien formés & près les uns des autres. Ses fibres sont alongées & se tordent aisément sans casser, lorsqu'on la rompt elle éclate. La Branche à bois est destinée à porter d'autres Branches.

Branche dite Bouquet. Petite branche à fruit, longue de deux pouces, & qui donne beaucoup de fruit pendant quelques années. *Voyez* BRANCHE à fruit.

Branche dite Bourse. Branche à fruit, courte & de forme conique également productive. *Voyez* BRANCHE à fruit.

Branche dite Brindille. Petite branche à fruit, mince & longue, qui est placée en forme de dard sur le devant de l'espalier ; les fruits qu'elle porte sont ordinairement très-beaux & presque assurés.

Branche chifonne. Branche à fruit, mince & foible dont les yeux sont plats & écartés, cette branche croît ordinairement sur les arbres malades ou sur ceux qui regorgent de sève. Sa foiblesse l'empêchant de nourrir son fruit, on la coupe, à moins qu'elle ne soit nécessaire pour remplir un vide, alors on la taille sur un œil.

Branche dite Crochets. On donne ce nom à Montreuil aux branches à fruit des pêchers à cause de leur forme ordinairement bifurquée.

Branche descendante. On donne ce nom à Montreuil aux *membres* qui s'étendent horizontalement au-dessous des branches mères.

Branche de faux bois, croît sur une ancienne taille & sur la tige, où elle perce au travers de l'écorce. Elle est produite par l'abondance de la sève ou par la sève qui reflue d'une Branche qui va périr. Lorsqu'elle est inutile à la forme de l'arbre ou pour réserve on la coupe.

Branche folle. Nom que l'on donne aux branches chifonnes. *Voyez* ce mot.

Branche à fruit. Elle naît entre l'œil de la Branche à bois & la taille précédente ; son écorce est vive, ses yeux gros & peu éloignés. Son empatement est garni d'anneaux ou rides circulaires. Lorsqu'on la rompt elle casse net & sans éclats.

Petite branche à fruit. Sur les arbres à noyaux, elle est longue de deux pouces, bien nourrie, garnie de beaux yeux dans sa longueur & terminée par un grouppe de boutons à fruit au centre desquels se trouve un bouton de feuilles : lorsque ce dernier manque, elle ne peut nourrir son fruit. Cette branche donne du fruit pendant quelques années & périt ensuite ; on la nomme aussi *bouquet.*

Sur les arbres à pepins, la petite branche à fruit est longue de six à quinze lignes, raboteuse & couverte vers son emplacement d'anneaux ou rides circulaires : elle est terminée par un gros bouton à fruit. Des deux côtés il se forme un bouton accompagné de feuilles ; ces boutons se développent au Printems suivant, & à leur base il se forme de nouveaux boutons. Cette progression dure pendant six ou sept ans au bout desquelles la branche périt : on la nomme aussi *bourse*.

Branche gourmande. Cette Branche ne se trouve jamais sur les arbres de plein vent, mais bien sur les espaliers & autres arbres qu'on a trop déchargés pour leur vigueur ou qui ont été taillés trop courts ; elle naît ordinairement à la place d'une Branche à fruit & absorbe la nourriture des Branches voisines. Cette Branche est grosse, fort épatée à sa base, d'une teinte brune, couverte de yeux écartés. Dès qu'on l'apperçoit il convient de la pincer, si on la retranchoit tout de suite, la sève pourroit se porter sur les Branches voisines & leur nuire.

Lambourde. Petite branche à fruit, longue de quelques pouces, terminée par un bouquet ; elle croît sur le vieux bois en quoi elle diffère de la *brindille*.

Membres. On donne ce nom à Montreuil aux branches qui montent ou descendent des deux branches-mères de l'espalier.

Branches - mères. Les Jardiniers de Montreuil donnent ce nom aux deux bras qui forment la base de l'espalier & qui s'étendent de chaque côté de la tige en forme de V.

Branche montante. A Montreuil, on donne ce nom aux membres qui s'étendent au-dessus des Branches-mères & remplissent leur intervalle par opposition aux Branches descendantes qui s'étendent au-dessous.

Branche de réserve. Branche que l'on conserve entre deux Branches à fruit pour qu'elle en fournisse de nouvelles l'année suivante ; on les taille ordinairement très-courtes.

Branche tirante. On donne ce nom à Montreuil aux *Branches-mères*. *Voyez* ce mot.

Cette légère indication ne suffit point à une personne qui desire connoître d'une manière un peu approfondie les arbres fruitiers ; elle peut seulement aider la mémoire dans les cas où elle pourroit manquer. Comme on a séparé le Dictionnaire des arbres & arbustes de celui d'Agriculture, on est fréquemment exposé à répéter les mêmes choses dans les deux, pour peu qu'on desire les rendre complètes. (*M. Reynier*.)

BRANCHE ursine. Ancien nom françois du genre de l'Acanthus. *Voyez* ACANTHE. (*M. Thouin*.)

BRANCHE ursine fausse, nom vulgaire de l'*Heracleum sphondilium* L. *Voyez* BERCE BRANC-URSINE, n.° I. (*M. Thouin*.)

BRANCHERE. Nom donné à la vesce dans quelques Pays. A Bourbon-Lancy, on appelle ainsi la vesce à grains couleur de chair, & en Bourgogne une espèce de vesce sauvage, qui croît au milieu des fromens ; sa graine est ronde & noire ; elle communique de l'amertume au pain ; mais elle ne lui ôte pas sa blancheur. (*M. l'Abbé Tessier*.)

BRANCHUE. Cette épithète est employée pour désigner un tronc ou une tige garnie de branches. *Voyez* ce mot. (*M. Thouin*.)

BRANC-URSINE. *Acanthus*. *Voyez* ACANTHE. (*M. Thouin*.)

BRANC-URSINE (fausse) *Heracleum sphondilium* L. *Voyez* BERCE BRANC-URSINE, n.° I. (*M. Thouin*.)

BRANDES. Dans le Berry, on appelle ainsi les Landes. *Voyez* ce mot. (*M. l'Abbé Tessier*.)

« BRANDONS. C'est le nom qu'on donne dans les campagnes à quelques épines, branches, ou bouchons de paille, par lesquels on avertit que le chaume est réservé & retenu par celui qui jouit de la terre : sans quoi il seroit censé abandonné, & le premier venu en pourroit faire son profit. Dans les coutumes où les Brandons ont lieu, on les met dès le 15 Septembre. »

« BRANDONS, *danse des Brandons*. On exécutoit cette danse dans plusieurs villes de France, le premier Dimanche de Carême, autour des feux qu'on allumoit dans les places publiques ; & c'est de-là qu'on leur avoit donné le nom de Brandons. Les ordonnances de nos Rois ont sagement aboli ces danses. »

Il subsistoit il y a trente ans, & il subsiste encore dans quelques Pays, quoiqu'avec moins de solemnité, une fête des *Brandons*. Elle a lieu le 1.er Dimanche de Carême. Sur le soir, les domestiques des fermes portent autour des champs de leurs maîtres des tortillons de paille allumée au bout de longues perches, & reviennent à la ferme, où on leur donne un petit régal. C'est un reste de l'ancien usage qui s'éteint peu-à-peu. (*M. l'Abbé Tessier*.)

BRANQUE-URSINE, *Acanthus*. *Voyez* ACANTHE. (*M. Thouin*.)

BRAS. Les Jardiniers donnent ce nom aux branches des melons, concombres & autres cucurbitacées, & l'emploient dans les mêmes sens que le mot *branche* pour les arbres. Ainsi, ils disent de beaux bras pour une ramification qui promet des fruits, &c. Ce mot étoit plus usité du tems de la Quintinie qu'il ne l'est actuellement, & tous les jours la langue des arts s'épurera davantage par la connoissance des causes & la propagation des lumières dans toutes les classes. (*M. Reynier*.)

BRASSE. Mesure de terre, usitée à Coutras en Périgord & à Libourne ; à Coutras, c'est la vingt-quatrième partie d'un Journal de onze cent cinquante-deux toises ; à Libourne c'est la vingtième partie d'un Journal de neuf cent soixante toises. *Voyez* ARPENT. (*M. l'Abbé Tessier.*)

BRATIS , *BRATHYS.*

Nouveau genre de plante découvert par M. Mutis dans l'Amérique méridionale , & qui paroît devoir entrer dans la famille des millepertuis ; il n'est encore composé que d'une seule espèce.

BRATIS à feuilles de genevrier.

BRATHYS Juniperina L. Fil. Supp. ♄ de la nouvelle Grenade.

C'est un arbrisseau très-rameux qui a la forme d'une grande bruyère ou d'un petit genevrier. Sa tige s'élève droite , & se divise en branches garnies d'un grand nombre de rameaux , couverts de petites feuilles étroites, qui se conservent toute l'année. Ses fleurs viennent plusieurs ensemble à l'extrémité des rameaux. Elles sont d'un beau jaune & de même figure que celles des millepertuis. Il leur succède des capsules à cinq angles qui renferment un très-grand nombre de petites semences dans une seule loge.

Cet arbrisseau n'a pas encore été cultivé en Europe , & comme il appartient à une famille dont les semences perdent très-promptement leur propriété germinative , il est à présumer qu'il n'y sera cultivé de long-tems, à moins qu'on n'ait la précaution de semer ses graines dans des caisses & de les envoyer ainsi stratifiées en Europe. (*M. Thouin.*)

BREBIS, femelle du bélier. *Voyez* BÊTES A LAINE. (*M. l'Abbé Tessier.*)

BRECHAIGNES. Nom qu'on donne aux juments qui ont des crochets. (*M. l'Abbé Tessier.*)

BRÈDE. On donne ce nom indistinctement à plusieurs espèces d'amaranthes qui sont cultivées aux Indes , comme plantes oléracées , & qu'on y emploie de là même manière que nous faisons en Europe les épinards. Les plus connues de ces amaranthes cultivées dans les jardins des Indes , sont *l'amaranthe oléracée*, la *jaune* & *l'épineuse*, on les emploie ou seules ou mêlées avec le betoua (arroche du Bengale) & les basélles. Les voyageurs nous disent seulement sur la culture de ces plantes qu'on a soin d'en semer à différentes époques pour en avoir toute l'année. *Voyez* AMARANTHE. (*M. Reynier.*)

BRENTE. Les vignerons du Pays de Vaud donnent ce nom au vase dont ils se servent pour transporter à dos d'Hommes la *vendange,* soit au pressoir lorsqu'il est à peu de distance ou au tonneau dans lequel on la transporte. Ce vase a la forme d'un cône tronqué dont les deux diamètres sont elliptiques. On y comprime les raisins au moyen de pilons de bois (*semosoir*) au moment où on les cueille. (*M. Reynier.*)

BRESIL. (bois de) *Cæsalpina echinata.* La M. Dict. *Voyez* BRESILLET DE FERNAMBOUC, n.º 1. (*M. Thouin.*)

BRESILLET , *CÆSALPINA.*

Ce genre , qui fait partie de la grande & belle famille des LÉGUMINEUSES , est composé de six espèces différentes , toutes originaires des climats chauds des deux Indes. Ce sont des végétaux ligneux armés d'épines , dont quelquesuns forment de grands arbres. Leur bois , à l'intérieur , nuancé de différentes couleurs , est très-dur & propre à être employé dans les arts. Leur feuillage est léger & le grand nombre de folioles d'un vert tendre , dont il est composé, lui donne de l'élégance. Les fleurs viennent en épis ou en panicules ; elles sont petites ; mais ; en général, elles forment par leur réunion & la variété de leurs couleurs , un effet agréable. Les gousses qui leur succèdent , & qui prennent différentes teintes à mesure qu'elles avancent en maturité, ont aussi leur agrément particulier. Ces arbres sont fort rares en Europe ; ceux qu'on y voit sont cultivés dans les serres-chaudes , & on ne les multiplie que par le moyen de leurs graines.

Espèces.

1. BRÉSILLET de Fernambouc, ou bois de Brésil. *CÆSALPINA echinata.* La M. Dict. ♄ du Brésil , dans les bois.

2. BRESILLET de Bahama. *CÆSALPINA Bahamensis.* La M. Dict. ♄ des Isles de Bahama & de la Jamaïque.

3. BRESILLET à vessies. *CÆSALPINA vesicaria.* L. ♄ de la Jamaïque.

4. BRESILLET des Antilles. *CÆSALPINA crista.* L. ♄ des Antilles.

5. BRESILLET des Indes ou bois de Sapan. *CÆSALPINA Sapan.* L. ♄ des Indes Orientales.

6. BRESILLET à feuilles d'Acacie. *CÆSALPINA Mimosoides.* La M. Dict. ♄ du Malabar.

Description du port des Espèces.

1. LE BRESILLET de Fernambouc est un très-grand arbre , dont la cime est couronnée d'un grand nombre de branches longues, étalées & garnies d'un feuillage léger , permanent & d'un beau vert. Ses fleurs , qui viennent en grappes le long des rameaux, sont agréablement panachées de rouge & de jaune, & répandent au loin une odeur suave. Il leur succède des gousses applaties d'un rouge brun, hérissées extérieurement de petites pointes & qui renferment plusieurs semences d'un rouge obscur.

Le tronc, les branches & les rameaux de cet arbre sont armés d'épines très-acérées qui en défendent l'approche.

2. BRESILLET de Bahama. Cette espèce est un petit arbre ou un grand arbrisseau très-épineux, d'un port léger & d'une verdure tendre. Il se distingue aisément du premier par ses fleurs qui sont blanchâtres & presque inodores. D'ailleurs ses gousses quoique de même forme que celles du précédent, sont plus petites & les semences moins grosses.

3. LE BRESILLET à vessies est un arbrisseau tortueux, d'un port fort irrégulier & qui ne s'élève guère au-dessus de vingt-cinq pieds ; son feuillage est léger, d'une verdure claire. Il porte une grande quantité de fleurs d'un beau jaune, disposées en panicules vers l'extrémité des rameaux. A ces fleurs succèdent des gousses, ovales, noirâtres, qui ne renferment que deux ou trois semences.

4. BRESILLET des Antilles. Cet arbre s'élève à une grande hauteur & produit plusieurs branches foibles, irrégulières & armées d'épines crochues, très-acérées. Ses feuilles sont composées d'un grand nombre de folioles ovales, & d'une verdure agréable. Ses fleurs viennent en panicules droits & pyramidaux, vers l'extrémité des rameaux. Elles sont d'un vert pâle ou blanchâtre dans quelques individus, & dans d'autres, panachées de rouge & de jaune.

5. BRESILLET des Indes. Cette espèce se distingue de la précédente, avec laquelle elle a plusieurs rapports. 1.° Par ses fleurs qui sont d'un beau jaune & disposées en grappes pendantes. 2.° Par ses gousses d'un rouge brun, qui renferment plusieurs semences très-dures. D'ailleurs c'est un grand & bel arbre d'un port pyramidal & d'un feuillage léger.

6. LE BRESILLET à feuilles d'Acacie, est un arbrisseau qui pousse de sa souche plusieurs branches longues, flexibles, garnies de feuilles composées comme celles des Acacies & fort élégantes. Rhéede assure que ses feuilles, lorsqu'on les touche, sont susceptibles d'un mouvement d'irritabilité comme celles des sensitives ; cette assertion paroît d'autant mieux fondée que la plupart des plantes de cette famille, dont les feuilles sont composées d'un grand nombre de petites folioles, sont plus ou moins irritables, sur-tout dans les pays chauds. Les fleurs de cette espèce sont disposées en longues grappes & d'un assez beau jaune. Elles produisent des gousses qui contiennent une ou deux semences un peu applaties.

Culture.

Conservation. Toutes les espèces de Brésillet étant originaires des climats chauds se cultivent en Europe dans des vases que l'on rentre pendant l'hiver, dans les serres-chaudes. Lorsqu'elles sont jeunes, elles ont besoin pour passer l'hiver, d'être mises dans une couche de tannée & renfermées dans une serre où la chaleur soit entretenue entre douze & quinze degrés. Mais dans un âge plus avancé, & lorsque les branches ont un pouce de circonférence, le secours de la tannée ne leur est plus nécessaire, & l'on peut sans inconvénient, les placer pendant cette saison, sur les tablettes d'une serre, à la température de douze degrés. Ces arbres prospèrent & réussissent mieux, dans une terre substantielle, meuble & sablonneuse que dans une terre forte & argilleuse, qui retiendroit l'humidité. On doit la changer en partie tous les ans, soit par des demi-changes, si les racines se trouvent assez au large dans leurs vases, soit par des rempotages, si la terre est usée & les pots trop petits pour contenir les racines. Ces arbres veulent être arrosés très-modérément dans leur jeunesse & sur-tout pendant l'hiver. Il suffit alors d'humecter la surface de la terre & de la tremper à deux ou trois pouces de profondeur ; mais en-Eté, & principalement lorsque les plantes sont à l'air libre, il est bon de les arroser plus souvent & plus abondamment ; cependant il vaut mieux pécher par défaut que par excès. Quant à la taille de ces arbres ; elle se réduit à supprimer le bois mort & à rogner les branches qui s'éloigneroient trop des tiges principales, encore vaut-il mieux se dispenser de recourir à cette opération en pinçant l'extrémité des branches qui paroissent devoir trop s'alonger & les forcer ainsi à se ramifier.

Multiplication. Les Brésillets n'ont été multipliés jusqu'à présent que par le moyen de leurs graines, la voie des marcottes a rarement réussi, celle des boutures presque jamais, & je ne crois pas qu'on ait tenté celle des racines. Les graines lorsqu'elles ont été recueillies à leur point de maturité & envoyées de leur pays natal, dans leurs gousses, arrivent en Europe en état de lever, & même peuvent être conservées pendant plusieurs années. Comme la plupart sont extrêmement dures, on les met tremper dans de l'eau à une douce chaleur pendant deux, quatre, six & même huit jours, suivant le volume des semences & leur dureté. Celles du Brésillet des Indes, sur-tout, ont besoin de rester quelquefois dix jours dans l'eau, avant d'être mises en terre. On reconnoît qu'elles sont suffisamment trempées lorsqu'elles ont augmenté de volume, & que leur enveloppe est amollie. En sortant de l'eau, ces graines doivent être semées dans des pots ou terrines, remplis d'une terre à semence ordinaire, mêlée de terreau de Bruyère à-peu-près par égales parties ; on les arrose immédiatement après, & on les place sous un châssis & sur une couche

très-chaude. Ces semis se font à la fin de Mars,
ou dans les premiers jours d'Avril , & lorsque
les graines sont bonnes, il n'est pas rare de les
voir lever dans le courant de Mai ou de Juin.
On laisse le jeune plant acquérir de la force ,
& dès qu'il a un peu de consistance, & qu'il
est parvenu à la hauteur de quatre à six pouces, on peut le repiquer en mettant chaque
pied séparément dans des pots à œillets, remplis d'une terre de même nature que celle du
semis, mais rendue un peu plus forte par l'addition d'un quart de terre à semence. On place
ces pots sur-le-champ dans une couche modérément chaude & couverte d'un chassis. On les
ombrage pendant les douze ou quinze premiers
jours, après quoi on les habitue par gradation
à supporter les rayons du soleil, & à souffrir
le plein air. Lorsque l'Automne arrive, & que les
nuits commencent à être froides, il est bon de
transporter les jeunes Brésillets dans la tannée
d'une serre-chaude ou mieux encore sous une
bache à Ananas, parce qu'ils aiment autant
l'air que la chaleur, & qu'il est difficile de leur
en trop donner à cet âge.

Pendant ce premier hiver, il faut s'attacher à
défendre ces jeunes plants du froid, de l'humidité & des pucerons. Une seule de ces trois
choses suffit pour les faire périr, & on ne
parvient à les en garantir qu'avec des soins
assidus, soit pour entretenir la chaleur entre
douze ou quinze degrés, soit pour aërer
la serre pendant quelques heures, toutes
les fois que le soleil paroît sur l'horizon
& que le tems est doux, soit enfin pour faire
des fumigations de tabac, lorsque les insectes
commencent à s'y multiplier.

Au Printems suivant, on change les jeunes
Brésillets de pots, si leurs racines ont passé à
travers les fentes, ou l'on se contente de leur
donner un demi-change, s'ils n'ont pas besoin
d'être transvasés. On les place ensuite sur une
couche neuve, & sous chassis à l'exposition du
midi. Dans les nuits froides, on les couvre de
paillassons, & lorsque le mois de Juin est arrivé,
& que le tems est invariablement beau, on
lève les panneaux des chassis & on les laisse à
l'air libre; de légers bassinages donnés de grand
matin ou à la chûte du jour, & répétés de
tems en tems suffisent à ces plantes & font toute
leur culture jusqu'à l'époque où elles doivent
être rentrées dans les serres pour y passer le
second hiver.

C'est alors qu'il convient de rempoter les
jeunes arbres & de les changer de terre en les
levant avec leur mote, sans couper aucunes
de leurs grosses racines. On les placera ensuite
dans la tannée d'une serre chaude ou d'une
bache, & pendant l'hiver on emploiera les
mêmes soins que nous avons précédemment indiqués. A cette époque, ces arbres seront moins

délicats, & à mesure qu'ils avanceront en âge,
ils deviendront plus robustes.

Usage.

Le bois de la plupart des espèces de Brésillets, est très-dur, & coloré de différentes couleurs. On l'emploie dans les teintures, dans la
marquetterie & dans les ouvrages de tour. Il
s'en fait un commerce assez étendu pour faire
désirer que ces arbres soient multipliés dans les
terres incultes de nos Colonies des Antilles. Rien
ne seroit plus facile au moyen de leurs semences. Il suffiroit de les mettre en terre sur un
léger labour, & vers la fin de la saison des
pluies, pour les y voir croître sans autre culture, &
fournir par la suite des produits avantageux.

En Europe, ces arbres ne peuvent être considérés que comme des arbres d'agrément. Quoiqu'ils n'aient point encore fleuri dans notre
climat, l'élégance de leur feuillage & la singularité de leur port les font rechercher dans les
jardins des Curieux où ils tiennent un rang distingué parmi les arbrisseaux de serre - chaude.
(*M. Thouin.*)

BRÉSILLOT. *Brasiliastrum.*

Genre nouvellement établi par M. de Lamarck,
dans son Dictionnaire de Botanique. Il fait partie de
la famille des Balsamiers, & n'est encore composé que de deux espèces. Ce sont des végétaux
ligneux qui s'élèvent à la hauteur des arbrisseaux. Leur bois est coloré & propre à être
employé dans les arts. Ils sont originaires de
l'Amérique Méridionale & peu connus en
Europe.

Espèces.

1. Brésillot d'Amérique ou faux Brésillet.
Brasiliastrum Americanum. La M. Dict.
♄ des Antilles.

2. Brésillot glabre.
Brasiliastrum glabrum. ♄ de Saint-Domingue.

Description du port des Espèces.

1. Le Brésillot d'Amérique est un Arbrisseau de huit à dix pieds de haut, qui se divise
à son sommet, en plusieurs rameaux, couronnés de grandes feuilles disposées en rosettes. Ces
feuilles sont composées de sept à huit paires de
folioles & terminées par une impaire. Leur
verdure est foncée, luisante & fort agréable à
l'œil. En vieillissant, elle prend une teinte d'un
rouge obscur assez foncé, qui n'est pas sans
agrément. Les fleurs sont très-petites, rougeâtres & disposées en grappes rameuses à l'extrémité des branches. Il leur succède des baies
molles, pulpeuses, de la forme de nos olives,
mais un peu moins grosses. Dans leur maturité,
elles sont d'un beau rouge de corail, & contiennent un noyau fort dur,

Cet arbrisseau est dioïque, c'est-à-dire qu'il porte des fleurs mâles sur un pied, & des fleurs femelles sur un autre. Les Indiens attribuent à ses feuilles la propriété de fournir une couleur violette fort agréable, & ils tirent de son bois une teinture d'un brun rougeâtre.

2. Le Brésillot glabre se distingue aisément de la première espèce par sa stature plus petite, par la couleur blanche de son bois qui est moins propre à la teinture, & enfin par ses feuilles qui sont moins nombreuses en folioles & qui sont parfaitement glabres.

Culture.

Nous ne connoissons que la culture de la seconde espèce; la première n'ayant point encore été apportée en France.

Le Brésillot glabre se cultive dans des pots que l'on rentre pendant l'hiver dans la serre-chaude. Il aime une terre substantielle un peu forte & ne craint pas les arrosemens abondans. On le multiplie de graines, de marcottes & quelquefois de boutures. Les graines se tirent d'Amérique, parce qu'il est très-rare qu'elles viennent à parfaite maturité dans notre climat; mais comme elles perdent promptement leur propriété germinative, il faut les semer aussitôt qu'elles arrivent, n'importe dans quelle saison. Si c'est pendant l'hiver, on place dans la tannée d'une serre chaude les pots qui les renferment, & si c'est dans une saison favorable, on se contente de les mettre sous châssis. Il leur faut une terre meuble, légère & un peu sablonneuse. En Hiver, on arrose légèrement les semis, & seulement pour entretenir la terre un peu humide: l'Eté, au contraire, il convient de les bassiner soir & matin, pour déterminer promptement la germination des graines. Mais aussitôt qu'elle est établie & que la plume commence à sortir de terre, alors il faut modérer les arrosemens & ne les administrer que lorsque la terre se dessèche à la surface. Les jeunes plants parvenus à la hauteur de quatre à cinq pouces, doivent être séparés & plantés dans de petits pots qu'on place sous un châssis ombragé. Lorsque leur reprise est assurée, on leur donne de l'air graduellement, & on les habitue insensiblement à se passer du secours du châssis. Vers le milieu de l'Automne, il convient de les rentrer dans la serre-chaude, & de les placer, pendant cette première année, seulement, sur une couche de tannée chaude. Le reste de leur culture se réduit à les rempoter chaque année, à les sortir des serres aux Printems pour les faire jouir du plein air & à les rentrer à l'Automne dans les serres pour les garantir des rigueurs de l'hiver.

Les marcottes se font au Printems immédiatement après que les plantes sont sorties des serres.

Pour cela, on établit le pied qu'on veut marcotter, sur une couche tiède exposée au midi, & l'on couche dans de petits pots les branches les plus rapprochées de la terre. Il est utile d'inciser les rameaux dont on fait des marcottes & de les ligaturer au-dessus de l'incision avec un fil de laiton, il suffit de couvrir la terre des vases, dans lesquelles sont plantées les marcottes d'une légère couche de mousse, & de l'arroser fréquemment. Ces branches poussent des racines dans la même année, & elles en ont ordinairement assez pour être séparées au Printems suivant. Alors on les sevre & on les traite comme les jeunes plants.

Il est rare qu'on fasse reprendre de boutures le Brésillot glabre. Nous avons tenté plusieurs fois ce moyen de multiplication sans succès; mais, quoiqu'il ne nous ait point réussi, ce n'est pas une raison pour le négliger, il peut réussir à d'autres, & nous engageons les cultivateurs à le tenter & à l'essayer dans les différentes saisons de l'année.

Usage. Le Brésillot glabre est un joli arbrisseau toujours vert, qui doit occuper une place distinguée dans les serres-chaudes. L'individu femelle, réunit au mérite de sa belle verdure, l'avantage de produire des grappes de fruit d'un assez beau rouge, lesquelles font un fort bel effet pendant l'Automne & une partie de l'Hiver. C'en est assez pour que nous croyons devoir ici recommander sa culture. (*M. Thouin.*)

BRESLINGE; nom d'une variété du fraisier que les cultivateurs distinguent par ses feuilles fortement colorées & d'une nature un peu sèche, & par ses calices qui se ferment sur les fruits auxquels ils restent adhérens, même dans leur maturité. On distingue plusieurs sous-variétés de Breslinges, dont les principales sont le *Coucou* & la *Breslinge de Lonchamp*: les autres sont plus rares en France. On trouvera, à l'article Fraisier, un travail un peu étendu sur cette plante & ses variations. (*M. Reynier.*)

BRESSER; à Saint-Brieuc, en Bretagne, c'est séparer l'étoupe du lin & diviser la filasse en fils fins. (*M. l'Abbé Tessier.*)

BREVET, bail à Brevet. *Voyez* Bail. (*M. l'Abbé Tessier.*)

BREUIL. C'est un petit bois taillis ou un buisson, fermé de hayes ou de murs, dans lequel les bêtes fauves ont coutume de se retirer. (*M. Thouin.*)

BRICETTE, prune d'une moyenne grandeur; sa forme est ovale, pointue à ses deux extrémités, plus cependant du côté de l'œil & sans gouttières, la queue est d'une certaine longueur; la peau est d'un vert jaune, mais blanchie par une abondance de *fleur*: la chair est jaune, ferme, mais pleine d'une eau fort sucrée. *Voyez* Prunier. (*M. Reynier.*)

BRICOLE. On appelle ainsi des lanières faites

de petites ficelles de chanvre, formant un anneau, au bout duquel pend une treffe de même matière, terminée par un œillet.

Les Bricoles fervent en Jardinage à traîner de lourds fardeaux, tels que les caiffes d'orangers lorfqu'on les fort des ferres ou qu'on les y rentre, pour paffer l'Hiver.

Les ouvriers qui s'en fervent, paffent la tête & un bras dans l'anneau, au moyen de quoi il refte fufpendu fur une épaule. Ils arrêtent l'œillet à un bâton ou à une cheville de fer, fixée au charriot qu'ils traînent, & en fe penchant un peu en avant, ils tirent de l'épaule & de la poitrine, en même temps qu'ils foutiennent le timon du charriot des deux mains. Cette manière de traîner les fardeaux, économife du tems, & foulage les ouvriers. (*M. Thouin.*)

BRIDES, alaifes, ou alonges. Sortes d'attaches de jonc, d'ofier, de laine, de ficelle ou de corde dont on fe fert dans le paliffage des arbres.

Lorfqu'un rameau s'écarte d'un efpalier & qu'il eft trop court pour être arrêté au treillage qui doit le diriger, au lieu de le couper, comme il n'arrive que trop fouvent, on lui met une Bride de jonc ou d'ofier, qui le retient dans la ligne & lui fait prendre la direction qu'il doit avoir. Cette Bride n'eft autre chofe qu'un nœud coulant, attaché d'un bout au rameau & de l'autre à la partie du treillage la plus voifine. Par ce moyen, le rameau a le tems de croître & d'arriver à la place où il doit être arrêté.

Les Brides fervent encore à conduire par degrés, les branches dont on a befoin pour garnir les places vuides des efpaliers. Mais alors il faut employer de la laine, de la ficelle & même des cordes, fuivant la réfiftance qu'oppofent les branches, & les garnir de mouffe à l'endroit où elles font contenues, pour qu'elles ne foient pas coupées par la ligature. (*M. Thouin.*)

BRIGNOLE, (prune de) forte de prune defféchée qui a pris le nom de la Ville de *Brignoles*, en Provence, où on les prépare. C'eft une des variétés du *Prunus-infitifia* L. *Voyez* le mot PRUNIER, au Dictionnaire des Arbres. (*M. Thouin.*)

BRIN. On appelle bois de Brin, l'arbre qui eft venu de graine; il eft plus beau que celui qui croît fur de vieilles fouches.

Les Jardiniers emploient auffi le mot *Brin*, pour exprimer un arbre de belle venue; ainfi, ils difent un *beau Brin*, un *Brin de belle venue*. Ce mot n'eft d'ufage que pour les arbres de hautes tiges & qui fortent de la pépinière. *Voyez* le Dictionnaire des ARBRES ET ARBUSTES. (*M. Reynier.*)

BRINBALLIER. Les habitans des Vofges don-

nent ce nom à l'efpèce d'airelle, nommé *Vaccinium myrtillus* L. *Voyez* AIRELLE ANGULEUSE, n.° 1. (*M. Reynier.*)

BRINBELLES, nom du fruit de l'airelle anguleufe dans les Vofges, *Voyez* AIRELLE, n.° 1. (*M. Reynier.*)

BRINDEIRA. Arbre fruitier des Indes Orientales, qui s'élève à la hauteur de nos poiriers, mais dont les feuilles font plus petites. Ses fruits qui mûriffent dans les mois de Février, de Mars & d'Avril, font de la groffeur d'une Orange, la peau en eft dure, & la pulpe rouge & vifqueufe. Quoique leur fuc foit fort aigre, il y a des perfonnes qui l'aiment; il eft très-rafraîchiffant. L'écorce s'emploie pour les fauces, & dans les teintures. Mais l'ufage le plus habituel de ce fruit eft de fervir à faire du vinaigre.

Quoique la defcription que les voyageurs nous ont donné de cet arbre foit très-incomplette, il eft probable que c'eft une efpèce du genre des Limonia, L. *Voyez* LIMONELLIER. (*M. Thouin.*)

BRINDILLE. Les Brindilles font des branches à fruit, très-menues, & plus longues que les branches à fruit ordinaires. Elles font placées fouvent fur le devant, en forme de dard. Au milieu des feuilles, qui font très-rapprochées les unes des autres, fe trouve toujours un ou plufieurs boutons à fruit, dont la réuffite eft prefque affurée. Les fruits, qui en proviennent, font communément plus gros, & d'un goût plus exquis que les autres.

Comme les Brindilles font les magafins à fruit de l'année fuivante, on ne doit jamais les couper lorfqu'on vient à tailler l'arbre, à l'ébourgeonner, ou à le paliffer, quand même elles feroient placées fur le devant de l'efpalier. L'utilité, dont elles font pour le Poffeffeur, doit l'emporter fur le ftérile agrément du coup-d'œil. *Voyez* BRANCHE. (*M. Thouin.*)

BRINDONES. Fruits du Brindéira que l'on croit être une efpèce de *Limonia* ou *Limonellier*. *Voyez* BRINDEIRA. (*M. Thouin.*)

BRINVILLIERE de la Martinique. Nom que les Colons donnent au *Spigelia anthelemintica*. L. *Voyez* SPIGELLE anthelmintique. (*M. Thouin.*)

BRIOCHE. Nom que l'on donne à un pois gris dans le Boulonnois. On le feme mêlé avec les fèves dans les terres médiocres. (*M. l'Abbé Teffier.*)

BRION. Nom qu'on donne, en Berry, à une efpèce de mouton, que l'on croit originaire d'Efpagne. Le nom de *Brion* lui vient d'une paroiffe du Berry, où il a été établi. (*M. l'Abbé Teffier.*)

BRIOINE ou BRIONE, *Bryonia*. *Voyez* BRYONE. (*M. Thouin.*)

BRIONE noire, *Tamus communis*, *Voyez* TAMINIER commun. (*M. Thouin.*)

BRIOTE. Variété de l'*Anémone coronaria* L. doit

dont le manteau est blanc nuancé d'incarnat, & la pluche de couleur incarnate. *Remarques sur la culture des fleurs, par P. Morin. Voyez* ANEMONE des Fleuristes, N.º 9. (*M. REYNIER.*)

BRIS. On donne ce nom à Metz, au grain d'avoine grué; *Bris* veut dire avoine brisée. *Voyez* GRUER & GRUAU. (*M. l'Abbé TESSIER.*)

BRISEVENT. Abris en paillassons ou en roseaux qu'on élève dans les endroits où il n'y a point de murs pour garantir les couches, & même les plantes de pleine terre de l'action des vents froids. On donne rarement plus de six pieds de hauteur, à un brisevent; l'épaisseur dépend de la manière dont on le construit, & du plus ou moins grand effet auquel on le destine.

Le plus souvent, c'est un gros paillasson qui est soutenu par des pieux brûlés par le bout, & plantés d'espace en espace; le paillasson est fixé par des baguettes & des osiers qui le lient aux pieux principaux. D'autres fois c'est une simple claie de roseaux à trois ou quatre rangs d'épaisseurs, liés à deux endroits de leur longueur, par une espèce de tissu en ficelle : ces Brisevents, qui sont assez connus en Hollande, durent plus que ceux en paille, mais produisent un moins grand effet à cause des jours qui y sont nécessairement en grand nombre. D'autres fois enfin on fait les Brisevents, en plantant deux rangs de pieux à des intervalles égaux; on les réunit avec des branches d'osier, & l'on remplit l'espace avec de la paille : ces derniers sont les plus dispendieux, parce qu'il faut renouveller la paille chaque année, mais aussi ils remplissent mieux leur destination.

Lorsque les Brisevents sont à demeure, au lieu de les former avec des substances aussi destructibles, il vaudroit mieux leur substituer des murs en torchis ou en pisat, qui coûteroient davantage & dureroient plusieurs années. Mais, lorsque les Brisevents ne doivent servir qu'une partie de l'année, & seulement dans les saisons où les vents froids peuvent être à craindre, comme au Printems & en Automne, il faut les faire avec les substances que le canton peut fournir à plus bas prix, comme avec de la paille dans les terres à bled, avec des roseaux dans les pays marécageux, &c. (*M. REYNIER.*)

BRIZE, *BRIZA* L. *UNIOLA* L.

Genre de plantes de la famille des Graminées, qui ne diffèrent des Paturins que par leurs épillets plus ventrus & plus larges. La plupart des plantes de ce genre, ont leur panicule très-ramifiée & comme tremblante, à cause de la minceur des pédoncules des épillets.

Espèces.

1. BRIZE à petite panicule.

BRIZA minor L. ⊙ dans l'Europe tempérée & méridionale.

2. BRIZE verdâtre.

BRIZA virens L. ⊙ en Espagne & dans le Levant.

3. BRIZE tremblante.

BRIZA media L. ⊙ dans les prés de l'Europe.

4. BRIZE amourette.

BRIZA eragrostis L. ⊙ dans les lieux sablonneux de l'Europe australe.

5. BRIZE à gros épillets.

BRIZA maxima L. ⊙ dans l'Europe méridionale.

B. à épillets de couleur brune, de l'Inde.

6. BRIZE de la Caroline.

UNIOLA paniculata L. de la Caroline & de la Virginie.

7. BRIZE empennée.

UNIOLA bipennata L. de l'Egypte.

8. BRIZE mucronée.

UNIOLA mucronata L. de l'Inde.

9. BRIZE en épi.

UNIOLA spicata L. des lieux maritimes de l'Amérique méridionale.

Les Brizes n'étant cultivées que dans les jardins de Botanique, il est inutile de donner une description circonstanciée des espèces : les Directeurs de ces espèces de jardins, sont des Botanistes consommés, pour qui les descriptions succinctes de ce Dictionnaire seroient inutiles.

Les espèces 1, 2, 3, 4 & 5, sont assez robustes, on doit les semer au mois de Mars, dans des pots pleins d'une terre meuble, composée d'un mélange de sable & de terreau. Les graines doivent être à peine recouvertes; elles réussissent mieux. On peut mettre ces pots, sur-tout ceux qui contiennent des espèces originaires du midi de l'Europe, sous des châssis pour les préserver des froids du Printems & pour accélérer leur végétation. Lorsque les jeunes plantes ont une certaine grandeur, on doit enterrer les pots dans les places auxquelles on les destine. Je conseille de les mettre en pots pour éviter le mélange des espèces; inconvénient auquel on est sujet lorsqu'on les sème en pleine terre, & qu'il est essentiel d'éviter dans un jardin de Botanique où les erreurs de nom ont une conséquence. La plupart du tems, des portions de racine résistent à l'Hiver & poussent au Printems; aussi les Botanistes se font un peu pressés de décider que les Brizes sont annuelles; j'ai eu dans mon jardin, des touffes, des Brizes trois & quatre qui ont duré plusieurs années, en se renouvellant au moyen des racines, & je soupçonne par analogie, que les espèces 1, 2 & 5, offriroient le même résultat.

La Brize verdâtre n'est pas cultivée au Jardin du Roi; c'est par erreur qu'elle y est indiquée dans le Dictionnaire de Botanique. M. Thouin a reçu sous ce nom, de plusieurs pays, des graines qui ont donné des variétés de l'espèce première, & s'en sont rapprochées par la culture.

La variété à épillets de couleur brune, de la Brize, n.° 5, devroit peut-être former une espèce distincte, comme Barrelier & Tournefort l'avoient décidé. De nouvelles observations pourront seules fixer nos incertitudes sur cette plante encore peu connue.

Les espèces 6, 7, 8 & 9, n'ont pas encore été cultivées, & même sont à peine connues en Europe ; elles devroient être cultivées comme les autres graminées des mêmes pays dont elles sont originaires. La sixième & la neuvième pourroient peut-être réussir en pleine terre ; il seroit néanmoins plus sûr de les semer sous châssis, les espèces sept & huit devroient être cultivées dans la serre chaude. (*M. Reynier.*)

BROCHER ; c'est piquer de la racine d'hellébore (*helleborus fœtidus.* Lin. hellébore, pied de griffon,) dans quelque partie du corps d'un animal malade, ordinairement au poitrail du cheval & au fanon des ruminans. Cette expression est d'usage en Sologne, où cet hellébore est appellée *herbe à la brochure*. (*M. l'Abbé Tessier.*)

BROCHER. Mot qui n'est presque plus en usage & dont on se servoit jadis pour exprimer les premières pousses d'un arbre nouvellement planté. Il commence par s'enraciner, ensuite les bourgeons se développent ; le mot Brocher s'applique à ces deux développemens successifs. Il est difficile de concevoir l'origine de cette expression. *Voyez* le Traité des Jardins de la Quintinie. (*M. Reynier.*)

BROCHURE, herbe à la Brochure ; on appelle ainsi en Sologne une espèce d'hellébore, *helleborus fœtidus* Lin. hellébore, pied de griffon ou fétule, n.° 1, dont la racine sert à faire des sétons aux bestiaux malades. (*M. l'Abbé Tessier.*)

BROCOLI. Les autres Nations ont emprunté des Italiens, ce nom qu'ils donnent à une variété particulière du chou dont mange les fleurs, comme celles du chou-fleur.

On donne aussi ce nom aux pousses qui croissent au Printems sur les vieilles tiges de chou que l'Hiver n'a pas fait périr. *Voyez* Chou. (*M. Reynier.*)

BRODERIE. On nomme parterre en Broderie, un jardin dont les compartimens sont coupés sur un dessein semblable à des Broderies. Ces parterres ne sont presque plus en usage. *Voyez* Parterre.

On donne aussi le nom de Broderie à ces découpures, qui sillonnent l'écorce de certains melons. Ces découpures sont grises, & remplies d'un bourlet, semblable à celui qui se forme sur les blessures qu'on fait à l'écorce des jeunes fruits. Seroit-ce que l'écorce de ces variétés, trop délicate pour supporter l'extension que la

culture leur a donné, se fèle, & que ces blessures naturelles se cicatrisent comme celles des blessures artificielles ? Et ce qui confirme cette opinion, c'est que les melons dont l'écorce est couverte de Broderies, les perdent lorsqu'ils s'abâtardissent.

Il reste cependant des objections difficiles à résoudre, car ce ne sont pas les plus gros melons qui sont brodés, &c. La cause qui fait naître les Broderies, doit avoir beaucoup d'analogie avec celle qui produit les bosselures. *Voyez* Bosselure.

Une observation que j'ai faite sur les courges, confirme mon opinion sur les causes des Broderies des melons ; c'est que leur écorce se brode souvent du côté où elle touche à quelque corps, ou par conséquent leur écorce moins éclairée par le soleil est plus délicate. *Voyez* Concombre & Courge. (*M. Reynier.*)

BROME, *Bromus* L.

Genre de plantes de la famille des graminées, dont les espèces ont beaucoup d'analogie avec les avoines & les fétuques, elles se distinguent des premières par leur barbe qui n'est point tortillée, & des secondes par leur barbe qui est implantée sur les dos des bâles ; cependant ces caractères ne sont pas tellement fixes, que plusieurs espèces ne puissent se confondre avec les genres voisins. La plupart des Bromes ont des épillets gros & ventrus ; mais ce caractère n'est pas constant, car d'autres espèces les ont très-effilés.

Espèces.

1. Brome seglin. *Bromus secalinus* L. ☉ dans les terres arides, sur le bord des chemins, &c.

2. Brome à barbes divergentes. *Bromus squarrosus* L. de l'Europe méridionale.

3. Brome cathartique. *Bromus purgans* L. ♃ du Canada & du Chily.

4. Brome à épillets nuds. *Bromus inermis* L. ♃ en Allemagne & en Suisse.

5. Brome des buissons. *Bromus dumetorum* Fl. Fr. dans les lieux couverts en Europe.

6. Brome cilié. *Bromus ciliatus* L. ♃ du Canada.

7. Brome stérile. *Bromus sterilis* L. dans les terres stériles.

8. Brome des toits. *Bromus tectorum* L. dans les lieux sablonneux & sur les vieux murs.

Bromus geniculatus L. de Portugal.

10. BROME à petits épillets.

Bromus gigantus L. dans les champs montueux.

11. BROME à épillets droits.

Bromus pratensis La M. dans les champs & les prés secs.

12. BROME rougeâtre.

Bromus rubens L. de l'Espagne.

13. BROME en balais.

Bromus scoparius L. de l'Espagne.

14. BROME à épillets dilatés.

Bromus dilatatus La M. de l'Espagne.

15. BROME à épi roide.

Bromus rigens L. du Portugal.

16. BROME triflore.

Bromus triflorus L. de l'Allemagne & du Danemarck.

17. BROME à pédicules épais.

Bromus incrassatus L. en Italie & en Espagne.

18. BROME rameux.

Bromus ramosus L. ♃ du Levant & du Portugal.

19. BROME corniculé.

Bromus pinnatus L. ♃ dans les lieux secs & montueux.

20. BROME des bois.

Bromus sylvaticus La M. dans les bois.

21. BROME à crête.

Bromus cristatus L. ♃ de Sibérie & de Tartarie.

22. BROME à épillets plats.

Bromus distachyos L. ☉ du midi de l'Europe.

Les Bromes ne sont cultivés que dans les jardins de Botanique, l'inutilité la plus complette paroît être leur appanage ; ils croissent dans les lieux les plus stériles & ne peuvent être employés comme fourrages, leur chaume se durcit de très-bonne heure, & présenteroit le même inconvénient que le raygrass, sans le compenser par leur durée, étant presque tous annuels. Une seule des espèces de Brome pourroit offrir un colorant solide, M. Dambourney l'a extrait du Brome des toits au moment de sa maturité ; mais ce moment est si court, qu'il est difficile de le saisir : cet Observateur en a tiré une couleur jaune, olivâtre, & par un long bouillon, un gris foncé. Cet ingrédient pourroit remplacer les bayes sèches, s'il étoit plus facile de saisir l'instant où la plante donne cette couleur. Le Brome cathartique, au rapport de Feuillée, est employé par les habitans du Chily, comme purgatif ; ils font une infusion des racines, leur effet est très-doux.

Culture. Les espèces, 1, 2, 4, 5, 7, 8, 10, 11, 16, 19, 20 & 21, doivent être semées au Printems dans des pots remplis d'une terre meuble & légère ; il est nécessaire d'arroser pendant la germination des graines. Lorsqu'elles sont levées, on met les pots dans les places qui leur sont destinées où elles n'exigent plus aucuns soins jusqu'à la maturité des graines. Elles se resemeroient d'elles-mêmes & reproduiroient l'espèce ; mais, comme il est nécessaire de conserver les espèces bien pures & sur-tout d'éviter les erreurs de noms qui seroient une suite inévitable de la dispersion des semences, il vaut mieux recueillir les graines pour les semer ensuite. C'est aussi pour éviter le mélange des espèces, que je conseille de les semer dans des pots qu'on enterre ensuite dans le jardin, ils arrêtent les racines & les empêchent de tracer sous terre & de se confondre. Les erreurs de nom sont encore plus faciles dans la famille des graminées que dans les autres, parce que les espèces y sont moins tranchées & que les élèves pourroient moins distinguer les fausses dénominations, que le mélange des graines auroit fait naître.

Les espèces, 3, 6, 9, 12, 13, 14, 15, 17, 18 & 22, sont d'un climat plus chaud. De toutes ces plantes, deux seulement, la dix-septième & la vingt-deuxième, sont cultivées au Jardin du Roi où elles réussissent très-bien en pleine terre, cependant, comme elles sont de l'Europe méridionale, je les réunis à cette division. Tous ces Bromes étant d'un climat un peu plus chaud que le nôtre, devroient être semés dans des pots sous chassis pour les garantir des derniers froids du Printems, mais du moment où ils auroient une certaine grandeur, il faudroit enterrer les pots dans l'endroit du jardin qu'on leur destine : les espèces vivaces devront peut-être passer l'Hiver dans l'orangerie ; cependant, comme les gramens s'acclimatent sans peine, on pourroit en hasarder une partie en pleine terre. J'ai fait sur les Bromes la même observation que sur les Brizes ; c'est que plusieurs espèces que les Naturalistes croient annuelles, résistent à l'Hiver & poussent au Printems. Le Brome stérile est un de ceux sur qui j'ai fait cette observation ; je l'ai cultivé comparativement avec le Brome des toits, pour m'assurer de la constance de leurs caractères, & c'est sur le résultat de cette expérience, qui confirmoit mes observations, que j'ai rétabli cette espèce que M. Lamark avoit supprimée. (*M. Reynier.*)

BROMELE. Nom francisé d'un genre de plante nommé par Linné, *Bromelia. Voyez* ANANAS. (*M. Thouin.*)

BROQUES. On appelle ainsi, dans quelques pays, les jeunes pousses du chou brocoli, variété du *Brassica oleracea* L. *Voyez* l'article CHOU. (*M. Thouin.*)

BROSSAILLES ; vieux mot peu usité, pour défigner un lieu couvert de mauvais bois. *Voyez* BROUSSAILLES. (*M. Thouin.*)

BROSSÉ , *Brossæa.*

Ce genre de plante établi par le P. Plumier, en l'honneur de Guy de la Brosse, premier Intendant & Fondateur du Jardin des Plantes de Paris, fait partie de la famille des BRUYERES. Il n'est encore composé que d'une seule espèce originaire de l'Amérique méridionale & qui est inconnue en Europe.

BROSSÉ à fleurs écarlates.

Brossæa coccinea L. ♄ des bois de Saint-Domingue.

Le Brossé est un sous-arbrisseau qui s'élève de trois à quatre pieds de haut, tout au plus, & qui a le port d'un ciste. Il pousse de sa racine une grande quantité de branches longues & menues, garnies de feuilles d'un vert pâle. Ses fleurs viennent en petites grappes à l'extrémité des rameaux ; elles sont d'un beau rouge d'écarlate, & il leur succède des capsules arrondies, recouvertes d'un calice charnu, d'un rouge foncé. Ces capsules sont partagées en cinq loges, dont chacune renferme un grand nombre de menues semences.

Soit en fleurs, soit en fruit, cet arbuste est très-agréable, c'est dommage qu'il n'ait point encore été envoyé en Europe, où il figureroit très-bien l'Hiver, dans les serres chaudes, & l'Eté dans les jardins, parmi les plantes étrangères. (*M. Thouin.*)

BROU ou BROUE. On donne ce nom à la substance charnue, qui couvre la noix & les autres fruits dont l'amande est couverte d'une substance osseuse. Ce nom est très-arbitraire & purement de convention, puisqu'on l'emploie pour exprimer la substance charnue qui couvre la noix, la muscade, &c. & pour exprimer la substance filandreuse & sèche, qui couvre le cocos. Le nom de Brou est consacré pour les fruits à noyaux, dont la chair ou substance extérieure ne sert pas pour la nourriture.

On se sert uniquement des Brous, dans les arts, comme on le verra à chaque article particulier. Ils peuvent également servir comme engrais, sur-tout pour les arbres, celui de la noix sert principalement à cet usage ; on l'entasse au pied des arbres où il se putréfie & sert à leur nourriture. (*M. Reynier.*)

BROUÉ, bled Broué ; en Berry, on appelle ainsi les bleds rouillés. *Voyez* ROUILLE. (*M. l'Abbé Tessier.*)

BROUÉE ; on appelle ainsi en Beauce le brouillard & particulièrement le brouillard sec. (*M. l'Abbé Tessier.*)

BROUALLE. *Browallia.*

Ce genre de plantes à fleurs monopétales & de la division des personnées, a des rapports bien marqués avec les plantes de la famille des SCROPHULAIRES. Il n'est composé que de plantes herbacées, d'une petite stature & toutes étrangères à l'Europe. Quelques-unes d'entr'elles sont cultivées dans les Jardins de Botanique où elles sont multipliées par le moyen de leurs graines.

Espèces.

1. BROUALLE à tige basse.

Browallia demissa L. ☉ des environs de Panama en Amérique.

2. BROUALLE élevée.

Browallia elata L. ☉ du Pérou.

3. BROUALLE douteuse.

Browallia alienata L. ☉ de l'Amérique méridionale.

4. BROUALLE couchée.

Browallia humifusa Forsk. ☉ de l'Arabie.

De ces quatre espèces de Broualles, deux seulement sont connues & cultivées en Europe. Ce sont des plantes grêles, fluettes, rameuses, & garnies d'un feuillage d'un vert tendre. Elles commencent à fleurir vers la fin de l'Eté & continuent, sans interruption, jusqu'au commencement de l'Hiver. Les fleurs sont d'un beau bleu céleste, & quoiqu'elles ne durent que quelques jours, elles se succèdent en si grande quantité, que leur effet est toujours fort agréable. Elles produisent des capsules remplies de semences, qui viennent à parfaite maturité dans notre climat.

Culture. Les Broualles se propagent aisément par le moyen de leurs graines, qui se conservent pendant quatre ou cinq années. On les sème dès le premier Printems, dans des pots remplis d'une terre très-légère que l'on place sous un châssis, garni d'une couche chaude. Mais comme les semences sont très-fines, il faut prendre garde de ne pas trop les enterrer, sans quoi elles courent risque de lever beaucoup plus tard, & même de ne point lever du tout ; elles ne doivent être recouvertes que d'une ligne d'épaisseur, avec une terre bien tamisée ; alors en les bassinant légèrement matin & soir, elles lèvent dans l'espace de six semaines. Quand le jeune plant a trois ou quatre pouces de haut, on doit le séparer en petites mottes & le planter dans des pots à amaranthes, que l'on met à l'ombre & on aide sa reprise au moyen d'une douce chaleur, après quoi on peut le laisser à l'air libre, à l'exposition la plus chaude. Si l'on veut avancer la maturité des graines, il est nécessaire d'en placer quelques pieds sous des baches à ananas & de les y laisser jusqu'à ce que la plante se dessèche. Les pieds qu'on aura laissé à l'air, doivent être rentrés dans la serre chaude à l'approche des plus petites gelées blanches, parce qu'ils y sont très-sensibles.

En les plaçant fur les appuis des croifées, leur végétation s'accomplira & les graines acheveront de mûrir dans le mois de Décembre.

Ufage. Les Broualles, indépendamment du rang qu'elles occupent dans les Ecoles de Botanique, peuvent encore être employées avec fuccès, pour jeter de la variété dans les ferres chaudes. (*M. Thouin.*)

BROUETTE. Inftrument très-utile pour faciliter le transport des fardeaux. On croit que cette invention eft dûe au célèbre Pafcal. Il y a différentes fortes de Brouettes, dont on trouvera la defcription dans ce Dictionnaire.

Il me fuffit de dire qu'on fe fert de Brouettes pour transporter des fumiers & autres fortes d'engrais d'une place dans une autre, pour rouler des facs dans des greniers, &c. voilà les rapports que cette forte d'inftrument a avec l'Agriculture. (*M. l'Abbé Tessier.*)

BROUETTER. En terme de Jardinage, c'eft transporter avec la Brouette des terres, des fumiers, des pots, ou d'autres matières & uftenfiles.

Ce moyen eft très-fimple, mais il n'eft pas toujours également commode, ni même praticable. Si le terrein eft très-raboteux ou fitué en pente rapide, alors au lieu de la Brouette, on fe fert des bards, des civières ou des hottes. Mais lorfque la furface du fol eft unie, ou que la pente eft douce, la Brouette doit être préférée pour les transports; ils font plus expéditifs & moins difpendieux, pourvu toutefois que la diftance ne foit pas trop confidérable; car fi elle s'étendoit au-delà de cent toifes, il vaudroit beaucoup mieux fe fervir pour faire les charrois, de la charrette ou des tombereaux, fur-tout fi le local le permettoit; parce qu'en faifant les transports avec la Brouette, on eft obligé d'établir des relais de quinze en quinze toifes, à-peu-près, & qu'alors le nombre d'hommes que l'on eft forcé d'employer à ces transports les rend plus coûteux & moins expéditifs que ceux qui font faits avec des voitures traînées par des chevaux. Cependant cette règle n'eft point générale, elle varie en raifon des pays; c'eft aux particuliers chargés des transports à examiner les moyens les plus économiques de faire exécuter leurs travaux. (*M. Thouin.*)

BROUILLARD. Ce n'eft point fous leurs rapports hygrométriques que je dois traiter des Brouillards; mais uniquement relativement à leur influence fur les végétaux; &, fous ce dernier rapport, je vois beaucoup d'incertitudes & peu de vérités appuyées par des faits décififs, car des probabilités ne peuvent fuffire. Les jardiniers & les agriculteurs praticiens concluent prefque toujours, lorfque deux circonftances naiffent enfemble, que l'une produit l'autre; c'eft ainfi que l'Abbé Roger Schabol ayant vu en même-

tems des infectes & des Brouillards, a conclu que ces derniers produifoient les infectes. *Théorie du jardinage.*

Les Brouillards font formés par des molécules aqueufes répandues dans l'air, & qui nuifent à fa transparence: ils font plus communs au Printems & en Automne, lorfque le réfroidiffement de l'atmofphère condenfe les vapeurs & les rend vifibles, on en voit cependant en Eté; mais ils font plus rares, & fouvent ont des caractères particuliers, comme ceux de 1784. Si les Brouillards ne contenoient que de l'eau en vapeurs, ils ne feroient point nuifibles à la végétation, à moins que l'air trop faturé d'humidité, ne pût fe charger des fécrétions des plantes; mais la durée des Brouillards n'eft jamais affez longue pour que cette influence puiffe réellement altérer leur organifation, & caufer des engorgemens.

Les Phyficiens modernes ont reconnu, dans les Brouillards, des indices d'électricité très-forte fans avoir pu déterminer fi l'électricité concourt à leur formation ou s'ils lui fervent de véhicule. L'influence de ce fluide, fur les plantes, eft encore le fujet d'une très-grande difcuffion; mais tous les Phyficiens s'accordent fur ce point qu'elle ne produit aucun effet délétère fur l'organifation végétale; ils diffèrent feulement en cela, que les uns lui attribuent une action bienfaifante & que les autres nient cet effet. Mais, d'une ou d'autre manière, l'électricité n'eft pas le principe nuifible que contiennent certains Brouillards.

Tous les Brouillards ont du plus au moins une odeur défagréable différente de celle du fluide électrique, fouvent elle eft accompagnée d'une âcreté qui bleffe les yeux & leur occafionne un picottement défagréable. Lorfqu'ils font très-épais, ils recouvrent l'argent d'une pellicule irifée femblable à la première impreffion du foie de foufre: en Hollande, où les Brouillards font infiniment plus défagréables qu'en France, j'ai fouvent vu l'argent noirci par les Brouillards & j'éprouvois lorfqu'ils étoient un peu fort une certaine difficulté de refpirer. Vers la fin de l'Automne, faifon où les Brouillards font les plus forts & les plus continus, les maifons font couvertes d'un enduit noirâtre qui adhère avec force fur-tout aux peintures à l'huile, & qu'on prévient à peine par les lavages fréquens des maifons. Sur les montagnes, au contraire, je n'ai jamais trouvé aux Brouillards ou nuages d'autre odeur que celle de l'électricité; & je n'ai jamais obfervé qu'ils nuififfent aux végétaux: les montagnards, qui connoiffent fi bien la nature de leur pays, diftinguent très-bien les Brouillards des montagnes de ceux des vallées marécageufes, & s'accordent tous à dire que ceux des montagnes ne nuifent ni aux plantes ni aux hommes, tandis qu'ils attribuent à ceux des vallées tous les fléaux de l'Agriculture.

Cette différence des Brouillards élevés ou nuages, aux Brouillards qui rasent la surface de la terre, pourroit provenir des émanations que l'évaporation entraîne, & qui étant trop pesantes pour s'élever, restent dans la couche inférieure de l'atmosphère & les qualités plus ou moins délétères, des Brouillards pourroient provenir de la nature de ces émanations. Ils déposent une matière huileuse ou grasse sur les différens corps en contact, & cette matière n'est autre que la réunion des molécules qui se dégagent des substances en putréfaction, & comme ces matières sont plus abondantes dans la plaine où les eaux ont moins de cours, que sur les montagnes, les brouillards en contiennent davantage. C'est aussi la raison pour laquelle les Brouillards de la Hollande, qui empruntent des canaux, pleins d'une eau croupissante, une immensité d'émanations, sont les plus fétides de l'Europe.

D'après les plaintes les plus générales des Agriculteurs les Brouillards du Printems font couler les fruits, cette matière grasse qui adhère avec tant de force sur le corps où elle se dépose, ne pourroit-elle pas enduire les parties sexuelles des végétaux & mettre obstacle à la fécondation. J'ai examiné avec toute l'attention dont je suis capable, les Brouillards de cette époque, sur-tout lorsque les gens de la campagne me témoignoient des craintes sur leurs effets, & je n'ai remarqué dans les fleurs pendant la durée des Brouillards aucun indice de gel ni de brouissure : les fleurs conservoient leur fraîcheur jusqu'à l'époque où elles se flétrissoient naturellement ; alors on appercevoit que le germe n'avoit pas été fécondé. Jusqu'à présent on ne peut avancer que des probabilités ; mais nous avons lieu d'espérer que nos connoissances sur l'économie végétale seront plus rapides sous un régime favorable à l'Agriculture. (M. REYNIER.)

BROUILLARDS, vapeurs & exhalaisons plus ou moins condensées, qui après être restées suspendues dans les régions basses de l'atmosphère, s'élèvent plus haut & se dissipent, ou retombent sur la terre en pluie fine. C'est en Automne & en Hiver, qu'il y a le plus de Brouillards, dans le climat de Paris. Ils paroissent sur-tout le matin & le soir, & se dissipent au milieu de la journée. Quelquefois ils subsistent sans interruption, pendant plusieurs jours de suite.

Les Brouillards d'Automne & d'Hiver peuvent être regardés comme malfaisant pour les hommes, à cause de l'humidité, qu'ils entretiennent dans l'air respirable ; peut-être le font-ils aussi pour certains animaux, mais ils sont favorables à la terre, à ce qu'on croit, car on n'en a nulle preuve. Ce ne peut être qu'en rabattant les exhalaisons,

qui en émanent & en la pénétrant de ces exhalaisons.

Ce qu'il y a de certain, c'est que les Brouillards d'Eté sont contraires à la végétation, en causant la rouille à un grand nombre de plantes, sur-tout aux plantes céréales, à moins qu'une pluie abondante ne vienne promptement en corriger les effets. *Voyez* ROUILLE. (*M. l'Abbé TESSIER.*)

BROUILLE. Nom que le *Festuca fluitans* porte de temps immémorial dans le département de l'Ain. Cette plante, qui remplit en peu d'années les étangs herbeux, a fait donner le nom de *Brouillage*, au droit de pie dans l'*assec* de ces étangs.

On a accusé cette plante d'être la cause de la mortalité des poissons dans le dernier grand hiver : mais ce n'est pas elle seule qui a porté ce principe délétère ; elle y a contribué en se putréfiant sous la glace, comme tous les autres végétaux qui s'y trouvoient, & c'est l'air vicié inflammable ou acide, dégagé de ces amas de substances organiques, qui a tué les poissons. Par-tout où la Brouille n'a pas été sous la glace, elle a continué à végéter, & n'a point fait de mal aux poissons ; il en est de même des étangs *Blancs*, ou sans herbes, qui ont peu souffert, quoique couvert de glace, parce qu'il s'y formoit moins d'air vicié.

On trouvera de plus grands détails sous le mot ETANG. *Voyez* aussi Bibliothèque, Physico-Economique, année 1790, *tom.* 2.

On peut consulter aussi l'article *Fétuque Flottante* de ce Dictionnaire pour l'historique & les qualités de la Brouille. (*M. REYNIER.*)

BROUILLÉ. On dit que les panaches d'une fleur sont Brouillés lorsqu'ils sont confus & ne sont pas terminés sur les bords. Une fleur qui a ce défaut, n'est point estimée des Fleuristes. Quelquefois une fleur n'est Brouillée que parce que ses panaches commencent à se former, une fleur qui est dans ce cas, naît toujours sur une jeune plante venue de graine, & les Jardiniers instruits voient dans ce cahos le degré de perfection qu'auront les fleurs des années suivantes. Une fleur de cette nature peut devenir une *conquête* ; au lieu qu'une fleur qui reste Brouillée, n'est d'aucun prix. (*M. REYNIER.*)

BROUINE. Nom donné à la *Carie* du froment dans quelques cantons de la Normandie. (*M. l'Abbé TESSIER.*)

BROUIS. On dit qu'un arbre est *Brouis*, lorsque ses jeunes pousses ont éprouvé les effets du vent du Nord-Est. *Voyez* BROUISSURE. (*M. REYNIER.*)

BROUISSURE. Accident qui arrive aux premières pousses des arbres, lorsqu'il survient des retours de froid. Quelques personnes l'appellent aussi *brûlure*.

J'ai remarqué que la Brouissure est toujours causée par le vent du Nord-Est, qui est fort sec,

A très-rarement par le Nord-Ouest, qui est ordinairement plus froid, mais plus humide, d'où j'ai conclu que c'est en grande partie la sécheresse du vent, qui brouit les arbres. Les jeunes pousses sont d'abord flétries, sans perdre leur couleur, flasques & sans consistance, peu-à-peu elles se sèchent, & dans moins de 36 heures, elles sont tellement desséchées, qu'elles se réduisent en poussière.

Les pores de ces jeunes pousses sont encore ouverts, leur épiderme est encore très-mince, aussi le vent sec du Nord-Est, leur enlève toute leur humidité, & les dessèche; voilà aussi la raison pour laquelle les vents humides du Nord-Ouest ne produisent presque jamais un effet semblable.

Cette manière d'expliquer la Brouissure m'est seulement venue à l'esprit l'année précédente; cette année, j'ai essayé d'asperger quelques arbres délicats, au moyen d'un goupillon, pendant la durée des vents du Nord-Est, qui a Brouis la plupart des arbres, ceux que j'ai traités de cette manière, ont été épargnés, mais comme l'expérience n'a pas été répétée & que mon succès peut avoir été dû à d'autres causes, je ne l'annonce que comme un simple essai appuyé sur une Théorie qui peut être fausse. L'opinion commune est que la Brouissure est due au gel.

Les renoncules sont sujettes à la Brouissure, le père d'Ardenne, Auteur d'un Traité des renoncules, l'attribue à des Brouillards; mais il ne donne aucune preuve de son opinion. (*M. Reynier.*)

BROUSSAILLES. C'est le nom que l'on donne aux Arbrisseaux épineux, & autres plantes de peu de valeur qui couvrent un terrein. Tels sont les bruyères, les genets, les épines, les houx, &c.

Dans les jardins paysagistes, on plante quelquefois dans le voisinage des ruines ou autres fabriques semblables, des Arbrisseaux qui ont la faculté de croître très-serrés, & de s'entrelacer les uns dans les autres, pour empêcher qu'on n'approche de ces monumens, & arrêter le spectateur à la distance qui leur est la plus favorable. Ces sortes de plantations se nomment Broussailles.

On plante encore des Broussailles sur le bord des enceintes, pour masquer les clôtures & faire croire que les possessions ont plus d'étendue qu'elles n'en ont réellement. (*M. Thouin.*)

BROUSSIN. On donne ce nom à des excroissances qui se forment à l'extrémité de la tige ou des branches, sur les arbres qui sont assujettis à des tontes fréquentes. La sève, qui se portoit dans les branches, perpétuellement contrariée, reflue après leur tonte, & en forme d'autres; ces dernières étant coupées, elle développe de nouveaux bourgeons, & la base de ces pousses s'élargit dans la même proportion. On peut citer les Broussins, qui se forment sur la tige des saules, étant les plus communs.

Les Broussins de quelques arbres sont très-estimés à cause de leurs veines irrégulières, & de la dureté du bois. Ceux de Buis font un objet de commerce pour la Franche-Comté, ceux de Frêne, pour le Limousin, & ceux d'Érable pour plusieurs Provinces de l'Allemagne. Un arbre chargé de Broussins est difforme, la manie de les assujettir au ciseau a pu seule les faire tolérer.

Cet article est traité avec plus de détails dans le Dictionnaire des arbres & arbustes. (*M. Reynier.*)

BROUSSONET. *Broussonetia*, l'Hér.

Nouveau genre établi par M. l'Héritier, qui a bien voulu me communiquer les caractères que je vais rapporter; quoiqu'il n'ait pas encore imprimé la Dissertation, où il le décrit. Il est inutile d'ajouter que tous les Naturalistes de Paris ont occasion de reconnoître l'aménité avec laquelle ce Savant les fait jouir de ses Conseils & de sa Bibliothèque.

Les Broussonets faisoient partie des mûriers avec lesquels on les réunissoit avant de connoître leurs fruits. M. Broussonet ayant découvert l'individu femelle, dans un jardin d'Angleterre, où il étoit ignoré, l'a fait connoître aux Naturalistes de ce pays-là, & l'a apporté en France, où il a donné les premiers fruits, dans le jardin de M. l'Héritier.

On ne pouvoit mieux nommer ce nouveau genre, composé jusqu'à présent d'espèces uniles, que du nom d'une personne à qui la Botanique économique doit beaucoup.

Les Broussonets sont des arbres Dioiques, peut-être même Polygames. Les chatons mâles sont cylindriques, composés de fleurs à pétales, dont le calice est divisé en quatre parties, & renferme quatre étamines opposées au calice. Ces fleurs ne diffèrent pas de celles du mûrier. Les chatons femelles ou polygames, sont portés sur des individus différens; ils sont sphériques, composés de fleurs mâles qui avortent dans une espèce, & de fleurs femelles composées d'un calice monophylle renflé & persistant. Le germe est simple, & porte un seul stile qui lui adhère latéralement. Lorsque le fruit est fecondé, il se sépare du réceptacle commun, qui est sec & verdâtre, par un réceptacle particulier, qui s'alonge en forme de massue, & devient pulpeux à sa maturité. C'est ce réceptacle que Kempfer a décrit si confusément, que Miller, en parloit, comme de poils rouges qui sortoient du fruit. *Voyez* MILLER. Article du MORUS PAPYRIFERA.

Les Broussonets paroissent avoir beaucoup d'analogie avec les *Cecropia*, L. dit M. l'Héritier, & seront peut-être composées d'un plus grand nombre d'espèces, lorsque tous les mûriers & les arbres analogues seront mieux connus.

Especes.

1. BROUSSONET à papier.

BROUSSONETIA papyrifera. L'Hér. Morus papyrifera. L. ♄ de la Chine, du Japon & des Isles de la Société.

2. BROUSSONET bois jaune. (1)

BROUSSONETIA tinctoria. L'Hér. Morus tinctoria. Linn. ♄ de la Jamaïque, du Brésil.

1. BROUSSONET à papier. Cet arbre forme une assez belle tête arrondie, qui s'élève rarement plus haut de quinze à vingt pieds, & reste ordinairement au-dessous ; son écorce est grise & presque toujours gercée. Ses rameaux sont alternes, couverts de verrues dans leur jeunesse, & un peu laiteux. Ses feuilles sont rudes en-dessus & cotonneuses en-dessous : leur forme varie beaucoup, tantôt elles sont en cœur entières sur les bords, d'autres fois elles sont divisées en trois ou cinq lobes profonds, séparés par des golfes arrondis ; d'autres fois enfin, un des côtés de la feuille est entier, tandis que l'autre est divisé en lobes. Ces variations se trouvent sur le même individu & sur la même branche. Les fleurs paroissent au Printemps ; mais on en trouve jusqu'au mois d'Août, en même-tems que les fruits, elles naissent à la base des jeunes bourgeons. Les fruits sont composés de réceptacles, en forme de massue, implantés sur le réceptacle ou chatons communs : ces fruits sont longs, de six à dix lignes, épais d'une ligne, pulpeux, mais d'une saveur fade, & d'une belle couleur rouge ; ils portent au sommet la graine qui est arrondie, comprimée & de couleur fauve.

Usage. Ce Broussonet plus connu sous le nom de *Mûrier à Papier*, est d'un usage général à la Chine, au Japon, & dans les Isles de la Mer du Sud. On le cultive pour la filasse que son écorce donne, qui dans les premiers de ces pays, sert à faire du papier ou des étoffes grossières, & sert dans les Isles de la Société, pour la fabrication des étoffes, dont les Habitans se couvrent.

Par les relations que nous avons du Japon, on y fait buissonner cet arbre, & on le tond chaque année, les jeunes branches étant les seules dont l'écorce puisse fournir une filasse un peu souple. Ils estiment les pousses sans branches droites, & couvertes d'une écorce vive, & ont soin d'ébourgeonner ces pousses pour les faire croître par le haut, & empêcher la naissance des branches latérales. On cultive au Japon le Broussonet sur les collines, & en général sur les terrains irréguliers, comme on l'arrête toujours, il ne fleurit pas ; mais on le multiplie au moyen

des drageons, qui sortent en abondance des cimes.

Aux Isles de la Société, on choisit les meilleures terres pour y cultiver le Broussonet à papier : on espace les jeunes plantes de deux pieds dans des sillons parallèles. Dès que les tiges ont un pouce d'épaisseur, on les arrache, on en lève l'écorce en bandelettes, que l'on met dans un ruisseau, sous une planche fixée au moyen de pierres d'une certaine grosseur, l'eau sépare la partie filamenteuse.

Au rapport de Kempfer, les Japonois cuisent les tiges dans des chaudières pleine d'eau avec une certaine quantité de cendres. Ce procédé en sépare la filasse en peu d'heures.

Il est assez singulier que deux peuples éloignés aient adopté la même plante, & la même manière de la cultiver ; car MM. Forster ont observé le même soin d'ébourgeonner les jeunes tiges, pour les empêcher de pousser des branches que Kempfer dit exister au Japon.

M. l'Héritier avoit consacré les pousses d'une année à faire du papier, les commencemens de l'expérience annonçoient beaucoup de succès, mais l'accident survenu à M. Réveillon, qui s'étoit chargé des détails de la manipulation, a fait perdre ces essais qui ont été brûlés avec les autres propriétés de cette dernière victime de l'ancien Gouvernement.

Culture. Le Broussonet à papier supporte très bien les Hivers de notre climat, & pourroit être cultivé comme plante économique, sans néanmoins abandonner les plantes à filasse, telles que le chanvre & le lin, qui seront toujours préférables. On le multiplie dans les Jardins par Drageons enracinés, & de marcottes. Les graines n'ont pas encore levé en Europe ; mais comme on peut multiplier cet arbre d'une manière plus prompte, celle-là ne sera jamais fort usitée. Le Broussonet réussit dans tous les terrains, il paroît cependant qu'une terre profonde & légère, lui convient mieux qu'aucune autre, à cause de ses racines qui tendent à s'étendre au loin. On a essayé de nourrir des vers à soie avec les feuilles, mais on n'a pas eu beaucoup de succès, leur épaisseur déplaît à ces insectes.

Les boutures doivent être faites de branches de l'année précédente, avec un nœud de bois à leur extrémité. Il faut les mettre, vers la fin de Mars, dans une terre légère, couverte de mousse pour leur conserver une humidité plus égale. Lorsqu'on les couvre de chassis, on accélère la formation des racines. Au bout de quatre ans, les arbres nés de ces boutures, sont assez forts pour être plantés à demeure. On marcotte cet arbre en assujétissant des vases pleins d'une terre légère, à la hauteur des branches qu'on veut marcotter ; au bout de l'année, elles sont assez fortes pour être séparées de la mère-plante.

2. BROUSSONET, bois jaune. Cet arbre s'élève jusqu'à

---

(1) Le nom de Broussonet des Teinturiers seroit vicieux, car aucun Teinturier né le connoît sous ce nom ; je préfère de le nommer Broussonet bois jaune, parce que son bois est connu sous ce nom dans le Commerce.

jusqu'à la hauteur de soixante pieds, dans les forêts de la Jamaïque, où il croît sauvage. Son écorce est brune, sillonnée; mais celle des branches est de couleur blanche. Les feuilles sont en cœur un peu alongées, mais obliques; c'est-à-dire, que la côte n'étant pas dans le milieu, elles paroissent comme posées de côté sur la branche; leur surface est rude, comme celles de la première espèce. Quelquefois elles sont partagées en lobes sur leur contour; mais sans aucune régularité, plus l'arbre croît dans un terrain substantiel, & plus il porte de feuilles lobées. Les chatons sont plus petits que ceux de l'espèce précédente, mais de la même forme : ils diffèrent en ce que les chatons sphériques portent des fleurs mâles fertiles; tandis que celles de la première espèce avortent toujours. Cet arbre est quelquefois épineux, d'autres fois il est sans épines; Miller, sur ce caractère, avoit distingué deux espèces, que les observations faites sur les lieux, par M. Richard, forcent à réunir.

Usage. On coupe ce Broussonet dans les bois de la Jamaïque, pour le bois qui est compacte, très-dur, & fournit une couleur jaune; il est connu dans le commerce sous le nom de *bois jaune.*

Culture. On élève cet arbre de graines venues de la Jamaïque. On les sème sur une couche chaude, & dès que les jeunes plantes peuvent être enlevées, on les met dans des pots que l'on plonge dans la tannée. A mesure que l'arbre grossit, on le met dans des pots plus grands; mais sans le sortir de la serre-chaude & du tan. Pour les détails de la culture, il exige les mêmes soins que les autres arbres du même climat. Le Broussonet bois jaune n'a pas encore fructifié en Europe. (*M. Reynier.*)

BROUSURE. On donne ce nom à la *carie* du froment, dans les environs de Lille en Flandres. *Voyez* CARIE. (*M. l'Abbé Tessier.*)

BROUTER. Ancien terme de jardinage dont on se servoit pour exprimer une sorte de taille, qui consistoit à retrancher avec les doigts l'extrémité des petits rameaux qui croissent sur les tiges des jeunes arbres, afin d'*amuser* la sève, & de faire prendre du corps aux arbres. *Voyez* le mot PINCER. (*M. Thouin.*)

BROYE, BROYOIRE, ou BROYOIRE. (Écon. rust.) machine qui sert à briser le chanvre pour en séparer les chenevottes. C'est une sorte de banc fait d'un seul soliveau de 5 à 6 pouces d'équarrissage, sur sept à huit pieds de longueur, & soutenu par quatre jambes ou pieds, à hauteur d'appui. Ce soliveau est percé dans toute sa longueur, de deux grandes mortoises d'un pouce de large, qui traversent toute son épaisseur. On taille en couteau les trois parties que les deux mortoises ont séparées.

Sur cette pièce on en ajuste une autre, qui est assemblée à charnière sur le banc par une de

les extrémités; l'autre est terminée par une poignée capable d'être saisie par la main du Broyeur.

Cette pièce qu'on appelle *mâchoire supérieure*, porte dans toute sa longueur deux languettes taillées en couteau, qui doivent entrer dans les mortoises de la mâchoire inférieure. *Voyez* les mots BROYER & CHANVRE. (*Anc. Enc.*) (*M. Thouin.*)

BROYER. C'est l'action de briser le chanvre entre les deux mâchoires de la broye après qu'il a été roui, pour en séparer les chenevottes ou la moëlle qui n'est d'aucune utilité pour le travail des corderies. Pour cet effet, le broyeur prend de sa main gauche une grosse poignée de chanvre, de l'autre la poignée de la mâchoire supérieure de la broye; il engage le chanvre entre les deux mâchoires, & en levant & abaissant à plusieurs reprises, & fortement la mâchoire supérieure, il brise les chenevottes qu'il sépare du chanvre, en tirant contre les deux mâchoires, en sorte qu'il ne reste que la filasse. Quand la poignée est ainsi *broyée* à moitié, il la prend par le bout *broyé*, pour donner la même préparation à celui qu'il tenoit dans la main.

Quand il y a environ deux livres de filasse bien *broyée*, on la ploie en deux; on tord grossièrement les deux bouts l'un sur l'autre; c'est ce qu'on appelle des *queues de chanvre*, ou de la *filasse brute.*

Il y a une autre manière de séparer le chanvre qu'on appelle *teiller. Voyez* ce mot & l'article CHANVRE. (*Anc. Enc.*) (*M. Thouin.*)

BROYEUR. Ouvrier qui broie le Chanvre pour en séparer la filasse des chenevottes. (*M. Thouin.*)

BROYON. Piège pour les bêtes puantes & autres animaux malfaisans, tels que les fouines, renards, &c. (*M. l'Abbé Tessier.*)

BRUCÉ, *Brucea.*

Nouveau genre établi en l'honneur de M. James Bruce, célèbre Voyageur Ecossois, qui l'a trouvé en Abyssinie, & l'a le premier rapporté en Europe. Il fait partie de la famille des TÉRÉBINTINACÉES suivant M. de Jussieu, & n'est encore composé que d'une seule espèce bien déterminée. C'est un bel arbrisseau dont M. l'Héritier a publié une excellente figure dans son Ouvrage.

BRUCÉ anti-dissentérique.

Bruce anti-dissenterica. J. F. Miller.

Brucea Ferruginea, l'Héritier stirp. nov. Tab. 10, ♄ d'Abyssinie.

Descript. Le Brucé est un arbrisseau qui ne paroît pas devoir s'élever au-dessus de six ou huit pieds; sa tige est droite, épaissie vers la racine & comme tubéreuse; elle est de couleur cendrée & garnie de branches vers le sommet. Ses feuilles sont presque semblables à celles du noyer par la disposition & la forme, mais elles sont garnies d'un duvet roussâtre qui leur donne une couleur ferrugineuse, & d'ailleurs elles sont beaucoup plus petites; ses fleurs sont dioïques; c'est-à-dire, que les fleurs mâles croissent sur un individu & les fleurs femelles sur un autre. Elles sont extrêmement petites, de couleur rougeâtre & disposées par petits grouppes en longs épis grêles & pendants. Nous ne possédons encore en France que l'individu mâle, au moyen de quoi nous ne connoissons point son fruit, mais nous savons d'après les descriptions qu'il est composé de quatre capsules.

Cet arbrisseau éprouve, chaque année, une éfoliaison complette, mais qui dure peu de tems. Elle commence vers le mois de Décembre, & dès la fin de Janvier la végétation est en activité. Les épis paroissent en même-tems que les feuilles, mais les fleurs ne commencent à s'épanouir que vers le mois d'Avril, & se succédent jusqu'à la fin du Printems.

Culture. Le Brucé se cultive dans des vases que l'on rentre pendant l'Hiver dans une serre chaude entretenue entre huit & dix degrés de chaleur. Il n'a pas besoin du secours de la couche de tan & peut être placé sur les tablettes, à moins cependant qu'il ne soit très-jeune. Une terre sablonneuse, un peu substantielle lui convient de préférence à toute autre, parce que ses racines sont charnues & en grand nombre. Par la même raison il a besoin d'être arrosé fréquemment même pendant l'Hiver, lorsqu'il est en végétation.

Multiplication. On multiplie assez facilement le Brucé par le moyen des drageons qui sortent assez souvent de sa souche; il se multiplie aussi fort bien de marcottes & quelquefois de boutures. Lorsque les drageons ont un an, qu'ils ont quelques racines & que leur tige a pris un peu de solidité, la réussite est beaucoup plus sûre. On les sépare vers la fin du mois de Juin, & en les faisant reprendre dans de petits pots placés sur une couche chaude ombragée, ils poussent avec vigueur dans l'espace de quelques mois. Les marcottes se font au Printems à la sortie des serres; on choisit de préférence des rameaux de l'avant-dernière pousse, que l'on courbe dans des pots à marcottes & qui reprennent dans le cours de l'année sans qu'il soit nécessaire de les inciser. Cependant il est bon de faire une ligature en fil de laiton à la branche marcottée; cette opération la détermine à pousser des racines plus promptement.

Quant aux boutures on les fait dans deux saisons différentes; pendant l'Hiver, lorsque l'arbre est dans son état de repos; l'Eté, lorsqu'il est prêt d'entrer dans sa plus grande végétation. On choisit de jeunes branches dont le bois soit déja un peu solide; on les plante dans de petits pots, sur une couche d'une chaleur modérée & on les couvre d'une cloche qu'on ombrage avec soin. Ces boutures reprennent dans l'es-

pace de cinq à six mois; mais celles que l'on fait l'Hiver réussissent plus sûrement.

Usage. On assure que les feuilles de cet arbrisseau sont un puissant remède contre la dyssenterie & que les habitans de l'Abyssinie s'en servent avec le plus grand succès. Il est probable qu'en Europe elles auroient à-peu-près la même propriété. On sera bientôt à portée d'en faire d'essai, parce que ce joli arbrisseau commence à être assez répandu dans nos jardins.

Histoire. Il a été introduit au jardin de Botanique de Paris, par M. le Chevalier de Bruce qui en a apporté les graines d'Abyssinie, en 1772. (*M. Thouin.*):

BRUGNOLES ou BRIGNOLES, sortes de prunes desséchées au soleil qu'on envoie de Provence dans des boîtes à confitures. Elles sont produites par une variété intéressante du *Brunus insititia L.* *Voyez* l'Article PRUNIER au Dict. des Arbres & Arbustes. (*M. Thouin.*)

BRUGNON. Pêcher vigoureux & productif. Ses fleurs sont grandes & d'une teinte pâle; les fruits sont d'une belle grosseur, lisses, de couleur blanche du côté de l'ombre, teints en pourpre violet dans les endroits exposés au soleil; sur les bords cette couleur se lave & porte des taches de couleur blanchâtre. La chair est ferme, vineuse, sucrée & très-adhérente au noyau. *Voyez* AMANDIER, dans le Dictionnaire des arbres & arbustes. (*M. Reynier.*)

BRUINE. On appelle de ce nom la carie du froment dans quelques endroits de la Normandie. (*M. l'Abbé Tessier.*)

BRUINE. Petite pluie extrêmement fine, dont les propriétés & les effets sont très-différens en raison des circonstances & des causes qui la produisent; lorsqu'elle est occasionnée par des frimats & des neiges fondues, elle est très-froide; & par cette raison, elle corrode & brûle les feuilles tendres des plantes qui sont en pleine végétation. C'est à cette sorte de Bruine qu'on attribue la rouille des bleds & des autres plantes céréales.

Au contraire, lorsque les Bruines sont formées par la dissolution des nuages qui viennent du midi & qu'elles surviennent après des chaleurs fortes & qui ont eu quelque durée, elles produisent un effet tout opposé. Elles imbibent la terre sans la battre & en la rafraîchissant, excitent une douce fermentation. Elles restituent aux plantes l'humidité radicale qui leur avoit été enlevée par les grandes chaleurs; enfin elles accélèrent la végétation & rendent à la nature son éclat & sa fraîcheur. Ainsi autant les Bruines froides sont nuisibles à la végétation, autant celles-ci sont favorables.

Aussi les Jardiniers attentifs & soigneux s'empressent-ils d'en profiter pour repiquer leurs jeunes plantes, transplanter leurs fleurs, rempoter leurs plantes délicates, aérer leurs couches,

& pour ôter les panneaux de leurs chaſſis. (*M. Thouin.*)

BRULE. Nom donné dans quelques cantons de la Franche-Comté, au froment charbonné. *Voyez* CHARBON. (*M. l'Abbé Tessier.*)

BRULER LES TERRES. *Voyez* ECOBUER. (*M. l'Abbé Tessier.*)

BRULURE. Nom de quelques maladies des végétaux, auſſi vague que celui de *blanc*, & peut-être même encore plus arbitraire. Le nom de blanc eſt au moins fondé ſur la couleur que prennent les plantes qui ſont malades, au lieu que le nom de Brûlure eſt fondé ſur la cauſe du mal; cauſe qu'il eſt bien difficile de deviner.

On donne le nom de *Brûlure* à une maladie qui attaque des eſpaliers; leur tronc, du côté extérieur, eſt carié ſouvent juſqu'au cœur, les branches les boutons même en ſont fréquemment attaqués. On attribue cette maladie à la pluie qui ſéjourne en hiver ſur ces arbres qui ne ſont jamais ſecoués par le vent. Elle gèle pendant la nuit, & pendant le jour, l'action du ſoleil la dégèle : elle eſt ſenſible alors en partie dans l'écorce, & le froid qui ſuccède la nuit ſuivante écartant les molécules aqueuſes en les gèlant, elles déchirent les vaiſſeaux & les fibres. Le mal augmente toutes les nuits, & ſe reproduit toutes les fois que le gel ſuccède à des pluies. L'organiſation de l'écorce ayant été détruite, la carie s'y forme, elle s'étend peu-à-peu juſques dans le cœur du bois, & fait périr l'arbre. Les arbres de plein vent ne ſont pas ſujets à cette maladie, parce que le vent ſecoue les branches & diſſipe leur humidité, au lieu que les eſpaliers qui ſont fixés par mille entraves, & appliqués contre des murs où le mouvement de l'air ſe fléchit, perdent cette humidité beaucoup plus lentement, & ſont attaqués de cette maladie.

On propoſe différens moyens de garantir ces arbres de la brûlure, comme d'envelopper leurs tiges avec de la paille, avec des vieilles étoffes, &c. Ces moyens concentrent l'humidité ſans mettre les arbres à l'abri de l'eau qui coule le long des branches & les préſerver du gel; ainſi, leur effet n'eſt pas abſolument ſûr. Des toiles liées ſous l'auvent & qu'on dérouleroit toutes les fois que la pluie ſeroit à craindre, pour former des eſpèces de tentes, ſans gêner la circulation de l'air, ſeroit un préſervatif aſſuré, un peu diſpendieux à la vérité. Mais comme les eſpaliers ſont des arbres de luxe, un luxe de plus ne doit pas être rejeté.

On donne auſſi le nom de *Brûlure* à une maladie qui attaque les feuilles des arbres, & ſe déclare ſous l'apparence de taches blanches. Cette maladie n'eſt pas meurtrière comme le *blanc* qui attaque les plantes herbacées, & doit ſa naiſſance à une autre cauſe qui ne me paroît pas bien connue.

Pluſieurs perſonnes l'ont attribuée aux gouttes de pluie qui tombent pendant les ondées d'Eté ſur les feuilles, y font l'office de verre ardent lorſque le ſoleil réparoît, & brûlent la place qui ſe trouve au-deſſous. M. l'Abbé Rozier a très-bien obſervé que ces gouttes qui ſont applaties du côté de la feuille, ne peuvent là brûler, puiſque leur foyer ſe trouve néceſſairement beaucoup au-delà; & lors même que ces gouttes ſeroient des ſphères, elles ne pourroient jamais concentrer les rayons à un point de leur circonférence, mais toujours à un eſpace plus éloigné. D'autres perſonnes ont adopté l'explication qu'Adanſon a donnée; il attribue cette maladie « à » un épuiſement cauſé par la grande évapora- » tion de la ſève, ou par une deſtruction des » pores de la tranſpiration trop dilatés, ou par » une putréfaction occaſionnée dans les ſucs du » parenchyme ou de la ſève, par leur mélange » avec l'eau. Quand une goutte d'eau couvre une » partie de la feuille, la tranſpiration ceſſe; une » imbibition plus forte s'établit dans ce point, » l'eau chauffée au ſoleil dilate les pores de l'épi- » derme, pénètrent le tiſſu réticulaire, ſe mêle » avec le parenchyme, & délaie tous les ſucs » qui s'y trouvent; il s'y établit une eſpèce de » fermentation qui détruit la ſubſtance paren- » chimateuſe, le tiſſu réticulaire réſiſte, de-là la » tranſpiration des taches blanches. » J'ai cru devoir tranſcrire cette explication craignant de ne pas rendre l'idée en l'abrégeant. Il me paroît difficile de concevoir que l'eau pénètre le tiſſu réticulaire & ſe mêle avec le parenchime, car ſi cela étoit, toutes les feuilles ſeroient blanches, puiſque le ſoleil ſuccède toujours à la pluie & évapore l'eau qui ſe trouve à la ſurface des feuilles. Sans nier que les ondées d'Eté ſont la cauſe première de cette *brûlure*, je dois néanmoins affirmer qu'il n'en exiſte aucune preuve & que je ne conçois pas leur effet. On voit certainement des feuilles d'arbres attaquées de cette maladie, on voit auſſi de ces ondées d'Eté; mais perſonne n'a pu reconnoître d'une manière déciſive l'effet de ces gouttes, & la gradation de la maladie depuis ce moment. Ce ſeroit néanmoins une condition qu'on peut exiger.

Les taches blanches des feuilles doivent certainement leur couleur à la décompoſition locale du parenchime; elles diffèrent de celles que produiſent les chenilles mineuſes par l'opacité de leur tranſparence, au lieu que les dernières où l'épiderme ſeul ſubſiſte ont une tranſparence plus décidée. Je n'oſe point prononcer ſur la cauſe qui produit ces taches, l'économie végétale eſt trop imparfaite pour qu'on connoiſſe le principe des maladies, & des opinions qui n'auroient aucune expérience pour baſe, ajouteroient encore aux obſcurités qui exiſtent.

Les moyens curatifs de cette maladie ſont encore inconnus; les perſonnes qui l'attribuent aux gouttes de pluie recommandent de secouer les feuilles après les pluies ; comme je ne crois pas à la cause du mal, le préservatif n'excite pas ma confiance ; mais comme cette maladie n'est pas dangereuse pour l'arbre, on ne doit pas beaucoup s'en inquiéter.

Une troisième maladie porte encore le nom de *Brûlure*. Elle se manifeste par la dessication du bout des branches, qui prennent en même-tems une teinte noire. La même maladie attaque aussi les racines. On pallie ce mal en déchaussant l'arbre & substituant de la bonne terre à celle qui environnoit les racines. L'arbre se rétablit pendant quelques années, mais une fois attaqué de cette maladie, qui pénètre l'intérieur de son organisation, sa durée est très-courte. Les pêchers y sont plus sujets que les autres arbres & leur dépérissement s'annonce par ce symptôme. J'ai remarqué plusieurs fois que les branches attaquées de la cloque finissoient de cette manière.

Les maladies des arbres tiennent d'une manière plus immédiate au Dictionnaire des arbres & arbustes, on y trouvera sans doute des détails plus circonstanciés sur ces maladies. (*M. Reynier.*)

BRÛLURE. Si un animal est brûlé par le feu ou par la chaux, on lave la partie avec de l'eau froide en Eté de l'eau chaude en Hiver. Je préférerois d'employer le vinaigre, lorsque la peau n'est pas enlevée ; si la peau est enlevée, après les lotions à l'eau, on panse avec l'onguent dessiccatif, ou un mélange de chaux, de graisse de cochon & d'huile. (*M. l'Abbé Tessier.*)

BRUMELE, *Empetrum nigrum*. L. *Voyez* CAMARINE à fruits noirs, n.° 1. (*M. Thouin.*)

BRUN. La couleur brune est aussi rare dans les parties molles des végétaux, qu'elle est commune dans celles qui sont ligneuses, telles que les bois, les enveloppes des fruits, &c., & cependant la plupart des parties herbacées des plantes deviennent brunes dans leur dépérissement.

On ne connoît qu'un très-petit nombre de plantes dont les fleurs sont brunes, une muflande, *anthirrinum triste*. L. un Lotier, *lotus jacobæus*. L. une julienne, *hesperis tristis*. L. deux digitales, *digitalis ferruginea & obscura* L. &c. en y joignant quelques autres espèces, composent la liste des plantes Brunes, qui sont toutes d'un climat plus chaud que la France.

Parmi les variétés des espèces cultivées, on en trouve quelques-unes d'un jaune Brun, & même d'un Brun assez foncé ; d'autres variétés ont des Panaches de couleurs Brunes, plus ou moins prononcées, ces teintes qui ne sont jamais pures, sont moins estimées que les autres couleurs : les panaches sur-tout sont sujets à se fondre les uns dans les autres, ce qui nuit à la beauté de la fleur. *Voyez* COULEUR. (*M. Reynier.*)

BRUNELLE. *Prunella.* L. *Cleonia.* L.

Genre de plantes de la famille des Labiées, composée d'espèces indigènes de l'Europe, & caractérisées au premier coup-d'œil, par leurs fleurs qui sont disposées en épis serrés à l'extrémité des tiges. Leur caractère systématique est d'avoir les filamens des étamines bifurqués à leur sommet.

Espèces.

1. BRUNELLE commune.
Prunella vulgaris. L. ♃ dans les prés & les bois un peu humides.
2. BRUNELLE à grande fleur.
Prunella grandiflora. L. ♃ dans les pâturages secs & montagneux.
3. BRUNELLE à feuilles d'hysope.
Prunella hyssopifolia. la M. ♃ des provinces méridionales de la France.
4. BRUNELLE découpée.
Prunella laciniata. L. ♃ sur les pelouses & dans les pâturages secs.
5. BRUNELLE odorante.
Cleonia lusitanica. L. ☉ du midi de l'Europe.

1. BRUNELLE commune. La racine de cette plante donne naissance à plusieurs tiges qui sont un peu couchées vers le bas, & se relèvent ensuite. Ses feuilles sont ovales, dentées sur les bords ; celles qui naissent sur les tiges sont opposées & portées par un pédoncule très-court, qui s'élargit à sa base. L'épi est composé de plusieurs verticilles serrés, séparés par des bractées au nombre de deux, qui sont ordinairement colorées. La dernière paire de feuilles est toujours à une certaine distance de l'épi de fleurs.

2. BRUNELLE à grandes fleurs. Ayant cultivé cette plante, & reconnu que ses caractères sont constans, je ne puis me conformer au sentiment de M. LAMARK, qui la réunit à l'espèce précédente. Ses tiges sont constamment plus basses, & ses fleurs, quatre ou cinq fois plus grandes ; ces différences en établissent de considérables dans les proportions de la plante, & comme ces proportions ne changent pas par la culture ; on peut se conformer au sentiment des Naturalistes, qui ont distingué deux espèces.

Culture. On ne cultive ces Brunelles que dans les jardins de Botanique ; les touffes qu'elles forment, ne sont jamais assez garnies pour décorer les jardins, & les fleurs, même celles de la seconde espèce, n'ont d'apparence que dans les terreins arides, où elle croît, dans les parterres ; elles seroient couvertes par des plantes qui s'élèvent davantage. On multiplie les Brunelles, de graines que l'on seme au Printems, d'une manière plus prompte, au moyen d'éclats que l'on sépare des racines; une fois établies, elles se reproduisent d'elles-mêmes par la disper-sion des graines, & par leurs racines qui poussent de nouvelles souches.

3. BRUNELLE à feuilles d'hyssope. La tige de cette plante est couverte de feuilles plus nombreuses que sur les premières espèces, où les paires sont écartées; ses feuilles sont lancéolées & très-entières. Les fleurs sont grandes, d'un pourpre bleuâtre, & couvertes extérieurement de quelques poils blancs; l'épi est plus lâche, & la dernière paire de feuilles lui est presque contigue.

Culture. Cette espèce se cultive de la même manière que les précédentes, & n'exige pas d'autres soins. On peut la multiplier de graine, ou en éclatant les touffes, lorsqu'elles deviennent trop grosses. De graine, elle porte des fleurs la seconde année, & n'est dans sa beauté que la troisième. On ne la cultive que dans les jardins de Botanique: elle fleurit plus tard que les autres.

4. BRUNELLE découpée. Cette espèce diffère de la seconde par ses tiges plus nombreuses, & couchées jusque près de l'épi par ses feuilles de la tige, qui sont découpées sur les bords & comme pinnatifides, par ses fleurs d'un blanc jaunâtre, quelquefois nuancé de rouge, qui forment un épi plus court, & contigu à la dernière paire de feuilles.

Culture. Cette plante exige les mêmes soins que les espèces précédentes; on ne la cultive que dans les jardins de Botanique.

5. BRUNELLE odorante. Cette plante diffère beaucoup des espèces précédentes par son air, quoique ses caractères systématiques soient les mêmes. Ses tiges sont droites, hautes de quelques pouces, minces & branchues vers le sommet. Les feuilles sont alongées, presque cunéiformes, & profondément dentées sur les bords: ces dentelures deviennent plus profondes dans les supérieures, & les rendent pinnatifides. Les fleurs sont grandes, bleues ou violettes, & forment un épi hérissé de poils blancs. Le stigmate de cette espèce est quadrifide.

Culture. Cette espèce est annuelle, & même ne dure qu'une partie de l'Eté. On sème ses graines sous chassis au Printems, & lorsque les jeunes plantes ont quelques feuilles, on les plante séparément dans des pots ou en pleine terre. Pendant l'Eté, les fleurs paroissent, & la graine mûrit avant la fin des chaleurs. On ne cultive cette Brunelle que dans les jardins de Botanique, & dans ceux des Curieux; mais son peu d'apparence, & les soins qu'exige sa première jeunesse, l'ont éloignée des parterres. (*M. Reynier.*)

BRUNIE. *Brunia.*

Genre qui paroît avoir des rapports avec plusieurs de ceux de la famille des *Nerpruns*, & ses affinités avec les genres des Protées & des statices. Cependant comme il paroît aussi différer & des uns & des autres, peut-être devroit-il former une famille particulière avec les *Philica*, & quelques autres genres.

Les Brunies sont des arbustes, ou sous-arbrisseaux étrangers à l'Europe, & tous originaires d'Afrique; leur port est grêle, leur feuillage très-menu & permanent. Ils produisent un grand nombre de petites fleurs réunies en tête, pour la plupart, & à l'extrémité des rameaux. Ces fleurs sont suivies de semences à deux loges, dont chacune renferme une semence très-petite.

Ces arbustes sont fort délicats en Europe, & y sont très-rares. On les cultive dans des pots, que l'on rentre tous les hivers, sous des chassis ou dans les orangeries. Ils se multiplient de graines, de boutures & de marcottes.

Espèces.

1. BRUNIE nodiflore.
Brunia nodiflora. L. ♄ d'Abyssinie & du Cap.

2. BRUNIE à paillettes.
Brunia paleacea. L. ♄ du Cap de Bonne-Espérance.

3. BRUNIE abrotanoïde.
Brunia abrotanoïdes. L. ♄ d'Ethiopie & du Cap.

4. BRUNIE à feuilles cétacées.
Brunia lanuginosa. L. ♄ du Cap de Bonne-Espérance.

5. BRUNIE à têtes plumeuses.
Brunia plumosa. la M. Dict. ♄ du Cap de Bonne-Espérance.

6. BRUNIE ciliée.
Brunia ciliata. L. ♄ d'Ethiopie.

7. BRUNIE verticillée.
Brunia verticillata. L. F. Suppl. ♄ du Cap de Bonne-Espérance.

8. BRUNIE radiée.
Brunia radiata. L.
B. BRUNIE glutineuse.
Brunia radiata glutinosa. *Brunia* glutinosa. L. du Cap de Bonne-Espérance.

Descript. Les Brunies en général ne s'élèvent guère au-dessus de 7 pieds de haut, dans leur pays natal; il y a même quelques espèces qui n'ont pas plus de deux pieds. Leur port ressemble à celui des Bruyères, & particulièrement de celles qui croissent au Cap de Bonne-Espérance. Leurs racines sont extrêmement déliées, longues, cassantes & garnies d'un chevelu très-fin. Elles forment une souc   de laquelle partent plu-

sieurs branches, longues, grêles, & garnies ainsi
que les rameaux, d'un grand nombre de petites
feuilles assez semblables, pour la forme & la
couleur, à celles de quelques Bruyères. Les
fleurs de la plupart des espèces sont rassemblées
en tête, au sommet des branches & des rameaux,
& forment des boules de la grosseur d'une balle
de mousquet; ces boules, qui sont de couleur
blanche, portées sur des rameaux déliés, &
couverts d'un petit feuillage d'un beau vert,
produisent un effet fort agréable en Afrique.
Ici, elles fleurissent rarement, & ne donnent
jamais des semences bien aoûtées.

Culture. Les Brunies se cultivent en Europe,
dans des vases; il leur faut une terre extrêmement divisée, & dans la composition de laquelle
il ne soit entré aucun fumier d'animal. Le
terreau de Bruyère, mêlé d'un sable jaune, gras
& extrêmement doux, tel que celui dont se
servent les potiers de terre, paroît leur convenir
préférablement à tout autre mélange. Ces végétaux craignent l'humidité presqu'autant que la
sécheresse; c'est pourquoi il faut les surveiller,
& reconnoître souvent le sol de la terre, avant
de les arroser. Dans tous les cas, il vaut mieux
donner peu d'eau à-la-fois, & arroser plus fréquemment. Pendant toute la belle saison, ces
arbustes doivent rester à l'air libre, à l'exposition du midi. Pendant l'hiver, il convient de les
rentrer dans une orangerie bien sèche & très-
aérée, & de les placer devant les fenêtres; lorsqu'ils sont jeunes, il est préférable de leur
faire passer l'hiver sous des châssis, sans feu,
mais sous lesquels cependant, le thermomètre
soit au moins à cinq degrés au-dessus du terme de
la congélation; de cette manière, le jeune
plant se défend mieux des rigueurs de la mauvaise saison, que dans l'orangerie, où l'air est
toujours un peu vicié. Mais, en général, ces
arbustes sont très-délicats, & ne sont pas d'une
longue vie.

Les Brunies se multiplient de graines qu'il
faut tirer du Cap de Bonne-Espérance. Elles
doivent être mises en terre l'année même de
leur récolte, & dans le courant du mois d'octobre, s'il est possible. On les sème dans des terrines, au fond desquelles on met deux doigts
de terre franche, & qu'on achève de remplir
avec du terreau de Bruyère, bien divisé. Les
semences ne doivent être recouvertes que de
quelques lignes du même terreau, dont on ôte
encore tous les corps étrangers, en le passant
au crible. Ces semis, après avoir été bassinés
à plusieurs reprises, doivent être placés sur une
couche tiède, sous un châssis de maçonnerie,
ou sous une bâche, pour y passer l'hiver. Toutes
les fois que le temps est doux, pendant cette
saison, il faut en profiter, pour leur donner
de l'air, & ne pas négliger de les asperger légèrement, lorsque la surface de la terre deviendra

sèche. Vers le Printems, les bassinages doivent
devenir plus fréquens, jusqu'à ce qu'on s'aper-
çoive que les germes commencent à se montrer;
alors il convient de modérer les arrosemens, &
sur-tout d'ombrager les semis, & de les garantir
du soleil, avec des toiles ou des paillassons, en
lozange. Sans ces précautions, le plant devient
jaune, se fond & périt. Pendant l'été, on peut
enlever les panneaux des châssis, & laisser les
jeunes plantes à l'air libre. Il suffit de les arroser
légèrement, quand elles en ont besoin, en
attendant qu'elles soient assez fortes pour être
transplantées.

Communément, c'est vers le dixième mois
de leur âge, époque où elles ont depuis 3 jusqu'à
6 pouces de haut. On les lève en petites mottes,
& on les plante dans des pots de trois pouces
& demi de diamètre, sur six de hauteur, lesquels
sont fendus au fond & sur les côtés. A l'aide
d'une très-douce chaleur artificielle, d'un peu
d'humidité, & sur-tout à la faveur de l'ombre,
on les fait reprendre dans l'espace de quinze ou
vingt jours; ensuite on les laisse à l'air libre,
jusqu'à l'approche des premiers froids, qu'on
les rentre sous des châssis, dans une bonne
orangerie, comme nous l'avons dit précédemment.

Quant à la voie de multiplication par marcottes, & par boutures, nous l'avons pratiquée
deux fois, sans succès; cependant il est très-
probable qu'elle doit réussir; c'est pourquoi nous
invitons les cultivateurs à l'essayer, dans différentes saisons, & de différentes manières.

Usage. Indépendamment de la rareté de ces
arbustes, l'agrément de leur port, la verdure
perpétuelle de leur feuillage, & la disposition
de leur ensemble, doivent les faire rechercher
dans les jardins des Amateurs de plantes étrangères, & les engager à les multiplier. (*M.
Thouin.*)

BRUNSFEL. *BRUNSFELTIA.*

M. de Jussieu place ce genre à la suite des
Solanées, & parmi ceux qui ont beaucoup d'affinités avec cette famille. C'est au Père Plumier
que la Botanique doit la connoissance de ce
genre. Il le découvrit dans l'Amérique méridionale, & lui donna le nom de *Brunsfeltia,* en
l'honneur de Brunsfeltius, habile Médecin allemand. Il lui attribue pour caractère essentiel,
d'avoir un calice monopétale à très-long tube,
quatre étamines, dont deux plus courtes que
les autres, un ovaire supérieur, surmonté d'un
stile, terminé par un stigmate épais, & un fruit
uniloculaire, qui renferme un grand nombre
de semences. Ce genre n'est encore composé
que d'une seule espèce, qu'on cultive en Europe, dans les serres chaudes, & qui s'y multiplie difficilement.

Brunsfel d'Amérique.
Brunsfeltia Ameri ana. L.
B. Brunsfel d'Amérique, à feuilles longues
Brunsfeltia Ameri ana angustifolia, ♄ de
la Martinique.

Descript. Le Brunsfel est un arbre dont le
tronc est aussi gros que le corps d'un homme,
quoiqu'il ne s'élève guère au-dessus de dix-huit
à vingt pieds. Il pousse, de sa cîme, un grand
nombre de branches, longues, étalées, & garnies de feuilles alternes, glabres, & portées sur
de courts pédicules. Les fleurs naissent trois ou
quatre ensemble, aux extrémités des branches;
elles sont presque aussi étendues que celles du
grand liseron des jardins; elles sont blanches,
parsemées de points violets sur leur tube, &
deviennent d'un jaune pâle en vieillissant. Elles
donnent naissance à des baies presque rondes,
un peu plus grosses que des noix, & qui renferment beaucoup de semences roussâtres. Ces
fruits contiennent un suc d'abord fort blanc,
qui noircit ensuite, & se putréfie.

La variété B. se distingue de son espèce, par
ses feuilles plus alongées, & par les divisions de
sa corolle, qui sont plus profondes; d'ailleurs
elle lui ressemble pour les autres parties.

Culture. Cet arbre est fort délicat en Europe;
dans toute la partie du nord, on ne peut le
conserver, que dans les serres les plus chaudes,
& en le tenant presque toute l'année, sur une
couche de tan. Il aime une terre substantielle,
qui ne soit pas susceptible de devenir dure &
compacte; il craint plus l'humidité, qu'il ne
redoute la sécheresse, & en général, il préfère
des bassinages multipliés, qui humectent seulement la surface de la terre, à des arrosemens
plus abondans, qui l'imbiberoient en totalité.
Comme il est fort sujet à être attaqué par les
pucerons & les galles-insectes, il est bon de le
laver de tems en tems, pour l'en débarrasser,
& empêcher ces animaux de se multiplier, &
de vivre aux dépens de sa substance.

On le multiplie de graines, que l'on tire des
Isles Antilles; elles doivent être semées au commencement du mois d'avril, dans des pots remplis d'une terre meuble & légère, que l'on
place ensuite sur une couche-chaude, couverte
d'un châssis. Lorsque les semences n'ont pas
plus de deux ans, & qu'elles ont été cueillies à
leurs points de maturité, elles lèvent ordinairement dans l'espace de six semaines, & souvent
le jeune plant est assez fort pour être repiqué
au commencement de Septembre. Chaque pied
doit être planté séparément dans des pots à
œillets, & placé sur une couche tiède,
ombragée, pour le faire reprendre plus sûrement; lorsqu'il est bien repris, on l'endurcit à
l'air, & on le rentre dans les serres-chaudes,
ou mieux encore, sous des baches à ananas,

pour y passer l'hiver. Au Printems, si l'on voit
que les racines sortent à travers les vases, on
le rempote, & on le place sur une tannée neuve,
où il doit rester tout l'Eté & les années suivantes,
jusqu'à ce que les tiges soient devenues trop
grandes, pour être contenues sous les châssis;
alors on le transporte dans les tannées de terres
chaudes, ou, en le transvasant d'année en année,
il devient assez fort pour fleurir. Ce n'est guère
qu'après la septième année de leur âge, que
ces arbres fleurissent, en Europe, & c'est ordinairement dans les mois de Juin & Juillet que
paroissent les fleurs; elles sont grandes, d'une
belle forme, & d'une odeur fort douce; mais
jusqu'à présent, elles n'ont point été suivies de
fruits dans nos climats.

On multiplie encore cet arbre de marcotes
& de boutures, mais plus difficilement. Les marcottes doivent être faites au Printems, avec des
branches d'une consistance un peu solide, les
pousses de l'année seroient trop herbacées; on
ligature ces branches, pour déterminer le bourrelet; on les courbe dans des pots à marcotter;
on les entretient toujours humides sur-tout pendant les grandes chaleurs de l'Eté, & lorsqu'elles
sont suffisamment enracinées, on les sépare
& on les traite comme les jeunes plants. Pour
faire les boutures, avec quelque espérance de
succès, il faut choisir le moment où la sève de
l'arbre est dans l'inaction, & ne prendre que
des rameaux de la dernière pousse. On les plante
dans de petits pots, avec du terreau de saule;
on les place ensuite sous une tannée tiède, &
sous une cloche, que l'on ombrage encore avec
une natte. Au bout de six semaines ou deux
mois, si les feuilles des boutures sont tombées,
& qu'il en paroisse d'autres, on peut espérer
de les voir reprendre; alors il faut donner un
peu d'air en soulevant la cloche, & en retirant
la natte qui la couvroit, d'abord pendant la
nuit, ensuite le matin & le soir, lorsque le
soleil n'est pas trop ardent, & enfin pendant
toute la journée. Lorsqu'enfin les boutures sont
habituées à soutenir la présence du Soleil, &
qu'on est parvenu à leur faire supporter l'air
libre de la bache, on les laisse croître, pendant
quelques mois, pour leur donner le temps de
s'enraciner complètement, ensuite on les sépare
en mottes, & on les gouverne comme les jeunes
plants venus de semences.

Usage. Le Brunsfel est un des arbres les plus
intéressans des serres-chaudes. Indépendamment
de la beauté de ses fleurs, son feuillage élégant,
& sa belle verdure, doivent le faire rechercher
dans les jardins des Curieux; c'est dommage qu'il
exige autant de chaleur. (*M. Thouin.*)

BRUNSWIGIE, ou la Girandole. *Amaryllis
orientalis.* L. *Voyez* AMARYLLIS orientale,
n°. 11. (*M. Thouin.*)

BRUSE. Nom donné par les Provençaux

l'Erica fcoparia. L. *Voyez* BRUYÈRE à balais, n°. 14. (*M. Thouin.*)

BRUSE. *Bruscus*. Ancien fynonyme du nom du genre des *Ruſcus*. *Voyez* FRAGON. (*M. Thouin.*)

BRUSQUE. *Ulex Europeus*. L. *Voyez* AJONC d'Europe, n.º 1. (*M. Thouin.*)

BRUYERE, *Erica*.

Ce genre de plante a donné fon nom à la famille des BRUYÈRES, comme étant les plus nombreux en efpèces, & les plus répandus fur la furface du globe. Il eft compofé dans ce moment de plus de quatre-vingt efpèces différentes, figurées ou décrites par les Botaniftes modernes. Elles font originaires des pays chauds ou tempérés de l'Europe & de l'Afrique, où elles croiffent fur des terreins fablonneux fecs ou humides. En général, ces plantes viennent en maffes; quelquefois elles forment des tapis ferrés de plufieurs lieues d'étendue, d'autres fois, elles forment des taillis très-confidérables, à travers lefquels il eft très-difficile de pénétrer; & il eft rare de rencontrer parmi elles, d'autres efpèces de végétaux, parce qu'elles s'emparent prefque exclufivement du terrein. Ce font des arbuftes, des fous-arbriffeaux & des arbriffeaux, qui confervent leurs feuilles toute l'année entière, & dont la forme & la verdure font fort agréables. Ils fe chargent, dans différentes faifons de l'année, d'une grande quantité de fleurs, la plupart de couleurs éclatantes, qui durent long-temps, & produifent de beaux effets.

En général, ces fous-arbriffeaux font d'une culture difficile, dans les jardins. Les efpèces européennes fe confervent en pleine terre, dans des planches de terreau de Bruyère, & celles d'Afrique fe cultivent dans des vafes, que l'on rentre l'hiver, fous des chaffis, ou dans des ferres tempérées. On les multiplie difficilement de graine, plus aifément de marcottes, & quelquefois de boutures.

Les Bruyères fourniffent aux Abeilles, un miel très-abondant; on emploie les rameaux de quelques efpèces, à faire des ballets, & dans beaucoup d'endroits, elles font une reffource pour le chauffage des habitans des campagnes.

Eſpèces

* I. *Anthères à deux Cornes; feuilles oppofées.*
1. BRUYÈRE commune.
Erica vulgaris. L.
B. BRUYÈRE commune, à fleurs blanches.
Erica vulgaris alba.
C. BRUYÈRE velue.
Erica vulgaris hirfuta, ♄ partoute l'Europe.
2. BRUYÈRE jaune.
Erica lutea. ♄ du Cap de Bonne-Efpérance.

* II. *Anthères à deux cornes; feuilles ternées.*
3. BRUYÈRE véficuleufe.
Erica alicacaba. L. ♄ du Cap.
4. BRUYÈRE régerminante.
Erica regerminans. L. ♄ du Cap.
5. BRUYÈRE hifpidule.
Erica hifpidula. L. ♄ du Cap.
6. BRUYÈRE muqueufe.
Erica mucofa. L. ♄ du Cap.
7. BRUYÈRE à calice réfléchi.
Erica bergiana. L. ♄ du Cap.
8. BRUYÈRE couchée.
Erica depreſſa. L. ♄ du Cap.
9. BRUYÈRE pilulifere.
Erica pilulifera. L. ♄ de l'Ethiopie.
BRUYÈRE verd-pourpre.
Erica viridi purpurea. L. ♄ du Portugal.
11. BRUYÈRE ucéolée.
Erica pentaphylla. L. ♄ du Cap.
12. BRUYÈRE noirâtre.
Erica nigrita. L. ♄ du Cap.
13. BRUYÈRE à feuilles planes.
Erica planifolla. L. ♄ du Cap.
14. BRUYÈRE à balais.
Erica fcoparia. L. ♄ de différentes parties de la France.
15. BRUYÈRE en arbre.
Erica arborea. L. ♄ de la France méridionale.
16. BRUYÈRE tardive.
Erica vefpertina L. Fil. fup. ♄ du Cap.
17. BRUYÈRE blanche.
Erica monfoniana. L. Fil. fup ♄ d'Afrique.
18. BRUYÈRE tétragone.
Erica tetragona. L. Fil. fupp. ♄ du Cap.
19. BRUYÈRE à feuilles de romarin.
Erica marifolia. Aiton hort, rew. ♄ du Cap.
20. BRUYÈRE enfanglantée.
Erica cruenta Ait. Gort. Kew. ♄ du Cap.
* III. *Anthères à deux cornes; feuilles quaternées.*
21 BRUYÈRE à rameaux effilés.
Erica ramentacea. L. ♄ du Cap.
22. BRUYÈRE à calices ciliés.
Erica perfoluta. L. ♄ du Cap.
BRUYÈRE naine.
Erica ftrigofa. Ait. Gort. Kew. ♄ du Cap.
24. BRUYÈRE du Brabant ou quaternée.
Erica tetralix. ♄ des lieux humides de la France.
BRUYÈRE pubefcente.
Erica pubefcens. L.
B. BRUYÈRE pubefcente à petites fleurs.
Erica pubefcens parviflora *Erica parviflora*. L. ♄ du Cap.
26. BRUYÈRE à feuilles de fapin.
Erica abietina. L.
B. BRUYÈRE à feuilles de fapin velues.
Erica abietina hirfuta. ♄ du Cap.

2. BRUYÈRE

27. BRUYÈRE à fleurs lâches.
ERICA laxa. La M. Dict. n.° 24. an ERICA mammosa? L. ♄ d'Afrique.
28. BRUYÈRE caffre.
ERICA caffra. L. ♄ d'Éthiopie.
29. BRUYÈRE sessiliflore.
ERICA sessiliflora. L. Fil. Supp. ♄ du Cap.
30. BRUYÈRE fasciculaire.
ERICA fascicularis. L. Fil. Sup. ♄ du Cap.

* IV. Anthères en crêtes; feuilles ternées.

31. BRUYÈRE à trois fleurs.
ERICA triflora. L. ♄ du Cap.
32. BRUYÈRE à fleurs en baie.
ERICA baccans. L. ♄ du Cap.
33. BRUYÈRE gnaphaloïde.
ERICA gnaphaloides. L. ♄ du Cap.
34. BRUYÈRE à feuilles de coris.
ERICA corifolia. L. ♄ du Cap.
35. BRUYÈRE articulée.
ERICA articularis. L. ♄ du Cap.
36. BRUYÈRE bractéolée.
ERICA bracteolaris. La M. Dict. n.° 32. ♄ du Cap.
37. BRUYÈRE calicinale.
ERICA calycina. L. ♄ du Cap.
38. BRUYÈRE cendrée.
ERICA cinerea. L.
B. BRUYÈRE cendrée à fleur rouge.
ERICA cinerea rubens.
C. BRUYÈRE cendrée à fleurs blanches.
ERICA cinerea alba. ♄ commune par toute l'Europe méridionale.
39. BRUYÈRE paniculée.
ERICA paniculata. L. ♄ d'Afrique.

* V. Anthères en crête; feuilles quaternées.

40. BRUYÈRE australe.
ERICA australis. L. ♄ d'Espagne & de Portugal.
41. BRUYÈRE à fleurs enflées.
ERICA physodes Bergius. ♄ du Cap.
42. BRUYÈRE à feuilles de camarine.
ERICA empetrifolia. L. ♄ du Cap.
43. BRUYÈRE à feuilles recourbées.
ERICA retorta. L. Fil. Sup. ♄ du Cap.
44. BRUYÈRE perlée.
ERICA margaritacea. Ait. Hort. Kew. ♄ du Cap.

* VI. Anthères mutiques & enfermées; feuilles opposées.

45. BRUYÈRE à feuilles menues.
ERICA tenuifolia. L. ♄ du Cap.
46. BRUYÈRE passérinoïde.

ERICA passerina. L. Fil. Suppl. ♄ du Cap.

* VII. Anthères mutiques & enfermées; feuilles ternées.

47. BRUYÈRE blanchâtre.
ERICA albens. L. ♄ du Cap.
48. BRUYÈRE à calices triflores.
ERICA spumosa. L. ♄ du Cap.
49. BRUYÈRE capitée.
ERICA capitata. L. ♄ du Cap.
50. BRUYÈRE à anthères noires.
ERICA melanthera. L. du Cap.
51. BRUYÈRE absinthoïde.
ERICA absinthoides. L. ♄ du Cap.
52. BRUYÈRE ciliée.
ERICA ciliata. L. ♄ du Mans, d'Espagne & de Portugal.
53. BRUYÈRE pétiolée.
ERICA petiolata. Ait. Hort. Kew. ♄ du Cap.

* VIII. Anthères mutiques & enfermées; feuilles quaternées.

54. BRUYÈRE tubiflore.
ERICA tubiflora. L. ♄ du Cap.
55. BRUYÈRE à fleurs courbes.
ERICA curviflora. L.
B. BRUYÈRE à grandes fleurs courbes.
ERICA curviflora grandiflora.
ERICA grandiflora. L. Fil. Sup. ♄ du Cap.
56. BRUYÈRE écarlate.
ERICA coccinea. L. d'Éthiopie.
57. BRUYÈRE à long tube jaune.
ERICA conspicua. Ait. Hort. Kew. ♄ du Cap.
58. BRUYÈRE à fleurs de mélinet.
ERICA cerinthoides. L. ♄ de Cap.
59. BRUYÈRE à bouquet.
ERICA fastigiata. L. ♄ du Cap.
60. BRUYÈRE pyramidale.
ERICA pyramidalis. Ait. Hort. Kew. ♄ du Cap.
61. BRUYÈRE cubique.
ERICA cubica. L. ♄ du Cap.
62. BRUYÈRE dentée.
ERICA dentata L. M. Dict. n° 54. An ERICA denticulata? L. ♄ du Cap.
63. BRUYÈRE à fleurs visqueuses.
ERICA viscaria. L. ♄ du Cap.
64. BRUYÈRE granulée.
ERICA granulata. L. ♄ du Cap.
65. BRUYÈRE pamprée.
ERICA comosa. L. ♄, du Cap.
66. BRUYÈRE hérissée.
ERICA sparmanni L. ♄ de la Caffrerie.
67. BRUYÈRE couleur de chair.
ERICA concinna. Ait. Hort. Kew. ♄. du Cap.

Eee

68. Bruyère octogone.
Erica massoni. L. Fil. Sup. ♄ du Cap.

* IX. *Anthères muriques & saillantes;*
feuilles ternées.

69. Bruyère à longues étamines.
Erica pluknetii. L. ♄ du Cap.
70. Bruyère à pinceaux.
Erica petiverii. L. ♄ du Cap.
71. Bruyère à fleurs nues.
Erica nudiflora. L. ♄ du Cap.
72. Bruyère à calice laineux.
Erica bruniades. L. ♄ du Cap.
73. Bruyère à feuilles de mélèse.
Erica laricifolia. La M. Dict. n.° 64. ♄ du
Cap.
74. Bruyère à ombelles.
Erica umbellata. L. ♄ du Portugal.
75. Bruyère à corolle plane.
Erica thumbergii. L. ♄ du Cap.
76. Bruyère à anthères blanches.
Erica leucanthera. L. Fil. Sup. ♄ du Cap.
77. Bruyère à longs pétioles.
Erica petiolaris. La M. Dict. n.° 68. ♄ du
Cap.

* X. *Anthères muriques & saillantes; feuilles*
quaternées, ou plus nombreuses aux verticilles.

78. Bruyère pourprée.
Erica purpurascens. L. ♄ des provinces
méridionales de la France.
79. Bruyère herbacée.
B. Bruyère herbacée & carnée.
Erica herbacea carnea.
Erica carnea L. ♄ de l'Europe auftrale.
80. Bruyère multiflore.
Erica multiflora. L.
B. Bruyère multiflore naine.
Erica multiflora nana. ♄ de l'Europe méri-
dionale.
81. Bruyère méditerranéenne.
Erica mediterranea. L. ♄ du Portugal.
82. Bruyère à têtes velues.
Erica eriocephala. La M. Dict. n.° 73. ♄
du Cap

* XI. *Feuilles alternes ou éparses, sans former*
de verticilles diftinds.

83. Bruyère à feuilles de rossolis.
Erica droseroides. La. M. Dict. n.° 74.
Andromeda droseroides. L. ♄ du Cap.
84. Bruyère à feuilles de Mirthe.
Erica dabœcii. L. ♄ des marais de France,
d'Espagne & d'Irlande.

La grande quantité des espèces qui composent ce genre, & leur similitude entre elles,

nous force de généraliser la description de leur
port, pour ne pas tomber dans l'inconvénient
d'entrer dans des détails déjà consignés dans le
Dictionnaire de Botanique, & de faire un double
emploi.

Les Bruyères, relativement à leur stature,
peuvent se diviser en arbustes, en sous-arbrisseaux
& en arbrisseaux. Les premiers, tels que la
Bruyère commune, la cendrée, celle du Brabant, &c., qui forment à-peu-près le quart
des espèces, ne s'élèvent pas au-deffus de quinze
à 18 pouces de haut, forment des touffes arrondies dans leur circonférence & applaties en
deffus. Elles pouffent de leurs racines, traçantes
& chevelues, une grande quantité de branches
qui se divisent en rameaux. Les unes & les
autres font couvertes de feuilles linéaires dans
presque toutes les espèces du genre, & dispo-
fées par verticilles, de 3, 4 & 6 feuilles, partant du même point de la circonférence de la
tige. Les fleurs font monopétales, disposées en
très-grand nombre dans les aiffelles des feuilles
de l'extrémité des rameaux, & font de couleur
brillante, la plupart très-agréables.

La division des fous-arbrisseaux eft compofée
d'à-peu-près la moitié des espèces, parmi lefquelles se trouve la Bruyère à balais, la multiflore, &c. Celles-ci s'élèvent jufqu'à la hauteur
de fix pieds environ. Elles pouffent de leurs
racines des tiges qui se divisent en branches,
& celles-ci en rameaux. Les feuilles font de même
forme, & disposées de la même manière que
celles de la première division, mais elles font
plus longues. Leurs fleurs font auffi généralement plus grandes, plus belles, mais moins
nombreuses que les premières.

La 3.ᵉ & dernière division de ce genre eft
formée d'arbrisseaux, dont les tiges s'élèvent de
huit à dix pieds, & plus, tels que la Bruyère
des Cafres. Leur port a quelque reffemblance,
dans leur pays natal, avec celui de notre Genevrier commun. Leurs tiges s'élèvent droites;
elles font garnies de branches très-rapprochées
les unes des autres, depuis la fouche jufqu'au
fommet, & forment une colonne qui se termine
en une pyramide pointue. En général, les fleurs
des espèces de cette division font petites, verdâtres & peu apparentes.

Culture.

Les espèces, n.ᵒˢ 1, 14, 24, 38, 52, 79 & 84,
ne craignent pas les plus grands froids de notre
climat, & se cultivent, en pleine terre, dans les
jardins des environs de Paris.

Les espèces, n.ᵒˢ 10, 15, 40, 74, 78 & 81,
étant originaires des pays Méridionaux de l'Europe, ont besoin d'une température plus douce,
& ne paffent nos Hivers, en pleine terre, que
lorfqu'on a la précaution de les placer à une

exposition chaude, & de les garantir des gelées qui passent cinq degrés, au moyen de sannes de fougère, de paille ou de chassis.

Le reste des espèces qui viennent du Cap de Bonne-Espérance, de l'Ethiopie & de la Cafrerie, ne se conserve, dans notre climat, qu'au moyen des chassis & des serres tempérées. (*M. Thouin.*)

BRUYÈRES. *Ericæ.*

Famille de végétaux, composée d'un grand nombre de genres, lesquels ont beaucoup de rapport avec celui des Bruyères, qui en fait partie, & qui lui a donné son nom.

Cette famille est composée, presqu'en entier, de végétaux ligneux, la plupart étrangers à l'Europe. Ce sont des arbustes, des sous-arbrisseaux, des arbrisseaux, dont les racines sont longues, recouvertes d'un épiderme mince & garnies d'un chevelu délié noir, qui se dessèche promptement à l'air, & devient cassant. Leurs tiges partent plusieurs ensemble, d'une souche commune, & quelquefois, il s'en établit de nouvelles sur des racines qui tracent à quelque distance des souches. Ces tiges se divisent en rameaux alternes, garnis de feuilles de différentes formes, & de toutes sortes de teintes, lesquelles sont permanentes, dans un très-grand nombre d'espèces, & qui, dans les autres, tombent chaque année.

En général, les fleurs des végétaux de cette famille sont grandes, d'une seule pièce, disposées en épis, en panicules, en bouquets ou solitaires dans les aisselles des feuilles, mais en si grand nombre, & de couleurs si variées, qu'elles produisent un effet très-agréable.

Dans la plupart des espèces, les fruits sont des capsules sèches, à plusieurs valves, ou des baies succulentes, qui renferment une grande quantité de petites semences.

D'après la structure & la délicatesse des racines de ces plantes, il paroît que la nature les a destinées à croître dans les terrains les plus légers & les plus faciles à pénétrer, tels que ceux qui sont composés de sable & de détrimens de végétaux. Aussi dans les différentes parties du globe, où elles croissent, depuis le Kamtschatka, jusqu'au Cap de Bonne-Espérance, les trouve-t-on presque toujours dans les lieux sablonneux ? Un grand nombre d'entr'elles exigent encore que ce terrein soit fréquemment imbibé, par des eaux courantes ou stagnantes, & presque toutes celles-ci craignent le grand Soleil, & végétent plus vigoureusement à l'ombre.

En général, les végétaux de cette famille sont d'une courte durée. Leurs semences perdent promptement leurs propriétés germinatives, & lors même qu'elles sont fraîches, elles lèvent difficilement & restent long-tems en terre. Ces plantes ont besoin d'une terre sablonneuse & douce, dans laquelle on fait entrer du terreau de Bruyère, ou d'autres substances végétales décomposées, pour la rendre plus substantielle. La plupart exigent une humidité qui entretienne la surface de la terre toujours fraîche, & celles-ci préfèrent les positions ombragées & tournées au nord ; les autres, sans craindre les rayons du Soleil, & sans exiger une humidité habituelle, veulent cependant être garanties de ses plus forts rayons, & ont besoin d'être bassinées fréquemment. On cultive les premières dans des plates-bandes de terreau de Bruyère, & les autres dans des pots que l'on rentre l'hiver sous des chassis ou dans les serres.

Ces arbrisseaux se multiplient de graines, de marcottes & quelquefois de boutures, mais difficilement. En général, ils sont délicats, & d'une culture assujettissante & dispendieuse.

Quelques-uns donnent des baies qui sont bonnes à manger, & dont on tire une boisson agréable & rafraîchissante ; celles de quelques autres sont employées dans les Arts. La verdure permanente d'un grand nombre d'espèces, l'agrément de leur port, & sur-tout la beauté & la vivacité des couleurs de leurs fleurs, les font rechercher dans les jardins des Curieux où ces arbrisseaux sont encore rares.

Voici, d'après M. de la Marck, la liste des genres qui composent cette famille.

Le Plaqueminier....	*Diospyros.*
Le Royen............	*Royena.*
L'Airelle.	*Vaccinium.*
L'Arbousier.........	*Arbutus.*
L'Andromède........	*Andromeda.*
La Bruyère.........	*Erica.*
La Blairie..........	*Blæria.*
Le Sarcocolier......	*Penœa.*
L'Epacris..........	*Epacris.*
La Pirole..........	*Pyrola.*
L'Epigée..........	*Epigæa.*
Le Palommier......	*Gaultheria.*
Le Lède..........	*Ledum.*
Le Rosage........	*Rhododendrum.*
Le Rodore........	*Rodora.*
L'Azalée..........	*Azalea.*
La Kalmie.........	*Kalmia.*
Le Clétra.........	*Clethra.*

(*M. Thouin.*)

BRUYÈRES. On donne généralement le nom de Bruyères aux Landes ; c'est principalement dans le pays de Gueldres, dans la Frise & dans la Westphalie que ce nom est adopté comme traduction littérale du mot...... que les habitans leur donnent dans leur langue, à cause des Bruyères qui forment la base principale des productions de ces terres. La terre superficielle de ces Landes est une espèce de terreau sablonneux que j'ai caractérisé, dans plusieurs ouvrages ;

par le nom de *Tourbière sèche. Voyez* ce mot.

En effet, sa formation est la même, excepté seulement que le sable, sur lequel il repose, facilite la filtration des eaux: de-là une décomposition beaucoup moindre des matières végétales, & leur conservation, sous forme de tourbe sèche ou terreau mêlé avec du sable qui forme la base de ce terrein.

Lorsqu'on enlève cette surface dans les Landes de la Gueldres, ce qui est très-commun, le sable reste presque nud; mais bientôt de nouvelles Bruyères & de nouvelles Graminées repoussent, leurs résidus s'augmentent en peu d'années, & la croûte tourbeuse se réforme par l'agrégation lente de toutes les anciennes parties des végétaux qui se sont accumulées. *Voyez* CLIMAT.

Comme l'eau se réunit nécessairement dans les fonds, ce sont les parties où la croûte tourbeuse est la plus épaisse; aussi ce sont ces espèces de vallons que l'on essaye de défricher en Gueldres. Lorsque ces vallons sont étendus, comme celui qui formoit jadis le bassin du Lac Flevo (Journ. de Phyf. année 1789). On y a bâti des villages, des villes, & la terre y est devenue très-fertile par la longue succession des cultures: mais d'autres vallons moins étendus ne contiennent qu'un village, un hameau, souvent une ferme, & ces Isles habitées, sont séparées par des espaces d'une à plusieurs lieues de sables mouvans ou de Bruyères, dont la couche tourbeuse est trop mince pour être susceptible de culture. Alors les habitans de ces vallons vont lever dans les Bruyères qui les entourent, l'écorce du terrain, & la portent dans les bergeries : tous les quinze jours, ils en ajoutent une qui s'imprègne des urines & des crottes des moutons, & ce fumier leur sert à augmenter la fertilité de la portion qu'ils cultivent. Cette espèce de litière cause une humidité malfaisante; mais, comme c'est principalement pour le fumier qu'ils gardent des moutons, ils ne corrigent pas leur méthode. Ces Landes, dont on enlève fréquemment l'écorce, ne sont jamais susceptibles de culture, ou du moins devroient être laissées très-long-tems à elles-mêmes pour réparer ces pertes successives. En effet, on est parvenu, avec de la patience, à changer en terres médiocres, ces espaces stériles; le moyen le plus économique est de cerner une étendue quelconque, au moyen d'un large fossé, pour le garantir du gibier qui y abonde, & d'y planter des Chênes, des Pins, ou des Mélèses. J'ajoute ce dernier arbre, parce que j'en ai fait l'expérience en grand; elle a réussi, & cet arbre précieux prépare aux Habitans, une ressource des plus intéressantes. Le Chêne réussit mieux en taillis qu'en futayes, & on a l'avantage après plusieurs coupes, d'avoir une terre labourable, où l'on peut faire de très-bonnes récoltes en sarrafin, seigle, navets ou spergule; & il suffit, pour conserver ce terrain à l'agriculture, de le

nourrir avec ce fumier dont j'ai parlé plus haut.

C'est avec fondement que je nomme *Tourbe sèche* cette espèce de terreau, car il se forme de même; on observe des nuances imperceptibles qui marquent les passages de l'un à l'autre, & même on exploite dans la Gueldres comme Tourbe, les parties de cette écorce du terrain qui ont une certaine épaisseur, c'est-à-dire, les parties les plus basses du vallon. Et même la Tourbe légère de Frise dont les Brasseurs d'Amsterdam font usage, sous le nom de *Packturf* ou *Frieseturf*, est exploitée dans des Bruyères de la même nature, comme le *Derry* ou *Tourbe de Zélande*, n'est que le terreau des marais couverts par l'eau de mer. *Voyez* TOURBE.

On trouvera au mot LANDE, tout ce qui concerne le défrichement de cette nature de terrain, les moyens d'en tirer le parti le plus avantageux, & celui de les améliorer; ceci n'est qu'une simple notice des particularités qui règnent dans la Gueldres, pays que j'ai vu avec quelques soins. (*M. Reynier.*)

BRUYERES. (TERREAU DE) Terreau particulier qui se trouve à la surface de toutes les Landes sablonneuses. C'est une espèce de Tourbe modifiée par les circonstances locales, & dont j'indiquerai la formation à l'article TOURBIÈRE SÈCHE, j'en dis aussi quelques mots à l'article CLIMAT; on trouve enfin au mot TERREAU, l'usage qu'on en fait dans les jardins. (*M. Reynier.*)

BRUYNE. (PETITE PLUIE.) *Voyez* BRUINE. (*M. Thouin.*)

BRY. *Bryum.*

Genre de plantes de la famille des MOUSSES, qui a beaucoup de rapports avec les Mnies & les Politrics. Il comprend un grand nombre d'espèces, presque toutes naturelles à l'Europe, & dont la plupart même se trouvent en France.

Ce genre, ainsi que toute la famille nombreuse des Mousses en général, est un de ceux contre lesquels viennent échouer tous les efforts de l'industrie humaine. L'homme a pu, par ses soins, transporter d'une extrémité du monde à l'autre, les arbres les plus durs & les plus imposans par leur grandeur. Le Baobab même, ce Colosse des sables brûlans de l'Afrique, il l'a forcé de végéter dans les climats les plus tempérés; & il n'a pas la faculté de faire pousser où il le veut le plus foible brin de Mousse. Ce végétal, si abondant par-tout où la nature seule en prend soin, se refuse à tout l'art de la Culture. Ce qui peut du moins servir à nous consoler de notre impuissance à cet égard, c'est que nous ne connoissons encore à ces plantes aucune espèce de propriété, soit pour l'économie, soit pour l'agrément. Leur peu d'utilité, & l'impos-

...bilité de les cultiver, nous difpenfent donc d'entrer dans aucuns détails. Ainfi, nous nous bornerons à tracer ici une idée des principaux caractères qui diftinguent ce genre des autres qui entrent dans la même famille, & à donner une lifte des différentes efpèces, en fuivant l'ordre dans lequel elles font rangées dans le Dictionnaire de Botanique.

Nous y ajouterons une indication exacte des lieux où elles croiffent naturellement, pour faciliter les recherches des Curieux qui veulent les réunir en herbier.

Les plantes qui font comprifes dans ce genre forment, pour la plupart, de petits gazons convexes & ferrés. Elles portent des urnes, munies d'opercules à coëffe glabre, & foutenues ordinairement par un filet terminal, qui naît d'un tubercule, & rarement d'un gaine.

En général, les tiges font droites, la plupart fimples, & viennent un grand nombre enfemble, formant un faifceau ou un gazon, plus ou moins ferrés.

La fituation des Urnes peut fervir à diftinguer les efpèces, & à les divifer en trois claffes. Les uns font feffiles ou prefque feffiles, les autres font pédonculées & droites, & d'autres enfin font penchées ou pendantes.

Efpèces & variétés.

* Urnes feffiles ou prefque feffiles.

1. BRY apocarpe.
BRYUM aporcapos. L
B. BRY apocarpe blanc.
BRYUM apocarpos incanum. fur les pierres & fur les troncs d'arbre.

2. BRY ftrié.
BRYUM ftriatum. L.
B. BRY ftrié petit.
BRYUM ftriatrum minus.
C. BRY ftrié cariné.
BRYUM ftriatum carinatum.
D. BRY ftrié crépu.
BRYUM ftriatum crifpum. fur les troncs d'arbres.

** Urnes pédiculées & droites.

3. BRY pomiforme.
BRYUM pomiforme. L. dans les lieux frais, fablonneux & piérreux.

4. BRY pyriforme.
BRYUM pyriforme. L. Dans les terreins argilleux.

5. BRY éteignoir.
BRYUM extinctorium. L.
B. BRY éteignoir rameux.

BRYUM extinctorium ramofum. Dans les lieux fablonneux.

6. BRY fubulé.
BRYUM fubulatum. L. dans les lieux frais & les bois.

7. BRY ruftique.
BRYUM rurale. L. fur les toits des maifons ruftiques & fur les vieux murs.

8. BRY des murs.
BRYUM murale. L.
B. BRY des murs capillaire.
BRYUM murale capillare. L. fur les murailles & fur les pierres.

9. BRY en balais.
BRYUM fcoparium. L. dans les bois.

10. BRY ondulé.
BRYUM undulatum. L. dans les bois.

11. BRY glauque.
BRYUM glaucum. L. fur la terre, dans les lieux couverts & fablonneux, les landes & les bois.

12. BRY blanchâtre.
BRYUM albidum. L. de l'Ifle de la Providence.

13. BRY tranfparent.
BRYUM pellucidum. L.
B. BRY tranfparent à feuilles recourbées.
BRYUM Pellucidum reflexum. dans les marais & les lieux fangeux.

14. BRY fans cils.
BRYUM imberbe. L. dans les lieux fablonneux, près des haies & fur les murs.

15. BRY unguiculé.
BRYUM unguiculatum. L.
B. BRY unguiculé en étoile.
BRYUM unguiculatum ftellatum. fur les murs & dans les lieux fablonneux.

16. BRY aciculaire.
BRYUM aciculare. L. des Montagnes de l'Angleterre, de l'Allemagne & de la Suiffe.

17. BRY flexueux.
BRYUM flexuofum. L. dans les bois.

18. BRY élégant.
BRYUM heteromallum. L. dans les bois, au pied des arbres.

19. BRY de montagne.
BRYUM montanum. Lam. Fl. Fr. des Montagnes du Dauphiné & de la Suiffe.

20. BRY tortueux.
BRYUM tortuofum. L. dans les Montagnes.

21. BRY tronqué.
BRYUM truncatulum. L. dans les lieux argilleux.

22. BRY verdoyant.
BRYUM viridulum. L.
B. BRY verdoyant des marais.
BRYUM viridulum paludofum.
BRYUM paludofum. L. fur les bords des foffés humides.

23. BRY hypnoïde.
BRYUM hypnoïdes. L.

B. BRY hypnoïde fasciculé.
Bryum hypnoïdes fasciculare.
B. BRY hypnoïde barbu.
Bryum hypnoïdes barbatum.
D. BRY hypnoïde blanchâtre.
Bryum hypnoïdes canescens. sur les pierres & dans les lieux sablonneux.
24. BRY verticillé.
Bryum verticillatum. L. sur les côtes des Collines.
25. BRY d'Eté.
Bryum æstivum. L dans les marais.
26. BRY à longs pédicules.
Bryum trichodes. La M. Dict.
A. BRY doré à longs pédicules.
Bryum trichodes aureum.
B. BRY à longs pédicules sans tiges.
Bryum trichodes acaulon.
C. BRY à longs pédicules & à capsules oblongues.
Bryum trichodes, capsulis oblongis.
Bryum Celsii. L. de la Suède, l'Allemagne, la Suisse, &c.
27. BRY à feuilles recourbées.
Bryum squarrosum. L. dans les marais de l'Europe septentrionale.

*** *Urnes penchées ou pendantes.*

28. BRY argenté.
Bryum argenteum. L.
B. BRY argenté pendant.
Bryum argenteum pendulum. sur les murailles & sur les pierres.
29. BRY coussinet.
Bryum pulvinatum. L. sur les murailles & sur les pierres.
30. BRY des gasons.
Bryum cespiticum. L. dans les lieux frais & sur les murs.
31. BRY rougeâtre.
Bryum carneum. L. dans les lieux frais & argilleux.
32. BRY à tiges simples.

33. BRY des Alpes.
Bryum alpinum. L. sur les rochers couverts d'un peu de terre. (*M. DAUPHINOT.*)

BRIONE. *BRYONIA.* L.

Genre de plantes, de la famille des Cucurbitacées, dont les espèces sont répandues sous tous les climats : elles sont toutes grimpantes & garnies de vrilles. Les fleurs sont unisexuelles, mais naissent ordinairement sur le même pied, & les fleurs des deux sexes ne diffèrent point pour la forme extérieure. Le fruit est une baie ronde ou ovale, qui renferme 3 ou 4 sémences.

Les fleurs mâles contiennent trois étamines, dont deux portent des anthères géminées.

Espèces.

1. BRYONE commune.
Bryonia alba. L. ♃ dans les haies de l'Europe.
B. Variété à baies noires de l'Allemagne.
2. BRYONE palmée.
Bryonia palmata L. ♃ de l'Isle de Ceylan.
3. BRYONE à grandes fleurs.
Bryonia grandis. L. de l'Inde.
4. BRYONE de Madras.
Cucumis maderaspatanus. L. de Malabar.
5. BRYONE à feuilles en cœur.
Bryonia cordifolia. L. de l'Isle de Ceylan.
6. BRYONE amplexicaule.
Brionia amplexicaulis. La M. de l'Inde.
7. BRYONE laciniée.
Bryona laciniosa. L. ♃ de l'Isle de Ceylan.
8. BRYONE hérissée.
Bryonia scabrella. La M. de l'Inde.
9. BRYONE d'Afrique.
Bryonia Africana. L. ♃ de l'Afrique.
10. BRYONE naine.
Bryonia nana. La M. ♃ de l'Afrique.
11. BRYONE d'Abyssinie.
Bryonia Abissinica. ♃ de l'Afrique.
12. BRYONE de Crête.
Bryonia Cretica. L. de l'Isle de Candie.
13. BRYONE d'Amérique.
Bryonia Americana. La M. des Antilles.
14. BRYONE à feuilles de figuier.
Bryonia ficifolia. La M. des environs de Buenos-Ayres.

1. BRYONE commune. On nomme très-improprement cette plante *Bryone blanche* dans l'Encyclopédie Botanique, d'après les anciens Botanistes, qui la distinguoient, par cette épithète, du *Tamier* qu'ils nommoient *Bryone noire*, à cause du vert foncé des feuilles. La Bryone commune n'ayant rien de blanc, cette dénomination est fausse.

La racine de cette Bryone est grosse & charnue, il en sort tous les ans des tiges qui montent, en grimpant, à la hauteur de cinq à dix pieds. Chaque feuille est accompagnée d'une vrille simple, qui lui sert à s'accrocher, & à l'aisselle des supérieures, naissent les fleurs disposés en bouquets, les femelles sont presque sessiles, & les mâles sont portées par des pédoncules. Les bayes sont rondes, & pleines d'un suc visqueux, d'une odeur nauseuse : en mûrissant, elles se colorent de rouge, après avoir offert toutes les nuances du jaune. Les Botanistes parlent d'une Bryone à fruits noirs, qu'on regarde comme une variété de cette espèce, comme elle est peu connue, quoiqu'originaire de l'Allemagne ; on ne peut pas prononcer : cependant la couleur des fruits dans les espèces sauvages est assez constante, pour faire présumer des différences, qu'un examen plus attentif pourra faire connoître.

Usage. La racine de **Bryone** contient beaucoup de parties amylacées, qu'on pourroit extraire pour faire de l'amidon, & même pour en former une espèce de cassave. Plusieurs Naturalistes l'ont comparée à celles de Manioc, dont les qualités vénéneuses ne résident que dans les sucs, & qui forment, après quelques préparations, une nourriture saine & substantielle. M. Morand, de l'Académie des Sciences, & M. Parmentier, ont constaté, par des expériences, les qualités nutritives de la racine de Bryone. J'observerai à ce sujet que la Bryone sauvage ne suffiroit pas pour occuper des moulins, puisqu'une fois arrachée dans un lieu, elle n'y reparoît qu'après plusieurs années, & qu'il seroit inutile de s'occuper d'une culture aussi désagréable & aussi longue, tandis que nous trouvons, dans les plantes céréales, les mêmes principes avec moins d'inconvéniens. Les Caraïbes n'auroient jamais cultivé le manioc, s'ils avoient connu les plantes céréales, lorsqu'ils ont commencé leur agriculture. On ne pourroit jamais priver la Bryone de son odeur nauséabonde, & il faudroit occuper deux années la terre pour une récolte inférieure à celle que le bled ou les pommes de terre nous donnent dans le cours d'un Eté.

Culture. La Bryone n'est cultivée que dans les jardins de Botanique, où il est bien plus court de transplanter de la campagne une racine qui y durera dix ans & plus, plutôt que de l'élever de graine, méthode longue, & que la facilité de se procurer des individus sauvages rendroit inutile. Mais on peut avoir intérêt à multiplier de graines des variétés moins communes, il faut indiquer les moyens qui m'ont réussi. La graine ayant été séparée de la pulpe des bayes, par des lotions réitérées, on les sème dans un vase plein d'une terre humide, que l'on tient à l'ombre. Dans le cours de l'année, les jeunes plantes lèvent & poussent quelques tiges qui périssent aux approches de l'Hiver. Au Printems, il sort de nouvelles tiges qui sont plus fortes, & donnent des fleurs; depuis ce moment elle n'exige aucuns soins. J'ai eu occasion de cultiver la Bryone, à la suite de quelques expériences où j'ai essayé sans succès de produire des mulets, en fécondant les Concombres & les Bryones l'un par l'autre.

Les Bryones des Indes sont encore peu connues des douze espèces que M. Lamarck décrit; il n'y en a que cinq cultivées au Jardin des Plantes, ce sont celles indiquées sous les n.ᵒˢ 3, 7, 9, 10, 11; les autres sont établies sur les figures & les descriptions qu'ont publié les Naturalistes voyageurs.

2. **Bryone** palmée. Ses feuilles, disent les Auteurs, sont divisées en cinq lobes lancéolées, les baies sont globuleuses, jaunes & un peu grosses. Ces indications ne sont pas suffisantes. Cette plante devroit être cultivée comme les autres plantes du même pays; elle est vivace.

3. **Bryone** à grandes fleurs. Cette plante a bien changé dans nos Jardins d'Europe, où elle porte des fleurs sur des tiges grêles, tandis que dans son pays natal, sa tige a souvent un pied de diamètre, & ne porte des fleurs que sur les dernières branches.

Les tiges, dans les Jardins, sont glabres & grimpantes, les feuilles en cœur, glabres, anguleuses sur leurs contours, à-peu-près comme celles de la patate. Leur pétiole porte quelques glandes concaves. Les fleurs sont companulées, d'un blanc sale & solitaire à l'aisselle des feuilles. Le fruit est alongé & de couleur rouge.

Au rapport de Rumphe, cette Bryone croît avec une rapidité surprenante & couvre les plus grands arbres, au point qu'on ne voit plus leurs feuilles. Les tiges acquièrent un pied de diamètre, elles sont anguleuses, & comme formées par la réunion de plusieurs tiges particulières: leur partie inférieure, ainsi que leurs principales branches, ne portent aucunes feuilles; ce qui leur donne l'apparence de cordes. On multiplie cette plante dans les haies, à cause de ses usages. Les jeunes feuilles & les fleurs forment un assez bon légume, quoique d'un goût un peu fade. On dit que toutes les parties de la plante sont un spécifique dans la petite vérole & dans les fièvres chaudes.

Culture. Cette Bryone doit être conservée dans la serre pendant l'Hiver & pendant sa jeunesse; mais on peut la mettre à l'air pendant l'Eté. Les graines doivent être semées au Printems dans des pots pleins d'une terre légère & plongés dans une couche à tan; il est nécessaire de leur donner des arrosemens fréquens, & de l'ombre jusqu'à ce qu'elles aient pris racine. Lorsque les jeunes plantes peuvent le supporter, on les transplante dans des pots qui changent successivement de grandeur, à mesure que la plante se développe. Il est nécessaire de disposer les tiges lorsqu'elles grimpent, de manière que le Soleil & l'air les frappent le plus possible.

4. **Bryone** de Madras. Linné l'avoit classée dans le genre des Concombres; la racine de cette plante, dit Rhéede, trace au loin à la surface de la terre; elle est couverte d'une écorce brune; l'intérieur est vert & d'une saveur très-amère. Les tiges sont grêles, anguleuses, & portent des feuilles triangulaires, partagées par une côte d'où sortent deux nervures principales qui s'étendent parallélement jusqu'à l'extrémité; elles sont couvertes de quelques poils roides; leur saveur est très-amère. Les fleurs sont petites, disposées en bouquet à l'aisselle des feuilles. Les fruits sont ronds, glabres, leur peau est d'un rouge de corail,

la pulpe eſt blanche, ſucculente, d'une odeur nauſéabonde, & d'une ſaveur très-amère.

Uſage. Rhéede dit que cette plante eſt employée dans ſon pays natal, pour les gonorrhées & pour diſſoudre les calculs : ſa racine étant mâchée appaiſe les maux de dents.

Culture. Cette plante n'a pas encore été cultivée en Europe ; il eſt vraiſemblable qu'elle n'exigeroit pas d'autres ſoins que les plantes des Indes. Dans ſon pays natal, elle croît dans les lieux ſablonneux & s'attache aux arbres.

5. BRYONE à feuilles en cœur. M. Lamarck ſoupçonne qu'elle eſt une variété de celle n.º 3. Elle eſt encore peu connue.

6. BRYONE amplexicaule. Ses tiges ſont anguleuſes, & portent des feuilles en cœur ſemblables pour ſa forme à celle du bon Henri, qui embraſſent la tige à leur baſe au lieu que les eſpèces précédentes ſont pétiolées. Le fruit eſt ovoïde, relevé de quelques côtes, ſa pulpe eſt fongueuſe, de couleur orangée ; ſon odeur & ſon goût ſont les mêmes que ceux du concombre. Rhéede dit qu'elle croît dans les bois & les lieux couverts ; elle fleurit & fructifie toute l'année. Sa racine eſt employée aux mêmes uſages médicinaux que l'eſpèce 4º.

Culture. Cette Bryone n'a pas encore été cultivée en Europe : les lieux où elle croît dans ſon pays natal, pourront guider les perſonnes qui eſſayeront ſa culture.

7. BRYONE laciniée. Cette eſpèce a une racine fibreuſe, ſes feuilles ſont en cœur, mais découpées en cinq lobes aſſez profonds ; elles ſont rudes & couvertes d'aſpérités ainſi que les pédoncules ; les fleurs ſont cotonneuſes à l'intérieur, il leur ſuccède des baies rouges, marquées de ſix lignes blanches. Rhéede dit qu'on emploie ſes feuilles dans les fièvres & les maux de poitrine même invétérés.

Culture. Cette plante a exiſté au Jardin du Roi, où on lui donnoit la même culture qu'à la Bryone, n.º 3.

9. BRYONE d'Afrique. Sa racine eſt tubéreuſe, & pouſſe chaque année des tiges grêles, qui s'élèvent à la hauteur de quelques pieds, en s'entortillant aux plantes voiſines, ou au ſoutien qu'on leur donne. Ses feuilles ſont palmées & plus laciniées que celles des autres eſpèces ; les fleurs ſont petites, & donnent des baies arrondies, anguleuſes & de couleur jaune.

Culture. On doit ſemer la graine dans des pots pleins d'une terre légère, que l'on place ſur une couche chaude. La première année, elles lèvent & donnent des tiges de quelques pouces ; on a ſoin d'arracher le mauvaiſes herbes, & de ſarcler la terre pendant l'Eté, à l'Autonne, on lève ces jeunes plantes, & on les met ſéparément dans des pots que l'on enterre dans la tannée d'une ſerre tiède. Pendant l'Hiver, la végétation étant preſque ſuſpendue, on ne doit

arroſer que très-rarement ; le Printems ſuivant, les tiges que cette plante pouſſe ſont plus fortes, alors on peut vers le mois de Juin ſortir les pots, & les mettre à l'air pendant l'Eté. Les fleurs paroiſſent en Juillet, & la graine mûrit en Septembre. La plante dure pluſieurs années, & n'exige d'autres ſoins que d'être changée de pot & viſitée tous les Automnes, pour couper les parties de la racine qui pourroient être endommagées.

11. BRYONE d'Abyſſinie. (1) Cette Bryone a une racine tubéreuſe, d'où ſortent chaque année des tiges d'un rouge noirâtre, qui s'élèvent à la hauteur de ſix ou huit pieds, en s'entortillant & s'accrochant aux corps qui l'environnent. Les feuilles ſont en cœur, de la même teinte foncée que le Tamier vulgaire ; les ſupérieures ſont anguleuſes ; les fleurs ſont ſemblables pour la grandeur & la couleur à la Momordique ſauvage.

Uſage. M. Bruce, qui a apporté cette plante de l'Abyſſinie, dit que les Naturels du pays y mangent ſa racine cuite à l'eau. Nous n'avons aucuns détails ſur la manière dont ils la cultivent.

Culture. Cette Bryone craint peu le froid, on la ſort de la ſerre dès le mois de Mai, & elle pouſſe à l'air avec une vigueur étonnante ; ſes fruits mûriſſent avant qu'on la rentre, à moins que les premiers froids ne commencent de très-bonne heure. Comme on n'a cette plante que depuis quelques années, on n'a pas encore eu l'occaſion de vérifier les qualités nutritives de cette racine ; mais, pour peu qu'elle le mérite, je penſe qu'il ne ſera point impoſſible de l'acclimater dans ce pays, en commençant dans les Provinces méridionales.

12. BRYONE de Crète. Cette eſpèce a quelqu'analogie avec celle d'Europe n.º 1. Sa racine eſt moins longue, ſes feuilles ſont plus petites & tachées de blanc ; les fleurs ſont portées par des pédoncules un peu pendans.

Culture. On doit ſemer les graines au Printems ſur une couche chaude, & les baſſiner fréquemment, juſqu'au moment où les plantes paroiſſent. Quand elles ont trois pouces, on doit les replanter dans des petits pots pleins d'une terre légère, que l'on plonge dans la tannée d'une ſerre ; en les garantiſſant du ſoleil, juſqu'à ce qu'elles aient pris racine. Lorſqu'elles commencent à s'alonger, on doit les mettre dans des plus grands pots, & avoir ſoin de leur

---

(1) M. Desfontaines a bien voulu me communiquer des obſervations qu'il a faites, depuis peu, ſur cette plante, qui n'eſt point une Bryone, comme on l'avoit imaginé, mais un Concombre. Son fruit eſt oblong, de couleur verdâtre, taché de blanc, liſſe, & ſans cannelures à ſa ſurface. Le même pied eſt tantôt monoïque & tantôt dioïque.

donner des appuis où elles puissent s'accrocher sans se nuire mutuellement. Les tiges périssent chaque année, après avoir donné des fruits.

14. Bryone à feuilles de figuier. Dillen, le seul qui a cultivé cette plante, dit seulement qu'il l'a conservée plusieurs années sans qu'elle fleurît, & ne parle pas des soins qu'il lui a donnés; cette plante est d'ailleurs peu connue. (*M. Reynier.*)

BUBON. *Bubon.* L.

Genre de plante de la famille des Ombellifères, composé d'espèces vivaces & même ligneuses, dont les feuilles sont découpées à-peu-près comme les Persils.

Espèces.

Bubon de Macédoine, le Persil de Macédoine. *Bubon Macedonicum.* L. ☉ de la Macédoine & de la Barbarie.

2. Bubon à feuilles de férule. *Bubon rigidius.* L. ♃ de la Sicile.

3. Bubon galbanifère. *Bubon galbanum.* L. ♄ de l'Afrique.

4. Bubon gommifère. *Bubon gummiferum.* L. ♄ de l'Afrique.

Description & culture des espèces.

La première espèce est connue dans beaucoup de Jardins, où elle est cultivée comme plante culinaire, mais elle n'est point d'un usage général. Sa ressemblance extérieure avec le Persil lui a fait imposer vulgairement le nom de *Persil de Macédoine*; nom abusif puisque cette plante est d'un autre genre, & que même ses qualités sont différentes. On distingue au premier coup-d'œil le Bubon, du Persil ordinaire par ses pétioles pubescens, au lieu qu'ils sont glabres dans le Persil.

Culture. On multiplie ce Bubon de graines que l'on sème, soit dans le mois d'Août, afin que les jeunes plantes puissent prendre de la force avant l'Hiver, ou seulement au mois d'Avril. Il exige une terre légère & sablonneuse, mais rendue substancielle par des engrais, une terre trop compacte le fait jaunir comme le Persil, il n'y profite pas. Les jeunes plants demandent quelques arrosemens & des sarclages lorsqu'ils lèvent trop drus, il faut les éclaircir de manière que les pieds soient à trois pouces environ. De cette manière, on peut les laisser dans la même place, jusqu'à l'année suivante, où ils périssent après avoir porté graine. Lorsqu'on sème cette plante en pépinière, & qu'on ne veut pas lui consacrer la place qu'elle occupe, on la transplante au mois d'Octobre. Miller dit

qu'en Angleterre cette plante dure trois & même quatre ans avant de fleurir, & qu'elle périt ensuite, tandis que dans son pays natal elle fleurit la seconde année. Sans doute que le climat de la France lui convient mieux que celui de l'Angleterre, car elle n'y dure que deux années.

Le Bubon de Macédoine ne craint pas beaucoup le froid, il suffit seulement qu'il soit abrité par un mur, ou seulement couvert par quelques feuilles, pour résister aux froids les plus rigoureux. La précaution que Miller propose d'en mettre quelques pieds dans l'orangerie, me paroît inutile dans notre climat.

Usage. Le Bubon de Macédoine peut être employé en bordures dans les potagers, ainsi que le persil; il encaisse très-bien les plates-bandes, n'est pas sujet à empiéter, puisqu'il ne trace pas, & forme un coup-d'œil agréable, à cause du lustre de son vert. Beaucoup de personnes aiment son goût aromatique, & la Pharmacie l'adopte comme apéritif & diurétique. La seconde espèce a l'aspect d'une Férule, mais elle est moins décoratrice, parce qu'elle a des proportions beaucoup plus petites; sa tige ne s'élève pas à deux pieds; son feuillage est assez semblable à celui de la férule commune.

Culture. On cultive le Bubon, n.° 3, à-peu-près comme le précédent, excepté qu'il est plus délicat & se passe difficilement de l'orangerie, quoiqu'il résiste quelquefois aux Hivers modérés. Sa fleur paroît au mois de Juin ou au commencement de Juillet; mais il arrive souvent que sa graine ne monte pas parfaitement, lorsque cela arrive, on est obligé de renouveller la graine de Sicile. Ce Bubon demande une terre sèche, & une exposition chaude, il réussit mieux en pleine terre qu'en pot, lorsque la chaleur est suffisante, à cause de sa racine qui est assez longue & qui dépérit lorsqu'elle ne peut pas se développer. Le Bubon, n.° 4, lui ressemble.

Culture. On multiplie ces deux Bubons de graines que l'on sème dans des pots pleins d'une terre légère, mais substancielle: comme la plupart du tems on n'a de graine bien aoûtée que celle tirée du pays natal, ou la sème sans époque fixe au moment où on la reçoit. Ces pots doivent être enterrés, avant les premiers froids, dans la tannée d'une serre médiocrement chaude où ils passent l'Hiver à l'abri des gelées. Au Printems, on lève le jeune plant dès qu'il est en état de le supporter, & on replante chaque individu séparément dans un petit pot plein d'une terre semblable à celle où on a semé. Il est essentiel, dans cette transplantation, que le jeune plant reste entouré de sa motte, ou du moins reste adhérent à quelques parcelles de terre. En arrachis, ils périroient presque tous. D'abord après la transplantation, on remet les pots dans la tannée de la serre; on les arrose fréquemment, mais peu à-la-fois, & on les garantit de l'action immédiate du Soleil, jufqu'au moment où ils ont repris racine ; alors on commence à les accoutumer à l'air, & on peut commencer à les fortir au mois de Juin, pour ne les rentrer qu'avec l'Automne. Pendant l'Eté, ils exigent des arrofemens fréquens, mais peu confidérables ; en Hiver, ils veulent moins d'humidité ; en général, trop d'eau pourrit leurs racines qui font charnues, & n'acquièrent jamais la confiftance ligneufe.

Ces deux plantes ne fleuriffent que la troifième année & dans une faifon affez avancée pour que la plupart du tems les graines n'aient pas le temps de mùrir ; il eft prudent de tirer de tems en tems des graines du pays natal pour prévenir cet inconvénient.

On n'a pas effayé, que je fache, de faire des boutures ou des marcottes de ces deux plantes ; mais, en général, ces moyens de multiplication réuffiffent moins bien fur les ombellifères que fur plufieurs autres familles, fans doute à caufe de l'abondance de moëlle qui remplit leurs cavités centrales.

Ufage. Les deux Bubons dont je viens de parler &- principalement le Galbanifère, donnent une gomme-réfine, connue fous le nom de *Galbanum,* dont l'ufage eft adopté en pharmacie ; on le dit excellent antihiftérique & calmant.

La difficulté d'élever & de conferver ces deux plantes, les relègue dans les Jardins des Botaniftes & dans ceux des Amateurs de plantes exotiques ; elles produifent un effet très-agréable dans les ferres pendant les faifons froides, & dans les Jardins pendant l'Eté. Si l'on parvient à rendre ces Bubons moins fenfibles au froid, ils formeront une des principales décorations de nos Bofquets, les arbuftes à feuilles découpées étant affez rares dans la Nature. (*M. Reynier.*)

BUAILLE. Nom que l'on donne, en Poitou, au chaume, qui refte fur la terre, après qu'on a coupé le froment. Dans ce pays, comme en Saintonge & en Anjou, on coupe les bleds à un pied de terre ; quelque tems après, on fauche le chaume, qui fert de litière aux beftiaux dans le Poitou, & fans doute dans tous les endroits où il n'eft pas mêlé d'herbe. Car dans la vallée d'Anjou, où les terres pouffent beaucoup d'herbes, qui ne montent pas auffi haut que le froment, le réfultat de la fauchaifon du chaume eft deftiné pour la nourriture des beftiaux en Hiver. On le fait faner avec grand foin. (*M. l'Abbé Tessier.*)

BUCAIL. Nom donné, dans quelques Provinces, au *Polygonum fagopyrum* L. *Voy* ; Renouée, Sarrazine & Sarrazin. (*M. Thouin.*)

BUCHE. On donne vulgairement ce nom aux orangers que les Provençaux & les Génois envoient dans les pays du Nord. Ils coupent toutes les branches, & la plupart des racines, pour arrêter le mouvement de la fève & les faire

vivre plus long-tems, hors de terre pendant le tranfport. Comme il ne refte prefque à ces arbres que le tronc, c'eft fans doute à caufe de leur reffemblance avec un morceau de bois mort que le nom de *Buche* leur a été donné. *Voyez* Oranger. (*M. Reynier.*)

BUCHNÈRE ; *Buchnera.* L.

Genre de plantes de la famille des Personnées, & très-voifin des Erines & des Hébenftreit, dont il ne diffère que par des caractères purement fyftématiques, confiftant dans la profondeur moins confidérable des divifions du calice, & dans la corolle, dont la lèvre fupérieure n'eft pas réfléchie.

Les Buchnères font des herbes exotiques, dont aucune n'a été cultivée jufqu'à préfent en Europe, ainfi nous nous bornerons feulement à indiquer les efpèces connues.

Efpèces.

1. Buchnère d'Amérique.
Buchnera Americana. L. de la Virginie & du Canada.

2. Buchnère penchée.
Buchnera cernua. L. ♄ des montagnes du Cap de Bonne-Efpérance.

3. Buchnère d'Ethiopie.
Buchnera Æthiopica. L. ♄ des champs fablonneux de l'Afrique.

4. Buchnère du Cap.
Buchnera Capenfis. L. ☉ du Cap de Bonne-Efpérance.

5. Buchnère Afiatique.
Buchnera Afiatica. L. de l'Ifle de Ceylan & de la Chine.

6. Buchnère à grandes fleurs.
Buchnera grandiflora. L. fil. de l'Amérique Méridionale.

Efpèces moins connues.

Buchnera cordifolia. L. fil.
Buchnera cuneifolia. L. fil.
Buchnera pinnatifida. L. fil.

Culture. Ces plantes n'ont pas encore été cultivées en Europe, au moins, dans un jardin que je connoiffe : il eft impoffible de prévenir les attentions particulières qu'elles pourroient exiger ; mais il eft probable qu'elles devront être cultivées comme les Capraires & les Selagines, plantes de la même famille, avec lefquelles elles ont quelques rapports. Les plantes plus analogues font également étrangères à nos jardins. (*M. Reynier.*)

BUFFET d'eau. On appelle de ce nom des

eſpèces de baſſins, dont les eaux ſont élevées de quelques pieds au-deſſus du niveau du terrein, ſoit par des terres-plain, ſoit par des cuvettes en plomb ou en marbre, de différentes formes; ils ſont toujours accompagnés de pluſieurs bouillons, dont les eaux tombent dans le *Buffet*, & s'échappent du Buffet en forme de nappe pour deſcendre dans un baſſin plus conſidérable, deſtiné à les recevoir; ce qui préſente en même-tems l'eau dans trois ſituations différentes, ſavoir, montante ſous forme de colonne, deſcendante en nappe, & préſentant une ſurface unie dans le baſſin inférieur.

Les *Buffets* d'eau étant pour l'ordinaire adoſſés à des murs de terraſſe, à des niches de treillage, ou enfoncés dans des maſſes de verdure, ne préſentent qu'une face, ce qui en borne l'uſage à terminer des points de vues, ou à ſervir d'accompagnemens aux caſcades dans les jardins ſymétriques. (*M. Thovin.*)

BUFFLE, Quadrupède, reſſemblant, en apparence, au bœuf, mais formant un genre à part, puiſque le Buffle & la Vache, puiſque le Taureau & la femelle du Buffle, quoique domeſtiques, habitans ſous le même toit, vivans dans les mêmes pâturages, excités même par les conducteurs, n'ont jamais voulu s'unir & s'accoupler. On aſſure que les Vaches refuſent d'allaiter les petits Buffles, comme les mères Buffles refuſent de donner à tetter aux Veaux. Les femelles des Buffles portent douze mois, tandis que les Vaches n'en portent que neuf & quelques ſemaines. Voilà des différences bien marquées, qui doivent empêcher de confondre le genre du Bœuf & celui du Buffle. Pour avoir de plus amples détails, & établir mieux la comparaiſon, il faut lire les articles qui traitent de ces animaux dans l'Hiſtoire Naturelle de M. de Buffon & dans le Dictionnaire des Quadrupèdes, Encyclopédie Méthodique.

Les Buffles ſont originaires des contrées les plus chaudes de l'Aſie & de l'Afrique. Cependant ils vivent & produiſent en Italie, où il y en a beaucoup, particulièrement dans le Royaume de Naples & dans les Etats du Pape. En France même ils ont donné des petits dans la ménagerie de Verſailles.

Le Buffle eſt un animal utile. Dans l'Inde, dans le Tunquin & la Perſe, on l'emploie à la charrue, mais très-peu à porter, à cauſe de la lenteur de ſa marche. Il eſt robuſte, peu maladif, ſobre & patient. Il ſe plaît extrêmement dans l'eau. Il s'y enfonce auſſi-tôt qu'il a mangé, &, étendu ſur la vaſe, il y reſte, s'il peut, pendant les trois quarts du jour, ruminant, & ne laiſſant paroître dehors que le bout du muſle. Il eſt excellent nageur. Il eſt ſi fort, qu'un ſeul peut tirer une charrue, quoique le ſoc entre bien avant dans la terre.

Au Malabar, les Buffles ſont plus grands que les Bœufs, & faits à-peu-près de même. Ils ont la tête plus longue & plus plate, les yeux plus grands, & preſque tout blancs, les cornes plates & longues de deux pieds, les jambes groſſes & courtes. Ils ſont preſque ſans poil. Il y a dans ce pays beaucoup de Buffles ſauvages; on en a de domeſtiques, qui ſont employés à traîner des fardeaux très-peſans. Les femelles donnent du lait, avec lequel on fait du beurre & du fromage.

Deux Buffles attelés, ou plutôt enchaînés à un charriot, tirent plus fort que quatre chevaux. On les dirige, ou on les contient, au moyen d'un anneau ou d'un croiſſant de fer, qu'on leur paſſe entre les naſeaux, auquel ſont attachées des ficelles. Comme ils portent naturellement la tête en bas, ils emploient tout le poids de leur corps.

Quand les Buffles, qui labourent, ont fourni leur travail, on les ôte de la charrue, & ils retournent dans les bois, ou marais, pour ſe repoſer & ſe nourrir. On ſe les procure, dans quelques endroits, par le moyen de gros chiens, qui les vont chercher, l'un après l'autre, & les amènent au Laboureur.

Le lait de la femelle du Buffle ne vaut pas celui de la Vache. La chair même de ſon petit, nourri uniquement de lait, n'eſt pas bonne. Cependant, ſuivant Maillet, dans ſa deſcription de l'Egypte, la chair des Buffles de ce pays eſt bonne, & le lait, dont on fait un grand uſage, donne d'excellent beurre.

La peau du Buffle, préparée & paſſée à l'huile, forme une branche de commerce aſſez conſidérable, parce que le cuir en eſt léger, ſolide & impénétrable. En Guinée & au Malabar, où il y a de grands troupeaux de Buffles ſauvages, on les chaſſe & on les tue pour avoir leurs peaux & leurs cornes, qu'on trouve plus dures & meilleures que celles du Bœuf.

Les Buffles femelles, d'après Tavernier, fourniſſent aux Perſans beaucoup de lait, dont ils font du beurre & du fromage. (*M. Abbé Tessier.*)

BUFONE, *Bufonia.* L.

Genre de plantes de la famille des Mor-GELINES, qui, juſqu'à préſent, ne comprend qu'une ſeule eſpèce; ſon caractère eſt d'avoir quatre feuilles au calice, quatre pétales, deux ou quatre étamines & deux ſtiles ſur l'ovaire. Le fruit eſt une capſule à une loge qui contient deux ſemences.

Eſpèce.

BUFONE à feuilles menues.
Bufonia tenuifolia. L. ⊙ dans les lieux arides du Midi de l'Europe & de l'Angleterre.

Cette plante reffemble beaucoup aux Sablines, fes tiges font hautes de quelques pouces, rameufes à leur partie inférieure, noueufes & couvertes de feuilles oppofées, linéaires, fetacées & engainées à leur bafe ; elles fe deffèchent prefque toutes avant la floraifon de la plante. Les fleurs font axillaires, & forment des épis lâches au fommet de chaque ramification de la tige ; elles font petites, blanches, & les pétales font plus courts que le calice.

Culture. Cette plante ne peut intéreffer qu'un Botanifte, & ne doit trouver place que dans les jardins deftinés à cette étude. En femant la graine au Printems, on voit fleurir les plantes dans le cours de l'Eté, & les graines mûriffent avant l'Automne. Comme la Bufone croît naturellement dans des terreins fecs, on ne doit pas fe fier à la difperfion des graines pour la multiplier, car l'humidité de la terre, pendant l'Hiver, pourroit les faire pourrir. (*M. Reynier.*)

BUGLE, *Ajuga*. L.

Genre de plantes de la famille des Labiées, & voifin des Germandrées ; il comprend des efpèces indigènes, dont les fleurs font difpofées en épi très-mince. Son caractère diftinctif confifte dans la corolle, dont la lèvre fupérieure eft prefque nulle, & remplacée par deux petites dents. Les Bugles diffèrent des Germandrées, dont la corolle manque auffi de lèvre fupérieure, par le calice, qui eft plus court que le tube de la corolle.

Efpèces.

1. Bugle rampante.
Ajuga reptans. L. ♃ dans les prés & les bois.
2. Bugle des Alpes.
Ajuga alpina. L. ♃ des Montagnes.
3. Bugle pyramidale.
Ajuga pyramidalis. L. ♃ dans les prés montagneux & les bois.
4. Bugle du Levant.
Ajuga orientalis. L. ♃ du Levant.

1. Bugle rampante. Cette efpèce pouffe du collet de fa racine, des rejets qui s'enracinent, & donnent naiffance à de nouveaux individus. La racine centrale porte une tige haute de quatre à fix pouces, terminée par un épi de fleurs difpofées en verticilles, qui font féparées par une paire de bractées femblables aux feuilles, pour leur forme, mais teintes de la même couleur que la fleur, favoir, en bleu lorfque les corolles font bleues ; en rouge lorfqu'elles font rouges, mais en vert lorfqu'elles font blanches. Les feuilles font oppofées fur la tige, ovales un

peu retrécies à leur bafe, & bordées de dents écartées & peu profondes.

2. Bugle des Alpes. Sa tige eft plus élevée, & ne donne naiffance à aucun rejet. Les feuilles font ovales, feffiles, & portent un caractère particulier, favoir, que celles de la tige font auffi grandes que les radicales. Les fleurs font petites, & difpofées en verticilles, qui forment, par leur enfemble, un épi plus lâche que celui de l'efpèce précédente. La Bugle des Alpes n'eft que médiocrement velue.

3. Bugle pyramidale. Cette efpèce diffère de la précédente par l'abfence des rejets, par fes feuilles, deux ou trois fois plus grandes fur les racines que fur les tiges, extrêmement velues & dentelées fur leur contour, au point de paroître anguleufes, fouvent même celles de la tige font divifées en trois lobes. Les fleurs font plus grandes que celles de l'efpèce précédente, & forment un épi un peu moins lâche. Toute la plante eft couverte de poils.

4. Bugle du Levant. Cette efpèce diffère de la précédente par la fingulière conftruction de fes fleurs, qui paroiffent renverfées, leur lèvre inférieure étant tournée en haut. Du refte elle lui reffemble, par l'abfence des rejets, l'abondance de fes poils & la hauteur de fa tige. Les fleurs de cette efpèce font petites & panachées de bleu & de blanc.

Culture. On doit femer les graines de cette Bugle au Printems, fous des chaffis, lorfque les jeunes plantes font en état d'être replantées ; on les met dans des pots, qui doivent être laiffés à l'air jufqu'aux premiers froids, où on les rentre dans l'orangerie. Cette plante ne fleurit que la feconde année, & périt fréquemment après la maturité de fes graines ; il paroît cependant, par fa conftruction, qu'elle doit être vivace. On ne la cultive que dans les jardins de Botanique ; elle a peu d'apparence, comme les autres efpèces du même genre, & feroit écrafée, dans les parterres, par les plantes plus élevées ; d'ailleurs, comme elle ne peut pas fupporter les Hivers, les foins qu'elle exige la rendent uniquement un objet de curiofité.

Les trois premières Bugles font tellement communes qu'on ne les cultive que dans les jardins de Botanique, où elles n'exigent aucuns foins pour fe reproduire ; elles font vivaces, & même confervent leurs feuilles pendant l'Hiver jufqu'au Printems.

Ufage. On recommande la Bugle comme vulnéraire & aftringente, dans les hémorrhagies, & même après les chûtes ; pour diffoudre les dépôts de fang. On fe rappelle cet adage de l'Ecole de Salerne, *qui a la Bugle & la Sanicle, fait aux Médecins la nique*. Il prouve au moins le cas qu'on en a fait. (*M. Reynier.*)

BUGLOSE. *Anchusa*. L.

Genre de plante de la famille des BORRAGI-
NÉES; dont toutes les espèces peuvent servir à
la décoration des Jardins. La plupart sont des
plantes vivaces, dont le feuillage est touffu, &
les fleurs d'une couleur assez tranchante. On
les distingue des Lycopsides, par le tube de leur
corolle qui est droit, & des Cynoglosses, par
leurs semences nues & point enveloppées d'une
capsule.

Espèces.

1. BUGLOSE officinale.

Anchusa officinalis. L. ⅟ au bord des chemins.

2. BUGLOSE à feuilles étroites.

Anchusa angustifolia. L. ⅟ près des chemins
dans les mêmes Pays.

3. BUGLOSE ondulée.

Anchusa undulata. L. d'Espagne & de Portugal.

4. BUGLOSE teignante l'Orcanette.

Anchusa tinctoria. L. ⅟ du midi de la
France.

5. BUGLOSE laineuse.

Anchusa lanata. L. des environs d'Alger.

6. BUGLOSE de Virginie.

Anchusa Virginica. L. ⅟ de Virginie.

7. BUGLOSE à larges feuilles.

Anchusa sempervirens. L. ⅟ de l'Espagne.

8. BUGLOSE à feuilles longues.

Anchusa longifolia. La M. Dict. d'Italie.

9. BUGLOSE en gazon.

Anchusa cœspitosa. La M. Dict. de l'Isle de
Candie.

10. BUGLOSE verruqueuse.

Anchusa verrucosa. La M. Dict. de l'E-
gypte.

11. BUGLOSE perlée.

Anchusa perlata. La M. Dict. ⊙ de l'Isle de
Candie.

12. BUGLOSE hérissée.

Anchusa echinata. La M. Dict.

Les espèces 1, 2, 4 & 7 sont vivaces, & réussissent très-bien en pleine terre. On doit semer
les graines au Printems, & même en Automne,
sur une couche de terre sablonneuse & légère;
les graines semées en Automne lèvent au Printems, & un peu plutôt que celles semées dans
cette dernière saison. On doit avoir soin de les
sarcler & de les débarrasser des mauvaises herbes, &
lorsque les jeunes plants ont quelques feuilles,
vers le commencement de Juin, on doit les
lever autant que possible avec la motte, & les
planter séparément à deux pieds de distance; il
est nécessaire de les arroser & de les tenir à
l'ombre, jusqu'à ce qu'ils aient pris racine, alors
ils n'ont besoin d'aucuns soins, & les graines

se sèment d'elles-mêmes, lorsque la terre est sarclée
fréquemment. On cultive quelquefois la première espèce dans les Jardins de Pharmacie,
pour ses qualités qui sont les mêmes que celles
de la Bourache; & la quatrième pour colorer
d'une manière innocente les huiles & les graisses
que l'on emploie. On pourroit aussi en faire
usage pour la décoration des grands parterres,
à cause de son feuillage. Dans les Jardins de
Botanique, on se contente de les semer en
pleine terre, dans des bassins d'un ou deux pieds
de diamètre, & on les éclaircit lorsqu'elles sont
levées, de manière à en laisser seulement quatre
ou cinq pieds.

La Buglose de Virginie, n.° 6, diffère des
précédentes par la couleur jaune de ses fleurs,
& plus encore par sa vernalité; ses fleurs paroissent au premier Printems, avant même que
les arbres soient feuillés. On ne l'a pas encore
cultivée au Jardin des plantes; mais je crois devoir rapporter le peu que Miller en dit. Suivant cet Auteur, cette Buglose est vivace, &
se multiplie par ses graines qui restent long-tems
en terre avant de germer.

Usage. Les Habitans de la Virginie se colo-
rorent le corps en rouge avec la racine de cette
plante, d'où l'on peut conclure qu'elle contient
davantage de parties colorantes que l'orcanette.
Il seroit à desirer que sa culture devînt assez
commune pour permettre des essais sur les moyens
de fixer cette couleur.

Cette plante, originaire des forêts de la Virginie, les décore dans une saison où la Nature
est à peine réveillée; on pourroit sans doute
l'employer à la décoration des bosquets, & dans
les bois d'ornement; elle s'y acclimateroit, en
usant de quelques précautions.

Les autres espèces de Bugloses ont été déterminées dans les herbiers; ainsi, nous ignorons
la culture qui leur seroit convenable; il est
vraisemblable qu'elles seroient aussi peu délicates que les autres borraginées, originaires des
mêmes pays. On pourra consulter, pour cet
effet, les genres GREMIL, CYNOGLOSSE. (*M.*
Reynier.)

BUGLOSE sauvage. *Lycopsis arvensis.* Cette
plante croît dans les moissons aux environs
de Montargis, où elle est regardée comme
une plante incommode. *Voyez* LYCOPSIDE.
(*M. l'Abbé Tessier.*)

BUGLOSSE (PETITE) *Asperugo procumbens.*
L. *Voyez* RAPETTE. (*M. Thouin.*)

BUGRANE. *Ononis*. L.

Genre de plantes de la famille des LÉGUMI-
NUSES, dont plusieurs espèces servent à la
décoration des bosquets & des parterres. Toutes

les Bugranes ont des feuilles simples ou ternées, accompagnées à leur aisselle de stipules ordinairement assez grandes. Leurs folioles dentelées les distinguent au premier coup-d'œil des Cytises, des Crotalaires & des Lotiers. L'étendard de la corole est marqué de lignes colorées qui les distinguent des Trèfles & des Mélilots, & le calice, qui n'est point chargé de point calleux, forme leur séparation d'avec les Psoraliers. Le fruit est une gousse enflée, courte, & sans cloison ; elle contient des semences réniformes.

Espèces à fleurs purpurines ou blanches.

Bugrane à longues épines.
Ononis antiquorum. L. ♄ du midi de l'Europe.

2. Bugrane des champs.
Ononis arvensis. L. ♄ dans les champs & près des chemins.

3. Bugrane sans épines.
Ononis mitis. Mill. ♄ dans les champs humides.

4. Bugrane rampante.
Ononis repens. L. ♃ sur les côtes d'Angleterre & de Hollande.

5. Bugrane élevée.
Ononis altissima. L. M. de la Silésie.

6. Bugrane à stipules blanches.
Ononis mitissima. L. ☉ de Portugal.

7. Bugrane alopécuroïde.
Ononis alopecuroides. L. du midi de l'Europe.

8. Bugrane calicinale.
Ononis calicina. La M. ☉ des Isles Baléares.

9. Bugrane à gousses penchées.
Ononis reclinata. L. ☉ du midi de l'Europe.

10. Bugrane des Alpes.
Ononis cenisia. L. ♃ des Alpes du Dauphiné & du Mont-Cenis.

11. Bugrane fluette.
Ononis cherleri. L. ♃ du midi de l'Europe.

12. Bugrane à feuilles rondes.
Ononis rotundifolia. L. ♃ des Alpes & de l'Espagne.

13. Bugrane précoce.
Ononis fruticosa. L. ♄ des montagnes du Dauphiné.

14. Bugrane à trois dents.
Ononis tridentata. L. ♄ de l'Espagne.

15. Bugrane à feuilles étroites.
Ononis angustissima. L. de l'Espagne.

Espèces à fleurs jaunes.

16. Bugrane gluante.
Ononis pinguis. La M. ♄ dans les lieux incultes du midi de l'Europe.

17. Bugrane visqueuse.

Ononis viscosa. L. ☉ du midi de l'Europe.

18. Bugrane à gousses d'ornithope.
Ononis ornitopodiodes. L. de la Sicile.

19. Bugrane sans feuilles.
Ononis aphylla. La M. au bord de la mer en Italie.

20. Bugrane des rochers.
Ononis saxatilis. La M. du midi de la France & de l'Espagne.

21. Bugrane striée.
Ononis stricta. H. ♃ des environs de Montpellier.

22. Bugrane à petites fleurs.
Ononis parviflora. La M. du midi de la France & de la Suisse.

23. Bugrane effilée.
Ononis juncea. La M. de l'Espagne.

24. Bugrane crépue.
Ononis crispa. L. de l'Espagne.

25. Bugrane d'Aragon.
Ononis Aragonensis. La M. de l'Espagne.

1. Bugrane à longues épines. Cette plante a une racine longue & presque ligneuse qui s'enfonce profondément en terre, d'où lui est venu le nom d'*Arrête-Bœuf* qu'elle partage avec les trois espèces suivantes, à cause des difficultés qu'elles opposent au labour des terres. La racine pousse toutes les années des tiges hautes d'un pied & plus, qui périssent aux approches de l'Hiver ; ces tiges sont glabres, dures, couvertes de feuilles & de longues épines feuillées. Les feuilles sont simples sur les jeunes plantes & ternées sur les vieilles ; elles sont plus rondes que celles des espèces suivantes ; les fleurs sont purpurines, solitaires sur les épines & le long des rameaux.

2. Bugrane des champs. Les tiges de cette espèce sont un peu velues, moins dures que celle de l'espèce précédente, couchées à leurs bases, & portent en vieillissant des épines, mais plus foibles que celle de l'espèce première. Les feuilles sont plus alongées ; les fleurs souvent au nombre de deux à chaque aisselle, ont des pédoncules très-courts, leur couleur varie du pourpre au blanc.

3. Bugrane sans épine. Cette espèce que M. Lamarck & beaucoup d'autres Botanistes réunissent à la précédente, comme variété, en diffère réellement. Elle ne porte jamais d'épines & conserve ce caractère même étant cultivée. Miller, fondé sur ses expériences, l'a distinguée, & M. Thouin, qui la cultive depuis plusieurs années, adopte cette opinion. J'ai cueilli cette plante dans les champs humides de la Suisse, & j'ai eu soin de m'assurer, par des observations suivies, qu'elle n'a jamais eu d'épines.

4. Bugrane rampante. Cette espèce ne diffère pas davantage de celle n.° 2 que la précédente, & si l'une est une variété dûe au climat, l'autre

l'eft d'une manière encore plus marquée. Elle diffère par ſes tiges qui n'ont jamais d'épines, & qui ſont couchées ſur la terre. Toute la plante eſt velue, & enduite d'une humeur viſqueuſe qui s'attache aux doigts lorſqu'elle eſt un peu forte. Miller dit qu'il a cultivé cette Bugrane ſans obſerver de changemens; je l'ai obſervée ſur les dunes du Texel où elle eſt commune.

5. BUGRANE élevée. Cette plante diffère des précédentes par ſes tiges hautes de trois pieds, & plus, droites & rameuſes; par ſes feuilles glabres, étroites, & ſemblables à celles de l'eſpèce n.° 13. Les fleurs ſont purpurines, axillaires, & forment auſſi des épis terminaux.

Culture. Ces cinq eſpèces ont une grande analogie dans la manière de les cultiver, & leurs uſages ſont les mêmes. On doit les ſemer en Mars ou en Avril, ſur une planche meuble & même en place, ſi la ſituation du lieu le permet; les jeunes plants lèvent au mois de Mai & au mois de Juin; lorſqu'ils ont trois pouces de haut, on peut les tranſplanter, ou ſeulement éclaircir ceux qui ont été ſemés en place. Lorſqu'on a eu ſoin de ſemer très-clair, & que la place n'eſt pas néceſſaire pour d'autres cultures, il vaudroit mieux les laiſſer tout l'Eté en pépinière, & les planter à demeure au commencement de l'Automne. Ces plantes donnent des fleurs l'année ſuivante.

Uſage. Ces cinq eſpèces de Bugranes, & principalement la cinquième peuvent être employées à la décoration des parterres; il convient de les placer dans le milieu des plates-bandes, entre les arbuſtes; comme leur végétation eſt très-rapide au Printems, les tiges s'élèvent à une certaine hauteur avant l'Eté, & reſtent dans cet état juſqu'au mois de Juillet & d'Août que leurs fleurs paroiſſent. Leur effet pour la décoration des parterres eſt la même que celui du *Galega.* On peut auſſi employer les Bugranes dans les boſquets, principalement ſur les bords, dans les endroits agreſtes des payſages, où ils ſe reproduiroient d'eux-mêmes, & en général, dans tous les lieux où leurs racines ne peuvent pas nuire à des cultures plus utiles.

L'eſpèce, n.° 5, pourroit offrir un bon fourrage; ſes tiges ſont moins dures que celles des autres eſpèces, & au mois de Juin, elles ont plus de deux pieds de hauteur. Je ne connois aucune expérience ſur cet objet. Je penſe que cette Bugrane réuſſiroit mieux que le Sainfoin, dans les lieux ſablonneux, où la difficulté de former de bonnes prairies artificielles, nuit infiniment à l'Agriculture.

6. BUGRANE à ſtipules blanches. Cette eſpèce ſe diſtingue au premier coup-d'œil, par ce ſingulier caractère que ſes ſtipules ſont blanches, & contraſtent avec le verd des feuilles. La tige eſt droite, haute d'un pied, ſes branches forment un angle droit avec elle, les fleurs ſont en épis

courts & feuillés; à l'extrémité des branches, elles ſont de couleur purpurine; les feuilles ſont ternées & preſque glabres. Fleurit en Juillet.

7. BUGRANE alopécuroïde. Cette eſpèce diffère de la précédente par ſes tiges qui ſont ſeulement rameuſes à leur partie ſupérieure; par ſes feuilles ſimples, plus grandes que dans les autres eſpèces, & remarquables par leurs ſtipules qui ſe prolongent ſur le pétiole comme dans l'Oranger. Les fleurs ſont pareillement diſpoſées en épis courts & feuillés à l'extrémité des branches & de la tige. Fleurit en Juillet.

8. BUGRANE calicinale. Cette eſpèce eſt viſqueuſe comme celle n.° 4, & ſon caractère eſſentiel eſt d'avoir le calice auſſi long que la corole, & diviſé en lobes lancéolés, tandis que toutes les autres eſpèces l'ont linéaire; les fleurs ſont ſolitaires à l'aiſſelle des feuilles, mais peu nombreuſes à l'extrémité des rameaux; les feuilles ſont ternées, mais la foliole terminale eſt plus grande que les deux autres.

9. BUGRANE à gouſſes penchées. Cette eſpèce eſt légèrement viſqueuſe, étalée ſur la terre; les feuilles ſont compoſées de trois folioles un peu épaiſſes, comme dans l'eſpèce n.° 12, arrondies & un peu en cœur à leur baſe; les fleurs ſont diſpoſées à l'extrémité des rameaux, il leur ſuccède des gouſſes qui ſe rabattent le long du pédoncule; ce qui conſtitue le caractère de l'eſpèce.

Culture. Ces quatre eſpèces, étant d'un même climat, doivent être cultivées de la même manière : on doit les ſemer ſous chaſſis au Printems, & les planter enſuite dans la place qu'on leur deſtine au moment où elles ſont aſſez fortes pour le ſupporter; il eſt néceſſaire de les garantir du Soleil, pendant qu'elles prennent racine, & de leur conſerver un certain degré d'humidité, car les Bugranes ſupportent difficilement la tranſplantation. Lorſqu'elles ſont dans une poſition un peu chaude, elles mûriſſent ſans peine leurs ſemences avant la fin de l'Eté. Lorſque le climat ou la ſituation ſont froids, il vaut mieux les planter dans des pots enterrés ſous le chaſſis, on les ſort lorſque l'air eſt aſſez réchauffé, & l'on peut les rentrer lorſque les premiers froids précèdent la maturité des graines. Ce procédé diſpenſe d'une tranſplantation, & accélère le développement de la plante. On peut les employer à la décoration des parterres, cependant on ne les trouve que dans les Jardins de Botanique.

10. BUGRANE des Alpes. Sa racine eſt ligneuſe, & pouſſe, chaque année, des tiges couchées, longues de quelques pouces; les feuilles ſont compoſées de trois folioles cunéiformes, arrondies à leur ſommet; les fleurs naiſſent à leur aiſſelle ſur de longs pédoncules ſolitaires & coudés. Toute la plante eſt glabre.

11. BUGRANE fluette. Cette eſpèce a beaucoup

d'analogie avec la précédente; ses tiges font diffufes, longues de quelques pouces, les feuilles
font compofées de folioles plus étroites. Les
fleurs font pareillement folitaires à l'aiffelle des
feuilles, leur pédoncules font auffi longs, mais
à l'endroit où ils font coudés, il naît un filet
plus long, & plus marqué que dans l'autre
efpèce; les gouffes font pendantes. Toute la
plante eft velue, & enduite d'une efpèce de
vifcofité.

Culture. Ces Bugranes font vivaces; on doit
les femer au Printems dans des pots fous chaffis.
Lorfque les jeunes plantes font levées, on doit
les éclaircir & tranfplanter celles qui nuiroient
au développement de celles qui reftent en place;
on eft toujours plus fûr du fuccès des dernières,
ces plantes fupportant avec perte la tranfplantation. On doit les mettre dans l'orangerie avant
les premiers froids. L'année fuivante, elles donnent leurs fleurs & mûriffent leurs graines.

13. Bugrane à feuilles rondes. Cette plante,
l'une des plus belles du genre, eft moins commune dans les parterres, qu'elle ne le devroit
être, mais les difficultés qu'on éprouve dans fa
culture, y font un grand obftacle. Sa racine
n'eft point annuelle, comme Miller l'a avancé;
elle eft vivace, mais les tiges périffent chaque
année. J'en ai vu un pied qui avoit dix ans, & qui
étoit dans toute fa force. Les tiges ont plus d'un
pied de hauteur, & ne durciffent jamais; les
feuilles font grandes, compofées de trois folioles
arrondies, un peu charnues, & couvertes d'un
duvet très court: il y a toujours une diftance entre
la foliole terminale & les deux autres. Il naît
à l'aiffelle des feuilles fupérieures des pédoncules qui portent trois à cinq grandes fleurs d'un
pourpre tirant fur le rofe.

Culture. Cette plante ne fupporte pas la tranfplantation, mais doit être femée dans la place
où elle doit refter; or comme elle ne fleurit
que la feconde année, il eft défagréable d'occuper une place dans un parterre pour cet objet.
Je penfe que fa racine qui s'enfonce très-profondément, & n'a de chevelu qu'à fon extrémité, étant plus ou moins endommagée pendant
la tranfplantation, ne peut plus nourrir la plante.
Une fois établie dans un parterre, cette Bugrane
y forme des touffes d'une belle verdure qui, dans
les mois de Juin & Juillet, fe couvre de fleurs
dont la durée eft affez longue. Cette plante réfifte aux froids, aux féchereffes, & à toutes les
intempéries des faifons; mais fes premiers momens font difficiles; fi l'on parvenoit à trouver les
moyens de la tranfplanter plus facilement, on
devroit la confidérer comme un des principaux
ornemens des parterres & des bofquets.

Ufage. Les prairies des Montagnes de la Suiffe
où cette plante abonde, donnent un excellent
fourrage; peut-être formeroit-elle de bonnes

prairies artificielles, fi on pouvoit la rendre
moins délicate dans fa jeuneffe.

13. Bugrane précoce. C'eft encore une efpèce
qui forme l'agrément des parterres. Ses tiges
font ligneufes & durent plus d'une année; elles
forment une belle touffe par le grand nombre
de branches qu'elles portent; les feuilles font
compofées de trois folioles lancéolées, & dentées en fcie fur leur contour; les fleurs font
grandes, femblables à celles de l'efpèce précédente, & naiffent plufieurs enfemble, fur des
pédoncules qui font à l'aiffelle des feuilles, vers
le fommet des tiges. Cette efpèce fleurit avant
les autres; au commencement de Juin, elle eft
couverte de fleurs.

Culture. On doit femer cette efpèce au Printems fous chaffis, & tranfplanter les jeunes
plants dès qu'ils ont quelques feuilles, & les
placer à quelques pouces de diftance, fur une
planche où on les laiffe en pépinière. Il faut
avoir foin d'arrofer pendant l'Été & d'arracher
les mauvaifes herbes; au commencement de
l'Automne, on doit les planter à demeure, ils
fleuriffent l'année fuivante. Comme cette plante
a des racines qui s'étendent beaucoup, il eft
difficile de l'élever en pot. Dans fa jeuneffe elle
réuffit mieux à l'ombre, mais lorfqu'elle eft
parvenue à une certaine grandeur, une pofition
découverte ne lui nuit pas.

Ufage. On emploie cette Bugrane à la décoration des parterres & des bofquets; dans les
premiers, on la place au milieu des plates-bandes
parmi les arbuftes & les plantes élevées; dans
les feconds, elle produit un effet agréable fur
les bords & dans les clarières; dans les endroits
couverts, elle feroit étouffée par les arbuftes qui
s'élèvent davantage.

14. Bugrane à trois dents. Ses tiges durent
plufieurs années, comme celles de l'efpèce précédente, & forment un arbufte de deux pieds
de haut; elles font blanchies par un coton qui
les couvre, & qui contrafte avec le verd des
feuilles. Les folioles dans cette efpèce font plus
étroites que celles de l'efpèce précédente, charnues & tronquées à l'extrémité, où elles portent
ordinairement trois dentelures. Les fleurs fortent
au fommet des tiges, folitaires, ou au nombre
de deux, fur des pédoncules axillaires, plus longs
que les feuilles; elles font grandes, de couleur
pourpre, & paroiffent en Juin.

15. Bugrane à feuilles étroites. Cette efpèce
diffère de la précédente par fes folioles linéaires
& plus étroites, qui forment avec leurs ftipules
des faifceaux un peu femblables à ceux du Mélèze. Du refte, aucune différence pour les
fleurs & les proportions relatives.

Culture. Ces deux efpèces font originaires
d'Efpagne, & font très-rares dans les Jardins.
Miller dit avoir cultivé l'efpèce n.° 14, & qu'elle
n'exigeoit aucun autre foin que l'efpèce n.° 13,
-excepté

excepté qu'il lui faut plus de Soleil dans sa jeunesse. Il dit qu'elle ne peut pas réussir en pot, ce qui rendroit sa culture très-difficile, puisqu'elle ne peut pas résister à nos Hivers. On ne la cultive pas au Jardin des plantes.

16. Bugrane gluante. Cette plante est vivace, non-seulement par les racines, mais aussi par les tiges; mais les branches qui poussent, chaque année, périssent en Automne, comme celles de quelques Genets. Toute la plante est enduite d'une viscosité qui exhale une odeur désagréable. Les feuilles sont composées de trois folioles ovales, souvent un peu alongées & dentées à leur sommet ; celles qui naissent vers l'extrémité des tiges sont fréquemment simples, les fleurs sont grandes, de couleur jaune, veinées de pourpre, & sont solitaires à l'aisselle des feuilles supérieures.

Culture. On doit semer les graines au Printems dans une terre légère & aussi neuve que possible. Après que les jeunes plantes sont levées, on doit les sarcler & les éclaircir dans les endroits où elles sont trop épaisses, de manière que les pieds soient à la distance de quelques pouces. En Automne, on lève ces plantes pour les placer à demeure. Elles fleuriront la seconde année, & durent ensuite plusieurs années sans exiger d'autres soins que ceux qu'on donne aux Jardins pour la propreté.

Usage. Cette Bugrane est employée dans les mêmes circonstances que la Bugrane précoce, n.° 13, & sert à la décoration des grands parterres & des bosquets; l'odeur désagréable qu'elle exhale, ne permet pas de l'employer dans les lieux trop resserrés. Comme elle est très-robuste, on pourroit l'établir dans les lieux agrestes des paysages où elle produiroit un bon effet, mêlée avec la Bugrane des champs. Un seul pied la multiplieroit par la dispersion des graines.

17. Bugrane visqueuse. Cette plante a le port de l'espèce n.° 8; ses tiges sont longues de quelques pouces, rameuses, & couvertes d'un enduit visqueux. Les feuilles sont la plupart simples, ovales & même elliptiques, d'une belle grandeur, leur pétiole est presqu'entièrement couvert par les stipules ; les fleurs sont portées sur de longs pédoncules à l'aisselle des feuilles, elles sont de la grandeur du calice & de couleur jaune. Les pédoncules ne portent qu'une seule fleur, mais ont un appendice ou filet qui caractérise l'espèce.

Culture. Cette espèce est annuelle & supporte difficilement la transplantation ; il est plus sûr de la semer au Printems, & d'arracher les pieds qui seroient trop drus, ceux-là on peut hasarder leur transplantation. La fleur paroît au mois de Juillet, & les graines mûrissent en Septembre. On ne la cultive que dans les Jardins de Botanique.

Les Bugranes, n.° 19, 20, 21, sont des petites plantes, de la hauteur de quelques pouces, dont les fleurs sont petites & presque sessiles à l'aisselle des feuilles.

Culture. Ces plantes étant annuelles, doivent être semées chaque année à demeure. On peut les semer dans des bassins de quelques pouces de diamètre en pleine terre ; mais comme les graines n'ont quelquefois pas le tems de mûrir, on préfère de les semer dans des pots sous chassis, pour accélérer le premier développement des plantes. On ne laisse que cinq ou six pieds dans le pot, & l'on lève avec soin les plantes qui sont trop près les unes des autres. Elles réussissent difficilement étant transplantées; cependant on peut l'essayer. Les pots peuvent être ôtés de dessous les chassis, dès que la plante est prête à fleurir; alors on les met à demeure dans la place qu'on leur destine. Lorsque les froids viennent, avant la maturité des graines, il est nécessaire de les rentrer ; mais cet accident est très-rare, parce que la fleur paroît de très-bonne heure, & que la graine mûrit dans les premiers jours de l'Automne. On ne cultive cette plante que dans les Jardins de Botanique.

Les Bugranes 23 & 24 sont les arbustes originaires d'Espagne ; ils s'élèvent à la hauteur d'un pied ou un pied & demi, leurs tiges portent une multitude de rameaux grêles : les fleurs sont jaunes, d'une belle grandeur, en grappe dans la seconde espèce, & sur de longs pédoncules, uniflores, dans la première.

Culture. Ces bugranes n'exigent pas beaucoup de soins, cependant elles ne réussissent pas en pleine terre, & doivent être rentrées dans l'orangerie aux approches de l'Hiver; excepté cette circonstance, leur culture est la même que celle de la Bugrane précoce qui est naturelle aux mêmes positions, mais d'un climat un peu moins chaud. (M. REYNIER.)

BUJALEUF. Nom d'une des variétés du *Pyrus communis*. L. *Voyez* l'article POIRIER, au Dict. des Arbres. (M. THOUIN.)

BUIS ou BOUIS. Nom d'un genre d'arbre, dont les espèces croissent en pleine terre dans notre climat, & dont il sera traité dans le Dict. des Arbres & Arbustes. (M. THOUIN.)

BUIS, *Agriculture.* Dans le Gévaudan, avec les feuilles & les jeunes pousses du Buis, qui y est commun, on fait de la litière aux troupeaux. On met encore pourrir ces feuilles & ces branchages, dans des fossés le long des chemins & des champs, pour en former des engrais. Le Buis en litière est un meilleur engrais, que celui qui a pourri dans des fossés, parce que c'est un mélange de substances animales & végétales. *Voyez* AMENDEMENT. (M. l'Abbé TESSIER.)

BUISSONS. Forme qu'on donnoit autrefois aux arbres fruitiers, & qui commence à n'être plus en usage. On a observé qu'ils occupent beaucoup de place, qu'on ne peut rien cultiver

au-deſſous, & que cette perte eſt inutile, puiſque les arbres qui ont cette forme, loin d'ajouter
à l'agrément du coup-d'œil, lui nuiſent, comme
tout ce qui porte trop l'empreinte de l'Art.
Un eſpalier n'eſt pas beau, mais il eſt utile, il
perfectionne la nature du fruit, & cette manière
de cultiver les arbres enlève le moins d'eſpace
poſſible aux autres cultures.

Un arbre qu'on deſtine à former un buiſſon,
doit être élevé ſur trois ou cinq branches principales, que l'on fixe d'une manière régulière à des
cerceaux portés par des piquets enfoncés en terre.
C'eſt une mauvaiſe méthode de fixer uniquement
les cerceaux à l'arbre, car alors il ſe déjette & produit un mauvais effet. Il faut avoir ſoin de le
tailler très-court, pour lui faire porter du fruit,
& de donner une bonne direction aux branches
pour qu'il ſoit également garni dans toutes ſes
parties. On doit avoir ſoin de retrancher toutes
les branches à l'intérieur, pour que les rayons
du Soleil puiſſent y pénétrer.

Il ſeroit préférable de laiſſer les arbres nains
à eux-mêmes; les formes qu'ils prendroient ſeroient variées & auroient un air plus champêtre
que cette régularité meſquine; ſans nuire même
à la qualité du fruit, puiſque la liberté qu'on
leur laiſſeroit, ne devroit pas empêcher de les
tailler d'une manière productive.

On trouvera de plus grands détails ſur les
Arbres en buiſſons, dans le Dictionnaire des
Arbres & Arbuſtes. (*M. Reynier.*)

BUISSON ARDENT. Nom commun & très-
uſité par les Jardiniers du *Meſpilus Pyracantha.*
L. *Voyez* Néflier. (*M. Reynier.*)

BUISSONER. On emploie quelquefois ce mot
dans le même ſens que *foiſonner* dans d'autres
pays, pour dire qu'une plante s'étend beaucoup
par le bas, & par conſéquent qu'elle devient
touffue comme un buiſſon. Une plante buiſſone
dans les terres ſubſtancielles & abondantes en
fumier, lorſque ſon organiſation permet cette
luxurance de nourriture. (*M. Reynier.*)

BUISSONIER. (Arbre) *Voyez* Arbre nain.
(*M. Thouin.*)

BULBE, racine charnue de quelques eſpèces
de plantes. On diſtingue le Bulbe de l'oignon;
le premier eſt une maſſe charnue, le ſecond eſt
compoſé de tuniques qui s'emboîtent les unes
dans les autres. On diſtingue auſſi le Bulbe du
tubercule, parce que le dernier eſt une maſſe
charnue, qui ſe forme à l'extrémité des radi-
cules, au lieu que le Bulbe adhère au collet de
la racine; par exemple, les racines des Aulx,
Narciſſes, Jacinthes, ſont des oignons; celles
du Colchique, de l'Orchis, &c. ſont des Bulbes;
celles de la Pomme de terre, du Topinambour,
&c. ſont des tubercules.

Les bulbes contiennent preſque tous des prin-

cipes glutineux & amilacés, qui les rendent
nutritifs, le Salep eſt le Bulbe d'Orchis préparé,
& l'on extrait de très-bon amidon du Bulbe de
Colchique. Les Peuples du nord conſervent les
Bulbes de pluſieurs plantes pour leur proviſion
d'Hiver.

La culture des plantes bulbeuſes eſt très-difficile, cette racine étant ſujette à pourrir. Les
Orchis manquent preſque toujours dans les Jardins Botaniques, pour cette raiſon. Les Bulbes
ont encore l'inconvénient de ne pas ſe reproduire par des cayeux comme les oignons, & la
culture par graines ne réuſſit preſque jamais;
auſſi pluſieurs perſonnes ſe bornent à faire lever
chaque année des Orchis avec la motte; dans
la campagne, pour le moment des cours de
Botanique. Les Colchiques ſe multiplient plus
aiſément de graine: on verra à l'article de chaque plante bulbeuſe, la manière de la cultiver.
(*M. Reynier.*)

BULBEUX, *adjectif.* On donne ce nom aux plantes dont les racines ſont en forme de bulbes ou d'oignons, par oppoſition aux plantes bulbifères qui
portent des bulbes ſur leurs tiges.

On trouvera au mot Cayeux, le mode de
reproduction des plantes bulbeuſes.

Quelques perſonnes diſent enfin la *racine
bulbeuſe* d'une plante, pour exprimer le *bulbe*
de cette plante. (*M. Reynier.*)

BULBIFÈRE. On donne ce nom à quelques plantes qui portent à l'aiſſelle des feuilles ou même ſur
les branches, des cayeux ou maſſes charnues qui
étant miſes en terre, reproduiſent l'eſpèce. Cet
accident particulier à certaines eſpèces plutôt
qu'à d'autres, n'eſt pas cependant reſtreint à ces
ſeules eſpèces; il dépend ſouvent des circonſtances locales, qui ſont encore inconnues, mais
qu'une étude plus particulière de la Phyſiologie
végétale découvrira ſans doute.

Aublet dit, dans ſon *Hiſtoire des plantes de
la Guyane,* que l'*agave fetida* porté du Bréſil,
à l'Iſle de France, pour la première fois, y
donna une tige haute, qui ſe couvrit de bulbes
au lieu de fleurs: depuis cette époque, il y a
donné des fleurs & des graines; voilà donc une
preuve réelle de l'influence des changemens de
climat; mais cette influence n'eſt qu'inſtantanée,
lorſque la différence n'eſt pas exceſſive. *Voyez*
Climat.

Pluſieurs plantes ne ſont diſtinguées comme
eſpèce, que par la préſence de ces bulbes ou tubercules axillaires, & qui peut-être ne ſont que
des variétés. La *berle de la Chine* ou Ninſi,
n'eſt peut-être qu'une variété Bulbifère du *Chervi*
ou *Berle des potagers.* La *Liſymachia bulbifera*
diffère peu de la *Vulgaris,* la *Saxifraga bulbifera*
de la *granulata,* & pluſieurs eſpèces, telles que
le *Lilium bulbiferum* en manquent la plupart du
tems.

Pluſieurs plantes enfin portent de ces bulbes

au lieu de fleurs, c'eſt principalement dans les Aulx & les Graminées, que ce phénomène, ſemblable à ce qu'Aublet a vu ſur l'agave, s'obſerve.

La formation de ces bulbes eſt une ſuite néceſſaire de la ſurabondance des ſucs, d'une ſéve abondante, d'un climat plus actif. Leur naiſſance s'explique de la même manière que celle des Bourgeons; mais pourquoi naît-il plutôt des bulbes que des bourgeons, c'eſt ce qui nous eſt encore inconnu. Il eſt ſurprenant que l'étude des plantes dont tant d'hommes ſe ſont occupés n'offre encore que des incertitudes, lorſqu'on s'écarte d'une faſtidieuſe nomenclature. (*M. Reynier.*)

BULBOCODE. *Bulbocodium.*

Genre de plantes de la famille des LILIACÉES, & voiſin des Colchiques, dont il ne diffère que par les ſtiles qui ſont diſtincts. Il n'eſt compoſé juſqu'à préſent que d'eſpèces dont la culture n'eſt pas encore connue.

Eſpèces.

1. BULBOCODE printanier.
Bulbocodium vernum. L. ♃ de l'Eſpagne & du Dauphiné.

C'eſt une petite plante voiſine des Colchiques & très-ſemblable à l'*Antericum ſerotinum.* L. pour ſon port : elle en diffère par ſes caractères ſiſtématiques que Miller n'avoit point conſultés, lorſqu'il les réuniſſoit ainſi que la nature : mais la difficulté de nous écarter du Dictionnaire de Botanique nous fait reſpecter cette ſéparation. La fleur du Bulbocode reſſemble à celle du ſaffran, par ſa manière de ſe dévolopper ; mais elle eſt beaucoup plus petite.

Culture. On n'a point cultivé le Bulbocode au Jardin des plantes ; ainſi, je tranſcrirai ce que Miller dit avoir vu lui-même ; ſur les pas d'un tel guide, on ne craint pas de s'égarer.

On multiplie le Bulbocode de graines & de cayeux.

On doit ſemer les graines aux mois de Septembre & d'Octobre, dans des pots pleins d'un terreau humide, que l'on place ſous un chaſſis pendant tout l'Hiver. Les plantes lèvent au Printems, alors on les ſort de la couche, pour les placer à l'expoſition du Levant. Auſſi longtems que les feuilles ſont vertes, on doit arroſer ces jeunes plantes ; mais, dès que les feuilles ſont jaunes, on doit ſuſpendre les arroſemens, & on doit placer les pots dans une poſition ombragée, ayant ſoin d'arracher toutes les mauvaiſes herbes.

Au mois d'Octobre, on doit placer les pots dans une ſerre juſqu'au Printems. Cependant l'Été qui ſuit, on leur donne les mêmes ſoins que la première année, juſqu'à ce que les feuilles ſe fannent, alors on lève les bulbes pour les planter dans les parterres, où ils fleuriſſent l'année ſuivante.

On doit lever les bulbes au moins tous les trois ans, à l'époque où leurs feuilles ſe fannent, & on peut, ſans inconvénient, laiſſer les bulbes deux mois hors de terre ; en les replantant, on ſépare les cayeux qui ſe ſont formés en abondance autour de la mère-plante, & qui ont reproduit l'eſpèce.

Uſage. Cette plante, dit Miller, peut ſervir à faire des bordures dans les expoſitions un peu chaudes : j'ai peine à concevoir qu'elle puiſſe produire de l'effet, car elle fleurit dans une ſaiſon très-précoce, & ſon feuillage, très-peu marqué, ſe fanne de très-bonne heure. Il ſeroit plus agréable de former avec le Bulbocode, & les ſaffrans des planches printanières ; plus unies enſemble, ces plantes embelliroient le Jardin, tandis qu'en bordures elles ne produiſent aucun effet. (*M. Reynier.*)

BULBONAC. Les Jardiniers donnent ce nom à la Lunaire annuelle, employée aſſez généralement à la décoration des grands parterres. *Voyez* LUNAIRE. (*M. Reynier.*)

BULÈJE. *Budleia.*

Genre de plante de la famille des GATILIERS, qui a beaucoup de rapport avec les Agnanthes & le Calicarpe ; il eſt compoſé d'arbriſſeaux exotiques à feuilles ſimples & à fleurs petites, preſque ſans apparence. Les Bulèges diffèrent des Agnantes & des Calicarpes, par leur fruit qui eſt une capſule diſperme & non une baie.

Eſpèces.

Corolle campanulée.

1. BULÈJE d'Amérique.
Budleia Americana. L. ♄ près des torrens dans les Antilles.

2. BULÈJE occidentale.
Budleia occidentalis. L. ♄ de l'Amérique méridionale.

3. BULÈJE à fleurs en boule.
Budleia globoſa. La M. ♄ du Chili, dans les lieux humides.

**** *Corolle infundibuliforme.***

4 BULÈJE de Madagaſcar.
Budleia Madagaſcarienſis. La M. ♄ de Madagaſcar.

5. BULÈJE d'Inde.
Budleia Indica. L. ♄ de l'Iſle de Java.

6. BULÈJE à feuilles de ſauge.
Budleia ſalvifolia. La M. ♄ de l'Afrique.

LANTANA salvifolia. L.

Espèces moins connues.

BUDLEIA virgata. L. Fil.
BUDLEIA incompta. L. Fil.

Les deux premières espèces de Bulèjes sont des arbrisseaux qui s'élèvent jusqu'à dix pieds dans leurs pays natal; mais ils ont rarement plus de quatre ou cinq pieds dans nos serres. Leurs feuilles sont grandes, cotonneuses, un peu semblables, dit Sloane, à celles de la Molène. Les fleurs sont en panicules ou épis jaunes, dans la première espèce, & blanches dans la seconde.

Culture. On multiplie les Bulèjes de graines, de marcottes, & même de boutures. Comme les graines avortent fréquemment en Europe, on les tire du pays natal; on doit avoir la précaution de les conserver dans leurs capsules; séparées elles perdent beaucoup plutôt leur faculté germinative. Dès qu'on les a reçues, on doit les semer dans des petits pots pleins d'une terre légère, mais substancielle, avec la précaurion de couvrir à peine les semences; leur petitesse excessive exige ce soin, sans lequel elles pourriroient en terre, au lieu de germer. On doit enterrer ces pots dans la tannée d'une serre tiède, & les arroser modérément pendant les premiers jours, ayant soin aussi de ne pas jetter l'eau avec trop de force, car elle entraîneroit les graines & détruiroit les semis. Cette précaution est indispensable pour les graines menues en général, qui, devant être à peine recouverte, souffriroient de ce déplacement causé par un choc trop violent de l'eau, car les arrosemens trop violens imitent ces grandes averses d'Eté; ils battent la terre.

Au bout d'un mois ou six semaines, les graines de Bulège germent, mais elles ne sont souvent en état d'être repiquées que vers l'Automne, les premiers momens de la plupart des plantes classées dans la famille des Gatiliers étant d'une extrême lenteur. Pendant ces premiers momens, il est nécessaire de les éclaircir lorsqu'ils se gênent mutuellement, & de leur donner quelques sarclages, sur-tout avant de les arroser.

Lorsqu'ils sont en état d'être transplantés, on les sépare avec soin, pour ne pas endommager leurs racines, & on les met séparément dans des petits pots, pleins d'une terre semblable à celle du semis; pendant les premiers jours, il est nécessaire que la tannée où on plonge ces pots soit couverte, & l'on arrosera fréquemment les pots. L'Eté suivant, on doit les mettre dans des pots plus grands & répéter ce changement aussi souvent que l'on appercevra que la plante sera gênée.

Les Bulèjes obtenus de semis ne commencent à fleurir que la quatrième année, & durent assez

long-tems, lorsqu'on a soin de les garantir du froid, sans néanmoins les exposer à une trop forte chaleur pendant l'Eté; il est essentiel de renouveller l'air aussi souvent qu'il est possible, alors les arrosemens doivent être fréquens; mais l'Hiver ils doivent être plus rares.

La multiplication de boutures & de marcottes est plus expéditive; la saison la plus convenable est le Printems, sur des branches de deux à quatre ans; une fois enracinées, elles exigent le mêmes précautions que les jeunes plants.

Usage. Ces deux Bulèjes ne sont cultivés que dans les jardins de Botanique & dans ceux des amateurs des plantes exotiques: ils répandent de l'agrément dans les serres, par la beauté de leur feuillage plus encore que par leurs fleurs.

Le Bulèje, n.° 3, existe depuis peu d'années dans les jardins de l'Europe, nous le devons à M. Dombey. C'est un arbrisseau qui a beaucoup d'analogie avec le Cephalante sur-tout pour la disposition de ses fleurs.

Culture. Elle diffère peu de celle des Bulèges précédens, à l'exception qu'il supporte le plein air pendant une partie de l'année, & que la chaleur de l'orangerie lui suffit pendant l'Hiver. Dans peu d'années, il sera assez acclimaté pour décorer nos bosquets, & certainement il produira un effet agréable dans les lieux humides, analogues à sa position naturelle. Son odeur, qui est assez suave, ajoutera à la beauté de ses formes & de son feuillage.

Les Bulèges, n.°° 4 & 5, n'ont pas encore été cultivés en Europe, ainsi nous nous abstiendrons d'en parler; il est probable qu'ils exigeroient les mêmes attentions que les deux premières espèces. Le Bulèje, n.° 6, est plus connu dans les jardins sous son nom de *Camara*, & comme sa culture est la même qu'exigent ces plantes, la même à-peu-près que celle des premières espèces, il est inutile de la répéter. J'observerai seulement que ce Bulège aoûte très-bien ses graines en Europe; cependant on préfère de le multiplier de bouture. (*M.* REYNIER.)

BULLÉE. On donne ce nom aux feuilles dont la face supérieure est couverte naturellement de bosselures qui correspondent à des cavités dans la face supérieure: des sauges, des choux & des Basilics en offrent des exemples remarquables.

Il arrive souvent que des feuilles, sur-tout celles des arbres fruitiers, sont brûlées accidentellement par la piquûre des insectes; mais c'est une circonstance accidentelle, au lieu que la *bullation* des feuilles est une conformation de ces espèces. Ce mot n'est usité qu'en Botanique. (*M.* REYNIER.)

BULLO. Les Nègres de la Gambra donnent ce nom à une espèce de bière qu'ils préparent avec leurs céréales; on ne dit rien sur sa préparation, mais on observe seulement qu'elle

n'est pas de garde. *Hist. gén. des Voy. T. III.*
Voyez BIÈRE. (*M. REYNIER.*)

BUMALDE, *BUMALDA.*

Genre de plantes, dont l'analogie n'est pas encore bien déterminée, composé jusqu'à présent d'une seule espèce, découverte par Thunberg, sur les montagnes du Japon. N'ayant pas été apportée en Europe, une simple notice suffit.

Espèce.

1. BUMALDE trifoliée.
BUMALDA trifoliata. Thumb. ♄ des montagnes du Japon.

C'est un petit arbuste rameux, touffu, divisé en rameaux filiformes, dont les feuilles sont opposées composées de trois folioles ovales. Les fleurs sont disposées en grappes à l'extrémité des ramifications.

Cet arbuste n'ayant jamais été cultivé, nous ignorons les soins qu'il peut exiger, mais son analogie d'origine avec le *Ginkgo biloba* L. nous fait présumer qu'il s'acclimateroit sans peine. *Voyez* GINGO. (*M. REYNIER.*)

BUNDER. Mesure de terre d'Anvers, & de Louvain. Dans les Pays-Bas le Bunder est de 400 perches quarrées, ou de 408 roedes quarrés, qui égalent 3457 toises. *Voyez* ARPENT. (*M. l'Abbé TESSIER.*)

BUNIAS. Quelques personnes ont adopté ce nom latin du genre des érucages, & l'emploient en françois. *Voyez* ERUCAGE. (*M. REYNIER.*)

BUPARITI, on a donné ce nom au *Sterculia platanifolia.* L. Fil. suppl. *Voyez* STERCULIER à feuilles de Platane. (*M. THOUIN.*)

BUPHTALME, *BUPHTALMUM.*

Genre de plantes de la famille des fleurs composées & voisin des Verbésines : il est composé des plantes vivaces & de petits arbrisseaux rameux terminés par des fleurs radiées & solitaires dans presque toutes les espèces. Les feuilles sont entières ou légèrement dentées dans tous les Buphtalmes connus.

Espèces & Variétés.

*** Calice nud.**

1. BUPHTALME, à feuilles de Lychnis.
BUPHTALMUM frutescens L. ♄ des Antilles & de la Virginie.
2. BUPHTALME du Pérou.
BUPHTALMUM Peruvianum Lam. ♄ du Pérou.
3. BUPHTALME à feuilles de Laureole.
BUPHTALMUM arborescens L. ♄ des Bermudes & de l'Amérique méridionale.

4. BUPHTALME rampant.
BUPHTALMUM repens. L. de l'Amérique méridionale.
5. BUPHTALME d'Afrique.
BUPHTALMUM durum L. ♄ du Cap de Bonne-Espérance.
6. BUPHTALME soyeux.
BUPHTALMUM sericeum. L. fil. ♄ de l'Isle de Ténérife.
7. BUPHTALME à feuille de Pétasite.
BUPHTALMUM speciosissimum L. ♃ des montagnes du département de l'Ain en France.
8. BUPHTALME hélianthoïde.
BUPHTALMUM helianthoides L. ♃ de l'Amérique méridionale.
9. BUPHTALME à grandes fleurs.
BUPHTALMUM grandiflorum, L. ♃ des montagnes du midi de l'Europe.
10. BUPHTALME à feuilles de Saule.
BUPHTALMUM salicifolium, L. ♃ de l'Europe & de l'Asie tempérée.

**** *Calice feuillé.***

11. BUPHTALME épineux.
BUPHTALMUM spinosum. L. ☉ Sur le bord des champs du Midi de l'Europe.
12. BUPHTALME aquatique.
BUPHTALMUM aquaticum. L. ☉ Près des eaux douces dans l'Europe méridionale.
13. BUPHTALME maritime.
BUPHTALMUM maritimum. L. Des lieux maritimes du Midi de la France.

Espèce moins connue.

BUPHTALMUM foliis conjugatis flore nudo nutante. Hall. Hist. N.º 119.

Les deux premières espèces aoutent rarement leurs graines dans notre climat ; la manière de les multiplier la plus généralement usitée est au moyen de boutures. Lorsqu'on a des graines soit du pays natal ou de récolte faite dans les serres, ce qui est très-rare, on les sème au Printems ou même sur-le-champ lorsqu'on les reçoit de l'Etranger, dans des petits pots pleines d'une terre légère, mais substantielle, que l'on place sur-le-champ dans une tannée tiède ou seulement sous les chassis d'une couche ordinaire. Dès que les graines ont germé, ce qui arrive dans l'espace d'un mois au plus, on a soin de les arroser peu à-la-fois, mais souvent, crainte de les pourrir & on les débarasse autant que possible des mauvaises herbes qui ont pu croître dans ces pots. Les jeunes plantes prennent d'abord un accroissement assez lent, comme le plus grand nombre des plantes de cette famille; mais, dès que la troisième feuille commence à pointer, la plante croît avec plus de vitesse ; c'est alors qu'il est nécessaire d'éclaircir les pieds qui croissent trop doucement. Il est rare que les plantes levées trop jeunes réussissent dans la transfplantation ; mais on peut les hafarder, d'autant plus qu'à cette époque, l'air eft affez réchauffé pour qu'on puiffe les tranfplanter à l'air libre & non fous chaffis. Les femis peuvent refter dans les mêmes vafes jufqu'à l'Automne avec la précaution d'éclaircir les plans qui croiffent trop drus, mais au mois de Septembre & même dans le courant du mois d'Août, on doit féparer les pieds & les planter dans des pots pleins d'une terre femblable à celle des femis, ils prennent des racines avant l'Hiver & n'exigent aucuns foins excepté d'être préfervés du froid. Pendant cette faifon, on doit rendre les arrofemens beaucoup plus rares qu'en Eté, crainte que l'évaporation de l'eau étant trop foible les racines ne pourriffent. Les plantes, qui ont paffé la première jeuneffe, deviennent moins fenfibles au froid & peuvent refter affez long-tems à l'air. Elles peuvent même paffer l'Hiver dans l'orangerie lorfqu'elle eft bien conftruite.

Les boutures de ces deux Buphtalmes doivent être faites au mois de Juin lorfque les plantes ont été, depuis quelque tems, à l'air. On choifit pour cet effect des branches ligneufes, & on les plante dans des petits pots pleins d'une terre femblable à celle des femis ; on plonge ces pots dans la tannée d'une ferre tiède. Pendant les premiers jours, on doit couvrir les vitrages pour leur donner de l'ombre & avoir foin de ménager les arrofemens de manière que l'humidité foit foible, mais uniforme. Ces boutures pouffent ordinairement leurs premières racines au bout de fix femaines, deux mois au plus. Depuis cette époque, les plantes enracinées exigent les mêmes précautions que les nouveaux femis & les foins doivent diminuer à mefure qu'ils avancent en âge.

Ufage. Ces deux petits arbuftes qui s'élèvent peu, mais qui confervent leur verdure toute l'année, produifent un bel effet dans les ferres pendant l'Hiver & pendant l'Eté : les fleurs jaunes dont ils font couverts, fervent à l'embelliffement des théâtres de plantes exotiques. On ne les cultive que dans les jardins de Botanique & dans ceux des Amateurs.

Il m'a paru que le Buphtalme, N.° 1, contient un principe colorant jaune ou d'une nuance analogue ; mais je ne connois aucune expérience fur les moyens de le fixer.

Les efpèces, N.° 4, 5, 6 & 7, font peu ou point connues : d'après les defcriptions des Naturaliftes, il eft probable qu'elles produiroient de l'effet dans nos ferres, particulièrement celle N.° 6. L'efpèce, N.° 7, que M. Lamark cite d'après Linné comme fe trouvant en France, quoiqu'on ne l'y ait pas cueillie depuis long-temps, eft reportée dans le levant par le fynonyme de Tournefort ; au milieu de ces incertitudes que je crois devoir indiquer, il eft difficile

de certifier l'exiftence de cette plante, dont la forme, à la juger fur une defcription, doit être très-bizarre.

Le Buphtalme, N.° 8, eft une plante vivace par fes racines ; fes tiges font foibles, longues d'un pied & portent des fleurs jaunes & petites.

Culture. Cette plante fe multiplie de deux manières de graines & d'éclats de racines.

Les graines mûriffent prefque toujours furtout lorfque l'Automne a été belle. On les conferve jufqu'au Printems dans les têtes des fleurs ; précaution utile à la confervation des graines lorfqu'on peut l'employer. Les femis du Printems doivent être hâtés par des chaffis, & lorfque les froids ne font pas à craindre, il eft bon de renouveller l'air. On peut arracher les jeunes plantes lorfqu'elles ont quelques feuilles, foit pour les mettre en place ou pour les mettre en pépinière jufqu'à l'année fuivante.

La multiplication par éclats de racine eft plus commode & plus généralement ufitée. Comme cette plante travaille beaucoup fous terre, il eft effentiel de la lever toutes les Automnes, fans quoi elle envahiroit tout le terrein qui l'entoure. A cette époque, on détache de la mère racine tous les rejettons qu'on met immédiatement en terre, & l'on multiplie en très-peu de tems cette plante d'une manière plus prompte que par fes graines.

Ufage. Cette plante buiffone beaucoup, les touffes qu'elle forme font fournies, & comme fon verd eft foncé, elle produit beaucoup d'effet dans les grands parterres, fur-tout lorfqu'elle eft fleurie, parce que le nombre de fes fleurs compenfe leur peu de volume. Comme cette plante eft très-robufte on pourroit en jeter dans les clarières des bofquets ; elle commence à fleurir au mois d'Août & cette époque fe prolonge affez long-tems.

Les Buphtalmies, N.° 9 & 10, font pareillement des plantes vivaces ; ils reffemblent beaucoup au précédent par leur forme & fe cultivent de la même manière. Ils en diffèrent, confidérés fous le point de vue de décoration en ce qu'ils tracent moins & par conféquent forment des touffes moins fournies ; & par le nombre de leurs fleurs, qui eft beaucoup moins confidérable fur chaque tige, mais ces fleurs font beaucoup plus grandes ; efpèce de compenfation qui produit un plus grand effet dans les parterres bornés où les objets de décoration fe détaillent davantage. Ces plantes font naturelles aux ravins, aux pentes feches & brûlées par le foleil ; il feroit bon de les multiplier dans les fites analogues de nos jardins payfagiftes.

Ufage. Les Voyageurs Ruffes nous apprennent que la dernière efpèce, N.° 10, fert en guife de thé aux Habitans des bords de la Samara ; nous ne lui connoiffons aucun autre ufage.

Les Buphtalmes, N.ᵒˢ 11 & 12, font des plantes annuelles, qui font très-rameufes ou peu diffufes, & qui portent des fleurs jaunes terminales, dont les calices font feuillés, c'eft-à-dire, terminés par des appendices en forme des feuilles, qui environnent la fleur comme une efpèce de collerette. Ces appendices font prolongées en forme d'épines dans le N.ᵒ 11.

Culture. On fème ces Buphtalmes dans les premiers jours d'Avril dans les places où ils doivent refter toute l'année, & ils n'exigent d'autres foins que d'être farclés & éclaircis de manière que les pieds foient à un pied & demi les uns des autres. Lorfque la terre eft meuble & bien nette, les graines qui tombent en Automne y germent & les jeunes plantes fupportent très-bien les Hivers, fur-tout lorfque les froids font modérés. Ces plantes hivernées fleuriffent plutôt que celles des femis printanniers.

Ufage. On ne cultive ces plantes que dans les jardins de Botanique, cependant on les voit quelquefois dans les jardins d'ornement. Miller dit qu'on peut en faire des bordures; certainement ces plantes font affez touffues pour fervir à l'ufage, mais il eft toujours défagréable de former des bordures en plantes annuelles. On peut en jetter quelques pieds fur les bords extérieurs des plates-bandes & des maffifs; mais, en général, elles occuperoient la place de plantes plus décoratrices.

Le Buphtalme, N.ᵒ 13, reffemble beaucoup pour fa forme, fes ufages & fa culture aux efpèces N.ᵒˢ 1 & 2. On les multiplie de la même manière, avec cette différence qu'il craint beaucoup moins le froid & paffe l'Hiver fur les appuis des croifées dans l'orangerie : c'eft un petit buiffon fort touffu, d'une forme agréable. (*M. Reynier.*)

BUPLÈVRE, *BUPLEVRUM.* L.

Genre de plantes de la famille des Ombelliferes, & remarquable par les feuilles fimples, fouvent même graminées, de toutes les efpèces. Ces plantes ont une autre particularité, c'eft d'être abfolument glabres dans toutes leurs parties. On emploie plufieurs efpèces à la décoration des jardins.

Efpèces herbacées.

1. BUPLEVRE percefeuille.
Buplevrum perfoliatum. L. ☉ du Midi de l'Europe dans les champs.
2. BUPLEVRE étoilé.
Buplevrum ftellatum. L. ♃ dans les pâturages des montagnes.
3. BUPLEVRE de roche.
Buplevrum petræum. L. ♃ des montagnes.
4. BUPLEVRE de montagne.

Buplevrum longifolium. L. ♃ des pâturages des montagnes.
5. BUPLEVRE des Pyrénées.
Buplevrum Pyrenæum. L. ♃ des Pyrénées.
6. BUPLEVRE à feuilles en faulx.
Buplevrum falcatum. L. ♃ des lieux fecs & pierreux.
7. BUPLEVRE à feuilles nerveufes.
Buplevrum rigidum. L. ♃ des lieux pierreux du Midi de la France.
8. BUPLEVRE renonculoïde.
Buplevrum ranunculoides & angulofum. L. ♃ des prairies des alpes & de la France méridionale.
9. BUPLEVRE trinerve.
Buplevrum odontites. L. ☉ dans les lieux pierreux de l'Europe méridionale.
10. BUPLEVRE demi-compofé.
Buplevrum femi-compofitum. L. ☉ de l'Efpagne.
11. BUPLEVRE menu.
Buplevrum tenuiffimum. L. ☉ des lieux pierreux du Midi de l'Europe.
12. BUPLEVRE effilé.
Buplevrum junceum. L. ☉ du Midi de l'Europe dans les lieux pierreux.
Efpèces frutefcentes.
13. BUPLEVRE frutefcent.
Buplevrum fruticefcens L. ♄ de l'Efpagne.
14. BUPLEVRE épineux.
Buplevrum fpinofum. Lam. Dict. ♄ de l'Efpagne.
15. BUPLEVRE d'Ethiopie.
Buplevrum fruticofum. L. ♄ de l'Ethiopie du Levant & du Midi de la France.
16. BUPLEVRE de Gibraltar.
Buplevrum Gibraltaricum. Lam. Dict. ♄ de Gibraltar.
17. BUPLEVRE hétérophylle.
Buplevrum difforme. L. ♄ de l'Ethiopie.

Les douze premières efpèces font des plantes annuelles ou vivaces par les racines, diftinguées par la conformation des ombelles, la forme des collerettes & auffi par de légères nuances dans la forme des feuilles, la plupart graminées & plus ou moins longues. Les plantes ont peu d'apparence, & ne font cultivées que dans les jardins de Botanique, où même il eft rare d'en voir une collection un peu complette.

Les efpèces 1, 9, 10, 11 & 12 font annuelles. On peut les femer dès l'Automne dans une terre légère & fablonneufe fur une couche médiocrement chaude. Les jeunes plants ne doivent être féparés que lorfqu'ils ont quelques feuilles; il eft néceffaire de les replanter en motte, leurs racines pivotantes & fans chevelure reprennent difficilement en arrachis. Pour plus de fûreté, il vaut mieux les femer dans des pots enterrés dans la couche, alors on lève la motte au Printems fans ébranler les racines, & leur réuffite eſt plus aſſurée. J'ai ſemé en Mars ſur une plate-bande côtière les graines de l'eſpèce N.° 11 ; les plantes, que j'ai obtenues, ont donné des graines bien aoûtées ; mais il arrive fréquemment que les plantes n'ont pas le tems de conduire les graines à parfaite maturité, lorſqu'on n'a pas accéléré leur développement au Printems. Les grains des Buplèvres perdent aſſez promptement leurs qualités germinatives ; leur ſuccès eſt plus aſſuré lorſqu'on les ſème peu après la récolte.

Les eſpèces 6 & 7 ſont vivaces & peuvent être ſemées dès l'Automne dans des baſſins pleins d'une terre légère, les jeunes plantes lèvent au Printems, & n'exigent aucuns ſoins excepté d'être éclaircies lorſqu'elles ſont trop drues & d'être ſarclées fréquemment. Elles durent pluſieurs années & ne ſupportent pas la tranſplantation.

Les eſpèces 2, 3, 4, 5 & 8 ſont vivaces, mais originaires des Alpes. Lorſqu'on peut s'en procurer des grains bien aoûtés, il faut les ſemer dès l'Automne dans des pots pleins de terreau de bruyère, que l'on a ſoin de couvrir & même de rentrer dans l'orangerie aux approches de l'Hiver. Pendant le cours de l'Eté ſuivant, on a ſoin de débarraſſer les jeunes plantes des mauvaiſes herbes qui pourroient les gêner dans leur développement. Au commencement de l'Automne, on les lève avec la motte & on les plante dans des pots pleins d'un terreau de bruyere que l'on rentre dans l'orangerie avant les premiers froids, ou ſur des-gradins deſtinés aux plantes alpines, & que l'on a ſoin de couvrir pendant les froids. Ces plantes donnent rarement des grains bien aoûtées hors de leur pays natal, ce qui le rend aſſez rares dans les jardins de Botanique.

Les Buplèvres, N.°s 13, 14, 15, 16 & 17, ſont des arbuſtes d'une forme aſſez agréable & dont le feuillage fait le principal ornement. L'eſpèce, N.° 15, ſert à la décoration des boſquets & des parterres, les autres devant être rentrés dans l'orangerie pendant l'Hiver, ne peuvent être conſidérés que comme des objets de curioſité. L'eſpèce 15, qui eſt le plus intéreſſant de cultiver, ſe multiplie principalement de marcottes & de bouture. On met ces dernières ſur une couche médiocrement chaude dès l'Automne, ayant ſoin qu'elles n'aient pas un excès d'humidité qui les feroit périr. Elles pouſſent des racines dès le Printems, mais il convient d'attendre pour les ſéparer l'Automne ſuivante qu'on les replante dans des vaſes qui doivent paſſer l'Hiver dans l'orangerie. Lorſque ces boutures ſont aſſez vigoureuſes pour être ſéparées de bonne heure, on peut les mettre en pépinière, dans un lieu abrité & l'on a ſoin de les couvrir pendant l'Hiver avec de la paille. Les jeunes plantes doivent reſter deux ans de cette manière, au bout de ce tems-là on peut les replanter là où on les deſire.

Les autres eſpèces de Buplèvres fruteſcens ne différent que par le degré de chaleur qu'elles exigent, leurs boutures doivent être faites ſur des couches plus chaudes & ne peuvent jamais être miſes en pleine terre. Leur culture de graine eſt plus longue & n'exige pas d'autres ſoins, mais il eſt eſſentiel que la graine ſoit nouvelle. (*M. Reynier.*)

BURMANE, *Burmannia.*

Genre de plante voiſin des *Caragates*, par ſes principaux caractères & peu connu en Europe. Il en différe par ſon calice à ſix diviſions dont trois font l'office de pétales tandis que dans les Caragates, il y a de vrais pétales.

Eſpèces.

1. **Burmane** à deux épis. *Burmannia diſticha.* L. ♃ des lieux humides & marécageux de Ceylan.

2. **Burmane** à deux fleurs. *Burmannia biflora.* L. ♃ des lieux humides de la Virginie.

Eſpèce moins connue.

Burmane du Cap de Bonne-Eſpérance indiquée par M. Lamark.

Les Burmanes ſont de petites plantes à racines fibreuſes, dont les feuilles ſont graminées & longues d'environ deux pouces. Leur tige eſt ſimple & s'élève de quelques pouces ; ils portent quelques fleurs de couleur bleuâtre & diviſée ſur deux branches dans la première eſpèce & purpurine dans la ſeconde.

Culture. On n'a jamais eu ces plantes au jardin des plantes de Paris ; Miller eſt le ſeul jardinier qui les ait cultivées : ainſi, je vais rapporter ce qu'il en dit. « Les Burmanes ſont difficiles à cultiver, d'autant plus que leur ſite naturel eſt dans les marais couvert d'eau une partie de l'année, & que le climat de l'Europe eſt trop froid pour elles, principalement pour la première. Lorſqu'on a reçu ces plantes de leur pays natal, on doit les conſerver dans des petits pots enfoncés dans des bacquets pleins d'eau, de manière que l'eau les recouvre de deux ou trois pouces. Le bacquet, où l'on conſerve la première eſpèce, doit être conſervé toute l'année dans la ſerre-chaude, la ſeconde doit paſſer l'Eté en plein air ; mais il doit être rentré avant l'Hiver dans les ſerres. » Avec tous ces ſoins, on réuſſit à obtenir les fleurs de ces plantes ; mais Miller ne dit pas que ces fleurs produiſent des graines ; d'où on peut conclure que ces plantes ſont vivaces, mais qu'on doit les tirer de leur pays natal, manquant des moyens pour les multiplier en Europe. Au reſte, cette ſer-
vitude

titude eſt peu pénible, puiſqu'on ne cultive les Burmanes que dans les jardins de Botanique & dans ceux des Amateurs, qui ne redoutent aucune dépenſe.

Hiſtorique. Ces plantes ont été nommées Burmanes en l'honneur des Burmann, qui, depuis pluſieurs générations, ont conſacré leur vie à l'étude de la Botanique. Je ſaiſis cette occaſion de rendre à M. Burmann, Profeſſeur à Amſterdam, l'hommage qu'il mérite, pas ſes talens & que ſon affabilité, ſi rare parmi les *Savans*, lui aſſure. (*M. Reynier.*)

EURON, bâtiment qui renferme la laiterie dans les montagnes d'Auvergne. C'eſt ce qu'on appelle *fruiterie* en Franche-Comté, *mazarerie* dans les Voſges, *vacherie* dans la Suiſſe Françoiſe, & *chalet* dans le reſte de la Suiſſe. On en trouvera la deſcription & les détails au mot CHALET. *Voyez* CHALET. (*M. l'Abbé Teſſier.*)

BURRO. Arbre peu connu, qui croît ſur les bords de la Gambra ; les Voyageurs lui attribuent des épines tortues, & un ſuc jaune très-purgatif. Cette notice eſt trop incomplette pour qu'on puiſſe déterminer quelle eſpèce ce peut être. *Hiſt. des Voy. tom.* 3 ; *pag.* 270. (*M. Reynier.*)

BURY. Variété de l'anémone *coronaria. L.* dont la fleur eſt d'un blanc ſale nuancé d'incarnat. Les béquillons ſont ordinairement très-étroits, cette variété eſt ſujette à dégénérer. *Remarques ſur la culture des fleurs,* par P. Morin. *Voyez* ANÉMONE. (*M. Reynier.*)

BUSSEROLE. Nom que porte, dans quelques Provinces, l'eſpèce d'Arbouſier, nommée *Arbutus uva urſi,* par Linnée. *Voyez* ARBOUSIER, dans le Dictionnaire des arbres & arbuſtes. (*M. Reynier.*)

BUTOME, *Butomus.*

Genre de plante voiſin des Fluteaux & de la famille des Joncs, compoſé juſqu'à préſent d'une ſeule eſpèce. Les fleurs ſont en ombelle au ſommet des tiges, & ſont compoſées de ſix pétales, dont trois ſont extérieurs, de neuf étamines plus courtes que les pétales, & de ſix ovaires terminés chacun par un piſtile : ils ſe changent en ſix capſules, à une loge qui contiennent pluſieurs ſemences.

1. BUTOME à ombelle.

Butomus umbellatus. L. dans les marais & les foſſés pleins d'eau.

B. Variété plus petite. Cette plante eſt un des plus beaux ornemens des foſſés ; on peut la multiplier dans ceux qui environnent les maiſons de campagne, dans les étangs & même dans les pièces d'eaux, avec les Nimphées & les Flechieres. Ses fleurs de couleur roſe & de la grandeur de celles

du pêcher, forment une grande ombelle de quelques pouces de diamètre, qui termine la tige, & s'élève au-deſſus de la ſurface de l'eau. Les feuilles ſont longues & étroites, & ne ſont pas aſſez nombreuſes pour maſquer la vue. On connoît une variété du butome, dont toutes les parties ſont la moitié plus petites ; Miller aſſure qu'elle ſe reproduit.

Culture. Cette plante vient très-bien dans les baſſins, pourvu qu'il y ait une certaine épaiſſeur de terre au fond, on peut la multiplier de graines recueillies ſur des individus ſauvages, qu'on jette au bord de l'eau, ou de pieds enlevés dans la campagne avec la motte. Dans les jardins de Botanique, on conſerve cette plante dans des pots dont la terre eſt continuellement détrempée, ou dans des caiſſes dont les jointures ont été calfatées, & contiennent de la terre ſur laquelle on a ſoin de remettre de l'eau à meſure que l'évaporation & la plante diminuent ſon niveau. Ce moyen adopté dans le jardin de Botanique d'Amſterdam, eſt préférable au premier qui n'offre qu'un individu grêle & preſque dénaturé. On pourroit multiplier cette plante dans les pièces d'eau qui ſont dans les parcs, dans les ruiſſeaux qui décorent les payſages, dans les foſſés qui forment l'enceinte des poſſeſſions : les belles fleurs qu'elle porte pendant les mois de Juillet & d'Août, décoreroient ces lieux, qui ſont déſagréables dès que l'eau n'eſt pas très-limpide, ce qui eſt très-commun dans les pays de plaine. (*M. Reynier.*)

BUTONIC, *Butonica.* Rumph.

Genre établi, d'après Rumphe, par M. Lamark ; il ſe rapporte à la famille des MIRTES, & ſe rapproche des *Jamboſiers* ; il en diffère par ſon calice perſiſtant, compoſé de deux pièces ovales & non de quatre, par ſes étamines dont les filamens ſont réunis en tube à leur baſe.

Eſpèce.

BUTONIC.

Butonica. Rumph. des Indes & des Moluques, *Mammea aſiatica. L.*

Cette eſpèce, la ſeule connue juſqu'à préſent, eſt un des plus grands & des plus beaux arbres des Indes. Ses feuilles, qui ſont très-nombreuſes & d'un beau verd, ont ſouvent un pied de longueur. Les fleurs, qui ſont proportionnées au volume des feuilles, forment des bouquets de quinze ou vingt qui terminent chaque ramification. Leurs pétales ſont blancs, & les filamens qui ſont longs & très-viſibles, ſont d'un pourpre très-vif.

Uſage. Cet arbre, outre la décoration, ſert à pluſieurs uſages économiques, ſes noyaux cu-

trent dans les alimens de quelques peuples de ces pays. Jusqu'à présent, il est peu connu & n'a pas encore été apporté en Europe. Ainsi, nous ne savons rien sur sa culture. (*M. Reynier.*)

BUTTER. Rapprocher la terre des plantes, qui ont besoin de cette opération. Les pommes de terre, le maïs, les artichauds, &c., sont dans ce cas. On sarcle légèrement autour de leurs pieds, & on amène la terre, qui les avoisine, pour les enchausser d'une butte. Le maïs doit être butté pour fortifier sa racine; les pommes de terre, pour favoriser une plus grande production de tubercules, & les artichauds pour les garantir de la gelée. Le céleri se butte plus haut que les pommes de terre, le maïs & les artichauds, ou plutôt on l'enterre presqu'entièrement, en ne laissant à l'air que la sommité des feuilles. Dans cette opération, on a l'intention, non pas de fortifier sa tige, mais de lui ôter toute communication avec l'air, afin qu'elle blanchisse. C'est une espèce d'étiolement qu'on lui procure. La plante en acquiert aussi une saveur plus douce. (*M. l'Abbé Tessier.*)

BUTTER se dit encore d'un cheval, d'un mulet ou d'un âne, qui fléchit de tems en tems une des deux jambes de devant. Cet inconvénient vient le plus souvent de la foiblesse de ses jambes, qu'il laisse, pour ainsi dire, traîner, au lieu de les lever suffisamment, quand il rencontre une pierre ou un terrain inégal; quelquefois un animal mal ferré butte. Les vieux chevaux sont plus sujets à butter que les jeunes. (*M. l'Abbé Tessier.*)

BUTTNERE, *Buttneria.*

Genre de plantes de la famille des CACAOYERS & voisin des *Ayenes*; il comprend des arbustes exotiques chargés de feuilles alternes, simples, souvent couvertes d'aiguillons. Les fleurs sont axillaires disposées en bouquets ou en ombelles. Les Buttneres connues sont couvertes d'aiguillons assez semblables à ceux des ronces : cette circonstance est remarquable, quoique ce caractère ne puisse pas être considéré comme générique.

Espèces.

1. BUTTNERE à feuilles longues.
Buttneria scabra. L. ♄ de l'Amérique méridionale.

2. BUTTNERE à feuilles ovales, le China-cacha.
Buttneria ovata. Lam. ♄ du Pérou.
Ayenia spinosa. H. P.

3. BUTTNERE à feuilles en cœur.

Buttneria cordata. Lam. ♄ du Pérou près de Lima.

4. BUTTNERE cilindrique.
Buttneria tereticaulis. Lam. ♄ du Pérou.

5. BUTTNERE à petites feuilles.
Buttneria microphylla. L. ♄ de l'Amérique méridionale.

Les Buttneres sont, en général, des arbrisseaux sarmenteux, assez semblables aux ronces pour la configuration générale, quoique très-distincts par leurs caractères spécifiques, & même par les détails de leur port. On n'en connoît qu'une seule espèce dans nos jardins d'Europe, & elle y a été introduite par Joseph Jussieu dans le jardin des plantes, où on la considéroit comme une espèce d'ayène. Cet arbrisseau s'élève à la hauteur de quatre ou cinq pieds; ses rameaux sont souples, quadrangulaires & munis d'aiguillons sur leurs angles. Ses feuilles sont ovales inclinées sur leur pétiole. Les fleurs naissent à leur aisselle, mais à six ensemble : elles sont remarquables par les pétales divisés en trois pièces, dont l'intermédiaire se prolonge en un filet de couleur violette.

Culture. Des cinq espèces de Buttneres connues, il n'en existe qu'une seule au jardin des plantes, c'est la Buttnère à feuilles en cœur N.° 2. On la multiplie de graines, qui mûrissent assez souvent dans notre climat, & de boutures ou de marcottes.

On sème les graines, lorsqu'on en a, dans des pots qu'on enterre sous des chassis; il est nécessaire de donner de l'humidité aux graines; avec cette précaution, elles lèvent dans l'espace de quinze jours, un mois au plus. Comme cette plante croît très-vîte, on peut replanter les jeunes plants avant l'Automne, il suffit qu'ils aient quatre à cinq pouces de hauteur. La multiplication, par marcottes ou par boutures est plus expéditive. Souvent des marcottes, faites au Printems, ont assez de racines, vers l'Automne, pour être séparées, au plus tard, dans les premiers jours du Printems, & ces nouveaux plants se développent avec la plus grande vivacité. Les jeunes plants, obtenus de graines, de marcottes ou de boutures, doivent être encore plus garantis du froid que les Buttnères déjà parvenus au terme premier de leur croissance, & ces soins doivent être diminués, en raison de l'accroissement des jeunes plants.

Usage. On ne cultive les Buttnères que dans les jardins de Botanique; les soins, qu'ils exigent, ne sont compensés par aucun avantage qui puisse étendre leur culture. (*M. Reynier.*)

BUTUMBO. Nom vulgaire des *Justitia echioides.* L. *Voyez* CARMANTINE. (*M. Reynier.*)

BUTZ. Nom donné à la carie du froment, à Soultz, en Alsace. *Voyez* Carie. (*M. l'Abbé Tessier.*)

BUVÉE. On donne ce nom aux alimens délayés dans de l'eau chaude ou froide, qu'on fait prendre aux bestiaux; une eau blanche, c'est-à-dire blanchie par du son ou des farines, soit seules, soit mêlées à des bâles de grains, ou autres substances, s'appelle *Buvée* (*M. l'Abbé Tessier.*)

BUXBAUME, *Buxbaumia* L. Genre de plantes de la famille des Mousses, & très-voisin des Brys; on l'en sépare à cause de l'organisation plus composée de ses urnes; mais ce caractère seroit insuffisant, si l'absence des feuilles ne donnoit pas à cette plante un habitus particulier. J'ai reconnu, dans plusieurs plantes des genres des Brys & des Politrics, une organisation, sinon semblable, du moins aussi composée. J'en ai décrit une dans le Tome deuxième des Mémoires de la Société de Lausanne, sous le nom de Politric poudreux.

Espèces.

1. BUXBAUME sans feuilles.

Buxbaumia aphylla. L. sur les bords des fossés en Europe.

Cette mousse n'a point de feuilles, un tubercule qui lui sert de racine, donne le jour à un pédicule haut de trois ou quatre lignes, qui porte l'urne; cette dernière est d'une grosseur peu commune, le bord intérieur porte des cils, qui retiennent l'opercule, & des sacs de poussière qui y sont renfermés, représentent les organes de la reproduction.

On ne cultive pas cette plante; la difficulté de se la procurer rebuteroit le plus zélé Cryptogame; cependant il seroit intéressant de la posséder, pour compléter la famille des mousses, & dans les pays où elle croît sauvage, on pourroit la transporter avec la motte, pour le moment des leçons. (*M. Reynier.*)

BYSSUS, *Byssus.*

Genre de plantes de la famille des Algues, qui comprend plusieurs substances poudreuses & colorées. Ces substances naissent sur des corps qui se décomposent, & les partisans de la cristallisation végétale y voient l'agrégation secondaire des substances végétales. Les partisans des sexes n'ont pas encore pu en découvrir dans les Byssus.

Espèces.

1. BYSSUS des caves.

Byssus septica. L. sur les bois à l'ombre & dans les caves.

2. BYSSUS flottant.

Byssus flos aquæ. L. sur les eaux croupissantes.

3. BYSSUS croisé.

Byssus cancellata. L. sur les eaux tranquilles.

4. BYSSUS violet.

Byssus phosphorea. L. sur les bois pourris.

5. BYSSUS velouté.

Byssus velutina. L. sur la terre & les pierres.

6. BYSSUS doré.

Byssus aurea. L. sur les murs & les pierres.

7. BYSSUS des cavernes.

Byssus cryptarum. L. dans les cavernes.

8. BYSSUS orangé.

Byssus aurantiaca. La M. sur les bois pourris.

9. BYSSUS des antiques.

Byssus antiquitatis. L. sur les marbres & les vieux murs.

10. BYSSUS des pierres.

Byssus saxatilis. L. sur les pierres exposées à l'air.

11. BYSSUS rouge.

Byssus jolithus. L. sur les pierres.

12. BYSSUS bleu.

Byssus cœrulea. la M. sur les bois pourris.

13. BYSSUS jaune.

Byssus candelaris. L. sur les vieux murs & les bois exposés à la pluie.

14. BYSSUS pourpre.

Byssus purpurea. la M. sur les murs humides & les bois pourris.

15. BYSSUS verd.

Byssus botryoides. L. sur les bois & les pierres humides.

16. BYSSUS blanchâtre.

Byssus incana. L. sur la terre nue, sous les arbres après la pluie.

17. BYSSUS blanc de lait.

Byssus lactea. L. sur l'écorce des arbres & les mousses.

Ces productions dont on ne connoît ni graine, ni moyen de se reproduire, ne peuvent pas être cultivées. Les jardins de Botanique soignés en offrent une ou deux au moment des leçons, qui y sont portées, des endroits où elles se sont formées naturellement. (*M. Reynier.*)

C.

CAAROBA. ♄ du Brésil.

M. de Lamarck n'annonce cette plante que comme un petit arbre ou un arbrisseau; cependant Pison, qu'il cite, dit, dans son histoire du Brésil, que c'est un grand arbre. (*Sylvestris & procera arbor.*)

Quoi qu'il en soit, le CAAROBA paroît avoir des rapports avec les Canéficiers (*Cassia.*)

Ses feuilles sont composées de deux ou trois paires de folioles glabres, lancéolées, d'un verd pâle, marquées d'une nervure longitudinale, & de quelques côtes transversales, assez apparentes.

Il porte des fleurs à pétales un peu irréguliers, d'un bleu pourpre, auxquelles succèdent des gousses pendantes, semblables à celles du grand Phaséole, qui s'ouvrent en mûrissant, & qui restent à l'arbre après avoir laissé échapper leurs semences qui sont noirâtres. Cet arbre donne peu de fruits, & ces fruits ne sont d'aucune utilité.

Historique. Le Caaroba est originaire du Bréfil; il croît abondamment dans la Capitanie de Fernambouc; il ne se plaît que dans les terres fortes & argilleufes. Il fleurit dans le mois de Juin, & fes femences mûriffent dans le mois de Septembre.

Ufages. Les vertus de cet arbre réfident principalement dans fes feuilles, dont le goût eft amer; un peu féchées & froiffées, on les emploie utilement en fomentations, & dans les bains. On en compofe différens remèdes, qui, pris intérieurement, ont la propriété de deffécher, modifier & guérir. Pifon dit en avoir vu d'heureux effets dans un grand nombre de circonflances, & fur-tout dans les maladies fyphilitiques. Ces mêmes feuilles, broyées & appliquées à l'extérieur, foulagent beaucoup, & fouvent même guériffent radicalement les ulcères occafionnés par le même virus. On peut auffi les prendre en décoction pendant quelques jours; elles produifent un grand bien, fur-tout fi l'on fait précéder leur ufage d'un léger purgatif, & qu'on l'accompagne de quelque fudorifique.

On attribue au bois les vertus du Gaïac contre les mêmes maladies, & avec les fleurs on fait une conferve pour le même ufage.

Culture. On doit fuivre pour la culture de cet arbre les mêmes procédés que l'on obferve pour les plantes du même climat. En général, elles font peu délicates. Nous en femons ici les graines au Printems, fur des couches & fous chaffis. On traite le jeune plant comme les autres plantes de ferre-chaude. On lui laiffe paffer le premier Hiver dans la couche de tan de la ferre. Mais lorfque les individus font affez forts, ce qui arrive au bout de deux ou trois ans, on peut fe contenter de les mettre fur les tablettes de la ferre tempérée. (*M. Dauphinot.*)

CABALLIN. Subflance médicinale qu'on tire des feuilles de l'*aloë vulgaris*. *Voyez* Aloes ordinaire, n.° 3. (*M. Thouin.*)

CABAI. Nom que l'on donne à Cambray, au *Myagrum ativum*. *Voyez* Chameline cultivée, n.° 6. (*M. l'Abbé Tessier.*)

CABANE, bâtiment champêtre, plus négligé, plus fimple & plus petit qu'une chaumière; c'eft l'afyle de la partie la plus pauvre de la Société. Une chaumière peut annoncer la médiocrité, l'aifance qui fuit les befoins peu multipliés & fatisfaits. Une Cabane ne peut, dans aucun cas, offrir autre chofe que la propreté, mais c'eft toujours le féjour de la mifère.

Les mêmes obfervations que j'ai faites à l'article Chaumière, conviennent à plus forte raifon à cet article-ci. Il me parôit que le féjour d'êtres malheureux, & tout ce qui en retrace l'idée,

doit faire naître un fentiment pénible, & par conféquent ne peut fervir à la décoration des Jardins. Un goût dépravé & le froid égoïfme ont feuls pu diriger le premier Inventeur de ce genre de fabriques.

Une Chaumière pouvant avoir l'extérieur de l'aifance, peut faire une impreffion heureufe; l'homme échappé au tumulte des villes, peut rêver un inflant qu'il jouit du calme & du bonheur; placée avec art dans un payfage champêtre, elle peut y produire de l'effet. Mais une Cabane, ruinée par la vétufté, couverte de mouffe, entr'ouverte par l'effort du tems, ou dont la conftruction eft groffière, ne peut, dans aucun cas, fervir de décoration à un payfage habité par des hommes.

Le goût des Cabanes ou Chaumières ruinées a tellement prévalu en France, qu'on en voit jufques dans les Jardins des Maifons Royales; comment les Poffeffeurs n'ont-ils pas fu fe dire, avant 1789, que ces Cabanes étoient imitées de la Nature, & que les modèles étoient habités par des hommes, leurs égaux?

On trouvera des détails plus circonftanciés fur la conftruction de ces fabriques, dans le Dictionnaire d'Architecture. (*M. Reynier.*)

CABANE. On donne ce nom à l'habitation du pauvre, & plus particulièrement à la petite maifon de bois, dans laquelle couche un berger, lorfque fon troupeau parque. *Voyez* au mot Bêtes à laine, ce qui concerne les parcs & le parcage, pages 226 & 227 de ce volume. J'ai promis de donner ici feulement la defcription & les dimenfions d'une Cabane à trois roues, qui m'a paru bien entendue. Elle a été exécutée pour la ferme du Roi à Rambouillet.

Deux limons de neuf pieds & demi de longueur, & de quatre pouces d'équarriffage, fur deux côtés, & de trois pouces fur deux autres, fervent de bafe à la Cabane, qu'il dépaffent inégalement aux extrémités, favoir, de deux pieds antérieurement, & d'un pied poftérieurement. Chaque limon eft terminé par un crochet de fer afin qu'on puiffe atteler un cheval, foit au-devant, foit au-derrière de la Cabane, pour la traîner au loin. A la partie antérieure, les deux limons fe rapprochent & fervent de paffage au moyeu d'une roue ifolée, placée entr'eux. Le diamètre de cette roue eft de deux pieds dix pouces; fon effieu a quatre pieds & demi. Deux autres roues parallèles font vers le milieu de la cabane, un peu plus du côté poftérieur.

Le corps de la Cabane a fix pieds de longueur, trois pieds dix pouces de largeur, en-dehors, & quatre pieds de hauteur, jufqu'au bas de la couverture, qui a la forme d'un toit de trois pieds de hauteur; ce qui donne fept pieds d'élévation à la totalité de la Cabane. Les planches, dont elle eft faite, ont 10 lignes d'épaiffeur. Elles font jointes à rainure.

La porte, qui est placée à la partie antérieure & sur un des côtés, a trois pieds six pouces de hauteur, sur deux pieds sept pouces de largeur. Du côté opposé, on a pratiqué une fenêtre; mais je crois qu'il vaux mieux faire deux portes, parce que si des voleurs vouloient renverser la Cabane dans un sens, le berger trouveroit une seconde porte pour s'échapper.

Le toit en est couvert d'une toile peinte à deux couches. Ce qui la préserve de l'impression de la pluie, ce qu pourriroit en peu d'années les planches.

Elle me paroît très-saine & très-commode pour les Bergers, parce qu'elle est à un pied au moins au-dessus du sol, & parce qu'ils peuvent sans cheval la traîner par la roue de devant; si quelques mottes l'arrêtent, ils la soulèvent avec d'autant plus de facilité, que les deux roues parallèles sont un peu au-delà du milieu, & favorisent une espèce de bascule. Un homme seul la dirige & la conduit où il veut.

Des tablettes placées intérieurement, & des clous à grosses têtes, permettent au Berger & à son aide, de poser & d'attacher leurs outils, ustensiles & habillemens.

Le mot de Cabane est encore employé pour exprimer le petit logement dans lequel les vers à soie fixent leurs cocons. Les Cabanes des vers à soie sont faites avec de la bruyère ou de la fougère, ou toute autre plante rameuse, dont on peut plier les petites branches en forme de voûte. *Voyez* VERS A SOIE. (*M. l'Abbé Tes-sier.*)

CABARET. Nom vulgaire de l'ASARET, *Asarum.* La première espèce, *Asarum Euro-pæum.* L. peut être de quelque utilité en teinture. Une poignée médiocre de la plante entière, broyée dans un mortier, & cuite pendant une heure dans une chopine d'eau, donne un bain très-aromatique, dans lequel la laine prend successivement différentes nuances, depuis un léger *vert-pomme* jusqu'au *musc-clair-olivâtre.*

M. de Lamarck a indiqué cette plante comme fortement purgative, émétique, emménagogue, anti-hypocondriaque & errhine; & en effet, c'est peut-être, suivant M. Villars, celle des plantes indigènes, qui approche le plus de l'ipécacuahna; mais il est bon de prévenir que l'usage que l'on en feroit trop fréquemment, ou à trop forte dose, ne seroit pas sans danger; car alors elle pourroit occasionner des superpurgations violentes par haut & par bas. (*M. Dauphinot.*)

CABARET. Dans quelques provinces voisines des Alpes, on donne ce nom à une espèce de RENONCULE, *Ranunculus thora.* L., dont on vend les racines pour celles de l'Asaret.

Cette plante prise intérieurement est un poison très-dangereux qui cause l'engourdissement, les vertiges, l'enflure & la mort.

Suivant une ancienne tradition, c'est avec le suc de cette plante, que les Vaudois empoisonnoient leurs flèches. On en dit autant des Lucernois & des Piémontois.

Wepfer dit que les volailles que l'on tue avec un couteau, dont la lame a été trempée dans ce suc, en ont la chair plus tendre & plus délicate; mais, en supposant cette observation exacte, ne seroit-il pas à craindre que ce poison, quoiqu'à petite dose, ne fît contracter à la chair de l'animal quelque qualité malfaisante. (*M. Dau-phinot.*)

« CABAT. Nom que l'on donne dans quelques » Provinces de France à une mesure de grains, » particulièrement à celle du bled, » (*ancienne Encyclopédie*). L'Auteur auroit dû dire en quelle Province cette mesure est en usage. (*M. l'Abbé Tessier.*)

CABBAGE. Épithète donnée par quelques Jardiniers, à l'une des nombreuses variétés du *Brassica oleracea.* L. *Voyez* CHOU potager ou des Jardins, n.° 1. (*M. Thouin.*)

CABELA. C'est le nom d'un fruit des Indes occidentales, qui ressemble beaucoup à des Prunes; l'arbre qui le produit ne diffère presqu'en rien du Cerisier. *Anc. Ency.*

On présume que cet arbre pourroit être une espèce de *Malpighia. Voyez* MALPIGHIE. (*M. Thouin.*)

CABINET. C'est une espèce de berceau, mais plus courte & qui n'est souvent destinée qu'à couvrir un banc. La manière de les faire, les diverses parties qui peuvent entrer dans leur construction, sont les mêmes que pour les berceaux; ainsi, on peut former un Cabinet en charmille, en treillage, en arbres d'ornemens, en arbres fruitiers, &c., & les détails de leurs constructions sont les mêmes que pour les berceaux. On trouvera tous les détails nécessaires sous ce mot.

On appelle enfin salles de verdure, des Cabinets quarrés ou arrondis, revêtus de charmilles de tous les côtés, avec des issues pratiquées de chaque côté. *Voyez* SALLE de verdure.

Les Cabinets étant moins étendus que les berceaux entrent plus fréquemment dans la composition des Jardins rustiques; lorsqu'ils sont d'une composition simple, ils plaisent à l'œil, sur-tout ceux en chèvre-feuilles & autres plantes agrestes; ils rappellent l'ancienne bonhomie de la vie champêtre, où la famille unie d'amitié alloit, en commun, respirer l'air, après une journée de travail.

Mais les Cabinets en treillage ont le même inconvénient que les berceaux de ce genre, & comme un Anglois l'a très-bien observé, ils ne plaisent que dans les Jardins des Boulevards de Paris; alors ils sont plus du ressort de l'Architecture que du Jardinage. *Voyez* BERCEAU & CHARMILLE. (*M. Reynier.*)

CABIOU. Suc épaissi de manioc, qu'on emploie

à plufieurs ufages économiques. On le paffe dans un linge, & on le fait enfuite bouillir avec quelques baies de piment ; on lève avec foin toute l'écume qui monte à la furface & qui enlève les principes vénéneux de ce fuc ; puis on le fait évaporer jufqu'à la confiftance de fyrop. Dans cet état, il fe conferve long-tems, & remplace le *Soja*. *Voyez* MANIOC. (*M. REYNIER.*)

CABOMBE. *CABOMBA.*

Genre de plante à fleurs polypétales, de la famille des JONCS, qui paroît avoir des rapports avec les Fluteaux & le Butome. Nous n'en connoiffons encore qu'une efpèce.

CABOMBE aquatique.
CABOMBA aquatica. Aubl. de la Guiane.

C'eft une plante herbacée, aquatique, qui pouffe de fa racine plufieurs tiges longues, fouples, rameufes & cylindriques.

Les feuilles de la tige, qui font plongées dans l'eau, font oppofées & divifées plufieurs fois en un grand nombre de découpures fines & prefque linéaires, également oppofées. Les feuilles terminales flottent à la furface de l'eau. Elles font alternes, entières & ombilliquées, c'eft-à-dire, portées par le centre fur un long pétiole, comme celles de la Grande Capucine.

Les fleurs naiffent une à une fur de longs pédoncules, dans les aiffelles des feuilles fupérieures. On en trouve même quelquefois dans l'aiffelle des dernières feuilles découpées de la tige.

Elles font compofées d'un calice à trois divifions, vert en-dehors, & jaune en-dedans, & de trois pétales entièrement jaunes.

Le fruit eft compofé de deux capfules à une feule loge chacune, remplies de plufieurs femences menues.

Hiftorique. Cette plante fe trouve dans l'Ifle de Cayenne, & dans la grande terre de la Guiane. Elle croît dans les marais, dans les étangs, dans les ruiffeaux, & même dans les rivières où le courant de l'eau n'eft pas trop rapide.

Aublet ne dit rien des ufages de cette plante, qui d'ailleurs ne nous font point connus.

Quant à la culture, il en eft du Cabombe, comme de toutes les plantes aquatiques des Pays chauds. Nous ne pouvons guères efpérer de les élever ici. Elles exigeroient le fecours de la ferre-chaude, & il feroit très-difficile d'entretenir dans nos ferres, la quantité d'eau qui feroit néceffaire à leur parfaite végétation. (*M. DAUPHINOT.*)

CABOSSE. Nom que l'on donne en Amérique à l'écorce du fruit du *Theobrome cacao.* L. *Voyez* CACAOYER cultivé, n.° 1. (*M. THOUIN.*)

CABRIL. On appelle ainfi dans quelques endroits, le chevreau. *Voyez* CHEVRE. (*M. l'Abbé TESSIER.*)

CABRILLET, *EHRETIA.*

Genre de plantes, à fleurs monopétalées, de la famille des BORRAGINÉES, qui femble avoir quelques rapports avec les Sébeftiers.

Il comprend des arbres ou arbriffeaux, tous étrangers à l'Europe, qui croiffent dans les climats chauds de l'Afie, de l'Afrique & de l'Amérique, & qui s'élèvent depuis cinq à fix pieds jufqu'à vingt-cinq ou trente : mais ceux qui atteignent cette hauteur, n'y parviennent qu'avec le foutien des arbres voifins, fur lefquels ils appuient leurs branches, ou auxquels ils s'attachent par des vrilles.

Les feuilles font fimples & alternes. Elles varient dans les efpèces depuis fix pouces de longueur jufqu'à un.

Les fleurs font petites, mais nombreufes ; blanches dans prefque toutes les efpèces, & difpofées à l'extrémité des rameaux, où elles forment des grappes paniculées. Le tems de la floraifon & de la maturité du fruit n'eft pas le même dans toutes les efpèces.

Les fruits font des baies arrondies, qui contiennent quatre femences convexes d'un côté & applaties de l'autre.

Ces arbriffeaux, dont la plupart ne peuvent être élevés ici que dans des ferres, y produifent un bon effet par l'abondance de leurs fleurs, & même, dans quelques efpèces, par leur odeur.

On a donné à ce genre le nom d'*Ehretia*, en l'honneur du Docteur EHRET, connu par un grand nombre de découvertes intéreffantes en Botanique.

M. de Lamark n'en avoit indiqué que fix efpèces & une variété : mais, depuis l'impreffion du Dictionnaire, M. l'Héritier en a décrit deux nouvelles efpèces, dont il a donné les figures, *Fafc. 3. Tab. 23 & 24*, & dont l'une offre auffi une variété, & l'autre eft la plante que M. de Lamark n'avoit donné que comme variété.

Efpèces.

1. CABRILLET à feuille de tin.
EHRETIA tinifolia. L. ♄. de la Jamaïque & de l'ifle de Cuba.

2. CABRILLET épineux.
EHRETIA fpinofa. L. ♄. des environs de Carthagène.

3. CABRILLET bâtard.
EHRETIA bourreria. L. ♄. des Antilles.

4. CABRILLET à fruits fecs.
EHRETIA exfucca. L. ♄. des environs de Carthagène.

5. CABRILLET à longs pétioles.

Ehretia petiolaris. Lam. Dict.) ♄. des Antilles.

Cordia petiolata. H. P.

     6. CABRILLET à vrilles.

Ehretia cirrhosa. Lam. Dict de la Guiane.

Espèces nouvelles & variétés.

7. CABRILLET à feuilles de pourpier de mer.

Ehretia halimifolia. L'Her. Fasc. 3. Tab. 23.

Lycium Boerrhaviæ-folium. L. F. Sup. ♄. du Pérou.

B. CABRILLET à feuilles de pourpier de mer ondulées.

Ehretia halimifolia undulata.

   8. CABRILLET internode.

Ehretia internodis. L'Her. Fasc. 3. Tab. 24. ♄ de l'Isle-de-France.

Subria. Commers. mss.

Description du port des Espèces.

1. CABRILLET à feuilles de tin. Avant de donner la description de cette espèce, nous croyons devoir prévenir une équivoque qui pourroit induire en erreur. On lui a donné le nom de *Cabrillet à feuilles de tin.* Ce nom présente à l'oreille une idée fausse, qui se dissipe à la lecture. On voit bien, par l'orthographe, que le tin, *tinus*, dont il s'agit, n'est point le thim, *thymus*, qui sert à faire des bordures dans les jardins : mais tout le monde ne sait peut-être pas que le laurier thym, *viburnum thymus*, s'appelle aussi quelquefois tout simplement *tinus.* Nous pensons donc que, pour éviter toute confusion, en conservant à cette espèce le nom latin, *Ehretia tinifolia*, on pourroit la désigner en François sous celui de *Cabrillet à feuilles de laurier tin.*

Au surplus, cet arbre s'élève à vingt ou trente pieds de hauteur. Son tronc est droit, à-peu-près de la grosseur d'un poirier, & couvert d'une écorce sillonnée, d'un brun foncé. Il se divise, à son sommet, en plusieurs branches, qui forment à l'arbre une cime épaisse & alongée.

Les feuilles sont d'un verd foncé, longues de quatre à cinq pouces, & portées sur de courts pétioles.

L'extrémité des rameaux est terminée par des grappes panicules, qui soutiennent un grand nombre de petites fleurs blanches, d'une odeur peu agréable.

Les Baies qui les remplacent sont rondes, un peu plus grosses que nos groseilles ordinaires, d'un jaune orangé. Elles renferment une pulpe farineuse, jaune & douce, qui sert d'enveloppe à quatre semences.

Historique. Cet arbre est commun dans les terreins bas & dans les bois humides de la Jamaïque. Il y fleurit dans les mois de Janvier & de Février. Il est cultivé au Jardin du Roi de-

puis près de dix ans ; mais il n'y a point encore fleuri.

Il y a beaucoup plus long-tems qu'on le possède en Angleterre. Dès 1734, Miller en avoit semé des graines qu'il avoit reçues de la Jamaïque. Elles y ont très-bien réussi. Les plantes se sont élevées à la hauteur de huit ou neuf pieds, avec des tiges fortes & ligneuses. Plusieurs fois elles ont donné des fleurs : mais lorsque Miller écrivoit, il n'en avoit pas encore recolté de semences.

Usages. Dans le pays, on donne les graines aux volailles pour les engraisser. Les enfans les mangent aussi volontiers. Elles servent même quelquefois de nourriture aux pauvres.

2. CABRILLET épineux. Cette espèce acquiert autant de hauteur que la précédente : mais ce n'est point par ses propres forces. Il faut, pour qu'elle y parvienne, que ses branches trouvent du soutien dans celles des arbres voisins.

Le tronc de cet arbrisseau peut avoir trois ou quatre pouces de diamètre. Il se divise, presque à fleur de terre, en trois ou quatre rameaux, qui en jettent eux-mêmes quelques autres de côté & d'autre. Ces rameaux se soutiennent assez droits jusqu'à huit ou dix pieds : mais, lorsqu'ils ont atteint cette hauteur, ils se courbent vers la terre, & ne peuvent plus se soutenir sans le secours de quelque arbre voisin, qui les aide à s'élever jusqu'à vingt-cinq ou trente pieds.

Cet arbrisseau est armé de fortes épines courtes, presque axillaires sur les jeunes rameaux, & simplement éparses sur les plus gros. Lorsque ces épines vieillissent, elles poussent souvent un petit rameau feuillé.

Les feuilles naissent souvent plusieurs ensemble du même tubercule. Elles ont trois ou quatre pouces de longueur, & sont entières & luisantes. Les pétioles qui les supportent sont très-courts.

Cet arbrisseau se dépouille tous les ans. Les fleurs paroissent ordinairement avant le développement des nouvelles feuilles, & sortent du centre des tubercules. Elles sont petites, nombreuses, jaunâtres, & forment des grappes courtes, en forme de Corymbes.

Les baies sont rouges, arrondies, de la grosseur d'un pois, & renferment quatre semences.

Historique. Cet arbrisseau croît en Amérique, dans les bois des environs de Carthagène. Il fleurit dans le mois d'Août, & son fruit mûrit à la fin d'Octobre. Il est cultivé en Angleterre, où il a été élevé de semences envoyées du pays. Nous ne le possédons pas encore en France.

3. CABRILLET bâtard. La hauteur de cet arbrisseau n'est point déterminée. Il paroît qu'elle dépend beaucoup du climat. A la Martinique, il atteint rarement cinq pieds. A la Jamaïque, il s'élève de quatorze à quinze pieds, & à Curacao, il excède souvent cette hauteur.

Les feuilles varient aussi beaucoup pour la grandeur & pour la forme. Elles sont d'un verd jaunâtre, glabres quand la plante croît dans les rochers, & par-tout ailleurs rudes au toucher.

Les rameaux font terminés par des grappes de fleurs blanches & nombreufes, qui forment des efpèces de corymbes. Elles ont une odeur agréable.

Elles font fuivies des baies d'un jaune orangé, dont la pulpe eft douce & de la même couleur. Elles fe divifent en quatre parties, dont chacune eft compofée de deux loges renfermant deux femences.

Hiftcrique. Brown dit que c'eft lui qui a donné à cette efpèce le furnom de *Bourreria*, pour rendre hommage à M. BOURER, Apothicaire de Nurembourg, Amateur éclairé de l'Hiftoire naturelle. En ce cas, ce feroit à tort que Jacquin l'appelleroit *Beureria*.

Cette plante fe trouve fréquemment dans les Savannes de la Jamaïque; mais elle fe contente auffi des plus mauvais terreins. Elle croît très-bien dans les endroits pierreux & coûverts de gravier. Elle pouffe même quelquefois dans les fentes des rochers, & fans aucune terre.

Ces arbriffeaux n'ont point encore donné de fleurs en Europe.

Ufages. L'odeur fuave des fleurs de cette efpèce pourroit lui mériter fur les autres quelque préférence, fi nous n'étions pas privés de cet agrément.

Les Naturels du pays, & fur-tout les enfans, en mangent les fruits.

4. CABRILLET à fruits fecs. Cet arbriffeau parvient à quinze pieds de hauteur environ. Il eft quelquefois affez droit; plus fouvent, foible & comme farmenteux, il ne s'élève qu'en s'appuyaut fur les arbres voifins. Du refte, par fon port, il reffemble beaucoup au précédent.

Ses feuilles font très-glabres & longues d'environ deux pouces.

Les fleurs, plus grandes que dans l'efpèce précédente, font également blanches & difpofées prefque en corymbe aux fommités des rameaux. Elles ont une odeur douce & agréable.

Les baies qui leur fuccèdent font verdâtres, non pulpeufes, marquées de quatre légers fillons, & terminées en une pointe obtufe. En mûriffant, elles deviennent d'un roux noirâtre. Elles s'ouvrent en quatre parties, mais elles reftent attachées encore long-tems à la plante, & y confervent leurs femences, qui ne s'en détachent point.

Hiftorique. Cet arbriffeau croît naturellement dans l'Amérique méridionale, & principalement dans les forêts qui couvrent les montagnes des environs de Carthagène. Ses fleurs paroiffent depuis le mois de Mai jufqu'au mois d'Août, & les fruits acquièrent leur maturité en Octobre.

5. CABRILLET à longs pétioles. Cet arbriffeau, dans fa plus grande hauteur, n'excède guères huit pieds. Ses rameaux font lâches. L'écorce eft grifâtre, & couverte de tubercules.

Les feuilles font fituées dans la partie fupérieure des rameaux. Elles font portées fur des pétioles d'environ un pouce.

Les fleurs font petites, blanchâtres, & naiffent en corymbes à l'extrémité des rameaux.

Hiftorique. Cet arbriffeau eft originaire des Antilles. Jufqu'à préfent il avoit été réuni au genre des Sébeftiers, & c'eft fous ce nom qu'on le cultivoit au Jardin du Roi, où il étoit appellé *Cordia petiolata* : mais MM. de Lamark & l'Héritier ont cru devoir en faire une efpèce du genre des Cabrillets.

M. de Lamark avoit joint à cette efpèce, comme variété, le *Subria* de Commerfon : mais M. l'Héritier l'en a féparé, & en a fait une efpèce diftincte, fous le nom de *Ehretia internodis*, *Voyez*, ci-après, n.° 8.

6. CABRILLET à vrilles. Cet arbriffeau, que les Galibis appellent *Maripa*, & qu'Aublet a défigné fous le nom de *Maripe grimpant*, pouffe des branches qui, après s'être roulées fur les troncs des arbres voifins, fe divifent enfuite en plufieurs rameaux, garnis à leur bafe d'une vrille ligneufe, tournée en fpirale.

Les feuilles font portées fur des pétioles longs d'environ un pouce, arrondi & charnu à fa bafe. Elles ont jufqu'à fix pouces de longueur fur deux & demi de largeur.

Les fleurs font blanches, & naiffent à l'extrémité des rameaux, où elles forment de grandes grappes branchues & rameufes. Chaque branche principale eft garnie à fa bafe d'une petite écaille, & les rameaux de deux.

L'ovaire eft formé de deux loges, dont chacune renferme deux femences.

Hiftorique. Cet arbre croît naturellement dans la Guyane, fur les bords de la rivière de Sinemari, à huit lieues au-deffus de fon embouchure.

Aublet l'y a trouvé en fleurs au mois de Novembre; mais il n'a pas pu favoir précifément quel eft le tems de la maturité du fruit.

Efpèces nouvelles.

7. CABRILLET à feuilles de pourpier de mer. Cet arbriffeau, épineux & glauque, a le port des Liciers.

Sa tige eft droite, rameufe & revêtue d'une écorce crevaffée & cendrée. Elle eft garnie, dans les aiffelles des feuilles d'épines courtes, folitaires & en alêne.

Les pétioles des feuilles ont une légère teinte de pourpre. Ces feuilles font longues d'un pouce ou deux, fur environ un pouce de largeur.

Les fleurs naiffent à l'extrémité des jeunes pouffes de l'année, & forment des panicules entremêlées de feuilles. Dans les individus qui pouffent avec moins de vigueur, elles ne forment que des efpèces de grappes en corymbes. Elles font

font blanches, & ont à-peu-près huit lignes de long
fur cinq à fix de largeur. Elles font accompagnées, fous les pédoncules, de petites bractées linéaires. Leur odeur eft agréable, & reffemble
à celle du lilas.

Le fruit eft une baie à deux loges, qui renferment chacune une femence, & c'eft en partie ce qui diftingue cette efpèce de celle N.° 2.
Ehretia fpinofa, dont les baies contiennent quatre femences.

M. l'Héritier indique une variété à feuilles ondulées; mais il n'entre dans aucun détail.

Hiftorique. Il y a long-tems que cet arbriffeau
eft cultivé en France. Il eft originaire du Pérou. C'eft de-là que M. Jofeph de Juffieu a
envoyé les grains qui ont fervi à le multiplier
ici. Il fleurit dans l'Eté, & même pendant une
partie de l'Automne ; il eft très-rare que les
fleurs foient fuivies de femences.

8. CABRILLET internode. Cet arbriffeau, dont
M. de la Mark n'avoit fait qu'une variété de fon
Ehretia petiolaris, forme, fuivant M. l'Héritier,
une efpèce bien diftincte.

Il s'élève à huit ou neuf pieds environ. Son
écorce eft cendrée & crevaffée de fillons qui fe
croifent en forme de réfeaux. Les jeunes pouffes de l'année font d'abord vertes; mais elles
finiffent par devenir rouffâtres.

Les feuilles font éparfes alternativement &
fans ordre fur les rameaux. Elles ont trois pouces de longueur, & environ deux de largeur.

C'eft à la fituation des fleurs que cette efpèce
doit fon nom. Elles forment des panicules qui
ne fortent pas tout-à-fait des aiffelles des feuilles, mais qui font placées un peu au-deffus,
& dans l'intervalle d'un nœud à un autre.

Les panicules font plus courtes que les feuilles, dans les individus cultivés : mais, dans la
plante agrefte, elles excèdent beaucoup la longueur des feuilles. La figure donnée par M.
l'Héritier, repréfente la fleur dans ce dernier
état, d'après un deffein de l'infatigable & malheureux Commerfon.

Les fleurs font blanches, & ont une odeur
agréable.

Le fruit eft une baie à quatre loges, qui renferment chacune une femence.

Hiftorique. Cette efpèce eft originaire de l'Ifle-
de-France. Commerfon l'y a trouvée, couverte
de fleurs & de fruits, dans les mois de Janvier
& de Février; mais au Jardin du Roi, elle ne
fleurit qu'en Automne, & jamais elle n'y fructifie.

Culture. La fixième efpèce n'eft point encore
parvenue en Europe. Ainfi, nous ne pouvons
rien dire de pofitif fur la manière de l'élever.
Il eft probable qu'elle s'accommoderoit du même
traitement que les cinq premières.

On les multiplie de femences ou de marcottes : mais ce dernier moyen n'eft rien moins

que fûr. Les marcottes réuffiffent rarement, &
elles font toujours très-long-tems en terre, avant
de pouffer des racines. Il vaut donc mieux les
élever de femences, lorfqu'on peut s'en procurer, & ce n'eft qu'à leur défaut, qu'on doit
recourir aux marcottes, dont la réuffite eft toujours incertaine.

Ces arbriffeaux ne perfectionnant point leurs
femences, dans nos climats, il faut les faire
venir de leur pays natal. Auffi-tôt qu'elles font
arrivées, on les feme, ou dans de petits pots
que l'on enterre dans une couche chaude, ou
fur la couche même. Mais, la première façon
paroît préférable, parce que, lorfque les jeunes
élèves ont acquis une certaine force, il eft plus
aifé de les tranfplanter dans des pots plus grands,
fans endommager les racines.

Comme ces plantes font trop tendres, pour
réfifter ici en plein air, après les avoir foignées
fur la couche, on les place dans la tannée de
la ferre-chaude, où elles reftent conftamment,
fur tout pendant les premières années. Lorfqu'elles font plus fortes, on peut fe contenter de
les abriter dans une ferre tempérée. Enfin on
les accoutume par degrés, à fupporter l'air extérieur, en les mettant dans une pofition au
Midi, pendant les chaleurs de l'Eté : mais il faut
toujours les rentrer en Automne, quand les
foirées commencent à devenir froides.

Les deux dernières n'exigent pas autant de
précautions. Leur culture eft beaucoup plus
aifée. Elles fe multiplient facilement de marcottes & de boutures, qui n'exigent aucun foin
particulier.

Lorfqu'on eft parvenu à récolter des graines
en pleine maturité, ce qui, encore une fois,
eft extrêmement rare, ou que l'on s'en eft procuré d'ailleurs, il faut les femer au Printems,
dans des pots, fur une couche à l'air libre. Elles
ne tardent pas à lever, & pouffent avec affez
de vigueur, pour que le jeune plant foit bon
à repiquer dès le mois d'Août fuivant.

En cet état, la plante eft encore tendre &
délicate. Il faut avoir l'attention, pendant les
deux premiers Hivers, de la rentrer l'Hiver, dans
une ferre tempérée. Les années fuivantes, elle
fe contente de l'orangerie.

Lorfque les jeunes arbriffeaux font dans toute
leur force, c'eft-à-dire, vers la cinquième année, on peut en rifquer quelques pieds en pleine
terre, à l'abri d'un mur expofé au Midi. Ils y
réuffiront, & profiteront très-bien pendant tout
l'Eté : mais, aux approches de l'Hiver, il faut
les couvrir & les empailler foigneufement. Par
ce moyen, on les conferve facilement, & ils
fleuriffent, même plutôt que ceux qui font élevés dans des vafes. Ainfi on a plus d'efpérance
de leur voir perfectionner leurs graines. (*M.*
DAUPHINOT.)

Iii

CABROUET. Sorte de petites charrettes attelées de bœufs ou de mulets, dont on se sert dans la plaine, à Saint-Domingue, pour le transport des cannes, & en général, pour les divers usages de l'économie rurale. (*M. Reynier.*)

CABU-CHOU. Nom que l'on donne, dans quelques Provinces, au Chou-pommé. *Brassica oleracea capitata.* L. (*M. Dauphinot.*)

CABUS. On appelle Cabus, une espèce de choux. *Voyez* CHOUX. (*M. l'Abbé Tessier.*)

CACALIE. *Cacalia.*

Genre de plante qui, suivant M. de Jussieu, est de la famille des *Corymbifères*, & se distingue des autres genres de cette famille, parce qu'il a ses fleurs flosculeuses ; son calice simple, oblong, & caliculé à sa base ; & l'aigrette de ses semences, composée de poils simples. Suivant M. la Marck, c'est un genre à fleurs conjointes, de la division des flosculeuses, qui a beaucoup de rapport avec les *Tussilages* & les *Seneçons*, & dont la fleur consiste en un calice simple, souvent muni à sa base de quelques écailles très-courtes ; plusieurs fleurons, tous hermaphrodites, réguliers, tubulés, dont le limbe est divisé en cinq parties, environnés par le calice qui est commun, & posé sur un réceptacle, aussi commun, lequel est plane & nud : le fruit consiste en plusieurs semences oblongues, terminées par une aigrette longue, velue, & sessile. Ce genre est répandu dans presque toutes les parties du Monde. Il est composé maintenant de trente-deux espèces, dont trois sont imparfaitement connues. Plus de la moitié de ces espèces sont des herbes : les autres sont des arbrisseaux. Les fleurs de toutes ces espèces sont disposées en corymbe terminal. Les espèces fruticantes ont, pour la plupart, le calice cylindrique, & leurs feuilles & tiges très-épaisses, charnues & succulentes : elles sont au nombre des plantes grasses, & ont un port qui ressemble beaucoup à celui de plusieurs espèces d'*Euphorbes* fruticantes ; de sorte que, lorsqu'on voit, pour la première fois, ces espèces de Cacalies dénuées de fleurs, on pourroit les prendre pour des Euphorbes, si l'on ne se ressouvenoit que les Cacalies ne sont aucunement lactescentes, & que les Euphorbes le sont beaucoup, dans toutes leurs parties. Les espèces herbacées ont le calice en forme de cloche, & leurs feuilles plates & non succulentes, suivant M. de Jussieu ; il y a cependant quelques espèces de plantes herbacées imparfaitement connues, qui, suivant M. la Marck, peuvent être de ce genre, quoique leurs feuilles soient très-épaisses, charnues & succulentes. La plûpart des espèces de ce genre sont originaires des climats les plus chauds des deux Indes & de l'Afrique. Les autres naissent au Cap de Bonne-Espérance,

ou dans l'Amérique septentrionale, ou en Sibérie, ou dans les Alpes, ou dans les Pyrénées, ou dans les Montagnes d'Auvergne, ou ailleurs. Ainsi, plusieurs de ces espèces peuvent être cultivées en plein air, & en pleine terre ; d'autres peuvent passer l'Hiver dans l'orangerie, ou sous des châssis sans feu ; d'autres doivent être mises, pendant la saison froide, en serre chaude tempérée ; plusieurs sont de nature à ne pouvoir être élevées ni conservées qu'en serres très-chaudes.

Espèces.

* *Tige charnue & frutescente.*

1. CACALIE papillaire.
Cacalia papillaris. Lin. ♄ d'Ethiopie.
2. CACALIE Anteuphorbe.
Cacalia Anteuphorbium. Lin. ♄ d'Ethiopie.
3. CACALIE à feuilles de Laurose.
Cacalia Kleinia. Lin. ♄ des Isles Canaries.
4. CACALIE Ficoïde.
Cacalia Ficoïdes. Lin. ♄ d'Afrique.
5. CACALIE rempante.
Cacalia repens. Lin. ♄ du Cap de Bonne-Espérance.
6. CACALIE à feuilles en coin.
Cacalia cuneifolia. Lin. ♄ du Cap de Bonne-Espérance.
7. CACALIE sous-ligneuse.
Cacalia suffruticosa. Lin. ♄ du Brésil.
8. CACALIE à feuilles cylindriques.
Cacalia cylindrica. Hort. Reg. ♄ d'Afrique.
9. CACALIE à feuilles roncinées.
Cacalia runcinata. La M. Dict. *An Cacalia articulata.* Lin. F. Supp. ? ♄ On la croit du Cap de Bonne-Espérance.
10. CACALIE à feuilles de Laurier.
Cacalia laurifolia. Lin. F. Supp. ♄ du Mexique.
11. CACALIE à feuilles en cœur.
Cacalia cordifolia. Lin. F. Supp. ♄ de l'Amérique méridionale.
12. CACALIE à feuilles d'Asclépiade.
Cacalia asclepiadea. Lin. F. Supp. ♄ de l'Amérique méridionale.
13. CACALIE appendiculée.
Cacalia appendiculata. Lin. F. Supp. ♄ de l'Isle de Ténériffe.

** *Tige herbacée.*

14. CACALIE Porophylle.
Cacalia Porophyllum. Lin ☉ d'Amérique.
15. CACALIE à feuilles de Laitron.
Cacalia sonchifolia. Lin. ☉ des Indes orientales.
16. CACALIE blanchâtre.
Cacalia incana. Lin.....de l'Inde.
17. CACALIE des Indes.

Cacalia indica. La M. Dict. des Indes.

18. Cacalie à feuilles de verge d'or.

Cacalia sarracenica. Lin. ♃ des Départemens du milieu & du sud de la France.

19. Cacalie à feuilles hastées.

Cacalia hastata. Lin. ♃ de la Sibérie.

20. Cacalie à feuilles sagittées.

Cacalia suaveolens. Lin. ♃ du Canada & de la Virginie.

21. Cacalie à feuilles d'Arroche.

Cacalia atriplicifolia. Lin. ♃ du Canada, & de la Virginie.

22. Cacalie à feuilles de Pétasite.

Cacalia Petasites. La M. Dict. ♃ du Montd'or en Auvergne.

22. B. Cacalie à feuilles de Pétasite, & à fleurs conglomérées.

Cacalia Petasit. s conglomerata. Cacalia Petasites humilior floribus conglomeratis. La M. Dict. ♃ du même lieu.

23. Cacalie cotonneuse.

Cacalia tomentosa. La M. Dict. *Cacalia albifrons.* Lin. F. Supp.....des Alpes.

23. B. Cacalie cotonneuse à feuilles vertes, en-dessus.

Cacalia tomentosa supravirens. Cacalie cotonneuse. B. La M. Dict. des Alpes.

24. Cacalie à feuilles d'Alliaire.

Cacalia alliariæfolia. La M. Dict. ♃ des montagnes du Dauphiné & des Pyrénées.

25. Cacalie bipinnée.

Cacalia bipinnata. Lin. Fil. Supp......du Cap de Bonne-Espérance.

Espèces imparfaitement connues.

26. Cacalie pendante.

Cacalia pendula. Forsk....des Montagnes d'Arabie.

27. Cacalie odorante.

Cacalia odora. Forsk.....des montagnes d'Arabie.

28. Cacalie à feuilles de Joubarbe.

Cacalia semperviva. Forsk....des Montagnes d'Arabie.

Espèces à peine connues.

29. Cacalie hérissée.

Cacalia echinata. Lin. F. Supp. 353. de l'Isle de Ténériffe.

30. Cacalie tomenteuse.

Cacalia gnaphalodes. Cacalia tomentosa. Lin. F. Supp. 353. du Cap de Bonne-Espérance.

31. Cacalie sans tige.

Cacalia acaulis. Lin. F. Supp. 353. du Cap de Bonne-Espérance.

32. Cacalie radicante.

Cacalia radicans. Lin. F. Supp. 354. ♃

Description du port des espèces ; traduction de la phrase latine, par laquelle chaque espèce est définie dans le Dictionnaire de M. la Marck ; & particularités de chacune.

1. Cacalie papillaire. Linnæus la définit : Cacalie à tige frutescente, & chargée par-tout de fragmens de pétiole, semblables à des épines tronquées. Cette espèce est une de celles qui sont au nombre des plantes grasses. Elle a ce port particulier à ces dernières, qui attache les regards, sur-tout de ceux qui les voient pour la première fois. Elle se fait encore plus remarquer que les autres, par ce grand nombre de tubercules, en forme de papilles, dont elle tire son nom ; & qui hérissent de toutes parts sa tige, & ses rameaux dénués de feuilles, excepté à leur sommet. Ajoutez à cela le verd glauque de ses feuilles charnues, leur forme cylindrique, sur une longueur de trois ou quatre pouces, terminée en pointe, leur position aux sommités des rameaux ; tout cela réuni à un extérieur dénudé & très-peu touffu, donne un aspect singulier & très-saillant à cette plante dont la tige s'élève à environ trois pieds de hauteur. Ses rameaux sont courts & en petit nombre. Cette espèce n'a pas encore produit de fleurs, dans le climat de Paris. Ni Miller, ni Dillen n'ont vu ses fleurs.

2. Cacalie Anteuphorbe. Linnæus la définit : Cacalie à tige frutescente ; à feuilles oblongues planes, dont les pétioles sont prolongés à leur base par trois lignes courantes sur la tige. Cette espèce est aussi une plante grasse ; elle en a le port saillant ; elle est d'un verd pâle, peu touffu, & pousse, de sa racine, plusieurs tiges droites, peu ou point rameuses, qui parviennent à trois ou quatre pieds de hauteur. Cette espèce qui est cultivée en Europe, depuis plus de deux cents ans, n'y a fleuri presque jamais, malgré les soins & l'industrie des plus habiles Jardiniers.

3. Cacalie à feuilles de Laurose. Linnæus la définit : Cacalie à tige frutescente composée ; à feuilles en fer de lance, planes, & dont les pétioles laissent des cicatrices peu saillantes. Cette plante grasse est une de celles de ce genre, dont le port ressemble le plus au port singulier de celles des euphorbes frutescentes, qui ne sont pas en forme de cierges. Son feuillage est d'un verd cendré, un peu glauque ; il est peu touffu. Elle porte une touffe de feuilles étroites au sommet de chaque rameau, qui en est dénué dans tout le reste de sa longueur ; ce qui donne à cette plante un aspect fort nud : d'autant plus nud, que les rameaux sont plus minces à leur insertion qu'à leur sommet. De chaque sommet sort un faisceau de petits corymbes de fleurs blanchâtres. La hauteur de la tige de cette plante est de trois ou quatre pieds. Miller

affure qu'elle s'élève jufqu'à la hauteur de huit ou dix pieds. Cette tige acquiert, en quatre ou cinq années, la groffeur du bras. Elle fe divife vers la moitié de fa hauteur, en quatre ou cinq branches, dont chacune fe divife de même en quatre ou cinq rameaux, qui fe partagent auffi en un pareil nombre d'autres rameaux, lefquels éprouvent encore une pareille divifion. Cette plante fleurit en Août, Septembre & Octobre, dans le climat de Paris : mais elle n'y produit pas de bonnes femences. Elle ne commence à fleurir ordinairement que vers la cinquième ou fixième année de fon âge. Les feuilles de cette plante ont la même faveur que la *Paffepierre* ou *Bacile*, nommée par Linnæus *Chrithmum maritimum*.

Miller affure qu'en creufant la terre à une grande profondeur, dans quelques endroits de l'Angleterre, on a trouvé des pierres fur lefquelles cette plante étoit empreinte.

4. CACALIE ficoïde. M. la Marck la définit, en latin, Cacalie à tige frutefcente ; à feuilles en fer de lance, comprimées latéralement, un peu courbées en faucilles, charnues & glauques. La forme des feuilles de cette plante graffe, dont les plus grandes ont deux pouces & demi de longueur, lui donne un port approchant de celui de plufieurs efpèces de ficoïdes. C'eft de cette particularité qu'elle tire fon nom. Ses feuilles fupérieures font couvertes d'un nuage femblable à celui qu'on obferve fur la peau des prunes, & qu'on nomme vulgairement la fleur de ces fruits. Ce nuage fort remarquable eft d'une belle couleur glauque, qui rend le port de cette plante encore plus faillant, & lui donne un afpect fort agréable. Les fleurs font d'une belle couleur blanche jaunâtre. Cette plante s'élève en Europe, à cinq ou fix pieds de hauteur. Commelin la qualifie d'arborefcente. Lorfqu'on rompt les feuilles de cette plante, elles répandent une forte odeur de térébenthine. Lorfque ces feuilles commencent à fe flétrir, elles répandent une odeur aromatique, qui approche beaucoup de celle du houblon. Elle fleurit ordinairement en Automne ; mais le tems de fa floraifon n'eft pas toujours le même. Ses femences ne mûriffent pas dans le climat de Paris.

5. CACALIE rempante. M. la Marck la définit, en latin ; Cacalie à tige frutefcente ; à feuilles charnues glauques, en forme de demi-cylindre, dont le côté applani eft le fupérieur, & eft un peu creufé en canal. Le port de cette plante graffe reffemble beaucoup à celui de la précédente, excepté qu'elle s'élève une fois moins. Les feuilles de la fommité de fes rameaux font auffi couvertes du même nuage glauque. Sa racine eft rempante.

6. CACALIE à feuilles en coin. Linnæus la définit ; Cacalie à tige frutefcente, à feuilles cunéiformes, charnues. C'eft une petite plante graffe qui a deux ou trois pouces de hauteur.

7. CACALIE fous-ligneufe. Linnæus la définit ; Cacalie à tige fous-ligneufe, rameufe, à feuilles linéaires, planes & éparfes. C'eft un très-petit arbufte de trois ou quatre pouces de hauteur, dont les feuilles font très-peu charnues. Les fleurs font pourpres, & il en naît une à l'extrémité de chaque rameau.

8. CACALIE à feuilles cylindriques. M. la Marck la définit, en latin ; Cacalie à tige frutefcente débile, à feuilles minces cylindriques, charnues, à aiffelles un peu barbues. Cette plante eft d'un verd tendre. Elle foutient mal fa tige & fes rameaux, qui font fort grêles. Elle parvient à la hauteur d'un pied & demi.

9. CACALIE à feuilles roncinées. M. la Mark la définit, en latin ; Cacalie à tige frutefcente ; à feuilles pétiolées, charnues, glauques, planes, terminées en hallebarde, & à découpures dirigées vers le pétiole. Cette plante graffe qui provient des graines rapportées par le Capitaine Cook eft fort belle. Elle eft d'un verd glauque ; fon feuillage la rapproche des efpèces herbacées de ce genre. Sa tige parvient à environ trois pieds de hauteur. Ses fleurs, dont les pédoncules ont fix pouces de longueur, font d'un blanc rougeâtre.

10. CACALIE à feuilles de Laurier. Linnæus la définit ; Cacalie frutefcente, glabre, à feuilles pétiolées, ovales, à trois nervures, obtufes, très-entières, très-glabres ; à thirfe terminal ; à calice compofé de quatre feuilles, glabre. Le calice de cette efpèce & de la fuivante, eft trèsconftamment à quatre feuilles & à quatre fleurs. Cet arbriffeau a le port du Laurier. Ses feuilles font oppofées.

11. CACALIE à feuilles en cœur. Linnæus, fils, la définit ; Cacalie frutefcente velue ; à feuilles pétiolées, en cœur, ovées, nerveufes, aigues, âpres ; à calice compofé de quatre feuilles, à quatre fleurs, & un peu velu. Les feuilles font oppofées.

12. CACALIE à feuilles d'Afclépiade. Linnæus, fils, la définit ; Cacalie frutiqueufe, cotonneufe, à feuilles pétiolées, ovales, lancéolées, très-entières, très-glabres en-deffus, cotonneufes en-deffous, roulées par les bords en-deffous ; à panicules terminales. Cette plante a le port d'une Afclépiade. Ses panicules font petites & ferrées.

13. CACALIE appendiculée. Linnæus fils, la définit ; la Cacalie frutiqueufe, cotonneufe, à feuilles en cœur ovales, aigues, anguleufes, cotonneufes en-deffous, dont les pétioles font garnies de folioles en forme d'appendices. La tige de cet arbriffeau eft blanche & cotonneufe, & les fleurs font jaunes. Il croît naturellement dans les lieux aquatiques de l'ifle de Ténériffe.

M. la Marck dit que, dans les lieux montueux

de la même Isle, on trouve une autre plante qui ressemble à la présente espèce à bien des égards, mais qui a la tige glabre & non anguleuse.

**** *Tige herbacée.***

14. Cacalie Porophylle. Linnæus la définit ; Cacalie à tiges herbacées, non rameules ; à feuilles elliptiques, un peu crénelées ; la tige de cette plante est très-droite ; ses feuilles font d'un verd foncé & parsemé de petites taches transparentes, qui les font paroître criblées de trous. C'est de cette particularité que lui vient son nom de Porophylle, tiré des mots grecs πορος, trou, & φυλλον, feuille.

15. Cacalie à feuilles de Laitron. Linnæus la définit ; Cacalie à tige herbacée, non rameuse ; à feuilles en lyre, dentées, & qui embrassent la tige. Cette herbe a le port & l'aspect d'un Laitron ordinaire ; ses fleurs rougeâtres font en petit nombre, & portées sur des pédoncules grêles, alongés & nuds. Elle s'élève à deux pieds de hauteur. C'est une plante très-peu touffue, dont les tiges & rameaux purpurins, peu nombreux, grêles, fort alongés, & qui se tiennent mal, portent leurs feuilles fort éloignées les unes des autres. Ces feuilles font glauques en-dessus & rougeâtres en-dessous. Rumph a remarqué que cette couleur du dessous des feuilles est d'autant plus foncée que la plante est plus exposée au soleil. La saveur de cette plante est médiocrement amère & austère. Sa racine blanche, alongée & peu fibreuse, a, lorsqu'elle est séche, une odeur âcre & désagréable. Cette plante croît naturellement en abondance sur le gravier du bord des rivières, en divers autres lieux humides, & dans tous les jardins & autres terreins cultivés des Indes orientales, où elle est très-commune, tant dans toutes les Isles que sur le Continent jusqu'à la Chine. On l'y trouve en fleur presque toute l'année. Elle y est aussi cultivée comme plante potagère, & comme plante économique. Rumph a remarqué que les plantes de cette espèce, qui sont cultivées, ont les feuilles plus larges, moins découpées, moins brunes en-dessous & une saveur plus douce. Les plantes de cette espèce, cultivées en Europe, fleurissent, suivant Miller, en Juillet, & leurs semences mûrissent en Septembre. Miller assure que quelques plantes de cette espèce produisent des fleurs jaunes.

16. Cacalie blanchâtre. Linnæus la définit ; Cacalie à tige herbacée, à feuilles en fer de lance, dentées. Cette plante a le port d'une verbésine ailée ; sa tige est droite & élevée.

17. Cacalie des Indes. M. la Marck la définit en latin ; Cacalie à tige herbacée, lanugineuse ; à feuilles presque deltoïdes, inégalement dentées, à longs pétioles, & dont les pédoncules font revêtus de bractées en alène.

18. Cacalie à feuilles de verge d'or. Linnæus la définit ; Cacalie à tige herbacée, à feuilles en fer de lance, dentées en scie, & décurrentes. La tige de cette plante s'élève à deux ou trois pieds de hauteur, est droite & un peu rameuse à son sommet, lequel porte les fleurs qui font de couleur de soufre blanchâtre.

19. Cacalie à feuilles hastées. M. la Marck la définit en latin ; Cacalie à tige herbacée, à feuilles en hallebarde, triangulaires au sommet, pointues, dentées en scie ; à fleurs penchées. Cette plante pousse quantité de tiges droites, qui forment un buisson touffu d'environ quatre pieds de hauteur. Son feuillage est massif, d'un verd foncé. Ses fleurs font blanches & naissent au sommet des tiges.

20. Cacalie à feuilles sagittées. Linnæus la définit ; Cacalie à odeur douce ; à tige herbacée ; à feuilles en hallebarde, terminées en fer de flèche, denticulées, à pétioles supérieurement dilatés. Cette plante, qui n'est peut-être qu'une variété de la précédente, pousse quantité de tiges droites, qui forment un buisson touffu de quatre ou cinq pieds de hauteur, dont le feuillage est massif & d'un verd foncé. Les fleurs font blanches & viennent au sommet des tiges. Cette plante fleurit en Août & ses semences mûrissent en Octobre.

21. Cacalie à feuilles d'Arroche. Linnæus la définit ; Cacalie à tige herbacée ; à feuilles presque en-cœur, à sinuosités en forme de dents ; dont les calices font à cinq fleurons. C'est une plante peu rameuse, haute de cinq pieds, suivant Linnæus. Le dessous des feuilles est de couleur glauque ; les fleurs font petites, pâles ou rougeâtres. Cette plante fleurit en Juillet & Août, & ses semences mûrissent en Octobre.

22. Cacalie à feuilles de Pétasite. M. la Marck la définit en latin ; Cacalie à feuilles radicales amples, en cœur arrondi, anguleuses, dentées ; à feuilles caulines, presque en hallebarde, munies d'oreillettes à la base, & à corymbe lâche. Les feuilles de cette plante font vertes en dessus, blanchâtres & cotonneuses en-dessous. Les feuilles radicales ont le port de celle de la Pétasite, & ont près d'un pied de diamètre. Les tiges s'élèvent à la hauteur de trois ou quatre pieds. Les fleurs viennent au sommet des tiges, & font purpurines. Cette plante croît naturellement dans les lieux humides, & principalement dans les ravines du Mont-d'or, dans la ci-devant province d'Auvergne, où M. Lamarck l'a observée.

La variété n.° 22 B. diffère en ce que sa tige est plus basse, & que ses fleurs font conglomerées.

23. Cacalie cotonneuse. M. la Marck la définit ; Cacalie à feuilles en cœur, pointues,

dentées en scie, cotonneuse des deux côtés; à corymbes serrés, dont les calices contiennent beaucoup de fleurons. Le coton très-blanc & abondant qui couvre toutes les parties de cette plante, lui donne un aspect très-agréable. Sa tige est droite, sans rameaux, & s'élève à la hauteur de douze ou quinze pouces. Les fleurs naissent au sommet de la tige. La plante, n.º 23 B., diffère en ce que ses feuilles sont vertes en dessus.

24. Cacalie à feuilles d'alliaire M. la Marck la définit en latin; Cacalie à feuilles en cœur réniformes, dentées en scie, glabres des deux côtés, sans oreilles, dont les calices sont à cinq fleurons. Cette plante qui a été rapportée des montagnes du Dauphiné, au Jardin du Roi, par M. Desfontaines, a quelque rapport avec la précédente. Son port en diffère non-seulement, parce qu'aucune de ses parties n'est cotonneuse, mais encore parce que ses feuilles ont l'aspect de celles de l'Alliaire, ou encore mieux du Populage. Sa hauteur est d'un pied. Ses fleurs sont purpurines.

25. Cacalie bipinnée. Linnæus la définit; Cacalie herbacée à feuilles linéaires, deux fois ailées. Les fleurs sont jaunes, & les feuilles sont longues de trois ou quatre pouces.

Espèces imparfaitement connues.

26. Cacalie pendante. Forskall la définit; Cacalie à tiges tombantes, sans feuilles; à pédoncules terminaux & droits. Des écailles en alènes, roides, sèches, rapprochées des tiges, arrangées les unes sur les autres, en manière de tuiles, & disposées en plusieurs rangées spirales sur les tiges de cette plante dénuées d'autres feuilles, & ces tiges longues de trois pieds, rameuses & pendantes des rochers, donnent à cette plante un port très-singulier. Les fleurs sont rougeâtres & solitaires. Cette plante croît dans les montagnes.

27. Cacalie odorante. Forskall la définit Cacalie à feuilles lancéolées; à tige striée de lignes blanches. Le port de cette plante est relevé par des lignes blanches, un peu saillantes, marquées sur sa tige, qui sont les cicatrices des anciennes feuilles. Cette plante est rameuse diffuse d'un pied & demi de hauteur. Ses feuilles sont épaisses, & ses semences sont velues. Cette plante croît abondamment dans les montagnes.

28. Cacalie à feuilles de joubarbe. Forskall la définit; Cacalie à feuilles charnues, sans pétioles, en fer de lance, & serrées les unes contre les autres. C'est une plante grasse, dont les feuilles radicales ont neuf à dix pouces de longueur. Sa hauteur est d'un pied; ses tiges sont très-peu nombreuses, & se divisent le plus souvent en deux branches terminées chacune par une seule fleur, dont le calice est rouge-violet. Les se-

mences sont velues ainsi que leurs aigrettes. Cette plante croît dans les montagnes.

Espèces à peine connues.

29. Cacalie hérissée. Linnæus fils la définit; Cacalie herbacée, à feuilles réniformes en cœur, à angles en forme de dents; cotonneuses en-dessous: à folioles du calice hérissées de tubercules. Elle habite sur les précipices au bord de la mer.

30. Cacalie tomenteuse. Linnæus fils la définit Cacalie à tige frutiqueuse; à feuilles en fer de lance, dentées, tomenteuses en-dessous, & sans pétioles.

31. Cacalie sans tige. Linnæus fils la définit; Cacalie à feuilles demi-cilindriques, & à hampes uniflores. C'est probablement une plante grasse.

32. Cacalie radicante. Linnæus fils la définit; Cacalie herbacée, rempante, radicante; à feuilles cilindriques, ovées & charnues. C'est une plante grasse.

Culture.

La Cacalie papillaire, n.º 1; la Cacalie Anteuphorbe, n.º 2; la Cacalie à feuilles de Laurose, n.º 3; la Cacalie Ficoïde, n.º 4, la Cacalie à feuilles cilindriques, n.º 8, & la Cacalie à feuilles roncinées, n.º 9; ces six espèces, que l'on cultive au Jardin des plantes de Paris, demandent toutes une culture à-peu-près pareille. Elles se multiplient toutes par boutures. On peut planter ces boutures pendant tous les mois de l'Eté: mais cependant les mois de Juin & de Juillet sont les plus favorables à cette opération. Pour multiplier ces espèces ainsi, l'on choisit des branches de deux ou trois ans; on les sépare de la tige à laquelle elles appartiennent avec une serpette bien tranchante & avec soin; puis on les coupe à leur base très-nettement, soit en bec de flûte, soit circulairement; ensuite on les expose à l'air, en lieu sec, & à l'ombre, par exemple, sur les tablettes d'une serre, pendant environ quinze jours, & on les plante quand elles commencent à se flétrir, & surtout lorsque la plaie, faite à leur base, est parfaitement sèche à l'extérieur. Si l'on plantoit ces boutures avant cette époque, elles seroient en danger de pourrir au lieu de s'enraciner.

La terre la plus convenable pour ces boutures, & même pour ces plantes à tout âge, est une terre très-légère sans aucun mélange de fumier ni même de terreau de couche. Un tel mélange mettroit ces boutures, & ces plantes à tout âge, en danger de pourrir. Si l'on n'a pas de terre légère à sa portée, on pourra se servir de terre franche que l'on rendra légère par un mélange, ou de terreau de Bruyère, si l'on peut aisément s'en procurer, ou à son défaut, de sable fin, ou bien de décombres calçaires, ou de pierres calcaires, en poudre, passées au crible fin. Ces différentes substances seront mêlées, soit en partie égale avec la terre, soit dans la proportion d'une partie, contre deux parties de terre, suivant la nature plus ou moins compacte de la terre que l'on emploiera. Quelque soit la terre dont on se servira, il est indispensable qu'elle soit très-divisée, très-fine, & pour le mieux, qu'elle soit passée au crible fin. Et si l'on emploie une terre composée, il faut que le mélange en soit fait très-exactement avec égalité. Il est bon même, lorsqu'on le peut, que ce mélange ait été fait six mois ou un an d'avance; il en vaudra beaucoup mieux.

On plante ordinairement ces boutures par un temps sec & chaud, dans de petits pots remplis de la terre indiquée, presque séche, & au fond desquels on a mis un lit de petites pierres, afin de faciliter l'écoulement de l'eau superflue des arrosemens & des pluies; on serre, avec les mains, la terre autour de chaque bouture, pour l'appliquer fermement contre toute la surface de cette dernière. On enterre ces pots entièrement dans le terreau d'une couche de chaleur modérée, placée à l'exposition du midi. On couvre aussi-tôt ces pots avec des châssis & des cloches. On les abrite par des paillassons contre la chaleur du Soleil, jusqu'à ce qu'on voie végéter les boutures, de manière à être convaincu qu'elles sont enracinées.

Plusieurs Jardiniers arrosent ces boutures aussi-tôt qu'elles sont plantées, & continuent de les arroser avec beaucoup de modération, depuis ce moment jusqu'à ce qu'elles soient enracinées; d'autres ne leur donnent absolument aucun arrosement, ni en les plantant, ni depuis, jusqu'à ce qu'ils les voient pousser. Ce dernier parti est préférable: car il est certain que tout arrosement administré à ces boutures avant cette époque, les met en grand danger de pourrir: & il règne toujours, sous les cloches & châssis une humidité suffisante, pour l'enracinement des boutures de ces espèces de plantes qui, en en tout temps, absorbent avec beaucoup d'énergie, l'humidité de l'air ambiant.

Ces boutures traitées de cette manière réussissent fort bien. Elles réussissent même ordinairement à l'égard de la Cacalie papillaire, n.º I, quoiqu'en ait dit Dillen, qui assure que jusqu'au tems, où il écrivoit, on n'avoit pu multiplier cette espèce par cette voie, ni par aucune autre en Angleterre. Il est cependant vrai que les boutures de cette espèce, n.º I, ne réussissent pas aussi aisément que celles des cinq autres espèces, dont il est ici question. Mais si l'on desire augmenter dans les boutures de cette espèce, n.º I, la faculté de s'enraciner, je pense qu'il y a un bon moyen d'y parvenir. Pour cela, il faut s'y prendre un an d'avance, & faire à la base de chacune des branches qu'on

destinera à servir de boutures, l'enlévement d'un anneau entier d'écorce. Il convient, je crois, de tenter cette opération sur des branches non moins grosses que de cinq à sept lignes de diamètre, & de proportionner la largeur de l'anneau d'écorce que l'on enlévera à la grosseur de la branche sur laquelle on opérera. Cette largeur sera, par exemple, de deux lignes sur les branches de six lignes de diamètre, & de trois lignes sur les branches de dix à douze lignes. Aussi-tôt qu'on aura fait cette opération, on fera bien de fortifier chaque branche foible, sur qui on l'aura opérée, par un bout de latte attaché fermement, en forme d'éclisse, à une certaine distance de la plaie, tant au-dessus qu'au-dessous de cette dernière; afin de préserver telle branche de toute agitation qui pourroit aisément le rompre, à l'endroit de la plaie. Enfin, si l'on prend la peine de couvrir le bois découvert par cette plaie, avec plusieurs circonvolution de fil, de manière à le préserver de l'action des agens desséchans, on parviendra plus sûrement au but proposé. Le résultat de cette opération sera la naissance certaine d'un *bourrelet*, qui sortira entre le bois & l'écorce de la lévre supérieure de cette plaie annulaire. en coupant, l'année suivante, chaque branche ainsi traitée, immédiatement au-dessous de ce bourrelet, qu'on aura soin de ne pas endommager, il est plus que probable, d'après les expériences faites à cet égard, que chaque telle branche, employée pour boutures avec les précautions & soins que j'ai détaillés ci-dessus, s'enracinera avec la plus grande facilité. Au surplus voyez de plus grands détails à cet égard dans l'article *Bourrelets*, au chapitre des *Bourrelets des plaies annulaires*.

Quant aux cinq autres espèces en question, les boutures qu'on en fait, traitées comme j'ai dit, réussissent, sans aucun autre soin, avec la plus grande facilité. Il y a plus; les boutures des espèces n.ᵒˢ 2, 3 & 4, lorsqu'elles sont faites en Juin & Juillet, n'ont pas même besoin de couches, ni de châssis, ni de cloches, & réussissent fort bien en plein air, pourvu qu'on les traite d'ailleurs comme je l'ai exposé. La Cacalie Ficoïde, n.º 4, est celle dont les boutures réussissent le plus facilement. On a vu même quelquefois des branches rompues par accident, tomber à terre & s'y enraciner sans aucun soin. Et si l'on garde des branches de cette espèce, séparées des plantes auxquelles elles appartiennent, pendant six mois hors de terre, & qu'on les plante ensuite, elles s'enracineront aussi facilement que si elles n'étoient coupées que depuis quinze jours. On conçoit qu'il résulte de cette propriété, une grande facilité de faire voyager cette espèce à de grandes distances; il suffit pour cela d'en emballer les branches sans terre, dans des caisses, non avec du foin fec, parce qu'il eft fujet à fe pourrir, mais avec de l'étoupe, ou de la mouffe féchée au four, ou même avec du fon, ou des rognures de papier, ou avec toute autre forte de matière très-féche & douce, en prenant la précaution de les y placer de manière qu'elles ne fe touchent pas les unes les autres, & ne puiffent fe froiffer ni fe bleffer, réciproquement; & faifant en forte que tout le vuide de la caiffe foit rempli de manière à préferver ce qu'elle renferme de tout balotement.

Lorfque les boutures des fix efpèces dont il s'agit, font enracinées, on les accoutume par degrés infenfibles à l'air & au foleil: & l'on commence à les arrofer avec beaucoup de modération. On les arrofe très-peu d'abord, & un peu plus par la fuite à proportion; tant de leur accroiffement, que de la chaleur & de la féchereffe de la faifon; & cependant toujours très-modérément; parce que ces plantes ne demandent, à tout âge, & en toute faifon, que très-peu d'humidité, & que le plus grand tort qu'on puiffe leur faire, eft de leur en donner au-delà de leur befoin le plus ftriéte.

Lorfqu'on juge que la réuffite de ces boutures eft parfaite, & lorfqu'elles font bien accoutumées à l'air & au foleil, on tranfporte les pots hors de la couche, & en plein air, à une expofition chaude & abritée. Cette pofition eft celle qui convient le mieux à ces plantes à tout âge, pendant tout l'Eté. Elles fouffriroient beaucoup & même elles périroient promptement fi on les tenoit renfermées dans la ferre, pendant cette faifon. Elles doivent refter dans cette fituation, ainfi en plein air jufqu'à l'Automne. Tant qu'elles y reftent, il eft effentiel de mettre la terre des pots à l'abri des pluies; pour peu qu'elles foient fortes, ou qu'elles durent longtems. On procurera cet abri, foit par des carreaux de verre qu'on pofe fur les pots autour de chaque plante, foit par telle autre manière que ce foit & que chacun pourra aifément s'ingérer. Une autre attention importante qu'il faut auffi ne pas manquer d'avoir pendant ce tems, eft d'empêcher les racines de pénétrer dans la terre fur laquelle les pots font pofés, en paffant au travers des trous qui font au fond de ces pots; car il réfulte, de ce paffage des racines, deux graves inconvéniens: d'abord ces racines bouchent fouvent ces trous par où elles paffent, d'où il arrive que l'eau fuperflue des arrofemens ou des pluies, ne peut plus s'écouler hors des pots, & que les plantes qu'ils contiennent, pourriffent immanquablement en fort peu de tems: enfuite ces racines, qui pénètrent dans la terre, y font des progrès rapides, & les plantes auxquelles ces racines appartiennent, pouffent avec une grande force proportionnée à ces progrès; puis à l'Automne, lorfqu'on veut enlever ces pots pour les placer où ils doivent paffer

l'Hiver, toutes ces racines, qui font hors de ces pots, fe déchirent & ne peuvent aucunement être confervées. Il s'enfuit que les plantes privées ainfi fubitement d'une très-grande partie de leurs moyens de fubfiftance & de végétation, fe fanent confidérablement; ce qui les met en rifque de périr, ou au moins les fatigue tellement qu'elles font enfuite très-long-tems à fe rétablir. Pour prévenir ces accidens, il convient donc de vifiter les pots de tems en tems: & lorfqu'on s'apperçoit que les racines ont commencé à pouffer par les ouvertures, on coupe auffi-tôt tout ce qui paroît.

On doit examiner les racines de chaque plante, en Juillet ou en Août, chaque année, pour s'affurer fi elles font parvenues à remplir la capacité du pot. On mettra alors toutes celles qui feront dans ce cas, dans de plus grands vafes, avec de la terre neuve, telle que celle que j'ai indiqué être la plus propre pour ces efpèces. (*Voyez* REMPOTAGE.) Quant à celles de ces plantes dont les racines ne rempliffent pas encore les pots, mais ont cependant fait des progrès confidérables, on fe contentera de leur donner un *demi-change*. (*Voyez* ce mot). Auffi-tôt après avoir opéré ce rempotage ou ce demi-change, on place les pots à l'abri du grand foleil, & on donne à chaque plante une forte mouillure pour raffermir la nouvelle terre autour des racines. On laiffe les pots à cet abri pendant quelques jours, jufqu'à ce que les plantes foient remifes de la langueur paffagère dans laquelle les met fouvent cette opération, & jufqu'à ce qu'on juge, par leur état, que leurs racines ont commencé à produire de nouvelles fibres.

Ces efpèces doivent refter en plein air à l'expofition qui leur convient jufqu'à la mi-Septembre: à cette époque, il faut avoir foin de les rentrer dans la ferre où elles doivent paffer l'Hiver, avant les pluies de l'Automne. Si l'on manquoit à ce foin, les plantes, après avoir été expofées à ces pluies, fe trouveroient tellement remplies d'humidité qu'il feroit très-difficile de les préferver pendant l'Hiver fuivant, foit de la pourriture, foit de la gelée, à laquelle elles réfiftent beaucoup mieux, quand on a eu foin de les endurcir, en leur faifant endurer la foif pendant les dernières femaines qui précédent le moment de leur rentrée. On choifit, autant qu'il eft poffible, un tems fec & chaud pour les rentrer.

La ferre qui convient le mieux à ces plantes pendant l'Hiver, doit être un peu plus féche que l'orangerie; on doit les y placer le plus près des vitrages qu'il eft poffible. Il convient que la température habituellement entretenue dans cette ferre, foit telle que le thermomètre de Réaumur n'y defcende pas plus bas que le cinquième degré au-deffus de zéro. Ce n'eft pas

pas que ces plantes ne puissent se conserver à une température moins chaude: on a même éprouvé que la plupart des plantes d'Afrique, quoique nées sous le climat le plus chaud, peuvent néanmoins se conserver pendant nos Hivers ordinaires, dans une simple orangerie sans feu; & plusieurs très-habiles Jardiniers, dont entre autres le célèbre Miller, conseillent de faire passer l'Hiver aux espèces de Cacalie dont il s'agit ici, sans aucun feu artificiel, sous des chassis secs, sans couches & bien exposés, où l'on puisse faire jouir ces espèces du soleil & de l'air dans les tems doux. Ils prétendent que ces plantes réussissent beaucoup mieux traitées ainsi que de toute autre manière; mais nous ne conseillons pas d'adopter cette dernière pratique, lorsqu'on veut avoir ces plantes dans le meilleur état de vigueur, dont elles sont susceptibles. Ajoutez qu'en l'adoptant, on s'expose à perdre dans les Hivers rigoureux, des plantes souvent fort difficiles à récupérer, & que l'on conserve beaucoup plus sûrement par la méthode que nous conseillons. M. Thouin a reconnu, par expérience, qu'au Jardin des plantes de Paris, le degré de chaleur que nous venons d'indiquer, est celui qui convient le mieux, pendant tout l'Hiver, à la nature de ces plantes: mais il a aussi reconnu, par expérience, qu'il vaudroit encore mieux les laisser sans feu pendant tout l'Hiver, que de leur donner un degré de chaleur supérieur à celui que nous indiquons. Si l'on commettoit cette dernière faute, on s'en féliciteroit peut-être d'abord, & les plantes végéteroient avec une vigueur extraordinaire; mais cette satisfaction ne seroit pas de longue durée: Ces plantes si vigoureuses en apparence, seroient devenues trop tendres, trop herbacées, trop remplies d'humidité, plusieurs périroient avant la fin de l'Hiver; la plupart périroit certainement au Printems suivant, & celles qui en réchapperoient, tomberoient dans un tel état de langueur, qu'il leur faudroit un long espace de tems, pour se rétablir.

Le régime des arrosemens est un des objets les plus essentiels à la conservation de ces plantes. Pendant l'Hiver, il faut très-peu les arroser; on ne les arrose pendant cette saison que lorsqu'elles en ont grand besoin, & on ne leur donne que très-peu d'eau à-la-fois. Pour peu qu'on leur donne d'humidité dans la serre, au-de-là de leur besoin, on les fait périr par-là très-certainement; or, le besoin qu'elles ont d'eau pendant tout l'Hiver, se réduit à fort peu de chose. On s'apperçoit qu'elles commencent à avoir besoin d'un peu d'eau aux signes suivans: 1.° la surface de la terre des pots qui les contiennent, devient sèche & dure; 2.° en enfonçant le doigt dans cette terre à un pouce de profondeur, on ne sent aucune humidité; 3.° en frappant avec

le dos de la main ou du doigt contre les parois extérieures des pots, ils rendent un son clair; le même choc ne leur fait rendre au contraire aucun son, lorsqu'ils ne sont pas altérés. On choisit, autant qu'on le peut, pour les arroser, le milieu d'un beau jour, & l'on se sert d'un arrosoir à goulot, afin d'éviter de répandre de l'eau sur les feuilles. Au Printems, on arrose un peu plus fréquemment que pendant l'Hiver. L'Eté, lorsqu'elles sont en plein air, & qu'il survient des chaleurs continues, on les arrose encore plus souvent, en raison de la chaleur & de la sécheresse de la saison, de la longueur des jours, & de l'accroissement des plantes: mais toujours avec retenue & modération. Il ne faut jamais perdre de vue, qu'à l'égard de ces espèces, il vaut mieux arroser trop peu que trop abondamment. Ces plantes originaires des climats altérés de l'Afrique, peuvent subsister long-temps sans eau; des arrosemens copieux les font quelquefois pousser avec beaucoup de vigueur: mais une telle vigueur n'est que pour un temps très-court; & cette abondante humidité les fait périr infailliblement peu de tems après. En toute saison, il faut avoir grand soin de mettre la terre des pots à l'abri des pluies abondantes ou de longue durée: Lors des longues nuits ou des rosées abondantes, il faut arroser très-rarement, & donner très-peu d'eau à-la-fois. On supprime entièrement les arrosemens dans la dernière quinzaine qui précède le moment de la rentrée de ces plantes dans la serre. Enfin on n'arrose jamais que par un tems chaud & sec, autant qu'il est possible, afin que l'humidité superflue puisse se dissiper plus aisément. Celle de ces espèces qui craint le plus l'humidité, est la Cacalie papillaire, n.° 1: c'est pourquoi il convient de lui administrer les arrosemens avec encore plus de modération qu'aux autres, & de prendre encore plus de soin pour la préserver de toute humidité superflue.

Si l'on s'apperçoit, en telle saison que ce soit, que les pots qui contiennent ces plantes suent & contractent de la moisissure, cela indique un excès d'humidité, & que si l'on n'y porte remède au plutôt, les plantes sont en danger de périr bientôt après par la pourriture. Le seul moyen en ce cas de prévenir la perte des plantes, est de les changer de pots aussi-tôt qu'on s'en apperçoit. Lors de ce changement pour cette cause, on retranchera environ un tiers de la motte, en ménageant la portion de cette motte qui paroîtra la plus remplie de racines saines, & on remettra en place de la terre neuve semblable à celle que j'ai dit être la plus convenable à ces espèces, mais corrigée par l'addition d'un quart de craie, ou de pierre calcaire, ou au moins de décombres calcaires, le tout en poudre fine, & mélangé bien également. On ôtera

avec soin tout le moisi que les plantes auroient
pu contracter elles-mêmes, & on saupoudrera
les endroits qui en auroient été tachés avec de
la craie en poudre, puis on placera les pots
le plus séchement que possible, & on les arrosera
par la suite avec beaucoup plus de modération
qu'auparavant.

Le tems le plus convenable pour sortir ces
plantes de la serre, pour les exposer en plein
air, est, vers la fin d'Avril, après les pluies
du Printems; on choisit pour cela un jour
chaud & sec.

Au moyen de cette méthode & de ces soins,
ces six espèces réussiront fort bien. Celles n.ᵒˢ
3 & 4, fleuriront chaque année; celle n.° 3,
fera de très-grands progrès, & deviendra, en
peu de tems, d'une hauteur & d'une étendue
considérable.

J'ai déjà dit que la Cacalie papillaire, n.° 1,
n'a jamais fleuri en France ni en Angleterre,
malgré les soins des plus célèbres Jardiniers,
& qu'il en est presque de même de la Cacalie
Anteuphorbe, n.° 2; je pense qu'il conrien-
droit d'essayer de faire fleurir ces espèces d'arbrisseaux, en faisant, sur les plus forts d'entre ceux
qui sont adultes, à la base de quelques-unes de
leurs plus fortes branches, l'enlèvement d'un
anneau entier d'écorce de la même manière,
& avec les mêmes précautions que j'ai indiquées
ci-dessus, en conseillant cette opération pour
parvenir à faire enraciner plus facilement les
boutures de l'espèce n.° 1. Il me paroît très-
probable que, par cette opération, on parviendroit à faire fleurir ces espèces. Peut-être réus-
siroit-on aussi par la même opération, à faire
mûrir les semences des espèces n.ᵒˢ 3 & 4, qui
jusqu'à présent, ne sont jamais parvenues à
maturité dans le climat de Paris. (Voyez l'article
BOURRELETS.) On ne risqueroit rien en faisant ces essais; &, en ce cas de réussite, on
auroit un moyen très-aisé & très-prompt de
faciliter la multiplication & de maîtriser la
végétation de ces espèces.

Il y auroit encore un autre moyen à tenter
pour faire fleurir ces espèces, n.ᵒˢ 1 & 2; ce
seroit d'en risquer quelques pieds en pleine
terre, en bonne exposition, en lieu très-sec,
& en terrein très-léger, maigre & nullement
fumé. Miller pense que ces espèces résisteroient
aisément à la rigueur de nos Hivers; avec la
seule précaution de les couvrir pendant cette
saison, par un châssis de vitrage, qu'on ferme
exactement pendant les gelées, & de les faire
jouir de l'air & du soleil, chaque fois que le
tems seroit doux. Pendant les très-fortes gelées,
on pourroit couvrir de tels châssis par un ou
plusieurs paillassons, ou par de la paille longue.
Linnæus, qui est du même avis que Miller, a
de plus observé que les plantes d'Afrique fleurissent très-difficilement, tant qu'on les con-

serve dans des pots ou caisses; & qu'elles fleurissent très-facilement, lorsqu'on les cultive en
pleine terre, pourvu que les Hivers ne soient
pas d'une rigueur extraordinaire.

La Cacalie rempante, n.° 5, que l'on possède au Jardin des Plantes de Paris, demande
la même culture que les six espèces dont je viens
de traiter; mais comme elle a des racines rempantes, 1.° cette particularité exige un soin de
plus; c'est de ne laisser croître qu'une très-petite
quantité de drageons autour de chaque plante,
afin de ne pas affamer la touffe principale qui
sans ce soin, tomberoit bientôt dans la langueur.
2.° Il résulte de la même particularité, un
moyen de plus de multiplier cette espèce. Pour
cela, on enlève les drageons enracinés, que
ces racines produisent, lorsqu'ils sont d'une
force suffisante. On les enlève par un tems
sec & chaud. On les expose en lieu sec, & à
l'air, pendant cinq ou six jours, pour que les
plaies faites à leurs racines, en les séparant,
se dessèchent extérieurement; puis on les cultive
d'ailleurs exactement de la même manière que
les boutures des espèces précédentes. Ces drageons traités de cette manière, réussissent beaucoup plus aisément & plus promptement que
ces boutures. On peut séparer & planter ces
drageons pendant toute l'année: mais le tems
le plus favorable est le mois de Juin ou celui
de Juillet. Ceux qui sont plantés en ces mois,
poussent plus promptement de nouvelles racines,
& ont le tems de se fortifier assez, avant l'Hiver,
pour résister à la rigueur de cette saison.

La Cacalie porophylle, N.° 14, & la Cacalie à feuilles de laitron, N.° 15, se multiplient
par leurs semences. On en fait ordinairement
le semis au Printems: mais ces semences ger-
meront plus certainement, on obtiendra de plus
belles plantes, & des graines plus mûres &
mieux conditionnées à tous égards, si l'on met
les semences en terre en Automne, aussi-tôt
après leur maturité, & si l'on place, au même
instant, dans la couche de tan de la serre chaude, les pots dans lesquels on aura mis ces semences. Mais, si l'on n'a pas cette facilité, on
les sème, dès le commencement de Mars, en
pleine couche, ou mieux, dans des pots, sur
une couche chaude, couverte d'un châssis. On
arrose légèrement, jusqu'à ce que les plantes
paroissent. Alors on arrose plus modérément.
On prend les précautions usitées, pour préserver les jeunes plantes du froid, de l'étiolement
& de la pourriture. Ainsi, on couvre les châssis
avec des paillassons, pendant les tems froids:
on fait jouir les plantes du soleil & de l'air,
lorsque le tems le permet. Lorsque les plantes
ont acquis assez de force, c'est-à-dire, lorsqu'elles ont deux ou trois pouces de hauteur,
on choisit un tems brumeux, pour les arracher
avec toutes leurs racines, & les transplanter

auffi-tôt fur une autre couche chaude, auffi couverte d'un châffis, à quatre ou cinq pouces de diſtance réciproque, afin de hâter leur végétation. Lors de cette tranſplantation, il eſt eſſentiel de ne laiſſer leurs racines expoſées à l'air, que le moins long-tems poſſible, après les avoir arrachées. Sans ce ſoin, la repriſe en ſeroit douteuſe. On aura ſoin de tenir ces plantes à l'abri du ſoleil, par des paillaſſons, juſqu'à ce qu'on les voie pouſſer aſſez vigoureuſement, pour être aſſuré qu'elles ont produit de nouvelles racines. Après quoi, on les accoutumera par degrés au ſoleil. On leur donnera de l'air frais chaque jour, lorſque le tems le permettra, & on les arroſera, à proportion de leurs progrès & de la chaleur de la ſaiſon. Quand les plantes ont acquis ſix à huit pouces de hauteur, on les enlève en motte, par un tems brumeux, & on les met auſſi-tôt chacune dans un pot, que l'on place dans le terreau d'une couche de chaleur modérée, couverte par un châffis exhauſſé de deux pieds & demi, au-deſſus de la ſurface des pots, ou bien, par des châffis de vitrages portatifs, au moins autant exhauſſés. Ces plantes, traitées ainſi, fleuriront, & perfectionneront leurs ſemences. Celles de ces plantes que l'on placera en pleine terre & en plein air, ſoit à leur rang, dans les Ecoles de Botanique, ſoit ailleurs, même en bonne expoſition, y fleuriront rarement, & donneront encore moins ſouvent des ſemences mûres, ſur-tout lorſqu'elles n'auront pas été ſemées avant l'Hiver. Quant aux arroſemens, il faudra les adminiſtrer avec modération, même aux plantes qui reſtent juſqu'à leur floraiſon ſur couche & ſous châffis; parce que, ſi on les donnoit trop copieux & trop fréquens, les plantes ne pouſſeroient qu'en feuilles, ne fleuriroient que fort tard, & ne donneroient pas de ſemences mûres.

Ceux qui s'imagineroient qu'on ne ſauroit donner trop d'eau à l'eſpèce, N.° 15, parce que dans l'Inde, elle ſe trouve naturellement très-fréquemment dans les lieux arroſés par les fleuves & ruiſſeaux, tomberoient dans l'erreur; parce que cette plante s'y trouve auſſi dans les lieux ſecs, & que, comme il n'y a pas d'Hiver ſous ces climats, elles y perfectionnent toujours leurs ſemences, quel que ſoit le tems de leur floraiſon. Celles qui, nées dans l'humidité, deviennent plus grandes, & ne fleuriſſent qu'à huit mois d'âge, y donnent des ſemences auſſi parfaites que celles qui, nées dans des lieux ſecs, reſtent plus petites, & fleuriſſent à quatre mois. On y trouve, pendant toute l'année, en toutes ſortes de terreins, des plantes de cette eſpèce, fleuries, & d'autres chargées de ſemences mûres; au lieu que, dans notre climat, l'expérience nous a appris qu'aucune de celles qui fleuriſſent trop tard n'y perfectionnent leurs ſemences, malgré nos couches, châffis ou ſerres,

Ces eſpèces croiſſent vigoureuſement dans toutes ſortes de terreins. Il paroît cependant qu'elles ſe plaiſent de préférence dans une terre légère & ſubſtantielle, telle que peut être une bonne terre à potager, mêlée d'une égale quantité de terreau de couche.

Les eſpèces, N.°s 18, 19, 20, 21, 22 & 24, ſont des herbes vivaces, très-dures & très-ruſtiques, qui ſe plaiſent en plein air, & en pleine terre, dans le climat de Paris. Elles profitent dans preſque toutes ſortes de terreins. Mais l'eſpèce, n.° 18, devient plus vigoureuſe à tous égards dans une bonne terre à potager. Les eſpèces, n°s. 19, 20, 21, 22, ſe plaiſent le plus dans un terrein humide & arroſé. Les eſpèces, n.°s 22 & 24, demandent de préférence un terrein marneux & ombragé. On peut les multiplier de graines & d'œilletons enracinés. Cette dernière voie étant beaucoup plus aiſée, plus expéditive, & procurant une jouiſſance beaucoup plus prompte eſt la plus généralement adoptée. On la pratique à l'Automne ou au Printems. Cette dernière époque eſt la plus ſûre, dans le climat de Paris, & la plus avantageuſe. Pour cela, l'on arrache, par un tems brumeux, avec toutes ſes racines, chaque forte touffe de ces plantes. On ſecoue la terre qui adhère aux racines. On ſépare les uns des autres les œilletons qui compoſent la touffe, en ayant l'attention de laiſſer la plus grande quantité qu'il eſt poſſible de racines ſaines & vigoureuſes, adhérentes à chaque œilleton. Lorſque l'on n'a pas beſoin d'une grande quantité de plants, on fera bien de laiſſer deux ou trois, ou même quatre œilletons des plus forts, adhérens enſemble, pourvu qu'ils ſoient bien ſains & munis de racines bien ſaines & bien vigoureuſes, en quantité correſpondante au nombre de ces œilletons. Par ce dernier procédé, on a un plant plus fort & dont en obtiendra une jouiſſance plus prompte. Dans le même cas où l'on n'a beſoin que d'une petite quantité de plantes de chaque eſpèce, on ne choiſit pour planter, que les œilletons les plus forts, les plus ſains, & qui ſont munis des racines les plus ſaines & les plus vigoureuſes, & l'on rejette les plus foibles, & ceux qui ne ſont point du tout ou pas aſſez garnis de bonnes racines. Mais, dans le cas où l'on auroit beſoin d'une plus grande quantité de plant, on peut conſerver auſſi ces œilletons foibles & peu ou point enracinés, pour les repiquer en pépinière; & la plupart réuſſiront & ne différeront de ceux plus forts & mieux conditionnés, que parce que les plantes qui proviendront de ces derniers acquerront, dès la première année, l'étendue & la force que les autres n'auront qu'un an plus tard. Quant à ces œilletons d'élite, on a ſoin que leurs racines reſtent le moins long-tems poſſible expoſées à l'air; on les plante au plutôt ſoit en place, à la diſtance de deux ou trois pieds les uns des autres, foit en pépinière, pour un an, à la diftance réciproque de huit pouces ou d'un pied. On les arrofe auffi-tôt, & fans autre foin que d'arrofer jufqu'à reprife parfaite, & de farcler, ils réuffiffent complétement. Quand une fois on poffède ces plantes, on peut, de cette manière, l'on veut les multiplier très-abondamment, en peu d'années.

Les efpèces, n.º^s, 20, & 21, ont des racines rempantes, qui peuvent auffi fervir à multiplier ces deux efpèces encore plus abondamment. Pour cela, on arrache auffi, par un tems brumeux, & au Printems, ou mieux en Autonne, les drageons enracinés que ces racines produifent en grande quantité autour de chaque plante. On a foin d'y laiffer le plus de chevelu qu'il eft poffible. On les traite exactement de la même manière que les œilletons, & ils réuffiffent auffi-bien.

On conçoit, fans qu'on le dife, que ces efpèces rempantes fe multiplient d'elles-mêmes par leurs racines, fouvent plus qu'on ne le veut ; & que hors les cas où l'on a befoin de plants, il convient d'ôter de tems en tems, tous les drageons enracinés qui naiffent autour de chacune de ces plantes, afin de ne pas laiffer affamer fa touffe principale, on les plante voifines.

Toutes ces efpèces fubfiftent long-tems en vigueur dans la même place. Des farclages & un labour chaque année, font toute la culture qu'elles exigent d'ailleurs, tant qu'elles reftent ainfi en place, & que leur vigueur perfifte. Lorfqu'on s'apperçoit qu'elles pouffent des tiges moins vigoureufes & en moindre nombre que celles des années précédentes, c'eft un indice que les touffes deviennent trop vieilles. En ce cas, il convient, pour en prévenir la perte, & pour les rajeunir, d'arracher, l'Automne fuivante, leurs touffes, avec toutes leurs racines, pour en divifer auffi-tôt les œilletons, & les replanter à l'inftant, avec les mêmes précautions & les mêmes foins que j'ai détaillés ; & fi on les plante à la même place, il convient d'en renouveller la terre épuifée.

Lorfqu'on veut multiplier ces plantes par leurs graines, on peut les femer au Printems ou en Automne. Mais ces graines femées au Printems, ne germent pas auffi fûrement que celles femées en Automne, auffi-tôt après leur maturité. Ainfi il convient, autant qu'on le peut, d'adopter ce dernier procédé plus conforme à la Nature. L'expofition la plus convenable, pour ce femis fait en Automne, eft celle du Levant. On feme fort dru, en pleine terre, fraîche & nouvellement labourée, & en rigoles creufées à un pied de diftance l'une de l'autre. On couvre la femence par une épaiffeur de deux ou trois lignes de terre légère très-fine ou de terreau de couches. Les jeunes plantes paroiffent au printems fuivant. Auffi-tôt qu'elles paroiffent, on farcle, on éclairci de manière à donner aux

plantes qu'on laiffe, la facilité de croître jufqu'à l'Autonne fuivante, lors de laquelle on les plantera à demeure. Si l'on a befoin d'une quantité de plantes plus grande que celle qu'on laiffe ainfi en place, on peut repiquer dans une plate-bande, à l'ombre, à fix pouces de diftance réciproque, les plus fortes des plantes qu'on aura arrachées en éclairciffant.

Miller affure que les efpèces, n.º^s 22 & 24, donnent rarement de bonnes femences en Angleterre. Cela eft furprenant, puifque ce font des plantes très-ruftiques, & qui naiffent naturellement fur les montagnes des ci-devant Provinces de Dauphiné & d'Auvergne.

La culture des autres efpèces eft inconnue ; mais quand on poffèdera ces plantes, il fera facile de conjecturer la culture qu'il conviendra d'effayer d'adminiftrer d'abord à chacune d'elles, en fe réglant fur la nature de chacune, & fur la nature de fon climat, de fon terrein & de fon expofition natale, fauf à rectifier par la fuite la méthode qu'on aura fuivie, d'après le réfultat de chaque effai. Ainfi, par exemple, comme les efpèces, n.º^s 6, & 31, font deux plantes graffes du Cap de Bonne-Efpérance, on doit regarder comme probable que la culture qui leur conviendra le mieux fera celle qu'on a reconnu être propre pour les efpèces, n.º^s 5, & 9, qui font auffi des plantes graffes du même pays. Les efpèces, n.º^s 7, 9, 11, 12, étant toutes à tiges plus ou moins charnues, & de l'Amérique méridionale, exigeront probablement d'être rentrées, pendant l'Hiver, dans une ferre-chaude, féche, échauffée à une température de douze degrés. Cependant, comme la température moyenne eft la moins fujette à inconvéniens, on fera bien de ne leur donner d'abord qu'une température de huit à dix degrés, & par l'effet que cette température produira fur elles, on jugera aifément s'il convient de leur donner plus ou moins de chaleur. L'efpèce, n.º 13, étant une plante un peu charnue, de l'Ifle de Ténériffe, on peut préfumer qu'elle s'accommodera d'une culture pareille à celle qui convient à l'efpèce, n.º 3, qui eft une plante graffe des Ifles Canaries ; mais comme cette efpèce, n.º 13, eft aquatique, on peut conjecturer qu'elle fera plus difficile à cultiver que l'efpèce, n.º 3. Les efpèces, n.º^s 16 & 17, qui font de l'Inde, devront fe cultiver vraifemblablement comme l'efpèce, n.º 15, qui eft du même pays ; fi elles font annuelles ; & fi elles font vivaces, elles exigeront probablement d'être, au moins pendant l'Hiver, dans la tannée de la ferre-chaude échauffée à une température habituelle de douze degrés. L'efpèce, n.º 24, qui eft des Alpes, s'accommodera probablement de la culture propre aux efpèces, n.º^s 22 & 24. A l'égard des efpèces, n.º^s 26, 27, 28, qui font des plantes graffes des Montagnes d'Arabie ; comme ce climat reffemble beaucoup, à tous égards, à celui d'Afrique, il conviendra, pour les conferver pendant l'Hiver, de les placer d'abord dans une ferre feche, dont la température habituelle foit de huit à dix degrés, fauf à augmenter ou diminuer par la fuite cette température, fi l'effet qu'elles en éprouveront, paroît l'exiger. Il eſt vraifemblable qu'elles s'accommoderont d'ailleurs de la culture propre aux cinq premières efpèces, &c.

Ufages.

On confit quelquefois les feuilles & fommités de l'efpèce, n.° 5, pour les manger, comme celles de la Bacile, (*Chrithmum maritimum* L.). Suivant Miller, l'efpèce, n.° 4, s'emploie de même. Et comme les feuilles & fommités de l'efpèce, n.° 3, ont la même faveur que la Bacile, elle eſt probablement propre au même ufage.

J'ai déja dit que l'efpèce, n.° 15, eſt comptée, dans les Indes orientales, au nombre des plantes potagères & des plantes économiques. Elle y eſt auffi au nombre des plantes de matière médicale. Les Chinois mêlent habituellement les feuilles de cette plante hachée, aux autres alimens qu'ils donnent aux jeunes oies. A caufe de cet ufage, le nom qu'on lui donne à la Chine, fignifie *nourriture d'oie*. Les Indiens la mêlent habituellement à la laitue & aux autres légumes dont ils fe nourriffent : mais ils ne la mêlent pas en grande quantité, à caufe de fon auftérité. Cette herbe mangée crûe, eſt, à leur goût, un excellent affaifonnement pour le poiffon. Les plantes fauvages de cette efpèce font préférées, pour l'ufage de la Médecine, aux plantes cultivées. Les Indiens, & fur-tout les Chinois, font un très-grand cas de cette efpèce. Dans toutes les Indes orientales, & à la Chine, on fe fert du fuc de la plante, introduit dans les yeux, ou appliqué fur eux en topique, contre leurs inflammations, & même contre leurs bleffures, & contre la chaffie. On y eſt dans l'ufage, plutôt pernicieux que falutaire, de faire boire ce fuc mêlé avec une égale quantité d'arac, pour favorifer l'éruption de la petite vérole. Cette même boiffon s'y adminiftre auffi lors des chûtes, & dans tous les cas où les Médecins d'Europe adminiftrent l'eau vulnéraire. On y regarde cette plante comme déterfive & réfolutive. On y applique l'herbe pilée fur les écrouelles, pour les réfoudre. On l'y emploie pilée & mêlée avec le beurre, en topique, pour mûrir les abcès. Le fuc des racines, mêlé avec celui des racines de Rondier, s'y adminiftre en boiffon contre la dyffenterie. On y emploie auffi au même ufage, le fuc de cette plante feule, mêlé avec le fucre. Enfin fa décoction eſt fébrifuge & anti-afthmatique.

La décoction de la racine de l'efpèce, n.° 19, eſt ufitée en Sibérie, contre toutes fortes de maladies, & y eſt fur-tout recommandée contre les maladies vénériennes. Les Naturels de Sibérie s'imaginent que cette herbe fufpendue au plancher, détruit les enchantemens. Le fuc de l'efpèce, n.° 16, eſt d'ufage en Arabie, contre les douleurs d'oreilles. Les tiges de l'efpèce, n.° 27, féchées, fervent, en Arabie, à faire des fumigations qui y font réputées utiles dans la petite vérole. En Europe, le port très-particulier & très-faillant des efpèces charnues & frutefcentes les fait rechercher par les Curieux. Plufieurs efpèces herbacées font auffi recherchées, à caufe de la beauté de leur port. Toutes tiennent une place dans les Ecoles de Botanique. (*M. Lancry.*)

CACA-HENRIETTE. Nom affez bizarre que les Habitans de Cayenne donnent au fruit du *Melaſtoma fuccofa Aubl.*, dont ils font beaucoup de cas. *Voyez* MELASTOME à fruit purpurin. (*M. Reynier.*)

CACAO. Nom du fruit du *Theobroma Cacao*. L. On donne auffi ce nom à l'arbre qui le produit. *Voyez* CACAOYER cultivé, n.° 1. (*M. Thouin.*)

CACAOTIERE. Lieu planté de cacaoyers. On emploie plus communément le mot cacaoyere, pour défigner ces fortes de vergers. *Voyez* CACAOYERE. (*M. Thouin.*)

CACAOYER, *Theobroma*. L. Cacao la M.

Ce genre de plante a donné fon nom à la famille des CACAOYERS, dont il fait partie. Il eſt compofé dans ce moment de trois efpèces différentes qui fourniffent quelques variétés, comme tous les arbres cultivés depuis long-tems. Ce font des arbriffeaux ou de petits arbres d'un port pittorefque, dont le feuillage perpétuel eſt d'une verdure un peu foncée. Leurs fleurs font petites, elles fe fuccèdent les unes aux autres, pendant prefque toute l'année, & viennent en fi grand nombre, qu'elles couvrent la plus grande partie des arbres. Leur fituation eſt remarquable, en ce qu'elles croiffent par paquets, fur les groffes branches, & même jufque fur le tronc. On fera moins furpris de cette fingularité, lorfqu'on faura que les fruits auxquels elles donnent naiffance pèfent, dans quelques efpèces, plufieurs livres, & qu'ils font de la groffeur d'un concombre. Leur couleur eſt variée de différentes teintes, relativement à leurs différens degrés de maturité, ce qui, joint à leur forme, rend ces arbres très-agréables à la vue. Ces fruits font remplis d'amandes bonnes à manger, & dont quelques-unes fervent à la fabrication du chocolat, & font l'objet d'un commerce très-confidérable.

Les Cacaoyers font originaires de l'Amérique méridionale, où on les cultive en grandes maffes. En Europe, ils ne font qu'un objet d'agrément; on les conferve dans les ferres les plus chaudes, & on les multiplie de marcottes, & quelquefois de boutures. Jufqu'à préfent, on n'a pu les élever de femences, parce que ces arbres ne fructifiant jamais dans notre climat, & les graines perdant très-promptement leur propriété germinative, celles que l'on tire de leur pays natal arrivent hors d'état de germer.

Espèces.

1. CACAOYER cultivé.
THEOBROMA cacao. L. Cacao sativa. La M. Dict. n.ᵉ 1. ♄ de l'Amérique méridionale.
2. CACAOYER sauvage.
CACAO sylvestris. Aubl. Guian. ♄ des Forêts de la Guiane.
3. CACAOYER anguleux.
CACAO Guianensis. Aubl. Guian. ♄ des Forêts de la Guiane.

Description du port des espèces.

1. Le Cacaoyer cultivé est un arbre d'une grosseur médiocre, qui s'élève, dans les lieux où il se plaît, de vingt à vingt-cinq pieds de haut. Sa racine est composée d'un pivot qui s'enfonce à la profondeur de trois à quatre pieds, & de ramifications qui s'étendent au loin & tracent à quelques pouces seulement de la surface de la terre. Son tronc est dur, couvert d'une écorce couleur de canelle, plus ou moins foncée, suivant l'âge des arbres; son bois est poreux, tendre & fort léger. Il pousse, de l'extrémité de son tronc, plusieurs branches qui se divisent en rameaux, & forment une cime arrondie dans sa circonférence, & terminée en cône obtus, par sa partie supérieure. Ses feuilles sont entières, lisses, longues de huit à dix pouces, & larges d'environ trois pouces. Elles sont disposées alternativement sur les branches, & dans une position pendante. Les fleurs sont réunies par petits faisceaux, placés sur les branches, & même sur le tronc. Elles sont petites, couleur de chair, & en si grand nombre, qu'elles produisent un effet fort agréable. Cet arbre étant dans une végétation perpétuelle, il est chargé de fleurs presque toute l'année; cependant elles sont plus abondantes vers les solstices qu'en toute autre saison. Une grande partie de ces fleurs avortent & tombent; celles qui restent, produisent des fruits de la grosseur de nos concombres. Ils sont pointus à leurs sommets, longs de six à huit pouces, & relevés, comme nos melons, par une dixaine de côtes un peu saillantes. Leur couleur est d'abord verte, ensuite elle devient d'un rouge foncé, & lorsqu'ils sont mûrs, ils sont parsemés de petits points jaunes. Il existe une variété de cette espèce, dont les fruits sont couleur de citron.

Ce fruit, dont l'enveloppe épaisse de trois à quatre lignes, est fort dure, renferme un grand nombre de semences ou d'amandes applaties, & qui remplissent son intérieur. Elles sont accompagnées d'une substance blanche & ferme, qui

se change en une espèce de mucilage d'une acidité très-agréable. Ces amandes, qu'on appelle Cacao dans le commerce, sont ovoïdes, un peu plus grosses qu'une olive, charnues, d'un violet tendre, & au nombre de vingt-cinq à quarante dans chaque fruit.

2. Le Cacaoyer sauvage ne s'élève que d'environ quinze pieds de haut; son tronc donne naissance à des branches qui se divisent en rameaux épars, & qui n'affectent aucune forme déterminée. Les feuilles sont alternes, oblongues, entières, un peu arides, verdâtres en dessus, & couvertes d'un duvet rousfâtre en dessous. Les plus grandes ont huit pouces de longueur sur trois pouces & demi de large. Les fleurs qui sont jaunâtres, viennent par faisceaux sur les grosses branches & sur le tronc, comme dans l'espèce précédente; leur fruit est une capsule ovale, coriace, qui n'a point de côtes à l'extérieur; mais qui est recouverte d'un duvet ras & de couleur fauve. Elle est divisée intérieurement en cinq loges, remplies d'une substance blanche, pulpeuse, & gélatineuse, dans laquelle sont placées les semences. Ce sont des amandes ovales, applaties, couvertes d'une peau blanche & disposées les unes sur les autres. Lorsqu'elles sont nouvelles, leur goût est assez agréable, & on les mange avec plaisir.

CACAOYER anguleux. Cette espèce est la plus petite des trois qui composent ce genre. Elle pousse de sa racine une ou plusieurs tiges qui s'élèvent de quatorze à quinze pieds de haut. Ses branches s'étendent peu, & sont inclinées vers la terre. Elles sont garnies d'assez grandes feuilles lisses, vertes en-dessus & couvertes en-dessous d'un léger duvet grisâtre. Les fleurs sont d'un jaune pâle, rassemblées par paquets de quatre ou six ensemble, disposées sur les branches, & sur le tronc qu'elles recouvrent en partie. Un grand nombre d'entr'elles avortent; celles qui nouent, produisent des fruits ovales, coriaces, à cinq côtes saillantes & couverts d'un duvet jaunâtre. Leurs capsules sont divisées en cinq loges, par des cloisons membraneuses & remplies d'amandes enveloppées d'une substance gélatineuse & blanche. Les amandes sont arrondies, comprimées, blanches & bonnes à manger, lorsqu'elles sont fraîches.

Culture.

Nous ne pouvons que nous en rapporter aux Ouvrages qui ont été écrits sur cette matière, n'ayant pas été à portée d'observer par nous-mêmes la culture de cet arbre précieux; mais, parmi ces Ouvrages, nous choisirons celui de Joseph de Jussieu qui nous paroît réunir à l'observation la plus exacte, la théorie la plus sûre. Ce que l'on va lire, est le précis de son Mémoire, envoyé, en 1737, à l'Académie des Sciences de Paris.

« On nomme Cacaotière, ou Cacaoyère, un plant ou verger de Cacaos. »

« Ces arbres demandent une terre qui ait du fond ; qui soit plutôt forte que légère ; fraîche & bien arrosée ; mais non pas noyée. Ils ne réussissent pas dans une terre argilleuse. Le sol qui leur convient le mieux est une terre noire ou rougeâtre, alliée d'un tiers ou d'un quart de sable, avec quantité de gravier. Dans des terreins plus forts & plus humides, le Cacao devient grand & vigoureux ; mais rapporte moins, les fleurs y étant fort sujettes à couler, à cause du froid & des pluies fréquentes. »

« On est assez dans l'usage de défricher des terreins, pour y établir des Cacaoyères. Quand on prend des terres qui ne sont que reposées, ces arbres durent peu, & ne rapportent communément que de médiocres fruits, & en petite quantité. »

Miller indique les ravines formées par les eaux, comme étant des emplacemens favorables pour une Cacaoyère. C'est, dit-il, un moyen d'employer utilement ces terreins, que l'on abandonne presque toujours. D'ailleurs les arbres y trouvent un abri naturel, que l'on est obligé de leur procurer par art dans d'autres positions. Il y a cependant lieu de douter que les ravines puissent les garantir du vent, qui leur est très-préjudiciable. D'ailleurs les Cacaoyers pourroient quelquefois être trop resserrés dans ces endroits : ces arbres délicats ont besoin d'une certaine étendue d'air qui les environne.

Trop ou trop peu d'air, les vents, & l'ardeur du soleil, pouvant beaucoup nuire aux cacaos, on tâche de prévenir ces inconvéniens, par la disposition du terrein, l'étendue que l'on a trouvé être avantageuse à une Cacaoyère, est d'environ deux cents pas en quarré, mesure des Isles ; c'est-à-dire, à-peu-près cent toises. Si le terrein est plus grand, on le divise en plusieurs quarrés, réduits à cette proportion ; & chaque quarré doit être environné de bonnes haies. »

Si la Cacaoyère n'est pas au milieu d'un bois, ou que, dans ce bois même, elle soit découverte par quelque endroit, on l'abrite par des arbres capables de résister à l'impétuosité du vent. Ces lisières peuvent être formées de grands arbres ; mais on a lieu de craindre que dans les cas où un ouragan les abattroit, leur chûte ne fît périr beaucoup de cacaos. C'est pourquoi il peut être préférable de planter au-dehors de la Cacaoyère, plusieurs rangs de citronniers, de corossoliers, ou de bois immortel, qui étant plus flexibles, diminuent la force du vent ; ou dont la chûte ne peut pas faire grand tort aux cacaos voisins. D'autres couvrent encore les lisières mêmes avec quelques rangs de bananiers,

ou de bacoviers, (qui sont les figuiers des Isles) arbres qui croissent fort vîte, garnissent beaucoup, forment un très-bon abri, & donnent des fruits excellens. »

On peut ajouter aux moyens que donne l'Auteur de cet article, la plantation des bambous. Ce roseau croît fort vîte, s'élève très-haut, fournit beaucoup, & c'est par son secours que les Hollandois, au Cap de Bonne-Espérance, garantissent leurs plantations. Ses feuilles sont très-utiles pour les animaux, & les Nègres sont friands de la moëlle spongieuse de cet arbre. Il croît dans l'Inde & en Afrique, & en 1759, l'escadre de M. de Bompart le transporta dans les Isles-du-vent de l'Amérique, où il a prodigieusement multiplié. Il se reproduit de boutures, chaque nœud portant le rudiment de la racine & des jets. Plus il fait chaud, plus sa végétation est étonnante ; chaque brin, gros comme le bras ou comme la jambe, s'élève dans l'espace de quelques mois, de 40 à 50 pieds de hauteur. Lorsque les souches sont suffisamment espacées, elles peuvent fournir jusqu'à cent jets & plus.

Pour défricher un terrein, on y brûle les plantes & les arbustes que l'on en a arrachés, ainsi que les arbres qu'on a abattus ; puis on laboure à la houe le plus profondément qu'il est possible ; on en ôte toutes les racines qu'on rencontre, & on applanit la surface.

Le terrein étant préparé, on prend les alignemens avec un cordeau divisé par nœuds, vis-à-vis de chacun desquels on met un piquet, en sorte que tous ensemble forment un quinconce.

On garnit la Cacaoyère, soit en graine, soit en plant. Le Cacao se multiplie même de boutures à Cayenne, mais le succès en est beaucoup moins-certain.

Quand le terrein est déja fatigué, ou lorsqu'il est rempli de fourmis, de criquets, &c., on préfère d'y mettre du plant, plutôt que de la graine. Ce plant doit même être un peu fort, afin que les insectes l'endommagent moins.

Tandis que l'on abat les arbres du terrein où l'on veut planter du Cacao, on fait, le plus près qu'il est possible, une pépinière, qui, n'occupant qu'un petit espace, peut être assez facilement garantie des animaux nuisibles. On choisit pour cette pépinière, un endroit voisin de quelque rivière ou d'un marécage, afin de pouvoir l'arroser sans peine ; car on la commence en Eté. On y met les graines à six pouces les unes des autres. Quelques mois après, c'est-à-dire vers le commencement de l'Hiver, dès que les premières pluies ont humecté la terre à une certaine profondeur, on coupe la terre tout autour à trois pouces de chaque arbre, que l'on transporte ainsi dans des paniers à l'endroit qu'on lui a destiné. L'arbre peut avoir alors la groffeur du petit doigt, & deux ou trois pieds de hauteur. Avant de le planter, on rogne fon pivot, s'il excède la motte ; fans cela, il fe courberoit, & feroit périr l'arbre.

Dans les endroits où la terre n'a pas affez de corps, pour pouvoir s'enlever ainfi avec l'arbre, on élève les graines dans de petits mannequins, remplis de terre & plus profonds que larges ; puis on tranfporte ces mannequins, dans les trous de la Cacaoyère, ayant foin de rogner le pivot s'il paroît au-dehors. L'ufage de ces mannequins, (ou courcouroux) d'ailleurs affez commode, a néanmoins quelques inconvéniens ; comme ils ne contiennent qu'une petite quantité de terre, la chaleur la pénètre & la deffèche ; ce qui fait que la graine ne fe développe pas fitôt, ni fi bien qu'en pleine terre. On pourroit les tenir plongés dans d'autre terre, mais ils périroient promptement, & deviendroient inutiles. Une autre incommodité des *Courcouroux* eft que fi l'on tarde un peu à les tranfporter, les racines en fortent, & alors cet excédent eft privé de nourriture, & demeurant expofé à la chaleur de l'air, eft bientôt defféché.

Les graines de Cacao ne peuvent bien réuffir que dans les terreins abfolument neufs, parce qu'ils fourniffent beaucoup moins d'herbes ; & que la violence & la durée du feu qui a confumé les arbres, a en même-tems diffipé ou détruit les fourmis, criquets, hannetons & autres infectes, qui du moins y viennent très-rarement la première année. Pour planter la graine, on choifit un tems de pluie, ou actuelle ou prochaine : on cueille des coffes mûres, & on tire la graine auffi-tôt pour la mettre en terre. Cette opération fe fait à la fin de Juin, ou à la fin de Décembre. On met deux ou trois amandes à quelques pouces les unes des autres, autour de chaque piquet, à deux ou quatre pouces de profondeur ; ce qui fe fait aifément avec le piquet même, quand la terre eft nouvellement labourée, finon l'on remue légèrement la terre avec une efpèce de houlette. On coule chaque amande dans fon trou, le gros bout en bas, & on la couvre d'un peu de terre. Comme il en manque toujours plus ou moins, les furnuméraires de celles qui ont bien levé enfemble dans un même bouquet, peuvent fervir à regarnir les places vuides, ou être plantées ailleurs. »

On ne fait guère le choix des plants, qui doivent refter en place, que lorfqu'ils ont dix-huit pouces ou deux pieds de haut. Ceux que l'on retranche, doivent être levés avec dextérité, pour n'offenfer ni leurs racines, ni celles des arbres, dont on les fépare, & même ne déranger aucunes de celles-ci, parce que le Cacaoyer eft extrêmement délicat. On les replante auffi-tôt, avec la précaution de ne laiffer aucunes racines dans une pofition qui les oblige à fe courber,

Il eft plus avantageux de mettre tous les quinze jours de nouvelles graines à la place de celles qui ont péri, & pour fuppléer aux pieds languiffans, que de regarnir avec du plant. »

La diftance qu'il convient de laiffer entre chaque arbre, n'eft pas encore déterminée. L'expérience n'a pas fuffifamment appris s'il vaut mieux les efpacer à douze ou quinze pieds ; ou feulement à cinq, huit ou neuf, fur-tout quand on plante dans les endroits montueux, comme le penfe le plus grand nombre. Ceux qui les mettent près les uns des autres, obfervent que le Cacaoyer (ainfi que les Caffeyers,) tenus de cette manière dans nos Ifles, donnent beaucoup plus de fruits, que l'on n'en recueille dans la terre ferme, où ces arbres plus éloignés emploient une grande partie de leur fève à fe fortifier eux-mêmes, en forte qu'ils n'ont fur ceux des Ifles que l'avantage de la hauteur & de la groffeur. On ajoute que, dans la fuppofition où certain nombre d'arbres efpacés à douze pieds, donneroit plus de fruit qu'un pareil nombre efpacé à huit, la différence du produit ne peut pas être d'un tiers ; que cependant on mettra un tiers de plus d'arbres dans un même terrein, avec une méthode qu'avec l'autre. Il eft conftant que ces arbres plantés près à près, couvrent plutôt le terrein ; & qu'efpacés à huit pieds, chacun d'eux peut faire une ombre de plus de trente pieds de circonférence, en trois ou quatre ans : les herbes ceffant donc d'y croître, le travail fe réduit à ôter les guys, & détruire les infectes. Au moyen de quoi, fans multiplier les bras, on peut replanter ailleurs une auffi grande quantité d'arbres, & augmenter par progreffion, dans peu d'années, le nombre de fes Cacaoyères. Plus les arbres font éloignés les uns des autres, plus on eft long-tems à farcler & nétoyer le terrein. Cela va quelquefois au double d'année ; ainfi, en plantant près à près, on peut avoir vingt-quatre mille pieds d'arbres rapportans ; au lieu que d'autres, avec les mêmes forces, & dans un terrein également bon, n'en auront que huit mille ; ces arbres qui ne tardent pas à fe toucher, & à s'entrelacer par leurs branches, femblent être plus en état de fe foutenir mutuellement pour réfifter au vent. Leur abri réciproque fait encore que la pluie en détruit moins de fleurs, & qu'ils rapportent plutôt. Enfin, dans le cas où quelques-uns viennent à périr, le vuide eft moins fenfible. Au contraire, lorfqu'ils font à douze ou quinze pieds de diftance, un ou deux arbres qui périffent, forment un grand vuide, que les branches voifines ne rempliront prefque jamais, & qui laiffe pendant plufieurs années beaucoup d'autres arbres expofés à toute l'action du vent. »

Les Cultivateurs qui efpacent confidérablement leurs arbres, difent que les fruits en deviennent plus gros ; & que les branches trop

voifines

voisines s'entrenuisent, de sorte qu'il en périt beaucoup, lorsque le vent les agitant avec force, elles se heurtent, se froissent ou se brisent en se séparant.

On a dit que l'ardeur du soleil nuit aux Cacaoyers. C'est sur-tout dans les terres argilleuses, & dans celles où le sable domine; mais on a vu, ci-devant, qu'une Cacaoyère ne peut pas bien réussir, à cause de la qualité même du sol, dans un terrein argilleux. Pour ce qui est des terres séchés & légères, le jeune plant y souffre beaucoup du soleil, si on ne met à ses côtés, deux rangées de manioc, à un pied & demi des Cacaoyers : ce que l'on fait, soit en même-tems que l'on plante le Cacao, soit un mois ou six semaines plutôt. Cette dernière méthode fait que le Cacao se trouve abrité en levant, & que les mauvaises herbes n'ont pas le temps de prendre le dessus: l'autre pratique oblige à sarcler fréquemment jusqu'à ce que le manihoc soit assez fort pour les étouffer. Au bout de douze ou quinze mois, lorsqu'on fait la récolte du manioc, on en replante d'autre sur une rangée seulement au milieu de chaque allée; & on garnit le reste du terrein en melons d'eau, melons ordinaires, concombres, giromons, ignames, patates, choux caraïbes; toutes plantes qui, couvrant la surface, empêchent la production des herbes, & fournissent en même-tems de quoi nourrir les Négres. Il est à propos de détourner ces plantes, lorsqu'elles s'approchent des Cacaoyers, à qui elles feroient un tort irréparable. Au reste, Miller observe, (sixième col. de l'article Cacao,) qu'il en coûte beaucoup pour établir une plantation de manihoc.

Il y a des Cultivateurs qui ménagent des rigoles dans la Cacaoyère, pour arroser le pied du jeune plant, durant la saison de sécherese, jusqu'à ce que son pivot soit parvenu à une profondeur où il trouve une humidité habituelle.

Le vent est bien plus dangereux pour les Cacaoyers, que le soleil. On a déjà parlé des abris que l'on forme soigneusement autour du terrein avec des arbres. Il est encore à propos d'en planter d'autres parmi les Cacaoyers. Les plus commodes & les plus convenables, sont les *Bananiers* & les *Bacoviers*, arbres d'ailleurs très-utiles, mais trop négligés. Ils sont à-peu-près de la hauteur des Cacaoyers, & acquièrent toute leur perfection en douze ou quinze mois. Le tronc a environ quinze ou dix-huit pouces de circonférence, & n'est composé que des côtes des premières feuilles, qui se couvrent les unes les autres, comme les écailles d'un poisson. Les feuilles, qui forment un assez gros bouquet à la cime de l'arbre, ont cinq ou six pieds de long, sur une largeur proportionnée. Ces arbres donnent quantité de rejets, qui atteignent bientôt la hauteur & la grosseur des arbres mêmes,

& qui tous ensemble font une masse de quinze à vingt pieds de tour. Enfin ils sont très-aqueux, & tiennent toujours la terre fraîche & humide; ce qui convient parfaitement au Cacaoyer. Il est vrai que ces arbres ne rapportent qu'une seule fois, & qu'ils périssent dès que le fruit est coupé; mais on peut dire qu'ils ne meurent point, les rejets les remplaçant toujours avec avantage, & donnant du fruit au bout de huit mois. D'ailleurs, en coupant ces arbres après la récolte du fruit, leur tronc, ainsi que leurs feuilles, produisent un excellent fumier, dont les Cacaoyers ont besoin. Tout cela dédommage amplement des frais de la Cacaoyère.

On peut donc environner les quarrés de Cacaoyères par une ou deux rangées de ces arbres, plantées à cinq ou six pieds l'une de l'autre, & en former d'autres rangées dans la pièce, à certaines distances réglées, suivant que le terrein est plus ou moins exposé au vent. D'habiles Cultivateurs font autant de rangs de Bananiers que de Cacaoyers, sur-tout lorsque ceux-ci sont jeunes & occupent peu d'espace : on mettra, par exemple, une rangée de bananiers espacés à vingt-quatre pieds, entre deux rangées de Cacaoyers plantés à dix pieds les uns des autres. Il est à propos de planter les bananiers deux ou trois mois avant de semer le Cacao. A mesure que les Cacaoyers se couvrent les uns les autres en grandissant, on détruit les bananiers qui leur nuisent; & enfin on ne laisse que la ceinture, avec quelques rangs dans la pièce.

Il y a des endroits où l'on met du mays, du manioc & des cotoniers, parmi les Cacaoyers, pour abriter ceux-ci du vent. Mais ces plants sont assez long-temps à acquérir une certaine hauteur, qui n'est jamais fort considérable. Le mays & le manioc qu'il faut cueillir au bout de quelques mois, laissent alors les Cacaoyers sans abri. A l'égard du cotonier, ce n'est qu'un arbrisseau peu garni de branches & de feuilles; encore ces feuilles sont-elles petites: il ne peut donc pas être d'un grand secours pour les Cacaoyers, qui cependant s'en accommodent beaucoup mieux que de certains arbres dont le voisinage leur fait tort.

Le manioc sert à prévenir le mal que les Cacaoyers recevroient des fourmis. Elles préfèrent cette plante aux feuilles de Cacaoyer.

La graine ou amande du cacao est ordinairement de sept à douze jours en terre avant de lever. Ses progrès varient beaucoup selon les terrains.

A mesure que le jeune arbre grandit, le bouton qui avoit constamment terminé la tige, se partage en plusieurs branches, dont le nombre est communément de cinq: c'est ce qu'on appelle la couronne de l'arbre. S'il y a moins de cinq branches, on croit devoir l'éteter, pour donner lieu à la formation d'une meilleure couronne. On coupe celles qui excèdent ce nombre, comme pouvant faire prendre à l'arbre une forme défectueuse. Ces branches produisent une multitude de rameaux, & s'étendent horizontalement...... Le tronc continue de croître & de grossir, & les feuilles ne viennent plus que sur les branches.

Les Cacaoyers ne sont pas plutôt couronnés, que de tems en tems ils poussent un peu au-dessous de leur couronne, de nouveaux jets qu'on appelle rejettons. Si on abandonne ces arbres, sans les gêner dans leurs productions, ces rejettons forment bientôt une seconde couronne, sous laquelle naît ensuite un nouveau rejetton, d'où il en sort un troisième, &c.; au moyen de quoi la première couronne est presque anéantie; l'arbre s'effile en s'élevant considérablement, & toutes ces branches s'étendent à droite & à gauche, en sorte que l'arbre paroît comme un gros buisson sans tronc. Ceux qui cultivent le Cacao, préviennent ces productions nuisibles aux recoltes des fruits en rejettonnant, c'est-à-dire, en châtrant tous les rejettons, lorsqu'ils sarclent, ou dans le temps de récolte. »

On arrête le Cacaoyer à une hauteur médiocre, non-seulement pour avoir plus de facilité à cueillir les fruits, mais encore pour qu'il soit moins tourmenté du vent. Cette hauteur varie suivant les endroits.

L'âge auquel il commence à fleurir & à donner du fruit, n'est pas fixe; c'est ordinairement après dix mois ou deux ans; mais ceux qui sont plantés, en donnent cinq ou six mois plutôt.

Ils sont couverts de fleurs & de fruits pendant toute l'année. On en fait deux récoltes principales; une en Décembre, Janvier & Février; l'autre pendant les mois de Mai, Juin & Juillet. L'on estime sur-tout la récolte d'Hiver. Cependant l'humidité de la saison doit rendre les fruits plus difficiles à sécher & à conserver. Le fruit est environ quatre mois à se former & à mûrir. Le signe de maturité est lorsque le fond des sillons a entièrement changé de couleur, & que le petit bouton d'en bas du fruit est la seule chose qui paroisse verte. On cueille alors le fruit. »

Pour faire cette récolte, on met un Nègre à chaque rangée, pour abattre les fruits mûrs avec une fourchette de bois, ou les arracher à la main. Tantôt le même Nègre les met à mesure dans un panier; tantôt ce panier est entre les mains d'un autre qui le suit, & qui va vuider le panier au bout de la file, où il cueille, à mesure qu'il est plein. Tout étant ramassé & mis par piles, on casse les cosses sur le lieu même, au bout de trois ou quatre jours. On dégage les amandes d'avec le mucilage, & tout

ce qui les environne, & on les porte à la maison. Les cosses, en demeurant dans la Cacaoyère, s'y pourrissent, & peuvent ensuite servir d'amendement: mais on doit prendre garde, qu'il ne s'y amasse pas d'insectes, on feroit un grand tort aux plantes près desquelles on les charieroit. Les feuilles du Cacaoyer amendent pareillement la terre, soit lorsqu'on les y enfonce par les labours, soit que, demeurant éparses à la superficie, elles concentrent l'humidité. »

Aussi-tôt que les amandes sont arrivées à la maison, on les entasse dans des paniers, dans des canots ou grandes auges de bois, ou dans des balles, à quelque distance de terre. On les y laisse suer pendant quatre ou cinq jours, plus ou moins, bien couvertes de feuilles de balisiers ou de bananiers, ou de quelques nattes, assujetties avec des planches ou des pierres. On les y retourne soir & matin. Durant cette fermentation, elles deviennent d'un rouge obscur.

Après ce tems, on les expose à un soleil vif & ardent, sur des claies ou dans des caisses plattes, dont le fond est à jour, afin de dissiper un reste d'humidité qui pourroit les gâter. On les y remue & retourne fréquemment; ensuite on achève de les faire sécher à un soleil plus modéré: ayant soin de les mettre à couvert pendant la nuit, & lorsque le tems est pluvieux. Quand les amandes sont bien sèches, on les garde dans des futailles, dans des sacs ou au grenier, jusqu'à ce que l'on ait trouvé l'occasion de les vendre. M. Artur approuve beaucoup qu'avant de les serrer, on les mette tremper une demi-journée dans de l'eau de mer, & qu'on les fasse sécher une seconde fois.

Une Cacaoyère bien tenue produit considérablement. Les plantes qui servent à la garantir d'accidents, remboursent les frais de sa plantation & de sa culture. Ces frais se réduisent à la nourriture d'un certain nombre de Nègres, qui peuvent presque vivre avec les productions destinées principalement à favoriser & conserver les Cacaoyers. Les amandes de Cacao sont donc un gain bien réel. En évaluant le produit de chaque arbre, à deux livres d'amandes sèches, & leur vente à sept sols six deniers par livre, on retire quinze sols de chaque arbre. Vingt Nègres peuvent entretenir cinquante mille Cacaoyers, qui rendront par conséquent 37500 livres. Les mêmes Nègres cultiveront & récolteront les autres plantes qui auront été placées entre les Cacaoyers.

Pour maintenir les Cacaoyers en bon état, pendant vingt ou trente années, il faut avoir soin de leur donner deux façons tous les ans, après la récolte d'Eté, un peu avant la saison des pluies; savoir, 1.° de les rechausser de bonne terre, après avoir bien labouré tout autour; cela empêche que les petites racines se prennent l'air & se dessèchent. 2.° La seconde opération est de tailler le bout des branches quand il est sec, & de couper tout près de l'arbre celles qui sont endommagées ; mais il faut penser à ne point racourcir les branches vigoureuses, ni faire de grandes plaies : comme ces arbres abondent en suc laiteux & glutineux, il s'en feroit un épanchement qu'on auroit bien de la peine à arrrêter & qui les affoibliroit beaucoup. »

Les Cacaoyers ont pour ennemis les hannetons, les ravers, diverses sortes de fourmis, des espèces de sauterelles nommées *Criquets*. Mademoiselle Mérian a représenté une grosse chenille, qui dévore les feuilles de ces arbres.

Les criquets mangent les feuilles, & par préférence les bourgeons : ce qui fait périr l'arbre, ou du moins le retarde beaucoup. Jusqu'à présent on n'a pas su d'autre moyen de s'en garantir, que de les faire chercher soigneusement pour en détruire le plus qu'il est possible.

Les fourmis blanches, nommées à Cayenne poux de bois, font un grand dégât dans les Cacaoyères ; les fourmis rouges encore plus. En une seule nuit, elles en ont quelquefois ravagé entièrement de vastes plants. Elles s'attachent principalement aux jeunes arbres. C'est au voisinage des arbres de rocou, que l'on attribue l'invasion originaire des fourmis blanches dans les Cacaoyères. On les détruit, en jettant quelques pincées de sublimé corrosif dans leurs nids, ou sur leur route : celles que le sublimé touche, périssent en peu de tems, & portent encore la contagion & la mort parmi les autres, en se mêlant avec elles dans les nids.

Quant aux fourmis rouges, un excellent moyen de les détruire est de fouiller la terre, & de jetter quelques pots d'eau bouillante dans les fourmillières que l'on rencontre. Si elles ont leur retraite sous de grosses pierres, on les étouffe au moyen d'un soufflet qu'on emplit de vapeurs de soufre.

Nous avons vu ci-devant qu'on abandonne du manioc à ces insectes, pour préserver les Cacaoyers. D'autres sacrifient pareillement des feuilles de monben, & de quelques autres plantes qui sont plus du goût des fourmis que les feuilles de Cacao.

En défrichant un terrein pour une Cacaoyère, il faut veiller soigneusement à détruire toutes les fourmillières voisines, jusqu'à ce que les arbres soient grands. Encore auroient-ils toujours à craindre les fourmis blanches. »

Aux moyens fournis par l'Auteur de ce Mémoire, pour détruire les chenilles, je crois qu'on pourroit employer celui dont on se sert pour faire mourir les *taupes grillons*, nommés *Courtillières* ou *Courterolles*. Après avoir découvert le nid des fourmis, il faut couvrir avec un peu d'huile la surface du terrein criblée de trous ; mais auparavant, il faut la mouiller légèrement, afin que si la terre est sèche, elle n'absorbe pas l'huile ; ensuite avoir des vases pleins d'eau, & en verser sur ces trous, peu à - la - fois, & sans interruption, mais autant qu'ils peuvent en recevoir. Cette eau remplissant successivement les cavités, entraîne l'huile, & tous les insectes quelconques couverts d'huile, périssent. Comme ils ont tous l'ouverture de leur poumon ou *trachée-artère* sur le dos, près du corselet, cette huile bouche la trachée, l'animal ne peut plus respirer & périt.

M. Artur pense que le plus sûr moyen de faire efficacement la guerre aux insectes, seroit que chacun se bornât à ne cultiver qu'autant de terrein qu'il peut en tenir habituellement en bon état. Si le vent, ou la chûte de quelques arbres de lisière renversent des Cacaoyers, en sorte qu'une grande partie du pivot tienne encore dans la terre, ce seroit achever de les faire périr, que d'entreprendre de les relever, à moins que ce ne fût dans un terrein excellent. Il vaut mieux, pour l'ordinaire, couvrir promptement de bonne terre le pied de ces arbres, & tout ce qui paroît de racine, & soutenir avec des fourches piquées en terre, le tronc & les principales branches. Les arbres continuent de produire en cet état, & au bout de quelque tems, on voit naître de chacun d'eux un jet droit, qu'il faut conserver avec soin jusqu'à ce que, donnant du fruit, il autorise à étronçonner à un demi-pied de lui le vieux arbre ; mais, quand les arbres sont entièrement déracinés, on ne doit point penser à les replanter : ils ne reprennent pas.

Culture des Cacaoyers en Europe.

Pour cultiver ces arbres, on doit tirer des amandes de l'Amérique, qui auront été mises toutes fraîches dans des caisses avec de la terre. Ces caisses, placées à l'ombre en Amérique, sont d'abord arrosées souvent, pour hâter la germination. Les graines sont environ quinze jours sans lever. Dès qu'elles paroissent, on les arrose soigneusement durant la sécheresse, & on les abrite du soleil. On n'y laisse croître aucunes herbes. Les jeunes plantes étant assez fortes pour soutenir le transport, on les embarque de manière qu'elles soient garanties du grand vent, du grand soleil & de l'eau de mer. On les humecte fréquemment d'un peu d'eau douce, pendant la route, & à mesure qu'on avance au-delà des tropiques, on diminue la quantité & le nombre des arrosemens.

Les caisses étant arrivées en Europe, on les garnira de bonne terre légère ; on les mettra dans une couche de tan médiocrement chaude ; on empêchera que le soleil ne donne sur les plantes ; & on les arrosera prudemment, parce qu'en les humectant trop, on feroit pourrir les racines. Avant l'Hiver on les transportera dans d'autre tan, à l'endroit le plus chaud de la ferre, & durant cette faifon, on les mouillera fouvent, mais peu à-la-fois. Ces plantes doivent enfuite refter toujours dans les ferres, où on leur donne de l'air quand il fait beau. Il eft néceffaire de laver fouvent leurs feuilles. Miller, de qui nous avons emprunté cette inftruction, avertit de tenir les Cacaoyers dans des pots médiocrement grands, proportionnés aux divers degrés de la force de ces arbres; parce que de trop grands pots en occafionnent la mort, quoique lentement. Cette pratique exige de tranfplanter plufieurs fois les jeunes arbres: opération qui, felon Miller même, eft toujours très-dangereufe, à caufe de la grande délicateffe des racines, comme nous l'avons dit en parlant de la culture qui convient au Cacaoyer en Amérique. D'ailleurs, puifqu'il doit prolonger toujours fon pivot, le pot qui en arrête le progrès, lui eft fûrement préjudiciable; c'eft pourquoi nous n'avons point parlé de tirer les jeunes plantes hors de la caiffe où elles ont levé. Nous avons fuppofé que la caiffe pourriroit; mais il faudroit ne plus remuer les plantes, ce qui n'eft pas la méthode de Miller. Pour prévenir les inconvéniens, fi difficiles à éviter, & toujours nuifibles au Cacaoyer que l'on déplace tant foit peu, nous croyons qu'il feroit à propos de donner aux caiffes la forme d'une gaine, haute d'environ deux pieds; que le fond fût d'un bois affez tendre, pour pourrir dans l'efpace d'un an ou dix-huit mois; qu'on les plaçât à demeure dans nos ferres; en forte que le fond de la caiffe venant à pourrir, le pivot entrât de lui-même en terre, & que ces arbres puffent recevoir dès vapeurs chaudes pendant le froid, & jouir d'un air tempéré, ou même frais dans les autres faifons. A mefure que les racines fibreufes fe multiplieroient, on écarteroit doucement les gaines par le haut, au moyen d'un cifeau, jufqu'à ce que l'entière défunion des parois laiffât aux racines la liberté de s'étendre: les planches pourriroient à la longue. —

Ufage. Le principal objet pour lequel on cultive le Cacaoyer, eft le produit de fes amandes. Il s'en fait une confommation très-confidérable, tant en Amérique que dans les autres parties du monde. C'eft avec ces amandes qu'on fait le chocolat, liqueur nourriffante & agréable, qui a donné lieu à Linnæus d'appeler l'arbre *Theobroma*, mot grec qui fignifie *mets des Dieux.*

Les amandes fourniffent encore par expreffions une huile qui s'épaiffit naturellement, & reçoit le nom de *Beurre.* Cette huile fe conferve très-long-tems fans devenir rance, n'a pas d'odeur, eft affez blanche & d'une faveur agréable. On s'en fert avec fuccès contre les hémorrhoïdes.

Les amandes des deux dernières efpèces, fans être auffi intéreffantes que celles de la première, peuvent les remplacer à plufieurs égards, & lorfqu'elles font fraîches, les Indiens les mangent & s'en nourriffent.

Hiftorique. Le Cacaoyer cultivé croît abondamment & fans culture entre les tropiques; mais principalement à Caraque, à Carthagène, fur la rivière des Amazonnes, dans l'Ifthme de Darien: à Honduras, à Guatimala & à Nicaragua. Il fe plaît fur-tout dans les forêts, les ravines & les lieux ombragés. On le cultive dans plufieurs colonies européennes des Antilles; mais, en général, cette culture eft trop négligée par les François, qui pourroient en tirer un parti très-avantageux, foit pour l'emploi des terreins dans lefquels les cannes-à-fucre ne profpèrent plus, foit pour mettre en valeur les nouveaux défrichemens.

Les amandes de Cacao, qui nous font apportées d'Amérique, font défignées par les épiciers, en gros & petit caraque, & en gros & petit cacao des Ifles. Cette diftinction ne paroit fondée que dans le choix & la groffeur des amandes elles-mêmes, & non dans la nature des arbres qui les produifent. Le Cacao, qui nous vient de la côte de Caraque, eft plus onctueux & moins amer que celui de nos Ifles, mais les arbres qui le produifent n'en font pas moins de la même efpèce, & cette différence de faveur ne doit être attribuée qu'à la différence de la culture & du climat.

Les Américains, avant l'arrivée des Efpagnols & des Portugais dans leur pays, faifoient avec le *Cacao* un mets, qui, s'il étoit fain ne devoit pas être agréable pour d'autres que pour les Indiens. Ils délayoient dans de l'eau chaude des amandes de *Cacao*, concaffées; ils épioient avec les fruits du Piamento, (efpèce de myrte) enfuite ils méloient le tout avec une bouillie de farine de maïs, & enfin ils coloroient ce mélange avec des graines de rocou. Cet aliment étoit nommé *Chocolat* par les Mexiquains; nom que nous avons adopté quoique fa préparation foit fi différente.

Obfervation. Linnæus avoit réuni à ce genre le *Guazuma* de Plumier, arbre dont les caractères font différens de ceux du Cacaoyer, & que pour cette raifon, plufieurs Botaniftes ont féparé. Nous avons imité leur exemple. *Voyez* l'article GUAZUMEA (*M. THOUIN.*)

CACAOYÈRE, forte de verger planté de Cacaoyers, & où on les cultive en grand. Ces cultures ne fe rencontrent que dans l'Amérique méridionale, principalement fur les poffeffions efpagnoles, & dans les colonies de quelques autres Nations de l'Europe.

La fituation des Cacaoyères, leur expofition, leurs dimenfions, la nature du terrein qui leur convient, leur entourage & leur culture exigent des connoiffances exactes & des foins affidus

Voyez le mot CACAOYER, à l'article *Culture*. Une Cacaoyère bien entretenue eſt un bocage riant, auſſi agréable à l'œil, qu'utile au propriétaire. (*M. Thouin.*)

CACAOYERS.

Les Cacaoyers forment une famille de végétaux qui tire ſon nom du genre du Cacaoyer, qui en fait partie. Elle eſt compoſée d'un petit nombre de genres, peu nombreux en eſpèces, & qui, preſque toutes, ſont ligneuſes. Ce ſont des arhuſtes, des arbriſſeaux & même de grands arbres tous originaires des climats les plus chauds. En général, leur port a de la grace, leur feuillage perpétuel eſt ordinairement d'un beau verd, leurs fleurs ſont petites, & de peu d'apparence, mais en revanche les fruits de quelques eſpèces ſervent à la nourriture des beſtiaux, & celui du Cacaoyer cultivé eſt employé pour faire un aliment pour les hommes, auſſi ſain, qu'agréable & nourriſſant. Enfin, les bois des plus grandes eſpèces ſervent dans la charpente, & peuvent remplacer celui de l'orme dans le charronnage.

On ne cultive dans les pays chauds qu'une des eſpèces des genres de cette famille; mais cette culture ſe fait en grand, & exige des ſoins proportionnés à ſon produit important. En Europe, ces végétaux ſe cultivent dans les ſerres chaudes, comme toutes les autres plantes de la Zone torride. On les multiplie aiſément de graines & de marcottes; ſouvent on les propage auſſi de boutures. En général, ces végétaux croiſſent aſſez vîte dans notre climat, à l'aide de la chaleur des couches & de l'humidité; ils ont beſoin d'une terre douce, ſubſtantielle, & dans une quantité proportionnée à leur croiſſance.

Les Cacaoyers ne peuvent être conſidérés dans notre climat, que comme des arbriſſeaux d'agrément, ils peuvent ſervir à l'ornement des ſerres chaudes; mais ils ſont encore rares dans la plupart des Jardins de l'Europe.

Les genres qui compoſent cette famille, ſuivant M. de Lamarck, ſont:

L'Ambrome,	Ambroma..
Le Cacaoyer,	{ Theobroma L. { Cacao. La M.
Le Guazuma,	{ Theobroma. L. { Guazuma. La M.
L'Ayène,	Ayenia.
La Buttenère,	Buttneria.
La Kleinhove,	Kleinhovia.

M. de Juſſieu range ces genres dans la famille des MALVACÉES; mais il en forme une ſection particulière, qui, placée à la fin, ſemble former un paſſage naturel de cette famille à celle des Magnoliers. Ainſi, ces deux Botaniſtes conviennent

également de l'exiſtence des rapports naturels de ce groupe de végétaux. Ils ne diffèrent que dans ſa dénomination. L'un en fait une ſection & l'autre une famille. Ce qui eſt peu important pour les progrès de la ſcience. (*M. Thouin.*)

CACATIN. Nom vulgaire à la Guyane de l'eſpèce de faganier, déſignée par Aublet ſous le nom de *fagara pentandra*. La M. Dict. n.º 7. *Voyez* FAGARIER de la Guyane. (*M. Reynier.*)

CACHÉE (HERBE.) Nom que l'on donne ordinairement à toutes les plantes du genre des CLANDESTINES, & en particulier à l'eſpèce, n.º 1. CLANDESTINE à fleurs droites. *Lathræa clandeſtina.* L. (*M. Dauphinot.*)

CACHIBOU. Nom que les Caraïbes donnent au *maranta lutea*; eſpèce décrite par Aublet, & enſuite dans l'Encyclopédie botanique. *Voyez* GALANGA jaune (*M. Reynier.*)

CACHIMAN. CACHIMANTIER, ou CACHIMENT, CACHIMENTIER. Nom que l'on donne aux Antilles, & dans les grandes Indes, au genre du COROSSOLIER ANONA L. & qui s'applique plus particulièrement à la première eſpèce décrite dans le Dictionnaire de Botanique. COROSSOL à fruit hériſſé. ANONA MURICATA. L. (*M. Dauphinot.*)

CACHIMAS, ou CACHIMENT. Nom générique donné par les Créoles d'Amérique, à différentes eſpèces d'*annona*. Ils diſtinguent le Cachimas ſauvage du Cachimas privé ou cultivé. Le premier eſt l'*annona muricata*. L., & l'autre l'*annona glabra*. L. *Voyez* COROSSOL à fruit hériſſé, & COROSSOL à fruit glabre. (*M. Thouin.*)

CACHIMENT ou CACHIMAS, *Annona. Voy.* COROSSOL. (*M. Thouin.*)

CACHIMENTIER. Les Créoles d'Amérique diſtinguent deux eſpèces de Cachimentiers; l'un, au fruit duquel ils donnent le nom de *cœur de bœuf*, qui eſt la première variété de l'*annona reticulata*. L., & ils appellent les fruits de l'autre *Cachiment morveux*. C'eſt l'*annona aſiatica*. L. *Voyez* COROSSOL réticulé, & COROSSOL d'Aſie. (*M. Thouin.*)

CACHIRI. Boiſſon que les Caraïbes & les Américains actuels, à leur imitation, retirent de la fécule de manioc récente. On la fait bouillir dans de l'eau, avec du ſuc de cannes, & lorſque le liquide eſt évaporé à moitié, on le laiſſe fermenter pendant quarante-huit heures. Cette boiſſon a le goût du poiré. *Voyez* MANIOC. (*M. Reynier.*)

CACHOU. Suc gommeux-réſineux, produit par le *mimoſa catechu*. L. *Voyez* ACACIE du Cachou. (*M. Thouin.*)

CACINE. Nom employé improprement par quelques perſonnes, pour déſigner le genre des *Caſſine. Voyez* CASSINE. (*M. Thouin.*)

CACO ou CACOYER, *Theobroma cacao.* L.

& *cacao sativa.* La M. *Voyez* CACAOYER cultivé.

CACONE ou LIANE A CACONE. Suivant Nicolson, on donne ce nom dans l'Isle de Saint-Domingue au *dolichos urens.* L. *Voyez* DOLIE à gousses ridées. (*M.* REYNIER.)

CACONE. Nom que les Créoles donnent aux fruit du *mimosa scandens.* L., & à ceux du *dolichos urens.* L. Ils appellent les premiers grandes, & les seconds, petites Cacones. *Voyez* ACACIE à grandes gousses, & DOLIE à gousses ridées. (*M.* THOUIN.)

CACOUCIER, *CACOUCIA.*

Genre de plantes à fleurs polypétalées, que M. de la Marck a placé dans la famille des MYRTHES, & M. de Jussieu, dans celle des ONAGRES.

Ce genre qui, par ses rapports, paroît se rapprocher du chigonier, *combretum*, ne comprend jusqu'à présent qu'une seule espèce, connue sous le nom de

CACOUCIER pourpre.

Cacoucia purpurea. Aubl. ♄ de la Guyanne.

Le tronc de cet arbrisseau n'a que six à sept pouces dans son plus grand diamètre : mais il pousse plusieurs branches sarmenteuses & rameuses, qui s'attachent aux arbres voisins, où elles grimpent, jusqu'à ce qu'elles aient surpassé leur cime, quelqu'élevée qu'elle puisse être. Alors elles retombent & pendent en rameaux chargés de feuilles & de fleurs.

Les feuilles sont portées sur des pétioles courts & coudés. Elles ont environ six pouces de long, sur à-peu-près deux & demi de large.

A l'extrémité des rameaux, naissent de beaux épis, qui ont jusqu'à deux pieds de longueur, & qui sont garnis d'une longue suite d'écailles vertes & aigues, de l'aisselle desquelles sortent les fleurs. Elles sont composées d'un calice d'un beau rouge de corail, arrondi à sa base; mais qui s'alonge ensuite & s'évase en forme de cloche, & d'une corolle à cinq pétales rouges & veinés.

Le fruit est une baie ovale, jaune, à cinq angles, remplie d'une pulpe, qui couvre une amande, renfermée dans une membrane blanche.

Historique. Cet arbrisseau croît naturellement à Cayenne & dans la Guyane. Aublet l'a observé sur les bords de la rivière de Sinémari, à vingt lieues de son embouchure. Il étoit en fleurs & en fruits au mois d'Octobre.

Si, comme le soupçonne M. de Jussieu, le fruit représenté dans le *Gazoph* de Petiver,

Tab. 37, *fig.* 8, étoit celui du Cacoucier, il s'ensuivroit que cette plante n'est point particulière à la Guyane, & qu'on la trouve aussi dans la Cochinchine.

Usages. Lorsque les Galibis vont à la chasse, ils ont, dit-on, la coutume de frotter le museau de leurs chiens avec le fruit du Cacoucier. Ils s'imaginent qu'il a la propriété de rendre dans les animaux l'organe de l'odorat plus sensible. Si cette opération n'ajoute rien à l'instinct du chien, elle peut au moins être avantageuse au chasseur, dont elle augmente l'ardeur & la confiance.

Culture. Le Cacoucier n'a point encore été cultivé en Europe. Peut-être même seroit-il très-difficile de l'y élever. La chaleur à laquelle il est accoutumé dans le climat dont il est originaire, ne permettroit pas de le laisser ici exposé à l'air libre, en pleine terre, & il ne trouveroit pas dans nos serres le soutien dont il a besoin pour parvenir à toute sa hauteur. Ainsi, la gêne qu'il éprouveroit dans son accroissement nuiroit certainement à ses progrès, & nous n'aurions qu'une plante abâtardie. Si cependant on pouvoit parvenir à le faire circuler autour de la serre, comme on le fait au jardin des plantes, à l'égard du *Solandra*, & qu'il s'accommodât de ces soutiens artificiels, il y produiroit le plus grand effet, par le nombre & par la couleur éclatante de ses fleurs. (*M.* DAUPHINOT.)

CACTIER. *CACTUS.*

C'est, suivant M. de Jussieu, un genre de plante, de la classe des plantes Bilobées, à fleurs *Polypétalées*, à étamines *Perigynes*, & de la famille des *Cactiers*. Pour donner une idée exacte de ce genre remarquable & de ses caractères distinctifs, je ne puis mieux faire que de traduire ce qu'en dit, M. de Jussieu dans le nouvel ouvrage latin dont il vient d'enrichir la Botanique. Je tâcherai de mettre cette traduction, autant qu'il sera possible, à la portée de tout le monde. Les caractères distinctifs de ce genre sont, suivant M. de Jussieu, un Calyce tantôt *urcéolé* ou en forme d'urne, tantôt *tubulé* ou alongé en forme de tube; couvert d'écailles nombreuses en forme d'appendices, souvent *imbriquées* ou posées les unes sur les autres comme les tuiles d'un toit; posé au-dessus du germe; & *caduque* ou tombant aussi-tôt que les pétales. Un grand nombre de pétales disposés en rose sur plusieurs rangs, presque réunis ensemble ou coalisés par la base, & dont les intérieurs sont les plus grands. Un grand nombre d'étamines pareillement coalisées par la base à anthères oblongues. Un style long. Un stigmate *multifide* ou divisé en plusieurs parties. Pour fruit, une baie *ombiliquée* ou dont le sommet est en forme de nombril ; ayant le plus souvent sa superficie chargée d'aspérités formées par les stigmates qu'ont laissées les écailles qui croient sur le germe, contenant un grand nombre de semences dispersées dans une pulpe.

Toutes les espèces de ce genre sont des plantes grasses ; ce sont des arbres, arbrisseaux ou arbustes, très-divers par leurs formes, la plupart sans feuilles & composés de pièces articulées les unes sur les autres. Ces plantes sont le plus souvent chargées d'épines en faisceaux, & de poils entremélés dans chaque faiseau. Ces faisceaux d'épines, tantôt ont pour base un tubercule dont ils hérissent le sommet ; comme dans le *Cactier à mammelons*, N°. 1 ci-après, lequel est hérissé de tous côtés par de tels tubercules, entre lesquels naissent ses fleurs : tantôt sont disposés en un seul rang sur la crête de chacune des côtes qui sont souvent élevées sur la surface de ces plantes ; comme on les observe, soit, par exemple, sur le *Cactier couronné*, N°. 4, qui est une masse ovoïde d'environ un pied & demi de diamètre, sur la surface de laquelle s'élèvent une vingtaine de telles côtes, & qui est terminée, à son sommet, par un chapiteau ample, hémisphérique, formé d'épines, de poils, & de fleurs rassemblés pêle-mêle, & étroitement serrés les uns contre les autres ; soit, par autre exemple, sur les *Cactiers en forme de cierge*, qui s'élèvent à une grande hauteur, sont souvent rameux & sont composés de pièces articulées les unes sur les autres, souvent de forme cylindrique relevée de cinq à douze telles côtes longitudinales, plus rarement prismatiques à trois ou quatre angles, & qui portent leurs fleurs dans les aisselles de tels faisceaux d'épines : tantôt sont dispersés, çà & là ou en quinconce sur la surface de rameaux articulés & applatis en forme de semelles ; comme dans le *Cactier en raquette*, qui porte ses fleurs ordinairement sur la marge du sommet de ses rameaux : tantôt ces faisceaux d'épines sont presque nuls ; comme dans le *Cactier à feuilles de scolopendre*, qui est composé de pièces articulées les unes sur les autres & applaties, mais qui sont plus minces & bordées de dents *uniflores* ou qui portent chacune une fleur : tantôt enfin ces faisceaux d'épines naissent dans les aisselles de feuilles planes, alternes, charnues ; comme dans le *Cactier à fruits feuillés*, dont la tige est cylindrique, rameuse, non articulée, chargée de vraies feuilles, & porte ses fleurs par bouquets dans les aisselles de ces feuilles. Les fleurs de ce genre sont en forme d'urne dans le *Cactier à fruits feuillés* & dans le *Cactier en raquette* ; elles sont alongées, & presque en cylindre dans d'autres espèces ; elles sont très-longues dans le *Cactier à feuilles de scolopendre*. Les fruits de quelques espèces sont de la forme de ceux du groseiller ; ceux du plus grand

nombre sont en forme de figues, d'où ils ont tiré leur nom de *figues d'Inde*. La surface de la tige du *Cactier cylindrique* n'est ni relevée de côtes, ni applanie, mais elle est marquée de sillons disposés en sautoir, de manière qu'elle semble marquetée & couverte de pièces de rapport, en forme de losanges régulières, dont le sommet est chargé d'un faisceau d'épines. Le *Cactier à fruits feuillés* est *monoïque*, c'est-à-dire, porte sur chaque pied des fleurs mâles & des fleurs femelles ; ses pétales extérieures sont en grand nombre, & en forme de crins ; ses pétales intérieurs sont ovales. Les étamines du *Cactier en raquette* sont irritables & s'agitent d'elles-mêmes, lorsqu'on les touche légèrement avant qu'elles aient répandu leur poussière fécondante. Linnæus assure que les espèces globuleuses ou méloniformes sont *unilobées*. Mais M. de Jussieu pense qu'on ne peut être entièrement convaincu de la vérité de cette assertion, avant de s'en être assuré par des observations ultérieures sur la germination de ces plantes. Il invite aussi à faire des recherches sur l'existence & la nature du perisperme, dans toutes les espèces de ce genre. Tout ce que j'ai dit jusqu'ici est tiré du livre de M. de Jussieu. Nous avons dit, en parlant de la famille des *Cactiers*, qu'elle réunissoit les formes les plus variées & les plus disparates entre elles : on voit, par ce tableau intéressant du Cactier, qu'on peut dire de ce genre seul ce que nous avons dit de cette famille.

Ce genre est nombreux, & est tout entier originaire des climats les plus chauds de l'Amérique. Il est, pour un Européen, le genre le plus remarquable, & le plus curieux, de tout le règne végétal. Il contient maintenant trente & une espèces connues, outre huit espèces moins connues, & un grand nombre d'autres espèces vues par les Voyageurs, mais non encore décrites. Toutes ces espèces sont des plantes grasses. Il n'y a que deux de ces espèces qui aient de vraies feuilles. Les autres espèces connues ont cette particularité bien remarquable, & bien remarquée, qu'elles sont sans feuilles ; à moins qu'on n'excepte à cet égard le Cactier en raquette, & les autres Cactiers dont les tiges & les branches sont aussi formées d'articulations larges, & applaties en forme de semelles, qui portent sur la surface de leurs jeunes pouces, pendant un ou deux mois, de très-petites productions cylindriques & longuettes, comparables, en quelque sorte, aux papilles dont les insectes occasionnent la naissance par leurs piquures sur les feuilles du tilleul ; productions qui, vu le tems très-court pendant lequel elles existent, & sur-tout vu leur petitesse, relativement à la grosseur des branches sur lesquelles elles naissent, sont plutôt des rudimens de feuilles que de vraies feuilles. L'aspect de plusieurs de ces espèces n'a rien de comparable avec celui d'aucune plante du refte de l'univers; & toutes ces efpèces fans feuilles ont un port, un extérieur, des formes fi extraordinaires, fi bizarres, fi éloignées d'avoir le moindre rapport avec aucune plante d'Europe, & font, en même-tems, fi différentes les unes des autres, que c'eft une merveille. De quel étonnement n'a pas dû être frappé le premier obfervateur Européen, qui a vu ces plantes reffemblant, les unes à des taupinières, ou à des hériffons; d'autres à des ferpens; d'autres à des amas d'ourfins; d'autres à des cierges, ou des candélabres d'une grandeur coloffale; d'autres de toutes figures reffemblant à toute autre chofe qu'à des plantes; toutes telles, qu'il y a dû y regarder à plufieurs fois avant de pouvoir fe perfuader que tous ces êtres de formes fi étranges pour lui, fuffent bien réellement de véritables plantes. Il a dû, à cet afpect d'une nature fi différente de celle qu'il connoiffoit, avoir peine à croire qu'il fût encore dans le même univers.

Une autre des particularités très-remarquables de ce genre, c'eft la groffeur & la maffe très-confidérable des moindres ramifications de la plupart des efpèces, & la manière dont fur la plupart des efpèces, chaque pouffe annuelle ou chaque branche eft jointe à la tige ou branche qui l'a produite. La circonférence & le plus grand diamètre de chacune de ces branches, font beaucoup moins étendus à fa bafe, & fouvent auffi à fon fommet, que dans le refte de fa longueur : de forte que chaque point de jonction d'une pouffe à l'autre, eft marqué par un étranglement fouvent très-profond; ce qui eft totalement contraire à ce qui s'obferve fur les autres plantes, qui ont ce point d'infertion d'une branche fur l'autre, marqué par un renflement quelques fois très-confidérable. Toutes ces efpèces de Cactier dénuées de vraies feuilles font ainfi compofées chacune d'articulations ou de pièces jointes les unes aux autres par des étranglemens, de telle manière que toutes ces pièces d'une même plante, ne femblent pas être les membres continus d'un feul & même tout; mais femblent plutôt autant de tout particuliers, adhérens les uns aux autres, plutôt par art que par nature; femblent autant d'êtres à part, fichés, contre nature, les uns dans les autres. Cette apparente folution de continuité qui eft entre chacun de ces articles s'oblitère, à la longue, au point, qu'au bout d'un certain nombre d'années, il n'en refte enfin aucune trace. L'applatiffement ou les angles de ces articles s'effacent auffi, entièrement, à la longue : & chaque tige, d'abord compofée d'un nombre de pièces applaties, ou à plufieurs angles, féparées l'une de l'autre par un étranglement très-profond, devient enfin un tronc d'une feule pièce, parfaitement cylindrique, & femblable pour la forme aux troncs de nos arbres d'Europe. On voit en Amérique de ces troncs, qui ont acquis fix pieds de circonférence, & font devenus d'une feule

pièce parfaitement cylindrique, fans aucun étranglement, fur une hauteur de plus de trente pieds.

Une autre particularité bien digne de remarque, c'eft que l'enveloppe cellulaire des tiges & rameaux de la plupart des efpèces de ce genre, eft fur-tout dans les premières années de leur exiftence, d'une épaiffeur fi grande, relativement à la longueur du diamètre entier de ces tiges & branches, qu'on eft fort loin d'en avoir aucun exemple dans les tiges & branches d'aucune autre plante.

Je ne dois pas omettre que Thiéry de Menonville dit qu'en examinant attentivement chacun des faifceaux de poils ou foies fines, innombrables, roides, très-piquantes, qui eft à la bafe de chaque faifceau d'épines, provenu dans l'aiffelle de chaque feuille caduque ou rudiment de feuille des Cactiers à articles comprimés, s'eft affuré que ces foies font les fommets des épines, foit d'un bourgeon futur, foit d'une fleur à naître, qui font l'un ou l'autre déjà tout formés dans cette aiffelle. Suivant lui, il en eft de même des faifceaux de pareilles foies qui s'obfervent fur les autres Cactiers, à la bafe de leurs faifceaux d'épines. Ainfi, ces faifceaux de foies doivent être regardé comme les fommets des boutons ou, comme il dit, des gemmes des arbres & plantes fruticantes fingulières qui compofent ce genre.

Il eft encore bien notable que ce ne foit que dans les climats brûlans de la Zone torride que fe trouvent ces efpèces nombreufes d'arbres & d'arbriffeaux fans feuilles, & par conféquent fans ombrage, dans les pays où l'ombrage eft le plus néceffaire. Il femble, au premier coup-d'œil, que la nature foit ici en défaut; c'eft au contraire où fa fageffe eft la plus admirable. L'organifation de ces plantes eft telle, qu'elles peuvent être pendant très-long tems privées d'eau, fans périr. Elles tranfpirent très-peu, ne lâchent que très-lentement, & très-difficilement, même dans les plus grandes chaleurs, les fluides dont elles font pénétrées; ce qui dépend vifiblement, en partie, de la grande épaiffeur que je viens de dire, qu'elles ont dans leurs parties les plus minces; car il tombe fous le fens que la forme des feuilles & des rameaux minces de nos arbres touffus, eft énormément plus favorable à l'évaporation. Elles abforbent au contraire avec beaucoup d'énergie, & s'approprient promptement les moindres vapeurs humides, difféminées dans l'atmofphère le plus chaud; de forte qu'elles végètent fouvent avec vigueur pendant des chaleurs extrêmes & longtems continuées, auxquelles aucune autre plante ne pourroit être expofée fans périr très-promptement. Ajoutez à cela que ces plantes ne produifent jamais qu'une quantité de racines énormément petite, en comparaifon de la maffe des autres productions qu'elles font hors de terre; & que la terre la plus maigre eft celle qui leur convient le mieux; de manière qu'une poignée,

pour

pour ainsi dire, de la terre la plus maigre, suffit à la végétation d'un grand arbre de ces espèces. Toutes ces particularités font que ces arbres & arbrisseaux sans feuilles, peuvent subsister, croître, végéter vigoureusement & se multiplier abondamment, sous ce ciel enflammé, en des lieux sans eau, dans les terreins les plus maigres, dans mille endroits pauvres en terre végétale, sur des roches arides, où les arbres touffus, & même aucune autre plante, ne pourroient vivre. C'est donc par le moyen des nombreuses espèces de ce genre, que la nature peut vivifier & couvrir de plantes, d'arbres, d'arbrisseaux & ainsi d'animaux vivans, de vastes cantons qui, sans cela, n'eussent pu être habités que par la mort. De plus, ces arbres qui, chacun à part, ne fournissent que peu ou point d'ombrage, en fournissent par leur réunion, & alors ils forment un abri, qui est d'un secours aussi admirable que précieux, & qui étoit le seul possible dans ces plages séches & ardentes, où le soleil ne cesse jamais d'embraser l'air & la terre. Les Cactes méloniformes sont, par les mêmes propriétés, la seule verdure dont la nature puisse tapisser les rochers brûlans, que les Cactes rempans & grimpans, contribuent à revêtir en s'étendant sur leur surface. Ces plantes sont les seules qui puissent trouver, jusque dans les moindres fentes de ces dures roches, assez de terre pour y végéter vigoureusement, les décorer & y répandre la vie, malgré l'ardeur des feux qui y dévorent jusqu'aux mousses. Ces mêmes espèces grimpantes, en serpentant sur les arbres & arbrisseaux, leurs congeneres, contribuent encore à ombrager le sol; pendant que les belles fleurs, dont plusieurs espèces de ce genre sont ornées, contribuent, tant par leur grande beauté, que par leur odeur admirable, à réveiller & ranimer les animaux, assoupis, abattus & épuisés par la chaleur; & encore pendant que les fruits agréablement acides de la plupart des espèces de ce genre, rafraîchissans de toutes, appaisent leur soif extrême, procurent à leur sang desséché, le plus souverain remède des ravages de la chaleur, & le meilleur préservatif des maladies dont elle afflige & dévaste souvent ces climats.

Une autre particularité très-notable de ce genre; ce sont les épines nombreuses dont la nature paroît avoir pris à tâche de hérisser horriblement la plupart des espèces. Ces épines sont un rempart bien nécessaire à ces plantes précieuses & fragiles, contre les insultes des animaux dont l'approche les eût, sans cette défense, brisées & mutilées trop fréquemment. L'utilité de ces épines ne se borne pas à défendre ces plantes, elles tiennent les animaux qui les approchent dans une crainte réveillante de la douleur, & ainsi elles sont au nombre des préservatifs que la sollicitude bienfaisante de la nature s'est complue à accumuler, dans tous les pays qui sont sous la Zone torride, autour des hommes & des animaux, contre l'in-

dolence, l'insouciance, la paresse, la stupeur, l'engourdissement, la torpeur, dans lesquels l'extrême chaleur, si assoupissante de ces climats, tend continuellement à les jetter, & qui sont aussi incompatibles avec le bonheur qu'avec la conservation, la force & la santé du corps. Ces épines s'accroissent en longueur pendant plusieurs années de suite. Elles ne sont proprement que des aiguillons & ne contiennent pas de fibres ligneuses dans leur intérieur.

La sève qui remplit les plantes de ce genre, est très-mucilagineuse, & elle s'extravase quelquefois sous l'apparence d'une sorte de gomme opaque, blanche & jaune, farineuse à sa surface, qui se durcit promptement, & qui se dissout facilement dans l'eau, comme la gomme de nos cerisiers; mais elle n'est ni si visqueuse ni si ténace.

Ce genre contient des plantes de toutes grandeurs, depuis des arbres de quarante pieds de hauteur, & dont la tête a cinquante ou soixante pieds de diamètre, jusqu'à des plantules massives dont la grosseur ne surpasse pas celle d'un œuf de poule.

Comme toutes les plantes de ce genre sont originaires des climats les plus chauds de l'Amérique, il n'est pas surprenant que presqu'aucune d'elles ne puisse, dans le climat de Paris, être élevée ni conservée pendant l'Hiver, autrement qu'en serre très-chaude: plusieurs ne doivent être exposées en plein air, en aucun tems de l'année; & aucune ne peut, pendant l'Hiver, être conservée en plein air, excepté le Cactier en raquette, n.° 25, qui est maintenant naturalisé en Espagne, en Italie & en Suisse, & peut subsister sans feu, & même en plein air, pendant l'Hiver, dans le climat de Paris, pourvu qu'il soit placé dans une exposition chaude & qu'on l'abrite pendant les grands froids.

Espèces,

* *Plantes naines & globuleuses ou méloniformes.*

1. CACTIER à mammelons.

CACTUS mammillaris. Lin. ♃ de l'Amérique méridionale.

1. B. petit CACTIER à mammelons.

CACTUS mammillaris minimus.

Ficoïdes seu Melocactus minima lanuginosa, spinis. mitioribus, &c. Pluk. Alm. 148. Tab. 29, f. 1 ♃ des mêmes lieux.

2. CACTIER glomérulé.

Cactus glomeratus. La M. Dict. de Saint-Domingue.

3. CACTIER à côtes droites.

CACTUS melocactus. Lin. vulgairement *le melon épineux.* ♃ de l'Amérique méridionale.

4. CACTIER couronné.

Cactus coronatus. La M. Dict. ♄ de l'Amérique méridionale.

5. CACTIER rouge.

Cactus nobilis. Lin. ♄ de Saint-Domingue.

** *Plantes droites, ressemblant en quelque sorte à des cierges.*

6. CACTIER heptagone.

Cactus heptagonus. Lin. ♄ d'Amérique.

7. CACTIER quadrangulaire.

Cactus tetragonus. Lin. ♄ d'Amérique.

8. CACTIER pentagone.

Cactus pentagonus. Lin. ♄ de l'Amérique.

9. CACTIER de Surinam.

Cactus Hexagonus. Lin. ♄ de Surin. & des Antilles.

10. CACTIER à côtes ondées.

Cactus repandus. Lin ♄ de l'Amérique méridionale.

11. CACTIER laineux.

Cactus lanuginosus. Lin. ♄ de Curaçao.

12. CACTIER cotonneux.

Cactus royeni. Lin. ♄ d'Amérique.

13. CACTIER du Pérou.

Cactus Peruvianus. Lin. vulgairement *cierge du Pérou.* ♄ de l'Amérique méridionale & spécialement du Pérou.

14. CACTIER frangé.

Cactus fimbriatus. La M. Dict. ♄ de Saint-Domingue.

15. CACTIER polygone.

Cactus polygonus. La M. Dict. ♄ de Saint-Domingue.

16. CACTIER cylindrique.

Cactus cylindricus. La M. Dict. ♄ du Pérou.

17. CACTIER trigone.

Cactus trigonus.

Cactus Pitajaya. Lin. ♄ de Carthagène en Amérique.

17. B. CACTIER trigone à grandes épines.

Cactus trigonus spinosissimus. Cactus Pitajaya B. La M. Dict. ♄ de Saint-Domingue.

18. CACTIER paniculé.

Cactus paniculatus. La M. Dict. ♄ de Saint-Domingue.

19. CACTIER divergent.

Cactus divaricatus. La M. Dict. ♄ de Saint-Domingue.

*** *Plantes rempantes ou grimpantes, dont les tiges poussent des racines latérales.*

20. CACTIER à grandes fleurs.

Cactus grandiflorus. Lin. vulgairement le Serpent. ♄ de la *Vera-crux,* de la Jamaïque, & de Saint-Domingue.

21. CACTIER queue de souris.

Cactus flagelliformis. Lin. ♄ de l'Amérique méridionale.

22. CACTIER parasite.

Cactus parasiticus. Lin. ♄ de Saint-Domingue.

23. CACTIER triangulaire.

Cactus triangularis. Lin. ♄ des Antilles, de la Guyane & du Brésil.

23. B. CACTIER triangulaire à fruit écailleux.

Cactus triangularis squammosus. Cactus triangularis. B. La M. Dict. ♄ des mêmes lieux.

**** *Plantes composées d'articulations prolifères ordinairement courtes, & ordinairement applaties en forme de semelles.*

24. CACTIER moniliforme.

Cactus moniliformis. Lin. ♄ de l'Amérique méridionale, & notamment de Saint-Domingue.

25. CACTIER en raquette.

Cactus Opuntia. Lam. Dict., & Lin. vulgairement *le Raquette, le Figuier d'Inde, la Cardasse.* ♄ originaire de l'Amérique méridionale, du Pérou, de la Virginie; *se trouve maintenant sur la côte de Barbarie,* en Espagne, en Italie, en Suisse.

25. B. CACTIER en raquette, à articulations oblongues.

Cactus Opuntia oblongiarticula. Cactus ficus indica. Lin. *la Raquette à feuilles oblongues.* Lam. Dict. ♃ des mêmes lieux.

25. C. CACTIER en raquette à longues épines.

Cactus Opuntia subulata. Cactus Tuna. Lin. *la Raquette à longues épines.* Lam. Dict. vulgairement à Saint-Domingue, *Raquette des bords de la mer.* ♄ des mêmes lieux, & de la Jamaïque.

25. D. CACTIER en raquette nain.

Cactus Opuntia humilis. Cactus humilis Hort. Reg. *la petite Raquette à feuilles arrondies.* Lam. Dict. ♄ des mêmes lieux.

26. CACTIER à cochenilles.

Cactus cochenillifer. Lin. ♄ de l'Amérique méridionale, & notamment de la Jamaïque, &, dit-on, du Mexique.

27. **Cactier** de Curaçao.

Cactus curassavicus. Lin. ♄ de l'Isle de Curaçao.

28. **Cactier** cruciforme.

Cactus cruciformis. Cactus spinosissimus. Hort. Reg. vulgairement *la Croix de Lorraine.* ♄ d'Amérique.

29. **Cactier** à feuilles de scolopendre.

Cactus phyllanthus. Lin. ♄ du Brésil, de Surinam, de l'Amérique méridionale.

***** *Plantes garnies de véritables feuilles.*

30. **Cactier** à fruits feuillés

Cactus Pereskia. Lin. vulgairement *groseiller d'Amérique.* ♄ des Antilles, de la Jamaïque, du Pérou, de l'Amérique méridionale.

31. **Cactier** à feuilles de pourpier.

Cactus portulacifolius. Lin. ♄ de Saint-Domingue.

Espèces ou Variétés moins parfaitement connues.

** *Plantes droites, ressemblantes en quelque sorte à des cierges.*

32. **Cactier** des tables.

Cactus mensarum. Cacte ou cierge nommé vulgairement, au Mexique, Pitahiaha. Thiéry de Ménonville, page 271. ♄ du Mexique.

33. **Cactier** Orange.

Cactus aurantiiformis. C'est une des espèces nommées vulgairement à Saint-Domingue, *Torches. Troisième espèce de Cierge droit.* Thiéry de Ménonville, page 271. ♄ de Saint-Domingue.

*** *Plantes composées d'articulations prolifères, courtes & applaties en forme de semelles.*

34. **Cactier** Patte de tortue.

Cactus testidunis Crus, vulgairement *Patte de tortue. Pereschia.* Thiéry de Ménonville, page 275. ♄ de Saint-Domingue.

35. **Cactier** jaune.

Cactus luteus. Troisième espèce d'Opuntia. Thiéry de Ménonville, page 275. ♄ de Saint-Domingue.

36. **Cactier** de Campêche.

Cactus Campechianus. Quatrième espèce d'Opuntia. Thiéry de Ménonville, page 276. ♄ des environs de Campêche.

37. **Cactier** silvêstre.

Cactus silvestris. Nopal silvestre. Thiéry de Ménonville, page 277, ♄ du Mexique.

38. **Cactier** splendide.

Cactus splendidus. Huitième espèce d'Opuntia nommée vulgairement à Guaxaca, Nopal de Castille. Thiéry de Ménonville, pages 278 & 293. ♄ cultivé au Mexique. On ignore son pays natal.

39. **Cactier** Nopal.

Cactus Nopal. Septième espèce d'Opuntia, ou *Nopal des jardins du Mexique.* Thiéry de Ménonville, pag. 278 & 290. ♄ cultivé au Mexique depuis un tems immémorial. On ignore son pays natal.

Observation.

Les espèces n.os 32, 33, 34, 35, 36, 37, 38 & 39, ne sont connues que par l'ouvrage posthume de *Thiéry de Ménonville,* qui a paru en 1786 & 1787, & qui a pour titre : *Traité de la culture du Nopal, & de l'éducation de la Cochenille, dans les Colonies françoises de l'Amérique.* Les descriptions que je donnerai de ces espèces intéressantes & utiles, sont d'après le même ouvrage, auquel il est bon d'être prévenu que l'Auteur n'a pas donné la dernière main. Il est incertain si quelques-unes de ces espèces sont, ou non, des variétés de quelques-unes des espèces précédentes. Quant à ces autres espèces précédentes, je ne répéterai point les descriptions que M. Lamarck en a données dans le Dictionnaire de Botanique : je me contenterai de dire un mot du port de chacune, & de donner la traduction de la principale phrase latine qu'il a faite ou adoptée pour définir les caractères distinctifs de chaque espèce. J'ajouterai quelques détails qu'il a jugé à propos d'omettre dans le Dictionnaire de Botanique ; mais qui sont intéressans ou essentiels à connoître pour le Cultivateur.

Description du port de chaque espèce ; traduction de la principale phrase latine, par laquelle chacune est définie dans le Dictionnaire de Botanique, & autres particularités de chacune.

* *Plantes naines, globuleuses ou méloniformes.*

1. **Cactier** à mammelons. Linnæus le définit ; Cactier arrondi, couvert de tubercules ovales, barbus. C'est une plante sans feuilles, qui n'est qu'une masse charnue en forme de boule, appliquée contre terre, qui acquiert jusqu'à trois ou quatre pouces de diamètre. Les épines divergentes qui sont au sommet de chacun des mammelons, dont elle est hérissée de toutes parts, lui donnent presque le port d'un petit hérisson qui se seroit mis en boule. Lorsque cette plante devient âgée, elle s'élève souvent à la hauteur de plus d'un pied,

& alors elle a pris une forme cylindrique. Chaque plante qui eſt dans ce cas, eſt d'un aſpect beaucoup moins agréable, que celles qui ſont moins âgées & moins groſſes; à cauſe du verd de ſa partie baſſe, qui s'eſt flétrie, & des épines de la même partie qui ſont devenues de couleur foncée & ſale, & ſemblent preſque mortes. Cette plante produit chaque année dans le climat de Paris, en Juillet & Août, çà & là entre ſes mammelons, ſur toute ſa circonférence, une grande quantité de fleurs petites & blanchâtres, auxquelles ſuccèdent conſtamment une grande quantité de fruits en forme de baie, ovoïdes, liſſes & pourpre bleuâtre ou roux. La pulpe de ces fruits eſt purpurine, d'une ſaveur douce, très-agréable à manger, ſur-tout lorſqu'ils ſont cuits, & contient de nombreuſes ſemences brunes & petites. Ces fruits ſe conſervent frais ſur la plante, pendant tout l'Hiver : ce qui orne agréablement la ſerre pendant cette ſaiſon. Ils ſe deſſèchent au Printems: alors les ſemences qu'ils contiennent ſont parfaitement mûres. Suivant Herman & Commelin, il découle un ſuc laiteux, des plaies faites ſur la ſurface de cette plante. Les racines qu'elle pouſſe entre les rochers où elle croît naturellement, ſont grêles, & en fort petite quantité.

1. B. Petit Cactier à mammelons. Cette variété diffère de la plante précédente, par un duvet cotonneux qui naît entre les mammelons: par ſes épines plus douces: & enfin parce que ſa groſſeur eſt moindre.

2. Cactier glomerulé. M. Lamarck le définit; Cactier ovale, lanugineux, multiple, & couvert de tubercules en mammelons. Le port de cette jolie eſpèce, a du rapport avec celui de l'eſpèce précédente. Voici en quoi elle diffère : chaque plante eſt un amas de petites maſſes charnues, ſans feuilles, de forme & de groſſeur d'un œuf de poule, de couleur glauque, couvertes d'un duvet blanc très-abondant, croiſſant un grand nombre enſemble, appliquées contre terre, & réunies ou agglomerées, les unes attenant les autres. C'eſt de cette dernière particularité que cette plante tire ſon nom. Ses fleurs ſont rouges.

3. Cactier à côtes droites. Linnæus le définit; Cactier arrondi, à quatorze angles. On a comparé, aſſez juſtement, l'aſpect très-ſingulier de cette belle plante très-charnue & ſans feuilles, à celui d'un très-gros fruit de melon à côtes, appliqué contre terre, & dont les côtes ſeroient chargées de faiſceaux d'épines divergentes longues d'un pouce. C'eſt de cette comparaiſon que vient ſon nom vulgaire de *Melon épineux.* Ses côtes ſont droites & perpendiculaires à l'horizon; d'où vient le nom que lui donne M. Lamarck. Les fleurs, qui ſont rouges, naiſſent du ſommet de cette plante méloniforme. Les plantes de cette eſpèce croiſſent naturellement ſur les rochers eſcarpés,

entre les fentes & crevaſſes deſquels elles jettent leurs racines; elles végètent très-bien, quoiqu'il n'y ait dans ces fentes qu'une quantité de terre très-petite & ſouvent à peine ſenſible.

4. Cactier couronné. M. Lamarck le définit; Cactier oval à vingt angles, & couronné d'un chapiteau cotonneux. Le port de cette plante eſt auſſi ſingulier & encore plus beau que celui de la précédente, avec lequel il a du rapport. C'eſt une maſſe ſans feuilles, charnue, ovale & preſque en pain de ſucre; haute d'un pied & davantage; appliquée contre terre. Sa ſurface eſt relevée dans toute ſa circonférence, par vingt côtes chargées de faiſceaux d'épines divergentes. Ces vingt côtes parallèles entre elles, ſont dans une direction oblique à l'axe de cet oval, qui eſt ſitué perpendiculairement à l'horizon; elles ſont un peu en ſpirales. Cet ovale eſt terminé à ſon ſommet, par un ample & beau chapiteau hémiſphérique, qui orne beaucoup cette plante, & qui a environ trois pouces & demi de diamètre. Ce chapiteau eſt formé de poils, ou plutôt d'un duvet cotonneux fort blanc, très-ſerré, d'épines rouges, qui le hériſſent de toutes parts, & de fleurs raſſemblées pêle-mêle avec les poils & les épines, de ſorte que le tout forme une maſſe extrêmement ſerrée. Cette plante croît naturellement ſur les rochers eſcarpés, dans les fentes deſquels elle s'enracine de la même manière que la précédente. Elle y végète auſſi bien, avec une auſſi petite quantité de terre. Miller a vu de ces plantes, qui avoient plus de deux pieds de hauteur.

5. Cactier rouge. Linnæus le définit; Cactier noble, arrondi, à quinze angles, à épines larges & recourbées. Le port de cette plante a du rapport avec celui des deux eſpèces précédentes. C'eſt une maſſe ſans feuilles, appliquée contre terre, charnue, tantôt ovale, tantôt conique, dont la ſurface eſt relevée de côtes obliques, à l'axe de la plante & à l'horizon. Les longues épines en faiſceaux, qui garniſſent ces côtes, ſont blanches comme de l'ivoire : ce qui joint à ce que tout le reſte de la ſurface de cette plante eſt de la couleur rouge, lui donne un aſpect fort agréable. Cette plante croît principalement dans les lieux pierreux & maritimes. Les plantes de cette eſpèce qui ont été obſervées, par Thiéry de Ménonville, dans les plaines arides de l'intérieur du Mexique, lors de ſon voyage à Guaxaca, dont je parlerai ci-après, avoient, la plupart, un pied de hauteur, ſur dix pouces de diamètre.

** *Plantes droites, reſſemblant en quelque ſorte à des cierges.*

6. Cactier heptagone. Linnæus le définit; Cactier droit, oblong, à ſept angles. C'eſt une plante épaiſſe, charnue, ſans feuilles, qui s'élève juſqu'à deux pieds de hauteur.

7. Cactier quadrangulaire. Linnæus le définit;

Cactier long, érigé à quatre angles comprimés. C'est un arbriffeau fans feuilles, en forme de prifme, charnu, fans feuilles, & d'un beau verd. Du fommet de chacun de fes quatre angles, s'élève une côte très-éminente & très-mince, dont la crête eft garnié de très-petites épines fafciculées. Il paroît que cet arbriffeau ne parvient qu'à la hauteur de douze à quinze pieds. Miller affure que comme cette efpèce produit fouvent des rejettons, elle ne s'élève pas en Angleterre au deffus de quatre ou cinq pieds. Il ajoute qu'il ne l'a jamais vu fleurir.

8. Cactier pentagone. Linnæus le définit; Cactier érigé, prefque à cinq angles, & à longues articulations. Chaque plante de cette efpèce eft charnue, fans feuilles, fe tient droite, quoiqu'elle foit un peu grêle & foible, & eft compofée de pièces articulées primaftico-cylindriques, qui font longues d'un pied. Les faifceaux d'épines, dont la crête de fes angles eft chargée, n'ont pas de duvet à leur bafe.

9. Cactier de Surinam. Linnæus le définit; Cactier érigé, à fix angles, alongé, & angles diftans. Le port de cette efpèce a de grands rapports avec celui du Cactier du Pérou, n.° 13; car elle a plus fouvent huit côtes que fix, quoiqu'en dife Linnæus. Elle s'en diftingue principalement, parce qu'elle n'eft pas naturellement raméfiée; quoiqu'elle s'élève à une grande hauteur. Elle parvient dans nos ferres à trente ou quarante pieds de hauteur, lorfqu'elle a affez de place pour s'élever. Chacune de ces grandes tiges épaiffes, charnues & élevées perpendiculairement à l'horizon, eft fans feuilles ni branches aucunes: ainfi, cette plante eft une des efpèces de ce genre qui ont le plus exactement le port d'un cierge. Ces cierges, fi nuds, ombragent cependant le fol où ils croiffent, parce qu'ils naiffent le plus fouvent en grand nombre fort près les uns des autres, ce qui forme une forte de petite forêt épineufe, d'un afpect fort extraordinaire. La fleur eft blanche, d'environ deux pouces & demi de diamètre, à quarante quatre pétales obtus. Le fruit eft de couleur pourpre. Cette plante ne fleurit pas communément dans nos ferres; mais, quand elle y fleurit, fa tige produit toujours plufieurs fleurs. Il en naît, par exemple, une douzaine qui fe fuccèdent rapidement en peu de jours. Ces fleurs paroiffent dans nos ferres, en juillet & août, lorfque l'été eft fort chaud. Elles ne durent qu'un jour. Cette efpèce croît naturellement parmi les rochers. Elle eft la plus commune dans les ferres en Angleterre. Elle n'a jamais porté de fruit en Europe.

10. Cactier à côtes ondées. Linnæus le définit; Cactier érigé, alongé, à huit angles comprimés & ondés; & à épines plus longues que la laine qui naît à leur bafe. Cet arbre charnu & fans feuilles, eft un peu grêle en comparaifon

des autres efpèces de cette fection. Le fruit eft blanc comme la neige en-dedans, & jaune en-dehors. Ses femences font noires. Ce fruit mûrit en octobre & eft mangeable.

11. Cactier laineux. Linnæus le définit; Cactier érigé long, à neuf angles effacés, à épines plus courtes que la laine qui naît à leur bafe. C'eft un grand arbre charnu fans feuilles, d'un verd un peu glauque. Le long duvet qui naît à la bafe de ces épines, eft de couleur jaunâtre. La fleur eft de couleur herbacée. Le fruit qui eft gros comme une noix, eft rouge en-dehors & fans épines.

12. Cactier cotonneux. Linnæus le définit; Cactier érigé, articulé, à neuf angles, à articles prefque ovales, à épines auffi longues que la laine qui naît à leur bafe. Cette laine eft d'un blanc pâle. Ces épines font jaunâtres. Le port de ce Cactier a beaucoup de rapport avec celui du précédent qui n'en eft peut-être qu'une variété. Il eft un peu grêle. Son fruit eft rouge & fans épines.

13. Cactier du Pérou. Linnæus le définit; Cactier érigé, long prefqu'à huit angles obtus. Cette efpèce eft une des plus connues en Europe. C'eft un grand arbre à tiges & rameaux épais, charnus & fans feuilles, en forme de cierge, épineux, qui, dans nos ferres, eft médiocrement rameux, & qui s'élève dans nos ferres à trente pieds de hauteur. Il eft d'un verd gai. Sept ou huit côtes longitudinales, d'un pouce de faillie s'élèvent fur la furface de fa tige & de fes rameaux à égale diftance l'une de l'autre, leur donnent la forme de cylindres à huit angles faillans & à huit angles rentrans, & forment entre elles des cannelures qui ont un pouce & demi d'ouverture. Mais à mefure que ces tiges & rameaux vieilliffent, la faillie de ces côtes diminue fur ce cierge comme fur les autres, ces cannelures fe rempliffent infenfiblement, ces huit angles s'effacent à la longue: de forte qu'au bout d'un certain nombre d'années, le bas de la tige forme enfin un cylindre prefqu'entièrement régulier, fur lequel il ne refte enfin aucun veftige de ces côtes, qui a perdu fa couleur verd-gai, & eft devenu d'une couleur obfcure approchant de la couleur ordinaire des écorces d'arbres. Les faifceaux d'épines dont la crête des côtes de cette plante eft chargée font compofés chacun de fept à neuf épines divergentes de couleur de châtaigne, roides & fort affilées, dont les longues ont environ neuf lignes. Chaque faifceau prend naiffance fur une petite pelotte cotonneufe, de la grandeur d'une lentille ordinaire. Le duvet qui forme cette pelotte environne, fuivant M. Adanfon, une très-petite feuille charnue, qui y eft cachée. Ces épines & pelottes difparoiffent à la longue, de manière qu'à la fin le bas de la tige en eft entièrement dénué. Les fleurs naiffent fur la crête des côtes, chacune immédiatement au-deffus d'un faifceau

d'épines. Cette fleur s'annonce par un petit bouton verdâtre, teint à sa pointe d'un peu de pourpre, qui s'alonge jusqu'à un demi-pied, groſſit moins à sa baſe qu'à ſon ſommet, lequel, en s'épanouiſſant forme une ſorte de coupe d'un demi-pied de diamètre. Les pétales de cette fleur ſont au nombre de trente environ, ſont blanchâtres à leur naiſſance, & lavées de pourpre à leur ſommet. Cette fleur eſt peu odorante, paſſe vîte, & n'eſt bien en état que pendant la nuit & vers le matin. Cette plante fleurit pendant l'été. Son fruit ne mûrit pas dans notre climat. Dans le pays natal de cette plante, ce fruit eſt rouge & de la grandeur d'une noix ordinaire. L'écorce forme la plus grande partie de l'épaiſſeur des tiges & branches de cette plante, ſur-tout quand elles ſont jeunes. Cette proportion change dans les vieux troncs par l'augmentation de l'épaiſſeur du bois qui devient enfin plus grande que celle de l'écorce. Preſque toute l'épaiſſeur de cette groſſe écorce eſt formée d'enveloppe cellulaire, ſur-tout lorſqu'elle eſt jeune. Le bois que cette écorce recouvre, eſt fort peu épais dans les tiges & branches jeunes, & renferme une moëlle blanche, ſucculente. Il y a environ quatre-vingt dix ans que cette eſpèce de plante curieuſe fut envoyée de Leyde, par Hotton, Profeſſeur de Botanique au jardin de cette ville, à Fagon, premier Médecin de Louis XIV, & Surintendant du jardin des-plantes, où le pied qu'il envoya fut planté, n'ayant que trois ou quatre pouces de hauteur, ſur deux pouces & demi de diamètre. Depuis ce tems on a obſervé que cette plante prenoit, d'une année à l'autre, environ un pied & demi d'accroiſſement en hauteur. La crûe de chaque année ſe diſtingue par autant d'étranglemens de la tige. Chacun de ces étranglemens eſt d'abord très-profond, & reſte à-peu-près tel pendant les premières années de l'exiſtence de la portion de tige ou de ramification à laquelle il appartient. Mais il diminue de profondeur à meſure que cette portion avance en âge, de ſorte qu'au bout d'un certain nombre d'années, il n'en reſte enfin aucune trace. Quatorze ans après que cette plante avoit été plantée au jardin du Roi, elle étoit parvenue à la hauteur de vingt-trois pieds, ſur ſept pouces de diamètre, meſuré vers le bas de la ligne. Lorſque cette plante eſt placée dans une ſerre aſſez exhauſſée, elle s'élève, comme j'ai dit, juſqu'à la hauteur de trente pieds, ou même davantage. Cette eſpèce produit une médiocre quantité de branches qui naiſſent chacune immédiatement-au-deſſus d'un faiſceau d'épines, le plus ſouvent, vers la partie ſupérieure de ſa tige. Le même pied de cette eſpèce qui a été planté au jardin des plantes de Paris, vers l'an 1700, y ſubſiſte encore aujourd'hui en très-bon état. Onze ans après avoir été planté, étant devenu haut de dix-neuf pieds, il a produit ſes deux premières branches qui ſortirent de ſa tige,

à la diſtance de trois pieds au-deſſus de terre. Depuis ce tems, il a produit, chaque année, de nouvelles branches, pendant un certain nombre d'années. Il en a produit enſuite de plus en plus rarement. Maintenant ſes branches ſont en aſſez grand nombre. Il en produit encore de tems-en-tems. Quand il n'en produit pas, celles qu'il a, prennent d'autant plus d'accroiſſement en longueur. Ce ne fut que la douzième année après avoir été planté, qu'il produiſit ſes premières fleurs. Ces fleurs paroiſſent pendant les chaleurs de l'Été. Depuis ce tems, il a donné des fleurs chaque année. Le vaſe dans lequel il étoit planté, en 1716, n'avoit pas plus d'un pied & demi de diamètre, ſur autant de profondeur. Les dimenſions du même vaſe, dans lequel il exiſte encore à préſent, ſont changées à proportion de l'accroiſſement énorme qu'il a pris depuis ce tems. Ce vaſe a maintenant trois pieds de largeur, ſur trois pieds de profondeur, & huit pieds de longueur. Il eſt merveilleux que cette plante puiſſe continuer, depuis tant de tems, de ſubſiſter, & de végéter vigoureuſement, avec une quantité de racines & de terre ſi petite en comparaiſon de la maſſe, & du volume énorme de ſes productions hors de terre. Ce fait me paroît prouver inconteſtablement que cette plante tire une plus grande ſomme de nourriture de l'air dans lequel ſont ſes tiges & rameaux, que de la terre dans laquelle ſont ſes racines. Je crois qu'il en eſt à-peu-près de même des autres eſpèces de ce genre, & même d'au moins la plupart des plantes graſſes. J'ai déjà dit que la quantité de racines des autres eſpèces de ce genre, & de la terre qui leur eſt néceſſaire, eſt toujours énormément petite, en comparaiſon du volume & de la maſſe de leurs productions hors de terre. Cette eſpèce croit naturellement parmi les rochers qui avoiſinent la mer.

14. CACTIER frangé. M. Lamark le définit: Cactier droit, long, preſqu'à huit angles, à pétales frangés, à fruits écarlates & épineux. Les arbres charnus & ſans feuilles de cette eſpèce, ont tantôt huit, tantôt neuf, tantôt dix côtes longitudinales autour de la ſurface des pièces cylindriques articulées les unes au bout des autres qui compoſent leur tige. Ils ſont de ceux qui ont le plus exactement le port d'un cierge; car ils ſont ſans branches: & ainſi ils ne fourniſſent d'ombrage que parce qu'ils naiſſent ordinairement en grand, les uns proches des autres. Leurs épines ſont blanches. Ils s'élèvent ordinairement à la hauteur de vingt-quatre pieds, & acquièrent ordinairement la groſſeur du jarret. Leurs fleurs naiſſent de leur ſommet, ſont aſſez grandes, fort belles, de couleur de roſe, & les pétales en ſont frangés en leurs bords. C'eſt de cette dernière particularité que cette eſpèce tire ſon nom. Le fruit eſt rond, de trois pouces de diamètre, luiſant, tuberculeux. Les épines dont les tubercules ſont chargés, ſont

blanchâtres & très-piquantes. La chair de ce fruit est de couleur de feu, très-tendre & d'une saveur acide fort agréable. Les semences sont noires. Cette plante croît naturellement dans les bois arides & parmi les roches maritimes.

15. CACTIER poligone. M. Lamark le définit; Cactier droit, rameux, à onze angles, & à fruit verruqueux & rouge. Cette espèce forme un grand arbre charnu, sans feuilles, épineux, dont le tronc grisâtre, de six à sept pouces de diamètre, ayant dix, onze ou douze côtes longitudinales, est droit & sans branches jusqu'à ordinairement la hauteur de dix pieds. Il pousse depuis cette hauteur de longues branches qui s'élèvent toutes, ainsi que la tige dont une direction exactement perpendiculaire à l'horizon. Il n'y a qu'une très-petite étendue de la longueur de chaque branche, depuis le point de son origine, qui soit dirigée obliquement à l'horizon. Ces branches sont de la grosseur du bras, & n'ont que neuf à dix côtes longitudinales. La crête de chaque côte est ondulée, ce qui donne à cette plante quelque rapport avec l'espèce, n° 10, ci-dessus. Les fleurs naissent au sommet des rameaux, qui est conique & couvert d'une laine dont la couleur très-rouge rehausse le port de cette belle espèce. Les fleurs sont blanches, & d'un pouce & demi de diamètre: les fruits sont charnus, de la même forme & un peu plus gros que les figues d'Europe. Ils sont d'un rouge brun en dehors & d'un rouge de feu en-dedans. Leur chair, succulente & fade, peut être fort agréable lorsqu'on est altéré par une grande chaleur. Les semences sont noires.

Ce sont certainement des arbres de cette espèce que Thiéry de Ménonville a observés, en 1777, dans la vallée de Theguacan au Mexique. Suivant son rapport, cette espèce y croît dans des lieux arides, & sur des rochers escarpés. Sa tige & ses rameaux ont depuis dix, jusqu'à quinze côtes longitudinales: c'est un arbre qui s'élève à trente ou quarante pieds de hauteur: son tronc a jusqu'à six pieds de circonférence, il est sans branches jusqu'à la hauteur de quinze à seize pieds; à cette hauteur, ce tronc porte un grand nombre de ramifications, qui se divisent & se subdivisent plusieurs fois en d'autres rameaux, dont les derniers sont de la forme, & de la grosseur d'un flambeau de point. La somme de toutes ces branches forme une tête de quarante ou cinquante pieds de diamètre: toutes ces branches sont situées perpendiculairement à l'horizon: cet arbre est d'une belle couleur verd de mer: ajoutez à tout cela la régularité & la symmétrie de la distribution & de la position de ses branches épaisses & alongées: tout cet ensemble donne à ces arbres l'aspect de magnifiques candélabres, qui forment dans cette vallée, où ils sont nombreux, un superbe ornement, un spectacle aussi majestueux que singulier, & auquel on ne ne peut rien trouver de comparable dans au-

cune contrée de l'Europe, de l'Asie ou de l'Afrique. Cet arbre est très-épineux. Son fruit est en forme de figue, fort épineux; & il est très-agréable au goût, au moment où il s'ouvre de lui-même, & où sa pulpe cramoisie en découle.

16. CACTIER cylindrique. M. Lamarck le définit; Cactier droit, débile, cylindrique, non anguleux, dont la superficie est réticulée de sillons en sautoir. Cette plante charnue & sans feuilles, soutient mal ses tiges & branches épaisses, qui sont régulièrement & totalement cylindriques, sans être aucunement anguleuses. Les sillons qui sont tracés sur la surface, la font paroître comme couverte de plaques en forme de losanges régulieres, dont le plus grand diamètre est parallèle à l'axe de la tige. Au sommet de chacune de ces losanges, est un faisceau d'épines blanchâtres.

17. CACTIER trigone. M. Lamarck le définit; Cactier droit triangulaire, à fruits écarlates, feuillés. C'est un petit arbre charnu & sans feuilles, dont la tige & les épaisses ramifications sont prismatiques, qui tient sa tige droite, est très-épineux, s'élève à la hauteur de huit à dix pieds & davantage. Il fleurit dans son pays natal, principalement en Juillet, Août & Septembre. Sa fleur est fort belle, blanchâtre, large de six pouces, à peine odorante. Elle s'épanouit le soir. Le fruit qui succède à ses fleurs mûrit en Octobre, & autres mois subséquents; il est de la forme d'un œuf de poule, luisant, bon à manger. Sa pulpe est blanche, & d'une saveur douce. Les semences sont noires.

17. B. CACTIER trigone à grandes épines. Cette plante sans feuille est peut-être une espèce particulière, plutôt qu'une variété de la précédente, à laquelle elle ressemble à beaucoup d'égards. Son tronc est droit, en forme de prisme triangulaire, de neuf à dix pouces de diamètre. Il est sans branches jusqu'à la hauteur de six pieds. Les rameaux épais, charnus & triangulaires, qu'il pousse depuis cette hauteur sont d'un verd tendre, en grand nombre, articulés les uns sur les autres, & disposés en une sorte de panicule ample & diffuse. Les trois angles, tant du tronc que des rameaux sont ondés. Les épines en faisceaux, qui sont sur la crête des angles du tronc, ont deux pouces de longueur, sont noirâtres & très-piquantes. Celles des branches, sont de la même couleur, mais plus petites. Les fleurs naissent sur les plus jeunes rameaux, sont très-belles, blanches & un peu odorantes. Le fruit est jaunâtre, glabre, arrondi, de trois pouces & demi de diamètre. Sa pulpe est blanche & d'une saveur douce, les semences sont petites & noirâtres.

18. CACTIER paniculé. M. Lamarck le définit; Cactier à quatre angles; à tronc droit; à rameaux articulés en panicule; à pétales arrondis, blancs variés de lignes rouges; & à fruit tuberculeux & jaunâtre. C'est un arbre charnu & sans feuilles, dont le port est précisément le même que celui de la variété, B., de l'espèce précédente. Ses

angles font ondés ou prefque crénelés, & armés de petites épines en faifceaux. Les fleurs ont environ un pouce de diamètre. Le fruit eft ovale, & un peu plus gros qu'un œuf d'oie : fes tubercules font épineux & rougeâtres : fa chair eft très-blanche & acidule ; fes femences font petites, & de couleur noirâtre. Cette plante croît naturellement dans les lieux incultes.

19. CACTIER divergent. M. Lamarck le définit ; Caétier cannelé, très-épineux ; à tronc droit, rameux au fommet ; à rameaux divergens en tout fens ; à fruit doré, & tuberculeux. C'eft un petit arbre fans feuilles, charnu, cylindrique, cannelé fuivant fa longueur. Les cannelures font nombreufes & droites. Il eft affreufement hériffé d'épines rayonnantes, très-nombreufes, & aigues. Son tronc eft droit, d'environ quatre pouces & demi de diamètre, fans branches jufqu'à la hauteur d'environ quatre pieds, très-rameux au-deffus de cette hauteur. Les fleurs naiffent au fommet des rameaux. Les fruits font fphériques, & d'environ quatre pouces de diamètre ; leur pulpe eft blanche & douceâtre. Les femences font petites & noirâtres. Cette plante croît naturellement dans des lieux incultes.

*** *Plantes rampantes & grimpantes dont les tiges pouffent des racines latérales.*

20. CACTIER à grandes fleurs. Linnæus le définit ; Caétier rampant, prefque à cinq angles. Cette plante très-intéreffante, eft compofée de longs cylindres à cinq ou fix côtes longitudinales, peu faillantes, armées fur leur crête de faifceaux de petites épines rayonnantes. Ces cylindres charnus, fans feuilles, articulés les uns fur les autres, rampent fur terre, ou grimpent fur les appuis voifins, comme des ferpens, auxquels ils reffemblent. Les fleurs qui naiffent fur la longueur de ces cylindres font d'une grande beauté : elles font blanches, ont fix à fept pouces de diamètre : répandent une odeur admirable & délicieufe qui parfume l'air jufqu'à une diftance confidérable ; elles ont le calice fort long, & tubuleux, les pétales font en grand nombre, en forme de fer de lance, & difpofés fur plufieurs rangs en une belle rofette concave. C'eft grand dommage, que cette magnifique fleur ne foit ouverte que pendant la nuit, & pendant une nuit feulement. Lorfque les plantes de cette efpèce font jeunes, il n'y a fur chaque plante qu'une feule fleur à-la-fois, qui foit épanouie ; & chaque plante ne produit pas un grand nombre de fleurs pendant chaque année. Mais lorfque ces plantes font parvenues à un certain âge, & ont acquis une certaine force, chacune produit, chaque année, un grand nombre de fleurs qui fe fuccèdent pendant un certain tems ; & plufieurs de ces fleurs s'ouvrent fouvent en même-tems fur chaque plante. Miller a vu quelquefois huit ou dix fleurs épanouies, dans le même inftant, fur une

feule tige, & qui formoient, à la clarté des bougies, un des plus magnifiques fpeétacles qu'il foit poffible d'imaginer : cette fleur s'ouvre au coucher du foleil, refte épanouie pendant toute la nuit, & au lever du foleil qui termine la même nuit, elle fe ferme pour ne plus s'épanouir de nouveau. Dans nos ferres, ces fleurs paroiffent vers la fin de Juillet. Le fruit qui en provient y mûrit rarement : quand il y mûrit, il eft pendant un an entier à acquérir fa perfeétion ; de forte qu'il n'eft en bon état de maturité que vers le mois d'Août de l'année fuivante. Ce fruit eft de forme ovoïde, un peu plus gros qu'un œuf d'oie, charnu, couvert de tubercules écailleux, de couleur orangée, ou d'un brun rouge, & d'une faveur acidule fort agréable. Les femences font petites. Cette plante croît dans les bois arides.

21. CACTIER queue de fouris. Linnæus le définit ; Caétier rampant à dix angles. Cette plante, non moins intéreffante que la précédente, eft beaucoup plus petite. Les longs cylindres anguleux ou plutôt cannelés, dont elle eft compofée, font charnus, fans feuilles, de la groffeur du doigt, articulés les uns fur les autres. Ils rampent fur terre, ou grimpent comme de petits ferpens fur les plantes voifines. Les dix côtes longitudinales, qui font élevées fur la furface de ces cylindres, ont leur crête hériffée d'épines foibles, très-abondantes, difpofées par faifceaux rayonnans, dont chacun eft placé fur un petit tubercule. Les fleurs, qui naiffent chacune à la bafe d'un tel faifceau d'épines, font beaucoup plus petites, & beaucoup moins odorantes que celle de l'efpèce précédente. Néanmoins elles font peut-être encore plus intéreffantes à caufe de leur couleur plus éclatante, de leur durée plus longue, & de leur nombre beaucoup plus grand. Non-feulement chaque plante de cette efpèce produit dans le cours de chaque année, beaucoup plus de fleurs qu'aucune plante de quelqu'autre efpèce que ce foit du même genre ; mais on a encore l'avantage de voir fouvent fur chaque plante de cette efpèce, un beaucoup plus grand nombre de fleurs épanouies en même-tems qu'on n'en voit jamais fur aucune plante de toute autre efpèce du même genre. Ces fleurs font oblongues, & d'un rouge très-vif, très-beau, très-éclatant, qui attire de loin tous les regards, & tranche très-agréablement avec la couleur verte de la plante. Ces fleurs s'ouvrent pendant le jour : & chacune refte ouverte pendant trois ou quatre jours. Elles paroiffent, dans le climat de Paris, pendant la Printems & l'Eté : il en paroît fouvent dès le mois de Mai, & même auparavant lorfque le Printems eft chaud. Son fruit, quand il mûrit dans nos ferres, eft un an entier à acquérir fa maturité parfaite. On doit regarder cette efpèce comme une des plus belles plantes de ferres. L'afpeét de cette plante en fleurs eft tout-à-fait charmant.

22. CACTIER parafite. Linnæus le définit ; Cactier rempant, cylindrique, ftrié, fans épines. C'eft une plante charnue, fans feuilles, compofée de longs cylindres en forme de ferpens, articulés les uns fur les autres & rampans fur terre, ou pendans du tronc des grands arbres. Il n'y a que les anciennes tiges & branches, qui foient fans épines : les tiges & branches les plus jeunes font armées de très-petites épines difpofées en faifceaux rayonnans ; les fleurs qui naiffent fur différens points de la longueur de ces rameaux, font fort petites. Le fruit eft une baie pâle un peu plus petite qu'un pois ordinaire. Cette plante croît naturellement dans les bois.

23. CACTIER triangulaire. Linnæus le définit, Cactier rampant, triangulaire. Cette efpèce intéreffante eft une plante graffe, fans feuilles, rameufe, tortueufe, dont les tiges longues & les rameaux alongés, font compofés de prifmes triangulaires, épais, charnus, articulés les uns fur les autres, ou latéralement, ou bout-à-bout, & diftingués l'un de l'autre dans leur jeuneffe, par un étranglement profond. Le tranchant de chaque angle de ces prifmes, eft divifé dans fa longueur en crénélures diftantes les unes des autres, & fur le fommet de chacune defquelles eft un petit faifceau d'épines fort courtes. Il eft fort remarquable que, dans le pays natal de cette plante, ces prifmes ont, chacun, à peine fix à fept pouces de longueur ; & que, dans nos ferres, ils font quelquefois de plus d'un pied de long. N'eft-ce pas une forte d'étiolement, provenant de ce que l'armofphère de ces plantes eft moins humide dans leur pays natal que dans nos ferres, où leurs fibres ligneufes & corticales, font par conféquent entretenues pendant plus long-tems dans un état de confiftance molle & herbacée, qui fe prête à leur alongement pendant plus long-tems, que dans leur pays natal ? Les fleurs, qui viennent fur le fommet des angles de ces prifmes, en différens points de leur longueur, font folitaires, blanches & très-belles. Les fruits font ovoïdes de la groffeur d'un œuf d'oie, rouges en dehors & même en dedans, tuberculeux, chargés d'écailles dont le nombre varie, d'une faveur acidule fort agréable, & paffent pour les meilleurs de ceux que produifent les efpèces de Cactier. Les habitans des climats brûlans où naît cette plante trouvent ce fruit délicieux. Cette efpèce croît naturellement dans les lieux pierreux où elle jette fes racines à une grande profondeur dans les fentes des rochers. Elle n'a pas encore fleuri dans le climat de Paris, quoiqu'on en poffède des plantes très-âgées, & très-étendues. Ces plantes pouffent du milieu d'une des furfaces planes de leurs tiges fur toute leur longueur, une grande quantité de racines, qui dans le pays natal de ces plantes, s'infinuent dans les fentes des faces perpendiculaires des rochers, le long defquelles elles grimpent, & dans nos ferres, pénètrent en-

tre les pierres des murs, contre lefquels leurs tiges font attachées.

La variété, B., diffère par les fruits qui font d'un rouge violet en-dehors, blancs en-dedans, chargés d'un plus grand nombre d'écailles, & qui, quoique d'une faveur douce & bons à manger, font cependant moins agréables au goût & moins recherchés que ceux de la première variété.

*** * * *** *Plantes compofées d'articulations prolifères, ordinairement courtes, & ordinairement applaties en forme de femelles.*

Obfervation.

On dit que les pièces articulées ou articulations, qui compofent les plantes de cette fection, font *prolifères*, c'eft-à-dire, portent des enfans, parce que chacune d'elles eft diftinguée de celles qui en naiffent, par un étranglement fi extrêmement profond, que chacune de ces dernières reffemble plutôt à une plante à part, qu'à une ramification.

24. CACTIER moniliforme. Linnæus le définit ; Cactier à articulations prolifères, globuleufes, épineufes & pelotonnées. C'eft une plante graffe & fans feuilles, dont l'épiderme eft d'un verd gai ; affreufement hériffée d'épines ; compofée d'une grande quantité de globules dont chacun eft d'un pouce & demi de diamètre, & tient à trois autres, favoir un fur lequel il eft né, & deux qu'il a produits. Il y a un étranglement fi profond entre chaque globule & celui qui l'a produit, que ces deux globules paroiffent réunis l'un à l'autre, de la même manière que font réunies les perles d'un collier. C'eft de cette particularité que cette plante tire fon nom de *moniliforme*, c'eft-à-dire, en forme de collier. Chacun de ces globules eft hériffé d'une grande quantité d'épines brunes, longues & très-aigues : de forte qu'une telle plante adulte, peut être comparée affez juftement à un amas d'ourfins à longues épines. Les fleurs naiffent fur les globules les plus jeunes, & font rouges. Les fruits font d'un beau rouge, luifans, & un peu plus gros que des œufs de pigeons. Leur chair eft blanche, tendre, d'une faveur acidule & agréable. Les femences font petites & d'un jaune d'or. Cette plante croît naturellement fur les rochers voifins de la mer.

25. CACTIER en raquette. M. Lamarck affure qu'il y a un affez grand nombre de variétés de cette efpèce. Il ajoute qu'il ne juge à propos de citer que quatre de ces variétés qui lui paroiffent les plus remarquables de toutes. Ces quatre variétés qu'il comprend fous ce nom de, *Cactier en raquette*, font quatre plantes, que la plupart des Botaniftes ont regardées, jufqu'à préfent, comme quatre efpèces diftinctes, & qu'il ne regarde que comme les quatre principales variétés d'une feule efpèce, qu'il définit comme il fuit ; Caſtier à articulations , prolifères, ovales, applaties ; à épines féracées.; & à fleur jaunâtre.

Tous les Caſtiers précédens font & paroiſſent bien, d'une manière très-faillante , être fans feuilles , & n'avoir au plus que des tiges & même des rameaux. Toutes les plantes, variétés ou efpèces, que M. Lamarck comprend fous ce n.° 25, & pluſieurs des efpèces fuivantes qui ont toutes un, afpeſt au moins auſſi fingulier que les autres Caſtiers quelconques, paroiſſent au contraire n'avoir ni tiges, ni branches & n'être compofées que de feuilles nées les unes des autres.

La principale variété de cette efpèce, n.° 25, eſt, fuivant M. Lamarck, la plante nommée *Caſtus Opuntia*, par Linnæus, qui la regarde comme une efpèce particulière, & la définit; Caſtier lâche, à articulations prolifères, ovales, & à épines féracées. C'eſt un arbriſſeau qui s'élève à fix on huit pieds de hauteur. Chacune des pièces applaties, qui compofent, par leur enfemble, la tige & les ramifications de cet arbriſſeau reſſemble à une ample feuille charnue, verte, ferme, de forme ovale renverfée plus ou oblongue, à bords arrondis, & dont la bafe fouvent atténuée prefqu'en forme de pétiole, paroît implantée & fichée, plutôt par art que par nature, dans une autre feuille pareille. Chaque telle feuille donne naiſſance à une ou pluſieurs feuilles pareilles qui paroiſſent de même, fichées fur elles. Les feuilles quelconques de toutes les autres plantes fruticantes , font bien éloignées de vivre auſſi long-tems que les plantes qui les ont produites : mais les manières de feuilles dont il eſt ici queſtion, ne tombe jamais que par accident, elles vivent naturellement autant que la plante qui les a produites : & la raifon en eſt bien fimple, c'eſt qu'elles ne font pas de vraies feuilles, elles n'en ont que l'apparence & font vraiment des portions de tiges & de branches. Ces portions de tiges & de branches acquièrent chacune, jufqu'à un pied de longueur & huit pouces de largeur. Elles n'ont d'abord que très-peu d'épaiſſeur, relativement à l'étendue de leur largeur ; & c'eſt ce qui leur donne l'apparence de feuilles. Mais à mefure qu'elles avancent en âge, l'accroiſſement de cette épaiſſeur fe fait en proportion beaucoup plus confidérable que celui de leur largeur ; les étranglemens qui diftinguent ces portions les unes des autres, fe rempliſſent auſſi à mefure & en proportion égale à cet accroiſſement d'épaiſſeur; de forte que lorfque cet arbriſſeau eſt vieux, les plus anciennes de ces manières de feuilles forment enfin, par leur enfemble, un tronc parfaitement cylindrique, fur lequel on ne voit plus aucune trace ni de leur applatiſſement primitif, ni de ces étranglemens. Alors ce tronc, ordinairement court, eſt devenu de couleur grifâtre. On a comparé avec quelque jufteſſe, la forme que ces manières de feuilles ou ces articulations ont, pendant la

première année de leur exiſtence, à la forme des raquettes ; & c'eſt de cette comparaifon que cette efpèce tire fon nom. Ces articulations font chargées de faifceaux d'épines, difpofés en quinconce fur les deux furfaces larges de chacune. Dès le commencement de l'exiſtence de ces articulations, on voit fur leur furface, à la bafe de chaque faifceau d'épines, une petite papille charnue, cylindrique, pointue, de pluſieurs lignes de longueur, & de moins d'une ligne de diamètre. Ces papilles ne fubfiftent pas plus d'un mois ou deux: ce font les véritables feuilles de cette plante; ou plutôt ce ne font que des rudimens de vraies feuilles. Cette plante fleurit dans notre climat en Juillet & Août. Les fleurs, qui naiſſent des articulations fupérieures, font jaunâtres, ont environ dix pétales ovales renverfés & terminés en pointe par la bafe; elles ont beaucoup d'étamines qui, lorfqu'on les touche, s'agitent d'elles-mêmes d'une manière particulière, comme fi elles étoient fenfibles à ce toucher, & comme fi elles jouiſſoient de la faculté de fe mouvoir volontairement. Le fruit eſt de la forme & de la grandeur d'une figue, épineux en fa furface, & d'une couleur rouge foncée extérieurement. La pulpe de ce fruit eſt rouge, fucculente & douceâtre. Ce fruit ne mûrit, dans le climat de Paris, que lors des années très-chaudes. Cette plante croît naturellement parmi les rochers. Ses branches fe foutiennent moins bien que celles des variétés B. & C. fuivantes ; les plus baſſes pendent vers la terre, qu'elles touchent, & fur laquelle elles s'enracinent, de diftance en diftance ; de forte qu'en peu de tems une feule plante s'empare d'un terrein confidérable.

La variété B., ou le Caſtier en raquette, à longues articulations, eſt une plante que Linnæus regarde comme une efpèce particulière qu'il nomme *Caſtus Ficus indica*, & qu'il définit; Caſtier à articulations prolifères ovales. Cette variété fe diftingue principalement, parce que fes articulations, qui reſſemblent auſſi à des feuilles en forme de raquette, font beaucoup plus oblongues que celles des autres variétés ou efpèces. C'eſt par cette raifon qu'on la nomme, la *Raquette à feuilles oblongues*; quoique ces articulations ne foient pas réellement des feuilles. Miller dit que les fleurs de cette variété ou efpèce, font d'un pourpre foncé, & font plus larges que celles de la plante précédente. Cet arbriſſeau eſt plus grand dans toutes fes parties que le précédent.

La variété C., ou le Caſtier en raquette, à longues épines, eſt auſſi regardée par Linnæus comme une efpèce particulière. Il la nomme *Caſtus Tuna*, & la définit; Caſtier à articulations prolifères, ovales oblongues, & à épines en alène. La plus grande différence de cet arbriſſeau d'avec les deux précédens, confifte dans

dans la plus grande longueur de ses épines. Il est aussi plus grand dans toutes ses parties que les deux précédens. Il fleurit à la fin de Septembre ou au commencement d'Octobre. Suivant M. Gouan, il donne des fruits mûrs tous les ans, dans le climat de Montpellier. Suivant Thiéry de Ménonville, ce fruit est de couleur verte & rouge en – dehors, de la grosseur d'un petit œuf, en forme de figue, rempli d'une pulpe pourpre, dont la saveur est peu relevée.

La variété D, ou le Cactier en raquette nain, a aussi été regardée jusqu'à présent par les Botanistes comme une espèce particulière. C'est un arbuste qui ne s'élève guère qu'à un demi-pied au-dessus de terre, & rarement davantage. Il est beaucoup plus petit dans toutes ses parties que les trois plantes précédentes. Les articulations très-applaties en forme de feuilles qui le composent, n'ont que deux ou trois pouces de largeur, & sont presque orbiculaires. C'est pour cette raison qu'on l'a nommé *petite Raquette à feuilles arrondies*. Cette plante est très-peu épineuse: lorsque ses rameaux acquièrent de la longueur, ils se penchent vers la terre, qu'ils touchent, & sur laquelle ils s'enracinent de distance en distance. Un seul de ces arbustes peut ainsi s'emparer, en peu de tems, d'un espace de terrein considérable. La fleur de cet arbuste est jaune. Il fleurit souvent à Paris.

26. CACTIER à cochenilles. M. Lamarck le définit; Cactier à articulations prolifères, ovales, oblongues, comprimées, presque sans aucunes épines, & à fleurs de couleur de sang. Cette plante a beaucoup de rapport avec les quatre plantes précédentes. Elle paroît aussi être sans tiges ni branches, & n'être composés que de feuilles nées les unes des autres. C'est aussi un arbrisseau: il est d'un verd tendre; il s'élève au moins aussi haut que la plus grande des quatre plantes précédentes. Les articulations ou pièces applaties en manière de feuilles grasses qui composent, par leur réunion, sa tige & ses ramifications, sont longues d'un pied, sur cinq à six pouces de largeur, & sont d'une épaisseur qui est double de celle des articulations les plus épaisses d'aucune des quatre plantes précédentes. Cette plante est presqu'entièrement dépourvue d'épines, ou n'en a que de fort petites qui sont molles & innocentes. Les fleurs sont petites & d'un rouge de sang; ont les pétales connivents, les étamines d'un rouge vif plus longues que les pétales. Aucune des quatre plantes précédentes n'a ce dernier caractère. Le pistile est de couleur incarnate, terminé par un stigmate jaune-verdâtre, divisé en huit rayons. Ces fleurs paroissent dans nos serres vers la fin de Septembre; le fruit n'y mûrit pas.

Suivant Thiéry de Ménonville, il est très-douteux, quoiqu'en aient dit les Botanistes, que l'espèce décrite ici soit vraiment la même plante que le Cactier que l'on cultive en grand au Mexique, pour l'éducation de la cochenille fine. Une des principales raisons de douter de cette identité, c'est que les Auteurs assurent que l'espèce décrite ici naît naturellement, non-seulement au Mexique, mais encore à la Jamaïque & en d'autres régions de l'Amérique méridionale; pendant que, d'après le résultat de ses recherches faites au Mexique, il y a tout lieu à présumer que le Cactier sur lequel on élève la cochenille fine en grand au Mexique, est une plante dont on ignore le pays natal, & qui ne croît pas naturellement même au Mexique. *Voyez* CACTIER NOPAL, n.° 39; ci-après.

27. CACTIER de Curaçao. Linnæus le définit; Cactier à articulations prolifères, cylindrico-ventrues & comprimées. Le port de cette plante a du rapport avec des plantes comprises sous les deux numéros précédens; mais les pièces qui composent, par leur réunion, sa tige & ses rameaux, ressemblent moins à des feuilles; elles sont presque cylindriques, un peu comprimées sur les côtés, & renflées au milieu de leur longueur; ses tiges & branches qui sont ordinairement longues d'un, deux ou trois pieds, sont foibles & incapables de se soutenir sans appui. Cette arbuste est hérissé d'une très-grande quantité d'épines blanches, très-aigues & très-fines & en faisceaux, qui, lorsqu'on les touche, adhèrent très-facilement aux doigts, en quittant la plante. Cette espèce fleurit très-rarement en Europe. Bradley dit qu'elle a produit une seule fois à sa connoissance, des fleurs couleurs de soufre, en Juin, & que le fruit qui a succédé à ces fleurs, n'est pas parvenu à maturité. Les Voyageurs qui ont apporté cette plante en Europe, disent qu'elle fleurit très-rarement dans son pays natal, & qu'ils n'en ont jamais vu la fleur ni le fruit.

28. CACTIER cruciforme. M. Lamarck le définit; Cactier presque droit, comprimé, à articulations disposées en croix, à longues épines jaunes, très – nombreuses. Le port de cette espèce a quelque rapport avec celui de l'espèce n.° 19, ci-dessus. Il en diffère principalement en ce que la plante du présent n.° se soutient beaucoup moins bien, & que ses tiges & branches ne sont ni cannelées, ni anguleuses, mais comprimées. C'est un arbrisseau charnu, sans feuilles, qui s'élève de trois ou cinq pieds, & qui est très – rameux au sommet. Ses rameaux sont composés de pièces oblongues, très-comprimées, & articulées les unes sur les autres de telle manière, qu'elles forment les unes avec les autres des angles à-peu-près droits, & sont disposées en manière de croix. Les épines dont cette

plante eſt extrêmement hériſſée, ſont extrêmement fines, & ſont diſpoſées en faiſceaux, dont
chacun naît d'un petit tubercule, & eſt compoſé de deux ſortes d'épines, ſavoir: inférieurement d'un petit-nombre d'épines longues &
rayonnantes, & ſupérieurement d'un grand nombre de très-petites épines ſerrés les unes contre
les autres comme les poils d'un pinceau.

29. CACTIER à feuilles de Scolopendre. Linnæus le définit; Cactier à articulations prolifères, comprimées, en forme de lames d'épées, &
bordées de grandes crénelures arrondies. Le port
très-particulier de cette eſpèce la fait diſtinguer
au premier coup-d'œil de toutes les autres eſpèces de ce genre. C'eſt un petit arbriſſeaux,
charnu, ſans feuilles, qui ſemble n'être compoſé
que de feuilles charnues, aſſez longues, extrêmement applaties, dont la forme approche, en
quelque ſorte, de celle des feuilles de la Scolopendre, (*Aſplenium Scolopendrium*. L.), qui
ſont articulées les unes ſur les autres, & un peu
fortifiées par une groſſe nervure cylindrique,
longitudinale, placée dans le milieu de leur
largeur. Les ramifications, que forment ces articulations, ſont néanmoins très-foibles, & ſe
ſoutiennent fort mal. Elles ont deux à quatre
pieds de longueur. J'ai déja dit que les fleurs
naiſſent ſur les crénelures dont ces manières
de feuilles ſont bordées, & que chaque crénelure
ne produit pas plus d'une fleur. Ces fleurs naiſſent au ſommet des ramifications. Elles ſont
blanchâtres & remarquables par leur tube cali-
cinal qui, ſuivant Dillen, a juſqu'à un pied de
longueur, eſt grêle, courbé & écailleux. Le fruit
eſt mangeable: il eſt d'un rouge vif qui devient plus foncé, lors de la parfaite maturité:
il eſt à huit côtes ſaillantes; chargé de quelques
tubercules écailleux: ſa pulpe eſt blanche; &
les ſemences ſont noires. Les boutons à fleurs
commencent à paroître dans nos ſerres en Août
& en Septembre. La fleur s'ouvre au coucher
du Soleil, reſte épanouie pendant toute la nuit,
& au lever du Soleil qui termine la même
nuit, elle ſe ferme pour ne plus s'épanouir de
nouveau. L'odeur des fleurs approche celle du
Benjoin. Les fruits mûriſſent rarement dans nos
ſerres. Cette plante croît naturellement dans
les terreins ſecs & ſablonneux, tant dans les
forêts qu'en plaine, & dans les lieux les plus
découverts.

**** *Plantes garnies de véritables feuilles.*

30. CACTIER à fruits feuillés. Linnæus le
définit; Cactier à tige cylindrique, arborée; à
aiguillons doubles, courbés en ſe dirigeant vers
le bas; à feuilles en fer de lance, un peu
ovales. Le port de ce Cactier & du ſuivant n'a
aucun rapport avec celui d'aucune des eſpèces

précédentes. Outre qu'ils ont des vraies feuilles,
ils ont encore des tiges & des branches ſemblables à celles des arbres & arbriſſeaux des
autres familles de plantes. Ainſi, leur port ſe
rapproche de celui des autres arbres de l'univers.
Ce ſont cependant auſſi des plantes graſſes,
c'eſt-à-dire, organiſées de manière à réſiſter,
ſans périr, à de très-longues ſéchereſſes, &c.
La préſente eſpèce eſt un arbriſſeau épineux,
toujours verd; ſon feuillage eſt très-peu touffu;
ſes rameaux ſont longs, plians, ſarmenteux.
Les deux aiguillons qui naiſſent à chaque nœud,
reſſemblent à ceux des Ronces. Les feuilles ſont
charnues, alternes, retrécies en pétiole à leur
baſe, vertes, liſſes, & de la grandeur de celle du
Pourpier. Le bas de la tige eſt hériſſé d'épines
longues, roides & en faiſceaux. J'ai déja dit
que ce Cactier eſt *monoïque*, c'eſt-à-dire, que
ſes fleurs ne ſont pas hermaphrodites, & qu'il
porte, ſur chaque pied, des fleurs mâles & des
fleurs femelles: cette obſervation eſt de Plumier.
Nous avons auſſi dit que ſes pétales ſont nombreux; les extérieures en forme de crins, & les
intérieures ovales: c'eſt une obſervation faite
par M. de Juſſieu, ſur un échantillon ſec,
rapporté du Pérou. Ces fleurs ſont blanches &
fort odorantes; elles naiſſent pluſieurs enſemble
dans les aiſſelles des feuilles, ſur des pédoncules communs & courts. Les fruits ſont des
baies globuleuſes, d'un jaune pâle, dont la
ſurface eſt garnie de feuilles; ils ſont un peu
plus gros que des noiſettes, & d'une acidité
très-agréable. Chaque baie contient ordinairement
trois ſemences noires ou brunes, comprimées &
luiſantes. Commelin eſt le premier qui ait fait
mention de cette plante qu'il a obtenue par le
moyen de ſemences qui lui ſont parvenues en
1690. Cette plante parvient à la hauteur de
ſept ou huit pieds. Celles qui ſont vieilles, ont
des rameaux fort longs, foibles & pendans
comme les Ronces. Elle n'a pas fleuri en Europe,
quoiqu'elle y végète très-vigoureuſement.

31. CACTIER à feuilles de Pourpier. Linnæus
le définit; Cactier à tige cylindrique, arborée,
épineuſe; à feuille en forme de coin, &
ayant le ſommet très-obtus, & preſque échancré en cœur. C'eſt un petit arbre qui eſt de la
grandeur & de l'étendue de nos Pommiers ordinaires, & qui a de vraies feuilles. C'eſt une
plante graſſe; ſon tronc eſt de la groſſeur de la
cuiſſe; ſon bois eſt pâle & ſolide; ſon écorce
eſt noirâtre; ſes branches ſont étalées; ſes feuilles
ſont charnues, alternes, de la grandeur & de
la conſiſtance de celles du pourpier. Tant que
cet arbre pouſſe vigoureuſement, il produit à la
baſe de chaque feuille un faiſceau d'épines
noirâtres & perſiſtantes. Quand la vigueur de
ſa végétation diminue juſqu'à un certain point,
il ne produit plus à la baſe de chaque feuille,
qu'une ſeule épine, qui eſt plus longue que

celles qui sont en faisceau. Les fleurs naissent au sommet des rameaux ; sont purpurines, assez semblables, pour l'aspect, à celles du Rosier des haies, (*Rosa canina*. L.). Elles ont environ un pouce de diamètre, & leurs pétales sont arrondis. Il paroît probable que c'est aussi une plante monoïque ; car on a observé qu'une partie des fleurs est stérile, & l'autre fertile. Les fruits sont globuleux, d'environ trois pouces de diamètre, verdâtres, terminés en forme de nombril. Leur pulpe est blanchâtre, mucilagineuse & acide. Les semences sont nombreuses & noirâtres. Cette plante croît naturellement dans les lieux incultes.

Espèces ou variétés moins connues.

** *Plantes droites, ressemblantes en quelque sorte à des cierges.*

32. CACTIER des tables. *Cactus mensarum. Cactus erectus, polygonus, ramosus; fructu inermi squammoso, extùs pullo, intùs rubro.*

Thiéry de Ménonville, dans la relation de son voyage à Guaxaca, après avoir décrit le Cactier polygone, comme j'en ai fait mention ci-dessus, n.° 15, décrit cet autre Cactier-ci qu'il dit être d'un port fort approchant de ce Cactier poligone, & être aussi cannelé, c'est-à-dire, avoir un aussi grand nombre d'angles, mais être moins gros, moins haut, moins diffus, moins rameux, moins épineux, & d'un verd plus sombre. Suivant lui, les fleurs de ce Cactier-ci sont de couleur vive de cerise ; le fruit est de la grosseur d'un petit œuf, brun extérieurement ; sa pulpe est cramoisie, d'un goût acide, parfumé, fort agréable. Il n'y a pas, dit cet Auteur, de fruit plus délicieux dans les contrées de Guaxaca & de Théguacan ; & ce fruit feroit honneur aux tables de France. Il n'est aucunement armé de soies piquantes, ni d'épines comme le sont les fruits des autres espèces. Il porte seulement quelques folioles écailleuses sur sa surface. Cet arbre est très-commun dans ces contrées : il y croît naturellement dans les lieux arides. Son fruit y est généralement très-recherché par les Naturels du pays, qui en vivent. Il y est connu par-tout sous le nom de *Pitahiaha.*

33. CACTIER Orange. *Cactus aurantiiformis. Cactus erectus; poligonus, ramosus, fructu sphærico, aureo.*

Thiéry de Ménonville a observé cette espèce à Saint-Domingue, dans la plaine du *Cul-de-sac.* Ce Cactier a le port du précédent. Il est un de ceux nommés, Torches, par les Colons. La fleur est blanche. Le fruit est d'un jaune d'or, de la grosseur & de la forme d'une Orange, rempli d'une pulpe blanche assez insipide, mais très-fraiche, & par conséquent très-agréable aux Voyageurs brûlés &

altérés. Dans cette pulpe est noyée une innombrable quantité de semences noires.

**** *Plantes composées d'articulations prolifères, courtes, larges, & applaties en forme de semelles.*

Le port & la forme de toutes les espèces suivantes, ont beaucoup de rapport avec celui du Cactier en raquette, n.° 25, & du Cactier à cochenille, n.° 26. M. Thiéry de Ménonville qui les a observées dans leur pays natal, & cultivées à Saint-Domingue, pense qu'elles ne sont pas des variétés de ces deux espèces n.°s 25 & 26 ; mais que, malgré les grands rapports qu'elles ont, soit avec ces n.°s 25 & 26, soit entr'elles, ce sont autant d'espèces distinctes.

34. CACTIER Patte de tortue. *Cactus testudinis Crus. Cactus articulato prolifer, articulis, oblongis, compréssis, flexuosis; arboreus; spinis numerosissimis, maximis, albis; fructu sphærico, virente.*

Thiéry de Ménonville dit que cette plante végète avec tant de vigueur, qu'une de ses articulations étant tombée, par hasard, sur terre, auprès de la haie d'un Jardin, non-seulement s'y étoit enracinée d'elle-même, mais avoit encore, dans le cours de la première année, acquis dix pieds de hauteur, & produit plus de trente articulations. Il ajoute qu'une seule articulation, étant plantée, parvient, en trois ou quatre années, à la grandeur d'un arbre formé. Suivant cet Auteur, cette plante est armée d'épines épouvantables, de couleur blanche, plus longues & plus nombreuses que celles d'aucune des plantes mentionnées sous le n.° 25 ci-dessus. Les articulations applaties en manière de semelles ou de larges feuilles charnues, comme implantées ou fichées les unes dans les autres par leur base retrécie presqu'en forme de pétiole, qui composent sa tige & ses branches, sont oblongues, fléchies en différens sens, & situées perpendiculairement les unes sur les autres. Le même Auteur dit que les Colons de Saint-Domingue ont trouvé que cette situation perpendiculaire rendoit ces articulations, surtout les plus nouvelles, comparables en quelque sorte aux pattes de tortue, lesquelles, lorsque cet animal marche, sont en effet situées perpendiculairement à la longueur, & à la largeur de son écaille; & que c'est de cette comparaison que cette plante tire son nom vulgaire de *Patte de tortue.* Suivant le même, l'épiderme de cette plante est tuberculeux, les fleurs sont de couleur aurore. Le fruit est rond, de la forme & de la grosseur d'une pomme d'apis, d'un verd clair, avec une écorce coriacée. La pulpe est d'un blanc grisâtre, d'un acide peu agréable au goût. Cette plante croît naturellement dans les lieux stériles & arides de Saint-Domingue, & notamment au Môle-Saint-

Nicolas, & dans la plaine du Cul-de-fac. Le même Auteur a découvert que la cochenille filveftre habite naturellement fur cette plante, en ces deux endroits.

35. Cactier jaune. *Cactus luteus. Cactus articulato prolifer: articulis, compreffis, ovatis; arboreus, fubinermis; flore & fructu luteis; petalis patentibus.*

Suivant Thiéry de Ménonville, cette efpèce eft une des plus belles de celles à articulations comprimées: fa végétation eft très-vigoureufe; elle s'élève promptement en arbre: les articulations applaties en manière de femelles ou de larges feuilles charnues, retrécies à la bafe prefqu'en forme de pétioles, qui en compofent la tige & les branches, font de forme ovée & fort amples. C'eft une plante très-peu épineufe; fes boutons qu'il nomme gemmes, n'étant rarement armés que de leurs foies, & d'une ou deux ou trois épines courtes. Ses fleurs font à pétales ouverts & jaune de paille. Son fruit eft jaune, de la forme d'un œuf. Sa pulpe eft d'une faveur affez agréable. Cette efpèce eft plus grande dans toutes fes parties que la fuivante. Le même Auteur a découvert & éprouvé que cette efpèce peut être employée très-utilement pour l'éducation de la cochenille fylveftre.

36. Cactier de Campêche. *Cactus campechianus. Cactus articulato prolifer, articulis, compreffis, oblongis; arboreus, fubinermis; flore & fructu rubris; ftylo ftaminibus & petalis longiore; petalis conniventibus.*

Suivant Thiéry de Ménonville, cette plante s'accroît en arbre & eft très-peu épineufe. Les articulations applaties en manière de femelles ou de larges feuilles charnues retrécies à la bafe prefqu'en forme de pétioles, qui compofent fa tige & fes branches, font oblongues, ayant depuis fix jufqu'à quinze pieds de hauteur, & depuis trois jufqu'à neuf pouces de largeur; elles n'ont qu'une ou deux épines à chaque bouton ou gemme. La furface des articulations adultes eft fort liffe, d'un verd fombre & très-luifant: celle des articulations plus jeunes eft d'un verd clair. Les pétales des fleurs font connivens, & d'un rouge pourpre très-vif. Le piftil eft terminé par un ftigmate de couleur de foufre, fendu en fix pièces & plus longs que les étamines & les pétales. Le fruit eft de la groffeur d'un œuf de pigeon & tronqué au fommet: il eft de couleur de fang: fa pulpe eft de même couleur & d'une faveur peu relevée. Il eft armé comme beaucoup d'autres fruits de ce genre, de foies piquantes qui défolent quand on les touche. Les plantes de cette efpèce font moins hautes & moins vaftes que celles de la précédente. Thiéry de Ménonville a découvert & éprouvé que cette efpèce préfente peut être employée

utilement à Saint-Domingue, pour l'éducation de la cochenille filveftre, & qu'elle peut nourrir une petite quantité de cochenille fine.

37. Cactier filveftre. *Cactus filveftris. Cactus articulato prolifer, articulis, compreffis; fpinofiffimus; flore & fructu rubris; petalis patentibus.*

Suivant Thiéry de Ménonville, les plantes de cette efpèce ne s'élèvent pas en arbre comme les trois précédentes, & ne forment que de gros buiffons qui ne s'élèvent pas au-deffus de dix-huit ou vingt pieds de hauteur. Les articulations applaties en manière de femelles ou de larges feuilles charnues, retrécies à la bafe prefqu'en forme de pétiole, qui compofent la tige & les branches de cette plante, font d'un verd blanchâtre ou jaunâtre; ont dix ou quinze pouces de longueur, fur fept ou dix pouces de largeur. Tous les boutons ou gemmes font armés chacun d'un faifceau de douze ou quinze épines très-poignantes, blanches. Toutes ces épines s'entrecroifent & s'entrelacent les unes dans les autres, de manière qu'elles vous empêchent abfolument de porter le doigt fur la furface des articulations. Les fleurs font rouges, & leurs pétales font très-ouverts. Le fruit qui leur fuccède eft gros comme une noix, de couleur de fang. Cette plante croît naturellement dans les terres arides de l'intérieur du Mexique. Elle y eft la plante la plus nombreufe depuis Théguacan, jufqu'à Guaxaca. Thiéry de Ménonville a découvert que la cochenille filveftre habite naturellement fur cette plante, & que cet infecte la préfère à toutes les autres plantes non cultivées. Elle s'y trouve en telle abondance, qu'elle en fait périr continuellement quantité d'articulations, qui tombent enfin en pourriture avec les infectes dont elles font couvertes. Cet Auteur penfe que c'eft par cette raifon que cette efpèce ne s'élève pas en arbre comme les trois efpèces précédentes, vu que l'infecte attaquant préférablement, & détruifant les articulations fupérieures, il empêche ainfi la plante de s'élever, & la force de s'étendre en buiffon. Il penfe auffi que la couleur blanchâtre ou jaunâtre du verd de cette plante, eft une fuite naturelle de l'état d'épuifement dans lequel cet infecte la met & la maintient conftamment.

38. Cactier fplendide. *Cactus fplendidus. Cactus articulato prolifer, arboreus, maximus; articulis, ampliffimis, oblongis, glaucis, ante quartanos natis fpinofis, poft tertarios fubinermibus; fpinis rigidis & pungentibus. An fequentis varietas?*

Suivant Thiéry de Ménonville, cette efpèce eft très-grande; les articulations, qui compofent fa tige & fes ramifications, font comprimées en forme de femelles ou de larges feuilles charnues, qui paroiffent implantées ou fichées les unes dans les autres, par leurs bafes retrécies prefqu'en forme de pétiole. Elles font nombreufes, & ont jufqu'à trente pouces de longueur, fur douze ou quinze & même vingt pouces de largeur. Elles font arrondies en forme des tilles de Pourpier. Elles font d'un vert glauque, damaffé, très-beau & très-gai. Sur celles de fix mois ou d'un an; cette couleur glauque eft une forte de nuage que le doigt efface en la touchant légèrement; comme le nuage qu'on obferve fur les prunes, qu'on nomme vulgairement la fleur de ces fruits : mais fur les articulations plus âgées, cette même couleur glauque devient adhérente & perfiftante; de forte que le toucher ne peut plus l'effacer. Cette belle couleur, jointe à la grandeur confidérable de cette plante, à la vigueur, la vivacité, & la richeffe de fa végétation; à la grande quantité & à l'amplitude de fes articulations, lui donne, dit Thiéry, un port, on ne peut pas plus *fplendide*. Aucun terme, ajoute-t-il, ne peut mieux correfpondre à la magnificence de cette plante. C'eft de beaucoup le plus beau & le plus grand des Cactiers à articulations comprimées. En plantant une feule articulation, on en obtient, en peu d'années, un grand arbre. Quelques-uns des boutons ou gemmes des articulations font armés chacun de deux ou trois épines, de grandeur inégale entre elles, & qui font très-aigues & poignantes : le plus grand nombre des gemmes eft fans épines; toutes les gemmes font garnies de foies rouffes, qui forment le fommet de ces gemmes. Ces foies font très-piquantes & très-incommodes; quand on touche la plante, elles entrent très-aifément dans les doigts & les mains; & comme elles font crénelées à rebours, elles s'infinuent d'elles-mêmes à chaque mouvement, toujours de plus en plus profondément : fi l'on néglige une telle piquure, la partie bleffée, tombe en fuppuration, après avoir fait fouffrir pendant un certain tems. On prévient cet accident en frottant légèrement la partie bleffée avec du fuif. Par ce moyen là, la démangeaifon, ainfi que la douleur, ceffent, & la fuppuration ne furvient pas. Les épines font plus nombreufes & plus fortes fur le tronc, & les branches les plus anciennes que fur les autres ; parce que les articulations nées après la troifième année de l'âge de ces plantes, ne produifent prefque point d'épines; chacune étant, depuis cette époque, rarement armée de plus d'une ou de deux épines courtes, & étant même fouvent fans aucune épine. Les Efpagnols du Mexique font un très-grand cas de cette plante. Thiéry dit que c'eft par cette raifon qu'ils l'ont nommée vulgairement, *Nopal de Caftille*; parce que la haute idée que ce Peuple fier a de fon pays originaire, l'a habitué à donner cette dénomination à tout ce qu'il regarde comme excellent. Le même Auteur a entendu dire que le fruit de ce Cactier eft

délicieux; mais il n'a jamais vu ni ce fruit, ni la fleur qui doit le précéder. Il a rapporté cette plante du Mexique à Saint-Domingue, & c'eft un des plus beaux préfens dont ce zélé Citoyen ait enrichi cette Colonie Françoife : car cette plante eft encore plus précieufe que belle. Il a découvert & s'eft bien convaincu, par des épreuves & des expériences coucluantes faites pendant trois années confécutives que ce Cactier eft auffi propre que le Cactier Nopal, n.° 39, ci-après, pour l'éducation, tant de la cochenille fine que de la cochenille filveftre. Cette efpèce eft cultivée avec foin au Mexique, à caufe de la bonté de fon fruit feulement, mais elle n'y croît pas naturellement. On ne connoît pas fon pays natal. Thiéry a-t-il raifon d'affurer que cette plante n'eft pas une variété de la fuivante?

39. CACTIER Nopal. *Cactus Nopal. Cactus articulato prolifer, arboreus ; articulis, compreffis, ovato oblongis, lævillimis, viridibus, ante quartanos natis fpinofis, poft tertiarios fubinermibus; fpinis rgidis & pungentibus. An præcedentis varietas?*

Suivant Thiéry de Ménonville, cette plante s'élève en arbre. Les articulations qui compofent fa tige, & les ramifications font comprimées en forme de femelles ou de larges feuilles charnues, retrécies, à leur bafe, prefqu'en forme de pétiole. elles font ovales, oblongues; ont jufqu'à dix-huit pouces de longueur, fur neuf pouces de largeur, & un pouce & demi d'épaiffeur. Leur furface eft très-douce au toucher, & comme très-finement veloutée, lorfqu'elles font âgées d'un an ou de fix mois feulement : Celles qui font adultes, font d'un verd fombre; les jeunes font d'un verd clair & luifant. Tout ce que j'ai dit des épines & des foies de la plante précédente, convient également à celle-ci. Toute épine, qui exifte fur cette plante ou fur la précédente, eft conftamment très-roide & très-piquante. Les plus grandes épines de la préfente plante ont au plus un pouce de longueur. Thiéry n'a pas vu la fleur ni le fruit de cette plante : il a feulement entendu dire à ceux qui la cultivent au Mexique, que fa fleur eft pourpre. Il s'eft bien affuré, par fes recherches, informations, & obfervations faites au Mexique, tant à Guaxaca, qu'aux environs de cette Ville, que c'eft fur cette plante feule que l'on y élève la cochenille fine, & que c'eft cette même plante qui y fert feule auffi pour l'éducation de la cochenille filveftre. Ce citoyen zélé a tranfporté cette plante précieufe du Mexique à Saint-Domingue, & en a enrichi cette Colonie françoife. Ces mêmes recherches, informations & obfervations faites par lui pendant fon féjour au Mexique, lui donnent lieu de préfumer que cette plante n'y croît pas naturellement. Cette circonftance, jointe à ce

que les épines que porte cette plante sont toutes, sans exception, très-roides & très-piquantes; lui fait croire que cette plante n'a pas été
connue par les Botanistes, qui en ont traité
avant lui, puisque la plante qu'ils ont décrite
comme étant celle sur laquelle on élève la cohenille
fine, n'est, suivant eux, armée que de quelques
épines molles & innocentes, & croît naturellement,
encore suivant eux, non-seulement au Mexique,
mais encore à la Jamaïque & en plusieurs autres
endroits de l'Amérique.

Le CACTIER Nopal est cultivé au Mexique
depuis un tems immémorial. On n'est pas dans
l'usage de l'y multiplier autrement que par boutures. Thiéry soupçonne que ce Cactier est une
variété de quelqu'espèce inconnue qui aura été
modifiée par l'influence de cette antique culture:
& qu'il n'existe pas dans la nature tel qu'on le
voit maintenant au Mexique. Il s'est assuré par
des expériences concluantes, qu'aucune plante
n'est aussi avantageuse que le Cactier Nopal, non-
seulement pour l'éducation de la cochenille fine,
mais encore pour l'éducation de la cochenille
silvestre; excepté le Cactier splendide qui est
aussi avantageux à tous égards.

Je suis très-porté à croire, quoiqu'en dise cet
Auteur, que le Cactier Nopal & le Cactier splendide ne font pas deux espèces distinctes, mais
font seulement deux variétés d'une seule &
même espèce.

Observation.

Linnæus se plaignoit que l'histoire des espèces
de Cactiers droits étoit encore bien obscure &
bien imparfaite, & invitoit les voyageurs à des
observations ultérieures. On peut encore en
dire autant de toutes les sections de ce genre. Il
y a encore dans l'Amérique méridionale un grand
nombre de Cactiers sur lesquels on n'a que des récits
trop vagues. Thiéry de Ménonville dit avoir
remarqué, dans l'intérieur du Mexique seulement,
depuis Vera-Crux jusqu'à Guaxaca, plus de trente
espèces de Cactiers, de la seule section de ceux
qui font composés d'articulations comprimées
en forme de semelles, qui n'ont encore été décrites
par aucun Auteur, & qu'il regrette bien de n'avoir
pas eu le tems de décrire. Sans compter toutes
celles des autres sections de ce genre qu'il a aussi
remarquées & encore moins pu décrire, puisqu'elles
avoient un rapport plus éloigné au principal objet
de ses recherches méritoires.

Culture des Cactiers en Amérique.

*De la culture du Cactier Nopal; de l'éducation de
la cochenille, tant fine que silvestre, sur ce Cactier
au Mexique, & dans nos Colonies; & de la culture
des autres Cactiers sur lesquels on peut élever
utilement ces deux insectes.*

La plus grande partie de ce que je vais dire, &
de ce que j'ai déja dit de ces insectes & des Cactiers

qui les concernent, est extrait du livre dont j'ai déjà
dit un mot, & qui a pour titre; *Traité de la culture
du Nopal & de l'éducation de la cochenille, dans les
colonies Françoises de l'Amérique, précédé d'un voyage à Guaxaca, par M. Thiéry de Ménonville, Avocat
en Parlement, Botaniste de Sa Majesté Très-Chrétienne; auquel on a joint une préface, des notes
& des observations relatives à la Culture de la
cochenille: le tout recueilli & publié par le Cercle
des Philadelphes, établi au Cap-François, Isle &
côte de Saint-Domingue. Au Cap - François, à
Paris, & à Bordeaux, in-8.° 1786; & 1787 avec
un supplément.*

Historique.

Lors de la conquête du Mexique par les Espagnols, les Mexicains cultivoient la cochenille
depuis un tems immémorial. Les Espagnols frappés de la beauté des teintures, que les Mexicains
obtenoient de cette production, pressentirent d'a-
bord les avantages qu'ils en pourroient retirer. Ils
se sont donc appliqués dès-lors, & ont continué,
jusqu'à présent, à conserver, & à étendre la culture de cette production. Et depuis ce tems jusqu'à présent, ils sont seuls en possession, d'en
vendre aux autres nations, à Cadix, annulle-
ment, pour une somme d'environ huit millions,
argent de France.

Le Gouvernement François voit avec peine,
depuis long-tems, sortir de France chaque année,
plusieurs millions de numéraire pour l'acquisition
de cette matière. Elle est devenue nécessaire à
nos manufactures qui excellent dans l'art de l'employer pour en faire les superbes teintures écarlate, cramoisie, &c. dont elle fait la base. Il a
donc fait, en divers tems, depuis plus de cent
ans, plusieurs tentatives pour tâcher de trouver
s'il n'y auroit pas quelque moyen possible d'introduire la culture de cette production dans nos
Colonies de l'Amérique: & d'augmenter leurs richesses par l'addition de cette fertile branche de
commerce. Il a invité, incité, engagé, les Gouver-
neurs de ces Colonies, & les Savans à y faire des
recherches, afin de découvrir si cet insecte y
existoit naturellement. Plumier entr'autres à cru
l'avoir découvert à Saint-Domingue: & il assure
avoir montré, au Gouverneur de cette Colonie,
de la cochenille qu'il avoit recueillie sur des
plantes de la partie Françoise de cette Isle. On a
ignoré que cet illustre Savant étoit, cette fois,
dans l'erreur: on a ajouté foi à cette assertion;
plusieurs Auteurs l'ont répétée depuis; & néanmoins personne n'a tenté de mettre à profit cette
découverte à laquelle on croyoit. C'étoit toujours
envain que tous les bons Citoyens désiroient de
voir mettre enfin la main à l'œuvre pour affranchir la France de l'onéreux tribut qu'elle paie
à cet égard, chaque année, à l'Espagne, qui
restoit toujours seule en possession de cette richesse.

cheffe. C'étoit toujours envain que ces mêmes bons Citoyens, repréfentoient auffi les avantages confidérables que l'établiffement de cette culture procureroit à un grand nombre de Colons.

Enfin eft venu Nicolas-Jofeph Thiéry de Ménonville, natif de Saint-Mihiel en la ci-devant Province de Lorraine, Avocat, & Botanifte du Roi, qui a eu le zéle, le courage, la perfévérance, le talent, la prudence, l'activité, & enfin la fanté néceffaires pour former le projet de fe rendre, à cet égard, le Bienfaiteur de la France, & pour mettre ce projet à exécution. Malgré la vigilance des Efpagnols fi jaloux de la propriété excluſive des riches cultures du Mexique; malgré que, par cette raifon, il foit défendu même aux Efpagnols, de quelque partie du monde qu'ils arrivent à la Vera-Crux, d'entrer dans l'intérieur du Mexique fans un paffe-port du Vice-Roi; malgré qu'il foit très-défendu à tout étranger de s'introduire dans le Mexique, fans être munis d'ordres particuliers de la Cour d'Efpagne; malgré que la tentative qu'il fit, étant à la Vera-Crux, afin d'obtenir du Vice-Roi un paffe-port pour entrer dans le Mexique fous le prétexte d'y herborifer en qualité de Botanifte de Sa Majefté Très-Chrétienne, lui ait fi mal réuffi, qu'il s'en fuivit que le Gouverneur de la Vera-Crux reçut au contraire de la part du Vice-Roi, une lettre motivée fur un délibéré de l'audience Royale du Mexique d'après les conclufions du Procureur-Général, par laquelle il étoit très-expreffément défendu de le laiffer fortir de la banlieue de cette Ville, dans la crainte, marquoit la lettre, de découvrir à l'Etranger, les riches cultures de ce pays; malgré les nombreux gardes établis dans le Mexique, & qu'on y rencontre à chaque pas, & dont chacun a le droit & l'ordre de fe faire repréfenter le paffe-port de tout étranger qu'il rencontre où, fi ce dernier ne lui en préfente un, de l'arrêter; malgré qu'il fût habillé à la Françoife, & qu'il n'y eût pas de moyen de changer fon coftume; malgré qu'il ignoroit la route, & qu'il n'ofoit s'en informer de crainte de fe trahir; malgré tous les obftacles qu'il devoit s'attendre à rencontrer d'ailleurs dans un pays habité par des Peuples dont il ignoroit la langue, où il ne connoiffoit perfonne, où tout Officier public étoit, par état, fon ennemi, &c. &c. malgré tant d'obftacles, cet homme ardent, dont rien ne pût arrêter le zéle, réuffit fi bien, en bravant les plus grands dangers, qu'il pénétra jufqu'à Guaxaca même, c'eft-à-dire, dans le cœur du Mexique, à cent vingt lieues de diftance de la Vera-Crux, en faifant précipitamment quarante lieues de route à pied par les chemins les plus mauvais, à l'ardeur la plus infupportable du Soleil, dans le climat le plus brûlant. Ce fut dans ce lieu qui produit la plus grande quantité de coche-

nille, & celle de la meilleure qualité, qu'il voulut obferver & qu'il obferva, par lui-même, la culture de cette production, & qu'il s'inftruifit de tous les procédés qui y font mis en pratique, relativement à cette culture. Ce fut là même, qu'il acheta ce précieux infecte vivant, avec les plantes qui le nourriffent. Il parvint à traverfer de nouveau ces cent vingt lieues de pays, avec cinq chevaux chargés de cette contrebande, à faire embarquer le tout à la Vera-Crux, nonobftant ceux qui furveilloient fes actions de la part du Gouverneur qui étoit préfent dans la ville. Et enfin, après s'être embarqué en préfence du Gouverneur, lui-même, qui avoit ordre du Vice-Roi de dreffer procès-verbal de fon départ, il débarqua, le 25 Septembre 1777, au Port-au-Prince, avec les précieux fruits de fon larcin auffi périlleux que glorieux.

Il y rapporta, 1.° des plantes de Cactier Nopal, fur lequel feul on élève au Mexique, comme je l'ai déjà dit, la cochenille fine & la cochenille filveftre. 2.° Ces deux infectes bien vivans & en bon état. 3.° Le beau Cactier fplendide, qu'on ne cultive au Mexique que pour fon fruit; mais qui, fuivant les expériences qu'il a faites depuis, eft, comme je l'ai dit, auffi bon que le Cactier Nopal, pour l'éducation en grand de ces deux infectes : il eft même meilleur, puifqu'il eft plus ample dans toutes fes parties, & plus vigoureux, & encore parce qu'il fe contente du terrein le plus maigre dans lequel il réuffit très-bien. 4.° Le Cactier de Campêche, qu'il a découvert pouvoir être employé avec fuccès, pour l'éducation, en grand, de la cochenille filveftre, & qui peut nourrir la cochenille fine, en petite quantité, à la vérité, mais cependant de manière à prévenir la perte de cette efpèce de cochenille, quand on n'a pas d'autres reffources pour la conferver; comme cela eft arrivé dans la traverfée de la Vera-Crux à Saint-Domingue : car comme il fut pendant trois mois & demi en mer, pour faire cette traverfée, & que pendant ce tems, l'air fut extrêmement humide, s'il n'eût pas eu le bonheur de prendre des plantes de cette efpèce en paffant à Campêche, il eût perdu en chemin toutes fes plantes de Cactier Nopal, & toute fa cochenille fine : vu que toutes celles de ces dernières plantes qui portoient de la cochenille, pourriffoient fucceffivement; & qu'il fe voyoit tous les jours dans le cas défolant d'en jetter à la mer, avec la cochenille dont ils étoient chargés : Il ne put conferver de fes plantes de Cactier Nopal que celles qui étant bien enracinées, ne portoient point de cochenille; & il n'a nourri & confervé cet infecte, pendant les derniers tems de la traverfée qu'avec le Cactier de Campêche qui fauva ainfi ces tréfors. 5.° Enfin il rapporta des obfervations & des inftructions, auffi précieufes que ces richeffes, puifqu'elles donnoient des moyens fûrs de les mettre à profit : & l'on peut regarder celles de ces obfervations qui concernent la cochenille filveftre & mettent en état de la cultiver en grand à Saint-Domingue, comme les plus précieufes; puifque, depuis que le même Thiéry a découvert que cette efpéce de cochenille eft naturelle à cette Ifle, elle ne peut s'y perdre.

Ce n'eft pas ici le lieu de parler des autres plantes précieufes dont il a enrichi la Colonie, par la même occafion, & qu'il a auffi cultivées depuis, comme, par exemple, le véritable Indigo de Guatimala; la véritable Vanille - Lée; une efpéce de Coton nain, très - précieufe, & qui mûrit trois mois après avoir été femée; le véritable Jalap du Mexique, (*Convolvulus Jalapa.* Lin. Mant.) &c.

Le zéle de Thiéry de Ménonville ne s'eft pas arrété-là. Auffi-tôt après fon arrivée, ou plutôt fon retour au Port-au-Prince, il voulut s'adonner lui-même, 1.° à multiplier ces plantes & ces infectes; afin de fe mettre, le plutôt poffible, en état de mettre les Colons à portée d'en entreprendre la culture 2.° à faire affez d'expérien-d'effais, d'épreuves & d'obfervations, pour être en état d'établir des principes & des régles capables de diriger fûrement les Colons qui adopteroient ces cultures; & pour conftater & prouver d'une manière palpable, combien ces cultures étoient faciles à établir, par qui que ce foit, même par les plus dénués de reffources, & dans les terreins les plus maigres, & quels avantages confidérables on en pouvoit retirer. Les premiers fuccès qu'il a obtenu ont furpaffé fon attente; & dans les trois premières années, il avoit déjà réuffi à multiplier le Cactier Nopal, & les deux efpéces de cochenilles, au point d'en faire une plantation d'une affez grande étendue. Une circonftance qui, en même-tems qu'elle met à portée de juger des fuccès qu'il devoit à l'opiniâtreté de fon travail, prouve bien la nature des vûes de bienfaifance qui le dirigeoient, c'eft l'annonce qu'il faifoit inférer dans le fupplément du n.° 3, des Affiches Américaines, du 18 Janvier 1780, afin de tâcher d'obtenir des renfeignemens fuffifans, pour fe mettre à portée de déterminer par des régles fûres; 1.° le tems le plus convenable, tant à la plantation du Cactier Nopal, & des autres Cactiers qui peuvent nourrir les deux efpéces de cochenille, qu'à la femaille de la cochenille dans chaque canton de la Colonie où il pouvoit préfumer, qu'il feroit le plus utile d'en établir la culture; 2.° quels feroient ceux de ces cantons, dans lefquels ces cultures ne pour-

roient pas s'établir avec fuccès; 3.° combien on en pourroit faire de récoltes par an, dans les cantons propres à ces cultures: voici cette annonce.

« Le fieur Thiéry de Ménonville, Botanifte du Roi, réfidant au Port-au-Prince, s'oblige envers MM. les Adminiftrateurs de la Colonie & les Colons, de diftribuer dans un an de la date du préfent avis, *gratis* & de préférence à tout autre fans diftinction du riche & du pauvre, à chaque habitant de la Bande-du-Sud depuis Aquin jufqu'au cap de Dame-Marie, du fond de la plaine du Cul-de-Sac, de l'Arcabaye, du Mirbalais, de l'Artibonite, des Gonaïves, fur-tout de tous les environs de la Défolée, enfin de la Bande-du-Nord depuis le Môle-faint-Nicolas jufqu'au fort Dauphin, qui lui enverront, fans frais, un mémoire météorologique, exact & fidéle, des pluies de leur territoire, depuis le vingt du préfent mois de de Janvier jufqu'au même jour de l'an 1781. 1.° des plantes de *Nopal* pour y élever les cochenilles fine & filveftre; 2.° les infectes de ces deux efpéces; 3.° du plant de la véritable Vanille-Lée; 4.° des femences du vrai Jalap du Mexique; 5.° des femences du véritable Indigo de Guatimala; 6.° des femences du Coton de la nouvelle Vera-Crux, fupérieur à tous autres connus jufqu'à préfent, tant parce qu'il eft nain, qu'il s'ouvre trois mois après qu'il a été femé, qu'il évite la chenille, qu'il peut être femé toute l'année, que parce que fes péricarpes font plus gros, fa foie plus blanche, plus fine & plus forte. »

Ainfi ce vertueux Citoyen, éloigné d'être riche, s'engageoit de diftribuer *gratis* à fes Concitoyens des fources de fubfiftance & de fortune acquifes au travers de tant de danger & de hafards, par tant de travaux & de fueurs, & ne demandoit d'autre reconnoiffance d'un tel bienfait, que d'être mis plus à portée de leur rendre ces fources les plus abondantes poffibles. C'eft ainfi qu'il continuoit fans relâche, avec une application, une ardeur & une perfévérance bien digne de fon premier courage, à faire toutes fortes d'efforts pour couronner fa bonne œuvre. Mais, au moment où il fe voyoit enfin près du bonheur de pouvoir mettre entre les mains d'un grand nombre de colons ces riches moyens d'aifance, de livrer à fon pays cette fertile branche de commerce en état de rapport, & de le voir délivré, par fon moyen, d'un tribut onéreux : au moment où il entrevoyoit déjà près de lui, avec tranfports, le tems auquel il pourroit enfin jouir de l'indicible fatisfaction que goûte l'homme de bien lorfqu'il favoure de fes yeux le fpectacle enivrant d'une fomme quelconque de bien-être, ajoutée au bonheur de fes femblables, il fe vit arracher cette récompenfe qui lui étoit fi bien due. Une fiévre maligne l'attaqua. Il en mourut en 1780.

A sa mort, on trouva dans ses papiers, outre la relation de son voyage à Guaxaca, un traité de la culture du Cactier Nopal & de l'éducation de la cochenille dans les Colonies françoises de l'Amérique. Dans ce traité, en exposant les divers procédés qu'il a observés être pratiqués au Mexique, relativement à cette culture & à cette éducation, les informations qu'il y a prises & les instructions qu'il y a reçues à cet égard; & en rendant compte des tentatives, observations, expériences & découvertes qu'il a faites sur le même sujet, il établit les principes & les règles, d'après lesquels il lui paroît que doivent se diriger ceux qui entreprendront l'éducation des deux sortes de cochenille, & la culture des Cactiers qui conviennent à cette éducation, s'ils veulent retirer de cette culture & de cette éducation tous les avantages qu'elles peuvent leur procurer. Ce traité contient des tentatives & expériences bien dirigées & bien suivies, des principes établis, & des règles posées avec beaucoup de sagacité & de discernement, des observations & des découvertes utiles & intéressantes, dans lesquelles on reconnoît un Observateur attentif & éclairé. Mais, comme je l'ai déjà dit, l'Auteur, surpris par la mort, n'a pas donné la dernière main à ce traité.

Le cercle des Philadelphes, établi à Saint-Domingue, bien persuadé de l'importance des travaux de Thiéry de Ménonville, & que l'établissement de la culture de la cochenille à Saint-Domingue ne pouvoit qu'être fort avantageux à la Colonie & à l'Etat, a pris soin de recueillir & de mettre en ordre son ouvrage, a de plus chargé plusieurs de ses Membres, de cultiver le Cactier Nopal au Cap-François, & d'y suivre l'éducation de la cochenille, suivant les règles établies par Thiéry, afin de s'assurer, en premier lieu, du degré de confiance que méritoit ce traité, & en second lieu, si la culture de la cochenille réussiroit au Cap, comme elle avoit réussi au Port-au-Prince, sous la direction de Thiéry. Le succès a passé leurs espérances & leur a paru suffire; 1.° pour encourager les Colons à adopter cette branche féconde de commerce & de culture; 2.° pour les mettre en état d'assurer que tous les principes établis & toutes les règles posées par Thiéry, méritent d'être adoptés & suivis avec la plus grande attention. Le cercle a vérifié par ses Commissaires, presque tous ces principes & presque toutes ces règles. Cette vérification leur a donné lieu de faire plusieurs nouvelles observations, qu'ils ont ajoutées utilement à l'ouvrage de Thiéry.

Ce sont les règles, principes & observations contenus dans cet ouvrage, dont j'ai cité plus haut le titre, que je vais exposer le plus succinctement qu'il me sera possible, sans rien omettre de nécessaire.

De la culture du Cactier Nopal, n.° 39, au Mexique, & dans les Colonies Françoises de l'Amérique méridionale, pour l'éducation de la cochenille: & premièrement de la NOPALERIE.

J'ai déjà dit qu'au Mexique on ne cultive la cochenille que sur le Cactier Nopal seulement. Ce Cactier s'y nomme vulgairement, *Nopal*, qui est un nom Mexicain. On y nomme *Nopalerie*, un terrein planté en Nopals, pour l'éducation de la cochenille.

On verra ci-après que la cochenille n'a pas d'ennemis plus redoutables que le froid & la pluie. Ainsi, avant d'établir une Nopalerie, il faut d'abord s'informer de la chaleur, & de la nature du Ciel, c'est-à-dire, de la durée, de la nature, & des époques des pluies de chaque année entière dans le lieu où l'on se propose de l'établir. J'ai déjà dit que c'est de la province de Guaxaca, que l'on tire la plus belle cochenille de tout le Mexique. Ainsi, il y a tout lieu de croire que tout canton qui jouira d'une température & d'un ciel pareils à ceux de cette Province, seront très-convenables à l'éducation de la cochenille. Or, dans les plaines de Guaxaca, la température est, suivant les observations de Thiéry, de seize degrés au-dessus du terme de la congélation, selon le thermomètre de Réaumur, à quatre heures du matin pendant le mois de Mai: & dans cette province, le ciel est parfaitement sec, régulièrement pendant les six mois entiers de chaque Hiver, & ne répand absolument aucune pluie, depuis le mois d'Octobre, jusqu'au mois d'Avril, si ce n'est quelquefois, en Janvier, une ou deux petites pluies si douces qu'elles ne nuisent jamais à la cochenille.

Cependant, quant à cette chaleur, une température de dix-neuf degrés de chaleur à quatre heures du matin, pendant le mois de Mai, telle qu'est la température du Port-au-Prince, qui est la partie la plus brûlante de l'Isle de Saint-Domingue, & peut-être de toute l'Amérique, n'exclut pas la culture de la cochenille; puisqu'elle y a très-bien réussi pendant trois années consécutives sous la Direction de Thiéry; & qu'on y a fait, chaque année, trois récoltes comme à Guaxaca. Le ciel du Port-au-Prince est d'ailleurs totalement pareil à celui de Guaxaca. Cependant cette chaleur du matin plus forte au Port-au-Prince qu'à Guaxaca est un peu préjudiciable à la cochenille, puisque cette dernière y est d'un sixième plus petite qu'à Guaxaca. Thiéry soupçonne même que le degré de chaleur, qui existe ordinairement dans les plaines de Guaxaca, n'est pas le plus favorable à l'éducation de la cochenille; parce qu'il est notoire que la cochenille des montagnes de cette province, est plus grosse que celle des plaines. Il attribue cette différence en partie, à ce que la chaleur est moindre dans les montagnes, & en partie à ce que les Nopaleries des montagnes sont plus souvent que dans les plaines à l'abri des vents d'Est & du Nord-Est. On verra ci-après que la cochenille craint beaucoup ces vents.

La température observée par Thiéry à midi, pendant le mois de Mai, tant à Guaxaca qu'au Port-au-Prince, étoit de vingt-quatre à vingt-cinq degrés. L'expérience a appris qu'au Mexique & au Port-au-Prince, une température de huit degrés au-dessus du terme de la congelation, suivant le thermomètre de Réaumur, est un froid qui cause du dommage à la cochenille. Une température de neuf degrés au-dessus du terme de la glace, ne paroît pas lui nuire, suivant Thiéry. Ainsi, suivant lui, il est d'expérience qu'on peut cultiver la cochenille en toute contrée dont la température n'est, ni au-dessus de vingt-cinq degrés, ni au-dessous de neuf. Quelquefois, suivant Thiéry, dans la province de Guaxaca, la température de la nuit descend à huit degrés au-dessus du terme de la congélation. Lorsque les Mexicains prévoient cette température, ils font, suivant le même Auteur, des fumigations dont je parlerai ci-après, pour défendre la cochenille de ce froid. Il y a dans l'étendue de la Colonie Françoise de Saint-Domingue, des cantons de chacune de toutes les températures que l'on peut compter entre ces deux extrêmes, de vingt-cinq degrés & de neuf. Cependant une température habituelle, qui seroit moyenne entre ces deux extrêmes, c'est-à-dire qui parcoureroit les huit degrés qui sont entre le douzième & le vingtième, seroit, sans contredit, la plus propre pour la culture de la cochenille. Cette température est commune dans beaucoup de territoires de la Colonie Françoise de Saint-Domingue.

Quant à la nature du Ciel en ce qui concerne les pluies, il n'est pas toujours nécessaire qu'il soit exactement semblable à celui de Guaxaca, ou du Port-au-Prince. Il peut être moins favorable sans exclure pour cela la culture de la cochenille. On peut aussi en rencontrer de plus favorables.

On conçoit, sans qu'il soit nécessaire de le dire, que tout endroit où tous les six mois de l'Hiver, qui sont secs à Guaxaca, seroient pluvieux, pourroit être néanmoins aussi avantageux que cette province, pour la culture de la cochenille, si les six mois entiers de l'Eté y étoient parfaitement secs : tel est le ciel du Cap-François. J'ai déjà dit que le cercle des Philadelphes qui y est établi, a éprouvé que la culture de la cochenille y réussit aussi-bien qu'au Port-au-Prince.

Il y a nombre de cantons dans l'étendue de la Colonie Françoise de Saint-Domingue, où il ne pleut que pendant trois mois, dans le cours de chaque année. Tels sont, assure-t-on, par exemple, les quartiers d'Acquin, du fond du Cul-de-sac, de la Désolée, de l'Artibonite, du Port-à-Piment, du Môle, des Gonaïves, &c. Ces cantons où il règne neuf mois consécutifs de sécheresse, non interrompue, & régulièrement périodique aux mêmes époques de chaque année, sont aussi favorisés de la nature à l'égard de la cochenille fine qu'elles en sont disgraciées à l'égard de toutes les autres grandes cultures de la Colonie, qui ne peuvent y être entretenues, à cause d'une telle sécheresse. Dans ces cantons, on pourroit faire sûrement quatre bonnes récoltes de cochenille fine, pendant chaque année ; & ces parties de la Colonie si pauvres maintenant, pourroient, toutes seules, fournir la métropole de cette précieuse denrée.

Dans les lieux où il n'y auroit que quatre mois de sécheresse, pendant chaque année, on pourroit encore y établir utilement des Noparies, pour l'éducation de la cochenille fine : parce qu'on y pourroit toujours faire deux récoltes par an, pourvu que ces sécheresses soient régulièrement périodiques aux mêmes époques pendant chaque année, & qu'elles durent pendant quatre mois de suite, ou bien qu'elles ne soient pas partagées par intervalles plus courts que de deux mois complets chacun ; parce que, comme on verra ci-après, il s'écoule toujours un tel intervalle entre le tems de la semaille de la cochenille & celui de la récolte.

En un mot, chaque intervalle de sécheresse non interrompu, long de deux mois complets, & constamment périodique à la même époque chaque année, donne la possibilité de faire, dans le canton où il règne, une bonne récolte de cochenille fine. Dans les cantons qui ne jouiroient que d'un seul intervalle semblable par an, on ne pourroit faire qu'une seule récolte, & dans ceux où les pluies seroient si peu régulièrement périodiques, qu'on ne pourroit y compter sur un seul intervalle de deux mois complets de sécheresse, régnant dans un tems déterminé de chaque année, on ne pourroit y compter sur une seule récolte de cochenille fine.

Cependant à l'égard de ces derniers cantons qui seroient si pluvieux, il faudroit encore distinguer. Si ces pluies irrégulières n'étoient que des brumes & des brouillards, ou n'étoient que des petites pluies douces & passagères, semblables à celles qui ont lieu le plus ordinairement en Europe. En ce cas, il ne faudroit pas abandonner la partie. De telles pluies peuvent bien diminuer un peu l'abondance & la beauté d'une récolte, mais ne la détruisent pas. Dans le cas au contraire où ces pluies irrégulières seroient des orages, des ouragans, de ces redoutables pluies, qui ne sont que trop connues aux Antilles, sous le nom d'avalasses, qui tombent par torrents, & dont les gouttes font autant de fracas & même de dommage que les grêles d'Europe; alors il faudroit fuir, & porter les Nopals & la cochenille ailleurs.

Tout ce qui vient d'être dit, ne doit s'entendre uniquement que des Nopaleries, qu'on se proposera d'établir pour l'éducation de la cochenille fine. Celles que l'on voudra établir pour élever la cochenille silvestre n'exigent pas, à beaucoup près, autant d'attentions. On pourra les asseoir dans tel quartier que ce soit, par exemple, de Saint-Domingue, sans distinction d'un Ciel plus ou moins pluvieux: l'on pourra y semer & récolter cette cochenille pendant toute l'année; & la semaille, l'éducation & la récolte qui en seront faites pendant des saisons pluvieuses seront profitables: elles seront cependant moins avantageuses, que celles faites pendant les sécheresses.

Il n'est pas nécessaire à la culture de la cochenille fine, mais il est très-avantageux pour cette culture, à Saint-Domingue, comme à Guaxaca, que la Nopalerie soit abritée de la violence des vents du Nord-Est, & de la brise d'Est. Ainsi, il ne faudra pas négliger de placer la Nopalerie à un tel abri, soit derrière des grands arbres, soit derrière des collines, &c. toutes les fois que cela sera possible. La brise d'Est, & les vents du Nord enlèvent souvent les jeunes cochenilles de dessus les Nopals, avant qu'elles s'y soient fixées; & comme je l'ai déjà dit, & le dirai encore, la cochenille récoltée dans des Nopaleries ainsi abritées, est plus grosse que celle récoltée dans les Nopaleries qui manquent de cet abri: Thiéry ajoute que l'abri du vent d'Ouest, & l'ombre d'après midi, sont encore favorables à la cochenille. Mais ce dernier abri & cette ombre sont moins importans que l'abri du Nord, du Nord-Est, & de l'Est. Le Cercle des Philadelphes, établi au Cap-François, pense qu'aux environs de cette dernière Ville & dans toute la partie du Nord de la Colonie Françoise de Saint-Domingue, il conviendroit qu'une Nopalerie fût abritée du Nord & du Sud, à cause de la violence des vents de ces parties.

Le terrein d'une Nopalerie doit être naturellement sec, & ne recevoir d'autres eaux que celles du ciel. Tout sol marécageux ou humide, en manière quelconque, doit être absolument rejetté. Il est même nécessaire que le terrein d'une Nopalerie soit nivelé de manière que les eaux de pluie n'y séjournent pas. Il est encore bon qu'il soit disposé de telle sorte, que les orages n'y creusent pas trop aisément des ravines, comme cela arrive lorsque la pente n'est pas également distribuée sur toute la superficie du terrein. Si l'on est obligé d'établir une Nopalerie sur la pente d'une colline, il est avantageux que le terrein soit mêlé d'une certaine quantité de pierres, qui soutiennent les terres, & les empêchent d'être entraînées trop aisément par les eaux du Ciel.

Toutes sortes de terreins, ou argilleux, ou graveleux, ou caillouteux, ou sablonneux, ou gras, ou maigre, &c. convient à une Nopalerie, pourvu qu'il soit sec; le Nopal réussit dans toutes. Cependant Thiéry a observé & assure que les terres des environs de Guaxaca, sont excellentes, & que le Cactier Nopal y réussit mieux que dans d'autres. Ainsi, on ne négligera pas un bon terrein, pour y établir la Nopalerie, lorsqu'on le pourra aisément & sans inconvénient. Le Cactier Nopal planté dans une bonne terre, y fait de plus grands progrès que dans une moindre, devient plus grand & plus ample, & par conséquent peut nourrir une plus grande quantité de cochenille, & vivre plus longtems en bon état.

Au Mexique, une Nopalerie d'un arpent ou d'un arpent & demi, est suffisante pour exercer les forces & l'attention d'un seul Indien, actif & intelligent, pendant six mois de l'année, si elle sert à l'éducation de la cochenille fine, & pendant toute l'année, si on y élève de la cochenille silvestre. Thiéry a traversé deux fois au Mexique une étendue de quarante lieues couverte de Nopaleries; & il n'a pas vu une seule de ces Nopaleries qui eût plus de deux arpens. Une Nopalerie d'un arpent & demi rapporte, au Mexique, un à deux quintaux de cochenille séche & marchande par chaque année. Une Nopalerie fermée de haies-vives doit avoir douze pieds de plus en longueur & en largeur, qu'une Nopalerie fermée de murailles, pour pouvoir contenir autant de plantes que cette dernière: puisque, comme je dirai, les Nopals doivent être à dix pieds de distance des haies; tandis qu'ils peuvent être à quatre pieds seulement de distance des murailles.

Une Nopalerie doit être bien fermée de murailles, si l'on peut, sinon d'une bonne palissade ou d'une bonne haie vive, afin d'en défendre l'entrée aux chiens, qui mangent le Cactier Nopal, & peuvent y faire un dégât considérable, aux poules & autres volailles qui mangent les cochenilles, aux grands animaux qui, sans avoir du goût pour les Cactiers Nopals, peuvent causer un grand dommage dans une Nopalerie, en foulant les jeunes plants, en renversant les anciens, & peuvent détruire une récolte de cochenille par leurs courses, & la violence de leurs mouvemens à travers les Nopals.

Celui qui voudra récolter en même-tems de la cochenille fine & de la cochenille sylvestre, établira une Nopalerie séparée pour chacune de ces deux espèces de cochenille. Ces deux Nopaleries seront à la distance de cent perches au moins l'une de l'autre. La Nopalerie destinée pour la cochenille silvestre, sera sous le vent, c'est-à-dire à l'Ouest de celle destinée pour la cochenille fine, si cela se peut. S'il ne peut les difposer de cette manière, & qu'il foit obligé de mettre une Nopalerie au Sud de l'autre; alors il placera celle deftinée pour la cochenille fine, au Nord de celle deftinée pour la cochenille filveftre. Cette diftance de cent perches, mife entre ces deux Nopaleries, fera remplie, fi faire fe peut, par des arbres, ou des arbriffeaux, ou du maïs, ou d'autres planta-tions, excepté la canne à fucre qui attireroit les fourmis, lefquelles font des ennemis redou-tables pour les cochenilles. Je dirai plus bas les raifons de cet arrangement, à l'endroit où je traiterai de la cochenille fine & de fes ennemis. Il eft vrai qu'au Mexique, où les Nopaleries font on ne peut plus multipliées, & où celle de chaque Particulier eft attenante à celles de fes voifins, il n'eft pas poffible d'éviter d'avoir fouvent une Nopalerie femée en coche-nille fine ayant du côté de l'Eft ou du Nord une Nopalerie attenante femée en cochenille fil-veftre. Mais ce mal, pour être néceffaire au Me-xique, n'en eft pas moins un mal: il deviendra, il eft vrai, auffi néceffaire dans nos Colonies, lorfque les Nopaleries y feront autant multi-pliées qu'au Mexique; fi l'on n'établit pas alors une police à cet égard. En attendant, il eft bon d'éviter ce mal pendant qu'on le peut.

Culture du Cactier Nopal.

Il y a bien peu de plantes qui fe puiffent multiplier auffi aifément de boutures, en Amé-rique, que le Cactier Nopal, &, en général, prefque tous les Cactiers.

Au Mexique, on eft dans l'ufage, depuis un tems immémorial, de ne multiplier le Cactier Nopal, que par la voie des boutures. Au Mexique, comme à Saint-Domingue, on peut planter ces boutures pendant toute l'année. Elles s'y enracinent toujours, on ne peut plus aifé-ment, & prefque fans foin. Il fuffit qu'une articu-lation détachée d'un Nopal foit laiffée fur terre, pour qu'elle s'y enracine bientôt, & devienne un arbre en peu de tems. Mais, d'après les obfervations & expériences de Thiéry & du Cercle des Philadelphes, établi au Cap-François, il y a, pour cette plantation, une époque à préférer, & quelques règles à fuivre, fi l'on veut en retirer le plus grand avantage poffible. Thiéry s'eft affuré, par expérience, qu'il n'eft à propos de mettre la cochenille fur les Cactiers Nopals, que lorfqu'ils font d'une force fuffi-fante, qui n'a lieu que lorfqu'ils ont atteint l'âge de dix-huit mois. Il eft vrai qu'à cet âge, ils font plus ou moins forts, fuivant le degré de fertilité du terrein; mais il convient de faire des règles générales: & cette époque de dix-huit mois, eft bonne pour les Nopals moins forts, provenus dans les terreins maigres, comme pour ceux plus forts provenus dans de meilleures

terres; parce que ces derniers font encore trop tendres & trop herbacés avant l'âge de dix-huit mois, pour fupporter la cochenille. Suivant la pratique obfervée de tout tems au Mexique, & fuivant les expériences & obfervations de Thiéry, l'inftant le plus favorable pour faire, chaque année, la première femaille de cochenille fine, tant à Guaxaca qu'au Port-au-Prince, eft le 15 Oc-tobre, parce que c'eft à cette époque que com-mence la féchereffe, qui y dure tous les ans, pen-dant fix mois fans interruption, & qui eft nommée au Port-au-Prince, la faifon des fecs. Il con-vient donc de faire, autant qu'il eft poffible, coïncider cette dernière époque, avec celle de l'âge lors duquel les Nopals font devenus propres à étré femés en cochenille. Et c'eft à quoi on réuffira dans ces deux Provinces, en plantant les Nopals à la mi-Avril, ou au commencement de Mai; puifqu'ils auront l'âge de dix-huit mois, au 15 Octobre de l'année fui-vante. Comme au Cap-François, c'eft en Mai que commence la faifon des fecs, qui y dure auffi pendant fix mois, le Cercle des Philadelphes, établi dans cette Ville, penfe avec raifon que c'eft en Novembre qu'il y faut planter les Nopals, puifque c'eft en Mai, qu'il faut y faire la première femaille de cochenille fine chaque année. En un mot, dans tout canton propre à la culture de la cochenille fine, quelque foit le mois lors duquel y commence la faifon féche propre à cette culture, il convient de déterminer le moment de la plantation des Nopals, de manière à faire coïncider le mo-ment auquel le plant aura atteint l'âge de dix-huit mois, avec le moment auquel la nature du canton exigera qu'on y faffe, chaque année, la première femaille de cochenille.

Le moment de la plantation de la Nopalerie étant déterminé, il faut commencer à préparer la terre, fuffifamment long-temps auparavant que ce moment foit arrivé. Ainfi, il convient au Port-au-Prince, par exemple, de fe mettre à cette préparation pendant la féchereffe qui précède les pluies du Printems. Voici comme on y procède: fi le terrein eft rempli d'arbres & de buiffons, on les arrache exactement avec toutes leurs racines. Lorfqu'ils font arrachés, Thiéry confeille de ne pas les brûler dans la Nopalerie, de crainte, dit-il, de rendre la terre ftérile, en la durciffant en brique; mais le Cercle des Philadelphes obferve, avec raifon, que le procédé de la combuftion fur le lieu, eft adopté dans la Colonie, pour nétoyer tous les terreins que l'on veut planter, & qu'il eft utile, même pour les terres les plus argilleufes & les plus compactes. Si le terrein n'eft rempli que d'herbes, Thiéry confeille de les arracher toutes au couteau, en déracinant les plus petites, & coupant la racine des autres entre deux terres; puis de les étendre pour fécher au Soleil ; puis, lorſqu'elles ſont bien ſéches, de les ramaſſer ſoigneuſement avec les débris de feuilles, & de les diſpoſer ſur les lieux par lignes de deux ou trois pieds de largeur, & d'un demi-pied d'épaiſſeur ; puis enfin de les brûler. Cette combuſtion légère ne peut, dit-il, nuire à la ſurface du terrein, elle détruit une grande partie des ſemences que ces herbes ont répandu ſur la terre, & les cendres qui en proviennent bonifient le terrein.

Le terrein de la Nopalerie étant ainſi nétoyé, il convient de le défoncer, à la bêche s'il eſt poſſible, ſinon, dans le cas où il ſeroit pierreux, à la houe, en ôtant les plus groſſes pierres. On le défoncera à un pied de profondeur.

Les Méxiquains ne mettent jamais d'engrais dans les Nopaleries, excepté dans le cas où, ayant planté des Nopals en pépinières, ils déſirent avoir promptement des plantes vigou-reuſes. Dans ce cas-là même, ils n'en mettent pas d'autre qu'un fumier moitié de bœuf, & moitié de cheval très-parfaitement conſommé & entièrement réduit en pur terreau. Il faut les imiter, & éloigner avec ſoin de la Nopa-lerie tout fumier non entièrement conſommé, & tous débris d'animaux & de végétaux, parce qu'ils ne conviennent pas aux Nopals, & ont le très-grand inconvénient d'attirer les rats, ſouris, fourmis, ſcarabées, ravets, & autres ennemis des Nopals & de la cochenille.

Le terrein étant préparé, comme j'ai dit, on le dreſſe exactement au râteau ; puis on prend tout autour de la Nopalerie, une allée qui ſépare les Nopals des clôtures. Si ces clô-tures ſont des haies vives, il eſt avantageux que ces allées ſoient de dix pieds de largeur, à cauſe de la grande quantité d'inſectes de tous genres qui ſe logent toujours dans ces haies. Mais ſi ces clôtures ſont de murailles, les mêmes allées de ſéparation peuvent n'être que de quatre pieds de largeur.

Enſuite on partagera la Nopalerie, ou bien en deux pièces par une allée tirée dans le milieu du terrein, ou bien en quatre carreaux égaux, par quatre allées qui ſe croiſeront à angles droits. Ces allées ſont utiles pour faciliter le paſſage, pour le coup d'œil, &c.

Enſuite on tirera, dans toute l'étendue de la Nopalerie, des rigoles d'un demi-pied de profon-deur & d'un pied de largeur. Quelque puiſſe être la figure du terrein d'une Nopalerie, ces rigoles ſeront toujours tirées dans la direction du Nord au Sud. La terre que l'on ôtera de ces rigoles, ſera rejettée du côté de l'Eſt. Elles ſeront à ſix pieds de diſtance réciproque.

C'eſt dans ces rigoles que l'on plantera enſuite les Nopals, à demeure, à ſix pieds de diſtance les uns des autres, de manière qu'ils ſe trouvent tous diſpoſés régulièrement, ou bien en quin-conce, ou bien en échiquier, ſur des lignes parallèles & perpendiculaires les unes aux autres.

La chaleur eſt telle à Guaxaca & au Port-au-Prince, que l'on peut, ſans grand inconvénient, planter les boutures de Cactier Nopal, auſſi-tôt après les avoir ſéparées des plantes ſur leſquelles on les a priſes. Il eſt cependant plus ſûr de les couper ſur les Nopals huit ou quinze jours avant le moment de la plantation, & de les expoſer pen-dant cet intervalle en lieu ſec & à l'ombre, afin qu'elles ſe fanent un peu & que la coupe faite pour ſéparer chacune de la plante à laquelle elle appar-tenoit, ſe deſſèche entièrement dans toute ſa ſurfa-ce, auparavant la plantation. Ces boutures ſeront, par cette dernière pratique, moins ſujettes à l'inconvénient de ſe pourrir au lieu de s'enraciner.

Suivant Thiéry, on ne doit jamais employer pour boutures, les articulations qui ont ſervi récemment à nourrir de la cochenille. L'expé-rience lui a prouvé que de telles boutures pourriſſent au lieu de s'enraciner. Il attribue avec beaucoup de vraiſemblance cette pourri-ture, à l'état d'épuiſement dans lequel ſe trou-vent alors ces articulations. Mais, ſuivant M. Arthaud, Membre du cercle des Philadelphes, & un des Commiſſaires nommés par ce cercle, pour répéter les expériences de Thiéry, cette règle, preſcrite par ce dernier, ne devra être ſuivie, à la rigueur, que lorſqu'on aura d'autres plants en ſuffiſante quantité. M. Arthaud a éprouvé que ſi l'on emploie pour boutures, les articulations qui ont ſervi récemment à nourrir la cochenille, il en périra à la vérité un grand nombre, mais il en réuſ-ſira auſſi un grand nombre ; & lorſqu'on en voit quelques-unes attaquées par la pourriture, il ſuffit ſouvent de retrancher tout le pourri pour les ſauver. Si c'eſt la baſe d'une bouture qui eſt pourrie, & que la partie ſupérieure ſoit ſaine, en l'arrachant, puis retranchant le pourri & replantant le reſte, elle s'enracine encore ſouvent.

Les boutures que l'on deſtine à être plantées à demeure dans les Nopaleries, doivent être compoſées chacune de deux articulations, & jamais de trois ; parce qu'il eſt d'expérience que la troiſième eſt ſujette à ſe pourrir, & à cauſer ainſi la pourriture des deux autres. Ces deux articulations peuvent être priſes avec ſuccès dans toute l'étendue de chaque plante, depuis le ſommet juſqu'aux racines. Cependant l'expérience a appris que les articulations, les dernières pro-duites, ſont les moins convenables de toutes, parce qu'elles ſont trop tendres & trop herbacées : & ſuivant Thiéry, les plus voiſines des racines, ou les plus anciennement produites ſont les plus

avantageufes, s'enracinent le plus promptement,
produifent des racines plus groffes & plus longues
que toutes autres, & pouffent auffi des bourgeons
plus grands & plus promptement. Pour féparer
chaque bouture d'avec le pied de Nopal auquel
elle appartient, il ne faut pas la rompre, ni
l'arracher ; de tels procédés feroient dangereux,
& pour ce pied, & pour cette bouture : mais
il faut la couper très-proprement avec un outil
bien tranchant, dans le point d'étranglement
qui diftingue l'articulation que l'on fépare d'avec
celle qu'on laiffe.

Il eft d'expérience que toute bouture de Cactier Nopal pouffe d'autant plus vigoureufement,
produit d'abord des racines d'autant plus fortes,
des bourgeons d'autant plus gros, des articulations d'autant plus grandes, que les deux articulations qui la compofent font elles-mêmes
plus grandes & plus amples. Ainfi, quoiqu'il
foit vrai qu'en coupant une feule articulation
en plufieurs morceaux, chaque morceau s'enracinera, & produira aifément une nouvelle
plante ; quoiqu'il foit même certain que fi l'on
dépece une articulation, en autant de fragmens
qu'elle contient des gemmes ou boutons, chacune
de ces gemmes étant plantée, s'enracinera &
produira un Nopal ; néanmoins Thiéry a appris,
par expérience, qu'on réuffit à multiplier le
Nopal beaucoup plus promptement par des boutures formées chacune de deux fortes articulations, que par ces petites boutures formées
feulement d'une portion d'articulation ou d'une
feule gemme : parce que ces dernières font très-
long-tems à parvenir au même degré de grandeur auquel les premières parviennent dès la
première année. L'expérience lui a appris auffi
qu'en plantant de ces petites boutures, il en
réfulte un autre grave inconvénient que voici :
les articulations que chacune produit d'abord
font d'une petiteffe extrême & proportionnée
à la petiteffe de la bouture ; elle en produit enfuite fucceffivement de moins en moins
petites, puis de plus en plus grandes, jufqu'à
ce qu'enfin elle en produife d'auffi grandes que
les plantes adultes de la même efpèce. Il réfulte
de cette différence de grandeur entre les articulations produites fucceffivement que les branches des plantes, provenues de ces petites boutures font beaucoup plus groffes que le tronc ;
& que le tronc lui-même eft beaucoup plus
gros dans fa partie fupérieure que dans fa partie
inférieure ; laquelle étant ainfi trop foible pour
la charge qu'elle a à fupporter, eft rompue
par le moindre coup de vent. De plus, fuivant
le même Thiéry, ces plantes provenues de petites
boutures, n'ont que des racines proportionnées
à la groffeur de la bafe de leur tronc, c'eft-à-
dire, fort petites en comparaifon de celles dont
font pourvues des plantes de même hauteur,
provenues de fortes boutures : d'où il arrive

que celles-là font très-aifément déracinées par
les eaux du ciel.

Les boutures étant choifies, préparées, & bonnes
à mettre en terre, on les plante dans les rigoles,
en les mettant à fix pieds de diftance l'une
de l'autre, difpofées en quinconce ou en échiquier,
comme j'ai dit.

Thiéry prefcrit de planter chaque bouture
obliquement dans la rigole, de manière que
l'articulation inférieure foit pofée toute entière
à plat fur la terre, & que la moitié au moins
de l'articulation fupérieure, forte de terre, de
façon qu'elle faffe avec le fol ou l'horizon, un
angle très-aigu vers l'Oueft, & très-obtus vers
l'Eft, & que le diamètre de fa largeur foit dirigé
du Nord au Sud. La raifon de cette dernière
direction ; c'eft afin qu'une des faces du plus
grand nombre des articulations de la plante
qui proviendra de cette bouture, regarde l'Eft ;
& que par conféquent, l'autre regarde l'Oueft ;
ce qui, comme on le verra ci-après, eft avantageux aux cochenilles. Or, il eft d'expérience
que la majeure partie des articulations d'un
Nopal, comme de tous autres Cactiers à articulations comprimées en forme de femelle, a le
diamètre de fa largeur du plus grand nombre
de fes articulations, dirigé de la même manière
que celui de l'articulation qui fait la bafe de fon
tronc. La bouture étant placée comme je viens
de le dire, on couvre l'articulation couchée à
plat, de deux pouces d'épaiffeur de la terre
qui a été tirée de la rigole. Si l'on couvroit
cette articulation d'une plus grande épaiffeur de
terre, la bouture feroit en danger de pourrir,
ou pourroit languir trop long-tems. Par la
fuite, lorfque les boutures font parfaitement
enracinées, & pouffent vigoureufement, on
remplit entièrement les rigoles, & on égalife la
fuperficie du terrein.

La raifon pourquoi Thiéry veut que l'articulation inférieure de la bouture, foit pofée à
plat fur la terre, c'eft qu'il s'eft affuré que,
dans cette fituation, il naît du centre de cette
articulation, une puiffante racine pivotante,
perpendiculaire à l'horizon, qui met dans la fuite
les Nopals en état de réfifter, le plus puiffamment que poffible, à la violence des vents &
des pluies d'Avalaffe ; tandis que lorfque cette
articulation inférieure eft pofée de champ ou fur
un de fes bords, elle ne produit aucun pivot
perpendiculaire à l'horizon, mais feulement des
racines latérales, qui font bien moins propres à
affujettir fermement les Nopals.

Au furplus, Thiéry dit avoir effayé fi les
boutures mifes en terre verticalement réuffi-
roient mieux, & qu'elles ont plus mal réuffi.
Peut-être eft-ce parce que, dans ce cas, là
terre s'applique moins bien exactement contre
leur furface. Il dit auffi avoir éprouvé qu'en
plantant les boutures, de manière que l'angle,

formé

formé par la longueur de l'article supérieur avec l'horizon, du côté du levant soit aigu: elles réussissent moins bien que lorsque cet angle est obtus: d'où il conclut qu'il est utile à telle bouture, qu'une des faces de sa portion qui sort de terre, soit échauffée par les rayons du Soleil levant. Au Mexique, on est dans l'usage de mettre deux & même trois boutures de Nopals, composées de deux articulations chacune, dans chaque place où je conseille de n'en mettre qu'une. Leur but, dans cette pratique, est d'être plus assurés qu'il ne se trouvera point de places vuidés dans la Nopalerie; ensuite, lorsque les boutures poussent vigoureusement, ils arrachent les boutures superflues, & n'en laisse dans chaque place, qu'une seule, savoir, celle qui a le mieux réussi. Quand le Cactier Nopal sera autant multiplié dans nos Colonies qu'il l'est à Guaxaca, on pourra y agir de la sorte: d'ici à ce tems, on ne doit y mettre qu'une bouture à chaque place, parce qu'il vaut mieux y avoir une place vuide, pendant quelques tems, que d'y perdre une de ces plantes précieuses, qui y sont encore trop peu communes.

Les Nopals étant plantés, il faut avoir soin de sarcler après toutes les pluies. On ne peut tenir une Nopalerie trop propre. Si, par négligence, on laisse empoisonner la Nopalerie par les herbes étrangères, leurs semences y perpétuent leur existence toujours renaissante: ces herbes suffoquent les jeunes plans, gênent les grands, & sur-tout servent de retraite & d'appât à mille insectes pernicieux.

Pour sarcler dans une Nopalerie, on ne peut se servir de la bêche ou de la houe, qu'en s'exposant à mutiler les Nopals, & s'ils sont chargés de cochenille, à détruire cette dernière de plusieurs manières. Ces instrumens endommagent en outre les racines des Nopals qui s'étendent au loin, à un pouce de profondeur. Il faut donc ne sarcler que le couteau à la main. On coupe entre deux terres la racine de toutes les herbes étrangères, puis on les jette vîte hors de la Nopalerie, afin qu'elles ne laissent pas de semences sur la place, & qu'elles ne servent pas de retraite aux insectes.

Lorsque les Nopals sont adultes, la Nopalerie doit être sarclée au moins quatre fois pendant l'année. Mais il ne faut jamais sarcler lorsque la cochenille est prête d'être récoltée. On conçoit qu'alors on ne peut entrer parmi les Nopals, sans nuire de plus d'une façon à la cochenille, dont ils sont couverts. Thiéry permet de se servir d'une petite houe, pour sarcler dans la Nopalerie, immédiatement avant chaque semaille en cochenille, & un mois après. (Ces expressions de Thiéry indiquent qu'il regarde comme utile, de faire au moins six

sarclages par an, pour les Nopals chargés de cochenille fine, & douze sarclages, pour ceux chargés de la cochenille silvestre; c'est-à-dire, un sarclage par mois, tant que les Nopals sont chargés de cochenille, outre les sarclages qui conviennent, pendant que ceux destinés à la cochenille fine n'en portent pas.). Le Cercle des Philadelphes pense qu'il est plus prudent de ne jamais introduire, ni la bêche, ni la houe parmi les Nopals.

Il n'est jamais nécessaire d'arroser les Cactiers Nopals. On ne les arrose jamais au Mexique. Il faut bien se garder d'arroser les boutures, avant qu'elles poussent très-vigoureusement; mais, après cette époque, quand il arrive des sécheresses de plus de quatre ou cinq jours pendant la saison des pluies qui suit immédiatement le moment de la plantation des Nopals, Thiéry pense qu'il est utile d'arroser le jeune plant, en se servant de la pomme de l'arrosoir, & de manière à tremper la terre à six ou huit lignes de profondeur seulement. Quoique cet arrosement ne parvienne pas jusqu'aux racines, les jeunes plants en retirent néanmoins beaucoup de fruit; leurs tiges & branches pompent avec force l'humidité que cet arrosement répand sur eux, & sur-tout dans l'air ambiant; & on les voit croître beaucoup plus promptement. Thiéry pense qu'on peut, à plus forte raison, arroser utilement les jeunes Nopals, pendant la saison des secs; & il conseille de leur donner, pendant cette saison, un arrosement modéré chaque huit jours. Il va plus loin, il est même d'avis que l'arrosement peut être quelquefois utile aux Nopals adultes, même lorsqu'ils sont chargés de cochenille; mais, en ce dernier cas, on conçoit qu'il faut bien se garder d'arroser leurs tiges & branches. Il a observé à Guaxaca que, pendant la saison des secs, les articulations supérieures des Nopals adultes, sont quelquefois flétries, & que celles sur-tout qui nourrissent la cochenille sont très-ridées. Il lui semble qu'en telle circonstance, il seroit utile d'arroser, s'il étoit possible, par immersion, en introduisant l'eau sur les racines des Nopals, pendant deux ou trois minutes seulement, & la retirant aussi-tôt. Il a essayé cette pratique en petit, avec succès. On peut absolument s'en dispenser; mais si elle est utile à la plante, sans nuire à l'insecte, pourquoi négligeroit-on de la mettre en usage, lorsqu'on le pourroit? or, cela est certainement utile à la plante, & ne peut nuire en aucune manière à l'insecte, puisqu'il n'en est pas mouillé, & que l'eau ne peut lui nuire, que lorsqu'elle le mouille.

Les Nopals plantés & entretenus comme il vient d'être prescrit, croissent promptement. On ne les laisse pas s'élever au-delà de la hauteur de fix pieds au plus, afin d'y pouvoir femer, foigner & récolter la cochenille, fans avoir befoin d'échelle. Ils parviennent ordinairement à cette hauteur dans l'efpace de deux ans.

On eft dans l'ufage de femer les Nopals en cochenille, pendant fix années confécutives, & au bout de ces fix ans., de renouveller la Nopalerie. Pour cela, ou bien on arrache tous les Nopals, pour en replanter auffi-tôt de nouvelles boutures; ou bien, on fe contente de récéper tous les Nopals à un pied & demi au-deffus de terre. Ce dernier procédé eft beaucoup plus expéditif & moins difpendieux. Cependant Thiéry le regarde comme le moins utile, non-feulement parce qu'une Nopalerie, qui a été ainfi récépée, a toujours mauvaife grace, mais principalement, parce que les vieilles fouches récélent beaucoup d'infeftes nuifibles.

Comme ce renouvellement occafionne une interruption de la durée d'une année entière, au moins dans la culture de la cochenille, & laiffe le Cultivateur de cochenille pendant une année entière fans revenu; le Cercle des Philadelphes confeille avec raifon de ne pas planter une Nopalerie toute entière pendant la même année. On pourroit en planter, par exemple, la feconde moitié un ou deux ans après la première. Il en réfulteroit que, lorfque le tems feroit venu, de renouveller une moitié de la Nopalerie, l'autre moitié feroit encore en rapport, & le Cultivateur n'éprouveroit pas une interruption totale dans fon revenu. Il peut même s'arranger de manière à avoir, chaque année, une égale quantité de Nopals, en rapport de cochenille. Pour cela, il lui fuffit de partager fa Nopalerie en fix pièces, & d'en planter une, chaque année, pendant fix ans confécutifs. Après la fixième année de récolte, il fe trouvera, par ce moyen, avoir conftamment, chaque année, une pièce de Nopals à renouveller, & cinq pièces en rapport de cochenille.

Lorfqu'on a fes raifons pour planter les boutures de Nopal en pépinière, plutôt qu'à demeure, comme, par exemple, lorfqu'on n'a qu'une très-petite quantité de plantes, & qu'on defire les multiplier promptement, on ne met que deux pieds de diftance d'un plant à l'autre. Les plantes étant ainfi plus rapprochées, & n'occupant qu'un petit efpace, il eft plus aifé de les foigner, on peut les arrofer plus fouvent pendant les féchereffes, il eft plus facile d'amender le terrein, avec du fumier confommé en terreau, comme j'ai dit; enfin il eft fouvent plus aifé d'abriter une pépinière qu'une Nopalerie, à caufe de cette beaucoup plus grande étendue de terrein qu'exige cette dernière. Thiéry a fait des effais pour connoître quelles feroient les expofitions les plus favorables aux pépinières de

Nopals. Voici les réfultats de ces effais. L'abri de l'Oueft a été plus favorable à la pépinière que l'abri de l'Eft. Le fuccès a été égal dans deux pépinières abritées, l'une du Sud, & l'autre du Nord; de forte cependant que pendant le Printems & l'Eté, lors d'une partie defquels le Soleil eft au Port-au-Prince du côté du Nord, à l'heure de midi; les plantes de la pépinière expofées au Nord ont végété plus vigoureufement, que celles de la pépinière expofée au Sud: mais, pendant l'Automne & l'Hiver, ces dernières plantes ont végété plus, rapidement que les autres, malgré la féchereffe perpétuelle de ces deux dernières faifons.

Des maladies & des ennemis du Caflier Nopal, & des accidens qui peuvent lui nuire.

Aucune maladie, aucun ennemi, aucun accident ne peut ruiner une Nopalerie bien établie. Quelques articulations, quelques plantes entières même, peuvent en fouffrir & périr; & cela même eft rare. Mais le dommage qui peut en réfulter, n'eft jamais fort confidérable, bien loin d'être jamais complet, comme il l'eft fouvent dans les autres grandes cultures de nos Colonies de l'Amérique méridionale; dans les cotoneries, par exemple, & les indigoteries, que les chenilles dévorent fouvent dans l'efpace d'une nuit ou deux. Le Cultivateur de cochenille ne doit pas, pour cela, négliger les foins néceffaires pour diminuer la fomme de ces dommages quelconques.

Thiéry a découvert trois fortes de maladies auxquelles le Caflier Nopal eft fujet. Aucune de ces maladies n'eft contagieufe, ou ne paffe par contagion, d'un Caflier à l'autre. Il nomme ces trois maladies, 1.° la pourriture ou gangrène; 2.° la diffolution; 3.° la gomme. Toutes ces trois maladies font locales; & en retranchant jufqu'au vif, chaque partie qui en eft attaquée, on fauve le refte de la plante.

La pourriture ou gangrène fe manifefte par une tache d'un noir terne, fordide & défagréable à la vue, arrondie, plus ou moins large, qui paroît fur la furface des articulations. La fubftance du Caflier eft déforganifée, morte & pourrie, dans toute l'étendue de cette tache, depuis la furface, jufqu'à une profondeur plus ou moins grande. Si l'on abandonne cette tache à elle-même, fans y toucher, cette forte de gangrène fe communique aux parties voifines, la pourriture s'étend en largeur & en profondeur, corrompt l'articulation entière, gagne quelquefois les articulations voifines, & peut faire fur la plante qui en eft attaquée, un dommage confidérable, fi l'on n'y pourvoit. Quelquefois, une telle tache de pourriture ne s'étend pas beaucoup, le mort fe fépare d'avec tellement du vif, là, portion pourrie tombe d'elle-même, & le reste se guérit. Mais il est à propos de ne pas attendre cet événement: & aussi-tôt que l'on s'apperçoit d'une telle tache, il faut enlever tout ce qui est corrompu, jusqu'au vif, & même au-delà, en le coupant très-proprement, avec un instrument bien tranchant, dût-on, pour cela, percer l'articulation de part en part, ou en retrancher la plus grande partie. Cette opération suffit le plus souvent pour arrêter ce mal, & la partie attaquée se guérit parfaitement. Le Cactier Nopal est plus sujet à cette maladie qu'aucun autre Cactier à articulations en forme de semelle.

La dissolution est une autre sorte de pourriture, qui paroît avoir son principe dans l'intérieur de la plante, & ne se manifeste à l'extérieur, que lorsque la partie qui en est attaquée est pourrie dans toute son épaisseur, qui semble ainsi être décomposée toute entière en un seul moment. Une articulation ou une branche, ou toute la tige seule de la plante, bien verdoyante, à l'extérieur, paroissant de la santé la plus brillante & la plus parfaite, perd, tout-à-coup, son éclat, sa verdeur, son air de santé, devient d'un jaune sordide, paroît pourrie, & l'est aussi dans toute son épaisseur. Si on la sonde alors avec une épingle, on voit sortir de l'endroit piqué de l'eau en abondance; si on la tranche avec un couteau, on ne rencontre qu'une matière pourrie & entièrement désorganisée dans toute son épaisseur. Il n'y a pas d'autre remède que de retrancher aussi-tôt jusqu'au vif, & au-de-là, tout ce qui est attaqué, en le coupant bien proprement avec un instrument bien tranchant. Cette opération sauve le reste de la plante, qui continue de remplir néanmoins sa destination. Si les racines sont attaquées, ce qui arrive très-rarement, il faut arracher la plante entière, changer la terre où elle étoit plantée, & remettre un autre Nopal à la place. Le Cactier Nopal est moins souvent attaqué de cette maladie, que le Cactier de Campêche, qui y est plus particulièrement sujet qu'aucun autre.

La gomme se manifeste ainsi; on voit une partie quelconque se tuméfier, sans que la couleur en soit altérée. Il se forme enfin sur cette tumeur, une crevasse, plus ou moins grande, souvent d'un pouce de longueur, dont il découle une liqueur, qui se fige promptement en larmes d'un aspect farineux, opaques, jaunes dans le Cactier Nopal, & blanches dans le Cactier splendide. Ce dernier est très-sujet à cette maladie qui l'attaque plus souvent que le Cactier Nopal. Il me paroît que c'est un suc propre, extravasé, comparable aux extravasions de gomme, que l'on observe sur nos arbres fruitiers à noyau. Thiéry, en suivant cette subs-

tance extravasée dans ses routes, au travers de la substance de la plante, a observé que c'étoit une liqueur épaisse & blanche comme du lait. Il conseille, pour cette maladie, le même remède que pour les deux précédentes, savoir: de retrancher tout ce qui paroît en être attaqué, en le coupant proprement, jusqu'au vif, avec un instrument bien tranchant.

Ces trois maladies font quelque tort aux pépinières, & retardent souvent les progrès de ceux qui commencent à multiplier le Cactier Nopal; mais elles sont heureusement rares dans les Nopaleries, & n'y portent jamais une atteinte sensible. Thiéry en a parlé principalement, dit-il, pour prémunir le Cultivateur qui commence cette culture, contre les alarmes qu'il pourroit concevoir, en voyant sa pépinière attaquée.

Les ennemis du Cactier Nopal ne sont pas plus redoutables que ses maladies. Le premier est le rat. Thiéry l'a vu manger les Nopals jeunes ou vieux, pendant la disette; & cela n'est arrivé que deux fois; encore, c'est dans une chambre, où l'on avoit renfermé une caisse de Nopal pour des expériences; & ce rat avoit ses petits dans un trou de cette chambre. Il n'a pas vu ce dommage en plein champ. Comme tout le monde connoît les différentes méthodes de détruire cet ennemi, il n'est pas nécessaire de m'étendre à cet égard.

Le second ennemi du Cactier Nopal, dont les délits, contre cette plante, sont plus nombreux, plus fréquens, & mieux constatés que ceux du rat, c'est l'insecte si connu dans les Colonies sous le nom de *Ravet*, & que Linnæus nomme *Bletta lucifuga*. Il se trouve rarement parmi les Nopals, car il préfère les maisons, les ruines, les vieilles haies, les débris des corps végétaux & sur-tout des animaux. Quand il se trouve dans la Nopalerie, ce qui n'arrive que par hasard, ou quelquefois par négligence, lorsqu'on y a laissé introduire avec du fumier mal consommé, des débris de végétaux ou d'animaux qui contenoient cet insecte; quand, dis-je, il se trouve parmi les Nopals, comme cet insecte désolateur s'accommode de tout, il ronge leurs jeunes bourgeons. Lorsque ce cas a lieu; quelquefois, l'Araignée chasseresse, (*Aranea venatoria. L.*), qui est pour le ravet un ennemi naturel très-actif, vigilant de jour & de nuit, & sur-tout très-avide, a délivré la Nopalerie de cet insecte, avant qu'on se soit apperçu qu'il y fût. Si, par cas extraordinaire, il causoit un dommage fréquent & considérable, alors il faudroit mettre des jattes, d'un orifice étroit, & à demi-remplies de sirop de sucre non aigri, sous quelques Nopals; le Ravet préféreroit ce sirop; & quand même il y auroit un mille de ces infectes dans la Nopalerie, tous y courroient & s'y noyeroient. Ce moyen est employé communément à Saint-Domingue, & réussit toujours fort bien.

Le troisième ennemi du Nopal est plus nuisible que les deux premiers: c'est la chenille d'une phalène que l'on n'a pas encore vue. Elle est jaune, transparente, sans poils, de la grosseur d'une plume de perdrix. Elle se place toujours environ sur le milieu d'un bourgeon naissant, & s'y met à couvert, par une galerie de toile qu'elle file sur elle, à mesure qu'elle avance en dévorant la surface tendre du bourgeon. Lorsque la surface du bourgeon commence à s'endurcir & qu'il est développé en articulation d'une certaine grandeur, alors cette chenille fait un trou dans l'écorce, ou plutôt l'épiderme, & pénètre dans l'intérieur de la substance charnue, de l'articulation qu'elle dévore, en conservant l'épiderme qui sert alors de parois à son logement. Une seule de ces chenilles dévore la moitié de la substance d'une articulation avant que cette dernière ait reçu tout son accroissement. On reconnoît la présence de cet ennemi, à la toile qu'il file avant de pénétrer dans la substance de l'articulation, à la transparence de l'articulation, dont il ne blesse pas l'épiderme, & enfin à ses excrémens en forme de bouillie jaune, qui sont répandus sur l'articulation. Il ne faut pas négliger de faire la recherche de cette chenille soir & matin, & de l'écraser après l'avoir tirée de son repaire. Lorsqu'une pépinière est en sève, cette chenille s'y trouve très-communément sur tous les Nopals & autres Cactiers à articulations en forme de semelles. Cet ennemi du Nopal est comme leurs maladies, moins dangereux pour une Nopalerie que pour une pépinière. Il nuit plus à celle-ci qu'aucun autre ennemi ou maladie.

Le quatrième ennemi des Nopals est une cochenille inconnue à Linnæus & aux autres Naturalistes avant Thiéry, & découverte par ce dernier. On peut la nommer, Cochenille jaune. *Coccus luteus. Coccus Cactorum soleæformium, luteus, clypeiformis, minimus.* Cochenille des Cactiers en forme de semelles, jaune, en forme de bouclier, très-petite. *Coccus de l'Opuntia.* Thiéry, page 335. Cette cochenille est d'une petitesse extrême. Son mâle est presque imperceptible à la vue. Il s'ensuit que Thiéry, qui, comme il le dit lui-même, n'avoit pas de microscope, n'a pu décrire que les traits les plus grossiers de cet infecte. Sa description ne donne pas une connoissance détaillée des différentes parties de cet infecte; mais elle suffit, pour faire connoître que c'est une cochenille, & pour apprendre au Cultivateur à connoître la présence de cet infecte sur le Nopal & sur les autres Cactiers, & les moyens de s'en délivrer.

Les articulations du Nopal sont quelquefois couvertes de petits points jaunes, que l'on pourroit prendre, au premier coup-d'œil, pour une maladie de l'écorce de la plante. Ces points jaunes sont l'espèce de cochenille dont il s'agit. Chacun de ces points s'accroît en largeur jusqu'à un quart de ligne de diamètre. Il est de forme orbiculaire, & a dans son centre une pointe noire, proéminente, de manière qu'il ressemble, dit Thiéry, à un de ces anciens boucliers ronds de troupes légères. La hauteur de cette pointe élevée à son centre, est d'un douzième de ligne. Il faut une bonne loupe, pour voir que ce point jaune est une femelle de cochenille. Parmi le nombre infini de ces petits boucliers, on apperçoit, si l'on y donne assez d'attention, des petits cylindres jaunes, longs d'un douzième de ligne. Ce sont les larves des mâles de cette espèce de cochenille. En observant ces cylindres tous les matins, au soleil levant, avec une bonne loupe, on voit, un mois après la naissance de ces infectes, sortir de ce fourreau cylindrique jaune, un très-petit infecte muni de deux ailes jaunâtres & élevées. Ainsi, cet infecte vit aussi long-tems que la cochenille fine, sa métamorphose de même & aux mêmes époques. (*Voyez*, ci-après, la description de la cochenille fine, & de la cochenille silvestre.) On n'apperçoit rien de plus sans microscope. Le Cultivateur n'a pas besoin d'en savoir davantage. Le nombre de ces infectes est prodigieux, est souvent si considérable, qu'il cache totalement la surface de l'écorce, qui alors paroît veloutée plutôt que couverte d'infectes. Lorsqu'un Cactier Nopal en est attaqué, il s'en trouve en deux mois de tems entièrement couvert depuis la base de son tronc, jusqu'au sommet de ses tiges & branches: il en souffre tellement, que son écorce, auparavant d'un verd vif, devient d'abord d'un jaune pâle. Quand un Nopal est une fois couvert de ces infectes, si on le laisse sans y toucher, il en est tellement épuisé en deux mois de tems, que ses articulations pourrissent & tombent toutes, les unes après les autres, & qu'il périt enfin entièrement; heureusement qu'il n'y a jamais dans une Nopalerie, qu'un petit nombre de Nopals qui soient attaqués par cet infecte. Il est fort aisé de s'appercevoir de sa présence; ainsi l'on peut aisément, avec un peu de soin, se mettre à l'abri du dégât qu'il fait faire. Pour cela, si-tôt qu'on apperçoit la moindre quantité de ces cochenilles, sur un Nopal, il faut prendre une éponge & de l'eau, puis en frotter fortement les articulations qui en sont infectées; on frotte de manière à écraser & à balayer tous ces infectes; puis on lave aussi-tôt la plante avec une autre éponge & d'autre eau que l'on a dans un autre vase. Que le Cultivateur ne craigne pas de se voir, à cet égard, surchargé d'ouvrage: pour peu qu'il y mette d'attention, cet ennemi ne lui causera pas plus d'une matinée de travail par mois; & il ne fera jamais un dommage sensible à la Nopalerie. Cette cochenille habite sur toutes les espèces & variétés de Cactiers à articulations comprimées en forme de semelles, & fait à chacune de ces espèces, le même tort qu'au Cactier Nopal.

Le premier des accidens qui nuit au Cactier Nopal, est la rupture avec renversement, par la violence des vents. J'ai déjà dit que les Nopals provenus de boutures trop petites, sont beaucoup plus sujets à cet accident, que ceux provenus de fortes boutures. Lorsque le vent renverse un Nopal en rompant son tronc vers la base; si ce Nopal est jeune, & si la base du tronc restant en terre n'est pas trop endommagée, on la laisse en terre, en retranchant par une coupe proprement faite, les éclats que cette rupture a laissés. Elle pousse bientôt après de vigoureux bourgeons, & devient en peu de tems un bel arbre. Si ce Nopal renversé & rompu est vieux, ou si sa base restant en terre, est trop endommagée par cette rupture, on l'arrache, & l'on replante en place, une bouture formée des deux plus fortes articulations du Nopal renversé.

Le deuxième des accidens qui nuisent au Nopal, c'est le déracinement avec renversement. J'ai aussi dit, que les Nopals les plus sujets à cet accident, sont encore ceux provenus de trop petites boutures. Mais quelquefois, quoiqu'un Nopal ait été planté dans toutes les règles, s'il survient une pluie d'avalasse telle que celles si fréquentes à Saint-Domingue, pendant la saison des pluies, la terre est bientôt détrempée en bouillie, jusqu'à un pied de profondeur : alors si quelque Nopal n'est pas pourvu d'un assez puissant pivot, si les racines horizontales ne sont pas assez vigoureuses, si les ramifications sont trop diffuses, les vents furieux qui accompagnent ces pluies le renversent promptement. Lorsque ce malheur arrive, il n'est pas aussi grand qu'il le paroît. Voici comment Thiéry le répare : il faut se garder d'achever d'arracher ce Nopal pour le replanter : mais à l'instant que l'orage cesse, pendant que la terre est encore extrêmement détrempée en bouillie, prenez deux forts pieux dépouillés de leur écorce, bien pointus par le bas, & d'un pied & demi plus grands que le Nopal renversé; puis pendant qu'un nègre soutiendra le Nopal, qui aura été redressé avec soin, engagez dans ses ramifications la tête d'un des pieux, & en ayant soin de ne pas endommager les racines, enfoncez ce pieu verticalement d'un pied & demi en terre : ensuite faites en aussitôt autant de l'autre côté du Nopal. Six mois après, cet arbre sera aussi solidement enraciné qu'aucun autre, & l'on pourra lui ôter ces tu-

teurs. Cet accident peut avoir lieu plus fréquemment sur les pentes des côteaux, que sur les surfaces plates : mais par-tout, il est très-rare.

Le troisième accident qui peut nuire aux Nopals, c'est la grêle. Elle est fort rare en Amérique. Il n'en tombe quelquefois pas une seule fois dans l'espace de cinq ou six ans. Le quinze Mai 1778, il en tomba au Port-au-Prince, de la grosseur d'une piastre. Une telle grêle nuit, sans contredit, beaucoup aux jeunes articulations des Nopals. Il n'y a rien autre chose à y faire que de jetter bas, par des coupes proprement faites, toutes celles qui auront été blessées. Le dommage qui en résulte, se borne à retarder quelquefois les progrès de la plante, de la moitié du produit d'une demi-sève.

Tout ce qui vient d'être dit de la culture du Cactier Nopal, n.° 37, de ses maladies & ennemis, & des accidens qui peuvent lui nuire, doit s'entendre, mot pour mot, du Cactier splendide, n.° 38, qui n'en diffère que parce que sa végétation est toujours plus rapide & plus vigoureuse, & qu'il réussit mieux dans les terreins les plus maigres, que le Cactier Nopal. Cependant il fait aussi des progrès plus rapides, & ses articulations sont plus amples dans un bon terrein que dans un moindre.

Non-seulement ces deux Cactiers, n.° 38 & 39, sont les seuls sur lesquels on puisse cultiver la cochenille fine; mais ils sont encore préférables à tous autres, pour la culture de la cochenille silvestre. Ainsi, lorsque ces deux espèces de Cactier seront assez multipliées dans les Colonies, on fera bien de s'en tenir à elles pour l'éducation de la cochenille silvestre, & de négliger la culture des autres Cactiers sur lesquels on peut l'élever avec profit; parce que ce profit qu'on peut retirer de ceux-ci est beaucoup moindre, que celui qu'on peut retirer de ceux-là. Mais, en attendant que ce moment de richesse, pour les Colons & la Métropole, soit arrivé, il est indubitable que ces Cactiers de qualité inférieure pourront, d'ici à ce tems, être d'un grand secours à nombre de Colons, pour qui il sera très-avantageux d'élever de la cochenille silvestre. Il sera donc à propos, jusqu'à ce tems, de s'attacher à les multiplier conjointement avec le Cactier Nopal & le Cactier splendide.

On verra, ci-après, que ces Cactiers qui peuvent être employés très-utilement pour l'éducation de la cochenille silvestre, sont le Cactier jaune, n.° 35, & le Cactier de Campêche, n.° 36. Ces deux espèces réussissent encore mieux dans les terreins les plus maigres & les plus arides que le Cactier splendide; & à plus forte raison ils y réussissent beaucoup mieux que le

Caĉier Nopal. Excepté cette particularité, la culture & les foins qui conviennent à ces deux efpèces font exactement les mêmes que ceux qui conviennent au Caĉier Nopal & au Caĉier fplendide.

Des cochenilles que l'on cultive fur plufieurs Caĉiers.

La cochenille eft un genre d'infecte que Linnæus nomme *Coccus*, & qu'il place au rang des Hémiptères, c'eft-à-dire, de ceux qui n'ont que des moitiés d'aîles. Il ne comprend pas feulement, dans cet ordre, tous les infectes dont les fourreaux ne recouvrent que la moitié des aîles ; mais il y comprend auffi ceux dont un feul fexe eft aîlé. Tel eft le genre de la cochenille, dont voici, felon lui, les caractères diftinctifs : *Roftrum pectorale feu os roftrumque inflexum verfus pectus ; abdomen poftice fetofum, alæ duæ mafculis ; fæminæ apteræ.* C'eft-à-dire, trompe pectorale ou la bouche & la trompe recourbées vers la poitrine ; l'abdomen terminé poftérieurement par des foies ; deux aîles aux mâles ; la femelle fans aîles. Non-feulement il y a plufieurs efpèces de cochenilles ; mais il y en a même plufieurs efpèces qui habitent naturellement fur les Caĉiers. Je ne parlerai ici que des deux efpèces de cochenilles que l'on cultive en grand au Mexique, en les élevant fur le Caĉier Nopal.

1.° Cochenille filveftre. Thiéry, 347. *Coccus filveftris. Coccus caĉorum plurium foleæformium, tomento albo occultatus.* Cochenille de plufieurs Caĉiers en forme de femelle, cachée par un coton blanc. *Coccus Caĉi cochinilliferi.* Lin. Ellis act. angl. 1762. vulgairement, *cochenille filveftre. Grana filveftra*, des Efpagnols.

2° Cochenille fine. Thiéry 383. *Coccus fativus. Coccus Caĉi Nopal, pulvere albo confperfus.* Cochenille du Caĉier Nopal, couverte par une poudre blanche. Vulgairement *Cochenille fine ; Cochenille domeftique ; Cochenille mefteque. Grana fina*, des Efpagnols.

De la Cochenille filveftre.

Le mâle & la femelle, dans leur état de perfection, font fi différens l'un de l'autre, qu'à la feule infpection, on les prendroit pour des infectes de genres très-différens.

Le mâle, dans fon état de perfection, eft très-actif, très-mince & très-grêle en comparaifon de la femelle. Il a le port d'une très-jolie petite mouche. Il eft fi petit, qu'on ne peut diftinguer fes différentes parties extérieures fans l'aide d'un microfcope. Il eft de couleur de feu très-foncée. Sa tête eft très-diftincte du col, qui eft beaucoup plus étroit ; M. du Bourg, Membre du Cercle

des Philadelphes, établi au Cap-françois, dit qu'à l'aide d'un bon microfcope, on y découvre très-diftinctement, quatre yeux, dont deux placés fur le fommet de la tête, & les autres placés latéralement. Le corcelet ou la poitrine eft elliptique, un peu plus longue que le col & la tête enfemble. Sur la partie antérieure de la tête, font fituées deux antennes, beaucoup plus longues que celles de la femelle ; chaque antenne eft, fuivant M. du Bourg, compofée de dix petits globules ovoïdes, qui font adhérens les uns au bout des autres, comme les grains d'un chapelet ; & à chaque point de jonĉion de ces globules, font quatre petites foies courtes, dont une paire de chaque côté. L'infecte meut ces antennes avec beaucoup d'agilité. Il a fix pattes, dont trois de chaque côté ; il les meut avec beaucoup de vîteffe. Le ventre eft compofé de dix annaux, dont le dernier fe termine en une pointe, dans laquelle font contenus les organes de la génération. De l'extrémité poftérieure du ventre, partent deux grandes foies blanches, dont la longueur eft au moins double de celle de l'infecte entier. Ses deux aîles font blanches, prennent naiffance fur le corcelet. Lorfque l'infecte marche, il porte ces deux aîles horizontalement, comme celles des mouches communes. Elles fe croifent un peu vers le milieu de leur longueur ; font oblongues, très-étroites à leur infertion ; vont en s'élargiffant vers l'extrémité, laquelle eft arrondie ; & font toujours plus longues que le corps. Toutes les parties de l'infecte, excepté les aîles & les foies, font de couleur écarlate foncée.

La femelle, fur-tout dans fon état de perfection, & lorfqu'elle a acquis toute fa grandeur, eft auffi maffive, auffi informe, auffi engourdie que le mâle eft léger, bien fait & agile. Elle eft beaucoup plus groffe que le mâle ; lorfqu'elle eft parvenue au terme de fon entier accroiffement, elle eft de la groffeur d'une femence de veffe cultivée, (*vicia fativa* Lin.) : pour la bien voir & diftinguer fes parties, il faut l'obferver lorfqu'elle eft encore très-jeune. Son corps fans aîles reffemble affez à celui d'un cloporte ; il eft ovale, très-convexe en-deffus, & applatti en-deffous. Le ventre eft formé de dix anneaux. Les divifions de la tête d'avec la poitrine, & de celle-ci d'avec le ventre, ne font pas très-fenfiblement marquées. Les antennes n'ont chacune que cinq articulations, & reffemblent d'ailleurs à celles du mâle. La femelle n'a que deux yeux. Ces yeux font très-grands & très-faillans : pour pouvoir les appercevoir, il faut coucher l'infecte fur le dos. D'une petite protubérance convexe, placée au milieu de la poitrine, fort une efpèce de trompe qu'elle enfonce dans la fubftance des Caĉiers fur lefquels elle habite, pour en pomper le fuc dont elle fe nourrit. Cette trompe eft moins groffe que le fil d'un ver à foie, & eft de la longueur du diamètre de l'infecte auquel elle appartient. Elle a fix pattes dont trois de chaque côté, conformées de même que celles du mâle. Vingt ou trente foies très-courtes font affez également répandues fur la partie fupérieure ou le dos de l'infecte. Cette partie fupérieure de l'infecte eft, fuivant Thiéry, diftinguée d'avec l'inférieure par une double marge faillante, dont la fupérieure eft moins grande que l'inférieure. A mefure qu'il grandit, fa tête, fes pattes, fes antennes s'enfoncent & fe cachent de plus en plus dans les replis de fa peau renflée; de forte que, lorfqu'il a acquis toute fa grandeur, elles y font tellement cachées, qu'il faut avoir de bons yeux pour les appercevoir, ou même pour en foupçonner l'exiftence, fans le fecours du microfcope. Et alors à la vue fimple, elle reffemble autant à une graine qu'à un infecte : c'eft cette particularité qui lui eft commune avec la femelle de la cochenille fine, qui a fait fi long-tems croire à plufieurs, que la cochenille étoit une production végétale. Les œufs de cet infecte éclofent immédiatement après la ponte, ou au moment même de la ponte, ou même dans le ventre de la mere : c'eft ce qui a fait croire à plufieurs, qu'elle étoit vivipare. Si, lorfque la femelle eft au terme de fa groffeur, & prête à pondre, on l'humecte d'un peu d'eau, & qu'après l'avoir placée auffi-tôt fur un morceau de verre, on ouvre fon ventre avec une lancette très-fine, on voit fortir de fon corps un nombre infini d'œufs; & l'on voit une fourmillière de petits vivans, fortir incontinent de ces œufs. Lorfqu'on obferve attentivement ces infectes dans le tems de la ponte, on remarque que quelques-uns avortent. Alors on voit fortir tous les œufs adhérens les uns aux autres en forme de chapelet. Dans ce cas, on ne voit éclore aucun de ces œufs, & tous les petits qu'ils contiennent périffent fans voir le jour. La mère périt auffi-tôt après. Quand la ponte a lieu naturellement & fuivant l'ordre de la nature, le même chapelet d'œufs fort peu-à-peu, & défile, pour ainfi dire, grain à grain : Alors la mère paroît comme vivipare, & les petits, qui laiffent fans doute au paffage de la vulve l'enveloppe en forme d'œuf, qui contenoit chacun d'eux, courent auffi-tôt qu'ils font pondus, & paroiffent en ce moment parfaitement bien organifés. Dès que la femelle eft entièrement délivrée de fa nombreufe ponte, elle meurt, & n'eft plus qu'une pellicule defféchée, prefque fans fubftance & inutile. Quelquefois, dans des tems d'orage ou de pluie, les petits reftent fous le ventre de la mère en grouppe, & ne fe mettent à courir que deux ou trois jours & même plus long-tems, après avoir été pondus.

Au moment que les petits éclofent, chaque femelle d'entr'eux eft d'environ de la groffeur de la tête d'un camion. Le mâle eft d'un tiers plus petit que la femelle. Les foies dont le mâle eft hériffé, font très-courtes, & en moindre nombre que celles de la femelle. Dès le même jour, auquel les petits commencent à courir, ou le lendemain au plus tard, ils fe fixent, chacun fur le point du Cactier qui leur convient le mieux. Dès qu'ils font fixés, la femelle ne marche plus pendant tout le cours de fa vie, & le mâle ne marche plus jufqu'à ce qu'il ait acquis des ailes & foit devenu infecte parfait. Ils fe fixent fur les articulations des deux fèves précédentes, préférablement à toutes les autres, & négligent celles de la fève préfente. Ils choififfent, au Mexique & aux environs du Port-au-Prince, préférablement à toutes les autres fituations, la page de l'articulation qui regarde l'*Oueft-Sud-Oueft*. L'obfervation a appris que c'eft pour éviter les vents du *Nord-eft*, & fur-tout la force de la bife *d'eft*, toujours également régulière & violente dans la vallée de Guaxaca comme au Port-au-Prince : de forte que quand la cochenille exiftante fur une plantation de Cactiers eft parvenue à l'âge d'un mois, tous les Cactiers font nuds d'infectes & paroiffent verdoyans du côté du levant; tandis que du côté du couchant, ils paroiffent tous blancs. La preuve que les jeunes cochenilles ne choififfent cette fituation que pour éviter les vents de *Nord-Eft* & *d'Eft*, c'eft que lorfque les Cactiers fur lefquels elles fe fixent font à l'abri de ces deux vents, chaque articulation eft également chargée d'infectes fur chacune de fes deux pages; & que les cochenilles y deviennent plus groffes que fur les Cactiers expofés à ces vents. Les jeunes cochenilles, tant mâles que femelles, fe fixent fur les Cactiers, en y inférant leur trompe dans l'écorce. Toute cochenille dont la trompe eft rompue, ou feulement diftendue ou luxée, en meurt promptement, étant privée par-là du moyen de fubfifter. Dès que la cochenille a une fois inféré fa trompe dans un Cactier, elle ne peut plus l'en retirer : d'où il arrive que les cochenilles, une fois fixées fur une plante, ne peuvent plus être transférées fur une autre plante; & que fi, par exemple, la pourriture ou le defféchement font périr un Cactier chargé de cochenilles, il n'y a aucun moyen de fauver la vie à ces dernières. Lorfque les cochenilles font fixées, les foies dont les marges qui terminent fon dos font bordées, augmentent en grandeur. Puis toute la furface de leur corps fe couvre par degrés infenfibles d'un coton fin, blanc, vifqueux, épais, qui, en peu de tems, les cache fi entièrement, qu'on ne peut appercevoir aucune de leurs parties. Le flocon de coton, qui recouvre chaque femelle isolée, est d'une forme arrondie approchante de celle de l'insecte. Aux endroits où les femelles sont grouppées les unes près des autres, les flocons qui les recouvrent sont confondus les uns avec les autres & adhèrent ensemble. Ces flocons, isolés ou grouppés, augmentent de volume à proportion de l'âge des insectes qu'ils recouvrent. Le coton de ces flocons contracte avec la plante une adhérence assez forte. Le coton blanc, qui recouvre chaque mâle, devient de la forme d'un petit fourreau cylindrique ou conique, par le sommet duquel le mâle paroît suspendu à la plante, à l'aide de sa trompe insérée dans l'écorce, suivant Thiéri. Cet Auteur, ne pense pas que ce coton, qui recouvre les mâles & les femelles, soit filé par ces insectes comme on l'a assuré. Ainsi, il est probablement formé par la matière de la transpiration épaissie. Ce fourreau qui couvre l'insecte n'est pas formé par le coton que l'on voit sur toute sa surface; il en est seulement couvert. Il est très - probablement formé par la peau même de l'insecte. Thiéry dit que c'est une larve sous laquelle le mâle reste caché jusqu'à sa puberté. Le trentième jour après sa naissance, le mâle acquiert sa parfaite puberté, en sortant à reculons de son fourreau cotonneux. Au moment qu'il en sort, il paroît muni d'ailes ; & est dans son état de perfection, sous la forme élégante que j'ai décrite. Aussi-tôt après cette métamorphose, il se met à voltiger autour des femelles en sautillant à la hauteur d'environ six pouces. Il les féconde en montant sur leur dos, & à la manière des oiseaux : il meurt le même jour. la femelle est en état d'être fécondée trente jours après sa naissance. Elle a acquis pour lors le tiers de sa grandeur. Il me paroît très-vraisemblable que, pendant le cours de ces trente jours, cette femelle change de peau deux fois, de la même manière, & aux mêmes époques que la femelle de la cochenille fine. Mais ce coton épais & visqueux, qui recouvre & cache la cochenille silvestre, empêche qu'on ne voie ces changemens sur cette dernière, comme on les voit sur l'autre, ainsi que je dirai ci-après. Il paroît qu'elle est très.- sensible à l'approche du mâle : car on la voit s'émouvoir trois ou quatre fois à ses premières caresses: après quoi elle rentre dans son immobilité habituelle, & se laisse imprégner sans se mouvoir davantage. Le tems de la gestation est de trente jours, après lesquels les femelles font leur ponte ordinairement la veille, le jour ou le lendemain de la pleine lune suivant Thiéry. Et si elles sont nées dans la nouvelle lune, elles mettent bas, suivant lui, lors de la seconde nouvelle lune suivante. Et chaque femelle meurt comme j'ai dit, aussi-tôt qu'elle a achevé de pondre, ou si l'on veut, d'accoucher, ou de mettre bas. Ainsi, la vie du mâle dure trente jours, & celle de la

femelle soixante. Il y a souvent des femelles qui, suivant Thiéry, ne sont point fécondées; elles parviennent néanmoins à la même grosseur que les autres; & elles vivent plus long-tems. Thiéry a observé que, si l'on a, en caisses, des Nopals chargés de cochenilles, & qu'on les rentre, à l'ombre, dans une serre, quelques jours après que les femelles sont fécondées, pour les y laisser jusqu'à ce qu'elles mettent bas; cette privation des rayons du soleil retarde, d'environ huit jours, le moment de leur ponte & de leur mort.

On a remarqué que s'il y a dans un jardin, deux Cactiers nopals, par exemple, à cent pas l'un de l'autre, & que si l'on a placé des cochenilles silvestres mères, prêtes à faire leur ponte sur l'un d'eux sans en mettre sur l'autre; il arrive souvent que deux mois, ou même quelquefois quinze jours après, il se trouve de ces cochenilles sur ce dernier. C'est un fait confirmé par tant d'expériences & d'observations, qu'il n'est pas permis de douter de sa vérité. Il paroît qu'en ce cas les petites cochenilles nouvellement écloses ont été transportées par le vent ou plutôt par d'autres insectes. On a aussi remarqué que dans le cas d'une plus grande proximité entre deux Cactiers, lorsqu'il y a des fils d'araignée qui communiquent de l'un à l'autre, les petites cochenilles nouvellement écloses, se servent souvent de ces fils pour passer d'un pied sur l'autre.

La cochenille silvestre habite naturellement; 1.° suivant Thiéry, sur le Cactier en raquette à longues épines, n.° 25, C. Thiéry dit avoir observé ce fait au Mexique. 2.° au Mexique, sur le Cactier silvestre, n.° 37. C'est l'espèce qu'elle préfère naturellement à toutes les autres. Thiéry n'a jamais rencontré de plantes de cette espèce qui ne fussent couvertes d'une grande quantité de cette espèce de cochenille. Voyez ce que j'en ai déjà dit à l'endroit de la description de cette espèce de Cactier. 3.° sur le Cactier Patte-de-tortue, n.° 34, à Saint - Domingue, où Thiéry y a découvert le premier cette espèce de cochenille. Voyez ci - dessus la description de cette espèce de Cactier. Thiéry dit avoir remarqué que quoiqu'il y ait à Saint-Domingue, beaucoup de Cactiers en raquette à longues épines, dans les mêmes endroits où croissent les Cactiers Patte - de - tortue, néanmoins on ne trouve aucune cochenille silvestre sur ceux – là, tandis qu'il y en a beaucoup sur ceux-ci: Thiéry dit que c'est parce qu'elle préfère ceux-ci : mais ce fait paroît difficile à concilier avec ce qu'il dit que cet insecte habite naturellement sur ceux – là au Mexique, puisque le vent ou d'autres insectes peuvent les transporter indépendamment de son choix. 4.° On le trouve souvent sur le Cactier Nopal & sur le Cactier splendide,

splendide, n.ᵒˢ 38 & 39, sans qu'on l'y ait mise. Elle paroît se plaire sur ces deux Cactiers encore plus que sur le Cactier silvestre. Elle y devient deux fois aussi grosse que sur les autres Cactiers. Son coton y est beaucoup moins abondant & beaucoup moins tenace. Elle se distribue plus également sur la surface de ces deux Cactiers que sur celle d'aucun autre; apparemment parce que tous les points de la surface de ces deux Cactiers lui conviennent également : au lieu que, sur les autres Cactiers, il y a plus de choix, elle s'accumule en certains endroits, & laisse la place vuide dans d'autres. Il résulte de cette particularité, que ces cochenilles sont aussi d'une grosseur plus égale entr'elles, sur ces deux Cactiers que, sur les autres, parce qu'à chaque place où elles sont accumulées & trop proches les unes des autres, elles s'affament réciproquement, la plupart ne parvient pas à sa grandeur naturelle, & un grand nombre restent très – chétives. 5.ᵒ quand on la sème sur le Cactier jaune, n.º 35, & sur le Cactier de Campêche, n.º 36, elle s'y plaît beaucoup : elle profite même si bien sur celui, n.º 35, que Thiéry est en doute si le Cactier silvestre peut lui plaire davantage. 6.ᵒ Thiéry regarde comme probable que cette espèce de cochenille habite encore naturellement sur plusieurs autres espèces de Cactiers à articulations comprimées en forme de semelles. Et il assure qu'elle n'a jamais été trouvée, & ne peut se nourrir sur d'autres plantes que sur des Cactiers, quoiqu'en aient pu dire Plumier & plusieurs autres. Dans l'ordre de la nature, cet insecte est le fléau des Cactiers qu'il habite. Laissé à lui-même, il pullule tellement sur plusieurs, qu'un grand nombre de leurs articulations tombent incessamment en pourriture, & que même les plantes en périssent souvent entièrement.

De la Cochenille fine.

La cochenille fine, tant mâle que femelle, ressemble beaucoup à la cochenille silvestre, & a beaucoup de rapport avec elle. Thiéry pense, avec très – grande apparence de raison, qu'aucun des Auteurs qui ont traité avant lui de la cochenille, n'a vu la cochenille fine vivante. Le mâle & la femelle de ces deux sortes de cochenille sont conformés exactement de la même manière : sont en état de puberté à la même époque, c'est-à-dire, à l'âge de trente jours : vivent aussi long – tems, c'est-à-dire, le mâle trente & la femelle soixante jours. Cette femelle de la cochenille fine est cependant, suivant Thiéry, de quelques jours plus tardive que celle de la cochenille silvestre; ainsi, elle vit donc quelques jours de plus. Le mâle d'une de ces deux sortes est aussi joli & aussi agile dans son état de perfection que celui de l'autre :

il féconde la femelle de la même manière ; & meurt également le même jour. Celle-ci également massive & engourdie, fait sa ponte ou son part de même à l'âge de soixante jours, & de la même manière. Les jeunes qu'elle met au jour se comportent de la même manière ; se placent de même sur la face des articulations qui est à l'abri du *Nord - Est*, & de *l'Est*, en évitant soigneusement la face opposée : se fixent de même sur les plantes de Cactier en y insérant leur trompe dans l'écorce. En un mot, tout ce que j'ai dit de la cochenille silvestre doit s'entendre aussi de la cochenille fine, excepté les différences & les particularités donc voici le détail :

La cochenille fine n'est jamais aussi féconde que la cochenille silvestre. Au moment de la naissance, & à tout degré semblable d'accroissement, les individus de la cochenille fine sont toujours deux fois aussi gros que ceux de la cochenille silvestre. Les soies du dos de la femelle de la cochenille fine, sont de moitié moins nombreuses que celles de la cochenille silvestre. Et elles disparoissent dans la cochenille fine adulte, à laquelle il n'en reste que quelques – unes à l'extrémité postérieure de l'abdomen. La cochenille fine n'est en aucun tems recouverte d'un coton blanc, épais & visqueux qui la cache aux yeux, comme l'est la cochenille silvestre ; mais elle est seulement recouverte d'une poudre blanche, très-fine & impalpable qui laisse, en tout tems appercevoir son corps. Il résulte de cette dernière particularité, qu'on a pu observer, combien de fois & à quelles époques la femelle de la cochenille fine change de peau pendant sa vie : ce qu'on ne peut voir sur la cochenille silvestre, à cause de ce coton épais & visqueux qui la cache, & sous lequel reste chaque peau que quitte cette dernière. Suivant Thiéry, la femelle de la cochenille fine change de peau dix jours après sa naissance ; elle perd alors la plupart de ses soies ; & bientôt après, elle se couvre de cette fine poudre blanche dont j'ai parlé. Vingt ou vingt-cinq jours après sa naissance, elle change une deuxième fois de peau. Quelques-unes en très-petit nombre périssent pendant que ce changement s'opère. Au premier moment après qu'il est achevé d'opérer, elle paroît d'un rouge foncé ; mais, dès le jour suivant, elle est déjà poudrée à blanc. Les mâles des cochenilles fine & silvestre, dans les dix premiers jours après leur naissance, ne se distinguent des femelles que par leur grosseur, qui est d'un tiers moindre : mais, après dix jours, il se forme autour de leur corps un fourreau cylindrique. Ce fourreau du mâle de la cochenille fine n'est pas cotonneux, mais est couvert d'une poudre blanche, pareille à celle qui couvre la femelle. Le mâle ne file point ce fourreau ; & pendant que ce fourreau fe forme, la trompe du mâle refte toujours inférée dans l'écorce de la plante, comme elle l'étoit avant cette formation, & comme elle continue à l'être enfuite jufqu'au moment de la métamorphofe du mâle en infecte parfait. C'eft par le moyen de cette trompe ainfi inférée que le mâle demeure attaché & pendant à la plante, tant qu'il eft entouré de ce fourreau. De quoi eft formé ce fourreau ? Thiéry dit que c'eft une larve fous laquelle le mâle refte caché jufqu'à la puberté. Ainfi, il penfe que ce fourreau eft alors la peau de l'infecte. Cela paroît très-vraifemblable ; & fe peut voir auffi plus aifément fur la cochenille fine que fur la cochenille filveftre, à caufe de ce coton abondant & vifqueux qui cache cette dernière.

On ignore où la cochenille fine habite naturellement. Thiéry affure qu'elle n'habite naturellement en aucun endroit du Mexique; qu'on ne la trouve ni dans les campagnes, ni dans les forêts du Mexique; & qu'on ne l'y voit en aucune part ailleurs que dans les jardins & dans les cazes des Indiens qui la récoltent. On ne l'y élève que fur le Cactier Nopal. On ne l'y voit fur aucune autre plante que fur ce Cactier Nopal. On a dit à Thiéry, au Mexique, qu'elle fe trouvoit auffi quelquefois fur le Cactier fplendide. Cela eft plus que probable ; car Thiéry s'eft affuré par expérience, qu'on peut l'élever tout auffi bien fur le Cactier fplendide que fur le Cactier Nopal; & qu'elle profite & pullule auffi bien fur l'un de ces deux Cactiers que fur l'autre. Thiéry a découvert que le Cactier de Campêche, n.° 36, peut, au moins pendant un certain tems, être employé à nourrir la cochenille fine, non pas à beaucoup près avec autant d'avantage que le Cactier Nopal; non pas même affez pour que la cochenille fine, élevée uniquement fur ce Cactier, n.° 36, puiffe y être récoltée en affez grande abondance pour indemnifer le cultivateur de fes peines ; mais affez pour entretenir une plantation de mères cochenilles propres à multiplier cette efpèce; affez pour empêcher des générations de cette efpèce de périr lorfqu'on n'a pas d'autre nourriture à leur donner. Cette cochenille vit deux mois & demi fur ce Cactier quoiqu'elle n'y devienne pas auffi groffe que fur le Cactier Nopal. Cette particularité eft remarquable. Voyez ci-deffus, pag. 473, col. 2, ce que j'ai encore dit à ce fujet; & ce que j'ajoute ci-après, pag. 491, col. 2. Thiéry affure qu'aucune autre efpèce ou variété qu'il connoiffe de Cactier ou d'autre plante quelconque, n'eft propre à nourrir la cochenille fine : que les petits des mères cochenilles fines placées fur le Cactier en raquette à longues épines, n.° 25. C, y périffent très-promptement; que la même chofe arrive conftamment fur le Cactier Patte-de-tortue, n.° 34: que l'expérience a auffi appris que le

Cactier jaune, n.° 35, eft inutile p our nourr cet infecte.

Thiéry demande fi la cochenille fine eft une efpèce diftincte de la cochenille filveftre ou en eft feulement une variété, modifiée par la culture & par fon habitation fur le Cactier Nopal depuis un tems immémorial ? Sans prononcer fur cette queftion, il fe contente de rapporter les faits fuivans qui, ajoutés aux autres faits détaillés ci-deffus, tendent à la réfoudre. Il a vu plufieurs fois les mâles de la cochenille fine s'unir aux femelles de la cochenille filveftre. Il a trouvé plufieurs fois, à Saint-Domingue, en fouillant aux racines des Cactiers Nopals, à trois pouces de profondeur en terre, des grouppes de cochenille filveftre. Il n'exiftoit de cochenille fine aux environs, qu'à une diftance fi confidérable fous le vent, qu'il étoit impoffible que ce fût cette dernière qui fe fût placée en cet endroit. Les cochenilles de ces grouppes étoient moins groffes que la cochenille fine, mais étoient plus groffes que la cochenille filveftre. Elles n'étoient point couvertes de coton ni de foies : elle n'étoient point non plus poudreufes ou farineufes; mais elles paroiffoient n'être pas éloignées de le devenir. J'ajoute cette réflexion ; fi la cochenille fine n'eft qu'une variété de la cochenille filveftre, comment arrive t-il que le Cactier Patte-de-tortue, par exemple, ne puiffe aucunement nourrir la cochenille fine, tandis que ce même Cactier eft une nourriture extrêmement convenable à la cochenille filveftre ?

D'après cette hiftoire bien certaine des cochenilles fine & filveftre, il eft naturel de demander comment Plumier, Obfervateur d'ailleur fi exact, a-t-il donc pu affurer auffi pofitivement qu'il l'a fait, dans un Mémoire inféré dans le Journal des Savans, en Avril 1694, que la cochenille du commerce habite naturellement à Saint-Domingue, fur les Acacias; qu'il a montré au Gouverneur de cette Colonie, de cet infecte qu'il venoit de cueillir fur cette forte de plante, &c. fans parler des autres Auteurs graves, qui ont répété depuis cette affertion, en ajoutant que le même infecte fe trouvoit fur plufieurs autres plantes de Saint-Domingue, qui font auffi éloignés que les Acacias du genre des Cactiers. Pour favoir quel jugement porter de cette fauffe affertion, il eft à propos de favoir que cette erreur n'eft pas étonnante; car il exifte en effet, & il eft bon, pour ne s'y pas tromper de nouveau, d'en être prévenu ; il exifte, dis-je, à Saint-Domingue, fur des Acacies, fur des Caffes, fur l'Orme de Saint-Domingue, (*Theobroma guazuma.* L.), fur la Vigne, & fur plufieurs autres plantes, un infecte du genre des cochenilles, qui reffemble tellement aux deux cochenilles du Commerce, que la différence ne s'apperçoit pas au premier coup-d'œil. Voici, en peu de mots, une description de cet insecte, suffisante pour ne pas le confondre avec ces deux dernières cochenilles.

Suivant M. Dubourg, Membre du Cercle des Philadelphes établi au Cap François, la femelle de cette cochenille inutile parvient à la grandeur d'un grain de poivre, est de forme presque sphérique, mais pourtant un peu concave en-dessous. Ses antennes font presque aussi longues que son corps, terminées par un bouquet de longues soies, & composées de cinq pièces articulées bout à bout, non sphériques, mais cylindriques. Le corps est de couleur, non écarlate, mais canelle. Les antennes & les pattes font d'un brun très-foncé. Cette cochenille n'est pas cotonneuse, mais elle se couvre aussi d'une poudre blanche, non adhérente, qui s'essuie aisément avec le doigt. M. Dubourg n'a pu réussir à découvrir le mâle de cette cochenille. Thiéry dit qu'il est sans ailes. M. Chanvallon dit que lorsqu'on a réuni une certaine quantité de cette cochenille, elle exhale une odeur désagréable.

Il est plus que probable que c'est cet insecte que Plumier a trouvé sur des Acacias, & qu'il a pris pour la cochenille du Commerce. On ne trouve jamais cette cochenille sur les Cactiers. M. Dubourg, & plusieurs autres, l'ont semée sur différens Cactiers propres à nourrir les cochenille fine & silvestre, & jamais ses petits ne s'y font fixés.

Des Cactiers propres à l'éducation de la cochenille silvestre & de la cochenille fine.

Tous les Cactiers propres à nourrir la cochenille silvestre, ne font pas convenables à son éducation. Le Cactier Patte-de-tortue, n.° 34, & le Cactier silvestre, n.° 37, qui font très-propres à nourrir le cochenille silvestre, étant tout deux si épineux, qu'on ne peut toucher avec le doigs, la surface de leurs articulations, il est aisé de concevoir que quelques chargés qu'ils puissent être de cochenilles, il seroit impossible d'y recueillir ces insectes sinon un par un, pour ainsi dire, & avec des épingles ou des petites pincettes. Le plus habile ouvrier n'en pourroit pas recueillir deux onces dans sa journée, pendant qu'il en peut recueillir vingt livres dans le même espace de tems, sur les Cactiers presque sans épines, qui font également propres à nourrir cette cochenille ; savoir, le Cactier jaune, n.° 35, le Cactier de Campêche, n.° 36, le Cactier splendide, n.° 38, & le Cactier Nopal n.° 39. Ces quatre derniers Cactiers font donc, par cette raison, les seuls que l'on connoisse, jusqu'à présent, pouvoir-être employés avec avantage, pour l'éducation de la cochenille silvestre. De ces quatre Cactiers, les deux derniers, n.°s 38 &

39, font de beaucoup préférables aux deux autres, puisque la cochenille silvestre y devient beaucoup plus grosse & moins cotonneuse. Il n'y a aucune comparaison à faire, soit pour la quantité, soit pour la grosseur, soit pour la qualité entre la cochenille silvestre, élevées sur les Cactiers Nopal & splendide, & celle élevée sur aucun autre Cactier. Le Cactier, n.° 36, est moins avantageux pour cette culture, que celui, n.° 35, parce que celui-ci étant plus grand, & ayant des articulations plus vastes, peut nourrir un plus grand nombre de cochenilles, & encore parce qu'il est d'expérience que les cochenilles se distribuent plus également sur sa superficie entière, que sur celle du n.° 36 ; ce qui fait qu'il n'y a point de place perdue, & que les cochenilles en font plus grosses ; car elles se trouvent quelquefois si proches les unes des autres sur le n.° 36, qu'elles s'affament réciproquement, & ne parviennent pas à leur grandeur naturelle.

Quant à la cochenille fine, j'ai déjà dit que les Cactiers splendide & Nopal, n.°s 38 & 39, font les deux seuls, sur lesquels on puisse l'élever avec avantage ; & que le n.° 36 n'est bon à employer pour nourrir la cochenille fine, que lorsqu'on n'a pas d'autre nourriture à lui donner pour en conserver la race. Il est d'expérience que la moitié ou les trois quarts des cochenilles fines, qui naissent sur ce dernier Cactier, y périssent avant de s'y fixer ; & que le reste qui s'y fixe ne parvient point à sa grandeur naturelle. De plus, cette petite quantité de cochenille fine qui s'y fixe, y étant deux mois & demi à croître, il faut par conséquent un espace de sept mois & demi, pour en faire trois récoltes que l'on fait, en 6 mois, sur les n.°s 38 & 39 ; d'où il résulte qu'on ne peut faire au Port-au-Prince, que deux très-mauvaises récoltes de cochenille fine par an, sur ce Cactier. n.° 36, pendant qu'on y fait trois bonnes récoltes de la même cochenille sur les Cactiers n.°s 38 & 39.

De la semaille de la Cochenille Silvestre, sur les Cactiers propres à son éducation.

On dit semer une plante. Il peut paroître extraordinaire de dire semer un insecte. Il paroît que cette expression tient encore à l'erreur où l'on étoit anciennement que la cochenille étoit une graine. Néanmoins, quelqu'impropre que soit cette expression, il convient de la conserver, parce qu'elle est usitée par les Espagnols & par les Indiens, cultivateurs de cochenille dans toute l'étendue du Mexique ; & encore parce qu'on ne pourroit la remplacer que par une périphrase qui jetteroit de l'embarras dans le discours. Semer de la cochenille, c'est poser des mères cochenilles, prêtes à faire leurs jeunes, sur les Cactiers propres à leur éducation, sur le Cactier Nopal, par exemple, de manière & afin que, sitôt que ces jeunes verront le jour, ils puissent se répandre sur cette plante pour s'y fixer, s'y nourrir, & y prendre leur accroissement.

J'ai déjà dit qu'il ne convient de mettre la cochenille sur les Cactiers que lorsqu'il ont atteint l'âge de dix-huit mois ; j'ai dit aussi que l'on peut semer de la cochenille silvestre pendant toute l'année. Mais comme les récoltes des cochenilles silvestres élevées pendant la sécheresse, sont beaucoup plus avantageuses que les récoltes des mêmes cochenilles élevées pendant les pluies ; il faut, autant qu'on peut, semer au commencement de la saison des secs, afin de pouvoir profiter de cette saison toute entière, sur-tout au Port-au-Prince, comme à Guaxaca, où cette saison durant six mois, si l'on ne seme pas dès le commencement, on ne pourra faire que deux récoltes de cochenilles élevées entièrement pendant la sécheresse, au lieu que si l'on seme, dès le commencement, on en pourra faire trois, ce qui sera fort avantageux ; j'ai encore dit que le commencement de la saison des secs est au Port-au-Prince & à Guaxaca en Octobre, & au Cap-François en Avril & Mai. Aussi-tôt donc qu'au Port-au-Prince, par exemple, les pluies d'Automne auront cessé, & que l'on pourra regarder comme sûr qu'il n'y a plus de pluies à craindre, ce qui arrive vers le quinze Octobre, on semera la cochenille silvestre. Thiéry conseille de semer, autant qu'on le peut sans inconvénient, en pleine lune ; il ne dit pas sur quoi il fonde ce précepte. Lors donc que les pluies sont finies, si le moment de la pleine lune est proche, il convient, dit-il, d'attendre ce moment pour semer ; mais, s'il y avoit plus de huit jours à attendre, il ne faudroit pas, continue-t-il, perdre un temps aussi précieux que celui de la sécheresse.

La semence, c'est-à-dire les mères cochenilles à semer, si l'on n'a pas de Cactiers à soi appartenant, qui en soient chargés, se trouvent dans la province de Guaxaca au marché, où l'on est dans l'usage habituel de porter de cette semence à vendre. Au Port-au-Prince, on pourra s'en procurer sans peine chez ceux qui ont déjà commencé à entreprendre cette culture, sinon on ira en chercher dans la campagne sur le Cactier Patté-de-Tortuë, n.° 34, où cet insecte habite naturellement. (*Voyez* ci-dessus la description de ce Cactier.) On choisira pour semer ou bien les mères qui mettent bas leurs petits, ce dont on sera certain lorsqu'on verra un ou deux petits prendre à leur abdomen, ou bien les mères qui sont prêtes à mettre bas ce dont on juge par leur extrême grosseur. Il est cependant plus sûr de ne prendre pour semer que celles à l'abdomen desquelles on voit des petits, afin d'être certain de n'en pas semer qui n'aient pas été fecondées. Il est à propos de choisir les plus grosses, car il

est d'expérience que leurs petits sont plus forts & que la récolte qui en provient est plus ample & plus certaine. Le mieux est de ne prendre ces mères, sur les Cactiers où elles sont, que lorsque les nids, dans lesquels on doit les mettre pour les semer, sont déjà tous prêts ; de sorte qu'on puisse les mettre dans ces nids aussi-tôt après les avoir prises.

Ces cochenilles mères se sement dans des sortes de petites poches faites exprès, que l'on nomme des nids. Au Mexique, on emploie pour faire ces nids, le pétiole des feuilles de Cocotier. (*Cocos nucifera* L.) Thiéry a fait de même qu'eux à Saint-Domingue. Voici comment : les jeunes Cocotiers ne se dépouillent de leur feuillage que long-tems après qu'il est desséché ; le pétiole de chaque feuille est amplexicaule, c'est-à dire, embrasse la tige du Cocotier ; il est fort large ; quand il est verd il est dur, luisant, inflexible ; mais, quand il est sec, la pluie le fait pourrir, le parenchyme & l'épiderme disparoissent & il ne reste plus enfin qu'une sorte de tissu de fibres grossières, d'une couleur rousse, croisées en différens sens : chaque pétiole de feuilles de Cocotier peut donner, de ce tissu, une étendue de deux pieds en quarré ; on le découpe en petites pièces quarrées de deux pouces de largeur chacune ; on en tire les fibres les plus grosses & les plus roides ; il en résulte une étoffe claire & cependant épaisse, très-convenable pour faire les nids de cochenilles. Quand cette étoffe est encore trop verte & trop inflexible, on lui donne la flexibilité nécessaire, en la faisant macérer dans l'eau, puis la séchant, & la battant suffisamment, de manière à ne pas désassembler les fibres ; quand elle est assez souple on prend chacune des petites pièces quarrées, dont je viens de parler, puis on en fait un nid, en en liant fortement les quatre angles ensemble : cela forme une petite poche avec des ouvertures par lesquelles on introduit les mères cochenilles. Lorsque les petits sont éclos ils sortent du nid tant par ces mêmes ouvertures, que par les mailles du tissu clair qui le forme. L'étoffe de ces nids doit être en même-tems ferme, quoique souple, claire & épaisse ; quand elle est trop mince, il faut l'employer en deux ou trois doubles. Cette épaisseur est nécessaire pour garantir les mères de la trop grande chaleur du soleil, qui pourroit les faire avorter ; Thiéry ne connoît pas de matière plus convenable pour ces nids. Ils peuvent servir cinquante fois en ayant la précaution chaque fois, avant de s'en servir, de les dénouer pour les nétoyer, puis de les jetter dans l'eau bouillante pour tuer les insectes nuisibles qui pourroient s'y être logés & y rester ainsi que leurs œufs, puis de les sécher ensuite & de les renouer. Cependant, dans le cas où l'on trouveroit quelque difficulté à se procurer des pétioles de feuilles de Cocotier, on peut, d'après les expériences du Cercle des Philadelphes, employer avec succès une

Étoffe de paille, ou même une étoffe de gros fil, pourvu qu'elle foit affez ferme & que le tiffu en foit affez clair pour permettre aux jeunes cochenilles de paffer au travers afin de fe répandre fur le Cactier.

Thiéry confeille de mettre les cochenilles mères dans les nids, le même jour que l'on fème, & l'après-midi de la veille, & de femer de grand matin afin que les petits qui font déja éclos, fur le fein ou fur le dos de ces mères, ne foient pas perdus. Ainfi les nids, en nombre néceffaire pour la femaille d'un jour, doivent être tous prêts dès la veille. Il y a plus, fi l'on prévoit que l'opération de la femaille de la nopalerie doivent durer pendant trois jours confécutifs, il faut que tous les nids néceffaires, pour cette femaille entière, foient prêts dès la veille du premier jour, afin qu'on ne foit pas interrompu dans le travail de la femaille, qui, comme on le verra dans l'inflant, doit être faite dans l'efpace de temps le plus court poffible.

A l'égard de la quantité de mères qu'il faut mettre dans chaque nid, & de la quantité de nids qu'il faut pofer fur un Cactier ; 1.° Il eft très-important de pas mettre un trop grand nombre de mères fur une feule plante, parce qu'en ce cas le Cactier fe trouveroit fi chargé de cochenilles qu'il périroit fouvent avant la récolte avec les cochenilles qu'il porteroit, & que, s'il n'en périffoit pas, ces cochenilles ne parviendroient jamais à une groffeur paffable. 2.° Il eft encore très-important que les mères foient réparties fur chaque plante, de manière que leurs petits puiffent fe diftribuer également fur leur fuperficie ; parce que dans le cas contraire, d'abord il y a de la place perdue ; enfuite aux endroits où les cochenilles fe font établies trop près les unes des autres, elles s'affament réciproquement, comme j'ai déjà dit. Ainfi, les expériences & obfervations de Thiéry, lui ont appris qu'il faut deux à quatre mères au plus pour chaque articulation de Cactier Nopal ; par exemple, en obfervant que fi les Cactiers paroiffent fatigués par les cochenilles récoltées précédemment, il faut un beaucoup moindre nombre de mères. Il faut auffi ne pas mettre un trop grand nombre de mères dans chaque nid ; afin qu'en répartiffant ces mères le plus également poffible fur le Cactier, leurs petits puiffent auffi s'y répandre & s'y diftribuer plus également ; il convient auffi de ne pas mettre un trop petit nombre de mères dans chaque nid, afin de ne pas trop augmenter le nombre néceffaire des nids, & que le travail de la femaille foit moins minutieux & marche plus rapidement ; ainfi, il croit que le mieux eft de mettre huit à douze mères dans chaque nid ; & de placer chacun de ces nids à la bafe de chaque branche de quatre articulations ; de forte qu'un Cactier Nopal compofé de cent articulations, par exemple, (il y en a qui en ont cent cinquante,) portera vingt-cinq

de ces nids, qui feront ainfi répartis le plus également poffible. Suivant Thiéry chaque nid doit être pofé fur le Cactier, du côté de l'Eft, de manière que l'extérieur du fond du nid foit expofé aux rayons du foleil levant, qu'il eft important que les jeunes cochenilles reçoivent auffi-tôt qu'elles font éclofes, & auffi de manière que les ouvertures du nid foient le plus près qu'il eft poffible de la furface du Nopal, afin que les jeunes puiffent facilement atteindre cette furface ; fuivant le même, on fixe chaque nid fur le Cactier, foit en l'inférant avec affez de force dans l'aiffelle de chaque bifurcation, foit en le clouant avec une ou deux épines enfoncées dans la fubftance du Cactier. Le cercle des Philadelphes craint que ce dernier procédé ne produife la maladie de la gomme ; c'eft pourquoi il préfère, d'après les expériences de M. Arthaud, l'un des Membres de ce Cercle, de fufpendre les nids avec des fils de coton. Il eft important de placer les nids près des endroits du Nopal qui étoient les moins chargés de cochenilles lors de la dernière récolte, & de les éloigner de ceux qui en étoient chargés confidérablement, & font par conféquent dans un état d'épuifement confidérable ; ces derniers endroits font ordinairement déprimés & jaunes, fi on les charge alors autant qu'ils l'étoient, on les met en rifque de pourrir avant la récolte. Thiéry confeille de ne placer aucun nid plus bas qu'à un pied & demi au-deffus de terre ; apparemment à caufe de la dureté des articulations inférieure. Il faut, s'il eft poffible, que la nopalerie entière foit femée dans l'efpace d'un, ou deux, ou trois jours, afin que la récolte entière puiffe fe faire dans un efpace de temps au moins auffi court ; ce qui eft fort important pour éviter des pertes de temps en répétitions inutiles des mêmes opérations ; car il eft bon de favoir qu'il n'en coûte pas plus de temps & de foins pour préparer & fécher cent livres de cochenilles récoltées que pour une livre.

Il peut cependant être utile de femer quelques pieds de Nopals, plufieurs jours plus tard que les autres : en voici la raifon ; il eft indubitable que, pour avoir toujours de bonnes récoltes, il faut toujours femer la cochenille, & qu'il eft dommageable de la laiffer fe femer d'elle-même. Par conféquent, chaque fois qu'on fème, il eft néceffaire que les Cactiers foient entièrement nétoyés de toutes les cochenilles de la femaille précédente, & qu'il n'y en refte plus une feule ; mais alors où trouver les mères cochenilles propres à faire la deuxième femaille, fi toutes celles provenues de la première font récoltées ? Les cultivateurs du Mexique fe tirent de cet embarras en mettant, la veille de la première récolte, le nombre fuffifant de mères cochenilles prêtes à mettre bas, dans les nids, qui fe trouvent ainfi dès-lors tous prêts à être placés fur les Nopals après la récolte, pour faire la feconde femaille. Mais **Thiéry** remarque fort bien qu'en fuivant ce procédé, ces mères, prêtes à mettre bas, reftent plufieurs jours dans ces nids avant d'être placées fur les Nopals ; or, comme les petites cochenilles éclofent tous les jours, il en naît pendant cet intervalle un nombre très-confidérable, qui ne trouvant pas de Cacliers, fur qui elles puiffent fe répandre auffi-tôt qu'elles voient le jour, périffent néceffairement ; en forte qu'avant que ces nids puiffent être placés on perd les petits les premiers éclos, c'eft-à-dire, les meilleurs & qui produiroient la plus belle cochenille ; ce qui eft un grand inconvénient. Ajoutez que pour diminuer, autant qu'on peut, cette perte, on eft obligé de précipiter les opérations de la récolte & du nétoyement des Cacliers; ce qui eft encore un inconvénient à caufe de la gêne & des imperfections inféparables de toute précipitation. Si l'on a fait la première femaille toute entière, fans aucune exception, dans le plus court efpace de temps poffible, dans un jour par exemple ; on ne pourra, lors de la première récolte, laiffer quelques pieds de Caclier couverts de cochenilles pour y prendre la fémence lors de la feconde femaille, parce que dans ce peu de jours, qui s'écoulent néceffairement entre le commencement de la récolte & la femaille fuivante, les cochenilles laiffées fur ces Cacliers non-récoltés feroient prefque toutes leurs petits, & l'on perdroit la récolte de ces Cacliers, fouvent fans avoir réuffi à conferver de la femence ; car la plupart des mères que l'on y prendroit pour femer, n'auroient plus dans le corps que quelques petits en nombre, très-infuffifant pour garnir les Cacliers & d'une qualité inférieure, puifque les plus tardifs donnent la cochenille la moins belle. Il femble donc que le meilleur moyen de fe tirer de ces embarras eft de femer chaque fois quelques Cacliers, quelques jours plus tard que le refte de la nopalerie. Ces Cacliers qui pourroient alors, fans aucun inconvénient, & même qui devroient être récoltés plus tard, fourniroient des mères en fuffifante quantité pour chaque femaille de ceux du refte de la nopalerie. Quant à la femence néceffaire pour femer ce petit nombre de Cacliers récoltés après les autres, on pourroit fuivre le procédé que je viens de dire être ufité par le cultivateur du Mexique. L'inconvénient qui en réfulteroit, à l'égard de la cochenille, de ce petit nombre de Cacliers, n'eft pas à comparer au même inconvénient lorfqu'il a lieu à l'égard de celle d'une nopalerie entière.

Il y a encore une autre moyen pour fe procurer les mères néceffaires, pour femer ce petit nombre de Cacliers plus tard que les autres; il eft bon, pour cela, de favoir qu'il y a toujours, fur chaque Caclier, un petit nombre de cochenilles qui mettent bas, quatre, fix ou huit jours plus tard

que les autres : on pourra donc, lors d'une récolte, laiffer un Caclier pour le récolter, par exemple, huit jours plus tard que les autres ; puis le huitième jour, ou plutôt fi l'on veut, on y prendra le nombre dont on aura befoin, de ces femelles tardives feulement, & on récoltera le refte ; il eft vrai qu'alors la récolte de ce Caclier fera vuide de fubftance, puifque le plus grand nombre des cochenilles qu'il portoit auront mis bas : mais c'eft une petite perte, dont on fera bien indemnifé par la facilité qu'on aura dans la fuite à avoir des mères cochenilles pour les femailles.

On peut encore pratiquer un troifième moyen, fort facile, pour fe procurer des mères plus tardives de huit jours que les autres. C'eft d'avoir quelques Cacliers chargés de Cochenille, qui foient plantés en caiffe. Puis cinq femaines, après qu'ils auroit été femés en cochenille, c'eft-à-dire, environ huit jours après que les cochenilles qu'ils portent auront été fécondées, on les rentrera dans une chambre fraîche & à l'ombre. D'après ce que j'ai déjà dit plus haut, ces femelles privées de la chaleur du foleil, feront leurs jeunes environ huit jours plus tard que les autres.

J'ai dit plus haut que **Thiéry** prefcrit de femer la cochenille en pleine lune, autant qu'il eft poffible : mais fouvent le moment de l'accouchement des cochenilles que l'on a à fa difpofition, eft trop éloigné du tems des pleines lunes. Alors il confeille de l'y ramener en employant deux ou trois fois de fuite les deux derniers moyens que je viens d'expofer. Ceux qui jugeront comme lui, qu'il foit avantageux de femer en pleine lune, pourront fuivre fon confeil.

J'ai dit plus haut, qu'il ne faut jamais laiffer la cochenille fe femer d'elle-même. Ce précepte eft fondé fur une expérience fi fouvent répétée que fon importance ne peut être révoquée en doute. On voit dans les Auteurs, qui ont écrit fur la cochenille avant **Thiéry**, que lors de la récolte de la cochenille, on laiffe fur les articulations des Cacliers Nopals les jeunes cochenilles que plufieurs mères ont déjà mis bas, & même auffi des mères, & que, fans autre autre foin, les Cacliers fe trouvent fuffifamment chargés de cochenille lors de la récolte fubféquente. Mais, en même-tems, on voit dans les mêmes Auteurs que les récoltes de ces cochenilles qui fe font ainfi femées d'elles-mêmes font moins avantageufes que celles des cochenilles femées par les cultivateurs.

Thiéry s'eft affuré, par des expériences très-concluantes, & par de bonnes obfervations, que la caufe de cette diminution de valeur dans les récoltes femées d'elles-mêmes, dépend des causes suivantes, 1.° dans ce dernier cas, les petits s'éloignent peu de l'endroit où leurs mères ont vécu & se ramassent en trop grand nombre autour d'elles, sur les mêmes articles, & par conséquent se fixent trop près les unes des autres. 2.° Ces mères & ces petits, laissés à vue d'œil, sont bien loin d'être aussi également répartis sur les Cactiers, que le sont les mères semées par le cultivateur, de la manière que j'ai exposée. 3.° Les endroits qui étoient les plus chargés de cochenille, & par conséquent les plus épuisées lors de la récolte, s'en trouvent encore les plus chargées, après cette semaille spontanée, puisqu'elle tombe sous le sens, qu'il s'est trouvé dans ces endroits un plus grand nombre de mères, qui ont fait leurs jeunes, avant la récolte. De la réunion de ces causes, il arrive presque toujours, quelques précautions qu'on puisse prendre, que les cochenilles sont très-inégalement distribuées sur les Cactiers, & que nombre de leurs articulations en sont trop chargées: d'où il arrive nécessairement que les cochenilles se dérobent les unes aux autres la nourriture qui leur est nécessaire, qu'elles ne parviennent pas à la moitié de leur grandeur ordinaire, & que les Cactiers sont si excessivement fatigués que souvent nombre de leurs articulations tombent en pourriture, même avant la récolte de ces cochenilles. Ajoutez à cela qu'en laissant ainsi les cochenilles se semer d'elles-mêmes, on ne peut nétoyer les Cactiers assez exactement lors de la récolte, puisqu'il faut ménager ces cochenilles qu'on y laisse; & que par conséquent on ne peut faire autrement que d'y laisser des insectes ennemis ou de leurs œufs, qui nuisent d'autant à la récolte suivante. En un mot, Thiéry s'est assuré, par expérience & par observations, que chaque fois qu'on laisse les cochenilles se semer d'elles-mêmes; on doit s'attendre, quoiqu'on fasse, à ne récolter que de la cochenille d'une qualité très-inférieure, à ne faire que demi - récolte, & à voir ses Cactiers Nopals & autres épuisés extrêmement, & même souvent une partie de leurs articulations détruites par la pourriture. Thiéry s'est assuré par lui-même, qu'il y a, au Mexique, au moins une partie des cultivateurs qui ne laissent pas les cochenilles se semer d'elles-mêmes, & qui sèment eux-mêmes après chaque récolte, avec grand soin. Il y a vu des nopaleries, qui étoient à la veille de la troisième récolte de l'année, dont tous les plants étoient si également chargés de cochenille, qu'il auroit été impossible de poser le doigt sur aucune articulation sans écraser les cochenilles de la plus belle grosseur qu'il qu'il ait jamais vues. Il eût été impossible que ces cochenilles eussent été si grosses, si également réparties, & d'une grosseur si égale entre elles, si elles se fussent semées d'elles-mêmes, & si

elles n'eussent pas été au contraire semées avec le plus grand soin.

Dans le cas où, par quelque cause que ce soit, on n'a pas semé, & où les cochenilles se sont semées d'elles-mêmes, on peut, suivant M. Arthaud, prévenir une partie des inconvéniens qui en résultent ordinairement. Pour cela on nétoye, au plutôt, de son mieux, les articulations des Cactiers, sans endommager les jeunes cochenilles qui se sont répandues sur leur surface. On ne laisse pas de Cochenilles sur les articulations trop jeunes que les petits négligent ordinairement lorsque l'on a semé. On n'en laisse pas sur les endroits épuisés par les mères de la dernière récolte. Enfin, on tâche de ne laisser, sur chaque Nopal, qu'une quantité de jeunes cochenilles également distribuée, qui soit convenable pour avoir une récolte de cochenilles d'une belle grosseur, & ne pas trop épuiser les Cactiers.

De la semaille de la Cochenille fine sur le Cactier, n.° 39, & sur le Cactier splendide, n.° 38.

Tout ce que j'ai dit, de la semaille de la cochenille silvestre, doit s'entendre de celle de la cochenille fine, en y ajoutant ce qui suit. On ne peut semer comme j'ai déjà dit, la cochenille fine, avec succès, pendant la saison des pluies, ni à Guaxaca, ni au Port-au-Prince, ni ailleurs. Ainsi, il est encore plus important, à l'égard de la cochenille fine, qu'à l'égard de la cochenille silvestre, que la première semaille de l'année en soit faite dès le commencement de la saison des secs, aussi-tôt qu'il n'y a plus de pluies à craindre, afin qu'on puisse profiter de cette saison toute entière. Car si, par exemple, au Port-au-Prince, ou à Guaxaca, l'on ne faisoit cette première semaille, qu'un mois après le commencement de la saison des secs, on perdroit une récolte; puisqu'on ne pourroit faire avec succès dans la même année que deux semailles; au lieu de trois que l'on peut faire, lorsqu'on sème dès le commencement de cette saison. Comme il n'est pas bien certain que la cochenille fine soit une espèce distincte de la cochenille silvestre, & n'en soit pas plutôt une variété améliorée par la culture, il est très-important de prendre, lorsqu'on sème la cochenille fine, toutes sortes de précautions pour l'empêcher de dégénérer. Ainsi, autant qu'il est possible, il ne faut jamais semer que les plus grosses mères que l'on puisse trouver, & il est encore plus préjudiciable pour cette cochenille, que pour la cochenille silvestre, de la laisser se semer d'elle-même; puisque non-seulement, en pareil cas, on perd une demi-récolte d'un produit plus abondant & plus précieux que celui de la cochenille silvestre, mais que l'on n'a auſſi qu'une cochenille de moitié moins groſſe que celle ſemée par le cultivateur ; ce qui ſemble un pas vers la dégénération. Il y a, à l'égard de la cochenille fine, beaucoup plus de difficultés, qu'à l'égard de l'autre, pour avoir, lors de chaque ſemaille, des mères qui y ſoient propres, & qui n'aient pas commencé de mettre bas au moment de cette ſemaille. Car, pour cela, il ne ſuffit pas, à l'égard de la cochenille fine, de ſemer quelques Cactiers pluſieurs jours après les autres ; il faut encore réuſſir à conſerver, pendant la ſaiſon des pluies, & la cochenille retardée de ces Cactiers ſemés plus tard, & la cochenille non retardée des autres.

Or, la conſervation de ces deux linées, ou même d'une ſeule n'eſt pas très-aiſée, pendant les ſix mois que dure cette ſaiſon, tant à Guaxaca qu'au Port-au-Prince, & en beaucoup d'autres endroits de l'Amérique Méridionale, qui ſont néanmoins très-propres à l'éducation de la cochenille fine. Je vais expoſer les procédés mis en pratique au Mexique. Pour réuſſir à cette conſervation ; les inconvéniens & l'inſuffiſance de cette pratique ; puis la méthode que Thiéry, a imaginé pour réuſſir plus ſûrement que par ces procédés, & en éviter les inconvéniens.

De la manière de conſerver la Cochenille fine vivante, pendant la ſaiſon des pluies, tant à Guaxaca qu'au Port-au-Prince, afin d'avoir des mères cochenilles, pour ſemer lors de la ſaiſon des ſecs ſubſéquente.

La cochenille périroit, très-certainement, juſqu'à la dernière, à Guaxaca comme au Port-au-Prince, ſi on la laiſſoit en plein air, pendant la ſaiſon des pluies. On n'en retire donc aucun profit, à Guaxaca, pendant cette ſaiſon. On ſe borne, tant que cette ſaiſon dure, à tâcher d'en conſerver l'eſpèce, pour être en état de la ſemer, de nouveau en plein air, lors du premier retour de la ſaiſon des ſecs. Comment les cultivateurs du Mexique, réuſſiſſent-ils à cette conſervation, pendant les ſix mois que durent la ſaiſon des pluies ? Les Auteurs qui ont traité de la cochenille, avant Thiéry de Ménonville, rapportent qu'à l'approche des pluies, les Indiens caſſent des branches de Cactier nopal, ſur leſquelles ſont des cochenilles fines, les ſerrent dans leurs maiſons, & les y gardent juſqu'aux ſéchereſſes ; & qu'enfin lorſqu'il n'y a plus de pluies à craindre, & que les cochenilles ainſi nourries à la maiſon ſont prêtes à mettre bas, ils les ſèment de nouveau en plein air. Thiéry, en achetant des branches de nopal, chargées de cochenille fine vivante, chez un nègre libre, dans le fauxbourg de *las Bueltas*, à Guaxaca, a vu que ce nègre avoit, le long de la haie de ſon jardin, & des murs de ſes caſes, pluſieurs

groſſes branches de Cactier nopal, qui avoient environ trois pieds de longueur, ſur leſquelles il y avoit quelques cochenilles femelles fort groſſes. Il demanda à ce nègre à quel uſage il deſtinoit ces branches. Ce nègre répondit, ce ſont des mères cochenilles, c'étoit le dix-ſept Mai, à la veille de la dernière récolte & des pluies. Thiéry conjecture avec très-grande apparence de raiſon, que ces branches n'étoient là que pour toujours profiter du beau tems, en attendant que la pluie forçât de les rentrer à la caſe. Il ne fit aucune autre queſtion à ce nègre pour ne pas ſe faire ſoupçonner, parce qu'il étoit dans une Ville. Il fut plus familier avec un alcade nègre à *San Juan del Rey*, chez lequel il acheta auſſi des branches de Cactier Nopal chargées de cochenille vivante, & qui poſſédoit une nopalerie d'un arpent & demi des mieux entretenues qu'il ait vues. Thiéry lui demanda comment il gardoit la cochenille pendant la ſaiſon des pluies. Le nègre répondit, que c'étoit dans ſa caſe. Il en uſa auſſi librement avec un Indien, à *Gallatitlan*, chez lequel il acheta auſſi des branches de Cactier Nopal chargées de cochenilles fines vivantes. Thiéry voyoit, dans ſa nopalerie récoltée, deux ou trois Cactiers Nopals encore chargés de cochenilles. Il lui demanda comment il pouvoit conſerver ſes cochenilles pendant la ſaiſon des pluies ? L'Indien répondit, en montrant du doigt ces Nopals encore chargés, on les couvre avec une natte.

Il paroît donc, d'après ces détails, qu'il y a deux méthodes ſuivies au Mexique, pour conſerver l'eſpèce de la cochenille fine pendant la ſaiſon des pluies ; que la première conſiſte à garder, dans l'intérieur des maiſons, pendant cette ſaiſon, des branches de Cactier Nopal chargées de cochenilles vivantes ; & que la ſeconde méthode eſt de laiſſer en plein air, pluſieurs Cactiers, chargés de cette cochenille vivante, que l'on couvre avec des nattes, lors des pluies. Il tombe ſous le ſens que les avantages ou les inconvéniens qui peuvent réſulter de ces deux méthodes, doivent être les mêmes au Port-au-Prince qu'à Guaxaca ; puiſque le climat de ces deux Villes, eſt le même à l'égard de l'époque & de la durée de la ſaiſon des pluies, & à tous autres égards.

Quant à la première méthode, on conçoit qu'il eſt peu probable que les branches de Cactiers Nopals, chargées de cochenilles vivantes, qui ſont rentrées à la maiſon, à l'approche de la ſaiſon des pluies, ſoient les mêmes ſur leſquelles on recueille la cochenille, pour ſemer, lors du retour de la ſaiſon des ſecs, c'eſt-à-dire ſix mois après. Car, en premier lieu, il eſt peu probable que des branches de Nopal, ſéparées des arbres auxquels elles appartiennent, puiſſent reſter vivantes pendant a mois, & être, au bout d'un si long espace de tems, encore assez fraîches pour entretenir des cochenilles vivantes. En second lieu, les jeunes cochenilles engendrées par les mères que l'on rentre toutes prêtes à pondre, font très-certainement leurs petits environ deux mois après qu'elles sont rentrées, & il paroît certain que les branches sur lesquelles elles ont vécu pendant ces deux mois, & qui n'ont pas végété pendant ce tems, doivent être entièrement épuisées, & absolument incapables de nourrir la génération qui commence alors à voir le jour. Il paroît donc certain que, vers le commencement du troisième mois de la saison des pluies, il faut cueillir, dans la nopalerie, de nouvelles branches de Nopal, sur lesquelles on seme à la maison des mères cochenilles, prêtes à mettre bas. Il paroît encore certain qu'il faut répéter la même opération, encore deux mois après; & qu'ainsi les mères cochenilles, qui servent à la première semaille, faite en plein air au commencement de la saison des secs, font de la troisième génération des mères rentrées, à l'approche de la saison des pluies. Mais j'ai dit plus haut, que la cochenille fine, vit soixante jours en plein air, & que le moment de sa ponte, ainsi que de sa mort, est retardé de huit jours, lorsqu'elle passe sa vie renfermée à l'ombre. Je regarde il est vrai comme probable que, pendant la saison des pluies, les cultivateurs du Mexique font jouir leurs cochenilles renfermées de l'air & du soleil le plus souvent qu'il est possible. Mais, malgré tout le soin imaginable, il n'en est pas moins vrai que ces cochenilles doivent être, pendant presque toute cette saison, à couvert & renfermées. Il y a donc lieu de présumer que chaque génération de ces cochenilles, ainsi nées & élevées à la maison, ne fait souvent sa ponte que soixante-huit jours après sa naissance : & que, par conséquent, il arrive souvent que la troisième génération n'est prête à mettre bas, c'est-à-dire, n'est bonne à semer, que trois semaines après le commencement de la saison des secs; ce qui ne peut manquer d'être un fort grand inconvénient; puisqu'on perd, par-là, trois semaines d'un tems si précieux. Et dans le cas où le retardement du moment de la ponte de chacune de ces générations, élevées à la maison, seroit encore plus grand, à cause de l'humidité générale de l'atmosphère pendant la saison des pluies; dans le cas, dis-je, où ce retardement seroit, par exemple de quinze jours, il en résulteroit qu'on seroit souvent forcé d'employer, pour la première la semaille suivante en plein air, la deuxième génération élevée à couvert, sous peine de perdre certainement une récolte. Cet inconvénient seroit encore considérable, en ce qu'il forceroit, de semer de trop bonne heure en plein air, avant qu'on soit bien assuré qu'il ne

surviendra plus de pluies ; & forceroit, par conséquent, de s'exposer à voir souvent sa première récolte de cochenilles perdue entièrement, ou au moins très-considérablement diminuée. On ne sçait si l'on a, au Mexique, des moyens de parer à ces inconvéniens, qui paroissent inévitables, en suivant cette première méthode.

A l'égard de la seconde méthode de conserver des cochenilles fines vivantes pendant les pluies, qui consiste à laisser, en pleine terre, quelques Nopals chargés de cochenilles, & à couvrir ces Nopals, avec des nattes, chaque fois que la pluie survient; on conçoit aisément que cette méthode exige les attentions suivantes : 1.° pour ne pas perdre ces cochenilles couvertes, & les Cactiers Nopals qui en sont chargés, il faut en faire trois récoltes, pendant la saison des pluies. 2.° Il faut, par conséquent, pendant cette saison en faire trois semailles, y compris celle qu'il faut faire aussi-tôt après la dernière récolte de la saison des secs précédente, avant la semaille à faire en plein air, de toute la nopalerie, au commencement de la saison des secs suivante. 3.° Il faut faire chacune de ces trois semailles, & sur-tout la seconde & la troisième sur d'autres Nopals que ceux qui portent la cochenille que l'on seme & que l'on récolte, à cause de la fatigue qu'ont dû produire dans ces derniers, lors de la première de ces semailles, les cochenilles; & lors de la seconde & de la troisième, les cochenilles & les couvertures. 4.° Pour obvier, autant qu'il est possible, au retardement que l'humidité de cette saison, & les couvertures, doivent nécessairement apporter à l'époque de chaque ponte de ces cochenilles, il faut, lors de chacune de ces trois semailles, prendre pour semer, les cochenilles les plus précoces. Cela se peut alors fort aisément : puisqu'en semant sur d'autres Cactiers, que ceux qui sont chargés de cochenille, on peut semer avant chaque récolte.

On conçoit encore, en premier lieu, que cette seconde méthode doit être fort embarrassante : en second lieu que ces cochenilles, étant privées, par ces couvertures, du soleil & de l'air libre, pendant la plus grande partie des six mois de la saison des pluies; & vivant en outre, malgré ces ouvertures, pendant le même tems, dans un atmosphère toujours humide ; le moment de chacune de leurs pontes, pendant cette saison, doit être retardé presque autant que celui des cochenilles renfermées à la maison, &c.

Enfin, quelque soit celle de ces deux méthodes que l'on adopte, on ne réussit pas toujours à conserver la chenille, jusqu'à la saison des secs. Il suffit souvent d'oublier une seule fois de couvrir à tems celle conservée en plein air pour la perdre. Les rats, les ravets, la pourriture, le desséchement, &c. attaquent, malgré tous les foins poffibles, les branches chargées de cochenille confervées à la maifon. Ces cochenilles renfermées étant privées pendant très-long-tems du foleil & de l'air libre, les mères font mal fécondées, ou avortent, & les petits périffent en naiffant, &c.

C'eft probablement à caufe de l'infuffifance & des inconvéniens de ces deux méthodes, & à caufe de l'embarras où il eft, par conféquent, très-probable que les cultivateurs du Mexique font très-fouvent, pour trouver chez eux des mères cochenilles fines, prêtes à mettre bas au moment où ils defirent femer, que l'on eft dans l'ufage de vendre, au marché de Guaxaca & des autres villes du Mexique, de ces mères cochenilles toutes prêtes à femer, foit dans des nids tous prêts à être placés fur les Nopals, foit fans nids. Thiéry a été témoin de ce trafic à Guaxaca, & il dit que ces mères s'y vendent quelquefois à un prix très-exceffif. Il dit que les Indiens vont les uns chez les autres chercher ces nids jufqu'à trente ou quarante lieues, & que les nids qu'ils rapportent font encore bons à femer, après cette marche. Il eft vrai que les jeunes cochenilles qui éclofent en chemin font perdues, pour la plupart. Mais en augmentant, en raifon de cette perte, le nombre des mères que l'on feme, les jeunes qui éclofent enfuite, fuffifent pour garnir les Cactiers autant qu'il convient. Ce font, dit-il, les Indiens de la montagne, qui font ce trafic, & vendent les mères cochenilles aux Indiens de la plaine, qui fouvent ne fe foucient pas de femer la leur, parce qu'en outre, la cochenille de la montagne, eft toujours plus groffe que celle de la plaine, d'où il arrive que beaucoup d'entre eux font la première femaille de chaque année, avec des mères cochenilles, des Montagnes.

Cette infuffifance & ces inconvéniens confidérables de ces deux méthodes pratiquées au Mexique, pour conferver la cochenille fine, pendant les pluies, ont porté Thiéry à rechercher les moyens de réuffir plus fûrement à cette confervation, & d'éviter ces inconvéniens. Voici la méthode qu'il a imaginée à cet égard, & qu'il a éprouvée, avec fuccès, en petit.

Du féminaire de la Cochenille fine.

C'eft ainfi que Thiéry nomme un lieu qu'il confacre à y élever de la cochenille fine pendant la faifon des pluies, & même pendant toute l'année, de manière à pouvoir y trouver des mères cochenilles en état de fervir, non-feulement à la première femaille à faire chaque année en plein air au commencement de la faifon des fecs, même aux autres femailles à faire pendant cette faifon. On peut dans un tel féminaire, faire une récolte de cochenilles

tous les quinze jours pendant toute l'année, & ainfi fe procurer, par fon moyen, la facilité d'avoir des mères cochenilles en état d'être femées tous les quinze jours, pendant toute l'année. Car on verra, ci-après, qu'on ne fait la récolte des cochenilles que lorfqu'elles font bonnes à être femées, c'eft-à-dire, lorfque le moment de leur ponte & de leur mort eft très-prochain; ce que l'on reconnoît, lorfque quelques-unes d'entr'elles commencent à pondre. On pourroit même, fi l'on vouloit, y faire une récolte de cochenille tous les huit jours: mais cette dernière pratique feroit peut-être trop minutieufe. Ce féminaire n'eft autre chofe qu'une forte de hangard, dans le terrein duquel on cultive des Cactiers-Nopals, pour y élever la cochenille fine pendant toute l'année, & qui eft conftruit de manière à pouvoir être commodément & promptement couvert de tous côtés, lorfque la pluie furvient, & découvert le plus poffible lorfqu'elle ceffe. Voici la forme que Thiéry regarde comme la plus convenable à ce hangard, & les dimenfions qu'il juge le plus à propos de donner à ce féminaire, afin qu'il correfponde à une nopalerie d'un ou deux arpens, & qu'il puiffe en même-tems rapporter lui-même affez de cochenille, outre celle de fémence, pour indemnifer de la dépenfe que fa conftruction, fon entretien & les foins qu'il exige, peuvent occafionner; & même pour produire au-de-là de cette indemnité, un certain revenu qui ne foit pas à méprifer.

Ce hangard aura cinquante-deux pieds & demi de longueur, fur vingt-quatre pieds & demi de largeur, le tout dans œuvre. Sa longueur fera dirigée du Nord au Sud. Les deux petits côtés, c'eft-à-dire ceux du Nord on du Sud feront les pignons. Le toit fera en dos d'âne, élevé de fix pieds au-deffus de terre à fa naiffance, & fera couvert avec des chaffis garnis d'une groffe toile bien gaudronnée en-dehors & en-dedans, & maintenus foit dans des couliffes, foit dans des gonds, de manière à pouvoir être ouverts & fermés avec promptitude & facilité, lorfqu'il le faut. Les deux pignons feront revêtus de planches dans toute leur hauteur. Les deux grands côtés, c'eft-à-dire ceux de l'Eft & de l'Oueft, ou ceux de face, feront revêtus de planches, jufqu'à trois pieds de hauteur depuis terre. A la naiffance du toit, feront fufpendues des nattes, qui defcendront jufque fur ces planches, & feront difpofées de manière à être defcendues & remontées avec facilité & promptitude dans l'occafion. Le terrein de ce hangard doit être très-fec, & fera plus élevé que celui dont il fera entouré. Ce dernier fera difpofé en pente, de manière que les eaux du toit s'écoulent promptement & s'éloignent du hangard.

On conçoit que la terre de ce hangard doit être préparée & labourée avec encore plus de loin que celle de la Nopalerie. J'ai dit plus haut que le Cactier Nopal s'accommode de toutes sortes de terres, pourvu qu'elles soient sèches; mais qu'il se plaît mieux dans une bonne terre & y fait de beaucoup plus grand progrès: un bon terrein est encore plus utile pour le Séminaire que pour la Nopalerie. On plantera ce terrein du séminaire en Cactiers Nopals disposés sur six rangs, en échiquier ou en quinconce, dirigés du Sud au Nord, & à la distance de trois pieds & demi l'un de l'autre, & des parois du hangard; les Nopals seront, dans chacun de ces rangs, éloignés de trois pieds & demi l'un de l'autre, & des parois: le tout de manière que le séminaire contienne quatre-vingt-quatre Nopals. Les Cactiers Nopals qui serviront à cette plantation seront, ou bien des boutures faites, choisies & traitées comme je l'ai exposé plus haut; ou bien, encore mieux, des Nopals enracinés depuis un an ou dix-huit mois, si l'on en a de tels à sa disposition. Lorsque ces Nopals seront assez forts, ou assez bien repris, on pourra commencer à les semer en cochenille. Jusqu'à ce qu'on ait commencé à les semer, les châssis ne seront point fermés & les nattes ne seront point descendues.

On conçoit que, pour retirer le plus grand avantage possible de ce séminaire, il faut pouvoir y faire une récolte de cochenilles fines tous les quinze jours. C'est le seul moyen d'y trouver tous les quinze jours des cochenilles mères bonnes à semer, c'est-à-dire, qui soient toutes prêtes à pondre ou plutôt qui commencent leur ponte. Par ce moyen, l'on ne sera jamais obligé d'attendre plus de quinze jours après ces mères, dans tous les cas où l'on jugera qu'il est important de se mettre sans tarder à semer en plein air, soit au commencement de la saison des secs, soit dans le cas où un orage imprévu, extraordinaire auroit détruit la cochenille dans la Nopalerie, &c.

On pourra réussir à faire une récolte de cochenilles fines tous les quinze jours dans le séminaire, si l'on parvient à obtenir une seule & première fois des mères bonnes à semer tous les quinze jours pendant deux mois de suite, puisque la durée de la vie de la cochenille est de deux mois. Or j'ai déjà exposé plus haut que lors de chaque semaille que l'on fait de la cochenille, on peut retarder d'une huitaine cette semaille, & par conséquent retarder d'autant la ponte de la génération que cette semaille produira: parce que lors de chaque récolte, comme il y a toujours un nombre de femelles qui sont plus tardives de huit jours que les autres, on peut réserver sans le récolter un des Cactiers Nopals chargés de cette génération, auquel on ne touchera pas pendant huit jours après cette récolte, afin d'y prendre au bout de huit jours

ces femelles tardives pour semer. Cela posé, l'on conçoit que, pour avoir une première fois tous les quinze jours, pendant deux mois de suite, des mères cochenilles bonnes à semer, il suffira de retarder de huit jours la ponte de chacune de six générations successives sans interruption. Ainsi l'on y réussira dans l'espace d'une année, de manière à pouvoir semer en cochenilles lors de chacune des quatre dernières quinzaines de cette même année.

Pour faciliter au cultivateur l'intelligence de cette pratique importante dans le séminaire dont il s'agit, il me semble à propos & utile de l'y conduire, comme par la main, pendant la première année, en indiquant l'époque de chacune de ses opérations, le plus succinctement qu'il sera possible.

Il ne semera jamais à-la-fois qu'un seul des six rangs de Nopals du séminaire.

Il tombe sous le sens qu'il convient que les époques auxquelles il seme dans le séminaire correspondent aux époques lors desquels on a coutume de semer en plein air; ainsi, je supposerai, par exemple, qu'il y semera pour la première fois le quinze Octobre, qui, comme j'ai dit, est à-peu-près le jour auquel on seme la cochenille en plein air, à Guaxaca & au Port-au-Prince.

Le 15 Octobre, donc, il semera, je suppose, le premier des six rangs de Nopals du séminaire.

Le 22 Octobre, il pourra semer le deuxième rang avec les mères tardives d'un Nopal réservé jusqu'alors de la même récolte qui lui aura fourni les mères semées sur le premier rang.

Le 15 Décembre suivant, il semera le troisième rang avec des cochenilles mères cueillies sur le premier rang qu'il récoltera le même jour.

Le 30 Décembre, il pourra semer le quatrième rang avec les mères tardives d'un Nopal réservé de la récolte du deuxième rang faite huit jours auparavant.

Le 15 Février, il pourra semer le cinquième rang avec les cochenilles mères cueillies sur le troisième rang qu'il pourra récolter le même jour.

Le 30 Février, il semera le sixième rang, avec des mères cochenilles du quatrième, qui sera récolté le même jour.

Le 8 mars, il semera le premier rang, avec les mères tardives, d'un nopal réservé de la récolte du même quatrième rang.

Le 15 Avril, il semera le deuxième rang, avec des mères cochenilles du cinquième rang, qu'il récoltera le même jour.

Le 30 Avril, il semera le troisième rang, avec

des mères du sixième , qu'il récoltera le même jour.

Le 15 Mai, il semera le quatrième rang , avec des mères tardives , d'un nopal réservé du premier rang récolté huit jours auparavant.

Le 15 Juin, il semera le cinquième rang, avec des mères du deuxième, qu'il récoltera le même jour.

Le 30 Juin, il semera le sixième rang , avec des mères du troisième , qu'il récoltera le même jour.

Le 15 Juillet, il semera le premier rang , avec des mères du quatrième, qu'il récoltera le même jour.

Le 22 Juillet, il semera le deuxième rang, avec des mères tardives d'un nopal réservé de la récolte du même quatrième.

Le 15 Août , il semera le troisième rang , avec des mères cochenilles du cinquième, qu'il récoltera le même jour.

Le 30 Août, il semera le quatrième rang, avec des mères du sixième qu'il récoltera le même jour.

Le 15 Septembre, il semera le cinquième rang, avec des mères du premier qu'il récoltera le même jour.

Le 30 Septembre enfin il semera le sixième rang , avec des mères tardives , de la récolte du deuxième, faite huit jours auparavant.

On voit que dès-lors on pourra continuer de semer & récolter tous les quinze jours , & qu'on aura continuellement les deux tiers des Cachiers nopals du séminaire chargés de cochenille, pendant que l'autre tiers se reposera l'espace d'un mois, quatre fois par an ; chaque rang étant alternativement en rapport pendant deux mois & en repos pendant un mois.

Quant aux soins qu'exige ce séminaire, pendant qu'il est semé en cochenille, ils se réduisent à le tenir très-propre de tous insectes, & de tous immondices quelconques qui pourroient les attirer ; à arroser les nopals qu'il contient, avec le bec de l'arrosoir, une fois seulement tous les quinze jours, ou toutes les trois semaines ; & enfin à fermer les chassis & abattre les nattes chaque fois que la pluie survient, & les ouvrir & relever lorsque le beau temps reparoît. Pour cela, on fera veiller le séminaire jour & nuit, pendant la saison des pluies, par un nègre gardeur auquel on procurera toujours de l'ouvrage dans les environs, afin qu'il ne s'en éloigne pas ; & comme une des principales utilités de ce séminaire doit être de mettre le cultivateur à l'abri de perdre l'espèce de la cochenille fine, malgré les accidens les plus imprévus, il faut que les chassis y restent toujours prêts à être fermés & que le Nègre gardeur ne s'en éloigne pas, même pendant toute la saison des secs. Le séminaire demande d'ailleurs les mêmes soins que la Nopalerie.

Suivant Thiéry l'on retirera certainement d'un tel séminaire, traité de cette manière, 1.° Des mères cochenilles fines en état d'être semées tous les quinze jours, & par conséquent toutes les fois qu'on pourra le juger utile ou nécessaire, en suffisante quantité, pour les semailles de la Nopalerie en plein air & même pour en vendre à ses voisins. 2.° Une récolte de deux livres de cochenille fine sèche tous les quinze jours, ou quarante-huit livres de cochenille fine sèche par an.

On voit clairement la très-grande utilité & même la nécessité absolue d'un séminaire dans chaque Nopalerie destinée à l'éducation de la cochenille fine : on doit concevoir aussi quel avantage cette invention a sur les deux méthodes pratiquées au Mexique, pour conserver la cochenille fine pendant les pluies ; méthodes qui, malgré leur insuffisance & leurs inconvénients, exigent autant de soins & d'attention qu'un séminaire, sans produire le même revenu : Thiéry croit, avec raison, que cet invention obtiendra la préférence chez tous les cultivateurs aisés.

Avant de quitter ce qui concerne ce séminaire, il est bon d'observer que ceux qui trouveroient trop minutieux d'y semer la cochenille tous les quinze jours, pourroient encore en retirer un grand avantage, quoique beaucoup moindre, en y semant seulement tous les mois.

Dans le cas où l'on voudra se contenter de cette dernière pratique, on pourra réussir dans l'espace de huit mois à se procurer des mères cochenilles, en état d'être semées de mois en mois, en se conduisant pendant ces huit mois, c'est-à-dire, par exemple, depuis le 15 Octobre jusqu'au 15 Juin, comme j'ai dit qu'il falloit le faire, pour obtenir les mères en état d'être semées de quinzaine en quinzaine, & en semant de même pendant ce tems un seul rang du séminaire à-la-fois.

Puis le 15 Juin, c'est-à-dire , à la fin du huitième mois, le cultivateur semera les cinquième & sixième rangs du séminaire, avec les mères du deuxième qui sera à récolter le même jour.

Le 15 Juillet, il semera les premier & deuxième rangs, avec les mères du quatrième, qui sera à récolter le même jour.

Enfin le 15 Août, il semera les troisième & quatrième rang, avec les mères des cinquième & sixième, qui feront récoltés le même jour.

On voit que depuis lors, il continuera sans difficulté à semer deux rangs de Nopals, à-la-fois & à en récolter deux rangs de mois en mois ; & qu'il aura, aussi de cette manière, les deux tiers des Nopals du séminaire continuellement en rapport.

tandis que l'autre tiers sera en repos pendant l'espace d'un mois quatre fois par an. On conçoit aussi que, par cette pratique, le séminaire rapportera aussi quarante-huit livres de cochenille fine, sèche par année, comme par la pratique indiquée pour obtenir des mères cochenilles bonnes à semer de quinzaine en quinzaine. La seule différence qu'il y a entre les avantages résultants de chacune de ces deux pratiques, c'est qu'en ne semant que de mois en mois, il pourra arriver souvent qu'au moment où le cultivateur jugera important de semer la cochenille fine, en plein air, sans tarder, il sera obligé d'attendre les mères pendant un mois entier ; ce qui, comme j'ai déjà dit, peut, en certains cas, faire perdre une récolte de la Nopalerie entière ; il sera bien moins ou presque nullement exposé à ce grave inconvénient en semant, dans le séminaire, de quinzaine en quinzaine.

Il faut renouveller les plants du séminaire lorsqu'ils paroissent trop fatigués, cela arrive, suivant Thiéry, au bout de trois ou quatre années de service. Comme, après ce renouvellement, il ne faut mettre la cochenille sur les plants nouveaux, que lorsqu'ils sont devenus assez forts, ou, au moins, s'ils sont assez forts au moment de leur plantation dans le séminaire, lorsqu'ils auront poussé de nouvelles racines en assez grande quantité pour être parfaitement refaits de la langueur dans laquelle les a nécessairement mis la transplantation ; & comme, par conséquent, il se passe quelquefois un an & demi, & toujours au moins plusieurs mois entre l'époque à laquelle ils sont plantés, & celle à laquelle ils peuvent être semés en cochenilles ; il tombe sous le sens qu'il ne faut pas renouveller tous les plants du séminaire à-la-fois ; parce qu'une telle opération feroit perdre nécessairement tout le fruit d'une année ou de huit mois de peine & de soins, employés pour se procurer des cochenilles propres à être semées tous les quinze jours, ou tous les mois. Il ne faut donc renouveller d'abord, soit en récépant, soit en replantant, que la moitié des plants de chaque rang, au moment que l'on seme l'autre moitié du même rang. Puis, après que les six rangs de Nopals du séminaire auront été tous ainsi renouvellés, chacun à son tour, dans une moitié du nombre de leurs plants, on semera en cochenille ces moitiés de rang, aussi chacune à son tour, lorsqu'elles seront d'une force suffisante pour cette semaille ; &, au moment où l'on semera ainsi la moitié d'un rang, on renouvellera les plants de l'autre moitié du même rang.

Des soins qu'exigent les cochenilles silvestre & fine, depuis le moment qu'elles sont semées sur les Cactiers, jusqu'à la récolte.

Les soins qu'il faut donner aux cochenilles pendant qu'elles sont sur les Cactiers, jusqu'à ce que le moment de les récolter soit arrivé, sont,

en premier lieu, ceux que j'ai exposés convenir à la nopalerie & aux Cactiers qu'elle renferme. A cet égard Thiéry dit qu'on ne sauroit trop répéter qu'il faut entretenir la nopalerie en état de propreté la plus parfaite, afin que les ennemis de cet insecte précieux ne trouvent dans la nopalerie aucun appât qui les y attire, ni aucune retraite qui soit favorable à leur multiplication, ou qui puisse les soustraire à l'œil vigilant du maître. C'est en partie en vue de cette propreté qu'il ne faut pas manquer, quinze jours après la semaille de la cochenille, de retirer de dessus tous les Cactiers semés, toutes les mères cochenilles, qui sont alors mortes, avec les nids dans lesquels elles sont, & les épines, le coton, ou autre matière quelconque dont on s'est servi pour attacher ces nids. Si ces nids étoient laissés plus long-temps sur ces Cactiers, ils ne serviroient plus que de repaire à des insectes destructeurs. De plus l'économie exige qu'on ne laisse pas perdre les mères cochenilles mortes dans ces nids : pour avoir le sein creux elles ne sont pas pour cela à rejetter, & elles contiennent encore beaucoup de matière colorante. Aussi-tôt que ces nids sont rentrés à la maison on en retire les mères. Comme il peut s'en trouver parmi elles quelques-unes qui ne soient pas encore mortes, parce qu'elles n'auroient pas été fécondées, il est à propos de les passer toutes à l'eau bouillante, & de les faire sécher promptement, comme je dirai lorsque je parlerai de la récolte de la cochenille ; ces mères cochenilles se vendent mêlées avec la récolte de la génération qu'elles ont produite. Si l'on enlevoit ces mères cochenilles de dessus les Cactiers, sur lesquels elles ont été semées, plutôt que quinze jours après le moment de la semaille, il pourroit souvent s'en trouver parmi elles de plus tardives que les autres qui n'auroient pas alors achevé leur ponte.

En deuxième lieu : l'on prend soin à Guaxaca de les préserver du froid, comme je l'exposerai ci-après à l'endroit où je traiterai des accidens qui peuvent nuire aux cochenilles.

En troisième lieu, depuis le moment que les mères cochenilles semées ont fait leur ponte, le maître de la nopalerie doit soir & matin, ou au moins une fois le jour, jetter un coup-d'œil général sur tous les Cactiers semés, pour garantir ces Cactiers & la cochenille qu'ils portent des attaques de leurs ennemis ; soit en les détruisant, lui-même, aussi-tôt qu'il en rencontre, s'ils sont en petit nombre ; soit en ordonnant à l'instant un travail pour les chercher, s'il y en a beaucoup ; ces visites doivent continuer jusqu'à la récolte : & s'il ne pouvoit les faire tous les jours, il doit du moins les faire tous les deux jours. J'ai déjà exposé quels sont les ennemis du Cactier nopal & des autres cactiers propres à l'éducation de la cochenille fine & de la cochenille silvestre : il va s'agir maintenant des ennemis de ces deux cochenilles.

Des ennemis des cochenilles fine & filveftre.

Le premier de ces ennemis eft une coccinelle nommée, par Linnæus, *Coccinella Cacti cochenilliferi*. C'eft un infecte coléoptère, c'eft à-dire, dont les ailes font recouvertes par des étuis ; il eft hémifphérique, applati en deffous & convexe en-deffus, de la groffeur d'un pois ; fes deux étuis font noires, avec un grand point rond, de couleur jaune-orangée, fur chacun ; il a trois articles à toutes les pattes : cette defcription fuffit pour le faire reconnoître très-aifément. (*Voyez* au furplus le Dictionnaire des infectes.) Cet infecte éventre les cochenilles & fe nourrit de leurs entrailles ; il nuit également à la cochenille fine & à la cochenille filveftre. Les Indiens le cherchent avec foin & l'écrafent. Il faut lui faire la chaffe le matin avant le lever du foleil : parce qu'alors, engourdi par le froid, il ne peut s'envoler, & on le faifit facilement ; il eft très-commun à Guaxaca. Thiéry ne l'a point vu à Saint-Domingue.

Le deuxième eft une chenille d'un gris fale, groffe comme une plume de corbeau, de la longueur d'un pouce au plus, que Thiéry juge être la larve d'une phalène ; c'eft le plus cruel & le plus redoutable ennemi de la cochenille. Il file par-deffus lui, fur la furface des articulations du Cactier chargé de cochenille, une toile légère à l'abri de laquelle il creufe une tranchée par laquelle il arrive à la fape, dans les rangs les plus épais des cochenilles, qu'il maffacre en leur rongeant le ventre par-deffous. Il fe nourrit de leur fang & leur laiffe la partie fupérieure du corps qui paroît fain & entier le premier jour, mais fe deffèche & s'affaiffe le lendemain ; cet ennemi eft le véritable tigre de la cochenille ; il en tue des douzaines en un jour, & en détruit en peu de temps une grande quantité. Il eft d'autant plus dangereux qu'on ne s'apperçoit du dommage, que par les cadavres defféchés de fes victimes, c'eft-à-dire quand le mal eft déjà confommé. Il attaque également les cochenilles filveftres & les cochenilles fines ; mais il ravage les premières plus fûrement, parce qu'on le découvre moins facilement parmi elles que parmi les fecondes. Pour le découvrir, il faut fonder avec une épingle ou une épine toutes les petites toiles que l'on voit fur les articulations chargées de cochenilles ; en enlevant la toile, il paroît tout enfanglanté dans fa tranchée, il s'agite auffi-tôt & fe laiffe tomber à terre en fe tortillant. Thiéry prefcrit de ne pas l'écrafer, mais de le tuer feulement pour le mêler avec la cochenille que l'on vendra, parce qu'il eft tout rempli de la matière colorante des cochenilles ; ce dernier précepte ne paroît digne d'attention

que dans le cas où l'on auroit le malheur de trouver une grande quantité de ces chenilles. Thiéry a purgé de cet infecte les Cactiers qu'il a rapportés de Guaxaca à Saint-Domingue, & ne l'a pas revu depuis dans cette ifle ; mais le Cercle des Philadelphes l'a vu, particulièrement fur le Cactier jaune, n°. 35, dans fon jardin, au Cap-François.

Le troifième ennemi de la cochenille, indiqué par Thiéry, eft, dit-il, une larve informe, de teigne, groffe comme une femence de poirée ; il n'en donne pas d'autre defcription, excepté qu'il ajoute que cette larve fe couvre de brins de paille, & de vermoulure de bois. Cet ennemi dévore le corps entier des cochenilles en commençant par l'extrémité de l'abdomen ; il ne fait pas tant de ravage que le deuxième ; il attaque également la cochenille fine & la cochenille filveftre. Thiéry l'a trouvé rarement à Saint-Domingue ; il faut néanmoins le veiller affiduement ; Thiéry affure que lorfqu'on voit fur un cactier, des cochenilles fe mouvoir & rompre leur trompe pour fuir en fe laiffant tomber, c'eft un indice certain que cet ennemi ou le deuxième eft proche. En cherchant alors avec foin, on trouve, dit-il, certainement l'un ou l'autre.

Le quatrième ennemi de la cochenille, eft la cochenille jaune, que j'ai décrite ci-deffus dans le nombre des ennemis du Cactier nopal ; cette cochenille eft doublement ennemie des cochenilles fine & filveftre : non-feulement elle détruit les différents Cactiers, qui font de nature à les nourrir, & s'empare de toute l'étendue de leurs furfaces, de manière qu'elles ne trouvent plus à s'y placer : mais lors même que les cochenilles fine & filveftre font en poffeffion de ces Cactiers, elle réuffit à les dépoffeder, à fe fubftituer à leur place & à leur manger entièrement l'herbe de deffous le pied. Son extrême petiteffe fait qu'elle peut s'établir en grand nombre dans les moindres intervalles que les cochenilles fine ou filveftre laiffent entr'elles ; elle remplit en peu de temps tous ces intervalles ; & peu de temps après qu'un Nopal fe trouve empoifonné de cet ennemi, on voit les cochenilles fines ou filveftres, dont il eft chargé, languir, tomber, fe deffécher, parce que cet ennemi leur dérobe tous les vivres, & peut-être auffi parce, comme dit Thiéry, la trompe de chacune d'elles fe trouve enfin étranglée par la compreffion qui eft une fuite de l'accroiffement de la largeur des nombreufes cochenilles jaunes qui l'entourent. Il n'y a pas d'autre remède que de facrifier toutes les cochenilles fines ou filveftres qui font fur un Cactier empoifonné de cette cochenille jaune, afin de détruire complettement cette dernière avant qu'elle ait pu infecter les Cactiers voifins, par les nombreufes émigrations de fes progénitures. On nettoie donc très-exactement toutes les furfaces de ce Cac-

...ier, qui font ainsi infectées, en ôtant d'abord toutes les cochenilles fines ou silvestres, qui s'y trouvent de la même manière que lorsqu'on en fait la récolte, puis en les purgeant entièrement de ces cochenilles jaunes de la manière indiquée plus haut page 484, en bas de la deuxième colonne.

Le cinquième ennemi des cochenilles tant fine que silvestre, c'est la fourmi. Il y a plusieurs espèces de ces insectes nuisibles, qui ne font que trop connues à Saint-Domingue & dans les autres Colonies de l'Amérique méridionale. Suivant M. Artbaud, les fourmis se portent principalement sur les pieds de Cactier Nopal, & autres chargés de cochenille, qui ne reçoivent pas le soleil pendant toute la journée : non-seulement elles mangent la cochenille, elles attaquent même les Cactiers qui la portent. Comme les diverses méthodes employées dans les Colonies pour se défendre, au moins autant qu'il est possible, contre les ravages de ces espèces d'insectes, sont connues de tous les colons ; je ne m'étendrai pas davantage à cet égard. J'observerai cependant que ces méthodes ne font pas toutes praticables pour en défendre la cochenille. Il faudra bien prendre garde, par exemple, de se servir du moyen du sublimé corrosif, qu'on est dans l'usage d'employer dans les Colonies, en mettant cette substance délétère sur le chemin des fourmis. Il est vrai que toutes celles que le sublimé touche périssent peu de temps après, & vivent cependant assez long-temps chargées de ce poison pour le porter avec elles dans les fourmillières, & pour détruire ainsi, avant de mourir, une quantité considérable d'autres fourmis. Mais il tombe sous le sens, qu'elles détruiroient en même-tems une quantité considérable de cochenilles, & alors le remède seroit pire que le mal. On conçoit aussi, à l'égard de ces ennemis, qu'il faut, autant qu'il est possible, éviter d'avoir, dans le voisinage d'une nopalerie, aucune plantation de nature à les attirer, comme, par exemple, des cannes à sucre, &c.

Le sixième ennemi de la cochenille est la souris, s'il faut en croire le rapport des Indiens cultivateurs du Mexique, qui ont assuré à Thiéry qu'elle est friande de cochenilles fines, mais qu'elle touche rarement à la cochenille silvestre, à cause du coton dont celle-ci est couverte, & qui embarrasse les dents de cet animal. S'il est vrai que la souris attaque la cochenille, on ne s'en est pas apperçu à Saint-Domingue. Quoi qu'il en soit, les moyens de faire la guerre à cet animal sont trop connus, pour que je m'étende à cet égard. Thiéry avertit que le moins convenable de ces moyens pour une nopalerie, est un chat, parce qu'il pourroit par ses mouvemens faire tomber les cochenilles.

Le septième ennemi ne nuit qu'à la cochenille fine. Mais il est fort-à-craindre pour cette sorte de cochenille, & si l'on ne prend les précautions nécessaires, il peut la faire disparoître entièrement de la Nopalerie. Cet ennemi, c'est la cochenille silvestre, le premier dommage que Thiéry craint, de la part de cette dernière, c'est de la part de ses mâles. J'ai déjà dit qu'il assure les avoir pris sur le fait en fécondant les femelles cochenilles fines. Il paroît d'après cela qu'il a raison de croire que le voisinage de la cochenille silvestre peut occasionner la dégénération de la cochenille fine. Mais ce voisinage peut occasionner un dommage encore plus grand que cette dégénération. J'ai déjà dit que lorsque les jeunes cochenilles éclosent, le vent ou d'autres insectes peuvent les transporter & les transportent souvent sur d'autres Cactiers à de grandes distances de ceux sur lesquels elles naissent. S'il arrive donc que la cochenille silvestre pénètre ainsi dans une Nopalerie de cochenille fine, elle parvient toujours à s'y multiplier, parce qu'elle est de quelques jours plus précoce que cette dernière, & l'expérience a appris à Thiéry qu'il est très-difficile de l'y détruire. On conçoit que la propriété qu'elle a de pouvoir subsister pendant toute l'année en plein air, malgré les plus mauvais tems, augmente beaucoup cette difficulté. Ce qui l'augmente encore plus, c'est l'habitude qu'elle a certainement, suivant les observations de Thiéry, de se loger quelquefois en terre sur les racines de Nopals. Thiéry assure que toutes les fois que les cochenilles silvestres sont mêlées en grand nombre sur un même Cactier Nopal avec les cochenilles fines, ces dernières restent toujours maigres & chétives, périssent le plus souvent avant le moment de leur ponte, & lorsqu'elles vivent jusqu'à ce tems, elles n'acquièrent pas la dixième partie de leur grosseur naturelle ; soit que cela dépende de ce que la cochenille silvestre plus vorace que la fine lui enlève toute la nourriture lorsqu'elle s'est fixée près de cette dernière ; soit que cela dépende du coton abondant de la cochenille silvestre, lequel étouffe, dit Thiéry, la cochenille fine. Il n'y a pas d'autre moyen de délivrer cette dernière de cet ennemi, que de détruire tous les flocons cotonneux que l'on peut appercevoir sur les Nopals, de faire ensuite souvent la visite des Nopals pour détruire ces flocons à mesure qu'on en voit paroître, & de continuer ces visites fréquentes jusqu'à ce qu'on n'en voie plus paroître pendant deux ou trois mois consécutifs. Heureux, dit Thiéry, si l'on parvient à force de tems & de patience à s'en débarrasser entièrement. C'est par ces raisons que j'ai dit plus haut qu'il faut, autant qu'il est possible, que la Nopalerie de Cochenille soit à l'Est ou au Nord, c'est-à-dire, dans ces deux cas au vent de la Nopalerie de Cochenille silvestre, & que ces deux Nopaleries doivent être à une distance considérable l'une de l'autre. Thiéry juge que cette distance doit être de cent perches, comme j'ai dit, pour qu'on soit certain que les cochenilles silvestres ne pourront pas être transportées parmi les fines. Thiéry veut que cet intervalle soit, si faire se peut, rempli par des plantations afin d'apporter par-là un d'autant plus grand obstacle à ce transport.

Ce sont-là les ennemis de la cochenille sur lesquels Thiéry a pu avoir des connoissances exactes. Mais il est possible qu'il y en ait encore d'autres, sur-tout entre les insectes. On voit, par exemple, dans la relation qu'il donne de son voyage à Guaxaca, qu'il a vu chez l'Alcade nègre de *San Juan del Rey*, des insectes cloués sur une articulation de Nopal; que ce nègre lui a dit que c'étoient les ennemis de la cochenille, & qu'il a remarqué parmi ces ennemis trois espèces de coccinelles. Cependant il ne parle, dans son Traité de l'éducation de la cochenille que d'une espèce de ces coccinelles que j'ai décrite ci-dessus. Il faut se ressouvenir, à cet égard, que Thiéry a été surpris par la mort avant d'avoir mis son ouvrage dans sa perfection. Quoi qu'il en soit, Thiéry assure qu'avec un peu de diligence & en faisant une visite tous les matins dans sa Nopalerie, on n'éprouvera jamais beaucoup de dommage de la part des ennemis quelconques de la cochenille.

Au sujet des ennemis de la cochenille, il est bon d'être prévenu que les araignées, bien loin de leur nuire en aucune manière, leur sont au contraire utiles. Thiéry assure qu'aucune araignée ne mange de cochenille. Les grosses araignées mangent les ravets, qui sont au nombre des ennemis du Nopal, comme j'ai déjà dit. Les araignées, qui tendent des toiles, y prennent plusieurs insectes nuisibles, tant au Nopal qu'à la Cochenille. Enfin ces toiles arrêtent les fourmis & défendent les cochenilles contre leurs attaques.

Des accidens qui peuvent nuire aux Cochenilles fine & silvestre.

Il n'y a aucun accident qui nuise directement aux cochenilles silvestre & fine, si ce n'est le froid, la pluie ou la grêle. Quand on seme aux époques les plus convenables, l'accident de la pluie est extrêmement rare, tant au Port-au-Prince qu'à Guaxaca. Mais, quand il survient, il est très-dommageable. L'accident de la grêle est encore plus rare: j'ai déjà dit qu'il en tombe très-rarement en Amérique. Quant au froid il paroît, d'après les observations de Thiéry, qu'on en redoute quelquefois les effets à Guaxaca. Il ne dit pas si ce dernier accident est à craindre au Port-au-Prince. Je vais traiter séparément de chacun de ces trois accidens.

Quant au froid, quoique Guaxaca soit situé sous la Zone-Torride, & que, comme j'ai déjà dit, la température qui y règne le plus ordinairement, soit peut-être un peu trop chaude pour la cochenille; néanmoins la chaleur y est aussi quelquefois trop foible pour ces insectes; Thiéry dit qu'un grand froid les tue, mais il ne dit pas si le froid est quelquefois assez fort à Guaxaca ou au Port-au-Prince pour les tuer. On sait par expérience, comme j'en ai déjà dit un mot, qu'une température qui fait descendre le thermomètre de Réaumur au huitième degré au-dessus du terme de la congélation, est un froid préjudiciable aux cochenilles. Thiéry dit que l'accroissement de la grosseur des cochenilles cesse dès le moment qu'elles ont été saisies par ce froid. Voici, selon lui, l'expédient dont les Indiens se sont avisés pour défendre leurs cochenilles des atteintes de ce froid. Ils ont toujours une grande provision de crotin de chevaux ou de mulets bien sec. Lorsqu'ils ont quelque raison de croire que la température de la nuit suivante sera froide au degré que je viens de dire, ils répandent ce crotin sec sous les Nopals, & l'allument dès le commencement de la nuit. Thiéry assure que la fumée que ce feu produit empêche, en se portant sur les Nopals, le froid de nuire aux cochenilles. Il convient d'avertir le lecteur que cette pratique des Indiens du Mexique, rapportée par Thiéry, est contradictoire à ce qui est assuré dans les Aménités académiques de Linnæus, Thèse XCIII, intitulée, *Plantæ tinctoriæ*, N°. 104; savoir, que la cochenille du Cactier à cochenilles ou des teinturiers ne peut supporter la fumée. Il tombe sous le sens que lorsque le froid a affecté les cochenilles au point d'arrêter leur accroissement ou les a tuées, il faut les récolter au plutôt si leur grosseur en mérite la peine; puis nettoyer les cactiers qui en étoient chargés, & semer au plutôt de nouvelles cochenilles sur ces Cactiers.

J'ai déjà parlé de la grêle entre les accidens qui peuvent nuire au Nopal. J'ai dit que Thiéry n'en a vu tomber qu'une fois en cinq ans au Port-au-Prince, & que cette grêle tomba le 15 Mai 1788, & étoit de la largeur d'une piastre. On conçoit que lorsqu'un tel accident survient, toute la cochenille tant fine que silvestre, qui existe sur les cactiers, en plein air, dans les cantons où il a lieu, est entièrement exterminée, & perdue. Le seul parti qu'il y ait à prendre en pareil cas, est de nettoyer au plutôt les Cactiers de toute la cochenille écrasée, pilée, dont ils sont salis de tous côtés, en les lavant soigneusement avec des linges trempés dans de l'eau; puis de donner aux Cactiers les soins que les suites de cet accident exigent ainsi que je l'ai déjà exposé; puis de laisser pendant un mois ou deux les Cactiers sans y mettre de cochenilles, afin que leurs plaies se cicatrisent,

& qu'ils puiffent fe rétablir de la fatigue que leur caufe un tel accident; puis enfin, lorfqu'ils font rétablis, de les femer de nouveau en cochenilles, en ayant l'attention d'y placer une quantité de mères beaucoup moindre que fi cet accident ne fût pas furvenu. Si cet accident a laiffé, fur les Cactiers, une quantité de cochenilles fuffifante pour fournir les mères néceffaires à cette femaille fubféquente; on confervera foigneufement ces cochenilles, & pour cela il ne faudra pas employer le lavage pour nettoyer les articulations fur lefquelles elles font reftées; mais il faudra fe fervir, pour le nettoiement de ces articulations, d'un couteau avec lequel on enlevera en raclant légèrement toute la cochenille écrafée, & d'un linge fec avec lequel on effuiera les endroits falis par cette dernière, en prenant garde de ne pas endommager la cochenille reftée faine. Dans le cas, qui doit être fort rare, où la grêle auroit dévafté la nopalerie, au point qu'il n'y reftât pas de cochenille en fuffifante quantité pour la femaille fubféquente; on conçoit qu'il n'y auroit pas d'autre moyen de s'en procurer, qu'en l'achetant dans les cantons voifins qui n'auroient pas éprouvé cet accident; ou bien, s'il s'agit feulement de la cochenille filveftre, en en allant recueillir des mères fur les cactiers que cette cochenille habite naturellement dans les lieux non cultivés que cette grêle auroit épargnés. S'il s'agit de la cochenille fine, on voit combien un féminaire eft utile en pareil cas.

L'accident de la pluie eft prefque auffi dommageable que celui de la grêle. Il tue la cochenille, en la noyant, la morfondant, la meurtriffant, l'entraînant. Il faut cependant diftinguer. On connoît dans l'Amérique méridionale quatre fortes de pluies.

1.° Les pluies lentes ou brumeufes. Les gouttes en font infiniment petites & rares; elles reffemblent à une brume ou à un brouillard, plutôt qu'à une pluie. Lorfqu'elles furviennent à Saint-Domingue, elles ne durent jamais plus de deux jours. Ces pluies ne nuifent ni à la cochenille fine, ni à la cochenille filveftre.

2.° Les pluies douces. Elles reffemblent aux pluies ordinaires de l'Europe. Leurs gouttes font plus groffes que celles des pluies lentes, & tombent plus vîte. Elles tombent perpendiculairement à l'horizon, fans être chaffées par les vents. Quand elles furviennent à Saint-Domingue, elles n'y durent jamais plus de vingt-quatre heures. La cochenille filveftre n'en fouffre pas. La cochenille fine en eft incommodée, morfondue, noyée; mais elle la fupporte quand elle eft âgée d'un mois.

3.° Les pluies connues fous le nom de *grains*. Les gouttes de ces pluies font groffes, & tom-

bent perpendiculairement à l'horizon fans être chaffées par aucun vent. Elles furviennent à l'improvifte, elles durent à Saint-Domingue environ un quart-d'heure chaque fois. Ces pluies font violentes & lourdes, la cochenille fine ne les fupporte pas; le poids de ces gouttes la fait tomber ou la meurtrit. La cochenille filveftre les fupporte & n'en eft que légèrement incommodée.

4.° Les pluies d'orage, connues fous le nom d'*Avalaffes*. Ces pluies font mêlées d'éclairs & de tonnerre, elles font chaffées par le vent avec une violence la plus extrême & dont on n'a aucune idée en Europe. L'eau femble verfée du ciel comme d'une cataracte; les gouttes tombent avec un fracas plus épouvantable que nos plus horribles grêles d'Europe, & font prefque le même ravage fur quantité de jeunes plantes. Ces pluies, lorfqu'elles furviennent, exterminent toujours entièrement la cochenille fine fur laquelle elles tombent. Non-feulement elles la tuent en la meurtriffant, mais même elles la balayent quelquefois entièrement de deffus les Cactiers Nopals. Le coton épais, qui entoure la cochenille filveftre, & eft adhérent affez fortement à la furface des Cactiers, la défend beaucoup contre ces pluies; ce qui fait qu'elle y réfifte affez fouvent pour qu'on puiffe très-utilement la femer en plein air pendant toute l'année. Quelquefois cependant elle en eft beaucoup endommagée même à tout âge; quelquefois elle en eft totalement détruite, quand elle n'a qu'un mois d'âge. Lorfqu'elle eft plus âgée; lorfque, par exemple, elle eft prête d'être récoltée, ces pluies peuvent la tuer fans que la récolte en foit perdue pour cela, parce que la forte adhérence de fon coton fait que la pluie ne peut l'entraîner. Dans ce dernier cas, on conçoit qu'il faut en faire la récolte le lendemain, parce que fi on tardoit à la faire, ces cochenilles mortes pourriroient promptement: ce qui, outre la perte de cette récolte, occafionneroit un dommage confidérable aux Cactiers qui en feroient chargés.

Ce font donc les pluies d'avalaffes & les grains qui font les pluies les plus redoutables pour les cochenilles, & fur-tout pour la cochenille fine, qui craint même les pluies douces, avant l'âge d'un mois. J'ai dit, ci-deffus, qu'il ne tombe pas de pluies ni au Port-au-Prince ni à Guaxaca depuis le 15 Octobre jufqu'au 15 Avril de chaque année. Que, pendant tout cet intervalle de 6 mois, le ciel eft parfaitement fec dans ces deux Provinces, excepté une ou deux journées de pluies extrêmement douces & nullement nuifibles, même à la cochenille fine, qui tombent quelquefois au Port-au-Prince, à la nouvelle lune de Janvier, & qui font connues fous le nom de *pluies du*

Petit-mil. J'ai encore dit que c'eſt cette ſéchereſſe périodique & conſtante, pendant les mêmes 6 mois de chaque année, qui permet de faire conſtamment trois récoltes en plein air de cochenille fine par an, tant à Guaxaca qu'au Port-au-Prince. Il eſt vrai cependant que ces aſſertions ſont ſuſceptibles de quelques exceptions, qui ſont aſſez rares pour que le cultivateur puiſſe avoir la confiance qu'il récoltera les cochenilles ſilveſtre & fine, autant de fois qu'il les ſeme en tems convenable; mais qui ne lui permettent pas cependant d'avoir une certitude bien entière à cet égard, ſur-tout en ce qui concerne la cochenille fine. L'expérience a appris qu'il peut, dans quelque mois que ce ce ſoit de la ſaiſon des ſecs, ſurvenir inopinément une pluie capable de détruire la cochenille fine & même quelquefois la cochenille ſilveſtre. C'eſt en cet accident que conſiſtent uniquement les malheurs que les hiſtoriens diſent ſurvenir quelquefois aux cultivateurs de cochenille dans le Mexique. Mais il eſt extrêmement rare, comme j'ai déjà dit, tant à Guaxaca qu'au Port-au-Prince, que la ſaiſon des ſecs ſoit interrompue par aucune pluie nuiſible aux cochenilles; Thiéry n'a pas vû ſurvenir une ſeule avalaſſe ni un ſeul grain, pendant la ſaiſon des ſecs dans l'eſpace de cinq ans au Port-au-Prince. Pendant cinq années, il n'a vû cette ſaiſon des ſecs interrompuë qu'une ſeule fois par une pluie douce qui dura vingt-quatre heures, fût ſuivie d'une brume de deux jours, & ne fit aucun dommage à la cochenille fine.

Lorſqu'un grain ou une avalaſſe tombe ſur une nopalerie, le dommage qui en réſulte eſt d'autant plus grand que la pluie eſt plus forte, & chaſſée par un vent plus violent, & que la cochenille, dont cette nopalerie eſt chargée, eſt plus jeune. Si, par exemple, un grain tombe ſur une nopalerie chargée de cochenilles fines de l'âge de quinze jours ou trois ſemaines, tout eſt perdu : on perd quelquefois alors toutes ces cochenilles fines juſqu'à la dernière.

Si une telle pluie tombe ſur de la cochenille fine, âgée de cinq ou ſix ſemaines; dans le cas où cette pluie n'eſt pas extrêmement violente, elle tue cette cochenille ſans l'entraîner; alors on fait auſſi-tôt une demi-récolte : ſi cette pluie eſt plus violente, elle entraîne cette cochenille; alors on perd une récolte entière.

Quelque ſoit le mois lorſduquel la cochenille fine eſt détruite par la pluie, il eſt toujours avantageux de ſemer le plutôt poſſible, après cette perte, d'autre cochenille fine, ſur les Cactiers nopals qui portoient cette cochenille tuée; pourvu que la ſaiſon des ſecs doive durer encore deux mois au moins. Parce que plutôt on ſeme moins on eſt expoſé à ce que la dernière récolte de la

même année ſoit ſurpriſe & détruite par les premières pluies de la ſaiſon aqueuſe. Si l'on a un ſéminaire, on peut, comme j'ai déjà dit, être, par ſon moyen, toujours en état de ſemer en cochenille fine ſa nopalerie entière, dès le lendemain de la pluie qui l'auroit dévaſtée, où huit jours ou au plus-tard quinze jours après cet accident : au lieu que faute de ſéminaire, on eſt ſouvent obligé, à Guaxaca, d'attendre un mois ou ſix ſemaines, pour pouvoir trouver en plein air, de la cochenille fine prête à faire ſa ponte; & qu'il faut encore ſouvent aller chercher cette cochenille fort loin de chez ſoi.

Au Mexique les cultivateurs de cochenille fine éprouvent ſouvent du dommage de la part des pluies, ſans que ces dernières aient interrompu aucunement la ſaiſon des ſecs; cela arrive lorſqu'ils ſement de trop bonne heure, au commencement de la ſaiſon des ſecs : parce qu'alors il ſurvient ſouvent, peu de temps après, une telle ſemaille, un dernier orage qui détruit toutes les jeunes cochenilles qui en ſont provenues. Cela arrive encore lorſqu'ils ſement trop tard, au commencement des ſecs; parce qu'en ce dernier cas la troiſième ſemaille ſe trouve néceſſairement retardée d'autant; d'où il arrive que la troiſième récolte ſe trouve expoſée à être détruite par les premiers grains ou avalaſſes de la ſaiſon des pluies. J'ai déjà dit, que les cultivateurs du Mexique ſont ſouvent contraints de ſemer trop tôt ou trop tard au commencement de ſecs, faute de ſéminaire.

Des maladies des Cochenilles fine & ſilveſtre.

On ne connoît aucune maladie à la cochenille ſilveſtre ni à la cochenille fine, à moins qu'on ne veuille nommer ainſi le deuxième changement de peau, lors duquel j'ai dit, que Thiéry s'eſt aſſuré qu'il périt toujours un certain nombre d'inſectes de cette dernière eſpèce. Thiéry dit, que le nombre des cochenilles qui périſſent alors n'eſt pas de deux pour cent, & qu'il n'y a aucun moyen de l'empêcher.

De la récolte de la Cochenille fine & de la Cochenille ſilveſtre.

Lorſqu'on voit quelques petites cochenilles ſortir du ſein de leurs mères, c'eſt le moment précis de faire la récolte générale de toutes les cochenilles qui ont été ſemées le même jour que ces mères. Ce moment arrive, ſuivant Thiéry, deux mois, jour pour jour, après qu'elles ont été ſemées, & un mois, jour pour jour, après qu'elles ont été fécondées. Il faut veiller ce moment & les ſaiſir ſans y manquer. Si l'on récoltoit plutôt, les cochenilles n'auroient pas encore acquis toute leur groſſeur, & la récolte ſeroit d'autant moindre. Si l'on récoltoit plus tard, ce ſeroit après que nombre de cochenilles auroient fait leur ponte ou part : la récolte pourroit être très-diminuée par cette ponte, car chaque mère-cochenille est beaucoup plus pesante & contient beaucoup plus de parties colorantes avant d'avoir fait sa ponte ou son part qu'après ; puisque chaque petite cochenille, œuf ou animal, qu'elle a mise bas est colorante comme sa mère, & que les petites cochenilles, nouvellement mises au jour étant trop extrêmement petites pour pouvoir être récoltées ou conservées utilement, sont donc autant de perte bien palpable. Chaque mère avant d'avoir mis bas est toute pleine de matière colorante ; lorsqu'elle a fait sa ponte entière, ce n'est plus qu'un coffre très-vuide & très-léger, qui contient très-peu de cette même matière. Enfin les petites cochenilles, mises au jour avant la récolte, ne peuvent être aucunement mises à profit, de manière à indemniser des dommages que cette ponte occasionne : puisque, comme j'ai dit plus haut, on ne peut laisser les cochenilles se semer d'elles-mêmes, sans être dans le cas de perdre, quoiqu'on fasse, la moitié de la récolte suivante & de fatiguer extrêmement les Cactiers qui la porteront. On ne peut craindre d'ailleurs que le mauvais temps puisse empêcher, au Port-au-Prince, de profiter du moment précis le plus favorable à cette récolte : puisqu'il est extrêmement rare que la sérénité du ciel soit troublée pendant la saison des secs ; & en outre parce que le soleil luit constamment tous les jours de l'année à Saint-Domingue ; parce que les matinées sont toujours si constamment sereines au Port-au-Prince, que Thiéry n'a point vu dix jours d'exception en quatre ans de temps d'observation ; parce qu'enfin ces exceptions n'ont pas lieu pendant la saison des secs.

Il n'est point dans l'univers de récolte qui soit en même temps aussi précieuse, aussi aisée à faire, aussi peu embarrassante, aussi promptement faite, achevée, & serrée, aussi aisée à conserver, & si l'on veut, aussi promptement vendue que la récolte de la cochenille. On peut vendre le soir la cochenille que l'on a recueillie le matin ; de sorte que recueillir de la cochenille c'est exactement recueillir de l'or. J'ai déjà dit, qu'il convient que la récolte soit faite dans l'espace de temps le plus court possible, tant afin de ne pas perdre le temps en répétitions inutiles des mêmes opérations, que parce qu'il est très-avantageux de faire la semaille subséquente le plutôt possible. Il faut donc y employer toutes les personnes qu'on peut avoir à sa disposition, femmes, enfans, vieillards, tout le monde est propre à cette cueillette légère ; un homme peut récolter vingt livres de cochenille crue dans sa journée, sans se gêner, sans s'efforcer, &, pour ainsi dire, en se jouant : six personnes intelligentes peuvent récolter une nopalerie d'un arpent dans une matinée ; on

commence cette récolte dès le premier point du jour. Pour la faire, chacun doit être armé, dans la main droite, d'un couteau dont la lame soit longue de six pouces, & large de deux, & dont le tranchant soit émoussé & arrondi comme celui d'un couteau de toilette ; &, dans la main gauche, d'un plat ou d'un panier léger d'un tissu serré, ou pour le mieux d'un vase creux, de matiere légère, dont le bord soit échancré comme celui d'un plat à barbe. On peut même, dit Thiéry, se passer d'aucun vase ou panier, pourvu qu'on soit muni d'un linceul, attaché aux reins par les quatre coins. On opère en passant la lame du couteau, de haut-en-bas, entre l'épiderme du Cactier & les cochenilles dont il est couvert, avec la précaution de ne blesser ni la plante ni ces insectes ; les cochenilles tombent à mesure que le couteau les sépare du Cactier : on les reçoit ou dans la main gauche, ou dans le panier, ou dans le vase, dans l'échancrure duquel, s'il en a une, on a engagé la base de chaque articulation sur laquelle on récolte ; à mesure que la main gauche est remplie on la vuide dans le linceul ; à mesure que le linceul, ou panier, ou vase est plein on le vuide dans un vase plus grand, ou sur un linge plus large, placé à portée. Il ne faut pas négliger de ramasser soigneusement toutes les cochenilles qu'on n'a pu empêcher de tomber à terre pendant qu'on les séparoit du Cactier. Il faut tuer la cochenille, soit le même jour, soit, au plus tard, le lendemain de la récolte, & la faire sécher sur-le-champ. Si l'on tardoit à tuer la cochenille récoltée, elle feroit ses jeunes, ce qui diminueroit très-considérablement la masse de la récolte, tant parce que ces jeunes cochenilles nouvellement nées s'échappent aussi-tôt, que parce qu'elles sont trop petites pour être conservées utilement. Si l'on tardoit à la faire sécher elle se corromproit promptement.

Pour tuer la cochenille & la faire sécher, ayez un baquet de deux pieds de diamètre, & d'un pied de haut tout au plus ; étendez sur le fond une serpilière ou un torchon, de manière que les quatre coins sortent du baquet ; étendez sur cette serpilière également dix livres de cochenilles ; si ce sont des cochenilles silvestres, comme, moyennant leur coton, elles sont adhérentes les unes aux autres par pelotons ; il faut avoir soin de diviser avec les doigts les plus gros pelotons ; si ce sont des cochenilles fines on est dispensé de ce soin, parce que ces dernières ne contractent jamais aucune adhérence entr'elles ; recouvrez ces cochenilles avec un autre torchon, sur lequel vous poserez çà & là quelques petits cailloux pour qu'il ne puisse être soulevé facilement, par l'eau que vous allez mettre dans le baquet : cette eau sera bien bouillante ; vous en verserez sur le tout en quantité suffisante pour couvrir entièrement la ferpilière fupérieure ; laiffez cette eau pendant une, ou deux, ou trois minutes ; ôtez cette eau, foit en la laiffant écouler par un robinet placé au bas du baquet, foit en inclinant le baquet ; ôtez les petits cailloux & la ferpillière fupérieure ; enlevez la cochenille avec la ferpillière inférieure, en la prenant par les quatre coins. Enfin étendez cette cochenille fort clairement fur une table garnie de rebords hauts d'un pouce, ou fur des planches, ou dans des baffins de cuivre ou de fer blanc ; & expofez-la au foleil ainfi étendue. Elle féche dans l'efpace d'une journée ; pourvû qu'on ait le foin de la retourner & de la remüer, à la main, vers le milieu du jour, afin d'expofer plus au foleil les parties qui font à cette heure les plus humides, pour y avoir été les moins expofées dans la matinée.

Thiéry confeille encore un autre procédé qui produit à-peu-près le même effet, mais qui eft un peu plus commode ; c'eft d'avoir un tamis couvert, fait de groffe ferpilière ou de toile à torchon claire ; le couvercle de ce tamis fera garni de la même ferpilière ou toile : ce tamis aura deux pieds de largeur & un pouce de plus de hauteur, que celle néceffaire pour contenir dix livres de cochenille : on étend également fur ce tamis dix livres de cochenilles, en ayant le foin, fi c'eft de la cochenille filveftre, de divifer avec les doigts les plus gros pelotons, comme j'ai dit : on pofe ce tamis après l'avoir couvert, au fond d'un baquet un peu plus large, & on l'y fixe affez fermement pour que l'eau que l'on va y verfer ne puiffe le foulever : puis on verfe, fur ce tamis, de l'eau bien bouillante, en quantité fuffifante pour le couvrir entièrement : on laiffe cette eau de même pendant une, ou deux, ou trois minutes : on agite le tamis dans l'eau pendant un inftant pour faire paffer la terre qui pourroit être mêlée avec les cochenilles : puis enfin on retire le tamis de l'eau, & l'on étend trèsclairement la cochenille, comme j'ai dit, pour l'expofer au foleil & la faire fécher.

Thiéry croit que les cochenilles tant finés que filveftres, traitées comme je viens de dire, font fuffifamment deffechées lorfqu'elles ont été expofées à un foleil ardent depuis neuf heures du matin jufqu'à quatre heures après midi. On reconnoît qu'elles font bien féches lorfqu'en en laiffant tomber quelques-unes fur une table, elles fonnent comme des grains de bled. La cochenille, en cet état, eft marchande, & peut fe garder plus d'un fiècle fans crainte qu'elle fe gâte ou s'altère en aucune manière. Cependant pour avoir l'efprit plus tranquille fur fa deffication abfolue, & la mettre d'autant plus à l'abri de l'humidité & de la corruption, Thiéry confeille de l'expofer, le lendemain, encore une fois, au grand foleil, depuis dix heures du matin jufqu'à deux heures après

midi. On peut fe paffer à la rigueur de cette feconde expofition ; mais, comme cette précaution ne coûte rien, on ne doit pas la négliger pour s'affurer une récolte fi précieufe. Dix livres de cochenilles vivantes fe réduifent par le deffechement à trois livres & demie ; ou trois cent livres de cochenilles vivantes produifent cent cinq livres de cochenille féche & marchande. Je viens de dire que la cochenille bien féche peut fe conferver plus d'un fiècle fans s'altérer aucunement ; Hellot a éprouvé cette vérité fur de la cochenille qui avoit cent trente ans d'ancienneté. Pour la conferver il eft bon de la mettre dans des boîtes de cèdre faites en tiroirs comme celles des apothicaires. Pour la vendre, il fuffit de la mettre dans des fanègues ou facs de cuir de bœuf faits exprès & bien coufus.

Thiéry juge que la manière la plus avantageufe de tuer la cochenille, tant fine que filveftre, & de la faire fécher, eft celle que je viens d'expofer. Les Auteurs, qui ont précédé Thiéry, difent qu'il y a encore deux autres manières ufitées pour la faire fécher ; que les uns la mettent au four, & que les autres la mettent fur des plaques de fer chaud qui ont fervi à faire des gâteaux. Thiéry penfe que ces deux moyens ne font ni fi commodes ni fi certains que celui du foleil, & qu'ils ont l'inconvénient de communiquer une chaleur inégale aux cochenilles, de forte que les unes font calcinées, tandis que les autres font très éloignées d'être fuffifamment deffechées.

J'ai dit qu'en tuant les cochenilles avec de l'eau chaude, cette eau doit être bien bouillante : l'expérience fuivante du Cercle des Philadelphes prouve que cette condition eft abfolument néceffaire. Ces Meffieurs ont gardé dans une boîte des mères cochenilles qui y ont, dans l'efpace de trois femaines, mis au jour fucceffivement des petits très-vivants, quoiqu'elles ne priffent aucune nourriture. Ces mères avoient fouffert, avant d'être mifes dans cette boîte, deux irrorations d'eau chaude à plus de foixante degrés felon le thermomètre de Réaumur.

La cochenille fine tuée & deffechée, de la manière que je l'ai expofée, & qui n'a point été vuidée & revuidée, tranfvafée plufieurs fois, fecouée & ballotée par des voyages & des ventes & reventes, doit avoir, dit Thiéry, l'air jafpée, c'eftà-dire, être de couleur grife veinée de pourpre. Elle a ce gris parce que n'ayant pas encore été trop frottée elle a confervé une partie de fa poudre blanche, nonobftant l'eau dans laquelle on l'a fait paffer pour la tuer ; & elle eft veinée de pourpre, parce qu'il n'eft pas poffible qu'en la recueillant on n'en écrafe ou bleffe quelquesunes, qui fe trouvant mêlées avec les autres, leur donnent cette teinte, avec la matière colorante qui découlent de ces plaies. Il y a lieu de croire que c'eft la cochenille fine ainfi préparée & en cet état que les Espagnols nomment *grana jaspeada*; c'est la plus estimée dans le commerce. Celle qu'ils nomment *grana renegrida*, & qui est brune, est peut-être la même lorsqu'elle a été trop souvent maniée; c'est peut être aussi celle qui, ayant été séchée au four, a reçu un degré de chaleur un peu trop fort. Quant à celle qu'ils nomment *grana negra*, & qui est noirâtre, on s'accorde à dire que c'est celle qui a été excessivement chauffée sur les plaques; c'est la moins estimée.

Les mâles cochenilles contiennent une matière colorante toute pareille à celle que contiennent les femelles; cependant la cochenille fine & la cochenille silvestre du commerce, ne contiennent pas de mâles: pour concevoir ce qu'ils sont devenus, il faut se ressouvenir qu'ils étoient en nombre extrêmement petit en comparaison des femelles; qu'ils sont morts un mois avant le moment de la récolte; qu'au moment de leur mort ils n'étoient aucunement adhérens sur le Cactier; qu'ils sont très-légers & munis d'ailes, qui font que le vent a beaucoup de prises sur eux: ainsi, dans l'espace d'un mois, ils ont eu le temps de tomber à terre; le vent a eu le temps de les enlever; les fourmis ont eu le temps de les emporter: il n'est donc pas surprenant qu'ils soient disparus au moment de la récolte.

En 1777, la livre de cochenille fine, sèche & marchande, se vendoit à Guaxaca, suivant Thiéry, à raison de vingt-quatre réales ou trois piastres gourdes, c'est-à-dire, trente-trois escalins de Saint-Domingue, ou quinze livres douze sous argent de France; & la livre de cochenille silvestre, sèche & marchande, qui vaut toujours un tiers de moins que la cochenille fine, se vendoit, au même lieu, à raison de deux piastres gourdes, ou dix livres huit sous argent de France. Ainsi, une Nopalerie d'un arpent & demi qui, suivant ce que j'ai déjà dit, rapporte, année commune, cent cinquante livres de cochenille fine sèche, rapporte donc, en argent de France, deux mille quatre cent quarante livres par an.

De deux nopals de pareille grandeur & étendue, celui qui sera chargé de cochenille fine donnera un tiers plus en poids de cette denrée que celui qui sera chargé de cochenille silvestre. En calculant d'après cela on voit qu'une Nopalerie de la même étendue d'un arpent & demi, semée en cochenille silvestre, donne aussi, année commune, cent cinquante livres de cette dernière cochenille, savoir cent livres en trois récoltes faites pendant les secs, & cinquante livres en trois récoltes faites pendant les pluies; & ainsi rapporte donc, en argent de France, seize cent quatorze livres treize sols quatre deniers par an.

Aussi-tôt après que l'on a achevé la récolte des cochenilles, il faut nétoyer très-soigneusement les Cactiers qui en étoient chargés, avec un linge

ou une éponge que l'on trempe souvent dans l'eau: on frotte, avec ce linge ou cette éponge bien mouillée, toutes les articulations de ces Cactiers de manière à enlever tout le coton des cochenilles silvestres qui y est resté adhérent, toute la poudre blanche des cochenilles fines, qui est restée où elles ont vécu, tous les excrémens des cochenilles, & enfin toutes les ordures & matières étrangères quelconques, qui peuvent salir ces articulations, avec tous les insectes & œufs d'insectes, qui peuvent s'y trouver. Puis on sème de nouveau ces cactiers, le plutôt possible, en cochenilles, de la manière que j'ai exposée. S'il s'agit d'une Nopalerie de cochenille silvestre, il ne faut pas manquer de faire cette semaille au plutôt après chaque récolte en quelque saison que ce soit; mais, s'il s'agit d'une Nopalerie de cochenilles fines, j'ai déjà dit qu'on ne sème pas à la fin de la saison des secs, puisqu'on perdroit certainement la cochenille qui naîtroit de cette semaille. On laisse donc reposer, pendant toute la saison des pluies, les Cactiers de la Nopalerie destinée à la cochenille fine.

Des avantages qui résulteront de l'éducation de la cochenille silvestre, & de la culture des Cactiers qui y sont propres, pour un grand nombre de Colons de Saint-Domingue, & des autres Colonies Françoises de l'Amérique Méridionale: & de la grande facilité que les Colons, même les plus dénués de ressources, ont à établir cette culture & cette éducation.

Dans l'historique que j'ai mis ci-dessus, page 472, en tête de ce qui concerne l'éducation de la cochenille, & la culture des Cactiers qui y sont propres, on a vu combien il seroit avantageux pour la France, & pour son commerce, que cette culture & cette éducation s'étendissent dans ses Colonies de l'Amérique. Les détails que je viens d'exposer relativement aux choses nécessaires, & aux règles à suivre pour la multiplication & la culture de ces Cactiers, & pour l'éducation de la cochenille silvestre, rendent palpables, en premier lieu, la grande facilité que les colons, même ceux qui sont les plus dénués de ressources, ont à établir cette culture, & cette éducation, aussi-tôt qu'ils le desireront, & en second lieu les avantages qu'ils retireront de cet établissement. On sait en effet qu'il y a, dans l'étendue de la Colonie de Saint-Domingue, par exemple, nombre de quartiers, dans lesquels il est impossible d'établir aucune des autres grandes cultures de cette Colonie, à cause de l'ingratitude des terres, & sur-tout à cause de la sécheresse extrême qui y règne; laquelle est telle, en plusieurs de ces quartiers, qu'il n'y tombe pas une goutte d'eau pendant neuf mois consécutifs de chaque année, & que, pendant ce temps, le sel alkali fixe de tartre exposé la nuit à l'air libre, au milieu des plaines de ces quartiers, n'y tombe pas en déliquefcence. Il tombe fous le fens que l'établiffement de l'éducation de la cochenille fil-veftre, & de la culture des Cactiers, qui y font propres, fuffira feul pour enrichir, en peu de temps une foule d'habitans de ces quartiers, main-tenant fi miférables; puifque ces Cactiers prof-pèrent dans les terres les plus maigres & les plus arides, & fupportent très-bien cette féchereffe extrême; puifque cette même féchereffe extrême eft auffi favorable à l'éducation de la cochenille qu'elle eft contraire aux autres cultures; puif-que ceux de ces quartiers qui font maintenant les plus à plaindre, à caufe d'une féchereffe non-interrompue de neuf mois confécutifs, font ceux qui, par cette même caufe deviendront les plus floriffants, quand les colons voudront y éduquer de la cochenille filveftre; cette caufe rendant ces quartiers plus favorables à l'éducation de la co-chenille que la province de Guaxaca même. Cette Colonie fe peuple de plus en plus d'habitans, fans reffources que l'indigence y améne de France dans l'efpoir de s'y enrichir. Les autres grandes cultures ont envahi toutes les meilleures terres, c'eft-à-dire, celles qui font arrofées & arrofables. Le nombre des terres, mêmes médiocres, fuf-ceptibles de ces autres cultures diminue tous les jours, tandis que le nombre des cultivateurs aug-menté inceffamment. Une foule de ces nouveaux colons & des anciens mènent une vie languiffante & pauvre, parce qu'ils ne font pas en état d'é-tablir des fucreries, des cacaoteries, des indigo-teries, des caffeteries, &c., Faute des capitaux énormes dont ces cultures exigent les avances, faute de nègres en nombre fuffifant, faute de terreins convenables, &c., ces colons feront bientôt à leur aife en élevant de la cochenille filveftre. Qui pourra les empêcher de s'emparer de cette riche reffource, dont il eft fi facile de profiter? Il ne faut pour établir cette éducation & la culture des Cactiers qui y conviennent, ni mife dehors onéreufe, ni grandes habitations, ni bons terreins, ni terreins arrofés ou arrofa-bles, ni des foules de nègres, ni des quantités d'uftenfiles, de machines, de conftructions dif-pendieufes, ni des travaux lourds, ni des opéra-tions difficiles & délicates qui demandent des hommes habiles & exercés depuis long-temps, &c.; il faut tout cela pour les autres cultures de la Colonie. L'indien, cultivateur du Mexique floriffant par l'éducation de la cochenille, n'a befoin de rien de tout cela; la terre la plus aride eft pour lui une terre de profpérité; une bèche ou une houe pour labourer fa Nopalerie, un couteau pour farcler & pour récolter, quelques vafes groffiers, ou de terre, ou de fruits de cale-baffier, quelques ferpillières, un bacquet, un chauderon, pour recueillir fa récolte & la rendre marchande; voilà tout l'attirail qui lui eft né-

ceffaire. Le plus lourd des travaux qu'il ait à faire eft la plantation de fa Nopalerie; & ce travail n'eft pas plus onéreux que la fimple plan-tation d'un jardin potager: tout le refte fe réduit, pendant des années, à des farclages, à des pro-menades, à des ouvrages en un mot auxquels un enfant de dix ans peut fuffire. Le plus grand ou-vrage, après la plantation, c'eft la récolte & l'on a vu que ce n'eft autre chofe, pour ainfi dire, que ramaffer de l'or en fe jouant. La récolte eft pour lui le terme de fes travaux; c'eft au con-traire pour le fucrier, &c., le commencement des travaux les plus grands. Le cultivateur de cochenille n'a que faire de vaftes & nombreux magafins pour ferrer fa récolte; la moindre cafe y fuffit. Il ne lui faut pas de nombreux équipa-ges pour la tranfporter; un cultivatur du Mexi-que arrive de cinquante lieues dans les terres, portant au marché de Guaxaca pour trois cents louis d'or de Cochenille fur un feul mulet. Il ne craint pas que fa récolte fe corrompe ou périffe de cent ma-nières, dans fes magafins avant qu'il puiffe la vendre; il en trouve le débit le jour même qu'il l'a recueillie, s'il le defire. Il n'a pas befoin de répéter nombre de fois des manipulations oné-reufes, pour préferver fa récolte de la corrup-tion, ni de craindre qu'elle perde fa valeur par un laps de tems; fitôt qu'elle eft fèche il peut la laiffer des fiècles fans y toucher, & être fûr qu'elle ne s'altérera en aucune manière. L'envie, ennemie de tout bien, a objecté à Thiéry que les vivres étoient moins chers à Guaxaca qu'au Port-au-Prince, & que, par conféquent, la cul-ture de la cochenille feroit moins lucrative au Port-au-Prince, qui ne pourroit donc foutenir la concurrence avec Guaxaca? Thiéry répond péremptoirement, en expofant des faits contrai-res & certains, que voici: il s'eft affuré que la journée de corvée fe paye à Guaxaca à raifon de vingt fix fous tournois; la paye de la corvée eft en tout pays la plus baffe. Un nègre de ferme fe loue à Saint-Domingue pour trois cents livres, monnoie de la Colonie; c'eft-à-dire, pour cent foixante douze livres dix fous tournois, par an-née, outre fa nourriture, qui ne coûte pas plus de cinq fous par jour, même dans les villes. Il ne coûte donc pas plus de quatorze fous fix den. tournois par jour. Le prix de la main-d'œuvre eft donc beaucoup plus bas à Saint-Domingue qu'à Guaxaca. D'ailleurs on a vu plus haut qu'un arpent & demi de terres arides rapporte plus de feize cents livres tournois par an en cochenille filveftre. Une pareille étendue des meilleures ter-res en cultures les plus lourdes & les plus lu-cratives, en fucrerie, par exemple, ne rapporte pas davantage. On a encore objecté qu'il eft onéreux d'attendre pendant vingt mois depuis le moment de la plantation de Cactiers jufqu'au moment de la première récolte de cochenille. Mais d'abord on peut attendre facilement quand les avances font auſſi peu conſidérables ; enſuite on attend encore plus long-tems le moment de la première récolte de café, & cela n'empêche pas d'en entreprendre la culture. On a encore objecté les pertes que l'on éprouve quelquefois au Mexique de la part des pluies. Mais, 1.º ces pertes font preſques nulles à l'égard de la cochenille ſilveſtre, & dans l'évaluation faite plus haut du rapport d'une Nopalerie d'un arpent & demi ſemée en cochenille ſilveſtre, on a mis ces pertes en ligne de compte. 2.º Ces pertes même à l'égard de la cochenille fine, ne font évidemment rien en comparaiſon des pertes énormes qu'éprouvent trop ſouvent ceux qui s'adonnent à toute autre culture. Dans le cas où une récolte d'un arpent de cochenilles fine eſt détruite par la pluie, la perte du cultivateur ſe réduit au tiers de ſa récolte annuelle, à la valeur de trente livres tournois pour la cochenille qu'il a ſemée, & à quelques journées de négrillons employés à cette ſemaille. On ne ſait que trop que les pertes qu'éprouvent ſouvent les planteurs d'indigo, de coton, de cannes à ſucre, &c., font incomparablement plus déſaſtreuſes. Le cultivateur de cochenilles eſt très-éloigné d'éprouver jamais de pertes qui puiſſent le ruiner ; il n'en eſt pas de même, à beaucoup près, des autres planteurs.

Il eſt donc de la plus grande évidence qu'un grand nombre de colons de Saint-Domingue, & des autres Colonies Françoiſes de l'Amérique Méridionale, ne peuvent trop s'empreſſer d'embraſſer les moyens de reſſources & d'abondance, auſſi faciles que riches, qui leur font donnés par Thiéry dans l'éducation de la cochenille ſilveſtre, & la culture des Cactiers qui y conviennent. En étendant cette éducation & cette culture, ſur-tout dans les cantons arides, qui ne peuvent entretenir les autres cultures, ils feront le bien de la nation, & plus encore le leur. Les cendres de Thiéry attendent la proſpérité de ces colons comme une glorieuſe couronne civique, que ſon dévouement généreux & infatigable a bien mérité.

Le lecteur s'étonne ſans doute, qu'en expoſant les avantages que les colons retireront de l'éducation de la cochenille ſilveſtre, je ne diſe rien relativement à la cochenille fine qui a été le principal but & le principal fruit de tous les travaux de Thiéry. Je mettrai fin à cet étonnement du lecteur, par un autre étonnement plus grand, en lui apprenant que, depuis la mort de Thiéry, l'on a laiſſé perdre l'eſpèce de la cochenille fine, à Saint-Domingue ; tant il eſt vrai qu'un homme eſt ſouvent bien difficile à remplacer : heureuſement que la cochenille ſilveſtre ne peut ſe perdre dans cette Colonie. Si l'on parvient jamais par la ſuite à récupérer la cochenille fine, dont la perte ne peut qu'augmenter les regrets, de tous les bons Citoyens, ſur la

mort prématurée de Thiéry, il eſt indubitable qu'on retirera encore de plus grands avantages de cette cochenille que de la cochenille ſilveſtre ; puiſque, comme on a vu plus haut, la cochenille fine, en n'occupant la Nopalerie que pendant ſix mois de l'année, produit, en trois récoltes, autant peſant que l'autre en ſix récoltes ; & qu'ainſi elle rapporte, ſur un arpent & demi, deux mille quatre cent quarante livres tournois par an, c'eſt-à-dire, un tiers plus que l'autre ; ſans que ſon éducation coûte plus de peines ou de dépenſes.

Culture, en Amérique, des Cactiers autres que ceux propres à l'éducation de la cochenille.

Excepté les Cactiers propres à l'éducation de la cochenille, on cultive juſqu'à préſent peu de Cactiers en Amérique, ſoit parce que les eſpèces les plus recommandables, par la bonté de leurs fruits, ou pour la beauté de leurs fleurs, ou autrement, y ſont, comme les autres eſpèces, très-nombreuſes dans les terres communes, vagues, & incultes qui occupent par tout de vaſtes eſpaces, ſoit parce que les cultivateurs de ce pays tout entiers occupés à la culture des plantes qui ſont des objets de commerce, de lucre, & de fortune, négligent totalement celle des plantes d'agrément ; vu ſur-tout que la plupart des planteurs d'Amérique ont toujours devant les yeux leur retour en Europe, ne regardent l'Amérique que comme un pays de paſſage, qu'ils ſe ſoucient, par conſéquent, peu d'orner ; ils ne s'attachent aucunement à y multiplier les plantes qui n'auroient d'autre utilité que d'en rendre le ſéjour plus agréable & d'y rendre la vie plus douce en augmentant ſes jouiſſances. Ils ne regardent pas le tems pendant lequel ils habitent l'Amérique comme un tems deſtiné à jouir de la vie ; c'eſt le tems uniquement de travailler à leur fortune ; ils penſeront à vivre quand elle ſera faite ; & alors ils retourneront en Europe y étaler leur opulence : d'ici à ce tems, rien n'a de prix pour eux que l'or ſeul. C'eſt par les mêmes raiſons qu'ils y négligent auſſi la culture des Bananiers, & de pluſieurs autres plantes très-utiles & très-agréables à pluſieurs égards, mais qui ne produiſent point d'or. Cette négligence diminuera à meſure que les colons s'attacheront davantage à ce ſi fertile pays. Les habitans des Barbades cultivent autour de leurs maiſons le Cactier triangulaire, N.º 24, à cauſe de la bonté de ſon fruit. Dans l'iſle de Saint-Euſtache on cultive le Cactier en raquette à longues épines, nº 25, C, pour en faire des clôtures & même des enceintes de villes, ou des ſortes de fortifications. Il eſt très-probable que l'on cultive çà & là, en Amérique, le Cactier à grande fleur, N.º 20, & le Cactier queue de ſouris, N.º 21, à cauſe de la beauté de leurs fleurs : on a vu plus haut qu'on ne cultive le Cactier fplendide au Mexique qu'à caufe de l'excellence de fon fruit. Il n'eft pas hors de vraifemblance qu'on cultive, en Amérique, plufieurs autres efpèces de Caétier, comme, par exemple, le Caétier mamillaire, N.° 1, à caufe de la délicateffe de fon fruit, &c. : on y cultivera fûrement, un jour à venir, les Caétiers des tables, N.° 32, auffi à caufe de fon excellent fruit, fans parler de fon beau port, le Caétier à fruits feuillés, N.° 30, à caufe de fon fruit agréablement acide, &c., &c.

Comme prefque toutes les efpèces de Caétiers, pour ne pas dire plus, fe multiplient très-aifément & très-fûrement par la voie des boutures ; & comme, en s'y prenant bien, on peut obtenir par cette voie une jouiffance beaucoup plus prompte que par la voie des femences ; il tombe fous le fens qu'on employe rarement cette dernière voie de multiplication, pour les plantes de ce genre, excepté peut-être pour le Caétier mamillaire, N.° 1, qui fe multiplie de lui-même on ne peut plus facilement & très-abondamment par fes femences, qu'il laiffe tomber autour de lui ; excepté, peut-être encore, pour les autres Caétiers méloniformes qui paroiffent conformés de manière à être multipliés moins aifément que les autres par cette voie des boutures ; &, encore, à l'égard de ces dernières efpèces, il eft fi aifé de fe procurer, quand on en a la fantaifie, des plantes adultes bonnes à être tranfplantées, avec leurs racines, où l'on peut defirer, & cette tranfplantation réuffit fi facilement quand elle eft faite en lieu & de la manière convenables, qu'on ne penfe gueres à les femer.

Prefque toutes les règles que j'ai expofées plus haut pour la culture du Caétier Nopal, peuvent & doivent être adaptées à la culture des autres efpèces de Caétiers en Amérique, excepté qu'aucune de ces efpèces de Caétiers ne fe plaît auffi bien dans les meilleurs terreins que le Caétier Nopal ; & qu'il ne faut jamais fumer en aucune manière, ni avant, ni après la plantation, la terre dans laquelle les plantes d'aucune de ces efpèces peuvent être placées.

Toutes ces autres efpèces de Caétiers, craignent encore plus l'humidité que le Caétier Nopal. Aucun terrein marécageux ou humide, en manière quelconque, ne peut convenir à aucunes d'elles ; & toutes fortes de terreins, même les plus maigres & les plus pierreux leur conviennent pourvu qu'ils foient très-fecs : les plus fecs font les meilleurs. Ils font encore plus favorables à la culture de ces Caétiers quand leur furface eft difpofée en pente de manière que les eaux des pluies ne puiffent jamais y féjourner, & puiffent au contraire s'en écouler le plus promptement poffible ; & quand cette pente eft diftribuée également fur leur furface, de manière que les mêmes eaux ne puiffent y creufer trop facilement des ravines,

Le tems le moins avantageux pour multiplier les Caétiers par boutures, c'eft le moment de la floraifon, ou peu de tems avant ce moment ; parce que, fuivant les obfervations du Cercle des Philadelphes, les boutures plantées alors produifent fouvent des fleurs avant de faire aucune autre production ; ce qui retarde beaucoup leur enracinement & leur accroiffement. Excepté ce tems, on peut, dans l'Amérique Méridionale, planter avec fuccès des boutures de ces plantes pendant toute l'année. Mais le moment le plus favorable eft au commencement de la faifon des pluies ; parce que cette faifon eft plus favorable à leur prompt enracinement, & qu'il eft utile à leur prompt accroiffement, qu'elles aient acquis autant de force qu'il eft poffible avant la faifon des fecs. Tout ce que j'ai dit des boutures du Caétier Nopal, doit s'entendre, mot pour mot, des boutures de toutes efpèces, ou variétés de Caétiers à articulations courtes & ordinairement comprimées en forme de femelles.

Quant aux Caétiers en forme de cierges & aux Caétiers rampants & grimpants, on prendra, pour boutures, des articulations fortes & qui foient âgées de plus d'une année. Il convient que chaque bouture, des grandes efpèces, foit d'un pied & demi à trois pieds de longueur ; elle pourra n'être compofée que d'une feule articulation, fi cette articulation a un pied & demi ou deux pieds de longueur ; chaque bouture des efpèces, dont les articulations ne font longues que de quatre à fix pouces, devra être compofée d'au moins deux ou trois articulations. Il eft vrai que les plus petites boutures de ces plantes, & celles formées des articulations de l'année même les plus jeunes, s'enracinent auffi fort aifément, & peuvent auffi fervir à multiplier les plantes de ces efpèces ; mais les boutures fortes, qui font compofées d'articulations adultes & grandes, s'enracinent plus promptement, que ces boutures petites ou formées d'articulations jeunes, produifent d'abord des bourgeons beaucoup plus forts & deviennent des plantes plus grandes dès la première année, que ces jeunes ou petites boutures en deux ou plufieurs années. Il faut, au furplus, féparer, couper, faire, planter, & foigner ces boutures de la même manière que celles du Caétier Nopal. Lorfqu'une de ces boutures eft compofée de deux ou plufieurs articulations, il convient auffi de pofer la plus baffe de ces articulations horizontalement fur la terre, dans le fond de la rigole ou foffe dans laquelle on la plante, fi la forme de la bouture permet cette pofition ; finon on plantera la bouture obliquement, de manière, dans tous les cas, que la portion de la bouture, qui fort de terre faffe, avec l'horizon, un angle aigu vers l'Oueft. Cette fituation, que Thiéry a éprouvée être avantageufe pour les boutures du Caétier Nopal, ne doit

doit pas être indifférente pour les autres Cactiers. La surface orientale de cette portion étant hors de terre, est plus échauffée par le soleil du matin dans cette situation que dans toute autre. Lorsqu'on plante ces boutures en place, on détermine la distance réciproque à mettre entr'elles, suivant la grandeur naturelle des espèces de Cactier auxquelles ces boutures appartiennent. On a soin de fournir des appuis aux espèces rampantes & grimpantes, soit en les plantant contre les murs des maisons, soit autrement. Les espèces n.° 20 & n.° 23, plantées contre les murailles, poussent, sur la longueur de leurs tiges, quantité de racines, qui s'insinuent entre les joints des pierres, dont ces murailles sont bâties. Ces plantes s'élèvent ainsi jusqu'au sommet de ces murailles, & forment, sur leur étendue, une sorte de tapisserie, aussi agréable par les belles fleurs de ces deux espèces, & sur-tout par les fleurs magnifiques & très-odorantes de l'espèce n.° 20, qu'utile par les excellents fruits de l'espèce n.° 23. Les boutures du Cactier à fruits feuillés, n.° 20, se font de même, & dans le même-tems, & se cultivent de même. Elles doivent être formées avec des branches de deux ou trois ans coupées par fragments de huit pouces ou d'un pied de longueur. Il doit en être de même de l'espèce n.° 31. Les tubercules qui naissent, sur la surface du Cactier à mammelons, n.° 1, & du Cactier glomerulé, n.° 2, étant plantés & soignés comme les boutures des autres Cactiers s'enracinent aussi fort bien & servent ainsi à multiplier ces espèces.

Quand on veut cultiver, en Amérique, des Cactiers méloniformes, on se contente souvent d'aller dans les lieux incultes qu'ils habitent naturellement, prendre des plantes adultes : on les arrache soigneusement avec la plus grande quantité possible de leurs racines, puis on les plante dans de la terre bien préparée, la plus maigre & la plus aride qu'on puisse avoir à sa disposition. Pour les planter, on fait une fosse un peu moins profonde que la longueur de ces racines ; on élève au milieu de cette fosse un cône de la terre qu'on en a tirée ; on place la base de la plante sur le sommet de ce cône, de manière que cette base soit de deux ou trois pouces moins élevée que la superficie du terrein d'autour de la fosse ; l'on arrange les racines sur la surface de ce cône, en les distribuant également autour de sa circonférence ; enfin on remplit entièrement la fosse avec la terre qui en a été tirée & qu'on a bien ameublie. Cette plantation réussit plus sûrement lorsqu'on la fait dans un tems éloigné de celui de la floraison de la plante. Mais elle réussit ordinairement en tout tems, pourvu qu'on se conduise, d'ailleurs, de la manière que j'ai exposée, qu'on n'arrose en aucun tems, & que les eaux du ciel ne séjournent aucunement autour de ces plantes. On a remarqué que lorsqu'on les plante dans une bonne terre, elles lan-

guissent, ne donnent aucune satisfaction, & ne subsistent pas long-tems, & que si la terre, dans laquelle elles sont plantées, retient tant soit peu l'humidité, elles y pourrissent très-promptement.

Pour multiplier des Cactiers, par la voie des semences, en Amérique, le mieux est de mettre ces semences en terre aussi-tôt qu'elles sont mûres parfaitement. Tant que les semences n'ont pas levé, ou que les plantes qui en sont provenues sont très-petites, on arrosera de tems en tems, très-légèrement, avec la pomme de l'arrosoir, pendant la saison des secs, & lors des longues sécheresses qui surviennent pendant la saison des pluies. Quand les jeunes plantes paroissent, on les éclaircit de manière qu'elles ne s'étiolent pas réciproquement ; & on a soin, en sarclant, lorsqu'il le faut, de ne pas les laisser étouffer par les mauvaises herbes. A mesure que les plantes grandissent on les arrose de plus en plus rarement. Quand elles sont devenues assez grandes, pour se trouver trop proches les unes des autres de manière à se gêner réciproquement dans leur accroissement, on les transplante pour leur donner plus d'espace ; ensuite on les traite exactement comme les plantes provenues de boutures.

Culture des Cactiers, dans le climat de Paris. Règles générales.

On a vu plus haut que toutes les espèces de Cactier, dont on connoît le pays natal, croissent naturellement, & ne se trouvent que dans les terres les plus maigres, les plus arides, & sur les rochers les plus escarpés, entre les fentes desquels elles poussent leurs racines, & où elles végétent très-vigoureusement, malgré les sécheresses les plus extrêmes, & quoique ces fentes ne contiennent, le plus souvent, qu'une quantité de terre énormément petite relativement au volume de ces plantes hors de terre. L'expérience a appris aux Cultivateurs, qu'il est absolument impossible d'élever & de conserver aucune plante de ce genre, sans imiter la nature à l'égard de cette maigreur de la terre qui les nourrit, & sur-tout à l'égard de la sécheresse de cette même terre. On a éprouvé que toutes les espèces de Cactier, ne redoutent rien autant que l'humidité superflue, au-delà de leur besoin le plus strict ; & que ce besoin est souvent nul, & toujours infiniment petit, même dans les plus grandes chaleurs. Toutes celles de ces plantes qu'on a entrepris de cultiver en terre entretenue habituellement dans une humidité sensible, ont toujours péri très-promptement par la pourriture. Il en a été constamment à-peu-près de même de celles qu'on a entrepris de cultiver en terre grasse & substantielle. Ces plantes peuvent cependant subfifter affez long-tems dans une terre fubftantielle, pourvu qu'on les préferve affez efficacement de toute humidité fuperflue; mais elles y font des progrès incomparablement moindres que dans une terre maigre, & leur végétation y eft conftamment foible & languiffante, même dans leur pays natal. Il n'y a que deux efpèces qui s'accommodent d'une terre graffe, favoir: 1.° le Cactier Nopal, n.° 39, dont on ignore l'habitation naturelle, & qui, comme on l'a vu plus haut, préfère une bonne terre, pourvu qu'elle foit très-fèche, à une terre plus maigre d'une fécherefse égale; & 2.° le Cactier Splendide, n.° 38, dont on ignore auffi l'habitation naturelle, qui eft peut-être une variété du Cactier Nopal; lequel Cactier, n.° 38, végète très-bien dans une terre très-maigre, mais végète encore plus vigoureufement dans une terre fubftantielle, en fuppofant que la fécherefse de l'une foit égale à celle de l'autre, & foit habituellement très-grande.

Excepté ces deux dernières efpèces de Cactier, n.ᵒˢ 38 & 39, & le Cactier à fruits feuillés, n.° 30, la terre qui convient le mieux à la culture de toutes les autres efpèces, dans le climat de Paris, eft un mélange exact de deux tiers de terre maigre, légère, fablonneufe & bien divifée, & d'un tiers de décombres calcaires, paffées au crible: ou bien, fi l'on n'a pas de terre légère à fa difpofition, un mélange exact d'un tiers de bonne terre à potager, d'un tiers de fable, & d'un tiers de décombres calcaires, paffées au crible. On a reconnu qu'il convient que le crible, dont on fe fert pour paffer ces décombres, ne foit pas trop fin, afin que la terre compofée dont elles font partie laiffe plus aifément s'écouler & s'évaporer toute humidité fuperflue. Il eft bon, lorfqu'on le peut, de préparer cette terre fix mois ou un an avant de s'en fervir. Il ne faut jamais mêler à cette terre, en aucun tems, aucun fumier quelconque, fi l'on ne veut pas s'expofer à voir périr, promptement, par la pourriture, les Cactiers qui y feront plantés.

Il eft très-important que les pots ou caiffes qui contiennent les plantes, de quelqu'efpèce que ce foit, de Cactier foient plutôt trop petits que trop grands. Il eft très-préjudiciable à ces plantes d'être dans de trop grands pots, parce qu'il y règne prefque toujours une humidité trop grande, qui les fait fouvent périr en peu de tems. Il eft donc auffi néceffaire d'imiter la nature dans l'avarice avec laquelle elle diftribue la terre aux efpèces même les plus grandes de ce genre.

C'eft une précaution très-utile & même très-néceffaire pour toutes les plantes de ce genre, que de mettre au fond de ces pots ou caiffes un lit de petits plâtras ou de pierrailles calcaires haut d'un pouce ou deux, afin de faciliter d'au-

tant plus l'écoulement de toute humidité fuperflue. Soit que l'on plante ou que l'on fème, il ne faut jamais manquer d'avoir ce foin.

Toutes les fois que l'on s'apperçoit que les plantes de ce genre rempliffent, par leurs racines, la capacité entière des vafes qui les contiennent; fi ces plantes ont fait des productions confidérables hors de terre depuis qu'elles font dans ces vafes, on les met dans des vafes plus grands que l'on remplit avec la terre indiquée; fi la maffe & le volume des productions de ces plantes hors de terre ne font pas beaucoup augmentés depuis qu'elles font dans les vafes que leurs racines rempliffent, on fe contente de leur donner un demi-change, c'eft-à-dire, de retrancher une partie de leur motte & de mettre en place de la terre indiquée. Le tems le plus convenable pour faire ce changement de vafes, ou ce demi-change, eft l'Automne & encore mieux le Printems. Voyez *rempotage* & *demi-change*. Immédiatement après cette opération, on les abrite du foleil & on les laiffe fans les arrofer, jufqu'à ce qu'on voie à leur végétation qu'elles ont pouffé de nouvelles racines. Chaque fois qu'on les change de vafes, ceux qu'on leur donne doivent être un peu plus grands que ceux qu'on leur ôte, parce qu'il vaut mieux les changer de pots fouvent que de leur donner de trop grands pots.

On ne doit jamais mettre dans les ferres qui contiennent les Cactiers, foit pendant l'Hiver, foit en tout autre tems, ni plantes herbacées, ni arbres ou arbuftes toujours verds; parce que la tranfpiration abondante de ces plantes entretiendroit dans ces ferres une humidité confidérable, que les Cactiers abforberoient, & qui deviendroit pour eux un poifon mortel.

Comme toutes les efpèces de Cactier croiffent naturellement dans les endroits les plus brûlans de la Zône Torride, on conçoit qu'aucune d'elles ne doit redouter l'ardeur du foleil du climat de Paris. Il n'eft donc pas étonnant que l'expérience ait appris qu'il faut les placer toutes à l'abri du Nord & à l'expofition du Midi, de manière qu'elles puiffent recevoir toute la chaleur du foleil, qui leur eft toujours très-favorable, & ne peut jamais leur nuire.

Excepté le Cactier Mamillaire, n.° 1, on multiplie rârement les Cactiers par la voie des femences dans le climat de Paris: d'abord, parce que la plupart des Cactiers ne fructifient jamais dans ce climat: enfuite, parce que cette voie eft fort longue, & que les plantes qu'on obtient par ce moyen, font plufieurs années à acquérir la même grandeur qu'acquièrent, dès la première année, les plantes de ces efpèces qu'on obtient par la voie des boutures. Cependant il eft quelquefois utile de femer les graines des plantes de ce genre. Plusieurs des espèces qu'on possède en Europe, n'ont été obtenues que par le moyen des graines envoyées d'Amérique. On peut, si l'on veut, multiplier ainsi toutes les espèces de Cactiers, en suivant la méthode que je vais indiquer pour la multiplication de l'espèce, n.° 1, par ses semences, en y joignant ce que j'indique plus bas pour la multiplication de l'espèce, n.° 4, & en se conformant à la nature plus ou moins délicate de chaque espèce.

Culture des Cactiers nains & globuleux ou méloniformes, dans le climat de Paris.

Le Cactier mamillaire, n.° 1, se multiplie aisément par ses semences, qu'il produit, comme j'ai dit, abondamment chaque année en serres chaudes dans le climat de Paris. Plusieurs se contentent de laisser les fruits de cette espèce tomber d'eux-mêmes sur la terre des pots qui contiennent les plantes qui les ont produits, & de continuer de soigner ces plantes à l'ordinaire sans toucher à ces fruits ni à cette terre. Les graines contenues dans ces fruits produisent, sans autre soin, dans ces pots, de nouvelles plantes, qui sont ordinairement bonnes à être transplantées, chacune dans un pot à part, au Printems de l'année suivante. Mais il est préférable de ne pas abandonner ainsi ces semis au hasard, & de semer ces graines soi-même : car, en les laissant se semer d'elles-mêmes, on fatigue les plantes contenues dans les pots où ces graines tombent, on perd beaucoup de semences, & les plantes qu'on obtient de ce semis spontané sont ordinairement moins vigoureuses que celles obtenues par un semis fait exprès. On sème la graine de cette espèce au Printems, aussi-tôt que les fruits qui la renferment sont desséchés sur la plante qui les a produits, dans des petits pots remplis de la terre que je viens d'indiquer, & au fonds desquels on n'a pas oublié de mettre un lit de petits plâtras. Ces semences doivent être répandues également sur la surface de la terre de ces pots, puis recouvertes par l'épaisseur d'une ou deux lignes au plus de la même terre, mais plus fine. Aussi-tôt que ce semis est fait, on place les pots qui le contiennent dans une couche chaude de tan, placée en bonne exposition, & couverte d'un châssis de vitrage. Une couche de tan convient beaucoup mieux, pour ce semis, qu'une couche de fumier ; à cause de la trop grande quantité de vapeurs humides qui s'élèvent de cette dernière, lesquelles pourroient nuire aux jeunes plantes, en leur causant une pourriture funeste. Des petits pots sont préférables aux grands pour ce semis, non-seulement parce que ces derniers entretiennent la terre qu'ils contiennent dans une trop grande humidité, mais encore parce qu'ils s'échauffent

plus difficilement. On arrose ces semis très-légèrement une fois par jour, jusqu'à ce que la graine soit levée. Lorsque les plantes paroissent, on arrose beaucoup plus modérément. On arrose même à peine, tant que la saison n'est pas assez chaude & que le soleil ne luit pas, parce que les vapeurs humides, que la couche répand sous les châssis, suffisent alors presque seules à ces plantes. Il ne faut leur donner un peu plus d'eau, que lorsque la saison est assez chaude & assez sèche, & que le soleil luit & permet de les aérer. S'il est très-important de les préserver des froids du Printems, en couvrant à propos les châssis avec des paillassons & de la grande litière, il n'est pas moins nécessaire de les faire jouir de l'air & du soleil, toutes les fois que le tems le permet ; autrement elles s'étioleroient bien-tôt, deviendroient trop tendres, absorberoient les vapeurs de la couche, & se rempliroient tellement d'humidité qu'elles pourriroient promptement. Ces jeunes plantes croissent lentement. On les laisse donc passer toute l'année dans les mêmes pots où elles ont été semées. Elles doivent avoir été éclaircies convenablement & être sarclées soigneusement. Vers l'Automne, on modère encore plus les arrosemens ; & on ne leur en donne qu'au besoin, très - peu à-la-fois, & seulement autant qu'il est nécessaire pour ne pas les laisser périr. Cette modération est indispensable, afin qu'elles puissent s'endurcir assez, pour être en état de passer l'Hiver. Elles passeront l'Hiver dans la tannée de la serre-chaude près des vitraux. Pendant l'Hiver, on les arrosera encore moins qu'en toute autre saison, & seulement lorsque la chaleur de la serre sera très-forte & que le soleil luira. Au Printems suivant, elles seront ordinairement assez fortes pour être plantées dans d'autres pots. Alors on les plante avec toutes leurs racines, chacune dans un pot à basilic rempli de la terre indiquée, & au fonds duquel on a mis un lit de petites pierres. Aussi-tôt après cette plantation, on place de nouveau ces plantes dans la couche de tan de la serre-chaude. On met les plantes à l'abri des rayons du soleil, par des paillassons, jusqu'à ce qu'on voie à leur végétation qu'elles ont poussé de nouvelles racines. Tant qu'elles ne font aucune production, il faut les arroser à peine, au même point, si ce n'est pour les empêcher de périr. Quand elles commencent à pousser, on les laisse jouir du soleil, & on les arrose très-légèrement. En laissant ces plantes dans cette couche pendant tout l'Eté, elles y feront de grands progrès. Cette espèce est, à la vérité, moins délicate que les autres Cactiers méloniformes, & peut, pendant l'été, se passer de la couche de tan, & pendant l'hiver, être conservée dans une terre sèche foiblement échauffée ; mais elle végète incomparablement plus vigoureusement, & donne beaucoup plus de satisfaction lorsqu'on la laisse continuellement dans la couche de tan, pendant l'Eté, & que, pendant l'Hiver, on la renferme dans une serre sèche, dont la chaleur habituelle soit à environ douze degrés du thermomètre de Réaumur. Lorsque les plantes de cette espèce sont soignées convenablement, elles subsistent, pendant plusieurs années, en fleurissant & fructifiant, chaque année, fort abondamment.

Le Cactier glomerulé, n.° 2, ne produit jamais de fruits dans le climat de Paris. On le multiplie néanmoins facilement & abondamment par le moyen des productions nombreuses & oblongues que chaque plante de cette espèce pousse autour d'elle. Lorsque ces productions sont âgées d'un an, au moins, on les sépare de la plante qui les a produites, par une coupe très-nette, faite à leur base avec un instrument bien tranchant; on les place en lieu sec & à l'ombre, par exemple, sur les tablettes d'une serre sèche, pendant quelques jours, jusqu'à ce qu'elles commencent à se flétrir, & que la plaie faite à leur base soit parfaitement sèche à l'extérieur. Quand elles sont en cet état, on les plante chacune dans un pot à basilic, rempli de la terre indiquée, presque sèche. Il ne faut pas les planter avant cette époque, si l'on ne veut pas s'exposer à les voir pourrir au lieu de s'enraciner. En les plantant, on enterre environ la moitié de la longueur de chacune de ces courtes boutures. Les mois de Juin & de Juillet sont les plus favorables à cette plantation, qui doit être faite par un tems sec & chaud. Aussi-tôt que ces boutures sont plantées, on enterre entièrement les pots qui les contiennent dans une couche de tan, de chaleur modérée, placée à l'exposition du Midi. On couvre aussi-tôt ces pots avec des chassis ou des cloches. On les abrite des rayons du soleil, par des paillassons, jusqu'à ce qu'on voie végéter les boutures, de manière à être convaincu qu'elles sont enracinées. Plusieurs arrosent un peu ces boutures en les plantant, & continuent de les arroser très-modérément une fois tous les huit jours, jusqu'à ce qu'elles soient enracinées. D'autres ne les arrosent aucunement, ni en les plantant, ni depuis, jusqu'à ce qu'ils les voient pousser. Ces derniers prétendent, avec grande apparence de raison, que tout arrosement administré aux boutures, de quelque espèce que ce soit de Cactier, avant cette époque, les met en danger de pourrir; & qu'il règne toujours sous les chassis ou cloches une humidité plus que suffisante pour l'enracinement de ces boutures. Lorsqu'elles commencent à pousser, on les laisse jouir des rayons du soleil; & on les arrose très-légèrement une fois par semaine, par un tems sec & chaud, avec un arrosoir à goulot, en ayant la précaution de ne pas mouiller la portion de la plante qui est hors de terre. Ceux qui les arrosent avant

qu'elles poussent, ont cependant l'attention de les arroser beaucoup plus légèrement & plus rarement, avant cette époque, qu'après. Lorsque ces boutures paroissent suffisamment enracinées, ce qui, si on les a plantées au commencement de Juillet, arrive ordinairement vers le milieu d'Août, on leur donne de l'air, auquel on les accoutume par degrés, pour les endurcir. Mais il ne faut pas les exposer tout-à-fait en plein air. Vers le milieu de Septembre, on supprime entièrement les arrosemens. A la fin de Septembre, on les enferme dans la serre-chaude où elles doivent passer l'Hiver, & où l'on place ces jeunes plantes dans un endroit plus chaud que les vieilles, parce que ces dernières sont moins délicates.

Au surplus, cette espèce se cultive comme l'espèce, n.° 1; elle peut aussi, lorsqu'elle est adulte, être conservée pendant l'Hiver dans une serre sèche, foiblement échauffée, & pendant l'Eté, elle peut aussi se passer de la couche de tan; mais elle se porte aussi beaucoup mieux, & végéte plus vigoureusement, lorsqu'on la met pendant l'Hiver dans une serre sèche, échauffée à douze degrés, & pendant l'Eté, dans la couche de tan.

On multiplie rarement, par la voie des semences, les Cactiers, à côte droite, n.° 3, couronné, n.° 4, & rouge, n.° 5. Le Cactier, n.° 3, ne fructifie pas dans le climat de Paris. Celui, n.° 5, n'y fleurit jamais. Celui, n.° 4, y fleurit, & fructifie abondamment chaque année. Les semences qu'il produit sont fertiles. Mais les plantes qu'on obtient de ces semences sont très-long-tems à acquérir leur grosseur naturelle; &, après qu'elles l'ont acquise, elles sont encore très-long-tems sans produire de fleurs. La forme des plantes de ces trois espèces paroit ne pas pouvoir se prêter à leur multiplication par boutures. Lors donc qu'on veut se procurer ces espèces, on prend ordinairement le parti d'en faire apporter de leur pays natal des plantes adultes & déja parvenues à toute leur grosseur naturelle.

Les voyageurs apportoient & envoyoient autrefois ces plantes curieuses plus fréquemment qu'à présent. Mais ils y ont renoncé, parce que le plus grand nombre de ces plantes périssoit dans la traversée, par l'ignorance de ceux qui en prenoient soin. Ils les faisoient pourrir par les arrosemens qu'ils leur donnoient. Et s'il en arrivoit quelques-unes jusqu'en Europe, elles étoient si remplies d'humidité, que, quoiqu'elles parussent en bon état au moment de leur arrivée, elles périssoient presque toutes de la même manière, peu de tems après.

Lorsqu'on se propose de faire voyager d'Amérique en Europe des plantes de ces espèces, voici les règles qu'il faut suivre, & les soins, attentions & précautions qu'il faut recommander à ceux qui se chargent de les rapporter. On choisit des plantes non-seulement adultes, & parvenues à leur grosseur naturelle, mais encore qui aient fleuri & fructifié, & qui soient les plus fortes, les plus vigoureuses, les mieux conformées & les plus saines que l'on pourra trouver de chaque espèce. Il faut tâcher, en les arrachant, de ne les blesser en aucune manière, & de leur conserver la plus grande quantité qu'il est possible de leurs racines aussi entières qu'on le peut. Il est très-difficile de les enlever avec une suffisante quantité de racines ; parce que ces racines s'étendent très-profondément dans les fentes étroites des rochers ; & à cause des épines nombreuses, dures & fermes, dont ces plantes sont souvent très-horriblement hérissées, & qui les rendent très-difficiles & très-dangereuses à manier. On les plante dans des caisses remplies d'une partie de terre quelconque, mais plutôt maigre que grasse, sur-tout qui ne soit point prise dans un endroit marécageux, qui soit presque sèche, & mêlée exactement avec au moins deux ou trois parties de pierres calcaires concassées. Ces caisses doivent être solidement faites. Les moitiés de futailles ne sont pas bonnes à être employées à cet usage, au lieu de caisses. Leurs cercles sont sujets à glisser ; leurs douves à se séparer, leur fond à tomber, la terre qu'elles contiennent à être dispersée. Ainsi, les plantes qu'on y met, sont en très-grand risque de périr avant leur arrivée. Pour ménager la place, on peut mettre plusieurs plantes dans chaque caisse. Elles peuvent, sans inconvénient y être placées fort près les unes des autres, parce que leur grosseur, n'augmentera aucunement dans la traversée, sur-tout si elles sont traitées comme il convient. Ces caisses doivent être percées au fond de plusieurs trous assez grands ; & l'on n'oubliera pas de couvrir ce fond d'un lit de pierrailles, pour faciliter l'écoulement de toute humidité, dans le cas où par la suite on ne pourroit empêcher qu'il s'en introduise dans ces caisses. Il est très-utile que ces plantes soient ainsi encaissées, un mois au moins avant d'être mises à bord du vaisseau, sur lequel elles doivent être transportées, afin qu'elles aient le tems de produire, avant cet embarquement, des racines nouvelles, qui les rendront beaucoup plus propres à supporter le voyage. Ces caisses seront placées sur le lieu le plus aéré du vaisseau, & y seront fixées & attachées assez solidement, pour que les mouvemens les plus violens du vaisseau ne puissent les déranger aucunement. Il ne faut arroser ces plantes, en aucune manière, depuis le moment qu'elles sont plantées, jusqu'à ce qu'elles soient arrivées au lieu de leur destination. Il faut au contraire, pendant tout ce tems, avoir très-grand soin de les garantir de toute espèce d'humi-

dité, en les couvrant d'une toile cirée, lors des pluies & des tems brumeux, ou des brouillards quelconques, & les découvrant lorsque le tems est serein. On prendra aussi toutes les précautions nécessaires pour préserver ces plantes & la terre dans laquelle elles sont plantées du contact de l'eau de la mer. Ces précautions suffiront, suivant Miller, pour que ces plantes arrivent en bon état en Europe, pourvu cependant que ce soit en Eté. Car si elles arrivoient pendant une autre saison, ces plantes auroient, malgré toutes les précautions possibles, bu l'humidité à un tel point, qu'elles en seroient devenues très-difficiles à conserver. Si pendant la traversée, il survenoit des pluies long-tems continuées, il seroit très-utile de rentrer les plantes dans une chambre du vaisseau. Au surplus, voyez l'article TRANSPORT PAR MER. Il est important qu'elles arrivent à leur destination, non-seulement pendant les chaleurs de l'Eté, mais encore assez tôt, pour qu'elles aient le tems de pousser, avant les premiers froids de l'Automne, une quantité de racines assez grande, pour leur donner une vigueur par le moyen de laquelle elles puissent supporter l'Hiver suivant. Aussitôt que ces plantes sont arrivées dans le climat de Paris, comme nonobstant les circonstances les plus favorables, & les soins quelsconques, elles ont toujours absorbé & retenu une quantité considérable de l'humidité qui règne continuellement sur la mer, pendant toutes les saisons de l'année, il faut les tirer de leurs caisses, secouer la terre qui reste attachée à leurs racines, puis les placer dans un endroit sec & à l'ombre, sur les tablettes de la serre, par exemple, où on les laissera se sécher pendant quinze jours ou trois semaines : après quoi, on les plantera chacune à part dans des pots ou caisses d'une capacité proportionnée à leur grandeur, & remplis d'une terre presque sèche, pareille à celle que j'ai indiquée ci-dessus, comme convenable à tous les Cactiers, ou même encore plus maigre, telle que celle dans laquelle j'ai dit qu'il falloit qu'elles soient plantées pendant le transport par mer. Il est encore plus important pour ces espèces que pour toutes les autres de ce genre, que les vases dans lesquels elles sont plantées soient plutôt trop petits que trop grands, & qu'on n'oublie pas de mettre au fond de chaque vase un lit de pierrailles calcaires. Un vase d'une capacité d'un tiers moins grande que le volume des productions que la plante qui doit y être placée a faites hors de terre, est plus que suffisant. Lorsqu'elles sont plantées, on place les vases qui les contiennent dans une bonne couche de tan, couverte d'un chassis de vitrage assez exhaussé pour que les plantes ne touchent pas ses parois. La chaleur de cette couche les avancera & les aidera à pousser de nouvelles racines. Après cette plantation, on les abrite du soleil pendant une douzaine de jours, après lesquels on ôte les abris. Pendant que ces plantes font dans cette couche, il faut bien fe garder de les arrofer, tant qu'elles ne font aucune production. Quand elles pouffent, il ne faut leur donner qu'une quantité d'eau extrêmement petite à-la-fois, & ne leur en donner que très-rarement. Il eft même plus sûr de ne leur adminiftrer aucun arrofement, tant qu'elles font dans cette couche, parce que les vapeurs, qui s'élèvent conftamment de cette couche, fourniffent fous les châffis une humidité fuffifante à la végétation de ces plantes, qui craignent l'humidité, encore plus que toutes les autres efpèces de ce genre. Elles peuvent refter dans cette couche, jufqu'à la fin de Septembre. A cette époque, on les place dans la ferre-chaude, où elles doivent paffer l'Hiver.

L'expérience a appris qu'aucune plante des efpèces de Caĉtiers, n.ᵒˢ 1, 2, 3, 4, 5, qui forme la première feĉtion de ce genre, ne peut être confervée, pendant l'Hiver, dans le climat de Paris, que dans une bonne ferre-chaude, fèche, entretenue habituellement dans une chaleur de douze à dix-fept degrés, fuivant le thermomètre de Réaumur. Cependant j'ai déjà dit que les deux premières efpèces peuvent fubfifter, quoique moins vigoureufement, à une chaleur moindre que de douze degrés .On n'arrofe jamais aucune plante de ces cinq efpèces, pendant cette faifon. Les plantes des trois groffes efpèces exaĉtement méloniformes, n.ᵒˢ 3, 4 & 5, qui font les plus délicates de toutes, doivent être placées fur les tuyaux des fourneaux de la ferre, ou au moins le plus près qu'il eft poffible de ces tuyaux; afin qu'elles foient expofées à la plus grande chaleur de la ferre. Cette grande chaleur, fans aucun arrofement, paroît fatiguer ces plantes, & leur donne un afpeĉt moins vivant & moins verd. Mais, pendant cette faifon, il faut ôpter entre cette fatigue & la pourriture mortelle qui les attaque infaillible-ment, fi peu qu'on les arrofe. En Avril, on met les vafes qui contiennent ces plantes dans une bonne couche de tan. Elles y recouvrent bien-tôt leur verdeur.

Si on laiffe ces plantes dans cette couche chaude, pendant tout l'Eté, elles y feront beau-coup de progrès; mais alors il faut, comme j'ai dit, les arrofer très-peu, ou point du tout, fi l'on ne veut les expofer à pourrir.

L'expérience a auffi appris qu'aucune plante des cinq efpèces de cette première feĉtion, ne doit jamais être expofée à l'air libre dans le climat de Paris, même pendant les plus grandes chaleurs de l'Eté. Elles ont à la vérité l'apparence d'être en bon état, lorfqu'elles y ont été expofées quelque tems. Mais quand enfuite elles font renfermées dans la ferre, on s'apperçoit bien-tôt, mais trop tard, que cette apparence étoit

bien trompeufe; & l'on a le déplaifir de voir que toutes celles qu'on a laiffées ainfi expofées à l'air libre, font infailliblement attaquées de pourriture, peu de tems après qu'elles font ren-trées, & en périffent très-promptement. Quand cette pourriture funefte les détruit, c'eft fou-vent l'extérieur qui en eft attaqué le dernier; de forte qu'elles femblent très-faines, jufqu'à ce que leur intérieur foit entièrement détruit dans toute fon épaiffeur.

On attribue, avec grande apparence de rai-fon, cette pourriture, à l'humidité exceffive que ces plantes abforbent toujours chaque fois que dans le climat de Paris, elles font expofées à l'air libre, qui y eft toujours chargé d'une grande quantité de vapeurs aqueufes, même pendant les plus grandes chaleurs de l'Eté. Ce feroit une objeĉtion fans aucun fondement, contre cette opinion, que de dire que l'air doit être auffi hu-mide à Guaxaca & au Port-au-Prince, par exem-ple, pendant la faifon des pluies, qu'à Paris, pendant l'Eté; & que cependant cette humidité de la faifon des pluies ne fait aucun tort aux Caĉtiers méloniformes, dans ces deux provin-ces. Car il eft palpable que cette différence d'ef-fets dépend de ce que dans ces deux provinces de l'Amérique, la faifon des pluies eft immé-diatement fuivie de fix mois entiers & non interrompus de féchereffe la plus extrême. C'eft donc bien évidemment cette fi longue & fi extrême féchereffe qui délivre les Caĉ-tiers de ces deux provinces de toute l'humi-dité fuperflue qu'ils ont pu boire pendant la faifon des pluies. Au lieu que, dans le climat de Paris, fi ces plantes abforbent trop d'humi-dité pendant l'Eté, la faifon froide qui fuccède ne peut qu'augmenter beaucoup cette intem-périe, au lieu de la guérir : puifqu'alors ces plantes font renfermées dans des ferres-chau-des, dont l'air, pendant toute cette faifon, eft beaucoup plus humide que l'air libre pendant l'Eté. Une expérience très-conftante a convaincu qu'il faut abfolument que toutes les plantes des cinq efpèces de cette première feĉtion des Caĉtiers, foient tenues, pendant tout l'Eté, à couvert dans des ferres vitrées, qu'on ait foin de fermer toutes les fois que le tems eft chaud & humide, & d'ouvrir exaĉtement chaque fois qu'il eft chaud & ferein. L'air de telles ferres ainfi foignées eft, pendant cette faifon, beaucoup plus fec que l'air libre.

Pour qu'il foit à propos d'arrofer de tems en tems ces plantes pendant l'Eté, il faut, 1.ᵒ qu'el-les ne foient pas fur couche, ni en plein air, comme j'ai déjà dit ; 2.ᵒ que le tems foit chaud & ferein; 3.ᵒ qu'elles végètent; car tout arro-fement leur eft nuifible, quand elles ne pouf-fent point. On choifit, pour les arrofer l'heure de midi, lorfque les rayons d'un foleil ardent donnent fur elles. On fe fert de l'arrofoir à

goulot. On ne mouille pas la surface de ces plantes, qui est hors de terre. On ne leur donne
jamais que très-peu d'eau à-la-fois. Pour que l'arrosement leur soit utile, il n'est pas nécessaire
que toutes leurs racines soient humectées ; il suffit que la surface de la terre dans laquelle elles
sont plantées soit humectée jusqu'à environ deux
pouces de profondeur. Elles absorbent avec énergie les vapeurs humides, qui sont répandues
dans l'air ambiant par cette légère mouillure, qui
aide ainsi fort efficacement la végétation de ces
plantes, sans leur faire aucun tort.

Lorsqu'on veut multiplier dans le climat de
Paris le Cactier couronné, n.° 4, par ses semences qu'il y produit abondamment chaque
année, il faut les semer & traiter les plantes qui
en proviennent, suivant la méthode prescrite
ci-dessus pour l'espèce, n.° 1, avec les différences qu'exige la nature de l'espèce, n.° 4,
qui est plus délicate, parvient plus lentement
à sa grosseur naturelle, craint davantage l'humidité, demande plus de chaleur en Hiver, ne
peut se passer de la couche de tan pendant l'E-
té, demande une terre encore plus maigre. Après
que les plantes de cette espèce, élevées de semences dans le climat de Paris, sont parvenues
à leur grosseur naturelle, il peut se passer encore nombre d'années, avant qu'elles produisent
leur cape ou chapiteau ; & par conséquent avant
qu'elles fleurissent : car c'est de ce chapiteau seul
que naissent ses fleurs.

Lorsqu'on veut multiplier les espèces, n.°s 3
& 5, par leurs semences, il faut faire venir ces
semences de leurs pays natal. Elles doivent être
semées, & les plantes qui en proviennent doivent être traitées selon la méthode prescrite pour
l'espèce, n.° 4.

**Culture des Cactiers droits, ressemblant en quel-
que sorte à des cierges, dans le climat de Paris.**

On est dans l'usage, dans le climat de Paris,
de multiplier par la voie des boutures les neuf
espèces de Cactiers, n.°s 6, 7, 9, 10, 11, 12,
13, 16 & 17 de la seconde section de ce genre,
ou qui sont des plantes droites & en forme de
cierges. Ces boutures doivent être plantées, par
un tems sec & chaud, en Juin & au commencement de Juillet préférablement à toute
autre saison. Lorsqu'on les plante plutôt, la
chaleur & la sécheresse de la saison ne sont pas
assez favorables à leur réussite, & elles sont en
risque de pourrir, au lieu de s'enraciner. Quand
on les plante plus tard, elles n'ont pas le tems
de pousser avant l'Hiver une assez grande quantité de racines, pour être en état de résister facilement à la rigueur de cette saison.

Pour faire ces boutures, si l'on veut en obtenir en peu de tems des plantes très-vigoureuses,
on choisit des pousses saines, vigoureuses, & d'une
belle venue, âgées de plus d'un an. Si ces pousses n'ont pas chacune plus d'un pied ou un
pied & demi de longueur entre l'étranglement
de leur base & leur sommet, on peut les employer toutes entières. Si elles sont plus longues,
on coupe les moins grosses à huit ou douze pouces de longueur, & les plus grosses à un pied
ou un pied & demi. On peut employer pour
boutures des pousses beaucoup plus jeunes, &
leur donner beaucoup moins de longueur. Mais
les plantes, qui proviennent de ces petites boutures, sont beaucoup plus lentes dans leur premier accroissement, & ne parviennent qu'en plusieurs années à la même grandeur qu'acquièrent,
dès la première année, les plantes provenues de
fortes boutures. Il ne faut pas faire ces boutures
trop longues, parce qu'en ce cas leur sommet
est sujet à être attaqué de pourriture : ce qui
peut occasionner leur perte totale. Pour séparer
ces boutures des plantes auxquelles elles appartiennent, & pour les réduire à la longueur qu'on
desire, il faut se servir d'un instrument bien
tranchant, & faire chaque coupe bien nette.
Après que ces boutures sont ainsi séparées & coupées, on les pose, pendant quinze jours ou un
mois, dans un endroit sec & à l'ombre, comme
par exemple sur les tablettes d'une serre sèche,
afin de donner le tems aux blessures faites par
ces coupes de se dessécher parfaitement dans toute
l'étendue de leur surface, & de laisser ces boutures se faner & se flétrir un peu. Il est d'expérience que, lorsqu'elles sont un peu fanées,
& que leurs blessures sont bien sèches à l'extérieur, elles s'enracinent plus aisément, & plus
promptement, & sont moins sujettes à se pourrir au lieu de s'enraciner. Quand elles sont en
cet état, on les plante chacune dans un pot séparé, dont la capacité soit proportionnée à la
grandeur de chaque bouture, qui soit plutôt
trop petit que trop grand, qui soit rempli de
terre presque sèche, semblable à celle que
j'ai indiquée plus haut comme convenable à la
culture de tous les Cactiers. Aussi-tôt qu'elles sont
plantées, on enterre les pots qui les contiennent
dans une couche de tan de chaleur modérée
placée à l'exposition du midi, & couverte de
chassis ou de cloches ; on les traite ensuite de
la même manière que les boutures de l'espèce,
n.° 2, jusqu'à la fin de Septembre. Alors on les
renferme dans la serre-chaude où elles doivent
passer l'Hiver. Pour être en état de multiplier
abondamment la plupart de ces espèces, il suffit de retrancher le sommet de leurs tiges par
une coupe transversale, faite, soit avec un instrument bien tranchant, soit, encore mieux,
avec un fer rouge. Leurs parties inférieures à
telle coupe poussent bien-tôt après des rameaux
qui naissent de la crête de leurs angles saillans,

Lorsque chacun de ces rameaux a acquis huit à douze pouces de longueur, on le retranche pour en faire une bouture, dont on obtient bien-tôt une nouvelle plante, en le traitant comme je viens de dire. Chaque plante peut produire successivement un grand nombre de tels rameaux. On ne peut conserver pendant l'Hiver les espèces de Cactiers, n.os 6, 7, 10, 11, 12, 16 & 17, que dans une serre sèche, dont la chaleur habituelle soit de dix à quatorze degrés, selon le thermomètre de Réaumur. On a soin que les jeunes plantes qui sont plus délicates que les vieilles se trouvent placées dans les endroits de la serre les plus chauds & les plus secs. Il ne faut les arroser que très-rarement pendant le premier & le second Hiver de leur âge, & lors seulement qu'on voit à l'état de leur verdeur, que la sécheresse de la serre les fait un peu souffrir : & alors on ne leur donne à-la-fois que très-peu d'eau. Il suffit que la terre des vases qui les contiennent soit mouillée par cet arrosement, jusqu'à la profondeur d'un ou deux pouces seulement. Pour administrer cet arrosement, on choisit un tems serein, & l'on se sert d'un arrosoir à goulot, afin de ne pas mouiller les tiges & branches de ces plantes. Lorsque ces plantes sont âgées de deux ou trois ans, on ne les arrose presque plus pendant l'Hiver, à moins qu'on ne voie à leur couleur qu'elles souffrent trop de la sécheresse.

Au Printems, si l'on voit à la verdeur de quelques-unes de ces plantes, qu'elles aient considérablement souffert pendant l'Hiver, on pourra les placer pendant quelque tems dans une couche de tan, jusqu'à ce qu'elles aient récupéré leur verdeur ordinaire. Aucune de ces plantes ne doit jamais être exposée en plein air, dans le climat de Paris, même pendant les plus grandes chaleurs de l'Eté. L'endroit où il convient le mieux qu'elles soient placées pendant l'Eté, est une serre sèche, vitrée, bien couverte, placée à l'exposition du midi, qu'on ne manque pas d'ouvrir chaque fois que le tems est chaud & sec, & qu'on ferme soigneusement lorsqu'il est froid & humide.

On voit à la vérité des plantes de ces espèces, dans les écoles de Botanique, placées à leur rang, en plein air, pendant l'Eté. Mais elles se portent toujours beaucoup moins bien, fleurissent beaucoup plus rarement & moins abondamment, & se conservent plus difficilement que celles qu'on tient toujours à couvert. Lorsqu'elles sont ainsi en plein air, il ne faut pas les arroser, sinon extrêmement rarement, même pendant les plus grandes chaleurs de l'Eté. Elles trouvent ordinairement dans l'atmosphère, & surtout pendant la nuit, une humidité plus que suffisante, qu'elles absorbent avec force. Il faut au contraire avoir soin, lors des pluies, de placer

des morceaux de verre sur les vases qui les contiennent, pour empêcher, autant qu'il est possible, l'eau de ces pluies de mouiller sensiblement la terre de ces vases : & lors des humidités de longue durée, il faut rentrer ces plantes dans quelque serre sèche vitrée, ou les couvrir d'un châssis de vitrage portatif. Ces précautions sont nécessaires, si l'on ne veut voir ces plantes être immanquablement attaquées de pourriture, pendant l'Hiver suivant.

A l'égard de celles que l'on tient à couvert pendant toute l'année, si l'on négligeoit de les faire jouir de l'air & du soleil toutes les fois que l'air est chaud & sec, leurs pousses s'alongeroient considérablement, s'étioleroient, s'attendriroient, & ces plantes seroient très-difficiles à conserver pendant l'Hiver suivant. Pendant les chaleurs de l'Eté, on les arrose très-modérément, une fois en huit jours, par un tems chaud & sec, à l'heure de midi, lorsque le soleil donne sur ces plantes ; & on leur donne très-peu d'eau à-la-fois, en se servant de l'arrosoir à goulot, & en ayant l'attention de ne pas mouiller leurs tiges & branches. Celles de ces espèces que l'on voudra tenir dans une couche de tan, pendant tout l'Eté, y feront de plus belles productions, & y fleuriront plus sûrement & plus abondamment. Mais tant qu'elles seront dans cette couche, il faudra les arroser encore plus rarement & plus modérément que si elles n'y étoient pas. Peut-être réussiroit-t-on à faire fleurir l'espèce, n.° 7, en ôtant à mesure qu'ils paroissent, les nombreux rejettons qu'elle produit incessamment, & en ne lui laissant qu'une seule tige.

Le Cactier de Surinam, n.° 9, & le Cactier du Pérou, n.° 13, sont beaucoup moins délicats que les autres plantes de cette section. Ils vivent tous les deux, pendant un grand nombre d'années, & sont d'autant moins délicats qu'ils sont plus âgés. Pendant leur jeunesse, il convient de les placer en Hiver dans une serre sèche, dont la chaleur habituelle soit de six à dix degrés. Mais quand ils sont adultes, il leur suffit d'être dans une serre sèche, où la gelée ne pénètre point. Ils peuvent même supporter une température, au degré de la congélation, lorsqu'ils sont âgés. Miller assure, que le Cactier de Surinam peut être conservé en Angleterre, pendant l'Hiver, sans chaleur artificielle. Le grand Cactier du Pérou, qui est au Jardin des Plantes de Paris, est placé avec quatre autres dans une serre faite exprès pour lui, qui sert de vestibule à une serre chaude. Il gèle souvent dans ce vestibule. Et dans l'Hiver de 1788 à 1789, le thermomètre de Réaumur y est descendu à trois degrés au-dessous du terme de la congélation, sans que ces Cactiers aient souffert. Lorsqu'on desire que les plantes de ces deux espèces puissent prendre librement tout l'accroissement dont elles sont

fusceptibles dans le climat de Paris, il est nécessaire que la serre de vitrage, dans laquelle on
les met à l'abri des injures de l'air, soit élevée,
à mesure qu'elles croissent, jusqu'à la hauteur
de trente ou quarante pieds au-dessus de la surface du sol dans lequel ces plantes ont leurs
racines. Lorsque cette serre n'a pas l'élévation
nécessaire, on est forcé, ou de coucher les plantes, ou de borner leur élévation, en coupant
leurs tiges à la hauteur du sommet de la serre,
soit avec une serpette bien tranchante, soit avec
un fer rouge. On préfère ce dernier procédé,
parce que la plaie qu'il forme est moins sujette à être attaquée de pourriture ; qui, lorsqu'elle a lieu, peut gagner de proche en proche, & faire un grand dommage à la plante qui
en est attaquée. Tant qu'on n'a pas touché au
sommet des tiges du Cactier de Surinam, n.° 9,
elles ne produisent aucune ramification, & ne
cessent de continuer de s'élever jusqu'à ce qu'elles
soient parvenues à la hauteur de trente ou quarante pieds. Ces tiges ne se ramifient, que lorsqu'on a retranché leur sommet pour arrêter leur
élévation ; ou lorsqu'on a fait à ces tiges quelque plaie transverse, un peu large, qui pénètre depuis le sommet de ses angles saillans, jusques sur le bois. Dans ces deux cas, la tige
produit bien-tôt après plusieurs branches, qui
sortent du sommet de ses angles saillans, immédiatement au-dessous de la plaie, & quelquefois plusieurs autres au-dessous des premières.
Ces branches s'élèvent dans une direction verticale, comme la tige principale, si la hauteur
de la serre le permet, & sont d'autant plus minces qu'elles sont plus nombreuses. Lorsqu'on a
arrêté l'accroissement en hauteur du Cactier du
Pérou, n.° 13, il pousse un plus grand nombre
de branches qu'auparavant. Ces deux espèces,
n.° 9 & 13, doivent être traitées d'ailleurs comme
les sept autres cactiers droits en forme de cierge,
n.° 6, 7, 10, 11, 12, 16 & 17, excepté la chaleur plus grande qu'exigent ces derniers, pour
être conservés pendant l'Hiver, ainsi que je
l'ai dit.

Ces mêmes deux espèces exigent tout aussi peu
d'arrosement que ces sept autres ; elles en exigent, à proportion de leur grandeur, d'autant
moins qu'elles deviennent plus volumineuses. Le
grand Cactier du Pérou du jardin des plantes
de Paris, qui y végète très-vigoureusement depuis
l'an 1700, ne reçoit que cinq ou six arrosemens
modérés pendant les plus grandes chaleurs de
chaque Eté, & n'est presque jamais arrosé pendant tout le reste de l'année.

Ce grand pied de Cactier du Pérou fournit
un exemple de la petite quantité de terre qui
est nécessaire aux plantes de ce genre. J'ai déjà
dit plus haut, qu'en 1716, le vase dans lequel
il étoit planté, n'avoit pas plus d'un pied &

demi de diamètre, sur autant de profondeur ; quoique ce pied eût déjà acquis alors, depuis deux
ans, vingt-trois pieds de hauteur, sur sept pouces
de diamètre, mesuré vers le bas de la tige. Les
dimensions du même vase, dans lequel il existe
encore à-présent, sont changées seulement à proportion de l'accroissement énorme qu'il a pris
depuis ce tems ; & en raison de ce que ce vase
contient encore quatre autres pieds de Cactier
de la même espèce, dont un est âgé d'environ
une cinquantaine d'années, & a environ vingt-
cinq pieds de hauteur & un assez grand nombre
de rameaux qui forment une masse & un volume très-considérables, quoiqu'au moins deux
fois moindres que ceux du Cactier planté en 1700,
dont les nombreux rameaux s'élèvent non-seulement jusqu'au faîte de la serre de vitrage, haute
de trente pieds, & construite exprès pour lui,
où il est renfermé ; mais se recourbent en différens sens contre le plafond de cette serre, faute
de pouvoir s'élever davantage. Cette serre a sur
cette hauteur de trente pieds, huit pieds de long
& quatre pieds & demi de large. Ainsi, sa capacité est de mille quatre-vingt pieds cubes. Le
tiers ou au moins le quart de cette grande capacité paroissent remplis par les tiges & rameaux
de ces cinq pieds de Cactier du Pérou, qui sont
tous contenus dans un vase qui ne contient pas
plus de terre qu'un couple de caisses d'orangers ordinaires ; la capacité n'étant que d'environ
quarante-six pieds cubes : puisqu'il n'a que trois
pieds de profondeur, sur huit pieds de longueur,
dont un tiers, au milieu, est large de deux pieds
trois pouces, & dont chacun des deux autres
tiers, à chaque bout, est d'une largeur qui, du
côté du tiers du milieu, est égale à celle de ce
tiers, & va en diminuant depuis ce dernier, en
droite ligne, jusqu'au côté opposé, c'est-à-dire,
jusqu'au bout, où elle est de six pouces neuf lignes seulement. Ces dimensions sont exposées un
peu autrement ci-dessus, page 462, col. 29 ; mais
c'est une erreur qui s'est glissée dans cet endroit,
à cause de la promptitude avec laquelle il a été
imprimé, & qui doit être rectifiée suivant ce que
je viens de dire. Une circonstance bien remarquable, que je ne dois pas omettre, c'est que le
diamètre du bas de la tige de ce grand Cactier
n'a pris aucun accroissement depuis l'année 1716.
Car suivant le Mémoire lu par un des célèbres
de Jussieu à l'Académie des Sciences, le 14 Août
de cette année 1716, ce diamètre étoit de sept
pouces de longueur ; & il est exactement de la
même longueur aujourd'hui. On n'en doit pas
conclure pour cela qu'il ne se soit formé aucune
substance ligneuse depuis ce tems sur cette base
du tronc, car les angles de cette base sont beaucoup plus effacés que ceux de la base du tronc
de l'autre grand Cactier, planté dans le même
vase, laquelle base est d'un diamètre égal, quoique ce dernier Cactier soit plus jeune que le

premier d'une quarantaine d'années : mais il paroît que l'accroissement de la grosseur du bois de cet endroit du tronc, n'a eu lieu pendant ces soixante-quatre ans que dans les cannelures d'entre les sommets de ces angles seulement. Voyez au surplus les règles générales exposées ci-dessus pour la culture de tous les Cactiers.

Les boutures de toutes les espèces de Cactier de cette deuxième section, & celles aussi de toutes les espèces de la troisième & de la quatrième section, & même probablement aussi celles de la cinquième, peuvent rester, sur-tout lorsqu'elles sont d'une certaine grosseur, pendant trois mois, & même plus long-tems, hors de terre, sans perdre leur propriété de s'enraciner. Ainsi, on peut les tirer directement d'Amérique. Pour cela, l'on n'a pas d'autres instructions à donner à ses correspondans, que de séparer des portions de branches âgées de plus d'un an, si faire se peut, ou des portions de tiges du même âge, d'avec les plantes auxquelles elles appartiennent, par des coupes faites proprement, avec un instrument bien tranchant : d'exposer ensuite ces fragmens à l'air, en lieu sec, à couvert & à l'ombre, pendant deux ou trois jours, pour sécher un peu leur humidité : de les mettre ensuite dans des caisses, avec des étoupes, ou de la mousse séchée au four, ou toute autre matière sèche & douce, excepté le foin, & même la paille si faire se peut, qu'on a reconnus être sujets à se pourrir en ce cas : de disposer ces fragmens dans ces caisses avec ces matières, de manière qu'ils ne puissent se froisser, ni se blesser réciproquement avec leurs épines ; & enfin de faire en sorte que tout le vuide de chaque caisse soit rempli exactement, & de manière à préserver ce qu'elle renferme de tout ballotement.

*** *Culture des Cactiers rempans ou grimpants, dans le climat de Paris.*

Les quatre espèces de Cactiers rempans ou grimpants, n.ᵒˢ 20, 21, 22 & 23, se multiplient & se cultivent, à tous égards, de la même manière que les Cactiers droits en forme de cierge ; mais la foiblesse de leurs tiges & branches exige une attention de plus : il faut avoir soin de leur fournir des soutiens. Quand elles sont grandes, on les palisse soigneusement contre les murs de la serre, entre les pierres desquels les tiges & branches des espèces n.ᵒˢ 20 & 23, jettent ordinairement des racines ; ces deux espèces s'élèvent à une grande hauteur dans les serres ; & on les porte en peu de tems jusqu'en haut de leurs murailles, sur lesquelles elles font un très-bel effet. Les espèces n.ᵒˢ 20, 22 & 23, doivent être placées, pendant l'Hiver, dans une serre chaude, sèche, dont la chaleur habituelle soit de douze à dix-sept

degrés. Burmann assure qu'on fait fleurir plus sûrement & plus abondamment le Cactier à grande fleur, n.ᵒ 20, en le plaçant dès le Printems, le plus près qu'il est possible des vitrages de la serre, de manière qu'il soit frappé le plus long-tems possible par les rayons du soleil, sur-tout à l'heure de midi ; & il assure aussi que, dans cette position, il végète plus rapidement & plus vigoureusement que dans toute autre. Une telle position fait grand bien à toutes les espèces de Cactiers, sans exception. Le Cactier queue de souris, n.ᵒ 21, est moins délicat ; il se trouve très-bien pendant l'Hiver dans une serre sèche, dont la chaleur habituelle soit de six à huit degrés. On peut aussi le conserver pendant cette saison, dans une couche chaude, couverte d'un chassis. Il est au moins aussi important pour cette espèce que pour aucune autre, d'avoir soin de lui donner de l'air, toutes les fois que la chaleur & la sécheresse du tems le permettent. Lorsqu'on néglige ce soin, les plantes de cette espèce sont sujettes à s'étioler & à s'affoiblir considérablement, & fleurissent beaucoup moins abondamment. Il est même utile, à cet égard, de les exposer en plein air, pendant les grandes chaleurs de l'Été, pourvu qu'on les arrose alors beaucoup plus légèrement & plus rarement que lorsqu'elles sont à couvert, & qu'on ait très-grand soin de les rentrer lors des tems humides. Il y a des Jardiniers qui, pour faire fleurir cette plante plus abondamment, ôtent, avec soin, tous les rejettons qu'elle pousse de sa racine, & une partie de ses rameaux. Cette pratique paroît utile à cet égard. Comme les plantes de cette espèce acquièrent peu d'étendue, on peut, au lieu de les palisser contre les murailles de la serre, bâtir, pour chacune, avec des baguettes minces, un treillage léger, que l'on soutient contre elle, en l'attachant à deux échalas plantés jusqu'au fond du vase dans lequel elle est contenue. En palissant chaque plante sur un tel treillage, on a la facilité de la rentrer & de la sortir sans embarras, chaque fois qu'on le juge à propos. Tout ce que j'ai dit, d'ailleurs, de la culture des Cactiers droits en forme de cierge, doit s'entendre de la culture de ces quatre espèces de Cactiers rempans. On peut tirer directement d'Amérique, les boutures de ces Cactiers, comme je l'ai dit plus haut, qu'on peut en tirer les boutures des Cactiers droits en forme de cierge.

**** *Culture des Cactiers composés d'articulations prolifères, ordinairement courtes & applaties en forme de semelle, dans le climat de Paris.*

Les espèces de Cactier, n.ᵒ 25, avec toutes les variétés ou espèces comprises sous ce n.ᵒ, & les espèces n.ᵒˢ 26, 27, 28 & 29, qui sont de la quatrième section de ce genre, & sont composées d'articulations applaties, se multiplient toutes, ordinairement, par boutures, dans le climat de Paris. Ces boutures s'enracinent très-facilement. Chacune de ces boutures est ordinairement formé d'une seule articulation quelconque, toute entière, séparée de la plante à laquelle elle, appartient par une coupe transversale, fort nette, faite avec un instrument bien tranchant, à l'endroit le plus étroit de chaque étranglement qui la distingue des articulations adhérentes. D'après les expériences & observations faites par Thiéry en Amérique, comme j'ai dit plus haut, il paroît probable qu'il seroit avantageux, aussi pour les plantes de cette section qui sont cultivées en serres, dans le climat de Paris, de composer chaque bouture de deux articulations âgées de plus d'une année, & que les plantes qu'on obtiendroit de telles boutures, deviendroient beaucoup plus fortes dans la première année, que celles obtenues de boutures plus petites ou plus jeunes. On peut planter ces boutures avec succès pendant tout l'Eté; mais il est plus avantageux, par les raisons dites, qu'elles soient plantées dans le mois de Juin, ou au commencement de Juillet. Quand ces boutures sont formées, on les pose en lieu sec, & à l'ombre, sur les tablettes d'une serre sèche, par exemple, ou on les laisse pendant une quinzaine de jours, jusqu'à ce qu'elles soient un peu fanées, & que leurs parties blessées soient sèches à l'extérieur; après quoi on les plante. Les boutures de toutes ces espèces ou variétés, excepté la variété, n.° 25, A, doivent être plantées, traitées, soignées & cultivées de la même manière que celles des Cactiers droits, en forme de cierge. Le Cactier à feuilles de scolopendre, n.° 29, ne peut être conservé pendant l'Hiver que dans une serre sèche, dans laquelle on entretienne habituellement une chaleur de douze à dix-sept degrés. Les autres espèces de cette quatrième section, excepté la variété n.° 25 A, demandent à être conservées pendant l'Hiver dans une serre sèche, dont la chaleur habituelle soit de huit à dix degrés seulement. Lorsqu'on leur fait éprouver une plus forte chaleur en serre, leurs branches s'étiolent, s'alongent, deviennent très-tendres, très-foibles, fort désagréables à la vue, & les plantes deviennent beaucoup plus sujettes à être attaquées de pourriture. Il est vrai que plusieurs des espèces & variétés de cette section, résistent souvent aux Hivers du climat de Paris, dans une serre sèche, sans aucune chaleur artificielle: mais il arrive souvent aussi que lorsqu'on leur fait passer l'Hiver de cette manière, elles perdent leur verdeur, deviennent d'un jaune pâle, leurs branches se flétrissent, & les plantes périssent au commencement du Printems subséquent. Ces espèces demandent un peu plus

d'eau que les Cactiers droits en forme de cierge, ce qui provient probablement de la forme applatie de leurs articulations qui se prête davantage à l'action des agens desséchans. Cependant on peut se dispenser d'arroser les boutures des plantes de cette quatrième section, tant qu'elles ne poussent pas, ou au moins on doit les arroser beaucoup plus modérément, avant qu'elles soient enracinées, qu'après cette époque. Il convient aussi que ces espèces soient à tout âge, tenues à couvert, pendant toute l'année, dans une serre de vitrage qu'on ne manque pas d'ouvrir chaque fois que le tems est sec & chaud, & qu'on a soin de fermer lorsque le tems est froid ou humide. Lorsqu'elles sont tenues ainsi à couvert, il faut les arroser souvent pendant les chaleurs de l'Eté, mais ne leur donner que très-peu d'eau à-la-fois, & choisir, pour leur donner cette arrosement, un tems chaud, sec & serein, & l'heure de midi. En Hiver, lorsque l'air de la serre est fort échauffée, il faut les arroser de tems en tems, autrement leurs articulations se fanneroient. Cependant, dans cette saison, il vaut mieux les laisser pâtir un peu de soif, que de leur donner de l'eau au-delà de leur besoin, si peu que ce soit, & lorsque la chaleur de la serre est tempérée, il faut les arroser très-peu, ou point. Chaque fois qu'on les arrose en Hiver, on leur donne encore beaucoup moins d'eau à-la-fois, que pendant l'Eté. Beaucoup de personnes exposent ces plantes en plein air, pendant chaque Eté. Quand on juge à propos de les exposer ainsi à l'air libre, pendant les grandes chaleurs de l'Eté, il ne faut presque pas les arroser tant qu'elles y sont; & il faut prendre, pour les préserver de toute humidité, toutes les mêmes précautions que j'ai indiquées relativement aux Cactiers droits en forme de cierge exposés en plein air. Il faut aussi avoir soin de rentrer ces espèces de la quatrième section, à couvert, lors des tems froids & humides. On a remarqué que les plantes de ces espèces, qui étoient exposées en plein air, pendant un tems trop long, produisoient beaucoup moins de fleurs que celles des mêmes espèces, qui étoient tenues à couvert, comme j'ai dit, pendant toute l'année; & que lorsqu'on n'a pas soin de les garantir de l'humidité, & de les rentrer dans les tems humides de quelque durée, elles sont attaquées de pourriture pendant l'Hiver suivant. Au surplus, ces plantes demandent le même traitement que le Cactiers droits en forme de cierge. Le Cactier en raquette, n.° 25, A, s'accommode aussi de la culture que je viens d'exposer, comme convenables aux autres Cactiers en raquette, n.°s 25, B, 25, C, & 25, D, & il se trouve fort bien pendant l'Hiver, d'être dans une serre sèche, dont la chaleur habituelle soit de quatre à cinq

degrés. Mais cette variété n. 25, A, peut auſſi
ſe multiplier & ſe cultiver avec quelque ſuccès
en pleine terre dans le climat de Paris. On
peut la multiplier en pleine terre, par boutures,
qu'il convient de planter en Juin ou au commencement de Juillet, préférablement à tout
autre tems. D'après les expériences & obſervations faites par Thiéry en Amérique, il ſemble
convenable & avantageux encore plus pour ces
boutures plantées en pleine terre, que pour
celles cultivées en pots, que chacune d'elles
ſoit compoſée de deux articulations âgées de
plus d'un an, & ſoit plantée de la manière
preſcrite par Thiéry, ſavoir, chacune dans
une petite foſſe d'environ dix à douze pouces
de largeur, & cinq à ſix pouces de profondeur,
qu'elle ſoit placée obliquement de façons que
l'articulation inférieure ſoit poſée toute entière
à plat ſur terre, & que la moitié au moins
de l'articulation ſupérieure, ſorte de terre de
manière qu'elle faſſe, avec l'horizon, un angle
très-obtus du côté de l'Eſt. Voyez plus haut
la culture du Cactier Nopal, en Amérique. Les
boutures de cette eſpèce, plantées en pleine terre,
à Paris, ne ſont ordinairement compoſées que
d'une ſeule articulation chacune. On les plante
en terre maigre, ſèche, bien préparée, & expoſée
au midi. On les couvre chacune avec une
cloche. On les abrite des rayons du ſoleil, &
on les arroſe très-légèrement tous les huit jours,
pendant les grandes chaleurs, juſqu'à ce qu'on
les voie pouſſer. Alors on ôte les abris, on
les accoutume par degrés à l'air libre, & on les
arroſe de tems en tems légèrement, pendant les
grandes chaleurs, à l'heure de midi. Quand elles
ſont une fois, parfaitement enracinées, on ne
les arroſe plus; au contraire, lorſqu'il ſurvient
des tems humides de longue durée, on fait bien
de les abriter, en les couvrant d'un chaſſis de
vitrage portatif, qu'on a ſoin d'ouvrir chaque
fois que le tems eſt ſec; mais cette eſpèce peut
ſe paſſer de cet abri. Pendant l'Hiver, on les
met, le plus qu'il eſt poſſible, à l'abri de la
gelée, par tous les moyens ordinaires; comme
en roulant autour de leurs tiges & branches,
un gros lien de paille tordue qui les couvre
entièrement, en les couvrant d'une grande
épaiſſeur de paille longue, en couvrant les
plantes avec des chaſſis de vitrages proportionnés à
la grandeur qu'elles ont, &c. Dans les Hivers doux,
on réuſſit, par ces ſoins, à les conſerver en
pleine terre. Mais, dans les Hivers rigoureux,
on les conſerve fort difficilement. Cependant
Miller dit que Collinſon lui a aſſuré avoir reçu des
branches de cette variété qui avoient été cueillies
dans l'Iſle de Terre-Neuve, où le froid de l'Hiver
eſt beaucoup plus rigoureux que dans le climat
de Paris. Toutes les eſpèces de Cactier de cette
quatrième ſection ont beſoin de ſoutien; celles
qui ſe ſoutiennent naturellement droites, doi-

vent être ſoutenues par de forts échalats, pour
empêcher qu'elles ne ſe briſent par leur propre
poids. Le Cactier à feuilles ſcolopendres, n.
29, laiſſe traîner ſur terre ſes tiges & branches,
lorſqu'elles ne ſont pas ſoutenues par quelque
échalas. Il eſt utile que le Cactier en raquette,
n. 25, A, & le Cactier en raquette nain, n.
25, D, aient leurs tiges & branches ſoutenues par
des bâtons, de manière à les empêcher de toucher la terre; en premier lieu, parce qu'il eſt
peu agréable, peu commode, peu propre &
nuiſible, de laiſſer traîner par terre & ſur les
plantes voiſines, ces tiges & branches; en ſecond
lieu, parce qu'il eſt à propos de les empêcher
de s'y enraciner de diſtance en diſtance; car
de cet enracinement réſultent deux inconvéniens;
le premier, c'eſt que lorſqu'une plante a une
quantité de ſes articulations ainſi enracinées, elle
eſt dans la même condition qu'une plante qui
a produit quantité de rejettons, & elle fleurit
peu ou point: le ſecond, c'eſt que lorſqu'une
de ces plantes eſt en pot, & a un certain nombre de ſes articulations ainſi enracinées, ſoit
dans la pleine terre voiſine de ce pot,
ſoit dans la terre des pots voiſins, ſi l'on veut
enſuite changer ſon pot de place, on ne peut
le faire ſans qu'elle perde ſubitement toutes
ces racines, & alors elle tombe dans la langueur.
Ajoutez que toutes ces articulations enracinées
dans des pots voiſins, affament les plantes contenues dans ces pots. On peut tirer directement
d'Amérique, les boutures des Cactiers de cette
quatrième ſection, comme j'ai dit plus haut,
qu'on en peut faire venir les boutures des Cactiers droits en forme de cierge.

***** *Culture des Cactiers garnis de vraies
feuilles, dans le climat de Paris.*

La terre la plus convenable pour le Cactier
à fruits feuillés, N°. 30, eſt une terre légère
ſans aucun mélange de fumier, un tel mélange
nuit aux plantes de cette eſpèce comme à toutes
les autres de ce genre, & les met en danger
de pourrir. Si l'on n'a pas de terre légère à ſa
portée, on pourra ſe ſervir de terre franche
qu'on rendra légère par un mélange exact de
partie égale, ou de terreau de bruyère, ſi l'on
peut aiſément s'en procurer, ou à ſon défaut,
de ſable fin, ou bien de décombres calcaires,
ou de pierres calcaires en poudre paſſées au
crible fin. Il eſt bon qu'un tel mélange ait été
fait ſix mois ou un an avant que de s'en ſervir.
Cette eſpèce ſe multiplie ordinairement par
boutures qu'on peut planter pendant toute l'Eté;
mais qu'il eſt plus avantageux de planter en
Juin. Ces boutures ſont des fragmens de branches ou de tiges, longs de ſix à huit pouces ſéparés des branches ou tiges auxquelles ils appartenoient par des coupes bien nettes. On ôte

les feuilles de la portion de chaque fragment qui sera enterrée, en les coupant, proprement tout proche de la tige. Si l'on plantoit ces boutures, sans avoir préalablement retranché ces feuilles, ces dernières pourriroient en terre, & communiqueroient leur pourriture à l'écorce & au bois des boutures, qui périroient ainsi au lieu de s'enraciner. On laisse, sans y toucher, les feuilles qui sont sur la portion de chaque fragment qui ne sera pas enterré lors de la plantation. Il n'est utile d'ôter ces feuilles que sur les boutures des plantes qui n'ont pas leurs feuilles grasses.

On laisse ces fragmens exposés à l'air en lieu sec à couvert & à l'ombre, sur les tablettes d'une serre sèche, par exemple pendant une huitaine de jours, afin que les parties coupées puissent se sécher à l'extérieur avant qu'on les plante. On les plante ensuite dans des petits pots remplis de la terre indiquée presque sèche, & au fond desquels on n'a pas manqué de mettre un lit de petits platras ou de petits fragmens de pierres calcaires. On peut mettre plusieurs boutures dans chaque pot: mais il vaut mieux n'en mettre qu'une. On place sur-le-champ ces pots dans une couche de tan de chaleur modérée, placée à l'exposition du midi, & on les couvre aussitôt avec un chassis ou des cloches. On les abrite des rayons du soleil par des paillassons jusqu'à ce que les boutures commencent à pousser. Puis on traite ces boutures comme celles des Cactiers droits en forme de cierge, & comme celles du Cactier, N.° 2, excepté que celles du Cactier, N.° 30, doivent être arrosées un peu plus souvent, lorsqu'elles poussent, que celles des Cactiers en forme de cierge. Lorsqu'on a mis plusieurs boutures dans chaque pot, il faut avoir soin, lorsqu'elles ont poussé de bonnes racines, ce qui a lieu ordinairement deux mois après leur plantation, de les planter, avec toutes leurs racines, chacune séparément dans un petit pot, rempli de la terre indiquée, que l'on replacera aussi-tôt dans la couche de tan. Ces boutures resteront dans cette couche jusqu'à la fin de Septembre. Alors on les mettra dans la couche de tan, d'une serre dans laquelle on entretienne habituellement pendant l'hiver une chaleur de dix à quatorze degrés. Il convient que les plantes de cette espèce soient à tout âge, continuellement, dans une telle couche & une telle serre, pendant toute l'année. Il est vrai que ces plantes peuvent supporter le plein air, en Eté, à une exposition chaude, sur-tout lorsqu'elles sont adultes: mais elles n'y font pas de progrès. Il est aussi d'expérience qu'elles se portent beaucoup moins bien dans une serre chaude sèche que dans la tannée. Il faut fournir des soutiens à leurs tiges & branches, soit lorsqu'elles sont petites par un treil-

lage léger, construit exprès pour chacune, & soutenu par un couple d'échalas plantés jusqu'au fond du vase qui la contient, soit lorsqu'elles sont plus grandes en les plaçant près d'un treillage construit exprès dans la serre, & & contre lequel on palissera leurs tiges & branches pour les empêcher de se coucher sur les plantes voisines. En hiver, on les arrose une fois par semaine, lorsque le tems est favorable pour permettre d'aérer la serre, mais on leur donne très-peu d'eau à-la-fois. Pendant les froids, on les arrose beaucoup moins, il est très-utile & nécessaire de les faire jouir de l'air & du soleil toutes les fois que le temps le permet, & surtout pendant l'été. On les arrose souvent pendant les chaleurs de cette dernière saison. On choisit toujours pour les arroser, un tems chaud & sec, & l'heure de midi, lorsque les rayons du soleil donnent sur les plantes; & l'on se sert de l'arrosoir à goulot, en ayant soin de ne mouiller ni les feuilles ni les branches. Quand on juge à propos de les exposer en plein air, pendant une partie de l'été, il faut les arroser beaucoup moins souvent que si on les tenoit à couvert; il faut prendre pour les préserver de l'humidité, les mêmes précautions indiquées plus plus haut pour les Cactiers, droits en forme de cierge exposés en plein air; & il faut les les rentrer lors des humidités de longue durée. J'ai déjà dit qu'on a obtenu cette plante en Europe par le moyen de ses semences envoyées d'Amérique.

On ignore jusqu'à présent la culture qui convient dans le climat de Paris, aux espèces, N.°s 8, 14, 15, 18, 19, 24, 31, 32, 33, 34, 35, 36, 37, 38 & 39, mais lorsqu'on pourra se les procurer, on fera bien d'essayer d'employer, pour la culture de chacune, la méthode indiquée ci-dessus pour les plantes de la section à laquelle elle appartient, & de leur donner, d'abord, pendant l'hiver, une chaleur de dix à douze degrés, sauf à se régler sur la manière dont elles la supporteront pour l'augmenter ou la diminuer par la suite.

Usages.

Dans les généralités mises en tête de cet article *Cactier*, on a vu l'exposé de plusieurs des principales utilités que fournit ce beau genre, aussi précieux pour les habitans de l'Amérique méridionale où la Nature l'a placé, que curieux pour les Européens. Je vais exposer ici en peu de mots, les principaux usages connus que fournit en particulier chacune des plus distinguées d'entre les espèces de ce genre. On a beaucoup de peine à tirer les petits fruits du Cactier mamillaire, N.° 1, d'entre ses tubercules couronnés d'épines & de soies brûlantes: mais comme ces fruits font encore plus délicats que difficiles à recueillir, on en fait communément au Mexique des tartes que Thiéry a trouvées délicieufes. Les fruits de tous les Caétiers méloniformes, ont, dit Miller, une faveur acide douce, qui doit être fort agréable dans les pays chauds. Les épines longues de deux pouces, blanches comme l'ivoire, larges & recourbées à la pointe, du Caétier rouge, N.° 5, fervent ordinairement de cure-dents aux habitans du Mexique, qui les font communément garnir en or ou en argent pour cet ufage. Les Indiens de l'Amérique méridionale mangent communément le fruit du Caétier à côtes ondées, N.° 10. Ils coupent les tiges & branches de cette efpèce par tronçons d'une certaine longueur, & les laiffent expofés à l'air libre jufqu'à ce que les pluies & les autres injures de l'air en aient détruit & confumé toute la fubftance féculente & cellulaire, & qu'il n'en refte plus que la fubftance fibreufe qui eft d'un tiffu fort lâche. Alors ils s'en fervent comme des torches pour prendre le poiffon pendant la nuit. Car, lorfqu'après les avoir allumés, ils les ont attachés à la pouppe de leurs barques, les poiffons & fur-tout les mulets fe raffemblent & fautent autour de ces feux: ce qui donne aux pécheurs la facilité d'en prendre un grand nombre, avec des inftrumens faits exprès pour cette pêche. Les fruits du Caétier Frangés, N.° 14, font des plus recherchés, avec raifon, à caufe de leur faveur acide très-agréable. Les fruits du Caétier, N.° 15, obfervé au Mexique par Thiéry, font très-bons à manger lorfqu'ils s'ouvrent d'eux-mêmes, & que leur pulpe cramoifie en découle. Mais on ne peut les cueillir fur l'arbre, à caufe des horribles épines qui en défendent l'accès. Et comme ils font très-adhérents à l'arbre, on ne peut pas les en détacher, comme je dirai plus bas qu'on détache les fruits de l'efpèce, N.° 32; on eft donc réduit à puifer la pulpe de ce fruit, dans fon intérieur, au moment qu'il s'ouvre, en fe fervant d'une cueillere emmanchée au bout d'une gaule. C'eft la nourriture de ceux qui font, comme je le dirai plus bas, au Mexique, le métier de chercher les fruits de l'efpèce, N.° 32, qu'ils nomment vulgairement des *Pitahiahas*. Comme ils ne peuvent rapporter ni conferver cette pulpe jufqu'à la maifon, ils la mangent pendant la journée, & ils épargnent d'autant les Pitahiahas qu'ils vendent. Le fruit du Caétier Trigone, N°. 17, eft un de ceux les plus recherchés par les Indiens, & qui fervent le plus communément à leur nourriture ordinaire. On fait que les fleurs du Caétier à grande fleur, N.° 20, auffi délicieufes par leur odeur qu'admirables pour leur beauté unique, décorent magnifiquement, pendant la nuit, & rempliffent de leur parfum les lieux où elles naiffent & les ferres d'Europe; fon fruit eft auffi un des

meilleurs & des plus recherchés en Amérique. Aucunes fleurs n'ornent les lieux où elles naiffent & les ferres d'Europe, d'une manière plus brillante & plus agréable, pendant le jour, que celles du Caétier Queue de Souris, N.° 21. On vanteroit beaucoup la beauté de la fleur du Caétier triangulaire, N.° 23, fi la faveur délicieufe de fes fruits ne faifoit pas oublier fa fleur: aucun fruit n'eft plus recherché que celui-ci dans l'Amérique méridionale, fi ce n'eft celui de l'efpèce, N.° 32, ci-après. Defportes défigne par une phrafe latine fynonyme de ce Caétier triangulaire, N.° 23, un Caétier qui eft auffi à tiges triangulaires & rempantes, qu'il nomme en françois *Liane à vers*, & qu'il dit être très-commun dans les bois de Saint-Domingue, où il grimpe au-deffus des plus grands arbres. Il découle, dit-il, de fes tiges, lorfqu'on les coupe, un fuc blanchâtre, qui pris intérieurement, à la dofe d'une demi-cuillerée, eft un des plus excellens & des plus affurés vermifuges. On emploie au même ufage, & avec le même fuccès, la décoétion ou l'eau diftillée de la même plante. Le fruit du Caétier méloniforme, N.° 24, eft encore un de ceux qu'on mange avec beaucoup de plaifir à caufe de fon agréable acidité. Le Caétier en raquette, N.° 25, eft un excellent émollient. En Afrique, on regarde fes articulations, jeunes cuites fur les charbons, comme un remède fingulièrement utile contre les inflammations, même contre le point de côté, & dans la petite vérole. Son fruit eft un aliment très-ufité, il eft diurétique, & rend, dit-on, l'urine de ceux qui en mangent, rouge comme du fang, quoi qu'il ne leur faffe aucun mal. Le Caétier en raquettes, à longues épines, N.° 25, C., eft employé, particulièrement dans l'Ifle de Saint-Euftache, pour faire des clôtures & des fortes de fortifications. On fait avec la pulpe pourpre de fon fruit, des gélées, des liqueurs, des fyrops. On s'en fert pour colorer les confitures & les liqueurs. Suivant l'hiftoire du Mexique, les fruits des Caétiers à articulations en forme de raquettes, rafraîchiffent, appaifent la foif, font bons dans les ardeurs d'entrailles, dans les fièvres, dans les maladies bilieufes. Il en eft de même des fruits de tous les Caétiers, & principalement de ceux qui font acides. Les Caétiers en forme de raquette, produifent une gomme qui appaifent l'ardeur d'urine & celle des reins. Les Naturels du Mexique fe fervent des jeunes articulations de ces Caétiers, pilées pour oindre le moyeu de leurs roues, & les empêcher de trop s'échauffer, & de prendre feu lorfqu'elles roulent à l'ardeur du foleil. Le Caétier à feuilles de Scolopendre, N.° 29, eft utile par fon fruit mangeable, & par fa fleur agréablement odorante. Les fruits du Caétier à fruits feuillés, N.° 30, tiennent lieu, dans l'Amérique méridionale, du Grofeillier d'Europe,

& s'emploient aux mêmes usages. J'ai déjà dit qu'il n'y a pas de fruits plus excellens dans le Mexique, que ceux du Cactier des tables, N.° 32 ; ce fruit fait les délices des habitans de ce pays. Il y a une quantité d'Indiens qui ne font d'autre métier que d'aller chercher ces fruits dans les lieux incultes, où ils abondent, pour les vendre dans les villes. Pour le cueillir, ils adaptent au sommet d'une perche, un petit panier à quatre anses ceintrées ; ils engagent le fruit dans ces anses ; & lorsqu'il est mûr, le moindre attouchement le fait tomber dans le fond du panier. Il n'y a pas d'autre moyen d'avoir ce fruit, car les épines qui arment les arbres de cette espèce, font que ni homme, ni quadrupède, ni reptile, ne peut y monter. Les fruits de cette espèce ont encore un autre mérite considérable de plus que ceux des autres Cactiers ; c'est que leur surface n'est pas armée, comme celle de ces derniers, de ces soies poignantes, qui, non-seulement, désolent quand on les touche, mais encore enflamment le gosier, & font enfler horriblement la langue & les lèvres, lorsqu'on mange ces fruits, avant de les avoir pelés exactement. On retire encore plusieurs autres utilités de cette espèce précieuse : l'Indien met au pot les jeunes pousses de ces arbres lorsqu'elles n'ont encore qu'un demi-pied de longueur, & que leurs épines font encore trop molles pour pouvoir piquer : il fait des ragoûts avec leurs fleurs avant qu'elles soient écloses : il broie les graines de ces fruits pour en faire une sorte de pain & une sorte de bouillie. On ne connoît le Cactier splendide, N.° 39, que par le rapport de Thiéry, qui n'a point vu son fruit. Mais tout indique qu'on doit ajouter foi aux Indiens qui lui ont assuré que ce fruit est délicieux. Car, outre l'épithète de *Castille*, qui a été donnée à cette espèce de Cactier par les Espagnols, qui ne surnomment ainsi que ce qu'ils regardent comme excellent dans chaque genre ; il faut croire que ce fruit est bien exquis, puisque ce n'est que pour se le procurer, que l'Indien cultive cette espèce, nonobstant sa nonchalance naturelle, pendant que la nature lui donne si abondamment sans culture, les fruits de l'espèce, N.° 32. Enfin les fruits de toutes les espèces de Cactiers, se mangent dans l'Amérique méridionale. Ils y font tous précieux & agréables, plus ou moins par leur qualité, presque toujours acidule, toujours rafraîchissante. Plusieurs espèces se mangent avec délices par l'Indien, qui paroissent insipide à l'Européen de l'Europe tempérée. Mais il en est de cela comme du Melon d'eau, par exemple, qui est savouré avec délices par les habitans de l'Europe Méridionale, auxquels il est très-salutaire, & qui paroît très-insipide à ceux de l'Europe Septentrionale, auxquels l'habitude de cet aliment seroit pernicieuse. L'indifférence extrême qu'on

a, ainsi que j'ai dit, dans nos Colonies pour la culture de toutes les plantes qui n'entrent point dans le commerce, a fait qu'on ne possède jusqu'à présent, à Saint-Domingue, par exemple, que les espèces de fruits les moins estimables de ce genre. Les Indiens de tout le Mexique mettent les bourgeons des fleurs & des articulations de toutes les espèces de Cactiers dans leurs marmites, quand ils n'ont encore qu'un pouce ou deux de hauteur. Thiéry a vu vendre sur le marché de Guaxaca, de jeunes bourgeons, d'une espèce de Cactier à articulations applaties, longs de six ou huit pouces, & larges de deux ou trois ; on cuit ces bourgeons dans l'eau, & on les mange à la manière des asperges avec une sauce blanche au beurre, ou au vinaigre & à l'huile, ou avec les sauces faites avec le piment (*Capsicum*. Lin.) & la Tomate (*Solanum Lycopersicon*. Lin.). On a vu, ci-dessus, que les Cactiers N.°s 34 & 37, ont cette propriété, d'une utilité très-précieuse, que la cochenille silvestre habite sur eux naturellement. On a encore vu qu'on peut élever cette cochenille très-avantageusement sur les Cactiers, N.°s 35 & 36, que ce dernier Cactier, N.° 36, peut nourrir une petite quantité de cochenilles fines ; que c'est sur le Cactier Nopal, N.° 38, seulement qu'on élève au Mexique la cochenille fine & la cochenille silvestre ; enfin qu'on peut élever ces deux cochenilles sur le Cactier splendide, N.° 39, au moins, avec autant d'avantage que sur le Cactier Nopal. On sait que ces cochenilles font la substance la plus précieuse qui soit employée dans l'art de la teinture, & qu'elles fournissent une teinture rouge si vive, si belle, si éclatante, & en même-tems si solide, que nous n'avons aucun lieu de regretter la pourpre des Anciens. Aucune substance n'est d'un usage plus fréquent dans l'art de la teinture. On en fait les superbes teintures écarlate & cramoisie, & une infinité d'autres, très-belles nuances de rouge, dont l'industrie françoise a enrichi cet art. Cette substance teint la laine en écarlate par le moyen du mélange de la dissolution d'étain dans l'acide muriatique, qui avive singulièrement cette couleur. On n'avoit pu donner cette belle couleur à la soie avant Macquer. Ce célèbre Chimiste a trouvé le moyen de la fixer sur cette dernière, en l'imprégant de dissolution d'étain avant de la plonger dans le bain de cochenille, comme on le fait pour la laine. Suivant Hellot, la cochenille silvestre fournit une teinture meilleure & plus solide, mais moins éclatante que la cochenille fine ; fournit beaucoup moins de matière colorante ; doit être employée principalement dans les cramoisis, les demi-cramoisis, & les demi-écarlattes ; peut être employée dans les écarlattes, pourvu que ce soit avec de grandes précautions ; mais le mieux est, pour cette dernière couleur, de ne pas employer la cochenille fil-veftre, & de n'employer que la cochenille fine. Suivant Thiéry, les propriétés de la cochenille fine ne différent de celle de la cochenille fil-veftre, que par le coton qui couvre cette der-nière; la matière colorante de l'une de ces cochenilles, ne diffère pas de celle de l'autre; mais le coton de la cochenille filveftre, ne con-tient pas de matière colorante, & abforbe au contraire une partie de la teinture qu'elle four-nit; d'où vient qu'une livre, par exemple, de cochenille filveftre, fournit moins de teinture qu'une livre de cochenille fine, ce qui fait qu'elle fe vend moins cher que la cochenille fine, comme j'ai dit, & comme cela eft jufte. Le cercle des Philadelphes, Editeur de l'ou-vrage cité de Thiéry, dit que ce dernier a en-voyé de la cochenille filveftre qu'il avoit re-cueillie au Port-au-Prince, à Macquer, qui a fait fur cette cochenille filveftre, des effais qui tendent à prouver ces affertions de Thiéry, & à prouver que la cochenille filveftre peut fuffire à l'art de la teinture, & que cet art en peut retirer toutes les mêmes couleurs & nuances que de la conchenille fine. On emploie auffi la co-chenille pour faire le *Carmin.* Voici la manière dont on fait cette couleur précieufe, fuivant Alcazar, Jéfuite de Madrid. On fe fert pour cela de la cochenille filveftre. On jette cette cochenille fèche dans une chaudière: on la fait bouillir en une fuffifante quantité d'eau, jufqu'à ce que le fang de ces infectes foit li-quéfié, & qu'ils foient très-renflés: alors on ex-prime ce fang par un linge fort & ferré, & on le reçoit dans un vafe: on le laiffe repofer pendant vingt-quatre heures: il fe forme un dépôt que l'on fépare de la liqueur qui furnage, en la verfant doucement par inclination: on laiffe épaiffir & deffécher ce dépôt de lui-même, en lieu fec: lorfqu'il eft affez épaiffi, on en fait de petits pains, qu'on fait fécher au foleil fur des linges: Lorfqu'ils font parfaitement fecs, c'eft le carmin, tel qu'il fe vend fur le lieu même dans le Mexique. On le raffine enfuite en Europe. La cochenille eft d'ufage en Mé-decine. Elle teint l'eau tiède en pourpre noi-râtre, & l'efprit-de-vin ou l'alcohol en rouge foncé très-agréable; cela prouve que cette fubf-tance contient en même-temps beaucoup de parties mucilagineufes, & beaucoup de parties réfineufes. On fubftitue quelquefois la co-chenille aux Kermès, (*Coccus ilicis.* Lin.) Cependant elle eft beaucoup plus ftimulante & moins aftringente que cette dernière fubftance. Elle eft plus diurétique, & fait fortir plus effi-cacement le gravier des reins & de la veffie. Elle eft encore réputée cardiaque, fudorifique, fébrifuge, utile dans les fièvres malignes, & pétéchiales, & même dans la pefte. On lui attri-bue encore d'autres vertus, comme de nettoyer

très-bien les dents. Mais cette fubftance eft très-rarement employée en Médecine.

M. Dombey a rapporté du Pérou une forte de laine, qu'il dit avoir recueillie fur une ef-pèce de Cactier, & qui paroît de nature à pou-voir être employée utilement dans les arts.

Quant aux ufages des Cactiers en Europe, les plantes de ce genre font le plus ordinaire comme le principal ornement des ferres. Elles attirent & attachent tous les regards. Outre les fleurs fu-perbes, fuaves & charmantes des Cactiers, n.os 20 & 21, dont je viens de parler, &c., il n'eft perfonne, amateur ou non, favant ou ignorant, qui n'admire, avec furprife, dans les plantes de ce genre, leurs figures fingulières, furprenantes, & en même-tems élégantes. Par le moyen de l'art ingénieux, qui eft parvenu à favoir élever ces plantes des pays les plus brûlans de la terre, dans les climats les plus froids, le Philofophe Européen peut, fans fortir de fon pays, exami-ner quand il lui plaît, & connoître ces produc-tions de l'extrémité du monde; il peut confidé-rer à loifir cette multitude de formes fi diver-fes, fi extraordinaires, fi bien appropriées en même-tems à la nature du climat & du pays où elles croiffent, & dans lefquelles brillent du plus grand éclat l'étendue de la toute puiffance de la Nature, la profondeur de fa fageffe, & l'immen-fité de fa follicitude bienfaifante. (*M.* Lancry).

CACTIERS. Cacti.

Ce font les noms que M. Lamarck donne à cet ordre de plantes, que M. de Juffieu défigne par ce même nom latin *Cacti,* & par le nom françois de *Cactes;* lefquelles forment la troifième famille de la claffe quatorzième de fes genres de végétaux difpofés, d'après fa méthode, fui-vant l'ordre établi au Jardin des Plantes de Pa-ris, depuis l'année 1774. Toutes les plantes de cette famille des *Cactiers,* ont en premier lieu les caractères généraux de cette claffe quator-zième: ainfi, elles font *bilobées, polypétalées,* & ont les étamines *périgynes,* c'eft-à-dire, inférées autour du germe, ou fur le calice; fans comp-ter qu'elles ont le calice compofé d'une feule feuille, la corolle périgyne & les autres caractères claffiques, moins effentiels: toutes ces plantes ont en fecond lieu les caractères fuivans, particuliers à cette famille; favoir le calice fupérieur au germe, & divifé au fommet; les pétales en nombre dé-fini, (de cinq, par exemple) ou bien en nom-bre indéfini, c'eft-à-dire, en plus grand nombre que dix-neuf, inférés au fommet du calice; les étamines en nombre défini, (de cinq, par exem-ple) ou en nombre indéfini, inférées au fom-met du calice; le germe inférieur au calice, & fimple; le ftile unique; le ftigmate profon-dément partagé; pour fruit, une baie inférieure au calice, à une loge, renfermant plufieurs fe-mences

mences attachées à fes parois; la tige frutefcente ou arborefcente; les feuilles alternes ou nulles. Cette famille ne contient, fuivant M. de Juffieu, que deux genres; favoir, le *Grofeillier* (*Ribes.* Lin.) & le *Cactier*, ou, comme il fe nomme, le *Cacte* (*Cactus.* Linn.) Il juge que ces deux genres font naturellement très-voifins l'un de l'autre, parce qu'ils ont tous deux le germe inférieur au calice, un feul ftile, le fruit a une feule loge, & les femences attachées aux parois de cette loge : caractères qui les diftinguent des plantes de la deuxième famille de la même claffe, lefquelles il nomme les *Saxifrages*, & ont deux ftiles; & les diftinguent encore des plantes de la quatrième famille de la même claffe, lefquelles il nomme les *Portulacées*, & ont le germe fupérieur au calice. Entre les caractères qui rapprochent naturellement le genre du *Cactier* de celui du *Grofeillier*, M. de Juffieu remarque principalement la ftructure conforme des fruits & des faifceaux d'épines, qui s'obfervent d'un côté fur les grofeilliers épineux, &, d'autre côté, fur quelques Cactiers, & principalement fur le *Cactier parafite*, (*Cactus parafiticus.* Lin.) dont les fruits font femblables à ceux du Grofeillier, & fur le *Cactier à fruits feuillés*, (*Cactus Pereskia.* Lin.) auquel les Américains donnent vulgairement le nom de Grofeillier, à caufe de la même reffemblance de fes fruits, & de leur agréable acidité. Néanmoins, M. de Juffieu confidérant que le Grofeillier n'a que cinq pétales & cinq étamines, pendant que le Cactier a un grand nombre de pétales & un grand nombre d'étamines; ces derniers caractères lui paroiffent jetter quelque doute fur la réalité de l'affinité qu'il eftime être entre ces deux genres.

Il eft très-remarquable que cette famille de plantes, qui contient un fi petit nombre de genres, foit cependant celle qui réuniffe les formes les plus difparates entr'elles. Quelle énorme différence entre le port du Grofeillier ordinaire, (*Ribes rubrum.* Lin.) par exemple, & celui du Cactier du Pérou, (*Cactus Peruvianus.* Lin.) ou celui du Cactier à mammelons, (*Cactus mamillaris.* Lin.) ou celui du Cactier à grandes fleurs, (*Cactus grandiflorus.* Lin.); entre l'afpect de l'immenfe & fuperbe fleur, fi admirablement odorante de ce dernier Cactier, & celui de la petite fleur herbacée & inodore du Grofeillier ! &c.

Ces plantes fi diffemblables les unes des autres par leur port & leur afpect, fe reffemblent néanmoins réciproquement autant ou encore plus par leurs vertus, que par leurs caractères effentiels. Elles font pareillement, les unes comme les autres, un des plus précieux, & des plus puiffans fecours, dont la nature bienfaifante ait voulu aider, favorifer & affifter les hommes contre les chaleurs étouffantes & fi fouvent funeftes de nos Etés, & contre les feux terribles & dévaftateurs

du foleil, dans les climats brûlans de la Zone Torride. C'eft avec une avidité égale, avec une pareille volupté, avec une auffi grande confolation & un auffi grand foulagement, que le voyageur haletant, affaiffé, exténué & brûlé par le foleil, ou le malade giffant abattu, deffeché & dévoré par l'ardeur funefte de la fièvre, favourent ou les fruits de nos Grofeilliers, ou les fruits auffi agréablement acides, également défaltérans & falutaires, & également révivifians du Cactier triangulaire, du Cactier à grandes fleurs, du Cactier frangé, du Cactier à fruits feuillés, du Cactier moniliforme, & d'autres Cactiers.

M. Lamark met encore au nombre des Cactiers deux genres de plantes, favoir, la *Tetragone*, (*Tetragonia.* Lin.) & le *Ficoïde*, (*Mefembrianthemum.* Lin.). Suivant M. de Juffieu, ces deux genres font de la cinquième famille de la même claffe quatorzième. Cette cinquième famille, qu'il nomme les *Ficoïdes*, fe diftingue de la famille des *Cactiers*, principalement par fa fleur qui a plufieurs ftiles, & par fon fruit qui a des capfules en nombre égal à celui des ftiles de la fleur. (*M. Lancry.*)

CADABA. *CADABA.*

Genre nouveau établi par Forskal, dans fon ouvrage, fur les plantes d'Egypte. Il fe rapproche de celui des *Capriers*, par fes capfules pulpeufes, & des *Mofambés* par fes fleurs: il fait partie de la famille des CAPRIERS, & n'eft compofé dans ce moment que de quatre efpèces: ce font des arbres ou des arbriffeaux exotiques, peu connus en Europe, & dont les propriétés ne paroiffent pas fort intéreffantes.

Efpèces.

1. CADABA des Indes.
CADABA indica. La M. Dict. n.° 1.
CLEOME fruticofa. L⚥♄ des Indes. orientales.
2. CADABA à feuilles rondes.
CADABA rotundifolia. Forsk. ♄ de l'Arabie.
3. CADABA farineux.
CADABA farinofa. Forsk. ♄ de l'Arabie.
4. CADABA glanduleux.
CADABA glandulofa. Forsk. ♄ de l'Arabie.

Defcription du port des Efpèces.

1. Le CADABA des Indes eft un arbriffeau peu élevé, dont la tige eft ronde & garnie de branches alternes. Ses feuilles font permanentes, alongées & d'une verdure pâle. Ses fleurs qui viennent en petits panicules à l'extrémité des rameaux, font d'une forme fingulière & d'un beau blanc. Il leur fuccède des filiques pulpeufes, qui renferment des femences arrondies.

2. CADABA à feuilles rondes. Cette espèce devient un arbre de moyenne taille, dont les feuilles sont rondes, un peu épaisses, & portées sur des pétioles assez longs. Ses fleurs ont peu d'apparence, étant privées de pétales & n'ayant que des appendices verdâtres, qui les remplacent. Elles sont suivies de fruits longs d'environ deux pouces, & de la grosseur d'une plume d'oie. Ils sont pendants, de couleur verdâtre, & s'ouvrent en deux valves. La partie intérieure de ce fruit est une pulpe rougeâtre dans laquelle sont placées des semences noires qui servent de nourriture aux oiseaux.

3. Le CADABA farineux a été nommé ainsi à cause du duvet blanchâtre, qui couvre ses feuilles & ses jeunes rameaux, & les fait paroître comme chargés de farine. Les fleurs de cette espèce ont une corolle blanche, composée de quatre pétales, & elles sont disposées en grappes à l'extrémité des rameaux.

4. CADABA glanduleux. Cette espèce se distingue aisément des précédentes, par ses capsules ou siliques, qui sont plus couvertes de poils glanduleux: elle en diffère d'ailleurs, par ses feuilles beaucoup plus petites & rudes au toucher.

Culture. Les Cadabas n'ont point encore été cultivés en Europe, mais en raison des Pays où ils croissent; il est probable qu'on ne pourroit les élever dans notre climat, qu'au moyen des couches & des chassis; & que, pour les conserver, il faudroit le secours des serres chaudes. Les graines des plantes de cette famille, perdant assez promptement leur propriété germinative, il conviendroit d'en envoyer les graines stratifiées dans de la terre, ou des jeunes pieds dans des caisses.

Usage. On prétend que les jeunes rameaux verts, de l'espèce n.° 3, étant mâchés ou pris en poudre, sont antivénéneux. C'est tout ce que nous savons des propriétés des plantes de ce genre. (*M. Trouin.*)

CADE. Nom vulgaire du *Juniperus Oxycedrus.* L. plante de l'Europe méridionale, connue, par ses usages, en Pharmacie. *Voyez* GÉNÉVRIER OXICÈDRE. (*M. Reynier.*)

CADEAU. On donne ce nom dans le Pays de Vaud, aux bigarreaux de toutes les variétés, mais en particulier au bigarreautier à gros fruit noir. (*Prunus avium Bigarella.* L.) Il seroit intéressant de connoître d'où un nom aussi singulier tire sa première origine; d'autant plus qu'il est probable que ces races de Cerisier n'y remontent pas à une époque fort ancienne. Seroit-ce une abréviation du mot Bigarreau?. *Voyez* CERISIER, au *Dict. des Arbres & Arbustes.*

CADELARI. *Achyranthés.*

Genre de plantes de la classe des *bilobées*, à fleurs *apétalées* ou sans pétales, à étamines *hy-pogynes* ou insérées au-dessous du germe, à germe supérieur au calice, & de la famille des *Amarantes.*

Le nom latin de ce genre, *Achyranthes,* a deux significations. 1.° Il est formé par abréviation du nom *Achyracantha,* que Dillen avoit donné à ce genre, & qui signifie paille épineuse, étant tiré du grec, Ἄχυρον, paille, & Ἄκανθα, épine; parce que, dans plusieurs espèces de ce genre, les folioles du calice des fleurs sont sèches, dures & roides comme les paillettes ou bâles des épis des plantes *graminées,* & sont en même-tems piquantes par leur sommet comme des épines. 2.° Le même nom, *Achyranthes,* signifie fleur de paille, & est formé du même mot grec, Ἄχυρον, paille, & de Ἄνθος, fleur; parce que ce calice, dont je viens de parler, forme la partie la plus visible de ces fleurs sans pétales. Le nom françois de ce genre, *Cadelari,* est employé par les Indiens, pour en désigner une ou deux espèces.

Les plantes, que M. Lamarck comprend dans ce genre, se distinguent des autres plantes de la même famille, par les caractères suivans. La fleur a un calice à cinq feuilles, muni en dehors de trois écailles; elle a cinq étamines, un ovaire surmonté d'un stile. Le fruit ne contient qu'une semence. Les feuilles sont sans stipules.

M. de Jussieu distribue ces plantes en quatre genres; savoir, 1.° *Ærua.* Forsk. 2.° *Digera.* Forsk. 3.° *Achyranthes.* Lin. 4.° *Illecebrum.* Lin. Voici les principaux caractères, par lesquels il distingue ces quatre genres les uns des autres. 1.° Le genre *Ærua,* qui comprend les espèces de Cadelari, n.° 15, 16, 19 & 20, ci-après, a son calice quelquefois muni de deux écailles seulement, au lieu de trois; ses cinq étamines réunies par la base en un tube denté de cinq filamens stériles; deux ou trois stigmates; ses fleurs quelquefois dioïques, c'est-à-dire, chacune d'un seul sexe, & celles mâles portées sur des individus différens de ceux qui portent celles à femelles; & ses feuilles alternes. 2.° Le genre *Digera,* dans lequel M. de Jussieu soupçonne que l'on doit placer le Cadelari à épi rude, n.° 17, ci-après, a les filamens de ses cinq étamines distincts & nullement réunis; deux stigmates; & ses feuilles alternes. 3.° Le genre *Achyranthes;* qui comprend les espèces de Cadelari, n.° 1, 2, 3, 4, 5, 6 & 7, ci-après, a ses cinq étamines réunies par la base en un tube entier ou frangé; un stigmate; ses fleurs disposées en épi, & réfléchies, c'est-à-dire, dirigées vers la base du pédoncule commun; ses feuilles opposées. 4.° Le genre *Illecebrum,* qui comprend les espèces de Cadelari, n.° 8, 9, 10, 11, 12, 13 & 14, ci-après, a ses cinq étamines réunies par la base en un tube en forme d'urne; son stile très-court; un stigmate unique très-large; sa capsule à cinq valves; ses feuilles opposées. Le Cadela-ri, n.° 18, ci-après, à cinq stigmates.

Les espèces de plantes comprises par M. Lamarck dans ce genre, *Cadelari*, sont au nombre de vingt-trois, toutes exotiques, qui sont des herbes annuelles, des herbes vivaces, & des petits arbrisseaux. Ces espèces sont répandues dans les climats les plus chauds des quatre parties du monde. Toutes ces plantes sont très-délicates à élever. Celles qui sont vivaces, ne peuvent se conser-ver qu'en serres-chaudes.

Espèces.

* *Feuilles opposées, fleurs en épis terminaux.*

1. CADÉLARI argenté.
Achyranthes argentea. La M. Dict. ⊙ de Sicile.

2. CADÉLARI à feuilles obtuses.
Achyranthes obtusifolia. La M. Dict. ♃ suivant Miller. de l'Inde.

3. CADÉLARI frutescent.
Achyranthes fruticosa. Hort. Reg. ♄ de l'Inde.

4. CADÉLARI à feuilles de styrax.
Achyranthes styracifolia. La M. Dict. ⊙ de l'Inde.

5. CADÉLARI noir pourpre.
Achyranthes atropurpurea. La M. Dict. *an Achyranthes lappacea.* Lin. ex La M. ♄ de l'Inde.

6. CADÉLARI couché.
Achyranthes prostrata. Dam. Dict. *an Achyranthes prostrata.* Lin. ex La M. ♃ de l'Inde.

6. B. CADÉLARI couché, à feuilles rhomboïdes.
Achyranthes prostrata rhomboïdifolia. Achyranthes prostrata foliis rhomboïdibus acuminatis. La M. Dict. ♃ de l'Inde.

7. CADÉLARI étalé.
Achyranthes patula Lin. Fil. Supp. ♄ de l'Inde.

8. CADÉLARI piquant.
Achyranthes pungens. Lam. Dict. *Illecebrum Monsonicæ.* Lin. Fil. Supp. ♃ de l'Inde.
CADÉLARI sanguinolent.
Achyranthes sanguinolenta. Lin. ♃ de l'Inde.

** *Feuilles opposées; fleurs par petits paquets ou épis axillaires.*

10. CADÉLARI branchu.
Achyranthes brachiata. Lin. ⊙ de l'Inde.

11. CADÉLARI à feuilles renouées.
Achyranthes polygonoïdes. La M. Dict. ♃ de l'Amérique méridionale.

12. CADÉLARI à feuilles d'halime.
Achyranthes halimifolia. La M. Dict. *Ille-cebrum limense.* Hort. Reg. ♃ des environs de Lima, au Pérou.

12. B. CADÉLARI à feuilles d'halime velues.
Achyranthes halimifolia hirsuta. Amaranthoïdes marina hirsuta halimifolio. Plum. ♃ des Antilles.

13. CADÉLARI mucroné.
Achyranthes mucronata. Lam. Dict. *Illecebrum Achyrantha.* Lin. ⊙ ou plutôt ♃ suivant Dillen & Miller. du Tucuman, Province du Paragnay; en Amérique.

14. CADÉLARI ficoïde.
Achyranthes ficoïdea. Lam. Dict. *Illecebrum sessile.* Lin. ♃ de l'Inde.

14. B. CADÉLARI ficoïde, à fleurs pubescentes.
Achyranthes ficoïdea pubiflora. Illecebrum ficoideum Lin. ♃ originaire d'Amérique, *habite* maintenant en Espagne.

*** *Feuilles alternes.*

15. CADÉLARI laineux.
Achyranthes lanata. Lin. ⊙. suivant Miller, ♃ de l'Inde.

16. CADÉLARI alopécuroïde.
Achyranthes alopecuroïdes. Lam. Dict. *Illecebrum javanicum.* Lin.... de l'Inde.

16. CADÉLARI alopécuroïde à larges feuilles.
Achyranthes alopecuroïdes latifolia. Amaranthus albus salviæ foliis latioribus. Pluk.... de l'Inde.

17. CADÉLARI à épi rude.
Achyranthes muricata. Lin. ⊙ d'Egypte & d'Arabie.

18. CADÉLARI amaranthoïde.
Achyranthes amaranthoïdes. Lam. Dict. *Amaranthus frutescens.* Hort. Reg. ♄ des Isles de Java & Moluques.

19. CADÉLARI cilié.
Achyranthes ciliata. Lam. Dict. de l'Inde.

20. CADÉLARI du Bengale.
Achyranthes Bengalense. La M. Dict. *Illecebrum Bengalense.* Lin. Mant. ⊙ de l'Inde.

**** *Espèces à peine connues.*

21. CADÉLARI tombant.
Achyranthes (decumbens.) caule decumbente, paniculis terminalibus axillaribus. Forsk. Egipt. 47. n.° 58.

22. CADÉLARI à épis nombreux.
Achyranthes (polystachia) spiculis axillaribus confertis, brevibus, albis caule decumbente. Forsk. Ægypt. 48. n.° 59.

23. CADÉLARI pappeux.
Achyranthes (papposa.) foliis alternis, crassiusculis, lineari-cuneatis, obtusis. Forsk. Ægypt. 48, n.° 60.

Traduction de la principale phrase latine, par laquelle chaque espèce est définie dans le Dictionnaire de Botanique, & notice succincte du port & des autres particularités de chacune.

* *Feuilles opposées; fleurs en épis terminaux.*

1. CADÉLARI argenté. CADÉLARI à tige herbacée; à feuilles ovales, aigues, pubescentes, argentées en dessous, & à calices glabres. *M. Lamarck.* La couleur blanchâtre, soyeuse & argentée du dessous des feuilles, qui est d'autant plus brillante qu'elles sont plus jeunes, donne à cette plante un aspect agréable. Cette plante est peu touffue, quoique sa racine pousse plusieurs tiges rameuses. Les tiges & branches sont terminées par des épis de petites fleurs scarieuses & réfléchies, fort longs & forts grêles. cette plante s'élève à la hauteur de deux pieds & demi environ. Elle fleurit en Juillet.

2. CADÉLARI à feuilles obtuses. CADÉLARI à tige droite; à feuilles ovées en forme de coin, obtuses, pubescentes, à calices glabres. *M. Lamarck.* Le dessous des feuilles de cette plante est aussi de couleur blanchâtre, mais n'a pas ce brillant argenté qui distingue la précédente. Le port de cette plante ressemble d'ailleurs beaucoup à celui de la précédente. Ses tiges & branches sont terminées par des épis de petites fleurs réfléchies, nombreuses & scarieuses, longs de quatre à six pouces, grêles, dont le diamètre va ordinairement en augmentant de longueur, depuis la base jusqu'au sommet ou cette longueur est de trois lignes, tandis qu'elle est d'une ligne seulement à la base. Les feuilles ont jusqu'à deux pouces de longueur. Cette plante croît naturellement dans les lieux pierreux. suivant Commerson, elle est commune aux Isles de France & de Bourbon. En Europe, elle fleurit ordinairement pendant le mois de Juillet; & elle donne des semences mûres.

3. CADÉLARI frutescent. CADÉLARI à tige frutescente, droite; à feuilles ovées, glabres des deux côtés; à calice glabre. *M. Lamarck.* C'est un arbrisseau de quatre à cinq pieds de hauteur, rameux, qui porte ses fleurs réfléchies, scarieuses & luisantes, disposées en épis longs & très-grêles à l'extrémité des tiges & branches. M. Lamarck soupçonne que cette plante est la même que celle nommée par Rumphe, *auricula canis mas.* Les fleurs de cette dernière sont assez piquantes pour blesser; elles blessent souvent les pieds & les jambes des passans, & s'attachent fortement à leurs habits; elle croît naturellement à Amboine, autour des Villages, dans les buissons, sous les arbres & dans les jardins négligés.

4. CADÉLARI à feuilles de styrax. CADÉLARI à tige herbacée, droite; à feuilles elliptiques, pubescentes; à fleurs laineuses en dehors, munies aux côtés de faisceaux des soies, crochues à leur sommet; à épi de longueur médiocre, lâche à sa base. *M. Lamarck.* Cette plante est d'un pied environ de hauteur. Elle porte ses fleurs à l'extrémité de sa tige, sur un épis long de deux à quatre pouces. M. Lamarck soupçonne qu'on peut rapporter à cette espèce, la plante nommée par Rhéede *Wellia-Codiveli.* Suivant la figure que Rhéede donne de cette dernière, c'est une plante de plusieurs pieds de hauteur; & d'étendue. Ses épis de fleurs naissent solitaires, dans la bifurcation des tiges & rameaux, & ont jusqu'à quinze pouces de longueur. Les fleurs ni les fruits ne sont point réfléchis. Les fruits forment des globules éloignés de neuf lignes l'un de l'autre, & hérissés de soies crochues au sommet. Les feuilles très-entières ont jusqu'à quatre pouces de longueur, & les entrenœuds sont plus longs que les feuilles. Rhéede dit que cette plante se plaît naturellement dans toutes sortes de terrein.

5. CADÉLARI noir pourpre. CADÉLARI à tige frutescente, diffuse; à rameaux de couleur pourpre, noirâtre; à feuilles ovales, aigues; à fleurs un peu velues, munies aux côtés de faisceaux de soies, crochues au sommet, & colorées de pourpre, & à épi court. *M. Lamarck.* C'est un sous-arbrisseau large & diffus, haut d'environ un pied. Ses feuilles sont beaucoup plus petites que celles de l'espèce précédente. Ses fleurs naissent au sommet des tiges & branches, en épis longs d'un à deux pouces.

6. CADÉLARI couché. CADÉLARI à tiges herbacées, couchées: à épis oblongs & grêles; à fleurs petites, hispides; à fruits hérissés de piquants. *M. Lamarck.* Les tiges de cette plante couchées sur terre s'y enracinent. Les épis de fleurs naissent au sommet des tiges & branches, & sont très-grêlées. Lorsque cette plante croît dans les lieux découverts, pierreux & stériles, elle ne s'élève pas à plus d'un demi-pied de hauteur. Lorsqu'elle croît dans les haies, buissons & autres lieux ombragés, ses tiges acquièrent jusqu'à cinq pieds de longueur, & ses feuilles deviennent plus amples; les plus grandes ont un pouce de longueur. Ses tiges & branches ne peuvent se soutenir d'elles-mêmes; elles ne s'élèvent & ne se soutiennent qu'à la faveur de l'appui que leur fournissent les arbrisseaux & arbustes voisins, sur lesquels elles se couchent. Cette plante est très-commune dans l'Inde. Elle croît naturellement très-fréquemment autour des maisons, dans les places publiques, sur les bords des chemins, sur les berges des fossés, dans les jardins, &c. ses fleurs s'attachent aisément aux habits des passans. Elle se trouve plus abondamment dans les lieux sablonneux & pierreux qu'ailleurs. Rumphe l'a aussi observée sur les rochers nuds qui se trouvent dans la Mer où

fur les bords. Ses racines adhèrent fi fortement dans les fentes de ces rochers qu'on ne peut l'en arracher.

6. B. CADÉLARI couché à feuilles en lofange & pointues. Cette variété diffère par la forme de fes feuilles.

7. CADÉLARI étalé. CADÉLARI à tige frutefcente, étalée, pubefcente, à fleurs en épis arrondis, & hériffés de pointes terminées en crochets. *Linnæus fils.* Cette plante s'élève à la hauteur d'environ trois pieds.

8. CADÉLARI piquant. CADÉLARI à tiges rameufes, cotonneufes; à feuilles piquantes, terminées en alènes, & difpofées en verticilles ou en anneaux; à épis de fleurs ovales cilindriques, cotonneux, nombreux, & placés aux extrémités des tiges & branches. *M. Lamarck.* Cette plante s'élève jufqu'à la hauteur d'un pied, elle eft affez jolie. Les épis de fleurs font longs de quatre à dix lignes, blancs, ou quelquefois couleur de chair.

9. CADÉLARI fanguinolent. CADÉLARI à tige rameufe; à feuilles pétiolées, ovales, aigues; à épis terminaux entaffés. *M. Lamarck.* Cette plante qui croît naturellement dans l'Inde, & notamment à Amboine, y pouffe latéralement de longues tiges, qui s'étendent au loin & au large en rempant fur terre, où elles s'enracinent, & fervent, prefque feules, à la multiplier. Ses feuilles font rouges des deux côtés, & cette couleur eft plus obfcure en deffus qu'en deffous. Elle fleurit rarement à Amboine. Quand elle y fleurit, c'eft en Octobre, & feulement lorfque cette faifon eft fèche.

** *Feuilles oppofées; fleurs par petits paquets ou épis axillaires.*

10. CADÉLARI branchu. CADÉLARI à tige herbacée, droite, branchue; à feuilles oppofées, glabres, ovales, lancéolées; à épis de fleurs cotonneux & latéraux. *Linnæus.* Cette plante eft de la hauteur d'un pied. Ses épis de fleurs font blanchâtres.

11. CADÉLARI à feuilles de Renouée. CADÉLARI à tiges rempantes, velues; à feuilles ovales, lancéolées, pointues au fommet & à la bafe, velues en-deffous fur les nervures; à fleurs difpofées en petites têtes axillaires, prefqu'entièrement glabres. *M. Lamarck.* Ses tiges font longues d'un pied, & fes petites têtes de fleurs font blanches, & donnent à cette plante un afpect agréable. Suivant Miller, les tiges de cette efpèce pouffent des racines dans la terre, fur laquelle elles rempent, & multiplient cette efpèce ainfi d'elles-mêmes.

12. CADÉLARI à feuilles d'halime. CADÉLARI

à tiges rempantes, bifurquées à chaque nœud, très-rameufes; à feuilles ovales-renverfées, charnues, pétiolées, blanchâtres; à fleurs difpofées en petites têtes blanchâtres & pubefcentes. *M. Lamarck.* Cette plante pouffe un grand nombre de tiges longues d'un pied & demi. Les feuilles, fur-tout les plus jeunes, font couvertes d'un duvet court.

12. B. Le CADÉLARI à feuilles d'halime velues, ne paroît différer de la plante précédente que parce qu'il eft couvert d'un duvet plus abondant, & qu'il porte dans chaque aiffelle plufieurs feuilles, qui font les rudimens de rameaux axillaires, non développés. Il croît naturellement dans les lieux fablonneux & maritimes.

13. CADÉLARI mucroné. CADÉLARI à tiges rempantes, poilues; à feuilles ovales, mucronées, ou terminées par une pointe, & plus petites l'une que l'autre, dans chaque paire; à fleurs difpofées en petites fleurs ovales, prefque épineufes. *M. Lamarck.* Suivant Dillen, les tiges de cette plante pouffe des racines dans la terre qu'elles touchent. Cette plante fleurit, en Europe, pendant le mois d'Octobre, & y perfectionne les femences.

14. CADÉLARI ficoïde. CADÉLARI à tiges rempantes, rameufes, un peu velues; à feuilles en fer de lance, atténuées en pétiole à la bafe; à fleurs difpofées en petites têtes, feffiles, axillaires, blanches & brillantes. *M. Lamarck* Cette plante s'élève, dans fon pays natal, à environ un pied & demi de hauteur. Elle pouffe des tiges menues, nombreufes, d'une très-grande longueur, qui s'étendent au loin & au large en rempant tortueufement fur la furface de la terre, où elles s'enracinent à chaque nœud, de manière qu'une feule plante occupe en peu de tems, un très-grand efpace de terrein. Elle naît naturellement dans les lieux humides, tant au bord de la mer, que dans les plaines au bord des eaux ftagnantes, & dans les lieux fangeux. Ses têtes de fleurs la rendent agréable à voir.

14. B. Le CADÉLARI ficoïde, à fleurs pubefcentes, diffère de la plante précédente, par un duvet très-fin qui fe voit fur fes fleurs; & parce qu'il a fes feuilles plus étroites, & fes têtes de fleurs plus arrondies. Il naît auffi naturellement fur le bord de la mer. Il eft très-abondant dans les bas-prés de la Martinique, qui en font ruinés. Les colons redoutent beaucoup cette herbe, qui infefte tous les terreins humides.

*** *Feuilles alternes.*

15. CADÉLARI laineux. CADÉLARI à tiges rameufes, diffufes, un peu érigées; à feuilles alternes, ovales, pétiolées; à fleurs difpofées en

épis cotonneux & latéraux. *M. Lamarck.* Linnæus & M. Lamarck citent entre les figures qui représentent ce Cadelari, celle donnée par Rheede, Tom. 10. Tab. 29, sous le nom de *Scherubula.* Suivant cette figure, ce Cadelari a exactement le port de l'Herniole; il pousse, comme elle, nombre de tiges longues de neuf à dix pouces, couchées sur terre; les fleurs très-nombreuses, sont disposées en petits épis sessiles, longs de trois à cinq lignes; la racine est fibreuse, & d'une saveur un peu amère. Commerson a trouvé cette plante à l'Isle-de-France & aux environs de Pondichéri. Cette plante naît naturellement dans les endroits sablonneux, où elle se trouve en fleurs pendant toute l'année.

16. CADELARI alopecuroïde. CADELARI à tige droite, peu rameuse, blanchâtre; à feuilles alternes, oblongues, cotonneuses; à fleurs disposées en épis terminaux. *M. Lamarck.* Ce Cadelari est fort joli; il est blanchâtre & cotonneux dans toutes ses parties; il s'élève à la hauteur de deux ou trois pieds. La variété, B, diffère principalement par ses feuilles plus larges.

17. CADELARI à épi rude. CADELARI à tige herbacée, droite; à feuilles alternes; à fleurs disposées en épis, éloignées les unes des autres; à calices squarreux, ou dont les écailles sont écartées de tous côtés, & très-ouvertes. *Linnæus.* Cette plante a l'aspect d'un Passevelour, (*Celosia.* Lin.): sa tige a un pied & demi de hauteur.

18. CADELARI amaranthoïde. CADELARI à tige frutescente, diffuse; à feuilles alternes, ovales-pointues, dont les pétioles sont glabres; à fleurs éloignées les unes des autres, & disposées en épis filiformes, à l'extrémité des tiges & rameaux. *M. Lamarck.* Cette plante s'élève dans le climat de Paris à deux ou trois pieds de hauteur. Elle y fleurit très-rarement. A Amboine, où elle croît naturellement, elle pousse de longues tiges qui se couchent sur les arbustes voisins, de manière qu'elle semble remper; ses feuilles ont le pétiole long, sont longues de cinq à sept pouces, & ont jusqu'à quatre pouces de largeur, sont sinueuses en leurs bords, & sont souvent rougeâtres; elle fleurit fort tard, ne fleurit pas chaque année, & souvent ses fleurs avortent; les fleurs paroissent ordinairement en Octobre, sur des épis fort grêles, qui, suivant Rumphe, sont ordinairement longs d'un pied, & ont jusqu'à deux pieds & davantage de longueur dans les terreins gras; dans ces terreins gras, le luxe de la végétation rend quelquefois ces épis de la largeur du doigt au sommet, plats, entourés d'une grande quantité de fleurs, & se divisant en un grand nombre d'autres petits épis filiformes, longs comme le doigt. La racine est noueuse, & s'étend amplement en longues ramifications. Les feuilles ont une saveur amère, désagréable, âcre, & qui irrite le gosier.

19. CADELARI cilié. CADELARI à tige herbacée; à feuilles alternes, ovales-pointues, glabres; à pétioles ciliées; à épis de fleurs axillaires, filiformes, solitaires; à fleurs éloignées les unes des autres; & à calices un peu squarreux, c'est-à-dire, dont les écailles un peu ouvertes hérissent un peu les épis. *M. Lamarck.*

20. CADÉLARI de Bengale. CADÉLARI à tige droite, herbacée; à feuilles alternes & opposées, lancéolées, pubescentes. *M. Lamarck.* C'est une plante haute d'un pied, ou d'un pied & demi. Les épis de fleurs sont, les uns axillaires, les autres terminaux.

****** *Espèces à peine connues.***

21. CADÉLARI tombant. CADÉLARI à tige tombante; à panicules terminales & axillaires. *Forskal.*

22. CADÉLARI à épis nombreux. CADÉLARI à petits épis, axillaires, rassemblés, courts, blancs; à tige tombante. *Forskal.*

23. CADÉLARI pappeux. CADÉLARI à feuilles alternes, un peu charnues, linéaires, en forme de coin, obtuses. *Forskal.*

Culture.

On a cultivé dans le climat de Paris, les espèces de Cadélari n.°s 1, 2, 3, 4, 5, 11, 12, 13, 14, 15, 16, 17, & 18. Toutes ces espèces sont des plantes délicates. La terre qui convient le mieux, dans le climat de Paris, pour la culture de toutes ces espèces, excepté celle, n.° 18, est une terre légère & substantielle, telle que seroit, par exemple, un mélange exact de deux parties de bonne terre à froment, avec deux parties de terreau de vieille couche bien consommé, ou avec une partie seulement de ce terreau & une partie de terreau de Bruyère, le tout passé au crible. Toutes ces espèces peuvent se multiplier par leurs graines, excepté l'espèce, n.° 18, qui fleurit rarement, & qui produit encore plus rarement de bonnes semences, tant dans le climat de Paris que dans son pays natal, comme j'ai déjà dit. Il faut semer ces graines à la mi-Mars, sur couche chaude, couverte d'un chassis, dans de petits pots remplis avec la terre indiquée. Elles doivent être semées sur la surface de la terre, des pots, & être recouvertes avec environ deux lignes d'épaisseur de la terre indiquée, mais plus fine. Il faut arroser légèrement ces semis, soir & matin, jusqu'à ce qu'ils soient levés. Lorsque les plantes paroissent, il faut les éclaircir convenablement, & modérer les arrosemens, qu'on n'administrera qu'au besoin, fur-tout tant que le jeune plant eſt foible, que l'atmoſphère eſt froid & humide, & que le ſoleil ne paroît pas. Chaque fois que le tems eſt doux, & que le ſoleil vient à paroître, il ne faut pas manquer d'en profiter, pour aërer les jeunes plantes, en ouvrant les panneaux des chaſſis, car elles ſont extrêmement tendres & fort ſujettes à s'étioler, & même à ſe pourrir, par l'action de l'humidité qui règne ſous les chaſſis, lorſqu'elles ne jouiſſent pas aſſez ſouvent de l'air & des rayons du ſoleil. Il faut avoir auſſi très-grand ſoin de les préſerver du froid ; car la moindre gelée blanche les feroit périr. Ainſi, on ne doit pas manquer, pendant les tems froids, de tenir les chaſſis exactement fermés, & ſuffiſamment couverts avec de la paille & des paillaſſons. Il faut même avoir ſoin de réchauffer la couche, lorſque ſa chaleur tombe au-deſſous de huit à douze degrés, ſuivant le Thermomètre de Réaumur. Quand les plantes ont atteint la hauteur d'environ quatre pouces, on choiſit un tems brumeux, pour les enlever ſoigneuſement avec toutes leurs racines, & les replanter ſur-le-champ, chacune à part, dans un pot rempli avec la terre indiquée. Lors de cette tranſplantation, il faut avoir ſoin de ne laiſſer les racines expoſées à l'air que pendant le moins long-tems qu'il eſt poſſible. Immédiatement après que les jeunes plantes ſont placées dans ces pots, on les arroſe : parce que ſi on les laiſſoit trop ſe faner, elles reprendroient difficilement, & les eſpèces dont la tige eſt naturellement droite, ſe pencheroient conſidérablement vers la terre, ou même ſe coucheroient, & auroient enſuite beaucoup de peine à ſe redreſſer : le plus ſouvent celles qui reprennent après avoir été ainſi couchées, pouſſent, ſans ſe redreſſer, d'où il arrive que la baſe de leur tige reſte courbe & déformée. On ſe ſert pour les arroſer d'un arroſoir à pomme, dont les trous ſoient très-fins, & qui verſe l'eau en forme de pluie douce. Si l'on ſe ſervoit d'un arroſoir qui verſe l'eau en forme de groſſe pluie, on coucheroit les plantes, qui ſe releveroient enſuite preſqu'auſſi difficilement que celles couchées par défaut d'arroſement. Enſuite on tranſporte au même inſtant les pots ſur une couche tiède auſſi couverte de chaſſis, puis on les enterre auſſi-tôt juſqu'à leurs bords, dans le terreau dont elle eſt couverte. On les abrite des rayons du ſoleil, par des paillaſſons, & on les arroſe légèrement deux ou trois fois par jour, juſqu'à ce qu'on voie à la végétation des plantes, qu'elles ont pouſſé de nouvelles racines. Quand elles ſont bien repriſes, on ôte les abris par degrés, & on arroſe moins ſouvent. On leur donne enſuite d'autant plus d'eau, que leur vigueur augmente, & que la chaleur & la ſéchereſſe de la ſaiſon ſont plus grandes. Beaucoup de chaleur & d'humidité font pouſſer ces plantes très-vigoureuſement. Il ne faut jamais oublier, depuis le moment qu'elles ſont repriſes, de les faire jouir de l'air, autant que la chaleur de l'atmoſphère le permet, pour les empêcher de s'étioler, & leur donner lieu de prendre de la conſiſtance. On lève même entièrement les panneaux des chaſſis, lorſqu'il tombe des pluies douces dans les mois de Mai & de Juin. Lorſqu'une fois la chaleur de l'Atmoſphere ſera fixée au-deſſus de douze degrés, ſuivant le thermomètre de Réaumur, on pourra les laiſſer entièrement expoſées à l'air libre. Elles pourront même toutes, à cette époque, ſe paſſer de la couche chaude & être tranſportées en plein air, ſoit chacune à leur rang dans les écoles de Botanique, ſoit pour le mieux à l'expoſition du midi. Cependant à l'égard des eſpèces n.° 11, 12 & 13, comme elles ſont plus délicates que les autres, ſi l'on veut les avoir dans le meilleur état poſſible, on fera bien lorſqu'on les ſortira de cette ſeconde couche chaude, de les tranſporter dans la couche de tan de la ſerre chaude & de les y tenir pendant toute l'année. Le Cadelari argenté, n.° 1, eſt le moins délicat de tous. On peut le mettre en pleine terre dès le mois de Juin. Il convient que ce ſoit en terre légère & ſubſtantielle. Il y pouſſera vigoureuſement, ſur-tout s'il eſt placé à l'expoſition du midi, & arroſé copieuſement pendant les grandes chaleurs. Les plantes de cette eſpèce que l'on tiendra dans des pots, deviendront moins fortes que celles qui ſeront en pleine terre ; mais elles fleuriront plutôt, & donneront des ſemences plus mûres, mieux perfectionnées, & en plus grande quantité que ces dernières. Toutes ces eſpèces dont il s'agit, doivent être arroſées copieuſement pendant les chaleurs de l'Eté. Pendant le mois de Septembre, il faut beaucoup modérer les arroſemens, ſur-tout à l'égard des eſpèces fruticantes & vivaces, afin de les endurcir ſuffiſamment pour les mettre en état de réſiſter à la rigueur de l'hiver prochain. Pendant le même mois, il convient de mettre ſur un bout de couche chaude les pots où ſont contenues les plantes des eſpèces, tant vivaces qu'annuelles, qui ont fleuri, afin que leurs ſemences puiſſent plus facilement être perfectionnées, & parvenir à une parfaite maturité. A la fin de Septembre, on rentrera les plantes de toutes ces eſpèces par un tems ſec, ſi faire ſe peut, dans la ſerre chaude, où celles qui ſont vivaces & fruticantes doivent paſſer l'hiver, & où les eſpèces annuelles dont les ſemences ne ſont pas encore parfaitement mûres acheveront de ſe perfectionner. Il convient que les plantes des eſpèces, n.ᵒˢ 11, 12 & 13, qui auroient reſté en plein air pendant l'Eté ſoient rentrées avant le 15 Septembre, ou même dès le commencement de ce mois. Ces trois eſpèces doivent reſter, au moins depuis ce tems, juſqu'au mois de Juin de l'année fuivante, dans la couche de tan d'une ferre où l'on entretienne habituellement une chaleur de dix à feize degrés, fuivant le thermomètre de Réaumur. Les autres efpèces doivent être placées, pendant l'Hiver, fur les tablettes d'une ferre dont la chaleur habituelle foit de fix à dix degrés feulement. Pendant cette faifon, il faut arrofer très - modérément. Lorfque ces plantes ne pouffent pas, il ne faut leur donner de l'eau que lorfque la furface de la terre des pots eft fèche, & qu'en enfonçant le doigt dans cette terre à un pouce de profondeur, on ne fent aucune humidité, ou bien, lorfqu'en frappant avec le dos de la main, ou le doigt contre les parois extérieures des pots, ils rendent un fon clair: car le même choc ne fait rendre aux pots aucun fon, lorfque les plantes qu'ils contiennent ne font pas altérées. Pendant cette même faifon, on fe fervira, pour les arrofer, de l'arrofoir à goulot, & l'on aura foin de ne mouiller ni leurs tiges, ni leurs branches, ni leurs feuilles, & de ne leur donner que très-peu d'eau à-la-fois. Toutes ces plantes refteront dans cette ferre, jufqu'à la fin de Mai de l'année fuivante. A cette dernière époque, comme la chaleur de l'atmofphère paroît ordinairement fixée au-deffus de dix degrés, tant pendant le jour, que pendant la nuit, on peut les mettre en plein air, en choififfant, pour cela, un tems couvert, ou, encore mieux, le moment d'une pluie douce. Il eft très-néceffaire qu'avant de les fortir, on les ait aëré, le plus poffible, pendant une quinzaine de jours, pour les endurcir un peu, & les difpofer à cette fortie. Il eft encore plus néceffaire, au moment qu'on les fort, de les placer à l'ombre, & de les y tenir pendant environ quinze jours: car, fi immédiatement après leur fortie, elles reftoient expofées au foleil, elles pourroient en être tuées, ou au moins leurs jeunes feuilles ou leurs jeunes pouffes trop tendres pour réfifter à fon ardeur, en feroient déforganifées, brûlées, détruites, & leurs feuilles adultes, deviendroient défagréable à la vue. Si l'on veut expofer en plein air, pendant l'Été, les efpèces n.os 11, 12, & 13, il eft à propos de ne pas les fortir avant la mi-Juin. Lorfque les racines des plantes fruticantes & vivaces de ces efpèces font parvenues à remplir la capacité des pots où elles font contenues, il ne faut pas manquer de les mettre dans des pots plus grands, ou de leur donner un demi-change, fuivant l'étendue qu'auront acquife leurs tiges & rameaux. *Voyez* REMPOTAGE & DEMI-CHANGE. Le tems le plus favorable, pour cette opération, eft le commencement de Septembre, ou encore mieux le mois de Mai. Immédiatement après cette opération, il convient de les abriter des rayons du foleil, jufqu'à ce qu'elles foient rétablies de la langueur paffagère qui en réfulte,

& qu'on juge, par leur végétation, qu'elles ont pouffé de nouvelles racines.

Il faut fournir des foutiens aux tiges des efpèces, n.os 11, 13, 14, & 15.

On a vu plus haut, que le Cadelari amarathoïde, n.° 18, fleurit très-rarement dans le climat de Paris. On a vu en même-tems, que les plantes de cette efpèce qui croiffent naturellement dans les plaines d'Amboine, où Rumphe les a obfervées, y font d'une végétation très-vigoureufe & très-luxuriante, fur-tout lorfqu'elles croiffent dans les terreins gras; qu'elles y fleuriffent très-rarement; que lorfqu'elles y fleuriffent, ce n'eft que fort tard chaque année; & que leurs fleurs y tombent ordinairement fans avoir produit des femences. Ces obfervations indiquent que cette plante eft alpine, c'eft-à-dire, plus naturelle aux montagnes élevées, qu'aux plaines d'Amboine où Rumphe l'a vue, & où il a obfervé de plus qu'elle y croît feulement en petite quantité, de forte qu'on n'en trouve que çà & là une ou deux plantes. Car les Philofophes Agriculteurs & Botaniftes ont remarqué depuis long-tems, que les plantes alpines, c'eft-à-dire, naturelles aux montagnes élevées, font, dans ces montagnes, plus petites la plupart, que celles des plaines, & rapportent beaucoup de femences: mais que lorfque ces plantes alpines croiffent dans les plaines, ou dans les jardins cultivés, & fur-tout dans les bons terreins, la plus grande fertilité & la plus grande épaiffeur de la terre qu'elles y trouvent, jointes à une plus grande humidité, font que ces plantes y deviennent beaucoup plus grandes que dans les montagnes, beaucoup plus amples, & beaucoup plus feuillues, mais ne fleuriffent que rarement & tard, & ne produifent que très-peu de femences. Toutes ces obfervations réunies nous indiquent donc la route à prendre pour faire fleurir & grainer cette efpèce dans le climat de Paris. C'eft de la cultiver comme la nature la cultive, lorfqu'elle la fait fleurir & grainer: de lui donner auffi peu de terre qu'elle en a dans les montagnes, une terre auffi maigre, & auffi peu humectée. Ainfi, il faudroit la tenir dans des petits pots remplis d'une terre encore moins fubftantielle, que celle que j'ai indiquée pour la culture des autres efpèces de Cadelari: on pourroit par exemple remplir ces pots d'une terre légère & fablonneufe, fans aucun mélange de terreau; ou bien d'une terre à froment ordinaire mêlée avec partie égale de décombres calcaires paffées par un crible qui ne foit pas trop fin; il faudroit outre cela l'arrofer peu fréquemment, lui donner peu d'eau à-la-fois, & ne pas manquer de mettre au fond des pots un lit de pierrailles pour faciliter l'écoulement de toute humidité fuperflue. Les tiges de cette plante ont befoin qu'on leur fourniffe des foutiens.

Les efpèces,

Les espèces, n.os 11, 13 & 14, qui sont vivaces, & qui ont des tiges rempantes sur la terre où elles s'enracinent, se multiplient plus ordinairement par des fragmens enracinés de ces tiges rempantes, que par leurs semences. On peut les multiplier ainsi pendant tout l'Eté, & même pendant toute l'année; car ces tiges rempantes s'enracinent d'elles-mêmes pendant toute l'année, non-seulement en Eté, dans la terre voisine des pots où ces plantes sont contenues, lorsque ces pots sont posés en plein air, mais encore, en Hiver comme en Eté, dans le tan des couches où ces pots sont placés, & dans la terre des pots voisins. Cependant la saison la plus favorable pour cette multiplication, est le mois de Juin & celui de Juillet. Pour cela, on coupe les plus fortes & les mieux enracinées de ces tiges rempantes, par fragmens de huit pouces ou d'un pied de longueur, & qui soient enracinés à la base; on enlève ces fragmens avec toutes leurs racines, & on les plante sur-le-champ, chacun dans un pot, qu'on enterre au même instant jusqu'au bord dans le terreau d'une couche de chaleur modérée, couverte d'un chassis. On les abrite des rayons du soleil par des paillassons jusqu'à ce qu'ils aient poussé de nouvelles racines; on les arrose immédiatement après qu'ils sont plantés; &, depuis ce moment, on les bassine légèrement tous les jours soir & matin, jusqu'à ce qu'ils végètent de manière à persuader qu'ils ont poussé de nouvelles racines; à cette dernière époque, on diminue les arrosemens, & l'on ôte par degrés les abris; enfin, lorsqu'ils sont pourvus d'une suffisante quantité de racines, on les traite comme les plantes de même force obtenues par la voie des semences. On conçoit à l'égard de ces espèces à tiges rempantes, n.os 11, 13, & 14, 1.° que lorsqu'on n'a pas besoin de plants, il est à propos de soutenir leurs tiges, en les attachant à des baguettes plantées verticalement auprès de chaque plante, afin de l'empêcher, autant qu'on peut, de se multiplier d'elle-même en enracinant ainsi ses tiges çà & là autour d'elle; parce que ces enracinemens l'affoiblissent, & affament les plantes contenues dans les pots où ils ont eu lieu, ainsi que les autres plantes, qui sont en pleine terre, près de l'endroit où ils se sont opérés: 2.° que lors même qu'on a besoin de plants, il ne faut pas laisser les plantes se multiplier d'elles-mêmes, au-delà du besoin qu'on en a, afin de ne laisser fatiguer que le moins qu'il en est possible, tant les plantes dont on obtient ces plants que les plantes voisines: 3.° que lorsqu'on a besoin d'un grand nombre de plants, on peut augmenter & accélérer cette multiplication, en enterrant de distance en distance, les nœuds de ces tiges rempantes, soit en pleine terre, soit dans le tan des couches, soit dans des pots mis à portée. Les espèces vivaces, n.os 2, 11, 12, 13, 14

& 15, peuvent encore se multiplier par leurs œilletons enracinés. Cette voie de multiplication est principalement pratiquée pour celles de ces espèces, dont les tiges ne sont pas radicantes. La saison la plus favorable pour cette pratique dans le climat de Paris, c'est le Printems, en Avril & Mai. On conçoit bien que les plantes de chaque espèce qui forment les touffes les plus fortes, sont celles dont il faut se servir préférablement pour cette multiplication. Pour y procéder, on ôte hors de son pot avec précaution, chaque plante qu'on veut multiplier ainsi : on secoue la terre qui adhère aux racines : on sépare les uns des autres, les œilletons qui composent la touffe, en ayant soin de ménager les racines, & d'en laisser la plus grande quantité qu'il est possible adhérente à chaque œilleton : si l'on désiroit multiplier ces plantes le plus abondamment possible, on pourroit planter avec succès, chacun à part tous les œilletons de chaque touffe, même les plus foibles & ceux qui n'auroient que très-peu de racines; & ils réussiroient tous : mais si l'on n'a pas besoin d'une grande quantité de plants de chacune de ces espèces, comme c'est l'ordinaire, on fera bien, pour former chaque plant, de laisser plusieurs œilletons des plus forts adhérents ensemble; pourvu qu'ils soient bien sains & munis de racines bien saines & bien vigoureuses en quantité correspondante au nombre de ces œilletons : chaque plant ainsi formé, donne une jouissance beaucoup plus prompte que celui qui n'est composé que d'un seul œilleton : ce dernier, sur-tout lorsqu'il est foible, ne parvient qu'en deux ou même trois ans, au même degré de force auquel l'autre parvient dès la première année : dans le même cas où l'on n'a besoin que d'une petite quantité de plants, on ne choisit pour former ces plants que les œilletons les plus forts, les plus sains, & qui soient munis des racines les plus nombreuses, les plus saines, & les plus vigoureuses; & l'on rejette les œilletons foibles, ainsi que ceux qui ne sont pas suffisamment garnis de bonnes racines : il faut avoir soin que les racines de chaque plant restent le moins long-tems possible exposées à l'air : on les plante donc au plutôt chacun dans un pot qu'on enterre sur-le-champ jusqu'au bord, dans le terreau d'une couche de chaleur modérée, couverte d'un chassis. Ensuite on traite ces œilletons absolument de la même manière que je viens de dire qu'on traite les fragmens enracinés des tiges rempantes des espèces, n.os 11, 13 & 14.

Les espèces fruticantes, n.os 3, 5 & 18, se peuvent encore multiplier par drageons enracinés en Mai & Juin. Pour y parvenir, on sépare les plus forts de ces drageons avec la plus grande quantité qu'il est possible de racines, aussi entières que faire se peut; & on les plante au même instant chacun dans un pot : puis on traite ces drageons exactement de la même manière que je viens de dire qu'il faut traiter les fragmens enracinés de tiges rempantes des espèces, n.ᵒˢ 11, 13 & 14, pour les multiplier.

Si l'on veut marcotter ces espèces fruticantes, le tems le plus favorable est le commencement de Juin. Pour y procéder on choisit des branches les plus inférieures, âgées de deux ou trois ans; on les incise si l'on veut à la manière des œillets; mais cette incision n'est pas nécessaire : on les courbe de manière à mettre en terre sans les rompre, à environ quatre pouces de profondeur, la partie incisée ou non, de chacune, qu'on veut faire enraciner, dans le même pot qui contient la plante, à laquelle ces branches appartiennent, ou dans un autre pot placé à portée : ensuite on redresse, & l'on tient dans une direction verticale, la portion de la branche marcottée, qui se trouve hors de terre, entre le point que l'on desire faire enraciner, & son sommet. On n'y fait après cela rien autre chose que de tenir habituellement ces marcottes dans une humidité suffisante, sans être excessive. Au commencement du mois d'Août suivant, on les visite, pour s'assurer si elles sont suffisamment enracinées : en ce cas, on les sèvre; on les enlève avec toutes leurs racines; on les plante sur-le-champ, chacune à part dans un pot rempli de la terre indiquée; puis on les traite comme je viens de dire qu'il faut traiter les drageons enracinés. Si ces marcottes ne sont pas suffisamment enracinées au commencement d'Août, ou au plus tard, vers le 15 de ce mois, il convient d'attendre, pour les sévrer, jusqu'au mois de Mai subséquent : car si on les sévroit à la fin d'Août, ou en Septembre, les plantes qui en proviendroient, ne pourroient acquérir, avant l'Hiver, assez de force, pour résister à la rigueur de cette saison.

Pour multiplier ces espèces fruticantes, par boutures, il convient de choisir les mois de Mai & de Juin, préférablement à tout autre tems. On y procède en coupant des branches de deux ans environ, & d'une belle venue, par fragmens de huit à dix pouces de longueur; on coupe la base de chacun de ces fragmens en bec de flûte; on en ôte les feuilles non en les arrachant, mais en coupant le pétiole de chacune, à quelque distance de la bouture; on plante, le plutôt possible, ces fragmens, ou boutures, dans des pots remplis de la terre indiquée; on en plante plusieurs dans chaque pot; on enterre, au même instant, ces pots jusqu'au bord, dans le terreau d'une couche de chaleur modérée; on les abrite des rayons du soleil, & on les arrose légèrement tous les jours, jusqu'à ce que la végétation des boutures annonce qu'elles sont enracinées; lorsqu'elles sont enracinées, on diminue les arrosemens, on ôte les abris par degrés, enfin on traite ces boutures comme les drageons enracinés. Cette multiplication,

par la voie des boutures, convient principalement pour le Cadélari amaranthoïde, n.ᵒ 18, puisque ce n'est que par cette voie qu'on le multiplie dans les Jardins des Isles Moluques & de la Sonde, & particulièrement dans ceux de l'Isle d'Amboine, où cette plante, quoique naturelle à ce pays, est néanmoins cultivée comme plante potagère.

On ignore la culture qui convient dans le climat de Paris aux espèces, n.ᵒˢ 6, 7, 8, 9, 10, 19, 20, 21, 22 & 23. Mais il est probable que lorsqu'on possédera ces plantes à Paris, puisqu'elles croissent naturellement dans les mêmes pays que les autres espèces, il conviendra & l'on pourra utilement leur administrer la culture détaillée ci-dessus pour ces autres espèces, en modifiant cette culture, suivant la nature herbacée, annuelle, ou herbacée vivace, ou fruticante, &c., de chacune. Ainsi, il sera à propos de cultiver les espèces, n.ᵒˢ 10 & 20, qui sont annuelles comme l'espèce, n.ᵒ 4, qui l'est aussi; l'espèce, n.ᵒ 6, comme les espèces, n.ᵒˢ 11, 13 & 14, qui sont comme elle vivaces & à tiges rempantes & radicantes; l'espèce, n.ᵒ 9, de même que ces quatre dernières, en essayant, outre cela, pour la faire fructifier, de lui administrer la culture que j'ai conseillé de pratiquer, pour faire fleurir & fructifier l'espèce, n.ᵒ 18 : puisque, suivant les observations de Rumphe, cette espèce, n.ᵒ 9, est aussi une plante de végétation très-vigoureuse, qui fleurit rarement, ne fleurit que très-tard, & ne fleurit que lors des sécheresses, &c. Quant à la chaleur convenable pendant l'Hiver à ces plantes dans le climat de Paris, il sera à propos de leur administrer d'abord un degré de chaleur moyen entre celui qu'exigent les plus délicates des autres espèces, & celui dont se contentent les moins délicates des mêmes autres espèces. On les mettra, par exemple, d'abord dans une serre dont la température habituelle soit de huit à douze degrés; sauf à augmenter ou diminuer par la suite ce degré de chaleur, pour chacune de ces plantes, suivant l'effet qu'il produira sur elle.

Usages.

Aucune de ces plantes n'est employée en Europe, ni dans les alimens, ni en Médecine : mais plusieurs d'entre elles sont employées dans l'Inde à ces deux usages. Suivant M. Lamarck, le suc du Cadélari à feuilles obtuses, n.ᵒ 2, exprimé, & bu avec une quantité égale d'huile de Sesame, guérit la dyssenterie. Suivant Rhéede, la décoction de cette espèce est utile dans la dyssenterie, & adoucit les douleurs du calcul de la vessie, & s'emploie contre l'épissement de sang : sa racine est purgative; pilée & cuite avec du beurre, elle s'administre utilement contre la dyssenterie; en décoction, elle fortifie l'estomac, diſſipe les vents, inciſe les glaires, & briſe le calcul de la veſſie; la même racine eſt un épicarpe, utile contre les fièvres intermittentes; pilée & bue dans du vin, elle ſert aux calculeux, & c'eſt un diurétique utile principalement aux hydropiques; pilée & mêlée avec le ſuc de limon, elle eſt bonne contre les dartres & contre les tumeurs qui naiſſent ſous le menton & ſous la mâchoire; ſes ſemences pilées & miſes dans le nez appaiſent certaines douleurs de tête. La racine de la plante, nommée par Rumphe *Auricula Canis mas*, & que M. Lamarck ſoupçonne être la même que le Cadélari fruteſcent, n.° 3, s'emploie, avec d'autres plantes, contre la toux & la dyſſenterie: l'herbe eſt uſitée, auſſi avec d'autres plantes, dans les fièvres, contre les ardeurs d'entrailles, l'ardeur d'urine, la gonorrhée, l'épilepſie: cette plante s'emploie auſſi contre le maraſme des enfans exactement de la même manière que le Cadélari couché, n.° 6, ainſi que je le dirai plus bas: enfin ſes feuilles s'emploient pour la nourriture des hommes avec les autres herbes potagères. Suivant Rhéede, la racine de la plante, qu'il nomme *Vellia Codiveli*, & que M. de Lamarck ſoupçonne être le Cadélari à feuilles de ſtyrax, n.° 4, étant pilée avec du petit lait, eſt utile contre les hémorrhoïdes: la poudre de la même racine eſt bonne contre certaines douleurs d'inteſtins. Suivant le même Rhéede, le Cadélari couché, n.° 6, a les mêmes vertus que le Cadélari à feuilles obtuſes, n.° 2; & outre cela étant pilé & mêlé avec de l'huile, il eſt quelquefois utile contre l'urine purulente. Suivant Rumphe, la même plante eſt d'uſage, mais rarement, dans les alimens: elle eſt plus ſouvent employée en Médecine: pour les uſages médicinaux, il faut préférer les plantes de cette eſpèce, qui croiſſent dans les lieux ſtériles, élevés & découverts: on lui attribue beaucoup de vertus: elle eſt alexitère: elle paſſe pour ſpécifique contre l'eſpèce de maraſme des enfans, que le peuple attribue à la faſcination; on emploie contre ce mal ſa racine mâchée avec l'Arec, l'Acore, &c.; l'on met enſuite le malade dans un bain préparé avec cette plante entière; on lave auſſi les enfans qui languiſſent de cette maladie, avec le ſuc de cette plante ou avec ſa décoction: elle eſt très-employée contre les fièvres, en décoction, en maſticatoire, en aliment: ſon ſuc étant bu, paſſe pour ſpécifique contre les flux bilieux: on l'emploie en maſticatoire contre l'ardeur d'urine, la gonorrhée, la dyſſenterie, &c. Les femmelettes de l'Inde emploient, ſuivant Rumphe, le Cadélari ſanguinolent, n.° 9, contre un grand nombre de maux, & notamment tant à l'intérieur qu'à l'extérieur, contre les piſſemens ſanguinolens ou purulens. Suivant Rhéede, le Cadélari ficoïde, n.° 14, A, pilé & appliqué ſur la tête, appaiſe certaines douleurs de cette partie: ſon ſuc exprimé

& bu avec l'eau chaude, chaſſe les vents & diſſipe les coliques qu'ils occaſionnent: la racine pilée & mêlée avec le cumin & le ſucre, puis bue dans de l'eau, ou dans du lait, ou dans du petit-lait, ou dans quelqu'autre véhicule approprié, eſt eſtimée utile pour conſerver ou même pour réparer les forces. Suivant Rumphe, en lavant la tête avec une décoction de l'herbe de la même eſpèce, on empêche les cheveux noirs de blanchir: c'eſt une plante rafraîchiſſante & un peu aſtringente: quoique ſa ſaveur ſoit un peu déſagréable & comme bourbeuſe ou ſemblable à celle de l'eau ſtagnante, elle entre cependant dans les alimens: toute l'herbe ſe mange comme plante potagère, ou ſeule, comme le Pourpier, ou avec les Squilles: le nom de légume des Squilles, par lequel on déſigne cette plante, ſuivant Rumphe, donne à préſumer qu'elle eſt dans l'Inde l'aſſaiſonnement ordinaire de ce cruſtacé. Suivant Rumphe, le Cadélari amaranthoïde, n.° 18, eſt une plante potagère que l'on mange cuite à Java & dans les Moluques: mais on ne la mange que mêlée avec d'autres légumes; parce que, lorſqu'elle eſt ſeule, ſa ſaveur eſt peu agréable: en pilant ſa racine avec du vinaigre affoibli par de l'eau, & un peu d'alun, on obtient par expreſſion un ſuc qui, étant attiré dans le nez par inſpiration, purge fortement les flegmes, & guérit les maux de tête, cauſés par une congeſtion de pituite vers cette partie: on emploie auſſi ce remède, qui eſt très-excitant, pour donner de l'alacrité aux jeunes gens qui ſont trop diſpoſés au ſommeil: on applique les feuilles ſur les abſcès, pour les faire mûrir & percer, & ſur les ulcères: on eſt auſſi dans l'uſage de donner à boire le ſuc de ces feuilles mêlé avec de l'eau, pour faciliter l'éruption de la petite vérole. Excepté les eſpèces, n.°⁵ 1, 11, 14 & 16, qui ſont de jolies plantes, preſque toutes les autres eſpèces de Cadélari ne ſont cultivées dans le climat de Paris, que dans les Jardins de Botanique, & ne ſont pas aſſez belles pour être recherchées par ceux qui ne cultivent les plantes que pour l'agrément, ſans avoir égard à l'avancement de cette ſcience. (M. LANCRY.)

CADELLE. Nom que l'on donne dans quelques Départemens au charençon qui attaque les blés. *Voyez* CHARENÇON. (M. REYNIER.)

CADET. Poiré d'une groſſeur & d'une qualité aſſez médiocre. *Voyez* POIRIER, dans le Dictionnaire des Arbres & Arbuſtes. (M. REYNIER.)

CADRAN. Maladie des arbres dont l'effet n'attaque point leur exiſtence, mais nuit à la qualité du bois; ce ſont des gerçures ou fentes qui rayonnent vers la circonférence, & s'approchent plus ou moins du centre. Les maladies des arbres, sur-tout celles qui n'attaquent pas les espèces jardinières, sont du ressort du Traité des Arbres & Arbustes, auquel je renvoie pour les détails des causes & des effets de cette maladie. (*M. Reynier.*)

CADUQUE. On donne ce nom aux parties des végétaux qui tombent, avant l'époque où on l'observe dans le plus grand nombre des espèces.

Ainsi, on dit que le calice des pavots est caduque, parce qu'il tombe avant la chûte de la corolle, tandis que dans le plus grand nombre des espèces, il reste plus long-tems sur la plante. Il en est de même de la corolle & des autres parties des végétaux. (*M. Reynier.*)

CADUCITÉ. Dépérissement qui présage la mort prochaine de l'individu. Dans le plus grand nombre des plantes herbacées, elle commence après la maturité des graines ; dans d'autres, la plante périt seulement jusqu'à la racine, & repousse l'année suivante. Ces dernières ont ordinairement une durée assez considérable.

La dessication des feuilles inférieures de la plante, l'endurcissement & la décoloration des tiges, enfin le développement de quelques fleurs tardives, & qui sont plus ou moins imparfaites, sont les principales indications de la Caducité des plantes.

J'ai sur-tout remarqué qu'elle s'annonce d'une manière bien différente, suivant les plantes dans les géranions annuels, les crépides, &c. L'individu tend constamment à se ramifier & à s'étendre, & toute la partie inférieure de la plante est sèche, tandis que des fleurs naissent encore sur les ramifications éloignées. Dans d'autres familles au contraire, le dépérissement commence par les extrémités, & ce sont les parties voisines de la racine qui subsistent les dernières. *Voyez* DURÉE DES PLANTES. (*M. Reynier.*)

CAFÉ ou CAFFÉ. Nom du fruit du *Coffea Arabica. Voyez* CAFFEYER. (*M. Thouin.*)

CAFFÉ *Diable*. Les Créoles de la Guyane donne ce nom à l'*Iroucana Guianensis* d'Aublet. *Voyez* IROUCAN de la Guyane. (*M. Dauphinot.*)

CAFFEYER. *Coffea.*

Suivant M. de Jussieu, c'est un genre de plantes de la classe de celles qui sont *bilobées*, à fleurs *monopétalées*, à corolle *épigyne* ou placée sur le pistil, & à anthères distinctes ; de la famille des RUBIACÉES ; & de la section de cette famille, dont les plantes ont le fruit simple, à deux loges & à deux semences, cinq étamines, les feuilles opposées dont les pétioles sont réunis à leur base par une stipule intermédiaire, & la tige frutescente ou arborescente.

Les espèces que M. Lamarck comprend dans ce genre, sont des arbrisseaux exotiques, originaires de la Zone torride, qui se distinguent, suivant lui, des autres plantes de la même famille, par les caractères suivans. La fleur consiste en un petit calice supérieur, dont le bord est à quatre ou cinq dents fort courtes ; en une corolle en forme d'entonnoir, à tube cylindrique beaucoup plus long que le calice, à limbe partagé en quatre ou cinq découpures lancéolées & ouvertes ; en quatre ou cinq étamines, dont les filamens attachés au tube de la corolle, portent des anthères linéaires ; & en un ovaire inférieur, duquel s'élève, dans la fleur, un stile de la longueur de la corolle, lequel porte à son sommet, deux stigmates un peu épais & pointus : le fruit est une baie arrondie, de la grosseur & de la forme d'une cerise, ombiliquée à son sommet, & qui contient ordinairement deux semences, ou graines d'une nature cornée, ovales, convexes sur leur dos, applaties du côté opposé avec un sillon qui les traverse, & renfermées chacune dans une capsule ou tunique propre, très-mince.

M. de Jussieu ajoute à ces caractères, que les étamines sortent du tube de la corolle, que l'ombilic de la baie n'est point couronné, & que les fleurs sont au nombre de deux ou quatre, dans les aisselles des feuilles, & sont presque sessiles. Il paroît rejetter de ce genre, les espèces dont la fleur a seulement quatre étamines, & dont le limbe de la corolle est divisé seulement en quatre parties. Il rejette notamment le Caffeyer monosperme, n.° 5, dont les fleurs en panicules, ayant le limbe divisé en quatre seulement, n'ont que quatre étamines, & dont le fruit ne contient qu'une semence : & il remarque que Linnæus a compris cette espèce dans deux de ses genres, en la nommant dans un endroit *Coffea occidentalis*, & dans un autre endroit *Ixora Americana*. Enfin M. de Jussieu ajoute que le Caffeyer à panicules, n.° 4, dont la fleur n'a que quatre étamines, lui paroît plus proche du genre *Pavetta*, Lin. que du genre Caffeyer.

Etymologie.

Le nom de ce genre vient du mot *Caffé*, par lequel on désigne vulgairement la graine du Caffeyer arabique, n.° 1, qui est si connue, à cause du commerce si considérable, dont elle est l'objet, & de la boisson si généralement usitée, que l'on prépare avec cette graine. Le mot café vient de *Cahveh*, nom donné à cette boisson par les Turcs, de qui les autres Européens ont appris à la préparer, & à en faire usage. Les Turcs prononcent ce mot avec un V consonne, en faisant la première sillabe longue avec une sorte d'aspiration désignée par la lettre H. Enfin ce mot *Cahveh* vient du mot *Cahouah* ou *Cahoueh*, que les Arabes prononcent fans V confonne, & par lequel ces derniers font dans l'ufage de défigner cette boiffon, qu'ils ont connue & mife en ufage les premiers, quoique ce mot arabe fignifie toute boiffon en général. Mais, comme ils font encore, ainfi qu'on verra ci-après, une autre boiffon, auffi très-ufitée chez eux, avec les enveloppes de la graine de caffé; lorfqu'ils veulent diftinguer ces deux boiffons, ils nomment *Alcahouat albunniat*, ou *Alcahouat albunn*, la boiffon faite avec la graine; le mot arabe *Bunn*, fignifie la fève ou graine du caffé; & ils appellent l'autre boiffon, *Alcahouat alcafchriat*, qui fignifie mot à mot, la boiffon des enveloppes.

Efpèces comprifes dans ce genre, par M. Lamarck.

1. CAFFEYER Arabique.

COFFEA *Arabica*. Lin. ♄ d'Arabie, d'Ethiopie, & cultivé dans les deux Indes, fous la Zône torride, principalement par les Colonies hollandoifes, françoifes & angloifes.

2. CAFFEYER de Bourbon.

COFFEA *Mauritiana*. Lam. Dict. ♄ de l'Ifle de Bourbon.

3. CAFFEYER de la Guyane.

COFFEA *Guyanenfis*. Aubl. ♄ de la Guyane.

4. CAFFEYER à panicules.

COFFEA *paniculata*. Aubl. & Lam. Dict. ♄ de la Guyane. (*non Coffeæ congener; fed Pavettæ affinior*. ex D. Juffieu, gen. pl.)

5. CAFFEYER monofperne.

COFFEA *Occidentalis*. Lin. ♄ de Saint - Domingue & de la Martinique. (*non Coffeæ congener; Ixora Americana, à Linnæo alibì etiam dicta*. ex D. Juffieu gen. pl.)

Defcription du Port, & des autres particularités de chaque efpèce.

1. CAFFEYER arabique. Caffeyer à fleurs découpées en cinq pièces, & à baies contenant deux femences. *Linnæus.*

C'eft un petit arbre toujours verd, dont le tronc fimple & très-droit, s'élève perpendiculairement, & lorfqu'on le laiffe croître en liberté, acquiert dans fon pays natal, ordinairement la hauteur de quinze à vingt-cinq pieds, & deux ou trois pouces de diamètre. Il y a des voyageurs qui rapportent, que lorfqu'il fe trouve en terrein convenable, en bon fond, & en expofition favorable, il parvient tant en Arabie, qu'à Batavia où les Hollandois le cultivent, jufqu'à la hauteur de quarante pieds; mais que le diamètre de fon tronc, même dans ce cas, n'excède pas la longueur de quatre ou cinq pouces. Cependant il eft rare d'en avoir d'auffi élevés. En Europe, où il ne peut être élevé & confervé qu'en ferre chaude, fa hauteur ordinaire eft de fix à neuf pieds, & quelquefois elle eft de douze

à quinze pieds, fon tronc eft garni dans toute fa longueur, de branches oppofées deux à deux, & difpofées de manière qu'une paire croife l'autre. Elles font fouples, prefque cylindriques, noueufes, couvertes ainfi que le tronc d'une écorce grifâtre. Chaque branche naît à la diftance de plus d'une ligne, au-deffus de l'infertion de la feuille de l'aiffelle de laquelle elle fort. Les branches inférieures s'étendent horizontalement, & font ordinairement fimples, chaque pouffe annuelle naiffant de l'extrémité. Lorfqu'on laiffe croître l'arbre fans le gêner ni le tailler, fes branches les plus baffes font les plus longues, & les autres font d'autant plus courtes, qu'elles font nées plus haut; de forte que chaque Caffeyer forme une très-belle pyramide naturellement régulière, & bien garnie depuis le haut jufqu'en bas. Les feuilles reffemblent beaucoup à celles du laurier ordinaire, (*Laurús nobilis*. Lin.) mais elle en diffèrent, 1.° parce que leur faveur eft infipide, herbacée & nullement aromatique; 2.° parce qu'elles font oppofées comme les branches. Chaque oppofition des unes & des autres, eft éloignée de l'oppofition voifine à la diftance d'une palme ou d'un empan. Les feuilles font fimples, ovales lancéolées, terminées en pointe oblongue, très-entières, glabres, d'un verd foncé & luifantes en-deffus, d'un verd pâle en-deffous. Les plus grandes feuilles ont deux pouces dans le fort de leur largeur, fur quatre à cinq pouces de longueur. Le pétiole eft fort court, n'ayant que deux ou trois lignes de longueur. Il fe continue fur toute la longueur de la feuille; pour former fa nervure principale. De cette nervure fortent à angle aigu environ une vingtaine de nervures latérales, dans l'aiffelle de chacune defquelles on voit fur la page inférieure de la feuille, qui reffemble auffi à cet égard à celle du laurier ordinaire, une petite concavité remarquable, hémifphérique, d'environ un tiers de ligne de diamètre, pubefcente, formant une proéminence convexe de même forme & de même grandeur fur la page fupérieure de la feuille. Le bord des feuilles eft un peu pliffé en ondes. Les feuilles des oppofitions inférieures de chaque pouffe annuelle, font plus petites que les autres de la même pouffe; chaque feuille eft jointe à la feuille oppofée, de chaque côté de la naiffance ou bafe de fon pétiole, par une ftipule terminée à fommet par une pointe en alène, qui s'approche de la branche. Les feuilles vivent & periffent pendant trois ans, après lefquelles elles tombent. Dans l'aiffelle de chaque feuille naiffent quatre à cinq fleurs feffiles, d'un blanc de neige, & d'une odeur douce & agréable, à-peu-près du volume & de la figure de celles du jafmin d'Efpagne, (*Jafminum grandiflorum*, Lin.) excepté que leur tube eft plus court, & que les découpures en font plus étroites, outre leurs cinq étamines qui font blanches avec des fommets jaunâtres. Les Caffeyers fleurifſent ordinairement dès le quatorze ou le quinzième mois de leur âge ; mais ils ne fleuriſſent pas ordinairement bien pleinement, avant d'être âgés d'au moins dix-huit mois ou deux ans, dans les terreins ſecs & légers. Dans les terres ſubſtantieuſes, profondes, & humides quelquefois, ils ne commencent à fleurir, que lorſqu'ils ſont âgés de quatre ou cinq ans. Chaque fleur ne dure que deux fois vingt-quatre heures. Un jeune Caffeyer en pleine fleur, eſt quelque choſe charmant. Cette belle pyramide verte qu'il forme, eſt couverte depuis le haut juſqu'en bas de fleurs, d'un blanc éblouiſ-fant. C'eſt un ſpectacle raviſſant, que cinquante mille Caffeyers fleuris à-la-fois, l'odeur douce de cette immenſe quantité de fleurs ſe joignant à leur éclat, une Caffeyère eſt alors un lieu de délices. Dans leur Pays natal & dans nos Colonies, les Caffeyers fleuriſſent pendant preſque toute l'année, ou pour parler plus exactement, ils fleuriſſent deux fois l'année, ſavoir au Printems & en Automne, & le tems de chaque floraiſon dure, ſouvent, pendant près de ſix mois conſécutifs : de manière cependant, que lors de chaque floraiſon, il y a un mois ou deux, plus abondans en fleurs que les autres. Dans le Département du Cap-François, à Saint-Domingue, par exemple, Elie Monnereau dit, que les mois du Printems pendant leſquels les Caffeyers fleuriſſent le plus pleinement, ſont Mars & Avril. Suivant de Préfontaine, les mois d'Octobre & de Novembre ſont ceux lors deſquels les Caffeyers, ſont les plus pleinement fleuris, pendant la floraiſon d'Automne à Cayenne. La floraiſon du Printems commence dès le mois de Janvier à la Martinique, ſelon de Chanvalon. Il paroît, par le rapport des différens Obſervateurs, tant Voyageurs que Planteurs, que la floraiſon du Printems, c'eſt-à-dire, celles des mois pendant leſquels le ſoleil eſt dans les ſignes ſeptentrionaux du Zodiaque, eſt ordinairement plus pleine que la floraiſon d'Automne, tant en Arabie & aux Antilles qu'à Cayenne & à Surinam, c'eſt-à-dire, tant au Nord qu'au Sud de l'Equateur. Il ſe paſſe environ une année entière, entre l'épanouiſſement de chaque fleur, & à la maturité du fruit qui lui ſuccède. Ce fruit, dont le pédoncule eſt très-court, devient à-peu-près de la groſſeur & de la forme d'un bigarreau ; il eſt ovale, globuleux, un peu comprimé des deux côtés, obtus des deux-bouts, comme marqué de ſix angles effacés, ayant un petit ombilic circulaire, & un peu profond à ſon ſommet : il eſt d'abord verd clair, puis rougeâtre, enſuite d'un beau rouge auquel ſuccède un rouge foncé & obſcur dans ſa maturité parfaite : ſa chair ou pulpe eſt pâle, glaireuſe, recouverte d'une pellicule molle & mince, & eſt d'une ſaveur douceâtre : en Europe, on trouve ce fruit peu agréable au goût ; mais, comme il eſt rafraîchiſſant,

on le mange avec plaiſir dans les climats brûlans de l'Arabie heureuſe, & de nos Colonies d'entre les Tropiques : lorſqu'on laiſſe ce fruit à l'arbre après ſa parfaite maturité, le ſoleil deſſéche ſa pulpe, ſa ſurface devient noirâtre, très-ridée, & ſa groſſeur diminue très-conſidérablement. Comme il y a deux floraiſons, il y a auſſi par année deux ſaiſons de maturité des fruits ou, en d'autres termes, deux récoltes de fruits, dont l'une eſt plus copieuſe que l'autre. Chaque récolte dure auſſi long-tems à faire que la floraiſon à laquelle elle appartient, c'eſt-à-dire, ſouvent près de ſix mois. De ſorte que l'on voit ſur les Caffeyers, pendant toute l'année, en même-tems, des fleurs & des fruits de toutes groſſeurs, & de toutes les nuances des couleurs entre le verd, le rouge, & le noirâtre. Il y a auſſi, dans chaque récolte, un mois ou deux pendant leſquels la récolte eſt plus abondante, que pendant les autres. Quand le tems du fort de la récolte approche, ſouvent les Caffeyers ſont ſi chargés de fruits qu'ils paroiſſent ſuccomber ſous le poids; alors preſque toutes leurs feuilles, ſur-tout les plus anciennes, jauniſſent, leurs branches pendent juſqu'à terre, leur tronc même cède & plie ſous la charge. Le tems du fort de chaque récolte n'eſt pas conſtamment le même par-tout. Suivant la Roque, dans l'Arabie heureuſe, le tems du fort de la récolte du Printems, eſt en Mai, & cette récolte eſt la plus riche de l'année. Suivant de Préfontaine, le tems du fort de la même récolte du Printems, eſt à Cayenne en Juin. Cette différence peut provenir de ce qu'à Cayenne le ſol, où les Caffeyers ſont plantés, eſt beaucoup plus ſubſtantieux, plus humide, & plus profond que dans l'Arabie ; d'où il arrive, qu'ils ſont plus long-tems en ſève, & que leur fruit végète plus long-tems, devient plus gros, & mûrit plus tard. Suivant le même, & ſuivant Silander, cette récolte du Printems eſt auſſi à Cayenne & à Surinam la plus copieuſe de l'année. De Chanvalon a obſervé les différens mois de la récolte d'Automne à la Martinique en 1751 : à la-mi Juillet, on commença à trier ſur les arbres quelques fruits : en Août, on en a recueilli davantage : en Septembre a été le fort de la récolte ; & les Caffeyers portoient alors, dit-il, autant de fruits mûrs que de verds : en Octobre, le plus fort de la récolte étoit fait : en Novembre, on continuoit encore la récolte, mais foiblement : en Décembre, elle étoit finie ; les Caffeyers avoient perdu ſucceſſivement beaucoup de feuilles, une grande partie des feuilles qu'ils gardoient étoit un peu jaune ; ils avoient déjà beaucoup de fleurs prêtes à s'épanoüir. La pulpe du fruit ſert d'enveloppe à deux coques ou capſules minces, dures, ovales, étroitement unies, convexes d'un côté, un peu applaties du côté oppoſé, par lequel elles ſe joignent, de manière que la circonférence de cet endroit de jonction eſt proéminente ſur la ſurface de la coque. Ces coques ſont ce que les

Planteurs de nos Colonies nomment le parchemin. Elles contiennent chacune une semence cartilagineuse ou calleuse, pour ainsi dire, au plutôt formée d'une substance très-dure, qui ressemble à de la corne, & qui en a la transparence dans le caffé des Isles. C'est cette semence qui est, comme j'ai dit, si connue, & généralement employée sous le nom de Caffé. Chaque semence est ovale, convexe du même côté que l'est la coque, applatie du côté opposé ou interne, qui est creusé dans son milieu, par un sillon longitudinal, profond, qui sépare une moitié de ce côté, de l'autre moitié dans laquelle elle est enveloppée & repliée de gauche à droite; le rempli de l'autre semence du même fruit, étant de droite à gauche.

Chaque semence a outre sa coque, une seconde enveloppe propre, formée d'une pellicule très-mince, souple, & qui s'insinue en se doublant jusqu'au fond du rempli de la semence. Lorsqu'une des deux semences d'un fruit quelconque, vient à avorter, l'autre acquiert plus de volume; son côté interne devient plus convexe, ainsi que le côté interne de sa capsule, laquelle occupe alors seule le milieu du fruit. On a remarqué que cet avortement est plus fréquent dans les meilleurs cantons de l'Arabie heureuse, que dans les Colonies européennes. Le germe, ou la plantule contenue dans chaque semence, est placée à l'endroit d'une petite cicatrice que l'on remarque au sommet de la semence, sur sa surface convexe ou externe du côté du rempli. Si l'on enlève avec précaution en cet endroit une partie de l'épaisseur de la semence, on voit cette plantule très-distinctement: dans une semence longue de cinq lignes, la longueur de la plantule est d'environ deux lignes: la radicule forme les deux tiers de cette longueur, est dirigée en droite ligne vers le sommet de la semence, & se termine à la cicatrice dont j'ai parlé, par où elle sort, lors de la germination: la plumule, qui forme l'autre tiers de la longueur de la plantule, se dirige vers la base de la semence, & à deux tiers de ligne de largeur: la substance cornée de la semence est ce qui forme, lors de la germination les deux lobes ou cotylédons: & c'est entre ces deux lobes que la plantule est placée dans la semence, vers leur base, & dans le milieu de leur largeur. Lorsque cet arbre est en rapport, quelquefois il produit moins d'une livre de caffé par an; quelquefois il en produit jusqu'à quatre livres; d'autre fois, quand il est en terrein très-fertile, il en produit beaucoup plus. On a vu à Cayenne, des Caffeyers, qui, dès l'âge de cinq ans, avoient déjà dix-huit pieds de hauteur, & produisoient chacun jusqu'à sept livres de caffé par an. En certains endroits, les Caffeyers de cette espèce ne subsistent en bon rapport, que pendant douze à quinze ans, & même moins long-tems: en d'autres endroits,

ils rapportent abondamment pendant vingt-cinq ou trente ans, & même pendant quarante ans. Ces variations dépendent singulièrement de la nature du sol, & du climat où ils sont placés: elles dépendent aussi de la culture. Les Caffeyers placés en terres très-substantieuses & humides, rapportent plus de fruit que ceux placés en terre plus sèche & plus légère; mais le caffé de ces derniers est meilleur, il est plus petit, plus rond, plus mûr, plus parfumé. Les vieux arbres produisent moins de fleurs & de fruits, à proportion de leur étendue en hauteur & en largeur; mais le caffé qu'ils donnent, est aussi moins gros, plus parfaitement mûr, plus parfumé, & meilleur à tous égards: enfin le tems de la floraison des vieux arbres, est moins long, ainsi que celui de leur récolte. On croit communément que cette espèce de Caffeyer habite naturellement sur les colines peu élevées de l'Arabie heureuse, & de la haute Éthiopie, ou de l'un de ces deux endroits, & principalement dans les terreins légers & substantieux, médiocrement arrosés, exposés au levant, & jouissant d'une chaleur moyenne entre la plus grande & la moindre de ces pays brûlans. Elle est aussi cultivée avec soin, depuis très-long-tems dans ces deux pays, & sur-tout en Arabie, dans l'Yémen. Maintenant les Européens, & sur-tout les Hollandois, les François, & les Anglois en ont établi, & en possèdent des plantations très-considérables, principalement aux Isles de Java & de Ceylan, à Surinam, à l'Isle de Cayenne, dans les Antilles, & dans les Isles de France & de Bourbon. On cultive aussi cette espèce très-communément dans les serres chaudes d'Europe: elle y fleurit aussi deux fois l'année: savoir, au Printems & en Automne; mais chaque floraison y dure moins long-tems qu'entre les tropiques. La floraison du Printems y a ordinairement lieu en Avril & Mai, & celle d'Automne s'y fait en Juillet & Août; elle y fructifie aussi fort abondamment, & son fruit y mûrit parfaitement, & produit constamment des semences fécondes. Il y est aussi une année entière à parvenir à sa parfaite maturité.

2. CAFFEYER de Bourbon. Caffeyer à baies oblongues, aiguës à la base, & à deux semences. *M. Lamarck.* Suivant l'Histoire de l'Académie, année 1716, les Habitans de l'Isle de Bourbon, ayant vu par un navire François, qui revenoit de Moka ou Mochha, en Arabie, des branches de Caffeyer ordinaire ou Arabique, chargées de feuilles & de fruits, ils reconnurent aussi-tôt qu'ils avoient dans leurs montagnes, des arbres pareils, & en allèrent chercher des branches, qui, comparées avec les branches de Caffeyer arabique, parurent à ces François, être de la même espèce. Seulement, ajoute cette Histoire, la graine de ce Caffeyer naturel à l'Isle Bourbon, est plus longue, plus menue,

plus verte que celle d'Arabie : & l'on dit, qu'é-
tant torréfiée, elle a plus d'amertume. De Juffieu
tenoit cette Relation de M. Gaudron, Apothicaire à Saint-Malo. C'eft de cette efpèce de
Caffeyer, découverte ainfi à l'Ifle Bourbon, dont
il s'agit ici. La forme de fes fruits détermine
M. Lamarck, à la regarder comme une efpèce
diftincte, & non comme une variété du Caffeyer
arabique, malgré qu'elle ait de grands rapports
avec lui. Il ne connoît point fes fleurs, & ne
connoît fes autres caractères, que par le moyen
d'une branche chargée de fruits que M. de Juffieu
lui a communiquée. Cette branche fait voir que
celles des arbres ou arbriffeaux de cette efpèce
font rameufes, noueufes, recouvertes d'une
écorce grisâtre, & que les rameaux font oppofés
ainfi que les feuilles : mais que ce qui la diftingue principalement, c'eft que fes feuilles font
ovales, émouffées à leur fommet & non terminées
en pointe, font retrécies en pointe vers la bafe,
un peu pétiolées, glabres & très-veineufes, &
n'ont que deux pouces & demi de longueur ;
& que fes fruits, prefque feffiles, font folitaires
dans chaque aiffelle des feuilles, & nullement
globuleux, mais oblongs & retrécis en pointe
vers leur bafe. Ils reffemblent d'ailleurs à ceux
du n.° 1, excepté que leurs femences, plus oblongues, font pointues par un bout.

3. **CAFFEYER** de la Guiane. Caffeyer à fleurs
découpées en quatre; à petites baies violettes,
à deux femences. *Aublet.* C'eft un petit arbriffeau qui s'élève à un ou deux pieds, il eft rameux, fes rameaux font noueux, & à quatre
angles. Ses feuilles & fes ftipules ont beaucoup
de rapport par leur forme, avec celles des efpèces
précédentes. Les fleurs font blanches, petites,
feffiles & difpofées, plufieurs enfemble, dans
chaque aiffelle des feuilles. Les femences font
coriaces. Cet arbufte croît dans les grandes forêts
de la Guiane. Aublet la vu en fleurs & en
fruits, dans le mois de Septembre.

4. **CAFFEYER** à panicules. Caffeyer à rameaux
quadrangulaires; à feuilles amples, ovales, oblongues, aigues; à corolles découpées en quatre;
& à baies à deux femences. *Aublet.* C'eft un bel
arbriffeau, dont le tronc, haut de fept à huit
pieds, & de cinq à fix pouces de diamètre, eft
revêtu d'une écorce grisâtre. Ses branches
noueufes font oppofées, ainfi que fes feuilles,
dont le pétiole eft très-court, & qui ont jufqu'à
huit pouces & demi de longueur, fur trois pouces
& demi de largeur. Entre les deux feuilles de
chaque oppofition, il y a une ftipule intermédiaire & caduque. Les fleurs qui viennent en
panicules, à l'extrémité des rameaux, font blanches, & d'une odeur agréable, qu'Aublet dit
avoir beaucoup de rapport avec celles des fleurs
de la jacinthe cultivée. (*Hyacinthus orientalis.*

Lin.) Les baies font bleuâtres, & produifent,
chacune, deux femences appliquées l'une contre
l'autre, convexes d'un côté, & applaties de
l'autre, avec un fillon longitudinal. Cet arbriffeau croît naturellement dans les grandes forêts
de la Guyane. Aublet l'a vu en fleurs & en
fruits, pendant le mois d'Avril.

5. **CAFFEYER** monofperme. Caffeyer occidental, à fleurs divifées en quatre, & à baies à
une femence. *Linnæus.* C'eft un arbriffeau droit,
haut de fix pieds, rameux, à rameaux ramefiés.
Ses feuilles & fes ftipules ont beaucoup de rapport avec celles de l'efpèce, n.° 1. Ses fleurs
font de couleur blanche, & d'une odeur agréable,
& n'ont que quatre étamines, dont les anthères
font à peine faillantes hors du tube de la corolle.
Elles naiffent des aiffelles des feuilles fupérieures,
ou en grappes paniculées à l'extrémité des rameaux, les baies font arrondies, turbinées, couronnées au fommet, un peu plus groffes que
nos olives, d'un noir bleuâtre dans leur maturité, & contiennent une femence cartilagineufe,
arrondie, ftriée, & renfermée dans une tunique
propre. Il y a tant de reffemblance, dit M. Jacquin, entre cette plante & le Caffeyer arabique,
excepté feulement, à l'égard du nombre des parties de la fructification, que je n'ai aucunement
héfité de la placer dans le même genre. Je defi-
rois même beaucoup d'éprouver, fi fes femences
rôries euffent donné une boiffon comparable à
celle du caffé arabique : mais je fuis parti de
Saint-Domingue, avant leur parfaite maturité;
& je n'ai plus rencontré cette plante depuis.
Elle croît naturellement à Saint-Domingue, où
elle fe trouve çà & là, fur les collines garnies
d'arbriffeaux, aux environs du Cap-François.
Elle naît auffi à la Martinique. Elle fleurit en
Décembre.

CULTURE ET HISTORIQUE.

Jufqu'à préfent, on n'a cultivé qu'une feule
efpèce de ce genre. C'eft le Caffeyer arabique.
n.° 1. Il n'y a pas plus de deux fièdes, que cette
plante, aujourd'hui fi célèbre, étoit entièrement
inconnue à tous les Peuples de l'Europe chrétienne : maintenant il y a de nombreufes &
vaftes contrées, aux deux extrémités du Monde,
qu'ils ont couvertes des plantations de ce petit
arbre; & cette culture ainfi que le commerce qu'ils
font des femences qu'ils en obtiennent, enrichiffent des millions d'hommes, fans compter qu'il
eft outre cela, multiplié plus qu'aucune autre
plante, dans toutes les ferres chaudes de l'Europe. Il n'y a pas trois fièdes & demi, que ce
petit arbre étoit inconnu à tous les hommes,
excepté à un petit nombre de perfonnes en Arabie, & à quelques Habitans de la haute Ethiopie:
préfentement il y a dans les quatre parties du
Monde, & aux quatre extrémités de la terre,

cent millions ou deux cent millions d'hommes qui font un usage journalier de sa semence, qui regardent cet usage, comme une jouissance des plus agréables, des plus utiles, & pour lesquels l'habitude a fait de cette semence un des premiers besoins. L'Histoire de la découverte des vertus de cette plante, ainsi que celle de l'introduction & des progrès de sa culture, de son commerce, de son usage, des obstacles & empêchemens qui ont été apportés en différentes fois à cet usage, des débats auxquels cet usage a donné lieu, &c. étant de nature à intéresser, non-seulement l'Agriculteur Philosophe, mais même toutes les classes des Citoyens; il ne peut qu'être à propos d'exposer ici, au moins, l'abrégé des principaux chapitres de cette Histoire.

HISTOIRE ABRÉGÉE DU CAFFEYER ARABIQUE.

Du Pays natal de ce Caffeyer, & première origine du grand usage du Caffé.

C'est de l'Arabie heureuse, ou de la Haute-Ethiopie, que le Caffeyer arabique est originaire: mais il n'est pas bien certain, laquelle de ces deux Contrées a vu naître cet arbre, la première. Les Arabes, & tous les Peuples Orientaux sont persuadés, dit la Roque, dans son *Voyage de l'Arabie heureuse*, que cet arbre ne croît nulle part, dans le Monde, que dans le Royaume d'Yémen. Ce Royaume comprend toute cette partie d'Arabie, qui a été nommée heureuse, à cause de sa fertilité, & du haut prix que les hommes ont mis à ses productions. Plusieurs Auteurs croient cependant, que le Caffeyer vient originairement de la Haute-Ethiopie, d'où il a été transporté dans l'Yémen. M. l'Abbé Raynal, entr'autres, est dans cette opinion, & il l'assure dans son *Histoire philosophique & politique du commerce & des Etablissemens des Européens dans les deux Indes.* Selon lui, cet arbre a été connu dans ce Pays, de tems immémorial; il y est encore cultivé avec succès; & M. Lagrenée de Mézières, un des Agens les plus éclairés que la France ait employés aux Indes, a possédé de son fruit provenu dans la Haute-Ethiopie, & en a fait souvent usage. Il l'a trouvé beaucoup plus gros, un peu plus long, moins verd, presqu'aussi parfumé que celui qu'on recueille maintenant dans l'Yémen. D'autres Auteurs soutiennent au contraire, que, si ce Caffeyer se trouve en Ethiopie, c'est que les Abyssins, lorsqu'ils ont passé d'Arabie en Ethiopie, y ont porté cet arbre avec eux. Quoi qu'il en soit, il paroît que cet arbre habite ces deux Pays, est naturel à l'un, & est naturalisé dans l'autre, depuis un très-grand nombre d'années. Mais il paroît aussi qu'il n'étoit connu que d'un très-petit nombre de personnes, sur-tout hors

de l'Ethiopie, jusques vers le milieu du neuvième siècle de l'Hégire, ou de l'Hedsjira, qui répond au quinzième de l'Ere chrétienne. Suivant Schéhabeddin, Auteur Arabe, presque contemporain à cette époque, & traduit par Galland, il arriva alors que Gemaleddin, Moufti à Aden dans le royaume d'Yémen, trouva sa santé altérée. Ne se trouvant pas apparemment soulagé par les remèdes qu'on lui conseilloit, il se ressouvint que, dans un voyage qu'il avoit fait en Perse pour ses affaires, il y avoit rencontré des Gens de son Pays, qui prenoient du caffé, préparé comme ce que nous nommons en France, du caffé à l'eau. Il imagina que cette boisson pourroit être utile à sa santé. Il en essaya. Il s'en trouva bien. Pendant l'usage de ce remède, cet Homme, Observateur, remarqua plusieurs des précieux effets qu'il est de nature à produire. Il s'apperçut qu'il dissipoit la pesanteur de tête, égayoit l'esprit, donnoit de la joie, rendoit les entrailles libres; mais la vertu de cette boisson qu'il remarqua le plus, ce fut celle d'empêcher de dormir, sans incommoder. S'étant mis dans la dévotion, & s'étant associé des Derviches, il ne manqua pas de faire usage de cette découverte. Ils prenoient du caffé ensemble, à l'entrée de la nuit & la passoient, par ce moyen, jusqu'au jour, en prières, avec une liberté d'esprit jusqu'alors impossible. On sçut bien-tôt dans toute la Ville d'Aden, qu'il existoit une plante, qui avoit la merveilleuse propriété de commander au sommeil. Quantité de gens, de tous états, s'empressèrent d'imiter l'exemple de ce Moufti; les gens de Loi, & les Savans, pour pouvoir prolonger leurs veilles studieuses, aussi avant dans la nuit, qu'ils le desireroient; les Artisans, pour pouvoir avancer leur besogne plus rapidement, & trouver, quand il leur plairoit, deux jours de gain, dans un seul; les Voyageurs, pour pouvoir toujours profiter, avec une égale alacrité, de la fraîcheur de la nuit, & éviter ainsi, sans aucune gêne, les ardeurs insupportables du soleil de ce climat; tous ceux, en un mot, qui avoient un besoin quelconque d'écarter le sommeil, pour pouvoir satisfaire ce besoin, avec facilité, & sans en ressentir aucun mal-aise. L'usage de cette boisson ayant été ainsi adopté, en peu de tems, par un grand nombre de personnes, on ne tarda pas à appercevoir, à sentir généralement les principales de ses autres vertus avantageuses: &, pour en profiter, ceux même, qui n'avoient aucun besoin de se tenir éveillés, s'habituèrent aussi à cette boisson. Enfin, dans le même tems, un autre Docteur de grand poids à Aden, ayant éprouvé de grands avantages de cette boisson, & s'étant joint à Gemaleddin pour en recommander l'excellence, cet usage devint très-promptement général dans cette Ville. On y prenoit habituellement une autre boisson, avant celle-ci, mais toute différente. On la nommoit

Alchaouai Alcatiat, c'eft-à-dire, boiffon du *Cat*, parce qu'on la préparoit avec une feuille nommée *Cat*. Schehabeddin ne dit rien qui puiffe faire juger que cette feuille fût du thé. Quoi qu'il en foit, l'ufage du Caffé ne fût pas plutôt répandu, qu'on le préféra généralement à cette boiffon du Cat, qui fut dès-lors abandonnée entièrement, & qui n'a pas été reprife depuis.

Telle eft l'origine & l'époque du grand ufage du Caffé. Schehabeddin dit que cette boiffon étoit ufitée en Ethiopie, de tems immémorial: mais il y a lieu de croire qu'avant l'époque dont je viens de parler, cet ufage y étoit très-peu répandu.

On raconte encore cette origine d'une autre manière: voici ce que rapporte Nairon, dans fon Livre, *de faluberrimâ potione CAHUE feu CAFE nuncupatâ*, imprimé à Rome, en 1671. La Tradition commune parmi les Orientaux, eft, qu'un Gardeur de chameaux ou de chévres, dans l'Arabie heureufe, fe plaignant aux Religieux d'un monaftère de ces cantons, que fes troupeaux, deux ou trois fois la femaine, non-feulement ne dormoient point de toute la nuit, mais même la paffoient à fauter d'une manière extraordinaire, cela piqua la curiofité du Prieur, ou Abbé du couvent, qui conjectura que cette infomnie & cette gaieté extraordinaire de ces animaux, pouvoient provenir de leur pâture. S'étant donc donné la peine, accompagné d'un de fes Religieux, de les obferver pendant la nuit dans l'endroit où cela arrivoit, il remarqua qu'ils mangeoient du fruit de certains arbriffeaux. Il s'ingéra d'effayer fur lui-même, les vertus de ce fruit. Il en fit bouillir dans l'eau, & il éprouva, qu'en buvant de cette décoction, elle le tenoit éveillé pendant la nuit. Cette découverte fit, qu'il prit l'habitude d'en ufer journellement; qu'il confeilla ou enjoignit cette habitude à fes Moines; & qu'ils en obtinrent l'avantage de pouvoir affifter, fans peine, & avec une attention fuffifante, aux pratiques de dévotions qu'ils étoient obligés de faire pendant la nuit. Quand, par le fréquent ufage qu'ils firent de cette boiffon, ils eurent, de jour en jour, reconnu fes autres bonnes qualités, le récit qu'ils en firent, l'accrédita dans toute cette contrée. Le même Auteur ajoute que quelques-uns d'entre les Turcs, ont coutume de dire, tous les jours, certaines prières, en actions de graces, pour Seyadly & Adrus, qu'ils croient être les noms de ces deux Moines dont je viens de parler. Mais, comme l'obferve fort bien Galland, Traducteur de ce que rapporte Schehabeddin, ce conte populaire, qui, en tous cas, ne peut être cru préférablement au récit d'un Auteur prefque contemporain, paroît évidemment faux: puifqu'il eft certain, que, lorfque l'ufage du

Caffé s'introduifit dans l'Arabie heureufe, il ne pouvoit y exifter de Moines; car elle étoit alors toute Mahométane. D'autres croient que le premier Arabe qui fit ufage du Caffé, fut un Mollach, nommé Chadely, qui en prit, dans la vue de fe délivrer d'un affoupiffement continuel, qui ne lui permettoit pas de vaquer convenablement à fes prières nocturnes; qu'il fût imité par fes Derviches; & que leur exemple entraîna les autres Arabes. Selon Bradley, l'opinion la plus reçue dans l'Empire Turc, eft, que ce fut un Ange qui enfeigna l'ufage de cette boiffon, à un Mufulman ou Vrai-Croyant. Mais il paroît qu'aucune de ces Traditions ne peut empêcher d'ajouter foi à Schehabeddin: il étoit, pour ainfi dire, témoin oculaire: & fon autorité eft encore fortifiée par celle d'Abdalcader, autre Auteur Arabe, qui a donné la continuation de l'Hiftoire du Caffé, depuis Schehabeddin, jufqu'en 996 de l'Hégire, c'eft-à-dire, l'an 1587 de l'Ere chrétienne, lors duquel il écrivoit. Il eft conftant d'ailleurs, par les autres Auteurs Arabes, que Gemaleddin, Moufti d'Aden, y vivoit, lors de l'époque citée de l'introduction du Caffé, & qu'il eft mort l'an 875 de l'Hégire, ou 1470, de l'Ere chrétienne.

Progrès de l'ufage du Caffé, dans tous les Pays Mahométans: contradictions & obftacles que cet ufage y éprouve.

Les avantages que procure cette boiffon, en étendirent promptement l'ufage dans toute l'Arabie, à la Mecque, à Médine, d'où les Pélerins le répandirent en Egypte, en Syrie, en Perfe, à Conftantinople. De forte que, dans l'efpace d'un fiècle, environ, à compter depuis que Gemaleddin eût pris pour la première fois du caffé, fon ufage fut généralement adopté dans tous les Pays Mahométans. Mais ce ne fut pas fans contradictions & fans obftacles. Suivant Abdalcader, traduit par le même Galland, vers la fin du neuvième fiècle de l'Hégire, & le commencement du dixième, la coutume de prendre du caffé étoit déjà commune à la Mecque, à Médine, & au Caire. Cette coutume fut d'abord introduite dans ces trois Villes, comme dans beaucoup d'autres, par les dévots, qui s'en fervoient à l'imitation du Moufti & des Derviches d'Aden, & qui, afin d'écarter le fommeil & d'avoir plus de liberté d'efprit & d'attention pour vaquer à la prière & aux autres exercices de religion pendant la nuit, en prenoient même dans les mofquées & jufques dans le fameux Temple de la Mecque. Avant la fin du neuvième fiècle de l'Hégire, cet ufage étoit déjà fi généralement adopté à la Mecque, qu'on imagina d'y établir des maifons où l'on donnoit à boire publiquement la décoc-

fion de caffé. C'est ainfi que furent établies les
premières maifons de caffé, qui fe font dès-lors
multipliées promptement, & qui font maintenant en fi grand nombre, dans les quatre Parties du Monde. Ces nouveaux établiffemens devoient être très-agréables au Public, dans toute
l'étendue du Mahométifme. Dans ces contrées,
où les mœurs ne font pas auffi libres que parmi
nous, où la jaloufie des hommes & la retraite
auftère des femmes rendent la fociété moins
vive, les hommes, généralement trop ifolés, aimèrent à profiter, pour fe réunir, de
la commodité de ces maifons où l'on fe
raffembloit pour prendre du caffé. Quantité
de gens s'accoutumèrent à les fréquenter pour
jouir de la fociété qui s'y trouvoit. Elles devinrent un afyle honnête pour les gens oififs,
& un lieu de délaffement pour les hommes
occupés. On y jouoit aux échecs, au trictrac,
& au mançalah, qui eft un autre jeu analogue
à celui des échecs, quant à l'attention qu'il
exige, & au filence avec lequel on le joue. Les
politiques s'y entretenoient de nouvelles. On y
lifoit des livres. Les poëtes y récitoient leurs vers.
Les Mollachs y débitoient leurs fermons, qui
étoient ordinairement payés de quelques aumô-
nes. Enfin ces lieux d'affemblées & de rendez-
vous, dont l'entrée & la fortie étoient fans cérémonies, où l'on pouvoit avec une facilité jufqu'a-
lors inconnue, faire connoiffance & contracter
des liaifons précieufes avec quantité d'honnêtes
gens, qu'on n'auroit peut-être jamais rencontrés
ailleurs, &c., furent généralement trouvés très-
commodes : d'autant plus qu'on pouvoit jouir
de tous ces avantages à peu de frais ; puifque
chaque taffe de caffé ne coûtoit qu'une afpre,
qui eft une petite monnoie de la valeur d'environ deux liards de France. L'ufage du caffé
continua ainfi de s'étendre fans contradiction,
depuis qu'il avoit été introduit par Gemaleddin,
jufqu'en l'an 917 de l'hégire, 1511 de l'Ere chrétienne. Mais, cette année, il courut rifque d'être
fupprimé pour jamais dans toute l'étendue du Mahométifme. Voici comment cela fe paffa : ces maifons
de caffé où des hommes de tous états, raffemblés
tous les jours en grand nombre, parloient librement, & fe trouvoient donc à portée de s'é-
clairer & de s'inftruire réciproquement fur toutes
fortes de fujets, étoient de nature à être regardés d'un mauvais œil par les Chefs du Gouvernement, dans ces pays foumis au defpotifme. Le
defpotifme eft toujours fondé fur l'ignorance : il
s'attache toujours à ifoler les hommes, pour les dévorer plus à fon aife en détail : & il ne redoute
rien tant que tout ce qui peut donner occafion aux
hommes de raifonner, & tend ainfi à les conduire à la connoiffance de leurs droits. Khair Beg
Gouverneur de la Mecque, de la part de Canfou, Soudan d'Egypte, s'avifa donc de fe trouver
fcandalifé de ce que l'on prenoit du caffé dans

les Temples, & même dans le Temple de la
Mecque, que les Mufulmans ont en fi grande
vénération. Et fur ce qu'outre cela, il y avoit
quelques maifons de caffé, où l'on fe permettoit de jouer des inftrumens, de chanter, de
danfer, de jouer aux jeux que j'ai dit ; pour
de l'argent, & gros-jeu, toutes chofes que la
religion Mahométane n'approuve pas, il fe crut
fondé à entreprendre de faire condamner le caffé,
comme contraire à la loi, puifqu'il donnoit occafion de faire toutes ces chofes qu'elle défapprouve.
Il convoqua à cet effet les Officiers de juftice,
les Docteurs de la loi, les Notables, & les dévots, & leur communiqua les fcrupules qu'il
avoit jugé à propos de concevoir. Leur première décifion fut que quant aux défordres qui
fe commettoient dans les maifons de caffé, il
étoit à propos de les réprimer : mais qu'à l'é-
gard du caffé, il étoit indubitable qu'on ne
pouvoit en empêcher l'ufage, s'il n'étoit préalablement reconnu, qu'il fût contraire à la fanté
du corps ou de l'efprit : parce que, fuivant l'Alcoran, Dieu a créé toutes chofes que la terre produit pour l'ufage des hommes. Il fallut donc confulter les Médecins. Il s'en trouva deux natifs de
Perfe, & des plus renommés à la Mecque, qui,
foit que ce fût leur opinion, foit qu'ils vouluf-
fent fe fingularifer, ou plutôt complaire au
Gouverneur, foutinrent, contre l'avis des autres
Médecins du tems, que le caffé étoit froid &
fec, & par conféquent, dirent-ils, contraire à la
fanté. Ces deux Médecins, qui étoient en même-
tems docteurs de la loi, ajoutèrent, en cette
dernière qualité, qu'en cas de doute, le plus fûr
étoit de s'abftenir de cette boiffon comme de
chofe défendue. Khair Beg réuffit à ce que cet
avis prévalût : le caffé fut condamné comme
contraire à la loi de Mahomet : & il fut défendu
d'en boire, ni en public, ni en particulier, fous
peine du châtiment qu'encourent ceux qui
contreviennent aux préceptes de la religion Mahométane. Toutes les maifons du caffé furent
fermées ; l'on fit un recherche exacte de tout le
caffé, qui étoit tant dans les maifons particulières que chez les marchands ; & on le brûla.
Enfin on tint la main fi rigoureufement à l'exécution de cette loi, qu'un Mufulman ayant été
furpris chez lui en buvant du caffé, fut promené
fur un âne par les rues & places publiques de
la Mecque, pour fervir d'exemple. Ce n'eft pas
en ces pays qu'on connoiffe, jufqu'à quel point
le domicile de chacun doit être pour lui un
afyle inviolable & facré. Si Khair Beg s'y étoit
pris autrement, cette défenfe eût duré peut-
être plus long-tems ; peut-être même que l'ufage
du caffé eût été dès-lors aboli pour toujours.
Mais le Sultan Canfou ne vit qu'un attentat à
fon autorité dans un tel réglement fait à fon
infu : il trouva d'ailleurs fort mauvais, que le
Gouverneur de la Mecque fe fût contenté dans

une telle occurrence, de la décifion des Docteurs
de la Mecque, fans confulter ceux du Caire,
qui étoient en plus grand nombre, & qui étoient
au moins auffi favans. Ceux-ci qui étoient fort
choqués, qu'on les eût ainfi négligés dans cette
occafion, furent très-éloignés d'approuver cette
condamnation du caffé; à l'ufage duquel ils étoient
d'ailleurs prefque tous accoutumés, & qu'il n'é-
toient pas difpofés à quitter. En conféquence,
cette défenfe ne fut pas de longue durée. Le
Sultan manda à Khair Beg, de la révoquer;
ajoûtant que, quant aux défordres qui l'avoient
occafionnée, il devoit employer fon autorité
pour les réprimer; mais que l'abus qu'on pouvoit faire des bonnes chofes ne devoit pas empêcher d'en faire un ufage raifonnable, & qu'il
ne faudroit pas mettre au nombre des chofes
défendues l'eau de la fontaine de Zemzem, fi
quelqu'un la buvoit d'une manière qui bleffât
la bienféance de la religion. Cette fontaine, à
l'eau de laquelle les Mahométans attribuent de
grandes vertus, eft, fuivant leur tradition, celle que
Dieu fit paroître en faveur d'Agar, & de fon fils Ifmaël, lorfqu'Abraham l'eut obligée de fe retirer
avec Ifmaël. L'ufage du caffé fut donc repris à
la Mecque, confervé ailleurs, & continua de
s'étendre comme auparavant. Les maifons de
caffé furent ouvertes de nouveau à la Mecque,
& continuèrent de fe multiplier par-tout où
s'introduifoit l'ufage du caffé. L'an 932 de l'Hégire, il s'étoit gliffé de rechef des défordres dans
celles de la Mecque. Le Cadhi au-lieu d'y rétablir l'ordre, trouva plus expéditif de les faire
fermer. L'ufage du caffé n'en fut pas moindre
pour cela: on en prenoit d'autant plus dans les
maifons particulières. Après la mort de ce Cadhi,
les maifons de caffé ont été rouvertes à la
Mecque, & il ne s'y eft plus commis de défordres. Celles de ces maifons qui furent ouvertes les premières en Perfe, devinrent bien-tôt
des lieux de débauches infâmes, & de diffolution
révoltantes. La Cour fe contenta de rétablir
l'ordre dans ces maifons fans les fupprimer, &
les rendit par ce foin auffi commodes, & auffi
honnêtes que celles d'Arabie ou d'Egypte. L'an
943, de l'Hégire, 1534 de l'Ere chrétienne, il y
eut un grand trouble au Caire, à l'occafion du
caffé. Son ufage y étoit alors généralement adopté,
& les maifons de caffé y étoient nombreufes.
Un Prédicateur s'étant avifé de déclamer avec
beaucoup de chaleur, dans une mofquée, contre
le caffé, qu'il prétendoit être défendu par la
loi de Mahomet, le zèle que fon fermon infpira
à fes Auditeurs, fut fi outré, qu'en fortant de la
mofquée, ils fe jettèrent fur toutes les maifons
de caffé qu'ils rencontrèrent, y brifèrent taffes
& caffetieres, & maltraitèrent outrageufement
ceux qui y étoient affemblés. Il en réfulta une
fédition qui partagea toute la Ville. De forte que
le Cadhi en chef ne trouva d'autre moyen de

l'appaifer, que d'affembler les Docteurs pour
qu'ils donnaffent une décifion dont l'autorité
pût rétablir l'union. Ils déclarèrent que cette
queftion avoit été déjà décidée par l'affemblée
des Docteurs du Caire, qui avoit été tenue trente
ans auparavant, à l'occafion de la défenfe faite
à la Mecque, par Khair Beg; & qu'il falloit
feulement donner ordre, à ce que des Prédicateurs ignorans ne jettaffent plus à l'avenir de
vains fcrupules à ce fujet dans les efprits foibles.
Cette déclaration rétablit le calme & tran-
quillifat les confciences timorées. Il y eut cependant des Théologiens qui faifirent cette occafion d'argumenter: ces Docteurs prétendirent
que c'étoit en effet un ufage condamnable, que
de boire le caffé en compagnie, & dans des affemblées de la même manière qu'on boit le vin,
qui eft fi févèrement défendu par la loi. Mais
on leur ferma la bouche, en les faifant reffouvenir, que la tradition apprenoit, que Mahomet
avoit bu du lait de même en compagnie. C'eft-
là ce qui s'eft paffé de plus remarquable relativement à l'ufage du caffé, pendant que cet
ufage fe répandoit dans toute l'étendue de l'A-
rabie, de l'Egypte, de la Syrie, & de plufieurs
autres contrées d'Afie, où les poëtes du tems
difoient que cette boiffon avoit fupplanté le
vin.

Au fujet de l'introduction de l'ufage du caffé
à Conftantinople, voici, felon Galland, ce que
rapporte Pitchevili, Hiftorien Turc, qui étoit le
deuxième des trois tréforiers-généraux de l'Empire. L'an 962 de l'Hégire, qui commença le
premier Novembre de l'an 1554 de l'Ere chrétienne, on n'avoit point encore vu de caffé à
Conftantinople. Cette année-là, fous le règne de
Sultan Soliman, un nommé Hekem, & un autre
nommé Schems, ouvrirent, en même-tems, dans
cette ville, chacun une maifon de caffé, dans
le quartier nommé Takht Alcalaah; ces deux
hommes venoient de Syrie, le premier d'Alep, & le
deuxième de Damas. Les vertus bienfaifantes,
& les utilités du caffé, furent fenties à Conftantinople au moins autant qu'elles l'avoient été par-
tout ailleurs. Mais on y fut enchanté fur-tout,
des avantages & des commodités que préfen-
toient les maifons de caffé, où en d'autres termes les caffés. Ils furent en peu de tems multipliés en grand nombre, dans tous les quartiers
de la ville, & plus féquentés, que dans aucune
autre ville. On y voyoit, à toute heure, une
multitude de gens de toutes les conditions, même
les plus relevées, même les Pachas & les principaux Grands de la Porte. Mais ce fut cette grande
fréquentation qui attira l'orage qui éclata bien-
tôt après contre le caffé: car elle dégénéra
promptement en une telle fureur, qu'on ne
fortoit plus des caffés, & que pendant qu'ils
étoient remplis de monde, les Mofquées fe
trouvoient vuides dans les tems de prières. Tous

les suppôts de la religion, les Imans, les Officiers subalternes des Mosquées, le grand Muphti furent désespérés de cette désertion. Ils en firent grand bruit. Les dervis & les dévots en murmurent hautement. Les Prédicateurs indignés de voir leurs auditoires abandonnés, ne furent pas ceux qui crièrent le moins haut. Ils se déchaînèrent tous contre ce dérèglement & contre le caffé qui en étoit la cause. Enfin, voyant leurs déclamations & leurs efforts inutiles, ils se réunirent pour faire condamner authentiquement le caffé comme chose défendue par la loi de Mahomet. En tout pays, & en toute religion, il n'est aucune absurdité, que les Prêtres n'entreprennent de prouver, quand il s'agit de parvenir à leurs fins. Ils imaginèrent de soutenir, que le caffé rôti comme on le prépare pour en faire la boisson d'usage, étoit du charbon ; qu'ainsi il étoit-indubitable, qu'il étoit défendu par la loi ; puisqu'il étoit dit expressément dans l'Alcoran, que le charbon n'est pas au nombre des choses créées pour la nourriture de l'homme. Ils dressèrent par écrit, & dans la forme usitée une demande en ces termes : *savoir si la loi de Mahomet permet l'usage d'une boisson faite avec du charbon telle qu'est la boisson du caffé*, & ils présentèrent cette demande au grand Muphti, afin qu'il la décidât suivant le devoir de sa place. Le Muphti trouva plus à propos de trancher la question, si le caffé est du charbon ou non, que de la décider : & il donna une décision ou un fetfa qui portoit que le caffé est défendu suivant la loi de Mahomet. Sur cette décision, dont il n'étoit pas permis de révoquer en doute la véracité, le Gouvernement, qui se sert quelquefois de la superstition dont il est aussi quelquefois la dupe & l'instrument, fit fermer aussi-tôt tous les caffés ; & tous les Officiers de police eurent ordre de tenir la main à ce qu'on ne prît plus de Caffé en public, ni même dans l'intérieur des familles. Mais les vertus de cette boisson avoient été trop généralement senties & éprouvées, l'habitude que les hommes avoient contractée de jouir des avantages qu'elle procure étoit déjà trop enracinée, l'usage en étoit déjà trop généralement établi, pour qu'il fût encore au pouvoir d'aucune puissance humaine d'abolir cet usage. Beaucoup de gens prirent autant qu'ils purent de caffé en cachette. Leur nombre augmentant tous les jours de plus en plus considérablement, la défense de prendre du Caffé fut renouvellée sous le règne d'Amurath III, & l'on établit des peines très-rigoureuses, contre ceux qui y contreviendroient. Mais un penchant décidé triompha de toutes les sévérités qu'on pût employer : de telle sorte que les Officiers de police voyant enfin que toute leur diligence ne pouvoit arrêter ce torrent, permirent pour de l'argent de vendre du caffé, pourvu que ce ne fût pas publiquement. Ainsi, on prit l'habitude

d'en aller prendre en quantité d'endroits la porte fermée. Nombre de marchands en donnèrent à boire dans leur arrière-boutique. Bien-tôt l'usage du caffé redevint aussi commun qu'auparavant. Ensuite un autre grand Muphti décida que le caffé est permis par la loi de Mahomet, & qu'il n'est pas du charbon. Comme il étoit aussi peu permis de douter de la véracité de ce second Fetfa que du premier, les dévots, les Imans, les Docteurs, cessèrent de déclamer contre le caffé ; ils furent eux-mêmes bien aises de profiter des bienfaits de cette boisson ; ils s'accoutumèrent à en prendre, le Muphti lui-même en prit ; tout le monde enfin s'y habitua depuis le grand Seigneur jusqu'aux plus petits : & les caffés se trouvèrent bien-tôt en beaucoup plus grand nombre qu'auparavant. Les grands Vizirs se firent même un grand revenu à cette occasion. Ils établirent eux-mêmes un grand nombre de ces caffés, qui leur rendoient par jour un ou deux sequins chacun. Le sequin est une monnoie d'or valant sept livres tournois. On peut juger par-là de l'immense quantité du caffé qui se consommoit, puisqu'on ne payoit toujours qu'un aspre pour chaque tasse de caffé. Depuis ce tems on n'a plus songé à s'opposer à l'usage du caffé, & l'on peut assurer que ce seroit bien vainement qu'on l'entreprendroit. Il n'en fut pas tout-à-fait de même de la coutume d'en donner à boire dans des maisons publiques. Galland nous apprend qu'au milieu du dernier siècle, sous la minorité de Mahomet IV, le grand Vizir, Kupruli se transporta déguisé dans les principaux caffés de Constantinople. Il y trouva une foule de gens mécontens qui persuadés que les affaires du Gouvernement sont en effet celles de chaque particulier s'en entretenoient avec chaleur, & censuroient avec hardiesse la conduite des Généraux & des Ministres. On conçoit bien que de telles sociétés n'étoient pas de nature à plaire à ce Lieutenant despote. Ils les supprima. Il est remarquable, que tandis que ce Mahométan faisoit fermer tous les caffés de Constantinople, il laissoit en même-tems subsister les tavernes qui s'y étoient introduites en grand nombre, quoique le vin soit si sévèrement prohibé par la loi de Mahomet. Mais cet homme plus politique que dévot, s'étoit aussi transporté sans être connu dans ces dernières. Il n'y avoit rencontré que des gens simples, la plupart soldats, qui accoutumés à se regarder bonnement comme la propriété du Prince aux caprices duquel ils étoient accoutumés de prodiguer leur sang avec un aveuglement machinal & silentieux, ne s'entretenoient le plus souvent que des détails des dévastations & des massacres, nommés exploits guerriers, dont ils avoient été des instrumens. Il avoit vu que l'abus que ces hommes y faisoient habituellement du vin, ne faisoit qu'augmenter cet abrutissement nécessaire au defpotifme, en troublant inceffamment leur raifon, qu'ils étourdiffoient encore par les chanfons bacchiques, dont ces lieux retentiffoient. Il crut donc pouvoir tolérer ces dernières fociétés, qui n'étoient comparables en rien aux premières, où la boiffon du Caffé en fortifiant l'entendement, & la mémoire ne faifoit qu'augmenter pour fon maître le danger de ces raffemblemens de raifonneurs. Depuis cette fuppreffion des caffés à Conftantinople, perfonne n'a entrepris de les y rétablir. Mais ce réglement n'y a pas diminué l'ufage du caffé, & en a peut-être étendu la confommation. On rencontre dans toutes les rues & dans tous les marchés, des gens qui portent du caffé tout préparé dans de grandes caffetières-fufpendues au-deffus d'un réchaud allumé, & qui le diftribuent dans des taffes à tous les paffans. Ceux-ci font dans l'habitude de s'affeoir pour le prendre, à la première boutique qui fe préfente, dont le maître regarderoit comme incivil de n'en pas accorder la permiffion. On en prépare dans toutes les maifons. Il n'y a pas de famille, aifée ou pauvre, Turque, Grecque, Arméniène, Juive, &c. où l'on n'en prenne au moins deux fois par jour régulièrement; fans compter celui qu'on prend, outre cela à toute heure indifféremment; vu qu'il eft d'ufage d'en préfenter à tous ceux qui viennent, & qu'il feroit également impoli de ne le pas offrir, ou de le refufer. Et, quoique le caffé y foit à auffi bon marché que j'ai dit, il y a peu de maifons où l'on ne dépenfe en caffé pour le moins autant qu'à Paris en vin. Au furplus, ce réglement ne s'étend pas plus loin que la Capitale: & le nombre des maifons de caffé n'a ceffé d'augmenter & de s'étendre, ainfi que l'ufage de cette boiffon, tant dans tout le refte de l'Empire Turc, que dans la Perfe, l'Arménie, l'Egypte, l'Arabie, la Barbarie, & en un mot dans toute l'étendue du Mahométifme: de telle forte, qu'il y a plus d: cent cinquante ans, que le caffé eft regardé dans tous ces pays, comme tellement de première néceffité, que c'eft une des chofes à l'égard defquelles l'homme, lorfqu'il fe marie, eft obligé de donner des affurances à fa femme qu'elle n'en manquera pas; que le manque de caffé, à l'égard de la femme, eft une des caufes légitimes de divorce; & que, dans tous ces pays, on s'intéreffe autant à l'abondance, & au prix du caffé, qu'à l'abondance & au prix du bled. Enfin ce n'eft pas feulement dans toutes les Villes grandes & petites, que les maifons de caffé fe font multipliées innombrablement; il n'eft pas dans toutes ces vaftes contrées, de village ou de hameau, fi petit foit-il, où il n'y en ait; il n'eft pas de routes, même les moins fréquentées, où l'on ne rencontre à chaque pas des maifons de caffé.

On conçoit que ce qui a le plus contribué à faire répandre l'ufage général du caffé, parmi

tous ces Peuples, c'eft le précepte de leur religion, qui, comme j'ai déjà dit, leur défend très-févérement de boire du vin ni d'aucune autre liqueur fermentée. Le caffé leur tient lieu de vin; & tant dans tous les villages, que fur les routes, les maifons de caffé tiennent lieu de cabarets. Les peuples chrétiens n'avoient pas d'auffi puiffants motifs que les Mahométans, pour adopter l'ufage du caffé: mais, lorfqu'ils eurent éprouvé les bienfaits de cette boiffon, ils fentirent bien-tôt que toutes leurs liqueurs fermentées ne pouvoient la remplacer.

Introduction & progrès de l'ufage du caffé, parmi les Peuples Chrétiens.

Il paroît que c'eft feulement vers la fin du feizième fiècle, qu'on a entendu parler pour la première fois du caffé dans l'Europe Chrétienne. A la vérité, les Philologues fe font imaginé qu'il en eft fait mention dans la Bible, & que c'eft la boiffon du caffé qu'Abigaïl auroit apporté à David. *Sam. I. XXV. v.* 18. On a encore dit, que c'eft le caffé, nommé *bun* comme j'ai dit par les Arabes, *bon & ban*, par les Egyptiens, qui eft mentionné fous le nom de *bunchos* dans Avicenne, qui écrivoit vers l'an 900. Mais ces deux opinions font au moins fort douteufes: & fi les paffages cités pour les prouver défignent le caffé, ils font au moins très-défectueux & très-obfcurs. Le premier Auteur où les peuples chrétiens aient vu une mention certaine du caffé, eft Rauwolf qui voyageoit dans le Levant, en 1573, & qui en parle fous le nom de *chauke*, dans la relation de fon voyage, mife au jour en 1582: & le premier qui leur ait donné une defcription de cette boiffon, c'eft Profper Alpin en 1591, dans fon Traité des Plantes d'Egypte: il dit que les Turcs, les Egytiens & les Arabes préparent une boiffon, qui eft très-commune dans leurs pays, avec la décoction du *bon*, ou *ban*; qu'ils la boivent au lieu de vin; & qu'ils la vendent & la donnent à boire dans des maifons publiques, de la même manière que le vin fe vend en Europe dans les cabarets; qu'ils nomment cette boiffon, *caova*; que l'arbre qui produit le *bon* a le port du Fufain; enfin que cette boiffon a d'excellentes propriétés, fortifie l'eftomac, aide la digeftion, détruit les obftructions des vifcères, pouffe les régles, &c. Cet Auteur a donné en même-tems une figure du Caffeyer Arabique; mais très-mauvaife, & qui eft fort loin d'en donner une idée paffable. Jacob Corovicus fait auffi mention du caffé dans fes voyages de Jérufalem, en 1598, il dit que c'eft un breuvage fort ufité en ce tems, parmi les Turcs & les Arabes, que ces derniers le nomment *cahua*, & que d'autres l'appellent *bunnu*. Le Chancelier Bacon en a fait auffi mention en 1624: les Turcs ont, dit-il, une boiffon nommée *coffea* qu'ils préparent dans l'eau chaude, avec une baie noire comme de la suie de cheminée, d'une odeur âcre & aromatique, & mise en poudre: ils la boivent chaudement. Il y a apparence, que le premier qui ait fait voir du caffé dans l'Europe chrétienne, est *Pietro della Valle*. Ce Voyageur écrivoit, de Constantinople, en 1615: quand je serai sur le point de m'en retourner, j'emporterai avec moi & je ferai connoître à l'Italie ce simple qui lui est peut-être inconnu jusqu'à présent. Ainsi, il y a lieu de croire que les Italiens sont les premiers entre les peuples chrétiens, chez qui cette fameuse boisson se soit introduite. Elle est passée ensuite à Paris, avant l'an 1643. On a des preuves, dit Aublet, que durant le règne de Louis XIII, il se vendoit sous le petit Châtelet à Paris, de là décoction de caffé sous le nom de *cahové* ou *cahovet*. Il est très-probable que ce débit n'a pas été considérable, & n'a pas duré long-tems. La Roque nous apprend, qu'en 1644, son père introduisit cette boisson à Marseille; & qu'il y apporta, lors du retour de son voyage au Levant, non-seulement du caffé, mais encore une collection pour lors très-curieuse de tasses de porcelaines, & de tous les autres petits meubles, ustensiles, & linges de mousseline brodés d'or, d'argent ou de soie qui servent à l'usage de cette boisson en Turquie. Ce premier usage du caffé à Marseille ne s'étendit pas au-delà d'un certain nombre d'amis, qui, comme le Père de la Roque, avoient pris les manières du Levant. Suivant Galland, le caffé fut une seconde fois introduit à Paris en 1657, par Thévenot le Voyageur, qui au retour de son voyage au Levant, en rapporta beaucoup pour son propre usage, & en régaloit souvent ses amis. Selon le même la Roque, vers l'an 1660, plusieurs marchands de Marseille, qui avoient fait un long séjour dans le Levant, & qui y avoient pris une grande habitude du caffé, voulant continuer de jouir des avantages qu'ils en ressentoient, en apportèrent à leur retour, & en communiquèrent à un grand nombre de personnes, qui s'y accoutumèrent comme eux: de sorte que cet usage devint en peu de tems familier à Marseille, d'abord chez les principaux marchands & gens de mer, dont quelques-uns s'avisèrent d'en faire venir quelques balles d'Egypte, & ensuite parmi les autres habitans. Bien-tôt après, il passa à Lyon, & il y fit promptement des progrès considérables. Avant l'année 1669, excepté Thévenot & ses amis, & encore quelques personnes qui avoient pu prendre du caffé, une trentaine d'années auparavant, sous le petit Châtelet, personne à Paris ne connoissoit cette boisson, ni la graine avec laquelle on la prépare, autrement que par quelques oui-dire, & par les relations des Voyageurs, citées plus haut. Mais cette année-là, distinguée dans notre

Histoire par l'ambassade solemnelle de Soliman Aga, qui fut envoyé à Louis XIV, par le Sultan Mehemet IV, doit passer pour la véritable époque de la première introduction de l'usage commun du caffé à Paris. Car cet Ambassadeur & les gens de sa suite en apportèrent beaucoup & en présentèrent, suivant la coutume de leur pays, à tant de personnes de la Cour & de la Ville, qui rendoient visite par curiosité au Ministre Turc, que beaucoup d'habitans de cette Capitale y prirent goût & s'y accoutumèrent; les uns à cause du bien qu'ils s'appercevoient en recevoir, les autres à cause de l'éloge que ces Turcs en faisoient, d'autres à cause de la nouveauté, &c. Cet Ambassadeur qui étoit arrivé au mois de Juillet 1669, n'eut audience publique du Roi, que le 5 Décembre suivant, & ne partit pour s'en retourner, qu'au mois de Mai 1670. Ainsi, son séjour à Paris dura près d'une année entière: ce qui fut un tems suffisant pour mettre le caffé à la mode. Cette mode n'a cessé d'avoir lieu, & de s'étendre depuis le départ de cet Ambassadeur: de sorte que peu de tems après, les marchands de Marseille & de Lyon, prirent l'habitude de faire venir d'Egypte, de Smirne & des autres Echelles du Levant, des vaisseaux chargés de caffé.

Il paroît par l'Histoire chronologique du Commerce, faite par Anderson, & par les traités particuliers faits sur le caffé, par Bradley, & Ellis, que la première maison de caffé qui fut ouverte au public en Europe, le fut à Londres, en l'an 1652; à moins qu'on ne regarde comme un caffé cet endroit quelconque, sous le petit Châtelet à Paris, où j'ai dit que l'on vendit pendant quelque tems de la décoction de caffé, durant le règne de Louis XIII. Avant cette année 1652, on n'avoit point vu de caffé à Londres. A cette époque, un marchand nommé Daniel Edwards, à son retour de Smyrne à Londres, rapporta beaucoup de caffé, & amena avec lui un certain Pasqua Rosée, Grec de Raguse, qui avoit coutume de lui préparer tous les matins son caffé. Ce breuvage nouveau attira un si grand concours de monde dans la maison d'Edwards que cela lui faisoit perdre la plus grande partie de son tems; tellement qu'il trouva expédient, pour se délivrer de cet embarras, de mettre Pasqua Rosée en société avec le cocher de son gendre, nommé Kitt, pour faire & vendre publiquement cette liqueur. Ils établirent leur maison publique de caffé, en l'allée Saint-Michel dans le Cornhill à Londres. C'est ainsi que le premier caffé fut ouvert dans cette Capitale, précisément dans le même-tems que l'on fermoit tous les caffés à Constantinople. Peu de tems après, ces deux associés rompirent leur société, se séparent, & Kitt établit un second caffé sous une tente au cimetière Saint-Michel, dans la même Ville. Les commodités de ces fortes de maifons, & les bienfaits de cette boiffon, furent également du goût des Anglois. Tous les honnêtes gens trouvèrent ces lieux d'affemblée très-préférables aux tavernes & aux cabarets à bière. Ces deux premiers caffés furent tellement fréquentés, que peu de tems après, on établit de pareilles maifons dans tous les quartiers de cette ville, & dans prefque toutes les autres villes d'Angleterre. L'ufage du caffé s'introduifit en même-tems dans les maifons particulières, & devint bien - tôt très-vulgaire dans ce Royaume.

Depuis que l'on eut ceffé de vendre de la décoction de caffé, fous le petit Châtelet à Paris, cette boiffon ne fut plus vendue publiquement en France, jufqu'en l'an 1671 ; lors duquel des particuliers, voyant les progrès confidérables que fon ufage avoit fait à Marfeille, s'avifèrent, fuivant la Roque, d'ouvrir dans cet Ville la première maifon publique de caffé. Elle fut établie aux environs de la Loge. La Loge eft le lieu où s'affemblent ordinairement les marchands. Ce caffé ne fut pas plutôt ouvert, que le concours y fut fort grand, fur-tout de la part de Levantins. Les marchands trouvèrent auffi ce lieu fort commode, pour y conférer de leur commerce, & fur leurs entreprifes. Enfin cette nouveauté y fut agréable, aux gens de toutes les conditions : ce qui fit bien-tôt augmenter le nombre de ces lieux publics. Et en même-tems, l'ufage du caffé devint promptement univerfel à Marfeille, tant dans la Ville, que dans le port, & fur toutes les galères du Roi où c'étoient d'abord les Turcs qui le préparoient.

C'eft en 1672 que l'on ouvrit à Paris le premier caffé, ou fi l'on veut le fecond, en comptant pour le premier cet endroit où j'ai dit que l'on vendoit de la décoction de caffé fous Louis XIII. Ce premier ou fecond caffé, fut ouvert à la foire Saint - Germain, par un Arménien nommé Pafcal. Après la foire, cet Arménien ouvrit un autre petit caffé fur le Quai de l'Ecole, où il donnoit le caffé, pour deux fols fix deniers la taffe. Mais ce caffé ne fut guères fréquenté, que par un petit nombre d'étrangers, & quelques Chevaliers de Malte. C'eft pourquoi Pafchal mécontent de la réuffite de cette entreprife à Paris, paffa à Londres. Trois ou quatre ans après, un autre Arménien, nommé Maliban, ouvrit un caffé à Paris, rue de Buffy, aux environs de l'Abbaye Saint-Germain. Il vendoit le caffé au même prix que Pafchal. Il paffa de-là, rue Férou près Saint Sulpice ; mais il n'y fit pas long féjour, & fe retira en Hollande, après avoir établi dans fon caffé fon garçon ou affocié, qui étoit venu d'Ifpahan, & fe nommoit Grégoire. Ce dernier paffa enfuite rue Mazarine, pour profiter du voifinage de la comédie, qui fe jouoit alors dans cette rue vis-à-vis celle Guénégaud.

La comédie, ayant, peu de tems après, changé d'emplacement, il laiffa fon caffé à un Perfan de nation, nommé Makara ; & il alla ouvrir un autre caffé dans la rue où la comédie avoit été tranfportée. Makara, après avoir tenu fon caffé pendant quelque tems, le laiffa à un Liégeois, nommé Gantois, & s'en retourna en Perfe. Dans ces premiers tems, un petit boiteux nommé le Candiot, alloit par les rues de Paris en criant du caffé. Ceux qui en vouloient le faifoient monter chez eux ; il leur rempliffoit un gobelet pour deux fols, & fourniffoit le fucre. Il étoit ceint d'une ferviette fort propre, portoit d'une main un petit réchaud fait exprès, fur lequel étoit une caffetière, de l'autre une efpèce de fontaine remplie d'eau, & devant lui une forte d'inventaire de fer-blanc, où étoient tous les uftenfiles fervants à prendre du caffé. Ce Candiot eut pour compagnon dans le même métier, un autre Levantin, nommé Jofeph, qui tint enfuite fucceffivement plufieurs caffés en différens endroits de Paris, dont le dernier fut dans fa maifon au bas du Pont Notre-Dame ; où il eft mort fort accommodé, & que fa veuve tint après lui. Poftérieurement à tous ceux dont j'ai parlé, un autre Levantin, nommé Eftienne, originaire d'Alep, a long-tems tenu à Paris fon caffé fur le Pont-au-change, & s'eft enfin fixé dans un caffé très-grand & très-commode, rue Saint-André-des-Arts, en face du Pont-Saint-Michel. Ce font-là les premiers introducteurs des caffés publics dans Paris : établiffemens qui y font devenus très-agréables, commodes & utiles : très-utiles fur-tout depuis la Révolution. Il paroît inconteftable que ces lieux d'affemblées, fans cérémonies, & généralement fobres, ne peuvent être que très-précieux dans un état libre. Les caffés, dit l'ancienne Encyclopédie, font des manufactures d'efprit. Depuis & pendant la Révolution, ils font devenus des manufactures d'efprit public. Ces premiers Levantins ont été imités enfuite par plufieurs autres du même pays, qui ont ouvert des caffés dans plufieurs quartiers de Paris, & qui y ont beaucoup profité. Tous ces premiers caffés de Paris ne furent pas dans les commencemens ce qu'ils font devenus depuis. Les honnêtes gens les fréquentoient peu d'abord : on y fumoit : ils étoient meublés avec une fimplicité très-grande & prefque exceffive : le caffé n'y étoit pas exquis, ni très-promptement fervi, &c. Mais depuis, quelques François fe mêlant du même métier, s'avifèrent d'orner leur caffés avec des tapifferies, des glaces, des boiferies, des tableaux, des luftres, des tables de marbre, &c. Ces boutiques à caffé transformées en fallons bien décorés, devinrent bien-tôt le modèle des autres. On n'y fuma plus ; le caffé y fut bon, & fervi avec une grande propreté, &c. Ce n'eft que depuis ce tems, que les caffés font devenus le rendez-vous, & le lieu de délaffement fclient d'un grand nombre d'honnêtes gens, de toutes conditions. Depuis ce tems, les caffés se font comme on sait multipliés, jusqu'au point le plus extrême dans toutes les villes de l'Europe. L'établissement & la multiplication de ces maisons n'ont pas peu contribué à introduire l'usage du caffé é aussi dans les maisons particulières : & maintenant cet usage est, comme on sait encore, universellement répandu dans toute l'étendue de l'Europe, non-seulement dans les villes, mais même dans tous les villages & hameaux, où il fait encore journellement des progrès rapides. De l'Europe cet usage est passé dans toutes les Colonies, que les Européens ont aux Indes, en Afrique & dans toute l'Amérique. De sorte qu'il y a maintenant dans les quatre parties, & aux quatre extrémités du monde, un nombre innombrable de Chrétiens, qui prennent du caffé deux fois ou au moins une fois par jour. Cependant toutes les Nations de l'Europe chrétienne mettent dans l'usage du caffé une modération très-grande en comparaison des Nations Mahométanes, auxquelles la religion défend le vin.

Les obstacles qu'ont éprouvés dans leur établissement parmi les Mahométans, l'usage du caffé, & les maisons de caffé n'ont point eu lieu parmi les Chrétiens, seulement, 1.º à l'égard de ces maisons, comme les Rois de tous les pays tendent incessamment vers le despotisme, soit pour l'établir, soit pour l'affermir, la même raison qui avoit déterminé le grand Vizir Kupruli à supprimer les caffés à Constantinople, porta Charles second, Roi d'Angleterre, à tâcher de les abolir à Londres. Il publia même, en 1675, une proclamation qui ordonnoit de les fermer. Mais, comme on lui remontra aussi-tôt que cette proclamation étoit contre les loix, il la revoqua, peu de jours après, par une seconde : & il se contenta de l'établissement d'une taxe, qui tendit à diminuer dans ces maisons l'affluence des discoureurs. 2.º Quant à l'usage, on sait que les plantes & autres remèdes dont les vertus bienfaisantes sont les plus incontestables, les plus puissantes & les plus précieuses, sont ceux dont l'introduction & l'usage ont éprouvé le plus de contradictions de la part d'un grand nombre de Médecins. On sait encore qu'il suffit souvent qu'une plante, ou tout autre remède devienne à la mode pour qu'il se trouve des Médecins qui le condamnent, les uns pour tâcher de faire parler d'eux, & de se mettre en réputation quelconque, les autres par habitude de régenter, &c. Il arriva donc dans le tems que l'usage du caffé s'adoptoit le plus universellement à Marseille, qu'il se trouva des Médecins qui s'avisèrent de s'élever beaucoup contre cet usage, ils déclamèrent fortement par toute la Ville, & mirent tout en œuvre pour le décrier ; il y

eut même deux Docteurs d'Aix, qui firent soutenir, en 1679, dans la salle de la maison de ville de Marseille, en présence des Magistrats, & d'un grand nombre de personnes, une thèse & contre le caffé. Mais toutes leurs déclamations tous leurs argumens n'empêchèrent aucunement l'usage du caffé de s'étendre toujours de plus en plus. Quelques autres Médecins ont encore écrit depuis contre cet usage ; ils n'ont pas réussi davantage à en arrêter les progrès. D'autres Médecins ont écrit pour en prouver la salubrité ; mais il est probable que la rapidité du cours de ce torrent a été indépendante de leur recommandation. De nos jours quelques Princes d'Allemagne voyant avec peine les sommes considérables de numéraire que la consommation du caffé fait sortir chaque année de leurs Etats, ont fait & font leurs efforts pour en diminuer l'usage : par exemple, il y a environ dix-huit ans, que le Landgrave de Hesse a défendu l'importation du caffé dans les pays de son obéissance. Il y a une douzaine d'années que Frédéric II, Roi de Prusse, dans une loi prohibitive sur le même sujet, représentoit à ses peuples, pour preuve de l'inutilité du caffé, la santé excellente dont il jouissoit, tandis qu'il n'avoit été élevé qu'avec de la soupe de bière au lieu de caffé. Mais il semble que désormais les Nations Européennes, qui voudront s'exempter d'être tributaires à cet égard, n'ont d'autres moyens pour y parvenir, que d'avoir des possessions entre les Tropiques où elles puissent récolter elles-mêmes cette précieuse semence.

Des lieux où l'on recueille le Caffé ; du Commerce de cette denrée ; & de l'introduction du Caffeyer arabique dans les Colonies Européennes.

Lorsque l'usage du caffé introduit, comme j'ai dit, par Gémaleddin, dans l'Arabie heureuse, vers le milieu du quinzième siècle, eut commencé à se répandre, la culture du Caffeyer arabique s'introduisit sur les fertiles collines de ces contrées. Elle s'étendit bien-tôt en proportion égale aux progrès de cet usage, & malgré la promptitude avec laquelle j'ai dit que l'usage du caffé fut adopté par-tout, il est douteux, lequel s'augmenta le plus rapidement, ou de la consommation de cette fève, tant au-dedans de l'Yémen qu'au dehors, parmi tant de peuples, ou de la multiplication des arbres sur lesquels on la recueille, dans cette partie d'Arabie, dont l'heureuse fécondité contraste d'une manière si frappante, avec la stérilité des immenses déserts qui l'entourent. De sorte que le surcroît d'ornemens, que la multiplication de cette belle plante, vint encore ajouter à ce beau pays, y couvrit de vastes cantons dans l'espace d'un nombre peu considérable d'années. De sorte que l'Yémen qui, de toute antiquité, est en posfeffion de fe faire apporter une grande part du produit des mines d'or de toutes les Nations, en échange des délices qu'il leur diftribue, trouva, en peu de tems, dans fes Caffeyers, une nouvelle fource de richeffes plus abondante que dans toutes fes autres célèbres productions. Que l'or foit ou non de quelque utilité, combien il eft préférable de le recueillir ainfi, par le moyen de la culture des plantes bienfaifantes, au milieu des fleurs & des parfums, en contribuant à remédier aux maux, & à augmenter les jouiffances & le bien-être des hommes, que de l'aller arracher à la terre, en s'enfouiffant dans fes entrailles, en fe privant, pendant toute fa vie, du fpectacle de la Nature, de l'afpect du ciel, de la lumière du foleil !

Quoique le caffé d'Arabie ou d'Yémen foit communément défigné, en France & ailleurs, par le nom de caffé de Mocka, il ne faut pas croire pour cela, que ce foit autour de cette Ville qu'on le recueille. Cette dénomination a été donnée à ce caffé, parce que c'eft dans le port de cette Ville, qui eft le rendez-vous de toutes les Nations qui vont commercer dans la mer Rouge, que la plupart des Marchands européens vont charger leurs vaiffeaux de cette denrée : mais il ne croît point de caffé à Mocka ou Mochha, (qui fe prononce Mokha, avec une afpiration défignée par l'*h*,) ni aux environs, jufqu'à la diftance de quinze lieues. Cette étendue fait partie d'une pleine brûlante, aride & fablonneufe, qui borde l'Yémen du côté de la mer Rouge, fur une longueur de cinquante lieues, & qui fe nomme le Téhama. Ce n'eft pas ce Téhama, qui a fait donner à l'Yémen le nom d'Arabie heureufe ; il n'y croît prefqu'aucune production du refte de l'Yémen ; il n'y vient prefque que des dattiers : la chaleur y eft par-tout extrême, & d'autant plus étouffante, que le vent n'y fouffle prefque jamais : il n'y pleut prefque jamais. Plufieurs Auteurs difent que c'eft à Bételfaguy ou Beit el Fakih, diftant de trente-cinq lieues de Mokha, que croît le caffé qui fe vend dans cette dernière Ville. Cela eft encore inexact. Il eft vrai que c'eft de Beit el Fakih, que vient prefque tout le caffé qui fe vend à Mokha. Mais il ne croît cependant point de caffé à Beit el Fakih : cette Ville eft encore dans le Téhama, & elle eft à une demi-journée de chemin de diftance des montagnes qui produifent le caffé. La partie vraiment fertile de l'Yémen, celle qui lui a fait donner le nom de terre heureufe, ne confifte que dans les montagnes qui traverfent ce Royaume, dans la direction du Nord au Sud. Quoique ces montagnes foient très-voifines du Téhama, tout y eft cependant bien différent : il y règne un Printems prefque perpétuel : jamais les chaleurs n'y font exceffives : les plus fortes y font le plus fouvent tempérées par des vents frais : la terre

y eft par-tout couverte des plus riches productions, & fa fertilité extrême eft augmentée & entretenue par des pluies qu'y verfent fréquemment, fur-tout en certaines faifons, les nuages qui s'élèvent de la mer Rouge, & qui font arrêtés par ces montagnes : de forte que c'eft avec vérité que M. Niébuhr dit qu'il y a, en Yémen, deux climats très-différens, quoique fitués à la même latitude : ce qui fait que ce Royaume raffemble naturellement des plantes & des animaux, qu'on ne raffembleroit ailleurs, qu'en les tirant de pays fort éloignés l'un de l'autre.

C'eft particulièrement dans la partie occidentale de ces montagnes, fur une étendue d'environ cinquante lieues de longueur & quinze lieues de largeur, que les Arabes cultivent & récoltent le caffé excellent qu'ils diftribuent à toutes les Nations. Dans toute l'étendue de cette contrée, toutes les collines font couvertes de Caffeyers, & tout ce qui eft en plaine ou endroit bas, eft femé en froment, ris & autres fromentacées, ou employé en jardinage. Tous ces cantons où l'on cultive le caffé, préfentent, de toutes parts, les afpects les plus charmans. Cette multitude innombrable de Caffeyers, couverts, pendant prefque toute l'année, de leurs fruits rouges, de toutes nuances, & de leurs fleurs, blanches, agréablement odorantes, font plantés en alignement, fur des Jardins en terraffes tantôt horizontales, tantôt inclinées en fpirales d'une pente douce, difpofés les uns au-deffus des autres en gradins ou en amphithéatres autour de toutes les collines, depuis leurs bafes jufqu'à leurs fommets. Toute la campagne eft, outre cela, remplie d'une infinité d'arbres & d'arbriffeaux de toutes efpèces, intéreffants par leurs fleurs, ou par leurs beaux & excellents fruits, ou par leur afpect pittorefque & leurs fucs précieux, comme abricotiers, grenadiers, pêchers, citronniers, amandiers, pruniers, coignaffiers, orangers, pommiers, dattiers, acacies, baumiers, quantité de vignes de plus de vingt fortes excellentes, chargées de raifins délicieux, qui, étant plus tardives les unes que les autres, font en état de maturité pendant une grande partie de l'année ; la terre eft jonchée de melons excellens, &c., &c. Tout cela réuni donne à cette région entière, l'afpect d'un pays enchanté. Tout le caffé qu'on y recueille eft meilleur que celui d'aucun autre endroit du monde : mais cependant il y vient meilleur en certains cantons, que dans d'autres. Les Arabes eftiment, en général, moins celui qui croît dans les plaines qui entrecoupent les montagnes, que celui qui croît fur les collines : le grain de celui-là eft toujours plus grand, plus applati, moins parfumé que le grain de celui-ci. Mais, en général, il y a très-peu de Caffeyers cultivés en plaine, dans l'Arabie. Suivant Niébuhr, les Provinces de l'Yémen, qui paroiffent les plus abondantes en caffé, font celles de Hafchid el Bekil, Kataba, & Jafa ; mais celui que l'on recueille en abondance dans les Départemens de Kufma, Dsjébi, & Uddén est généralement préféré: celui sur-tout que l'on recueille sur les collines des environs de la petite ville d'Uddén, située à vingt ou vingt-quatre lieues environ de distance de Mokha, & de Beit el Fakih, passe pour le meilleur de toute l'Arabie, & doit être regardé par conséquent comme le meilleur de tout le monde. Ce caffé d'Uddén se distingue à la vue des autres Caffés d'Arabie, en ce qu'il est plus petit, plus verd, & plus pesant. Le caffé, qui provient des montagnes voisines de Beit el Fakih, est aussi des plus estimés; il est préféré à celui des contrées montueuses des environs de Lohéia.

Cependant les Marchands du Caire ou de Kahira, achètent beaucoup de ce dernier caffé, moins parce qu'il est un peu meilleur marché, que parce que Lohéia, qui est le port le plus septentrional de l'Yémen, est beaucoup plus près que les deux autres ports de ce Royaume, Hodéida & Mokha, de Gedda ou Ziden ou Dsjidda, port beaucoup plus considérable de la mer-Rouge, qui est proprement le port de la Mecque, & qui est l'entrepôt de tout le commerce que les Egyptiens font en Arabie. La plus grande partie de tout le caffé de l'Yémen se transporte d'abord à Beit el Fakih, qui, comme j'ai dit, n'est qu'à une demi-journée de distance des montagnes les plus abondantes en caffé. C'est dans cette Ville que se fait le plus grand commerce de caffé, qui se fasse dans tout l'Yémen. Il y a un grand bazar, ou marché destiné à ce commerce, & qui se tient tous les jours, excepté le vendredi. On y voit des Marchands de Hijaz ou Hedsjas, d'Egypte, de Sirie, de Constantinople, de Fez & de Maroc, de la côte d'Abex ou de Habbesch, de la côte orientale d'Arabie, de Perse, des Indes, &c., & quelquefois aussi d'Europe. Le caffé s'y paye en piastres ou en séquins. Une partie du caffé acheté à Beit el Fakih sort par terre, transporté sur des chameaux, qui en portent chacun deux grands sacs faits de nattes, ou deux balles, ou en termes du pays, deux fardes, du poids de deux cent soixante-dix livres à trois cens livres chacune. Le reste est transporté aussi sur des chameaux à Mokha ou aux ports, plus voisins, de Lohéia & de Hodéida. Ce dernier port n'est qu'à dix lieues de distance de Beit el Fakih. De ces deux derniers ports, on le transporte sur de légers bâtimens à Dsjidda, d'où les Egyptiens le transportent sur des gros vaisseaux & sur des galères au port de Suèz, éloigné de vingt-deux lieues du Caire, ou de Kahira. C'est à Mokha que l'on embarque tout le caffé qui doit sortir par le détroit de Bab el Mandel, ainsi que celui destiné pour la côte de Habbesch.

Tout le caffé, qui fut importé en Europe, avant la fin du seizième siècle, venoit des Echelles du Levant, & presqu'uniquement d'Alexandrie & du Caire ou de Kahira. C'est de-là que les Marchands de Marseille & de Lyon, tiroient tout celui qui étoit consommé en France. Dans le commencement, il étoit fort cher. Labat assure qu'on l'a payé à Paris, jusqu'à quatre-vingt francs la livre. Cette extrême cherté n'a pas, à la vérité, duré long-tems. Cependant, depuis qu'il fut devenu à un prix modéré, il est arrivé, en différens tems, que les Pachas & autres Puissances d'Egypte défendoient l'exportation du caffé, ou la tenoient dans des bornes fort étroites: ce qui le renchérissoit subitement, & quelquefois de beaucoup. Ces entraves firent perdre aux Egyptiens la plus grande partie du gain que leur produisoit annuellement la révente de cette denrée aux Européens. Car elles engagèrent des Marchands de Saint-Malo, à aller la chercher directement en Arabie. Ils firent avec deux de leurs vaisseaux, dans le cours de six années, depuis 1708 jusqu'en 1712, deux Voyages à Mokha, & un voyage de Mokha à la Cour du Roi de l'Yémen, en d'autres termes, à la Cour de l'Iman. Ils y conclurent un traité de commerce entre la France & l'Yémen. Ils apportèrent une quantité considérable de caffé; ce qui diminua beaucoup le prix de cette denrée en France, & l'augmenta beaucoup en Yémen. Enfin ils en rapportèrent en même-tems des instructions intéressantes concernant l'usage du caffé & très-précieuses concernant l'histoire naturelle, & la culture du Caffeyer. Depuis ce tems presque tout le caffé Arabique consommé en France a été tiré directement de Mokha par des François qui prirent l'habitude d'envoyer annuellement des vaisseaux dans cette Ville. Cependant ils ne furent pas les premiers Européens qui firent ce commerce direct. Les Hollandois le faisoient déjà quelques années avant eux. Plusieurs autres nations Européennes les ont imités depuis. Ce commerce fut d'abord fort lucratif.

Mais depuis, les plantations de caffé formées par les Nations Européennes, firent diminuer également la consommation & le prix de celui d'Arabie. A la longue, ces voyages ne donnèrent pas assez de bénéfice pour soutenir la cherté des expéditions directes. Alors les compagnies d'Angleterre & de France prirent le parti d'envoyer à Mokha l'une de Bombay, l'autre de Pondichéry, des navires avec des marchandises d'Europe & des Indes; &, suivant Ellis, il y a déjà plus de vingt ans que la Compagnie Angloise n'envoie à Mokha qu'un vaisseau tous les deux ans. Souvent même elles ont eu recours à un moyen moins dispendieux. Les François & les Anglois qui navigent d'Inde en Inde, vont tous les ans dans la mer Rouge. Quoiqu'ils s'y défassent avantageusement de leurs marchandises, ils n'y peuvent jamais former une cargaison pour leur retour. Ils se chargent pour un modique fret, du caffé des Compagnies, qui le versent dans les vaisseaux qu'elles expédient de Malabar & de Coromandel pour l'Europe. Je ne parle pas du changement qu'a dû apporter ce trafic, à l'égard des François, la liberté du commerce rendue à ces derniers depuis la Révolution.

Nonobstant ce commerce du caffé à Mokha, les Européens n'ont pas cependant cessé entiérement de tirer du caffé du Caire & d'Alexandrie. Car il est à remarquer que celui qui leur vient par cette voie, & qu'on nomme souvent caffé de Turquie, a toujours été meilleur que celui qu'ils vont chercher à Mokha, & qu'on nomme tantôt caffé Moka, à cause du lieu où on le prend, tantôt caffé des Indes, à cause qu'il est apporté en Europe par les vaisseaux qui reviennent des Indes. Le grain de celui-là est plus petit, plus verdâtre, plus parfumé & généralement plus estimé que le grain de celui-ci qui est plus jaunâtre. Voici, selon Bradley, la raison de cette différence : les marchands Turcs vont en Yémen avant le tems de la meilleure récolte de chaque année. Ils se transportent dans les cantons qui produisent le meilleur caffé. Il y achètent le caffé sur pied en faisant prix pour la récolte de jardins entiers ou d'une certaine quantité d'arbres, à-peu-près, dit Bradley, comme font les Marchands de fruits en Angleterre pour les cerises de Kent; ou à-peu-près comme font les Marchands de fruits des environs de Paris pour les cerises de la vallée de Montmorency. Ils ont grand soin de ne recueillir ce caffé que lors de sa parfaite maturité. Ils le font préparer eux-mêmes avec soin. Enfin ils le font transporter, en leur présence, sur des chameaux, aux différens ports de l'Yémen, de-là au port Dsjidda, de-là à Suéz, de-là sur des chameaux à Kahira, puis de-là en descendant le Nil, jusqu'à Alexandrie, d'où on l'embarque pour l'Asie ou pour l'Europe. Il n'est pas étonnant qu'en s'y prenant de cette manière, ces marchands réussissent à avoir le plus excellent caffé que l'Arabie produise. Le caffé, qui se vend à Mokha, n'est que celui qui a été rebuté par les marchands Turcs. Il est composé de celui récolté dans les cantons les moins favorables, ou de celui récolté sur de jeunes Caffeyers, qui, comme j'ai dit, est toujours plus gros & n'est jamais aussi bon que celui des vieux, ou de celui récolté en Automne ou en Hiver, qui n'est jamais aussi parfaitement mûr que celui récolté au Printems & en Été. Enfin il est récolté, préparé, conservé & transporté avec moins de soin. Il n'est pas toujours aisé aux Européens de se procurer de ce caffé de Turquie, car étant regardé en Egypte & dans tous les pays Mahométans, comme une denrée de première nécessité; il est, suivant M. Niebuhr, défendu à Kahira d'en exporter en Europe. Ce

n'est qu'en faisant aux Agens du Gouvernement & aux Officiers des douanes des présens plus ou moins considérables, suivant leurs caractères ou leurs fantaisies, qu'on réussit à faire sortir de l'Egypte environ cinq mille fardes ou un million & demi pesant de caffé d'Arabie, qui, selon le même Auteur, s'importent annuellement à Venise, à Livourne, à Marseille, & dans les autres ports de l'Europe.

Suivant le même Auteur, les habitans de la Haute-Egypte tiroient autrefois de Suéz & de Kahira tout le caffé Arabique qu'ils consommoient, & ils le payoient cher. Mais Ibrahim Kichia ayant mis à Suéz un très-gros impôt sur le caffé, ils cherchèrent à se le procurer par une autre voie, & en trouvèrent une, qui, en même-tems qu'elle les délivre de cet impôt, est beaucoup plus courte & plus naturelle que celle de Suéz; ils le font maintenant venir par Kossir, port de la côte d'Egypte, dans la mer Rouge, à cent lieues au Sud de Suéz, & par ce moyen ils ont cette denrée beaucoup plus facilement & à beaucoup meilleur marché qu'auparavant.

Suivant le livre cité de M. Raynal, édition de 1780, dont j'ai fait usage en plusieurs endroits de cet article, Caffeyer, le caffé qui sort chaque année d'Arabie, peut se monter à douze ou treize millions de livres pesant. Les Européens en achetent un million & demi; les Persans trois millions & demi; la flotte de Suéz, six millions & demi; l'Indostan, les Maldives, & les Colonies Arabes de la côte d'Afrique, cinquante milliers; & les Caravanes de terre, un million. Suivant le même livre, les caffés enlevés par les Caravanes & par les Européens, sont les mieux choisis, & ils coûtent en Yémen, seize à dix-sept sols la livre; les Persans qui se contentent des caffés inférieurs, ne payent la livre que douze à treize sols. Elle revient aux Egyptiens à quinze ou seize sols, parce que leurs cargaisons sont composées en partie de bon & en partie de mauvais caffé. En réduisant le prix moyen de tous ces caffés à quatorze sols la livre, leur exportation doit faire entrer chaque année dans l'Yémen, huit à neuf millions de livres. Il est curieux de comparer ce tableau de l'exportation du caffé hors de l'Yémen avec celui donné un siècle auparavant par Dufour dans son Traité du caffé imprimé à Lyon en 1685. La quantité du caffé, dit-il, que l'on embarque chaque année dans l'Yémen pour Gedda, & qui est transportée de-là sur des vaisseaux & des galères à Suéz, & de Suéz sur des chameaux au Caire, est d'au moins vingt-cinq mille balles de trois cens livres chacune. Outre cela, il en sort annuellement d'Arabie sur des chameaux par la Caravane qui retourne de Médine avec les pélerins, quinze mille balles du même poids, dont quatre à cinq mille sont destinées pour Damas & Halep. Ajoutez que les Arabes en transportent une grande quantité à la Mécque pour cette grande foire qui s'y tient lors du grand Béiram. Le grand Béiram eſt la grande fête des Mahométans qu'ils célèbrent, chaque année, d'abord après leur Ramadan ou carême, les deux ou trois premiers jours du dixième mois de leur année compoſée de douze mois lunaires. Toutes les différentes & nombreuſes caravanes qui ſe trouvent à cette foire, ſe chargent de caffé à leur retour, chacune pour ſon pays.

On voit, par la comparaiſon de ces deux Auteurs, que l'exportation du caffé d'Arabie n'eſt pas plus conſidérable aujourd'hui qu'elle étoit il y a un ſiècle. Mais cela n'a rien de ſurprenant, malgré la prodigieuſe augmentation qu'a éprouvée la conſommation de cette denrée pendant l'eſpace de ce ſiècle; car il y a un ſiècle on ne cultivoit le Caffeyer & on ne récoltoit le caffé en aucun autre endroit du monde que dans l'Yémen; maintenant ces circonſtances ſont bien changées. Il y a un ſiècle, les Européens ſentoient bien depuis long-tems quels avantages immenſes ils obtiendroient s'ils pouvoient naturaliſer ces arbres dans leurs Colonies; mais ils déſeſpéroient d'y jamais réüſſir. Ils avoient ſi ſouvent tenté envain de faire germer le caffé du commerce, qu'ils étoient généralement perſuadés que les habitans de l'Yémen avoient la précaution de tremper dans l'eau bouillante ou de faire ſécher au feu tout le caffé qu'ils débitoient aux étrangers, dans la crainte que cette plante venant à être élevée ailleurs que chez eux, ils ne perdiſſent tout l'or qu'ils en retiroient. Il étoit défendu dans l'Yémen, ſous les peines les plus ſévères, d'en exporter cette plante vivante : & chaque Arabe étoit intéreſſé perſonnellement à l'exécution rigoureuſe de cette loi, il étoit difficile d'eſpérer de la tranſgreſſer avec ſuccès & impunité; d'autant plus que les plantations de Caffeyers, dans l'Yémen, ſont toutes éloignées du bord de la Mer. Voici ce que Jean-Ray écrivoit dans ſon Hiſtoire des plantes (*Hiſtoria plantarum*) en 1690, en parlant du Caffeyer.

« C'eſt un arbre qui naît entre les Tropiques, » & ſeulement dans l'Arabie heureuſe. Les Ara- » bes détruiſent dans les ſemences qu'ils vendent » la faculté de germer. Ils en retirent d'im- » menſes richeſſes; tellement qu'ils attirent à » eux celles de tout l'Univers, en échange de » ces ſeules ſemences par leſquelles cette partie » de l'Arabie eſt vraiment très-heureuſe. Il eſt » incroyable combien de milliers de boiſſeaux » ils en vendent aux Turcs, aux autres Orien- » taux, & aux Européens. Il eſt étonnant qu'un » ſi grand tréſor ſoit le partage d'une ſeule Na- » tion, & puiſſe être contenu dans les bornes » étroites d'une ſeule province. Il eſt ſurprenant » que l'envie ou l'avarice n'aient pas déjà de- » puis long-temps porté les Nations voiſines, ou » à dévaſter ce pays, ou à lui enlever par force

» ou par adreſſe, ſoit des plans vivans de ces » arbres, ſoit des ſemences propres à germer. » Quel dragon aſſez vigilant, ces Arabes ont-ils » donc pu prépoſer à la garde de leurs Caffe- » teries! Comment les récoltes d'une ſeule con- » trée peuvent-elles donc ſuffire à la conſom- » mation de tout l'univers? »

Mais, pendant le tems que Ray écrivoit ainſi, les Hollandois qui, comme j'ai dit, étoient les premiers d'entre les Européens à faire le commerce directe du caffé à Mokha, portèrent en même-tems leurs vues plus loin. Leur activité induſtrieuſe triompha de tous les obſtacles, & ils réüſſirent à conquérir cette ſource de proſpérité. Voici ce que rapporte à ce ſujet le célèbre Boërhaave dans ſon Catalogue des plantes du jardin académique de Leide; (*Index plantarum horti acad. Lugd. Bat.*) partie 2.e page 217.

« Nicolas Witſen, Bourguemeſtre d'Amſterdam, » & Gouverneur des Indes Orientales, avoit » ſouvent par ſes lettres, mandé à Van-Hoorn, » premier Préſident de la Compagnie des Indes » Orientales, réſident à Batavia, capitale de » l'Iſle de Java, qu'il tâche de ſe faire rapporter » de la ville de Mokha, de l'Arabie heureuſe, » des ſemences récentes de Caffeyer, & de les » planter avec ſoin dans l'Iſle de Java. Ce que » Van-Hoorn ayant fait, il obtint bien-tôt un » grand nombre d'arbres, & en envoya un à l'ho- » norable Gouverneur, lequel auſſi-tôt, avec une » grande généroſité décora de cet incomparable » ornement, le jardin d'Amſterdam, dont il a » été autrefois le fondateur. Cet arbre y a » fructifié, & ſes fruits ſemés produiſent inceſ- » ſamment de nouveaux plants. De ſorte que » c'eſt aux ſoins & à la libéralité du ſeul Witſen » que l'on doit le ſpectacle de cet arbre rare » en Europe, & que ceux qui en ont parlé » autrement ſont dans l'erreur, comme cet » homme reſpectable me l'a fait ſavoir lui- » même par une lettre qu'il m'a écrite. » Ainſi, dit Linnæus, il n'eſt pas invraiſemblable que, comme quelques-uns le croyent, le Caffeyer ait été planté à Java dès l'an 1690. Auſſi-tôt que les Hollandois tinrent cette plante, ils s'adonnèrent avec une telle ardeur à la multiplier dans leurs poſſeſſions d'entre les Tropiques, qu'au bout d'un petit nombre d'années, ils en poſſédoient d'immenſes plantations aux deux extrémités du globe, dans les Iſles de Java & de Ceylan, à Surinam & aux Berbices, & ils furent les premiers Européens qui ſe montrèrent ſur chacun des deux Océans avec des vaiſſeaux chargés de caffé de leur crû. La Hollande n'a pas été auſſi avare de cet arbre que de ceux à épiceries. Elle n'a pas été plutôt en poſſeſſion de cette magnifique conquête, qu'elle l'a libéralement partagée avec des autres peuples de l'Europe, qui ſont ainſi redevables de tous les avantages que leurs Colonies en ont retiré depuis.

Le premier Caffeyer qui ait paru à Paris, y eſt venu d'Amſterdam ; il étoit fort jeune, M. de Reſſon, Lieutenant - Général d'Artillerie, Amateur de Botanique, à qui ce jeune Caffeyer appartenoit, eut le zèle généreux de s'en défaire en faveur du jardin Royal. Cet arbre étant mort, M. Pancras, Bourguemeſtre-Régent de la ville d'Amſterdam & Intendant du jardin des plantes de la même Ville, prit le ſoin, en 1714, d'en envoyer un autre en état de rapport à Louis XIV, à qui il fut préſenté à Marly, & qui l'envoya à Paris au jardin des plantes, où il a fleuri & fructifié & porté des ſemences mûres qui ont produit nombre d'autres Caffeyers dès la même année. Le ſpectacle de cet arbre à Paris, procura, dès l'année ſuivante, au Public, un excellent Mémoire de M. Antoine de Juſſieu, qui ſe trouve dans le volume des Mémoires de l'Académie des Sciences pour 1713, & qui contient une très-bonne deſcription & une très-bonne figure de cette plante, les premières qui aient paru. C'eſt ce même pied de caffé qui fut le père de toutes les plantations de caffé que les François poſſèdent maintenant dans les Antilles. Dès 1716, de jeunes plants, élèves des graines de ce pied, furent confiés à M. Iſemberg, Médecin, pour les tranſporter dans ces Colonies. Mais ce Médecin étant mort peu de tems après ſon arrivée, cette tentative n'eut pas le ſuccès qu'on en attendoit. C'eſt à M. de Clieux que l'Etat, le Commerce & les Américains ont l'obligation de l'introduction dans les Antilles du Caffeyer arabique & de ſa culture. En 1720, ce bon Citoyen, qui étoit alors Capitaine d'Infanterie & Enſeigne de Vaiſſeau, & qui depuis fut Capitaine des Vaiſſeaux du Roi, & Grand - Croix de l'Ordre Militaire de Saint-Louis, forma le projet d'enrichir la Martinique de cette culture. S'étant procuré par le crédit de M. Chirac, Médecin, un jeune pied de caffeyer élevé de la graine du Caffeyer conſervé au Jardin du Roi, il s'embarqua pour la Martinique. Mais laiſſons M. de Clieux rendre compte lui-même du ſuccès de ſon entrepriſe patriotique, dans l'extrait d'une lettre qu'il écrivit à M. Aublet ſur ce ſujet le 22 Février 1774. « Dépoſitaire » de cette plante ſi précieuſe, je m'embarquai » avec la plus grande ſatisfaction. Le vaiſſeau » qui me porta étoit un vaiſſeau Marchand dont » le nom, ainſi que celui du Capitaine, ſe ſont » échappés de ma mémoire par le laps du tems. » Ce dont je me ſouviens parfaitement, c'eſt » que la traverſée fut longue, & que l'eau nous » manqua tellement, que pendant plus d'un » mois je fus obligé de partager la foible por- » tion qui m'étoit délivrée avec ce pied de » Caffeyer ſur lequel je fondois les plus gran- » des eſpérances, & qui faiſoit mes délices. Il » avoit un beſoin extrême de ſecours à cauſe » de ſon extrême foibleſſe, n'étant pas plus

» gros qu'une marcotte d'œillet. Arrivé chez moi, » mon premier ſoin fut de le planter avec at- » tention dans le lieu de mon jardin le plus » favorable à ſon accroiſſement. Quoique je le » gardaſſe à vue, il penſa m'être enlevé pluſieurs » fois, de manière que je fus obligé de le faire » entourer de piquants & d'y établir une garde » juſqu'à ſa maturité. Le ſuccès combla mes » eſpérances. Je recueillis environ deux livres » de graines que je partageai entre toutes les » perſonnes que je jugeai les plus capables de » donner des ſoins convenables à la proſpérité » de cette plante. La première récolte que pro- » duiſirent les plans provenus de cette graine, » fut très-abondante. Par la ſeconde, on ſe » trouva en état d'en étendre prodigieuſement » la culture. Mais ce qui favoriſa ſingulièrement » ſa multiplication, c'eſt que deux ans après, » tous les arbres de Cacao du pays, qui fai- » ſoient l'occupation & la reſſource de plus de » deux mille habitans, furent déracinés, enlevés, » & radicalement détruits par le plus terrible » des ouragans, qui fut accompagné d'une inon- » dation qui ſubmergea tout le terrein où ces » arbres étoient plantés. Ce terrein fut ſur-le- » champ employé avec autant de vigilance que » d'habileté en plantations de Caffeyers, qui firent » merveilles & mirent les cultivateurs en état » de le répandre & d'en envoyer à Saint-Do- » mingue, à la Guadeloupe & aux autres Iſles » adjacentes où depuis il a été cultivé avec le » plus grand ſuccès. » On voit, par cette lettre, quel a été le zèle de M. de Clieux, & combien les effets en ont été heureux. Mais il eſt bon de ſavoir que cette lettre, de ſa part, n'a rien appris de nouveau : elle n'a fait que confirmer plus authentiquement un fait que le Public connoiſſoit depuis très-long-temps. Le Père Labat en avoit fait mention trente-deux ans aupara- vant dans ſon voyage aux Iſles d'Amérique, im- primé à Paris en 1742, où il ajoute judicieuſe- ment que lors de cet ouragan mentionné dans cette lettre, ſans M. de Clieux, la Martinique étoit perdue. Car peu de perſonnes ſont en état d'é- tablir des ſucreries ou des indigoteries, &c. pour leſquelles il faut des terreins choiſis, & qui ne peuvent être miſes ſur pied ſans des dépen- ſes conſidérables. Et un très-grand nombre d'ha- bitans ſubſiſtoient à leur aiſe avec une cacaoterie, à qui la perte de leurs arbres eût ôté tout-à-coup tous moyens de ſubſiſtance, ſi M. de Clieux ne leur eût procuré une excellente reſſource dans les Caffeyers. Les ames bien nées, dit M. de Chanvalon, n'apprendront pas ſans doute ce fait ſans émotion, s'il eſt vrai qu'il eſt infini- ment plus glorieux d'enrichir une province que d'en conquérir une autre par la force des armes. Et, ajoute-t-il, combien la mémoire de ce zélé Citoyen ne doit-elle pas être chère à toute la France par les ſuites heureuſes de cet événement. Depuis ce tems, les plantations de Caffeyer ont été tellement multipliées à la Martinique qu'elles occupent tous les terreins fertiles de cette Isle, ou au moins tous les terreins immenfes qui y ont été mis en valeur, excepté feulement ceux qui font les plus propres à la culture des cannes à fucre, qui font employés à la culture de ces dernières. Il y a même eu des habitans qui ont arraché leurs cannes à fucre pour les remplacer par des Caffeyers. On y a planté des Caffeyers dans des terreins de toutes natures, jufqu'au cœur de l'Isle auffi avant qu'on a pu, & même fur les montagnes élevées. Enfin, dit M. de Chanvalon, cette riche Colonie n'eft cultivée qu'en fucre & en caffé. Les Caffeyers ont été multipliés en même proportion à la Guadeloupe, à Saint-Domingue, en un mot, dans toutes les Colonies Françoifes des Antilles jufqu'au point le plus extrême, & ils y ont enrichi, & y enrichiffent inceffamment une grande multitude d'habitans. Ils y rempliffent la vafte étendue de la Colonie Françoife de Saint-Domingue, ou au moins on peut dire avec vérité que quelques multipliées que foient les plantations de Caffeyer à la Martinique, elles font encore cinq ou fix fois plus nombreufes & plus confidérables à Saint-Domingue.

Suivant M. Aublet, ce fut à-peu-près dans le même-tems que le caffé fut apporté à Cayenne. En 1719, dit-il, un fugitif de cette Colonie Françoife, regrettant ce pays qu'il avoit quitté pour fe retirer dans les Etabliffemens Hollandois de la Guyane, & defirant revenir avec fes compatriotes, écrivit de Surinam que fi on vouloit le recevoir & lui pardonner fa faute, il apporteroit des femences de caffé en état de germer, malgré les peines rigoureufes établies dans la Colonie Hollandoife contre ceux qui exporteroient de pareilles femences. Sur la parole qu'on lui donna, il arriva à Cayenne avec des femences récentes qu'il remit à M. d'Albon, Commiffaire-Ordonnateur de la Marine, qui fe chargea de les élever. Ses foins eurent les meilleurs fuccès. Les fruits que portèrent bien-tôt les arbres provenus de ces graines, furent diftribués aux habitans, qui, en peu de tems, multiplièrent les Caffeyers au point d'en faire une culture lucrative. Le Père Labat rapporte autrement le fait de cette introduction du Caffeyer & de fa culture à Cayenne. Il affure que nous en avons la principale obligation aux foins de M. de Lamotte-Aigron, Lieutenant de Roi dans cette Isle, lequel, dit-il, ayant été envoyé, en 1722, à Surinam, qui eft à quatre-vingt lieues de Cayenne, pour y conclure un traité avec le Gouverneur relativement aux foldats déferteurs des deux Nations, y vit les Caffeyers; conçut le projet d'en rapporter à Cayenne; s'informa de leur culture; l'apprit; mais il apprit en même-tems qu'il étoit défendu, fous peine de la vie, d'en fortir des plants vivans, ou de la femence qui fût en

état de germer & même de vendre de cette dernière aux Etrangers. On la reconnoît aifément; car celle qui eft encore en coffe, c'eft-à-dire faine dans la pulpe de fon fruit mûr parfaitement & non fec, ou celle qui eft feulement dans fon parchemin frais & non complettement deffeché, poffède encore la propriété de germer. Mais auffi-tôt qu'elle eft bien deffechée & durcie au foleil, & telle qu'eft le caffé du commerce, elle a perdu cette propriété. Cette défenfe à Surinam, Colonie Hollandoife, eft bien furprenante, tandis que c'étoient les principaux Magiftrats d'Amfterdam, eux-mêmes qui avoient envoyé cet arbre vivant à Louis XIV en France, & qui l'avoient diftribué & le diftribuoient encore aux autres peuples de l'Europe. Ils ne pouvoient croire qu'il fût plus difficile de tranfporter cet arbre vivant d'Europe en Amérique, que de Batavia à Amfterdam. Quoi qu'il en foit, M. de Lamotte-Aigron, dit Labat, étoit fur le point de revenir de Cayenne fans rapporter de Caffeyer vivant, foit en plant, foit en femence, lorfqu'il rencontra un François, nommé Mourgues, autrefois habitant de Cayenne, alors retiré chez les Hollandois. Il lui parla, l'exhorta à revenir; pour l'engager, il lui promit de le faire économe de fon habitation avec des appointemens confidérables, pourvu qu'il lui fît avoir feulement une livre de caffé en coffe affez frais & affez nouveau cueilli pour être en état de germer à Cayenne. Ces promeffes firent réfoudre à Mourgues à affronter les rifques qu'il y avoit à courir pour contenter M. de Lamotte-Aigron. Il y réuffit. Mille à douze cens graines de Caffeyer qu'il emporta furent plantées & cultivées à Cayenne fous fa direction dans l'habitation de M. de Lamotte-Aigron, & produifirent promptement de beaux arbres, dont les graines furent diftribuées aux habitans, qui les femèrent & les cultivèrent avec un égal fuccès. De forte que peu de tems après on vit dans cette Isle des plantations confidérables de Caffeyers. Depuis ce tems elles y ont été multipliées. De Cayenne les François tranfportèrent le Caffeyer dans le continent voifin, & ils en poffèdent de belles plantations dans la Guyane Françoife.

Dans le même-tems que les François introduifoient le Caffeyer dans leurs poffeffions d'entre les Tropiques, en Amérique, ils l'introduifoient encore dans leurs poffeffions d'Afie. Suivant M. de Coffigny, dans *fa Lettre à M. le Monnier, fur la culture du Caffé*, imprimée en 1773, il y a plus de 70 ans que les habitans de l'Isle de Bourbon cultivent le Caffeyer & qu'ils tirèrent de Mokha directement les premiers plants de cet arbre. Suivant M. Aublet, la Compagnie des Indes établie à Paris, envoya, en 1717 à l'Isle de Bourbon, par M. Fougeret-Grenier, Capitaine de Navire à Saint-Malo, quelques

plants de Caffeyer, qui furent remis à M. Des-
forges-Boucher, Lieutenant de Roi dans cette
Ifle. Il paroît, dit M. Aublet, qu'il n'en reftoit,
en 1720, qu'un feul pied, dont le produit fut
tel cette année-là, que l'on mit en terre pour le
moins quinze mille féves de caffé. Elles profpérèrent & furent l'origine des belles & nombreufes plantations que l'on a vues depuis dans
cette Ifle, & qui font la principale richeffe de
cette Colonie. Le nombre des Caffeyers étoit
prodigieux dans cette Ifle vers 1771, & l'on en
exportoit annuellement des quantités très-confidérables d'excellent caffé. Mais, en 1772, un
ouragan terrible ravagea, détruifit la plupart des
caffeteries. Alors, fuivant M. Sonnerat, un grand
nombre d'habitans fe déterminèrent à changer
cette culture en celle du bled, du maïs, &,
felon M. Legentil, beaucoup de Colons négligent
maintenant les Caffeyers, pour planter du coton.
Néanmoins le plus grand produit de cette Ifle,
confifte encore en caffé.

De l'Ifle de Bourbon, les François ont tranfporté le Caffeyer dans l'Ifle de France, qui n'eft
qu'à une cinquantaine de lieues d'éloignement
de l'Ifle de Bourbon, & où l'on voit aujourd'hui
des Caffeteries confidérables.

La même année que Pancras envoya un pied
de Caffeyer à Louis XIV, il en donna un pied
à Richard Bradley qui le fit auffi-tôt paffer en
Angleterre, ainfi qu'on le voit dans le Traité que
ce dernier a publié fur le caffé en 1715. Néanmoins ce ne fut qu'en 1728, fuivant Mofeley,
que les Anglois tranfportèrent cet arbre dans
leurs Colonies, ce fut le Chevalier Nicolas Laws,
qui introduifit cette année-là, la culture du Caffeyer à la Jamaïque. Cette culture y a fait depuis de fort grands progrès. Mais les Anglois
n'ont pas encore pouffé cette culture auffi loin,
& ne l'ont pas encore fuivie avec autant d'ardeur
& de foin que les François ou les Hollandois.

Les Anglois ont auffi tranfporté la culture
des Caffeyers dans les Indes Orientales, & ils
poffèdent de Caffeteries fur la côte de Coromandel à Madras. Mais, jufqu'à préfent, les récoltes
de caffé qu'ils y ont faites font peu confidérables.

Le Caffeyer a été auffi cultivé par les Efpagnols entre les Tropiques. Par exemple, en 1778,
fuivant M. Raynal, on comptoit dans l'Ifle de
Porto-Rico un million quatre-vingt feize mille
cent quatre-vingt-quatre pieds de Caffeyers. Mais,
quoique cette Nation poffède incomparablement
plus de terres propres au Caffeyer, qu'aucune
autre Nation Européenne, néanmoins elle s'eft
peu attachée jufqu'à préfent à cette branche de
culture. Par autre exemple, M. Legentil, dans la
relation de fon voyage fait dans les mers de l'Inde,
par ordre du Roi, publiée en 1781, remarque
qu'on n'a pas encore effayé de cultiver cet
arbre aux Philippines, quoiqu'il y ait près de deux
cens ans que les Efpagnols en font en poffeffion.

Tels font les principaux endroits où l'on recueille le caffé pour fubvenir à l'immenfe confommation, qui s'en fait dans l'étendue de l'Univers. Tels font les peuples qui échangent maintenant cette denrée contre les Tréfors des autres
Nations. Telles font les principales époques &
circonftances de l'établiffement du Commerce
immenfe en étendue & en richeffe que font
maintenant les Européens dans les deux Indes, &
dans le refte du monde avec la femence du Caffeyer.

Au furplus, il eft inutile de s'appéfantir fur le
détail de tous les autres lieux divers, où les
Européens ont pu tranfporter cet arbre depuis
que Van-Hoorn en a fait le premier la conquête.
Il fuffit de dire, en général, qu'ils l'ont, depuis
ce tems, planté, naturalifé, en ont orné la
terre, en nombre d'autres endroits de la Zone
torride, non-feulement en Amérique & en Afie,
mais encore en Afrique & même dans les régions
les plus brûlantes de cette dernière.

Voici un exemple de la quantité de caffé que
produifent annuellement les Colonies Européennes, & des fommes d'argent que ce produit
rapporte à ces Colonies, ainfi que de celles qu'il
fait entrer dans leurs Métropoles. Je tire cet
exemple du livre cité de M. Raynal. En 1775, il a
été importé dans les Ports de France, 1.° de la
Martinique neuf millions fix cens quatre-vingt-
huit mille neuf cent foixante livres, de feize onces,
pefant de caffé, valant prix moyen, quatre millions cinq cent foixante dix-fept mille deux
cent cinquante-neuf livres tournois; 2.° de la
Guadeloupe, fix millons trois cent deux mille
neuf cent deux livres pefant de caffé, valant
prix moyen, deux millions neuf cent quatre-vingt-
treize mille huit cent foixante livres tournois;
3.° de Cayenne, foixante-cinq mille huit cent
quatre-vingt-huit livres pefant de caffé, valant prix
moyen trente-un mille deux cent quatre-vingt-
feize livres tournois; 4.° de Saint-Domingue,
quarante-cinq millions neuf cent trente-trois
mille neuf cent quarante-une livres pefant de
caffé, valant prix moyen, vingt-un millions huit
cent dix-huit mille fix cent vingt-une livres
tournois. Ainfi, le total du caffé importé en
France pendant cette année 1775, hors de ces
quatre Colonies, fe monte à foixante-un millions
neuf cent quatre-vingt-onze mille fix cent quatre-
vingt-dix-neuf livres pefant, valant, prix moyen,
vingt-neuf millions quatre cent vingt-un mille
trente-neuf livres tournois. La portion de ce
total confommée en France, eft de onze millions
neuf cent trente-trois mille quatre cent cinquante-
trois livres pefant, & la portion vendue &
paffée à l'Etranger eft de cinquante millions
cinquante-huit mille deux cent quarante-
fix livres pefant, dont la valeur moyenne eft
de vingt-cinq millions fept cent cinquante-fept
mille quatre cent foixante-quatre livres tournois.
En 1767, le caffé exporté de Saint-Domingue,
ne fe montoit

ne le montoit qu'à douze millions cent quatre-vingt-dix-sept mille neuf cent soixante-dix-sept livres pesant ; ce qui fait voir que le nombre des Caffeyers a été quadruplé dans cette Isle dans l'espace de huit ans. En 1775, la Colonie de Surinam produisit aux Hollandois quinze millions trois cent quatre-vingt-sept mille livres pesant de caffé qui furent vendues huit millions cinq cent quatre-vingt mille neuf cent trente-quatre livres tournois. Il a été exporté de la Jamaïque, en 1774, six mille cinq cent quarante-sept quintaux de caffé. La grande Bretagne reçoit annuellement de ses Isles de l'Inde occidentale, soixante-treize mille quintaux de caffé. Pour se faire une idée de l'état de la multiplication des Caffeyers dans les Colonies, il est bon de savoir que, d'après l'expérience, le nombre des livres pesant de caffé produites annuellement pour chaque Colonie, indique à-peu-près le nombre des Caffeyers qui y existent: par exemple, en 1778, Porto-Rico a produit un million cent seize mille trois cent vingt-cinq livres pesant de caffé ; &, en la même année, on comptoit dans cette Isle un million quatre-vingt seize mille cent quatre-vingt-quatre pieds de Caffeyer.

La multiplication des Caffeyers hors l'Yémen étant devenue maintenant aussi extrême que je viens de l'exposer, il n'est donc pas étonnant que l'exportation du caffé hors de l'Yémen, ne soit pas plus considérable aujourd'hui, qu'elle l'étoit il y a un siècle, lorsqu'on ne le récoltoit que dans ce pays seulement. Il n'y auroit même aucun lieu d'être surpris, si cette exportation étoit moindre à présent qu'alors, & si elle eût été diminuée, en même-tems que la consommation du caffé augmentoit : car quelqu'énorme qu'ait été cette augmentation de consommation par toute la terre, l'augmentation du nombre des Caffeyers hors de l'Yémen étoit encore plus grande à proportion.

Mais ce qui a conservé ce commerce aux Arabes, & ce qui probablement le leur conservera encore long-tems, c'est qu'aucune des nombreuses contrées où les Européens ont transporté les Caffeyers, n'a encore produit de caffé qui ne soit très-inférieur en qualité à celui d'Yémen. Il y a cependant une très-grande différence de bonté entre le caffé recueilli par certaines Colonies Européennes & celui recueilli par d'autres ; mais il y a encore plus de différence à cet égard entre le caffé des cantons qui fournissent le meilleur qui provienne hors de l'Yémen & celui des cantons qui fournissent le moindre, qui provienne dans l'Yémen. Ce dernier est toujours infiniment supérieur à l'autre, pour le goût, & pour le parfum. Il est vrai que le Père Labat assure qu'il résulte de la comparaison faite par les plus habiles Connoisseurs, qu'il n'y a aucune différence de bonté entre le bon caffé de la Martinique & le caffé Mokha. Mais

les ouvrages de cet Auteur contiennent beaucoup d'assertions légères ; & son opinion, à cet égard, est contredite par le consentement unanime de toutes les Nations qui ont toujours payé le moindre caffé Mokha, beaucoup plus cher que le meilleur de la Martinique, ou d'aucune autre Colonie Européenne. Labat dit que les Turcs accoutumés au caffé Mokha, achetent cependant beaucoup de caffé de la Martinique, & il donne ce fait comme une preuve incontestable qu'ils estiment ce dernier caffé autant que l'autre. Mais ce fait ne prouve rien, puisqu'il est constant, comme Niébuhr s'en est assuré sur les lieux, que les marchands de Turquie ou d'Egypte n'achetent le caffé de la Martinique, que pour le mêler avec le caffé Mokha, & falsifier ainsi ce dernier ; que quand le caffé de la Martinique devient cher, ces marchands n'en achetent plus, parce qu'alors il n'y a pas assez à gagner par cette falsification : & que depuis que les habitans de la Haute-Egypte tirent de Kossir le caffé d'Yémen, & l'ont par cette voie à aussi bon marché que celui de la Martinique, ils n'achetent plus de ce dernier. Il en est de même du caffé de Bourbon. Je suis parti pour l'Inde, dit M. le Gentil dans son Voyage cité, avec ce préjugé qu'il n'y avoit aucune différence entre le caffé d'Arabie, & celui de Bourbon. Mais ce préjugé m'a bien-tôt abandonné. Le vrai caffé d'Arabie laisse dans la bouche un parfum que l'on garde long-tems après l'avoir bu, & auquel le goût des meilleures liqueurs de l'Europe n'a rien de comparable. En un mot, je trouvai une prodigieuse différence entre ces deux caffés. Pendant près de deux ans, je ne pris point d'autre caffé que de celui d'Arabie, & j'en prenois deux fois par jour. Quand la provision que j'en avois fut toute employée, le caffé de l'Isle de France, & celui de Bourbon, me parurent très-mauvais, & je fus quelques tems à me faire à ces derniers caffés.

C'est ainsi que s'exprime M. le Gentil, & il n'y a qu'une voix, à cet égard. Tous ceux qui sont accoutumés au caffé Arabique, trouvent tout autre caffé fort mauvais. C'est par son parfum exquis, que le caffé Arabique diffère principalement de tout autre caffé. La différence que tout le monde s'accorde à trouver entre la bonté du caffé Arabique, & celle du meilleur caffé des Colonies Européennes, est si saillante que, comme dit M. le Gentil, le caffé Arabique ne souffre, à cet égard, aucune comparaison. C'est un fait très-constant, soit que cela dépende, comme plusieurs le croient, de ce que la constante modération de la température de l'air des montagnes d'Yémen n'a lieu en aucun autre endroit; soit que, comme d'autres se le persuadent, cela dépende principalement de la culture dirigée avec plus d'intelligence ou de soin en Yémen qu'ailleurs, ou de la récolte faite dans un moment de maturité plus favorable, ou de la dessication du caffé faite plus convenablement ; soit que cet effet soit produit par toutes ces causes réunies. Il me paroît très-probable que la nature du climat y influe beaucoup : car, en général, le caffé d'Asie, quoique très-inférieur à celui d'Arabie, est constamment supérieur à celui d'Amérique : il est cependant cultivé, récolté, desséché, par les mêmes Peuples, & à - peu - près de la même manière en Asie, qu'en Amérique : & il est remarquable, que le degré de bonté du caffé paroît correspondre au degré de sécheresse du climat où on le recueille ; car on sait qu'en général, à latitude égale, les climats d'Amérique sont plus humides que ceux de l'Asie, laquelle est dans ses contrées Orientales plus humide que l'Arabie, dont la sécheresse est supérieure à celle de toutes les autres contrées de la terre, excepté seulement plusieurs régions de l'Afrique voisine. Ajoutez à ces réflexions, qu'il est constant que le caffé récolté aux Antilles dans les premiers tems qu'on y a cultivé les Caffeyers, étoit bien inférieur en qualité à celui qu'on y recueille actuellement ; & qu'il est également constant, que dans ces premiers tems, la quantité des pluies y étoit beaucoup plus abondante qu'à présent, & que cette quantité y a diminué à mesure que les défrichemens y ont fait décroître l'étendue des forêts. Ajoutez encore qu'il est très-constant, par l'expérience, qu'en tous pays, sans exception, en Arabie comme ailleurs, le caffé recueilli dans les terreins secs, est comme j'ai déja dit d'une qualité supérieure à celui récolté dans les terreins humides. Ainsi, par exemple, on sait que le meilleur caffé de la Martinique se recueille dans la paroisse appellée les Anses-d'Arlet, & dans celle du Diamant qui lui est contigue. Ce caffé est d'un grain plus petit, plus sec que celui des autres paroisses de l'Isle. Or les terres de ces deux paroisses sont, dit M. de Chanvalon, des plus propres au Caffeyer ; elles sont sèches, pierreuses, il n'y tombe point d'eau tandis qu'il pleut abondamment dans le reste de l'étendue de l'Isle, & elles ne sont arrosées par aucune rivière. La réunion de ces observations semble donc prouver que c'est la nature du climat qui influe le plus sur la grande différence qu'il y a entre le caffé récolté en Arabie, & celui récolté par-tout ailleurs, & l'on conçoit que cette influence peut être d'autant plus puissante sur cette plante que, comme elle se multiplie fort aisément par les semences, lorsqu'on les plante avant qu'elles aient perdu la faculté de germer, on n'a jamais pensé à la multiplier autrement, soit par marcottes, soit par boutures, soit par greffe, l'opération de cette dernière a pu être jugée trop minutieuse, trop longue, &c. & retarderoit au moins d'une année la première récolte de chaque plantation. La multiplication d'une plante par boutures, par marcottes ou par

greffe, n'est pas une génération : ce n'est qu'une division d'une même plante. Leur multiplication par graine est seule une vraie génération. Or on sait que l'influence du climat sur la nature des plantes comme sur celle des animaux, a lieu principalement sur leurs générations. L'expérience, par exemple, a appris que plusieurs plantes, herbes, arbres, gèlent pendant l'hiver en France, lorsqu'elles proviennent des semences nées dans les pays chauds, ou lorsqu'elles proviennent de boutures, ou greffes prises sur des plantes nées de telles semences ; tandis que les mêmes plantes résistent fort bien à l'Hiver, en France, lorsqu'elles proviennent de semences qui y soient nées, &c.

Quant aux caffés de diverses Colonies Européennes comparés entr'eux, il y a encore, comme j'ai dit, beaucoup de différence. Cela doit être ainsi ; puisqu'il y a souvent beaucoup de différences entre les caffés des divers cantons d'Arabie ou de chaque Colonie. Les Arabes, dit M. de Cossigny, distinguent à Mokha plus de vingt sortes de caffé pour la qualité & pour le prix ; à Bourbon, on distingue facilement, au goût, celui des différens quartiers de cette Isle. Le sol, continue le même Auteur, l'exposition, le climat, la culture, l'âge des arbres, la plus ou moins grande maturité du fruit lorsqu'on le cueille, la façon d'émonder le grain, la manière de sécher, sa dessication à un degré plus ou moins haut, les variétés dans les plants de caffé, &c. toutes ces choses & chacune de ces choses apportent autant de différences dans la qualité de ce fruit, qu'il y en a peut-être dans les vins de divers cantons de l'Univers. En général, il paroît, comme j'ai dit, que le caffé des Colonies des Indes orientales est préféré à celui des Indes occidentales, &, dans le Commerce, celui-là se vend plus cher que celui-ci. Les caffés qu'on estime le plus entre ceux de toutes les Colonies Européennes, sont ceux des Isles de Bourbon & de France : on place ensuite ceux de Java & de Ceylan. M. le Gentil assure que le caffé de la Martinique dispute le rang à celui de Bourbon : cependant, dans le Commerce, celui-ci se vend toujours beaucoup plus cher que celui-là qui est même toujours à meilleur marché que les caffés de Java, & de Ceylan. Il y a à Bourbon, dit M. de Cossigny, deux sortes de caffé, qui ont le grain plus petit que l'autre caffé de la même Isle auquel ils sont supérieurs en qualité. Ces deux petits caffés sont confondus ensemble à Bourbon sous les noms d'*Aden*, d'*Eden*, & d'*Ouden*. M. de Cossigny présume que l'on doit ces variétés à la culture. Les noms de ces deux variétés me semblent indiquer qu'elles sont originaires d'Udden, que j'ai dit être le canton qui produit le meilleur caffé de tout l'Yémen. Les marchands distinguent au premier coup - d'œil tous les caffés d'Asie, y compris ceux d'Arabie, d'avec ceux d'Amérique, en ce que ces derniers ont une couleur plus verte & moins jaunâtre que les autres. Les caffés d'Amérique ont aussi un goût herbacé que n'ont pas ceux d'Asie. C'est principalement dans ce goût herbacé que consiste l'infériorité des caffés d'Amérique. Et ces caffés sont d'autant moins estimés, que ce goût y est plus fort. Les caffés de Java & de Ceylan, & sur-tout celui de Ceylan, ont le grain plus gros que ceux des Isles de France & de Bourbon. Le caffé d'Amérique le plus estimé généralement, est celui de la Martinique & principalement celui que l'on recueille dans les paroisses des Anses-d'Arlet, & du Diamant, comme j'ai dit. Les caffés des Isles de la Dominique, & de Marie-Galande, sont estimés aussi bons que celui de la Martinique. Viennent ensuite les caffés de Saint-Domingue, de la Guadeloupe, & des autres Antilles: ils ont le grain plus gros que celui de la Martinique. Les caffés d'Amérique, les moins estimés généralement, sont ceux de la Jamaïque, de Cayenne & de Surinam. Ces caffés & sur-tout les deux derniers, ont le grain plus grand, & ont un goût herbacé beaucoup plus fort que tous les autres: ce qui provient de la plus grande humidité du terroir où ces caffés sont cultivés. En général, le caffé est d'autant meilleur qu'il est plus petit, plus mûr & plus sec, &, comme j'ai déjà dit, il est d'autant plus petit, plus parfaitement mûr, & plus aisé à dessécher, que le sol dans lequel il est cultivé est plus sec, toutes choses égales d'ailleurs. Je ne parle point ici des caffés échaudés, noircis, légers, mal-secs, échauffés, moisis, mal-mûrs, avariés de plusieurs manières, &c.; on trouvera plus bas de plus longs détails à ces égards, ainsi que sur les diverses causes qui influent sur la bonté du caffé. Ces détails seront mieux placés après l'exposé de la culture du Caffeyer, entre les Tropiques.

Au sujet de ce que j'ai dit plus haut, qu'il y a un siècle, l'Yémen étoit le seul pays du monde où l'on récoltoit le caffé; il faut entendre que c'est le seul pays où l'on en récoltoit pour la consommation des autres Nations. Car, 1.° M. Raynal assuré, dans l'Histoire citée, que le Caffeyer est encore cultivé avec succès dans la Haute-Ethiopie, dont il est originaire, & où il est connu depuis un tems immémorial; 2.° dans la description de l'Arabie donnée par Niébuhr, en 1773, on voit qu'il y a des Arabes qui prétendent qu'ils ont tiré de Habbesch ou en d'autres termes d'Abyssinie l'arbre du caffé, & que quelques personnes, qui avoient été à Habbesch assurent y en avoir beaucoup vu, &, que, dans plusieurs contrées de ce pays, le caffé égale en qualité celui d'Yémen. Ces deux passages donnent à présumer que la culture du Caffeyer est fort ancienne dans la Haute-Ethiopie, c'est à-dire, l'Abyssinie. Mais néanmoins il paroît certain que le produit de cette culture y est fort peu considérable, puisque

les marchands de Habbesch vont constamme chaque année, à Beit el Fakih, & dans les autre marchés de l'Yémen pour y acheter du caffé.

Dans l'énumération que j'ai faite des principaux lieux de l'Yémen où l'on cultive le Caffeyer, je n'ai point parlé de Mouab, de Galbany, de Zedia, de Sanaa. Cependant la Roque & les Malouins, qui voyagèrent à Mokha & dans l'Yémen depuis 1708 jusqu'en 1713, parlent de ces quatre endroits comme étant très-abondans en caffé. Zedia ou Redia, dit la Roque, est une petite Ville dans les montagnes à douze lieues de Betelfaguy, c'est-à-dire, Beit el Fakih, le terrein y est excellent, les Caffeyers y sont les plus beaux qu'on puisse voir. Sanaa ou Senan, dit-il encore, & Galbany, sont avec Bételfaguy les trois cantons principaux où se cultivent les Caffeyers en grande quantité. Ces trois cantons sont dans les montagnes, & le caffé de Bételfaguy est plus estimé que celui des deux autres. A l'égard de Mouab, ajoute-t-il, c'est une Ville située dans les montagnes à plus de cent lieues de Mokha, le Roi d'Yémen y fait sa résidence. C'est le plus agréable séjour de l'Yémen. Les montagnes qui l'entourent sont les plus fertiles de l'Arabie. Dans tous les environs de cette Ville, tout ce qui est colline & vallée étoit planté de fort beaux Caffeyers, &c. Ajoutez à cela que, suivant M. le Gentil, il y a une sorte de caffé qui s'appelle de Senan, qui est fort estimé, fort beau, & dont la Compagnie des Indes a beaucoup acheté autrefois. Cependant M. Niébuhr, qui, en 1762 & 1763, a fait plusieurs voyages particuliers dans les montagnes de l'Yémen, où l'on cultive le caffé, & qui a traversé toutes les montagnes d'entre Mokha & Sana, ne fait mention ni de Galbany, ni de Zédia, ni de Mouab. Et à l'égard de Sana, qui est situé vers l'extrémité septentrionale de l'Yémen, & à l'Est des montagnes, il ne dit point qu'il y ait de Caffeyers aux environs, & c'est à Sana qu'est la résidence du Roi d'Yémen, c'est-à-dire de l'Imán, à l'audience duquel il a été admis plusieurs fois.

On distingue à Constantinople, trois sortes de Caffés d'Arabie: la meilleure est appelée *Bahouri*; & elle est réservée pour le Grand-Seigneur & le Serrail: les deux autres sortes qui se nomment *Saki* & *Salabi*, sont celles qui se débitent le plus communément dans le Levant. (*M. Lancry.*)

Quant à la culture du Caffeyer tant sous la Zone torride, & en grand, que dans les serres d'Europe, & pour ses propriétés & usages, voyez à la fin de ce Volume.

CAFORAIN. On appelle ainsi, à Lille en Flandres, un mélange de cendres, de poussière des chemins, de boues & de curages des rivières, qu'on fait sécher & pulvériser, & que l'on répand sur les terres, pour leur servir d'engrais. (*M. l'Abbé Tessier.*)

CAGE. On donne ce nom, en jardinage, à des chaffis grillés, qui fervent à défendre les plantes contre les animaux nuifibles.

Ces Cages font compofées d'un bâtis & d'un grillage. Le bâtis, qui fert à fupporter le grillage, eft conftruit en bois ou en fer. Le grillage eft fait en fil de fer, en fil de laiton, en ficelle ou en ofier.

- On donne aux Cages des jardins différentes formes: les unes font quarrées dans leurs plans & terminées en pyramide pointue, à quatre faces. Les autres font arrondies, tant dans leur circonférence que dans leur partie fupérieure.

Quant à leurs dimenfions, elles varient fuivant le volume des plantes auxquelles elles font deftinées. Cependant on ne donne guère aux plus grandes, que deux pieds de large, fur trois pieds & demi de haut; & aux plus petites, quinze pouces de diamètre, fur 20 pouces d'élévation.

Les Cages plus particulièrement deftinées à la culture des Jardins de Botanique, fervent à défendre certaines plantes, telles que les Cataires, les *Marums* ou herbe au chat, quelques efpèces de valérianes, &c, du ravage des chats, qui en fe roulant deffus continuellement, les écrafent & les font périr. Elles fervent encore à préferver le feuillage de quelques efpèces d'arroches, & autres plantes qui ont un goût falé, dont les oifeaux font très-friands: elles affurent la récolte des graines, d'un grand nombre de plantes qui font ordinairement mangées par les oifeaux avant leur maturité. Enfin on les emploie pour conferver les fleurs des plantes rares, que les Amateurs pourroient être tentés de couper pour difféquer, où pour conferver dans les herbiers.

Ces Cages font fort utiles dans les écoles de Botanique, pour la confervation d'un très-grand nombre de plantes. Il en exifte au Jardin des plantes de Paris, un nombre affez confidérable, de différentes formes. (*M. Thouin.*)

CAGUE (figue.) On donne ce nom, à l'Ifle-de-France, au fruit d'une efpèce de *Diofpyros*, originaire de la Chine, & qui eft encore peu connu des Botaniftes. *Voyez* l'article PLAQUEMINIER. (*M. Thouin.*)

CAHUTE. Dans le pays de Vaud & les Départemens voifins de la France, on donne ce nom aux baraques des Jardins. Ce mot eft cependant peu en ufage. *Voyez* BARAQUE. (*M. Reynier.*)

CAILLARDE. Tulipe dont la fleur eft colombine, chamois, incarnat & jaune doré. *Traité des Tulipes.*

C'eft une des variétés de l'efpèce défignée par Linné, fous le nom de *Tulipa gefneriana. Voyez* TULIPE. (*M. Reynier.*)

CAILLE, Oifeau de paffage, plus petit que la perdrix; on en prend une grande quantité tous les ans, dans le voifinage de la Méditerranée. Les habitans des campagnes, dans l'intérieur des terres, en prennent au mois d'Avril, lorfqu'elles arrivent, pour les nourrir & les engraiffer dans des cages, où dans des chambres. Ils les vendent pour les tables des gens riches. On leur donne à manger du millet, ou du froment. On trouvera dans le Dictionnaire des Oifeaux, partie de celui d'Hiftoire naturelle, la defcription de la Caille, & les manières de la prendre & de la nourrir. (*M. l'Abbé Tessier.*)

CAILLÉ. Nom que l'on donne à la partie du lait qui fe coagule, quand on en a retiré la crème. *Voyez* LAIT. (*M. l'Abbé Tessier.*)

CAILLEBOTTE. Nom donné dans quelques Départemens de la France au *Trapa natans.* L. *Voyez* MACRE FLOTTANTE. (*M. Thouin.*)

CAILLEFAIT. Mauvaife manière de prononcer le nom de Caillelait, impofé par beaucoup de perfonnes au genre de *Gallium.* L. *Voyez* GAILLET. (*M. Reynier.*)

CAILLELAIT. Nom vulgaire du genre des GAILLETS, *Galium.* L., & qui s'applique plus particulièrement aux deux efpèces fuivantes.

CAILLELAIT blanc. *Galium mollugo* L. *Voyez* GAILLET blanc. Dict. de Bot. n.° 8.

CAILLELAIT jaune. *Galium verum.* L. *Voyez* GAILLET jaune. Dict. de Bot. n.° 22. (*M. Dauphinot.*)

CAILLETTE. On appelle ainfi le quatrième eftomac des ruminans. C'eft celui dans lequel fe placent ces pelotes de poils, appelées *Egagropiles.* (*M. l'Abbé Tessier.*)

CAILLI. Petit creffon d'eau ou de fontaine, qui tire fon nom du lieu de fon origine. Il croît à deux lieues de Rouen, & particulièrement à Cailli. *Sifymbrium nafturtium.* L. Fl. Dan. *Voyez* CRESSON, n.° 13. (*M. Dauphinot.*)

CAILLOT ROSAT. Variété du *Pyrus communis.* L., dont le fruit eft pierreux, mais plein d'une eau abondante, du goût de la rofe. Dict. univ. d'Agr. & Jard. (*M. Reynier.*)

CAILLOU. Efpèce de pierre plus ou moins nuifible à l'Agriculture. *Voyez* PIERRE. (*M. l'Abbé Tessier.*)

CAIMITIER. *Chrysophyllum.* L.

Genre de plantes exotiques de la famille des SAPOTILIERS, dont toutes les efpèces font des arbres, ou arbriffeaux fruitiers, qui croiffent dans les pays fitués entre les Tropiques. Leur feuillage eft généralement beau, d'un verd luftré. Les fleurs font petites, & n'ont aucune apparence. Les fruits font des baies à dix loges, dont chacune contient une femence offeufe.

Espèces & Variétés.

1. CAIMITIER pomiforme.
CHRYSOPHILLUM *Cainito.* L. ♄ des Antilles.

B. CAIMITIER de la Jamaïque.
B. CHRYSOPHILLUM *Jamaïcense.* Jacq.
C. CAIMITIER à fruit bleu.
C. CHRYSOPHILLUM *cæruleum.* Jacq.
2. CAIMITIER olivaire.
CHRYSOPHILLUM *oliviforme.* La M. Dict. ♄ sur les mornes, à Saint-Domingue.
B. CAIMITIER à feuilles argentées.
CHRYSOPHILLUM *argenteum.* Jacq.
3. CAIMITIER glabre.
CHRYSOPHILLUM *glabrum.* L. ♄ dans les bois de la Martinique.
4. CAIMITIER pyriforme. La M. Dict.
CHRYSOPHYLLUM *macoucou.* Aubl. ♄ de la Guyane.

Description du port des Espèces.

1. LE CAIMITIER pomiforme est un arbre dont les Voyageurs célèbrent la beauté ; il s'élève à la hauteur de quarante pieds, & forme une tête arrondie qui s'étend & s'étale beaucoup par le bas, son écorce tient fortement au bois ; ce dernier est blanc, laiteux, quoique assez compacte ; il sert à bâtir, & au rapport de Nicholson est de durée lorsqu'on l'emploie à couvert. Les feuilles sont grandes, ovales alongées, d'un beau verd en-dessus, & couvertes en-dessous d'un duvet bronzé en couleur de rouille qui paroît dorée lorsque le soleil l'éclaire. Ces feuilles ont une nervure principale, d'où sortent d'autres nervures parallèles entr'elles qui aboutissent aux côtés de la feuille. Les fleurs sont axillaires & peu apparentes ; il leur succède des fruits de la grosseur d'une grosse pêche, de couleur jaune colorée en rouge du côté exposé au soleil. La peau est mince, mais d'une certaine consistance. La chair est dure avant sa maturité, & laisse suinter un suc laiteux, comme la figue, lorsqu'on l'entame. Dans sa maturité elle est molle, un peu gluante, & s'attache aux lèvres, ce qui déplaît, aux Européens déjà rebutés par la saveur douce & insipide de ce fruit.

La variété B, qui a été décrite & figurée par M. Jacquin, diffère de son espèce par ses fruits ovales, couverts d'une peau verte colorée de rouge du côté exposé au soleil, & par sa chair de couleur purpurine plus foncée sur les bords contigus à la peau. Cette variété dont le goût est un peu plus agréable, est connue à la Jamaïque sous le nom de *Star-aple.*

La variété C, décrite par le même Naturaliste, diffère par ses fruits, qui sont trois fois plus petits, & de forme arrondie ; leur peau est d'un bleu tirant sur le violet ; leur chair, qui est abondante en suc laiteux avant sa maturité, prend en mûrissant le degré de bonté de la variété précédente. On connoît cette plante dans les Isles Françoises de l'Amérique sous le nom de *gros-bouis.*

Usage. Les habitans des pays où croît ce Caimitier mangent ses fruits & le multiplient autour de leurs habitations, sans se donner la peine de le greffer, moyen qui perfectionneroit sans doute la qualité du fruit, & leur procureroit des variétés préférables aux sauvageons qu'ils possèdent. Le bois de cet arbre sert à bâtir, & quoique tendre & laiteux, il dure long-tems lorsqu'il est employé à couvert : il se fend très-aisément, & se brise difficilement, en quoi il se rapproche des bois filasseux si communs entre les Tropiques.

On applique les feuilles sur les plaies dit Nicholson, mais les propriétés différentes qu'il attribue aux deux surfaces, rend son rapport très-douteux.

2. CAIMITIER olivaire ; cette espèce se rapproche de la précédente, par beaucoup de caractères ; mais elle en diffère par le plus grand nombre. Il forme un bel arbre dont la tige est plus élevée & moins étalée que celle de l'espèce précédente. Son bois est jaune au lieu que celui de l'autre est blanc. Les feuilles sont ovales, semblables à celles de la première espèce, mais portées par des pétioles plus-courts. Les fleurs sont pareillement axillaires & petites, la rouille des feuilles couvre fréquemment le calice & leur pédoncule. Les fruits, qui leurs succèdent, sont de la forme d'une olive, mais le double plus gros, d'une couleur violette, tirant sur le noir, & d'une saveur assez agréable.

Ce Caimitier ne peut être le même que l'Acoma de Nicholson, comme M. la Marck le soupçonne, puisque ce dernier arbre à des fruits de la grosseur d'une olive & de couleur jaunâtre, le Caimitier argenté indiqué comme variété de cette espèce, a été observé par M. Jacquin ; le port de cet arbre est le même, son bois de couleur jaunâtre, ses feuilles ovales ont un pédoncule très-court, leur surface inférieure est couverte d'un duvet argenté. Les fruits sont arrondis, d'un pourpre tirant sur le bleu, & de la grosseur d'une prune médiocre : leur saveur est la même que celle des espèces précédentes ; mais leur chair est plus mollasse. On les nomme *Bouis* dans les Isles Françoises de l'Amérique. Ce duvet argenté des feuilles indiqueroit peut-être une espèce distincte.

Usage. Ce Caimitier sert aux mêmes usages que la première espèce ; mais il ne paroît pas qu'on emploie les mêmes soins pour le multiplier, la Nature seule se charge de ce soin. Si c'est réellement l'Acoma de Nicholson, son bois est très-bon pour la charpente. Ses fruits font plus estimés des naturels du pays, que des Européens.

3. CAIMITIER glabre. Cet arbre ne s'élève qu'à la hauteur de quinze pieds, ses feuilles n'ont point de duvet à leur partie inférieure. Ses fruits de la grosseur d'une petite olive, & de couleur bleue, quoique du même goût que ceux des espèces précédentes, ne font recherchés que par les enfans & par les noirs.

4. CAIMITIER pyriforme; cette espèce dont on doit la connoissance à Aublet, est un très-grand arbre d'une belle venue, & dont les rameaux s'étendent au loin. Son bois est laiteux, les feuilles font vertes des deux côtés, & à leur aiffelle naissent des fruits en forme de poire d'une couleur jaune-orangée : ces fruits ont une faveur plus agréable que ceux du Caimitier pomiforme, n.° I.

Culture. Les Caimitiers n'exigent aucuns foins dans leur pays natal, ou plutôt on ne leur en donne point, livrés aux mains de la Nature, c'est à elle qu'ils doivent leurs qualités, fans doute qu'une culture foignée perfectionneroit les arbres, comme elle a perfectionné ceux d'Europe; & cependant aucun Voyageur ne nous parle de la culture de cette plante. Miller est le feul qui en dit un mot, & cela fe borne à nous indiquer, fur ouï dire, qu'on multiplie quelquefois cet arbre de bouture.

Les Caimitiers font rares dans les jardins d'Europe; lorfqu'on parvient à s'en procurer on les conferve quelques années, & la plus légère inattention les fait périr; cette perte est d'autant moins réparable, que cet arbre n'a jamais fleuri en Europe, & qu'on doit faire venir des graines de fon pays natal. Lorfqu'on veut faire paffer de bonnes graines en Europe, on doit les envoyer dans du fable : au moment de leur arrivée, on doit les planter dans des petits pots pleins d'une terre légère que l'on plonge dans la tannée d'une ferre-chaude. Les jeunes plantes fortent de terre au bout de cinq à fix femaines : dans ces premiers momens, elles n'exigent aucuns foins particuliers, quelques arrofemens légers fuffifent. Au bout de deux mois, on peut tranfplanter ces jeunes plantes; il faut pour cela les lever en motte ayant le plus grand foin de féparer les plants, fans endommager leurs racines, puis on les plante féparément dans des pots pleins d'une terre légère, mais fubftancielle, qu'on plonge dans la tannée, ayant foin de le tenir à l'ombre, & de les arrofer jufqu'à ce qu'ils aient pris racines.

Lorfqu'on a l'attention de renouveller la couche extérieure du tan, à mefure qu'elle fe refroidit les Caimitiers font des progrès rapides, au point de s'élever d'un pied en trois ou quatre mois; à cette époque, il faut les changer de pots avec les mêmes foins des racines, que j'ai

recommandés pour la première tranfplantation; & les renouveller ainfi deux fois par an.

Traités de cette manière, les Caimitiers prennent une certaine croiffance, & forment un des plus beaux ornemens des ferres-chaudes. J'en ai vu dans celles de la Hollande où l'on poffède plufieurs pieds de cet arbre; & Miller qui en a cultivé quelques-uns en parle de la même manière. C'est de fon Dictionnaire que j'ai emprunté ce que je dis ici de la culture de ces arbres, en y ajoutant quelques obfervations que j'ai faites en Hollande; car ces arbres n'exiftent pas au Jardin des Plantes de Paris. (M. REYNIER.)

CAINITO. Nom Indien, donné par le Père Plumier, au genre de plante connu des Botaniftes modernes, fous le nom de *Chryfophyllum,* & en françois, fous celui de CAIMITIER. Il a été adopté en françois dans quelques Dictionnaires, & par les Jardiniers. Linnæus l'a employé comme épithète de fa première efpèce de *Chryfophyllum. Voyez* CAIMITIER pomiforme. (M. THOUIN.)

CAIRE. On donne ce nom dans les Ifles de l'Amérique, à l'efpèce de brou ou d'enveloppe qui couvre la noix de plufieurs palmiers.

Elle fert à différens ufages, fuivant l'efpèce de palmier dont on la tire.

Le Caire du cocotier des Indes. *Cocos nucifera.* L. fert à calfeutrer les vaiffeaux, à faire des cordages, &c.

Le Caire du Cocotier du Bréfil. *Cocos butyracea.* L. Fil. & celui de l'Avoira de Guinée. *Elais Guineenfis.* L., fervent à la nourriture du bétail; ils contiennent une matière graffe, que les animaux domeftiques & les finges recherchent avec avidité. *Voyez* BROU. (M. REYNIER.)

CAISSE. (Uftenfile de Jardinage.) Les Caiffes qui fervent au Jardinage font de plufieurs fortes : on les diftingue en Caiffes de Jardin, proprement dites, en Caiffes à femis, & en Caiffes deftinées au tranfport des Plantes vivantes.

Les Caiffes de Jardin font de toutes les dimenfions, depuis un pied quarré jufqu'à cinq pieds. Elles font compofées de quatre pieds droits, équarris dans toute leur longueur, excepté par la partie fupérieure qui fe termine en pomme ou en olive : de quatre panneaux affujettis aux quatre pieds, foit par des clous, des mortaifes ou des équerres de fer : d'un fond percé, fupporté par des traverfes de bois ou de fer, & placé à trois ou à huit pouces de l'extrémité inférieure des pieds. La partie fupérieure refte découverte.

Ces Caiffes font faites le plus ordinairement en bois de chêne, bien fain & bien fec. Les plus petites, telles que celles d'un pied à dixhuit pouces, font conftruites en douves de tonneau. Celles de vingt à vingt-six pouces, font fabriquées en mairain, & les autres en fortes planches de bois dur, plus ou moins épaisses en raison de l'étendue des Caisses.

Les panneaux des petites Caisses font élevés fur leurs pieds, & leur fond est soutenu par deux traverses de bois. Ceux des Caisses de moyenne grandeur, font assujettis par des équerres de fer, & leur fond est supporté par deux barres de fer quarrées, fixées par de grands clous ou des chevilles, dans les pieds. Les panneaux des grandes Caisses devant s'ouvrir à volonté, pour donner la facilité d'examiner de tems à autre, l'état dans lequel se trouve la mote des Arbres, & pour renouveller la terre, doivent être assujettis à des châssis de fer, qui s'adaptent au moyen de crochets à leur bâtis.

Ces Caisses doivent être couvertes à l'extérieur de trois couches de peinture à l'huile, & goudronnées à l'intérieur. Il est essentiel, pour la solidité de la peinture & la durée des Caisses, d'examiner l'état du bois, avant de le peindre, de choisir de bonnes couleurs, & de les faire employer à propos. Il n'est pas moins avantageux que les ferrures qu'on met à ces Caisses, soient fortes & solides; elles exigent moins de réparations, & peuvent servir ensuite à différentes Caisses. Toutes ces attentions produisent une économie assez considérable dans les grands jardins, pour ne pas être négligées.

Les Caisses de Jardin servent à placer les arbres ou arbrisseaux étrangers, d'orangerie & de serre, devenus trop forts pour être contenus dans des pots d'un pied de diamètre. Nous disons d'un pied de diamètre, parce que les vases de terre, d'une dimension plus grande, font peu maniables, se cassent aisément, & deviennent plus chers que des Caisses de pareille étendue.

Les Caisses à semences & à semis, font des boîtes d'une forme quarrée-longue, de quinze à dix-huit pouces de large, sur deux à deux pieds & demi de long, & de huit à dix pouces de profondeur. Elles font formées de quatre panneaux, d'un fond & de quatre montans quarrés, auxquels font attachés & le fond & les panneaux. Ces Caisses doivent être faites en bois de chêne, ferrées avec des équerres, goudronnées intérieurement, & peintes en dehors, comme les précédentes. Mais il est inutile qu'elles soient ornées de pommes comme les autres, il suffit qu'elles aient, à chaque extrémité une poignée de fer, pour les transporter avec facilité.

Ces Caisses font employées plus particulièrement pour les semis de graines d'arbres étrangers, qui ne peuvent être faits avec succès dans des terrines ou en pleine terre. La facilité qu'elles offrent de transporter, en tout tems, les semis d'un lieu à un autre, pour les préserver du froid, de l'humidité, de la grande chaleur, & des rayons brûlans du soleil, les rendent très-utiles à la culture des plantes étrangères.

Les Caisses destinées au transport des plantes en nature, n'ont point de forme déterminée. On leur donne les dimensions nécessaires, pour contenir le volume qu'on doit envoyer. Mais cependant, lorsqu'il s'agit de faire voyager, pendant deux ou trois mois, des plantes dont la végétation a un tems de repos, il est bon que les Caisses dans lesquelles on les renferme, soient partagées, dans leur longueur, par un grillage en bois qui fixe les racines avec leur emballage à une des extrémités, tandis que les tiges & les branches font libres, dans la partie supérieure. Toute la circonférence de cette partie supérieure doit être percée d'un grand nombre de trous, pour que l'air puisse se renouveller, & pour que, si les plantes viennent à pousser, leurs bourgeons ne s'étiolent pas trop.

Quant aux Caisses destinées à faire voyager des plantes dont la végétation n'a pas de repos marqué, & à les transporter à des distances qui exigent cinq ou six mois, ou même plusieurs années de voyage, il en sera parlé à l'article SERRE PORTATIVE. *Voyez* ce mot.

On donne encore le nom de Caisse à la partie de menuiserie ou coffre, sur lequel on place des panneaux de verre, pour former les châssis des couches. (*M. THOUIN.*)

CAJAN. Nom Indien adopté par les Créoles françois. C'est le *Cytisus Cajan*. L. des Botanistes, *Voyez* CYTISE des Indes, n.° 12. (*M. THOUIN.*)

CAJOU ou ACAJOU. *ANACARDIUM occidentale*. L. *Voyez* ACAJOU à pommes. (*M. THOUIN.*)

CAKILE ou ROQUETTE de Mer. Nom d'un ancien genre de plante, dont les espèces se trouvent réunies à celles du *Bunias*. *Voyez* CAQUILLE. (*M. THOUIN.*)

CALABA. *CALOPHYLLUM.*

Ce genre, qui n'est encore composé que de trois espèces, étrangères à l'Europe, fait partie de la famille des GUTTIERS. Son caractère est d'avoir pour fleur un calice à quatre feuilles, dont les deux extérieures font plus courtes que les deux feuilles intérieures; quatre pétales; un très-grand nombre d'étamines, dont les anthères font oblongues; un seul stile terminé par un stigmate arrondi. Son fruit est une noix ronde, monosperme, recouvert par un brou peu épais. Les espèces de ce genre font de grands arbres, d'une verdure perpétuelle, & d'un port majestueux. Elles font remarquables par la beauté de leur feuillage, & l'élégance de leur nervure. Leur bois eft employé dans les arts, & elles produifent des réfines utiles. Jufqu'à préfent ces beaux arbres n'ont pas encore été cultivés en Europe.

Efpèces.

1. CALABA à fruit rond; ou TACAMAQUE de Bourbon.
    CALOPHYLLUM INOPHYLLUM. L. ♃ des Ifles de France & de Bourbon.
    B. CALABA à fruit rond, ou bois-marie.
    CALOPHYLLUM INOPHYLLUM Americanum. ♃ de Saint-Domingue.
    2. CALABA à fruits alongés.
    CALOPHYLLUM Calaba. L. ♃ de Malabar.
    3. CALABA acuminé.
    CALOPHYLLUM acuminatum. La M. Diĉt. ♃ des Moluques.

Defcription du port des Efpèces.

1. LE CALABA à fruit rond eft un arbre dont le tronc eft épais & recouvert d'une écorce noirâtre. Il fupporte une cime très-étendue, & qui produit beaucoup d'ombrage. Ses rameaux font chargés d'un feuillage épais, d'une verdure luifante & fort agréable à l'œil. Ses fleurs qui font difpofées en grappes courtes, font blanches & d'une odeur agréable. A ces fleurs fuccèdent des noix fphériques, recouvertes d'un brou peu épais, d'un verd jaunâtre, & d'une fubftance très-réfineufe, ou oléagineufe.

La variété B. eft plus petite dans toutes fes parties, & ne paroît pas offrir d'autres différences.

2. CALABA à fruits alongés. Suivant Rhéede, cette efpèce forme un arbre moins élevé que le précédent, fa tête eft ample & irrégulière. Son bois qui eft rougeâtre & fort dur, eft recouvert par une écorce épaiffe & noirâtre. Ses feuilles font au moins une fois plus petites que celles de la première efpèce; & on l'en diftingue encore par fes fruits plus alongés qui deviennent rouges, en mûriffant. Ils reffemblent pour la forme, la groffeur & la couleur à ceux de notre cornouiller mâle. Les Indiens les mangent.

3. CALABA acuminé. Le tronc de cette efpèce eft très-droit, menu & flexible comme celui de l'Arec. Il eft recouvert d'une écorce unie, cendrée, ou jaunâtre. Ses feuilles font pointues, moins luifantes que celles des deux autres efpèces, & ont jufqu'à fept pouces de long, fur deux de large. Ses fruits font des noix ovales & examinées.

Culture. La première efpèce croît dans les lieux fablonneux, & en général à peu de diftance des

bords de la mer, dans différentes parties des Ifles Orientales. On la trouve auffi abondamment à Madagafcar & aux Ifles de France & de Bourbon. Suivant M. Céré, cet arbre vient mal, lorfqu'on le tranfplante; il ne s'élève pas autant, fon port eft moins beau, & il eft plus fujet à être renverfé par les vents. Il confeille de le femer en place, & avec d'autant plus de raifon qu'il vient affez vite, & qu'en vingt années il forme un arbre déjà en état d'être utile. La variété B. de cette première efpèce qui croît dans les Antilles, fe rencontre fréquemment dans les forêts de la partie Françoife de l'Ifle de Saint-Domingue. La feconde efpèce vient fans culture au Malabar, dans les terrains maigres & fablonneux. Quant à la troifième efpèce, on la trouve aux Moluques & à Java fur les lieux élevés & montagneux.

Quoique nous ayons fouvent femé de toutes manières & en différentes faifons, des graines des différentes efpèces de Calaba, nous n'avons jamais pu parvenir à les faire germer. Cependant, à notre recommandation, on nous a toujours envoyé ces femences très-fraîchement cueillies, les unes dans des vafes hermétiquement fermés, les autres dans des pots de grès, mêlées avec de la terre & bouchés exactement, les autres enfin dans des facs de crin qui avoient été fufpendus à l'air libre pendant leur traverfée en Europe; rien n'a réuffi. Ces différentes épreuves nous démontrent que les graines de ces arbres perdent promptement leurs propriétés germinatives, & qu'il faut, pour qu'elles arrivent en Europe en état de germer, employer d'autres moyens. Nous ne doutons pas que fi l'on ftratifioit les graines de Calaba immédiatement après leur maturité, dans des caiffes découvertes, en les mettant lits par lits avec de la terre, & qu'on eût foin de les arrofer, pendant la traverfée, on n'obtînt en Europe des femences déjà germées, ou propres à germer, & qu'on ne parvînt à pofféder ces arbres. Ils n'eft pas douteux non plus que les Calaba ne puffent s'élever dans notre climat, au moyen des chaffis, & des couches de tannée, & qu'on ne réuffît à les conferver dans les ferres, & à les multiplier, comme les autres arbres du même pays que nous poffédons déjà.

Ufage. Suivant M. Céré, le Tacamaque indigène de l'Ifle-de-France, ou la première efpèce, eft un des arbres les plus utiles à cette Colonie. Son bois eft d'un grand ufage pour la charpente, la Marine & le charronnage; on tire de fon écorce par incifion, une gomme-réfine fort abondante, & très-propre à remplacer le goudron dans la Marine. Elle eft d'un jaune verdâtre & d'une odeur fuave; on lui donne le nom de baume verd dans le commerce. L'arbre réfifte aux efforts des vents les plus violents, & par cette raifon, eft employé à faire des enceintes propres à protéger les plantations; d'ailleurs fon port majeftueux,

tueux, & l'odeur fuave de fes fleurs qui parfument l'air à de grandes diftances, le rendent très-intéreffant fous tous fes rapports.

Les Indiens mangent les fruits de la feconde efpèce, & tirent de fes amandes, par expreffion, une huile propre aux lampes, & qui peut fervir encore à d'autres ufages.

C'eft dommage que ces arbres n'ayent pas encore été apportés en Europe, la forme de leurs feuilles, leur verdure & l'élégance de leur nervure leur mériteroient un rang diftingué parmi les arbres de nos ferres chaudes. (*M. Thouin.*)

CALABRÉ. Nom que l'on donne, dans quelques pays, à une brebis qui perd fes dents. (*M. l'Abbé Tessier.*)

CALABROISE. Renoncule double de couleur chamois, bordée de rouge : c'eft une variété connue fous le nom des *Ranunculus orientalis. Voyez* RENONCULE. *Rech. fur la culture des Fleurs, par P. Morin.* (*M. Reynier.*)

CALABURE, *Muntingia.*

Ce genre, qui fait partie de la famille des *Tilleuls*, a été établi par le Père Plumier, en l'honneur de Muntingius, célèbre Botanifte, & le nom a été adopté par les Bôtaniftes modernes. Il n'eft encore compofé que d'une feule efpèce. C'eft un arbre originaire de l'Amérique méridionale, qui fe conferve dans les ferres chaudes en Europe.

CALABURE Soyeux.

MUNTINGIA Calabura L. ♄ des Antilles.

Le *Calabure* foyeux eft un arbre qui s'élève à plus de trente pieds de haut. Son tronc eft droit & garni de branches dans fa partie fupérieure ; ces branches fe divifent en rameaux, dont l'écorce liffe eft colorée d'un pourpre foncé fort agréable à la vue. Son feuillage eft épais, d'une verdure cendrée en-deffus, argentée & comme foyeufe en-deffous. Ses fleurs viennent fous les aiffelles des feuilles ; elles font blanches, petites & de peu d'apparence. Il leur fuccède des baies de la groffeur & de la forme d'une cerife, d'un rouge pâle, & qui, par leur multitude, produifent un bel effet. Ces fruits font divifés intérieurement en cinq ou fix loges qui renferment chacune un grand nombre de petites femences.

Culture. Le Calabure croît naturellement à la Jamaïque, à Saint-Domingue, & dans plufieurs autres ifles de l'Amérique. Il vient plus communément dans les terres profondes, un peu humides, & parmi les arbres des forêts.

En Europe, cet arbre fe cultive dans des vafes, & a befoin du fecours des ferres chaudes & des couches de tannée, pour fe conferver pendant l'hiver. Il aime une terre fubftantielle,

fablonneufe, & des arrofemens légers & fréquens. Lorfqu'il eft arrivé à cinq ou fix pieds de haut, il fleurit, & produit quelquefois des fruits qui parviennent à leur maturité.

Le Calabure fe multiplie de femences, de marcottes & rarement de boutures. Ses graines doivent être femées auffi-tôt après leur arrivée, n'importe dans quelle faifon, parce que, fi on les laiffoit dans leurs facs, elles vieilliroient promptement, au lieu qu'elles fe confervent étant femées. La terre, qui leur convient le mieux, eft une terre fubftantielle, légère & bien divifée. Si les femis font faits au printems ou au commencement de l'Eté, ils ne doivent être recouverts que d'à-peu-près une ligne de terre. On placera les pots qui les contiennent, fur une couche chaude, couverte d'un chaffis, & on les baffinera foir & matin avec l'arrofoir à pomme, jufqu'à ce que les jeunes plantes commencent à fortir de terre. Si, au contraire, les graines n'arrivent qu'en Automne ou en Hiver, on les femera pareillement dans des vafes ; mais, au lieu de les recouvrir d'une ligne de terre feulement, on les recouvrira de l'épaiffeur de trois lignes, & on ne les arrofera qu'autant qu'il fera néceffaire, pour que la terre ne fe deffèche pas trop à fa furface, & conferve un léger degré d'humidité. Les vafes feront enfuite placés dans la couche de tannée d'une ferre chaude, pour y refter jufqu'à ce que l'on puiffe au Printems, les mettre fur des couches neuves & fous des chaffis. Alors on les cultivera comme les femis printanniers. Les graines du Calabure reftent fouvent en terre plufieurs mois avant de lever, & quelquefois même une année entière, fur-tout lorfque les graines ont été long-tems dans des facs, avant d'être femées. C'eft pourquoi il eft bon de conferver les pots dans lefquels elles ont été femées, de les arrofer & d'empêcher les mauvaifes herbes d'y croître.

Lorfque les jeunes plants auront atteint trois à quatre pouces de haut, on les repiquera, foit féparément dans des pots à bafilic, ou quatre à quatre dans des pots à œillets. Cela doit dépendre du nombre d'individus qu'on aura & du prix qu'on attachera à leur confervation. On les placera enfuite fous chaffis & fur une couche tiède ; on les ombragera jufqu'à ce qu'ils foient repris, & on les traitera comme les autres jeunes plantes délicates du même climat.

Vers le milieu de l'Automne, ces jeunes élèves doivent être rentrés dans une ferre chaude, à chaffis bas & inclinés, & placés dans une tannée chaude. On les arrofera légèrement pendant l'Hiver, en proportion de leur végétation & de la chaleur plus ou moins forte du foleil. Au Printems, s'ils ont fait des progrès & que leurs racines rempliffent les pots, on les mettra dans des pots un peu plus grands, remplis d'une terre un peu plus forte que celle des femis, & on les placera fous un chaffis où ils pafferont tout le tems de la belle faifon : à l'Automne on les rentrera dans la ferre chaude, après avoir rempoté les individus dont les racines fe feront échappées des pots.

Cette culture doit être fuivie pendant les deux ou trois premières années; mais, lorfque les jeunes plants auront pris de la force, ils n'auront plus befoin d'une ferre auffi chaude pour fe conferver pendant l'Hiver, & on pourra les expofer à l'air libre pendant les mois de Juin, de Juillet & d'Août. Cependant fi quelques pieds fe difpofent à fleurir, il convient de les tenir dans la tannée d'une ferre chaude, même pendant l'Eté, pour accélérer leur floraifon & obtenir la parfaite maturité de leurs fruits.

Les marcottes fe font au commencement de l'Eté, foit dans des pots, foit dans des entonnoirs. On choifit des rameaux de deux ou trois ans, que l'on courbe & qu'on incife à la manière des œillets. Les pieds ou mères, marcottés doivent refter dans la ferre chaude, ou être placés fous des hollandoifes à la plus grande chaleur. Les marcottés s'enracinent fouvent dans le courant de la même année, & elles font en état d'être féparées au mois de Juin fuivant. Alors on les traite comme les jeunes plants nouvellement rempotés.

Les boutures peuvent être tentées avec quelque fuccès au Printems. Les rameaux de l'avant-dernière fève, dont le bois a acquis un peu de confiftance, doivent être préférés à des branches plus boifeufes ou trop herbacées. On les coupe de cinq à fix pouces de long, on les effeuille, & on les plante plufieurs enfemble, dans de petits pots. La terre dans laquelle ils réuffiffent le plus fouvent doit être très-légère : celle qu'on trouve dans le tronc des vieux faules eft excellente pour cet ufage. Après avoir arrofé ces pots, on les place fur une couche tiède, on les couvre de cloches, & on les traite d'ailleurs comme les autres boutures de plantes de la Zone Torride. Lorfqu'elles font bien reprifes, on les fépare en motte, en choififfant, autant qu'il eft poffible, le commencement de l'Eté pour faire cette opération, & on les cultive comme les jeunes plants venus de femence.

Ufage. Le bois de cet arbre, qu'on nomme vulgairement bois de foie à Saint-Domingue, eft dur & compact; on en fait des douves pour les bariques. De fon écorce, qui eft très-filandreufe, on fait des cordes folides qui peuvent fervir à différens ufages. Enfin, quoique le Calabure foit fort délicat en Europe, il mérite cependant d'occuper une place dans les ferres chaudes; fon feuillage foyeux y jette de la variété; &, lorfqu'il fructifie, la couleur agréable de fes baies le rend intéreffant. (*M. Thouin*)

CALAC. *CARISSA.*

Ce genre eft rangé par M. de Juffieu, dans la troifième divifion de la famille des APOCINÉES, près le *ftrychnos* & le *Cerbera.* Il eft compofé de quatre efpèces, qui font des arbriffeaux exotiques, la plupart épineux, dont les fleurs ont quelque reffemblance avec celles des Jafmins, & dont les fruits font des baies à plufieurs femences. Excepté une de ces efpèces qui fe cultive dans les ferres, les trois autres n'ont pas encore paru en Europe.

Efpèces.

1. CALAC à feuilles obtufes.
CARISSA carandas. L. ♄ des Indes orientales.

2. CALAC à feuilles de faule.
CARISSA falicifolia. La M. Dict. n.º 2. ♄ de l'Inde.

3. CALAC à feuilles ovales.
CARISSA fpinarum. L. ♄ de l'Arabie & de l'Inde.

4. CALAC d'Afrique.
CARISSA arduinia. La M. Dict. n.º 4. *Arduinia Bifpinofa.* L. ♄ du Cap de Bonne-Efpérance.

Defcription du port des Efpèces.

1. LE CALAC à feuilles obtufes eft un arbriffeau très-rameux, qui s'élève à quinze pieds de haut environ; fes branches & fes rameaux font garnis d'épines, longues & aigues qui en défendent l'approche. Ses feuilles qui font permanentes, reffemblent à celles du buis pour la confiftance & la forme. Ses fleurs viennent en petits bouquets à l'extrémité des branches; elles font blanches & imitent celles du jafmin. Il leur fuccède des baies qui deviennent d'un rouge obfcur lorfqu'elles font mûres.

2. CALAC à feuilles de faule. Cette efpèce fe diftingue de la précédente, par fes feuilles plus étroites & plus longues, & par fes fleurs qui font beaucoup plus petites; d'ailleurs fon port eft le même, & celle-ci n'eft peut-être qu'une variété du Calac à feuilles obtufes.

3. La troifième efpèce, ou le Calac à feuilles ovales, ne s'élève qu'à fix pieds de haut environ; elle forme un buiffon étalé, très-diffus & fort épineux. Son feuillage reffemble un peu à celui du myrte; il eft permanent & d'un beau verd. Ses fleurs font blanches de même forme que celles du jafmin. Elles font difpofées à l'extrémité des rameaux, par petits bouquets, depuis deux jufqu'à cinq fleurs réunies enfemble. Elles produifent des baies noirâtres de la groffeur d'un pois, qui font divifées intérieurement en deux loges, dont chacune renferme deux petites femences.

4. Le Calac d'Afrique paroît être la plus petite de toutes les espèces de ce génre. C'est un arbuste toujours vert, qui pousse de sa racine plusieurs branches courtes, rameuses, & chargées d'épines. Ses petites feuilles sont d'un vert foncé, semblables à celles du fragon épineux, dont il a à-peu-près le port. Ses fleurs sont petites, blanches, & disposées par faisceaux à l'extrémité des rameaux. Son fruit est une petite baie rouge, à deux loges & qui renferme des semences.

Culture. Le Calac d'Afrique, qui est la seule espèce que nous possédions en Europe, est un arbuste de serre tempérée, peu délicat. Il aime une terre substantielle, sablonneuse & bien divisée. Comme il conserve ses feuilles toute l'année, & qu'il est presque toujours en végétation, il a besoin d'être arrosé fréquemment, mais légèrement. On le multiplie de graines, de marcottes & de bourures.

On doit préférer de faire les semis de cette espèce de Calac à l'Automne plutôt qu'en toute autre saison de l'année, parce que les graines étant quelquefois six mois en terre avant de lever, elles se disposent à germer pendant l'Hiver, & lèvent au commencement de l'Eté; au lieu qu'en les semant au Printemps, elles ne lèvent qu'à l'Automne, & le jeune plant ayant acquis peu de force, est souvent détruit par l'Hiver qui survient. Cependant, comme ces semences vieillissent promptement, il est bon de les semer dès qu'elles arrivent de leur pays natal, lorsqu'on ne peut les obtenir à la fin de l'Eté.

Les semis doivent être faits en pots, dans une terre meuble & légère. Ceux d'Automne seront placés sous des baches pour y rester pendant tout l'Hiver. Ceux qu'on fait dans les autres saisons de l'année, exigent la couche chaude & le chaffis. Les premiers n'ont besoin que d'être arrosés légèrement & de temps en temps. Les autres au contraire doivent être arrosés soir & matin, & abondamment jusqu'à ce que les graines soient levées. Comme le jeune plant croît très-lentement, il n'est propre à être repiqué que la seconde année. On le lève autant qu'il est possible avec une petite motte, & on le place dans des pots à basilic. Cette opération peut se faire pendant toute la belle saison; mais il est préférable de la faire au commencement de l'Eté ou de l'Automne. Les pots des jeunes plants nouvellement repiqués doivent être mis sur une couche tiède, couverte d'un chaffis & ombragés jusqu'à ce qu'ils soient bien repris, alors on peut les laisser sur la même couche, en en retirant les chaffis pour qu'ils jouissent de l'air libre pendant le reste de la belle saison. Lorsque les nuits commencent à devenir froides, il convient de rentrer les jeunes plants sous des baches, ou de les placer dans la tannée d'une

serre chaude pour y passer ce premier Hiver. Au Printemps, on les changera de vases & on les placera sur une couche en plein air. On les rempotera encore à l'Automne s'ils en ont besoin, & on les rentrera dans une serre tempérée, où ils passeront l'Hiver sur des tablettes; à cet âge, ils n'ont plus besoin du secours de la tannée, ni de celui des couches pendant l'Eté.

Le Calac d'Afrique croît lentement; il ne forme pas un arbuste de plus d'un pied de haut, quatre ans après qu'il a été semé, & ce n'est guère qu'à cet âge qu'il commence à fleurir. Le temps de sa fleuraison arrive pour l'ordinaire, dans le milieu de l'Eté, & continue pendant quinze jours ou trois semaines; mais ses fleurs sont rarement suivies de semence en Europe.

Les marcottes du Calac d'Afrique se font dans différentes saisons de l'année, mais particulièrement à la fin de l'Eté, époque à laquelle cet arbuste se dispose à entrer en séve. On incise les branches, on les ligature en fil de fer, & l'on attend que les marcottes soient bien enracinées pour les séparer. Il se passe quelquefois deux ans avant que les branches marcottées soient suffisamment pourvues de racines, pour pouvoir les séparer avec succès, sur-tout lorsque les rameaux qu'on a choisis sont trop ligneux. Les jeunes marcottes séparées se traitent comme les jeunes plants venus de semis.

Pour faire des boutures, on choisit les plus jeunes rameaux, on les plante dans de petits pots avec une terre très-légère, & on les place sur une couche tiède; après les avoir arrosées abondamment, on les couvre de cloches, & on les ombrage avec des paillassons pendant trois semaines ou un mois. Comme elles sont très-long-tems à s'enraciner, il n'est pas nécessaire de les visiter plus d'une fois ou deux par mois. Lorsqu'on s'apperçoit qu'elles commencent à pousser on renouvelle l'air, & on leur donne de la lumière graduellement jusqu'à ce qu'elles soient en état de supporter la présence du soleil. Ces boutures sont quelquefois quinze ou dix-huit mois avant d'être assez pourvues de racines pour être séparées; il convient de les rentrer l'hiver dans la serre chaude, de les placer dans la tannée, & l'Eté de les mettre sur couche & sous chaffis pour protéger & accélérer leur végétation. Nous avons fait reprendre ces arbustes de boutures, par un autre moyen qu'on peut aussi employer concurremment avec celui que nous venons d'indiquer.

Nous avons pris, au mois de Février, de jeunes rameaux de trois à quatre pouces de long: nous les avons mis dans des caraffes remplies d'eau, placées dans une serre chaude, proche le fourneau, & tout près des croisées, afin qu'elles pussent recevoir toute la chaleur du soleil; l'eau des caraffes a été constamment entretenue au degré de chaleur de la ferre ; ces boutures font reftées immobiles pendant tout l'Hiver, à l'exception d'environ un tiers qui fe font dépouillées de leurs feuilles, & qui font mortes. Au Printemps, les caraffes ont été placées fous une bache très-près des vitraux, & toujours entretenues pleines d'eau; bien-tôt quelques-unes de ces boutures ont pouffé des mamelons, qui fe font prolongés en racines. Alors on les a plantées dans de petits pots avec du terreau de bruyère pur, & ces pots ont été placés dans des terrines ou foucoupes pleines d'eau. Les boutures ont continué de croître affez vigoureufement ; vers l'Automne, les jeunes plants ont été rempotés avec une terre compofée de terre franche & de terreau de bruyère, par égales parties, & enterrés dans une couche tiède, au lieu d'être remis dans des terrines. Ils ont perdu quelques feuilles par ce changement de culture ; mais, au moyen des arrofemens fréquents, ils fe font confervés, & ont continué de croître. De douze boutures faites de cette manière, trois ont réuffi, & le plus fort individu qui exifte au Jardin des plantes de Paris, a été obtenu par cette méthode.

Hiftorique. Le Calac d'Afrique a été cultivé pour la première fois en Europe en 1760, au Jardin de Chelfé, par Miller. C'eft d'Angletrrre qu'il s'eft répandu dans les différens jardins de cette partie du Monde.

Ufage. Cet arbufte eft plus rare qu'agréable, auffi n'eft-il guère cultivé que dans les grands Jardins de Botanique. Cependant fa verdure perpétuelle, fon port pittorefque, & la gentilleffe de fes fleurs peuvent lui mériter une place dans les Jardins des Curieux de plantes étrangeres. (*M. Thouin.*)

CALAGERI. Nom vulgaire de la *Conyfa anthelmintica* L. *Voyez* Conise anthelmintique, n.° 2. (*M. Reynier.*)

CALALOU. Nom que les Créoles d'Amérique donnent quelquefois à l'*Hibifcus efculentus* L. parce que ce font les fruits de cette plante qui font la bafe du mets, qu'ils nomment Calalou. *Voyez* Ketmie Gombo. (*M. Thouin.*)

CALAMBA, CALAMBAC, CALAMBOUC, CALAMBOUR, & CALAMBOURG. Ces noms font fynonymes avec celui de bois d'Aloës employé vulgairement pour défigner le bois de l'*Excœcaria Agallocha* L. de l'*Agallochum Præftantiffimum* de Bauhin, de l'*Agallochum officinarum Bauh* P. de l'*Agallochum fylveftre Bach.* & peut-être de l'*Aquilaria Malaccenfis.* La *M. Did. Voyez* les articles Agalloche & Garo. (*M. Thouin.*)

CALAMENT ou **CALAMENTHE.** M. Villars, *Hift. des Plant. du Dauphiné*, a réuni les *Meliffes* & les *Calaments* en un feul genre, dont il a

donné quatre efpèces, qui fe trouvent dans fa Province, deux fous le nom de Meliffe & deux fous celui de Calaments. Ces deux dernières font le *Meliffa Calamintha* L. & le *Meliffa Nepeta* L. *Voyez* Melisse. (*M. Dauphinot.*)

CALAMPART, *Excœcaria Agallocha* L. *Voyez* Agalloche & Garo. (*M. Thouin.*)

CALANDRE ou **CALENDRE.** On donne ce nom au Charançon dans quelques pays. *Voyez* Charançon. (*M. l'Abbé Tessier.*)

CALBASSE, *Cucurbita Lagenaria* L. *Voyez* Courge à fleur blanche. (*M. Thouin.*)

CALCAIRE, (Terre Calcaire) ; une des trois terres primitives & principales ; l'Argille & le fable appelé *Quartz* font les deux autres ; *Voyez* ces mots ; l'Argille eft compofée de parties fines, très-rapprochées ; le quartz eft compofé de parties grenues & dures. La terre Calcaire n'a ni la fineffe de la première, ni la dureté de la feconde. On ne peut pétrir la terre Calcaire, comme on pétrit l'argille ; on ne peut en faire du verre, comme on en fait avec le quartz.

La terre Calcaire eft très-répandue dans la Nature. Elle forme une grande partie du fol de la France. Les acides la diffolvent ; on en fait de la chaux, en l'expofant au feu ; elle eft perméable à l'eau ; tels font fes caractères diftinctifs.

Quand la terre Calcaire eft pure, ou prefque pure, on ne peut y cultiver aucunes plantes utiles ; ou celles qu'on y cultive y croiffent avec peine. La trop grande perméabilité de cette terre ne retient pas affez l'eau des pluies, ou des arrofemens, pour favorifer la végétation.

Les fols mêlés d'argille & de terre Calcaire, ont plus ou moins de qualité, felon que la proportion de la terre Calcaire en eft plus convenable. La terre Calcaire, & le fable, ne peuvent former d'union ; il faut de l'argille avec l'une, ou avec l'autre. Il eft difficile de dire qu'elles en doivent être les proportions ; pour le favoir, il faudroit des expériences, qui n'ont point encore été faites, & dont je donnerai une idée, parce que je les ai conçues depuis long-tems. Si quelque Agriculteur Phyficien vouloit les tenter, il obtiendroit des réfultats toujours utiles, quels qu'ils fuffent.

On auroit féparément du quartz, de l'argille & de fa terre Calcaire purs : on choifiroit du fable blanc & brillant, comme celui d'Etampes, de l'argille de Gentilly, & du marbre blanc des Sculpteurs, réduit en poudre ; chacune de ces fubftances feroit placée dans une foffe ou ouverture faite en plein champ, de manière qu'elle fût environnée de la terre voifine & à la même hauteur. On y femeroit les mêmes plantes ; dans le même temps, le même jour, & on examineroit leur végétation & leur produit. Il y a lieu de croire que dans ces trois terres ainsi épurées, les plantes végéteroient mal. Mais si l'on combinoit le quartz, l'argille & la terre Calcaire deux par deux, ou tous les trois ensemble, à parties égales, ou en augmentant les proportions de l'une, pour diminuer celles des autres; si en variant les proportions des terres, on ajoutoit des quantités différentes d'engrais; si on avoit enfin l'attention de former des couches plus ou moins profondes de ces terres & de leurs diverses proportions, & qu'on y semât toujours les mêmes plantes pour en connoître la végétation & les produits, on éclaireroit l'Agriculteur, on découvriroit des vérités inconnues, on pourroit établir une théorie des sols, beaucoup plus certaine que celle qu'on établiroit d'après une analyse. J'engage les Agriculteurs Physiciens à vouloir bien s'occuper de cet objet, que des travaux d'un autre genre ne m'ont pas permis encore de considérer, quoique j'aie déjà ramassé à cet effet, une assez grande quantité de marbre en poudre.

La terre Calcaire est la base des os des animaux. Ses principales espèces sont la craie, le marbre, une espèce de spath, le corail, les cendres lessivées, les coquilles calcinées, le tuf, un grand nombre de pierres. *

Les Cultivateurs de champs humides & frais emploient la terre Calcaire comme amendement, pour les diviser. *Voyez* AMENDEMENT.

Il y a des marnes qui sont en grande partie Calcaires. Elles conviennent aux terres compactes, comme les marnes en grande partie argilleuses conviennent aux terres légères.

Les matières Calcaires, réduites en poussière, servent aux mêmes usages que les terres Calcaires. (*M. l'Abbé* TESSIER.)

CALCAIRE. Nom d'une terre que l'on regarde communément comme un produit de la nature organisée, quoique plusieurs personnes croyent qu'elle existe antérieurement, & que les êtres vivans se l'assimilent par le travail de la vie.

Les pays Calcaires sont généralement moins fertiles que les autres, leur stérilité est accompagnée ou produite par une sécheresse générale, les eaux courantes y sont plus rares, les pluies pénétrent davantage, ou si elles restent à la surface du sol, elles n'y portent pas cette action vivifiante qu'on remarque ailleurs. Rien de plus stérile que la Champagne, la Picardie, &c. qui font un banc non interrompu de terrains crayeux & les montagnes granitiques & schisteuses. Les montagnes Calcaires ont à peine une couche de terre végétale, les végétaux y sont plus petits moins nombreux, & généralement plus couverts de poils, indices certains de l'absence de l'humidité; aussi les sources y sont-elles rares: aucun torrent, aucun ruisseau ne coule sur leurs flancs; mais au contraire, il en sort en grande abondance de leur pied, souvent même sous la forme de rivière. Les montagnes granitiques, schisteuses &c. sont couvertes de sources qui sortent à différentes hauteurs, les plantes y sont plus grandes & plus vigoureuses & c'est-là qu'on admire les beaux pâturages des Alpes.

Ce n'est point la nature de la terre Calcaire qui nuit aux plantes, puisque répandue sur les terres, elle sert d'engrais; une autre cause plus générale produit cette stérilité, ce n'est pas non plus l'infiltration des eaux pluviales entre les couches de la pierre Calcaire, comme M. de Saussure l'a pensé, puisque les couches ne sont pas sensibles dans la pierre Calcaire dure des montagnes, & que les lits des schistes, sont beaucoup moins liés ensemble, que les couches calcaires ne le sont; ce qui ne prive pas les montagnes schisteuses de sources & de fertilité.

J'ai soupçonné que la terre Calcaire agit dans cette circonstance comme absorbant, qu'elle enlève quelques principes utiles à la végétation, soit l'eau, ou peut-être l'air acide ou fixe, que plusieurs Physiciens regardent comme utile aux végétaux. Il est certain que cet air, qui se forme en très-grande abondance, n'existe pas dans l'atmosphère d'une manière sensible; il faut donc qu'il soit décomposé, & l'on a reconnu que les végétaux le transforment en air vital; ils absorbent donc l'autre principe qui le composoit, & si la terre Calcaire absorbe cet air, elle prive les plantes du principe qu'elles en dégageoient pour se l'assimiler. Au reste, ceci n'est qu'une supposition très-hazardée; le fait certain, c'est que les pays Calcaires sont moins fertiles que les pays argilleux. (*M.* REYNIER.)

CALCAR. Nom employé par quelques Botanistes pour désigner les appendix de certaines fleurs irrégulières, comme celles des Capucines, des Ancolies, des Linaires, &c. *Voyez* ÉPERON. (*M.* THOUIN.)

CALCÉOLAIRE. *CALCEOLARIA.*

Ce genre de plante qui fait partie de la famille des SCROPHULAIRES, est composé de plantes herbacées, originaires de l'Amérique. Leur port a de l'élégance, & leurs fleurs, qui sont d'un beau jaune, ont une forme très-singulière. Elles ressemblent, en petit, à un sabot, ce qui leur a fait donner le nom de Calcéolaire. Ces plantes sont peu connues en Europe, & jusqu'à présent on n'en cultive que deux espèces dans les Jardins.

Espèces.

1. CALCÉOLAIRE pinnée.
CALCEOLARIA pinnata. L. ☉ du Pérou.
2. CALCÉOLAIRE dentée.
CALCEOLARIA serrata. La M. Dict. CALCEO-

LARIA integrifolia. L. ☉ du Pérou & du Chily.

3. Calcéolaire dichotome.

Calceolaria dichotoma. La M. Dict. ☉ du Pérou.

4. Calcéolaire perfoliée.

Calceolaria perfoliata. L. F. Suppl. du Pérou.

5. Calcéolaire crénelée.

Calceolaria crenata. La M. Dict. du Pérou.

6. Calcéolaire à feuilles de romarin.

Calceolaria rosmarinifolia. La M. Dict. du Pérou.

7. Calcéolaire biflore.

Calceolaria biflora. La M. Dict. *Calceolaria nana.* Schmit. Icon. Pl. Fasc. 1. Tab. 2, ♃ du Détroit de Magellan.

8. Calcéolaire uniflore.

Calceolaria uniflora. La M. Dict. *Calceolaria nana.* Schmit. Icon. Pl. Fasc. 1, Tab. 1, ♃ du Détroit de Magellan.

9. Calcéolaire spatulée.

Calceolaria fothergilli. Ait. Hort. Kew. ♂ des Isles Falkland.

Description du port des Espèces.

1. La Calcéolaire pinnée pousse de sa racine, qui est pivotante & très-chevelue, une tige cilindrique & rameuse, qui s'élève environ à deux pieds de haut. Ses branches sont opposées & en croix ; elles diminuent de longueur à mesure qu'elles s'éloignent du bas de la tige, & forment dans leur ensemble une pyramide obtuse, arrondie dans sa circonférence. Les feuilles qui affectent la même disposition que les branches, sont découpées assez profondément, & ressemblent un peu à celles des scabieuses laciniées. Les fleurs sont petites, d'un rouge pâle ; elles viennent à l'extrémité des branches & des rameaux. C'est ordinairement dans le mois de Juin qu'elles commencent à paroître, & elles se succèdent sans interruption jusqu'à la fin de l'Automne. Les semences qui sont renfermées dans de petites capsules, & qui sont très-menues, mûrissent à différentes époques pendant la fleuraison, & quinze ou vingt jours après qu'elle est finie.

Cette jolie espèce est couverte d'un duvet visqueux, & elle est d'une consistance extrêmement tendre : le moindre attouchement des corps étrangers la brise, & le vent même la flétrit.

2. Calcéolaire dentée. Cette espèce s'élève jusqu'à la hauteur de trois pieds. Sa tige est branchue & garnie de feuilles ovales d'un beau vert en-dessus & d'un vert pâle en-dessous. Ses fleurs, qui viennent en bouquets à la sommité des branches, sont d'un assez beau jaune.

3. La Calcéolaire dichotome est une petite plante fluette qui ne s'élève que de six à huit pouces. Elle est couverte, dans toutes ses parties,

d'un léger duvet qui lui donne une couleur cendrée. Ses tiges se divisent en deux branches, & chacune d'elles se subdivise en deux autres rameaux. Elles sont garnies de feuilles ovales, semblables à celles du mouron. Les fleurs sont petites, jaunes & portées sur des pédoncules simples qui viennent, les uns à l'extrémité des rameaux, les autres naissent des bifurcations la tige.

4. La Calcéolaire perfoliée paroît s'élever à la hauteur de deux pieds ; sa tige est branchue, garnie de feuilles & pubescente. Ses feuilles sont opposées, triangulaires, dentées, & ressemblent un peu, pour la forme, à celles du doronic à feuilles en cœur. Quant à leur disposition, elles embrassent la tige & sont perfoliées à-peu-près comme dans le *syphium connatum.* Les fleurs de cette espèce sont assez grandes, jaunes & portées sur des pédoncules qui viennent à l'extrémité des tiges.

5. Calcéolaire crénelée. On distingue aisément cette Calcéolaire par ses feuilles sessiles, oblongues, pointues & crénelées, qui ressemblent un peu à celles de la crête de coq des bleds. Elle paroît s'élever jusqu'à deux pieds de haut. Ses tiges se terminent par des bouquets corymbiformes de petites fleurs peu apparentes.

6. La Calcéolaire à fleurs de romarin est une espèce assez jolie, qui a beaucoup de rapport avec la précédente ; elle s'en distingue aisément par ses feuilles qui sont entières, glabres & visqueuses en-dessus, cotonneuses & blanchâtres en-dessous. D'ailleurs ses fleurs, qui sont petites & jaunes, sont disposées comme celles de la Calcéolaire crénelée.

7. Calcéolaire biflore. Cette espèce pousse des collets de sa racine une rosette de feuilles ovales, dentées, un peu velues, & qui ressemblent à celles du doronic à feuilles de paquerette. Du milieu de cette rosette s'élèvent deux ou trois hampes qui se terminent par deux fleurs jaunes de grandeur médiocre. Elles donnent naissance à des capsules qui renferment un grand nombre de petites semences.

8. Calcéolaire uniflore. Quoique cette espèce soit la plus petite de toutes celles de ce genre qui sont connues, c'est cependant celle qui produit les plus grandes fleurs. Du centre de ses feuilles qui forment une petite rosette à plusieurs rangs & applaties contre terre, s'élèvent deux ou trois petites tiges, terminées chacune par une grande fleur d'un jaune safrané. Toute la plante n'a pas plus de quatre pouces de haut. Il en existe une variété qui n'en diffère que par ses feuilles, qui sont plus grandes & légèrement dentelées, & par la grandeur plus considérable de ses fleurs.

9. Calcéolaire spatulée. Cette espèce ne se trouvant pas décrite dans le Dictionnaire de Bo-

tanique, nous croyons devoir en donner une description plus étendue.

La tige de cette plante se divise dès sa racine en plusieurs branches, qui elles-mêmes se subdivisent en différens rameaux.

Les feuilles sont opposées, pétiolées, obtuses, & couvertes de poils en dessus.

Les pédoncules sont terminaux, quelquefois solitaires & d'autres fois géminés ou deux à deux. Ils sont couverts de poils courts.

Le calyce est monophile, découpé en quatre parties égales. Chacune de ces divisions est terminée en pointe & recourbée sur la fleur. Elles sont marquées de trois lignes longitudinales & très-velues extérieurement.

La corolle, monopétale, irrégulière, divisée en deux lèvres. La lèvre supérieure est droite, arrondie, reniforme, recourbée, de couleur jaune, & un peu plus courte que le calyce. La lèvre inférieure est pendante, quatre fois plus grande que la lèvre supérieure, élargie vers sa base & formant le godet. Elle est d'un jaune pâle en-dessous, rougeâtre sur les côtes, & marquée de taches jaunes & rouges sur les autres parties.

Les filamens des étamines sont insérés à la base du tube de la corolle; elles sont en forme d'alène & au nombre de deux.

Les anthères sont grandes & presque rondes.

Le style est charnu & aussi long que les étamines.

Le stygmate est plane & un peu plus épais que le style.

La capsule est conique, a deux loges & a deux valves.

Les semences sont très-nombreuses & extrêmement fines.

Culture.

Les Calcéolaires croissent naturellement dans leur pays natal, dans les terreins légers, formés de détrimens de végétaux, & sur les lieux humides & ombragés. En Europe, nous ne connoissons bien la culture que de la première espèce, & nous n'avons que des apperçus sur celle de la neuvième. La culture des autres nous est inconnue.

La Calcéolaire pinnée, étant annuelle, ne se multiplie que par le moyen de ses semences. Lorsqu'elles se répandent naturellement sur le terreau des vieilles couches ou sur des plate-bandes ombragées, d'une terre légère & substancielle, elles se conservent pendant l'Hiver, & lèvent naturellement au commencement de l'Eté. Alors il n'est question que de lever le jeune plant en motte, & de le planter, partie en pots & partie en pleine terre, dans les écoles de Botanique. Mais il est prudent de laisser plusieurs pieds dans la place où ils sont levés, parce qu'on est plus sûr d'en obtenir des graines que de ceux qui ont été transplantés. Quand on sème les graines de cette plante, il est à propos de choisir l'Automne de préférence au Printemps. On se sert de terrines remplies d'une terre très-légère, & dans laquelle le terreau de bruyère forme les trois quarts: Les semences doivent être répandues à sa surface & couvertes, tout au plus, d'une ligne de terre. On place ces vases sous un châssis qu'on laisse ouvert pendant tout le tems où il ne gèle pas; & lorsqu'il survient des froids, on les couvre de paille & de paillassons. Au Printemps, on place ces terrines sur une couche chaude, couverte d'un châssis, & on les arrose fréquemment. Ces semis lèvent au mois d'Avril, & le jeune plant est assez fort pour être transplanté au commencement de Mai.

Comme cette plante est extrêmement tendre, il convient de la transplanter très-jeune, lorsqu'elle a deux pouces de haut, par exemple, de la lever en motte, & de choisir un tems couvert & brumeux pour faire cette opération. La reprise des pieds qu'on mettra en pots sera protégée par un châssis ombragé, & ceux qui seront mis en pleine terre seront abrités du soleil & du vent par des contresols, jusqu'à ce qu'ils soient bien repris. On pourra aussi en hasarder quelques pieds en pleine couche ou sur de vieux terreau, dans un lieu abrité du soleil de midi. Toutes ces plantes commenceront à fleurir dans le courant du mois de Juin & continueront jusqu'à la première gelée. La plus foible les brûle & les fait périr radicalement.

Les semis du Printems se font de la même manière que les précédens & exigent les mêmes soins; mais ils ne lèvent souvent qu'à l'Automne. Alors il faut renoncer à la transplantation en pleine terre, parce que ces plantes n'auroient pas le tems de fleurir. On plante chaque pied séparément dans des pots; & lorsque les nuits froides arrivent, on les place sous des châssis ou dans les serres chaudes sur les appuis des croisées. Ces plantes fleurissent pendant la fin de l'Automne & le commencement de l'Hiver, & l'on peut en espérer de bonnes graines qui mûrissent en Décembre & Janvier.

La récolte de ces semences doit être surveillée, parce qu'à mesure qu'elles mûrissent, les capsules qui les renferment, s'ouvrent & les graines tombent. Comme il arrive souvent que les plantes tardives périssent avant la parfaite maturité des semences, on remédie à cet inconvénient, en les coupant à rez-terre & en les suspendant au plancher dans un lieu sec & chaud.

9. La Calcéolaire spatulée croît naturellement dans les lieux humides des Isles Malouines ou Falklands sur la côte de l'Amérique, près le détroit de Magellan. Quoiqu'elle vienne dans un

pays auſſi froid, elle a cependant beſoin des ſecours de l'orangerie pour ſe conſerver l'Hiver dans notre climat, ſuivant M. Acton qui la cultive en Angleterre. Elle fleurit depuis le mois de Juin juſqu'au mois d'Août.

Obſervation. Les Calcéolaires ſont en général plus ſingulières qu'agréables. On ne les cultive que dans les Jardins de Botanique. (*M. Thovin.*)

CALCUL. Il y a trois manières de calculer en Agriculture, ou plutôt, il y a trois objets de Calcul, ſavoir, l'agrément ſeul, l'agrément & l'utilité réunis, & l'utilité ſeule.

Les gens riches peuvent ne calculer que leur agrément, dans ce qu'ils font ; on en voit qui n'épargnent rien pour faire élever & ſoigner des fleurs ; d'autres ne veulent que de beaux gazons ; l'éducation, ou la plantation des arbuſtes, eſt l'occupation de ceux-ci ; ceux-là ſe plaiſent dans quelque autre branche de culture, qui n'a pas plus de valeur réelle. Les Amateurs de Jardins Anglois, qui dépenſent beaucoup pour changer le ſite naturel d'un pays, & le couvrir de plantes étrangères, ſont dans la même claſſe. Leur Calcul eſt tout ſimple, ils ont voulu s'amuſer ; s'ils y ont réuſſi, en ne dérangeant pas leur fortune, leur Calcul eſt bon.

On Calcule ſon agrément & ſon utilité ; quand on fait quelque opération, dans la vue de découvrir une vérité qui intéreſſe, ou d'en retirer un produit quelconque. Par exemple, une expérience, qu'on a conçue & dont on eſpère que le ſuccès ſera un moyen d'accroiſſement de fortune, ſuppoſe un Calcul d'agrément & d'utilité. Un propriétaire aiſé, qui pour rendre ſervice à de pauvres ouvriers, les occupe à des confections de chemins, capables d'améliorer ſes poſſeſſions, on à des plantations, qui ne profiteront que dans l'avenir, pour lui, ou pour ſes enfans, mais qui ne le dédommageront pas de ſes frais, travaille en partie pour ſatisfaire ſon cœur & ne laiſſera pas que d'en retirer quelque choſe. On auroit tort de blâmer ſes opérations : il faut connoître ſes motifs. Dans ſes Calculs, s'il a fait entrer la bienfaiſance, il a rempli ſon but.

L'entretien des potagers coûte ſans doute plus que ſi on achetoit les fruits & les légumes au marché. Il en eſt de même de ce qu'on fait venir dans les ſerres chaudes, ſous les châſſis, &c. mais à l'avantage d'avoir abondamment des productions de ſa poſſeſſion ſe joignent le plaiſir des yeux, un amour de propriété, qui eſt dans le cœur de tous les hommes, & une ſorte de ſatisfaction qui naît de voir orner ſes appartemens, & couvrir ſa table des fleurs & des fruits de ſes jardins. Cet agrément doit faire partie des Calculs.

Enfin, le Calcul le plus ordinaire & le plus raiſonnable eſt celui, qui a pour objet l'utilité ſeule. C'eſt dans celui-ci que les erreurs peuvent

déranger les combinaiſons. S'il y a des Cultivateurs qui calculent bien, il s'en trouve auſſi, qui ne ſavent pas calculer. Je ſais bien que les intempéries du ciel, les fléaux qui déſolent les récoltes, les incendies, les mortalités de beſtiaux, accidens indépendans du ſoin & de la vigilance du cultivateur, renverſent quelquefois la ſpéculation la mieux fondée ; mais ces accidens ſont rares, & l'on ne voit que trop ſouvent des Fermiers ; ou Météyers, d'ailleurs ſoigneux, ſe ruiner ſans éprouver ces accidens, dans des exploitations, où ſe ſont enrichis leurs prédéceſſeurs. C'eſt faute de ſavoir calculer, c'eſt faute de faire des avances, ou des ſacrifices à propos, & de bien juger des rentrées poſſibles par les miſes en-dehors. Beaucoup de Fermiers ſont aſſez mauvais cultivateurs, pour comparer ſeulement le profit d'une récolte dans une terre améliorée avec les frais qu'elles a coûtés. Ils ne penſent pas que cette terre rapportant davantage les années ſuivantes, une partie du ſurplus de ce produit doit entrer en compenſation avec les premiers frais. Un Fermier intelligent eſt comme un Négociant. Il doit former ſes combinaiſons d'après de bonnes baſes, & mettre en ligne de compte les frais & tous les profits préſens & à venir. (*M. l'Abbé Tessier.*)

CALE. On appelle ainſi en Jardinage, un morceau de bois mince, un fragment de tuile, d'ardoiſe, de brique, une pierre plate, &c. On ſe ſert de Cales pour mettre de niveau, les pots, les caiſſes & les gradins, lorſqu'étant placés ſur des terrains irréguliers, à leur ſurface, ils penchent & produiſent un effet auſſi déſagréable à l'œil, que nuiſible aux végétaux qu'ils contiennent ou qu'ils ſupportent.

Les Cales ont un inconvénient, quand on s'en ſert pour caler des gradins en plein air : lorſqu'il pleut & que la terre eſt détrempée, la peſanteur des fardeaux qu'elles ſupportent les fait enfoncer en terre, & les caiſſes ne ſont plus de niveau. Il faut en remettre d'autres & répéter cette opération chaque fois qu'il tombe de l'eau. On peut remédier à cet inconvénient, en plaçant des dez quarrés en pierre, ſcellés de niveau ſur leſquels poſent les pieds des caiſſes ou des gradins. En tenant ces dez de douze à quinze lignes plus élevés, que le niveau du terrain, les pieds des caiſſes ſe conſervent beaucoup plus long-tems que s'ils poſoient ſur terre, & l'on économiſe du tems. *Voyez* CALER. (*M. Thovin.*)

CALÉA. *CALEA.*

Genre de plantes de la famille des CORYMBIFÈRES, à fleurs conjointes de la diviſion des floſculeuſes, qui a beaucoup de rapport avec les Santolines. Il comprend des plantes herbacées, & de petits arbriſſeaux qui ſe trouvent à la Jamaïque, dont les feuilles ſont oppoſées, & dont les fleurs ſont renfermées dans un calice commun,

commun, embriqué d'écailles oblongues & un peu lâches.

Les fleurons, qui composent la fleur, sont portés sur un réceptacle commun, chargé de paillettes. Ils sont tous hermaphrodites, en forme d'entonnoir, réguliers, & ont leur limbe divisé en cinq parties.

Les semences qui leur succèdent sont oblongues & entourées par le calice commun.

Le peu d'apparence de ces plantes dédommage foiblement des soins qu'exigent leur culture. On n'en connoît encore que quatre espèces.

Espèces.

1. CALÉA de la Jamaïque.
CALEA *Jamaïcensis*. L. ♄ de la Jamaïque.
2. CALÉA corymbifère.
CALEA *oppositifolia*. L. ♄ de la Jamaïque.
3. CALÉA paniculé.
CALEA *amellus* L. ♄ de la Jamaïque.
CALÉA à balais.
CALEA *scoparia*. L. ♄ de la Jamaïque.

1. CALÉA de la Jamaïque. Cette espèce offre une nouvelle preuve des inconvéniens qui résultent d'une mauvaise nomenclature. L'épithète de *Jamaïcensis*, par laquelle on la désigne, ne lui convient pas plus particulièrement qu'aux trois autres espèces, puisqu'elles se trouvent toutes à la Jamaïque, où elles croissent naturellement.

Quoi qu'il en soit, cette espèce s'élève à six ou sept pieds, & même davantage. Ses tiges sont ligneuses, menues, cylindriques & légèrement cotonneuses.

Ses feuilles sont ovales, un peu dentées, garnies de poils qui les rendent rudes au toucher, & à trois nervures.

Les fleurs sont terminales. Elles naissent souvent trois ensemble, sur des pédoncules aussi longs qu'elles. Leur calice, & les paillettes qui séparent les fleurons, sont colorés, & la corolle est d'un jaune teint de sang.

Les semences sont couronnées d'aigrettes rudes, aussi longues que la fleur.

Historique. Cette plante croît naturellement à la Jamaïque. Elle se trouve principalement dans les bois qui garnissent l'intérieur de l'Isle. Brown qui l'y a observée, la désignée sous le nom de *grande Santoline cotonneuse*.

2. CALÉA corymbifère. Cette espèce est herbacée. Sa tige s'élève à deux pieds & demi & même plus. Elle est droite, légèrement velue, striée, & un peu roide.

Les feuilles sont opposées, & quelquefois ternées, lancéolées, entières & à trois nervures. Les fleurs naissent de l'extrémité de la tige, ou dans les aisselles des feuilles supérieures. Elles

sont blanches, & forment des corimbes serrés, portés sur de longs pédoncules.

Les semences sont dépourvues d'aigrettes, & les paillettes intérieures du réceptacle, sont plus longues que celles qui garnissent les bords.

Historique. Cette plante est également originaire de la Jamaïque. Elle croît ordinairement sur les montagnes peu élevées de Linguenca. Brown l'appelle *petite Santoline droite, à feuilles étroites*.

3. CALÉA paniculé. Cette espèce ligneuse ne s'élève ordinairement qu'à deux ou trois pieds; mais, lorsque ses branches atteignent celles de quelque arbre voisin, elles montent jusqu'à huit à dix pieds. Elle a le port de l'eupatoire.

Ses feuilles sont lancéolées, épaisses & glabres.

Les branches sont terminées par des panicules de fleurs jaunes, dont le calice est très-court.

Les semences sont sans aigrettes.

Historique. Cette plante, qui croît aussi à la Jamaïque, est très-commune aux environs de la rivière Bull-Bay, & sur le revers des collines de la paroisse du Port-royal. Brown lui a donné le nom de *Amellus fuleris longis*.

4. CALÉA à balais. Cette espèce, qui se trouve aussi à la Jamaïque, est un petit arbrisseau dont le port à quelques ressemblances avec celui du *Spartium scoparium* de Linnée.

Ses branches sont anguleuses; opposées, souvent ternées, sous-divisées en rameaux alternes, très-nombreux, & presque égaux en longueur. Les feuilles sont très-petites, glabres, presque linéaires & obtuses. Les fleurs sont aussi très-petites. Elles sont blanches, solitaires, sessiles, & naissent à l'extrémité des rameaux.

Culture. Ces plantes n'ont point encore été cultivées en France; mais elles le sont en Angleterre; voici de quelle manière Miller dit qu'on doit les élever. Elles se multiplient de graines que l'on sème dans les premiers jours du Printems, sur une couche chaude, sous un châssis vitré. Lorsqu'elles commencent à pousser, on les traite délicatement. Il faut avoir soin de renouveller l'air tous les jours, à proportion de la chaleur extérieure, & de les arroser souvent, mais légèrement.

Ce premier traitement convient à toutes les espèces. Mais, lorsqu'elles ont acquis plus de force, elles exigent un régime différent. Le jeune plant des espèces 1, 3, 4, doit être mis séparément dans de petits pots que l'on enterre dans la couche de tan de la serre chaude, en observant de les tenir à l'ombre, jusqu'à ce qu'elles aient formé de nouvelles racines. On les traite ensuite comme les autres plantes exotiques des mêmes climats. On les arrose souvent pendant les chaleurs, & chaque jour on leur donne de l'air frais.

Ces plantes peuvent subsister plusieurs années en les conservant dans la couche de tan de la serre chaude, car elles sont trop délicates, pour pouvoir, dans nos climats, rester exposées à l'air libre. On doit cependant leur donner beaucoup d'air frais, pendant les chaleurs de l'Eté.

L'espèce, n.° 2, est moins délicate. On peut se contenter de transplanter les jeunes plantes sur une nouvelle couche chaude, à quatre pouces de distance. Lorsqu'elles sont devenues assez fortes pour se toucher, on les met avec soin dans des pots qu'il suffit de placer dans la serre, ou dans une couche, sous un châssis vitré. Avec ces simples précautions, elles fleurissent très-bien, & perfectionnent leurs semences.

Usages. Ces plantes ne paroissent pas mériter beaucoup l'attention des Curieux ; elles n'ont rien qui puisse dédommager des soins & des frais qu'exige leur éducation. Mais il seroit bon de les avoir dans les Jardins de Botanique. (*M. Dauphinot.*)

CALEBASSE. Ce nom désigne tout à-la-fois, & les plantes qui composent la première division, établie par M. Duchesne, dans le genre des Courges, divisions qui ont été adoptées par M. de Lamarck ; & la première espèce de cette division. *Cucurbita leucantha.* Courge à fleurs blanches. C'est la *Cucurbita lagenaria.* L. (*M. Dauphinot.*)

CALEBASSES. Les Jardiniers donnent ce nom aux prunes qui grossissent excessivement, deviennent blanchâtres, & s'excavent à l'intérieur : ces fruits tombent avant leur maturité, ou se dessèchent. Cette espèce de coulure me paroît due à la piéquure de petits moucherons, qui déterminent la sève à se porter dans les fruits, comme dans les galles. Il est certain que je n'ai jamais trouvé des prunes calebasses, sans vers ou moucherons à l'intérieur. Les pruniers sont toujours plus ou moins sujets à cet accident ; mais il est rare que tous les fruits deviennent calebasses. Comme elles ne sont produites que par la piquure d'un insecte, leur nombre dépend de la multiplication de cet insecte. (*M. Reynier.*)

CALEBASSIER. *Crescentia.*

Ce genre, dont la famille ne paroît pas encore bien déterminée, a des rapports avec celle des Solanées & des Borraginées ; cependant il s'en éloigne par différens caractères. Peut-être doit-il constituer une famille particulière avec les Brunsfel & les daphnot. Quoi qu'il en soit, son caractère consiste en un calice monophile, divisé en deux parties, une corole monopétale, à cinq découpures, quatre étamines, dont deux plus courtes que les autres, un ovaire supé-

rieur, surmonté d'un stile, terminé par un stigmate charnu. Son fruit est très-gros, rempli d'une chair molle, dans laquelle se trouvent plongées un grand nombre de semences à deux loges, & en forme de cœur. Toutes les espèces de ce genre sont étrangères à l'Europe ; elles croissent dans les pays les plus chauds, & forment des arbres plus ou moins élevés. Leurs fruits servent à différens usages économiques & médicinaux. Ces espèces sont encore rares en Europe, où on les cultive dans les serres chaudes. Elles y sont connues sous les noms suivans :

Espèces.

1. Calebassier à feuilles longues, ou le couis. *Cressentia cujete.* L.

B. Calebassier à feuilles longues ou arrondies, ou le Cohyne. *Cressentia cujete subrotunda.*

Calebassier à feuilles longues & à petits fruits. *Cressentia cujete fructu minimo* ♄ des Isles des Antilles.

2. Calebassier à feuilles larges. *Cressentia latifolia.* La M. Dict. ♄ de Saint-Domingue.

3. Calebassier à fleur de jasmin. *Cressentia Jasminoides.* La M. Dict. ♄ des Isles de Bahama.

Description du port des Espèces.

1. Le Calebassier à longues feuilles est un arbre de moyenne hauteur qui a le port de nos pommiers ; son tronc, dans l'âge parfait, a la grosseur d'un homme. Il est ordinairement bosselé, tortueux & recouvert d'une écorce blanchâtre & ridée. Il s'élève environ à trente pieds & se divise à son sommet en branches qui s'étendent horizontalement de tous côtés, & forment une grosse tête régulière & applatie par sa partie supérieure. Les feuilles naissent le plus souvent huit ou dix ensemble, sur les rameaux ou séparément sur les jeunes bourgeons. Elles ont six à huit pouces de long sur environ un pouce de large. Leur verdure est luisante & agréable à l'œil ; les fleurs sont solitaires, placées sur le tronc de l'arbre & sur les plus grosses branches. Elles sont d'une couleur peu apparente & d'une odeur désagréable. Il leur succède des fruits qui sur différens individus, varient pour la grosseur, depuis un pouce jusqu'à un pied de diamètre. Ils ne varient pas moins quant à la forme ; les uns sont ronds, d'autres applatis, & d'autres ovales. En général, ils renferment une chair pulpeuse, blanche, pleine de suc, d'un goût aigrelet, & qui contient une grande quantité de semences applaties. L'envelope de ce fruit est verte, unie, dure & presque ligneuse.

La variété B, qui pourroit bien être une

espèce particulière, diffère par ses feuilles moins longues, moins étroites & arrondies en forme de spatule par leur extrémité. Ses fruits sont oblongs & d'une grosseur différente, mais souvent plus gros que la tête d'un homme.

La variété C. se distingue aisément par la petitesse de sa stature & de ses feuilles qui ressemblent, pour la forme, à celles de l'olivier, & sur-tout par la petitesse de ses fruits qui ne sont pas plus gros qu'un œuf de pigeon, ou tout au plus qu'un œuf de poule. Cet arbre, examiné avec attention, pourroit bien être une espèce distincte.

2. Calebassier à larges feuilles. Cette espèce, qui avoit été regardée par plusieurs Botanistes comme une des variétés de la précédente, en diffère essentiellement par son tronc plus gros & plus élevé, par ses branches plus garnies de feuilles, plus longues & plus nombreuses, & par son écorce qui est d'un gris rougeâtre. Ses feuilles ne viennent point par paquets comme dans la première espèce ; elles sont solitaires, alternes, disposées le long des branches & assez semblables à celles du citronnier. Les fleurs sont blanches & produisent des fruits qui ont à-peu-près la forme d'un citron, mais plus gros. Leur enveloppe est mince, fragile & renferme une pulpe blanchâtre dans laquelle sont plongées des semences plates de la largeur d'une pièce de six sols. Ces semences sont brunes, divisées en deux loges, & renferment une amande d'un goût amer.

3. Le Calebassier à fleur de jasmin est un arbrisseau qui s'élève à six ou sept pieds de haut, & dont la tige principale n'est pas plus grosse que le poignet. Ses feuilles sont roides, coriaces, & à-peu-près de la grandeur de celles du laurier des Poëtes. Les fleurs viennent par bouquets à l'extrémité des branches & ressemblent, par leur grandeur & par leur forme, à celles du Jasmin blanc ordinaire. Leur corolle est blanche, mêlée d'un peu de rouge ; le fruit est pendant, ovale & d'un vert mêlé de jaune. Lorsqu'il est mûr, il n'a pas plus de consistance qu'une poire molle, & contient, dans une pulpe assez semblable à de la casse par son goût & sa couleur, des semences noirâtres, petites & ovales. et arbrisseau a de grands rapports avec les Calebassiers par ses fruits ; mais il paroît s'en écarter par ses fleurs. Peut-être conviendroit-il d'en former un genre particulier ?

Culture.

Les Calebassiers, étant tous originaires des pays chauds, doivent être cultivés en Europe dans des vases que l'on tient dans la serre chaude & dans les couches de tan une grande partie de l'année. Ils ne craignent pas les plus grandes chaleurs, & veulent être arrosés tant qu'ils sont en végétation ; mais, lorsqu'une fois leurs feuilles commencent à tomber, il faut modérer les arrosemens, &

les supprimer entièrement, quand ils sont dans leur état de repos. La terre, qui leur est la plus convenable, est celle qui est composée de terre franche, de terreau de feuilles & de sable de bruyère, mélangée à-peu-près par égales parties & bien mêlée. On les multiplie de graines, de marcottes & quelquefois de boutures.

On ne peut se procurer des graines de ces arbres que dans leur pays natal, parce qu'ils n'en produisent jamais dans notre climat, où jusqu'à présent ils n'ont point encore fleuri. Mais comme ces semences vieillissent promptement, lorsqu'elles sont séparées de leur pulpe, il est bon de les faire venir dans leurs fruits entiers & de tâcher de les obtenir au commencement du Printemps. Après les avoir séparées de leur pulpe, on les sème vers la mi-Mars, dans des pots, avec une terre légère, & on les place sous une couche chaude, couverte d'un châssis. Lorsque les graines sont bonnes, elles levent pour l'ordinaire au bout de six semaines, & le jeune plant est propre à être séparé un mois après. On peut le repiquer, soit séparément dans des pots à basilic, soit en mettant cinq pieds ensemble dans des pots à œillets. Les plants repiqués doivent être mis sur une couche tiède & garantis du soleil & du vent, jusqu'à ce qu'ils soient bien repris. Ensuite on les place sous une bache à ananas dans une couche de tan, où ils peuvent rester, jusqu'à l'époque où les tannées des serres chaudes étant renouvellées, on puisse les y déposer pour passer l'Hiver. Pendant cette saison, les jeunes Calebassiers n'ont besoin que d'arrosemens foibles & très-éloignés les uns des autres, & seulement pour empêcher la terre de se trop dessécher. Il convient aussi de les visiter souvent, pour écarter les pucerons verts, les galles-insectes & les fourmis qui sont attirées par le suc de ces arbres & leur font beaucoup de tort. Au Printemps, on rempote les individus dont les racines sont trop gênées dans leurs vases ; on sépare ceux qui avoient été repiqués en pépinière & on les place sous des baches. Ils peuvent rester dans cette position pendant toute la belle saison, & n'ont besoin que d'être aérés dans les jours chauds & arrosés deux ou trois fois par semaine. Par cette méthode les Calebassiers croîtront assez rapidement & pourront avoir atteint deux pieds de haut à la fin de cette seconde année. Alors il sera bon de les transvaser dans des pots plus grands & de les replacer dans la tannée de la serre chaude pour passer le second Hiver. Ce changement de place des serres, sous les baches, doit avoir lieu chaque année, jusqu'à ce que les individus, étant devenus trop grands, ne puissent plus être contenus sous cette espèce de châssis. Alors on les laissera toute l'année dans la serre chaude, en observant seulement de leur donner beaucoup d'air pendant les grandes chaleurs, de les bassiner de tems en tems, & de les laver souvent pour chasser les insectes qui leur nuisent.

Les individus destinés à garnir leur place, dans les Ecoles de Botanique, ne doivent y être placés, que lorsque le thermomètre ne descend pas, pendant les nuits, au-dessous de dix degrés, & lorsque la terre a été déjà échauffée par le soleil. Il faut ajouter à ces précautions, celle de couvrir ces arbres d'un chassis portatif, & de les rentrer dans la serre chaude, dès le commencement de Septembre.

Quoique nous n'ayons pas essayé de multiplier les Calebassiers par le moyen des marcottes & des boutures, nous croyons cependant que ces deux voies de multiplication doivent réussir facilement; le bois de ces arbres est tendre, & leur végétation est assez rapide. Ainsi, en prenant les précautions requises pour ces sortes d'opérations & en variant les chances, on obtiendra de nouveaux individus. *Voyez* les mots Boutures & Marcottes,

Usage. Les fruits de la première & de la seconde espèce, ainsi que ses variétés, servent aux Indiens, après qu'ils en ont ôté la pulpe, les plus petits, à faire des cuillers, des gobelets, des bouteilles, des tasses, des assiettes; & les plus gros à faire des soupières, des jattes, & même des sceaux, pour contenir des provisions d'eau. Ils ornent ces vases qu'ils nomment *Couis*, de ciselure & de sculpture, & ils peignent dessus des fleurs ou des figures idéales de différentes couleurs qui ne sont pas sans agrément.

On fait avec la pulpe de ces Calebassiers un sirop, très-estimé dans nos Isles, pour les maladies de poitrine, pour les chûtes & pour beaucoup d'autres maux. On en fait des envois dans les différentes parties de l'Europe.

Dans les tems de sécheresse on nourrit les bestiaux avec la chair de ce fruit, & avec les feuilles & les jeunes branches de l'arbre qui le produit. Son bois, qui est susceptible de poli, est employé communément pour faire des selles, des tabourets, des sièges & autres meubles de cette espèce.

En Europe, ces arbres sont plus rares qu'agréables; ils n'ont d'autre utilité que d'occuper leur place dans les Jardins de Botanique, & de servir à l'instruction des Botanistes. (*M. Thouin.*)

CALENDRIER rustique, espèce d'almanac, dans lequel on indique toutes les opérations rurales pendant le cours de l'année. *Voyez* ALMANAC, pages 435 & 436, 2.e partie du premier volume, & Baromètre, page 68 & suivantes, première partie du 2.e volume. (*M. l'Abbé Tessier.*)

CALENDRIER de Flore. Linnéus a donné ce nom à un de ses ouvrages, qui a pour objet d'indiquer les plantes qui fleurissent dans les différentes saisons, & dans les différens mois de l'année. Quoi qu'il soit très-difficile d'indiquer précisément l'époque à laquelle chaque plante fleurit, à cause de la variété des saisons & de leur degré de chaleur; cependant cet ouvrage est très-intéressant pour les Agriculteurs; en leur indiquant les fleurs qui viennent ensemble dans chaque saison, & celles qui se succèdent les unes aux autres; il leur fournit les moyens d'entretenir leurs jardins fleuris pendant une grande partie de l'année. Miller, à la fin de son Dictionnaire des Jardiniers, donne des tables des plantes qui fleurissent dans les différens mois de l'année, & qui peuvent remplir le même but.

Le Calendrier de Flore n'est, pour ainsi dire, que la première partie d'un ouvrage dont l'horloge de Flore du même Auteur fait la seconde. Celle-ci a pour but d'indiquer les fleurs qui s'ouvrent ou s'épanouissent dans les différentes heures du jour & de la nuit. Ces ouvrages sont le fruit des distractions d'un homme de génie, qui a passé sa vie à étudier la Nature, à la décrire & à l'admirer. *Voyez* HORLOGE de FLORE. (*M. Thouin.*)

CALER. C'est mettre de niveau au moyen de cales de bois, de briques ou de pierre, les caisses, les gradins & même les pots qui se trouvent placés sur les terrains raboteux.

Cette opération n'est pas moins nécessaire à l'agrément du coup-d'œil, qu'utile aux plantes que l'on cultive dans des vases. Lorsque les caisses ne sont pas placées de niveau, une partie de l'eau des arrosemens est en pure perte; elle n'imbibe qu'une partie de la motte, tandis que l'autre partie se dessèche de plus en plus. Cet inconvénient fait souffrir les végétaux, & quelquefois même les fait périr. *Voyez* CALE. (*M. Thouin.*)

CALÉSAN. *Calesjam.*

Ce genre établi par Rhéede, dans son *Hortus Malabaricus*, est encore peu connu des Botanistes. Il paroît appartenir à la famille des BALSAMIERS, & se rapprocher des Brucés, des Sumacs & des Comoclades. Jusqu'à présent il n'est composé que d'une espèce.

CALESAN baccifère.
Calesjam baccifera. ♄ de la côte de Malabar.

Le Calésan baccifère est un arbre qui s'élève environ à soixante pieds de haut, & d'un beau port; son tronc est droit, couronné d'une cime arrondie, composée de beaucoup de branches étalées de toutes parts. Ses feuilles sont formées de plusieurs folioles entières, glabres & d'un beau vert en-dessus. Les fleurs viennent en grappes comme celles de la vigne & aussi petites; elles font fuivies de baies oblongues, comprimées & pendantes, comme celles des grofeilles.

On attribue à l'écorce de cet arbre la vertu de guérir les convulfions, les ulcères, la diffenterie, & de calmer les douleurs de la goutte.

Son bois qui eft d'un pourpre noirâtre, uni & flexible, pourroit être employé dans la marqueterie.

Cet arbre mériteroit d'être cultivé dans nos Colonies d'Afrique & des Antilles; fon bois pourroit y devenir un objet de commerce intéreffant. Sa culture en Europe ne pourroit avoir lieu, que dans les ferres chaudes, comme les plantes qui viennent du même pays. Jufqu'à préfent il n'y a point encore été cultivé. (*M. Thouin.*)

CALFATER. Les Jardiniers difent plus communément Calfeutrer. Calfater les ferres & les chaffis, c'eft boucher à l'Automne avec des étoupes, de la mouffe, du maftic ou du papier, les joints des chaffis, les fentes & enfin toutes les ouvertures par où l'air extérieur pourroit s'introduire dans les ferres pendant l'Hiver.

Cette opération eft auffi néceffaire pour l'économie du chauffage que pour la confervation des plantes. En effet, lorfqu'une ferre n'eft pas bien clofe la chaleur fe diffipe & le froid entre plus aifément, alors il faut augmenter & prolonger la durée du feu; mais c'eft le moindre inconvénient. Lorfque l'air froid entre dans une ferre, les feuilles des plantes qui fe trouvent fur fon paffage, en font auffi-tôt attaquées, elles fe flétriffent, fe deffèchent & tombent; les arbriffeaux perdent leurs jeunes branches & fouvent meurent en très-peu de tems de cette attaque imprévue. Les Jardiniers connoiffent parfaitement l'effet que produifent ces vents coulis, auffi prennent-ils toutes les précautions pour les empêcher d'entrer dans les ferres.

Lorfque les froids font fur le point d'arriver, un Jardinier foigneux doit faire la vifite des ferres, fermer à demeure toutes les croifées ouvrantes & ne laiffer de libres que les vafiftas deftinés au renouvellement de l'air pendant la préfence du foleil; enfuite il remplit avec de la mouffe ou des étoupes, tous les interftices par où l'air extérieur pourroit entrer dans les ferres. Si les chaffis font fabriqués en fer, il peut fans inconvénient fe fervir de mouffe pour Calfater; mais s'ils font en bois, il doit préférer les étoupes qui font moins fufceptibles de conferver l'humidité & de la communiquer au bois. Lorfque les fentes font trop petites pour y introduire la mouffe ou les étoupes, on les bouche avec du maftic de vitrier ou l'on y colle une bande de fort papier. Les ferres doivent refter Calfatées jufqu'à la fin des grandes gelées & même jufqu'à ce que la chaleur du foleil néceffite l'ouverture des croifées pour diminuer fon action. (*M. Thouin.*)

CALICE. Envelope extérieure de la fleur différente de la corolle, par fa fubftance plus femblable à celle des feuilles fouvent même coriace, & par fa couleur prefque toujours verte ou d'une nuance terne. Les définitions qu'on a données des Calices, pour les diftinguer des corolles, ont jetté de l'embarras. Les pétales font les parties les plus riches de la fleur, & cependant d'après la définition de Linné, les fleurs de tulipes & de beaucoup de liliacées, celles des anémones, des populages &c. n'auroient point de corolle.

On diftingue les Calices en caduques, lorfqu'ils tombent avant les pétales, comme les pavots, & en perfiftans qui fervent d'enveloppe au fruit, comme dans la fauge, le coqueret, &c. On les diftingue auffi, en fimples, lorfque chaque Calice enveloppe une fleur, comme dans prefque toutes les fleurs, & en commun, lorfqu'il contient plufieurs fleurs, comme dans les planipétales.

On le diftingue enfin en *Calice d'une pièce* ou *monophille*, lorfqu'il n'eft point dechiré jufqu'à fa bafe, & en *Calice de deux, trois*, ou *plufieurs pièces* lorfqu'il eft compofé de plufieurs parties.

On trouvera, dans le Dictionnaire de Botanique, de plus grands détails fur les différentes efpèces de Calice. (*M. Reynier.*)

CALICULÉ. Qui a un petit calice. On donne ce nom au calice de certaines compofées, qui ont à la bafe du calice principal un calice plus petit, qui environne fes bafes; ce terme, qui eft ufité dans les defcriptions des Botaniftes, n'eft pas connu des Jardiniers. *Voyez* Composée. (*M. Reynier.*)

CALIGNI. *Licania.*

Suivant M. de Juffieu, ce nouveau genre établi par Aublet dans fon Hiftoire des plantes de la Guyane Françoife, fait partie de la famille des Rosacées. Il le range dans la feptième Section avec les grangers, les cerifiers, les amandiers, &c. Ce genre n'eft encore compofé que d'une efpèce, qui, jufqu'à préfent, n'a point été cultivée en Europe.

CALIGNI blanc.

Licania incana. Aub. Guyan. 119. Tab. 54. ♄ de la Guyane.

Le Caligni eft un arbre dont le tronc ne s'élève pas à plus de trois à quatre pieds de haut fur cinq à fix pouces de diamètre. Son écorce eft cendrée & tombe partiellement par lambeaux comme celle du platane. Son bois eft dur & blanchâtre; quand on le fcie il exhale une odeur d'huile rance. Ce tronc pouffe à fon extrémité, des branches & des rameaux qui s'étendent & fe répandent en tous fens; les feuilles viennent vers l'extrémité des branches & des rameaux: elles font alternes, liffes, vertes en-deffus & couvertes en-deffous, d'un duvet fort blanc. Les fleurs font petites, blanches, feffiles &

difposées en épis à l'extrémité des rameaux : elles font composées d'un calice formé de deux écailles oppofées, d'une corolle monopérale à cinq petites dents, de cinq étamines, d'un ovaire furmonté d'un ftile & terminé par un ftigmate obtus. Le fruit eft une baie de la groffeur d'une forte olive, de couleur blanche, pointillée de rouge extérieurement, & renferme un noyau dur. Le fruit de cet arbre eft fort recherché par les Galibis. Ils en fucent, avec plaifir, la fubftance pulpeufe.

Aublet a trouvé cet arbre en fleurs dans le mois d'Août fur la montagne *Serpent* ; & enfuite dans les mois d'Octobre & de Novembre, fur les bords de la rivière de Sinemari, à cinquante lieues au-deffus de fon embouchure.

Il eft probable que cet arbre ne pourroit être cultivé dans notre climat que dans les ferres chaudes, & qu'il exigeroit, dans fa jeuneffe, le fecours de la tannée pour paffer l'Hiver. Peut-être qu'on parviendroit à le multiplier de greffes fur nos arbres à fruits à noyau, avec lefquels il a quelques rapports, & qu'on pourroit, par ce moyen, le naturalifer dans nos départemens les plus méridionaux. Cette tentative pourroit nous affurer une nouvelle fouche d'arbres frutiers de laquelle ou obtiendroit par la culture des variétés utiles. (*M. Thovin.*)

CALLÉ. *Calla* L.

Genre de plantes de la famille des **Gouets**, avec lefquels elle a la plus grande analogie pour la conformation des fleurs, & de la difpofition des feuilles. Les Calles en différent par la conformation du fpathe, qui eft ouvert ou plane, & par chaton entièrement couvert par les fleurs.

Efpèces.

1. **Calle** d'Ethiopie.
Calla æthiopica. L. ♃ de l'Ethiopie & du Cap de Bonne-Efpérance.

2. **Calle** des marais.
Calla paluftris. L. ♃ des marais d'Europe, principalement des Pays feptentrionaux.

3. **Calle** du Levant.
Calla Orientalis. L. ♃ des environs d'Alep, dans les lieux montueux.

1. **Calle** d'Ethiopie. Cette plante, l'un des plus beaux ornemens de l'orangerie, vers la fin de l'Hiver, époque où elle fleurit, pouffe des feuilles d'un beau verd luifant, en cœur, femblable à celles du goufet commun ; mais beaucoup plus grandes. Les fleurs naiffent à l'extrémité d'une hampe, qui fouvent a trois pieds de longueur, elles font petites fans couleur, mais la fpathe qui les environne, remplace la fleur des autres végétaux ; fa grandeur, fa couleur blanc de lait, & l'odeur qu'elle exhale, forment de cette plante, lorfqu'elle eft en fleur, un objet de décoration.

Culture. On ne feme que très-rarement la graine de Calle, cette manière de multiplier eft trop longue & préfente peu d'avantages ; l'efpèce n'étant pas fufceptible de donner des variétés par ce moyen. Miller dit en avoir femé des graines venant du Cap, au moyen defquelles il efpéroit renouveller la plante, & obtenir des variétés plus odorantes, & n'a obtenu que des individus femblables à ceux qu'il cultivoit auparavant. Lorfqu'on feme les graines de Calle, les plantes qu'on obtient, reftent trois années avant de fleurir, cette longue attente ne fatisfait pas l'impatience fi naturelle de jouir.

La manière de multiplier cette plante la plus généralement ufitée, eft au moyen des rejettons, qui pouffent de la racine, & qu'on en fépare vers la fin du mois d'Août, époque où la végétation de cette plante éprouve, non une fufpenfion totale, mais un ralentiffement à ce moment, eft déterminé par le dépériffement des anciennes feuilles ; il en naît alors de nouvelles qui fe développent pendant l'Hiver fuivant.

Les rejettons qu'on fépare à cette faifon, doivent être plantés dans des pots pleins d'une terre fubftancielle ; ils reftent à l'air jufqu'à l'Automne, & aux approches de l'Hiver, on les rentre dans l'orangerie. Pendant cette dernière faifon, on doit leur ménager les arrofemens ; cette plante craint l'humidité. L'année fuivante, les plus petits n'en portent fouvent que la feconde année.

Cette plante s'eft tellement acclimatée en Europe, qu'elle exige à peine d'être garantie de nos Hivers ; c'eft une des premières plantes qu'on fort au Printemps, & je l'ai vue dans de mauvaifes ferres où les orangers ne pouvoient réfifter ; cette plante eft cultivée affez généralement ; tous les Jardiniers en ont quelques pieds, & les foins qu'ils lui donnent ne la préferveroient pas fi elle étoit délicate : Miller dit en avoir confervé en plein air, dans des plattebandes côtières, dont le fol étoit fec, dans les Hivers, doux il ne lui donnoit aucun abri ; lorfque les froids étoient plus forts, il la couvroit.

Ufage. On cultive cette plante comme objet de décoration ; elle fleurit depuis Mars jufqu'en Mai, époque où le nombre des plantes fleuries eft peu confidérable. A cette époque, elle orne les orangeries, & même on peut la placer au-deffus d'un théâtre de fleurs Printanières, dans les appartemens où fon odeur agréable, & fa beauté, la font rechercher, & en général l'employer à tous les ornemens de cette faifon, où le parterre eft encore nud ; l'extenfion de fa culture annonce le cas qu'on en fait ; & tous les Jardiniers qui fourniffent les marchés de Paris & des autres Villes, en ont plufieurs pieds qu'ils vendent lorfqu'ils font en fleur.

2. **Calle** des marais. Cette efpèce moins belle que la précédente, n'eft cultivée que dans les

Jardins de Botanique; sa spathe est verte en-dehors, blanche en-dedans, & beaucoup moins apparente que celle de la Calle d'Ethiopie.

Culture. Cette plante est trop commune dans les marais de l'Europe, pour qu'on se soit atta-ché à sa culture ; cependant M. Thouin a essayé de l'élever de graines, il y a réussi en les semant au Printemps, dans des pots pleins d'une terre détrempée, plongés eux-mêmes dans un bacquet plein d'eau. Les jeunes plantes ont passé trois années avant de fleurir.

On multiplie ordinairement cette plante, au moyen de rejettons qu'on sépare des racines en Automne ; on les plante dans une terre dé-trempée, dont on a soin de conserver l'humi-dité, soit en plongeant les pots dans des bas-sins pleins d'eau, ou par des arrosemens arti-ficiels ; ils prennent racine avant l'Hiver, & portent des fleurs l'année suivante. Il seroit im-portant d'avoir dans un jardin de Botanique des sites variés, & particulièrement une espèce ma-récageuse, il épargneroit des peines infinies aux Jardiniers, & les plantes de marais n'auroient pas cet air souffrant qu'on leur trouve dans les Jardins de Botanique, malgré tous les efforts de ceux qui sont à la tête.

3. CALLE du Levant. Cette espèce distinguée des précédentes par ses feuilles ovales, & non en cœur, & par sa petitesse n'a jamais été cultivée en France. Miller, qui l'a possédé, dit qu'on doit la planter dans des pots pleins d'une terre légère dans une serre tiède. Nous n'avons point d'autres notions sur la culture de cette plante, qui doit être restreinte à ce qu'il paroît aux Jardins Botaniques, & à ceux des Amateurs de plantes exotiques. (*M. Reynier.*)

CALLE *blanche.* On nomme ainsi dans quel-ques jardins une des nombreuses variétés de *l'A-nemone coronaria* L. Voyez Anemone des Fleu-ristes, n.° 9. (*M. Thouin.*)

CALLEUX, se dit des bords endurcis d'un ulcère, dans les animaux. Voyez Callosité. (*M. l'Abbé Tessier.*)

CALLICARPE. *Callicarpa.*

Ce genre n'est composé que d'arbrisseaux étran-gers, qui ont des rapports avec les *Vitex*, les *Cornutia*, & qui font partie de la première sec-tion de la famille de Gatteliers : ces arbustes ont un port agréable. Ils produisent de petites fleurs qui sont suivies de jolies baies, colorées de différentes manières. On ne possède en Eu-rope qu'une des quatre espèces qui composent actuellement ce genre.

Espèces.

1. CALLICARPE d'Amérique.
Callicarpa Americana. L. ℔ de la Caro-line.

2. CALLICARPE cotonneux.
Callicarpa tomentosa. La M. Dict. ℔ des In-des Orientales.

3. CALLICARPE à feuilles longues.
Callicarpa longifolia. La M. Dict. ℔ de Malac.

4. CALLICARPE paniculé.
Callicarpa paniculata. La M. Dict. ℔ d'A-frique.

Voyez pour le CALLICARPA Tomentosa de Linneus, l'article Tomex.

Description du port des Espèces.

1. Le CALLICARPE d'Amérique est un ar-brisseau qui pousse de sa racine plusieurs bran-ches droites, garnies de rameaux, & qui s'élèvent jusqu'à la hauteur de six pieds. Ses feuilles sont ovales, opposées, d'un vert clair en-dessus & légèrement cotonneuses en-dessous. Ses fleurs qui paroissent au milieu du Printemps, sont fort pe-tites & rougeâtres; elles viennent par petits pa-quets, en manière de verticilles dans les ais-selles des feuilles, & vers l'extrémité des rameaux. Les fruits qui remplacent les fleurs sont des baies molles, d'un pourpre foncé dans leur maturité, lesquelles renferment quatre semences. Elles mû-rissent en Octobre & produisent, par leur masse, de fort jolis effets.

2. CALLICARPE cotonneux. Cette espèce res-semble beaucoup à la précédente; mais cepen-dant on l'en distingue aisément par ses fleurs qui sont encore plus petites que celles de la première espèce & par ses étamines qui sont deux fois plus longues que leur corolle.

3. CALLICARPE à feuilles longues. Les feuilles de cette espèce, ont de sept à huit pouces de long sur un pouce & demi de large. Elles sont vertes des deux côtés, & presque entièrement glabres. D'ailleurs les fleurs sont de même gran-deur que celles des autres, & affectent la même disposition.

4. Le CALLICARPE paniculé pourroit bien ne pas appartenir à ce genre & faire partie des es-pèces de bulejes. Il n'est pas encore assez connu pour qu'on puisse résoudre cette question. M. de la Marck, qui a décrit cet arbrisseau d'après des échantillons secs, dit que ses rameaux sont li-gneux, légèrement tétragones; que ses feuilles sont entières, vertes en-dessus, blanches & coton-neuses en-dessous; que ses fleurs sont fort petites, très-nombreuses & disposées en pani-cules branchus à l'extrémité des rameaux, & enfin que son ovaire est supérieur & chargé d'un style fort court.

Culture.

1. Le CALLICARPE d'Amérique croît abondam-ment dans les bois, aux environs de Charles-

Town, dans la Caroline méridionale, & dans d'autres parties de l'Amérique tempérée. Dans les parties du Nord de l'Europe, cet arbrisseau a besoin du secours des orangeries, & même des serres tempérées pour se conserver pendant l'Hiver; mais dans les climats tempérés, il peut croître en pleine terre & s'y conserver l'Hiver au moyen de couvertures, & il n'est pas douteux qu'il s'acclimateroit aisément, & viendroit sans culture dans toute la partie Méridionale de la France, & du reste de l'Europe. Il aime une terre un peu forte, & dans une proportion assez considérable, parce que ses racines sont très-nombreuses & voraces. Lorsqu'il est en végétation, & qu'il est placé à une exposition chaude, il exige des arrosemens fréquents & abondants. Pendant l'Hiver, lorsqu'il est dépouillé de ses feuilles, il n'a pas besoin d'être arrosé; mais comme son exfoliation est de courte durée, & qu'il commence à pousser dès la fin du mois de Février, il convient, à cette époque, de recommencer les arrosemens, toutefois en les proportionnant au degré de chaleur de la saison, & à la croissance de l'individu. On multiplie le Callicarpe d'Amérique de graines, de marcottes & de boutures.

Les graines de cet arbrisseau mûrissent à la fin de l'Automne, & dans notre climat, on peut les laisser sur l'arbre jusqu'au mois de Janvier, & alors les cueillir pour les mettre en terre. On les sème dans des pots avec une terre légère, & cependant substancielle. On place ces semis dans la couche de tannée d'une serre chaude, & on les arrose légèrement. Au Printemps, on transporte les semis sur une couche chaude, couverte d'un châssis, & on les bassine soir & matin, jusqu'à ce qu'ils commencent à lever. Par ce procédé, ils sortent ordinairement de terre dans le courant du mois de Juin, & le jeune plant est assez fort pour être séparé la même année. Lorsqu'on tire les graines d'Amérique, & qu'elles arrivent, soit au Printemps ou même en Eté, il convient de les semer sur-le-champ; mais si elles arrivent plus tard, il vaut mieux les laisser dans le sac, & ne les semer qu'au commencement de l'année suivante, parce que les jeunes plants, qui naîtroient de ces semis tardifs, n'auroient pas le temps d'achever leur végétation avant l'Hiver, & que l'humidité & les froids pourroient les faire périr.

On peut transplanter les jeunes plants de Callicarpe d'Amérique pendant toute l'année, en protégeant leur reprise par une douce chaleur humide, & en les ombrageant. Mais il est plus sûr de faire cette opération à l'époque où ces arbres entrent en sève. On les met séparément dans de petits pots avec une terre douce & grasse, ou en pépinière dans une plate-bande, à l'exposition du levant. Les pots doivent être placés sous une bâche, & les autres pieds couverts de paille & de paillassons, qui puissent les défendre des gelées tardives qui ne manqueroient pas de les fatiguer. Chaque année, les pieds en pots doivent être mis dans des pots plus grands, & leur terre renouvellée. Pendant les deux ou trois premières années, on les rentrera à l'Automne dans la serre chaude pour y passer l'Hiver, & on les en sortira au Printemps, pour rester à l'air libre pendant toute la belle saison. Lorsque les pieds seront devenus plus forts, ils n'auront pas besoin d'être rentrés dans la serre tempérée, ni même, par la suite, dans l'orangerie.

Les jeunes plants qu'on aura mis en pleine terre, devront être soigneusement empaillés pendant l'Hiver, & en outre couverts de paillassons. Lorsqu'ils auront resté deux ans en pépinière, il conviendra de les lever, & de les placer à leur destination. Comme ces arbrisseaux sont très-sensibles à la gelée, il est bon de les planter à des positions ombragées, de couvrir à l'Automne leurs pieds d'un fumier court, & de les empailler fortement en proportion de l'intensité du froid. Malgré ces précautions, il est rare qu'ils résistent à des gelées de six à 8 degrés; c'est pourquoi il est bon de conserver toujours en pots ou en caisses plusieurs pieds de ces arbrisseaux.

Les marcottes de Callicarpe d'Amérique reprennent avec assez de facilité, & n'ont besoin que de huit à neuf mois pour être suffisamment pourvues de racines. On les fait au Printemps avec des branches flexibles de tous les âges. Il est bon de les inciser au tiers de l'épaisseur des branches; mais il est inutile de les ligaturer. Cette opération se fait ordinairement au Printemps, dans des pots remplis d'une terre forte & couverte de mousse. Vers l'Automne on visite les marcottes, & si elles paroissent suffisamment pourvues de racines, on les sevre; c'est-à-dire, qu'on les sépare de leur mère; mais on leur laisse passer l'Hiver dans les pots où elles ont été marcottées. Si l'on reconnoît que les racines ne sont pas en assez grand nombre pour subsister le jeune pied, on les laisse jusqu'au Printemps attachées à leur mère, & on ne les en sépare qu'au Printemps. Alors on peut les rempoter en assurant leur reprise par le moyen d'une couche tiède; après quoi on les cultive comme les jeunes pieds venus de graines.

Les boutures se font au premier Printemps, à l'instant où la sève commence à monter, & avec des rameaux de la dernière pousse; ou bien au milieu de l'Eté, avec les bourgeons produits par la dernière sève. De ces deux moyens, le premier réussit plus sûrement; mais cependant l'un & l'autre peuvent être employés concurremment avec avantage, d'autant mieux que si les boutures

res du Printemps viennent à manquer, celles de l'Été peuvent les suppléer. Les boutures, à la sève montante, doivent être faites dans de petits pots remplis indistinctement, ou d'une terre très-légère, comme le terreau de saule, ou d'une terre très-forte, comme de la terre franche; ces deux extrêmes ont également réussi; on place des pots sous une bâche, dans une couche tiède, & on les couvre de cloches. Les boutures faites en Été, peuvent être placées en pleine-terre au nord, dans une plate-bande de terreau de bruyère, & couvertes d'une cloche. Elles n'exigent les unes & les autres, que d'être arrosées de tems en tems suivant leurs besoins, d'être aérées avec précaution lorsqu'elles commencent à pousser des racines, & d'être garanties des mauvaises herbes. Lorsque la reprise de ces boutures est assurée, on les habitue insensiblement à souffrir la lumière, le soleil & le grand air. A l'Automne, celles qui sont en pleine-terre, doivent être levées en motte, plantées dans des pots, & mises sous des châssis jusqu'à l'approche des gelées: alors on les rentrera les unes & les autres dans la serre chaude, & on les rangera sur les appuis des croisées pour y passer l'Hiver.

De ces trois moyens de multiplication, celui des semences est le plus naturel & le plus sûr, les deux autres ne doivent être employés qu'à défaut de graines.

Usage. Le Docteur Dale, Médecin Anglois, s'est souvent servi dans la Caroline des feuilles de cet arbrisseau, avec beaucoup de succès, contre les hydropisies; mais il ne dit pas de quelle manière il les préparoit. Il est probable qu'il les administroit en décoction ou en infusion.

Le Callicarpe d'Amérique peut être mis au rang de nos jolis arbrisseaux d'orangerie. Lorsqu'il est chargé de ses baies de couleur gris de lin, qui ont la forme de perles, il produit un fort bel effet.

La culture des trois autres espèces nous est inconnue, ainsi que leurs propriétés. (*M. Thouin.*)

CALLIGON. *CALLIGONUM.*

Ce genre se range naturellement dans la famille des POLYGONÉES. Son caractère est d'avoir pour fleurs un calice à cinq divisions, environ douze étamines, trois styles, quelquefois deux, & rarement quatre; & pour fruit une capsule monosperme à trois ou quatre angles.

CALLIGON polygonoïde.
CALLIGONUM polygonoides. L. ♄ du Mont-Ararat.
Le Calligon est un sous-arbrisseau, qui s'élève de trois à quatre pieds de haut. Sa tige est droite & divisée en une multitude de branches qui se divisent elles-mêmes en rameaux, rapprochés en faisceaux. Ils sont d'un beau vert, articulés

de distance en distance, & portent au lieu de feuilles de petites écailles linéaires. Son port est extrêmement singulier, & ressemble beaucoup à celui de l'uvette ou éphédra. Ses fleurs sont petites, blanches & sans corolles; elles viennent le long des rameaux vers leur extrémité, & sortent de leurs articulations. Elles ont une odeur douce & agréable, qui approche de celle du tilleul.

Culture. Le Calligon croît naturellement sur le Mont-Ararat, dans le Levant, où il a été observé par Tournefort. En Europe, cet arbrisseau se cultive dans des pots, & se conserve dans l'orangerie pendant l'Hiver; il craint l'humidité & les grandes chaleurs. On le multiplie de graines, quelquefois de marcottes & rarement de boutures.

Les graines doivent être semées au Printemps, sur une couche tiède, à l'air libre & à l'exposition du levant. Quelquefois elles restent en terre très-long-temps, & ne lèvent que l'année suivante.

Le jeune plant est extrêmement tendre, il faut le lever en motte, & le transporter dans de petits pots, avec une terre sablonneuse, plus maigre que substantielle, & l'arroser légèrement. Lorsqu'il est parvenu à l'âge de trois ans, il commence à fleurir. Mais, jusqu'à présent, ses fleurs n'ont point produit de bonnes semences dans notre climat. Les marcottes se font plus sûrement au Printems qu'en toutes autres saisons; il suffit de courber ses branches dans de petits pots, & d'attendre qu'elles soient suffisamment enracinées pour les séparer. Quant aux boutures nous ne savons quelle est la saison la plus favorable à leur réussite; nous avons tenté cette voie de multiplication, en différens tems, sans succès: mais cela ne doit pas rebuter.

Cet arbrisseau est plus rare qu'agréable, & n'est propre qu'aux Jardins de Botanique. (*M. Thouin.*)

CALLISE. *CALLISIA.*

Ce genre a beaucoup de rapports avec celui des commelines, à côté duquel il est placé, dans la seconde division de la famille des JONCS.
Il n'est encore composé que d'une seule espèce qui est nommée.

CALLISE rampante.
CALLISIA repens. L. ♃ de l'Amérique Méridionale.
La tige de cette plante herbacée est rampante & pousse des racines de chacun de ses nœuds. Elle est glabre, tendre, un peu rameuse à sa base & redressée dans sa partie supérieure.
Les feuilles sont engainées à leur base; ovales, très-entières, lisses & assez épaisses. Elles sont vertes, bordées d'un rouge pourpre, placées alternativement le long de la tige & des ra-

meaux ; mais, à leur extrémité, elles se rapprochent les unes des autres & forment des espèces de petites rosettes terminales. Les fleurs naissent dans les gaines des feuilles inférieures ; &, pour l'ordinaire, trois ensemble. Elles sont petites, presque sessiles : elles ont trois pétales verdâtres, & trois étamines, dont chacune supporte deux anthères. C'est pendant les mois de Juin & de Juillet qu'elles paroissent ordinairement.

Le fruit est une capsule, qui, d'après la disposition des fleurs, devroit contenir trois loges ; mais il y en a une qui vraisemblablement avorte toujours ; en sorte qu'il n'y a que deux loges qui renferment chacune deux semences arrondies.

Culture. Cette plante croît naturellement dans les lieux humides & ombragés de la Martinique, de Cayenne & des autres Isles Antilles.

En Europe, on la cultive dans les serres chaudes, où elle se multiplie par ses tiges nombreuses qui rampent sur terre & poussent des racines de leurs articulations. Ses graines fournissent encore un moyen de multiplication ; mais il est plus long & moins facile à employer.

Les semences de Callise doivent être semées au Printemps, sur une couche chaude & sous châssis, dans une terre légère & bien divisée. Elles lèvent ordinairement dans l'espace d'un mois, & le jeune plant est assez fort pour être repiqué à la fin de Juin. Sa reprise n'est pas difficile ; il suffit de lui donner de la chaleur, de l'humidité & de l'ombre pendant quelques semaines pour l'assurer parfaitement. Comme cette plante se couche & s'étend sur terre à une assez grande distance, sans que les racines descendent à une grande profondeur, il est bon de la planter dans des terrines à semences ; on peut même en mettre quelques pieds en pleine couche, sous des châssis, ou encore mieux sous des bâches à Ananas, ils s'étendront au loin, & donneront des graines en abondance. A l'Automne, on les transportera dans une serre chaude, & on les placera dans la tannée pour y rester jusqu'à ce que le tems devenu doux permette de les replacer sous les châssis ou sous les bâches. Car telle est la délicatesse de ces plantes qu'elles ne peuvent supporter la fraîcheur des nuits de notre climat, même dans le fort de l'Eté, & qu'elles doivent toujours être renfermées sous des vitraux.

Usage. La Callise ne paroît pas avoir aucun usage utile dans son pays natal ; en Europe, elle ne peut être admise que dans les grands Jardins de Botanique. (*M. Thouin.*)

CALLITRIC. *Callitriche.* L.

Genre de plantes amphibies, qui se développent ordinairement sous l'eau ; mais les extrémités des tiges, où les fleurs se trouvent, sont toujours au-dessus de la surface de l'eau. Dans les Etés, un

peu secs, l'eau des marais & des fossés s'évapore en grande partie ; alors les Callitrics se développent entièrement à l'air & restent très-petits. Comme ces plantes, qui sont très-délicates & sans apparence, exigeroient beaucoup de soins, on ne les cultive pas. Dans les Jardins de Botanique, on se contente d'en transplanter de la campagne avec la motte pour le moment des leçons ; il suffit pour les conserver que la terre soit détrempée & même couverte d'eau.

On pourroit aussi établir cette plante dans les bassins, ou réservoirs pleins d'eau avec les autres plantes aquatiques, qui peuvent supporter les gelées ; cette méthode est adoptée à Paris pour quelques espèces, & seroit étendue à un plus grand nombre, si le manque d'eau n'y rendoit pas cette culture difficile. On devroit toujours choisir pour l'établissement d'un Jardin de Botanique, le bord d'un ruisseau, afin que l'eau pouvant être distribuée à volonté, on puisse y pratiquer des marais pour les plantes amphibies.

Espèces.

1. CALLITRIC printannier. *Callitriche verna.* L. dans les fossés pleins d'eau d'Europe.

2. CALLITRIC moyen. *Callitriche media.* All. dans les fossés pleins d'eau.

3. CALLITRIC d'Automne. *Callitriche Autumnalis.* L. dans les fossés pleins d'eau de l'Europe, & même des pays situés entre les Tropiques.

Ces trois espèces dont M. la Mark n'a connu que la première & la troisième, ont des feuilles opposées sur la tige, & leurs fleurs axillaires à l'aisselle des supérieures. Elles ne diffèrent que par la conformation de leurs feuilles.

Linné, & à sa suite tous les Naturalistes, ont décidé que les fleurs de cette plante contiennent les deux sexes. M. Villars à Grenoble, & M. Thunberg au Japon, l'ont trouvée monoïque, les fleurs femelles à la partie inférieure de la plante, & les fleurs mâles vers les extrémités. Ces différences d'observations annoncent que tout n'est pas encore connu dans cette plante.

Il paroît que cette plante est l'une des plus généralement répandues que l'on connoisse ; car elle croît dans toute l'Europe ; on la cueille dans l'Amérique Septentrionale, & dans toute l'Asie jusqu'au Japon où Thumberg l'a observée. Aublet enfin l'a cueillie dans les fossés de l'Isle-de-France, & dans les ruisseaux de la Guyane où elle est très-commune. Sans doute qu'on la trouvera enfin dans un plus grand nombre de positions différentes, à mesure que les Observateurs seront multipliés ; mais, dans ce moment, on l'a observée sous le cercle polaire, (*Gmn. fl. nov.*)

sous les Zones tempérées, & sous la Zone torride. (Aublet, *Hist. des Pl. de la Guyane.*) Je
l'ai enfin observée à une assez grande hauteur sur
les Alpes de la Savoye où elle étoit seulement
plus petite & n'avoit pas éprouvé de changemens sensibles. (*M. Reynier.*)

CALLOSITÉ, chair blanchâtre, dure & in-
dolente, qui couvre les bords & les parois des
anciennes plaies & des vieux ulcères, négligés
& maltraités. Lorsqu'on rencontre des Callosités dans les animaux, on les détruit par les
caustiques. *Voyez* le Dictionnaire de Médecine.

On appelle Callosité, dans le jardinage, une
matière calleuse, qui se forme à la jointure,
ou à la reprise des pousses d'une branche, chaque
année, ou aux insertions des racines. *Ancienne
Encyclopédie.* (*M. l'Abbé Tessier.*)

CALODENDRON. *Calodendrum.*

Nouveau genre de plantes à fleurs polypétalées, dont la famille n'est point encore déterminée.

Nous n'en connoissons qu'une espèce.

CALODENDRON du Cap.

Calodendrum Capense. Thumb. Du Cap
de Bonne-Espérance.

Cet arbre toujours vert, a le tronc très-élevé,
& divisé en rameaux opposés ou ternés, bruns,
striés, étalés, & que les cicatrices des anciennes
feuilles tombées rendent comme raboteux.

Ses feuilles longues de trois à quatre pouces,
sont portées par des pétioles, qui n'ont pas plus
d'une ligne de longueur, épais, planes en-
dessus & convexes en-dessous. Elles sont ovales,
obtuses, très-entières, marquées de nervures
parallèles, vertes en-dessus, plus pâles en-dessous,
& rapprochées en forme de rosettes à l'extrémité
des rameaux.

Les fleurs naissent de l'extrémité des branches
sur des pédoncules courts, velus, opposés avec
impair, qui ne portent chacun qu'une seule fleur,
mais dont la réunion forme une panicule terminale.

Chaque fleur est composée d'un calice monophylle à cinq divisions, couvert en-dehors de
poils rudes.

De cinq pétales également velus à l'extérieur,
couleur de chair, accompagnés de cinq espèces
d'écailles pétaliformes, insérées sur le réceptacle entre les pétales, aussi longues, mais plus
étroites que les pétales.

De cinq étamines, dont une est souvent stérile.

Et d'un ovaire supérieur, hérissé de poils
rudes, qui devient une capsule à cinq loges,
dont quelques-unes sont assez souvent stériles,
& dont les autres contiennent chacunes deux
semences presque rondes.

Les diverses parties de la fleur varient quelquefois de quatre à six, mais le nombre de
cinq est le plus ordinaire.

Historique. Ce bel arbre croît naturellement
dans l'Afrique, & singulièrement au Cap de
Bonne-Espérance, où M. Thumberg l'a observé.
Il fleurit dans les mois de Décembre & de
Janvier.

Culture. Cet arbre n'est point encore parvenu
en France, mais il est cultivé en Angleterre.

On le multiplie par ses semences, qu'il faut
se procurer de son pays natal. On en sème une
partie aussitôt qu'elles sont arrivées, dans des
pots sur une couche chaude, & on réserve le
surplus pour semer de la même manière au
Printemps suivant, dans le cas où le premier
semis n'auroit pas réussi; à l'Automne, on rentre
les jeunes plantes dans la serre, on les place dans
la tannée, & on les y tient constamment, pendant les deux ou trois premières années; mais
après cet âge, on peut les exposer en plein air
dans la saison chaude.

On doit avoir soin de leur donner beaucoup
d'air pendant la première année. Car, en général, de toutes les plantes que l'on élève sur couche, il y en a très-peu qui résistent l'Hiver,
dans la serre chaude, lorsqu'elles ont été trop
renfermées sous les vitrages avant que d'y être
transportées. (*M. Dauphinot.*)

CALVANIER. On donne, dans la Beauce, le
nom de Calvanier à des hommes, loués pour le
tems de la moisson, afin d'ôter des voitures les
gerbes, qui arrivent des champs, de les entasser,
soit dans les granges, soit au dehors en meules,
& de former avec les pailles du seigle qu'ils
battent tous les liens nécessaires pour les gerbes.

Les Calvaniers, sont appelés dans beaucoup
d'endroits *Métiviers*; dans quelques-uns on leur
donne indistinctement les deux noms; mais, si
l'on vouloit avoir égard à la valeur du mot,
Métivier (qui veut dire homme qui moissonne,
qui coupe les grains, on n'appelleroit de ce nom
que les moissonneurs.

Un Calvanier, pour le tems de la moisson, est payé
une somme convenue, non comprise sa nourriture,
& ce qu'il gagne en battant dans les intervalles de
l'arrivée des voitures. *Voyez* AFFANURES, pages
386 & 387, Tome I.er, 2.e partie. Un bon Calvanier
doit entasser les gerbes dans les granges, de manière
qu'il ne laisse le long des murs aucun vuide,
qui puisse favoriser le passage des souris & des
rats. Quand il fait une meule, il doit tellement
la disposer, que jamais la pluie ne puisse la
gâter. *Voyez* MEULE. (*M. l'Abbé Tessier.*)

CALVILLE blanche d'Hiver; nom d'une
des variétés de pomme, que sa chair, fine &
pleine d'une eau agréable, ainsi que sa grosseur,
mettent au rang des plus intéressantes; la forme
un peu aplatie est relevée par des côtes plus

faillantes à l'œil & vers la queue, que fur le reste du fruit ; fa peau eft jaune, tranfparente, quelquefois relevée d'un peu de rouge. Mûrit en Décembre, & fe conferve jufqu'en Mars.

CALVILLE, d'Eté. fon fruit eft plus petit que celui de la variété précédente, & d'une faveur peu relevée, fa chair devient facilement cotonneufe. On trouve pareillement des côtes à fa furface, fa peau eft d'un beau rouge, plus foncé du côté du foleil. Mûrit vers la fin de Juillet.

CALVILLE, rouge ; fon fruit eft très-gros, fes côtes font moins faillantes que celles de la Calville blanche. Sa chair eft fine, femblable pour le goût à celle de la Calville blanche, & pleine d'une eau très-vineufe. Sa peau eft unie, & d'un rouge foncé, principalement du côté expofé au foleil, couleur qui pénètre même la chair, & la colore en rofe. Mûrit en Novembre & Décembre. On connoît encore une Calville rouge, diftinguée par le nom de Normande, qui en diffère par fa couleur plus foncée, & qui pénètre davantage la chair ; elle fe conferve jufqu'en Mai, & eft d'une qualité préférable.

Toutes les Calvilles ont un caractère diftinctif ; c'eft la grandeur des loges féminales dans lefquelles les pepins lors de la maturité du fruit, fe détachent & font du bruit lorfqu'on fecoue la pomme ; c'eft même un des caractères auxquels on reconnoît fi ce fruit eft pur ou abâtardi. *Voyez* POMMIER, dans le Dictionnaire des Arbres & Arbuffes. (M. REYNIER.)

CALUMET, Nom que l'on donne par extenfion au *Panicum arborefcens*, H. P. parce que fes tiges fervent à faire des tuyaux de pipes à fumer, que les fauvages appellent Calumet, ce qui eft, parmi eux un fymbole de paix & de fraternité.

Voyez l'article PANIS. M. (THOUIN.)

CALUS ou Cal. Ce mot, en Médecine, fignifie un Bourrelet formé par la réunion de deux parties d'un os fracturé. (M. l'Abbé TESSIER.)

CALUS, excroiffance faillante & folide, occafionnée par la foudure d'une branche rompue, d'une écorce déchirée ou d'une incifion faite à deffein.

Lorfqu'une branche a été éclatée, fi l'on s'en apperçoit promptement, & qu'on ait l'attention de rapprocher les parties disjointes, auffi exactement qu'il eft poffible, de les abriter du contact de l'air, & de les affujettir folidement, il s'opère une prompte réunion ; mais il s'établit en même-temps une excroiffance à l'endroit de la fracture, c'eft ce qu'on nomme un Calus.

Si l'on incife les branches d'un arbre, foit perpendiculairement, foit horizontalement, il fe forme d'abord deux Bourrelets des deux côtés de l'incifion, & ces Bourrelets groffiffant & fe confondant enfemble, forment une excroiffance ou un Calus.

Quant au parti qu'on peut tirer des Bourrelets & des Calus pour accélérer la maturité des fruits, augmenter leur groffeur, ou pour multiplier les arbres ; *Voyez* l'article BOURRELET, où ces objets font détaillés avec étendue. (M. THOUIN.)

CALYCANT. *CALYCANTHUS.*

Genre de plantes à fleurs polypétalées, de la famille des ROSACÉES, & qui paroît avoir des rapports avec le genre des rofiers par la fructification.

Ce genre comprend des arbriffeaux exotiques, peu élevés, mais dont une efpèce fur-tout réuffit très-bien en pleine terre & mérite, par la fingularité de fes fleurs, d'occuper une place dans les bofquets de Printemps.

Les feuilles font fimples & oppofées. Les fleurs font folitaires ou peu nombreufes & paroiffent doubles, leurs pétales étant très-nombreux & comme confondus avec le calice écailleux qui les foutient.

Efpèces.

1. CALYCANT de la Caroline. vulg. Pompadoura, les quatre épices, la toute-épice. Faux Giroflier.
CALYCANTHUS floridus. L.
A. CALYCANT de Caroline à feuilles oblongues. *CALYCANTHUS floridus oblongatus.* Hort. Kew.
B. CALYCANT de Caroline à feuilles ovales. *CALYCANTHUS floridus ovatus.* Hort. Kew. ♄ de la Caroline.

2. CALYCANT du Japon.
CALYCANTHUS præcox. L. ♄ de la Chine & du Japon.

Defcription du port des Efpèces.

1. CALYCANT de la Caroline. Cet arbriffeau s'élève à trois ou quatre pieds. Il fe divife près de la terre en plufieurs rameaux d'une forme peu régulière, & qui contiennent beaucoup de moelle.

Les feuilles portées fur des pétioles d'environ deux lignes, font longues de deux pouces fur près d'un pouce & demi de largeur. Elles font oppofées, ovales-pointues, entières, vertes & glabres en-deffus, blanchâtres & un peu cotonneufes en-deffous.

Les fleurs naiffent feules à l'extrémité des grands & petits rameaux ; en forte qu'elles paroiffent tout-à-la-fois terminales, & latérales. Elles font d'un rouge brun, ou d'un pourpre obfcur, compofées d'un grand nombre de pétales recourbés en-dedans ; ce qui donne à ces fleurs quelque reffemblance avec celles de la clématite bleue à fleurs doubles. Ces pétales font épais, coriaces & tellement femblables aux divifions du calice, que plufieurs Botaniftes les confondent ensemble & regardent la fleur comme dépourvue de pétales.

Lors de la maturité du fruit, le calice s'épaiffit devient fucculent, prend la forme d'une baie ovale, & renferme plufieurs femences qui ne mûriffent jamais parfaitement dans les climats tempérés de l'Europe.

2o. CALYCANT du Japon. Cette efpèce encore fort rare en Europe, a les feuilles lancéolées. Ses fleurs paroiffent avant les feuilles dans les mois de Décembre & de Janvier. Elles font jaunâtres & ont leurs pétales intérieurs fort petits, jaunes & parfemés de points rouges.

Le fruit eft plus alongé que dans l'efpèce précédente, & les femences reffemblent prefque à des graines de haricot.

Voilà tout ce que nous favons de cette efpèce, nous allons donner quelques détails fur la première.

Hiftorique. Cet arbriffeau croît naturellement dans l'Amérique Septentrionale. Il a été trouvé par Catesby, dans le continent à cent lieues au-delà de Charles-Town dans la Caroline. Il a été long-tems fort rare en Europe ; mais, depuis plufieurs années, les Anglois en ont beaucoup reçu de la Caroline, & ils l'ont répandu dans tous les Jardins de l'Europe.

Lorfque cet arbriffeau parut pour la première fois en Angleterre, Catesby l'avoit envoyé fans le défigner fous aucun nom particulier. Miller à qui il avoit été adreffé, lui donna celui de *Bafleria,* en l'honneur de fon ami le Docteur Joh. Bafter de Zurich, habile Botanifte, qui poffédoit, dit-il, un très-beau jardin, rempli de plantes rares, qu'il communiquoit volontiers à tous fes amis, & dont il avoit lui-même éprouvé la générofité pendant plufieurs années.

Ce nom n'a point été adopté en France, la flatterie y a fubftitué celui de *Pompadoura,* qui rappelle le fouvenir d'une femme malheureufement trop célèbre, que l'on a trop louée lorfqu'elle difpenfoit à fon gré la faveur & la difgrace, & dont on a déchiré la mémoire avec trop d'acharnement, peut-être, depuis qu'on n'a plus rien à efpérer ou à craindre.

Culture. Si l'on vouloit élever ces arbriffeaux de femences, il faudroit les tirer directement de leur pays-natal, car elles ne mûriffent jamais parfaitement dans ces pays-ci. Auffi-tôt qu'on les reçoit, on les sème dans des terrines remplies de terre à oranger, mêlée avec moitié de terreau de bruyère, & on les place fur une couche tiède à l'expofition du levant. Les femis de Printems ne lèvent ordinairement que l'année fuivante, tandis que ceux d'Automne lèvent dans le courant de l'Eté fuivant. Ces jeunes plants doivent être garanis pendant l'Hiver, par des châffis couverts de paillaffons. Lorfque le jeune plant a fix à fept pouces de haut, on le repique dans une plate-bande de terre fubftantielle & un peu humide, pour y refter en pépinière l'efpace d'un an ou deux ; après quoi il peut être mis à fa deftination. Une fituation ombragée & un terrein un peu frais, font ceux qui lui convient le mieux. Mais ce moyen de multiplication eft long, & nous en avons un beaucoup plus expéditif dans les marcottes.

L'Automne eft la faifon la plus favorable pour marcotter ces plantes. Lorfque les branches font marcottées, on doit couvrir la furface de la terre de vieux tan, de feuilles sèches ou de lierre, pour empêcher la gelée d'y pénétrer.

Les branches, ainfi marcottées, prennent racines dans la même année ; mais on ne les fépare de la mère, & on ne les tranfplante qu'une année après, parce que le Printemps eft la faifon la plus favorable pour les enlever. En les féparant, il faut les placer tout de fuite à demeure dans l'endroit où elles doivent refter ; car cet arbriffeau fouffre difficilement d'être tranfplanté, lorfqu'il eft parvenu à une certaine grandeur.

Quand les marcottes font en place, on couvre la furface de la terre, avec du terreau ou de la terre douce, pour empêcher le hâle de pénétrer jufqu'aux racines. Si la faifon eft sèche, on les arrofe une fois par femaine, & toujours avec ménagement, pour ne point faire périr les fibres encore tendres des jeunes racines.

Pendant l'Hiver, il faut prendre pour les jeunes plantes les mêmes précautions que pour les branches marcottées ; ainfi, on doit couvrir la furface de la terre de vieux tan, ou de feuilles sèches, afin de les garantir de l'impreffion des grands froids.

Ufage. L'écorce & la fleur de cet arbriffeau répandent une odeur forte & aromatique, qui les fait rechercher de beaucoup de perfonnes. C'eft à cette odeur qu'il doit le nom *de toute-épice,* qui lui a été donné à la Caroline, & celui de *faux-giroflier,* fous lequel il a été connu en France. Cependant plufieurs perfonnes trouvent cette odeur peu agréable.

Cet arbriffeau peut être planté avec avantage dans les bofquets de Printems : le beau verd de fon feuillage & fes fleurs, qui quoique d'une couleur fombre font d'une forme agréable, y produifent un très-bon effet. Ces fleurs s'épanouiffent dans le mois de Mai, & même plutôt quand l'Hiver a été doux. Cette année, (1790), j'ai vu le Calycant en fleurs, le 15 Avril.

M. Dambourney qui a publié un *recueil très-curieux de procédés & d'expériences fur les teintures folides que nos végétaux indigènes communiquent aux laines & aux lainages,* a foumis à fes effais le *Calycanthus floridus,* qu'il appelle

l'arbre aux anémones. Sans entrer dans le détail
de ses opérations, nous nous contenterons de
dire que les jeunes branches de cet arbrisseau,
sans feuilles, fraîches ou séchées à l'ombre, lui
ont, suivant divers procédés, fourni différentes
nuances intéressantes, & entr'autres une couleur
de jonquille, qu'il dit être très-solide.

Voici une autre découverte que nous devons
au même Auteur, & qui prouve que cet arbrisseau peut réunir l'agréable & l'utile.

« Comme il avoit remarqué que ses branches
hachées sont très-odorantes, il les réduisit en
poudre, & en fit infuser pendant un mois,
au soleil, un gros dans une pinte de bonne eau-
de-vie de vin, qui distillée au bain-marie, lui
donna un tiers de pinte de produit très-parfumé, & sans odeur ni goût de feu. Il y ajouta
autant de solution de sucre provenant de fragmens gros comme des noix de sucre fin, seulement plongé dans l'eau froide, & qui fondoit
doucement, sans addition de fluide. Après le
mélange, & la filtration par le coton dans un
entonnoir de verre bien clos, il en résulta la
plus suave liqueur de dessert, que l'on crût faite
en Amérique. (M. DAUPHINOT.)

2. LE CALYCANT du Japon se cultive dans
des pots ou dans des caisses, & peut-être rentré
l'Hiver dans l'orangerie ; il aime une terre substantielle, sablonneuse & légèrement humide. On
le multiplie de graines, de marcottes, & peut-
être aussi par le moyen de la greffe ; mais cette
voie de multiplication n'a point encore été mise
en usage.

Celle des graines ne peut se pratiquer que très-
rarement, parce que cet arbrisseau n'en ayant
point encore produit dans notre climat, & le
pays où il croît n'étant pas d'un accès facile,
on ne peut guères espérer d'en obtenir. Cependant si l'on parvenoit à s'en procurer, nous
croyons qu'il faudroit, à l'instant qu'elles arrivent,
les semer dans des pots qu'on placeroit dans la
couche de tannée d'une serre chaude, si c'étoit
à la fin de l'Automne ou pendant l'Hiver ; ou
sous les châssis & sur des couches chaudes dans
toute autre saison. Nous présumons aussi que
les jeunes plants venus de semences, doivent
être rentrés les deux premières années de leur
jeunesse dans la serre tempérée & placés sur les
appuis des croisées. Dans un âge plus avancé,
ils n'ont besoin que du secours de l'orangerie
pour passer l'Hiver.

La saison où les marcottes réussissent plus sûrement, est l'Automne, un peu avant la chûte des
feuilles, lorsque la sève des Arbrisseaux commence à tomber. Pour accélérer leur reprise,
on incise les branches au tiers de leur diamètre,
& on les courbe dans la terre même du vase qui
contient l'individu qu'on veut marcotter. Le
bourrelet se forme pendant l'Hiver, & au Printems, en plaçant l'arbrisseau au moment où il
sort de l'orangerie, sur une couche tiède, à
l'air libre & à l'exposition du levant, les bourrelets poussent des racines. A l'Automne suivant,
les marcottes sont suffisamment pourvues de
chevelu pour se suffire à elles-mêmes & former
de nouveaux pieds.

Les greffes peuvent être tentées sur le Calycant de Caroline, soit en écusson, soit en fente.
En écusson dans le courant de l'Eté, & en fente
vers le mois de Novembre ; mais d'une ou d'autre
manière, sur des individus jeunes, vigoureux &
anciennement repris dans des pots. Les sujets
destinés à être greffés en fente, doivent être placés en Octobre dans la tannée d'une serre chaude
afin qu'ils entrent en sève plutôt qu'ils n'y entreroient naturellement, & qu'ils puissent être
au même degré de végétation que le Calycant
du Japon. Celui-ci pousse de très-bonne heure,
puisqu'il fleurit quelquefois dans le mois de
Décembre, tandis que l'autre ne se met en mouvement qu'en Avril. Sans cette parité de végétation des deux espèces, on ne peut compter
sur la réussite des greffes. Cependant, s'il y avoit
de la différence dans la végétation, il vaudroit
mieux que l'avancement se trouvât du côté du
sujet à greffer, que de l'individu dont on doit
tirer les greffes. Cette différence de végétation est
un obstacle à la réussite des greffes ; mais il n'est
pas insurmontable, au moyen des précautions
que nous avons indiquées ; mais comme il pourroit arriver que ces greffes ne vécussent pas long-
tems, il sera bon de les placer sur la tige des
sujets, le plus près du collet de la racine qu'il
sera possible, afin que, lorsque la greffe aura
poussé, on puisse l'enterrer. Par ce moyen elles
produiront des racines du bourrelet de la greffe
& deviendront des sujets francs du pied. Il pourra
même arriver que les sujets ainsi greffés commu-
niqueront aux greffes un degré de force & de
robusticité que n'ont pas les individus francs,
ce qui n'est pas sans exemple.

Cependant il sera bon de rentrer à l'orangerie, pendant quelques années, les pieds obtenus
de greffe, & de ne les mettre en pleine terre, que
lorsqu'on les aura multipliés un peu abondamment.

Quant aux boutures il est probable qu'elles
doivent réussir en employant les procédés connus;
mais, comme nous n'avons pas eu occasion d'employer cette voie de multiplication, nous ne savons point quel est le procédé qui doit être préféré.

Historique. Le Calycant du Japon a été apporté pour la première fois en Europe, en 1771,
& cultivé dans les jardins de M. Benjamin Torni,
en Angleterre. M. le Chevalier de Jenseim l'a
possédé quelques années après, dans son jardin
de Paris, & dans ce moment, il est encore fort
rare en France.

Usage. Cet arbrisseau, qui fleurit de très-bonne heure, mérite une distinction particulière, tant par l'agrément de ses fleurs, que par la belle verdure de son feuillage. (*M. Thouin.*)

CALYCE, manière d'écrire le mot Calice, qui signifie l'enveloppe extérieure des fleurs. *Voyez* CALICE. (*M. Thouin.*)

CAMARIGNE. Manière d'écrire le nom de l'*Empetrum. Voyez* CAMARINE. (*M. Reynier.*)

CAMANIOC. Plusieurs Voyageurs, qui ont visité l'Amérique méridionale & les Isles, donnent ce nom à une espèce de manioc, dont la racine peut être mangée en nature, & qui, par conséquent, ne contient pas les sucs vénéneux du manioc ordinaire. Nicholson lui donne le nom de *Manioc doux.*

Aublet dit : « qu'on peut faire cuire les racines du Camanioc sous la cendre, ou dans un four, ou enfin les faire bouillir ; de quelle manière qu'on les prépare, elles sont bonnes à manger, & peuvent tenir lieu de pain. »

« Elles n'empâtent point la bouche, comme les cambars ou ignames. Ces racines sont longues d'environ un pied, sur trois pouces de diamètre ; on les arrache au bout de huit ou dix mois ; les tiges sont hautes de cinq à six pieds ; leur écorce est rougeâtre ; les feuilles sont pareillement rougeâtres en-dessous, & sont sujettes à être piquées par les insectes. Les extrémités des tiges, chargées de feuilles, sont dévorées par les vaches, & les chevaux les mangent aussi avec plaisir. Les racines coupées par rouelles, sont du goût des vaches, des chevaux, des cabris. Quand les saisons sont sèches, lorsque le fourrage manque, cette plante peut être d'un grand secours, pour nourrir & engraisser les troupeaux. » *Aubl. Hist. des Pl. de la Guyane.* Nous ignorons à quelle espèce de plantes nommées par les Modernes, on doit rapporter ces détails. (*M. Reynier.*)

CAMARA. *Voyez* LANTANA.

CAMARINE. EMPETRUM. L.

Genre de plante très-voisin des bruyères & des chèvres-feuilles, dont il diffère par ses fleurs polypétales, tandis qu'il s'en rapproche par tous les autres caractères & sur-tout par son port. Il est composé d'arbrisseaux & de sous-arbrisseaux d'une forme peu élégante, dont les fleurs sont petites & herbacées. Les baies sont d'une grosseur singulière, comparées au volume de la plante.

Espèces.

1. CAMARINE à fruits noirs.

Empetrum nigrum. L. ♃ des hautes montagnes de l'Europe ; & des bruyères de la Westphalie & de la Gueldres.

2. CAMARINE à fruits blancs.

Empetrum album. L. ♃ du Portugal.

3. CAMARINE pinnée.

Empetrum pinnatum. La M. Dict. ♃ au Pérou & à Monte-video.

La première espèce est la seule que l'on ait introduite dans les Jardins. Elles poussent des tiges hautes d'un pied, couchées sur la terre, rameuses, & couvertes de feuilles nombreuses, semblables à celles des bruyères, & disposées de la même manière. Il est ordinairement chargé de fruits qui lui donnent un aspect assez singulier.

Culture. Cette plante, qui croît dans les endroits couverts de mousse des Hautes-Alpes, & couche ses tiges sur ce duvet, exige de certaines précautions pour sa conservation. On fait venir ordinairement des Alpes des jeunes plants enveloppés de mousse fraîche, qui supportent très-bien le transport, & reprennent facilement lorsqu'on les met en terre à leur arrivée. La multiplication par graine entraînant les mêmes inconvéniens que celle des airelles, c'est-à-dire une attente de plusieurs années, est peu en usage.

Comme la culture de cette plante & les soins qu'elle exige sont les mêmes que pour les airelles & les bruyères, il est inutile de répéter ici ce que M. Thouin a dit de cette culture. J'observerai cependant que la Camarine exige une serre plus sèche que les airelles. J'en ai même observé dans des sables presque mouvans, où elle végétoit avec vigueur.

Usage. Le fruit de ce sous-arbrisseau sert de nourriture à quelques peuplades du nord de l'Asie, au rapport de..... Leur peu de saveur les fait négliger dans les Alpes, où cependant on mange plusieurs sortes de baies, & particulièrement celles d'airelles. Les coqs de Bruyère aiment beaucoup ces baies, & se multiplient dans les endroits où elle est commune : c'est même de cette plante, nommée anciennement *Bruyère, Erica baccifera,* qu'ils tirent leur nom.

Le peu d'apparence de cette plante, & les soins qu'elle exige, la relèguent sur les gradins de plantes Alpines, & sur les plates-bandes de terreau de bruyère. Comme elle est souvent dioïque, il peut arriver qu'on n'en obtienne pas de fruits. Sa culture est restreinte dans les Jardins de Botanique & des Amateurs.

La seconde espèce est plus grande, ses tiges se redressent, & ses baies sont blanches ; elle pourroit produire un effet agréable dans les orangeries. On ne la cultive encore dans aucun Jardin.

La troisième espèce n'est connue que par les herbiers, & il est vraisemblable qu'elle ne doit pas appartenir à ce genre : de nouvelles observations faites sur la plante fraîche, prouveront qu'elle doit en être séparée, soit pour former un genre distinct, soit pour entrer dans un autre genre. (*M. Reynier.*)

CAMBING. Arbre des Moluques, mentionné dans Rumphius, sous le nom de *Capraria*, au vol. 2, p. 139, de l'Herbier d'Amboine ; mais sans figure & sans détail sur les parties de la fructification.

Suivant Rumphius, cet arbre est de la grosseur d'un homme. Il porte peu de grosses branches qui la plupart sont droites. Elles poussent à leur extrémité plusieurs rameaux longs & verds, noueux à leur origine, & qui se cassent facilement.

Les feuilles sont composées de huit ou dix paires de folioles, longues de cinq à six pouces, sur environ deux pouces de largeur, & quelquefois terminées par un impair. Ces folioles sont couvertes d'un duvet qui les rend comme soyeuses. Elles sont arrondies par leur base, pointues par le haut, & infiniment dentées sur les bords, lorsqu'elles sont jeunes ; car cette dentelure disparoît presqu'entièrement dans les anciennes folioles.

Ses rameaux sont cassants, & remplis intérieurement d'une moëlle sèche & fongeuse.

L'écorce du tronc est assez épaisse, d'un verd noir, remplie d'un suc visqueux, qui, en se séchant, devient une espèce de gomme sans odeur.

Rumphe, de qui nous avons emprunté cette description, dit que personne n'a jamais vu les fleurs ni les fruits de cet arbre ; ce qui ne suppose pas qu'il ne fructifie jamais, mais seulement que sa fructification est peu remarquable, ou qu'étant dioique, l'Auteur n'a observé que l'individu mâle.

Usage. Le bois du Cambing est mol, blanc, & de peu d'utilité, parce qu'il se pourrit facilement quand il est exposé à la pluie. Cependant celui du bas du tronc est assez dur, & on peut l'employer dans la méchanique.

On attribue à l'écorce & aux feuilles de cet arbre, plusieurs vertus curatives. L'écorce sur-tout passe pour un puissant remède contre la dyssenterie. On assure qu'elle guérit cette maladie, quoique les intestins soient déjà ulcérés.

Les feuilles, lorsqu'elles sont encore jeunes, peuvent servir d'alimens. Les chèvres en sont très-friandes.

Historique. Cet arbre croît aux Isles Moluques. Il est encore rare à Amboine, où il est peu connu.

Culture. Les habitans du pays où il croît, en plantent quelques-uns dans leurs Jardins, autour de leurs maisons. Ils le cultivent à cause des propriétés qu'on lui attribue. Ils le multiplient de marcottes bien enracinées, parce que les boutures réussissent très-rarement.

Il n'a point encore été cultivé en Europe. (*M. Dauphinot.*)

CAMBOGE. *Cambogia.*

Genre étranger de la famille des Guttiers, voisin des Clusia, des Mangoustan & des Toyomites. Il n'est encore composé que de la seule espèce suivante.

CAMBOGE à gomme-gutte.

Cambogia gutta. L. ♄ des côtes du Malabar.

Le Camboge est un grand arbre, dont la cime est étalée & touffue. Ses racines sont grosses, & tracent à de grandes distances à la surface de la terre. Elles tiennent à un tronc dont la circonférence est souvent de dix à douze pieds. Il est recouvert d'une écorce noirâtre à l'extérieur, rouge en-dessous, & d'un blanc jaunâtre près de l'aubier. Ses feuilles sont opposées, entières, luisantes, & d'un verd foncé. Les fleurs viennent en petit nombre aux sommités des branches. Elles sont couleur de chair & jaunâtres. Le fruit qui est jaunâtre, arrondi, & de la grosseur d'une pomme de calville, a huit côtes peu saillantes, & est partagé intérieurement en huit loges qui renferment chacune une semence oblongue, applatie, & de couleur bleue.

Propriété. Lorsqu'on fait une incision à l'écorce des racines, du tronc, & des grosses branches de cet arbre, il en découle une liqueur très-visqueuse, sans odeur, & qui, à ce que l'on croit, forme, en se séchant, cette gomme-résine, opaque, & d'un jaune de safran, qu'on nomme gomme-gutte. Son fruit a un goût acide, fort agréable.

Usage. Le bois du Camboge est employé dans la charpente & la menuiserie. Les Indiens mangent, avec plaisir, son fruit crû, & la gomme, résine qui découle des différentes parties de l'arbre, fait un objet de commerce assez considérable.

Culture. Cet arbre croît naturellement dans les Indes orientales, & principalement sur la côte de Malabar. Il seroit important de le cultiver dans nos Colonies des Isles de France & de Bourbon, où en même-tems il pourroit servir de brise-vents autour des habitations. Il fourniroit une substance utile au Commerce & aux Arts. Jusqu'à présent, il n'a point encore été cultivé en Europe. (*M. Thouin.*)

CAMCHA. Nom que les Péruviens donnent à l'une de leurs nourritures les plus usitées ; c'est le mays rôti qu'ils mangent en le détrempant avec la Chica. *Voyez* ce mot. (*M. Reynier.*)

CAMEAU. Petit arbre ou arbrisseau des Moluques, mentionné dans Rumphius, au

Supp. p. 14 de l'Herbier d'Amboine, qui paroît avoir des rapports avec le genre des Crotons, mais dont on n'a pas des détails suffisans pour connoître sa fructification.

Cet arbre est fort rameux, son bois est très-dur, d'un blanc rougeâtre, noirâtre vers le cœur, & recouvert d'une écorce glabre, brune, fort adhérente & très-amère.

Les feuilles sont alternes, pétiolées, lancéolées, pointues, entières, glabres & un peu fermées.

Les fleurs viennent en grappes rameuses & terminales. Elles paroissent de deux sortes, & sont vraisemblablement les unes mâles, & les autres femelles, celles-ci produisant des capsules à trois loges. (*M. Dauphinot.*)

CAMELÉE, *Cneorum.* L.

Genre de plante de la famille des THÉRÉBINTA-CÉES, composé jusqu'à présent d'une seule espèce, formant un petit arbrisseau originaire des pays méridionaux de l'Europe, & qui peut être employé à la décoration des jardins.

Ses fleurs ont un calice divisé en trois pièces, trois pétales plus longs que le calice, trois étamines & un pistil auquel succède un fruit formé de trois coques dures, réunies entr'elles, & surmontées par le style qui persiste.

Espèce.

I. CAMELÉE à trois coques.

Cneorum tricoccum. L. ♄ des lieux pierreux du midi de l'Europe.

C'est un petit arbrisseau rameux & touffu, assez semblable pour la forme au buis dont on fait les bordures. Les feuilles sont lancéolées, sessiles, & d'une certaine épaisseur; elles passent l'Hiver sur la plante. Les fleurs sortent à l'aisselle des feuilles sur les extrémités de la plante. Elles paroissent en Mai, & se succèdent pendant l'Été.

Culture. On multiplie la Camelée de graines que l'on sème en Automne, dans une caisse que l'on rentre dans l'orangerie, ou sur une plate-bande abritée que l'on couvre pendant l'Hiver; elles lèvent au commencement du Printems. Lorsqu'on retarde les semis jusqu'au Printems, on court risque que les plantes ne lèvent que l'année suivante. On doit semer les graines sur une bonne terre peu substancielle, & sur-tout peu fumée, & les couvrir d'un demi-pouce de terreau. Pendant l'Été qui suit, on doit sarcler les jeunes plantes, & les arroser lorsque la terre est sèche. Aux approches de l'Automne, on lève les plantes du semis, & on les replante dans les lieux où on se propose de les employer. Depuis ce moment elles

n'exigent d'autres soins que d'être couvertes pendant l'Hiver, avec de la paille ou des fougères; mais, pour peu que le climat soit plus chaud que celui de Paris, cette précaution devient inutile, & la Camelée supporte très-bien les Hivers.

Miller a observé que la Camelée dure plus long-tems dans un terrain sec & rocailleux, que dans une terre trop substancielle. Cette remarque est d'autant mieux fondée, que cette plante s'y trouve dans une situation plus analogue à celle qui lui est propre.

Usage. La Camelée formant des touffes d'un beau verd, quoique peu élevées, peut très-bien servir pour des bordures de parterres, dans les pays dont elle peut supporter les Hivers. L'inconvénient de sa délicatesse la rend moins intéressante pour les pays moins bien situés. Cette plante peut encore produire quelques effets sur les bords des bosquets & dans les parterres, entre les touffes de plantes fleuries, où par sa teinte foncée, elle jetteroit de la variété. Toute la plante a une âcreté & une causticité qui empêche d'en faire usage comme purgatif. (*M. Reynier.*)

CAMÉLÉON blanc. Nom que plusieurs personnes & particulièrement les Droguistes donnent à la *Carlina acaulis.* L. *Voyez* CARLINE sans tige, n.° 1. (*M. Reynier.*)

CAMÉLÉON noir. On nomme ainsi le *Carlina caulescens.* La M. *Voyez* CARLINE caulescente, n.° 2. (*M. Thouin.*)

CAMELINE, *Myagrum.* L. *Bunias.* L.

Genre de plantes de la famille des CRUCI-FÈRES, qui comprend un assez grand nombre d'espèces herbacées dont la forme peu élégante & les fleurs petites & sans apparence sont peu connues ailleurs que dans les Jardins de Botanique.

On distingue les Camelines des genres voisins par leurs étamines simples & non fourchues; leur silique renflée & sans expansion, enfin par l'absence d'échancrure à son sommet.

Espèces.

* *Silique articulée.*

I. CAMELINE vivace.

Myagrum perenne. L. ♃ en Suisse & en Allemagne.

2. CAMELINE ridée.

Myagrum rugosum. L. ⊙ du midi de l'Europe.

3. CAMELINE du Levant.

Myagrum orientale. L. ⊙ du Levant.

4. CAMELINE d'Espagne.

MYAGRUM Hispanicum. L. ♂ de l'Espagne.
5. CAMELINE d'Egypte.
MYAGRUM Ægyptium. L. ♂ de l'Egypte.

** *Silique non articulée.*

6. CAMELINE perfoliée.
MYAGRUM perfoliatum. L. ☉ dans les champs.

B. *Variété à feuilles finuées.*

7. CAMELINE à feuilles de roquette.
MYAGRUM erucæfolium. Vill.
Crambc. Corvini. All. ☉ dans les champs des pays méridionaux de l'Europe, au Printems.
8. CAMELINE cultivée.
MYAGRUM fativum. L. ☉ dans les champs.
9. CAMELINE paniculée.
MYAGRUM paniculatum. L. ☉ fur les bords des champs.
10. CAMELINE de Syrie.
MYAGRUM fyriacum. La M. ☉ de la Syrie, de l'Autriche, de Sumatra.
11. CAMELINE à feuilles de piffenlit.
MYAGRUM taraxacifolium. La M. Dict. ♃ du Levant.
12. CAMELINE verruqueufe.
MYAGRUM verrucofum. La M. Dict. ☉.
BUNIAS Ægyptiaca. L. de l'Egypte.
13. CAMELINE à maffettes.
MYAGRUM erucago. La M. Dict. ☉.
BUNIAS erucago. L. dans les champs.
14. CAMELINE épineufe.
MYAGRUM fpinofum. La M. Dict. ☉.
BUNIAS fpinofa. L. du Levant.
15. CAMELINE cornue.
MYAGRUM cornutum. La M. Dict.
BUNIAS cornuta. L. du Levant.
16. CAMELINE des Baléares.
MYAGRUM balearicum. La M. Dict. ☉.
BUNIAS balearica. des Ifles Baléares.
17. CAMELINE des Pyrénées.
MYAGRUM pyrenaicum. La M. fur les Alpes & Pyrénées. Var. B. *fifymbrium pyrenaicum* L.
18. CAMELINE naine.
MYAGRUM pumilum. La M.
19. CAMELINE aquatique. La M. Fl. fr.
MYAGRUM aquaticum. La M.
Syfimbrium amphibium: A L. fur le bord des eaux.
20. CAMELINE des marais. L.
MYAGRUM paluftre. La M. Dict.
Syfimbrium amphibium. B. C. L. dans les marais.

Ces plantes n'étant intéreffantes fous aucun de leurs rapports, il eft inutile de donner une indication féparée de chaque efpèce. On ne peut les employer pour la décoration des Jardins, & l'on n'en connoît qu'une feule efpèce qui ait un genre d'utilité: cette efpèce, qui eft

la feptième du tableau précédent, occupera un article féparé.

Les efpèces de Cameline qui croiffent naturellement en France, ou qui font d'un climat à-peu-près femblable, doivent être femées au Printems, ou en Automne, fi l'on veut accélérer leur floraifon, dans des baffins, dont la terre a été ameublie. Elles n'exigent aucuns foins excepté d'être farclées & éclaircies, lorfqu'elles ont été femées trop drues; la plupart fe reproduifent par la difperfion de leurs graines; mais il eft toujours plus fûr de les récolter, pour les femer enfuite.

On doit excepter de ce nombre, les efpèces, n.ᵒˢ 17 & 18, qui exigent plus de foins. Il convient de les cultiver dans des pots dont la terre foit conftamment détrempée par l'eau, à-peu-près comme les butomes, fluteaux, &c., & autres plantes amphibies.

Les Camelines d'un climat plus chaud que le nôtre, doivent être femées au Printems, fous des chaffis, & replantées enfuite en pleine terre, lorfqu'elles font annuelles; mais lorfqu'elles font vivaces, ou lorfque leurs graines ont de la peine à mûrir, on doit les repiquer dans des pots, pour pouvoir les rentrer avant les premières gelées.

La Cameline, n.° 16., n'a pas encore été cultivée au Jardin des Plantes de Paris: j'ignore fi elle exifte dans quelqu'autre Jardin, en Europe; elle devroit être cultivée comme les autres plantes des Hautes-Alpes, telles qu'alyffons, pafferages, draves, creffons, &c.

La Cameline, n.° 7, eft encore peu connue: elle avoit été diftinguée par les anciens Botaniftes, &, depuis eux, elle étoit tombée dans l'oubli, jufqu'à MM. Villars & Allioni, qui l'ont retrouvée. Le premier des deux en a donné une bonne defcription, d'après laquelle il paroît que c'eft une efpèce très-diftincte de toutes les autres. Elle n'a pas encore été cultivée en aucun Jardin. La Cameline, n.° 8, fe cultive en grand. *Voyez* CHAMELINE. (*M. REYNIER*.)

CAMELLI, *CAMELLIA*.

Genre de plantes que M. Juffieu regarde comme voifin, & tenant en quelque forte le milieu entre la famille des ORANGERS, & celle des AZEDARACHS.

Ce genre n'offre, jufqu'à préfent, que deux efpèces, & des variétés remarquables par la beauté de leurs fleurs.

Efpèces & variétés.

1. CAMELLI du Japon.
CAMELLIA Japonica. L. ♄.
B. CAMELLI du Japon à fleurs doubles, vulg. rofe du Japon.

CAMELLIA *Japonica plena.* ♄ du Japon.

2. CAMELLI blanc.

CAMELLIA *falangua.* L. ♄ du Japon.

La Camelli du Japon est un arbrisseau toujours verd, qui a de grands rapports avec le thé.

Son tronc est court, rameux & recouvert d'une écorce brunâtre. Les feuilles sont alternes, ovales, pointues aux deux bouts, dentées, fermes & comme coriaces, vertes, luisantes. Leurs pétioles sont très-courts.

Les fleurs sont grandes, très-belles, d'un rouge vif, ordinairement solitaires & quelquefois réunies deux à six ensemble au sommet des rameaux, & dans les aisselles des feuilles.

Miller dit qu'il y en a plusieurs variétés, les unes à fleurs simples, & d'autres à fleurs doubles, blanches, rouges ou pourpres.

Celles de la variété B sont doubles, & beaucoup plus belles que celles de l'espèce qui sont simples, & qui n'ont que cinq pétales réunis par leur base.

Le fruit est une capsule à trois ou cinq côtés, arrondie, divisée intérieurement par des cloisons minées en un pareil nombre de loges qui contiennent chacune un ou deux noyaux.

Historique. Cet arbrisseau croît au Japon & à la Chine. Les habitans le cultivent dans leurs maisons de plaisance, à cause de la beauté de ses fleurs & de son feuillage toujours verd. Les fleurs de la variété à fleurs doubles sont souvent représentées dans les peintures Chinoises.

Il commence dans le pays à fleurir dans le mois d'Octobre & continue jusqu'en Avril.

2. LE CAMELLI blanc.

CAMELLIA *falangua,* L. sp. Thumb. flo. Jap. pag. 273.

C'est un arbre du Japon de médiocre grandeur, dont le tronc pousse des rameaux cylindriques, alternes, cendrés, ouverts & sous-divisés en d'autres plus petits, lâches, velus & rouffâtres, ses feuilles sont alternes, ovales-obtuses, presque distiques, sciées en dentelures obtuses, d'un verd foncé & luisantes en-dessus, plus pâles en-dessous, glabres, à côtes épaisses, d'un pouce de longueur, & portées sur des pétioles à demi-cylindriques, serrés contre la tige & longs d'une demi-ligne. Ses fleurs sont terminales sur les derniers rameaux, solitaires, sessiles, blanches & d'une forme agréable. Ses feuilles séchées à l'ombre, répandent une odeur si douce, que les femmes se servent de leur décoction pour laver leurs cheveux; on pense que ses feuilles pourroient remplacer celles du thé. Cette espèce est si semblable à l'arbuste du thé, qu'elle n'en diffère que par la jonction de ses étamines à leur base.

Nous possédons, dit Miller, depuis plusieurs années, cet arbre qui nous a été envoyé sous le titre de *thea Chinensis,* & qui n'a jusqu'à

présent que l'apparence d'un arbrisseau. Après l'avoir conservé deux ans en pot, & dans l'orangerie pendant l'Hiver, nous l'avons fait placer en pleine terre sur une terrasse dont le sol est sec, & contre un mur à l'exposition du midi, où il a très-bien fleuri deux années de suite, sans cependant produire de semences. Depuis, comme on ne l'abritoit que d'un simple paillasson en Hiver, les gelées de 1785 en firent périr la tige, qui pouvoit alors avoir trois pieds de hauteur, & qui fut coupée comme morte; heureusement que les Jardiniers, pour n'avoir pas la peine de l'arracher, épargnèrent la racine qui a poussé, l'Eté suivant, un grand nombre de rejettons très-vigoureux, que l'on espère pouvoir sauver en y apportant plus d'attention Cet arbre fleurit en Novembre au Japon, mais sur la fin de l'Eté en Europe, & il n'a pas le tems de perfectionner ses semences. (*M. DAUPHINOT.*)

Culture. Le Camelli du Japon se cultive le plus ordinairement, dans des vases que l'on rentre pendant l'Hiver à l'orangerie. Quelquefois on le plante en pleine terre, à des expositions abritées, & on a la précaution de le garantir de l'impression des gelées, qui passent deux ou trois degrés. Mais il réussit infiniment mieux, lorsque placé en pleine terre au pied du mur à l'exposition du Levant, on le couvre d'un châssis qui le garantit des froids pendant l'Hiver, & le laisse à l'air libre pendant la belle saison. Il croît plus vigoureusement dans une terre un peu forte, sablonneuse & bien divisée que dans toute autre espèce de terre; celles qui contiennent beaucoup de fumier animal, le font végéter pendant quelque temps; mais ensuite il languit & dépérit sensiblement au bout de quelques mois. Sans exiger des arrosemens très-fréquens, il faut cependant que la terre soit toujours un peu fraiche, & les bassinages multipliés lui conviennent plus que des arrosemens copieux.

On multiplie cet arbrisseau de marcottes, de préférence aux boutures qui reprennent plus difficilement, & aux semences dont il est fort difficile de se procurer de bonnes graines dans notre climat. C'est au Printems à la sortie des orangeries, qu'on marcotte le Camelli. On établit d'abord sur une vieille couche, à l'exposition du Levant, le pied qu'on veut marcotter. On couche les jeunes branches les plus flexibles, après les avoir incisées à la manière des œillets, dans de petits pots remplis d'une terre grasse, & on les couvre de mousse longue. Les branches trop fortes pour être pliées dans des pots, peuvent être marcottées dans des entonnoirs. Mais ce n'est qu'à défaut de jeunes branches de deux ans qu'on doit employer celles-ci, parce que leur position verticale, & la solidité de leur bois les rend plus difficiles à reprendre. Les marcottes entretenues dans l'état d'humidité qui leur est nécessaire, & soignées pendant l'Eté, pouffent affez de racines pour être féparées vers le milieu de l'Automne fuivant. Alors on les rempote dans des pots un peu plus grands, & on les place fur une couche tiède couverte de chaflis. Ces jeunes plantes doivent y refter jufqu'à l'époque des petites gelées, &, pendant ce temps, il eft convenable de leur donner de l'air frais le plus fouvent qu'il eft poffible. Au mois d'Octobre, on tranfporte ces jeunes plants dans une ferre tempérée, & on les place fur les appuis des croifées pour y paffer ce premier Hiver. Les années fuivantes, on pourra les rentrer dans le confervatoire, enfuite dans l'orangerie, & enfin en mettre quelques pieds en pleine terre. Mais il faudra avoir foin d'empailler foigneufement ces derniers pendant les gelées, & de couvrir leurs racines d'une couche épaiffe de feuilles sèches, de vieux tan ou de courte litière. Si au lieu de toutes ces matières, qui s'imprègnent aifément d'humidité, la retiennent & empêchent la libre circulation de l'air, on pouvoit y fubftituer un chaflis, ce moyen feroit infiniment plus fûr, & les arbriffeaux en végéteroient beaucoup mieux.

Les Camellis fleuriffent affez jeunes; il n'eft pas rare de voir des marcottes de trois à quatre ans, donner des fleurs; mais c'eft vers la fixième année qu'ils en donnent abondamment. L'époque de leur fleuraifon n'eft pas toujours la même, elle varie fuivant l'âge, la force des individus, & la différence des faifons; cependant elle arrive le plus ordinairement au Printemps dans le courant du mois de Mai. Les fleurs, jufqu'à préfent, n'ont point donné de femences dans notre climat.

Nous n'avons jamais eu occafion de multiplier cet arbriffeau de graines; mais nous croyons que, lorfqu'on peut en obtenir, il convient de les femer à l'inftant où elles arrivent, n'importe en quelle faifon, & qu'en les cultivant comme celles des plantes de la Chine, on peut efpérer de les faire lever. Quant aux boutures, il en faut faire un grand nombre pour efpérer d'en voir réuffir quelques-unes; on choifit de jeunes rameaux de quatre à fix pouces de long, & accompagnés d'un talon, autant qu'il eft poffible. On les plante dans des pots, avec une terre ou très-forte, comme de la terre franche pure, ou très-légère, comme le terreau de faule, & on les place fous des cloches recouvertes d'un chaflis & fur des couches tièdes, ou bien en pleine terre avec des doubles & même des triples cloches par-deffus; à la manière Angloife; ces deux moyens procurent quelquefois de jeunes individus; mais, quand on le peut, il vaut mieux faire ufage des marcottes. Cette voie de multiplication eft moins minutieufe & beaucoup plus fûre.

Ufage. Le Camelli du Japon doit être regardé

comme un des plus beaux arbriffeaux d'orangeries. Sa belle verdure perpétuelle, la forme de fon feuillage & fur-tout la grandeur & l'éclat de fes fleurs, fuffifent pour le faire rechercher. (*M. Thouin,*)

CAMEMINE. C'eft ainfi qu'on appelle à Lille en Flandre le *myagrum fativum.* L. *Voyez* CHAMELINE cultivée, n.° 8. (*M. l'Abbé Tessier.*)

CAMERIER, *CAMERARIA.*

Ce genre de la famille des APOCINS, & qui a des rapports avec les taberniers & les franchipaniers, comprend des arbriffeaux & des arbres exotiques dont la hauteur varie, fuivant les efpèces, depuis trois ou quatre pieds jufqu'à trente pieds ou environ.

Les feuilles font oppofées & entières.

Les fleurs naiffent à l'extrémité des rameaux, ou dans leurs bifurcations. Elles font blanches ou jaunes, fuivant les efpèces, monopétales, en forme d'entonnoir, à limbe plane, divifé en cinq lobes lancéolés & tournés un peu obliquement.

Le fruit, qui leur fuccède, eft compofé de deux follicules écartées horizontalement l'une de l'autre, comprimées, lancéolées ou comme haftées qui renferment plufieurs femences ovales, applaties, embriquées & terminées chacune par une aile membraneufe.

Ces différentes plantes ne réuffiffent point ici en pleine terre. Elles exigent la tannée de la ferre.

Efpèces & variétés.

1. CAMERIER à feuilles larges.
CAMERARIA latifolia. L. ♄ de l'Amérique méridionale.
2. CAMERIER à fleurs jaunes,
CAMERARIA lutea. Aubl.

B. CAMERIER à petites fleurs jaunes.
CAMERARIA lutea parviflora. Aub. ♄ de la Guyane.

3. CAMERIER à feuilles étroites.
CAMERARIA angufti folia. L. ♄. de l'Amérique méridionale.

Defcription du Port des Efpèces.

1. CAMERIER à feuilles larges. Il paroît que cet arbre dégénère beaucoup en Europe, car Miller ne lui donne que dix à douze pieds de hauteur, tandis que Brown, dans fon Hiftoire de la Jamaïque, dit qu'il s'élève à vingt-neuf pieds & davantage.

Son tronc eft droit & épais, il fe divife en plufieurs branches qui fe fubdivifent elles-mêmes en plufieurs petits rameaux, la plupart fourchus, ce qui donne à l'arbre un afpect agréable. Lorfqu'on l'entame, il en découle un suc laiteux & âcre.

Les feuilles sont ovales-alongées, un peu roides, luisantes & remarquables par des stries parallèles & verticales qui vont de la côte du milieu jusqu'aux bords de la feuille.

Les fleurs naissent en grappes claires aux extrémités des rameaux; elles sont petites, blanches, & tubulées.

Historique. Cette espèce, la première qui ait été connue en Europe, a été envoyée de la Havane en Angleterre par le Docteur Houstow, qui lui avoit donné le nom de *Cameraria* en l'honneur de Joachim Camérarius, Médecin & Botaniste de Nuremberg, auquel on doit une édition de Mathiole en latin & en allemand, avec de nouvelles figures de plantes, & plusieurs observations.

Cet arbre croît aussi à la Jamaïque. En Angleterre, il fleurit dans le mois d'Août; mais il n'y donne jamais de semences.

Culture. Lorsqu'on veut multiplier ces arbres de semences, il faut les tirer directement du pays dont ils sont originaires, puisqu'ils n'en produisent point en Europe. On les sème & on les traite comme tous les autres végétaux des mêmes climats.

Mais on les multiplie plus promptement, & plus sûrement de boutures. On peut les faire pendant tous les mois de l'Eté sur une couche avec l'attention de les garantir du soleil, jusqu'à ce qu'elles aient bien pris racine.

Comme cet arbre est fort tendre, & qu'il ne résisteroit pas aux moindres froids, il faut le renfermer pendant l'Hiver & le placer dans la couche de tan de la serre chaude. On peut même, pour plus de sûreté, l'y laisser toute l'année en ayant soin de lui donner beaucoup d'air dans les tems chauds.

Usage. Cet arbre passe à la Jamaïque, pour fournir un bon bois de charpente. Il s'élève trop peu ici, pour qu'on puisse en tirer le même profit. Mais il contribue à répandre de la variété dans les serres.

2. CAMERIER à fleurs jaunes. Ce n'est qu'un simple arbrisseau, d'environ trois ou quatre pieds de hauteur sur quatre à cinq pouces de diamètre.

Son écorce est verdâtre, lisse & son bois blanc. Il pousse de longues branches droites noueuses, dont les feuilles naissent deux à deux, & sont posées alternativement en forme de croix. Ces feuilles sont, vertes, lisses, ovales & terminées par une longue pointe. Elles ont au moins cinq pouces de long sur près de deux pouces de large, & sont portées sur des pétioles qui n'ont pas plus de trois ou quatre lignes.

Les fleurs, portées chacune sur un long pé-

doncule naissent par bouquets dans les bifurcations des branches & des rameaux, & à leur extrémité du milieu des deux feuilles qui les terminent.

La corolle est monopétale, formée d'un tube renflé à sa base & plus grêle à son sommet, où il est comme étranglé. Son limbe est partagé en cinq lobes longs & aigus qui, avant de s'épanouir, sont comme embriqués, & se raccourcissent par un côté les uns sur les autres.

Ces fleurs sont grandes, jaunes, & répandent une odeur agréable; l'arbrisseau, que nous avons indiqué comme variété, est trop peu connu dans les parties de la fructification, pour qu'on puisse décider s'il n'est qu'une simple variété, ou s'il forme une espèce séparée.

Ce qui paroît le distinguer de celui que nous venons de décrire, c'est que ses feuilles sont moins grandes, que ses fleurs sont plus petites, & qu'elles naissent dans les aisselles des feuilles. Ils fleurissent tous les deux au mois de Mai.

Toutes les parties de ces deux arbrisseaux, rendent un suc laiteux, lorsqu'on les entame ou qu'on les déchire.

Ces deux arbrisseaux croissent naturellement dans la Guyane; les Naturels du pays appellent le premier *tamaquarina*.

Ils ne sont pas encore parvenus en Europe, & nous ne pouvons rien dire de positif sur la manière de les y élever. Nous présumons qu'ils exigeroient la serre chaude où ils répandroient de l'agrément & la bonne odeur de leurs fleurs.

3. CAMERIER à feuilles étroites. Cette espèce est peu connue; il paroît qu'elle ne forme qu'un arbrisseau d'environ huit pieds de hauteur, également rempli d'un suc laiteux, âcre & semblable à celui de l'épurge. Mill. & que ce qui la distingue principalement des précédentes, c'est la forme de ses feuilles étroites & linéaires.

(Ses fleurs naissent sans ordre aux extrémités des branches. Elles sont petites; mais de la même forme que celles de la première espèce. Mill.)

Cet arbrisseau est aussi originaire de l'Amérique méridionale, & de la Jamaïque. Il exige les mêmes soins & le même traitement que la première espèce. (*M. Thouin.*)

CAMERISIER. Nom adopté en François par quelques personnes, pour désigner le genre de *lonicera. Voyez* CHEVRE-FEUILLE au Dict. des Arbres & Arbustes. (*M. Thouin.*)

CAMION, (ustensile de Jardinage) petit tombereau à deux roues, avec un timon traversé par un bâton qui sert à le conduire.

Cette voiture est employée de préférence aux brouettes dans les grands Jardins de plaisance, pour le charroi des feuilles, des litières, & de toutes les matières volumineuses & peu pesantes

Elle accélère le travail , & le rend moins difpendieux. (*M. Thouin.*)

CAMOMILLE, *Anthemis.* L.

Genre de plantés de la famille des Composées, dont toutes les efpèces font herbacées, &
peuvent fervir à la décoration des Jardins. On
les diftingue des achillées, au nombre de leurs
demi-fleurons, & des matricaires & chryan-
thes aux paillettes qui couvrent le réceptacle
des fleurs.

Efpèces.

* *Couronne florale blanche.*

1. CAMOMILLE d'Italie.
Anthemis cota. L. ⊙ dans. les champs de
l'Italie.

2. CAMOMILLE élevée.
Anthemis altiffima. L. ⊙ dans les champs
du Midi de l'Europe.

3. CAMOMILLE maritime.
Anthemis maritima, L. 24 de l'Italie & des
Provinces méridionales de la France.

4. CAMOMILLE cotonneufe.
Anthemis tomentofa. L. 24 fur les bords
la Méditerranée.

5. CAMOMILLE des Alpes.
Anthemis alpina. L. 24 fur le mont Baldus
& les Alpes du Tyrol.

6. CAMOMILLE de montagnes.
Anthemis montana. L. 24 des montagnes
de l'Italie, de la Suiffe, & des Pyrénées.

7. CAMOMILLE de Chio.
Anthemis Chia. L. de l'Ifle de Chio.

8. CAMOMILLE odorante ou romaine.
Anthemis nobilis. L. 24 des pâturages fecs
du Midi de l'Europe.

B. *Variété à fleurs doubles.*

C. *Variété à fleurs flofculeufes.*

9. CAMOMILLE des champs.
Anthemis arvenfis. L. ♂ dans les champs.

10. CAMOMILLE puante ou maroutte.
Anthemis cotula. L. ⊙ dans les champs.

11. CAMOMILLE Pyrèthre.
Anthemis Pyrethrum. L. 24 du Levant, de
la Barbarie, de l'Italie, &c.

** *Couronne florale jaune en tout ou en partie.*

12. CAMOMILLE mixte.
Anthemis mixta. L. ⊙ du Midi de l'Europe.

B. *Variété cotonneufe.*

13. CAMOMILLE de Valence.
Anthemis Valentina. L. ⊙ du Levant, &
des Provinces méridionales de la France.

14. CAMOMILLE à feuilles crénelées.
Anthemis repanda. L. d'Efpagne & de Portugal.

15. CAMOMILLE à feuilles oppofées.
Anthemis Americana. L. Fil. de l'Amérique
méridionale.

16. CAMOMILLE des Teinturiers.
Anthemis tinctoria. L. 24 des pâturages fecs
& montueux du Midi de l'Europe.

B. *Variété à demi-fleurons blanchâtres.*

17. CAMOMILLE arabique.
Anthemis Arabica. L. ⊙ de l'Arabie & de
l'Afrique.

Les Camomilles 1 & 2 , font des plantes annuelles qui donnent des tiges droites , branchues
& qui portent des fleurs à l'extrémité de chaque
ramification. Les fleurs font affez grandes & leur
difque groffit à mefure que la fécondation s'achève;
lorfque les graines font mûres, le difque eft
abfolument conique. Le feuillage de ces plantes
eft très-divifé comme celui de toutes les Camomilles & affez fourni pour garnir les tiges.

Culture. Ces deux Camomilles doivent être
femées au Printems fous des chaffis & dans une
terre légère & très-meuble; il eft effentiel de
couvrir à peine les graines & de fe fervir de
terreau bien confommé. Lorfque le plant eft
affez fort, on le lève avec la motte; car la tranfplantation en eft affez difficile, & on les plante
dans les endroits où il doit refter; la plante fleurit pendant l'Eté & mûrit fes graines avant la fin
de l'Automne. Dans les jardins de Botanique,
où chaque place eft deftinée à une certaine plante,
on doit préférablement femer la graine de ces
deux efpèces de Camomilles dans la place qu'elles
doivent occuper; on y pratique un baffin de
quinze ou vingt pouces de diamètre dont la terre
eft très-meuble, & on a foin de couvrir les graines
de terreau. L'avantage de cette méthode eft d'accélérer la floraifon de la plante & en fecond
lieu de n'occuper la place du parterre qu'au
moment où cette plante peut l'orner. Ces deux
Camomilles exigent des arrofemens fréquens pour
lever & pendant les premiers momens de leur
exiftence.

Ufage. Ces deux Camomilles peuvent fervir
à la décoration des parterres; la feconde, qui
eft plus élevée que la première, devroit être placée
dans le milieu des plates-bandes entre les plantes
vivaces & les arbuftes. Comme elle monte à la
hauteur de trois pieds avant de fleurir, on pourroit
la planter près d'une plante précoce à laquelle
elle fuccéderoit lorfque l'autre auroit fini fa
faifon. Cet arrangement laifferoit les mêmes
places occupées jufqu'à l'Automne. La première
efpèce, qui s'élève beaucoup moins, pourroit

être placée sur le rang extérieur des plates-bandes. Cependant, malgré les avantages qu'on tire de cette plante pour la décoration des jardins, elle n'est commune que dans les jardins de Botanique.

Les Camomilles, n.° 3, 4, 11, & peut-être 7 & 14, sont des plantes vivaces dont les tiges, le feuillage & les fleurs diffèrent par des formes de détail, quoique semblables par l'accord de l'ensemble. L'espèce 3, est rameuse, un peu étalée & couchée ; ses feuilles sont charnues & parsemées de points creux. Ses fleurs sont solitaires à l'extrémité de chaque ramification de la tige ; leur odeur est forte & désagréable. L'espèce, n.° 11, est remarquable par la grandeur des fleurs qui terminent ses tiges, les plus grandes de tout le genre, quoique la plante s'élève rarement au-de-là d'un pied : elles sont blanches avec une teinte rouge en-dessous.

Culture. Ces plantes qui sont vivaces & d'un climat plus chaud que le nôtre, ne peuvent pas y croître sans le secours de l'orangerie pendant l'Hiver ; excepté la cotonneuse, n.° 4, à qui de simples abris ou un lit de paille peuvent suffire au besoin. On sème leur graine au Printems, dans des pots pleins d'une terre sèche & légère ; les pots doivent être tenus sous des chassis jusqu'au moment où l'air extérieur est assez chaud pour sortir les plantes d'orangerie ; ayant soin néanmoins de lever les chassis au gros du jour & d'arroser fréquemment sur-tout le pyrèthre n.° 11. Pendant l'Eté, on doit se borner à des sarclages fréquens & à éclaircir lorsque les plantes sont trop drues. Vers l'Automne, on peut les replanter séparément dans des pots que l'on rentre avant les premiers froids. Ces plantes, une fois à ce point de force, n'exigent aucuns soins particuliers & fleurissent tous les ans. Le pyrèthre n'existoit plus depuis long-tems au Jardin des Plantes, lorsque M. Desfontaines l'a rapporté de son voyage en Barbarie ; & c'est de ses graines que cette plante s'est multipliée dans les différens jardins de Paris & des Départemens.

Usage. Le pyrèthre a une racine dont le goût âcre & brûlant excite la salivation lorsqu'on la mâche ; on s'en sert dans les maux de dents & autres maladies de la bouche ; les vinaigriers, dit-on, la font entrer dans leurs vinaigres. Le Levant & l'Italie en fournissent toute l'Europe.

Les Camomilles que nous venons d'indiquer, exigeant une chaleur artificielle pendant l'Hiver, ne peuvent être cultivées que dans les Jardins de Botanique & par les Amateurs ; mais on ne peut que très-difficilement le faire servir à la décoration des jardins. Le pyrèthre produit un effet très-agréable lorsqu'il est en fleur, & doit exciter l'attention plus que les autres espèces. La Camomille odorante, n.° 8, est de toutes les espèces celle dont la culture est la plus générale-ment répandue ; ses divers usages en Médecine & pour la décoration des jardins, la rendent intéressante sous plusieurs rapports. On en connoît plusieurs variétés, qui sont cultivées préférablement à l'espèce primitive, quoique cette dernière ait nécessairement des qualités plus actives. Les principales sont à fleur double, soit par la luxuriance des demi-fleurons, ce qui l'a rend entièrement blanche & plus belle ; ou par la luxuriance des fleurons, ce qui fait disparoître la couronne blanche qui l'environnoit dans l'état de nature.

Culture. Comme on ne cultive presque pas les variétés simples de cette plante, l'usage a prévalu de ne la multiplier que d'éclats de racines, quoique la plante à fleurs simples donne des graines bien aoûtées, & qui pourroient être semées comme les espèces agrestes & vivaces. Les racines qu'on éclate au commencement de l'Automne reprennent en très-peu de tems, elles résistent très-bien à l'Hiver & au Printems ; elle commence à s'étendre en tous sens au moyen des tiges qui s'enracinent & forment de nouvelles souches. Cette plante une fois établie dure plusieurs années ; mais, lorsqu'on la cultive comme objet d'ornement, il vaut mieux la lever tous les deux ans & la replanter ensuite après avoir donné un labour à la terre & séparé les souches. Par ce moyen on évite les échancrures & les vides qui se forment nécessairement par le dépérissement des vieilles souches & l'inégale extension des nouvelles. Ce sont ces inconvéniens qui ont dégoûté des tapis qu'on faisoit anciennement avec cette plante à l'imitation des Anglois, tapis qui étoient agréables lorsqu'ils étoient fournis, mais qui étoient trop sujets à s'échancrer pour qu'on pût en jouir. Les fleurs qui, duroient tout l'Eté & l'Automne jusqu'aux gelées étoient un avantage bien précieux ; mais cet inconvénient le balançoit d'une manière trop forte. On continue encore de faire des bordures, qui sont agréables & moins sujettes à manquer que les tapis un peu vastes ; cependant la principale culture de cette plante est maintenant reléguée dans les jardins de Pharmacie, & dans les jardins des paysans pour qui cette plante est une vraie panacée.

En Pharmacie on fait le plus grand usage des fleurs de cette plante & d'une huile qu'on en tire par la distillation ; elle est carminative & stomachique.

Les Camomilles, n.° 10, 12, 13, sont des plantes annuelles, celle, n.° 9, est bienne, celle, n.° 17, est vivace. Toutes ces plantes, qui croissent sauvages dans notre climat, n'exigent aucuns soins ; on les sème au Printems dans la place qu'on leur destine pendant l'Eté ; on les arrose & les débarrasse au besoin des mauvaises herbes & on récolte leur semence à sa maturité. Souvent mêmes elles se resèment d'elles-mêmes & se reproduifent fans aucuns foins. Lorfqu'on veut les faire fervir à la décoration des jardins & que l'on defire accélérer leur floraifon, il eft néceffaire de les femer fur couche & de les replanter enfuite ; mais comme ce font ces végétaux qui mûriffent leurs graines, il eft préférable de les laiffer fleurir à leur époque naturelle. Les efpèces, n.° 11 & 17, produifent un très-bel effet dans les parterres, & confervent leurs fleurs jufqu'aux gelées. On les place dans le milieu des plate-bandes qu'ils garniffent pendant la dégradation des plantes d'Été.

Ufage. La Camomille des teinturiers, n.° 17, donne aux laines une couleur jaune aurore, mais, qué M. Dambourney a reconnu peu folide, un plus long bouillon la change en olive terne ; cet ingrédient, qui eft plus ufité en Allemagne qu'ailleurs, pourroit être remplacé par d'autres qui lui feroient de beaucoup préférables. M. Dambourney a pareillement examiné la Camomille puante, n.° 10, lorfqu'elle eften fleur, elle donne un teint jaune citron tirant fur le verdâtre, mais affez folide. Cette même Camomille eft reçue en Pharmacie, on lui attribue les mêmes qualités qu'à la Camomille odorante.

La Camomille arabique, n.° 18, n'eft cultivée que depuis peu d'années, en France. Miller qui l'a poffédée antérieurement, dit peu de chofes ; cette plante, fuivant lui, eft d'une culture très-facile & doit être femée en Automne pour avoir le tems de mûrir fes graines ; mais il ne parle pas du degré de chaleur qui lui eft néceffaire. En France, on la fème fous chaffis, au Printems ; dès qu'elle a la force néceffaire, on la replante & elle a le temps de fleurir & de donner des femences aoûtées avant l'Hiver. Il eft néanmoins prudent d'en conferver quelques pieds en pôts pour les rentrer dans l'orangerie fi les froids venoient de trop bonne heure. (*M. Reynier.*)

CAMOMILLE. *Anthemis cotula,* ou *arvenfis.* L. Plante de la famille des compofées radiées ; Les 9.ᵉ & 10.ᵉ efpèces croiffent fpontanément & abondamment dans les terreins frais, ou, en certaines années, elles étouffent les plantes utiles qu'on y cultive. On ne peut les détruire, ou en diminuer la multiplication, que par des labours répétés, des farclages, ou des fumiers mal confommés. On fait dans le pays de Caux des balais de ces plantes, après les avoir bien fait fécher.

On donne encore, dans beaucoup de pays, le nom de Camomille à la Chameline, quoiqu'elle foit d'une famille bien différente. *Voyez* CHAMELINE. (*M. l'Abbé Tessier.*)

CAMOMILLE jaune. *Chrysanthmum fegetum.* L. *Voyez* MALRIÇAIRE des bleds. (*M. Thouin.*)

CAMOMILLE rouge. *Adonis annua.* La M. Dict. *Voyez* ADONIS annuelle, n.° 1. (*M. Thouin.*)

CAMOTES. Don Ulloa donne ce nom à une racine qui, avec le yucca & le manioc, forment la nourriture des Péruviens. Le Traducteur de cet ouvrage, en fuppofant, avec raifon, que cette racine eft la *patate, convolvulus, Batatas.* L., avertit qu'il y a des incertitudes dans les Voyageurs. Frézier dit qu'il y en a de rouges, de jaunes & de blanches. Aux Philippines, on donne le nom de *Camotes* à une *groffe rave,* d'un goût exquis, & d'une odeur des plus agréables : ce font fes expreffions. Que ce foit la *Patate* ou une autre racine que Don Ulloa défigne fous le nom de *Camotes,* il eft conftant que c'eft une des racines qu'on cultive au Pérou, pour la nourriture des hommes. Mais il ne donne aucuns détails fur les procédés. (*M. Reynier.*)

CAMPAGNE. Ce mot diffère de ceux de *champ, terre, terrein* & *fol.* Il fuppofe une étendue illimitée, qui comprend les plaines, les montagnes, les vallons, les côteaux, les bois, &c., tout ce qui eft hors de l'enceinte des villes. *Aller à la Campagne, s'établir à la Campagne,* c'eft fortir d'une ville, en quitter le féjour. *Les biens de Campagne* font des propriétés, placées au-de-là des Villes. Les villages, les fermes, les châteaux, les maifons de plaifance font des *habitations de Campagne.* Le mot *Champ* s'applique à une étendue bornée. On dit *les Champs cultivés & enfemencés ; les Champs en jachères ; le Champ de Pierre eft plus grand que celui de Paul ; il y a plus de terre dans mon Champ que dans le vôtre,* &c. Le mot *Terre* exprime une propriété, plus ou moins grande. *J'ai acheté, ou vendu une terre,* c'eft-à-dire, j'ai acheté, ou vendu une propriété d'un certain nombre de champs. *Ceci eft ma Terre,* c'eft comme fi je difois, c'eft mon héritage, ou mon acquifition ; *ces Terres appartiennent à tel particulier, à tel propriétaire ; paffer des baux de fes Terres ; on peut faire de fa terre ce qu'on veut,* &c. Toutes ces phrafes, qui font d'un ufage habituel, prouvent que le mot Terre exprime fur-tout la propriété. *Terrein & Sol* ont prefque la même fignification : l'un & l'autre font applicables à la qualité des champs. On dit également *un Terrein, ou un Sol, bon ou mauvais ; un Terrein ou un fol humide ou fec ; un Terrein ou un Sol fablonneux ou argilleux ou crayeux.* Cependant, fi l'on parle d'une certaine étendue, on fe fert plutôt du mot *Terrein* ; par exemple, on dit *le Terrein d'une Paroiffe n'eft pas auffi bon que celui d'une autre.* On ne diroit pas dans ce cas *le Sol,* qui ne convient qu'à un Terrein petit, déterminé, fpécifié, tel que celui d'un champ, ou d'un jardin. (*M. l'Abbé Tessier.*)

CAMPANE, CAMPANETTE. Nom vulgaire de différentes efpèces de CAMPANULES & en particulier de la CAMPANULE à feuilles de pêcher.

Campanula

Campanula persicifolia. L. & de la CAMPANULE glomérulée *Campanula glomerata.* L. *Voyez* l'article CAMPANULE. (*M. DAUPHINOT.*)

CAMPANE jaune. *Bulbocodium vernum.* L. *Voyez* BULBOCODE printannière. (*M THOUIN.*)

CAMPANIFORME. *Flos. Campaniformis.* On donne ce nom aux fleurs monopétales régulières, dont toutes les parties de la corolle sont coupées uniformément, & placées à une égale distance d'un centre commun, de manière qu'elles affectent une figure symétrique & régulière dans leur contour, & forment une espèce de petite cloche. (*M. THOUIN.*)

CAMPANILLE. Mauvaise manière de prononcer & d'écrire le nom des Campanules; elle est usitée dans plusieurs provinces. *Voyez* CAMPANULE. (*M. REYNIER.*)

CAMPANULE, *CAMPANULA.* L.

Genre de plantes à fleurs monopétales, qui donne son nom à toute une famille. Toutes les plantes qui la composent sont herbacées, la plupart vivaces par leurs racines, & servent à l'ornement des jardins par la beauté de leur feuillage, & plus encore par leurs corolles en cloche, presque toujours d'un beau bleu ou blanches. Plusieurs espèces sont déjà connues généralement comme plantes d'agrément, & leur liste pourroit être beaucoup augmentée.

Espèces & Variétés.

Feuilles lisses, sinus du calice non réfléchis.
· 1. CAMPANULE du Mont-Cénis.
CAMPANULA Cœnisia, L. 2C sur le Mont-Cénis & les Hautes-Alpes de la Suisse & de la Savoye, dans les éboulemens.
2. CAMPANULE uniflore.
CAMPANULA uniflora. L. 2C des montagnes de la Laponie.
3. CAMPANULE à feuilles de cymbalaire.
CAMPANULA hederacea. L. des lieux couverts & humides.
4. CAMPANULE à feuilles de cochléaria.
CAMPANULA cochlearifolia. La M. Dict. sur les Alpes & les Pyrénées.
5. CAMPANULE élatine.
CAMPANULA elatines. L. des montagnes du midi de l'Europe.
6. CAMPANULE d'Autriche.
CAMPANULA pulla. L. des montagnes de l'Autriche.

B. *Variété à feuilles arrondies.*

7. CAMPANULE de Bellardi.
CAMPANULA Bellardi. All. T. 85. F. 54 sur les Hautes-Alpes du Piémont.
8. CAMPANULE à feuilles rondes.

Agriculture, Tome II.

CAMPANULA rotundifolia. L. 2C des pâturages secs & montagneux.

B. *Variété plus grande & plus développée des Alpes. C Variété à fleurs blanches.*

9. CAMPANULE gazonante.
CAMPANULA cæspitosa. Vill.
10. CAMPANULE à feuilles de lin.
CAMPANULA linifolia. La M. Dict. des pâturages des montagnes.
CAMPANULA 702. Hall. 2C sur les rochers humides des Alpes & des montagnes du Dauphiné.

11. CAMPANULE étalée.
CAMPANULA patula. L. ♂ en Suède, en Angleterre, sur les Alpes de la Suisse.
12. CAMPANULE raiponce.
CAMPANULA rapunculus. L. ♂ dans les hayes & les lieux incultes.
13. CAMPANULE à feuilles de pêcher.
CAMPANULA persicifolia. L. 2C dans les lieux incultes & ombragés.

B. *Variété à grandes fleurs, dans les taillis & les ravins exposés au soleil. C. Variété à fleurs doubles. D. Variété à fleurs blanches.*

14. CAMPANULE à feuilles de ptarmique.
CAMPANULA ptarmicæfolia. La M. Dict. de l'Arménie.
15. CAMPANULE à feuilles de linaire.
CAMPANULA linarioïdes. La M. D. du Monte-Video, près de Buénos-Ayres.
16. CAMPANULE pyramidale.
CAMPANULA pyramidalis. L. ♂ de la Carniole & de la Savoye.
17. CAMPANULE à fleurs planes.
CAMPANULA planiflora. La M. Dict. 2C de l'Amérique.

B. *Variété à fleurs blanches.*

18. CAMPANULE à longs styles.
CAMPANULA stylosa. La M. Dict. de la Sibérie & de la Tartarie.
19. CAMPANULE à feuilles de périploque.
CAMPANULA periplocifolia. La M. Dict. de la Sibérie.
20. CAMPANULE à feuilles de lys.
CAMPANULA lilifolia. L. ♂ de la Sibérie & de la Tartarie.
21. CAMPANULE gentianoïde.
CAMPANULA gentianoïdes. H. P. 2C de la Sibérie.
22. CAMPANULE rhomboïdale.
CAMPANULA rhomboïdale. L. 2C des pâturages des montagnes.
23. CAMPANULE d'Alpin.
CAMPANULA Alpini. L. 2C près de Bassane en Italie.
24. CAMPANULE crêpue.

CAMPANULA crispa. La M. Dict. de l'Arménie.

25. CAMPANULE de Bourbon.

CAMPANULA ensifolia. La M. Dict. ♄ sur le volcan de l'Isle de Bourbon.

26. CAMPANULE verticillée.

CAMPANULA verticillata. L. Fil. ♃ de la Tartarie orientale.

**** *Feuilles rudes sinus du calice non réfléchis.***

27. CAMPANULE à feuilles larges.

CAMPANULA latifolia. L. des lieux montueux & couverts.

B. *Variété à fleurs blanches.*

28. CAMPANULE gantelée.

CAMPANULA trachelium. L. ♃ dans les bois, les buissons & près des hayes.

B. *Variété à fleurs blanches.*

29. CAMPANULE rapunculoïde.

CAMPANULA rapunculoïdes. L. ♃ dans les lieux secs, sur les bords des champs & des vignes.

B. *Variété à fleurs blanches.*

30. CAMPANULE de Bologne.

CAMPANULA Bononiensis. L. en Italie, en Suisse, en Carniole.

31. CAMPANULE à feuilles de chiendent.

CAMPANULA graminifolia. L. ♃ sur les montagnes de l'Italie.

32. CAMPANULE glomérulée.

CAMPANULA glomerata. L. ♃ dans les lieux secs & montagneux.

B. *Variété à fleurs éparses sur la tige.*

C. *Variété à grandes fleurs des Alpes.*

33. CAMPANULE de roche.

Campanula petræa. L. sur les montagnes de l'Italie, dans les fissures des rochers.

34. CAMPANULE cervicaire.

CAMPANULA cervicaria. L. dans les lieux pierreux & boisés des montagnes.

35. CAMPANULE tyrsoïde.

CAMPANULA thyrsoïdes. ♂ sur les montagnes de l'Europe méridionale.

36. CAMPANULE lanugineuse.

CAMPANULA lanuginosa. La M. Enc. ♂ de la Tartarie.

37. CAMPANULE tomenteuse.

CAMPANULA tomentosa. La M. Dict.

38. CAMPANULE argentée.

CAMPANULA argentea. La M. Dict. de l'Arménie.

39. CAMPANULE à feuilles de calament.

CAMPANULA calamentifolia. La M. Dict de l'Isle de Naxe, dans l'Archipel.

40. CAMPANULE érine.

CAMPANULA erinus. L. ⊙ du midi de l'Europe, dans les lieux pierreux.

41. CAMPANULE érinoïde.

CAMPANULA erinoïdes. L. de l'Afrique.

42. CAMPANULE hispide.

CAMPANULA hispidula. L. F. du Cap de Bonne - Espérance.

***** *Sinus du calice réfléchis.***

43. CAMPANULE naine.

CAMPANULA allioni. Vill. des Alpes.

CAMPANULA alpestris. All.

44. CAMPANULE ligulaire.

CAMPANULA ligularis. La M. Dict. des Alpes.

45. CAMPANULE fourchue.

CAMPANULA dichotoma. L. ⊙ de la Sicile & du Levant.

B. *CAMPANULA mollis.* L.

46. CAMPANULE à grosses fleurs.

CAMPANULA medium. L. ♂ dans les bois du midi de l'Europe.

Variété à fleurs blanches. C. *Variété à fleurs panachées.*

D. *Variété à fleurs doubles. Dans les jardins.*

47. CAMPANULE ponctuée.

CAMPANULA punctata. La M. Dict. de la Sibérie.

48. CAMPANULE en bassin.

CAMPANULA pelviformis. La M. Dict. de l'Isle de Candie.

49. CAMPANULE tubuleuse.

CAMPANULA tubulosa. La M. Dict. de l'Isle de Candie.

50. CAMPANULE barbue.

CAMPANULA barbata. L. des Montagnes de l'Europe.

B. *Variété à fleurs en panicule.*

51. CAMPANULE à épis.

CAMPANULA spicata. L. ♂ du Vallais.

52. CAMPANULE des Alpes.

CAMPANULA Alpina. L. ♃ sur les montagnes de la Suisse & de l'Autriche.

53. CAMPANULE à feuilles de paquerette.

CAMPANULA saxatilis. L. de l'Isle de Candie, entre les rochers.

54. CAMPANULE de Sibérie.

CAMPANULA Sibirica. L. de la Sibérie, de l'Autriche & du Piémont.

55. CAMPANULE à feuilles de violette.

CAMPANULA carpatica. Bot. mag. des Monts-Carpathes.

56. CAMPANULE hétérophylle.

CAMPANULA heterophylla. L. des Isles de l'Archipel, entre les rochers.

57. CAMPANULE à trois dents.

CAMPANULA tridentata. L. du Levant.

58. CAMPANULE à petites fleurs.

CAMPANULA parviflora. La M. Dict. du Levant.

59. CAMPANULE en lyre.

CAMPANULA lyrata. La M. Dict. du Levant.

60. CAMPANULE laciniée.
CAMPANULA laciniata. L. de la Grèce.

61. CAMPANULE de Sirie.
CAMPANULA Stricta. L. de la Syrie & de la Palestine.

62. CAMPANULE ligneuse.
CAMPANULA fruticosa. L. ♄ du Cap de Bonne-Espérance.

63. CAMPANULE doucette ou miroir de Vénus.
CAMPANULA Speculum. L. ☉ dans les champs.

64. CAMPANULE bâtarde.
CAMPANULA hybrida. L. ☉ dans les champs.

CAMPANULE à feuilles de limonium.
CAMPANULA limonifolia. L. du Levant.

66. CAMPANULE de Thrace.
CAMPANULA Pentagonia. L. ☉ de la Romanie.

67. CAMPANULE perfoliée.
CAMPANULA perfoliata. L. ☉ de la Virginie.

Espèces peu connues.

CAMPANULA undulata. L. F. du Cap de Bonne-Espérance.

CAMPANULA porosa. L. F. du Cap de Bonne-Espérance.

CAMPANULA tenella. L. F. ♃ du Cap de Bonne-Espérance.

CAMPANULA aurea. L. F. ♃ de l'Isle de Madere.

CAMPANULA lobeliodes. L. F. de l'Isle de Madere.

CAMPANULA edulis. Forsk. de l'Arabie.

CAMPANULA procumbens. L. F.

CAMPANULA capilacea. L. F.

CAMPANULA linearis. L. F.

CAMPANULA alpressa. L. F.

CAMPANULA paniculata. L. F.

CAMPANULA fasciculata. L. F.

CAMPANULA sessiliflora. L. F.

CAMPANULA cinera. L. F.

CAMPANULA uncidentata. L. F.

CAMPANULA americana L. de l'Amérique.

CAMPANULA vesula All. F. 7, F. I. ♃ si elle diffère de la Campanule d'Autriche, n.° 6.

CAMPANULA urticifolia All. ♃ dans les bois ombragés.

PRISMATOCARPUS interruptus. L'Her. du Cap de Bonne-Espérance.

PRISMATOCARPUS paniculatus. L'Her. du Cap de Bonne-Espérance.

PRIMATOCARPUS. altiflorus. L'Her. du Cap de Bonne-Espérance.

PRIMATOCARPUS crispus. L'Her. du Cap de Bonne-Espérance.

PRISMATOCARPUS nitidus. L'Her. du Cap de Bonne-Espérance.

Les herbiers de MM. Desfontaines, la Billardière,

& même celui de M. de la Marck contiennent encore plusieurs Campanules très-distinctes de celles qui sont connues; sans doute elles auront paru avant la fin de cet ouvrage, & que je pourrai en parler dans un supplément. Les ayant vues dans leurs herbiers, je ne puis en dire davantage.

Malgré la multiplicité des formes & des climats de ces Campanules, il est cependant possible de les classer sous quelques grandes divisions, d'après leur culture analogue & leur apparence.

Les espèces 1, 2, 4, 5, 6, 7, 9, 31, 35, 43, 44, 50, 52 sont des plantes Alpines & doivent être traitées avec d'autant plus de précautions qu'elles viennent d'une région plus élevée. La méthode générale de les planter dans des pots pleins de terreau de Bruyère doit être un peu modifiée pour quelques espèces, telles que celles n.° 1, &c. qui croît dans les terres éboulées, & pour lesquelles il faut augmenter la proportion du sable. Ces petites plantes souffrent dès que leurs habitudes sont trop changées.

On doit les semer au Printems, sur un sable de terreau bien meublée, & couvrir légèrement les graines à cause de leur petitesse. Les pots doivent être placés sous des châssis pour accélérer la végétation des jeunes plantes. Dès que les jeunes plantes ont quelques feuilles, on peut sortir les pots & les mettre dans une exposition un peu ombragée, où, pendant l'Eté, elles n'exigent que des arrosemens légers, & des sarclages un peu fréquens. Vers le mois d'Août, il convient de séparer les jeunes plantes, & de les replanter, autant que possible, en mottes, dans des pots que l'on rentre, pendant l'Hiver, dans l'orangerie, ou sur des gradins de plantes Alpines, que l'on couvre aux approches de l'Hiver. L'Eté suivant ces plantes donnent leurs fleurs, & continuent pendant plusieurs années.

Il est possible que plusieurs de ces plantes telles que les n.° 6, 9, 31, exigent moins de précautions & puissent être cultivées en pleine terre comme les espèces agrestes; elles n'ont pas encore été cultivées, & c'est uniquement par la ressemblance de leur pays natal que je les ai classées ici. J'ai vérifié que les espèces 9, 10, 11, 22, 34, qui croissent sur les Alpes, n'exigent aucuns soins pour leur culture, & peuvent être semées en pleine terre comme les espèces agrestes auxquelles elles seront réunies. M. Thouin a cultivé les espèces 41 & 42 en pleine terre, & dit qu'elles n'exigent aucune précaution. Il est cependant plus sûr lorsqu'on les reçoit de leur pays natal, de les cultiver comme les autres espèces alpines, pour diminuer les soins ensuite.

L'espèce 3 est une petite plante délicate & fluette, d'une existence qui paroît fugitive; ses feuilles ressemblent à celles de la Cymbalaire, & ses fleurs sont de forme alongée & de couleur bleue.

On n'a pas encore cultivé cette Campanule ; la préférence qu'elle donne aux lieux couverts & humides, indique les soins qu'elle doit exiger, les mêmes vraisemblablement que pour les FLUTEAUX. *Voyez ce mot.*

Les espèces 8, 10, 11, 12, 13, 22, 27, 28, 29, 30, 32, 34, 40, 46, 51, 63, 64, 66, 67, sont des plantes agrestes communes dans nos champs, nos bois & nos prairies. Quelques espèces ont paru assez belles pour être admises dans nos jardins d'ornement ; d'autres ne sont cultivées que dans les jardins de Botanique.

Dans les jardins de Botanique on sème ces Campanules en place dans des bassins de dix-huit à vingt-quatre pouces de diamètre ; leur graine doit être peu couverte pour réussir. Les jeunes plans exigent quelques sarclages & des arrosages plus ou moins fréquens pendant l'Eté, suivant que l'espèce est d'une position plus ou moins humide. Les espèces annuelles fleurissent la première année, & se resèment fréquemment d'elles-mêmes. Les espèces vivaces ne fleurissent que l'Eté suivant & durent plusieurs années ; d'autres enfin qui sont bisannuelles périssent après leur floraison. Quoique la dispersion des graines assure presque toujours la reproduction de l'espèce, il vaut mieux en récolter de la graine pour la semer ; parce que la propreté du jardin exige qu'on laboure la terre entre les bassins, ce qui peut nuire au développement des graines qui peuvent y être tombées.

La Campanule raiponce, espèce 12, est cultivée comme plante potagère. On la sème à la volée depuis Juin jusqu'en Août, soit dans de grands terrains ou simplement sur des platte-bandes & des quarrés de jardin. Elle réussit mieux dans un terrein ombragé que dans une autre situation. Quinze jours après elle lève, & lorsque les jeunes plantes ont quelques feuilles on donne un léger labour entre elles, & on les éclaircit de manière qu'il y ait un intervalle suffisant entre chaque racine. Ce labour se répète encore deux ou trois fois pendant le courant de l'Eté, afin de conserver la terre meuble, condition nécessaire pour le développement de cette plante. Ces labours se donnent avec la binette, la serfouette, ou tel autre petit instrument qu'on préfère. Lorsque les sécheresses sont un peu considérables, il est nécessaire d'arroser, mais cette plante exige moins d'eau que la plupart des autres plantes potagères.

On cueille la Raiponce pendant l'Hiver & le Printems suivant, jusqu'à l'époque où la tige commence à se montrer, alors la racine devient filandreuse & n'a plus de valeur. On mêle la Raiponce avec la Mâche pour les salades d'Hiver. Beaucoup de personnes n'aiment pas la douceur un peu mucilagineuse de la racine, même en France, où la culture de cette plante est plus répandue que par-tout ailleurs. En An-

gleterre, au rapport de M. Miller, où elle s'étoit introduite, elle est presque tombée en ce moment.

La Campanule à feuilles de pêcher, n.° 13, celle à feuilles larges, n.° 25, la gantelée, n.° 26, & celle à grosses fleurs, n.° 44, sont cultivées dans les parterres comme plantes d'agrément. On est parvenu à obtenir des variétés à fleurs doubles, panachées, &c. qui ajoutent à la beauté des espèces primitives. Leur floraison commence au mois de Juin, continue pendant le reste de l'Eté & pendant toute cette saison ces plantes sont couvertes de leurs larges cloches bleues ou panachées, relevées par la beauté du feuillage de leurs tiges.

Celles qui sont à fleurs simples ou semi-doubles donnent des graines que l'on sème vers la fin de Mars dans une platte-bande de terre meuble. Lorsque les jeunes plantes ont quelques feuilles, on les lève & on les replante en pépinière à six pouces de distance ; il est nécessaire de les arroser fréquemment jusqu'à ce qu'elles aient repris. En arrachant les jeunes Campanules & en les replantant, on doit avoir la plus grande attention de ne pas blesser les racines ; la plaie la plus légère occasionne l'extravasion du suc laiteux qu'elles contiennent, ce qui les affoiblit considérablement, & souvent même occasionne leur pourriture. Vers l'Automne on plante ces jeunes individus dans le lieu qu'on leur destine, & dans le cours de l'année suivante leurs premières fleurs paroissent.

Comme ces plantes sont vivaces à mesure qu'elles vieillissent, leur touffe s'étend & pousse des jets latéraux. On peut alors éclater ces racines au mois de Septembre, & on replante ces rejettons après avoir paré leur racine pour éviter la pourriture qui seroit une suite de ce manque d'attention. Ces jeunes plantes reprennent avant l'Hiver & donnent des fleurs l'année suivante : c'est de la même manière qu'on multiplie les variétés qui sont trop doubles pour donner de bonnes graines.

Usage. Ces Campanules produisent un très-bel effet dans les parterres ; la première sur les bords des massifs, les autres vers le centre à cause de leur feuillage. On peut aussi les multiplier avantageusement dans les bosquets ornés, sur les bords des allées & dans les jardins paysagistes, où on peut les placer dans des positions analogues à leur nature sauvage : la première dans des lieux agrestes, rocailleux & arides, les autres dans les bois même près des eaux vives & des cascades naturelles. Il est essentiel, pour ce dernier usage, de choisir des plantes à fleurs simples, parce qu'elles se multiplient d'elles-mêmes, & que les variétés à fleurs doubles rappelleroient l'art qu'on voudroit dérober.

On trouve encore dans cette même série des Campanules agrestes, la Campanule doucette n.° 64, & la perfoliée, n.° 67, qui fervent à la décoration des jardins ; comme ce font des efpèces annuelles, il étoit néceffaire d'en traiter féparément. Ces plantes hautes d'un pied au plus, forment une touffe arrondie qui, au moment de fa floraifon, eft couverte de fleurs bleues en roue, qui produifent le plus bel effet : c'eft de fa beauté que l'une d'elles, l'efpèce 63, a pris le nom de *Miroir de Vénus*.

On feme les graines de ces plantes au Printems, fur des plates-bandes, d'une terre très-meuble. Lorfque les plantes ont un pouce ou deux de haut, on les replante, autant que poffible en mottes, dans les endroits où elles doivent fleurir. Quelques perfonnes les fement dès l'Automne, & prétendent que les plantes, qui naiffent de ces femis, viennent plus grandes & fleuriffent un mois avant les autres. Les graines font mûres vers le mois de Septembre, & fe fement d'elles-mêmes fi on n'a pas foin de les récolter.

Ufage. Ces plantes, qui ne font pas élevées, doivent être placées fur les bords des plates-bandes, ou dans des quarrés deftinés aux plantes d'agrément ; j'en ai vu former des planches qui produifoient un très-bel effet.

La Campanule pyramidale n.° 16. Cette efpèce eft certainement la plus belle efpèce du genre : fes tiges hautes de cinq à fix pieds, fouvent davantage, couvertes de grandes fleurs bleues dans toute leur longueur, en bouquets vers le bas des tiges, en épis à leur extrémité, de manière que l'enfemble forme réellement une pyramide bleue. Cette réunion d'avantages fe trouve difficilement dans d'autres plantes.

On a deux moyens de multiplier les *pyramidales*, par graines ou en éclatant les racines.

On choifit, pour cette dernière opération, le mois de Septembre, afin que les jeunes plantes aient le tems de pouffer des racines avant l'Hiver. Il faut ménager, autant que poffible, & la mère-plante & les jets qu'on éclate, à caufe du fuc laiteux qui s'extravafe par la racine, & avoir foin de le laiffer écouler avant de mettre la racine fous terre. Miller dit avoir obfervé que les plantes que l'on obtient de cette manière ne font jamais auffi belles que celles venues des graines, & qu'elles ont un autre inconvénient bien plus majeur, c'eft de devenir ftériles à la longue. Cette obfervation pourroit être appuyée par l'exemple du bananier, de *la canne* à fucre, &c qui font multipliés depuis très-long-tems de cette manière, & dont les organes fexuels font abfolument flétris. Je citerai encore les choux qui donnent des graines en Europe, où on les multiplie de cette manière, & qui n'en donnent point ou n'en donnent que de la mauvaife dans nos Ifles, où on les multiplie de rejettons.

La meilleure manière de multiplier les Campanules pyramidales, c'eft de graines ; pour en obtenir de bonnes, il faut planter quelques pieds dans un lieu abrité, & avoir foin de les couvrir d'un auvent lorfque les pluies font trop continuelles à l'époque de leurs fleurs. Tous ces foins ne font pas indifpenfables, mais ils affurent la fécondation & la maturité des graines. Souvent même des plantes placées au milieu d'un jardin, expofées à tous les vents, donnent de très-bonnes graines, qui fe refèment d'elles-mêmes.

On doit femer les graines dans des pots ou caiffes à femences, en Automne, la terre qu'elles exigent doit être légère & fans fumier. On doit les laiffer à l'air jufqu'aux pluies ou aux froids, qu'on doit les placer fous des chaffis dont on ôte les verres pendant les beaux jours. Au premier Printems les jeunes plantes levent : alors on ne doit les couvrir que dans les nuits un peu froides ; mais, lorfque la faifon eft avancée, on doit les fortir des chaffis & les mettre dans une pofition où elles n'aient que le foleil du matin, fuivant Miller ; mais il fuffit que le lieu où on les place n'ait pas le foleil du midi, qui eft trop brûlant. Pendant l'Eté, on devra farcler les jeunes plantes & les baffiner avec précaution, car elles craignent l'humidité.

Au mois de Septembre, lorfque les feuilles des Campanules pyramidales commencent à fe faner, on doit préparer des couches dans un lieu chaud & dans une terre légère & fablonneufe ; mais fans fumier, car il nuit à cette plante. Lorfque le terrein eft humide, on doit élever la couche de quelques pouces au-deffus du fol. Cette couche préparée, on doit y mettre le jeune plant en pépinière, ayant foin de ne pas bleffer fes racines en le levant ; on doit mettre les pieds à quatre pouces de diftance, & avoir foin d'enterrer le collet des racines. Lorfqu'il ne pleut pas pendant les cinq ou fix premiers jours après la plantation, il faut arrofer légèrement & couvrir de nattes pendant la chaleur du jour. Vers la fin d'Octobre, on étend une couche de vieux tan fur ces couches pour les garantir des gelées.

L'Eté fuivant, les jeunes plants prennent de la force & n'exigent aucuns foins que des farclages ; vers l'Automne, on laboure la terre entr'elles, on y met une couche de terre fraîche, & aux approches de l'Hiver, on y place du tan comme le premier Hiver.

Le fecond Eté, elles reftent à la même place jufqu'au mois de Septembre qu'on leve les plus beaux pieds pour les mettre en pots, & les autres on les met dans les parterres & dans les différens endroits qu'on defire de décorer. Ils fleuriffent la troifième année.

Ufage. Les Campanules pyramidales, en pots,

peuvent fervir à la décoration des appartemens, des terrasses, des baluftrades de jardins, &c. & en général dans tous les lieux où on peut placer des pots de fleurs. On peut auffi les planter dans le milieu des plates-bandes de parterres, & dans les plates-bandes côtières qu'on defire orner. Si cette plante s'acclimatoit davantage, elle produiroit un effet fuperbe dans les ruines & les lieux agreftes des jardins payfagiftes ; mais auffi long-tems qu'il faudroit qu'elle y fût fuivie par un Jardinier, elle doit en être écartée.

La Campanule planiflore. Cette efpèce eft remarquable par fa corolle courte & évafée qui lui donne une apparence applatie : elle varie à fleurs bleues & à fleurs blanches. M. de la Marck avoit propofé avec doutes la Campanule americana L. comme fynonyme ; fes nouvelles obfervations lui prouvent que ce font des plantes différentes.

Culture. Cette plante produit rarement de bonnes graines ; on la multiplie par des rejettons qu'on fépare des racines ; la faifon la plus convenable eft le mois d'Août, parce qu'ils ont le tems de prendre racine avant l'Hiver. Cette Campanule exige une terre légère & fraîche. Dès que le thermomètre approche de o, il convient de la rentrer dans l'orangerie jufqu'au Printems fuivant. Avec des précautions, on la conferve plufieurs années ; elle donne des fleurs toutes les années, peut-être qu'elle donne rarement de bonnes graines, parce que l'ufage a prévalu de la multiplier de rejettons ; & que cette manière de la reproduire a fur cette plante la même influence que fur la Campanule pyramidale.

Les Campanules n.° 18, 19, 20, 21, 26, font originaires d'un climat à-peu-près analogue au nôtre ; de la partie centrale de la Sibérie, on les cultive en pleine terre ; elles réfiftent à l'intenfité de nos plus grands Hivers, & n'exigent aucuns foins particuliers. Les n.° 20, 21 font les feules qui exiftent actuellement au Jardin du Roi ; les autres y ont été cultivées à différentes époques.

La Campanule à feuilles de lys, n.° 20, fert à la nourriture des Tungufes ; fa racine, la feule partie utile de la plante, a le goût du panais, dit M. Pallas.

La Campanule lanugineufe, n.° 36, eft une plante de pleine terre ; elle forme de belles touffes la feconde année de fon exiftence, & périt après avoir fleuri. Sa culture n'exige aucuns foins particuliers, fouvent même cette plante fe multiplie par la difperfion de fes graines. Je dois obferver que la plante qui eft fous ce nom au Jardin du Roi, eft très-différente de celle de M. de la Marck, avec laquelle je l'ai comparée.

La Campanule des carpathes que M. Curtis a décrite dans le n.° 39 du Botanical Magazin, eft une des belles plantes de ce genre : fa racine eft vivace, & donne le jour à plufieurs tiges hautes de quelques pouces, & a des feuilles portées par de longs périoles en cœur, crénelées & affez femblables à celle de la Campanule gantelée, n.° 26 ; celles de la tige font plus petites. Sa fleur eft grande comme celle de toutes les plantes de ce genre, d'un beau bleu & affez évafée. C'eft fur l'herbier de M. de la Marck, & fur les nouvelles obfervations de ce Savant eftimable que j'ai réuni comme fynonyme, la plante de Curtis à fa Campanule à feuilles de violette.

Culture. On multiplie cette plante en Automne ; en éclatant les racines, les jeunes plantes fleuriffent dès l'année fuivante. L'époque de la floraifon, c'eft le mois de Juin & Juillet. Les Anglais emploient cette plante à la décoration des rochers & lieux agreftes, ainfi que pour des bordures extérieures dans les plates-bandes deftinées à des plantes peu élevées. Cette plante eft robufte, & demande peu de foins. Il eft furprenant, qu'avec autant d'avantages, fa culture n'ait pas pénétré en France.

Les Campanules n.° 7 & 9, & les deux fans numéros, *vefula* & *urticifolia*, ayant été décrites depuis l'impreffion de cet article du Dictionnaire de Botanique, n'y font pas comprifes ; celle n.° 57 eft décrite dans le paragraphe précédent, les autres font des plantes des Hautes-Alpes, & ne demandent fans doute aucuns autres foins que les efpèces délicates de ces pofitions. L'efpèce, n.° 43, eft indiquée comme variété de la *Campanula barbata* L. par plufieurs Botaniftes ; mais fes tiges, conftamment uniflores, fes rejets rampans, toujours affez nombreux, tandis que l'autre n'en a jamais, enfin fa pofition dans les éboulemens fchifteux au lieu que l'autre préfère les pâturages ; toutes ces confidérations que j'ai faites fur les lieux m'engagent à adopter l'opinion de MM. Allioni & Villars, & j'ai vérifié dans l'herbier de M. de la Marck que la plante de ces Botaniftes eft la même qu'il a décrite.

Les Anglais viennent de divifer le genre des Campanules, & en féparent les Campanules à longs fruits fous le nom de *Prifmatocarpus*, & la *Campanula tenella* fous celui de *Ligthfortia*.

CAMPANULE *ou* **CAMPANILLE.** Les Colons Américains donnent ce nom à l'*Ipomæa carnea*. L. *Voyez* QUAMOCLIT. (*M.* REYNIER.)

CAMPANULÉ. On dit d'un calice ou d'une corolle qu'ils font campanulés, lorfqu'ils ont la forme d'une cloche, nommée anciennement *Campane* de *Campanula* du latin. C'eft une expreffion employée très-fréquemment par les Botaniftes. (*M.* REYNIER.)

CAMPANULES: (les) Famille de plantes qui tire nom du genre des Campanules le plus nombreux & le plus connu. La famille des Campanules eſt compoſée de plantes à feuilles alternes, qui preſque toutes répandent un ſuc laiteux lorſqu'on les bleſſe. Les fleurs ſont hermaphrodites, poſées ſur l'ovaire, & la corolle eſt adhérente au calice.

Les genres que comprend cette famille ſont :

LA CAMPANULE.	*CAMPANULA.*
LA CANARINE.	*CANARINA.*
LA ROELLE.	*ROELLA.*
LA TRACHÉLIE.	*TRACHALIUM.*
LA JASIONE.	*JASIONE.*
LA RAPONCULE.	*PHYTEUMA.*
LA LOBELIE.	*LOBELIA.*
LA SEVOLA.	*SCŒVOLA.*
LA MICHOXIE.	*MICHOXIA.*

(*M. REYNIER.*)

CAMPÉCHÉ, *HŒMATOXYLON.*

Genre de la ſeconde ſection de la famille des LÉGUMINEUSES, & voiſin dés *Adenanthera*, des *Poincillades*, &c. dont la corolle eſt régulière & les étamines diſtinctes. Il n'eſt encore compoſé que d'une ſeule eſpèce étrangere, qui eſt un arbre utile aux Arts, & qu'on cultive dans les ſerres en Europe.

CAMPÈCHE ÉPINEUX.

HŒMATOXYLON campechianum, L. ♄ des Indes occidentales.

Le Campêche qu'on appelle vulgairement bois de Campêche, eſt un arbre de troiſième grandeur, qui ne s'élève guère au-deſſus de vingt-cinq pieds. Son tronc acquiert la groſſeur de la cuiſſe d'un homme; il donne naiſſance à un grand nombre de branches qui s'étendent au loin & ſe répandent de tous les côtés. Il eſt continuellement chargé d'un feuillage léger & d'un vert-clair. Ses fleurs ſont petites, jaunâtres & diſpoſées en grappes, vers le ſommet des rameaux. Elles produiſent de petites ſiliques plates, membraneuſes & ſuſceptibles d'être tranſportées par les vents. Les branches & les rameaux de cet arbre ſont garnis d'épines qui en rendent l'approche aſſez difficile.

Culture. Le Campêche croît naturellement dans la baie de Campêche, à Honduras, & dans d'autres parties de l'Amérique Eſpagnole. Aux Antilles, où l'on cultive cet arbre, on en ſème les graines par planches ou en rayons, dans des terres un peu humides, & l'année ſuivante, le jeune plant eſt aſſez fort pour être mis en place. A cet âge, planté à un pied de diſtance l'un de l'autre, on en fait des haies vives qui forment d'excellentes défenſes contre les beſtiaux & même contre les Nègres marrons. Mais il faut avoir l'attention de les tondre deux ou trois fois par an, pour qu'elles ne ſe dégarniſſent pas du pied & que les arbres ne s'élèvent pas trop.

Lorſqu'on veut multiplier le Campêche pour en faire des plantations productives, il convient de repiquer le jeune plant en pépinière, à deux pieds l'un de l'autre & de l'y laiſſer une couple d'années pour acquérir de la force. Enſuite on le leve & on le plante à la diſtance de douze à quinze pieds. Les terreins dans leſquels on a cultivé des cannes à ſucre, & qui commencent à s'appauvrir par cette culture, ſont très-propres à faire ces plantations. Ces arbres une fois repris, croiſſent très-vite, & après dix à douze ans de plantation, ils ſont en état d'être coupés & leur bois eſt aſſez fort pour être mis en œuvre ou employé dans les teintures. La culture de ces plantations ſe réduit à des binages pendant les deux premières années pour faire périr les mauvaiſes herbes & ameublir la terre; enſuite on les abandonne à elles-mêmes, ſans qu'il ſoit beſoin de les tailler; on a même remarqué que les tiges de ces arbres groſſiſſoient plus promptement lorſqu'on les laiſſoit croître en liberté.

Comme la main-d'œuvre eſt chere en Amérique, & que les Colons ne ſpéculent guères ſur des cultures nouvelles dont les produits doivent ſe faire attendre pendant un certain nombre d'années, ils pourroient employer un moyen de multiplier cet arbre utile, qui ne leur coûteroit pas beaucoup de tems & de dépenſe, & qui leur offriroit l'emploi des terres de peu de valeur. Ce moyen conſiſte à placer à de grandes diſtances, dans des terreins vagues, des pieds de Campêche, & de les y abandonner à eux-mêmes. Ces arbres produiſant des graines de très-bonne heure & en grande quantité, les ſemences ſuſceptibles d'être tranſportées par les vents, ſe répandroient ſur toute la ſurface du terrein, & comme elles levent aiſément & que le jeune plant croît très-vite, on auroit bien-tôt de vaſtes plantations de ces arbres. Il ſuffiroit de les éclaircir en ſupprimant les individus trop rapprochés les uns des autres, & d'attendre quinze ou vingt ans pour avoir des produits auſſi peu coûteux que certains.

Le Campêche, en Europe, ne peut être cultivé dans ſa jeuneſſe que dans des vaſes que l'on place pendant l'Hiver dans les tannées, & dans les ſerres chaudes à un âge plus avancé. Comme il végète toute l'année, il a beſoin d'être arroſé en tout tems, mais particulièrement lorſqu'il pouſſe avec vigueur. Cependant il convient de proportionner toujours les arroſemens au degré de chaleur de la ſaiſon & de les rendre plus fréquens & moins copieux à la-fois. La terre qui convient le mieux à cet arbre eſt une terre plus ſablonneuſe & légère que forte & compacte.

Elle doit être renouvellée en partie chaque année & augmentée de volume en proportion de la croissance des arbrisseaux.

Le Campêche se multiplie presqu'uniquement de graines qu'on se procure aisément des Antilles. On les sème à la fin du mois de Mars dans des pots, qu'on enterre dans le terreau d'une couche chaude, couverte d'un châssis. Lorsque les semences sont nouvelles, & qu'on a soin de les bassiner deux & même trois fois par jour, elles lèvent dans les quatre premières semaines. Dès que leurs feuilles séminales viennent à paroître, il convient de modérer les arrosemens & de raviver la chaleur de la couche par des réchauds pour accélérer la végétation du jeune plant. Avec ces attentions, il arrive à la hauteur de cinq à six pouces au commencement de Juillet. Alors on peut le séparer ou le repiquer dans de petits pots à basilic; mais la reprise en sera plus sûre & la croissance plus rapide, si, en le semant, on a eu l'attention d'écarter assez les pieds les uns des autres, pour pouvoir les séparer avec de petites mottes de terre. Autrement il faut ôter avec soin la terre qui les environne, ne point briser les racines en les arrachant, & les repiquer, soit séparément dans les pots que nous avons désigné ci-dessus, soit cinq à cinq dans des pots à œillets. On les arrose ensuite copieusement, & on les place sur une couche tiède, ombragée, où ils pourront rester jusqu'à l'approche des nuits froides. A cette époque on les rentrera dans la serre-chaude, & on les placera dans la couche de tannée, à l'endroit le plus chaud. Il est même à propos de veiller à ce que le thermomètre de la serre ne descende point, ou du moins très rarement, au-dessous de dix degrés, sans quoi les jeunes arbres auroient de la peine à se conserver. Lorsque la température des nuits, à l'air libre, sera de dix à douze degrés, on pourra les sortir de la serre & les placer sur une vieille couche à l'exposition du midi pour y passer toute la belle saison, & lorsqu'ils auront atteint cinq ou six ans, au lieu de leur faire passer l'hiver dans la tannée, on les placera sur des gradins dans la serre chaude. Jusqu'à présent on n'a point réussi, du moins à notre connoissance, à multiplier cet arbre de marcottes & de boutures. La facilité de se procurer des graines de l'Amérique, a sans doute contribué à faire négliger ces deux moyens de multiplication.

Usage. Le Campêche est employé dans les Colonies à faire des haies vives qui croissent très-vîte, & qui le disputent au citronnier pour la défense des clôtures. Son bois, qui est d'un grain serré & fort pesant, est très-propre au chauffage; mais on l'emploie plus utilement pour la teinture. Il donne par la simple infusion dans de l'eau, une couleur d'un très-beau noir,

laquelle mêlée avec des gommes peut tenir lieu d'encre pour écrire. Par la décoction, il fournit une couleur rouge foncée, & même pourpre, dont on peut varier les teintes en y mettant une plus ou moins grande quantité d'eau. Enfin ce bois fait l'objet d'un commerce assez considérable entre l'Amérique & l'Europe, & mérite à tous égards qu'on s'occupe de sa culture dans nos Colonies.

En Europe, le Campêche est plutôt un objet de curiosité que d'agrément. Il fleurit très-rarement; son feuillage & son port n'ont rien de particulier, & sa culture exige des soins & des dépenses; aussi ne se trouve-t-il que dans les jardins de Botanique. (*M. Thouin.*)

CAMPER (se) pour uriner est un signe de convalescence dans certaines maladies où le cheval n'avoit pas la force de se mettre dans la situation ordinaire des chevaux qui urinent. *Ancienne Encyclopédie.* (*M. l'Abbé Tessier.*)

CAMPHRE. Substance employée dans la Médecine & dans les Arts, laquelle est produite par le *Laurus camphora.* L. *Voyez* Laurier Camphrier (*M. Thouin.*)

Camphrée, *Camphorosma.*

Genre de plantes de la famille des Arroches, & voisin des Policnèmes. Il comprend des sous-arbrisseaux & des herbes à feuilles linéaires, dont les fleurs herbacées & axillaires, n'ont aucune apparence. Son caractère générique est d'avoir un calice urcéolé à quatre ou cinq découpures, dont deux plus grandes, quatre ou cinq étamines saillantes, & un ovaire supérieur chargé d'un style bifide. Le fruit est un capsule, enveloppée du calice qui contient une seule semence.

Espèces.

1. Camphrée de Montpellier. *Camphorosma Monspeliaca.* L. ♄ du midi de l'Europe.

2. Camphrée à feuilles aigues. *Camphorosma acuta.* L. ♃ de la Tartarie, de l'Italie & du Palatinat.

3. Camphrée glabre. *Camphorosma glabra.* L. ♃ de la Suisse.

4. Camphrée d'Arabie. *Camphorosma pteranthus.* L. ☉ de l'Arabie.

5. Camphrée à paillettes. *Camphorosma paleacea.* L. F. ♄ du Cap de Bonne-Espérance.

1. Camphrée de Montpellier. Petit sous-arbrisseau rameux & sans élégance, assez semblable pour la forme à une soude. Ses rameaux sont velus, couverts de petites feuilles linéaires; à l'aisselle desquelles se trouvent les fleurs ou des faisceaux

des faiſceaux de feuilles, qui ſont les rudimens des nouvelles branches.

Culture. Cette plante réuſſit très-bien en pleine terre & y peut ſupporter les Hivers. Il eſt cependant plus ſûr de la couvrir de fougère ou de tan pendant les grands froids ; il eſt même néceſſaire d'en avoir toujours un pied ou deux, que l'on rentre dans l'orangerie. Aux approches de l'Hiver, ces pieds plus vigoureux donnent de la graine bien mûre, & ſervent à conſerver l'eſpèce, lorſque le froid fait périr celles de pleine terre.

On doit ſemer la Camphrée de Montpellier au Printems ; elle lève au bout de quinze jours, rarement au-delà d'un mois, & n'exige d'autres ſoins que d'être ſarclée. Au Printems ſuivant, on la tranſplante, & depuis ce moment elle n'exige plus aucuns ſoins, excepté d'être garantie du froid.

2. CAMPHRÉE à feuilles aigues. Cette eſpèce, dont M. de la Marck révoque en doute l'exiſtence, a été obſervée depuis avec beaucoup d'attention, par M. Pollich, dans le Palatinat. Cet Auteur ajoute, qu'ainſi que la précédente, elle porte ſouvent des fleurs à cinq diviſions, & cinq étamines. Nous ne connoiſſons rien ſur ſa culture, ſans doute qu'elle ne préſentera pas plus de difficultés que la première eſpèce.

3. CAMPHRÉE glabre. Autre plante bien incertaine dont on ne connoît pas encore le pays natal. Linné dit qu'elle eſt originaire de la Suiſſe, où aucun Naturaliſte ne l'a cueillie. De nouvelles notions ſur cette plante ſont néceſſaires pour en parler avec certitude.

Les deux dernières eſpèces n'ont jamais été cultivées, & ſont également peu connues, ſans doute qu'elles n'exigeront pas des ſoins différens que les différentes plantes de la famille des Arroches, originaires des mêmes climats.

Uſage. On n'a jamais eſſayé de tirer du Camphre de cette plante, peut-être y eſt-il en trop petite quantité, pour que ce travail fût avantageux. Cependant les nouvelles expériences de M. Prouſt, ſur le Camphre d'Europe, dont il ſera donné une notion au mot Camphre, devroient engager à faire des expériences ſur cette plante. On emploie la Camphrée de Montpellier en pharmacie, comme vulnéraire, ſudorifique & pectorale. Cette plante, ayant peu d'apparence, ne peut point ſervir à la décoration des jardins, on ne la cultive que dans ceux de Botanique & dans ceux des Amateurs. (*M. REYNIER.*)

CAMPHRIER, *Laurus camphora.* L. *Voyez* LAURIER CAMPHRIER. (*M. THOUIN.*)

CAMPO, meſure de terre en uſage en pluſieurs endroits de l'Italie.

Agriculture. Tome II.

A Légnano, le Campo égale 720 tavoles ; ou 720 cavezzi quarrés, qui ſont 791 toiſes 25 pieds de Paris.

A Meſſine, en Sicile, il eſt de 1250 tavoles ou 1250 perches quarrées, ce qui fait 1371 toiſes 14 pieds de Paris, ou un arpent royal, 27 toiſes, ou un arpent de Paris, 471 toiſes 14 pieds.

A Padoue, en Italie, il eſt de 840 tavoles ou 840 cavezzi quarrés, qui égalent 1460 toiſes 29 pieds de Paris, ou un arpent royal, 116 toiſes 14 pieds, ou un arpent de Paris, 560 toiſes 29 pieds.

A Rovigo, il eſt de 830 cavezzi quadrati, qui font 1693 toiſes 22 pieds de Paris, ou un arpent royal, 349 toiſes 7 pieds, ou un arpent de Paris, 793 toiſes 22 pieds.

A Tréviſe, c'eſt la même meſure qu'à Meſſine en Sicile.

A Véronne, même meſure qu'à Légnano.

A Vicence, il eſt de 840 tavoles ou perches quarrées qui égalent 554 toiſes 18 pieds de Paris ; ce qui ne fait pas un arpent royal, mais un arpent de Paris 54 toiſes 18 pieds. *Voyez* ARPENT. (*M. l'Abbé TESSIER.*)

CAMUSETTE, tulipe de couleur incarnate tirant ſur le rouge, panachée de blanc de lait. *Traité des Tulipes.*

C'eſt une des variétés de la *Tulipa geſneriana.* L. *Voyez* TULIPES. (*M. REYNIER.*)

CANADA, nom que l'on donne à Liège, & dans quelques départemens de la France, à l'*Heliantus tuberoſus.* L. parce que cette plante eſt originaire du Canada ; on la nomme plus communément topinambour & taratouf. *Voyez* ce mots & HÉLIANTE TUBÉREUSE, N.°3. (*THOUIN.*)

CANAL. Canal d'arroſement & de deſſéchement. *Agriculture.*

— « Les Egyptiens ſont les plus anciens Peuples que l'on connoiſſe qui aient fait uſage des Canaux pour fertiliſer les campagnes, & donner lieu au Nil de ſe répandre dans les endroits les plus éloignés. (1) Lorſqu'il s'en eſt rencontré de trop éminens pour que les eaux puſſent les baigner, ils ont employé des machines pour les élever, principalement la vis d'Archimède, que l'on prétend que ce grand Homme imagina dans un voyage qu'il fit en Egypte. Le Nil, dont les

« (1) On lit dans les Mémoires des Savans étrangers, tom. 1, p. 8, qu'Auguſte, devenu ſeul Empereur, fit nettoyer les anciens Cânaux d'Egypte & rendit par-là à ces terres leur ancienne fertilité. Après Auguſte, les Romains qui regardoient l'Egypte comme le grenier de l'Italie, furent fort attentifs à continuer de faire nettoyer les Canaux d'arroſement : mais les Mahométans ayant négligé d'entretenir ces ouvrages, on n'a plus enſemencé que les campagnes voiſines du Nil, qui, au lieu de cent pour un, comme l'atteſtoit Pline de ſon tems, ne rapportent plus que douze pour un. »

eaux font fi propres à fertilifer les terres, par le précieux limon qu'elles y dépofent, prend fa fource dans le royaume de Goyame en Abyffinie. Ses accroiffemens viennent de ce que, traverfant l'Ethyopie, où il pleut annuellement depuis le mois d'Avril jufqu'à la fin d'Août, ce fleuve qui en reçoit les eaux, les apporte en Egypte où il ne pleut prefque point.

» Il commence à croître depuis la fin de Juin, & il continue jufqu'à la fin de Septembre, alors il ceffe de groffir, & va toujours en diminuant pendant les mois d'Octobre & de Novembre, après quoi il rentre dans fon lit, & prend fon cours ordinaire. Ce qu'il y a d'admirable, eft de voir que, pendant les quatre mois qui fuivent celui de Juin, les vents du Nord-Eft foufflent régulièrement, & repouffent l'eau du Nil, qui s'écouleroit trop vîte à la mer. Les Voyageurs modernes ont trouvé toutes ces obfervations affez conformes à ce que les anciens Auteurs en ont écrit. Auffi-tôt que le Nil eft retiré, le laboureur ne fait que retourner la terre, en y mêlant un peu de fable, pour en diminuer la force, enfuite il la fème, & deux mois après elle fe trouve couverte de grains & de légumes; de forte que dans le cours de l'année, la terre porte quatre efpèces de fruits différens. Comme la chaleur du foleil eft extrême en Egypte, l'humidité que le Nil a caufé à la terre feroit bien-tôt deffechée, fans le fecours des Canaux & des réfervoirs dont elle eft toute remplie, parce que les faignées que l'on a foin d'y faire, fourniffent abondamment de l'eau pour arrofer les campagnes. Par-là on a trouvé le moyen de faire d'un terrein naturellement fec & fablonneux, celui du monde le plus gras & le plus fertile. »

» Si les Chinois font, comme plufieurs Savans le prétendent, une colonie d'Egyptiens, ils ont dû emporter dans leur pays la connoiffance de l'amélioration de l'Agriculture par le moyen des Canaux d'arrofage; auffi cet art s'eft-il perfectionné chez eux au point que leur pays eft devenu le plus riche, le plus fertile & le plus peuplé de tout l'Univers. Toute la Chine eft coupée de beaucoup de rivières, & fes habitans ingénieux font parvenus, par un travail immenfe, à ouvrir dans toutes les prairies des Canaux navigables aux petits bateaux. De petites éclufes difperfées fur ces petits Canaux, facilitent l'arrofement général, & l'on fait à volonté rentrer ces eaux dans leur lit. Ceux qui font éloignés des rivières & Canaux, & qui habitent les montagnes, pratiquent par-tout, de diftance en diftance & à différentes élévations, de grands réfervoirs pour amener l'eau de pluie & celle qui coule des montagnes, afin de la diftribuer également dans leurs parterres de riz : c'eft à quoi ils ne plaignent ni foins ni fatigues, foit en laiffant couler l'eau par fa pente naturelle, des réfervoirs fupérieurs dans les parterres les plus bas, foit en la faifant monter

d'étage en étage, jufqu'aux parterres les plus élevés, des réfervoirs inférieurs. Ils entendent fi bien l'Agriculture & la diftribution des eaux, que la culture du riz, cette nourriture fi faine & fi abondante, & la multitude des canaux ne les expofent jamais aux maladies qu'ont éprouvés ceux qui ont effayé de les imiter en Europe. Ce dernier motif a fait défendre la culture du riz en France. Au moyen de l'arrofement des terres, l'Agriculture eft pouffée au dernier degré de perfection en Chine & au Japon; il n'y a pas un arpent de terre qui ne foit fertile & cultivé. Ces peuples ont les meilleures loix poffibles, & celles qui regardent l'Agriculture font admirables. On peut juger des autres par celle-ci : *Celui qui laiffera paffer une année fans cultiver fon champ, perdra fon droit de propriété.* »

» Les Babyloniens & les peuples voifins du Tigre & de l'Euphrate, tiroient jufqu'à cinquante & cent pour un de leurs terres, parce qu'ils avoient l'art de dériver l'eau de ces fleuves par des rigoles, (1) & de les conduire dans leurs champs enfemencés, par le moyen des aqueducs.»

« Les Romains, à l'imitation des Egyptiens, acquirent beaucoup d'induftrie dans l'arrofage des terres. Selon Caton & tous les Anciens, la plus riche de toutes les poffeffions, eft un champ qu'on peut arrofer par les eaux. Cicéron, I, off. 14, regarde l'irrigation des champs comme la caufe première de leur fertilité, & il la recommande avec foin. On peut voir cette matière traitée avec étendue dans Vitruve. Après la deftruction de l'Empire, les Italiens conservèrent l'ufage d'arrofer leurs campagnes, fur-tout celles qui font voifines des montagnes, parce qu'elles fourniffent des fources abondantes, dont il ne s'agit plus que de ménager le cours des eaux, en les foutenant à une hauteur convenable au chemin qu'on veut qu'elles faffent. »

» Les Suiffes, ce peuple fi fenfé, puifqu'il a toujours fu fe conferver la liberté & la paix au milieu de l'efclavage, & des guerres qui affligent fans ceffe les autres Nations, puifqu'il fait fe procurer l'abondance dans le pays le plus ingrat de l'Europe, les Suiffes, dis-je, ont fu fe faire une fource inépuifable de richeffes, par la diftribu-

---

(1) « On a confervé la même coutume dans la Perfe & la Babylonie. Les Voyageurs nous apprennent, au rapport de Fontenelle, dans l'éloge de Gugliamini, qu'en Perfe, la charge de fur-Intendant des eaux, eft une des plus confidérables, à caufe de la féchereffe du pays & de la difficulté de l'arrofer fuffifamment & également. *Voyez* auffi ce que dit Pline à ce fujet, & les Mémoires des Savans étrangers, t. I, p. 7, &c. J'ajouterai feulement qu'Hérodote, liv. 1, n°. 193, & Théophrafte, Hift. plan. 1er. VIII c. 7, portent jufqu'à deux & trois cent pour un, le produit des terres dans la Babylonie : chofe incroyable, fi on le compare à celui de nos meilleures-terres, qui n'eft au plus que de huit à dix pour un. Nous n'avons donc aucune idée des effets étonnans de l'irrigation. »

-tion des eaux sur leur sol aride. Si l'on veut voir un beau tableau de ce que peut leur industrie à cet égard, qu'on life le Traité de l'irriation des prés, par M. Bertrand. »

» La fertilité de la Flandre & des Pays-Bàs est dûe à la multiplicité des Canaux dont ces pays font coupés & arrofés. En France, les habitans du Dauphiné, ceux de Provence & du Rouffillon, ont auffi acquis beaucoup d'induftrie & de connoiffances pour bien ménager les eaux & les diftribuer à propos.

» Il y a peu de pays qui n'ait befoin d'être arrofé, quelle qu'en foit la fituation, parce que les pluies viennent quelquefois trop tôt & quelquefois trop tard, & le plus fouvent mal-à-propos ; d'où il réfulte beaucoup de dommages pour les biens de la campagne ; ce qui caufe quelquefois la ruine de tout un pays. On ne peut remédier au premier de ces inconvéniens; mais on corrige le fecond par le moyen des Canaux d'arrofage. »

» Il n'y a guères de pays en France plus froid & plus fujet à l'humidité, que le Haut-Dauphiné, parce qu'il eft rempli de montagnes chargées de neige, prefque toute l'année, contre lefquelles les nuées viennent fe rompre, & où l'Hiver, avec toutes fes rigueurs, dure au moins fept mois. Cependant il n'y a point d'endroit où l'on arrofe les terres avec plus de foin, & dont on tire un meilleur parti. De même dans les Pays-Bas, où l'on fait que les eaux font en grande abondance, on n'eft pas moins attentif à remédier au tort que peuvent caufer les grandes féchereffes, en rempliffant d'eau des foffés ou *Watergans*, dont les campagnes font coupées, afin de les rafraîchir par la tranfpiration. »

» Si, dans des climats fi différens, on a befoin de *Canaux d'arrofage*, on peut conclure qu'il y en a peu où ils ne foient néceffaires. En effet, eft-il rien de plus avantageux que de pouvoir convertir les terres labourables en prés, enfuite les prés en terres labourables ? Quand on peut changer en prairie une pièce de terre fatiguée de porter du bled, elle en devient bien meilleure quelques années après, pourvu qu'on la puiffe arrofer. De même quand la terre d'un pré vient à s'émouffer, ce qui eft un figne certain qu'elle fe laffe, la remettant en labour pendant quatre ou cinq ans, elle produit enfuite du bled en abondance. D'autre part cette mutation donne lieu d'entretenir & d'élever beaucoup de beftiaux, dont on connoît affez la néceffité. »

» Rien ne prouve mieux l'utilité qu'on peut tirer des *Canaux d'arrofage*, que l'exemple qu'offre la plaine de la Crau en Provence, entre Arles & Salon. Cette plaine forme une étendue de pays de fept à huit lieues de long fur trois à quatre de large : elle a pour capitale Salon, & confine au territoire d'Arles, dont elle fait partie. Les Anciens

l'appelloient : *Campus lapideus*, parce qu'elle eft tellement couverte de pierres, qu'on n'y voit prefque point de terre. Peyrefc, cet Homme célèbre, qui encouragea tous les Arts, & qui réuffit dans toutes les Sciences, croyoit que la quantité de pierres qu'on voit dans la Crau d'Arles, venoit de ce que cette plaine avoit été autrefois inondée pendant long-tems par la Durance ou par le Rhône, qui y avoit dépofé un germe pierreux, dont toutes ces pierres s'étoient formées en fe coagulant à la longue. Quoi qu'il en foit, la Crau d'Arles ne doit fa fertilité actuelle qu'au *Canal*, ou *Vallat de Craponne*, ainfi appellé du nom de fon Auteur ; & la majeure partie de cette plaine a entièrement changé de face. »

» Le Canal de Craponne n'eft point navigable, n'ayant que deux à trois pieds de largeur, fur trois de profondeur; tout petit qu'il eft, il produit néanmoins des richeffes confidérables fur une étendue de douze lieues de longueur. On eft parvenu, par un grand nombre de rigoles tranfverfales, à faire naître l'abondance dans un canton qui n'en avoit pas paru fufceptible. On y a femé du bled depuis dans les endroits qui ont paru les plus favorables, & les autres produifent, entre les cailloux, de l'herbe fucculente, fervant à nourrir un grand nombre de troupeaux. Cet exemple fervira toujours d'encouragement pour tenter un projet plus vafte. (1) »

» Le même Adam de Craponne, qui mérita fi bien de fa Patrie, avoit encore tracé le plan d'un autre *Canal d'arrofage* & de navigation, que le fameux Peyrefc, le Mécène de fon fiècle, voulut exécuter foixante ans après. Il s'agiffoit de faire conduire à Aix, de la Durance ou du Verdon qui fe jette dans cette rivière, un Canal qui eût rendu la capitale floriffante & riche par la facilité du débouché qu'il lui auroit procuré, tant avec la Haute-Provence qu'avec la mer. Pereyfc écrivit en Flandre, en 1628, pour avoir un des Ingénieurs qui avoient creufé des Canaux dans le pays, & qui

---

(1) « M. l'Abbé d'Expilly, particulièrement inftruit de tout ce qui concerne la Provence, remarque à ce mot, que depuis la confection du Canal de Crapone, on a vu fuccéder aux lieux déferts & incultes, de belles habitations de vignobles, des prairies, des vergers complantés d'oliviers, qui donnent de ces bonnes huiles dans toute l'étendue que le Canal peut arrofer; qu'on a obfervé qu'à force d'arrofemens les cailloux fe précipitent dans la terre, & que celle-ci prenant le deffus, on en tire le parti le plus avantageux; que malheureufement ce Canal ne donne pas autant d'eau qu'on en fouhaiteroit; mais qu'il feroit aifé de lui en fournir beaucoup plus, & de dériver enfuite de ce Canal, quantité d'autres moindres Canaux, qui parcourroient & fertiliferoient toute la Crau, qu'on pourroit alors y bâtir des villages pour fervir de retraite aux habitans de la Haute-Provence, à qui les moyens de fubfiftance manquent aujourd'hui, depuis que le défrichement des bois y a occafionné l'éboulement des terres, dans la fuite emportées par la force & la continuité des pluies, &c.

méditoient alors le projet de faire communiquer l'Escaut avec la Meuse. Le Canal eût été exécuté, aux frais de Peyrese, si la perte qui survint l'année suivante, & les troubles de l'Etat ne l'eussent fait évanouir. Puissent de tels exemples inspirer le desir de les imiter ! »

« Pour établir un *Canal d'arrosage*, il faut supposer un fleuve plus élevé que les campagnes qu'on veut arroser, sans se mettre en peine de la distance, pourvu qu'elle ne soit point excessive, & qu'il ne se rencontre point en chemin d'obstacle insurmontable pour la conduite des eaux qu'on veut dériver. Après avoir levé une carte du terrein avec les nivellemens nécessaires, on choisira en remontant le fleuve, le point d'élévation le plus propre pour la naissance du Canal, afin de conduire les eaux au terme le plus éloigné du précédent, en donnant à ce Canal une pente & une largeur proportionnées à son usage. Comme ce Canal doit être accompagné de plusieurs branches qui fourniront de l'eau à des rigoles d'arrosage, on lui fait suivre les côteaux par lesquels on peut en soutenir la hauteur, en lui donnant une pente qui maintienne toujours les eaux à une élévation plus grande que celle qu'aura le fleuve, à mesure qu'il s'éloigne de l'endroit où se fera la prise des eaux, c'est-à-dire, que si le fleuve a une ligne ou deux de pente par toise courante (les rivières qui ont plus de deux lignes par toise de pente, ce qui fait seize pouces huit lignes par cent toises, sont regardées comme des torrens,) on n'en donnera que la moitié au lit du Canal, en observant de l'élargir à proportion du chemin qu'on lui fera faire & de la pente qu'on lui donnera, parce que l'eau augmente de volume & de hauteur, en raison de la pente qu'on lui ôte. »

» Après avoir déterminé la quantité de pays qui peut profiter du *Canal d'arrosage*, on fait convenir les particuliers de ce que chacun d'eux doit contribuer pour le dédommagement des terres qu'occupera le Canal, à proportion de l'avantage qu'ils en peuvent tirer ; ce que l'on saura en réglant le prix de l'arrosage sur celui de la dépense totale de l'entreprise. On doit préparer ensuite la superficie du terrein qu'on veut arroser, & s'accommoder à la figure du pays & aux sinuosités où il faudra assujettir le Canal, de manière que les eaux puissent se répandre par-tout dans les branches nécessaires aux héritages. On ouvre & ferme ces branches ou canaux particuliers par de petites écluses à vannes, qu'on place aussi d'espace en espace, pour faciliter les distributions qu'on fait le plus souvent par de petites buses, où il ne peut passer que la quantité d'eau qui doit appartenir à chacun, comme cela se pratique en Suisse & en Provence. Il faut sur toutes choses donner aux

branches que l'on tirera du grand canal, & aux rigoles qui partiront de ces branches, des largeurs & profondeurs proportionnées à la quantité d'eau qu'on y fera passer relativement à sa vitesse, & au trajet qu'elle sera obligée de faire. Il y a plus d'art qu'on ne pense à faire équitablement cette distribution, pour qu'un héritage ne soit point favorisé au préjudice d'un autre. Il est de plus essentiel d'établir une bonne police, afin de régler le tems où il faudra donner des eaux, celui qu'on pourra les garder, &c. &c. On doit se conformer pour cet objet à ce qui s'observe dans la plûpart des lieux où il se fait des arrosemens publics, en ajoutant ou retranchant ce que l'on trouvera convenable aux circonstances. »

» S'il arrivoit qu'il n'y eût point de rivière dans un pays que l'on veut arroser, mais qu'il se rencontrât dans le voisinage une quantité de sources qu'on pût rassembler dans un réservoir, comme on a fait à celui de Saint-Ferréol, il faudroit de même en soutenir les eaux par une digue, & faire un Canal pour les conduire, dans les tems de sécheresse, au terme de leur destination. Enfin, si l'on en étoit réduit aux eaux de pluies qui tombent annuellement sur la surface de la terre, il faudroit pratiquer sur les hauteurs & à mi-côte, des réservoirs, mares & étangs, pour en tirer des rigoles d'arrosage, comme l'enseigne l'Auteur de la France agricole & marchande. »

» Après avoir parlé de l'utilité des *Canaux d'arrosage* dans les pays secs & arides, il n'est pas hors de propos de traiter des desséchemens dans ceux qui sont noyés par les eaux. »

» Lorsque par la négligence des principes établis sur la navigation des rivières & par l'ignorance des règles de l'Hydraulique, les débordemens successifs des fleuves & des rivières qu'on n'a pas eu soin de diguer, ont amassé des flaques d'eau dans les lieux bas où elles n'ont point d'écoulement, alors le mal va toujours en augmentant, le pays devient à la longue aquatique, marécageux & inhabitable. Je pourrois citer une infinité de bons terreins qui sont dans ce cas ; je ne fais qu'indiquer cette partie du Dijonnois, noyée par les débordemens de la Saône, de l'Ouche & de l'Estille, comme on le voit dans la description des rivières de cette province. On ne peut rendre à la société ces terreins perdus, que par des dépenses énormes pour les dessécher & les mettre en état d'être cultivés ; dépenses qu'on auroit pu prévenir par les précautions ci-devant indiquées. »

» Une des principales causes qui donnent lieu à rendre marécageux un bon terrein, vient souvent des moulins sur les petites rivières, par la négligence des propriétaires voisins, & principalement des meûniers qui laissent élever le lit de ces rivières sans les nettoyer, ni fournir d'écoulement aux eaux qui s'amaſſent ailleurs dans les ſaiſons pluvieuſes ; le ſeul moyen d'y remédier eſt de baiſſer les eaux de ces petites rivières, en approfondiſſant leur lit, auquel on donnera plus de largeur, & en même-tems de faire baiſſer à proportion le ſeuil & le radier des écluſes de tous les moulins. »

» On améliore un terrein aquatique, en deux manières, par *aſſéchement* ou par *accoulin*. Dans le premier cas, on tâche de faire prendre aux eaux un cours réglé, moyennant des rigoles & Canaux qui ſuivent des pentes plus baſſes que ne le ſont les endroits les plus profonds du terrein qu'on veut mettre à ſec, & qu'on fait aboutir à un terme où ils ne peuvent porter de préjudice, ou en retenant les eaux dans leur propre lit, pour empêcher qu'elles ne ſe répandent dans la campagne comme auparavant : ce qui ſe fait le plus ſouvent en fortifiant par de fortes digues les bords du lit dans lequel les eaux ont leur cours ordinaires ; & ſi cela ne ſuffit pas, on leur preſcrit une autre route. »

« Les plaines ont ordinairement une pente ſi inſenſible, & leur ſurface eſt ſi inégale, que les eaux de pluie ne manqueroient pas de cauſer leur dépériſſement, ſi au lieu d'y ſéjourner elles ne venoient ſe rendre dans des foſſés creuſés exprès pour les recevoir ; & c'eſt ce qui fait la différence d'un pays cultivé, à un autre qu'on néglige. Si de-là ces eaux viennent à ſe réunir dans des lieux bas entourés de hauteurs qui empêchent qu'elles ne puiſſent s'évacuer, ou qu'il s'y rencontre des ſources, elles formeront néceſſairement des marais, à moins qu'on ne leur faſſe des Canaux pour les conduire dans le fleuve le plus prochain, ou à la mer, ſi l'on en eſt à portée ; mais il faut que le fond d'où elles partiront pour s'y rendre, ſoit plus élevé que le niveau de leur lit, & qu'il n'y ait point de montagnes intermédiaires, formant un trop grand obſtacle. »

« Lorſque les eaux d'un Canal de décharge peuvent être rendues ſupérieures au niveau des plus grandes crûes du fleuve où elles doivent entrer, rien ne s'oppoſant à leur libre écoulement, on ſera aſſuré du ſuccès de l'entrepriſe : ſi au contraire, dans les tems des grandes crûes, le fleuve s'élève plus que le niveau du Canal de décharge, (ce qui ne manquera point d'arriver quand ſes bords ſeront digués), alors le Canal pourroit devenir plus nuiſible qu'avantageux, en fourniſſant au même fleuve un débouché pour inonder le pays voiſin. »

« Cependant, comme il y a des cas où cette diſpoſition eſt inévitable, le ſeul moyen d'y remédier eſt de faire une écluſe à l'embouchure du Canal, pour ſoutenir les eaux du fleuve, quand elles ſont plus élevées que celles d'écoulement, & que l'on ouvrira dès que les premières ſeront devenues plus baſſes ; mais, comme les eaux du Canal s'accroîtront de leur côté, quand de part & d'autre elles proviendront des pluies abondantes, il faut que ce Canal ſoit aſſez large & ſes bords digués, de façon qu'il puiſſe contenir pendant la grande crûe du fleuve, toutes les eaux que les foſſés ou rigoles recevront, juſqu'au tems où leur niveau aura acquis la ſupériorité qu'il leur faut pour s'épancher ; mais ſi elles s'amaſſoient en ſi grande quantité qu'il y eût à craindre qu'elles ſurmontaſſent les bords du Canal, pour inonder les cantons voiſins, il faudroit y faire un déchargeoir, répondant à une rigole, le long du bord de la rivière, en la deſcendant aſſez bas pour faire une rentrée. On peut auſſi faire la même rigole par tout-ailleurs où le terrein offriroit aſſez de ſupériorité pour répondre au deſſein que l'on a ; & ſi les Canaux d'écoulement ont leur embouchure dans la mer, il faut prendre d'autres précautions, qu'on peut voir dans l'*Architecture hydraulique*. »

« Quand on entreprend de deſſécher une grande étendue de terrein, il faut voir ſi le Canal principal qui recevra les eaux de toutes les rigoles qui viendront y aboutir, ne pourra point être tourné à l'uſage de la navigation, & agir en conſéquence pour ſon exécution. C'eſt la propriété qu'ont preſque tous les canaux d'écoulement qu'on voit en Hollande, qui, après avoir formé autant de branches pour le commerce de l'intérieur du pays, ſe réuniſſent enſuite à celui que les villes maritimes font avec le dehors ; mais ces grands objets appartiennent moins aux particuliers qu'au Gouvernement, de même que la manière qui ſuit de deſſécher par accoulins ou attériſſemens. »

« Lorſqu'on veut améliorer des ſituations qui ſont ſi baſſes, qu'elles ne peuvent avoir d'écoulement par aucun endroit, il faut ſe ſervir de la nature même pour les élever, en faiſant en ſorte que les eaux troubles des rivières, des ravins ou autres courans à portée de-là, y forment des dépôts de limons & des attériſſemens. Pour empêcher que les eaux, chargées de limon, ne s'étendent trop, il faut les retenir par des digues, dont on bordera le marais aux endroits où elles pourroient s'épancher, on leur ménage des rigoles accompagnées de petites écluſes, pour la décharge de ſuperficie de celles qui ſe ſont clarifiées ; de même l'on pratique des écluſes ſur les bords du courant d'eau limonneuſe, où l'on aura fait des canaux pour en dériver les eaux, afin d'être le maître de n'en tirer que la quantité qu'on voudra & quand on le voudra. Au reſte, quand on ne trouveroit pas d'endroit pour faire écouler les eaux clarifiées après leur dépôt, l'évaporation journalière ſuffiroit, &c. &c. »

« C'eſt en s'y prenant de ces diverſes manières qu'on eſt parvenu en Italie à rendre fertile une partie du Mantouan, du Ferrarois & de la Lombardie, qui ne l'étoit pas auparavant. Ce que les Romains ont fait de plus mémorable en ce genre, eft d'avoir entrepris, du tems de Claudius, de deffécher le lac Fucin, où ils ont employé trente mille hommes pendant douze ans, à percer une montagne de rochers, pour y faire paffer un canal de trois mille pas de longueur, qui devoit conduire les eaux de ce lac dans le Tibre. » *Ancienne Encyclopédie. Voyez*, pour le furplus, le mot IRRIGATION, dans un des volumes de l'Encyclop. Méth. Agriculture. »(*M. l'Abbé Tes-sier.*)

CANAL. (Jardinage.) Longue piéce d'eau pratiquée pour l'ornement des Jardins ou pour leur utilité.

Les Canaux étant de leur nature beaucoup plus longs que larges, font plus propres à figurer dans les parcs fymétriques que dans les jardins proprement dits. Lorfqu'on en a le choix, on les place en face des châteaux, au milieu ou à la fuite de longues piéces de gazon, & on les accompagne de lignes de grands arbres; quelquefois auffi on les fait fervir de clôture à des jardins. Cette deftination n'eft pas la moins importante, puifqu'en affurant les poffeffions elle les rend plus agréables & plus productives. (*M. Thouin.*)

CANAL DE CHALEUR. C'eft un conduit en tôle ou en brique qui accompagne le conduit du feu, & communique à un tambour pratiqué autour des fourneaux, pour répandre la chaleur dans les différentes parties des ferres chaudes.

Les Canaux de chaleur font de moderne invention dans les ferres. Précédemment on fe contentoit de conftruire à la fuite des fourneaux & dans le pourtour des ferres, un canal dans lequel circuloient le feu & la fumée. La chaleur fe perdoit par les côtés dans la maçonnerie environnante & dans les tannées, & on ne profitoit que de celle qui s'échappoit par la furface de ces Canaux. Actuellement que les Canaux de chaleur accompagnent ceux du feu tant fur les deux côtés latéraux qu'en deffous & qu'ils font ifolés, on profite de toute la chaleur du feu; &, au moyen d'ouvertures fermantes à volonté, on la conduit dans toutes les parties des ferres, comme on conduit l'eau dans les jardins.

Si la conftruction des canaux de chaleur augmente la dépenfe de conftruction des fourneaux, on en eft amplement dédommagé par l'économie des matières du chauffage, & fur-tout par une plus belle confervation des plantes. (*M. Thouin.*)

CANAL DE LA FUMÉE. C'eft le conduit par lequel paffent le feu & la fumée qui fortent des fourneaux & qui échauffent les ferres chaudes. Ces Canaux font conftruits en tôle, en fonte, en maçonnerie ou en briques.

Les Canaux de tôle font les moins difpendieux, mais auffi ils font les moins durables & les moins propres à conferver la chaleur. Indépendamment de ces inconvéniens, ils en ont un autre plus grand encore, c'eft de brûler les plantes dans la partie de la ferre voifine du fourneau, & de laiffer pénétrer la gelée par l'autre extrémité. De plus, ils confument une plus grande quantité de combuftibles; la chaleur qu'ils procurent deffèche trop l'air, & finit par faire périr les végétaux après les avoir fait pouffer trop rapidement. Toutes ces raifons doivent les faire bannir des ferres chaudes.

On peut faire aux Canaux ou conduits de fonte, à-peu-près les mêmes reproches qu'à ceux de tôle, & ils ne doivent pas plus être employés. Ceux en maçonnerie ont un grand inconvénient, c'eft de s'échauffer très-lentement, de fe calciner par l'action du feu & d'exiger de fréquentes réparations. Les meilleurs de tous, fans contredit, font ceux fabriqués en briques bien cuites, & fufceptibles de réfifter à la plus forte chaleur. Mais ces conftructions exigent des foins & des connoiffances-pratiques affez étendues, qui feront indiquées à l'article *Fourneaux. Voyez* ce mot. (*M. Thouin.*)

CANAL DE LA SEVE. Vaiffeaux dans lefquels circule la feve des plantes, & qui portent les fucs nourriciers dans toutes les parties des végétaux.

Ces Canaux font fufceptibles de fe dilater par la chaleur & de fe refferrer par le froid. Lorfqu'ils ont une direction verticale, ils donnent lieu à une végétation plus rapide, que lorfqu'elle eft horizontale; mais fi la première de ces directions eft plus propre à la prompte croiffance des arbres, la feconde procure une plus grande quantité de fruits. *Voyez le mot* SEVE. (*M. Thouin.*)

CANAL EN CASCADE. C'eft un Canal interrompu par plufieurs chûtes qui fuivent les inégalités du terrein; on en voit à Fontainebleau, à Marly, au théatre d'eau à Verfailles, & dans les jardins de plaifance.

On donne auffi le nom de Canal aux tuyaux & conduits dont on fe fert pour amener les eaux, lefquels fe trouvent tous recouverts de terre lorfqu'ils font pofés. (*M. Thouin.*)

CANALICULÉ, E. On donne ce nom à un pétiole & à une feuille creufée en gouttière dans toute leur longueur ou feulement en partie.

Le pétiole de la bette ou poirée, eft *Canaliculé.*

La feuille du poireau eft *Canaliculée.*

Cette expreffion eft plus ufitée en Botanique qu'en Agriculture. (*M. Reynier*).

CANAMELLE, *SACCHARUM*.

Ce genre de plante connu plus généralement sous le nom de Canne à sucre, fait partie de l'utile famille des GRAMINÉES. Il a de grands rapports avec les roseaux, les panis, les millets, &c. Il est composé de sept espèces, dont une produit cette substance intéressante qui fait une des principales sources de la richesse du Nouveau-Monde.

Espèces.

1. CANAMELLE officinale, ou Canne à sucre. *SACCHARUM officinarum*, L. ♃ des Indes Orientales & Occidentales.

2. CANAMELLE spontanée. *SACCHARUM spontaneum*. L. ♃ du Malabar.

3. CANAMELLE de Ravenne. *SACCHARUM Ravennæ*. L. ♃ des Pays Méridionaux de l'Europe.

4. CANAMELLE de Ténériffe. *SACCHARUM Teneriffæ*. L. de l'Isle de Ténériffe.

5. CANAMELLE cylindrique. *SACCHARUM cylindricum*. La M. *Lagurus cylindricus*. L. ♃ des Pays Méridionaux de la France.

6. CANAMELLE à épi. *SACCHARUM spicatum*. L. des Indes Orientales.

7. CANAMELLE panicée. *SACCHARUM paniceum*. La M. des Indes Orientales.

Description du port des Espèces.

La Canamelle officinale ou la Canne à sucre, est une plante vivace qui conserve ses tiges perpétuellement, & qui s'élève de dix à douze pieds de haut & quelquefois davantage. Sa racine forme une souche qui s'étend à la surface de la terre, & qui est composée de rameaux noueux, garnis d'un chevelu délié. Des nœuds de cette souche sortent des tiges articulées ou noueuses, droites, garnies de feuilles longues & droites comme celles du roseau, & placées à chaque articulation. Ces tiges se dégarnissent de leurs feuilles inférieures à mesure qu'elles croissent, & se terminent par de grands panicules de fleurs soyeuses & blanches comme de l'argent. Le port de cette plante intéressante a beaucoup de ressemblance avec celui de notre grand roseau des jardins (*Arundo donax* L.); mais il est encore plus élégant. En Amérique & dans les autres pays chauds, où l'on cultive ce végétal, il fleurit environ un an après avoir été planté ; mais, en Europe, il n'a point encore donné de fleurs.

2. La Canamelle spontanée est aussi une plante vivace à tige permanente, qui a beaucoup de

rapports avec la précédente ; mais qui s'en distingue aisément par ses tiges beaucoup moins grosses, & qui sont creuses intérieurement, par les feuilles moins longues & plus étroites, & par son panicule beaucoup moins étendu. D'ailleurs ses fleurs sont soyeuses & argentées comme celles de la canne à sucre, & produisent un fort bel effet.

3. Canamelle de Ravenne. Celle-ci ne s'élève guère qu'à cinq pieds de haut ; elle forme des touffes arrondies dans leur contour, d'un port grêle & léger, & surmontées de panaches touffus. Ces panicules sont soyeux, luisants & variés, d'un pourpre violet mêlé d'une couleur blanche argentine, fort agréable à la vue.

4. La Canamelle de Ténériffe n'est qu'un chiendent de peu d'apparence, qui s'élève environ à un pied de haut, & dont les tiges noueuses sont terminées par des panicules semblables à ceux de la houque lanieuse, (*Holcus lanatus* L.) mais de couleur ferrugineuse.

5. Canamelle cylindrique. Cette espèce s'élève ordinairement à deux pieds de haut. Ses racines sont vivaces, mais ses tiges périssent chaque année & repoussent au Printemps. Elles forment pendant l'Eté des touffes arrondies, épaisses, d'une verdure pâle & qui se terminent par des épis cilindriques, longs d'environ cinq pouces. Ces épis sont composés d'un grand nombre de rameaux qui portent beaucoup de petites fleurs blanches & soyeuses.

6. Canamelle à épi. On distingue aisément cette espèce par ses épis longs, étroits & de couleur pourpre. La plante qui les produit, ne s'élève qu'à un pied de haut environ ; son port est grêle & peu agréable à la vue.

7. La tige de la Canamelle panicée est fluette, haute de sept à huit pouces, & garnie de feuilles qui n'ont pas plus d'un pouce de long ; ses épis dont la longueur n'excède pas dix à douze lignes, viennent à l'extrémité des tiges; ils sont velus & garnis de petites barbes soyeuses. Cette espèce est la plus petite de toutes celles de ce genre qui sont connues dans ce moment.

Culture. La première espèce de Canamelle ou la Canne à sucre proprement dite, se cultive dans tout le Nord de l'Europe dans des vases qu'on tient presque toute l'année dans les tannées des serres chaudes. Dans les pays tempérés de cette même partie du monde, on peut exposer ces plantes à l'air libre pendant les trois mois les plus chauds de l'année, en les plaçant aux expositions les plus chaudes, & en les arrosant fréquemment. Dans les pays de la France où croissent les orangers, tels que le Roussillon, les Isles d'Hyere & leur voisinage, la Canne à sucre peut y subsister en pleine terre. On peut en établir des cultures en grand dans les pays les plus méridionaux de l'Europe, tels que dans quelques parties des Isles de Corse, de Malte, en Portugal & en Espagne. L'Andaloufie est en possession de cultiver cette plante depuis long-temps, & elle en tire chaque année un produit considérable.

• La Canne à sucre aime une terre neuve, substantielle, bien divisée & humide ; elle exige les expositions découvertes & les plus chaudes. Dans les grandes chaleurs & pendant sa plus forte végétation, elle a besoin d'arrosemens copieux & fréquents. On la multiplie de drageons, d'œilletons & de boutures, avec beaucoup de facilité, mais cependant avec des précautions différentes.

Après ce court exposé de la nature de la Canne à sucre, nous nous contenterons de décrire la culture qu'il convient de lui donner dans nos jardins, sa culture en grand devant être traitée en détail par M. l'Abbé Tessier.

Les drageons enracinés peuvent être séparés des mères racines, sur lesquelles ils croissent, pendant toute la belle saison. On les plante dans des pots avec une terre douce, légère & substantielle, & on les place dans la couche de tan d'une serre chaude, à une exposition un peu ombragée. En les arrosant fréquemment, ces drageons poussent vigoureusement & forment de nouveaux pieds. La reprise des œilletons exige un peu plus de précaution. Il convient de les séparer des tiges qui les produisent avec tout leur talon. Pour cet effet au lieu de les couper, on les éclate en tenant d'une main la tige & de l'autre l'œilleton qu'on tire avec force de haut en bas. Ces œilletons, après avoir été dépouillés des feuilles les plus basses, sont déposés dans une serre chaude, sur une planche, à l'ombre, pour y faner pendant un jour ou deux, suivant le degré de chaleur & de séchereffe de l'atmosphère. Ensuite on les plante dans de petits pots qu'on place sous une bache à annanas, ou sous un chassis. On les baffine légèrement, on les ombrage pendant quelques femaines, & lorsqu'on s'apperçoit qu'ils commencent à pousser, on les découvre, on les arrose plus copieusement, & on leur donne de l'air pour leur faire prendre de la force. Cette opération peut se faire à la fin du Printems, & pendant tout l'Eté ; lorsqu'elle est faite avec soin, il est rare qu'elle ne réussisse pas.

. Les boutures sont de deux sortes ; on les fait soit avec l'extrémité des tiges avant leur fleuraison, soit avec des tronçons de ces mêmes tiges coupées à différentes longueurs. Elles reprennent galement de ces deux manières, mais leur croissance est différente, & elles exigent aussi des procédés différens. L'extrémité des tiges destinées à faire des boutures, doivent être coupées très-net, horizontalement à quatre ou six lignes au-dessous d'un nœud. On coupe l'extrémité des feuilles à trois ou quatre pouces de distance de la tige, & on laisse faner ces boutures comme

les œilletons ; on les plante & on les gouverne de la même manière, & elles reprennent presqu'aussi sûrement, mais seulement un peu plus tard.

Quant aux tronçons destinés à faire des boutures, on peut les couper depuis six pouces de long jusqu'à deux pieds & plus si l'on veut. On les coupe par chaque extrémité dans le milieu de l'intervalle qui se trouve entre deux nœuds. On ôte avec soin toutes les queues des feuilles qui pourroient y être attachées, & on les laisse ressuyer à l'ombre jusqu'à ce que les plaies soient desséchées à la surface. Trois ou quatre jours d'un tems sec suffisent pour produire cet effet ; mais ces tronçons peuvent rester beaucoup plus long-tems hors de terre sans souffrir. Nous en avons planté qui avoient été coupés en Amérique, il y avoit plus de huit mois, & qui ont très-bien réussi. On met ces sortes de boutures horizontalement en terre, dans des rigoles faites exprès, & on les recouvre de deux à trois pouces, avec une terre meuble & légère. Si le tems est chaud & qu'on ait soin de baffiner soir & matin ces plantations, elles pousseront des œilletons dans toute leur longueur, & de tous les nœuds, en même-tems que des racines, & l'on aura en peu de tems une pépinière nombreuse de jeunes plants. Ces plantations se font ordinairement à la fin du Printems, sur une couche tiède, recouverte de sept à huit pouces de terreau mêlé avec de la terre de potager. On les recouvre d'un chassis que l'on ouvre toutes les fois que le tems est doux, & qu'on retire entièrement lorsque le mois de Juin est arrivé, ou que le thermomètre ne descend pas au-dessous de dix degrés pendant les nuits. A l'Automne, on lève ces boutures, on les plante dans des caisses & on les place dans la tannée d'une serre chaude pour passer l'Hiver. Quelques personnes préfèrent de planter sur-le-champ ces sortes de boutures dans des caisses à semences, afin de n'avoir pas à les transplanter à l'Automne, ce qui les fatigue toujours un peu.

Les cannes à sucre n'exigent d'autre soin que d'être entretenues chaudement, d'être arrosées fréquemment, sur-tout pendant l'Eté, & d'être taillées de tems à autre.

Cette taille consiste à supprimer les œilletons, qui venant en trop grand nombre au bas des jeunes pieds, appauvrissent les principales tiges & les empêchent de s'élever, de devenir fortes & vigoureuses. Elle a aussi pour objet de supprimer les tiges trop vieilles qui ne poussent plus que foiblement & dont les feuilles commencent à jaunir. On les coupe à rez-terre ; l'on fait une bouture avec l'extrémité qui reste garnie de feuilles ; & des mères avec la partie noueuse que l'on plante par tronçons, comme nous l'avons dit ci-dessus.

Comme

Comme les Cannes à fucre doivent refter la plus grande partie de l'année dans des ferres chaudes, où l'air ftagnant favorife la propagation d'un grand nombre d'infectes, qui, avec la pouffière, faliffent les plantes, couvrent & obftruent leurs pores, il eft néceffaire de les afporger fouvent pendant l'Eté, & de les laver quelquefois avec une éponge. Il convient auffi de les aërer le plus fouvent qu'il eft poffible & de les mettre en plein air, ne fût-ce que pendant fix femaines, du tems le plus chaud de l'année. Au moyen de cette culture, on parvient à obtenir des plantes fortes & vigoureufes qui s'élèvent jufqu'à neuf pieds de haut ; mais elle eft infuffifante pour les faire fleurir dans notre climat. Pour y parvenir, peut-être conviendroit-il de facrifier une petite ferre à cet ufage, où l'on mettroit en pleine terre quelques pieds de cannes qu'on arroferoit très-abondamment dans les grandes chaleurs. La rareté de la fleuraifon de cette plante, & fur-tout la beauté de fon vafte panache argenté & foyeux, mériteroient qu'on fît la dépenfe de cette tentative.

Voyez l'article Canne à fucre de M. Teffier, pour tout ce qui a rapport à la culture en grand de cette plante précieufe dans nos Colonies ; à fes ufages & à fon hiftoire.

Les Canamelles, n.os 3, 5, font des plantes vivaces des pays méridionaux de l'Europe, qui perdent leurs tiges chaque année, & qui fe confervent en pleine terre à des expofitions chaudes, humides pendant l'Eté ; & fèches pendant l'Hiver. Elles ont befoin d'être couvertes de feuilles fèches & de litière dans cette dernière faifon, pour être défendues des gelées qui paffent trois à quatre degrés. On les multiplie de graines qu'on fème au Printems dans des pots fur couche & à l'air libre, & qu'il faut arrofer fréquemment. Lorfque ces femences font de la dernière récolte, elles lèvent au commencement de l'Eté ; quand elles font plus vieilles, elles lèvent plus tard, quelquefois au Printems fuivant ; mais, lorfqu'elles ont trois ou quatre ans, elles ne lèvent point du tout. Quand le jeune plant eft parvenu à la hauteur d'un demi-pied, on le repique en pleine terre dans un bon fol, & il n'exige plus d'autre culture que d'être garanti des mauvaifes herbes, d'être arrofé fouvent pendant fa végétation, & d'être couvert lors des gelées.

On multiplie plus aifément ces plantes au moyen des drageons qu'elles pouffent de leur fouche. On les en fépare au Printems & on les plante fur-le-champ à leur deftination fans autre précaution.

Les autres efpèces n'ayant point encore été cultivées dans notre climat, leur culture particulière nous eft inconnue. Mais il eft probable que la feconde efpèce s'accommoderoit de la culture de la Canne à fucre avec laquelle elle a

beaucoup de rapport & qu'on ne rifque rien de cultiver dans les ferres chaudes à la manière des graminées des pays chauds, les efpèces n.os 4, 6 & 7, lorfqu'elles arriveront en France.

Ufage. Ces fix dernières efpèces font comme prefque toutes les autres plantes de cette famille, deftinées à la nourriture des beftiaux ; leur port n'a rien qui puiffe les faire rechercher dans d'autres jardins que dans ceux qui font deftinés à l'étude de la Botanique. (*M. Thouin.*)

CANANG, *Uvaria.*

Genre de plante à fleurs polypétalées, de la famille des ANONES, qui a des rapports très-marqués avec l'abereme & les corroffols.

Ce genre comprend des arbres & des arbriffeaux, dont les uns s'élèvent jufqu'à cinquante pieds de hauteur, tandis que les autres n'excèdent jamais cinq ou fix pieds.

Ils font étrangers à l'Europe, & originaires des climats les plus chauds. Aucun n'a encore été cultivé en Europe ; & l'on peut conjecturer, d'après la température des pays où ils croiffent naturellement, que nous ne pourrions les conferver ici que dans les ferres-chaudes. Ils y joueroient prefque tous un rôle intéreffant par l'odeur forte, mais agréable, que répandent leurs fleurs.

Les feuilles font alternes & fimples ; les fleurs font compofées d'un calice à trois divifions & de fix pétales, dont trois extérieurs femblent former un fecond calice, & les trois intérieurs font beaucoup plus petits.

Elles renferment un grand nombre d'ovaires, dont une partie avorte, & dont le furplus fe change en autant de capfules, ou efpèces de baies ovales ou oblongues, à une feule loge, contenant depuis une femence jufqu'à fix.

Le nombre de ces capfules varie ordinairement ; mais on en compte quelquefois jufqu'à quinze ou vingt. Elles font portées fur des pédoncules qui partent tous d'un point commun, qui formoit originairement le centre de la fleur.

Efpèces.

1. CANANG odorant.
Uvaria odorata, L. ♄ des Moluques, de l'Ifle de Java, & de la Chine.
2. CANANG aromatique vulg. Poivre d'Ethiopie, maniguette, & bois d'Ecorce.
Uvaria aromatica. La M. dict. ♄ du Pérou, de la Guiane & de l'Ifle de France.
3. CANANG farmenteux.
Uvaria Zeylanica. L. ♄ des Indes Orientales.
4. CANANG monofperme.
Uvaria monofperma. La M. Dict. ♄ de la Guiane.

5. CANANG à feuilles longues, vulgairement arbre de mâture.

Uvaria Longifolia. Sonnerat. Voyage des Indes. L. ♄ de la côte de Coromandel.

** Espèces moins connues.*

6. CANANG Ligulaire.

Uvaria Ligularis. La M. Dict. ♄ des Moluques.

7. CANANG à trois pétales.

Uvaria tripetala. La M. Dict. ♄ des Moluques.

8. CANANG du Japon.

Uvaria Japonica. L. ♄ du Japon.

Description du port des Espèces.

1. CANANG odorant. Cet arbre est assez élevé : son tronc est épais, droit & cylindrique, quelquefois jusqu'à six pieds de diamètre, & sa cime un peu lâche. L'écorce est unie & cendrée, & le bois, qui est tendre, est d'un blanc jaunâtre.

Les feuilles, soutenues sur des pétioles courts, sont longues de six à sept pouces, sur deux pouces & demi à trois pouces de largeur. Elles sont très-entières, ovales-oblongues, mais terminées en pointe, lisses & glabres en-dessus, nerveuses en-dessous, & couvertes sur leurs pétioles d'un duvet court.

Les fleurs viennent plusieurs ensemble sur un pédoncule simple, à peine long d'un pouce, & légèrement velu à l'extrémité des petits rameaux courts & axillaires. Leurs pétales sont longs d'un pouce & demi, presque linéaires & très-pointus. Ces fleurs sont verdâtres ou jaunâtres, & ont une odeur très-forte, plus agréable de loin que de près, beaucoup plus pénétrante le soir, lorsque l'air est calme & le tems obscur, ou même lorsqu'il tombe un peu de pluie. La plupart de ces fleurs tombent avant de nouer, & il y en a très-peu qui donnent du fruit.

Les fruits sont oblongs, charnus, d'un brun obscur, & contiennent dans une chair visqueuse, douce & d'une odeur agréable, huit ou neuf semences aplaties, brunes & luisantes.

Historique. Cet arbre croît naturellement dans les Moluques, dans l'isle de Java & à la Chine. A la fin de la saison des pluies, vers le mois de Septembre, il perd la plus grande partie de ses feuilles & de ses fleurs, en sorte que l'arbre paroît entièrement nud ; mais c'est alors que mûrissent les fruits.

Il est difficile de les récolter, car les oiseaux en sont très-avides ; ils les avalent entiers & les rendent de même. C'est par ce moyen que ces arbre se multiplient dans les forêts & quelquefois même dans les jardins.

Vers ce même temps ces arbres sont attaqués d'une quantité prodigieuse de chenilles velues, marquées de taches noires, qui dévorent en peu de tems les feuilles & les fruits ; mais elles deviennent bien-tôt elles-mêmes la proie des oiseaux, & vers le mois de Novembre l'arbre pousse de nouvelles feuilles & se couvre de fleurs.

Usages. On le cultive dans le pays auprès des maisons, à cause de l'odeur agréable que ses fleurs répandent au loin. Les Indiens mettent ces mêmes fleurs dans leurs appartemens, dans leurs habits, & ils s'en servent pour communiquer une bonne odeur à la pommade dont ils font usage ; lorsqu'elles sont sèches ils les mêlent avec leur tabac à fumer.

Culture. Les graines que l'on sème réussissent rarement ; mais celles que les oiseaux répandent lèvent ordinairement très-bien. Lorsque les habitans veulent s'en procurer du plant, ils vont le chercher dans les bois & le transplantent dans leurs jardins.

Lorsque l'arbre est encore jeune, on coupe l'extrémité de ses rameaux, pour empêcher qu'ils ne s'élèvent trop, & pour lui former une cime plus touffue ; si l'arbre étoit trop âgé cette opération seroit dangereuse : les eaux de la pluie filtreroient à travers les plaies & feroient périr le tronc.

2. CANANG aromatique. Cet arbre s'élève à plus de vingt pieds de hauteur, & n'a qu'environ un pied de diamètre. Son écorce est cendrée, & son bois, blanc & peu compacte.

De l'extrémité de son tronc sortent plusieurs branches longues, droites, chargées de plusieurs rameaux longs & flexibles ; les uns & les autres sont garnis de feuilles, dont les plus longues ont cinq pouces, sur un & demi de largeur.

Ces feuilles sont sessiles, lisses, entières, ovales, mais terminées par une pointe mousse.

Les fleurs sont solitaires, ou viennent quelquefois deux ensemble à l'aisselle des feuilles. Elles ont six pétales oblongs, ovales & obtus. Les trois extérieurs sont fermes, épais, couverts en-dessous d'un duvet cendré, lisses en-dedans & violets. Les trois intérieurs sont d'un violet plus foncé, moins grands & moins larges que les extérieurs entre lesquels ils sont placés par-dessus.

Les fruits sont des capsules attachées à un même réceptacle, au nombre de quinze, vingt, ou même plus ; comme noueuses, cylindriques & roussâtres, d'un pouce & plus de longueur, qui contiennent depuis une jusqu'à six graines placées les unes sur les autres.

Historique. D'après les différens noms qui ont été donnés à cet arbre, il paroît qu'il croît naturellement en Ethiopie & dans l'isle de Ceylan. On le trouve aussi au Pérou, où il a été observé par M. Joseph de Jussieu ; il se rencontre aussi dans les forêts de la Guiane, & sur-tout dans celles de Timouton : il y fleurit, & y donne du fruit dans le mois d'Avril.

Aublet nous apprend que cet arbre est aussi naturel à l'Isle-de-France, où il y en a deux espèces, que les Nègres nomment *bois blanc*, & qu'ils distinguent en *bois blanc à grandes feuilles*, & *bois blanc à petites feuilles*. Il dit avoir observé ces deux arbres en abondance dans les ravins & forêts qui sont au bas de la montagne qu'on descend pour arriver à la plaine des Hollandois en allant du Port-Louis au port du Sud-Est par Moka.

Usage. Les fruits de cet arbre ont une saveur aromatique & piquante. Les Nègres les emploient dans leurs alimens à défaut d'autres épices; de-là viennent les noms qui lui ont été donnés de *poivre d'Ethiopie*, *poivre des Nègres*.

3. CANANG sarmenteux. Le port de cette espèce ne ressemble nullement à celui de toutes les autres espèces de ce genre. C'est un petit arbrisseau sarmenteux qui ne s'élève naturellement qu'à cinq ou six pieds, mais qui atteint quelquefois le double de cette hauteur lorsqu'il rencontre quelqu'arbre voisin qui peut lui servir d'appui.

L'écorce de la tige & des branches est noire.

Ces branches sont longues, grêles & garnies de feuilles ovales-lancéolées, très-entières, glabres, vertes & lisses en-dessus, d'un verd plus clair en-dessous, longues de quatre à cinq pouces, sur un peu plus d'un pouce de largeur.

Les fleurs naissent une à une sur les côtés ou à l'extrémité des petits rameaux. Elles sont d'abord d'un verd brun mêlé de jaune, & deviennent ensuite d'un rouge de sang. Elles sont enduites d'une viscosité qui en découle.

Les fruits sont ovoïdes, d'un jaune rougeâtre dans leur maturité. Ils naissent en grand nombre ensemble de la même fleur, & renferment chacun plusieurs semences un peu comprimées, roussâtres, & situées les unes au-dessus des autres.

Historique. Cet arbrisseau croît dans les Indes Orientales.

Usages. L'écorce & les feuilles de cet arbrisseau sont aromatiques : on mange les fruits qui ont un goût d'abricot.

4. CANANG monosperme. Cette espèce, & celle qui précède, ainsi rapprochées l'une de l'autre, semblent présenter les deux extrêmes de ce genre.

Le Canang monosperme est un arbre qui s'élève à plus de cinquante pieds de hauteur, sur deux pieds de diamètre. Son tronc est recouvert d'une écorce lisse, cendrée & marquée de taches roussâtres. Quoique blanchâtre, son bois est dur & compacte.

Du sommet du tronc sortent de grosses branches, les unes droites, les autres inclinées, qui s'étalent en tout sens, & qui donnent à cet arbre un air imposant.

Ces branches se divisent en rameaux garnis de feuilles lisses entières, ovales, terminées par une longue pointe, vertes en dessus & d'une couleur ferrugineuse en-dessous. Elles ont jusqu'à 10 pouces de longueur, sur trois pouces & demi de large.

Les fleurs naissent dans les aisselles des feuilles, une à une, quelquefois deux ou trois réunies ensemble. Elles sont d'une couleur verdâtre.

Le fruit est composé d'un grand nombre de capsules jaunâtres, ovoïdes & aiguës, portées chacune sur un long pédoncule, & qui ne renferment qu'une seule semence lisse, roussâtre ovoïde, enveloppée d'une membrane fine. La même fleur donne quelquefois naissance à 40 ou 50 de ces capsules.

Historique. Cet arbre croît dans les grandes forêts de la Guiane, à 40 lieues du bord de la mer. Les Galibis l'appellent *ouregon*. Il fleurit & donne son fruit dans le mois de Décembre.

Son bois, ses feuilles broyées & son fruit mâché ont une odeur & une saveur légèrement aromatique.

5. CANANG à feuilles longues. Le nom d'*arbre de mâture* qui a été donné à cet arbre, indique suffisamment l'élévation de sa tige.

Ses feuilles, dont les pétioles sont courts, ont 7 à 8 pouces de long, sur un peu plus d'un pouce de large à leur base. Elles sont étroites, lancéolées, glabres, entières, mais ondulées à leurs bords, & terminées par une pointe fort effilée.

Les fleurs sont jaunes, petites, disposées en grand nombre par bouquets, qui forment des espèces d'ombelles sur la partie des rameaux qui est dénuée de feuilles. Les pédoncules, le calice & l'extérieur des pétales, sont couverts d'un duvet court & blanchâtre.

Les fruits sont des baies nombreuses, à une seule loge, qui, comme dans les autres espèces, partent toutes d'un réceptacle commun, qui formoit le centre de la fleur.

Historique. Cet arbre est originaire de la Côte de Coromandel, d'où M. Sonnerat en a rapporté des échantillons en fleurs & en fruits.

Usages. Comme il donne beaucoup d'ombrage, on en fait des allées dans les jardins des environs de Pondichéry.

6. CANANG ligulaire. Les feuilles sont dans cette espèce plus larges que dans les précédentes. Elles ont de 6 à 9 pouces de long, sur deux ou trois pouces de largeur.

Les fleurs viennent aussi dans la même proportion; mais leurs pétales sont plus étroits, & comme ligulés.

D'ailleurs ces deux espèces ont beaucoup de rapports l'une avec l'autre.

Historique. Cet arbre croît dans les Moluques.

Ufages. La pulpe des fruits eſt odorante.

7. CANANG à trois pétales. Cet arbre, de médiocre hauteur, a le port du Champac.

Les feuilles, ſemblables pour la grandeur à celles de l'eſpèce précédente, ſont lancéolées, très-entières, glabres & comme ridées en-deſſus, un peu nerveuſes, & légèrement cotonneuſes en-deſſous.

Les fleurs ſont, comme dans toutes les autres eſpèces, compoſées d'un petit calice à trois lobes, & de ſix pétales, dont trois extérieurs, & trois intérieurs. Mais ce qui diſtingue cette eſpèce des autres, c'eſt que ſes pétales extérieurs ſont très-grands & preſque ſemblables aux feuilles de la plante, tandis que les trois intérieurs ſont très-petits, & ne ſont que des eſpèces de lames dures, qui recouvrent les étamines & les ovaires.

Ces fleurs ſont preſque ſolitaires, & ont une odeur agréable.

Les fruits ſortent, comme dans les autres eſpèces, du milieu de la fleur, mais ils n'excédent guères le nombre de neuf.

Hiſtorique. Cet arbre croît dans les Moluques.

Uſages. Ses ſemences ont une odeur agréable & aromatique; il découle de ſon écorce inciſée, un ſuc viſqueux, qui, en ſe deſſéchant, ſe condenſe en une gomme odorante comme les ſemences.

8. CANANG du Japon. Il n'eſt pas bien ſûr que ce petit arbriſſeau ſoit un véritable *Canang.* Ses baies étant ſeſſiles ſur un réceptacle commun globuleux, ſemblent le rapprocher davantage du genre des *Ochna.*

Quoi qu'il en ſoit, les feuilles de cet arbriſſeau ſont ovales, lancéolées, pointues aux deux bouts, bordées de dents diſtantes, charnues, glabres.

Le fruit conſiſte en 30 ou 40 baies-ſeſſiles, ramaſſées ſur un réceptacle commun globuleux, ſuſpendu à un pédoncule long d'un pouce & demi. Ces baies ſont rouges dans leur maturité, & reſſemblent à des grains de raiſin.

Hiſtorique. Cet arbriſſeau, quel qu'il ſoit, croît au Japon.

Culture. Nous ne pouvons rien dire de poſitif de la culture qui convient à ces différens arbres & arbriſſeaux, aucune eſpèce n'étant encore parvenue en Europe. Nous préſumons, avec quelque vraiſemblance, qu'ils s'accommoderoient du même traitement que toutes les autres plantes ligneuſes des climats chauds. (*M. DAUPHINOT.*)

CANAPE de gazon. Sorte de repoſoir pratiqué dans les jardins pour l'utilité & l'agrément. *Voyez* l'article BANC. (*M. THOUIN.*)

CANARD. Genre d'oiſeau amphibie trop connu pour qu'il ſoit néceſſaire d'en donner une deſcription, même la plus abrégée : d'ailleurs, cet objet a déjà été ſi bien rempli par le ſavant Auteur de l'Ornithologie, qui fait partie de l'Encyclopédie méthodique, que ce ſeroit tomber dans des redites abſolument inutiles que de le conſidérer de nouveau ſous ce rapport. Je me bornerai donc à expoſer les qualités les plus eſſentielles que doivent avoir les familles des oiſeaux domeſtiques que nous entretenons pour nos beſoins, & à indiquer les moyens qu'il faut employer pour les rendre utiles aux cultivateurs. Les chefs de ces familles ſont au nombre de cinq : le Coq ordinaire, le Coq d'Inde, le Canard, le Jars & le Pigeon. Leurs variétés ſe trouvent multipliées à l'infini; ils exiſtent dans les deux Mondes, & forment dans la peuplade volatile de la baſſe-cour, vu leur très-grande utilité, ce qu'on appelloit autrefois l'ordre des communes.

On peut dire, en général, que les habitans des Villes, forcés ſouvent de ſe procurer à grands frais la nourriture principale des volailles, ne ſauroient trouver de bénéfice dans leur produit le mieux recueilli ; ce n'eſt abſolument pour eux qu'un ſimple amuſement : mais il n'en eſt pas ainſi au village où l'on a toujours un emplacement convenable & des reſſources dans les grenailles, les criblures, les balayures, les fumiers, les débris des cuiſines, des laiteries & des fromageries, qui ſeroient perdues ou de peu de valeur ſans cette deſtination. Le nombre des volailles proportionné ſur ces reſſources, & le choix des eſpèces fondé ſur les localités, l'attention qu'elles exigent quand elles pondent, pendant leur couvaiſon & lorſqu'il s'agit d'élever leurs petits, l'emploi des ſubſiſtances les moins chères & les plus analogues à la nature du ſol, le moment opportun à ſaiſir pour les engraiſſer, & s'en défaire avantageuſement ; tels ſont les ſoins particuliers que demande une baſſe-cour qui, à la campagne, eſt toujours la partie la plus vivante & la plus utile de la ferme, dès qu'elle eſt ſagement gouvernée ; auſſi lorſque Jean-Jacques Rouſſeau a avancé qu'une maiſon blanche avec des contre-vents verts, ſuffiſoit pour y loger le bonheur quand elle a un jardin potager & ſon verger ; ce Philoſophe auroit pu ajouter & ſa baſſe-cour. Combien en effet cette branche d'économie rurale eſt agréable & lucrative ; la chair des volailles, leurs œufs, leurs plumes & leur fiente ne ſont-ils pas des avantages inconteſtables qui ſe reproduiſent dans toutes les ſaiſons de l'année & qu'on retrouve à chaque inſtant du jour ?

Le Canard devenu domeſtique eſt d'une grande reſſource à la campagne, il vit & ſe multiplie au milieu de nos habitations, exige peu de ſoins, même dans ſon premier âge, pourvu qu'il ait à ſa diſpoſition une rivière, un étang, un filet d'eau, une mare, un bourbier, peu lui importe, l'humidité eſt ſon élément, il ne ſauroit profiter

que dans des lieux frais & aquatiques : inutilement
on s'obstineroit à vouloir élever des Canards
dans des endroits secs & arides, leur chair ne
seroit ni aussi tendre ni aussi délicate ; dans ce
cas, il vaut mieux leur préférer d'autres oiseaux auxquels les localités conviennent davantage pour le succès & l'économie de leur éducation.

Différentes espèces de Canards.

Dans le nombre des variétés de Canards répandus sur le Globe, il n'en existe guères que deux
dans nos basse-cours, savoir : le Canard barboteux
ou privé, le Canard de Barbarie ou masqué ;
mais comme tous les Canards barbottent, qu'ils
viennent originairement d'œuf de Canard
sauvage, & que tous s'accoutument facilement
à la domesticité, il paroîtroit plus naturel de
distinguer les Canards en grande & en moyenne
espèce ; la première est plus belle en Normandie
que dans tout autre canton de la France ; les
Anglois viennent souvent en acheter de vivans
dans les environs de Rouen, pour enrichir leur
basse-cour, perfectionner leurs espèces dégéné-
rées ou abâtardies, & les mettre dans des parcs
clos pour procurer à leurs Maîtres opulens les
plaisirs d'une chasse exclusive. C'est un petit
commerce très-suivi par les Capitaines-caboteurs
qui, en passant pour retourner chez eux, les
revendent aux riches propriétaires, qui dans
ce pays-là, sont assez sages pour résider sur
leurs domaines. Le profit des exportateurs dépend de la brièveté & du beau tems de leur
trajet, qui préviennent plus ou moins la mortalité de leurs passagers.

En Picardie, au contraire, & dans beaucoup d'autres provinces, on préfère l'espèce
moyenne plus connue sous le nom de Canard
barboteux, parce qu'en effet il paroît avoir
encore plus de disposition à se vautrer dans
les lieux bourbeux, dans les ruisseaux, au bord
des étangs & des marais, où il trempe son bec
pour y trouver sa nourriture. Cette espèce est
plus féconde, plus vivace, exige moins de soins,
& n'a pas le défaut de déserter la ferme pendant plusieurs jours de suite, ni de devenir par
conséquent la proie des renards, des fouines
& autres animaux destructeurs. Au reste, si les
Canards, dits barboteux, ne se mêlent qu'avec
ceux de leur espèce, ceux de Barbarie, en
revanche, s'accommodent très-bien des Cannes
ordinaires, dont il résulte des Canards métis,
mulets ou bâtards, qui forment toutes les
variétés que nous voyons dans les fermes. A
l'égard des Chats Canards dont l'existence a fait
tant de bruit, il y a quelques années, les ouvrages périodiques qui en ont fait mention,
prétendent que ce n'étoit absolument que des

œufs de Canne couvés par un Chat, dont la
chaleur n'a fait que développer un germe monstrueux, formé comme mille autres par quelque
dérangement dans l'opération de la génération ;
développement auquel auroient pu convenir
également une poule ou tout autre animal,
& même la chaleur d'un four à poulet.

De la Cane.

Elle est dans toutes les variétés de Canards
moins volumineuse que le mâle ; son cri est plus
aigu & plus perçant, mais ses couleurs ne sont
ni si belles ni si vives ; une autre marque qui
la distingue encore, c'est un assemblage de quelques plumes de la queue, pliées en rond & re-
troussées vers son extrémité supérieure.

L'oiseau désigné sous le nom de *Cane pet-
tière*, qui paroît particulier à la France, n'est
nullement un vrai Canard, quoiqu'il s'accrou-
pisse comme lui ; il a seulement la tête semblable à celle de la Caille & le bec comme
le Coq ; il se nourrit indifféremment de toutes
sortes de graines, se prend comme les perdrix
au lacet, & est d'un aussi bon manger que le
Faisan.

Un seul Canard suffit à huit & dix Canes.
Il en faut moins à un Canard d'Inde, & ses
petits sont d'une éducation plus difficile, sans
cependant être moins voraces. Elles commencent leur ponte dès les premiers jours de Mars,
& la continuent jusqu'à la fin de Mai, lorsqu'elles ont une nourriture suffisante, & sont
dans un endroit qui leur plaise ; mais alors il
faut les veiller de près, car elles déposent leurs
œufs par-tout où elles se trouvent, dans les lieux
les plus ombragés, les plus écartés, quelquefois
dans l'eau ; souvent même après les avoir dérobé
à l'œil vigilant de la ménagère, elles les couvent
furtivement, & amènent un beau jour à la ferme
leur naissante famille pour demander à manger,
sans qu'on en ait aucun soin, aucun embarras.
Il est prudent, à l'approche du Printems, de
leur donner à manger trois ou quatre fois le
jour, mais peu à-la-fois, & toujours dans les
lieux où l'on desire qu'elles pondent, en dispo-
sant leurs nids comme il convient, & en mettant
les œufs à l'abri des Canards, qui, s'ils les trouvoient, ne manqueroient point de les manger.
Jamais elles n'abandonnent les nids où elles ont
pondu une seule fois. Il y a sous mes fenêtres
une petite basse-cour où les Canards, les Poules
& les Pigeons vivent, pour ainsi dire, en commun
& sous le même toit ; j'ai vu une Cane monter
dans le pondoir pour y déposer son œuf,
comme si le poulailler étoit son habitation.

Une Cane pourroit pondre de suite cinquante à soixante œufs. Ils sont aussi nourrissans que ceux de la poule commune, ils ont

feulement un peu plus de groffeur, & la coquille paroît plus liffe & moins épaiffe ; leur couleur eft affez ordinairement verdâtre à l'extérieur : il s'en trouve d'un blanc terne, le jaune eft gros & affez foncé ; cuits à la coque, le blanc ne devient pas laiteux, il acquiert une confiftance de colle, a une couleur d'un blanc pâle, & un goût un peu fauvageon, mais bouillis, ou en omelette, ils font fort délicats. En Picardie, les payfannes recherchent avec empreffement ces œufs pour faire leurs gâteaux. Comme il s'établit parmi elles une forte d'émulation pour faire briller dans les grandes folemnités, leur talent en fait de pâtifferie, il n'eft pas rare, aux approches de la fête patronale, de voir les ménagères courir à trois ou quatre lieues pour fe procurer des œufs de Cane qu'elles emploient de préférence, parce qu'ils donnent un meilleur goût, une plus belle couleur, & n'exigent point autant de beurre ; à la vérité, fi au lieu de levure elles ne fe fervoient que de levain de pâte ordinaire, leurs gâteaux feroient plus délicats & ne fécheroient pas auffi promptement ; j'ai auffi remarqué que quelques jaunes d'œufs de Cane ajoutés aux omelettes, les rendoient plus délicates, s'il ne valoit mieux les réferver pour la couvaifon, & les cónfommer fous forme de Canards.

Couvaifon des Canes.

La Cane n'eft pas naturellement difpofée à couver, c'eft pour l'y inviter que vers la fin de la ponte on laiffe ordinairement deux autres œufs dans chaque nid, ayant foin d'enlever tous les matins les plus anciens afin qu'ils ne foient pas gâtés ; on lui en donne depuis huit jufqu'à douze, felon qu'elle eft plus en état de les embraffer, en prenant garde fur-tout de les afperger d'eau froide, comme quelques Auteurs le confeillent affez mal-à-propos, car cette précaution eft au moins fuperflue, fi elle n'eft pas nuifible ; pour bien faire, il faut autant que l'on peut, que ce foit toujours fes propres œufs, ou du moins qu'ils dominent dans le nombre, car elle ne couve les œufs d'une autre Cane qu'avec peine, & par complaifance pour les fiens ; le feul tems où la Cane demande quelques foins, c'eft lorfqu'elle couve, alors, comme elle ne peut aller chercher fa pâture, il faut avoir l'attention de la mettre devant elle, mais auffi quelle qu'en foit la quantité, elle s'en contente ; on a même remarqué que trop bien nourrie elle couve mal ; la couvaifon dure un mois, & les premières couvées font ordinairement les meilleures, parce que les chaleurs de l'Eté contribuent beaucoup à leur développement ; le froid empêche toujours les dernières couvées de fe fortifier.

On reproche à la Cane de laiffer refroidir fes œufs quand elle les couve ; cependant, M. de Réaumur dit avoir eu une Cane de l'efpèce la plus commune, qui paroiffoit encore plus inquiète de ce refroidiffement auquel les œufs alloient être expofés pendant qu'elle prendroit de la nourriture, que les poules ne paroiffoient l'être pour les leurs ; par rapport à un pareil tems, elle ne quittoit fon nid qu'une fois par jour, vers les huit à neuf heures du matin, & avant de les abandonner, elle les couvroit d'une couche de paille qu'elle tiroit du corps du nid pour les mettre à l'abri des impreffions de l'air ; cette couche épaiffe de plus d'un pouce, cachoit fi bien les œufs, qu'il étoit impoffible de s'imaginer qu'ils s'y trouvoient.

Il s'en faut, à la vérité, que toutes les Canes de la même efpèce donnent des preuves d'une auffi grande prévoyance pour la confervation de la chaleur de leurs œufs, que celle dont il s'agit ; il arrive fouvent qu'elles les laiffent refroidir, d'ailleurs elles ne peuvent en couver que huit à dix, & conduifent leurs petits trop vîte à l'eau, où il en périt beaucoup fi le tems eft froid. Toutes ces raifons déterminent ordinairement les fermières à faire couver les œufs de Cane par des poules ou par des poules d'Inde plus douces & plus affidues que les Canes. Ces mères empruntées affectionnent très-bien leurs petits, dont la furveillance exige une certaine attention, parce que ne pouvant être accompagnés dans les endroits aquatiques, pour lefquels ils montrent dès en naiffant la plus grande propenfion, ils fuivent la poule fur terre, & s'endurciffent un peu auparavant de s'expofer à l'eau fans aucun guide.

Les Chinois font fort induftrieux pour élever les Canards : beaucoup ne vivent abfolument que de leur commerce ; les uns achetent les œufs & les vendent, les autres les font éclore dans des fourneaux, & trafiquent leurs couvées ; il y en a enfin qui s'appliquent uniquement à élever les petits. Quelques Anglois, à l'imitation de ces peuples, fe font auffi attachés à perfectionner cette éducation : leur méthode confifte à entretenir un petit nombre de vieilles Canes, & à donner à couver les œufs à une poule pendant huit à dix jours feulement, après quoi ils les enterrent dans du fumier de cheval, ayant foin de les retourner fans-deffus-deffous, de douze en douze heures, jufqu'à ce qu'ils foient éclos ; on ne peut douter que s'il étoit poffible de réunir affez d'œufs de Cane pour en former une couvée complette, l'art de faire éclore artificiellement les poulets, appliqué aux Canards feroit fuivi d'une réuffite plus complette, vu que ces derniers oifeaux font moins difficiles à élever que les poulets ; il fuffiroit de les tenir enfermés une douzaine de jours dans cet endroit appellé la pouffinière, dont j'aurai occafion de parler dans la fuite, & où

Il faudroit leur laisser quelques baquets d'eau pour barboter ; au bout de ce tems, on pourroit les mettre en liberté & ils viendroient à merveille ; pourvu qu'ils eussent dans l'enclos où on les lâcheroit, une mare, un petit ruisseau. Lorsqu'on peut se procurer des œufs de Canes sauvages, il est facile de les faire éclore en les confiant à une Cane domestique, ou mieux à une poule ; on trouve les nids dans les joncs, dans les bruyères qui avoisinent les pièces d'eau fréquentées par ces oiseaux. Rien ensuite n'est plus facile à apprivoiser que les petits qui en proviennent, ils s'accoutument à la domesticité, au milieu des autres Canetons privés, dès qu'on a eu soin de leur couper la partie extérieure d'une des deux ailes ; sans cette précaution, ils s'envoleroient avec les Canards sauvages, qui séjournent habituellement dans certains cantons, ou qui y passent par troupes à une époque fixe de l'année.

On dit & on répète que la Cane refuse de couver ses œufs, lorsqu'elle a été elle-même couvée par une mère d'emprunt, mais c'est un préjugé : l'instinct de la Nature triomphe de tout. Jamais je n'ai apperçu aucune répugnance à l'incubation des Canes, quoique couvées originairement par des gallines ou par des poules d'Inde. Dès que les petits sont éclos, ils se traînent machinalement à la première mare voisine : M. *Dambourney*, Savant estimable, croit avoir remarqué que jusques à ce qu'ils soient à-peu-près croisés, une couvée ne se mêle pas ni sur l'eau, ni sur la terre, chacune s'isole ; mais sans se battre ni paroître se haïr.

Des Canetons.

Ils sont trente & un jours à éclore, soit qu'on laisse à la Cane le soin de couver ses œufs, soit qu'on les ait confiés à la poule ou à la poule d'Inde ; il est possible d'en élever beaucoup & à peu de frais, parce qu'ils vont chercher une partie de leur nourriture presqu'au sortir de la coquille. A peine sont-ils nés que la Cane les mène à l'eau, où ils barbottent & mangent d'abord ; mais il faut insensiblement les accoutumer à revenir à la maison pour prévenir les accidents qui pourroient leur arriver.

On doit avoir pour les Canetons les mêmes soins que pour les poussins & les dindonneaux, mais ils peuvent se passer de mère aussi-tôt qu'ils sont nés ; leur meilleure nourriture dans les premiers jours est du pain émietté, imbibé de lait, d'eau, d'un peu de vin ou de cidre ; quelques jours après on leur prépare une pâte faite avec une pincée de feuilles d'ortie, tendre, cuites, hachées bien menues & d'un tiers de farine de blé de turquie, de sarrazin ou d'orge ; on y ajoute les œufs de rebut préalablement cuits ; dès qu'ils ont acquis un peu de force, on

leur jette beaucoup d'herbes potagères, crues & hachées, mêlées avec un peu de son détrempé dans l'eau ; l'orge, le gland, les pommes de terre cuites, de petits poissons quand on en trouve, conviennent également à ces oiseaux qui se jettent sur les différentes substances qu'ils rencontrent, & montrent, dès leur plus tendre enfance, une voracité qu'ils conservent toute leur vie.

Les Canards sont si vivaces qu'un œuf cassé par curiosité ou par accident deux ou trois jours avant le terme de la couvaison, peut encore donner un Caneton, si on le recouvre adroitement avec une autre coquille ; j'ai vu faire souvent ces raccommodages avec succès.

Pour fortifier les petits avant d'aller à l'eau, il faut les tenir enfermés sous une mûe ou auge à poulet pendant huit à dix jours, & avoir soin d'y tenir un peu d'eau, ce qui est facile quand ils ont eu pour couver la poule ou la poule d'Inde ; alors ils s'endurcissent sur terre, en leur laissant la liberté, un penchant naturel les entraîne bien-tôt vers l'eau, ils s'y plongent, les poules ne pouvant les suivre, témoignent par des cris & des gémissemens qu'ils ne comprennent point leur inquiétude & leur alarme sur la famille adoptive ; état que M. *Rosset* a si bien rendu dans son poëme de l'Agriculture ; on doit prendre encore quelques précautions avant de laisser aller les Canetons avec les vieux Canards, dans la crainte que ceux-ci ne les maltraitent, & leur donner à manger comme aux autres volailles, toujours dans le même endroit & aux mêmes heures, afin qu'ils s'y trouvent régulièrement & ne s'écartent point ; il est nécessaire aussi de les accoutumer à revenir le soir, de les tenir enfermés sous les toits qui leur sont destinés, & de placer ces toits, autant que le local le permet, à portée de la mare ou de la fosse de la basse-cour.

Nourriture des Canards.

On peut les abandonner une partie de l'année à eux-mêmes ; ils se nourrissent des grains répandus dans la basse-cour : avec ces oiseaux il n'y a rien de perdu : les criblures & balayures de greniers, les herbages, les racines, les fruits tout leur est propre, pourvu que ce qu'on leur donne soit un peu humide ; il arrive même que quand ils sont à portée de l'eau ; ils y trempent leur aliment pour les humecter, aussi aiment-ils la pomme de terre cuite & les autres racines potagères ; c'est à cause de cet attrait pour l'humidité qu'ils se plaisent dans les prairies & dans les pâturages qu'il seroit facilement possible de couvrir de plantes, que les Canards recherchent & aiment le plus : mais il paroît que tout ce qui approche du charnage est fort de leur goût, & concourt singulièrement à accélérer leur croisfance ; la grande & belle efpèce ne réuffit, fi bien dans les environs de Rouen fur les bords de la Seine, que par la faculté qu'on a de les nourrir avec des vers de terre qu'on prend dans les prairies, & dont on leur diftribue indivi-duellement trois fois par jour une portion dans les toits, où on les enferme féparément ; c'eft ce qui forme ces canetons hâtifs grands, gras, blancs, qu'on voit dès le commencement de Juin dans les marchés.

Les Canards font fi gloutons qu'ils fe mettent fouvent en befogne pour avaler un poiffon ou une grenouille entière qui les échauffent fou-vent s'ils ne les rejettent pas promptement ; extrê-mement friands de viande, ils la mangent avec avi-dité, quoique corrompue. Les limaces, les araignées les crapauds, les tripailles, les infectes, toutes ces fubftances, en un mot, conviennent à leur appétit carnacier, auffi font-ils les oifeaux de la baffe cour qui pourroient rendre le plus de fervice dans un jardin, en détruifant une foule d'in-fectes qui y font ordinairement un tort irrépa-rable, fi leur voracité n'expofoit pas à d'autres inconvéniens capables de balancer cet avan-tage ; mais il n'en eft pas de même des eaux fur lefquelles ils aiment à nager, ils peuvent en peu de tems dépeupler un étang poiffonneux : il eft donc néceffaire de leur en interdire l'entrée, comme celle de toutes les rivières & viviers, où l'on élève du poiffon, fans quoi le fretin devient bien-tôt leur proie : il faut prendre garde auffi que les eaux où les canards ont la liberté d'aller, ne contiennent pas de fangfues, qui occafionnent la perte des canetons en s'attachant à leurs pattes, on parvient à détruire ces fangfues au moyen de tanches & autres poiffons qui en font leur pâture.

La groffeur du canard varie infiniment ; il y en a qui dans le cercle de huit à neuf femaines à partir de leur naiffance, pèfent jufques fept à huit livres, tandis que d'autres de même âge & de la même efpèce n'acquièrent point la moitié de ce poids, mais quoique cet oifeau chériffe fa liberté au-deffus de tout autre bien, & qu'on ait remarqué qu'il pouvoit aifément s'engraiffer fans être renfermé, l'expérience a cependant prouvé qu'on y parvient plutôt en la mettant fous une mue, & lui adminiftrant une quantité fuffifante de grains ou de fon gras, & un peu d'eau pour mouiller fon bec, autrement il pou-roit bien fe noyer. En Angleterre, on en-graiffe les Canards avec de la dreche moulue & pétrie avec du lait ou de l'eau. Dans la Baffe-Normandie où l'on en fait commerce, parce que le terrein y eft très-frais, on prépare une pâte avec de la farine de farrazin, & on en forme des gobbes avec lefquelles on les remplit trois fois par jour pendant huit à dix jours, après quoi ils font bons à vendre un prix qui dédom-mage des foins & des frais, fur-tout fi on s'en

défait à propos : c'eft ordinairement depuis le mois de Novembre jufqu'en Mars qu'on les apporte à Paris, plumés & effilés, pour les mieux conferver. Le Canard de Rouen payoit aux entrées le double de ce qu'on exigeoit pour le Canard barbotier ; cette différence ne venoit pas feulement de fon volume, qui eft en effet plus confidérable, mais encore relativement à la qualité de fa chair, le premier fe rapproche de la volaille ferme engraiffée, & le fecond tire fur le gibier aquatique & fauvageon.

Le Canard fauvage, ou domeftique, eft un excellent manger ; mais il faut qu'il foit jeune & plutôt étouffé que faigné, ceux qui en élè-vent pour les vendre, font forcés de les faigner avant de les expofer au marché, parce qu'ayant la peau rouge, on croiroit qu'ils font morts naturellement. Dans plufieurs Départemens, il eft le mets le plus ordinaire des gens aifés, & par conféquent l'objet d'un commerce d'autant plus lucratif qu'il s'accommode de tout, qu'il n'eft pas fufceptible de maladies, & que, s'il mue comme les autres oifeaux de la baffe-cour, cet accident périodique lui eft encore moins funefte ; il ne dure quelquefois qu'une nuit : chez le mâle c'eft après la pariade, & chez la femelle après la couvée ; ce qui paroîtroit in-diquer que la mue eft l'effet de l'épuifement, du moins pour ces oifeaux. La Cane aime les plumes au point que fi on n'y prend garde, elle en enlève des paquets aux poules ; j'ai vu de ces poules dont le croupion étoit déplumé par ce manège ; il faut avoir foin d'empêcher qu'elle n'en approche.

Les Canards offrent encore un autre béné-fice dans leurs plumes, fi on a eu foin, aux mois de Mai & de Septembre de les enlever fous le ventre, les ailes & autour du cou, pendant qu'ils vivent & avant la mue : ces plumes demandent à être féchées au four lorfque le pain en eft ôté, & cela à différentes reprifes, à caufe de leur nature huileufe, analogue à la plume de tous les oifeaux aquatiques ; mais fi les œufs & la chair du Canard font infiniment meilleurs que ceux d'oie, fa plume a en récompenfe une qualité bien inférieure ; cependant elle eft affez élaftique, & ne laiffe pas encore que de fe vendre certain prix en Normandie, où on en fait des oreillers, des matelas & des traverfins, en la mêlant à celle d'oie. L'édredon, & par cor-ruption l'aigledon, fi connu dans le commerce, à caufe de l'avantage précieux qu'il réunit d'être fort chaud & d'avoir une très-grande légèreté provient du duvet recueilli fur le mâle des Canards d'Iflande, du même genre que l'oie, & qui n'en diffère que par quelques nuances du plumage. Au refte, les œufs, la chair, les plu-mes & la fiente des Canards font un affez bon revenu de la baffe-cour pour fixer l'at-tention des fermiers dans les cantons où les prairies, jointes à l'humidité du fol, peuvent favorifer l'éducation de ces oifeaux, & devenir une branche effentielle d'induftrie agricole pour leurs habitans.

CANARDIÈRE. C'eft le lieu deftiné aux canards, dans les endroits où ils vivent en liberté; on leur conftruit fur le bord de l'eau des toits pour les retirer; alors il faut renoncer au poiffon, à moins qu'on n'y entretienne que de groffes pièces; mais la Canardière eft deftinée plus fpécialement encore à un lieu couvert & préparé dans un étang ou un marais pour prendre des canards fauvages; fa defcription & les différentes méthodes employées pour procéder à cette chaffe ou plutôt à cette pêche, qui fe trouve dans Varon & dans Columelle, ayant déjà été détaillée à l'article *Canardière* dans l'Ornithologie, nous y renvoyons les Lecteurs.

CANE, oifeau. *Voyez* CANARD. (M. PARMENTIER).

CANARI, *CANARIUM*. L.

Genre des plantes compofé jufqu'à préfent d'une feule efpèce connue des Botaniftes d'Europe; quoique Rumphius en diftingue plufieurs efpèces, outre les variétés de culture; les fleurs des deux fexes font féparées fur différens pieds : il fuccède aux fleurs femelles un fruit charnu qui renferme une amande relevée de trois angles. On réunit ce genre à la famille des Balfamiers.

Efpèces.

1. CANARI vulgaire.

CANARIUM commune L. ♄ des Indes Orientales, des Moluques & de la Nouvelle-Guinée. C'eft un grand arbre, d'une forme élégante, que Rumphius compare au chêne pour l'élévation & le port; fon feuillage eft d'un vert fombre, & l'écorce qui recouvre fon tronc eft blanche. Autour de fa bafe fe forment des excrefcences, qui paroiffent comme ailées, & qui lui fervent de foutiens. Cette fingularité n'eft pas rare dans les productions des tropiques; M. Adanfon leur a donné le nom d'*acove*. Les feuilles de cet arbre font ailées avec une foliole terminale. Les fleurs terminent les rameaux en forme de panicule très-étalée, fur lefquelles chaque fleur eft feffile. Elles paroiffent à Amboine, en Mai & Juin, époque où commencent les mois pluvieux; les fruits mûriffent & fe récoltent en Octobre & Novembre, époque où commence la faifon fèche; mais, à peine une végétation eft-elle ralentie qu'une nouvelle commence. Ces époques de floraifon & de fructification fuivent, dans les autres pays des Indes, la même gradation des faifons humides & fèches.

Les habitans confomment les amandes de cet arbre, fraîches, en nature ou en forme de pain dont la préparation fe trouvera plus bas. On en deffèche à la fumée pour les conferver dans cet état; on en extrait une huile épaiffe, rouffe, un peu femblable à celle de colfat. Cette huile fert à apprêter les mets lorfqu'elle eft fraîche; mais, à mefure qu'elle vieillit, elle y devient moins propre, alors elle fert à la lampe.

En fecond lieu, on fait avec ces amandes une efpèce de pain nommé *baggea*, en employant le procédé qui fuit. On mêle ces amandes concaffées avec du fagou ou du riz & du fucre brun; cette pâte fe met dans des bamboux, dont la cavité a un pouce de diamètre, & longs d'une aune, qu'on enveloppe avec des feuilles épaiffes d'une efpèce de pandang. Les feuilles extérieures fe confument au feu, & la pâte fe durcit en prenant la forme du moule qui la contient. Ce pain a un goût d'huile rance qui déplaît aux Européens; mais les Naturels du pays en font beaucoup de cas, & s'en envoient les uns aux autres lorfqu'ils en préparent. Un avantage que ces pains ont, c'eft de fe conferver très-longtems, ce qui les rend très-utiles dans les voyages fur mer. Ce pain eft indigefte, dur & conftipe ceux qui n'y font pas habitués. Au riz ils font un peu meilleurs qu'au fagou.

Le bois eft blanc & dur, mais trop réfineux; il n'eft pas de durée, employé pour la charpente, & n'eft bon qu'à brûler. Les vieux troncs donnent une réfine blanche & tenace dont on fait ufage à Amboine au lieu de flambeau en l'enveloppant de feuilles. C'eft cependant un abus de conferver les vieux arbres pour cet ufage, puifqu'ils ceffent de produire du fruit, principal produit de l'arbre, lorfque la gomme paroît. (M. REYNIER.)

CANARIE (graine de Canarie). *Voyez* ALPISTE des Canaries. (M. l'Abbé TESSIER).

CANARINE, *CANARINA*. L.

Genre de plantes, compofé jufqu'à préfent d'une feule efpèce, qui avoit d'abord été réunie aux campanules, & qui en a été féparée enfuite à caufe de la proportion différente de fes parties. Les mêmes parties qui fe trouvent au nombre de cinq dans les campanules, font au nombre de fix dans la Canarine : ainfi, un calice & une corolle a fix divifions, fix étamines, &c.

Efpèces.

1. CANARINE campanulée.

CANARINA campanulata. L. ♃ des Ifles Canaries.

La racine de cette plante eft charnue, tubéreufe; on l'éclate avec beaucoup de précaution pour multiplier l'efpèce. Lorfque l'on fait cette opération fans aucuns foins, le fuc laiteux que la racine contient coule, la plante s'affoiblit, & fouvent cette plaie occafionne la pourriture. Il faut laiffer fécher, pendant deux ou trois jours, la plaie des rejettons avant de les mettre en terre. C'eft au mois de Juillet que l'on doit faire cette opération, époque où les tiges périffent.

Les rejettons, qui ont été féparés au mois de Juillet, commencent à donner des racines vers la mi-Août : ils pouffent alors des feuilles ; il eft effentiel de mettre les pots à l'ombre au moment où on les plante, & d'éviter les arrofemens, l'humidité étant nuifible à cette plante à cette époque.

Dès que la faifon pluvieufe ou le froid commencent, il faut rentrer les pots dans l'orangerie ; comme cette plante végète pendant l'Hiver, il eft néceffaire de l'arrofer pendant cette faifon.

La terre la plus convenable pour la Canarine, dit Miller, eft un mélange de terre légère, fablonneufe avec un peu de platras pulvérifé.

Ufage. La Canarine eft une jolie plante, d'un port agréable ; fes fleurs orangées, qui paroiffent au Printems, fervent à la décoration des orangeries, dans cette faifon, & fon feuillage, qui fe développe pendant l'Hiver, les orne dans un moment où la plupart des plantes font dans un état de repos.

Comme fes tiges périffent dès le mois de Juin pour ne reparoître que vers l'Automne, cette plante ne pourra jamais fervir à l'ornement de nos jardins. On ne la cultive que dans les jardins de Botanique, & dans ceux des Amateurs, qui cherchent à réunir les plantes rares & curieufes.

On ne connoît aucun ufage médicinal ni économique auquel la Canarine foit employée. (M. REYNIER).

CANCHE ou FOIN. AIRA L.

Genre de plantes de la famille des graminées dont les efpèces ont beaucoup d'analogie avec quelques avoines. Leurs fleurs font en panicules uniflores, & n'ont pas ce rudiment d'une autre fleur qu'on obferve à la bafe intérieure du calice des meliques. Le fruit refte adhérent à la bâle florale en fe détachant de la plante.

Ces plantes, qui n'ont aucune apparence, ne font cultivées que dans les jardins de Botanique, où l'on defire de réunir le plus grand nombre poffible de végétaux. Comme elles n'ont rien qui puiffe fervir à l'ornement des jardins, les Amateurs les négligent.

Efpèces.

1. CANCHE ordinaire.
AIRA arundinacea. L. du Levant.

2. CANCHE naine.
AIRA minuta. L. ☉ de l'Efpagne & de la Romanie.

3. CANCHE aquatique.
AIRA aquatica. L. ♃ dans les foffés aquatiques & les prairies humides.

4. CANCHE du Cap.
AIRA Capenfis. L. F. du Cap de Bonne-Efpérance.

5. CANCHE en épi.
AIRA fubfpicata. L. ♃ des montagnes de la Suiffe, de la Savoye & de la Lapponie.

6. CANCHE élevée.
AIRA cæpitofa. L. ♃ dans les prés couverts & dans les bois.

7. CANCHE flexueufe.
AIRA flexuofa. L. ♃ fur les Alpes, dans les lieux fablonneux des Landes & de la Gueldres & de la Weftphalie.

8. CANCHE des Alpes.
AIRA Alpina. L. fur les montagnes de la Lapponie, de l'Allemagne & de la Savoye.

9. CANCHE blanchâtre.
AIRA canefcens. L. ☉ ♃ dans les lieux fablonneux de l'Angleterre, de l'Allemagne, de la France, &c.

10. CANCHE précoce.
AIRA præcox. L. ☉ dans les lieux fablonneux & humides de l'Europe.

11. CANCHE œilletée.
AIRA caryophyllea. L. ☉ dans les lieux fecs de l'Europe.

B. *AIRA divaricata.* Pour. du Languedoc.

12. CANCHE velue.
AIRA villofa. L. F. du Cap de Bonne-Efpérance.

Efpèces moins connues.

AIRA juncea. Vill.
AIRA feftucoïdes. Vill.
AIRA miliacea. Vill. fi elle diffère réellement de l'*AIRA aquataca.* L.

Les Efpèces annuelles n.ᵒˢ 2, 9, 10, 11, doivent être femées au Printemps dans des baffins de trois ou quatre pouces de profondeur fur quinze à vingt pouces de diamètre. Leur graine étant très-fine, doit être à peine recouverte ; elles n'exigent d'autres foins depuis le moment où elles font levées, que d'être nettoyées de tems en tems.

L'efpèce, n.ᵒ 2, n'a jamais été cultivée, mais quoique d'un pays un peu plus chaud que celui-ci, je penfe qu'elle pourroit y être cultivée en pleine terre. Si on craignoit qu'elle n'eût pas le tems de mûrir fes graines, on pourroit la faire lever fous des chaffis pour accélérer fon premier développement, & la tranfplanter enfuite en motte dans la place qu'elle doit occuper.

Je ferai, au sujet de l'espèce 9, la même observation que j'ai déjà imprimée à l'article Brize, c'est qu'elle est réellement vivace & non pas annuelle comme les Botanistes l'avoient décidé. La plante principale bien après la maturité des graines, mais elle pousse avant cette époque des rejettons ou œilletons qui supportent l'Hiver & fleurissent l'année suivante, & se multiplient de la même manière avant de périr. Comment cette plante formeroit-elle des touffes de quelques pouces de diamètre, comme on en observe dans les lieux où elle est sauvage, si elle ne duroit réellement qu'une année ? D'ailleurs, je l'ai cultivée, & c'est en l'observant tous les jours, que j'ai vu la manière dont elle se multiplie.

Les espèces vivaces, n.ᵒˢ 3, 6, 7, doivent être semées de la même manière que les précédentes ; mais il est nécessaire de les mettre dans des pots enterrés dans la place qu'elles doivent occuper. Sans cette précaution, leurs racines traçantes se confondroient avec celles des espèces voisines, d'où il résulteroit des erreurs inévitables dans la dénomination des espèces.

L'espèce, n.º 7, offre une singularité assez remarquable & que j'ai également remarquée sur d'autres plantes des Alpes : c'est qu'on les retrouve dans les bruyères ou landes qui couvrent une partie des Provinces-Unies & de l'Allemagne. Quelle analogie peut-il exister entre ces deux positions ? C'est un problème que j'ai déjà proposé plusieurs fois aux Naturalistes, & qui est resté sans réponse. Ce n'est ni l'élévation du sol ni la nature du terrein, qui peuvent déterminer cette ressemblance dans les productions ; ressemblance d'autant plus singulière, qu'elle se trouve dans les variétés des plantes communes, c'est-à-dire, que leurs variations ou écart de la forme ordinaire, sont les mêmes dans ces deux positions. On trouvera des détails, sur cet objet, dans mes *Mémoires pour servir à l'Histoire physique & naturelle de la Suisse*, article des Joncs.

La Canche en Epi n.º 5, & celle des Alpes n.º 8, sont des montagnes élevées ; il est vraisemblable qu'elles devroient être cultivées dans le terreau de bruyère comme les autres plantes des Alpes. On ne les a cultivées jusqu'à présent dans aucun jardin.

Les espèces n.º 4 & 12, devront être semées sous couche comme les autres Graminées du Cap de Bonne-Espérance. On ignore leur durée ; mais si elles sont vivaces, il faudra les rentrer dans l'orangerie pendant l'Hiver. (*M. Reynier.*)

CANDELBERY, nom anglois du Cirier ou Arbre à cire de la Louisiane. *Myrica Cerifera* L. *Voyez* Galé Cirier, Variété A ; n.º 2. (*M. Dauphinot.*)

CANDIOTTE, Anémone à peluche ; dont le manteau est gris-blanchâtre sur un fond incarnat. La peluche est incarnate bordée de petales de couleur feuilles mortes verdâtre.

C'est une des variétés de l'*Anemone coronaria* L. *Voyez* Anemone. (*M. Reynier.*)

CANEFICIER, nom vulgaire du *Cassia fistula* L. plante Médicinale, dont l'usage est très-étendu. *Voyez* Casse des boutiques.

CANEFICIER bâtard, nom vulgaire du *Cassia bicapsularis* L. *Voyez* Casse bicapsulaire. (*M. Reynier.*)

CANELLE, seconde écorce du *laurus cinnamomum* L. *Voyez* Laurier canellier. (*M. Thouin.*)

CANELLIER de Ceylan ou du commerce, *laurus cinnamomum* L. *Voyez* Laurier canellier. (*M. Thouin.*)

CANELLIER sauvage des Barbades, *Winterania canella* L. *Voyez* Vinteran aromatique. (*M. Thouin.*)

CANEVAS, sorte de toile claire, dont on se sert pour faire des bannes propres à défendre les plantes des serres chaudes du grand soleil. *Voyez* Banne. (*M. Thouin.*)

CANIFICIER, *Cassia fistula* L. *Voyez* Casse des boutiques. (*M. Thouin.*)

CANJALAT, Ubium.

Genre de Plante décrite uniquement par Rumphe, & dont les Botanistes n'ont pu reconnoître la place dans l'ordre des familles. Les fleurs, autant que M. de la Márk l'a pu observer, sont composées d'un calice de quatre pièces persistantes, de quatre pétales épais, plus courts que le calice, de beaucoup d'étamines, dont on ne peut distinguer le point d'insertion & d'un ovaire supérieur chargé de plusieurs stiles qui se change en une capsule polysperme.

Espèces.

Ubium polypoides Rumph. Amb. 5, p. 364. t. 129.

Rumphius donne, sous ce nom, la description de deux plantes différentes en volume, en qualité & par leur lieu natal ; mais il ne dit point si ce sont des espèces distinctes ou simplement des variétés, en attendant des notions plus circonstanciées ; nous nous étendrons seulement sur les qualités qui sont à l'usage des hommes.

Elle a des tiges grimpantes qui s'entortillent aux arbres & à leurs branches, & s'y étendent au point d'atteindre souvent cent cinquante pieds de longueur. Ses feuilles sont opposées, ovales, cordiformes, d'une odeur désagréable, neuf, onze ou treize nervures qui partent du pétiole, suivent le contour de la feuille & convergent vers la pointe. Les fleurs sont axillaires, solitaires, & répandent une odeur désagréable: dans l'état sauvage, elles avortent presque toutes. Rumphius n'a obtenu les fruits qu'en cultivant la plante.

La racine principale est transversale, noueuse comme celle du Gingembre, & de l'épaisseur du petit doigt ; il en sort des racines secondaires qui s'enfoncent en terre de la forme d'un navet, mais amincies aux deux extrémités, d'un pied ou deux de longueur sur deux doigts de diamètre dans la partie la plus longue. Ces racines sont au nombre de vingt à cinquante sur chaque pied. Cette plante croît aux bords des forêts, dans les taillis humides, & sur les bords des rivières boisées, dans les Moluques.

Usage. Les Chinois ont essayé les premiers de confire les racines de cette plante; ils l'ont appris aux Européens établis dans les Moluques, qui en ont adopté l'usage. Rumphius a vu de ces racines préparées qui venoient du Japon & d'autres du Bengale, d'où il a conclu que cette plante croît pareillement dans ces deux pays. Pour confire ces racines on les nétoye & les fait bouillir dans de l'eau, puis on les fait macérer pendant deux jours dans de l'eau de chaux, cette eau se jaunit & se charge de leur amertume. On les fait ensuite macérer pendant six ou sept jours dans de l'eau de pluie qu'on change tous les jours jusqu'au moment où elle cesse d'être colorée. Alors on coupe ces racines en morceaux de la longueur du doigt, qu'on fend pour enlever le cœur, où se trouve une partie filandreuse. On les cuit ensuite dans un sirop, d'où elles sortent transparentes comme du succin. Les habitans des Moluques en consomment beaucoup en prenant leur thé, & elles font l'objet d'un commerce assez considérable avec les autres pays. La saveur de ces racines préparées est toujours fade, & déplaît dans les premiers momens.

Les racines venues du Bengale, que Rumphius a reconnu pour être de cette plante, y porte le nom de *Ciel* ou *Cicor*; elles diffèrent seulement en ce qu'on les prend plus jeunes. (*M. Reynier.*)

CANNABINE, *Datisca.* L.

Genre de plantes très-voisin du chanvre par ses caractères sexuels, & même par le port des plantes qui le composent. Ce sont des plantes vivaces par les racines, élevées & garnies d'un beau feuillage, leurs fleurs n'ont aucune apparence ; ainsi, le moment de la floraison est très-indifférent pour les Cannabines, & même le moment qui la précéde où la plante a toute sa vigueur, est celui de sa plus grande beauté.

Les Cannabines diffèrent des chanvres par leurs feuilles ailées & non digitées ; par le nombre des étamines dans chaque fleur mâle qui est dé quinze, tandis que dans le chanvre il est de cinq ; par la conformation du calyce des fleurs femelles ; enfin par le fruit qui est triangulaire, muni de trois cornes & rempli de plusieurs graines, au lieu qu'il est sphérique dans le chanvre & ne contient qu'une amande. Quelquefois, dit M. de la Mark, les côtes du fruit & ses cornes sont au nombre de quatre.

Espèces.

1. CANNABINE glabre.
Datisca Cannabina. L. ♃ de l'Isle de Candie.
2. CANNABINE hérissée.
Datisca hista. L. ♃ de la Pensylvanie.

La première espèce est une plante vivace, dont les tiges périssent chaque année : elles s'élèvent à la hauteur de quatre à six pieds, & montent en faisceau par le rapprochement des branches & le nombre des feuilles. Ces dernières sont longues, d'un beau vert, & sortent de la tige & de tous les rameaux. Les fleurs terminent les ramifications de la tige, elles sont petites & sans apparence.

La seconde espèce diffère de la précédente par sa grandeur, qui surpasse celle de la première espèce, & par les poils droits & roides qui recouvrent sa tige. Joint à ces caractères qu'elle est de l'autre hémisphère, ce qui indique suffisamment qu'elle doit en être séparée.

Culture. Cette plante ayant les fleurs de chaque sexe sur des pieds différens, il est nécessaire de réunir l'individu mâle & l'individu femelle pour avoir de la bonne graine ; sans cette précaution, les graines avortent en tout ou du moins en partie. Lorsqu'on a de la bonne graine, on doit la semer sur couche, sans chassis, à l'entrée de l'Automne, époque de leur maturité. Il est nécessaire de les couvrir pendant les grands froids. Ces jeunes plantes fleurissent très-souvent l'année suivante. D'autres personnes attendent au Printemps pour semer la graine. Cette méthode, dont le succès est plus assuré, retarde la jouissance, car la plante ne peut fleurir que la seconde année. Les plants semés au Printemps doivent être transplantés en Automne ; pendant l'Eté ils n'exigent que des sarclages, & doivent être éclaircis lorsqu'ils sont trop épais. En les plantant à demeure, on doit, autant que possible, choisir un Ecu découvert où la plante puisse s'élever sans se trouver abritée par les arbres. Le terrein doit être meuble & moins humide pour la première espèce que pour la seconde, qui croît naturellement près des eaux.

On multiplie auffi les Cannabines en éclatant les racines en Automne : ce moyen, dont il ne faut cependant ufer qu'avec modération, accélère la jouiffance ; mais les plantes qu'on obtient font moins belles.

Ufage. Les Cannabines, par leur beauté, méritent d'occuper une place dans les grands parterres, dans les intervalles entre les arbuftes, dans les bordures d'allées & dans les clairières des bofquets. Comme elles durent plufieurs années, une fois établies elles forment tous les ans des touffes qui embelliffent les lieux où elles font plantées. Jufqu'à préfent les Cannabines n'ont été cultivées avec un peu de fuite que dans les jardins de Botanique ; mais l'ufage qu'on peut en faire pour la décoration, engagera fans doute à la rendre plus commune. (*M. Reynier.*)

CANNE. Mefure de longueur dont on fe fert beaucoup en Italie, en Efpagne & dans les Provinces méridionales de la France, & qui a plus ou moins d'étendue en différens endroits.

A Naples, la Canne vaut fept pieds trois pouces & demi Anglois, ce qui fait une aune & quinze dix-feptièmes d'aune de Paris ; ainfi, dix-fept Cannes de Naples font trente-deux aunes de Paris.

La Canne de Touloufe & de tout le Haut-Languedoc, eft femblable à la Varre d'Arragon, & contient fept pieds huit pouces Anglois & un cinquième.

A Montpellier, en Provence, en Dauphiné & en Bas-Languedoc, elle contient fix pieds cinq pouces & demi Anglois.

La Canne de Touloufe contient cinq pieds cinq pouces fix lignes de notre mefure, qui font une aune & demie de Paris ; ainfi, trois de ces Cannes font cinq aunes de Paris.

L'ufage de la Canne a été défendu en Languedoc & en Dauphiné, par arrêts du Confeil des 24 Juin & 27 Octobre 1687, fuivant lefquels on ne peut fe fervir dans ces Provinces, pour l'achat & vente des étoffes, que de l'aune de Paris au lieu de Canne. *Anc. Encyclopédie.* (*M. l'Abbé Tessier.*)

CANNE ou ROSEAU de jardin. *Arundo donax*, L. Voyez ROSEAU cultivé. (*M. Thouin.*)

CANNE à fucre. Nom d'une graminée d'un ufage général, & fous lequel elle eft plus connue que fous fon nom Botanique. Voyez CANAMELLE officinale. M. du Trône, dans fon précis *fur la Canne*, &c. diftingue deux parties de la Canamelle, la *Canne à fucre*, qui eft la partie de la tige, dont les nœuds ayant encore leurs feuilles ne font pas encore mûrs ; & la *Canne fucrée* qui eft la partie de la tige dont les nœuds dépouillés de leurs feuilles ont élaboré leurs fucs & font dans l'état de maturité. (*M. Reynier.*)

CANNE A SUCRE.

En traitant cet article, je n'ai pas l'intention de propofer à la France, la culture de la Canne à fucre, quoique je fois perfuadé qu'à la rigueur elle pût y végéter dans les parties les plus méridionales & les plus abritées ; mais je fais en même-tems qu'une culture n'a de fuccès, qu'autant que le climat, par fa température, la favorife complettement. Celui de la France eft fi éloigné du degré de chaleur qui convient à la Canne à fucre, qu'aucune perfonne éclairée ne fera tentée de l'y introduire. J'ai encore moins le defir de donner des leçons aux Colons d'Amérique, plus inftruits & plus à portée que moi de perfectionner ce genre de culture. Je ne veux que fatisfaire la curiofité de quelques Lecteurs, qui feroient étonnés de ne pas trouver dans l'Encyclopédie, fur une plante d'un fi grand produit, des détails que j'ai eu foin de donner fur d'autres moins importantes. Afin que l'article fût bien fait, j'ai cherché quelque Américain qui voulût bien s'en charger ; des occupations plus preffantes n'ayant pas permis à ceux auxquels je me fuis adreffé de rendre ce fervice au Public, il m'a fallu le rédiger moi-même, d'après deux ouvrages qu'on m'a procurés. L'un eft intitulé : *Précis fur la Canne à fucre & fur les moyens d'en extraire le fel effentiel,* par M. du Trône de fa Couture ; l'autre dont l'Auteur eft M. de Cafeaux, a pour titre : *Effai fur l'art de cultiver la Canne & d'en extraire le fucre.*

Enfin, l'article étant fini & approuvé même par plufieurs Américains, je l'ai confié à M. du Trône de la Couture, en le priant de le faire, puifqu'il avoit paffé quelques années à la Martinique & à Saint-Domingue, uniquement pour étudier la Canne à fucre & pour perfectionner l'extraction du fucre. Les connoiffances approfondies qu'il a dû prendre fur les lieux, le mettoient en état de s'en acquitter mieux que moi. Il y a confenti & a fait ufage des idées & des obfervations répandues dans fon livre ; mais je me fuis réfervé la liberté d'y ajouter ce que j'ai pu prendre dans l'excellent ouvrage de M. de Cafeaux, & mes propres réflexions. Ce que M. du Trône de la Couture a fait fera diftingué par des guillemets.

La Canne à fucre, *Saccharum officinarum,* Lin. eft la première efpèce de Canamelle du Dictionnaire de Botanique de M. de la Mark.

Hiftoire de la Canne à Sucre.

« La Canne eft un des végétaux qui, par fa nature & par la richeffe de fes produits, mérite le plus de fixer notre attention. L'hiftoire de cette plante eft tellement liée à celle du fucre, qu'il nous fera difficile de ne pas parler de cette précieufe denrée. »

» Il eft démontré que la Canne tire fon origine des Indes orientales ; les Chinois, dès la plus haute antiquité, ont connu l'art de la cultiver & d'en extraire le fucre ; art qui a précédé cette plante en Europe de près de deux mille ans. »

» Les anciens Egyptiens, les Phéniciens, les Juifs, les Grecs, les Latins, n'ont point connu la Canne, & c'étoit d'une efpèce de Bambou que Lucain a dit : *quique bibunt tenerâ dulces ab arundine fuccos.* »

» La Canne n'a paffé en Arabie qu'à la fin du treizième fiècle, époque à laquelle les marchands qui faifoient le commerce de l'Inde, enhardis par l'exemple de Marc-Paul, allèrent s'approvifionner des denrées orientales chez les Indiens, d'où ils rapportèrent la Canne qui fut cultivée d'abord dans l'Arabie heureufe ; de-là en Nubie, en Egypte & en Ethiopie, où l'on fit du fucre en abondance. »

» Barthema dit qu'en 1505, on faifoit dans les environs de Douar & Zibit, villes confidérables de l'Arabie heureufe, un très-riche commerce de fucre.

» Suivant Giovan-Lioni, en 1500, la Canne étoit cultivée dans la Nubie, en Egypte & au Nord du Royaume de Maroc, & on faifoit un grand commerce de fucre dans toutes ces contrées. »

» Ce fut à la fin du quatorzième fiècle qu'on porta la Canne en Syrie, à Chypre, en Sicile ; le fucre qu'on en tira, étoit, comme celui d'Arabie & d'Egypte, gras & noir. »

» Don Henri, Régent de Portugal, ayant fait la découverte de Madère, en 1420, y fit tranfporter des Cannes de Sicile, où on les avoit introduites depuis peu. (1) Elles y furent cultivées avec fuccès ainfi qu'aux Canaries, & bientôt ces Ifles mirent dans le commerce du fucre qui eut la préférence fur tous les fucres de ce tems-là, particulièrement celui de Madère. » Ces fuccès ne fe font pas foutenus, car, en 1767, il n'y avoit plus qu'une fucrerie dans la dernière Ifle. Le terrein y donnant plus d'argent en vin qu'en fucre, on a eu raifon de multiplier la vigne & d'abandonner la culture de la Canne à fucre qui convient mieux aux Ifles d'Amérique.

» Les Portugais portèrent la Canne à l'Ifle Saint-Thomas fitôt qu'ils l'eurent découverte, &, en 1520, il y avoit plus de foixante manufactures à fucre. »

» La Canne fut auffi plantée en Provence, mais la température de l'Hiver força d'en aban-

donner la culture. (1) Elle fut cultivée en Efpagne, & il y a encore aujourd'hui dans ce Royaume, en Sicile & à Madère, des manufactures à fucre. »

» Chriftophe Colomb ayant fait la découverte du nouveau Monde, un nommé Pierre d'Etiença porta la Canne, en 1506, à *Hifpaniola*, aujourd'hui Saint-Domingue. Un Catalan, nommé Michel Balleftro, fut le premier qui en exprima le fuc, & Gonzalès de Veloza fut le premier qui en retira du fucre. »

» Sloane rapporte, fur le témoignage de Martyr, que la Canne croiffoit merveilleufement bien à Saint-Domingue, qu'elle étoit groffe comme le poignet, & que la même touffe donnoit vingt à trente rejettons, tandis que celle de Valence en Efpagne, n'en donnoit que cinq à fix. Il dit auffi qu'en 1518, il y avoit dans cette Ifle vingt-huit fucreries. »

» Il ne paroît pas que la Canne fût naturelle à aucune partie de l'Amérique, quoique le Pere Labat dife qu'elle a été trouvée dans quelques Ifles ; le témoignage des Voyageurs peu connus qu'il cite, ne fuffit par pour démontrer ce qu'il avance à ce fujet. »

» M. Geoffroi a écrit que Pifon regardoit la Canne comme indigène au Bréfil. D'après les propres expreffions de Pifon, on peut conclure que la Canne eft étrangère au nouveau-Monde & qu'elle y a été portée. »

» Quoique, dit-il, les Cannes ne foient pas propres ni indigènes aux Canaries, à Saint-Domingue, & moins encore à la Nouvelle-Efpagne, mais qu'elles foient étrangères à toutes ces Provinces & qu'elles y aient été apportées ; cependant, comme on les a trouvées en premier lieu aux Ifles Canaries, il eft à propos d'en parler, m'étant propofé de traiter de toutes les plantes de ces contrées qui peuvent être d'ufage en Médecine. »

» Il paroît donc certain que la Canne eft étrangère, non-feulement à l'Amérique, mais qu'elle l'eft auffi à l'Europe, à l'Afrique & à toute la partie de l'Afie qui eft en-deçà du Gange. »

» Telle eft la marche que la Canne a fuivie pour fe répandre dans toutes les parties du Monde, depuis l'époque où elle fut portée en Arabie. C'eft à la culture de cette plante précieufe, c'eft à la richeffe de fes produits que les Colonies & la France doivent leur profpérité. »

Defcription de la Canne à Sucre.

» Avant que de fe livrer à la culture d'une plante, il faut la connoître fous tous fes rap-

---

(1) Oberfon.

(1) Miller.

ports, il faut l'avoir étudiée dans toutes ses parties, dans toutes ses fonctions. Alors la connoissance des soins qu'elle demande, est facile, & l'application est toujours suivie du succès. »

» Pour conduire le Cultivateur à une connoissance parfaite de l'histoire de la végétation de la Canne, il convient non-seulement de considérer l'ensemble de toutes ses parties, l'état & le rapport de chacune d'elles, d'examiner leur structure intime, d'étudier la marche des diverses périodes de leur développement successif ; mais il faut encore saisir toutes les modifications qu'elle éprouve en tant que plante, & suivre celles que reçoit le corps muqueux, produit de ses fonctions, au plus haut degré d'élaboration qu'il puisse atteindre. C'est la conversion de ce corps en sel essentiel qui, jusqu'à ce jour, a été l'unique objet de la culture de la Canne ; elle mérite donc de la part du Cultivateur l'attention la plus particulière. Nous allons présenter au lecteur un précis de toutes ces choses, afin qu'il puisse se faire une idée bien exacte de la Canne, de ses produits & de sa culture. »

» La Canne, comme je l'ai dit, n'est point naturelle au Nouveau-Monde, & elle ne s'y trouve que dans l'état cultivé. Elle y fleurit, mais les organes de la fructification sont privés de quelques-unes des conditions essentielles à la fécondation du germe qui est stérile ; elle se reproduit de boutures & se multiplie avec une merveilleuse fécondité. Elle aime la température de la Zone Torride, & elle peut s'étendre dans les Zones tempérées jusqu'au quarantième degré de latitude, & même encore au-delà. Sa constitution est plus ou moins robuste, suivant la nature du sol & les circonstances dans lesquelles il se trouve. Sa végétation est constante, mais elle est plus ou moins rapide, selon sa situation & la température de la saison. Considérée uniquement comme plante, elle met cinq à six mois à parvenir à son entier accroissement, & elle fleurit, si la culture ne l'éloigne pas trop de l'état naturel, & si elle se trouve à l'époque de sa floraison qui est en Novembre & Décembre. Le terme de sa floraison marque celui de sa vie, dont la durée est plus ou moins longue suivant les circonstances, lorsqu'elle ne fleurit pas. Considérée dans l'état cultivé, le terme de son accroissement est relatif à sa constitution plus ou moins forte, & il s'étend de douze à vingt mois. Elle dépérit d'autant plus promptement que sa constitution est plus foible, & c'est à l'époque de son dépérissement qu'il convient de la récolter. Elle porte trois sortes de sucs, l'un, purement aqueux ; l'autre, extractif ; le troisième, muqueux. La proportion & la qualité de ces deux derniers tient à un nombre infini de circonstances particulières dont la connoissance porte le plus grand jour sur les soins que demande la culture de cette plante. »

» La Canne, comme tous les Roseaux, est formée de plusieurs sections dont l'ensemble présente au premier aspect, une souche avec des racines, & une tige avec des feuilles. »

» Chaque section marquée à l'extérieur par un bourrelet, est nommée *nœud-Canne*. Chaque nœud-Canne présente un nœud proprement dit, qui a deux à trois lignes d'étendue, & dont la surface offre de petits points particuliers disposés en quinconce sur deux ou trois rangs. Ces points, en se développant, forment des racines. On remarque sur ce nœud un bouton plus gros qu'une lentille & terminé en pointe ; il renferme le germe d'une Canne nouvelle. Le nœud, proprement dit, est suivi d'un *entre-nœud*, dont l'étendue varie depuis un pouce jusqu'à six ; cet entre-nœud est terminé par une feuille qui s'élève quelquefois jusqu'à quatre pieds dans l'Atmosphère. Cette feuille est divisée en deux parties par une nodosité particulière ; la partie inférieure, qui n'a jamais plus d'un pied de longueur, enveloppe la tige & lui sert de gaine. La substance externe ou l'écorce de la Canne est formée de vaisseaux ligneux très-serrés. La substance interne est formée de vaisseaux ondulaires, dont la disposition est telle, qu'ils présentent autant de couches horizontales, soutenues à distances égales par des vaisseaux ligneux qui les traversent. Les cavités de ces vaisseaux sont hexagones comme les alvéoles des Abeilles ; sans se communiquer entr'elles, elles renferment le suc sucré. »

Les vaisseaux ligneux se divisent également à diverses hauteurs en deux parties ; l'une suit la direction verticale, l'autre se porte horizontalement. Ces dernières forment une cloison en allant se réunir en faisceau, & ce faisceau qui perce l'écorce paroît sous la forme d'un bouton que nous avons remarqué plus haut, à la surface du nœud proprement dit. »

» Le nombre de sections qui forment la Canne s'élève quelquefois à quatre-vingt. »

» La souche de la Canne est formée de sections comme la tige ; (nous ferons remarquer plus bas ce qu'elles ont de particulier) elle a six à huit pouces de longueur ; elle est courbe & se termine en fuseau. C'est d'elle que partent des racines très-nombreuses, cylindriques, longues, de huit à dix pouces au plus, & d'une ligne de diamètre à-peu-près. »

» La tige de la Canne, lorsqu'on la récolte, se divise en deux parties ; l'une dépouillée de feuilles, celle dans laquelle le sucre est tout formé, présente quelquefois jusqu'à 50 nœuds-Cannes ; l'autre est nommée *tête de Canne*. Elle est formée de nœuds-Cannes, qui sont à divers degrés d'accroissement, & dont les feuilles vertes, au nombre de 12 à 15, s'élèvent sur deux plans opposés en forme d'éventail. »

» C'eſt de cette tête, après en avoir coupé les feuilles, qu'on forme un plançon à-peu-près d'un pied de longueur & pour planter, ainſi que nous allons l'expoſer. »

Qualités & préparation du terrein.

Toutes les terres ne conviennent pas également à la Canne à ſucre. Si on ne la cultivoit que pour la beauté de la plante, la terre, la plus convenable, ſeroit celle qui eſt graſſe, humide, baſſe & nouvellement défrichée. Mais elle ne produiroit qu'un ſuc aqueux, peu ſucré, de mauvaiſe qualité, difficile à cuire & à purifier. Dans un ſol ſans profondeur, aſſis ſur un roc, la Canne ſeroit avortée, ne dureroit pas long-temps & donneroit peu de ſucre. Les terres doivent beaucoup varier dans les Iſles d'Amérique, ſoit par leur nature, ſoit par leur poſition; celles des mornes ſont d'une exploitation très-difficile. Pour que la végétation & les produits de la Canne rempliſſent les vues du cultivateur, il lui faut un terrein diviſé, ſubſtantiel & profond. Dans les Iſles & dans les parties des Iſles où la terre eſt en général légère, les habitans préfèrent la terre forte pour la culture de la Canne à ſucre; le contraire a lieu dans les Iſles & dans les parties des Iſles où la terre eſt en général forte. Il me ſemble qu'il n'y a pas là de contradiction : dans ce cas, la légèreté & la force de la terre ne ſont que relatives; la terre forte d'une Iſle pourroit bien n'être pas plus forte que la terre légère d'une autre. Il faudroit pour s'entendre expliquer ce qu'on appelle terre forte, terre légère & en donner les qualités, la compoſition, la peſanteur & les degrés de compacité ou de diviſibilité. Suivant M. l'Abbé Raynal, on fait des foſſes ou tranchées de 18 pouces de longueur, de 12 pouces de largeur, ſur 6 de profondeur, & ſuivant M. de Caſeaux on donne ordinairement aux foſſes de 15 à 18 pouces en quarré & une profondeur de huit à dix pouces. Cette profondeur eſt regardée comme néceſſaire par ceux qui croyent que les racines trouvent plus de nourriture dans une plus grande profondeur. La terre fouillée à la houe eſt miſe ſur le bord pour ſervir à recouvrir les plants. Cette différence relative aux dimenſions des foſſes qui ſe trouve entre M. l'Abbé Raynal & M. de Caſeaux, & qui n'eſt pas la ſeule pour ce qui concerne la Canne à ſucre ſuppoſé qu'ils ne parlent pas de la culture des mêmes Iſles. J'ignore d'où M. l'Abbé Raynal a reçu ſes inſtructions, mais M. de Caſeaux étant habitant & propriétaire à la Grenade raiſonne d'après ce qui ſe pratique dans cette Iſle. A la Grenade, le centre d'une foſſe eſt éloigné de quatre à cinq pieds de celui d'un autre. C'eſt la diſtance jugée la plus favorable, afin que l'air circule mieux entre les plantes & leur procure une maturité plus parfaite. Dans un ſens les foſſes ſont ſéparées par un intervalle nud; &, dans l'autre ſens, elles le ſont par la terre de la fouille. Cette

diſpoſition, lorſque la terre eſt travaillée en entier, forme des eſpèces de ſillons, dont l'élévation préſente une profondeur de quinze à dix-huit pouces; quoiqu'on n'ait réellement pénétré qu'à huit pouces. Dans les Iſles dont M. l'Abbé Raynal a reçu des inſtructions, les foſſes ſont diſtantes les unes des autres de trois pieds ſeulement. Avant de planter, on laiſſe la terre expoſée à l'air plus ou moins de temps. Les eſpaces nuds entre les foſſes ſervent pour le paſſage des hommes pendant la plantation; on les laboure quand elle eſt faite. Avant de creuſer les foſſes, on aligne avec des cordes les places où on doit les creuſer afin de planter droit. Les Nègres travaillent ſur une même ligne, chacun marchant en arrière ſur la ligne où il eſt placé.

Vingt-cinq Nègres travaillant à creuſer des foſſes, occupent un eſpace de ſoixante-dix à ſoixante-quinze pieds, c'eſt trois pieds par homme.

A Saint-Domingue on ſème ordinairement ſur les buttes de terre & dans le quinconce des trous à Cannes un rang de maïs & un rang de haricots, en alternant les rangs.

Dans une terre neuve, qui n'auroit pas encore rapporté de Cannes, cette préparation ſuffiroit. Mais il faut ſuppoſer ici qu'on replante un terrein, habituellement cultivé en Cannes; ce qui eſt le le plus ordinaire, & arrive tous les trois ou quatre ans. Dans ce cas, on emploie des fumiers pour en réparer l'épuiſement, & on brûle ſur la terre les pailles des anciennes Cannes, dont on n'a pas beſoin. Ce brûlis n'eſt pas ſans avantage; il échauffe la terre, il la diviſe & la rend plus friable pour la plantation & perméable à la pluie & aux ſels des cendres qu'il laiſſe après lui. D'ailleurs il détruit beaucoup d'inſectes & particulièrement des fourmis. On profite pour brûler du ſoir d'un jour où il aura fait une pluie modérée & où il n'y a pas de vent.

Dans les habitations où on a de l'eau pour l'arroſage, les Nègres à meſure qu'ils fouillent les foſſes, préparent les rigoles pour conduire l'eau dans les foſſes quand il en eſt beſoin.

Parmi les pièces de terre qu'on deſire planter, M. de Caſeaux conſeille de choiſir d'abord celle qui eſt la plus forte & la plus graſſe, d'y couper toutes les Cannes & de la foſſoyer auſſi-tôt, afin qu'elle ait plus de temps pour s'amenblir, quand on devroit pour cela anticiper la coupe, on le regagneroit ſur le produit de la pièce qui ſe trouveroit retardée, & plus ſûrement encore ſur le ſuccès de la nouvelle plantation.

On eſtime que cinquante Nègres peuvent foſſoyer quinze quarrés en dix ſemaines; en ſuppoſant les diſtances à trois pieds, en tout ſens; il y a treize mille quatre cents quatre-vingt-ſix foſſes par quarré; chaque Nègre peut en faire ſoixante-dix par jour en les creuſant de ſix pouces.

Les terres des habitations à ſucre ſont diviſées
　　　　　en pièces

en pièces de trois, quatre ou cinq carreaux ; on leur donne, autant qu'on le peut, une difpofition quarrée. On laiffe entr'elles des allées d'environ vingt pieds de large, pour le paffage des charrettes & pour les ifoler en cas d'incendie.

Des Engrais.

Les premiers Colons de plufieurs Ifles d'Amérique ont fans doute ignoré long-tems l'art des engrais. Une terre neuve & féconde n'avoit befoin pour produire des récoltes abondantes que d'être façonnée. Mais, à force de lui demander fans lui rien donner, elle a diminué fes préfens, & a fini par s'épuifer. Il a fallu, comme dans les terres de l'ancien Continent, s'occupper à réparer fes pertes. Les excrémens des animaux employés à différens travaux ou néceffaires pour la nourriture des Colons, en ont offert les principaux moyens. Dans les fucreries on fait ufage de Bœufs & de Mulets pour les moulins qui expriment le fuc des Cannes, avec lequel on fait le fucre & pour les charrois de l'exploitation ; on entretient toujours un certain nombre de moutons, pour la bouche du maître & pour celle des chefs d'attelier. Les Bœufs & les Mulets font nourris en partie dans des efpèces de prairies appellées *favanes* & en partie des débris de la fucrerie, tels que les plus groffiers firops, les têtes de Cannes, & on nourrit les Moutons des herbes des favanes, de fourrages & fur-tout des fanes de patates. Ils font auffi, fuivant M. de Cafeaux, très-friands des groffes écumes, & faute de mieux ils fe contentent dans le grand fec des petites *bagaces*, c'eft-à-dire, des petites tiges de Cannes dont on a exprimé le fuc. Leur fumier joint aux cendres des tiges exprimées, qui portent le nom de *bagaces*, & toutes les immondices de l'endroit où fe fait le taffia, fe tranfportent à dos de mulet près des foffes, fi c'eft dans les Ifles-du-Vent, qui font montueufes, ou dans des tombereaux ou des camions, fi c'eft dans les Ifles-fous-le-Vent, telles que Saint-Domingue, la Jamaïque, Cuba, où il y a de vaftes plaines.

Je ne doute pas qu'on en proportionne la quantité aux befoins du fol, & qu'on ne fache qu'à tel carreau, par exemple, il en faut mille pieds cubes, & qu'à tel autre il en faut moitié moins. Trop de fumier donneroit lieu à des Cannes très-vigoureufes, mais contenant peu de fucre ; trop d'eau ne produiroit pas un effet fuffifant.

On a vraifemblablement reconnu qu'il y avoit des terrains affez compacts pour exiger des fumiers peu confommés, ou des fables ou autres matières divifées, capables de les foulever, & qu'il y en avoit de légers, auxquels on devoit mettre des fumiers en terreau, ou des fubftances graffes pour les rendre plus en état de conferver l'eau des pluies. Il paroît cependant que M. de Cafeaux voudroit plus de foin dans la multiplication des engrais. Il regarde comme poffible d'augmenter

le nombre des beftiaux, dont la nourriture lui paroît facile dans le fyftême de culture qu'il établit, car il fait du fucre pendant fix mois & il raifonne ainfi : « chaque Bœuf ou Mulet ne mange pas plus de cent têtes de Cannes par jour ; » cent cinquante bêtes ne peuvent en manger au-» delà de quinze mille, repréfentatives de beau-» coup moins de quinze formes de fucre qu'on » tire des Cannes, dont elles font les fommiés. Si » une fucrerie fait par jour quarante-cinq formes » de fucre pendant fix mois, on aura pour les fix » mois où on ne fait pas de fucre, plus de têtes » de Cannes qu'il n'en faut pour nourrir 150 » bêtes. » M. de Cafeaux ne propofe pas de couper les têtes des Cannes fans couper les Cannes, mais au moment de la récolte de faire des amas de têtes de Cannes pour l'arrière-faifon lorfqu'on a peu de favanes & beaucoup de beftiaux. Il croit qu'il feroit facile de faire parquer, comme en Europe, les moutons de chaque habitation fur les terres foffoyées qui doivent être plantées en Cannes.

On pourroit, en fuivant ce qu'il confeille, ramaffer du fable de mer, des terres de ravines, & réferver les cendres de la fucrerie pour les terres argilleufes.

Les cultivateurs d'Europe diminuent les befoins d'engrais, & renouvellent leurs terres en alternant les objets de culture & en les laiffant repofer quelque tems.

Les Américains fans doute le favent ; mais, puifque dans des habitations plus ou moins épuifées, on plante toujours des Cannes, ou on fème toujours de l'indigo, il faut bien ou qu'il y ait peu d'objets, qu'on puiffe faire fuccéder les uns aux autres, ou qu'il y ait du défavantage à changer fa culture, ou à faire marcher enfemble deux cultures différentes ; ou enfin que les Américains foient fur cela d'une négligence peu excufable. J'avois penfé que, dans un ordre de chofes où les Colonies feroient obligées de fe fuffire à elles-mêmes, elles ne tarderoient pas à adopter la manière d'alterner des Européens, parce qu'elles auroient befoin de diverfes denrées, ou qu'elles auroient le débouché de leurs productions variées. Mais on m'a affuré que les Colonies ne pourroient jamais fe fuffire à elles-mêmes. Il faudroit les bien connoître pour approuver ou réfuter cette affertion.

De la Plantation.

La Canne à fucre ne fe multiplie que de boutures, aux Ifles du Vent & aux Ifles Sous-le-Vent, au continent de l'Amérique, & dans beaucoup d'autres contrées. M. Bruce, dans fon voyage aux Sources du Nil, dit que, dans la Haute-Egypte, elle vient de graine, ce qui indiqueroit que ce pays eft fa vraie patrie. On prend la partie fupérieure pour fervir de plant ; elle eft plus tendre que le corps de la Canne, & plus aifée à fe pénétrer de la pluie pour pouffer des racines ; les boutons qui contiennent le germe, y font plus rapprochés. Le corps de la Canne ne réuffiroit que s'il étoit abreuvé d'une pluie continuelle depuis la plantation, jufqu'à ce que tous les jets en fuffent fortis & euffent acquis de la force. A la Grenade, où les fucreries font médiocres, ordinairement on laiffe tous les ans croître jufqu'en Octobre & Novembre les rejetons des Cannes coupées en Janvier & Février, pour en faire du plant. A Saint-Domingue on fe fert du plant lors de la récolte.

Le plant deftiné à la plantation, fi on le met en tas en le couvrant de paille, peut fe conferver frais au plus quinze jours. Employé un peu fané, il germe plus vîte, s'il eft fecondé de la pluie ; il meurt plutôt, s'il en eft privé ; car il ne peut fe faner fans perdre une partie de l'humide qu'il contient, & dont il auroit befoin pour fe conferver contre la féchereffe de la terre qui l'environne.

Après avoir diftribué du fumier, mêlé de terre dans chaque foffe, on y couche deux & quelquefois trois boutures d'environ un pied de longueur. Quand on ne peut s'en procurer que difficilement, on eft réduit à n'en employer qu'une. On les recouvre d'un pouce ou deux de terre feulement ; la foffe eft alors dans la difpofition la plus favorable pour recevoir & conferver l'eau, foit de pluie, foit d'arrofage. L'état de divifion où elle eft, permet aux racines de s'étendre & de fe fortifier, pour procurer le prompt développement des boutons, & fournir à la végétation de la Canne. Mais fi l'on plante dans un fond, il faut prefque égaler la terre ; fans cela les pluies un peu fortes y féjourneroient & pourriroient les plants ; en outre on entretient des faignées, s'il en eft befoin, pour l'écoulement des eaux.

Cinquante Nègres fuffifent pour planter un quarré par jour, ce qui fait deux cens trous pour chacun.

Végétation & développement de la Canne.

« Nous avons remarqué plus haut, à la furface du Nœud proprement dit, un bouton & de petits points. Ces points fe développent, & forment des racines ; mais ces racines font nulles pour la plante qui va fe développer, & elles ne lui fervent à rien. Le bouton renferme le germe d'une Canne nouvelle, & fait réellement fonction de femence. Chaque plançon en porte huit ou dix, & il s'en faut de beaucoup qu'ils germent tous. Lorfque les circonftances font favorables, quinze jours après la plantation les jeunes Cannes fortent de terre & préfentent plufieurs feuilles, & s'élèvent de plus en plus. Après quatre, cinq, fix mois, fuivant le fol & les circonftances, les

Cannes, confidérées comme plantes, font à leur entier accroiffement. Leurs premières feuilles fe deffèchent & laiffent à découvert les premiers nœuds-cannes, qui femblent n'avoir plus de part à la végétation, & qui entrent en maturité. A mefure que de nouveaux nœuds fe forment dans la partie fupérieure de la Canne, les feuilles fe deffèchent dans la partie inférieure & préfentent de nouveaux nœuds à maturité. Cette fucceffion fe continue jufqu'à quatorze, quinze, feize, dix-fept, dix-huit, vingt mois, termes auxquels la canne commence à dépérir, fuivant les circonftances. C'eft au terme du dépériffement qu'il convient d'en faire la récolte, quelque foit la faifon. »

« Nous allons examiner la marche que fuit la Nature dans le développement particulier & fucceffif des nœuds qui forment la Canne. »

« Toutes les parties de la Canne fe forment, fe développent, s'accroiffent & s'élèvent fucceffivement les unes fur les autres, de manière que chacune eft, par rapport à la fonction dont elle jouit, un tout particulier qui parcoure fes diverfes périodes, indépendamment des autres. Cette particularité nous préfente la Canne fous deux rapports qui femblent fe confondre & que nous diftinguerons plus bas. »

« Il feroit inutile, au moins en Amérique, de chercher dans les parties de la fructification de la Canne, le germe d'une Canne nouvelle, puifque les fleurs qu'elle y produit font ftériles. C'eft le bouton que nous avons remarqué à la furface du Nœud, proprement dit, qui contient l'efpoir d'une génération future. Il préfente plufieurs petites feuilles très-ferrées qui lui fervent d'enveloppe. Les conditions du germe étant néceffairement les mêmes dans tous les boutons, le développement de ce germe eft foumis aux mêmes circonftances & ces lois ne varient jamais dans quelques parties de la Canne que foit le bouton. »

« Le bouton, en fe développant, préfente le plus ordinairement cinq fections particulières, qui femblent uniquement deftinées à donner des racines. Elles n'ont ni bouton, ni entre-nœuds, & elles font marquées par une feuille. Nous nommons l'enfemble de ces fections radicales, du nom de *fouche primitive*, parce que les racines de cette fouche font deftinées à donner des racines qui fervent au premier développement de la plante. »

« C'eft du centre de la dernière fection radicale, que fort le germe du premier nœud-canne ; il renferme le principe de la vie de la Canne & de la génération des nœuds. Le premier, en fe formant, devient la matrice du fecond ; le fecond devient la matrice du troifième, & ainfi de fuite. La fucceffion étant une fois établie, le principe de la génération, paffe du nœud formé dans celui qui fe forme, tandis que les premiers nœuds formés fe développent & s'accroiffent, en mettant toujours entre leurs diverfes révolutions un degré de différence marqué par le tems de leur génération, de sorte que les sections de la Canne peuvent être considérées comme autant de cercles excentriques, dont le centre est toujours occupé par un point qui devient cercle lni-même, & est remplacé par un nouveau point: cercles qui s'élevant successivement les uns sur les autres, s'étendent pour arriver à un diamètre déterminé dans un temps donné. Les premiers nœuds-cannes qui suivent les sections radicales, forment la souche secondaire, & c'est de cette souche que partent les racines qui doivent fournir au développement successif des nœuds-cannes, qui s'élèvent hors de terre & forment la canne. »

« On partage en quatre époques les révolutions que subit le nœud-canne, depuis l'instant de sa génération, qui dure huit à dix jours, jusqu'à l'époque de sa maturité. Dans la génération l'ébauche du nœud paroît au centre, sous la forme d'un petit cône qui a deux lignes au plus de hauteur, & passe à l'époque de la formation en sortant de ce centre où il est remplacé par un autre. »

« C'est dans l'époque de la formation que naissent la feuille, l'entre-nœud, & le nœud qui constituent le nœud-canne ; celui-ci formé passe alors à une seconde époque, c'est-à-dire, à celle du développement, dans laquelle chaque partie prend un caractère bien plus marqué. Cette époque est divisée en plusieurs temps qui répondent à celui de la génération & à ceux de la formation. Les changemens qui accompagnent ces divers tems sont marqués, & sur le nœud dont toutes les parties formées se développent, & sur le suc de l'entre-nœud, dont la qualité se modifie à divers degrés. Le suc, pendant le développement, prend dans son odeur & dans sa saveur un caractère doux, herbacé comme celui de quelques fruits muqueux, verts. La troisième époque, celle de l'accroissement, est aussi divisée en plusieurs tems qui répondent également à celui de la génération & à ceux des premières époques. Ces tems sont moins marqués sur le nœud-canne dont les parties formées & développées prennent tout le degré de force qu'elles peuvent acquérir, que sur le suc de l'entre-nœud, qui subit dans chaque tems un degré d'élaboration de plus ; car, par une suite des modifications qu'il éprouve, il cesse d'être herbacé ; sa saveur douce & son odeur deviennent parfaitement semblables à celles du suc de pommes douces. Le suc des nœuds-cannes formés, développés & accrus, subit par le travail de la maturation dans les divers tems de cette quatrième époque, diverses modifications dans le changement de sa saveur douce en saveur sucrée, & de son odeur de pommes en l'odeur balzamique particulière & propre à la Canne. »

« Lorsque les circonstances sont très-favorables pour la végétation, il arrive qu'immédiatement après le premier développement des nœuds-

cannes, qui forment la souche secondaire, le bouton que présente leur nœud, proprement dit, se développe, fournit ses sections radicales & va former une seconde filiation sur la première ; souvent le bouton du premier nœud-canne de cette seconde filiation se développe aussi & en forme une troisième. Ces deux dernières suivent la première de très-près & forment Canne comme elle. »

« Après quatre à cinq mois, lorsque les feuilles des deux ou trois premiers nœuds-cannes qui paroissent hors de terre sont desséchées, la canne présente douze à quinze feuilles vertes disposées en éventail. Alors considérée dans l'état naturel, elle a acquis tout son accroissement ; car si elle se trouve à l'époque de la floraison, elle fleurit, & le principe de la vie & de la génération passe tout entier au développement des parties de la fructification. Alors les nœuds-cannes qui se forment, présentent bien deux parties ; mais la première est privée de boutons & de points, élémens des racines. Les divisions des vaisseaux seveux qui, dans les nœuds précédens, se porroient transversalement à la surface du nœud pour former le bouton, passent dans les feuilles ; d'où il arrive que le nombre de ces vaisseaux diminuent dans les nœuds, à mesure qu'ils se forment ; ces nœuds, qui s'alongent de plus en plus ne portent plus qu'un petit nombre de vaisseaux, même dans leur écorce qui devient très-mince. Le dernier nœud, qu'on nomme *flèche*, a quatre à cinq pieds de long ; il est terminé par un panicule de fleurs stériles, de dix-huit à vingt de hauteur. »

« La partie inférieure des feuilles des derniers nœuds est fort longue & forme une enveloppe très-serrée, qui accompagne la flèche jusqu'au panicule & la soutient. Ces feuilles, ainsi que les nœuds d'où elles partent, se dessèchent en même-tems que la flèche & tombent avec elle. Quoique le principe de la vie & de la génération des nœuds se trouve existant, néanmoins les feuilles des nœuds-cannes, douées de boutons, qui terminent la canne, après la chûte de la flèche, & qui ne sont point au terme de leur dernière époque, conservent leur port & leur couleur verte. »

« Ce fait démontre entre la souche & la feuille un mouvement particulier, dont les bénéfices se rapportent au nœud de chaque feuille. »

« Si la Canne ne se trouve pas à l'époque de sa floraison ou si à cette époque la culture l'éloigne trop de l'état naturel, elle ne fleurit pas, alors le principe de la vie passe à la génération de nouveaux nœuds ; génération qui se continue jusqu'à ce que les vaisseaux séveux de la souche, devenus ligneux, ne permettent plus au suc aqueux de passer. »

« On distingue dans la canne deux mouvemens, l'un qui appartient au système des vaisseaux séveux, & se porte à toutes les parties de la plante, dont il entretient la vie, en fourniffant à la génération des nœuds ; l'autre, particulier, tient au fyftème des vaiffeaux propres, & entretient la fonction propre & particulière à chaque nœud. »

« On donne à l'enfemble de toutes les parties de la Canne, confidérée en général, la fimple dénomination de *canne*. »

« On nomme *Canne à fucre* l'enfemble des nœuds, qui, par leurs feuilles, font en rapport avec la fouche à quelque diftance qu'ils fe trouvent d'elle ; parce que c'eft dans les diverfes révolutions que fubiffent ces nœuds que le corps muqueux eft élaboré pour devenir fucre. »

« On nomme *Canne fucrée* l'enfemble des nœuds qui, parvenus au terme de leur dernière époque, contiennent le fucre tout formé & n'ont plus befoin des bénéfices de la végétation. Ils doivent être confidérés comme autant de fruits muqueux en maturité ; c'eft la Canne fucrée qu'on récolte pour en extraire le fucre. » .

Différentes fortes, ou variétés de Cannes à fucre.

« Quoique la Canne femble, au premier abord, ne pas différer d'elle-même, cependant l'étude approfondie de cette plante & l'obfervation éclairée font connoître, d'une manière bien évidente, les modifications qu'elle a reçues. Les différences qu'elle préfente, tant en elle-même que dans le produit de fes fonctions, font marquées de la manière la plus tranchante, nonfeulement dans les diverfes colonies, mais encore dans les divers quartiers de chaque colonie. Rhumphius a rapporté à trois variétés, prifes de la couleur, toutes les Cannes qu'il a vues dans l'Inde. Les différences que cette plante préfente n'ont point échappé aux Chinois. Ils ont, fuivant cet Auteur, diftingué deux fortes de Cannes. Ils nomment *tacfia* la première, à laquelle ils rapportent toutes celles dont l'écorce eft mince, & *gamfia* la feconde, à laquelle ils rapportent toutes celles dont l'écorce eft épaiffe. »

« D'après les diverfes obfervations que M. du Trône a faites dans les Colonies, fur les changemens & les modifications que la Canne reçoit, tant du climat, du fol, de la culture, que des influences des faifons, de l'eau, de la féchereffe, de l'air, de la lumière & du foleil, il diftingue la Canne de *conftitution forte*, & la Canne de *conftitution foible* ; il diftingue encore dans ces deux états des nuances particulières qui donnent lieu à des fousdivifions, qu'il détermine par Canne de conftitution forte, au premier, au deuxième & au troifième degré ; Canne de conftitution foible & bonne, de conftitution foible & mauvaife. »

« La Canne, d'une forte conftitution au premier degré, ne croît que dans les plaines dont la terre eft franche & humide. Cette forte de Canne eft la plus vigoureufe ; elle s'élève jufqu'à

douze pieds de haut ; fes nœuds font très-gros & renflés. Jamais ils n'ont plus de deux ou trois pouces de long ; leur couleur eft d'un jaune citrin. Cette Canne ne dépérit guères avant dixhuit à vingt mois ; alors elle préfente quarante à quarante-cinq nœuds en maturité. Elle eft très-fucculente & fon fuc eft très-riche en fucre d'excellente qualité, dont l'extraction eft facile. »

« La Canne de conftitution forte au deuxième degré, a les mêmes caractères que la précédente ; mais ils font moins marqués. Elle croît dans les plaines dont la terre eft un peu forte, & fe divife facilement par le labour ; l'époque de fon dépériffement eft à quinze ou feize mois ; elle n'acquiert guères que trente à trente-cinq Nœuds en maturité, dont la couleur eft d'un jaune ambré. Cette Canne eft légèrement fenfible aux influences des faifons ; fon fuc eft affez abondant ; la défécation s'en fait aifément ; il eft riche en fucre de bonne qualité, dont l'extraction eft facile en tout tems ; l'odeur de Canne qu'il porte eft légère. »

« La Canne, d'une conftitution forte au troifième degré, a les mêmes caractères que les deux précédentes, mais ils font foiblement exprimés ; elle croît dans les terres fortes & sèches, élevées & dans les mornes ; elles aime l'abondance de pluie & craint la féchereffe ; elle commence à dépérir à treize, quatorze & quinze mois ; elle préfente en maturité vingt à trente nœuds, petits, peu renflés, quelquefois droits, courts, d'un à deux pouces de longueur ; leur couleur eft d'un jaune citrin ; elle eft très-fenfible aux influences de l'arrière-faifon. Son fuc eft peu abondant ; mais il eft riche en fucre de très-bonne qualité : quelquefois il porte une très-grande proportion de matière favonneufe extractive, qui rend la défécation difficile & nuit l'extraction du fucre ; c'eft particulièrement après les grandes chaleurs de Juin & Juillet que cette matière eft plus abondante & plus nuifible. »

« La Canne, d'une conftitution foible & bonne, croît dans les plaines & dans les lieux élevés, dont la terre eft très-légère ; les pluies, trop abondantes, la rendent mauvaife, & l'extrême féchereffe la fait dépérir & mourir. On la récolte à douze, treize & quatorze mois. Elle porte en maturité vingt à trente nœuds, qui, fuivant les circonftances, font petits, gros, longs de trois à quatre pouces, peu renflés, fouvent droits & quelquefois rentrants. Leur couleur eft jaune orangé ; fouvent l'époque de leur dépériffement eft annoncé par des ftries d'un rouge un peu foncé. »

« Le fuc de cette forte de Canne eft quelquefois très-abondant & facile à déféquer. Dans la primeur, il eft riche en fucre dont l'extraction eft facile. Ce fucre eft beau & de bonne qualité, & porte une odeur balzamique, légère. Dans l'arrière-faifon le fucre eft pauvre ; on ne peut

en extraire le fucre que par une cuite modérée;
il porte alors une odeur analogue à celle du pain
qui fort du four. »

« La Canne, d'une conftitution foible & mauvaife, croît dans les terres marécageufes, dans
celles qu'on met en culture pour la première
fois, & qui font très-humides; elle aime la
fécherefle, & l'abondance de pluie lui eft nuifible, au moins pour l'élaboration de la matière
fucrée. Elle offre trente à quarante nœuds, gros,
longs de quatre à cinq pouces, rarement renflés,
& prefque toujours droits; leur couleur eft d'un
jaune pâle, tirant quelquefois fur le vert; elle
commence à dépérir à quinze, feize, dix-fept
mois. Son fuc eft fouvent très-abondant; la
défécation en eft toujours facile; dans la primeur,
après une longue fécherefle, il eft riche en fel
effentiel, qu'on extrait facilement & qui eft beau.

» Après des pluies abondantes, particulièrement dans l'arrière-faifon, le fuc eft pauvre;
il contient une portion plus ou moins grande
de corps muqueux qui n'a pu arriver à l'état
de fucre, & qui rend l'extraction de celui qu'il
contient très-difficile, fur-tout quand la cuite
n'eft pas ménagée avec le plus grand foin; ce
fucre a toujours l'odeur de pain fortant du
four. »

« Ces deux fortes de Cannes font quelquefois tortues; le vent les renverfe aifément, &
lorfqu'elles font couchées fur terre, les points
que nous avons remarqué à la furface des nœuds
proprement dits, fe développent & forment des
racines; alors on les nomme *Cannes de bar-
bucs.* »

« On voit, d'après toutes ces confidérations,
combien il eft important au Cultivateur de bien
connoître la Canne & le but de fes fonctions
communes & particulières, afin de pouvoir employer à propos les divers agens de la végétation
& de la maturation pour diriger & feconder
également bien leur action & fur la Canne à
fucre & fur la Canne fucrée.

Les différences que M. du Trône de la Couture établit entre les Cannes à fucre, me
paroiffent dépendre du fol dans lequel on les
cultive, de l'état de l'air & des circonftances de
la culture. Elles peuvent être faifies par le Colon
intelligent, qui ne doit pas attendre de toutes
les mêmes produits. Mais ce ne font que des
nuances, qui ne caractérifent pas des différences
effentielles. Je crois que des plants de la Canne
à fucre, d'une conftitution foible & bonne,
recueillis dans une terre légère, produiroient des
Cannes d'une conftitution forte au premier degré, s'ils étoient mis dans une terre franche &
& humide, *& vice verfa.*

*Différences entre les Cannes, par rapport à leur
reproduction.*

« On diftingue la Canne par rapport aux

circonftances qui accompagnent fa reproduction en Canne *plantée* & en Canne *rejetton.* »

» La Canne plantée réfulte du développement
des boutons d'un plançon mis en terre, comme
nous l'avons expofé plus haut. »

» La Canne rejetton réfulte du développement des boutons des nœuds qui formoient la
fouche fecondaire de la Canne qu'on vient de
couper.

La terre qui la recouvre, endurcie par une
ou plufieurs années de repos, s'oppofe au développement des boutons; la réfiftance quelle
offre aux racines, fait que le nombre de celles
qui fe développent eft moins grand, que dans
la Canne plantée. Les éminences que forme la
touffe de la fouche, empêchent encore que l'eau
n'arrive aux racines, à moins qu'elle ne foit
très-abondante. Ces circonftances peu favorables
à la végétation de la Canne rejetton, font que
le nombre de celles qui fe développent eft
moins grand, & qu'elles végètent avec moins
de force. Parvenues à l'état de Cannes-fucrées,
elles préfentent plus d'accès à l'air & au Soleil,
& fi elles font moins belles comme Cannes à
fucre, elles font infiniment meilleures comme
Cannes-fucrées. »

« L'obfervation & l'expérience apprennent
que fi les Cannes plantées font plus nombreufes,
plus belles que les Canes-rejettons, la défécation de leur fuc & l'extraction du fucre qu'elles
portent demandent plus de foin, que ce fel eft
moins beau & de qualité moins bonne. »

« Les circonftances plus ou moins favorables
à la végétation que préfente la terre, & l'état des
Cannes qu'elle produit, exigent dans la plantation différentes confidérations, par rapport à la
diftance qu'on doit mettre d'une foffe à l'autre. »

« La Canne forte au premier degré doit être
plantée à des diftances moins grandes dans
une terre cultivée depuis long-tems, que dans
une terre neuve. »

« La Canne forte au deuxième degré demande
à être plantée près, parce qu'elle ne croît que
dans les terres cultivées depuis long-tems. »

« La Canne forte au troifième degré veut
être plantée très-près; comme elle ne croît que
dans les lieux élevés & dans les mornes, elle
préfente toujours beaucoup d'accès à l'air & au
Soleil, par les divers étages qu'elle forme. »

« La Canne foible & bonne doit être plantée
d'autant plus près que fa conftitution eft meilleure, & qu'elle eft plus expofée à l'action de
l'air & du Soleil, & que la terre eft plus légère. »

« La Canne foible & mauvaife doit être
plantée à des diftances d'autant plus grandes
que la terre eft plus forte, plus neuve & qu'elle
eft plus humide; parce que ces circonftances
étant très-favorables à la végétation, & très-peu
à l'élaboration de la matière fucrée, il convient
de mettre beaucoup de diftance entr'elles;

afin que leur végétation foit moins vigoureufe, & que l'air & le Soleil aient plus d'accès fur elles. »

C'eft comme fi M. du Trône de la Couture difoit : on plante à des diftances d'autant plus grandes que le terrein eft plus fort & moins expofé aux ardeurs du Soleil.

« L'art du Cultivateur confifte donc à favoir bien modifier, fuivant les circonftances, l'action de l'eau, de l'air & du foleil, par rapport à la végétation & à l'élaboration de la matière fucrée. »

« Ainfi, dans les terres où la végétation eft trop forte, trop active, il faut planter la Canne à de grandes diftances & la laiffer pouffer de rejettons pendant plufiéurs années de fuite; lorfqu'au contraire elle eft trop foible, il faut, ou replanter à neuf ou labourer les rejettons. »

Soins qu'on doit avoir des Cannes pendant leur végétation.

Le premier foin & le plus important eft de nettoyer fréquemment le terrein des mauvaifes herbes qui l'infeftent. Différens farclages donnés à tems, les détruifent & favorifent la fortie des jeunes plantes. A chacun des premiers, on fait tomber dans la foffe un peu de la terre qui eft en réferve fur un des bords, à moins qu'au moment de la plantation on n'ait été obligé de l'employer toute, comme cela arrive dans les terreins bas & humides. Excepté dans ce cas, lors du farclage, qui fe fait quand les plantes ont deux pieds & demi, on les réchauffe avec le refte de la terre, & on fume leurs pieds à proportion de ce que leur foibleffe ou le terrein l'exigent; c'eft le tems de labourer les intervalles nus entre les foffes.

Il y a des habitations où l'on a de l'eau. Le Colon attentif fait en profiter, pour arrofer fes Cannes, quand la féchereffe les incommode. Tout l'art confifte à la bien diriger & à n'en point perdre. La Canne à fucre étant un rofeau, profpère quand elle eft arrofée de tems en tems.

Tous les plants qu'on a mis dans la terre ne réuffiffent pas; les uns ne produifent aucune plante; d'autres en produifent qui fèchent & qu'il faut remplacer, parce qu'elles font moins bonnes; il y en a que les averfes d'eau font pourrir ou entraînent, s'ils font dans un terrein en pente. Il eft néceffaire de regarnir par de nouveaux plants tout ce qui manque. On appelle cette opération *recourage.* On recoure les plantations une ou deux ou trois fois, lorfque le défaut de pluie empêche les regarnis de pouffer. Il arrive de-là qu'à la récolte, on coupe des Cannes de différent âge.

La Canne étant une plante vivace, lorfqu'on a coupé fa tige, produite immédiatement par la bouture, elle donne de la racine que le plant a formé, des rejettons qu'on coupe à leur tour, afin qu'ils faffent place à d'autres. Une habitation en fucrerie poffède un certain nombre de quarrées de Cannes plantées & le furplus en rejettons. Ces rejettons fe diftinguent en premiers, feconds, troifièmes, &c. felon qu'ils font la première, la feconde ou la troifième repouffe après la récolte de la Canne plantée. Les productions des rejettons font toujours d'un ou de deux mois plus avancées que celles des Cannes plantées. Ces rejettons n'ont pas befoin d'autant de foins que les Cannes plantées, puifqu'on n'a pas à les rechauffer, ni à les recouvrir, à moins qu'ils ne foient trop écartés les uns des autres; mais on doit les farcler pour en ôter les liannes & découvrir les fouches, étouffées fouvent par les pailles, c'eft-à-dire par les feuilles fèches des Cannes précédentes. Dans le Nord de Saint-Domingue on laboure les rejettons & on enfouit les pailles, c'eft-à-dire, les feuilles defféchées. Cette manière de perfectionner la culture de la Canne eft dûe à M. d'Haillecourt.

Récolte des Cannes à fucre.

La récolte des Cannes à fucre ne fe fait pas en même-tems dans les divers établiffemens des Européens en Amérique. M. l'Abbé Raynal dit qu'elle commence en Janvier, & continue jufqu'en Octobre dans les établiffemens François, Danois, Efpagnols & Hollandois; ce qui ne fuppofe pas, felon lui, une faifon fixe pour la maturité de la Canne. Il ajoute, que cependant cette plante doit avoir comme les autres fes progrès, qu'elle eft en fleur dans les mois de Novembre & de Décembre, & qu'il réfulte de l'ufage de ces Nations qui ne ceffent pas de récolter pendant dix mois, qu'elles coupent des Cannes, tantôt prématurées, tantôt trop mûres. Les Anglois font leurs récoltes dans les mois de Mars & d'Avril; faifon que M. l'Abbé Raynal regarde comme la plus favorable, parce que c'eft celle de la maturité des fruits doux; cependant il reconnoît que les Anglois choififfent ces deux mois, parce qu'étant obligés de planter en Septembre à caufe des pluies qui tombent alors, & ne coupant leurs Cannes qu'à dix-huit mois, cette époque ramène toujours leur récolte au point de maturité.

Si, dans la culture de la Canne à fucre, on n'avoit, comme dans celle du froment ou du coton, d'autre objet que de récolter les graines ou l'enveloppe des graines, il faudroit faire la récolte de cette plante au tems de fa maturité abfolue, c'eft-à-dire, quand elle a fléché, en fuppofant que fes panicules ne fuffent pas ftériles; mais le but qu'on fe propofe étant d'en extraire un fel précieux, l'époque de la récolte femble devoir être celle où il eſt le plus abon-dant dans la Canne, & où il a acquis toute ſa perfection. Ainſi raiſonneroit le Cultivateur inſtruit qui n'auroit qu'une poſſeſſion bornée; mais le Colon d'Amérique connoît trop ſes in-térêts pour régler ſa récolte ſur les loix, ſur les indications de la Nature. Il combine telle-ment ſes opérations les unes par les autres, qu'il ſacrifiera plutôt une portion du produit de ſes Cannes, en les récoltant à contre-tems, que de déranger ſes autres diſpoſitions pour perdre davantage. Spéculer à-la-fois le produit de ſes Cannes, le travail de ſes eſclaves, une vente plus facile & plus favorable, tel eſt l'art du Cultivateur commerçant. Cependant, M. de Caſeaux apprend à ſes Compatriotes à calculer encore mieux, & il propoſe, à ceux de la Grenade ſur-tout, un autre ordre d'économie, ſoit qu'il en ſoit l'inventeur, ſoit qu'il le tienne des Anglois qui ont poſſédé cette Iſle pendant un aſſez long intervalle de tems & qui la poſſèdent encore.

A la Grenade, on récolte pendant preſque toute l'année, mais particulièrement pendant les quatre mois de la plus belle ſaiſon, qui ſont Février, Mars, Avril & Mai. On croit qu'alors le ſucre ſe fait mieux, qu'il eſt plus beau & que les Cannes en contiennent davantage; c'eſt même une idée reçue dans toutes les Colonies à ſucre. Dans cette pratique, on coupe tous les ans les trois quarts des quarrés cultivés en Cannes. L'autre quart eſt occupé en partie par les jeunes plantes, produit des plants mis en terre en Oc-tobre, Novembre, & quelquefois, mais rarement en Décembre, parce qu'à l'Iſle de la Grenade la ſéchereſſe eſt trop près, & en partie par celles qu'on réſerve pour ſe procurer le plant dont on a be-ſoin. Chaque année, on plante le quart ou le ſixième de la terre. On préfère de planter en Octobre, Novembre & Décembre, parce qu'a-lors tous les travaux ſont finis, & qu'on eſt tout entier à cette opération importante; on fait les foſſes à quatre ou cinq pieds les unes des autres, & on leur donne huit à dix pouces de profondeur.

M. de Caſeaux deſireroit qu'on changeât cette manière de procéder & d'exploiter les cultures de Cannes. Il fait à ſes Compatriotes les objec-tions ſuivantes :

1.º Il faut réſerver des Cannes pour le plant, en y conſacrant à jamais quatre ou cinq quarrés qu'on ne peut replanter que l'année d'après, & dont on anticipe la coupe d'un mois. D'ail-leurs il faut faire du ſucre dans une ſaiſon peu favorable; on a plus de peine; les Cannes ont peu de jus, & on n'en obtient que peu de ſucre.

2.º Dans les plantations de Novembre & Décembre on eſt obligé à plus de recourages, parce que beaucoup de plantes flèchent & une partie du plant pourrit, étant noyé par les averſes.

3.º Les grands vents de Novembre & Dé-cembre, qui ſuccèdent aux grandes pluies, abattent la plus belle partie des Cannes de l'an-née d'auparavant, qui deviennent la proie des rats.

4.º On a beſoin d'une plus grande quantité de ſarclages, les pieds étant auſſi éloignés les uns des autres.

5.º Les Cannes plantées à cette époque pouſſent avec trop de vigueur; elles ont un luxe de production qui nuit à la quantité & à la qualité du ſucre.

6.º En plantant en Octobre, Novembre & Décembre, les jeunes plants ne peuvent être coupés que dix-huit mois après, & jamais l'année d'après leur plantation.

7.º Enfin, une récolte faite en quatre mois exige une augmentation de forces en tout genre, parce que moins on donne de latitude à un travail, plus il faut de travailleurs, & par conſéquent, plus d'hommes, plus de beſtiaux, plus d'uſtenſiles.

Avant d'expoſer la méthode de M. de Ca-ſeaux, il faut ſavoir qu'à la Grenade il fait or-dinairement ſec du 15 Février au 15 Mai, que les pluies qui commencent alors, ſont modé-rées juſqu'en Août, très-fortes en Septembre, Octobre & Novembre, & qu'elles diminuent en-ſuite juſqu'en Février.

M. de Caſeaux propoſe d'employer à la Gre-nade en entier les ſix premiers mois de l'année civile à faire la récolte, & de planter en Mai & Juin les quarrés qu'on a coupés en Janvier. Il recommande de planter dès qu'il a plû aſſez pour imbiber la terre. Les nouvelles plantes pourront toujours être récoltées l'année d'après, & au bout des douze mois; les rejetons le ſe-ront à onze. Il veut qu'on plante annuelle-ment le ſixième de ſa terre, & qu'on coupe dans l'année toutes ſes Cannes, tant Cannes plantées que rejetons. Il conſeille de ne donner pas plus de ſix pouces de profondeur aux foſſes, les ra-cines des Cannes étant plus horizontales que per-pendiculaires, & de ne les placer qu'à deux pieds & demi ou trois pieds au plus les unes des au-tres, afin de ne pas trop laiſſer d'action au ſo-leil, qui, dans un climat ardent, abſorbe promp-tement l'humidité de la terre.

Quoiqu'il n'appartienne qu'à un Américain de juger ſainement la méthode de M. de Caſeaux, je ne puis m'empêcher de dire qu'elle me pa-roît fondée ſur des principes. D'après l'état qu'il donne des quantités de pluies à la Grenade, & des mois pendant leſquels il en tombe plus ou moins, il me paroît raiſonnable de planter à la veille des pluies modérées les boutures de Cannes; elles ſe pénètrent d'eau par degré, & don-nent promptement des plantes, qui ſe fortifient aſſez lors des grandes pluies, pour réſiſter à la ſéchereſſe & pour couvrir la terre. Les mêmes raiſons doivent fixer à une autre époque les plantations dans des Colonies où les pluies n'ont pas lieu en même-tems qu'à la Grenade : car c'eſt l'approche des pluies qui doit déterminer par-tout le moment des plantations. A Saint-Domingue, on plante pendant les huit premiers mois de l'année, & on laboure à la houë les Cannes qu'on doit couper dans les quatre derniers mois. Les pluies du Cap permettent de travailler ainſi. Dans la méthode de M. de Caſeaux, il eſt facile de retenir de bon plant dans les rejetons qu'on coupe à leur tems ; on peut couper la totalité de ſes Cannes dans la même année : car ſuivant lui, à la Grenade, les Cannes plantées à douze mois, ont à-peu-près tout le ſucre dont elles ſont ſuſceptibles. Un habitant de Saint-Domingue aſſure que, dans cette Iſle, leur maturité eſt à quinze ou ſeize mois, & celle des rejetons à douze ou treize, que rien ne ſe perd dans les produits, que tout le champ de Cannes eſt *roulé*, c'eſt-à-dire exploité dans un an. Il a vu ſur une habitation de vingt-cinq pièces de Cannes en rouler vingt-ſix dans une année, car une d'elles fut roulée au commencement de Janvier & à la fin de Décembre de la même année.

Puiſque la ſaiſon permet à Saint Domingue de rouler toute l'année, les conſeils de M. de Caſeaux ne peuvent regarder cette Colonie. Il y a plus ; cette adminiſtration offre pour les Nègres un avantage. Quoiqu'ils aient beaucoup plus de mal pendant la récolte que dans un autre tems, on remarque qu'ils engraiſſent alors. Il vaudroit donc mieux, quand on le peut, partager la récolte. Ce doit être par-tout la ſaiſon qui commande. Au reſte, cette réflexion eſt de M. de Caſeaux lui-même.

Il ajoute qu'on retrouveroit à ſe dédommager de ce qu'on perdroit, par la vigueur qu'une coupe anticipée donneroit aux rejetons qui ſuccéderoient à ces Cannes. Le Colon qui ſe conduiroit ainſi, prolongeroit ſa récolte juſqu'au 15 Juillet, s'il éprouvoit trop de contradiction, ſoit de la part de la ſaiſon, ſoit de la part des accidens ; il feroit toujours du ſucre dans la meilleure ſaiſon ; il manqueroit moins de plant, & par conſéquent il faudroit moins de recourage ; les Cannes plantées n'éprouveroient pas les grands vents de Novembre & Décembre qui ont lieu aux Antilles, & ſeroient moins dévorées par les rats, qui ſe diſperſeroient, toutes les récoltes étant finies en Juillet. Le Colon ſeroit tenu à moins de ſarclages, puiſque les Cannes étant placées près les unes des autres, elles étoufferoient facilement les mauvaiſes herbes ; on ne verroit pas de ces plantes monſtrueuſes & preſque dépourvues de ſucre, ou ne contenant qu'un ſucre aqueux, parce que les Cannes plantées n'éprouveroient les pluies de Novembre & Décembre que dans leur jeuneſſe.

Par la diſtribution que M. de Caſeaux fait de ſes atteliers, il croit que ſa culture ne lui demanderoit pas plus d'eſclaves que la culture

ordinaire. Quand on fait faire la récolte en quatre mois, l'attelier, pendant les deux autres mois, eſt employé à d'autres travaux ; quand on le fait faire en ſix mois, on réſerve pendant tout ce tems une portion de l'attelier pour les autres travaux qui doivent concourir avec la récolte. Dans un cas comme dans l'autre, on a deux mois libres, ſoit de ſuite, ſoit en détail. Il réſulte de-là que dans ſes champs M. de Caſeaux fait quatre récoltes en quatre ans, tandis que dans la culture ordinaire on en fait à peine trois : car une pièce de Canne plantée en 1790, ſeroit, dans la méthode de M. de Caſeaux, coupée en Juin 1791, & ſes rejettons en Mai 1792, ſes ſeconds en Avril 1793, & ſes troiſièmes en Mars 1794 ; tandis qu'une pièce plantée en Novembre 1790, ſuivant la culture ordinaire, ne ſeroit coupée qu'en Avril 1792, ſes premiers rejettons en Juillet 1793, & ſes deuxièmes en Octobre 1794. Cette manière de cultiver & d'adminiſtrer ſes cultures, peut convenir ſans doute à la Grenade, où il paroît que que la culture de la Canne n'eſt pas ſi avancée, ni les manufactures auſſi grandes que dans les autres Colonies, & ſur-tout à Saint-Domingue. Pour prouver que l'adminiſtration ne peut pas être la même, je rapporterai à ce ſujet une obſervation d'un habitant de Saint-Domingue.

« Chaque habitation, avec un ſeul moulin à eau, ſoit à mulets, fait par jour, quand elle *roule*, cent formes de ſucre, terme moyen. Il y en a qui en font 150. Ces habitations la font de 4 à 800 milliers de ſucre terré par an. »

« Chaque forme blanchie & ſéchée, peſe 40 l. c'eſt donc 4 milliers de ſucre terré par jour. »

« Dans une habitation de 400 milliers, il faut donc 100 jours de *roulaiſons* par an, & 200 jours dans une habitation de 800 milliers. Or, je le demande à tous les Colons, peut-on rouler cent jours dans quatre mois ? La manufacture en mouvement occupe tous les Nègres actifs d'un attelier de 400 Noirs ; & ils veillent de trois nuits une. Tout maître humain ou calculateur, ſuſpend ſa roulaiſon tous les quinze jours pour leur donner le repos néceſſaire. On ne roule guères que vingt jours par mois, ce qui fait 80 milliers de ſucre terré pour arriver à 400. Il faut donc rouler cinq mois conſécutifs. Or voilà déjà le terme de M. Caſeaux paſſé d'un mois. Si c'eſt une habitation de 600 milliers de ſucre, il faut qu'elle roule ſept mois & demi, & ſi elle eſt de 800 milliers, elle roulera dix mois. Pour preſſer le mouvement d'une telle manufacture, il faudroit tout rompre ou tout doubler ; & les doublemens mobiliaires ſont chers en ce pays-là. Je n'en ſuis pas moins d'avis de preſſer ſon revenu dans la primeur, parce qu'à cette époque on obtient davantage en quantité & en qualité. Mais une grande manufacture ne peut pas, comme les petites les petites de la Grenade , s'astreindre à faire *tout* son revenu en quatre mois. » M. de Caseaux, auquel j'ai communiqué cette observation, l'a trouvé très-juste.

On doit commencer la récolte par les Cannes-rejetons qui sont les plus mûres. Si quelques souches des Cannes plantées étoient endommagées, on les couperoit, en laissant le reste jusqu'au mois de Juin ou de Juillet. Il a déjà été observé, lorsqu'il étoit question de la préparation du terrain, qu'il falloit couper le plutôt possible les quarrés, qu'on avoit l'intention de replanter.

A la Grenade, un Cultivateur intelligent fait couper, autant qu'il le peut, en même-tems des pièces éloignées, & des pièces qui sont auprès de la manufacture, pour remédier à l'inégalité des distances, & ne pas surcharger ou interrompre le moulin. A Saint-Domingue, chaque pièce a son tour, éloignée ou non ; on n'en coupe jamais deux à-la-fois.

Il est important de faire couper les Cannes le plus bas possible, & de ramener un peu de terre sur les souches ; c'est le moyen de faciliter les repousses & de les fortifier. C'est ainsi que dans les bois, dont l'aménagement est bien entendu, on a soin que le Bûcheron coupe entre deux terres.

Vingt-cinq Nègres en une journée peuvent couper assez de Cannes, pour fournir 18 chaudières, dont chacune donne quatre formes de sucre.

Les Cannes étant coupées sur les champs, on les met en paquets de 15 Cannes chacun ; 24 paquets font une charge. Il faut au moins 24 charges pour procurer le jus capable de remplir deux chaudières, qui ne donnent que huit formes de sucre.

Les Cannes qu'on coupe dans les mornes, sont portées à dos de mulets au moulin ; celles qu'on coupe dans les plaines, sont charriées dans de petites charrettes, appellées *cabrouets* à Saint-Domingue, & traînées par des bœufs ou par des mulets ; on les jette près du moulin, dans une enceinte nommée *parc à Cannes*. On estime qu'à Saint-Domingue un carreau de Cannes peut produire 300 charretées, pesant chacune 1000 liv. dont on peut tirer quelquefois 20000 liv. de v. sou.

Ce qui peut nuire à la Végétation de la Canne à Sucre & à ses produits.

Chaque plante pour végéter convenablement, & d'une manière avantageuse à celui qui la cultive, exige un certain ordre de saisons, un état de l'air tellement modifié, qu'elle puisse éprouver de la chaleur & de l'humidité au moment où elle en a besoin, & dans les proportions relatives à sa constitution. En général, une sécheresse long-tems prolongée l'épuise & la dé-

sèche ; trop d'humidité la macère & détruit sa texture. Quelques plantes soutiennent mieux une longue sécheresse ; d'autres ne sont que rarement incommodées d'une longue humidité ; d'autres ne parviendroient pas à leur entier accroissement, sans une alternative de pluie & de chaleur. La Nature a varié les besoins comme les individus. Si le plus souvent les températures & les variations de l'air se conforment aux besoins des plantes, il arrive quelquefois cependant que cet accord est dérangé par des causes puissantes, & liées sans doute au grand système du monde. La Canne à sucre demande des pluies, pour attendrir la bouture qui doit la former, pour favoriser son premier développement, & la mettre en état de profiter de la chaleur & de la sécheresse. Encore faut-il que ces pluies soient graduées ; mais il est nécessaire que la sécheresse qui les suit ne dure pas assez long-tems pour s'emparer de toute humidité végétative : car alors les vaisseaux vuides rapprochent leurs parois & se dessechent ; la plante est, pour ainsi dire, dans un état de racornissement. Quelques intervalles de pluies entre des intervalles de chaleur, la rendroient tout-à-la fois vigoureuse & pleine de sucre.

Qu'après une longue sécheresse il vienne des pluies abondantes, la sève trouvant les vaisseaux oblitérés, ne peut plus les enfiler ; la tige vieillie & languissante n'en profite pas. M. Moreau de Saint-Mery, qui a bien voulu me faire de bonnes remarques relativement à Saint-Domingue, dit avoir vu de fortes pluies après une sécheresse, désucrer absolument des Cannes. Mais quelques boutons des racines plus tendres se développent & produisent en peu de tems des Cannes qui croissent prodigieusement, & qu'on nomme *Créoles* ; elles ont peu de nœuds, mais ces nœuds sont plus longs & plus gros que ceux des Cannes ordinaires. On ne leur trouve aucune saveur ; la Nature en les produisant rapidement, ne s'est pas donné le tems d'affiner leurs sucs : ces Cannes sont rejetées & séparées de celles qu'on porte au moulin. Les Cannes plantées en Novembre & Décembre, lorsque l'année d'après elles éprouvent la deuxième révolution de la saison des pluies, peuvent être sujetes à cet inconvénient, qui n'a pas lieu dans la culture de M. de Caseaux, puisqu'ayant planté les siennes en Mai & Juin, il les coupe l'année d'après, avant les pluies.

Lorsque le terrain est argilleux & plat, les grandes pluies, dont l'eau séjourne, noyent les racines & les pourrissent. L'état le plus heureux du ciel pour un cultivateur de Cannes qui a deux sortes de terrains est que la sécheresse & la pluie soient alternatives & de courte durée. Ses terres argilleuses rapporteront moins que s'il pleuvoit plus rarement ; ses terres légères rapporteront moins que s'il pleuvoit plus souvent. Mais il y aura une compensation qui lui sera avantageuse.

La Canne à sucre n'a pas seulement à souffrir de l'influence des pluies ou de la sécheresse trop considérables. Elle a encore à redouter les vents, la rouille & plusieurs sortes d'animaux. En Novembre & Décembre, il règne aux Antilles, après les grandes pluies, des vents qui renversent beaucoup de Cannes. M. Moreau de Saint-Méry, a vu à Saint-Christophe les Cannes hautes attachées par les feuilles les unes aux autres, dans tout le pourtour extérieur d'une pièce de Canne. Les Cannes abattues posant sur un sol humide, ou pourrissent ou sont la proie des rats. C'est un inconvénient que M. de Caseaux évite encore dans son économie, puisqu'il ne présente alors aux efforts de ces météores que de jeunes Cannes plantées en Mai ou Juin, & moins faciles à renverser, parce qu'elles résistent moins que les Cannes d'un an dans la culture ordinaire. Au reste, dans les Isles sujetes aux vents qui peuvent incommoder les Cannes, ne pourroit-on pas en protéger, jusqu'à certain point, les terres par des plantations qui en romproient les premiers efforts? Je sens que cela est difficile, si les vents n'ont lieu que dans les coulisses resserrées des montagnes. Au reste, il est aisé de sentir que je ne parle ici que des vents ordinaires; car nulle puissance ne peut arrêter les effets de ces terribles ouragans, qui désolent les Antilles de tems en tems.

La rouille est une maladie qui attaque les feuilles des Cannes, comme celles de beaucoup d'autres plantes. J'en développerai les causes & les suites au mot *Rouille*.

Les cultures des terres grasses & humides, sur-tout dans les années pluvieuses, y sont le plus sujetes. On préviendra une partie de ses effets, si on a soin de rendre la terre plus divisée par des mélanges de sables, de cendres, de fumier non-consommé, & mieux encore, en procurant de l'écoulement aux eaux.

Les pucerons ralentissent la végétation de la Canne à sucre en dévorant les feuilles. Mais aux Antilles, ils tiennent rarement contre les vents impétueux de Novembre & de Décembre.

Il se forme dans l'intérieur des Cannes, des vers qui diminuent l'abondance du sucre, & en altèrent la qualité. Les Cannes plantées en Octobre & Novembre, lorsqu'elles contiennent de ces vers, se gangrennent après la chûte de la flèche. M. de Caseaux pense que le véritable préservatif seroit de planter en Mai ou Juin.

D'autres vers, au Mois d'Août, attaquent aussi les jeunes Cannes plantées en Mai ou Juin: on les appelle *vers brûlans*. Lorsque le mois d'Août est sec & seulement coupé par de petits

grains de pluie, plus capables d'occasionner dans la terre ce degré d'humidité chaude, propre à féconder les œufs des insectes, que celui qui seroit nécessaire au développement des plantes. Ces ravages n'ont pas lieu tous les ans, mais seulement quand le mois d'Août n'est pas assez pluvieux. Si ces années devenoient plus fréquentes, M. de Caseaux présume qu'on y remédieroit, en saupoudrant d'un peu de chaux vive ou la plante, ou la terre dont on la chausse, soit au premier, soit au deuxième sarclage.

Les fourmis, aux Antilles, ont été le fléau le plus redoutable des Cannes à sucre & des Cultivateurs de Cannes. Ni les pluies, ni les vents ne pouvoient empêcher leurs ravages.

Ces insectes ne s'attachoient pas au tronc de la Canne, mais ils creusoient sous la souche comme pour s'y loger; ils dépouilloient ses principales racines de la terre qui les environnent; la plante suspendue se desséchoit, & cédoit, si on vouloit l'arracher, à des efforts peu considérables.

Dans les Isles, tant Françoises qu'Angloises, il y a eu plus de 2,000,000 de récompenses promises à celui qui auroit trouvé le moyen de détruire les fourmis.

On croit qu'elles avoient été apportées dans des ballots de marchandise venus en contrebande. Quatre ans après, on n'auroit pas trouvé un pied quarré de superficie, sur lequel on n'en eût compté plus d'un cent, indépendamment de celles qui travailloient sous terre.

Elles étoient multipliées à la Grenade à un point considérable, quand M. de Caseaux a composé son livre. On avoit essayé infructueusement divers poisons. Les Américains s'étoient occupés de les empêcher de pénétrer dans les terres, qui alors en étoient encore exemptes, en y laissant de grands intervalles pour les occuper par des cultures qui n'étoient pas du goût de ces animaux, ou pour y faire des tranchées larges & profondes, qui se remplissoient d'eau au moment des pluies, & dans lesquelles beaucoup de fourmis se noyoient. Je suis persuadé qu'on avoit tenté tout ce que l'intérêt éclairé peut avoir indiqué de moyens; mais il falloit, pour ainsi dire, une pluie corrosive & abondante sur les quarrés qui en étoient infestés. M. de Caseaux a eu l'espérance de la faire naître, en conseillant de planter & de multiplier le Mancenilier; arbre dont les feuilles & les fruits nombreux sont caustiques: quand il pleut, il découle de ses feuilles une eau qui, appliquée sur la peau, la brûleroit. On pouvoit, selon lui, en planter les fruits qui lèvent & qui prennent promptement, près les uns des autres dans des retranchemens, assez épais, pour empêcher les fourmis de passer au-delà, & en planter encore dans les lieux infectés. Dès la seconde année les Manceniliers auroient couvert la terre de leur ombre ; c'étoit à l'Amérique à juger de la valeur & des inconvéniens de ce moyen.

On a remarqué que les plantations faites en Octobre, Novembre & Décembre, dans des terrains remplis de fourmis, donnent toujours la plus grande espérance jusqu'en Février. La raison en est simple ; c'est que les pluies fréquentes tombées pendant trois mois, en pénétrant la terre, la rapprochent toujours des racines, à mesure que les fourmis l'enlèvent. Les plantes aidées de la saison, croissent jusqu'à cette époque ; mais, quand la sécheresse arrive, rien ne retarde & n'arrête pendant trois mois le travail des fourmis ; la terre se soutient à mesure qu'elles fouillent ; les plantes d'ailleurs, privées d'humidité, ne font plus que languir & périssent. Dans la méthode de M. de Cazeaux, les ravages des fourmis font moins fâcheux. Quand les Cannes plantées en Mai ou en Juin, éprouvent la sécheresse, elles ont déjà les trois quarts du sucre qu'elles doivent avoir ; leurs racines font plus fortes & retiennent plus d'humidité, les plants étant serrés & peu éloignés les uns des autres. Les premiers rejettons qu'on coupe à dix ou onze mois jouissent du même bénéfice du renouveau ou du retour des pluies ; car, en Amérique, le renouveau est la saison des pluies, pendant laquelle toute la végétation se renouvelle. M. de Cazeaux conseille, après le premier grain de pluie qui suivra la deuxième coupe, de mettre le feu à la pièce fourmillée, d'en raser aussi-tôt tous les jets & de bien labourer en tout sens.

Lorsque toute une habitation est entièrement fourmillée, il est nécessaire de replanter chaque année le tiers des Cannes, au lieu de n'en replanter qu'un sixième, parce que, dans les replantations fréquentes, la fouille des fosses ameublit également la terre, & détruit les retraites des fourmis. D'ailleurs, dans ce cas, avant de planter on brûle ; on brûle encore après la coupe des Cannes plantées & après celle des rejettons, en rasant les jets à chaque fois. Tous ces soins diminuent le nombre des fourmis, & empêchent qu'ils ne se multiplient aussi considérablement. Ainsi raisonnoit M. de Cazeaux pendant les années où les fourmis ravageoient une partie des habitations des Antilles. Heureusement, il y a cinq ans, une branche d'ouragan a fait disparoître ces insectes entièrement, sans qu'on ait su comment ; mais le mal peut revenir. Il est bon qu'on se soit occupé des moyens d'en diminuer les effets.

Produits de la Canne à Sucre,
& usage de ces produits.

Il ne paroît pas qu'on tire d'autre parti des racines de la Canne à sucre, que de les brûler sur-le-champ pour ameublir & fertiliser le terrain par ses cendres.

On emploie les feuilles des Cannes qui tombent desséchées sur le champ, pour entretenir le feu des chaudières à sucre ; & pour d'autres besoins domestiques. S'il en reste, on les brûle comme les racines. Les bestiaux des habitations vivent des têtes de Canne ; on les leur donne vertes.

Quand on a exprimé le sucre des tiges en les faisant passer au moulin, on les amoncèle & on les conserve pour brûler sous les chaudières, c'est le combustible de beaucoup d'habitations. A la Grenade, on en couvre quelquefois les cases.

Indépendamment du sucre qu'on retire des tiges de Cannes, elles fournissent aussi un douzième de syrop. On connoît les qualités & l'emploi du sucre dans l'économie domestique ; les syrops font en partie vendus en cet état, & consommés par le peuple, & en partie distillés, pour procurer une liqueur spiritueuse, connue parmi nous sous le nom de *Taffia*. On lit, dans les Voyages du Capitaine Cook, qu'il a fait de la bière avec la Canne à sucre aux Isles Sandwich, dans la Mer du Sud. Je croirois plutôt que c'est une liqueur fermentée, analogue à l'Hydromel.

M. l'Abbé Raynal assure que, « dans une habitation établie sur un bon sol, & suffisamment pourvue de noirs, de bestiaux, de toutes les choses nécessaires, deux hommes exploitent un quarré de Cannes, c'est-à-dire environ trois arpens ; ce quarré doit donner communément soixante quintaux de sucre brut (non-raffiné.) Le prix moyen du quintal, rendu en Europe, sera de vingt livres tournois, déduction faite de tous frais. Voilà donc un revenu de six cens livres pour le travail de chaque homme. Cent cinquante livres auxquels on joindra le prix des syrops & des taffias, suffiront aux dépenses d'exploitation ; c'est-à-dire, à la nourriture des esclaves, à leur dépérissement, à leurs maladies, à leurs vêtemens, à la réparation des ustensiles, aux accidens même. Le produit net d'un arpent & demi de terre sera donc de quatre cens quatre-vingt livres ; on trouveroit difficilement une culture plus avantageuse. » Suivant M. de Cazeaux, & sans doute dans sa méthode, un acre du meilleur terrain, en Cannes plantées, donne soixante à soixante-dix formes de sucre ; un acre de rejettons en donne la même quantité. *Voyez* ARPENT, pour connoître la valeur de l'Acre.

On conçoit que M. l'Abbé Raynal, en disant que deux hommes exploitent un quarré de Cannes, ne veut pas faire entendre qu'en une année, ils n'en cultiveroient pas davantage ; mais l'exploitation d'un carré de Cannes, suppose, indépendamment de leur culture, d'autres travaux, qu'il estime & qu'il compense. Suivant M. Moreau de Saint-Méry, une habitation de deux cens carreaux de terre en a environ cent-vingt en Cannes ; un attelier de trois cens Nègres est bien peu de chose pour la cultiver. Pour çonnoître la valeur d'un quarré de terre aux Antilles, & ses rapports avec l'arpent royal ou l'arpent de Paris. *Voyez* le mot ARPENT.

Cannes à Sucre d'Egypte.

« Quelque peu considérable que soit la culture de la Canne à sucre en Egypte, où elle s'appelle *Kassabmâs*, si on la compare à celle de nos Colonies d'Amérique, il est bon d'en donner une idée, d'après un Mémoire de M. Mure, Consul de France, sur toutes les plantes cultivées en Egypte. On plante la Canne à sucre dans toute l'Egypte, non-seulement pour l'usage du pays, mais encore pour exporter le sucre raffiné dans la Turquie, & quelquefois en moscouade, à Livourne & à Venise.

Tout ce qu'on en cultive aux environs des Villes, se mange; les Cannes étant encore vertes; les marchés en sont remplis depuis le mois de Novembre jusqu'au mois de Mars; on y en trouve encore même pendant toute l'année. Les pauvres gens font un usage général du syrop, dans lequel ils trempent leur pain, comme les gens riches trempent le leur habituellement dans le miel.

M. Bruce, dans son Voyage aux sources du Nil, a trouvé de grandes plantations de Cannes à sucre, aux environs de Zizelet, village Arabe, situé au vingt-septième degré; il y en avoit alors plusieurs bateaux chargés & prêts à partir pour le Caire. Dans cet endroit, les Cannes montent très-haut, & acquièrent la grosseur d'environ quinze lignes de diamètre. M. Bruce dit que les Egyptiens coupent des Cannes par morceaux de trois pouces de longueur, & qu'après les avoir fendus, ils les mettent tremper dans l'eau; ce qui leur procure une boisson agréable.

Les plantations de Cannes à sucre se renouvellent tous les ans. La meilleure terre pour cette plante est celle qu'on appelle *Essoued*, terre noire, formée par les dépôts du Nil. Ces plantations exigent plus de frais que les autres cultures, parce qu'il faut élever autour des champs qu'on leur destine des chauffées considérables, pour les préserver des inondations du Nil; & pratiquer des moyens d'arrosage pour le reste de l'année.

On plante les Cannes à la mi-Mars, après trois labours. On étend des Cannes choisies (ce sont vraisemblablement les sommités des Cannes) dans des rigoles faites avec la charrue, peu profondes & peu distantes les unes des autres. Chaque nœud pousse sa tige, qui s'élève, dans le Saidy, de neuf à dix pieds, tandis qu'aux environs du Caire & sur le Delta, à peine la Canne parvient-elle à six pieds. Dans le Saidy, où s'en fait la plus grande culture, on les récolte à la fin de Février.

Des sucs de la Canne.

« Les sucs de la Canne, considérés dans cette plante, sont, 1.° Le suc séveux que portent les vaisseaux séveux. 2.° le suc savonneux, extractif que portent les vaisseaux propres, particulièrement ceux de l'écorce, & le suc muqueux que renferment les cavités médullaires des entrenœuds; ces sucs sont plus ou moins abondans. Les qualités des deux derniers varient infiniment, suivant la saison & suivant le tems. »

Ces sucs se confondent dans l'expression de la Canne pour ne former avec ses débris les plus fins, qu'un fluide homogène qu'on nomme *suc de Canne exprimé*. »

« Les débris de la Canne, unis aux sucs dans l'expression, sont de deux sortes; les uns viennent de l'écorce, & sont nommés *fécule de la première sorte*; les autres viennent de la substance médullaire, & sont nommés *fécule de la seconde sorte*. Ces fécules sont mieux connues sous le nom vulgaire d'*écumes*. »

« La chaleur & les alkalis sont les agens qui agissent le plus puissamment sur le suc exprimé. Ils le décomposent en coagulant les fécules qui se séparent sous la forme de flocons. Le suc dont on a enlevé les fécules, prend alors le nom du *suc dépuré* ou *vesou*. »

« Il est aisé de concevoir que le vesou varie suivant la proportion & la qualité des sucs qui le composent. Le suc séveux ou eau de végétation est le plus abondant; le pèse-liqueur sert à reconnoître sa proportion qui est par quintal, depuis cinquante-six livres jusqu'à quatre-vingt-cinq. »

« Le suc muqueux, dont la proportion varie en raison inverse de celle de l'eau, varie encore dans sa qualité, non-seulement en ce qu'il porte à un degré plus ou moins fort les conditions qui le constituent sel essentiel, mais encore en ce qu'il est plus ou moins éloigné de cet état. »

« On rapporte à trois qualités principales toutes les différences que présente le vesou à cet égard. Ainsi, le vesou de bonne qualité est celui dont le suc muqueux est tout entier à l'état de sel essentiel. »

« Le vesou de qualité médiocre porte une portion plus ou moins grande de suc muqueux, privé de quelqu'une des conditions nécessaires à sa constitution de sel essentiel. Cet état a été désigné sous le nom de *suc muqueux sucré*. Enfin le vesou de mauvaise qualité porte encore une partie de suc muqueux doux. »

« D'après ces distinctions, il est aisé de concevoir que le vesou est d'autant plus médiocre, d'autant plus mauvais qu'il contient dans une proportion plus considérable du suc muqueux dans l'état sucré & dans l'état doux. Le suc muqueux, dans ces deux derniers états, nuit beaucoup à l'extraction du sel essentiel , & la rend quelquefois impossible. La proportion du suc savonneux extractif est assez difficile à déterminer ; c'est ce suc qui donne au vesou une couleur ambrée , & qui avec le suc muqueux doux & sucré , concourre à former la *mélasse*, dont il sera question bientôt. »

De l'expression de la Canne à Sucre.

Lorsque la Canne à sucre est récoltée , on l'exprime, par le moyen de machines, auxquelles on donne le nom de moulins. Ces machines sont formées principalement de trois gros cylindres de fer fondu , élevés sur un plan horizontal, qu'on appelle *la Table*, & rangés verticalement sur la même ligne. Le cylindre du milieu est tourné sur son axe par une puissance, qui est ou l'eau, ou l'air, ou la force des animaux. On pourroit peut-être faire usage de la pompe à feu.

Dans les Colonies Françoises, les bestiaux & l'eau sont les seuls moyens employés. Dans quelques-unes des Colonies Angloises, où les vents sont réglés & constans, on se sert de moulins à vent. Les moulins à eau sont les plus commodes & les moins dispendieux.

Lorsque le cylindre du milieu du moulin est en action, il communique aux deux latéraux le mouvement qui lui est imprimé ; la puissance tourne de droite à gauche. Les Cannes qu'on engage entre ce cylindre & le cylindre latéral gauche , subissent la première expression ; on les repasse ensuite entre le cylindre du milieu & le cylindre latéral droit, pour leur faire subir une seconde expression. Alors les Cannes sont désorganisées & privées de leurs sucs, qui tombent sur la table, entrent dans une gouttière, pratiquée à une des extrêmités & roulent dans des réservoirs nommés *bassins à suc exprimé*. Ces bassins, ordinairement au nombre de deux , sont placés dans la sucrerie ou adjacens à ce bâtiment.

A l'Amérique ce sont ordinairement des Négresses ou des Nègres peu intelligens , qui font le service des moulins, c'est-à-dire , qui engagent les Cannes entre les cylindres d'un côté, & les engagent une seconde fois de l'autre côté. Pour cette seconde opération, on a imaginé depuis vingt ans une machine, nommé *Doubleuse*, qui économise une ou deux Négresses.

Il faut toujours avoir soin que les débris des Cannes qui tombent sur la table, ne s'opposent pas à l'écoulement du suc exprimé & ne causent un engorgement dans la gouttière. Les Cannes exprimées deux fois prennent le nom de *bagasses*. On les lie par paquets & on les porte dans les cases à bagasses, où rangées avec soin , elles se dessèchent pour servir de combustible. Dans les plaines , où les pluies sont rares, on en forme de grandes piles à l'air libre.

Ce sont des bœufs ou des mulets, qui tournent les moulins à eau. On divise ces animaux par attelages, qui travaillent une ou deux heures de suite alternativement.

Les moulins sont ou à découvert ou enfermés dans des cases.

Pour extraire du suc exprimé des Cannes tout ce qu'il contient & sur-tout le sucre , il faut plusieurs opérations, dont les unes se font par les cultivateurs même, & les autres par les raffineurs.

Le premier travail se fait dans la *sucrerie*; on appelle ainsi un bâtiment qui contient les fourneaux & les chaudières.

Dans toutes les sucreries il y a ordinairement deux *équipages*. On donne ce nom à l'ensemble d'un certain nombre de chaudières. On les distingue en grand & en petit, soit par rapport au nombre, soit par rapport à la capacité des chaudières. Chaque équipage a un ou deux bassins , pour recevoir le suc exprimé. En outre, les sucreries ont , pour la plupart, deux fourneaux, dont l'un porte deux chaudières, qui servent à cuire les sirops, & l'autre une seule, surmontée d'un glacis très-élevé & très-évasé pour les clarifications.

Chacune des chaudières, qui composent un équipage à suc exprimé , a un nom différent, analogue à l'usage qu'on en fait. La première est appelée *Grande*, parce qu'elle a plus de capacité que les autres.

La seconde se nomme *la Propre*, parce que dans cette chaudière le suc doit être épuré & amené au plus haut degré de propreté.

On donne le nom de *Flambeau* à la troisième, parce que dans celle-ci le vesou ou la matière du suc exprimé , déjà échauffée, présente les signes qui indiquent le degré & la proportion de lessive qu'on doit employer.

La quatrième est appelée *Sirop*, parce que dans cette chaudière le vesou devroit être amené à l'état de sirop ; ce qui n'arrive jamais, suivant M. du Trône de la Couture. Enfin , la cinquième chaudière est la *Batterie* ainsi dite ; parce que la dernière action du feu nommée *Cuite*, que reçoit le vesou sirop dans cette chaudière, excite quelquefois un boursoufflement considérable, qu'on arrête en battant fortement la matière avec une écumoire.

Près de la batterie ou à peu de distance, il y a deux chaudières, nommées *Rafraîchissoirs*. Quand le vesou-sirop est cuit au point convenable dans la batterie, on le transvase successivement dans l'un & l'autre de ces rafraîchissoirs.

Entre les chaudières, qui forment les équipages & à la surface du bord, est un petit bassin d'un pied de diamètre & de deux à trois pouces de profondeur, où l'on verse les écumes, qui, reçues dans une gouttière , sont portées dans la *grande* chaudière, près de laquelle se trouve une autre chaudière, pour recevoir les grosses écumes.

Les vases, dans lesquels on met le sucre cristalliser, sont de grands bacs de bois de huit à

dix pieds de longueur, fur cinq à fix de largeur
& un pied de profondeur, où, des cônes de terre
cuite appellés *Formes*, de deux pieds de hauteur,
dont la bafe a treize à quatorze pouces de diamètre, & dont la pointe eft percée d'un trou,
d'un pouce d'ouverture, qu'on bouche avec un
tampon ou une cheville. On place ces vafes dans
la fucrerie.

Tous les vaiffeaux étant propres, les fourneaux
nétoyés & approviſionnés de chauffage, auſſi-tôt
qu'un baſſin eft rempli de fuc exprimé, on le
fait couler dans la grande chaudière, qu'on charge
à un point déterminé : on met alors dans le fuc,
qu'elle contient, de la chaux vive en fubſtance,
dont la proportion doit être relative à fon degré
de pureté, & à l'état des Cannes qui ont fourni
le fuc. Cet état dépend de la faifon où on les récolte, de leur âge & du terrain qui les a produit.

La charge de la *grande* chaudière, ainſi leſſivée,
& tranfvafée eft partagée entre les chaudières
Sirop & *Flambeau*. Chargée de nouveau au même
point, on y jette la quantité convenable de chaux
& on la tranfvafe dans la chaudière *Propre* ; enfin
remplie une quatrième fois à fa mefure & ayant
reçu la chaux fuffifante, on la laiffe en cet état ;
on remplit d'eau la *Batterie* ; alors on commence
à chauffer.

Le *Sirop* & le *Flambeau* font celles des chaudières contenant le fuc exprimé, qui s'échauffent
le plus & le plus promptement. Les matières féculen-
tes fe préfentent à la furface fous la forme d'*écumes*,
qu'on enlève. Le fuc entre en ébullition. Quand
toutes les écumes font enlevées, on vuide la
Batterie & on la charge avec moitié du produit
de la chaudière *Sirop*. Alors, s'il en eft befoin, on
ajoute aux chaudières *Sirop*, *Flambeau* & *Batterie*
un peu de chaux vive, ou d'eau de chaux, ou
de diffolution d'alkali.

La *Propre* & la *Grande* s'échauffent fucceffivement ; on en ôte les écumes à mefure. L'évaporation étant très-rapide dans la batterie, qui
ne contient encore que la moitié du produit de
la chaudière *Sirop*, on la charge du furplus du
produit ; on paffe celui du *Flambeau* qui fe trouve
alors vuide dans le *Sirop*, & la moitié de la *Propre*
dans le *Flambeau*, ayant foin, pendant le cours
du travail, d'ajouter dans ces deux dernières la
chaux ou les diffolutions alkalines, lorfqu'il en
eft befoin.

La *Batterie* reçoit, peu-à-peu, la charge de
deux, de trois, de quatre *grandes* chaudières,
fuivant le degré de richeffe & la qualité du fuc
exprimé, à mefure que ce fuc a paffé fucceffivement dans les autres chaudières & a été leffivé
& écumé.

Quand on a raffemblé dans la batterie la quantité fuffifante de vefou, on continue l'action du
feu pour opérer la cuite, qu'on porte à quatre-
vingt-quatorze ou quatre-vingt-dix-fept degrés
du thermomètre de Réaumur, fi le fucre ne

doit pas être terré, & à quatre-vingt-dix ou
quatre-vingt-treize, s'il doit être terré. On s'affure du terme avec le doigt.

Ce que contient la batterie étant cuit convenablement, on fufpend le feu, on tranfvafe la
liqueur en entier dans le premier rafraîchiffoir,
& de celui-ci dans le fecond. On remplit de
nouveau la *batterie* avec le produit du *firop* ; le
feu reprend & on continue ainſi de fuite, à
mefure qu'il arrive du fuc exprimé du moulin.

On donne au vefou de la feconde batterie,
c'eft-à-dire, de la feconde cuite dans la batterie,
un degré de cuite un peu plus fort que celui
de la première ; on réunit les deux auffi-tôt.
Leur réunion s'appelle *empli* ; on les mêle bien.
Si le degré de cuite a été donné avec l'intention de laiffer le fucre dans un état brut, ce
qu'on appelle *cuite en brut*, on porte l'empli
dans un bac, où il cryſtalife auffi-tôt, & on
charge le bac de quatre ou cinq emplis fuccef-
fifs. Si l'on veut terrer le fucre, ce qu'on appelle
cuite en blanc, le degré de cuite étant moins
fort, l'empli eft partagé entre les cônes rangés
dans la fucrerie, qu'on charge à trois ou quatre
reprifes.

De la fucrerie, le fucre eft porté dans des bâtimens particuliers, appellés *purgeries*, où on
le difpofe pour que le fyrop s'en fépare.

Les purgeries font de grands bâtimens, dans
toute l'étendue defquels eft une efpèce de cuve,
nommée *baffin à mélaffe*, de fix pieds & quelquefois de plus de fix pieds de profondeur au-
deffous du fol, recouvertes de groffes pièces de
bois, rondes ou quarrées, rangées parallélement
à deux ou trois pouces les unes des autres, en
forme de plancher. Sur ce plancher fe rangent
debout les bariques, dont le fond eft percé de
trois ou quatre trous, à-peu-près d'un pouce
de diamètre.

Quand le vefou-firop cuit, qu'on a mis dans
des bacs eft cryſtallifé & refroidi à un certain
degré, on l'enlève avec des pelles de fer, & on
le porte dans les bariques placées fur le plancher de la purgerie. On eft dans l'ufage de
mettre dans les trous du fond autant de Cannes-
fucrées qu'il y a de trous. Le firop qui s'échappe
paffe par les fentes des trous, & par l'efpace qui
eft entre les pièces mal-jointes des bariques, &
tombe dans le *baffin à mélaffe*. Le fucre
qui réfulte de cette dépuration eft le fucre brut ;
il n'eft jamais fuffifamment purgé de firop.

Les purgeries où l'on terre le fucre font bien
plus confidérables. Ce font des bâtimens ordinairement quarrés, difpofés en compartimens,
nommés *cabanes*, commodes pour le fervice,
par le moyen de traverfes mobiles, placées à
des diftances égales.

Après quinze ou dix-huit heures de refroidiffement, le fucre qui a cryſtallifé dans des formes,
eft porté dans les purgeries à terrage. On im-

plante chaque forme dans des pots, après les avoir débouché; le firop fe fépare du fucre & s'écoule dans les pots; alors, on fubftitue d'autres pots fous les formes, & on les place dans les compartimens ou cabanes pour recevoir le terrage.

Cette opération a pour objet, d'enlever avec de l'eau, le peu de firop qui refte dans le fucre. Alors fes parties fe rapprochent davantage. Tout ce qui eft dans une forme s'appelle un *pain*. On unit bien fa bafe en taffant un peu le fucre, puis, on verfe deffus une terre argilleufe, délayée dans l'eau jufqu'à confiftance de bouillie. Cette terre fait fonction d'éponge; emportée par fon propre poids, l'eau diffout le firop qui, devenu plus fluide, eft entraîné vers la partie inférieure de la forme, & découle dans le pot fur lequel elle eft implantée.

Toute terre argilleufe, blanche ou noire, eft bonne pour le terrage, pourvu qu'elle foit bien battue & bien délayée.

Auffi-tôt que la terre qui eft à la bafe des formes, eft deffechée, on l'enlève pour la remplacer par une autre, à laquelle fuccède une troifième. Celle-ci s'enlève auffi dès qu'elle eft fèche; alors le pain refte dans la forme pendant vingt jours, puis, on le retire des formes, on l'expofe au foleil pendant quelques heures, fur un plan horizontal, en maçonnerie, appellé *glacis*, & enfin on le met dans une étuve pour achever fa deffication.

Les étuves font des bâtimens de vingt pieds quarrés ou environ, à plufieurs étages, fur lefquels les pains font rangés. Ils font échauffés par des fourneaux & adjacens aux purgeries.

Les pains de fucre bien étuvés font pilés dans de grands bacs de bois, placés dans un bâtiment particulier, nommé *pilerie*; ou dans une des purgeries, & mis dans des bariques où on les taffe encore; alors ils paffent dans le commerce fous le nom de *fucre terré* ou *caffonade*.

Les firops qui proviennent du fucre, mis dans les bariques de la purgerie, s'appellent *mélaffes*, on les vend en cet état, ou on les porte à la rhummerie, pour les faire fermenter & les diftiller.

Les premiers firops qui s'écoulent des formes, où on a mis le fucre cryftallifer avant le terrage, font les *gros firops*; ceux qui s'écoulent pendant & après le terrage, font les *firops fins*.

Tous les huit jours ordinairement, on met les gros firops dans l'équipage à firop, placé dans la fucrerie, ou dans une partie de la purgerie; il eft toujours formé de deux chaudières, dont l'une s'appelle *batterie*, & l'autre *firop*; on les charge toutes les deux d'une quantité fuffifante, de gros firop & on allume le feu. Quand la charge de la batterie eft cuite à un point, dont

on s'affure avec le doigt, & qui répond au terme de quatre-vingt-huit à quatre-vingt-dix degrés du thermomètre de Réaumur, on fufpend le feu pour verfer dans le premier rafraîchiffoir. Alors on remplit la *batterie* avec la charge de la chaudière à *firop*, qu'on remplit auffi à l'inftant d'une nouvelle charge de gros firop. La cuite de la batterie reçue dans le premier rafraîchiffoir eft partagée entre plufieurs autres.

On continue de cuire ainfi les gros firops, qu'on partage dans ces rafraîchiffoirs, où ils reftent jufqu'à ce que la cryftallifation s'établiffe; alors on en remplit des formes, dans lefquelles le fucre fe prend en pain, & le firop s'écoule dans des pots. L'opération fe fuit comme lors de la cuite du vefou.

Les firops fins font cuits & traités à-peu-près comme les gros firops.

Les firops qui réfultent de la cuite & purification des gros firops, font nommés *firops amers*, & vendus ou portés à la Rhummerie, pour y fermenter, & être diftillés comme les mélaffes.

Les mélaffes & les firops amers font les eaux mères du fucre, regardé comme le fel effentiel de la Canne, par M. du Trône de la Couture, dont j'emprunte tout ce qui concerne l'expreffion de la Canne, la dépuration de fon fuc exprimé, & la manière d'en extraire le fucre. On a des bâtimens particuliers, nommés Rhummeries ou Guildives, deftinés à la fermentation & diftillation de ces mélaffes & firops. On les étend dans l'eau; dont la proportion eft telle qu'ils portent onze à douze degrés à l'aréomètre. Dans cet état, ils prennent le nom de *rapes*. Quand ils ont fermenté, on les met dans un alembic pour être diftillés. Le produit qu'on en obtient eft du *rhum* ou du *taffia*, fuivant l'état du firop & les circonftances qui ont accompagné la fermentation & la diftillation des rapes.

Ce font les pratiques ordinaires que j'ai rapportées. Dans l'ouvrage de M. du Trône de la Couture, plufieurs d'entr'elles font regardées comme mal entendues, contraires à une bonne économie, & pouvant être remplacées par d'autres mieux fondées & plus avantageufes. En attendant que les changemens qu'il confeille foient adoptés, j'ai cru devoir décrire les opérations qui font d'ufage. On peut voir fa méthode développée dans fon Ouvrage.

Vin de Canne à fucre.

On peut faire avec la Canne à fucre une liqueur vineufe. M. du Trône de la Couture en a fait en abandonnant des Cannes à elles-mêmes. Après dix-huit jours elles prirent une odeur de pomme forte & vineufe; il les fit exprimer. La fermentation fpiritueufe déjà très-avancée continua dans leur suc exprimé. Cinq ou six jours après il obtint un vin parfaitement analogue au cidre.

Si la Canne est abandonnée à elle-même plus de dix-huit jours, l'odeur & la saveur de pommes se dissipent, ou au moins diminuent beaucoup ; le suc exprimé qu'elles donnent alors est très-vineux & la fermentation spiritueuse, commencée dans les Cannes, s'achève en peu de jours. La liqueur qui en résulte est très-analogue au vin blanc de raisin.

Le moût de Cannes, c'est-à-dire, le suc exprimé de Cannes qui a fermenté, mis dans des tonneaux, continue de fermenter, comme les sucs de poires & de pommes. La fécule s'en sépare, une partie se précipitant au fond, & l'autre étant rejetée supérieurement sous la forme de mousse. On a soin de remplir les tonneaux une ou deux fois par jour, soit avec de l'eau sucrée, soit avec du sable bien lavé.

Après plusieurs jours, la fermentation étant tombée, on perce le tonneau à quatre ou cinq pouces du fond, & on soutire le vin, dans le cas où il seroit clair ; car, s'il est trouble, il faut le coller & le soutirer après vingt-quatre heures de repos.

Ce vin seroit trop doux pour être bû étant nouvellement fait ; on l'attend comme le vin & le cidre.

On obtient du vin de Cannes d'autant meilleur, que les Cannes contenoient plus de parties sucrées.

Il est facile d'aromatiser ce vin en y mêlant du jus d'orange, de citron, d'ananas, de gouyaves, &c. On le colore en rouge avec le suc du fruit de la raquette sauvage.

Par la distillation du vin de Cannes, on retire une eau-de-vie très-agréable & meilleure que le rhum. Dix pintes de ce vin peuvent en donner quatre d'eau-de-vie de 17 degrés, à l'areomètre de Baumé.

Suivant M. du Thrône de la Couture, un carreau de terre d'environ 3400 toises, peut produire 2 à 300 cabrouetées de Cannes, pesant mille livres chacune. La Canne donne ordinairement moitié de son poids en sucre exprimé. En supposant un cinquième de perte dans la façon du vin pour le coulage & la lie, il resteroit 400 liv. ou 200 pintes de vin ou cidre, produit d'une cabrouetée de Cannes. Trois cents cabrouetées donneroient 120000 liv. de vin ou 60000 pintes, dont le produit, dit-il, seroit de 2400 pintes d'eau-de-vie.

D'après cette expérience & ces observations, il est prouvé que les habitans de la Zone Toride peuvent avoir une boisson vineuse en employant à cet usage la Canne qui croît facilement dans leur climat.

Je ne puis quitter cet article sans exprimer un vœu ; que j'ai formé depuis long-temps, c'est que les Colons Américains s'occupent à chercher tous les moyens de faire aider les hommes par les animaux, pour les labours & la fouille. On l'a essayé, dit-on, & sans succès ; mais comment l'a-t-on essayé ? Qui nous assurera, qui nous prouvera qu'on s'y est pris convenablement, que la routine n'a pas légèrement proscrit une pratique étrangère au pays ; que ceux qui ont fait ces expériences les ont faites avec ce soin, cette intelligence & cette suite, nécessaires pour constater une impossibilité. M. de Caseaux, croit qu'on est bien loin d'avoir fait les tentatives convenables. On peut donc espérer que les Colons tourneront leurs regards vers cette nouvelle manière de cultiver. Et pourquoi les Isles d'Amériques, auxquelles il en coûte tant d'argent pour se procurer le nombre d'hommes dont elles ont besoin, ne se conduiroient-elles pas comme les autres pays d'Europe, d'Asie & d'Afrique, qui cultivent avec le secours des animaux ? J'ose croire même que l'intérêt des propriétaires devroit les y engager. Ce n'est point à moi à faire leurs calculs ; je les prie seulement de tout peser, de tout examiner, & de faire, s'il en est besoin, quelques sacrifices momentanés, pour parvenir à des améliorations nécessaires. Ce ne sera ni du silence de mon cabinet, ni du milieu des expériences que je dirige, que je leur indiquerai les moyens qu'ils peuvent employer, ce que leur terrain comporte, & les ressources que les hommes seuls, qui ont examiné les lieux, trouveront. Il me suffira de leur dire que je ne regarde pas comme impraticable dans les Colonies d'Amérique la culture de la Canne à sucre & celle de beaucoup d'autres plantes, par le secours des animaux & des instrumens. Je suis persuadé même que la récolte des Cannes, qui paroîtroit plutôt exiger les bras d'hommes, pourroit se faire avec quelque machine, parce que ces plantes offrent une grande résistance. Les Egyptiens, qui ne plantent leurs Cannes qu'après avoir labouré la terre à la charrue, peuvent être imités. Je sais bien que, dans nos Colonies, les machines sont très-chères ; mais ne peut-il pas y avoir un ordre de choses, qui les rende à meilleur marché ? Si le labour à la charrue ne peut avoir lieu dans les mornes, au moins peut-on l'employer dans les plaines. C'est aux Colons seuls qu'il appartient d'en juger. Je les préviens que je ne croirai à l'impossibilité & au désavantage d'une culture avec des instrumens & des animaux, que quand des propriétaires éclairés, l'auront plusieurs années de suite essayé eux-mêmes sans succès, ne s'en rapportant pas à leurs gens d'affaires, que l'habitude, peut-être, indisposera contre cette pratique. (M. l'Abbé Tessier.)

CANNEBERGE.

CANNEBERGE. Nom vulgaire d'une espèce D'AIRELLE VACCINIUM. C'est le *Vaccinium oxycoccus*. *Voyez* l'article AIRELLE, N.° 11, & sa Variété B. (DAUPHINOT.)

CANNE-CONGO. Suivant Aublet, à la Guyane, on donne ce Nom au *Costus Arabicus*. L. *Voyez* AMOME VELU. (M. REYNIER).

CANNE de rivière, à la Martinique; c'est l'*Alpinia spicata* Jacq. & l'*Amomum petiolatum*. La M. Dict. N.° 7. *Voyez* AMOME PÉTIOLÉ, N.° 7. (M. THOUIN.)

CANNE D'INDE. Nom que la plupart des Jardiniers donnent au Balisier, *Canna Indica*, L. *Voyez* BALISIER d'Inde. (M. REYNIER.)

CANNELÉ. Cette épithète se donne aux tiges, aux pétioles & aux fruits des plantes, qui offrent une sorte d'inégalité dans leurs surfaces, formée d'éminences longitudinales. *Voyez* CANNELURE. (M. THOUIN.)

CANNELIER. Nom d'un des arbres à épiceries, & sous lequel il est connu généralement. Linné l'a réuni au genre des lauriers, sous le nom de *Laurus Cinnamomum*. *Voyez* LAURIER CANNELIER. (M. REYNIER.)

CANNELURE, espèce de rainure longitudinale qu'on rencontre sur plusieurs parties des plantes. On dit Cannelure à côtes & Cannelure à vives arrêtes. (M. THOUIN.)

CANNE-MARONE. Les Habitans de Saint-Domingue donnent ce nom à l'*Arum Seguinum*, L. Plante dont le feuillage ressemble à celui de la Canne d'Inde. Quelques personnes, dit Nicholson, la font entrer dans une lessive pour purifier le sucre. *Voyez* GOUET VÉNÉNEUX. (M. REYNIER.)

CANNE sucrée, partie de la tige de la Cannamelle, dont les nœuds dépareillés de leurs feuilles contiennent des sucs élaborés, & sont parvenus à leur maturité. *Voyez* CANNAMELLE officinale & Canne à sucre. (M. REYNIER.)

CANNETILE VÉGÉTALE. *Scirpus Palustris*. L. *Voyez* SCIRPE des Marais. (M. DAUPHINOT.)

CANSCORE, CANSCORA.

Genre de plantes à fleurs polipétalées, mais dont les caractères de la fructification sont trop peu connus pour qu'on puisse les rapporter avec certitude à aucune des familles connues.

Ce genre n'est encore composé que d'une seule espèce qui paroît avoir des rapports avec les gentianes & les centaurelles; mais elle en diffère par sa fructification. Ses fleurs semblent la rapprocher du genre des ammones; mais on ignore si les pétales sont insérés sur le calice.

CANSCORE perfoliée.

Canscora perfoliata. Rhed. du Malabar.

La tige est menue, dure, anguleuse, glabre, plusieurs fois fourchue & presque paniculée.

Les feuilles sont opposées, sessiles, ovales, pointues, entières, glabres & d'un brun verd.

Les fleurs viennent à l'extrémité des rameaux deux ou trois ensemble, & sont munies à leurs bases d'une bractée perfoliée. Elles consistent en un calice monophylle, divisé en deux lobes à son limbe; en quatre pétales inégaux, dont deux sont plus grands que les deux autres, en quatre étamines renfermées dans la corolle, & en un ovaire supérieur chargé d'un style simple terminé par un stigmate en tête applatie.

Le fruit est une capsule environnée par le calice & qui renferme plusieurs petites semences noirâtres.

Historique. Cette plante croît au Malabar, dans les lieux sablonneux: sa culture est inconnue. (M. DAUPHINOT.)

CANON. Partie de la jambe du cheval, qui, dans les extrémités antérieures, s'étend depuis le genou jusqu'au boulet, & du jaret à cette même partie; dans les extrémités postérieures, le canon est sujet à des suros, à des osselets, à des fusées, &c. *Voyez* le Dict. de Médecine. (M. l'Abbé TESSIER.)

CANTALOUPE. Variétés du melon dont la peau est rarement brodée, mais qui est couverte de bosselures ou verrues plus ou moins abondantes suivant les variétés. Leur chair est ferme, rouge & pleine d'une eau sucrée. Les Cantaloupes sont rares à Paris, où les Maraichers sont plus sûrs de vendre le melon commun à cause de sa grosseur. *Voyez* CONCOMBRE MELON. (M. REYNIER.)

CANTHARIDE ou Mouche Cantharide. Insecte nuisible aux Jardins: il dévore les feuilles de plusieurs arbres, & particulièrement celles du frêne, de l'orme, du troène, &c. L'odeur qu'il répand au loin est désagréable & dangereuse.

Le seul moyen connu jusqu'à présent pour détruire ces insectes, est de planter dans les jardins de distance en distance, quelques pieds du frêne commun qu'ils aiment beaucoup, & sur lesquels ils se ramassent en quantité, de les faire tomber de l'arbre en le secouant & de les écraser. (M. THOUIN.)

CANTHARIDES, genre d'insectes, qui exhalent une odeur particulière & pénétrante. *Voyez* le Dictionnaire des Insectes. Les Cantharides se réunissent en grand nombre & se jettent sur le frêne, le chevre-feuille, le troène, le rosier, le peuplier, le noyer, &c. & même, suivant l'ancienne Encyclopédie, sur les prés & sur les bleds. Elles y causent bien du dommage, parce qu'elles en dévorent les feuilles; il n'est guères possible d'empêcher ce mal.

Les animaux, auxquels on donne la feuillée en Hiver, sont sujets à avaler des Cantharides, surtout si la feuillée est composée de feuilles de frêne, &c. alors ils éprouvent des ardeurs d'urine, & même de la difficulté à uriner; quelquefois leur effet se porte au cerveau ou à la peau. On y remédie en faisant prendre aux animaux des boissons acidulées ou mucilagineuses, telles que les infusions ou décoction de graines de lin, de feuilles de mauve & de guimauve, &c. Si le pissement du sang a lieu, on saigne & on baigne dans une eau qui n'est pas froide : on emploie les Cantharides broyées & mêlées avec du levain, ou avec de la térébenthine, ou quelque onguent pour faire des emplâtres-vésicatoires. *Voyez* le Dictionnaire de Médecine. (*M. l'Abbé Tessier.*)

CANTI, *Canthium.*

Genre de plantes à fleurs monopétalées de la famille des Rubiacées, dont le port est absolument le même que celui des Gratgals (*randia*) desquels il diffère cependant, en ce que ses baies ne contiennent que deux semences, & qui a des rapports avec les Cafféyers, quoiqu'il ait les fleurs plus courtes, & que son style n'ait qu'un seul stigmate.

Ce genre comprend des arbrisseaux exotiques très-épineux, dont les feuilles sont opposées & dont les fleurs naissent dans les aisselles des feuilles, ou à l'extrémité des rameaux.

Ces fleurs sont composées d'un calice monophylle à cinq divisions, d'une corolle monopétale à cinq découpures ouvertes, de cinq étamines & d'un ovaire inférieur.

Le fruit est une espèce de baie, à écorce dure, à deux loges, qui renferment chacune une seule semence semblable à un grain de café; convexe d'un côté, & de l'autre applatti avec un sillon dans le milieu.

Ces arbrisseaux n'ont point encore été cultivés en Eurooe. On distingue jusqu'à présent deux espèces & une variété.

Espèces.

I. Canti *Couronné.*
Canthium coronatum. La M. Dictionnaire.
Gardinia *spinosa.* L. F. ♄ des Indes Orientales.

2. Canti *à petites fleurs.*
Canthium parviflorum. La M. Dict.
B. Canti à petites fleurs & à feuilles aiguës.
Canthium parviflorum acutifolium. ♄ du Malabar.

Description du port des Espèces.

I. Canthi *couronné.* Cette espèce doit son nom à la forme de ses fruits qui, comme les nèfles, sont couronnés par les divisions foliacées du calice.

C'est un arbrisseau hérissé de tous côtés de fortes épines opposées, droites, ouvertes horizontalement, & longues d'un pouce ou environ.

Les feuilles ne sont guères plus longues que les épines; elles sont ovales, obtuses, entières, très-glabres, opposées entr'elles & opposées en forme de croix avec les épines.

Les fleurs naissent une à une, sur de courts pédoncules dans l'aisselle des feuilles & à l'extrémité des rameaux. Le nombre des divisions du calice & de la corolle n'est point constant; il varie de cinq à huit.

Ces fleurs donnent naissance à des baies ovales, à deux loges qui renferment chacune deux semences.

Historique. Cet arbrisseau est originaire de l'Inde.

2. Canti à petites fleurs. Cet arbrisseau forme une espèce de buisson très-rameux & diffus, qui s'élève environ à la hauteur de six à sept pieds. Les épines dont il est armé sont plus rapprochées & plus nombreuses, mais moins fortes que dans la première espèce. Elles sont opposées, droites, aussi longues ou même plus longues que les entre-nœuds.

Les feuilles naissent sous les épines: elles sont petites, ovales, entières, glabres, d'un verd foncé en-dessus, & d'une couleur pâle en-dessous.

Les fleurs viennent par faisceaux de quatre à huit ensemble dans les aisselles des feuilles. Elles sont très-petites & d'une couleur verdâtre.

Les baies, qui leur succèdent, sont obrondes, un peu comprimées latéralement & à deux loges, contenant deux semences chacune.

La variété B. se distingue de l'espèce par ses feuilles plus grandes & aigües.

Historique. Cet arbrisseau croît au Malabar. Il est toujours verd & chargé en tout tems de fleurs & de fruits. Sa racine est rougeâtre, amère, & répand une odeur agréable.

Culture. Jusqu'à présent ces arbrisseaux n'ont point encore été apportés en Europe, mais en raison du climat où ils croissent, il est très-probable qu'ils se conserveroient dans les serres chaudes, & que leur culture seroit peu différente de celle des plantes qu'on y renferme. (*M. Dauphinot.*)

CANTU. *Cantua.*

Genre de plantes à fleurs monopétalées, de la famille des Polemoines, qui a beaucoup de rapport avec les Bignones.

Il comprend des arbrisseaux ou arbustes exotiques, dont les feuilles sont simples & alternes, & dont les fleurs naissent à l'extrémité des rameaux.

Ces fleurs sont composées d'un calice d'une seule pièce à trois ou cinq divisions; d'une corolle dont le tube est plus long que le calice, & dont le limbe, presque régulier, est divisé en cinq lobes, & d'un ovaire supérieur, surmonté d'un stile terminé par trois stigmates, qui devient par la suite une capsule ovale, oblongue, environnée à sa base par le calice, à trois loges, dont chacune contient plusieurs sémences ovales garnies à leur sommet d'une aîle membraneuse.

Ces plantes ne sont point encore parvenues en Europe; elles n'y sont connues que par les herbiers des Botanistes. On en distingue jusqu'à présent deux espèces.

Espèces.

1. CANTU à feuilles de buis.
CANTUA *Buxifolia.* Juss. herb. ♄ du Pérou.
2. CANTU à feuilles de Poirier.
CANTUA *Pyrifolia.* Juss. herb. ♄ du Pérou.

Description du port des Espèces.

1. CANTU à feuilles de buis. Nous ignorons à quelle hauteur peut s'élever cet arbrisseau. Mais il paroît que ses rameaux sont ligneux, cylindriques & légérement velus à leur sommet.

Les feuilles ont environ un demi-pouce de long sur deux à trois lignes de large, & sont un peu cotonneuses en-dessous, sur-tout dans leur jeunesse. Elles sont alternes ou réunies en espèce de faisceaux, entières & presque sessiles.

Les fleurs sont grandes, terminales, droites, & ont leur calice & leurs pédoncules chargés de quelques poils courts. Leur corolle est longue de deux pouces & demi, & renferme les étamines qui ne paroissent point en-dehors.

2. CANTU à feuilles de poirier. Ce qui distingue cette espèce de la précédente, c'est qu'elle est glabre dans toutes ses parties, & que les feuilles sont beaucoup plus grandes; elles ont un pouce & demi de long sur près d'un pouce de large. Elles sortent des nœuds ou des espèces de tubercules qui garnissent les rameaux.

Les fleurs ont leur tube une fois plus court que dans l'espèce précédente, & les étamines très-saillantes. Elles forment au sommet des rameaux des espèces de bouquets corymbiformes.

Ces deux arbrisseaux sont absolument inconnus dans l'Europe, & nous ne pouvons rien dire de leur culture. Le pays même duquel ils sont originaires, ne donne que de foibles indications sur la manière dont on pourroit les élever ici. Le Pérou réunissant en quelque sorte les températures les plus opposées, il faudroit pour former. à cet égard, quelques conjectures, savoir quels sont les terreins & les expositions qui leur sont le plus favorables. (*M. Dauphinot.*)

CAOUTCHOU. Nom d'une résine nommée *Résine élastique*, & qui a donné son nom à l'arbre qui l'a produit.

On trouvera la notice de cet arbre avec les procédés dont on se sert pour en extraire la résine, au mot HÉVÉ de la Guiane, sous lequel M. de la Mark a traité de cet arbre. (*M. Reynier.*)

CAPENDU ou COURT-PENDU. Variété du Pommier dont le fruit, de médiocre grosseur, paroît suspendu à l'arbre par une queue très-courte, à cause de l'enfoncement qui est à cette partie. La peau est d'un rouge presque noir, tiquetée de points fauves très-marqués. La chair est fine, d'un goût assez semblable à celui des reinettes. On peut conserver cette pomme jusqu'en Mars.

C'est une des variétés du *Pyrus malus.* L. *Voyez* POMMIER, dans le Dictionnaire des Arbres & Arbustes. (*M. Reynier.*)

CAPERON. Nom d'une des races ou divisions principales du Fraisier, *Fragaria vesca* L. dont on connoît plusieurs variétés distinctes; telles que le Caperonnier royal, *Fragaria moschata.* La M. Dict. n.° 17, & le Caperonnier unisexe, *Fragaria moschata dioica,* La M. Dict. n.° 18. Le fruit, dans les Caperons, est gros, mais point enveloppé par le calice comme dans les Breslinges. Leur fruit est charnu & moins juteux que celui des Fraisiers proprement dits. *Voyez* FRAISIER. (*M. Reynier.*)

CAPERONIER. Synonyme de Caperon. *Voy.* FRAISIER. (*M. Reynier.*)

CAPILLAIRE. On donne ce nom à plusieurs plantes de la famille des Fougères, qui se ressemblent par leurs propriétés médicales. Les principales sont :

Le Capillaire de Montpellier. *Adianthum capillus-veneris.* L. *Voyez* ADIANTE à feuilles de Coriandre.

Le Capillaire de Canada. *Adianthum pedatum.* L. *Voyez* ADIANTE de Canada.

La Langue de Cerf. *Asplenium scolopendrium.* L. *Voyez* DORADILLE scolopendre.

Le Cétérach. *Asplenium ceterach.* L. *Voyez* DORADILLE cétérach.

Le Politric. *Asplenium trichomanes.* L. *Voyez* DORADILLE politric.

L'*Asplenium - adianthum - nigrum.* L. *Voyez* DORADILLE noire.

La Sauve-vie ou ruë de Muraille. *Asplenium ruta muraria.* L. *Voyez* DORADILLE des murs.

Sans doute que chacune des quatre parties du Monde a ses fougères qui servent aux mêmes usages, celles-ci sont d'Europe & de l'Amérique septentrionale. On les regarde principalement comme béchiques. Dans l'Amérique méridionale, on donne ce nom à l'*Adianthum Guyanense.* Aubl. & au *Sagittatum* du même Auteur, qui tous deux servent aux mêmes usages que les Capillaires d'Europe. (*M. Reynier.*)

CAPILLAMENT. On donne quelquefois ce nom aux ramifications du chevelu de certaines plantes qui, aussi menues que des cheveux, sont noires & cassantes; telles sont celles de plusieurs espèces de Bruyères, & particulièrement de celles qui croissent dans nos campagnes. (*M. Thouin.*)

CAPILLATURE. C'est la même chose que Chevelu. *Voyez* ce mot. (*M. Thouin.*)

CAPITAN. On donne ce nom en Amérique à l'*Aristolochia maxima* L. *Voyez* ARISTOLOCHE à gros fruits. n.° 8. (*M. Reynier.*)

CAPITE. Les Habitans du pays de Vaud donnent ce nom aux baraques ou cabinets qui se trouvent dans les jardins & près des fermes de leurs campagnes. La manière dont elles sont construites, en pierre, en bois, & même en treillage, ne change pas ce nom, qui n'est cependant en usage que dans la classe qui conserve encore les expressions locales. *Voyez* BARAQUE. (*M. Reynier.*)

CAPITON. Nom vulgaire d'une espèce de FRAISIER. C'est la variété B. de la première espèce de Linnæus. *Fragaria fructu pene Pruni magnitudine.* Mais, dans le Dict. de Bot. ou, d'après M. Duchêne, on a établi deux grandes divisions des fraisiers, c'est la troisième espèce de la première division, FRAISIER de Montreuil. *Fragaria hortensis.* La M. Cette variété est la plus commune dans les jardins de Paris, & fournit presque seule les marchés de cette capitale. *Voyez l'article* FRAISIER. (*M. Dauphinot.*)

CAPOC. Nom d'une substance très-fine, approchante du Coton, mais trop courte pour être filée. Elle est renfermée dans un fruit produit par une des espèces du genre des *Bombax*. *Voyez* FROMAGER. (*M. Thouin.*)

CAPOQUIER. Nom donné dans les Indes Orientales à un grand arbre qui produit un fruit rempli de filamens blancs & soyeux comme le coton, mais plus courts. *Voyez* l'article FROMAGER. (*M. Thouin.*)

CAPOTS. On appelle ainsi à Montbrison, en Forez, des élévations faites avec de la terre, d'environ quatre à cinq pouces de haut, éloignés les uns des autres de dix à douze pieds, pour y cultiver des Courges. (*M. l'Abbé Tessier.*)

CAPPE DE MOINE. *Aconitum cammarum.* L. Vicat, *Hist. des Plant. vénén. de La Suisse*, en annonce deux variétés, l'une à fleurs blanches, & l'autre à fleurs d'un bleu clair mêlé de blanc.

Quoiqu'on ait eu soin de prévenir dans les Dict. de Bot. & d'Agric. des qualités pernicieuses de tous les aconits en général, nous pensons que ces sortes d'avertissemens ne peuvent trop se réitérer.

Nous ajouterons donc ici que cette espèce d'Aconit, est une des plantes qui agissent avec le plus de violence & de la manière la plus destructive, tant sur l'homme que sur les animaux. On a vu plusieurs personnes périr dans des con-

vulsions horribles, pour en avoir mangé en salades quelques jeunes pousses, dont les tiges ne paroissoient point encore, & que l'on avoit prises pour du céleri. Cette plante est si âcre, qu'étant pilée, on peut l'employer comme vésicatoire. Les Anciens regardoient son venin comme si terrible, qu'ils en attribuoient l'origine à Hécate ou à l'écume de Cerbere. *Voyez* ACONIT A GRANDES FLEURS, n.° 7. (*M. Dauphinot.*)

CAPRE. Boutons à fleur du Caprier ordinaire, *Capparis spinosa.* L. que l'on cueille avant leur épanouissement pour les confire au vinaigre. On les préfère lorsqu'ils sont petits, & dans leur cueillette on a soin de les séparer, leur prix dans le commerce étant toujours un peu plus considérable.

On confit aussi de la même manière les boutons à fleurs des capucines & leurs fruits, lorsqu'ils commencent à se former. Aux Indes, on prépare aussi les boutons de quelques arbres pour le même usage.

Quelques personnes ont essayé de préparer les boutons de fleurs du Gainier & celles du Genet à balai, dit M. Juge de Saint-Martin, mais cet usage n'est pas répandu. (*M. Reynier.*)

CAPRE DES SAVANNES. Nom donné en Amérique, particulièrement à Saint-Domingue, au *Tribulus cistoides* L. *Voyez* TRIBULE cistoïde. (*M. Thouin.*)

CAPREOLÉES. (Plantes.) Ce sont celles qui, étant pourvues de vrilles ou de mains, s'accrochent à tout ce qui les entoure, & s'élèvent ainsi jusqu'à une certaine hauteur. Les vignes, les grenadilles, les pois, les gesses, &c. sont des plantes capréolées. (*M. Thouin.*)

CAPRAIRE, *Capraria.*

Genre de plantes qui, suivant M. de Jussieu, est 1.° de la classe de celles qui sont bilobées, à fleurs monopétalées & à corolle hypogyne ou inférée au-dessous du germe : 2.° de la famille des Scrophulaires ou Personnées. Ce genre a, comme les autres de cette classe, les étamines inférées à la corolle, le germe supérieur & simple, &c. ; & il a comme les autres genres de cette famille, un seul style dans chaque fleur, un fruit capsulaire à deux loges, à deux valves, contenant un grand nombre de semences très-menues, &c. Ce genre se distingue des autres de la même famille, par les caractères suivans : sa fleur a le calice divisé en cinq pièces ; la corolle campanulée, à tube court, & ayant le limbe à cinq découpures presque égales ; quatre étamines, dont deux sont un peu plus petites que les autres : sa capsule est terminée en pointe au sommet ; à ses valves fléchies en dedans par le bord, & quelquefois partagées en deux pièces. Ce genre contient des herbes & des sous-arbrisseaux exotiques dont les feuilles sont, ou verticillées trois à trois, ou opposées, ou alternes, & dont les fleurs sont axillaires.

Espèces.

1. CAPRAIRE biflore.
CAPRARIA biflora. Lin. *Capraria Peruviana agerati foliis absque pediculis.* Feuillée. Per. 1. p. 764. fig. 48. Vulgairement *le Thé d'Amérique.* ♄ des Antilles.

2. CAPRAIRE à feuilles ternées.
CAPRARIA ternata. Capraria durantifolia. Lin. ⸺⸺ de la Jamaïque & du Pérou.

3. CAPRAIRE des Indes.
CAPRARIA indica. Capraria crustacea. Lin. *Caranasci minus.* Rumph. Amb. 5. p. 461. tab. 70. f. 3. ♃ des Indes orientales, des Moluques, de la Chine.

3. B. CAPRAIRE des Indes uniflore.
CAPRARIA indica uniflora. Capraria crustacea uniflora. Burm. Fl. ind. p. 133. tab. 14. fig. 3. Capraire des Indes. β. La M. Dict. ♃ des Indes orientales, des Moluques, de la Chine.

Port & particularités des Espèces, & traduction de la principale phrase latine, par laquelle chacune est caractérisée.

1. CAPRAIRE biflore. Capraire à feuilles alternes & dont les fleurs sont deux à deux. *Linnæus.* Suivant M. Jacquin, c'est un sous-arbrisseau touffu qui, dans son pays natal, s'élève rarement à plus de quatre pieds de hauteur. Ses feuilles, ordinairement longues d'un à deux pouces, ont jusqu'à cinq pouces & plus de longueur sur un pouce de largeur dans les endroits ombragés & gras. Dans les lieux sablonneux & sur le bord de la Mer, elles sont succulentes, épaisses & fragiles, & les calices sont tels aussi. Ses fleurs sont blanches & inodores. Dans son pays natal, cette plante est en fleurs pendant la plus grande partie de l'année. Elle croît naturellement dans toutes les Antilles & dans le Continent voisin où elle est très-abondante, dans les savanes, dans les lieux incultes, autour des villages, sur les vieilles murailles, dans les champs, enfin par-tout. On l'arrache comme une mauvaise herbe nuisible, dans les jardins & dans les plantations, où elle se trouve communément. Selon Feuillée, cet arbrisseau se trouve dans les petites Isles de la rivière qui passe le long des murailles de Lima, au Pérou. Sa tige s'y élève à six pieds, sur un demi-pouce de diamètre. Suivant Commelin, cette plante parvient en Europe à la hauteur de trois pieds & plus; ses feuilles sont presque inodores & presque insipides; ses semences sont très-fines, & ressemblent presque par leur couleur brune & par leur forme, à celles du Pavot cultivé,

(*Papaver somniferum,* Lin.) quoiqu'elles soient beaucoup plus petites.

2. CAPRAIRE à feuilles ternées. Capraire à feuilles de *Duranta*, ternées, dentées & à rameaux alternes. *Linnæus.* C'est, suivant Linnæus, une plante qui s'élève ordinairement à la hauteur d'un pied. Sa tige est à six angles obtus. Ses fleurs viennent solitaires dans les aisselles des feuilles, suivant Linnæus : elles y sont fasciculées deux à deux ou quatre à quatre, suivant M. Lamarck. Cette plante croît naturellement dans les lieux inondés de la Jamaïque.

3. CAPRAIRE des Indes. Capraire crustacée, rampante, à feuilles opposées, ovales, presque pétiolées, crenelées. *Linnæus.* Suivant Rumphius, cette plante pousse des tiges quarrées qui se soutiennent mal, se couchent sur la terre, & s'y enracinent de distance en distance. Les feuilles distantes les unes des autres, sont plus petites que l'ongle du doigt, pointues, d'un verd pâle, marquées de taches blanches. La fleur est blanche, un peu violette sur les bords. La saveur de toute la plante est fade. Dans les pays que j'ai indiqués, cette plante est une mauvaise herbe qui croît naturellement en abondance par-tout, dans les jardins, dans les champs, &c.

Culture.

Presque toutes sortes de terres conviennent à la culture de la Capraire biflore, n.° 1; mais une terre substantieuse, comme, par exemple, une bonne terre à potager, mêlée d'un quart de terreau de vieille couche bien consommé, est celle qui lui convient le mieux. Cette espèce se multiplie ordinairement de graines que l'on seme à la mi-Mars, sur une couche chaude couverte d'un chassis, dans de petits pots remplis de la terre indiquée. Ces semences étant très-fines, doivent être semées sur la surface de la terre, & n'être recouvertes que par l'épaisseur d'une ligne, au plus, de la même terre, mais plus fine. On bassine légèrement ce semis soir & matin, jusqu'à ce qu'il soit levé. Lorsque les plantes paroissent, on éclaircit convenablement, & on modère les arrosemens qu'on n'administre qu'au besoin, sur-tout tant que le jeune plant est foible, que l'atmosphère est froid & humide, & que le soleil ne paroit pas. Chaque fois que le soleil paroît & que le tems est doux, on en profite pour aërer les jeunes plantes, en ouvrant les panneaux des chassis. Ce soin est nécessaire pour les empêcher de s'étioler. La moindre gelée les feroit périr : ainsi, il faut avoir soin pendant les tems froids, de fermer les chassis exactement, & de les couvrir suffisamment avec de la paille & des paillassons. Quand les plantes ont atteint la hauteur d'environ quatre pouces, on les enlève soigneusement par un tems brumeux avec toutes leurs racines, & on les replante sur-le-champ, chacune à part, dans un pot rempli avec la terre indiquée, en ayant soin de ne laisser les racines exposées à l'air que pendant le moins long-tems qu'il est possible. Immédiatement après cette transplantation, on arrose les jeunes plantes avec un arrosoir à pomme, dont les trous soient très-fins, & qui verse l'eau en forme de pluie douce ; puis on transporte, au même instant, les pots sur une couche tiède aussi couverte de châssis, dans le terreau de laquelle on les enterre aussitôt jusqu'à leurs bords. On les abrite des rayons du soleil par des paillassons, & on les arrose légèrement soir & matin, jusqu'à ce que la végétation des plantes indique qu'elles ont poussé de nouvelles racines ; après quoi l'on ôte les abris par degrés, & l'on arrose moins souvent. On proportionne ensuite la quantité d'eau qu'on leur donne, à la vigueur, ainsi qu'à la chaleur & à la sécheresse de saison. Beaucoup de chaleur & d'humidité font végéter ces plantes très-vigoureusement. Depuis le moment que les plantes sont bien reprises, on doit les faire jouir de l'air & du soleil chaque fois que la chaleur de l'atmosphère le permet ; afin de les empêcher de s'étioler, & qu'elles puissent prendre de la consistance : il est bon même de lever entièrement les panneaux des châssis lorsqu'il tombe des pluies douces en Mai & en Juin. Quand la chaleur de l'atmosphère est fixée à douze degrés, suivant le thermomètre de Réaumur, on pourra les laisser entièrement exposées à l'air libre ; elles pourront même alors se passer de la couche & être transportées en plein air, soit à leur rang dans les Ecoles de Botanique, soit pour le mieux à l'exposition du midi. A cette dernière exposition, elles pousseront vigoureusement & perfectionneront leurs semences en plein air, pourvu qu'on les arrose copieusement pendant les grandes chaleurs. Pendant le mois de Septembre, il faut beaucoup modérer les arrosemens, afin que les plantes puissent s'endurcir suffisamment pour être en état de résister à l'Hiver subséquent. Il est utile pendant le même mois, de mettre sur un bout de couche chaude les pots où sont contenues les plantes qui ont fleuri : Ce soin contribue à la perfection & à la plus parfaite maturité des semences. A la fin de Septembre, on rentrera les plantes dans la serre-chaude où elles doivent passer l'Hiver, & dont la chaleur habituelle sera de huit à dix degrés. On les placera sur les tablettes de la serre. Pendant cette saison, on les arrosera très-modérément, & seulement au besoin, en leur donnant très-peu d'eau à-la-fois avec un arrosoir à goulot, sans mouiller aucunement les tiges & branches. On ne leur donnera de l'eau que lorsque la terre des pots sera assez sèche, pour qu'en y enfonçant le doigt à un pouce de profondeur, on ne sente aucune hu-

midité. On ne sort ces plantes de cette serre qu'à la fin de Mai, lorsque la chaleur de l'atmosphère est fixée à dix degrés tant le jour que la nuit. A cette époque, on choisit pour les sortir & les mettre en plein air, un tems couvert ; ou encore mieux, le moment d'une pluie douce. Avant de les sortir, il faut avoir la précaution de les aërer souvent pendant une quinzaine de jours pour les endurcir un peu & les disposer à cette sortie. En les sortant on les place à l'ombre, où il faut les tenir pendant environ quinze jours, avant de les exposer au soleil, qui les endommageroit si elles y étoient exposées plutôt. Lorsque les racines de ces plantes sont parvenues à remplir la capacité des pots où elles sont contenues, il faut les mettre dans des pots plus grands, ou leur donner un demi-change, suivant l'étendue qu'auront acquise leurs tiges & rameaux. *Voyez* REMPOTAGE & DEMI-CHANGE. Le tems le plus favorable pour l'une ou l'autre de ces deux opérations est le commencement de Septembre, ou encore mieux le mois de Mai. Immédiatement après l'une ou l'autre de ces opérations, on abrite les plantes des rayons du soleil jusqu'à ce qu'elles soient rétablies de la langueur passagère qui en résulte, & qu'on juge à leur végétation qu'elles ont poussé de nouvelles racines.

Comme cette plante se multiplie très-facilement par ses semences, on ne la multiplie pas ordinairement par drageons enracinés, ni par marcottes, ni par boutures. Si l'on veut se servir d'une de ces trois voies de multiplication, on se conduira exactement suivant la méthode indiquée pages 537 & 538, du présent volume pour les espèces de Cadelari, n.°ˢ 3, 5 & 18 ; & quand les plantes de Capraire qu'on aura obtenues ainsi, seront suffisamment pourvues de racines, on les cultivera exactement de la même manière que je viens de dire, qu'il faut cultiver les plantes obtenues par la voie des semences.

On ignore la culture qui convient dans le climat de Paris, aux espèces de Capraire, n.°ˢ 2 & 3. Mais il est probable que lorsqu'on possédera ces plantes à Paris, puisqu'elles croissent naturellement à la même latitude que la Capraire biflore, il conviendra de leur administrer la culture détaillée ci-dessus pour celle-ci, en modifiant cette culture suivant la Nature herbacée annuelle ou vivace de chacune de ces deux espèces. On peut présumer que la culture de l'espèce, n.° 2, sera moins aisée que celle des deux autres, parce que les plantes aquatiques de la zone torride sont, en général, celles qui s'élèvent le plus difficilement dans nos serres. Il est à présumer aussi que la Capraire, n.° 3, dont les tiges sont rempantes & radicantes, pourra se multiplier aisément par fragmens enracinés de ces tiges, suivant la mé-

thode indiquée, page 537, col. 1 du présent volume pour les espèces de Cadélari, n.ᵒˢ 11, 13 & 14,
& qu'il sera à propos d'employer pour ses tiges les
soins indiqués au même endroit pour celles de ces
trois espèces de Cadélari. Quant à la chaleur
convenable pendant l'Hiver à ces deux espèces
de Capraire, n.ᵒˢ 2 & 3, on fera bien de leur
administrer d'abord une chaleur habituelle de dix
à douze degrés, qui est une température moyenne
entre celle, qu'exigent les plantes les plus délicates
de la zone torride, & celle dont se contentent les
moins délicates de la même zone, sauf à augmenter ou diminuer par la suite ce degré de chaleur pour chacune de ces deux espèces suivant
l'effet qu'il produira sur elles.

Usages.

La Capraire biflore, n.ᵒ 1, est connue en
Amérique, sous le nom de *Thé d'Amérique*,
comme j'ai déjà dit. Elle y est encore nommée
vulgairement par les Colons François, *Thé des
Isles*, *Thé du Pays*. M. le Romain assure, dans
l'ancienne Encyclopédie, que nonobstant ces
dénominations, cette plante n'est d'aucun usage
universellement connu en Amérique. Mais M.
Lamarck affirme que les Américains se servent de sa feuille comme nous nous servons en
Europe du thé ordinaire: Feuillée rapporte qu'en
1709 on commença au Pérou à substituer l'usage
de l'infusion de cette plante à celui du thé de
la Chine qu'on abandonna bien-tôt pour elle,
& que cet usage y devint en peu de tems si commun, que deux ou trois ans après, lorsqu'il partit
de ce pays, on n'y parloit plus que du thé de la
rivière de Lima : Pouppé Desportes la met aussi
au nombre des plantes médicinales de Saint-Domingue, sous le nom de Thé de l'Amérique :
Commelin rapporte qu'en 1690 il eut entre ses
mains une petite caisse, venant d'Amérique, qui
étoit remplie de feuilles de cette plante desséchées
& préparées à la manière du thé ; fait dont Commelin ignoroit la raison, & qui indique aussi
l'existence de l'usage dont il s'agit : enfin, suivant
M. Jacquin, plusieurs Colons en Amérique sont
dans l'opinion que cette plante est le vrai thé
de la Chine, quoiqu'elle en diffère si considérablement par sa saveur & à tous autres égards.
Suivant Commelin, les chèvres sont très-avides
de cette plante, ce qui l'a fait nommer *Cabritta*
par les habitans de Caraçao & des Isles adjacentes:
c'est aussi de cette particularité que lui vient son
nom de *Capraire*.

Suivant Rumphius, la Capraire des Indes, n.ᵒ 3,
est employée en Médecine, dans les pays où elle
croît naturellement. Elle est estimée, dépurante
dans les cas d'ulcères de nature dartreuse. Il y a
dans ces pays un cas difficile d'ulcère malin lors
duquel les pieds sont couverts d'un grand nombre de pustules qui démangent, s'étendent beaucoup en peu de tems, percent la peau, & enfin
causent une ulcération. Ce mal est produit par
de petits cirons ou de petites mites qui se glissent
& rempent sous la peau, & qu'on nomme vulgairement, poux sauvages. Ceux qui sont les plus
sujers à ce mal, sont les femmes, les enfans, &
autres ayant la peau molle, lorsqu'ils marchent
dans les bois où il y a une grande quantité de ces
petits insectes presqu'invisibles, lesquels s'insinuent
dans la peau, sur-tout aux endroits où elle est
molle, & y pénètrent si profondément, qu'on ne
peut les en retirer. Lorsqu'on néglige de tuer
incontinent ces insectes, soit en brûlant la peau
à l'endroit du mal, soit en la frottant avec du
suc de limons, ils rongent la peau sous les ongles,
& en peu de tems y causent un ulcère rongeant.
Dans ce cas, on prend le suc de cette espèce de
Capraire, & on l'introduit dans l'ulcère, soit seul,
soit avec l'huile de Cocotier, & l'on applique sur
l'ulcère les feuilles de la même Capraire. Contre les
ulcères des ongles & leurs contusions, on pile les
feuilles de la même espèce avec un peu de racine de *Curcuma*, on y ajoute quelques gouttes
d'eau salée, on fait chauffer le tout & on l'applique sur le mal. On emploie le même remède
contre les ulcères charbonneux & contre les panaris. Après la chûte de l'ongle, on applique sur
le mal les feuilles de cette Capraire pilées, auxquelles on peut ajouter utilement une couple de
petites feuilles de *Cyprus*, (*Laufonia spinosa.
Lin.*) Ce remède est estimé contribuer à la génération d'un nouvel ongle, &c. (*M. LANCRY.*)

CAPRIER, *CAPPARIS.*

Genre de plantes qui est, suivant M. de Jussieu, 1.ᵒ de la famille de celles qui sont bilobées, polypétalées, à étamines hypogynes ou
insérées au-dessous du germe : 2.ᵒ De la famille
des Capriers. Ce genre a, comme ceux de la
même classe, les anthères distinctes, le germe
supérieur au calice, &c. : & il a, comme ceux
de la même famille, le stigmate simple, le fruit
à une loge, contenant un grand nombre de
semences attachées à ses parois ; l'embrion sans
périsperme, recourbé, ayant la racine dirigée
vers les lobes, les feuilles alternes. Ce genre se
distingue des autres de la même famille, par
les caractères suivans : la fleur a son calice à
quatre feuilles, ou partagé en quatre pièces,
à folioles concaves, dont les deux inférieures
sont bossues à la base ; ses pétales au nombre
de quatre, grands ; ses étamines nombreuses,
à longs filaments ; le germe porté sur un pied
qui ne porte pas les étamines, & qui est glanduleux à sa base du côté des folioles bossues du
calice ; le style nul ; le stigmate en forme de tête.
Le fruit des espèces comprises par Tournefort
dans son genre *Caprier*, est en forme de baie
ovale ou sphérique ; celui des espèces comprises

par Plumier dans son genre, *Breynia*, est en forme de silique quelquefois fort long, à une loge, contenant plusieurs semences attachées à ses parois, & nichées dans une pulpe. Ce genre comprend maintenant vingt-huit espèces connues, outre deux espèces moins connues, qui sont des arbres & des arbrisseaux ; dont les feuilles sont à leur base souvent munies de deux épines dans les espèces dont le fruit est en forme de baie, & le plus souvent ou nues ou munies de deux glandes dans les espèces dont le fruit est en forme de silique ; & dont les fleurs sont ou solitaires dans les aisselles des feuilles, ou disposées en corymbes terminaux. Plusieurs espèces de ce genre sont fort belles, principalement par leurs grandes fleurs. Toutes les espèces de ce genre dont on connoît la culture, excepté la première, étant exotiques & originaires des pays les plus chauds, ne peuvent subsister en Hiver dans le climat de Paris sans le secours de la serre-chaude.

Espèces.

* *Plantes épineuses.*

1. CAPRIER ordinaire.
CAPPARIS vulgaris. Capparis spinosa. Lin. ♄ de l'Europe Méridionale & du Levant.
1. B. CAPRIER ordinaire à feuille pointue.
CAPPARIS vulgaris acutifolia. Capparis spinosa. β. Lin. *Caprier ordinaire.* β. La M. Dict. ♄ de l'Europe Méridionale & du Levant.
1. C. CAPRIER ordinaire sans épines.
CAPPARIS vulgaris inermis. Caprier ordinaire. γ. La M. Dict. ♄ du Levant.
2. CAPRIER d'Egypte.
CAPPARIS Ægyptia. La M. Dict.,.,.,.,.,., d'Egypte.
3. CAPRIER de Ceylan,
CAPPARIS Zeylanica. Lin. ♄ de l'Isle de Ceylan.
4. CAPRIER à corymbes.
CAPPARIS corymbosa. La M. Dict. ♄ du Sénégal.
5. CAPRIER cotonneux.
CAPPARIS tomentosa. La M. Dict. ♄ du Sénégal.
6. CAPRIER des haies.
CAPPARIS sepiaria. Lin. ♄ de l'Inde.
7. CAPRIER divergent.
CAPPARIS divaricata. La M. Dict. ♄ des Indes Orientales.
8. CAPRIER à feuilles de Poirier.
CAPPARIS pyrifolia. La M. Dict. ♄ de l'Inde.
8. B. CAPRIER à feuilles de Poirier, fasciculé.
CAPPARIS pyrifolia fasciculata. Capparis pyrifolia floribus fasciculatis. La M. Dict. de l'Inde.

9. CAPRIER à feuilles de Citronnier.
CAPPARIS citrifolia. La M. Dict. ♄ du Cap de Bonne-Espérance,
10. CAPRIER hérissé.
CAPPARIS horrida. Lin. Fil. ♄ de l'Isle de Ceylan.

** *Plantes dépourvues d'épines.*

11. CAPRIER en arbre.
CAPPARIS grandis. Lin. Fil. ♄ de l'Isle de Ceylan.
12. CAPRIER à feuilles ramassées.
CAPPARIS frondosa. Lin. ♄ de Saint-Domingue & des environs de Carthagène.
13. CAPRIER de Malabar.
CAPPARIS Malabarica. Capparis Baducca. Lin. ♄ du Malabar.
14. CAPRIER à grosses siliques.
CAPPARIS amplisiliqua. Capparis amplissima. Lin. ♄ de Saint-Domingue.
15. CAPRIER à siliques rouges.
CAPPARIS cynophallophora. Lin. *le Pois Mabouia,* ou *la Feve du Diable des Caraïbes.* ♄ des Antilles.
16 CAPRIER luisant.
CAPPARIS lucida. Capparis Breynia. Lin. ♄ des Antilles & du Continent voisin.
16. B. CAPRIER luisant à fleurs polyandres.
CAPPARIS lucida polyandra. Caprier luisant. β. La M. Dict. ♄ des Antilles & du Continent voisin.
18. CAPRIER flexueux.
CAPPARIS flexuosa. Lin. ♄ des Antilles.
19. CAPRIER à feuilles longues,
CAPPARIS longifolia. Capparis siliquosa. Lin. ♄ des Antilles.
19. B. CAPRIER à feuilles longues très-étroites.
CAPPARIS longifolia angustissima. Caprier à feuilles longues. β. La M. Dict. ♄ des Antilles.
20. CAPRIER linéaire.
CAPPARIS linearis. Lin. ♄ des environs de Carthagène & des Antilles.
21. CAPRIER à feuilles hastées.
CAPPARIS hastata. Lin. ♄ des environs de Carthagène.
22. CAPRIER de la Jamaïque.
CAPPARIS Jamaïcensis. Jacq. Amer. ♄ de la Jamaïque.
23. CAPRIER à fruits grêles,
CAPPARIS tenuisiliqua. Jacq. Amer. ♄ des environs de Carthagène.
24. CAPRIER à verrues.
CAPPARIS verrucosa. Jacq. Amer. ♄ des environs de Carthagène.
25. CAPRIER à belles fleurs.
CAPPARIS pulcherrima. Jacq. Amer. ♄ des environs de Carthagène.
26. CAPRIER des bois.
CAPPARIS nemorosa. Jacq. Amer. ♄ des environs de Carthagène.
27. CAPRIER à feuilles en cœur.

CAPPARIS

CAPPARIS *cordifolia.* La M. Dict. des Isles
Marianes.

28. CAPRIER panduriforme.

CAPPARIS *panduriformis.* La M. Dict..... de
l'Isle de France.

*** *Espèces à peine connues.*

29. CAPRIER oblongi-feuille.

CAPPARIS *oblongifolia.* Forsk. Ægypt. p. 99,
.... d'Egypte.

30. CAPRIER mithridatique.

CAPPARIS *mithridatica.* Forsk. Ægypt. p. 99,
.... d'Egypte.

Traduction de la principale phrase latine par la-
quelle chaque espèce est définie dans le Diction-
naire de Botanique. Port & principales particu-
larités de chacune.

* *Plantes épineuses.*

1. CAPRIER ordinaire. Caprier (épineux) à
pédoncules uniflo es solitaires, à stipules épineuses, à feuilles annuelles, à capsules ovales.
Linnæus.

1. B. CAPRIER ordinaire à feuille aigue.

1. C. CAPRIER ordinaire sans épines.

Cette espèce est un arbuste dont les racines
sont ligneuses, grandes, nombreuses, vigoureuses,
recouvertes d'une écorce épaisse. Suivant les
Anciens, il n'y a rien de plus importun dans les
terreins cultivés, que les racines des Capriers
rempantes au loin & au large. Cet arbuste pousse du
collet de sa racine, ou d'une sorte de souche
courte, un grand nombre de tiges, rameaux,
ou sarmens longs de deux ou trois pieds, qui
forment une touffe lâche & diffuse, se soutiennent mal & se couchent par terre, s'ils ne
sont soutenus par quelques échalas ou par des
plantes voisines. La blancheur éclatante des
quatre grands pétales arrondis qui ornent chaque
fleur, jointe à l'agréable teinte rouge des très-
longs filamens d'une belle houpe de soixante
à cent étamines qui sont à son centre, au violet clair de leurs sommets, & à la belle couleur verte du pistil plus long qui est au milieu
d'elles, donnent à cette fleur l'aspect le plus
charmant. Comme avec cela il naît une telle
fleur dans l'aisselle de chaque feuille, sur presque
tous les rameaux, & qu'ainsi chaque plante
produit presque autant de fleurs que de feuilles,
l'abondance & la beauté de ces fleurs réunies
au beau verd & à la forme élégamment ovale-
arrondie des feuilles lisses un peu charnues &
très-entières, font de cet arbuste une des plus
belles plantes qu'il y ait, lorsqu'il est chargé
de fleurs ; il fleurit pendant tout l'Été & une

Agriculture, Tome II.

partie de l'Automne. Suivant M. de Tschoudi,
dans l'ancienne Encyclopédie, les fleurs commencent à paroître, aux environs de Toulon,
dès le mois de Juin, tandis qu'aux environs de
Metz, elles ne s'épanouissent qu'en Août &
Septembre. La raison est que, dans ce dernier
climat, cette plante acquiert deux mois plus
tard que dans l'autre, la somme de chaleur nécessaire à sa fleuraison. Il quitte ses feuilles tous
les ans. Cette espèce, la seule de ce genre qui
vienne d'elle-même en Europe, y croît naturellement dans ses contrées Méridionales seulement : Ray l'y a observée en Italie, aux
environs de Rome, de Sienne & de Florence,
en Sicile & en l'Espagne, ainsi que dans le
Levant, sur les murailles, les décombres, les
ruines, sur les lieux pierreux & escarpés, parmi
les rocailles, sur les rochers, où elle ne pros-
père jamais mieux que lorsqu'elle naît de leurs
faces verticales, en insinuant ses racines dans
leurs délits, dans les cavités horizontales de leurs
fentes & crévasses. Elle se trouve, en pareils sols &
situations, dans plusieurs endroits des cantons les
plus bas & les plus chauds des ci-devant Provinces de Languedoc & de Provence, & elle est commune dans cette dernière aux environs de Toulon :
mais elle y est plutôt naturalisée que naturelle,
& les Hivers rigoureux l'y détruisent. Les noms
des variétés B & C, désignent comment elles se
distinguent : la variété B se trouve en Sicile,
autour d'Agrigente : la variété C a son fruit plus
grand que les deux autres.

2. CAPRIER d'Egypte. Caprier à pédoncules
solitaires, uniflores, à stipules épineuses, à
feuilles arrondies - cunéiformes, pointues à
leur sommet *M. Lamarck.* La petitesse des
feuilles de cette plante la rend peu touffue. Le
jaune d'or de ses épines stipulaires orne son
aspect glauque, peu décoré d'ailleurs par ses
fleurs d'un blanc sale à étamines gris de lin.

3. CAPRIER de Ceylan. Caprier à pédoncules
solitaires uniflores, à stipules épineuses, à feuilles
ovales pointues des deux bouts. *Linnæus.* La
forme des feuilles de cette espèce, qui sont
au moins deux fois plus longues que larges,
lui donnent un aspect fort différent de celui
du Caprier ordinaire.

4. CAPRIER à corymbes. Caprier à fleurs en
corymbes terminales à stipules épineuses, à
feuilles ovales, pubescentes en-dessous. *M. La-*
marck. Ces caractères joints au duvet cotonneux
qui couvre les calices, pédoncules & rameaux,
& à la roideur de ces derniers, donnent à
cette plante un port tout différent de celui des
précédentes.

5. CAPRIER cotonneux. Caprier épineux à
fleurs axillaires, solitaires, pédonculées ; à feuilles
ovales-oblongues, obtuses, tomenteuses, à siliques sphériques. *M. Lamarck.* Le duvet cotonneux & grisâtre qui couvre toutes les parties

de cette plante, excepté ses fleurs & ses fruits, lui donne un aspect encore plus saillant que celui de la précédente.

6. CAPRIER des haies. Caprier à pédoncules en ombelles, à stipules épineuses, à feuilles annuelles, ovales, échancrées. *Linnæus.* C'est un arbuste : les pédoncules, feuilles & rameaux, sont pubescents ; ces derniers sont grêles & fléchis en zig-zag; les fleurs sont petites.

7. CAPRIER divergent. Caprier épineux, très-rameux, à rameaux tortueux divergens ; à feuilles linéaires, étroites, aigues, presque sans pétioles. *M. Lamarck.* C'est un arbuste glabre dans toutes ses parties.

8. CAPRIER à feuilles de Poirier. Caprier épineux, à pédoncules uniflores, solitaires, très-courts; à feuilles ovales lancéolées, pointues, dont les plus jeunes sont cotonneuses. *M. Lamarck.*

8. B. Le même fasciculé.

Les feuilles de cette huitième espèce sont longues de trois pouces & larges d'un pouce. La variété B, diffère parce que ses fleurs sont en faisceaux.

9. CAPRIER à feuilles de Citronnier. Caprier épineux, à fleurs en ombelles terminaux, à feuilles ovales oblongues coriaces. *M. Lamarck.* C'est un arbrisseau qui paroît un peu élevé, qui est très-piquant & dont les rameaux sont rudes.

10. CAPRIER hérissé. Caprier en arbre, à stipules épineuses, à rameaux tortueux, à feuilles ovales lancéolées piquantes glabres, à fleurs par paires axillaires. *M. Lamarck.* C'est un arbre dont les rameaux sont roides. Ses épines sont rouges.

** *Plantes dépourvues d'épines.*

11. CAPRIER en arbre. Caprier en grand arbre, doux, à feuilles ovales, aigues, glabres, à corymbes terminaux, à fruits globuleux. *Linnæus, fils.* Les fleurs sont d'un jaune blanchâtre, leurs corymbes s'alongent en grappes.

12. CAPRIER à feuilles ramassées. Caprier (feuillu), à pédoncules en ombelles, à feuilles ramassées de distance en distance. *Linnæus.* C'est un arbrisseau dont la hauteur ordinaire est de sept pieds, & qui s'élève jusqu'à vingt pieds dans les forêts épaisses & ombrageuses. La position de ses feuilles de grandeur très-inégale, qui ont jusqu'à un pied de long, lui donnent un aspect très-particulier. Les fleurs de cet arbre, larges d'un pouce, lui donnent peu d'éclat, vu qu'elles sont vertes : elles sont quelquefois purpurines. Les siliques, qui n'ont pas plus d'un pouce ou d'un pouce & demi de longueur, sont d'une couleur pourpre noirâtre. M. Jacquin a vu les fleurs en Avril & Mai, & les fruits mûrs en Août & Septembre.

13. CAPRIER de Malabar. Caprier sans épines, à feuilles ovales lancéolées glabres perennelles, à étamines bleuâtres de la longueur de la corolle. *M. Lamarck.* C'est un arbrisseau toujours verd, dont le tronc, de l'épaisseur du bras, est haut de cinq à six pieds. Ses fleurs, blanches ou bleuâtres, qui, suivant Rhéede, ont jusqu'à deux pouces & demi de diamètre, rendent cette plante d'une grande beauté. Cette espèce croît naturellement dans les lieux sablonneux : elle fleurit en Janvier. Suivant Rhéede, elle fructifie rarement dans son pays natal ; elle y est même regardée communément comme stérile.

14. CAPRIER à grosses siliques. Caprier très-ample, sans épines; à feuilles ovales, glabres, veineuses; à fleurs solitaires, axillaires & terminales, à étamines plus longues que la corolle ; à fruit ovoïde. *M. Lamarck.* Cette espèce s'élève en arbre dont la grosseur est quelquefois très-considérable. Elle est encore plus belle que la précédente : ses fleurs blanches sont encore plus larges.

15. CAPRIER à siliques rouges. Caprier (cynophallophore), à pédoncules multiflores terminaux, à feuilles ovales, obtuses, perennelles, à glandes axillaires. *Linnæus.* M. Jacquin a trouvé cette espèce dans les terreins gras, maigres; pierreux, sablonneux, dans les lieux découverts, ombragés, en un mot, par-tout, excepté dans les forêts montueuses & épaisses. Cela fait qu'elle varie beaucoup par son tronc, ses rameaux & ses feuilles. Dans les haies situées sur les lieux découverts, ce n'est qu'un arbuste foible qui pousse de très-longs sarmens, à peine rameux, qui se couchent sur les arbustes voisins. Alors, ce Caprier ressemble, par son port, plus qu'aucun autre d'Amérique, au Caprier ordinaire, n.° 1. Mais dans les prés gras & inondés, lorsqu'il est isolé, il forme un petit arbre d'un port élégant qui ressemble beaucoup à l'espèce précédente, dont il diffère principalement parce qu'il s'élève beaucoup moins, & par ses fruits. Dans cette dernière situation, il s'élève ordinairement à la hauteur de douze pieds. C'est une des plus belles plantes de ce beau genre; elle est très-intéressante, non-seulement par ses belles fleurs blanches de deux pouces de diamètre, très-agréablement odorantes, mais encore par ses siliques longues d'un demi-pied & grosses comme le doigt, rougeâtres en-dehors, qui s'ouvrent sur l'arbre, & augmentent alors la beauté de son aspect, en présentant à la vue leurs semences d'un blanc éblouissant, nichées dans une pulpe écarlate.

16. CAPRIER luisant. Caprier à feuilles ovales-lancéolées, luisantes en-dessus, un peu rudes & ponctuées de points écailleux en-dessous; à pédoncules multiflores ; à siliques cylindriques, noueuses, un peu écailleuses ou cotonneuses. *M. Lamarck.*

16. B. CAPRIER luisant à fleurs polyandres.
La variété B, que M. Jacquin a observée, diffère de l'autre, que Plumier & M. Lamarck ont décrite, par ses fleurs qui sont au nombre de huit, au lieu de quatre, sur chaque pédoncule commun, & par ses étamines qui sont en beaucoup plus grand nombre que huit dans chaque fleur. D'ailleurs, c'est un arbrisseau d'un port au moins, aussi élégant que l'autre, & qui a aussi l'aspect d'un chalef quant à son feuillage. Sa tige droite s'élève à la hauteur de dix pieds. Ses fleurs, qui sont, aussi, blanches & très-odorantes, sont beaucoup plus intéressantes que celles de l'autre, à cause de leur plus grand nombre, qui forme sur les rameaux des paquets très-épais d'une grande beauté. Sa silique, de neuf pouces de longueur, est remplie d'une pulpe écarlate. Ses semences sont sujettes à être dévorées par les insectes. Elle habite naturellement dans les endroits pierreux, graveleux, maritimes, inondés, dans les vallées remplies de broussailles, & ailleurs.

17. CAPRIER à feuilles d'amandier. Caprier à pédoncules multiflores; à feuilles ovales-oblongues, glabres & veineuses en-dessus, écailleuses-argentées en-dessous. M. Lamarck. Suivant M. Jacquin, c'est un arbrisseau de dix pieds de hauteur. Les pédoncules presque terminaux portent chacun environ sept fleurs d'un demi-pouce de diamètre, blanchâtres, sans odeur, qui n'ont que huit étamines : quelquefois les fleurs de cette espèce sont pourpres & un peu odorantes. M. Jacquin l'a trouvée dans les broussailles, sur les bords de la Mer, à Saint-Domingue.

18. CAPRIER flexueux. Caprier à pédoncules accumulés, terminaux ; à feuilles persistantes, oblongues, obtuses, glabres; à rameaux flexueux. Linnæus.

19. CAPRIER à feuilles longues. Caprier à pédoncules uniflores comprimés ; à feuilles persistantes lancéolées-oblongues, pointues ponctuées en-dessous. Linnæus.

19. B. CAPRIER à feuilles longues, très-étroites.
Cette espèce est, suivant Miller, un arbrisseau de huit à dix pieds de hauteur. Sa fleur est petite & blanche. Les points du dessous des feuilles sont argentés & ferrugineux dans les deux variétés.

20. CAPRIER linéaire. Caprier à pédoncules presque en grappes, à feuilles linéaires. Linnæus. Les fleurs blanches, d'un demi-pouce de largeur, au nombre de dix dans chaque grappe, & les fruits de couleur orangée, ornent beaucoup l'aspect de cet arbre droit, rameux, d'un beau port, haut de quinze pieds, & entièrement glabre. Suivant M. Jacquin, cette plante est abondante dans les terres sablonneuses des environs de Carthagène. Il a cueilli des fleurs & des fruits mûrs, en Mars & en Juillet.

21. CAPRIER à feuilles hastées. Caprier à pédoncules multiflores ; à feuilles hastato-lancéolées, luisantes. Linnæus. L'aspect de cette plante est décoré par de jolies grappes longues d'un demi-pied, chargées de huit fleurs purpurines, un peu odorantes. Les feuilles ont six à sept pouces de longueur. C'est un arbrisseau foible, dont les rameaux sont excessivement long, & peu nombreux. M. Jacquin l'a trouvé dans les bois.

22. CAPRIER de la Jamaïque. Caprier à pédoncules multiflores, à feuilles oblongues, échancrées, cotonneuses en-dessous; à corolles demi-droites. M. Jacquin. Arbrisseau de dix pieds de haut, droit & rameux ; à fleurs d'un blanc sale, odorantes. M. Jacquin l'a trouvé en fleurs, pendant les mois de Février & de Mars.

23. CAPRIER à fruits grêles. Caprier à grappes simples droites, à fruits siliqueux, à feuilles rombantes. M. Jacquin. Arbrisseau droit, peu rameux, dont la hauteur est de huit pieds dans les haies & broussailles situées sur les lieux découverts, & de quinze pieds dans les forêts ombragées. Il se dépouille de ses feuilles, de Janvier en Avril. Dans ce dernier mois, il pousse ses grappes, dont chacune porte une cinquantaine de fleurs verdâtres, qui s'ouvrent successivement dans l'espace d'un mois. Les feuilles ne commencent à paroître que lorsque les premières fleurs sont épanouies. Le fruit est mûr en Septembre & Octobre.

24. CAPRIER à verrues. Caprier à pédoncules multiflores, à feuilles oblongues, aigues, luisantes des deux côtés, à fruits couverts de verrues. M. Jacquin. Cette espèce est très-belle, & ressemble, par son port & par sa fleur, à l'espèce n.° 15 ; mais sa fleur est à peine odorante.

25. CAPRIER à belles fleurs. Caprier (très-beau), à fleurs en grappes, à feuilles obtuses, à fruit en baie. M. Jacquin. La hauteur de cette plante est de deux à trois pieds, dans les lieux secs & découverts, &. de douze pieds dans les forêts ombrageuses. Ses feuilles ont jusqu'à dix pouces de longueur. Ses belles grappes, longues d'un demi-pied, de fleurs jaunes-blanchâtres d'une odeur très-suave, à étamines d'abord blanches, puis pourpres, rendent cette plante fort agréable. Son fruit, qui acquiert jusqu'à quatre pouces de diamètre, est si excessivement fétide, lorsqu'il est mûr, qu'aucun animal n'y touche jamais. Cet espèce se trouve sur les pentes des montagnes : elle fleurit en Juillet & Août. Son fruit est mûr en Mars & Avril.

26. CAPRIER des bois. Caprier à fleurs en grappes, à feuilles pointues, à fruit en baie. M. Jacquin. C'est un arbre de vingt pieds de hauteur, droit & rameux, dont le port ressemble beaucoup à celui du précédent. Il croît naturellement dans les forêts épaisses.

27. CAPRIER à feuilles en cœur. Caprier à

Pédoncules folitaires uniflores, à feuilles en cœur Pétiolées, dont les plus jeunes font chargées d'un duvet farineux. *M. Lamarck.* La fleur de ce Caprier eft blanche & grande. Il reffemble beaucoup, par fon afpect, au Caprier ordinaire, n.° 1.

28. CAPRIER panduriforme. Caprier à pédoncules uniflores, raffemblés aux fommités des rameaux, à feuilles oblongues en forme de violon. *M. Lamarck.* C'eft une belle plante.

*** *Efpèces à peine coñnues.*

29. CAPRIER (oblongifeuille) à feuilles ovales oblongues, obtufes avec une pointe, perennelles. *Forskal.*

30. CAPRIER (Mitridatique) à feuilles alternes, pendantes, linéaires-lancéolées. *Forskal.*

Culture.

Le Caprier ordinaire, n.° 1, eft la feule efpèce de ce genre qu'on ait pu jufqu'à préfent cultiver en France en pleine terre. Cette plante eft en culture réglée en grand, dans plufieurs endroits des parties les plus chaudes des Départemens les plus méridionaux de la France, qui bordent la mer Méditerranée. C'eft principalement dans le Département du Var, & fur-tout aux environs de Toulon, que ce Caprier eft le plus multiplié & cultivé en grand, comme objet de commerce, à caufe de fes boutons de fleurs, que l'on récolte pour les confire dans le vinaigre & le fel, & que l'on diftribue ainfi confits dans toute l'Europe, fous le nom de Capres. Je ne m'étendrai pas fur cette culture en grand ; M. Gruvel qui l'a étudiée & obfervée fur les lieux mêmes où elle eft pratiquée, s'étant chargé d'en donner les détails, que l'on trouvera à la fin du préfent article : je me contenterai d'expofer ce qui concerne la culture de cette belle plante dans les jardins du climat de Paris, & de nos Départemens, à-peu-près auffi feptentrionaux, où on la cultive par curiofité, & pour jouir du fpectacle de fes belles fleurs, fans avoir en vue de retirer quelque profit de fes boutons ni de fes fruits.

Comme cet arbufte craint beaucoup le froid, il eft d'ufage, & il paroît néceffaire, dans le climat de Paris, & dans les autres Départemens feptentrionaux, de le placer aux expofitions les plus chaudes qu'il eft poffible. On le place ordinairement au pied d'un mur expofé au midi, où il puiffe jouir de toute la chaleur du foleil, & où il foit à l'abri des vents froids. Le terrein qui lui convient le mieux, eft celui qui ffemble le plus au fol dans lequel il naît & profpère naturellement. Ainfi, les terreins les plus pierreux font ceux qu'il faut préférer à tous autres pour la culture de cette plante. Mais il eft d'expérience, qu'il ne fuffit pas que le ter-

rein foit pierreux, les Capriers n'y végétant que foiblement, fi la terre avec laquelle les pierres font mélées eft trop maigre, trop légère, trop fablonneufe, ou s'il fe trouve un lit de tuf ou de glaife près de la fuperficie. On a éprouvé qu'il eft avantageux que le terrein foit profond, & que la terre végétale entremêlée avec les pierres, foit bonne & fubftantieufe fans être compacte. Ce Caprier y végète beaucoup plus vigoureufement, & y produit une beaucoup plus grande quantité de fleurs. C'eft en plantant le Caprier dans un tel terrein, au pied d'un mur à l'expofition dite, que fa culture donne le plus de fatisfaction dans le climat de Paris.

Il eft encore d'ufage de le planter, à la même expofition, dans les murs mêmes, non dans ceux ifolés, mais dans les murs de terraffe ou adoffés contre des terres. On l'y plante, foit dans les trous ou ventoufes pratiqués à la bafe de ces murs, pour l'écoulement des eaux qui y abordent en venant des terres fupérieures, foit dans des trous ou niches que l'on fait de diftance en diftance, en quinconce régulier, de part en part dans toute l'étendue de ces murs contre laquelle la terre eft adoffée. On a imaginé cette pratique pour imiter, en quelque manière, la nature qui, comme j'ai dit plus haut, fait très-bien végéter ce Caprier, lorfqu'elle le place dans les fentes horizontales des faces perpendiculaires des rochers. Mais, quoique par cette pratique le Caprier réuffiffe fouvent fort bien, elle a cependant quelques fois de grands inconvéniens. 1.° Le collet de la racine ou l'endroit du tronc qui fe trouve placé dans chaque trou, niche ou ventoufe du mur, groffiffant chaque année, remplit bien-tôt la largeur ou la hauteur de cette ouverture, fi elle eft étroite ; &, après l'avoir remplie, fait fonction de lévier contre fes parois, en tendant à les écarter; & comme ce lévier agit perpétuellement avec une grande force, il écarte enfin ces parois, fend le mur, & y fait fouvent des lézardes confidérables. On en a vu nombre d'exemples, & plufieurs particuliers ont été obligés de refaire à neuf des murs de terraffes, que cette feule caufe avoit mis hors de fervice. Cet inconvénient arrive moins fréquemment dans les murs conftruits en pierres fèches, leurs pierres n'étant point liées les unes aux autres, ils font plus difficilement endommagés par les Capriers ; & il eft d'expérience que ces plantes y réuffiffent mieux. 2.° Si, afin d'éviter cet inconvénient, l'on fait ces trous, niches ou ventoufes, d'une largeur affez grande pour que le collet de la racine ou la portion de tige qui s'y trouve placée ne puiffe la remplir, il arrive que lorfque les eaux de pluie ou autres qui abordent à ces trous, en ont détrempé la terre, elle s'écroule d'elle-même, parce qu'elle n'eft pas alors affez foutenue ; elle finit enfuite par être entraînée hors

du trou ; ainfi que la terre voifine ; d'où il réfulte que les racines des Capriers qui y font
plantés, fe trouvent enfin à découvert, ce qui
fait périr ces arbuftes ; on en voit des exemples
fréquens. D'après ce que je viens de dire, on
conçoit que lorfqu'on adopte cette pratique, les
principales attentions qu'il faut avoir pour éviter les inconvéniens dont je viens de parler, font,
1.° de faire les trous, dans lefquels on plante,
affez larges, & fur-tout affez haut, pour éviter
les lézardes, dont celles qui font horizontales
fe font le plus aifément, & détruifent le plus
promptement les murs. 2.° De placer derrière ces murs, devant la terre adoffée à ces trous,
des briques ou tuileaux pofés de manière qu'ils
la retiennent, l'empêchent de s'ébouler ou d'être
entraînée, & que l'augmentation de groffeur des
Capriers puiffe les écarter à mefure. On conçoit
auffi 3.° que, lorfqu'on plante les Capriers dans
les ventoufes, il eft très-important, pour la confervation du mur, qu'elles ne foient pas affez
petites pour qu'ils puiffent les boucher en entier
par leur accroiffement, & empêcher l'écoulement
des eaux fupérieures : 4.° que la nature de la terre
adoffée à ces murs n'eft pas plus indifférente que
celle de la terre qui eft à leur pied, & qu'il faut
auffi en ce cas préférer celle qui eft en même-tems
fubftantieufe & pierreufe.

M. de Tfchoudi confeille de planter quelques
pieds de Caprier dans des cavités pratiquées
dans des murs ifolés & remplies de terre. Lorfque les racines des Capriers ainfi plantés, parviennent à s'introduire entre les joints des pierres de ces murs, ils y réuffiffent, & fouvent
ils y fubfiftent fort long-tems. On conçoit
que fi l'on a dans fon parc, dans fa vigne, dans
fon jardin, &c. en expofition chaude, des
rocailles, des amas de pierrailles & de
décombres, des mafures, des ruines, des vieilles murailles, des lieux impropres à toute culture, à caufe de leur nature extrêmement
pierreufe, ce font de très-bons fols pour la
culture des Capriers, qui décoreront fuperbe-
ment ces endroits difformes & fauvages. On pra-
tiquera dans les vieilles murailles, mafures &
ruines, des cavités de la capacité d'environ un
pied cube ou un demi-pied cube chacune ; on
les remplira de bonne terre végétale légère &
fubftantieufe, dans laquelle on plantera les Capriers. Ils y réuffiront, ainfi que dans les fentes & crévaffes des rochers dans lefquelles il feront plantés, après qu'on les aura auffi remplies préalablement de la même terre végétale.

On cultive encore cette efpèce dans de grands
pots ou caiffes, dans lefquels on la plante à
demeure. Ces pots doivent être remplis d'une
terre légère, fubftantieufe & pierreufe ; telle,
par exemple, que celle que j'indiquerai plus
bas, être convenable pour le femis de cette efpèce ; mais, dans la compofition de laquelle le

tiers de décombre calcaire qui y entre, ne fera
point paffé au crible, mais fera en pierrailles groffes environ comme des noix pour les
Capriers adultes : ces pots ou caiffes doivent être
percés de trous affez grands dans le fond, ou
plutôt à la bafe de leurs parois.

Cette efpèce de Caprier fe multiplie dans le climat
de Paris par femences, par marcottes, par rejetons,
enracinés & par boutures. La voie de multiplication
par femences, eft la moins fuivie, parce qu'elle eft
la plus longue. Cependant, dit Duhamel, il feroit à fouhaiter qu'on en élevât beaucoup de femences, parce qu'il feroit poffible qu'on obtînt ainfi
des variétés à fleurs pannachées ou à fleurs doubles,
qui feroient d'une grande beauté, pour nos jardins,
& feroient au moins auffi utiles dans les pays chauds,
puifque ce ne font que les boutons que l'on confit.
Pour femer cette plante à Paris, il faut en tirer la
femence des pays chauds ; celle récoltée à Paris n'eft
pas féconde ; il n'y fait pas affez chaud ; les fleurs
s'y épanouiffent beaucoup trop tard ; & ainfi le fruit
n'a ni le tems ni la chaleur néceffaires pour parvenir
à maturité. La femence que l'on tire des pays chauds
eft même rarement bonne, fuivant M. Tfchoudi ; &
lorfqu'on veut s'en procurer, il faut en recommander la récolte & l'envoi à un correfpondant foigneux. Les bonnes graines femées en plein air &
en pleine terre, dans les pays chauds, y lèvent
facilement ; mais cela n'eft pas de même dans
les pays plus tempérés, les meilleurs graines y
lèvent très-difficilement, même lorfqu'elles font
femées fur couche & fous chaffis. Miller dit en
avoir femée plufieurs fois dans le climat de Londres, fans fuccès ; & il s'eft affuré que beaucoup
d'autres perfonnes n'ont pas été plus heureufes.
Il n'a réuffi que deux fois à obtenir cette plante
par la voie des femences. La première fois, en
1738, il en obtint deux qui pouffèrent dans une
vieille muraille. La feconde fois, en 1765, il
en obtint un grand nombre, mais elles avoient
été femées un an avant de lui être envoyées.
Ainfi lorfqu'on defire multiplier cette plante par
graines dans le climat de Paris, il eft néceffaire de ne rien négliger pour tâcher de
fe procurer la meilleure femence, & d'en obtenir la germination : Il faut recommander à
fes correfpondans dans les pays chauds, de ne
recueillir les femences deftinées à être envoyées,
que lorfqu'elles font parfaitement mûres, de
choifir préférablement celles des fruits les mieux
conformés & les premiers mûrs, de les envoyer
le plutôt poffible, après qu'elles font mûres,
& de les envoyer dans leurs fruits mêmes.
Il feroit encore plus fûr d'envoyer ces graines
dans de la terre légère, très-peu humide, avec
laquelle elles auroient été mêlées auffi-tôt après
leur maturité, qui auroit été mife au même inftant dans des pots ou caiffes découverts par-
deffus ; qu'on auroit foin de laiffer expofée à toutes les influences de l'atmofphère

depuis cet inftant, jufqu'à celui de leur arrivée à leur deftination, en couvrant fa furface avec de la mouffe verte feulement, & en l'arrofant très-légèrement de tems à autre, pour empêcher qu'elle ne fe deffèche exceffivement. Un pot d'un pied de diamètre & d'autant de profondeur, pourroit contenir de cette manière plufieurs livres de femences. Il faut femer ces graines auffi-tôt qu'elles arrivent, en quelque faifon que ce foit, dans de petits pots remplis d'une terre qui foit en même-tems légère, fubftantieufe & pierreufe, comme feroit, par exemple, une terre compofée d'un tiers de bonne terre à potager, un tiers de terreau de bruyère, ou à fon défaut de terreau de vieilles couches bien confommé, & d'un tiers de décombres calcaires paffées au crible médiocrement fin. On fait ce femis en répandant la graine également fur la furface de la terre de ces pots, & en la recouvrant de l'épaiffeur d'une ligne ou deux de la même terre, mais plus fine. Auffi-tôt que ce femis eft fait; fi c'eft au Printems, on enterre fur-le-champ ces pots jufqu'aux bords dans le terreau d'une couche chaude, couverte d'un chaffis, & expofée au midi. Si c'eft en toute autre faifon qu'au Printems, on place ces pots dans le terreau d'une couche tiède fous des chaffis où on les arrofe de tems à autre dans les beaux jours, mais feulement autant qu'il eft néceffaire, pour entretenir une très-légère humidité : pendant les gelées, on couvre les chaffis de paille & de paillaffons en quantité fuffifante, non-feulement pour empêcher le froid d'y pénétrer, mais même pour maintenir le thermomètre de Réaumur à trois ou quatre dégrés au-deffus du terme de la glace : fi les couvertures ne fuffifent pas pour produire cet effet, on y fupplée par des réchauds que l'on fait à la couche. Il ne s'agit pas, par cette pratique, de faire lever ces femences au plutôt; il feroit au contraire fort peu à propos qu'elles levaffent à la fin de l'Eté ou en Automne; car alors elles n'auroient pas le tems d'acquérir affez de force avant l'Hiver pour réfifter à fa rigueur qui les feroit périr; fi elles levoient pendant l'Hiver même, elles périroient encore plus certainement : le traitement que l'on adminiftre à ces femis jufqu'au Printems fuivant, doit donc être dirigé de manière feulement à leur conferver jufques-là, leur faculté de germer, & à les difpofer à fortir de terre au commencement de cette faifon. Il faut avoir foin chaque fois que le tems eft doux de foulever les panneaux des chaffis pour renouveller l'air qu'ils renferment, afin de l'empêcher de fe corrompre, ou d'acquérir une chaleur au-deffus de dix degrés, & afin de préferver ainfi les femences de la moififfure ou d'une germination prématurée. Vers la fin de Février, on tranfportera ces pots fur une couche chaude nouvellement faite, dans le terreau de laquelle on les enterrera jufqu'au

bord. Depuis cette époque, foit que le femis vienne d'être fait, foit qu'il ait été fait auparavant, il faut le baffiner légèrement deux fois par jour, jufqu'à ce que les plantes paroiffent, ou jufqu'à ce qu'on ait renoncé à l'efpérance de les voir lever dans le cours du Printems, ou au moins dans le commencement de l'Eté de l'année lors préfente ; car ils ne levent quelquefois qu'au Printems fuivant. En ce dernier cas, vers la fin du mois de Juillet, on ôtera les pots de deffus la couche chaude pour les placer fur une couche tiède, où on les traitera comme il vient d'être dit de traiter, jufqu'à la fin de l'Hiver ; les femis faits entre toute autre faifon qu'au Printems, & où on les laiffera jufqu'à la fin de Février fuivant, lors de laquelle il faudra les remettre dans une nouvelle couche chaude, pour faire lever celles de ces graines qui n'auroient pas entièrement perdu leur propriété de germer. Dès que les jeunes Capriers commencent à fortir de terre, il faut modérer les arrofemens, n'en adminiftrer qu'au befoin, fur-tout tant que le jeune plant eft foible, que l'atmofphère eft froid & humide, & que le foleil ne paroît pas, & donner aux jeunes plantes les foins ordinaires néceffaires pour les préferver de l'étiolement, de la pourriture & du froid, en éclairciffant, en farclant, en fermant exactement les chaffis lorfqu'il eft à-propos, les couvrant avec de la paille & des paillaffons, chaque fois & autant qu'il eft néceffaire, les découvrant foigneufement, les ouvrant chaque fois que le tems fe permet; il eft même utile de réchauffer la couche lorfque fa chaleur tombe au-deffous de huit ou dix degrés, afin de hâter la végétation de ces jeunes plantes. Elles font très-délicates pendant leur première jeuneffe ; à cet âge, elles craignent beaucoup le froid, & elles craignent encore plus la privation du foleil, & d'un air fréquemment renouvellé. Quand elles auront environ quatre pouces de hauteur, on les tranfplantera par un tems brumeux, chacune dans un pot rempli d'une terre pareille à celle indiquée pour le femis, en leur confervant toutes leurs racines, & en ne laiffant ces dernières expofées à l'air que pendant le moins long-tems qu'il eft poffible. On place enfuite les pots dans le terreau d'une couche tiède couverte d'un chaffis où l'on garantit les plantes du foleil, par des paillaffons, & on les arrofe deux fois par jour, jufqu'à ce qu'elles foient reprifes ; après quoi l'on ôte les abris par degrés, & l'on arrofe moins fouvent. Il ne faut jamais négliger depuis qu'elles font reprifes, de les aérer auffi fouvent que la chaleur de la faifon peut le permettre : car ces plantes aiment extrêmement le grand air. On lève même entièrement les panneaux des chaffis lorfqu'il tombe des pluies douces en Mai & Juin ; & lorfqu'une fois la chaleur de l'atmofphère fera fixée au-deffus de dix ou douze degrés, on les laiffera entièrement expofées à l'air libre ; elles pourront même alors fe paffer de la couche, & les pots pourront être tranfportés en plein air au pied d'un mur expofé au midi, où on les laiffera jufqu'à la mi-Septembre. On les arrofe fouvent pendant les grandes chaleurs : car cette plante aime à avoir fa tête au foleil, & beaucoup d'humidité à fon pied ; mais il faut les arrofer beaucoup moins fouvent, & moins abondamment pendant le mois de Septembre, afin que les plantes puiffent s'endurcir fuffifamment pour être en état de réfifter à la rigueur de l'Hiver fuivant. Ces plantes font beaucoup plus fenfibles au froid pendant leur première année, que lorfqu'elles font plus âgées. Ainfi, à la fin de Septembre, on les rentrera par un tems fec, fi faire fe peut, dans une bonne orangerie, où elles pafferont le premier Hiver ; mais il faudra les y placer proche des croifées : car ces plantes font très-avides d'air & de lumière ; & faute de cette précaution, elles font très-fujettes à fe pourrir & à en périr. Le plus fûr moyen de les conferver l'Hiver, eft de les placer fous une caiffe de vitrage feche & aërée, où on les fera jouir du foleil & de l'air, pendant les tems doux. Il faut les arrofer très-rarement pendant cette faifon, & feulement lorfque là terre des pôts eft feche depuis fa furface jufqu'à un pouce de profondeur. Chaque fois qu'on les arrofe, il faut leur donner très-peu d'eau à-la-fois, avec l'arrofoir à goulot, fans mouiller aucunement ni tige ni branche. Vers la fin d'Avril, on fortira ces plantes de la ferre, & on les mettra en plein air par un tems couvert, ou encore mieux pendant le moment d'une pluie douce. Avant de les fortir, on les aura aërées fouvent pendant la dernière quinzaine, pour les endurcir & les difpofer à cette fortie. Auffi-tôt qu'elles feront forties, on les mettra pendant une autre quinzaine à l'abri du foleil, afin de les endurcir encore par degrés & de la difpofer à fupporter fes rayons à l'air libre, fans en être endommagées. Après cette dernière quinzaine, on pourra fortir ces plantes des pots & les planter en plein air à demeure, foit en pleine terre au pied d'un mur expofé au midi, comme j'ai dit, foit dans des trous pratiqués de part en part, dans un mur de foutenement, comme j'ai auffi dit, foit dans de grands pots, ou des caiffes, ou dans des rocailles, des pierrailles, des ruines, &c. ; La diftance réciproque qu'il convient de mettre entre les Capriers plantés en pleine terre, dans le climat de Paris, doit être beaucoup moindre que dans les pays chauds, 1.° parce qu'ils végètent beaucoup moins rapidement dans le climat de Paris ; 2.° parce qu'ils y perdent fouvent une bonne partie de leurs branches pendant l'Hiver. Ainfi, il convient, dans le climat de Paris, d'efpacer les Capriers plantés en pleine terre, à fix ou neuf pieds environ les uns des autres. Comme ceux plantés dans des trous pratiqués dans les murs, végètent encore moins vigoureufement dans le climat de Paris, que ceux plantés en pleine terre, parce que la terre dans laquelle ils jettent leurs racines eft prefque toujours fort compacte & ne peut être labourée, il fuffira de mettre quatre ou fix pieds de diftance de l'un à l'autre. Pour les planter en pleine terre, il eft à propos d'avoir fait d'avance, à la place deftinée à chacun, un trou d'un pied de profondeur au moins, fur un pied & demi ou deux de largeur en tout fens. On ôte la motte du pot avec précaution, en prenant foin de ne pas la rompre ; on la place auffi-tôt tout auprès du mur, en mettant le collet de la racine à trois pouces environ au-deffous de la furface du terrein d'autour des trous : enfin on remplit fur-le-champ le trou. Pour les tranfplanter dans des trous de mur ; fi ces trous font auffi larges que les mottes, on y plantera les mottes entières ; s'ils font plus étroits, on taillera les mottes & on leur donnera la petiteffe néceffaire pour qu'elles puiffent paffer au travers de ces trous fans être brifées ; en les taillant ainfi, on épargne le côté de chacune, dans lequel on apperçoit le plus de racines : puis on fait le plus bas que l'on peut, dans la terre qui forme la parois poftérieure de chacun de ces trous, une foffette qui foit inférieurement, ou horizontale, comme il eft d'ufage, ou, mieux, inclinée à l'horizon d'environ quarante-cinq degrés, en defcendant depuis le mur ; par le moyen de cette inclinaifon du bas-fond de la foffette, les racines du Caprier qu'on y plantera feront maintenues plus folidement feront moins fujettes à être découvertes par l'éboulement de la terre d'autour d'elles, & il n'en végétera pas moins bien : puis on introduit dans cette foffette la motte entière ou taillée, fans la brifer, & l'on place le collet de la racine à fleur de la face poftérieure du mur ; puis on remplit le plus qu'il eft poffible, la foffette, en faifant defcendre fur la motte la terre fupérieure à la foffette, & en introduifant dans le vuide qu'on occafionne ainfi au-deffus de cette foffette, la terre qu'on a tirée de cette dernière, ou des pierrailles calcaires, le tout comprimé de manière que la terre d'au-deffus de la foffette ne puiffe s'ébouler. Enfin on place, comme on peut, entre le mur & la terre qui lui eft adoffée à l'endroit & autour du trou, des tuileaux que l'on pofe autour du collet de la racine, de manière qu'en débordant dans toute fa circonférence, l'orifice poftérieur du trou, ils empêchent la terre de s'ébouler en-devant, & puiffent céder à l'effort que l'augmentation de groffeur du collet fera par la fuite pour les écarter de fon axe. Après cette plantation, fi les mottes n'ont pas été brifées en plantant, il ne fera pas néceffaire, mais il fera cependant utile d'arrofer chaque plante, au moins une fois ou deux, affez copieufement pour lier la terre d'autour de la motte avec celle de cette motte; mais il eft indifpenfable, à l'égard de toutes celles dont la motte aura été brifée pendant l'opération de la trafplantation, de les arrofer affiduement, & de les abriter du foleil par des paillaffons jufqu'à reprife parfaite. Pour arrofer les Capriers plantés dans les trous de murs, on fait dans la terre d'au-deffus de leurs racines, en la perçant avec un plantoir, des trous inclinés en defcendant depuis le mur, dans lefquels on introduit l'eau peu-à-peu avec un arrofoir à goulot.

Après que les Capriers plantés à demeure, font bien repris; voici les foins qu'exigent ceux plantés dans & contre les murs : en premier lieu, il eft à-propos de palifler leurs branches, en les diftribuant également fur la furface de ces murs, & les attachant, foit avec de la paille, foit avec du jonc, qui eft plus commode & plus propre, qu'à des clous piqués dans le mur. Cette forte d'efpalier préfente un beau fpectacle pendant tout l'Eté. Quand on ne les palifle pas, ils font beaucoup moins agréables à voir; & de plus leurs nombreufes branches tombent les unes fur les autres, fe privent réciproquement de l'air & du foleil, & fleuriffent beaucoup moins abondamment.

En fecond lieu, il faut prendre les précautions néceffaires pour les empêcher d'être détruits par les gelées. Dans le climat de Paris, quelque précaution qu'on prenne, on réuffit rarement à conferver toutes leurs branches d'une année à l'autre, la gelée en détruit prefque toujours une partie : elle les détruit même quelquefois toutes jufques contre la fouche, ou jufqu'à fleur de terre; mais, lorfqu'on prend les précautions néceffaires, elle épargne ordinairement les plus groffes branches, elle endommage rarement la fouche ou les racines, & au Printems fuivant, la plante pouffe nombre de branches nouvelles qui naiffent de fes groffes branches ou de fa fouche, & produifent beaucoup de fleurs. Pour garantir les Capriers de la gelée, le plus qu'il poffible, dans ce climat, on met au pied de chacun de ceux qui font en pleine terre & fur la terre qui l'environne, jufqu'à la diftance d'un couple de pieds, environ fix à huit pouces d'épaiffeur de paille longue, & l'on couvre toutes les branches avec des paillaffons, en en mettant plufieurs les uns fur les autres pendant les grands froids. Mais beaucoup de Jardiniers évitent la plus grande partie de cet embarras, & ont l'habitude dans les climats de Paris, de renoncer à conferver pendant l'Hiver les tiges & branches des Capriers plantés en plein air. Ils les coupent toutes à la fin de Septembre, à fept ou huit pouces de la fouche, ou

même plus près d'elle; puis, à l'égard des Capriers plantés en pleine terre aux pieds des murs, ils couvrent la fouche & les bouts de branches ou chicots qu'ils y ont laiffés; tantôt avec de la paille longue, tantôt avec de la terre dont ils font une butte affez haute pour que le chicot le plus élevé en foit couvert de trois à quatre travers de doigts; tantôt par ces deux moyens réunis. Les couvertures doivent être plus épaiffes pendant les premiers Hivers que pendant les fuivans, parce que les jeunes plantes font plus délicates que celles qui font plus âgées. Quant aux Capriers plantés dans des trous de murs, ils rempliffent le vuide des trous avec de la paille, & pendent de petits paillaffons devant la fouche & les chicots laiffés à chacun.

A la fin d'Avril, lorfqu'il n'y a plus de gelées à craindre, on découvre peu-à-peu les Capriers, on défait peu-à-peu les buttes faites pour les garantir du froid, & on égalife le terrein.

En troifième lieu, fi l'on veut avoir un grand nombre de fleurs, il faut avoir grand foin de cueillir tous les fruits à mefure qu'il en noue. Ils abforbent la fève. Il eft rare qu'une branche donne plus d'un, ou deux, ou trois fruits; mais, dès qu'ils y font noués, il eft d'expérience conftante que prefque toute fa fève eft employée à leur accroiffement & à leur perfection, qu'elle s'alonge beaucoup moins, qu'elle produit donc beaucoup moins de feuilles, & par conféquent beaucoup moins de fleurs, puifqu'il naît une fleur de l'aiffelle de chaque feuille : ajoutez qu'après une abondante fructification, les plantes feroient beaucoup affoiblies, & en végéteroient beaucoup moins vigoureufement l'année fuivante. Il eft fuperflu de dire qu'il convient de labourer un couple de fois par an au pied des Capriers plantés en pleine terre; il n'eft perfonne qui n'en fente l'utilité.

Quant aux Capriers adultes cultivés en pots ou en caiffes, il eft auffi à propos de palifler leurs tiges & branches; on les attache fur un treillage léger, bâti pour chacun avec des baguettes minces, & qu'on foutiendra contre lui en l'attachant à deux échalas plantés jufqu'au fond du vafe dans lequel il eft contenu. Si l'on fe contentoit d'attacher toutes les tiges & branches, en un paquet, à un feul échalas planté dans le milieu du vafe, elles fe déroberoient réciproquement l'air & le foleil, & la plupart de leurs fleurs étant cachées dans ce paquet, on ne jouiroit pas de leur fpectacle. Si on laiffoit les tiges & branches fans les foutenir, elles fe coucheroient tout-au-tour du pot fur la terre & fur les plantes voifines; ce qui feroit gênant, défagréable à la vue, & étoufferoit les plantes voifines ainfi que ces tiges & branches elles-mêmes qui y cacheroient leurs fleurs.

Quelque foit l'âge des Capriers cultivés en pots ou caiffes, ils demandent les mêmes foins que

que j'ai indiqués pour ces plantes mises en pots pendant la première année de leur existence, après être provenues de semences, c'est-à-dire, qu'il faut avoir soin de les arroser à proportion de leur force & de la chaleur de la saison, qu'il faut leur donner beaucoup d'eau pendant les grandes chaleurs, modérer beaucoup les arrosemens pendant le mois de Septembre, qu'il faut rentrer à la fin de Septembre ces pots ou caisses dans l'Orangerie où ils doivent être posés auprès des croisées; que le meilleur moyen de les conserver pendant l'Hiver, est de les placer sous un chassis de vitrage sec & aëré, où on les fasse jouir de l'air & du soleil chaque fois que le tems est doux; que, pendant l'Hiver, ils doivent être très-peu arrosés, ne recevoir que très-peu d'eau à-la-fois avec l'arrosoir à goulot, & n'en recevoir que lorsque la surface de la terre des pots est sèche jusqu'à un pouce de profondeur; qu'il ne faut les mettre en plein air au Printems que vers la fin d'Avril, &c. Chaque fois que les racines des Capriers sont parvenues à remplir entièrement la capacité des vases où elles sont contenues, il ne faut pas négliger de leur donner des vases plus grands, ou un demi-change suivant la grandeur des plantes. (*Voyez* REMPOTAGE & DEMI-CHANGE.)

Le moyen le plus en usage pour multiplier le Caprier ordinaire dans le climat de Paris, est celui des marcottes. C'est celui qui y est le plus facile & le plus prompt. Pour le mettre en pratique, on est dans l'usage de faire des mères, c'est-à-dire, de récéper en Automne jusqu'à fleur de la souche toutes les tiges & branches d'un ou plusieurs Capriers plantés en pleine terre. En Juillet suivant, lorsque les branches nombreuses qui sont nées de la souche ont acquis quelque grandeur, on élève autour de cette souche & au-dessus d'elle, une butte de terre assez haute pour que la base de toutes ces branches nouvelles y soit enterrée à environ six ou huit pouces de profondeur. Quand on n'a pas besoin d'un grand nombre de marcottes, il n'est pas besoin de faire des mères: il naît souvent, sans ce récépage, sur la souche de chaque Caprier, des branches d'une belle venue dont on enterre la base par le moyen d'une butte, ainsi que je viens de l'exposer. On arrose assiduement ces buttes pendant le reste de l'Eté & de l'Automne. La base des branches ainsi enterrées & arrosées, s'enracine facilement, & ces marcottes ont quelquefois assez de racines au Printems suivant pour pouvoir être sevrées: mais il est plus avantageux de ne les sevrer que lorsqu'elles ont l'âge de deux ans; alors elles sont ordinairement pourvues de racines vigoureuses, & elles ont acquis une force & une consistance qui les rendent beaucoup plus capables d'être transplantées avec succès. On conçoit que pendant l'Hiver que ces marcottes passent sur leur mère avant d'être transplantées, il

convient de ne négliger aucune précaution pour tâcher de les préserver de la gelée. On les sèvre au Printems, à la fin d'Avril, lorsque les gelées ne sont plus à craindre; on ne sèvre que celles qui sont assez fortes, & on laisse les autres se fortifier sur la mère jusqu'à l'année suivante. On les sèvre par un tems brumeux autant qu'il est possible; on les enlève avec toutes leurs racines, & on les plante sur-le-champ à demeure, en ayant soin de ne laisser leurs racines exposées à l'air que pendant le tems le plus court qu'il est possible. On les arrose assiduement deux fois par jour, & on les abrite du soleil depuis le moment qu'elles sont transplantées jusqu'à reprise parfaite, puis on ôte les abris par degrés: enfin on les traite ensuite comme les plantes de pareille force provenues de semences. Chaque mère peut produire ainsi des bonnes marcottes pendant nombre d'années consécutives.

On fait encore des marcottes en couchant en terre de la manière ordinaire, les branches les plus basses & d'une belle venue: on couche pendant le mois de Mai les branches de l'année précédente: on enterre à six ou huit pouces de profondeur la partie de chacune qu'on veut faire enraciner: M. de Tschoudi conseille de faire à cette partie une petite entaille, comme on fait aux marcottes d'œillet; mais cette entaille n'est pas nécessaire: on arrose assiduement la terre où ces branches sont enterrées; elles s'enracinent aussi facilement que les marcottes faites sur des mères comme j'ai dit, & on les traite de même.

On profite encore, pour multiplier cette espèce, des rejettons enracinés qui naissent à quelque distance du pied des Capriers plantés en pleine terre. On les arrache lorsqu'ils sont assez vigoureux, à la fin d'Avril ou au commencement de Mai, lorsque les gelées ne sont plus à craindre, en leur conservant autant de racines qu'il est possible: s'ils sont suffisamment pourvus de racines, on peut les planter sur-le-champ à demeure; s'ils n'ont qu'un petit nombre de foibles racines, il convient de les planter en pépinière, en bonne exposition, à un pied de distance les uns des autres, où on les arrose assiduement, & où on les tient à l'abri du soleil jusqu'à ce que leur végétation annonce qu'ils ont poussé de nouvelles racines; alors on ôte les abris par degrés; mais on continue de les arroser assiduement jusqu'à la fin de l'année. Au Printems suivant, ils sont suffisamment enracinés pour être transplantés à demeure, & on les traite comme des marcottes enracinées.

Enfin, on multiplie encore le Caprier ordinaire par boutures dans le climat de Paris; mais ce moyen y réussit beaucoup plus difficilement en pleine terre que dans les pays chauds. Dans le climat de Paris, le plus sûr est de les planter sur couche. Pour cela, vers le commencement de Mai, on choisit des branches de l'année précédente, ou, encore mieux, de deux ans, d'une belle venue ; on les coupe par portions de huit à douze pouces de longueur ; on taille le bas de chaque portion en bec de flûte ; on les plante dans des pots remplis d'une terre telle que celle indiquée pour le femis, excepté qu'elle doit être très-fine, & que les décombres calcaires qui entrent dans fa compofition doivent être paffées par le crible fin. On enterre auffi-tôt ces pots dans le terreau d'une couche de chaleur modérée & couverte d'un chaffis : on arrofe ces boutures avec affiduité & modération, & on les tient à l'abri du foleil par des paillaffons jufqu'à ce que leur végétation annonce qu'elles font parfaitement enracinées ; alors on modère les arrofemens, on les accoutume par degrés à l'air & au foleil ; puis on les traite comme les plantes provenues de femence, & principalement on les place pendant le premier Hiver, foit fur les appuis des croifées d'une bonne Orangerie, foit plutôt fous un chaffis de vitrage, où on les fait jouir de l'air & du foleil dans le tems doux.

Si l'on veut fe paffer de couche & de pots, & effayer de faire enraciner ces boutures en pleine terre dans le climat de Paris, il faut les planter vers la mi-Mai dans une plate-bande de terre fubftantieufe, légère & bien préparée à l'expofition du Levant ou du Midi, en les plaçant à fix pouces de diftance les unes des autres : elles s'enracineroient peut-être plus facilement à l'expofition du Nord ; mais elles y feroient beaucoup plus difficiles à conferver pendant le premier Hiver : elles s'enracinent au Midi, pourvu qu'on les tienne à l'abri du foleil par des paillaffons, & qu'on les arrofe affiduement & modérément jufqu'à ce qu'elles pouffent vigoureufement : alors on peut les fevrer peu-à-peu des abris, & l'on modère les arrofemens : ces boutures en pleine terre font très-difficiles à conferver pendant le premier Hiver à caufe de leur jeuneffe : il faut les couvrir, pendant cette faifon, avec de la paille longue, à laquelle on ajoute des paillaffons pendant les grands froids : le plus fûr moyen de les conferver pendant l'Hiver eft encore de les couvrir par un chaffis de vitrages fous lequel on les foignera comme les boutures plantées en pots ; au Printems fuivant, on les plantera à demeure, & on les traitera comme les plantes de femences.

Suivant M. Duhamel, les pucerons détruifent quelquefois toutes les feuilles des Capriers.

Suivant M. de Tfchoudi, la variété fans épines du Caprier ordinaire eft beaucoup plus délicate & plus difficile fur l'expofition que la variété épineufe : cette variété fans épines ne profpère que dans les délits des rochers & dans les trous de murs, & même elle n'y vient bien que lorfqu'elle a le pied dans leurs faces verticales : ceux qu'on tient en pot, ou en pleine terre, ne font que vivoter, & périffent au bout de quelques années.

Les autres efpèces de Caprier dont on connoît la culture, font le Caprier de Malabar, n.° 13, le Caprier à groffes filiques, n.° 14, le Caprier à filiques rouges, n.° 15, le Caprier luifant, n.° 16, & le Caprier à feuilles longues, n.° 19. Ces cinq efpèces originaires de la zone torride, font des plantes les plus délicates de cette zone. Miller dit que c'eft une terre légère & fablonneufe qui convient le mieux à leur culture, dans les ferres chaudes d'Europe. Il faut croire fur ce fujet à l'expérience de Miller, à l'égard des efpèces, n.° 13, 14, 16 & 19, & fur-tout à l'égard de celle n.° 13, qui croît naturellement dans les terres fablonneufes : mais, comme M. Jacquin nous apprend que l'efpèce, n.° 15, croît naturellement dans toutes fortes de terreins, & même dans les terres graffes, il eft probable qu'il convient de lui adminiftrer une terre plus fubftantieufe qu'aux quatre autres efpèces. Ainfi, par exemple, il conviendra de donner à cette efpèce, n.° 15, une bonne terre à potager, mêlée d'un tiers de terreau de couche neuf & bien confommé, ou d'un quart de tel terreau, & d'un autre quart de terreau de bruyère ; & l'on fournira aux quatre autres efpèces, la même terre à potager mêlée de deux tiers de terreau de couche neuf & bien confommé, ou mieux d'un tiers de tel terreau, & d'un autre tiers de terreau de bruyère ; ou bien on fournira à ces quatre derniers une terre légère & fablonneufe, mêlée d'un tiers feulement du même terreau de couche, ou d'un quart de ce terreau & d'un quart de terreau de bruyère.

Ces cinq efpèces fe multiplient ordinairement par leurs femences, qu'il faut faire venir de leur pays natal, parce que ces plantes n'en produifent pas dans le climat de Paris. Mais il eft difficile de fe procurer de bonnes graines. M. Jacquin affure même que celles de tous les Capriers d'Amérique doivent être femées auffi-tôt qu'elles font mûres, fans quoi elles ne lèvent plus ; que, par cette raifon, les femences de ces efpèces qu'on tranfporte en Europe perdent toujours leur faculté de germer avant d'y être arrivées ; & qu'elles ont même perdu cette propriété auffi-tôt qu'elles font defféchées. Mais cette affertion de M. Jacquin doit être reftreinte ; Miller a obtenu les efpèces dont je parle par le moyen de leurs femences envoyées d'Amérique ; ces femences arrivent donc quelquefois d'Amérique en Europe en état de germer. Il eft feulement vrai qu'elles font fouvent incapables de germination, & parfaitement mortes à leur arrivée en Europe, & que, lorfqu'elles y lèvent, c'eft fouvent avec lenteur & difficulté. Miller a éprouvé qu'elles reftent fouvent dans la terre un an entier avant de pouffer. Ainfi, lorfqu'on veut obtenir ces cinq efpèces, par la voie des femences, il eft auffi effentiel à leur égard qu'à celui de l'efpèce, n.° 1, de ne négliger aucune précaution pour tâcher d'obtenir de bonnes femences & de réussir à les faire lever. On recommandera de même à des correspondans intelligens & soigneux, de ne recueillir les femences destinées à être envoyées, que lorsqu'elles feront parfaitement mûres, de les envoyer le plutôt possible après leur maturité, & de les envoyer dans leurs fruits. Miller recommande de tenir, pendant le voyage, ces fruits bien enveloppés dans des feuilles de tabac, pour les préserver des insectes, qui, fans cette précaution, détruiroient les femences avant leur arrivée. Le plus sûr feroit probablement auffi de les envoyer dans de la terre légère très-peu humide, mais non totalement sèche, avec laquelle on les auroit mêlées auffi-tôt après leur maturité, & qu'on auroit mise, au même inftant, dans des pots ou caiffes découverts par-deffus, percés de trous par-deffous, exposés conftamment à l'air libre, transportés & foignés jufqu'à leur arrivée de la même manière qui a été expofée plus haut à l'égard des femences de l'efpèce, n.° 1. Il faudra également, auffi-tôt qu'on aura reçu ces graines, en quelque faifon que ce foit, les femer fans tarder dans de petits pots remplis de la terre convenable à chaque efpèce. Puis, fi c'est au Printems que ce femis eft fait, on enterrera fur-le-champ ces pots fous des chaffis dans le terreau d'une couche chaude de tan nouvellement faite, où on les arrofera affiduement & légèrement deux fois par jour jufqu'à ce que le femis foit levé, ou jufqu'à la fin de Juillet, s'il ne lève pas auparavant. Si c'est en toute autre faifon qu'au Printems que le femis eft fait, ou fi, ayant été fait au Printems, & traité comme j'ai dit, il n'eft pas levé à la fin de Juillet, dans ces deux cas, les pots du femis feront placés dans le terreau d'une couche tiède feulement, & fous chaffis, où il faudra les laiffer fans les arrofer, finon de tems à autre dans les beaux jours, jufqu'à la fin de Février fuivant, & où on les traitera, jufqu'à ce tems, comme j'ai dit de traiter les pots de l'efpèce, n.° 1, en pareil cas. A la fin de Février fuivant, on transportera ces pots dans le terreau d'une couche chaude de tan, nouvellement faite, & couverte d'un chaffis, où ils feront arrofés légèrement deux fois par jour, jufqu'à ce que les plantes paroiffent, ou jufqu'à la fin de Juillet, fi elles ne paroiffent pas avant ce tems. A la fin de Juillet, s'il y a déjà deux Printems d'écoulés, depuis l'exiftence du femis, & qu'il ne foit pas levé, on regarde les femences comme mortes, & on renonce à les faire germer; s'il n'y a qu'un Printems d'écoulé, on conferve les pots fur une couche tiède, en les y traitant comme je viens de dire, jufqu'à la fin de Février fubféquent, lors de laquelle on les place de nouveau fur une nouvelle couche chaude de tan, où on les arrofe de nouveau affiduement & légèrement, pendant auffi long-tems que l'année précédente, pour s'affurer fi les femences

ont toutes perdu, ou non, leur faculté germinative. Dès que les plantes paroiffent, on les traite en plantes très-délicates, fuivant la méthode indiquée plus haut pour les jeunes plantes de l'efpèce, n.° 1, nouvellement levées, & avec encore plus de précaution, en ayant très-grand foin de réchauffer la couche auffi-tôt que fa chaleur defcendroit au-deffous de dix ou douze degrés. Ces efpèces craignent, à tout âge, extrêmement le froid; non-feulement la moindre gelée-blanche détruiroit ces jeunes plantes, mais même une température de huit degrés ne fuffit pas pour les conferver. Il eft très-néceffaire de leur donner autant d'air que la chaleur de la faifon pourra le permettre. Quand elles auront environ quatre pouces de hauteur, on les transplantera, par un tems brumeux, chacune dans un pot, à part, rempli d'une terre pareille à celle indiquée pour le femis, & avec les attentions indiquées pour l'efpèce, n.° 1, en pareil cas. Ces nouveaux pots feront, fur-le-champ, transportés & enterrés fur une autre couche chaude de tan nouvellement faite, & qu'on aura l'attention de réchauffer par la fuite; s'il eft néceffaire, pour avancer & fortifier le jeune plant avant l'Hiver. Miller recommande de donner de l'air frais tous les jours à ces plantes, à proportion de la chaleur de la faifon. Pendant tout l'Eté, elles demandent à être arrofées fréquemment, mais il faut leur donner peu d'eau à-la-fois. Il convient, pendant les grandes chaleurs, d'arrofer plus copieufement l'efpèce, n.° 19, que les autres, puifqu'elle croît naturellement dans les lieux inondés. Mais il faut toujours modérer beaucoup les arrofemens, à toutes les efpèces, pendant l'Automne, afin d'endurcir les plantes, & de les difpofer à fupporter les rigueurs de l'Hiver fuivant.

Au mois de Septembre, on transporte les pots dans la tannée de la ferre chaude où ces plantes doivent refter continuellement. Miller avertit que les racines de ces plantes font fujettes à pourrir pendant l'Hiver; il recommande, en conféquence, d'avoir foin, pendant cette faifon, de ne les arrofer que très-peu, de ne leur donner que très-peu d'eau à-la-fois, & de ne leur en donner que rarement, & feulement lorfque la terre des pots fe deffèche à la furface. Une chaleur habituelle, de douze à dix-fept degrés, fuivant le thermomètre de Réaumur, eft celle qu'il convient d'entretenir habituellement dans la ferre où ces plantes font placées pendant l'Hiver.

Chaque fois que ces plantes font parvenues à remplir, par leurs racines, la capacité des pots qui les contiennent, il faut être foigneux de les mettre dans de plus grands vafes, où de leur donner un demi-change, à proportion des progrès de leur accroiffement. (Voyez REMPOTAGE & DEMI-CHANGE.) La faifon la plus favorable pour ces deux opérations, eft le commencement de l'Automne, ou celui du Printems. Il convient que les vafes qui contiennent ces plantes, foient plutôt trop petits que trop grands. Les petits vafes s'échauffent plus promptement, & communiquent mieux la chaleur de la couche aux racines qu'ils contiennent. De plus, la terre, contenue dans de trop grands vafes, eft fujette à contracter une humidité exceffive, qui s'en diffipe difficilement : ce qui occafionne fouvent la pourriture des racines, & fur-tout celle de ces cinq efpèces de plantes qui font naturellement fujettes à cet accident. Enfin, lorfque ces plantes font trop au large, dans de grands vafes, elles croiffent, à la vérité, plus rapidement, mais elles fleuriffent plus difficilement que lorfqu'elles font fuffifamment à l'étroit dans des vafes plus petits.

Comme l'efpèce, n.º 19, croît naturellement dans des lieux très-humides, on doit la regarder comme celle de ces cinq efpèces qui eft la plus difficile à élever & à conferver en Europe.

Il ne paroît pas qu'on ait encore effayé de multiplier aucune de ces cinq efpèces par marcottes ou par boutures. Cependant, comme leurs femences font rarement bonnes & difficiles à lever, il conviendroit d'effayer ces deux moyens de multiplication.

On ignore la culture la plus convenable aux autres efpèces en Europe ; mais, d'après ce qu'on fait, du fol & du pays où elles croiffent naturellement, & des particularités des efpèces dont j'ai expofé la culture, il paroît que lorfqu'on les poffédera, on fera bien de leur donner d'abord une terre légère & fubftantieufe, qui paroît être celle dont la plupart des efpèces de ce genre s'accommodent la mieux : de cultiver d'ailleurs l'efpèce n.º 9, comme celle, n.º 1, en ce qui concerne le choix & l'envoi de fes femences, fon femis fur couche, fa culture en pot, & fa confervation pendant l'Hiver fans chaleur artificielle fous chaffis, ou dans l'orangerie proche des croifées : de cultiver toutes les autres efpèces, comme celles n.ºs 13, 14, 15, 16 & 19, en prenant les mêmes précautions pour tâcher de fe procurer de bonnes femences & de les faire germer, & en les plaçant pendant l'Hiver dans une ferre dont la chaleur habituelle feroit d'abord de douze à quatorze degrés, fauf à augmenter ou diminuer par la fuite ce degré de chaleur, fuivant l'effet qu'il opéreroit fur elles.

Ufages.

On fait, & j'ai déjà dit que l'on confit au vinaigre les boutons de fleurs du Caprier ordinaire, n.º 1, ou, en d'autres termes, fes fleurs mêmes avant qu'elles s'épanouiffent, lorfqu'ils ont acquis quelque confiftance, lorfqu'ils font gros comme des pois ou des grains de vefce, & que ces boutons ainfi confits, fe vendent par toute l'Europe, & ailleurs, fous le nom de *Capres* pour l'ufage de la cuifine. Voici, fuivant Ray,

comment on les confit : auffi-tôt que ces boutons font cueillis, on les expofe à l'air & à l'ombre pendant trois ou quatre heures, jufqu'à ce qu'ils commencent à fe faner, afin de les empêcher de s'épanouir : alors on les met dans de bon vinaigre pendant huit jours, en ayant foin de couvrir le vaiffeau qui les contient ; le vinaigre doit les couvrir & les furpaffer de deux doigts ; ceux qui font à découvert fe moififfent ; enfuite on les retire de ce vinaigre, & on les preffe doucement pour leur ôter une partie de celui qu'elles retiennent : on les met fur-le-champ dans de nouveau vinaigre, pendant une feconde huitaine ; on les en retire & on les preffe pareillement ; puis on les remet dans de nouveau vinaigre pendant une troifième huitaine, après laquelle on les en retire encore pour les enfermer dans des barils, avec encore de nouveau vinaigre. Plufieurs, continue le même Auteur, ajoutent du fel avec le vinaigre ; cette méthode paffe pour la meilleure, & l'efpèce de faumure qui en réfulte conferve les Capres faines & entières pendant trois ans, de manière qu'au bout de ce tems on ne peut les diftinguer d'avec les nouvelles. Les Capres font une petite branche de commerce lucrative pour le Département du Var & les autres endroits méridionaux & maritimes de la France où l'on cultive en grand cette efpèce de Caprier. Les petits boutons donnent les Capres les meilleures & les plus chères. Ils fe cueillent en même-tems que les gros, & fe mettent à confire dans les mêmes vafes ; mais, après qu'ils font confits, on les paffe par des cribles pour les féparer. On confit auffi les jeunes fruits qu'on appelle cornichons de Caprier. Les Capres font d'un fréquent ufage dans les alimens, comme affaifonnement piquant & irritant. On les emploie fouvent dans les falades & dans les fauffes, avec la viande & le poiffon. Elles excitent & raniment l'appétit languiffant. Elles fondent les matières glaireufes qui occupent l'eftomac. Elles font réputées utiles pour lever les obftructions du foie, & fur-tout celles de la rate. On rapporte, écrit Pline, que ceux qui font un ufage journalier du Caprier dans leurs alimens, ne font jamais attaqués de paralyfie ni de douleurs de rate. Schenckius rapporte, d'après Benivenius, qu'un rateleux depuis fept ans, fut guéri par le feul ufage des Capres, réuni à la boiffon de l'eau ferrée. Foreftus rapporte auffi qu'une vieille femme rateleufe depuis vingt ans, fut guérie d'une tumeur énorme par le feul ufage des Capres. Mais il faut tâcher d'éviter de faire ufage des Capres lorfqu'elles doivent leur verdeur au verd-de-gris. On conçoit qu'en ce cas elles font très-malfaifantes. Il eft bon d'être prévenu que les Marchands font fouvent dans l'ufage, très-condamnable & très-pernicieux, de faire macérer les Capres avec le vinaigre, dans un vafe de cuivre, pour leur procurer une belle couleur verte., à quoi ils réussissent; d'autres, dans la même vue, se contentent de mettre une lame de cuivre dans les vaisseaux qui contiennent les Capres & le vinaigre, & par ce moyen, ils les rendent également d'un beau verd: mais il tombe sous le sens que cette couleur verte, obtenue par l'une ou l'autre de ces deux méthodes n'est qu'une teinture produite par la dissolution du cuivre dans le vinaigre. On applique à l'extérieur très-utilement une éponge ou des linges trempés dans le vinaigre qui a servi à confire les Capres, sous l'hypochondre gauche, pour dissiper l'enflûre de la rate. Ce vinaigre est plus efficace en ce cas, suivant Etmuller, si l'on y ajoute de la semence de moutarde. Toute cette plante est d'une saveur astringente & un peu amère. Sa racine est une des cinq petites racines apéritives. L'écorce de cette racine est diurétique, apéritive & résolutive; elle a une vertu stiptique qui rétablit le ton relâché des viscères, & les fortifie: ce qui la rend utile dans toutes les maladies chroniques, mais sur-tout dans les obstructions du foie, du pancréas, & principalement de la rate, ainsi que dans les affections hypochondriaques. Elle provoque les mois, & est réputée utile pour la paralysie. L'huile d'olive dans laquelle on a fait bouillir cette racine, & qui se nomme alors huile de Caprier, s'emploie en liniment ou onction, sur la région de-la rate, dans les douleurs de cette partie. (*Voyez* de plus amples détails sur les vertus & l'emploi de cette espèce de Caprier en Médecine, dans le Dictionnaire de Médecine). Dans le climat de Paris, les belles fleurs de cette plante font un superbe ornement pendant tout l'Eté, dans les jardins d'agrément. J'ai dit qu'on en décore ordinairement les espaliers; qu'on en peut embellir magnifiquement l'aspect sauvage, ou difforme des ruines, des masures, des rochers & autres endroits extrêmement pierreux qu'on peut avoir dans son parc ou dans son jardin, &c. en bonne exposition. M. de Tschoudi conseille, & il est à propos d'en enterrer quelques pots dans les bosquets pendant la belle saison: ils y répandent beaucoup d'agrément. On n'est pas dans l'usage de récolter des Capres sur les Capriers que l'on cultive dans le climat de Paris; mais ils pourroient en fournir comme ceux des pays méridionaux, & M. Duhamel en a vu qui en donnoient trois ou quatre livres chacun; mais on préfère de jouir de leurs belles fleurs. Suivant Ray, d'après Prosper Alpin, l'écorce des racines du Caprier ordinaire, sans épines, est d'un usage très-fréquent à Alexandrie pour tuer les vers & faire couler le mois. On en emploie la décoction en boisson pendant long-tems de suite, contre l'endurcissement de la rate, en appliquant, pendant le même tems, sur la partie, la poudre de la racine, mêlée avec du vinaigre. On emploie aussi le même remède

contre plusieurs autres sortes de tumeurs dures. Les autres espèces de ce genre sont toutes des plantes plus ou moins belles. Suivant Rhéede, le Caprier de Malabar, n.° 13, est cultivé dans son pays natal, par les Indiens, à cause de la grande beauté de ses fleurs. Ils emploient aussi cette espèce en Médecine. Le suc de ses feuilles, mêlé avec du sain-doux de sanglier, est employé en liniment contre la goutte. La décoction des feuilles, mêlées avec les fleurs, est purgative. La vapeur de cette décoction, reçue dans la bouche, mondifie les ulcères de cette partie. Enfin les fruits de cette espèce, pris avec le lait, rendent impuissant. Ses fleurs font un très-bel ornement dans les serres d'Europe, pendant l'Hiver. Celles de l'espèce, n.° 14, les décorent encore davantage, ainsi que celles de l'espèce n.° 15, qui, étant presqu'aussi larges, font plus intéressantes par leur plus grand nombre, & par leur odeur plus suave. L'agrément non moins considérable que répandent, dans ces serres, les fleurs nombreuses & aussi très-odorantes de l'espèce n.° 16, est beaucoup augmenté par l'élégance de son port, & par son feuillage dont la blancheur fixe les regards, & tranche agréablement avec la verdeur des autres plantes. (*M. Lancry*).

Culture du Caprier.

Le Caprier croît naturellement en Grèce, & dans plusieurs Isles de l'Archipel; & c'est de-là qu'il paroît être transporté par les Colonies Grecques en Italie & en Provence. Le nom de Tapénier & de Tapène, qui vient du mot grec ταπεινος, *bas*, *peu élevé de terre*, sous lequel le Caprier & la Capre sont généralement connus en Provence, prouve assez clairement son origine, & ceux qui les premiers se sont occupés de cette culture. Le Caprier se-trouve également dans plusieurs parties de l'Asie, en Egypte, sur toute la côte de la Barbarie, principalement aux environs de la Ville de Tunis, où la culture de cet arbrisseau paroît être assez soignée; car l'exportation des Capres qui se fait de Tunis pour plusieurs ports de la Méditerranée est assez considérable, quoique les Capres de Tunis soient moins recherchées que celles de la Provence. Le Caprier pourroit être cultivé avec avantage dans toutes les Provinces méridionales de l'Europe, mais il ne paroît pas que les Portugais, les Espagnols & les Italiens y aient fait beaucoup d'attention; au moins aucune de ces Nations paroît avoir tenté cette culture en grand. En Italie, on se contente d'élever quelques pieds de Caprier dans les trous de vieilles masures, où on les abandonne ordinairement sans autre soin que celui de renouveller de tems en tems les pieds qui périssent; le Rédacteur du présent article en a vu beaucoup sur les murs de la Ville de Florence, &

fur les anciennes ruines dans les États du Pape. *Ronconi*, Auteur Italien, qui a écrit fur la culture Italienne en général, nous donne les renfeignemens fuivants, pour avoir des Capres précoces. « Si l'on veut, dit-il, fe procurer des Capres au commencement de Février ou de Mars, il faut femer la graine de cet arbufte dans des pots féparés qui doivent être remplis d'une bonne terre graffe mêlée de fable groffier : on aura foin de garantir les jeunes pieds contre les fourmies qui les recherchent beaucoup. Lorfque les plantes feront parvenues à une certaine hauteur, on caffera les pots par en bas, pour pouvoir les implanter dans les trous des murs, ou dans des endroits expofés au midi, & abrités contre les vents du Nord : quand cet arbriffeau commencera à pouffer, on lui enlèvera les anciennes branches le plus près de terre qu'il eft poffible. *Voyez la Coltivazione Italiana. Tom. I, pag.* 199, *édition de Venife,* 1771, *in-8°.*—Nous avons allégué ce paffage, moins parce que nous approuvons la méthode du Cultivateur Italien, que pour faire voir le peu de foins que l'on porte à un objet dont le produit pourroit devenir très-utile pour l'Italie.

D'après les renfeignemens que nous avons cherché à nous procurer fur la culture du Caprier, nous favons que ce n'eft qu'en Provence, & felon M. l'Abbé Rofier, dans une partie du bas Languedoc, que cet arbufte eft en culture-réglée. La feule efpèce de Caprier que l'on y cultive, eft celle que les Botaniftes connoiffent fous le nom du Caprier ordinaire; (*Capparis fpinofa, Linn.*) & quoiqu'en Provence on diftingue plufieurs variétés du Caprier ordinaire, par rapport au nombre & à la figure des feuilles, dont il y en a qui font ovales, oblongues, obtufes & plus ou moins pontuées vers le bout, il paroît pourtant, que ces caractères, feuls ne fuffifent pas pour établir des efpèces bien marquées. Le nombre très-variable dans les étamines de la fleur du Caprier, que M. Berauld a obfervé, & qui, dans les uns, fe trouvoient au-delà de cent, tandis que d'autres n'en avoient que foixante, paroît plus remarquable, car les boutons de ces fleurs qui ont le plus d'étamines, font généralement plus arrondies, plus fermes, plus péfants; & d'un prix plus élevé que les autres. Tous les Capriers cultivés en Provence ont des épines; mais il paroît qu'on s'occupe dans ce moment à y introduire des efpèces étrangères fans épines, fur-tout celle que Tournefort a trouvé fur le bord de la caverne d'Antiparos, & que Gafpar Bauhin avoit déja fait connoître fous le nom de *Capparis non fpinofa fructu majore.* Comme les épines dures & très-piquantes du Caprier, dont la cueillette des boutons eft très-pénible, il feroit à defirer qu'on parvînt à introduire des efpèces non épineufes, cela abrégeroit ce travail de beaucoup.

En Provence, les plantations les plus confidérables fe trouvent aux environs de Toulon, à la Valette, Olioulles, Salliers, & dans une partie du terroire d'Hières; mais depuis Cuers jufqu'à Antibes, cette culture eft entièrement abandonnée, & il y a une multitude de villages où on ne trouveroit pas un de ces arbuftes; les particuliers s'y contentent d'élever autant de Capriers qu'il leur en faut pour l'ufage domeftique. Dans le territoire de Marfeille, le Caprier eft également cultivé, de même qu'à Roquevaire, & dans plufieurs endroits voifins, principalement à Cujes. Ce n'eft cependant que dans ce dernier village que cette culture eft fuivie, ainfi qu'elle l'eft dans les environs de Toulon. Dans le refte de la Provence, on ne voit que très-rarement des Capriers. Dans les endroits même où la culture du Caprier eft le plus répandue, cet arbufte n'occupe pas des terreins d'une étendue confidérable, les foins qu'il exige, & qui font journaliers au tems de la récolte, ne permettent pas de l'élever loin des habitations, & dans des poffeffions éparfes. Il eft rare qu'on deftine uniquement un champ à cette culture, ordinairement on place les Capriers, fur le bords des chemins, dans des terreins pierreux, & dans les vuides que laiffent les vergers d'oliviers.

La culture du Caprier ne peut être bien utile, autant que celui qui s'en occupera, aura des femmes ou enfans à fa difpofition pour cueillir les boutons. Si la quantité des Capres n'eft pas affez confidérable pour occuper une femme d'une manière continue, & fi les Capriers ne font pas fous les yeux du propriétaire, la plupart des boutons fe développent trop, & on n'aura ni la quantité ni la qualité des Capres qu'on auroit pu obtenir. Cette récolte exige auffi de l'adreffe, de l'activité & un peu d'intelligence : il faut cueillir les Capres fans fe bleffer, & en ne leur laiffant qu'une très-petite partie du pédoncule : il faut favoir diftinguer celles qui ont plus de prix, & éviter à-la-fois de les laiffer trop ou trop peu développer : enfin il faut les cueillir leftement, & l'exercice feul donne cette aptitude.

Voici ce que nous apprend M. l'Abbé Rozier touchant la culture du Caprier : on peut, dit-il, multiplier les Capriers par graines ou par boutures; fur-le-champ que l'on deftine à cette culture, on trace des lignes droites au cordeau, & dans ces lignes efpacées au moins de neuf à douze pieds, on plante les boutures à la même diftance, & bien alignées, dans les trous dont la terre a été défoncée fur un pied de profondeur au moins, & fur trois de largeur. Le trou comblé, le Caprier pouffe fes tiges, qui donnent quelques fleurs pendant la première année fuivant la force de la bouture. Au mois de Décembre, il faut couper ces tiges à trois ou quatre pouces au-deffus de terre; alors on relève

celle des côtés fur ces chicots, afin de les recou-
vrer, de trois ou quatre travers de doigts, &
cela fuffit pour les garantir des impreffions du
froid. Auffi-tôt que la gelée n'eft plus à craindre,
les Capriers font découverts, & la terre égali-
fée avec celle du champ ; c'eft le moment de
donner le premier labour avec la charrue, en
traçant des fillons droits. Du moment que les
bourgeons font fur le point de fe développer,
on donne le fecond labour en fens contraire,
c'eft-à-dire qu'on croife les fillons. C'eft en quoi
fe réduit toute leur culture, préférable, à tous
égards, à la fuivante. Dans tous les murs de foutenement, on ménage des ventoufes pour l'iffue des eaux fupérieures qui pénètrent dans
la terre, afin qu'elles ne faffent point ébouler le mur. C'eft dans ces ventoufes que
l'on place les boutures de Caprier ; on le couvre d'un peu de terre, & les racines vont s'é-
tendre dans la maffe de terre placée derrière le
mur. Il réfulte de-là, deux inconvéniens effentiels, 1.° Que le collet des racines groffiffant chaque année par l'infertion de nouvelles branches
au tronc, par les bourrelés continuelles qui s'y
forment, bouche d'autant l'ouverture des ventoufes, & retient derrière le mur une plus grande
quantité d'eau. 2.° Cette couche de bourrelés
augmentant chaque année, fait la fonction du
levier contre tous les parvis des murs qui l'environnent. Comme ce levier agit perpétuellement, & avec une force extrême, il foulève
peu-à-peu le mur, & fait fouvent lézarder des
toifes entières fur une ligne horizontale. Le Caprier caufe moins de mal aux murs de terraffes,
conftruits en pierres fèches, parce que ces pierres
font moins liées les unes aux autres, & il réuffit
mieux. La chaleur, la pluie, les bienfaits de l'air
de l'atmofphère, pénètrent plus facilement jufqu'aux racines de la plante.

Des particuliers plus prudens ménagent des
efpèces de niches dans leurs murs. Si elles font
petites, elles ont dès-lors tous les inconvéniens
dont j'ai parlé : fi elles font trop grandes, la
première pluie un peu forte imbibe & pénètre
la terre du deffus ; elle s'écroule, & finit par
être entraînée ainfi que celle qui avoifine la
niche. Il vaudroit beaucoup mieux couvrir les
murs de foutenement par des efpaliers, ou du
moins planter les Capriers dans le bas où ils
trouveroient le même abri.

La plantation d'un Caprier dans un mur eft
encore ridicule par un autre endroit. Comme
les branches font flexibles, longues, les feuilles
épaiffes, elles plient par le poids, & s'inclinent
contre terre. Il réfulte de-là que ces branches,
au nombre de vingt ou trente, fuivant la force
ou l'âge du tronc, font ammoncelées les unes
fur les autres, & les feules branches fupérieures
font chargées de boutons à fleurs : les intérieures,

au contraire, beaucoup plus courtes & plus maigres ne donnent que des fleurs chétives. Le feul
moyen de tirer tout le parti poffible des Capriers
ainfi plantés, eft de paliffader ces branches.
Des clous, une fois plantés dans le mur, ferviroient pour toujours, puifque chaque année
les branches fe deffèchent & périffent. De la
paille, du jonc fuffiroient pour attacher les
jeunes pouffes fans les endommager. Cet efpalier, d'un nouveau genre, offriroit à l'œil une
verdure circulaire dont le tronc feroit le centre,
de manière qu'en plaçant les trous en quinconce,
tout le mur fe trouveroit garni. Le curieux qui
defireroit peu l'utile, c'eft-à-dire, la récolte du
bouton, pourroit laiffer épanouir les fleurs, mais
avoir grand foin de les faire couper dès qu'elles
commencent à paffer ; car le cornichon ou fruit,
abforbe la fève, & on auroit peu de fleurs.

Pour récolter les Capres, on ne doit pas attendre l'épanouiffement de la fleur, mais choifir
les boutons lorfqu'ils auront la groffeur des pois :
plus le bouton eft tendre, plus il eft délicat, &
plus il eft recherché. La baie qui fuccède à la
fleur lui eft fupérieure à tous égards, mais elle
détruit la récolte. Lorfqu'on laiffe une fleur fuivre
la loi naturelle, il eft rare que la branche qui la
fupporte donne plus d'un, deux ou trois fruits. »
*Cours complet d'Agriculture, tome II, art. Ca-
prier.*

Quoique la Méthode propofée par M. l'Abbé
Rofier peut donner une idée fuffifante de la manière dont cette culture doit être fuivie, il paroît
pourtant que, dans certaines parties de la Provence,
on a adopté des procédés différens : nous nous
fervons pour la rédaction de cet article de deux
Mémoires fur la culture du Caprier ; l'un de
M. le Préfident de la Tour-d'Aigues, inféré dans
les Mémoires de la Société Royale d'Agriculture,
trimeftre d'hiver 1787 ; l'autre de M. Berauld de
l'Oratoire, qui fe trouve dans le tome premier des
Mémoires pour fervir à l'Hiftoire Naturelle, publiée par M. Bernard, de la Provence, & qui avoit
obtenu le prix à l'Académie de Marfeille.

M. de la Tour-d'Aigues s'exprime ainfi. « Dans
la culture en grand, ou dans les plantations en
rafe campagne, on planta les Capriers en quinconce, à environ dix pieds de diftance les uns des
autres ; & comme ils multiplient beaucoup, &
que la motte groffit continuellement par des
œilletons qui s'appliquent toujours aux rejettons
précédens, l'on s'en procure les plantes en dé-
chargeant les mères.

Les plantations réuffiffent toujours, la plante ne
craignant pas la féchereffe & la chaleur ; mais elle
redoute un froid trop fort, & fur-tout l'ombre.
J'en ai vu périr des pieds très-avancés, par la
plantation d'un Mûrier de la Chine, (*Morus
papyrifera*), qui leur interceptoit le foleil.

La culture du Caprier eft fimple, un labour au
Printems leur fuffit ; en Automne, pour les abriter,

on coupe les montans à environ fix pouces de terre, & l'on couvre toute la plante avec la terre des entre-deux, enfuite on les laiffe tout l'Hiver fous ces abris.

Au Printems, on les découvre, on les taille encore, c'eft-à-dire qu'on finit par recouvrir les vieux jets. jufqu'auprès du colet des plantes, qui bien-tôt en repouffent de noùvelles; ils ne tardent pas à fleurir au commencement de l'Eté, & continuent à porter des fleurs, tant que les fraîcheurs dés nuits ne refferrent pas leur sève.

Les femmes & les enfans vont tous les matins recueillir les boutons: on n'y manque jamais, parce que la groffeur de la Capre en diminue la valeùr; & en effet, une fois avancées & groffies, elles ne peùvent entrer dans les ragoûts, & elles ne font bonnes que pour être hachées, étant trop dures fi on les laiffe entières. Quelques précautions qu'on apporte dans la cueillette, il y a toujours des fleurs qui échappent & qui fleuriffent; on les laiffe venir en graines à leur tour; lorfque les capfules, encore vertes & groffes comme une olive, pointue par les deux bouts font affez fortes, on les cueille & on les confit; elles forment alors un mets agréable, & c'eft ce qu'on appelle le Cornichon de Capre.

A mefure que l'on apporte ces récoltes journalières, on les jette dans des tonneaux remplis de vinaigre, auquel on ajoute un peu de fel pour empêcher que la partie àqueufe du bouton n'affoibliffe ce vinaigre, & ces différentes récoltes faites, elles paffent des mains des Cultivateurs dans celles des Saleurs commerçans qui préparent les olives, les anchois, les fardines & autres faumures.

Ceùx-ci, au moyen de plufieurs grands cribles, faits d'une plaque de cuivre rouge un peu creufe, chacune percée de trous de diverfes grandeurs, en féparent les différentes qualités, & les rangent fous des numéros particuliers; ils en renouvellent le vinaigre, & les remettent en tonneaux pour être transportés.

Nous ajouterons, d'après M. Berauld, que les Capres ainfi affforties par le moyen du crible, fe divifent en cinq différentes qualités; favoir, la *nompareille*, *la capucine*, *la capote*, *la feconde & la troifième*.

L'ufage d'un criblé en cuivre nous paroît cependant très-répréhenfible, vu les qualités malfaifantes de ce métal, ou du verd-de-gris qui doit fe former lorfque l'acide du vinaigre attaque ce métal; il eft vrai que cette méthode procure aux Capres une couleur verte plus éclatante, qui peut augmenter le prix de cette marchandife dans le commerce, mais qui ne devient pas moins funefte pour la fanté: un crible en fer-blanc, folidement étamé, pourroit peut-être remplacer celui de cuivre, & deviendroit moins dangereux, quand même la couleur des Capres n'y gagneroit pas.

On a toujours cru que le Caprier fe contentoit d'un terrein fec & ftérile, & qu'on pouvoit même le cultivér dans le fol le plus ingrat. Cette opinion n'eft cependant pas conftatée par l'expérience; car des cultivateurs Provençaux ont fait voir combien elle eft erronée. Ce qui peut avoir donné lieu à une pareille affertion, c'eft qu'on voit fouvent des Capriers très-robuftes fortir des trous de murailles, conftruits pour foutenir le terrein; mais cela s'explique facilement, car dans une pareille pofition, la racine de cet arbufte jouit conftamment de la fraîcheur & de l'humidité néceffaire à fon accroiffement, & de pareilles Capriers produifent fouvent plus que d'autres cultivés avec le plus grand foin, & dans des terreins qui, en apparence, leur conviennent le mieux.

Dans les années où il ne pleut pas pendant l'Eté, les Capriers plantés dans des terreins graveleux & arides font des productions très-courtes & ne donnent prefque point de boutons, tandis que d'autres Capriers, placés dans des murs, confervent toujours leur vigueur & leur fécondité. Il paroît, d'après ces détails, qu'il feroit plus avantageux de placer les Capriers dans les murs, parce que cette pofition difpenfe encore de toute efpèce de culture: cependant cette pratique préfente des inconvéniens graves, parmi lefquels nous comptons celui en premier lieu, que les racines de cet arbufte en groffiffant, font fendre les murs & hâtent leur deftruction; confidérations, qui, comme l'Abbé Rozier l'a trèsbien remarqué, doivent feuls profcrire cet arbufte des murs.

Pour tirer le plus grand profit de la culture du Caprier, il faut non-feulement placer cet arbufte dans un bon terrein, très-cultivé & bien fumé; mais lui ménager encore au befoin une humidité fuffifante, pour que la circulation de la sève ne foit jamais fufpendue: voilà ce que l'expérience a indiqué de plus avantageux. Auffi les profits de cette culture feront d'autant moins confidérables, qu'on choifira un terrein moins analogue à celui que je viens d'indiquer, & qu'on prendra moins de foin, foit pour produire la multiplication des bourgeons, foit pour ne pas laiffer fufpendre leur développement.

Les plus beaux Capriers que j'ai vus, nous dit M. Berauld, étoient dans un terrein léger, bien expofé, arrofable, & voifin d'une habitation. Ces arbuftes formoient des buiffons fuperbes qui avoient près de deux toifes de diamètre, & fur lequels on recueilloit de fept à huit livres de Capres.

Le terrein le plus convenable au Caprier, où la plupart des autres arbuftes réuniffent auffi le mieux, eft celui qui eft léger & profond. Un fol trop compacte lui eft funefte; il conferve trop l'humidité en Hiver, & expofe trop aux gelées cet arbufte délicat.

Il eft

Il est certain que les arrosemens favorisent singulièrement le développement des branches du Caprier; mais autant l'humidité est avantageux à cet arbuste pendant l'Eté, autant elle lui seroit funeste en Hiver. Ainsi, il faut avoir soin d'éloigner alors de ses racines toutes les eaux qui pourroient naturellement se répandre à leur endroit & y croupir.

Comme la culture du Caprier ne peut occuper en aucun pays des terreins fort étendus , & comme les avantages de cette culture font d'autant plus grands qu'on adopte des terreins plus convenables, on préférera, quand on le pourra, des terres penchantes, à d'autres qui seroient en plaine , & l'exposition du Levant & du Midi à celle du Couchant & du Nord.

L'exposition est peut-être l'objet qui doit être le moins négligé dans la culture du Caprier. Cet arbuste ne peut bien réussir, qu'autant qu'il est parfaitement isolé, & qu'il ne croit pas d'autres arbustes à son voisinage. Ce n'est pas qu'il puisse jamais manquer des sucs nourriciers, puisqu'il en trouve à suffisance dans les mauvais terreins ; mais c'est que les rayons du soleil font nécessaires à son existence ; il ne peut en souffrir le partage. A l'ombre, ses rameaux se développent & s'étendent singulièrement comme pour aller chercher sa lumière bienfaisante : mais ils ne portent alors que des feuilles, & leur stérilité est l'effet constant de cette privation.

Quoique les rameaux du Caprier meurent pendant l'Hiver dans nos climats à de bonnes expositions, & même dans les années où le Thermomètre descend à peine au terme de la glace, on ne doit pas croire que ses racines soient exposées au même accident , & aient la même sensibilité. Dans le Nord de la France, ces arbustes ne périssent point, quoique le Thermomètre indique quelquefois à l'air libre plus de douze degrés au-dessous de la congélation.

La culture du Caprier dans les plaines a des désavantages sensibles ; les Capriers y poussent plus tard, & leurs nouveaux bourgeons font plus exposés au froid subit qui succède quelquefois à des temps doux. Au reste, l'essentiel est d'empêcher que les Capriers ne soient placés dans des terreins humides, où les eaux séjournent pendant l'Hiver. On ne réussiroit peut-être pas alors à les garantir des gelées qui pénètrent la terre à une assez grande profondeur : mais ce cas excepté , on peut, sans danger, planter des Capriers dans toutes les terres de la basse Provence. La seule attention qu'il soit nécessaire d'avoir, consiste à les couvrir d'autant plus , que le froid se fera sentir plus vivement dans l'endroit où on les multipliera.

Les Capriers, qui font placés dans les murs, ne font pas couverts pendant l'Hiver. Il est vrai qu'il n'y a qu'une assez petite partie de leurs racines qui soit exposée à la rigueur de la saison ; mais il faut observer que c'est principalement celle où naissent les bourgeons. Cette observation prouve qu'il ne seroit pas toujours nécessaire de couvrir pendant l'Hiver les capriers qui font élevés en pleine terre. On est cependant par-tout dans l'usage de les garantir dans cette saison. On taille en Automne les bourgeons à cinq ou six pouces de distance des racines , & on accumule sur celles-ci un volume de terre de dix à douze pouces de hauteur, auquel on donne une forme conique. Cette disposition facilite l'écoulement de l'eau qui pourroit rester stagnante sur les Capriers , & l'épaisseur du terrein, empêche le froid de pénétrer jusqu'aux racines de ces arbustes.

Il y a deux moyens de multiplier le Caprier : l'un est plus prompt & on l'adopte généralement ; l'autre pourroit avoir de grands avantages, & on le néglige beaucoup trop. Les bourgeons les plus gros & les plus ligneux , coupés en Automne, fournissent des boutures qui réussissent très-bien. On les élève ordinairement en pépinière , & pour cela on les plante dans un terrein très-uni, bien préparé, bien exposé, à quatre pouces de distance les unes des autres sur la même direction, & de manière qu'elles paroissent à peine à la surface de la terre. Pour les garantir du froid, il suffit de les cacher sous un lit peu épais de litière : mais il est plus ordinaire qu'on forme au-dessus d'elles un tertre continue de quatre ou cinq pouces d'élévation , & qui ait un pied de base. On dispose, à un pied de distance, de la première rangée de boutures, une seconde rangée qui lui soit parallèle, qu'on couvre de terreau de la même manière. Après celle-ci, on en établit une troisième, & ainsi de suite, en ayant toujours attention de diriger les rigoles qui séparent les rangées selon la pente du terrein. A la fin du mois de Mars on découvre les boutures.

Si au lieu de couper les boutures en Automne, on renvoyoit cette opération au Printemps, on seroit plus assuré de les faire réussir ; & voici le meilleur procédé qu'on puisse suivre. On couvrira en Automne les Capriers dont on voudra prendre des boutures, d'abord d'une couche de terre de jardin de cinq à six doigts plus élevée que celle que l'on forme communément : alors dans le cours de l'Hiver, les branches du Caprier pousseront quelques racines, & leur reprise sera certaine lorsqu'on les mettra en pépinière au Printemps.

Les cultures des Capriers, dans les pépinières, se réduisent à les sarcler & à détruire les herbes étrangères qui pourroient naître dans leur voisinage. Si on peut les arroser, leur accroissement sera plus prompt.

Il n'est pas nécessaire de laisser les Capriers plus d'un an dans les pépinières. Lorsqu'on veut les placer à demeure, on prépare une fosse de trois pans de profondeur , & on y dispose ces arbuftes au mois de Mars, de manière que leurs racines foient enveloppées de bonne terre. Leur reprife eft alors certaine. Cependant, fi on avoit élevé en pépinière un grand nombre de plants, on feroit bien d'en mettre deux dans chaque trou ou foffe. S'il en périffoit un, on n'auroit pas fait une dépenfe inutile; s'ils réuffiffent tous les deux, leurs racines fe croiferont bien-tôt, fe grefferont & fe confondront, & dans les premières années leurs productions feront plus abondantes.

Si on n'avoit pas des boutures, lorfqu'on eft bien aife de former une pépinière, il faudroit faire le facrifice d'un ancien Caprier. On le découvriroit & on y prendroit des portions de racine d'un pouce en quarré, qu'on placeroit dans un terrein bien préparé à deux pouces de profondeur, & chaque fragment des racines formeroit un Caprier. Ce moyen eft fondé en expériences, & il eft d'ailleurs analogue à ce qui fe pratique fur l'olivier.

Les graines du Caprier lèvent facilement. On recueille fes fruits lorfqu'ils font mûrs, & on répand au Printemps les fémences qu'ils renferment dans un terrein bien préparé & bien expofé. On met ces plants en pépinière à la feconde année, & après la troifième année on peut les planter à demeure.

Si, en femant des graines, on n'avoit d'autre motif que de fe procurer des plants, ce moyen ne devroit être employé que dans les endroits où il n'y a point de Caprier, & où il eft difficile de faire porter des boutures. Il faut alors attendre un peu trop de tems pour que les fujets que l'on peut élever donnent des récoltes.

Mais il y a un autre point de vue fous lequel on devroit confidérer les femis de Capriers, & qui eft bien propre à déterminer les amateurs de Botanique & de l'Agriculture qui aiment le bien public à multiplier des effais.

Les graines de Caprier ne produifent pas toujours des plantes femblables à celles qui leur ont donné naiffance; &, parmi les nouvelles variétés qu'on feroit dans le cas d'obtenir, il pourroit s'en trouver beaucoup qui mériteroient d'être cultivées préférablement à celles qui font généralement répandues. On n'eft pas furpris du peu d'intérêt qu'on a mis jufqu'à préfent aux choix de meilleures variétés de Caprier, lorfqu'on fait combien cette culture a été négligée, & combien on lui a donné peu d'extenfion.

Dans le Nord de la France le Caprier eft regardé comme un buiffon d'ornement. Il en eft peu qui donnent comme lui des fleurs fans interruption. On les laiffe toutes épanouir, & on jouit de leur éclat jufqu'à ce que le retour des frimats fufpende la circulation de la fève. L'emploi qu'on fait de cet arbufte a fait defirer qu'on femât de fes graines dans l'efpérance d'obtenir quelque variété dont les fleurs fuffent doubles ou femi-

doubles ou panachées. En réuniffant, on formeroit à l'amateur des jardins un des buiffons les plus propres à les orner, & on donneroit à l'agriculture des efpèces de Caprier qui feroient négliger, & oublier même celles qu'on cultive. On n'auroit pas befoin alors de cueillir les boutons très-petits pour leur conferver de la fermeté, parce qu'ils pourroient être gros & avoir encore cette qualité diftinguée. On fait que, dans les fleurs, le nombre des pétales ne s'accroît qu'aux dépens des étamines. Dans plufieurs efpèces de plantes cette métamorphofe eft ordinaire. Quelquefois les pétales fe multiplient au point que les étamines difparoiffent. Il ne faudroit peut-être pas des effais bien nombreux pour obtenir beaucoup de la nature en fémant des Capriers, furtout en bornant fes defirs, & en ne fe flattant pas que, dans les plantes qu'on obtiendroit, le changement des étamines en pétales fût complet. Des Capriers femi-doubles feroient des arbuftes très-précieux. Quelques pétales nouveaux, ajoutés à fes fleurs, formeroient un volume plus grand que le nombre d'étamines qu'elle renferme.

Les Capriers font d'une très-longue durée: ils ne paroiffent pas vieillir: & à moins que des froids rigoureux ne les faffent périr, ils confervent toujours leur fécondité.

Manière de conferver les Capres, & de les rendre propres au tranfport.

On conferve les Capres dans du fel, en employant des vafes de terre ou de bois dans lefquels on forme des couches alternatives des Capres & de fel pilé & bien defféché; cette méthode, qui paroît avoir été anciennement en ufage, eft décrite par Olivier de Serres; quoiqu'elle eft fuffifante pour conferver les Capres pendant affez long-tems, on préfère de les confire au vinaigre; cette dernière méthode les rend plus délicates; elle eft en outre plus fûre & moins coûteufe.

Ceux qui cueillent les Capres, doivent avoir l'attention de n'y laiffer adhérer que la moindre quantité poffible du pédoncule. On les fépare avec un crible felon leur groffeur; les plus petites font celles qui ont plus de prix, car on les vend communément cinq ou fix fois plus que les groffes. On voit que cela doit être ainfi pour le cultivateur: il fe garderoit bien de cueillir les boutons très-petits, s'ils ne devoient avoir que la valeur de ceux qui font bien développés. Une groffe Capre pèfe cinq ou fix fois plus qu'une petite ou nompareille, & les femmes cueillent plus difficilement celle-ci. Comme le poids des Capres augmente affez exactement en raifon inverfe de leur prix, leur valeur individuelle refte la même. Cela prouve bien que leurs propriétés & leurs qualités ne changent pas avec leur groffeur; auffi c'eft une erreur de croire que les petites font meilleures: elle font, à la vérité, plus fermes, parce que les parties de la fleur sont plus rapprochées ; mais c'est l'opinion seule qui leur donne plus de valeur. Le goût propre qu'elles ont, est enveloppé sous celui du vinaigre qu'on a employé pour les préparer : vertes & non confites, elles sont également désagréables, & dans cet état une Capre grosse ou commune n'a pas moins d'amertume & d'âcreté qu'une nompareille.

On met les Capres, dès qu'on les a cueillies, dans des tonneaux où elles doivent nager dans du vinaigre. Dès qu'elles y ont été marinées pendant quinze jours, on peut les employer dans la préparation des alimens.

Les barils ou tonneaux où l'on met les Capres, doivent être fermés, être placés dans un endroit frais, & être entretenus en bon état. On doit faire changer avec soin les douves gâtées, lorsqu'on peut craindre qu'elles ne donnent un mauvais goût au vinaigre.

Le vinaigre le plus fort, & vieux & bien clarifié, est le meilleur pour confire les Capres. Lorsque le vinaigre renferme trop de phlegme, les Capres prennent une mauvaise couleur ; elles s'y amollissent & s'y décomposent en partie. En un mot, pour conserver aux Capres tout leur prix, il faut de bonnes futailles & de bon vinaigre ; on les garde, par ce moyen, pendant plusieurs années, sans qu'elles perdent rien de leurs qualités. Soit qu'on veuille les transporter, soit qu'on les garde dans des magasins, il faut des attentions égales. On ne peut les conserver qu'autant qu'elles nagent dans le vinaigre. On les met souvent en bouteilles, & on en remplit des caisses qu'on envoie par-tout : mais les frais de cette préparation en augmentent beaucoup le prix ; il est plus économique de les envoyer dans des barils. Il est essentiel alors que le vinaigre ne puisse pas s'échapper : hors de cette liqueur, les Capres éprouveroient quelque altération, & le frottement contre les parois du baril changeroit leur forme.

Les Cornichons exigent les mêmes attentions que les Capriers : mais j'ai déjà observé qu'il en nouoit très-peu ; c'est ce qui fait qu'on en trouve une si petite quantité. La multitude des semences qu'ils renferment, les rend d'ailleurs fort inférieurs aux Capres.

Usage. Les Capres sont regardées comme l'assaisonnement le plus salubre, & mêlées aux alimens trop gras ou trop fades, elles en relèvent le goût : ce sont ces qualités qui le font rechercher ; mais leur cherté les réserve pour la table des riches. Les Capres étant anti-scorbutiques, leur usage pourroit être d'un grand avantage pour les gens de mer. Elles excitent l'appétit, & conviennent par conséquent aux estomacs languissans & foibles : elles sont également fort utiles à ceux qui ont des obstructions, car elles poussent sur les urines : on prétend que l'écorce du Caprier est éménagogue & apéritive. La préparation au

vinaigre contribue peut-être à donner aux Capres une partie des vertus qu'on leur attribue. (*M. Gruvel.*)

CAPRIFICATION. Opération au moyen de laquelle on accélère, ou détermine la maturescence des figues dans tout le Levant. Anciennement, & encore actuellement, dans les Isles de l'Archipel, la Caprification passe pour être absolument nécessaire à l'achèvement du fruit, qui, sans elle, se flétriroit & tomberoit avant d'être mûr. Des Observateurs mieux instruits, ont reconnu que cette opération n'étoit pas indispensable, & que les figues caprifiées étoient plus précoces comme tout autre fruit piqué par les insectes.

Avant d'examiner la théorie de la Caprification, il est naturel d'écouter Tournefort, qui l'a décrite avec tant de détails, & a vu la Caprification en Observateur : je vais transcrire ses propres paroles ; (*Mém. de l'Ac. année 1705, p. 332.*)

« On cultive deux espèces de Figuiers, la première, nommée *Ornos,* d'*Erinos,* nom du Figuier sauvage en Grec. La seconde est le Figuier domestique. Le Figuier sauvage porte trois sortes de fruits qui ne sont pas bons à manger, mais qui sont nécessaires pour faire mûrir les domestiques. On les distingue sous les noms de Fornites, Cratitires & Orni. »

« Les Fornites paroissent au mois d'Août, & durent jusqu'en Novembre sans mûrir : il s'y forme de petits vers de la piquure de certains moucherons que l'on ne voit voltiger qu'autour de ces arbres. Dans les mois d'Août & de Novembre, ces moucherons piquent d'eux-mêmes les seconds fruits des mêmes pieds de figuier. Ces fruits que l'on nomme Cratitires ne se montrent qu'à la fin de Septembre, & les Fornites tombent peu-à-peu après la sortie de leurs moucherons. Les Cratitires, au contraire, restent sur l'arbre jusqu'au mois de Mai, & renferment les œufs que les moucherons des Fornites y ont laissés en les piquant. Dans le mois de Mai, la troisième espèce de fruits commence à pousser sur les mêmes pieds de figuier sauvage qui ont produit les deux autres. Ce fruit est beaucoup plus gros, & se nomme Orni. Lorsqu'il est parvenu à une certaine grosseur & que son œil commence à s'entr'ouvrir, il est piqué dans cette partie par les moucherons des Cratitires, qui se trouvent en état de passer d'un fruit à l'autre pour y décharger leurs œufs. »

« Il arrive quelquefois que les moucherons des Cratitires tardent à sortir dans certains quartiers, tandis que les Orni de ces mêmes quartiers sont disposés à les recevoir. On est obligé, dans ce cas, d'aller chercher des Cratitires dans un autre quartier, & de les ficher à l'extrémité des branches des figuiers dont les Orni sont en bonne disposition, afin que les moucherons les piquent. Si

-l'on manqué ce tems-là, les Orni tombent, & les moucherons des Cratitires s'envolent, s'ils ne trouvent pas des Orni à piquer. Il n'y a que les Payfans qui s'appliquent à la culture des Figuiers, qui connoiffent le vrai tems auquel il faut y pourvoir, & pour cela, ils obfervent avec foin l'œil de la figue; car cette partie ne marque pas feulement que les piqueurs doivent fortir; mais auffi celui où la figue peut être piquée avec fuccès. Si l'œil eft trop dur & trop ferré, le moucheron n'y fauroit dépofer fes œufs, & la figue tombe lorfque cet œil eft trop ouvert. »

« Ce n'eft pas-là tout le myftère; ces trois fortes de figues ne font pas bonnes à manger; on s'en fert de la manière fuivante. »

« Dans les mois de Juin & de Juillet, les Payfans prennent les Orni dans le tems que leurs moucherons font prêts à fortir, & les vont porter fur les Figuiers domeftiques. Ils enfilent plufieurs de ces fruits dans des fétus, & les placent fur ces arbres à mefure qu'ils le jugent à propos. Si l'on manque ce tems-là, les Orni tombent, & les fruits du Figuier domeftique ne mûriffant pas, tombent auffi en peu de tems. Les Payfans connoiffent fi bien ces précieux momens, que tous les matins, en faifant leur revue, ils ne tranfportent fur les Figuiers domeftiques que les Orni bien conditionnés, autrement ils perdroient leur récolte. Il eft vrai qu'il eft encore une reffource, quoique légère, celle de répandre fur les Figuiers domeftiques les fleurs d'une plante qu'ils nomment *Afcolimbros* (*fcolimus chryfanthemos C. B.*). Il fe trouve quelquefois dans les têtes de ces fleurs des moucherons propres à piquer ces figues, ou peut-être que les moucherons des Orni vont chercher leur vie fur les fleurs de cette plante. Enfin les Payfans ménagent fi bien les Orni, que leurs moucherons font mûrir les fruits du Figuier domeftique dans l'éfpace d'environ quarante jours. »

« Ces figues font bonnes fraîches, mais on les fèche au foleil, puis on les fait paffer au four pour les conferver plus long-tems. Elles forment, avec le pain d'orge, la principale nourriture des habitans. Ces figues font moins bonnes que celles de Provence, qui n'exigent pas la caprification; mais un arbre de ces dernières ne porte que vingt-cinq livres de figues, tandis qu'un des premiers en porte fouvent deux cents quatre-vingt livres. »

Confultons encore un autre Obfervateur qui a examiné la caprification à une époque plus récente, M. de Godeheu, dont le Mémoire eft inféré dans ceux des Savans étrangers, *Tome II.*

La caprification eft connue, fuivant lui, dans l'Ifle de Malte. Le figuier fauvage y porte le nom de *Tokar*, auquel on ajoute les épithètes de *léonal, lanoff, tayept*, pour exprimer les trois récoltes nommées dans le Levant, *Formites, Cratitires* & *Orni*. De huit variétés du figuier domeftique qui font cultivées à Malte, deux feulement doivent être caprifiées, les autres ne le

font jamais. M. de Godeheu voulant vérifier fi cette opération eft indifpenfable, comme les payfans l'imaginent, choifit quelques pieds de l'une de ces variétés fur laquelle on la pratique, & la même qu'on cultive dans les Ifles de l'Archipel. Il laiffa ces arbres pendant une faifon fans les caprifier; la moitié des fruits tomba, le refte mûrit parfaitement, & fut d'une qualité fupérieure aux fruits des arbres caprifiés, & à quelques Figues qui le furent accidentellement par des cinips apportés par les vents, ou écartés des arbres fauvages.

Guidé par cette expérience, M. de Godeheu explique de la manière fuivante, l'influence de la caprification fur les figuiers auxquels elle eft avantageufe.

« Il eft certain, dit-il, que le figuier, qui a produit une grande quantité de figues groffes & fucculentes, fe trouve, pour ainfi dire, épuifé. Cet arbre n'a pas la force de fournir la nourriture fuffifante aux fecondes figues qui commencent à paroître dans le tems que les premières font dans leur maturité. Qu'arrive-t-il? la moitié de ces fecondes figues, qui ne reçoivent point le fuc nourricier dont elles ont befoin, tombent avant d'être mûres; & c'eft par la caprification qu'on remédie à cet inconvénient. L'introduction du moucheron y caufe une fermentation capable de précipiter leur maturité, comme il arrive dans les fruits verreux qui mûriffent toujours avant les autres. Pour lors les figues qui tarderoient deux mois à mûrir, font bonnes à manger trois femaines plutôt, & le tems de leur chûte étant prévenu, la récolte eft plus abondante. Cela eft prouvé par la manœuvre de quelques particuliers, qui, pour ne point fatiguer leurs arbres, ne caprifient point les fecondes figues, attendu que la récolte des premières eft ordinairement mauvaife pour l'année d'après; l'arbre ayant, pour ainfi dire, été forcé de nourrir une trop grande quantité de fruits dans la même année. En effet, les trois quarts des fecondes figues tombent avant de mûrir, lorfqu'elles n'ont point été caprifiées, & il n'en refte fur l'arbre que le nombre qu'il eft capable de mûrir. »

D'après cette explication, qui me paroît la plus vraifemblable, on pourroit pratiquer la caprification fur toutes les variétés de figues affez peu juteufes, pour que les cynips ne flétriffent pas leurs ailes en paffant au travers du fruit pour parvenir aux graines; & c'eft l'opinion que M. Bernard a développée dans un Mémoire inféré dans le Journal de Phyfique, Juillet 1786. On peut encore conclure que la caprification pourroit être pratiquée en Italie, où elle l'étoit du tems des Romains, & dans nos provinces méridionales, fi on n'y préféroit pas la qualité du fruit à l'abondance des récoltes.

Ainfi, la caprification n'eft point, comme Pontedera & plufieurs Naturaliftes l'ont imaginé, une fécondation produite par des pouffières mâles que les cynips portent des caprifiguiers fur les figues domeftiques. C'eft uniquement une accélération de maturité produite par la piquure de ces infeéles, & qu'on peut effectuer artificiellement, au moyen d'une aiguille trempée dans l'huile d'olives. En accélérant la maturité de chaque récolte, ils empêchent les jeunes fruits d'une feconde pouffée de mûrir, manquant des fucs que les fruits de la première abforbent, & l'augmentation de produit eft toujours obtenue aux dépens de la qualité des fruits. Depuis Tournefort, tous ceux qui ont parlé de la caprification conviennent de ce fait.

M. La Billarderie a bien voulu me communiquer l'obfervation fuivante, relative au figuier. En Syrie, où il a voyagé depuis peu d'années, la caprification n'eft pas ufitée; mais lorfqu'on veut accélérer la maturité des fruits, on met une goutte d'huile fur l'œil du fruit. Ce procédé, dont j'avois d'abord peine à concevoir l'effet, influe fur le fruit de la manière fuivante, à ce que croit M. de la Billarderie: l'huile fe rancit très-promptement, & par l'alcalefcence qui s'y développe, elle produit une irritation fuffifante pour accélérer la maturité. Tournefort propofoit déjà, dans fon Mémoire fur la caprification, de piquer l'œil de la figue avec une épingle ou une paille couverte d'huile. Il ignoroit, fans doute, que la fimple application produit le même effet.

Voyez, fur les détails de la culture du Figuier, & de la récolte des fruits, le mot FIGUIER dans le Dictionnaire des Arbres & Arbuftes. (*M. REYNIER.*)

CAPRIFIGUIER. Nom que beaucoup de perfonnes donnent au figuier fauvage, dont les fruits fervent à la caprification. *Voyez* CAPRIFICATION. Voyez auffi le mot FIGUIER au Dict. des Arbres & Arbuftes. (*M. REYNIER.*)

CAPRON. Manière vicieufe d'écrire le mot Caperon, qui fe rapporte à une des races du genre des fraifiers. *Voyez* FRAISIER. (*M. THOUIN.*)

CAPSULE. Enveloppe des graines de beaucoup de plantes; elle diffère de la baie, parce que la dernière mollit en mûriffant, au lieu que la première fe deffèche dans fa maturité. Il eft cependant des baies charnues, telles que celle du poivron, du fufain, qui, avec une nuance de plus, feroient des Capfules. On obferve auffi des Capfules, telles que celle des celaftres, qui, avec un degré de molleffe de plus, feroient des baies. Ainfi, la diftinction entre ces deux péricarpes ou enveloppes des graines, n'eft tranchée, que dans les extrêmes des nuances intermédiaires qui les réuniffent.

La même divifion en une, deux, trois ou plufieurs loges, que j'ai fait remarquer dans les baies, exifte également dans les Capfules. On diftingue également le nombre des graines que chacune contient, & ces différences de conftruction établiffent celle des plantes aux yeux des Botaniftes. Une autre confidération fe réunit aux précédentes, c'eft la manière dont la Capfule s'ouvre; ou ce font les parois qui fe féparent abfolument, & laiffent voir les cloifons intérieures; ou ce font uniquement leurs extrémités qui fe défuniffent pour laiffer un paffage aux graines. La Capfule des violettes offre un exemple du premier cas, celle des digitales & des campanules, un exemple du fecond. Lorfque les parois s'ouvrent entièrement, on compte le nombre des valves, ainfi Capfule à une, deux, trois ou quatre valves, en nombre toujours égal à celui des cloifons.

Les Capfules font vertes, & en mûriffant prennent une teinte ligneufe, brune, fauve ou jaunâtre; elles ne peuvent pas fervir à la décoration des jardins comme les baies, dont l'ufage, ainfi que je l'ai fait voir, eft fi précieux aux compofiteurs de bofquets. Je ne connois aucun exemple de plantes plus belles, lorfqu'elle font chargées de leurs Capfules, qu'avant cette époque; tandis que beaucoup d'arbres, tels que le fufain, font plus beaux en fruits qu'en fleurs, leurs baies ayant une couleur plus diftinguée.

Comme les Capfules font des enveloppes fèches, on peut, fans inconvéniens & même avec avantage, y conferver les graines: elles achèvent de s'aoûter, lorfque le dernier degré de maturité leur manque, & même dans plufieurs cas où il eft néceffaire de cueillir les Capfules encore vertes; elles achèvent leurs graines lorfqu'on les fufpend à l'air. Le même avantage n'exifte pas pour la plupart des baies qui fermentent lorfqu'on cherche à les conferver, & paffent bientôt à la putridité. En général, la Capfule eft avec la coffe ou légume, & la filique, l'efpèce d'enveloppe des graines qui eft la plus avantageufe au Cultivateur, puifque la graine s'en détache aifément. Il peut la laiffer dans l'enveloppe fans inconvén'ent, & peut le récolter avant fa maturité, fi la faifon trop avancée l'exige. On peut encore ajouter que cette efpèce d'enveloppe eft la plus commune. (*M. REYNIER.*)

CAPUCHON. Nom donné par quelques perfonnes aux petites membranes qui couvrent la fructification de différentes efpèces de mouffes. *Voyez* COËFFE. (*M. THOUIN.*)

CAPUCHON DE MOINE. *Arum profcideum.* L. Gouet cornu, n.°II. (*M. THOUIN.*)

CAPUCIN. (Hormin.) *Salvia nutans.* L. *Voyez* SAUGE. (*M. THOUIN.*)

CAPUCINE. *TROPÆOLUM.* L.

Genre de plantes voifines, par la conformation de leurs fleurs, des violettes: il comprend des espèces herbacées, charnues, souvent grimpantes, d'une forme pittoresque & assez agréable.

Leur fleur est composée d'un calice à cinq divisions, terminé postérieurement par un éperon terminé en pointe, de cinq pétales rangés irrégulièrement, & d'une grandeur un peu inégale. Enfin, de huit étamines inégales, & d'un ovaire supérieur qui se change en une capsule à trois loges monospermes, tellement séparées, qu'elles paroissent former trois capsules appliquées l'une à l'autre; souvent une ou deux des loges avortent, & changent un peu la forme du fruit.

Espèces.

1. CAPUCINE à feuilles larges, *ou* grande Capucine. *TROPÆOLUM majus.* L. ☉ du Pérou.

β La Capucine à fleurs doubles, ♃.

γ Capucine bâtarde. La M. Enc.

2. CAPUCINE à petites feuilles, *ou* petite Capucine. *TROPÆOLUM minus.* L. ☉ du Pérou.

3. CAPUCINE laciniée. *TROPÆOLUM peregrinum.* L ☉ du Pérou.

4. CAPUCINE à cinq feuilles. *TRNPÆOLUM pentaphyllum.* La M. Dict. du Monte-Video, près de Buénos-Ayres.

Les deux premières espèces de Capucines se ressemblent par la conformation générale de leurs parties; &, par leur port, elles diffèrent par la hauteur différente où elles s'élèvent. La première monte jusqu'à cinq ou six pieds autour des supports qu'on lui fournit; la seconde ne s'élève qu'à deux pieds, & ses tiges sont toujours plus rameuses, plus tortueuses & plus touffues. La forme de leurs feuilles, quoique ombiliquée, diffère dans les détails. La première a des feuilles arrondies, avec trois enfoncemens très-légers qui font ressortir cinq lobes ou cinq angles arondis, souvent à peine visibles : la seconde a des feuilles un peu plus larges que longues, & presque uniformes dans leur contour : elles sont toujours la moitié plus petites que celles de l'autre espèce. Ces espèces diffèrent, enfin, par la grandeur & la couleur constante de leurs fleurs. Celles de la première sont grandes, d'une couleur orangée, tirant sur le rouge; leurs deux pétales supérieurs sont rayés de pourpre à leur base : celles de la seconde sont plus petites, d'une couleur orangée tirant sur le jaune, les deux pétales inférieurs tachés de rouge.

Historique. La Capucine à feuilles étroites, a été apportée, du Pérou en Europe, en 1580, & celle à feuilles larges en 1684. On prétend qu'elles sont vivaces dans leur pays natal. Ce fait, qui ne seroit pas sans exemples, ne me paroît pas démontré d'une manière victorieuse; car la construction de la racine des Capucines n'indique point qu'elle puisse se conserver aussi long-tems. Je sais même que des amateurs Hollandois ont

essayé d'en conserver dans l'orangerie & dans la serre-chaude, sans y réussir; tandis que l'expérience réussit sur le ricin commun, qui est pareillement vivace aux Indes, & qui ne paroît annuel en Europe que parce que le froid fait périr la racine; car la construction de cette partie annonce sa durée, au lieu que la racine des Capucines paroît visiblement annuelle. Il seroit important, comme point de Physiologie végétale, que les voyageurs vérifiassent si les Capucines sont vraiment vivaces aux Indes, si leur racine y est la même qu'aux individus d'Europe, ou si le changement de climat l'a modifiée. On éclairciroit, par ce moyen, jusqu'à quel point l'influence de la naturalisation peut changer une espèce, &, par conséquent, quelle latitude on peut donner aux caractères spécifiques.

Culture. On sème les Capucines sur couches dès le mois de Mars, & même plutôt, lorsqu'on a des moyens de garantir les jeunes plantes des nuits froides du Printemps. La graine doit être enterrée d'un pouce pour n'être pas gênée dans sa germination, & doit être arrosée fréquemment lorsque la chaleur peut aider l'action de l'humidité; car l'humidité avec un tems froid, est plutôt nuisible. Lorsque les jeunes plantes ont trois à quatre feuilles, on les lève & on les replante dans des petits fossés pleins de fumier bien consommé, ou de terreau. L'exposition du Midi est la plus favorable à ces plantes, & celle où on peut les planter le plutôt; mais, en général, elle réussit à toutes les expositions, sur-tout lorsque la saison est avancée, & que l'air est réchauffé. Les Capucines exigent des arrosemens fréquens pendant leur jeunesse, & veulent être ombragées les premiers jours de leur transplantation; lorsque les fleurs commencent à paroître, on peut cesser les arrosemens, sans néanmoins qu'ils cessent d'être utiles. La graine mûrit vers le mois d'Août ou de Septembre. Après l'avoir cueillie on l'expose pendant quelques jours au soleil, & on la conserve tout l'Hiver dans sa capsule ou enveloppe, comme celle des asperges. Des amateurs de cette plante pourroient en faire deux ou trois semis différens, à un mois ou six semaines de distance : le premier en Février, sous châssis; par ce moyen ils pourroient prolonger la floraison de cette plante, qui, de sa nature, reste déjà long-tems en fleur.

Usage. Les Capucines ont un goût de cresson très-prononcé, même plus fort que celui de la plupart des cressons ordinaires. Leurs qualités médicales sont les mêmes que celles des plantes de ce genre; preuve que les caractères chymiques & les caractères extérieurs des végétaux ne coincident pas dans toutes les circonstances, comme plusieurs personnes l'avoient imaginé. On en fait usage dans les cuisines; moins cependant que de cresson; & l'on confit les boutons à fleurs & les jeunes fruits au vinaigre, comme les câpres & les cornichons, auxquels ils sont préférables pour le goût, & peut-être pour la salubrité. La petite Capucine donnant plus de fleurs que l'autre, est préférée pour cet usage. *Voyez* CAPRE & CORNICHON.

Le principal usage des Capucines est comme objet de décoration ; elles viennent facilement, tapissent bien les murs, & se couvrent, pendant plusieurs mois, de fleurs de la plus grande beauté, qui se succèdent les unes aux autres. On la place devant des murs, entre les espaliers qui ne se joignent pas encore, devant les maisons qui ont des terrasses, sur les terrasses mêmes, en guidant leurs tiges en guirlandes autour des supports ou fils disposés pour cela. L'ouvrier, dans les villes, en décore sa croisée ou le devant de sa boutique, & se prépare une verdure, la seule qu'il peut voir pendant ses jours de travail. Enfin, en vase ou en pleine terre, elle vient également bien lorsque la chaleur est suffisante & la terre un peu profonde ; car, dans un vase trop petit, ou dans un terrein fort stérile, les Capucines se rabougrissent & ne donnent que des fleurs maigres & peu nombreuses.

Le conseil que j'ai donné, de semer les Capucines sous couche, a pour but d'accélérer sa floraison : car on peut la semer en place dès le mois d'Avril, & cette plante est assez peu délicate pour que des graines mûres, tombées à terre en Automne, y passent l'Hiver, & germent l'année suivante. Je l'ai vu même à Paris.

Quelques personnes répandent des fleurs de Capucines & des fleurs de bourache sur la salade ; cette manière simple de les orner a l'avantage de corriger l'excessive froideur de la laitue, & de la rendre plus digestive ; car certainement une salade de fleurs de Capucine seroit plus saine.

Observation. On doit à la Fille de Linné une observation d'un genre absolument neuf, & qui est des plus intéressante. A la chûte du jour, lorsque la journée a été chaude, il sort des fleurs de la grande Capucine, des éclairs lumineux que l'on a jugés électriques. Je les ai vu très-souvent en Suisse & plus rarement à Paris ; mais j'ai cru devoir élever des doutes sur les qualités électriques de ces éclairs, car ils n'ont aucune influence sur l'électromètre, ce dont je me suis assuré par l'expérience. Seroient-ils d'une électricité tellement foible que l'électromètre qui recueille les degrés les moins sensibles, n'en soient pas affectés? C'est ce qu'il est important de vérifier.

Capucine à fleur double.

Les Naturalistes décrivent cette Capucine comme variété de celle à feuilles larges, n.° 1, quoiqu'elle en diffère par sa tige tortueuse presque point grimpante ; & plus petite par ses sommités couvertes de duvet, & plus encore par sa durée, puisqu'elle est vivace par ses racines & aussi par ses tiges. Ce dernier caractère, qui ne seroit pas très-important s'il est vrai que les Capucines sont vivaces au Pérou, le deviendroit si cette opinion n'est pas fondée. Il est certain que les tentatives qu'on a faites pour rendre la Capucine ordinaire vivace n'ont eu aucun succès tandis que la Capucine à fleur double est tellement vivace qu'on ne l'a multiplie que de boutures.

Un fait milite cependant contre l'opinion de ceux qui voudroient s'appuyer de la durée des tiges pour distinguer cette plante comme espèce : cette durée est une suite naturelle de la multiplication par boutures qui intervertit l'ordre des saisons, puisque ce sont des dévelopemens factices qu'elle occasionne. J'ai consulté les plus anciens ouvrages de Botanique qui ont parlé des Capucines, pour voir si la Capucine, au moment où on l'a apportée en Europe, étoit vivace, & les soins qu'elle exigeoit ; j'ai lu avec quelqu'étonnement, dans l'Histoire des plantes de Ray, que les Capucines de son tems étoient multipliées de graines où de boutures, & la description qu'il donne prouve que c'est de la Capucine à fleur simple qu'il vouloit parler. Il est singulier qne cette manière de les multiplier ait été tellement abandonnée depuis ce Naturaliste qu'on en ait même perdu le souvenir. Dodoens qui dit la même chose, ajoute que la graine des individus qu'il en a vu avoit été apportée d'Espagne. D'où on pourroit conclure que la Capucine à fleur double que l'on a toujours tenue dans l'orangerie, s'est moins éloignée de son organisation première que la Capucine à fleur simple qui a dû s'habituer à un climat plus froid que celui dont elle étoit originaire, & le sentiment des Naturalistes, qui les regardent comme constituant une même espèce, seroit fondé. *Voyez* CLIMAT.

M. Thouin à qui j'ai communiqué ces observations, m'a dit que les Capucines sont vivaces aux Indes de la même manière que les baselles, parce que les tiges prennent racine dans tous les endroits où elles touchent la terre, & que ce sont ces jeunes plantes, produites par ces nouvelles racines, qui passent l'Hiver quoique la racine ou souche primitive périsse. Il m'a dit, à l'appui de cette idée, qu'il a essayé quelquefois de faire des boutures de Capucine simple qui ont réussi, & ont passé l'Hiver comme celles à fleur double, malgré que la plante ellemême périsse en Automne.

Culture. La Capucine à fleur double est plus délicate que celle à fleur simple ; elle craint le froid, & une trop grande humidité la fait périr ; lorsque l'orangerie est humide & peu aërée, elle est sujette à chancir ; aussi les Jardiniers qui, par défaut de moyens, ont des serres mal construites, en perdent-ils, chaque année, un grand nombre de pieds.

On multiplie les Capucines à fleur double au moyen de boutures ; on choisit pour cela la partie des tiges qui est déjà un peu raffermie ; les extrémités n'ont pas affez de confistance. La terre dans laquelle on fait ces boutures doit être bonne & subftancielle ; on les tient à l'ombre pendant les quinze premiers jours, & l'on évite les arrofemens pendant tout ce tems-là ; l'humidité les feroit périr. On peut également marcotter les Capucines à fleur double, & ce moyen est peut-être encore plus affuré que les boutures ; mais il est auffi plus embarraffant. C'est dans le courant du mois d'Août que l'on fait ces deux opérations avec le plus de fuccès, les tiges ayant eu le tems de fe fortifier pendant l'Été, & les jeunes plantes peuvent acquérir une certaine force avant l'Hiver.

Ufage. La Capucine à fleur double étant plus délicate que les autres, fert beaucoup moins qu'elles à la décoration des jardins ; on ne peut la cultiver qu'en pots ; ainfi, elle ne peut fervir qu'à décorer les gradins de plantes étrangères, les terraffes & même les appartemens. La beauté de fa fleur la fait rechercher pour ces différens ufages ; elle produit auffi un très-bel effet dans l'orangerie, fur-tout lorfque fes fleurs paroiffent dans la faifon où elle y eft renfermée.

La Capucine bâtarde diffère fi peu de celles dont je viens de parler que Linné la regarde avec raifon comme une plante hybride, née de là première efpèce, & il eft furprenant que tous les Naturaliftes l'adoptent comme efpèce fur l'autorité de Linné qui avoue lui-même avoir vu naître cette bâtarde dans un jardin de Hollande, & j'y ai vérifié cette inconftance des corolles, qui annonce une plante à peine ébauchée ; elle donne rarement des graines, & doit être confidérée comme une plante hybride, ou fimplement comme une variété qui s'écarte du type primitif, & qui a été produite par un concours de chofes inconnues.

C'est ainfi que j'ai vu naître, fous mes yeux, le geranium bicolor que tous les Botaniftes décrivent actuellement comme efpèce, quoiqu'il ne donne jamais de graines.

La Capucine lacinée, n.° 3, eft plus délicate que les précédentes, quoique originaires comme celles du Pérou ; peut-être étant plus nouvelles qu'elle en Europe, y eft-elle moins acclimatée, ou qu'elle eft réellement d'un climat plus chaud. Elle eft très-reconnoiffable à fes feuilles palmées, & fur-tout à fes fleurs d'une teinte foncée, quoique petites, & dont les pétales font découpés ou frangés fur les bords.

Culture. On fème la Capucine laciniée dans le mois d'Avril, fur couche & fous chaffis, ayant foin d'arrofer pendant la germination des graines. Lorfque les jeunes plantes font en état d'être tranfplantées, on les met dans des pots pleins

d'une terre fubftancielle que l'on tient à l'ombre fans les humecter pendant les premiers jours. Cette plante n'exige aucuns foins pendant l'Eté, & vers les premiers froids, on la rentre dans une ferre chaude, où elle achève d'aoûter fes graines. Comme cette plante aime beaucoup l'humidité, il vaut mieux la mettre fur les appuis des croifées que dans le fond de la ferre.

La dernière efpèce n'ayant jamais été cultivée en Europe, on ne fait rien de particulier fur fa culture ; mais il eft probable qu'elle n'exigeroit pas des foins beaucoup plus multipliés que la précédente.

Ces deux dernières efpèces étant moins acclimatées en Europe, y ferviroient moins à la décoration des jardins que les deux premières. La troifième cependant peut répandre de la variété fur les gradins des plantes étrangères & dans les ferres chaudes. Sans doute qu'avec le tems elle fera auffi commune que les autres, alors elle pourra fervir aux mêmes ufages. Lorfque les premières Capucines furent apportées en Europe, elles durent pareillement être conférvées dans les ferres. (*M. Reynier.*)

CAPURE, Capura.

Nom d'un genre de plante peu connu des Botaniftes, qui paroît avoir des rapports avec les *Daïs*, mais dont la famille naturelle eft ignorée. Il n'eft encore compofé que d'une feule efpèce originaire de l'Inde.

Capure pourpré.

Capura purpurata. L. ♄ de l'Inde.

Les rameaux de cet arbre font branchus ou oppofés par paires & d'une couleur pourprée ; fes feuilles font ovales, entières, légèrement pointues, & reffemblent un peu à celles du chevre-feuille des buiffons. Les fleurs viennent dans les aiffelles des feuilles par petits faifceaux, & elles font de couleur purpurine.

Cet arbre n'a point encore été cultivé en Europe, & comme on ne fait dans quelle partie de l'Inde il croît, on ne peut indiquer la théorie de fa culture. (*M. Thouin.*)

CAQUEPIRE. Nom vulgaire d'une efpèce de *Gardenia.* C'eft le *Gardene verticillé*, Dict. de Bot. n.° 3. *Gardenia (Thunbergia) inermis.* L. f. fupl. 162. (*Dauphinot.*)

CAQUILLE, Bunias.

Genre de plantes de la famille des Crucifères, & de la feconde fection des filiculeufes. Il eft compofé de huit efpèces, toutes herbacées, & originaires des pays froids ou tempérés. Ces plantes offrant peu d'intérêt, tant du côté de l'utilité que de l'agrément, ne font cultivées que dans les jardins de Botanique.

Efpèces.

Espèces.

1. CAQUILLE cornu.
Bunias cornuta. L. ⊖ de Sibérie.
2. CAQUILLE épineux.
Bunias spinosa. L. ⊖ d'Orient.
3. CAQUILLE érucage.
Bunias erucago. L. ⊖ des environs de Montpellier.
4. CAQUILLE d'Orient.
Bunias Orientalis. L. ♃ de Russie.
5. CAQUILLE maritime.
Bunias cakile. L.
B. CAQUILLE maritime à larges feuilles.
Bunias cakile latifolia.
C. CAQUILLE maritime pinnatifide.
Bunias cakile pinnatifida.
D. CAQUILLE maritime lancéolé.
Bunias cakile lanceolata. ⊖ d'Europe, d'Afrique & d'Asie, sur les bords de la mer.
6. CAQUILLE de Sibérie.
Bunias myagroides. ⊖ L. de Sibérie.
7. CAQUILLE d'Egypte.
Bunias Ægyptiaca. ⊖ d'Egypte.
8. CAQUILLE de Mahon.
Bunias Balearica. ⊖ des Isles Minorques.

Toutes ces plantes ont des racines pivotantes, rameuses, & garnies d'un chevelu délié & blanc. Elles poussent des tiges qui, dans les plus grandes espèces, ne s'élèvent qu'à deux pieds & demi environ, & les plus basses n'ont pas plus de huit pouces de haut. Ces tiges sont garnies de feuilles placées alternativement; tantôt elles sont entières & anguleuses dans quelques espèces, tantôt elles sont découpées & innatifides dans d'autres. Leur couleur varie aussi, depuis le verd pâle jusqu'au verd glauque le plus foncé. Leurs fleurs, qui ont peu d'apparence, sont jeaunes, blanches ou purpurines; elles fleurissent dans le courant de l'Eté & leurs semences mûrissent dans l'Automne.

Culture. Les Caquilles se cultivent en pleine terre; ils se plaisent de préférence dans un sol meuble, substantiel & plus sec qu'humide. Leur végétation ne dure que de quatre à six mois. On les propage au moyen de leurs graines que l'on sème à différentes époques & de différentes manières.

Les espèces, n.ᵒˢ 1, 3, 4, 5 & 6, doivent être semées en place dans les écoles de Botanique, dès la mi-Mars, dans le climat de Paris, & en Février, dans les pays plus Méridionaux. Pour cet effet, après avoir labouré d'un bon fer de bêche, la place qu'elles doivent occuper, on y pratique un petit bassin de 3 à 4 pouces de profondeur, & de 18 à 20 pouces de diamètre. Après avoir uni la terre, on y répand les graines le plus également possible; on les recouvre d'une ligne d'épaisseur de terre

plus légère, & plus fine que celle du sol, & on met par-dessus une légère couche de terreau.

Les semences des autres espèces doivent être semées de la même manière, mais plus tard, parce qu'elles craignent les gelées blanches qui peuvent survenir au commencement d'Avril; il convient donc de les semer vers la fin de Mars au plutôt, dans notre climat. Mais, dans les pays plus septentrionaux, il est préférable de ne les mettre en terre qu'en Avril, & de les semer dans des pots qu'on place sur une couche chaude à l'air libre. Les semis en pleine terre lèvent dans l'espace de dix à douze jours, lorsque le tems est doux, & qu'il survient des pluies. S'il ne tomboit pas d'eau, il conviendroit de les arroser de tems en tems. Quand le jeune plant est parvenu à deux ou trois pouces de haut, il faut l'éclaircir & ne laisser dans chaque touffe que cinq à six pieds, choisis parmi les plus vigoureux, afin qu'ils profitent davantage & forment de plus belles masses. Les semis en pots sont-ils pareillement assez forts? On les met en pleine terre avec leurs mottes, parce que ces plantes souffrent difficilement d'être repiquées à racines nues, à moins qu'elles ne soient très-jeunes. Le reste de la culture de ces plantes se réduit à les tenir nettes de mauvaises herbes, à les arroser dans les tems de sécheresse, & à faire la récolte de leurs graines à mesure qu'elles mûrissent. Ces semences renfermées dans des sacs de papier, & mises dans les tiroirs d'une armoire placée dans un lieu sec & aëré, peuvent se conserver de trois à six ans, pourvu toute-fois qu'on les laisse dans leurs siliques.

L'espèce du Levant, quoiqu'originaire d'un pays plus chaud que le nôtre, se cultive en pleine terre, & résiste aux plus grands froids de nos hivers; elle est rustique & s'accommode de toute espèce de terrein. Une fois plantée dans un jardin, elle s'y propage sans culture, au moyen de ses racines qui tracent, & sur-tout de ses graines qui lèvent par-tout où elles tombent; de sorte qu'on est souvent plus occupé à la détruire qu'à la faire prospérer, particulièrement dans les terreins secs & légers. Cette grande facilité à croître dans les mauvais terreins, la qualité de son feuillage, que les moutons mangent volontiers, & sur-tout sa croissance prompte & précoce, nous font présumer qu'on pourroit tirer un parti avantageux de cette plante, pour faire des pâturages Printaniers. On pourroit tenter cette expérience sur des terres destinées à rester en jachères, après avoir rapporté de l'avoine. Il suffiroit de donner un labour au chaume après la récolte, & d'y semer les graines de cette plante; mais comme elle forme des touffes assez étendues, & qu'elle trace un peu, il faut la semer clair. Une autre motif encore, c'est que les silicules de cette plante renfermant ordinairement deux semences qu'il n'est pas

nécessaire, & qu'il seroit trop difficile de séparer des graines, il se trouve que chaque fruit
produit deux plantes. Ces semis lèvent en partie dès les mois d'Octobre & de Novembre, si
le tems est doux & humide, & l'autre partie au
Printems suivant. Il ne seroit peut-être pas prudent de faire paître cette culture dès la première
année, les plantes n'ayant pas encore formé d'assez
fortes racines, pour se défendre d'être arrachée
par le bétail. Mais, la seconde année, il n'y aura
aucun inconvénient, & l'on pourra y envoyer
les troupeaux de brebis dès la fin de Février. Nous
présumons que cette culture seroit plus productive encore que celle du pastel qui a été mis en
pratique par M. Daubenton avec beaucoup de
succès pour la nourriture des moutons. Celle-ci
a un avantage sur l'autre, c'est qu'elle est vivace
& qu'elle donne plus de fourrage.

Lorsque cette plante commencera à s'apauvrir
dans le sol où elle aura été semée, on la laissera
croître pendant quelques mois, après quoi on
la retournera par un labour profond. Ses fannes
& ses racines charnues se pourrissant dans la terre,
formeront un engrais qui la rendra propre à recevoir de nouveaux grains sans qu'il soit besoin
de la fumer beaucoup. Ainsi, elle aura l'avantage
de fournir des pâturages, & d'économiser des
fumiers, deux choses précieuses en Agriculture.

Historique. Le Caquille d'Orient a été apporté
du Levant par Tournefort au commencement de
ce siécle. Il a été cultivé en premier lieu au Jardin
des Plantes de Paris, d'où il s'est répandu dans
tous les Jardins de Botanique de l'Europe Madame Bruant, Botaniste très-zélé, l'a semé
dans différens cantons voisins où il commence
à se naturaliser. (*Thouin.*)

CARABIN, nom que l'on donne en Sologne
eu Sarrasin. *Voyez* (SARRASIN. (*M. l'Abbé Tessier.*)

CARABO, nom qu'on donne à Mayenne au
Sarrasin. *Voyez* SARRASSIN (*M. l'Abbé Tessier.*)

CARABOU, *Kari-Bepou.*

Bel arbre du Malabar qui paroît avoir des
rapports avec les Azedarach & avec le genre du
Murraya ou Buis de la Chine.

Cet arbre est très-grand & toujours verd. Ses
rameaux sont rougeâtres & lanugineux.

Les feuilles sont ailées, & ont leurs folioles
ovales, d'une odeur désagréable & d'une saveur
amère.

Les fleurs viennent en panicules terminales.
Elles sont petites blanchâtres, à cinq pétales lancéolés & ont une odeur forte.

Les fruits sont des baies rondes qui ne contiennent qu'une seule semence chacune.

Historique. Cet arbre croît dans plusieurs endroits du Malabar. Il donne des fleurs & des fruits
deux fois l'année.

Usages. On retire de ses baies une huile par
expression.

Culture. Cet arbre n'a point encore été cultivé en Europe. (*M. Dauphinot.*)

CARACOLLE. Les Jardiniers ayant estropié
suivant leur usage, le nom scientifique du *Phaseo-
lus Caracalla. L.* en ont fait Caracolle. *Voyez*
HARICOT à grandes fleurs. (*M. Reynier.*)

CARACTERE. Forme quelconque d'un végétal qui est commune à plusieurs ou à beaucoup
d'individus, & qui sert à le faire reconnoître.

On nomme *Caractères génériques* ceux qui décident les genres. Ces Caractères sont en général
arbitraires, & dépendent de la méthode que l'Auteur a choisie.

On nomme *Caractères spécifiques* ceux qui déterminent les espèces : ces caractères sont fondés
sur l'observation d'un grand nombre d'individus,
& toutes les formes qui leur sont communes sont
les *Caractères spécifiques* de l'espèce. On trouvera
au mot CLIMAT une partie des difficultés qu'on
rencontre dans la fixation des véritables Caractères de l'espèce.

Le Dictionnaire de Botanique contient au mot
Caractère des observations très-savantes sur la
manière de déterminer les caractères des plantes.
(*M. Reynier.*)

CARAGAGNA ou CARAGANA. Nom d'une
espèce de *Robinia*, adopté par quelques Jardiniers
pour nom François du Caragan arborescent. *Voy.*
ce mot au Dictionnaire des arbres & arbustes.
(*M. Thouin.*)

CARAGAN. Genre de plantes de la famille des
LÉGUMINEUSES, composé d'arbrisseaux originaires des pays tempérés, & qui peuvent être cultivés en pleine terre.

Les Caragans diffèrent des Robiniers, avec lesquels Linné les a réunis, à cause de leur stigmate
qui n'est pas velu & de leur gousse qui est enflée.

On trouvera la description des Caragans, &
la notice de leurs usages pour la décoration dans le
Dictionnaire des Arbres & Arbustes. (*M. Reynier.*)

CARAGATE, *Tillandsia.* L.

Genre de plantes singulières & peu connues
en Europe. Elles ont beaucoup d'analogie avec
les Ananas par leurs caractères seuls, mais sont
parasites sur les arbres de l'Amérique méridionale, ce qui rend leur culture presque impossible, ou du moins très-difficile dans nos jardins.

Les fleurs de Caragate sont composées d'un
calice à trois divisions, d'une corolle plus
grande que le calice, aussi à trois divisions, de
six étamines, & d'un ovaire supérieur qui se
change en une capsule qui contient plusieurs
graines munies d'aigrettes. Ce genre est princi-

palement diſtinct de celui des Ananas par ce dernier caractère.

Eſpèces.

1. CARAGATE utriculée.
TILLANDSIA utriculata. L. ♃ de l'Amérique Méridionale.

2. CARAGATE dentée.
TILLANDSIA ſerrata. L. dans les bois de la Martinique.

3. CARAGATE à épis tronqués.
TILLANDSIA ligulata. L. dans les bois des Antilles, ſur les troncs d'arbres.

4. CARAGATE à maſſue.
TILLANDSIA clavata. L. de Saint-Domingue dans le quartier de la Mouſtique.

5. CARAGATE à feuilles menues.
TILLANDSIA tenuifolia. L. de Saint-Domingue & des environs de Carthagène dans les bois.

B. *Variétés à épis compoſés.*

6. CARAGATE paniculée.
TILLANDSIA paniculata. L. de Saint-Domingue, près du fond de Baudin.

7. CARAGATE à pluſieurs épis.
TILLANDSIA polyſtachia. L. des Iſles de Saint-Domingue & de Cuba, ſur les arbres & ſur les rochers.

8. CARAGATE à un épi.
TILLANDSIA monoſtachia. L. de Saint-Domingue, ſur les troncs des vieux arbres.

9. CARAGATE poudreuſe.
TILLANDSIA recurvata. L. de la Jamaïque, ſur les arbres.

10. CARAGATE muſciforme.
TILLANDSIA uſneoides. L. du Bréſil, de la Jamaïque, de la Virginie, ſur les arbres.

Les Caragates étant des plantes paraſites, leur culture ſeroit infiniment difficile dans les ſerres d'Europe; il faudroit les aſſocier à des arbres du même climat, aſſez robuſtes pour ſupporter cette cauſe d'épuiſement, tandis qu'ils ſeroient eux-mêmes dans l'état forcé & d'épuiſement qu'ils ont toujours dans les ſerres. Et comme on n'auroit aucun motif d'utilité pour acclimater les Caragates en Europe, puiſqu'on ne leur connoît point de qualités utiles, il eſt probable qu'elles ne ſeront jamais cultivées, & par conſéquent qu'il eſt inutile d'entrer dans aucuns détails ſur ces plantes. Les Naturaliſtes trouveront tout ce qui les concerne dans le Dictionnaire de Botanique, & ſi le haſard amenoit quelqu'une de ces plantes en Europe, on pourroit conſulter l'article ANGREC, où on trouve tout ce qu'on ſait ſur la culture des plantes paraſites dans nos ſerres.

On ne fait aucun uſage de ces plantes dans leur pays natal, excepté de l'eſpèce 10. *Tillanda uſneoides.* L. dont on fait des ſommiers ſemblables à ceux de crin, après l'avoir dépouillée de ſon écorce. Elle eſt connue ſous le nom de *Barbe eſpagnole.* (*M. REYNIER.*)

CARAGUE. Nom donné à la Clavelée. *Voyez* CLAVELÉE. (*M. l'Abbé TESSIER.*)

CARAIPÉ, *CARAIPA.*

Nouveau genre établi par Aublet, & dont les eſpéces ne ſont connues que par les deſcriptions & les figures qu'il a publiées. Ce ſont des arbres d'une hauteur médiocre, qui portent des feuilles entières, & dont les fleurs terminent les rameaux, ſous la forme de bouquets.

Chaque fleur eſt compoſée d'un calice à cinq diviſions profondes, d'une corolle, d'un grand nombre d'étamines implantées ſur le réceptacle du piſtile, & d'un ovaire ſupérieur, dont le ſtyle eſt inconnu. Le fruit eſt une capſule à trois valves avec trois loges, qui renferment chacune une ſemence ovale.

Eſpèce.

1. CARAIPÉ à petites feuilles.
CARAIPA parvifolia. Aubl. ♄ des forêts de la Guiane.

2. CARAIPÉ à longues feuilles.
CARAIPA longifolia. Aubl. ♄ des forêts de la Guiane.

3. CARAIPÉ à larges feuilles.
CARAIPA latifolia. Aubl. ♄ des forêts de la Guiane.

4. CARAIPÉ à feuilles étroites.
CARAIPA anguſtfolia. Aubl. des forêts de la Guiane.

Il ſeroit poſſible que ces eſpèces déterminées par Aublet, ne fuſſent que des variétés d'une ou de deux eſpèces, les feuilles & les branches qu'il a fait graver ont une grande reſſemblance entre elles, & ne paroiſſent pas différer infiniment; mais il faudroit des notions plus certaines pour décider la queſtion.

Ces quatre Caraipés ſont des arbres de quinze à vingt pieds de haut, rameux, & d'un port élégant. Leurs feuilles ſont alternes, & ſont d'un beau verd en-deſſus, couvertes & en-deſſous d'un duvet blanchâtre.

Les Garipons, au rapport d'Aublet, emploient les cendres de l'écorce de la première eſpèce, mélangée avec de la terre graſſe pour fabriquer leurs poteries.

Les Créoles nomment cet arbre *Manchchache*, parce que ſon bois eſt eſtimé l'un des meilleurs pour faire des manches de haches, coignées, ſerpes & autres inſtrumens propres à couper. (*M. REYNIER.*)

CARALINE *ou* CARLINE. Nom que les Payſans du Dauphiné & des environs, donnent à une des eſpèces de RENONCULES. C'eſt le *Ranunculus glacialis.* L. Syſt. II, 661. *Voyez* RENONCULE. (*M. DAUPHINOT.*)

CARAMBOLIER, *AVERRHOA.*

Suivant M. de Juſſieu, c'eſt un genre de plantes de la claſſe de celles qui ſont *bilobées*, à fleurs *polypétalées*, & à étamines *perigynes*, c'eſt-à-dire, inſérées à la partie qui entoure le piſtil ou au calice. M. de Juſſieu place ce genre parmi ceux qui ont de l'affinité avec la famille des *Terebintacées*, & dans la ſection de ces genres dans laquelle l'embryon eſt ſans périſperme. Ce genre, qui a, comme ceux de cette famille, le calice d'une ſeule pièce, inférieur au germe, ſe diſtingue des autres genres de la même ſection par les caractères ſuivans : chaque fleur a le calice petit & diviſé en cinq parties ; les pétales au nombre de cinq, droits à leur baſe, ouverts dans leur partie ſupérieure ; les ſilamens des étamines au nombre de dix, réunis enſemble à leur baſe en forme d'anneau, dont cinq alternes ſont plus courts que les autres, & dont tantôt tous les dix, & tantôt cinq alternes ſeulement, portent chacun une anthère, les cinq autres ſtériles étant à peine viſibles ; le germe a cinq angles ; cinq ſtyles perſiſtens ; cinq ſtigmates : le fruit eſt une baie preſque ovale, grande, à cinq angles, profondément ſillonée entre les angles, intérieurement pulpeuſe-acide ; à cinq loges, qui contiennent chacune deux ſemences anguleuſes, ſéparées par des membranes. Ce genre contient des petits arbres fruitiers de la Zone torride, dont les feuilles ſont alternes, pinnées avec impaire, à folioles alternes & nombreuſes ; dont les fleurs ſont en grappes paniculées, naiſ- ſent ſur le tronc & à la baſe des branches, ou quelquefois dans les aiſſelles des feuilles, ſont petites, rougeâtres, & avortent en grand nombre. Suivant M. de Juſſieu, il n'eſt pas certain que les ſemences ſoient deſtituées de périſperme, qu'elles ne ſoient pas en plus grand nombre que deux dans chaque loge, & que les loges de chaque fruit ne ſoient pas en plus grand nombre que cinq.

Eſpèces.

1. CARAMBOLIER axillaire.

AVERRHOA axillaris. Averrhoa Carambola. Lin. *Prunum ſtellatum ſeu Blimbing.* Rumph. Amb. tom. 1, p. 115, tab. 35. *Tamara-Tonga ſeu Carambolas.* Rhéed. Mal. tom. 3, p. 51, tab. 43 & 44. ♄ des Indes Orientales.

1. A. CARAMBOLIER axillaire doux.

AVERRHOA axillaris dulcis. Prunum ſtellatum dulce ſeu Blimbing Manis. Rumph. loco citato. *Tamara-Tonga ſeu Carambolas dulciſſimi ſaporis.* Rhéed. loco citato. ♄ des Indes Orientales.

1. B. CARAMBOLIER axillaire aigre.

AVERRHOA axillaris acida. Prunum ſtellatum acidum ſeu Blimbing Aſſam. Rumph. loco citato.

Tamaræ-Tongæ ſeu Carambolæ altera ſpecies. Rhéed. loco citato. ♄ des Indes Orientales.

1. C. CARAMBOLIER axillaire ſtérile.

AVERRHOA axillaris ſterilis. Prunum ſtellatum ſterile ſeu Blimbing. mas. Rumph. loco citato. ♄ des Indes Orientales.

2. CARAMBOLIER cylindrique.

AVERRHOA cylindrica. Averrhoa Bilimbi. Lin. *Blimbingum teres.* Rumph. Amb. tom. 1, p. 1 8 tab. 36. *Bilimbi.* Rhéed. Mal. tom. 3, p. 55, tab. 45 & 46. ♄ des Indes Orientales.

3. CARAMBOLIER à fruits ronds.

AVERRHOA rotunda. Averrhoa acida. Lin. *Cheramela.* Rumph. Amb. tom. 7, p. 34, tab. 17, f. 2. *Neli-pouli.* Rhéed. Mal. tom. 3, p. 57, tab. 47 & 48. ♄ des Indes Orientales.

3. B. CARAMBOLIER à fruits ronds ſtérile.

AVERRHOA rotunda ſterilis. Neli-pouli ſeu Bilimbi alteræ minoris ſpecies ſterilis quæ Ala-pouli vocatur. Rhéed. loco citato. ♄ des Indes Orientales.

Eſpèce imparfaitement connue.

4. CARAMBOLIER Pomme de dragons.

AVERRHOA Pomum draconum. Pomum draco-num. Rumph. Amb. tom. 1, p. 157, tab. 58, ♄ des Indes Orientales.

(Suivant M. Lamarck, il eſt probable, mais il n'eſt pas certain que cette plante ſoit vrai-ment une eſpèce de Carambolier.)

Port & particularités des eſpèces. Traduction de la phraſe latine par laquelle chacune eſt définie.

1. CARAMBOLIER axillaire.

Carambolier à aiſſelle des feuilles fructifiantes, à pommes oblongues dont les angles ſont aigus. *Linnæus.* Suivant Rumphius & Rhéede, la va-riété, A, de cette eſpèce, ou le Carambolier axil-laire doux, eſt un petit arbre d'un port élé-gant, qui s'élève à dix ou quatorze pieds de hauteur. Son tronc eſt ordinairement nud & ſans ramification, juſqu'à la hauteur de cinq ou ſix pieds ; il porte au-deſſus de cette hau-teur, une belle tête ronde, étendue en forme de paraſol, compoſée d'un grand nombre de branches tortueuſes, rameuſes & bien garnies de feuilles, de ſorte qu'elle eſt très-touffue & fournit un ombrage fort agréable. Les feuilles, pinnées avec impaire, ſont compoſées de neuf à onze folioles d'une ſaveur amère & aſtrin-gente, d'une odeur peu agréable, & qui, ſui-vant Rumphius, ſont ſemblables aux feuilles de Prunier, mais très-entières. Les folioles de la baſe des feuilles ont un pouce de longueur, & celles du ſommet ſont trois fois plus longues : elles font toutes d'un verd agréable en-deffus & glauques en-deffous : pendant la nuit & pendant les tems pluvieux, elles fe réfléchiffent en-deffous, de manière que celles d'un côté de chaque pétiole commun s'appliquent par leur page inférieure fur la page pareille de celles de l'autre côté Les fleurs font nombreufes & naiffent, non-feulement des aiffelles des feuilles, mais encore de la bafe des groffes branches & de la partie fupérieure du tronc ; elles font de quatre lignes de diamètre, purpurines, d'une faveur un peu acide, fans odeur, & portées fur des grappes d'environ un pouce de longueur. La plus grande partie des fleurs périt fans fructifier, de manière cependant qu'un grand nombre de grappes rapportent ordinairement chacune deux ou trois fruits & même davantage, & que les arbres font fouvent fi chargés de fruits qu'il faut étayer leurs branches pour les empêcher de rompre. Les fruits font de forme ovale courte, pointus au fommet, d'environ deux pouces trois quarts de longueur, fur deux pouces de largeur, jaunâtres dans leur maturité ; font à cinq angles très-faillans, longitudinaux, aigus, & à cinq angles rentrans très-profonds. Parmi ces fruits, on en voit quelquefois d'autres fur les mêmes arbres qui font à quatre angles ou à fix angles ; mais c'eft un jeu de nature. La peau de ces fruits eft mince & très-adhérente à la chair, qui eft jaunâtre, molle, fucculente, a beaucoup de rapport avec la chair des Prunes, & eft remplie d'une eau abondante qui en dégoutte copieufement lorfqu'on mange ces fruits. Leur faveur eft d'une acidité douce, très-agréable. Chaque fruit contient, fuivant Rhéede, dix femences rouffes, glabres, qui fuivant Rumphius, font minces, oblongues, & d'une forme comparable à celle des femences de Concombre. L'écorce de cet arbre eft brune & raboteufe ; fon bois eft blanc & tendre ; fes racines font couvertes d'une écorce noirâtre, nombreufes & menues. Suivant Rhéede, cet arbre fleurit & rapporte des fruits mûrs trois fois par année, pendant cinquante années de fuite, depuis la troifième après qu'il a été femé. Suivant Camelli, il porte des fruits mûrs abondamment pendant toute l'année.

Suivant Rumphius, la variété, n.° I, B, c'eft-à-dire, le Carambolier axillaire aigre, diffère de la variété A, par les caractères fuivans : fon tronc eft ordinairement plus haut, relativement à fa tête qui eft moins large ; fes fleurs font moins abondantes, & il n'en naît aucune fur le tronc ni fur les bafes des groffes branches ; les fruits font plus minces, plus oblongs, & font d'une couleur de jaune d'œuf, excepté le fommet ou la crête des angles faillans, qui eft conftamment d'un verd d'herbe. La faveur de ces fruits eft auffi acide que du vinaigre : cette acidité eft fi forte que nonobftant les chaleurs exceffives de ces climats brûlans, on ne les

mange prefque jamais cruds, fi ce n'eft quelquefois pour appaifer une foif trop ardente. Rumphius fait mention d'une fous-variété, qui ne diffère de cette variété B, que par la groffeur de fes fruits qui égale celle des deux poings. Les fruits de cette fous-variété font auffi à cinq angles ; mais on voit auffi parmi eux fur les mêmes arbres, quelques fruits qui font à quatre angles, ou à fix angles, ou à fept angles, par jeu de nature.

La variété, n.° I, C, diffère de la variété, n.° I, A, parce qu'elle ne rapporte jamais de fruits, & parce que fes fleurs font fi abondantes que les arbres paroiffent entièrement rouges : elle lui reffemble d'ailleurs par l'élégance de fon port, par fa tête très-ample, très-touffue, & qui fournit un ombrage auffi épais que le nuage le plus opaque, & à tous autres égards. Rumphius croit que cette variété ftérile ou mâle eft une dégénération de la variété fructifiante. Cependant, comme il affure que les fleurs de cette dernière qu'il nomme femelle, font fans étamines, cette affertion donne lieu de croire que cette efpèce eft dioïque, au moins quelquefois par avortement.

Suivant Rhéede, cette efpèce fe trouve cultivée par-tout, dans les jardins & vergers du Malabar. Suivant Rumphius, elle fe trouve dans toute l'Inde Orientale, jufque dans les Provinces Méridionales de la Chine, où on la cultive avec foin. Dans toute l'Inde, on cultive de préférence la variété douce, A, mais dans l'Ifle de Baleya & dans celles de Célèbes, on ne trouve que la variété aigre, B. La fous-variété aigre à gros fruit fe trouve dans l'Ifle de Ceylan & dans l'Inde deçà le Gange ou l'Indoftan. Dans les Ifles d'Amboine & de Banda, la variété douce, B, eft la plus commune ; on la trouve auffi très-communément dans les Ifles Philippines. La variété mâle C, eft beaucoup plus rare que les deux autres ; ce qui n'eft pas étonnant ; fa ftérilité engage peu à la multiplier ou à la conferver. Cette dernière variété fe trouve le plus fouvent dans les lieux fablonneux & fecs.

Cette efpèce étant une des plantes les plus eftimées & les plus cultivées dans les Indes Orientales, y a reçu un grand nombre de noms, dont Rhéede, Rumphius & Camelli, rapportent les principaux. Son nom le plus commun dans le Malabar, eft *Tamara-Tonga*. Les Brachmanes ou Brames de l'Inde & les Portugais, la nomment *Carambola*, tant à Goa que dans le Malabar. Dans le Decan & dans le Canara, on la nomme *Camarix* & *Carabeli*; & en Perfe, *Camaroch*. Le nom de *Bilimbing* eft celui par lequel on la défigne à Java & dans les Philippines ; il eft encore ufité dans le Malabar. Suivant Rumphius, ce nom eft probablement dérivé du mot *Limbing* qui, dans le Royaume de Malacca, fignifie une hallebarde ou une Pique, parce que fon fruit reffemble par fa forme & fes angles faillans & aigus, au fer d'une forte de Hallebarde ou Pique d'ufage en ce Royaume. Les Hollandois lui donnent le nom de *Vyf-Hoek*, c'eft-à-dire, *Pentagone.* Dans l'Ifle de Ternate, on l'appelle *Bilimbà;* dans celle d'Amboine, ou la nomme encore *Ninipattu*, & dans celle de Banda, *Maccalium.* Dans les Provinces de la Chine, où cet arbre eft cultivé, il s'appelle *Lataking.* Suivant Camelli, on le nomme à Malacca, *Balimba;* dans l'Ifle Luçon ou Manille, *Bilingbing, Balingbing, Bilimbin;* à Siam, *Beledang*, ailleurs, *Biliran, Lumpias, Quirim.* Rumphius l'appelle *Prune étoilée*, parce la chair de fon fruit eft d'une nature approchante de celle de la Prune, & parce que la coupe tranfverfale de ce fruit repréfente une étoile, ou un aftérifque. Dans l'ancienne Encyclopédie, M. Adanfon nomme cette efpèce *Carambolier.* C'eft auffi fous ce nom qu'elle eft connue à Pondichéry & à l'Ifle-de-France. J'ai déjà dit qu'on appelle la variété A, *Blimbing manis*, & la variété B, *Blimbing affam.* La première de ces deux épithètes indiennes fignifie doux, & la deuxième fignifie aigrë. Les Indiens nomment encore cette dernière variété *Blimbing Kris*, à caufe d'un ufage dont je parlerai plus bas.

2. CARAMBOLIER cylindrique.

Carambolier (Bilimbi) à tronc nud fructifiant; à pommes oblongues, à angles aigus. *Linnæus.* C'eft un petit arbre qui a beaucoup de rapport à l'efpèce précédente; mais il eft encore moins élevé : il n'a que huit ou dix pieds de hauteur. Il eft auffi d'un port élégant. Sa tête eft auffi arrondie, mais moins étendue que l'efpèce précédente : fon tronc eft beaucoup plus mince, étant à peine plus gros que la jambe. Ses feuilles font très-nombreufes, fur-tout à l'extrémité des rameaux; font, auffi, pinnées ou ailées avec impaire; mais elles font compofées d'un beaucoup plus grand nombre de folioles; fuivant Rumphius & Camelli, on compte fur chaque pétiole commun, jufqu'à trente-cinq folioles plus grandes & plus oblongues, qui fe réfléchiffent de la même manière en-deffous, pendant la nuit & les tems pluvieux, en s'appliquant les unes contre les autres; elles font d'une odeur agréable & d'une faveur un peu acide. Les fleurs d'un rouge vif, & trois fois plus larges que celles de l'efpèce précédente, font à pétales étroits, obtus, & font difpofées en grand nombre fur des grappes rameufes, qui ont jufqu'à fept pouces de longueur. Ces grappes ne naiffent point dans les aiffelles des feuilles ni fur les bourgeons feuillus; mais elles naiffent feulement fur la bafe des groffes branches & fur toute l'étendue du tronc; elles y naiffent principalement fur des tubérofités nombreufes & affez groffes, qui fe remarquent fur la furface de ces groffes branches & du tronc : ces fleurs font fouvent en fi grande abondance, qu'elles couvrent

entièrement la partie non feuillue des groffes branches & tout le tronc, depuis fon fommet jufqu'à terre; ce qui donne à cet arbre un afpect auffi charmant qu'extraordinaire. Ces fleurs ont un odeur de violette, & une faveur un peu acide & agréable. Les fruits, qui font de la grandeur d'un œuf de poule, jaunâtres dans leur maturité, diffèrent de ceux de l'efpèce précédente, en ce qu'ils font d'une forme plus alongée, & que leurs cinq angles, au lieu d'être aigus, font très-arrondis, ou même très-applatis, &, de plus, font très-peu faillans, ou féparés par des fillons très-peu profonds; de forte que ces fruits font plutôt cylindriques qu'anguleux. Leur chair jaunâtre, fucculente, contenant un très-petit nombre de femences rouffes, glabres, oblongues, obtufes d'un bout, & aigues de l'autre, eft, fuivant Rumphius, auffi acide qu'aucun autre fruit qui exifte dans la nature, tellement qu'il eft impoffible d'y mordre fans qu'auffitôt les dents foient agacées & perdent leur force. Mais, lorfqu'on a les dents agacées & affoiblies par quelqu'autre caufe que ce foit, fi l'on mord dans ces fruits, auffi-tôt l'agacement ceffe, & les dents recupèrent leur force ordinaire. Rhéede dit que ces fruits n'ont cette cette extrême acidité que lorfqu'ils ne ont pas bien mûrs; mais que dans leur parfaite maturité, leur faveur eft agréable. Cet arbre fleurit & fructifie pendant toute l'année, depuis la première année, après avoir été femé, jufqu'à la cinquantième & au-delà, de forte que fon tronc & la bafe de fes groffes branches, font continuellement converts de fleurs & de fruits pendant plus de cinquante années de fuite. Ses racines produifent fouvent des rejettons. Cette efpèce fe trouve par-tout dans le Malabar & dans le refte de l'Inde Orientale, tant dans le Continent que dans les Ifles, comme celles de Java, Baleya, Célèbe, Amboine, Banda, Manille, & les autres. Mais, dit Rumphius, on ne la trouve nulle part, fi ce n'eft plantée & cultivée par les hommes. Son nom *Bilimbi* eft celui qu'on lui donne vulgairement dans le Malabar & dans nombre d'autres contrées de l'Inde, ainfi qu'à Pondichéry & à l'Ifle de France; les Portugais la nomment *Bilimbinos*, les Hollandois, *Blimbynen*, les Brachmanes, *Malaki-Karamboli.* On la nomme à Malacca, *Blimbing-Bulu*, du mot *Bulat*, qui fignifie cylindrique; à Amboine, *Tagurela* & *Tagulela;* à Banda, *Tagorera;* à Luçon ou Manille, *Gamia, Quiling* ou *Iva;* dans plufieurs endroits de l'Inde, *Balimbeira*, &c. Dans l'ancienne Encyclopédie, M. Adanfon en fait mention fous le nom de *Bilimbi.*

3. CARAMBOLIER à fruits ronds. Carambolier à rameaux nuds fructifians, à pommes prefque rondes. *Linnæus.* C'eft un petit arbre qui, naturellement, n'eft pas plus haut que le précédent, & ne s'élève pas à plus de dix pieds,

mais qui, lorsqu'on le cultive, parvient, suivant M. Adanson, à la hauteur de quinze ou vingt pieds. Son port représente en quelque sorte celui d'un frêne qui seroit pommé en tête arrondie de six à huit pieds & davantage de diamètre, fur un tronc d'autant de hauteur & de six à huit pouces de diamètre, dont le bois est blanc, l'écorce épaisse, brune en-dehors, rouge en-dedans ; l'écorce de la racine est pareille. Les feuilles aussi ailées avec impaire, ne font souvent composées que neuf à onze folioles ; souvent aussi elles font composées d'un plus grand nombre, & dans les terres fertiles de Java, on compte jusqu'à vingt-quatre folioles fur chaque pétiole commun, & les feuilles parviennent jusqu'à la largeur de deux pieds & demi. Les folioles font longues de deux à quatre pouces, fur une largeur moitié moindre, glabres d'un verd gai en-dessus, cendrées en-dessous, & pendant la nuit elles fe réfléchissent & fe ferment en-dessous, comme celles des deux premières espèces ; leur faveur est douce. Suivant M. Adanson, les feuilles tombent toutes en même-tems à chaque pousse, dès que les branches en produisent de nouvelles. C'est, dit-il, au moment de la chûte des feuilles de la fève précédente, & de l'aisselle du lieu qu'elles occupoient que l'on voit fortir, le long des branches, des grappes folitaires longues de deux pouces environ, peu ramifiées ; qui portent, fur toute leur longueur, chacune u'œ centaine de petites fleurs purpurines, ouvertes en étoile, d'une ligne & demie de diamètre, d'une odeur fuave & d'une faveur un peu acide. Le fruit est une baie fphéroïde, un peu déprimée, ordinairement un peu plus grosse qu'une cerife, qui a souvent un pouce & demi de largeur fur un pouce de hauteur, cannelée, suivant fa hauteur, de cinq à six côtes arrondies fur les jeunes arbres, & de huit pareilles côtes fur les vieux arbres, de forte que leur forme imite exactement celle de la pomme d'Amour ou Tau-matte, (fruit du *Solanum Lycopersicon. Lin.*). Cette baie, dans fa maturité, est luisante, transparente, communément jaunâtre, souvent verdâtre, d'un jaune pâle à Amboine, plus blanche dans l'Isle de Célèbes ou Macassar ; couverte d'une peau fine, très-adhérente à une chair fucculente, assez femblable à celle des prunes, d'une faveur agréable, un peu acide & âpre ; contenant à fon centre une espèce de capsule cartilagineuse, comparable à celle de la pomme, de trois lignes de diamètre, à cinq ou six côtes arrondies & autant de loges, dont chacune contient une graine anguleuse une fois plus longue que large. Chaque grappe porte environ quatorze à vingt baies. La racine, ou au moins fon écorce, est rouge en-dedans & cendrée en-dehors. Cette racine, fuivant M. Adanson & Acosta, rend un fuc laiteux, que Rumphius dit n'y avoir point trouvé. Suivant plusieurs Auteurs, les fleurs

de la variété, B, stérile ou mâle, ont comme celles de l'espèce précédente, dix étamines, dont cinq plus grandes ; & les fleurs de la variété fructifiante n'ont qu'un pistil & point d'étamines. Il y a donc lieu de croire que cette espèce est aussi dioïque, au moins quelquefois par avortement. Cette espèce fleurit & fructifie pendant toute l'année, depuis la première année qu'elle a été femée jusqu'à la cinquantième. Suivant Rhéede, cette espèce est cultivée dans tous les jardins du Malabar & du Canara. Suivant M. Adanson, elle est naturelle à ces deux pays, & on la cultive dans nombre d'autres pays de l'Inde jusqu'en Perfe. Suivant Rumphius, elle a été transporté de Java à Amboine en 1686. Elle fe trouve dans les Isles de Célèbes & de Luçon, &c. Suivant Rhéede, *Neli-Pouli*, est fon nom vulgaire parmi les Malabares ; les Bracmanes ou Brames, la nomment *Amvallis*. M. Adanson en fait mention fous ce nom dans l'ancienne Encyclopédie, & assure qu'il est employé dans toute l'Inde pour défigner cette espèce. A Goa, les Portugais la nomment *Cheramela* ; les Hollandois l'appellent *Succnoop* ; les Perfans, *Charamei* ; les habitans de l'Isle Luçon, *Banquiling* ; les Turcs *Ambela* ; d'autres, *Poras*, *Layohan*, *Iva*, *Asfele*, *Amfalsira* ; ces deux derniers noms font très-répandus en plusieurs pays de l'Inde.

4. **CARAMBOLIER** Pomme de Dragons. Suivant Rumphius, c'est un grand arbre droit, d'un bois fans valeur, contenant beaucoup de moëlle, dont le feuillage est assez touffu ; les branches font très-fragiles. Ses feuilles font ailées avec impaire, & composées de treize à quinze folioles, qui, fur les vieux arbres, ont neuf à dix pouces de longueur, fur deux ou trois de largeur. Les folioles des jeunes arbres vigoureux, font ordinairement plus longues d'un pouce environ, fur une largeur proportionnée. L'odeur de ces feuilles est forte, défagréable, ressemblant à celle du poisson falé, & leur faveur est amère. Au fommet des branches naît une grande grappe de fleurs, rameuse, de douze à quinze pouces de longueur. Ses fleurs font en grand nombre fur chaque grappe : au premier aspect, elles ressemblent à celles du muguet, (*Convallaria maïalis. Lin.*) ; mais elles font à cinq angles, composées de cinq pétales blanchâtres, qui entourent un pistil pentagone, fur lequel ils font étroitement appliqués. Quoiqu'il n'y ait qu'un très-petit nombre de fleurs qui fructifient, en comparaison de celles qui s'épanouissent, néanmoins l'arbre est très-chargé de fruits. Le fruit est arrondi-pentagone, comprimé, de deux à trois pouces de diamètre : dans fa maturité, fa couleur extérieure est d'un jaune de cire fale, & fa chair est tendre, fucculente, acidule, d'une odeur particulière, agréable à manger crue. Il contient dans fon

_centre une capfule dure, comprimée, arrondie-pentagone, qui contient cinq cellules, & dit Rumphius, autant de femences qui y font fi fermement renfermées, qu'il eft difficile de les en féparer. Cet arbre croît lentement à Amboine, il n'y produit point avant d'être fort élevé; & lorfqu'il eft en état de rapport, il n'y produit point toutes les années. Il y fleurit lorfque le foleil eft dans les fignes Septentrionaux du Zodiaque, c'eft-à-dire, de Mars en Août, pendant les mois fecs de l'année; & fes fruits y mûriffent ordinairement lorfque le foleil eft dans les fignes Méridionaux. Il n'eft pas commun à Amboine; c'eft autour des villages qu'on l'y rencontre le plus communément. Il y en a deux variétés, qui ne différent que par la groffeur du fruit. Le fruit de l'une a deux ou trois pouces de diamètre, comme j'ai dit; le fruit de l'autre variété eft plus petit; cette dernière variété eft la plus commune. Cette efpèce de plante fe trouve, fuivant Rumphius, dans les Ifles de l'Inde Orientale. Elle eft plus commune & plus connue dans l'Ifle de Banda, dans celle de Baleya, & dans les Ifles plus Occidentales qu'à Amboine. Son nom *Pomme de Dragons*, eft la traduction de fon nom Indien, *Boa—Rau*, fous lequel elle eft connue dans les Archipels de l'Inde, quoiqu'on ne puiffe imaginer l'étymologie de ce nom. On la nomme dans l'Ifle de Célèbes *Rauhitu*; dans l'Ifle de Baleya, *Dau Bande Daue*, &c. La variété à plus gros fruit fe nomme *Ayalan*; celle à plus petit fruit fe nomme *Lauchy*.

Culture dans les Indes.

On a vu plus haut que l'on cultive toutes les efpèces de Carambolier fous la Zone torride, dans toute l'étendue des Indes Orientales, tant dans les Archipels, que dans le Continent, & même fur les bords de la Zone tempérée feptentrionale, dans les contrées méridionales de la Chine & de la Perfe. Ces efpèces font très-multipliées, & cultivées avec foin dans tous ces pays, à caufe de la beauté de leur afpect, de l'ombrage épais qu'elles donnent, & fur-tout à caufe de leurs fruits agréables & falubres, qu'elles fourniffent en abondance, dans toutes les faifons, fans difcontinuation, pendant une longue fuite d'années. On cultive fur-tout les trois premières efpèces; & la variété douce, n.° 1, A, eft celle que l'on cultive préférablement à toutes les autres. On a encore vu que ces efpèces fe trouvent par-tout dans ces pays, c'eft-à-dire, qu'elles fe plaifent dans toutes fortes de terreins. Les terreins fubftantieux, fans être trop compactes, font cependant ceux qui conviennent le mieux à la rapidité de leur végétation; ces arbres y deviennent plus grands que dans les terreins plus maigres. Mais ils y fleuriffent & fructifient moins

abondamment que dans ces derniers, fur-tout pendant les premières années de leur âge. Comme la variété mâle, n.° 1, C, fe trouve beaucoup plus communément dans les terrains fablonneux & fecs, qu'ailleurs, ce fait donne lieu de croire que cette forte de terrein lui convient mieux que toute autre. Ces efpèces fleuriffent & fructifient beaucoup moins abondamment, fur les confins de la Zone tempérée, à la Chine, & en Perfe, que dans les pays plus voifins de l'Equateur, à caufe de la chaleur qui eft beaucoup moindre dans ces pays-là, que dans ceux-ci. Les trois premières efpèces fe multiplient ordinairement par leurs femences & par les rejettons ou plants enracinés, que leurs racines produifent fouvent. La faifon la plus favorable pour faire des femis de ces plantes, dans les climats méridionaux de la Zone torride, comme, par exemple, dans les Ifles de France, de Bourbon, d'Amboine, de Banda, de Java, &c. eft dans les mois de Mars, Avril, Mai & Juin, parce que les jeunes plants qui en proviennent, n'ont à fupporter que la chaleur du foleil d'Hiver de ces Ifles, pendant les premiers mois de leur âge, & qu'ils commencent à être forts, lorfque les ardeurs de l'Eté de ces climats fe font fentir, en Décembre, Janvier & Février: au lieu que les plants qui naiffent dans ces Ifles, pendant ces trois derniers mois, font expofés aux plus fortes chaleurs, dès le commencement de leur exiftence, pendant lequel elles font trop foibles & trop tendres pour y réfifter: ce qui en fait périr un grand nombre. Par la même raifon, le tems le plus convenable de faire ces femis, dans les pays feptentrionaux, tels que le Malabar, le Coromandel, l'Ifle de Ceylan, les Ifles-Philippines, &c. eft en Septembre, Octobre, Novembre & Décembre. Le choix de la faifon que j'indique comme la plus convenable pour ce femis, eft très-important dans tous les quartiers & cantons où l'on éprouve de longues féchereffes pendant les tems chauds de l'année; mais, dans les quartiers où il pleut très-fréquemment pendant toute l'année, on peut, avec fuccès, femer en toute faifon indifféremment. On conçoit encore que, lorfque la faifon des pluies d'un canton précède immédiatement les mois que j'ai défignés, on peut femer avec fuccès pendant toute cette faifon. Ainfi, par exemple, il paroît qu'aux Ifles de Bourbon & de France, on peut très-utilement faire les femis de ces arbres dès le mois de Janvier, & pendant le fuivant, dans les quartiers où ces deux mois font pluvieux régulièrement tous les ans. On peut femer ces arbres, ou en pépinières, ou à demeure; mais la première méthode eft la plus avantageufe, fuivant Rumphius: car l'expérience a appris, felon lui, que ceux qui ont été femés dans la place qu'ils occupent, font plus tard féconds, fleuriffent & fructifient beaucoup moins abondam-ment

ment que ceux qui y ont été transplantés. Il faudra avoir la précaution de ne pas mêler de fumier en état de fermentation dans la terre où l'on semeroit ces espèces, parce que d'habiles Cultivateurs assurent avoir éprouvé qu'en cet état, il est nuisible aux plantes dans les contrées chaudes de la Zone torride. Il est très - avantageux aux jeunes plants des semis d'être arrosés fréquemment pendant les longues sécheresses, sur-tout pendant celles qui surviennent dans les grandes chaleurs de l'Été de ces climats brûlans. Ainsi, il ne faut pas négliger ce soin, toutes les fois qu'il est possible sans trop de dépenses. Les plants provenus des semences des espèces, n.ᵒˢ 1, 2 & 3, sont assez forts pour être transplantés un an après avoir été semés, pourvu que le semis ait été fait dans la saison favorable, & soigné convenablement. Ceux de l'espèce, n.º 4, qui est un grand arbre, pourront utilement rester plus long-tems en pépinière, pourvu qu'ils y soient assez éloignés les uns des autres pour ne pas s'étioler réciproquement. La transplantation de ces arbres doit être faite dans la saison pendant laquelle ils ont le moins de sève. Cette saison est celle des mois de Juin, Juillet & Août, dans les pays qui sont au sud de l'Equateur, & est celle des mois de Décembre, Janvier & Février, dans ceux qui sont au nord de l'Equateur. Dans les pays où la saison des pluies est différente de celle des mois les plus favorables à la transplantation, on peut transplanter pendant cette saison des pluies, si l'on est pressé de jouir, & si l'on possède une grande surabondance de plants : on en perdra un grand nombre ; mais il en réussira aussi un grand nombre. Si l'on veut prendre le soin de les transplanter en mottes, on pourra le faire en toute saison avec succès. On plantera les arbres des espèces, n.ᵒˢ 1, 2 & 3, à environ huit pieds les uns des autres ; plantés plus près, ils entrelaceroient leurs branches les uns dans les autres, & se nuiroient réciproquement. Les arbres de l'espèce, n.º 4, doivent être plantés beaucoup plus loin les uns des autres, en raison de la grandeur beaucoup plus considérable à laquelle cette espèce parvient naturellement. Les plants des espèces n.ᵒˢ 1, 2 & 3, seront transplantés dans des trous de quinze à dix-huit pouces de profondeur, sur vingt à vingt-quatre pouces de largeur, qui auront été fait plusieurs mois d'avance s'il a été possible. Les plants de l'espèce n.º 4, demandent des trous plus larges & plus profonds, à proportion de leur grandeur. Quand les arbres de ces quatre espèces sont nouvellement transplantés, il faut, jusqu'à ce qu'ils aient poussé de nouve les racines, prendre toutes précautions pour les préserver, ainsi que la terre dans laquelle ils sont plantés, de l'action des agens desséchans, qui sont extrêmement puissans sous la Zone torride. Ainsi, jusqu'à ce qu'ils aient bien repris, on entretiendra

la terre humide, par un lit d'herbes ou de petite pierres qu'on placera sur le terrein au pied de chaque plant : on fera même utilement de tenir la terre d'autour de chaque plant, jusqu'à un pied de distance de lui, plus basse que le reste du rein, ce qui formera au pied de chaque plant une petite fosse dans laquelle les eaux de pluies pourront s'arrêter & entretenir la fraîcheur des racines, sur-tout, si l'on ajoute la précaution de remplir cette petite fosse d'herbes ou de feuillages : on défendra chaque petit arbre de l'ardeur du Soleil, en fichant tout autour de lui, aussitôt qu'il sera planté, des petites branches garnies de feuillages prises sur les arbres du bois voisin, & qu'on ne retirera que lorsque l'arbre commencera à pousser ; lorsqu'immédiatement après la transplantation il surviendra un soleil ardent qui durera plusieurs jours, on fera bien d'arroser au moins une fois les plants nouvellement transplantés, si cela est possible facilement. Lorsque les arbres seront chargés d'une grande quantité de fruits, comme cela arrive souvent à ceux de l'espèce, n.º 1, lorsqu'ils ont été transplantés dans la place qu'ils occupent, il ne faudra pas manquer d'étançonner leurs branches. Suivant Rumphius, ce soin est souvent nécessaire à ces arbres pour les empêcher de rompre sous la charge. Quant au surplus des soins qu'exige la culture de ces arbres dans l'Inde, soit en ce qui concerne les semis, soit en ce qui concerne la transplantation & l'entretien, on se conduira suivant les règles générales convenables à la culture de tous les arbres dans tous les pays. Ainsi, le semis sera fait en terre bien préparée, non trop maigre, parce que les jeunes plants languiroient ; ni beaucoup plus fertile ou plus humide que celle dans laquelle ils doivent être transplantés, parce qu'ils réussiroient mal à la transplantation. En arrachant les jeunes plants pour la transplantation, on leur conservera le plus de racines qu'il se pourra ; on ne laissera les racines exposées à l'air ou au soleil, que le moins long-tems possible ; on plantera le plutôt possible, après avoir arraché ; en transplantant, on enterrera le collet du plant des espèces, n.ᵒˢ 1, 2 & 3, à six pouces de profondeur, & celui de l'espèce, n.º 4, à un pied ; on sarclera exactement, &c. Quant à la multiplication de ces espèces par rejettons, pour y réussir, on arrachera ces rejettons lorsqu'ils auront un pied ou un pied & demi de hauteur ; on les arrachera pendant la saison que j'ai dit être la plus favorable à la transplantation des plants de semence. En les arrachant, on leur conservera le plus de racines que l'on pourra : s'ils en sont suffisamment pourvus, on les plantera sur-le-champ à demeure, comme les plants de même force provenus de semences : s'ils n'ont qu'une petite quantité de racines foibles, on les plantera à un pied de distance les uns des

autres en pépinière, en terrein pareil à celui indiqué pour le femis, où on les laiſſera pendant
un an, durant lequel on tâchera, fur-tout dans
les premiers tems après qu'ils feront plantés,
de les préferver du deſſéchement, foit en couvrant la terre d'herbages ou de feuilles, foit en
les arrofant. Au bout de l'année, ces rejettons
auront acquis aſſez de racines pour être tranſplantés avec fuccès; alors on les traitera comme
les plants provenus de femences. Suivant Rumphius, il eſt d'uſage, lorſqu'on veut faire fructifier quelqu'arbre de l'eſpèce, n.° 1, plus abondamment, de retrancher une partie de ſes racines, ou d'enterrer de tems en tems un chien
à ſon pied. Suivant le même, l'eſpèce, n.° 4,
ſe plaît mieux & végète plus vigoureuſement
autour des villages & des maiſons, qu'en aucun autre endroit, fur-tout fi l'on a foin d'entretenir la terre d'autour de ſon pied bien nette
de toutes mauvaiſes herbes. Il recommande auſſi
ce dernier ſoin pour les autres eſpèces. Cette
eſpèce, n.° 4, ayant ſes branches très-fragiles,
doit être, autant qu'il eſt poſſible, plantée à
l'abri des grands vents: il eſt probable que c'eſt
une des raiſons pour leſquelles on la plante
ordinairement contre les bâtimens.

Culture dans le climat de Paris.

On n'a pas encore cultivé les plantes de ce
genre dans le climat de Paris; mais, d'après la
connoiſſance que l'on a de leur pays natal, il
paroît qu'on ne pourra les élever, ou les conſerver dans ce climat que de la même manière,
& par les mêmes foins que la plupart des autres
plantes délicates de la zone torride. Il ſera probablement néceſſaire de les tenir pendant toute
l'année dans la couche de tan de la ſerre chaude.
Et on fera bien de leur adminiſtrer pendant l'hiver, d'abord une chaleur de douze degrés, fuivant le thermomètre de Réaumur, ſauf à augmenter ou diminuer ce degré de chaleur par la
ſuite, ſelon l'effet qu'il produira fur elles.

Uſages.

On a vu plus haut que les Caramboliers ſont au
nombre des plantes les plus eſtimées dans toutes
les Indes orientales. Leurs fruits, dit Rumphius,
doivent être regardés comme les plus ſalubres que
produiſent ces pays où tout le monde les mange
avec délices, & où ils ſont d'un grand ſecours
contre la chaleur extrême de ces climats. On
fait fur-tout le plus grand cas des fruits du Carambolier axillaire doux, n.° 1, A; ce ſont ceux
d'entre ces quatre eſpèces qui ſont les plus agréables à manger cruds. On les mange comme les
prunes ſans les écorcer. Leur acidité douce les
fait rechercher, fur-tout pendant les chaleurs. Ils
ſont auſſi ſalutaires en maladie qu'en ſanté. On
a coutume d'en faire uſage dans les fièvres ar-

dentes, & dans tous les cas de maladie où l'on
a beſoin de rafraîchiſſement; & ils ne nuiſent
jamais lorſqu'ils ſont dans leur parfaite maturité.
Avant leur maturité, ils ſont auſtères comme du
verjus; alors on les confit avec le ſucre, ou le
ſel, ou le vinaigre: & dans cet état, ils ſont bons
pour exciter l'appétit. J'ai déjà dit que la forte
acidité des fruits du Carambolier axillaire aigre,
n.° 1, B, fait qu'on les mange rarement cruds,
fi ce n'eſt quelquefois pour éteindre une ſoif
extrême. On coupe les fruits des deux variétés
de cette eſpèce, n.° 1, par tranches, & on les
cuit, foit dans du vin & du ſucre, foit avec du
lait écrémé, ou bien on les frit; & ils fourniſſent
ainſi une nourriture fort agréable. Les fruits de la
variété aigre ſont préférables à ceux de la variété douce pour être mangés cuits: ils ſont ſalutaires, & on les adminiſtre très-utilement dans
les fièvres continues, dans la diſſenterie, le te-
neſme, & dans toutes les maladies produites par
la bile. Ils appaiſent la ſoif ardente des malades;
ils rafraîchiſſent le foie échauffé, ils fortifient
l'eſtomac affoibli par le vomiſſement ou par la
crapule; mais comme ces fruits, de la variété
aigre, ſont aſtringens, il ne faut pas, dit Rumphius, les adminiſtrer dans le commencement
des maladies lorſque le corps a beſoin d'être
purgé: il ne faut pas non plus les donner au
commencement des diſſenteries, parce qu'ils reſ-
ſèrent trop tôt & occaſionnent des tranchées. Dans les fièvres ſimples, ils ſont fort
utiles ſans jamais nuire. On fait avec le ſuc
exprimé des fruits des deux variétés, que l'on
fait bouillir avec un tiers de ſucre, un ſirop
agréable qui eſt très-rafraîchiſſant & très-ſalu-
taire dans les maladies mentionnées plus haut.
Rumphius recommande de ne point cuire ce
ſirop dans aucun vaſe de métal, parce qu'il y
acquiert une ſaveur déſagréable. Suivant Acoſta,
les Portugais emploient dans l'Inde ce ſirop dans
tous les cas de maladies dans leſquels on emploie
en Europe le ſirop d'oſeille. Les Sages-Femmes
adminiſtrent ces fruits deſſéchés pour faire ſortir
le fœtus mort, & pour faire couler les lochies.
Suivant Camelli, on emploie pour cet uſage la
poudre du fruit ſec, ou plutôt de ſon écorce
mêlée avec le betel; & l'on ſe ſert auſſi du même
remède pour pouſſer les mois & les urines. Suivant Rumphius, on fait avec le ſuc de ces fruits
un collyre contre les phlictènes ou puſtules des
yeux: ſuivant Rhéede, le même ſuc exprimé,
guérit les démangeaiſons, les dartres, la galle, &
d'autres affections cutanées analogues, fi l'on en
imbibe des linges qu'on applique de tems-en-
tems ſur la partie affectée. Mais on conçoit que
ce remède répercuſſif eſt dangereux. Suivant le
même, ce ſuc bû avec de l'eau-de-vie de cocotier, qu'on nomme vulgairement Araque, adouci
les tranchées, & arrête la diarrhée. Le ſuc exprimé
de ces fruits avant leur maturité, s'il tombe fur

les habits, en rouge la couleur quelconque ; l'on se sert de cette propriété pour ôter toutes sortes de taches de dessus le linge ; ce suc sert aussi pour la teinture du linge. Les Orfèvres ont coutume de faire bouillir leur argenterie avec ces fruits non mûrs pour la nétoyer. Suivant Rumphius, les Habitans de l'Isle de Baleya ne se servent des fruits du Carambolier axillaire aigre, n.° 1, B, que pour nettoyer leurs armes empoisonnées, connues sous le nom de *Kris*. C'est cet usage qui a fait nommer cette variété, *Blimbing Kris*. Après avoir commencé à polir ces Kris avec des cendres fines & séches, ils se servent du suc de ces fruits pour les rendre brillants ; ensuite ils les rendent bleus avec du suc de limons, & ils les aiguisent avec du sublimé corrosif. On est dans l'usage d'oindre avec ce suc les ergots des coqs qu'on élève pour le combat : on croit que cette onction rend ces ergots plus perçans. Toute sorte de fer se dérouille aisément en le frotant avec ce suc. Quoique les fruits de la sous-variété aigre qui se trouve à Ceylan soient d'une grosseur extrême & d'une grande beauté, néanmoins on les laisse rarement parvenir à leur perfection ; les valets & le peuple sont dans l'habitude de les cueillir avant leur maturité pour les employer dans les sauffes, avec lesquelles ils accommodent le poisson. Ce qui fait qu'on ne fait pas grand cas de ces fruits dans cette Isle. Suivant Rhéede, le suc exprimé des racines de cette espèce de Carambolier, n.° 1, étant administré en boisson, appaise l'ardeur fébrile. On fait avec ses feuilles pilées, & mêlées avec une infusion de ris, un cataplasme qui amollit & résout puissamment toutes sortes de tumeurs ; & l'on prépare avec ces feuilles bouillies, dans une infusion de ris, une bonne décoction vulnéraire. Suivant Camelli, la simple décoction de ces feuilles est utile dans les ulcérations du gosier, & c'est un bon gargarisme contre les aphtes & l'esquinancie. Suivant Rumphius, plusieurs mangent les fleurs de cette espèce avec la laitue : d'autres les confisent au vinaigre pour le rendre plus acide ; mais ces fleurs lui donnent une mucosité qui le rend désagréable. Il ne faut pas oublier dans le nombre des usages de cette espèce précieuse l'ornement que son bel aspect produit dans les jardins, ni l'ombrage épais qu'elle y fournit, & qui est si agréable & si nécessaire dans ces pays brûlés ; ce n'est que pour jouir de cet aspect & de cet ombrage, que les Grands de la Chine la cultivent dans les Provinces méridionales de cet Empire ; car il y fructifie peu, comme j'ai dit.

Le Carambolier cylindrique, n.° 2, est presque aussi utile que le Carambolier, n.° 1. Ses fruits sont presque aussi recherchés que ceux de cette première espèce, & sont aussi salutaires. On ne les mange jamais cruds, à cause de leur extrème acidité ; mais lorsqu'on les cuit avec la chair ou le poisson, ils sont très-agréables à manger & ils

donnent à la sauffe une acidité qui plait beaucoup, comme font en Europe les groseilles ou le verjus. Lorsqu'on les confit dans la saumure, ils fournissent un assaisonnement aussi agréable que les Capres ou les Olives confites. On les confit aussi au sucre, ou seuls, où avec un peu de safran ; ce qui est le meilleur : dans cet état, ils sont fort utiles à ceux qui font de longs voyages sur mer, & on les emploie en place des Tamarins, dans les maladies bilieuses. Le suc de ces fruits est propre aussi pour ôter toutes sortes de taches de dessus le linge. Le suc de ses feuilles, ou mêlé dans l'eau & bu, ou appliqué extérieurement sur le corps, est utile pour appaiser l'ardeur des maladies inflammatoires. Les habitans de Baleya l'emploient fréquemment de cette manière. Les fleurs de cette espèce exposées au soleil, jusqu'à ce qu'elles soient un peu fanées, puis infusées dans le vinaigre, augmentent sa force, & font plus propres à cet usage que celles du n.° 1. Enfin cette espèce a d'ailleurs dans toutes ses parties les mêmes vertus & les mêmes usages en Médecine, que celle n° 1, & fournit autant d'agrément dans les jardins de l'Inde, & même encore plus à cause de l'aspect de son tronc, toujours couvert de fleurs & de fruits, & à cause de l'odeur suave de ses fleurs.

Les usages du Carambolier à fruits ronds, n.° 3, sont aussi précieux que ceux des espèces, n.os 1 & 2 ; & la-plupart de ses vertus sont très-analogues à celles de ces deux premières espèces. Ses fruits, également salubres, sont aussi mangés avec délices dans toute l'Inde ; on les y sert sur toutes les tables. On les y conserve aussi confits, soit au sucre, soit au vinaigre, soit dans la saumure, ou bien séchés au four pour divers usages. Ceux confits sont regardés comme un assaisonnement très-délicat & propre à exciter l'appétit. On les peut aussi manger cruds, en les assaisonnant avec un peu de sel, pour corriger leur âpreté. Les confitures qu'on en fait avec le sucre, sont excellentes ; plusieurs ont coutume d'en manger, en buvant le thé. Ces fruits sont aussi très-rafraîchissans, & sont employés très-utilement dans les fièvres continues, pour en appaiser l'ardeur. On fait aussi avec leur suc un syrop très-utile & d'un usage très-journalier, pour parvenir au même but. Christophe Acosta attribue à la racine de cette espèce la vertu suivante. Prenez un morceau de cette racine, long de quatre travers de doigts ; pilez-la avec un gros de semence de moutarde en poudre, assez fine pour pouvoir être avalée avec facilité ; on ajoute ordinairement à cette poudre de la semence de Cumin pilée également : donnez le tout à boire à ceux qui sont attaqués de l'espèce d'asthme, connue dans les Indes sous le nom de *Hofa*. Ce remède débarrassera la poitrine, en purgeant fortement par haut & par bas. Lorsque ce remède agit trop fortement, & occasionne une

ſuperpurgation , ce qui arrive ſouvent , on
mange , pour l'arrêter , des fruits acides d'une
des deux eſpèces , n.ᵒˢ 1 & 2 ; ou bien l'on boit
un petit verre de vinaigre préparé avec l'eau
acide de riz , connue ſous le nom de *Kange*. Si
cela n'arrête pas ſuffiſamment cette ſuperpurgation , alors on lave la tête du malade avec
l'eau froide ; ce qui eſt une pratique employée
vulgairement parmi les Indiens. Camelli aſſure
que , pour opérer cet effet , on lave à l'eau
froide les tempes & les poignets , puis enfin les
pieds , s'il eſt néceſſaire. Cette pratique eſt très-
digne de remarque. Suivant le même , une once
du ſuc de cette racine , purge auſſi violemment
que le remède employé par Acoſta , & s'emploie
principalement dans le même cas d'aſthme. La
poudre de l'écorce de cette racine , bue à la
doſe d'un demi-gros , fait ſortir l'arrière-faix ,
couler les mois , & eſt utile dans la difficulté
d'urine. On la donne encore à boire dans les
fièvres , en la mêlant avec le ſantal. Suivant
Rhéede , la même racine , unie avec le fruit de
l'eſpèce , n.ᵒ 1 , arrête le cours de ventre immodéré , & guérit la difficulté de reſpirer. La décoction des feuilles de cette eſpèce , n.ᵒ 3 , s'or-
donne comme ſudorifique , pour faire ſortir la
petite vérole. Cette même décoction avec le
Curcuma , s'emploie en bain , qui diſſipe puiſſamment certaines douleurs des membres. Suivant
Camelli , on fait avec les mêmes feuilles des
fomentations & des bains utiles dans la lèpre ,
la gale , les maladies vénériennes , & certaines
douleurs de tête. Les uſages & les vertus du
Carambolier , Pomme de Dragons , n.ᵒ 4 , ſont
encore très-analogues à ceux des trois autres eſpèces. Lorſque ſes fruits ſont parfaitement mûrs ,
on peut les manger cruds , quoiqu'ils ne perdent
jamais leur acidité : ils ſont agréables au goût &
à l'odorat , cuits comme cruds. A Amboine , on
les laiſſe rarement mûrir parfaitement ; mais on
les emploie avant leur maturité , cuits avec le
poiſſon ; & ils forment ainſi un aſſaiſonnement
auſſi agréable au goût qu'utile à l'eſtomac. Dans
la même Iſle , on plante cette eſpèce ordinairement proche des maiſons , afin d'avoir ſes fruits
ſous la main , pour s'en ſervir habituellement ,
au lieu de limons : on ſe ſert du ſuc exprimé de
ces fruits , dans lequel on mêle le fruit pilé du
poivre d'Inde (*Capsicum*. Lin.) pour aſſaiſonner
la bouillie de Sagou. Dans l'Iſle de Baleya , on
fait un beaucoup plus grand uſage de ces fruits
qu'à Amboine ; & l'on y eſt dans l'uſage de donner
à boire le ſuc des feuilles , comme un remède
rafraîchiſſant dans les maladies inflammatoires.
(*M. Lanery.*)

CARAPA, *Carapa*.

Genre de plante dont on ne connoît point les
fleurs , & duquel il eſt par conſéquent impoſſible de déterminer la famille.

Ce genre comprend de grands arbres qui croiſſent dans les pays chauds de l'Aſie & de l'Amérique , qui ont les feuilles alternes & ailées , ſans
impaires ; & dont les fruits ſont des groſſes capſules à quatre valves , emplies d'amandes irrégulières & anguleuſes.

Ces arbres ne ſont point encore parvenus en
Europe , où il paroît qu'ils exigeroient l'abricon-
tinuel d'une ſerre chaude.

On en connoît deux eſpèces & une variété.

Eſpèces & Variétés.

1. CARAPA de la Guiane.
CARAPA Guianenſis. Aubl. ♄ de la Guiane.
2. CARAPA des Moluques.
CARAPA Moluenſis. La M. Dict.
B. CARAPA des Moluques , à feuilles pointues.
CARAPA Moluenſis acutifolia. ♄ des Moluques.

Deſcription du port des Eſpèces.

1. CARAPA de la Guiane. Le tronc de cet
arbre , un des plus grands de la Guiane , s'élève
de 60 à 80 pieds de hauteur , ſur 3 ou 4 pieds
de diamètre. Il eſt couvert d'une écorce épaiſſe
& griſâtre ; il ſe diviſe à ſon ſommet en branches rameuſes qui s'étendent horizontalement
ou s'élèvent perpendiculairement.

Les feuilles ſont ailées à deux rangs de folioles , tantôt alternes & tantôt oppoſées , diſpoſées
à-peu-près ſur un pétiol commun , long de trois
pieds , cylindrique , & dont la partie inférieure
eſt une dans la longueur d'un pied. On y compte
quelquefois juſqu'à dix-neuf paires de folioles
longues , d'un pied ſur trois de largeur , vertes ,
liſſes & terminées par une longue pointe.

Aublet , qui a décrit cet arbre , n'en a point
vu les fleurs , mais le fruit qu'il a trouvé en
maturité , vient par grappes. Ce ſont des capſules ſèches & irrégulières de quatre pouces de diamètre à quatre côtes arrondies , dont l'écorce ,
graine de deux lignes , s'ouvre en quatre valves.
Elles ſont remplies d'amandes irrégulières , ſerrées les uns contre les autres , de manière à ne
ne former qu'une ſeule maſſe ovoïde. Ces amandes
ſont couvertes d'une peau rouſſâtre , dure &
coriace , & leur ſubſtance blanche ferme & ſolide.

Hiſtorique. Ce bel arbre ſe trouve dans preſque toutes les forêts de la Guiane , & ſur-tout
à Caux. *Carapa* eſt le nom que lui ont donné
les Galibis. Les Garipons l'appellent *Y-audiroba*.
C'eſt dans les mois de Mai & de Juin qu'Aublet
l'a trouvé en fruits.

Uſages. Quoique le bois de cet arbre ſoit blanchâtre , il fournit des mâts eſtimés des marins.
Mais ce n'eſt pas-là ſa principale utilité.

On tire des amandes de ſon fruit une huile ,
connue ſous le nom d'*huile de Carapa*. (Qu'il ne

faut pas confondre avec l'*huile de Carapat* de la Martinique, qui n'est autre chose que l'*huile de Palma Christi*, ou *Ricin* commun)

Pour obtenir celle dont nous parlons ici, les Galibis font bouillir les arrandes dans l'eau; ils les retirent ensuite & les mettent par morceaux pendant quelques jours. Ensuite ils les dépouillent de leur peau, les écrasent sur des pierres, comme on fait à l'égard du Cacao, ou bien il les pilent dans un mortier de bois, & en font une pâte qu'ils étendent sur les faces d'une dalle creusée en gouttière, un peu inclinée & exposée à l'ardeur du soleil. La pâte en cet état, laisse suinter l'huile dont elle est imprégnée. Cette huile se ramasse dans le fond de la gouttière, & va se rendre dans un calebasse qui est placée à son extrémité pour la recevoir.

Les Nègres de quelques habitations se contentent de mettre la pâte des amandes dans une couleuvre (espèce de chausse) que l'on charge de poids, pour comprimer la pâte & lui faire rendre toute l'huile qu'elle peut contenir. On reçoit cette huile dans un vase placé au-dessous. C'est le même procédé que l'on observe pour presser le manioc.

Cette huile est épaisse & amère. Les Naturels de la Guiane la mêlent avec du rocou, & en enduisent leurs cheveux & toutes les parties de leur corps, ce qui leur donne une couleur de feu. Ils prétendent par-là se préserver des piquures des différens insectes, & sur-tout des chiques. Cette huile ainsi appliquée, peut encore leur être salutaire en les garantissant des impressions de l'humidité à laquelle ils sont si souvent exposés étant toujours nuds, & habitant les bois dans un pays où les plaies sont si fréquentes & si abondantes, pendant quelques saisons de l'année.

À Cayenne, on se sert de cette huile pour frotter légèrement les meubles que l'on veut garantir des mittes & d'autres insectes qui ne peuvent supporter son amertume.

Mêlée avec le brai sec & le goudron, cette huile est encore excellente pour préserver les canots des vers.

2. CARAPA des Moluques. Cet arbre est bien moins grand que le précédent; son tronc, plus ou moins droit, soutient une assez belle cime.

Les feuilles n'ont ordinairement que trois paires de filioles longues de quatre à cinq pouces, ovales, vertes, glabus & un peu épaisses.

Celles de la variété B sont plus pointues. C'est jusqu'à présent, la seule différence qui paroît la distinguer de son espèce.

Les fleurs viennent en petites grappes rameuses dans les aisselles des feuilles; elles sont petites, sans odeur, jaunâtres ou d'un bleu sale. Leur corolle est (monopétale) à quatre divisions, avec un petit godet à bord dentelé dans leur milieu.

Les fruits sont de grands capsules qui ressemblent à des grenades; elles contiennent douze à vingt amandes, assez semblables à celles de l'espèce précédente, qui sont couleur de châtaigne, & qui remplissent toute la capacité des capsules.

Historique. Cet arbre & sa variété, croissent dans les Moluques, vers les bords de la mer, ou à l'embouchure des rivières dans les lieux sablonneux & pierreux. Son bois est blanchâtre à l'extérieur, & d'un rouge pourpre vers le centre du tronc.

Culture. Ces arbres n'ont point encore été cultivés en Europe. Il est probable qu'ils exigeroient la plus grande chaleur de nos serres. Vraisemblablement même ils y réussiroient mal, & la première espèce sur-tout, ne nous donneroit que des individus dégénérés, incapables de produire des fruits. (*M. Dauphinot.*)

CARAPICHE. *Carapichea.*

Genre de plantes à fleurs monopétalées, de la famille des Rubiacées, qui a des rapports avec le Tapogome & le Céphalante.

Ce genre se borne jusqu'à présent à une seule espèce.

Carapiche de la Guiane.

Carapichea Guianensis. Aubl. ♄ de la Guiane. C'est un arbrisseau dont la tige cylindrique noueuse & branchue, s'élève à cinq ou six pieds de hauteur.

Les feuilles naissent deux à deux à chaque nœud, & sont opposées alternativement en forme de croix. Leurs pétioles sont unis par deux stipules opposées & intermédiaires, qui ont chacune à leur naissance, deux espèces de petites glandes. Ces feuilles sont longues d'environ cinq pouces sur deux de large, lisses, vertes, entières, ovales, & terminées par une longue pointe.

Les fleurs naissent à l'extrémité des rameaux. Elles sont réunies plusieurs ensemble en forme de tête, & sont envelopées par quatre écailles, dont les deux extérieures sont longues de plus d'un pouce sur quatre à cinq lignes de large; & les deux intérieures, beaucoup plus courtes, sont terminées par une pointe recourbée. Ces fleurs sont petites, blanches, & séparées les unes des autres par plusieurs petites écailles.

Le fruit est une capsule anguleuse qui s'ouvre en deux loges, dont chacune renferme une semence oblongue.

Historique On a conservé à cet arbrisseau le nom que lui ont donné les Galibis, habitans de la Guiane. Il croît dans les grandes forêts qui aboutissent à la crique des Galibis. Il fleurit & donne son fruit dans le mois de Mai.

Il ne paroît pas qu'on en ait jusqu'à présent retiré aucune utilité.

Sa culture nous est inconnue. S'il parvenoit quelque jour en France, nous penfons qu'on ne pourroit le conferver que dans la ferre chaude, où la forme de fes fleurs en tête, affez remarquables, répandroit de la variété. (*M. DAU-PHINOT.*)

CARAPUT. Labat & d'autres Voyageurs plus modernes, donnent ce nom au *Ricinus communis.* L. *Voyez* RICIN. (*M. REYNIER.*)

CARC-BŒUF. Nom donné, dans quelques Provinces, à l'*Ononis arvenfis.* L. *Voyez* BUGRANE des champs, n.° 2. (*M. THOUIN.*)

CARBOUILLE. On appelle ainfi la Carie, à Brignole, en Provence. *Voyez* CARIE. (*M. l'Abbé TESSIER.*)

CARCHOUFFZIER. Nom provençal de la variété C. du *Cynara fcholymus viridis. Voyez* ARTICHAUT vert, n.° 1. (*M. THOUIN.*)

CARDADE. *Cactus opuntia.* L. *Voyez* CACTIER en raquette. n.° 26. (*M. THOUIN.*)

CARDAMINE. Nom que l'on donnoit généralement au genre des *Cardamine*, auquel M. Lamark a fubftitué celui de *Creffon* dans l'Encyclopédie. *Voyez* CRESSON, (*M. REYNIER.*)

CARDAMON. Synonyme du nom générique *Amomum*. *Voyez* AMOME. (*M. THOUIN.*)

CARDAMOME. Nom fous lequel eft généralement connu l'*Amomum cardamomum*, L. *Voyez* AMOME à grappes, n.° 5.

CARDAMOME grand. Nouvelle efpèce d'*Amomum* apportée des Indes par M. Sonnerat. *Voyez* AMOME de Madagafcar, n.° 1. (*M. REYNIER.*)

CARDASSE. Nom vulgaire de l'efpèce de CACTIER que l'on appelle auffi *Raquette*. *Cactus opuntia.* L. *Voyez* CACTIER à raquettes, n.° 25. Var. A. (*M. DAUPHINOT.*)

CARDE. *Cynara cardunculus.* L. Nom vulgaire d'une variété de l'ARTICHAUT, n.° 2. Var. B. (*M. DAUPHINOT.*)

CARDE-POIRÉE. Nom d'une des variétés de la Bette commune. *Beta vulgaris.* L. On lui donne ce nom à caufe de fes feuilles, dont on emploie feulement la côte à la manière des cardons. *Voyez* BETTE commune, n.° 1. V. BETTE. (*M. REYNIER.*)

CARDE-POIRÉE de la Chine. *Sinapis Chinenfis.* L. *Voyez*. (*M. THOUIN.*)

CARDERE, DIPSACUS.

Genre de plantes voifines des fcabieufes, auxquelles elles reffemblent par leurs caractères, plus encore que par leur forme. Ce font des herbes bifannuelles par leurs racines, dont les fleurs font en têtes & féparées les unes des autres par des paillettes qui débordent les fleurs,

tandis qu'elles ne paroiffent point dans les fcabieufes : ce caractère ne fuffiroit pas fans la différence de leur port; & cependant la quatrième efpèce des cardères fe rapproche des fcabieufes & la fcabieufe des Alpes, fe réunit aux Cardères.

Les Cardères ont un calice très-petit, une corolle monopétale tubuleufe, à quatre divifions, quatre étamines faillantes implantées fur la corolle, un ovaire inférieur, furmonté d'un feul ftile, auquel fuccéde une femence nue couronnée par les cicatrices du calice. Ces fleurs font réunies en têtes fur un réceptacle de forme conique, d'où fortent des paillettes longues & piquantes, & enveloppé d'une collerette particulière.

Efpèces.

1. CARDÈRE cultivée. Vulg. le Chardon à Foulon. *DIPSACUS fativus.* Jacq. ♂ *Dipfacus fullonum.* L. rar. B. cultivée dans les champs.

2. CARDÈRE fauvage. *DIPSACUS fylveftris.* Jacq. ♂ *Dipfacus fullonum.* L. rar. B. près des chemins, principalement dans les lieux humides.

3. CARDÈRE laciniée. *DIPSACUS laciniatus.* L. ♂ de la Carniole, de l'Alface, de la Tartarie, & dans les mêmes fites que la précédente.

4. CARDÈRE velue. *DIPSACUS pilofus.* L. près des foffés & des haies, dans les décombres. L.

Les deux premières efpèces ont été réunies par M. Lamark; à l'exemple de Linné, j'ai cru le fentiment contraire mieux fondé en preuves, & je l'ai adopté après MM. Haller, Jacquin, Curtis, &c. On n'a jamais vu la Cardère cultivée échappée des champs fe rapprocher de la Cardère fauvage, au contraire, dans fes individus les plus rabougris, les plus écartés de fon état de culture, elle conferve fes caractères diftinctifs. Il en eft de même de la Cardère fauvage; Miller, qui l'a cultivée nombre d'années de fuite, ne lui a vu aucun changement de forme. Il paroît donc que ces caractères diftinctifs font inhérens à fon exiftence. On ne connoît pas la patrie ou l'origine fauvage de la Cardère cultivée; mais ce n'eft pas une raifon de conclure qu'elle eft originaire de l'efpèce fauvage que nous connoiffons. Comme la Cardère eft d'un ufage affez ancien, puifqu'on peut raifonnablement fuppofer que fon origine fauvage eft de la Tartarie, où un fi grand nombre de plantes économiques ont pris naiffance.

La Cardère cultivée diffère de la fauvage par fes paillettes crochues & plus fortes, & par fa collerette courte & horizontale, au lieu que dans la Cardère fauvage, elle eft longue & relevée autour des têtes de fleurs. Ces caractères font conſtans, même dans les individus les plus rabougris.

Ces deux eſpèces ſe reſſemblent par leurs feuilles radicales, ovales, oblongues, dentées & couvertes d'épines ſur leurs nervures ; par leurs feuilles caulinaires, connées ou réunies par leurs baſes, de manière à former une eſpèce de báſſin, & entières ſur les bords ou ſimplement dentelées, par leur tige ſimple qui ſe ramifie vers le haut à branches oppoſées, terminées chacune par une tête de fleur, & ſouvent ramifiées dans le même ordre que la tige ; enfin par leurs fleurs diſpoſées en têtes coniques.

3. Cardère laciniée. Cette eſpèce a le port & la forme générale des deux eſpèces précédentes, elle en diffère ſeulement par ſes feuilles caulinaires qui ſont connées à leur baſe, mais diviſées dans le reſte de leur longueur en découpures, qui pénètrent juſqu'à la côte. Elle en diffère auſſi par ſa collerette compoſée de feuilles plus courtes & plus horizontales. Les paillettes de ſon réceptacle ſont droites.

4. Cardère velue. La tige de cette eſpèce eſt haute & plus ramifiée, ſes fleurs ſont en têtes ſphériques, quatre ou cinq fois plus petites que dans les eſpèces précédentes ; les paillettes qui les ſéparent ſont à peine plus longues que les fleurs, & plus molles ; ce qui rapproche cette eſpèce des ſcabieuſes.

Culture. Ces quatre plantes ſont agreſtes, & n'exigent aucuns ſoins. On peut ſemer leurs graines au moment de leur maturité, le froid ne pouvant pas faire périr le jeune plant, mais elles réuſſiſſent également bien ſemées au printemps ; dans cette dernière circonſtance on attend leur fleur une année, au lieu que ſemées en Automne, elles fleuriſſent quelquefois l'Eté qui ſuit. Les Cardères préfèrent une terre humide & un peu profonde ; leur racine qui pivote, ſouffre ſur les rochers & dans les lieux où elle ne peut pas s'enfoncer ; mais cela ne fait pas périr la plante, on s'en apperçoit ſeulement au peu d'élévation qu'elle y acquiert.

Uſage. Les Cardères n'ont pas une forme aſſez intéreſſante pour être introduites dans les parterres, leurs tiges décharnées, leurs fleurs en têtes, ſans aucun jeu, & d'une nuance de violet pâle ou d'un blanc terne, & ſur-tout leur multiplication en tout lieu, font des motifs de proſcription. Mais on peut en tirer le plus grand parti dans les jardins payſagiſtes. Combien un lieu agreſte, une maſure, des rochers couverts de brouſſailles reçoit de pittoreſque du choix des plantes qu'on y place : l'air abandonné des Cardères qui croiſſent naturellement dans les décombres, rendroit antique une maſure, quelques bardanes ajouteroient encore à la vérité du tableau, & ces plantes y ſeroient mieux à leur place que les géranes que y ai vu placer

cer aſſez ſouvent, & qui font naître le ſouvenir des terraſſes où on les dépoſe preſque toujours. Un déſert, un lieu ſauvage, où quelques filets d'eau s'échappent entre les pierres, ſeroient encore décorés d'une manière heureuſe par des Cardères. Mais, pour ce genre d'emploi, les trois premières eſpèces, dont la forme eſt moins ordinaire que celle de la quatrième, produiroient un effet infiniment plus pittoreſque ; c'eſt le goût qui doit guider leur emploi.

La première eſpèce eſt employée dans les arts. M. l'Abbé Teſſier traitera de ſa culture & de ſon emploi ; ainſi, je renvoie à cet article. La racine & les têtes & les têtes de la ſeconde eſpèce paſſent pour diurétiques, mais ne ſont plus d'uſage. M. Dambourney a eſſayé de l'employer en teinture, mais n'en a obtenu qu'un gris terne de nulle valeur. Enfin, l'eau qui s'amaſſe dans les feuilles caulinaires, a paſſé pour un ophtalmique excellent. On a peine à concevoir comment de l'eau de pluie peut y acquérir de ſemblables propriétés. (*M. Reynier.*)

CARDIAQUE. Nom vulgaire ſous lequel eſt connu de tous les Herboriſtes le *Leonurus cardiaca.* L. *Voyez* AGRIPAUME vulgaire. (*M. Reynier*)

L'AGRIPAUME vulgaire a fourni à la teinture une ſuperbe nuance d'olive foncée, très-dorée. C'eſt, ſuivant M. Dambourney, une des plus riches couleurs ſérieuſes que ſon travail lui a procuré. Cette couleur eſt d'ailleurs aſſez ſolide. Elle réſiſte également bien au vinaigre & au ſavon à froid.

La ſeconde eſpèce, AGRIPAUME à feuilles ſimples, *Leonorus marrubiaſtium,* L. donne auſſi à la teinture une bonne nuance, merd'oie dorée. (*M. Dauphinot.*)

CARDINALE. Variété du pêcher dont le fruit eſt rond, aſſez gros, couvert d'une peau très-chargée de duvet, & d'une couleur rouge obſcure ; ſa chair eſt rouge, plus agréable que celle de la *Sanguinole* à qui cette pêche reſſemble. Elle mûrit en Octobre.

C'eſt une des variétés de l'*Amigdalus perſica.* L. *Voyez* l'article AMANDIER, dans le Dictionnaire des Arbres & Arbuſtes. (*M. Reynier.*)

CARDINALE rouge. Nom que les Jardiniers ont donné au *Lobelia cardinalis.* L. à cauſe de des belles fleurs rouges, & que l'on a enſuite adopté pour les autres eſpèces. *Voyez* LOBELIE. (*M. Reynier*)

CARDINALE bleue. *Sobelia ſyphilitica.* L. *Voyez* LOBELIE. (*M. Thouin.*)

CARDON. Plante de la famille des Cinarocéphale, *Cinara cardunculus,* Lin. qu'on cultive dans les potagers des gens riches, & chez les maraîchers des environs des Villes. *Voyez* ARTICHAUT, page 666, premier volume, ou deuxième partie du premier volume. (*M. l'Abbé Tessier.*).

CARDON de Tours. *Cynara cardunculus spinosissima.* Voyez ARTICHAUT, Cardon de Tours. n.° 2, V. C. (*M. Thouin.*)

CARDON d'Espagne. Nom vulgaire & généralement adopté du *Cynara cardunculus.* L. V. B. Plante potagère du genre des ARTICHAUTS. *Voyez* ce mot. (*M. Reynier*).

CARDONETTE *ou* CHARDONETTE. Synonyme de Cardon, usité dans quelques Provinces. (*M. Reynier*).

CARDURE sauvage. Nom vulgaire que l'on donne dans quelques Provinces au CHARDON à Foullon. *Dipsacus fullonum. Voyez* CARDÈRE. n.° 1. Var. B. (*M. Dauphinot.*)

CAREMAGES. Nom que l'on donne en Bourgogne, aux grains que l'on sème au Printems, parce que le Carême se trouve dans cette saison. (*M. l'Abbé Tessier.*)

CARENDE. C'est un des noms que l'on donne aux Charanfons, insectes destructeurs des grains. (*M. Thouin.*)

CARENE. Les Botanistes ont imposé ce nom au pétale inférieur des fleurs papillonacées, sur je ne sais quelle ressemblance qu'ils lui ont trouvé avec l'avant d'un vaisseau. Cette partie comprend ordinairement les parties sexuelles & l'ovaire, sur-tout avant la fécondation. Elle varie pour sa forme, & ses différences servent beaucoup à la confection des genres. (*M. Reynier.*)

CARIE.

C'est une maladie des fromens, qui mérite la plus grande attention de la part des Cultivateurs, parce qu'elle peut faire un tort considérable à leurs récoltes, & par conséquent au Public, qui profite ou perd, selon que les récoltes sont plus ou moins abondantes & pures. Ces motifs m'ont déterminé à étudier cette maladie & à publier, en 1783, les recherches & expériences que j'avois faites ; elles font partie d'un ouvrage intitulé : *Traité des Maladies des Grains.* Depuis cette époque, je n'ai cessé de m'en occuper tous les ans, en répétant des expériences déjà faites, & en en finissant de nouvelles, autant pour mon instruction, que pour éclairer les Cultivateurs dont j'étois environné. J'ai été assez heureux pour que mes soins fussent de quelque utilité, non-seulement à plusieurs fermiers de la Beauce, mais encore à un grand nombre d'autres, répandus dans diverses parties de la France. On ne fera donc pas étonné que je donne à cet article un grand développement. Onze ans de recherches suivies sans interruption, & d'expériences variées de toutes les manières & en différens cantons, m'ont procuré beaucoup de faits qui m'ont paru capables de jeter un grand jour sur cette matière.

Avant la Dissertation de M. Tillet de l'Académie des Siences, sur la cause qui corrompt & noircit les grains de bled, imprimée à Bordeaux, en 1755, on confondoit les maladies des grains & on les prenoit les unes pour les autres. Les Ecrivains, qui n'étoient pas observateurs & ceux qui l'étoient, ne s'entendoient pas sur les noms qu'ils donnoient à chacune ; l'un décrivoit la *Carie*, qu'il appelloit *Charbon*; l'autre exposoit les symptômes & les signes du *Charbon*, qu'il appelloit *Carie*. Ce qui augmentoit la confusion, c'étoient les diverses dénominations adoptées par les Cultivateurs. Celle de *Nielle* est encore le plus généralement reçue ; on s'en sert pour désigner ou le Charbon ou la Carie, la Rouille même, ou les trois maladies ensemble, sans les distinguer. Enfin, l'Académie de Bordeaux proposa pour sujet d'un prix, de trouver la cause qui corrompt les grains de bled dans leurs épis & qui les noircit, & les moyens de prévenir ces accidens. M. Tillet, doué d'un jugement sain, & animé du désir de faire un travail d'une grande utilité, & capable de cette exactitude, je dirai même de ce scrupule, si nécessaire dans les Sciences qui intéressent la vie ou la fortune des hommes, M. Tillet se livra à la recherche de la cause des maladies que l'Académie de Bordeaux desiroit connoître ; il débrouilla tout, & fixa à chacune le nom qu'il crut le plus convenable, en sorte qu'il n'est plus possible de les confondre maintenant. Il appella *Carie*, celle dont il s'agit, par une analogie entre ses effets & ceux de la Carie des os. Le prix fut accordé à son Mémoire, rempli de faits & de preuves. Ses résultats, sur-tout, méritèrent l'accueil le plus favorable, puisqu'ils présentoient des moyens de détruire, ou plutôt de prévenir la Carie des fromens. Mais le travail de M. Tillet étoit encore susceptible d'être perfectionné, comme on le verra bien-tôt. La Carie des fromens n'avoit point été examinée sous tous les rapports. Je donnois sur une maladie du seigle les plus grands détails, qui m'autorisoient à faire les mêmes recherches sur les autres fléaux des grains, dont l'influence pouvoit déranger la santé des hommes & celle des bestiaux. J'avois donc des titres suffisans pour m'occuper aussi de la Carie des fromens. Au reste, c'est attacher quelques fleurs de plus à la couronne méritée par M. Tillet, puisque si j'ai ajouté aux connoissances qu'il a répandues, c'est à lui qu'on en est redevable, son ouvrage ayant servi de base à cette partie de mes recherches.

Pour mettre quelque ordre dans un article, auquel j'ai dû donner de l'étendue, j'ai cru devoir le diviser en deux parties. Dans la première, je considererai la Carie physiquement, & indépendamment de ses effets, c'est-à-dire, j'exposerai d'abord la nomenclature de cette graine; je la décrirai; je suivrai ses progrès depuis le

moment

moment où elle se forme, jusqu'à ce qu'elle ait acquis sa maturité; je rendrai compte de ce qu'elle présente quand on l'analyse chimiquement; j'exposerai ses causes & sa manière d'agir. La Carie, dans la deuxième partie, sera considérée par rapport à ses effets; on y verra si les hommes ont à en craindre quelque chose, si les animaux, auxquels on en donne, en sont incommodés, le tort qu'elle fait aux Cultivateurs, enfin les moyens d'en préserver les fromens.

Noms donnés à la Carie.

Depuis le travail de M. Tillet, & les écrits des Agriculteurs modernes, on a déjà adopté, dans diverses contrées de la France, la dénomination de *Carie*. Les autres s'en tiennent encore à celles qui leur sont plus familières. La Carie est appelée *Nielle* dans la majeure partie du Royaume. En Dauphiné, on la connoît sous le nom de *Carboucle*; aux environs de Brignole, en Provence, sous celui de *Charbouille*; en Bresse, dans le Lyonnois, sous celui de *Chambucle*; aux environs de Montargis, en Gâtinois, sous celui de *Charbon*, mot usité dans beaucoup d'autres pays; près Mirecourt, en Lorraine, sous ceux de *Moucheron* & de bled *Moucheté*; ce dernier mot est aussi usité dans beaucoup de pays: dans la Combraille ou voisinage de l'Auvergne, sous ceux de *Molage* & de *Noir*; ce dernier mot est encore usité dans beaucoup de pays; en Bourbonnois, sous celui de *Machuré*; en Vivarais, près Annonay, sous celui de *Moucheture*; aux environs de Lille en Flandres, sous ceux de *Broudure* ou *Brousure*; près d'Arjac, en Languedoc, sous celui de *Charbonnel*; en Limousin, près Saint-Yrieix, sous celui de *Pourriture*; en Alsace, aux environs de Soulz, sous celui de *Butz*; dans l'Anjou, sous ceux de *Foudré*, bled *Foudré*; en Beauce, sous celui de *Bosse*; dans le Vexin François, sous celui de *Cloque*; aux environs de Saint-Jean-d'Angély, en Saintonge, sous celui de *Ruble*; dans le pays d'Aunis, sous celui de *Nubli*; dans beaucoup d'autres endroits, sous celui de *grains boutés*, ou grains qui ont le *Bout*; auprès de Breteuil en Picardie, sous celui de *Faux-Bled* ou *Cloche*; à Vesoul en Franche-Comté, sous celui de *Gras*. Il y a sans doute un grand nombre de noms qui ne sont pas parvenus à ma connoissance. Cette grande diversité exigeant un nom fixe & invariable, j'ai adopté celui de M. Tillet: la description suivante doit écarter toute confusion.

Description des grains Cariés.

Ils ont la forme un peu oblongue, inégalement arrondie, & généralement semblable à celle des grains de l'espèce de froment à épis blancs sans barbes, tige creuse; un grain Carié

a depuis une ligne & demie jusqu'à trois lignes de longueur, sur un diamètre d'environ une ligne. A une des extrémités on voit deux filets réunis, qui sont saillans; à l'autre extrémité, les fibres de l'écorce se rapprochent & expriment la place de l'insertion dans la bâle, mais il n'y a point de germe. Sur une des parties de la surface, moins arrondie que l'autre, paroît un sillon peu profond, qui se porte d'un bout à l'autre. La couleur du grain Carié est d'un gris-brun. On découvre à la loupe qu'il est ridé comme la peau du Lycopédon mûr; son écorce aride & sèche renferme une poudre noire, fine, grasse au toucher, sans saveur, mais d'une odeur très-infecte, que M. Tillet compare au poisson pourri. Si on l'examine au microscope, après plusieurs heures d'infusion dans l'eau, elle n'offre qu'un amas considérable de globules, à demi-transparens, très-distincts, & pressés les uns contre les autres. La grosseur de ces globules, mesurés à un bon micromètre, varie d'un cent-quarantième à un deux cents quatre-vingtième de ligne; ceux du froment, de l'espèce citée varient d'un soixante-&-dixième à un cinq cent soixantième de ligne; ce qui indique que ce froment a des globules plus gros, & de beaucoup plus petits que ceux de la Carie. Les grains de Carie sont très-légers à leur maturité. Un litron qui contiendroit vingt onces de froment, seroit rempli par huit onces & deux gros de grains Cariés. Sur quatre onces de ceux-ci, il y a trois onces & deux gros de poudre, & six gros d'écorce.

A quelle époque s'apperçoit-on de l'existence de la Carie, & quels en sont les progrès?

Jusqu'ici il falloit avoir des yeux très-exercés pour reconnoître un épi Carié, seulement un peu avant qu'il parût ou fût sorti du fourreau. M. Girot, Commissaire à Terrier, dans le pays Chartrain, m'a fait parvenir un Mémoire sur la Carie, dans lequel se trouve une observation que j'ai vérifiée. Il croit avec raison qu'on peut, dès le moment où le froment lève, distinguer les pieds qui doivent donner de la Carie. Ils sont d'un vert foncé, comme celui de la feuille du Chêne, & les tiges ternes; les feuilles des pieds sains sont d'un verd pré, & les tiges blanches. A l'approche du terme où l'épi doit se montrer, les tiges & les feuilles des pieds Cariés sont minces & d'un vert plus sombre que celles qui appartiennent à des épis sains. Qu'on ouvre un fourreau renfermant un épi Carié, qu'on développe les bâles de cet épi, on y verra un petit corps de couleur verte, qui paroît être l'embryon renflé & surmonté de deux stigmates nues & non aigretées; les trois anthères flasques & sans poussière, s'élèvent un peu au-dessus. Si l'on presse sous les doigts ce petit corps, il exhale déjà l'odeur infecte qui caractérife le grain de Carie.

Quand l'épi Carié eft forti du fourreau, ce qui a lieu à-peu-près vers le tems où fe montre l'épi fain, c'eft-à-dire, de la mi-Mai à la mi-Juin, dans le climat de Paris, il eft facile de les diftinguer l'un de l'autre, parce que l'épi Carié eft bleuâtre & plus étroit, & il a fes bâles plus ferrées. A ce terme, le grain vicié, compofé d'une peau verte & épaiffe, & d'une pulpe blanchâtre, qui y eft renfermée, a une forme ovoïde, confervant encore les ftigmates à fon extrémité fupérieure ; les anthères, toutes petites & jaunes, y font collées dans la direction du bas en haut, fans excéder fa hauteur ; elles ne fortent pas des bâles ; de-là vient qu'on dit avec raifon que les épis Cariés ne fleuriffent pas. L'odeur infecte du grain eft alors plus confidérable, quand on l'écrafe.

Bien-tôt l'épi Carié n'eft plus auffi étroit ; il devient même plus large que l'épi fain. Ses bâles s'écartent, parce que le grain groffit & ne tarde pas à fe faire diftinguer. La fubftance pulpeufe paffe fucceffivement de la couleur blancheâtre au gris cendré, & du gris cendré au brun. Les deux ftigmates ne font plus que des filets ; l'épi eft moins vert & la tige l'eft encore ; il n'eft plus néceffaire d'écrafer le grain Carié, pour qu'il répande fon odeur. Une certaine quantité d'épis en cet état, réunis dans un appartement, fe font fentir d'une manière défagréable.

La maturité des épis Cariés, eft, comme l'a obfervé M. Tillet, plus hâtive que celle des épis fains ; ce qui n'eft point étonnant, puifqu'on voit les fruits des arbres malades mûrir plutôt que ceux des arbres bien portans. Cette maturité eft complette, lorfque les tuyaux font jaunes, les bâles blanchâtres, & les grains Cariés, gris bruns. L'intérieur de ceux-ci fe trouve alors rempli d'une poudre noire. Si, après un tems de pluie, on paffe fous le vent le long d'un champ où il y ait beaucoup d'épis Cariés, on ne peut fupporter la fétidité qui s'en exhale.

Il eft à remarquer que les épis fains font moins chargés de grains que les épis Cariés, car j'ai compté bien des fois fur ces derniers, jufqu'à foixante-huit grains, nombre que j'ai rarement compté fur les premiers.

Grains mixtes & épis contenant des grains fains & malades.

J'ai quelquefois, dans les épis de froment, rencontré des grains mixtes, dont une partie contenoit de la farine blanche, & l'autre de la poudre noire de Carie. MM. Tillet & Duhamel avoient fait la même remarque. Il eft moins rare de trouver des épis fains fur des pieds où il y en a de viciés, & même des épis qui ont des grains fains & des grains Cariés. Dans ce

dernier cas, tantôt c'eft tout un côté facile à diftinguer dès les premiers tems, parce que fa couleur eft plus verte ; tantôt ce n'eft que le quart de l'épi ; quelquefois les grains malades font épars çà & là, & entremêlés de grains fains. Sur une quantité d'épis Cariés, qui m'ont fourni douze onces & trois grains de Carie, j'ai retiré trois onces de froment fain, que j'ai femés. M. Duhamel avoit fait la même expérience, mais d'une manière imparfaite. Ce froment étoit noirci par la poudre, à laquelle il avoit été mêlé, lorfqu'on l'avoit féparé des bâles ; il a produit deux tiers d'épis fains & un tiers d'épis Cariés, parmi lefquels ils s'en trouvoit plufieurs qui contenoient des grains fains & des grains malades.

Le froment eft-il la feule plante fujète à la Carie?

Le Seigle, l'Orge & l'Avoine ne paroiffent pas fujets à la Carie. M. Tillet & moi, nous avons effayé envain de la leur faire contracter en les imprégnant de poudre de Carie de Froment ; néanmoins, je n'affurerois pas qu'ils en fuffent toujours exempts. M. Tillet croit l'ivraie fufceptible de cette maladie. Ses expériences lui ont appris qu'elle fe communiquoit de cette plante au Froment à épis blanc, fans barbes, tige creufe *& non vice verfâ.*

Il croît dans certaines prairies une Scorfonère, dont toutes les parties de la fructification font converties en une pouffière d'un beau noir, analogue à celle de la Carie. Cette plante, que Linneus appelle *Scorfonera pulveriflora*, a des feuilles de fix à fept pouces, du milieu defquelles s'élève une tige, plus ou moins velue, qui monte à la hauteur de huit à neuf pouces ; le calice, au lieu d'être alongé comme dans les Scorfonères communes, eft arrondi & un peu applati fupérieurement ; il ne renferme qu'une pouffière noirâtre, très-abondante, qui ternit les doigts, fans y adhérer. J'ai lieu de foupçonner qu'elle eft formée de bonne heure dans les calices, car j'ai découvert des calices qui en étoient déjà remplis, quoique les tiges qui les portoient fuffent à peine forties de terre. Quand les tiges font à certaine hauteur, les calices s'ouvrent & laiffent échapper leur pouffière, qui fe diffipe en grande partie ; ce qui ne s'en échappe pas, refte attaché à la furface interne des calices. Tous les pieds de cette efpèce de Scorfonère, qui étoient dans une prairie, fituée à Fontaine, près Ermenonville, contenoient de cette poudre. M. Antoine Laurent de Juffieu m'a dit qu'on en trouvoit auffi dans la prairie de Gentilly, près Paris. J'aurois defiré pouvoir en recueillir affez, pour la foumettre à toutes les épreuves auxquelles j'ai foumis les grains Cariés. La poudre de cette Scorfonère n'exhalant pas une odeur fétide, j'ai été tenté de la claffer parmi les plantes fujettes au charbon, mais l'enveloppe de la poudre fubsté, ce qui n'a pas lieu dans les épis charbonnés des graminées, où elles sont toutes détruites. J'ai donc dû regarder cette Scorsonère comme une plante Cariée.

M. Bernard de Jussieu soupçonnoit que les grains Cariés étoient une espèce particulière de *Lycoperdon* ou *vesce de Loup*. M. Adanson & beaucoup d'autres personnes l'ont pensé à quelques égards seulement. En effet, ces deux substances ont des rapports entr'elles. Le Lycoperdon, comme les grains Cariés, est couvert d'une peau cendrée, qui renferme une pulpe molle & blanche ; cette pulpe, en se corrompant, se change en une poussière fine, sèche & fétide, quelquefois de couleur obscure, laquelle paroît à la vue simple comme une fumée ; mais lorsqu'on l'examine avec une forte lentille, elle semble composée d'une infinité de petits globules un peu transparens, & dont le diamètre n'est pas au-dessus de la cinquantième partie d'un cheveu. On lit, dans les Transactions philosophiques, que M. Aimen, qui s'est occupé aussi des maladies des grains, a fait produire des épis Cariés à des grains de Froment qu'il avoit imprégné de poudre de *Lycoperdon*. J'ai répété son expérience en frottant de poudre de Lycoperdon, du Froment à épis blancs, barbus, barbes divergentes, auquel on communique facilement la Carie du Froment, il n'en a point produit du tout. Le Lycoperdon est un genre de production à part, dont on ne connoît pas les organes de la fructification ; les grains Cariés du Froment ne font qu'une partie de la plante ; ce qui établit une différence entre le Lycoperdon & les grains Cariés. Néanmoins, je ne prétends pas infirmer une opinion qui n'est pas sans vraisemblance, & que M. de Jussieu, un des Hommes les plus éclairés de notre siècle, avoit connue.

Analyse Chimique des grains cariés, comparée avec celle des grains sains de froment.

M. Parmentier a fait l'Analyse Chimique de la Carie du froment ; il en a rendu compte dans un Mémoire, qui ne m'est connu que par ses résultats : (Histoire de la Société Royale de Médecine, année 1776, page 346.) Peut-être d'autres Physiciens, sans que je le sache, s'en sont-ils occupés aussi. Quoi qu'il en soit, j'ai cru devoir analyser en même-tems des grains Cariés & des grains sains, afin d'en mieux connoître les différences. M. Cornette, de l'Académie des Sciences, a bien voulu diriger cette Analyse, dont je suis redevable à ses soins & à son zèle pour le progrès des Sciences.

Analyse par la voie humide.

Quatre onces de grains Cariés ont été mis en digestion pendant seize heures dans une cucurbite de verre avec une livre d'eau. Quatre onces de grains de froment sain ont été traités de la même manière.

La plus grande partie de la Carie a surnagé ; il ne s'est précipité au fond du vaisseau, qu'un peu de la poudre, échappée vraisemblablement des grains dont l'écorce se trouvoit brisée : alors son odeur fétide a diminué, comme si l'eau en avoit enchaîné une partie, & je n'ai plus senti qu'une odeur mixte de Carie & de paille mouillée.

Dans ce cas, l'enveloppe de la Carie, qui tient beaucoup de la Nature des bâles, a exhalé l'odeur qui lui est propre.

Le froment s'est précipité au fond de la cucurbite, à l'exception de quelques grains retraits ou piqués de charansons, parce qu'ils ne contenoient presque pas de farine.

Les deux vaisseaux ayant été exposés à la chaleur d'un bain de sable sur le même fourneau, il s'est dégagé d'abord beaucoup d'air de l'un & de l'autre ; le froment a paru en laisser échapper plutôt & une plus grande quantité.

La première portion de la liqueur que le froment a fournie, étoit limpide, inodore, sans saveur, & n'altéroit point la teinture bleue des végétaux. Une seconde portion n'en différoit que parce qu'elle avoit une odeur de paille brûlée, développée par une plus longue action du feu.

Différens produits de la Carie, examinés successivement, étoient aussi limpides ; mais ils avoient l'odeur & la saveur nauséabondes : les premiers obtenus verdissoient le sirop de violettes, tandis que les derniers ne le verdissoient pas.

Je cessai la distillation, lorsque le froment ne rendoit plus de liqueur ; j'en ai retiré, ainsi que de la Carie, quatre onces ; les grains de froment s'étoient renflés, & avoient absorbé le surplus d'eau : la Carie, restée dans son état ordinaire, nageoit dans une grande quantité de fluide, & conservoit l'odeur fétide qui lui est particulière.

Ensuite je fis bouillir chaque résidu, pendant vingt minutes, dans une pinte & demie d'eau ; la décoction du froment étoit jaune, d'une saveur douce & sans odeur ; les grains ramollis & gonflés étoient visqueux : celle de la Carie, colorée en brun foncé avoit l'odeur & le goût désagréables ; les grains bien moins gonflés que ceux du froment, étoient plus gluans & conservoient leur couleur.

La décoction du froment évaporée a donné six gros & demi d'une matière gélatineuse, douce au goût, & flattant agréablement l'odorat ; elle ne boursoufloit pas sur les charbons ardens ; c'étoit une véritable colle d'amidon, qui, au bout de quatre jours, avoit une odeur marquée de vanille.

Après avoir fait réduire à moitié la décoction de Carie, je l'ai filtrée ; l'eau qui a passé étoit de couleur ambrée, presqu'insipide & sans odeur ; la poudre noire restée sur le papier, conservoit feule l'odeur de Carie. Cette eau évaporée jufqu'à confiftance d'extrait, a donné deux gros d'une matière brune & tenace, différente de la colle; elle bourfouffloit fur les charbons ardens, fans jeter de flamme, répandant une fumée blanche qui fentoit la paille brûlée: c'étoit donc un véritable extrait.

Si l'on fait bouillir de la Carie, qu'on la filtre & qu'on l'abandonne à elle-même, au bout de trente à trente-fix heures, elle fe trouble; on y voit nager des flocons blanchâtres, indices de la fermentation putride; la liqueur a une odeur infecte, & verdit le firop de violettes. Au contraire, l'eau dans laquelle le froment a bouilli paffe fucceffivement par les divers degrés de fermentation connues, & ne fe putréfie pas avant fept à huit jours.

Une infufion fimple de Carie, en foixante heures, fe couvre de moififfure, communique une odeur infecte à l'eau qui verdit le firop de violettes, tandis qu'une infufion de froment, pendant le même-tems, ne contracte aucune altération, & ne change point la teinture bleue des végétaux.

Pour m'affurer fi la partie extractive de la Carie prevenoit de la Carie entière, ou feulement de la poudre, fans que l'écorce en fournît, j'ai fait bouillir d'une part, dans fuffifante quantité d'eau, une once de poudre de Carie féparée de l'écorce, en la concaffant & la tamifant; & de l'autre part, une once d'écorce de Carie féparée de la poudre par le lavage à froid. Les liqueurs provenantes de l'ébullition, ont été filtrées & évaporées: chacune a donné de l'extrait, plus abondant dans la décoction de poudre que dans celle de l'écorce. Ces deux extraits différoient encore en ce que celui de la poudre avoit beaucoup de liant, dont manquoit prefqu'entièrement celui de l'écorce.

Analyfe à feu nu, ou par la voie féche.

Quatre onces de grains Cariés, renfermés dans une cornue, & expofés fur le feu au fourneau de réverbère, ont donné d'abord trois gros & demi d'une eau limpide, défagréable au goût & à l'odorat, laquelle coloroit la teinture de tournefol en rouge très-foncé.

Quatre onces de grains de froment traités de la même manière & en même-tems, ont donné, dès les premières impreffions de la chaleur, d'abord cinq gros & demi d'une liqueur jaune, d'une faveur acide & piquante, d'une odeur de pain brûlé, & fur laquelle commençoient à nager quelques parcelles d'huile: elle teignoit la teinture de Tournefol en rouge moins foncé que l'efprit de Carie, & ne faifoit pas d'efferveſcence fenfible avec les alkalis, comme il arrive quelquefois, lorfque les liqueurs acides font faturées d'huile.

Il a paffé enfuite dans le récipient, deftiné pour recevoir les produits de la Carie, cinq gros & vingt-quatre grains d'une huile qui avoit la confiftance du beurre; elle nageoit dans une once & deux gros d'une liqueur rouffe, acide, d'un goût piquant, & ayant l'odeur d'empyreume, jointe à une odeur particulière très-défagréable.

Le récipient du froment a reçu en mêmetems trois gros & dix-huit grains d'une huile qui ne s'eft point épaiffie; elle étoit en grande partie, tenue, de couleur brune, exhalant l'odeur d'huile empyreumatique, & mêlée à une once & quarante grains d'un efprit roux, foncé, fétide, qui ne changeoit point la teinture bleue des végétaux: cette huile étoit par conféquent moins abondante de deux gros & fix grains dans le froment que dans la Carie, qui a fourni moins d'eau en tout.

Le feu avoit été pouffé jufqu'à fondre les cornues. Le charbon refté dans celle qui avoit contenu la Carie, étoit léger, fpongieux, brillant, ainfi que l'intérieur du vaiffeau, & pefoit fept gros. Les grains cariés y avoient confervé leur forme, & s'écrafoient aifément fous les doigts; en quinze heures ce charbon fut incinéré. Je le fis bouillir enfuite dans l'eau diftillée; la liqueur paffa trouble par le filtre, tant étoit tenue la partie terreufe de la Carie. Je foupçonne que c'étoit une terre calcaire, réduite à l'état de chaux. Cette même liqueur, foumife à l'évaporation, a fourni de l'alkali qui a verdi le firop de violettes.

Le charbon de froment pefoit une once, la forme des grains y étoit auffi confervée; ils avoient beaucoup de confiftance & de brillant, comme l'intérieur de la cornue. Ce charbon n'a pu être incinéré complétement qu'après que le creufet, dans lequel je l'ai mis, a été tenu rouge pendant trente heures; au lieu qu'il n'en a fallu que quinze pour incinérer le charbon des grains Cariés. Je l'ai auffi fait bouillir dans l'eau diftillée, & j'ai filtré la décoction, qui a paffé claire & limpide, tandis que celle de la Carie étoit trouble. Elle a donné par évaporation un peu d'alkalie fixe.

Dans l'analyfe par diftillation ou par la voie humide, j'avois examiné féparément l'écorce & la poudre des grains Cariés. J'ai cru devoir faire auffi fur ces deux parties des expériences diftinctes par la voie féche. Une once de poudre de Carie a été mife dans une cornue, & feulement une demi-once d'écorce dans une autre; les ayant expofées fur le même fourneau, j'ai diftillé jufqu'à ce qu'il ne paffât plus rien.

La poudre de Carie a fourni deux gros d'un efprit acide, jaune, d'une odeur piquante & défagréable, mêlée à trois gros d'une matière huileufe, moins épaiffe que l'huile obtenue de la Carie entière par l'analyfe à feu nu. J'ai retiré de l'écorce un gros &, vingt-quatre grains d'un esprit semblable à celui que la poudre de Carie avoit donné ; il étoit seulement plus coloré en jaune, & mêlé à un gros & demi d'huile noire, fétide, empyreumatique. Le charbon de l'écorce étoit plus léger que celui de la poudre. Cette dernière expérience confirme celle qui la précède, puisque les résultats en sont les mêmes.

Comme il étoit possible que la connoissance de la nature des gas contenus dans la Carie & dans le froment, donnât quelques lumières de plus sur les différences qui se trouvent entre ces deux substances, j'ai distillé à la cornue une demi-once de grains cariés, & une demi-once de graine de froment, en employant un appareil simple, décrit par M. de Lassone, premier Médecin du Roi. Il consistoit à placer une cornue de verre sur un fourneau, & à faire passer le bec de la cornue à travers de l'eau contenue dans une terrine, de manière qu'il s'insinuât sous un récipient aussi rempli d'eau. Après avoir laissé échapper l'air atmosphérique de la cornue dans laquelle j'avois mis de la Carie, j'ai reçu, 1.° vingt-six pouces cubiques d'un gas qui étoit en grande partie de l'air inflammable ; car l'eau n'en a absorbé qu'un peu, & le reste s'est enflammé. 2.° Vingt-six autres pouces de gas, qui contenoit moins d'air fixe & plus d'air inflammable ; il a jetté une flamme bleue & durable. 3.° Huit pouces, qui n'étoient que de l'air inflammable, puisqu'il a répandu une flamme blanche, vive, & puisqu'il a brûlé jusqu'au fond du vaisseau. 4.° Enfin, treize pouces d'air inflammable pur, qui s'est enflammé même avec un peu de détonation. Le froment a donné d'abord trente-un pouces d'air presque totalement fixe, ensuite vingt-six pouces d'air inflammable, & vingt-quatre pouces d'air inflammable qui détonnoit.

Cette analyse me paroît propre à faire connoître en quoi le froment sain & le froment Carié, qui en est une altération, diffèrent l'un de l'autre ; le premier ne communique à l'eau dans laquelle on le distille, ni saveur ni odeur ; l'autre lui communique un goût désagréable & une odeur fétide, & la rend légèrement alkaline. La décoction de froment produit par l'évaporation une matière gélatineuse, qui ne boursouffle pas sur les charbons ardens. On obtient de celle de Carie un extrait tenace qui boursouffle au feu ; le froment analysé à feu nu, donne plus d'eau & moins d'huile que la Carie, dont le charbon est plus atténué ; le froment contient quelques pouces de gas de plus que la Carie ; mais, dans ce gas, il y a plus d'air fixe & moins d'air inflammable ; d'où il suit que, dans la Carie les principes destinés à former une substance farineuse, se trouvent détruites.

Pour m'en assurer davantage, j'ai traité, selon la méthode de Kesselmeyer, de la farine de froment & de la poudre de Carie séparée de l'écorce. La première, comme il est aisé de le croire, a fourni une partie glutineuse très-élastique ; la seconde, quelque soin que j'aie pris, n'en a pas donné du tout. J'ai délayé de cette poudre dans l'eau, & je l'ai exposée au feu, sans pouvoir en faire de la colle ; elle n'est pas dissoluble dans l'eau froide, au fond de laquelle elle se précipite sans la teindre.

Le principe odorant de la Carie réside dans la poudre & non dans l'écorce, puisque celle-ci, dépouillée de sa poudre par les lavages, n'a point d'odeur ; ce principe se resserre quand on fait macérer de la Carie dans l'eau, mais le feu le développe.

La partie colorante dépend aussi de la poudre. L'écorce est un milieu à travers lequel on l'apperçoit. On ne parviendroit que difficilement à séparer ces deux parties par l'ébullition : car, à chaque décoction, il se détache un peu de la poudre, qui n'est qu'en suspension dans l'eau, puisqu'elle se précipite entièrement par le repos, laissant à l'eau sa limpidité. Le seul moyen de l'enlever totalement, est d'exprimer la Carie & de la laver dans l'eau.

Présumant que cette partie colorante avoit pour cause une huile qui étoit à découvert, j'ai fait digérer de la poudre de Carie pendant un jour, dans une once d'esprit-de-vin, qui est devenu jaune-clair. Ayant filtré cette teinture, j'ai versé à deux fois différentes de nouvel esprit-de-vin sur le résidu ; il s'est toujours coloré, mais foiblement, en sorte que la poudre de Carie n'en paroissoit pas altérée. Je versai dessus de l'éther vitriolique, qui, après quelques heures de digestion, resta limpide ; enfin, de l'acide nitreux, qui étoit très-clair & très-pur, en deux heures, enleva, à une chaleur douce, toute la partie colorante de la poudre de Carie, en produisant une effervescence, & laissant échapper beaucoup de vapeurs rouges ou gas nitreux. Dans ce cas, l'action de l'acide nitreux étoit pareille à celle qu'il exerce sur les substances qui contiennent des matières huileuses, de la nature des huiles grasses, ainsi que M. Cornette m'a dit l'avoir observé plusieurs fois.

Si l'on jette de la Carie entière sur des charbons ardens, elle brûle & s'enflamme comme les substances huileuses ; la poudre, privée de son écorce, brûle plus long-tems, parce qu'elle contient plus d'huile. J'en ai rempli un creuser, que j'ai exposé au feu : à un léger degré de chaleur, il s'est dégagé une odeur désagréable : la poudre s'est enflammée en jetant une flamme claire qui s'est élevée à un pied de hauteur, & qui étoit surmontée d'une fumeé épaisse, analogue à celle qui résulte de la combustion des huiles. Le creuset ayant été retiré, lorsque la flamme a cessé, la surface en étoit couverte d'une poudre rougeâtre, qui a conservé, pendant plus d'une heure, la propriété de s'allumer chaque fois qu'on l'agitoit.

Il résulte de tous les procédés employés pour analyser la Carie, que cette substance contient une matière extractive, qui se trouve en plus grande quantité dans la poudre que dans l'écorce, & dont l'altération donne de l'alkali volatil, une huile grasse, épaisse, de laquelle dépend la partie colorante, un principe odorant qui réside dans la poudre seulement, beaucoup de gas, dont la plus grande partie est le gas inflammable, très-peu d'une terre très-atténuée, de la nature de la terre calcaire, une petite quantité d'alkali fixe; produits bien différens de ceux qu'on obtient des substances farineuses, & qui paroissent être plutôt ceux des huiles grasses, comme l'a conclu M. Parmentier, dont l'analyse, antérieure à la mienne, y paroît conforme.

Des causes de la Carie.

Quoiqu'il soit généralement plus sûr en Physique de s'attacher à la connoissance des effets qu'à celle des causes, si souvent incertaines & douteuses, il y a cependant des cas où l'on doit s'occuper de celles-ci, sur-tout lorsqu'il s'agit de prévenir des maux dont la source est cachée & environnée de préjugés qui la dérobent à la lumière; mais on ne parvient à avoir des éclaircissemens assurés sur les causes, que lorsqu'on remonte à elles par les effets bien examinés & bien constatés; c'est la marche qu'a suivie M. Tillet, par rapport à la Carie. Il s'est convaincu que cette maladie ne dépendoit ni de différens engrais, ni de la nature du sol, ni des brouillards. Chacune des expériences qu'il a faites pour confirmer ses observations, est marquée au sceau de l'exactitude & de la précision. Je me contenterai de les extraire, & d'y en ajouter quelques-unes des miennes; elles suffiront pour détruire un grand nombre d'opinions mal fondées, qu'il seroit superflu de rapporter ici.

Expériences qui prouvent que différens engrais, la nature du sol & les brouillards, ne sont pas cause de la Carie.

1.º M. Tillet partagea un terrain de 540 pieds sur 24, en cinq quarrés longs, dont chacun fut divisé en 24 planches: on fuma le premier quarré avec de la fiente de pigeons; le deuxième, avec du fumier chaud de moutons; le troisième, avec de la matière fécale; le quatrième, avec du fumier de cheval & de mulet, le cinquième resta sans être fumé.

Les 120 planches qui formoient toutes les subdivisions, furent ensemencées en six jours, dont trois choisis dans le mois d'Octobre, & trois choisis dans le mois de Novembre; de manière que chaque fois on ensemençoit quatre planches dans chaque quarré, & par conséquent toujours des terreins diversement fumés. La semence de l'une étoit d'un froment moucheté ou noirci de Carie; celle d'une autre avoit été imprégnée de chaux & de dissolution de sel marin; celle d'une autre n'avoit reçu aucune préparation; enfin, celle de la quatrième avoit été trempée ou dans une eau de chaux simple, ou dans une eau de chaux jointe à du nitre.

Toutes les planches des cinq quarrés, dont la semence avoit été noircie de poudre de Carie, quelqu'engrais qu'on y eût mis, avoient un grand nombre d'épis Cariés; quelques-unes en avoient les trois quarts, & même les sept huitièmes de leur produit.

Il s'en trouvoit un très-petit nombre dans toutes celles des cinq quarrés dont la semence avoit été préparée avec la chaux & le sel marin.

Il y en avoit davantage dans toutes celles dont la semence n'avoit eu aucune préparation.

Celles dont la semence a été passée dans la chaux unie au sel de nitre, en ont produit le moins de toutes.

2.º L'expérience précédente ayant été faite en pleine campagne, M. Tillet fit la suivante dans un jardin; de quatre planches qu'il y destina, deux furent fumées avec de la fiente de poule, une avec du fumier de cochon, & l'autre ne fut pas fumée. Dans l'une des deux premières, M. Tillet sema du froment choisi, sans préparation; la semence des trois autres fut trempée dans une lessive de chaux & de sel marin; aucune de ces quatre planches n'a porté d'épis Cariés.

3.º Il forma de mousse une planche artificielle, qu'il partagea en quatre parties égales; dans la première, il sema du froment noirci de Carie, & ne récolta presque que de la Carie; dans la seconde, du froment préparé à la chaux & au sel marin, qui lui donna peu d'épis Cariés; dans la troisième, du froment pur sans le préparer; & dans la quatrième, du froment passé dans une eau de chaux unie avec du nitre; ces deux dernières furent exemptes de Carie.

De ces premières expériences, M. Tillet conclut, avec raison, que la Carie n'est pas dûe aux engrais, puisque des planches diversement fumées, en ont toutes produit une grande quantité, lorsque la semence n'a eu aucune préparation, ou a été noircie de poudre de Carie; puisqu'il n'en a pas recueilli ou presque pas, dans les planches diversement fumées, sur lesquelles il avoit semé, ou du froment choisi & pur & du froment trempé dans une eau de chaux unie au sel marin.

Les premières expériences ayant été faites dans différens terreins, il est prouvé que la nature du sol n'est pas la cause de la Carie; sur-tout si l'on fait attention qu'en semant de la même manière du froment sur de la mousse. M. Tillet

a eu les mêmes réfultats. Il eſt également certain que la multiplication de cette graine ne
dépend pas des brouillards, qui auroient agi indiſtinctement ſur toutes les planches, plus ou
moins fortement.

M. Tillet ayant vu, dans ces mêmes expériences, que du froment noirci de Carie en avoit
produit beaucoup ; tandis que le même froment
imprégné de chaux & de ſel marin, en étoit
exempt, ne tarda pas à découvrir que cette
maladie étoit contagieuſe ; & il diſpoſa, en conféquence de cette idée, un très-grand nombre
d'expériences intéreſſantes & multipliées, qui
répandirent le plus grand jour ſur cette matière. J'en offrirai ici les réfultats.

Des planches enſemencées de froment pur,
ou de bled de mars ſans préparation, ſoit qu'on
ne les eût pas fumées avec des pailles ſaines
hachées, n'ont eu que quelques épis cariés ; tandis qu'il y en avoit beaucoup dans des planches enſemencées des mêmes grains, & fumées
avec des tiges cariées. Une de ces dernières planches, ſur 3257 épis, en avoit 879 cariés ; une
des premières, ſur 3569 épis, en avoit ſeulement
94 quatorze cariés. Le nombre d'épis cariés dans
ce cas, eſt dû à la contagion communiquée par les
pailles des tiges cariées. Je pourrois, à l'appui de
cette conféquence de M. Tillet citer pluſieurs
faits, & entre autres celui-ci, dont j'ai été témoin.
Il y a eu en général beaucoup de Carie en 1785 ;
à la fin de Juin 1786, un fermier fit porter
dans une pièce de terre deſtinée à être enſe-
mencée en froment en Octobre ſuivant, trois
tombérées de pouſſière & de débris de ſa grange,
après en avoir fait battre tout le froment, parmi
lequel ſe trouvoit une grande quantité d'épis
cariés. Ces immondices reſtèrent en trois tas
pendant pluſieurs mois ; on les répandit au moment de donner le dernier labour au champ,
dont le ſurplus fut fumé avec du fumier ordinaire, de manière à en laiſſer le moins poſſible à la place de chaque tas, comme il eſt d'u-
ſage. En 1787, il y avoit la moitié d'épis cariés
dans les endroits où avoient ſéjourné long-tems
les immodices de la grange, un quart dans ceux
ſur leſquels on les avoit répandu, & aucun ou
très-peu dans le reſte de la pièce de terre. On
avoit employé le même froment & un chaulage
de chaux & d'infuſion de fiente de volailles.
L'eſpace fumé par les immondices de la grange
occupoit quinze à dix-huit perches. Il eſt donc
bien vrai, que ce n'eſt pas à l'engrais qu'il faut
attribuer dans ces cas les épis cariés ; car des
pailles de tiges ſaines, barbouillées de Carie, auroient produit produit le même effet.

Des planches de froment ou de bled de Mars
noirci exprès ou naturellement taché de Carie ou moucheté, barbu ou non barbu, ont produit, les unes un quart, les autres un tiers, d'autres la moitié des épis cariés.

On a compté au plus huit épis Cariés dans les
planches dont le froment ou bled de Mars,
noirci de Carie ou moucheté, avoit été imprégné d'eau de chaux mêlé à du ſel marin, ou à
du nitre ; & encore moins dans le produit du
froment pur qui a ſubi cette préparation.

Ils étoient nombreux dans les ſillons, dont le
fond avoit été ſaupoudré de carie, ou dans leſquels M. Tillet avoit fait une traînée de cette
poudre, à ſix ou ſept lignes du grain ſemé pur.
Cette dernière expérience eſt la plus ingénieuſe &
la plus démonſtrative qu'il ait faite. A ſon exemple
j'ai ſaupoudré huit années de ſuite le fond de quelques ſillons de poudre de Carie ; les grains ſemés
deſſus ont ſouvent produit un tiers d'épis Cariés.
Ces faits ſont preſque les ſeuls qui aient porté
la conviction ſur la cauſe principale de la Carie,
dans l'eſprit des cultivateurs, les plus faciles à
éclairer.

Il y a eu ſeulement quelques épis Cariés ſur
les tiges du froment ou bled de Mars, dont la
ſemence avoit été trayée dans des champs infectés de carie.

Des grains ſains, tirés d'épis moitié Cariés,
ont produit quelques épis Cariés.

La poudre contagieuſe n'eſt pas plus funeſte
quand le grain qu'on doit ſemer y ſéjourne
long-tems, que quand on le tache immédiatement avant de le ſemer.

Toutes choſes étant égales d'ailleurs, plus le
grain a été enterré profondément, plus on a
récolté de Carie.

On ne fait pas contracter la Carie à du froment en l'arroſant ſeulement avec de l'eau
chargée de cette poudre.

L'ivraie, qui eſt auſſi ſujette à la Carie, la
communique au froment, avec autant de force
que ſi on le tachoit de ſa propre Carie ; mais
on ne peut communiquer à l'ivraie la Carie de
froment.

L'ivraie, noirci de ſa propre Carie, & ſemée
de diverſes manières, ou avec diverſes préparations, comme le froment ou le bled de Mars,
a conſtamment préſenté les mêmes phénomènes.

Le ſimple expoſé des réfultats obtenus par
M. Tillet, ſuffit au lecteur qui en tirera facilement les conféquences.

J'ai fait une partie des expériences de M.
Tillet. En comparant mes réfultats avec les ſiens,
je les ai trouvés preſqu'en tout conformes. Le
témoignage que je rends ici à ce ſavant Phy-
ſicien, quoiqu'il n'en ait aucun beſoin, eſt
d'autant moins ſuſpect, que j'avois déjà fait un
certain nombre d'expériences avant d'avoir lu
ſon ouvrage, dont on trouve peu d'exemplaires.

D'après ces faits, on ne doutera pas que la
Carie ne ſe propage par communication ; &
qu'on ne peut eſpérer d'en préſerver les grains,
qu'en leur faiſant ſubir des préparations convenables.

Facilité avec laquelle on communique au grain la contagion de la Carie, ou inoculation de la Carie.

Le bled moucheté eſt entaché de Carie dans toute ſa ſurface, quoiqu'il le ſoit plus particu-lièrement à la houpe, placée à l'extrémité op-poſée au germe : celui que M. Tillet a noirci avec cette poudre, étoit dans le même état. Deux onces de poudre de Carie m'ont paru plus que ſuffiſantes pour noircir de cette manière envi-ron trente livres de froment. Mais, eſt-il né-ceſſaire, pour qu'il produiſe de la Carie, qu'il ſoit infecté totalement ? y a-t-il dans un grain de bled des parties plus ſuſceptibles de la con-tagion que d'autres ? Enfin, de quel point part ce principe deſtructeur, qui corrompt les tiges nouvelles ? J'ai cru devoir me livrer à ces re-cherches.

Pour y procéder, j'ai trempé la pointe d'une épingle de tête dans de la poudre de Carie hu-mectée, dont j'ai imprégné ſeulement le deſſus du germe de cent quarante grains de froment, paſſé auparavant à un lavage & à un chaulage, capables de lui ôter juſqu'au moindre veſtige de Carie ; cent quarante grains du même froment ont été tachés dans la rainure, & cent quarante grains à la houpe. On a ſemé ces divers grains dans trois rayons diſtincts, à des diſtances égales, en pleine campagne, au milieu d'un grand nom-bre d'autres expériences. Les cent quarante grains tachés ſur le germe ont donné naiſſance à qua-rante épis cariés ; les cent quarante tachés à la rainure en ont produit vingt-un ; & les cent qua-rante tachés à la houpe n'en ont porté que dix. Je ne puis dire la proportion des épis malades & des épis ſains, parce que j'ai oublié de compter ceux-ci ; mais il eſt certain, d'après les poids du bon grain, que chaque rayon a produit, que les cent quarante grains tachés à la houpe, ont donné ſept huitièmes, en 1779, d'épis cariés de moins que les cent quarante grains tachés ſur le germe ; & que les cent quarante tachés à la rai-nure, ont eu un huitième d'épis cariés de moins que ceux qui étoient tachés ſur le germe.

J'ai répété cette expérience deux autres années de ſuite ; en 1780 & 1781, en différens terreins, ſemant une plus grande quantité de grains ainſi inoculés, & ayant l'attention de compter les épis ſains & les épis cariés. Les réſultats n'ont pas été ſtrictement les mêmes chaque fois ; ce qui pou-voit dépendre de pluſieurs circonſtances ; mais chaque fois j'ai eu beaucoup d'épis cariés ; & en général, les grains tachés ſur le germe, en ont donné plus que ceux qui étoient tachés ou à la houpe, ou à la rainure, & j'ai lieu de penſer que plus la proportion des épis cariés aux épis ſains a été conſidérable, plus le grain a été de mau-vaiſe qualité.

On obſervera que l'inoculation de chaque grain

ſe faiſoit au moment où on le ſemoit ; en ſorte qu'il n'étoit taché de Carie que dans la partie où je deſirois qu'il le fût. On éloignoit les grains les uns des autres ; c'étoit du froment choiſi & nouvellement récolté ; toutes les précautions étoient priſes pour qu'on ne pût attribuer qu'à l'inoculation les épis cariés qui ſe formeroient. A côté, je ſemois du même froment paſſé à la même leſſive ; il ne produiſoit pas un ſeul épi de Carie. Il n'y a donc plus lieu de douter de l'ac-tivité du virus de la Carie, puiſqu'une auſſi pe-tite quantité, appliquée à des grains purs, ſur quelques points ſeulement, eſt capable de cor-rompre tant d'épis ; car, dans certains rayons de grains inoculés, il y avoit ſouvent un tiers ou la moitié d'épis corrompus.

Par l'Analyſe Chimique de la Carie, j'avois obtenu différens produits, particulièrement une huile épaiſſe ou eſpèce de beurre, & un extrait. J'eſſayai d'inoculer de l'un & de l'autre de ces produits, comme j'avois inoculé de la poudre de Carie qui n'avoit pas ſubi l'action du feu.

L'inoculation de l'huile épaiſſe a produit juſ-qu'à un quart, & même près d'un tiers d'épis ca-riés ; celle de l'extrait en a produit juſqu'à un tiers à-peu-près. Il m'a paru, qu'en général, ils avoient été moins abondans dans les expériences où j'avois employé l'huile épaiſſe, que dans celles où je m'étois ſervi de l'extrait. Ces différences ſont trop peu ſenſibles pour qu'on doive s'y arrêter. Il eſt certain que la poudre de Carie perd un peu de ſon activité, quoique foible-ment, en paſſant par les opérations chimiques, puiſqu'en comparant le nombre des épis Cariés que m'a fourni l'inoculation faite avec de la pou-dre de Carie, & celui que j'en ai retiré de l'ino-culation faite ou avec de l'huile épaiſſe, ou avec l'extrait, il y en avoit bien moins dans le produit total de l'huile & de l'extrait. Ces inoculations avoient été faites d'une manière conforme.

On produit plus ou moins de Carie en bar-bouillant le froment avec de la poudre de Carie. La plus forte proportion que j'en aie produite étoit les trois quarts.

Toutes les eſpèces & variétés de froment ſont-elles ſuſceptibles de Carie ?

M. Tillet dit ſeulement que le bled de Mi-racles paroiſſoit peu ſuſceptible de Carie. Mais il n'a pas été, comme moi, à portée d'exa-miner les autres eſpèces & variétés de froment ; voici ce que des obſervations & des expériences m'ont appris.

La Carie attaque plutôt les fromens du Nord de l'Europe que ceux du Midi. Les communi-cations des eſpèces du Nord de l'Europe avec le Nord de la France, & celles des eſpèces du Midi de l'Europe avec le Midi de la France,

rendent

rendent la Carie plus commune dans nos Provinces feptentrionales, parce qu'elle fe propage avec les efpèces. Les bleds durs n'y paroiffent pas fujets, &, par cette raifon, la majeure partie des bleds d'Efpagne, de tout le Levant, de l'Afie même ne m'en a pas produit. Par le Commerce, les bleds durs ont été importés dans les Provinces du Midi de la France, qui les cultivent. Tout le Nord ne connoît que les bleds tendres, finguliérement attaquables par la Carie ; car j'en ai récolté fur ces fortes de fromens, venus même d'Italie. *Voyez*, pour la diftinction des bleds durs & des bleds tendres, le mot FROMENT.

Les bleds durs font tous barbus ; mais il y a des bleds tendres barbus ; il y en a qui font fans barbes. Les non barbus, foit qu'on les fème en Automne, foit qu'on les fème en Mars, produifent un grand nombre d'épis Cariés, s'ils en ont le principe.

Les barbus n'en produifent pas, à moins qu'on ne la leur inocule, fi l'on en excepte le barbu à épis blancs ou roux, barbes divergentes, qui quelquefois en a une quantité prodigieufe.

Les épautres, qu'on peut placer à la fuite des bleds tendres, font quelquefois perdues de Carie. Je n'oferois cependant affurer que les bleds tendres, que j'ai reçus des diverfes parties du Nord de l'Europe, en euffent tous rapporté le principe de la Carie, parce qu'il eft poffible que la plupart l'aient contracté dans mes cultures, par la facilité avec laquelle cette maladie fe communique. Je fuis bien certain d'en avoir femé, à leur arrivée, qui en étoient entachés. Il eft au moins vrai qu'ils en ont tous été attaqués en France, & que je fuis parvenu à inoculer cette maladie à la plupart des bleds tendres & des bleds durs même. J'ai compté moitié d'épis Cariés dans des planches de bled de miracles, de bled à épis rouges, étroits, bâles ferrées & rapprochées, de bled à épis étroits, barbus, gris, velus, de bled à épis quarrés, & barbes blanches, non velu, dit *bled de Providence*, &c. parce que je les avois inoculés, c'eft-à-dire, frotté de poudre de Carie.

On a dû remarquer, dans les années 1785, & 1786, trop fécondes en Carie, qu'il s'en trouvoit moins dans le froment à épis roux, fans barbes, grain doré, tiges creufes, que dans fes variétés, foit à épis blancs, fans barbes, grain doré, foit à épis blancs fans barbes, grain blanc, tige creufe. C'eft une raifon pour le préférer, fur-tout s'il a la qualité productive & commerciale.

Il y a des pays affez heureux pour ne pas connoître la Carie, fi multipliée dans d'autres. Il eft à defirer qu'on n'y introduife jamais un virus auffi actif, fous aucun prétexte que ce foit. Un Phyficien très-éclairé, me pria, l'année dernière, de lui en envoyer à cent vingt lieues de Paris pour l'examiner, parce qu'il n'en avoit jamais vu : j'aurois rendu un mauvais fervice à fa Patrie,

Agriculture. Tome II.

fi j'euffe écouté fon defir. Je fuis convaincu que mon refus ne lui a pas été défagréable.

Si on inocule avec de la Carie de deux ans, au lieu de celle d'un an, on ne s'apperçoit pas de la différence, parce que l'activité n'eft pas encore diminuée fenfiblement ; mais M. Tillet a inoculé des grains pendant vingt ans avec de la poudre de Carie de la même année : peu-à-peu elle a perdu fon activité, au point de ne plus produire d'effet.

Y a-t-il des caufes qui produifent la Carie, indépendamment de la Contagion ?

D'après les expériences de M. Tillet & les miennes, dont je viens de rendre compte, il n'eft pas douteux que la Carie ne fe communique par contagion, que cette voie la multiplie beaucoup & avec une grande facilité : que pour peu que les Fermiers foient inattentifs, leurs femences en contracteront le principe, foit parce qu'elles retiendront la pouffière qui voltige dans les granges ou les greniers, foit parce que les pailles infectées, converties imparfaitement en fumier, altéreront le germe du grain pur, qu'on jettera fur les fillons ; mais ne peut-on pas croire qu'indépendamment de cette caufe, la Carie ne foit produite par une autre qui la renouvelle de tems en tems ? C'eft ainfi que, dans les contagions qui attaquent l'efpèce humaine, on voit quelquefois la maladie d'un feul individu, devenir une maladie générale, & exercer les plus grands ravages ; beaucoup de Savans l'ont penfé, mais jufqu'ici perfonne n'a encore découvert cette caufe primitive. Defirant connoître d'une manière particulière, fi les brouillards y entroient pour quelque chofe, j'ai fait les expériences qui fuivent.

Dans un Vallon du Vexin François, chez M. le Marquis de Grouchy, au Château de Villette, arrofé par une petite rivière, & rempli de pièces d'eau, j'ai femé une première année, dans trois plate-bandes diftinctes, chacune environnée d'eau qui n'étoit pas courante, trois fortes de Froment : favoir, l'un du pays, beau & pur en apparence ; un autre compofé de deux fortes de grains de différente Province, & dont la moitié étoit moucheté ; & le troifième du Froment de Beauce, entièrement moucheté ; ces grains furent femés à Noël. Je remarquai qu'ils produifirent tous de la Carie ; ceux qui avoient été entièrement mouchetés en produifirent davantage. On ne peut tirer de cette expérience d'autre conféquence, finon que fi les brouillards qui s'étoient répandus fur les plates-bandes, avoient caufé la Carie dans celle dont la femence paroiffoit pure, au moins n'avoient-ils pas égalé l'effet de la contagion.

L'année fuivante, trois demi-litrons de beau froment, légèrement moucheté, furent paffés féparément dans une leffive de chaux. Pour chaque demi-litron, j'employai cinq gros de chaux, conservée en pierre depuis un an, dans une bouteille de verre bien bouchée. On les fit dissoudre dans deux tiers d'eau bouillante, auxquels on ajouta un tiers d'eau froide. Je fis cette préparation à Paris, & j'envoyai les demi-litrons dans des sacs étiquetés. On sema les grains à leur arrivée. On en lava un ensuite, pour ôter la chaux, & on le frotta à sec, de poudre de Carie ; les deux autres restèrent imprégnés de chaux. Ils furent semés le 13 Décembre, dans le même vallon du Vexin. Un des deux demi-litrons imprégnés de chaux, fut mis dans un terrain bas, environné de canaux & de bois, & par conséquent exposé aux plus grands brouillards : on plaça les deux autres demi-litrons à côté l'un de l'autre, sur un côteau qui n'en étoit pas loin. Il ne parut aucun épi Carié ni charbonné dans les produits des demi-litrons imprégnés de chaux, dont l'un étoit situé au milieu des canaux, & l'autre sur le côteau ; au lieu qu'on en comptoit la moitié de Cariés, & quelques charbonnés, dans la récolte de celui qui avoit été frotté de poudre de Carie.

Enfin, une troisième année, je préparai avec de la chaux quatre litrons de froment du pays. Pour ces quatre litrons, qui pouvoient peser environ cinq livres, j'ai employé quatre onces de chaux vive & récente, dissoute dans deux pintes où quatre livres d'eau bouillante. On les sema au mois d'Octobre 1781, aussi entre des canaux, dans une place où ils devoient éprouver les effets des brouillards. On sait combien cette année a été pluvieuse ; circonstance propre à rendre les brouillards plus fréquens. Je n'ai trouvé aucun épi Carié dans le produit des quatre litrons ; presque toutes les tiges étoient attaquées de rouille, maladie à laquelle les brouillards donnent naissance.

L'idée des brouillards, comme cause de la Carie, est tellement imprimée dans l'esprit des Cultivateurs, que plusieurs croyent qu'en semant du froment par le brouillard, on donne lieu à cette maladie. Quoique je fusse bien convaincu que cette idée étoit un préjugé, cependant, pour le persuader à des Cultivateurs, j'ai semé sous leurs yeux, par le brouillard, du froment bien chaulé, qui n'a point eu de Carie, ou n'en a pas eu une plus grande quantité que le même froment semé par un tems clair. J'ai donc prouvé d'une manière positive, que les brouillards ne sont pas la cause primitive & spéciale de la Carie, contre l'opinion de quelques Cultivateurs éclairés, qui admettant plusieurs causes, à la vérité moins actives les unes que les autres, imaginent que les brouillards en font une. Enfin, en 1783, il y eut une brume remarquable dans toute la France, qui commença dans les premiers jours de Juin, & ne finit qu'un mois après. A peine appercevoit-

on le soleil quelques heures chaque journée. Cependant, toutes les personnes qui avoient bien préparé leurs semences, ne récoltèrent pas de Carie ; leurs champs étoient environnés de champs infectés, dont on avoit mal préparé la semence.

L'examen d'une autre cause n'a pas moins mérité d'attention de ma part. M. Girot, que j'ai déjà cité, attribue la Carie aux grains maigres, ridés, mal nourris, connus sous les noms de *bleds retraints*, *bleds retraits*, qui entrent dans la composition de la semence. M. Brevet, Cultivateur du pays d'Aunis, dans un écrit imprimé sur la Carie, avoit insisté sur l'emploi du froment bien nourri pour semence. M. Girot se fonde, 1.° sur ce qu'ayant examiné un grand nombre de fois les semences des laboureurs de son canton, il a toujours trouvé d'autant plus de Carie dans leurs produits, qu'elles avoient contenu plus de grains retraits. 2.° Sur la grande multiplication de la Carie dans le Perche, où les grains sont mal nettoyés, l'usage étant seulement de les passer dans un van & jamais dans des cribles, ni au *Tarare*. 3.° Sur la propagation énorme de cette maladie dans tout le Royaume, en 1785 & 1786, années où, selon lui, la sécheresse a empêché les grains de froment de se nourrir. 4.° Sur les succès des laboureurs attentifs, qui achètent les plus gros grains de froment pour semer, ou qui choisissent les plus gros de leur récolte en coupant les produits de leurs gerbes par moitié, c'est-à-dire, en employant des cribles qui laissent passer les grains petits ou de grosseur médiocre, pour ne retenir que les plus gros destinés à la semence. 5.° Enfin, sur l'absence presque totale de la Carie dans les champs ensemencés avec le grain des glaneuses, qui ne ramassent que les plus gros épis, presque les seuls échappés à la main du moissonneur. M. Girot croit pouvoir expliquer par-là l'énigme impénétrable des épis qui contiennent des grains sains & des grains Cariés, & ce qui est plus difficile encore, celle des grains en partie sains & en partie Cariés, en disant qu'une portion de quelques grains de semence étant mal nourrie & retraite, l'autre étant en bon état, ce qui en résulte doit être seulement en partie malade. Il cherche en outre à expliquer pourquoi il y a de la Carie dans une portion seulement d'un champ, quoiqu'il soit ensemencé avec la même semence, labouré de la même manière & le même jour, ce qui a lieu sur-tout à la fin des semailles. M. Girot a pensé que les fromens chaulés, étant mis en monceaux arrondis, les plus gros grains, comme les plus pesans, se plaçoient toujours vers la circonférence, & étoient enlevés par les semeurs, pour être portés aux champs avant ceux du milieu, qui étoient les plus petits.

Les conséquences qui dérivent du principe établi par M. Girot, paroissent naturelles; on ne pourroit s'y refuser, si rien n'attaquoit le principe. Cherchant, dès 1781, à savoir si les grains petits ou altérés ne seroient pas la cause première de la Carie, j'ai semé d'une part vingt-huit grains de froment petit, contrefait & bossu; qui ont produit deux cens soixante-neuf épis sains & trois épis Cariés, c'est-à-dire, un soixante-dixième seulement, & d'une autre part, sept cens grains de petit bled, de celui qui est au milieu des calices; ceux-ci ont produit six cens quatre-vingt-quinze épis sains, & quarante-sept épis Cariés, c'est-à-dire, un quatorzième. Dans la même année & dans le même champ, cinq onces de froment sans choix m'avoient produit vingt-huit onces & demi de bon froment, & sept cens un épis Cariés, proportion aussi forte que celle des bleds bossus ou petits. En 1788, d'après le Mémoire de M. Girot, daté de 1787, j'ai semé deux planches en froment retrait, choisi dans des criblures, l'une sans préparer la semence, & l'autre en la passant à la chaux, afin d'essayer le remède en cherchant la cause du mal. J'ai employé trois onces de froment pour chaque planche; celle dont le grain n'a subi aucun chaulage n'a pas porté un épi de Carie; il y en avoit trois dans l'autre, quoique la semence en fût chaulée, soit que le chaulage n'eût pas été fait exactement, soit que des planches voisines il eût jailli un grain de froment entaché de Carie; j'ensemençois en même-tems beaucoup de planches avec du bled Carié naturellement ou artificiellement. Une de celles-ci m'a donné jusqu'à un tiers d'épis Cariés. J'ai regret que des faits aussi positifs m'empêchent d'admettre le principe de M. Girot. Au premier coup-d'œil, & avant d'être examiné, il paroissoit être le fil qui devoit conduire à la découverte de la cause primitive de la Carie.

En attendant que des recherches ultérieures nous éclairent davantage, au lieu de me livrer à des conjectures & à des tentatives inutiles, dont j'avoue même que je n'ai pas l'idée, j'applaudirai comme M. Duhamel; (*Elémens d'Agriculture*, liv. 3. chap. 1.er,) au travail de M. Tillet, puisqu'en démontrant que la poussière de Carie est contagieuse, il indique des moyens d'en arrêter les effets.

Je rapporterai, avant de terminer cet article, une observation qui me paroît fondée. Les gens de la Campagne ont remarqué que, dans les champs qu'ils ensemencent, le labour étant frais, ils récoltent une plus grande quantité de Carie, que si le labour étoit moins récent. M. le Roi, Lieutenant des Chasses à Versailles, dont le témoignage est si respectable, & auquel les Sciences ont beaucoup d'obligation, m'a assuré qu'il avoit fait, plusieurs années de suite, des expériences qui lui avoient prouvé

cette vérité. Il est facile de rendre raison de cette observation; M. Tillet lui-même en fournit les moyens, dans une expérience qui avoit un autre but. Ayant noirci du froment avec de la Carie, il en ensemença quatre planches, en l'enterrant dans une, à fleur de terre; dans une autre, à un ou deux pouces; dans la troisième, à trois ou quatre pouces; & dans la quatrième à cinq ou six pouces. La première produisit presque la moitié d'épis cariés; les trois autres en produisirent d'autant plus que le grain y étoit plus profondément enterré; car la seconde en eut un tiers; la troisième la moitié, & la quatrième environ les trois quarts.

Quand le labour est frais, la herse qui sert à enterrer la semence, y entre plus avant, & y enfonce davantage le grain. Suivant l'expérience de M. Tillet, il donne dans cette circonstance plus d'épis cariés.

Pour m'en convaincre davantage, j'ai fait l'expérience suivante. Six planches, chacune de trente-deux pieds sur dix, ont été ensemencées avec dix onces de froment pris au même sac & moucheté, c'est-à-dire, taché sensiblement de Carie. La semence des n.os 1 & 2 n'a reçu aucune préparation; celle des n.os 3 & 4 a été trempée dans une des lessives, dont je parlerai; au lieu de lessiver celle des n.os 5 & 6; j'y ai ajouté de nouvelles poudre de Carie. La semence des n.os 1, 3 & 5, a été jetée à la volée & enterrée à la herse, c'est-à-dire, superficiellement; la semence des n.os 2, 4 & 6, a été semée dans des rayons de quatre pouces de profondeur, & par conséquent très-enterrée. Dans cette disposition, il se trouvoit à côté l'une de l'autre deux planches, qui ne différoient que parce que l'une étoit ensemencée à la volée & l'autre par rayons, ou, ce qui est la même chose, la semence de l'une étoit enterrée superficiellement, & celle de l'autre profondément.

La planche des n.os 1 & 2, dont les semences n'ont reçu aucune préparation ont donné des tiges de deux pieds huit pouces de haut; celle qui avoit été ensemencée à la volée, a produit sept livres dix onces de grains sain, dont un demi-litron pesoit neuf onces quatre gros; & un septième d'épis cariés; celle qui avoit été ensemencée par rayons, a produit six livres deux onces de grains sains, dont un demi-litron pesoit neuf onces cinq gros & demi, & un quart d'épis Cariés.

Les planches des n.os 3 & 4, dont les semences avoient été lessivées, ont donné des tiges de trois pieds deux pouces de haut. Celle qui avoit été ensemencée à la volée, a produit huit livres quatorze onces de grains sains, dont un demi-litron pesoit dix onces un gros & demi, & n'avoit pas un seul épi Carié; celle qui avoit été ensemencée par rayons, a produit sept livres de grains fains, dont un demi-litron pefoit neuf onces trois gros & demi, & dix épis Cariés.

Les planches des n.os 5 & 6, aux femences defquelles j'avois ajouté de la poudre de Carie, ont donné des tiges de deux pieds fix pouces de haut; celle qui avoit été enfemencée à la volée a produit deux livres & une once de grains fains, dont un demi-litron pefoit neuf onces un gros; & les trois quarts d'épis Cariés. Celle qui avoit été enfemencée par rayons, a produit huit onces feulement de grains fains, & les fept huitièmes d'épis Cariés.

Cette expérience ainfi combinée, prouve à-la-fois & à elle feule, plufieurs vérités. 1.° Que le froment qu'on enterre profondément, eft plus fufceptible de produire des épis Cariés, puifque dans les planches où la femence a été jetée à la volée, j'ai eu moins de Carie que dans celles où elle a été enterrée à quatre pouces. Eft-ce parce que, dans le dernier cas, les pieds malades font plus à couvert des rigueurs de l'Hiver qui en fait périr? Eft-ce parce que le grain entaché de Carie, eft moins à portée d'être lavé par les eaux de la pluie qui enlèvent une partie de la poudre contagieufe? Ce qui favoriferoit cette dernière idée, c'eft que quand les femailles fe font par un tems hâleux, on récolte plus de Carie; d'ailleurs on verra plus loin, qu'en lavant feulement le bled moucheté, il produit moins d'épis gâtés. 2.° Qu'en femant du froment fans le préparer, on récolte plus ou moins d'épis cariés, felon que la femence a été plus ou moins enterrée. 3.° Qu'en paffant les femences à de bonnes leffives, on remédie à l'effet de la contagion en totalité, fi on a femé à la volée; en très-grande partie, fi la femence a été enterrée profondément, puifque le n.° 3 n'a point produit d'épis Cariés, & le n.° 4 en a produit dix feulement. Peut-être ce dernier n'en a-t-il produit queparce que quelques grains de femence avoient échappé à la leffive: car j'ai examiné attentivement deux champs, formant enfemble environ fix arpens, dont la femence avoit été exprès répandue fur le guéret & enterrée à la charrue; ils n'avoient produit aucun épi Carié; la femence en avoit été bien leffivée. 4.° Qu'en ajoutant à du froment déja fali de Carie, une certaine quantité de nouvelle poudre, on augmente étonnemment la contagion, dont les progrès font en raifon de la profondeur de la femence, puifqu'il y avoit dans la planche du n.° 5 les trois quarts d'épis cariés, & dans celle du n.° 6, les fept huitièmes. 5.° Que le produit d'un champ en grain & en paille, eft d'autant plus foible, que les femences ont été plus imprégnées de Carie, & ont donné plus d'épis Cariés, comme l'atteftent les n.os 5 & 6, qui n'ont porté que de la paille de deux pieds & fix pouces de haut; & dont le premier n'a fourni que deux livres & deux

onces de froment, & l'autre huit onces feulement, tandis que les n.os 3 & 4 ont porté de la paille de trois pieds deux pouces, & ont produit fept à huit livres & plus de froment.

Cette expérience a été répétée plufieurs fois, & a offert les mêmes réfultats.

Le labour frais, ou la manière de femer le grain en l'enterrant profondément, peuvent donc être regardées comme une des caufes de la Carie, mais comme caufe acceffoire, qui n'a d'effet fenfible que lorfque la femence eft infectée & n'a pas été chaulée.

Manière d'agir de la Poudre de Carie fur le grain qu'elle corrompt.

Il eft auffi difficile d'expliquer la manière dont la poudre de Carie agit fur le grain fain, que de rendre raifon des progrès que font fur les hommes & fur les animaux bien portans, les maladies contagieufes auxquelles ils font expofés; tout indique que ce n'eft que par un contact immédiat. Mais le virus de la poudre deftructive s'introduit-il dans l'intérieur du grain, ou bien attaque-t-il la jeune tige ou les jeunes racines, lorfqu'elles commencent à fe développer? Je ne puis croire, d'après les expériences de M. Tillet & les miennes, que ce foit en pénétrant le grain; car, qu'on laiffe du froment fain très-long-tems dans de la poudre de Carie, il n'en produit pas plus d'épis corrompus, que fi on le noirciffoit immédiatement avant de le femer; que, pour détacher celui qui eft naturellement moucheté, on emploie une leffive alkaline, un peu cauftique, on enlève toute la poudre, & on rend fon effet nul, fans que la leffive fe foit introduite dans l'intérieur, où elle auroit détruit le germe; qu'en femant du froment pur, on applique de la poudre de Carie fur un point feulement, il contracte la maladie à un degré d'autant plus confidérable, que la tache a été faite plus près du germe; enfin, que comme M. Tillet, on mette de la poudre de Carie dans le fillon, à cinq ou fix lignes des grains, ils produiront des épis Cariés: ce qui ne peut fe faire dans ce dernier cas, que parce que les racines ou les jeunes tiges, dont les pores font plus ouverts que ceux du grain, ont touché la poudre contagieufe, dont elles ont abforbé le virus.

On eft plus embarraffé d'expliquer comment cette poudre, en attaquant les tiges & les racines naiffantes, ne les fait pas périr toutes; on voit même des tiges vigoureufes & élevées porter des épis cariés. Souvent dans ces épis, toutes les places des fleurs font remplies de grains corrompus, tandis que dans chaque calice du froment fain, il y a toujours quelques bâles vuides. On ne peut difconvenir cependant qu'en général les tiges, les feuilles & les épis des pieds cariés, ne foient plus foibles & moins hauts que les autres. On ne s'en apperçoit pas dans les champs où il n'y a que quelques épis malades, ifolés ; mais dans ceux qui en contiennent un grand nombre, fur-tout fi à côté il y en a qui foient exempts de Carie, comme nous avons eu occafion de le remarquer, M. Tillet & moi, dans nos expériences.

J'ai même obfervé que le froment qui provenoit d'épis fains, formés au milieu d'un grand nombre d'épis Cariés, avoit moins de poids & de qualité apparente, que celui qu'on récoltoit d'épis fains formés dans un terrein exempt de Carie. Deux planches contigues qui fe trouvoient dans ces deux cas contraires, m'ont donné du froment, dont l'un moins rond que l'autre, pefoit une demi-livre de moins par boiffeau.

Au refte, je me fuis convaincu par plufieurs faits, & particulièrement par le fuivant, que la poudre de Carie retardoit la germination & la pouffe des grains qui en étoient entachées : car, après avoir paffé du froment dans une leffive capable de le purifier fans altérer le germe, j'en ai enveloppé la moitié dans de la poudre de Carie pendant cinq jours ; l'autre moitié eft reftée feulement imprégnée de la leffive : c'étoit la même efpèce de froment. Quatorze grains de l'un & quatorze grains de l'autre ont été femés en même-tems dans des pots qui contenoient la même efpèce de terre, & que j'ai placé au même degré de chaleur ; tous les grains avoient été enfoncés à la même profondeur, moyennant une mefure, pour plus d'exactitude. Les grains feulement leffivés ont germé & pouffé les premiers ; ceux qui avoient été leffivés & tachés de Carie, n'ont paru que quelques jours après ; encore ces derniers, dont deux ont péri, n'ont-ils montré leurs germes que fucceffivement ; au lieu que treize des premiers, le quatorzième n'ayant pas pouffé, ont montré leurs germes en même-tems.

Les calices des épis cariés ne font pas privés de toutes les parties de la fructification ; mais ils n'ont que les étamines, encore ne contiennent-elles pas de pouffière fécondante ; au lieu de piftil, c'eft un embryon particulier, dont j'ai expofé le développement. Pourquoi les étamines, puifqu'elles exiftent, font-elles flafques, ridées & vuides ? Pourquoi ne trouve-t-on que les deux fommets du piftil ? Pourquoi y a-t-il fur un épi des bâles remplies de grains fains, & d'autres de grains Cariés ? Pourquoi M. Tillet & moi, avons-nous vu des grains compofés de froment & de Carie ? Ceux qui attribuent cette maladie à un défaut de fécondation, (c'eft particulièrement l'opinion de M. Aymen, tom. 4, des Savans fans Etrangers), n'auront pas de peine à prouver doute que la fécondation ne fe fait point dans les bâles où fe forment des grains totalement Cariés,

mais il doit s'en faire une au moins imparfaite, dans celles qui continuent des grains à moitié fains. D'ailleurs, fi le défaut de fécondation a lieu dans les maladies des grains, ce n'eft pas comme caufe, mais comme l'effet d'une caufe dont il dépend ; car, dans toute autre circonftance, les bâles dans lefquelles cette fonction ne s'opère pas, reftent feulement fans grains.

Conclufion fur les caufes de la Carie.

On ne peut que foupçonner qu'il exifte une caufe particulière, qui donne naiffance à la Carie dans quelques individus du froment ; car jufqu'ici on ne la connoît pas. Il eft très-certain que ce ne font pas les brouillards, ni les différens engrais, ni la nature du fol ; qu'elle quelle puiffe être, fes effets ne font pas auffi actifs que ceux de la contagion. Les fumiers faits de pailles de tiges Cariées, ou fur lefquels on jette les criblures des granges & des greniers, lorfqu'ils ne font pas putréfiés, le bled qui eft entaché de poudre de Carie, foit fenfiblement, foit d'une manière infenfible, & qu'on feme fans lui faire fubir une préparation convenable ; tels font les moyens qui propagent ordinairement cette maladie, la perpétuent & la rendent plus confidérable ; elle s'accroît encore davantage fi les femailles fe font par un tems hâleux, fi les labours font nouveaux, fi le grain eft enterré trop avant, comme lorfqu'on le recouvre avec la charrue. Toutes ces affertions paroiffent tellement prouvées par ce qui précède, qu'il eft difficile de les révoquer en doute.

De la Carie confidérée par rapport à fes effets.

Quoiqu'il ne paroiffe pas qu'on ait attribué à la Carie quelques-unes des maladies qui règnent dans les campagnes, comme on en a attribué à l'ergot ; cependant j'ai cru qu'on ne m'accuferoit pas de prendre un foin inutile, fi en en nourriffant des animaux, je cherchois à m'affurer des effets que cette graine peut produire. On fait combien de pauvres gens vivent de pain fait avec du bled entaché de Carie, dont on donne la longue paille, & les bâles aux chevaux & aux bêtes à cornes. Après avoir examiné ce point, j'expoferai le tort que reçoit le Cultivateur qui a récolté beaucoup de Carie, & les moyens les plus propres à en préferver le froment.

Mal que fait la Carie aux Batteurs.

La poudre de Carie, renfermée dans fon écorce & retenue dans fes bâles, n'eft difperfée dans les champs, ni par le vent, ni par la pluie, ni par la féchereffe ; le frottement qu'éprouvent les épis, au tems de la moiffon, ne l'en fait pas fortir ; ce n'eft que quand le fléau écrafe les grains Cariés que la poudre a une libre iffue, & s'attache au grain fain, qui eft dans l'aire de la grange, ou s'envole plus ou moins haut, en incommodant beaucoup les batteurs ; car si la poudre est abondante, comme je l'ai vu quelquefois, ils éprouvent des démangeaisons aux yeux ; ils touffent, font oppreffés, & n'ont pas autant d'appétit qu'à l'ordinaire, parce que, vraisemblablement, cette poudre s'introduit dans leurs nez, leur gorge & leur estomac ; ils ont même le visage noir & couvert d'une croûte qui y est très-adhérente. Quelque peu d'épis cariés qu'il y ait dans une gerbe, ils en sentent l'odeur, qui se développe lorsqu'ils les écrasent avec leur fléau : mais il n'en résulte pour eux aucune incommodité plus confidérable ; du moins, je n'ai pu le découvrir.

Qualité de la farine & du pain fait avec le froment moucheté, ou taché de Carie.

Ce n'est que dans les moulins où l'on moud à bis, qu'on fait de la farine avec du froment moucheté ; les Meûniers s'en apperçoivent, indépendamment de la couleur, parce que la meule tournante est ralentie dans son mouvement à cause de la ténacité de l'huile de Carie ; il s'amasse de tems-en-tems sur la meule giffante un cercle épais de matière grasse, qu'on est obligé d'enlever avec le marteau : il y a, dans ce cas, une diminution de mouture, & par conséquent une perte pour le Meûnier, qui est forcé de lever plus souvent sa meule tournante, afin de décraffer l'une & l'autre & de les mettre en état de mordre. Le froment pur, qu'on fait moudre immédiatement après le froment moucheté, en paffant entre les meules, se charge de Carie ; en forte, qu'au lieu de rendre de la farine blanche, il en rend de plus ou moins brune. La farine de froment moucheté se diftingue à son odeur défagréable, à sa couleur terne, à une forte de molleffe & d'onctuofité qu'on éprouve, lorsqu'on en prend entre deux doigts.

Le pain qu'on fait avec du froment, dont on a enlevé la Carie, est très-bon & même très-blanc, si on n'a laiffé fubfifter que peu de cette pouffière. Auffi les Boulangers ne refufent-ils pas d'acheter des bleds qui sont ainfi détachés, soit par le crible d'archal, soit par des lotions d'eau, pourvu que, dans ce dernier cas, ils soient bien fecs & puiffent abforber beaucoup d'eau dans le pétriffage ; car la poudre de Carie, qui dans la germination altère la tige, & corrompt l'embryon, n'attaque point le corps farineux du grain qu'elle recouvre, quelque long-tems qu'il en soit imprégné.

Il n'en est pas de même du pain fait avec du froment moucheté qu'on ne détache pas : celui qu'on voit entre les mains des gens de la campagne paroît plus ou moins noir ; mais, comme il s'y trouve souvent de la farine d'autres espèces de graines, qui peuvent influer plus ou moins sur cette couleur, j'en ai fait faire exprès

avec dix onces de belle farine de pur froment, une once de levain, & une once de poudre de Carie tamifée ; la pâte en étoit graffe & tenace ; elle exhaloit une odeur de Carie ; cependant elle a bien levé, & a fourni un pain du poids d'une livre & cinq gros, qui étoit parfaitement noir, ayant un goût légèrement âcre & défagréable, & une odeur particulière & foible. La fermentation & la coction avoient détruit la plus grande partie de la fétidité de la Carie.

Expériences propres à faire connoître les effets de la Carie sur des Poules.

Première Expérience, Janvier 1779.

Je jetai à deux poules bien portantes, & confervées dans un endroit féparé, quelques grains de Carie, qu'elles mangèrent : mon intention n'avoit pas été de la leur donner pure ; voyant qu'elles n'en laiffoient point, je réfolus de continuer à leur en donner sans mélange.

Elles en prirent de cette manière fept onces en cinq jours ; le fixième jour, j'en mêlai une once & demie, avec un quarteron & demi de pain ; il n'en resta point.

Une des deux poules en mangeoit plus que l'autre, qui ne paroiffoit pas avoir du goût pour cet aliment : il falloit souvent leur donner de l'eau ; ce qui prouve que la Carie les altéroit. Celle qui témoignoit le plus d'avidité, dès le fecond jour, eut la crête penchée & moins vermeille : cette partie, le lendemain, étoit prefque violette ; les trois jours fuivans, on vit la poule en maigrir, les plumes étoient lâches ; néanmoins elle mangeoit toujours bien d'elle-même de la Carie, avec moins d'empreffement que les premiers jours. Les plumes de celle qui mangeoit peu de Carie, étoient liffes, & sa crête vermeille ; on la trouvoit feulement maigre ; ce qui n'est point étonnant ; les excrémens de l'une & de l'autre étoient noirs.

La Carie étant confommée, on leur donna pendant fept jours de l'orge & de l'avoine : la poule incommodée se rétablit promptement.

Je lui fis donner ensuite pendant fept jours une once de farine d'orge, & deux gros de Carie par jour ; elle les a bien mangé d'elle-même fans la moindre incommodité.

Au peu d'empreffement d'une des poules pour la Carie, & à l'empreffement de l'autre pour cette graine, fur-tout dans les premiers jours, j'eftime que la première n'en a mangé de pure que deux onces en cinq jours, & le fixième jour une demi-once mêlée avec de la mie-de-pain ; au lieu que l'autre en a pris cinq onces pures en cinq jours, & le fixième jour une once avec de la mie-de-pain ; dans les fept jours, où elle étoit feule en expérience, elle en a mangé une once & fix gros mêlés avec de la farine d'orge, c'est-à-dire, en tout sept onces & six gros de grains Cariés en quatorze jours, ou six onces & trois gros & demi ou environ de poudre, en déduisant l'écorce.

Seconde Expérience, 30 Septembre 1782.

Une poule en bon état fut tenue comme les autres enfermée pendant vingt jours : chacun des trois premiers jours, je lui fis donner un mélange de seize gros de farine d'orge, & de quatre gros de grains de carie qu'on écrasoit, & dont on ne séparoit pas l'écorce. D'abord elle n'en mangea pas d'elle-même ; il fallut lui en faire avaler de force ; les quatre jours suivans, elle prit de cette manière douze gros de la même farine & huit gros de grains Cariés. Le huitième jour, pour former la même dose, je me servis de poudre de Carie, dont un gros le lendemain fut mêlé à sept gros de grains cariés, aussi avec douze gros de la farine. Le dixième jour & le onzième, le mélange étoit de douze gros de farine ; on lui donna, chacun des neuf derniers jours, dix gros de farine de seigle dont on n'avoit pas ôté le son, & dix gros de grains Cariés ; elle s'y étoit si bien accoutumée, qu'à la fin elle en mangeoit d'elle-même.

Cette poule, dans l'espace de vingt jours, a vécu d'une livre & deux onces de farine d'orge, de onze onces de farine de seigle, y compris le son ; & d'une livre & demie & cinq onces & six gros de Carie, tant en grain qu'en poudre ; ce qui a donné, déduction faite du poids de l'écorce, environ une livre une once & quatre gros de poudre de Carie.

Elle s'est trouvée, à la fin de l'expérience, aussi vive, aussi vermeille & aussi bien en chair qu'auparavant ; elle avoit même pris un peu plus d'embonpoint ; elle n'a pas éprouvée le moindre dérangement de santé.

Conséquences.

De trois poules qui ont mangé plus ou moins de Carie, une seule a paru incommodée pendant qu'elle a vécu seulement de cette graine. Puisque c'étoit au mois de Janvier que se faisoit l'expérience, ne peut-on pas attribuer l'état momentané de sa crête & de ses plumes à la rigueur du froid ? Car on sait que, dans cette saison, les poules délicates ont la crête violette, & les plumes sans soutien. Je n'ai remarqué aucun changement dans les deux autres ; une d'elles, à la vérité, n'a pas pris plus de deux onces & demie de grains Cariés ; mais elle auroit péri infailliblement, si on lui eût fait manger une semblable dose d'*ergot* en substance, même avec de bons alimens. La dernière poule a vécu en grande partie de Carie pendant vingt jours de suite ; une pareille quantité d'*ergot* eût suffi pour causer la mort à dix poules. Ces oiseaux, qui préfèrent de mourir de faim plutôt que de manger d'eux-

mêmes de l'ergot, n'ont presque pas de répugnance pour la Carie, dont l'odeur est cependant plus infecte que celle de l'ergot ; car une poule en a constamment avalé seule en marquant même de l'empressement ; une autre, quoiqu'avec peine, s'est déterminée à en manger, sans qu'on fût obligé de joindre cette graine à de bons alimens ; la troisième, qui d'abord l'avoit refusé, s'est portée ensuite à en prendre d'elle-même. Je ne prétends pas inférer de-là que la Carie a des doses plus fortes que celles que j'ai employées, ne seroit pas capable d'incommoder les animaux, ni qu'on pût en donner à des quadrupèdes, ou à d'autres espèces d'oiseaux avec aussi peu d'inconvéniens qu'à des poules : je n'en ai aucunes preuves, & il faudroit bien du tems & des facilités pour éclaircir ce point ; mais je suis en droit de conclure qu'au moins la Carie n'est pas aussi dangereuse que l'ergot. Car, aucune poule ne peut manger deux onces d'ergot en substance sans mourir, au lieu que j'ai fait manger à une seule poule plus de dix-sept onces de poudre de Carie, sans que sa santé en ait été altérée. *Voyez* le mot ERGOT.

Tort que fait la Carie aux Cultivateurs.

Quand les Cultivateurs, en parcourant leurs pièces de terre, n'apperçoivent que quelques épis Cariés, placés de distance en distance, ils ne redoutent pas le tort qu'ils en recevront, parce que, dans ce cas, il est peu considérable ; mais, s'ils n'ont pris aucunes précautions pour s'en garantir, leurs récoltes en souffrent ; & il est aisé d'en juger lorsque les grains sont encore sur pied. On apprécie difficilement la perte qui en résulte, parce qu'elle varie plus ou moins selon la qualité des semences, & les circonstances dans lesquelles on a semé : on est dans l'usage de l'estimer par des à-peu-près. Des expériences de détail, les seules qui doivent servir dans cette occasion, faites par M. Tillet & par moi, mettront en état de calculer à la rigueur le tort que la Carie peut faire. Je n'en rapporterai que quelques-unes, afin de ne pas fatiguer le lecteur. Dans une planche de dix-huit pieds sur cinq, dont la semence, noircie de Carie, avoit été enterrée à cinq ou six pouces de profondeur, M. Tillet a compté trois cens trente-un épis sains & neuf cens dix-huit épis Cariés, c'est-à-dire presque les trois quarts ; c'est une des plus fortes proportions d'épis sains & d'épis Cariés qu'il ait obtenus. Un grand nombre de ses planches lui ont produit la moitié ou le tiers de tiges corrompues ; il est à remarquer qu'en général les pieds malades avoient porté autant d'épis que les pieds sains. A la vérité, les Cultivateurs qui sèment du bled entaché de Carie, ne le noircissent pas exprès, comme a fait M. Tillet, & l'on peut présumer qu'ils n'en doivent jamais récolter une aussi grande quantité. Aussi ne seroit-il pas

jufte d'établir, d'après ces proportions, des calculs fur la perte caufée par la Carie? mais fi
l'on fait attention que des grains de froment
purifié, fur lefquéls j'avois feulement pofé une
épingle, trempée dans de la poudre de Carie,
ont donné cent-quatre-vingt-dix-neuf épis, dont
il y en avoit quatre-vingt-un, c'eft-à-dire, plus
d'un tiers de Cariés, on concevra que, quelque
foiblement moucheté que foit une femence, elle
eft capable de produire au moins le quart d'épis
malades: c'eft à cette proportion que je m'arrête.
En fuppofant qu'un Fermier ait enfemencé cent
arpens de terre en froment, l'arpent de cent
perches, la perche de vingt-deux pieds; un arpent
de cette mefure, & d'une qualité au-deffous de la
meilleure, peut produire, année commune, vingt
douzaines de gerbes, dont quatre douzaines font
capables de rendre en grain un fetier, mefure de
Paris, pourvu qu'elles ne contiennent pas d'épis
cariés. Dans ce cas, des cent arpens, on retireroit
cinq cens fetiers, lefquels, à vingt livres le fetiers
formeroient une fomme de dix mille livres; mais
s'il s'y trouvoit un quart d'épis Cariés, il faudroit
d'abord en déduire cent vingt-cinq fetiers, ou
deux mille cinq cens livres; plus, douze cens
livres, parce que chacun des quatre cens fetier
reftans vaudroit trois livres de moins, étant moucheté ou entaché de Carie; ce feroit donc une
diminution de trois mille fept cens livres; & dans
cette fuppofition, le Fermier, au lieu de dix
mille livres, ne pourroit plus compter que fur
fix mille fept cens livres : il perdroit plus
d'un quart du produit de fes terres. Je ne fais
point entrer la paille de bled Carié dans ce calcul;
cependant, d'après la comparaifon des n.°s 1, 2,
3 & 4 d'une des expériences précédentes, fous le
titre: *y a-t-il des caufes qui produifent la Carie
indépendamment de la contagion?* la différence du
produit en paille peut être de plus d'un neuvième;
mais quoique les beftiaux, qui la mangent avec
dégoût, en perdent beaucoup, cette perte eft
comptée pour peu de chofe dans une ferme, où
elle fert à augmenter les fumiers. Je n'ajoute pas
même à ce déchet la diminution fenfible du poids
de froment, qui croît au milieu d'un grand nombre d'épis cariés, parce qu'elle doit varier felon
que les champs contiennent plus ou moins d'épis
corrompus.

D'après le calcul précédent, on ne peut douter
que les Fermiers ne doivent defirer connoître des
moyens certains pour préferver leurs grains de
Carie. L'intérêt de cette claffe de citoyens eft
tellement lié à celui de tous les autres, qu'il
en réfulte un mal réel pour la Nation entière
& pour fon Commerce lorfque les récoltes ne
font pas abondantes: l'Etat, en encourageant les
défrichemens, a augmenté les productions terri-
toriales. Mais n'eft-il pas également avantageux
de faire rapporter aux terres, déjà cultivées, plus
de grains, fur-tout du froment, le plus précieux

de tous, & qui ne vient pas dans tous les fols? S'il
eft facile d'y parvenir, fans qu'il en coûte des
labours, ou des engrais de plus, fans rien changer,
ou prefque rien aux ufages établis; enfin feulement avec un peu de foin & d'attention & à peu
de frais, on feroit coupable de ne pas s'en occuper, quand on a la certitude que la femence
produira un quart de plus en grain de bonne
qualité. Ce font les avantages qu'on a lieu d'attendre de plufieurs méthodes, pour préparer les
grains avant de les femer; méthodes que je développerai en en prouvant les effets par des
expériences comparées.

Manières de préferver les fromens de Carie.

Quoiqu'on ne connoiffe pas la caufe primitive
de la Carie, on en connoît tellement les caufes
fecondaires, celles qui la multiplient le plus,
qu'on eft affuré de les rendre nulles ou prefque
nulles, lorfqu'on veut efficacement en adopter
les vrais moyens. Les Journaux, les Livres d'A-
griculture ou d'Économie Rurale font remplis de
recettes contre cette maladie, dont l'étendue &
l'importance ont de tout tems frappé les efprits.
On a imaginé toutes fortes de pratiques & de mélanges, parmi lefquels il s'en trouve de bizarres
& quelquefois de dangereux pour les femeurs &
pour les volailles, comme les préparations dans
lefquelles entre l'arfenic & le cobalt, qui contient beaucoup d'arfenic, le fublimé corrofif, le
verd-de-gris, &c.

Qu'on me permette ici une comparaifon, qui
pourra fervir à prémunir contre le merveilleux
des recettes nouvelles, propofées de tems-en-
tems pour empêcher les ravages de la Carie. Le
quinquina eft le fpécifique des fièvres intermittentes, qui affligent les hommes. Souvent ce
remède manque fon effet, ou parce qu'il eft fal-
fifié ou de mauvaife qualité, ou parce qu'il eft mal
adminiftré. Ce défaut de fuccès, dans ces circonftances, a donné lieu de recourir à des compofitions vantées contre ces fortes de fièvres, & débitées
d'une manière myftérieufe : la plupart font des
opiats, dont le quinquina fait la bafe & le principal ingrédient; c'eft en lui que réfide la vertu
fébrifuge. Il en eft de même des recettes contre
la Carie de froment; fans la chaux, elles n'auroient que peu d'effet; c'eft la chaux qui leur
donne ce degré d'activité, fi néceffaire pour purifier les grains de la poudre contagieufe. Auffi,
recommande-t-on toujours de paffer les femences à la chaux, de quelque manière qu'on
confeille en outre de les préparer. Il arrive quelquefois même qu'avec les meilleures recettes, on
ne réuffit pas, & c'eft vraifemblablement parce
que la chaux n'eft pas bonne, ou parce qu'on
ne l'emploie pas convenablement, & qu'elle n'eft
pas fecondée par des foins indifpenfables.

Selon que l'on fe propofe d'employer des femences

ences plus ou moins pures, il y a plus ou moins de préparation à faire subir au froment avant de le répandre sur les champs. Le froment, acheté aux glaneuses, qui ne ramassent point d'épis Cariés, si on le semoit même sans le chauler, n'en produiroit point ou n'en produiroit que très peu, comme je l'ai éprouvé & comme on l'éprouvera en semant des grains sains, pris à des épis sur pied. Celui qu'on se procure dans les marchés n'est pas toujours aussi pur qu'il le paroît. Quelques criblages ou autres opérations auroient bien pu le dénoircir sans lui enlever tout le principe contagieux, dont une seule parcelle adhérente à l'écorce, suffiroit pour produire un effet fâcheux. Mais si l'on est sûr que le vendeur n'a pas récolté de Carie, il n'y a point de raison de s'en défier. Il en est de même du froment, exempt de Carie, qu'on fait battre chez soi. Un bon chaulage est la seule préparation, dont ils aient besoin.

Mais, lorsque le froment en gerbes est rempli d'épis cariés, ou lorsque les grains de froment battu sont suspects ou sensiblement entachés de Carie, on risque beaucoup de se contenter de les chauler. J'ai quelquefois été assez heureux pour ne point récolter de Carie dans des champs, dont la semence noircie & entachée n'a subi qu'un chaulage plus soigné, plus long & plus parfait. Mais je n'ai pas réussi complettement dans toutes les années. Le plus certain est donc de faire précéder le chaulage de quelqu'une des préparations suivantes, propres aussi à rendre le froment marchand, si on vouloit le vendre.

1.° Dépuration par le triage à la main.

La première & la plus simple dépuration est celle qui se fait par le triage des épis Cariés à la main. On délie les gerbes, on choisit & on ôte tous les épis cariés, afin d'en laisser le moins qu'il est possible ; il faut, quand une gerbe a été examinée dans un sens, la retourner de l'autre, & l'examiner de nouveau. En enlevant les épis Cariés, on peut enlever en même-tems les épis de seigle, & toutes les mauvaises herbes, si on veut semer le froment seul & pur. Ce travail minutieux doit être fait par des femmes, parce qu'il n'est pas fatiguant, & parce que leur tems est moins cher que celui des hommes. Elles en épluchent par jour plus ou moins selon la quantité d'épis Cariés, qui se trouvent dans les gerbes. J'estime qu'une femme, dans une année, où les épis Cariés ne sont pas très-nombreux, peut éplucher soixante gerbes par jour. Soit qu'on la paye sans la nourrir, soit que sa nourriture fasse partie de son salaire, on lui donne la valeur de 1 liv. 4 s. à quinze ou seize lieues de Paris. Or, il faut communément quarante-huit gerbes de froment pour rendre un setier. La dépuration des gerbes convenables à une exploitation de cent arpens en froment reviendroit, si on la faisoit de cette manière,

à 86 liv. 8 s. en supposant que, pour ensemencer cent arpens, on employât quatre-vingt-dix setiers. Quelques attentives que soient les femmes, elles n'enlèvent pas tous les épis Cariés, quoiqu'elles en enlèvent la plus grande partie, il leur en échappe toujours quelques-uns plus difficiles à distinguer. Ils suffisent pour communiquer au bon grain le principe de Carie, & exigent un chaulage pour en prévenir les effets.

2.° Dépuration par le battage des tiges Cariées sur un tonneau ou sur un cylindre.

Pour empêcher que les grains Cariés ne s'attachent aux grains sains, qui, semés en cet état, produisent beaucoup d'épis cariés, quelques Cultivateurs font battre leurs gerbes sur un tonneau. *Voyez* le mot *battage*, où je décris la manière de battre sur le tonneau. Les tiges Cariées étant très-courtes, restent dans les mains du batteur, tandis que les tiges saines, toujours les plus longues, sont presque les seules battues.

Quoique le battage sur le tonneau soit un moyen préférable au battage au fléau, quand les gerbes sont remplies d'épis cariés, un Fermier, nommé Honoré-Denys Laye, de Moriers, dans le pays Chartrain, voulant encore le perfectionner, parce qu'il s'écrase toujours quelques grains de Carie, à cause de la surface étendue du tonneau, a imaginé de faire monter sur quatre pieds un rouleau ou cylindre de bois, d'un pied à quinze pouces de diamètre, & d'environ deux pieds de longueur. Les gerbes s'y battent par poignées, comme sur le tonneau ; mais le cylindre étant plus étroit, il n'y a que les longs épis, presque tous exempts de Carie qui frappent dessus. On relève de tems en tems le grain battu, afin de ne pas le fouler aux pieds.

Lorsqu'il s'agit de *nétoyer*, c'est-à-dire, de purifier le grain, pour le porter au grenier, on le passe à une espèce de crible, nommé *passoire* ; on le jette au vent une ou deux fois ; on tire à part la *gorge* ; on appelle ainsi la partie du monceau, qui contient les petits grains & les ordures ; on la jette séparément au vent plusieurs fois, pour en ôter le plus de grains Cariés possible. Cette manière de jetter le grain au vent, pour nétoyer la semence, est la seule employée dans le Pertois, canton de la Champagne. Ensuite on passe le froment au tarare, autre espèce de Crible, auquel est joint un ventilateur. *Voyez* Crible : à l'aide de ce dernier crible, ce qui reste de grains Cariés est chassé au-dehors. Enfin, au sortir du tarare, on nétoie encore le grain avec un crible à main, à trous serrés, pour laisser échapper la poussière. Le froment après toutes ces opérations, est clair & net, comme si les gerbes n'avoient point eu de Carie.

A la suite de chaque nétoiement, on bat au fléau la paille, déjà battue sur le cylindre, &

mife en réferve. Les grains qu'elle contient
font noircis de Carie, on ne peut les employer pour femence : ils ne font pas en grande
quantité. M. Dolléans, Curé de Montboiffier,
ayant fait battre huit cent foixante-quatre gerbes
fur le cylindre, ne retira de la paille, quand il
la fit battre enfuite au fléau, que trois minots de
froment, mefure de Chartres, ou environ cent
cinquante livres.

En employant cette manière combinée de battre,
un homme, fuivant M. le Curé de Montboiffier,
peut battre en un jour un cinquième de plus,
que s'il battoit les gerbes uniquement au fléau.
Je crois qu'il fe fatigue davantage, parce que,
non-feulement tout fon corps agit, mais fes mains
font toujours remplies, & par conféquent fes bras
chargés.

Je n'ai point effayé jufqu'à quel point ce battage fur le tonneau ou fur le rouleau pouvoir
diminuer l'effet de la contagion de la Carie ; mais
on entrevoit facilement que cet effet doit être
confidérable : on m'a bien certifié que des Fermiers, qui en faifoient ufage, en aidant cette
opération d'un bon chaulage, ne récoltoient point
d'épis cariés, & je fuis très-difpofé à le croire.

*3.° Dépuration par le battage au fléau avec de la
terre en poudre.*

Dans la Gazette de France, du 8 au 10 Octobre
1787, on a annoncé une manière de détacher
le grain Carié, qui confifte à répandre fur les
gerbes infectées, avant de les battre au fléau,
une terre féchée au four & pulvérifée, à la dofe
d'une ou deux poignées par gerbe. Suivant l'annonce, le grain, bien criblé enfuite & féparé
de la terre, n'eft point noirci ; mais la terre,
chargée de la poudre de Carie, prend une couleur brune. On trouve cette terre au village de
Traizay, près Alluye-en-Beauce, entre Chartres,
Orléans & Vendôme. Pour nétoyer trente muids,
chacun de douze fetiers, chaque fetier de deux
cens livres, il faut un tombereau de terre, pris
à la carrière, ou la moitié d'un tombereau, fi
on la fait fécher à la carrière. L'annonce ne dit
pas quelle eft la continence du tombereau. L'ufage
auroit bien-tôt appris ce qu'il feroit néceffaire
d'en employer.

D'après les informations, que j'ai fait faire fur
les lieux, cette terre n'eft autre chofe, que celle
dont on fe fert pour faire de la tuile & de la
brique, c'eft-à-dire, un mélange d'argille, de
terre franche & de fable. Il eft facile de s'en
procurer dans beaucoup de pays ; mais elle doit
avoir l'inconvénient de gâter les bâles du froment,
qu'il n'eft plus poffible de donner enfuite aux
beftiaux, de durcir le grain, qu'il faudroit peut-
être mouiller un peu, fi on vouloit le moudre,
& de le rendre rude à la main, & par conféquent
peu marchand. Le froment ainfi épuré, n'eft bon
que pour femence. Quelques Fermiers, à ce

qu'on affure, ajoutent à la terre un quart de
farine d'orge non bluttée, c'eft-à-dire, dans laquelle le fon refte ; l'effet en eft plus certain, & le
froment conferve plus de qualité commerciale.

Cette manière d'empêcher les grains fains de
fe noircir de Carie, n'eft pas particulière à un
canton de la Beauce : on la pratique auffi dans
le Comté d'Eu, & auprès d'Argentan en Normandie. Vraifemblablement elle eft connue dans
beaucoup d'autres pays.

C'eft par une action méchanique que le froment fe dénoircit dans cette opération. La terre
eft fèche, & la poudre de Carie qui entache le
grain, eft une matière graffe. On ne peut froiffer
le grain contre la terre & la terre contre le grain,
que la poudre de Carie ne s'attache à la terre ;
on n'aura donc pas de peine à croire que ce
moyen n'ait eu du fuccès. Les Fermiers qui l'ont
employé, n'ont pas négligé de chauler enfuite le
froment dénoirci, perfuadés fans doute que la
totalité de la Carie n'étoit pas enlevée.

Au lieu de jeter la terre fur les gerbes, avant
de les battre, quelques perfonnes mêlent la terre
au grain battu. Il fe dénoircit auffi dans cette
opération, & par cette raifon, produit moins
d'épis Cariés ; mais il conferve de la Carie, comme
on peut le voir dans le réfultat de l'expérience
fuivante.

Au mois d'Octobre 1787, je divifai un champ
en cinq parties, pour les enfemencer avec du
froment, produit par des tiges Cariées & très-en-
tachées.

Je ne fis aucune préparation à celui de la
première partie ; un tiers de fes épis fut Carié.

Celui de la deuxième partie fut feulement
froiffé avec beaucoup de foin dans la terre franche, très-dure, féchée au feu & pulvérifée ;
il ne fut pas dénoirci en totalité. Il donna un
quart d'épis Cariés.

Avant de froiffer dans la même terre la femence de la troifième partie, j'enlevai à la main
les grains Cariés. Cette femence ne fut pas dé-
noircie en totalité ; elle donna auffi un quart
d'épis Cariés.

Ce qui étoit deftiné pour la quatrième partie, fut mis dans l'eau, afin de donner la facilité d'enlever les grains qui furnageroient, &
fur-tout les grains de Carie ; on le froiffa enfuite avec la même terre. Le froment parut plus
dénoirci que celui de la deuxième & de la troifième partie, parce que la terre fèche en fe
chargeant de plus d'humidité, avoit enlevé plus
de poudre de Carie ; néanmoins il donna encore un quart d'épis Cariés.

Quant à la femence de la huitième partie,
j'en fis ôter d'abord à la main les grains de Carie ; puis on la froiffa dans de la terre, puis on
la mit tremper dans l'eau de chaux. Elle produifit
environ ving épis cariés par gerbe, c'eft-à-dire,
un 240e.

Il eſt donc évident qu'en froiſſant de la terre, ou avec des gerbes Cariées, ou avec des grains de froment entachés de Carie, on les prive ſeulement d'une partie de la poudre contagieuſe ; c'eſt toujours une avance, parce qu'il reſte moins à faire au chaulage. Des deux manières, la première me paroît préférable, parce que le mélange de la terre avec le grain après le battage, ne produit qu'un froiſſement très-foible.

On aſſure que, pour rendre marchand du froment entaché de Carie, des Fermiers ou des Commerçans y mêlent un boiſſeau de chaux pulvériſée ſur ſeize ſeptiers de froment, meſure de Paris ; qu'ils laiſſent ce mélange quatre ou cinq jours ſans y toucher, qu'enſuite ils le paſſent au crible à petits trous, puis, à pluſieurs repriſes, au crible d'archal. Il n'eſt pas poſſible de croire que du froment ainſi traité, ſoit marchand, à cauſe de la rudeſſe qu'il acquière. Je ſais que des Commerçans, pour donner au bled de la *main*, c'eſt à-dire, pour qu'il gliſſe dans la main, caractère qui indique du bled de bonne qualité, font humecter avec un peu de crème la pelle avec laquelle on le remue. Je ſoupçonne que les Marchands & les Fermiers dont il s'agit, ont recours à ce moyen.

4.° *Dépuration par le Moulin.*

Il y a douze à quinze ans qu'en Haute-Alſace on eſt dans l'uſage de dépurer les grains Cariés par le moyen d'un moulin ordinaire. Cette opération s'appelle *ététer*. Suivant ce détail, qu'on m'a envoyé de New-Briſack, les meules ſont diſpoſées comme pour la mouture ordinaire. Elles ſont piquées par rayons de deux bons doigts de large, à prendre de la circonférence de la meule, en retréciſſant juſqu'au centre. Entre chaque rayon il y a une rainure d'un petit doigt de largeur, ſur deux à trois lignes de profondeur, dans la même direction. Les rayons, ainſi que les rainures, ſont piqués groſſièrement & irrégulièrement ; par conſéquent les meules ſont raboteuſes. On les tient à deux pouces l'une de l'autre. La boîte, qui environne les meules, eſt percée d'une ouverture d'un pied de longueur, ſur huit à neuf pouces de hauteur, garnie d'une plaque de fer-blanc trouée en rape, par où s'échappe la pouſſière de deſſous les meules. On croit qu'au lieu d'une ouverture il en faudroit quatre, afin de favoriſer la ſortie d'une plus grande quantité de pouſſière, & pour empêcher qu'il n'en ſéjournât. Sous les meules eſt un tambour en planches, au travers duquel paſſe le pivot qui fait tourner la meule roulante. On a adapté au pivot quatre ailes de bois ou de tôle, qui, en tournant, chaſſent la pouſſière au loin dans un conduit de dix pieds de longueur. A l'entrée de ce conduit eſt l'embouchure par laquelle tombe le grain nétoyé dans un récipient.

Pour purifier ou *ététer* ainſi le grain Carié, les Meûniers prennent pour leur ſalaire un trente-deuxième, c'eſt-à-dire, moitié moins qu'ils ne prennent pour la mouture du froment ; ce qui prouve que l'action du moulin eſt double ; le grain éprouve communément un vingt-quatrième de déchet. Il y a quelques grains qui s'écraſent. M. Salin Dauvin, Garde-Magaſin des Vivres, dont je tiens ces détails, m'a envoyé en même-tems un échantillon de froment purifié par le moulin, & un de froment non purifié. J'ai ſemé ſéparément l'un & l'autre en 1787, ſans les chauler. J'ai trouvé un quart d'épis Cariés dans le produit du dernier, & pas un ſeul dans celui du premier. Je n'en conclus pas que le froment dépuré par le moulin n'ait jamais beſoin de chaulage. En 1788, année où j'ai récolté ces produits, les cultures avoient moins de diſpoſition à la Carie. Le froment de New-Briſack étoit de la récolte de 1785 ; les bleds vieux en général, à contagion égale, produiſent moins de Carie que les bleds nouveaux. Ces deux circonſtances ont pu remplacer le chaulage.

5.° *Dépuration par les criblages.*

Lorſqu'on paſſe du froment entaché de Carie au crible rond, formé de peau & percé de petits trous, le mouvement de rotation qu'on lui donne, détache quelques portions de la poudre de Carie qui s'échappe, & aucune à la ſurface, la plupart des grains de Carie qu'on ôte avec la main. Preſque toute la poudre de Carie, reſte adhérente aux grains ſains, ſi on ſe contente de les cribler une ou deux fois. Mais on parvient à éclaircir entièrement le froment par ces mêmes criblages répétés un grand nombre de fois pendant le cours d'une année, & ſur-tout quand il fait bien chaud, la chaleur deſſéchant la poudre & le grain. Indépendamment des criblages, quelques Fermiers de la Haute-Alſace & de beaucoup d'autres pays, font jeter leurs fromens avec force contre les murs des greniers, juſqu'à ce qu'ils les aient éclaircis.

Rien n'eſt plus expéditif pour cribler que le fil d'archal. Diſpoſé en plan, incliné & formé de fils-de-fer, aſſez preſſés les uns contre les autres, il reçoit ſupérieurement le grain, qui ne parvient en bas qu'après avoir été balloté & froſſé. En répétant un grand nombre de fois cette opération, on vient à bout de le dénoircir entièrement.

Pour ſavoir quel degré de purification on pourroit obtenir par ce moyen, j'ai ſemé, en 1782, du froment qui avoit été très-entaché de Carie, mais paſſé douze fois au crible d'archal & du même froment paſſé trente fois à ce crible : ce dernier étoit tellement dénoirci, qu'il n'y avoit plus lieu d'eſpérer qu'aucun cri-

blage dénoircit davantage ; il pourroit être exposé avec avantage dans les marchés. Le premier m'a donné 25 épis Cariés par gerbe, & le
second 11 seulement, c'est-à-dire plus de moitié
moins. Dans la même année, des fromens, non
criblés, ont produit un quart d'épis cariés. Il
est donc prouvé que, les criblages plus ou moins
répétés, purifient le froment de plus ou moins
de Carie, sans lui en ôter la totalité.

On peut rapporter à ce genre de dépuration
une pratique qui a été employée dans un ou
plusieurs villages près Nogent-sur-Seine. Elle
consiste à former une tremie avec des cerceaux
posés les uns sur les autres, entre lesquels on
introduit des brins d'épine en très-grande quantité. Le froment Carié étant versé de haut dans
la tremie, la Carie s'attache aux brins d'épine,
& le grain se trouve, à ce qu'on assure, éclairci.
Je n'ai point reçu de froment dépuré suivant
cette méthode, pour en faire l'essai. Mais je
présume que son effet n'est pas assez considérable pour exclure la nécessité d'un chaulage.

M. Gambier, de Maintenon, pour enlever
le noir du froment taché de Carie, avoit imaginé un crible, dont quelques Fermiers du pays
Chartrain font usage. Ce crible est composé d'une
tremie & d'un bluteau en spirale, formé de
tôle trouée dans une infinité de points, de manière que les parties saillantes des trous sont dans
l'intérieur du crible. Le bled balloté dans cet
instrument, se nétoie comme s'il avoit été rapé ;
sans doute il ne seroit pas propre à être semé,
parce qu'il n'est pas dépouillé de toute sa Carie,
dont la moindre parcelle suffit pour perpétuer
la contagion. Mais à l'œil il est clair, & peut
passer dans le commerce. Le pain qu'on en fait,
est plus beau que celui du bled qui a passé un grand
nombre de fois au fil d'archal. Le bled criblé à
la manière de M. Gambier, conserve la couleur jaune que lui enlèvent les lavages à l'eau. Il
ne faut qu'une opération, facile à pratiquer en
tout tems. Ce crible a donc de grands avantages. M. Legours, Meûnier de Maintenon, l'a
perfectionné. Il passoit dans la trémie du crible de M. Gambier, des grains de Carie avec
les grains de bled tachés ; le frottement qui dé-
tachoit le bled, écrasoit les grains de Carie, en
sorte que le crible donnoit une partie de noir,
tandis qu'il en ôtoit une autre. Le Meûnier dont
il s'agit, a adapté au crible de M. Gambier le
Ventilateur du *Tarare*, qui chasse les grains de
Carie au moment où ils descendent de la trémie,
& vont entrer dans le blutteau. Cet instrument est
mis en mouvement par le moyen de la roue du
moulin qui est dans l'eau ; en sorte que sans
peine, en vingt-quatre heures, on peut détacher
une quantité étonnante de septiers de bled Carié.
Aussi bienfaisant que généreux, le Meûnier a
permis, en 1785, aux particuliers de Maintenon,
de détacher avec son crible tous leurs bleds

noirs. J'ai cru devoir rapporter ici cette invention & ce trait d'humanité.

6.° Dépuration par les lavages à l'eau.

Il y a plusieurs manières de laver le froment
entaché de Carie. Les uns le mettent dans des
baquets remplis d'eau, le remuent avec un bâton, ou, ce qui vaut encore mieux, avec les
mains, & renouvellent l'eau autant de fois qu'il
est nécessaire. Il faut que la dernière eau sorte
claire. J'ai été obligé quelquefois d'employer
jusqu'à huit eaux, mais jamais au-delà. D'autres prennent le froment dans des paniers ou
corbeilles, l'exposent au courant d'une rivière,
ayant soin de le remuer souvent ; ils le retirent
quand il n'est plus noir, le font sécher au soleil, en l'étendant sur des draps à petite épaisseur.

Une eau trop froide crisperoit le grain, au
lieu de le bien dénoircir. Si on se sert d'eau
de puits, il vaut mieux la tirer d'avance ; si
c'est à une rivière qu'on fait ce lavage, on choisira un jour où l'eau n'en soit pas très-froide.

Au lieu d'employer une eau pure pour laver
le froment, on le détacheroit encore mieux, si
on se servoit d'une eau aiguisée de sel, telle
qu'une eau de lessive de linge, une eau de
fumier, l'eau de mer même. Le bas prix du
sel peut mettre maintenant les cultiveurs à portée de composer une eau plus active. J'ai constaté que l'eau chaude dépuroit encore mieux
le froment que l'eau froide. J'en préviens les
personnes qui vivent dans les pays où les matières combustibles ne sont pas chères.

De quelque manière qu'on lave le froment,
les grains légers & les mauvaises graines montent à la surface des vaisseaux ; on doit les écumer & en débarrasser le bon froment.

J'ai semé plusieurs fois cette écume de froment lavé, qui contenoit beaucoup de grains
de Carie ; elle m'a produit au moins les deux
tiers d'épis Cariés. Un Fermier, sur 40 septiers
de 200 liv. pesant, forma un septier d'écume
qu'il sema. Les tiges qui en provinrent furent,
tout l'Hiver, aussi belles que celles du froment
purifié & chaulé ; mais, au Printems, elles fléchi-
rent ; elles restèrent ensuite un demi-pied au-
dessous des autres, & donnèrent une grande
quantité de Carie.

Je tiens de M. Girot, déjà cité, une manière
de laver les fromens, qui me paroît exacte &
sûre. Elle est dans le Mémoire qu'il m'a fait
passer. On remplit d'eau une cuve d'une capacité relative à la quantité de froment qu'on veut
laver ; il faut qu'elle ait les bords très-unis. Un
homme avec une pelle jette, ou plutôt sème,
pour ainsi dire, le froment sur l'eau ; un autre homme avec une règle, de la largeur du
diamètre de la cuve, jette prestement de côté
& par terre tout ce qui surnage, petits grains

de froment, graines de mauvaises herbes & grains de Carie. Pour peu qu'il opérât avec lenteur, beaucoup de graines & de petits grains se remplissant d'eau, se précipiteroient au fond de la cuve avec le bon grain. Quand on a fait entrer dans la cuve une certaine quantité de froment, on le remue avec un bâton, au bout duquel on ajuste une petite planche, & on remue toujours en soulevant le froment, afin de faciliter l'ascension des petits grains. Selon qu'il est plus ou moins noirci de Carie, on renouvelle l'eau, jusqu'à ce que la dernière sorte claire, & on remue souvent. On place des corbeilles au-dessous de l'ouverture de la cuve, pour y recevoir le froment qu'on laisse égoutter, & on procède à une seconde cuvée & à plusieurs de suite, suivant la quantité de froment à laver. Il est bon d'observer qu'avant de chauler le grain lavé, il faut le faire sécher auparavant ; il s'imbiberoit moins d'eau de chaux & ne se purifieroit pas aussi complettement.

Dans les années trop fécondes en grains Cariés, beaucoup de personnes en achettent à bas prix pour les laver & les purifier. Ils les revendent ensuite ; &, défalcation faite des déchets, ils ont des profits avantageux.

Le froment lavé, quand on l'a fait sécher, si on le destine à faire du pain, doit être moulu promptement, parce qu'il n'acquerre jamais cette sécheresse nécessaire pour une longue conservation. Il n'y auroit de moyens de le mettre en état d'être gardé, que de le passer au four ou à l'étuve. Sans cela, la farine qu'on en fait, fermente, s'échauffe, prend du néz & s'altère, sur-tout dans les chaleurs de l'Eté.

Mais ce froment est bon pour être semé, pourvu qu'en outre il soit chaulé. Car les lavages n'ôtent pas tous les principes de la Carie. J'en ai semé après l'avoir lavé dans trois & dans six eaux ; le premier a produit un cinquième, & l'autre un huitième d'épis cariés. Le même froment, semé sans être lavé, a donné plus d'un quart d'épis cariés.

Dans le Journal général de France du 18 Octobre 1787, on conseille, d'après le Journal de l'Orléanois, comme un moyen préservatif de la Carie, de faire battre les gerbes & nétoyer le grain, destiné aux semences, dès qu'on en a fait la récolte, sans le laisser séjourner long-tems dans sa paille. M. l'Abbé Genty, Sécreitaire de la Société d'Agriculture d'Orléans, est l'Auteur de cette Annonce. J'avoue que je ne sens pas les raisons de ce conseil. C'est moins par le tassement & la pression des gerbes les unes sur les autres, que les épis Cariés s'écrasent & communiquent leur poudre contagieuse aux bons grains, que lorsque le fléau les frappe & en rompt les enveloppes. Quand on préserveroit les bons grains de la communication opérée par le tassement, on ne pourroit les préserver de celle qui a lieu par l'ac-

tion du fléau, & qui seule est capable de les infecter. J'avois d'abord pensé que le Laboureur qui a fait connoître ce moyen à M. l'Abbé Genty, lui attribuoit un effet qui n'étoit dû qu'à la pureté de son froment ou à l'excellence de son chaulage. Mais on ajoute : « qu'il s'est convaincu, par des essais multipliés faits sur ses terres & sur celles de ses voisins, que la lessive de chaux ne suffisoit pas toujours sans cette précaution, quand même on semeroit du bled d'élite & exempt de Carie ; & qu'au contraire, elle réunissoit infailliblement sur du bled battu, au tems même de la moisson, & qui seroit entaché de Carie. » A une assertion aussi formelle, autorisée & appuyée par le Secrétaire d'une Société d'Agriculture, on ne pourroit rien opposer que des expériences faites contradictoirement. Il faudroit battre pendant la récolte même, du bled de Mars entaché de Carie, & ne battre qu'en Février des gerbes du même bled, entassées dans la grange, & semer l'un & l'autre, soit sans préparation, soit après les avoir également chaulés. L'impossibilité de tout essayer ne m'a point permis encore de faire cette expérience, dont je n'ai pas vu l'utilité pressante. Ce que je sais, pour l'avoir essayé, c'est que des grains de froment sain qui séjournent long-tems dans de la poudre de Carie, ne produisent pas plus d'épis Cariés que celui qui n'y reste qu'un instant. Au reste, les cultivateurs en grand auroient bien de la peine à profiter du préservatif indiqué par M. l'Abbé Genty, parce qu'il leur seroit très-incommode de faire battre pendant la moisson. Ils ont des ressources dans les méthodes précédentes, qui, sans doute, ne sont pas les seules, mais auxquelles beaucoup d'autres se rapportent.

Parmi celles que je viens d'exposer, les unes sont praticables dans certains pays, les autres le sont ailleurs, quelques-unes le sont partout. On ne peut employer le moulin d'Alsace ou le crible de M. Gambier, perfectionné par M. Legours, que dans les lieux où se trouvent ces instrumens. Le lavage à l'eau, qu'on croiroit facile dans tous les cantons, ne l'est pas dans ceux où l'eau est à une grande profondeur. Je connois des fermes en Picardie où on est obligé de la tirer de 250 piéds. Il en faudroit beaucoup pour purifier de 90 à 100 septiers de semence, quantité ordinaire pour une exploitation commune. Quoique la terre à tuile & à brique ne soit pas rare, il y a des villages qui en sont privés ; on seroit obligé de la tirer du voisinage ; ce qui exigeroit des frais de fouille & de transport. Mais il n'y a pas d'endroit où on ne puisse battre le froment Carié sur le tonneau ou sur le cylindre ; il n'y en a pas où l'on ne puisse le jetter au vent & le cribler, soit à la main, soit au crible d'archal.

C'est à chaque cultivateur à examiner ce qui lui est le plus commode ; moins il laissera à faire au chaulage, en se servant d'un des moyens de dépuration précédens, plus il sera assuré de récolter des grains purs.

Chaulage sans dépuration préparatoire.

Il ne me suffisoit pas de m'être convaincu que les moyens de dépuration employés avant le chaulage, n'étoient pas en général capables seuls de préserver entièrement le froment de Carie, j'ai voulu m'assurer encore si le chaulage ne produiroit pas cet effet, sans être précédé d'aucun moyen de dépuration. Plusieurs fois je suis parvenu à récolter du froment exempt de Carie, en n'employant qu'un simple chaulage ; mais c'étoit dans les années où le froment de semence n'étoit que foiblement entaché. En 1785, je partageai un champ en neuf parties ; on y sema du froment presque tout noir de Carie, après avoir chaulé à des doses différentes de chaux, l'ensemencement de huit parties : celles-ci produisirent une grande quantité d'épis cariés, les unes un cinquième ou un quart ; les autres un tiers & même plus d'un tiers. A la récolte de 1786, les fromens auxquels on n'avoit fait subir aucune préparation, ne m'en donnèrent pas davantage. J'avois fait jeter l'ensemencement de la neuvième partie dans un baquet plein d'eau de chaux, où il trempa pendant vingt-quatre heures. Je ne trouvai dans son produit qu'un vingt-cinquième d'épis Cariés.

Il résulte de cette expérience, 1.° que le chaulage seul ne peut préserver de Carie la production d'un froment qui en est très-entaché. 2.° Que, quand il l'est à certain degré, il faut beaucoup de soin pour le mettre dans l'état de pureté convenable. 3.° Qu'à la rigueur, en le laissant tremper long-tems dans l'eau de chaux, on émousseroit presque entièrement le principe contagieux. Mais il faudroit écumer les grains de Carie qui, sans cette attention, s'écraseroient toujours dans les mouvemens du chaulage, & rendroient au froment le mal qu'on cherche à lui enlever, & encore n'est-on pas sûr qu'il n'en échapperoit pas quelques-uns à la plus scrupuleuse recherche. Les expériences précédentes prouvent encore qu'on ne devroit pas compter entièrement sur les dépurations, soit méchaniques, soit par le moyen de l'eau. Il faut donc réunir à-la-fois un de ces moyens & le chaulage, dans le cas où il s'agit de détruire un virus très-abondant & très-actif.

Lorsque je m'occupai des préservatifs contre cette maladie, j'examinai vers le tems des récoltes, les champs qui m'environnoient, & ceux des pays que je parcourois. Les uns m'offroient une grande quantité d'épis cariés ; j'en trouvai moins dans d'autres ; il y en avoit qui n'en contenoient pas un seul épi. Instruit de l'état où étoient les grains que chacun avoit semés, je pensai que le plus ou moins de Carie dépendoit de la manière dont avoient été préparées les semences. M. Tillet avoit fait la même observation. Je soumis à l'expérience les méthodes employées par ces Cultivateurs, & j'eus des effets pareils à ceux qu'ils obtenoient. La curiosité me porta plus loin ; elle m'engagea à essayer sur le froment Carié l'influence de différentes substances, qu'on ne pouvoit même espérer d'employer, à cause de leur prix. M. Tillet avoit fait des essais sur plusieurs d'entr'elles ; mais il n'avoit pas employé les autres, & j'avois plus d'un motif de les mettre en comparaison. Le principal étoit de connoître leur action respective sur la Carie ; je desirois en outre savoir s'ils attaquoient le principe de la végétation du froment, ou s'ils contribueroient à le développer & à augmenter son effet.

Une année ne me paroissant pas suffisante pour cet examen, j'y en consacrai quatre, savoir : de 1786 à 1787, de 1787 à 1788, de 1788 à 1789, & de 1789 à 1790. Mes expériences furent grêlées lors de l'orage du mois de Juillet 1788 ; ainsi, je ne dois pas, pour cette année, faire usage des produits en paille & en grain ; mais la veille j'avois constaté l'état & le nombre des épis Cariés, je puis donc pour cet objet mettre l'année 1788 en comparaison avec les autres.

Les expériences ont été faites en trois terrains différens. Le hasard a voulu que la dernière année, elles se soient trouvées dans celui de la première, après un intermédiaire d'ensemencement en avoine & ensuite de jachères. Le terrain de celles de la première année a été fumé avec de la fiente de pigeons ; celui des expériences de celles de la deuxième & de la quatrième années, avec de la terre résultante d'anciennes démolitions, & celui des expériences de la troisième, avec du fumier de cheval & de vaches.

Première Année, ou de 1786 à 1787.

Le froment employé pour toutes les parties étoit très-entaché de Carie.

Celui que j'abandonnai à lui-même, sans lui faire subir aucune préparation, & qui étoit destiné à être en quelque sorte le type des autres, a produit un cinquième d'épis Cariés, & huit pour un de bon grain.

Acide vitriolique. Celui qui a été arrosé d'un neuvième d'acide vitriolique, mêlé à suffisante quantité d'eau, après avoir été lavé dans trois eaux, a produit un cent quatre-vingt-dix-neuvième d'épis Cariés, & huit pour un de bon grain.

Le même, aussi lavé dans trois eaux, & arrosé de deux dixièmes d'acide vitriolique, mêlé à de l'eau, a produit un 300.e d'épis Cariés, & 9 pour un de bon grain.

Le même, non-lavé auparavant, arrosé d'un neuvième d'acide vitriolique, mêlé à de l'eau a produit un 300.e d'épis Cariés, & 10 pour un de bon grain.

Le même, non-lavé, arrosé de deux dixièmes d'acide vitriolique, mêlé à de l'eau, a produit un 306.e d'épis Cariés, & 10 pour un de bon grain.

Acide nitreux. Le même, lavé dans trois eaux, & arrosé d'un 9.e d'acide nitreux fumant, mêlé à de l'eau, a produit un 500.e d'épis Cariés, & seulement deux pour un de bon grain.

Le même, lavé dans trois eaux, & arrosé de deux 10.es d'acide nitreux, mêlé à de l'eau, a produit seulement un pour un de bon grain, sans épis Cariés.

Le même, lavé dans trois eaux, & arrosé de trois 11.es d'acide nitreux, mêlé à de l'eau, n'a pas produit un pour un de bon grain ; il n'y avoit pas de Carie.

Le même, non-lavé auparavant, & arrosé d'un 9.e d'acide nitreux, mêlé à de l'eau, a produit un 4800.e d'épis Cariés, & huit pour un de bon grain.

Le même non-lavé auparavant, & arrosé de deux 10.es d'acide nitreux, mêlé à de l'eau, a produit un 168.e d'épis Cariés, & quatre pour un de bon grain.

M. Tillet avoit essayé l'eau forte à la dose d'un 8.e sur sept parties d'eau, indépendamment du chaulage ; il n'eut qu'un seul épi Carié sur 1164.

Acide marin. Le même, lavé dans trois eaux, & arrosé d'un 9.e d'acide marin, mêlé à de l'eau, a produit un 300.es d'épis Cariés, & huit pour un de bon grain.

Le même, lavé dans trois eaux, & arrosé de deux 10.es d'acide marin, mêlé à de l'eau, a produit un 4800.e d'épis Cariés, & neuf pour un de bon grain.

Le même, non-lavé auparavant, & arrosé de deux 10.es d'acide marin, mêlé à de l'eau, a produit un 300.e d'épis Cariés, & neuf pour un de bon grain.

Acide du vinaigre. Le même, lavé dans plusieurs eaux, & arrosé de trois 11.es de vinaigre rouge d'Orléans, a produit un 30.e d'épis Cariés, & seulement deux pour un de bon grain.

Le même, lavé dans plusieurs eaux, & trempé ensuite dans suffisante quantité de vinaigre seul, a produit un 1500.e d'épis Cariés, & deux & demi pour un de bon grain.

Le même non lavé auparavant, & trempé, pour toute préparation, dans suffisante quantité de vinaigre, a produit un 250.e & trois pour un de bon grain.

Soude. Le même, trempé dans une solution de Soude & de chaux, à la dose de huit parties de chaux, & de six parties de Soude, a produit un 100.e d'épis Cariés, & sept pour un de bon grain. La semence avoit auparavant été lavée dans plusieurs eaux.

Potasse. Le même, lavé dans plusieurs eaux, & trempé dans une solution de Potasse & de

chaux, à la dose de huit parties de chaux & de quatre de Potasse, a produit un 130.e d'épis Cariés, & huit pour un de bon grain.

M. Tillet a employé la chaux & la Potasse.

Chaux seule. Le même, lavé dans plusieurs eaux, & trempé dans une solution de Chaux seule, a produit un 308.e d'épis Cariés sur une foible production en grain. Elle n'a été que de quatre pour un ; mais cette partie du champ étoit pleine de bled de vache.

Alkali fixe caustique. Le même, lavé dans trois eaux, & arrosé d'un 9.e d'Alkali fixe caustique mêlé à de l'eau, a produit un 78.e d'épis cariés, & neuf pour un de bon grain.

Le même, lavé dans trois eaux, & arrosé de trois 11.es d'Alkali fixe caustique mêlé à de l'eau, a produit quatre pour un de bon grain, sans Carie.

Le même, non lavé, arrosé de deux 10.es d'Alkali fixe caustique mêlé à de l'eau, a produit un 200.e d'épis cariés, & huit pour un de bon grain.

Le même, non lavé, & arrosé de trois 11.es d'Alkali fixe caustique, a produit quatre pour un, sans Carie.

Dès l'année précédente, j'avois comparé trois doses d'Alkali fixe caustique ; savoir, un 9.e, un 18.e & un 36.e de l'eau nécessaire. L'effet de la première avoit été de réduire la production de Carie à un 100.e, au plus, du bon grain ; celui de la seconde, de la réduire à un 39e ; & celui de la troisième, à un 15e.

M. Durvyé, Curé de Saint-Laurent-la-Gâtine, près Noyent-le-Roy, a mouillé cette année, dans du vin, dans du cidre, de l'huile, du marc de café, du froment qui a bien levé, &. &. a produit bien moins de Carie que du froment semé sans préparation.

Deuxième Année, de 1787 à 1788.

Le froment entaché de Carie, auquel je n'ai fait subir aucune préparation, a produit un 6.e d'épis Cariés. J'ai déjà prévenu que, dans les expériences de cette année, je ne pouvois parler des produits en bon grain, à cause des ravages de la grêle du 13 Juillet.

Le même, arrosé d'un 9.e d'Acide vitriolique ou d'Acide nitreux, ou d'Acide marin, avec suffisante quantité d'eau, n'a pas produit de Carie. Il y avoit moins de tiges de bon grain dans la partie dont la semence avoit été arrosée d'Acide nitreux, comme dans l'expérience de l'année précédente.

Le même, arrosé d'un 9.e de vinaigre rouge mêlé à de l'eau, n'a point produit de Carie. Mais cette partie a aussi donné peu de tiges de bon grain, ce qui s'accorde avec l'expérience de la première année.

Le même arrosé d'un 9.e de jus de citron

mêlé à de l'eau, a produit un 500.ᵉ d'épis Cariés
& des épis fains, en auſſi grande quantité qu'il
ſe pouvoit dans ce terrain.

Le même, arroſé d'une ſolution de chaux &
de ſoude, à la doſe de huit parties de chaux
& de ſix de ſoude, ou d'un 9.ᵉ d'alkali volatil
ou de chaux cauſtique dans de l'eau, ou d'une
ſolution & de ſel de Glauber, ou de ſel de
nitre, ou de ſel marin, ou de ſel végétal, ou de
vert-de-gris, ou d'arſenic, n'a pas produit d'épis
Cariés ; mais beaucoup d'épis fains.

M. Tillet a employé la ſolution de nitre &
celle de ſel marin & de chaux, pour une ſemence qui n'a point produit de Carie ; tandis que
la même ſemence, ſars préparation, en a donné
les trois 5.ᵉˢ.

Le même, trempé dans l'huile d'olive, trempé
dans l'huile animale & dans l'huile de térébenthine, n'a pas produit de Càrie. La partie, dont
la ſemence a trempé dans l'huile d'olive, avoit
moins de tiges que les deux autres.

Troiſième Année, de 1788 à 1789.

Le froment, employé dans les expériences de
la première & ſeconde année, étoit entaché de
Carie par l'action du fléau ; celui que je voulois employer pour celles de la troiſième, n'é-
tant pas ſuffiſamment entaché, je le noircis avec
de la poudre de Carie. Quelques jours après, je
le lavai dans trois eaux, avant de faire ſubir à
chaque partie ſa préparation particulière.

Celui de la première partie fut le ſeul auquel
je ne fis aucune préparation. Il a donné un tiers
d'épis Cariés.

Acide vitriolique. Le même froment, arroſé
d'un 5.ᵉ d'Acide vitriolique & de quatre 5.ᵉˢ
d'eau, n'a pas produit d'épis Cariés, & a produit ſix pour un de bon grain.

Acide nitreux. Le même, arroſé d'un 5.ᵉ d'A-
cide nitreux fumant, & de quatre 5.ᵉˢ d'eau, a
produit un 143.ᵉ d'épis Cariés, & ſept pour un
de bon grain.

Acide marin. Le même, arroſé d'un 5.ᵉ d'A-
cide marin, & de quatre 5.ᵉˢ d'eau, a produit
un 140.ᵉ d'épis Cariés, & ſept pour un de bon grain.

Acide du vinaigre. Le même, trempé dans du
vinaigre pur, n'a pas produit de Carie, & a produit
deux pour un ſeulement d'épis de bon grain.

Le même, arroſé de moitié eau & de moitié
vinaigre, a produit un 180.ᵉ d'épis Cariés, &
a produit en grain cinq à ſix pour un.

Acide du verjus. Le même, trempé dans moitié eau & moitié verjus, a produit un 143.ᵉ
d'épis Cariés, & de cinq à ſix pour un en bon
grain.

Acide de l'oſeille. Le même, trempé dans moitié eau & moitié jus d'oſeille, a produit un 90.ᵉ
d'épis Cariés, & ſept pour un de bon grain.

Acide du citron. Le même, trempé dans moi-

tié eau & moitié jus de citron, a produit un
85.ᵉ d'épis Cariés, & ſept pour un de bon grain.

Le même, trempé dans du jus de citron pur,
a produit un 120.ᵉ d'épis cariés, & de cinq à
ſix pour un de bon grain.

Soude. Le même, arroſé d'une ſolution de
Soude très-chargée, a produit un 150.ᵉ d'épis
Cariés, & ſept pour un en bon grain.

Eau-de-vie de Menthes. Le même, arroſé de
moitié eau & moitié Eau-de-vie de Menthes,
n'a pas produit de Carie, & a produit en bon
grain de quatre à cinq pour un.

Ether vitriolique. Le même, arroſé d'un 5.ᵉ
d'Ether vitriolique & de quatre 5.ᵉˢ d'eau, a
produit un 200.ᵉ d'épis Cariés, & de ſept à huit
pour un en bon grain.

Vin rouge. Le même, arroſé de moitié eau
& moitié vin rouge, a produit un 51.ᵉ d'épis
Cariés, & ſix pour un en bon grain.

Chaux ſeule. Le même, arroſé d'une ſolution
de Chaux épaiſſe, n'a pas produit d'épis Cariés,
& a produit ſix pour un en bon grain.

Alkali volatil. Le même, arroſé d'un 5.ᵉ d'Alkali volatil & de quatre 5.ᵉˢ d'eau, a produit
un 200.ᵉ d'épis Cariés, & cinq pour un en bon
grain.

Alkali fixe cauſtique. Le même, arroſé d'un
5.ᵉ d'Alkali fixe cauſtique & de quatre 5.ᵉˢ d'eau,
n'a produit aucun épi carié, & a produit de
cinq à ſix pour un en bon grain.

Sel de Glauber. Le même, arroſé d'une ſolution de Sel de Glauber, a produit un 68.ᵉ
d'épis Cariés, & cinq pour un de bon grain.

Sel de nitre. Le même, arroſé d'une ſolution
de Sel de nitre, a produit un 66.ᵉ d'épis Cariés,
& de huit à neuf pour un en bon grain.

Sel marin. Le même, arroſé d'une ſolution de
Sel marin, a produit un 400.ᵉ d'épis Cariés, &
de cinq à ſix pour un en bon grain.

Sel ammoniac. Le même, arroſé d'une ſolution
de Sel ammoniac, a produit un 108.ᵉ d'épis Cariés, & ſept pour un en bon grain.

Crême de tartre. Le même, arroſé d'une ſolution de Crême de tartre dans l'eau bouillante,
a produit un 15.ᵉ d'épis Cariés, & ſept pour un
en bon grain.

Sel de tartre. Le même, arroſé d'une ſolution
de Sel de tartre, a produit un 400.ᵉ d'épis cariés, & huit pour un en bon grain.

Terre foliée de tartre. Le même arroſé d'une
ſolution de terre foliée de tartre, a produit un
92.ᵉ d'épis Cariés, & de cinq à ſix pour un de
bon grain.

Sel végétal. Le même, arroſé d'une ſolution
de Sel végétal, a produit un 140.ᵉ d'épis Cariés,
& de cinq à ſix pour un en bon grain.

Huile de térébenthine. Le même, arroſé d'Huile
de térébenthine, a produit cinq pour un de bon
grain, ſans Carie.

Huile de corne de cerf. Le même, arroſé d'Huile
de corne

de corne de cerf, a produit un 90.e d'épis Cariés,
& six pour un de bon grain.

Huile d'olives. Le même, arrofé d'Huile d'olives, a produit quatre pour un de bon grain, fans Carie.

Quatrième Année, de 1789 à 1790.

Le froment choifi pour cette expérience, ne paroiffoit pas fenfiblement Carié. Je n'ai pas cru devoir le faire laver. Deux parties ont été difpofées pour objet de comparaifon ; une, dont la femence n'a eu aucune préparation. Elle a produit feulement un 1800.e d'épis Cariés, & fept & deux tiers pour un ; l'autre, dont la femence, après avoir été bien chaulée & lavée enfuite, a été répandue dans des rayons, fur de là poudre de Carie ; elle a produit moitié d'épis Cariés. M. Tillet avoit fait cette expérience, en éloignant même de la poudre les grains de froment, qui produifirent beaucoup d'épis Cariés.

Acide vitriolique. Le même, arrofé de moitié eau & moitié Acide virriolique, n'a produit aucun épi Carié, & a produit fept pour un de bon grain.

Acide nitreux. Le même, arrofé de moitié eau & moitié Acide nitreux, n'a point produit de Carie fur quelques pieds, les feuls qui aient levé.

Acide marin. Le même, arrofé de moitié eau & moitié Acide marin, n'a produit que quelques pieds fans Carie.

Acide du vinaigre. Le même, arrofé de vinaigre rouge feulement, n'a pas produit de Carie, & feulement un & deux tiers pour un de bon grain.

Le même, arrofé de moitié eau & moitié vinaigre, n'a pas produit d'épis cariés, mais cinq & demi pour un de bon grain.

Crème de tartre. Le même, arrofé d'une folution de Crème de tartre dans l'eau bouillante, a produit un 185.e d'épis Cariés, & fix & deux tiers pour un de bon grain.

Verjus. Le même, arrofé de Verjus, a produit un 1000.e d'épis Cariés, & fept & un tiers pour un de bon grain.

Soude. Le même, arrofé d'une folution de Soude, a produit fix & deux tiers pour un de bon grain, fans Carie.

Chaux feule. Le même, arrofé d'une folution de Chaux feule, a produit huit & un tiers pour un, fans Carie.

Alkali volatil. Le même, arrofé de moitié eau & moitié Alkali volatil, a produit huit pour un de bon grain, fans Carie.

Alkali fixe cauftique. Le même, arrofé de moitié eau & moitié Alkali fixe cauftique, a produit huit & deux tiers pour un, fans Carie.

Eau vulnéraire à l'eau. Le même, arrofé d'Eau vulnéraire à l'eau feule, a produit huit & un tiers pour un de bon grain, fans Carie.

Ether vitriolique. Le même, arrofé de moitié eau & de moitié Ether vitriolique, a produit un 700.e d'épis Cariés, & huit & un tiers pour un de bon grain.

Eau-de-vie. Le même, arrofé d'Eau-de-vie pure, a produit huit pour un, fans Carie.

Vin rouge. Le même, arrofé de Vin rouge feul, a produit un 900.e d'épis Cariés, & fept & un tiers pour un de bon grain.

Bierre. Le même, arrofé de Bierre feule, a produit un 500.e d'épis Cariés, & fept pour un de bon grain.

Sel de Glauber. Le même, arrofé d'une folution de Sel de Glauber, a produit un 1800.e d'épis Cariés, & fept & un tiers de bon grain.

Sel marin. Le même, arrofé d'une folution de Sel marin, a produit un 1500.e d'épis Cariés, & huit pour un de bon grain.

Sel de nitre. Le même, arrofé d'une folution de Sel de nitre, a produit fix & un tiers pour un de bon grain, fans Carie.

Sel de tartre. Le même, arrofé d'une folution de Sel de tartre, a produit huit pour un de bon grain, fans Carie.

Terre foliée de tartre. Le même, arrofé d'une folution de Terre foliée de tartre, a produit fept & deux tiers pour un de bon grain, fans Carie.

Sel ammoniac. Le même, arrofé d'une folution de Sel ammoniac, a produit fept & deux tiers pour un de bon grain, fans Carie.

Vitriol cuivreux. Le même, arrofé d'une folution de cryftaux de Vitriol cuivreux, a produit fix & un tiers pour un de bon grain, fans Carie.

Vitriol martial. Le même, arrofé d'une folution de cryftaux de Vitriol martial, a produit feulement deux pour un de bon grain, fans Carie.

Huile de térébenthine. Le même, trempé dans l'Huile de térébenthine feule, a produit fept & un tiers de bon grain pour un, fans Carie.

Huile d'olives. Le même, trempé dans l'Huile d'olives feule, a produit fept & un tiers pour un de bon grain, fans Carie.

Huile de corne de cerf. Le même, trempé dans l'Huile de corne de cerf, a produit fept & un tiers pour un de bon grain, fans Carie.

Les expériences que je viens de rapporter, & que j'aurois defiré pouvoir abréger, ont donné lieu à diverfes obfervations & à divers réfultats.

En examinant d'abord combien il avoit fallu de tems à chacune des préparations pour fécher, j'ai remarqué que la leffive d'acide vitriolique, & celle des huiles de térébenthine & d'olives avoient eu befoin de 72 heures ; celles d'alkali cauftique & d'acide marin, de 48 heures ; celle d'acide nitreux, de 36 heures ; celle de vinaigre, ou feul ou mêlé à de l'eau ; celles de crème de tartre, de verjus, de fel de Glauber, de fel marin, de fel de nitre, de fel de tartre, de terre foliée de tartre, de fel ammoniac, d'Huile de

corne de cerf, de 24 heures ; celle d'alkali volatil, de 18 heures ; celles de vulnéraire à l'eau,
d'éther vitriolique, de vin, d'eau-de-vie, de
bierre, de vitriols cuivreux & martial, de 12
heures.

J'ai remarqué aussi que les grains, arrosés des
diverses solutions ou liqueurs, n'ont pas changé
de couleur dans la plupart des parties. Mais ceux
qui ont été arrosés avec l'acide vitriolique, ont
beaucoup blanchi, comme si on les eût lavés
dans plusieurs eaux chaudes. Ils ont blanchi,
mais un peu moins, avec les acides nitreux &
marin, l'eau vulnéraire à l'eau, l'eau-de-vie &
la bierre ; avec le vinaigre, le verjus, les solutions de sel de Glauber, de sel ammoniac, ils
se sont seulement ternis ; avec les solutions de
soude, de sel de tartre, de sel marin, & avec
l'alkali volatil, ils ont jauni, moins avec l'alkali
volatil & la solution de sel marin, qu'avec celle
de soude & de sel de tartre; avec l'alkali caustique, ils ont rougi au milieu, & jauni aux extrémités; l'écorce même s'en séparoit facilement ;
avec le vin, ils ont pris une couleur lie-de-vin;
avec la solution de nitre, ils se sont couverts
de crystaux de nitre. Avec la solution de vitriol cuivreux, ils étoient tachés de bleu ; & avec
celle de vitriol martial, ils étoient colorés en
gris.

Enfin, le sol sur lequel j'ai fait poser ces
grains, sol formé de planches, a été très-attaqué
par la lessive d'acide vitriolique, moins par celle
des acides nitreux & marin, & presque brûlé
par celle de l'alkali caustique; les autres n'y
avoient fait aucune impression.

Ces trois Observations ne doivent tomber que
sur les expériences de la quatrième année, c'est-
à-dire, de 1789 à 1790; dans lesquelles les diverses
substances ont été employées, aux plus fortes doses.

Les produits en paille, dans les deux dernières années, où je les ai fait peser soigneusement,
n'ont pas eu les mêmes rapports avec les produits en grain. Dans une des deux années, presque toutes les parties ont produit une quantité
de paille du double de celle du grain, c'est-à-
dire qu'en supposant une gerbe de froment du
poids de 12 livres, avant d'être battue, on en
retiroit 4 livres de grain & 12 livres de paille,
non comprises les bâles. Dans l'autre année, le
plus grand nombre des parties a rendu un quart
en grain, & les trois autres quarts en paille;
c'est-à-dire, qu'une gerbe de 12 livres rendoit
9 livres de paille, & 3 livres de grain. Plusieurs
parties ont aussi rendu, cette même année, le
double, ou presque le double en paille.

Aucune des substances employées dans les expériences des quatre années, n'a été inutile pour la
diminution de la Carie. Il est d'observation qu'il
faut un 30.e d'épis Cariés, pour noircir sensiblement le bon froment; quelques Planches seu-

lement en ont eu cette quantité. Les lessives,
qui ont arrosé la semence des autres, ont été
des préservatifs plus ou moins puissans, selon les
doses & les années.

L'acide vitriolique, dans la première année,
c'est-à-dire, de 1786 à 1787, à la dose d'un 9.e,
n'a pas empêché qu'il n'y eût un 199.e de Carie dans une Planche, & un 300.e dans une autre. Dans la seconde année, c'est-à-dire, de
1787 à 1788, la même dose en a préservé en
totalité. On ne peut attribuer le 199.e ou le
300.e de la première année au fumier, puisque
le champ étoit fumé avec de la fiente de pigeons.
C'étoit la même quantité d'acide vitriolique dans
les deux années. C'est donc à quelque circonstance
de culture qu'il faut s'en prendre.

J'ai varié les doses de l'acide vitriolique, de
l'acide nitreux & marin, du vinaigre & de l'alkali fixe caustique, parce qu'il étoit intéressant
de voir combien il en faudroit pour détruire
entièrement la Carie. Une des deux années, les
semences qui en ont été arrosées, à la dose d'un
9.e, n'ont pas produit de Carie. L'autre année,
cette dose n'a pas suffi. Les acides marin & nitreux, & l'alkali fixe caustique, ont eu le plus
d'effet. Quoique quelques Planches, ensemencées
avec du froment trempé dans des parties égales
de ces cinq fluides, aient eu plus ou moins de
Carie; cependant, en général, plus leurs doses
ont été fortes, moins leurs productions en froment ont eu de Carie. Je ne puis tirer aucune
induction de la précaution que j'avois prise de
laver une partie des semences dans trois eaux,
avant de les arroser des substances chymiques,
& de ne pas laver l'autre partie, puisqu'il y a
des Planches où le lavage préliminaire paroit
avoir influé sur la diminution de Carie, & d'autres où il ne paroit pas y avoir influé.

A l'égard des produits, en Carie, des semences
arrosées avec les autres acides ou les sels neutres,
il y a eu de si grandes variations dans les quatre
années, qu'il est également impossible d'en comparer l'action. Telle substance qui avoit peu agi
dans une année, a agi davantage l'année suivante; en sorte qu'il seroit, pour ainsi dire, indifférent d'employer l'une ou l'autre.

Les substances huileuses, qu'on n'auroit pas
cru capables de détruire la Carie, ont été cependant un des plus puissans préservatifs, puisqu'une
seule fois en trois années, la semence, imprégnée d'huile de corne de cerf, a produit un 90.e
d'épis cariés. Les autres huiles en ont totalement
préservé le froment.

Parmi les acides, ce sont l'acide nitreux & celui du vinaigre qui, à doses égales, ont le plus
attaqué le germe du froment. Des Planches ensemencées en froment arrosé d'acide nitreux, ou
de vinaigre, n'ont rendu qu'un ou deux pour
un de bon grain, tandis que d'autres, dont les

lemences avoient été arrofées, foit d'acide vitriolique, foit d'acide nitreux, ou d'autres
fubftances, ont produit huit, ou neuf, ou dix
pour un.

La leffive d'alkali fixe cauftique a offert la
même obfervation, dans les parties où elle avoit
été employée dans la plus grande proportion.
La femence qui en a été arrofée à la dofe d'un
9.e, a produit neuf pour un de bon grain ; celle
qui l'a été à la dofe de deux 10.es, en a produit huit pour un, & celle qui l'a été à la dofe
de trois 11.es, n'a produit que quatre pour un.
Je n'ai eu que deux pour un, il eft vrai,
de l'enfemencement du froment arrofé de la
leffive de vitriol martial. Mais je n'en dois rien
conclure, parce que je n'ai effayé qu'une fois
fon action.

Les huiles n'ont ni gêné ni retardé la fortie
des germes ; car, chacune des quatre années, les
fromens, imprégnés des trois efpéces d'huile, ont
levé en même-tems que les autres ; ce qui eft
d'accord avec l'expérience de M. Durvye, Curé
de Saint-Laurent-la-Gatine. La derniére année,
ils ont produit fept & un tiers pour un de bon
grain. On fe rappellera que Virgile parle du marc
d'olives pour échauffer les grains ; c'eft fans doute
comme engrais jeté fur les terres, & non comme
une préparation de la femence.

Il m'a paru que les femences qui, en général,
avoient le mieux profpéré, étoient celles que
j'avois arrofées des liqueurs pénétrantes, telles
que l'alkali fixe cauftique, l'alkali volatil, l'eau
vulnéraire à l'eau, l'éther & l'eau-de-vie.

Sans doute on pourroit tirer beaucoup d'autres conféquences des faits rapportés, & préfenter des vues pour des effais, relativement aux
principes des engrais, pour hâter ou favorifer
la végétation ; mais je ne m'écarterai pas de
mon objet, & je dirai feulement, avant d'aller
plus loin, 1.° qu'on ne doit pas être étonné
que des Cultivateurs aient, dans certaines années, préfervé de la Carie leurs fromens, par l'u-
fage de différens ingrédiens, & que, dans d'autres années, avec les mêmes ingrédiens, ils n'aient
pas réuffi ; 2.° que tout ce qui peut avoir de
l'activité, enlevera plus ou moins de la poudre
de Carie attachée fur le bon grain ; 3.° qu'indépendamment des fubftances actives, celles qui
délaieront la poudre contagieufe, ou l'émouffe-
ront feulement, feront, jufqu'à certain point,
utiles ; 4.° que fi l'on vouloit employer feules,
à dofes fuffifantes, celles dont le fuccès feroit
le mieux marqué, on s'expoferoit à brûler
le germe du froment, ou on auroit un moyen
très-difpendieux ; 5.° enfin, qu'il vaut mieux
recourir, dans les cas où le froment deftiné aux
femences eft très-entaché de Carie, d'abord à
un des cinq moyens de dépuration qui précédent, & enfuite à un des chaulages fuivans.

*Chaulages des fromens entachés de Carie, après
une dépuration préliminaire.*

Si on confidère les Chaulages par rapport aux
ingrédiens qui entrent dans leur compofition,
on les réduira à deux ; car, on peut n'employer
que la chaux & l'eau, ou on peut y ajouter
quelques-uns des ingrédiens dont j'ai parlé. Si
on les confidère par rapport à la manière dont
ils s'exécutent, on en diftinguera de quatre fortes : favoir, le Chaulage par afperfion, le Chaulage par immerfion, le Chaulage par précipitation ; ces trois fortes fe font avec la chaux diffoute dans l'eau, & le Chaulage avec la chaux
sèche & en poudre.

COMPOSITION DES CHAULAGES.

Chaux & Eau.

Il n'eft point indifférent d'employer, pour le
Chaulage, de la chaux de bonne ou de mauvaife qualité ; la meilleure doit être préférée,
fur-tout quand on l'emploie feule avec de l'eau.
Il faut qu'elle foit récemment faite, en pierre,
& qu'elle fe diffolve parfaitement dans l'eau, &
qu'on ne l'expofe point à l'air avant de la diffoudre. Tous les pays ne font pas affez heureux pour avoir de bonne chaux, quoiqu'on
en faffe avec différentes matières, telles que les
pierres à chaux ordinaires, les marbres, les coquilles d'huître, &c.

On en proportionne la quantité à fa qualité,
c'eft-à-dire, qu'il en faut moins quand elle n'eft pas
bonne. Cent livres, ou fix boiffeaux combles de
bonne chaux, font la dofe qui me paroît convenable pour huit fetiers de froment, mefure de
Paris, & 260 pintes d'eau au moins. Je ne pref-
cris pas exactement la dofe de l'eau, parce qu'elle
doit être plus forte quand le froment deftiné à
la femence eft bien fec. Dans ce cas, il en abforbe beaucoup, & fa furface ne feroit pas fuffifamment lavée, fi on ne le mouilloit de manière
à lui donner une furabondance d'eau. D'ailleurs,
la bonne chaux, ou la chaux de pierres, exige
plus d'eau que celle qui eft faite avec la marne.
On croit qu'on pourroit encore fe guider fur
la quantité d'eau qu'emploient les Maçons, lorfqu'ils éteignent la chaux, pour la faire couler
d'un petit baffin dans un grand.

On peut employer la chaux, pour chauler,
ou après l'avoir fait fondre dans l'eau, ou sèche,
ou feulement éteinte à l'air.

Lorfqu'on ne peut employer la chaux qu'a-
près l'avoir fait fondre dans l'eau, on l'éteint
ou dans l'eau froide, ou dans l'eau chaude, même
bouillante ; la diffolution s'en fait mieux à l'eau
bouillante. L'homme qui n'a qu'une petite exploitation, ou qui ne chaule que peu de fro-

ment à-la-fois, fait bouillir toute l'eau dont il a besoin, & y éteint fa chaux; mais celui qui chaule beaucoup de froment à chaque Chaulage, éteint toute fa chaux dans l'eau bouillante, & verfe la diffolution dans le furplus de l'eau néceffaire.

Au moment où la chaux fe fond dans l'eau, il fe fait une vive effervefcence, capable de répandre une partie de la diffolution, fi les vaiffeaux ne font pas grands. On l'appaife en verfant deffus un peu d'eau froide; mais feulement dans le cas & à l'inftant où l'on craindroit que le bouillonnement ne fît perdre beaucoup de chaux. On a foin de remuer avec un bâton ou une pelle, afin de faciliter la diffolution. Si l'opération du Chaulage dure quelque tems, on jette, dans les vaiffeaux qui contiennent la diffolution de chaux, quelques pierres de chaux vive, de tems en tems, pour la réchauffer & la ranimer.

J'ai remarqué qu'un grand nombre de Propriétaires de terres & de Fermiers fe préfervoient de Carie, en ne fe fervant que de chaux & d'eau, à une grande dofe. Moi-même, je n'ai employé que cette feule méthode dans les grandes cultures, & dans des années où la contagion de la Carie s'étoit très-répandue, & je n'ai prefque pas récolté de Carie. Lorfque, dans des expériences comparées, j'ai employé des dofes plus ou moins foibles de chaux, j'ai eu plus ou moins de Carie, comme il m'a été facile de le conftater par mes Journaux. Mais, dans ce cas, le froment avoit été bien criblé & lavé avant d'être chaulé; car fi on effayoit diverfes proportions de chaux fur du grain très-entaché de Carie, fans faire précéder le Chaulage d'une dépuration, il arriveroit que la femence, préparée avec une forte dofe de chaux, produiroit autant d'épis cariés que celle qui le feroit avec une moindre; je l'ai du moins effayé; en affoibliffant les proportions jufqu'à un 8.ᵉ La raifon en eft fimple; c'eft que, quand le froment eft tellement entaché qu'il en eft noir, quelque quantité de chaux qu'on emploie, elle n'en enlève qu'une partie, & il en fubfifte toujours beaucoup. Ce n'eft pas la totalité de la poudre qui agit pour la production de la Carie, ce n'en eft qu'une portion; dès que cette portion refte, on doit s'attendre à récolter un grand nombre d'épis cariés; or, dans la circonftance dont il s'agit, la chaux, & toute autre fubftance qu'on y joindroit, portant leur action fur le plus gros de la Carie, n'attaqueroient pas celle qui eft intimement adhérente aux grains de froment, & fon effet auroit lieu en entier; ce qui prouve encore la néceffité d'une dépuration.

Il y a, fans doute, des Pays où on a difficilement de la chaux. Les Cultivateurs de ces cantons doivent en diminuer la dofe, foit en faifant ufage d'une des méthodes fuivantes, dans lefquelles il en entre moins, foit en fubftituant à une partie de la chaux quelques autres fubf-

tances actives. Dans le cas où il y auroit impoffibilité d'avoir de la chaux, il faut qu'ils emploient un des moyens de dépuration précédens, & qu'ils paffent enfuite leurs femences dans des diffolutions de fels.

Chaux, Sels & Eau.

Pour rendre le Chaulage plus actif, on emploie, avec la chaux, différentes fortes de fels contenus, la plupart, dans des liquides qui les tiennent en diffolution. Selon les facilités, la fantaifie & l'opinion, les Cultivateurs fe fervent d'eau de mer, de faumure, de diffolution de fel marin, ou de falpêtre, d'eau-mère des Salpêtriers ou d'eau minérale chargé de fel, d'eau de marre, de jus de fumier, d'urine d'hommes & d'animaux, d'infufion ou décoction de fiente de volailles & de quadrupèdes, de fuie de cheminée, d'eau de leffive de linge, d'infufion ou décoction de cendres de bois, ou de fougères, ou de farment, de fonde, de potaffe, de fel ou fiel de verre, d'arfenic, de cobolt, de fublimé corrofif, de réalgar, de couperofe verte, d'alun, &c. Tous ces ingrédiens font bons, & leur effet eft proportionné à leur activité & à la dofe de chaux. Ils n'ont aucun inconvénient réel pour les hommes qui préparent la femence ou la répandent aux champs, fi l'on en excepte l'arfenic, le cobalt, le fublimé corrofif & le réalgar, que je confeille d'exclure abfolument du Chaulage, 1.° parce qu'ils font dangereux; j'ai vu des Semeurs contracter des inflammations, quelquefois mortelles, aux bras & au ventre, des ophtalmies rebelles, quelques affections de poitrine, & des coliques, parce qu'on leur donnoit à répandre du grain préparé avec ces poifons. Il eft rare que, dans ce cas, il ne périffe des oifeaux de baffe-cour, qui ramaffent quelques grains ainfi chaulés. 2.° Parce qu'on peut remplacer des fubftances auffi capables d'inquiéter, par d'autres moyens non moins fûrs & non moins efficaces. Je rapporterai l'emploi de ces derniers à trois méthodes préfervatives de la Carie, favoir : à celle dans laquelle la chaux eft unie à quelque fel neutre; à celle dans laquelle elle eft unie à l'alkali volatil; & à celle dans laquelle elle eft unie à l'alkali fixe. La méthode précédente, dans laquelle on emploie la chaux feule & l'eau, peut-être regardée comme la quatrième.

Méthode préfervative dans laquelle la Chaux eft unie à quelque Sel neutre.

Les Riverains de la Mer emploient l'eau falée, dans laquelle ils font diffoudre leur chaux; M. Tull, & d'autres Agriculteurs Anglois, confeillent la faumure; M. Tillet faifoit ufage tantôt de la diffolution de nitre, tantôt de celle du fel marin, pour fes expériences de recherches fur la Carie, & ces deux fels lui réuffiffoient également

J'ai entendu dire qu'on se préservoit aussi de la Carie, en joignant à la chaux l'eau-mère des Salpêtriers, certaines eaux minérales salées, & des dissolutions d'alun & de vitriol verd.

Pour unir à la chaux le sel marin cristallisé, on fait fondre, dans suffisante quantité d'eau bouillante, quatre livres de sel pour huit setiers de froment, mesure de Paris; on fait fondre, à part, quatre boisseaux de chaux vive dans deux cents soixante pintes d'eau, qu'on chauffe fortement auparavant, on réunit les deux dissolutions, & on en imprègne la semence de la manière qui sera exposée plus loin. Je ne puis indiquer la quantité de sel de nitre, d'alun & de vitriol, qu'il faudroit substituer au sel marin, parce que, ces sels m'ayant paru trop chers, je n'ai pas vérifié leur efficacité. Je présume qu'on pourroit les employer à la même dose que le sel marin. A l'égard des eaux minérales salées de la saumure, de l'eau de mer & des eaux-mères des Salpêtriers, elles auront d'autant plus d'efficacité, qu'elles entreront en plus grande proportion dans le Chaulage. Si l'on peut n'employer que ces eaux, sans eau commune, le préservatif en sera plus assuré.

La méthode qui consiste à unir le sel marin à la chaux, s'est introduite dans un canton de la Beauce, en 1777; les Fermiers de ce canton n'y récoltent plus de Carie. La première expérience en a été faite de la manière suivante : Un Fermier, auquel il ne restoit plus que quatre setiers de froment à semer, en préleva quelques boisseaux, qu'il donna à un de ses Métiviers, voyez METIVIER, pour ensemencer son champ; il passa le reste dans une eau de chaux, à laquelle il ajouta deux livres de sel marin ou de Gabelle. Le Métivier sèma son grain sans aucune préparation, & il récolta une quantité prodigieuse de Carie, tandis que le Fermier n'en eut point dans la pièce de terre où il sema le sien. En 1778, cette méthode fut appliquée à la semence de cent arpens, &, les années suivantes, à celle de plusieurs mille. J'ai essayé cette méthode un grand nombre de fois, dans le tems où le sel valoit 14 sols la livre; elle me paroissoit avantageuse, malgré le prix de cette denrée. J'ai engagé ceux qui y avoient confiance à continuer de s'en servir. Le bon marché du sel doit les y attacher davantage.

Méthode préservative, dans laquelle la chaux est unie à l'alkali volatil.

L'urine & les excrémens putréfiés des animaux, contiennent, indépendamment des autres substances salines, une certaine quantité d'alkali volatil : il s'en trouve aussi beaucoup dans la suie des cheminées, même de celles où l'on ne brûle que des végétaux. Plusieurs recettes, données pour préserver de la Carie, conseillent d'employer dans les lessives de la suie des cheminées ordinaires. M. Tillet a éprouvé de bons effets de l'urine humaine putréfiée. Parmi un grand nombre de Fermiers, les uns dissolvent simplement leur chaux dans de l'eau de mare, où s'égouttent les jus de fumier, produit des urines & d'une partie des excrémens des bestiaux; d'autres font infuser dans du jus de fumier, de la fiente de volailles, chargée, comme on sait, d'alkali volatil. C'est cette dernière méthode que je vais décrire, comme la plus sûre.

Pour lessiver deux setiers de froment, mesure de Paris, on met dans deux cens soixante pintes d'eau, un boisseau ras de crotin de pigeons, & autant de crotin de poule. On préfère l'eau des mares ou puisards, qui sont dans les cours des Fermes, sur-tout celle qui s'amasse dans les colombiers découverts, parce qu'elle contient les sels des excrémens des animaux. On laisse ce mélange infuser dans un tonneau, pendant douze ou quinze jours, ayant soin de le remuer de tems en tems avec un bâton. Il se fait un bouillonnement qui exhale une odeur désagréable. Au bout de ce tems, on tire à clair; on prend une partie de la liqueur, qu'on fait chauffer & même bouillir; on y dissout deux boisseaux ras de chaux vive, qui pèsent de trente à trentesix livres : si, lors de la dissolution, l'effervescence est trop considérable, on y jette un peu d'eau froide pour l'appaiser; on mêle ensuite cette eau de chaux avec le surplus de l'infusion des excrémens d'animaux, & on emploie cette lessive pour préparer la semence.

Cette méthode est praticable par-tout, & ne peut constituer les fermiers en dépense, puisqu'à l'exception de la chaux qu'ils sont obligés d'acheter toujours; ils trouvent les autres ingrédiens avec la plus grande facilité.

Je connois trois fermiers qui, depuis plusieurs années, se servent sous mes yeux de cette méthode avec succès. Un quatrième a bien voulu, en 1782, préparer cinquante setiers, qui formoient toutes ses semences, seulement avec du jus de fumier & de la chaux vive, dont il a employé en tout cinq minots : il n'a point récolté de Carie. Un Cultivateur du canton de Berne, avoit toujours des succès en faisant tremper le froment dans de l'égoût d'écurie, & en répandant sur ce froment, retiré du vaisseau plein d'égoût, de la chaux fusée. (*Mém. de la Soc. économ. de Berne*, année 1764, tome 2.) Cette méthode a, pour ceux qui préparent & sement les grains, l'inconvénient de leur faire respirer une odeur très-désagréable, mais sans danger.

Méthode préservative, dans laquelle la chaux est unie à l'alkali fixe.

Les cendres du bois qu'on brûle dans les cheminées, contiennent environ dix livres d'alkali par cent : il y a des espèces de bois qui en contiennent davantage ; d'autres en contiennent moins ; on en retire une plus grande quantité du bois qui est neuf & gros, que du bois petit & flotté, ou exposé à la pluie. M. Tillet a adopté de préférence, pour préserver les grains de la Carie, l'union de la chaux vive à l'alkali fixe des cendres de bois, & c'est ici sa méthode dont je donne l'extrait (1), avec les changemens que j'ai cru devoir y faire pour me la rendre plus facile, toutes les fois que je l'ai employée.

On choisit une des cuves destinées à couler le linge de lessive ; on bouche l'ouverture à laquelle on est dans l'usage d'adapter un tuyau pour conduire l'eau de la cuve dans la chaudière ; on met au fond de la cuve quelques petits morceaux de bois qui s'entre-croisent ; on garnit le surplus d'un drap de toile forte, appelé, dans quelques pays, *Charroi*, de manière qu'il déborde par-dessus la cuve, & à travers lequel il ne puisse passer que de l'eau ; on y met cent soixante livres de cendre de gros bois neuf, ou deux cens livres de cendre de petit bois, & davantage, si le bois qu'on a brûlé a été flotté ; & trois cens vingt pintes d'eau, mesure de Paris. Cette dose est pour huit setiers. Lorsque dans un essai comparé, j'ai diminué de moitié la dose de cendre, j'ai récolté plus d'épis Cariés que lorsque je m'en suis tenu à la dose de M. Tillet. On laisse la cendre & l'eau ensemble pendant trois jours, ayant soin de remuer de tems en tems avec un bâton ; ensuite on débouche le trou qui est à la partie inférieure de la cuve ; on ajuste à sa place le tuyau, pour conduire l'eau dans une chaudière, sous laquelle on doit faire du feu. Chaque fois que la chaudière est remplie, on en verse l'eau dans la cuve sur la cendre, qu'on doit encore remuer plusieurs fois, jusqu'à ce que tout soit chaud, comme pour une lessive de linge.

Alors, au lieu de verser l'eau de la chaudière dans la cuve où est la cendre, on la verse dans une cuve vuide, ou dans des tonneaux ; mais lorsque l'eau qui sort de la cuve est sur sa fin, on en réserve une partie qu'on fait bouillir dans la chaudière même, en y jettant vingt livres de chaux-vive, pour la faire dissoudre entièrement ; on mêle cette eau de chaux avec toute l'eau retirée auparavant de la cuve ; la cendre qui reste dans le drap ne peut plus servir ; il en faut de nouvelle, si on veut faire une autre lessive. Quand on a des vaisseaux assez grands, on peut préparer à-la-fois une lessive pour plusieurs muids de semence, il ne s'agit que d'augmenter à proportion les doses de cendre, d'eau & de chaux.

Cette méthode, depuis que j'en ai constaté

l'efficacité sous les yeux de plusieurs fermiers, est celle qu'ils emploient, & dont ils s'applaudissent : les uns forment exprès des lessives, comme je viens d'en indiquer les moyens ; d'autres réservent des eaux qui ont servi à couler le linge, & qui tiennent, comme on sait, de l'alkali fixe des cendres en dissolution. Cette méthode peut être généralement adoptée dans les pays de bois, où la cendre est abondante & à bon marché ; mais ce n'est pas celle qui convient le mieux dans des cantons où, comme en Beauce, il n'y a point de bois. Dans cette Province, dix Paroisses, en y comprenant les fours à tuile & à chaux, ne fourniroient pas la quantité de cendre nécessaire pour préparer les semences d'une seule paroisse ; je ne la suppose que de deux mille arpens de terres cultivées, dont environ un tiers sera ensemencé en froment ; il faudra au moins cinq cens setiers de semence, & pour les chauler, environ dix mille livres de cendre, produit de deux cens quarante-quatre cordes de bois, une corde, suivant M. Lavoisier, n'en donnant que quarante-une livres. Le même inconvénient aura lieu auprès des verreries, qui consomment une grande quantité de cendres.

Comparaison des quatre méthodes préservatives.

Il ne m'a pas suffi d'avoir éprouvé séparément chacune des quatre méthodes précédentes ; j'ai cru devoir les comparer encore toutes ensemble, afin d'offrir des résultats plus certains.

Un terrain de douze perches, & qu'on avoit labouré à la charrue, a été partagé en six parties égales ; le même jour, j'ai fait semer dans chacune un quart de boisseau de bled de Mars, naturellement & foiblement taché de Carie : ces six quarts de boisseau, pris dans le même sac, étoient dans six états différens.

Le premier avoit été trempé exactement dans la dissolution chaude de trois onces de chaux vive, qui n'étoit pas récemment cuite, dissolution faite dans une pinte d'eau de lessive de linge.

On a imprégné le second d'une dissolution de trois onces de la même chaux, & d'un gros de sel marin dans une pinte d'eau de puits bouillante.

Le troisième a été mouillé dans une pinte de jus de fumier, qui avoit servi à infuser du crotin de pigeons & de poules pendant quinze jours, & dans laquelle on avoit également fait dissoudre trois onces de chaux.

Je n'ai employé qu'une chopine d'eau de puits & une once de chaux pour le quatrième quart de boisseau, car mon intention a été d'imiter la manière dont les grains sont séparés par beaucoup de fermiers qui récoltent de la Carie.

Pour humecter le cinquième, j'ai fait dissoudre

---

(1) Précis des Expériences faites à Trianon, 1756.
S. iij.

fix onces de chaux dans une pinte d'eau de puits bouillante, afin de m'assurer si une forte dose de chaux seule préserve de la Carie.

Enfin, on a semé le sixième sans préparation, en le destinant à servir d'objet de comparaison.

Les deux terrains, dont la semence de l'un avoit été trempée dans une lessive de chaux-vive, unie à l'alkali de la cendre de bois, & la semence de l'autre dans une dissolution de chaux & de sel marin, n'ont porté qu'un très-petit nombre d'épis Cariés.

Il s'en est trouvé encore moins dans le produit de la semence trempée dans une dissolution de chaux, unie à l'eau de fumier & à l'infusion de crotin de volailles, & dans celui de la semence imprégnée seulement de chaux, mais à forte dose; à peine en pouvoit-on compter quelques-uns dans ces deux derniers produits.

Il n'en étoit pas de même des deux autres terrains; car il y a eu au moins un septième d'épis Cariés dans le produit de la semence passée à la chaux, à foible dose, & plus d'un quart dans celui dont la semence n'avoit reçu aucune préparation.

J'ai cru remarquer qu'il y avoit d'autant plus d'épis charbonnés dans ces différens terrains qu'ils portoient plus d'épis cariés. *Voyez* le mot *Charbon.*

Au reste, cette expérience ayant été faite sur des bleds de Mars, je l'ai répétée de la même manière & dans le même ordre, plusieurs années de suite, sur du bled d'Automne; quelquefois au lieu d'employer du bled moucheté, j'en ai choisi de pur, que j'ai noirci avec de la poudre de Carie. Les résultats, ou ne différoient pas des précédens, ou il n'y avoit que quelques légères variations qui ne méritent d'être comptées pour rien: elles consistoient en ce que telle préparation, qui avoit été plus favorable une année, ne l'avoit pas été au même degré l'année d'après. *Et vice versâ*; ce qui pouvoit dépendre d'une inexactitude dans la manière de tremper le froment, ou de ce que quelques grains corrompus avoient été jetés dans les planches par ceux qui avoient ensemencé les champs d'à-côté.

Ayant fait peser séparément les produits de tous les terrains en bon grain, j'ai remarqué que celui dont la semence n'avoit pas été préparée, & qui avoit donné un quart d'épis Cariés, n'étoit presque que la sixième partie du produit de chacun des autres, différence qui, sans doute, est due à la corruption de la plûpart des grains semés, ce qui confirme une expérience précédente.

Le volume du froment, passé à la chaux à foible dose, vingt-quatre heures après, est augmenté d'un huitième; celui du froment, passé à la chaux à forte dose, est augmenté d'un cinquième; & celui du froment qui a séjourné dans la chaux vingt-quatre heures, l'est presque de moitié.

Manières de faire usage des méthodes précédentes en les appliquant au chaulage.

On emploie les préparations destinées au chaulage, de trois manières, ou par *aspersion*, ou par *immersion*, ou par *précipitation*.

La manière la plus usitée est par *aspersion*. Elle consiste à verser avec des seaux la lessive sur des tas de froment, que deux hommes remuent ensemble avec des pelles, en changeant les tas de place, jusqu'à ce que tous les grains paroissent suffisamment mouillés. Quand les grains n'adhèrent plus aux pelles, & quand les tas laissent découler de la lessive, on peut regarder le froment comme bien chaulé. Alors, on le met en gros tas, afin qu'il s'échauffe & se sèche.

On n'est pas d'accord sur le tems où on doit laisser en tas le froment, récemment chaulé. Les uns le remuent une heure après le chaulage, & continuent à le remuer fréquemment pendant vingt-quatre heures. D'autres n'y touchent qu'après vingt-quatre heures.

Un fermier du Dunois est dans l'usage de mettre son froment récemment chaulé dans un tas très-haut & très-pointu; il recouvre ce tas de ce qui lui reste d'eau de chaux, & n'y touche plus jusqu'à ce qu'il le porte aux champs, quinze jours après. Il chaule toujours d'avance & tout-à-la-fois ce qu'il doit employer de semence. Il se forme sur le tas une croûte dure & ferme, qui défend le grain du contact de l'air. La pointe germe quelquefois dans l'épaisseur de huit à neuf pouces. Mais ce grain germé peut se semer & n'est pas perdu. Dès qu'on a crevé la croûte, il faut remuer le froment tous les deux jours. Je ne puis prononcer sur ce procédé, parce que je ne l'ai pas essayé en grand. D'autres s'abstiennent de remuer le froment chaulé avant deux ou trois jours. Il y en a qui le couvrent de draps ou de couvertures, afin qu'il fermente davantage. Ce que je puis assurer, c'est que j'en ai laissé en tas plus de huit jours, & qu'il a parfaitement levé. Tous les grains étoient germés quand on les a semés.

M. Girot propose d'établir dans le lieu du chaulage, un petit bassin en planches, monté sur des trétaux, à une des extrémités duquel il y ait une ouverture qu'on puisse boucher & déboucher; on verseroit la préparation dans le bassin, d'où elle couleroit sur le froment, à mesure qu'on le remueroit; cette manière remédieroit à l'inégalité de l'aspersion.

Cette première manière de faire usage d'une des préparations pour le chaulage, est certainement la plus expéditive & celle qui est employée dans la majeure partie de la France.

Chauler par *immersion*, c'est jeter la lessive dans une cuve, y plonger des corbeilles pleines de froment, les en retirer, laisser égoutter placer le grain fur le plancher, & l'étendre afin qu'il féche, le retourner tous les jours jufqu'à ce qu'on le feme. Ce chaulage a l'avantage de permettre d'enlever avec une écumoire les grains légers & nuifibles qui montent à la furface, & de mouiller également tous les bons grains. Il eft même plus avantageux, à cet égard, que les lavages à l'eau, parce que la préparation de chaux étant plus épaiffe que l'eau, les feuls grains pefans, qui font les meilleurs, fe précipitent au fond; les autres font fufpendus à la furface & peuvent être enlevés. Sous ces deux rapports, il eft préférable au précédent, mais il caufe plus d'embarras & exige plus de tems, parce que lorfque l'exploitation eft confidérable, il faut de grandes cuves, qu'il eft fouvent impof-fible de faire entrer dans des greniers, où le plus fouvent fe fait le chaulage; il faut plonger les corbeilles un grand nombre de fois dans les cuves. Cette manière de chauler adoptée par M. Tillet, eft moins en ufage que la précé-dente, & plus répandue que la fuivante.

Le chaulage par *précipitation* ne diffère du chaulage par immerfion, que parce que le grain jeté dans les cuves, où eft la préparation, y refte vingt-quatre ou même quarante-huit heures. On a foin de l'y jeter peu-à-peu, afin de mieux enlever avec une écumoire ce qui furnage. Pendant qu'il féjourne dans les cuves, on le remue de tems en tems avec des bâtons. On ôte enfuite par inclinaifon ce qui refte de la préparation, & avec des pelles on enlève le fro-ment pour l'étendre fur le plancher & le faire féccher. Pour empêcher qu'il ne refte en grumaux, ce qui ne feroit pas commode, lorfqu'il faudroit le femer, on le remue dès qu'il a commencé à fécher, & on continue jufqu'à ce qu'il foit bien fec.

Ce chaulage, on ne peut fe le diffimuler, caufe auffi beaucoup d'embarras, & exige quel-ques foins. Si l'on a une grande exploitation, on ne peut le faire fans fe procurer de grandes cuves, & fans avoir un grand emplacement pour faire fécher & pour remuer le froment. Mais dans les fermes on peut fe fervir des cuves deftinées au blanchiffage du linge; on a ordi-nairement affez de bras; on a de grands gre-niers, ou des pièces par bas, plus commodes encore.

Les premières notions qui me font venues de cette dernière manière de chauler, font dues à M. Bagot, Médecin à Saint-Brieux, en Bre-tagne. Le hafard la lui avoit apprife. Partant pour la campagne, après avoir fait fa prépara-tion, il ordonna, qu'on en afpergea le fro-ment qu'il vouloit femer. Le domeftique, qui le comprit mal, jeta le froment dans la cuve où étoit la préparation, & l'y laiffa. On crut que le grain, pour ainfi dire, macéré & très-gonflé, ne léveroit pas; il produifit une récolte abon-

dante, exempte de Carie, tandis que les champs du voifinage, dont la femence avoit été chaulée par afperfion, en furent infectés. Depuis que M. Bagot m'a fait part de cette circonftance, j'ai reconnu que cette manière de chauler étoit pratiquée ailleurs, à la vérité dans un très-petit nombre de pays.

Dans les trois cas précédens, on emploie la chaux diffoute dans l'eau. Mais il eft une qua-trième manière de chauler, dans laquelle on emploie la chaux féche, & en poudre. Elle a lieu dans beaucoup de pays très-diftans les uns des autres. Le froment étant bien trempé d'eau, on répand deffus de la chaux vive en poudre, en remuant à mefure avec des pelles. On ceffe d'en répandre que lorfque le froment eft tout blanc. Quelques Cultivateurs, au lieu de répandre la chaux fur le froment, jetent le froment fur la chaux amoncelée, & les mêlent exactement enfemble.

Enfin, quelques Cultivateurs, fans faire ufage de chaux, fe contentent de faupoudrer leurs fro-mens mouillés avec de la cendre ou du bois de fougère, avec l'attention de la bien mêler.

Je n'ai point effayé les deux dernières ma-nières, & par conféquent je ne puis en conf-tater l'efficacité. M. Flanjergues, Phyficien, à Viviers, a comparé le chaulage par faupoudre-ment de chaux vive, & le chaulage par la dif-folution de la chaux feule dans l'eau, fuivant la dofe ci-deffus, & il a reconnu que celui-ci avoit mieux réuffi. Mais j'ai comparé entre elles les trois premières, & il réfulte de mes ex-périences que le chaulage par précipitation eft le plus certain. Celui qui fe fait par immerfion tient le fecond rang. Le moins bon des trois eft le chaulage par afperfion, parce qu'il y a fouvent des grains qui ne font pas affez impré-gnés de la préparation, & que ce chaulage ne donne pas une occafion d'ôter les grains de Carie ou les petits grains de froment, comme la fourniffent les deux autres. Au refte, on le rendra auffi parfait qu'il eft poffible, fi on ne lui fou-met que du froment qui ait paffé par la meilleure dépuration auparavant, & fi on exige des ferviteurs employés à l'opération, qu'ils n'afpergent à-la-fois que deux fetiers, & qu'ils les remuent bien avant de paffer à deux autres fetiers.

Quand le froment chaulé eft bien fec, on peut le garder dans l'état de chaux autant qu'on le voudra. Les fermiers qui en ont chaulé plus qu'il ne leur en faut, lavent ce qui leur refte & le mêlent à d'autre froment, deftiné à être vendu. Ils pourroient le conferver pour l'année fuivante, fans craindre qu'il ne fût altéré. Il lève auffi bien que du froment récemment chaulé.

Les femeurs fe font plaints quelquefois que le froment chaulé avec la chaux feule à forte dofe, les incommodoit, lorfque le vent leur

rabattoit

rabattoit la chaux sur le visage. Il y a deux moyens de parer à cet inconvénient. Le premier, & le plus simple, seroit de chauler quelque tems d'avance & de remuer souvent le froment, quand il fait bien sec. Alors une grande partie de la chaux en poudre se disperseroit dans le lieu du chaulage. Le second moyen consiste à laver le froment chaulé, après le deuxième ou le troisième jour. Ce lavage, en enlevant la chaux, enlève la portion de Carie qu'elle a détachée. J'ai éprouvé même que du froment, ainsi traité, produisoit encore moins de Carie que celui qu'on semoit enveloppé de sa chaux.

Beaucoup de Cultivateurs sont persuadés qu'en chaulant avec des préparations très-chaudes, ils préservent plus sûrement leurs fromens de Carie. J'ai essayé des chaulages depuis vingt degrés de chaleur jusqu'à quatre-vingt, & je me suis assuré, 1.° que la diminution de Carie n'étoit pas en raison du degré de chaleur du chaulage, & qu'il étoit indifférent de chauler à vingt degrés ou à soixante. 2.° Que le froment ne supportoit pas au-delà de soixante à soixante-cinq degrés de chaleur, sans que son germe fût altéré. 3.° Qu'à soixante-dix degrés le germe étoit entièrement détruit & qu'il n'en levoit pas un grain. Il suffit donc que la préparation soit assez chaude pour tenir en dissolution les substances qui la composent.

Prix des ingrédiens qui entrent dans chaque Méthode.

Le prix des ingrédiens qui entrent dans la composition des différens chaulages, doivent varier selon les circonstances. Je ne puis rien déterminer à cet égard qu'en rapportant ceux des pays où j'ai fait mes expériences. Il est vraisemblable que, dans d'autres cantons, la méthode qui m'a paru la moins chère & la meilleure, sera la moins bonne & la plus dispendieuse. Chacun comparera mes prix avec les siens, & se décidera pour celui des chaulages qu'il croira le plus économique. On suppose qu'on ait à semer cent setiers de froment, mesure de Paris, chacun du poids de deux cens quarante à deux cens cinquante livres ; c'est l'ensemencement de cent dix à cent vingt arpens, de cent perches à vingt-deux pieds la perche, il faudra :

Dans la Méthode où la chaux seule est employée,

Treize cens cinquante livres de chaux ou soixante-quinze boisseaux de Paris, qui forment deux muids ou quatre poinçons d'Orléans, du prix de 3 liv. le cent pesant.... 40 liv. 10 s.
Trois mille deux cens cinquante pintes d'eau de puits, ou de fontaine ou de rivière, qui égalent cinq muids ou dix poinçons d'Orléans. S'il falloit payer le tirage ou le transport de cette eau, elle auroit de la valeur ; sur-tout, si, comme en Picardie, on la tiroit de plus de

cent cinquante pieds de profondeur ; mais ce travail fait partie de celui de la ferme, & on ne le calcule pas.

En ne comptant donc que le prix de la chaux, le chaulage de chaque setier de froment revient dans cette méthode à 8 sols.

Dans la Méthode où la chaux est unie au sel marin, le seul des sels neutres qu'on puisse employer à moins de frais,

Neuf cens livres de chaux, ou cinquante boisseaux qui forment environ trois poinçons d'Orléans, à 3 liv. le cent pesant...... 27 liv.
Cinquante livres de sel, à 2 sols.... 5
                                            ——————
                                            32 liv.

Le sel donnant de l'activité à la préparation, j'emploie un tiers de chaux de moins. Je suppose le sel à 2 sols la livre, quoiqu'il soit dans ce moment à meilleur marché. Quand la balance sera établie, il est vraisemblable qu'il restera à 2 sols.

Même quantité d'eau que dans la Méthode précédente.

Ce chaulage, en ne comptant que la chaux & le sel, revient à 6 sols 6 deniers par setier de semence.

Si, au lieu de sel cristalisé, on fait usage d'eau de mer, qui contient environ quatre gros de sel par livre (1), on n'emploiera que le quart de cette eau, qu'on joindra à trois quarts d'eau douce ; car trois mille deux cens cinquante pintes, ou six mille cinq cens livres d'eau de mer, représenteroient deux cens livres de sel. Il n'y auroit aucun inconvénient sans doute de ne se servir que de cette eau ; mais, comme on seroit dans quelques pays obligé de l'aller chercher un peu au loin, il est bon d'avertir qu'un quart suffiroit.

On ne pourroit pas déterminer aussi facilement les proportions des eaux des puits salés, parce que les unes tiennent plus de sel en dissolution que les autres. A Dieuze, en Lorraine, on en retire jusqu'à seize livres par cinquante pintes ou cent livres d'eau. Dans ce cas, pour lessiver cent setiers de froment, il ne faudroit pas plus de cent cinquante pintes d'eau de puits salé, qu'on joindroit à trois mille cent pintes d'eau douce. Dans d'autres salines, il en faudroit davantage, ce qui doit dépendre du produit en sel qu'on obtient de chacune de ces eaux.

Enfin on a lieu d'espérer la même utilité des

—————————————————

(1) L'eau de mer, comme on sait, contient différentes sortes de sels ; mais le sel marin à base d'alkali minéral, y est le plus abondant ; chacun des autres ne s'y trouve qu'en petite quantité. Il ne s'agit pas ici d'en détailler l'analyse ; il suffit, pour mon objet, d'indiquer à-peu-près ce qu'elle peut contenir de sel marin.

eaux minérales, dans lesquelles il y a une certaine quantité de sel marin ; telles que celles de Bourbonne - les - Bains, si les analyses qu'on en a données sont exactes. C'est aux Cultivateurs des environs à en faire l'essai.

Dans les Méthodes où la chaux est unie à l'alkali volatil, contenu dans le jus de fumier, & l'infusion ou décoction de fientes de volailles.

Neuf cens livres de chaux, comme dans la Méthode précédente...................... 27 liv.
Vingt-cinq boisseaux de crotin de volailles.....
ou d'autres animaux, environ......... 7 liv.
                       ————
                       34 liv

Même quantité d'eau commune. Ce chaulage revient à 6 sols 5 deniers par septier.

Je donne ici une valeur au crotin d'animaux, parce qu'il seroit employé comme engrais dans les terres.

Au lieu de crotin d'animaux & d'eau commune, plusieurs Cultivateurs ne se servent que de jus de fumier, ou prennent une partie de jus de fumier & une partie d'eau commune ; alors le chaulage revient à 5 sols 6 deniers au plus par septier.

On peut faire usage également d'urine humaine, ou d'urine d'animaux & de suie de cheminées, sur - tout de celles dans lesquelles on brûle des matières animales.

Si on analysoit tous ces produits d'animaux, on retireroit sans doute d'autres sels que de l'alkali volatil ; mais on ne peut nier qu'il n'y domine.

Dans la Méthode où la chaux est unie à l'alkali fixe de la cendre de bois.

Deux cent quarante-quatre livres, ou environ seize boisseaux de chaux.............7 l. 10 s.
Cette dose de chaux est celle qui a été prescrite par M. Tillet. Je ne m'en suis point écarté. Il prescrit aussi quatre mille pintes d'eau.
Deux mille livres ou quatre-vingt-dix boisseaux de cendre de gros bois, à un sol la livre, ou à douze sols le boisseau, prix des Tuiliers........................ 100 l.
                       ————
                    107 l. 10 s.

Si c'est de la cendre de petit bois, il en faut cinq cens livres de plus, ce qui ne fait point une augmentation dans le prix ; parce que cette cendre ne s'achète par aussi chère que l'autre. Ce chaulage revient à 21 sols 6 deniers le septier.

On peut à la cendre de bois substituer, ou les eaux qui ont servi à couler le linge, & qui

m'ont paru ne contenir ordinairement que la quantité d'alkali convenable pour la préparation des semences, & alors le chaulage seroit à très-bon marché, & rempliroit le but de M. Tillet, ou cent quatre-vingt livres de potasse, qui équivalent à peu-près à quatre-vingt-dix boisseaux de cendre, ou des cendres gravelées, ou de la soude, ou du fiel ou sel de verre, mélange de sels qui provient des soudes, potasses & charrées qu'on emploie pour fondre le verre. On ne peut fixer la dose de cette derniere substance parce qu'elle dépend de la quantité d'alkali qui y est contenu. On jette ordinairement le sel de verre avec les débris des verreries.

J'observerai que des Cultivateurs combinent les différentes Méthodes les unes avec les autres en mélant ensemble toutes sortes de sels, soit dans de l'eau pure, soit dans du jus de fumier, & toujours avec une dissolution de chaux. Ces mélanges dont j'ai été témoin, ont produit de bons effets pour préserver le froment de Carie ; mais il est impossible d'en calculer les prix.

Manière d'agir des substances qui composent les quatre Méthodes.

On sait que la poudre de Carie est une matière grasse, puisqu'elle fournit, par la distillation, une grande quantité d'huile épaisse & tenace, puisque si on en frotte du froment, elle s'y fixe & le corrompt. Cette huile se manifeste encore, par ce qu'elle encrasse les meules de moulin, & qu'elle donne de l'onctuosité à la farine. Son adhérence au grain est considérable. On ne peut être assuré de l'enlever toute entière par les lavages à l'eau, les criblages de toute espèce, les moulins & la terre sèche. Il sembleroit que ce ne seroit qu'à l'aide de substances, capables de s'unir aux huiles ou de les attaquer, qu'on pourroit espérer d'y parvenir ; mais un seul fait empêche de s'arrêter à cette idée ; c'est que l'huile essentielle, l'huile animale & l'huile par expression, ont préservé presque toujours le froment de Carie, dans les expériences où elles sont entrées, tandis qu'une eau de savon ne l'en a pas du tout préservé. Il faut donc se retrancher à croire que toute substance qui pourra, ou nétoyer le grain jusqu'au fond de la rainure, ou émousser le virus de la Carie, sera un préservatif plus ou moins précieux selon son degré d'activité ou sa vertu coërcitive. Ainsi, la chaux, les sels, les huiles, &c. produiront des effets analogues, d'autant plus puissans que, par des mélanges, on augmentera la force de quelques-uns : par exemple, la chaux, jointe à l'alkali, fixe des cendres, le rendra caustique, comme il arrive dans la lessive des Savonniers dont la concentration forme la pierre à cautère, & alors il en faudra moins que si elle est employée seule. On ne peut assurer cependant que la chaux mêlée à des substances salines, ou à des liqueurs chargées d'alkali volatil, leur donne l'activité de la pierre à cautère, parce qu'il faudroit qu'il fût prouvé qu'elle décomposât ces sels, ou qu'elle s'unît à l'alkali volatil, pour donner à leur base de la causticité. Il est plus simple d'imaginer que chaque substance conserve son degré d'activité, & le porte sur l'écorce du froment Carié pour le purifier, ou qu'elle délaye & émousse le virus, au point d'annuller son effet. Seulement il faut avoir l'attention de ne choisir que les ingrédiens qui n'altèrent point le germe, ou d'en modérer les doses, afin de ne pas tomber dans un mal en voulant en éviter un autre. Au reste, on peut être assuré de l'efficacité des quatre méthodes proposées, sans avoir rien à douter de la causticité des substances qui les composent, d'après les proportions établies.

Je ne crois pas nécessaire d'observer que le chaulage soit seulement utile pour préserver le froment de la Carie, & qu'on a tort de penser qu'il faut l'employer pour hâter la germination des grains. La semence trempée d'eau pure, lève aussi-tôt que celle qui est imprégnée d'un chaulage ; je ne l'ai vérifié que pour l'instruction de quelques Cultivateurs.

Résumé des moyens préservatifs contre la Carie.

Lorsque le froment qu'on doit employer pour semence est reconnu pour n'avoir aucun principe de Carie, comme celui de glanes, &c. on peut le semer sans préparation, après l'avoir bien nettoyé & purifié de mauvaises graines.

Le froment suspect & celui qui est sensiblement entaché de Carie, exigent plus de soins. Il suffit de passer le premier à un bon chaulage ; mais le dernier, si on se contentoit de ce chaulage, produiroit beaucoup d'épis Cariés. Il est donc nécessaire de lui faire subir d'abord une dépuration, soit en triant & retranchant à la main les épis Cariés des gerbes, soit en les battant sur un tonneau ou sur un cylindre, soit en les battant au fléau avec de la terre en poudre, soit en passant le froment battu à un moulin particulier, soit en le criblant un grand nombre de fois aux cribles ordinaires, ou au crible d'archal, ou au crible à rape, soit enfin en le lavant dans plusieurs eaux.

Quelque soit la dépuration qu'on admette, on la fait suivre d'un chaulage. Il y en a de deux sortes ; dans l'un, on n'emploie que la chaux ou sèche ou fondue dans l'eau ; dans l'autre, on ajoute à une dissolution de chaux quelques sels, tels que le sel marin crystallisé ou contenu dans la saumure de poisson, dans l'eau de mer, des puits salés, des sources minérales, le sel de nitre, le salpêtre, les sels des eaux-mères des Salpêtriers, l'alkali volatil de l'urine,

des excrémens des animaux, de la suie de cheminée, des fumiers, l'alkali fixe des cendres de bois, des lessives de linge, la potasse, la soude, le sel ou fiel de verre des verreries.

Le prix de ces deux sortes de chaulage varie selon la facilité qu'on a à se procurer de la chaux & quelques-uns des sels indiqués. Tout étant bien calculé, on peut, dans les environs de Paris, chauler un septier de froment pour 8 sols, en employant la Méthode la plus chère, celle où la chaux seule est dissoute dans l'eau. La plus économique revient à 5 f. 6 d. Elle consiste à faire dissoudre la chaux dans une infusion de fiente de volailles.

De trois manières de faire usage de la dissolution de chaux, & de quelques sels dans l'eau, la plus certaine est d'y laisser tremper le froment au moins vingt-quatre heures. Je l'appelle chaulage par *précipitation*. Le chaulage par *immersion*, ou celui qui se fait en plongeant des corbeilles pleines de froment dans la lessive, n'est pas aussi avantageux ; mais il l'est plus que le chaulage par *aspersion*, le plus employé de tous. On ne remédie aux inconvéniens du dernier, qu'en chaulant de cette manière peu de grains à-la-fois, & en ayant l'attention de les remuer exactement. (*M. l'Abbé* Tessier.)

CARIE des os des animaux. La Carie est aux os des animaux ce que la gangrène est aux chairs & aux autres parties molles, ou plutôt la Carie est la gangrène des os. Elle peut être due à diverses causes. Ordinairement elle ne guérit que quand les parties altérées des os se séparent des parties saines. On hâte cette séparation par des teintures d'Euphorbe, de Myrrhe & d'Aloës, par l'eau-de-vie camphrée, l'essence de térébenthine, &c. *Voyez* le Dictionnaire de Médecine. (*M. l'Abbé* Tessier.)

Carié, bled carié ; c'est le froment attaqué de Carie. *Voyez* Carie. (*M. l'Abbé* Tessier.)

Carinées. Nom que les Botanistes donnent aux feuilles qui sont creusées en gouttières dans toute leur longueur, avec une arrête ou saillie au-dessous, fermée par le côté. Ces feuilles sont plus communes dans la famille des Liliacées que dans les autres.

Ce nom est aussi mal imposé que celui de *Carêne* au pétale inférieur des fleurs papillonacées ; il dérive de la même cause. On entendra toujours plutôt le mot feuille creusée en gouttière que celui feuille carinée, malgré toutes les définitions. (*M. Reynier.*)

CARALINE ou CARLINE. Les habitans du Faucigny donnent ce nom à la *Ranunculus glacialis L.* plante à laquelle ils attribuent de grandes propriétés.

Il seroit curieux de savoir d'où ils ont tiré cette dénomination ; car cette plante n'a aucune analogie avec le genre des Carlines. *Voyez* Renoncule glaciale. (*M. Reynier.*)

CARLINE *CARLINA*. L.

Genre de plantes de la famille des Composées & voisin des Carthames, dont ils diffèrent par les écailles intérieures de leur calice, qui s'étendent en forme de corolle radiée, & font d'une couleur tranchante avec la fleur. Ce genre est composé de plantes épineuses, dont quelques espèces ont assez d'apparence pour être employées à la décoration des jardins.

Espèces.

1. CARLINE sans tige.

CARLINA acaulis. L. ♂ sur les collines arides de l'Europe méridionale.

2. CARLINE caulescente.

CARLINA caulescens. La M. Dict. ♃ des lieux sablonneux & couverts de l'Allemagne & de l'Alsace.

3. CARLINE laineuse.

CARLINA lanata. L. des lieux secs & pierreux de l'Europe méridionale.

4. CARLINE à corymbe.

CARLINA corymbosa. L. des lieux arides de l'Italie & de la Provence.

5. CARLINE d'Espagne.

CARLINA Hispanica. La M. Dict. de l'Espagne.

6. CARLINE latériflore.

CARLINA racemosa. L. ☉ des lieux arides de l'Espagne & de la Provence.

7. CARLINE vulgaire.

CARLINA vulgaris. L. ♂ des lieux arides de l'Europe.

8. CARLINE des Pyrénées.

CARLINA pyrenaica. L. des Pyrénées.

CARDUUS carlinoïdes Gouan.

6. CARLINE atractiloïde.

CARLINA atractyloïdes. L. du Cap de Bonne-Espérance.

10. CARLINE gortérioïde.

CARLINA gorterioïdes. La M. Dict. du Cap de Bonne-Espérance.

11. CARLINE xéranthémoïde.

CARLINA xeranthemoïdes. L. Fil. ♄ de l'Afrique.

Les deux premières espèces de Carlines sont les plus belles de ce genre à cause de la grosseur de leur fleur, qui, souvent a près de six pouces de diamètre. Les rayons sont larges, bien rangés, & d'une belle couleur blanche, semblable pour son éclat à celui du métal. Cette fleur, dans la première espèce, sort immédiatement de la racine; dans la seconde, que plusieurs personnes estiment être une variété de l'autre, elle est portée par une tige haute de six à dix pouces. La fleur est aussi moins grande dans cette espèce, mais je persiste à croire qu'elle n'est qu'une variété ou race locale, due à la différence des climats. La Carline sans tige croît sur les collines brûlées

par le soleil; la caulescente au contraire croît dans des lieux couverts : or, avec une moins grande lumière, la même plante doit s'alonger davantage, & porter des fleurs moins vigoureuses.

Culture. On doit semer la graine des Carlines en place; elles ne supportent qu'avec beaucoup de peine la transplantation à cause de leur racine pivotante, uniquement garnie de chevelus vers son extrémité. On doit choisir une terre légère sèche, & qui contienne le moins de fumier possible. La première année, les jeunes plantes poussent des feuilles & se fortifient; elles n'ont besoin d'aucuns soins, autres que des sarclages, lorsqu'elles risquent d'être étouffées par les mauvaises herbes : elles craignent l'humidité, sur-tout la première espèce ; on ne doit les arroser que dans les tems de sécheresse excessive. La seconde année, elles donnent leurs fleurs, & périssent avant l'Hiver; leur graine a de la peine à mûrir lorsque la plante n'est pas dans un lieu très-exposé.

Usage. Les habitans des pays où la Carline sans tige est commune, mangent les réceptacles des fleurs en guise d'artichaut ; il est beaucoup moins gros, mais sa saveur est à-peu-près la même. La racine est reçue en Pharmacie comme sudorifique & diurétique.

Les Carlines peuvent difficilement servir à la décoration des parterres ; leurs tiges basses ou nulles les mettroient au-dessous du niveau des autres plantes qui les éclipseroient. Mais elles produisoient le plus grand effet dans les endroits agrestes des jardins paysages, sur des collines arides au pied des masures, & en général dans tous les tableaux de la nature sauvage. Une fois établies, si la nature du terrein ne s'y oppose pas, elles s'y multiplieroient d'elles-mêmes, & serviroient de décoration à des terreins nuds & souvent décharnés, mais qui ne peuvent recevoir d'ornement que des plantes qui sont naturelles à de semblables positions. Les Carlines ont cet avantage, que leur fleur, à cause de son effet, se distingue de très-loin, & par conséquent peut décorer les sites de cette espèce.

Les Carlines, n.°, 3, 4, 5, 6 & 7 ont des tiges d'un à deux pieds, branchues, & couvertes de plusieurs fleurs qui terminent chaque ramification. Les fleurs sont plus petites que celles des deux premières espèces ; leur diamètre surpasse rarement deux pouces, mais leur couronne blanche ou jaune est également apparente, & a le même éclat métallique.

Culture. Ces Carlines éprouvent les mêmes difficultés à la transplantation que les premières espèces, parce que leur racine est construite de la même manière. Comme elles sont la plupart de pays plus chauds que le climat de Paris, on doit les semer dans des pots qu'on place sous des châssis, & lorsque les jeunes plantes auront été avancées par cette chaleur artificielle, on devra les planter en motte, & en ébranlant les racines le moins possible. Au moyen de cette précaution, les plantes annuelles ont le tems de fleurir avant l'Hiver ; mais il est rare que leur graine ait celui de mûrir dans ce climat. Les espèces vivaces devront être plantées de même & dans un lieu abrité, on que l'on puisse couvrir pendant l'Hiver : il est cependant utile d'en conserver un ou deux pieds en pot que l'on rentre pendant l'Hiver dans l'orangerie, pour remplacer ceux que le froid pourroit faire périr. Malgré cette précaution, il est difficile d'obtenir des graines bien aoûtées, & l'on doit en faire venir des pays méridionaux de l'Europe. L'espèce, n.° 7, exige moins de précautions, & croît sauvage dans notre climat.

Usage. Ces plantes plus élevées que les deux premières espèces, pourroient servir à décorer les bords des bosquets ; on pourroit aussi établir les espèces les moins délicates dans les lieux agrestes des jardins paysages, où elles produiroient quelqu'effet. Dans les parterres, elles seroient moins bien placées, parce que leur tige est trop élancée pour y faire des masses, & leur fleur trop peu marquée pour intéresser.

Les Carlines, n.os 8, 9 & 10 sont des plantes qui s'éloignent des Carlines, & forment des passages qui les réunissent aux genres voisins. Comme elles n'ont pas encore été cultivées, j'ignore les attentions & les soins qu'elles exigent. Les deux dernières exigeroient nécessairement la chaleur de l'orangerie pendant l'Hiver, étant du Cap de Bonne-Espérance. La première réussiroit en plein air.

La onzième espèce enfin est un arbrisseau dont la forme est belle, & qui sans doute orneroit les serres si sa culture y étoit introduite. Comme c'est une plante nouvellement découverte, & qui, jusqu'à présent, n'existe que dans les herbiers, nous ne pouvons en parler que sur les Descriptions des Naturalistes ; mais, d'après tout ce qu'ils en disent, on doit présumer que cette plante mériteroit d'être cultivée. Elle exigeroit vraisemblablement un plus grand degré de chaleur que les espèces 9 & 10.

MM. Villars & Allioni ont une opinion différente sur les premières espèces de Carlines qu'il me suffira d'indiquer, cet ouvrage n'étant point destiné à des discussions botaniques, & n'étant pas assez convaincus pour substituer leurs espèces à celles désignées par M. Lamark. Suivant ces deux Botanistes, il existe dans les montagnes méridionales une Carline sans tige à feuilles cotonneuses & à fleur très-grosse, qui y porte le nom de *Charousse*, que M. Villars a conservé pour son espèce. *C. chardousse*, Vill. *C. acenthifolia* All. c'est cette plante dont les habitans du pays mangent le réceptacle, & qui sont confits au sucre pour l'usage de la table.

L'autre espèce a des fleurs plus petites, & le feuillage d'un vert foncé, tirant sur le noir ; elle

varie à fleurs sessiles sur la racine, & à fleurs portées sur une tige : M. Villars la nomme *C. Chamæleon* ; & M. Allioni *C. Acaulis*. Je laisse aux Botanistes à décider cette question. Quoique j'aie beaucoup voyagé dans les Alpes, je n'y ai jamais vu de Carline à feuilles cotonneuses ; mais ce n'est pas une raison pour me faire douter de son existance. (*M. Reynier.*)

CARLITE. Tulipe blanche panachée de pourpre. *Traité des Tulipes. Voyez* TULIPE. (*M. Reynier.*)

CARMANTINE. *Justicia.*

Suivant M. de Jussieu, c'est un genre de plantes de la classe des *Bilobées* à fleurs monopétalées, à corolle *hypogyne* ou insérée au dessous du pistil ; de la famille des *Acanthes* ; & de la section de cette famille dont les plantes n'ont que deux étamines. Ce genre a, comme les autres genres de cette classe, le calice à une feuille ; la corolle monopétale, hypogyne ; les étamines insérées à la corolle ; le germe supérieur au calyce, & simple. Ce genre a, comme les autres de cette famille, le calyce divisé, persistent ; un seul style ; le fruit capsulaire à deux loges, s'ouvrant élastiquement, à deux valves, à cloison contraire aux valves, adherente longitudinalement au milieu d'elles, qui se fend de son sommet à sa base, en deux réceptales chargés de semences de chaque côté & continus aux valves, de sorte que chaque valve forme avec le réceptacle qui lui adhère la moitié des deux loges du fruit. Ce genre se distingue des autres genres de la même famille par les caractères suivans : La fleur a le calyce partagé ou découpé en cinq pièces, souvent muni de trois bractées ; la corolle labiée, ayant sa lèvre supérieure échancrée, ou bifide & sa lèvre inférieure à trois divisions ; un stigmate ; la capsule est retrécie à sa base & contient dans chaque loge une ou plusieurs semences. Linnæus a divisé ce genre en deux, dont le premier qu'il nomme *Justicia* n'a sur chaque filament des étamines, qu'une anthère bifide à sa base ; & le deuxième qu'il nomme *dianthera*, a sur chaque même filament, deux anthères dont l'une est plus haute que l'autre. M. de Jussieu doute si ce caractère doit suffire pour séparer le deuxième genre du premier.

M. Lamarck, que nous suivons, a réuni ces deux genres en un seul ; parce que, suivant lui, les filamens du deuxième genre ne portent réellement chacun qu'une anthère à deux loges comme ceux du premier ; & que la seule différence qui soit entre ces deux genres, c'est que, dans le premier, les deux loges de chaque anthère sont réunies & adhérentes l'une à l'autre, tandis que dans le deuxième les deux loges de chaque anthère sont distantes l'une de l'autre, de manière qu'elles représentent deux anthères distinctes. Ce dernier caractère, qu'il juge insuffisant pour séparer de ce genre les espèces qui le portent, ne lui semble utile que pour faciliter la distinction de ces dernières, d'avec leurs congénères.

Ce genre comprend un grand nombre d'espèces, qui sont des herbes ou des arbrisseaux exotiques dont les feuilles sont simples, rarement verticillées, presque toujours opposées ou très-rarement alternes, dont les fleurs sont solitaires, ou en épis, axillaires, ou terminales. La forme des fleurs varie suivant les espèces. Suivant M. de Jussieu, les espèces n'ont pas encore été assez observées. Elles sont maintenant au nombre de quarante-deux connues outre une douzaine d'espèces moins connues ; sans compter que l'on voit dans les herbiers des échantillons incomplets qui indiquent qu'il existe encore beaucoup d'autres espèces de ce genre bien distinctes de ces cinquante-quatre espèces. Dans le climat de Paris, excepté une espèce qui peut subsister en plein air & une autre espèce qui peut passer l'hiver dans l'orangerie sans chaleur artificielle, toutes celles des autres espèces de ce genre, desquelles on connoît la culture, ne peuvent se conserver sans le secours de la serre chaude.

Espèces.

* *Tige ligneuse ; anthères, à loges réunies.*

1. CARMANTINE en arbre.
JUSTICIA arborea. JUSTICIA Adhatoda. Lin. vulgairement *le Noyer de Ceylan*, ♄ de l'Isle de Ceylan.

2. CARMANTINE à crochet.
JUSTICIA uncinata. JUSTICIA Ecbolium. Lin. ♄ du Malabar & de l'Isle de Ceylan.

2. B. CARMANTINE à crochet & à épi court.
JUSTICIA uncinata brevispica. Carmantine à crochet. β La M. Dict. ♄ de l'Inde.

2. C. CARMANTINE à crochet & à feuilles presqu'en cœur.
JUSTICIA uncinata subcordata. Carmantine à crochet. γ La M. Dict. ♄ de Madagascar.

3. CARMANTINE infundibuliforme.
JUSTICIA infundibuliformis. Lin. *Abuli.* Encycl. ♄ du Malabar & de l'Inde.

4. CARMANTINE à fleurs courtes.
JUSTICIA breviflora, JUSTICIA Betonica. Lin. ♄ de l'Inde.

5. CARMANTINE scorpoïde.
JUSTICIA scorpoïdes. Lin. ♄ de la *Vera-Cruz.*

6. CARMANTINE tachée.
JUSTICIA pidta. Lin. *Folium bradteatum* Rumph. amb. 4, p. 73, t. 30. ♄ des Indes orientales, des Moluques & de la Chine.

6. B. CARMAMTINE tachée rouge.
JUSTICIA pidta rubra. Folii bradteati rubra species. Rumph. ♄ des mêmes lieux.

7. CARMANTINE saciliforme.
JUSTICIA saciliformis. JUSTICIA Gendarussa.

Lin. fil. sup. & Burm. fl. Ind. p. 10. *Gendarussa f. sosa.* Rumph. Amb. 4, p. 70, t. 28. ♄ des Indes orientales.

8. CARMANTINE à fleurs rouges.
JUSTICIA rubra. JUSTICIA pulcherrima. Lin. fil. sup. ♄ de l'Amérique méridionale.

8. B. CARMANTINE à fleurs rouges écarlates.
JUSTICIA rubra coccinea. Carmantine à fleurs rouges. β La M. Dict. ♄ de l'Amérique méridionale.

9. CARMANTINE épineuse.
JUSTICIA spinosa. Lin. ♄ de Saint-Domingue.

10. CARMANTINE à petites feuilles.
JUSTICIA parvifolia. Lin. fil. sup. ♄. de l'Inde.

11. CARMANTINE à feuilles de pervenche.
JUSTICIA vincoïdes. La M. Dict. ♄ de Madagascar.

12. CARMANTINE fastueuse.
JUSTICIA fastuosa. Lin. ♄ de l'Inde & de l'Arabie-heureuse.

** *Tige ligneuse ; anthères, à loges séparées.*

13. CARMANTINE à feuilles d'hyssope.
JUSTICIA hyssopifolia. Lin. ♄ des Isles Canaries.

14. CARMANTINE à fleurs sessiles.
JUSTICIA sessilis. L. ♄ de l'Isle de Saint-Eustache.

15. CARMANTINE de Saint-Eustache.
JUSTICIA Eustachiana. Jacq. Amer. 4, tab. 4. ♄. de l'Isle de Saint-Eustache.

16. CARMANTINE velue.
JUSTICIA hirsuta. Jacq. Amer. 4. ♄ de la Martinique.

17. CARMANTINE à faucilles.
JUSTICIA falcata. La M. Dict. ♄ de l'Isle-de-France.

18. CARMANTINE panachée.
JUSTICIA variegata. Aubl. Guian. 12, tab. 4. ♄ de la Guiane.

19 CARMANTINE biflore.
JUSTICIA biflora. La M. Dict. ♄ de l'Arabie.

20. CARMANTINE odorante.
JUSTICIA odora. La M. Dict. ♄ d'Arabie.

*** *Tige herbacée ; anthères, à loges réunies.*

21. CARMANTINE à épis grêles.
JUSTICIA gracilispica. JUSTICIA procumbens. Lin. ♃ des Indes orientales.

21. B. CARMANTINE à épis grêles & à grandes feuilles.
JUSTICIA gracilispica platyphyla. Carmantine à épis grêles. β La M. Dict. *Bongum mas.* Rumph. amb. 6, p. 52, t. 22, f. 2. ♃ des Indes orientales.

22. CARMANTINE rempante.
JUSTICIA *repens.* Lin. ♃ de l'Inde & de l'Isle de Ceylan.

23. CARMANTINE pectinée.
JUSTICIA *pectinata.* Lin. des Indes orientales.

24. CARMANTINE de Chine.
JUSTICIA *Chinensis.* Lin. de la Chine.

25. CARMANTINE échioïde.
JUSTICIA *echioïdes.* de l'Inde & du Malabar.

26. CARMANTINE ciliée.
JUSTICIA *ciliaris.* Lin. fil. sup. ☉ de l'Isle de Ceylan.

27. CARMANTINE à feuilles de basilic.
JUSTICIA *ocymoïdes.* La M. Dict. *an JUSTICIA sexangularis.* Lin? ex D. La M. ☉? des pays chauds de l'Amérique.

27. B. Grande CARMANTINE à feuilles de basilic.
JUSTICIA *ocimoïdes major. Carmantine à feuilles de basilic.* β La M. Dict. ☉? des climats chauds de l'Amérique.

28. CARMANTINE de la Jamaïque.
JUSTICIA *Jamaïcensis.* JUSTICIA *assurgens.* L. de l'Isle de la Jamaïque.

29. CARMANTINE à pédoncules fourchus.
JUSTICIA *furcata.* La M. Dict. des pays chauds de l'Amérique.

30. CARMANTINE de Carthagène.
JUSTICIA *Carthaginensis.* Lin. des environs de Carthagène.

31. CARAMANTINE tubuleuse.
JUSTICIA *tubulosa.* JUSTICIA *nasuta.* Lin. de l'Inde, de l'Isle de Java, de la côte de Malabar.

31. B. CARMANTINE tubuleuse lancéolée.
JUSTICIA *tubulosa lanceolata. Carmantine tubuleuse.* β La M. Dict. *Boin - caro.* Encycl. de l'Inde, du Java & du Malabar.

32. CARMANTINE bivalve.
JUSTICIA *bivalvis.* Lin. de l'Inde & du Malabar.

33. CARMANTINE pourprée.
JUSTICIA *purpurea* Lin. *Folium tinctorium.* Rumph. Amb. 6, p. 51, tab. 22, fig. 1, de la Chine & des Moluques.

33. B. CARMANTINE pourprée sanguine.
JUSTICIA *purpurea sanguinea. Folii tinctorii rubra species.* Rumph. de la Chine & des Moluques.

34. CARMANTINE à fleur penchée.
JUSTICIA *nutans.* Burm. fl. ind. 10, tab. 5. fig. 1, de l'Isle de Java.

35. CARMANTINE du Gange.
JUSTICIA *Gangetica.* L. de l'Inde & de l'Isle de Java.

36. CARMANTINE sans tige.
JUSTICIA *acaulis.* Lin. fil. ſ 7 . ♃. de l'Inde, près Tranquebar.

<hr>

**** *Tige herbacée; anthères, à loges distantes.*

37. CARMANTINE à languette.
JUSTICIA *ligulata.* La M. Dict. *an Dianthera Malabarica.* Lin. fil. suppl.? ex D. La M. de l'Inde.

38. CARMANTINE pectorale.
JUSTICIA *pectoralis.* Jacq. Amer. 3, tab. 3, vulgairement *herbe à charpentier.* ☉? de Saint-Domingue & de la Martinique.

39. CARMANTINE fasciculée.
JUSTICIA *fasciculata.* JUSTICIA *comata.* La M. Dict. *Dianthera comata.* Lin. de la Jamaïque.

40. CARMANTINE à feuilles linéaires.
JUSTICIA *linearifolia.* La M. Dict. *Dianthera Americana.* Lin. ♃ de la Virginie & de la Floride.

41. CARMANTINE de Java.
JUSTICIA *Javanica.* La M. Dict. de l'Isle de Java.

42. CARMANTINE du Pérou.
JUSTICIA *Peruviana.* La M. Dict. du Pérou.

Espèces moins connues.

43. CARMANTINE luisante.
JUSTICIA *nitida.* Jacq. Amer. 5. ♄ d'Amérique.

44. CARMANTINE orchioïde.
JUSTICIA *orchioïdes.* Lin. fil. supp. 85, ♄.

45. CARMANTINE verticillaire.
JUSTICIA *verticillaris.* Lin. fil. supp. 85.

46. CARMANTINE triflore.
JUSTICIA *triflora.* Forsk. Ægypt. 4, n.° 10.

47. CARMANTINE bleue.
JUSTICIA *cœrulea.* Forsk. Ægypt. 5; n°. 11.

48. CARMANTINE puante.
JUSTICIA *fœtida.* Forsk. Ægypt. 5, n.° 12.

49. CARMANTINE triple-épine.
JUSTICIA *trispinosa.* Forsk. Ægypt. 6, n.° 15.

50. CARMANTINE double-épine.
JUSTICIA *bispinosa.* Forsk. Ægypt. 6, n.° 16.

51. CARMANTINE apprimée.
JUSTICIA *appressa.* Forsk. Ægypt. 6, n.° 17.

52. CARMANTINE en lance.
JUSTICIA *lanceata.* Forsk. Ægypt. 6. n.° 18.

53. CARMANTINE débile.
JUSTICIA *debilis.* La M. Dict. *Dianthera* Forsk. Ægypt. 9, n.° 23.

54. CARMANTINE Katu-Karivi.
JUSTICIA *Katu-Karivi.* Rhéed. Hort. Malab. 9. p. 83. tab. 44.

Port & principales particularités des Espèces : traduction de la principale phrase latine par laquelle chacune est définie.

* *Tiges ligneuses; anthères, à loges réunies.*

1. CARMANTINE en arbre. Carmantine, dite

Adhatoda, en arbre, à feuilles ovales-lancéolées ; à bractées ovales perſiſtantes, à caſque des corolles concave. *Linnæus*. C'eſt l'eſpèce la plus élevée de ce genre, & celle qui intéreſſe le plus par ſon beau port, & ſon aſpect agréable lorſqu'elle eſt en fleurs. Elle s'élève à la hauteur de douze & même quatorze pieds. Ses feuilles oppoſées ont juſqu'à neuf pouces & plus de longueur, ſur quatre pouces de largeur, non compris le pétiole long d'environ un pouce & demi. Ses fleurs en épis terminaux ſont grandes & blanches, tachetées de lignes purpurines. Cette eſpèce fleurit en Juillet. Elle ne produit pas de ſemences dans le climat de Paris.

2. CARMANTINE à crochet. Carmantine, dite *Ecbolium*, fruteſcente, à feuilles ovales-lancéolées, à épis quadrangulaires, à bractées ovales ciliées ; à caſque des corolles réfléchi. *Linnæus*. C'eſt un arbriſſeau rameux qui, ſuivant Miller, a dans ſon pays natal, une tige forte de dix à douze pieds de hauteur, ſes feuilles oppoſées & longues de cinq pouces ſur deux & demi de largeur. Ces feuilles ſont inſipides. Les épis de fleurs qui terminent les branches ſont très-longs, & ſuivant Linnæus ſont ſeſſiles. Les fleurs ſont bleuâtres & blanchiſſent en ſe développant ; elles ſont ſans odeur. La racine eſt blanchâtre & un peu amère dans ſon écorce. Lès deux ſemences que contient la capſule ſont inſipides, & d'une couleur rouſſe pâle. Cet arbriſſeau croît naturellement dans les endroits ſablonneux. Dans le Malabar, les Brames nomment cette eſpèce, *Poſcoô*.

La variété, B, ſe diſtingue par ſon épi de fleurs qui eſt plus court & par ſes bractées qui ſont obtuſes & plus velues. La variété, C, a pour caractère diſtinctif ſes feuilles-plus épaiſſes, arrondies à la baſe & preſque en cœur.

3. CARMANTINE Infundibuliforme. Carmantine (en forme d'entonnoir) à feuilles ovales-lancéolées, quaternées ; à bractées lancéolées, ciliées. *Linnæus*. C'eſt un petit arbriſſeau de deux ou trois pieds de hauteur, dont le bois eſt blanchâtre. Ses feuilles ont juſqu'à cinq pouces de longueur, y compris un pétiole long d'un pouce, & un pouce & demi ou près de deux pouces de largeur ; elles ont une ſaveur un peu âcre qui approche de celle du raifort. Les épis de fleurs ſont ſolitaires & naiſſent les uns de l'extrémité des rameaux, les autres des aiſſelles des feuilles : ils ont juſqu'à deux pouces de longueur, & ſont portés chacun ſur un pédoncule qui a juſqu'à trois pouces de long. Les fleurs ſont belles, leur corolle eſt blanche comme celle de l'oranger ; longue de quinze lignes, à tube grêle & à limbe largé de neuf lignes. Cette eſpèce croît naturellement dans les endroits ſablonneux. Dans la première Encyclopédie, M. Adanſon fait mention de cette eſpèce ſous le nom *d'Abuli*.

4. CARMANTINE à fleurs courtes. Carmantine (Bétoine) fruteſcente, à feuilles ovales-lancéolées ; à bractées ovales, aigues, véineuſes & colorées. *Linnæus*. C'eſt un petit arbriſſeau. Les feuilles ont juſqu'à quatre pouces & demi de longueur, ſur environ vingt-une lignes de largeur. Les épis de fleurs naiſſent de l'extrémité des branches, ont juſqu'à trois pouces & demi de longueur. Les bractées qui accompagnent les fleurs ſont blanchâtres, longues de ſix lignes. Les fleurs ont ſept lignes de longueur, ſont ſans odeur, blanchâtres, la découpure du milieu de la lèvre inférieure de la corolle étant variée de rougeâtre. Les Brames de la côte de Malabar, nomment cette plante : *Davò-Pocsò*.

5. CARMANTINE. (Scorpioïde.) fruteſcente, à feuilles ovales-lancéolées, velues, ſeſſiles ; à épis recourbés. *Linnæus*. Suivant Miller, c'eſt un arbriſſeau à tige fragile, de cinq à ſix pieds de hauteur. Ses feuilles ont deux pouces de longueur ſur un de largeur. Les fleurs naiſſent ſur des épis qui ſortent des aiſſelles des feuilles & qui ſont recourbés en queue de ſcorpion. Les fleurs ſont larges & d'un rouge clair. Les capſules ont un pouce de longueur. Suivant Miller, cette plante fleurit dans les ſerres chaudes d'Europe pendant l'Eté ; mais elle y produit rarement de bonnes ſemences.

6. CARMANTINE (tachée) fruteſcente ; à feuilles ovales-lancéolées, peintes ; à corolle enflée au goſier. *Linnæus*. Suivant Rumphius, cette eſpèce très-intéreſſante, forme ordinairement un arbriſſeau de cinq ou ſix pieds de hauteur. Lorſque cette eſpèce vit long-temps, elle parvient enfin à la grandeur d'un arbre médiocre dont le tronc a un pied de groſſeur. Mais es plantes de cette eſpèce vivent rarement aſſez long-tems pour acquérir cette grandeur : Car elles ſont ſujettes à être aſſaillies pendant les tems chauds & pluvieux par un grand nombre de chenilles laides, noires & velues qui dévorent toutes leurs feuilles. Cette eſpèce a ſes tiges & rameaux extrêmement fragiles, couverts d'une écorce blanchâtre à leur ſommet. Ses feuilles ſont oppoſées, ont juſqu'à cinq pouces & demi & même quelquefois juſqu'à ſept pouces de longueur ſur deux pouces & demi à trois pouces & demi de largeur ; leur pétiole a une ou deux ou trois lignes de long ; elles ſont ſans dentelures ſur leurs bords, ſans poils, d'un verd foncé vers le bord ; elles ſont peintes à leur centré chacune d'une grande tache éclatante tantôt parfaitement blanche, tantôt jaunâtre, qui occupe la plus grande partie de la largeur de la feuille, s'étend depuis ſon pétiole juſqu'à ſon ſommet, eſt diverſement anguleuſe, & reſſemble, ſuivant Rumphius, à une lame blanche découpée en forme de flamme, qui ſeroit collée ſur la feuille. Cette peinture ou panachure de feuilles

donne

donne à cette plante un aspect très-extraordinaire & d'une beauté admirable. Suivant Camelli, on voit quelquefois des rameaux dont toutes les feuilles sont entièrement blanches. A l'extrémité de chaque rameau naît un bel épi de fleurs d'un rouge foncé longues d'un pouce, inodores, auxquelles il ne succède jamais aucun fruit, suivant Rhéede, Rumphius & Camelli. La variété, B, diffère, 1.° en ce qu'elle est plus grande dans toutes ses parties. 2.° En ce que la tache grande & brillante dont ses feuilles sont peintes est d'un beau rouge presque écarlate. Cette variété, B, a une sous-variété dont les feuilles ont une belle tache brune dans le centre de leur page inférieure, & sont diversement panachées de verd & de brun sur leur page supérieure.

Le pays naturel de cette espèce, N.° 6, ne paroît pas certainement connu : Rhéede la croit originaire de la Chine & de Manille ; il assure que c'est de ces deux pays qu'elle a été transportée au Malabar, dans les jardins duquel on la cultive & où elle se plaît en terre sablonneuse. Suivant Rumphius, on la trouve dans les isles d'Amboine, de Ternate, & dans les autres isles adjacentes ; mais on ne la trouve nulle part sinon cultivée & plantée de mains d'hommes. Suivant Camelli, on la cultive dans l'isle de Manille. La plus commune des variétés de cette espèce est la variété à taches blanches. Celle à taches rouges est rare suivant Rumphius.

Le nom latin que Rumphius donne à cette espèce, & qui signifie *feuille à lame* est, suivant lui, la traduction de son nom, en langage Malais, *Daun Prada* qui lui a été donné parce qu'on a comparé la belle tache de ses feuilles à une lame collée sur chacune d'elle, comme j'ai dit ; suivant le même, c'est aussi à cette peinture des feuilles qu'elle doit son nom de *Poding* : on la nomme à Amboine, *Aylilin* & *Lilin* : La variété à taches blanches se nomme à Ternate, *Cabi Cabi* ; & à Java *Tommon* : celle à taches rouges, se nomme à Ternate, *Lulajo* ; & à Java *Temman* ; on la nomme encore *Daun Putri, Dangora, Djurn Dumung*. Selon Rhéede, les Malabarres l'appellent *Tjude Maram* ; les Brames, *Parangiato* & *Porvatti - Pou* ; *Folhas du Cobra Bibora* ; les Hollandois, *Maagdenlot*. Son nom à Manille est *Antolang*, selon Camelli.

7. CARMANTINE saliciforme. Carmantine (nommée Gendarussa,) frutescente ; à feuilles lancéolées, très-entières ; à épis terminaux simples. *Burmann.* Suivant Rumphius, c'est un arbrisseau dont la hauteur naturelle est de quatre ou cinq pieds. Il pousse des tiges nombreuses, cylindriques, noueuses, qui sont les unes plus ou moins droites, & les autres couchées sur la terre dans laquelle elles jettent des racines qui

naissent des nœuds, de manière qu'en peu de tems, la plante se multiplie beaucoup & occupe un grand espace de terrein. Ses feuilles sont opposées, ressemblent à des feuilles de saule ou de persicaire, & ont jusqu'à cinq pouces & demi de longueur, sur un pouce environ de largeur. Les fleurs peu nombreuses viennent sur des épis courts qui terminent les rameaux : elles sont petites, de trois lignes de longueur, blanchâtres avec des veines purpurines. Suivant le même Rumphius, cette espèce fleurit si rarement à Amboine & dans les Moluques que beaucoup de personnes croient qu'elle ne fleurit jamais. Elle ne fleurit quelquefois que lorsqu'elle est placée en terrein sec, & en exposition très-chaude. Elle ne fleurit même, en tels sol & exposition, qu'après de très-longues sécheresses. Quand elle fleurit c'est peu abondamment dans les mois d'Août & de Septembre. Pendant la sécheresse énorme qui affligea Amboine en 1660 & qui fut telle que beaucoup de rivières se dessechèrent, cette plante fleurissoit presque par-tout dans cette Isle. Le même Auteur assure que cette espèce ne produit pas de semences fécondes. Le bois de cet arbrisseau est souple & dur. Celui des racines est très-dur & très-blanc. Elles rampent au loin sous terre & poussent des rejettons de distance en distance. L'odeur & la saveur de toute la plante sont extrèmement désagréables. Suivant le même Rumphius, les tiges & les feuilles sont tantôt entièrement d'une couleur parfaitement verte, tantôt toutes brunes-noirâtres, ou même noires : en ce dernier cas, les feuilles sont beaucoup plus petites & plus fermes que dans le premier. Suivant Rhéede, cette plante croît naturellement dans les terres sablonneuses du Malabar. Suivant Rumphius, elle croît à Amboine & dans les autres isles Moluques, presque en toutes sortes de terreins & d'expositions : cette espèce se trouve aussi dans les jardins où on la cultive à cause de ses vertus. Suivant le même, son nom *Gendarussa* ou *Gandarussa*, sous lequel elle est connue en langage de Malacca, de Java, & de Banda, lui a été donné à cause de sa puanteur, & vient de *Ganda* ou *Genda* qui signifie *odeur*, & de *Russa* qui signifie *Sauvage*.

8. CARMANTINE à fleurs rouges. Carmantine (très-belle) frutescente ; à feuilles ovales, pointues des deux bouts, pétiolées ; à épis terminaux, quadrangulaires, droits ; à bractées ovales. *Linnæus fils.* C'est un bel arbrisseau qui pousse de la même racine plusieurs tiges droites, peu rameuses, de six pieds de hauteur. Les feuilles sont opposées & longues de huit pouces. Les épis de fleurs ont trois pouces de long. Suivant M. Jacquin, ses grandes fleurs inodores de près de deux pouces de longueur sont d'un rouge très-beau & si éclatant qu'elles se distinguent de loin, même d'avec les fleurs de l'*Hibiscus Malvaviscus*, Lin., avec lequel cette espèce de Carmantine

croît ordinairement pêle-mêle. M. Jacquin a observé cette plante à Carthagène, dans les bois de la montagne de la Popa. Il l'a vue en fleurs en Octobre & Novembre.

La Carmantine à fleurs rouges écarlates, N.° 8. B., est une variété à peine distincte. Suivant Aublet, les feuilles ont jusqu'à dix pouces de longueur, sur trois pouces & demi de largeur. Elle croît en plusieurs endroits de l'isle de Cayenne, sur-tout dans les lieux humides. Aublet l'y a trouvée plusieurs fois au bord des ruisseaux. Elle y étoit en fleurs & en fruits pendant le mois d'Octobre.

9. CARMANTINE (épineuse) frutescente, à épines axillaires, & à pédoncules latéraux. *Linnæus.* C'est un arbrisseau de cinq pieds de haut, très-peu touffu, peu rameux, à rameaux très-longs, à petites feuilles ovales, longues de six lignes. Les fleurs sont purpurines de six lignes de long sur cinq lignes de large. Cette plante croît naturellement parmi les buissons sur le bord de la mer, aux environs du Port-au-Prince à Saint-Domingue. M. Jacquin a cueilli sur cette plante des fleurs & des fruits mûrs, pendant le mois de Janvier.

10. CARMANTINE (à petites feuilles) frutescente, à tige rameuse, cylindrique, blanchâtre; à feuilles arrondies; à fleurs sessiles, axillaires & solitaires. *M. Lamarck.* C'est un sous-arbrisseau dont les feuilles sont opposées, & n'ont que trois lignes de long sur près de deux lignes de large. Chaque fleur est à peine plus longue que la feuille qui l'accompagne. Les anthères ont leurs loges un peu séparées.

11. CARMANTINE (à feuilles de Pervenche) frutescente; à feuilles ovales, glabres; à pédoncules presque-uniflores; à limbe des corolles plane, divisé en cinq. *M. Lamarck.* C'est un petit arbrisseau dont les feuilles sont longues de deux pouces, & dont les fleurs sont peu nombreuses. Chaque pédoncule porte ordinairement trois fleurs, dont les deux latérales avortent.

12. CARMANTINE (fastueuse) fruticante, à feuilles elliptiques, à thyrses terminaux. *Linnæus.* La tige de ce petit arbrisseau a le port d'un *Phlox* & est terminée par les fleurs disposées en grappe comme dans le *Phlox* : cette grappe est composée de beaucoup de fleurs ramassées en petites grappes axillaires.

** *Tige ligneuse; anthères, à loges séparées.*

13. CARMANTINE (à feuilles d'hyssope) fruticante; à feuilles oblongues, obtuses, charnues; à pédoncules axillaires, courts, presque à une fleur. *M. Lamarck.* C'est un petit arbrisseau toujours verd de trois ou quatre pieds de hauteur, & dont les feuilles ont deux pouces de long sur quatre pouces de large. Ses fleurs sont d'un blanc pâle ou citrin. Suivant Miller, cette plante

fleurit en Europe pendant différentes saisons; mais elle n'y donne jamais de fruits.

14. CARMANTINE à fleurs sessiles. Carmantine (sessile) fruticante; à fleurs axillaires, sessiles. *Linnæus.* C'est un sous-arbrisseau. Ses fleurs sont petites, purpurines, inodores. Suivant M. Jacquin, cette plante est commune dans les haies & buissons de l'isle de Saint-Eustache. Il l'a vue fleurie en Juillet & Août.

15. CARMANTINE (de Saint-Eustache) à deux anthères; à feuilles lancéolées-oblongues; à pédoncules multiflores; à bractées linéaires, un peu larges au sommet, pointues. *M. Jacquin.* C'est un arbrisseau droit, de trois pieds de hauteur, sans beauté; à fleurs inodores, purpurines, d'un pouce & demi de longueur. Il croît naturellement çà & là, sur les collines découvertes & arides de l'Isle de Saint-Eustache. M. Jacquin l'a vu en fleurs pendant le mois de Septembre.

16. CARMANTINE (velue), à deux anthères; à feuilles lancéolées, pointues; à fleurs presqu'en épis, à bractées setacées, à tiges velues. *M. Jacquin.* C'est un arbrisseau droit, rameux, haut de quatre pieds : ses feuilles & ses épis de fleurs ont six pouces de longueur : Ses fleurs sont inodores, blanches, à lèvre inférieure tachetée de points rouges; ses fruits avortent ordinairement presque tous. Elle croît naturellement dans les lieux un peu humides.

17. CARMANTINE (à faucilles), à deux anthères, fruticante; à feuilles ovales lancéolées, pétiolées; à fleurs munies de deux calyces, ayant la lèvre supérieure de la corolle très-longue & courbée en faucille, *M. Lamarck.* C'est un arbrisseau.

18. CARMANTINE (panachée), fruticante, à feuilles ovales aigues; à fleurs disposées en épis lâches & panachées, *M. Lamarck.* C'est un arbrisseau rameux, haut de cinq pieds. Ses fleurs sont blanches, panachées de jaune & de violet. Cette espèce croît naturellement dans les bois. Aublet l'a vue en fleurs & en fruits pendant le mois de Septembre.

19. CARMARTINE (biflore) fruticante; à feuilles ovales, obtuses; à pédoncules biflores; à calyces doubles. *M. Lamarck.* C'est un arbrisseau dont les fleurs sont d'un jaune rougeâtre. L'aspect de cette espèce est agréable.

20. CARMANTINE (odorante) fruticante; à feuilles ovales oblongues, obtuses; à fleurs axillaires, sessiles, solitaires, velues en-dehors. *M. Lamarck.* C'est un arbrisseau qui a un peu l'aspect du précédent. Son odeur approche de celle de la flouve; mais cette odeur n'est bien sensible que lorsque la plante commence à se faner. Ses fleurs sont jaunes. Cette espèce croît naturellement dans les bois.

*** *Tige herbacée; anthères, à loges réunies.*

21. CARMANTINE à épis grêles. Carmantine

(tombante) à feuilles lancéolées, très-entières ; à épis terminaux & latéraux, alternes ; à bractées sétacées ; à tiges tombantes. *Linnæus*.

21. B. CARMANTINE à épis grêles & à grandes feuilles.

Cette espèce est une herbe vivace, dont les fleurs sont blanchâtres.

La variété B a ses tiges vertes, quadrangulaires & noueuses. Elle pousse plusieurs tiges, dont les unes se tiennent droites, & ont un beau port, & dont les autres tombent sur la terre dans laquelle elles s'enracinent. Ses feuilles ont jusqu'à cinq pouces de longueur sur deux de largeur. Le sommet des tiges est terminé par deux ou trois épis pyramidaux, quadrangulaires, composés de bractées d'un verd pâle, étroitement appliquées les unes sur les autres, & d'entre lesquelles sortent de petites fleurs blanches : les semences sont petites. Cette variété croît naturellement dans les lieux déserts, sur les bords des rivières, & dans les forêts sèches de sagou.

22. CARMANTINE (rampante) à feuilles ovales presque crenelées ; à épis terminaux ; à bractées lancéolées ; à tige rampante. *Linnæus*. C'est une petite herbe vivace qui a ses tiges menues, longues de six à dix pouces, & étalées sur la terre.

23. CARMANTINE (pectinée) diffuse ; à épis axillaires, sessiles, cotonneux, fleurissants d'un côté & imbriqués du côté opposé ; à bractées semi-lancéolées. *Linnæus*. Les tiges de cette petite herbe sont longues de cinq à huit pouces, menues, diffuses, & étalées sur la terre. Elle est remarquable par le côté de ses épis qui ne fleurit pas, sur lequel on voit deux rangs d'écailles ou bractées, imbriquées & disposées comme les dents d'un peigne : les fleurs sont très-petites.

24. CARMANTINE (de Chine) herbacée, à feuilles ovales, à fleurs latérales ; à pédoncules triflores, à bractées ovales. *Linnæus*. Les fleurs sont trois à cinq ensemble dans chaque aisselle.

25. CARMANTINE (échioïde) à feuilles linéaires-lancéolées, obtuses, sessiles ; à grappes, dont le côté supérieur seulement est garni de fleurs ; à bractées sétacées. *Linnæus*. C'est une herbe velue, d'une odeur agréable, haute de trois pieds, qui ressemble en quelque sorte à la vipérine (echium Lin.) par la disposition de ses fleurs & par son feuillage. C'est à cause de cette ressemblance qu'on l'a nommée échioïde. Cette herbe forme un buisson conique, une fois plus haut que large. Ses feuilles sont opposées, ont jusqu'à deux pouces & demi de longueur sur demi-pouce de largeur. De l'aisselle de chaque paire de feuilles sortent quatre à six épis de fleurs, longs d'environ 16 lignes, ouverts ou épanouis horizontalement ; portants chacun, sur leur côté supérieur, quatre à huit fleurs relevées verticalement, d'un blanc roussâtre, longues de cinq à six lignes sur deux lignes au plus de largeur. La racine est blanchâtre. Cette espèce croît naturellement dans les lieux

humides. M. Adanson en fait mention dans l'ancienne Encyclopédie sous le nom de *Butumbo*, que lui donnent les Brames du Malabar.

26. CARMANTINE (ciliée) herbacée, à feuilles lancéolées ; à fleurs opposées, sessiles ; à bractées & calyces sétacés, hérissés, plus longs que la fleur. *Linnæus fils*. C'est une herbe annuelle d'environ un pied & demi de hauteur, dont le port ressemble, au premier coup-d'œil, à celui de la précédente. Ses tiges, feuilles, pétioles, bractées & calices sont couverts de longs poils ; d'où lui vient son nom de *ciliée*. Ses feuilles ont environ neuf lignes de largeur, sur trois pouces de longueur, y compris le pétiole long de quatre lignes ; elles sont d'un verd noirâtre. Ses fleurs sont sans odeur, & viennent solitaires ou une à une dans les aisselles des feuilles. Suivant M. Jacquin, elle fleurit pendant tout l'Eté dans les serres chaudes d'Europe.

27. CARMANTINE (à feuilles de basilic) à tige herbacée, rameuse, anguleuse ; à feuilles ovales, pétiolées ; à pédoncules axillaires, multiflores, très-courts ; à bractées ovales-lancéolées, à peine plus longues que le calyce. *M. Lamarck*.

27. B. Grande Carmantine à feuilles de Basilic ; à bractées ovales, colorées, plus longues que le calice. *M. Lamarck*.

Cette espèce est une herbe rameuse, haute d'un pied ou un peu plus. Ses fleurs sont au nombre de trois à cinq dans chaque aisselle. La variété B est plus grande.

28. CARMANTINE de la Jamaïque. Carmantine (montante) à feuilles ovales, très-entières ; à bractées en alêne ; à rameaux hexagones. *Linnæus*. C'est une herbe dont le port ressemble beaucoup à celui de la précédente ; mais elle est moins rameuse.

29. CARMANTINE à pédoncules fourchus. Carmantine (fourchue) à tige cylindrique pubescente ; à feuilles ovales, pétiolées ; à pédoncules plusieurs fois fourchus. *M. Lamarck*.

30. CARMANTINE (de Carthagène) à feuilles ovales-lancéolées ; à fleurs en épis, oblongues en forme de coin. *Linnæus*. C'est une belle plante droite, haute de trois à six pieds. Les feuilles ont un demi-pied de long. Les fleurs sont purpurines, sans odeur, longues d'un pouce & demi & disposées sur des épis de même longueur. Cette espèce croît naturellement dans les haies & buissons. M. Jacquin l'a vue en fleurs, pendant le mois d'Octobre.

31. CARMANTINE (tubuleuse) à tige rameuse, un peu velue ; à feuilles ovales, aigues, très-entières ; à pédoncules divisés en panicules ; à calyce simple ; à tube de la fleur très-long. *M. Lamarck*.

31. B. CARMANTINE tubuleuse lancéolée. Carmantine tubuleuse à feuilles ovales lancéolées, presque sessiles. *M. Lamarck*.

Cette espèce, n.° 31, est une plante très-peu

touffue, de trois à quatre pieds de hauteur. Les pédoncules, qui portent souvent huit à dix fleurs, sont axillaires & terminaux. Les fleurs sont blanches, tachetées de points rouges, ayant le tube de la corolle long de huit lignes; & d'un tiers de ligne de diamètre. L'écorce de la racine est de couleur noirâtre. Cette espèce croît naturellement dans les terres sablonneuses. La variété B est une plante encore moins touffue, & qui ne s'élève qu'à la hauteur d'environ deux pieds. Son feuillage est d'un verd brun; ses fleurs sont blanches, veinées de rouge; l'écorce de sa racine est noirâtre. La plante est amère dans toutes ses parties; mais les feuilles sont les plus amères. Cette variété aussi se plaît dans les endroits sablonneux. Suivant Rhéede, elle fleurit dans la saison pluvieuse: suivant le même, la saison pluvieuse, dans le Malabar, est d'Avril en Octobre, excepté le mois d'Août, qui est presque toujours sec. M. Adanson a parlé de cette variété, dans l'ancienne Encyclopédie, sous le nom de *Boïn Caro*.

32. CARMANTINE (bivalve) à feuilles ovales-lancéolées; à pédoncules à six fleurs; à pédicelles latéraux à deux fleurs; à bractées ovales parallèles. *Linnæus*. Cette plante pousse, de sa racine, plusieurs tiges qui s'élèvent à la hauteur d'un homme. Ses feuilles sont presque pétiolées, ont jusqu'à quatre pouces de longueur; sont d'un verd brun & d'une saveur amère. Ses fleurs sont entièrement blanches, ont un pouce de longueur, leur tube a trois lignes de diamètre; leur limbe est à deux lèvres, qui, suivant M. Lamarck, ressemblent à deux valves dont cette espèce tire son nom; la lèvre supérieure est lancéolée, l'inférieure est à trois lobes. Cette plante croît naturellement dans les terres sablonneuses.

33. CARMANTINE (pourprée) à feuilles ovales, pointues des deux bouts, très-entières, glabres; à tige noueuse; à épis garnis de fleurs d'un seul côté. *Linnæus*.

33. B. CARMANTINE pourprée sanguine.
Cette espèce, n. 33, est une herbe qui pousse des tiges rampantes sur la terre, qui s'y enracinent à leurs nœuds. Les fleurs sont purpurines, & sont toutes fléchies vers un seul côté de l'épi. La saveur des feuilles est désagréable, ainsi que leur odeur, lorsqu'on les froisse. Le suc de cette plante est verd. Sa racine s'étend au-loin, amplement. La variété, B, diffère en ce que les nœuds des tiges & les nervures des feuilles sont rouges; & que, lorsqu'on froisse les feuilles entre les doigts, elles les teignent en rouge. Cette espèce croît naturellement dans les Moluques, sur les bords des rivières. On l'y cultive aussi dans les jardins où sa végétation est très-luxuriante, & dans lesquels elle s'étend beaucoup par ses longues tiges, rampantes & radicantes, qui la multiplient très-abondamment. On cultive la variété B, principalement dans l'île de Célèbes.

34. CARMANTINE à feuilles penchées. Carmantine (penchée) herbacée; à feuilles lancéolées, dentelées; à pédoncules terminaux, réfléchis; à bractées sétacées. *Burmann*. Les fleurs de cette herbe sont assez grandes, & de couleur pourpre, mêlée de jaune.

35. CARMANTINE (du Gange) à feuilles ovales; à grappes simples, longues; à fleurs alternes, unilatérales; à bractées très-petites. *Linnæus*. Les corolles de cette herbe sont un peu grandes.

36. CARMANTINE sans tige. *Linnæus, fils*. Cette plante a le port du plantain: toutes ses feuilles sont radicales: les fleurs sont disposées en épis oblongs, sur des hampes très-simples, au sommet desquelles ils sont placés.

**** *Tige herbacée; anthères, à loges distantes.*

37. CARMANTINE (à languette) herbacée, branchue; à feuilles ovales, pétiolées; à fleurs paniculées; à calices doubles; à languette dorsale, droite, & un peu grande. *M. Lamarck*. C'est une herbe de deux ou trois pieds de hauteur. Ses fleurs sont petites, & d'un rouge pâle. Le calice extérieur est remarquable par une de ses cinq folioles plus longue que les autres, & qui accompagne la corolle, en formant une languette droite & dorsale.

38. CARMANTINE (pectorale) herbacée; à feuilles lancéolées; à épis grêlés, paniculés; à calyce simple. *M. Lamarck*. C'est une herbe droite, haute de deux ou trois pieds, peu touffue. Ses feuilles ont deux pouces de longueur: ses fleurs sont nombreuses, rouges, petites, longues de quatre lignes, à limbe large d'une ligne & demie. Toute la plante répand une odeur légèrement aromatique & agréable, qui a quelque rapport à l'odeur du foin récemment récolté. M. Jacquin a vu cette plante en fleurs, pendant le mois de Janvier.

39. CARMANTINE fasciculée. Carmantine (chevelue) herbacée; à feuilles lancéolées, presque sessiles; à épis grêlés, fasciculés; les inférieurs étant disposés en ombelles. *M. Lamarck*. Cette espèce a du rapport avec la précédente. Sa racine est fibreuse, rougeâtre. Sa tige est mince, d'environ neuf pouces de hauteur, & presque brune. Ses feuilles sont longues d'un pouce & demi, très-étroites, & d'un verd obscur; ses fleurs sont petites & d'un pourpre pâle.

40. CARMANTINE (à feuilles linéaires) herbacée; à épis axillaires, alternes, pédonculés. *M. Lamarck*. C'est une herbe vivace qui fleurit en Juillet, dans le climat de Paris; mais y produit rarement des semences.

41. CARMANTINE (de Java) herbacée; à feuilles lancéolées, rudes, à fleurs paniculées terminales. *M. Lamarck*.

42. CARMANTINE (du Pérou) herbacée; à feuilles ovales, aiguës; à épis courts, axillaires & terminaux, imbriqués d'écailles épineuses au sommet. *M. Lamarck*.

Espèces moins connues.

43. CARMANTINE (luisante) à feuilles lancéolées, pointues ; à fleurs presqu'en épis ; à bractées sétacées ; à tiges luisantes. *M. Jacquin.*

44. CARMANTINE (orchioïde) fruticante ; à feuilles ovales, sessiles ; à fleurs axillaires, solitaires, pédonculées. *Linnæus, fils.*

45. CARMANTINE (verticillaire) velue ; à feuilles ovales, entières ; à fleurs axillaires, verticillées, sessiles. *Linnæus, fils.*

46. CARMANTINE (triflore) à pédoncules axillaires, plus longs que les feuilles, portant chacun trois fleurs à leur sommet. *Forskal.*

47. CARMANTINE (bleue) à fleurs verticillées, sessiles ; à feuilles ovales-oblongues, sessiles. *Forskal.*

48. CARMANTINE fétide. *Forskal.*

49. CARMANTINE (triple - épine) à feuilles ovales-lancéolées ; à épis terminaux, imbriqués ; à lèvre supérieure des corolles courte. *Forskal.*

50. CARMANTINE (double-épine) à épines axillaires, fourchues ; à lèvres de la corolle égales. *Forskal.*

51. CARMANTINE (apprimée) à épines axillaires composées ; à fleur fauve, à lèvre supérieure plus courte. *Forskal.*

52. CARMANTINE (en lance) à feuilles inermes ; à épines stipulaires ; à bractées en forme de feuilles, épineuses à la marge. *Forskal.*

53. CARMANTINE débile. *M. Lamarck.* Dianthère à feuilles oblongues, à épis axillaires, imbriqués ; à bractées ovales-larges, ciliées, quaternées. *Forskal.*

54. CARMANTINE Katu - Karivi. La plante que Rhéede nomme *Katu - Karivi*, paroît, à M. Lamarck, être une espèce de Carmantine. Suivant la figure que Rhéede donne de cette plante, les feuilles sont opposées, sessiles, ovales en lance, longues de trois pouces & un quart, sur un pouce & demi de largeur ; les fleurs sont disposées en grappes ou épis axillaires & terminaux, rameux, longs de cinq ou six pouces ; chaque fleur est longue d'un pouce, à corolle monopétale, irrégulière, labiée ou dont le limbe est à deux lèvres, dont l'une est entière & réfléchie, & dont l'autre a, près du tube, une cavité proéminente extérieurement en forme de sac, & est divisée en trois lobes au sommet. Rhéede ajoute que ces fleurs sont de couleur rougeâtre, mêlée de blanchâtre ; que les feuilles sont minces, molles & très-douces au toucher, & que les tiges sont quarrées, noueuses & velues. Cette plante croît naturellement dans les endroits sablonneux.

Culture de plusieurs Espèces, dans les Indes Orientales.

On a vu plus haut que l'on cultive plusieurs espèces de Carmantine dans les Indes Orientales. La Carmantine, tachée, n.° 6, & sa variété,

n.° 6, B, se cultivent avec soin, tant dans les Archipels de l'Inde, que dans le Continent, pour orner les allées des jardins. On a vu aussi que, suivant Rhéede, cette plante aime préférablement les terreins sablonneux. Elle se plaît dans un terrein léger, suivant Rumphius, & elle vient mal dans les terres argilleuses. Comme ses rameaux sont extrêmement fragiles, il convient qu'elle soit placée à l'abri des vents violens : en même-tems, l'exposition la plus chaude est celle qui lui convient le mieux ; car, suivant Camelli, les panaches de ses feuilles sont d'autant plus beaux, qu'elle éprouve plus complettement toute l'ardeur des rayons du Soleil ; &, lorsqu'elle est plantée en lieu découvert, privé d'abris, & exposé aux vents, il est d'expérience que ces beaux panaches s'évanouissent, & que ses feuilles sont presque totalement vertes. La seule voie qui soit pratiquée dans l'Inde pour multiplier cette plante, est celle des boutures. On ne peut la multiplier par semences, puisqu'elle n'en produit pas, comme on l'a vu plus haut. Il est probable que cette stérilité provient de ce qu'il y a très - long - tems qu'on ne multiplie cette plante que par boutures. On sait que l'usage, continué pendant très-long-tems, de multiplier une plante par tout autre moyen que par semences, produit souvent, à la longue, la stérilité dans les individus qu'on obtient par ce moyen quelconque. D'ailleurs, quand même cette espèce de Carmantine produiroit des semences fécondes, il peut être qu'elles seroient le moyen le moins sûr pour multiplier cette plante avec ses panachures ; car on sait qu'il est, en général, très-ordinaire aux semences des plantes à feuilles panachées, de produire des plantes à feuilles totalement vertes. Quoi qu'il en soit, la propagation de cette espèce de Carmantine par boutures, est extrêmement facile ; &, suivant Rumphius, il suffit même qu'un rameau soit jetté par terre pendant la saison des pluies, pour qu'il s'y enracine, & devienne une nouvelle plante. Les Mois les plus favorables pour planter ces boutures dans cette Isle, dans celles de Java, de Banda, de France & de Bourbon, sont Octobre & Novembre, parce que ces mois sont en même - tems, le commencement de la saison des pluies & celui du Printems de ces pays, lors duquel la sève, après s'être ralentie pendant l'Hiver précédent, reprend une nouvelle activité, & imite, en quelque manière, ce qu'elle fait en Europe, en Avril & en Mai. Par la même raison, ces deux mois, Avril & Mai, sont ceux dans lesquels on plante ces boutures avec le plus de succès dans le Malabar, puisqu'ils sont, dans cette contrée, le commencement du Printems & en même - tems celui de la saison des pluies. On peut planter ces boutures à demeure, dans la place que doivent occuper les arbrisseaux qui en proviendront, ou bien en pépinière. Ce dernier parti est préférable, parce que, suivant Rumphius, les panachures de cette plante sont d'autant plus belles qu'elle est transplantée plus souvent. Ces boutures sont ordinairement assez enracinées lors de l'Hiver suivant pour être transplantées alors avec succès, en place à demeure. C'est l'Hiver de chaque climat, c'est-à-dire, la saison du plus grand repos de la sève, qui est le tems le plus favorable à la transplantation des jeunes plants, obtenus de ces boutures. Ce tems du moindre mouvement de la sève, dans les pays méridionaux, est en Juin, Juillet & Août; & dans les climats septentrionaux, c'est en Décembre, Janvier & Février. Les autres soins & attentions nécessaires à la culture de ces arbrisseaux, tant à l'égard des pépinières qu'à l'égard de la transplantation, &c., sont les mêmes que ceux que j'ai exposés convenir à la culture des espèces de carambolier, n.ᵒˢ 1, 2, & 3. *Voyez* le mot CARAMBOLIER, article *Culture dans les Indes.* Cette espèce de Carmantine n'exige qu'un soin de plus: c'est relativement à cette immense quantité de chenilles noires, par lesquelles j'ai dit qu'elle est sujette à être attaquée pendant les tems chauds & pluvieux, & qui dévorent souvent ses feuilles jusqu'au point de l'en dépouiller totalement, & de la faire périr : Suivant Rumphius, le meilleur moyen de la défendre contre les ravages de ces ennemis, c'est de couper les extrémités des rameaux chargées de ces chenilles, au moment que ces insectes, étant tous éclos, sont encore petits, n'ont pas encore fait beaucoup de dégâts, n'occupent encore que ces extrémités des rameaux, & ne se sont point encore répandus sur le reste de l'étendue de ces arbrisseaux. Aussitôt après avoir retranché ces extrémités des rameaux chargées de chenilles, on écrase sur-le-champ ces insectes. Les arbrisseaux poussent ensuite de nouveaux bourgeons. Camelli rapporte qu'ayant planté une bouture de cette plante, faite avec un rameau dont toutes les feuilles étoient totalement blanches, il n'a pu réussir à faire enraciner cette bouture, mais qu'elle a péri.

On cultive la Carmantine saliciforme, n.ᵒ 7, en plusieurs endroits de l'Inde, à cause des vertus qu'on lui attribue. D'après les observations de Rumphius & de Rhéede, rapportées plus haut, il paroît qu'on peut la cultiver avec succès, en toutes sortes de terreins & d'expositions; mais que, lorsqu'on desire la voir fleurir, il faut la placer en terrein sablonneux & sec, à l'exposition la plus chaude possible, & dans les quartiers ou cantons les plus secs. On ne peut multiplier cette espèce par la voie des semis, puisque, suivant Rumphius, elle ne produit pas plus de semences fertiles, que l'espèce, n.ᵒ 6. Mais, suivant le même, toutes les parties de la plante possèdent éminemment la faculté réproductive ;

car, outre qu'on a vu qu'elle se propage d'elle-même fort abondamment, Rumphius assure que le moindre de ses rameaux planté en terre, ou même la moindre particule de ses rameaux jettée sur terre, y végète & forme promptement une nouvelle plante. On peut donc la multiplier très-facilement, & aussi abondamment qu'on le desire, 1.ᵒ par boutures, 2.ᵒ par ses rejettons ou drageons enracinés, que ses racines, rempantes au-loin sous terre, produisent en quantité, de distance en distance, & 3.ᵒ par les fragmens enracinés de ses longues & nombreuses tiges rempantes & radicantes. Les boutures & les plantes qu'on en obtient, se plantent & se cultivent de la même manière, & avec les mêmes soins que celles de l'espèce, n.ᵒ 6. Les rejettons enracinés, & les fragmens de tiges enracinés, lorsqu'ils sont suffisamment pourvus de racines, au moment qu'on les sépare de la plante à laquelle ils appartiennent, peuvent être transplantés sur-le-champ en place à demeure, comme les plantes provenues de boutures, & doivent être traités de la même manière : lorsque, au moment de cette séparation, on ne trouve pas que ces rejettons & fragmens de tiges soient suffisamment pourvus de racines, on les plante & on les soigne comme s'ils étoient des boutures; & l'on en obtient aisément ainsi de nouvelles plantes, soit qu'on fasse cette plantation pendant le tems du moindre mouvement de la sève ou de l'Hiver, soit qu'on la fasse au commencement du renouvellement de la grande activité de la sève ou du Printems de chaque Pays. Cette espèce se cultive, d'ailleurs, de la même manière que celles, n.ᵒ 6, en y ajoutant les attentions suivantes ; on ne laissera croître, des rejettons produits par ses racines, que ceux seulement dont on aura besoin pour la multiplier, & on arrachera tous les autres, à mesure qu'on les verra paroître ; parce que leur accroissement nuit à la végétation de la plante qui les produit, & dérobe la nourriture aux plantes qu'ils avoisinent: on ne laissera ses tiges toucher la terre, ramper sur sa surface, & s'y enraciner, qu'autant qu'on le jugera utile pour obtenir le nombre de fragmens enracinés de ces tiges, dont on croira avoir besoin pour la multiplier : on ne lui laissera que celles de ses tiges qui se soutiennent le mieux; on retranchera toutes ses autres tiges rempantes; & l'on soutiendra, avec des échalas ou autres appuis, les autres tiges qu'on jugera à propos de lui laisser, de manière à les empêcher de s'enraciner ; parce que la multiplicité de ces enracinemens des tiges nuit, comme la multiplicité des rejettons, à la végétation des autres tiges de la plante à laquelle elles appartiennent, ainsi qu'à la végétation des plantes voisines, & effritent la terre inutilement.

L'espèce, n.ᵒ 3, & sur-tout sa variété, **B**, se cultivent dans l'Inde, à cause de leur usage dans l'art de la Teinture. On peut multiplier ces herbes vivaces, très-aisément & très-abondamment, par les jeunes plants que fourniffent, en grande quantité, leurs nombreufes & longues tiges rempantes & radicantes. Il faut auffi avoir foin de ne laiffer les tiges de chaque plante ramper fur la terre, & s'y enraciner, qu'autant qu'il eft néceffaire pour la multiplier. Ce foin eft auffi utile aux plantes de cette efpèce, & par la même raifon, qu'aux plantes de l'efpèce, n.° 7.

Culture dans le climat de Paris.

La Carmantine en arbre, n.° 1, fe multiplie ordinairement, dans ce climat, par boutures & par marcottes. Ces boutures & ces marcottes s'enracinent facilement. La terre la plus convenable à fa culture eft, fuivant Miller, une terre légère & fubftantieufe, telle que feroit, par exemple, un mélange exact de deux parties de bonne terre à froment, point argileufe & bien meuble, avec deux parties de terreau de vieille couche bien confommé, ou avec une partie feulement de ce terreau & une partie de terreau de bruyère, le tout paffé au crible. La faifon la plus favorable à la multiplication de cette efpèce par boutures, eft pendant les mois de Juin & de Juillet. On fait ces boutures avec des branches de l'avant-dernière fève & d'une belle venue, qu'on coupe par fragmens d'environ huit pouces de longueur. On taille proprement, en bec de flûte, la bafe de chacun de ces fragmens. On plante ces fragmens ou ces boutures ainfi faites & préparées, dans des pots remplis avec la terre indiquée. On en plante plufieurs dans chaque pot. On enterre fur-le-champ ces pots, jufqu'à leur bord, dans le terreau d'une couche de chaleur modérée. On les met à l'abri des rayons du foleil & du grand air par des paillaffons. Il eft utile de les couvrir avec des cloches ou avec un chaffis de vitrage. On arrofe ces boutures affidûement & légèrement tous les jours, jufqu'à ce que leur végétation annonce qu'elles ont pouffé des racines. Lorfqu'elles font enracinées, on diminue les arrofemens, l'on ôte les abris par degrés, & on les accoutume, peu-à-peu, au plein air, auquel on pourra, enfuite, les laiffer expofées jufqu'à ce qu'il foit tems de les tranfplanter, ou jufqu'à la fin de l'Eté fi on ne les tranfplante pas avant l'Hiver. Quand on juge que les plantes provenues de ces boutures font fuffifamment pourvues de racines pour pouvoir être tranfplantées avec fuccès, il faut les féparer les unes des autres : car, fi alors on les laiffoit plus long-temps, plufieurs enfemble dans un même pot, ces jeunes plantes fe déroberoient réciproquement la nourriture néceffaire & s'étiouleroient. Alors donc, fi la faifon n'eft pas trop avancée, on choifira un temps brumeux pour les féparer & les tranfplanter, chacune à part ;

dans un pot rempli avec la terre indiquée. En les féparant pour les tranfplanter, on leur confervera le plus de racines qu'il fera poffible, on leur confervera à chacune une motte, fi cela fe peut, & on laiffera leurs racines expofées à l'air le moins long-temps que l'on pourra. Auffi-tôt après cette tranfplantation, on donnera à ces plantes un premier arrofement copieux pour appliquer la terre contre leurs racines : puis, on enterrera fur-le-champ les pots dans le terreau, d'une couche tiède, afin que les plantes puiffent reprendre promptement, & fe fortifier fuffifamment avant l'Hiver. On les abritera du foleil, & on les arrofera affidûement & légèrement, jufqu'à ce que la végétation des plantes annonce qu'elles ont pouffé de nouvelles racines. Alors on les arrofera moins fouvent, & on ôtera, peu-à-peu, les abris pour accoutumer les plantes au plein air par degrés. Je viens de dire que cette tranfplantation doit avoir lieu auffi-tôt que les plantes font fuffifamment pourvues de racines pour cela, dans le cas où la faifon n'eft pas alors trop avancée ; mais, dans le cas contraire, c'eft-à-dire, fi alors la fin du mois d'Août étoit paffée, il vaudroit mieux laiffer ces plantes enfemble, jufqu'au Printems fuivant, dans les mêmes pots où ont été plantées les boutures qui les ont produites, que de les tranfplanter plus tard en Automne : car, en ce dernier cas, elles n'auroient pas le temps, avant l'Hiver, de fe remettre de la langueur qui fuit toujours une tranfplantation, de bien reprendre & de fe fortifier fuffifamment pour réfifter à la rigueur de cette faifon. Lorfqu'après cette tranfplantation, cette plante, après avoir bien repris, aura été accoutumée au plein air, on l'y laiffera pendant tout l'Eté, pourvu qu'elle foit placée dans une expofition chaude & abritée.

A cet âge, & à tout âge, cette efpèce demande les foins fuivans : pendant les grandes chaleurs, on doit lui donner des arrofemens copieux qui lui font alors très-avantageux : mais il faut diminuer confidérablement les arrofemens pendant les quinze derniers jours du mois de Septembre, afin de l'endurcir & de la difpofer ainfi à réfifter d'autant mieux à l'Hiver prochain : vers la fin de Septembre, on rentrera cette plante dans une bonne orangerie où elle paffera l'Hiver, & où il faudra la traiter comme les orangers, avec cette différence, qu'elle doit être arrofée plus fouvent, quoique légèrement, auffi, à chaque fois : quoique cette plante foit originaire des climats les plus chauds de la zone-torride, elle eft cependant affez dure pour paffer ainfi l'Hiver dans le climat de Paris, fans le fecours d'aucune chaleur artificielle : il eft très-à-propos de la placer proche des fenêtres de l'orangerie, afin de la préferver de la moififfure : les plantes de cette efpèce doivent refter dans l'orangerie, jufqu'à la fin de Mai : fi on les en fortoit plutôt, les matinées froides pourroient leur nuire beau-coup, & même détruire leurs bourgeons tendres : Avant de les fortir, elles doivent avoir été aérées très-fouvent, au-moins pendant la dernière quin-zaine de Mai, pour être difpofées à cette fortie : Elles feront placées en expofition chaude, & abritée pendant toute la belle faifon, jufqu'à la fin de Septembre.

Au commencement du prémier mois d'Avril, qui fuivra la plantation des boutures, on fé-parera les unes des autres, & l'on tranfplantera chacune dans un pot à part les plantes en pro-venues qui n'auront point été féparées, & tranf-plantées avant l'Hiver. Auffi-tôt, après cette tranfplantation, on enterra les pots dans le terreau d'une touche tiède, couverte d'un chaffis. On les arrofera affiduement & légèrement, & on les tiendra à l'abri des rayons du foleil, juf-qu'à ce que les plantes aient pouffé de nouvelles racines; après quoi, on diminuera les arrofe-mens, & l'on ôtera les abris par degrés. Après la fin de Mai, fi elles font en bon état de végé-tation, elles peuvent fe paffer de la couche; on les laiffera expofées en plein air, en pofition chaude & abritée, jufqu'à la fin de Septembre.

A tout âge, lorfque les racines de ces plan-tes rempliffent la capacité des pots ou caiffes qui les contiennent, on les met dans de plus grands vafes, ou bien on leur donne un demi-change, fuivant les progrès de l'accroiffement des plantes hors de terre; (*Voyez* REMPOTAGE & DEMI-CHANGE.) Le tems le plus favorable, à l'une ou l'autre de ces opérations, eft le commencement de Septembre, & encore plutôt le mois d'Avril. Quand on fait une de ces opérations en Avril, c'eft une raifon de plus pour laiffer ces plantes dans l'orangerie jufqu'à la fin de Mai; car il feroit peu prudent de les expofer au grand air, avant qu'elles fuffent par-faitement rétablies de la langueur paffagère qui en eft une fuite néceffaire. En quelque faifon qu'on faffe une de ces opérations pendant que les plantes font en plein air, il faut auffi-tôt, après l'avoir faite, mettre les plantes à l'abri du foleil, & ne les y expofer de nouveau, que lorfqu'elles auront pouffé de nouvelles racines. Quand les plantes font adultes & fortes, on ne les change or-dinairement de vafes que de deux années l'une. Dans les années où elles ne font pas changées on fe contente d'enlever, en Avril, autant qu'on peut, de la fuperficie de l'ancienne terre des pots ou des caiffes, fans endommager les racines, & on y en remet de la fraîche.

Pour multiplier cette efpèce par marcottes, on fe fert d'entonnoirs ou de pots faits exprès, qui ne doivent pas avoir moins de cinq à fix pouces de diamètre : on choifit pour marcotter, des bran-ches de deux ou trois ans, d'une belle venue : on place en Mai, Juin ou Juillet, la bafe de chacune de ces branches au centre d'un tel pot ou en-

tonnoir que l'on remplit de la même terre que pour les boutures : on arrofe affiduement & lé-gèrement. Quand ces marcottes font enracinées fuffifamment pour être tranfplantées, on les fèvre; c'eft-à-dire, qu'on fépare chacune de la plante à laquelle elle appartient : puis, on les tranfplante, fur-le-champ, chacune dans un pot à part; & on les cultive comme les plantes provenues de boutures. Quand les marcottes ne font pas fuffifamment enracinées pour être févrées & tranfplantées avant la fin d'Août, il vaut mieux ne les fèvrer & tranfplanter qu'au mois d'Avril fuivant, par la raifon dite plus haut au fujet des boutures.

La Carmantine à crochet, n.° 2, fe multiplie ordinairement par femences & par boutures. On peut cultiver cette efpèce dans une terre fem-blable à celle indiquée pour la culture du n.° 1, ou même plus légère, puifque cette efpèce croît naturellement dans les terres fablonneufes. On rendra cette terre plus légère en augmentant la quantité proportionnelle du terreau de bruyère, ou à fon défaut, du terreau de couche qui en-tre dans fa compofition. Ou bien, on pourra donner à cette efpèce un mélange, par exemple, de deux parties de terre fablonneufe, fine & légère, avec une partie de terreau de bruyère, & une partie de terreau de couche neuf bien confommé, ou bien avec deux parties de ce dernier terreau fi l'on n'a pas de terreau de bruyère à fa difpofition. On fème les graines de cette efpèce, dès le commencement du Prin-tems, dans de petits pots remplis de la terre indiquée. On enterre fur-le-champ, ces pots dans le terreau d'une couche de tan, de chaleur modérée, couverte d'un chaffis. On les arrofe légèrement chaque fois que la terre paroît fèche à fa furface. Ces graines reftent fouvent une an-née dans la terre avant de germer. Quand elles ne font pas levées avant la fin de Juillet, on ne dérange pas les pots de deffus la couche : mais depuis cette époque, jufqu'au Printems fuivant, on les arrofe moins fouvent, feulement de temps à autre, lorfqu'en enfonçant le doigt dans la terre des pots, jufqu'à un pouce de profon-deur, on n'y fent aucune humidité; pendant tout ce tems, on leur donne peu d'eau à-la-fois, & feulement affez pour préferver les fe-mences d'une trop grande féchereffe. A la fin de Septembre, on rentre ces pots dans une ferre de chaleur modérée. Au commencement du Printems fuivant, on enterre de nouveau ces pots dans le terreau d'une chaude de tan, cou-verte d'un chaffis, laquelle fera lever les plan-tes fi les graines font bonnes. Quand les plantes commencent à paroître, il faut les traiter en plantes très-délicates, auxquelles l'air eft très-néceffaire, & qui craignent beaucoup l'humidité & le froid. Elles font très-fujetes à s'étoiler. L'humidité les fait très-aifément pourrir. Il eft

néceffaire

nécessaire à leur conservation, que la chaleur qu'elles éprouvent sous les châssis ne soit pas au-dessous de douze degrés, suivant le Thermomètre de Réaumur. Ainsi, on réchauffera la couche, lorsque sa chaleur tombera au-dessous de cette température : on aura très-grand soin de prendre toutes les précautions ordinaires contre le froid, en couvrant les châssis, avec de la paille & des paillassons, chaque fois que le temps l'exigera : on arrosera les jeunes plantes, très-modérément, & seulement autant qu'il sera nécessaire pour les empêcher de périr tant qu'elles seront foibles, que l'atmosphère sera froide & humide, & que le soleil ne paroîtra pas : on les fera jouir du soleil & de l'air chaque fois que le temps le permettra : on soulèvera les châssis tous les jours dans les beaux temps, pendant le milieu de la journée. Lorsque ces plantes ont acquis à-peu-près deux pouces de hauteur, on choisit un temps brumeux pour les transplanter avec précaution, chacune à part dans un petit pot rempli d'une terre pareille à celle du semis. En procédant à cette transplantation, on leur conserve le plus de racines que l'on peut, & on laisse ces racines le moins que l'on peut exposées à l'air. Aussi-tôt après cette transplantation, on enterre les nouveaux pots où on les a mises dans le terreau d'une couche chaude, couverte de châssis, où il faut les arroser assidûment, & les tenir à l'ombre jusqu'à ce que les plantes aient de nouvelles racines : après quoi on ôte les abris par degrés, on leur donne de l'air, tous les jours, à proportion de la chaleur du temps, & on les arrose moins souvent, c'est-à-dire, chaque deux ou trois jours seulement dans les temps chauds, en leur donnant de l'eau à proportion de leur accroissement, & de la chaleur de la saison. Miller recommande d'avoir soin de leur donner de plus grands pots, à mesure que leur accroissement paroît l'exiger, parce qu'elles ne croissent que très-foiblement lorsque leurs racines sont trop à l'étroit : cette attention leur est nécessaire à tout âge. Il faut cependant éviter de leur donner de trop grands pots, proportionnellement à leur accroissement; car alors leurs racines y sont trop difficilement échauffées par la couche, & Miller assure que ces plantes y périssent promptement, & sans avoir fleuri. Cette espèce est beaucoup plus délicate, pendant sa jeunesse, que lorsqu'elle est plus âgée. Elle doit rester sur la couche, & sous châssis pendant tout le premier Eté de son existence; mais il faut avoir soin qu'elle ait assez d'espace sous les châssis, pour qu'elle ne soit pas exposée à être brûlée par le soleil. Pendant le mois de Septembre, & sur-tout pendant la dernière quinzaine de ce mois, quelque soit son âge, on l'arrosera beaucoup plus modérément qu'auparavant, afin de l'endurcir & de la disposer à résister à l'Hiver, A la fin de Septembre de la première année, on transportera les pots qui con-

tiennent les Plantes de cette espèce dans la couche de tan de la serre chaude, où elles resteront constamment tant l'Hiver que l'Eté, jusqu'à l'âge de trois ans. Elles doivent être arrosées légèrement l'Hiver, & seulement deux ou trois fois par semaine lorsqu'elles en ont besoin. Une chaleur habituelle de douze à dix-sept degrés suivant le Thermomètre de Réaumur, est celle qu'il convient le mieux d'entretenir pendant l'Hiver, jusqu'à cet âge dans la serre où elles sont renfermées. Après l'âge de trois ans, lorsqu'elles ont acquis de la force, elles peuvent être traitées plus durement; elles peuvent alors se contenter pendant l'Hiver d'une serre dont la chaleur habituelle soit de huit à quatorze degrés, & elles peuvent aussi alors être exposées en plein air, dans une situation chaude & abritée, pendant les deux mois les plus chauds de l'Eté. Tant qu'elles sont dans la serre, elles doivent à tout âge être aërées aussi souvent que le tems le permet : cette attention leur est très-nécessaire. Quand elles sont adultes, on ne les change de vases que de deux années l'une, en Septembre ou mieux en Avril; & dans les années, où elles ne sont point changées, on renouvelle en Avril la superficie de la terre des vases, le tout ainsi qu'il a été exposé plus haut à l'égard de l'espèce, N.° 1.

Pour multiplier cette espèce, N.° 2, par boutures, le tems le plus favorable est le mois de Juin. Ces boutures se font comme celles du N.° 1, avec des branches de deux ans, d'une belle venue, que l'on coupe par fragmens longs d'environ huit pouces qui doivent être taillés à la base en bec de flûte. On plante ces fragmens dans des pots remplis d'une terre pareille à celle du semis, & l'on enterre sur le champ ces pots jusqu'à leur bord dans le terreau d'une couche de chaleur modérée couverte d'un châssis. On tient ces boutures à l'ombre & on les arrose légèrement de loin en loin seulement. Ces boutures craignent autant l'humidité pourrissante que le desséchement. Miller recommande de ne point leur donner trop d'air, parce qu'il les dessèche fort aisément. Quand on juge qu'elles sont enracinées, on les accoutume au soleil par degrés : on les aère tous les jours dans les tems chauds : & on les arrose à proportion de leur accroissement & de la chaleur de la saison. On les sépare les unes des autres la même année pour les transplanter sur-le-champ, chacune dans un pot à part, si elles sont suffisamment enracinées pour cela avant la fin d'Août; sinon il ne faut faire cette opération qu'au mois d'Avril suivant. Les plantes provenues de ces boutures se cultivent au surplus comme celles provenues de semences.

La Carmantine scorpioïde, N.° 5, & la Carmantine épineuse, N.° 9, se cultivent dans des vases remplis d'une terre pareille à celle indi-

quée pour l'espèce, N.° 1, elles se multiplient
par leurs graines comme l'espèce, N.° 2, & se
cultivent de même que cette dernière avec les
différences qu'exigent leur délicatesse plus grandes. Ces deux espèces doivent aussi rester sur la
couche & sous les chassis où elles sont nées
pendant tout le premier Eté; pourvu qu'il y ait
assez d'espace sous les chassis, pour qu'elles ne
soient pas exposées à être brûlées par le soleil.
On les place aussi, dès la fin de Septembre,
dans la couche de tan de la serre chaude, où
pendant l'Hiver on les arrose légèrement deux
ou trois fois par semaine si elles en ont besoin.
Mais ces deux espèces sont trop délicates pour
supporter jamais le plein air, dans le climat de
Paris, à quelqu'âge que ce soit : il faut les
tenir constamment, tant qu'elles existent, pendant toute l'année dans la couche de tan de la
serre chaude; & à tout âge la chaleur habituelle de la serre où elles sont placées pendant
l'Hiver, doit être de douze à dix-sept degrés.
La Carmantine scorpioïde fleurit ordinairement dès le deuxième Eté de son existence.

La Carmantine à feuilles d'hyssope, N.° 13,
demande une terre pareille à celle que j'ai indiquée pour la culture de l'espèce, N.° 1; elle
se multiplie par boutures de la même manière
& avec les mêmes précautions que l'espèce, N.°
2, & se cultive de même avec les différences
convenables à sa nature beaucoup moins délicate. Les boutures de cette espèce, N.° 13, se
plantent de même dans des pots placés sur couche de chaleur modérée & sous chassis : elles
doivent de même être arrosées légèrement de
loin en loin : il faut aussi avoir soin de ne pas
leur donner trop d'air jusqu'à ce qu'elles aient
poussé des racines ; ce qu'elles font ordinairement dans l'espace de deux mois. Mais lorsqu'on les jugera enracinées, on les accoutumera
par degrés, au plein air, auquel on les expo-
sera ensuite en les plaçant dans une situation
chaude & abritée jusqu'à ce qu'on les sépare
les unes des autres pour les transplanter chacune
dans un pot à part, si on les juge suffisamment
pourvues de racines pour cela avant la fin
d'Août, ou jusqu'à la fin de Septembre si l'on
trouve à propos de ne les séparer & transplanter qu'au mois d'Avril suivant. En quelque tems
que l'on fasse cette transplantation, aussi-tôt
après l'avoir faite, on enterrera les pots où les
plantes seront contenues dans le terreau d'une
couche de chaleur modérée couverte de chassis,
où on les tiendra à l'abri du soleil, jusqu'à ce
que les plantes aient poussé de nouvelles racines ; après quoi on les accoutumera peu-à-peu
au soleil, & depuis la fin de Mai jusqu'à la fin
de Septembre au plein air, auquel on les laissera
ensuite exposées jusqu'à la fin de ce dernier
mois. Cette plante doit à tout âge être placée
depuis la fin de Septembre jusqu'à la fin de

Mai, sur les tablettes d'une serre dans laquelle
on entretienne habituellement une chaleur de
cinq à dix degrés. Elles craignent pendant l'Hiver le froid, l'humidité & la chaleur. Pendant
cette saison, elles doivent être arrosées souvent, mais légèrement à chaque fois. Tant que cette
plante est en plein air, elle doit être placée en
exposition chaude & abritée; il faut lui donner
beaucoup d'eau pendant les chaleurs de l'Eté,
& lui en donner peu pendant les deux dernières semaines de Septembre. Les autres soins
nécessaires à cette plante sont les mêmes que
pour l'espèce, N.° 2.

La Carmantine ciliée, N.° 26, & la Carmantine à feuilles de basilic, N.° 27, se multiplient
de graines de la même manière, dans la même
sorte de terre, avec les mêmes soins & précautions à tous égards que les espèces, N.° 5 &
9, & se cultivent de la même manière. Leurs
graines restent aussi fort souvent une année entière dans la terre avant de germer. Ces espèces sont aussi trop délicates pour supporter le
plein air dans le climat de Paris & doivent être
tenues constamment dans la couche. Mais comme elles sont annuelles, il est nécessaire de les
avancer au Printems, autant qu'il est possible,
afin qu'elles puissent fleurir de bonne-heure; sans
quoi elles ne produiroient pas de bonnes semences.

La Carmantine à feuilles linéaires, N.° 40,
se multiplie de graines comme les espèces N.°
26 & 27, avec les différences convenables à sa
nature beaucoup moins délicate. Cette plante
est assez dure pour passer l'Hiver en plein air
dans le climat de Paris. Cependant elle y est
très-rare, parce qu'elle est très-sujette à y pourrir,
en Hiver, lorsqu'elle est en plein air; parce que
si on la met, pendant cette saison, sous un abri,
elle est très-sujette à y périr d'étiolement; &
enfin parce qu'elle y produit rarement des semences, comme je l'ai déjà dit.

On ignore la culture la plus convenable aux
autres espèces de Carmantine dans le climat de
Paris; mais, comme elles sont toutes originaires
de la zone torride, il est probable que la culture qu'il sera à propos de leur administrer
dans ce climat, lorsqu'on les y possédera, devra
ressembler beaucoup à celle que j'ai dite convenir aux espèces N.° 5, 9, 26 & 27. On fera
bien de les placer d'abord pendant l'Hiver dans
une serre où l'on entretienne habituellement
une chaleur de douze degrés ; sauf à les placer
par la suite dans une serre plus chaude ou plus
froide suivant l'effet que cette chaleur de douze
degrés produira sur elles.

Usages.

La Carmantine en arbre, N.° 1, orne en
Europe les orangeries & les jardins d'agrément
par son beau port & par son aspect agréable
lorsque ses grandes fleurs blanches sont épa-

nouies. On attribue aux femences de cette efpèce la propriété de faire fortir le fœtus mort dans le fein de la mère. Suivant Rhéede, la décoction de la racine de la Carmantine à crochet, N.° 2, eft utile en boiffon contre les douleurs de la goutte. La même racine pilée & mêlée avec l'huile de féfame, s'emploie utilement pour appaifer les mêmes douleurs. La même racine cuite avec l'huile & le beurre, augmente les forces. La décoction des feuilles & de la racine, adminiftrée en boiffon, diffout la pierre de la veffie. Les feuilles pilées & appliquées fur le ventre ont la même vertu. La décoction des feuilles eft utile dans la dyfurie & les douleurs de la pierre. Suivant le même Rhéede, la décoction de la racine de la Carmantine à fleurs courtes, N.° 4, eft utile contre les fièvres & plufieurs autres maladies. Ses fleurs frites dans l'huile & pilées enfuite s'appliquent fur les ulcères pour les guérir. Suivant Bontius la plante qu'il nomme Bétoine frutefcente, (*Betonica frutefcens*. Bont. Jav. 146.) Et que *Linnæus* & *M. Lamarck* regardent comme étant la même plante que la Carmantine, N.° 4, eft réputée, à Java, utile en décoction contre le crachement de fang, la phtifie & l'afthme. Les femmes de l'Inde regardent le fuc exprimé de la plante comme un excellent antidote contre les morfures des ferpens, des fcorpions, des fcolopendres & contre d'autres bleffures vénéneufes. La Carmantine tachée, n.° 6, fait, par fes belles fleurs & fur-tout par la panachure éclatante, blanche ou écarlate, de fes feuilles, un ornement très-gai & d'une beauté admirable dans les allées de promenade des jardins de l'Inde. Suivant Rumphius, on fe fert de fes branches, récemment cueillies & chargées de fes belles feuilles fraîches, pour orner les lits & les tables les jours de noces. Cette efpèce & fa variété rouge font très-émollientes & maturatives. Les femmes de l'Ifle de Ternate font grand cas des feuilles de la variété à taches blanches, contre les tumeurs qui leur furviennent aux mammelles lorfqu'elles fèvrent leurs enfans. Ces feuilles, pilées avec la lymphe de coçotier, puis chauffées & appliquées à tems fur ces tumeurs, les diffipent en diffolvant le lait grumelé qui les caufe, de manière qu'il s'écoule goutte à goutte, comme de la férofité, & lorfque l'abfcès eft déjà formé, elles l'amènent promptement à une bonne fuppuration. Les feuilles de la variété rouge, appliquées en cataplafmes fur les tumeurs charbonneufes, & fur d'autres tumeurs inflammatoires, les font fuppurer plus facilement. L'écorce pilée & appliquée fur les tumeurs récentes les réfout & les diffipe promptement. La même application faite fur toutes inflammations externes, & fur celle qui accompagne la fuppuration de la petite vérole, en diminue puiffamment la

chaleur, &c. Suivant Rhéede, le fuc des feuilles de la Carmantine faliciforme, n.° 7, mêlé avec la femence de moutarde, eft un vomitif utile dans l'afthme. On fait auffi avec ces feuilles un bain & des fachets utiles contre la goutte. Suivant Rumphius, cet arbriffeau dont l'odeur eft fi défagréable, eft en grande eftime parmi les femmelettes qui font en poffeffion chez plufieurs peuples de l'Inde, de fe mêler de Médecine, & de préparer des médicamens. Cette plante eft regardée comme très-rafraîchiffante & comme très-propres à éteindre la chaleur des fièvres. Pour cela, les habitans de l'Ifle de Baleya font macérer, pendant vingt-quatre heures, fes feuilles avec des racines d'autres plantes dans l'eau, & ils lavent avec cette eau, à l'heure de midi, les fébricitans. Ils donnent auffi à boire, dans la même vue, l'eau dans laquelle ils ont pilé les racines de cette plante avec d'autres racines. Les femmelettes recueillent & confervent avec foin les racines des plantes de cette efpèce, qui ont les feuilles noirâtres, pour guérir les maladies qu'elles croient produites par enchantement : Rumphius avertit, à ce fujet, que les Indiens regardent comme produites par fafcination, enchantement, maléfice, plufieurs maladies très-naturelles. Cette efpèce a encore dans l'Inde plufieurs autres ufages médicaux. Outre cela, elle y eft employée, fuivant le même Rumphius, à plufieurs ufages fuperftitieux. Les habitans des Moluques & des autres Ifles adjacentes ont coutume, lorfqu'ils voyagent à pied, d'en porter des rameaux dans leurs mains, ou bien attachés à leur ceinture ou à leurs pieds, pour fe préferver d'être fatigués ; d'autres, en marchant, frappent de tems-en-tems leurs pieds avec de tels rameaux, dans l'idée qu'ils en chaffent ainfi la fatigue. Les pirates croient que cette plante eft favorable à leurs déprédations ; c'eft pourquoi ils ornent leurs bras & leurs armes avec fes rameaux. Ils oignent leur corps avec fon fuc ; ils font dégoutter auffi de ce fuc dans leurs yeux. Chaque habitant de Ternate a coutume, lorfqu'il traverfe les forêts folitaires, de porter à fa ceinture quelque rameau à feuilles noirâtres de cette efpèce, afin de chaffer loin de foi les diables des forêts, nommés *Djing* en langage de Malacca, &c. les Arabes aiment la Carmantine odorante, n.° 20, & s'en parent les jours de fêtes, foit en s'en faifant des couronnes dont ils s'ornent la tête, foit autrement. Suivant Rumphius, les feuilles de la Carmantine à épis grêles & à grandes feuilles, n.° 21, B, étant pilées & appliquées fur la tête, font bonnes contre certaines douleurs de cette partie. Le fuc des mêmes feuilles, ou les feuilles elles-mêmes appliqués, font réputés utiles pour la guérifon des légères bleffures. Suivant Rhéede, les feuilles de la Carmantine échioïde, n.° 25, paffent pour un bon remède, étant appliquées extérieurement, contre la morsure du chien enragé ; & le suc des mêmes feuilles passe pour un remède spécifique dans les fièvres avec frisson. Suivant Rhéede, les feuilles de la Carmantine tubuleuse, n.° 31, bien pilées, guérissent les dartres & la gale.. Suivant le même, toute la plante de la Carmantine tubuleuse, lancéolée, n.° 31, B, étant macérée dans une infusion de ris, fournit une boisson & un cataplasme qui guérissent la morsure vénéneuse du serpent, nommé *Copra Capella.* Suivant le même, l'infusion des feuilles de la Carmantine bivalve, n.° 32, pilées dans l'eau chaude, est employée utilement dans l'asthme périodique, la toux, le crachement de sang & l'atrophie. Le suc exprimé des feuilles & de la racine, après les avoir un peu rôties, est antiasthmatique. Les feuilles sont utiles contre la goutte, soit qu'on les applique chaudement sur l'endroit affecté, soit qu'on les emploie en fumigation. Suivant Rumphius, les feuilles de la Carmantine pourprée, n.° 33, & sur-tout celles de la variété, B, sont employées dans l'Inde pour teindre en rouge, principalement le fil & le coton blancs. On est dans l'usage de faire dégoutter le suc de la plante dans les blessures légères & d'appliquer les feuilles sur ces blessures pour contribuer à leur guérison. La Carmantine pectorale, n.° 38, passe pour vulnéraire & résolutive : on en fait un syrop vanté dans les maladies de poitrine. (*M. Lancry*).

CARMELIE. Variété de la Tulipe dont la fleur est jaune paille & incarnat. C'est une de celles qui composent l'espèce sous le nom de *Tulipa Gesneriana.* L. *Voy.* TULIPE. (*M. Reynier.*)

CARMELITE. Poire d'une certaine grosseur, ronde & même un peu applatie à l'œil, & vers la queue sa peau est grise, colorée du côté qui a été frappé du soleil, & couverte de taches qui paroissent comme rapportées ; sa chair est dure, & d'une qualité très-médiocre. *La Quintinie.* C'est une des variétés du *Pyrus communis.* L. *Voyez* POIRIER dans le Dictionnaire des Arbres & Arbustes. (*M. Reynier.*)

CARNATION. Epithète donnée à une variété du *Dianthus cariophyllus.* L. *Voyez* ŒILLET des jardins. (*M. Thouin.*)

CARNÉ, se dit d'une fleur qui est couleur de chair. (*M. Thouin.*)

CARNEA GROSSA. Anémone à pluche de couleur de chair, tirant sur l'incarnat ; ses béquillons sont larges & forment bien le dôme ; on la dit originaire d'Italie. *Dict. Univ. d'Ag. & Jard.* Cette Anémone est une des variétés de *l'Anemone coronaria.* L. *Voyez* ANEMONE des *Fleuristes,* n.° 9. (*M. Reynier.*)

CARNER. On dit qu'un œillet se *carne* lorsque le blanc de ses pétales se couvre d'une nuance de rouge. C'est un défaut qui ôte de son prix à cette fleur, sur-tout lorsqu'elle carn

toujours. D'autres variétés n'ont que quelques fleurs *carnées,* tandis que la plupart conservent un blanc *fin.* D'autres enfin sont carnées au moment qu'elles s'épanouissent, & se nettoient ensuite. Les œillets piquetés sur-tout présentent cette dernière circonstance. *Voyez* ŒILLET. (*M. Reynier.*)

CARNILLET. C'est sous ce nom que M. de la Marck, dans sa Flore Françoise, avoit décrit le genre du CUCUBALUS L. mais depuis, & dans le Dict. de Bot. il lui a rendu son premier nom, auquel il s'est contenté de donner une terminaison Françoise. *Voyez* CUCUBALE. (*M. Dauphinot.*)

CARNOSITÉS. Ce sont des excroissances charnues qui se forment quelquefois dans le canal de l'urètre des animaux. On peut soupçonner leur existence lorsqu'un animal a de la difficulté d'uriner, & que l'urine sort en jet petit & fourchu. La sonde est un moyen sûr de s'en assurer. Cette incommodité est difficile, pour ne pas dire impossible à guérir. Il est bon de voir uriner un animal avant de l'acheter, puisqu'avec la plus belle apparence il pourroit avoir cette incommodité. *Voyez* le Dictionnaire de Médecine. (*M. l'Abbé Tessier.*)

CAROTE de Fuschius. *Carum carvi. Voyez* SESELI. (*M. Thouin.*)

CAROTE, *Daucus.*

Genre de plantes de la famille des Ombellifères & voisin des Caucalides, dont il diffère par ses enveloppes découpées plus ou moins profondément, mais d'une manière constante. Ses fruits sont pareillement hérissés de poils plus ou moins rudes & nombreux. Les Carotes sont des herbes annuelles ou bisannuelles, à fleurs blanches, & presque toutes originaires des climats chauds ou tempérés.

Espèces & variétés.

1. CAROTTE commune.

Daucus carota. L. ♂ dans les prés secs & cultivés, dans les jardins.
   A. Variété à racine jaune & longue.
   B. Variété à racine jaune & ronde.
   C. Variété à racine blanche & longue.
   D. Variété à racine blanche & ronde.
   E. Variété à racine rouge & longue.
   F. Variété à racine rouge & ronde.

2. CAROTTE de Mauritanie.

Daucus Mauritanicus. L. ☉ ou ♂ de la Mauritanie & du Midi de l'Europe.

3. CAROTTE gommifère.

Daucus gummiferus. La M. du Midi de l'Europe dans les lieux pierreux.

4. CAROTTE maritime.

DAVCVS maritimus. La M. des environs de Montpellier.

5. CAROTTE polygame.

DAVCVS polygamus. G. ♂ de l'Espagne.

6. CAROTTE hérissée.

DAVCVS muricatus. L. ⊙ des côtes de Barbarie.

7. CAROTTE d'Egypte.

AMMI copticum. L. ⊙ de l'Egypte.

La première espèce est trop connue pour qu'il soit nécessaire de peindre sa forme; il suffit de remarquer que les variétés cultivées ne diffèrent du type sauvage que par leurs racines plus grosses & plus charnues : celles des individus sauvages sont filandreuses & trop dures pour servir à la nourriture des hommes.

On compte six variétés bien tranchées de Carottes distinguées par leur couleur & leur forme ; savoir, les jaunes, les blanches & les rouges, subdivisées chacune en racines rondes & longues. Ces divisions ne signifient pas qu'il y ait des Carottes véritablement blanches & véritablement rouges, mais ce sont des teintes pâles ou plus foncées de la couleur jaune, non point de même qu'il y ait des Carottes rondes; mais leurs racines au lieu d'être alongées & terminées en pointes insensibles, sont cylindriques & tronquées au bout. Voilà ce qui constitue ces variétés.

M. Rozier dit que la forme des racines ne doit pas constituer des variétés, & qu'elle vient uniquement du terrain. C'est ainsi, dit-il, que les Carottes rondes sont cultivées en Hollande, parce que la terre y est compacte. J'observerai à ce sujet, que les cantons des Provinces-Unies qui fournissent toutes les Carottes, qui s'y consomment, n'ont pas un sol compact, mais bien un terrein sablonneux & léger ; car les deux quartiers qui en fournissent à Amsterdam & aux principales villes, sont la Haute-Frise & les environs de Bois-le-Duc, les mêmes lieux où croissent les Navets jaunes. Ce n'est donc pas la compacité du sol qui a déterminé la préférence pour les Carottes rondes, mais c'est le peu de profondeur de la terre végétale, & ensuite le goût des habitans, qui croient les variétés rondes plus agréables que les autres.

Les variétés de couleur sont vraiment distinctes, & l'intensité de leur saveur est proportionnée à leur coloration. En général, les Peuples du Nord préfèrent les rouges, & ceux du Midi, les blanches qui sont plus fades, & à ce qu'on dit, plus délicates. En France, la culture des premières efface tous les jours celle des autres, comme si les saveurs avoient un rapport avec le renforcement des idées.

Culture. Les Carottes aiment une terre légère & bien défoncée, & amendée avec du fumier bien consommé. On les sème vers la mi-Mars à la volée dans les grands potagers, en rayons espacés de cinq à sept pouces dans les planches des jardins ordinaires. La graine, avant d'être répandue sur la terre, doit être frottée entre les mains pour en ôter les poils ou aspérités qui les empêcheroient de s'unir à la terre : on peut même la mêler avec de la terre pour la répandre moins drue. On doit la recouvrir avec le rateau, mais l'enterrer au plus d'un demipouce ; trop profonde, elle resteroit trop-longtemps avant de germer. Dans les premiers momens, les Carottes n'exigent aucuns soins, excepté peut-être des arrosemens dans les cas extraordinaires où le mois d'Avril seroit chaud & sec, mais c'est rare. Lorsque la troisième feuille découpée commence à paroître, on doit commencer à donner des sarclages qu'on renouvelle tous les quinze jours. Pendant l'Eté, plus on ameublira la terre & plus la racine prendra de développement ; les mêmes conditions générales de culture que j'ai établies, au mot BETTE, doivent être rapportées ici. C'est à l'époque de ce premier sarclage, ou peu de tems après, qu'on doit commencer à éclaircir les plantes qui sont trop drues, en choisissant celles qui peuvent être consommées, & on continue jusqu'au moment où les racines sont assez espacées pour prendre leur entier développement. Ces Carottes, semées au Printems, ont acquis leur grosseur au mois d'Août ou Septembre, & peuvent être arrachées à cette époque; mais, comme elles se conservent pendant l'Hiver, on les laisse en terre jusque vers la fin de l'Automne, où on les conserve dans la serre. Quelques personnes les laissent en terre pendant l'Hiver; ce moyen peut réussir dans les terres sèches où l'eau s'imbibe facilement; mais il est mauvais dans les pays où l'eau séjourne sur la terre, parce que les racines y pourrissent très-facilement.

Plusieurs Jardiniers conseillent de semer les Carottes pour les replanter ensuite, & donnent en faveur de cette méthode, une économie de terrain. Les jeunes plants de Carottes doivent être levés lorsqu'ils ont quatre feuilles; immédiatement après les avoir sortis de terre, on doit les plonger dans un bacquet plein d'eau dont on les ressort au moment où on les met en terre. La méthode de transplanter a le même inconvénient que pour toutes les plantes à racine pivotante, c'est qu'elle se fourche & perd de sa qualité par la transplantation, tandis qu'il est rare d'avoir des Carottes fourchues lorsque la terre n'est pas remplie de pierres. J'ai même remarqué que la carotte transplantée n'acquiert aucune qualité pour le goût, & qu'en même-tems elle a moins de volume & se fourche; ainsi, il est inutile d'augmenter les frais de culture lorsque tout est égal sous les autres points de vue.

On conseille enfin de couper, pendant l'Eté, l'herbe des Carottes; je puis certifier que ce retranchement n'augmente pas la beauté des racines, seul avantage qu'on puisse considérer en jardinage ; je laisse à M. l'Abbé Tessier l'examen, si ce retranchement a des avantages en Agriculture.

Dans les environs des grandes Villes, on fait un second semis de Carottes vers la fin du mois d'Août ou au commencement de Septembre ; au mois de Novembre, on leur donne un sarclage ; &, dès que les premiers froids commencent, on les couvre de litières. Au mois de Mars, on les découvre & on continue de les sarcler pour accélérer leur croissance. Ces Carottes sont en état d'être cueillies vers le mois de Mai, & leur consommation atteint celle des plus précoces de l'année. La variété blanche qui redoute le moins le froid & l'humidité, convient mieux que les autres pour ces semis d'Automne. Beaucoup de Jardiniers négligent même la précaution de les couvrir pendant l'Hiver, & ces semis bravent nos froids lorsqu'ils ne sont pas trop violens.

Les Carottes réussissent également bien sous châssis ; mais ce moyen d'accélérer leur croissance est peu usité, je ne l'ai vu que dans quelques jardins de la Hollande où les semis d'Automne ne réussissent pas, à cause de l'humidité des Hivers.

On récolte les Carottes en Automne, & après avoir coupé les feuilles & même une portion du collet de la racine, on les dépose en tas dans la serre ou dans des creux, suivant la méthode Allemande, *Voyez* CREUX, ou enfin on les enterre par lits, dans du sable ; ces différens moyens sont plus ou moins avantageux, suivant la nature du lieu ; mais, en général, il me paroît que le premier, le plus simple de tous, économise la place sans exposer la racine à aucun inconvénient.

La Graine peut être récoltée sur des pieds qu'on a hiverné, soit en pleine terre ou dans la serre, & transplantés vers le mois de Mars dans le potager. Celle de l'ombelle principale est généralement mieux nourrie que celle des ombelles latérales ; il est donc essentiel de la recueillir seule lorsqu'on veut conserver de belles variétés. On recommande avec raison de ne pas récolter la graine des pieds qui fleurissent la première année, parce qu'elle n'est pas nourrie. J'ai été curieux d'observer si c'étoit une variété constante qui se trouvoit mêlée aux autres, ou si c'étoient des individus viciés ; j'ai en conséquence recueilli la graine de quelques-uns de ces pieds ; le plus grand nombre des plantes que j'en ai obtenues ont été pareillement maigres, & ont fleuri la même année ; mais une partie n'a pas fleuri, & a donné des racines plus ou moins belles. Ainsi, on a raison de considérer ces pieds qui fleurissent la première année comme des individus avortés. J'ignore la cause de ce phé-

nomène, dont j'indiquerai cependant quelques détails au mot DURÉE des plantes.

Usage. Outre les usages économiques de cette plante, dont il est inutile de rappeller le souvenir, elle est employée en Pharmacie comme diurétique ; on l'a également vantée comme un spécifique contre les cancers ; mais cette propriété ne s'est pas confirmée. La quantité de sucre qu'elle contient peut la faire considérer comme pectorale, ainsi que le chervi & la bette-rave ; mais une qualité également précieuse, c'est la facilité avec laquelle les estomacs les plus délicats la digèrent ; avantage précieux que beaucoup de légumes n'ont pas comme la Carotte. M. Dambournay a fait plusieurs expériences pour fixer le principe colorant de cette plante ; mais il n'en a tiré qu'un olivâtre sale quoique solide, dont on ne peut faire aucun usage.

Les autres Carottes sont des plantes agrestes & sans apparence, plus ou moins ressemblantes à la Carotte commune ; on ne les cultive que dans les jardins de Botanique. L'une d'elles, indiquée sous le n.° 3, rend un suc gommo-résineux ; lorsqu'on l'endommage, ce suc a une odeur agréable ; mais on n'en connoît encore aucun usage.

Culture. Ces Carottes doivent toutes être semées au Printems, sous des châssis, dans une terre légère, meuble & même un peu sablonneuse ; lorsque les jeunes pieds sont en état de supporter la transplantation, on doit les arracher & les planter dans la place qu'elles doivent occuper, ou dans des vases lorsqu'elles sont bisannuelles, comme le n.° 5, afin de pouvoir les rentrer dans l'orangerie avant les froids ; mais les espèces annuelles ont le tems d'aoûter leurs graines avant la fin de la saison, sur-tout lorsqu'elles ont été hâtées au Printems par des châssis. Ces plantes du reste n'exigent aucuns soins particuliers, & ne seront jamais l'objet d'une culture générale, n'ayant aucune qualité connue. Il existe encore des incertitudes sur quelques espèces de Carottes. Allioni décrit, sous le nom de *Daucus hispanicus*, une plante déjà mentionnée par Gouan, à laquelle il rapporte le *Daucus gummifer* de Tournefort. D'un autre côté, M. Lamark décrit un *Daucus gummifer* qu'il dit être différent du *Daucus hispanicus* de Gouan. De nouvelles observations décideront la démarcation qui existe entre ces deux espèces. D'un autre côté, il me paroît que le *Daucus hispanicus* d'Allioni ressemble beaucoup au *Laserpitium prutenicum* de Jacquin. Ces espèces seroient-elles purement nominales, comme tant d'autres établies par de nomenclateurs ? C'est ce que le tems décidera. (*M. REYNIER.*)

CULTURE DE LA CAROTTE COMMUNE.

On appelle cette plante *Pastenade* ou *Pastonade*

dans les Provinces méridionales de la France, quoique ces noms duſſent appartenir plutôt au panais
(Paſtinaca.) Dans quelques pays on confond encore
la Carotte avec *la betterave*, la première y étant
déſignée par le nom de *Carotte jaune*, & l'autre
par celui de *Carotte rouge*; ce qui prouve que,
dans ces pays, on ne cultive pas la Carotte jaune.

Suivant M. de Lamark, la Carotte ſauvage qui
croît naturellement dans les prés, ſur les bords
des champs & des chemins, & même au milieu
des grains, eſt la même que la Carotte cultivée,
& cette dernière ne diffère des autres, que parce
que ſa racine douce & ſucrée eſt plus épaiſſe,
plus charnue & moins dure. Pour autoriſer cette
aſſertion, il eût fallu que quelque perſonne eût obtenu d'auſſi belles racines de la graine de la Carotte
ſauvage, que de la graine de la cultivée. Miller
n'a jamais pu y réuſſir, & il aſſure que ceux qui
l'ont eſſayé n'ont pas eu plus de ſuccès. La racine
de la Carotte ſauvage eſt toujours petite, gluante
& d'un goût chaud & piquant; elle ne vient que
quand on la ſème en Automne.

La Carotte ordinaire ſe cultive en Egypte. En
Europe, on la trouve dans tous les potagers : on
la cultive même en plein champ, en Allemagne,
en Angleterre & en France, dans la Flandre, en
Artois & en Picardie. Ce ſont ces Provinces qui
fourniſſent des graines à une grande partie du
Royaume, & même, à ce qu'on aſſure, à quelques Cultivateurs Anglois.

Il y a pluſieurs variétés de la Carotte ordinaire,
diſtinguées par la couleur des racines. L'une eſt
orangée, une autre jaune, une troiſième blanche,
& une quatrième rouge pourpre. La première,
qui paroît être la plus peſante, eſt la plus eſtimée
à Londres & à Paris. La jaune eſt recherchée dans
le reſte de la France, & la blanche en Italie. J'ai
reçu de Ruſſie de la graine de la Carotte rouge pourprée. La rouge orangée, cultivée aux environs
de Paris, eſt plus délicate, plus tendre & cuit mieux
que la jaune & la blanche. Les feuilles de la quatrième ſont plus laciniées, & les racines moins
groſſes, mais très-tendres & très-douces. On
aſſure que la blanche craint moins l'humidité
que les autres; ce qui la rendroit préférable
pour les terreins frais, & mériteroit d'être vérifié.
On conſerve ces variétés long-tems dans les jardins, ſi on les ſème éloignées les unes des autres.

Il eſt poſſible qu'une variété de Carottes ſoit
naturellement plus tendre qu'une autre : mais je
crois que cette qualité eſt ſouvent due à la nature du terrein. Il ſeroit bon de faire quelques
eſſais, pour s'aſſurer juſqu'à quel point le terrein
influe ſur la bonté des Carottes.

Qualité & préparation du terrein.

La terre, propre à la culture des Carottes, doit
être légère & profonde. M. Duhamel en a ſemé
avec ſuccès dans un ſable gras, mêlé de cailloux;
elles ont bien réſiſté à de longues ſéchereſſes,
qui faiſoient périr tous les grains : mais elles
viennent plus belles dans un ſable noirâtre, un
peu humide. Dans ces ſortes de terreins, on en a
récolté qui avoient de dix-huit à vingt-cinq pouces
de longueur, deux pouces & demi & juſqu'à cinq
de diamètre au colet, & qui peſoient de vingt-
cinq à trente-trois onces.

M. de Combes (Ecole du jardin potager) croit
que les Carottes longues ſe doivent cultiver par
préférence aux rondes, dans les terres légères &
meubles, & que les rondes conviennent mieux
dans les terres fortes, glaiſeuſes ou caillouteuſes,
où les autres fourcheroient & deviendroient ver-
reuſes. Mais je ne crois pas qu'il y ait des Carottes
eſſentiellement rondes ou longues. Il me ſemble
que chacune des variétés de Carottes eſt longue ou
ronde, ſelon qu'elle croît dans une terre meuble,
qui lui permet de s'enfoncer, ou dans une terre
compacte ou peu profonde ou pierreuſe, qui s'oppoſant à l'enfoncement des racines, les force de
reſter courtes & de groſſir en s'arrondiſſant.

Pour les cultures de Carottes dans les potagers
on laboure à la bêche deux fois, une avant &
l'autre après l'Hiver, à moins que le terrein ne
ſoit très-léger & très-meuble. Dans ce cas, il ne
faut le labourer qu'une ſeule fois & après l'Hiver.
Les labours étant faits, on unit la terre, afin
que les graines ne ſoient pas trop enterrées, & on
a ſoin qu'il n'y ait pas une ſeule motte.

Lorſqu'on veut ſemer des Carottes en plein
champ, on laboure la terre au commencement
de l'Automne; on lui donne une ſeconde façon
en travers un peu avant Noël, & ſi elle eſt compacte, on la diſpoſe en ſillons élevés, afin que
la gelée l'adouciſſe en la diviſant. On met ſur ce
ſecond labour du fumier bien conſommé, quand
la terre en a beſoin. Vers la fin de Février ou
au commencement de Mars, on donne la dernière façon, ſur laquelle on doit répandre la ſemence, & on herſe, s'il reſte encore des mottes.
Quelques Fermiers Anglois, ſuivant Miller,
emploient pour la troiſième façon deux charrues,
qui ſe ſuivent dans le même ſillon, de manière
que la ſeconde pique au-deſſous de la terre, que
la première a enlevée. Par ce double labour,
la terre eſt remuée à dix-huit pouces de profondeur. D'après M. Arthur-yong, (feuille du Cultivateur du 19 Janvier 1791) ce n'eſt pas le dernier,
mais le premier labour qu'on creuſe auſſi profondément; les deux Cultivateurs de la même
Nation ont ſans doute décrit la pratique de différens pays. Je préfère celle qui eſt indiquée par
M. Arthur-Yong, par pluſieurs raiſons, 1.º
parce que la terre du fond, amenée de bonne-
heure à la ſurface, a le tems de ſe mûrir &
de s'amenblir; 2.º parce que la terre de la ſurface,
portée ſous celle qu'elle remplace, reſte aſſez

long - tems meuble pour que les racines des Carottes la pénétrent ; 3.° parce que, suivant la pratique rapportée par Miller, on s'exposeroit à avoir à la surface, au moment de l'enfemencement, une terre compacte & non divifée, à travers laquelle ne pourroient paffer les jeunes plantes, ou qu'il faudroit divifer à à grands frais.

Au lieu de faire labourer par deux charrues dans le même fillon, on peut fe fervir d'hommes qui, avec des bêches, fuivent une charrue, & enlevent du fond une certaine quantité de terre, qu'ils mettent fur les fommets & dont ils brifent les mottes avec foin. Cette feconde méthode eft plus coûteufe que la première ; mais elle réuffit mieux, car les mottes font mieux écrafées & la furface du terrain plus unie.

Tems de femer.

On feme les Carottes dans différentes faifons, felon les circonflances, les pays & la qualité du terrain. Dans les pays où on recherche les jeunes Carottes, on en feme peu après Noël, fi le tems eft favorable. C'eft l'ufage aux environs de Londres & de Paris. On les met alors fur une plate - bande, abritée d'une muraille, d'une paliffade, d'une haie. Un rang de laitue fe place au pied de l'abri. Les Carottes femées à dix pouces de-là, viennent bien, & prennent de la force.

Un fecond femis fe fait en Février, de la même manière.

Ce n'eft qu'au commencement de Mars qu'on met les Carottes dans un terrain découvert & loin de tout abri. Cette époque eft celle où les jardiniers, comme les fermiers, font leurs plus grands enfemencemens.

Dans les terres sèches, on peut femer de bonne-heure ; fi on femoit tard, par exemple, en Avril & Mai, les Carottes monteroient en graine, avant que leurs racines euffent acquis de la groffeur, fur-tout fi le tems étoit chaud ou fec. Mais on attend plus tard pour les terres humides ; la différence eft quelquefois de fix femaines ou de deux mois. M. de Châteauvieux ne femoit, à Génève, fes Carottes qu'en Mai, & elles réuffiffoient bien. Il avoit un terrain humide.

En Angleterre, on en feme dans le mois de Juillet pour en avoir en Automne, ou à la fin d'Août, pour en avoir en Hiver. Ces dernières ont un goût inférieur à celui des autres, & font fujettes à devenir dures & cordées.

Enfin, aux environs de Paris, on en feme encore du quinze au trente Septembre, dans l'intention d'en avoir de printanières. Si la gelée vient à les détruire, on en refeme fur une couche chaude au commencement du Printems ; on met fur la couche quatorze à quinze pouces de terre ou de terreau, afin de donner aux racines une

profondeur fuffifante pour s'enfoncer ; alors on attend que la chaleur de la couche foit modérée ; on feme fous cloches, & on donne de l'air quand il convient. Comme ces racines font deflinées à être mangées jeunes, on a foin qu'elles foient un peu drû.

En Egypte on feme les Carottes en Octobre, Novembre & Décembre ; on commence à les arracher dès qu'elles ont la groffeur du petit doigt, & on les mange crues, plutôt par friandife, que pour fervir d'aliment.

Qualités & préparation de la graine.

On affure que la graine de Carottes ne peut plus fervir au-delà de deux ans, & que les plantes que la nouvelle produit font plus fujètes à monter que celles qui proviennent de la vieille. Il feroit utile que quelque Agriculteur voulût bien conftater fi cette double affertion eft exacte, & ce qu'on en doit croire. Je fuis plus difpofé à adopter la feconde que la première. Car les graines de Melons & de Choux-fleurs récentes ne valent pas celles, qui ont vieilli, pour l'objet, qu'on fe propofe, c'eft-à-dire, pour produire des Melons nombreux & beaux, qui n'ont jamais lieu, quand les plantes s'épuifent en fane, & de l'autre part, des têtes avortées & comprimées, qu'une végétation trop active éleveroit & diviferoit.

Quelques Jardiniers difent avoir éprouvé que les pieds de Carottes, qui fe difpofent à monter, y déterminent leurs voifins. Plus d'une fois il m'a femblé que dans des méteils de Seigle & de Froment, celui-ci mûriffoit plus vite, mêlé à du Seigle qui eft plus hâtif, que quand on le femoit feul, le même jour & dans le même terrain. Cette remarque me paroît fuffifante pour faire examiner l'opinion de ces Jardiniers. On la vérifieroit facilement, fi dans une planche on femoit alternativement un rayon de graine nouvelle & un rayon de vieille graine, tandis que dans une moitié de la planche d'à-côté on femeroit de la graine nouvelle, & dans l'autre moitié de la vieille.

Avant de femer la graine de Carottes, on la fait fécher au foleil, on la frotte bien entre les mains, afin de lui ôter les poils, dont elle eft hériffée. Sans cette attention, plufieurs graines reftent attachées les unes aux autres, & fe fement par paquets, il y a des efpaces de planches ou de champs, qui en ont trop, tandis que d'autres n'en ont pas.

Miller ne confeille qu'une livre & demie de graine par acre Anglais, qui égale un arpent de Paris, cent foixante-fix toifes, & M. Arthur-yong en exige fix livres. On ne conçoit pas d'où vient cette différence entre deux Cultivateurs auffi inftruits. Dans cette incertitude, il me femble qu'il vaudroit mieux enfemencer
la quantité

la quantité, indiquée par M. Arthur - yong,
parce qu'on eſt toujours à portée d'en détruire,
autant qu'on veut, par les ſarclages. M. Billing,
dont il ſera parlé plus loin, en employoit quatre
livres par arpent ; ce qui fait un terme moyen,
auquel il faut s'en tenir. Il ne s'agit ici, que
de la culture en grand. Car dans la culture,
qui ſe fait dans les potagers, les Jardiniers pro-
portionnent la quantité de graine à l'étendue
des planches, & à la groſſeur qu'ils deſirent
donner à leurs Carottes.

Manière de ſemer.

On ſème, dans les jardins, à la volée, où par
rayons, ou en bordures. L'enſemencement, par
rayons ou par bordures, eſt le plus commode
pour les ſarclages.

En plein champ, on ne ſème qu'à la volée,
à cauſe de la fineſſe & de la légèreté de la
graine, on y mêle le double, ou de cendre, ou
de terre fine, ou de ſable. Quelques Cultivateurs, ayant remarqué que la terre ou le
ſable, plus peſans que la graine de Carottes,
reſtoient toujours au fond du ſemoir, ſement
les Carottes, comme les Raves, par pincées,
ſans y rien mêler. On choiſit un jour, où il
ne fait pas de vent.

Dans les jardins, quand la graine eſt ſemée,
on la foule avec les pieds, & on l'enterre au
rateau; dans les champs, on l'enterre légèrement à la herſe. Pour qu'elle n'entre pas trop
avant, non-ſeulement il ne faut pas charger les
herſes, mais ſi on en avoit qui fuſſent légères,
ou à dents courtes, ce ſeroient elles qu'il conviendroit d'employer. Au reſte, on peut diminuer la longueur des dents en y entrelaçant des
brins de bois flexibles, qui ne laiſſent que trois
ou quatre pouces libres à chaque dent. Je crois
que quand la graine de Carottes a été enterrée
de cette manière, on doit unir le terrein en y
paſſant les herſes ſur le dos.

Ordinairement, toutes les Carottes ſemées reſtent en place. Quelques Cultivateurs, en enlèvent des ſemis, qui ſont comme les pépinières,
pour les repiquer dans un terrain préparé, &
à des diſtances réglées. On aſſure qu'elles deviennent plus belles, lorſqu'elles ſont bien ſoignées.
Mais ce repiquage augmente beaucoup les
frais, parce qu'il faut plus de ſoin & plus
de temps. Il ne peut être employé que pour
les cultures en petit. Voici comme on y procède. Dès que les racines de Carottes, ont
acquis la groſſeur d'un tuyau de plume à écrire,
on ouvre une tranchée à la tête à la pépinière,
on découvre les racines dès premières, ſans les
endommager. Si on caſſe le pivot, la plante ne reprend plus d'accroiſſement en longueur, mais
ſeulement en largeur. On ne doit rien couper
du chevelu. On continue à fouiller, avec ces

Agriculture. Tome II.

précautions, les Carottes, pour les replanter.
M. l'Abbé Rozier, lorſqu'il arrache des plantes
des pépinières, les met dans une terrine pleine
d'eau. Ainſi humectées, la terre, dans laquelle
on les repique, s'y joint plus intimement. D'ailleurs, en attendant qu'on les plante, elles ne
ſont pas expoſées à l'action de l'air, qui, ordinairement, flétrit les feuilles. On arroſe chaque
pied, à meſure qu'on le plante, ayant ſoin
de ne lui pas donner trop d'eau, qui ſerreroit
trop la terre. Il vaut mieux répéter l'arroſement.

Parmi les Jardiniers, les uns rempliſſent les
planches entières, uniquement de Carottes; d'autres les mêlent avec de l'Oignon, des Poireaux,
des Panais, des Raves, des Fèves, &c. Quand
ils les ſement ſur couche, ils les allient même
avec ces différentes plantes. Ce mélange eſt approuvé. Ceux qui l'approuvent, ſe fondent ſur
ce que ces plantes n'étant pas rivales, parce
qu'elles ſont de genre & de nature différentes,
elles ne peuvent ſe nuire réciproquement ; ceux
qui le blâment, diſent qu'aucun mélange n'eſt
bon; que ſi une eſpèce réuſſit pleinement, elle
détruit les autres, que chacune, ſemée ſéparément,
devient plus belle & meilleure. L'expérience me
paroît avoir prononcé contre les derniers. Les
raiſons qu'ils donnent, ne doivent avoir quelque force, que quand il s'agit de ſemer enſemble des plantes, dont les racines ont la même
direction. Or, les Carottes ayant les racines
pivotantes, on ſème ordinairement avec elles
des plantes à racines traçantes, qui ne peuvent
ſe nourrir dans les mêmes couches de terre.
Dans le Brabant, vers la Campine, on ſème
des Carottes avec les grains de Mars; quelque
tems après que les grains ſont récoltés, les campagnes ſont toutes couvertes des fanes de ces
plantes. On trouve à leurs racines plus de goût
qu'à celles des Carottes de jardin.

C'eſt ſur-tout avec le lin qu'on les ſème dans
pluſieurs pays. Il ne paroît pas qu'on craigne
quelque choſe de la racine pivotante du lin,
parce qu'elle ne s'étend ni en groſſeur, ni en
largeur. Le lin, en s'élevant, fait une ombre
qui, entretenant de la fraîcheur, favoriſe la
végétation des fanes & des racines. D'une autre
part, le travail des racines de Carottes, facilite
le développement de celles du lin. Le lin étant
arraché, les Carottes profitent en tout ſens de
la liberté qui leur eſt rendue, & du petit labour
que fait l'arrachis.

Soins des Carottes pendant leur végétation.

Pendant les rigueurs de l'Hiver, on couvre de
coſſats de pois ou de litière, les Carottes ſemées en Juillet, ou en Août ou en Septembre,
pour empêcher la gelée de pénétrer dans la terre
& de les détruire.

Lorſqu'on en a ſemé ſur couche au Printems, on prend les précautions ordinaires qui

conservent & favorisent les plantes élevées sur les couches. Du fumier chaud mis à côté, les réchauffe quand elles en ont besoin.

On arrose dans les potagers les planches de Carottes, s'il fait sec, pour les empêcher de monter, & pour faire grossir les racines. On les sarcle à la main ou avec un instrument, & on les éclaircit. Celles qu'on arrache en sarclant, sont propres à être mangées par les hommes ou par les bestiaux. Les Anglois se servent pour sarcler, d'une petite houe, avec laquelle ils remuent la terre des planches de Carottes trois fois, à cinq semaines de distance. La première commence quand les Carottes ont quatre feuilles. Pour avoir de belles racines, il faut que les pieds soient à huit ou dix pouces les uns des autres.

Suivant la Feuille du Cultivateur, du 28 Juillet 1790, M. Trolly conseille de se servir, pour le dernier sarclage, d'un long crochet de fer, tel que celui à fumier, dont les dents aient de quinze à seize pouces de longueur, sur sept lignes, dans leur plus grande largeur. Il regarde cet instrument comme très-commode, sur-tout pour sarcler les Carottes repiquées & disposées en rangs bien espacés. Les Carottes façonnées de cette manière, selon lui, croissent avec une grande facilité, & deviennent très-belles.

Les Carottes semées en Automne, doivent être éclaircies au mois de Mars, si elles ont levé trop dru.

La Feuille du Cultivateur que je viens de citer, rapporte, d'après M. Yong, la manière de soigner les Carottes cultivées en grand, dans une Province d'Angleterre. « Lorsqu'elles ont acquis trois ou quatre pouces de longueur, ou pour mieux dire, lorsqu'on peut les distinguer aisément, on donne le premier binage avec la houe; on choisit, pour faire cette opération, un tems sec, & on emploie à-la-fois autant de bras qu'il est possible de s'en procurer, afin d'avoir fini avant que la pluie ne survienne. Lorsque les mauvaises herbes sont très-abondantes, les ouvriers employés à ce travail, se traînent sur leurs genoux, pour appercevoir plus sûrement les Carottes; les houes qu'ils emploient ont quatre pouces de largeur, & le manche n'a que dix-huit pouces de longueur; si les mauvaises herbes sont peu abondantes, ils font cette opération debout, & avec des instrumens ordinaires. Dans cette première façon, on espace les Carottes de cinq ou six pouces entre elles; & si on découvre deux plantes trop rapprochées, ou de mauvaises herbes trop près des Carottes, on les éclaircit à la main. »

« Quinze jours ou trois semaines après cette première façon, suivant la saison, on choisit un tems sec pour passer la herse sur tout le champ; cette opération est indispensable pour amenblir la terre, & détruire les mauvaises herbes qui ont repoussé; la herse n'arrache presque point de Carottes.

« Dès que ces Plantes ont six pouces ou envi-
» ron, on donne une seconde façon à la houe.
» On emploie cette fois les houes de neuf pouces
» de large, & on laisse les Carottes à la distance
» de seize ou dix-huit pouces entre elles; il vaut
» mieux les espacer plus que moins. Toutes les
» mauvaises herbes se trouvent détruites par cette
» opération, & la terre est ameublie. On arrache
» à la main les mauvaises herbes qui se trouvent
» trop près des Carottes, on tâche de nétoyer
» le terrein autant qu'il est possible; on remue
» même les places où il ne paroît point de mau-
» vaises herbes, afin de détruire toutes celles qui
» pourroient repousser. S'il arrive par la suite
» qu'on voie paroître encore quelques mauvaises
» herbes, on emploie de tems-en-tems des en-
» fans pour les découvrir & les arracher; le suc-
» cès de cette culture dépend sur-tout des sar-
» clages & des binages; il ne faut pas les négliger
» même dans les tems, où les Cultivateurs sont
» le plus occupés, comme dans le tems de la
» fenaison ou à l'époque de la moisson. »

Beaucoup de Jardiniers sont dans l'usage de fouler les fanes des Carottes en marchant sur elles, quand elles sont avancées; quelques-uns même les coupent à certaine époque. On prétend par-là renvoyer la sève aux racines, pour les faire grossir. Je ne conteste pas cette prétention, quoiqu'elle paroisse contraire aux principes que je me suis formés de la végétation. Mais je voudrois qu'on eût fait l'expérience comparée des Carottes, dont on auroit foulé ou coupé les fanes & de celles auxquelles on les auroit laissé intactes. En attendant, je crois que l'époque où on peut les couper sans inconvénient, est celle où elles commencent à jaunir. Dans les Cultures en grand, on passe dans la même intention un rouleau ou un tonneau vuide sur les Carottes, quand elles sont bien levées, & on réitère ce roulage toutes les fois qu'on s'apperçoit que le vert veut monter.

Ce qui peut nuire aux Carottes.

Les seuls insectes, qui nuisent aux Carottes, sont le ver du hanneton, la courtillière ou taupe-grillon. Le ver du hanneton est son plus grand ennemi; il en ronge les racines. On s'en apperçoit, parce que les feuilles se fanent. Il n'y a d'autre moyen de s'en débarrasser, que de fouiller aux pieds, où on le trouve toujours & de le tuer. La courtillière n'est à craindre que quand la Carotte est jeune. *Voyez* pour la manière de la détruire le mot *courtillière.* La trop grande sécheresse durcit les racines; si elle est accompagnée de chaleur, les tiges montent à graine, & les racines groſſiſſent peu. Trop d'humidité les noir-ciroit & les feroit pourrir.

Pour que les Carottes ſoient belles, il faut que leurs racines ſoient longues & groſſes, ſans divi-ſion. Elles n'ont ces conditions, qu'après les avoir ſemé dans une terre profonde, légère, & bien meuble, ſans mottes ni groſſes pierres, & ſuffi-ſaniment fumée d'avance, ſi on les a biné ou ſarclé auſſi ſouvent qu'elles en ont beſoin, & ſi on les a éclairci. Les racines, qui trouveroient un obſ-tacle ſoit à cauſe de la terre dure, ou des pierres, ou du fumier non conſommé, ſe diviſeroient & formeroient la fourche; ce qui diminueroit de leurs prix & qualité. Trop de fumier leur cauſe-roit de la vermoulure. Les mauvaiſes herbes les étoufferoient, ſi on négligeoit de les ſarcler; on les détruit en binant & on rend la terre perméa-ble à la pluie; enfin, c'eſt en les éclairciſſant qu'on donne à celles qui reſtent, plus de facilité pour s'étendre, & pour groſſir. Quelques perſonnes, croyent avoir remarqué que les Carottes de moyen-ne groſſeur, ont plus de fineſſe, c'eſt-à-dire, ſont plus délicates au goût, que les plus groſſes.

Récolte des Carottes.

Les Carottes ſemées en Mars, Avril & Mai, ſont bonnes à cueillir en Octobre & Novembre. Elles ont acquis toute leur perfection & ne profi-tent plus. On doit les arracher, quand les fanes commencent à rougir. Si l'on ne craint pas qu'elles gelent ou pourriſſent, on les laiſſe en terre pour les fouiller à meſure qu'on en a beſoin. Lorſ-qu'on en doute, on en arrache une partie, à l'approche des fortes gelées, & on les met dans une ſerre, & même au-dehors dans des rayons, preſſées les unes contre les autres & avec un peu de terre intermédiaire. Toutes les fois que le tems le permet, on arrache celles qui ſont reſtées en terre, afin de les employer les premières. Dans les pays où le froid eſt toujours aſſez fort pour les geler dans la terre même quand on les cou-vriroit de litière, il ne faut pas héſiter de fouil-ler toutes les Carottes en Octobre ou Novembre. On les lave & on les fait ſécher au ſoleil, avant de les rentrer. Dans la ſerre, elles doivent être rangées les unes contre les autres, & les fanes en dehors. Il y a des pays où on leur coupe entière-ment la tête, pour les empêcher de pouſſer. On prétend qu'elles ſe conſervent mieux: la ſerre doit être médiocrement chaude. Il ſuffit que la gelée n'y atteigne pas les Carottes. Quelquefois on eſt obligé de jetter ſur elles quelques bottes de paille dans les plus fortes gelées.

La fourche de fer à trois dents, eſt l'inſtrument le plus commode pour arracher les Carottes. Les dents s'inſinuent entre les racines, & n'en atta-quent qu'un petit nombre. Je conſeille de re-jetter celles qui auroient été altérées ou par les vers de hanneton ou par la fourche, lorſqu'on

les arrache, parce-qu'elles gâteroient les autres. Si on n'a pas coupé les fanes des Carottes avant le tems de la récolte, on doit les couper avant de les ſerrer; mais on les laiſſe à celles, qui ſont deſtinées à donner de la graine. On choiſit à cette intention les plus groſſes, les plus droites & les plus rudes; on les replante à la fin de Février, à un pied les unes des autres.

Les Carottes, qu'on laiſſe en pleine terre ou celles qu'on répique au Printemps pour donner de la graine, pouſſent leurs tiges au mois de Mai. Leur graine eſt mûre au mois d'Août; on le re-connoît à ſa couleur rouſſeâtre & au déſordre des ombelles partiels. On coupe alors les tiges, on laiſſe ſécher la graine, on la bat, on la met au ſo-leil & on la conſerve dans des ſacs, en lieu ſec.

On croit que ſix beaux pieds de Carottes, peu-vent fournir de la graine pour un arpent.

On a bien remarqué que quand les graines de Carottes ſe formoient & approchoient de la ma-turité, l'ombelle entier ſe diſpoſoit en entonnoir. Mais on n'a pas dit que ce fût la ſeconde fois que l'ombelle ſe diſpoſoit de cette manière. Avant l'épanouiſſement des fleurs, il a auſſi la forme d'entonnoir, qu'il perd à meſure que les fleurs ſe développent pour la reprendre quand elles ſont paſſées. Il n'eſt un véritable om-belle ou paraſol que dans ſa parfaite floraiſon: S'il étoit ici queſtion de Phyſique végétale, je pourrois chercher les cauſes de ce phénomène; mais je me contente de rapporter l'obſervation.

Uſages & avantages des Carottes.

La graine eſt employée en Médecine pour provoquer les urines & les graviers. On la donne infuſée dans du vin blanc ou de la pe-tite bierre. C'eſt ſur-tout la graine de Carottes ſauvages. Souvent les Droguiſtes lui ſubſtituent celle de la Carotte cultivée, qui trop vieille, pour ſemer, peut être bonne à des uſages de Médecine.

Les feuilles ſont regardées comme vulnéraires & ſudorifiques.

Les racines ont long-tems paſſé pour être al-kaleſcentes, c'eſt-à-dire, pour cauſer de la pu-tridité. Mais quelqu'un aſſure qu'elles ſont an-ti-ſeptiques, c'eſt-à-dire anti-putrides. Je le crois d'autant plus, qu'on les emploie avec ſuccès dans les cancers, non pas pour les guérir, mais pour en retarder les progrès: on applique la racine de cette Plante pilée ſur le cancer en la chan-geant une ou deux fois tous les jours. La per-ſonne attaquée de cette maladie en mange beau-coup, apprêtées de toutes les manières. Voyez pour les vertus des diverſes parties des Carottes, le Dic-tionnaire de Médecine.

Dans l'économie domeſtique & rurale, on ne fait d'autre uſage de la graine de Carottes que pour la ſemer.

Les hommes n'en mangent pas les feuilles, mais

les beftiaux, fur-tout les bêtes à cornes, en font très-avides. Auffi les Jardiniers, qui ont des vaches, ont-ils foin de couper de tems-en-tems les fanes de leurs Carottes. C'eft peut-être une des raifons, qui les détermine à dire que les Carottes en font plus belles.

Les racines de Carottes entrent dans les potages & dans beaucoup de ragoûts. C'eft après les Oignons, ce qu'on emploie le plus. Tous les beftiaux les mangent crûes, comme on le verra plus loin, & ce doit être un des principaux objets de la Culture de cette Plante dans les fermes, où l'économie eft bien entendue. On les confit au Sucre en Europe ; en Égypte, on les confit au vinaigre. Les racines de Carottes peuvent être deffechées & confervées foit par morceaux, foit en poudre pour les ufages de la Marine. J'ai entendu dire, qu'en Ruffie & même en France à Breft, on avoit une manière de les bien deffécher pour les embarquemens. A Paris, il y a quelques années, un particulier m'apporta de la Carotte en poudre bien fèche, qui a dû être embarquée fur les vaiffeaux de l'infortuné M. de la Peyroufe.

M. Margraaf a retiré de la Carrotte cultivée comme de la Betterave, un véritable fucre. Il en a moins retiré de la Carotte fauvage.

Monfieur Hornbi d'Yorck, Agriculteur Anglois, fachant qu'on peut retirer une liqueur fpiritueufe des Carottes a voulu en déterminer avec exactitude la quantité. Voici fon procédé, tel qu'il eft rapporté page 25 des Mémoires de la Société Royale d'Agriculture, année 1780, trimeftre d'Hiver :

« Le 18 Octobre 1787, M. Hornby prit 2240 livres de Carottes qu'il avoit laiffé fécher pendant quelques jours : il les nétoya, lava, & dans cet état elles pefoient 154 livres de moins. Il coupa alors ces racines par morceaux & en mit un tiers dans un vaiffeau de cuivre avec 96 pintes d'eau Il couvrit foigneufement le vaiffeau & l'échauffa pendant trois heures, au bout de ce tems, toutes les racines fe font trouvées réduites en une efpèce de bouillie. Il traita de la même manière les deux tiers reftans, & à mefure que les Carottes en bouillie étoient enlevées de dedans les chaudières, on les paffoit à la preffe & on en exprimoit ainfi très-aifément tout le fuc. M. Hornby obtint, par ce moyen, 800 pintes d'une liqueur très-douce & femblable au moût ; il la verfa dans une chaudière, en y ajoutant une livre de houblon. Au bout de quarante-huit heures ou environ, la liqueur a commencé à bouillir ; on l'a laiffée dans cet état, pendant cinq heures, après quoi on l'a mife dans le baffin où elle a demeuré jufqu'à ce que le degré de chaleur ait été au 66.ᵉ degré du thermomètre de Fahr. du baffin on a verfé la liqueur dans la cuve, & on y a ajouté, comme cela fe pratique ordinairement,

pour les autres liqueurs, fix pintes de levure de bierre. Le mélange a fermenté quarante-huit heures, & pendant tout ce tems, la chaleur a diminué, ce qui eft contraire à ce qui arrive dans les autres liqueurs. Lorfque la levure a commencé à tomber, le thermomètre plongé dans la liqueur a marqué cinquante-huit degrés. M. Hornby fit chauffer a'ors quarante-huit pintes de fuc de Carottes qui n'avoient fubi aucun degré de fermentation, & l'ayant verfé dans la liqueur, le thermomètre eft monté de nouveau jufqu'au foixante-fixième degré. Il laiffa la fermentation s'établir de rechef, pendant 24 heures, au bout defquelles le mélange a fait monter, comme auparavant, le thermomètre au 56.ᵉ degré. La levure commençant à fe précipiter, il remplit quatre bariques de cette liqueur qui a continué de travailler encore trois jours. Pendant la fermentation, l'atmofphère de la Brafferie étoit au quarante-fixième ou au quarante-quatrième degré. Comme la liqueur perdoit dans la cuve d'heure en heure, de fa chaleur, M. Hornby crut qu'il étoit à propos d'avoir du feu dans l'attelier, tant que dureroit la fermentation. Le tout étant refté trois jours dans la barique, il le mit dans une alambic, & en retira par la diftillation deux cens pintes de liqueur qui, rectifiée le jour fuivant, lui fournit fans addition d'aucun liquide, quarante-huit pintes d'eau-de-vie dont il a envoyé un échantillon à la Société d'Agriculture de Paris à laquelle elle a paru d'un bon goût, & très-limpide.

Le marc des Carottes a pefé fix cens foixante-douze livres ; ce qui, joint aux iffues, telles que les queues & les têtes des racines, a fourni une très-bonne nourriture pour les cochons, meilleure même à ce qu'en croit M. Hornby, que celle qu'on obtient des grains braffés. On peut encore ajouter le réfidu de l'alambic qui a donné quatre cens cinquante-fix pintes. Comme on le voit, un arpent de Carottes ainfi traité, fournit un réfidu plus confidérable que celui du produit d'un arpent d'orge ; ce qui eft un objet important, lorfqu'on nourrit des porcs.

L'eau-de-vie de Carottes peut devenir un article très-utile, en donnant lieu à une épargne de grains confidérable. D'après l'expérience de M. Hornby, un acre produifant vingt tonnes de Carottes, doit donner neuf cens foixante pintes d'eau-de-vie de la force de celle qu'il a envoyée ; c'eft beaucoup plus que ce qu'on peut obtenir du meilleur produit d'un acre de terrain femé en orge. Il porte les frais de culture d'un acre de Carottes à deux cens livres y compris le fermage, les labours, les farclages, &c. Autant qu'il peut croire, les frais de l'extraction de l'eau-de-vie doivent fe monter à trois cens foixante livres ; ainfi, évaluant cette eau-de-vie, non compris les droits à quatre livres quatre fols les quatre pintes, ou vingt-un fols la pinte, prix ordinaire de l'eau-de-vie de grain, on voit qu'un acre doit donner quatre cens huit livres de profit, fans compter les iffues qui forment un article confidérable dans de grands atteliers.

Expériences fur la culture des Carottes, faites en Angleterre & en Suiffe.

On lit, dans les Mémoires de la Société Economique de Berne, année 1767, T. 2, des détails fur la culture des Carottes jaunes, & fur leur grand ufage pour nourrir & engraiffer le bétail, par Robert Billing, Fermier à Weafenham, dans la province de Norfolk, en Angleterre. Je crois d'autant plus convenable d'en donner ici un précis, qu'ils offrent des données & des calculs de produits toujours intéreffans, quand bien même ils ne feroient pas complets.

L'ufage des Carottes, pour nourrir le bétail pendant l'Hiver, étoit connu & pratiqué depuis long-temps, dans les parties orientales de la province de Suffolk. M. Billing eft le premier qui l'ait introduit dans le Comté de Norfolk à cinquante mille des lieux où on les cultivoit pour cet objet. Il en a fait l'effai en 1761, & l'a répété en 1762 en petit, à ce qu'il paroît. Mais, en 1763 & 1764, l'expérience fut faite en grand.

M. Billing enfemença trente arpens & demi, divifés en trois pièces, dont une de treize arpens, qui avoit produit du froment en 1762, une d'un demi-arpent feulement, qui venoit de produire du trèfle, & une de dix-fept arpens, dans laquelle on avoit récolté des Raves. La première, étoit une terre froide, tenace & repofant fur de l'argile; la feconde, étoit une terre mêlée, fur un fond de terre graffe & humide. Quatorze arpens de la troifième, étoient un excellent fol, léger, adouci, fur un fond de marne. Le fond des trois autres arpens, étoit un fable noir, affis fur une molaffe imparfaite.

Les champs, où on avoit récolté du froment & du trèfle, furent labourés en Novembre. Le champ, qui avoit porté des Raves, ne fut labouré qu'à la fin de Janvier, ou au commencement de Février. La culture des Raves l'avoit fuffifamment défherbé & ameubli.

De la pièce des trois arpens, fix avoient été fumés, comme on fume pour mettre du Froment, c'eft-à-dire abondamment : on ne mit point d'engrais dans quatre arpens & demi, & on ne fuma que légèrement deux arpens & demi, ainfi que le demi-arpent, qui avoit produit du trèfle; une partie des dix-fept arpens avoit été parquée par les moutons.

M. Billing employa, par arpent, quatre livres de graines, paffées par un tamis fin, en la frottant avec les mains.

Il a remarqué qu'en femant de bonne-heure les Carottes, on eft obligé de les farcler plus fouvent, parce que les herbes mauvaifes pouffent plutôt, & à plufieurs reprifes au Printems. Dans le tems des chaleurs, elles ne croiffent pas avec autant de promptitude, ou fe fortifient moins. Les Raves qu'on fème tard, ont peu befoin d'être farclées, ce qui leur donne, à cet égard, un avantage fur les Carottes. Cependant, il eft à craindre qu'en femant trop tard les Carottes, elles ne montent auffi-tôt, & qu'on ne nuife à la récolte. On doit donc, dans chaque pays, étudier le tems, qui empêche de tomber dans l'un ou dans l'autre inconvénient. Les premières, en état d'être farclées, furent celles du champ, qui avoit produit du trèfle, quoique les dernières femées. M. Billing voudroit qu'on trouvât un moyen de hâter la germination de la graine, qui pût difpenfer de la néceffité de la femer de bonne-heure, & faire une compenfation, parce qu'il croiroit que ce moyen, en permettant de femer tard, épargneroit des farclages. Mais il ne faut pas perdre de vue, que dans notre climat, fur-tout, les plantes, qui lèveront par la chaleur monteront auffi-tôt, & ne donneront que de petites racines de mauvaife qualité.

Au refte, les Carottes, même fuivant M. Billing, fouffrent peu de féjourner au milieu des mauvaifes herbes; on peut retarder le premier farclage. Il eftime le premier farclage fix livres, & cinq livres fi le champ eft infefté de mauvaifes herbes.

Dix ou quinze jours après, il fit paffer la herfe, fur le femis, autant pour enlever les mauvaifes herbes coupées par le farcloir, que pour donner une légère façon à la terre; les Carottes n'en furent pas endommagées. La herfe n'en arracha pas une fur cent.

Trois femaines après le herfage, il donna le fecond farclage, & on herfa encore. Le fecond farclage eft eftimé de trois livres, à quatre livres.

Sur les deux arpens & demi, qui l'année d'auparavant avoient produit du Froment, & qu'on avoit fumé légèrement avant l'enfemencement en Carottes, M. Billing récolta cinquante-cinq à cinquante-fix chars de Carottes; c'eft vingt-deux à vingt-quatre par arpent.

Le demi-arpent, fumé auffi légèrement, après avoir produit du trèfle, donna environ douze chars de Carottes.

Les fix arpéns & demi, fumés abondamment, rendirent cinq cents vingt-quatre chars, ou de dix-huit à vingt-quatre par arpent.

Le champ de dix-fept arpens, où on avoit récolté des Raves en petite quantité, rapporta feize à dix-huit chars par arpent, dans les quatorze arpens de bonne terre; dont une partie avoit été parquée par les moutons. Les trois autres arpens, en rapportèrent bien peu. Le produit de ces dix-fept arpens, a été de deux cents foixante-dix chars; ce qui, joint au produit des autres, forme un total de 510 chars de Carottes, égal, tant par rapport à leur usage, qu'à leur effet, à près de 1000 chars de Raves, ou à 300 chars de Foin, d'après les différens essais de M. Billing, non-compris quelques chars que les pauvres ont pu enlever.

M. Billing, pour arracher ses Carottes, fit d'abord usage d'une fourche à 4 branches, qui ouvroit la terre de 5 à 6 pouces, sans endommager les racines. Un petit garçon suivoit l'ouvrier, pour ramasser, & mettre en tas. Bientôt M. Billing trouvant cette opération trop longue & trop embarrassante, les fit tirer de terre avec une charrue à petit soc, qui alloit doucement. Le versoir faisoit sortir les Carottes de terre, & la herse, qui passoit ensuite, les nétoyoit entièrement. Il n'y avoit qu'un petit nombre de Carottes, qui fussent coupées. Quoique les racines de Carottes eussent piqué profondément dans la terre, il n'étoit pas nécessaire de l'ouvrir à la même profondeur. Il resta sous terre quelques Carottes, qui furent arrachées au prochain labour.

M. Billing a accoutumé ses bestiaux à manger des Carottes, en leur donnant des Choux ou des Raves, mêlés aux Carottes qu'il dispersoit sur la terre; les animaux mangeoient tout ensemble. Il croit, qu'ainsi engraissés par une nourriture qu'ils prennent eux-mêmes, ils sont d'une meilleure qualité, & conservent plus long-temps leur graisse, que si on les engraissoit à l'écurie, avec les mêmes alimens.

Il nourrit d'abord de cette manière 33 bêtes à cornes, & 40 bêtes à laine, de deux ans, qui lui donnèrent un profit de 1720 livres, défalcation faite de la valeur des Raves & des Choux. M. Billing, pour être plus exact, auroit dû compter les frais de culture, & comparer les produits en Carottes avec ceux des autres planches, qu'on auroit semé à leur place. Il auroit fallu encore calculer le fumier qu'ont produit les bestiaux achetés, pour être engraissés. Un Cultivateur attentif n'oublie rien, surtout quand il fait des expériences.

Non-content d'avoir engraissé des bêtes à cornes & des bêtes à laine avec des Carottes, M. Billing a voulu en nourrir des vaches, d'autres bêtes à laine, des chevaux & des cochons de sa basse-cour, au moment où les Raves se gâtent, c'est à-dire, au Printems. Dans le pays qu'il habite, aucun soin ne peut empêcher des Raves de se gâter au Printems, sur-tout, lorsque l'air est alternativement humide & froid. Les Carottes, dont la texture est plus forte, ne souffrent pas de cette intempérie de l'air. Trente-cinq vaches & 420 brebis, formant les troupeaux de M. Billing, furent conduits tous les jours, au mois d'Avril, dans des champs ensemencés de Carottes, & qu'on avoit seulement labouré pour les

arracher. Ces animaux les mangèrent avec appétit, sur-tout les vaches, qui eurent plus de lait, qu'elles n'en avoient ordinairement dans cette saison. Plusieurs d'entr'elles l'auroient perdu si elles n'eussent été nourries à cette époque, que de Raves, qui sont alors gâtées. Le beurre, qu'on en tiroit, étoit de meilleur goût. Les brebis & les agneaux, en mangeant des Carottes, se portèrent très-bien. La pièce de terre enfin se trouva améliorée, par les excrémens de tous ces animaux. Ce qui resta de Carottes, dans la terre, en fut arraché au deuxième & troisième labours, & mangé par les moutons, sans que cela portât préjudice à l'Orge, dont on l'ensemença. M. Billing remarque, que les Carottes lui furent d'une grande ressource, & qu'il eût perdu beaucoup, si elles ne lui avoient offert un moyen de remplacer les Raves, qui lui manquèrent.

M. Daubenton estime qu'à la bergerie, on pourroit donner trois livres de Carottes, par repas, à un mouton.

Seize chevaux de trait ont été nourris de Carottes, de pois, de paille & de bourres de foin, depuis le mois de Novembre jusqu'au mois d'Avril. Ils en mangèrent encore pendant le mois de Mai; mais alors on y ajoutoit de l'avoine. Ils en étoient si avides, que quand harrassés de travail, ils refusoient l'avoine seule, dès qu'on y joignoit des Carottes coupées par morceaux, ils la mangeoient volontiers. M. Billing, pour donner des Carottes à ses chevaux, en faisoit ôter la tête & le filet de la racine. On les lavoit, quoiqu'on ne les lavât pas pour les autres bestiaux. A la vérité, comme ces derniers les mangeoient sur les champs, les pluies les nétoyoient : la dose pour les seize chevaux, étoit de deux charges par semaine, ce qui épargnoit pour le moins un char de foin. En vingt-huit semaines que cette économie a duré, M. Billing croit avoir épargné vingt-huit chars de foin, qu'il évalue à 525 liv., le char à 18 liv. 15 sols.

Les chevaux, après avoir pris cette nourriture, étoient en très-bon état.

Les têtes & les queues des Carottes, dont on donnoit le milieu aux chevaux, engraissoient aussi beaucoup des cochons qui les dévoroient. M. Billing en estime le profit à 825 liv.

Des trente arpens & demi de terre, qui avoient produit des Carottes, quatre furent semés en avoine & le reste en orge. Ils donnèrent tous une récolte prodigieuse & au-moins trois charges de grains par arpent.

M. Billing sema dans les deux extrémités d'une pièce de terre des Carottes sans fumier & des raves au milieu, avec beaucoup de fumier. L'orge, qui l'année d'après remplaça les Carottes, fut plus belle que celle qui remplaça les raves.

En 1764, M. Billing fit un nouvel essai sur une pièce de vingt-quatre arpens & demi. Il ne les sema qu'en Mai; ce qui est trop tard d'un mois.

D'ailleurs l'année ne fut pas favorable ; on n'a pu les farcler qu'après fept femaines. La récolte ne fut pas auffi avantageufe que l'année d'auparavant. Chaque arpent l'un dans l'autre ne produifit que dix chars. M. Billing en nourrit tous fes beftiaux comme l'année d'auparavant : il en donna même à des veaux fevrés, qui profpérèrent admirablement.

Le Mémoire de M. Billing étant parvenu en Suiffe, M. Guerwer, Pafteur de Vigneul, en 1767, cultiva des Carottes dans une terre forte, argilleufe, mêlée d'un peu de marne ; fur une couche de terre limoneufe, qui avoit été enfemencée deux ans auparavant en méteil & l'année fuivante en orge, fans aucun engrais ; il lui fit donner, en Octobre, un profond labour que la gelée adoucit, en Mars un fecond labour, & en Avril un troifième, après y avoir mis du fumier de chèvre. Ce troifième labour fut fuivi d'un herfage avec une herfe pefante à dents de fer de huit pouces de longueur. La femence qu'on mêla avec de la terre fèche pulvérifée, fut recouverte à la herfe à dents de bois.

Les farclages n'ont été commencés qu'après deux mois ; encore furent-ils interrompus, à caufe de la maladreffe & de la mauvaife volonté des ouvriers. On fit une nouvelle tentative quinze jours après ; les pluies forcèrent de s'arrêter. On ne put que nétoyer fuperficiellement le champ de mauvaifes herbes. Au 20 Octobre, les Carottes furent arrachées à la charrue, en ôtant le coutre & le verfoir. Malgré les difficultés des farclages M. Guerwer retira d'un huitième de pofe (1) de terre fept charges de Carottes, autant qu'en pouvoit contenir une charrette à fumier.

M. Guerwer, a auffi remarqué que les chevaux, bœufs, vaches, moutons & porcs, étoient très-avides de Carottes. Les chevaux & quelques bœufs dans le commencement les regardent avec indifférence ; mais accoutumés enfuite au goût un peu fort de ces racines, ils les mangent avec une grande avidité.

M. Bourgeois, Économe de la ferme du Roi à Rambouillet, en 1790, a enfemencé douze perches de terre en Carottes. N'en ayant pas l'habitude, il les a fait femer un peu trop clair. Le terrain avoit été labouré à la charrue. Les douze perches ont produit 48 minots de racines groffes & bonnes, c'eft-à-dire douze fetiers, que les vaches fuiffes du troupeau du Roi ont mangé avec empreffement. Il s'eft propofé de recommencer avec plus de foin cette culture, dont il a entrevu l'utilité.

La culture des Carottes offre de grands avantages. Quand elle eft foignée, elle réuffit prefque toujours. Dans les pays, où les terres ont du fond, elle peut fervir pour alterner & remplir le vuide des jachères. On ne doit pas y confacrer une grande étendue de terrein, à caufe des farclages fréquens & quelquefois minutieux qu'elle exige. Mais je confeille aux Cultivateurs, qui ont des terres convenables à cette plante, d'en enfemencer tous les ans quelques arpens. Une partie s'emploiera à la nourriture de leurs domeftiques, & le refte pour leurs beftiaux, qui en font tous très-friands.

Dans les pays, privés de raifin & où l'orge eft rare, ou chère ; on aura de l'avantage à faire de l'eau-de-vie avec les Carottes. Les autres fe contenteront d'en faire un aliment, qui eft plus fubftanciel que les navets & la rave.

Les Carottes ne paroiffent pas auffi fenfibles, que les autres plantes à certaines variations de l'air ; le ver du hanneton & quelquefois la courtillière font les feuls infectes qui les attaquent, encore le tort qu'ils leur font eft-il borné, & on a des moyens de s'en débarraffer. Les Carottes font à l'abri des ouragans & de la grêle.

Il eft donc utile de tourner les regards des Cultivateurs vers cette plante. Il faut qu'ils obfervent que quand bien même, calcul fait des frais & du produit comparé avec celui du froment, ou de l'orge ou de quelqu'autre plante, ils eftimeroient que les Carottes ne leur rapportent pas ce qu'elles coûtent, ils devroient en adopter & en continuer la culture, parce qu'un moyen de nourrir fes beftiaux en Hiver avec une racine agréable, faine, aqueufe & fubftancielle, n'eft pas calculable dans le bien-être à venir qu'il procure. Rien n'eft plus ordinaire que de voir des Agriculteurs n'adopter une culture, qu'après avoir feulement calculé les frais & le produit momentané & connu. J'ai quelquefois comparé l'Agriculteur avec le Commerçant, & je crois que cette comparaifon eft exacte. Il faut donc que l'Agriculteur, comme le Commerçant, faffe entrer en ligne de compte les produits à venir, réfultans du produit actuel. A la vérité, cela eft moins poffible à l'un qu'à l'autre, parce que le produit à venir d'un Agriculteur eft dans l'amélioration infenfible de fes terres ou de fes beftiaux. L'homme raifonnable fentira la vérité de ma réflexion, & l'appliquera à la culture des Carottes, comme à celle de beaucoup d'autres plantes. (M. l'Abbé Tessier).

CAROTTE ROUGE. Dans plufieurs Départemens, & dans le pays de Vaud, on donne ce nom aux Betteraves & celui de *Carotte jaune* & même de *Racine* à la Carotte. Ces changemens de noms occafionnent fouvent des incertitudes dans les rapports qu'on fait fur les ufages des plantes. On peut juger par-là à quel point on peut fe fier aux rapports des voyageurs qui nous parlent des régions loin-taines. *Voyez* BETTE. (M. Reynier.)

CAROUBIER, *Ceratonia.*

Genre de plantes fans pétales qui appartient par fes fleurs & par fes fruits à la famille des *Légumineufes*, qui paroît fe rapprocher des caffes, des feviers & des tamariniers.

Il n'est encore composé que d'une seule espèce.

CAROUBIER à Siliques, vulg. Carouge. *Ceratonia Siliqua*. L. ♄ de l'Asie, de l'Afrique & des Pays-chauds de l'Europe.

C'est un arbre de moyenne grandeur, dont le tronc raboteux est recouvert d'une écorce brune & donne naissance à un assez grand nombre de branches tortueuses qui lui forment une cime étalée comme celle du pommier.

Ses feuilles sont ailées, & composées de deux à cinq paires de folioles presque opposées, & souvent sans impaire. Elles sont alternes, ovales, lisses, fermes, même coriaces, vertes en dessus, veineuses & d'une couleur pâle en dessous & ne tombent point pendant l'Hiver. Les fleurs viennent sur la partie nue des branches & forment de petites grappes longues d'un pouce qui sont d'un pourpre foncé avant leur entier développement. Ces fleurs sont incomplettes, étant dépourvues de corolle. Elles sont quelquefois hermaphrodites, mais plus souvent unisexuelles, les fleurs mâles étant séparées des fleurs femelles sur des individus différens.

Les fleurs femelles produisent une silique ou plutôt une gousse longue, applatie, épaisse, d'une couleur brune divisée en plusieurs loges qui renferment chacune une semence comprimée dure & luisante.

Historique. Cet arbre croît originairement dans l'Egypte & dans le Levant. On le trouve en Espagne, en Italie & même dans les Provinces méridionales de la France, où l'on peut le placer avantageusement dans les bosquets d'Hiver.

Usages. Les gousses de cet arbre contiennent une pulpe noirâtre, mielleuse, douce, d'un goût désagréable, tant que le fruit est verd, mais qui devient assez gracieux quand il est mûr.

En général, on les donne aux bestiaux; elles servent même aussi quelquefois de nourriture aux pauvres à défaut d'autres alimens; mais comme elles ont une vertu laxative, il faut en user modérément.

Duhamel, dit au-contraire, que les feuilles & la moëlle sont astringentes. Johnson semble les concilier en disant d'après les Anciens : *Recentes alvum solvunt, siccatæ sistunt*. Sa figure ne ressemble point du tout au Caroubier.

On les emploie aussi en Médecine. Elles ont les mêmes propriétés que la Casse, mais à un moindre degré. C'est pourquoi on les donne à plus forte dose.

Les Egyptiens extraient de ce fruit un miel fort doux, qui sert de sucre aux Arabes. On l'emploie pour confire les tamarins, les mirobolans & autres fruits. On dit même qu'ordinairement, en Syrie & en Egypte, on en retiroit une espèce de vin par la fermentation.

Le bois de l'arbre est dur, & propre aux mêmes usages que celui du Chêne verd. Les feuilles peuvent servir à la préparation des cuirs au lieu de tan.

Culture. Pour multiplier ici ces arbres, il faut faire venir les siliques les plus fraîches qu'il est possible. On en détache les graines au Printems, & on les seme sur une couche de chaleur modérée. Elles y réussissent ordinairement très-bien.

Lorsque les jeunes plantes ont un pouce ou deux, on les met avec soin dans de petits pots séparés, remplis d'une terre substancielle & légère que l'on remet dans une couche tempérée. On les arrose & on les tient à l'ombre jusqu'à ce qu'elles aient formé de nouvelles racines. Alors on leur donne de l'air à proportion de la chaleur du jour. Au mois de Juin, il faut les accoutumer par degrés à supporter le plein air. En Juillet, on les relève de dessus les couches pour les placer à une exposition chaude. Elles peuvent y rester jusqu'au commencement d'Octobre, qui est le tems où on doit les rentrer dans l'orangerie. Il faut les y placer de manière qu'elles puissent jouir de l'air libre dans les tems doux.

Cet arbre est assez dur, & il ne demande qu'à être garanti des fortes gelées, lorsqu'il a un certain âge. Il croît lentement & ne fleurit guères que la six ou huitième année.

Miller nous apprend même qu'en Angleterre, on en élève quelques-uns en pleine terre. Pour y réussir, lorsque les jeunes plantes ont passé trois ou quatre ans dans les pots, & qu'elles ont acquis assez de force, on les met en pleine terre au Printems à une exposition chaude, contre une muraille exposée au midi. Elles y supportent très-bien le froid de nos Hivers ordinaires; mais il faut nécessairement les couvrir lorsque le froid devient plus rude. Cet habile cultivateur nous fait espérer qu'une partie des arbres, qui sont ainsi plantés, donneront, dans quelques années, des fleurs & du fruit; mais il ne pense pas que ce fruit parvienne à sa parfaite maturité.

Cet arbre mérite d'être cultivé dans nos orangeries, à cause de sa belle verdure perpétuelle. (*M. Dauphinot*.)

CARONCULE LACRYMALE. C'est une masse charnue, longue & dure, qui est placée au coin de l'œil des animaux du côté du nez. Elle est quelquefois si considérable dans les chevaux, que les maréchaux l'ont pris pour la maladie appelée *Onglée*. *Voyez* le Dictionnaire de Médecine. (*M. l'Abbé Tessier.*)

CAROUGE. Synonyme de CAROUBIER. *Ceratonia Siliqua*. L. *Voyez* CAROUBIER. (*M. Dauphinot.*)

CAROUGE à miel, *Gleditsia triacanthos*. L. *Voyez* FÉVIER à trois épines, n.° 1, au Dict. des Arbres. (*M. Thouin.*)

CAROUGE des Antilles, *Hymenea courbaril.* Voyez Courbaril Diphyllé, n.° 1. (*M. Thouin.*)

CAROUGE de Virginie, *Robinia pseudo - aca-cia. L. Voyez* le mot Robinier, au Dict. des Arbres. (*M. Thouin.*)

CAROXYLON, CAROXYLON.

Genre de plantes à fleurs incomplettes, que M. de Jussieu place dans la famille des Arro-ches, qui a des rapports avec les Londes & les Anabales, & qui semble encore se rapprocher des Cadelaris par les écailles que ses fleurs contien-nent.

Jusqu'à présent ce genre n'est composé que d'une seule espèce.

Cette plante ligneuse & vivace, pousse une tige droite, nue & très-rameuse, garnie de ra-meaux épars, roides, ouverts, fléchis en zigzag, qui se subdivisent en autres petits rameaux courts, cylindriques, & un peu cotonneux, ce qui les fait paroître blanchâtres.

C'est sur ces rameaux que naissent les feuilles & les fleurs. Les feuilles sont très-petites, très-nombreuses, très-serrées & comme embriquées les unes sur les autres, glabres & un peu concaves en-dessus, convexes & couvertes d'un duvet & grisâtre en-dessous.

On n'est pas bien d'accord sur la description de la fleur. Les uns prennent pour une corolle, ce que les autres ne regardent que comme un ca-lice, & ils donnent le nom de calice à deux es-pèces d'écailles, qui, suivant les autres, ne sont que des bractées.

Quoi qu'il en soit, ces fleurs peu apparentes, sont jaunâtres ou un peu purpurines.

Elles sont suivies d'une sémence ronde, rou-lée en spirale, enveloppée d'une ménbrane très-mince & de plus environnée par les filamens & les écailles intérieures de la fleur qui sont per-sistantes.

Historique. Cette plante est originaire de l'A-frique. Elle fleurit au mois d'Octobre.

Usages. En Afrique, on compose avec la cen-dre & de la graisse de mouton, une espèce de savon grisâtre qui sert aux mêmes usages que le nôtre.

Cultivée. Cette plante n'a point encore été cul-tivée en France. Nous présumons qu'on ne pour-roit la conserver, que dans la serre tempérée, comme toutes les autres plantes du Cap de Bon-ne-Espérance. (*M. Dauphinot.*)

CARPE. (dos de.) On donne ce nom au bom-bement qu'on pratique dans le milieu des plates-bandes, pour faciliter l'écoulement des eaux, & rendre leur coup-d'œil plus agréable. On le nom-me aussi *dos de bâne.* V. Bomber (*M. Reynier*)

CARPESIE, *CARPESIUM.*

Genre de plantes de la famille des composées & voisin des Tanaisies, composé de deux plan-tes herbacées, dont les formes n'ont rien d'é-légant ni qui puisse fixer l'attention.

1. CARPÉSIE PENCHÉE.
Carpesium cernuum. L. (1) des lieux humides de l'Europe méridionale.

2. CARPÉSIE DE LA CHINE.
Carpesium abrotanoides L. ♂ de la Chine.

1. La Carpésie penchée est une plante haute d'un pied, ramageuse dont chaque ramification est terminée par une fleur penchée vers la terre ou du moins inclinée. Elle est enduite sur-tout dans les terreins un peu secs d'une humeur visqueuse, & d'une odeur aromatique qui s'attache aux doigts, & leur laisse long-tems l'impression de cette odeur. Cette humeur est sur-tout très-abondante sur les graines. Cette plante n'ayant ni élégance ni utilité, n'est cultivée que dans les jardins de Botanique.

Culture. La graine de la Carpésie penchée doit être semée dès l'Automne ou au Printems lors-qu'on le trouve plus commode dans des bassins en pleine terre. Les jeunes plantes semées en Automne, lèvent avant l'Hiver & fleurissent quel-quefois vers la fin de l'Eté suivant; d'autres fois, sur-tout lorsqu'il y a eu un peu de chaleur, elles ne fleurissent que la seconde année, en même-tems que celles semées au Printems. Cette plante donne une très-grande abondance de graines, & se reproduit par leur dispersion, pour peu que le terrain lui convienne. Il est ce-pendant plus sûr d'en recueillir des graines, dans les pays où elle ne croît pas sauvage.

2. Carpésie de la Chine; cette plante aussi peu apparente que la Carpésie penchée, en dif-fère par la position de ses fleurs. Elle est pareil-lement enduite d'une humeur visqueuse aroma-tique plus abondante sur les graines que sur les autres parties, & qui s'attache aux doigts.

Culture. Cette espèce n'a jamais été cultivée au Jardin des Plantes de Paris; mais Miller l'a cultivée, & c'est d'après lui que je vais en parler.

La Carpésie de la Chine, doit être semée au Printems sur couche, & lorsque les jeunes plants, ont acquis une certaine grandeur, on doit les replanter séparément dans des pots qu'on a soin d'entrer dans l'orangerie aux approches de l'Hiver. Il paroît d'après cette dernière circons-tance que la Carpésie de la Chine est bis-annuelle, comme l'espèce commune, ou peut-être vivace.

Usage. Les Carpésies ont trop peu d'appa-

____

(1) Linnée a dit à tort que cette plante est vi-vace; j'ai vérifié l'assertion de Tuillier qui la dit bis-annuelle.

rence, pour pouvoir servir à la décoration des jardins, & celle de la Chine en a peut être moins que l'espèce d'Europe; ainsi, leur culture doit être restreinte dans les jardins de Botanique : on ne lui connoît aucun usage; je crois cependant à l'impression qu'elle fait sur les papiers pendant sa dessication, impression semblable à celle de plusieurs plantes, que M. Dambourney a jugées fournir des teintures solides que notre Carpésie d'Europe fourniroit une couleur assurée, mais sombre. (*M. Reynier*).

CARPODET , *Carpodetus.*

Nouveau genre de plante établi par Forster, & que M. Jussieu range dans la sixième division de la famille des Nerpruns, avec les *Gouania*, les *Acuba*, les *Flechaonia*, &c. Il n'est encore composé que d'une espèce.

CARPODET denté.

Carpodetus serratus , Forster, *Nov. Gen.*

Cette plante dont l'Auteur, qui la fait connoître, n'indique que le caractère botanique, n'a point encore été cultivée en Europe. Nous ne connoissons rien de son port, de sa durée ni de sa culture. Nous savons seulement qu'elle croît dans les régions voisines de la Mer du Sud. (*M. Thouin.*)

CARRÉ, (*terme de jardinage*) espace de terre, qui a ordinairement une figure carrée, & dans laquelle on plante des légumes. Les Jardiniers disent un *carré* d'asperges, d'artichauts, de choux, de salades, &c. Ils tâchent, en général, de ne mettre dans chaque *carré* qu'une espèce de légumes, ou au moins des légumes de même nature, qui exigent la même culture, & dont la végétation finit en même-tems. Cette attention met plus d'ordre & de facilité dans la culture.

L'étendue des carrés, doit être proportionnée à celle des potagers & aux besoins des propriétaires. On les entoure ordinairement de plates-bandes ou planches, au milieu desquelles, on plante des arbres fruitiers, en buissons ou en éventail. (*M. Thouin*).

CARREAU. Ce terme est synonyme de Carré, cependant quelques personnes l'en distinguent, en ce que les Carreaux ne sont point entourés de plates-bandes, ni d'arbres fruitiers, & qu'ils sont destinés plus particulièrement à la culture des gros légumes, tels que les carottes, navets, pois, haricots & autres plantes qui n'ont pas besoin d'une culture aussi soignée que celles qu'on met dans les Carrés.

Le mot Carreau a une autre acception; il signifie aussi une portion de terre carrée, qui fait partie d'un parterre, ordinairement bordé de buis., & garni de fleurs & de gazon. (*M. Thouin.*)

CARREAU, *Agriculture* , mesure de terre en usage à la Guadeloupe, & à Saint-Domingue. A la Guadeloupe il a 90000 pieds quarrés, qui font 2500 toises de Paris, ou un arpent royal, 1155 toises 20 pieds, ou deux arpens de Paris, 700 toises. A Saint-Domingue, le Carreau est de 100 pas quarrés; le pas est de 3 pieds ½ en quarré, ce qui fait 3402 toises, 28 pieds de Paris, ou deux arpens royaux, 713 toises, 32 pieds, ou trois arpens de Paris, 702 toises, 28 pieds. Le Carreau, à la Martinique, est le même que celui de Saint-Domingue. Les mesures sont rapportées & comparées au mot Arpent. *Voyez* ARPENT. (*M. l'Abbé Tessier.*)

CARREFOUR, (Jardinage) est la rencontre de quatre allées dans une forêt, dans un bois; ce qui imite l'issue de quatre rues dans une ville, que l'on nomme aussi *Carrefour*.

On les peut faire circulaires ou quarrées; dans cette dernière forme, on en retranche les encoignures, ce qui leur donne plus de grace & les agrandit considérablement. *Anc. Ency.*

CARRIERE. On donne ce nom à ces parties dures & pierreuses, qui sont plus ou moins fréquentes dans certains fruits, & particulièrement dans quelques variétés de Poires. Ces Carrières, présentent des noyaux isolés ou groupés trois ou quatre ensemble, qui sont d'une dureté remarquable, & d'une couleur plus foncée que la chair du fruit; ils sont plus abondans vers le cœur du fruit que vers la peau, & dans les fruits noueux que dans ceux d'une belle venue. Les Bons-chrétiens y sont extrêmement sujets.

Plusieurs Personnes ont successivement proposé des explications d'un phénomène aussi singulier. M. l'Abbé Rozier croit que les arbres, dont les fruits sont sujets à ce défaut, ont les vaisseaux d'un diamètre trop large, & que ces vaisseaux admettent des parties terreuses nécessaires au reste de l'arbre, mais qui ne doivent pas pénétrer jusqu'au fruit. Il propose, en conséquence, de greffer à plusieurs reprises cette variété sur elle-même, chaque greffe diminuera de quelque chose le diamètre des vaisseaux, & bientôt l'arbre portera des fruits sans Carrières.

Pour que cette explication, qui certainement est ingénieuse, acquît un certain degré de confiance, il faudroit qu'il fût démontré, que les Carrières contiennent réellement une certaine quantité de matière terreuse, & cependant elles ne paroissent pas différer sensiblement des sucs du fruit; d'ailleurs, quel principe donneroit à ces molécules terreuses, disséminées dans la substance du fruit, une telle tendance à se réunir, & plus encore, une telle dureté après leur réunion. Ainsi, la question n'est point encore résolue.

Greu, qui a examiné toutes les parties des végétaux, en Observateur, a attribué les Carrières, aux mêmes causes que la formation du tartre dans le vin, & du calcul dans les vessies de l'urine & biliaire. Il paroît donc qu'il avoit une idée confuse, que ces Carrières sont les sucs du fruit condensés & rendus solides par une proportion différente de leurs principes, & cette opinion seroit assez probable.

On n'a pas assez observé les circonstances qui accompagnent les Carrières, pour pouvoir approfondir leur cause, & expliquer leur formation. Il faudroit savoir, avant tout, quelles sont les années, où les Carrières se forment le plus fréquemment; si le même individu en a toujours, ou si elles lui sont accidentelles; examiner les fruits, qui y sont les plus sujets, à différens points de leur croissance, pour saisir l'instant de cette formation. Examiner ces Carrières, pour connoître leur nature. Jusqu'au moment où ces observations auront été faites, il vaut mieux suspendre toute explication, plutôt que d'ajouter un système de plus, à ceux qui existent déjà. (*M. Reynier.*)

Carrière. Dans les jardins paysagistes, on donne ce nom à un chemin qui parcourt une partie des parcs d'une certaine étendue. Les Carrières sont destinées à des promenades à cheval ou en voiture. Ordinairement elles sont formées de gravier bien battu, afin qu'elles ne se dégradent pas par l'impression des roues & par les pieds des chevaux.

Ces sortes d'allées sont susceptibles de beaucoup d'agrément; on les décore de plantations, d'arbres, de tapis de verdure & de fleurs. (*M. Thouin.*)

CARTE, mesure de terre usitée à Ussel, Capitale du Duché de Ventadour, en Limousin.

A Ussel, la carte contient deux cartons, & le carton quatre coupes; par conséquent la carte est composée de huit coupes. Une carte de froment pèse 36 livres & de seigle 34 livres.

On s'en sert aussi en quelques autres lieux de la France & en Savoye. (*M. l'Abbé Tessier.*)

CARTEL, mesure de continence pour les grains & qui est en usage à Rocroi, à Mézières, & autres lieux, où elle varie pour la grandeur & pour le poids.

Le Cartel de froment pèse à Rocroi 35 livres, poids de marc, celui de méteil 34, & celui de seigle 33.

A Mézières, le cartel de froment pèse 30 livres, de méteil 28, de seigle 26.

A Sédan, le Cartel de froment pèse 39 livres, celui de méteil une livre de moins, celui de de seigle 37, & celui d'avoine 35 livres.

A Montmidi, le Cartel de froment pèse 48 livres & demie; de méteil 47, d'avoine 50 livres.

Toutes les livres dont nous venons de parler, doivent être prises poids de marc. *Ancienne Encyclopédie.* (*M. l'Abbé Tessier.*)

CARTELADE, mesure de terre à l'Albret, en Gascogne, à Nérac en Guienne. Elle se divise en 144 escats de la valeur de 69696 palmes, qui font 971 toises 14 pieds, ou un arpent 71 toises 14 pieds de Paris. *Voyez* ARPENT (*M. l'Abbé Tessier.*)

CARTER. C'est mettre un anneau de carte ou de métal au tour d'un œillet, pour l'empêcher de crever. V. Ajuster (*M. Reynier.*)

CARTERÉE. Nom de mesure de terre à Agen, &c. Elle se divise en six cartonnats, qui égalent dix-huit lattés ou quatre cens trente-deux escats, ou dix-neuf cens dix-neuf toises de Paris, ou un arpent royal cinq cens soixante quatorze toises vingt-cinq pieds, ou deux arpens de Paris & cent dix-neuf toises.

A Brulloy-la-Motte, elle contient cinq cens douze escats qui font 2309 toises quatre pieds de Paris, ou un arpent royal 964 toises 25 pieds, ou deux arpens de Paris 509 toises 4 pieds.

A Clairac, en Guienne, elle se divise en huit cartonnats d'Agen, qui font 2558 toises 25 pieds de Paris, ou un arpent royal 1224 toises 14 pieds ou un arpent de Paris 758 toises 25 pieds.

A Tonneins, dans la même province, on la divise en quatre cartonnats d'Agen, qui font 1279 toises 14 pieds ou un arpent de Paris 379 toises 11 pieds. *Voyez* ARPENT (*M. l'Abbé Tessier.*)

CARTEYRADE, mesure de terre en usage à Castelnau, à Lunel, à Montpellier, &c. Elle se divise en deux seterées, qui égalent 1069 toises 29 pieds ou un arpent 169 toises 29 pieds de Paris. A Lunel, elle a la même étendue.

A Montpellier, elle se divise en deux seterées qui égalent 758 toises 14 pieds qui ne font pas un arpent de Paris. *Voyez* ARPENT (*M. l'Abbé Tessier.*).

CARTHAME, *Carthamus.*

Genre de plantes à fleurs composées, voisin des chardons dont il diffère par les écailles du calyce bordées d'épines; au lieu que dans les chardons, chaque écaille est terminée par une seule épine, plus ou moins sensible. Souvent enfin dans les Carthames les écailles calicinales ont une espèce d'appendice. Les Carthames diffèrent enfin des quenouillettes & des carlines par le défaut de couronne.

Les Carthames sont des plantes annuelles ou vivaces, dont l'usage, pour la décoration des jardins, est à-peu-près la même que celui des carlines.

Espèces.

1. CARTHAME officinal.

CARTHAMUS tinctorius L. ⊙ de l'Égypte & du Levant, cultivée en Europe.

2. CARTHAME laineux.

CARTHAMUS lanatus L. ⊙ près des chemins dans les lieux arides de l'Europe tempérée.

B. *Variété à grandes fleurs* ⊛ *du Levant, suivant Miller.*

3. CARTHAME de Crête.

CARTHAMUS Creticus L. de l'Isle de Candie.

4. CARTHAME denté.

CARTHAMUS dentatus. Vahl. d'Égypte.

5. CARTHAME bleu.

CARTHAMUS Cœruleus L. ♃ des Côtes de Barbarie & de l'Espagne.

B. *CARTHAMUS tingitanus* L.

6. CARTHAME à feuilles longues.

CARTHAMUS carduncellus L. ♃ des montagnes de la France méridionale,

B. *Variété à feuilles caulinaires dentées.*

7. CARTHAME nain.

CARTHAMUS humilis L. ♃ des lieux sablonneux de la France.

CARTHAMUS mitissimus L.

8. CARTHAME arborescent.

CARTHAMUS arborescens L. ♄ de l'Espagne.

9. CARTHAME taché.

CARTHAMUS maculatus L. ⊙ des lieux incultes.

CARDUCES marianus L.

10. CARTHAME en Corymbe.

CARTHAMUS Corymbosus L. ♃ du midi de l'Europe.

11. CARTHAME canescent.

CARTHAMUS canescens L. ♃ de l'Espagne & du midi de la France.

12. CARTHAME grillé.

ATRACTYLIS cancellata L. ⊙ du midi de l'Europe & de l'Isle de Candie.

13. CARTHAME gummifère.

ATRACTYLIS gummifera L. ♃ des Isles de l'Archipel & de la Pouille.

14. CARTHAME d'Afrique.

CARTHAMUS Africanus L. ♄ de l'Afrique.

ATRACTYLIS oppositifolia L.

15. CARTHAME de Magellan.

CARTHAMUS Magellanicus L. des terres Magellaniques.

16. CARTHAME à feuilles de saule.

CARTHAMUS salicifolius L. Fil. ♄ de l'Isle de Madère

La première espèce est une plante annuelle, qui s'élève sur une seule tige, à la hauteur de deux pieds au plus, les branches sont couvertes de feuilles ovales, presque amplexicaules, dentelées sur les bords, & portent à leurs extrémités des fleurs, assez grosses, de la couleur

du safran ; la grandeur des enveloppes, efface un peu la beauté de cette fleur, & nuit à une partie de son effet dans les jardins. Sans cet inconvénient, le Carthame officinal seroit une des plantes les plus brillantes de nos parterres, tandis qu'en réalité, elle n'y doit occuper qu'une place secondaire. On peut néanmoins la grouper, soit en planches, soit dans les plattes-bandes ; la durée de sa floraison, & l'époque où elle continue, devroit encourager à une plus grande extension de sa culture, comme plante décoratrice, en même-temps que ces qualités lui donnent un rang parmi les espèces économiques & médicinales.

Culture. Ce Carthame est cultivé dans les jardins, pour deux usages distincts, comme plante officinale, dans les jardins de Pharmacie, & comme plante décoratrice, dans les jardins d'ornement. On trouvera, à la suite de cet article, la culture du Carthame, comme plante économique.

Dans les jardins de Pharmacie, on sème le Carthame au mois d'Avril, dans une terre légère, bien meublée, & même un peu sablonneuse si cela est possible. Ces bassins doivent être espacés à deux pieds, environ, en tous sens, & la graine doit y être répandue très-clair, de manière que les jeunes plants, soient espacés dès leur naissance. Lorsque la graine est bonne, le jeune plant lève un mois après les semis, & dans l'espace de quinze jours, trois semaines au plus, ils sont en état d'être éclaircis. A cette époque, on serfouit la terre, on arrache les mauvaises herbes, & on arrache les jeunes plantes qui croissent trop drues, de manière qu'il y ait environ cinq pouces de distance entre chaque pied. Il suffit de les espacer à ce point pour le moment, parce que les jeunes plantes sont sujettes à quelques maladies qui les font périr, & on auroit de la peine à les remplacer.

Quinze jours après, on serfouit une seconde fois ces plantes, on les sarcle & on arrache les pieds qui languissent, de manière que les plus robustes, les seuls qu'on doive conserver, se trouvent à 8 ou 10 pouces de distance. Dans la culture en grand, on les espace d'un pied & plus ; mais, comme la terre des jardins est plus substancielle, il suffit de 8 pouces. Lorsque les mauvaises herbes croissent abondamment, il est nécessaire de donner encore un sarclage ou deux au Carthame, dans le cours de l'Été ; cette plante ayant besoin de tous les sucs pour se développer.

Dans les jardins d'ornement, il est nécessaire de semer le Carthame officinal, dans les places qu'il doit occuper, à cause de la difficulté avec laquelle il supporte la transplantation ; on met ordinairement cinq ou six graines par creux, & on arrache celles qui prospèrent le moins, du reste la culture est absolument la même.

Le Carthame fleurit au mois de Juillet, & ses

fleurs fe fuccédent jufqu'aux gelées de l'Automne, il arrive fouvent, fur-tout lorfque les pluies commencent de bonne-heure, que les graines n'ont pas le temps de mûrir, on peut cueillir les têtes & les fufpendre dans un lieu fec & aëré, où elles achèvent de s'aoûter ; mais ce moyen eſt moins fûr que pour les centaurées. Lorfque tous ces procédés échouent, il ne refte d'autre reffource, que de tirer des graines des pays méridionaux de l'Europe, où fa culture eft très-étendue ; à moins qu'on n'ait confervé des graines de l'année précédente.

Ufage. Le Carthame fert en teinture. On fe fert de fes graines, en Pharmacie, comme purgatif ; mais la violence de ce remède, circonfcrit fon ufage dans ces cas particuliers. Il eſt affez fingulier que cette plante, qui produit un effet fi prononcé fur l'Homme, n'en produife aucun fur le perroquet, qui s'en nourrit fans inconvénient. Les Droguiftes vendent fa graine, fous le nom de graine de *Perroquet.*

Les Habitans du comté de Glocefter, ont effayé, dit Miller, de fubftituer la fleur de Carthame au faffran, dans la fabrication de leurs fromages, & dans leurs *puddings* ; ils ont bientôt été obligé d'y renoncer, à caufe de fes effets, & fa culture a été abandonnée dans ce pays, à tort puifque c'eſt un ingrédient de teinture, indifpenfable pour leurs manufactures, & principalement pour la confection du rouge de toilettes.

Les efpèces n.ᵒˢ 2, 3 & 4, font des plantes annuelles, elles s'élèvent fur une feule tige, à la hauteur de deux pieds environ, les feuilles font pinnatifides, & les fleurs qui terminent folitairement chaque fous-divifion, font jaunes, & d'une nuance blanchâtre dans la feconde efpèce. Ces fleurs font pareillement couvertes, en partie, par les enveloppes, défaut qu'elles partagent avec la première efpèce ; il eſt compenfé par un feuillage plus agréable, affez femblable à celui des carlines.

Culture. On doit femer ces Carthames, en place, au premier Printems, & même dès l'Automne fi l'arrangement du jardin le comporte ; ce dernier moyen accélère la floraifon de plus d'un mois, & affure la maturation des graines ; il eft d'autant plus préférable que ces Carthames craignent peu ou point, les froids de l'Hiver, fur-tout, l'efpèce n.° 2. La troifième efpèce s'acclimate en très-peu de temps, & dès la feconde ou troifième génération, elle ne craint plus les gelées. Ces plantes fleuriffent dès le mois de Juillet, & leurs fleurs fe fuccèdent jufqu'à l'Automne.

Ufage. On attribue au Carthame laineux, la propriété d'être fudorifique ; d'où on lui a donné le nom *Chardon béni* ; mais cette propriété eſt moins prononcée, que dans le véritable Char-

don béni, la Centaurée fudorifique. Miller dit que les femmes emploient ces tiges, dans la France Méridionale, pour filer ; j'ignore s'il a été bien inftruit : mais je ne conçois point comment on peut employer ces tiges à un femblable ufage.

On peut employer ces Carthames, à la décoration des fites agreftes des payfages, répandus dans des groupes de Carlines & de Chaufferrapes (Centaurée) ils répandroient de la variété dans les détails de ces fites. On les cultive, plus généralement, dans les jardins de Botanique.

Les efpèces n.ᵒˢ 5, 6 & 7, font des plantes baffes, dont chaque tige, fouvent prefque nulle, porte une feule fleur terminale, d'une grandeur confidérable, & peu proportionnée au volume du refte de la plante : car, fur-tout, dans la dernière efpèce, la fleur égale le volume du refte de la plante.

Culture. La culture de ces trois efpèces, eſt à-peu près la même ; on récolte leurs graines, fur-tout dans les années où l'Automne eſt fèche, & on les conferve, dans les têtes de fleurs, jufqu'au Printems. Lorfque les pluies de l'Automne commencent de bonne-heure, on coupe ces têtes avant cette époque, & pour peu que les graines foient formées, elles achèvent de s'aoûter, étant fufpendues dans un lieu fec & aéré. Les graines doivent être femées au Printems, dans des vafes qu'on place fur une couche tiède, où en place, fous des cloches qu'on lève dans les momens les plus chauds de la journée. La terre où elles réuffiffent le mieux, eſt un mélange de fable & de terreau ; une terre compacte, retient pendant les pluies une humidité conftante, fait jaunir ces plantes, & elles périffent enfuite. Pendant l'Eté, les jeunes plantes fe fortifient, & vers l'Automne, on les couvre de feuilles fèches ou de litière, pour les préferver des atteintes de la gelée ; l'année fuivante, elles donnent des fleurs, & durent pendant plufieurs faifons. Lorfqu'on poffède des plantes âgées des efpèces 5 & 7, on peut les multiplier en éclatant les racines ; la 6.ᵉ, dit Miller, n'eſt pas fufceptible de ce genre de reproduction. Cependant il nous paroît que leur organifation eſt la même, & qu'elle produit des criffes à fon collet, comme les autres efpèces analogues. Peut-être que le climat moins favorable, eſt la caufe de fon manque de fuccès : ces Carthames croiffent dans les fables des pays tempérés, qui bordent la Méditerranée ; fans doute que le climat de Paris s'en rapproche plus que celui de Londres. L'efpèce n.° 7, réuffit très-bien dans les parterres du Jardin-des-Plantes de Paris.

Ufage. Ces plantes ont peu d'apparence ; elles font baffes ; mais fur les bords des plattes-bandes, où rien n'empêche de les voir, elles produifent quelque effet : en général, ces plantes font plus curieufes que décoratrices, & cependant elles ne pourroient être employées qu'à cet ufage.

Le Carthame n.° 8, est un petit arbuste vivace, qui dans son pays natal, s'élève à la hauteur de quelques pieds; il s'élève beaucoup moins dans nos jardins, où on ne le cultive qu'en pot, pour pouvoir le rentrer à l'orangerie avant l'Hiver; les fleurs sont jaunes, assez grosses, & d'une odeur agréable, au rapport des Naturalistes du pays.

Culture. On ne l'a jamais suivie au Jardin des Plantes de Paris; Miller dit : que les graines de ce Carthame ne mûrissent pas, qu'on le multiplie de boutures au Printems. Ces boutures doivent être mises dans des petits pots, pleins d'une terre sablonneuse, que l'on plonge dans la tannée d'une serre tiède; on les ombrage jusqu'au moment où elles ont poussé des racines, alors on les habitue insensiblement à l'air, & lorsque les nouvelles plantes ont acquis un peu de force, on les expose à l'air, on peut même les conserver dans des positions abritées, mais pour plus de sûreté, on doit en conserver quelques pieds dans l'orangerie.

Usage. Lorsque la température du pays permet de cultiver cette plante en plein air, on peut en décorer les bosquets, sur-tout les bords où l'on apperçoit les détails. Ses fleurs jaunes contrastent avec la couleur du feuillage, & comme on a peu d'arbustes de cette famille de plantes, il ajouteroit à la variété. Mais il ne seroit, je pense, possible de multiplier ce Carthame, pour la décoration, qu'au midi de la France, d'où il avanceroit graduellement vers le nord.

Le Carthame taché, n.° 9, est une plante annuelle, qui se reproduit d'elle-même dans les lieux cultivés; sa culture & ses usages, dans les jardins, pouvant être comparés à ceux des Chardons, nous croyons devoir y renvoyer.

Les Carthames, n.°° 10 & 11, se cultivent parfaitement, comme ceux n.°° 5, 6 & 7. Mais leur forme est différente, ce sont des plantes rameuses, dont chaque branche porte des paquets de petites fleurs, d'un bleu purpurin lavé, dans la première espèce. Elles peuvent servir aux mêmes usages, pour la décoration, que les Carlines à Corymbe, &c.

Le Carthame, n.° 12, n'exige pas de culture différente que le Carthame, n.° 2, si ce n'est un peu plus de chaleur; au Printems, il est nécessaire de le semer sous couche, & d'attendre, pour le replanter, à l'air libre, que l'air soit un peu échauffé; il faut de même avoir soin que la racine ait un peu de terre, qui y reste adhérente, lors de la transplantation, pour faciliter sa reprise. Que les graines soient mûres ou non, il faut couper les têtes avant les pluies de l'Automne, époque où elles pourriroient si on ne prévenoit l'insertion de l'eau dans le calice; lorsque la graine est parfaite, elle s'aoûte étant suspendue dans un lieu sec.

Les autres Carthames n'ont pas encore été cultivés dans les jardins de l'Europe; ceux qui les ont reçus ayant négligé de les multiplier, ou n'ont pas eu de succès, & ont négligé de nous transmettre les soins qu'ils ont donné la première année. (*M. Reynier.*)

Carthame. *Carthamus tinctorius* L. *Carthamus officinarum flore croceo,* Tour. Safranon, Safranum ou Safran bâtard. *Voyez* Safranon. (*M. l'Abbé Tessier.*)

CARTILAGINEUX. Les Botanistes donnent ce nom aux parties sèches & comme cornées des végétaux, telles que les cloisons de quelques capsules, les gousses de quelques légumineuses, les écailles des calices de quelques fleurs composées, & enfin les bords quelques feuilles telles que ceux de la *Saxifraga cotyledon* L., &c. Ce mot est peu en usage dans le jardinage. (*M. Reynier.*)

CARTON, mesure de grains en usage à Maruje en Gévaudan. C'est la 8.e partie du setier, qui contient 8 boisseaux. Un Carton rempli du beau froment pèse jusqu'à 34 livres, poids de la Province; rempli du meilleur seigle, il pèse 32 livres, de la meilleure avoine, 20 livres & de l'avoine pied de poule appellée *Peluche* dans le pays, 3 ou 4 livres de moins.

A Ussel, en Limousin, le Carton se divise en deux cartes, quatre cartes ou deux Cartons font le setier. Le Carton, composé de 4 coupes, est aussi la 8.e partie du setier. Dans ce pays, un Carton de froment pèse dix-huit livres & un Carton de seigle, dix-sept livres. (*M. l'Abbé Tessier.*)

CARTOUCHE (jardinage.) C'est un ornement régulier en forme de tableau, avec des enroulemens qui se répètent souvent aux deux côtés & aux quatre coins d'un parterre; le milieu se remplit d'une coquille de gazon ou d'un fleuron de broderie. (*Ancienne Encyclopédie.*)

Ces ornemens de mauvais goût ne sont plus plus admis dans les parterres, ils ne figurent plus que sur quelques plateaux de dessert, où l'on pourroit mettre quelque chose de plus agréable. (*M. Thouin.*)

CARVI. Plante usuelle des plus connues, que l'on cultive même dans beaucoup de jardins. M. *Lamarck* l'a réunie au genre des *Seseli* avec lesquels elle a en effet beaucoup de rapports. *Voyez* Sesell. (*M. Reynier.*)

CARYOCAR, *Caryocar.*

Genre dont la famille n'est point encore connue & qui ne renferme qu'une seule espèce.

CARYOCAR porte-noix.

Caryocar nuciferum L. ♄ de l'Amérique Méridionale.

C'est un grand arbre dont les feuilles sont composées de trois folioles & dont les fleurs sont de couleur pourpre. Son fruit qui vient de la grosseur de la tête d'un homme, est rond, charnu & renferme ordinairement quatre noyaux ovales-triangulaires qui contiennent des amandes. La substance renfermée dans les noyaux des fruits de cet arbre est bonne à manger ; elle a la saveur & la consistance de nos amandes douces.

Le Caryocar croît naturellement sur les bords des rivières de la Berbice & de l'Essequebé. Jusqu'à présent il n'a point été cultivé en Europe. (*M. Thouin.*)

CARIOPHILLÉES. (Plantes) Nom donné à une classe de végétaux qui ont des rapports plus ou moins marqués avec le genre des Œillets nommés anciennement *Caryophillus*. M. de *Lamarck*, pour plus de précision, a divisé cette classe en deux familles qu'il nomme les SABLINES & les ŒILLETS. *Voyez* ces mots. (*M. Thouin.*)

CARYOTE, *CARYOTA.*

Suivant M. de Jussieu, c'est un genre de plantes de la classe des *unilobées*, à étamines *perigynes* ou insérées à la partie qui entoure le pistil c'est-à-dire au calyce, & de la famille des *Palmiers.* Ce genre, 1.° a, comme les autres de cette classe, le calice d'une seule feuille, point de corolle, & l'embryon petit dans un grand périsperme de substance cornée, 2.° a, comme les autres de cette famille, le calice partagé en six divisions; le germe supérieur au calice ; la tige simple ; les feuilles terminales, rapprochées les unes des autres, &c. 3.° Se distingue des autres genres de la même famille par les caractères suivants : il est monoïque sur un même régime, c'est-à-dire qu'il porte sur un même régime des fleurs mâles & des fleurs femelles ; ce régime est enveloppé, avant d'être épanoui, d'une spathe composée de plusieurs feuilles; chaque fleur mâle a des étamines nombreuses, suivant Linnæus; chaque fleur femelle a un germe, un style, un stigmate; le fruit est une baie arrondie, à une loge, à deux semences, suivant Rumphius; les semences sont oblongues; les feuilles sont bipinnées ou deux fois ailées, à pinnules munies d'appendices à la base, & à folioles triangulaires. On ne connoît, jusqu'à présent, qu'une seule espèce de ce genre.

Il y a des Auteurs qui exposent différemment plusieurs caractères de ce Palmier : par exemple, Rumphius soutient, que c'est à tort que Rhéede a dit que les fleurs mâles naissoient sur le même régime que les femelles, & il assure au contraire, ainsi que M. Adanson, que les fleurs mâles sont portées sur un régime séparé, de celui qui porte les fleurs femelles. M. la Marck dit que chaque fleur a un calice court, entier dans les fleurs mâles, déchiré dans les fleurs femelles, & trois pétales; tandis que suivant M. de Jussieu & M. Adanson, ce calice est à trois divisions, & ne forme avec ces trois pétales, qu'un calice d'une seule feuille à six divisions, dont les trois extérieures sont plus petites, &c.

Espèce unique.

Caryote à fruits brûlans. *Caryota urens* Lin. *Schunda-Pana.* Rhéede. 1. p. 15 , t. 11. *Saguaster major.* Rumph. 1, p. 64, t. 14. Birala. *Encycl.* ♄ de la côte de Malabar & des Isles Moluques.

☙ *Port & principales particularités de cette espèce.*

Linnæus définit cette plante; Caryote (brûlante) à feuilles bipinnées; à folioles en forme de coin, obliquement mordues. Ce palmier très-remarquable, est un grand arbre dont le tronc droit & uni parvient à la hauteur de trente-cinq ou quarante pieds, sur trois pieds & davantage de diamètre : le bois le plus extérieur de ce tronc est le plus dur, est roux dans les jeunes arbres, & dans les vieux arbres est noir, très-dur & d'une consistance de corne, composé de grosses fibres entremêlées de veines blanchâtres; le bois intérieur est tendre & blanchâtre, il est d'autant plus mou & plus spongieux, qu'il est plus intérieur, de sorte que celui qui est le plus proche de la moëlle est friable & farineux : ainsi, ce tronc a son bois parfait à l'extérieur, & son aubier à l'intérieur; ce qui est le contraire de ce qui a lieu dans les arbres d'Europe. Ce tronc contient dans son centre une moëlle abondante spongieuse & molle : il n'a point d'écorce proprement dite & & n'a d'autre enveloppe que l'épiderme qui est glabre, de couleur cendrée. Cet épiderme paroît avoir quelque propriété caustique; car, lorsqu'on essaye de monter le long du tronc de l'arbre, tandis qu'il est humecté par les pluies, les endroits de la peau qui l'ont touché éprouvent ensuite des démangeaisons douloureuses. Ce tronc est couronné par une tête ou cime hémisphérique, ample, une fois plus large que longue, qui n'est composée que de cinq ou six feuilles gigantesques dont les plus grandes sont à-peu-près aussi longues que le tronc, sont épanouies de manière qu'elles font avec lui ou avec l'horizon un angle de quarante-cinq degrés environ, & sont disposées de telle sorte, qu'elles semblent au premier coup-d'œil être opposées deux à deux, une paire croisant l'autre. Chaque feuille est bipinnée, composée d'un pétiole universel, semblable à une très-longue perche, le long duquel sont disposées sur deux rangs opposés douze à quinze paires de pinnules, ou pétioles secondaires opposés, qui sont, chacun des plus grands, une fois moins longs que le pétiole universel, qui font tous avec lui un angle de cinquante à soixante degrés; qui sont tous ailés avec impaire; portent chacun sur deux rangs opposés, quatre à douze paires de folioles ou plutôt neuf à vingt-cinq folioles, d'une consistance ferme, glabres des deux côtés, d'un verd brun, luisantes, longues de huit à neuf pouces, figurées en coin, ou plutôt inégalement triangulaires, de manière que le côté ou bord, qui forme le sommet est oblique, fait un angle aigu avec le

côté supérieur, & un angle obtus avec le côté
inférieur qui est plus long que le supérieur. Le
côté oblique, qui forme le sommet, est denté &
comme mordu ; chaque foliole est marquée de
nervures droites qui vont en divergeant depuis
son insertion : le pétiole universel porté, à l'endroit de l'insertion de chaque paire de pinnules,
deux folioles opposées, placées l'une sur la page
supérieure, & l'autre sur la page inférieure de
feuille, qui paroissent être, chacune, une appendice commune aux deux pinnules, & qui
diffèrent des folioles déjà décrites, en ce qu'elles sont en forme de triangle équilatéral, ou
plutôt de triangle isoscèle ou à deux côtés égaux, que
Rumphius compare à une queue d'oiseau : le pétiole
universel est élargi & creusé en gouttière à sa base sur
une longueur qui fait le quart de sa longueur totale,
& il forme là une gaine qui, à l'endroit de son insertion sur le tronc, embrasse entièrement ce dernier
Ces feuilles avant leur développement, pointent
droit vers le Ciel, ayant leurs pinnules rapprochées
les unes des autres en manière d'éventail fermé, &
sont alors couvertes d'un duvet en poussière ou farine blanche d'abord, spongieuse, puis brune & grossière qui s'en détache facilement, & qui tombe peu-
à-peu après leur épanouissement. Cette poussière
s'appelle *Baroë* & s'amasse en tombant dans les
gaines des feuilles. De l'aisselle des feuilles inférieures, ou fort peu au-dessous d'elles, naissent
ordinairement deux spathes oblongues de la longueur du bras, formant chacune une sorte de
capsule ou de gaine d'abord fermée de tous côtés, composée de quatre à douze feuilles ou écailles épaisses, & vertes. De chacune de ces deux
spathes, lorsqu'elle s'ouvre, il sort, suivant Rhéede,
un régime composé de trente à cinquante branches simples, attachées autour d'un fort gros
pédoncule courbé en arc ; qui acquièrent jusqu'à huit ou douze pieds de longueur, sont pendantes & sont couvertes chacune d'un millier de
fleurs sessiles rapprochées deux à deux ou trois
à trois, dont les unes sont mâles & les autres
femelles. Chaque fleur mâle est conique d'abord
avant de s'ouvrir, & longue d'un pouce : les trois
divisions intérieures de son calice, qui ressemblent
à une corolle, & qui sont nommées corolle ou
pétales par Tournefort, Linnæus, & M. la Marck,
s'ouvrent sous un angle de quarante-cinq degrés,
sont triangulaires, deux fois plus longues que larges,
convexes extérieurement, concaves intérieurement, épaisses, roides, dures, lisses, sans-veines, sans
nervures, vertes d'abord, ensuite rougeâtres, ou
d'un bleu rougeâtre, enfin jaunâtres. Les étamines s'élèvent du milieu de ce calyce. Les fleurs
femelles situées proches des fleurs mâles, sont
plus petites, sphériques, ont les divisions du calice arrondies, concaves, le germe ou ovaire arrondi oblong, légèrement triangulaire au sommet, terminé par un style très-court à stigmate
simple. Le calyce persiste jusqu'à la maturité du

fruit. Les fruits proviennent en très-grand nombre sur toute la longueur de chaque branche du
régime, & le chargent très-considérablement.
Chaque fruit, est une baie sphéroïde, déprimée
ou applatie de la base au sommet, de neuf à
douze lignes de diamètre, sessile, d'abord dure
& verte, puis jaune, ensuite rouge, enfin, lorsqu'elle est parfaitement mûre, d'un rouge obscur
& luisante, ayant une peau mince qui recouvre
une chair molle & rougeâtre dont la saveur est
très-âcre, très-brûlante, caustique & douloureuse.
Cette baie, à une seule loge, contient deux semences ou noyaux ou osselets noirâtres, ou rougeâtres, à bois très-dur, qui remplissent presque
toute sa capacité, sont hémisphériques, applatis du côté par lequel ils se touchent réciproquement, convexes de l'autre côté, sillonnés ou veinés comme une muscade. Les fruits de cet arbre
sont ordinairement mûrs en Janvier. Suivant
Rumphius, un des deux régimes que produit l'arbre, ne porte que des fleurs mâles, & l'autre
ne produit que des fleurs femelles, & n'est composé que de douze à dix-huit branches simples,
de plus de quatre pieds de longueur. Suivant le
même, cet arbre ne fleurit & ne fructifie qu'une
fois dans sa vie, ce qui lui arrive lorsqu'il est
extrêmement vieux. Alors son bois est dans sa
plus grande épaisseur & dureté. Cet arbre avant
la fructification produit continuellement de son
sommet de nouvelles feuilles à mesure que
son tronc s'élève, lesquelles remplacent les
feuilles les plus inférieures, à mesure qu'elles
tombent de vieillesse, de sorte qu'on voit alors
continuellement à son faîte un très-gros bourgeon de feuilles très-tendres comme aux autres
palmiers. Mais lorsqu'il a une fois fructifié, la
quantité de sa sève, qui s'est portée vers le fruit,
a été si abondante & celle qui se portoit vers le
bourgeon, a été par-là si fort diminuée en même
tems, que l'arbre en est devenu incapable de produire de nouvelles feuilles. Il ne subsiste plus
ensuite, que par celles contenues dans le bourgeon au moment de la fructification, lesquelles se
développent ensuite, & par les autres développées
auparavant. Toutes ces feuilles vivent un certain
tems après avoir pris leur entier accroissement, &
tombent ensuite de vieillesse les unes après les autres. Quand elles sont toutes tombées, l'arbre est
mort. Cet arbre croît naturellement au Malabar,
dans les terres sablonneuses & aux Isles Moluques ;
rant dans les plaines, que dans les montagnes : mais
l'usage continuel qu'on en fait dans plusieurs de ces
Isles l'y rend plus rare qu'autrefois, de sorte qu'à
Amboine, par exemple, on ne le trouve plus guères
que sur les montagnes éloignées des habitations.

Culture.

On n'a pas encore cultivé cet arbre dans le
climat de Paris. Mais il est vraisemblable que
lorsqu'on l'y possédera, la Culture qu'il [...]
le plus

le plus à propos de lui administrer, sera celle qui y est pratiquée avec succès pour les autres palmiers des mêmes pays : que cet arbre ne devra par conséquent jamais y être exposé en plein air ; mais qu'il devra au contraire rester constamment, pendant toute l'année, dans la couche de tan de la serre-chaude : qu'une des principales attentions qu'il faudra avoir, soit en le changeant de vase, soit en renouvellant sa terre, soit dans toute autre opération de sa culture, sera de ne jamais couper ni endommager, en aucune manière, ses racines & sur-tout les plus fortes, parce qu'une expérience constante a fait voir que cela occasionne toujours la destruction de toutes les espèces de la famille des Palmiers : que c'est une chaleur de dix à dix-sept degrés suivant le thermomètre de Réaumur qu'il conviendra le mieux d'entretenir habituellement dans la serre où il sera renfermé pendant l'Hiver ; mais qu'il sera à propos d'abord de ne pas pousser cette chaleur au-delà de douze ou quatorze degrés, afin de s'assurer, par l'effet, que cette chaleur moyenne produira sur cet arbre, si c'est cette chaleur précise ou une plus forte ou une plus foible qui lui sera la plus convenable, &c. Au surplus, il paroît très-probable qu'il faudra le cultiver dans une terre légère & sablonneuse, préférablement à tout autre, puisque, suivant Rhéede, c'est dans une telle terre qu'il croit & se plaît le mieux naturellement.

Usages.

Le fruit de ce Palmier ne peut se manger. Le gros bourgeon de feuilles que l'arbre porte continuellement à son sommet tant qu'il n'a pas fleuri & fructifié, est une sorte de chou-palmiste qui se mange cuit, comme celui du Cocotier ; mais il est moins bon & un peu amer. La moëlle de son tronc bien battue & lavée rend une farine semblable à celle du sagou, mais moins bonne : on n'en prépare ordinairement que dans les années de sécheresse & de disette de grains : les Indiens n'aiment pas d'ailleurs à en préparer, dit Rumphius, parce que la grande dureté du bois de consistance cornée de cet arbre, gâte beaucoup les haches dont ils se servent pour le couper. Le *Baroë*, c'est-à-dire la farine spongieuse qui s'est ramassée en tombant dans les gaines des feuilles, sert, pour faire du feu, à-peu-près comme le tan des mottes à brûler & s'emploie aussi pour calfater les navires ; mais ce *Baroë* est plus fin & moins estimé que celui du *Sagüerus* (*Palma vinifera.* Rumph.) Au défaut d'autre matière on emploie les pétioles universels des feuilles verds pour en faire de longs chevrons aux combles des toits qu'on recouvre de feuilles de sagou. Mais la partie de cet arbre la plus utile est la portion noire & cornée de son bois laquelle est très-dure, extrêmement durable, & est journellement

très-généralement employée. On n'emploie pas le bois des jeunes arbres dont la portion dure est seulement rousse ; on n'emploie que celui des arbres qui sont assez vieux pour que cette portion dure soit devenue noire, parce qu'alors elle est incomparablement plus dure. Suivant Rumphius, cette portion noire est ordinairement très-peu épaisse ; & pour l'avoir aussi épaisse qu'il est possible, il faut choisir de gros arbres qui n'aient pas encore porté de fleurs ni de fruits, ou encore mieux qui en portent actuellement ; car cette portion s'accroît jusqu'à ce moment, & l'on a observé, dit-il, qu'ensuite elle décroît insensiblement & devient enfin inutile. La grande dureté de ce bois fait, à la vérité, qu'il se coupe difficilement ; mais il se fend très-facilement & en ligne très-droite. Lorsqu'on le travaille, il éclate aisément de manière qu'il blesse souvent lorsqu'on ne le traite pas avec attention. On fait très-ordinairement avec ce bois des planches & des soliveaux pour des palissades & pour des toitures de maisons. Ces palissades & toitures durent très-long-tems pourvu qu'on ait soin de n'employer que la portion noire du bois & d'en ôter tout l'aubier, c'est-à-dire toute sa portion blanchâtre, interne à l'arbre, laquelle se corrompt très-aisément. On est dans l'usage d'enfumer ces soliveaux pendant quelques jours avant de les employer pour les rendre encore plus durables. On apporte à Amboine pour la construction des maisons une grande quantité de ces soliveaux ainsi enfumés qui viennent de l'Isle de Boëro où cet arbre croît en très-grande abondance. On fait aussi avec ce bois noir des hampes de hallebardes, de piques, de flèches, des manches d'outils, des pelles, des dents de rateaux, des baguettes de fusil, &c., & il est excellent pour ces différens usages. Le bois des plus vieux arbres a tant de ressemblance avec celui du Saribou (*Corypha* L.) qu'il est très-difficile de l'en distinguer : il n'en diffère qu'en ce qu'il est moins épais & moins pesant. (*M. Lancry.*)

CASCADE. On donne ce nom aux petites chûtes d'eau qui se rencontrent naturellement dans les paysages, & à ces compositions monstrueuses qu'on voit encore dans les compositions du siècle de Le Nôtre. Le nom de Chûte d'eau est réservé pour ces cataractes de fleuves & de rivières qui embellissent les vues Alpines, les chûtes du Rhin, du Nil, du Niagara, du Doubs, &c. Une chûte imprime la terreur ; l'admiration est silencieuse ; on oublie presque son existence au milieu des vastes objets qui remplissent l'ame. Une Cascade porte à la réflexion, à ce retour sur soi-même qui double l'existence ; tous les jours, on la voit avec un nouveau plaisir, au lieu que l'impression des chûtes s'émousse à la longue. J'ai vu souvent des habitans des Alpes passer sans lever les yeux sous ces belles chûtes que les étrangers admirent ; tandis qu'une Cascade, dans un lieu folitaire les attiroit toujours avec un nouveau plaifir. L'admiration eft toujours un fentiment pénible, parce que ce fentiment fuppofe une ignorance antérieure de l'objet; & fouvent des hommes étouffent cette impreffion, ou cherchent à la mafquer par un amour-propre mal entendu. D'ailleurs le volume immenfe des chûtes, leur hauteur effrayante, les maffes de rochers qui les encaiffent, les torrens de vapeurs qui s'élèvent de cette eau brifée mille fois avant d'achever la chûte, le bruit qui accompagne tous ces objets, rendent l'homme fi petit, qu'il fupporte avec peine de femblables fpeélacles.

Au premier coup-d'œil, le paragraphe précédent paroît bien étranger à l'objet de ce Diélionnaire; cependant la décoration des jardins doit faire naître des fenfations agréables, & l'analyfe de nos fenfations, de l'effet que produifent fur nous les grands phénomènes de la nature, doit naturellement influer fur les objets qu'on imite dans les jardins; c'eft fous ce principe que j'ai blâmé l'abus qu'on fait des chaumières dans les payfages, puifque ces *fabriques* doivent faire une impreffion pénible fur l'homme qui n'eft pas égoïfte, & il eft inutile d'embellir la Nature pour l'égoïfte; il ne peut pas la fentir.

Des Cafcades naturelles.

Un réduit folitaire, dans le centre d'un bocage, reçoit un nouveau charme du mouvement des eaux, lorfque le fite eft affez irrégulier pour que la chûte foit naturelle. Ce bruit uniforme de l'eau invite à la rêverie: l'imagination n'eft pas diftraite par les objets extérieurs; car rien ne frappe dans un lieu où les formes font bien grouppées, & tout y plaît. Le filence de la Nature calme les paffions; les fentimens doux fuccèdent aux orages de la vie fociale; auffi les hommes dont la tête eft habituellement furchargée du poids des affaires, fentent bien vivement le charme de ces retraites lorfque leur confcience ne les chaffe pas dans le tourbillon. Pour qu'une Cafcade plaife, elle doit néceffairement fe trouver dans un fite agrefte; elle doit être éloignée de l'habitation, excepté dans les fites infiniment irréguliers où les contraftes fe multiplient à chaque pas, & accoutument l'œil à paffer par fauts d'un effet à un autre; mais à mefure que les fites font moins montagneux, il faut éloigner davantage les chûtes d'eau, parce que l'œil moins habitué aux paffages rapides feroit frappé, & verroit néceffairement l'ouvrage de l'homme, là où il ne devroit appercevoir que la Nature. Ces circonftances locales font trop peu refpeélées; &, du plus au moins, c'eft la caufe qui fait échouer un fi grand nombre de jardins-payfages. *Voyez* JARDIN-PAYSAGE.

Une Cafcade doit néceffairement être dans un lieu fauvage; le payfage du fite doit être irrégu-

lier; des maffes un peu prolongées doivent faire préjuger que d'autres maffes fe trouvent hors de la vue, & que le ruiffeau qui fournit la Cafcade n'y parvient que de chûtes en chûtes: l'œil ne les voit pas, mais l'efprit les fuppofe, & c'eft ce qu'il faut. Rien de moins naturel que ces Cafcades qui fortent d'une grotte dans un roc élevé au milieu d'une efplanade, & qui roule fymmétriquement une eau verte jufqu'au bourbier qui fe trouve au-deffous. Les grottes font difficiles à imiter d'une manière à tromper l'œil exercé; il eft encore plus difficile d'en faire fortir avec art une fource qui s'échappe en Cafcades. Ce genre de décoration ne peut être employé qu'avec beaucoup de circonfpection, & feulement dans des fites montagneux; hors de-là, ils paroiffent abfurdes. On peut juger de-là ce qu'ils doivent paroître dans les jardins de Paris; les Amateurs peuvent voir une de ces grottes à Cafcade fur les boulevards neufs, près de la rue de Sève, une montagne dominée par une figure de plâtre eft excavée; il fort de cette grotte un ruiffeau qui tombe en Cafcade dans une mer qui eft au-deffous, & d'enfemble féparé la maifon du boulevard; le même Propriétaire conftruit une montagne dans le potager voifin: ces exemples de goût peuvent être placés à côté de ceux que j'ai cités au mot BASTIDE.

Il eft enfin deux manières de faire des Cafcades, l'une en faifant rouler l'eau fur un plan incliné, interrompu par des afpérités qui brifent l'eau, l'autre en la faifant tomber verticalement d'une certaine hauteur. Ces deux genres de Cafcades naturelles peuvent être employées enfemble ou féparément. Lorfqu'on peut réunir une colline élevée à fon payfage, & qu'on peut difpofer d'un ruiffeau confidérable, on peut produire un effet fuperbe; en formant d'abord une chûte, puis l'eau s'écoule en filets, s'échappe entre les maffes de rochers qui font au-deffous, fe réunit & parvient enfin de chûtes en chûtes jufqu'au pied de la colline. Mais ces fites heureux font ornés par la Nature; elle indique les embelliffemens qui lui font néceffaires. J'ai cru avoir obfervé, en général, que les Cafcades, qui tombent verticalement, conviennent à un payfage dont le ton eft févère, où la maffe d'eau eft un peu confidérable, & où l'enfemble du fite eft d'un caraélère févère. Celles qui roulent leurs eaux font préférables lorfque la maffe d'eau eft moins grande, & que le payfage eft d'un genre plus adouci.

Les Cafcades inclinées exigent enfin une attention de la part du Compofiteur; c'eft un jufte milieu entre un cours trop hériffé qui divife trop la maffe, & un cours trop régulier où l'eau s'échappe fans écume. L'un & l'autre excès nuit à l'effet de la Cafcade.

Quelle que foit la nature de la Cafcade, un moyen de décoration qu'on ne doit pas négliger, c'eft le choix des arbres & des plantes que l'on grouppe dans ses environs. Autant que possible on doit choisir des arbres feuillés qui procurent beaucoup d'ombrage & qui croissent vigoureusement dans le voisinage de l'eau. Les érables, les peupliers, les saules, les frènes, quelques arbres verds, tels qu'un mélèze, un cyprès de la caroline forment des grouppes variés. Il est essentiel aussi d'y mêler quelques arbustes, tels que l'aubier, les sureaux, quelques chèvre-feuilles qui végètent habituellement sous les grands arbres, & dans les vides nécessaires couvrir les rochers de plantes naturelles à ces positions, & les intervalles de plantes communes près des ruisseaux, tels que les cacalies des alpes, les laitrons des alpes, les ruisslages, les cerfeuils, dont le feuillage élevé & les fleurs sont assez grands pour être apperçus à quelque distance, & peuvent servir à découper les masses par leur variété.

Des Cascades artificielles.

On sera bien surpris dans moins d'un demi-siècle que nos pères aient pu imaginer les Cascades artificielles. Des escaliers qui s'élèvent en pyramide, surmontés d'une ou de plusieurs statues de Neptune, de Tritons, sur lesquels coulent, à la volonté du possesseur, quelques filets d'eaux réunis à grands frais ; voilà certainement une de ces bizarreries qu'on a peine à concevoir. Ou le premier qui les a imaginées avoit le goût le plus corrompu, ou il n'avoit jamais vu de chûtes d'eau. Tous les ouvrages de Le Nôtre, l'un des fondateurs de ce genre de Cascade, prouvent qu'alors on ne connoissoit d'autres beautés que la difficulté vaincue, & plus on applanissoit de difficultés, plus le chef-d'œuvre étoit admiré.

Il existe encore quelques Cascades de ce genre en France, sur-tout dans les Maisons Royales; celle de Saint-Cloud attire encore tous les quinze jours beaucoup d'Amateurs.

Comme je ne m'occupe que de la décoration des jardins, je renvoie au Dictionnaire d'Architecture pour les détails des formes de ces Cascades, qui ne peuvent que défigurer tous les jardins où on en construit. (*M. Reynier.*)

CASCARILLE, écorce aromatique dont on vante quelques propriétés médicales. On la tire d'une espèce de croton désigné par Linné sous le nom de *croton cascarilla*. V. CROTON CASCARILLE (*M. Reynier.*)

CASE. On donne ce nom aux habitations des Nègres dans nos Colonies, ainsi qu'aux différens hangards nécessaires pour le dépouillement des cultures. Ces bâtimens sont construits avec des bambous ou des bois blancs & légers refendus, & l'on y met à-peu-près le même soin qu'à la construction des habitations des paysans de l'Europe. Le Colon qui ne sent rien excepté le prix du tems, fait construire les cases de ses

Nègres avec toute l'économie possible, & les Nègres sont trop écrasés pour se donner des jouissances indirectes.

Ce qu'on peut sur-tout admirer dans les cases des Nègres, se sont les serrures en bois qu'ils ont eu l'art de varier, au point que chaque individu peut renfermer son petit trésor. Ces serrures sont composées de plusieurs pièces de bois, de différentes formes, adaptées de manière, que si l'une d'elle manque, on ne peut arranger les autres & la porte est fermée. Et comme ces pièces ne peuvent s'engrener qu'autant que le rapport des formes est parfait, le propriétaire ayant le morceau dans sa poche, a réellement la clef de sa case. On trouvera ces détails sur des serrures dans un Mémoire présenté, en 1788, à la Société d'Agriculture. (*M. Reynier.*)

CASIE. Nom donné dans les Antilles & dans les Départemens du Midi de la France, au *mimosa farnesiana* L. Voyez Acacie de Farnese. (*M. Thouin.*)

CASIS, l'une des trois espèces d'arbres qui avec le *Quinual* & l'*Especia* forment, suivant Don Ulloa, la liste des productions ligneuses des Cordillères.

Les Casis, dit-il, croissent dans les terrains plus hauts & d'une température plus froide, que celle où sont les autres arbres ; le tronc en est proportionnément moins gros. Cet arbre fait aussi connoître la dureté du climat & celle de l'Hiver continuel auquel il résiste, par la densité de sa texture; le bois en est de couleur obscure, l'écorce externe très-fine fort adhérente au tronc; ce bois est très-dur & pesant; comme il n'est pas cassant on le préfère à tout autre pour le travail de l'intérieur des mines. (*M. Reynier.*)

CASQUE. (fleur en) Nom que l'on donne à la fleur de certaines plantes, & particulièrement des aconits à cause de leur ressemblance, avec un casque ou heaume ; ressemblance à laquelle l'imagination prête beaucoup, & qu'on devroit bannir du langage d'une Science exacte. *Voyez* FLEUR. (*M. Reynier.*)

CASSAILLE. C'est ainsi que l'on appelle le premier labour qu'on donne aux terres, ou après la moisson aux environs de la St.-Martin, ou, après la semaille, vers Pâques. Dans le premier cas, on se propose d'ouvrir la terre, & de détruire les mauvaises herbes. On dit *faire la cassaille*. Ancienne Encyclopédie. L'Auteur auroit dû dire dans quel pays ce mot est d'usage. (*M. l'Abbé Tessier.*)

CASSANDRE, anémone à peluche de couleur de fleur de pêcher foncée. *Rem: sur la culture des Fleurs*, par P. Morin.

C'est une des variétés de l'*anemone coronaria* L. V. Anémone des fleuristes. (*M. Reynier.*)

CASSAVE. Nom d'une espèce de pain, fait avec la racine du *Jatropha manihot* L. V. MEDICINIER. (*M. Thouin.*)

CASSE. *CASSIA.*

C'est, suivant M. de Jussieu, un genre de plantes, de la classe des *bilobées*, à fleurs *polypétalées*, à étamines *périgynes* ou insérées à la partie qui entoure le pistil, c'est-à-dire, au calice ; de la famille des *légumineuses*, & de la première section de cette famille. Ce genre, 1.° a, comme ceux de la même classe, le calice d'une seule pièce, la corolle périgyne, c'est-à-dire, insérée au calice ; 2.° a, comme ceux de la même famille, l'insertion de la corolle placée au sommet du calice, au-dessous des divisions de ce dernier, & au-dessus de l'insertion des étamines ; le germe simple, supérieur au calice, le style unique, le stigmate simple, les feuilles munies de stipules ; 3.° a, en premier lieu, comme tous ceux de la même section, la corolle régulière ; pour fruit, un légume ou, en d'autres termes, une gousse, c'est-à-dire, une capsule qui, lorsqu'elle a plusieurs semences & plusieurs valves, n'a ses semences attachées qu'à une seule suture ; les étamines distinctes ; les feuilles pinnées sans impaire ; en second lieu, a, comme la plupart des plantes de la même section, le légume ou la gousse à plusieurs loges, à deux valves, à cloisons transverses, à loges monospermes ou contenant chacune une seule semence ; 4.° se distingue des autres genres de la même section, par les caractères suivans : la fleur a cinq divisions, coloré, caduque ; cinq pétales dont les inférieurs sont un peu plus grands que les autres ; dix étamines, dont trois inférieures très-longues à anthères longues arquées, quatre latérales de grandeur moyenne à anthères courtes, trois supérieures très-courtes à anthères stériles ; le germe pédonculé : le légume est oblong, tantôt plat, membraneux, sec, élargi & court, ou long & rétréci, tantôt presque cylindrique, ligneux, souvent pulpeux intérieurement, s'ouvrant à peine ou point. Ce genre comprend un grand nombre d'espèces qui sont des arbres, la plupart petits, des arbrisseaux & quelques herbes : ces espèces ont les feuilles alternes, composées, le plus souvent, d'une à douze, &, plus rarement, d'un plus grand nombre de paires de folioles opposées, le pétiole commun étant souvent glanduleux à sa base, ou entre les folioles, & ont les fleurs axillaires, disposées en épis ou grappes, ou, plus rarement, presque solitaires : ces fleurs ont, le plus souvent, un aspect très-agréable. Presque toutes les plantes de ce genre ont une manière particulière, très-remarquable & admirable, de contracter & de fermer leurs feuilles pendant la nuit. Chaque nuit, d'abord chaque pétiole commun s'érige un peu, puis toutes les folioles, de chaque côté de chaque feuille, se replient en situant leur longueur sur la ligne de celle du pétiole commun, ou sur

une ligne parallèle à cette dernière, & en suivant leur largeur, comme il suit : savoir, la foliole du sommet applique sa page supérieure, contre la page pareille de sa foliole opposée, & chaque foliole d'au-dessous du sommet applique sa page aussi supérieure, en même-tems, contre la page inférieure de la foliole attachée immédiatement au-dessus du même côté, & contre le pétiole commun ; de sorte qu'alors la page supérieure de toutes les folioles est entièrement couverte & cachée, &, que leur page inférieure est seule découverte & visible, entièrement quant aux deux folioles inférieures de chaque feuille, & partiellement quant aux autres. Linnæus a appelé cet état de contraction de ces plantes dans leurs feuilles, du nom de sommeil. Le jour, ces plantes se réveillent, c'est-à-dire, qu'elles ouvrent & étendent de nouveau leurs feuilles, écartent toutes leurs folioles les unes des autres, retournent la page supérieure de chaque foliole vers le ciel, & placent la largeur de toutes les folioles de chaque feuille dans un même plan. Il est digne de remarque que les folioles sont si fermement maintenues dans leur état de contraction ou de sommeil, & dans celui d'expansion ou de réveil, qu'il seroit difficile de les retirer artificiellement d'un de ces deux états pour les situer dans l'autre, sans rompre leurs pétioles propres. M. de Jussieu demande s'il n'est pas à propos de diviser ce genre en deux, dont l'un, à fruit pulpeux, garderoit le nom de *Casse* (*Cassia*), & l'autre, à fruit membraneux, se nommeroit *Séné* (*Senna*). Toutes celles des plantes de ce genre dont on connoît la culture, excepté une seule, ne peuvent être conservées pendant l'hiver, qu'en serre chaude, dans le climat de Paris.

Espèces.

* *Feuilles ayant une à dix paires de folioles.*

1. CASSE diphylle.
CASSIA diphylla. Lin. ♄ de l'Inde.
2. CASSE hispide.
CASSIA hispida.
CASSIA Absus. Lin. ☉ de l'Inde & d'Egypte.
3. CASSE éfilée.
CASSIA viminea. L. ♄ de la Jamaïque.
4. CASSE à bâtons.
CASSIA bacillaris. Lin. fil. suppl. 231. ♄ de Surinam.
5. CASSE de la Guiane.
CASSIA Guianensis.
CASSIA Apoucouita. Aubl. Guyan. 379, tab. 146. ♄ de la Guyane.
6. CASSE de Malabar.
CASSIA Malabarica.
CASSIA Tagera. La M. Dict. an *Cassia Tagera.* Lin ? ☉ ? du Malabar.

7. CASSE à gousses menues.

CASSIA gracilisiliqua.

CASSIA Tora. Lin. ⊙ de l'Inde.

8. CASSE à nectaires.

CASSIA nectarifera. Petit Cassier du Bengale. Coll. indig. pag. 347. *Tavera - Verai*, des Indiens de la côte de Coromandel, ⊙ du Bengale.

9. CASSE de Lima.

CASSIA Limensis. La M. Dict. ⊙ des environs de Lima.

10. CASSE bicapsulaire.

CASSIA bicapsularis. Lin. vulgairement *Caneficier bâtard.* ♄ de l'Amérique méridionale.

11. CASSE à feuilles échancrées.

CASSIA emarginata. Lin. ♄ des Antilles.

12. CASSE à feuilles obtuses.

CASSIA obtusifolia. Lin. ⊙ de l'Isle de Cuba.

13. CASSE à corymbes.

CASSIA corymbosa. La M. Dict. ♄ des environs de Buénos - Ayres.

14. CASSE à longues gousses.

CASSIA longisiliqua. Lin. fil. suppl. 230. ♄ de l'Amérique.

15. CASSE à feuilles en faulx.

CASSIA falcata. Lin. ⊙ d'Amérique.

16. CASSE de la Chine.

CASSIA Chinensis. La M. Dict. *Flos flavus.* Rumph. Amb. 4, p. 63, t. 23. De la Chine.

17. CASSE ornithopoïde.

CASSIA ornithopoïdes. La M. Dict. de l'Amérique méridionale.

18. CASSE puante.

CASSIA fœtida.

CASSIA occidentalis. Lin. Pois puant. Nicolf. 293, *Païomirioba* J. Piton. p. 185. des Antilles, de l'Amérique méridionale.

19. CASSE à gousses plates.

CASSIA planisiliqua. Lin. ♄ de l'Isle de la Guadeloupe.

20. CASSE des boutiques ou CASSE solutive.

CASSIA officinalis seu Caffia solutiva.

CASSIA Fistula. Lin. vulgairement *le Caneficier.* ♄ d'Egypte & des pays chauds des Indes orientales; est à présent naturalisée en Amérique.

21. CASSE atomifère.

CASSIA atomifera. Lin. Mant. 68. d'Amérique.

22. CASSE de la Jamaïque.

CASSIA Jamaïcensis.

CASSIA pilosa. Lin. de la Jamaïque.

23. CASSE lancéolée ou SENÉ d'Alexandrie.

CASSIA lanceolata. Forsk Ægypt. 85. n. 58. *Senna Alexandrina sive foliis acutis.* C. B. pin. Tourn. 618. De l'Arabie.

23. B. CASSE lancéolée linéaire.

CASSIA lanceolata linearis. ex Forsk Ægypt. 85.

24. CASSE d'Italie ou Sené d'Italie.

CASSIA Italica.

CASSIA Senna. Lin. *Senna Italica seu foliis obtusis.* C. B. pin. 397, Tourn. 618. ⊙ paroît originaire du Levant ou de l'Afrique septentrionale.

25. CASSE biflore.

CASSIA biflora. Lin. ♄ des Antilles, & particulièrement de la Guadeloupe.

26. CASSE velue.

CASSIA hirfuta. Lin. d'Amérique.

27. CASSE traînante.

CASSIA serpens. Lin. ⊙ de la Jamaïque.

28. CASSE à feuilles de Troëne.

CASSIA ligustrina. Lin. ♄ de la Martinique, des Isles de Bahama, de la Virginie.

29. CASSE à feuilles glauques.

CASSIA glauca. La M. Dict. ♄ des environs de Pondichéry.

30. CASSE cotonneuse.

CASSIA tomentosa. La M. Dict. *an Caffia tomentosa.* Lin. fil. suppl. 231? ♄ du Bréfil.

31. CASSE à gousses ailées.

CASSIA alata. Lin. vulgairement *le Dartrier, herbe à dartres.* Nicolf. 245. ♄ ou ♂ des Antilles, des pays chauds de l'Amérique & des Indes orientales.

32. CASSE de Maryland.

CASSIA Marylandica. Lin. ♃ de la Virginie & du Maryland.

33. CASSE de Surate.

CASSIA Suratensis. Burm. fl. ind. 97. des environs de Surate.

34. CASSE menue.

CASSIA tenuissima. Lin. ♄ des environs de la Havane.

35. CASSE de Siam.

CASSIA Siamea. La M. Dict. vulgairement le Siamois; ♄ des environs de Siam.

36. CASSE à feuilles de Galega.

CASSIA galegifolia.

CASSIA Sophera. L. des Indes orientales.

37. CASSE à gousses étroites.

CASSIA angustisiliqua. La M. Dict. ♄ de Saint-Domingue.

** *Feuilles ayant plus de dix paires de folioles.*

38. CASSE à oreillettes.

CASSIA auriculata. Lin. ♄ de l'Inde & de l'Isle de Java.

39. CASSE de Java.

CASSIA Javanica. La M. Dict. ♄ des Isles de Java & Moluques.

40. CASSE du Bréfil.

CASSIA Brasiliana. La M. Dict. ♄ du Bréfil & des environs de Surinam.

41. CASSE Crêtelle.

CASSIA Chamæcrista. Lin. ⊙ de la Jamaïque, des Barbades, de la Virginie.

42. CASSE glanduleuse.

CASSIA glandulosa. Lin. de la Jamaïque.

43. CASSE à feuilles de sensitive.

CASSIA mimofoïdes. Lin. ♄ de l'Ifle de Ceylan & de l'Inde.

44. CASSE *flexueufe*.

CASSIA flexuofa. Lin. ⚥ du Bréfil.

45. CASSE à feuilles étroites.

CASSIA anguftiffima. Lin. ⚥ de l'Ifle de Java.

46. CASSE clignottante.

CASSIA nictitans. Lin. ⊙ de la Virginie, de l'Ifle d'Amboine.

47. CASSE couchée.

CASSIA procumbens. Lin. ⚥ de la Virginie & des Indes.

48. CASSE naine.

CASSIA pumila. La M. Dict. de la Chine & des Indes orientales.

49. CASSE à feuilles courtes.

CASSIA brevifolia. La M. Dict. ♄ de l'Ifle de Madagafcar.

Principales particularités de chaque efpèce, & traduction de la principale phrafe latine, par laquelle elle eft définie.

* *Feuilles ayant une à dix paires de folioles.*

1. CASSE (diphylle) à feuilles conjuguées, à ftipules en forme de cœur, lancéolées. *Linnæus.* C'eft un arbriffeau dont chaque feuille n'eft compofée que d'une paire de folioles.

2. CASSE hifpide. Caffe (nommée Abfus) à feuilles bijuguées, obovées; à deux glandes en alène entre les deux folioles inférieures. *Linnæus.* C'eft une jolie petite herbe annuelle, de huit à douze pouces de haut, rameufe & hériffée de poils roides. Chaque feuille eft bijuguée, c'eft-à-dire, a deux paires de folioles; fes folioles font longues de neuf à dix lignes fur cinq à fix lignes de largeur. Ses fleurs, terminales & axillaires, ont fix lignes de largeur : elles font blanchâtres fuivant Profper Alpin, ou rougeâtres marquées de lignes rouges fuivant Burmann. Les gouffes, d'un pouce & demi de long fur trois lignes de large, contiennent des femences noirâtres & luifantes.

3. CASSE effilée. Caffe (en forme d'ozier) à feuilles bijuguées, ovales-oblongues, pointues, à glandes oblongues entre les deux folioles inférieures; à épines fous-pétiolaires, peu faillantes & qui font à trois dents. *Linnæus.* C'eft un arbriffeau dont les fleurs font difpofées en grappes lâches dans les aiffelles des feuilles & dont les gouffes font courtes & comprimées.

4. CASSE (à bâtons) à feuilles bijuguées, ovales obliques; à glande obtufe entre les deux folioles inférieures; à grappes axillaires, pédonculées; à gouffe cylindrique & longue. *Linnæus, fils.* C'eft un arbriffeau de douze pieds de haut, très-glabre. Des deux paires de folioles de chaque feuille, il n'y a que celles de la paire fupérieure qui foient obliques, c'eft-à-dire, tronquées obliquement au fommet. Les fleurs font d'un jaune oranger. Les gouffes font femblables à celles de la

Caffe des boutiques, n.° 20, c'eft-à-dire, reffemblent à des bâtons, d'où vient le nom de cette efpèce.

5. CASSE de la Guiane. Caffe (*Apoucouita*) arborefcente, à feuilles amples, bijuguées & trijuguées. *Aublet.* C'eft, fuivant Aublet, un grand arbre, dont le tronc, d'environ un pied de tour, nud & fans branches jufqu'à la hauteur de fept ou huit pieds, porte au-deffus de cette hauteur une tête rameufe, étendue en tons fens. Son écorce eft liffe & brune. Son bois eft blanc & dur. Les deux ou trois paires de folioles, ovales, pointues & feffiles, que porte chaque feuille, ont jufqu'à quatre pouces de longueur. Celles du fommet des feuilles font les plus grandes. Le pétiole commun eft bordé d'un feuillet, & porte une glande entre les folioles de chaque paire. Les fleurs, dit Aublet, font ramaffées par petits bouquets, naiffent fur le tronc, fur les branches, fur les rameaux & à l'aiffelle des feuilles, elles font larges, jaunes, à veines rouges. Aublet a vu plufieurs arbres de cette efpèce en fleurs pendant le mois de Novembre, fur les bords de la rivière de Sinémari. *Apoucouita* eft le nom Caraïbe de ce bel arbre.

6. CASSE de Malabar. Caffe (*Tagera*) à feuilles bijuguées, obovées; à pédoncules uniflores, très-courts; à légumes étroits, linéaires. *M. La Marck.* C'eft une plante qui s'élève à la hauteur de trois ou quatre pieds. Sa racine eft noirâtre. Ses folioles ont jufqu'à deux pouces de longueur fur quinze lignes de largeur. Ses fleurs naiffent dans les aiffelles des feuilles, font d'un jaune d'or, & ont un pouce de largeur. Ses légumes font droits, applatis, longs de trois ou quatre pouces fur deux à trois lignes de largeur, & contiennent des femences cylindriques, luifantes, de couleur cendrée & d'une faveur un peu âcre. Cette plante croit naturellement dans les terreins fablonneux. *Tagera* eft fon nom Malabare.

7. CASSE à gouffes menues. Caffe (*Tora*) à feuilles trijuguées, obovées; à pédoncules courts, prefque uniflores; à légumes linéaires, longs, très-étroits. *M. La Marck.* C'eft une herbe annuelle d'un à deux pieds de hauteur. Le pétiole commun des feuilles a jufqu'à deux pouces ou deux pouces & demi de longueur; fes ftipules font linéaires; il porte une glande pointue entre les folioles de chacune des deux paires inférieures; les folioles de la paire, qui eft à fon fommet, font plus grandes que celles des deux autres paires, & ont jufqu'à quinze ou dix-huit lignes de long, fur neuf à onze lignes de large. Les fleurs viennent en petit nombre dans les aiffelles des feuilles, font jaunes, petites, de cinq lignes de largeur. Le ftyle eft arqué. Le légume eft courbé quadrangulaire-applati, long de quatre à fix pouces, très-étroit, toruleux ou comprimé dans chacun des intervalles qui féparent les femences les unes des autres, de forte

qu'il eſt, comme articulé. Les ſemences ſont
liſſes, brunes, preſque cylindriques, & ont les
deux bouts comme coupés obliquement. Quand
on touche les feuilles, tiges & branches de cette
eſpèce, elle répand une odeur forte très-déſagréable. Suivant Dillen, cette plante étant ſemée
au Printems, dans l'Europe tempérée, fleurit
en Mai & Juin, & porte ſes légumes mûrs en
Août. Cet Auteur en avoit reçu les ſemences
du Bengale. Suivant Rumphius, cette eſpèce
croît naturellement à Amboine, ſur les bords
des chemins. *Tora* eſt le nom vulgaire de cette
plante dans l'Inde : à Céylan, on la nomme
Tala.

8. Casse à nectaires. *Caſſia (nectarifera)
foliis trijugis, foliolis obtuſis; calicibus perſiſten-
tibus; petalis nectariferis ſeu appendiculatis.* Caſſe
(à nectaires) à feuilles trijuguées, à folioles obtuſes;
à calices perſiſtens; à pétales munis de nectaires
ou appendices. Cette eſpèce eſt décrite ſous le
nom de *petit Caſſier du Bengale*, pages 347 &
ſuivantes, de *l'eſſai ſur la fabrique de l'Indigo*,
par *M. Charpentier de Coſſigny, Ingénieur du Roi,
Correſpondant de l'Académie des Sciences de Paris,
à l'Iſle de France, de l'Imprimerie Royale*, 1779,
in-4.° Suivant cette deſcription, cette plante a
de très-grands rapports avec la précédente. Son
principal caractère diſtinctif paroît conſiſter en
ce que les pétales ſont « accompagnés de pluſieurs petites ſtipules vertes. » Cette eſpèce a
environ quinze pouces de hauteur dans les bons
terreins. Elle n'a qu'une tige d'où partent pluſieurs branches rondes, un peu applaties; cannelées de deux côtés oppoſés : elle n'eſt pas
touffue : ſes feuilles ſont alternes, aſſez éloignées
les unes des autres, ont le pétiole commun fort
long, qui porte ſix paires de folioles arrondies
au ſommet, liſſes, vertes, plus pâles en-deſſous
qu'en-deſſus, ayant chacune un pétiole propre
très-court : les folioles du ſommet de chaque
feuille ſont plus grandes que les inférieures; les
feuilles ſe contractent & ſe ferment de nuit, comme
j'ai dit que ſont celles de la plupart des eſpèces
de ce genre. Les fleurs viennent au nombre de
deux ou trois enſemble dans chaque aiſſelle des
feuilles : le calice, qui eſt à cinq diviſions &
verd, perſiſte ou reſte adhérent juſqu'à la parfaite maturité du fruit; ce qui eſt le contraire de
ce qui a lieu dans la plupart des eſpèces de ce genre;
les cinq pétales ſont d'un jaune de jonquille,
petits, obovés, concaves : les étamines ſont au
nombre de dix : le piſtil eſt courbe, beaucoup
plus long que les étamines : la gouſſe eſt brune,
courbe, pointue à ſon ſommet, a juſqu'à ſix pouces
de longueur en y comprenant le pédoncule,
eſt d'abord preſque quadrilatère, puis devient
cylindrique à meſure qu'elle croît, eſt à deux
valves; elle eſt diviſée intérieurement dans ſa
longueur, en pluſieurs loges, au nombre de
quinze à vingt-quatre, par autant de cloiſons

tranſverſales, fines, qu'on a peine à y voir lorſque la gouſſe eſt mûre; mais qui s'y diſtinguent
très-bien lorſqu'elle eſt verte. Les ſemences
mûres ſont brunes, cylindriques, coupées à leurs
deux extrémités en bec de flûte, fort dures. Cette
plante, qui paroît originaire du Bengale, vient
ſans culture à l'Iſle-de-France, en pluſieurs endroits, comme par exemple au port Louis,
dans quelques habitations de Moka & à Palma.
Elle eſt annuelle. Elle ſe multiplie d'elle-même;
lève dans la ſaiſon des pluies en Décembre ou
Janvier; & meurt en Juin ou Juillet, après avoir
fructifié. Dans un voyage que M. de Coſſigny
fit au Bengale, en 1767, le zéle qui l'anime
conſtamment pour l'utilité publique, l'engagea
à ſe charger de la ſemence de cette plante, à
en transporter à l'Iſle-de-France, &, lors de ſon
retour dans cette Iſle, à en ſemer ſur ſa terre
de Palma. Depuis ce tems, elle y vient conſtamment toutes les années ſans aucune culture. Cependant M. de Coſſigny dit ne pouvoir aſſurer
ſi c'eſt ce ſemis, qu'il a fait de cette plante,
qui l'a naturaliſée dans cette Iſle, ou bien ſi
elle y exiſtoit déjà auparavant, comme indigène
naturellement. Il ſoupçonnoit que cette plante
étoit le *Tavera-verai* des Indiens teinturiers de
la côte de Coromandel. Son empreſſement toujours également actif de contribuer au bien de
ſes concitoyens, l'a porté à m'écrire que depuis
l'impreſſion de ſon ouvrage cité, il a vérifié
que cette plante eſt certainement ce précieux
Tavera - verai, & qu'il n'y a plus de doute
à former là-deſſus. Cette lettre ajoute que la
gouſſe de la plante eſt étroite, non articulée &
qu'il n'a pas remarqué que la plante ait une
odeur forte & déſagréable comme l'eſpèce précédente.

9. Casse (de Lima) à feuilles trijuguées ou quadrijuguées, à folioles obovées, très-obtuſes, glabres; à
grappes pédonculées, alongées axillaires : *M. La
Marck.* C'eſt une herbe annuelle, haute d'un pied
& demi, qui a beaucoup de rapports avec les
deux précédentes, & en diffère principalement
par ſes grappes qui portent chacune une dixaine
de fleurs jaunâtres.

10. Casse (bicapſulaire) à feuilles trijuguées,
obovées, glabres, dont les intérieures ſont plus
rondes, à glande globuleuſe entr'elles. *Linnæus.*
C'eſt, ſuivant Burmann, une plante arboreſcente,
qui s'élève en Europe juſqu'à dix pieds & davantage de hauteur : elle eſt très-glabre dans toutes
ſes parties. Ses feuilles ont quelquefois quatre
paires de folioles. Les folioles ont juſqu'à quinze
lignes de long ſur neuf lignes de large. Les
fleurs viennent en grappe dans les aiſſelles des
feuilles : elles ſont d'un beau jaune, veinées,
larges de quatorze lignes, ſuivant Plumier. Elles
produiſent, ſuivant le même, des gouſſes longues
de huit pouces, larges de ſix lignes, cylindriques,
à deux capſules longitudinales qui forment comme

deux tubes appliqués l'un contre l'autre. Les semences sont arrondies, glabres, à cicatrice proéminente. Selon Burmann, cette espèce fleurit rarement en Europe. La plante dont Miller fait mention sous le nom de Casse bicapsulaire fleurit en Juillet, donne ses semences mûres en Octobre, & périt bien-tôt après. Est-elle de la même espèce que la plante mentionnée par Burmann & par Plumier?

11. Casse à feuilles échancrées. Casse (échancrée) à feuilles trijuguées, ovées, arrondies, échancrées, égales. *Linnæus.* Cette espèce pousse plusieurs tiges droites de la grosseur du petit doigt & de la hauteur de cinq ou six pieds. Ses feuilles sont d'un verd jaunâtre, & d'une odeur désagréable. Ses fleurs sont jaunes. Ses gousses sont longues d'un pouce & demi ou davantage, de couleur brune pâle, sont remplies d'une pulpe brune & douceâtre, dans laquelle sont enveloppées des semences brunes & comprimées. Cette espèce croît naturellement dans les buissons.

12. Casse (à feuilles obtuses), trijugées, ovales. *Linnæus.* C'est une herbe annuelle dont la tige, grosse à sa base comme le petit doigt, est d'un ou deux pieds de hauteur. Elle est rameuse dès le bas. Ses feuilles, ainsi que les sommités des rameaux & de la tige, sont couvertes d'un duvet très-fin. Le pétiole commun des feuilles a deux pouces & demi & davantage de long; les folioles sont longues d'environ vingt lignes, & ont un pouce de large. Les fleurs sont axillaires & terminales, jaunes, & ont cinq lignes de diamètre. Les tiges, branches & feuilles répandent une odeur forte & désagréable, sur-tout lorsqu'on les touche. Elle ne fleurit en Europe que vers le mois de Novembre, dans la serre chaude, & elle n'y produit point de semences mûres.

13. Casse (à corymbe) à feuilles trijuguées, lancéolées, un peu en faulx, glabres, munies d'une glande entre les deux folioles inférieures; à corymbes pédonculés, axillaires; à gousses cylindriques. *M. La Marck.* C'est un arbrisseau d'un aspect agréable qui a environ six pieds de hauteur; ses fleurs sont d'un beau jaune. Cette espèce fleurit en Automne dans le climat de Paris.

14. Casse (à gousses longues) à feuilles quadrijuguées, à folioles du sommet lancéolées; à glandes en alène entre les plus hautes, & au-dessous des plus basses. *Linnæus, fils.* Suivant le Docteur Brown, c'est une plante arborescente, diffuse; ses gousses sont quadrangulaires, comprimées, hérissées & accourcies. Le sommeil de cette espèce diffère de celui de la plupart des autres de ce genre; la nuit ses feuilles ont le pétiole commun redressé, & les folioles pendantes.

15. Casse à feuilles en faulx. Casse (en faulx) à feuilles quadrijuguées, ovales-lancéolées, recourbées en arrière en faulx, à glande sur la base des pétioles. *Linnæus.* C'est une herbe annuelle.

16. Casse (de la Chine) à feuilles quinte-

juguées ou de cinq paires de folioles ovées, pubescentes à la marge; à pédoncules axillaires, courts, presque triflores; à grandes fleurs. *M. La Marck.* Suivant M. La Marck, cette espèce paroît devoir s'élever dans le climat de Paris en arbuste à la hauteur de deux ou trois pieds. Suivant Rumphius, elle s'élève dans l'Inde à la hauteur d'un grand arbrisseau. Ses folioles sont d'un verd gai, longues de trois pouces, larges d'un pouce & demi, d'une odeur forte & désagréable, d'une saveur qui ne déplaît pas, & qui approche de celle des pois. On voit entre les folioles inférieures, une glande sessile & globuleuse, placée sur le pétiole commun. Ses feuilles se contractent pendant la nuit de la même manière que celles du plus grand nombre des espèces de Casse. Les fleurs, suivant la figure de Rumphius, ont jusqu'à trente-trois lignes de largeur, sont à pétales presque égaux dont le plus ample a dix-huit lignes de longueur & onze lignes de largeur; elles sont sans odeur & d'un beau jaune veiné de verd. Les gousses sont noirâtres, dans leur maturité, sont longues de six à sept pouces, larges d'un pouce, & épaisses d'une ligne & demie; elles sont beaucoup plus minces dans les intervalles qui séparent les semences les unes des autres, de sorte qu'elles sont marquées extérieurement d'autant de côtes saillantes & transversales qu'elles contiennent de semences: les semences sont au nombre de vingt-quatre ou trente dans chaque gousse, noirâtres, luisantes, alongées, étroites & presque de la forme des semences de concombre. Le bois de la tige est blanc, fragile & inutile. C'est une très-belle plante que l'on cultive dans les Isles Moluques & dans celles de la Sonde à cause de sa beauté. Mais son aspect est triste à Amboine, dans les mois pluvieux, c'est-à-dire, de Septembre en Février, presque toutes ses feuilles étant alors tombées, & les autres étant percées & rongées par les insectes. Cette plante ne croît pas naturellement dans les Isles dont je viens de parler: elle ne s'y trouve que dans les jardins & autour des maisons où on l'a plantée: elle n'est pas très-commune à Amboine: elle est beaucoup plus commune à Java & à Baléya. Suivant M. de La Marck, on dit qu'elle est originaire de la Chine. Le nom de *Fleur jaune*, que lui donne Rumphius, représente son nom en langage Malais, *Cambang Cuning*, qui désigne, dit-il, une fleur jaune amplement étendue.

17. Casse (ornithopoïde), à feuilles quadrijuguées; à folioles ovales-cunéiformes, pointues, poilues-ferrugineuses; à gousses linéaires, articulées, droites, cotonneuses, terminées par une pointe recourbée. *M. La Marck.* Cette plante est velue dans presque toutes ses parties.

18. Casse puante. Casse (occidentale), à feuilles quinte-juguées ou de cinq paires de folioles, à folioles ovales-lancéolées, rudes à la marge,

dont celles extérieures ou du sommet de chaque feuille sont les plus grandes ; à glande sur la base des pétioles. *Linnæus*. Cette espèce s'élève ordinairement à la hauteur de trois pieds. Linnæus assure que ses feuilles ne sont quinte-juguées que pendant sa jeunesse, & qu'elles sont seulement trijuguées lorsque la plante est adulte. Elle varie un peu par la grandeur & la forme de ses feuilles & de ses gousses. Le plus ordinairement ses folioles ont un pouce ou un pouce & demi de longueur. Elles sont très-fétides & d'une saveur désagréable. Les fleurs naissent dans les aisselles des feuilles & à l'extrémité des rameaux : elles sont jaunes & d'environ vingt lignes de largeur. Les gousses, ordinairement longues de quatre ou cinq pouces, sont de la grosseur d'une plume d'oie, cylindriques, un peu plates, un peu articulées ou renflées à l'endroit de chaque semence, de couleur brune. Les semences sont brunes, oblongues & luisantes. Suivant Miller, cette espèce fleurit en Europe vers le mois d'Août, & lorsqu'elle est soignée convenablement, elle porte des semences en Octobre. Commelin assure que si elle est bien cultivée suivant sa nature, elle fleurit quelquefois pendant tout l'Eté en Europe. Suivant Pison, en Amérique, elle fleurit pendant toute l'année, & porte des semences mûres continuellement. Elle croît naturellement dans toutes sortes de terreins, mais principalement dans les terres sablonneuses & sur les rivages. Elle est très-commune dans les Antilles, au Brésil & dans les autres contrées de l'Amérique méridionale. A Saint-Domingue, on la rencontre très-fréquemment le long des haies dans les savanes ou prairies incultes. Commelin dit que cette plante est vivace, & Nicolson assure que sa racine est traçante, ce qui n'appartient qu'aux plantes vivaces. Au Brésil, les Indiens nomment cette plante *Paiomirioba*. Les Portugais la nomment *Herva do bicho*, le nom de *Pois puant*, est celui que lui donnent vulgairement les François dans les Antilles.

19. CASSE (à gousses plates) à feuilles quinte-juguées, ovales-lancéolées, glabres ; à glande sur la base des pétioles. *Linnæus*. C'est un arbre de la grandeur d'un noyer moyen ; son bois est blanc & ferme ; son écorce est noirâtre. Ses folioles sont longues de près de trois pouces, & larges de quinze à seize lignes. Les fleurs sont jaunes, larges d'un pouce & demi, & viennent sur des grappes assez garnies aux extrémités des rameaux. Les gousses sont longues d'un pied, larges de six à sept lignes, très-plates, renflées à l'endroit de chaque semence. L'arbre porte un très-grand nombre de ces longues & larges gousses, pendantes les unes contre les autres, ce qui lui donne un aspect très-extraordinaire.

20. CASSE des boutiques, ou CASSE solutive, CASSE (Fistule) à feuilles quinte-juguées, ovées,

pointues, glabres, à pétioles sans glandes. *Linnæus*. Cette espèce, la plus intéressante, & au moins une des plus belles de ce beau genre, forme un grand arbre qui parvient à la hauteur de cinquante pieds & davantage, sur un tronc près de deux pieds de diamètre. Cet arbre ressemble, par son port, au noyer commun ; mais sa forme est plus ample, suivant Rumphius. Son écorce est plus unie, de couleur cendrée-pâle en-dehors, & de couleur de chair intérieurement. La couleur extérieure de l'écorce de ses jeunes rameaux est verte. Ses feuilles ont le plus ordinairement cinq, mais quelquefois six à sept paires de folioles opposées : elles sont grandes ; leur pétiole commun a, suivant Plumier, un pied & demi environ de longueur. Les folioles ont trois, quatre & le plus souvent, cinq pouces de longueur, & deux pouces de largeur : elles sont d'abord d'un verd gai, & deviennent ensuite d'un verd noirâtre. Les fleurs sont larges de deux pouces, d'un beau jaune, à pétales veinés ; elles pendent chacune à un pédoncule propre, long de deux pouces, & sont disposées sur des grappes un peu lâches, pendantes, qui, suivant Plumier, naissent trois ou quatre ensemble dans chaque aisselle des feuilles, & ont plus d'un pied de longueur. Ces grappes, longues & nombreuses, sont chargées chacune d'un grand nombre de ces grandes fleurs brillantes, ce qui décore cet arbre magnifiquement, & très-agréablement. Ces fleurs ont une odeur foible, mais qui est cependant agréable, sur-tout le matin. Suivant M. La Marck, les grappes de fleurs ont seulement huit à dix pouces de longueur ; suivant Rhéede, elles sont longues de seize pouces. Le pistil de chaque fleur, d'abord recourbé en forme de faucille, se redresse à mesure qu'il grandit, & devient enfin une gousse droite, pendante, cylindrique, d'un pouce de diamètre, longue d'un pied & demi à deux pieds, & même de trois pieds suivant Prosper Alpin. Cette gousse est extérieurement de couleur brune de châtaigne, ou même noirâtre dans sa maturité, de consistance ligneuse & dure, & sillonnée de rides fines & transverses ; elle est intérieurement partagée dans toute sa longueur, en un grand nombre de loges, par des cloisons minces, transversales, parallèles, orbiculaires & ligneuses. Chaque loge contient une pulpe noire ou rougeâtre, molle, d'une saveur douce, un peu sucrée, nauséeuse, & une semence dure, comprimée, arrondie en cœur, & d'un jaune roussâtre ou de couleur de châtaigne. Chaque arbre porte un très-grand nombre de ces longues gousses pendantes, en forme de bâtons noirâtres, qui lui donnent un aspect très-extraordinaire & très-pittoresque. Ces gousses restent long-tems sur les arbres après leur maturité parfaite ; & après leur entier desséchement. Dans les pays où ces arbres sont abondans, comme dans les vastes forêts des Antilles, des Isles de la Sonde, des Isles Moluques, &c. lorsque ces nombreuses gousses sèches sont agitées par les vents violens, heurtées, choquées, frappées les unes contre les autres, elles font un tel cliquetis, un tel bruit, un tel tapage que tous les oiseaux, tous les animaux épouvantés prennent la fuite, que les hommes mêmes qui entendent ce fracas pour la première fois, quoique souvent de fort loin, sont saisis d'effroi, s'imaginent entendre un orage sur mer, ou l'approche d'une armée. Suivant Rumphius, à Java & à Baleya, ce bruit fait ressembler les singes de diverses espèces, qui habitent en grand nombre sur & parmi ces arbres. Le bois de cet arbre est solide, dur & pesant : l'aubier est de couleur pâle ; le cœur ou bois parfait est jaune dans les jeunes arbres, roux dans ceux qui sont plus âgés, noirâtre dans les vieux, & enfin dans les plus vieux il est quelquefois aussi noir que du bois de gayac. Suivant Geoffroi, d'après Plumier, cet arbre fleurit principalement en Avril & Mai, dans les Isles d'Amérique, & alors il est sans feuilles, comme cela arrive au pêcher, au pommier, & à plusieurs autres espèces d'arbres en Europe. Suivant Prosper Alpin, il fleurit principalement pendant les mois de Juin & Juillet à Alexandrie & au Caire : cet Auteur l'a aussi vu en fleurs pendant le mois de Décembre, à Damiète. Les gousses mûrissent pendant toute l'année.

Cet arbre croît naturellement dans la haute Ethiopie, autrement nommée l'Abyssinie, dans l'Egypte & presque dans tous les pays chauds des Indes orientales. Il croît aussi en grande quantité dans les Antilles où il se multiplie de lui-même très-abondamment ; mais il n'est pas proprement naturel à l'Amérique ; il y a été transporté par les hommes, & s'y est naturalisé. Rumphius pense qu'il n'est même pas proprement naturel aux Indes orientales ni à l'Egypte, & qu'il n'est originaire que de l'Abyssinie seulement, & principalement de la côte d'Abex, d'où il a été transporté en Egypte & dans tous les autres pays où il s'est naturalisé depuis. Il fonde cette opinion sur ce que ce bel arbre, trop remarquable, trop bruyant pour n'être pas connu par-tout où il se trouve, étoit entièrement inconnu aux Anciens. Il trouve d'ailleurs un vestige de cette origine dans un des noms sous lesquels cet arbre est connu dans l'Inde : savoir, *Bava Sanguia* ; nom qui lui semble indiquer que cet arbre est originaire du pays nommé *Sangi* ou *Zangi* ou *Zingi*, par les Arabes, c'est-à-dire de l'Abyssinie, & principalement de la côte d'Abex. Il y a une autre circonstance à l'appui de cette opinion, c'est qu'en Egypte, suivant Prosper Alpin, celles des gousses de cette espèce de Casse, qui y sont regardées comme de la meilleure qualité, y sont nommées *Abès* ou *Abyssines*. Quoiqu'il en soit, cet arbre croît & se multiplie maintenant très-

abondamment de lui-même, & sans aucune culture dans nombre de Provinces & d'Isles des Indes orientales, comme par exemple, à Cambaye, dans l'Isle de Java, dans celle de Baleya, &c. On le trouve dans le Malabar, dans la Perse, dans les Isles de Ceylan, de Banda, de Macassar, de Makian, dans d'autres Isles Moluques, dans le Royaume de Malacca, &c. Suivant Rumphius, cet arbre se plaît dans un sol argilleux ; c'est pourquoi, à Amboine, il croît beaucoup plus vigoureusement dans le quartier de Hitoë, où les terreins sont de cette nature, que dans celui de Leytimore dont les terres sont sablonneuses.

Cet arbre étant très-connu dans un grand nombre de pays, & étant très-usité, a reçu un grand nombre de noms dont voici les principaux. En Europe, on a nommé sa gousse en françois, *Casse solutive*, *Casse noire*, *Silique d'Egypte*, *Casse purgative*, *Canne fistule*, *Casse fistule* ; en latin, *Cassia solutiva*, *Cassia nigra*, *Siliqua Ægyptiaca*, *Cassia purgatrix*, *Canna Fistula*, *Cassia Fistula*, &c. Sérapion la nomme Eiarxamber ; Actuarius & les Grecs modernes κασσία μέλαινα ; Avicenne, les Arabes & les Egyptiens nomment cet arbre & sa gousse, suivant Prosper Alpin & Rumphius, *Chaïat Xambar*, ou proprement, dit Rumphius *Chyar Xambar*, nom qui indique un fruit long de plusieurs empans ; en Perse & en Egypte, on le nomme aujourd'hui, suivant Rumphius *Hyar Xambar*, en prononçant la syllabe *Xam* comme on prononce celle *Cham* en françois. Les Arabes le nomment *Cassaat falus*, & Mal, *Gasat falus*, noms qui viennent, par corruption, de *Cassia Fistula*. Ses noms indiens sont, dans le Guzarate, *Gramala* ; sur la côte de Malabar jusqu'au Cap Comorin, *Condoca*, *Hasanguia*, *Bava Sanguia* ; dans le Canara, *Bahoo*, &c. suivant Rhéede, dans le Malabar, en langage vulgaire, *Conna*, & par les Brames, *Bajo* ; suivant Rumphius, en langage Malais & de Macassar, *Caju radja* ; à Baleya, *Caju dulang* ; à Amboine, les Hollandois le nomment *Trommel stokken*, ce qui signifie bâton de tambour ; dans le quartier de Harivé de la même Isle, *Uttamanu* ; dans celui de Hitoë, *Pappé paunà*, ce qui a rapport à sa gousse & signifie quelque chose avec quoi l'on bat le dos de quelqu'un ; à Java, *Bongoe alas* & *Tangkuli* ; dans l'Isle de Ceylan, *Œbæla* ou *Œhæla*, &c. Suivant le même Rumphius, le nom Arabe & Persan, *Chyar* est tiré de la figure alongée de la gousse, & signifie aussi un concombre. Le nom latin & grec, *Cassia*, lui a été donné à cause de la forme de sa gousse qui ressemble à la forme de la canelle du commerce dont le nom grec ou latin est aussi *Cassia*, & vient de son nom hébreu *Ketsia*, qui est tiré du mot *Kazar*, qui signifie écorcer.

Burmann, dans ses Notes sur Rumphius, remarque qu'il y a tant de différence entre les différentes figures que les Auteurs ont donnée de l'arbre qui porte la Casse du commerce, qu'il y a lieu d'en conclure qu'on recueille cette Casse sur plusieurs espèces d'arbres, très-différentes les unes des autres.

21. CASSE (atomifère) à feuilles quinte-juguées, ovées, presque cotonneuses, à pétioles cylindriques, sans glandes. *Linnæus*, c'est une plante de la hauteur d'un homme. Les pétioles de ses feuilles sont parsemés d'atômes ou corpuscules ferrugineux, d'où lui vient son nom.

22. CASSE de la Jamaïque. (Casse poilue) à feuilles quinte-juguées, sans glandes; à stipules en demi-cœur, pointues; à tige étroite, poilue. *Linnæus*, Les folioles de cette plante sont glabres; les fleurs n'ont que cinq étamines; les gousses sont oblongues & comprimées.

23. CASSE (lancéolée) à feuilles quinte-juguées, à folioles lancéolées égales, à glande sur la base des pétioles. M. *La Marck*: suivant *Forskal*, *Flora Ægyptiaco Arabica*, p. 85, n.° 58. Séné d'Alexandrie ou à feuilles aigues. *C. Bauhin. Tournefort.* Les deux bords des folioles de cette espèce sont égaux: c'est ainsi qu'il faut entendre ces mots, à folioles lancéolées égales; car, suivant le même *Forskal*, les folioles de chaque feuille ne sont pas égales les unes aux autres; mais celles du sommet sont plus grandes que celles de la base de la même feuille: les plus grandes environ un pouce de longueur: elles ont t[ou]te pétiole propre très-court: la glande qu[i est à] la base de chaque pétiole commun est se[ssile.] Les fleurs sont disposées en grappes longues, terminales, & sont de couleur jaune pâle. *Forskal* n'a point vu les gousses mûres: celles qu'il a vues n'étoient pas parvenues à leur grandeur naturelle: elles étoient linéaires, velues, courbes, comprimées. Cette plante croit naturellement dans l'Arabie heureuse ou l'Yémen: *Forskal* l'y a trouvée abondamment, autour de la Ville de Mór, à peu de distance du port de Lohéia. On lui a assuré que c'étoit le vrai *Séné de la Mecque*, connu & employé en Médecine dans toute l'Europe, sous le nom de *Séné d'Alexandrie*; & les feuilles du Séné de la Mecque qu'il a vues exposées en vente à Kahira ou au Caire, étoient parfaitement semblables à celles de la plante dont il s'agit ici, & n'étoient aucunement ovées comme le dit la phrase spécifique de *Linnæus*. On lui a assuré que l'on transporte chaque année du territoire d'Abu Arisch, à Djidda ou Jedda, une grande quantité de ce Séné de la Mecque, qui se vend ensuite à Kahira, d'où il passe ensuite en Europe. La description que Geoffroy donne du Séné d'Alexandrie, se rapporte à ce que dit Forskal. Geoffroy ajoute ce qui suit: cette espèce de Casse que l'on nomme aussi en France *Séné de Seyde*, parce qu'il vient aussi de ce port de Syrie, ou *Séné de la Palte*, du nom de l'impôt mis sur cette denrée par le

grand Sultan de Turquie, s'élève à la hauteur de trois pieds; les pétioles communs des feuilles ont plus d'une palme ou de huit pouces de longueur, & portent chacun depuis quatre jusqu'à six paires de folioles qui ont moins d'un pouce de longueur sur trois lignes de largeur sont d'une saveur glutineuse, légèrement amère, un peu nauséabonde: la gousse est très-comprimée oblongue, le plus souvent courbe, membraneuse, partagée dans sa longueur en plusieurs loges par autant de cloisons transversales fines; chaque loge contient une graine presque semblable à celle du raisin, applatie, longue de deux lignes, pointue d'un bout, obtuse de l'autre bout: cette espèce se cultive en Perse, en Syrie, en Arabie, d'où on la transporte en Egypte au Caire & à Alexandrie, puis de-là en Europe.

23. B. CASSE lancéolée linéaire. Forskal rapporte avoir trouvé à Lohéia, dans l'Arabie heureuse, un autre Séné du commerce, nommé Séné de la Mecque, dont les feuilles ont jusqu'à sept paires de folioles linéaires-lancéolées. Suivant Geoffroy, on rencontre quelquefois dans le commerce en Europe, un Séné, nommé Séné de la Mecque, dont les feuilles sont plus étroites, plus longues, plus pointues & moins estimées que celles du Séné d'Alexandrie. Est-ce une variété de ce dernier Séné, ou bien une espèce distincte?

24. CASSE d'Italie. Casse (Séné) à feuilles sexjuguées, presque ovales, à pétioles sans glandes. *Linnæus*. Séné d'Italie ou à feuilles obtuses. *C. Bauhin. Tournefort.* Cette espèce est fort distincte de la précédente, n.° 23. Elle s'élève à la hauteur d'un pied & demi Ses folioles sont plus grandes & plus larges que celles de l'espèce précédente, elles sont très-obtuses, & les deux côtés de chacune sont inégaux à leur base. Les fleurs sont disposées en grappes axillaires & terminales, & suivant Miller, sont plus grandes & d'un plus beau jaune que celles de l'espèce précédente. Les gousses ressemblent à celles de l'espèce précédente, sont membraneuses, comprimées & arquées, mais sont plus étroites. Les semences sont comprimées en forme de cœur & noirâtres: il y a une variété à semences blanches. Dans le climat de Paris, lorsque l'accroissement de cette espèce est hâté au Printems, elle fleurit en Juillet, & l'on peut en obtenir de bonnes semences. Cette espèce est employée en Médecine sous les noms de *Séné d'Italie* & *Séné de Tripoli*; mais elle est bien inférieure en propriétés à l'espèce précédente. On la cultive dans les champs, en plusieurs Provinces d'Italie, comme par exemple, dans la Pouille, dans les environs de Rome, dans la Toscane, dans le Florentin, dans l'état de Gênes, &c. On la cultive encore en pleine terre dans d'autres pays chauds de l'Europe. C'est une plante annuelle.

25. **CASSE** (biflore) à feuilles fexjuguées ou de fix paires de folioles oblongues, glabres, dont les inférieures font plus petites, à glande en alène entre la paire la plus baffe; à pédoncules prefque biflores. *Linnæus.* Suivant Plumier, c'eft une plante arborefcente, rameufe, glabre, dont les feuilles font fouvent quinte-juguées. Les folioles ont juf-qu'à onze lignes de long fur cinq ou fix lignes de large. Les fleurs font larges d'un pouce & demi, & jaunes; les gouffes font droites, comprimées, longues de trois pouces, larges de trois lignes, & renflées à l'endroit de chaque femence.

26. **CASSE** (velue) à feuilles fexjuguées, ovées-larges, pointues, laineufes. *Linnæus, fils.* Cette plante eft fétide, & a beaucoup de rapports avec la Caffe puante, n.° 17. Ses feuilles font fouvent quinte-juguées; fes folioles font amples.

27. **CASSE** (traînante) à feuilles feptemju-guées ou de fept paires de folioles; à fleurs pentan-dres ou à cinq étamines; à tiges filiformes, cou-chées, herbacées. *Linnæus.* C'eft une herbe an-nuelle dont les fleurs font folitaires dans les aiffelles des feuilles.

28. **CASSE** (à feuilles de Troëne) à feuilles feptemjuguées, à folioles lancéolées, dont les fupérieures font plus petites, à glande fur la bafe des pétioles. *Linnæus.* Suivant Dil-lenius, c'eft un arbriffeau de fix ou fept pieds de hauteur, très-rameux depuis la bafe jufqu'au fommet. Le pétiole commun de chaque feuille, eft long de quatre à cinq pouces. Les fo-lioles ont jufqu'à un pouce & demi de longueur. Suivant le même, ces folioles fe baiffent le foir, fe dreffent le matin, & font horizontales à midi. Suivant Linnæus; la plante tient pendant fon fom-meil fes feuilles ouvertes, mais de manière que la page fupérieure de chaque foliole regarde le fommet du pétiole commun. Les fleurs font larges de neuf lignes, elles font jaunes & viennent en grappes dans les aiffelles des feuilles vers le fom-met des tiges. Les gouffes font larges d'un pouce fur deux de long, un peu courbes, plates. Les feuilles & les fleurs ont une odeur peu agréable, un peu poivrée. En Europe, la plante fleurit, tantôt à la fin de l'Automne, tantôt en Eté, quel-quefois au Printems. Suivant Miller, elle produit de bonnes femences en Angleterre.

29. **CASSE** à feuilles glauques. Caffe (glauque) à feuilles fexjuguées; à folioles ovées, inférieure-ment glauques & veineufes; à plufieurs glandes oblongues; à gouffes linéaires, droites, com-primées & pointues. *M. La Marck.* Suivant Rhéede, c'eft un arbriffeau ou un petit arbre toujours verd, d'un bel afpect, qui, dans fon adolefcence a une tige de la groffeur du bras & de la hauteur d'un homme. Son écorce eft verte. Ses rameaux font cylindriques. Les feuilles ont cinq à fix paires de folioles fur un pétiole commun, d'un verd de poireau, long de cinq pouces & demi, dont bafe eft nue fur une longueur de deux pouces

& demi. Les folioles font glabres & très-molles; celles du fommet de chaque feuille font les plus grandes, & ont jufqu'à trois pouces & demi de longueur. Les fleurs, jaunes, d'un pouce & demi de largeur, viennent en grand nombre à l'extré-mité des branches fur des grappes de quatre pouces & demi de longueur. qui naiffent des aiffelles des feuilles; ces fleurs ornent beaucoup l'afpect de ce petit arbre. Les gouffes font très-droites, ont, dit Rhéede, deux palmes ou environ feize pouces de longueur, & un travers de doigt ou fept lignes de largeur; elles font très-minces, de manière qu'elles font linéaires quant à leur épaiffeur; elles contiennent des femences nombreufes, & font renflées à l'endroit de chaque femence; ces longues gouffes, viennent en très-grand nombre aux extrémités des branches. Ce petit arbre fleurit dans le Malabar en Août. Ses femences font mûres en Novembre & Décembre. Il fe plaît dans les terres fablonneufes. On le cultive dans les jardins du Malabar à caufe de fa beauté. Pour l'y tranf-planter, on le va prendre dans les forêts des en-virons de Panam & Pettette. On en trouve beaucoup proche Odiampere, Perkencour & en d'autres lieux. On trouve auffi cet arbre aux environs de Pondichéry. Les Malabares le nom-ment *Wellia-Tagera, Wellia-Ponnamtagera,* ou *Wellia-Ponnavire.* Dans le même pays les ... le nomment *Sarpouli*; les Portugais, ... les Hollandois, *Glidthouwt.*

CASSE (cotonneufe) à feuilles fexjuguées, ou octojuguées, à folioles ovales-oblongues, pointues, cotonneufes en deffous; à plufieurs glandes en alène; à grappes axillaires; à gouffes cotonneufes. *M. La Marck.* C'eft un arbre. Les fommets des tiges & rameaux font couvertes d'un duvet cotonneux jaunâtre; le duvet du deffous des feuilles eft de la même couleur. Les fleurs font jaunes, & viennent au fommet des tiges & rameaux. Les gouffes font droites & applaties.

31. **CASSE** à gouffes ailées. Caffe (ailée) à feuilles octojuguées ou de huit paires de folioles ovales-oblongues, obtufes, pointues; à pétioles fans glandes; à gouffes, munies de deux ailes. *M. La Marck.* Suivant Defportes (*Traité ou Abrégé des plantes ufuelles de Saint-Domingue*) cette plante peut être mife au rang des plus belles de l'Amé-rique. Elle croît fort haut, & paroît ligneufe. Suivant Rumphius, elle a, à Java, le port d'un petit arbre, & elle n'y vit pas au-delà de deux années. Suivant Miller, c'eft une herbe qui ne fubfifte que deux ans, s'élève à la hauteur de fix pieds, fleurit dans la feconde année de fon exiftence, & produit rarement des femences en Angleterre. Les feuilles ont le pétiole commun, long d'un pied & demi ou deux pieds, ont, fuivant Miller, huit à dix paires de folioles, longues de trois pouces fur un pouce de large. Ces feuilles, fuivant Rum-phius, ont dans l'Ifle fertile de Java jufqu'à douze paires de folioles, longues de quatre à fix pouces

sur plus de deux pouces de largeur. Ces feuilles se contractent & se ferment pendant la nuit comme j'ai dit que cela est ordinaire aux feuilles de la plupart des espèces de ce genre. Suivant Desportes, le sommet des tiges forme une pyramide de fleurs jaunes entassées les unes sur les autres, longue d'un pied. Suivant Rumphius, à Java, la grappe qui porte les fleurs a plus d'une aulne de long, & elle est ornée de fleurs dans plus de la moitié de sa longueur. Ces fleurs sont munies de bractées écailleuses, arrondies, concaves, & qui tombent de bonne heure. Suivant le même Rumphius, les gousses sont situées horizontalement où leur longueur fait angle droit avec celle de la tige : elles ont cinq pouces de longueur, sont quadrangulaire, & sont bordées dans toute leur longueur de quatre ailes membraneuses, savoir une posée sur la crête de chaque angle. Miller & Desportes disent aussi que les gousses sont garnies de quatre ailes qui règnent sur toute la longueur de chaque gousse. Suivant Plumier & M. La Marck, les gousses n'ont chacune que deux ailes. Cette espèce varie donc à cet égard. Desportes dit qu'à Saint-Domingue les gousses sont de la longueur du doigt. Les semences sont noires, & applaties. Cette belle plante est fétide, suivant Plumier & Miller. Elle croît naturellement dans les lieux humides & sur le bord des rivières. On la cultive à Java.

32. CASSE (de Maryland) à feuilles octojuguées, ovales-oblongues, égales ; à glande sur la base des pétioles. *Linnæus*. C'est une belle herbe vivace qui croît en pleine terre, & y passe l'Hiver dans le climat de Paris. Elle pousse, de sa racine, plusieurs tiges droites, tantôt simples, tantôt rameuses, qui acquièrent trois à quatre & même, suivant Miller, quelquefois cinq pieds de hauteur. Les feuilles ont le plus souvent huit, quelquefois neuf, quelquefois sept, ou six paires de folioles. Les folioles ont jusqu'à deux pouces de longueur sur neuf lignes de largeur. Les feuilles se ferment & se contractent pendant la nuit, & elles s'ouvrent & s'étendent pendant le jour de la même manière que celles de la plupart des espèces de ce genre ; & cela arrive à cette espèce pendant le tems serein comme pendant la pluie. Les fleurs sont d'un beau jaune, & sont disposées en grappes courtes, axillaires, qui garnissent toute la partie supérieure des tiges, & leur donnent un aspect très-agréable. Les gousses sont comprimées, un peu arquées, longues de trois à quatre pouces, larges de trois lignes & demie, pointues, articulées. Cette jolie plante fleurit chaque année en Août, dans le climat de Paris, tant en pots ou caisses qu'en pleine terre ; mais elle y produit rarement des semences. Ses tiges périssent à la fin de chaque Automne, & elle en produit de nouvelles tous les ans ; ces tiges paroissent tard chaque année ; mais elles croissent ensuite prompte-

ment, & acquièrent en peu de tems toute leur hauteur.

33. CASSE (de Surate) à feuilles octojuguées, ovales-oblongues, obtuses, échancrées, dont les inférieures sont plus petites, à glande pédiculée entre les deux inférieures. *Burmann*. Les fleurs de cette espèce sont grandes, d'un jaune orangé, & viennent dans les aisselles des feuilles sur des pédoncules à rameaux uniflores, accompagnés de bractées en cœur pointues.

34. CASSE menue. Casse (très-menue) à feuilles de neuf paires de folioles, oblongues ; à glande en alène entre la paire inférieure. *Linnæus*. C'est une plante fruticante dont les gousses sont très-menues.

35. CASSE (de Siam) à feuilles de huit ou neuf paires de folioles ovales, oblongues, obtuses, glabres, à pétioles sans glandes, à corymbes pédonculés axillaires & terminaux. *M. La Marck*. Commerson dit que c'est un arbre cultivé à l'Isle de Bourbon pour la beauté de ses fleurs, & qu'on le nomme *le Siamois*. Les fruits sont plats, bordés, & longs de six à sept pouces.

36. CASSE à feuilles de Galega. Casse (*Sophera*) à feuilles de dix paires de folioles lancéolées, à glandule oblongue sur la base des pétioles. *Linnæus*. Suivant Rumphius, c'est une plante qui a le port d'un petit arbrisseau, & qui s'élève ordinairement à la hauteur de quatre ou cinq pieds. Sa racine est longue, perpendiculaire & noire extérieurement. Les folioles ont près de deux pouces de long sur un travers de doigt de largeur. Elles sont en-dessus d'un verd foncé qui devient noirâtre lorsqu'elles sont vieilles. Les feuilles se contractent & se ferment la nuit de la même manière que celles de la plupart des espèces de ce genre. Les fleurs sont d'un jaune doré, veinées, large d'un pouce & demi, suivant Rhéede, & disposées en grappe terminale, composée ou rameuse, & en corymbes, ou bouquets qui naissent des aisselles supérieures. Cette espèce fleurit pendant presque toute l'année ; &, ajoute Rumphius, contre la nature des autres plantes, elle fleurit à Amboine pendant la saison pluvieuse, qui dure dans cette Isle depuis Septembre jusqu'en Février ; elle perfectionne ses gousses bien-tôt après avoir fleuri. Suivant Rhéede, les gousses sont longues de cinq ou six pouces, de couleur cendrée dans leur maturité, protubérantes à l'endroit de chaque semence, & les semences sont nombreuses, plates, arrondies d'un bout, pointues de l'autre, brunes, luisantes. Suivant Rumphius, les gousses sont de la longueur du petit doigt, de deux lignes de diamètre, droites, plates, noirâtres dans leur maturité, dirigées vers le ciel, & elles s'ouvrent d'elles-mêmes sur la plante. Les semences germent si facilement qu'on les voit souvent produire racine & feuilles dans les gousses même qui les ont produites, lorsque ces gousses sont ouvertes sur pied. Cette plante

se propage d'elle-même par ses semences tombées, & elle croît naturellement çà & là dans les jardins, dans les places publiques peu fréquentées, dans les endroits sur-tout où la terre est légère, & dans ceux où l'on est dans l'habitude de jetter toutes sortes d'ordures. Dans ces derniers endroits, elle végète plus vigoureusement & devient plus haute qu'ailleurs. Cette plante répand une odeur forte de bouc & qui fait mal à la tête. Sa saveur est meilleure, & approche de celle de la rave. Suivant Rumphius, le nom de *Gallinaire* (*Gallinaria*), c'est-à-dire, *Herbe aux poules*, que l'on donne à cette plante, lui vient de ce qu'elle est employée utilement contre les maladies de ces oiseaux, & encore, selon quelques-uns, de ce qu'elle est utile contre l'épilepsie, que les Indiens nomment la maladie des poules. A Ceylan, on la nomme *Mahatora*; dans le Malabar, *Ponam-Tagera*, *Ponna-Virem*: les Brames la nomment *Arpuli*; d'autres, *Sophera*, &c.

37. CASSE (à gousses étroites) à feuilles de dix paires de folioles ovales-oblongues, pointues, barbues; à glande pédiculée entre la paire inférieure; à gousses étroites & comprimées. *M. La Marck.* C'est un joli arbrisseau qui a, selon Plumier, le port d'un baguenaudier; mais il a un aspect plus agréable, à cause de la grandeur & de la beauté de ses fleurs. Ses feuilles ont souvent onze paires de folioles; celles des rameaux qui portent les fleurs, n'en ont que cinq paires. Les fleurs sont jaunes, grandes & disposées en longues grappes rameuses. Les gousses sont longues de trois à cinq pouces sur trois à quatre lignes de largeur.

** *Feuilles de plus de dix paires de folioles.*

38. CASSE (à oreillettes) à feuilles de douze paires de folioles obtuses, pointues; à plusieurs glandes en alène; à stipules reniformes barbues. *Linnæus.* Cette espèce paroît, à M. de La Marck, former un arbrisseau aussi joli que le précédent. Elle se distingue aisément des autres espèces par ses stipules en forme d'oreillettes. Les fleurs sont fort grandes, d'un jaune orangé, & viennent trois à cinq ensemble en bouquets courts & terminaux. Les gousses sont applaties, de la longueur du doigt, & de plus d'un pouce de largeur.

39. CASSE (de Java) à feuilles de douze ou quinze paires de folioles ovales, obtuses, glabres; à gousses presque cylindriques, très longues. *M. La Marck.* Suivant M. La Marck, cette espèce est fort différente de la Casse du Brésil, n.° 40 ci-après, avec laquelle Linnæus l'a mal-à-propos confondue.

Suivant Rumphius, c'est un arbre élevé, dont la tête ou cime est étroite. Son écorce est glabre & unie; celle de son tronc est de couleur cendrée; celle des rameaux est d'un brun noirâtre. Ses feuilles sont longues, ont douze à dix-sept paires de folioles opposées, longues de deux

pouces ou deux pouces & demi, & larges de près d'un pouce. Les fleurs sont disposées en grappes axillaires, multiflores & simples; elles sont beaucoup plus petites que celles de la Casse des boutiques: elles pendent, chacune, à un pédoncule propre fort long: il y a deux variétés de cette espèce, quant à la couleur des fleurs; celles d'une variété sont d'un rouge gai, & celles de l'autre sont jaunâtres. Il vient plusieurs gousses sur chaque grappe: ces gousses, qui ressemblent beaucoup à celles de la Casse des boutiques, n.° 20, en diffèrent principalement, en ce qu'elles sont un peu plus minces, beaucoup plus longues & moins lisses; dans leur maturité, elles sont extérieurement de couleur cendrée-noirâtre, marquées d'autant de lignes fines, proéminentes & transversales ou annulaires, qu'il y a de cloisons dans l'intérieur: sa capacité est aussi divisée dans toute sa longueur en un grand nombre de loges par autant de cloisons transversales, orbiculaires, ligneuses & fort minces; mais ces loges ne contiennent pas de pulpe noirâtre & succulente comme celles de la Casse des boutiques: elles contiennent, au lieu de cette pulpe, une matière sèche, blanchâtre, souple & fongueuse ou spongieuse, qui remplit toute leur capacité, & couvre une semence arrondie, applatie, dure, luisante, de couleur safranée ou d'un beau brun. Le bois est composé de grosses fibres, jaunâtre lorsqu'il est verd, plus pâle lorsqu'il est sec: il est difficile à travailler, à moins qu'il ne vienne d'arbres très-vieux. Rumphius assure que celui de la variété à fleurs rouges est meilleur, plus solide, plus dur, & d'un jaune plus foncé que celui de la variété à fleurs jaunâtres, qui est presque blanc & spongieux. A Amboine, cet arbre est chargé de fruits mûrs en Mai: il ne porte alors aucune fleur. Dans cette Isle, les Indiens, du quartier de Loehoen, nomment cette plante *Barus*; ceux du quartier de Hitoë la nomment *Hahay-Muly* & *Hea-Muli*; ce qui signifie quelque chose avec quoi l'on bat le dos de quelqu'un, comme le nom *Papp-Pauna*, donné à la Casse des boutiques dans le même quartier; car le langage de Hitoë varie suivant les différens villages: la variété à fleurs jaunâtres se nomme *Hahya-Mulippal* ou *Hahay-Mulippal*, c'est-à-dire que cette variété a l'épithète de spongieuse: Dans l'Isle de Java on nomme cette espèce *Caju Backat.* Commelin a reçu, en 1688, la semence de cette espèce, qui lui a été envoyée de Java sous le nom de *Tang-Gocliwängwang.* Cet arbre croit naturellement dans les forêts de Java & des Isles Moluques: il est abondant dans l'Isle de Célèbes, dans la petite Isle de Ceram & dans plusieurs autres Isles: il est moins commun dans celle d'Amboine.

40. CASSE (du Brésil) à feuilles de quinze ou vingt paires de folioles oblongues, obtuses, pubescentes; à gousses très-grandes, comprimées

épaisses, en forme de sabre. *M. La Marck*, suivant Pison, Marcgrave & Breynius, c'est un arbre remarquable pour sa hauteur & son étendue considérables, & pour sa beauté. Son écorce est lisse & de couleur cendrée blanchâtre. Ses branches sont nombreuses & s'étendent considérablement au large de tous côtés. Le pétiole des feuilles est long d'environ neuf pouces. Ses folioles, très-agréables à voir, sont exactement opposées, d'une forme très-régulière elliptique-alongée à bords latéraux parallèles, obtuses aux deux bouts, d'un verd clair, traversées dans leur milieu, suivant leur longueur, par une nervure rougeâtre, de laquelle sortent obliquement des veines nombreuses, opposées, droites, parallèles, également distantes les unes des autres, qui s'étendent vers les bords, proche desquels leur extrémité se courbe régulièrement. Les fleurs naissent des aisselles des feuilles sur des grappes simples, courbées, penchées, qui, suivant Breynius, ont environ douze pouces de longueur; elles pendent chacune à un pédoncule propre, long d'un pouce; elles sont moins larges que celles de la Casse des boutiques, n.° 20; mais elles sont d'une couleur incarnate, très-belle & très-éclatante, qui se voit de très-loin. Les gousses, lorsqu'elles sont mûres, sont pendantes, extérieurement brunes ou noires: chacune est longue d'environ deux pieds; de cinq travers de doigt de grosseur, suivant Pison & Marcgrave; large au moins de trois pouces, suivant M. La Marck; cylindrique, un peu comprimée de manière que l'aire de sa coupe transversale représente une ellipse & non un cercle, un peu courbée en façon de sabre Polonois, ayant d'un côté une proéminence longitudinale double, qui s'étend d'un bout à l'autre, & de l'autre une proéminence simple, qui ressemble à une corde qui seroit collée d'un bout à l'autre sous l'épiderme. Les parois de ces gousses sont très-dures, & ne peuvent être rompues qu'en les frappant avec un marteau. La capacité de chaque gousse est divisée dans sa longueur en un grand nombre de loges par des cloisons transversales. Chaque loge a deux ou trois lignes de hauteur, & contient une semence dont l'enveloppe propre est de la grandeur & de la figure, à-peu-près, d'une amande, est blanche-jaunâtre, luisante, polie, dure, divisée d'un côté suivant sa longueur par une ligne roussâtre; la substance contenue dans cette enveloppe propre est blanche & ressemble à de la corne. Chaque loge contient, outre cette semence, une pulpe glutineuse, noirâtre, semblable à celle de la Casse des boutiques, n.° 20, mais d'une saveur amère & désagréable, qui est astringente avant, mais non après la maturité. Les Brasiliens nomment cette plante *Tapyracoaynana*. Suivant Aublet, les Colons de l'Isle de Cayenne, où cet arbre croît aussi, nomment ses gousses *Casse de Parà*.

41. Casse (crételle) à feuilles multijuguées ou de beaucoup de paires de folioles; à glande pétiolaire-pédiculée; à stipules en forme d'épées. *Linnæus.* C'est une plante annuelle. Ses racines sont menues & blanchâtres. Sa tige acquiert la hauteur de deux pieds & est rameuse dans sa partie inférieure. Les pétioles communs des feuilles ont environ trois pouces de longueur. Les folioles sont au nombre de quinze à dix-huit ou même vingt paires sur chaque feuille: elles sont lancéolées & longues de six lignes. Les fleurs naissent dans les aisselles des feuilles, une ou quelquefois deux dans chaque aisselle: elles sont portées chacune sur un pédoncule long de six lignes: elles sont jaunes, belles, larges de quinze lignes; les deux pétales supérieurs ont chacun une tache pourpre vers leur base. Les gousses sont longues de deux pouces, noirâtres, applaties, un peu renflées à l'endroit de chaque semence. Les semences sont arrondies, pointues, luisantes & noirâtres.

42. Casse (glanduleuse) à feuilles multijuguées, à beaucoup de glandes; à stipules en alène. *Linnæus.* C'est une plante haute d'un pied. Les pétioles communs des feuilles ont une glande pédiculée entre chaque paire de folioles. Il vient deux pédoncules uniflores dans l'aisselle de chaque feuille. Les gousses ressemblent à celles de l'orobe.

43. Casse à feuilles de Sensitive. Casse (mimosoïde) à feuilles multijuguées, linéaires; à glande peu apparente sur la base des pétioles; à stipules sétacées. *Linnæus.* Il vient dans chaque aisselle des feuilles deux pédoncules aussi long qu'elles, & chargés chacun d'une fleur assez grande. C'est un arbrisseau de deux pieds de hauteur.

44. Casse (flexueuse) à feuilles multijuguées; à stipules en demi-cœur. *Linnæus.* Suivant Breynius, c'est une très-jolie plante annuelle. Sa tige est fléchie en zig-zag. Ses feuilles, longues de huit pouces, ont environ trente-deux à trente-six paires de folioles, longues de trois lignes sur deux tiers de lignes de largeur. Ces feuilles se contractent & se ferment chaque nuit de la même manière que celles du plus grand nombre des espèces de ce genre. Les fleurs viennent solitaires dans les aisselles des feuilles. Elles sont rougeâtres & agréables à voir; leurs pétales sont pointus. Les gousses sont jolies, très-noires, longues d'un pouce & demi à deux pouces sur une ligne & demie de largeur. Elle croît naturellement dans les champs & sur les collines fleuries du Brésil.

45. Casse à feuilles étroites. Casse (très-étroite) à feuilles multijuguées, à folioles très-petites, barbues; à stipules lancéolato-sétacées; à pédoncules géminés ou divisés en deux; à tige velue. *M. La Marck.* C'est une plante annuelle qui ressemble beaucoup à sa précédente, & s'en

distingue principalement par ses stipules. Sa tige n'est point fléchie en zig-zag. Ses fleurs viennent ordinairement au nombre de deux dans chaque aisselle : elles sont portées tantôt chacune à part sur un pédoncule, tantôt toutes deux ensemble sur un pédoncule partagé en deux.

46. CASSE (clignottante) à feuilles multijuguées ; à fleurs pentandres ou à cinq étamines ; à tige érigée. *Linnæus.* C'est une jolie plante annuelle, qui s'élève en Europe à la hauteur de près d'un pied. Dans l'Isle d'Amboine, elle acquiert plus de deux pieds de hauteur. Elle est peu rameuse. Les pétioles communs de ses feuilles font de douze à quinze lignes de longueur, & portent chacun une glande arrondie, pédiculée & brune au-dessous des folioles. Chaque feuille a douze à quinze paires de folioles opposées, oblongues, obtuses avec une petite pointe, longues de quatre à cinq lignes sur une ligne de largeur, & qui sont ainsi placées si proches les unes des autres, qu'au premier coup-d'œil la feuille paroît simple & entière plutôt que pinnée. Les feuilles se contractent & se ferment étroitement là nuit de la même manière que celles du plus grand nombre des espèces de ce genre, de sorte que lorsqu'elles sont contractées il semble au premier coup-d'œil que la plante a perdu toutes ses folioles, & qu'il ne lui reste plus que les pétioles communs des feuilles. Un peu au-dessus de chaque aisselle des feuilles, il naît sur la tige un seul pédoncule qui porte une ou, suivant Linnæus, trois fleurs très-petites, jaunes, & d'une figure singulière ; car les quatre pétales supérieurs sont très-petits & sont constamment connivents & fermés, tandis que le cinquième pétale, qui fait comme une lèvre inférieure, est quatre fois plus grand & constamment très-ouvert. C'est de cette figure de la fleur que la plante tire son nom spécifique. Ce grand pétale inférieur a quatre lignes de long sur trois lignes de largeur. Les gousses, suivant Rumphius, sont très-minces, noirâtres, longues d'environ un pouce & demi sur environ deux ou trois lignes de largeur, & renflées à l'endroit de chaque semence. Les semences sont petites, oblongues, jaunâtres, pâles, dures & luisantes. Cette plante croît naturellement, suivant Rumphius, à Amboine, dans les montagnes, en terre forte & sèche. Elle croît aussi en Virginie. Rumphius la nomme *l'Agréable - triste*, suivant son nom vulgaire en langue Malaise, *Suca duca* qui dénote une plante gaie & triste, & qui lui a été donné parce qu'elle est tous les jours triste & gaie, ayant son feuillage, pendant la journée, gaiement épanoui, & pendant la nuit tristement contracté, de manière que lors de cette contraction, elle ressemble à une plante morte.

47. CASSE (couchée) à feuilles multijuguées, sans glandes ; à tige couchée. *Linnæus.* C'est une herbe annuelle, dont le feuillage ressemble à celui de la sensitive. Les fleurs sont petites, & les gousses sont étroites & applaties. Cette espèce croît naturellement dans les lieux secs.

48. CASSE (naine) velue, très-rameuse, à feuilles multijuguées, ciliées à la base ; à glande pétiolaire pédiculée ; à fleurs très-petites. *M. La Marck.* Les fleurs viennent au nombre de deux dans chaque aisselle des feuilles.

49. CASSE (à feuilles courtes) très-rameuse, presque glabre, à feuilles de douze paires de folioles obovées ; à pédoncules latéraux solitaires, plus longs que les feuilles. *M. La Marck.* C'est un très-petit arbuste dont les tiges sont longues de trois à cinq pouces. Les pétioles communs n'ont que cinq à six lignes de longueur. Il ne vient, dans l'aisselle de chaque feuille, qu'une seule fleur beaucoup plus grande que celles de l'espèce précédente.

Culture. La Casse à gousses menues, n.° 7, se multiplie par ses semences & se cultive, dans le climat de Paris, de la même manière que la Casse puante, n.° 18. Etant semée au Printems sur couche chaude & sous chassis, elle fleurit en Mai & Juin, & donne ses gousses mûres en Août, comme j'ai déjà dit. On la laisse sur couche chaude sous chassis jusqu'à la fin d'Août, en ayant soin que les chassis soient assez exhaussés pour qu'elle ne soit pas exposée à être brûlée par le soleil. A la fin d'Août, dans le cas où ses semences ne sont pas encore mûres on la place dans la couche de tan de la serre chaude. Cette plante meurt après avoir perfectionné ses semences.

La Casse à nectaires, n.° 8, n'a pas encore été cultivée dans le climat de Paris ; mais comme elle est des mêmes pays que la précédente, & que sa vie est aussi courte naturellement, il est très-probable qu'il faudra la cultiver de la même manière dans ce climat, & qu'elle y fleurira & fructifiera aussi facilement. Comme elle se plaît dans les bons terreins, il paroît qu'une terre légère & substantieuse, pareille à celle indiquée plus bas pour la culture de l'espèce, n.° 23, sera celle qui lui conviendra le mieux. Son utilité, dans l'art de la teinture, doit faire désirer qu'on l'introduise dans toutes nos Colonies d'entre les tropiques. Peut-être même ne seroit-il pas impossible de la cultiver en pleine terre dans l'Europe méridionale & même en France. La brièveté de sa vie fait regarder à M. de Cossigny la possibilité de cette culture comme vraisemblable : & l'utilité de cette plante doit porter à tenter l'expérience à cet égard. On doit s'attendre que cette culture, en pleine terre en Europe, sera plus difficile, la première année qu'on l'essaiera, que les suivantes ; car il est d'expérience que les plantes, de quelqu'espèce que ce soit, provenues de semences nées sous la zone torride, sont beaucoup plus délicates &

plus

plus tardives, dans le climat d'Europe, que les plantes, de la même espèce quelconque, pro- venues de semences nées dans ce dernier climat. On conçoit donc que ce ne sera que d'après des essais faits sur des plantes provenues de graines nées en Europe, qu'on pourra savoir, avec certitude, si l'on peut ou non y cultiver avec succès cette espèce en pleine terre & en plein air. J'ai déjà dit qu'elle se plaît dans les bons terreins.

La Casse bicapsulaire, n.º 10, se multiplie & se cultive, dans le climat de Paris, exactement de même que celle n.º 18. Il ne faut jamais négliger, chaque fois que les racines des plantes de cette espèce remplissent entièrement la ca- pacité des pots où elles sont contenues, de les transplanter dans d'autres pots plus grands, ou de leur donner un demi-change, selon l'étendue de l'accroissement que ces plantes auront pris hors de terre. *Voyez* REMPOTAGE & DEMI- CHANGE. La saison la plus favorable pour faire l'une de ces deux opérations, sur-tout lorsque ces plantes sont adultes, est le mois d'Août & principalement le mois d'Avril.

La Casse, à feuilles échancrées, n.º 11, est une plante très-délicate, qui se multiplie & se cultive dans le climat de Paris, de la même ma- nière que l'espèce, n.º 20, dans une terre pa- reille à celle indiquée pour l'espèce, n.º 23. Elle doit de même rester constamment pendant toute l'année dans la couche de tan de la serre chaude.

La Casse, à feuilles obtuses, n.º 12, se mul- tiplie & se cultive, dans le même climat de Paris, de la même manière que celle, n.º 7. Comme elle ne fleurit pas dans ce climat avant le mois de Novembre, elle n'y produit pas de bonnes semences, ainsi que j'ai déjà dit.

La Casse, à Corymbes, n.º 13, se multiplie & se cultive dans le climat de Paris comme celles n.ºˢ 10 & 18, avec les différences que comporte sa nature beaucoup moins délicate. Elle peut être exposée en plein air, en bonne exposition, depuis la fin du mois de Mai jusqu'au quinze ou au trente Septembre. Elle peut être conservée pendant l'Hiver dans une serre où la chaleur, entretenue habituellement, soit de six à douze degrés. Elle fleurit en Automne.

La Casse, à gousses longues, n.º 14, se mul- tiplie & se cultive, dans le climat de Paris, comme celles, n.ºˢ 10 & 18.

La Casse, à feuilles en faulx, n.º 15, se multiplie & se cultive dans le même climat, comme celle à gousses menues, n.º 7.

La Casse de la Chine, n.º 16, se multiplie & se cultive dans le même climat de Paris, comme celle, n.º 18, dans une terre pareille à celle indiquée pour l'espèce, n.º 23.

La Casse puante, n.º 18, se multiplie, dans le climat de Paris, par ses graines, qu'il faut

Agriculture. Tome II.

semer au Printems, dans de petits pots remplis d'une terre légère, telle que seroit, par exem- ple, un mélange exact de deux parties de terre légère, avec une partie de terreau de bruyère & une partie de terreau de vieille couche très- consommé, ou avec deux parties de ce dernier terreau, si l'on n'a point de celui de bruyère à sa disposition ; ou bien, au défaut de terre lé- gère, un mélange d'un tiers de terre à potager avec un tiers de terreau de bruyère, & un tiers de terreau de couche très-consommé, ou avec deux tiers de ce dernier terreau. Aussi-tôt après que ce semis est fait, les pots qui le contiennent doivent être enterrés, jusqu'à leurs bords, dans le terreau d'une couche chaude placée en bonne exposition, & couverte d'un châssis. Ce semis doit être arrosé tous les jours assiduement & modérément jusqu'à ce qu'il soit levé. Lorsque les plantes paroissent il faut les traiter en plantes très-délicates ; ne négliger aucune précaution pour les entretenir en bon état de végétation, & les préserver du froid, de l'humidité pour- rissante, & de l'étiolement. Ainsi, on modère alors les arrosemens, & on ne leur donne de l'eau qu'au besoin, sur-tout tant que l'atmos- phère est froide & humide & que le soleil ne paroît pas : on sarcle & on éclaircit convenable- ment : on a très-grand soin de couvrir les châssis avec de la paille & des paillassons chaque fois qu'il est nécessaire ; de faire jouir les plantes du soleil & de l'air chaque fois que le tems le permet ; & de faire des réchauds aux couches aussi-tôt que leur chaleur descend au-dessous de douze degrés, suivant le thermomètre de Réau- mur. Lorsque les jeunes plantes sont parvenues à la hauteur de deux ou trois pouces, il faut les transplanter pendant un tems brumeux, chacune à part, dans un petit pot rempli avec la même sorte de terre que celle indiquée pour le semis. En les transplantant, il faut avoir grand soin de leur conserver leurs racines, autant qu'on le peut, & de ne laisser ces racines ex- posées à l'air que le moins long-tems qu'il est possible. Aussi-tôt après cette transplantation on enterre ces pots dans le terreau d'une couche de chaleur modérée, placée aussi en bonne expo- sition & couverte de châssis : on les arrose cha- que jour assiduement & légèrement, & on les tient à l'abri du soleil & du grand air, jusqu'à ce qu'on juge, par la végétation des plantes, qu'elles ont poussé de nouvelles racines. Ensuite on diminue les arrosemens, & l'on accoutume les plantes, par degrés, au soleil & à l'air, dont on les fait jouir après cela tous les jours à pro- portion de la chaleur de la saison. On règle aussi, suivant cette même chaleur, la quantité & la fréquence des arrosemens qu'on leur ad- ministre. Chaque fois que les racines de ces plantes remplissent entièrement la capacité des pots où elles sont contenues, il ne faut pas négliger de les tranfplanter auffi-tôt dans d'autres pots plus grands. Il ne faut pas que les nouveaux pots où on les met foient beaucoup plus grands que ceux d'où on les ôte, parce qu'il vaut mieux les changer de pots fouvent que de leur donner de trop grands pots, qui leur font préjudiciables, en ce que leurs racines n'y font pas fuffifamment échauffées par la chaleur de la couche, & en ce que la maffe de terre qu'ils contiennent eft fujette à s'y charger d'une humidité exceffive & dommageable qui s'en évapore difficilement. Lorfque les plantes deviennent trop hautes pour pouvoir être contenues fous les chaffis de la couche, on les tranfporte dans la couche de tan de la ferre chaude ; ou bien on les couvre avec une cabane ou une caiffe de vitrage fuffifamment exhauffée, où on les laiffe jufqu'à la fin d'Août. Dès le commencement de Septembre, on les tranfportera dans la couche de tan de la ferre chaude, où elles refteront enfuite continuellement. Cette plante demande, fuivant Commelin, beaucoup de chaleur & une humidité conftante & modérée, à l'aide defquelles elle fleurit quelquefois pendant tout l'Eté. Suivant Miller, elle fleurit la feconde année après avoir été femée : on peut, dans les Etés chauds, après fa première année, la placer en plein air en bonne expofition depuis la fin de Juin jufques vers le quinze, ou vers la fin d'Août. Elle y fleurit très-bien ; mais il n'eft pas à propos de l'y laiffer plus long-tems, & elle ne perfectionne pas fes femences fi on ne la tranfporte pas dès le commencement de Septembre dans la couche de tan de la ferre chaude. La chaleur qu'il eft le plus à propos d'entretenir pendant l'Hiver dans la ferre où cette plante eft renfermée, eft une chaleur de douze à dix-fept degrés, fuivant le thermomètre de Réaumur. Suivant Miller, cette plante refte long-tems en fleur dans cette ferre pendant l'Hiver. Suivant Commelin, cette plante fubfifte plufieurs années, pourvu qu'on la préferve fuffifamment du froid & d'une féchereffe exceffive.

La Caffe, à gouffes plates, n.° 19, fe multiplie & fe cultive, dans le climat de Paris, de la même manière que celle, n.° 20, dans une terre pareille à celle indiquée pour la culture de l'efpèce n.° 23. Elle fleurit, chaque année, dans la ferre chaude.

La Caffe des boutiques, n.° 20, fe cultive aux environs du Caire, d'Alexandrie, de Damiète, dans tout le refte de l'Egypte & ailleurs, à caufe de fes vertus, de fa beauté, & du commerce qu'on fait de fes gouffes. On en forme des allées de promenade, & des vergers auffi agréables que profitables. Il paroît que, dans toute l'Egypte, comme dans tous les autres pays qui fourniffent au commerce les gouffes de cet arbre, fa culture n'exige, pour ainfi dire, aucun foin. Il eft extrêmement abondant dans les pays où il eft naturel, & il ne l'eft pas moins dans l'Egypte comme dans tous les pays chauds de la zône torride où il a été tranfporté, & où il ne ceffe de fe multiplier de lui-même en telle quantité, que l'on peut dire qu'il s'y eft parfaitement naturalifé : de manière qu'il fe trouve en très-grand nombre, tant dans les vaftes forêts des Antilles & d'autres pays d'entre les Tropiques en Amérique, que dans celles du Continent & des Ifles & Archipels des Indes orientales, comme dans l'Abyffinie, ainfi que j'ai déjà dit. Il paroît qu'en Egypte, quoique de tous ces pays ce foit un des moins favorables à cette efpèce de Caffe, puifqu'il eft hors de la zône torride, elle y croît néanmoins fi abondamment, que la quantité des récoltes que l'on y fait de fes gouffes, furpaffe toujours de beaucoup celle de la confommation & du débit ; car Profper Alpin affure qu'on voit communément, dans les magafins des Egyptiens, d'immenfes quantités de ces gouffes, recueillies fouvent depuis quarante ans. Dans tous les pays qui fourniffent au commerce les gouffes de cet arbre, on peut le planter avec fuccès en toutes fortes de terreins ; mais on le plante préférablement dans les terres fortes & argilleufes, où, fuivant Rumphius, il végète plus vigoureufement, & devient plus grand & plus étendu que dans toutes les autres. Il croît très-rapidement en tous terreins. Rumphius affure, d'après l'expérience qu'il en a faite lui-même à Amboine dans le quartier de Hitoë, que les femences de cette efpèce étant mifes en terre, produifent, dans l'efpace d'une année, des arbres de cinq ou fix pieds de hauteur. Ainfi lorfqu'on veut, dans les pays que j'ai mentionnés, planter ces femences en pépinière, il convient de les efpacer ou d'éclaircir les jeunes plants qui en proviennent, de manière qu'ils foient, pendant la première année, à une diftance fuffifante, comme, par exemple, à celle de deux pieds & demi ou trois pieds les uns des autres. Il convient auffi, par la même raifon, de ne pas les laiffer long-tems en pépinière, & de les planter à demeure à l'âge d'un ou deux ans au plus tard. De plus longs détails fur cette culture facile feroient fuperflus. La récolte & la confervation des gouffes n'eft pas plus difficile que la culture de l'arbre. Quoique ces gouffes mûriffent pendant toute l'année, cependant on fe contente d'en faire une feule récolte par an. Suivant Profper Alpin, aux environs du Caire on n'en récolte qu'en Juin, pendant la féchereffe, avant la crûe du Nil. On ne cueille que les gouffes qui font les plus parfaitement mûres & bien fèches : les autres, & toutes celles qui mûriffent pendant les mois fuivans, reftent fans aucun inconvénient fur l'arbre jufqu'au mois de Juin fuivant. Auffitôt que les gouffes font récoltées, on les enferme dans les magafins où elles font placées fèchement, & où l'on n'oublie aucune précaution pour les mettre à l'abri du contact de l'air extérieur, qui les corromproit très-promptement ; car, comme on fait, l'air est très-humide en Egypte pendant une grande partie de l'année, depuis la fin de Juin. Avec ces précautions, elles s'y conservent souvent pendant quarante ans. M. de Cossigny vient de m'assurer, de vive voix, que les arbres de cette espèce de Casse, qui ne sont point rares à l'Isle-de-France, n'y produisent jamais ou presque jamais de fruits, quoiqu'ils y fleurissent chaque année très-abondamment. Ce fait est très-remarquable.

Il paroît que cet arbre ne peut subsister en pleine terre que sous la zône torride & dans un très-petit nombre de pays privilégiés, qui, comme l'Egypte, quoique situés sous la zône tempérée, sont presque aussi favorables à la végétation que ceux de la zône torride.

En Europe, on ne peut élever & conserver cette espèce que sur couches chaudes & en serres chaudes : & il s'en faut de beaucoup que sa culture soit aussi facile sur ces couches & dans ces serres en Europe, qu'elle l'est en pleine terre dans les pays que je viens de mentionner. Cette espèce est au contraire une des plantes les plus délicates qui soient cultivées dans ces serres.

Dans le climat de Paris on est dans l'usage de multiplier cette espèce par le moyen de ses graines qu'on se procure aisément chez tous les droguistes. Il faut choisir les semences les plus pleines dans les gousses les plus récentes, les plus saines & les mieux conservées. Comme, suivant ce que j'ai dit plus haut au sujet de la culture de l'espèce, n.° 8, les plantes exotiques sont d'autant plus difficiles à élever & à conserver dans le climat de Paris, que les pays dans lesquels sont nées les semences dont elles proviennent sont plus chauds & plus favorables à la végétation ; il suit de-là qu'il est très-à-propos de préférer pour semer, dans le climat de Paris, les semences de cette espèce de Casse prises dans des gousses récoltées aux environs d'Alexandrie en Egypte, à celles prises dans des gousses récoltées sous la zône torride. Des semences nées dans le climat de Paris, seroient encore infiniment plus convenables ; mais, jusqu'à présent, cette espèce n'en a pas produit dans ce climat. Miller conseille de cultiver cette espèce, ainsi que toutes celles dont il fait mention, dans une terre légère, telle, par exemple, que celle indiquée plus haut pour la culture de l'espèce, n.° 18, & il croit que cette espèce, n.° 20, vient naturellement dans les terreins sablonneux : mais, comme suivant le rapport de Rumphius que j'ai cité, cette espèce devient plus belle à Amboine, dans les terres fortes que dans les terres légères, il paroît à propos de lui administrer, dans le climat de Paris, une terre substantieuse modérément forte, telle que seroit, par exemple, un mélange exact de deux parties de bonne terre à potager avec une partie de terreau de couche bien con-

sommé. Une terre trop forte seroit dangereuse, parce qu'elle est sujette dans les serres, ou bien à ne pas se laisser pénétrer suffisamment par l'eau des arrosemens, ou bien à se changer d'un excès préjudiciable d'humidité. Il convient de semer les graines de cette espèce de très-bonne heure au Printems, & de l'avancer, autant qu'il est possible, afin qu'elle puisse, pendant la première année, se fortifier suffisamment, pour résister aux rigueurs du premier Hiver, qui est, pour elle, beaucoup plus dangereux que les Hivers suivans. On sème ces graines dans des petits pots remplis avec la terre indiquée, & qu'on enterre sur-le-champ jusqu'à leurs bords dans le terreau d'une couche chaude, couverte d'un chassis & placée en exposition chaude & abritée. Ce semis doit être traité comme celui de l'espèce n.° 18. Lorsque les semences sont bonnes, elles lèvent assez facilement. Lorsque les jeunes plantes paroissent, elles doivent être traitées comme celles de l'espèce, n.° 18, & avec encore plus de soins & de précautions, parce qu'elles craignent encore plus l'excès d'humidité, le froid & l'étiolement. La moindre inexactitude peut les faire périr. Lorsqu'elles ont atteint la hauteur de trois ou quatre pouces, il ne faut pas négliger de les transplanter aussi-tôt, chacune à part, dans un petit pot rempli d'une terre pareille à celle du semis, & d'enterrer, sur-le-champ, ces pots dans le terreau d'une seconde couche de chaleur modérée, exposée comme la première & couverte d'un chassis. Si on les laissoit plus long-tems, plusieurs ensemble dans un même pot, elles se déroberoient réciproquement la nourriture, leur accroissement en seroit arrêté ou notablement diminué, & elles pourroient s'étioler considérablement. Les soins & précautions qu'il faut employer pour ces jeunes plantes, depuis le moment de cette transplantation, soit pour les faire reprendre, soit ensuite jusqu'à la fin de l'Eté, sont les mêmes que ceux détaillés pour les espèces, n.ᵒˢ 18 & 10, avec l'attention, l'exactitude plus grandes & les différences qu'exige la nature beaucoup plus délicate de l'espèce, n.° 20. Chaque fois que les racines des plantes de cette espèce remplissent la capacité des pots où elles sont contenues, il leur est encore plus nécessaire qu'à celles des espèces, n.ᵒˢ 18 & 10, d'être transplantées aussi-tôt dans des pots plus grands, sur-tout pendant la première année, afin que leur accroissement ne soit pas arrêté, & qu'elles puissent devenir assez fortes, avant le premier Hiver, pour être en état de lui résister : & chaque fois qu'on change ainsi cette espèce de pots, on lui porteroit au moins autant de préjudice qu'à aucune autre, en négligeant aucun des soins que ce changement exige, & en lui donnant de trop grands pots, qui ne s'échauffent pas assez & prennent trop d'humidité. Cette espèce ne doit jamais être exposée en plein air, dans le climat de Paris, ni pendant cette première année, ni à quelqu'âge qu'elle soit parvenue, quelque soit la chaleur de la saison. Ainsi, les plantes de cette espèce resteront sur la couche chaude dont je viens de parler, & sous les vitrages de cette couche jusqu'à la fin de l'Eté, pourvu que ces vitrages soient assez exhaussés pour qu'elles ne soient pas en danger d'être brûlées par le soleil ; mais elles ne doivent sortir de cette couche & de dessous ces vitrages que pour passer sur-le-champ dans la couche de tan de la serre chaude ; on les mettra dans cette dernière au plus tard à la fin de Septembre, & elles y resteront constamment, depuis ce moment, pendant toutes les saisons de l'année, tant qu'elles existeront, sans jamais en sortir, quelque tems qu'il fasse. Il est très-nécessaire à ces plantes, lorsque le tems le permet, de jouir de l'air frais chaque jour à proportion de la chaleur de la saison. Si l'on néglige de les en faire jouir suffisamment, principalement pendant l'Eté & l'Automne, elles s'étioleront, ou au moins deviendront trop tendres, & elles périront certainement pendant l'Hiver suivant. Commelin dit qu'elles parviennent ordinairement à la hauteur d'un pied avant le premier Hiver. Il est bon de les arroser souvent pendant les grandes chaleurs de l'Eté ; mais il faut nécessairement modérer beaucoup les arrosemens depuis le mois de Septembre jusqu'à l'Hiver, afin qu'elles puissent s'endurcir suffisamment pour résister à cette dernière saison. Pendant cette saison l'humidité leur est très-préjudiciable ; il faut les arroser très-rarement, leur donner très-peu d'eau à-la-fois, & ne leur en donner que lorsque la terre des vases qui les contiennent est séchée depuis la surface jusqu'à un pouce de profondeur. Il faut entretenir habituellement, pendant l'Hiver, dans la serre qui renferme ces plantes, une chaleur de douze à dix-sept degrés : c'est la température qui leur convient le mieux pendant cette saison. Il faut avoir très-grand soin pendant la même saison de n'aërer la serre qui contient ces plantes que lorsque le tems est serein & sec sans être trop rigoureux, & lorsqu'en même-tems le vent est foible ; de n'ouvrir pour cela une issue à l'air de la serre qu'à un des bouts de cette serre seulement, & du côté opposé à celui d'où vient le vent ; de faire en sorte que le nouvel air, que l'ouverture de cette issue force de s'introduire alors dans la serre, ne frappe pas directement sur les plantes ; de faire en sorte qu'au moment où l'on donne cette issue à l'air de la serre, le thermomètre qu'elle contient soit élevé à environ vingt ou vingt-cinq degrés ; de refermer cette issue avant que le renouvellement de l'air ait fait descendre le thermomètre au-dessous de quinze degrés : en un mot, il faut user de beaucoup de prudence & de discrétion chaque fois que l'on aërera cette serre pendant l'Hiver, & sur-tout vers le commen-

cement du Printems lorsque ces plantes ont fait des pousses tendres dans la serre, de manière qu'on ne les accoutume à jouir de l'air nouveau, que par gradation insensible ; car, sans ces précautions, cet air nouveau, en occasionnant dans l'air ambiant de ces plantes un changement trop brusque, leur seroit beaucoup plus dommageable que profitable, offenseroit leurs organes, flétriroit leurs tendres pousses, & les mettroit en danger de périr très-promptement. La délicatesse de ces plantes fait que le défaut d'attention suffisante à cet égard, leur est souvent funeste. Tant que ces plantes croissent beaucoup, il faut les changer de pots chaque année, en ayant attention chaque fois de ne leur point donner de vases trop considérablement plus grands que ceux qu'on leur ôte ; car les trop grands vases leur sont préjudiciables à tout âge. Quand leur accroissement de chaque année est peu considérable, on ne les change de vases que de deux années l'une, en Août ou mieux en Avril ; & dans les années où elles ne sont point changées, on se contente d'enlever, en l'un de ces deux mois, autant de terre qu'on peut de la superficie de l'ancienne terre des pots ou des caisses sans endommager les racines, & on la remplace sur-le-champ par de la terre nouvelle. (*Voyez* REMPOTAGE & DEMI-CHANGE.) Moyennant ces soins, les plantes de cette espèce s'élèveront dans les serres chaudes du climat de Paris, à la hauteur de huit ou dix pieds, & y fleuriront chaque année.

La Casse lancéolée, n.° 23, qui est le Séné d'Alexandrie, est cultivée en pleine terre en Perse, en Arabie, & en Syrie ; mais on ignore les détails de cette culture ; on voit seulement dans l'Histoire des Plantes de Jean Bauhin (*J. Bauhini Historia Plantarum universalis*) que dans le Levant on cultive en certains cantons cette espèce, dans une terre amendée avec du fumier de mouton.

En Europe, dans les climats semblables à celui de Paris, suivant Miller, cette espèce se multiplie par ses graines, qu'il faut semer de bonne heure au Printems sur une bonne couche chaude, couverte de chassis, & placée en exposition chaude & abritée, dans de petits pots remplis d'une terre légère & substantieuse, telle que seroit, par exemple, un mélange exact d'une partie de bonne terre à potager avec partie égale de terreau de vieille couche bien consommée. Ce semis doit être fait & soigné, & les plantes qui en proviennent doivent être traitées de la même manière & avec les mêmes attentions & précautions qui ont été indiquées plus haut pour l'espèce, n.° 18, en y ajoutant encore plus d'attention, de soin, d'exactitude, & les différences qu'exige la nature de cette espèce, n.° 23, qui, suivant Miller, est annuelle, & est beaucoup plus délicate. Elle ne doit jamais être exposée en plein air. Elle doit rester pendant tout l'Eté sur la couche chaude, & sous les chassis où on lui donne beaucoup d'air dans les tems chauds. Avec cette méthode & en avançant le plus possible, les plantes de cette espèce au Printems, Miller à souvent réuffi à les faire fleurir en Août & Septembre ; mais il a rarement réuffi à ce qu'elles perfectionnent leurs semences. Pour tâcher de faire mûrir ces semences, il faut à la fin de Septembre transporter ces plantes dans la couche de tan de la serre chaude.

Il seroit à propos de tâcher d'enrichir de cette plante nos Colonies Américaines d'entre les Tropiques. Il seroit facile de l'y multiplier, en peu de tems, affez abondamment pour suffire à la consommation de toute l'Europe, que l'on affranchiroit ainfi du tribut qu'elle paye annuellement aux Levantins pour cet objet.

La Casse d'Italie, n.° 24, ou en d'autres termes le Sené d'Italie, qui est, suivant Miller, originaire des Indes d'où ses semences lui ont été envoyées, se cultive en pleine terre en plusieurs contrées de l'Italie, suivant Jean Bauhin, Matthiole, Dodonée, Lobel, &c. On l'y cultive principalement dans le Florentin, & dans plusieurs autres cantons de la Toscane, dans le territoire de Gènes, dans les environs de Rome, dans la Pouille, &c. comme j'ai déjà dit. On l'y multiplie par ses semences ; on ne doit pas l'y semer avant le mois de Mai : lorfqu'on y sème ses graines plutôt, on est en grand risque de voir les plantes qui en proviennent détruites par le froid auquel elles sont extrêmement sensibles. Les premiers froids de l'Automne y détruisent aussi ces plantes : on a soin d'en faire la récolte avant ces premiers froids. Il tombe sous le sens qu'on doit choisir pour la semer en ces pays les lieux les plus chaudement exposés, & les mieux abrités des vents froids.

Dans le climat de Paris, cette espèce se multiplie & se cultive exactement de la même manière que l'espèce précédente, n.° 23. Si l'on hâte ses progrès au Printems, elle fleurira en Juillet, & l'on en obtiendra de bonnes semences.

La Casse biflore, n.° 25, se multiplie & se traite dans le climat de Paris comme l'espèce, n.° 20, en terre pareille à celle indiquée pour la culture de l'espèce, n.° 23.

La Casse à feuilles obtuses, n.° 28, se multiplie & se cultive dans le climat de Paris comme les espèces, n.°' 18 & 10. Suivant Miller, on peut en obtenir de bonnes semences.

Dans le même climat, la Casse cotonneuse, n.° 30, se multiplie & se cultive comme l'espèce, n.° 20, dans une terre pareille à celle indiquée pour l'espèce n.° 23.

La Casse à gousses ailées, n.° 31, est, suivant Rumphius, cultivée dans les Indes orientales à cause de ses vertus. Elle ne vit pas, dit-il, au-delà de deux ans : on l'y multiplie par ses semences.

Dans le climat de Paris elle se multiplie & est cultivée comme l'espèce, n.° 20, dans une terre pareille à celle indiquée pour la culture de

l'espèce, n.° 23 ; & elle est au moins aussi délicate que l'espèce, n.° 20. Suivant Miller, elle ne vit guère que deux ans. Il faut lui donner trèspeu d'eau pendant l'Hiver : elle fleurit la seconde année; mais il est rare qu'elle produise des semences.

La Casse de Maryland, n.° 32, est la seule espèce de ce genre qui puisse subsister en pleine terre & en plein air pendant l'Hiver dans le climat de Paris. Elle demande, dit Miller, un terrein sec & une exposition chaude. On la multiplie par le moyen de ses semences, qu'il faut tirer de son pays natal. On les sème, pendant le mois d'Avril, en terre meuble bien préparée, & en bonne exposition. On arrose le semis légèrement tous les jours jusqu'à ce qu'il soit levé. Lorsque les plantes paroissent, on modère les arrosemens, on sarcle & on éclaircit convenablement ; lorsque les plantes ont trois ou quatre pouces de hauteur, on éclaircit une seconde fois, c'est-à-dire, qu'on ne laisse que les plus fortes en place, à environ huit pouces ou un pied de distance les unes des autres ; on arrache les autres avec soin pour les repiquer sur-le-champ à la même distance réciproque, en terre pareille & bien préparée ; pendant cette opération on conserve le plus que l'on peut les racines de ces dernières, & on ne laisse ces racines à l'air que le moins long-tems possible ; cette opération doit se faire pendant un tems brumeux ; ces plantes nouvellement repiquées doivent être tenues à l'abri du soleil, & arrosées jusqu'à ce qu'elles aient poussé de nouvelles racines. Ensuite toutes ces jeunes plantes n'exigent, jusqu'à l'Automne, d'autres soins que d'être sarclées au besoin, & arrosées pendant les chaleurs. Au mois de Septembre suivant, on peut les transplanter à demeure dans la place qui leur est destinée, en terre bien préparée, pendant un tems brumeux, soit en mottes ce qui est le mieux, soit sans mottes, mais en conservant autant que l'on peut toutes leurs racines, qu'on ne laisse exposées à l'air que le moins long-tems que l'on peut : après cette transplantation, on les abrite du soleil, & on les arrose jusqu'à ce qu'elles aient poussé de nouvelles racines. Ensuite elles ne demandent d'autres culture que des sarclages. Elles vivent plusieurs années si les Hivers ne sont pas trop rigoureux, & si elles sont en terre sèche, chaudement exposée. Il est prudent de les couvrir avec de la paille longue pendant les fortes gelées. Elles fleurissent chaque année, mais elles ne produisent pas de semences dans le climat de Paris.

La Casse de Java, n.° 39, est cultivée dans les Indes orientales à cause de son usage pour l'amusement des vieillards, dit Rumphius. Sa culture y est aussi facile, & la même que celle de l'espèce, n.° 20. Il paroît qu'elle se plaît aussi dans les terres fortes ; car Rumphius a observé un grand nombre d'arbres de cette espèce à Amboine dans le quartier de Hitoë dont les terres sont argileuses.

Dans le climat de Paris, cette espèce se multiplie & se cultive aussi de la même manière exactement, & dans la même terre que l'espèce, n.° 20. Elle est aussi délicate que cette dernière. Elle demande des arrosemens copieux pendant les grandes chaleurs. Avec beaucoup de soins & d'exactitude on parvient à la conserver long-tems dans les serres : elle y fleurit annuellement, mais elle n'y produit point de semences.

La Casse du Brésil, n.° 40, se multiplie & se cultive dans le climat de Paris, de la même manière aussi que la Casse des boutiques, n.° 20, est aussi délicate, y fleurit aussi sans y fructifier.

La Casse Crételle, n.° 41, la Casse glanduleuse, n.° 42, & la Casse clignottante, n.° 46, se multiplient & se cultivent dans le climat de Paris, comme les espèces, n.°⁵ 7, 18 & 10. Elles ne doivent jamais être exposées en plein air dans ce climat. Comme l'espèce, n.° 46, se plaît principalement en terre forte dans son pays natal, on fera bien de lui donner, dans le climat de Paris, une terre pareille à celle indiquée pour l'espèce, n.° 20. Ces trois espèces fleurissent dans ce dernier climat, & lorsqu'elles sont semées de bonne heure & avancées au Printems, elles y produisent des semences mûres.

M. Thouin m'assure qu'on multiplie encore celles des espèces de ce genre desquelles j'ai exposé la culture, comme il suit, savoir : 1.° les espèces fruticantes par marcottes ; 2.° les mêmes espèces par racines ; 3.° les espèces herbacées vivaces par œilletons enracinés : 1.° on fait les marcottes en Mai & Juin, avec des branches d'une belle venue & de deux ans, qu'on entaille de la même manière que les marcottes d'œillet : ces marcottes, étant bien traitées, sont ordinairement assez enracinées au Printems suivant pour être sevrées : 2.° on choisit, au pied de chaque plante vigoureuse, une racine d'une force médiocre : on coupe cette racine, en Mai, tout près du tronc, sans la déranger, on met à découvert un ou deux pouces de longueur de l'extrémité supérieure de cette racine : cette portion exposée ainsi à l'air produit ordinairement une ou plusieurs tiges : les plantes obtenues ainsi se transplantent au Printems suivant ; 3.° les œilletons enracinés des espèces herbacées vivaces se plantent au Printems.

On ignore la culture la plus convenable aux autres espèces dans le climat de Paris.

Usages.

Suivant Rhéede, les feuilles de la Casse de Malabar, n.° 6, étant pilées, s'appliquent utilement sur les piquures d'abeilles : les semences pilées & mêlées avec le safran, s'appliquent avec avantage sur les pustules & les ulcères ; les mêmes semences pilées & mêlées avec le suc de la plante qu'il nomme *Veétla-Caitù*, s'appliquent utilement contre les panaris.

Suivant Rumphius, la Casse à gousses menues, n.° 7, est, pour les habitans de l'Isle de Baleya, une herbe potagère qu'ils emploient à leur nourriture, nonobstant son odeur très-désagréable & très-forte.

J'ai dit plus haut que M. de Cossigny s'est assuré que la Casse à nectaires, n.° 7, est certainement le *Tavera-Verai* ou *Taverai-Verai* des Indiens de la côte de Coromandel. Suivant cet Auteur, dans l'*Essai* cité *sur la fabrique de l'indigo*, les toiles de coton teintes en bleu d'indigo, par les Indiens de cette côte, sont une des branches les plus considérables de leur commerce : elles sont plus belles & mieux teintes que celles du Bengale & de Surate : leur couleur a plus de fixité que celle des siamoises de Rouen. Le procédé des Indiens, pour opérer cette belle & solide teinture, est décrit dans l'Essai cité ; on y voit, pages 341 & suivantes, qu'un des ingrédiens les plus indispensablement nécessaires pour réussir à teindre la toile en bleu d'indigo, suivant ce procédé, est une décoction de graines de *Tavera-Verai* que l'on jette avec les graines dans le bain de teinture lorsqu'il commence à entrer en fermentation. L'addition de cette décoction fait prendre à ce bain un degré suffisant de fermentation putride ou alkalescente, & fait que la matière colorante se dépose & se fixe convenablement sur la toile. *Voyez* le livre cité.

Suivant Sloane, les feuilles de la Casse à feuilles échancrées, n.° 11, s'emploient, à la Jamaïque, à la place de celles du Séné, c'est-à-dire, de la Casse à feuilles lancéolées, n.° 23, & de la Casse d'Italie, n.° 24, & elles purgent bien : la pulpe des gousses de la même espèce, n.° 11, a la même saveur & les mêmes vertus que celle de la Casse des boutiques, n.° 20.

Suivant Rumphius, les feuilles de la Casse de la Chine, n.° 16, se cuisent dans l'Inde orientale, & se mangent comme les autres plantes potagères, nonobstant leur odeur forte & désagréable ; car leur saveur est meilleure que leur odeur. Les habitans de l'Isle de Baleya pilent ces feuilles avec celles de la plante nommée *Djudjambu*, & en emploient le suc en liniment & en boisson comme rafraîchissant : la décoction des racines est une boisson utile dans la gonorrhée. Cette plante fait, par ses grandes fleurs, un très-bel ornement dans les jardins des Indes orientales, & dans les serres chaudes de l'Europe.

La Casse puante, n.° 18, est employée communément en Médecine dans les Antilles sous le nom de *Pois puant*. Elle y est regardée comme histérique, emménagogue, & résolutive. Suivant Pison, elle est très-communément employée au Brésil, principalement contre les inflammations de l'anus. Ses feuilles pilées & appliquées extérieurement, & son suc récemment exprimé & introduit dans l'anus, passent pour un excellent remède contre ces inflammations. Sa racine est réputée utile contre les poisons. L'eau distillée des fleurs est un puissant diurétique, fait sortir le gravier des reins & de la vessie, est utile dans la ſtrangurie. Deſportes dit que les ſemences de Pois puant rôties, broyées, & bouillies en façon de caffé forment une bôiſſon qui paſſe pour un excellent anti-hiſtérique. Suivant Margrave, on fait avec cette plante des fomentations qui ſont très-utiles contre toutes ſortes d'inflammations, & ſur-tout contre celles des jambes.

La Caſſe des boutiques, n.° 20, eſt, comme on ſait, d'un très-grand uſage en Médecine dans les quatre parties du monde. Les anciens Médecins en ont entièrement ignoré l'uſage. Ce ſont les Médecins Arabes qui ont les premiers introduit cet uſage, après avoir éprouvé combien il étoit ſalutaire. Les gouſſes de cette plante, ou plutôt la pulpe noirâtre qu'elles contiennent ſont preſque la ſeule partie de cette plante qui ſoit généralement employée. Suivant Geoffroy, on trouve deux ſortes principales de ces gouſſes dans les boutiques en Europe. L'une de ces ſortes y eſt nommée *Caſſe du Levant*, ou d'*Alexandrie*, ou d'*Egypte*, & c'eſt de ce dernier pays qu'on nous l'apporte. Cette ſorte eſt regardée comme la meilleure; elle eſt auſſi la plus rare & la plus chère. L'autre ſorte eſt nommée dans les boutiques *Caſſe occidentale*, & elle nous eſt apportée en très-grande abondance d'Amérique, & principalement des Antilles où cette eſpèce de plante a été tranſportée par les Européens; & où elle s'eſt prodigieuſement multipliée, ainſi que je l'ai déjà dit. Cette ſeconde ſorte eſt moins eſtimée que la Caſſe du Levant, & elle ſe vend à meilleur marché. Elle ſe diſtingue de l'autre, ſuivant Geoffroy, par ſon écorce, ou plutôt par ſes parois plus épaiſſes, extérieurement plus raboteuſes & plus ridées, & par ſa pulpe d'une ſaveur beaucoup moins douce, ou plutôt âcre & dégoûtante ou nauſéeuſe: non-ſeulement l'écorce ou les parois des gouſſes qui viennent du Levant, ſont plus minces & extérieurement plus unies; mais outre cela leur couleur extérieure eſt d'un noirâtre plus foncé, & leur pulpe eſt d'une ſaveur douce qui n'eſt pas déſagréable. Il faut choiſir ces gouſſes peſantes, récentes, pleines, muettes, c'eſt-à-dire, qui étant ſecouées ne reſonnent point par le choc de leurs ſemences agitées; car elles ne reſonnent que lorſqu'elles ſont devenues vuides & légères par le deſſéchement & l'évaporation de leur pulpe; il faut choiſir celles dont la pulpe eſt onctueuſe, d'un noir luiſant, d'une ſaveur douce, point acerbe par défaut de maturité, point aceſcente par vétuſté, point trop deſſéchée, point trop humide, point moiſie: la Caſſe du Levant eſt ſujette à avoir ces défauts; les Marchands d'Egypte en ayant ſouvent dans leurs magaſins de grandes quantités trop vieilles, & cueillies ſouvent depuis quarante ans, ainſi que j'ai déjà dit; & ces Marchands étant ſouvent dans l'habitude de ſerrer ces gouſſes dans des endroits humides, ou même de les enterrer dans du ſable humide, ou de les ar-

roſer avec de l'eau pour les faire paroître plus remplies & plus récentes, de ſorte qu'elles ſe moiſiſſent, ou s'aigriſſent très-promptement. Suivant Proſper Alpin, il y a encore à choiſir entre les gouſſes de Caſſe du Levant, récentes, cueillies à propos, & bien conditionnées: on en recueille principalement aux environs du Caire, d'Alexandrie & de Damiète: celles qui proviennent aux environs de Damiète ſont les moins eſtimées de toutes; elles ſont les plus noires, les plus petites, elles ont leur écorce ou leurs parois les plus épaiſſes; elles contiennent le moins de pulpe, & leur pulpe eſt la plus inférieure en vertus: celles qui proviennent aux environs du Caire & d'Alexandrie ſont les plus eſtimées de toute l'Egypte; mais elles ſe ſubdiviſent encore en deux ſortes; les unes ſont d'un noir décidé, & les autres ſont d'un noir rougeâtre; ces dernières ſe nomment, par les Egyptiens, *Abès* ou *Abyſſines*, & ſont les plus eſtimées & les meilleures de toutes; elles ſont les plus grandes, ont les parois les plus minces, contiennent plus de pulpe que toutes les autres, & leur pulpe eſt ſupérieure en vertus à celle de toutes les autres. J'ai dit que la pulpe eſt la ſeule partie, des gouſſes de cette eſpèce, qu'on emploie ordinairement; & l'on rejette l'écorce, les cloiſons & les ſemences; pour cet emploi, ou bien on concaſſe les gouſſes, & l'on fait diſſoudre la pulpe qu'elles contiennent dans l'eau, ou dans le petit lait, ou dans quelque autre liqueur appropriée, que l'on fait bouillir avec ces gouſſes concaſſées, & l'on donne cette décoction à boire aux malades, après l'avoir fait paſſer au travers d'un linge ou d'un tamis: ou bien après avoir concaſſé les gouſſes, on ſépare la pulpe d'avec l'écorce, les cloiſons & les ſemences, en faiſant paſſer cette pulpe au travers d'un crible ou d'un tamis, à l'aide d'une ſpatule, ou d'une cuiller, ou de la main. Cette pulpe, ainſi ſéparée, ſe nomme *Caſſe mondée*, & on l'adminiſtre en forme de bols ou en boiſſon, après l'avoir fait diſſoudre exactement dans quelque liqueur convenable. La doſe des gouſſes ou bâtons de Caſſe concaſſés & adminiſtrés en décoction, eſt, ſuivant Chomel, juſqu'à demi-livre. La doſe de la Caſſe mondée eſt, ſuivant Geoffroy, depuis un gros juſqu'à une once & demie. On preſcrit auſſi cette pulpe à la doſe de demi-once juſqu'à quatre onces en décoction, qu'on adminiſtre en boiſſon aux malades, ou en lavemens. Il ne faut employer que la Caſſe très-récemment mondée; car cette pulpe ſe corrompt & s'aigrit très-promptement, après avoir été ſéparée de ſes gouſſes; & alors elle cauſe des tranchées & elle fait mal à la tête: c'eſt pourquoi il eſt à propos de n'employer que celle qu'on aura vu monder ſoi-même; étant fort ordinaire de n'en trouver dans les boutiques que de vieille mondée. Suivant Geoffroy, du conſentement de preſque tous les Médecins, la pulpe, de cette eſpèce de Caſſe, eſt un purgatif doux, innocent, & convenable à tout ſexe, à tout âge & à tous tempéramens, ainſi qu'aux femmes enceintes & à celles nouvellement accouchées. C'eſt la douceur de ce purgatif, & d'autres pareils, qui a enhardi les Médecins Arabes à introduire, dans l'art de la Médecine, la coutume de purger beaucoup plus ſouvent que les anciens Médecins Grecs, qui purgeoient rarement & avec précautions, parce qu'ils n'uſoient que de purgatifs très-violens. On preſcrit cette pulpe utilement dans les fièvres ardentes & inflammatoires, dans les affections de la poitrine, des reins & de la veſſie, & dans toutes les inflammations tant internes qu'externes, chaque fois que l'on juge qu'il eſt utile de purger ; & ce médicament fait beaucoup de bien dans tous ces cas, où d'autres purgatifs feroient beaucoup de mal. Non-ſeulement cette pulpe eſt utile, étant adminiſtrée à grande doſe comme purgative, mais elle eſt encore employée avantageuſement comme altérante à petite doſe, en en faiſant un uſage long-tems continué, tantôt pour amollir & relâcher le ventre trop dur & trop ſec, tantôt pour rappeler vers le canal inteſtinal, & faire ſortir du corps, par cette voie naturelle, les mauvaiſes humeurs qui ſe jettent contre nature ſur quelqu'autre partie, dans certaines affections de longue durée & rébélles aux remèdes, comme la goutte, le calcul, les hémorrhoïdes, les maux de tête chroniques, la migraine, &c. Suivant Proſper Alpin, les Egyptiens ont coutume de ſe ſervir de la pulpe de Caſſe, mêlée avec le ſucre candi & la régliſſe, comme d'un remède ſécret dans les maladies des reins & de la veſſie : ce remède agit très-utilement, dans ces cas, comme diurétique : ils regardent ſon fréquent uſage comme très-bon pour préſerver les hommes de la pierre. Meſué lui attribue la même vertu préſervative. Monardès & Matthiole, en ſuivant les traces des Egyptiens, aſſurent que cette pulpe eſt un préſervatif infaillible à cet égard, ſi l'on en prend trois gros tous les jours, trois heures avant le dîner. Fallope inculque auſſi que c'eſt le purgatif le plus convenable aux reins & à la veſſie. Quelques Médecins ont cependant été d'un autre ſentiment, & entr'autres Pigræ & Fabrice de Hilden regardent cette pulpe comme ennemie de ces parties, & Baillou écrit qu'on a obſervé à Paris que la Caſſe étoit très-nuiſible à ceux auxquels on avoit fait l'extraction de la pierre. Mais, ſuivant Geoffroy, une expérience journalière démontre que ces trois Médecins étoient dans l'erreur à cet égard : que ſi la Caſſe nuit, à la vérité, quelquefois, cela n'arrive que lorſqu'on l'emploie dans la vigueur des maladies inflammatoires des reins & de la veſſie, comme nuit alors tout autre purgatif, en augmentant l'irritation produite par le frottement des calculs ou par les ſéroſités âcres, à laquelle ces maladies

doivent leur origine : mais que s'il ſe préſente dans ces mêmes maladies quelque néceſſité de purger, il n'y a certainement aucun remède moins nuiſible qui puiſſe remédier plus heureuſement à cette néceſſité. On a reproché encore quelques autres inconvéniens à ce médicament : On a dit qu'il cauſoit des tranchées ; qu'il nuiſoit aux bilieux comme toutes les choſes douces ; qu'il nuiſoit à ceux qui ont l'eſtomac foible & humide, en augmentant ſa foibleſſe & diminuant ſon reſſort ; qu'il occaſionnoit ſouvent du gonflement & des vents à certaines perſonnes dans l'eſtomac & les inteſtins. Mais, ſuivant Geoffroy, il eſt certain que la pulpe de cette eſpèce de Caſſe ne cauſe point de tranchées, lorſqu'elle eſt d'une ſaveur douce ſans âcreté, récemment extraite de gouſſes de bonne qualité, & qui ne ſoient ; ni cueillies avant leur maturité, ni moiſies, ni aceſcentes, ni aucunement altérées par vétuſté : elle ne nuira point aux bilieux ſi on la mêle avec la crème de tartre ou avec les tamarins : elle ne nuira point aux eſtomacs foibles ſi on l'aſſocie avec la rhubarbe : comme c'eſt la lenteur avec laquelle elle opère qui occaſionne de l'intumeſcence & des vents, on remédiera à cette lenteur en lui joignant, ſuivant le conſeil de Meſué, quelque purgatif plus fort, comme la manne, le jalap, les feuilles de la Caſſe lancéolée, n.° 23, &c., ou les émétiques antimoniés, qu'on a coutume de lui joindre comme ſtimulans, & dont on a coutume de diminuer la violence par l'addition de cette pulpe. Une eau de Caſſe, adminiſtrée pour toute boiſſon avec quelques bouillons dans les intervalles, agit merveilleuſement dans le cas de cette tenſion douloureuſe de l'abdomen, qui ſuccède quelquefois aux remèdes antimoniés, adminiſtrés à contre-tems. On emploie quelquefois cette pulpe à l'extérieur. On l'applique utilement, récemment extraite, en forme de cataplaſme ſur les hémorrhoïdes externes enflammées, ou bien on l'emploie en injection après l'avoir diſſoute dans du lait tiède, pour diminuer l'inflammation des hémorrhoïdes internes. L'application extérieure de cette pulpe eſt recommandée contre les inflammations du foie & contre les douleurs de la goutte. (*Voyez* de plus amples détails, ſur les vertus & les uſages médicaux de cette eſpèce de Caſſe, en Europe, dans le DICTIONNAIRE DE MÉDECINE, faiſant partie de la préſente Encyclopédie.) Suivant Proſper Alpin, les Egyptiens employent la pulpe de cette eſpèce de Caſſe aux mêmes uſages médicaux que je viens d'expoſer, & beaucoup plus ſouvent ; mais ils n'employent jamais que la pulpe des gouſſes qui ſont cueillies dans leur maturité depuis au moins quatre mois : ils croient que celles cueillies depuis un moindre eſpace de tems ont quelque qualité nuiſible. Un des uſages auxquels ils employent le plus communément cette pulpe, c'eſt

contre

contre toutes les maladies bilieuses & mélancho-liques, dans lesquelles ils ont remarqué qu'elle produit de merveilleux effets. Ils l'emploient très-souvent dans les vieilles toux, dans la difficulté de respirer & dans l'asthme, en lui joignant l'agaric. Ils font dans l'usage, lorsqu'ils font la récolte des gousses mûres au mois de Juin, de cueillir, en même-tems, les tendres & jeunes gousses vertes, récemment sorties de fleurs, grandes comme des gousses de haricots ; puis après les avoir fait bouillir légèrement dans l'eau, & les avoir ensuite étendues un peu de tems à l'ombre pour qu'elles se dessèchent un peu & se débarrassent de leur humidité superflue, ils les confisent dans du sucre ou dans du miel. Ces gousses se gardent ensuite pour l'usage des enfans & des femmes délicates. Les Egyptiens vendent d'immenses quantités de ces gousses confites, qui se transportent en différens pays. Ils les emploient aux mêmes usages médicaux que la pulpe des gousses mûres, & les administrent à la dose d'une once jusqu'à quatre onces. Ils appliquent les fleurs de cette espèce à l'extérieur sur toutes sortes de douleurs pour les adoucir, & principalement sur les douleurs de la goutte. Dans l'Arabie Heureuse, dit Forskal, l'usage de cette espèce de Casse est très-connu : elle est regardée comme un excellent remède contre les ravages de la bile & contre la diarrhée : pour cette dernière maladie, on en fait ordinairement bouillir dans l'eau, pour une dose ordinaire, une gousse concassée, puis l'on ajoute à la décoction un gros de rhubarbe torréfiée jusqu'à ce qu'elle soit d'une couleur noire. Suivant Rhéede, les habitans de l'Inde orientale font dans l'usage dangereux d'appliquer les feuilles de cette plante pilées & mêlées avec de l'huile, sur les parties affectées de pustules. La décoction des semences est purgative, & leur farine s'emploie dans les cataplasmes. Suivant Rumphius, il est étonnant que la pulpe de cette espèce de Casse, qui est un médicament dont les Européens font tant de cas à juste titre, soit si peu estimée par les Indiens, & notamment par ceux de Malacca & des Isles & Archipels des Indes orientales, quoique cet arbre s'y rencontre par-tout, comme j'ai dit : car les Malais, les Javanois, les Indiens de Macassar, & les autres, non-seulement ne regardent pas ce purgatif comme salutaire, mais même le regardent vulgairement comme nuisible, de sorte que, tant qu'ils peuvent se procurer quelqu'autre purgatif, ils s'abstiennent de celui-ci. Rumphius attribue cela, en partie, à une fausse opinion accréditée depuis long-tems dans l'Inde, savoir que lorsque les vaches mangent de ces siliques vertes, non-seulement elles tombent en diarrhée, mais encore leur chair donne cette maladie à ceux qui s'en nourrissent; fausse opinion réfutée depuis long-tems par *Garzias ab Horto* & par d'autres. Il y a cependant un

assez grand nombre d'Indiens à qui nos Européens ont appris à en faire usage & qui s'en trouvent bien ; mais ils aiment mieux sucer les gousses & manger ou boire quelque chose par-dessus, que de prendre la pulpe dissoute dans quelque liqueur, comme font les Européens ; cette dernière manière leur paroissant trop dégoûtante. Les Portugais, habitans des Indes orientales, font aussi confire, au sucre, les jeunes gousses vertes, de la même manière que les Egyptiens, & on en transporte une grande quantité en Portugal pour le même usage. Ils font aussi une conserve fort utile avec les fleurs de cette espèce, tant entières que pilées. Ces gousses confites & cette conserve purgent doucement & sans aucune incommodité. Dans ces Indes, souvent, après avoir extrait la pulpe hors des gousses par le moyen de l'eau bouillante, on la fait réduire sur le feu de manière à en former un électuaire épais, qu'on peut manger sans boire pour se purger doucement : il est utile & d'usage d'ajouter à cet électuaire une certaine quantité de gingembre & de semences d'anis, pour empêcher ce purgatif de causer des tranchées, comme il fait ordinairement aux gens délicats qui en font usage sans cette addition. On fait aussi avec la pulpe de cette Casse, dissoute dans l'eau de plantain ou dans quelque autre liqueur appropriée, un gargarisme qui apporte un grand soulagement dans l'esquinancie inflammatoire. La même pulpe s'emploie extérieurement pour guérir la gale & les autres maladies de la peau, & pour faire suppurer les abscès. Les habitans de l'Isle de Baleya font, avec l'écorce fraîche du tronc de cet arbre, séparée de sa portion extérieure cendrée, puis pilée finement, un emplâtre qu'ils appliquent extérieurement sur les membres brûlés par la poudre à canon, ou blessés & déchirés par quelque explosion ; & cette application en ôte heureusement l'inflammation, dit Rumphius, &c. A Java, on fait peu d'usage de cette Casse en Médecine ; mais on emploie le bois des vieux arbres pour en faire des jambages de portes, &c. Suivant le même Rumphius, les Caraïbes ont coutume de prendre, tous les mois, une once de pulpe de cette Casse, une heure avant le dîner, pour se purger, & ils croient que cette coutume leur est utile pour se conserver en bonne santé. Suivant Desportes, à Saint-Domingue, l'usage de l'eau de Casse ou de la décoction de la pulpe de cette espèce est très-salutaire dans les fièvres continues & dans les fluxions de poitrine, surtout pendant l'Hiver : cette eau de casse, mêlée avec le nitre, s'emploie très-utilement en boisson dans cette Isle contre la gonorrhée : la racine de cette espèce y est employée comme astringente. Enfin cet arbre, aussi beau qu'utile, décore, d'une manière charmante, les jardins, vergers, & autres lieux où il est planté. Alpin rapporte que les Egyptiens ont coutume de se promener souvent, dès la pointe du jour , dans les endroits abondans en cette efpèce de Caſſe, pour jouir du fpectacle raviſſant que préſente un grand nombre de ces arbres, tous couverts de leurs belles grappes de fleurs brillantes , & pour favourer l'odeur de ces fleurs, qui, quoique foible. dans chacune à part , eſt cependant très-fenſible & très-fuave, fur-tout le matin dans ces lieux où elles fe trouvent réunies en quantités immenfes. M. de Coſſigny me rapporte qu'il étoit dans l'ufage, à l'Iſle de France , d'adminiſtrer à fes Négres l'infuſion de ces fleurs fraîches ou fèches, ou celle des feuilles de la plante , en forme de tifane , pour les purger doucement. Il m'affure qu'il a toujours trouvé l'odeur de ces fleurs défagréable. Ces arbres font auſſi un ornement confidérable pour les ferres chaudes d'Europe lorſqu'ils font fleuris.

La Caſſe lancéolée , n.° 23 , eſt auſſi d'un très-grand ufage dans la Médecine. J'ai déjà dit que ce font les feuilles qu'on trouve dans les boutiques fous le nom de *Séné d'Alexandrie*. Suivant Geoffroy, on doit les choiſir récentes, d'un verd jaunâtre , odorantes, douces au toucher , entières , non-broyées, non-tachées, nettoyées & purgées de leurs tiges ; & dont la teinture, préparée dans l'eau commune , foit d'une couleur foncée. Ses fruits ou gouſſes font auſſi employées en Médecine, & fe trouvent dans les boutiques fous le nom de *follicules de Séné*. Les anciens Médecins Grecs & Latins ont ignoré l'ufage du Séné. Il eſt vrai que Meſué, fuivant quelques-uns de fes Interprètes, cite Galien au fujet de la décoction de Séné; mais il eſt certain que Galien ne fait aucune mention de cette plante; & ce n'eſt pas la feule fois que les Médecins Arabes citent fauſſement les Médecins Grecs. Ce font les Arabes qui ont introduit l'ufage de cette plante. Serapion & enfuite Meſué, font les premiers qui en aient fait mention. Entre les Grecs modernes, Actuarius en a parlé le premier, & a expofé fes facultés. Suivant le même Geoffroy, le Séné poſſède éminemment la vertu de purger par bas. Il n'y a point de médicament purgatif employé plus fréquemment & plus utilement : à peine trouve-t-on aucun remède qui évacue auſſi puiſſamment les humeurs corr. mpues , épaiſſes ou endurcies, & qui lève auſſi bien les vieilles obſtructions. Son ufage eſt fingulièrement falutaire, fuivant Fernel, dans les maladies lentes & chroniques, engendrées par l'engorgement des viſcères, & par d'anciennes obſtructions, dans les fièvres lentes & anciennes, contre la mélancholie, certaines épilepſies, la gale, les dartres, l'éléphantiaſis, &c. Ce purgatif a fouvent l'inconvénient de caufer des tranchées : ce n'eſt pas, dit Geoffroy, qu'il engendre des vents ; mais c'eſt parce que ce ne peut être fans douleur qu'il purge, comme il fait, des humeurs très-adhérentes & fouvent âcres. Les Médecins ont cependant eſſayé de corriger cette incommodité du Séné par plufieurs chofes, qui, fans la détruire

entièrement ; au moins la diminuent : les uns mêlent à ce purgatif des chofes capables de fortifier l'eſtomac & les inteſtins , comme le gingembre, la canelle ou le fpic-nard : les autres y mêlent des adouciſſans , comme les prunes, les jujubes, les raiſins fecs, les fleurs de violette, la racine de guimauve, le polypode : d'autres y mêlent des chofes capables de chaſſer les vents ou de rendre plus coulantes les humeurs viſqueuſes, gélatineuſes & tenâces, comme font les femences d'anis, de fenouil, de coriandre , les fels de tartre, d'abfinthe, &c. Suivant Geoffroy, un des meilleurs moyens de diminuer les tranchées que caufe le Séné, eſt d'étendre fa fubſtance irritante dans une grande quantité de liquide : les fels alkalins peuvent auſſi produire le même effet, en neutralifant fes particules âcres & réſineuſes : les huileux le peuvent auſſi en émouſſant leur action. Ainſi une teinture de Séné , étendue dans une grande quantité de tifane ou de bouillon , purge avec moins d'incommodité que lorſqu'elle eſt concentrée dans une petite dofe du même liquide. On a obfervé que le Séné eſt très-nuifible, & qu'il faut s'en abſtenir dans toutes les inflammations & difpofitions inflammatóires , dans les hémorrhagies , & dans les maladies de poitrine. Les écrivains Médecins ne décident pas unanimement fi les feuilles de Séné poſſèdent la vertu purgative à un plus haut ou à un plus bas degré que fes follicules. Meſué, Actuarius, Serapion , Fernel , Lobel , Pena , difent que les follicules purgent plus fortement que les feuilles : mais Monardès foutient le contraire , & , fuivant Geoffroy, prefque tous les Médecins font maintenant du fentiment de ce dernier, & font perfuadés que les follicules caufent beaucoup moins de tranchées, mais purgent beaucoup plus foiblement que les feuilles. Cette opinion a été adoptée par le public ; & on lit dans l'Encyclopédie ancienne, que dans les grandes villes, où la plupart des malades fe font gloire d'être délicats , ils regarderoient comme incivil & groſſier qu'on leur ordonnât les feuilles plutôt que les follicules de Séné. Dans un des Mémoires de l'Académie des Sciences de Paris, année 1701, Marchand rapporte que les feuilles de la fcrophulaire aquatique , (*fcrophularia aquatica. Lin.*) mêlées en partie égale avec le Séné & infufées avec lui, en corrigent la faveur défagréable d'une manière fingulière. Cette efpèce de correction eſt cependant très-peu en ufage. C'eſt, au contraire, une pratique très-commune , fuivant la même Encyclopédie, de mêler, à l'infufion de Séné, du jus de citron en aſſez grande quantité pour en corriger le mauvais goût : on a coutume, en fuivant cette pratique, d'étendre l'infufion de Séné dans une aſſez grande quantité d'eau , qui prend alors le nom de *tifane royale*, & qu'on prend en plufieurs verres. On adminiſtre ordinairement le Séné, foit ses feuilles, soit ses follicules, ou en substance, ou en infusion, ou en décoction. Sa dose, en substance ou en poudre, est depuis un scrupule jusqu'à un gros ; mais on le donne rarement de cette manière, parce qu'il cause ainsi plus de tranchées, & parce que le volume considérable de cette poudre la rend très-importune & très-désagréable aux malades. La teinture de Séné, par macération ou infusion, ou bien par décoction, est préférable, pourvu qu'on ne laisse pas bouillir trop long tems la décoction ; car Mesué observe qu'une forte coction dépouille le Séné de sa vertu. La dose du Séné, pour l'administrer en infusion ou en décoction légère, est depuis un gros jusqu'à une demi-once. On préfère généralement l'infusion à la décoction. On prépare aussi un extrait de Séné, dont la dose est depuis un demi-gros jusqu'à deux gros. Mais, suivant Geoffroy, on fait rarement usage de cet extrait, car il a peu de vertu, & il cause de plus fortes tranchées que la teinture. (*Voyez* de plus grands détails, sur les vertus & les usages de cette espèce de Casse, dans le Dictionnaire de Médecine, faisant partie de la présente Encyclopédie.)

La Casse lancéolée linéaire, n.° 23, B, dont on trouve souvent les feuilles dans les boutiques, sous le nom de *Séné de la Mecque*, a, suivant Cartheuser, les mêmes vertus que le *Séné d'A-lexandrie*, & s'emploie de même à tous égards. Suivant Geoffroy, ce Séné de la Mecque est moins efficace que le *Séné d'Alexandrie*.

La Casse d'Italie, n.° 24, dont on trouve les feuilles dans les boutiques, sous le nom de *Séné d'Italie* ou de *Séné de Tripoli*, s'emploie aussi aux mêmes usages que la Casse lancéolée n.° 23 ; mais, du consentement de tous les Médecins, il possède la vertu purgative à un degré beaucoup moins haut que cette dernière.

La Casse velue, n.° 25, sert, suivant Boërhaave, aux Indiens de l'Amérique, pour prendre le poisson. Pour cela, ils infectent les eaux poissonneuses avec le suc de cette plante, ce qui assoupit les poissons de telle sorte qu'ils flottent comme morts sur la surface de l'eau, & se laissent prendre à la main.

La Casse à feuilles glauques, n.° 29, qui ne se dépouille jamais de ses feuilles, orne les jardins des Indes orientales, où on la cultive à cause de sa beauté. Suivant Rhéede, toutes les parties de cet arbre, excepté sa racine, s'emploient utilement avec le cumin, le sucre & le lait, pour guérir la gonorrhée virulente. On fait avec les feuilles cuites dans du lait de vache, un bain très-utile contre la goutte. L'écorce broyée avec du sucre & de l'eau, s'emploie avec avantage contre la diabète. L'écorce de la racine employée dans du lait avec le safran fraîchement cueilli, est bonne dans la goutte noueuse que les Malabares nomment *Sonida badda*.

La Casse à gousses ailées n.° 31, est employée très-communément dans les Indes orientales, & notamment à Java, contre la dartre miliaire, & contre la dartre rongeante. Pour cela, on triture les feuilles sur le porphyre avec de l'eau, & on les réduit en bouillie, dans laquelle on ajoute quelques gouttes de suc de limon : on emploie cette bouillie en liniment sur la dartre, ce qui étant répété deux ou trois fois, guérit ce mal. Les Javanois regardent ce remède comme spécifique & si efficace qu'ils assurent que les dartres qu'il ne guérit pas sont incurables par tout autre remède. On guérit aussi heureusement, par le même remède, la gale maligne & rampante ; & il est remarquable, dit Rumphius, que cet excellent liniment ne cause aucune cuisson ou presqu'aucune, quoique les autres linimens qu'on emploie contre ce mal soient douloureux. Il ne faut pas préparer en une fois une dose plus grande de cette bouillie que pour un ou deux linimens ; car quand on la conserve pendant quelque tems, elle devient extrêmement fétide. Selon Desportes, la décoction de cette plante est un des remèdes les plus renommés à Saint-Domingue, pour la guérison des dartres, & l'on y prépare avec ses fleurs un onguent qu'on dit être merveilleux contre cette maladie. Cette plante, très-belle, orne beaucoup par ses grandes grappes de fleurs, les serres chaudes d'Europe & tous les lieux où elle existe.

La Casse de Maryland, n.° 32, fait un bel effet en Août, par ses fleurs nombreuses, dans les jardins du climat de Paris.

La Casse de Siam, n.° 35, est employée dans l'Isle de Bourbon & dans plusieurs autres endroits des Indes orientales, pour la décoration des jardins.

La Casse à feuilles de galega, n.° 36, s'emploie, suivant Rhéede, dans l'Inde orientale, en décoction qui est utile contre la fièvre symptomatique produite par la goutte. Ses feuilles sont bonnes en boisson avec le sucre, contre la jaunisse. Suivant Rumphius, on fait cuire dans les Indes orientales, les feuilles tendres de cette plante avec la lymphe de cocotier, pour les manger comme herbe potagère ; & , cuites de cette manière, elles sont une nourriture agréable qu'on n'attendroit pas d'une plante si puante. On se sert des feuilles de cette plante, pilées & appliquées sur les jambes cassées des poules & des autres oiseaux, pour guérir ces fractures. On met cette plante en usage contre presque toutes les maladies des poules. Il arrive souvent à Amboine, qu'en certain tems de l'année, elles périssent en grand nombre : alors elles sont morveuses, puis elles paroissent avoir des vertiges, & courent de tous côtés jusqu'à ce qu'elles tombent mortes : dans ce cas, on donne à ces poules le suc des feuilles de cette espèce avec un peu de la plante que Rumphius nomme *Ryngus* ou *Calamus* pilée. Dans les mêmes pays, on emploie contre l'épilepsie des hommes, la décoction de toute la plante de cette espèce de Caffe, en y ajoutant un peu d'alun.

La Caffe à oreillettes, n.° 38, s'emploie dans les Indes orientales, suivant Ray, en infusion ou en poudre, dans la petite vérole & dans les fièvres lentes.

La Caffe de Java, n.° 39, n'a, suivant Rumphius, que ses semences qui soient employées en Médecine, à Amboine. On les pile dans l'eau & on les donne à boire utilement, dit-il, à ceux qui ont mangé imprudemment des poissons ou des crabes vénéneux. Le bois des très-vieux arbres de la variété à fleurs rouges, s'emploie pour des jambages de portes; tandis que, suivant le même, le bois de la variété à fleurs blanche n'est bon à rien. Cette différence entre ces deux bois peut autoriser à conjecturer que ces deux prétendues variétés font deux espèces distinctes. Mais ce qui est le plus en usage dans cet arbre, ce sont ses longues gousses en forme de bâtons; & ce n'est que pour obtenir ces gousses que l'on cultive communément cet arbre à Amboine. L'usage auquel on les emploie est singulier, & n'est que pour les vieillards : dans ce pays ils sont dans l'habitude journalière de se battre ou de se faire battre le dos doucement avec ces gousses : il leur semble que les coups légers & redoublés que leur dos reçoit ainsi, sont utiles pour s'opposer en partie à l'excès de rigidité que la vieillesse apporte ordinairement dans cette partie du corps; & ils prennent plaisir à la sensation que ce doux battement leur fait éprouver; mais la vaine superstition, qui se mêle à tout & par-tout pour tourmenter les esprits des hommes, vient souvent corrompre l'amusement & la légère consolation que ces vieillards tâchent de se procurer de cette manière; car s'il arrive à l'un d'eux que la gousse avec laquelle il se fait ainsi caresser le dos, vienne à se rompre pendant cette opération, il regarde cela comme un événement de mauvais augure.

La Caffe du Brésil, n.° 40, a, dans ses gousses une pulpe qui ressemble beaucoup à celle de la Caffe des boutiques, n.° 20, mais qui est d'une saveur amère & désagréable, comme j'ai déjà dit. Cette pulpe a une vertu astringente avant la maturité de la gousse; mais elle est laxative après cette maturité, suivant Pison & Lobel. Marcgrave ne lui attribue que la propriété astringente; mais, suivant Geoffroy, il est probable qu'il n'avoit éprouvé que des gousses non mûres. Lobel assure, outre cela, qu'une once de cette pulpe purge plus efficacement que deux onces de pulpe de Caffe du Levant. Tournefort assure aussi avoir éprouvé, en Portugal, la propriété purgative de la Caffe du Brésil. Suivant Aublet, on emploie à Cayenne les gousses de cette Caffe, sous le nom de *Caffe de Para*, aux mêmes usages que celles de la Caffe du Levant. Miller dit, qu'en Angleterre, les gousses de la Caffe du

Brésil se nomment vulgairement *Caffe de cheval*, & s'emploient communément dans la Médecine vétérinaire, mais rarement dans la Médecine humaine, parce qu'elles passent pour sujettes à occasionner des tranchées. Suivant Pison, les feuilles tendres de cette espèce s'appliquent avec avantage sur les blessures & sur les fistules d'un mauvais caractère. Cet arbre est une belle décoration pour les serres chaudes d'Europe, & orne d'une manière charmante & magnifique, les lieux où il croît en pleine terre.

La Caffe clignottante, n.° 46, que les Indiens nomment l'Agréable-triste ou la Gaie-triste, parce qu'elle a la propriété d'avoir chaque jour un port très-gai pendant la journée, & très-triste pendant la nuit, ainsi que j'ai déjà dit, est, suivant Rumphius, employée vulgairement comme emblême galant, par les amans, dans les Indes orientales : quand un amant envoie un rameau de cette jolie plante à celle qu'il veut épouser, il lui signifie par-là qu'il désire partager avec elle toutes les joies de la vie, & la consoler dans toutes ses tristesses.

Quant aux autres Caffes, une grande partie des espèces de ce beau genre sont de très-belles ou de très-jolies plantes, qui décorent ou sont de nature à décorer très-agréablement les terres chaudes d'Europe, & encore mieux les lieux où elles peuvent croître en pleine terre. Enfin les moins belles comme les plus belles servent toutes utilement dans les Ecoles de Botanique, pour l'avancement de cette Science. (*M. Lancry.*)

CASSE, nom que l'on donne à la clavelée. *V.* CLAVELÉE. (*M. l'Abbé Tessier.*)

CASSE-LUNETTE, c'est le bleuet ou aubifoin *centaurea cyanus* L. ainsi nommé, parce qu'on en fait une eau distillée, employée pour fortifier les yeux affoiblis. *Voyez* CENTAURÉE DES BLEDS. (*M. l'Abbé Tessier*).

CASSE-MOTTE, outil d'Agriculture & plus particulièrement de jardinage. Il est fait communément d'un bois dur & pesant, taillé en forme de batte ou de massue.

On met quelquefois des cercles de fer à la partie inférieure pour le rendre plus solide, & la partie supérieure est amincie en forme de manche d'environ trois pieds de long.

Dans quelques endroits on se sert de cet outil pour casser & émietter les mottes de terre qui ne peuvent être divisées par la herse ou par la bêche. Mais il est rare qu'en ayant soin de profiter du tems convenable aux labours, on soit forcé d'user de cet expédient, qui est coûteux & pénible. La pluie & sur tout les gelées divisent la terre, bien plus aisément que cet outil & sans aucune dépense. (*M. Thouin.*)

CASSER les terres, donner le labour à une terre qui étoit en friche & travail, la rompt en morceaux ou mottes, qu'il faut ensuite réduire avec la herse ou le dos de la bêche. On dit auffi, *rompre les terres*. (*M. Reynier.*)

Casser. L'Abbé Roger Schabol a inventé, & la méthode dont je vais rendre compte, & l'expreffion fous laquelle je la rapporte. C'eft, dit-il, rompre & éclater à deffein un rameau de la pouffe, ou cent branches de la pouffe précédente, en appuyant avec le pouce fur le tranchant de la ferpette. Ce *caffement* doit être fait, environ, à un demi-pouce de l'endroit où le rameau qu'on caffe a pris naiffance, directement-au-deffus de ce qu'on appelle les *fous-yeux*. En caffant de la forte, vers la fin de Mai jufqu'à la mi-Juin & par-delà encore, on eft affuré que des fous-yeux il pouffera infailliblement, ou une lambourde, ou une brindille, ou des boutons à fruit pour les années fuivantes, & quelquefois ces trois chofes à-la-fois à un même arbre; mais ce caffement n'a lieu que pour les arbres à pepins. Si l'on coupe au-lieu de caffer, la fève recouvre la plaie, il repouffe une nouvelle branche ou de nouveaux bourgeons, qui forment ce qu'on appelle des *têtes de faule*, ou des toupillons de petites branches, qui défigurent & épuifent l'arbre. Mais quand on caffe, ainfi qu'il vient d'être dit, les fragmens qui reftent empêchent la fève de recouvrir, & les fous-yeux s'ouvrent, pour donner ou une lambourde, ou une brindille, ou des boutons à fruits.

On ne doit cependant employer ce moyen qu'avec précautions, comme l'obferve très-bien M. l'Abbé Rozier, parce qu'en trop caffant, on obtient d'abord beaucoup de fruit, mais l'arbre s'épuife. (*M. Reynier.*)

CASSE. (les) Ce grouppe de végétaux forme une des fections de la grande famille des *légumineufes*, & tire fon nom du genre des Caffes, qui eft le plus nombreux en efpèces, & le plus répandu dans la nature.

On diftingue aifément les végétaux de la fection des caffes, des autres plantes légumineufes, par leurs feuilles qui n'ont point d'impaires, par leurs fleurs prefque régulières en rofe, & furtout par la difpofition de leurs étamines, dont les filets font libres dans toute leur longueur, & qui ne forment point de gaine autour du piftille, comme dans les autres plantes de cette famille.

Excepté deux ou trois efpèces, tous les végétaux de cette fection font étrangers à l'Europe. Ils croiffent dans les pays chauds, ou tempérés des trois autres parties du Monde. L'Amérique eft celle qui en fournit le plus grand nombre.

Ce grouppe renferme un nombre confidérable de grands & beaux arbres, d'un feuillage léger, & d'une verdure agréable. Quelques-uns donnent des fleurs très-apparentes non-moins belles, par leur forme & par leur difpofition, que par la richeffe des couleurs.

Leurs fruits, qui font des gouffes, dont quelques-unes ont plufieurs pieds de longueur, font également variées dans leur forme & dans leurs couleurs, & produifent des effets finguliers.

En général, les plantes de cette fection ont les racines dures, coriaces & pivotantes; elles croiffent plus communément dans les terrains fecs, fablonneux, profonds & légers que dans les terres fortes, compactes & humides. Cependant il y a quelques exceptions pour certaines efpèces, lefquelles préfèrent cette feconde nature de terrain.

Parmi les arbres de cette fection, les uns portent des fruits qui font bons à manger, ou qui font d'ufage dans la Médecine, les autres donnent un bois qui eft employé dans la charpente, la menuiferie, l'ébénifterie & la teinture. En Europe, quelques-uns d'entre eux qui croiffent en pleine terre, font recherchés dans les jardins payfagiftes, à caufe de la légèreté de leur port, de la fingularité de leurs épines, & de l'effet pittorefque que produifent leurs gouffes.

On multiplie aifément ces végétaux, par le moyen de leurs graines qui ont la faculté de fe conferver pendant plufieurs années, lorfqu'elles demeurent renfermées dans leurs gouffes. Quelques-uns fe propagent de racines ou de marcottes, mais très-rarement de boutures & de greffes.

Ceux qui croiffent naturellement dans des climats analogues à la température du nôtre, & même beaucoup plus froids, fe cultivent en pleine terre dans nos jardins. On conferve les autres dans l'orangerie, & dans les ferres chaudes. En général, ce grouppe eft intéreffant, fous beaucoup de rapports, il mérite l'attention des Cultivateurs. Voici les noms des genres qui le compofent dans ce moment.

Le Caroubier,	*Ceratonia.*
Le Tamarinier,	*Tamarindus.*
Le Févier,	*Gleditsia.*
Le Prosopis,	*Prosopis.*
L'Acacie,	*Mimosa.*
Le Condori,	*Adenanthera.*
Le Campêche,	*Hœmatoxylon.*
Le Bondue,	*Guilandina.*
Le Brésillet,	*Cœsalpina.*
L'A Poincillade,	*Poinciana.*
La Casse,	*Cassia.*
Le Chicot,	*Denudaria.*
Le Courbaril,	*Hymœnea.*
L'Iripa,	*Cynometra.*
La Bauhine,	*Bauhinia.*
Le Gainier,	*Cercis.*

(*M. Thouin.*)

CASTANE. Anémone, dont le manteau eft rouge bordé de foufre, & dont la planche eft couleur de feu foncée.

C'eft une des variétés de l'Anémone coronaria. L. *Voyez* ANEMONE des Fleuriftes. (*M. Reynier.*)

CASSIDE, *Caffida*: Ancien nom d'un genre de plante, connue des Botaniftes modernes, fous celui de *Scutellaria*. *Voyez* (*M. Thouin.*)

CASSIE. Nom donné dans les Départemens du Midi de la France, au *Mimofa farnefiana.* L.

Voyez ACACIE DE FARNEZE. (*M. THOUIN.*)
CASSIE des Jardiniers, ou du Levant, *Mimosa farnesiana.* L. *Voy.* Acacie de farneze. (*M. THOUIN.*)

CASSINE, *CASSINE.*

Genre de plantes à fleurs polypétalées, de la famille des NERPRUNS, qui a beaucoup de rappots avec les célastres, les fusains & les houx.

Il comprend des arbrisseaux exotiques, qui s'élèvent depuis six pieds jusqu'à 12 ou environ, dont la plus grande partie est cultivée au jardin du Roi, & n'exige que le secours d'une bonne orangerie.

Les feuilles sont simples, opposées ou alternes suivant les espèces. Les fleurs sont petites & disposées par faisceaux, ou en corymbes dans les aisselles des feuilles.

Le fruit est une baie à trois loges, qui renferment chacune une seule semence.

Espèces & Variétés.

1. CASSINE du Cap.
Cassine Capensis. L.
B. CASSINE du Cap, à fleurs en grappes.
Cassine Capensis racemosa.
An? *Evonymus colpoon.* L. ♄. Du Cap de Bonne-Espérance.

2. CASSINE amplexicaule.
Cassine Barbara. L. ♄. du Cap de Bonne-Espérance.

3. CASSINE de la Caroline, ou Apalachine.
Cassine caroliniana. La M. Dict.
An Cassine Peragua. L. ♄ de la Caroline, de la Floride & de Virginie.

4. CASSINE à feuilles d'olivier.
Cassine Oleoïdes. La M. Dict. ♄ d'Afrique.

5. CASSINE à feuilles concaves. Vulg, petit Cerisier des Hottentots.
Cassine Concava. La M. Dict. *Voyez Celastrus Lucidus.* L. ♄ de l'Afrique.

6. CASSINE à feuilles lisses.
Cassine Lævigata. La M. Dict. du Cap de Bonne-Espérance.

7. CASSINE à feuilles convexes.
Cassine Maurocinia. L. ♄ de l'Éthiopie.

Description du port des Espèces.

1. CASSINE du Cap. Cet arbrisseau s'élève à six ou huit pieds. Sa tige est couverte d'une écorce brune, & rameuse. Les plus petits rameaux sont tétragones & feuillés.

Les feuilles sont portées sur des pétioles, dont la base forme de chaque côté une ligne courante sur les rameaux. Elles sont opposées, ovales-obtuses, veineuses, roides, glabres & dentées.

Les fleurs sont blanches, & disposées vers le sommet des rameaux en Corymbes axillaires, & plus courtes que les feuilles.

Celles de la variété B, viennent en grappes. Les feuilles sont alternes pour la plupart, très-glauques. Elles ont des veines plus élevées, & des crénelures moins profondes.

Historique. Cet arbrisseau croît au Cap de Bonne-Espérance. Il est cultivé depuis long-tems au Jardin du Roi, il fleurit en Juillet & Août; mais il ne produit point de baies.

Usages. La belle verdure perpétuelle de cet arbrisseau, le rend très-propre à orner les orangeries pendant l'Hiver, & à jeter de la variété dans les jardins pendant l'Été.

Culture. On peut multiplier cette espèce, en marcottant les branches qui poussent près de sa base; mais comme elles sont long-tems à prendre racine, il est bon de les tordre dans la partie qui doit être marcottée, afin de déterminer la sève à s'y porter avec plus d'abondance. En les marcottant en Automne, elles auront assez de racines pour être sevrées l'année suivante dans la même saison.

Cet arbrisseau se multiplie aussi de boutures; mais cette méthode demande de la patience, car elles sont au-moins deux ans à prendre racine. Cependant, quand on veut l'essayer, on prend les jeunes branches de la dernière année, après lesquelles on laisse un petit morceau de vieux bois. On les plante au Printems, dans des pots remplis d'une terre forte, & on les enterre dans une couche de chaleur tempérée. On les couvre de vitrages pour en exclure l'air, & on les arrose bien en les plantant, mais ensuite elles n'exigent que peu d'humidité. On couvre tous les jours les vitrages avec des nattes, pour les mettre à l'abri du soleil, pendant la chaleur du jour; mais, dans la matinée, avant que le soleil soit trop chaud, & dans l'après-midi, quand il est baissé, il faut les découvrir, afin que les rayons obliques du soleil, puissent entretenir une chaleur douce sous les vitrages.

Quand ces boutures sont bien enracinées, on les sépare & on les met chacune dans un petit pot, rempli d'une terre morne & marneuse. On les tient à l'ombre, jusqu'à ce qu'elles aient formé de nouvelles racines, & on les place, ensuite, dans une situation abritée pendant la plus grande partie de l'Eté; mais, aux approches de l'Automne, & avant les moindres froids, on les renferme dans les serres tempérées, où on les traite comme les autres plantes du même pays, en leur donnant très-peu d'eau, quand il fait froid, & de l'air, quand le tems est doux. Pendant l'Eté, on les met en plein-air, à une exposition chaude & abritée, avec les autres plantes exotiques. Dans les grandes chaleurs, on les arrose deux ou trois fois la semaine, mais avec modération. Cette culture convient aux quatre dernières espèces.

2. CASSINE amplexicaule. Linnée, fils, réunit cette espèce à la précédente : mais elle en est distinguée par les feuilles qui sont sessiles, & un peu amplexicaules.

Les fleurs naissent ordinairement trois par trois sur des pédoncules axillaires, une fois plus courts que les feuilles.

3. C**ASSINE** de la Caroline. En même-tems que M. de Lamark reconnoît, dans cette espèce, le *Cassine corymbosa*, n.° 1, de Miller, il semble soupçonner aussi, que ce pourroit être le *Cassine peragua* de Linnée, vulgairement *Apalachine*, ou *Thé des Apalaches*: cependant, Miller, qui paroît avoir cultivé l'une & l'autre de ces plantes, établit entre elles une très-grande différence.

La première, suivant lui, a deux ou trois tiges, qui poussent dans toute leur longueur deux ou trois branches latérales, & forment une espèce de buisson de 8 à 10 pieds de haut. Les feuilles sont opposées, ovales-lancéolées & dentées en scie à leurs bords.

Les fleurs viennent en paquets ronds sur les côtés de la partie haute des branches. Elles sont blanches, monopétales, mais divisées, presque jusqu'au fond, en cinq parties.

Le fruit est une baie ronde à trois loges, dont chacune contient une seule semence.

Historique. Cette plante est originaire de la Virginie & de la Caroline. Elle est assez commune dans les pépinières des environs de Londres. Elle fleurit en Juillet & Août; mais, parmi la grande quantité d'arbrisseaux de cette espèce, qui produisent annuellement des fleurs en Angleterre, aucun ne perfectionne ses semences. Les feuilles restent vertes fort tard en Automne, quand la saison est douce, & elles reparoissent de bonne-heure au Printems : mais, lorsqu'elles se montrent trop tôt, elles sont souvent surprises par les gelées du mois de Mars.

Usages. Les feuilles de cette plante ont une saveur si amère qu'après les avoir mâchées, on ne peut de long-tems se débarrasser de l'amertume qu'elles laissent dans la bouche. Leur infusion a souvent été ordonnée, avec succès, dans les défauts d'appétit & les vices de digestion, on doit néanmoins avoir attention de ne pas les employer à trop forte dose, de peur qu'elles ne deviennent émétiques, ou qu'elles n'occasionnent une superpurgation.

Culture. On peut multiplier ces arbrisseaux de semences qu'il faut faire venir de leur pays originaire, parce qu'elles n'acquièrent point chez nous le degré de maturité nécessaire à leur reproduction. On les sème dans des petits pots remplis de terre légère & sablonneuse, que l'on enterre dans une couche de chaleur modérée. On les arrose souvent, jusqu'à ce que les plantes paroissent, ce qui arrive ordinairement au bout de cinq ou six semaines. Cependant, si l'on s'apperçoit que les plantes ne poussent point dans l'espace de deux mois, il ne faut pas encore désespérer du succès, car elles ne lèvent quelquefois qu'à la seconde année. Dans ce cas, il faut retirer les pots qui les contiennent, & les mettre à l'ombre. On les laisse ainsi jusqu'au mois d'Octobre, avec l'attention de les nétoyer des mauvaises herbes, & de les arroser de tems en tems lorsqu'il fait sec. On les abrite pendant l'Hiver, & au mois de Mars suivant, on les remet dans une nouvelle couche chaude, pour préparer les semences à la végétation.

Lorsque les plantes ont poussé, on les expose par degrés à l'air libre, afin de les fortifier & les accoutumer à notre climat. On les garantit d'abord des ardeurs du soleil, & on ne les laisse jouir que des rayons du matin. On les place de manière qu'elles puissent être à l'abri des vents froids, & on les met à couvert pendant les deux ou trois premiers Hivers; après quoi on peut les mettre en pleine terre, & elles y résistent dans toutes les saisons. On doit cependant préférer une exposition chaude : car, si on les place dans un endroit ouvert & froid, les jeunes rejettons seroient exposés à périr pendant l'Hiver, ce qui déshonoreroit l'arbrisseau, & le rendroit désagréable à la vue; mais, en le plaçant près d'un abri d'arbres, ou contre une muraille, il est rarement endommagé.

On multiplie encore cet arbrisseau, en marcottant les jeunes branches qui sortent en abondance de la racine, ainsi que celles qui sortent de la partie basse de la tige, & qui en seroient un buisson fort épais si on ne les retranchoit pas.

En général, cet arbrisseau se plaît dans un sol léger, mais pas trop sec, & à une exposition chaude.

Le *Cassine peragua* de Miller est, selon cet Auteur, originaire de la Caroline, & de quelques parties de la Virginie, où il croît naturellement aux environs de la mer. Il s'élève dans sa patrie, à la hauteur de 10 ou 12 pieds, & pousse, depuis sa racine jusqu'au sommet, une grande quantité de branches, qui lui donnent la forme d'une pyramide. Ses feuilles sont alternes, lancéolées, & ressemblent, par leur teinture & leur couleur, à celles de l'Alaterne. Elles restent vertes toute l'année.

Les fleurs sont blanches, & naissent en têtes serrées autour des branches, aux endroits où s'insèrent les pétioles des feuilles. Ces fleurs, pour la forme, ressemblent ainsi que les fruits, à ceux du *Cassine Corymbosa.*

Historique. Cet arbrisseau étoit assez commun dans quelques jardins des environs de Londres, lorsque l'Hiver rigoureux de 1740 les a détruits, au point qu'à peine en a-t-il survécu quelques-uns : mais depuis plusieurs années, on en élève un grand nombre avec les semences qui ont été envoyées de la Caroline.

Usages. Les feuilles de cet arbrisseau, ayant moins d'amertume, sur-tout lorsqu'elles sont vertes, que celles du *Cassine Corymbosa*, on les préfère pour les prendre comme du thé. Cette infusion est très-diurétique, & elle passe pour être propre contre le calcul, la néphrétique & la goutte. Les Indiens lui attribuent encore d'autres propriétés, & ils ne vont jamais en guerre, sans s'être assemblés pour en boire. Ils grillent les feuilles à-peu-près de la même manière que l'on grille le café en Turquie ; ils jettent de l'eau dessus, & les laissent infuser long-tems; elles donnent à l'eau une couleur rouffâtre, & une force qui les enivre.

C'est aussi, à ce que l'on assure, le seul médicament dont les Indiens fassent usage. Ils viennent par bandes, dans certains tems de l'année, pour recueillir les feuilles de ces arbrisseaux, qui ne croissent que dans le voisinage de la mer. La distance ne les effraie point. Ils font plusieurs centaines de milles, pour se procurer ce remède.

Aussi-tôt qu'ils font arrivés, ils allument de grands feux, & font bouillir de l'eau dans des chauderons. Ils y jettent une grande quantité de feuilles, ils s'asseoient à l'entour, & boivent de cette eau, dans de grandes jattes qui tiennent environ une pinte. En peu de tems cette boisson leur procure, par le haut, des évacuations très-abondantes, mais sans efforts, & ils n'éprouvent, pendant toute l'opération, ni angoisses ni douleurs. Ils passent quelquefois deux ou trois jours dans cet exercice pénible, & lorsqu'ils se croient suffisamment purgés, chacun retourne chez soi, emportant dans son habitation, une charge de ces feuilles.

On présume que cet arbrisseau est le même que celui qui fournissoit aux Jésuites l'herbe du Paraguay, dont les feuilles étoient une des principales branches du revenu de ces Missionnaires industrieux ; mais il est difficile de déterminer si cette opinion est fondée ou non, parce qu'en envoyant ces feuilles, les Jésuites avoient la précaution de les réduire presque en poussière, de manière qu'elles étoient absolument méconnoissables. Il feroit possible de vérifier ce fait, depuis que les Jésuites n'existent plus.

Culture. Cet arbrisseau se multiplie & s'élève de la même manière que le *Caffine Corymbosa.* Cependant il faut le laisser dans les pots, deux ou trois ans de plus avant de le mettre en pleine terre.

Quoiqu'il soit sujet à être détruit par les grands froids, on a essayé en Angleterre, d'en planter quelques-uns en pleine terre, & pendant plusieurs années, ils avoient résisté sans couverture, à la rigueur des Hivers. Nous ignorons si celui de 1789 ne les aura point fait périr.

Si l'on pouvoit parvenir à les acclimater tout-à-fait en Europe, on en tireroit un grand parti pour l'agrément des jardins, & ils offriroient une belle variété dans les plantations d'arbres, toujours verds. Il est probable qu'ils réussiroient en pleine terre, dans les provinces du Midi. Mais il feroit plus sûr de la conserver dans l'orangerie, dans celles du Nord.

Ces détails puisés dans Miller, & qui nous ont paru ne devoir point être négligés, nous ont écartés de la route tracée par le Dictionnaire de Botanique : nous allons la reprendre.

4. Cassine à feuilles d'olivier. Cet arbrisseau, qui croît en Afrique, n'est point encore parvenu en Europe. C'est à M. Sonnerat qu'on en doit la connoissance. On voit, par les échantillons qu'il en a rapportés, que ces petits rameaux font anguleux, glabres & couverts d'une écorce grisâtre.

Les feuilles longues d'un pouce & demi à deux pouces, ont leur surface plane, mais leurs bords font légèrement repliés en-dessous. Elles font alternes, pointues aux deux bouts, très-entières, glabres & un peu coriaces.

Les feuilles naissent dans les aisselles des feuilles, & font disposées en très-petits corymbes pédonculés.

Nous ne connoissons point les fruits.

5. Cassine à feuilles concaves. La tige de cet arbrisseau est un peu tortueuse & recouverte d'une écorce noirâtre. Elle s'élève à cinq ou six pieds, & est garnie de rameaux roides, un peu longs, la plupart simples, feuillés & verdâtres.

Les feuilles font alternes, très-petites, entières, très-dures, d'un verd foncé, glabres & concaves en-dessus.

Les fleurs petites & blanches font portées sur des pédoncules très-courts dans les aisselles des feuilles où elles viennent seules ou quelquefois deux ou trois ensemble. Leurs étamines, ainsi que celles des deux espèces suivantes, tiennent à un disque charnu qui environne l'ovaire & recouvre la base des pétales.

Le fruit est une baie, presque sèche qui renferme trois semences, & qui ressemble à celles des célastres.

Historique. Cet arbrisseau croît dans l'Afrique. M. l'Héritier en a donné une excellente figure, sous le nom de *Celastrus lucidus.* Fasc. 3, tab. 25.

Usage. Cet arbrisseau qui conserve ses feuilles toute l'année, produit un charmant effet dans les serres tempérées ; mais il fleurit rarement.

Culture. Il exige la même culture que l'espèce, n.° 1.

6. Cassine à feuilles lisses. Cet arbrisseau ressemble beaucoup au précédent ; mais il s'élève plus haut ; ses rameaux, plus souples & plus divisés, font rougeâtres dans leur jeunesse.

Les feuilles font également alternes ; mais elles diffèrent pour la forme. Elles font en forme de spatule, plus large vers leur sommet, & retrécies à leur base.

Nous ne connoissons les fleurs, que par la figure qu'en a donné M. Buc'hoz. Elles paroissent disposées en petites grappes axillaires.

Historique. Cet arbrisseau est originaire du Cap de Bonne-Espérance.

Culture. Il est probable que venant du même pays que la 1.re espèce, il se cultivera de la même manière.

7. Cassine à feuilles convexes. Cet arbrisseau, dans le pays où il croît naturellement, s'élève à 5 ou 6 pieds de haut.

Sa tige est forte, ligneuse & couverte d'une écorce brune ou noirâtre : mais celle des nouvelles pousses est

est d'un pourpre foncé, ou d'un rouge obscur.

Les feuilles sont entières, fort épaisses, la plupart opposées, d'un vert foncé, & de deux pouces environ de longueur, sur à-peu-près autant de largeur.

Les fleurs sont petites, blanchâtres, ramassées dans les aisselles des feuilles, par faisceaux courts, ombelliformes, & pédonculés.

Les baies qui leur succèdent, sont ovales charnues, & prennent, en mûrissant, une couleur de pourpre foncé. Elles ont une ou deux cellules, dans chacune desquelles est renfermée une semence ovale.

Historique. Cet arbrisseau est originaire du Cap de Bonne-Espérance. En Europe, il fleurit dans les mois de Juillet & Août, & ses semences mûrissent en Hiver.

Usages. On ne connoît encore aucune propriété médicinale ou économique, à cet arbrisseau. Mais il mérite une place dans l'orangerie, par la beauté de ses feuilles qu'il conserve toute l'année, & qui sont épaisses, d'un verd foncé, & fort différent de celui de toutes les autres plantes, & par la couleur de ses fruits qui mûrissent en Hiver, & qui font une variété agréable, quand les plantes en sont bien chargées.

Culture. Lorsqu'on veut multiplier cet arbrisseau, de boutures ou de marcottes, il exige les mêmes soins que la Cassine du Cap n.° 1. Mais, comme il a l'avantage de perfectionner ici ses semences, il nous offre une ressource de plus.

Il faut prendre les graines aussi-tôt qu'elles sont mûres, & les semer dans des pots remplis d'une terre douce, légère, marneuse & pas trop ferme, pour qu'elle ne retienne par trop l'humidité.

En plaçant les pots dans la couche de tan de la serre chaude, les plantes pousseront au Printems suivant. On doit ensuite, pour les conserver, les traiter comme celles qui ont été multipliées de marcottes, ou de boutures.

Ces plantes sont moins délicates, que celles de la première espèce. Ainsi, on peut les sortir un peu plutôt, & les rentrer un peu plus tard dans l'orangerie. (*M. Dauphinot.*)

CASSIPOURIER. *Cassipourea.*

Genre de plantes à fleurs polypétalées, dont les caractères ne sont pas encore bien connus, mais qui paroît avoir des rapports avec la famille des *Salicaires.*

Il ne comprend encore qu'une espèce.

Cassipourier de la Guiane.

Cassipourea Guianensis. Aubl. ♄ de la Guiane. C'est une arbre de moyenne grandeur, dont les rameaux sont opposés.

Les feuilles également opposées sont entières, ovales, pointues & glabres.

Les fleurs sont sessiles. Elles naissent dans les

aisselles des feuilles, & sont ramassées plusieurs ensemble, entre deux bractées stipulaires & opposées. Leur corolle est composée de cinq pétales blancs, finement laciniés, & comme frangés.

On ne connoît point les fruits.

Historique. Cet arbre croît dans les lieux aquatiques de la Guiane. Il fleurit dans le mois de Janvier.

Il n'a point encore été cultivée en Europe. (*M. Dauphinot.*)

CASSIS. Nom vulgaire du *Ribes, nigrum* L. *Voyez* Groseiller noir, N.° 4. On donne aussi ce nom, mais moins communément, au *Nicotiana rustica* L. *Voyez* Tabac. (*M. Reynier.*)

CASSITE. *Cassytha L.*

Genre de plantes à fleurs incomplettes, voisines des Baselles par leurs caractères botaniques & leur pays natal, & des cuscutes par leur port & leur manière de croître sur les autres plantes. La fleur des Cassites est formée d'un calice persistant à six divisions dont trois intérieures de neuf étamines dont les anthères sont au-dessous d'un prolongement des filets, de neuf corps glanduleux que Linné a nommé nectaires & d'un ovaire supérieur surmonté d'un stile. Le fruit est une baie monosperme formée par la base du calice.

Espèces.

1. Cassite filiforme.

Cassytha filiformis L. parasite sur les plantes entre les Tropiques.

2. Cassite Corniculée.

Cassytha Corniculata L. ♄ sur les troncs d'arbres pourris dans les montagnes des Célèbes.

La première espèce ressemble à la Cuscute d'Europe par sa forme & la manière de s'entortiller autour des plantes & des arbustes, mais ses ramifications sont plus grosses & plus fortes, elles ont une ligne & plus de diamètre. Elles s'attachent comme le cuscute au moyen de suçoirs, que Jacquin a comparé aux pattes des chenilles, qui leur servent à pomper la sève des autres plantes. Les fleurs sont en épis latéraux, il leur succède des fruits de la grosseur d'un pois.

Usages.

Aux Moluques, on se sert de cette plante pour calfater les vaisseaux, canots & bâtimens de toute espèce. Ils lui font auparavant subir une espèce de rouissage, soit en la faisant bouillir dans de l'eau avec de la chaux tamisée, jusqu'à ce que tout le gluten soit décomposé, ou simplement en la faisant rouir dans de l'eau de chaux à froid. Lorsque la filasse est séparée du gluten, ils l'emploient en la mêlant avec de la poix.

Culture.

Cette plante, vu la difficulté de conserver les plantes sur lesquelles on l'apporteroit en Europe, ne pourra que très-difficilement y être apportée, il faudroit y sacrifier un arbuste d'un pays d'où on a beaucoup de peine à les apporter lorsqu'ils sont pleins de vigueur ; & les difficultés seroient bien plus grandes lorsqu'ils seroient épuisés par une plante parasite. D'ailleurs cette conquête pour nos jardins n'auroit d'autre mérite que la difficulté vaincue.

M. Jacquin dit, dans son histoire des plantes d'Amérique, qu'il en a apporté de la graine au jardin de Vienne, elle y a germé dans la serre chaude, leur première pousse a été un filament simple qui s'est élevé verticalement & a poussé des branches qui se sont attachées aux premiers arbustes qu'ils ont rencontré. Depuis ce moment la plante cesse de tirer sa nourriture de la terre. Les verrues, qui garnissent d'espace en espace cette plante, se fixent indistinctement sur tout ce qui se présente à leur contact, & y adhèrent avec tant de force qu'on les déchire plutôt que de les séparer. Cette plante s'attache plutôt aux arbustes des hayes qu'aux plantes herbacées.

La seconde espèce qui n'est pas complettement parasite, puisqu'elle croît sur les arbres pourris, pourroit être apportée plus facilement en Europe & sans doute qu'il seroit possible de l'habituer à la terre commune en commençant par un terreau de bruyère dont on changeroit graduellement les proportions. Les Baselles croissent pareillement sur des troncs d'arbres morts & se sont accoutumées à la terre des jardins. Cette cassite exigeroit nécessairement la plus grande chaleur de nos serres comme les autres plantes du même climat. (*M. Reynier.*)

CASSOLETTE. Variété du Poirier dont le fruit est petit, assez arrondi & porté par une queue courte. La peau est d'un verd tendre, jaunâtre & colorée en rouge du côté du soleil. Sa chair est cassante & pleine d'eau, mûrit à la fin d'Août.

C'est une des variétés du *Pyrus communnus* L. *Voyez* Poirier dans le Dictionnaire des Arbres & Arbustes. (*M. Reynier.*)

CASSONADE ou CASTONADE. Sucre brut qui n'a pas encore été raffiné. *Voyez* Canne à Sucre. (*M. Thouin.*)

CASTELANE. Prune verte assez semblable à la Reine-Claude pour la forme, mais qui n'est jamais colorée; elle est fade & de mauvaise qualité; on ne la mange qu'en compote. *La Quintinie.*

C'est une des variétés du *Pruna Domestica* L. *Voyez* Prunier dans le Dictionnaire des Arbres & Arbustes. (*M. Reynier.*)

CAS

CASTILLÉE. *Castillea.*

Genre de plantes à fleurs monopétalées que M. *Lamarck* place dans la division des Personnées & M. de *Jussieu* dans la famille des Pédiculaires.

Il comprend des plantes exotiques, sous-ligneuses dont les feuilles sont alternes & dont les fleurs irrégulières également alternes, sont disposées en grappes terminales.

On n'en connoît encore que deux espèces dont la seconde pourroit même n'être qu'une variété de la première. Elles ne sont point au Jardin du Roi, & il ne paroît pas même qu'elles aient encore été apportées en Europe.

Espèces.

2. CASTILLÉE à feuilles divisées.
Castilleia fissifolia L. ♄ de la Nouvelle-Grenade.
2. CASTILLÉE à feuilles entières.
Castilleia integrifolia L. ♄ de l'Amérique Méridionale.

Description du port des Espèces.

1. CASTILLÉE à feuilles divisées. Sa tige herbacée ou sous-ligneuse, droite, cylindrique & un peu rameuse s'élève à trois ou quatre pieds de hauteur.

Les feuilles sont longues d'environ un pouce, & fendues à leur sommet en plusieurs parties depuis 3 jusqu'à 7. Elles sont sessiles, linéaires & marquées de trois nervures. A l'insertion des rameaux & dans les aisselles de ces feuilles, il en sort d'autres en faisceaux & sans stipules qui ont l'air d'appartenir à des rameaux non-développés.

Les fleurs sont disposées en grappes terminales, composées de petits pédoncules solitaires & uniflores, entremêlés de bractées trifides ou de petites feuilles. La Corolle d'un rouge vif, est en masque ou labiée. La lèvre supérieure est plus longue, canaliculée & soutenue par le calice. L'inférieure est plus courte & accompagnée de deux glandes très-petites, tubuleuses & trifides.

Chaque fleur est remplacée par une capsule à deux loges séparées par une cloison opposée aux faces applaties. Ces capsules contiennent un grand nombre de semences très-petites.

2. CASTILLÉE à feuilles entières. Cette espèce, si ce n'est pas une simple variété de la précédente, en diffère en ce qu'elle est plus petite, que la grappe de ses fleurs est plus alongée, que les bractées qui les accompagnent sont sans division & que les feuilles sont entières.

Historique. Ces deux espèces sont originaires

de l'Amérique méridionale. Elles ont été trouvées entre autres à la nouvelle Grenade par
M. Mutis qui en lui imposant le nom de Caf-
tillée a voulu perpétuer le souvenir de M. Caf-
tilléeo, Botaniste de Cadix.

Culture. Il est probable que les Castillées croiffant dans l'Amérique Méridionale, exigeront
le secours de la serre chaude pendant l'Hiver,
pour se conserver dans nôtre climat, & qu'étant
d'une famille où les semences des plantes qui
la composent, perdent promptement leur propriété germinative, il sera difficile de se les procurer dans nos jardins, à moins qu'on n'en sème
les graines dans des caisses avec de la terre ou qu'on
n'en apporte des pieds vivans. (*M. Dauphinot.*)

CASTRATION.

Opération, par laquelle on prive un animal
de la faculté de se reproduire. L'homme en s'af-
sujétissant des animaux ou pour coopérer à ses
travaux, ou pour satisfaire ses besoins, n'a pas
cherché à les élever & à les conserver dans leur
état de nature. Il les a mutilés toutes les fois que
leur mutilation lui a paru nécessaire, pour remplir mieux l'usage, auquel il les destinoit. Ayant
remarqué que le cheval n'étoit fougueux, souvent indomptable & quelquefois dangereux, que
le taureau ne pouvoit être soumis facilement au
joug, que la chair du bélier n'étoit désagréable
au goût, que les coqs n'engraissoient jamais, &c.
que parce que ces animaux étoient tourmentés
par le désir de se reproduire, il a imaginé des
moyens de les priver des organes de la génération
sans intéresser leur vie. Cet art perfide & cruel
pour les animaux, ne s'est pas borné à châtrer
les mâles; on est parvenu encore à châtrer les
femelles, quoique chez elles les organes de la génération fussent plus profondément placés; enfin la Castration des animaux domestiques est devenue une pratique habituelle.

Quoique la castration ne se fasse pas toujours
en coupant avec un instrument tranchant,
cependant l'action de *châtrer* s'appelle aussi communément *couper;* dans quelques endroits, on
dit *affranchir.*

Castration des chevaux. Dans un traité des haras de M. Jean-George Hartmann, Conseiller de
la chambre des rentes de S. A. S. Mgr. le Duc
régnant de Wirtemberg, traduit de l'allemand par
M. Huzard, Vétérinaire à Paris, on trouve des
détails de la castration des chevaux, dont je vais
donner un extrait.

En Allemand, on appelle mœnch *Moine,* walach,
valaque, & en François *hongre* un cheval châtré.
L'étimologie de ces noms n'est pas difficile à trouver. Les Allemands ont appellé sans doute *Moine*
& *valaque* & les François *hongre* le cheval incapable de produire, parce qu'il est dans le cas
d'un Moine engagé par des vœux, & que les pre-

miers chevaux, ainsi mutilés, sont venus en Allemagne de la Valachie & en France de la Hongrie. La Valachie & la Hongrie sont fécondes
en chevaux. Mais rien ne prouve que ce soit
dans ces pays où l'on ait commencé à châtrer
ou hongrer des chevaux.

Indépendamment de ce que la Castration rend
les chevaux plus doux, plus traitables, & par
conséquent plus susceptibles d'instruction, on
peut dans cet état les laisser paître, ou les loger
avec les jumens; ils ne s'animent pas comme les
chevaux entiers auprès des autres, & ne trahissent
pas le cavalier par leur hennissement, qui d'ailleurs est toujours plus foible : ces avantages compensent de beaucoup la diminution de forces que
leur procure la Castration.

M. Esprit-Paul de la Font-Pouloti, qui a donné un nouveau régime pour les haras, blâme
l'usage où l'on est dans beaucoup de Royaumes de châtrer les chevaux, parce que cet usage
leur ôte la beauté, la fierté & le courage. Il voudroit qu'à l'exemple des Arabes, des Perses, des autres Peuples de l'Orient & des Espagnols même, on
ne se servît que de chevaux entiers. Mais les
chevaux de ces pays, ne sont-ils pas plus doux
naturellement que ceux des pays où on les hongre? Est-ce à leur éducation seule qu'ils doivent
la facilité qu'on a de les manier? Voilà ce qu'on
demandera à M. de la Font-Pouloti, & ce qui
doit influer sur la nécessité de cette opération;
d'ailleurs elle ne leur fait presque rien perdre
de leur beauté, quand on ne la pratique pas avant
que ces animaux aient trois ans.

La Castration du cheval s'opère de cinq manières, 1.º par les caustiques ou les corrosifs;
2.º par le feu; 3.º par la ligature; 4.º en froif-
sant les testicules; 5.º en les bistournant.

Quelque méthode qu'on emploie, on commence à s'assurer du cheval, on lui ceint le corps
avec une large sangle munie de deux anneaux
de fer, fixés de chaque côté de la poitrine, à environ un pied & demi l'un de l'autre; on l'amène
les yeux bandés sur un gazon jonché de pailles
ou sur du fumier; on lui met aux pâturons quatre entraves. Une entrave faite avec soin, est composée d'une bande de cuir suffisamment large,
doublée & rembourrée en dedans, munie d'une
boucle à un de ses bouts, pour y passer & arrêter
l'autre & garnie du côté opposé à la boucle d'un
anneau de fer, qui sert à fixer & à passer les cordes destinées pour abattre le cheval. On a soin
que chaque corde, fixée par un de ses bouts à
un des anneaux, repasse dans l'anneau opposé,
de manière que la corde fixée à un anneau de
l'entrave du pied de derrière, vienne repasser
dans celui de l'entrave du pied de devant qui le
regarde & retourne de-là entre les deux jarrets,
pour être tirée par derrière, comme celle qui est
fixée à l'anneau de l'entrave du pied de devant,
ira passer dans celui de l'entrave du pied de der-

rière, qui lui répond & reviendra entre les jambes de devant, pour être tirée en devant.

Lorsqu'on a mis les entraves & passé les cordes, deux hommes forts, le premier, placé en avant du cheval, tirant la corde qui doit ramener le pied de derrière avec celui de devant & le second, placé derrière, tirant du côté opposé, pour réunir les deux pieds, que sa corde engage, le feront tomber, s'ils sont parfaitement d'accord. Un troisième tenant la tête de l'animal avec une longe ou un bridon, le soutient de manière à déterminer la chûte sur le côté, & non en devant.

Aussi-tôt que le cheval est abattu, on passe les cordes, qui ont réuni les pieds dans les anneaux de la sangle & on les y fixe par un nœud coulant facile à défaire. Pendant tout le tems de l'opération un ou deux hommes tiennent fermement la tête du cheval.

1.° Pour châtrer par les caustiques on se munit d'un bon bistouri, de forte ficelle & de quatre petits bâtons appellés *billots* ou *cassots*, longs de cinq à six pouces & larges d'un pouce au plus. Ces bâtons doivent être fermes pour ne pas plier & excavés intérieurement à deux lignes de profondeur, de manière que cette excavation arrive à une ligne près du bord, tout le long du bâton. C'est pour cela qu'on choisit du bois de sureau, dont on ôte la moëlle. On pratique à l'extrémité de chaque bâton une *coche* ou un *collet* pour y fixer un lien. Les bâtons doivent s'appliquer les uns sur les autres avec la plus grande justesse.

On remplit la gouttière de chaque pièce de sublimé corrosif broyé avec de l'eau, & réduit en une espèce de pâte avec de la farine ou du levain; ou l'on remplit la gouttière de levain, qu'on saupoudre de sublimé corrosif dans toutes les parties.

L'opérateur ensuite lave les bourses avec de l'eau fraîche, saisit un testicule, incise la peau, & fait sortir le testicule, il repousse vers le ventre le corps, appellé *épididyme*, ou *amourette*, & le laisse en entier, ou en emporte une partie, selon qu'on veut conserver à l'animal plus ou moins de vigueur. Alors il engage le cordon spermatique entre deux bâtons, les lie aussi serré qu'il est possible, par les collets, coupe le testicule près des bâtons, sans l'emporter totalement; il en laisse soit un tiers, soit un quart environ, afin que les billots tiennent mieux.

Lorsque l'opération est faite de la même manière à l'autre testicule, on lave les bourses avec du vinaigre, dans lequel on a fait dissoudre un peu de sel marin, on le nétoie bien, on dégage le cheval de ses liens, on le fait lever & on le saigne.

Il faut le laisser reposer vingt-quatre heures, après lesquelles le sublimé corrosif ayant produit son effet, on coupe les liens qui tiennent les bâtons, & l'on achève la séparation des parties, encore adhérentes, mais mortes; on lave de nou-

veau les bourses avec une eau aiguisée de sel & de vinaigre.

On est quelquefois obligé de mettre des morailles aux chevaux, pour leur faire cette opération.

Tous les jours, on doit faire faire au cheval un quart de lieue ou une demi-lieue, mais lentement & lui laver tous les jours les bourses avec l'eau aiguisée de vinaigre. En quinze jours, l'animal guérit. Trois jours après sa guérison, on le fait travailler modérément. Il peut soutenir quelques petites journées du chemin, pourvu qu'on ne le presse pas.

2.° La Castration par le feu diffère peu de la Castration par le caustique. Au lieu des bâtons employés dans celle-ci, on fait usage d'une espèce de tenaille, de la forme des morailles, mais plus légère & plus petite, appellée *morailles à châtrer*. Elle est longue de cinq à six pouces : les deux pièces ne sont pas tranchantes du côté, où elles se touchent, mais limées, de manière cependant qu'elles se touchent dans tous les points, à l'une des branches est attachée une courroie pour les lier, quand on s'en sert.

L'opérateur, après avoir mis le testicule à nû, saisit avec les morailles le cordon entre le testicule & l'épididyme, rapproche les deux branches & les lie fermement avec la courroie. Il prend alors un couteau de cuivre rougi au feu dans un réchaud, & sépare tant en brûlant qu'en coupant le testicule de l'épididyme. Il jette aussi-tôt du sucre sur l'endroit de la section & y fait étendre de la cire jaune, au moyen d'un second couteau très-chaud. Lorsqu'on ôte les morailles ou lors de la chûte de l'escharre, il n'y a pas d'hémorrhagie à craindre.

3.° Dans la troisième méthode, on se contente après avoir ouvert les bourses de lier les vaisseaux spermatiques avec un fort fil de soie ou du fil de cordonnier, & l'on emporte le testicule par une section faite au-dessous de la ligature, c'est-à-dire du côté du testicule. On étend sur la surface de la section des vaisseaux un onguent chaud, fait de suif de bouc & de térébenthine. On lave les bourses avec de l'huile & du vin, & on fait promener le cheval ainsi coupé dans un endroit poudreux.

4.° Pour châtrer en froissant ou en contondant les testicules, il suffit de saisir extérieurement le cordon spermatique, de comprimer fortement les testicules avec des tenailles à mors larges & plats, ou de les contondre avec deux marteaux de bois, en leur ôtant toute action vitale. Un cheval châtré de cette manière s'appelle en France *cheval froissé*.

5.° La cinquième méthode consiste à saisir les testicules du cheval, & à les tordre si fortement qu'ils deviennent incapables de servir à la sécrétion de l'humeur séminale & se desséchent. Cette opération s'appelle *bistourner*.

M. Georges Hartmam regarde la première méthode comme la plus sûre, & celle qui expose le cheval à moins de douleur & de danger.

Celle qui est faite par le feu, est sujette à causer des inflammations, & même, suivant Végèce, un *Tétanos* général, maladie convulsive.

Le procédé de la ligature ne conviendroit guère qu'aux chevaux d'un an, qu'il est trop tôt de couper à cet âge. Dans les chevaux plus âgés, la masse à emporter seroit trop considérable. Il faudroit resserrer la ligature à mesure qu'elle se relâcheroit par l'affaissement de la partie qu'elle engage, & abattre trop souvent le cheval.

La Castration par le froissement ou par le bistournage a l'inconvénient de ne point enlever les testicules & de tromper ceux qui voudroient acheter des étalons, s'ils n'y apportoient toute l'attention possible.

La saison la plus convenable pour la Castration du cheval, est le Printems, ou l'Automne. L'âge est celui de trois ou quatre ans; alors il est bien formé, il a du feu & de la force. Il conserve, après la Castration, une partie de ces qualités, qu'il n'auroit pas s'il étoit châtré plus jeune. Il faut qu'auparavant il n'ait monté aucune jument, & qu'il soit dans un bon état de santé.

Ce que j'ai dit du cheval peut s'appliquer à l'âne. Cet animal peut être châtré par les mêmes méthodes & exige les mêmes précautions.

L'âge le plus convenable pour l'âne, est de deux ans & demi à trois ans.

CASTRATION *des bêtes à cornes.* On châtre rarement les veaux, lorsqu'ils sont bien jeunes, parce que cette opération en feroit mourir un grand nombre; & que les bœufs qui résulteroient de ceux qui survivroient, ne seroient pas assez forts. On attend qu'ils aient acquis les qualités propres à la reproduction. Alors leurs membres & les autres parties de leur corps sont dans l'état de perfection. C'est ordinairement à dix-huit mois deux ans.

On n'emploie en France pour châtrer les jeunes taureaux, que trois des précédentes méthodes; ou la ligature, ou le froissement, ou le bistournage. Cette dernière est la seule usitée pour châtrer les taureaux, qui ont servi plusieurs années d'étalons.

Le Taureau coupé, ou le bœuf est docile & peut être employé, ou à labourer, ou à traîner des voitures. Il s'engraisse facilement & sa chair, à choses égales, est d'autant meilleure qu'il a été châtré de bonne-heure, ou avant d'avoir couvert des vaches.

On a pratiqué aussi la Castration sur les vaches; elle consiste à retrancher, dans ces animaux, les ovaires, sans toucher ni à la matrice, ni au vagin. Ce moyen de les rendre stériles, est

une preuve de l'influence des ovaires sur la génération.

Les vaches châtrées engraissent plus facilement que les autres, & ont la chair plus agréable au goût, si on les châtre jeunes; mais cette pratique nuiroit à la propagation de l'espèce.

CASTRATION des béliers, des boucs. Il ne paroit pas que les Espagnols fassent beaucoup d'usage de la Castration sur les béliers Trasumans. Ils n'en châtrent que quelques-uns pour les mieux apprivoiser & en faire les conducteurs des troupeaux. Les autres restent en état de béliers & forment des troupes séparées. Ils soutiennent mieux que les moutons la-fatigue des longs voyages. Peut-être en châtrent-ils un grand nombre parmi les bêtes sédentaires.

On les châtre communément depuis l'âge de huit jours jusqu'à six mois.

Pour châtrer les béliers on emploie la troisième & la cinquième méthode, quelquefois la quatrième. La troisième est celle qui convient aux jeunes agneaux, & la cinquième aux béliers, de trois ou quatre ans. Après l'opération, beaucoup de bergers se contentent de frotter les bourses avec du saindoux. On tient les béliers, qu'on vient de couper, en repos pendant deux ou trois jours & on les nourrit mieux qu'à l'ordinaire.

Les boucs sont coupés de la même manière & avec les mêmes précautions que les béliers.

On châtre des brebis & des chèvres en leur enlevant les ovaires seulement; *Voyez* bêtes à laine au titre. *Castration des agneaux mâles & femelles.*

CASTRATION *des cochons.* On châtre les jeunes cochons mâles depuis l'âge de 15 jours jusqu'à six semaines en employant seulement la troisième méthode.

CASTRATION des poulets mâles ou coqs. Châtrer des poulets, c'est les *chaponner.* Les poulets nés tard, ne doivent pas être chaponnés, parce qu'ils ne deviennent jamais beaux. Pour qu'ils profitent bien, il faut qu'ils soient en état d'être chaponnés avant la Saint-Jean & qu'ils aient trois mois.

On fait une incision près les parties de la génération, on enfonce le doigt par cette ouverture & on emporte adroitement les testicules; ensuite on coud la plaie, on la frotte avec du beurre frais ou de la graisse, & on laisse aller le chapon avec les autres volailles. Il est triste pendant quelques jours. S'il survient de la chaleur, la gangrène se met à la plaie & tue l'animal. Il meurt encore s'il n'est pas chaponné avec précaution. Le chapon bien châtré, c'est-à-dire, auquel on a bien enlevé les testicules, ne chante plus; mais celui qui a été châtré imparfaitement, chante encore.

L'art de faire les poulardes est le même que celui de faire des chapons, avec cette différence qu'on enlève aux poules les ovaires.

La grande habitude indique le moment favorable, la meilleure manière d'opérer & la conduite qui doit suivre l'opération.

Les poulardes sont plus délicates au goût que les chapons. Elles s'engraissent aussi plus facilement. Il y a en France des Provinces où cet Art est très en usage. (*M. l'Abbé Tessier.*)

CASTRATION des végétaux. *Voyez* le mot CHATRER. (*M. Thouin.*)

CAT. Nom que l'on donne au claveau. *Voyez* CLAVELÉE. (*M. l'Abbé Tessier.*)

CATAIRE. C'est ainsi que quelques personnes écrivent & prononcent le mot CHATAIRE, *Nepeta Voyez* CHATAIRE. (*M. D'Auphinot.*)

CATALEPSIE. Maladie des animaux, dépendante de l'état du cerveau. Le caractère distinctif de cette maladie, très-difficile à guérir, est d'ôter aux parties du corps leur ressort ou de l'interrompre; car un animal cataleptique reste dans l'état où on le met. Il est nécessaire d'étudier quelle en a été la cause & de se conduire en conséquence. *Voyez* le Dictionnaire de Médecine. (*M. l'Abbé Tessier.*)

CATALEPTIQUE. Nom vulgaire que porte le *Dracocephalum virginicum* L. ensuite d'une propriété singulière de ses fleurs, mais dont tout le merveilleux a disparu aux yeux de l'observation. *Voyez* DRACOCÉPHALE de Virginie n.° I. (*M. Reynier.*)

CATALOGUE. (Prune de) Prunier dont le fruit est petit, alongé, plus gros du côté de la tête que de celui de la queue & marquée d'une gouttière à peine sensible. La peau est jaune & très-cassante lorsque le fruit est mûr. La chair est mollasse & de qualité médiocre, mûrit vers la mi-Juillet.

C'est une des variétés du *Prunus domestica* L. *Voyez* PRUNIER dans le Dictionnaire des Arbres & Arbustes. (*M. Reynier.*)

CATALPA. Nom d'une espèce de Bignone qui forme un arbre de moyenne grandeur, l'un des principaux ornemens de nos bosquets. C'est le *Bignonia catalpa* L. *Voyez* BIGNONE à feuilles en cœur dans le Dictionnaire des Arbres & Arbustes. (*M. Reynier.*)

CATANANCHE Beaucoup de jardiniers donnent ce nom aux espèces du genre des *Catanance* L. *Voyez* CUPIDONE. (*M. Reynier.*)

CATAPLASME. On donne quelquefois ce nom ou celui d'emplâtre à une composition dont on se sert pour recouvrir les plaies des arbres & accélérer leur guérison.

Cette composition se fait avec une partie de fiente de vache fraîche & deux parties de terre franche argilleuse & jaune. Au moyen d'un peu d'eau on délaye le tout en consistance de pâte molle; & l'on s'en sert, dans cet état,

pour recouvrir les plaies des arbres. Pour que ce Cataplasme ne se détruise pas à l'air, on le recouvre d'une toile ou d'un morceau de cannevas, lié autour de la branche avec une ficelle.

Cette composition est nommée plus communément *Onguent de Saint-Fiacre.* Elle n'est guère employée que pour les arbres de pleine terre.

Quelques personnes se servent de cire verte ou jaune pour recouvrir les plaies des arbres & arbustes cultivés dans les serres. Cette sorte d'emplâtre est moins désagréable à la vue & remplit le même objet; mais elle est plus coûteuse (*M. Thouin.*)

CATAPPA ou CATAPPAS. Nom d'un arbre fruitier de l'Inde, cultivé dans les jardins de l'Isle de France. Il est connu des Botanistes sous le nom de *Terminalia Catappa.* L. *Voyez* Badannier de Malabar, N.° I. (*M. Thouin.*)

CATAPUCE. Nom vulgaire de l'*Euphorbia lathyris* L. V. EUPHORBE épurge.

On donne aussi ce nom au Ricin *ricinus communis* L. plante d'un genre & d'une famille différens. V. RICIN commun. (*M. Reynier.*)

CATARACTE, maladie de l'œil des animaux. Les chevaux y sont les plus sujets. La pupille, ordinairement noire, cesse d'être transparente dans la cataracte & prend une couleur, tantôt jaune, tantôt cendrée bleue ou de couleur de feuille morte. Le cryallin devient opaque. D'abord, la vue n'est que troublée, ensuite elle se perd totalement. On reconnoît qu'un cheval a une cataracte, quand au sortir de l'écurie ou dessous une porte cochère, on voit dans son œil un corps plus ou moins blanc, appelé *dragon.* Ce mal est incurable, à cause de la difficulté de l'opération & des soins, qui doivent la suivre.

On a souvent confondu cette maladie avec l'onglée des animaux, qui attaque les ânes, les chevaux, les mulets, les moutons, les chèvres. *Voyez* onglée & ces mots dans le Dictionnaire de Médecine. (*M. l'Abbé Tessier.*)

CATARRE. Les animaux, comme les hommes, sont aussi attaqués quelquefois de catarre. On connoît mieux cette maladie en Médecine vétérinaire sous le nom de morfondure. *Voyez* morfondure & ces mots dans le Dictionnaire de Médecine. (*M. l'Abbé Tessier.*)

CATESBÉE, *Catesbœa.*

Genre de plantes à fleurs monopétalées de la famille des RUBIACÉES, qui ressemblent par leurs épines & par leur feuillage à la Gineline asiatique & qui sont remarquables par la longueur du tube de leurs fleurs.

On n'en connoît qu'une seule espèce.

CATESBÉE épineuse. Vulg. par les Anglois, *épine de Lys.*

Catesbœa spinosa. L. 5 de l'Isle de la Providence.

C'eſt un arbriſſeau épineux qui s'élève depuis dix pieds juſqu'à quatorze ou quinze. Sa tige, qui a environ quatre pouces de diamètre, eſt couverte d'une écorce d'un brun pâle. Elle eſt garnie de branches alternes depuis le bas juſqu'au ſommet.

Les feuilles ſont petites, ſemblables à celles du buis, oppoſées & ſortent par bouquets ſur le vieux bois. Les épines ſont droites, ouvertes & oppoſées en forme de croix avec les feuilles.

Les fleurs naiſſent dans les aiſſelles des feuilles ſupérieures; elles ſont ſolitaires, longues de cinq à ſix pouces & pendantes. Leur tube, très - étroit à ſa baſe, s'élargit inſenſiblement & ſe termine par un limbe à quatre diviſions.

Le fruit eſt de la groſſeur d'un œuf de poule. Sa pulpe eſt ſemblable à celle d'une pomme mûre & eſt couverte d'une peau jaune & unie. Il a un goût acide, mais agréable & une bonne odeur. Il contient pluſieurs ſemences anguleuſes.

Hiſtorique. L'Europe doit la connoiſſance de cet arbriſſeau à M. Gatesby, & c'eſt ſans doute par reconnoiſſance qu'elle lui a donné ſon nom. Il en avoit trouvé deux individus près de Naſſaw-Town dans l'Iſle de la Providence. C'eſt le ſeul endroit où il l'ait rencontré. En 1726, il en envoya des ſemences en Angleterre : elles y avoient très-bien réuſſi & avoient produit pluſieurs plantes qui par la ſuite avoient fleuri dans les jardins Anglois. Mais l'Hiver rigoureux de 1740, leur avoit été fatal, elles avoient péri preſque toutes. Mais Miller nous apprend que depuis environ quinze ans, il a reçu de nouvelles ſemences qui lui ont fourni aſſez de plantes pour qu'il ait pu en faire part à pluſieurs Amateurs tant en Angleterre qu'en Hollande. Pourquoi donc ne la poſſédons-nous pas encore en France?

Culture. Pour multiplier ici ces arbriſſeaux de ſemences, il faudroit ſe les procurer du pays même où ils croiſſent naturellement. Elles ſe conſervent beaucoup mieux, lorſqu'on les envoie dans leurs fruits entiers & enfermées dans du ſable. Auſſi-tôt qu'elles arrivent, on doit les ſemer dans des pots remplis d'une terre légère & ſablonneuſe, que l'on enterre dans une couche de tan de chaleur modérée. On les arroſe de tems-en-tems : ſi les graines ſont bonnes, elles lèvent ordinairement au bout de ſix ſemaines.

Quand la chaleur de la couche commence à diminuer, on remue le tan pour en raninier la chaleur, & même on y en ajoute de nouveau, s'il eſt néceſſaire.

Lorſque les pots ſont remis dans cette nouvelle couche, il faut leur donner de l'air frais tous les jours à proportion de la chaleur de la ſaiſon, & les arroſer ſouvent, mais légèrement, parce que la grande humidité feroit périr les jeunes plantes. Si les nuits ſont froides, on couvre les vitrages tous les ſoirs avec des nattes.

Comme ces plantes croiſſent lentement, elles peuvent reſter dans leur pot toute la première année, & au Printems on les tranſplante chacune ſéparément dans des petits pots remplis d'une terre légère & ſablonneuſe, que l'on remet dans une nouvelle couche de tan, où on les tient exactement à l'ombre, juſqu'à ce qu'elles aient formé de nouvelles racines.

En Été, on peut leur donner beaucoup d'air, lorſque le rems eſt chaud. En Automne, ſi-tôt que l'on commence à ſentir les premiers froids, il faut les remettre dans la ſerre chaude, où elles doivent reſter conſtamment & être traitées comme les autres plantes tendres & exotiques. L'Hiver on les arroſe avec beaucoup de modération, & ſeulement lorſqu'elles en ont abſolument beſoin.

On peut auſſi multiplier cet arbriſſeau de boutures qu'on plante pendant les mois de Juin & de Juillet dans des pots remplis d'une terre légère qu'on met dans une couche de tan modérément chaude. On couvre ces boutures avec des cloches pour les garantir du contact de l'air extérieur. Au moyen de ce traitement ces boutures pouſſeront des racines en quinze jours ou trois ſemaines; alors on pourra les ſéparer & les planter chacune dans un petit pot rempli de pareille terre. On les remet dans la couche chaude & on les traite comme les plantes élevées de ſemences. (*M. Davphinot.*)

CATHA, *Catha.*

Genre de plantes à fleurs polypétalées, trop peu connu pour pouvoir lui aſſigner un rang certain dans l'ordre des végétaux.

Forskhal, le ſeul qui en ait parlé, ſemble en indiquer deux eſpèces; mais dont les différences ſont ſi peu tranchantes, que l'une pourroit bien n'être qu'une variété de l'autre. Elles ſont toutes deux originaires de l'Arabie, & ne ſont point encore parvenues en Europe.

La première eſt un arbre dont les rameaux ſont alternes, & garnis de feuilles la plupart oppoſées, ovales-lancéolées, dentées, glabres, luiſantes & portées ſur de courts pétioles.

Les fleurs naiſſent dans les aiſſelles des feuilles. Elles ſont blanches & diſpoſées en bouquets ſur des pédoncules dont les ramifications ſont oppoſées & comme fourchues.

Le fruit eſt une capſule oblongue, cylindrique à trois loges dont chacune renferme une ſemence.

L'autre eſpèce eſt garnie d'épines ſolitaires ſur les vieux rameaux.

Les feuilles ſont alternes, ovales, un peu crenelées, glabres & émouſſées à leur ſommet.

Les fleurs ſont diſpoſées comme dans l'autre; mais les capſules n'ont que deux loges.

Uſages. Les Arabes cultivent la première eſpèce dans leurs jardins avec le Caffeyer. Ils en mangent les feuilles toutes vertes, & en vantent beaucoup les propriétés. Ils les regardent sur-tout comme un bon préservatif contre la peste.

La *culture* de ces plantes est inconnue en Europe; mais il est probable qu'elle doit être la même que celle des végétaux des climats chauds. (*M. Dauphinot.*)

CATHECHU ou CACHOU. Nom qu'on donne indistinctement à la substance végétale tirée du *mimosa catechu* L. & à l'espèce d'arbre qui la produit. *Voyez* ACACIE DU CACHOU. (*M. Thouin.*)

CATILINETTE. La Quintinie donne ce nom à une plante qu'il dit avoir une tige rameuse & qui porte des boutons longs & marquetés, qui en s'ouvrant paroissent des boules rouges. Cette indication ne me paroît convenir qu'à la *Gomphrena globosa* L. *Voy.* AMARANTHINE globuleuse. (*M. Reynier.*)

CATILLAC. Le fruit de ce poirier ressemble pour la forme à une Calébasse: il est assez gros, couvert d'une peau jaune pâle dans sa maturité, teinte en rouge, brun du côté du soleil, sa chair est blanche & bonne en compottes. Mûrit en Novembre, & se conserve jusqu'en Mai.

C'est une des variétés du *Pyrus communis* L. *Voy.* POIRIER dans le Dictionnaire des Arbres & Arbustes. (*M. Reynier.*)

On donne aussi le nom de Catillac à une variété de l'*amygdalus persica*. L. *Voy.* PÉCHER dans le Dictionnaire des Arbres & Arbustes. (*M. Thouin*).

CATINGUE, *Catinga*.

Genre de plantes que l'on a cru devoir ranger dans la famille des MYRTES, quoique les fleurs ne soient point encore connues. Ce genre paroît avoir des rapports avec le *Butonic* & le *Jamrose*. Il comprend deux espèces originaires l'une & l'autre de la Guiane.

Espèces.

1. CATINGUE musqué.
Catinga moschata. Aubl. ♄ de la Guyane.
2. CATINGUE aromatique.
Catinga aromatica. Aubl. ♄ de la Guyane.

Description du port des Espèces.

1. CATINGUE musqué. C'est un arbre dont les rameaux sont garnis de feuilles, la plupart opposées, entières, vertes, lisses, & parsemées de points transparens.

Aublet qui nous a fait connoître cet arbre, n'en a point vu les fleurs.

Les fruits sont ramassés plusieurs ensemble dans l'aisselle des rameaux. Ce sont des noix globuleuses, dont le brou est épais, charnu, lisse en dehors, pointillé & parsemé de vésicules remplies d'une huile essentielle aromatique & musquée. La chair en est blanche & filandreuse.

Ce brou renferme une coque mince; mais dure & cassante, qui contient une amande com-

pacte roussâtre & remplie intérieurement de veines rouges.

2. CATINGUE aromatique. Cette espèce paroît ne différer de la précédente, que par la forme de son fruit qui approche beaucoup de celle du Citron. Son odeur ressemble à celle du Basilic.

Historique. Ces arbres croissent naturellement dans la Guiane près des rivières.

Culture. Les graines de presque toutes les plantes de cette famille, doivent être semées immédiatement après leur parfaite maturité, sans quoi elles ne germent point. On fera donc très-bien de mettre en terre les graines de ces arbres dès qu'elles arriveront de leur pays natal, & d'en cultiver les jeunes plants de la même manière que ceux qui nous viennent de la zone torride. Leur culture particulière nous est inconnue. (*M. Dauphinot.*)

CATURE, *Caturus*.

Genre de plantes à fleurs unisexuelles, de la famille des EUPHORBES, qui a des rapports avec les Ricinelles, & les Tragies. Il comprend des arbrisseaux exotiques trop délicats pour résister en pleine terre, dont les feuilles sont alternes, & dont les fleurs petites & nombreuses ont peu d'apparence.

Ces fleurs sont toutes d'un seul sexe, les mâles étant séparées des femelles soit sur le même pied soit sur des individus différens.

Le fruit est une capsule obronde, composée de trois coques réunies, dont chacune contient une semence.

On en connoît deux espèces.

Espèces.

1. CATURE à épis.
Caturus spiciflorus. L. ♄ des Indes orientales.
2. CATURE à fleurs sessiles.
Caturus Ranciflorus. L. ♄ de la Martinique.

Description du port des Espèces.

CATURE à épis. C'est un grand arbrisseau, qui s'élève jusqu'à dix-huit ou vingt pieds; mais dont le tronc n'est pas fort gros. Le bois est blanchâtre & couvert d'une écorce épaisse & brunâtre. Il est garni de branches nombreuses, diffuses & qui s'étendent circulairement.

Les feuilles sont arrondies, presque en cœur, pointues, dentées, d'un verd luisant en-dessus, plus pâles en-dessous, & renforcées de quelques nervures blanchâtres, saillantes & hérissées de poils.

Les fleurs naissent en épis solitaires ou quelquefois doubles & pendans dans les aisselles des feuilles; elles sont d'un verd jaunâtre. L'ovaire des fleurs femelles, est chargé de trois stiles longs, pinnés multifides & colorés.

2. CATURE

2. *Cature* à fleurs seffiles. Cette espèce s'élève tout au plus à huit pieds de hauteur. Ses rameaux font longs & ordinairement recourbés.

Les feuilles font de différentes grandeurs. Elles varient depuis deux pouces jufqu'à un pied fur le même rameau. Elles font lancéolées, terminées par une longue pointe, dentées en leurs bords, ridées, rudes au toucher; elles naiffent vers l'extrémité des rameaux où elles font la plupart pendantes.

Les fleurs mâles font très-petites, jaunâtres, très-nombreufes & ramaffées en paquets de diftance en diftance fur les parties nues des vieilles branches. Les fleurs femelles font difpofées de la même manière fur les plus jeunes rameaux jufqu'à leur extrémité. Elles font blanchâtres & naiffent fur le même pied que les mâles. Leur ovaire n'a qu'un ftyle fimple & fort long.

Ufages. Rhéede & Rumphius attribuent plufieurs propriétés médicinales aux feuilles, aux fleurs & aux fruits de la première efpèce.

Culture. Ces deux efpèces exigent la ferre chaude en Europe, & les jeunes plantes doivent être élevées fur des couches avec le plus grand foin la première année. C'eft tout ce que nous pouvons dire de la culture de ces arbres qui n'ont point encore été apportés en France. (*M. Dauphinot*).

CAVALE. On appelle ainfi une jument dans plufieurs pays. *Voyez* CHEVAL. (*M. l'Abbé Teffier*).

CAUCALIDE, *Caucalis.*

Genre de plantes de la famille des ombellifères, compofé d'herbes annuelles ou bifannuelles, la plupart originaires de l'Europe. Ces plantes ont des femences hériffées de poils roides, comme les carottes & les tordilés; elles différent des premières par leur collerette, compofée de folioles fimples & non divifées, & des dernières par leurs femences qui n'ont point de bourrelet ou de rebord. Quelques-unes des efpèces de Caucalides peuvent être employées à la décoration des jardins.

Efpèces.

1. CAUCALIDE à grandes fleurs.
Caucalis grandiflora. L. ☉ des champs de l'Europe tempérée.

2. CAUCALIDE âpre.
Tordylium antrifcus. L. ☉ près des haies dans les lieux incultes.

3. CAUCALIDE naine.
Caucalis humilis. Riv. Tab. 32 ☉ s champs de la Suiffe.
Caucalis 742, Hall. *id.*
Caucalis helvetica. Jacq.

4. CAUCALIDE couchée.
Caucalis procumbens. Riv. Tab. 33. ☉ de l'Autriche, du Vallais, &c.
Scandix infefta. Jacq. *id.*

Agriculture. Tome II.

5. CAUCALIDE nodiflore.
Tordylium nodofum. L. ☉ dans les champs & les lieux incultes.

6. CAUCALIDE à petites fleurs.
Caucalis parviflora. La M. ☉ des Provinces méridionales de la France & de la Suiffe.

7. CAUCALIDE maritime.
Caucalis maritima. La M. ☉ des lieux maritimes du midi de l'Europe.

8. CAUCALIDE à feuilles menues.
Caucalis leptophylla. La M. des champs de la France & de la Suiffe.
Caucalis daucoïdes. L.

9. CAUCALIDE à fruits comprimés.
Caucalis platycarpos. La M. des champs du Midi de la France.

10. CAUCALIDE à feuilles larges.
Caucalis latifolia. L. ☉ des champs du midi de l'Europe,

11. CAUCALIDE de Mauritanie.
Caucalis Mauritanica. La M. des côtes de la Barbarie.

12. CAUCALIDE orientale.
Caucalis orientalis. L. ♂ du Levant.

13. CAUCALIDE d'Efpagne.
Caucalis hifpanica. La M. de l'Efpagne.

CAUCALIDE du Cap.
Caucalis Capenfis. La M. du Cap de Bonne-Efpérance.

La première efpèce Caucalide eft celle qui peut fervir avec le plus d'avantages à la décoration des jardins; fes grandes fleurs blanches, qui forment des ombelles nombreufes & touffues, peuvent fervir à des maffifs ou bouquets, foit dans les parterres, foit dans les lieux champêtres. Elles ont cependant l'inconvénient de paffer très-vite, alors il ne refte qu'une tige nue, rameufe, & d'une forme rabougrie, qui eft prefque dénuée de feuilles. C'eft le moment alors d'arracher tous les pieds qu'on ne réferve pas pour graine, & de leur fubftituer d'autres plantes. Cette plante eft rare dans les jardins d'ornement; elle eft plus commune dans ceux de Botanique.

Culture. On doit femer la graine de cette Caucalide au Printems: dans les jardins de Botanique, on la met en place dans des baffins de deux pouces de profondeur; les jeunes plantes n'exigent aucuns foins, autres que la propreté du jardin, & donnent leurs fleurs au mois de Juillet; les graines mûriffent dès les premiers jours de Septembre. Lorfqu'on fème cette plante en Automne, elle fleurit un peu plutôt; mais cet avantage eft peu important. D'ailleurs il eft indifférent de femer cette plante dans l'une ou l'autre faifon; les circonftances doivent décider laquelle convient le mieux.

Lorfqu'on cultive cette plante pour les jardins d'ornement, il faut femer fes graines en pépinière, & tranfplanter les jeunes pieds lorfqu'ils ont quelques feuilles. Il faut avoir l'attention de ne pas trop les dégarnir de terre en les arrachant ; lorsqu'ils sont absolument nuds, ils reprennent beaucoup plus difficilement. Il est bon aussi de les planter en touffes de trois ou quatre pour remplacer ceux qui périssent, & pour former des massifs un peu plus considérables.

Les espèces 2, 3 & 4 se ressemblent beaucoup, & même ont été confondues par plusieurs Botanistes : comme l'Auteur du Dictionnaire de Botanique ne les a pas vues, j'en donnerai une Notice un peu détaillée.

La Caucalide naine, n.° 3, diffère de la Caucalide âpre, n.° 2, par ses tiges basses plus rameuses & sous un angle plus ouvert : par ses feuilles composées d'un nombre de folioles moins considérables ; elles sont moins divisées, & la terminale paroît composée de plusieurs paires qui sont réunies, & d'autant moins séparées, qu'elles sont plus près de l'extrémité. Les fleurs sont en ombelles, beaucoup plus denses, & la plante est une des dernières qui fleurissent dans les champs.

La Caucalide couchée, n.° 4, diffère de la précédente par ses feuilles plus raccourcies ; les folioles principales sont plus rapprochées, composées elles-mêmes de deux ou trois paires de folioles lancéolées profondément dentées. La foliole terminale est moins alongée, & ne diffère pas sensiblement des autres. On saisira beaucoup mieux les différences de ces deux plantes, en comparant les deux figures de Rivin qui sont parfaites. Celles de Jacquin sont moins instructives, parce que l'une a été faite d'après un individu de jardin, & l'autre d'après un individu sauvage.

Les autres espèces de Caucalides excepté la 12 & la 14.me, devant toutes être cultivées comme les précédentes, je les réunis sous un seul article. On doit semer leurs graines en place dans des bassins d'une terre meuble, ayant soin de proportionner l'épaisseur de la terre, dont on les recouvre à la grosseur de la graine. Après qu'elles sont levées, on doit avoir soin de les sarcler, & d'arracher les mauvaises herbes qui pourroient les étouffer ; cette attention doit se répéter plusieurs fois pendant l'Eté, parce que les Caucalides ne réussissent pas lorsqu'elles sont trop touffues. Leurs graines mûrissent avant l'Automne, & l'on doit avoir soin de les recueillir chaque année ; ces plantes se reproduisent difficilement dans les jardins par la dispersion de leurs graines.

Usage. Les Caucalides, excepté la première espèce, ont une forme ingrate, & des fleurs sans apparence ; aussi leur culture se borne à quelques pieds dans les jardins de Botanique & dans ceux des Curieux.

Ces plantes n'ont aucune utilité connue ; la première espèce passe pour apéritive ; mais c'est une de ces propriétés de convention ou imaginaire, dont on débarrasse actuellement la Pharmacie.

La Caucalide du Levant, n.° 14, étant bisannuelle, exige quelques précautions de plus que les autres espèces ; mais, comme elle n'a été cultivée dans aucun jardin jusqu'à présent, nous pouvons seulement indiquer qu'elle exigeroit d'être rentrée pendant l'Hiver dans l'orangerie, sur-tout dans les premières années.

L'espèce, n.° 12, étant originaire du Cap, exigeroit sans doute les mêmes précautions si elle dure plus d'une année, mais on l'ignore jusqu'à présent ; quoique sa petitesse paroisse indiquer qu'elle n'est qu'annuelle. Dans ce cas, il suffiroit de lui faire passer sa première jeunesse sous des châssis pour accélérer sa croissance, & la plante auroit le tems de mûrir ses graines dans le cours de l'Eté. (*M. Reynier.*)

CAUCALIDE. Plante de la famille des ombellifères, qui croît au milieu des fromens, où elle ne paroît pas faire de tort ; 1.° parce qu'elle occupe peu d'espace ; 2.° parce que sa graine est trop grosse pour rester sur les cribles, quand on nétoie le froment. C'est la huitième espèce du Dictionnaire de Botanique, plus connue par son nom latin de Caucalis. (*M. l'Abbé Tessier.*)

CAUCANTHE, *CAUCANTHUS.*

Genre de plantes à fleurs polypétalées, auquel M. de Lamarck trouve des rapports avec l'érythroxylon de Linnæus ; mais que M. de Jussieu croit se rapprocher du genre des Malpighies, proprement dites, par la structure & la disposition de ses fleurs. Comme le fruit n'en est point connu, il est impossible de se déterminer pour l'une ou pour l'autre de ces opinions. Mais, dans l'un ou l'autre cas, il appartiendroit toujours à la famille des Malpighies.

On n'en connoît qu'une espèce.

Caucanthe de l'Arabie. *Caucanthus Arabicus.* Forsk. ♄ des montagnes de l'Arabie.

C'est un arbrisseau, ou un arbre médiocre, dont les rameaux opposés sont couverts d'une écorce d'un gris violet, farineuse & chargés de verrues.

Les feuilles, pareillement opposées, sont ramassées à l'extrémité des rameaux. Elles sont orbiculaires, souvent échancrées, glabres & entières.

Les fleurs sont blanches, & viennent au sommet des branches en corymbes ombelliformes.

Le fruit n'est pas connu. On le dit de la grosseur d'un œuf de pigeon : c'est tout ce que l'on fait sur l'Histoire Naturelle de cet arbre ; ses usages & sa culture nous sont inconnus. (*M. Dauphinot.*)

CAULESCENTE. Plante qui forme une tige qui s'élève comme un arbrisseau. (*M. Thouin.*)

CAULIFÈRE. On nomme ainsi les plantes qui portent des tiges pour les distinguer de celles qui n'en ont point, ou dont les feuilles & les fleurs partent immédiatement du collet de la racine. (*M. Thouin.*)

CAULINAIRE. On donne le nom de *Caulinaires* aux feuilles qui naissent sur la tige des plantes herbacées, pour les distinguer de celles qui sortent immédiatement du collet de la racine qu'on nomme *Radicales*. Cette expression est principalement adoptée par les Naturalistes. *Voyez* FEUILLE. (*M. Reynier.*)

CAURCOUROU. Espèce de panier fait avec des rameaux d'arbrisseaux, & dont on se sert dans les Isles de l'Amérique Méridionale, pour élever & transporter des arbustes & des plantes vivantes; ils tiennent la place de nos mannequins. *Voyez* ce mot. (*M. Thouin.*)

CAUSSE. Nom que l'on donne à Rhodès, en Rouergue, à un canton principalement destiné au froment, & qui est plus ou moins élevé au-dessus des vallons. (*M. l'Abbé Tessier.*)

CAUSSI. Nom donné à Vabres, à une terre blanche & calcaire. (*M. l'Abbé Tessier.*)

CAUTERISE. On donne ce nom aux fruits qui ont été battus par la grêle ou endommagés par quelques accidens, & dont les places battues sont marquées par une tache & endurcies au-dessous.

Un fruit cautérisé perd de sa beauté & de sa valeur, sur-tout lorsqu'il a été endommagé jeune; alors le côté blessé se développe moins que l'autre, & le fruit prend une forme désagréable.

Lorsque la tache n'est que superficielle & n'attaque que la peau, le fruit ne perd pas de sa qualité, mais il perd de sa beauté, & se vend moins qu'un fruit absolument fait. (*M. Reynier.*)

CAUX. On appelle ainsi dans le Boulonnois, un mélange de feuilles de choux, de navets & de pommes, qu'on fait bouillir dans quelques seaux d'eau, & auxquels on ajoute du son, que l'on donne aux vaches & aux cochons. (*M. l'Abbé Tessier.*)

CAYEUX. Ce sont de petites bulbes qui croissent autour des racines des plantes bulbeuses ou à oignons. Les Cayeux doivent être considérés comme un vrai bouton, qui, en croissant, se développera & deviendra lui-même une plante.

Les Cayeux sont de différentes espèces & de différente nature. Les uns comme ceux du lys, de l'amarillis, &c. sont formés d'écailles, les autres comme les orchis, les satyrium, sont tubéreux ou formés d'une substance charnue. Ils se soudivisent en Cayeux uniques comme dans les orchis, & en Cayeux multiples comme dans les ornithogales, les hyacinthes, &c. Les Cayeux des orchis, des satyrium, ne vivent que deux ans; ils se forment dans le cours d'une année, fournissent leur végétation l'année suivante, & périssent après avoir donné naissance à un nouveau bouton qui les remplace. Ceux des narcisses, des lys, des aulx, &c. vivent & prospèrent pendant un grand nombre d'années. Toutes ces différences dans la nature des Cayeux en apportent nécessairement dans leur culture. Nous aurons soin de les indiquer à leurs articles respectifs. *Voyez* le mot BULBE. (*M. Thouin.*)

CAYMITTE *ou* CAIMITTE. Fruit du *Chrysophyllum cainito* L. *Voyez* CAIMITIER POMIFORME, n.° 1. (*M. Thouin.*)

CAZETTE. On donne ce nom à la Cassetane, l'une des nombreuses variétés de l'*Anemone coronaria*. L. *Voyez* ANEMONE des Fleuristes. (*M. Reynier.*)

CEANOTE, *Ceanotus*. L.

Genre de plante de la famille des nerpruns, & voisin, par ses rapports, des cassines & des philicas, dont il diffère principalement par le fruit.

Espèces.

1. CEANOTE d'Amérique.
Ceanotus Americanus. L. ♄ de la Virginie & de la Caroline.

2. CEANOTE d'Asie.
Ceanotus Asiaticus. L. ♄ de l'Isle de Ceylan.

3. CEANOTE d'Afrique.
Ceanotus Africanus. ♄ de l'Afrique.

La première espèce est un arbuste qui est employé communément dans les bosquets; nous n'en parlerons point, préférant de renvoyer au Dictionnaire des Arbres & Arbustes, destiné spécialement à la description & à l'histoire de ces végétaux. Les autres espèces demandent la même culture, mais un degré de chaleur différent; ainsi, on peut y faire l'application de toute la culture de l'espèce, n.° 1, excepté que cette culture doit être donnée dans une serre tempérée. Ne voulant pas multiplier les feuilles inutilement, je préfère de renvoyer à ce qui a été dit: car, sous prétexte de complter l'ouvrage, on pourroit aisément en tripler les volumes. *Voyez* le Dictionnaire des Arbres & Arbustes. (*M. Reynier.*)

CEBATHE, *Cebatha.*

Plante à fleurs polypétalées à laquelle M. de Lamarck trouve des rapports avec les ignames, *dioscorœa*, & qui, suivant M. de Jussieu, est absolument du même genre que le Menisperme de Virginie, auquel elle ressemble entièrement pour le caractère, excepté que son calice n'est point accompagné de bractées.

On n'en connoît qu'une espèce.

CEBATHE sarmenteuse.
Cebathe sarmentosa. La M. Dict. de l'Arabie. C'est une plante dont la tige ligneuse, cylin-

drique & glabre s'entortille autour des corps qui l'avoisinent. Les rameaux sont alternes & garnis de feuilles également alternes, ovalés-obtuses, glabres, luisantes & veineuses.

Les fleurs sont composées d'un calice & six folioles, & de six pétales verdâtres. Elles naissent dans les aisselles des feuilles.

Ces fleurs sont dioïques ; les mâles ayant six étamines sans ovaire, & les femelles étant privées d'étamine, & n'ayant qu'un ovaire trigone chargé de trois stiles courts, dont les stigmates sont obtus & échancrés.

Aux fleurs-femelles succèdent des baies rouges, composées de trois coques comprimées, réunies par leur côté intérieur, & un peu plus grosses qu'une lentille.

Historique. Cette plante croît naturellement en Arabie.

Usages. Le fruit de cette plante a un goût âcre : cependant les Arabes le mangent volontiers. Ils en tirent aussi, par la préparation, une espèce de vin cuit ou brûlé ; & une liqueur distillée très-spiritueuse.

Culture. Inconnue en Europe. (*M. Dauphinot.*)

CEBOLLETAS. Nom vulgaire d'une espèce d'angrec peu connue, & que M. Jacquin a décrite sous le nom d'*Epidendrum Cebolleta* dans son Histoire des Plantes d'Amérique.

Sans doute qu'une ressemblance éloignée de forme entre les feuilles de cet angrec & celles de la ciboule est la cause de ce nom. *Voyez* Angrec. (*M. Reynier.*)

CEDON. Les Jardiniers donnent ce nom au Sedmum cepæa. L. *Voyez* Orpin. (*M. Reynier.*)

CEDRA ou CEDRAT. On applique ce nom au fruit d'une des variétés du *Citrus medica*. L. & à l'arbre qui le porte. *Voyez* l'article Oranger. (*M. Thouin.*)

CEDRE. Ce mot désigne vulgairement un bois incorruptible ; d'abord adopté pour le véritable Cèdre d'Asie (*Pinus Cedrus* L.) qui, de toute antiquité, a été estimé le plus beau des bois, quoiqu'il ne fût qu'un mélèze ; ce nom s'est étendu sur tous les arbres dont les bois étoient assez résineux pour durer plus que les bois ordinaires ; & les premiers Colons de l'Amérique l'ont adopté pour plusieurs arbres de ces nouveaux climats, que ces rapports imaginés frappèrent.

Les principaux arbres auxquels on a appliqué le nom de Cèdre sont les suivans :

Cedre Acajou.
Swietenia Mahagoni. L. *Voyez* Maogoni.

Cedre à fleurs blanches.
Prunus padus. L. *Voy.* l'article Prunier, au Dict. des Arbres & Arbustes.

Cedre blanc.
Cupressus thuyoïdes. L. *Voy.* Cyprès à feuilles de thuya, au Diction. des Arbres. Les Acadiens

mâchent la résine qui en découle, pour se blanchir les dents & se purifier l'haleine.

Cedre de Caroline.
Juniperus Bermudiana. L. *Voy.* Génévrier des Bermudes.

Cedre de la Jamaïque.
Theobroma guazuma. L. *Voy.* Guazuma.

Cedre de Lycie.
Juniperus Lycia. L. *Voy.* Génévrier Phénicien, variété B.

Cedre de Phénicie.
Juniperus Phænicea. L. *Voy.* Génévrier Phénicien.

Cedre des Bermudes.
Juniperus Bermudiana. L. *Voy.* Génévrier des Bermudes, n.° 6.

Cedre de Virginie.
Juniperus Virginiana. L. *Voy.* Génévrier de Virginie, n.° 7.

Cedre de Bousaco.
Cupressus pendula. L'Hérit. *Voy.* Cyprès pendant.

Cedre du Liban.
Pinus Cedrus. L. *Voy.* Pin, au Dict. des Arbres.

Cedre Mahogani.
Swietenia Mahagoni. L. *Voy.* Mahagoni.

Cedre odorant.
Cedrela odorata. L. *Voy.* Cedrel odorant.

Cedre rouge des Antilles.
Icica Altissima Aubl. *Voy.* Iciquier.

Cedre rouge de Virginie.
Iuniperus Virginiana. L. *Voy.* Génévrier de Virginie, n.° 7.

Sans doute il existe plusieurs autres acceptions du mot Cèdre ; mais ces renvois suffisent pour prouver combien ce mot est vague, puisqu'on l'a appliqué à des végétaux de genres si différens. (*M. Reynier.*)

CEDREL, *Cedrela.*

Genre de plantes à fleurs polipétalées, que M. de Jussieu regarde comme allié à la famille des Azedarachs, & qui a de très-grands rapports avec le mahogoni, (Switania) dont il a le port & le fruit, mais dont il s'éloigne un peu par le caractère de ses fleurs.

Ce genre n'est jusqu'à présent composé que d'une seule espèce.

Cedrel odorant. Vulg. Acajou à planches, Cèdre acajou.

Cedrela odorata. L. ♄ des Isles Françoises & Angloises de l'Amérique méridionale.

C'est un des plus grands arbres qui se trouve dans les forêts de l'Amérique. On en rencontre de quatre-vingt pieds de hauteur sur six à sept pieds de diamètre.

Le tronc, qui s'élève tout droit, est couvert

d'une écorce brune & crevassée longitudina-lement.

Ses feuilles sont alternes, ailées avec impaire, composées de sept à huit paires de folioles ovales-lancéolées, entières, glabres, nerveuses & qui se terminent en pointe.

Les fleurs naissent en très-grand nombre sur des grappes rameuses & pédiculées. Elles sont petites & leur corolle est composée de cinq pétales d'un blanc jaunâtre.

Le fruit, qui les remplace, est une capsule ovale, d'un bois dur, à cinq loges, qui s'ouvrent du haut en bas en cinq valves caduques, qui renferment plusieurs semences, embriquées sur un placenta ligneux, & munies d'un aile membraneuse.

Historique. Cet arbre croît dans les forêts des différentes Isles de l'Amérique. Son écorce tant qu'elle est fraîche, ainsi que ses baies & ses feuilles, ont une odeur qui ressemble à celle de l'*assa fœtida*, mais qui est encore beaucoup plus désagréable. Cette odeur est si détestable que peu de personnes se soucient d'aller dans les bois lorsqu'il y a quelques-uns de ces arbres nouvellement coupés. Mais le bois ne participe point au désagrément; au contraire, il a une odeur agréable.

Usages. Les troncs de cet arbre sont si gros que les habitans des Isles les creusent pour en faire des canots & des pirogues. Son bois est très-propre à cet usage, parce qu'il est poreux & facile à travailler. D'ailleurs, comme il est très-léger, il peut soutenir sur l'eau les plus lourdes charges. On voit des canots de quarante pieds de long sur six de large, faits avec un seul tronc d'arbre de cette espèce. Ce bois est sain & de longue durée. On l'emploie quelquefois dans la construction des vaisseaux, mais à tort, car il est sujet à être attaqué par les vers à tuyaux. Il est bien plus propre pour l'usage intérieur des maisons. On en fait de belles planches qui ont six pieds de largeur; & il est très-propre à faire de belles boiseries. On l'emploie aussi très-avantageusement dans l'ébénisterie. Il est d'autant meilleur, pour construire des Armoires, que son odeur aromatique & son amertume se communiquant à tout ce qu'on y renferme, en écartent les insectes & les empêchent de jamais y déposer leurs œufs.

Cet arbre contient une substance noire & résineuse qui le rend peu propre à faire des futailles, car les liqueurs spiritueuses qu'on pourroit y renfermer, venant à dissoudre une partie de cette résine, y contracteroient une amertume qui les rendroit insupportables. C'est à cette résine qu'est dû le nom de *Cèdre-acajou*, qu'on donne à cet arbre dans les Isles.

Culture. On multiplie cet arbre de semences que l'on tire des Isles de l'Amérique. On les sème dans de petits pots remplis de terre légère & sablonneuse; que l'on enterre dans une couche chaude, & on les arrose fréquemment, mais légèrement. Ces semences lèvent ordinairement cinq à six semaines après qu'elles ont été mises en terre. Lorsque le jeune plant est parvenu à environ deux pouces de hauteur, on sépare les jeunes pieds & on les distribue dans autant de petits pots remplis d'une terre légère, que l'on aura tenus d'avance pendant un jour ou deux dans une couche de tan, pour en échauffer la terre. Il faut, en les séparant, avoir le plus grand soin de ne point endommager les racines; car il est très-difficile d'enlever ces plantes sans les détruire, même dans les pays où elles croissent naturellement.

Après la transplantation il faut tenir les jeunes plantes à l'ombre jusqu'à ce qu'elles aient formé de nouvelles racines. On les laisse dans la serre, car elles sont trop tendres pour vivre en plein air dans notre climat. On les traite comme les autres plantes tendres & délicates des mêmes contrées. Si ces plantes sont bien conduites, qu'on ne les arrose point trop, sur-tout pendant l'Hiver, & qu'on ait soin que leurs racines soient toujours bien couvertes de terre, elles font en très-peu de tems des progrès considérables. Miller en a élevé de semences qui, en quatre années, avoient atteint la hauteur de dix pieds. Il y a des individus au Jardin du Roi qui ont jusqu'à quinze pieds de haut, mais ils n'ont pas encore fleuri. L'arbre éprouve chaque année une exfoliaison complette, & se multiplie de boutures, à la manière des plantes des mêmes climats. (*M. Dauphinot.*)

CEIBA. Nom vulgaire d'un arbre économique de l'Amérique méridionale; le *Bombax Ceiba*. L. *Voyez* Fromager à cinq feuilles. (*M. Reynier.*)

CÉLANDINÉE. Nom ancien & peu usité du *sanguinaria canadensis*. L. *Voyez* Sanguinaire de Canada. (*M. Thouin.*)

CÉLANDINE. Ancien nom donné au *chelidonium majus*. L. *Voyez* Chelidoine commune. (*M. Thouin.*)

CELASTRE, *Celastrus.*

Genre de plantes à fleurs polypétalées, de la famille des Nerpruns, qui a des rapports avec les cassines & les céanotes.

Il comprend des arbrisseaux & arbustes exotiques, dont les uns sont épineux & les autres sans épines, qui portent des feuilles simples & alternes, & dont les fleurs, qui naissent en bouquets ou en grappes axillaires, ou terminales, sont ordinairement blanches, petites & en étoiles.

Ces fleurs ont cinq pétales & un seul ovaire, qui donne naissance à une capsule charnue, à trois loges, & qui contient une ou plusieurs semences munies d'une tunique propre.

Ces arbrisseaux, quoiqu'étrangers, réussissent

très-bien dans nos climats ; quelques-uns supportent même aſſez facilement, en pleine terre, les froids de nos hivers ordinaires.

Eſpèces.

1. CELASTRE de Virginie.
CELASTRUS *Bullatus*. L. ♄ de la Virginie.
2. CELASTRE grimpant, vulgairement le Bourreau des arbres.
CELASTRUS *ſcandens*. L. ♄ du Canada.
3. CELASTRE à feuilles de myrte.
CELASTRUS *myrtifolius*. L. ♄ de la Virginie & de la Jamaïque.
4. CELASTRE à feuilles de buis.
CELASTRUS *buxifolius*. L. ♄. de l'Afrique.
5. CELASTRE multiflore.
CELASTRUS *multiflorus*. La M. Dict.
CELASTRUS *hiſpanicus*. H. P. ♄ on le croit originaire de l'Afrique, d'où il a paſſé en Eſpagne.
CELASTRE du Sénégal.
CELASTRUS *Senegalenſis*. H. P. ♄ du Sénégal.
CELASTRUS *phylacanthus*. L'Hér. ſer. Angl.
7. CELASTRE paniculé.
CELASTRUS *pyracanthus*. L. ♄ de l'Afrique.
8. CELASTRE ondulé, vulgairement bois de merle, bois de joli cœur.
CELASTRUS *undulatus*. H. P. ♄ de Madagaſcar & des Iſles de France & de Bourbon.
9. CELASTRE luiſant.
CELASTRUS *lucidus*. L. ♄ du Cap de Bonne-Eſpérance.

Eſpèces peu connues.

10. CELASTRE linéaire.
CELASTRUS *linearis*. L. fil. ♄ du Cap de Bonne-Eſpérance.
11. CELASTRE rampant.
CELASTRUS *procumbens*. L. fil. ♄ du Cap de Bonne - Eſpérance.
12. CELASTRE à feuilles entières.
CALASTRUS *integrifolius*. L. fil. ♄ du Cap de Bonne - Eſpérance.
13. CELASTRE filiforme.
CELASTRUS *filiformis*. L. fil. ♄ du Cap de Bonne - Eſpérance.
14. CELASTRE acuminé.
CELASTRUS *acuminatus*. L. fil. ♄ du Cap de Bonne - Eſpérance.
15. CELASTRE à petites feuilles.
CELASTRUS *mycrophyllus*. L. fil. ♄ du Cap de Bonne - Eſpérance.

Deſcription du port des Eſpèces.

1 CELASTRE de Virginie. C'eſt un arbriſſeau qui, dans ſa patrie, s'élève juſqu'à huit ou dix pieds ; mais, dans nos climats, il atteint à peine la moitié de cette hauteur.

Il pouſſe ordinairement de ſa racine deux ou trois tiges, qui ſe diviſent vers le haut en pluſieurs branches, revêtues d'une écorce brune.

Les feuilles ſont longues de trois pouces environ ſur deux de largeur ; mais elles ne ſont ni dentées, ni pointues ; & c'eſt en partie ce qui diſtingue cette eſpèce de la ſuivante.

Ses fleurs ſont blanches & ſortent en épis clairs des extrémités des branches.

Elles ſont remplacées par des capſules triangulaires, d'une belle couleur écarlatte, remplies de petites protubérances, & qui s'ouvrent en trois cellules, dont chacune renferme une ſemence dure, ovale & couverte d'une chair mince & rouge.

Hiſtorique. Le nom ſpécifique donné à cet arbriſſeau, ſemble annoncer qu'il eſt particulier à la Virginie. Néanmoins il croit également dans pluſieurs autres parties de l'Amérique ſeptentrionale. Il fleurit ici au mois de Juillet, mais il eſt rare qu'il y produiſe des ſemences.

Culture. Ces arbriſſeaux ſe multiplient de ſemences ou de marcottes. La première manière eſt plus longue, & on ne doit y avoir recours que lorſqu'il eſt impoſſible de ſe procurer des ſujets en état d'être marcottés.

Les ſemences nous viennent d'Amérique ; mais, comme elles arrivent ordinairement trop tard pour pouvoir être ſemées avant le Printems, elles ne lèvent jamais dans la première année.

On ſème ces graines, ou dans des pots, ou dans une planche de terre marneuſe. A l'égard de ces dernières, il ſuffit de nétoyer exactement la planche de mauvaiſes herbes pendant l'Eté. Dans le premier cas, il faut tenir les pots à l'ombre juſqu'en Automne. A cette époque, on les enfonce en terre à une expoſition chaude, ou on les enferme ſous un chaſſis ordinaire, pour les garantir de la gelée, & on couvre la ſurface des pots, ainſi que la planche de ſemences, avec un peu de vieux tan pris dans une ancienne couche chaude. Les plantes pouſſeront au Printems ; alors il faudra les débarraſſer des mauvaiſes herbes, & pour accélérer leur accroiſſement, on les arroſera de tems-en-tems, ſi la ſaiſon eſt ſèche. Si les jeunes plantes ont fait un grand progrès dans le premier Eté, on pourra les tranſplanter en Automne dans la pépinière du ſemis, juſqu'à la ſeconde année.

Les marcottes ſe font en Automne, lorſque ces arbriſſeaux commencent à ſe dépouiller de leurs feuilles. Les jeunes branches ſont les ſeules que l'on puiſſe employer à cet uſage. Ainſi, quand il ne s'en trouve point près de la terre, il faut baiſſer les tiges principales & les aſſujetir avec des crochets, pour les empêcher de ſe relever. Ce ſont les jeunes rejettons de ces tiges que l'on marcotte. Ils prennent ordinairement, dans le courant de l'année, aſſez de racines pour pouvoir être séparés de la mère, & mis en pépinières. On les y laisse pendant deux ou trois ans pour leur donner le tems d'acquérir de la force, après quoi on les transplante à demeure dans les places où les plantes doivent rester.

Comme cet arbrisseau croît naturellement dans des lieux humides, il ne réussiroit pas ici dans un terrein sec.

Il est fort dur & supporte assez bien le froid de nos hivers.

2. CELASTRE grimpant. Les tiges de cette espèce sont sarmenteuses & grimpantes ; elles s'attachent aux arbres & aux arbrisseaux voisins, & à l'aide de ce soutien, elles montent considérablement. A défaut de cet appui & lorsque cet arbrisseau ne peut atteindre aucune autre plante, il s'entortille sur lui-même & parvient encore à la hauteur de douze ou quatorze pieds.

Ce n'est pas sans raison qu'on a donné à cet arbrisseau le nom de *bourreau des arbres*. Son voisinage devient bien-tôt funeste à ceux qui lui prêtent leur secours pour s'élever. Quoiqu'il n'ait ni mains ni vrilles, il les embrasse si étroitement qu'il paroît s'enfoncer & comme s'ensevelir dans leur écorce & leur substance, & qu'en arrêtant ainsi la circulation de la sève, il les fait périr en peu de tems. Image sensible de l'ingrat, qui ne profite des bienfaits que pour étouffer son bienfaiteur !

Cet arbrisseau pousse beaucoup de branches alternes, dont les jeunes rejettons sont couverts d'une écorce verte, lisse & polie.

Les feuilles sont ovales, terminées en pointe, crenelées sur les bords, molles, très-lisses, d'un verd brun en-dessus, plus pâles en-dessous. Elles ont environ trois pouces de longueur sur deux de largeur.

Les sommités des branches sont ornées de fleurs disposées en grappes d'un pouce & demi à deux pouces. Ces fleurs sont petites, d'un verd blanchâtre, à cinq pétales, disposés en rose qui se traversent ordinairement en-dessous.

Le fruit est lisse, presque sphérique, à trois loges, contenant chacune deux semences alongées, rondes sur le dos & applaties au point de leur contact.

Historique. Cet arbrisseau se trouve dans toute l'Amérique septentrionale, & particulièrement aux environs de Québec. C'est de-là qu'il a été envoyé, en 1709, au Jardin du Roi, par M. Sarrasin, Médecin du Roi & Conseiller au Conseil supérieur du Canada. Il croît dans les bonnes terres des forêts. Il fleurit vers la fin du mois de Mai ou au commencement de Juin, & ses semences mûrissent ici en Automne.

Usages. La facilité qu'à cet arbrisseau de s'entortiller autour de tout ce qu'il rencontre, le rend propre à garnir des berceaux de treillages.

Ses feuilles & ses fleurs rougissent un peu le papier bleu, ce qui annonce la présence d'un acide. M. Isnard qui, dans les Mémoires de l'Académie des Sciences de 1716, a donné des détails intéressans sur cet arbrisseau, rend compte des essais qu'il avoit faits, tant sur lui-même que sur un chien, & dont le résultat prouve que l'usage intérieur des feuilles de cet arbrisseau pourroit être dangereux.

On a voulu tirer de cet arbrisseau quelque parti pour la teinture ; mais les essais n'ont pas été heureux. Il n'a donné qu'un jaune foncé, mais terne.

Culture. Cet arbrisseau est plus dur que l'espèce précédente, & il soutient le froid à un plus fort degré. Il se multiplie & s'élève de la même manière. Il a même un avantage de plus : c'est que comme ses graines mûrissent ici, on peut les employer à la reproduction sans être obligé d'en faire venir d'Amérique. Il trace aussi de son pied, & se multiplie encore plus aisément par ses drageons.

3. CELASTRE à feuilles de myrte. Cet arbrisseau parvient à dix-huit ou vingt pieds de hauteur. Son bois est blanc, mais fort dur. Il pousse des branches latérales, garnies de feuilles à-peuprès semblables à celles du myrte, à larges feuilles, légèrement dentées en scie sur leurs bords, & glabres des deux côtés.

Les fleurs sont petites, blanches & naissent en longs paquets sur les parties latérales des branches.

Le fruit est une capsule à cinq cellules, dont chacune renferme une semence oblongue.

Historique. Cette espèce croît naturellement dans la Virginie, à la Jamaïque, ainsi que dans quelques autres Isles des Indes occidentales.

Culture. Cette espèce est plus délicate que les précédentes. Elle ne perfectionne point ses graines en Europe ; ainsi, pour pouvoir la multiplier de semences, il faut les faire venir de l'Amérique. Aussi-tôt qu'on les reçoit, on les sème dans des pots remplis d'une terre légère, que l'on met dans une couche chaude.

Il est rare que ces graines poussent dans la première année. Au Printems suivant, on les met dans une nouvelle couche chaude. Et si les pots sont convenablement arrosés, les plantes commenceront à paroître environ un mois après. Lorsqu'elles auront acquis une certaine force, on peut les planter séparément dans des pots qu'on remet aussi-tôt dans une couche de tan ; on les arrose & on les met à l'abri du soleil, jusqu'à ce qu'elles aient produit de nouvelles racines ; après quoi on les traitera comme les autres plantes tendres qui viennent des mêmes contrées.

On peut les sortir à l'approche de l'Eté, & les laisser à l'air libre jusqu'à l'Automne.

4. CELASTRE à feuilles de buis. La tige de cet arbrisseau est mince, foible, très-rameuse, & pleine de nœuds. La plante est armée d'épines

droites, roides, les unes nues & les autres garnies de feuilles plus petites que celles des rameaux.

9. Celles-ci reſſemblent en quelque ſorte à celles
du buis à petites feuilles. Elles ſortent en paquets
& ſans ordre. Elles ſont oblongues, retrécies en
coin à leur baſe, obtuſes à leur ſommet, d'un
verd noirâtre & bordées de quelque dents dures.

Les pédoncules ſont latéraux & axillaires. Ils
ſoutiennent chacun un corymbe lâche, ou une
ombelle d'environ cinq fleurs.

Hiſtorique. Cet arbriſſeau eſt originaire de l'A-
frique. Miller en avoit reçu les graines du Cap
de-Bonne-Eſpérance. On peut le voir au Jardin
du Roi, où il eſt élevé dans des pots qui paſſent
l'Eté en plein air, & que l'on rentre pendant
l'Hiver dans l'orangerie. Il fleurit dans le courant
de l'Eté, mais n'a pas encore donné de graines.

Culture. Cette eſpèce ſe multiplie très-aiſément
par ſes ſemences. Les plantes qui en proviennent
font en peu de tems des progrès très-rapides.
Miller en a vu quelques-unes, qui, en deux
années, avoient atteint la hauteur de quatre
pieds, ſans le ſecours d'aucune chaleur artificielle.

On peut auſſi propager cet arbriſſeau de boutures. On peut faire ces boutures pendant tout
l'Eté ; mais il eſt plus avantageux de s'y prendre
de bonne heure, afin qu'elles aient plus de tems
pour acquérir de la force avant l'Hiver. On les
met dans de petits pots qu'on remplit avec de
la terre de potager bien ameublie, & on les place
dans une couche de chaleur modérée ; on les
abrite du ſoleil & on les arroſe de tems en tems.
Lorſqu'elles ont pouſſé des racines on les expoſe
par degrés à l'air libre, & on les place enſuite
dans une ſituation abritée, & on les y laiſſe
juſqu'à ce qu'elles aient acquis de la force. Alors
on les ſépare, & on les met chacune dans un
pot rempli de la même terre. On tient les plantes
à l'ombre juſqu'à ce qu'elles aient formé de
nouvelles racines. On les place enſuite avec les
autres plantes exotiques dans un endroit bien
abrité, & on les y laiſſe juſqu'en Automne, qui
eſt la ſaiſon de les enfermer dans l'orangerie
avec les myrtes & les autres plantes de la même
nature.

On peut encore marcotter les jeunes rejettons
qui prennent racine dans l'année, & qui peuvent être enſuite tranſplantés dans des pots ou
contre une muraille, à une bonne expoſition.
Les plantes ſupporteront le froid de nos Hivers
ordinaires, ſans aucune précaution, pourvu
qu'on ait eu ſoin de les accoutumer peu-à-peu
à l'air libre, & qu'on ait l'attention de les couvrir lorſque les gelées deviennent trop fortes.

Les plantes qui ſont miſes en pots veulent
être tenues un peu à l'abri pendant l'Hiver, mais
on ne doit pas les traiter trop délicatement,
parce que leurs branches deviendroient trop

foibles, & que leurs feuilles ſeroient teintes d'un
verd moins agréable que ſi elles avoient été expoſées à l'air dans les tems doux.

Quelques-unes de ces plantes ont réſiſté en
Angleterre pendant pluſieurs Hivers contre une
muraille au ſud-eſt ; mais elles s'y ſont dépouillées de leurs feuilles, au lieu que celles que l'on
rentre dans l'orangerie conſervent leur verdure
toute l'année.

5. CELASTRE multiflore. Cet arbriſſeau pouſſe
pluſieurs tiges droites, qui s'élèvent de quatre à
ſix pieds, & dont tous les rameaux ſont hériſſés
de fortes épines. Celles des vieux rameaux ont
juſqu'à deux pouces ou deux pouces & demi
de longueur. Celles qui garniſſent les plus petits
rameaux ſont axillaires, aigues, moins longues
que les feuilles, les unes nues & les autres
feuillées.

Les feuilles ſont petites, plus ou moins obtuſes, dentelées, roides & d'un verd aſſez
clair.

Les fleurs donnent à cet arbriſſeau un aſpect
très-agréable. Elles ſont petites, mais très-nombreuſes, blanches & forment un grand nombre
de petits bouquets bien garnis ; ſitués le long
des rameaux, à la manière de ceux du *ſpiræa
hypericifolia.*

Hiſtorique. On croit ce Celaſtre originaire
d'Afrique, d'où il aura pu paſſer en Eſpagne.
On le cultive au Jardin du Roi, où il fleurit
dans le courant de l'Eté. Mais il n'y produit
jamais de graines.

Culture. Abſolument la même que la précédente.

6. CELASTRE du Sénégal. C'eſt un très-petit
arbriſſeau rameux, qui s'élève en buiſſon lâche
à deux ou trois pieds. Les jeunes rameaux ſont
garnis d'épines alternes, droites, longues d'un
pouce & plus, & la plupart feuillées.

Les feuilles, irrégulièrement dentées en leurs
bords, ſont d'un verd glauque.

Les fleurs ſont extrêmement petites, & diſpoſées en très-petit nombre ſur des pédoncules
latéraux.

Il n'a point encore donné de fruits à Paris.

Hiſtorique. Au Jardin du Roi, où cet arbriſſeau eſt cultivé depuis long-tems, on croit qu'il
eſt originaire de Sénégal, & qu'il provient des
graines qui avoient été envoyées de ce pays, ou
rapportées par M. Adanſon. Il fleurit rarement.
M. l'Héritier en a donné une excellente figure
dans ſon *Sertum Anglicum,* ſous le nom de
Celaſtrus phyllacanthus.

Culture. Cette eſpèce exige la même culture
que l'eſpèce précédente ; mais elle eſt plus délicate. Il lui faut une ſerre tempérée pour ſe
conſerver pendant l'Hiver, & elle craint l'humidité dans cette ſaiſon. Lorſqu'elle n'a pas le

degré

degré de chaleur convenable, elle perd une partie de ses feuilles.

7. CELASTRE paniculé. La tige de cette espèce s'élève irrégulièrement à trois ou quatre pieds de hauteur.

Les branches, couvertes d'une écorce brune, sont la plupart sans épines & garnies de feuilles longues de deux pouces sur un demi-pouce de largeur, dont les unes sont pointues & les autres obtuses, avec une très-petite pointe en épine. Elles sont fermes, d'un verd luisant, placées irrégulièrement sur les branches, & durent toute l'année.

Les fleurs naissent, en quantité, sur les côtés & à l'extrémité des rameaux. Elles sortent plusieurs ensemble du même bouton, & forment des espèces de Corymbes lâches. Elles sont d'une couleur blanche, herbacée.

Les fruits sont gros comme de moyennes cerises, d'un beau rouge, qui s'ouvrent en trois cellules, dont une seule renferme une semence oblongue & dure, celles des deux autres avortant ordinairement.

Historique. Cette plante est originaire de l'Ethiopie. Les semences en ont d'abord été apportées en Hollande & y ont bien réussi. C'est de-là que ces arbrisseaux se sont répandus dans tous les jardins curieux de l'Europe. Ils sont cultivés au Jardin du Roi depuis long-tems. Ils y fleurissent & y donnent du fruit tous les ans. Les fleurs paroissent vers la fin de l'Eté, & les fruits mûrissent dans la serre tempérée pendant l'Hiver.

Usages. La grande quantité de fleurs dont se couvre cet arbrisseau, la grosseur & la couleur éclatante des fruits qui leur succèdent, & sa verdure continuelle, lui donne un aspect assez agréable, qui le rend digne de figurer avantageusement dans les serres tempérées.

Culture. Comme ces plantes perfectionnent ici leurs semences, il est facile de les multiplier par leurs graines, mais ces graines lèvent rarement dès la première année. Il vaut donc mieux les renouveller de boutures, qui doivent être traitées comme celles du Celastre à feuilles de buis, n.° 4.

8. CELASTRE ondulé. Cette espèce s'éloigne un peu des autres du même genre par sa fructification; mais pas assez pour en faire un genre nouveau, & elle y tient par beaucoup d'autres rapports.

C'est un arbrisseau qui ne pousse qu'une seule tige, haut depuis huit pieds jusqu'à douze.

Les feuilles sont alternes, mais rapprochées comme par bouquets ou presque en étoiles. Elles sont entières, glabres, ondulées en leurs bords, & traversées par une nervure blanche.

Les fleurs sont blanchâtres; elles naissent à l'extrémité des petits rameaux latéraux où elles forment des bouquets ombelliformes, dont les rayons soutiennent de petites ombelles partielles de trois à sept fleurs.

Les fruits sont des capsules uniloculaires, à deux valves qui renferment huit à douze semences sans enveloppe particulière.

Historique. Cette plante vient de Madagascar, & des Isles-de-France & de Bourbon. Elle a été cultivée autrefois au Jardin du Roi: mais nous l'avons perdue depuis sept à huit ans. M. l'Héritier l'a retrouvée dans le Jardin de Jac-Lée, Jardinier Anglois.

Usages. Cette plante est anti-syphillitique, suivant Commerson.

Culture. Cet arbrisseau a besoin du secours de la serre chaude pour se conserver l'Hiver dans notre climat, & il exige la même culture que l'espèce n.° 6.

9. CELASTRE luisant. M. de Lamarck, malgré l'autorité de *Linnæus*, avoit retranché cette espèce du genre des Celastres, parce qu'il présumoit que la plante décrite sous ce nom, par le Botaniste Suédois, étoit la même que celle qui se trouve dans le Dictionnaire, dans le genre des CASSINES, & qu'il appelle *Cassine à feuilles concaves*, n.° 5. M. l'Héritier, qui ne l'avoit encore vue qu'en fleurs, l'avoit prise en effet au premier coup-d'œil pour une *Cassine*, mais espèce nouvelle. Depuis & à l'inspection du fruit, il a cru que c'étoit un nouveau *Celastre*. Enfin, d'après les nouveaux éclaircissemens de MM. Boke & Van-Royen, il paroît constant que c'est le véritable *Celastre luisant* de Linnæus.

Cet arbrisseau a en effet le port des cassines. Il est sans épines, & s'élève d'environ six pieds.

Sa tige est ligneuse, olivée, cylindrique, presque lisse, d'une couleur brune & garnie de branches & de rameaux alternes, ouverts & cylindriques.

Les feuilles naissent alternativement & sans ordre. Elles sont ovales, très-entières, terminées, quand elles sont jeunes, par une pointe déliée, presqu'imperceptible, & qu'elles perdent en vieillissant, ce qui les rend alors obtuses. Elles sont glabres, épaisses, coriaces & persistantes. Elles ont environ quinze lignes de long sur dix à douze de large.

Les fleurs sont petites, blanches, & comme ramassées en paquets dans les aisselles des feuilles sur de petits pédicules, qui ne portent chacun qu'une seule fleur, mais qui partent ordinairement trois ensemble d'une espèce de pédoncule commun très-court & presque nul.

Le fruit est une capsule presque triangulaire, semée de quelques verrues triloculaires, à trois valves & de couleur orangée. Chaque loge devroit contenir une semence, mais il y en a presque toujours une ou deux qui avorte. Celles qui réussissent sont presque rondes, glabres, jaunâtres & enveloppées d'une membrane.

Historique. Cet arbrisseau est cultivé dans un grand nombre de jardins de l'Europe, où on le place encore parmi les *caffines* ; il fleurit fur la fin de l'Eté ou à l'Automne. Ce n'eft qu'en 1785 qu'il a commencé à donner du fruit au Jardin du Roi.

Culture. On multiplie indifféremment cette efpèce de fémences, de drageons, de marcottes & de boutures. Suivant Miller, elle eft plus dure qu'une partie des efpèces précédentes. Une bonne orangerie lui fuffit pour la garantir, & la faire réfifter aux froids de nos-Hivers. On peut même en rifquer quelques pieds en pleine terre, dans une platte-bande chaude & contre un mur, à l'expofition du midi. Mais il eft néceffaire de les couvrir pendant l'Hiver.

Au Jardin du Roi, on cultive cette efpèce dans les ferres tempérées ; elle s'y porte bien, & paroît exiger cette température.

10. CELASTRE linéaire. Cet arbriffeau eft garni d'épines feuillées. Ses feuilles font linéaires & entières.

11. CELASTRE rampant. Cette efpèce qui vient du même pays que la précédente, eft fans épines. Ses tiges font couchées fur la terre. Ses feuilles font ovales & dentées en fcie. Les fleurs font axillaires & prefque folitaires.

12. CELASTRE à feuilles entières. C'eft encore du Cap de Bonne-Efpérance que cette efpèce a été envoyée en Europe. Ses tiges font armées d'épines. Les feuilles font ovales obtufes, très-entières. Les fleurs naiffent en bouquets latéraux.

14. CELASTRE filiforme. La tige de cet arbriffeau eft fans épines ; elle eft garnie de rameaux filiformes. Ses feuilles font entières & lancéolées. Les fleurs naiffent folitaires fur des pédoncules axillaires. Elle croît comme les précédentes au Cap de Bonne-Efpérance.

14. CELASTRE acuminé. Sa tige eft droite, lâche & fans épines. Ses feuilles font ovales-acuminées & dentées en fcie à leurs bords. Les pédoncules naiffent dans les aiffelles des feuilles, & ne portent chacun qu'une feule fleur. Elle vient également du Cap de Bonne-Efpérance.

15. CELASTRE à petites feuilles. Cette efpèce eft auffi fans épines. Ses feuilles font ovales-obtufes & entières. Les fleurs naiffent à l'extrémité des rameaux en bouquets fourchus.

Ces fix dernières efpèces, originaires du Cap de Bonne-Efpérance, font peu connues. Les defcriptions abrégées que nous avons données font prifes dans le Supplément de Linné, fils. Cependant il en eft auffi fait mention dans le Supplément de Miller où toutes les efpèces font indiquées des arbriffeaux durs, qui fe contentent de l'orangerie pendant l'Hiver, & qui peuvent même, avec quelques foins, réuffir en pleine terre. Ils n'ont point encore été cultivés en France. (*M. DAUPHINOT.*)

CELERI. Nom d'origine Italienne, ainfi que la plante qu'il indique : c'eft une des variétés de l'*a-*

pium graveolens. L. La culture en a produit plufieurs autres connues dans nos Jardins fous les noms de Céleri plein, Céleri panaché, Céleri rave & Céleri navet. *Voyez* l'article PERSIL. (*M. THOUIN.*)

CELESTE. Tulipe de couleur gris-lavandé, relevée de quelques panaches rouges & blanc de lait. *Rem. fur la culture des fleurs*, par *P. Morin.* C'eft une des nombreufes variétés du *Tulipa gefnariana.* L. *Voyez* TULIPE. (*M. REYNIER.*)

CELESTINE. Anémone à manteau blanc, & peluche blanche, nuancée de citron qui paffe enfuite au blanc. *Rem. fur la culture des Fleurs*, par *P. Morin.* C'eft une des variétés de l'*Anemone coronaria.* L. *Voyez* ANÉMONE des Fleuriftes. (*M. REYNIER*).

CELESTINE. Petite chicorée courte, mais tendre, douce, qui fournit beaucoup lorfqu'elle eft bien cultivée. C'eft une des variétés du *Cichorium endivia.* L. *Voyez* CHICORÉE des jardins ou endive. (*M. REYNIER.*)

CELIDÉE. Anémone à manteau blanc, nué d'incarnat ; la peluche eft céladon, nuée de rofe. *Rem. fur la culture des Fleurs*, *P. Morin.* C'eft une des variétés de l'*Anemone coronaria.* L. *Voyez* ANÉMONE des Fleuriftes. (*M. REYNIER.*)

CELLULE ou LOGE. Ce font les cavités qui fe rencontrent dans les fruits, & dans lefquelles font contenues les femences. *Voyez* LOGE & CAPSULE. (*M. THOUIN.*)

CELSIE, *PESILA.*

Genre de plantes à fleurs monopétalées de la famille des SOLANÉES, qui a de grands rapports avec les molenes (*verbafcum.*)

Il comprend des herbes exotiques, dont les fleurs forment à l'extrémité de la tige, des épis lâches, dont chaque fleur eft accompagnée d'une petite bractée, ou fort de l'aiffelle des feuilles fupérieures.

Le fruit eft une capfule arrondie, environnée à fa bafe par le calice, & partagée intérieurement en deux loges qui renferment un grand nombre de petites femences.

Les plantes qui la compofent, quoique étrangères, réuffiffent bien dans nos pays. Elles y fleuriffent ordinairement, & y perfectionnent leurs femences. Ce genre a été ainfi nommé par *Linnæus*, en l'honneur du Docteur *Olaus Celfius*, Profeffeur en l'Univerfité d'Upfal ; elles contribuent peu à l'ornement des jardins, & elles ne peuvent guères être admifes que dans ceux de Botanique, excepté une efpèce.

Efpèces.

CELSIE du Levant. *CELSIA orientalis.* L. ☉ de l'Arménie.

2. CELSIE à longs pédoncules.
Celsia arcturus. L. ♂ de l'Isle de Candie.
3. CELSIE de Crète.
Celsia Cretica. L. ♂ de l'Isle de Candie & de l'Inde.

4. CELSIE safranée.
Celsia crocea. H. P. ♂ du Pérou.

Description du port des Espèces.

1. CELSIE du Levant. Cette plante pousse de sa racine plusieurs feuilles oblongues, élégamment divisées sur leurs bords presque jusqu'à la côte du milieu, & formant une rosette sur la terre.

Du centre de ces feuilles s'élève à un pied & demi ou deux pieds une tige ronde & herbacée, garnie de feuilles alternes éparses; deux fois ailées, à découpures, menues, dentées, vertes & tout-à-fait glabres.

Les fleurs naissent une à une dans les aisselles des feuilles supérieures (qui leur tiennent lieu de bractées.) Elles sont petites, sessiles, d'une couleur ferrugineuse en-dehors, & d'un jaune pâle en-dedans.

La corolle est irrégulière, à cinq divisions, dont celles inférieures sont plus larges que les autres. Elle est barbue en-dedans, & marquée de petits points rouges autour des étamines.

Historique. Cette plante est connue depuis long-tems au Jardin du Roi. Elle croît naturellement en Arménie d'où ses semences ont été apportées par Tournefort. Elles ont très-bien réussi, & se sont depuis répandues dans toute l'Europe.

Elle est annuelle dans son pays originaire; mais ici lorsqu'on la sème au Printems, elle perfectionne rarement ses semences. Celles qu'on sème en Automne & qui passent l'Hiver, donnent ordinairement, l'année suivante, des semences qui parviennent à leur parfaite maturité, & qui servent à les renouveler.

Elle fleurit en Juin, & ses semences mûrissent en Septembre.

2. CELSIE à longs pédoncules. Cette espèce pousse quelques tiges grêles, foibles, velues, quelquefois simples, mais plus souvent rameuses vers le haut. Elles s'élèvent à un pied & demi ou environ.

Les feuilles radicales & celles du bas de la tige sont ailées avec un lobe terminal, large, arrondi & crénelé. Les supérieures sont plus petites, simples, ovales-arrondies, un peu velues & d'un verd noirâtre. La plupart sont alternes, mais quelques-unes sont opposées.

Les fleurs sont portées sur des pédoncules de près d'un pouce de long. Elles naissent chacune de l'aisselle d'une petite bractée, & forment dans la partie supérieure de la tige un épi lâche. Elles sont jaunâtres, élégantes, mais sans odeur. Les filamens des étamines sont couverts de poils rouges.

Historique. Cette plante est originaire de l'Isle de Candie. Elle y croît parmi les rochers & sur les vieux murs. Ici elle fleurit depuis le mois

de Juillet jusqu'au mois de Novembre. On peut commencer dès le mois d'Octobre à en récolter les graines pour les semer aussi-tôt.

3. CELSIE de Crète. Sa tige monte jusqu'à deux pieds. Elle est simple, cylindrique, & couverte de poils foibles & mous.

Les feuilles radicales sont en lyre, ou ailées à deux paires de folioles, avec une foliole terminale plus grande & presque en cœur. Celles de la tige sont alternes, amplexicaules, ovales en cœur & pubescentes.

Les fleurs sont disposées comme dans les espèces précédentes. Leur corolle est grande, jaune, avec deux taches ferrugineuses à la base des deux segmens supérieurs.

Historique. On trouve cette plante dans l'Isle de Candie & dans l'Inde. Elle fleurit & perfectionne sa graine dans le même-tems que la précédente.

4. CELSIE safranée. Cette espèce pousse de la racine plusieurs tiges qui s'élèvent à la hauteur de deux pieds environ. Elles sont garnies de feuilles linéaires, très-rapprochées les unes des autres, d'un verd tendre. Elles sont comme les autres, de figure irrégulière, mais plus grandes, & de couleur safranée, très-apparente; il leur succède des capsules qui renferment un grand nombre de petites semences.

Historique. Elle croît dans les plaines de Lima, d'où elle a été envoyée en 1785, par M. Dombey. Elle fleurit communément à l'Automne, & continue jusqu'au commencement de l'Hiver.

Usages. Cette espèce est très-propre à l'ornement des serres tempérées par l'éclat de ses fleurs.

Ses fleurs viennent en épis lâches à l'extrêmité des tiges.

Culture. Toutes ces espèces se cultivent de la même manière; on les multiplie de graines.

Celles que l'on sème au Printems donnent quelquefois des semences mûres quand l'année est bien chaude; mais comme on seroit souvent trompé si l'on comptoit sur cette récolte, il vaut mieux semer en Automne.

Aussi-tôt que les graines sont recueillies, on les sème dans des pots placés sur une plate-bande chaude & sèche, afin que les plantes puissent pousser tout de suite. Elles résisteront aux froids de nos Hivers, pourvu qu'elles ne soient pas dans une terre trop forte, & trop humide; trop d'humidité les feroit périr.

Si les graines ne lèvent point, & que les plantes ne paroissent point dans l'Automne, il ne faut point remuer la terre dans la crainte de faire périr le semis, qu'on peut être assuré de voir paroître au commencement du Printems suivant.

Ces plantes n'exigent aucun soin particulier. Il suffit de les sarcler de tems-en-tems pour les débarrasser des mauvaises herbes qui pourroient leur nuire, & de les éclaircir lorsqu'elles sont

trop ferrées. Mais comme elles périffent ordinairement lorfqu'on les tranfplante, il faut les
femer tout de fuite dans l'endroit où l'on veut
qu'elles reftent à demeure, ou les tranfplanter
avec leur motte.

(Si le femis d'Automne n'a pas réuffi, on peut
en faire un fecond au Printems. Mais, dans ce cas,
pour hâter la maturation des femences, on doit
prendre quelques précautions, foit en mettant
quelques pots fous des chaffis, foit en les renfermant dans la ferre, ou même en les plaçant
feulement dans une fituation chaude & abritée.)

La quatrième efpèce peut fe multiplier de boutures qu'on peut faire avec de jeunes branches
au commencement de l'Automne, & qu'on fait
paffer l'Hiver fur les appuis des croifées dans une
ferre tempérée. Par ce moyen on peut les conferver
plus long-tems, & elles fleuriffent l'année fuivante plus promptement que les pieds provenus
de femences. (*M. DAUPHINOT.*)

CENDRES.

Ce nom ne convient, à proprement parler,
qu'au réfidu des corps organifés, après leur combuftion à l'air libre : cependant on l'a fouvent
donné, & on le donne encore, mais très-mal-
à-propos, aux fubftances métalliques qui ont
perdu également par l'action du feu, leur liaifon,
leur continuité & leur forme; c'eft ainfi que les
Potiers d'étain, par exemple, appellent Cendre
d'étain, la chaux de ce métal, quoiqu'elle
n'ait avec les Cendres, foit des végétaux ou
des animaux, foit de leurs débris, d'autre
reffemblance que l'état pulvérulent & la couleur grife. Indépendamment de ces propriétés qui appartiennent à toutes les efpèces de
Cendres, elles en ont de particulières, comme
d'être inodores dans l'état fec, & d'exhaler une
odeur de leffive dans l'état humide; d'augmenter
de poids à l'air, & d'abforber l'eau avec avidité &
de la perdre avec la même promptitude, d'imprimer fur la langue une faveur âcre, & de
répandre dans la bouche une odeur urineufe; d'offrir, étant agitées avec quelques gouttes d'huile,
une efpèce de favon; de ne contenir aucune matière charbonneufe, d'approcher enfin le plus
de cette nuance, vulgairement nommée *couleur
cendrée.* Tels font les caractères les plus généraux
d'après lefquels on peut reconnoître que le corps
huileux & extractif a été parfaitement détruit,
& que les Cendres font bien faites; mais il paroît difficile, pour ne pas dire impoffible, d'a-
mener au même degré de bonté les Cendres de
toutes les matières inflammables qui en fourniffent, & de tous les foyers où elles fe préparent.
C'eft à la Chimie fpécialement qu'il convient
d'indiquer la nature des principes conftituans des
Cendres, les procédés employés en grand pour
les appliquer aux Arts & Métiers. Elle nous a
déjà fait connoître que ces parties conftituantes,
font la glaife, le fable, des fels neutres, & à bafe

terreufe, du fer, des alkalis, & de la terre calcaire
réduite à l'état de chaux, qui ne diffère en rien de
celle qui eft d'ufage dans la maçonnerie. Sans doute
que les Auteurs auxquels font confiés les développemens des connoiffances acquifes dans cette Science,
n'oublieront pas de donner fes détails propres à
éclaircir tous ces points; mon objet principal doit
fe borner à confidérer fimplement les Cendres
fous leur rapport avec l'économie rurale & domeftique.

Cendres de Bois.

La nature du fol & des engrais, le climat &
les afpects concourent pour beaucoup à la formation de différens fels qu'on retire des végétaux par la combuftion; mais c'eft toujours l'alkali qui s'y trouve le plus abondamment. Un
arbre qui a végété au Nord & dans un terrein
humecté, en fournit moins que le même individu
placé dans un terrein fec, & fitué au Midi. Le bois
d'orme en donne plus que le chêne, & ce dernier davantage que le charme & le tremble : l'âge
& l'état de l'arbre, la faifon où il a été coupé, le
procédé employé à fa combuftion en font fouvent
varier encore la proportion; d'où il fuit que fouvent
deux à trois mefures de Cendres n'en valent pas
une, quoique provenant du même végétal, relativement à la quantité d'alkali qu'on en retire;
car c'eft toujours de cette quantité que réfulte
le prix qu'on met aux Cendres : elles font réputées de bonne qualité quand elles en donnent
dix livres par quintal; les Cendres des bois flottés en
contiennent d'autant moins qu'elles ont féjourné
plus long-tems fur l'eau qui a extrait la majeure
partie de leurs principes les plus folubles.

La matière faline connue dans le commerce,
fous le nom de *potaffe* eft entièrement comparable, pour les effets, à l'alkali qui fe trouve contenu dans les Cendres produites par la combuftion
des bois & de beaucoup de plantes; mais la plus
grande quantité qu'on en confomme vient des
bois qu'on brûle fur place, dans les forêts du
Nord de l'Europe & de l'Amérique : elle fe
trouve toujours mélangée avec une petite portion de terre. Son ufage eft fi commun dans les
Arts, qu'on cherche à en tirer de toutes les fubftances végétales. L'eau croupiffante du fumier,
& le fumier lui-même, defféchés & brûlés
dans un fourneau particulier, fourniffent une
Cendre que l'on vend dans quelques cantons de
la Bretagne à ceux qui veulent fertilifer leurs
terres; & qui ont befoin de la potaffe que ces
fubftances contiennent; mais il faut être bien
dépourvu des autres reffources pour ne pas confacrer cette dernière à l'augmentation des engrais
dont la furabondance n'a jamais entraîné d'embarras dans les campagnes, ni préjudicié en aucune manière à l'Agriculture. Des labours fuffifans & des engrais convenables, voilà les grands
moyens de richeffe approuvés par l'exemple

& la prospérité de toutes les Nations Agricoles.

Cendres gravelées.

Elles sont le résultat de la combustion des lies-de-vin desséchées, & des menus tartres. On les prépare en grand dans les pays de vignoble ; dans d'autres, au contraire, ces substances sont vendues en nature aux Teinturiers & aux Chapeliers. Il paroît étonnant que, dans certaines brûleries, on laisse perdre les extraits qui se trouvent dans les chaudières après qu'on en a retiré l'eau-de-vie, lorsqu'il seroit possible, en les calcinant dans des fosses, d'en obtenir de la Cendre gravelée qui peut servir à tous les usages où la potasse est employée, principalement lorsque, comme celle-ci, elle a été purifiée au même degré.

Cendres de Plantes.

Elles sont plus abondantes en potasse que celles des bois qui en fournissent le plus, puisque vingt livres de Cendres d'orme ne donnent que deux livres d'alkali, tandis que la même quantité de Cendres de tournesol en produit le double ; celles de bled de Turquie jusqu'à cinq livres, & celle de tabac huit livres. D'après ces exemples incontestables, il paroîtroit qu'un des meilleurs moyens de se procurer, en abondance & par-tout, des Cendres bien chargées de potasse, seroit de faire sécher, avant qu'elles aient porté des graines à maturité, toutes les herbes qu'on sarcle dans les champs, dans les jardins, & que les bestiaux refusent de manger, de les réduire en Cendres vers la fin de l'Eté, comme cela se pratique dans les environs de Paris par les Blanchisseuses. Parmi ces plantes il en existe qui se trouvent réduites à rien dès qu'elles sont pourries, tandis que d'autres ne parviennent à cet état que très-difficilement, à cause de leur texture dure & ligneuse ; en les jettant d'ailleurs sur le fumier, leurs semences, qui bravent les effets de la putréfaction, infestent les terres en y répandant, avec l'engrais le germe de mauvaises herbes. Malgré tous les avantages reconnus des Cendres en qualité d'engrais, il seroit ridicule de réduire constamment sous cette forme des substances végétales dont le tissu a de la mollesse & de la flexibilité, par la raison qu'étant enfouies dans la terre, elles fournissent, en se décomposant, un engrais plus abondant & souvent plus analogue à la nature du sol qu'on veut fertiliser, à moins cependant que ces substances ne servent de chauffage pendant l'incinération : mais alors c'est un malheur pour l'Agriculture que le besoin force d'employer ainsi les feuilles ramassées sous les arbres & la suie de cheminée, puisque dans cet état elles ont plus de volume, & un effet plus généralement efficace pour toutes les qualités de fonds. Cette vérité a déjà été connue sur les côtes de Normandie où l'on abandonne tous

les jours l'usage de brûler les plantes maritimes pour former ce que l'on appelloit *Soude de Varech* : leurs habitans préfèrent de les laisser passer à l'état de fumier. Il seroit encore à desirer qu'on interdisît l'usage où l'on est dans les Villes de brûler la paille des lits sous prétexte qu'elles peuvent propager certaines maladies contagieuses, & qu'on les fît servir de litière aux bestiaux plutôt que de les condamner aux flammes dans des rues très-peuplées ; plusieurs grands incendies n'ont pas eu d'autres origines.

Cendres de Soude.

Elles sont le produit de la combustion à l'air libre du kali, & de plusieurs autres plantes maritimes qu'on brûle sur les bords de la Méditerranée dans des fosses pratiquées exprès, & auxquelles la chaleur nécessaire, pour les réduire en Cendres, a fait subir une demi-fusion d'où résultent ces masses dures & pesantes connues dans le commerce sous le nom de *Soude* : l'alkali qu'elles contiennent diffère de celui des bois & des plantes & des lies-de-vin, en ce qu'au lieu de fondre en eau, il s'effleurit à l'air, cristallise plus aisément & a moins de causticité. On tire parti également sur les bords de l'Océan, & notamment sur les côtes de Normandie, de plusieurs plantes, telles que les Algues, les Gœsmons, les Fucus, &c. en se servant du même procédé que celui qu'on emploie pour la combustion des différens kalis ; ces Cendres qui portent le nom générique de *Cendres de Varech*, contiennent infiniment moins d'alkali, & plus de sels neutres ; ce qui les rend par conséquent moins propres aux usages pour lesquels on recommande l'emploi de la Soude. Aussi prend-on le parti de ne leur faire subir aucune préparation pour les employer à l'engrais des terres.

Cendres de Gazon.

Dans les recoins négligés des chemins & de mille places gazonées, répandues en divers lieux, on peut encore trouver les moyens d'augmenter la source des Cendres ; voici le precédé dont on se sert avec succès dans les pays montagneux comme la Savoie, &c. Il mérite d'autant plu confiance, qu'on le trouve décrit dans le théâtre d'Agriculture d'Olivier de Serres.

Après avoir coupé & enlevé les gazons aussi mince qu'il est possible avec un instrument bien tranchant, on les laisse sécher, & pour en venir à bout plus promptement, les uns les retournent plusieurs fois dessus, dessous au soleil ; les autres prétendent qu'en changeant seulement les gazons de place de tems à autre sans les retourner, ils sèchent plus promptement ; une fois bien séchés, on fait un petit fagot de bois sec d'environ deux ou trois pieds de long, & d'un pied de diamètre on le pose à terre, mais soulevé à un de ses bouts, par un morceau de bois qu'on place sur des gazons, mis à plat les uns sur les autres à la hauteur d'environ un demi-pied de haut : on entoure ce fagot de gazons posés de même à plat, puis, on continue en avançant toujours les gazons sur les fagots ; & on recommence jusqu'à ce qu'ils forment un tas de quatre à cinq pieds de diamètre, posant toujours les gazons sur les joints des premiers, comme si l'on craignoit que le feu ne trouvât quelque issue. Il en trouve effectivement autant qu'il est nécessaire ; les gazons secs joignent mal, le feu resserré se fait des routes ; il s'anime en raison de la difficulté qu'il a exposée ; & il s'insinue avec d'autant plus de force, qu'il devient plus violent ; les racines du gazon, en brûlant, lui laissent des routes innombrables, & il se fait une telle chaleur, que la terre rougit ordinairement.

Combien de terres n'a-t-on pas amélioré sensiblement pour avoir brûlé ainsi à leur surface des bruyères, des fougères, des genêts, des joncs, & pour avoir donné en même-tems à la terre calcaire qui se trouve dans ces fonds une propriété analogue à celle de la chaux ! Cette pratique offre le double avantage de fertiliser puissamment le sol, & de le purger des herbes parasites. On a toujours remarqué que les champs où on brûle sur pied les chaumes restés après la moisson, les vieux trèfles & les vieilles luzernes, produisoient des récoltes plus nettes & plus abondantes que ceux où l'on n'avoit pas employé l'action du feu.

Cendres de Tourbe.

Outre les secours que les Tourbes peuvent porter dans les Arts & Métiers, & chez les pauvres des Villes & des Campagnes où le bois est rare, l'Agriculture peut en recevoir les plus grands services en les employant soit dans leur état naturel, soit en état de Cendres ; car, depuis quelque tems, on a employé la Tourbe comme engrais, & elle peut servir dans tous les cas où conviennent le tan, & d'autres matières végétales, réduites par la succession des tems à l'état de terreau. Ces Cendres dont on a reconnu l'efficacité sur les prairies, sont devenues par cette raison un objet de commerce dans quelques cantons. On en transporte dans les environs d'Amiens à sept & huit lieues ; en Hollande, on les enlève tous les matins avec des espèces de fourgons, pour les vendre au loin, jusqu'en Flandre & en Artois, sous le nom de *Cendres de mer*. Il seroit à desirer que par-tout où il existe des Tourbières, on pût en profiter pour suppléer le bois dans les usines & les foyers ; il en résulteroit en même-tems un amendement assuré pour les prairies dont l'étendue intéresse si directement les Cultivateurs, puisqu'elles les mettroient à portée de nourrir un plus grand nombre de bestiaux, & d'avoir plus d'engrais.

Les Cendres de tourbe ressemblent à celles des végétaux dont elles sont les débris, & fournissent, suivant les expériences de M. Ribaucourt, dix livres de Cendres par quintal de tourbe, & par le moyen de la lixiviation, deux onces d'alkali fixe. On en distingue de trois espèces ; la première est celle à laquelle on donne avec raison la préférence : elle provient de la tourbe la plus compacte & la moins terreuse ; elle est pesante, & d'un jaune foncé ; on la retire des fourneaux des Chapeliers, Teinturiers, Brasseurs, &c. qui font usage de la tourbe sous leurs chaudières. Elle doit sa couleur foncée au fer qu'elle contient, & au recuit qu'elle a éprouvé dans les fourneaux.

La seconde espèce est d'un jaune moins intense, plus légère & moins recuite que la précédente ; elle appartient à une tourbe moins choisie.

La troisième est encore plus légère, presque blanche ; c'est un mélange de Cendres des foyers, produites par les tourbes les plus communes, & de Cendres de bois. Beaucoup moins recherchée que les deux autres, elle est aussi inférieure en prix.

On pourroit former une quatrième espèce de Cendres de tourbe, en distinguant celle que font les tourbiers avec les grumeaux & poussières ; cette dernière, faite avec soin, ne diffère en rien de la seconde. La couleur & la pesanteur, le toucher doux, une saveur légèrement saline, font les qualités auxquelles il faut principalement s'attacher dans le choix de la Cendre de tourbe. On juge aisément par l'expérience, & avec un peu d'attention, si, pour en augmenter le poids, les Marchands de tourbe n'y ont pas ajouté du sable.

Cendres de charbon de terre.

Leur nature est un peu différente de celles dont il a été question jusqu'à présent puisqu'elles ne contiennent point d'alkali fixe : on remarque même que le charbon le plus bitumineux est celui qui non-seulement donne le moins de Cendres ; mais qu'il est encore fort difficile à amener à cet état. Dans le voisinage des grandes Villes où l'on se chauffe avec ce combustible, on en emploie cependant la Cendre comme engrais ; sa propriété principalement calcaire la rend utile dans les terres humides & glaiseuses : elle les pénètre, les ameublit, & les met en état de profiter davantage des autres engrais indispensables qu'on leur ajoute ; cette Cendre sert peu dans les Arts ; elle entre seulement dans la composition des ciments auxquels elle donne une grande solidité, & la propriété en même-tems d'être imperméables à l'eau.

Cendres de houille.

La houille, qui fournit la Cendre dont il s'agit, n'est point celle que les Maréchaux & autres

Ouvriers fubftituent au charbon de terre dans le travail de la forge, ou qu'on brûle dans les foyers de plufieurs de nos Provinces ; mais d'une autre efpèce de houille défignée à caufe de fes effets, fous les noms de *houille d'engrais*, *terre-tourbe*, *Cendres roug-s*, &c. On peut la regarder comme un amas immenfe de tourbe pyriteufe, qui étant amoncelée à l'air, s'enflamme bien-tôt à l'air en laiffant pour réfidu des Cendres rouges d'où l'on retire, au moyen de la lixivia-tion, de l'alun & du vitriol : ces Cendres, dédai-gnées autrefois, font devenues aujourd'hui l'objet d'un commerce confidérable pour les cantons où il y a des houillières ouvertes. On affure qu'il s'en débite par année, feulement dans la Province de Picardie, plus de trois cens mille feptiers, qui remontent par la Seine & la Marne jufqu'à Château-Thierry. Les qualités que doi-vent avoir ces Cendres, font d'être fort rouges, légères, fines & d'une faveur flyptique.

Cendres employées dans le blanchiffage.

On prétend que les Cendres de hêtre font re-cherchées par les Verriers, celles de chêne par les Salpêtriers & le Savoniers ; qu'enfin les Cen-dres de châtaigniers ne valent rien pour la lef-five, parce qu'elles tachent le linge pour toujours. J'ignore fi ces obfervations font fondées fur des faits bien avérés, ou fi ce ne font que de fimples affertions. Mais ce qu'il y a de pofitif, c'eft que, comme nous l'avons déjà annoncé, la méthode dont on fe fert pour préparer les Cendres contri-bue à augmenter ou à diminuer la quantité & la force de l'alkali qu'elles contiennent, & à rendre par conféquent ce fel plus ou moins efficace dans le blanchiffage. Et en effet fi la fubftance inflammable a brûlé dans un grand courant d'air, fi la flamme a été vive & foutenue, ce fel fera moins abon-dant : fi au contraire le feu a été étouffé & l'ignition fans flamme bien apparente, le pro-duit du fel fera prefque double. Il exifte donc des différences énormes entre la Cendre des fourneaux des grands ateliers & celle des petits fourneaux, entre la Cendre des foyers des par-ticuliers aifés qui n'employant que de bons bois laiffent aux Cendres le tems de fe perfection-ner, & celle des particuliers qui brûlant du bois de toute efpèce rendent leur Cendre encore plus remplie de braife, & enfin celle de ceux qui jettent dans la cheminée les balayures de leur maifon ; auffi le prix des unes eft-il bien différent de celui des autres ; on paye dans les Villes un boiffeau de Cendres du poids de vingt livres depuis quarante jufqu'à cent fols ; les propor-tions d'alkali qu'elles contiennent fuivent égale-ment cette différence.

Cendres recuites.

Il n'y a point de ménagère un peu intelli-gente, qui, habituée à fe fervir des Cendres pour la leffive, ne connoiffe les moyens de les bien choifir, & de leur donner encore plus d'activité en les laiffant long-tems dans fon foyer, & les mettant enfuite à l'abri de l'air extérieur. Elles favent auffi qu'il eft important d'en bien féparer la braife, parce que l'alkali ayant fa propriété de diffoudre le charbon, elles ont le très-grand inconvénient de communiquer de la rouffeur au linge : c'eft pour le prévenir qu'on leur fait fubir cette opération qu'on exprime par *Cendres re-cuites*. Pour cet effet, on les expofe fur l'aire d'un four extrêmement échauffé ; afin que le charbon qu'elles contiennent encore foit tout-à-fait con-fommé : on les remue de tems en tems, & on diminue le feu infenfiblement. Les Cendres con-centrées ainfi par ce procédé éprouvent un déchet de moitié ou environ, & acquièrent de la force en proportion : c'eft comme fi on avoit ajouté un peu de chaux dans la leffive pour l'animer.

D'après ce qui précède fur la nature de chaque efpèce de Cendre, on voit que toutes celles où il fe trouve beaucoup d'alkali, peuvent être employées dans le blanchiffage, dans les ver-reries, & dans les favonneries, en obfervant d'en régler toujours la quantité fur celle de l'alkali qu'elles contiennent ; qu'à leur défaut, on peut fe fervir de potaffe & de Cendres gravelées, mais toujours dans une proportion infiniment moin-dre ; qu'enfin il convient d'en rejetter les Cendres de bois flotté, de tourbe, de charbon de terre & de houille, par la raifon qu'elles ont peu ou point d'alkali.

La difficulté de fe procurer de bonnes Cen-dres dans la Capitale, parce que la majeure partie du combuftible confifte en bois floté, a forcé les Blanchiffeufes de recourir à la foude pour en faire la bafe de leurs leffives ; mais comme cette Cendre contient en même-tems du fer, il arrive fouvent que le linge a des taches de rouille indeftructibles ; peut-être parviendroit-on à remédier à cet in-convénient en employant le fel de foude lui-même de préférence à ces Cendres ; l'augmen-tation du prix que néceffiteroit l'extraction du fel fur les lieux, feroit compenfée par la dimi-nution des frais de tranfport ; plus certain alors de la quantité qu'on en emploieroit, on ne cour-roit plus les rifques de blanchir trop prompte-ment le linge aux dépens du tiffu de la toile, ou de manquer tout-à-fait la leffive, faute de n'en avoir pas mis fuffifamment. Nous touchons heu-reufement au moment d'avoir en France du fel de foude à bon compte : on annonce que bien-tôt un procédé particulier le retirera en grand du fel marin auquel il fert de bafe, & fi nous parvenons à nous paffer encore de l'Etranger pour cet objet d'un ufage auffi journalier, ce fera un nouveau fervice que la Chymie aura rendu aux Arts ; mais on ne fauroit trop le répéter ; rien n'eft plus utile que d'avoir des régles fixes pour compofer la leffive ; quand elle manque, on en accule une multitude de caufes plus ou moins ridicules qui n'y ont aucune part : trompé fouvent par ce mot vague du *fel* qu'on a donné indiftinétement à toutes les matières qui ont une forte d'énergie, les ménagères croient que le fel qui agit dans les Cendres qu'elles emploient eft le même que celui qui fert dans la cuifine ; or, pour donner plus de force à leur leffive, elles y jettent quelques poignées de fel marin, lorfque ce feroit de la potaffe, des Cendres gravelées, ou du fel de foude qu'il faudroit employer.

Cendres leffivées ou charrees.

Quelque bien leffivées que foient les Cendres, elles retiennent toujours une petite portion de matière faline, & la preuve qu'on peut en donner, c'eft qu'elles fe vitrifient parfaitement au feu ordinaire des verreries, fans aucune addition quelconque. Si ces Cendres qui ont fervi au blanchiffage, à la fabrique du falin ou du favon font expofées à l'air fous des hangars à l'abri de la pluie, elles reprennent un peu d'énergie, fur-tout fi on a foin de les remuer & de les arrofer de tems en tems avec de l'eau des égoûts, & celle qui a fervi aux leffives. Dans cet état elles ont plus d'aétion.

Ce n'eft pas que les charrées ne puiffent, au fortir de la leffive, être portées fur les terres compaétes, & exercer la faculté d'engrais ; mais il faut convenir qu'elles y deviennent bien plus propres après un certain tems d'expofition à l'air, & au moyen des additions dont il s'agit : car épuifées comme elles le font de potaffe, on ne doit plus efpérer de les rendre de nouveau, propres aux fols auquel elles conviendroient, même quand on les auroit calciné. Il ne faut point négliger cette opération, lorfqu'elle peut fe pratiquer fans beaucoup de frais, vu qu'elle augmente l'aétion des charrées. Mais, encore une fois, les Cendres qui ont perdu leurs fels à la leffive n'en reprennent point étant rebrûlées, ainfi qu'on l'a avancé fans preuve : elles redeviennent feulement plus propres à être répandues fur les prairies.

Cendres confidérées comme engrais.

L'expérience ne permet plus de douter combien les Cendres contribuent à rendre fertile un terrein, fur-tout quand il eft de nature glaifeufe ; c'eft à elles qu'on doit la fertilité des Campagnes fituées au pied du mont Etna & du Véfuve.

Il eft donc reçu en Agriculture, & c'eft une vérité que l'expérience confirme tous les jours, que les Cendres, qu'elle qu'en foit l'origine, font d'une utilité réelle comme engrais ; cependant il exifte plufieurs cantons dans le Royaume où, malgré la poffibilité de s'en procurer aifément, elles ne font point autant recherchées qu'elles mériteroient de l'être. Cette indifférence femble venir de l'ignorance dans laquelle on eft fur la manière de les employer, on aura peutêtre eu l'imprudence d'en mettre trop à-la-fois : car cet engrais préfente fouvent par fon bas prix, la faculté d'en abufer, tandis que, dans d'autres cantons où il coûte davantage, la dofe en aura été reftreinte de manière à n'obtenir aucun effet : telles font vraifemblablement les caufes principales qui ont empêché long-tems l'adoption de l'ufage des Cendres comme engrais, par-tout où il eft facile de s'en procurer.

Quelques perfonnes ayant femé fans fuccès de l'avoine dans des Cendres non leffivées, dans du fable fortement chargé de potaffe & de falpêtre, en ont conclu que toutes ces matières, non-feulement retardoient l'accroiffement des végétaux, mais qu'elles l'empêchoient abfolument.

On fait qu'en Egypte il y a des cantons où le fol eft tout couvert de fel marin, & ces cantons font entièrement ftériles. C'eft à cet propriété vraifemblablement qu'eft dû l'ufage dans lequel étoient les Romains, de répandre beaucoup de fel marin fur un champ où il s'étoit commis quelque grand crime dont ils vouloient perpétuer la mémoire, en le frappant de ftérilité pour un certain tems. Cette circonftance renouvelle mes inquiétudes fur l'abus qu'on peut faire, dans ce moment-ci, du fel marin, comme engrais de terres. Jouiffons même de ce bienfait de la Nature, dont la privation a été fi long-tems pour nos campagnes une véritable calamité. Spécialement deftiné à tous les animaux de la baffe-cour, il fert à-la-fois & de préfervatif & de remède affocié aux Sauvages ; il enlève la fadeur, & prolonge la durée de ceux qui font trop humides ; en donnant plus de ton & d'énergie aux parties organifées, le lait eft plus abondant, plus crèmeux, la chair plus délicate & plus fucculente ; enfin le fumier de leur litière devient plus efficace dans fes effets.

Si les Blanchiffeufes emploient, mais très-inutilement, du fel marin dans leurs leffives pour augmenter la force des Cendres, les Fermiers auxquels on a donné le confeil de fuivre la même méthode pour donner à cet amendement plus d'effet, n'en tireront pas plus davantage. En mêlant le fel marin aux matières combuftibles, il peut, durant l'ignition, éprouver au commencement de décompofition & de combinaifon avec les Cendres, ce qui le rendroit propre alors à la faculté fertilifante.

Nous avons fous la main le pouvoir de compofer à volonté des engrais, avec une infinité de fubftances végétales & animales, qui, réduites à un certain un certain état, & jointes aux terres labourables, concourent à leur fécondité : la Chymie ne nous en offre-t-elle pas encore dans une foule de substances, qui, prises séparément, sont opposées à la faculté fertilisante, & qui, par leur réunion, forment un excellent engrais ? telle est cette espèce de combinaison savonneuse qui résulte du mélange de la potasse, de l'huile & de la terre. Quel bénéfice incalculable pour les campagnes, au lieu de chercher à économiser sur les engrais, leurs habitans s'appliquoient davantage à multiplier les ressources de ce genre & à les rendre plus profitables par un emploi mieux entendu ? voilà les premiers soins des Cultivateurs. Combien d'années se sont écoulées avant de savoir que le marc des pommes & des poires, employé autrefois à remplir les trous & à combler les ravines, pourroit procurer comme engrais, dans les contrées à cidre & à poires, le même avantage que le marc de raisins dans les pays vignobles ? Je n'hésiterai point de le dire ; si la Capitale se trouvoit placée au sein d'un pays comme la Flandres, où l'on sait si bien apprécier les engrais, il seroit possible, avec le simple secours de ceux qu'on perd journellement dans l'air que nous respirons & dans l'eau que nous buvons, de faire croître une grande partie du lin & du chanvre, que l'on tire à grands frais de l'Etranger, quoique la France dût être pour ses voisins le magasin général de ces objets ; mais bornons-nous à indiquer quelques règles générales, d'après lesquelles on doit se déterminer sur le choix des différentes espèces de Cendres, sur leur emploi proportionné à la nature du sol & des productions, sur le climat & les aspects, sur la saison & la manière de les répandre ; enfin sur leur manière d'agir.

Quantité de Cendres à répandre.

Elle est relative à la qualité des Cendres, à celle du terrein & des productions. Il est plus prudent de les fixer par des essais dans les endroits où l'usage de cet engrais est une nouveauté ; on ne peut donc établir, à cet égard, que des généralités. Ainsi, on dira, 1.º qu'il faut trois septiers environ, mesure de Paris, de Cendres de tourbe pour un arpent de terre labourable ou de prairie ; 2.º que la même étendue de terrein n'exige que la moitié de Cendres rouges ou houille d'engrais, un tiers de celles de bois flotté, & un quart de celle de bois neuf ou de plantes.

Saison pour répandre les Cendres.

La saison de répandre les Cendres sur les terres labourables varie suivant leur nature, & celle de productions qu'elles doivent rapporter. Si c'est une terre légère & qui absorbe son eau, il seroit bon, 1.º d'en répandre sur le pied d'un septier par arpent au commencement de Février & avant le labour ; 2.º une pareille quantité après que les grains auront été semés. Si la terre, au contraire, est compacte & qu'elle retienne l'eau à sa surface, on pourra employer le procédé décrit, ayant seulement l'attention d'augmenter les doses suivant le besoin, & de ne faire usage des Cendres que dans un état très-sec. On observera cependant, dans le premier cas, c'est-à-dire, lorsque le terrein est sec, d'attendre, pour jeter les Cendres qui doivent rester à la surface du terrein, qu'il fasse un tems de brouillard, ou qui promette une pluie prochaine.

Quant à la manière de répandre les Cendres, elle n'est pas sans inconvénient ; mais le semeur s'en garantira aisément en se couvrant le visage d'un fichu de soie ou d'une toile fine, & en semant contre le vent. Quelques personnes ont conseillé de semer sous le vent, c'est-à-dire de jeter l'engrais du côté où le vent pousse ; mais l'expérience a bien-tôt démontré que la première de ces pratiques est préférable.

Manière d'agir des Cendres.

L'efficacité des Cendres, appliquées ordinairement, ou au sol fatigué pour le restaurer, ou aux plantes qui languissent pour les fortifier, n'est plus aujourd'hui un problème, mais il ne paroît pas qu'on soit également d'accord sur leur véritable manière d'agir : je desire que mes observations, à cet égard, puissent mettre sur la voie ceux qui sont occupés de l'examen des engrais, matière d'une importance majeure, puisqu'elle est le plus puissant agent de la végétation, & la base de la fécondité de nos récoltes.

En se rappelant les parties constituantes des Cendres, il est facile d'expliquer leur manière d'agir. Considérées comme engrais, elles peuvent être comparées en quelque sorte à la marne ; elles contiennent du moins les différentes terres qui constituent ordinairement cet amendement naturel ; mais elles ont de plus des substances salines déliquescentes, à raison des végétaux dont elles sont le résidu, & du procédé mis en usage pour leur combustion, ce qui augmente leur activité & doit rendre circonspect sur le choix & dans l'emploi. Les Cendres ont donc, comme tout ce qui jouit de la propriété fertilisante, la faculté de soutirer de l'immense réservr de l'atmosphère, les vapeurs qui y circulent, de les retenir, de les conserver avec l'humidité qui résulte de la pluie, de la neige, de la rosée, du brouillard, d'empêcher que cette humidité ne se rassemble en masse, qu'elle ne se perde, soit en s'exhalant dans le vague de l'air ou en se filtrant à travers les couches inférieures, & laissant les racines à sec, de la distribuer uniformément & de la transmettre d'une manière très-divifée aux orifices des conduits, deftinés à la porter dans le riffu du végétal, pour fubir enfuite les loix de l'*appropriation*.

Toutes les fois que les Cendres contiennent abondamment de l'alkali fixe & de la chaux, il n'eft pas étonnant qu'elles n'aient des propriétés analogues à cette dernière fubftance, & que toutes les plantes auxquelles on les applique immédiatement, fans précaution ni mefure, ne jauniffent, ne languiffent & ne meurent, comme fi elles avoient été brûlées par un coup de foleil. Il eft fi vrai que c'eft à l'alkali des Cendres de bois & aux fels vitrioliques de la houille d'engrais qu'eft dû cet effet, que ces Cendres leffivées n'ont plus la même activité, & qu'il eft poffible de les employer, avec profufion, fans courir aucun rifque, & même d'y établir la végétation, lorfqu'avant d'être leffivées elles en étoient l'agent le plus deftructeur. On fait que les racines bulbeufes végètent encore avec plus de fuccès dans les Cendres leffivées que dans le fable mouillé.

Effet des Cendres fur les terres.

Les engrais, pris en général, ont deux manières d'agir fur les terres. Mêlés en différentes proportions ils leur donnent la faculté de rendre l'eau perméable, & aux racines de fuivre le cours entier de leur développement, ou bien ils procurent du liant & de la foudure aux molécules trop divifées, & empêchent l'eau de fe perdre dans les couches inférieures & les racines de fe deffécher; or les Cendres, par leur féchereffe, la ténuité de leurs parties, la propriété qu'elles ont de s'emparer de l'humidité, de la retenir d'une manière très-divifée, conviennent aux terres compactes & glaifeufes, dont elles diminuent la vifcofité en s'infinuant dans leur texture ténace, à la manière des coins. Ainfi, cette humidité, réduite en furface, humecte toujours le pied de la plante, fans jamais la noyer. Lorfque les Cendres ont produit un effet différent, c'eft qu'elles étoient trop chargées d'alkali, & qu'on n'en a point borné la proportion, & que le fol fur lequel on les a répandues n'avoit point affez d'humidité pour brider leur action; car, difféminées fur des terres froides, & enterrées par la charrue avant les femailles, elles font, comme la chaux, d'une grande utilité. Nous obferverons même qu'on pourroit les employer dans un fol léger & fablonneux; mais ce ne feroit qu'autant qu'elles fe trouveroient affociées avec une certaine quantité d'argille, comme on mêle fouvent la chaux avec le fumier pour augmenter l'effet de ce dernier.

Effet des Cendres fur les Prairies.

Les heureux effets des Cendres, atteftés par leur utilité fur les prairies, viennent à l'appui de nos obfervations. L'alkali & la terre calcaire qui s'y trouvent contenus, font dans la jufte proportion néceffaire pour détruire les mauvaifes herbes & favorifer l'accroiffement des bonnes; mais eft-ce bien à la cauflicité que ces deux fubftances acquièrent par la calcination, qu'on peut attribuer, un pareil effet comme on le prétend? C'eft ce qui ne paroît pas vraifemblable. Si les Cendres les plus riches en alkali & en terre calcaire, approchant de l'état de chaux, pouvoient, dans ce cas, avoir une action corrofive, fans doute elles l'exerceroient fur toutes les plantes, & il arriveroit néceffairement que, malgré la différence de leur tiffu, il n'y en auroit aucune qui ne fût plus ou moins attaquée & détruite; or cet effet n'a point lieu.

Les Cendres agiffent d'abord méchaniquement par la ténuité de leurs parties, qui divifent les terres fortes & corrigent leur défechuofité; enfuite, comme matière déliquefcente, ayant la faculté, ainfi qu'il a été expliqué, d'attirer l'eau & l'air de l'atmofphère, de décompofer ces deux fluides, & de donner aux réfultats de leur décompofition, les formes qu'ils doivent avoir pour accomplir le vœu de la nature dans la végétation. Voilà, du moins, ce qu'il eft permis de conjecturer, d'après l'expérience qui prouve que tous les fels qui fe réfolvent en eau, toutes les terres calcaires approchant de l'état de la chaux vive, toutes les frites, font très-utiles comme engrais.

Ce n'eft donc point par un effet corrofif que les Cendres, même les plus cauftiques, agiffent fur les prairies : elles ne détruifent les plantes parafites, que parce qu'elles s'emparent avidement de l'humidité, qui a fervi à leur développement, & dont la furabondance eft néceffaire à leur conftitution phyfique & à l'entretien de leur exiftence. Ces plantes, naturellement molles, pour ainfi dire, aquatiques, ayant les racines prefqu'à la furface, font bien-tôt mifes à fec par ce moyen, fe flétriffent & finiffent par mourir de foif: au contraire, les plantes, qui forment les prairies étant d'un tiffu plus folide, fortifiées par l'âge & les rigueurs de l'Hiver, ayant une racine plus profonde, ne fouffrent aucune altération; débarraffées des mauvaifes herbes qui les étouffoient & partageoient en pure perte leur fubftance, elles reçoivent une nourriture proportionnée à leurs befoins, s'échauffent & fe raniment, & font la loi aux mouffes, aux joncs, aux rofeaux & à toutes les plantes qui rendent les foins aigres & durs; d'où il réfulte un fourrage plus fin & de meilleur qualité. C'eft ainfi que les Cendres paroiffent agir dans toutes les circonftances où leur ufage eft recommandé, foit pour les prairies naturelles & artificielles, foit pour les pièces de grains qui languiffent au Printems & annoncent une récolte médiocre, fur-tout dans une année froide & humide, parce qu'alors les plantes qui les composent font dans un état de *lenco-plegmatie* ; c'eft-à-dire, gorgées des principes qui conftituent l'eau & d'eau elle-même.

D'après un Mémoire intéreffant, lû à la Société Royale d'Agriculture, par *M. Hervieu*, fon Correfpondant, on ne peut plus douter que le plâtre, qu'il foit brut, ou calciné, ne produife des effets abfolument analogues à ceux des Cendres, tant fur les prairies artificielles que fur les plantes légumineufes. Des luzernes furannées & languiffantes ont été ranimées dans leur végétation, des prairies naturelles, couvertes de mouffe & de mauvaifes plantes, qui fourniroient à peine une chétive nourriture aux beftiaux, ont produit, dès la première année qu'on y a répandu du plâtre un pâturage abondant en herbes de bonne qualité ; du plâtre y ayant été répandu l'année fuivante, elles ont pu être fauchées & les vaches y ont trouvé en outre un ample regain. Le trèfle a éprouvé les mêmes effets que la luzerne, & même à en juger par le fuccès, le plâtre paroît encore convenir mieux à cette dernière plante, puifque, fans autre fecours que cet engrais, elle eft parvenue à couvrir la prairie naturelle dont on vient de parler. Avant l'engrais du plâtre, on n'y découvroit aucun veftige de luzerne.

La même expérience a eu lieu avec une égale réuffite fur les pois de différentes variétés, les vefces & féverolles. Elle a été pareillement tentée fur l'avoine, mais avec des réfultats différens ; l'expérience ayant été appliquée immédiatement fur cette plante, le plâtre n'y a produit aucun effet ; tandis que, dans une autre circonftance, il en eft réfulté de très-fenfibles. Une pièce de terre, couverte de trèfle, fut à moitié engraiffée avec du plâtre, pour fournir un exemple décifif des influences de cette fubftance ; le fuccès fut tel qu'on l'avoit efpéré ; la partie engraiffée de plâtre produifit un fourrage beaucoup plus abondant que celle qui ne l'avoit pas été. L'année fuivante, de l'avoine fuccéda au trèfle, & offrit le même phénomène, c'eft-à-dire, que l'avoine de la première partie étoit de fix à huit pouces plus haute, & beaucoup plus grenue que celle du refte du champ, quoique tout le terrein fût d'égale qualité, & qu'il eût été cultivé de la même manière.

Cette courte difcuffion fur la manière d'agir des Cendres, qui convient également à la chaux & au plâtre, explique, 1.° pourquoi elles font d'autant plus efficaces qu'elles ont été confervées dans l'état fec ; 2.° pourquoi une feule mefure en cet état fait plus de profit que deux de Cendres qui auroient été expofées à l'air ; 3.° enfin pourquoi les Cendres leffivées étant foumifes de nouveau à la calcination, reprennent leur première activité, & ne contiennent point pour cela de la potaffe ; mais, fans infifter davantage fur les conjectures que je viens de hafarder relativement à la manière d'agir des Cendres, tou-

jours eft-il certain que l'expérience & les obfervations des meilleurs Cultivateurs leur affignent le caractère d'un excellent amendement, & que fi elles font employées en faifon & en proportion convenables, elles fertilifent les terres froides & humides, favorifent d'une manière très-marquée la végétation qui languit, & détruifent, fur les prairies & fur les grains, la mouffe & les autres plantes parafites qui en tapiffoient la furface, moins, il eft vrai, par leur âcreté que par l'abforption brufquée & prefque totale de la furabondance de l'humidité qui les a fait naître, & fert à l'entretien de leur exiftence.

On peut donc conclure de ce que nous avons avancé, que, dans une multitude de circonftances, les engrais agiffent comme des médicamens, & qu'ils ne pourroient par conféquent s'adapter à toutes les natures de terre & à toutes les expofitions ; ils font principalement ou toniques ou relâchans ; felon leur nature & le cas qui détermine à les employer ; il faut donc bien fe garder de trop les généralifer : quiconque, pour préconifer un engrais, prétendroit qu'il eft poffible de s'en fervir avec un égal fuccès fur les terres labourables, les prés, dans les vignes, les potagers, les vergers & les pépinières, s'expoferoit à être relégué dans la claffe de ces charlatans qui, fans confidération pour le climat & les localités, compromettent journellement le meilleur moyen curatif en l'appliquant indiftinctement à tous les âges & à tous les tempéramens. C'eft vraifemblablement pour n'avoir pas affez examiné toutes ces modifications que des Auteurs ont blâmé l'ufage des Cendres de toute efpèce, tandis que d'autres l'ont beaucoup trop préconifé.

Les Cendres ont encore l'avantage de détruire les infectes, & promptement les limaçons qui ne fe plaifent nullement fur qui un terrein en eft parfemé : on connoît auffi leurs effets aux pieds des arbres malades & dans le jardinage ; elles fervent à la compofition du chaulage fi efficace pour préferver le froment de la carie : il eft vrai que les expériences faites à Rambouillet, fous les yeux des Rois, par M. l'Abbé Teffier, prouvent clairement, que les Cendres font inutiles, & que la chaux feule fuffit. Peut-être auffi, à leur tour, les Cendres la fuppléroient-elles, puifque fouvent l'une & l'autre de ces deux matières agiffent à-peu-près de la même manière : au refte, les avantages que les Cendres peuvent procurer à l'Agriculture font parfaitement développés dans l'Ouvrage de M. Laillevault, intitulé : *Recherches fur les houilles d'engrais, & les houillères.* (*M. Parmentier.*)

CENDRES ROUGES. On donne ce nom dans les environs de Roye, département de *la Somme*, au réfidu de la combuftion d'une terre noire inflammable qui abonde dans ce canton. On la brûle pour la répandre enfuite fur les terres où elle forme un très-bon amendement. (*M. Reynier.*)

CENDRIETTE. Synonyme de Cinéraire, *Cineraria. L. Voyez* Cinéraire.

(*M. Dauphinot.*)

CENOPTÈRE, *Cænopteris.* Berg.

Nouveau genre de Fougères décrit par Bergius ; il diffère des autres espèces par ses fructifications, réunies en un point solitaire sur les bords des feuilles, cachées dans une fente pleine d'une poussière granuleuse & pédicellée. Ce genre ressemble à quelques osmondes & à quelques ptérides par son port ; son caractère, d'avoir les fructifications cachées, le rapproche de plusieurs polypodes, & particulièrement de celui désigné par Haller, sous le nom de *Polypodium* 1705, dont les fructifications sont couvertes d'une membrane. J'observerai à ce sujet que presque tous les polypodes ont dans leur jeunesse une membrane plus ou moins caduque.

Espèces.

1. Cenoptère bifurquée.
Cænopteris furcata. Berg. act. pétrop. ann. 1782, Tab. V. de l'Isle Bourbon.
2. Cenoptère à feuilles de rue.
Cænopteris rutæfolia. Id. Tab. VI. du Cap de Bonne - Espérance.
3. Cenoptère vivipare.
Cænopteris vivipara. Id. Tab. VII. de l'Isle Bourbon.
4. Cenoptère enracinée.
Cænopteris rhyzophylla Smith fasc. ♃ de Saint - Domingue.

Espèce douteuse.

Asplenium cicutarium. Swartz prod. fl. Ind.

Ces plantes sont inconnues des Jardiniers ; elles ont été décrites depuis peu dans les herbiers des Botanistes ; sans doute qu'elles n'exigeroient pas des soins plus attentifs que les autres Fougères des mêmes pays, qui toutes réussissent assez bien dans les serres de l'Europe, lorsque le degré de chaleur nécessaire à leur développement est accompagné d'humidité. Si on pouvoit établir un courant d'eau au travers d'une serre sans nuire à ses autres qualités, on pourroit y faire croître plusieurs Fougères des tropiques sur des rochers artificiels ; on peut en voir un échantillon bien imparfait au Jardin des Plantes de Paris.

(*M. Reynier.*)

CENTAURÉE, *Centaurea.* L.

Genre de plantes de la famille des composées. Il comprend un nombre assez considérable d'espèces qui se ressemblent par leurs fleurs flosculeuses dont les fleurons extérieurs sont stériles & souvent d'un plus gros volume que les autres. Elles diffèrent des chardons & des sarrètes par ce caractère.

Le genre des Centaurées a été morcelé par plusieurs Botanistes, particulièrement par les Anciens, tels que Tournefort, Vaillant, & à leur imitation, par Haller, Scopoli, &c. Ils se fondoient sur les écailles du calice, nues dans certaines espèces, scarieuses dans d'autres ou ciliées, dans d'autres terminées enfin par des épines simples ou composées ; chacune de ces manières d'être formoit un genre distinct sous les noms de *Jacea*, *Raponticum*, *Cyanus*, *Calcitrapa*, *Crocodilium*, &c. Mais comme il existe des espèces où ces caractères de séparation sont à peine marqués, d'autres enfin qui en réunissent plusieurs ; cette division des Centaurées en plusieurs genres est purement systématique. Linnée a eu raison de l'abolir. Toutes les Centaurées sont des herbes annuelles ou vivaces par les racines ; plusieurs servent à la décoration des jardins par la beauté de leurs fleurs, & même par l'élégance de leurs formes & les massifs de feuillage qu'elles forment pendant une grande partie de l'Eté.

Espèces & Variétés.

* *Ecailles calicinales lisses.*

1. Centaurée commune, la grande Centaurée.
Centaurea centaurium. L. ♃ des montagnes de l'Italie.
2. Centaurée des Alpes.
Centaurea Alpina. L. ♃ des montagnes de l'Italie & du Canada.
3. Centaurée de Russie.
Centaurea Ruthenica. La M. de la Russie.
4. Centaurée d'Afrique.
Centaurea Africana. La M. ♃ des côtes de Barbarie.
5. Centaurée odorante, l'ambrette jaune.
Centaurea amberboi. La M. ☉ du Levant.
6. Centaurée musquée. L'ambrette.
Centaurea moschata. L. ☉ de la Turquie.

B. *Variété à fleurs blanches.*

7. Centaurée de Lippi.
Centaurea Lippii. L. ☉ de l'Egypte.
8. Centaurée condrilloïde.
Centaurea crupina. L. du midi de la France, de la Suisse ; &c.

** *Ecailles calicinales scarieuses.*

9. Centaurée de Babylone.
Centaurea Babylonica. L. ♃ du Levant.
10. Centaurée ailée.
Centaurea alata. La M. de la Tartarie.

11. CENTAURÉE à feuilles de pastel.
CENTAUREA *glastifolia*. L. 4 du Levant.
12. CENTAURÉE à feuilles de carthame.
CENTAUREA *behen*. L. 4 du levant de la Syrie, &c.
13. CENTAURÉE rampante.
CENTAUREA *repens*. L. 4 du Levant.
14. CENTAURÉE luisante.
CENTAUREA *splendens*. ♂ de l'Espagne & de la Suisse.
15. CENTAURÉE conifère.
CENTAUREA *conifera*. L. 4 du midi de la France.
16. CENTAURÉE membraneuse.
CENTAUREA *membranacea*. La. M. 4 de la Sibérie & de la Tartarie.
Cenicus uniflorus L. id.
17. CENTAURÉE des prés.
CENTAUREA *jacea*. L. 4 dans les prés secs & près des chemins.

B. *Variété à fleur blanche.*

18. CENTAURÉE à feuilles de giroflée.
CENTAUREA *alba*. L. 4 du midi de l'Europe.

*** *Ecailles calicinales ciliées.*

20. CENTAURÉE noire.
CENTAUREA *nigra*. L. ♂ des lieux incultes & chauds.
21. CENTAURÉE plumeuse.
CENTAUREA *phrygia*. L. 4 des montagnes de la France, de la Suisse, &c.
22. CENTAURÉE uniflore.
CENTAUREA *uniflora*. L. 4 des montagnes du midi de la France.
23. CENTAURÉE à feuilles de lin.
CENTAUREA *linifolia*. L. 4 de l'Espagne.
24. CENTAURÉE chevelue.
CENTAUREA *capillata*. L. de la Sibérie.
25. CENTAURÉE à feuilles de linaire.
CENTAUREA *linarifolia*. La M. du Mont-Sérat.
26. CENTAURÉE pectinée.
CENTAUREA *pectinata*. L. du midi de la France.
27. CENTAURÉE corne de cerf.
CENTAUREA *coronopifolia*. La M. ☉ de l'Espagne.
28. CENTAURÉE balsamite.
CENTAUREA *balsamita*. La M. ☉ du Levant, de la Syrie, de l'Arménie, &c.
29. CENTAURÉE colletée.
CENTAUREA *pullata*. L. ☉ du midi de l'Europe & du Levant.
30. CENTAURÉE de montagne; le Barbeau de montagne.

CENTAUREA *montana*. L. 4 des montagnes de la France, de la Suisse, &c.
31. CENTAURÉE panachée.
CENTAUREA *variegata*. La. M. du Dauphiné.
CENTAUREA *seusana*. Vill.

B. *Variété à feuilles profondément découpées.*

CENTAUREA *triumphetti*. All. du Mont-Cenis & près de Fenestrelles.
32. CENTAURÉE des bleds, le Barbeau ou Bluet.
CENTAUREA *cyanus*. L. ☉ des champs de l'Europe tempérée.

B. *Variété cultivée, à fleurs rouges, violettes, blanches, panachées, &c.*

33. CENTAURÉE à fleurs de soucis.
CENTAUREA *calendulacea*. La M. de l'Arménie.
34. CENTAURÉE de Raguse.
CENTAUREA *Ragusina*. L. 4 de l'Isle de Candie & des environs de Raguse.
35. CENTAURÉE blanche.
CENTAUREA *candidissima*. La M. 4 de l'Italie.
37. CENTAURÉE mouchetée.
CENTAUREA *maculosa*. La M. de l'Auvergne, de la Sibérie.
38. CENTAURÉE paniculée.
CENTAUREA *paniculata*. L. ☉ de l'Espagne.

B. *Variété à tige très-rameuse.*

39. CENTAURÉE effilée.
CENTAUREA *virgata*. La M. de l'Arménie.
40. CENTAURÉE épineuse.
CENTAUREA *spinosa*. L. de l'Isle de Candie.
41. CENTAURÉE argentée.
CENTAUREA *argentea*. L. de l'Isle de Candie.
42. CENTAURÉE à feuille d'auronne.
CENTAUREA *abrotanifolia*. La M. de l'Espagne.
43. CENTAURÉE de Sibérie.
CENTAUREA *Sibirica*. L. de la Sibérie.

B. *Variété à fleurs couleur de chair.*

44. CENTAURÉE d'Autriche.
CENTAUREA *stoebe*. L. de l'Autriche.
45. CENTAURÉE sans tige.
CENTAUREA *acaulis*. L. de l'Arabie.
46. CENTAURÉE orientale.
CENTAUREA *orientalis*. L. 4 de la Tartarie & de la Sibérie.

47. Centaurée laciniée

Centaurea scabiosa. L. ♃ dans les prés secs & les champs de l'Europe.

B. Variété à fleur blanche.

48. Centaurée d'Italie.

Centaurea scabiosa β. La M. ♄ de l'Italie.

49. Centaurée de Portugal.

Centaurea sempervirens. L. ♄ du Portugal.

50. Centaurée à feuilles d'endive.

Centaurea intybacea. La M. ♃ ou ♄ de l'Espagne.

B. *Centaurea leucantha* Pouret, des environs de Narbonne.

**** *Ecailles calicinales, munies d'épines palmées.*

51. Centaurée rude.

Centaurea aspera. L. ♃ du midi de l'Europe.

51. Centaurée de Nice.

Centaurea Nicæensis. All. ♂ des environs de Nice.

52. Centaurée à feuilles de laiteron.

Centaurea sonchifolia. L. des bords de la Méditerranée.

53. Centaurée à feuilles de chicorée.

Centaurea seridis. L. ♃ de l'Espagne.

54. Centaurée à feuilles de navet.

Centaurea napifolia. L. ☉ des environs de Rome & de l'Isle de Candie.

B. *Centaurea Romana.* L.

55. Centaurée d'Isnard.

Centaurea Isnardi. L. du midi de l'Europe.

56. Centaurée à tête ronde.

Centaurea sphærocephala. L. des côtes de Barbarie & de l'Espagne.

***** *Ecailles calicinales, munies d'épines composées.*

57. Centaurée sudorifique, le chardon bénit.

Centaurea benedicta. L. du midi de l'Europe & des Isles de l'Archipel.

58. Centaurée laineuse.

Centaurea eriophora. L. ☉ du Portugal.

59. Centaurée d'Egypte.

Centaurea Ægyptiaca. L. ☉ de l'Egypte.

60. Centaurée étoilée, la chausse-trape.

Centaurea calcitrapa. L. ☉ sur le bord des chemins.

61. Centaurée bâtarde.

Centaurea hybrida, Vill. du Dauphiné.

62. Centaurée calcitrapoïde.

Centaurea calcitrapoïdes. L. des environs de Paris & de Montpellier, de la Syrie.

63. Centaurée solsticiale.

Centaurea solsticialis. L. ☉ du midi de l'Europe, près des chemins.

64. Centaurée à longues épines.

Centaurea verutum L. ☉ du Levant.

65. Centaurée de la Pouille.

Centaurea apula. La M. ☉ de l'Italie.

66. Centaurée de Mélite.

Centaurea Melitensis. L. ☉ des environs de Mileto en Italie & de Montpellier.

B. *Centaurea acaulis*, Forsk.

***** *Ecailles calicinales ciliées & terminées par une épine.*

67. Centaurée de Sicile.

Centaurea Sicula. L. ♃ de la Sicile.

68. Centaurée à larges découpures.

Centaurea centauroïdes. L. de l'Italie & de l'Espagne.

69. Centaurée des collines.

Centaurea collina. L. ♃ du midi de l'Europe.

70. Centaurée à têtes de panicaut.

Centaurea eryngioïdes. La M. du Levant.

71. Centaurée à épines réfléchies.

Centaurea reflexa. La M. du Levant.

72. Centaurée à feuilles de jacobée.

Centaurea jacobefolia. La M.

73. Centaurée de roche.

Centaurea rupestris. L. ♃ de l'Italie.

74. Centaurée diffuse.

Centaurea diffusa. La M. du Levant.

****** *Ecailles calicinales sans cils, terminées par une épine simple.*

75. Centaurée de Salamanque.

Centaurea Salmantica. L. de l'Espagne & du midi de la France.

B. *Variété à fleurs blanches.*

76. Centaurée chicoracée.

Centaurea chicoracea. L. de l'Italie.

77. Centaurée cyanoïde.

Centaurea muricata. L. ☉ de l'Espagne.

78. Centaurée élégante.

Centaurea elegans. All. du Piémont.

79. Centaurée étrangère.

Centaurea peregrina. L. ♂ du midi de l'Europe.

80. Centaurée radiée.

Centaurea radiata. L. de la Tartarie, sur les bords du Don.

81. Centaurée à tige nue.

Centaurea nudicaulis. L. de la Provence sur le mont Sainte-Victoire.

82. Centaurée à feuilles de vulnéraire.

Centaurea crocodilium. L. ☉ de l'Isle de Candie & de la Syrie.

83. CENTAURÉE naine.

Centaurea pumila. L. de l'Egypte.

84. CENTAURÉE de Tanger.

Centaurea Tingitana. L. ♃ des environs de Tanger.

85. CENTAURÉE galactite.

Centaurea galactites. L. ♃ du midi de la France.

B. *Variété à fleurs blanches.*

Espèces peu connues.

Centaurea mucronata. Forsk.

Centaurea verbascifolia. Forsk. ♄.

Centaurea maxima. Forsk. ♄.

Centaurea hissopifolia. Vahl.

Centaurea kartschiana. Scop.

Centaurea menteyerica. Vill.

Centaurea hybrida. All.

Raponticum eriophorum. Scop.

Le *Centaurea rhapontica*, L. ayant tous ses fleurons hermaphrodites, doit constituer un genre distinct des Centaurées, auquel on devroit réunir le *Jacea*, n.° 184. *Hall. h st.* Si elle diffère réellement de la Centaurée noire, n.° 20, & peut-être la Centaurée à feuilles de Carthame, n.° 12. *Centaurea behen*. L.

Description du port des Espèces.

Les Centaurées, n.° 1, 2, 3, 4, se ressemblent dans les caractères qui peuvent intéresser un jardinier, c'est-à-dire, leur feuillage, leur volume & l'usage qu'il peut en faire. Leur racine est grosse, pivotante, & se divise à son collet en plusieurs parties, qui chacune donnent le jour à une touffe de feuilles, & lorsqu'elles sont assez fortes à une tige qui sont dans leur centre. Les feuilles sont grandes, un peu charnues & ailées ; elles forment de belles touffes, bien fournies, qui durent une grande partie de l'Eté, lorsque le terrein convient à cette plante. Les tiges s'élèvent à quatre ou cinq pieds, & portent à l'extrémité de chacune de leurs ramifications, une grosse fleur d'un pourpre foncé dans la première espèce, & jaune dans les trois autres.

Culture. Ces quatre espèces de Centaurées sont à-peu-près du même climat, & exigent des soins semblables ; elles ont besoin, pour prendre un certain développement, & pour prendre leur grandeur, qui constitue en grande partie leur beauté, d'une terre profonde, où la racine puisse pivoter & s'étendre sur le roc ; dans une terre trop aride elle languit, & sa beauté en souffre beaucoup. Aussi ces plantes sont-elles employées avec plus de succès pour la décoration des grands parterres, que pour celle des païsages, où elles trouveroient une terre infertile, & des obstacles à l'extension de leurs racines. Ces plantes craignent aussi les terres basses où les eaux s'accumulent & séjournent ; pendant les saisons pluvieuses, elles y sont sujettes à pourrir ; des platte-bandes bombées, pour faciliter l'écoulement des eaux préviennent ce danger. Elles sont enfin sujettes à geler, lorsque les froids sont un peu humides, & que le froid pénètre les racines, lorsqu'elles sont imbibées d'eau à la suite d'un faux dégel ; aussi est-il prudent de les couvrir pendant l'Hiver avec des feuilles ou quelques autres abris. Lorsqu'on ne peut avoir cet attention pour tous les pieds d'un jardin un peu considérable, il est bon de les consacrer à quelques-uns des plus vigoureux, pour ne pas perdre l'espèce dans les Hivers rigoureux.

On multiplie ces Centaurées de graines & d'éclats de racines ; la dernière méthode, qui est plus prompte, est la plus généralement suivie. C'est en Automne, vers le mois de Septembre, que l'on fait cette opération. A cette époque, les graines sont mûres, & les feuilles commencent à passer. On déchausse les pieds que l'on veut laisser en place, & l'on arrache ceux qu'on veut replanter, après quoi on sépare les divisions du collet qui ont quelques chevelus, ayant soin de parer la plaie pour prévenir la carie. On plante tout de suite ces jeunes pieds pour qu'ils aient le tems de prendre racine avant l'Hiver, & il arrive souvent que, dès l'Eté suivant, ils montent en tige. Cependant il vaut mieux qu'ils se fortifient pendant cette saison, & ne portent des fleurs que l'autre année.

La récolte des graines exige certaines précautions : la fleur de ces Centaurées ne paroissant qu'au mois de Juillet ; il arrive souvent que les graines ne parviennent pas à leur maturité, lorsque les pluies de l'Automne commence. L'humidité qui se concentre alors dans les calices, nuit aux graines & même les feroit pourrir si on ne le prévenoit en cueillant ces têtes, & les suspendant dans un lieu aéré, où les graines achèvent de s'aoûter, lorsqu'elles ne sont pas trop éloignées de leur maturité. Cette précaution est nécessaire pour toutes les Centaurées, dont la floraison ne s'opère qu'à une époque avancée. Lorsqu'on a des graines de ces Centaurées ; on doit les semer au Printems dans des caisses à semences, & même sous chassis, ayant soin de leur entretenir une humidité foible, mais continue. Les jeunes plantes doivent être tenues propres & sarclées dans les premiers momens, & lorsqu'elles ont quelques feuilles, il est nécessaire de les transplanter en pépinière dans une planche exhaussée d'un pouce ou deux. On peut même attendre à l'Automne pour leur transplantation, lorsqu'elles ont été semées un peu claires, & qu'elles ne se nuisent pas mutuellement. Pendant l'Hiver, lorsque le climat ou l'exposition sont un peu froids il est bon de les couvrir légèrement. L'Eté suivant, ces jeunes plantes se fortifient, leurs racines s'étendent, se ramifient & commencent à porter des touffes de feuilles, quelques pieds; mais c'est très-rare qu'elles montent en tiges & portent une ou deux fleurs. Aux approches de l'Automne on doit mettre ces jeunes plantes en place, pour qu'ils y fleurissent pendant l'Eté.

Usage. Les Centaurées précédentes peuvent être employées avec succès à la décoration des grands parterres, où elles forment, en peu d'années, de belles touffes de feuilles dans le milieu des platte-bandes; sur les bords l'élévation des tiges écraseroit les autres plantes. La nécessité d'une terre profonde empêche de placer cette plante d'une manière avantageuse dans les jardins paisagistes; sans cet inconvénient, elle produiroit un très-bel effet dans les lieux rocailleux & les masures; mais les soins qu'elles exigent doit leur faire préférer les chardons, qui sont plus robustes & également beaux. *Voy.* CHARDON.

La racine, de la première de ces Centaurées, passe pour vulnéraire & stomachique. Son amertume rend ces propriétés assez vraisemblables, sans doute que les espèces analogues les partagent; mais comme elles sont moins communes, on connoît moins leurs usages.

L'impression que la première espèce laisse sur les papiers où on la sèche, me fait soupçonner qu'elle pourroit servir à la teinture; je ne crois pas qu'on ait fait les expériences nécessaires pour constater ce fait.

Les Centaurées, n.° 5 & 6, sont des plantes annuelles, plus petites que les précédentes, & d'un port absolument différent. Plusieurs Botanistes les regardent comme des variétés d'une même espèce; mais il convient de les séparer. Leurs tiges sont hautes d'un pied, plus ou moins, & divisées en branches, qui portent chacune une fleur plus petite que dans les espèces précédentes; mais remarquables par la forte odeur de musc ou de fourmis qu'elles portent. Celles de l'espèce, n.° 5, sont jaunes; celles de l'espèce, n.° 6, sont pourpre-clair ou blanches. Les feuilles radicales sont pétiolées, ovales, dentelées, & périssent lorsque les fleurs commencent à paroître. Celles de la tige sont sessiles, épinnatifides; les inférieures sont divisées moins profondément; elles sont, en général, assez nombreuses, mais sans couvrir la tige.

Culture. Les ambrettes ou Centaurées, n.°° 5 & 6, sont des plantes cultivées dans presque tous les jardins. Leur odeur, dont beaucoup de personnes font cas, & leurs fleurs assez nombreuses & d'un certain volume, ont fait adopter cette plante dans le petit nombre des espèces jardinières.

On multiplie les ambrettes de graines que l'on sème au Printems sous des chassis, ou du moins sur couche, lorsqu'on a des moyens d'accélérer

la germination des graines, & de garantir les jeunes plantes des nuits froides, on peut semer de très-bonne heure, & l'on accélère sa jouissance de plus d'un mois. Mais lorsqu'on manque de secours pour préserver les jeunes plantes du froid, on doit retarder les semis jusqu'à la fin d'Avril, dans ce climat, parce que cette plante est assez délicate, & qu'une nuit suffiroit pour détruire un semis entier. Les jardiniers des environs des grandes villes font ordinairement deux semis de ces plantes, l'un printanier sous des chassis, l'autre plus tardif sur couche; par ce moyen ils ont des fleurs successives, & prolongent la durée de cette plante.

Les ambrettes demandent une terre substancielle & une exposition chaude; en les transplantant il est utile de mettre un peu de terreau autour des racines: cette précaution n'est pas nécessaire pour les faire reprendre; mais elle aide au développement de la plante dans une terre trop stérile; elles restent souvent petites. Après leur transplantation, il est bon d'arroser les jeunes plantes, & de leur donner de l'eau de tems-en-tems, pendant leur première existence. Lorsque les fleurs paroissent, elles ont moins besoin d'humidité, & on peut se dispenser de les arroser, à moins d'une sécheresse excessive.

On transplante les ambrettes lorsqu'elles ont quelques feuilles, ayant soin de laisser quelques parcelles de terre adhérente aux chevelus, lorsque cela est possible. Les jeunes plantes reprennent en peu de tems, & prennent leur accroissement d'une manière assez rapide pour que, dès le mois de Juillet, les premiers semis portent leurs fleurs, & les tardifs vers le mois d'Août. Il est essentiel de récolter les graines des plantes les plus hâtives, elles sont toujours mieux aoûtées que les autres: de plus, les tardives ne mûrissent souvent leurs graines que dans la saison des pluies, & pour lors on doit avoir la précaution que j'ai indiquée pour les quatre premières Centaurées, celle de cueillir les têtes de fleurs, & de les suspendre dans un lieu aéré.

Usage. Les ambrettes sont employées pour la décoration des parterres, soit en planches mêlées de leurs différentes nuances, ou dans les bandes extérieures des platte-bandes, parmi les plantes d'une élévation moyenne. Les jardiniers, dans les villes, en vendent beaucoup de pieds au Printems, pour les petits jardins & les caisses à fleurs, & vendent ensuite des fleurs, dans la saison, pour des bouquets. Cependant l'odeur de fourmis, particulière aux ambrettes, & que plusieurs personnes n'aiment pas, rend le débit de ces fleurs très-secondaire. L'ambrette jaune est plus rare & plus difficile à cultiver; mais le rouge, qui est d'une nuance plus tendre, & dont l'odeur est plus douce, obtient généralement la préférence.

Les Centaurées, n.°° 7 & 8, sont des plantes annuelles,

annuelles, femblables aux ambrettes par la conformation de leurs tiges & la difpofition de leurs fleurs ; mais ces dernières font plus nombreufes & beaucoup plus petites. Un caractère très-marqué, & qui les fait reconnoître au premier coup-d'œil, c'eft que leurs calices font alongés & compofés d'écailles plus alongées, & un peu pointues, au lieu que dans les fix premières Centaurées, le calice eft arrondi & compofé d'écailles très-obtufes au fommet. Les fleurs de ces deux Centaurées font de couleur purpurine, très-foible. Elles diffèrent par les feuilles, qui font ailées à divifions linéaires, très-finement dentées dans la feconde, au lieu qu'elles font découpées comme celles de la roquette dans la première. M. Villars a réuni la dernière aux arrêtes, & peut-être que cette réunion, indiquée par le port de ces plantes, feroit naturelle fi leur caractère des fleurons extérieurs ftériles n'y mettoit pas obftacle.

Culture. Ces plantes, qui font annuelles & d'une forme agréable, ne pourroient pas fervir à la décoration des jardins, fur-tout la dernière, dont les feuilles font peu nombreufes & trop découpées pour mafquer le nud des tiges. Leur calice, très-alongé, & les fleurons qui les furpaffent à peine, donnent toujours à cette plante un afpect défleuri ; ainfi, elle ne peut orner un jardin, ni par fes maffes, ni par fes beautés de détails. La culture de ces plantes fe reftreint donc aux jardins de Botanique, & à ceux des Amateurs de plantes curieufes. Leur culture eft la même que celle des ambrettes, excepté qu'on peut les femer en place, fur-tout la feconde ; il eft néanmoins plus fûr de les femer fous chaffis, & de les tranfplanter à l'époque où elles peuvent le fupporter : on s'affure davantage, par cette précaution, d'avoir des graines aoûtées pour la confervation de l'efpèce. L'efpèce, n.° 7, étant originaire d'un climat un peu plus chaud que l'autre, exige davantage cette précaution : elle s'eft cependant acclimatée dans les jardins de l'Europe depuis le tems qu'elle y exifte.

Les Centaurées, n.°s 9 & 10, ont des tiges hautes de quatre à fept pieds, fimples dans leur partie inférieure, terminées par une panicule dans la feconde efpèce, & par un épi dans la première, compofé de fleurs jaunes, grouppées par paquets, & d'une groffeur médiocre. Les feuilles font grandes fouvent d'un pied & plus, & forment une touffe affez fournie ; elles font un peu cotonneufes dans le n.° 9, & glabres dans le n.° 10. Les unes & les autres font découpées en lyre, la tige porte quelques feuilles décurrentes, plus petites que les radicales, & prefque entières fur les bords.

La Centaurée, n.° 11, eft une des plus belles efpèces. Ses fleurs font grandes, d'un beau jaune & terminent les ramifications des tiges. Les feuilles

forment une touffe large & bien fournie. Elles font lancéolées, un peu élargies vers leur extrémité & d'un beau verd. Les tiges font élevées & ailées fur les fommités. Cette Centaurée diffère de celle, n.° 10, par fes fleurs folitaires & non difpofées en paquets ; par fes fleurons ftériles, très-courts ; enfin par la forme des feuilles.

Culture. Ces trois Centaurées ont beaucoup de reffemblance par leur conformation & leur durée. Toutes trois font vivaces & pouffent des racines qui fe divifent en plufieurs collets, comme celles des quatre premières efpèces. Cette analogie, jointe à celles des lieux dont elles font originaires, rend leur culture abfolument la même. J'obferverai feulement que la Centaurée de Babylone, n.° 9, exige un peu plus de précaution, pour l'Hiver, que les autres, & qu'on doit avoir foin de la couvrir de paille. Les deux autres, n.°s 10 & 11, fupportent très-bien nos Hivers, & en font rarement endommagées. Comme elles fleuriffent un peu tard, vers la fin de Juillet, la récolte des graines exige fréquemment les attentions que j'ai déjà indiquées, pour les garantir de l'humidité.

Ufage. Ces trois Centaurées, qui font toutes les trois de la première grandeur, figurent très-bien dans les bandes centrales des platte-bandes. La troifième, fur-tout, eft très-multipliée dans les jardins, principalement dans ceux de l'Angleterre. (*Voyez Bot, mag.*, n.° 21). On pourroit auffi la multiplier dans les fites agreftes & rocailleux des payfages, non point fur les pierres où elles manqueroient de la profondeur du fol, qui leur eft néceffaire ; mais au pied des rochers, là, où une terre un peu profonde & un peu d'humidité, aideroit leur développement. Les calices de cette plante, qui font revêtus d'un brillant métallique, produiroient un effet agréable lorfque l'agitation de l'air varieroit leur pofition.

La Centaurée à feuilles de Carthame, n.° 12, doit peut-être former un genre diftinct. Ses fleurons extérieurs étant fertiles, elle fe réuniroit au *Centaurea Rhapontica*. L. décrite dans ce Dictionnaire, fous le nom de RAPONTIS.

Sa racine, longue & fans chevelus, s'alonge d'une manière peu commune, ce qui rend fa culture affez difficile dans les jardins, parce qu'elle doit être mife dans l'orangerie pendant l'Hiver, & que fa racine étant gênée dans un pot, la plante fouffre & dépérit en peu de tems. M. la Billardière en avoit envoyé de la graine au Jardin des Plantes, qu'il avoit recueillie fur le Mont Liban, ces graines germèrent, les plantes ont bien levé ; mais les plantes ont péri au bout d'un certain tems. Comme le degré de chaleur qu'elles exigent ne furpaffe pas beaucoup celui de notre climat, on adopteroit avec fuccès la méthode Angloife, de cultiver les plantes de ce genre en pleine terre, en les préfervant du froid pendant l'Hiver, au moyen de chaffis mobiles. Alors elles auroient l'étendue nécessaire pour s'étendre, le froid pénétrant peu au-dessous de la surface du sol, & les racines seroient à l'abri des gelées. La beauté de cette plante devroit engager, à de pareils soins, ses fleurs qui sont très-grandes & d'un beau jaune, & son feuillage grand, en forme de lire, & d'un beau verd, lui assurent une place parmi les espèces les plus distinguées de ce genre. Avec des soins on la rendra moins sensible aux froids, en l'habituant par degrés au climat ; alors on pourra l'employer à la décoration des parterres, & peut-être à celle des rochers & des sites agrestes. Cette plante, par sa nature, insinuant sa racine dans les interstices des rochers & des cailloutages. Dans ce moment la culture de cette plante exige trop de soins pour l'introduire ailleurs que dans les jardins de Botanique, & dans ceux des Amateurs de plantes exotiques.

Les Centaurées, n.ºs 14, 17, 18, 19 & 20, ont une tige rameuse qui s'élève en forme de panicule. Les feuilles sont très-découpées dans la première espèce, & entières dans les autres. Les fleurs sont purpurines ou blanches, & terminent les rameaux. Les trois dernières espèces sont des variétés aux yeux de quelques Botanistes. D'autres, & c'est le plus grand nombre, les séparent. Ces plantes seroient recherchées dans les jardins, si leur genre n'offroit pas des espèces plus belles & moins communes. Cependant elles peuvent y produire de l'effet parmi les plantes d'une hauteur moyenne. On peut encore en disperser des graines dans les lieux agrestes avec la certitude de les voir réussir.

Culture. Des plantes aussi communes n'exigent aucun soins particuliers. On peut les semer dès l'Automne ou au Printems, dans le lieu du jardin où elles doivent rester, les éclaircir lorsqu'elles lèvent trop drues, & arracher les mauvaises herbes qui pourroient les étouffer. Cette culture suffit dans les jardins de Botanique, où la place de chaque espèce est constamment la même. Mais lorsqu'on voudroit la cultiver dans les jardins d'ornement, il faudroit la semer en pépinières, & l'Automne suivante planter les jeunes plants en place pour qu'ils y fleurissent l'autre année. Chaque pied dure ensuite plusieurs saisons. Les espèces, n.ºs 14 & 18, sont d'un climat un peu plus chaud ; mais elles supportent très-bien nos Hivers.

Les Centaurées, n.ºs 15 & 16, n'ayant pas été cultivées en France, je ne puis donner aucuns détails sur leur culture ; il paroît, d'après leur ressemblance de conformation avec l'arctione, qu'elles doivent exiger les mêmes soins ; mais aucune expérience ne le prouve. On ne pourroit, vu leur peu d'élévation, les cultiver que dans les jardins de Botanique & dans ceux des Amateurs. Leur fleur, qui égale presque en volume le reste de la plante, excepté les feuilles

radicales, produit en vase un effet assez singulier ; mais il seroit perdu dans un parterre.

Les Centaurées, n.ºs 21, 22, 23, 24, 25, 26, 30, 31, 43, 44, sont des herbes vivaces dont la racine pousse une ou plusieurs tiges, simples ou ramifiées, qui portent, sur les extrémités, des fleurs solitaires, d'une certaine grandeur, bleues, rouges ou blanches, dont les calices sont très-remarquables à cause des appendices qui terminent chaque écaille en forme de cils courbés en-dehors. Le feuillage est touffu, & assez apparent dans la plupart de ces espèces.

Culture. Ces plantes peuvent être multipliées de deux manières par les graines & par les racines. Les graines des espèces alpines doivent être semées dès l'Automne sur des gradins de plantes alpines ou dans des caisses à semences, que l'on couvre de paille ou de fougère pendant l'Hiver. On peut aussi les semer au Printems ; mais la plante est retardée par ce second procédé. Les espèces, 23 & 26, doivent nécessairement être semées au Printems, & plutôt sous châssis que sur couche ouverte. Les plantes naissent la première année & prennent un certain accroissement, sur-tout lorsqu'on a soin de travailler la terre fréquemment, & d'arracher les mauvaises herbes. Lorsqu'on a semé très-dru, il convient de replanter en pépinières les jeunes plants, au moment où ils peuvent le supporter ; mais, lorsque l'on a eu soin de ne pas semer trop épais, & lorsqu'on peut leur abandonner la place du semis, il vaut mieux attendre à l'Automne pour la première transplantation. L'Eté suivant, elles portent leurs fleurs, & continuent ensuite tous les Etés ; mais il arrive aussi, sur-tout pour l'espèce n.° 21, que les fleurs ne paroissent que la troisième année.

La multiplication des racines est plus commode. Lorsqu'on possède quelques pieds de ces plantes, il suffit d'éclater quelques cuisses en Automne, ayant soin de choisir celles qui portent un œil ou bouton à leur sommet. On plante ces éclats dans la place qu'ils doivent occuper ; &, dès l'Eté suivant, ils commencent à porter des fleurs. Ce moyen n'est pas également praticable pour toutes les espèces : ce sont principalement celles désignées sous les n.ºs 30 & 31, qui foisonnent assez par les racines pour qu'on puisse adopter ce moyen de reproduction.

Usage. L'espèce, n.° 30, est cultivée dans tous les jardins pour la beauté de sa fleur, & l'effet qu'elle produit dans les parterres. Ses tiges élevées, ses grandes fleurs bleues, semblables à celles du barbeau, l'ont fait multiplier depuis très-long-tems ; car nos anciens Jardiniers-Auteurs, tels que Parkinson, en parlent. Cette Centaurée doit être placée sur la ligne extérieure des platte-bandes : on en forme pareillement des quarrés dans les grands parterres à fleurs. L'espèce, n.° 31, qui ressemble beaucoup à celle-ci, pourroit être employée aux mêmes usages. Les Centaurées, n.° 21 jusqu'à 26 inclusivement, n'ont pas encore été cultivées ou demandent trop de soins pour pouvoir être employées à l'ornement des jardins : on ne les voit que dans les jardins de Botanique & dans ceux de quelques Amateurs.

Les Centaurées, n.°ˢ 27, 28, 29, 32, 33 & 38, sont des plantes annuelles. Celles n.°ˢ 27, 28 & 33, ont une tige haute d'un à deux pieds, rameuse dans la partie supérieure, & portent des fleurs solitaires à l'extrémité de toutes les ramifications. Les fleurs de ces deux plantes sont jaunes, d'une grandeur médiocre ; mais très-jolies par leurs détails. La Centaurée, n.° 29, a un port particulier. Les feuilles forment une rose sur la terre, & de leur centre sortent des pédoncules simples dans la plante sauvage & rameux, dans la plante cultivée, qui s'alongent insensiblement en tiges, un peu plus longues que les feuilles. Les fleurs sont grandes & de couleur de chair. La Centaurée, n.° 38, a une tige rameuse, & des fleurs pupurines qui terminent chaque ramification. La Centaurée, n.° 32, est trop connue pour en donner la notice.

Culture. Les Centaurées annuelles doivent être semées au Printems, en pleine terre, lorsque ce sont des espèces agrestes, & sous châssis lorsqu'elles sont un peu délicates. On peut également semer sous châssis les espèces communes, telles que le barbeau, lorsqu'on veut en avoir des plants printaniers. Mais cette précaution, qui est un objet de choix pour ces plantes, est nécessaire pour les espèces, n.°ˢ 27, 28, 29 & 31, qui sont d'un climat différent du nôtre. Lorsque les jeunes plants ont quelques feuilles, & que les froids du Printems ne sont plus à redouter, on doit les replanter en pleine terre & dans la place qu'elles doivent occuper pendant le reste de l'Eté ; mais si les jeunes plants sont très-avancés & souffrent dans l'état de semis, ayant été semés trop drus, on peut les replanter dans de petits pots dont on les levera en motte, lorsque les froids du Printems ne seront plus à craindre. Après la transplantation, ces plantes n'exigent aucuns soins, elles fleurissent aux environs du mois d'Août, & leurs graines mûrissent très-bien, lorsque l'Automne n'est pas humide ; on les garantit de la pluie par le même procédé que j'ai indiqué pour les premières espèces de Centaurées.

La Centaurée des bleds, n.° 32, plus connue sous le nom de barbeau, est très-agreste & n'exigeroit aucuns soins pour se multiplier dans nos jardins, si la culture n'avoit pas produit de belles variétés qu'il est intéressant de reproduire. Ces variétés se reproduisent ordinairement par la grande majorité des graines ; mais quelques-unes produisent des variations différentes, soit par le mélange des poussières ou par l'inconstance des

couleurs naturelles à cette plante ; ces variations se reproduisent aussi, & répandent la plus grande variété dans les parterres. Il est essentiel de choisir la graine des belles variétés, lorsqu'on veut cultiver cette plante. On seme ces graines, sous châssis, dès les premiers jours de Mars, pour avoir des plants printaniers, & au mois d'Avril, en pleine terre, pour avoir des plants tardifs. Dès qu'ils ont cinq ou six feuilles, surtout avant que la tige paroisse, on les replante, soit dans la ligne extérieure de la plate-bande, ou dans des planches particulières où on les espace de trois à quatre pouces. Ces planches produisent le plus bel effet, lorsqu'elles sont en fleurs, & durent assez long-tems. Il est rare que les pluies de l'Automne commencent avant la maturité des graines, & leur récolte n'éprouve pas les inconvéniens auxquels sont sujettes les Centaurées dont la floraison est plus tardive.

Usage. Toutes les Centaurées peuvent être employées à la décoration des jardins, soit isolées dans la ligne extérieure des platte-bandes, ou en massifs dans des planches à fleurs. Il est surtout intéressant de multiplier l'espèce, n.° 33, qui, mêlée avec le barbeau auquel elle ressemble, répandroit un nouvel agrément par ses grandes fleurs jaunes, entre les variétés de cette espèce plus commune. Peut-être même qu'il seroit possible, par le mélange des poussières, d'obtenir un métis qui porteroit les nuances de jaune dans les variétés du barbeau. La proximité des deux espèces rend le succès de cette expérience possible.

On a fait plusieurs tentatives pour fixer la belle couleur bleue des fleurs du barbeau sauvage ; elles ont toutes été sans succès, même celles que M. Dambourney a faites depuis quelques années. Cette couleur ne peut être fixée, & n'a aucune tenue, même dans la plante vivante, puisqu'elle varie à l'infini, & se reproduit sous toutes les nuances possibles, excepté celle de jaune.

Les Centaurées, n.°ˢ 34, 35, 36 & 41, sont des plantes cotonneuses dont la tige peu élevée porte une ou plusieurs fleurs jaunes dans la première, & purpurines dans les deux autres. Elles se ressemblent par la conformation du calice & par la blancheur générale de la plante.

Culture. Ces plantes sont trop délicates pour supporter nos Hivers, sur-tout la première ; car les deux autres ne craignent que les froids excessifs, & résistent aux froids ordinaires ; mais la première exige les secours de l'orangerie. Excepté cette attention particulière, elles doivent être cultivées comme les autres Centaurées vivaces dont j'ai déjà parlé ; mais elles ne peuvent pas figurer dans les parterres à cause de leur délicatesse, sur-tout la Centaurée de Raguse ; &, pour les autres, il suffit d'en soigner quelques pieds, & l'on peut abandonner les autres en pleine terre. Comme elles font plus élevées que la première, elles pourroient répandre quelqu'agrément; mais elles ne peuvent être classées au nombre des plantes décoratrices. La dernière espèce, n.° 41; n'a pas encore été cultivée; il est probable qu'elle exigeroit les mêmes précautions que celle de Raguse, n.° 34.

La Centaurée, n.° 45, n'est connue que par la notice de Shaw, à la suite de son Voyage. La racine de cette plante, dit-il, est douce, bonne à manger, & porte chez les Arabes le nom de *Toff*; mais il ne dit point s'ils cultivent cette plante ou s'ils la recueillent dans la campagne, si elle forme une nourriture habituelle ou un simple secours dans les tems de disette. Il seroit intéressant d'avoir des détails plus circonstanciés sur cette plante, la seule de ce genre dont on puisse tirer quelqu'utilité.

Les Centaurées, n.°' 46, 47, 48, 49, 50, 51, 52, 53, 54, 55 & 56, sont des plantes vivaces dont les tiges de quelques espèces sont presque frutescentes. Elles forment des touffes assez fournies, dont les ramifications portent des fleurs solitaires, assez grosses, rouges, purpurines ou jaunes, suivant les espèces. Les espèces 48, 49 & 51, sont déjà cultivées dans plusieurs jardins d'ornement, & y produisent un très-bel effet.

Culture. Les Centaurées dont je viens de donner la notice, sont des plantes agrestes & de climats à peu-près analogues au nôtre; elles supportent sans peine nos Hivers, &, dans les froids les plus rigoureux, une légère couverture de paille ou de feuilles suffit aux plus délicates. On les multiplie ordinairement de graines qu'on sème en Mars; elles veulent une terre légère, même un peu sablonneuse; cependant elles peuvent réussir dans la terre forte, quoiqu'elles y deviennent moins vigoureuses. Les graines semées en Mars levent dès le mois d'Avril, & prennent un accroissement assez rapide, mais on peut les laisser jusqu'au mois d'Août sans les transplanter, lorsqu'elles sont assez espacées pour ne pas se nuire mutuellement. Lorsqu'on les a semées un peu drues, on doit les transplanter en pépinières dès qu'elles ont quelques feuilles, & les laisser dans cet état jusqu'au moment où elles annoncent qu'elles sont prêtes à fleurir, ce qui arrive ordinairement dès la seconde année. Un trop grand soleil nuit aux Centaurées qui levent: il est bon de choisir pour les semis une place qui en soit garantie une partie du jour; cette précaution n'est pas indifférente pour la plupart des Centaurées qui, dans tout leur état sauvage, croissent au milieu d'autres plantes qui les couvrent dès les premiers tems de leur existence. Il est encore essentiel, pour obtenir de bonne graine, de garantir les têtes des pluies d'Automne, lorsqu'elles commencent avant la maturité; cette précaution dont j'ai déjà dit les raisons est indispensable pour quelques unes de

ces espèces dont la floraison est très-tardive.

On peut aussi multiplier les Centaurées d'éclats de racine, lorsqu'il s'y forme des ramifications, ce qui n'est pas commun. Quelques espèces enfin dont les tiges sont frutescentes reprennent très-aisément de boutures, & ce moyen le plus simple & le plus prompt de multiplier ces plantes est généralement adopté. Ces boutures reprennent sans peine, & ne demandent que de l'humidité & de l'ombre pour réussir.

Usage. Plusieurs de ces Centaurées sont déjà employées à la décoration des jardins. Les touffes de feuillage qu'elles forment, sur-tout celle de Portugal, n.° 49, l'âpre, n.° 50, celle à feuilles de chicorée, n.° 53, leur assurent une place distinguée dans le milieu des plate-bandes des parterres, & même sur le bord des bosquets. Elles ont encore un avantage, c'est de prolonger leur floraison dans une saison très-avancée, & de contribuer avec les espèces purement automnales, à la décoration des jardins aux approches de l'Hiver. La Centaurée d'Italie, n.° 48, dont les fleurs ont une couleur incertaine, répand de la variété dans les massifs, & produit un effet assez agréable pour la multiplier dans les jardins. On pourroit aussi multiplier ces plantes dans les lieux agrestes des jardins paysagistes, sur les masures, les rochers, &c. Plusieurs de ces espèces, telle que la Centaurée laciniée, sont naturelles à ces positions. M. Dambourney a tiré de cette dernière espèce, au moment de sa floraison, une couleur jaune qu'un plus long bouillon a changée en olive solide; cette plante étant commune dans nos campagnes, pourroit être employée avec avantage.

Les Centaurées, n.°' 57, 58, 59, 60, 61, 62, 63, 64, 65 & 66, sont toutes des plantes annuelles dont la tige est rameuse, assez touffue; elles portent leurs fleurs à l'extrémité des ramifications dans les trois premières espèces & dans celle n.° 64; dans les autres espèces, les fleurs terminent également chaque ramification, mais elles deviennent ensuite axillaires à l'insertion, par le développement des branches; ce caractère très-marqué dans la chaussetrape, n.° 60, est moins marqué dans les trois premières espèces. Le calice de toutes ces Centaurées porte, à l'extrémité de chaque écaille, une épine composée ou rameuse.

Culture. Les espèces agrestes, originaires de pays analogues de notre climat, & qui ne craignent pas les froids de l'Automne, peuvent être semées de bonne heure au Printems, dans une terre meuble, même un peu sablonneuse, leur racine pivotante ne se développe pas dans les terres fortes, & la plante n'y prend aucun accroissement. Les jeunes plants peuvent être laissés en place dans les jardins de Botanique, mais dans ceux d'ornement, il faut les transplanter lorsqu'ils ont quelques feuilles, avec la précaution de laisser un peu de terre autour des racines en les arrachant. La graine mûrit sans peine vers l'Automne, & peut être conservée dans les terres ou calices. La Centaurée sudorifique, nommée vulgairement le chardon bénit, n.° 57, est cultivée dans tous les jardins d'Herboristes; on la seme dès le mois de Mars, dans des plattes bandes couvertes, bien abritées, & l'on a soin, s'il revient des froids après que les jeunes plantes sont levées de les couvrir avec de la litiere pendant l'Eté; ces plantes n'exigent aucuns soins, excepté d'être tenues propres par des sarclages fréquens. Lorsque les pluies d'Automne commencent avant la maturité des graines, il est essentiel de cueillir les sommités; & de les suspendre au sec; les graines achèvent de s'aoûter de cette maniere, au lieu qu'elles se seroient pourries sur le pied. J'ai déjà recommandé cette précaution pour d'autres Centaurées.

Les Centaurées d'un climat plus chaud que le nôtre, comme celles indiquées sous les n.°s 58, 59, 64, 65 & 66, doivent être semées sous châssis, & y prendre un certain accroissement; on les transplante en pleine terre lorsque l'air est un peu réchauffé; de cette maniere, elles ont le tems de fleurir & de mûrir leurs graines avant la fin de la saison.

Usage. Les deux Centaurées, n.°s 57 & 60, sont reçues en Pharmacie comme sudorifiques & fébrifuges; la séconde passe pour un spécifique contre la pierre; comme elle est très-commune près des chemins, on ne la cultive pas dans les jardins; la première étant d'un autre climat, doit y être conservée.

Comme ornement, ces plantes offrent peu de ressources; leurs avantages sont les mêmes qu'à beaucoup de Centaurées vivaces, & elles sont de moins qu'elles la Plurée. La Centaurée étoilée ou chaussetrape est la plus belle de toutes, lorsqu'elle croît dans une terre un peu substantielle quoique meuble; son feuillage se développe alors, & contraste singulièrement avec les tiges & les calices hérissés d'épines blanches qui couvrent les sommités. Quelques pieds de cette plante embelliroient les sites agrestes des jardins paysagistes; mais ils seroient déplacés dans les parterres. Les autres espèces sont cultivées dans les jardins de Botanique.

Les Centaurées, n.°s 67, 68, 69, 70, 71, 72, 73 & 74, ne sont connues que des Botanistes, & n'existent que dans leurs herbiers, excepté celle n.° 69, qui est cultivée au jardin des plantes. C'est une assez belle plante qu'on peut comparer aux Centaurées n.°s 10 & 11, pour la forme & la culture; ses fleurs sont assez grosses, & de couleur jaune.

Culture. La Centaurée, n.° 69, exige la même culture que la Centaurée à feuilles de pastel, n.° 11; ainsi, je renvoie à ce paragraphe. Les autres n'ayant pas été cultivées, nous n'en pouvons rien dire de particulier; on doit présumer qu'elles réussiroient également dans notre climat; mais il seroit prudent de les cultiver d'abord dans l'orangerie, pour s'assurer leur conservation. Lorsqu'elles seroient un peu multipliées, on pourroit en hasarder quelques pieds en pleine terre, pour les acclimater.

La Centaurée de Salamanque, n.° 75, est une des belles plantes de ce genre; ses tiges s'élèvent à la hauteur de trois & quatre pieds; elles portent plusieurs rameaux alongés qui sont terminés par des fleurs solitaires, portées comme les ambrettes Centaurées, n.°s 5 & 6, par de longs pédoncules. Ces fleurs leur ressemblent aussi par leur grosseur, par leur forme & par leurs couleurs; elles sont violettes ou blanches; la plante fleurit très-long-tems, & jusque dans une saison fort avancée.

Culture. Cette Centaurée doit être semée au mois de Mars, sous châssis; au mois de Mai, on doit mettre les jeunes plants en pépinières, à la distance de quatre à six pouces les uns des autres, ayant soin de ne pas endommager les racines, & même de laisser quelques parcelles de terre adhérentes aux chevelus. Pendant l'Eté, on doit les débarrasser des mauvaises herbes. En Automne, on élève ces plantes pour les mettre à demeure dans la place qu'elles doivent occuper. Elles fleurissent l'année suivante, & continuent pendant plusieurs années.

Usage. Cette plante qui n'a été cultivée jusqu'à présent que dans les jardins de Botanique, devroit occuper une place parmi les espèces décoratrices; sa fleur est aussi belle que celle de l'ambrette, & la tige qui la porte a un très-grand avantage sur celle de cette plante; ajoutez enfin qu'elle est vivace, & n'a point cette odeur de fourmis qui déplaît à beaucoup de personnes dans l'ambrette. La Centaurée de Salamanque produiroit un très-bel effet dans la ligne du milieu des grandes plates-bandes, & en général, dans tous les massifs de plantes élevées; l'ambrette au contraire ne figure que parmi les plantes basses, & sur la ligne extérieure des massifs.

La Centaurée cyanoïde, n.° 77, est annuelle, & porte pareillement ses fleurs sur de longs pédoncules; mais elle ressemble plus au bluet qu'à l'ambrette pour la forme; sa culture est la même que celle de cette dernière plante, détaillée au commencement de cet article.

Usage. On pourroit employer cette plante à la décoration des jardins; mais sa ressemblance avec le bluet dont les nuances sont plus variées, la fera nécessairement négliger. La Centaurée élégante d'Allioni, n.° 78, n'a pas encore été cultivée, mais elle offriroit autant d'avantages.

La Centaurée à feuilles de vulnéraire, n.° 72, a pareillement beaucoup d'analogie avec le bluet, & pourroit servir à la décoration des jardins d'ornement, quoique reléguée jusqu'à présent dans les jardins de Botanique. Sa tige se ramifie &

s'étale un peu : fes pédoncules font longs & portent une belle fleur, femblable au bluet pour la forme dont le centre eft blanc, avec des rayons d'une belle couleur purpurine ; ce contrafte de couleurs eft encore relevé par un calice argenté dont chaque écaille eft terminée par une pointe brune. La culture de cette plante exige les mêmes foins que l'ambrette, peut-être craint-elle un peu plus le froid ; mais fon introduction dans les jardins étant beaucoup plus récente, cet inconvénient s'effacera graduellement par la multiplication, & cette Centaurée pourra devenir l'ornement de nos parterres.

La Centaurée, n.° 85, a l'afpect d'un chardon, une foliaifon femblable, & même un peu d'analogie dans la forme extérieure des fleurs ; fon principal agrément confifte dans le contrafte de fes tiges blanches, ainfi que le deffous des feuilles, avec le verd foncé & luifant de la furface des feuilles, relevé encore par quelques veines blanches. Cette plante, plus agréable par fes détails que par fon enfemble, peut être placée fur le bord extérieur des platte-bandes & parmi les plantes fingulières, dans les jardins des Amateurs & dans ceux de Botanique ; une fois établie dans un jardin, elle y dure plufieurs années. Il exifte une efpèce de gortère (*Voyez* ce mot) dont les formes font à-peu-près les mêmes, mais plus belles, & qui devroit être préférée à cette Centaurée, pour la décoration des jardins.

Culture. La Centaurée, n.° 85, eft vivace ; fa culture n'offre rien de particulier. On la feme au Printems, fous des chaffis, & on la met en pépinière jufqu'à l'Automne ; lorfqu'elle eft affez forte pour être tranfplantée. En Automne, on la met en place & on ne lui donne après cela que les foins exigés par la propreté du jardin. Comme la plupart des autres Centaurées, elle préfère une terre légère & même fablonneufe, à une terre forte & trop compacte. (*M. Reynier.*)

CENTAURÉE. (grande) *Gentiana Lutea.* L. *Voyez* Gentiane jaune, n.° 1. (*M. Thouin.*)

CENTAURÉE. (grande) d'Afrique, *Centaurea Africana.* La M, *Voyez* Centaurée d'Afrique, n.° 4. (*M. Thouin.*)

CENTAURÉE (grande) des montagnes. *Centaurea, Centaurium,* L. *Voy.* Centaurée commune, n.° 1.

CENTAURÉE PETITE. Nom vulgaire de la *Gentiana Centaurium.* L. fous lequel elle eft connue dans les pharmacies, *Voyez* Chirone, genre auquel M. Curtis l'a nouvellement rapportée. (*M. Reynier.*)

CENTENILLE, *Centunculus.*

Genre de plante de la famille des gentianes & voifin des mourons : par fa conformation, il eft compofé jufqu'à préfent d'une feule efpèce trop petite pour pouvoir jamais fervir à la décoration d'un jardin. Elle diffère principalement des mourons par le nombre de fes étamines égal à celui des divifions de la corolle, au lieu qu'il y en a cinq dans chaque fleur des mourons. La capfule a comme celle des mourons le caractère fingulier de s'ouvrir, lors de fa maturité, en deux hémifphères par une fciffure horizontale.

Efpèces.

1. Centenille baffette.

Centunculus minimus. L. ⊝ Dans les lieux fablonneux & humides & près des marres.

C'eft une plante longue d'un pouce, deux au plus, rameufe & feuillée, dont tout l'enfemble, la forme des feuilles & la pofition des fleurs font les mêmes que dans les mourons. Les fleurs font très petites & d'un blanc fale.

Culture. Cette plante, prefque microfcopique, ne peut être cultivée que dans les jardins de Botaniques, où l'on cherche à réunir la plus grande collection poffible d'efpèces. On feme la graine en place, ayant foin de ne pas la recouvrir, & d'arrofer fréquemment pour conferver la terre dans un état d'humidité conftante. Autant que poffible on doit préférer une terre fablonneufe à une terre forte, afin de mettre la plante dans la pofition qui lui eft naturelle. La plante pouffe, donne des fleurs, & mûrit fes graines avant la fin de la faifon ; & le feul foin qu'elle exige, c'eft d'être débarraffée des mauvaifes herbes qui l'auroient bien-tôt étouffée.

Dans les pays où cette plante croît fauvage, il eft plus aifé d'en tranfplanter dans la campagne pour le moment des cours ; étant levée en motte, elle fouffre à peine de ce tranfport. Du refte, cette plante étant un fimple objet de curiofité, doit occuper plutôt le Botanifte que l'Agriculteur. (*M. Reynier.*)

CENTINODE ou RENOUÉE. *Polygonum Aviculare.* L. *Voyez* Polygone. (*M. Thouin.*)

CEP. On donne ce nom aux branches de vignes pendant qu'elles font chargées de feuilles ; dès que les feuilles tombent, ce font des *farmens. Voyez* ce mot.

Par quelle bizarrerie dit-on un Cep de vigne, & non une branche de vigne, c'eft une de ces fingularités dont on a peine à fe rendre compte. *Voyez* Vigne dans le Dictionnaire des Arbres & Arbuftes. (*M. Reynier.*)

CEPE, ancien nom fous lequel on défignoit l'oignon des cuifines. *Allium Cæpa.* L. *Voyez* Ail à tiges ventrues. (*M. Thouin.*)

CEPE ou CEPS, nom d'un champignon qui croît communément à la campagne & qui eft bon à manger. Il eft connu des Botaniftes fous les noms de *Boletus edulis,* & de *Boletus bovinus. Voyez* Bolet-comeftible. (*M. Thouin.*)

CÉPÉE. On donne ce nom à des arbres qui fortent en plufieurs fouches du même pied. *Voyez* Taillis, & le Dictionnaire des Arbres & Arbuftes. (*M. Reynier.*)

CEPHALANTHE, bois à bouton ou *Cephalanthus,* nom d'un genre d'arbriffeau compofé de trois espèces dont une seule est cultivée en Europe. Comme elle croît en pleine terre, il en sera traité dans le Dictionnaire des Arbres & Arbustes. (*M. Thouin.*)

CERAISTE, *CERASTIUM.*

Genre de plantes de la famille des MORGELINES, dont toutes les espèces sont herbacées, & portent leurs fleurs en panicules sur les extrémités des tiges. Elles diffèrent des spargoutes par leurs pétales, bifides des stellaires & des morgelines par le nombre de leurs styles, enfin des sablines par la réunion de ces deux caractères.

La capsule des Ceraistes est indifféremment arrondie ou oblongue, quoique le nom qu'elle porte vienne primitivement de la conformation des capsules de quelques espèces communes en forme de corne. La capsule des Ceraistes s'ouvre par le sommet, au lieu que, dans les morgelines, elle s'ouvre par une scissure transversale.

M. Lamarck a subdivisé les Ceraistes en deux sections, en raison de la grandeur relative des pétales; mais cette grandeur n'est point fixe comme il seroit aisé de le prouver; si la nature de cet ouvrage destiné à l'Agriculture permettoit quelques détails.

Espèces & variétés.

1. CÉRAISTE perfoliée.
CERASTIUM perfoliatum. L. ☉ du Levant.
2. CÉRAISTE Dichotome.
CERASTIUM dichotomum. L. ☉ dans les champs de l'Espagne.
3. CÉRAISTE commun.
CERASTIUM vulgatum. L. ♃ ou ♂ près des chemins dans les champs.

B. *Variétés à pétales plus grands que le calice.*

4. CÉRAISTE visqueux.
CERASTIUM viscosum. L. ☉ près des fossés exposés au soleil.
5. CÉRAISTE nain.
CERASTIUM semidecandrum. L. ☉ sur les pelouses & près des chemins.
6. CÉRAISTE pentandrique.
CERASTIUM petandrum. L. de l'Espagne.
7. CÉRAISTE à feuilles larges.
CERASTIUM latifolium. La M. des montagnes de l'Europe.
CERASTIUM Alpinum. L.
8. CÉRAISTE laineux.
CERASTIUM lanatum. La M. ♃ des hautes montagnes de l'Europe.
CERASTIUM latifolium. L.

B. *Variétés à calice visqueux du Dauphiné.* Vill.

9. CÉRAISTE laineux.
CERASTIUM tomentosum. L. ♃ des pays méridionaux de l'Europe.

10. CÉRAISTE des champs.
CERASTIUM arvense L. ♃ dans les champs & près des chemins.

11. CÉRAISTE graminé.
CERASTIUM strictum L. ♃ des montagnes de l'Europe.

B. *Variétés à feuilles velues.*

12. CÉRAISTE à feuilles de mélèse.
CERASTIUM laricifolium. Vill. ♃ des Alpes du Dauphiné.
13. CÉRAISTE à feuilles aigues.
CERASTIUM suffruticosum. L. ♃ du M. Sainte-Victoire en Provence.
B. *Alsine, &c. camphroratæ folio.* Tourn. ♃ de Smirne.
14. CÉRAISTE de Sibérie.
CERASTIUM maximum. L. ☉ de la Sibérie.
15. CÉRAISTE noueux.
CERASTIUM refractum. All. ♃ des endroits humides des montagnes de l'Europe & de la Laponie.
CERASTIUM trigynum. Vill.
Armenaria cerastoïdes. L. *juxta Smith fasc.*
16. CÉRAISTE aquatique.
CERASTIUM aquaticum. L. ♃ dans les fossés de l'Europe.
17. CÉRAISTE à longs pédoncules.
CERASTIUM manticum. L. ☉ du Piémont & & de l'Italie.

Espèces douteuses ou peu connues.

CERASTIUM repens L. & All.
CERASTIUM molle. Vill.
CENTUNCULUS angustifolius. Scop.
CENTUNCULUS mollis Scop.

Les Ceraistes sont des plantes basses qui forment des touffes plus ou moins larges suivant les espèces, mais qui se ramifient toutes depuis le collet; caractère essentiel de toute la famille où l'on trouve en général peu de plantes rameuses, & beaucoup de plantes ramifiées dès la racine.

Les espèces annuelles ont ce caractère moins prononcé, parce que l'existence beaucoup plus éphémère ne leur permet pas un développement aussi considérable.

Culture. Les Ceraistes de la pleine, n.ᵒˢ 1, 2, 3, 4, 5, 6, 9, 10, 11, 13, 14, 16, 17, peuvent être cultivés en pleine terre. On les sème, dès le mois de Mars, ou plus tard lorsqu'on ne veut pas accélérer leur floraison, dans des bassins dont la terre a été ameublie & même tamisée à cause de la finesse des graines. Les jeunes plantes lèvent peu de tems après, & n'exigent aucune culture particulière: dès l'Automne elles commencent à donner des fleurs, mais en petit nombre; l'année fuivante, elles font dans toute leur force, & leur confervation, pendant plufieurs années; n'exige aucun foin; l'efpéce, n.° 9, fert dans quelques jardins à former des maffifs, des bordures, &c. Sa blancheur argentée rendroit fa culture encore plus fuivie fi elle n'avoit l'inconvénient de s'échancrer comme les camomiles; défaut qui balance tous les agrémens qu'elle pourroit jetter dans les parterres.

Dans le nombre des efpèces dont je viens de parler, il en eft quelques-unes qui font annuelles; leur culture étant la même, je n'ai pas cru devoir les féparer, & en effet elles demandent les mêmes foins; l'une d'elles en particulier, n.° 5, quoique confondue par M. Lamarck avec le Ceraifte commun, en diffère autant par fon peu de durée que par fes caractères diftinctifs; elle naît vers les premiers jours de Mars; vers la mi-Juin, fa graine eft déjà difperfée, & la plante a péri. On l'obferve fréquemment fur les peloufes des environs de Paris, & les Botaniftes peuvent aifément la diftinguer du Ceraifte commun.

Les Ceraiftes des Alpes, n.° 7, 8, 14, 15, doivent être femés & cultivés fur le terreau de Bruyères, foit dans des vafes que l'on rentre dans l'orangerie aux approches de l'Hiver, ou fur des gradins deftinés particulièrement à la culture des plantes alpines que l'on a foin de couvrir pendant l'Hiver avec de la fougère.

Ufage. La culture de ces plantes ne peut intéreffer qu'un Botanifte : elles n'ont aucun agrément pour la vue, aucune utilité pour les Arts ni pour la Pharmacie, & ne peuvent intéreffer qu'un Amateur qui fe pavane dans l'épaiffeur de fon catalogue. (*M. Reynier.*)

CERATOCARPE, *Ceratocurpas.*

Genre de plantes de la famille des Arroches, & voifins des Axiris dont il diffère par le nombre des parties qui compofent la fleur mâle, & par les efpèces de cornes qui fe forment fur la graine au moyen des feuilles calicinales qui perfiftent; caractère dont elle a tiré fon nom.

Efpèce.

1. CERATOCARPE des fables.
CERATOCARPUS *arenarius.* L. ⊙ des lieux fablonneux de la Tartarie & du Levant.

Cette plante qui n'a pas été cultivée jufqu'à préfent exigeroit les mêmes précautions que les Axiris, n.° 2 & 3 de ce Dictionnaire, plantes également annuelles, du même pays, & affez femblables pour leur conformation.

Cette plante introduite dans nos jardins n'y formeroit qu'un objet de curiofité, & feroit bientôt reléguée dans les jardins de Botanique. On ne lui connoît aucun avantage qui puiffe dédommager de fon peu d'apparence. (*M. Reynier.*)

CERATOSPERME, *Ceratospermum.*

Genre de plantes de la famille des Algues, & voifin des Taffelles. (*Cyathus*) Comme ces plantes ne font jamais cultivées, & ne fervent à aucun ufage économique, il fuffit de donner cette notice en renvoyant, pour une connoiffance plus parfaite, au Dictionnaire de Botanique.

Efpèces.

1. CERATOSPERME à verrues.
CERATOSPERMUM *verrucofum.* La M. Dict. fur les vieux arbres.

Cette efpèce eft formée de verrues pulvérulentes, qui portent, dans de petites avéoles, des corpufcules oblongs que l'on prend pour des graines fans trop en favoir la raifon.(*M. Reynier.*)

CERSIFI ou SALSIFI. *Tragopogon porrifolium.* L. *Voyez* SALSIFIX COMMUN. (*Thouin.*)

CERCODÉE, *Cercodea.*

Genre de plantes à fleurs polypétalées de la famille des ONAGRES, qui a un peu le port d'une germandrée.

On n'en connoît encore qu'une efpèce.
CERCODÉE droite.
CERCODEA *erecta.* H. P. ♄.
TETRAGONIA *ivæfolia.* L. F. Sup.

Cette plante a un afpect affez agréable, quoique fes fleurs foient petites.

Sa tige, haute d'environ deux pieds & à quatre angles, eft fous-ligneufe, droite, paniculée, rude au toucher fur fes angles & fouvent rougeâtre.

Ses feuilles font longues d'un pouce ou un peu plus; mais celles du haut de la tige & des rameaux font beaucoup plus petites. Elles font oppofées ovales, pointues, glabres & dentées en fcie.

Les fleurs viennent deux ou trois enfemble dans les aiffelles des feuilles, le long des rameaux & des fommités de la tige. Elles font petites, & leur corolle eft compofée de quatre pétales d'un verd rougeâtre.

Elles font remplacées par une capfule dure, ou petite noix ovale-conique à quatre angles, peu faillans, dont la fuperficie eft raboteufe, ou comme chargée d'afpérités; quoique ces capfules ne foient pas plus groffes qu'un grain de bled, elles font partagées intérieurement en quatre loges qui contiennent chacune quatre femences très-petites.

Hiftorique. On croit que cette plante a été rapportée en Europe par MM. Banks & Solander à leur retour de leur voyage à la mer du Sud. Mais nous ne favons pas précifément dans quel endroit ils l'avoient rencontrée. Elle eft cultivée au Jardin du Roi. Elle fleurit au mois de Juillet, & fes femences mûriffent en Automne.

Culture. Cette plante fe multiplie aifément par fes graines qui peuvent être femées dès l'Automne dans des terrines à l'expofition du Nord, & dans une terre meuble & légère. Etant femées au Printems

tems suivant dans des pots, & placées sur une couche chaude, elles lèvent également bien dans l'espace de quatre à cinq semaines.

Lorsque le jeune plant a six pouces de haut, il doit être repiqué, partie dans des pots & partie en pleine terre. Les premiers ne doivent être rentrés dans l'orangerie que dans les froids qui passent quatre ou cinq degrés. Il suffit de couvrir les seconds lorsqu'il survient des gelées de même force.

On multiplie encore la Cercodée de boutures qu'on peut faire pendant toute la belle saison, soit en pleine terre ou dans des pots à l'exposition du Nord ; elles reprennent également bien de ces deux manières.

Usage. Cette plante forme une touffe pyramidale d'un verd luisant assez agréable ; elle peut figurer sur des gradins parmi les plantes étrangères ; mais sa place la mieux marquée est dans les Ecoles de Botanique. (*M. Dauphinot.*)

CERCEAU. Nom que l'on donne dans la partie du Bas - Poitou où est situé Montaigu, à une espèce de petite marre à deux côtés, moins courbé que la marre ordinaire. L'un des côtés est plat & large de deux à trois pouces, & l'autre à deux branches aigues. On s'en sert pour façonner la terre. (*M. l'Abbé Tessier.*)

CERCLE à la corne ; c'est ou une avalure ou bien des bourrelets de corne qui entourent le sabot d'un cheval, & qui marquent qu'il a le pied trop sec, & que la corne en se desséchant se retire & serre le pied. *Anc. Encycl.* (*M. l'Abbé Tessier.*)

CERESÉ. Nicholson donne ce nom à l'espèce de bignone désignée par Linné sous le nom de *Bignonia unguiscati. Voyez* BIGNONE, griffe de chat. (*M. Reynier.*)

CERF. Quadrupède, vivant dans les forêts, mâle de la biche. Il est très - connu ; d'ailleurs on en trouve la description dans l'Histoire Naturelle de Buffon & dans le Dictionnaire des Quadrupèdes. Il ne pourroit être considéré ici que par rapport au tort qu'il fait à l'Agriculture ; mais je renvoie au mot biche, page 253 de la première Partie du deuxième volume de ce Dictionnaire d'Agriculture.

J'ajouterai seulement que, dans les pays où il y a des arbres fruitiers en pleine campagne, comme en Normandie, le Cerf est plus nuisible que la biche, parce que, s'élevant sur ses pieds, il abat avec son bois les fruits, pour les manger. (*M. l'Abbé Tessier.*)

CERFEUIL *Chœrophyllum.* L. *Scandix* L.

Genre de plantes de la famille des ombellifères, & voisin des caucalides ; il comprend des herbes annuelles ou vivaces, dont le feuillage est généralement d'un beau verd & touffu.

Agriculture. Tome II.

Son caractère le plus marqué est d'avoir les graines alongées & pointues.

Espèces.

* *Fruits glabres & striés.*

1. CERFEUIL odorant *ou* musqué. *Scandix odorata.* L. ♃ des montagnes de l'Europe méridionale.

2. CERFEUIL à feuilles d'angélique. *Chœrophyllum aromaticum* L. ♃ du midi de l'Europe & du Levant.

3. CERFEUIL aquatique. *Chœrophyllum palustre.* La M. ♃ des montagnes de l'Europe tempérée. β. *Chœrophyllum hirsutum.* L.

4. CERFEUIL bulbeux. *Chœrophyllum bulbosum.* L. ♃ du midi de l'Europe, près des haies.

5. CERFEUIL à fruits jaunes. *Chœrophyllum aureum.* L. du midi de l'Europe ; dans les pâturages des montagnes.

6. CERFEUIL à fleurs jaunes. *Chœrophyllum coloratum.* L. de la Dalmatie.

7. CERFEUIL arborescent. *Chœrophyllum arborescens.* L. ♃ de la Virginie.

8. CERFEUIL sauvage. *Chœrophyllum sylvestre.* L. ♃ des prés de l'Europe.

9. CERFEUIL des Alpes. *Chœrophyllum Alpinum.* Vill. sur les montagnes, dans les lieux pierreux.

10. CERFEUIL penché. *Chœrophyllum temulum.* L. ♂ près des haies.

11. CERFEUIL cultivé *ou* commun. *Scandix cerefolium.* L. ☉ du midi de l'Europe.

12. CERFEUIL couché. *Scandix procumbens.* L. de la Virginie.

** *Fruits velus ou hispides.*

13. CERFEUIL à fruits courts. *Scandix anthriscus.* L. ☉ près des haies & sur les bords des champs.

14. CERFEUIL noueux. *Scandix nodosa.* L. des environs de Paris & de la Sicile.

15. CERFEUIL à fruits chevelus. *Scandix strichosperma.* L. ☉ de l'Egypte.

16. CERFEUIL à éguillettes, le peigne de Vénus. *Scandix pecten.* ☉ des champs de l'Europe tempérée & méridionale. B. *Scandix australis* L.

17. CERFEUIL à grandes fleurs. *Scandix grandiflora.* L. du Levant.

Les Cerfeuils exigent tous la même culture, une terre meuble, humide, un peu profonde leur convient; la sécheresse nuit à leur développement, & les fait monter en graine avant que le feuillage ait pris son entier accroissement.

Les espèces annuelles doivent être semées au Printems; celles des pays chauds, dans des pots sous couches; celles de notre climat en pleine terre, dans des bassins; & lorsqu'elles ont acquis assez de volume pour être distinguées des autres herbes, on les sarcle, & on profite de la circonstance pour les éclaircir. La maturité des graines a lieu de bonne heure, & long-tems avant les pluies de l'Automne qui nuisent à un si grand nombre de plantes des pays chauds.

Le Cerfeuil commun est une des espèces annuelles; son usage culinaire a fait perfectionner sa culture & multiplier les époques où on le sème, afin d'en avoir constamment en état d'être employé. Comme il n'est agréable que lorsqu'on l'emploie jeune, avant qu'il monte en tiges, on le sème tous les mois l'Automne, dans une platte-bande côtière pour en avoir au Printems, & dans les premiers mois de l'Eté, sur des planches tournées au Nord ou moins exposées au soleil. La terre où on le sème doit être bien défoncée, meuble & fraîche sans être humide; la graine doit être légèrement couverte de terre; lorsqu'on la couvre trop, les jeunes plantes lèvent plus tard, & prennent moins de force. Il est inutile de donner aucuns soins aux planches semées en Cerfeuil, si ce n'est de les arroser dans les trop grandes sécheresses, & de tondre fréquemment, pour empêcher la tige de monter, ce qui nuit à la succulence de feuilles. Les graines doivent être récoltées sur des plantes qui n'ont pas été tondues, &, autant que possible, sur des semis de Printems: alors les chaleurs de l'Eté aoûtent les graines, qui sont plus nourries, plus vigoureuses que celles des plantes semées l'Eté; ces dernières sont toujours plus foibles, & n'aoûtent leurs graines qu'à une époque où les pluies commencent; d'ailleurs les sécheresses de l'Eté font monter la plante en graine avant qu'elle ait acquis un certain développement. Voy. CLIMAT.

Les Cerfeuils vivaces ne demandent point d'autres cultures, à l'exception de quelques espèces qui sont d'un climat plus chaud que le nôtre, & qui exigeroient peut-être d'être hivernés dans l'orangerie. Cependant nous ne pouvons l'affirmer; celles qui sont cultivées au jardin des plantes de Paris supportant très-bien les Hivers. Les Cerfeuils vivaces, comme toutes les plantes qui durent plus d'une année, ne fleurissent que le second Eté.

Usage. Les usages du Cerfeuil commun sont connus; il passe pour diurétique, &c. quelques personnes lui substituent le Cerfeuil odorant

qu'elles disent plus agréable; mais son usage est moins général.

Les Kalmouks, au rapport de Gmelin, mangent les racines du Cerfeuil bulbeux crûes ou cuites, & en font une de leur principale nourriture. *Voy. Dec. des Sav. étr. T. 2.* L'usage de cette racine n'est point connue en Europe, même dans les parties où elle croît communément. Le Cerfeuil sauvage dont la précocité surpasse beaucoup celle des plantes réputées printanières, pourroit fournir un excellent fourrage printanier, cultivé sous ce point de vue unique. J'en ai parlé en plusieurs occasions, & particulièrement dans la Bibliothèque phisico-économique, où sont rapportées les expériences que j'ai faites sur cette plante, d'après Anderson qui, le premier, avoit eu l'idée de l'employer sous ce point de vue. Il est certain qu'avec le galega, c'est la plante qui végète avec le plus de vigueur au Printems, & j'en ai fait deux coupes avant l'époque où le trèfle peut être en état d'être fauché. D'après cet avantage & l'abondance de ses feuilles, je crois qu'il seroit avantageux de consacrer quelques portions humides de son terrein à une prairie artificielle de ce genre de fourrage dont le rapport, au Printems où les nourritures sont très-rares, balanceroit la perte de l'espace qu'on y conserveroit. (*M.* REYNIER.)

CERFOUETTE & CERFOUIR. *Voyez* SERFOUETTE & SERFOUIR.(*M.* THOUIN.)

CERISAIE ou **CERISAYE**, lieu planté en Cerisiers. *Voyez* ce mot au Dict. des Arbres & Arbustes.(*M.* THOUIN.)

CERISE, fruit du Cerisier, est en particulier de la variété acide. *Voyez* le Dict. des Arbres & Arbustes. Art. PREMIER. (*M.* REYNIER.)

CERISE DE JUIF. Nom vulgaire, mais connu des Herborifies, & par lequel ils désignent le *Physalis Alkakengi.* L. *Voyez* COQUERET officinal. (*M.* REYNIER.)

CERISE de Cornaline ou de Corneline. *Cornus mascula.* L. *Voyez* CORNOUILLER mâle, au Dict. des Arbres & Arbustes (*M.* THOUIN.)

CERISIER d'Hiver, *Physalis Alkekengi.* L. *Voyez* COQUERET officinal. (*M.* THOUIN.)

CERISE-PÊCHE ou **PÊCHER-CERISE**, variété plus agréable qu'utile de l'*Amygdalus persica.* L. Son fruit est petit, & d'un beau rouge de Cerise. *Voyez* l'article PÊCHER au Dict. des Arbres & Arbustes. (*M.* THOUIN.)

CERISETTE. La Quintinie donne ce nom à une petite prune rouge, sans doute pour quelque ressemblance qu'elle a pour sa conformation exérieure avec la Cerise.

C'est une des variétés du *Prunus domestica.* L. *Voyez* PRUNIER dans le Dict. des Arbres & Arbustes. (*M.* REYNIER.)

CERISIER. Arbre du genre des PRUNIERS, que la culture a diversifié en un grand nombre de variétés différentes, & plus ou moins-éloignées du tipe primitif. Cet arbre a l'avantage sur les autres arbres fruitiers, que, dans son état sauvage, ses fruits ont une saveur agréable, tandis que les autres ont, dans cet état, un goût acerbe que l'homme ne peut pas supporter.

On divise le Cerisier en plusieurs races principales, qui, chacune, se divisent en sous-variétés, que la culture rendra, sans doute, encore plus nombreuses.

1. Les Merisiers, ce sont les variétés sauvages des Cerisiers; elles sont plus hautes de tiges, plus fortes & servent de sujets pour greffer les variétés plus délicates. Leur fruit est petit, peu charnu, très-doux, sur-tout celui de la variété à fruit noir, à queue rouge. C'est avec les Merises qu'on fait le *kirschenwasser*, liqueur connue & généralement estimée.

2. Les Guigniers sont moins élevés que les Merisiers, & soutiennent moins leurs branches : leurs fruits sont plus gros, plus charnus & plein d'une eau agréable; leur couleur varie suivant les variétés.

3. Les Bigarreautiers diffèrent des Guigniers par la nature de leurs fruits, qui sont aussi gros que les Guignes; mais d'une chair ferme & cassante. Leur couleur varie suivant les variétés.

4. Les Heaumiers. Ils paroissent tenir le milieu entre les Guigniers & les Bigarreautiers. Leur fruit est moins cassant que celui des derniers, & plus charnu que celui des premiers.

5. Les Cerisiers, proprement dits, ou Griottiers, dont le fruit est mol, plein d'une eau agréable; mais d'une acidité qu'il est souvent nécessaire de tempérer avec du sucre.

Les différentes variétés de Cerisiers sont :

Le Cerisier nain à fruit rond précoce.
Le Cerisier hâtif.
Le Cerisier commun à fruit rond.
Le Cerisier à fleur semi-double.
Le Cerisier à fleur double.
Le Cerisier à noyau tendre.
Le Cerisier à la feuille.
Le Cerisier à trochet.
Le Cerisier à bouquet.
Le Cerisier de la Toussaint ou tardif.
Le Cerisier de Montmorenci à gros fruit ou gros Gobet.
Le Cerisier de Montmorenci.
Le Cerisier à fruit rouge pâle.
Le Cerisier de Hollande ou Coulard.
Le Cerisier à fruit ambré ou à fruit blanc.
Le Griottier.
Le Cerisier à petit fruit noir ou à ratafiat.
Le Cerisier à très-petit fruit, noir ou petit à ratafiat.
Le Griottier de Portugal ou royal.
Le Griottier d'Allemagne.

La Cerise royale ou chery duke.
La Cerise guigne.
La Cerise cœur.
La Cerise de Prusse.
La Cerise de Norwège.

Il seroit plus convenable d'abandonner ce nom de Cerise, qui est faux & n'a pu être admis, qu'à cause de l'influence de Paris sur le langage. Le nom de Griotte conviendroit mieux, puisque, dès le premier abord, on distingueroit qu'il s'agit d'une race du Cerisier, & non de l'espèce collectivement. Mais comme, jusqu'à ce moment, tout le monde a desiré paroître avoir été à Paris, les fausses dénominations, admises dans cette ville, se sont consacrées, parce qu'il étoit du bel air de les employer.

On trouvera à l'article CERISIER, du Dictionnaire des Arbres & Arbustes, ce qu'on desirera savoir sur cet arbre. (*M. REYNIER.*)

CERTEAU. La Quintinie donne ce nom à une variété de poire, qu'il dit de mauvaise qualité, & qu'on ne peut employer qu'en compotes.

Voyez POIRIER, dans le Dictionnaire des Arbres & Arbustes. (*M. REYNIER.*)

CERISIER. Les Habitans de Saint-Domingue, & en général des Antilles, donnent ce nom à différentes espèces de Malpighies, & particulièrement au *Malpighia glabra*, L. dont le fruit a quelque ressemblance extérieure avec les Cerises d'Europe. *Voyez* MALPIGHIE. (*M. REYNIER.*)

CERISIER-CAPITAINE. Nicholson dit qu'on donne ce nom à une autre espèce de Malpighie, désignée par Linné, sous le nom de *Malpighia corens*. *Voyez* MALPIGHIE. (*M. REYNIER.*)

CERISIER de Curacao. Les Habitans de cette Isle, suivant M. Jacquin, donnent ce nom au *Trichilia glabra*. L. *Voyez* TRICHILIER. (*M. REYNIER.*)

CERISIER des Hottentots. (le petit) Nom. vulgaire d'un arbrisseau dont le genre a été long-tems douteux. M. de Lamarck l'avoit placé parmi les CASSINES, sous le nom de CASSINE à feuilles concaves, *Cassine concava*. Cependant il soupçonnoit dès-lors que cet arbrisseau ne pouvoit être le *Celastrus Lucidus*. L. En effet, les observations ultérieures ont prouvé que cette conjecture étoit bien fondée, & nous ont déterminé à restituer cet arbrisseau au genre des CELASTRES, en lui conservant le nom de Linnæus. Ainsi, *voyez* Dict. de Bot. artic. CASSINE, n.° 5, & Dict. d'Agr. art. CELASTRE, n.° 9. (*DAUPHINOT.*)

CERISIER sauvage, à Curacao; on donne ce nom au *Rhammus inguanæus*. L. *Voyez* JUJUBIER DES IGUANES.

Ce nom de Cerisier est enfin donné par plusieurs Voyageurs à des plantes de pays très-différens; mais qu'ils ne désignent pas d'une manière assez précise pour qu'on pût déterminer la plante qu'ils ont eu en vue. (*M. REYNIER.*)

CERMOISE, Tulipe de couleur incarnate.

tirant au colombin, panaché de blanc-de-lait. *Traité des Tulipes.*

C'est une des variétés de la *Tulipe gesneriana, L.* Voyez TULIPE. (*M. REYNIER.*)

CERNEAU. Fruit huileux avant que sa maturité ait développé ce principe. C'est dans cet état qu'on mange la noix & l'amande en Europe; le badamier, le saouari, le cocotier, &c., sous les Tropiques. C'est plutôt une affaire de goût qu'une raison de salubrité qui a déterminé cet usage. *Voyez* chacune de ces espèces de fruits en particulier. (*M. REYNIER.*)

CERNER. On dit cerner un arbre lorsqu'on fait un creux autour de ses racines pour l'arracher, ou pour substituer de la bonne terre à celle qui y étoit.

Lorsque c'est pour le bien de l'arbre qu'on le cerne, il faut choisir l'Automne, époque où la chaleur ne peut pas endommager les racines. Elles ont le temps de pénétrer la bonne terre pendant l'Hiver, & leur pousse du Printems est plus vigoureuse. Lorsqu'on retarde jusqu'au Printems de cerner l'arbre, il n'a pas le tems de profiter du changement de terre avant sa pousse, & l'effet est retardé. De plus, les racines sont toujours un peu ébranlées lorsqu'on cerne un arbre, & si on fait cette opération au Printems, l'arbre peut en souffrir. *Voyez* DÉCHAUSSER. Lorsqu'on cerne un arbre pour l'arracher, il n'exige aucune précaution, à moins que ce ne soit pour le transplanter; &, dans ce cas, les précautions se trouveront au mot ARRACHER, dans le Dictionnaire des Arbres & Arbustes. (*M. REYNIER.*)

CEROPEGE, *CEROPEGIA.*

Genre de plantes à fleurs monopétalées, de la famille des APOCINS.

Il comprend des herbes exotiques, vivaces, grimpantes, dont les feuilles sont opposées, & dont les fleurs naissent sur des pédoncules axillaires ou terminaux, qui, dans les unes, supportent deux ou trois fleurs, & dans les autres un plus grand nombre de fleurs, qui forment des espèces d'ombelles.

Le fruit est une cosse droite, cylindrique, très-longue, qui s'ouvre d'un seul côté dans sa longueur, & qui renferme des semences couronnées d'une aigrette plumeuse.

Ces plantes ne peuvent, en aucun tems, rester en plein air. Il faut toujours les tenir dans la serre.

Espèces.

1. CEROPEGE porte-lustre.
CEROPEGIA candelabrum. L. ♃ de la côte de Malabar.

2. CEROPEGE biflore.

CEROPEGIA biflora. L. ♃ de l'Isle de Ceylan.

3. CEROPEGE sagittée.
CEROPEGIA sagittaia. L. ♃ du Cap de Bonne-Espérance.

4. CEROPEGE à feuilles menues.
CEROPEGIA tenuifolia. L. du Cap de Bonne-Espérance & de la côte de Malabar.

Description du port des Espèces.

1. CEROPEGE porte lustre. Les tiges de cette plante sont sarmenteuses, & se roulent autour des arbres du voisinage, & peuvent, par leur secours, s'élever jusqu'à 70 pieds de hauteur. Elles sont menues, cylindriques, en partie rougeâtres & noueuses.

Elles sont garnies de feuilles opposées à chaque nœud, ovales-oblongues, glabres, planes & légèrement échancrées à leur base.

Les fleurs sont luisantes, rougeâtres ou d'un pourpre foncé, & rapprochées circulairement en forme d'ombelles; les pédoncules qui les soutiennent sont pendans, mais les fleurs se redressent & sont droites. C'est à cette disposition particulière de ses fleurs que cette espèce doit son nom spécifique. (*Candelabrum.*)

Le follicule qui forme le fruit est menu, long & pendant.

Historique. Cette plante croît dans les bois, sur la côte de Malabar, & dans différens endroits des Indes orientales.

2. CEROPEGE biflore. Sa tige, sarmenteuse & grimpante, est garnie de feuilles ovales & entières.

Les pédoncules naissent dans les aisselles des feuilles, & soutiennent ordinairement deux fleurs, dont les pédoncules particuliers sont ouverts en ligne droite. Ces fleurs ne se relevent point comme celles de l'espèce précédente.

Historique. Cette plante croît dans l'Isle de Ceylan.

3. CEROPEGE sagittée. La tige de cette espèce est cotonneuse, très-menue & comme filiforme.

Elle doit son nom à la forme de ses feuilles, qui sont sagittées, ou en cœur-linéaires. Elles sont cotonneuses des deux côtés, mais plus pâles en-dessous.

Les ombelles sortent des aisselles des feuilles. Elles soutiennent un assez grand nombre de fleurs d'un rouge écarlatte & presque cilyndriques.

Historique. On trouve cette plante dans les sables, au Cap de Bonne-Espérance.

4. CEROPEGE à feuilles menues. Cette plante pousse des tiges menues, rampantes, vertes ou rougeâtres & laiteuses.

Les feuilles sont linéaires-lancéolées, droites, très-pointues & presque sessiles.

Elle produit des fleurs rougeâtres, petites, disposées en petites ombelles placées dans les aiſſelles des feuilles, & qui ſoutiennent chacune trois ou quatre fleurs (à-peu-près ſemblables à celles du mouron.)

Hiſtorique. Cette plante ſe trouve dans les dunes du Cap de Bonne-Eſpérance & à la côte de Malabar.

Culture. Aucune de ces eſpèces n'eſt encore parvenue en France. Il paroîtroit qu'elles ont été cultivées en Angleterre, au moins en eſt-il fait mention dans le ſupplément de Miller.

Il y eſt dit que ces quatre eſpèces ſont très-tendres ; qu'elles doivent être ſemées & élevées ſur une couche chaude, avec les précautions qu'exigent toutes les plantes des Indes orientales.

A la fin de l'Automne il faut les tranſporter dans la couche de tan de la ſerre chaude, pour y reſter conſtamment, parce qu'en aucun tems de l'année elles ne peuvent ſupporter le plein air dans nos climats Européens. (*M. Dauphinot.*)

CERRUS ou CERRIS, noms adoptés en François pour déſigner une variété du chêne à capſule chevelue, *Quercus crinita.* La M. Dict. *Voyez la variété* 3 *du* CHÊNE, n.° 4, au Dict. des Arbres & Arbuſtes. (*M. Thouin.*)

CERQUEMANEUR. « On nomme ainſi en quelques pays, un Expert ou Maître-juré-arpenteur, appellé pour planter des bornes d'héritage ou pour les raſſeoir, & qui a quelques juriſdiction. » *Dictionnaire économique.* (*M. l'Abbé Tessier*).

CERTEAU. La Quintinie donne ce nom à une variété de poire qu'il dit de mauvaiſe qualité, & qu'on ne peut employer qu'en compotes. *Voyez* POIRIER, dans le Dict. de Arbres & Arbuſtes. (*M. Reynier.*)

CESTREAU, *Cestrum.*

Genre de plantes à fleurs monopétalées de la famille des SOLANÉES qui a des rapports avec les liciets dont il eſt particulièrement diſtingué en ce que les filamens des étamines ne ſont point velus à leur baſe dans ce genre comme dans les liciets.

Il comprend des arbres & des arbriſſeaux exotiques dont les fleurs, quoique peu remarquables, quant à la couleur, ſont dans pluſieurs eſpèces très-intéreſſantes, par l'odeur qu'elles exhalent, les unes pendant le jour & les autres pendant la nuit.

Les feuilles ſont ſimples & alternes.

Les fleurs, qui reſſemblent en quelque ſorte à celles du jaſmin, ſont faites en entonnoir. Le limbe de leur corolle eſt partagé en cinq découpures, dont les bords ſe replient en-dehors.

Le fruit eſt une baie diviſée en deux loges par une cloiſon épaiſſe dans le milieu & très-amincie ſur les côtés. Chacune de ces loges contient pluſieurs ſemences oblongues.

Les eſpèces qui compoſent ce genre ſont aſſez nombreuſes. Comme elles ſont originaires de dif-

férens climats, les unes exigent la ſerre chaude, d'autres ſe contentent de l'orangerie, quelques-unes réuſſiſſent parfaitement en pleine terre. Mais il en eſt peu qui perfectionnent ici leurs ſemences.

Eſpèces & variétés.

1. CESTREAU nocturne. Vulg. le galant de nuit.

Cestrum nocturnum. L. ♄ de l'Amérique Méridionale.

2. CESTREAU à oreillettes.

Cestrum auriculatum. L'Hér. ſarc. 3.

Cestrum hediunda. H. P. ♄. du Pérou.

3. CESTREAU à baies noires.

Cestrum Jamaïcenſe. H. P.

Cestrum veſpertinum Linnæi. L'Hér. faſc. 3.

4. CESTREAU parqui.

Cestrum parqui. Fewil. ♄. du Pérou.

5. CESTREAU à fleurs pâles.

5. *Cestrum pallidum.* La M. Dict. ♄. de la Jamaïque.

6. CESTREAU venimeux.

Cestrum venenatum. H. P. ♄. de l'Afrique.

7. CESTREAU campanulé.

Cestrum campanulatum. La M. Dict. ♄. du Pérou.

8. CESTREAU cotonneux.

Cestrum tomentoſum. L. f. ♄. de l'Amérique Méridionale.

CESTREAU à fleurs blanches. Vulg. le galant de jour.

Cestrum diurnum. L. ♄. de la Havane.

Deſcription du port des eſpèces.

1. CESTREAU nocturne. C'eſt un arbriſſeau qui s'élève depuis ſix pieds juſqu'à neuf. Sa tige eſt couverte d'une écorce griſâtre & crevaſſée, & ſe diviſe vers le haut en pluſieurs branches foibles.

Les feuilles ſont ovales-lancéolées, glabres, d'un aſſez beau verd, & quelquefois panachées d'un blanc jaunâtre.

Les fleurs naiſſent par faiſceaux pédonculés & un peu en panicule dans les aiſſelles des feuilles ſupérieures. Chaque pédoncule en ſoutient quatre ou cinq. Elles ſont verdâtres, glabres, & a cinq diviſions émouſſées à leur ſommet & un peu irrégulières.

Elles ſont remplacées par des baies preſque ſphériques, blanches comme des perles, un peu moins groſſes que des pois, & a deux loges polyſpermes.

Hiſtorique. Cet arbriſſeau vient originairement de l'Amérique Méridionale. Et on le trouve auſſi dans l'Iſle de Cuba, où les Eſpagnols lui donnent le nom de *Dama de noche*, Dame de nuit. Si l'on en croit Miller, c'eſt aux Anglois que nous devons cette plante agréable. Elle a d'abord été cultivée dans le Duché de Beaufort, à Badmington, dans le Comté de Gloceſter, & c'eſt de-là qu'elle s'eſt répandue dans pluſieurs jardins, tant en Angleterre qu'en Hollande, où elle n'a d'abord été connue que sous le nom de *Jasmin de Badmington*.

Usage: Si cet arbrisseau ne brille pas par l'éclat de ses fleurs, il a un autre mérite qui doit le faire rechercher, c'est l'odeur agréable & pénétrante qu'elles répandent le soir. Cette odeur est si forte, qu'il pourroit être dangereux de la respirer dans un endroit petit & renfermé; mais pour en jouir sans inconvénient, on peut laisser les caisses en pleine air, & les placer dans le voisinage des appartemens. Il fleurit vers le mois de Septembre, jusqu'au commencement de l'Hiver; ses graines mûrissent au mois de Septembre.

2. CESTREAU à oreillettes. Cet arbrisseau pousse de sa racine plusieurs tiges droites cylindriques, un peu rameuses, qui s'élèvent depuis dix pieds jusqu'à quinze, & qui sont recouvertes d'une écorce cendrée.

Les feuilles sont oblongues-lancéolées, pointues, glabres, entières, ou légèrement ondulées en leurs bords, d'un verd matte, & d'une odeur fétide. Elles sont longues de quatre à cinq pouces, sur environ un pouce & demi de large, & accompagnées à leurs aisselles de stipules en forme de croissant qui entourent les rameaux.

Les fleurs naissent à l'extrêmité des rameaux & dans les aisselles des feuilles supérieures par faisceaux pédonculés qui forment des panicules lâches. Elles sont verdâtres avec une teinte d'un rouge obscur, à cinq divisions très-pointues, ouvertes en étoiles. Le calice & la corolle sont couverts de quelques poils à l'extérieur.

Historique. Cet arbrisseau est naturel au Pérou. Il y a déjà long-tems qu'il est cultivé au Jardin du Roi, où il a été envoyé par M. Jos. de Jussieu. Il y fleurit l'Hiver dans la serre tempérée, mais rarement, & il ne donne jamais de fruits. S'il faut s'en rapporter au récit du sieur Feuillée, cet arbrisseau offriroit une singularité bien extraordinaire. Suivant lui, il répand durant la nuit une odeur musquée, mais au lever du soleil cette odeur se change en une odeur désagréable qui dure toute la journée; mais nous n'avons point encore fait cette observation.

Usages. Les habitans de Lima emploient cette plante à l'extérieur pour déterger les ulcères. Ils en font aussi usage intérieurement, & ils la regardent comme un puissant diurétique dans les maladies syphillitiques. Elle passe chez eux pour être amie de la poitrine; mais M. Dombey la soupçonne venimeuse.

3. CESTREAU à baies noires: cet arbrisseau ressemble beaucoup au précédent; mais il s'élève moins haut, ses feuilles sont plus petites & n'ont point d'oreillettes.

Les fleurs naissent en faisceaux sessiles ou presque sessiles: leur corolle est d'un blanc verdâtre, souvent teint de pourpre ou de violet, leur limbe est bordé de blanc.

Les baies qui leur succèdent ressemblent, pour

la forme, à des olives, mais elles sont beaucoup plus petites. Elles sont presque noires, & remplies d'un suc, d'un violet noirâtre. Elles ont deux loges distinctes, & renferment environ quatre semences grosses & oblongues.

Historique. Cette plante nous est venue originairement des Antilles où elle croît dans les bois sur les bords des ruisseaux; on la cultive au Jardin du Roi; elle y fleurit tous les ans au mois de Septembre, & elle donne des fruits qui mûrissent au commencement de l'Hiver.

4. CESTREAU Parqui. M. de la Marck n'avoit indiqué ce Cestreau que comme une variété du précédent; mais l'examen qu'en a fait M. l'Héritier l'a déterminé à en faire une espèce distincte, dont il a donné une figure très-connue.

C'est un arbrisseau d'environ six pieds de haut, d'une odeur désagréable, dont la racine est traçante, & pousse des rejets rampans qui portent eux-mêmes des racines: il en sort un grand nombre de tiges droites, rameuses, cylindriques, couvertes d'une écorce cendrée & crevassée.

Les feuilles sont lancéolées, terminées en pointes par les deux bouts, entières, un peu ondulées, glabres, d'un verd gai, & longues d'environ quatre pouces sur un de large.

Les fleurs naissent à l'extrêmité des rameaux ou panicules, composées d'épis axillaires, simples ou composées. Elles sont d'un jaune obscur, & répandent de l'odeur pendant la nuit.

Le fruit est une baie aqueuse, ovale, à deux loges & d'un violet foncé.

Historique. Cette plante croît dans le Chili aux environs de la Conception. M. Dombey, qui en avoit recueilli les graines dans le pays, les a envoyées en France en 1785; & c'est depuis ce tems qu'elle est cultivée au Jardin des Plantes. Elle réussit très-bien en pleine terre. Cependant elle souffre difficilement le froid: presque tous les Hivers ses tiges sont saisies par les gelées & périssent; mais il repousse de la racine un grand nombre de rejettons qui fleurissent dès la première année, & qui quelquefois même perfectionnent leurs semences.

Usages. Le peu de soin qu'exige cet arbrisseau le rend précieux; on peut le placer avec avantage dans les bosquets d'Été. L'odeur de ses fleurs contribuera à rendre plus agréables les belles soirées d'Août jusqu'aux gelées.

5. CESTREAU à fleurs pâles. M. de Lamarck, qui n'a vu ce Cestreau que sec, & dans l'herbier de M. de Jussieu, en fait une espèce distincte, il l'a désigné par différentes phrases Botaniques; mais Miller & M. l'Héritier ont appliqué ces mêmes phrases au Cestreau nocturne, n.° 1, en sorte qu'il paroît que, selon eux, ces deux espèces n'en formeroient réellement qu'une seule.

Cependant, si l'on s'en rapporte à M. de Lamarck, il est bien aisé de distinguer le Ces-

treau à fleurs pâles de tous les autres par la petitesse de ses fleurs : il tient de l'espèce précédente par la couleur de ses fruits, & de la suivante
par son feuillage.

Au surplus, comme cette espèce, en la supposant
différente de celle n.º 1, n'est point connue ici,
& qu'elle n'y a point encore été cultivée, nous
croyons assez inutile d'entrer dans de plus grands
détails.

6. CESTREAU venimeux. Cette espèce est la
même que le *Cestrum Laurifolium* de l'Héritier.

C'est un arbrisseau qui s'élève de six à neuf
pieds, toujours verd, dont les rameaux sont alternes presque droits & cylindriques.

Les feuilles sont éparses sans ordre, ovales,
avec une pointe obtuse, très-glabres, luisantes,
d'un verd noirâtre, longues de deux à trois pouces sur un pouce & demi de largeur. Les pétioles
qui les portent sont d'un pourpre foncé.

Les fleurs viennent dans la partie supérieure
des rameaux où elles forment des faisceaux axillaires & presque sessiles. Elles sont jaunâtres, à divisions ovales, presque obtuses & ouvertes.

Le fruit n'est point connu.

Historique. La confusion qui règne dans la sy-
nonimie de cette espèce, est cause qu'il seroit
difficile de déterminer qu'elle est originairement
sa patrie naturelle. Dès le tems de Plukner, elle
étoit déjà cultivée dans les Jardins de l'Europe;
on la voit au Jardin du Roi, & elle y fleurit pendant l'Hiver dans la serre tempérée; mais elle n'y
donne point de fruit.

Usages. Si cette plante est la même que celle
indiquée par Burmann, ce dont paroît douter
M. l'Héritier, ses fruits sont des baies oblongues,
de couleur bleue, & les paysans écraient ses semences qui sont venimeuses, les mêlent avec
des viandes, & exposent cet appât aux bêtes fé-
roces pour les faire mourir.

7. CESTREAU campanulé. Nous avons peu de
choses à dire de cette espèce, qui n'a encore été
vue que sèche & dans les herbiers.

Ses rameaux sont presque cotonneux, cylindriques & d'une couleur cendrée. Les feuilles sont
ovales, pointues aux deux extrémités, & légèrement cotonneuses en-dessous.

Les fleurs viennent en faisceaux sessiles & nombreux, disposés le long des rameaux. Leur corolle
est campanulée, à cinq petites découpures cunéiformes, ouvertes & cotonneuses en leurs bords.

Historique. Cet arbrisseau croît au Pérou; M.
Dombey qui en a rapporté des échantillons, dit
que les Espagnols l'appellent *quexha, ollas,* c'est-à-
dire, *cassepots,* parce que les éclats qu'il fait au
feu brisent les pots.

8. CESTREAU cotonneux. Cette espèce semble
tenir le milieu entre celle qui précède & celle
qui suit, & avoir beaucoup de rapports avec
l'une & avec l'autre : elle croît dans l'Amérique

Méridionale. C'est à-peu-près tout ce que nous
en savons.

9. CESTREAU à fleurs blanches. La tige de cette
espèce a dix ou douze pieds de hauteur : elle est
grêle, couverte d'une écorce cendrée, & divisée
vers son sommet en plusieurs rameaux longs &
feuillés.

Les feuilles sont ovales-oblongues, glabres,
douces au toucher, lisses, d'un verd foncé en-
dessus, & d'une couleur pâle en-dessous.

Les fleurs forment des faisceaux presque ombelliformes, portés sur des pédoncules axillaires:
elles sont petites, blanches, & répandent, pendant le jour, une odeur agréable.

Historique. Cet arbrisseau croît à la Havane, où
on lui donne le nom de *Dame de jour* : il fleurit
en Septembre, Octobre & Novembre.

Usages. Comme les fleurs de cet arbrisseau durent encore dans le tems où l'on est obligé de le
renfermer dans la serre, il peut contribuer à y
répandre de l'agrément par la bonne odeur que
ses fleurs exhalent.

En général, tous ces arbrisseaux y figurent très-
bien par le beau verd luisant de leur feuillage
qu'ils conservent toute l'année.

Culture.

Nous ne pouvons rien dire des espèces, n.ºˢ 5,
7 & 8, qui ne sont qu'imparfaitement connues,
& qui n'ont point encore été cultivées en Europe.

Toutes les autres espèces se multiplient de semences, de boutures, de marcottes & de drageons.

Les espèces, n.ºˢ 3 & 4, sont les seules qui
perfectionnent ici leurs semences. Alors on peut
les employer à la reproduction de la plante. Mais
comme on n'est pas sûr d'en récolter tous les ans,
il seroit imprudent de compter sur cette ressource.
Il vaut donc mieux suivre à leur égard le même
parti que pour les autres espèces plus délicates,
& en faire venir les graines directement du pays
où elles croissent naturellement.

Cependant je pense qu'il est toujours utile de
semer les graines que nous récoltons ici. Comme
elles ont essuyé un moindre degré de chaleur pour
parvenir à leur perfection, il seroit possible que
les plantes qui en proviendroient se trouvassent
moins dépaysées que celles qui sont produites par
des semences qui ont été mûries par le soleil brûlant des climats chauds : on réussiroit par ce moyen
à se procurer des plantes moins délicates, & qui
s'accoutumeroient plus facilement aux variations
de notre climat ; peut-être aussi, après quelques
générations parviendroit-on à changer le tems du
repos de ces plantes : c'est à l'expérience à nous
apprendre si cette idée, qui n'est qu'indiquée, n'est
point une chimère. En attendant, suivons les procédés connus.

Aussi-tôt que l'on reçoit les semences, il faut
les répandre dans de petits pots remplis d'une
terre fraîche, légère & sans fumier, que l'on place

dans une couche de chaleur modérée, & qu'on arrose un peu de tems-en-tems ; quelquefois ces graines pouffent dans la même année ; souvent aussi elles restent en terre jusqu'au Printems suivant. Lorsqu'au bout de six ou sept semaines les plantes ne commencent point à paroître, c'est une preuve que les graines ne léveront pas dans la même année : alors il faut mettre les pots dans la couche de la serre chaude, entre les autres plantes, & de manière à les abriter du soleil ; on leur laisse ainsi passer l'Hiver avec peu d'arrose- mens, & au Printems suivant on les remet dans une nouvelle couche chaude.

Lorsque les jeunes plantes sont assez fortes, on les enlève avec précaution des premiers pots, dans lesquels on a semé les graines ; on les trans- plante chacune séparément dans de petits pots remplis de la même terre, on les remet dans la couche chaude, après quoi on les traite comme celles qui viennent de boutures.

Les plantes qui viennent ainsi de semences sont toujours plus vigoureuses, & ont une tige plus droite que celles qu'on élève de boutures : mais celles-ci viennent plus vite, & on en jouit plutôt ; ainsi tout est compensé.

C'est à la fin du mois de Mai que l'on doit faire les boutures afin qu'elles puissent acquérir de la force pendant l'Eté. On doit les couper sur les pousses de la sève précédente, de la longueur d'en- viron quatre pouces, & on en met cinq ou six dans un petit pot : car l'expérience prouve que les bou- tures des plantes exotiques réussissent mieux dans de petits pots que lorsqu'ils sont trop grands.

La terre doit être, comme pour les semences, fraîche, légère & sans fumier ; on la presse forte- ment & on l'arrose légèrement ; on met les pots dans une couche de chaleur modérée, & on les place à l'abri du soleil : on leur donne de l'air dans les tems chauds, & on les arrose deux ou trois fois la semaine.

Il ne faut guères que cinq ou six semaines à ces boutures pour prendre racine ; alors on peut les exposer par dégrés au soleil : lorsqu'elles com- mencent à pousser, on doit leur donner plus d'air pour empêcher qu'elles ne s'étiolent : on rend aussi les arrosemens plus fréquens, mais toujours en petite quantité-à-la-fois, parce que leurs fibres, jeunes & tendres ne souffrent pas beaucoup d'humidité.

Lorsque les boutures ont acquis des racines, on les enlève avec précaution & on les place cha- cune séparément dans de petits pots remplis de la même terre : on les arrose un peu pour unir la terre aux racines, & on les remet dans la couche de tan, en observant, si leurs feuilles baissent, de les abriter du soleil au milieu du jour, jusqu'à ce qu'elles aient formé de nouvelles racines : lors- qu'elles sont parvenues à ce point, on leur donne beaucoup d'air dans les tems chauds pour les for-

tifier avant l'Hiver : on les arrose fréquemment pendant l'Eté, en les mouillant avec la gerbe pour nétoyer leurs feuilles & avancer par-là leur accrois- sement ; mais on doit éviter de donner trop d'eau à leurs racines, car elles craignent toutes l'hu- midité, & elles en souffrent quelquefois à tel point, qu'elles périssent absolument : le Cestreau à fleurs blanches, n.° 9, la supporte avec moins de danger.

A l'Automne tous ces arbrisseaux doivent être rentrés sur les tablettes de la serre tempérée : on les traite alors comme les autres plantes délicates, originaires des climats chauds : cependant les es- pèces, n.ºs 1 & 5, peuvent être conduites plus dure- ment, sur-tout lorsqu'elles ont acquis plus de force.

(Le Cestreau Parqui, n.° 4, ne demande ab- solument aucuns soins ; il pousse très-bien l'Hiver en pleine terre ; & s'il perd ses tiges par les gelées, sa racine en repousse de nouvelles au Printems : cependant il est bon d'en garder quelques pieds dans des pots, de les placer l'Eté à une bonne exposition, & de les rentrer à l'Automne pour les aider à perfectionner leurs semences ; mais il suffit de les mettre dans l'orangerie.) (*M. Dauphinot.*)

CENT de terre. Mesure de terre en usage dans les environs de Lille en Flandres. On ne m'a point dit, dit qu'elles étoient ses dimensions. (*M. l'Abbé Tessier.*)

CENS ou CENSIVE. Agriculture. C'est une rede- vance due par le Propriétaire d'un fonds au Seigneur de fonds, laquelle consiste en argent ou denrées.

Le Cens est généralement imprescriptible. Ce- pendant il y a des coutumes où il se prescrit tous les cent ans, d'autres tous les trente ans.

Les arrérages de Cens ne sont sujets qu'à la prescription de trente ans.

Il se paye ou en argent ou en grain. La stérilité quelque grande qu'elle soit, n'en excepte pas : faute de paiement, le Seigneur est en droit de saisir les fruits de l'héritage sur lequel le Cens est dû.

Dans quelques pays le Cens est *portable*, & dans d'autres, il est *querable*, c'est-à-dire, que celui à qui il est dû est tenu de l'aller chercher ; ce der- nier cas est très-rare.

Les véritables marques du Cens étoient l'aman- de, la redevance imposée, lors de la concession & l'imprescriptibilité. *Voyez* le mot BAIL dans ce Dic- tionnaire, & le Dictionnaire de Jurisprudence. (*M. l'Abbé Tessier.*)

CENSIVE. C'est, 1.° le district & l'étendue du fief, en vertu duquel on payoit le Cens.

2.° Ce mot exprimoit la nature onéreuse & passive des héritages grevés de Cens. *Voyez* le Dic- tionnaire de Jurisprudence. (*M. Abbé Tessier.*)

CETEREE, mesure de terre. *Voyez* SEPTERÉE. Dans quelques pays on écrit ce mot par un *C* ; mais c'est une erreur, parce que ce mot vient de *Sep- tier.* (*M. l'Abbé Tessier.*)

Fin du second Volume.